Spektraltafel

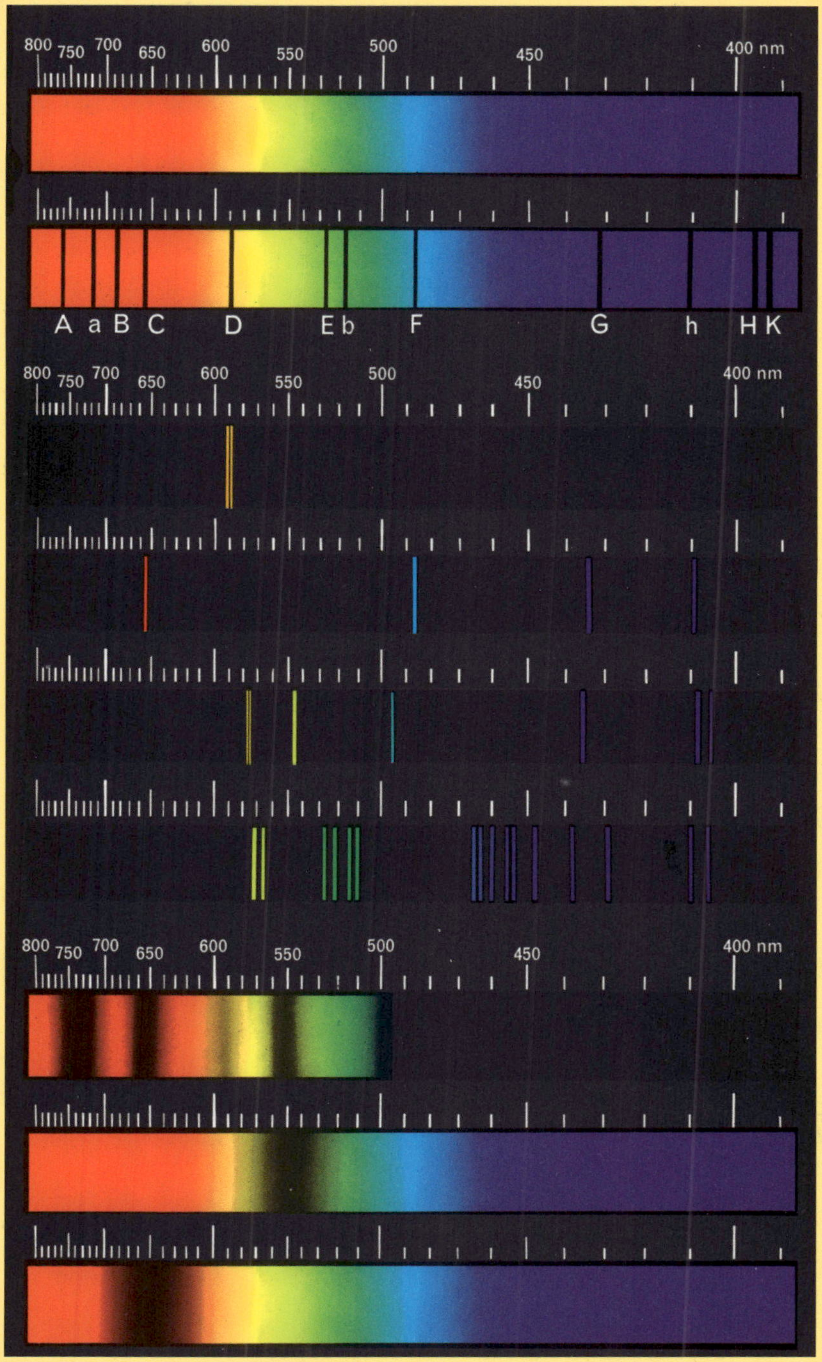

Kontinuierliches Spektrum des **Glühlichts**

Prismenspektrum des **Sonnenlichts**

Linienspektren:

Na

H

Hg

Cu

Absorptionsspektren:

Chlorophyll

Diethylthia-carbocyaniodid

Diethylthiadi-carbocyaniodid

Franziska Mertens

DORN · BADER

PHYSIK

GYMNASIUM GESAMTBAND

SEK II

Schroedel

Dorn·Bader
Physik Sek II
Gymnasium Gesamtband

Herausgegeben von
Professor Dr. Franz Bader

Mitbegründet von
Professor Friedrich Dorn †

Bearbeitet von
Professor Dr. Franz Bader
Dr. Helmut Bergold
Dr. Peter Drehmann
Dr. Erwin-Klaus Haberkant
Dr. Bernd Kretschmer
Heinz-Werner Oberholz
Dr. Thomas Peters
Dr. Wolfgang Philipp
Werner Wegner

Druck A[10] / Jahr 2012
Alle Drucke der Serie A sind im Unterricht parallel verwendbar.

Redaktion:	Dr. Andreas Hagedorn
Herstellung:	Udo Sauter
Grafiken:	Creativ Design, Franz Josef Domke, Joachim Knappe, Jürgen Kochinke, Lieselotte Lüddecke, Ulf Matthes, Werner Wildermuth
Satz:	Stürtz GmbH, Würzburg
Druck und Bindung:	westermann druck GmbH, Braunschweig

ISBN 978-3-507-**10724**-3

Bildquellenverzeichnis

Titelbild: Volkswagen AG, Wolfsburg – ADAC, München: 42.1 – Astrofoto, Leichlingen: 123.1, 124.1, 125.3, 205 (Hintergrund), 218.2, 414.1, 528.1 – Astrofoto/NASA, Leichlingen: 107.A – Dr. F. Bader, Ludwigsburg: 293.3, 420.V1 unten, 427.4a, 431.4 – Bavaria Stock Directory, Gauting: 114.1 – Bavaria, Gauting: 87.1 – Bildarchiv Preuß. Kulturbesitz, Berlin: 127 unten – Biology Media/Science Source/OKAPIA: 219.6 – Dr. J. Bolz, Lohmar: 378 oben links – c't Magazin für Computertechnik, Verlag Hans Heise, Hannover: 213.2 – Canadair Aviation Service GmbH, Montreal/ Bonn: 90.1 (beide) – Carleton University, Ottawa (Internet): 317.2 – CEOS GmbH, Heidelberg: 427.2 – Christoph & Friends, Das Fotoarchiv GmbH, Essen: 51.3 – Continental, Hannover: 102.1 – creativ collection, Freiburg: 227 (Hintergrund), 298.1, 463.3, 477 (Hintergrund) – DESY, Hamburg: 224.2 – Deutsche Bahn AG, Berlin: 103 oben – Deutsches Museum, München: 47.A, 52.1, 53 (alle), 54.1, 55.3, 126 rechts, 127 oben, 141.2, 179.A, 196.1, 428.1 – dpa, Frankfurt: 47 (Hintergrund), 63.5, 97 (Hintergrund), 105.3, 129 rechts, 236 unten links – D. M. Eigler, IBM, San Jose, USA: 397 (Hintergrund), 446.1 – M. Fabian, Hannover: 382.B1, 443.4 – Finkelnburg, „Einführung in die Atomphysik", Springer-Verlag, Berlin – Heidelberg – New York: 427.3, 508 Mitte – Flachglas Solartechnik, Köln: 176.2 – Focus, Hamburg: 107 (Hintergrund) – Freie und Hansestadt Hamburg, Baubehörde: 269 (Hintergrund) – Gentner, Mayer-Leibnitz, Bothe, „Atlas typischer Nebelkammerbilder", Springer-Verlag, Berlin – Heidelberg – New York: 93.5, 415.2, 478.3, 483.3, 508.1 – GfS Aachen: 43 oben links – E.-K. Haberkant, Heidelberg: 67 (alle), 269.B, 287.2, 333.3, 333.4, 339.2, 341.1, 344.1, 345.3, 346.2, 348.V1, 348.B1 – Heinrich Bauer, LAPIS KG, Auto Zeitung, Köln: 99.2 – Infineon Technologies AG, München: 474.1 – Institut de Physique Nucleaire, Paris (Internet): 477.B – Institut für Biomechanik, Deutsche Sporthochschule, Köln: 65.A3 – Dr. J. Jaenicke, Rodenberg: 394.D – Kochinke: 297 (Hintergrund) – U. Köcher, Hannover: 179 (Hintergrund) – Dr. E. Kretschmann, Dr. P. Zacharias, Hamburg: 60.V1, 98.1 – Laenderpress, Düsseldorf: 128 rechts – Wilhelm Lambrecht GmbH, Göttingen: 55.A19 – Lech EW, Augsburg: 169.2 – Leybold Heraeus GmbH, Köln: 111.3, 219.5, 356.1, 386.1, 386.4, 387.6, 393.2, 462.1 – Mauritius, Mittenwald: 51.4, 91.4 – Max-Planck-Institut für Radioastronomie, Bonn: 349.2, 394.B – Medizinische Hochschule, Hannover: 203.7, 413.4, 518.4 – Metzler Physik, 2. Aufl., Schroedel Verlag, Hannover: 326.1, 378.1 – NASA (Internet): 33.4, 113.3, 123.2, 416 – NASA, Heidelberg: 92.1 – Neckarwerke, Stuttgart: 227.A, 227.B – Wolfgang Neeb, © Stern 29/92: 490.1 – NEVA KG, Geislingen: 216.1, 232.1 – Norddeich Radio: 394.A – H.-W. Oberholz, Everswinkel: 8.3, 9.4, 26.3, 31.4, 298.2, 304.1, 310.1, 318.1, 321.3, 326.1, 475.5 – Ohlenbostel/action press, Hamburg: 297.B – Phywe Systeme GmbH, Göttingen: 48.V1, 57.3, 59.6, 142.V3 – PSSC, Deutsche Ausgabe, Friedr. Vieweg & Sohn, Braunschweig: 356 unten, 357.4 – Dr. Reinbacher, Kempten: 39.3 – J. Schreiner, „Physik II", Diesterweg – Salle – Sauerländer, Frankfurt, 1978: 383.V3 – Siemens AG, Erlangen: 329 links, 329.2, 518.1, 519.7, 520.3a, 520.3b – Siemens AG, KWU: 75.1 – Solvis Energiesysteme, GmbH & Co KG, Braunschweig: 176.1 – Spektrum der Wissenschaft Verlagsgesellschaft, Heidelberg (Heft 12/1981): 376.2, 463.2 – Ulrich Staiger, Stuttgart: 382.V1 – Wolfgang Staiger, Stuttgart: 240.2, 250.1, 250.3, 251.5 – Stiftung Warentest 4/97: 42 oben – Sven Simon Fotoagentur, Essen: 97.A – Tacke Windenergie GmbH, Salzbergen: 176.3 – Tierbildarchiv Angermayer, Holzkirchen: 383.B3 – Tipler, „Foundations of Modern Physics", Worth publishers Inc., New York: 427.4b, 528.3 – Ullstein Bilderdienst, Berlin: 397.A, 410.1 – Universität Bremen (Internet): 477.A – Universität Bremen, ZARM: 125.4 – Universität Hannover, Institut für Atom- und Molekülphysik, Hannover: 351.A – Universitäts-Klinik, Nuklearmedizin, Essen: 519.9 – US-Botschaft, Bonn: 109.4 – Versuchs- und Planungsgesellschaft für Magnetbahnsysteme mbH, München: 265.1 – VLA Neu Mexiko, USA (Internet): 379.3 – Volkswagen AG, Wolfsburg: 32.1, 43.2 – W. Wegner, Lehrte: 351 (Hintergrund) – ZAE Bayern, Erlangen: 175.3

Übrige Fotos: Hans Tegen, Hambühren

Es war nicht in allen Fällen möglich, die Inhaber der Bildrechte ausfindig zu machen und um Abdruckgenehmigung zu bitten. Berechtigte Ansprüche werden selbstverständlich im Rahmen der üblichen Konditionen abgegolten.

INHALT

Das elektrische Feld ... 179

Das Magnetfeld und Teilchen in Feldern 205

Induktion und Wechselstrom ... 227

Schwingungen ... 269

Wellen ... 297

ZU DIESEM BUCH

Dieses Lehrbuch will Schülerinnen und Schülern die Oberstufenphysik im Rahmen eines zeitgemäßen Weltbilds als *Kulturleistung* mit neu konzipierten Inhalten sowie durch äußere Darstellung (Layout) nahe bringen:

Neues Layout

In der breiten **Basisspalte** werden die Grundkenntnisse altersgemäß vermittelt und in *Merksätzen* zusammengefasst. ➡ Pfeile verweisen auf die **Außenspalte,** auf Versuchsbeschreibungen, Bilder, Tabellen und Aufgaben. Motivierende, anwendungsbezogene, auch fächerübergreifende Inhalte erhöhen die Attraktivität der Physik, herausgestellt als *Interessantes*, als *Vertiefung* oder *Beispiel*. Sie mögen zu Projektarbeit, zu Referaten, Still- oder Teamarbeit anregen. Die *Aufgaben* sind im Schwierigkeitsgrad gestaffelt. All dies erlaubt einen flexiblen Einsatz des Buches im Unterricht und macht es zu einem attraktiven Arbeitsmittel in Grund- und Leistungskursen.

Neue Inhalte

Die **klassischen Gebiete** sind nach moderner Physikdidaktik aufbereitet und durch Themen wie Verkehrs- und Sportphysik, historische Betrachtungen, Reizleitung in Nerven, Festplatten, Fourierspektren, Handys, Induktions- und Mikrowellenherde, Funktechnik, Mikroskopie, Flüssigkristalle, Holographie usw. bereichert.

Mit Macht kehrt die **Wärmelehre** in die Oberstufenphysik zurück, weniger mit kinetischer Gastheorie als vielmehr beim *Ver- und Entwerten von Energie*. Würfelspiele bringen das bisher vernachlässigte Begriffspaar *reversibel-irreversibel* nahe, vertieft durch die *Entropie*. So wird der *zweite Hauptsatz* anschaulich begründet.

Die auf der Mittelstufe eingeführte Unterscheidung von *Skalaren* und *Vektoren* wird fortgesetzt und durch die bei Rechnungen wichtige Trennung in *Betrag* und *Größenwert* [DIN 1313 von 1998] präzisiert. Die Regeln dazu sowie die normgerechte Festlegung des *Spannungsvorzeichens* sind im Anhang übersichtlich zusammengestellt.

Weitere neue Sachstrukturen zeigen sich bei
- Treibhauseffekt, Energieproblematik, Strahlung,
- Chaos und Synergetik,
- bei „Physik und Medizin",
- in der Festkörper- und Teilchenphysik,
- der Relativitätstheorie (Lösung ihrer Paradoxien),
- sowie in der Kosmogonie.

Die **Physik des 20. Jahrhunderts** wird vorbereitet durch frühes und konsequentes Einführen des **Zeigerkalküls** bei Schwingungen und Wellen und durch Vertiefen des HUYGENS-Prinzips. Schöne *Cornu*-Spiralen bilden die Brücke zur *Strahlenoptik* der Mittelstufe. Sie sind von Schülerinnen und Schülern am Computer auch zu Hause nachvollziehbar.

Das Umdeuten des HUYGENS-Prinzips von Wellen auf Quanten führt unmittelbar zum fundamentalen **Superpositionsprinzip für Quantenmöglichkeiten.** Es ist heute durch Interferenz von Riesenmolekülen (C_{70}-Fullerenen) zweifelsfrei bestätigt und löst so den *Entweder-Oder-Dualismus* klassischer Modelle ab. Seine schülernahe Entwicklung am *Knallertest* erlaubt schon am *Doppelspalt* einen Blick in die faszinierende Welt der Quanten. Der von R. FEYNMAN empfohlene und bei Wellen bewährte Zeigerkalkül liefert ein *Quantenbild*,
- das so klassisch wie noch möglich ist,
- ohne physikalisch falsch zu werden und von dem später nichts mehr zurückgenommen werden muss.

Dies führt *zeitsparend* und ohne Neulernen eines schwierigen Formalismus sowohl
- zu den philosophisch geprägten **Deutungsfragen** (Schrödinger-Katze, EPR-Paradoxon, Messprozess),
- zur korrekten Entwicklung der **Atomphysik**
- sowie zur allgemeinbildenden Diskussion des Kontrasts zwischen klassischer und moderner Physik.

Zum Photon gelangen wir in drei Stufen:
- quantisierte Energieportion hf der Welle,
- „Interferenz mit sich selbst" (Dirac),
- Photon als quantisierte Energiestufe des Lichtfeldes.

Eine Diskussion zu Wissenschaft und Verantwortung schließt die **Kernphysik** ab.

Auch in den als abstrakt geltenden Bereichen wird die **Eigentätigkeit** der Schülerinnen und Schüler angeregt. So erarbeiten sie anhand weniger, im Buch angegebener Programmzeilen mit *Tabellenkalkulation* oder *Modellbildungssystemen* auch schwierigere Schwingungsvorgänge. Selbst die *Schrödingergleichung* wird so zugänglich.

Die im Buch benannten und weitere Simulationsprogramme stehen auf CD-ROM bzw. der Homepage des Verlages (www.schroedel.de) zur Verfügung und werden ständig erweitert.

AUTOREN UND REDAKTION

Geradlinige Bewegungen und Kräfte

Aufwärts mit Physik!

Ein Aufzug bewegt sich nach oben, es ist eine geradlinige Bewegung. Autos auf der Autobahn oder Kinder auf der Rutsche bewegen sich eine Zeit lang ebenfalls geradlinig.

Brauchen solche Bewegungen eine Ursache oder verlaufen sie „von selbst“?

Nachdenkliche Menschen in allen Jahrhunderten haben sich dies gefragt. Seit NEWTON (1686) sind wir sicher:
Nicht für die Erhaltung einer geraden Bewegung, wohl aber für Bewegungsänderungen braucht man Kräfte!

Damit beschäftigen wir uns in der Mechanik.

V 1: Wir wollen einen Wagen an einem Faden abschleppen, der die Gewichtskraft des Wagens gut aushält (links). Der Faden reißt, wenn wir an ihm ruckartig zur Seite ziehen (rechts).

B 3: Das Auto drückt mit seiner „Schwere" auf die Straße. Mit seiner „Trägheit" widersetzt es sich dem Versuch, es schneller zu machen.

Interessantes

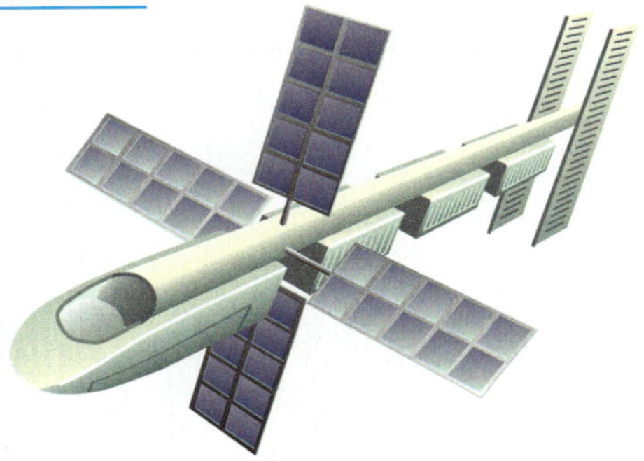

B 1: Im Raumschiff kräftefrei unterwegs

Lautlos im Weltall

Lautlos gleitet ein Raumschiff durchs Weltall. Weit entfernt von jeglichen Himmelskörpern schwebt es kräftefrei im intergalaktischen Raum (➡ *Bild 1*). Auch ohne Raketenmotor bleibt das Raumschiff gleich schnell und zieht lichtgerade seine Bahn.
Im Labor lässt sich ein kräftefreier Zustand nur annähernd erzeugen. So legt man z. B. eine zylindrische Scheibe – einen „Puck" – auf eine Metallplatte (➡ *Bild 2*). Zwischen Platte und Puck wird nun ein Luftkissen erzeugt. Ein kleiner Stoß und der Puck bewegt sich ungebremst zur Seite.

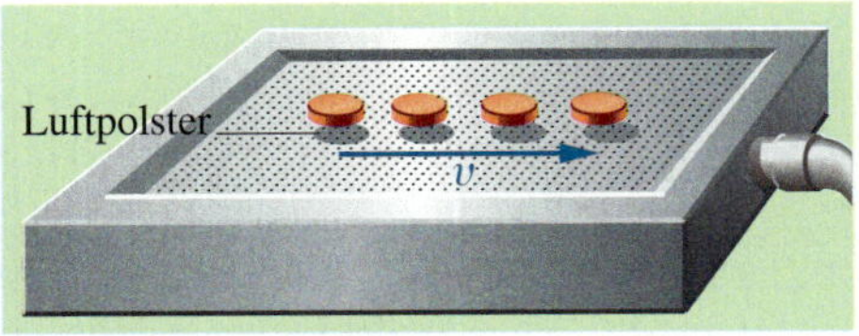

B 2: Ein Puck auf dem Luftkissentisch

Das Trägheitsgesetz

1. Das Automobil – wirklich ein „Selbstbeweger"?

Einige Schüler schieben ein Auto aus dem Stand an (➡ *Bild 3*). Der Fahrer lenkt nur geradeaus, der Motor läuft nicht, gebremst wird auch nicht. Alle schieben mit großer Kraft, das Auto wird allmählich schneller.
Nach kurzer Zeit sind die „Antreiber" erschöpft, sie lassen das Auto los. Dieses fährt unbeeindruckt weiter – natürlich wird es jetzt nicht mehr schneller, aber es wird auch praktisch nicht langsamer. Ohne äußere Kräfte bleibt das Auto gleich schnell!
An der Heckabschleppöse ist ein Seil befestigt. Die Schüler greifen es und versuchen durch Ziehen nach hinten, also gegen die Fahrtrichtung, das Auto abzubremsen (➡ *Bild 4*). Das Staunen darüber, wie stark sich das Auto diesem Vorhaben widersetzt, ist nicht gering! Wie träge doch das Auto ist!

2. Trägheit ist nicht Schwere

Die Kraft, die zum Schneller- oder Langsamermachen eines Körpers nötig ist, kann sogar viel größer als dessen Gewichtskraft sein. Ein Faden, der einen Laborwagen trägt, kann reißen, wenn der Wagen mit ihm ruckartig beschleunigt werden soll (➡ *Versuch 1*). Diese Kraft hängt mit dem Trägsein des Körpers zusammen. Sie ist nicht an die stets nach unten gerichtete Gewichtskraft gebunden. Das *Trägsein* ist vom *Schwersein* wohl zu unterscheiden!

Trägsein wirkt sich immer aus, gleichgültig nach welcher Richtung man den Körper beschleunigen will. Es tritt selbst im Weltraum auf, wo die Körper keine Gewichtskräfte erfahren. Auch dort brauchen Raketen zum Schnellerwerden wie zum Abbremsen die Kraft ihrer Triebwerke. Ohne Raketenmotor und weitab von anderen Himmelskörpern bewegt sich ein Raumschiff geradeaus wie an einem Lichtstrahl entlang und wird dabei auch in aller Zukunft nicht langsamer.

B 4: Fährt das Auto erst, „will“ es nicht mehr zur Ruhe kommen. Nur mit großer Kraft *von außen* hält es in kurzer Zeit an.

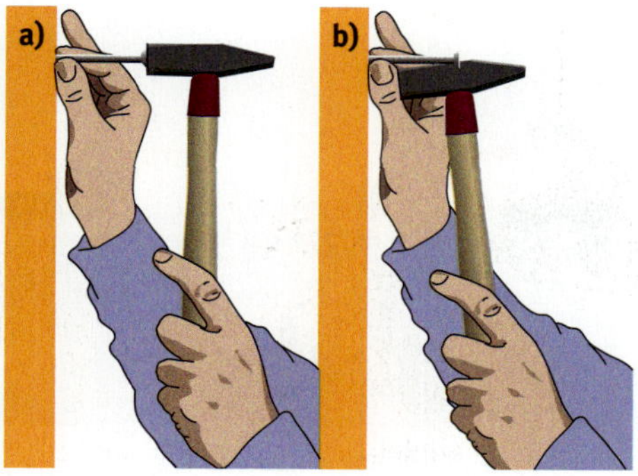

B 5: a) Ein Hammer treibt den Nagel in die Wand (gewünschte Trägheit). **b)** Der Hammer trifft den Daumen (nicht gewünschte Trägheit des Hammers).

Auch auf der Erde gilt: Ohne äußere Kraft ändert ein Körper seinen *Bewegungszustand* nicht, er bleibt in Ruhe oder er bewegt sich. Dabei wird er weder schneller noch langsamer. Ja, er weicht bei seiner Bewegung nicht einmal von der geraden Linie ab – genauso wenig wie das Raumschiff im Weltall. Für ein Auto ist dies in vielen Fällen nicht gut. Nicht nur für das Schneller- oder Langsamerwerden, auch für die Kurvenfahrt braucht es die Haftkraft zwischen Reifen und Straße. Diese zwingt das Auto in die gewünschte neue Richtung. Bei Glatteis fehlt diese äußere Kraft. Das Auto beharrt wegen seiner Trägheit auf Geradeausfahrt: Es fährt in den Graben!

A 1: Stellen Sie sich eine Welt ohne Trägheit der Körper vor. Was wäre anders? Nennen Sie fünf Beispiele!

3. Trägheit schmerzt oft mehr als Schwere

Der Stein, der auf den Fuß fällt, hinterlässt einen blauen Fleck. Der vom Hammer getroffene Daumen (➠ *Bild 5b*) wird blau und schwillt an. Bei einem Frontalunfall bremst erst der Sicherheitsgurt den weiterfliegenden Körper so stark ab, dass Rippen brechen können. Aber was wäre ohne Sicherheitsgurt passiert?

4. Trägheit ist auch nützlich

Wäre die Welt vielleicht schöner, wenn wir die Trägheit abschalten könnten? Wohl nicht. Keine Gitarrensaite würde mehr schwingen, denn, nach dem Anzupfen in der Gleichgewichtslage angelangt, bliebe sie stehen. Kein Hammer könnte einen Nagel in die Wand treiben (➠ *Bild 5a*). Bocciaspielen wäre „out“, die Kugel würde wegen geringster Reibungskräfte sofort liegen bleiben. Und noch viel schlimmer: Unsere Erde gäbe es gar nicht, sie wäre nach dem Abschalten der Trägheit schlagartig in die Sonne gefallen!

Merksatz

Körper, auf die keine äußere Kraft wirkt, verharren in ihrem Bewegungszustand: **Körper sind träge**.
Werden sie schneller oder langsamer oder ändern sie ihre Bewegungsrichtung, so müssen äußere Kräfte wirken.

Interessantes

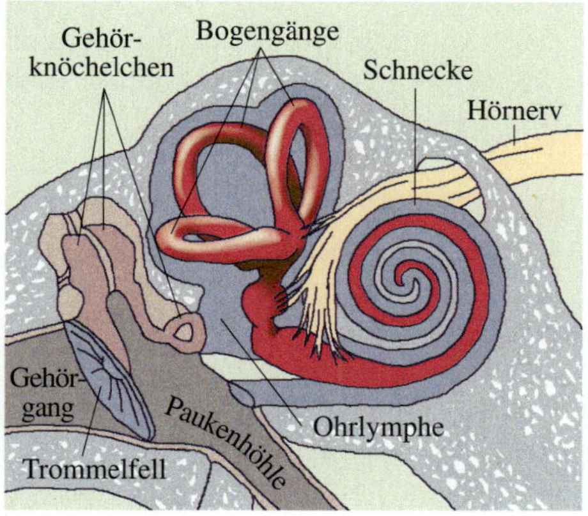

B 6: Die „Bogengänge“ des Innenohres

Trägheit – auch biologisch wichtig

Die Bogengänge des Innenohres sind in den drei Ebenen des Raumes einander zugeordnet. Sie dienen dem Gleichgewichtssinn. Wird der Kopf schnell gedreht oder aus der Drehung abgestoppt, so verschieben sich die Bogengänge gegenüber der träge zurückbleibenden Endolymphe (einer Flüssigkeit in den Bogengängen). Dabei werden Sinneszellen des Vorhofnervs gereizt und signalisieren so die Lageveränderung. Ist diese sehr ungewohnt, so wird einem sogar schlecht: Dies macht sich bei vielen Menschen in der so genannten Seekrankheit bemerkbar.

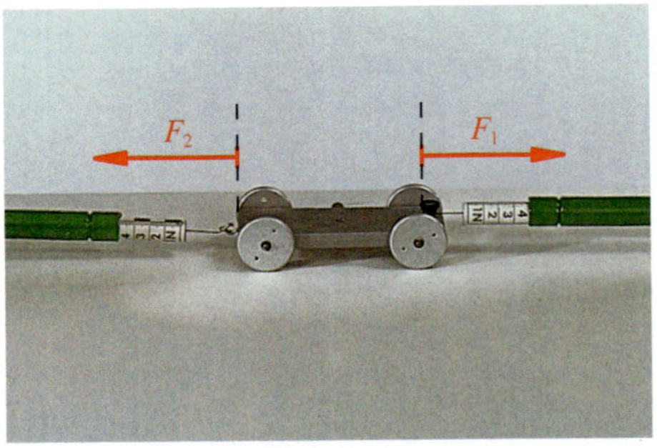

B 1: Kräftegleichgewicht am Wagen

V 1: Wir ziehen an einem ruhenden Wagen in entgegengesetzte Richtungen und lesen die Kraftbeträge F_1 und F_2 an den Kraftmessern ab. Es sind jeweils 4 N. Der Wagen bleibt in Ruhe.

V 2: Ein „Apfel“ wird an einen Kraftmesser gehängt. Die Feder wird verlängert und übt auf den Apfel eine Kraft nach oben aus. Diese hält der Gewichtskraft des Apfels schließlich das Gleichgewicht. Der Apfel ruht. Auf einer gleichmäßig laufenden Rolltreppe zeigt der Kraftmesser denselben Ausschlag.

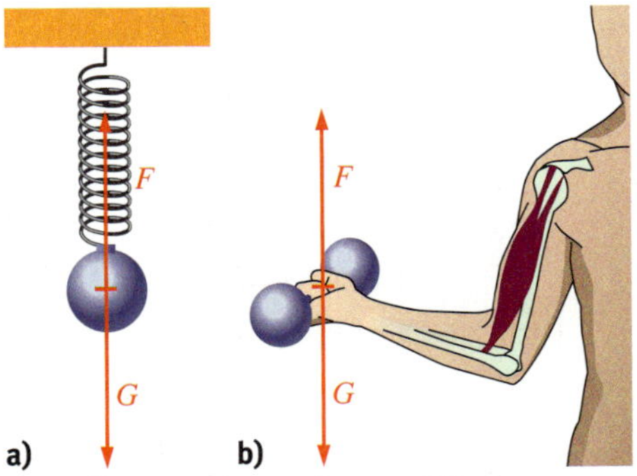

B 2: **a)** Die Feder erzeugt durch Verlängerung die zum Gleichgewicht nötige Kraft. **b)** Muskeln können ohne Verlängerung eine gewünschte Kraft erzeugen.

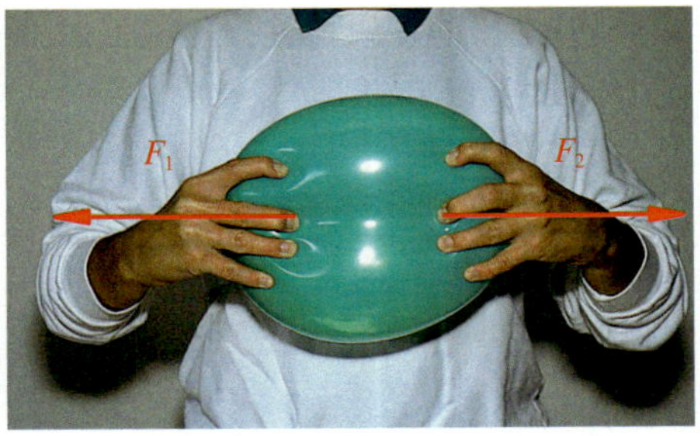

B 3: Verformung bei Kräftegleichgewicht

Kräftegleichgewicht

1. Kräfte wirken und nichts bewegt sich!

Greift *eine* Kraft an einem ruhenden Körper an, so setzt er sich in Bewegung. Greifen zwei Kräfte an diesem Körper an, so kann das Ergebnis noch heftiger sein – aber es kann auch ganz anders aussehen. Ziehen die beiden Kräfte nämlich in entgegengesetzte Richtungen, so schwächen sie sich in ihrer Wirkung gegenseitig. ➡ *Versuch 1* zeigt: Ein ruhender Körper bleibt in Ruhe, wenn an ihm zwei gleich große, aber entgegengesetzt gerichtete Kräfte angreifen. Es herrscht dann *Kräftegleichgewicht*. Der Wagen bleibt unbeeindruckt, er setzt sich nicht in Bewegung.

2. Oft stellt sich Kräftegleichgewicht von selbst ein

Im täglichen Leben beobachten wir ein solches Kräftegleichgewicht häufig. So hängt im Spätsommer ein schwerer Apfel am Zweig und fällt nicht hinunter. Wir wundern uns kaum darüber, aber was steckt eigentlich physikalisch dahinter? Um dies zu erkennen, hängen wir einen „Apfel“ an einen Kraftmesser (➡ *Bild 2a*). Beim Absenken der Hand spüren wir, wie uns die Feder mit zunehmender Verlängerung zu Hilfe kommt. Mehr und mehr wird die Hand entlastet, bis die Feder schließlich den „Apfel“ allein trägt. Sie zieht jetzt mit einer Kraft nach oben, die der Gewichtskraft das Gleichgewicht hält. Die beiden gleich großen, aber entgegengesetzt gerichteten Kräfte wirken auf den Bewegungszustand insgesamt wie keine Kraft. Die **resultierende Kraft** ist null. Der ruhende „Apfel“ bleibt in Ruhe.
In der Natur ist es genauso. Halten wir den Zweig nach dem Pflücken des Apfels in seiner Lage fest, so spüren wir die Kraft, mit der er den Apfel gegen dessen Gewichtskraft getragen hat. Führen wir den Zweig langsam nach oben, so nimmt diese Kraft ab. Also hat sich auch bei dem Zweig die zum Gleichgewicht nötige Kraft von selbst durch die Verformung eingeregelt.

Dieses Einregeln erfolgt in der Natur nicht immer durch Verformen. Muskeln können willkürlich – bei gleich bleibender Länge – so angespannt werden, dass sie die gewünschte Kraft erzeugen. Wird ein Gegenstand bei angewinkeltem Arm in die geöffnete Hand gelegt (➡ *Bild 2b*), so schwingt der Unterarm kurz auf und ab, bis die zum Kräftegleichgewicht nötige Muskelspannung aufgebaut ist. Dazu laufen einzelne Moleküle über andere hinweg („Molekülmotoren“).

3. Keine Bewegungsänderung, aber doch eine Wirkung

Kräftegleichgewicht zwischen F_1 und F_2 heißt, die Resultierende dieser Kräfte F_1 und F_2 ist null. Dennoch sind diese beiden Kräfte nicht verschwunden. Ein Luftballon, der an zwei gegenüberliegenden Seiten gezogen wird, belegt es (➡ *Bild 3*). Er wird durch die beiden Kräfte etwas in die Länge gestreckt. Da sie im Gleichgewicht sind, bewegt er sich nicht.

Merksatz

Ist die Resultierende aller an einem Körper angreifenden Kräfte gleich null, so herrscht am Körper Kräftegleichgewicht. Ist der Körper in Ruhe, so bleibt er in Ruhe. Er kann höchstens verformt oder gedreht werden.

4. Der Aufzug – auch in der Bewegung im Gleichgewicht

Dass an einem ruhenden Körper Kräftegleichgewicht herrscht, sieht man leicht ein. Was aber, wenn ein Gegenstand gehoben wird? Haben Sie nicht auch das Gefühl, nach oben müsste dann auf den Körper eine etwas größere Kraft wirken als die Gewichtskraft, die den Körper nach unten zieht?
Durch Nachdenken allein können wir die Antwort nicht finden. Wir prüfen deshalb in ➡ *Versuch 3*, welche Kraft in den verschiedenen Phasen (1 bis 5) am Aufzug nach oben zieht. Wenn der Zeiger in der Mitte der Skala steht, ist der Aufzug im Kräftegleichgewicht. Muss der Motor stärker ziehen, so verlängert sich die Haltefeder, und der Zeiger wandert etwas nach unten. Umgekehrt ist es, wenn die Zugkraft kleiner ist als die Gewichtskraft.

Der Versuch zeigt (das Diagramm spiegelt es wider):

- In bestimmten Zeitabschnitten darf kein Kräftegleichgewicht vorliegen. Beim *Start* des Aufzugs muss die Zugkraft des Motors größer sein als die Gewichtskraft. Die nach oben weisende resultierende Kraft macht den Aufzug dann schneller. Beim *Stopp* des Aufzugs muss die Zugkraft dagegen kleiner als die Gewichtskraft sein. So entsteht eine bremsende Kraft nach unten.
- Beim *Halt* und überraschenderweise auch bei der *Fahrt* mit gleich bleibender Geschwindigkeit v_0 ist der Aufzug dagegen im Kräftegleichgewicht, die resultierende Kraft F_{Res} ist null!

Merksatz

Ist ein Körper in Bewegung, so bleibt er dann und nur dann gleich schnell in geradliniger Bewegung, wenn an ihm Kräftegleichgewicht besteht.
Ist die resultierende Kraft an einem Körper ungleich null, so wird sein Bewegungszustand geändert.

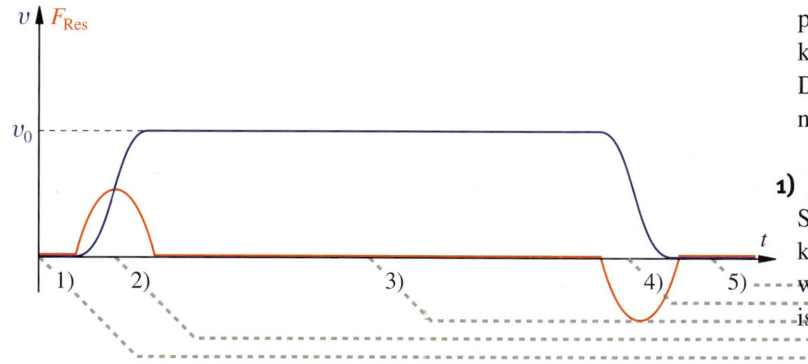

V 3: Solange die Federkraft der Gewichtskraft des „Aufzugs" das Gleichgewicht hält, steht der Zeiger in der Mitte der Messlatte.
Im ersten Augenblick des Anziehens wandert der Zeiger nach unten.

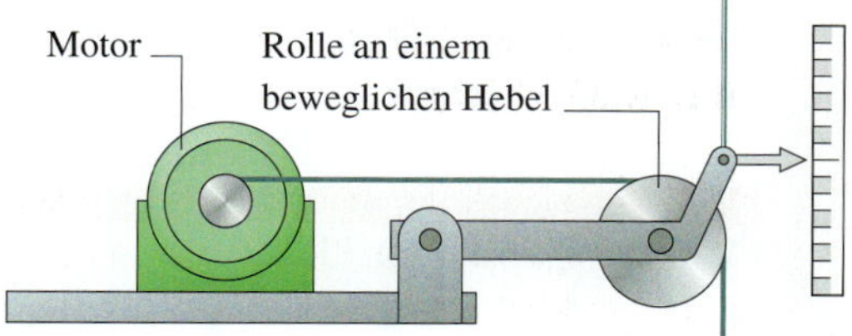

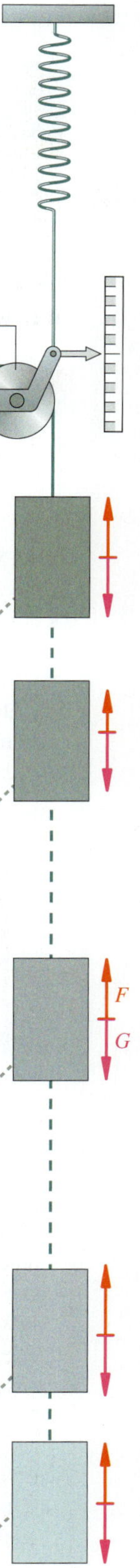

5) Angekommen!
Der Aufzug steht wieder. Die resultierende Kraft ist wieder null: Kräftegleichgewicht!

4) Der Aufzug wird gebremst.
Der Motor zieht jetzt etwas weniger stark. Kein Gleichgewicht! Es bleibt eine resultierende Kraft nach unten.

3) Der Aufzug gleitet nach oben. Das Seil zieht mit einer Kraft F nach oben, die den gleichen Betrag hat wie die Gewichtskraft G – mehr ist nicht nötig! Kräftegleichgewicht, die Resultierende ist null!

2) Der Aufzug wird in Bewegung gesetzt.
Das Seil zieht stärker nach oben als zum Kompensieren der Gewichtskraft nötig ist.
Die Resultierende zeigt nach oben.

1) Der Aufzug ruht.
Seilkraft und Gewichtskraft sind im Gleichgewicht. Die Resultierende ist null.

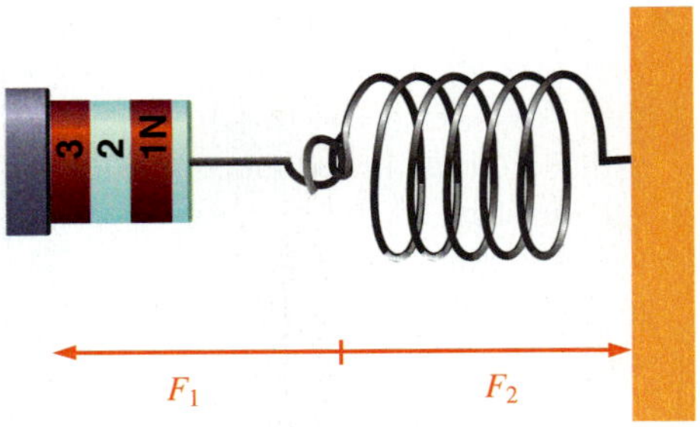

B 1: Kraftmessung durch Kräftegleichgewicht

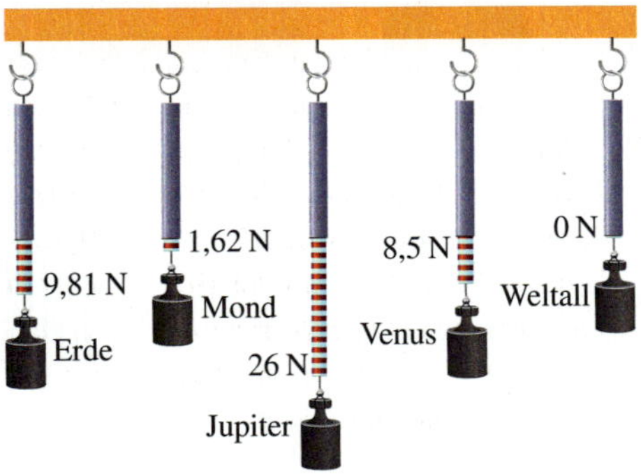

B 2: Der Betrag der Gewichtskraft ein und desselben Körpers hängt vom Ort ab

Mitteleuropa	9,81	Sonne	274
Äquator	9,78	Jupiter	26
Pole der Erde	9,83	Venus	8,5
Mond	1,62	Mars	3,8

T 1: Verschiedene Ortsfaktoren in N/kg

A 1: Man muss den Kraftmesser nach ➡ *Bild 1* um $s = 0{,}05$ m verlängern, bis er die Marke 5 Newton (5 N) anzeigt. Wie groß ist seine Federhärte?

A 2: Zur nächsten Jupitermission haben Sie sich Schokolade als Verpflegung mitgenommen. Was würde ein Kraftmesser dort anzeigen, wenn Sie an ihn eine Tafel der Masse 100 g hängen? – Wie groß ist seine Federhärte, wenn er dort um 13 cm verlängert wird? – Um wie viel würde er auf dem Mond verlängert?

A 3: Astronauten bestimmen die Gewichtskraft eines Körpers der Masse 2 kg an einer Feder der Härte $D = 250$ N/m; sie wird um 7,82 cm verlängert. Wo sind sie gelandet (➡ *Tabelle 1*)?

Kraftmessung – Kraftvektoren

1. Eine mechanische Kraftmessung

Bei Wettkämpfen im Sport, etwa beim Tauziehen, oder im Wirtshaus beim Fingerhakeln, vergleicht man Kräfte nach genau vorgegebenen Regeln. Ist eine der beiden Parteien stärker oder sind beide gleich stark? Wann sind sie denn gleich stark? Nun, wenn keine Partei die andere über den Rasen oder den Tisch zieht. Dies ist genau beim Kräftegleichgewicht der Fall.

In der Physik präzisiert man: Unter **Messen** versteht man den *Vergleich einer Größe mit einer Einheit und deren Vielfachen.* Die Maßeinheit der Kraft ist 1 Newton (N). Gute Kraftmesser geben diese Einheit bzw. ihre Vielfachen oder Bruchteile davon an.

Mit einem solchen Kraftmesser kann man nun eine unbekannte Kraft messen. Dazu stellt man nach ➡ *Bild 1* Kräftegleichgewicht mit der zu messenden Kraft her.

2. Für Federkräfte gibt es ein einfaches Gesetz

Federkraftmesser sind in der gesetzlich vorgeschriebenen Krafteinheit 1 Newton geeicht. Sie haben eine Skala mit gleichen Strichabständen. Bei Stahlfedern gibt nämlich eine n-fache auf die Feder einwirkende Kraft auch eine n-fache Verlängerung: Kraft F und Verlängerung s sind innerhalb eines gewissen Bereichs einander proportional ($F \sim s$). Der Quotient $\boldsymbol{D = F/s}$ ist für diese Feder konstant, das **hookesche Gesetz** erfüllt. Man nennt D *Federkonstante* oder auch *Federhärte*. Ihre Einheit ist $[D] = 1$ N/m.

Merksatz

Hookesches Gesetz: Die Verlängerung s einer Feder ist innerhalb eines gewissen Bereichs der Kraft F proportional: $F \sim s$. Dann ist der Quotient $D = F/s$, auch Federhärte genannt, konstant.

3. Körper haben Masse und erfahren Gewichtskräfte

In der Mittelstufe haben wir Körpern als Maß für das **Schwersein** eine **Masse** zugeschrieben. Zwei Körper haben dieselbe Masse, wenn sie am gleichen Ort die gleiche Gewichtskraft erfahren (durch die Erde, die Sonne oder den Mond). Die Maßeinheit der Masse m ist das Kilogramm. Zwei gleich große Massen ergeben zusammen die doppelte Masse.

Es gilt der wichtige Zusammenhang zwischen Gewichtskraft und Masse: $\boldsymbol{G = m \cdot g}$ mit $\boldsymbol{g}$ als **Ortsfaktor**. Für Mitteleuropa beträgt er etwa 9,81 N/kg. An den Erdpolen ist er etwas größer, am Äquator kleiner als bei uns. Auf anderen Himmelskörpern muss mit anderen Faktoren gerechnet werden (➡ *Tabelle 1*, *Bild 2*). Bei uns erfährt eine Person mit einer Masse von 70 kg eine Gewichtskraft von $G = 70\ \text{kg} \cdot 9{,}81\ \text{N/kg} \approx 687\ \text{N}$.

4. Die resultierende Kraft beschleunigt den Pfeil

Die Sehne in ➠ *Bild 4* ist stets vom Bogen straff gespannt. Sie kann den Pfeil aber erst dann abschießen, wenn der Schütze sie in der Mitte abgewinkelt hat. Warum ist das so?

Die nach oben gerichtete Kraft $\vec{F}$ ist **Resultierende** aus den beiden längs der Sehnenhälften schräg nach oben ziehenden **Komponenten** $\vec{F}_1$ und $\vec{F}_2$ (➠ *Versuch 1*). Diese bilden die Seiten, die Resultierende ist die Diagonale eines **Kräfteparallelogramms** (➠ *Bild 5*). Die Länge der Diagonalen entspricht dem Betrag der Resultierenden. Dieser wächst, wenn man den Winkel, den die Komponenten $\vec{F}_1$ und $\vec{F}_2$ einschließen, von 180° aus verkleinert. Wir sehen, warum Kräfte als Vektoren behandelt und *vektoriell* addiert werden müssen. Im Allgemeinen wäre es falsch, nur die Kraftbeträge zu addieren. Der resultierende Vektor $\vec{F}$ ersetzt die Komponenten $\vec{F}_1$ und $\vec{F}_2$, deshalb sind diese in der Zeichnung durchgestrichen.

5. Wie kann die Resultierende bestimmt werden?

Die Resultierende ist Diagonale im Vektorparallelogramm. Vereinfachend kann man sie auch als dritte Seite eines Dreiecks aus den drei Kräften sehen (➠ *Bild 6*). Im Sonderfall des rechtwinkligen Dreiecks (➠ *Bild 3* (3)) benutzen wir den Satz des Pythagoras. Für $F_1 = 8$ N und $F_2 = 6$ N gilt dann:
$F_{Res}^2 = F_1^2 + F_2^2 = (8\text{ N})^2 + (6\text{ N})^2 = 100\text{ N}^2$ und somit $F_{Res} = 10$ N.

6. Bei Kräften auf einer Geraden genügen Vorzeichen

➠ *Bild 3* zeigt die Zusammensetzung zweier Kräfte für verschiedene Winkel. Für die wichtigen Sonderfälle 0° und 180° – die Kräfte liegen auf einer Geraden – kann man mit Kraft*werten* wie mit reellen Zahlen rechnen. Man vereinbart z. B.: Kräfte nach rechts erhalten positive, solche nach links negative Werte. Dann gilt in obigem Zahlenbeispiel:

(1) $F_{Res} = F_1 + F_2 = 8\text{ N} + 6\text{ N} = 14\text{ N}$
(5) $F_{Res} = F_1 + F_2 = 8\text{ N} + (-6\text{ N}) = 2\text{ N}$.

Kraftwerte müssen immer nur addiert werden, um den resultierenden Kraftwert zu ermitteln, alles ist schon mit dem Vorzeichen geklärt. Dies ist auch für Computeranwendungen ein Vorteil.

Im Sonderfall des **Kräftegleichgewichts** gilt für die Resultierende immer $\boldsymbol{F_{Res} = F_1 + F_2 = 0}$ (z. B. für $F_1 = 8$ N und $F_2 = -8$ N).

B 4: Wie entsteht die beschleunigende Kraft?

V 1: Nach ➠ *Bild 5* ist eine „Sehne" über zwei Rollen gelegt und an beiden Enden durch Kräfte von gleich bleibendem *Betrag* $F_1 = F_2 = 5$ N gespannt. Je weiter wir diese „Sehne" in ihrer Mitte M nach unten ziehen, umso größer wird der Betrag der von ihr nach oben ausgeübten Kraft $\vec{F}$. Wir halten dieser Kraft $\vec{F}$ bis zum Loslassen der Sehne das Gleichgewicht.

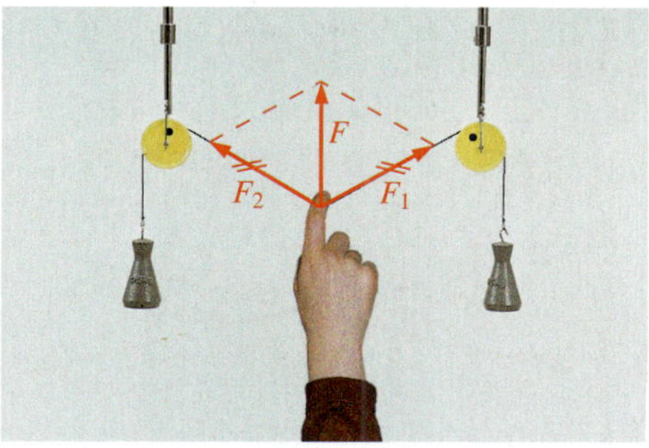

B 5: Zwei Kräfte werden durch eine ersetzt

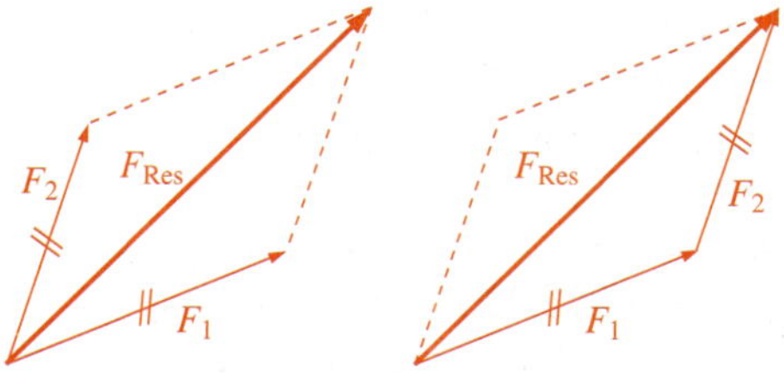

B 6: Zwei Möglichkeiten, Vektoren zu addieren

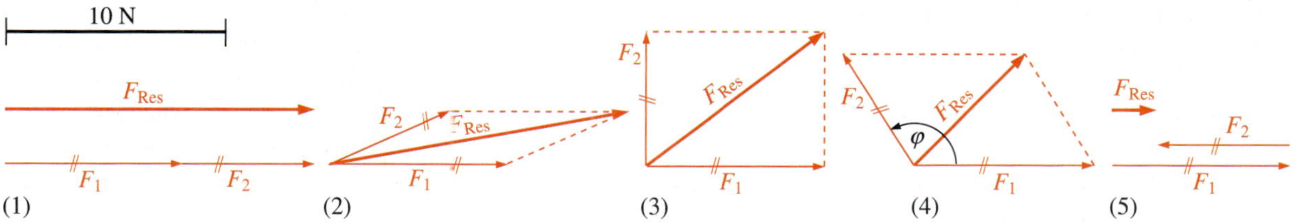

B 3: Resultierende Kraft bei verschiedenen Winkeln zwischen F_1 und F_2

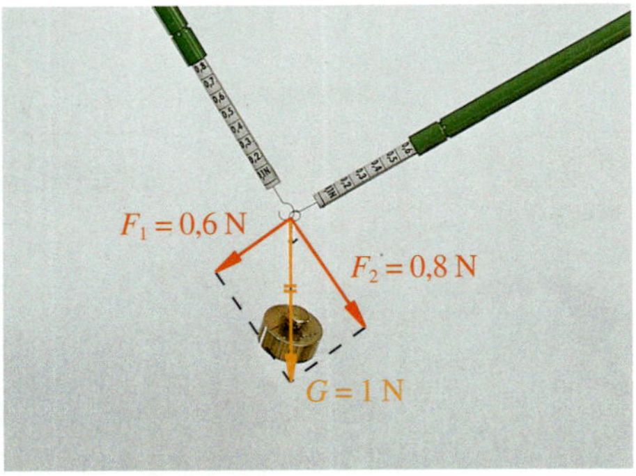

B 1: Kraftbeträge bei der Zerlegung einer Kraft in Komponenten

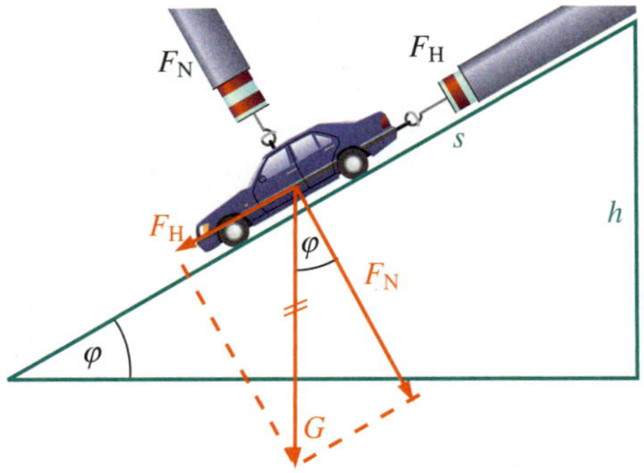

B 2: Hangabtriebskraft und Normalkraft sind Komponenten der Gewichtskraft

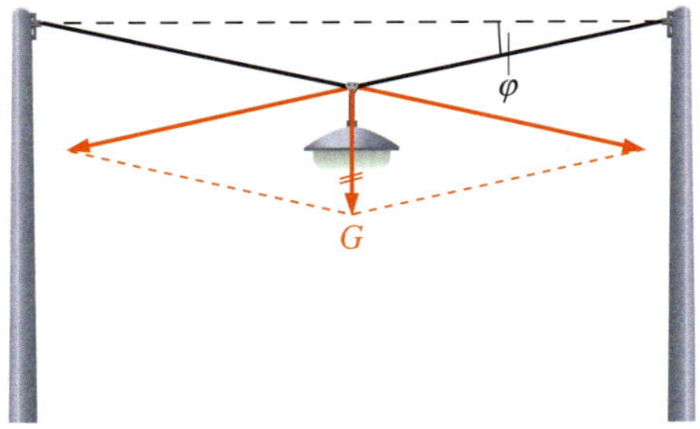

B 3: Eine Straßenlaterne zerrt an den Befestigungshaken

7. Zerlegen von Kräften

In Bild 1 zieht die Gewichtskraft $\vec{G}$ in der Mitte nach unten. Sie kann an den beiden schräg hängenden Kraftmessern nur in deren Längsrichtung, also jeweils schräg nach unten ziehen. Wir konstruieren wieder ein Vektorparallelogramm und beginnen diesmal mit $\vec{G}$ als der Diagonalen. Die Parallelogrammseiten liegen in Richtung der Kraftmesser. So erhalten wir die beiden schräg nach unten zeigenden Komponenten $\vec{F}_1$ und $\vec{F}_2$, welche die Gewichtskraft $\vec{G}$ *ersetzen*. (Den Vektor der Gewichtskraft streichen wir deshalb in der Zeichnung durch.)

Merksatz

Kräfte sind Vektoren. Den Vektorcharakter deutet man durch einen Pfeil über dem Größensymbol an.
Zwei Kräfte $\vec{F}_1$ und $\vec{F}_2$, die in einem Punkt angreifen, lassen sich durch eine einzige Kraft $\vec{F}$, ihre Resultierende, ersetzen.
Umgekehrt kann eine gegebene Kraft $\vec{F}$ durch zwei Kräfte $\vec{F}_1$ und $\vec{F}_2$ ersetzt werden (Komponentenzerlegung).

In beiden Fällen bilden die Komponenten $\vec{F}_1$ und $\vec{F}_2$ die Seiten eines Parallelogramms; dessen Diagonale ist die Resultierende $\vec{F}$.

8. Kraftkomponenten an der schiefen Ebene

Jeder weiß, dass eine abschüssige Straße umso gefährlicher ist, je größer ihr Neigungswinkel ist. Bild 2 zeigt, wie die auftretenden Kräfte vom Neigungswinkel der schiefen Ebene abhängen. Von Bedeutung für die beschriebenen Vorgänge ist die **Hangabtriebskraft $\vec{F}_H$**. Sie ist die Komponente der Gewichtskraft in Richtung einer möglichen Bewegung. Die zur Ebene senkrechte Komponente **$\vec{F}_N$ (Normalkraft)** gibt an, wie stark z. B. die Reifen auf die Straße gedrückt werden (wichtig beim Bremsen). Anhand der ähnlichen Dreiecke in Bild 2 (im Lageplan grün, im Kräfteplan rot) berechnen wir den *Betrag* von Hangabtriebskraft und Normalkraft in Abhängigkeit vom Neigungswinkel φ der Ebene:

$$F_H = G \cdot \sin\varphi \quad \text{und} \quad F_N = G \cdot \cos\varphi.$$

... noch mehr Aufgaben

A 1: Ein Bogenschütze zieht mit der Kraft 100 N die Sehne so weit zurück, dass ihre beiden Hälften den Winkel $\varphi = 120°$ miteinander bilden. Wie groß sind die Kräfte in der Sehne? Lösen Sie die Aufgabe konstruktiv und rechnerisch!

A 2: Wie groß sind Hangabtriebs- und Normalkraft an einer schiefen Ebene mit 20° Neigung bei einem Körper mit der Masse 30 kg? Bei welchen Winkeln ist $F_H = G/2$, $F_H = G$ bzw. $F_H = 0$?

A 3: Eine Lampe (20 kg) hängt nach Bild 3 in der Mitte eines Seils zwischen zwei 30 m voneinander entfernten Masten. Das Seil erfährt den Durchhang $h = 0{,}50$ m bzw. 0,10 m. Wie groß sind die Zugkräfte im Seil?

A 4: Berechnen Sie im nebenstehenden Bild die Beträge F_1 und F_2.

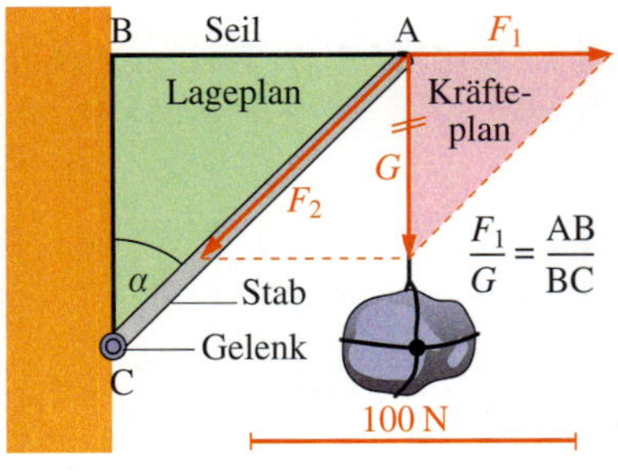

($m = 30$ kg, AB = 3 m, AC = 5 m)

Interessantes

Elektrische Kraftmessung

Computer zeigen Kräfte an – Sensoren

Bei einem Federkraftmesser wird die verformende Wirkung von Kräften direkt an einer Skala abgelesen. Für registrierende Messgeräte wie *x-y*-Schreiber oder Computer braucht man Kraftmesser, die eine elektrische Spannung liefern. Solche Geräte besitzen häufig einen Stab (mit Haken), der seitlich aus dem Gehäuse herausragt. Bei Belastung biegt sich der Stab. Abhängig von der Durchbiegung – und damit von der wirkenden Kraft – liefert das Gerät jetzt eine elektrische Spannung.

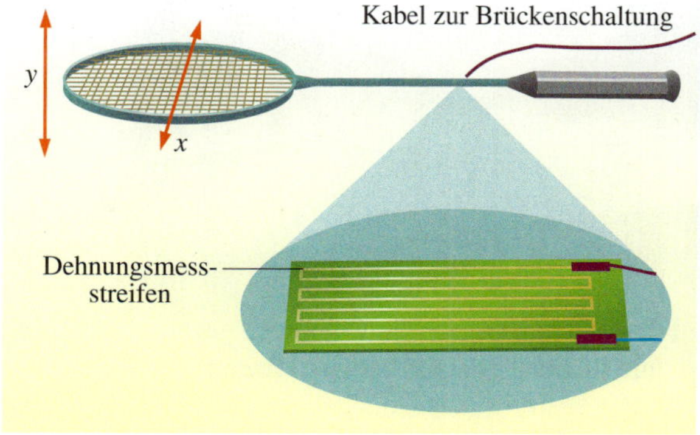

B 4: Ein DMS, hier auf einen Schlägerschaft geklebt

Der Dehnungsmessstreifen (DMS)

Ein Draht hat einen umso größeren elektrischen Widerstand, je länger und je dünner er ist. Dies gilt auch, wenn ein solcher Draht durch eine starke Kraft in die Länge gezogen wird. Wir können es überprüfen. Dazu befestigen wir einen 1 m langen Konstantandraht (d = 0,4 mm) am oberen Ende. Unten hängen wir nacheinander verschiedene Wägestücke (1 kg, 2 kg, usw.) an. Eine empfindliche Widerstandsmessung (z. B. mit einer „Brückenschaltung") bestätigt, dass der Drahtwiderstand mit der den Draht verlängernden Kraft wächst.

Nimmt man nun einen sehr dünnen Draht und schließt ihn mäanderförmig in eine kleine, dünne Folie ein (➡ *Bild 4*), so erhält man einen DMS. Die Enden des Messdrahtes stehen etwas über. An sie können die Zuleitungsdrähte angelötet werden. Die Drahtenden des DMS verbindet man mit anderen, konstanten Widerständen zu einer Brückenschaltung. Sie liefert dann eine vom Widerstand des DMS abhängige Spannung. Diese wird verstärkt und dem Messgerät zugeführt. Aus einem Draht ist ein *Kraftsensor* geworden.

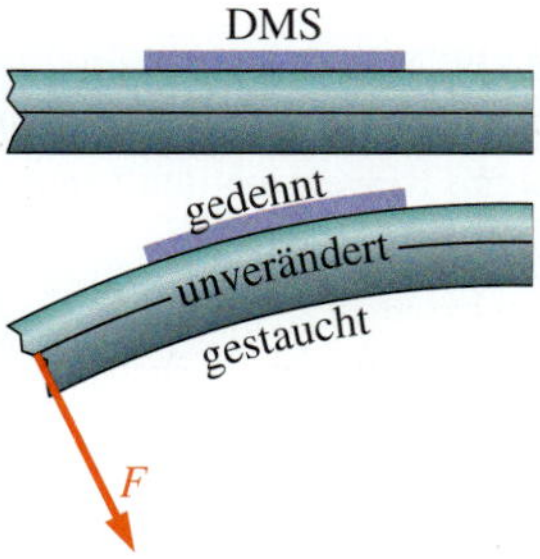

Ein solcher DMS wird nun sorgfältig auf die Stelle geklebt, deren Durchbiegung gemessen werden soll. Wird der Stab nun nach unten gebogen, so wird seine Oberseite etwas verlängert. Damit werden zugleich auch die Drahtstücke des aufgeklebten DMS gedehnt: Das Messgerät zeigt es an.

Eine „sportliche" Anwendung des DMS

Wir nehmen als Beispiel den Schaft eines Badmintonschlägers. Beim Schlag biegt er sich in zwei Raumrichtungen. Um beide Biegungen registrieren zu können, benutzen wir zwei DMS. Der eine wird „oben" (in gleicher Ebene wie die Bespannung) aufgeklebt. Er liefert mithilfe seiner Brückenschaltung das „*y*"-Signal Der andere sitzt seitlich am Schaft und liefert das „*x*"-Signal. Beide Schaltungen werden mit den Eingängen eines *x-y*-Schreibers verbunden. Die Anordnung funktioniert so: Verbiegen parallel zur Schlägerbespannung lenkt den Schreibstift in *x*-Richtung aus (rechts/links). Verbiegen senkrecht dazu liefert ein Signal in *y*-Richtung (oben/unten).

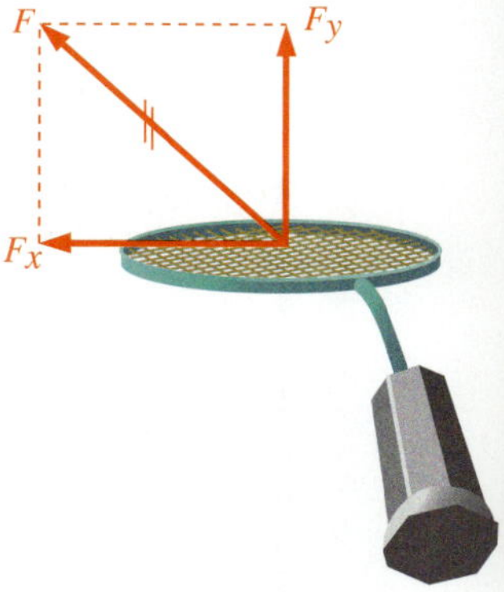

Beim „Smash", dem Schmetterschlag, befindet sich der Schläger anfangs hinter dem Rücken. Der Spieler reißt ihn von dort nach oben (Handkante nach vorn) und dreht erst über dem Kopf plötzlich den Unterarm (Handfläche nach vorn). Die dabei entstehende charakteristische Durchbiegung des Schlägerschaftes ist das Ergebnis einer sich ständig ändernden Kraft F auf den Schlägerkopf. Sie weist zum Zeitpunkt (7) etwa in die gezeichnete Richtung. Die Werte F_x und F_y der Kraftkomponenten werden durch je einen DMS gemessen.

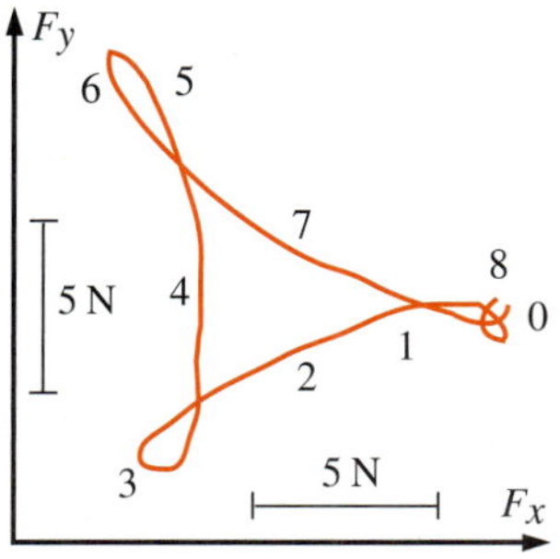

So entsteht ein Diagramm des gesamten Schlagablaufs. Nacheinander durchläuft der Schreibstift die Positionen (1) bis (8) und zeichnet dabei die Kraftwerte auf. Noch feinste Unterschiede in der Schlagtechnik werden erkennbar, jeder Spieler hinterlässt einen unverwechselbaren „Schlagabdruck".

B 1: Autobahnfahrt: Mit Motorkraft gegen die Reibung gleichförmig unterwegs

Uhrzeit	s/km	t/s	Δs/m	Δt/s
9 h 7 min	73,0	0	–	–
9 h 7 min 20 s	73,5	20	500	20
9 h 7 min 40 s	74,0	40	500	20
9 h 8 min 20 s	75,0	80	1 000	40

T 1: Zeiten und erreichte Orte längs der Autobahn

Uhrzeit	$v = \Delta s/\Delta t$
9 h 7 min	–
9 h 7 min 20 s	25 m/s
9 h 7 min 40 s	25 m/s
9 h 8 min 20 s	25 m/s

T 2: Geschwindigkeit bei gleichförmiger Bewegung

A 1: **a)** Sie bringen längs einer „Versuchsstrecke" Ortsmarken an (die Abstände untereinander müssen nicht gleich sein). Zeitnehmer an den verschiedenen Ortsmarken starten auf Kommando ihre Uhren. Ein Mitglied Ihres Kurses joggt nun möglichst gleichmäßig an den Markierungen vorbei; es wird jeweils die Uhr gestoppt. Übertragen Sie die Zeit- und Ortswerte in eine Tabelle und berechnen Sie die Intervallgeschwindigkeiten $\Delta s/\Delta t$. **b)** Überprüfen Sie die Tachoangabe Ihres Fahrrades durch einen ähnlichen Versuch.

A 2: Rechnen Sie um: 36 km/h in m/s und mm/ms (ms = 10^{-3} s heißt Millisekunde), 10 m/s in km/h, $3 \cdot 10^{-6}$ mm/s in m/a (Geschwindigkeit des Haarwachstums, a = annus, lat.: Jahr).

A 3: Was bedeutet der Proportionalitätsfaktor v in der Gleichung $s = v\,t$?

Gleichförmige Bewegungen

1. Natürliche Bewegung im Weltall

Körper sind träge, das Trägheitsgesetz beschreibt ihr Verhalten: Bewegt sich ein Körper, so wird er sich ohne eine von außen auf ihn wirkende Kraft immer so weiterbewegen „wollen". Nichts macht ihn ja schneller, nichts bremst ihn, nichts wirft ihn aus der geradlinigen Bahn. Diese *gleichförmige Bewegung* ist die natürliche Bewegung eines Raumgleiters im Weltall, weitab von anderen Himmelskörpern. Sie ist Ausgangspunkt der Beschreibung auch von Bewegungen auf der Erde, selbst dann, wenn diese nicht mehr gleichförmig sind. Es lohnt sich also, dass wir uns damit beschäftigen.

2. Gleichförmige Bewegung auf der Erde

Bei einer monotonen Autobahnfahrt sitzen Sie hinten im Bus. Die Kraft des Motors ist nötig, um den Bus gegen die Reibungskräfte von Fahrbahn, Luft und Achslagern in Fahrt zu halten; wir sind leider nicht mehr im Weltraum. Fährt der Bus gleichförmig?

Alle 500 m sehen Sie auf Kilometersteinen Zahlen wie 73, 73,5, 74, ... Es sind Ortswerte. Wie Zahlen auf dem Zahlenstrahl geben sie die Entfernung zu einem willkürlich festgelegten Nullpunkt an. Dieser ist für die Beantwortung der obigen Frage aber belanglos. Sie brauchen nur die Orts*änderungen* $\Delta s = s_2 - s_1 = s_3 - s_2 = 0{,}5$ km (➠ *Tabelle 1*). Die Differenzbildung wird durch Δ (Delta), das große griechische D, gekennzeichnet. Der Bus bewegt sich dauernd vom Nullpunkt weg. *In diesem Fall entsprechen die Ortsänderungen den vom Bus jeweils zurückgelegten* ***Wegen****.*

Beim Vorbeifahren an den Orten s_1, s_2, s_3, ... zeigt Ihre Uhr t_1 = 9 h 7 min, t_2 = 9 h 7 min 20 s, t_3 = ... an. Mit einer Stoppuhr messen Sie auch hier nur Differenzen, z. B. $\Delta t = t_2 - t_1 = 20$ s.

Unser Bus durchfährt in gleichen Zeitabschnitten Δt immer wieder gleiche Wege Δs. Die Quotienten $\Delta s/\Delta t$ sind dann konstant (➠ *Tabelle 2*). Sie sind ein geeignetes Maß für die konstante *Geschwindigkeit*. Bei der Bewegung des Raumgleiters sind die Quotienten $\Delta s/\Delta t$ ebenfalls konstant, aber zusätzlich ändert sich bei ihm nicht einmal die Bewegungsrichtung. Eine solche Bewegung heißt in der Physik gleichförmige Bewegung.

Merksatz

Eine Bewegung mit konstanter Geschwindigkeit und gleich bleibender Richtung heißt **gleichförmige Bewegung**.
Unter der **Geschwindigkeit** $\boldsymbol{v}$ einer gleichförmigen Bewegung versteht man den konstanten Quotienten aus einer beliebigen Ortsänderung Δs und der dazu benötigten Zeit Δt:

$$\boldsymbol{v = \Delta s/\Delta t}.$$

Die Maßeinheit der Geschwindigkeit ist $[v] = 1\ \text{m/s} = 1\ \text{m} \cdot \text{s}^{-1}$.

3. Gleichförmige Bewegung im Laborexperiment

Auf einer genau waagerechten Bahn steht ein leicht beweglicher Wagen. Seine Räder sind reibungsarm gelagert. Wir stoßen ihn an und überlassen ihn dann sich selbst. Infolge des unvermeidlichen Luftwiderstands und der Rollreibung der Räder wird er langsamer. Um die der Bewegung entgegengesetzt gerichteten Kräfte auszugleichen, neigen wir die Fahrbahn leicht. Die jetzt in Fahrtrichtung entstehende Hangabtriebskraft stellt das gewünschte Kräftegleichgewicht her. Ist der Reibungsausgleich richtig gewählt – die resultierende Kraft auf den Schlitten muss null sein – wird der angestoßene Wagen weder schneller noch langsamer. Ob uns dabei der Augenschein nicht trügt, überprüfen wir im ➠ *Versuch 1* genauer.

Nach kurzem Probieren haben wir es geschafft: Der Wagen legt in gleichen Zeitintervallen in etwa gleiche Wege zurück. Anhand der ➠ *Tabelle 4* erkennen wir dieses Merkmal der gleichförmigen Bewegung. Die Quotienten $\Delta s/\Delta t$ sind konstant und damit ist es die Geschwindigkeit auch.
In dem von uns gewählten Fall – Zeiten und Wege werden jeweils von null aus gemessen – gilt aber noch mehr: Nach der doppelten (n-fachen) Zeit wird der doppelte (n-fache) Weg s zurückgelegt. s ist zu t proportional: $s \sim t$. Deshalb ist auch der Quotient s/t konstant (6. Zeile der ➠ *Tabelle 4*). Dies überrascht nicht, denn s und t sind hier ja auch nur spezielle Änderungen, nämlich solche, die sich auf null beziehen. Nur in diesem Fall gilt neben $v = \Delta s/\Delta t$ auch $v = s/t$.

Größensymbole wie v, s, t werden stets *kursiv* gedruckt, um sie von den steil gedruckten Einheitensymbolen m/s, m, s, km, h zu unterscheiden.
$\vec{v}$ ist wie der Verschiebungsweg $\vec{s}$ ein Vektor, t ist ein Skalar.

Merksatz

Bei einer gleichförmigen Bewegung mit den Anfangswerten $t = 0$ und $s = 0$ gilt neben $v = \frac{\Delta s}{\Delta t}$ auch $v = \frac{s}{t}$.
Das *Zeit-Weg-Gesetz* dieser Bewegung lautet dann $s = v\,t$.

Wachstum eines Fingernagels	0,000 000 001
Blutsenkung	0,000 002
Schnecke	0,002
Fußgänger	1,5
100 m-Sprinter	10
ICE	80
Schwalbe	90
Verkehrsflugzeug	250
Schall in Luft	340
Luftmolekül (bei 20 °C)	500
Schall in Wasser	1 480
Erde um Sonne	30 000
Licht	300 000 000

T 3: Beispiele von Geschwindigkeiten (jeweils in m/s)

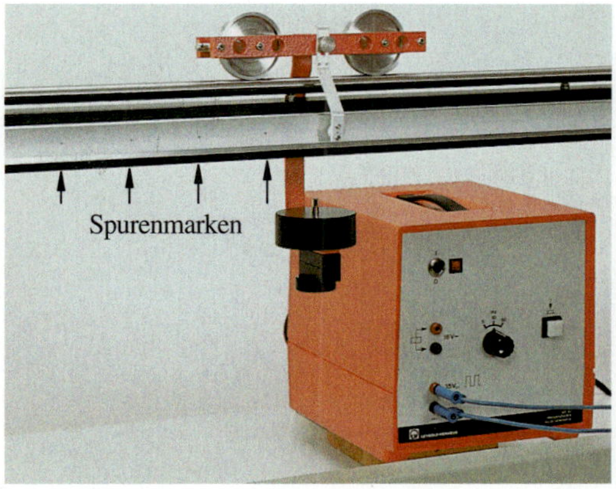

B 2: Der Fahrbahnwagen schreibt Ortsmarken in Zeitabständen von $\Delta t = 0{,}1$ s

Zeit t in s	0	0,1	0,2	0,3	0,4
Ort s in m	0	0,091	0,199	0,294	0,399
Δt in s	–	0,10	0,10	0,10	0,10
Δs in m	–	0,091	0,108	0,095	0,105
$\Delta s/\Delta t$ in m/s	–	0,914	1,077	0,950	1,047
s/t in m/s	–	0,914	0,995	0,980	0,997

T 4: Tabelle zu ➠ *Versuch 1*

V 1: a) Parallel zur Fahrbahnschiene ist ein Papierstreifen gespannt. Ihm wurde eine dünne Metallschicht (meist Zink) aufgedampft. Der fahrende Wagen zieht eine dünne Spitze darüber. Ein Zeitmarkengeber legt zwischen Metallpapier und Spitze sehr kurze Spannungsstöße (etwa 35 V) in konstanten Zeitabständen Δt, z. B. alle 0,10 s. Der kurzzeitig entstehende Strom verdampft die Metallschicht auf dem Papier unter Funkenbildung und erzeugt so schwarze Punkte als Brandmarken. Der Abstand zwischen zwei Brandmarken ist jeweils Δs.
b) Wir benennen nun eine der Brandmarken zum Anfangspunkt 0 der Weg- und Zeitmessungen. In 0 war der Wagen schon in gleichförmiger Bewegung begriffen (fliegender Start). So erhalten wir die Messwerte der ➠ *Tabelle 4*.
c) Wir stoßen den Wagen stärker an. Die Brandmarken haben nun bei gleichen Δt-Werten größere Abstände Δs voneinander. Die Quotienten $\Delta s/\Delta t$ und s/t sind unter sich zwar wieder gleich groß, aber größer als bei der langsameren Bewegung. Die Geschwindigkeit ist jetzt größer.

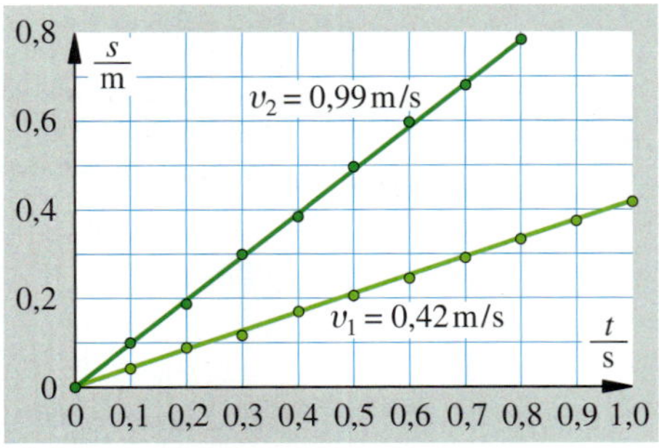

B 1: *t-s*-Diagramm gleichförmiger Bewegungen

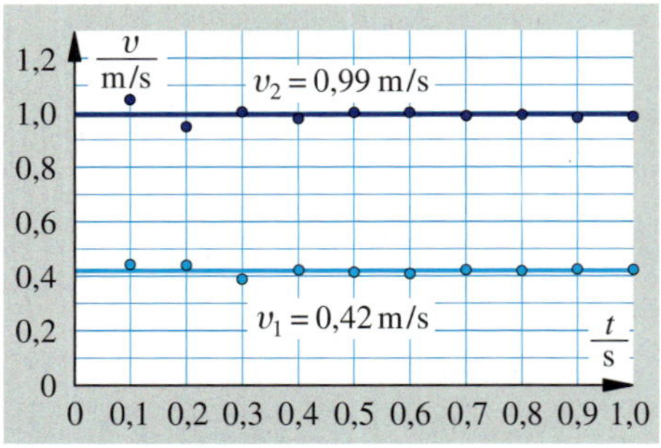

B 2: *t-v*-Diagramm der beiden Bewegungen

t in s	s_2 in m	$v_2 = s_2/t$ in m/s	Δs in m	$\Delta s/\Delta t$ in m/s
0,0	0,000	–	–	–
0,1	0,104	1,040	0,104	1,040
0,2	0,189	0,943	0,085	0,845
0,3	0,297	0,990	0,108	1,084
0,4	0,387	0,968	0,090	0,897
0,5	0,498	0,996	0,111	1,110

T 1: Einige Werte der zweiten Messung

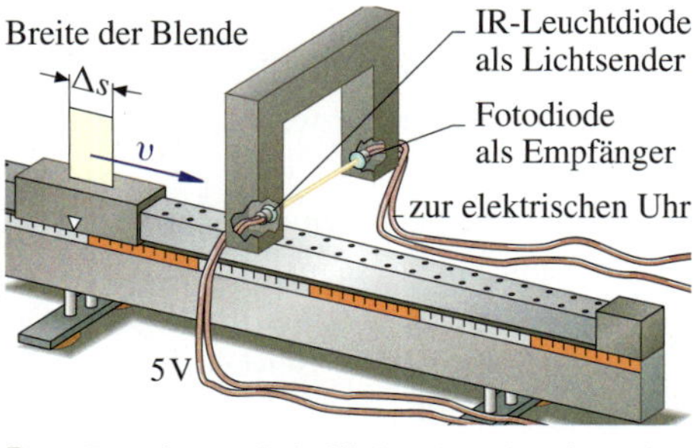

B 3: In einer Gabellichtschranke ist eine Leuchtdiode untergebracht. Sie sendet einen sehr dünnen, unsichtbaren Infrarot-(IR-)Strahl aus. Dieser trifft gegenüber auf eine Fotodiode. Bei einer Unterbrechung des Lichtwegs entsteht ein elektrisches Signal, mit dem eine Uhr gesteuert werden kann.

Bewegungen im Schaubild

1. Zeit-Diagramme für Ortsänderung und Geschwindigkeit

Trägt man die Weg- und Geschwindigkeitsmesswerte gegen die Zeit auf, so ergeben sich z. B. die Diagramme in ➡ *Bild 1* und ➡ *Bild 2*. Messwerte enthalten immer Fehler. So könnte beispielsweise bei einer Zeit-Weg-Messung jemand zu spät auf die Stopptaste der Uhr gedrückt haben. Genauer als mit Augenmaß und Handstoppuhr misst man mithilfe einer **Lichtschranke** (➡ *Bild 3*).

- *t-s*-Messung: Eine Lichtschranke steht am Anfang der Messstrecke ($s = 0$). Wird die Lichtschranke nun durchfahren, startet sie eine Uhr. Gestoppt wird die Uhr später beim Durchfahren einer zweiten Lichtschranke, die an anderer Stelle der Fahrbahn steht. Die Uhr zeigt jetzt die Zeit für den zurückgelegten Weg an.
- Δt-Δs-Messung: Eine Blende mit bekannter Breite Δs verdunkelt für eine gewisse Zeitspanne eine Lichtschranke. Eine angeschlossene Uhr läuft während dieser *Dunkelzeit* und misst so Δt.

2. Streckenzug oder Ausgleichsgerade?

Den **Zeit-Weg-Geraden** in ➡ *Bild 1* liegen u. a. die Messwerte für s_2 aus ➡ *Tabelle 1* zugrunde. Im Ursprung (0|0) haben wir $t = 0$ und $s = 0$ festgesetzt. Von dort aus verbinden wir nun nicht etwa aufeinander folgende Messpunkte durch Geradenstücke. Ein solcher Streckenzug wäre gewinkelt und sähe nach einer Wiederholung der Messung anders aus. Vielmehr erscheint es uns sinnvoll, von (0|0) aus mit Augenmaß eine Ursprungsgerade so zu zeichnen, dass die Messpunkte nach beiden Seiten hin etwa gleich weit entfernt liegen. Weitere Messpunkte würden an der Lage dieser Geraden kaum etwas ändern. Diese Gerade gleicht die Messfehler aus; man nennt sie *Ausgleichsgerade*. Die Ursprungsgerade entspricht unserer Vermutung, dass zur n-fachen Zeit t der n-fache zurückgelegte Weg s gehört: Es ist $s \sim t$.
Die Messwerte für die größere Geschwindigkeit v_2 liefern eine steilere Ursprungsgerade. Die Steigung im *t-s-Diagramm* ist also ein Maß für die Geschwindigkeit der dargestellten Bewegung. Dies überrascht nicht, denn die Steigung der Geraden ist ja wie die Geschwindigkeit durch den Differenzenquotienten $\Delta s/\Delta t$ bestimmt.

Die **Zeit-Geschwindigkeit-Geraden** nach ➡ *Bild 2* mitteln u. a. die in ➡ *Tabelle 1* berechneten Geschwindigkeitswerte v_2. Beim Ausgleich der Messfehler erhalten wir jetzt zwei horizontale Geraden. Sie entsprechen den als konstant angenommenen Geschwindigkeiten $v_1 = 0{,}42$ m/s und $v_2 = 0{,}99$ m/s.

Merksatz

Das *Zeit-Weg-Diagramm* einer gleichfömigen Bewegung ist eine Gerade. Die Steigung der Geraden entspricht der Geschwindigkeit. Das *Zeit-Geschwindigkeit-Diagramm* einer gleichförmigen Bewegung ist eine Parallele zur Zeitachse.

Interessantes

Lochrad und Lichtschranke zählen Ortsmarken

Ein Rad hat an seinem Rand in gleichen Abständen kleine Löcher. Der Abstand kann klein sein, z. B. $\Delta s = 4{,}0$ mm. Über dieses „Lochrad" legt man einen dünnen Faden, der z. B. mit einem Laborwägelchen verbunden ist. Bewegt sich nun der Wagen nach rechts,

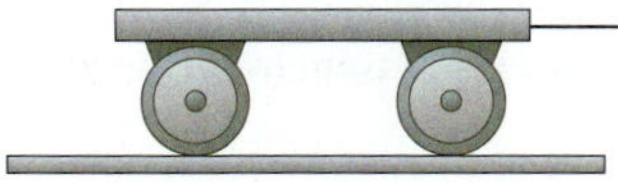

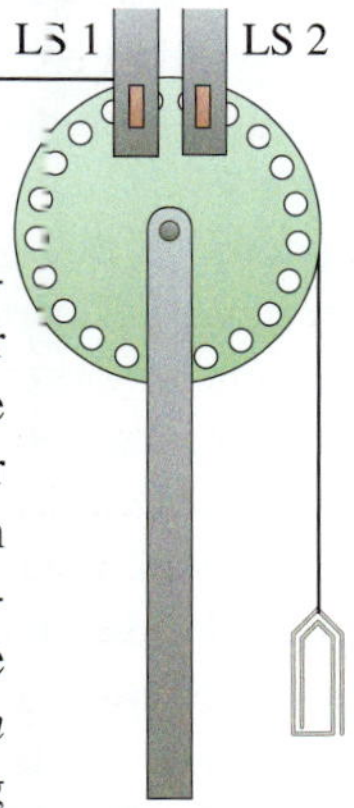

so wird das Rad im Uhrzeigersinn gedreht. Dabei wird der Strahl einer Lichtschranke (LS 1) durch die Stege zwischen den Löchern immer wieder unterbrochen. Die Unterbrechungen werden von einem Computer registriert. Solange das Rad sich nur in eine Richtung bewegt, ist ihre Anzahl n ein Maß für den zurückgelegten Weg s und damit ein Maß für den vom Wagen jeweils erreichten Ort. „Kilometerstein null" (wohl besser „Millimeterstein") muss so gewählt werden, dass $s = 0$ bei $t = 0$ ist. Man braucht den Wagen nur an die gewünschte Stelle zu schieben und den Zähler dann auf null zu setzen.

Der Computer zählt aber nicht nur. Er misst auch den zeitlichen Abstand Δt aufeinander folgender Lichtunterbrechungen an LS 1. Durch Division des bekannten Abstandes $\Delta s = 4{,}0$ mm durch die gemessene Zeit Δt berechnet der Computer die Geschwindigkeit.

Und wenn der Wagen nach kurzer Vorwärtsfahrt wieder zurückläuft? Mit *einer* Lichtschranke allein lassen sich nur Löcher *zählen*, die Dreh*richtung* des Rades wird nicht erkannt. Der Computer würde also größer werdende Ortswerte vortäuschen, obwohl sie jetzt wieder kleiner werden. Hier hilft eine zweite Lichtschranke (LS 2). Ihr Abstand zu LS 1 ist etwas größer als der Lochabstand. Wandert anfangs die Lochreihe nach rechts, so wird LS1 immer wieder etwas eher von einem Loch erreicht als LS 2. Der Computer zählt in diesem Fall aufwärts.

Bewegt sich dagegen die Lochreihe nach links, so wird LS 2 jeweils früher von einem Loch erreicht. In diesem Fall zählt der Computer rückwärts und die Ortswerte werden wieder kleiner. Links von „Millimeterstein null" werden die Ortswerte sogar wie erwartet negativ.

Die Laufzeit des Schalls liefert den Ort

Ein kleiner, batteriebetriebener Sender (S) gibt einen „Ton" konstanter Frequenz ab (meist Ultraschall mit etwa 40 000 Hz). Nach kurzer Zeit erreicht dieser den Empfänger (E). Dort wird die empfangene Schwingung verstärkt und in eine rechteckige Signalkurve umgeformt (b).

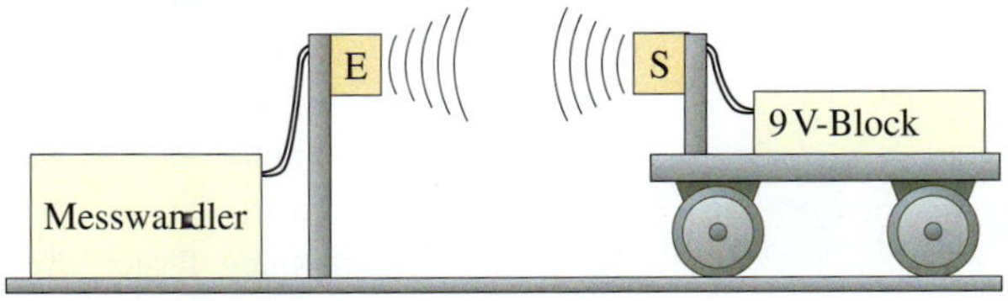

Im Messwandler wird eine zweite Rechteckkurve (a) mit exakt gleicher Frequenz erzeugt. Durch Knopfdruck am Messwandler wird Kurve (a) mit Signal (b) synchronisiert. Beide Signale springen jetzt gleichzeitig von 0 V auf 5 V; so wird „Millimeterstein null" festgelegt.

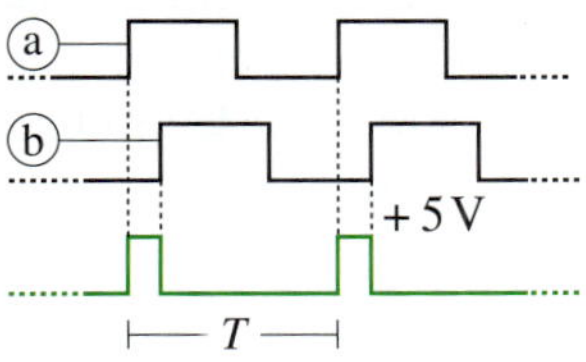

Entfernt sich nun das Fahrzeug vom Empfänger, so trifft der Schall später ein, da er für die jetzt größere Entfernung mehr Zeit braucht. Signal (b) rutscht also auf der Zeitachse nach rechts. Aus den Signalen (a) und (b) wird nun ein drittes erzeugt (grün gezeichnet). Die positive Flanke von (a) setzt das grüne Signal auf 5 V, die positive Flanke von (b) schaltet es wieder auf null. Je weiter sich nun das Fahrzeug entfernt, desto weiter verschiebt sich die Signalkurve (b) auf der Zeitachse nach rechts, die grünen „Buckel" werden im gleichen Maße breiter. Die mittlere Spannung im Zeitintervall T wird dadurch größer. Trifft die Schallwelle z. B. um $T/2$ verspätet ein, so beträgt die mittlere Spannung 2,5 V. Diese gemittelte Spannung ist also ein Maß für den Ort des Senders und damit des Fahrzeugs. Auch negative Ortswerte können dargestellt werden. Ein Ort vor Millimeterstein null schiebt Signal (b) vor das Signal (a). Jetzt wird aus (b) und (a) das dritte (grüne) Signal mit negativer Spannung erzeugt.

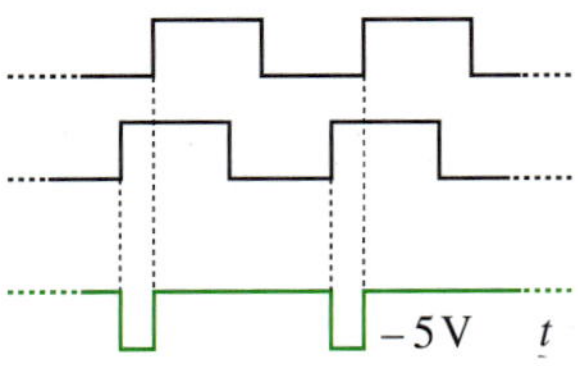

Ein Maß für die Geschwindigkeit des Fahrzeugs lässt sich ebenfalls erzeugen. Dazu synchronisiert der Messwandler Kurve (a) mit (b) unabhängig vom Ort des Senders immer wieder in kurzen Zeitintervallen Δt. Jetzt entsteht eine gemittelte Spannung, die proportional zum Quotienten $\Delta s/\Delta t$ und damit zur Geschwindigkeit v ist.

V 1: Eine Spielzeuglok fährt gleichförmig über den Tisch. Zwei Lichtschranken begrenzen die Fahrstrecke. Die erste hat zwei Aufgaben: Eine angeschlossene elektrische Uhr misst die Dunkelzeit Δt, während eine an der Lok angebrachte Blende mit der Breite Δs den Strahl unterbricht. Zusätzlich startet sie eine zweite Uhr. Diese wird gestoppt, wenn die Lok mit der Blende die zweite Lichtschranke erreicht. Der Versuch wird mit unterschiedlichen Geschwindigkeiten wiederholt.

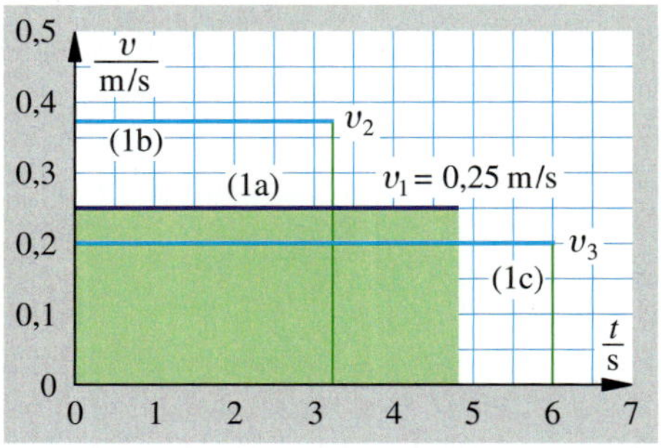

B 1: *t-v*-Diagramm: Die Rechteckfläche entspricht dem zurückgelegten Weg. Es ergibt sich immer $s = 1{,}2$ m.

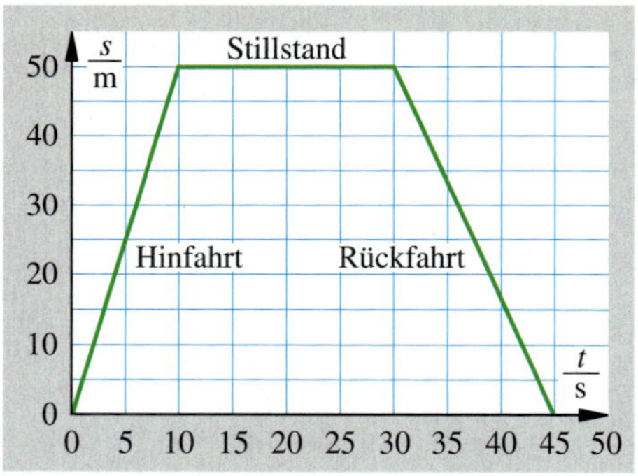

B 2: *t-s*-Diagramm eines Aufzugs: Gleichförmige Hin- und gleichförmige Rückfahrt

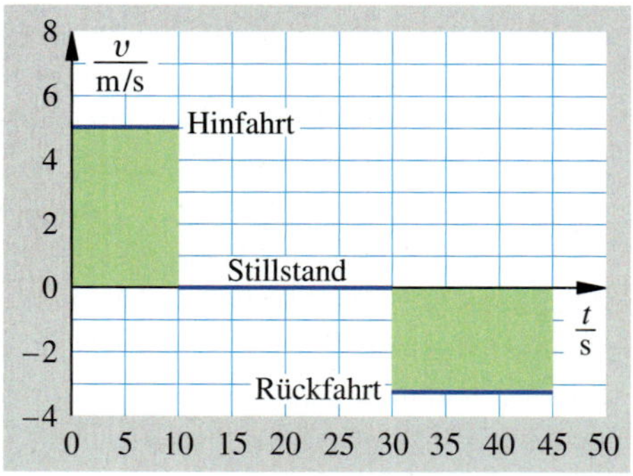

B 3: *t-v*-Diagramm des Aufzugs

3. Das *t-v*-Diagramm zeigt mehr als man vermutet

Eine Lok durchfährt gleichförmig eine bestimmte Strecke. Geschwindigkeit und Fahrzeit werden gemessen (➜ *Versuch 1*). Eine erste Messung liefert: $v = \Delta s/\Delta t = 0{,}025$ m/0,1 s = 0,25 m/s. Die Fahrzeit beträgt $t = 4{,}8$ s. Das zugehörige *t-v*-Diagramm liefert eine Parallele zur *t*-Achse (➜ *Bild 1*). Bei weiteren Versuchen mit anderen Geschwindigkeiten entstehen die Diagramme (1 b) und (1 c). Der Versuch wird abgebaut. Nun fragt jemand nach dem zurückgelegten Weg, also nach der von null aus gemessenen Ortsänderung $\Delta s = s$ – zu spät?

Eine gleichförmige Bewegung, die bei $t = 0$ s mit $s = 0$ m beginnt, hat als Geschwindigkeit $v = s/t$. Hieraus lässt sich der unbekannte Fahrweg ermitteln: $s = v \cdot t = 0{,}25$ m/s · 4,8 s = 1,2 m. Dieser *Weg* erscheint – so paradox es klingt – als *Fläche* zwischen *v*-Kurve und *t*-Achse. In ➜ *Bild 1* ist es der Flächeninhalt des grün getönten Rechtecks mit der Grundseite $t = 4{,}8$ s und der Höhe $v = 0{,}25$ m/s. Wiederholt man die Fahrt mit größerer Geschwindigkeit, so braucht man für den gleichen Weg eine entsprechend kürzere Zeit. Im *t-v*-Diagramm entsteht ein höheres, aber dafür schmaleres Rechteck. Sein Flächeninhalt beträgt nun wieder 1,2 m (➜ *Bild 1*). Bei kleinerer Geschwindigkeit wird das Rechteck entsprechend flacher und breiter.

4. Hin- und Rückfahrt – es gibt negative Geschwindigkeiten

➜ *Bild 2* zeigt das Auf- und Abwärtsfahren eines Aufzugs (stark vereinfacht ohne Beschleunigungs- und Bremsphase). Die Änderung der Höhe, also die Ortsänderung $\Delta s = s_{\text{später}} - s_{\text{früher}}$ und deshalb auch die Geschwindigkeit $v = \Delta s/\Delta t$ sind beim Abwärtsfahren negativ. Ein ähnliches Diagramm bekämen wir, wenn wir mit einem Bewegungsmesswandler das Hin- und Zurückfahren unserer Spielzeuglok aufzeichnen würden. Immer gilt: *Wenn die Ortsachse festgelegt worden ist, z. B. nach rechts positiv, dann hat eine Bewegung nach rechts eine positive Geschwindigkeit. Eine Bewegung gegen diese Richtung hat dann einen negativen Geschwindigkeitswert.*

Im *t-v*-Diagramm spiegelt sich das Hin und Her ebenfalls wider; dies zeigen die unterschiedlichen Abschnitte in ➜ *Bild 3*. Die beiden sich ergebenden Flächen sind erwartungsgemäß dem Betrage nach gleich groß, schließlich ist der Rückweg nicht länger als der Hinweg. Die Vorzeichen bei der Flächenberechnung sind aber verschieden, da sie ja vom Faktor v im Produkt $v \cdot \Delta t$ abhängen. Eine unter der *t*-Achse liegende Fläche im *t-v*-Diagramm spiegelt also den Rückweg wider.

Merksatz

Im *t-v*-Diagramm einer gleichförmigen Bewegung wird der zurückgelegte Weg Δs durch die Rechteckfläche zwischen *v*-Kurve und *t*-Achse im Intervall Δt angegeben.
Bei einer Bewegung gegen die festgelegte positive Richtung liegen *v*-Kurve und Fläche im negativen Bereich.

Beispiel

Fahrt mit dem Aufzug

Geschwindigkeiten des Aufzugs aus dem t-s-Diagramm (→ Bild 2):

Abschnitt 1: $v > 0$ im Zeitintervall [0 s; 10 s]. Es gilt für den Aufzug:

$$\boldsymbol{v_1} = \frac{\Delta s}{\Delta t} = \frac{s(10\text{ s}) - s(0\text{ s})}{10\text{ s} - 0\text{ s}} = \frac{50\text{ m} - 0\text{ m}}{10\text{ s} - 0\text{ s}} = \mathbf{5\ \frac{m}{s}}.$$

Der zurückgelegte Weg ist direkt ablesbar: 50 m

Abschnitt 2: $v = 0$ im Zeitintervall [10 s; 30 s]. Für den Aufzug gilt:

$$\boldsymbol{v_2} = \frac{\Delta s}{\Delta t} = \frac{s(30\text{ s}) - s(10\text{ s})}{30\text{ s} - 10\text{ s}} = \frac{50\text{ m} - 50\text{ m}}{30\text{ s} - 10\text{ s}} = \frac{0\text{ m}}{20\text{ s}} = \mathbf{0\ \frac{m}{s}}.$$

Dies sieht man dem *t-s*-Diagramm auch direkt an: Der Ortswert bleibt konstant, der Aufzug steht.

Abschnitt 3: $v < 0$ im Zeitintervall [30 s; 45 s]. Jetzt gilt:

$$\boldsymbol{v_3} = \frac{\Delta s}{\Delta t} = \frac{s(45\text{ s}) - s(30\text{ s})}{45\text{ s} - 30\text{ s}} = \frac{0\text{ m} - 50\text{ m}}{45\text{ s} - 30\text{ s}} = \frac{-50\text{ m}}{15\text{ s}}$$

$$\mathbf{= -3\tfrac{1}{3}\ \frac{m}{s}}.$$

Die Geschwindigkeit ist jetzt negativ, ihr Betrag ist kleiner als im 1. Abschnitt. Der Aufzug fährt langsamer nach unten als nach oben.

Zurückgelegte Wege aus dem t-v-Diagramm (→ Bild 3):

Abschnitt 1: $\boldsymbol{\Delta s} = v \cdot \Delta t = 5\ \frac{\text{m}}{\text{s}} \cdot (10\text{ s} - 0\text{ s}) = \mathbf{50\ m}.$

Abschnitt 2: Die Geschwindigkeit ist null; der Aufzug erfährt keine Ortsveränderung: $\boldsymbol{\Delta s = 0}$.

Abschnitt 3: $\boldsymbol{\Delta s} = v \cdot \Delta t = -3\tfrac{1}{3}\ \frac{\text{m}}{\text{s}} \cdot (45\text{ s} - 30\text{ s})$ $\mathbf{= -50\ m}.$

Der Aufzug ist wieder unten angekommen.

... noch mehr Aufgaben

A 1: Ein Auto fährt 30 s mit $v_1 = 72$ km/h geradeaus, danach 48 s mit $v_2 = 36$ km/h weiter. Dann bleibt es 20 s lang stehen. Schließlich fährt es mit $v_3 = -54$ km/h an den Ausgangspunkt zurück. Zeichnen Sie dazu ein *t-s-* und ein *t-v-*Diagramm. Wie lange dauert die Rückfahrt?

A 2: Tragen Sie die Punkte aus der Tabelle in ein *t-s*-Diagramm ein und zeichnen Sie die Ausgleichsgerade. Bestimmen Sie die Geschwindigkeit.

t/s	0	1	2	3	4
s/m	0	4,2	7,9	11,7	16,3

A 3: Im *t-s*-Diagramm → *Bild 4* sehen Sie zwei ansteigende Geraden, die steilere beginnt später.

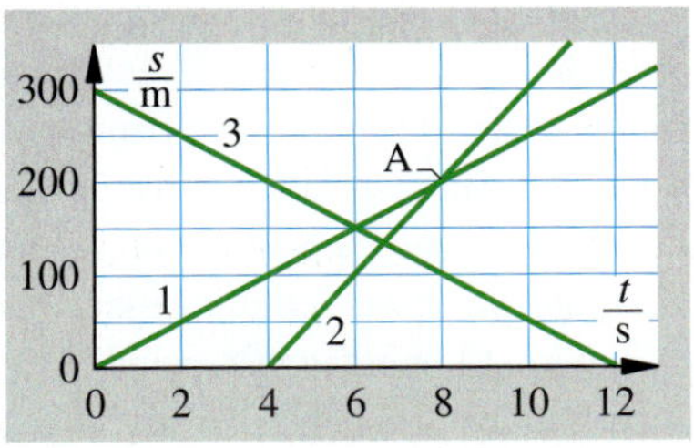

B 4: *t-s*-Diagramm zu → *Aufgabe 3*

a) Was bedeuten sie, wenn man an Autos denkt? Welche Geschwindigkeit haben diese? Was bedeutet der Schnittpunkt A? **b)** Interpretieren Sie Gerade 3. Was bedeuten die Schnittpunkte mit den beiden anderen Geraden? **c)** Zeichnen Sie das *t-v*-Diagramm!

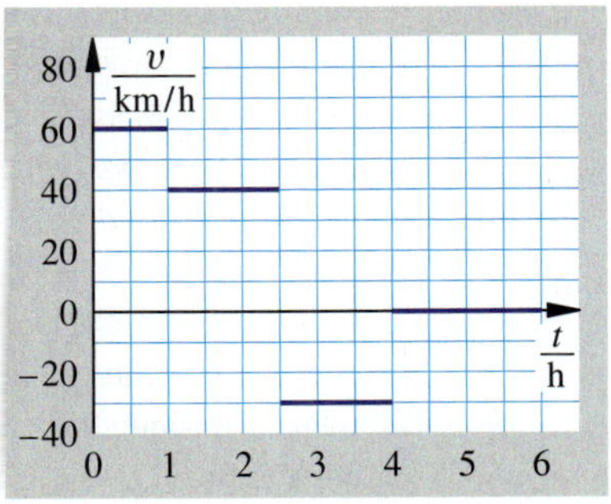

B 5: *t-v*-Diagramm → *Aufgabe 4*

A 4: a) Interpretieren Sie → *Bild 5.* Berechnen Sie die Ortsänderungen in den einzelnen Intervallen und insgesamt daraus den Zielort. Zeichnen Sie das zugehörige *t-s*-Diagramm ($s(0\text{ s}) = 0$ m). **b)** Ein anderes Fahrzeug fährt mit konstanter Geschwindigkeit direkt zum Zielort. Beide Fahrzeuge kommen gleichzeitig an. Welche Geschwindigkeit hatte das zweite Fahrzeug?

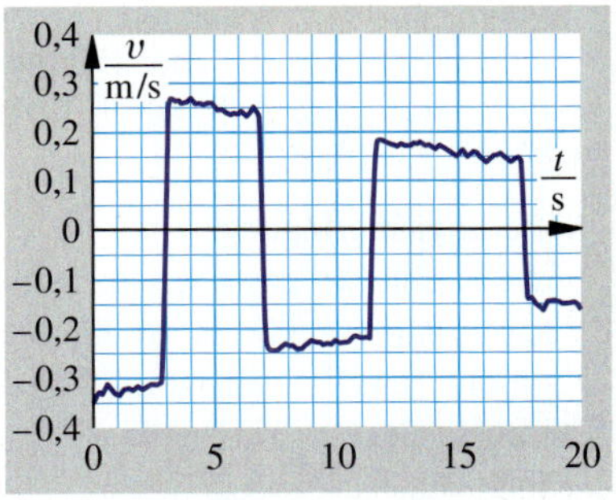

B 6: *t-v*-Diagramm → *Aufgabe 5*

A 5: Ein Schlitten bewegt sich auf einer Luftkissenbahn. → *Bild 6* zeigt das mithilfe von Sensor und Computer gewonnene *t-v*-Diagramm. **a)** Beschreiben Sie die Bewegung. **b)** Bestimmen Sie die mittleren Geschwindigkeitswerte in den einzelnen Bewegungsabschnitten. **c)** Berechnen Sie die jeweils zurückgelegten Wege (Beachten Sie dabei das Vorzeichen!). Was fällt auf? Um welche Bewegung handelt es sich also?

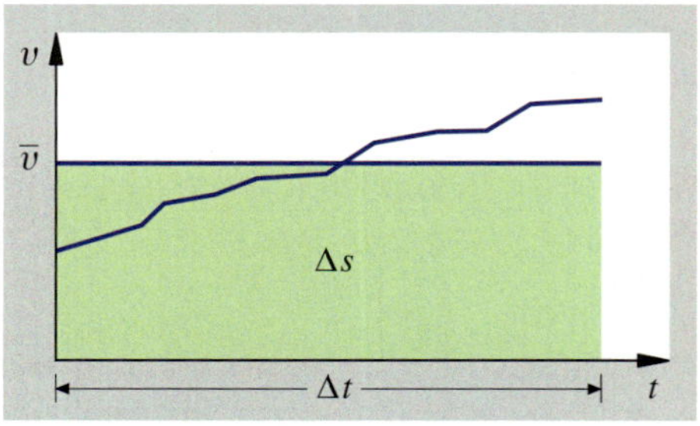

B 1: t-v-Diagramm eines von Hand gezogenen Spielzeugautos. Im Durchschnitt fuhr es so schnell, wie die waagerechte Linie es widerspiegelt.

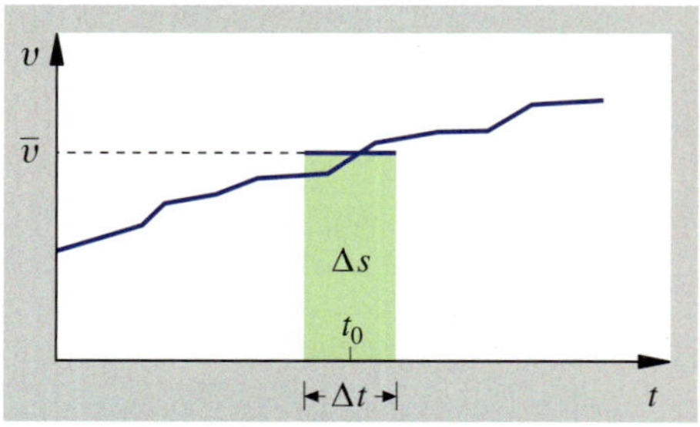

B 2: Je kleiner Δt, desto kleiner ist die Abweichung der Durchschnittsgeschwindigkeit von jeder beliebigen Momentangeschwindigkeit im gleichen Zeitintervall

Vertiefung

Näherungsüberlegung

Die Rechtecke zwischen Zeitachse und v-Kurve haben die Breite Δt. Ihre Fläche entspricht jeweils dem im Zeitintervall Δt zurückgelegten Wegstück (z. B. Δs_2) bei dort konstant angenommener Geschwindigkeit. Der wahre zurückgelegte Weg wird durch die Summe aller Rechteckflächen angenähert. Die Näherung ist umso besser, je kleiner Δt gewählt wird. Dabei nähert sich die Treppenfigur immer mehr der wahren Fläche unter der v-Kurve. Die Treppenfigur muss also das richtige Maß für den Gesamtweg sein.

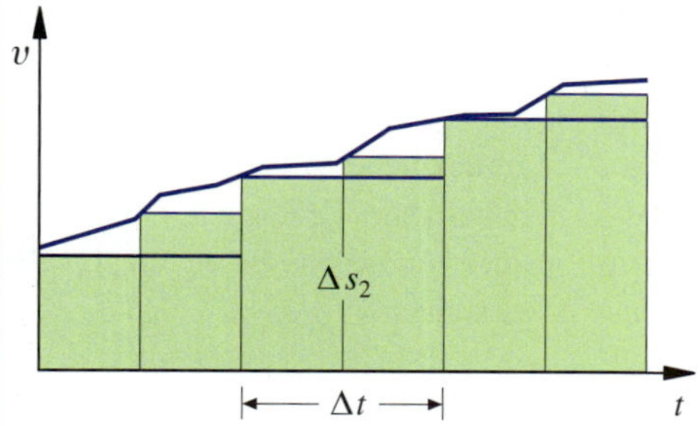

Die Momentangeschwindigkeit

1. Durchschnittsgeschwindigkeit, eine Als-Ob-Aussage

Ein Autofahrer sagt, er habe von Hannover nach Bochum (Δs = 240 km) 3 Stunden gebraucht, er sei also „im Schnitt" 80 km/h gefahren. Trotz wechselnder Fahrweise rechnet er so, *als ob* er eine konstante Geschwindigkeit eingehalten hätte.

Wir ahmen die Fahrt nach. Dazu schieben wir ein Laborwägelchen von Hand über den Tisch. Mit einem Bewegungsmesswandler zeichnen wir die wechselnde Geschwindigkeit auf. Die Fläche unter der unregelmäßigen v-Kurve (➠ *Bild 1*) entspricht dabei dem zurückgelegten Weg (➠ *Vertiefung*). Mit einem Motorwägelchen versuchen wir die „Teststrecke" in der gleichen Zeitspanne zu durchfahren. Im t-v-Diagramm (➠ *Bild 1*) entsteht daraus die zur t-Achse parallele Linie. Bei richtig gewählter Geschwindigkeit ist die Rechteckfläche unter dieser Linie jetzt genauso groß wie die zuvor entstandene Fläche. Die *Durchschnittsgeschwindigkeit* $\overline{v} = \Delta s/\Delta t$ ist also die *konstante Ersatzgeschwindigkeit*, mit der man für die gleiche Strecke dieselbe Zeit gebraucht hätte.

2. Geschwindigkeit in einem Zeitpunkt?

Als Geschwindigkeit ist definiert: $v = \Delta s/\Delta t$. In einem Zeit*punkt* kann der Ort noch nicht gewechselt worden sein, eine Geschwindigkeitsangabe erscheint sinnlos. Auch mathematisch ist $\Delta s/\Delta t$ für $\Delta t = 0$ nicht definiert. In einem Zeitpunkt kann v nicht gemessen werden.

Nun kennen wir aber Situationen, in denen eine solche Angabe dennoch gemacht wird. Denken wir an eine Autofahrt. Wir beobachten den Tacho. Zu jedem Zeitpunkt zeigt seine Nadel auf eine bestimmte Geschwindigkeit. Um Punkt 12 h ist z. B. die Geschwindigkeit genau 80 km/h. Geschwindigkeit also doch in einem Zeitpunkt, in einem Moment? Gibt es eine *Momentangeschwindigkeit*?

Nehmen wir den einfachsten Fall einer konstanten Geschwindigkeit. Hier können wir jedes Zeitintervall zur Bestimmung der Geschwindigkeit wählen, der Quotient $\Delta s/\Delta t$ ist ja immer gleich. So können wir ohne Widerspruch fordern: Die Geschwindigkeit in jedem Zeitpunkt soll die konstante Intervallgeschwindigkeit sein.

Bei nicht gleichförmiger Bewegung müssen wir uns schon mehr einfallen lassen. Hier orientieren wir uns an der Durchschnittsgeschwindigkeit in Intervallen. Für unregelmäßige v-Kurven wie in ➠ *Bild 2* zeigt, dass sich die mit einem Messwandler ermittelten Geschwindigkeiten in einem kleinen Zeitintervall nur wenig von der Durchschnittsgeschwindigkeit dort unterscheiden. Je kleiner wir dieses Intervall wählen, desto geringer werden die Unterschiede. Wir wollen deshalb hier unter „Momentangeschwindigkeit" denjenigen Geschwindigkeitswert verstehen, dem sich die Durchschnittsgeschwindigkeit bei kleiner werdenden Messintervallen immer mehr nähert.

3. Momentangeschwindigkeit – genau genug gemessen

Es gibt eine raffinierte Methode, die Momentangeschwindigkeit eines beschleunigt bewegten Schlittens auf der Luftkissenbahn exakt zu ermitteln. Dazu stellt man am Ort s_0, an dem die Momentangeschwindigkeit v_{mom} gemessen werden soll, die beschleunigende Kraft ab (➠ *Versuch 1*). Nach dem Trägheitsgesetz bewegt sich der Schlitten jetzt mit der konstanten Geschwindigkeit $v_0 = v_{mom}$ weiter. Sie kann an jeder beliebigen Stelle der nachfolgenden Strecke bequem aus $\Delta s/\Delta t$ gemessen werden. Man benutzt dazu eine Lichtschranke (LS 2), die durch eine am Schlitten befestigte Blende unterbrochen wird. Dabei ist es völlig gleichgültig, wie breit diese ist – die Bewegung ist ja gleichförmig.

Nun bestimmen wir mit einer weiteren Lichtschranke (LS 1) die *mittlere* Geschwindigkeit $\overline{v}$ der *beschleunigten* Bewegung bis zur Marke s_0. Wir stellen dazu die Lichtschranke so auf, dass die Messstrecke Δs in s_0 endet. An der einen Lichtschranke wird jetzt also die mittlere Geschwindigkeit $\overline{v}$ im Intervall, an der anderen die Momentangeschwindigkeit v_0 gemessen. ➠ *Versuch 1* zeigt, wie sich $\overline{v}$ mit kleiner werdenden Δs und Δt zunehmend besser der immer gleichen Momentangeschwindigkeit v_0 anpasst.

Merksatz

In der Praxis finden wir die **Momentangeschwindigkeit** näherungsweise als Durchschnittsgeschwindigkeit in einem möglichst kleinen Zeitintervall.

Dies gilt bei beliebigen Bewegungen, konstanten, gleichmäßig schneller werdenden und auch bei ungleichmäßig verlaufenden Geschwindigkeiten. Die Dunkelzeitmessung mit Lichtschranken ist für einzelne Messpunkte also auch eine Alternative zur Benutzung eines Bewegungsmesswandlers – er macht es übrigens auch nicht anders.

4. Der Fahrtenschreiber notiert die Geschwindigkeiten

Für Lkw und Busse gibt es strenge gesetzliche Bestimmungen. Es sollen bestimmte Höchstgeschwindigkeiten eingehalten werden (z. B. 80 km/h auf Landstraßen). Zudem dürfen die Fahrer nur eine begrenzte Zeit hinter dem Steuer sitzen, ohne eine längere Pause einzulegen. Die Polizei kann beides anhand der Diagramme eines in den Wagen eingebauten Fahrtenschreibers ermitteln. Er registriert die Momentangeschwindigkeit über viele Stunden.

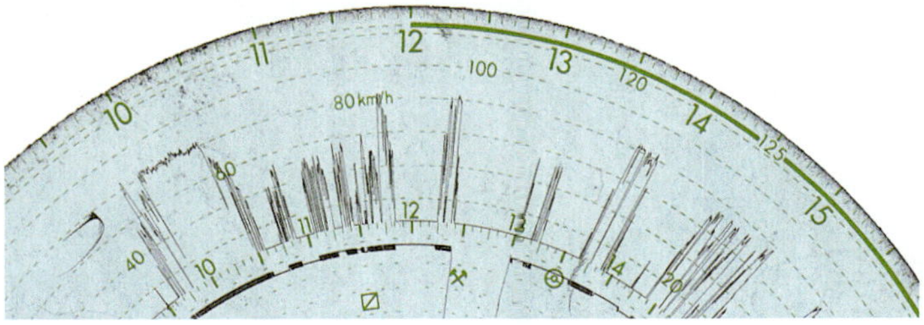

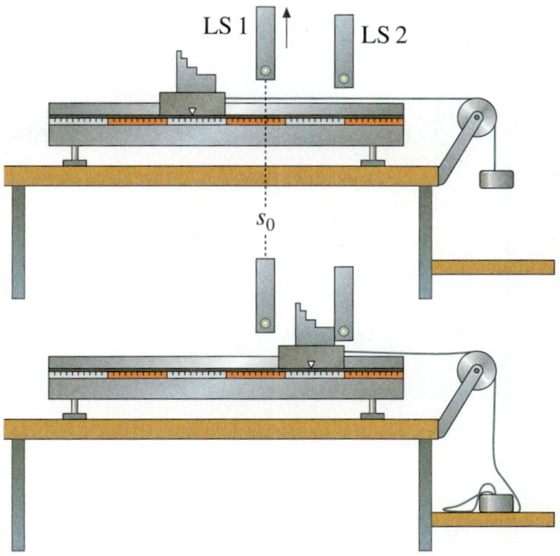

V 1: Ein Schlitten auf waagerechter Luftkissenfahrbahn wird von einem kleinen Wägestück beschleunigt. Im Zeitpunkt t_0 hat die aufgesteckte Blende die erste Lichtschranke (LS 1) gerade vollständig passiert. Genau jetzt setzt das Wägestück auf, der Schlitten fährt gleichförmig weiter. Die Momentangeschwindigkeit v_0 des Schlittens zum Zeitpunkt t_0 ist „konserviert" und kann mit einer Dunkelzeitmessung an LS 2 ermittelt werden. Vor dem nächsten Versuch wird LS 1 etwas angehoben. Die nächste Durchschnittsgeschwindigkeit $\overline{v}$ wird nun mit schmalerer Blende (Breite Δs; ebenfalls Dunkelzeitmessung) ermittelt. Ergebnisse:

Δs in m	Δt in s	$\overline{v}$ in m/s	v_0 in m/s	Differenz in %
0,100	0,103	0,974	1,000	2,6
0,050	0,051	0,987	1,000	1,3
0,025	0,025	0,994	1,000	0,6
0,010	≈ 0,010	≈ 1,000	1,000	0,0

A 1: Bestimmen Sie aus dem Diagramm unten den in 6 Stunden zurückgelegten Weg. Wie groß war die Durchschnittsgeschwindigkeit? Vergleichen Sie mit der größten Momentangeschwindigkeit.

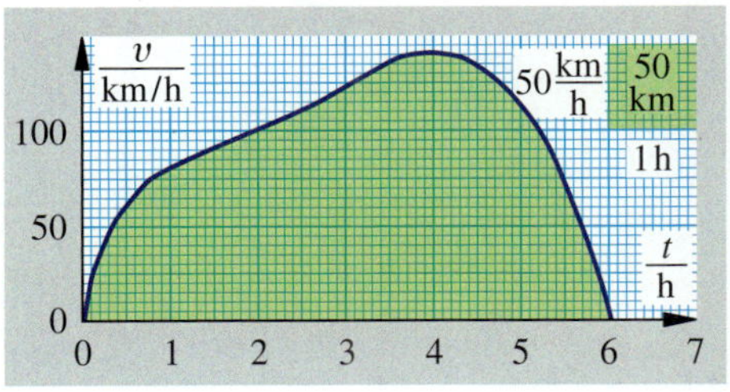

Interessantes

Verkehrsphysik I

Überholen erfordert Weit-Sicht

Viele Unfälle entstehen durch leichtsinniges Überholen. Eine Lücke vor dem Vordermann verleitet so manchen Fahrer, schnell auszuscheren und aufs Gaspedal zu treten. Aber der Überholweg ist länger als man glaubt: Der Sicherheitsabstand muss abgebaut werden, am Vordermann muss man vorbeifahren, ein neuer Sicherheitsabstand muss aufgebaut werden. Während dies alles abläuft, nähert sich gleichzeitig ein Fahrzeug aus der Gegenrichtung. Dessen Schnelligkeit ist zudem schwer einzuschätzen. Überholen will also wohl überlegt sein!

Überholvorgang im *t*-*s*-Diagramm

Wir untermauern unsere Überlegungen mit einem Beispiel. Ein Lastzug der Länge $L = 15$ m fährt mit $v_L = 54$ km/h $= 15$ m/s (➠ *Bild 1*, dunkelgrüne Gerade) vor sich hin. Ein Pkw ($l = 5$ m) folgt im „2-Sekunden-Abstand“ $a = 30$ m. Nach $t_1 = 3$ s überholt er den Lkw mit der jetzt größeren, konstanten Geschwindigkeit $v_P = 90$ km/h $= 25$ m/s. (Der Knick in der hellgrünen Linie bedeutet nicht etwa das Ausscheren auf die Gegenfahrbahn!) Erst nach Erreichen des Sicherheitsabstands a vor dem Lkw beendet der Pkw den Überholvorgang (Zeitpunkt $t_2 = 11$ s) und nimmt die ursprüngliche Geschwindigkeit wieder ein. Für das gesamte Manöver braucht er die Überholzeit $\Delta t_ü$ und legt auf der Gegenspur die Strecke $\Delta s_ü$ zurück. Dieser Überholweg $\Delta s_ü$ ist insgesamt 200 m lang (➠ *Überholvorgang berechnet*)!

Überholvorgang berechnet:

Wie lange dauert der Überholvorgang?

Während des Überholens legt der Pkw die Strecke $\Delta s_ü$ zurück. Wir drücken sie auf zwei Arten aus (➠ *Bild 1*):

$$\Delta s_ü = v_P \cdot \Delta t_ü \quad \text{und} \quad \Delta s_ü = 2\,a + L + l + v_L \cdot \Delta t_ü$$

Gleichsetzen und Umformen liefert die Überholzeit:

$$\Delta t_ü = \frac{2\,a + L + l}{v_P - v_L} = \frac{2 \cdot 30\text{ m} + 15\text{ m} + 5\text{ m}}{25\text{ m·s}^{-1} - 15\text{ m·s}^{-1}} = 8\text{ s}$$

Wie lang ist nun der Überholweg?

$$\Delta s_ü = v_P \cdot \Delta t_ü = 25\text{ m·s}^{-1} \cdot 8\text{ s} = 200\text{ m}$$

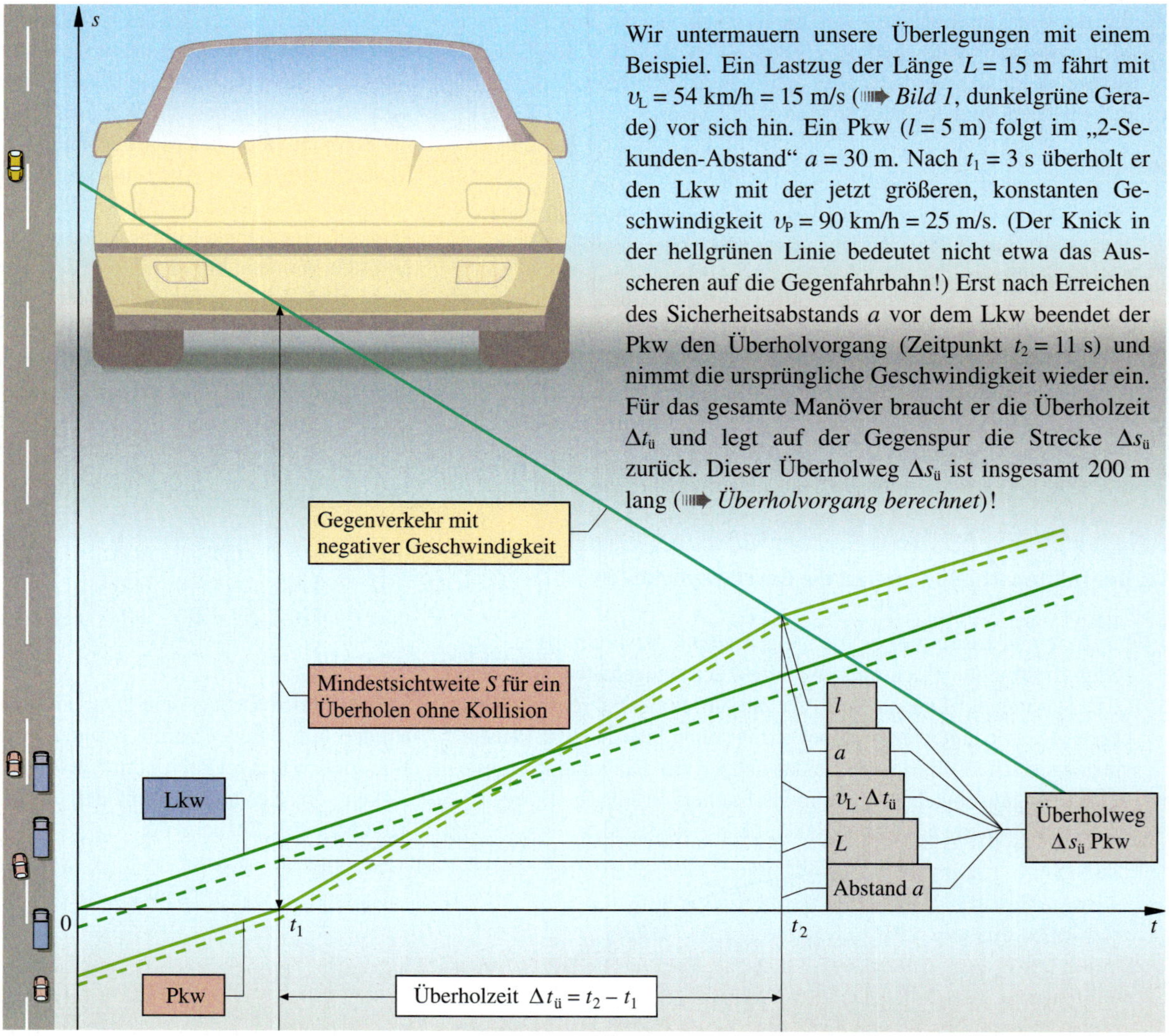

B 1: *t*-*s*-Diagramm eines Überholvorgangs mit Gegenverkehr

Interessantes

Achtung: Gegenverkehr

Dem überholenden Pkw kommt ein anderes Auto mit $v_G = -108$ km/h $= -30$ m/s entgegen. Ab welchem Mindestabstand S von diesem Auto darf der Pkw nicht mehr zum Überholen ansetzen?

Zum Zeitpunkt t_1 (➡ *Bild 1*) ist der Pkw am Ort $s_ü = 0$, der Gegenverkehr hat den Ortswert $s_G = S$. Beide treffen sich zum Zeitpunkt t_2 am *gleichen* Ort $s_G(t_2) = s_ü(t_2)$. Für beide gilt:

Neuer Ort = alter Ort + Ortsänderung, also

$$S + \Delta s_G = 0 + \Delta s_ü.$$

Mit $\Delta s_G = v_G \cdot \Delta t_ü = -30$ m/s $\cdot$ 8 s $= -240$ m und $\Delta s_ü =$ 200 m folgt nun:

$$S = 0 + \Delta s_ü - \Delta s_G = 200 \text{ m} - (-240 \text{ m}) = 440 \text{ m}.$$

Ist die *Sichtweite* kleiner als S (Kurven, Kuppen, Nebel), so wird Überholen lebensgefährlich!

Kolonnenfahrt – „Zwei-Sekunden-Abstand"

➡ *Bild 2* zeigt nicht etwa die Spuren von Motorrädern, die nach rechts oben aus dem Bild verschwanden. Vielmehr handelt es sich auch hier um *t-s-Diagramme.* In zeitlicher Abfolge sind die Positionen hintereinander fahrender Autos eingezeichnet. Zum Zeitpunkt $t = 0$ sind die Autos an der s-Achse aufgereiht. Legen Sie einen Maßstab auf die s-Achse und verschieben Sie ihn von dort nach rechts bis zum Zeitpunkt $t = 2$ s. Dann können Sie die Positionen der Autos zu diesem Zeitpunkt und die *Kopfabstände* Δs zwischen ihnen ablesen. Sie betragen etwa 40 m.

Auf der t-Achse und den Parallelen zu ihr liest man die *Zeitlücken* Δt zwischen den Fahrzeugen ab. Diese misst eine Person P am Straßenrand bei $s = 120$ m zu $\Delta t \approx 2$ s. Hieraus berechnet man die Geschwindigkeit des ersten Autos zu $v_1 = \Delta s/\Delta t = 40$ m/2 s $= 20$ m/s $=$ 72 km/h. Mit diesem *Zwei-Sekunden-Abstand* kann relativ sicher gefahren werden. So bremst z. B. Fahrer 3 etwas ab. Sein t-s-Diagramm wird flacher. Doch schließt er dann wieder zum Vordermann auf. Diese Störung ist beim Fahrzeug 6 wieder vollständig abgeklungen. Ein *stabiler Verkehrsfluss* liegt vor.

Die Zeitlücken Δt zwischen den Fahrzeugen nach ➡ *Bild 3* liegen unter 2 s. Das kurzzeitige Abbremsen von Fahrzeug 2 löst bei den nachfolgenden immer stärker werdende Reaktionen aus. Fahrzeug 4 findet zwar noch den Anschluss an die Kolonne; 5 bis 8 kommen aber zum Stehen und lösen einen *Verkehrsstau aus dem Nichts* aus. Der Verkehrsfluss ist wegen zu kurzer Zeit- und Weglücken *labil* und extrem gefährlich.

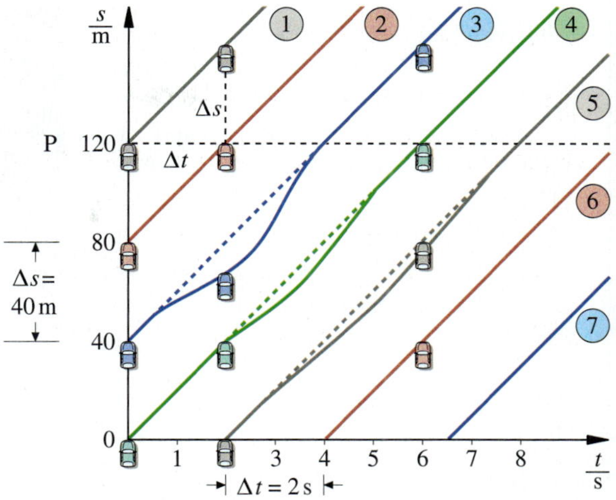

B 2: *t-s*-Diagramm eines stabilen Verkehrsflusses

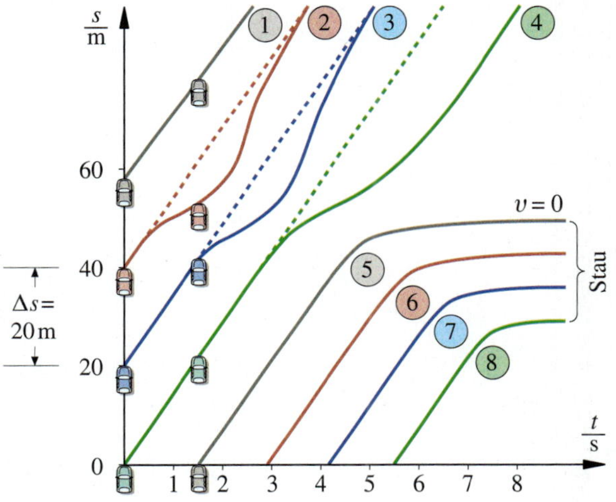

B 3: *t-s*-Diagramm eines labilen Verkehrsflusses

A 1: Legen Sie ein Stück Pauspapier über die s-Achse von ➡ *Bild 1* und zeichnen Sie die Positionen der drei Fahrzeuge für $t = 0$ ein. Zeichnen Sie dann weiter rechts für fünf spätere Zeitpunkte neue Positionen der drei Fahrzeuge ein.

A 2: a) Wie lange braucht ein Lkw ($v_1 = 60$ km/h), um einen anderen ($v_2 = 54$ km/h) zu überholen, wenn er bei $a = 20$ m Abstand ein- und ausschert und jeder $l = 10$ m lang ist? Wie lang ist der Überholweg? **b)** Bei welcher Sichtweite S ist Überholen noch möglich, wenn der Gegenverkehr mit $v_3 = -108$ km/h fährt?

A 3: Welches ist nach ➡ *Bild 3* der kürzeste Abstand von Auto 3 und 4, wenn die Fahrzeuge je 4,5 m lang sind? Entspricht er dem kürzesten Abstand der gezeichneten Kurven?

V 1: Eine etwa 20 m lange zweiadrige Litze wird anstelle des Lampendrahtes an die Lichtmaschine eines Fahrrades angeschlossen – zur Vorsicht in Höhe des Gepäckträgers mit Stecker und Kupplung als „Sollbruchstelle". Das andere Ende führt zu einem *t-y*-Schreiber oder dem Interface eines Computers. Die bei der Drehung des Dynamomagneten entstehende Wechselspannung wird nach ⇒ *Bild 1* mit der Diode D gleichgerichtet und mit Kondensator C und Widerstand R geglättet.

B 3: Mit dem Fahrraddynamo erfassen wir die Geschwindigkeit

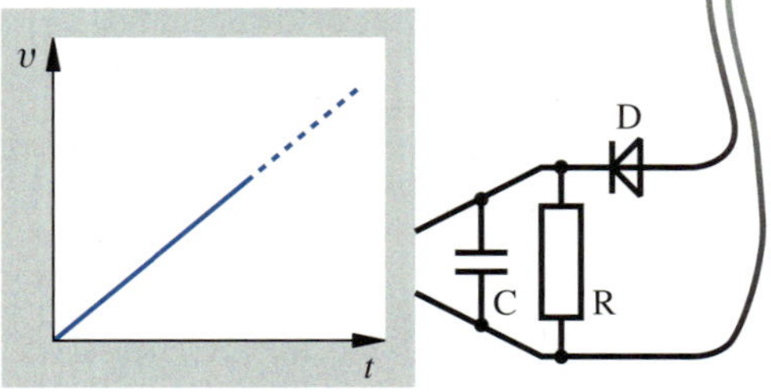

B 1: Schaltbild zur Aufzeichnung von v

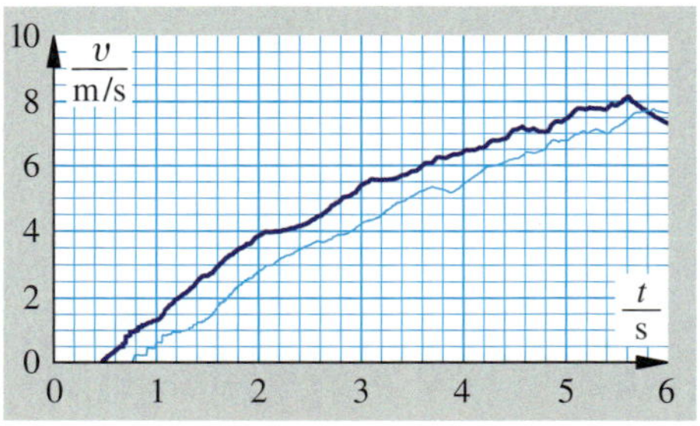

B 2: Messkurven des anfahrenden Fahrrades (zwei Fahrten)

V 2: Die Luftkissenbahn (⇒ *Bild 4*) erhält ihre Neigung durch einseitiges Unterlegen eines Brettchens. Am oberen Ende wird der Gleiter von einem Elektromagneten festgehalten. Ein Knopfdruck unterbricht den Stromkreis, der Schlitten startet. Während der Fahrt misst ein Sensor kontinuierlich die Geschwindigkeit. Sein Signal wird von einem *t-y*-Schreiber oder Computer aufgezeichnet. Anstelle der kontinuierlichen Messung kann die Momentangeschwindigkeit auch mit einer Lichtschranke gemessen werden. Wird sie durchfahren, hält eine Uhr die Fahrzeit fest, eine andere die Verdunkelungsdauer. So bekommt man die Geschwindigkeit zu einem Zeitpunkt. Für weitere Messpunkte wiederholt man die Messung an einer anderen Stelle der Bahn.

Beschleunigte Bewegungen

1. Jetzt geht's los – konstante Kraft voraus!

Wir starten ein Fahrrad aus dem Stand mit konstanter Kraft (immer tangential zum Pedalkreis; ⇒ *Versuch 1*).

Nimmt die Geschwindigkeit dann nach einer einfachen Gesetzmäßigkeit zu? ⇒ *Bild 2* zeigt das Ergebnis zweier Starts. Es sieht so aus, als nähme die Geschwindigkeit proportional zur Zeit zu. Allerdings sind auch Abweichungen zu erkennen. Hat die Versuchsperson doch nicht mit konstanter Kraft getreten? Oder ist möglicherweise die erzeugte Spannung nicht proportional zur gefahrenen Geschwindigkeit? Das müsste einmal überprüft werden. Wir wollen darauf nicht warten und gehen deshalb ins Labor.

2. Garantiert konstante Kraft auf der schiefen Ebene

Wir möchten genau wissen, was passiert, wenn auf einen Körper eine konstante Kraft in Bewegungsrichtung wirkt. Unter Laborbedingungen können wir für eine konstante Kraft garantieren.

Wir benutzen dazu eine Luftkissenfahrbahn (⇒ *Versuch 2*). Durch Unterlegen eines etwa 2 cm dicken Brettchens neigen wir sie etwas. Die auf den Schlitten einwirkende Gewichtskraft erhält hierdurch eine Kraftkomponente in Bahnrichtung, die Hangabtriebskraft. Diese Kraft bleibt während des gesamten Versuches konstant. Auf Knopfdruck beginnt nun die „Talfahrt" des Gleiters; er wird dabei schneller und schneller. Während der Fahrt wird seine Momentangeschwindigkeit zu mehreren Zeitpunkten gemessen.

Der Versuch wird anschließend mit größerer Fahrbahnneigung wiederholt (Unterlegen eines 4 cm dicken Klotzes). Je steiler die Bahn, desto größer ist die Hangabtriebskraft, also die konstante „schneller machende" Kraft. Das Ergebnis der ersten Fahrt ist in ⇒ *Tabelle 1* wiedergegeben. Beide Versuche liefern schließlich die Messdiagramme in ⇒ *Bild 5*.

3. Eine konstante Kraft ergibt ein einfaches Gesetz

Die ➠ *Tabelle 1* wie auch das Diagramm (➠ *Bild* 5) zeigen Folgendes:

- Die Geschwindigkeit des Schlittens erhöht sich von Sekunde zu Sekunde um den gleichen Betrag $\Delta v \approx 0{,}2$ m/s.
- Die Geschwindigkeitszunahme ist überraschenderweise schon in der ersten Sekunde genauso groß wie in einem späteren Zeitintervall.
- Im doppelten Zeitintervall $\Delta t = 2$ s erhöht sich die Geschwindigkeitsänderung auf $\Delta v = 0{,}4$ m/s. Δv ist proportional zur Zeitdifferenz Δt. Der Quotient $\Delta v/\Delta t$ ist folglich bei der hier untersuchten Bewegung konstant.
- Je stärker die einwirkende Kraft, desto größer ist der konstante Quotient $\Delta v/\Delta t$. Dies zeigt die obere Messkurve, die bei stärker geneigter Bahn aufgenommen wurde. In gleichen Zeitintervallen nimmt die Geschwindigkeit jetzt jeweils stärker zu als bei der ersten Messung.

Dieser (hier jeweils konstante) Quotient $\boldsymbol{a = \Delta v/\Delta t}$ gibt die Geschwindigkeitszunahme je Sekunde an und erhält deshalb die anschauliche Bezeichnung **Beschleunigung** (engl.: acceleration). Sie ist ein geeignetes Maß für das Schnellerwerden. Als Quotient $\Delta v/\Delta t$ hat sie die Maßeinheit 1 m·s^{-1}/s oder 1 m/s^2 = 1 m·s^{-2}.

Merksatz

Unter der **Beschleunigung** $\boldsymbol{a}$ versteht man den Quotienten aus der Geschwindigkeitsänderung Δv und der zugehörigen Zeitspanne Δt:

$$a = \frac{\Delta v}{\Delta t}; \text{ ihre Einheit ist: } [a] = \frac{[v]}{[t]} = \frac{1\ \text{m·s}^{-1}}{1\ \text{s}} = 1\ \frac{\text{m}}{\text{s}^2}.$$

GALILEI entdeckte die Gesetzmäßigkeit des Schnellerwerdens. Er ließ eine Kugel eine Holzrinne hinunterlaufen. Dabei konnte er die Hypothese der gleichmäßigen Zunahme der Geschwindigkeit mit der Zeit bestätigen. GALILEI sprach von einer „gleichmäßig beschleunigten Bewegung".

Merksatz

Wirkt eine konstante Kraft auf einen Körper, so bewegt er sich **gleichmäßig beschleunigt**. Die Geschwindigkeit wächst linear mit der Zeit, die Beschleunigung ist konstant.

Startet der Körper aus der Ruhe, so ist $a = v/t$.
Es gilt dann das **Zeit-Geschwindigkeit-Gesetz:** $\boldsymbol{v = a\,t}$.

Was war nun mit unserer Radfahrerin am Anfang dieses Kapitels? Könnte es sein, dass sie zu Beginn der Bewegung besonders kräftig in die Pedale trat, weil sie glaubte, das Fahrrad aus der Ruhe „reißen" zu müssen? Nun, wir haben mit unserem Experiment bewiesen, dass diese Vorstellung falsch ist.

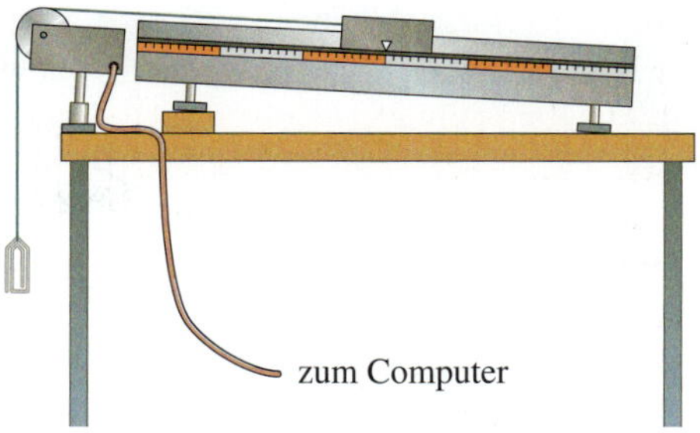

B 4: Luftkissenbahn für Beschleunigungsversuch

Anfahrzeit t in s	Geschwindigkeit v in m/s	$v/t = a$ in m/s^2
0	0	–
1	0,19	0,190
2	0,39	0,195
3	0,59	0,197

T 1: Messwerte der beschleunigten Fahrt

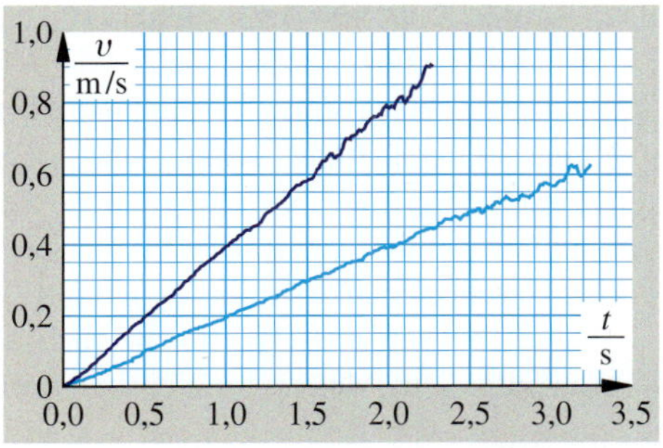

B 5: t-v-Diagramme zweier Schlittenfahrten

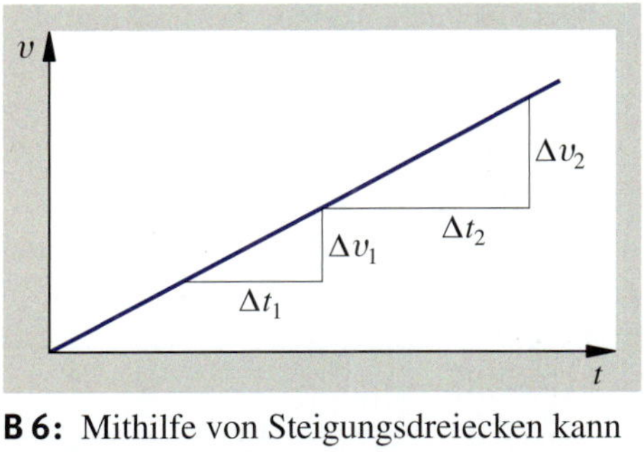

B 6: Mithilfe von Steigungsdreiecken kann die Beschleunigung abgelesen werden

A 1: a) Deuten Sie das Diagramm in ➠ *Bild 5*. Sind dort die verschiedenen Bahnneigungen abgebildet? Wenn nicht, was bedeutet dann die steilere Gerade des zweiten Experiments? **b)** Bestimmen Sie aus dem Diagramm ➠ *Bild 5* die Beschleunigung des Schlittens bei der größeren Bahnneigung.

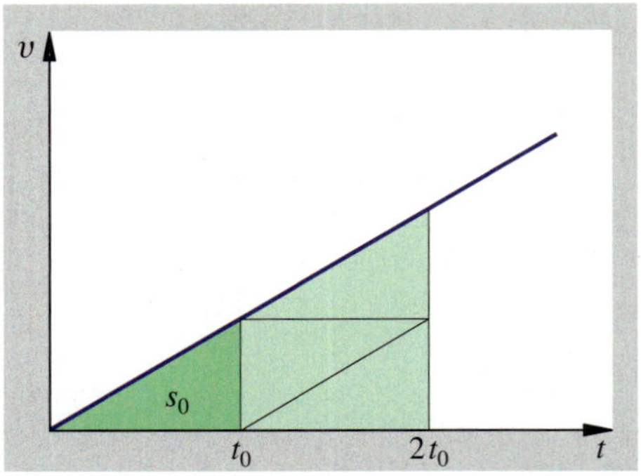

B 1: Die Geschwindigkeit (blaue Gerade) wächst linear mit der Zeit. Der Weg (grüne Fläche) ist bei doppelter Zeit sogar viermal so groß, er wächst quadratisch mit der Zeit.

V 1: Wir benutzen erneut die schräg gestellte Luftkissenfahrbahn, sodass auf den Schlitten eine konstante beschleunigende Kraft – die Hangabtriebskraft – einwirkt.

Wir starten den Schlitten aus der Ruhe – z. B. durch Lösen eines Haltemagneten. Gleichzeitig beginnt eine elektrische Uhr zu laufen. Nach einer bestimmten Fahrstrecke durchläuft der Schlitten eine Lichtschranke; dabei wird die Uhr gestoppt. Zeit und Ort werden notiert. Der Versuch wird bei verschiedenen Strecken wiederholt.

Natürlich kann das Experiment auch als kontinuierliche Messung mit einem Bewegungsmesswandler durchgeführt werden.

Im *t*-*s*-Diagramm (➠ *Bild 2*) erhalten wir in jedem Fall eine Parabel.

Wenn wir den Versuch bei größerem Neigungswinkel der Bahn wiederholen, ergibt sich wiederum eine Parabel. Sie ist jetzt aber steiler als vorher.

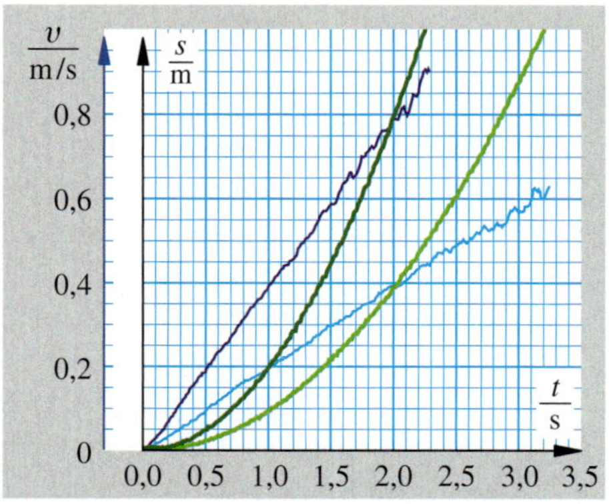

B 2: Geschwindigkeit (blau) und Weg (grün) bei der gleichmäßig beschleunigten Bewegung

4. Die Geschwindigkeit wächst linear – der Weg sogar quadratisch

Bei der gleichförmigen Bewegung hatten wir festgestellt, dass im *t*-*v*-Diagramm die Fläche zwischen *v*-Graphen und Zeitachse dem zurückgelegten Weg entspricht. Später sahen wir, dass dies auch bei einer beliebigen Bewegung zutrifft. Also muss es auch bei einer gleichmäßig beschleunigten Bewegung gelten. Welche Gesetzmäßigkeit für den zurückgelegten Weg würden wir mit einer Flächenbetrachtung vorhersagen?

Wir probieren es. Dazu markieren wir zunächst die Fläche s_0 (➠ *Bild 1*, dunkelgrün). Sie muss dem Weg entsprechen, der bis zur Zeit t_0 zurückgelegt wird. Bis zum Zeitpunkt $2\,t_0$ kommt als Maß für den Weg noch die hellgrüne Fläche hinzu. Der Gesamtweg ist jetzt $4\,s_0$. Zeit *und* Geschwindigkeit sind ja jeweils auf das Doppelte angestiegen.

So wächst der Weg nach unserer Überlegung weiter:

Zeit	0	$1\,t_0$	$2\,t_0$	$3\,t_0$	$4\,t_0$
Weg	0	$1\,s_0$	$4\,s_0$	$9\,s_0$	$16\,s_0$

Der Weg wächst quadratisch mit der Zeit. Demnach müsste gelten:

$$s\,(t) \sim t^2, \quad \text{bzw.} \quad s\,(t) = \text{konst.} \cdot t^2.$$

Wie groß ist die Konstante? Sie muss mit der Größe der Beschleunigung zusammenhängen, denn je steiler die *v*-Kurve, desto größer ist die Fläche unter der Kurve und damit der zurückgelegte Weg. Berechnen wir diese Dreiecksfläche:

$$s\,(t) = \frac{1}{2} \cdot t \cdot v(t) = \frac{1}{2} \cdot t \cdot (a \cdot t) = \frac{1}{2} \cdot a \cdot t^2$$

(es gilt die Geradengleichung $v(t) = a \cdot t$ mit dem Steigungsfaktor *a*).

Wir sind zwar ziemlich sicher, dass unsere Überlegungen stimmen und der zurückgelegte Weg quadratisch mit der Zeit wächst. Vorsichtshalber überprüfen wir unsere Vorhersage aber noch in einem Experiment (➠ *Versuch 1*). Der Versuch bestätigt unsere Hypothese, ➠ *Bild 2* zeigt das Ergebnis. Einige Messwerte haben wir herausgeschrieben und die Beschleunigung $a = 2\,s/t^2$ daraus berechnet – sie ist im Rahmen der Messgenauigkeit konstant:

t in s	0	1,03	1,44	1,76	2,02	2,27	2,48	2,68
s in m	0	0,1	0,2	0,3	0,4	0,5	0,6	0,7
$a = 2\,s/t^2$ in m/s²	–	0,19	0,19	0,19	0,20	0,19	0,20	0,20

Merksatz

Das *Zeit-Weg-Diagramm* einer gleichmäßig beschleunigten Bewegung ist eine *Parabel*. Je größer die einwirkende Kraft, desto steiler ist die Parabel.

Das **Zeit-Weg-Gesetz** für die vom Startpunkt ($t = 0$; $s = 0$; $v = 0$) aus zurückgelegten Wege lautet:

$$s = \frac{1}{2}\,a\,t^2.$$

5. Das Geschwindigkeit-Weg-Gesetz

Sie treten bei Ihrem Rad kräftig in die Pedale und erreichen nach $s = 45$ m Anfahrweg die Geschwindigkeit $v = 30$ km/h = 8,3 m/s. Weder mit $v = at$ noch mit $s = \frac{1}{2}at^2$ allein können Sie Ihre Beschleunigung a berechnen, da Sie die Anfahrzeit t nicht gemessen haben. Nehmen wir an, dass Sie mit konstanter Beschleunigung gefahren sind. Mit $v = at$ folgt dann $t = v/a$. Dies setzen wir in $s = \frac{1}{2}at^2$ ein. Wir erhalten so die von t freie Beziehung $s = v^2/(2a)$. Aus ihr folgt $a = v^2/(2s) = 0{,}77$ m/s². Die Anfahrzeit t können Sie nachträglich zu $t = v/a \approx 11$ s berechnen.

Merksatz

Das **Geschwindigkeit-Weg-Gesetz** lautet: $s = \dfrac{v^2}{2a}$.

Beispiel

Musteraufgaben

1. Geschwindigkeit und Zeit sind bekannt. **$v, t \Rightarrow s$**

Wie groß ist der zurückgelegte Weg?

Nach 3 Sekunden erreicht ein Fahrzeug die Geschwindigkeit 0,52 m/s. Wir berechnen daraus zunächst den Beschleunigungswert. Nach dem t-v-Gesetz ist $a = v/t = (0{,}52\ \text{m·s}^{-1})/3\ \text{s} = 0{,}173\ \text{m·s}^{-2}$.

Wie groß ist der in 3 s zurückgelegte Weg?

Lösung: Es gilt $s(t) = \frac{1}{2}at^2$, also
$s(3\ \text{s}) = 0{,}5 \cdot 0{,}173\ \text{m·s}^{-2} \cdot (3\ \text{s})^2 = \mathbf{0{,}78\ m}$.

2. Weg und Zeit sind bekannt. **$s, t \Rightarrow a$**

Wie groß ist die Beschleunigung?

Eine Radfahrerin startet gleichmäßig beschleunigt aus dem Stand. Nach 5 s hat sie 20 m zurückgelegt.

Lösung: Es gilt $s(t) = \frac{1}{2}at^2$, nach a aufgelöst ergibt $a = 2s(t)/t^2$, also $\boldsymbol{a} = 2 \cdot 20\ \text{m}/(5\ \text{s})^2 = \mathbf{1{,}6\ m{\cdot}s^{-2}}$.

Vertiefung

Eine Besonderheit bei gleichmäßiger Beschleunigung

Bei einer gleichmäßig beschleunigten Bewegung ist die mittlere Geschwindigkeit in einem Zeitintervall genauso groß wie die Momentangeschwindigkeit in der Mitte des Zeitintervalls.

Erklären Sie dies mithilfe der Zeichnung.

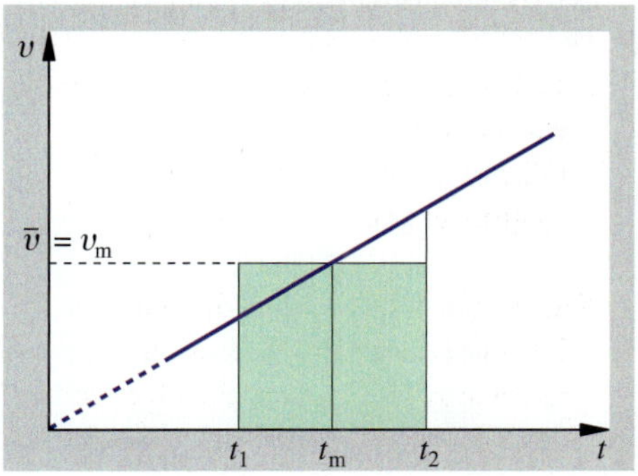

A 1: Bei der Registrierung einer Bewegung mit einer Funkenstreckenfahrbahn entstand folgendes Bild ($t_1 = 13/50$ s; $t_2 = 17/50$ s):

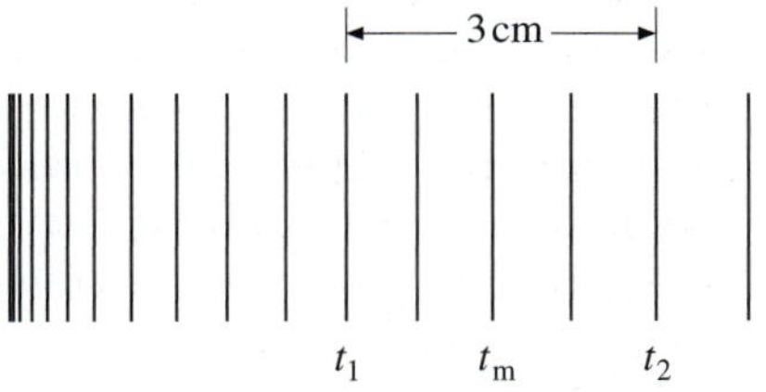

Ermitteln Sie die Momentangeschwindigkeit im Zeitpunkt t_m. Bestimmen Sie dann die (konstante) Beschleunigung. An welchem Ort $s(t_m)$ befand sich der Wagen zum Zeitpunkt t_m?

... noch mehr Aufgaben

A 2: **a)** Ein Auto fährt mit der konstanten Beschleunigung 2 m/s² an. Wie schnell ist es nach 3 s? Welchen Weg hat es dann zurückgelegt? **b)** Wie weit bewegt es sich in den nächsten 5 s, wenn man nach 3 s Anfahrzeit die beschleunigende Kraft wegnimmt (ohne Reibung)? **c)** Zeichnen Sie das t-v- und das t-s-Diagramm dieser Bewegung.

A 3: Ein Zug erreicht aus der Ruhe nach 10 s die Geschwindigkeit 5 m/s. Wie groß ist seine Beschleunigung? Wie weit ist er gefahren?

A 4: Ein mit konstanter Kraft anfahrender Wagen kommt in den ersten 12 s 133 m weit. Wie groß sind Beschleunigung und Geschwindigkeit nach 12 s?

A 5: ➠ *Bild 2* zeigt zwei t-s- und t-v-Graphen für unterschiedliche Beschleunigungen. Wie groß sind die Beschleunigungen? Wie groß sind die zurückgelegten Wege nach 1 s, 2 s bei beiden Bewegungen (jeweils Ermittlung auf zwei Arten)?

A 6: Ein Pfeil wird von der Sehne eines Bogens auf einer Strecke von 0,6 m beschleunigt. Er erreicht eine Geschwindigkeit von 60 m/s. **a)** Warum ist die Beschleunigung nicht konstant? Wie groß ist die mittlere, konstant angenommene Beschleunigung? **b)** Wie lange dauert der Beschleunigungsvorgang?

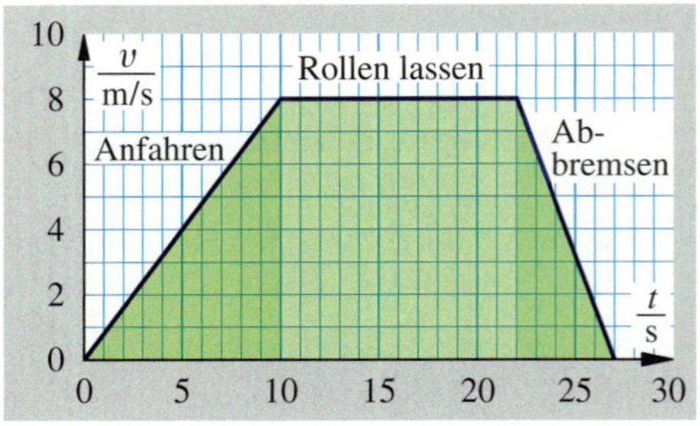

B 1: t-v-Diagramm einer Radfahrt

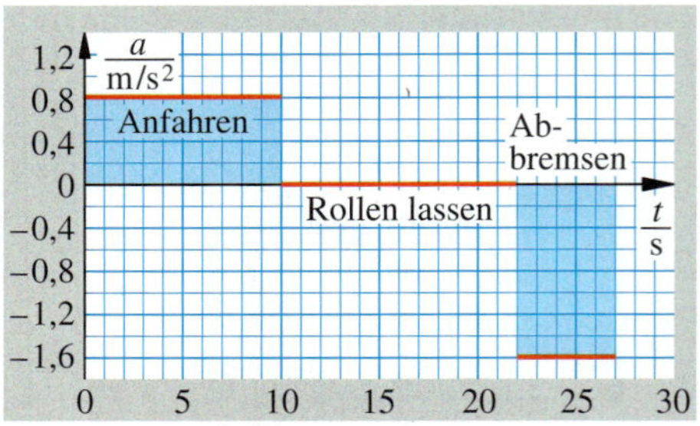

B 2: t-a-Diagramm zu ➠ *Bild 1*

V 1: Führen Sie in einem Projekt den Versuch selbst durch. Benutzen Sie die Schaltung aus dem Fahrradversuch zu Beginn des Kapitels. Ersatzweise können Sie auch die Frequenz der vom Dynamo abgegebenen Wechselspannung als Geschwindigkeitsmaß auswerten. Beschleunigen Sie zunächst aus der Ruhe. Vor dem Abbremsen lassen Sie das Fahrrad eine Weile rollen, ohne zu treten. Bestimmen Sie aus dem Diagramm für die einzelnen Intervalle Wege, Geschwindigkeiten und Beschleunigungen.

V 2: Ein Gleiter mit Bewegungsmesswandler wird auf eine nach links abfallende Luftkissenbahn gesetzt. Der Gleiter erhält anfangs einen Anstoß nach rechts (positiv gewählte Richtung), sodass er die Bahn hinaufläuft. Danach wird er sich selbst überlassen. Es entstehen die Diagramme in ➠ *Bild 4*.

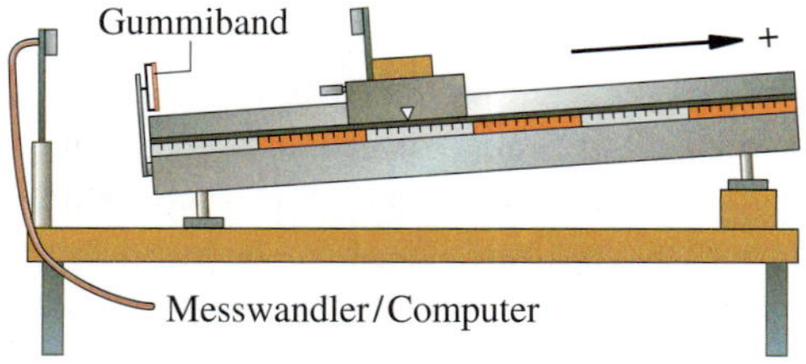

B 3: Versuchsaufbau zu ➠ *Versuch 2*

6. Negative Beschleunigungen gibt es auch

Ihr Fahrrad habe einen Fahrtenschreiber – zum Beispiel einen Tachogenerator, der ein t-v-Diagramm aufzeichnet (➠ *Versuch 1*). ➠ *Bild 1* gibt es für eine längere Fahrt in idealisierter Form wieder. Es zeigt:

Im Zeitraum zwischen 0 s und 10 s beschleunigten Sie gleichmäßig aus der Ruhe auf $v = 8$ m/s. Ihre Beschleunigung war

$$a = \frac{\Delta v_1}{\Delta t_1} = \frac{v(10\text{ s}) - v(0\text{ s})}{10\text{ s} - 0\text{ s}} = \frac{8\text{ m/s}}{10\text{ s}} = 0{,}8\,\frac{\text{m}}{\text{s}^2}.$$

Den in dieser Beschleunigungsphase zurückgelegten Weg Δs_1 lesen wir aus der linken dunkelgrünen Dreiecksfläche ab:

$$\Delta s_1 = \frac{1}{2}\cdot v\cdot \Delta t_1 = \frac{1}{2}\cdot 8\,\frac{\text{m}}{\text{s}}\cdot(10\text{ s} - 0\text{ s}) = 40\text{ m}.$$

Anmerkung: Die Beschleunigung geschieht aus der Ruhe, deshalb könnten wir auch mit dem Zeit-Weg-Gesetz argumentieren:

$$s_1 = \frac{1}{2}\cdot a_1\cdot t_1^2 = \frac{1}{2}\cdot 0{,}8\,\frac{\text{m}}{\text{s}^2}\cdot(10\text{ s})^2 = 40\text{ m}.$$

Anschließend fuhren Sie $\Delta t_2 = 12$ s lang gleichmäßig mit $v = 8$ m/s weiter und legten das Wegstück $\Delta s_2 = v\cdot\Delta t_2 = 96$ m zurück (hellgrüne Rechtecksfläche in ➠ *Bild 1*).

Im dritten Intervall von 22 s bis 27 s, also in $\Delta t_3 = 5$ s, sank Ihre Geschwindigkeit gleichmäßig von 8 m/s auf 0 m/s. Dabei legten Sie den Weg Δs_3 gemäß der rechten dunkelgrünen Dreiecksfläche zurück:

$$\Delta s_3 = \frac{1}{2}\cdot v\cdot\Delta t_3 = \frac{1}{2}\cdot 8\,\frac{\text{m}}{\text{s}}\cdot(27\text{ s} - 22\text{ s}) = 20\text{ m}.$$

Die gesamte Wegstrecke war also:

$$s = \Delta s_1 + \Delta s_2 + \Delta s_3 = 156\text{ m}.$$

Im dritten Zeitabschnitt wurde aus der Geschwindigkeit 8 m/s auf 0 m/s abgebremst durch eine Kraft, die der positiven Ortsachse entgegengerichtet war. Wie groß war die Beschleunigung in diesem Zeitintervall?

$$a = \frac{\Delta v_3}{\Delta t_3} = \frac{v(27\text{ s}) - v(22\text{ s})}{27\text{ s} - 22\text{ s}} = \frac{0\text{ m/s} - 8\text{ m/s}}{27\text{ s} - 22\text{ s}} = \frac{-8\text{ m/s}}{5\text{ s}} = -1{,}6\,\frac{\text{m}}{\text{s}^2}.$$

Der Beschleunigungswert ist *negativ*! Deshalb liegt für das dritte Zeitintervall die (blaue) Geschwindigkeitsfläche $\Delta v = a\cdot\Delta t$ im t-a-Diagramm unter der t-Achse (➠ *Bild 2*) also im negativen Bereich.

Merksatz

Ein Abbremsen von einer größeren Geschwindigkeit auf eine kleinere Geschwindigkeit bedeutet negative Beschleunigung.
Allgemein: Wirkt eine Kraft gegen die positiv gewählte Ortsachse, so entsteht eine negative Beschleunigung.
Die Beschleunigung $\vec{a}$ ist wie die Kraft $\vec{F}$ ein Vektor.

Vertiefung

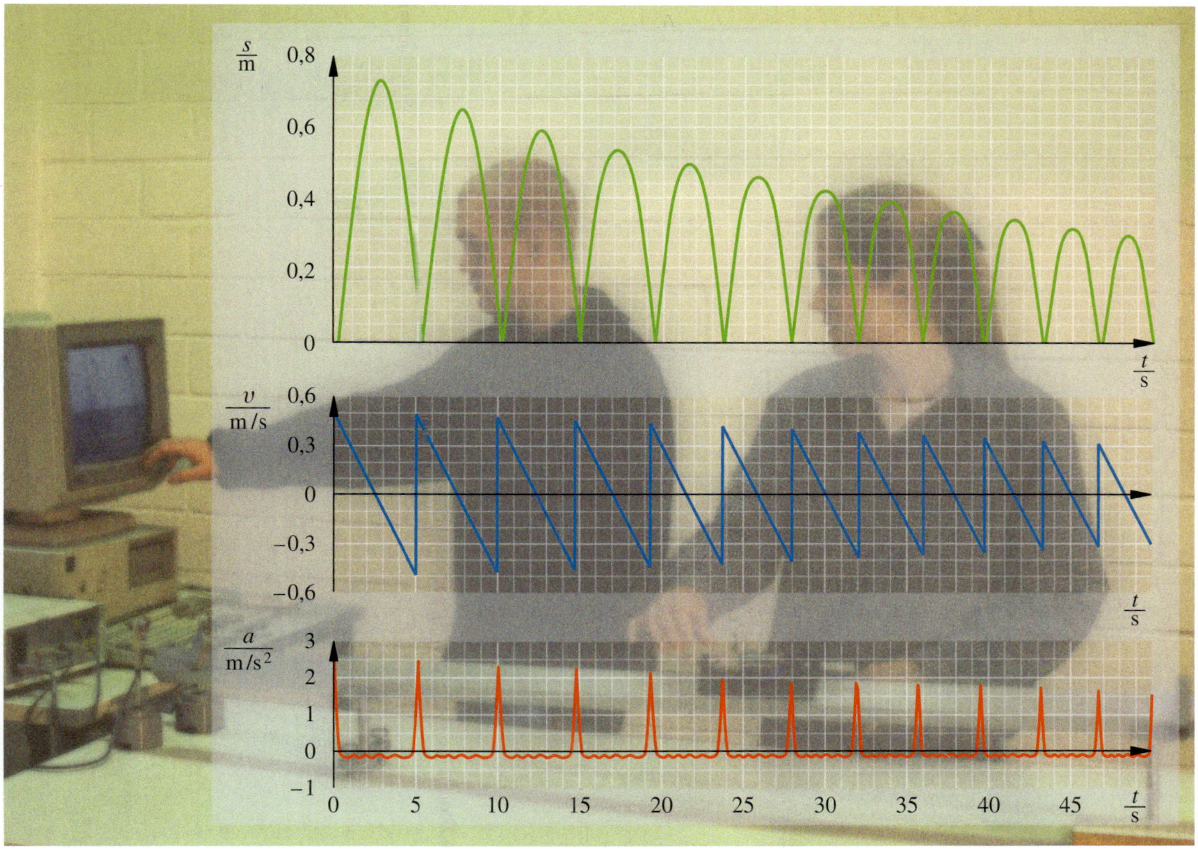

B 4: *t-s-*, *t-v-* und *t-a-*Diagramm eines Gleiters auf schief gestellter Luftkissenfahrbahn. Am unteren Ende erfolgt eine Reflexion.

Springender Ball und ähnliche Bewegungen

Die Schülerin in *Bild 4* stößt den Gleiter die nach rechts ansteigende Fahrbahn hinauf und überlässt ihn dann sich selbst (*Versuch 2*). Was geschieht im folgenden Zeitraum?

Der Gleiter wird langsamer, es zieht an ihm ja jetzt dauernd eine konstante Kraft die Fahrbahn hinab nach links und damit *gegen* die als positiv gewählte Bewegungsrichtung. Die Messkurve (*Bild 4*) bestätigt, dass v linear mit der Zeit abnimmt – konstante negative Beschleunigung bei negativer Kraft liegt also vor! Entsprechend flacht die *t-s*-Kurve ab – bis zum Scheitelpunkt der Parabel etwa 2,5 s nach dem Start.

Zu diesem Zeitpunkt kommt der Gleiter zur Ruhe ($v = 0$). Aber sofort geht es weiter, jetzt jedoch die Fahrbahn wieder herunter. Der Gleiter läuft nun nach links, er hat jetzt also negative Geschwindigkeitswerte (in *t-v*-Diagramm unterhalb der *t*-Achse)! Wird der Schlitten schneller? Sicherlich, aber nimmt sein Geschwindigkeitswert v zu?

Nein, er nimmt weiter in gleichem Maße ab, also von 0 m/s über −0,1 m/s, auf −0,2 m/s usw. Die Beschleunigung bleibt konstant negativ. Wir sehen es an der geradlinig weiterlaufenden Messkurve für die Geschwindigkeit v und an dem konstant negativen Wert von a im *t-a*-Diagramm (*Bild 4*). Die gesamte Bewegung des Gleiters – Bahn hinauf, Bahn hinunter (bei bekanntem Startpunkt und bekannter Anfangsgeschwindigkeit) – wird eindeutig durch die negative Beschleunigung gekennzeichnet, und diese Beschleunigung ist eine Folge der negativen Kraft.

Negative Beschleunigung bedeutet nicht unbedingt bremsen! „Schneller werden" kann auch bei negativer Geschwindigkeit erfolgen, deren Betrag dann steigt.

Dramatisches passiert nach etwa 5 s in allen drei Kurven und wiederholt sich danach in etwas kürzer werdenden Abständen. Haben Sie dafür eine Erklärung? Erklären Sie auch die Folge von Parabelbögen im *t-s*-Graphen.

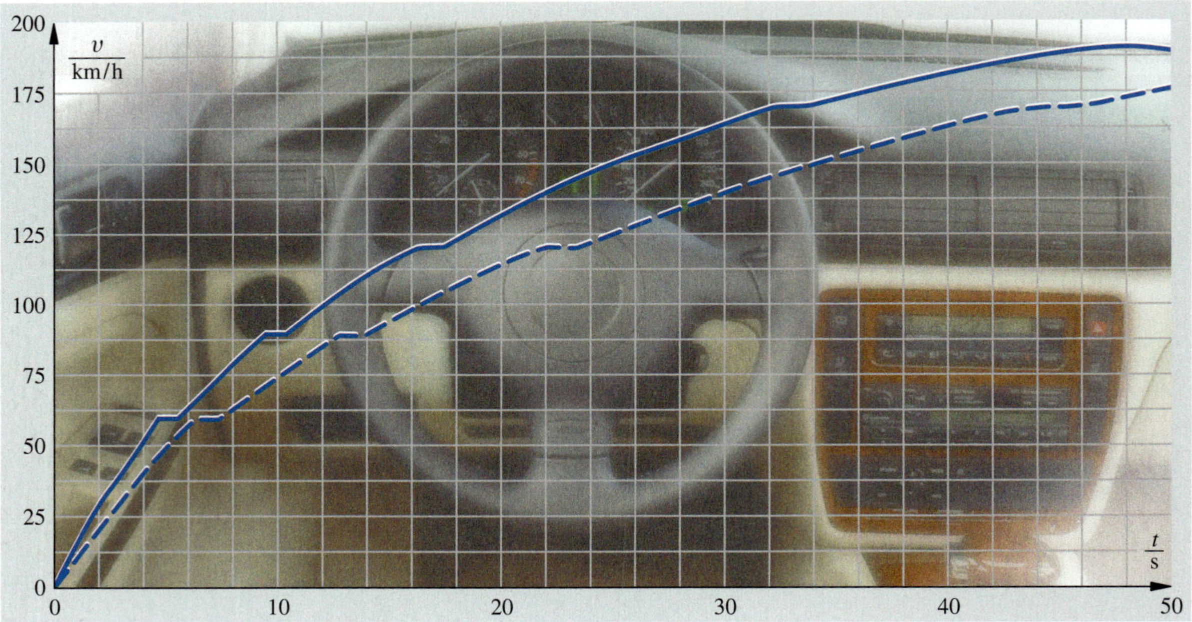

B 1: t-v-Diagramm eines startenden Pkw mit fünf Gängen. Zweite Fahrt (gestrichelte Linie) mit voller Beladung.

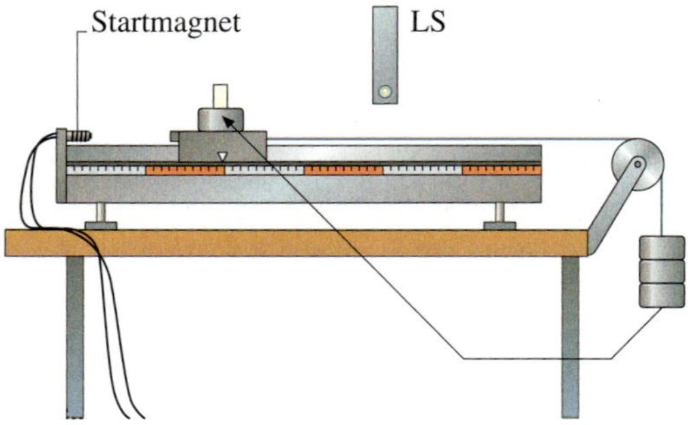

B 2: In aufeinander folgenden Versuchen (*Versuch 1*) wird das Fahrzeug durch verschiedene Kräfte beschleunigt. Die Masse bleibt unverändert. Eine t-s-Messung liefert die jeweilige Beschleunigung nach $s = \frac{1}{2}\,a\,t^2$.

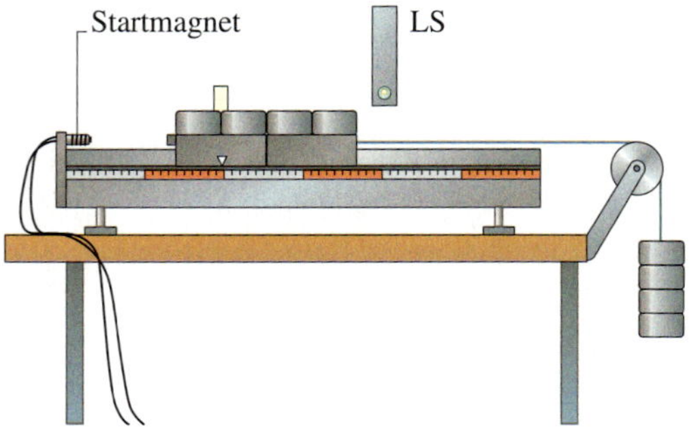

B 3: Größere Masse benötigt größere Kraft, wenn die Beschleunigung gleich bleiben soll

Die Grundgleichung der Mechanik

1. Die zentrale Frage an die Mechanik

Schauen Sie sich das Fahrtendiagramm des startenden Pkw an (*Bild 1*). Viermal verharrt das Auto kurz in seinem jeweiligen Bewegungszustand. Dies geschieht immer dann, wenn der Fahrer gerade umschaltet. In dieser Zeit fehlt die beschleunigende Kraft, und das Auto fährt aufgrund seiner Trägheit gleichförmig weiter.

Betrachten wir nun die Beschleunigungsphasen des unbeladenen Autos in den ersten zwei Gängen. Am größten ist die Steigung des t-v-Graphen – also die Beschleunigung – im ersten Gang. Dort ist auch die wirkende Kraft am größten. Beim Fahrrad ist es genauso. Wenn eine große Kraft erforderlich ist, legt man auch bei ihm den ersten Gang ein. Für uns ergibt sich eine erste Frage, die wir im Labor klären wollen:

Frage (A): Wie hängt die nötige Kraft F bei ein und demselben Fahrzeug von der gewünschten Beschleunigung a ab?

Die Antwort auf diese Frage gilt auch für das beladene Fahrzeug. Allerdings sind in gleichen Gängen jetzt die Beschleunigungswerte kleiner als vorher (*Bild 1*, gestrichelte Linie). Wollte man hier zum Beispiel im ersten Gang genauso rasant beschleunigen wie vorher, so müsste man schon die Kraft erhöhen, also einen stärkeren Motor einbauen. Es ergibt sich die nächste wichtige Frage:

Frage (B): Wie hängt die Kraft F vom Fahrzeug und seiner Beladung ab, wenn sich die Beschleunigung nicht ändern soll?

Mit diesen beiden Fragen wollen wir uns im Folgenden beschäftigen. Später wird noch zu klären sein, wieso die t-v-Abschnitte in den höheren Gängen nicht mehr linear verlaufen, und wieso eine bestimmte „Höchstgeschwindigkeit" nicht überschritten wird.

2. Große Kraft – schneller Spurt (zu Frage A)

Arbeitsgruppe A weiß aus früheren Experimenten, dass eine konstante beschleunigende Kraft F einem Körper auch konstante Beschleunigung a erteilt. Um sie zu ermitteln, genügt also jeweils eine einzige Zeit-Weg-Messung (➠ *Versuch 1*). Nach jeder Messung wird die Kraft F geändert. Es ergeben sich folgende Messwerte:

F in N	0,08	0,06	0,04	0,02
a in m/s^2	0,392	0,294	0,196	0,098

Bei gleich bleibender Masse ist bei n-facher Kraft die Beschleunigung also ebenfalls n-mal so groß.

Merksatz

Die Beschleunigung a, die ein bestimmter Körper erfährt, ist der an ihm angreifenden Kraft F proportional: $F \sim a$.

3. Große Masse – träger Spurt (zu Frage B)

Hängt die zum Beschleunigen nötige Kraft auch von der *Gewichtskraft des Wagens* ab? Man braucht schließlich eine viel größere Kraft, um einen beladenen Wagen mit *gleicher Beschleunigung* anzuschieben wie einen leeren. Gegen diese Ansicht spricht:

a) Die am Schlitten nach unten ziehende Gewichtskraft wird vom Luftkissen der waagerechten Schiene durch eine Kraft nach oben ausgeglichen. Also hat die Gewichtskraft des Schlittens keinen Einfluss auf die Beschleunigung längs der horizontalen Bahn.

b) Das sich beim Beschleunigen zeigende *Trägsein* ist etwas anderes als das *Schwersein.* Auch im schwerefreien Raum brauchen Raketen zum Beschleunigen Kräfte, die umso größer sein müssen, je mehr sie geladen haben – obwohl sie dort nichts wiegen! Eine Kollision zweier Raumschiffe führt auch im All zu Unfallschäden (➠ *Bild 4*). Die Körper sind auch dort *träge*.

Wird das *Trägsein* eines Körpers allein mithilfe der vom Ort unabhängigen *Masse* beschrieben? Gruppe B prüft deshalb, ob Körper *doppelter Masse* für die gleiche Beschleunigung die doppelte Kraft brauchen, d. h. ob sie auch *doppelt so träge* sind. Die Gruppe führt ➠ *Versuch 2* durch. Dieser bestätigt die Vermutung.

Merksatz

Die Kraft F, die man zu einer bestimmten Beschleunigung braucht, ist der Masse m des zu beschleunigenden Körpers proportional:

$$F \sim m.$$

V 1: a) Auf der Luftkissenbahn (➠ *Bild 2*; Reibung durch Neigen ausgeglichen) wird ein Schlitten der Masse $m_1 = 0{,}192$ kg von einem Elektromagneten festgehalten. Am Schlitten (und an sich selbst) ziehen 4 Wägestücke von zusammen $m_2 = 8$ g mit der Gewichtskraft $G_2 = m_2\,g$. Auf Knopfdruck beginnt die Fahrt, gleichzeitig startet eine Uhr. Nach $t = 2{,}26$ s haben Schlitten und Wägestücke von 0 aus 1,00 m zurückgelegt (bei $s = 1{,}00$ m steht eine Lichtschranke; sie stoppt die Uhr beim Durchfahren). Aus dem t-s-Gesetz $s = \frac{1}{2}\,a\,t^2$ folgt die Beschleunigung $a = 2\,s/t^2 = 0{,}392$ m/s^2.
b) Nun soll eine kleinere Kraft wirken. Wir nehmen von den 4 Wägestücken eines weg, aber legen es nicht einfach beiseite. Wir würden sonst den Zug aus Schlitten und „Zugmaschine" verkleinern und damit in den Auftrag der Gruppe B eingreifen. Wir legen also das Wägestück auf den Schlitten. Dort wird es weiterhin mitbeschleunigt, ohne dass seine Gewichtskraft noch mitzieht: Seine Kraft ist weg, die Trägheit bleibt. Als Beschleunigung ergibt sich $a = 0{,}294$ m/s^2.
c) Wenn wir ein weiteres Wägestück übertragen, sinkt mit der beschleunigenden Kraft auch wieder die Beschleunigung.

V 2: An den Schlitten aus ➠ *Versuch 1c* wird nach ➠ *Bild 3* ein zweiter, genau gleicher Schlitten gehängt. Vor den Faden werden 4 statt 2 Wägestücke gehängt (8 g statt 4 g). So ist nicht nur die Masse des Zuges, sondern auch die beschleunigende Kraft (8 cN statt 4 cN) verdoppelt. Die Beschleunigung bleibt 0,196 m/s^2. Dies sieht man leicht ein: Man hätte ja jeden Wagen für sich mit der Kraft 4 cN beschleunigen können.

B 4: 1997 prallte ein Raumschiff gegen die Raumstation Mir und beschädigte sie stark

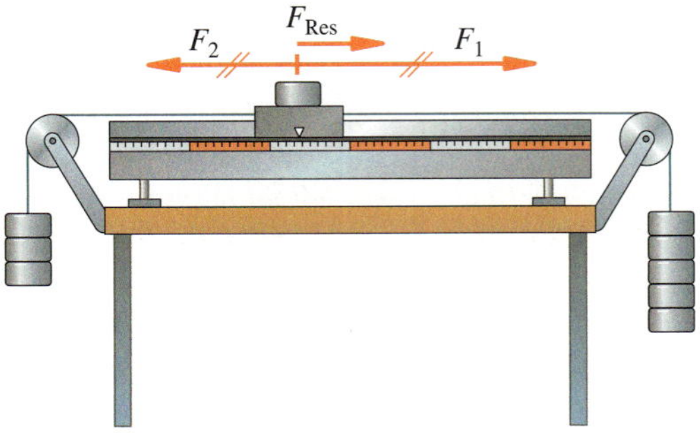

B 1: Die resultierende Kraft bewirkt die Beschleunigung

V 1: Nach *Bild 1* zieht am Fahrbahnwagen (1,000 kg) nach rechts ein Wägestück mit 50 g, nach links mit 30 g Masse. Hätte das rechte auch nur 30 g Masse, so bestünde Gleichgewicht. So aber beschleunigt als resultierende Kraft die Summe der Kräfte F_1 und F_2, die beide auf einer Geraden wirken – dafür haben die Rollen gesorgt. Den Wert der resultierenden Kraft $F = F_{Res}$ können wir deshalb durch einfache Addition der einzelnen Kraftwerte ermitteln (die positive Achse zeige nach rechts):

$$F = F_1 + F_2 = 50\text{ cN} + (-30\text{ cN}) = 20\text{ cN}.$$

Der „Zug" hat die Gesamtmasse 1,080 kg. Er setzt sich in Fahrt mit der ebenfalls nach rechts gerichteten Beschleunigung

$$a = F/m = 20\text{ cN}/1{,}080\text{ kg} = 0{,}19\text{ m/s}^2.$$

Vertiefung

Für ganz Neugierige

Könnten nicht auch Form, Volumen und vor allem das Material der Körper Einfluss auf ihr Trägsein haben? Man wählt deshalb einen Schlitten aus anderem Material oder von kleinerer Masse und füllt den Rest z. B. mit Schokoladentafeln gleicher Masse auf. Erfreulicherweise erfährt der neue Lastzug durch die gleiche Kraft genau die gleiche Beschleunigung wie der alte: Er ist nicht nur gleich schwer, sondern auch gleich träge! Dies wurde an den verschiedensten Orten und immer wieder mit großer Präzision bestätigt. Wenn ein Körper die Masse $m = 1$ kg hat, ist er *am gleichen Ort genauso schwer* wie das Urkilogramm und *überall genauso träge*.

4. Eine Formel, in der alles steckt!

Unsere beiden Arbeitsgruppen fanden:

A: Bei konstanter Masse m ist $F \sim a$.
B: Bei konstanter Beschleunigung a ist $F \sim m$.

Will man doppelte Beschleunigung, so braucht man doppelte Kraft. Möchte man dies sogar bei einem Körper mit dreimal so großer Masse erreichen, so muss man die Kraft nochmal verdreifachen. Insgesamt braucht man dann eine sechsmal so große Kraft. Es gilt also:

$$F \sim m \cdot a \quad \text{oder} \quad F = k \cdot m \cdot a.$$

Wir brauchen nun noch den Proportionalitätsfaktor k. Setzen wir unsere Messwerte ein (z. B. im dritten Durchgang $F = G = 0{,}04$ N und $m \cdot a = 0{,}2\text{ kg} \cdot 0{,}196\text{ m/s}^2 = 0{,}04\text{ kg·m/s}^2$), so ergeben sich für F und $m \cdot a$ gleiche Maßzahlen; k hat den Zahlenwert 1. Dies ist kein Zufall. Man hat die Einheit 1 N nämlich schon als Abkürzung für $1\text{ kg·m/s}^2 = 1\text{ kg·m·s}^{-2}$ gewählt.

Mit dieser Festlegung $\mathbf{1\ N = 1\ kg{\cdot}m{\cdot}s^{-2}}$ dürfen wir als Gleichung schreiben: $0{,}04\text{ N} = 0{,}04\text{ kg·m·s}^{-2}$ oder allgemein:

$$\boldsymbol{F = m \cdot a}.$$

So wie die Krafteinheit 1 N werden wir im Bereich der Mechanik alle weiteren Einheiten auf die drei *Basiseinheiten* 1 m, 1 kg und 1 s zurückführen.

Bereits um 1686 hat Isaak NEWTON die Gleichung $F = m \cdot a$ aufgestellt, allerdings zunächst für die Bewegung von Himmelskörpern. Dann übertrug er sie auch auf irdische Körper, z. B. auf fallende Äpfel. Wir haben sie für Planeten und Fallobst noch nicht untersucht, wohl aber für anfahrende „Autos".

Merksatz

NEWTONsches Beschleunigungsgesetz als **Grundgleichung der Mechanik**: Beschleunigende Kraft gleich Masse mal Beschleunigung: $\boldsymbol{F = m\,a}$.
Die beim Beschleunigen auftretende Geschwindigkeits*änderung* erfolgt in Richtung der beschleunigenden Kraft. Dies drückt man durch Vektorpfeile über F und a aus (m ist ein Skalar, kein Vektor):

$$\boldsymbol{\vec{F} = m\,\vec{a}}.$$

Dies ist nun wirklich die wichtigste Aussage in diesem Buch, sie hat ab 1686 die Welt verändert. Deshalb dürfen wir einen Augenblick verschnaufen.

5. Meistens spielen mehrere Kräfte mit

Radfahrer und unser Auto (vom Kapitelanfang) „spüren" es, dass mit zunehmender Geschwindigkeit sich eine zweite Kraft, die Luftwiderstandskraft F_2, mehr und mehr bemerkbar macht. Diese ist der positiven Antriebskraft F_1 entgegengerichtet, wird von uns also negativ gerechnet. Für die Beschleunigung bleibt nur noch die (kleinere) Summe $F = F_1 + F_2$ übrig. ➠ *Versuch 1* bestätigt dies im Labor. Die Höchstgeschwindigkeit des Autos wird dann erreicht, wenn Kräftegleichgewicht entstanden ist. Die resultierende Kraft F und damit die Beschleunigung haben jetzt den Wert null erreicht.

Merksatz

In der Grundgleichung der Mechanik $\vec{F} = m\vec{a}$ ist die beschleunigende Kraft $\vec{F}$ die Resultierende aller von außen einwirkenden Kräfte, der so genannten äußeren Kräfte.

6. Beschleunigungsmessung über Kräfte

Die Beschleunigung a ist der beschleunigenden Kraft $F = m\,a$ proportional. Deshalb kann man Beschleunigungen von Fahrzeugen und Aufzügen mit Kraftmessern bestimmen. In einem waagerecht anfahrenden Zug steht ein reibungsfreies Wägelchen der Masse 1 kg (➠ *Bild 2*). Damit es nicht zurückbleibt, muss der Kraftmesser an ihm mit der Kraft $F = 0{,}6$ N ziehen. Also erfährt es – wie der Zug – die Beschleunigung $a = F/m = 0{,}6$ N/1 kg $= 0{,}6$ m/s².

Beispiel

Musteraufgabe

a) Ein Auto (Masse $m_1 = 1\,000$ kg) kommt bei rasantem Start in 2,0 s aus dem Stand auf eine Geschwindigkeit $v = 36$ km/h = 10 m/s. Welche Kraft braucht es?

Lösung: Zum Berechnen der Kraft $F = m_1\,a_1$ muss man nicht die Geschwindigkeit, sondern die Beschleunigung a_1 kennen. Diese ist $a_1 = v/t = 5{,}0$ m/s²; die Kraft ergibt sich dann zu

$$\boldsymbol{F} = m_1\,a_1 = 1\,000\text{ kg} \cdot 5{,}0\text{ m/s}^2 = 5\,000\text{ kg} \cdot \text{m/s}^2 = \mathbf{5\,000\ N}.$$

Die Motorkraft ist also halb so groß wie die Gewichtskraft!

b) Das gleiche Auto soll mit dieser Kraft $F = 5\,000$ N auch noch einen Anhänger der Masse $m_2 = 500$ kg ziehen oder 500 kg zuladen. Wie schnell ist es jetzt nach 2,0 s?

Lösung: Wiederum müssen wir zunächst die Beschleunigung berechnen. Da sich die Masse von m_1 auf $m_1 + m_2$ erhöht hat, gilt für die nun verminderte Beschleunigung:

$$a_2 = \frac{F}{m} = \frac{F}{m_1 + m_2} = \frac{5\,000\text{ N}}{1\,500\text{ kg}} = \frac{5\,000\text{ kg}\cdot\text{m/s}^2}{1\,500\text{ kg}} = 3{,}3\text{ m/s}^2.$$

Nach 2 s beträgt die Geschwindigkeit $\boldsymbol{v} = a_2 \cdot t = \mathbf{6{,}7\ m/s}$.

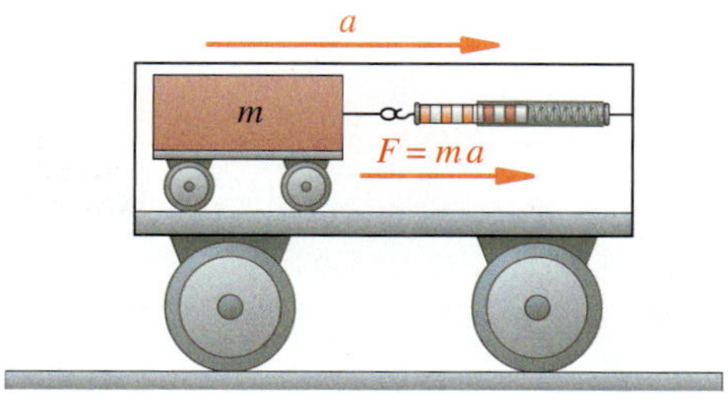

B 2: Kraftmesser und Taschenrechner liefern die Beschleunigung

... noch mehr Aufgaben

A 1: Zeigen Sie: Um einem Körper der Masse 1 kg die Beschleunigung 1 m/s² zu erteilen, braucht man die Kraft 1 N.

A 2: Ein Zug der Masse 700 t fährt mit der Beschleunigung 0,15 m/s² an. Welche Kraft braucht man zum Beschleunigen? Welcher Bruchteil der Gewichtskraft ist dies? Welche beschleunigende Kraft erfährt ein Mitfahrer (90 kg Masse)?

A 3: An einem Schlitten (80 kg, reibungsfrei auf Eis) zieht man mit der Kraft 50 N. Wie groß sind Beschleunigung, Geschwindigkeit und Weg nach 4,0 s (Anfahrt aus der Ruhe)?

A 4: (➠ *Bild 1 in Ziffer 1*): **a)** Bestimmen Sie die Beschleunigungen für Gang 1 und Gang 2 in beiden Diagrammen. **b)** Wie groß ist die jeweils beschleunigende Kraft, wenn das Auto mit Fahrer eine Masse von 1 200 kg hat? Wie groß ist die Kraft, die den Fahrer (80 kg) beschleunigt? **c)** Wie groß ist die zusätzliche Masse der Zuladung?

A 5: **a)** Ein Auto (1 000 kg) startet und legt in den ersten 10 s 100 m zurück. Welche Kraft war dazu nötig? **b)** Welche Kraft hätte für die halbe Strecke gereicht?

A 6: **a)** Ein Fahrbahnwagen (2,00 kg) steht reibungsfrei auf waagerechter Unterlage. Über einen Faden beschleunigt ihn ein Körper der Masse 100 g (ähnlich ➠ *Bild 1*). Wie groß sind die Beschleunigung und der nach 2,00 s zurückgelegte Weg sowie die dann erreichte Geschwindigkeit? **b)** Könnte man mit einem Antriebskörper von 100 kg Masse eine 1 000-mal so große Beschleunigung erreichen? **c)** Wie ändern sich die in a) berechneten Werte, wenn gemäß ➠ *Bild 1* zusätzlich ein Körper (80 g) nach links zieht?

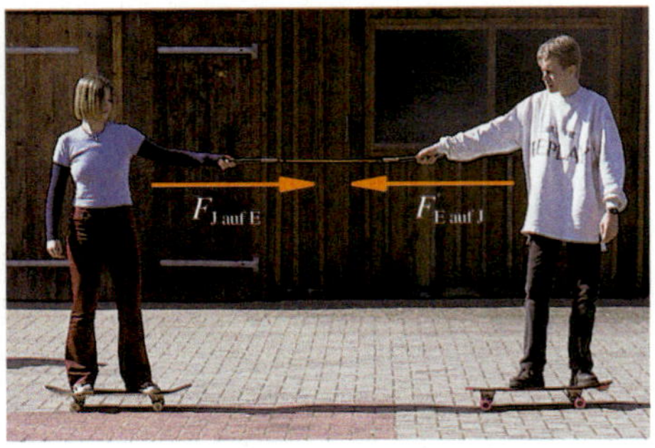

B 1: Wie immer Eva und Jan auch ziehen, stets treffen sie in der Mitte zusammen

V 1: a) Jan und Eva haben gleiche Masse und stehen auf Skateboards (*Bild 1*). Ziehen sie gleichzeitig an einem Seil, so treffen sie sich in der Mitte. Wie die Kraftmesser zeigen, hat jeder auf den anderen eine dem Betrage nach gleich große Kraft ausgeübt: $F_{\text{E auf J}} = F_{\text{J auf E}}$.

b) Nun versucht nur Eva zu ziehen, Jan dagegen nicht. Jan hält deshalb das Seil nur fest. Doch auch jetzt treffen beide in der Mitte zusammen! Jan stellt überrascht fest, dass er dabei wieder eine gleich große Kraft ausüben musste. Diese Kraft nennt man die reactio zur actio von Eva.

c) Jetzt nimmt sich Jan vor, auf die Kraft (actio) von Eva nicht mit einer reactio zu antworten. Dies gelingt ihm nur, wenn er das Seil loslässt. Allerdings kann dann auch Eva keine Kraft auf Jan ausüben.

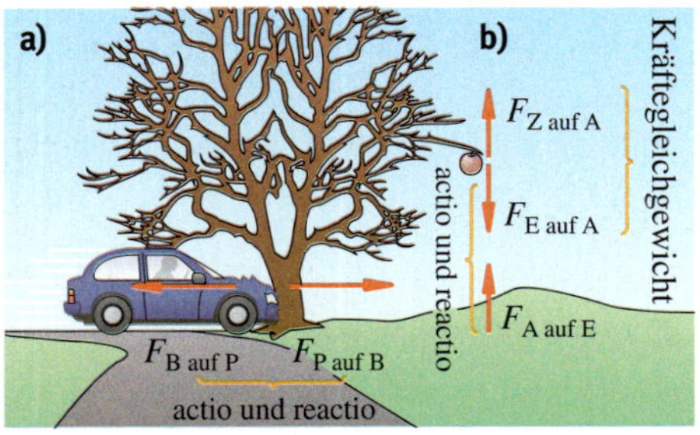

B 2: a) Die Kraft $F_{\text{P auf B}}$ beschädigt den Baum, die Gegenkraft $F_{\text{B auf P}}$ bremst das Auto abrupt und sorgt dabei für Verformung und Verletzungen. **b)** Der Apfel ruht zunächst im Gleichgewicht (die Kraftvektoren sind im Vergleich zu den Unfallkräften übergroß gezeichnet). Ohne die zum Gleichgewicht nötige Kraft $F_{\text{Z auf A}}$ ist die Ruhe plötzlich dahin. (Zu $F_{\text{Z auf A}}$ ist keine reactio gezeichnet, siehe auch *Aufgabe 3*).

Actio und reactio

1. Wer zieht, der wird gezogen

Bisher haben wir untersucht, wie Kräfte auf *einen* Körper wirken. Die Kräfte wurden stets von anderen Körpern aufgebracht. Diese anderen Körper beziehen wir nun in unsere Überlegungen mit ein. *Versuch 1* zeigt dabei eine fundamentale Eigenschaft:

Wenn ein Körper (A) auf einen anderen (B) eine Kraft ausübt, so wirkt B auf A zurück. Eine Kraft für sich allein gibt es nicht. **Actio** und **reactio** gehören zusammen, sie treten *immer als Paar* auf. Sie greifen stets an *verschiedenen* Körpern an; sie haben stets gleiche Beträge, aber immer entgegengesetzte Richtungen. Würden die beiden Kräfte am selben Körper angreifen, so gäbe es für diesen gar keine Beschleunigung, denn die resultierende Kraft wäre ja null.
Der Pkw in *Bild 2* übt bei dem Aufprall auf den Baum die Kraft $F_{\text{Pkw auf Baum}}$ ($F_{\text{P auf B}}$) aus und beschädigt so den Baum. Gleichzeitig mit dieser Kraft wirkt aber auch die Gegenkraft $F_{\text{Baum auf Pkw}}$ des Baumes auf das Auto. Diese Gegenkraft zerbeult die Motorhaube, bremst abrupt die Fahrgastzelle und mit dem Sicherheitsgurt hoffentlich auch den unvorsichtigen Fahrer.

Merksatz

Für alle Kräfte gilt das **Wechselwirkungsgesetz** (actio = reactio):
Übt ein Körper A eine **actio** $\boldsymbol{F}_{\text{A auf B}}$ auf einen Körper B aus, so übt gleichzeitig Körper B auf Körper A die **reactio** $\boldsymbol{F}_{\text{B auf A}}$ aus. Beide Kräfte sind entgegengerichtet; ihre Beträge sind gleich.

Actio und reactio greifen an verschiedenen Körpern an, sind also nicht im Gleichgewicht.
Beim Kräftegleichgewicht dagegen greifen die Kräfte am selben Körper an und sind an diesem im Gleichgewicht.

2. Reactio muss, Gleichgewicht kann sein

Der Apfel hängt am Zweig und rührt sich nicht (*Bild 2b*). Zwei Kräfte erzeugen an ihm (also am selben Körper) Gleichgewicht, die Gewichtskraft G und die durch die Biegung des elastischen Zweiges entstandene Kraft $F_{\text{Z auf A}}$. Die Gewichtskraft G können wir auch $F_{\text{Erde auf Apfel}}$ ($F_{\text{E auf A}}$) nennen. Die Resultierende aus den Kräften $F_{\text{E auf A}}$ und $F_{\text{Z auf A}}$ ist null, deshalb ändert sich der Bewegungszustand des Apfels nicht.
Nun prallt das Auto gegen den Baum. Der Apfel reißt ab, die Kraft $F_{\text{Z auf A}}$ verschwindet – und mit ihr das Kräftegleichgewicht. Es greift nur noch die Gewichtskraft $F_{\text{E auf A}}$ am Apfel an und beschleunigt ihn nach unten.

Zur Kraft $F_{\text{E auf A}}$ gehört untrennbar die reactio $F_{\text{A auf E}}$. Sie muss die Erde gleichzeitig nach oben beschleunigen. Der Effekt ist aber unmerklich; dies liegt an der großen Erdmasse.

3. Erst die reactio macht's möglich!

Zu Lande: Wenn eine Lok startet, üben ihre Räder auf die Schienen eine Kraft $F_{\mathrm{L\ auf\ S}}$ nach hinten aus (➠ *Versuch 2*); erst deren reactio $F_{\mathrm{S\ auf\ L}}$ bringt die Lokomotive in Fahrt. Ein 100 m-Läufer macht es nicht anders. Beim Start übt er eine möglichst große Kraft auf den Startblock nach hinten aus. Die Gegenkraft des Startblocks wirkt nach vorn und beschleunigt den Läufer. Liegt der Startblock nur locker auf der Erde, so rutscht er beim Start nach hinten weg. Der Start misslingt, da Kraft und Gegenkraft zu kurz wirken.

Im Wasser: Man sitzt im Boot wie in ➠ *Bild 3* und wirft mit großer Kraft Steine nach hinten. Die Steine wirken mit einer gleich großen reactio auf einen selbst zurück und treiben das Boot voran – wenn man nicht herausfällt. Gehen einem die Steine aus, könnte man Wasser schöpfen und dies nach hinten schleudern. Noch einfacher ist es aber, wenn man mit einem Paddel oder einer motorgetriebenen Schraube ständig Wasser nach hinten in Bewegung setzt, also mit einer Kraft nach hinten „wirft". Dabei übt das Wasser die reactio auf das Boot nach vorne aus und treibt es voran.

In der Luft: Der Drehflügel eines Hubschraubers beschleunigt Luft nach unten und wird durch deren reactio gehoben. Im Propellerflugzeug schleudert die Luftschraube Luft nach hinten. Das Strahltriebwerk der Düsenflugzeuge erwärmt die vorn in die Düse strömende Luft stark und beschleunigt sie so, dass sie mit großer Geschwindigkeit – zusammen mit den Verbrennungsprodukten – hinten ausgeschleudert wird. Die dabei auftretenden Gegenkräfte treiben das Flugzeug voran. Der *Auftrieb* entsteht dadurch, dass der Tragflügel die anströmende Luft nach unten beschleunigt (➠ *Bild 4*). Die reactio der Luft wirkt auf den Flügel nach oben.

Im Weltraum: Im leeren Weltraum findet man keine Materie, an der man sich „abstoßen" könnte. Die Rakete muss deshalb die hierzu nötige Materie als Treibstoff mit sich führen. Bei der Verbrennung entstehen Gase mit sehr hohem Druck. So entwickeln Weltraumraketen als actio eine sehr große Kraft (Größenordnung 10^6 N), mit der die Verbrennungsgase aus der Raketendüse ausgestoßen werden. Sie erreichen dabei eine hohe Geschwindigkeit (Größenordnung mehrere km/s). Die reactio treibt die Rakete an.

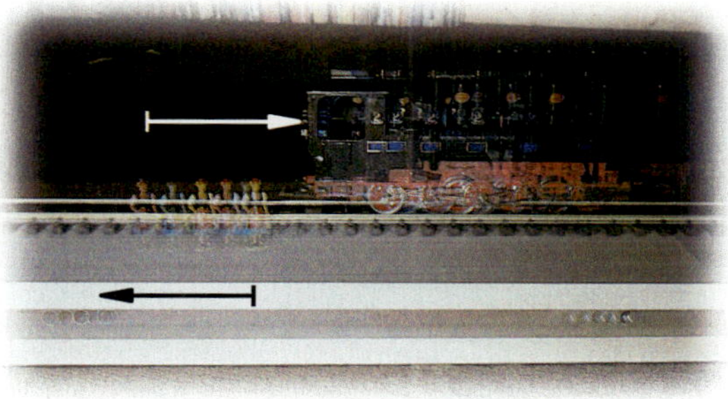

V 2: Die Schienen einer Spielzeugeisenbahn sind auf ein Brett montiert, das auf Rollen leicht läuft. Startet die Lokomotive nach vorn, so setzen sich die Schienen nach hinten in Bewegung.

B 3: Das Boot kommt durch die reactio voran

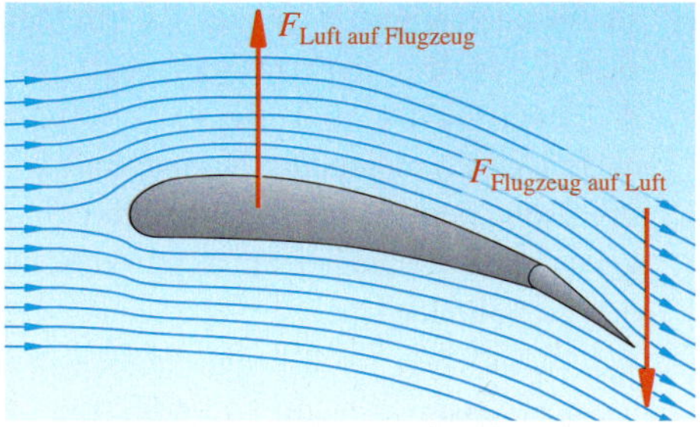

B 4: Querschnitt duch den Tragflügel eines Flugzeugs; die ihn umströmende Luft wird etwas nach unten abgelenkt.

... noch mehr Aufgaben

A 1: Oft hört man als Wechselwirkungsgesetz: Aktionskraft = Reaktionskraft oder kürzer: actio = reactio. Ergänzen Sie diese Aussage so, dass eine Verwechslung mit Gleichgewichtskräften unmöglich ist.

A 2: Jemand springt aus einem Boot ans Ufer. Wo greifen actio und reactio an? Welche Wirkungen haben sie jeweils?

A 3: In ➠ *Bild 2b* ist die Gegenkraft $F_{\mathrm{A\ auf\ Z}}$ zu $F_{\mathrm{Z\ auf\ A}}$ nicht eingezeichnet. Wo greift sie an? Welche Richtung hat sie und wie groß ist sie? Hat sie eine Gleichgewichtskraft? Wodurch entsteht diese?

A 4: Sie hängen an einem Reck. Welche Wechselwirkungskräfte wirken? Wo tritt Gleichgewicht auf? Wie ist es nach dem Loslassen?

A 5: Ein Esel vor einem Karren sturt: „Wenn ich an dem Karren ziehe, zieht er genau so stark an mir. Wie soll ich ihn dann in Bewegung setzen?" Was würden Sie ihm antworten?

A 6: Sie stehen im Aufzug auf einer Waage. Er fährt nach oben. Diskutieren Sie actio, reactio und Gleichgewichtskräfte.

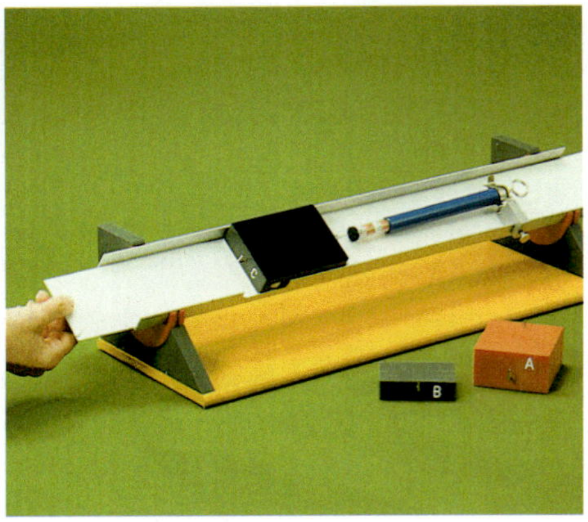

V 1: a) Wir legen einen Quader auf ein Fließband und ziehen dieses unter ihm weg. (Wenn wir den Quader über die Unterlage ziehen, können wir beschleunigende Kräfte am Körper nicht ganz vermeiden.) Ein Kraftmesser hält den Körper und zeigt so die Gleitreibungskraft F_{gl} an. Der Versuch wird mit verschiedenen Geschwindigkeiten des Bandes wiederholt.
b) Wir pressen den Körper nun unterschiedlich stark gegen seine Unterlage. Die Normalkraft F_N wird erhöht durch Auflegen von Wägestücken auf den Quader. F_N wird verkleinert, indem wir dem Fließband und damit der Unterlage (wie im Bild) eine seitliche Neigung φ geben. Es gilt dann $F_N = G \cdot \cos\varphi$. Für $\varphi = 60°$ ist $F_N = G \cdot \cos 60° = G/2$.
c) Bei gleich bleibender Normalkraft wird die Größe der Auflagefläche variiert. Dazu legen wir den Quader auf seine verschieden großen Flächen.

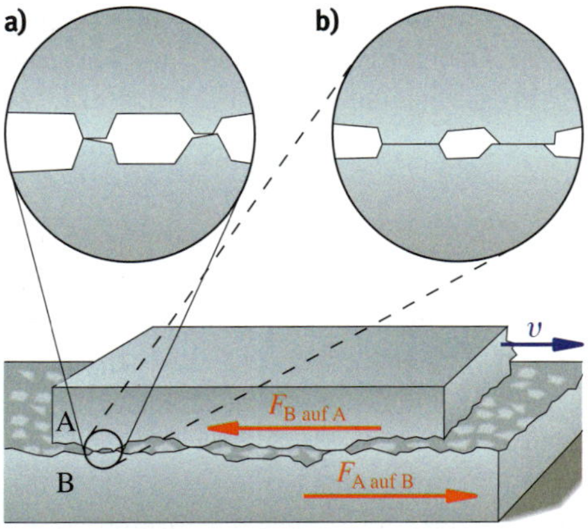

B 1: a) Mikroskopisch feine Kontaktflächen erzeugen die Reibungskräfte **b)** Bei größerer Normalkraft sind die Kontaktbereiche flacher gepresst und damit größer

Reibung

1. Gleitreibung liefert die Bremskraft

Sie müssen bei voller Fahrt plötzlich bremsen. Die Räder drehen sich nicht mehr, sondern gleiten über die Straße. Steinchen „spritzen" nach vorn. Ihr Rad übt auf die Straße eine Kraft nach vorne aus – so wie Körper A auf Körper B in ➠ *Bild 1*. Die reactio der Straße ($F_{B\,auf\,A}$) wirkt als *Gleitreibungskraft* der Gleitbewegung Ihres Rades entgegen.

Wenn Sie sanfter bremsen, tritt Gleitreibung an anderer Stelle auf, nämlich zwischen Bremsbacken und Felge. Dabei beobachtet man: Die Gleitreibungskraft ist umso größer, je stärker die Bremsbacken gegen die Felge gedrückt werden.

2. Gleitreibungskraft ist berechenbar

Wir wollen es genauer wissen und messen dazu in ➠ *Versuch 1* die Gleitreibungskraft bei unterschiedlichen Geschwindigkeiten, verschiedenen Anpresskräften und verschieden großen Kontaktflächen. Wir finden teilweise überraschende Ergebnisse:

- Die Gleitreibungskraft F_{gl} ist von der Relativgeschwindigkeit zwischen den beiden aneinander reibenden Flächen fast unabhängig. Bei schneller Bewegung sinkt F_{gl} etwas.
- Wird die Normalkraft n-fach vergrößert, dann auch die Gleitreibungskraft. Der Betrag der Gleitreibungskraft ist also proportional zum Betrag der Normalkraft:

$$F_{gl} = f_{gl} \cdot F_N \qquad (f_{gl} \text{ ist die Gleitreibungszahl}).$$

- Bei gleicher Normalkraft hängt die Gleitreibungskraft kaum von der Größe der reibenden Flächen ab, wohl aber von deren Beschaffenheit.

3. Mikroskopische Erklärung – eine mögliche Theorie

Selbst sorgfältig polierte Stahlflächen zeigen unter dem Mikroskop noch deutliche Unebenheiten (ähnlich ➠ *Bild 1*). Man erkennt in ➠ *Bild 1a*, dass die wahre, mikroskopische Berührfläche deutlich kleiner ist als die makroskopisch gemessene Fläche. An diesen wahren Mikrokontaktflächen sind die Moleküle der beiden Körper so nahe beieinander, dass manche „Höcker" miteinander verschweißen (*Adhäsion*). Zieht man nun Körper A über Körper B hinweg, so müssen dauernd solche winzigen Verschweißungen aufgebrochen werden, dauernd entstehen wieder neue. Es ergeben sich auch bleibende Verformungen vorstehender „Höcker". So kommt es zur Gleitreibungskraft.

Bei größerer Normalkraft werden die Höckeroberflächen stärker verformt (➠ *Bild 1b*), die Größe der Kontaktflächen wächst dabei etwa proportional zur Normalkraft. Mit dieser tatsächlichen Kontaktfläche muss deshalb auch die Gleitreibungskraft steigen.

4. Haften – „Reibung“ ohne Rutschen

Wir ziehen vorsichtig mit einem Kraftmesser an einem Klotz. Der Klotz bewegt sich nicht. Die an ihm – und damit am Tisch – angreifende Kraft wird größer, aber in gleichem Maße wächst die reactio, die den Klotz zurückhält. Es ist die *Haftkraft* zwischen Klotz und Tischplatte. Sie erreicht bald ihren größten Wert (➠ *Bild 2a*), wir nennen sie dann die maximale Haftkraft $F_{h,\,max}$. Ziehen wir noch etwas stärker, so beginnt der Klotz zu gleiten. Dabei geht die Reibungskraft auf $F_{gl} < F_{h,\,max}$ zurück (➠ *Bild 2b*).

Mit dem Versuchsaufbau von ➠ *Versuch 1* finden wir die gleichen Gesetzmäßigkeiten wie bei der Gleitreibungskraft. Nur die Konstante hat (im Allgemeinen) jetzt einen größeren Zahlenwert:

$$F_{h,\,max} = f_h \cdot F_N. \qquad (f_h \text{ ist die Haftzahl}; f_h > f_{gl})$$

Wir müssen annehmen, dass beim Haften die gleichen Adhäsionskräfte wirken wie beim Gleiten. Aber offenbar wirken sie sich beim Gleiten bei den meisten Stoffen weniger stark aus (➠ *Tabelle 1*).

Eine für medizinische Anwendungen sehr günstige Kombination ist das Stoffpaar Stahl auf Teflon, einem besonders harten und glatten Kunststoff. Man wählt sie z. B. für Hüftprothesen (➠ *Bild 3*). Haftzahl und Gleitreibungszahl sind klein und gleich, sodass weder die Bewegung, noch der Beginn der Bewegung als unangenehm empfunden wird.

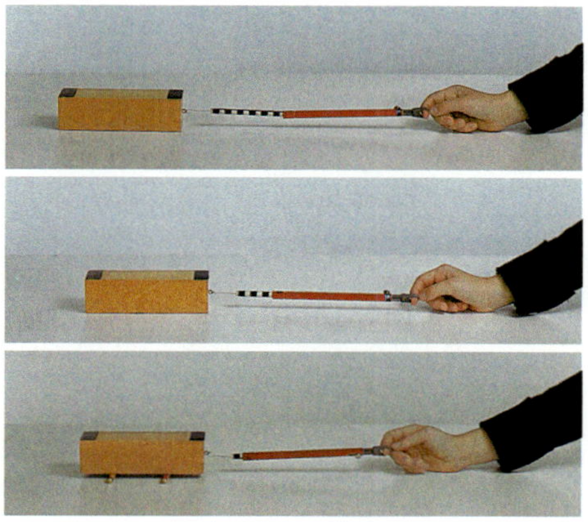

B 2: Hier gilt $F_{h,\,max} > F_{gl} > F_{roll}$

Stoffpaar	f_h	f_{gl}
Stahl/Stahl (trocken)	0,15	0,05
Stahl/Teflon	0,04	0,04
Holz/Holz	≤0,6	≤0,5
Holz/Stein	0,7	0,3
Gummi/Straße	0,65	0,5
Schlittschuh/Eis	0,03	0,01

T 1: Haftzahlen f_h und Gleitreibungszahlen f_{gl}

5. Die Rollreibung ist sehr klein

Eine noch geringere Zugkraft als beim Gleiten genügt, wenn wir runde Bleistifte zwischen Klotz und Tisch legen (➠ *Bild 2c*). Die jetzt wirkende *Rollreibungskraft* ist die kleinste der drei beschriebenen Reibungskräfte. Bei trockenen Berührflächen ergibt sich deshalb meist eine klare Rangfolge: $F_h > F_{gl} > F_{roll}$.

Haft- und Gleitreibungskräfte können durch Schmieren oder Ölen deutlich verringert werden. Die für trockene Berührflächen gefundenen Gesetze gelten dann aber nicht mehr, da Adhäsionskräfte zwischen Mikrokontaktflächen entfallen.

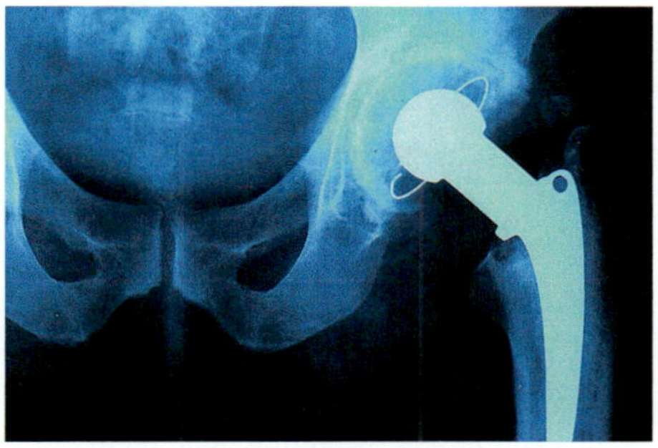

B 3: Künstliches Hüftgelenk; Teflon auf Stahl – eine Kombination, die im Reibungsverhalten dem natürlichen Gelenk nahe kommt.

... noch mehr Aufgaben

A 1: Erklären Sie nach dem mikroskopischen Modell der Gleitreibungskraft, warum die makroskopische Flächengröße praktisch keinen Einfluss auf die Größe der Reibungskraft hat.

A 2: Eine Geige und ein nicht geöltes Türscharnier haben physikalisch etwas gemeinsam (nicht den Hörgenuss!). Warum ölt man das Scharnier, nicht aber den Geigenbogen?

A 3: Nennen Sie Beispiele, bei denen das Schmieren von Berührflächen positive Auswirkungen hat. Suchen Sie auch Beispiele für negative Folgen.

A 4: Welche Kraft braucht man mindestens, um einen Stahlquader der Masse $m = 1{,}5$ kg auf einer waagerechten Stahlplatte in Bewegung zu setzen? Welche Kraft wird benötigt, um ihn gleitend zu ziehen?

A 5: Welchen Neigungswinkel muss man einer schiefen Ebene geben, damit ein auf ihr liegender Körper gerade zu gleiten beginnt ($f_h = 0{,}6$; $f_{gl} = 0{,}45$)? Gleitet er anschließend mit konstanter Geschwindigkeit oder beschleunigt er weiter? Wie groß muss der Neigungswinkel sein, damit der Körper nach einem Stoß nicht mehr schneller wird? Spielt die Masse des Körpers eine Rolle?

Interessantes

Verkehrsphysik II

Beschleunigung beim Bremsen

Zum Abbremsen aus einer (positiven) Geschwindigkeit werden (negative) Kräfte benötigt. Wie groß sie sein müssen, hängt von der Masse des abzubremsenden Körpers und von der gewünschten (negativen) Beschleunigung ab.

Fragen wir uns also einmal, welche Beschleunigungswerte beim Bremsen auftreten können. Wir wissen, dass die Beträge von maximaler Haftkraft und Gewichtskraft proportional sind: $F_{h,\,max} = f_h \cdot G$. Der Proportionalitätsfaktor f_h ist die Haftzahl. Für einen Gummireifen bei trockener Fahrbahn beträgt sie etwa 0,65. $F_{h,\,max}$ ist die maximal erreichbare Haftkraft, sie gilt für gerade noch nicht rutschende Räder. Damit ist der maximal mögliche Betrag der Beschleunigung:

$$|a| = \frac{F_{h,\,max}}{m} = \frac{f_h \cdot G}{m} = \frac{f_h \cdot m \cdot g}{m} = f_h \cdot g$$

$$= 0{,}65 \cdot 9{,}81\,\frac{\text{N}}{\text{kg}} = 6{,}4\,\frac{\text{m}}{\text{s}^2}.$$

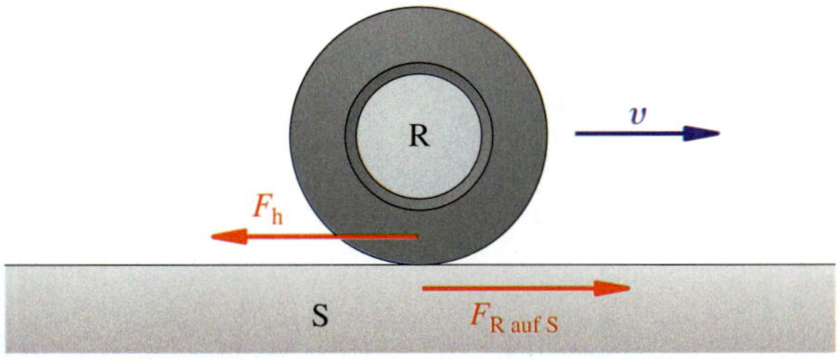

B 1: Actio ($F_{R\,auf\,S}$) und reactio (F_h) beim Bremsen

Die Haftkraft ist keine Komponente der Gewichtskraft, deshalb ist ihre Richtung auch nicht durch diese vorgegeben. Sie ergibt sich erst als reactio (Straße auf Rad) bei der gegenseitigen Bewegung von Straße und Auto (➠ *Bild 1*). Beim Bremsen ist sie der Bewegungsrichtung entgegengesetzt. Führt die Bewegung in positive Richtung, gilt somit für den Beschleunigungswert: $a = -6{,}4\ \text{m/s}^2$.

Kräfte beim Bremsen

Mit der ermittelten Beschleunigung müssen – so wie das Fahrzeug – auch die Insassen abgebremst werden. Bei einer Körpermasse von 70 kg bedeutet dies eine Kraft von $F = m\,a = 70\ \text{kg} \cdot (-6{,}4\ \text{m/s}^2) = -448\ \text{N}$ gegen die Bewegungsrichtung. Dies ist betragsmäßig weniger als die Gewichtskraft, also werden Arme und Beine den Körper abstützen können, ohne dass etwas passiert. Für diesen Fall ist der Sicherheitsgurt offenbar noch nicht gedacht.

Brems- und Anhalteweg

Wir vergleichen die Anhaltewege zweier Fahrzeuge A und B. Fahrzeug B fährt doppelt so schnell wie A ($v_A = 36$ km/h). Beide müssen in einer Notsituation stark bremsen.

In der ersten „Schrecksekunde“ $t_0 = 1$ s fährt Fahrzeug A noch mit der Geschwindigkeit v_A weiter, also noch um die Strecke

$$s_{0A} = v_A\,t_0 = 36\ \text{km/h} \cdot 1\ \text{s} = 10\ \text{m/s} \cdot 1\ \text{s} = 10\ \text{m}.$$

Mittlerweile hat der Fahrer in die Bremsen getreten. Die Bewegung ist jetzt gleichmäßig beschleunigt mit $a = -6{,}4\ \text{m/s}^2$. Als Bremsweg (➠ *Bild 2*) ergibt sich $s_A = \frac{1}{2}\,v_A\,(t_1 - t_0)$. Für die Beschleunigung gilt

$a = \frac{0 - v_A}{t_1 - t_0}$, also $t_1 - t_0 = \frac{v_A}{-a}$ und deshalb:

$$s_A = \frac{1}{2} \cdot v_A \cdot \frac{v_A}{-a} = \frac{1}{2} \cdot \frac{v_A^2}{-a} = \frac{1}{2} \cdot \frac{(10\ \text{m/s})^2}{-(-6{,}4\ \text{m/s}^2)} = 7{,}8\ \text{m}.$$

Der gesamte Anhalteweg ist nun:

$$S_A = s_{0A} + s_A = 10\ \text{m} + 7{,}8\ \text{m} = 17{,}8\ \text{m}.$$

Fahrzeug B kommt vielleicht nicht mehr mit dem Schrecken davon. Sein „Schrecksekundenweg“ ist doppelt so lang, sein Bremsweg (v geht quadratisch ein) sogar viermal so lang! So ergibt sich als Anhalteweg von B:

$$S_B = s_{0\,B} + s_B = 20\ \text{m} + 31{,}2\ \text{m} = 51{,}2\ \text{m}.$$

Dies ist dramatisch mehr als bei Fahrzeug A!

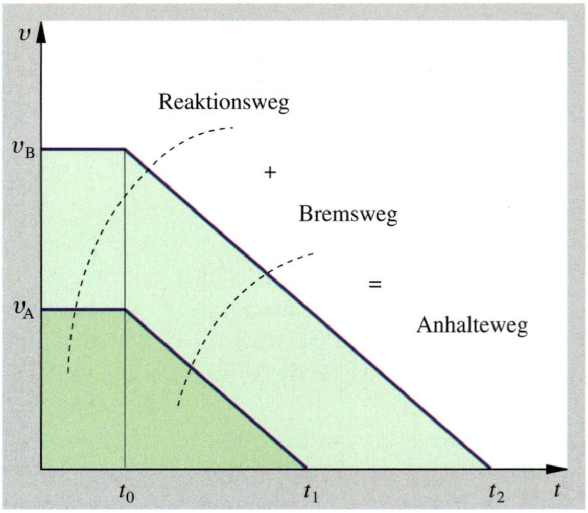

B 2: Der Schrecksekundenweg wächst linear mit der Geschwindigkeit, der Bremsweg sogar quadratisch

Interessantes

ABS – ein Freibrief für schnelles Fahren?

Kurz nach Einführen des „Anti-Blockier-Systems" ABS bei Personenkraftwagen stiegen die Unfallzahlen gerade bei den hiermit ausgerüsteten Autos an. Lag ein Missverständnis vor?

ABS sorgt durch Sensoren dafür, dass beim Bremsen stets die Haftkraft Rad – Straße wirkt (➡ *Bild 3*). Diese ist immer größer als die dortige Gleitreibungskraft bei blockierten Rädern (➡ *Tabelle 1*). Dennoch ist Vorsicht geboten, denn die Haftkraft ist nicht immer gleich, sie hängt von der Straßenbeschaffenheit ab. Bei Glatteis ist deshalb der Betrag der maximalen Bremskraft nur noch weniger als ein Sechstel der Bremskraft bei trockener Straße. Was für die Bremskraft gilt, gilt auch für die Bremsbeschleunigung. Statt $-6{,}4\ \mathrm{m/s^2}$ beträgt sie bei Glatteis nur noch $-0{,}98\ \mathrm{m/s^2}$. Der eben berechnete Bremsweg für Auto A wächst deshalb von 7,8 m (bei trockener Straße) auf 51 m bei Glatteis an – trotz ABS! Viele Fahrer und Fahrerinnen glauben, mit ABS immer kurze Bremswege erreichen zu können – dies ist ein (gefährliches) Missverständnis!

Dennoch hat ABS Vorteile. Das Nichtblockieren erhält die Lenkfähigkeit der Vorderräder. Auch bei unterschiedlicher Bodenbeschaffenheit rechts und links (z. B. Ölspur) gerät das Fahrzeug nicht so leicht ins Schleudern, da jedes Rad sein eigenes ABS besitzt.

Stoffpaar	max. Haftzahl f_h	Gleitreibungszahl f_{gl}
Stahl auf Stahl	0,15	0,05
Holz auf Stein	0,7	0,3
Schlittschuh auf Eis	0,03	0,01
Gummi auf Straße	0,65	0,5
Autoreifen:		
trocken	0,65	0,5
nass	0,4	0,3
Glatteis	0,1	0,05

T 1: Haftzahlen f_h und Gleitreibungszahlen f_{gl}

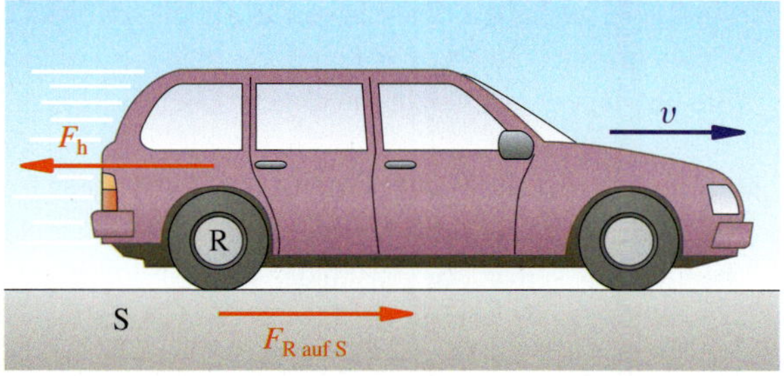

B 3: Die Reibungskraft, mit der die Straße auf die Räder wirkt, ist die Bremskraft für das Auto. ABS sorgt für Haftreibung, aber auch diese kann klein sein.

A 1: Der Fahrer eines Unfallwagens behauptet, sich an die vorgeschriebene Höchstgeschwindigkeit von 70 km/h gehalten zu haben. Da der Wagen mit blockierten Rädern gebremst wurde, kann der Gerichtsgutachter eine Bremsspur am Unfallort vermessen ($s = 62$ m). Aus der Straßenbeschaffenheit zum Unfallzeitpunkt schließt er auf eine Gleitreibungszahl von $f_{gl} = 0{,}5$. **a)** Bestimmen Sie die Fahrzeuggeschwindigkeit. **b)** Wie groß war der gesamte Anhalteweg bei einer Reaktionszeit des Fahrers von 0,8 s?

A 2: Ein Auto der Masse 800 kg wird durch Blockieren aller Räder gebremst. Wie groß sind die verzögernde Gleitreibungskraft ($f_{gl} = 0{,}50$), die Bremsbeschleunigung, die Bremszeit und der Bremsweg bei $v_0 =$ 30 km/h bzw. 50 km/h auf waagerechter Straße?

A 3: Die folgende Fahrschulregel gibt den Bremsweg in Metern: „Man streiche vom Zahlenwert der in km/h angegebenen Geschwindigkeit die Null und multipliziere das Ergebnis mit sich selbst". Bringen Sie diese Regel mit der hergeleiteten Formel $s = \frac{1}{2}\,v^2/(-a)$ in Einklang! Für welche Bremsbeschleunigung gilt sie? Beispiel: Bei $v_0 = 70$ km/h wäre nach der Faustregel der Bremsweg $7 \cdot 7$ m = 49 m.

A 4: Ein Auto bremst auf waagerechter Straße ($f_{gl} = 0{,}5$) bei $v_0 = 90$ km/h. **a)** Welche Geschwindigkeit hat es noch nach 2 s? Welchen Weg hat es dann zurückgelegt? **b)** Der Fahrer möchte – im Anblick eines Radarwagens – schnell von 90 km/h auf 50 km/h abbremsen. Wie lange und welche Strecke braucht er hierzu?

A 5: Skizzieren Sie in Diagrammen: **a)** Die Bremskraft F als Funktion des Bremsweges s bei immer der gleichen Anfangsgeschwindigkeit v_0. **b)** Den Bremsweg s als Funktion von v_0 bei konstanter Bremskraft!

A 6: Ein Auto fährt mit 54 km/h. Plötzlich taucht in 36 m Abstand ein Hindernis auf. Der Fahrer bremst und prallt 4 s später auf. **a)** Zeichnen Sie ein t-v-Diagramm. **b)** Wie groß war die Aufprallgeschwindigkeit? **c)** Wie groß war die Bremsbeschleunigung?

A 7: Die Schweiz schreibt vor, dass auf ihren unbefestigten Gebirgsstraßen der Bremsweg bei der Talfahrt unter 6 m liegen muss. Mit welcher Geschwindigkeit darf man also höchstens zu Tal fahren, wenn das Gefälle 18° beträgt und die Gleitreibungszahl auf 0,4 gesunken ist (Rollsplitt!)?

Interessantes

Crash

Der nicht zu wünschende Fall:

Bei allen Unfällen mit Zusammenstößen entsteht ein gefährlich stark verkürzter Bremsweg – selbst im Vergleich zur Vollbremsung. Welche Gefahren daraus resultieren, wollen wir an einigen unfalltypischen Beispielen belegen.

Wir haben für den Bremsweg hergeleitet: $s = \frac{1}{2}\, v^2/(-a)$. Umgekehrt lässt sich nun aus bekanntem Bremsweg und bekannter Anfangsgeschwindigkeit rückwirkend die Bremsverzögerung berechnen:

$$a = -\frac{v^2}{2\,s}.$$

Nehmen wir einmal an, Sie führen mit einer Geschwindigkeit von $v = 50$ km/h gegen einen Baum (es gibt nicht wenige, die dies für ungefährlich halten). Das Auto würde nach kurzer Zeit stehen. Ohne Gurt „fahren“ Sie jedoch zunächst fast ungebremst weiter. Während der Wagen schon zerknautscht ist, sind Sie gerade am Armaturenbrett angelangt. Dann erst beginnt für Sie der Bremsvorgang, aber es bleiben Ihnen nur noch $s \approx 5$ cm als Bremsweg! Die Bremsbeschleunigung ist $a = -v^2/(2\,s) \approx -2\,000$ m/s^2. Dies gibt bei einer Körpermasse von 70 kg eine Kraft vom Betrage $1{,}4 \cdot 10^5$ N. Eine solche Kraft ist im Allgemeinen tödlich! Schlägt Ihr Kopf an den Dachrahmen (➠ *Bild 1*), dann mit solcher Geschwindigkeit, als ob Sie aus dem 3. Stock mit dem Kopf voraus aufs Straßenpflaster fallen würden! Legen Sie also den Gurt auch bei Fahrten in der Stadt an!

B 1: Das Testauto steht, aber der Dummy knallt mit ungebremster Geschwindigkeit gegen Dachrahmen und Frontscheibe

Knautschzone und Gurt können Leben retten

Der eben geschilderte Unfall kann Ihnen passieren. Sie sitzen neben einem Fahrer, der bei „nur“ 50 km/h gegen einen Baum fährt. Aber der Fahrer und Sie haben sich angeschnallt – das ist ihr Beitrag zur passiven Sicherheit. Die Autokonstrukteure haben noch mehr getan: Das Vorderteil des Wagens wird – als Knautschzone vorausberechnet – um etwa 60 cm zusammengedrückt (vgl. ➠ *Versuch 1*). Ihr Gurt dehnt sich zusätzlich um 20 cm (➠ *Bild 2*). Also ist Ihr Bremsweg $s \approx 0{,}8$ m. Sie erfahren die Beschleunigung $a = -v^2/(2\,s) = -120$ m/s^2. Ihr Brustkorb muss die verzögernde Kraft $F = m\,a = -70\text{ kg} \cdot 120\text{ m/s}^2 = -8\,400$ N aushalten. Dies ist mehr als die zwölffache Gewichtskraft; eine kurze Zeit kann man sie ertragen. Sie überleben – vielleicht mit angebrochenen Rippen.

Motorradfahrern hilft wenigstens der Helm

Ihr Sturzhelm hat nicht nur die Aufgabe, den Schädelbereich vor spitzen Gegenständen und Abschürfungen zu schützen. Er verteilt auch eine einwirkende Kraft auf eine größere Fläche A. Dann wird der Druck $p = F/A$ kleiner. Bei einem Sturz vergrößert er zudem den Bremsweg von vielleicht 1 mm bei direktem Aufprall auf etwa 10 mm.

Interessantes

Ein Crashtest überprüft die geplante Wirkung

Zur Erforschung von Knautschzonen und anderen konstruktiven Sicherheitsmaßnahmen werden Testunfälle im Labor durchgeführt. Testperson ist ein „Dummy“, ausgerüstet mit Beschleunigungssensoren für *x*-, *y*- und *z*-Richtung. Nach genormtem Verfahren werden die drei Messkurven zu einer Standardkurve zusammengefasst:

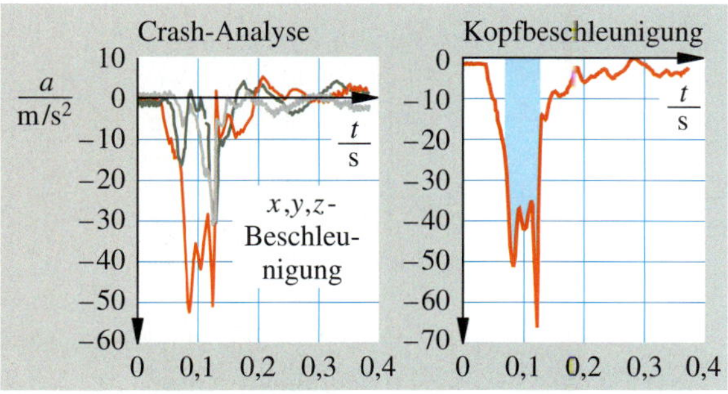

Uns fällt auf, dass die Kurve etwas breit gezogen ist und dazu noch einzelne Zacken aufweist. Wir ahmen den Versuch im Schullabor nach (*Versuch 1*)

Der Kopf braucht besonderen Schutz

Der Kopf kann nicht angeschnallt werden. Beim Crash fliegt er aufgrund seiner Trägheit ungehindert weiter. Dabei werden Bänder und Muskeln der Halswirbelsäule stark überdehnt, schließlich schlägt der Schädel noch auf das Lenkrad und wird erst dort mit riesigen Kräften gebremst: Schwerste Verletzungen sind die Folge. Um dies zu vermeiden, haben Techniker die zusammenschiebbare Lenksäule und den Airbag entwickelt. Dieser wird im Kollisionsfall schlagartig (*Bild 2*) mit Treibgas gefüllt und liefert so eine etwa 30 cm lange Bremsstrecke für den Kopf. Wird man selbst von hinten angefahren, sorgt die Kopfstütze dafür, dass Kopf und Körper gleich stark beschleunigt werden; die Halswirbelsäule wird geschont.

V 1: Ein Laborwagen mit Zusatzmasse (insgesamt 450 g) fährt eine schiefe Ebene hinunter. Die auftretende Beschleunigung wird mittels Bewegungsmesswandler und Computer aufgezeichnet. Im Fall **a)** lassen wir den Wagen gegen eine feste Wand prallen. Es entsteht eine kurzzeitige, starke Beschleunigung. Im Fall **b)** bilden wir vor der Wand eine Knautschzone nach. Dazu rollen wir ein Stück Schreibpapier (etwa 10 cm × 10 cm) etwas zusammen. Zuvor haben wir es zerknüllt; dies entspricht den im Autobau üblichen vorbestimmten Blechfalten. Wir lassen nun den Wagen erneut aufprallen. Das rechte Diagramm in *Bild 3* zeigt, dass der Betrag der Bremsbeschleunigung jetzt im Mittel kleiner ist. Die Bremskraft verteilt sich auf einen längeren Zeitraum. Da die Kraft beim Zusammenschieben des Papiers etwas wechselt, entstehen während dieser Zeit unterschiedliche Beschleunigungsspitzen.

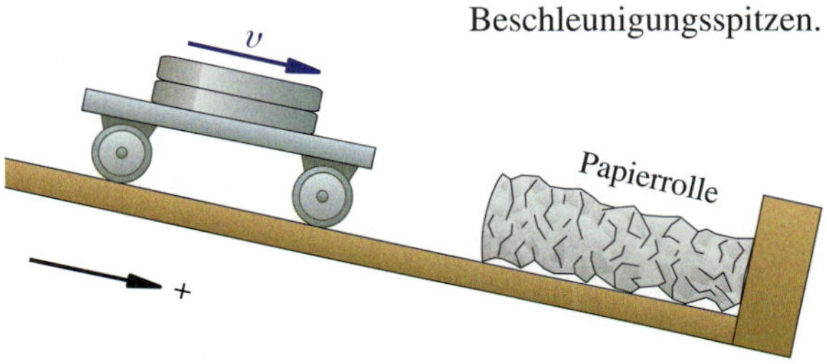

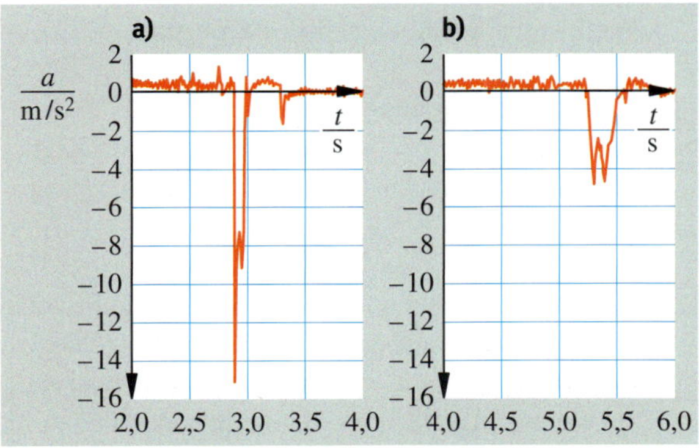

B 3: a) Aufprall ohne Knautschzone **b)** mit Knautschzone

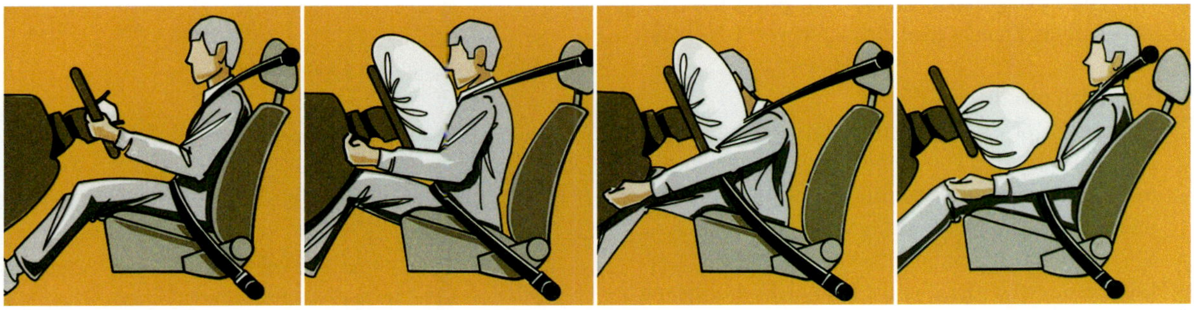

B 2: Nach 30 ms zündet der Airbag | Nach etwa 55 ms hat sich der Airbag aufgebläht | Knapp 90 ms: Die Person wird „weich“ abgebremst | 150 ms: Der Aufprall ist glücklich überstanden

Das ist wichtig

Im Jahre 1686 formulierte Isaac NEWTON in seinem Buch „*Philosophiae naturalis principia mathematica*" vier Gesetze. Damals revolutionierten sie ein Weltbild. Heute haben sie eine große technische Bedeutung – insbesondere im Straßen-, Schienen- und Luftverkehr. Die Eroberung des Weltraums durch Satelliten und Raumfähren wäre ohne sie nicht denkbar.

Kräfte sind Vektoren

Kräfte werden durch Betrag *und* Richtung beschrieben. Mehrere an einem Körper angreifende Kräfte ersetzt man durch deren Resultierende $\vec{F}_{Res}$. Eine einzelne an einem Körper angreifende Kraft kann man in Komponenten zerlegen. Das Zusammensetzen wie das Zerlegen von Kräften gehorcht der Parallelogrammregel der Vektoraddition. Liegen alle Kräfte auf einer Geraden, bestimmt man die Resultierende durch die Summe der mit Vorzeichen behafteten Kraft*werte*.

Das Trägheitsgesetz

Ein Körper ändert seinen Bewegungszustand nicht, wenn die auf ihn wirkende resultierende Kraft $F_{Res} = 0$ *ist.*

Diese einfache Weisheit – der geniale GALILEI fand sie zuerst – ist der Schlüssel zu einer systematischen Beschreibung von Kräften und Bewegungen.

Die Grundgleichung der Mechanik

Die auf einen Körper wirkende resultierende Kraft ist gleich dem Produkt aus Masse und Beschleunigung:

$$\vec{F}_{Res} = m\,\vec{a}.$$

Kraft und Beschleunigung haben die gleiche Richtung. Bei Bewegungen auf einer Geraden haben F und a in der Wertegleichung $F = m\,a$ das gleiche Vorzeichen.
Größe, Form und Material der Körper spielen bei fehlender Rotation keine Rolle. Es genügt, ihre Masse zu kennen.
Um einen Körper der Masse 1 kg mit 1 m/s² zu beschleunigen, braucht man eine Kraft von 1 N.

Actio gleich reactio

Wirkt ein Körper A mit einer Kraft auf einen anderen Körper B, so wirkt B mit einer entgegengesetzt gerichteten, gleich großen Kraft auf Körper A zurück. Actio und reactio wirken also auf *verschiedene* Körper.

Entgegengesetzt gleich große Kräfte, die an *einem* Körper in einem Punkt angreifen, halten sich das Gleichgewicht. Solche Kräfte darf man nicht mit actio und reactio verwechseln.

Bewegungen – gezeichnet und berechnet

Fall I: Die Summe aller von außen am Körper angreifenden Kräfte ist null.

Kraft: $F_{Res} = 0$

Aus $F_{Res} = 0$ folgt $a = 0$. Es gibt keine Geschwindigkeitsänderung, also liegt eine **gleichförmige Bewegung** vor.

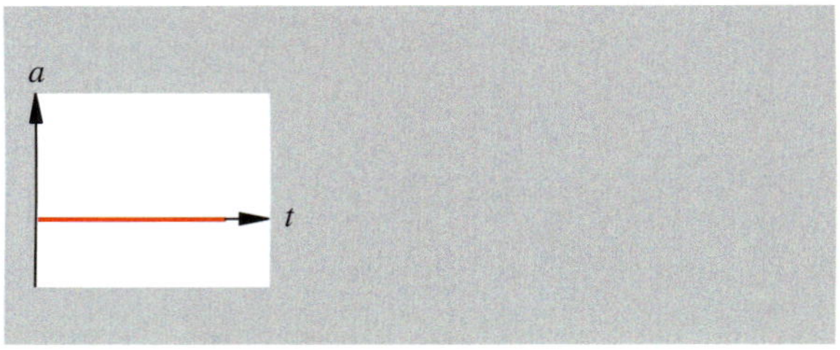

Beschleunigung: $a = 0$

Keine Änderung der Geschwindigkeit heißt Stillstand oder konstante Geschwindigkeit. Diese ist positiv, wenn die Bewegung in Richtung der von uns als positiv gewählten Ortsachse erfolgt. Die Fläche zwischen v-Kurve und t-Achse – mit Berücksichtigung des Vorzeichens – ist ein Maß für die Ortsänderung Δs.

Einige mögliche t-v-Diagramme:

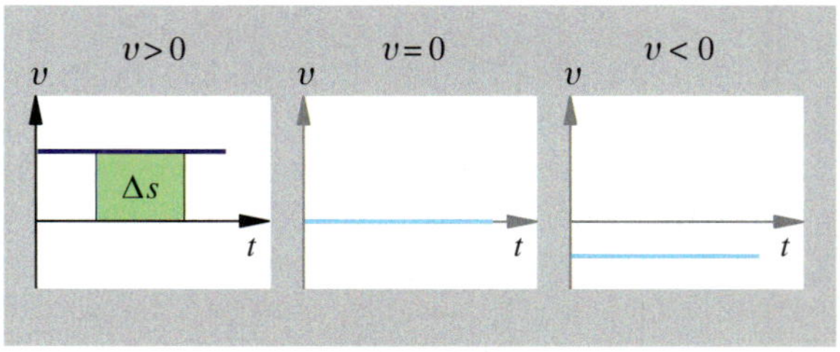

Geschwindigkeit: $v = v_0 =$ konst.

Die während einer gleichförmigen Bewegung zurückgelegten Strecken sind durch die Gleichung der t-s-Geraden bestimmt. Deren Steigung – wir finden sie aus dem Steigungsdreieck – entspricht der Geschwindigkeit:

$$v = \frac{\Delta s}{\Delta t}.$$

Einige mögliche t-s-Diagramme:

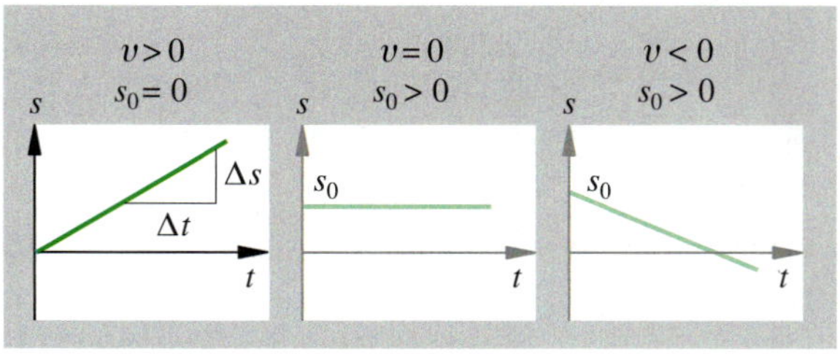

Ort: $s = v\,t + s_0$

Fall II: Die Summe aller am Körper angreifenden Kräfte ist ungleich null (aber konstant):

Kraft: $F_{Res} \neq 0$

Aus $F_{Res} \neq 0$ folgt $a \neq 0$. Die Geschwindigkeit ändert sich ständig. Bei konstanter Kraft liegt eine **gleichmäßig beschleunigte Bewegung** vor.

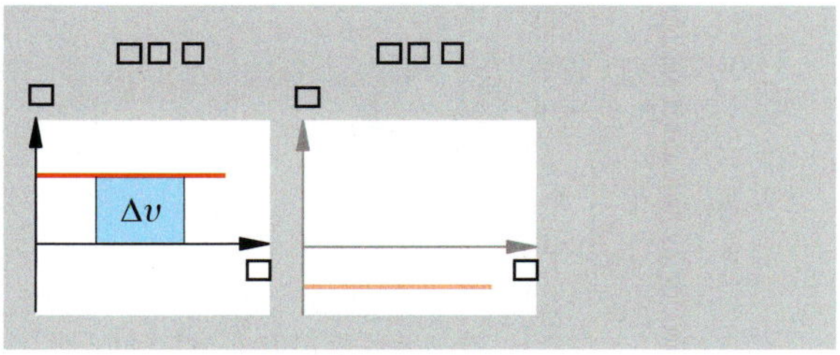

Beschleunigung: $a \neq 0$

Konstante Beschleunigung heißt konstante Geschwindigkeitsänderung. Diese ist positiv, wenn die Geschwindigkeit in der von uns als positiv gewählten Richtung zunimmt (links). Die Fläche zwischen a-Kurve und t-Achse – mit Berücksichtigung des Vorzeichens – ist ein Maß für die Geschwindigkeitsänderung. Alle während einer gleichmäßig beschleunigten Bewegung sich ergebenden Momentangeschwindigkeiten werden durch die Gleichung einer t-v-Geraden beschrieben. Deren Steigung entspricht der Beschleunigung:

$$a = \frac{\Delta v}{\Delta t}.$$

Einige mögliche t-v-Diagramme (im mittleren Diagramm ein Bremsvorgang):

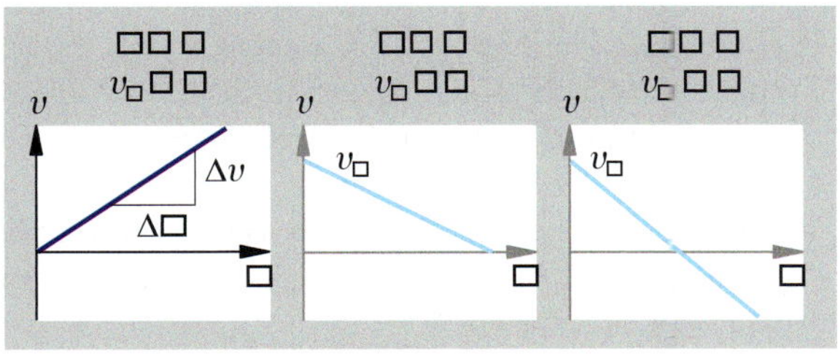

Geschwindigkeit: $v = a\,t + v_0$

Einige mögliche t-s-Diagramme (im mittleren Diagramm ein Bremsvorgang):

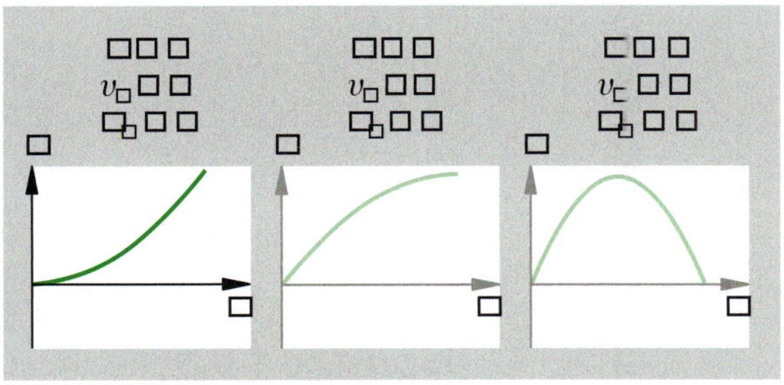

Ort: $s = \frac{1}{2}\,a\,t^2 + v_0\,t + s_0$

Kausalitätsprinzip

Nichts geschieht ohne Ursache, die gleiche Ursache ruft die gleiche Wirkung hervor. Anders ausgedrückt: *Kennst du den Ausgangszustand (Ort und Geschwindigkeit) und die Masse eines Körpers, so frage nach der Kraft, und du wirst den Endzustand vorhersagen können.*

Diese „Kausale Strategie" wenden wir in der gesamten klassischen Mechanik an, mit ihr lösen wir Aufgaben. Sie wird später – vor allem im Bereich der *Wärmelehre* – durch die Bilanzstrategie ergänzt. Die kausale Betrachtung findet ihre Grenzen in der *Quantenphysik*. Bei der Beschreibung von Einzelvorgängen im atomaren Bereich kann man sie nicht mehr durchgehend anwenden.

Beispiel

I. Zur gleichförmigen Bewegung

Ein Wagen bewegt sich *gleichförmig*.

Startwerte: $F_{Res} = 0$; $a = 0$;
$v(0\ \text{s}) = v_0 = 4{,}8\ \text{m/s}$;
$s(0\ \text{s}) = s_0 = 0\ \text{m}$.

Welche Werte haben Beschleunigung, Geschwindigkeit und Ort zum Zeitpunkt $t_1 = 12\ \text{s}$?

Lösung: $\boldsymbol{a(12\ \text{s}) = 0}$, denn die Kraft ist immer noch null.
$\boldsymbol{v(12\ \text{s}) = 4{,}8\ \text{m/s}}$, denn ohne äußere Kraft kann sich die Geschwindigkeit des Körpers nicht ändern.
$s(t_1) = v\,t_1$, also $\boldsymbol{s(12\ \text{s})} = 4{,}8\ \text{m/s} \cdot 12\ \text{s} = \boldsymbol{57{,}6\ \text{m}}$.

II. Zur gleichmäßig beschleunigten Bewegung

Am Wagen der Masse $m = 24\ \text{kg}$ greift die konstante Kraft $F_{Res} = -6\ \text{N}$ an. Der Wagen bewegt sich deshalb *gleichmäßig beschleunigt* gegen die als positiv gewählte Richtung.

Startwerte: $v(0\ \text{s}) = 0{,}8\ \text{m/s}$;
$s(0\ \text{s}) = 0\ \text{m}$.

Welche Werte haben Beschleunigung, Geschwindigkeit und Ort zum Zeitpunkt $t_1 = 10\ \text{s}$?

Lösung: Aus $F = m\,a$ folgt

$a = F/m = -6\ \text{N}/24\ \text{kg} = -0{,}25\ \text{m/s}^2$.

$\boldsymbol{a(10\ \text{s}) = -0{,}25\ \text{m/s}^2}$, denn die Kraft und damit die Beschleunigung bleiben konstant.

$\boldsymbol{v(t_1)} = a\,t_1 + v_0$, also

$\boldsymbol{v(10\ \text{s})} = -0{,}25\ \text{m/s}^2 \cdot 10\ \text{s} + 0{,}8\ \text{m/s} \boldsymbol{= -1{,}7\ \text{m/s}}$.

$s(t) = \frac{1}{2}\,a\,t^2 + v_0\,t$, also

$\boldsymbol{s(10\ \text{s})} = \frac{1}{2} \cdot (-0{,}25\ \text{m/s}^2) \cdot (10\ \text{s})^2 + 0{,}8\ \text{m/s} \cdot 10\ \text{s}$
$\boldsymbol{= -4{,}5\ \text{m}}$.

Aufgaben

A 1: Zwei Kräfte von 20 N und 15 N greifen an einem Körper an: **a)** in gleicher Richtung, **b)** entgegengesetzt und **c)** unter einem Winkel von 90°. Bestimmen Sie jeweils die Resultierende.

A 2: Das Tauziehen ist schon merkwürdig. Mannschaft A zieht genauso stark an Mannschaft B wie umgekehrt. Erklären Sie, wieso diejenige Mannschaft gewinnt, die sich vom Boden stärker wegdrückt (z. B. mit 5 000 N, die andere Mannschaft mit –4 000 N).

A 3: a) Beschreiben Sie den Ablauf der Fahrt im folgenden *t*-*s*-Diagramm.

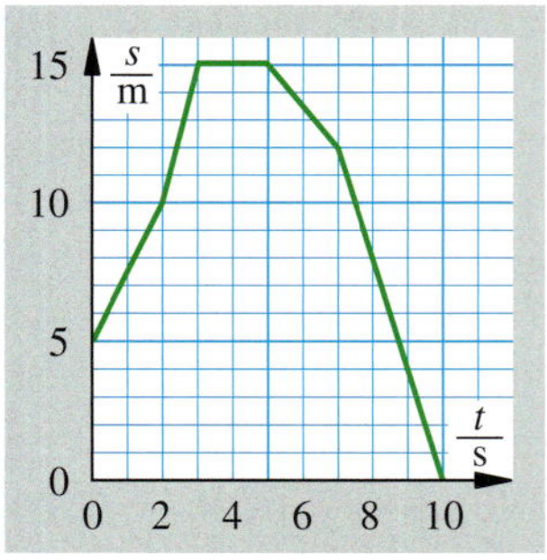

b) Übertragen Sie das *t*-*s*-Diagramm in Ihr Heft und zeichnen Sie das hierzu gehörende *t*-*v*-Diagramm. Berechnen Sie dazu vorher die Geschwindigkeitswerte in den einzelnen Zeitabschnitten.

A 4: a) Beschreiben Sie die Bewegung in den einzelnen Abschnitten des *t*-*v*-Diagramms! Wann wirkt eine (resultierende) Kraft auf den Körper? Bestimmen Sie ihre Richtung. **b)** Ermitteln Sie mithilfe des Diagramms durch Rechnung den am Ende erreichten Ort (s_0 = 0 m). **c)** Skizzieren Sie das zugehörige *t*-*s*-Diagramm!

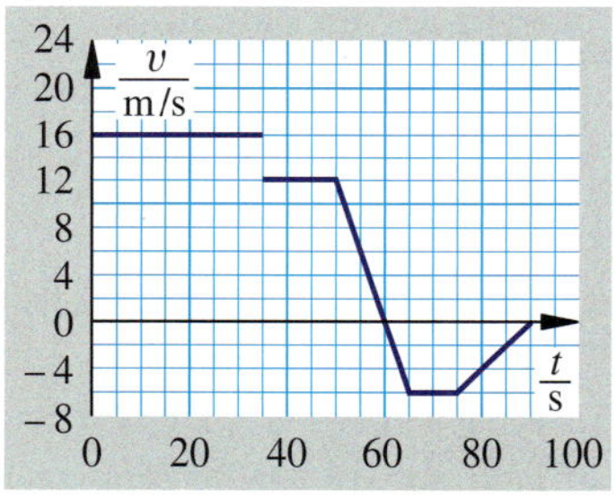

A 5: a) Kann ein Körper sich nach rechts bewegen, während er nach links beschleunigt wird? **b)** Ein Körper werde konstant beschleunigt. Kann sich die Richtung seiner Geschwindigkeit dabei umkehren?

A 6: Woran merkt man als Fahrgast, dass der Zug bremst? Was spürt man in einem anfahrenden Zug?

A 7: Die Tabelle enthält Messwerte von zwei Spielzeugautos, die nebeneinander herfahren. **a)** Übertragen Sie diese Werte in ein Diagramm (1 cm ≙ 1 s, 1 cm ≙ 0,1 m).

t/s	0	1	2	3	4	5	6	7
s_1/cm	0	6	14	20	26	34	40	47
s_2/cm	0	2	6	13	21	32	47	65

b) Zeichnen Sie eine Ausgleichsgerade bzw. -kurve. **c)** Bestimmen Sie die Geschwindigkeit der gleichförmigen Bewegung aus dem Diagramm wie auch aus den Tabellenwerten! **d)** Bestimmen Sie die als konstant angenommene Beschleunigung des zweiten Wagens. **e)** Wann befinden sich beide Wagen auf gleicher Höhe nebeneinander, wann haben sie gleiche Geschwindigkeit?

A 8: Zwei Körper der Masse 2 kg sind wie in der Zeichnung miteinander verbunden.

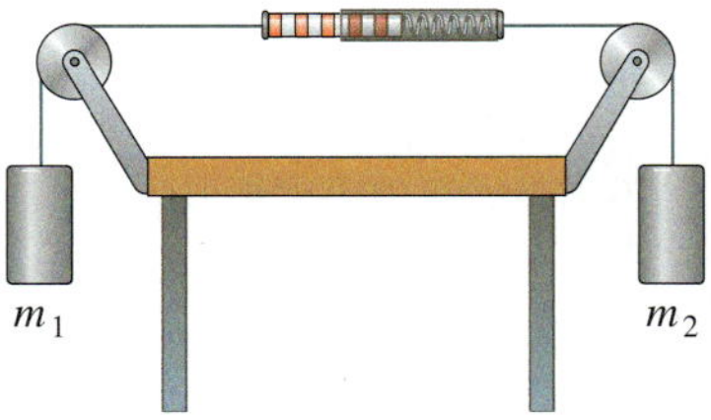

a) Welche Kraft zeigt der Federkraftmesser an? **b)** Körper 1 wird ersetzt durch ein Wägestück mit m_1 = 1,8 kg. Mit welcher Beschleunigung bewegt sich nun der „Zug“? Was zeigt der (masselose) Kraftmesser jetzt an?

A 9: Ein Transrapid beschleunigt auf einer Versuchsstrecke zwischen zwei Stationen zunächst mit a_1 = 0,95 m/s² aus der Ruhe, anschließend mit a_2 = –0,95 m/s² bis zum Stillstand. **a)** Zeichnen Sie ein *t*-*v*-Diagramm. **b)** Wie lange dauert die Fahrt bei einer Fahrstrecke von 5 km? **c)** Welche Höchstgeschwindigkeit wird erreicht? **d)** Auf der ersten Teilstrecke wird der Transrapid mit einer Kraft von *F* = 100 kN gezogen. Welche Masse hat er?

A 10: Die Mondrakete Saturn V hatte eine Startmasse von etwa $2{,}9 \cdot 10^6$ kg. **a)** Wie groß war die (noch nicht volle) Anfangsschubkraft der Raketenmotoren, als die Rakete nach der Zündung über der Rampe schwebte? **b)** Welche Schubkraft lag vor, als Saturn V kurz danach mit etwa 12 m/s² nach oben beschleunigt wurde?

A 11: a) Ein reibungsfreier Wagen (2,0 kg) setzt sich auf einem geneigten Brett mit der Beschleunigung *a* = 0,50 m/s² nach unten in Bewegung. Wie groß sind Hangabtriebskraft und Neigungswinkel? **b)** Wie groß ist die Beschleunigung bei einem dreifachen Neigungswinkel?

A 12: Ein Anhänger (1 000 kg) soll auf einer Straße bei 15° Neigung mit *a* = 1,0 m/s² bergauf gezogen werden. Welche Kraft ist nötig?

A 13: a) Ein Schrägaufzug (Neigung 30°) zieht einen Wagen (20 kg) eine Strecke von 10 m in 5 s aus der Ruhe heraus aufwärts. Welche Beschleunigung braucht er? **b)** Welche Masse muss der angehängte Körper haben, wenn die Reibungszahl *f* = 0,1 ist?

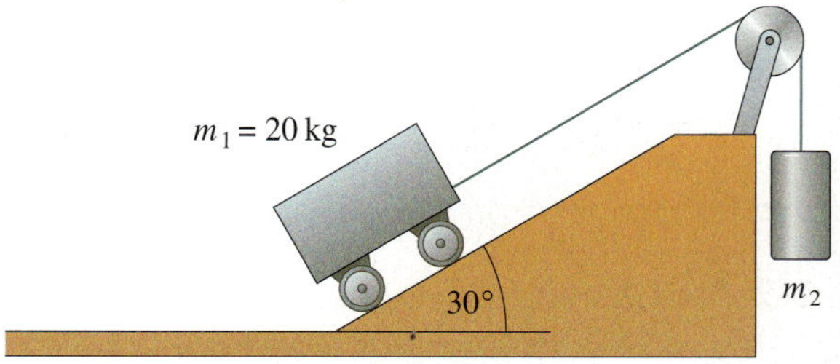

Fall- und Wurfbewegungen

Kommt die Kanonenkugel zurück?

Wenn es mir gelingt, einen Stein *genau senkrecht* nach oben zu werfen, dann erwarte ich, dass er in meine Hand zurückkehrt. Darf ich wirklich so sicher sein? Müsste ich nicht berücksichtigen, dass sich die Erde dreht, dass sich meine Hand in jeder Sekunde mit der Erdoberfläche etwa 350 m nach Osten bewegt, während der Stein in der Luft ist?

Nach der Physik des ARISTOTELES, die das *Trägheitsgesetz* noch *nicht kannte*, wurde diese Überlegung als Argument gegen die tägliche Drehung der Erde um ihre Achse vorgebracht. Bei bewegter Erde dürfte die senkrecht nach oben geschossene Kanonenkugel auch bei Windstille nicht an den Ort des Abschusses zurückkehren. Die ersten Ansätze einer neuen Physik mussten also klarmachen, dass jeder Körper auf der Erde deren Bewegung mitmacht – und sogar beibehält, wenn keine Kraft auf ihn wirkt.

Die Kanonenkugel kommt zurück!
Die neue Physik hat diesen und manch anderen Widerspruch zu unseren Alltagsvorstellungen erst durch Versuche bewusst gemacht und dann aufgelöst.

Ein anderes Problem: Jedes Kind weiß, dass eine Bleikugel schneller zu Boden fällt als eine Flaumfeder. Der Grund scheint klar zu sein: Blei ist schwerer als Flaum. GALILEI hat diese durch Alltagserfahrung nahe gelegte Begründung in Frage gestellt und den wahren Grund aufgedeckt.

In einer Fallröhre mit und ohne Luft kann man Fallbewegungen unter vereinfachten Bedingungen beobachten. NEWTONS Physik liefert die dazu passende Theorie.

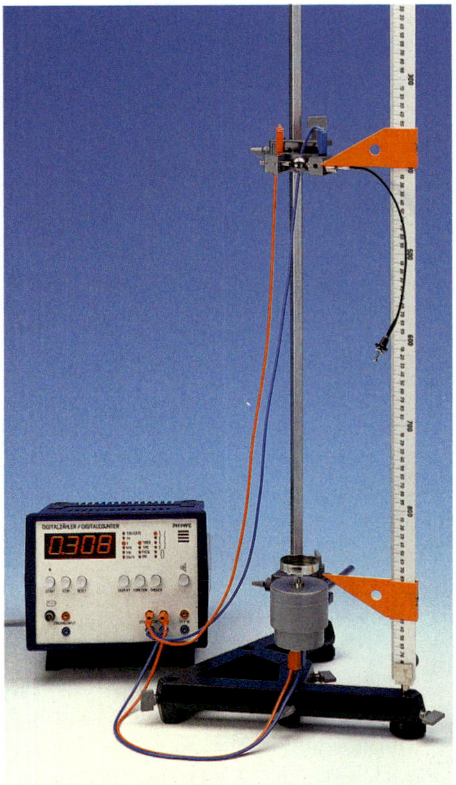

V 1: Die Stahlkugel wird im Auslöser eingeklemmt und schließt einen elektrischen Kontakt. Beim Freigeben der Kugel wird der Kontakt unterbrochen und damit die elektrische Uhr gestartet. Beim Aufprall stoppt der Schalter am Fangteller die Uhr. Die Null des nach unten gerichteten Maßstabs befindet sich in Höhe der Unterkante der startbereiten Kugel. An der Kontaktplatte wird der Fallweg abgelesen.

Fallweg s in m	Fallzeit t in s	Fallbeschleunigung g in m/s^2
0,20	0,201	9,90
0,40	0,286	9,78
0,80	0,404	9,80

T 1: Vorne stehen die Messergebnisse des ➠ *Versuchs 1*. – Es gilt $s = \frac{1}{2} g t^2$, daraus folgt die Fallbeschleunigung $g = 2\,s/t^2$. Für jedes Wertepaar (t, s) wird damit g berechnet. Der Mittelwert dieser Messungen ist $g = 9{,}83$ m/s^2. Genauere Messungen liefern für Europa den Mittelwert $g = 9{,}81$ m/s^2. Am Nordpol ist der Wert größer, am Äquator kleiner. – Auf dem Mond ergäbe die Auswertung von Fallversuchen den Wert $g_{\text{Mond}} = 1{,}62$ m/s^2.

Der freie Fall

1. Mit Luftwiderstand fallen Körper langsamer

„Der Apfel fällt nicht weit vom Stamm" heißt es in einem unserer Sprichwörter. Obwohl es eigentlich anders gemeint ist, lässt es sich auch physikalisch deuten: Der Apfel fällt geradlinig senkrecht nach unten – viel schneller als die Blätter, die im Herbst zu Boden taumeln. Klar, ein Blatt ist ja viel leichter als ein Apfel; also muss es auch langsamer fallen – oder?

Physik verschafft sich für ihre Aussagen Gewissheit durch Experimente. Apfel und Blatt lassen sich leicht durch eine Metallkugel und ein Blatt Papier ersetzen. „Apfel" und Blatt werden gleichzeitig losgelassen und verhalten sich wie ihre Vorbilder in der Natur. Knüllt man aber das Papier vor dem Loslassen zu einer Kugel zusammen, so fallen beide auf dem ersten Meter etwa gleich. Keiner wird sagen, dass das Papier durch das Zusammenknüllen schwerer geworden ist. – Also?

Das Experiment mit der Kugel und dem geknüllten Papier stellt das Vorurteil in Frage, dass ein leichter Körper langsamer fällt als ein schwerer. Es führt zugleich auf die Spur einer besseren Erklärung: Das gleiche Papier fällt schneller, wenn man seine Form ändert. Es kommt darauf an, wie es beim Fallen der umgebenden Luft begegnet. Man müsste mal probieren, wie Körper im luftleeren Raum fallen.

2. Ohne Luftwiderstand fallen alle Körper gleich schnell

Man kann schlecht ganze Physikräume luftleer pumpen. Deshalb gibt es in jeder physikalischen Sammlung die so genannte **Fallröhre** (➠ *Einstiegsseite*). Sie enthält eine kleine Bleikugel und eine Flaumfeder, wird luftleer gepumpt und schnell umgedreht. Beide Körper beginnen dann gleichzeitig zu fallen. Man sieht und staunt: Die leichte Feder fällt wie ein Stein zu Boden, wenn die umgebende Luft fehlt. Lässt man die Luft wieder in die Fallröhre hineinzischen, dann zeigt die Wiederholung des Versuchs den vertrauten Unterschied zwischen dem Fall einer Bleikugel und einer Flaumfeder.

Es ist also die umgebende Luft, die leichte Körper langsamer fallen lässt als schwere. Wer die Hand aus dem Fenster eines fahrenden Autos oder Zuges hält, spürt die Kraft des Luftwiderstands. Sie wird kleiner, wenn man die Hand zur Faust ballt. Wir wollen es uns einfacher machen und zunächst nur solche Fallbewegungen untersuchen, bei denen der Luftwiderstand keine Rolle spielt, bei denen also nur die Gewichtskraft des fallenden Körpers dessen Bewegungszustand ändert. Wir sprechen dann vom freien Fall.

Merksatz

Die Fallbewegung eines Körpers, auf den allein seine Gewichtskraft wirkt, wird **freier Fall** genannt.

3. Ortsfaktor gleich Fallbeschleunigung

Die Gewichtskraft, die ein Körper erfährt, ändert sich nicht, wenn wir ihn fallen lassen. Im freien Fall – ohne Luftwiderstand – beschleunigt also die konstante Gewichtskraft $G = m\,g$ den Körper. Dabei ist g der Ortsfaktor, der bei uns den Wert 9,81 N/kg hat. Mit G statt F in NEWTONS Grundgesetz folgt für die Beschleunigung

$$a = \frac{G}{m} = \frac{m\,g}{m} = g. \qquad (1)$$

Demnach fallen ohne Luftwiderstand alle Körper am gleichen Ort mit derselben Beschleunigung. Sie ist gleich dem Ortsfaktor. Auf den ersten Blick ist das überraschend, aber auch die Einheiten sind gleich: $1\ \text{N/kg} = 1\ (\text{kg}\cdot\text{m/s}^2)/\text{kg} = 1\ \text{m/s}^2$.

Das Bleikügelchen in der Fallröhre habe die 1000fache Masse der Flaumfeder. Dann erfährt es auch eine 1000-mal so große Gewichtskraft. Es müsste also 1000-mal so stark beschleunigt werden. 1000fache Masse bedeutet aber auch 1000fache Trägheit. Schwere und Trägheit wirken einander genau entgegen; das Bleikügelchen fällt deshalb mit derselben Beschleunigung wie die Flaumfeder.

Merksatz

Beim freien Fall ist die Beschleunigung aller Körper am selben Ort gleich groß und gleich dem Ortsfaktor g.

4. Die Fallgesetze für den freien Fall

Da es sich beim freien Fall um eine gleichmäßig beschleunigte Bewegung handelt, können wir sofort die Bewegungsgesetze aufschreiben. g tritt an die Stelle der Beschleunigung a:

Merksatz

Fallgesetze für den freien Fall aus der Ruhe:

Zeit-Weg-Gesetz: $s = \frac{1}{2}\,g\,t^2$ (2)

Zeit-Geschwindigkeit-Gesetz: $v = g\,t$ (3)

5. Fallversuche zur Bestimmung des Ortsfaktors

Wir messen im *Versuch 1* bei einer frei fallenden Kugel gleichzeitig die Fallzeit und den Fallweg. Mit dem Zeit-Weg-Gesetz des freien Falls (*Gl. 2*) berechnen wir die Fallbeschleunigung g und damit den für uns gültigen Ortsfaktor. Die Auswertung für drei Wertepaare in *Tabelle 1* liefert den Mittelwert $g = 9{,}83\ \text{m/s}^2$.

Mit dem genaueren Wert $g = 9{,}81\ \text{m/s}^2$ berechnen wir die Geschwindigkeit, welche die Kugel nach $t = 0{,}404$ s erreicht hat: Das t-v-Gesetz (*Gl. 3*) liefert: $v = g\,t = 9{,}81\ \text{m/s}^2 \cdot 0{,}404\ \text{s} = 3{,}96\ \text{m/s}$.

Diese Geschwindigkeit kann man aus der Verdunkelungszeit einer Lichtschranke berechnen, die dort steht, wo die Kugel nach 0,404 s ist. Überschlagsrechnungen macht man gern mit dem **Näherungswert $g = 10\ \text{m/s}^2$** (*Tabelle 2*).

Zeit t in s	Weg s in m	Geschwindigkeit v in m/s
0	0	0
1	5	10
2	20	20
3	45	30
4	80	40

T 2: Näherungswerte zum freien Fall, mit $g = 10\ \text{m/s}^2$ im Kopf gerechnet

... noch mehr Aufgaben

A 1: Aus welcher Höhe müsste ein Körper frei fallen, damit er Schallgeschwindigkeit (340 m/s) erreicht?

A 2: Nach welcher Zeit haben frei fallende Körper aus der Ruhe die Geschwindigkeit 25 m/s bzw. den Fallweg 10 m erreicht? Welche Werte findet man jeweils nach der doppelten Zeit? Was gilt jeweils auf dem Mond ($g_{\text{Mond}} = 1{,}62\ \text{m/s}^2$)?

A 3: Aus welcher Höhe müsste ein Auto frei fallen, damit es „Tempo 50" (50 km/h) erreicht? Kein Stuntman würde diese Fahrt wagen!

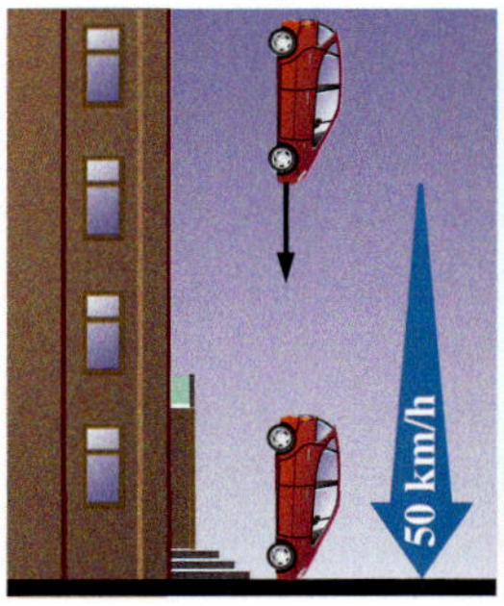

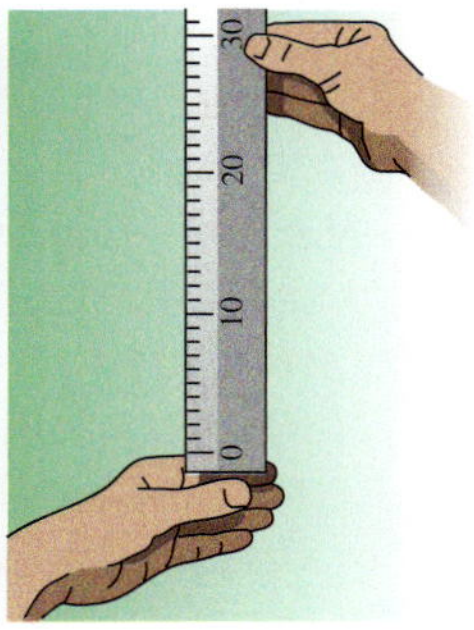

A 4: Reaktionstest: Halten Sie ein 30 cm-Lineal zwischen zwei Fingerspitzen an der 30 cm-Marke so, dass es nach unten hängt. Die Testperson hält Daumen und Zeigefinger an der 0 cm-Marke bereit, um zuzufassen und festzuhalten, wenn Sie das Lineal unerwartet loslassen. Aus dem Fallweg kann man die Reaktionszeit bestimmen. Fertigen Sie einen Pappstreifen, an dem die Reaktionszeit abzulesen ist.

A 5: Ein schwerer Stein fällt in einen 17,0 m tiefen Brunnen. Nach welcher Zeit hört man oben den Aufschlag, wenn die Schallgeschwindigkeit 340 m/s ist? Wie tief ist der Brunnen, wenn man den Aufschlag nach 2,00 s hört?

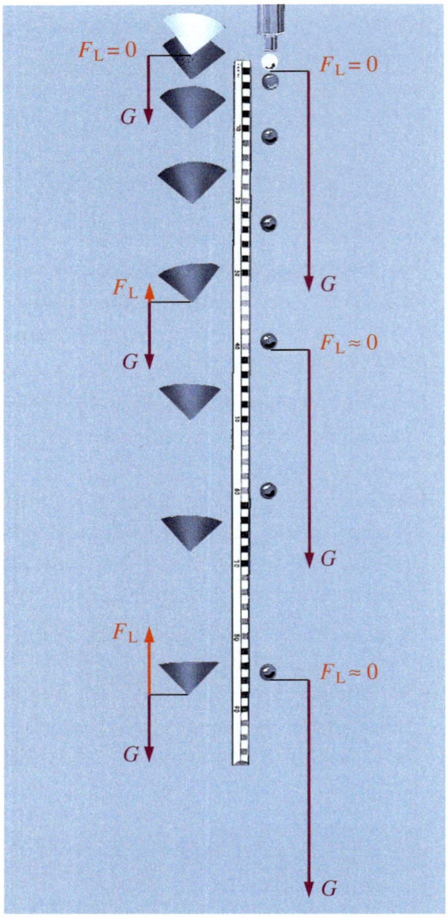

V 1: Eine Kugel und ein Papiertrichter fallen bei stroboskopischer Beleuchtung ($\Delta t = 0{,}067$ s) entlang dem nach unten gerichteten Maßstab. Sie werden gleichzeitig – beim Blitz Nummer null – losgelassen. Unterwegs ändert sich die Kräftebilanz.

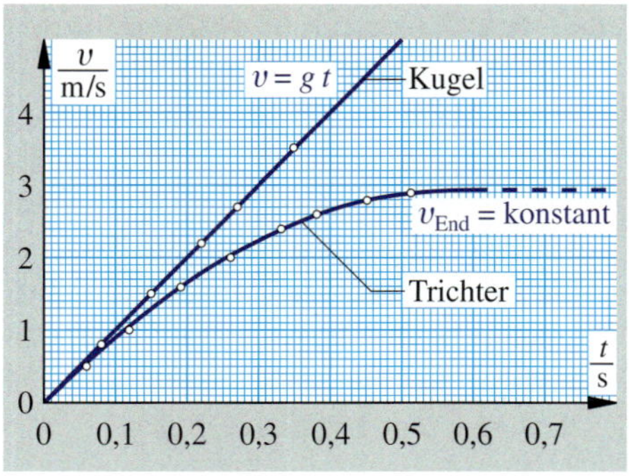

B 1: Auswertung des *Versuchs 1*: Zeit-Geschwindigkeit-Diagramm für Kugel und Papiertrichter. Die berechneten Geschwindigkeiten wurden jeweils dem Zeitpunkt in der Mitte zwischen zwei Blitzen zugeordnet.

Fall mit Luftwiderstand

1. Wenn die Luft mitmischt

Wenn Körper während ihres Falls stroboskopisch beleuchtet werden, dann erhält man in sehr anschaulicher Form Informationen über die Geschwindigkeiten unterwegs (*Versuch 1*). Man kann dem Foto die Wege zwischen zwei Blitzen entnehmen, daraus Durchschnittsgeschwindigkeiten berechnen und in einem Zeit-Geschwindigkeit-Diagramm darstellen (*Bild 1*). Kugel und Papiertrichter als Fallkörper liefern sehr unterschiedliche Ergebnisse:

Für die **Kugel** ist das Zeit-Geschwindigkeit-Diagramm eine Gerade; die Geschwindigkeit wächst proportional mit der Zeit. Die Bewegung ist gleichmäßig beschleunigt und es gilt $v = g\,t$.
Für den **Papiertrichter** wächst die Geschwindigkeit nur in den ersten hundertstel Sekunden nach $v = g\,t$. Dann bleibt er gegenüber der Kugel zurück. Die von Blitz zu Blitz zurückgelegten Wege wachsen immer weniger, die Beschleunigung nimmt also ab. Gegen Ende des Beobachtungszeitraums bewegt sich der Papiertrichter gleichförmig; die Punkte im t-v-Diagramm liegen auf einer Parallelen zur t-Achse.

Es liegt am Luftwiderstand, dass der Papiertrichter keine gleichmäßig beschleunigte Bewegung ausführt und nach einem beschleunigten „Anlauf“ gleichförmig fällt.

2. Konstante Endgeschwindigkeit durch Luftwiderstand

Wir wissen, dass die Beschleunigung nach NEWTONS Grundgesetz strikt mit der resultierenden Kraft F_{Res} verbunden ist: $a = F_{Res}/m$. Die Masse ändert sich weder bei der Kugel noch beim Papiertrichter. Die Konstanz der Beschleunigung bei der Kugel bedeutet demnach konstante resultierende Kraft. Die Abnahme der Beschleunigung beim Papiertrichter bedeutet dagegen abnehmende resultierende Kraft.

Wir zeichnen für verschiedene Zeitpunkte die uns bekannten Kräfte in das Bild zu *Versuch 1* ein. Die Gewichtskräfte auf Papiertrichter und Kugel wirken ständig, sie werden jeweils durch rote Pfeile G dargestellt. Die hellroten Pfeile F_L repräsentieren die Luftwiderstandskraft; sie zeigen nach oben (entgegen der Bewegungsrichtung). Ihre Längen wachsen mit der Geschwindigkeit v.

Wir betrachten zunächst den Papiertrichter: Der Luftwiderstand wächst mit zunehmender Geschwindigkeit. Beim Start ganz oben im Bild bestimmt allein die Gewichtskraft die resultierende Kraft, der Papiertrichter bewegt sich beschleunigt. Mit wachsender Geschwindigkeit wird der Luftwiderstand größer. Schließlich ist die Luftwiderstandskraft der Gewichtskraft gegengleich. Dann ergeben beide zusammen die resultierende Kraft $F_{Res} = 0$. Mit ihr ist die Beschleunigung $a = 0$. – Der Papiertrichter bleibt aber nicht stehen, sondern fällt mit konstanter Geschwindigkeit weiter.

Auch die fallende Kugel erfährt Luftwiderstand, der ebenfalls mit zunehmender Fallgeschwindigkeit größer wird. Kräftegleichgewicht und Endgeschwindigkeit stellen sich aber erst bei etwa 60 m/s ein. Die kleinere Fläche der Kugel erfährt nämlich eine kleinere Luftwiderstandskraft, die sich gegenüber der größeren Gewichtskraft erst bei sehr viel größeren Geschwindigkeiten bemerkbar macht. In unserem Versuch ist davon noch nichts festzustellen.

Merksatz

Bei Fallbewegungen mit Luftwiderstand stellt sich nach hinreichend langer Zeit eine konstante Geschwindigkeit ein. Die Resultierende aus Gewichtskraft und Luftwiderstandskraft ist dann null.

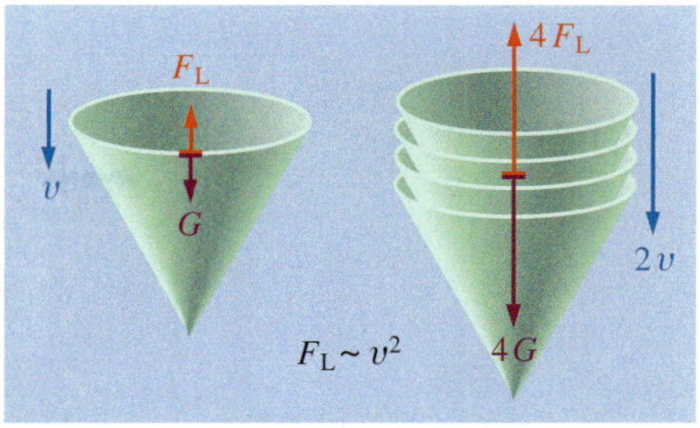

B 2: Vier Trichter erfahren zusammen vierfache Gewichtskraft. Schon bei doppelter Geschwindigkeit ist die Luftwiderstandskraft ebenfalls vervierfacht. Die Resultierende ist wieder null.

3. Ein Kraftgesetz für den Luftwiderstand

Wir erhöhen die Gewichtskraft des Papierkegels, indem wir mehrere gleiche Exemplare ineinander stecken (➡ *Bild 2*). Form und Fläche, die den Luftwiderstand beeinflussen, ändern sich dabei nicht. Erst bei vier ineinander gesteckten Trichtern verdoppelt sich die Endgeschwindigkeit. Dann ist die Gewichtskraft vierfach, also auch die mit ihr ins Gleichgewicht gekommene Luftwiderstandskraft. Daraus folgt: Bei Verdopplung der Geschwindigkeit v vervierfacht sich die Luftwiderstandskraft F_L. Sie ist dann der Gewichtskraft von vier Trichtern gegengleich. Also ist $F_L \sim v^2$.

Die Proportionalität $F_L \sim v^2$ für den Betrag der Luftwiderstandskraft gilt allgemein. Mit dem Proportionalitätsfaktor C kann man schreiben $F_L = C \cdot v^2$. Die Größe C wird u. a. von der Fläche A bestimmt, die der Körper der Luft anbietet. Es gilt ein einfacher Zusammenhang: C ist proportional zu A, d. h. doppelte Fläche ergibt doppeltes C. Mit dem *Widerstandsbeiwert* c_w und der Dichte ϱ der Luft schreibt man: $C = \frac{1}{2} c_w \cdot \varrho \cdot A$. Die komplette Formel für die Luftwiderstandskraft heißt dann

$$F_L = \tfrac{1}{2} c_w \, \varrho \, A \, v^2.$$

Daraus folgt für das Kräftegleichgewicht bei der Endgeschwindigkeit v_{End} die Betragsgleichung $G = \frac{1}{2} c_w \, \varrho \, A \, v_{End}^2$.

B 3: Die Sportler haben die Fallschirme noch nicht geöffnet. Sie werden so lange beschleunigt, bis Gewichts- und Luftwiderstandskraft gegengleich sind. Dann fallen sie gleichförmig mit der durch ihre Körperfläche bestimmten Endgeschwindigkeit (max. 50 m/s).

Merksatz

Für den Betrag der Luftwiderstandskraft gilt:

$$F_L = \tfrac{1}{2} c_w \, \varrho \, A \, v^2. \qquad (1)$$

Für die Endgeschwindigkeit v_{End} des Falls mit Luftwiderstand gilt:

$$G = \tfrac{1}{2} c_w \, \varrho \, A \, v_{End}^2. \qquad (2)$$

B 4: Bei geöffnetem Fallschirm sorgt das große Tuch für sehr großen Luftwiderstand. Die Sinkgeschwindigkeit beträgt dann etwa 5 m/s.

Bei einer Kugel mit Radius r ist das Volumen und damit auch G proportional zu r^3; dagegen ist die Fläche A proportional zu r^2. Nach *Gl. 2* gilt dann für die Endgeschwindigkeit $v_{End}^2 \sim r$. – Aus diesem Grund fallen große Regentropfen schnell (bis zu 8 m/s), während kleine Nebeltröpfchen mit weniger als 0,08 m/s zu Boden sinken.

Scheibe	1,12	Pkw	0,15 – 0,7
Kugel	0,45	Stromlinienform	0,056
Lkw	0,8 – 1		

T 1: Einige Widerstandsbeiwerte c_w

B 1: GALILEIS Laboratorium, Nachbildung

Geschichte der Bewegungslehre

Was man sieht, wird durch die Theorie bestimmt.
A. EINSTEIN

Finden Sie es insgeheim nicht doch verwunderlich, dass sich Raketen im Weltall ohne Antrieb ewig weiterbewegen? Will die irgendwann künstlich in Bewegung gesetzte Rakete nicht von sich aus zur Ruhe zu kommen?

„Alles was sich bewegt, bewegt sich entweder von Natur oder durch eine äußere Kraft oder vermöge seines freien Willens."

So hat ARISTOTELES Bewegungen in verschiedene Klassen eingeteilt; in natürliche Bewegungen, die ihren Bewegungsantrieb in sich selbst haben und in künstliche Bewegungen, die zu ihrer Aufrechterhaltung ständiger Anstrengungen von außen bedürfen. Die künstliche Bewegung des Ochsenkarrens hört auf, wenn die Verbindung von Ochsenkraft und Karren gelöst wird. Der fallende Stein strebt von alleine seinem natürlichen Ziel, der Erde, zu. ARISTOTELES vermittelt unmittelbar einleuchtende, ganzheitliche Einsichten: Bewegung bedarf der Begründung, Ruhe nicht. Die 2000 Jahre später begründete Feststellung Isaac NEWTONS, dass Ruhe und gleichförmige Bewegung dasselbe sind, widerspricht auch heute noch dem Alltagsdenken. Vor NEWTON hatte schon Galileo GALILEI in seinen experimentellen Untersuchungen der Bewegung auf der schiefen Ebene das *Warum* von Bewegung zurückgestellt und sich auf das *Wie* der Bewegungsabläufe konzentriert. GALILEI misstraute der Frage nach den Ursachen, weil er wusste, dass die Unterscheidung von natürlicher und gewaltsamer Bewegung zu Fehlern führt.

ARISTOTELES' Bewegungslehre hatte bis dahin als Teil der von ihm überlieferten Philosophie Bestand gehabt, weil die Einteilung der Dinge und Erscheinungen in Klassen beherrschendes Prinzip war. Auch GALILEI hat zunächst die geltende Auffassung gelernt und gelehrt, nach der Erscheinungen am Himmel und auf der Erde verschiedenen Gesetzen gehorchen. Als er davon hörte, dass in den Niederlanden ein Fernrohr konstruiert worden war, hat er seine Untersuchungen von Bewegungsvorgängen unterbrochen, sich selber ein Fernrohr gebaut, und viele Beobachtungen – z. B. über die Oberflächengestalt des Mondes – gemacht, die zu Zweifeln am Weltbild des ARISTOTELES führen mussten: Für himmlische und irdische Erscheinungen gibt es nur eine Physik. Für die Wissenschaft stellte sich die Frage nach einer neuen Theorie für die Planetenbahnen.

NEWTON sah sich herausgefordert, das Problem zu lösen und hat in seinem Hauptwerk *Philosophiae Naturalis Principia Mathematica* die Geschichte der Bewegungslehre als geschlossene Theorie eines neuen Weltsystems zum Abschluss gebracht. Er hat die Bewegungslehre so formuliert, dass sie sowohl auf der Erde als auch im Universum gilt. Spätestens seit der bemannten Weltraumfahrt wird die Verlässlichkeit seiner Theorie für jeden von uns erkennbar.

GALILEI hatte theoretisch begründet, dass sich die Wege beim freien Fall wie die Quadrate der Zeiten verhalten und suchte die experimentelle Bestätigung. Er umging die Schwierigkeiten der Messung kurzer Fallzeiten, indem er die Bewegung auf einer schiefen Ebene, also langsamer, ablaufen ließ. Zugleich floss Wasser durch eine dünne Röhre aus einem Eimer; die Wassermenge konnte er wiegen; sie war sein Maß für die Zeit. In der Nachbildung von GALILEIS Laboratorium im Deutschen Museum sehen wir die Versuchsanordnung. Und so beginnt seine Versuchsbeschreibung:

„Auf einem Holzbrette von 12 Ellen Länge, bei einer halben Elle Breite und drei Zoll Dicke, war auf dieser letzten schmalen Seite eine Rinne von etwas mehr als einem Zoll Breite eingegraben. Dieselbe war sehr gerade gezogen, und, um die Fläche recht glatt zu haben, war inwendig ein sehr glattes und reines Pergament aufgeklebt. In dieser Rinne ließ man eine sehr harte völlig runde und glattpolierte Messingkugel laufen. ..."

Der Text stammt aus den *Discorsi*. Zum ersten Mal in der Geschichte der Naturwissenschaften begegnet uns eine wissenschaftliche Veröffentlichung mit detaillierter Versuchsbeschreibung unter bewusst gewählten, idealisierenden Bedingungen. GALILEI wählt eine einfache Bewegung aus (Kugel auf schiefer Ebene), schafft einfache Versuchsbedingungen (glatte Ebene, glatte Kugel), führt genaue Messungen durch, bestätigt ein vermutetes mathematisches Gesetz ($s \sim t^2$) und überträgt die gewonnenen Ergebnisse auf den freien Fall.

ARISTOTELES (384 – 322 v. Chr.)

Als junger Mann war ARISTOTELES in Athen 20 Jahre lang Schüler des berühmten Philosophen PLATON. Später entwickelte er selber mit seinen eigenen Schülern eine intensive Lehr- und Forschungstätigkeit.

ARISTOTELES hat sehr systematisch eine große Fülle von Gegenständen und Themen bearbeitet. Er war der Erste, der eine größere Bibliothek angelegt hat. Seine Schriften haben in Europa bis in das 17. Jahrhundert hinein die Vorstellungen der Menschen über die Welt und über Naturvorgänge geprägt.

Die Einteilung der Dinge und die Unterscheidung durch Gegensätze ist für die Philosophie des ARISTOTELES kennzeichnend. In den Vorstellungen über die Welt wurden Erscheinungen des Himmels und Vorgänge auf der Erde in einer strengen Hierarchie bewertet. Der Rangunterschied zwischen den vollkommenen himmlischen Bewegungen und den unvollkommenen irdischen Bewegungen war unauflöslich.

Für die Wissenschaften galt die Rangfolge Theologie – Philosophie – Physik. Und in der Physik gab es die scharfe Abstufung von theoretischem Denken und praktischem Tun: Experimente waren deshalb kein Mittel der Erkenntnis.

Galileo GALILEI (1564 – 1642)

In Pisa in Italien geboren, studierte GALILEI Medizin, wandte sich dann der Mathematik und Physik zu, wurde 1589 Professor der Mathematik in Pisa und war später Hofmathematiker in den Diensten der Medici in Florenz.

1609 begann GALILEI mit den von ihm gebauten Teleskopen die Beobachtung von Gestirnen und beschäftigte sich dann mehr als 20 Jahre lang mit den physikalischen Eigenschaften der Himmelskörper. Seine Deutungen überzeugten ihn von der Haltlosigkeit der aristotelischen Physik. In seinem Hauptwerk, dem *Dialogo*, erörtern drei erfundene Gesprächspartner die Frage des richtigen Weltsystems:

Ist die Erde der Mittelpunkt der Welt (geozentrisch) oder bewegt sie sich um die Sonne (heliozentrisch)? GALILEI wurde wegen der von ihm vertretenen Überzeugung in Rom vor Gericht gestellt. Der berühmte Galilei-Prozess endete 1632 damit, dass er seine Lehren widerrief. – Im Hausarrest setzte er seine Arbeiten an den Grundlagen der Bewegungslehre fort. In den *Discorsi* erörtern die Gesprächspartner „neue Wissenschaft über einen alten Gegenstand“: Behandelt werden u. a. gleichförmige und gleichmäßig beschleunigte Bewegungen sowie der freie Fall.

Isaac NEWTON (1643 – 1727)

In England geboren, studierte NEWTON in Cambridge alte Sprachen, Geschichte und Mathematik. Schon nach wenigen Studienjahren begann 1664 die Zeit seiner Entdeckungen in Mathematik, Mechanik und Optik. Er wurde in Cambridge Professor für Mathematik und blieb dort bis 1696. Den Rest seines Lebens verbrachte er in London, wurde Präsident der Royal Society, war hochberühmt.

In seinem Hauptwerk, den *Principia Mathematica*, entwickelt NEWTON die von ihm geschaffene Theorie der Erklärung von Bewegungen mithilfe des Kraftbegriffs. Auf der Grundlage der newtonschen Gesetze erklären Physiker seither die Bewegungsabläufe auf der Erde ebenso wie die Planetenbahnen im Weltall. Die auf einen Apfel wirkende Schwerkraft gehorcht demselben Gesetz wie der von der Erde auf seiner Bahn gehaltene Mond. Wichtige Voraussetzung für die Entdeckung des Trägheitsgesetzes war die Erkenntnis der Bedeutung des Beobachters, des *Bezugssystems*.
Erste Leser des Buches meinten, „dass sie sieben Jahre studieren müssten, um irgendetwas davon zu verstehen“. Trotzdem, oder gerade deswegen wurde NEWTON zu einer Symbolfigur der Weltweisheit des 18. Jahrhunderts.

... noch mehr Aufgaben

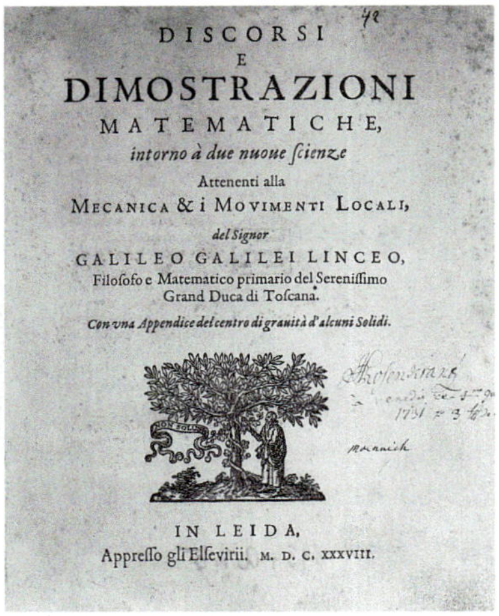
DISCORSI
E
DIMOSTRAZIONI
MATEMATICHE,
intorno à due nuoue ſcienze
Attenenti alla
MECANICA & i MOVIMENTI LOCALI,
del Signor
GALILEO GALILEI LINCEO,
Filoſofo e Matematico primario del Sereniſſimo Grand Duca di Toſcana.
Con vna Appendice del centro di grauità d'alcuni Solidi.
IN LEIDA,
Appreſſo gli Elſevirii. M. D. C. XXXVIII.

B 1: Das Titelbild der *Discorsi*, der *„Unterredungen und mathematischen Demonstrationen über zwei neue Wissenszweige, die Mechanik und die Fallgesetze betreffend“* (1638)

„In drei Teile zerfällt unsere Abhandlung. In dem ersten betrachten wir die gleichförmige Bewegung. ...“

A 1: Eine Fähre verbindet zwei an einem See gelegene Häfen. Wann darf man sagen: Sie fährt gleichförmig? Wie lange braucht sie bei einer Geschwindigkeit $v = 36$ km/h für 12 km?

A 2: Joggen ist – physikalisch gesehen – eine ziemlich gleichförmige Angelegenheit. Sie messen für die Zeit zwischen zwei Kilometersteinen 6 Minuten. Welche Strecke wird in einer Stunde zurückgelegt? Wie groß ist die Geschwindigkeit in m/s?

A 3: Ein Körper bewegt sich gleichförmig unter dem Einfluss zweier äußerer Kräfte. Was folgt daraus für die beiden Kräfte?

A 4: Funksignale bewegen sich gleichförmig – wie Licht mit $3 \cdot 10^8$ m/s. Schätzen Sie die Laufzeit für satellitengestützte Telefongespräche zwischen Washington und Berlin. Entnehmen Sie die Entfernungen einem aus Apfelsine und Stecknadel gefertigten Modell (geostationärer Satellit).

„... In dem zweiten beschreiben wir die gleichmäßig beschleunigte Bewegung. ...“

A 5: Wie weit fällt ein Stein in freiem Fall in 0,1 s, 0,2 s, 0,3 s? Wie schnell ist er nach 0,75 m Fallweg?

A 6: Aus welcher Höhe müsste man auf dem Mond herabspringen, um genauso schnell anzukommen wie auf der Erde beim Sprung aus 1 m Höhe?

A 7: Berechnen Sie für einen Ort mit dem Ortsfaktor 5 m/s² die Gewichtskräfte, die die Massen 3 kg und 3 g erfahren. Berechnen Sie die Fallwege für die Fallzeiten 1 s, 2 s, 3 s.

Für ARISTOTELES gab es ein Grundprinzip: Je schwerer ein Körper ist, desto mehr hat er das Bestreben zu seinem Bestimmungsort, dem Weltzentrum, zu gelangen. Daraus folgt zwingend: „Der schwere Körper fällt schneller als der leichte.“ GALILEI konstruierte aus diesem Satz einen Widerspruch: Wenn man einen schweren (schnell fallenden) Körper mit einem leichten (langsam fallenden) verbindet, so müsste der langsam fallende (leichte) den schnell fallenden (schweren) Körper zurückhalten. Andererseits sind beide Körper zusammen schwerer als der schwere Körper allein; deshalb sollte die Kombination auch schneller fallen als der schwere Körper.

A 8: Eine Kugel ($d = 2{,}00$ cm) durchquert nach 1,00 m Fallstrecke eine Lichtschranke. Gesucht ist die Dunkelzeit Δt.

A 9: Von einem hohen Turm lässt man zu den Zeitpunkten $t = 0$ s, 1 s, 2 s, 3 s, 4 s je einen Stein fallen. Welche Abstände haben sie im Zeitpunkt $t = 4$ s? Zeichnen Sie ein maßstäbliches Bild der Situation zum Zeitpunkt $t = 5$ s.

A 10: Fertigen Sie eine Fallschnur (⇒ *Bild 2*) zum Gebrauch in einem Treppenhaus in Ihrer Schule. Verwenden Sie große Schraubenmuttern als Fallkörper. Die Fallkörper sind so in eine Schnur geknüpft, dass sie in starrem Takt (tak-tak-tak-...) den Boden erreichen. Zum Start wird das obere Ende so gehalten, dass der unterste Fallkörper gerade den Boden berührt.

B 2: Fallschnur

A 11: Bleibt eine Fallschnur eine Fallschnur, wenn man sie in beliebigem Maßstab verlängert oder verkürzt? Ist eine Fallschnur auf dem Mond noch eine Fallschnur?

„Soviel ich weiß, hat noch niemand bewiesen, dass die vom fallenden Körper zurückgelegten Strecken sich zueinander verhalten wie die ungeraden Zahlen.“

A 12: Bilden Sie – beginnend mit 1 – die Summe der ungeraden natürlichen Zahlen: Jede Zwischensumme ist eine Quadratzahl! Stellen Sie Zusammenhänge her zum Fallgesetz $s = \frac{1}{2} g t^2$ und zu der Folge von Abständen bei der Fallschnur.

A 13: Eine Kugel von 1,5 cm Durchmesser fällt im freien Fall durch eine Lichtschranke; eine Uhr misst die Dunkelzeit 0,003 s. Wie lange war die Kugel bis zur Lichtschranke unterwegs, welche Fallstrecke hat sie bis dahin zurückgelegt?

... noch mehr Aufgaben

A 14: a) Zwei Äpfel, die an einem Baum 1,25 m übereinander hängen, beginnen gleichzeitig zu fallen. Verändert sich ihr Abstand beim Fallen? **b)** Der untere Apfel beginnt nun genau dann zu fallen, wenn der obere an ihm vorbeifliegt. Befinden sich beide Äpfel nun ständig nebeneinander auf gleicher Höhe? Wie groß ist ihr Abstand, wenn der untere Apfel 1 s lang gefallen ist? **c)** Lösen Sie die Aufgaben grafisch, indem Sie jeweils ein gemeinsames *t-s*-Diagramm zeichnen.

A 15: Kombinieren Sie die Fallgesetze $s = \frac{1}{2} g t^2$ und $v = g t$ zu einer Gleichung zwischen der Fallstrecke *s* und der dort erreichten Geschwindigkeit *v*, welche die Zeit *t* nicht mehr enthält. Darf man sagen, nach der doppelten Strecke sei der fallende Körper auch doppelt so schnell?

GALILEI erkannte die ständige Zunahme der Geschwindigkeit als wesentlich für die Fallbewegung. Eine Zeitlang glaubte er, die Fallgeschwindigkeit v sei dem Fallweg proportional ($v \sim s$). Darüber lässt er einen der Gesprächspartner in den Discorsi sagen:

„Es ist mir recht tröstlich, in diesem Irrtum einen Genossen gehabt zu haben; überdies muss ich euch sagen, dass eure Überlegung so wahrscheinlich zu sein scheint, dass selbst unser Autor eine Zeit lang, wie er mir selbst gesagt hat, in demselben Irrtum befangen war."

Nach Widerlegung der irreführenden Annahme hat GALILEI aus der Hypothese, die Geschwindigkeit v wachse proportional mit der Zeit t ($v \sim t$) theoretisch (deduktiv) abgeleitet, dass dann der Weg s dem Quadrat der Zeit proportional sein müsse. Er benutzte eine Mittelwertsbetrachtung, die in unserer Sprechweise lautet: Wenn $v \sim t$ ist, hat der fallende Körper nach der Zeit t von $v = 0$ aus die Geschwindigkeit $v = g t$ erreicht. Seine mittlere Geschwindigkeit ist $\overline{v} = g t/2$. Mit ihr hätte ein gleichförmig bewegter Körper in der Zeit t die Strecke von $s = \overline{v}\, t = g t^2/2 = \frac{1}{2} g t^2$ zurückgelegt. Dann erst zog GALILEI wieder das Experiment heran.

A 16: Der Raketenmotor eines Raumschiffs wirbelt beim Landen auf dem Mond sehr viel Staub auf. Warum ist nach dem Abstellen des Motors die Sicht sofort wieder klar – im Gegensatz zur Landung auf der staubigen Erdoberfläche?

GALILEI hat beobachtet, dass Gold in Quecksilber nach unten sinkt, während Blei steigt. In Wasser fallen Körper aus beiden Stoffen, das Gold aber voraus. In Luft dagegen sind die Unterschiede belanglos. Also abstrahierte er sogar von der Luft und lehrte: Alle Körper fallen gleich schnell. In der Geschichte der Physik war GALILEI der Erste, der von störenden Nebenumständen einfach absah und so den Kern gesetzmäßiger Zusammenhänge fand.

A 17: Rechnen Sie nach: Ein halbkugelig geformter Fallschirm (c_w-Wert 1,35) mit 2 m Radius sorgt in Luft ($\varrho = 1{,}25\ \text{kg/m}^3$) bei einer Last von 50 kg für die Sinkgeschwindigkeit 6,8 m/s.

A 18: Ein Pkw ($c_w = 0{,}35$) mit der Querschnittsfläche 2,0 m² fährt gleichförmig mit 30 m/s. Wie groß ist die Luftwiderstandskraft ($\varrho = 1{,}25\ \text{kg/m}^3$)? Bei Gegenwind mit der Windgeschwindigkeit 10 m/s erhöht sich die Strömungsgeschwindigkeit auf 40 m/s. Wie groß ist jetzt die Luftwiderstandskraft?

A 19: Erklären Sie die Wirkungsweise des abgebildeten Geräts zur Messung der Windgeschwindigkeit (Anemometer), dessen Flügelschalen-Antrieb bei jeder Windrichtung funktioniert.

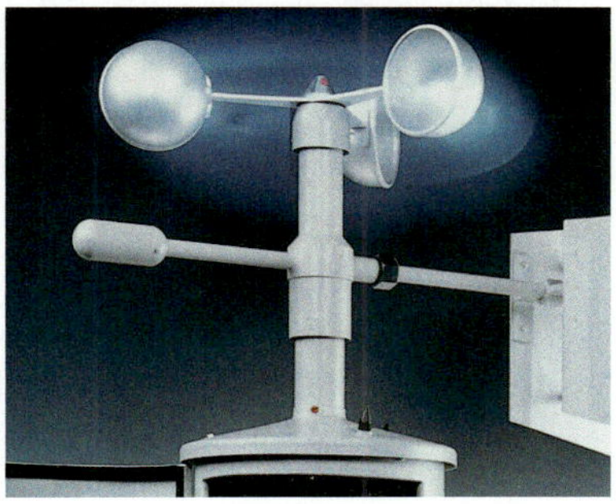

„In dem dritten handeln wir von der gewaltsamen Bewegung oder von den Wurfgeschossen."

Bevor wir uns in diesem Buch den Wurfbewegungen zuwenden, schauen wir uns an, wie die Physik des ARISTOTELES den Wurf deutete:

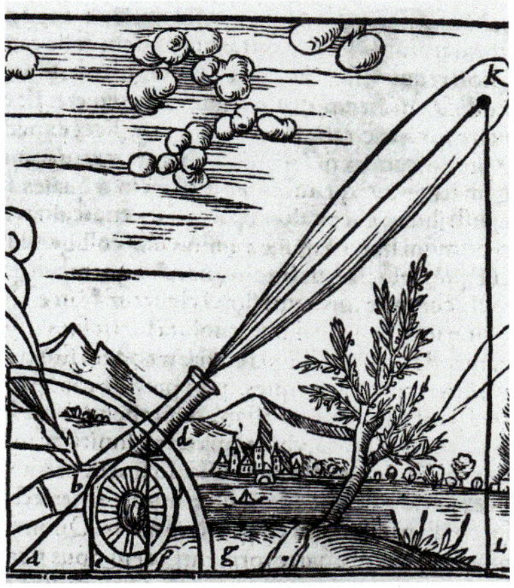

B 3: Dieser Holzschnitt aus dem Jahre 1561 illustriert die Lehre, dass die Kanonenkugel zuerst der ihr aufgezwungenen Bewegung in gerader Linie folgen müsse, bis ihre Bewegung auf null abgenommen habe. Dann erst wirke ihr Bestreben, wie jeder schwere Körper zum Weltzentrum zu gelangen.
Seit NEWTON muss man aber zu anderen Deutungen kommen.

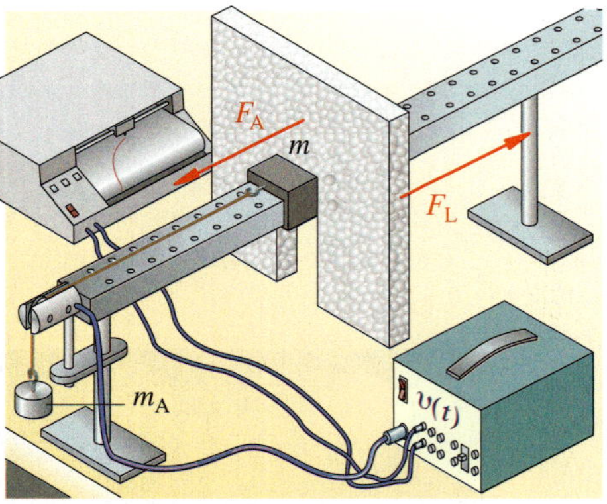

V 1: Der angehängte Körper mit der Masse m_A erzeugt die Antriebskraft F_A für das Gespann (Masse m), während das große Segel (eine Styroporplatte) auf dem Schlitten für die Luftwiderstandskraft F_L sorgt. Ein geeigneter Messwandler liefert Daten für das t-v-Diagramm in ➠ *Bild 1*.

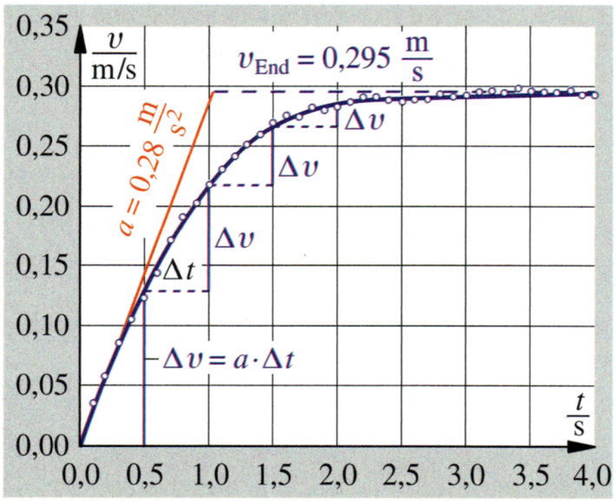

B 1: Das t-v-Diagramm der Fahrt nach Versuch 1 mit großem Luftwiderstand. Die Bewegung beginnt mit der Beschleunigung $a = 0{,}28$ m/s². v_{End} hat den Wert 0,295 m/s.

Konstanten			
	F_A =	0,226	N [m_A = 0,023 kg]
	m =	0,81	kg
	C =	2,59	N/(m²/s²) [F_A/v_{End}^2]
	delta t =	0,1	s

t in s	a in m/s²	v in m/s	F_L in N	F_{Res} in N
0,00	0,280	0,000	0,000	0,226
0,10	0,279	0,028	−0,002	0,224
0,20	0,277	0,056	−0,008	0,218
0,30	0,269	0,083	−0,018	0,208
0,40	0,257	0,109	−0,031	0,195

T 1: Die schrittweise Zunahme der Geschwindigkeit rechnet man am besten mithilfe einer Tabelle aus – Zeile für Zeile

Rechenmodelle für Bewegungen mit Luftwiderstand

1. Luftwiderstand ändert die beschleunigende Kraft

Das Gespann in ➠ *Versuch 1* wird durch die Gewichtskraft $F_A = m_A\, g$ des angehängten Körpers in Bewegung gesetzt. Mit zunehmender Geschwindigkeit v wirkt ihr die Luftwiderstandskraft mit dem Wert $F_L = -C \cdot v^2$ immer stärker entgegen. Deshalb sinkt die resultierende Kraft $F_{Res} = m_A\, g - C\, v_{End}^2$ und mit ihr die Beschleunigung $a = F_{Res}/m$. Kraft und Beschleunigung gehen gegen null, wenn sich v der Endgeschwindigkeit $v = 0{,}295$ m/s nähert (t-v-Diagramm in ➠ *Bild 1*). Aus $F_{Res} = m_A\, g - C\, v_{End}^2 = 0$ folgt mit $m_A = 0{,}023$ kg die Konstante C der Luftwiderstandskraft zu $C = m_A\, g / v_{End}^2 = 2{,}59$ Ns²/m². Mit der Gesamtmasse $m = 0{,}81$ kg des Gespanns erhalten wir die während der Fahrt abnehmende Beschleunigung

$$a = F_{Res}/m = (m_A\, g - C\, v^2)/m. \qquad (1)$$

Leider können wir hier das Gesetz $v = a\,t$ nicht benutzen; es gilt nur bei konstanter Beschleunigung. Wir müssen auf die Gleichung $\Delta v = a \cdot \Delta t$ zurückgreifen, die für hinreichend kleine Δt immer gilt. Dabei ist a die nach *Gl. (1)* aus F_{Res} und m berechnete Beschleunigung. In ➠ *Bild 1* ist nun das t-v-Diagramm in gleich schmale Δt-Streifen aufgeteilt. Mit v_{alt} zu Beginn eines Streifens wird jeweils F_{Res} und daraus a berechnet. Zum v_{alt} am Anfang eines jeden Streifens wird die Geschwindigkeitszunahme Δv in diesem Streifen addiert. Aus $a \cdot \Delta t = \Delta v$ erhält man $\boldsymbol{v_{neu} = v_{alt} + \Delta v}$ am Ende des Streifens. Die Summe aller bis dahin von $v = 0$ m/s aus erzeugten Δv ist die jeweils erreichte Geschwindigkeit v.

2. Bewegung in der Rechenschleife – in Δt-Schritte aufgelöst

Das Aufsummieren der Δv zur Geschwindigkeit v geschieht mit $\boldsymbol{v_{neu} = v_{alt} + \Delta v}$ in ➠ *Tabelle 1*. Deren Zeilen durchläuft ein Computer nach der folgenden **Rechenschleife**. Dabei legt er in Zeile (3) die rechts vom Gleichheitszeichen berechneten Werte $v_{alt} + \Delta v$ als v_{neu} im v-Speicher ab und holt sie von dort als v für die Zeile (4). Das F_{Res} in Zeile (5) wird wieder in Zeile (2) benutzt.

Rechenschleife:

(1)	$t = t + \Delta t$	Zeitschritt der Uhr
(2)	$a = F_{Res}/m$	Beschleunigung aus F_{Res} und m
(3)	$v = v + a \cdot \Delta t$	Geschwindigkeit aus a und Δt
(4)	$F_L = -C\, v^2$	Luftwiderstandskraft F_L aus C und v
(5)	$F_{Res} = F_A + F_L$	F_{Res} aus F_A und F_L

Vor der Schleife geben wir die **Konstanten** $m = 0{,}81$ kg, $C = 2{,}59$ Ns²/m², $F_A = m_A\, g = 0{,}226$ N und $\Delta t = 0{,}5$ s ein, auf die der Computer ständig zurückgreift. Wenn man mit dem Startwert $v = 0$ beginnt, entsteht ➠ *Tabelle 1* oder das t-v-Schaubild ➠ *Bild 2*.

3. Wozu Computermodelle in der Physik?

Mit dem Computer zerlegt man Rechnungen für komplizierte Bewegungsvorgänge in kleine Zeitschritte Δt. Wie eben gezeigt, greift man dabei auf die **Grundlagen der Mechanik** zurück: $F = m a$, $v = \Delta s / \Delta t$ und $a = \Delta v / \Delta t$ (für hinreichend kleine Δt). $s = \frac{1}{2} a t^2$ und $v = a t$ gelten ja nur für a = konstant.
Die so gebildeten *Rechenschleifen* kann man mit *Tabellenkalkulation, Modellbildungssystemen* oder mithilfe von anderen Programmen (z. B. in PASCAL) schnell abarbeiten lassen. Wer den Luftwiderstand genauer untersuchen will, ändert ➡ *Versuch 1* ab, indem er z. B. das Segel verkleinert. Dann kann er am Realexperiment die Ergebnisse der Computerrechnungen bei anderen Konstanten und Startwerten nachprüfen. Er kann sogar das Gesetz zur Reibungskraft von $F_L = C v^2$ in $F_L = C v$ ändern, also das dem Computer eingegebene **Rechenmodell.** Letztlich bestimmen nicht Computer, sondern Experimente die Richtigkeit der Naturgesetze. Doch spart der Computer bei dieser **Modellbildung** Zeit und eröffnet viele Möglichkeiten, mit Gedankenmodellen zu experimentieren.

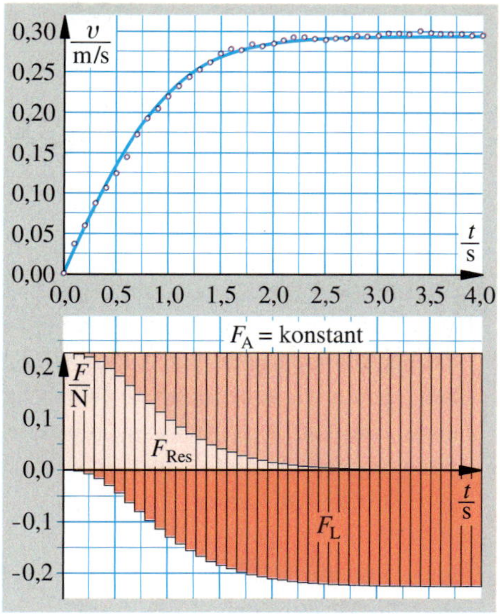

B 2: Computerprogramme liefern diese Diagramme nach der angegebenen Rechenschleife zu dem Rechenmodell für ➡ *Versuch 1*. In das *t*-*v*-Diagramm sind zusätzlich Messwerte aus ➡ *Bild 1* eingetragen; man sieht, wie gut Rechenmodell und Realexperiment übereinstimmen. Das Balkendiagramm der Kräfte zeigt, wie mit zunehmendem Luftwiderstand die resultierende Kraft kleiner und kleiner wird.

Vertiefung

Rechenmodell zum Zeit-Weg-Gesetz beim freien Fall

Im folgenden Rechenmodell zum freien Fall werden auch die Fallwege $\Delta s = v \cdot \Delta t$ zur ganzen Fallstrecke s aufsummiert:

Konstanten:	$g = 9{,}81$	(m/s²)
	$\Delta t = 0{,}01$	(s)
Startwerte:	$t = 0$	(s)
	$v = 0$	(m/s)
	$s = 0$	(m)
Rechenschleife:	WIEDERHOLE	
	$t = t + \Delta t$	(1)
	$a = g$	(2)
	$v = v + a \cdot \Delta t$	(3)
	$s = s + v \cdot \Delta t$	(4)
	BIS $t = 1{,}6$	

In Zeile (3) wird die Geschwindigkeit v wie in Ziff. 2 ermittelt. Zeile (4) summiert nun die zurückgelegten Wegstücke $\Delta s = v \cdot \Delta t$ nach $s = s + v \cdot \Delta t$ zum Gesamtweg s auf. In ➡ *Bild 3a* sind die Zuwächse Δs bei großem Δt als Flächen $v \cdot \Delta t$. Der gesamte Weg s setzt sich in ➡ *Bild 3b* aus den vorangehenden Δs zusammen. – Der so erhaltene Fallweg stimmt mit dem Fallgesetz $s = \frac{1}{2} g t^2$ bei $\Delta t = 0{,}01$ s gut überein, ist aber bei $\Delta t = 0{,}2$ s deutlich zu groß. Das muss so sein: Die rechteckigen Streifen ragen in ➡ *Bild 3a* überall über das *t*-*v*-Diagramm hinaus – je größer Δt, desto stärker. Denn im Rechenmodell wird in Zeile (4) mit der in (3) berechneten Endgeschwindigkeit $v_{neu} = v_{alt} + a \cdot \Delta t$ des Intervalls Δt gerechnet und nicht mit dessen Durchschnittsgeschwindigkeit $\overline{v} = v_{alt} + a \cdot \Delta t / 2$.

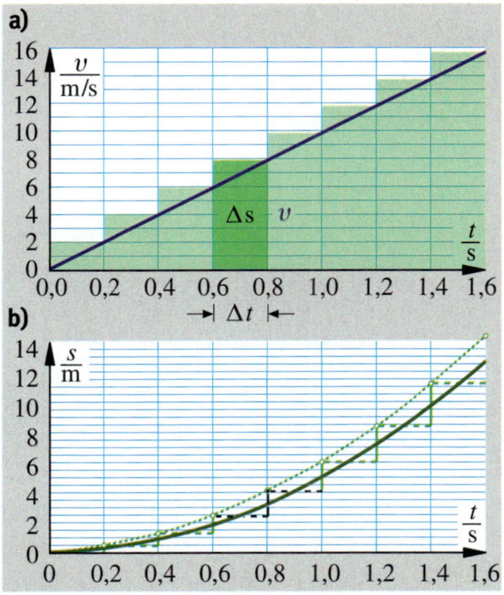

B 3: So berechnet der Computer den bis zu einem Zeitpunkt *t* zurückgelegten Weg aus der Fläche im *t*-*v*-Diagramm (a). Die ausgezogene Linie gehört zu $\Delta t = 0{,}01$ s. Bei $\Delta t = 0{,}2$ s (punktierte Linie) sieht man, dass die Δs-Werte immer etwas zu groß sind.

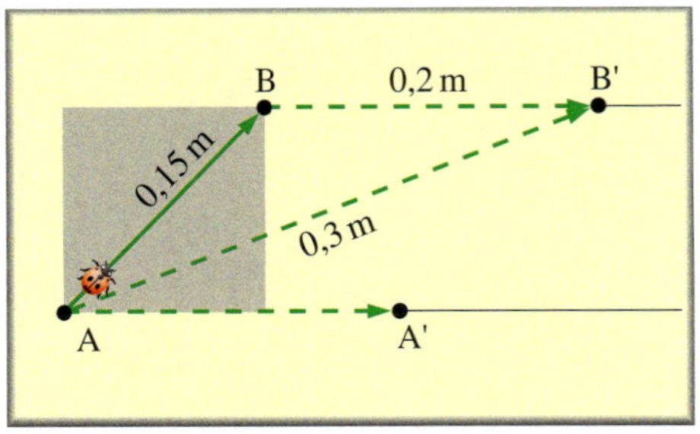

B 1: Während der Käfer in seiner Käferwelt auf der getönten Folie von A nach B krabbelt, ziehen wir außenstehende Beobachter diese von A nach A′. Für uns, in unserem Bezugssystem, legt der Käfer die viel längere Strecke AB′ zurück.

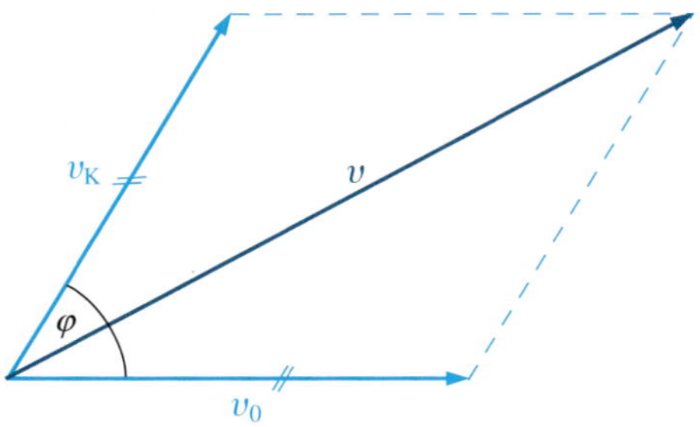

B 2: Geschwindigkeitsparallelogramm; $\vec{v}_K$: Geschwindigkeit des Käfers in seiner Käferwelt, $\vec{v}_0$: Geschwindigkeit der Käferwelt relativ zu unserem Bezugssystem, $\vec{v}$: Geschwindigkeit des Käfers in unserem System (von uns aus gesehen).
Aus den Komponenten $\vec{v}_0$ und $\vec{v}_K$ wird vektoriell die Resultierende $\vec{v}$ gebildet.

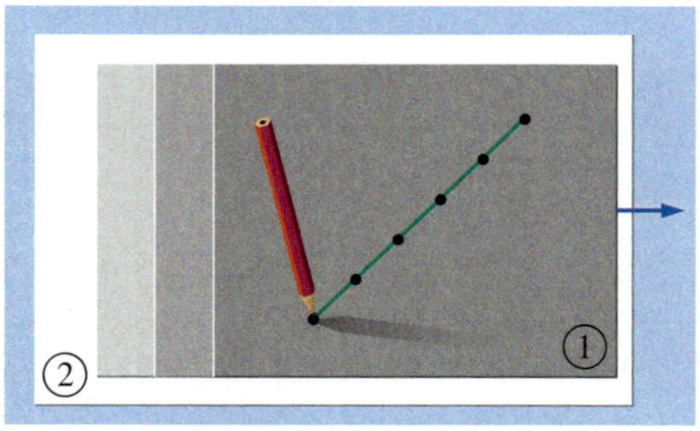

V 1: Legen Sie zwei Blatt Papier übereinander und markieren auf dem oberen Papier ① eine Gerade. Drücken Sie diese mit der Bleistiftspitze in gleichabständigen Punkten auch auf das untere Blatt ② durch. Nun verschieben Sie das obere Blatt um jeweils gleiche Stücke in gleichen Zeiten nach rechts und drücken die Punkte nochmals durch – wie oben beschrieben. Vergleichen Sie mit ➠ *Bild 1*.

Bewegungen in verschiedenen Bezugssystemen

1. Ein Wechsel beim Bezugssystem

Ein Käfer krabble nach ➠ *Bild 1* gleichförmig in seiner Käferwelt während der Zeit $t = 10$ s von A nach B. Dort legt er die Strecke AB = 0,15 m zurück. Diese Käferwelt ist als dunkler Kasten auf eine Folie des Tageslichtprojektors gezeichnet. Bei einer Wiederholung ziehen wir als **außenstehende Beobachter** diese Folie und damit die Käferwelt in der gleichen Zeit t gleichförmig von A nach A′ um die Strecke AA′ = 0,20 m. Der Käfer in seiner Käferwelt kommt wieder im Punkt B „seiner" Folie an, was Beobachter bestätigen, die *relativ zur Käferwelt* ruhen. Doch ist *relativ zu uns* dieser Punkt B um 0,20 m nach B′ verschoben. Für uns außenstehende Beobachter legt der Käfer den geraden Weg AB′ ≈ 0,3 m zurück. Die *Bahn*, auf der sich der Käfer bewegt, wird also von verschiedenen Beobachtern unterschiedlich „gesehen" und auch vermessen. Man beschreibt Bewegungen *relativ* zu dem gewählten **Bezugssystem**.

Die Wege AB, AA′ und AB′ werden alle *in der gleichen Zeit* $\Delta t = 10$ s zurückgelegt. Deshalb sind sie proportional zu den Beträgen der jeweiligen konstanten Geschwindigkeiten.

Geschwindigkeitsbetrag
a) des Käfers in der Käferwelt: $v_K \sim$ AB,
b) der Käferwelt gegenüber uns: $v_0 \sim$ AA′,
c) des Käfers gegenüber uns: $v \sim$ AB′.

Für jeden der drei Wege gilt also: Er hat dieselbe Richtung wie die zugehörige Geschwindigkeit; seine Länge ist ein Maß für den Betrag der Geschwindigkeit. Dies legt nahe, Geschwindigkeiten als Vektoren aufzufassen.

2. Vektorparallelogramm für Geschwindigkeiten

In ➠ *Bild 2* sind die drei Wege aus ➠ *Bild 1* in Geschwindigkeitsvektoren umgedeutet worden. Wir sehen: Man kann bei Geschwindigkeiten wie bei Kräften nach dem *Parallelogramm*-Gesetz aus einzelnen **Komponenten** eine **Resultierende** bilden (hier aus $\vec{v}_0$ und $\vec{v}_K$ die Resultierende $\vec{v}$). Man nennt dies die aus der Erfahrung abgeleiteten **Unabhängigkeitssätze** für Kräfte bzw. Geschwindigkeiten. Wir nahmen ja an, dass sich der Käfer relativ zur Folie unbeirrt mit der Geschwindigkeit $\vec{v}_K$ bewegt, *unabhängig* davon, ob wir die Folie – relativ zu uns – in Ruhe lassen oder bewegen.

Merksatz

Geschwindigkeiten hängen vom gewählten Bezugssystem ab. Ein Körper habe relativ zu einem System 1 die Geschwindigkeit $\vec{v}_1$. Dieses System 1 bewege sich relativ zu einem System 2 mit der Geschwindigkeit $\vec{v}_2$. Dann ist die Geschwindigkeit des Körpers im System 2 die *Vektor*summe aus $\vec{v}_1$ und $\vec{v}_2$. Sie kann man aus dem Vektorparallelogramm bestimmen.

3. Auf die Richtungen kommt es an!

In ➠ *Bild 2* hängt der Betrag der resultierenden Geschwindigkeit $\vec{v}$ nicht nur von den Beträgen der Komponenten $\vec{v}_K$ und $\vec{v}_0$ ab, sondern auch vom Winkel φ dazwischen. Dies wird mit dem Pappmodell (➠ *Bild 3*) deutlich. Der vom $\vec{v}_0$-Ende zur $\vec{v}_K$-Spitze zeigende Vektor ist der Vektor der resultierenden Geschwindigkeit $\vec{v}$. An diesem *Pappmodell* veranschaulichen wir einige praktische Sonderfälle, bei denen wir rechnen können:

a) Sie wollen mit dem Kahn ans andere Ufer eines Flusses der Breite AB = 36 m. Dessen Strömungsgeschwindigkeit relativ zum Ufer hat den Betrag $v_0 = 3$ m/s (➠ *Bild 3a*). Nun stellen Sie den Geschwindigkeitsvektor des Kahns relativ zum Wasser (Betrag $v_K = 4$ m/s) senkrecht zum Ufer. Relativ zum Ufer liegt die resultierende Geschwindigkeit des Kahns nun schräg. Sie werden also flussabwärts abgetrieben. Im ruhend gedachten Wasser fahren Sie die Strecke AB = 36 m quer zum Ufer mit $v_K = 4$ m/s. Dazu brauchen Sie $t = \text{AB}/v_K = 9$ s. Während dieser Zeit treibt Sie der Fluss relativ zum Ufer um die Strecke $v_0\, t = 27$ m ab. Nach PYTHAGORAS beträgt Ihre Fahrstrecke s relativ zum Ufer $s = \sqrt{(36\text{ m})^2 + (27\text{ m})^2} = 45$ m. Daraus folgt der Betrag Ihrer Geschwindigkeit relativ zum Ufer zu $v = 45$ m/9 s = 5 m/s. Dasselbe Ergebnis liefert $v = \sqrt{v_0^2 + v_K^2} = \sqrt{(3\text{ m/s})^2 + (4\text{ m/s})^2} = 5$ m/s.

b) Sie wollen auf dem kürzesten Weg über den Fluss. Dazu stellen Sie im Vektormodell die Resultierende nun senkrecht zum Ufer (➠ *Bild 3b*). Ihr Geschwindigkeitsbetrag berechnet sich jetzt zu $v = \sqrt{(4\text{ m/s})^2 - (3\text{m/s})^2} = \sqrt{7\text{ m}^2/\text{s}^2} = 2{,}6$ m/s. Die Überfahrt dauert jetzt $t = 36$ m/(2,6 m/s) = 14 s > 9 s, also länger als auf dem Weg in a). Dies ist verständlich, denn Sie müssen ja *schräg* gegen die Strömung fahren.

c) Wenn im ➠ *Bild 3c* der $\vec{v}_K$-Pfeil so gedreht wird, dass $\vec{v}_K$ in die Richtung von $\vec{v}_0$ zeigt, können wir als ruhende Beobachter die für uns beobachtbare Geschwindigkeit durch *Addition der Werte* v_0 und v_K bestimmen (➠ *Beispiel*).

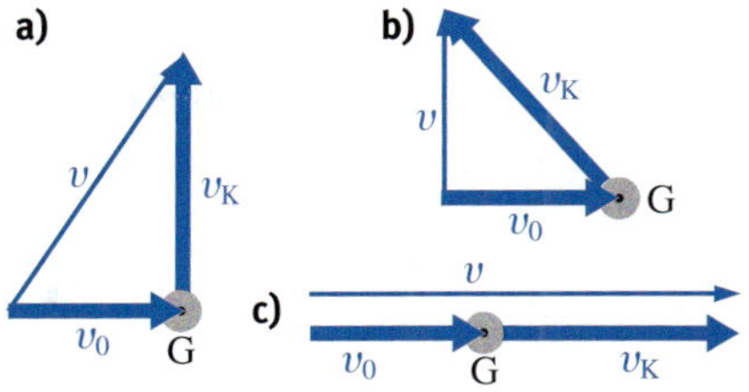

B 3: Die Vektoren $\vec{v}_0$ und $\vec{v}_K$ sind aus Pappe ausgeschnitten und gelenkig (bei G) verbunden. $\vec{v}_0$ ist die Geschwindigkeit des Bezugssystems relativ zu uns, $\vec{v}_K$ die in diesem Bezugssystem beobachtete Geschwindigkeit. Die von uns beobachtete resultierende Geschwindigkeit $\vec{v}$ hängt vom eingestellten Winkel ab.

Beispiel

Ein Flugzeug fliegt mit der Eigengeschwindigkeit $v_l = 540$ km/h eine Strecke $s = 1\,200$ km von West nach Ost und zurück. Es herrscht Ostwind mit –60 km/h. Wie lange dauert der Flug?

Lösung: Die Geschwindigkeit vom Land aus gemessen beträgt auf dem Hinweg
$v_H = (-60\text{ km/h}) + 540\text{ km/h} = 480\text{ km/h}$
und auf dem Rückweg
$v_R = (-60\text{ km/h}) + (-540\text{ km/h})$
$= -600\text{ km/h}$.
Daraus berechnet man die Flugzeiten für die jeweils 1 200 km lange Strecke:
$t_H = 1\,200\text{ km}/(480\text{ km/h}) = 2{,}5\text{ h}$ und
$t_R = -1\,200\text{ km}/(-600\text{ km/h}) = 2\text{ h}$.
Der Flug dauert also **4,5 h**.

Vertiefung

Inertialsysteme

Eine Kugel, die auf einer waagerechten Tischplatte liegt, bleibt in Ruhe. Sie setzt sich in Bewegung, wenn die Platte geneigt ist. Dies beobachten Sie auch im Allgemeinen in einem fahrenden Zug. Manchmal jedoch setzt sich dort *für Sie* die Kugel auf waagerechter Bahn „von selbst“ ohne jede Kraft in Bewegung – wie von Geisterhand gezogen. Für Sie gilt also das Trägheitsgesetz nicht mehr. Ein *außenstehender Beobachter* stellt dagegen zweierlei fest:

1.) Die Kugel bewegt sich nach dem Trägheitsgesetz mit konstanter Geschwindigkeit geradlinig weiter.

2.) Der Zug ändert seine Geschwindigkeit nach Betrag oder Richtung.

Man sagt: Der außenstehende Beobachter, für den das Trägheitsgesetz erfüllt ist, befindet sich in einem **Inertialsystem**, der mit dem Zug beschleunigte Beobachter dagegen nicht. Was sieht nun ein Beobachter, der sich relativ zum außenstehenden **Inertialbeobachter** gleichförmig bewegt? Für ihn bewegt sich die Kugel ebenfalls gleichförmig, wenn auch mit anderer Geschwindigkeit. Auch er ist ein Inertialbeobachter.

Bezugssysteme, in denen das Trägheitsgesetz gilt, heißen Inertialsysteme. Alle relativ zu ihm gleichförmig bewegten Bezugssysteme sind ebenfalls Inertialsysteme.

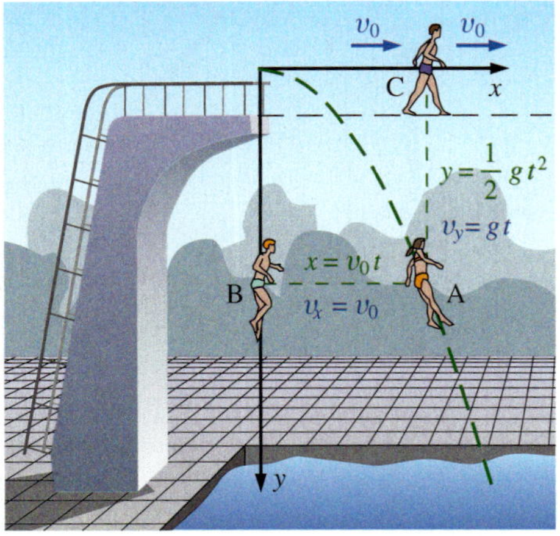

B 1: Anna springt mit Anlauf waagerecht ab. Bernd lässt sich einfach fallen. Beide tauchen gleichzeitig ein. – *In einem Gedankenexperiment* bleibt Claus in der Absprunghöhe. Er läuft mit Annas Absprunggeschwindigkeit über den Laufsteg und beobachtet ihren Fall in die Tiefe. – Der Fotograf des Bildes beobachtet vom Beckenrand.

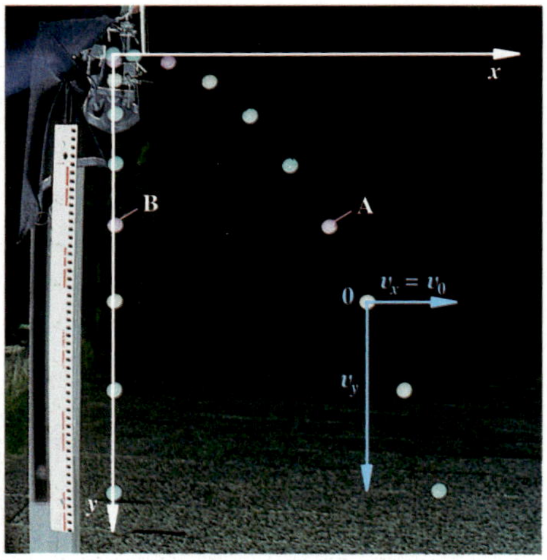

V 1: Zwei Kugeln A und B übernehmen die Rollen von Anna und Bernd. Kugel A wird von einer Feder waagerecht abgestoßen, Kugel B gleichzeitig in gleicher Höhe losgelassen. Die stroboskopische Beleuchtung zeigt: A und B befinden sich ständig in gleicher Höhe.

A 1: Wie würde der Fotograf ➠ *Versuch 1* beobachten, wenn er sich mit Annas v_0 nach rechts bewegte? Gehen Sie systematisch vor: Das Bezugssystem Badeanstalt bewegt sich für den Fotografen nach links, wir sind für ihn die bewegten Beobachter.

Waagerechter Wurf

1. Wer ist zuerst unten?

Anna und Bernd springen vom 5 m-Turm. Anna nimmt einen weiten Anlauf und bewegt sich dann auf krummer Bahn. Bernd lässt sich einfach fallen, wenn Anna abspringt (➠ *Bild 1*). Er denkt, dass er so schneller unten sei, weil doch Anna den weiteren Weg zurücklegt. Hat er Recht?

Im ➠ *Versuch 1* übernehmen zwei Kugeln **A** und **B** die Rollen von **A**nna und **B**ernd. Kugel A wird waagerecht geworfen, B im gleichen Moment und auf gleicher Höhe fallen gelassen. *Man hört*, dass die Kugeln gleichzeitig auf dem Boden aufprallen. Nach der Stroboskopaufnahme befinden sie sich sogar ständig auf gleicher Höhe. Sieht man vom Luftwiderstand ab, so hängt das Ergebnis des Experiments weder von der Abwurfhöhe über dem Boden, noch von der Abwurfgeschwindigkeit v_0 oder den Massen der Körper ab. – Anna und Bernd erreichen die Wasseroberfläche stets gleichzeitig.

2. Drei Beobachter – drei verschiedene Beschreibungen

Hält **B**ernd auf dem Weg in die Tiefe die Augen offen, dann sieht er **A**nna stets auf seiner Höhe. Nur in waagerechter Richtung bewegt sie sich von ihm weg. Im Bild zu ➠ *Versuch 1* kann man nachmessen, dass sich die Kugel **A** im Zeitraum zwischen zwei Blitzen in x-Richtung immer um das gleiche Wegstück von **B** entfernt. In x-Richtung wirkt keine Kraft, also bleibt v_x konstant: $v_x = v_0$.

Claus dagegen beobachtet **A**nnas Sprung von seinem Laufsteg aus (**C** in ➠ *Bild 1*). Er ruht in einem Bezugssystem, das sich für uns Außenstehende gleichförmig mit v_0 nach rechts bewegt; seine y-Achse zeigt nach unten. Für **C**laus fällt **A**nna beschleunigt senkrecht nach unten; gemäß dem Fallgesetz ist $y = \frac{1}{2} g t^2$. **A**nnas Geschwindigkeit nimmt dabei wie beim freien Fall zu: $v_y = g t$.

Als 3. Beobachter steht der **F**otograf des Bildes am Beckenrand. Er sieht **A**nna auf einer krummlinigen Bahn. Um diese zu beschreiben, verwendet er ein gegenüber dem Becken ruhendes Koordinatensystem (➠ *Bild 1*) mit der x-Achse nach rechts und der y-Achse nach unten. Als y-Koordinaten misst er die gleichen Werte, die **C**laus auf seinem bewegten Maßstab als Fallwege abliest: $y = \frac{1}{2} g t^2$. Als x-Werte übernimmt der Beobachter am Beckenrand die Ortskoordinaten $x = v_0\, t$ des auf dem Laufsteg bewegten **C**laus.

Merksatz

Ein Körper werde mit der Anfangsgeschwindigkeit v_0 waagerecht abgeworfen. Sieht man vom Luftwiderstand ab, so beschreibt ein außenstehender Beobachter Ort und Geschwindigkeit mit den Gleichungen

$$x = v_0 t, \qquad y = \tfrac{1}{2} g t^2, \tag{1}$$
$$v_x = v_0, \qquad v_y = g t. \tag{2}$$

Für gleichförmig mit v_0 bewegte Beobachter ist es ein freier Fall.

3. Wurfbahn mit Koordinaten beschrieben

Mit der Anfangsgeschwindigkeit v_0 und der Fallbeschleunigung g kann man Koordinaten für die **Orte zu verschiedenen Zeitpunkten** berechnen (➠ *Tabelle 1*) und in ein Koordinatensystem übertragen (➠ *Bild 2*).
Beim „Wasserwerfer“ nach ➠ *Bild 3* strömt Wasser horizontal aus einer Düse. Am „Laufsteg“ des mit v_0 horizontal bewegten Beobachters Claus sind Wegmarken angebracht und Maßstäbe für die Fallwege angehängt. Sie geben die Ortskoordinaten der abgespritzten Wasserteilchen an. Daraus lässt sich z. B. deren Startgeschwindigkeit v_0 berechnen. Für den senkrechten Fallweg $y = \frac{1}{2} g\, t^2 = 48$ cm braucht ein Wassertropfen im freien Fall $t = \sqrt{2\,y/g} = \sqrt{2 \cdot 0{,}48\ \text{m}/9{,}81\ \text{m·s}^{-2}} = 0{,}31$ s. Wenn der Beobachter Claus über ihm dabei in horizontaler Richtung $x = 80$ cm zurücklegt, dann ist wegen $x = v_0\, t$ die Startgeschwindigkeit $v_0 = x/t = 0{,}8\ \text{m}/0{,}31\ \text{s} = 2{,}6$ m/s.

4. Geschwindigkeitsvektoren längs der Wurfbahn

Geworfene Körper legen längere Wege zurück als „nur“ fallende. Wenn beide trotzdem unten gleichzeitig ankommen, muss der geworfene Körper unterwegs schneller sein. Der ruhende Beobachter kann die von ihm beobachtete **Geschwindigkeit $\vec{v}$** des geworfenen Körpers **zu einem beliebigen Zeitpunkt** t bestimmen. Er setzt sie aus der *Horizontal*-Geschwindigkeit $\vec{v}_0$ von Claus und der von ihm gemessenen *Vertikal*-Geschwindigkeit $\vec{v}_y$ (mit dem Betrag $g \cdot t$) des Körpers vektoriell zusammen. Im ➠ *Bild 2* sind für den Zeitpunkt $t = 4$ s diese Vektoren sowie der resultierende Vektor eingezeichnet. Er schmiegt sich tangential an die Bahnkurve. Könnte man nämlich die beschleunigende Kraft $G = m\,g$ abschalten, so bliebe nach dem Trägheitsgesetz die Geschwindigkeit nach Betrag und Richtung konstant; der Körper flöge geradlinig weiter.

Den *Betrag* v der resultierenden Geschwindigkeit kann man mit dem Satz des Pythagoras berechnen: $v^2 = v_0^2 + v_y^2$. Man sieht: v ist größer als jeder der beiden Beträge v_0 und v_y. Dem Vektorbild kann man auch den Winkel φ entnehmen, unter dem die Bahn des waagerechten Wurfs gegen die Horizontale geneigt ist: $\tan \varphi = v_y/v_x = g\,t/v_0$. – Obwohl die Bewegung nach rechts nicht aufhört, wird die Wurfbahn immer steiler.

5. Wie groß ist die Wurfweite?

Bei $y_1 = 80$ m Falltiefe kommt der waagerecht mit $v_0 = 75$ m/s abgeworfene Körper in ➠ *Bild 2* $x_1 = 300$ m weit. Wie weit geht der Wurf bei der Falltiefe $y_2 = 350$ m, die man auf dem Bild nicht mehr ablesen kann?
Mit der Fallzeit t_2 liefern die Koordinatengleichungen (1) und (2) (➠ *Merksatz*) für die Wurfweite x_2 und die Falltiefe y_2 den Ansatz $t_2 = \sqrt{2\,y_2/g}$ und $x_2 = v_0\, t_2$. Daraus folgt $x_2 = v_0 \sqrt{2\,y_2/g} = 627$ m. – Könnte der Körper 500 m tief fallen (ohne Luftwiderstand), dann würde er sich 750 m weit waagerecht bewegen (in 10 s).

$g = 10$ m/s²
$v_0 = 75$ m/s

t in s	x in m	y in m	v_x in m/s	v_y in m/s	v in m/s
0,0	0,0	0,0	75,0	0,0	75,0
1,0	75,0	5,0	75,0	10,0	75,7
2,0	150,0	20,0	75,0	20,0	77,6
3,0	225,0	45,0	75,0	30,0	80,8
4,0	300,0	80,0	75,0	40,0	85,0
5,0	375,0	125,0	75,0	50,0	90,1
6,0	450,0	180,0	75,0	60,0	96,0
7,0	525,0	245,0	75,0	70,0	102,6
8,0	600,0	320,0	75,0	80,0	109,7

T 1: x-y-Wertepaare und v_x-v_y-Wertepaare für den waagerechten Wurf mit $v_0 = 75$ m/s und $g = 10$ m/s². $v = \sqrt{v_x^2 + v_y^2}$ ist der Betrag des Geschwindigkeitsvektors (➠ *Bild 2*).

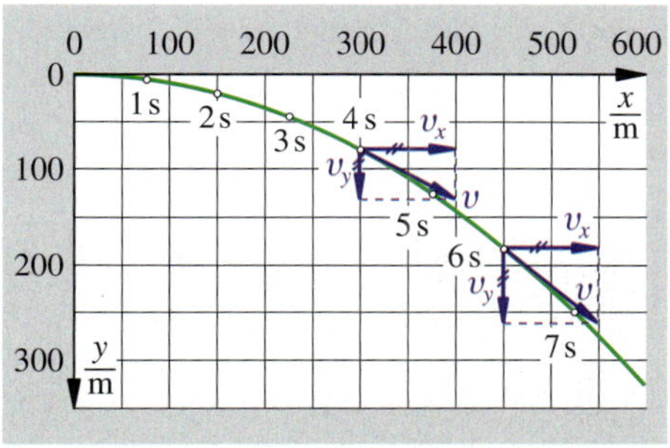

B 2: Bahnkurve mit den in ➠ *Tabelle 1* punktweise berechneten Werten. – Der Geschwindigkeitsvektor $\vec{v}$ schmiegt sich jeweils tangential an die Bahnkurve.

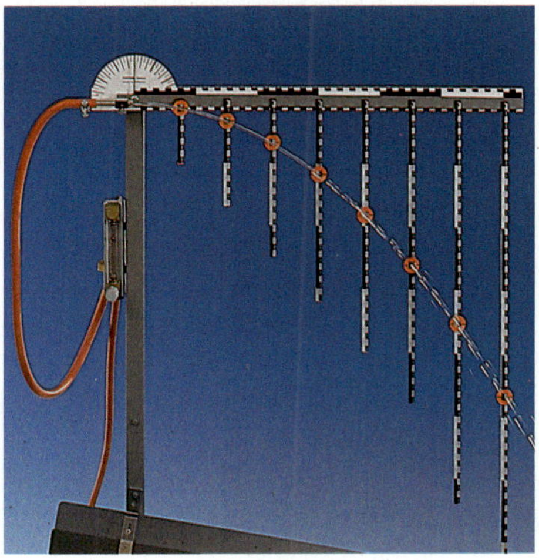

B 3: Während sich „der Beobachter auf dem Laufsteg“ 80 cm nach rechts bewegt, fällt für ihn das Wasser 48 cm tief; in der Hälfte dieser Zeit nur 12 cm.

Interessantes

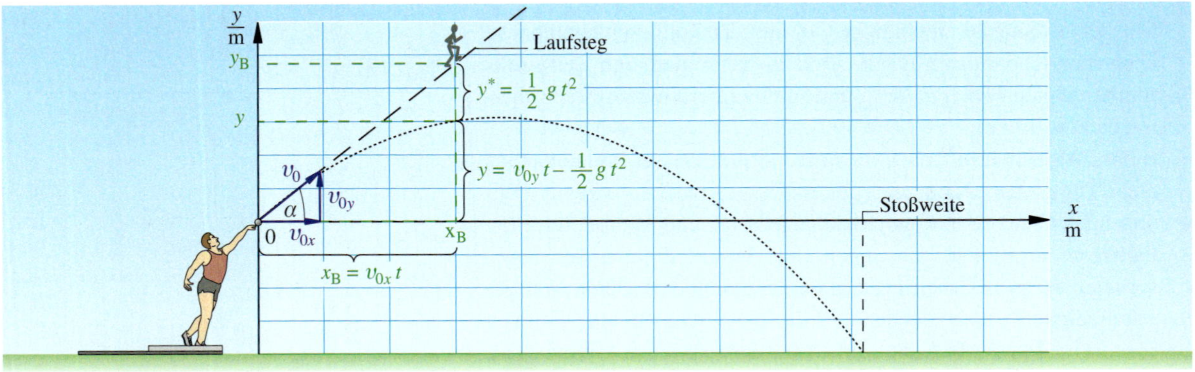

B 1: Kugelstoß ist schiefer Wurf

Bahnkurven beim Kugelstoß

Beim Kugelstoß kommt es auf große Stoßweiten an. Sportlerinnen und Sportler wissen, dass neben dem Betrag der Stoßgeschwindigkeit die Stoßrichtung eine wichtige Rolle spielt. Mit den beim waagerechten Wurf entwickelten Methoden können wir prüfen, ob der Sportler im ➠ *Bild 1* den richtigen Abwurfwinkel trainiert hat.

Wir zeichnen ein Koordinatensystem ins Bild – mit dem Ursprung dort, wo die Kugel die Hand verlässt, die positive y-Richtung nach oben. Wir denken uns einen Beobachter, der sich mit der Abstoßgeschwindigkeit v_0 schräg nach oben gleichförmig fortbewegt (➠ *Bild 1*). Er legt längs seines schrägen „Laufsteges" in der Zeit t den Weg $s = v_0\, t$ zurück. Der „Laufsteg" bildet mit der x-Achse den Winkel α. Die Ortskoordinaten dieses Beobachters entnehmen wir den rechtwinkligen Dreiecken in ➠ *Bild 1* zu:

$$x_B(t) = s \cos\alpha = v_0\, t \cos\alpha$$
$$y_B(t) = s \sin\alpha = v_0\, t \sin\alpha.$$

Wir denken uns einen Augenblick die Gewichtskraft ausgeschaltet. Dann würde die Kugel den Beobachter auf seinem schrägen „Laufsteg" ständig begleiten. Nun wirkt aber die Gewichtskraft. Deshalb stellt der bewegte Beobachter auf dem „Laufsteg" fest, dass die Kugel unter ihm senkrecht fällt. Der von ihm gemessene x^*-Wert bleibt immer $x^* = 0$; der y^*-Wert befolgt das Fallgesetz: $y^*(t) = -\frac{1}{2} g\, t^2$ (ohne Luftwiderstand).

Aus dem Unabhängigkeitssatz folgt, dass wir in unserem Bezugssystem die x- und y-Werte je für sich addieren dürfen. Also gilt:

$$x(t) = v_0\, t \cos\alpha + x^*(t) = v_0\, t \cos\alpha + 0 \qquad (1)$$
$$y(t) = v_0\, t \sin\alpha + y^*(t) = v_0\, t \sin\alpha + (-\tfrac{1}{2} g\, t^2) \qquad (2)$$

Wie wird man Meister?

Im Wettkampf kommt es auf die größte Weite an, dafür muss trainiert werden. Physikalische Sicht kann zum richtigen Trainingsprogramm beitragen:

Wenn man den Computer für die Auswertung der Koordinatengleichungen *Gl. (1)* und *(2)* eingerichtet hat, kann man leicht die Parameter v_0 und α ändern und deren Einfluss auf die Bahnkurve anschauen. In ➠ *Bild 3* ist bei einer festen Abstoßgeschwindigkeit von $v_0 = 8{,}5$ m/s der Abstoßwinkel variiert. Die Wurfbahn endet in der Sandgrube, 2 m unter dem Abstoßpunkt also bei $y = -2$ m.

Wir lassen den Computer für verschiedene Winkel α rechnen und tragen die Stoßweite über dem Abstoßwinkel in einem neuen Diagramm auf, um den Zusammenhang bei $v_0 = 8{,}5$ m/s abzuschätzen. Man sieht, dass es einen optimalen Abstoßwinkelbereich gibt (➠ *Bild 2*).

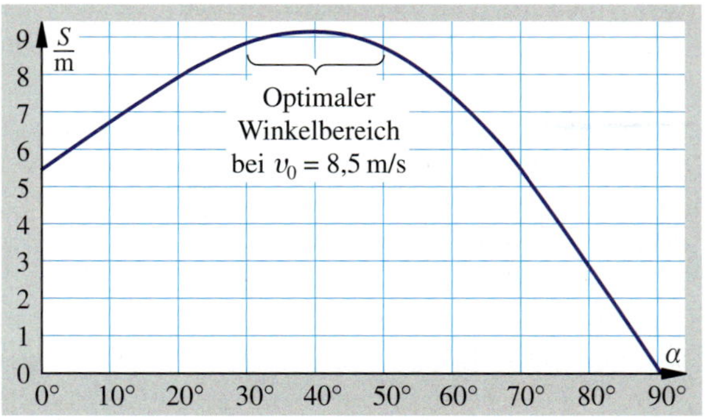

B 2: Stoßweite S über Abstoßwinkel α aufgetragen. Aus dem sehr flachen Buckel dieser Kurve folgt unser erster Rat fürs richtige Training: Man muss mit etwa 40° abstoßen, kleine Abweichungen vom optimalen Abstoßwinkel machen nichts aus.

Interessantes

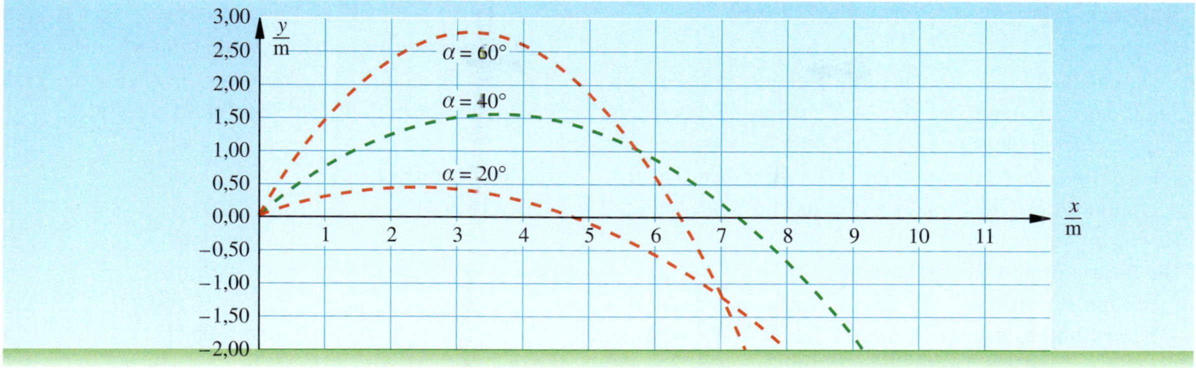

B 3: Kugelstoß bei konstanter Abstoßgeschwindigkeit $v_0 = 8{,}5$ m/s, aber verschiedenen Abstoßwinkeln

Lässt man umgekehrt den Computer mit festem Abstoßwinkel ($\alpha = 40°$) und verschiedenen Werten für v_0 rechnen, dann kann man studieren, wie die Kugelstoßweite von der Abstoßgeschwindigkeit abhängt (➡ *Bild 4*). Der Anstieg der Kurve in ➡ *Bild 4* liefert den zweiten Rat fürs richtige Training: Anfangsgeschwindigkeit ist fast alles. Es lohnt, die Stoßtechnik so zu verbessern, dass die Anfangsgeschwindigkeit v_0 möglichst groß wird.

B 4: Stoßweite S in Abhängigkeit von der Abstoßgeschwindigkeit ($\alpha = 40°$)

Bahnkurven beim Wasserwurf

Wenn wir die Düse des Wasserwerfers schräg nach oben richten und mit ihr die Latte, an der die Maßstäbe für die Fallwege hängen, dann können wir auch an diesem Modell Koordinaten für die Punkte der Wurfbahn ablesen (➡ *Bild 6*).

Wie beim waagerechten Wurf können wir vergleichen: Während der „Beobachter auf dem Laufsteg" um 80 cm schräg nach oben geht, beobachtet er den Fallweg 60 cm. Dies geschieht in der Zeit $t = \sqrt{2\,s/g} = \sqrt{2 \cdot 0{,}6\ \text{m}/9{,}81\ \text{m·s}^{-2}} = 0{,}35$ s. In der halben Zeit 0,175 s kommt der Beobachter auf dem Steg 40 cm weit, das Wasser fällt $s/4 = 60$ cm/4 = 15 cm tief. Die Geschwindigkeit des „Beobachters auf dem Laufsteg" hat den Betrag $v_0 = s/t = 0{,}8$ m/0,35 s = 2,29 m/s. Das Wasser tritt mit eben dieser Geschwindigkeit aus der Düse aus.

Die Bahnkurven des Löschwassers in ➡ *Bild 5* verlaufen wenig gekrümmt. Wir erkennen daran, dass es mit großer Geschwindigkeit aus den Löschwasserkanonen geschossen wird.

B 5: Das Wasser schießt mit hoher Geschwindigkeit aus den Löschwasserkanonen

B 6: Wassermodell für den schiefen Wurf.
Das Wasser verlässt mit $v_0 = 2{,}29$ m/s die Düse.

Vertiefung

Ballwurf mit Luftwiderstand und mehr

Durch stückweises Rechnen mit kleinem Δt haben wir mit dem Computer geradlinige Bewegungen berechnet und grafisch dargestellt. Diese Methode erweitern wir auf *krummlinige Bewegungen*. Wir schreiben ein Programm für den Wurf eines Balles mit Luftwiderstand.

Die Physik für das Rechenmodell

Für die Wurfbahn in der Ebene brauchen wir ein ***x*-*y*-Koordinatensystem** (➠ *Bild 1*). Der Ball soll vom Ort $(x\,|\,y) = (0\text{ m}\,|\,0\text{ m})$ unter dem Abwurfwinkel $\alpha = 60°$ und mit dem Geschwindigkeitsbetrag $v_0 = 10$ m/s abgeworfen werden. Die Unabhängigkeitssätze erlauben eine Beschreibung und Berechnung der zu erwartenden krummlinigen Bewegungen mithilfe einer Horizontalbewegung längs der x-Achse und einer davon unabhängigen Vertikalbewegung längs der y-Achse. Deshalb zerlegen wir den durch die (Abwurf-)Richtung α und den Betrag v_0 festgelegten Geschwindigkeitsvektor in seine Komponenten mit den Werten $v_x = v_0 \cdot \cos\alpha$ und $v_y = v_0 \cdot \sin\alpha$.

Alle für das Rechenmodell benötigten **Startwerte** stehen jetzt in den Zeilen (a) bis (g). In den Zeilen (h) bis (k) folgen die erforderlichen **Konstanten**: die Masse des Balles, die Fallbeschleunigung, die Konstante C für den Betrag der Luftwiderstandskraft $F_L = C\,v^2$. Die Größe des Zeitschrittes Δt setzen wir mit 0,01 s fest.

Für die getrennt betrachteten Bewegungen in x- und y-Richtung gibt es je eine resultierende Kraft. Deren Berechnung bildet das Kernstück der **Rechenschleife**. Aus dem in (1) berechneten Geschwindigkeitsbetrag (Satz des PYTHAGORAS) wird in (2) der Betrag $F_L = C\,v^2$ der **Luftwiderstandskraft** ermittelt. Ihr Vektor zeigt stets dem Vektor der Geschwindigkeit entgegen. Für das Computerprogramm reichen die Betragsgleichung und das Wissen über die Richtung von F_L nicht aus, wir brauchen die Komponenten F_{Lx} und F_{Ly} von F_L. Deren *Werte* werden in (3) und (4) getrennt berechnet. Wie wir zu diesen Wertegleichungen kommen, ist bei ➠ *Bild 1* erläutert.

In Zeile (5) ist F_{Lx} die einzige Kraft der x-Bewegung. In y-Richtung muss in Zeile (6) zu F_{Ly} der Wert $-m \cdot g$ der nach unten gerichteten Gewichtskraft addiert werden. Der y-Wert der resultierenden Kraft ist somit $F_y = -m\,g + F_{Ly}$. In (7) und (8) werden aus F_x und F_y mithilfe des newtonschen Grundgesetzes die Werte a_x und a_y der **Beschleunigungskomponenten** berechnet. Diese liefern in (9) und (10) die Zuwächse der v_x- und v_y-Werte der **Geschwindigkeitskomponenten**. Mit den neuen Werten für v_x und v_y werden dann in (11) und (12) die **Koordinaten** x und y der **Wurfbahn** berechnet.

Das Rechenmodell

{Startwerte}	$t = 0$ (s)	(a)
	$x = 0$ (m)	(b)
	$y = 0$ (m)	(c)
	$v_0 = 10$ (m/s)	(d)
	$\alpha = 60$ (°)	(e)
	$v_x = v_0 \cdot \cos\alpha$ (m/s)	(f)
	$v_y = v_0 \cdot \sin\alpha$ (m/s)	(g)
{Konstanten}	$m = 1$ (kg)	(h)
	$g = 9{,}81$ (m/s²)	(i)
	$C = 0{,}1$ (Ns²/m²)	(j)
	$\Delta t = 0{,}01$ (s)	(k)
{Rechenschleife}		
WIEDERHOLE		
{Geschwindigkeitsbetrag}	$v = \text{SQRT}(v_x^2 + v_y^2)$	(1)
{Luftwiderstandskraft}	$F_L = C\,v^2$	(2)
	$F_{Lx} = -v_x \cdot (F_L / v)$	(3)
	$F_{Ly} = -v_y \cdot (F_L / v)$	(4)
{resultierende Kraft}	$F_x = +F_{Lx}$	(5)
	$F_y = -m \cdot g + F_{Ly}$	(6)
{Beschleunigung}	$a_x = F_x / m$	(7)
	$a_y = F_y / m$	(8)
{Geschwindigkeit}	$v_x = v_x + a_x \cdot \Delta t$	(9)
	$v_y = v_y + a_y \cdot \Delta t$	(10)
{Bahnpunkte}	$x = x + v_x \cdot \Delta t$	(11)
	$y = y + v_y \cdot \Delta t$	(12)
{Zeit}	$t = t + \Delta t$	(13)
BIS …		

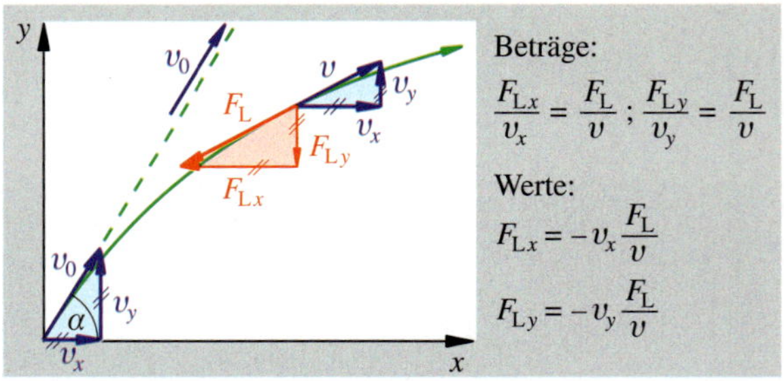

B 1: Die Vektoren von Geschwindigkeit v (blau) und Luftwiderstandskraft F_L (rot) schmiegen sich gegensinnig an die Wurfbahn (grün). Ihre Komponentenpaare bilden ähnliche Dreiecke und liefern so *Verhältnisgleichungen für die Beträge*. Wir machen daraus *Werte-Gleichungen* für F_{Lx} und F_{Ly}. Das Minuszeichen drückt unser Wissen über die stets gegensinnigen Richtungen von Geschwindigkeit und Luftreibungskraft aus.

Vertiefung

Proben aufs Exempel: Wurfbahnen …

Für den Test des Programms wählen wir einen Fall, dessen Lösung wir gut kennen, den waagerechten Wurf ohne Luftwiderstand. Mit $C = 0$ kommt für die Werte F_{Lx} und F_{Ly} der Luftwiderstandskraft immer null heraus; das Kraftgesetz ist allein durch $F_x = 0$ und $F_y = -m\,g$ bestimmt. Wir lassen uns für $v_0 = 12$ m/s und $\alpha = 0$ die Bahnkurve anzeigen:

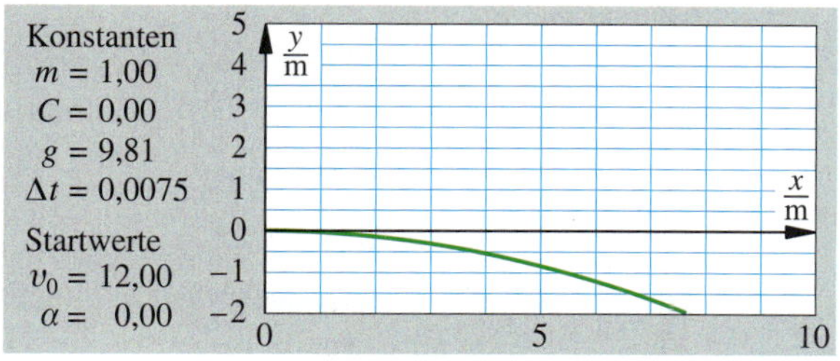

Wir überprüfen den für $t = 0{,}5$ s eingetragenen Punkt mit $x = 6$ m und $y = -1{,}25$ m. Diese Angaben werden mit $x = v_0\,t$ und $y = -\frac{1}{2}\,g\,t^2$ schnell bestätigt. Sobald wir für α den Winkel 50° angeben, wird aus dem waagerechten Wurf ein schiefer Wurf schräg nach oben:

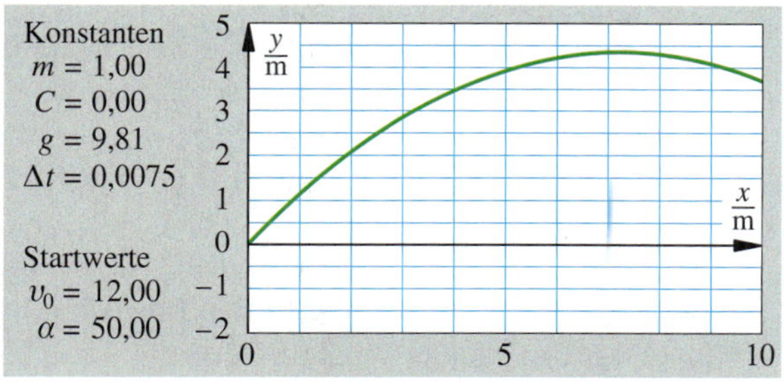

Ohne Luftwiderstand ist die Kurve symmetrisch, das ändert sich, wenn wir den Luftwiderstand einschalten:

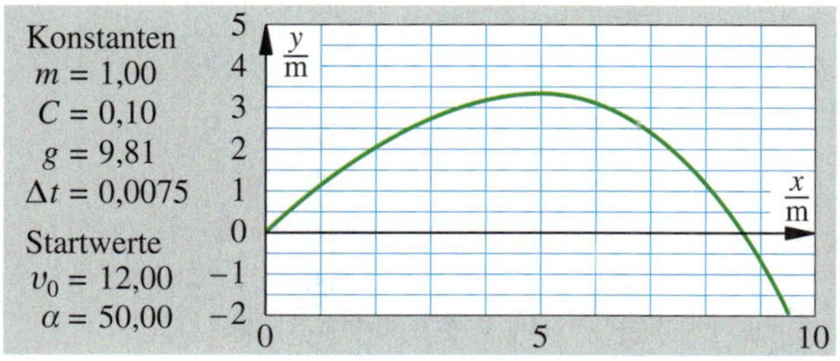

Das Ergebnis ist plausibel, das Programm zum Gebrauch freigegeben! So, wie man bei einem Experiment den Ablauf mit verschiedenen Einstellungen wiederholt, so können wir mit dem Programm Würfe mit verschiedenen Startwerten simulieren.

… oder Zeitfunktionen des senkrechten Wurfs

Wer einen Ball senkrecht nach oben wirft, erwartet, dass dieser sich auf gerader Bahn nach oben und dann wieder nach unten bewegt. Die Physik in unserem Programm gilt auch für diesen Fall. Mit den Startwerten $\alpha = 90°$, $v_0 = 5$ m/s und $C = 0$ (Luftwiderstand ausgeschaltet) zeichnet der Computer als Bahnkurve eine Linie auf der y-Achse – der x-Wert ist immer null. Damit wir mehr erkennen können, lassen wir nicht die x-y-Bahnkurven, sondern t-y- und t-v-Diagramme zeichnen:

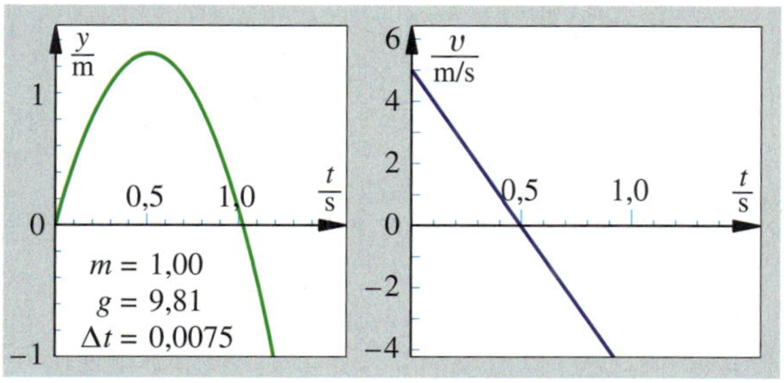

Aufgaben

A 1: Zeichnen Sie die Bahn des waagerechten Wurfs mit der Anfangsgeschwindigkeit $v_0 = 20$ m/s im Maßstab 1 : 1 000. Zeichnen Sie die Geschwindigkeitsvektoren für $t_1 = 2{,}0$ s und $t_2 = 4{,}0$ s ein (Geschwindigkeitsmaßstab 1 cm ≙ 10 m/s).

A 2: Ein unerfahrener Pilot lässt einen Versorgungssack genau senkrecht über dem Zielpunkt aus dem in 500 m Höhe fliegenden Flugzeug fallen. Der Sack schlägt 1,0 km vom Ziel entfernt auf. Welche Geschwindigkeit hat das Flugzeug, mit welcher Geschwindigkeit erreicht der Sack den Boden (ohne Luftwiderstand)?

A 3: Wie groß ist die Absprunggeschwindigkeit des Weitspringers? Benutzen Sie die eingeblendeten Informationen – es gibt verschiedene Lösungswege!

A 4: Widerstandsbeiwert c_w und wirksame Fläche eines Autos liefern zusammen mit der Dichte der Luft den C-Wert 0,875 Ns²/m². Bestimmen Sie die Antriebskraft, mit der das Auto die Endgeschwindigkeit 120 km/h erreicht.

Das ist wichtig

1. Die Fallbewegung eines Körpers, auf den allein die Gewichtskraft wirkt, wird **freier Fall** genannt. An ein und demselben Ort beobachtet man für alle Körper beim freien Fall die gleiche Beschleunigung; sie ist gleich dem Ortsfaktor g.
Für die Beschleunigung beim freien Fall gilt in Europa $\boldsymbol{g = 9{,}81\ \text{m/s}^2}$. Mit diesem Wert werden die Bewegungsgleichungen der gleichmäßig beschleunigten Bewegung zu den **Fallgesetzen für den freien Fall aus der Ruhe**:

Zeit-Weg-Gesetz: $s = \frac{1}{2} g t^2$
Zeit-Geschwindigkeit-Gesetz: $v = g t$

2. Bei **Fallbewegungen mit Luftwiderstand** bestimmt ständig die Resultierende aus Gewichtskraft G und Luftwiderstandskraft F_L die momentane Beschleunigung a. Der Luftwiderstand ist der Geschwindigkeit v entgegen gerichtet, für den Betrag gilt

$$F_L = \frac{1}{2} c_w \varrho A v^2.$$

Solange (für die Beträge) $F_L < G$ gilt, nimmt die Fallgeschwindigkeit zu. Ist $F_L = G$ erreicht, wird die Bewegung gleichförmig mit der **Endgeschwindigkeit** $\boldsymbol{v_{End}}$. Es gilt:

$$G = \frac{1}{2} c_w \varrho A v_{End}^2, \quad \text{also} \quad v_{End} = \sqrt{\frac{2G}{c_w \varrho A}}.$$

3. Bewegungen können von verschiedenen Bezugssystemen aus betrachtet werden:
Ein Körper K habe die Geschwindigkeit v_K in einem Bezugssystem, das sich mit der Geschwindigkeit v_0 relativ zu einem Beobachter B bewegt. Die von B beobachtete Geschwindigkeit v des Körpers K kann einem **Vektorparallelogramm** aus v_0 und v_K entnommen werden (wie bei Kräften).

4. Bei **Wurfbewegungen ohne Luftwiderstand** denke man sich einen Beobachter, der sich gleichförmig mit der Abwurfgeschwindigkeit v_0 (Richtung und Betrag) unter dem Winkel α weiterbewegt. Er beobachtet eine Fallbewegung. Die Beschreibung von außen lässt sich in Koordinaten darstellen:

$$x = v_0 t \cos\alpha \qquad y = v_0 t \sin\alpha - \frac{1}{2} g t^2$$
$$v_x = v_0 \cos\alpha \qquad v_y = v_0 \sin\alpha - g t$$

Die Koordinatenrichtungen sind dabei horizontal (x) und senkrecht nach oben (y) gewählt.

Strategien beim Problemlösen

1. Galileo GALILEI hat für die Entwicklung von Denkschemata der Physik eine große Bedeutung. Wir arbeiten wie er oft mit dem **hypothetisch-deduktiven Verfahren**: Zu einer *Beobachtung* (Zunahme der Geschwindigkeit beim freien Fall) *deduzieren* wir aus einer *Hypothese* (Gewichtskraft ist alleinige Kraft) mit der schon verfügbaren Theorie (Bewegungsgesetze bei konstanter Kraft) eine *Vorhersage* (Fallgesetz), die wir im *Experiment* bestätigen.

2. Bei konstantem Wert der Beschleunigung a gelten – für Bewegungen aus der Ruhe mit Startpunkt ($t = 0$; $s = 0$) – die Bewegungsgesetze für gleichmäßig beschleunigte Bewegungen: $\boldsymbol{v = a t;\ s = \frac{1}{2} a t^2}$.
Bei sich ändernder Beschleunigung a verwenden wir **Rechenmodelle.** Während eines kleinen Zeitschritts Δt gelten jeweils die Gleichungen $v_{neu} = v_{alt} + a \cdot \Delta t$ und $s_{neu} = s_{alt} + v \cdot \Delta t$.
Dabei hilft der Computer. Dessen große Rechengeschwindigkeit erlaubt kleine Zeitschritte. Deshalb dürfen wir, auch bei komplizierten Bewegungen, a und v während des Zeitschritts Δt als konstant ansehen. In Rechenmodellen für Bewegungen steckt die Physik vor allem in dem **Kraftgesetz**. Bei Bewegungen mit Luftwiderstand setzt sich die resultierende Kraft aus den Kraftgesetzen für Schwerkraft $G = m g$ und Luftwiderstandskraft $F_L = \frac{1}{2} c_w \varrho A v^2$ zusammen. Zeitschritt für Zeitschritt wird die neue resultierende Kraft berechnet.

3. Um Fall- und Wurfbewegungen zu berechnen, hat der **Wechsel des Bezugssystems** den Erfolg beschert. Was der eine Beobachter als waagerechten Wurf in der Ebene sieht, beobachtet ein anderer als geradlinige Fallbewegung.
Diese Strategie haben wir erweitert: Für die Beschreibung einer **Bewegung in der Ebene** machen wir vom **Unabhängigkeitssatz** Gebrauch. Dazu legt man ein Koordinatensystem fest und rechnet mit **Komponenten** für Kraft, Beschleunigung und Geschwindigkeit sowie mit **Koordinaten** des Ortes. In jeder Komponentenrichtung lässt sich das NEWTON-Gesetz unabhängig von den anderen Komponenten anwenden.

Aufgaben

A 1: Wie muss die Antriebskraft eines Fahrzeugs gesteigert werden, wenn – mit Luftwiderstand – die Endgeschwindigkeit verdoppelt werden soll?

A 2: Wie hoch kann man Wasser spritzen, das mit 15 m/s die Düse verlässt?

A 3: Eine senkrecht nach oben geschossene Kugel kommt zurück! Es gibt einen Beobachter, der für diese Kugel nichts anderes beobachtet als eine Fallbewegung. Versetzen Sie sich in die Rolle dieses Beobachters und wenden Sie unsere Strategie an! Übertragen Sie das Ergebnis auf einen nebenstehenden Beobachter.

Hohe Trampolinsprünge wären ohne die Erhaltung mechanischer Energie unmöglich. Leider entweicht bei jedem Sprung ein Teil von ihr durch unvermeidliche Reibung. Die Sportlerin muss ihn ersetzen, wenn sie dieselbe Höhe erreichen will. Wir lernen mit Energie zu bilanzieren.
Wen wundert nicht das seltsame Verhalten der Kugeln? Nach dem Aufprall der ersten fliegt die letzte weg und erreicht die gleiche Höhe der ersten. Die übrigen haben sich scheinbar nicht bewegt. Doch sie müssen sich ein kleines Stück bewegt haben, denn frei herunterhängend berühren sie einander nicht: Beim Aufprall überträgt die linke Kugel ihre Bewegungsenergie vollständig auf die gestoßene und bleibt mit einem Schlag stehen. Die gestoßene trifft mit derselben Geschwindigkeit auf die folgende. So wandert die Energie durch die Reihe bis zur letzten Kugel, die schließlich die Höhe der ersten erreicht. Und warum gibt die stoßende Kugel jeweils ihre gesamte Energie weiter und nicht nur einen Teil? Die Frage führt uns auf eine weitere Erhaltungsgröße, den Impuls. Auch die Impulsbilanz muss stimmen. Sie lässt nur eine einzige Verteilung der Energie zu.
Ein „Raketenversuch“ im Labor. Eine Pumpe schleudert das Wasser nach links und beschleunigt den Wagen nach rechts. Die Impulsbilanz führt uns zur Berechnung der beschleunigenden Kraft.

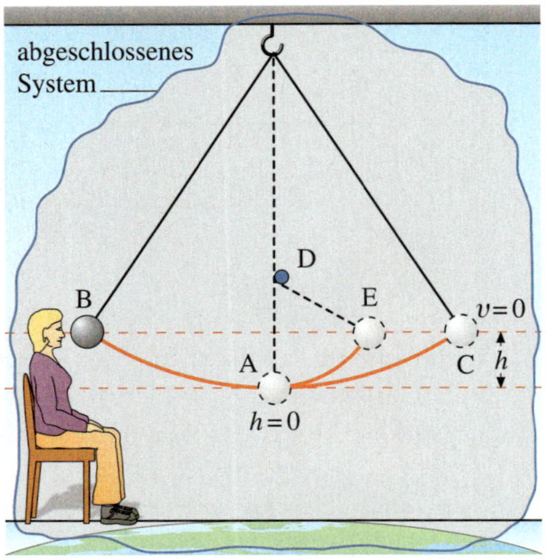

V 1: a) Wir hängen eine Kugel an der Decke auf. Aus der Gleichgewichtslage A lenken wir sie bis B aus, direkt vor die Nasenspitze einer Schülerin. Dort ist die Kugel gegenüber A um die Strecke *h* angehoben. Lassen wir los, so schwingt sie nach A zurück. Dann steigt sie auf der anderen Seite gleich hoch bis C und kommt zurück nach B, aber nicht höher! Die Schülerin kann beruhigt sitzen bleiben.
b) Während sich die Kugel zwischen A und B bewegt, befestigen wir bei D einen Stab. Anschließend schwingt die Kugel auf der Bahn BAE zum Punkt E, der gleich hoch liegt wie B und C, dann zurück zu B.
c) Erst mit der Zeit nimmt die Höhe der Umkehrpunkte B, C bzw. E infolge der nicht zu vermeidenden Reibung ab.

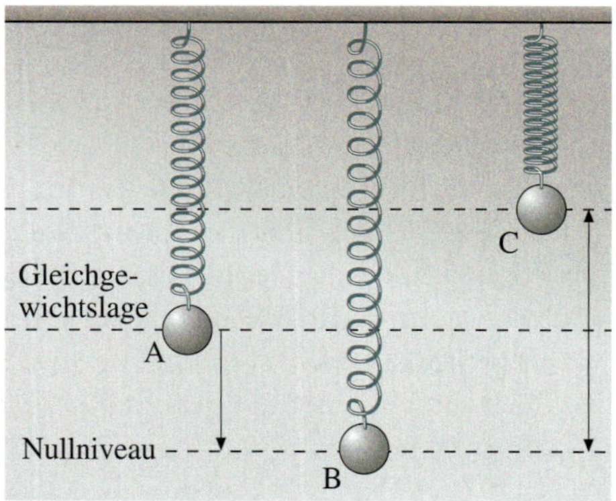

V 2: Ein Wägestück hängt an einer Feder. Aus der Gleichgewichtslage A lenken wir es bis B aus und lassen los. Es schwingt periodisch auf und ab (vertikales Federpendel). Die Höhen der Umkehrpunkte C und B bleiben zunächst gleich. Sie ändern sich mit der Zeit nur infolge der Reibung.

Energieerhaltung; Energieumwandlung

1. Immer dieselben Höhen und Geschwindigkeiten

Lassen wir ein Fadenpendel schwingen (➠ *Versuch 1a*). Der Bewegungszustand der Kugel ändert sich laufend. Trotzdem erreicht sie – wenn man nicht zu lange wartet – immer wieder den Zustand, aus dem sie gestartet ist, genauso wie alle Zwischenzustände. Allerdings darf sich von außen niemand einmischen, indem er etwa die Kugel hinterlistig anbläst. – Selbst wenn wir die Bewegung des Pendels durch den Stab D in ➠ *Versuch 1b* ändern, erreicht die Kugel ihre Ausgangshöhe, allerdings auf einem anderen Weg. – Ähnliche Bewegungen finden Sie bei ➠ *Versuch 2* und ➠ *Versuch 3.*

Die Versuche zeigen: Bei allem Wandel kehren dieselben Höhen und Geschwindigkeiten von Körpern oder Spannungszustände der Federn wieder. Lässt sich dabei eine Größe finden, die sich zwar in verschiedenen Formen äußert, die aber insgesamt erhalten bleibt? Aus der Mittelstufe kennen Sie die **Energie**. Erinnern Sie sich?

2. Energie tritt in vielen Formen auf und kann sich wandeln

Der Autofahrer kauft Energie mit Benzin teuer ein. Auch in Gas, Öl, Kohle und in unserer Nahrung steckt sie, allerdings in ganz verschiedenen **Formen**; sie ist ein Verwandlungskünstler:

In den Punkten B, C und E von ➠ *Versuch 1* ist die Kugel gegenüber A um die Strecke *h* angehoben, hat aber keine Geschwindigkeit. Die in dem System steckende Energie hängt mit der angehobenen Kugel zusammen. Man sagt, die Kugel habe in B, C und E gegenüber dem Niveau von A **Höhenenergie** (auch **Lageenergie** oder **potentielle Energie** genannt). Wie bei der Angabe einer Höhe muss man sich bei der Höhenenergie auf ein Ausgangsniveau beziehen. Man nennt es **Nullniveau,** abgekürzt **NN.**

Im Punkt A von ➠ *Versuch 1* hat die Kugel maximale Geschwindigkeit, ist aber gegenüber dem Nullniveau nicht angehoben, hat also keine Höhenenergie. Die nach wie vor vorhandene Energie hängt mit der Bewegung zusammen. Man sagt, die Kugel habe in A **Bewegungsenergie (kinetische Energie)**. Zwischen B und A bzw. A und C besitzt die Kugel sowohl Höhen- als auch Bewegungsenergie. Dort finden laufend **Energieumwandlungen** statt.

Ist in ➠ *Versuch 2* das Wägestück im tiefsten Punkt B, wo wir das Nullniveau der Höhenenergie hinlegen, so hat es momentan keine Geschwindigkeit, also weder Höhen- noch Bewegungsenergie. Dafür ist die Feder maximal gespannt. Die Energie steckt in der gespannten Feder. Gespannte Federn haben **Spannenergie.** Beim Auf und Ab des Wägestücks wandeln sich laufend Spannenergie, Bewegungsenergie und Höhenenergie ineinander um. – Höhenenergie, Bewegungsenergie und Spannenergie fasst man unter dem Oberbegriff **mechanische Energieformen** (oder **mechanische Energie**) zusammen.

3. Energieerhaltung im abgeschlossenen System

Energie ist bei diesen Schwingungen (➡ *Versuche 1–3*) immer vorhanden. Sie verschwindet nicht, um sofort wieder aus dem Nichts aufzutauchen. *Vielmehr bleibt sie erhalten, wechselt aber ständig die Form.* Denken wir an die Geldmenge auf einer völlig abgeschlossenen Insel. Gleichgültig, was sich dort abspielt und wie dort das Geld auf Einwohner und Banken verteilt ist, immer bleibt die Geldsumme konstant.

Wie das Geld auf der Insel gewissermaßen in einem einzigen Tresor eingeschlossen ist, so können wir bei jedem der vorigen Versuche einen Bereich abgrenzen, der die Energie einschließt. Zu diesem Bereich gehören alle Körper, die während des Versuchs miteinander in Wechselwirkung stehen und die Energie untereinander austauschen. Beim Fadenpendel (➡ *Versuch 1*) z. B. muss man neben dem Pendelkörper, dem Faden und der Aufhängevorrichtung auch die Erde dazunehmen, da sie mit der Gewichtskraft auf den Pendelkörper einwirkt. Um diesen Bereich kann man in Gedanken eine Hülle legen, die nichts durchlässt. Beliebige Vorgänge in der Hülle sind aber möglich. Das so entstandene Gebilde nennt man ein **energetisch abgeschlossenes System**. Es ist ein **Energietresor**.

Allerdings kommt jedes Pendel infolge der Reibung allmählich zur Ruhe (➡ *Versuch 1c*). Daraus folgern Sie vielleicht, dass es doch kein abgeschlossenes System gibt oder dass Energie versickert. ➡ *Versuch 4* gibt eine andere Antwort.

In ➡ *Versuch 4a* können sich die kleinen Kugeln in der untersten Schale nicht gegeneinander bewegen. Der Wagen wird mit der betragsmäßig gleichen Geschwindigkeit an der Feder reflektiert. Sobald die kleinen Kugeln in den Schalen aber Eigenbewegungen ausführen können (➡ *Versuch 4b*), ist der Wagen nach der Reflexion an der Feder deutlich langsamer. Dafür bewegen sich jetzt die Kügelchen völlig ungeordnet. Sie haben einen Teil der Energie übernommen. Doch hört diese Bewegung der Kügelchen bald auf; sie versickert in deren Innern, im „ganz Kleinen" und mündet schließlich in einer verstärkten Bewegung der unsichtbaren kleinsten Teilchen, der Atome oder Moleküle. Man sagt die **innere Energie** der Körper sei größer geworden. Also bleibt das System abgeschlossen, seine Energie konstant. Genau dies passiert bei *Reibungsvorgängen.* Auch dort geht keine Energie verloren, vielmehr erhöht sich die innere Energie der im abgeschlossenen System zusammengefassten Körper.

Merksatz

1. Energie kann ihre Form wandeln. Mechanische *Energieformen* sind Höhenenergie, Bewegungsenergie und Spannenergie.
2. Einen Bereich, der mit seiner Umgebung keine Energie austauscht, nennt man ein energetisch *abgeschlossenes System.*
3. In einem abgeschlossenen System bleibt unabhängig von den Vorgängen, die sich darin abspielen, die *Energie erhalten.*

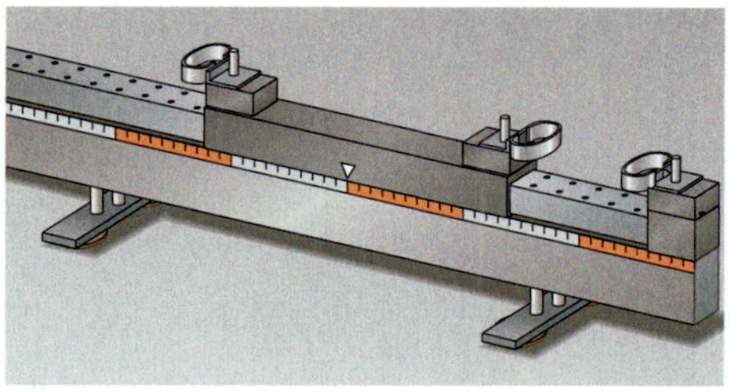

V 3: Auf einer waagerecht gestellten Luftkissenfahrbahn, an deren Enden elastische Federn befestigt sind, wird ein Schlitten angestoßen. Er gleitet – solange nicht eine der Federn zusammengedrückt wird – mit konstantem Geschwindigkeitsbetrag über die Bahn und dies trotz der Reflexionen an den Bahnenden. Nur die Reibung bremst ihn mit der Zeit ab.

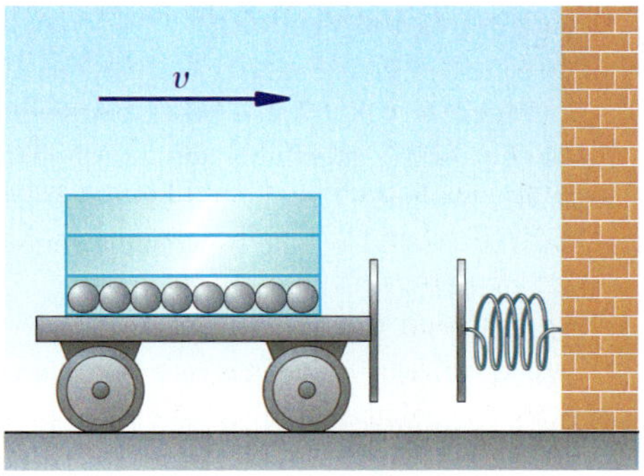

V 4: Auf einem leichten Wagen sind drei durchsichtige Schalen übereinander befestigt. Die zwei obersten sind leer, die unterste ganz mit Kugeln gefüllt, sodass dort keine Relativbewegung der Kugeln möglich ist.
a) Der Wagen wird auf einer ebenen Unterlage angestoßen. Nach der Reflexion an einer Feder hat er betragsmäßig dieselbe Geschwindigkeit wie vorher.
b) Man verteilt die Kugeln gleichmäßig auf die Schalen. Stößt der Wagen jetzt gegen die Feder, hat er nach der Reflexion betragsmäßig eine deutlich kleinere Geschwindigkeit als vorher. Dafür schwirren die Kugeln regellos in den Schalen herum, kommen aber bald zur Ruhe.

A 1: Beschreiben Sie in Versuch 1 bis 3 die auftretenden Energieumwandlungen. Geben sie jeweils das System an.

A 2: Ein Auto fährt einen Berg hinauf. Welche Energieumwandlungen treten auf? Welches System haben Sie betrachtet?

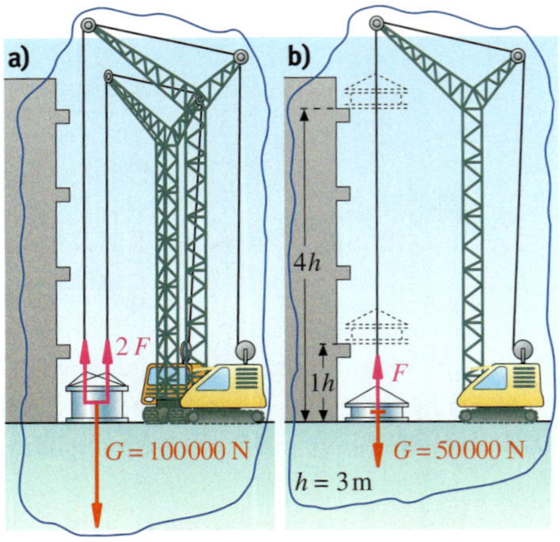

B 1: Die im Dieselöl steckende chemische Energie wird in Höhenenergie umgewandelt

Beispiel

Energiebeträge im Vergleich

a) Welche Höhenenergie W_H hat ein Eisenträger (m = 50 t) im 4. Stock eines Hauses (h = 12 m) gegenüber dem Erdboden?
b) Bei welcher Geschwindigkeit hat ein Pkw (m = 1 200 kg) die Bewegungsenergie W_B = 1 MJ?

Lösung:

a) Das Nullniveau NN ist am Erdboden:

$$W_H = m\,g\,h = 50\,000\text{ kg} \cdot 10\,\frac{\text{m}}{\text{s}^2} \cdot 12\text{ m}$$

$$= 6{,}0 \cdot 10^6\,\frac{\text{kg}\cdot\text{m}^2}{\text{s}^2} = 6{,}0 \cdot 10^6\text{ J} = \mathbf{6{,}0\ MJ}.$$

b) Aus $W_B = \frac{1}{2}\,m\,v^2$ ergibt sich:

$$v = \sqrt{\frac{2\,W_B}{m}} = \sqrt{\frac{2 \cdot 1{,}0 \cdot 10^6\text{ J}}{1\,200\text{ kg}}}$$

$$= \sqrt{1{,}67 \cdot 10^3\,\frac{\text{m}^2\cdot\text{kg}}{\text{s}^2\cdot\text{kg}}} = \mathbf{40{,}8\,\frac{m}{s}} = 147\,\frac{\text{km}}{\text{h}}.$$

Zum Vergleich: 1 l Benzin hat einen Heizwert von etwa 43,5 MJ. Oder: 1 MJ erwärmt 10 l Wasser um $\Delta\vartheta$ = 24 °C.

Messen und Berechnen von Energie

1. Der Energiebuchhalter gießt Energie in eine Formel

Buchhalter Bill kann ohne Schwierigkeiten Geld in einem Banktresor zählen, wenn er den Inhalt kontrollieren soll. Will er dagegen im Energietresor die vorhandene Energie bilanzieren, so ergeben sich Probleme. Für die Energie hat er nämlich noch keine Messvorschrift. Um eine solche zu finden, hat der „Energiebuchhalter" sorgfältig zu beachten, dass in einem abgeschlossenen System die Energie erhalten bleibt. Bills Konzept ist es, unter dieser Vorgabe die Energieformen in „Formeln zu gießen"!

Bill sucht zunächst einen sinnvollen Ausdruck für die *Höhenenergie*. Dazu betrachtet er ein abgeschlossenes System (→ *Bild 1a*), in dem sich ein Gebäude, zwei gleiche Kräne, die mit Dieselöl betrieben werden, und die Erde befinden. Beim Anheben von Lasten wird die im Dieselöl steckende chemische Energie in Höhenenergie umgewandelt. Die Menge an verbrauchtem Dieselöl kann Bill also als Maß für die Höhenenergie der angehobenen Last ansehen, selbst wenn ein bestimmter Bruchteil der Energie im Öl als Wärme abgeführt wird.

a) Hebt nur einer der Kräne einen Eisenträger (G = 50 000 N) in den 1. Stock, benötigt er eine bestimmte Menge Öl (→ *Bild 1b*).

b) Hebt dieser Kran die Last in den 4. statt in den 1. Stock, so braucht er die 4fache Ölmenge, da er die 4fache Höhe h zu überwinden hat. Bill folgert: Der Eisenträger besitzt im 4. Stock eine 4-mal so große Höhenenergie wie im 1. Stock. Also ist die Höhenenergie W_H proportional zur Höhe h: $\boldsymbol{W_H \sim h}$. Als **Nullniveau NN,** das man beliebig festlegen kann, ist dabei der Erdboden gewählt.

c) Nun soll ein doppelt so schwerer Eisenträger (mit der Gewichtskraft G = 100 000 N) in den 1. Stock gehoben werden. Da die maximale Hubkraft eines Krans dazu nicht ausreicht, verwendet man beide Kräne, die zusammen gegenüber a) die doppelte Kraft F aufbringen, dafür aber die doppelte Menge an Öl benötigen. Vernünftigerweise sagt Buchhalter Bill deshalb: Im 1. Stock besitzt die Last mit G = 100 000 N gegenüber dem Nullniveau doppelt so viel Höhenenergie wie die mit G = 50 000 N. Allgemein setzt man also an: $\boldsymbol{W_H \sim G}$.

Zustand Nr.	Zeit t in s	Höhe h über dem Nullniveau in m	Höhenenergie $W_H = m\,g\,h$ in Joule	Geschwindigkeit $v = g\,t$ in m/s	Bewegungsenergie $W_B = \frac{1}{2}\,m\,v^2$ in Joule	Energiesumme $W_H + W_B$ in Joule
1	0	45	4 500	0	0	4 500
2	1	40	4 000	10	500	4 500
3	2	25	2 500	20	2 000	4 500
4	3	0	0	30	4 500	4 500

T 1: Energiebilanz $W_H + W_B$ für 4 Zustände beim freien Fall eines Körpers der Masse 10 kg aus einer Höhe h = 45 m. NN am Boden.

d) Hebt man die doppelt so schwere Last in den 4. Stock, so braucht man die 4 · 2fache = 8fache Ölmenge. Die Höhenenergie W_H einer Last G in der Höhe h über dem Nullniveau ist also dem Produkt $G \cdot h$ proportional. Nach diesen Überlegungen wird die Höhenenergie zu $\boldsymbol{W_H = G \cdot h = m \cdot g \cdot h}$ festgelegt. Ihre **Einheit** ist also **1 Nm**, **1 Joule (1 J)** genannt. Da sich Höhenenergie in andere Energieformen umwandeln lässt, *ist 1 Joule zugleich die Einheit einer jeden Form von Energie.*

Merksatz

1. Die *Höhenenergie* eines Körpers mit der Gewichtskraft G in der Höhe h über dem Nullniveau ist: $W_H = G h = m g h$.
2. Die Einheit der Energie ist 1 Joule, abgekürzt 1 J.
   Es ist: 1 J = 1 Nm = 1 kg·m²/s².

2. Wie misst der Energiebuchhalter Bewegungsenergie?

Bill lässt einen Körper, der mit der Erde ein abgeschlossenes System bildet, aus der Höhe h frei fallen. Der Körper verliert Höhenenergie, gewinnt aber Bewegungsenergie. Fällt er die Strecke s, so nimmt seine Höhenenergie um ΔW_H ab. Es ist:

$$\Delta W_H = m \cdot g \cdot s = m \cdot g \cdot \frac{1}{2} g \cdot t^2 = \frac{1}{2} m \cdot (g \cdot t)^2 = \frac{1}{2} m \cdot v^2.$$

Wir werden zusammen mit Bill der Energieerhaltung gerecht, wenn wir festsetzen: Für die verschwundene Höhenenergie ΔW_H ist Bewegungsenergie entstanden. Ein Körper mit der Geschwindigkeit v hat also die Bewegungsenergie $\boldsymbol{W_B = \frac{1}{2} m \cdot v^2}$.

➠ *Tabelle 1* zeigt die Bilanz für 4 Zustände eines aus 45 m Höhe frei fallenden Körpers. Dabei bleibt die Summe $W_H + W_B = m g h + \frac{1}{2} m v^2$ konstant. Die Energien dieses Systems lassen sich also messen. Dies gilt auch für das Fadenpendel (➠ *Versuch 1*)! Völlig gleichgültig ist es dabei, welche Vorgänge sich im Detail in einem abgeschlossenen System abspielen, in dem nur Höhen- und Bewegungsenergie auftreten. Die Summe $W_H + W_B$ ist immer konstant und gibt die Energie des Systems an. Bills Konzept stimmt.

Merksatz

Ein Körper der Masse m und der Geschwindigkeit v hat die *Bewegungsenergie* $W_B = \frac{1}{2} m v^2$.

3. Unterscheide Energie und Kraft!

Das Kranbeispiel (➠ *Bild 1*) macht deutlich, dass *Energie Mengencharakter* hat und von Kraft klar zu unterscheiden ist! Je höher ein Kran die Last hebt, desto mehr Energie wird aus Dieselöl in Höhenenergie umgesetzt. Stellt der Kranfahrer den Motor ab und legt eine Sperrklinke ein, so bleibt die Last in einer bestimmten Höhe hängen. Energie wird nicht mehr umgesetzt; trotzdem muss der Kran die Last auf gleicher Höhe halten. Dazu braucht er nur Kraft, keine Energie! Diese ist im Gegensatz zur Kraft ein *Skalar*.

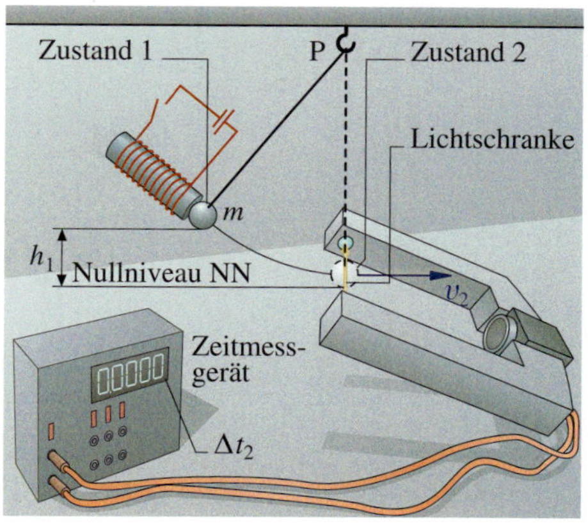

V 1: a) Wir halten die Kugel eines Fadenpendels (0,500 kg) mit einem Elektromagneten fest. Gegenüber der tiefsten Stellung (NN) wurde sie um h_1 = 0,085 m gehoben. In diesem *Zustand 1* hat die Kugel die Höhenenergie $W_{H1} = m g h_1$ = 0,417 J, die Bewegungsenergie W_{B1} = 0 und somit insgesamt die Energie W_1:

$$W_1 = m g h_1 + \frac{1}{2} m v_1^2$$
$$= 0{,}417 \text{ J} + 0 \text{ J} = 0{,}417 \text{ J}.$$

Nachdem die Kugel vom Durchmesser Δs = 5,0 cm losgelassen worden ist, durchfällt sie im tiefsten Punkt, dem *Zustand 2*, eine Lichtschranke. Diese misst die Dunkelzeit Δt_2 = 0,040 s. Dort ist also $v_2 = \Delta s / \Delta t_2$ = 1,25 m/s und damit die Bewegungsenergie W_{B2} = 0,391 J. Für die Energiesumme im Zustand 2 gilt somit:

$$W_2 = m g h_2 + \frac{1}{2} m v_2^2$$
$$= 0 \text{ J} + 0{,}391 \text{ J} = 0{,}391 \text{ J}.$$

Im Rahmen der Messfehler ist $W_1 = W_2$.

b) Wir bringen die Lichtschranke an eine andere Stelle der Bahn. Dann erhalten wir die Messwerte in ➠ *Tabelle 2* (g = 9,81 m/s²). Aus der letzten Spalte erkennen wir, dass in jedem Zustand der Bewegung des Fadenpendels $W_H + W_B$ konstant ist.

h_1 in mm	Δt in s	v in m/s	W_H in J	W_B in J	$W_H + W_B$ in J
0,085	–	–	0,417	0	0,417
0,062	0,081	0,617	0,304	0,095	0,399
0,035	0,052	0,962	0,172	0,231	0,403
0,015	0,044	1,136	0,074	0,323	0,397
0	0,040	1,250	0	0,391	0,391

T 2: Zu ➠ *Versuch 1b*

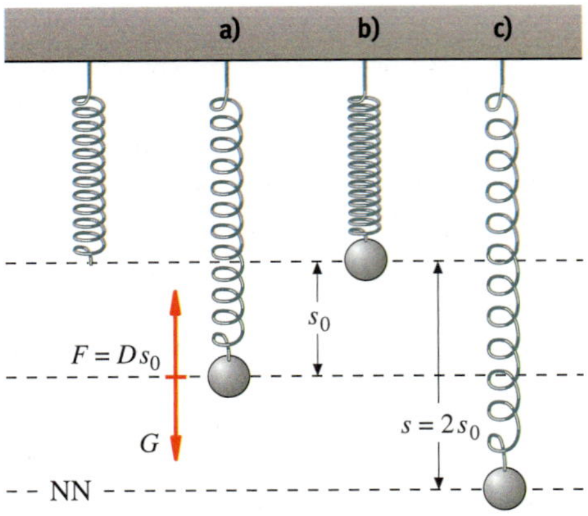

V 1: a) Wir hängen an eine entspannte Feder (z. B. $D = 5{,}5$ N/m) ein Wägestück (z. B. $m = 0{,}200$ kg) und lassen es vorsichtig bis in die Gleichgewichtslage absinken (→ *Bild a*). Die Feder ist dann um die Strecke s_0 gedehnt und die Federkraft $F = D s_0$ hält dort der Gewichtskraft $G = m g$ das Gleichgewicht. Also gilt: $m g = D s_0$.

b) Wir hängen wie in a) das Wägestück an die entspannte Feder (→ *Bild b*), lassen es aber jetzt fallen. Das Wägestück schwingt bis zum unteren Umkehrpunkt durch (→ *Bild c*). Wir messen die Dehnung s der Feder in diesem Zustand und finden: $s = 2 s_0$. Dies gilt für jede Feder.

c) Legen wir in den unteren Umkehrpunkt das Nullniveau der Höhenenergie, so ist dort die gesamte Höhenenergie des Ausgangszustandes $W_H = m g h = m g s$ in Spannenergie W_{Sp} der Feder umgewandelt worden (→ *Bild b*). Da die Energie erhalten bleibt, gilt für diese Spannenergie:

$$W_{Sp} = m \cdot g \cdot s = D \cdot s_0 \cdot s = D \cdot \frac{s}{2} \cdot s = \frac{1}{2} D \cdot s^2.$$

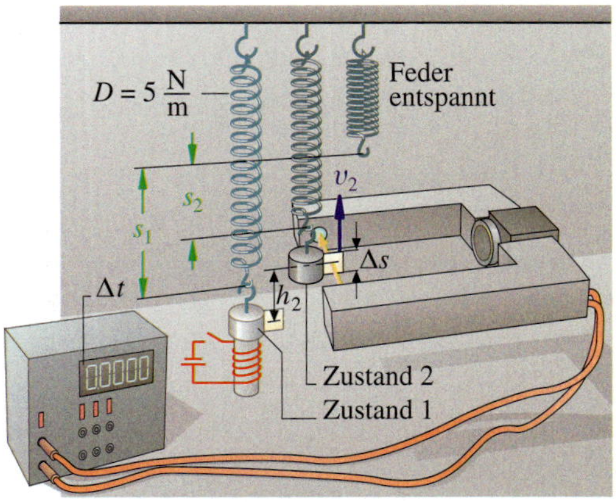

B 1: Zu → *Versuch 2*

4. Mit Spannenergie zum Energieerhaltungssatz der Mechanik

Bill braucht noch eine Formel für die Spannenergie. Dazu setzt er wie in → *Versuch 1* Höhenenergie in Spannenergie um. Die Auswertung zeigt:

Merksatz

Dehnt man eine Feder mit der Federhärte D aus der entspannten Lage um die Strecke s, dann hat sie die Spannenergie

$$W_{Sp} = \frac{1}{2} D s^2.$$

Unter Beachtung der Formeln für die Höhenenergie W_H, die Bewegungsenergie W_B und die Spannenergie W_{Sp} zeigt → *Versuch 2* am vertikalen Federpendel quantitativ: Die Summe aus allen drei Energiebeträgen $W_H + W_B + W_{Sp}$ ist *in jedem beliebigen Zustand* des abgeschlossenen Systems konstant, wenn keine Reibung auftritt. Von diesem Ergebnis sind wir zusammen mit Bill ausgegangen. Doch sind wir nun in der Lage, für jede einzelne mechanische Energieform eine Formel anzugeben und damit die Energieerhaltung bei rein mechanischen Vorgängen experimentell zu bestätigen. Der **Energieerhaltungssatz der Mechanik** lautet damit:

Merksatz

Die **Summe aus Lage-, Bewegungs- und Spannenergie ist** bei reibungsfrei verlaufenden mechanischen Vorgängen in einem abgeschlossenen System **konstant**:

$$W_H + W_B + W_{Sp} = m g h + \frac{1}{2} m v^2 + \frac{1}{2} D s^2 = \text{konstant}.$$

Wenn also Energiebuchhalter Bill in einem System, in dem nur reibungsfreie mechanische Vorgänge auftreten, die Energiebilanzen in zwei beliebigen Zuständen 1 und 2 aufstellt, so muss die Summe der einzelnen mechanischen Energiebeträge in beiden Zuständen gleich sein, d. h. es gilt:

$$m g h_1 + \frac{1}{2} m v_1^2 + \frac{1}{2} D s_1^2 = m g h_2 + \frac{1}{2} m v_2^2 + \frac{1}{2} D s_2^2.$$

5. Vorhersagen mit Bilanzrechnungen

Mit dem Energieerhaltungssatz verfolgen wir eine andere Strategie als früher. Dort haben wir im Zusammenhang mit $F = m a$ nach den Kräften, also den *Ursachen* einer Bewegung gefragt. Die dort vertretene *kausale* Betrachtungsweise ergänzen wir nun durch ein *Bilanzdenken.* Dann können wir wie ein Buchhalter mithilfe des Energieerhaltungssatzes der Mechanik Energiebilanzen für bestimmte Zustände aufstellen und Vorhersagen treffen. So lassen sich, wie wir gleich sehen werden, Bewegungsaufgaben oft relativ einfach lösen. Allerdings können Fragen nach *dem zeitlichen Ablauf einer Bewegung* nicht unmittelbar mit dem Energieerhaltungssatz beantwortet werden, da die Zeit t in diesem Satz nicht auftritt.

Beispiel

Ballwurf

Ein Ball ($m = 300$ g) wird von einem 25 m (h_1) hohen Turm mit dem Geschwindigkeitsbetrag $v_1 = 10$ m/s weggeworfen. Mit welchem Geschwindigkeitsbetrag v_2 erreicht er den Erdboden, wenn man vom Luftwiderstand absieht? Diskutieren Sie das Ergebnis!

Lösung:
Wir bezeichnen im System Ball-Erde als Zustand 1 den Abwurf und als Zustand 2 das Auftreffen am Erdboden. Das Nullniveau der Höhenenergie legen wir auf den Erdboden. Für beide Zustände stellen wir die *Energiebilanz* auf:

	Zustand 1	Zustand 2
Höhenenergie W_H	$m\,g\,h_1$	0
Bewegungsenergie W_B	$\frac{1}{2}\,m\,v_1^2$	$\frac{1}{2}\,m\,v_2^2$
Energiesumme $W_H + W_B$	$W_1 = m\,g\,h_1 + \frac{1}{2}\,m\,v_1^2$	$W_2 = \frac{1}{2}\,m\,v_2^2$

Nach dem Energieerhaltungssatz der Mechanik gilt: $W_1 = W_2$.
Daraus folgt hier: $m\,g\,h_1 + \frac{1}{2}\,m\,v_1^2 = \frac{1}{2}\,m\,v_2^2$.
In dieser Bilanzgleichung sind mit Ausnahme von v_2 alle Größen bekannt. Man löst daher die Gleichung nach v_2 auf und setzt anschließend die gegebenen Werte ein. Man erhält:

$$v_2 = \sqrt{2\,g\,h_1 + v_1^2} = \sqrt{2 \cdot 9{,}81\,\frac{\text{m}}{\text{s}^2} \cdot 45\text{ m} + \left(10\,\frac{\text{m}}{\text{s}}\right)^2} = \mathbf{31{,}4\,\frac{m}{s}}.$$

Ergebnisse:
a) Dieses Ergebnis gilt für jeden Körper, den man auf dem Turm mit 10 m/s wegwirft, da sich die Masse *m* herauskürzt.
b) *Es ist gleichgültig, in welche Richtung man den Ball wirft.* Er kommt am Boden immer mit demselben Geschwindigkeitsbetrag v_2 an! In $\frac{1}{2}\,m\,v^2$ tritt die Geschwindigkeit v nämlich quadratisch auf. *Die Energie ist als Skalar richtungsunabhängig.*
c) Setzt man zur Kontrolle $v_1 = 0$ (freier Fall), so erhält man $v_2 = \sqrt{2\,g\,h_1}$, ein Ergebnis, das uns längst bekannt ist.

V 2: a) An eine Feder ($D = 5{,}00$ N/m) wird ein Körper ($m = 0{,}200$ kg) aus Eisen gehängt und nach unten gezogen. Dort wird er von einem Elektromagneten festgehalten (*Bild 1*). Hierbei ist die Feder um $s_1 = 0{,}500$ m verlängert. Legen wir in diesen *Zustand 1* des Systems das Nullniveau der Höhenenergie, so lassen sich dort die einzelnen Energiebeträge berechnen (*Tabelle 1*).
b) Schaltet man den Magnetstrom aus, wird der Körper von der Feder nach oben gezogen. An einer beliebigen Stelle, die z.B. $h_2 = 0{,}150$ m über dem Nullniveau liegt, ist eine Lichtschranke befestigt. Ein am Körper seitlich angebrachter Flügel der Höhe $\Delta s = 0{,}020$ m unterbricht den Lichtstrahl während der Zeit $\Delta t = 0{,}041$ s. In diesem *Zustand 2* beträgt die Geschwindigkeit des Körpers somit $v_2 = \Delta s/\Delta t = 0{,}488$ m/s. Die Feder ist dabei um $s_2 = s_1 - h_2 = 0{,}350$ m verlängert. – Mit diesen Daten berechnet man die einzelnen Energiebeträge der Höhen-, Bewegungs- und Spannenergie im Zustand 2 (*Tabelle 1*; $g = 9{,}81$ m/s²).
c) Wir finden im Rahmen der Messgenauigkeit wie erwartet, dass die Energiesummen $W_H + W_B + W_{Sp}$ jeweils gleich sind.

	Zustand 1	Zustand 2
$W_H = m\,g\,h$	0 J	0,294 J
$W_B = \frac{1}{2}\,m\,v^2$	0 J	0,024 J
$W_{sp} = \frac{1}{2}\,D\,s^2$	0,625 J	0,306 J
$W_H + W_B + W_{Sp}$	0,625 J	0,624 J

T 1: Zu *Bild 1* und *Versuch 2*

... noch mehr Aufgaben

Hinweis: Geben Sie jeweils das System an, das Sie betrachten.

A 1: Ein Auto prallt mit 108 km/h gegen eine feste Mauer. Aus welcher Höhe müsste es frei herabfallen, um die gleiche zerstörende Energie zu bekommen?

A 2: Ein Radfahrer kommt mit 10 m/s an einen Abhang, verliert 5 m Höhe und prallt auf eine Mauer. Welche Geschwindigkeit hat er kurz vor dem Aufprall?

A 3: Während ein Auto mit der Geschwindigkeit 72 km/h eine Straße mit 5° Steigung aufwärts fährt, kuppelt der Fahrer den Motor aus. Wie weit kommt das Auto dann noch (ohne Reibung)?

A 4: Ein Auto ($m = 1\,000$ kg) wird von null auf 36 km/h, dann von 36 km/h auf 72 km/h beschleunigt. Wird jeweils die gleiche Menge an Energie aus Benzin in Bewegungsenergie umgesetzt?

A 5: a) Welche Höhe müsste ein Wanderer ($m = 70$ kg) überwinden, um den „Brennwert" einer Scheibe Brot ($m = 40$ g) von 400 kJ [einer Tafel Schokolade mit 2 400 kJ] in Höhenenergie umzusetzen? **b)** Ein Lkw ($m = 5$ t) wird von 100 km/h zum Stillstand abgebremst. Um wie viel Grad werden die Bremsen aus Eisen erwärmt?
($m = 10$ kg; spezifische Wärme $c = 0{,}45$ kJ·kg⁻¹·K⁻¹)

Beispiel

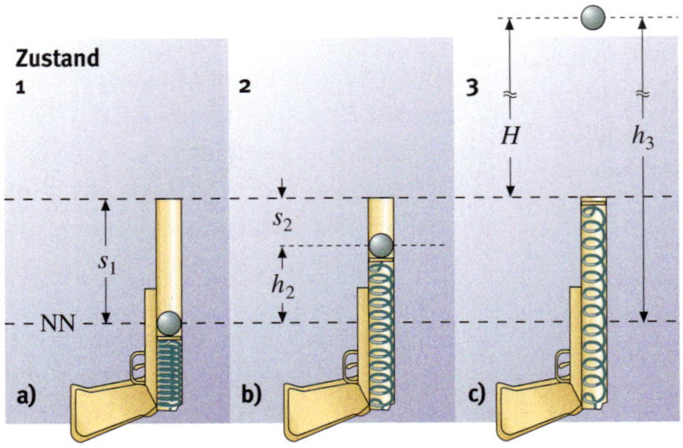

Federpistole

Die Feder (D = 100 N/m) einer vertikal gehaltenen Federpistole wird um $s_1 = 0{,}15$ m zusammengedrückt und rastet ein. Anschließend legt man eine Kugel (m = 200 g) auf die Feder (➡ *Bild a*) und schießt sie nach oben. **a)** Wo hat die Kugel bei der Aufwärtsbewegung ihre größte Geschwindigkeit v_2? **b)** Wie groß ist v_2? **c)** Welche Höhe H über der Pistolenmündung erreicht die Kugel? (Reibung, Luftwiderstand und Masse der Feder sind zu vernachlässigen; $g = 9{,}81$ m/s².)

Lösung:

a) In der Höhe h_2 über der Abschussstelle habe die Kugel die größte Geschwindigkeit (➡ *Bild b*). Die Feder ist dann noch um die Strecke s_2 zusammengepresst. Die größte Geschwindigkeit hat die Kugel, wenn die Kraft der Feder $D\,s_2$ nach oben genauso groß wie die Gewichtskraft $m\,g$ ist. Dann wird die Kugel nämlich weder beschleunigt noch verzögert. Aus $D\,s_2 = m\,g$ folgt:

$$s_2 = \frac{m\,g}{D} = \frac{0{,}20\text{ kg}\cdot 9{,}81\text{ m}\cdot\text{s}^{-2}}{100\text{ N}\cdot\text{m}^{-1}} = 0{,}020\text{ m}.$$

Die gesuchte Höhe ist somit $h_2 = s_1 - s_2 = \mathbf{0{,}13\ m}$.

b) und c):

Wir bezeichnen im System Feder-Kugel-Erde als:
Zustand 1: Den Abschuss, dort ist das Nullniveau NN,
Zustand 2: Maximale Geschwindigkeit der Kugel,
Zustand 3: Kugel am höchsten Punkt (➡ *Bild c*).
Die *Energiebilanzen* lauten dort:

	Zustand 1	Zustand 2	Zustand 3
Höhenenergie W_H	0	$m\,g\,h_2$	$m\,g\,h_3$
Bewegungsenergie W_B	0	$\frac{1}{2}m\,v_2^2$	0
Spannenergie W_{Sp}	$\frac{1}{2}D\,s_1^2$	$\frac{1}{2}D\,s_2^2$	0
Energiesumme $W_H + W_B + W_{Sp}$	$W_1 = \frac{1}{2}D\,s_1^2$	$W_2 = m\,g\,h_2 + \frac{1}{2}m\,v_2^2 + \frac{1}{2}D\,s_2^2$	$W_3 = m\,g\,h_3$

Nach dem Energieerhaltungssatz gilt: $W_1 = W_2$.

Daraus folgt: $\frac{1}{2}D\,s_1^2 = m\,g\,h_2 + \frac{1}{2}m\,v_2^2 + \frac{1}{2}D\,s_2^2$, aufgelöst nach v_2: $v_2 = \sqrt{\frac{D}{m}(s_1^2 - s_2^2) - 2\,g\,h_2}$ und damit:

$$v_2 = \sqrt{\frac{100\text{ N}\cdot\text{m}^{-1}}{0{,}20\text{ kg}}\cdot[(0{,}15\text{ m})^2-(0{,}02\text{ m})^2]-2\cdot 9{,}81\,\frac{\text{m}}{\text{s}^2}\cdot 0{,}13\text{ m}}$$

$= \mathbf{2{,}92\ m/s}$.

Aus $W_1 = W_3$ folgt hier: $\frac{1}{2}D\,s_1^2 = m\,g\,h_3$.

Auflösung nach h_3 liefert: $h_3 = \frac{D\,s_1^2}{2\,m\,g}$, also ergibt sich:

$$h_3 = \frac{100\text{ N}\cdot\text{m}^{-1}\cdot(0{,}15\text{ m})^2}{2\cdot 0{,}20\text{ kg}\cdot 9{,}81\text{ m}\cdot\text{s}^{-2}} = 0{,}57\text{ m}.$$

Deshalb ist die gesuchte Höhe: $H = h_3 - s_1 = \mathbf{0{,}42\ m}$.

Vertiefung

Rückblick

Am Anfang unserer Überlegungen zum Thema Energie haben wir im Grunde genommen den Energieerhaltungssatz als Tatsache oder Absichtserklärung verwendet. Beobachtungen an periodischen Bewegungen wie dem Fadenpendel zeigten, Energie wandelt sich und präsentiert sich in verschiedenen Formen. Wir haben dann sinnvolle Ausdrücke für die Höhenenergie W_H, die Bewegungsenergie W_B und die Spannenergie W_{Sp} gebildet und konnten so den Energieerhaltungssatz mathematisch formulieren und experimentell bestätigen sowie als Energiebuchhalter Bilanzen ziehen. Dabei haben wir u. a. die Grundgleichung der Mechanik und bekannte Messvorschriften verwendet. Alle Überlegungen zur Energie waren in sich konsistent und deshalb können wir sie guten Gewissens in unser Grundlagenwissen einbinden. Nur, „was Energie ist", können wir trotzdem nicht sagen. Für uns stellt sie eine *Rechengröße* dar, der wir infolge der Beliebigkeit des Nullniveaus bei der Höhenenergie nicht einmal einen „absoluten Nullpunkt" zuschreiben können. Richard FEYNMAN sagt in seinem Buch The Feynman Lectures on Physics: „It is important to realize that in physics today, we have no knowledge of what energy *is*."

... noch mehr Aufgaben

A 1: Die ⇒ *Bilder 1 und 2* zeigen Energieumwandlungen mit Wasser. Beschreiben Sie jeweils die Umwandlungen. Geben Sie das System an, das Sie betrachten.

A 2: **a)** Mit welcher Anfangsgeschwindigkeit v_0 muss ein Handball senkrecht nach oben geworfen werden, damit er eine Höhe von 20 m erreicht? **b)** In welcher Höhe ist die Geschwindigkeit $v_0/2$?

A 3: Eine Radfahrerin kommt mit 20 km/h an den Beginn einer 150 m langen Strecke mit 3% Gefälle und hört auf zu treten. Welche Geschwindigkeit hat sie am Ende dieser Strecke, wenn ca. 10% der ursprünglichen Bewegungsenergie durch Reibung und Luftwiderstand als mechanische Energie verloren gehen?

A 4: Bei einem Lkw versagen beim Bergabwärtsfahren die Bremsen. Glücklicherweise gibt es an dieser Steigung Bremsstrecken, die von der Straße abbiegen und steil ansteigen. Der Fahrer lenkt deshalb seinen Lkw mit 90 km/h auf eine dieser Bremsstrecken, die unter einem Winkel von 14° gegen die Waagerechte ansteigt. Wie weit fährt der Lkw die Bremsstrecke hinauf, wenn ca. 20% der anfänglichen Bewegungsenergie durch Reibung und Luftwiderstand in innere Energie umgesetzt werden?

A 5: Eine Trampolinspringerin (m_1 = 50 kg) hat in jeder Hand eine Hantel (m_2 = 5 kg). Sie springt aus einer Höhe von 2 m auf das Sprungtuch. In dem Augenblick, in dem sie den tiefsten Punkt erreicht hat, wirft sie die Hanteln zur Seite. Wie hoch kommt sie jetzt, wenn man von Reibung und Luftwiderstand absieht?

A 6: Betrachten Sie ein Trampolin als eine vertikal geführte Feder, die sich zusammenpressen lässt. Ein Junge (m = 60 kg) stellt sich auf das Trampolin und drückt die „Feder“ um 25 cm zusammen. Anschließend wird das Trampolintuch zusammen mit dem Jungen um weitere 40 cm nach unten ausgelenkt und losgelassen. **a)** Welche Richtgröße D hat dieses Trampolin? **b)** Wo hat der Junge bei der Aufwärtsbewegung seine größte Geschwindigkeit und wie groß ist sie? **c)** Wie groß ist die Geschwindigkeit des Jungen, wenn er die Höhe des entspannten Trampolintuchs erreicht hat? **d)** Welche Höhe über dem entspannten Trampolin erreicht der Junge?

A 7: Die zwei gleichen Pufferfedern eines Eisenbahnwagens (m = 10 t) werden um je 10 cm zusammengedrückt, wenn er mit v = 1 m/s auf ein Hindernis prallt. Wie groß ist die Härte einer Feder?

A 8: Man hängt an eine Feder (D = 5 N/m) ein Wägestück von 100 g Masse und lässt es los. Wo kommt es momentan zur Ruhe? Wo hat es seine größte Geschwindigkeit? Wie groß ist sie?

A 9: An eine entspannte Feder der Federhärte D = 100 N/m wird ein Wägestück der Masse m = 3 kg gehängt. Dabei wird die Feder insgesamt um 50 cm ausgedehnt. Anschließend wird die Feder losgelassen. **a)** Welche Geschwindigkeit hat das Wägestück, wenn es von der Feder wieder 10 cm hoch gezogen worden ist? **b)** In welcher Höhe über dem unteren Umkehrpunkt kommt es vorübergehend zur Ruhe? **c)** In welcher Höhe hat es die Geschwindigkeit 0,80 m/s? Warum gibt es hier zwei Lösungen? **d)** In welcher Höhe hat es die größte Geschwindigkeit?

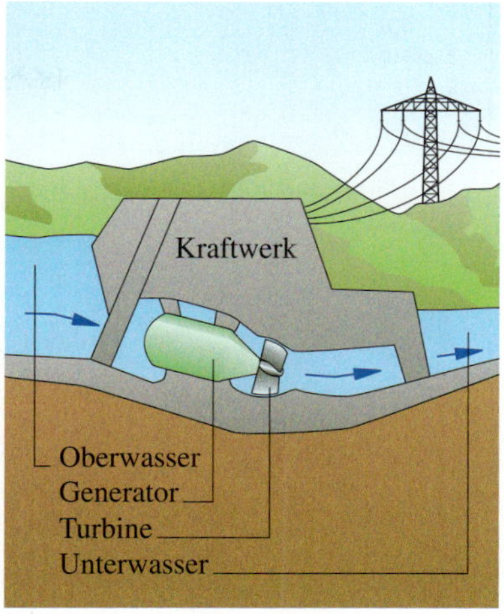

B 2: Laufwasserkraftwerk

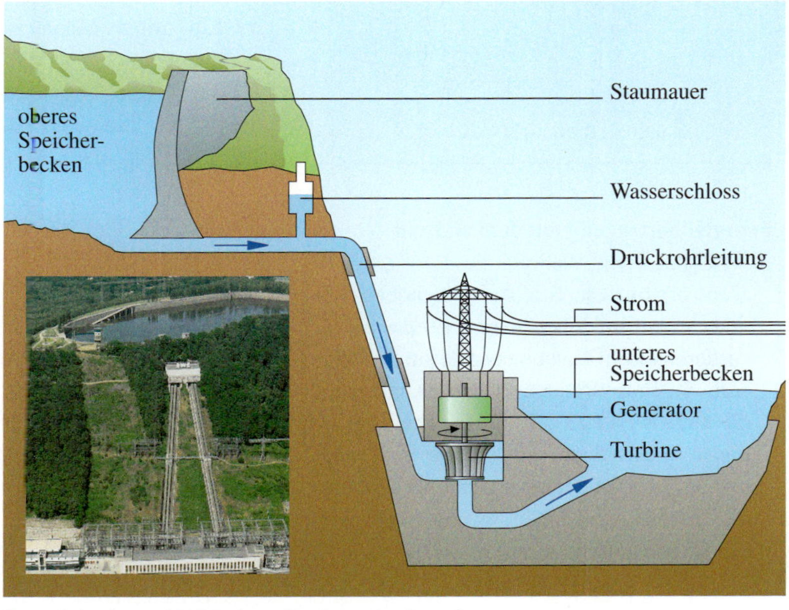

B 1: Prinzip und Bild eines Speicherkraftwerkes

B 1: Gleichgültig, wie das Fass angehoben wird, das Produkt $F_s \cdot s$ ist immer gleich

Vertiefung

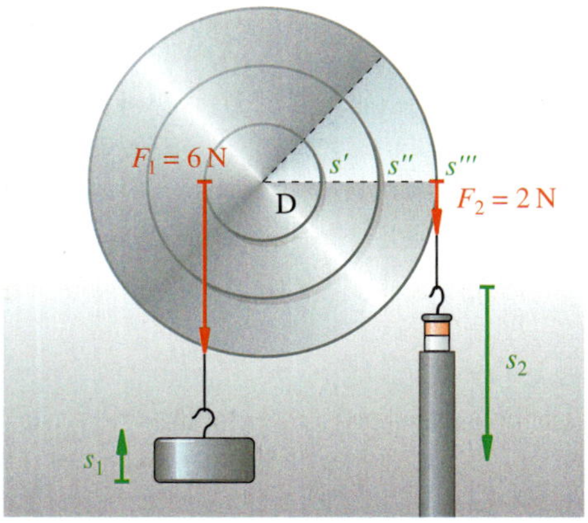

Energieübertragung mit dem Wellrad

Wird links am Wellrad die Last L ($F_1 = G = 6$ N) um die Strecke s_1 gehoben, so muss man die Höhenenergie $G \cdot h = F_1 \cdot s_1$ zuführen. Zieht man nun rechts am Rad mit dem 3fachen Radius, benötigt man nur die Kraft $F_2 = F_1/3 = 2$ N. Man muss allerdings einen 3-mal so langen Kraftweg $s_2 = 3\,s_1$ in Kauf nehmen, wenn die Last um die Strecke s_1 gehoben werden soll. Das Produkt aus F_2 und s_2 ist:

$$F_2 \cdot s_2 = \frac{F_1}{3} \cdot 3\,s_1 = F_1 \cdot s_1 = G \cdot h.$$

Arbeit: Energie überschreitet die Systemgrenzen

1. Der Energietresor wird geöffnet und Energie zugeführt

Legt man Geld in einen Banktresor, so erhöht sich sein Geldbestand. Kann man analog dazu einem Energietresor, also einem abgeschlossenen System mit festgelegten Systemgrenzen, Energie zuführen?

a) Ein Fass mit der Gewichtskraft G soll auf einen Lastwagen geladen werden. Ein kräftiger Mann hebt es senkrecht um die Strecke h an (➠ *Bild 1a*), gibt ihm also auf kürzestem Weg die Höhenenergie $W_H = G\,h = m\,g\,h$ gegenüber dem Boden. Sie kommt nicht aus dem Nichts, sondern wird von dem Mann auf das System „Fass-Erde" übertragen.
Bei diesem Energieübergang benötigt er längs des Verschiebungsweges $s = h$ die Kraft F, die den gleichen Betrag wie die Gewichtskraft G hat. Energiebuchhalter Bill bilanziert. Dazu legt er eindeutige *Systemgrenzen fest, um klarzumachen, was zu welchem System gehört.* Er stellt fest, dass der Energietresor des Systems „Fass-Erde" offen war; seine Energie nahm um $G\,h = F\,h$ zu. Dafür hat die Energie des Systems „Mann" um denselben Betrag abgenommen. Andernfalls wäre der Energieerhaltungssatz im Gesamtsystem „Fass-Erde-Mann" verletzt.

b) Ein anderer Mann legt eine Leiter an die Laderampe und bringt so das Fass längs der schiefen Ebene (Winkel φ) auf den Wagen (➠ *Bild 1b*). Sie hat die Länge $s = h/\sin\varphi$. Der Mann braucht *in Wegrichtung* nur eine Kraft F_s, die betragsmäßig gleich der Hangabtriebskraft $F_H = G \cdot \sin\varphi$ ist. Also gilt:
$F_s \cdot s = [G \cdot \sin\varphi] \cdot [h/\sin\varphi] = G \cdot h.$
Wieder ist $F_s \cdot s$ die dem System „Fass-Erde" zugeführte Energie. Die Kraft ist zwar kleiner als in a), der Weg aber länger.

c) Ein dritter Mann zieht ein Fass mit einem einfachen Flaschenzug hoch (➠ *Bild 1c*). Er braucht am Seil nur die Kraft $F_s = G/4$. Doch muss er die Seillänge $s = 4\,h$ durch „die Hand ziehen", bis das Fass auf dem Lastwagen ist. Auch jetzt ist: $F_s \cdot s = (G/4) \cdot 4\,h = G \cdot h$.

d) Solange im Beispiel c) das Fass in gleichbleibender Höhe am Seil des Flaschenzugs hängt, braucht der Mann zwar eine Kraft F, aber dem System „Fass-Erde" wird keine Energie zugeführt. Auch das Produkt $F_s \cdot s$ ist null, da kein Seil durch seine Hand läuft ($s = 0$). Dies gilt auch, wenn der Mann den Flaschenzug horizontal hin und her verschiebt, ohne ihn anzuheben. Die Kraft, mit der das Fass festgehalten wird, steht nun senkrecht zur Bewegungsrichtung. Doch ist die Kraft in Bewegungsrichtung F_s null und damit auch das Produkt $F_s \cdot s$.

e) Vorrichtungen zum Hochheben enthalten häufig Getriebe mit Zahnrädern. Ihre Wirkung kennen Sie vom *Wellrad*. Auch hier ist das Produkt $F_s \cdot s$ beim Anheben eines Körpers um die Strecke h immer gleich $G\,h$. Dies zeigt die nebenstehende ➠ *Vertiefung*.

2. Die Bewegungsenergie wird erhöht

Ein Auto wird mit einem Seil abgeschleppt (➠ *Bild 3*). Das System „Auto" ist nicht abgeschlossen, da über das Seil eine Kraft F ausgeübt wird. Ist sie konstant, wird das Auto mit $a = F/m$ beschleunigt. Nach der Zeit t hat es den Weg $s = \frac{1}{2} a t^2$ zurückgelegt und die Geschwindigkeit $v = a t$ erreicht. Daher gilt:

$$F_s \cdot s = (m a) \cdot (\tfrac{1}{2} a t^2) = \tfrac{1}{2} m a^2 t^2 = \tfrac{1}{2} m v^2.$$

Das Produkt $F_s \cdot s$ aus der in Wegrichtung am System „Auto" angreifenden konstanten Kraft F_s und dem Weg s ist also genauso groß wie die Zunahme der Bewegungsenergie des Autos. Dies gilt völlig unabhängig davon, mit welcher Kraft das Auto auf die Geschwindigkeit v beschleunigt wird (➠ *Tabelle 1*).

In allen Beispielen gibt das Produkt $\boldsymbol{F_s \cdot s}$ *aus der in Wegrichtung am System angreifenden* ***konstanten*** *Kraft* F_s *und dem Weg* s *die dem System zugeführte Energie* W *an.*

3. Die mit Kraft übertragene Energie heißt Arbeit

Was wir zu einem System zählen wollen, legen wir durch Grenzen fest. In den obigen Beispielen überschritt Energie diese Grenzen mithilfe einer am System angreifenden Kraft F_s. Dabei war die in Wegrichtung wirkende Kraftkomponente F_s zu berücksichtigen (➠ nebenstehende *Vertiefung*). Der mithilfe einer Kraft F_s längs eines Verschiebungsweges s von einem System auf ein anderes übertragenen Energiemenge W gibt man einen eigenen Namen und nennt sie **Arbeit** (➠ *Bild 2*). *Diese Energieübertragung geht nicht von allein,* sondern nur mittels einer Kraft vor sich. Dagegen nennt man Energie, die allein *von sich aus* aufgrund eines Temperaturgefälles von einem Körper auf einen anderen übergeht, **Wärme**.

Merksatz

1. Die Grenzen eines Systems müssen eindeutig festgelegt sein.
2. Arbeit ist die mithilfe einer Kraft von einem System auf ein anderes übertragene Energiemenge W.
3. Ist die in Richtung des Verschiebungsweges s wirkende Kraft F_s konstant, so ist die Arbeit das Produkt aus F_s und s: $\boldsymbol{W = F_s \cdot s}$.

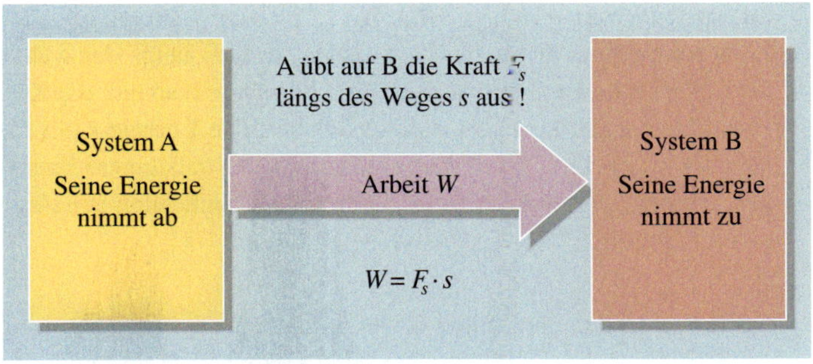

B 2: A übt auf B die Kraft F_s längs des Weges s aus und überträgt so die Energiemenge $W = F_s \cdot s$, Arbeit genannt, von A nach B

F_s in N	a in m/s²	t in s	s in m	$F_s \cdot s$ in J
100	0,1	150	1 125	$1{,}125 \cdot 10^5$
1 000	1,0	15	112,5	$1{,}125 \cdot 10^5$
1 500	1,5	10	75	$1{,}125 \cdot 10^5$

T 1: Ein Auto (m = 1 000 kg) wird mit verschiedenen Kräften auf 15 m/s beschleunigt

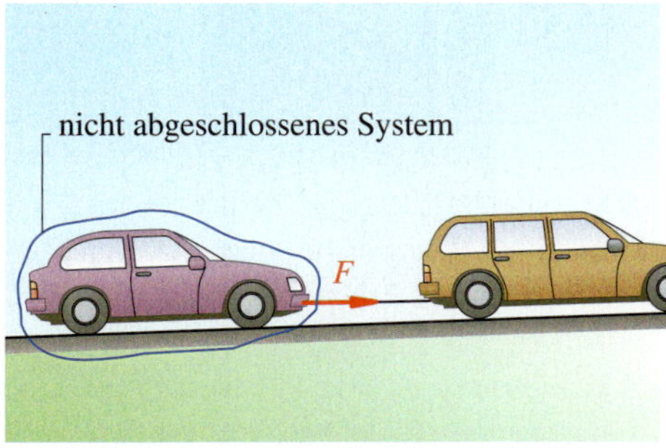

B 3: Dem System Auto wird über das Seil mit der Kraft F Energie zugeführt

Vertiefung

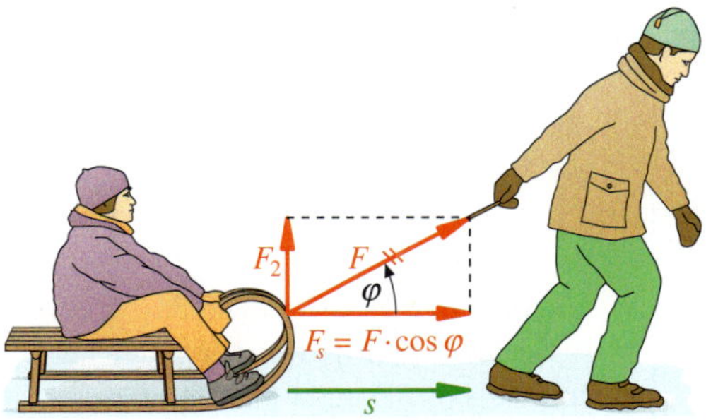

Wenn Kraft und Weg verschiedene Richtungen haben

Sie ziehen fast reibungslos einen Schlitten über eine Eisfläche. Dazu üben Sie über die Schnur eine Kraft F schräg noch oben auf den Schlitten aus. Man zerlegt sie in eine Komponente F_s in Wegrichtung und eine Komponente F_2 senkrecht dazu. Den Schlitten beschleunigt nur die Komponente F_s. Die Kraft F_2 hebt einen Teil der Gewichtskraft auf. Somit übertragen Sie nur mit der Kraft F_s auf den Schlitten Energie. Für die übertragene Energie ist also das Produkt $F_s s$ verantwortlich und nicht das Produkt $F s$. Es ist $F_s = F \cdot \cos\varphi$ mit dem Winkel φ zwischen den Richtungen von F und s. Die übertragene Energie ist:

$$\boldsymbol{W = F_s \cdot s = F \cdot s \cdot \cos\varphi}.$$

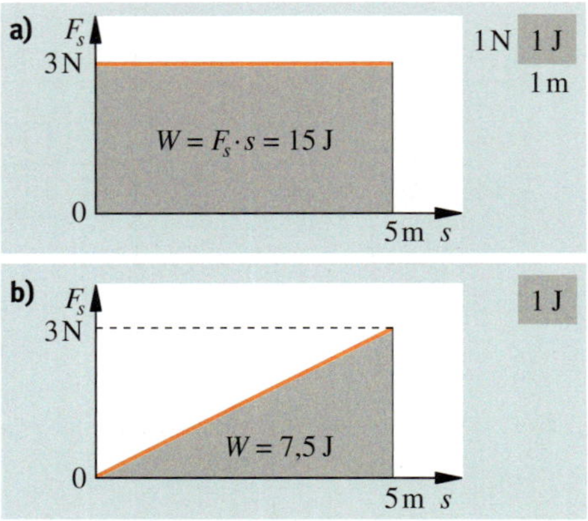

B 1: s-F_s-Diagramm: **a)** F_s konstant **b)** $F_s \sim s$. Die Fläche unter der s-F_s-Kurve entspricht der Arbeit.

A 1: Fässer (je $m = 50$ kg) werden auf einen Lastwagen (Ladehöhe $h = 1{,}30$ m) verladen. Die erste Person hebt ein Fass lotrecht an, die zweite schiebt eines auf einer 2,70 m langen Laderampe hoch. Bestimmen Sie für beide Wege die Arbeit.

A 2: Der Förderkorb eines Grubenaufzuges ($m = 4\,000$ kg) wird gleichmäßig nach oben beschleunigt und erreicht nach 10 s $v = 8$ m/s. Welche Arbeit ist dazu nötig?

A 3: Ein Junge ($m = 50$ kg) hat sich ein Seil um den Bauch gebunden, das über eine Rolle läuft. **a)** Mit welcher Kraft muss er am anderen Seilende mit den Händen ziehen, wenn er schwebt? **b)** Wie viel Seil muss er „durch die Hand ziehen", damit er 5 m höher kommt? **c)** Welche Energie setzt er um? (System angeben!)

A 4: Ein Pkw ($m = 1\,000$ kg) wird von einem Abschleppwagen einen 150 m langen Berg (Höhenunterschied $\Delta h = 10$ m) hochgezogen. Am Fuße des Berges ist $v = 1$ m/s, oben 3 m/s. Es ist $f_{gl} = 0{,}40$. Wie groß ist die übertragene Energiemenge? (Systeme angeben!)

A 5: Ein Elektromotor zieht einen Baumstamm ($m = 500$ kg) mit einem Seil mit konstanter Geschwindigkeit 70 m über einen waagerechten Steinboden ($f_{gl} = 0{,}8$). **a)** Beschreiben Sie die Energieumwandlungen. Unterscheiden Sie verschiedene Systeme. **b)** Wie groß ist die Arbeit?

4. Und wenn F_s nicht konstant ist?

Thomas dehnt eine zu Beginn entspannte Feder ($D = 5$ N/m). Bei der Kraft $F = 2$ N ist sie um $s = F/D = 0{,}4$ m verlängert. Thomas meint, damit habe er dem System „Feder" die Energie $W = F_s \cdot s = 0{,}8$ J zugeführt. Diese Energie müsste jetzt als Spannenergie in der Feder stecken. Leider ist $W_{Sp} = \frac{1}{2} D s^2 = 0{,}4$ J nur halb so groß! Die Kraft F zur Dehnung der Feder ist nämlich nicht konstant, sondern folgt dem hookeschen Gesetz $F \sim s$. Was nun?

a) Ist die an einem System angreifende Kraft F_s konstant und trägt man sie in einem s-F_s-Diagramm auf, so erhält man eine Parallele zur s-Achse (➡ *Bild 1a*). Die Fläche darunter stellt die Arbeit $W = F_s \cdot s$ dar.

b) Folgt die Kraft F_s dem hookeschen Gesetz, so erhält man im s-F_s-Diagramm eine Ursprungsgerade (➡ *Bild 1b*). Hier ist die grau getönte Dreiecksfläche mit der Grundseite s und der Höhe $F_s = D\,s$ ein Maß für die gesamte beim Spannen um die Strecke s auf die Feder übertragene Energie, also ein Maß für die Arbeit. Man findet so: $W = \frac{1}{2} \cdot s \cdot F_s = \frac{1}{2} \cdot s \cdot (D \cdot s) = \frac{1}{2} \cdot D \cdot s^2$, genau wie erwartet!

Merksatz

Im s-F_s-Diagramm entspricht die Fläche unter der s-F_s-Kurve der dem System zugeführten Energie, also der Arbeit.

5. Reibungskräfte erhöhen die innere Energie

Hinweis: Zur Vereinfachung bedeuten in diesem Abschnitt die Symbole s, v, a und F immer nur Beträge physikalischer Größen.

Ein Autofahrer bremst sein Fahrzeug bei der Geschwindigkeit v_0 durch Blockieren der Räder scharf ab und bringt es zum Stillstand. Die konstante Gleitreibungskraft F_{gl} bremst das Auto mit $a = F_{gl}/m$. Nach dem Bremsweg $s = v_0^2/2\,a$ steht das Auto. Die Energie $W_B = \frac{1}{2}\,m\,v_0^2$ ist verschwunden und hat sich innerhalb des Systems „Auto-Straße" als innere Energie „verkrümelt". Sowohl Reifen als auch Straßenoberfläche werden erwärmt. Es ist:

$$\tfrac{1}{2}\,m\,v_0^2 = \tfrac{1}{2}\,m \cdot (2\,a \cdot s) = m \cdot a \cdot s = F_{gl} \cdot s.$$

Das Produkt aus Kraft F_{gl} und Weg s liefert also die Abnahme der mechanischen Energie des Systems.

Zieht man einen Wagen mit konstanter Kraft F_s längs der waagerechten Strecke s mit konstanter Geschwindigkeit, so hält die Kraft F_s der Reibungskraft F_R das Gleichgewicht. Die Energie $F_R \cdot s$, die sich – wie gezeigt – im System „Wagen-Boden" als innere Energie „verkrümelt", wird durch die Arbeit $F_s \cdot s$ des Ziehenden geliefert.

Merksatz

Reibung mit der konstanten Kraft F_R entzieht dem System längs des Reibungsweges s die mechanische Energie $W = F_R\,s$ und wandelt diese in innere Energie des Systems um.

Beispiel

Bilanzdenken am Schanzentisch

Die Anlaufbahn einer Sprungschanze ist eine schiefe Ebene mit $\varphi = 30°$ Neigung (➡ *Bild 2*). Im Punkt A, der $h_1 = 40$ m über dem Sprungtisch liegt, hat der Skispringer ($m = 80$ kg) durch Anlauf die Geschwindigkeit $v_1 = 5$ m/s. Wie groß ist seine Geschwindigkeit v_2 am Schanzentisch **a)** ohne und **b)** mit Reibung ($f_{gl} = 0{,}05$)?

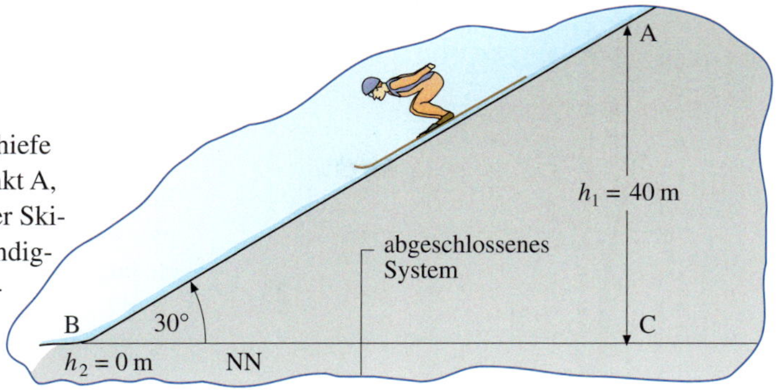

B 2: System Schanze und Skispringer

Lösung:
Wir fassen die Schanze und den Skispringer zu einem einzigen System zusammen und legen das Nullniveau der Höhenenergie auf den Schanzentisch, d. h. durch den Punkt B.

a) *Ohne Reibung:*
Die mechanische Energie W_1 im Punkt A ist ($g = 10$ m/s²):

$$W_1 = W_{H1} + W_{B1} = m\,g\,h_1 + \tfrac{1}{2}\,m\,v_1^2 = 32\,000\text{ J} + 1\,000\text{ J} = 33\,000\text{ J}.$$

Die mechanische Energie W_2 im Punkt B ist:

$$W_2 = W_{H2} + W_{B2} = m\,g\,h_2 + \tfrac{1}{2}\,m\,v_2^2 = 0 + \tfrac{1}{2}\,m\,v_2^2.$$

Nach dem Energieerhaltungssatz der Mechanik ist $\boldsymbol{W_1 = W_2}$, also $m\,g\,h_1 + \tfrac{1}{2}\,m\,v_1^2 = \tfrac{1}{2}\,m\,v_2^2$ oder nach v_2 aufgelöst:

$$v_2 = \sqrt{2\,g\,h_1 + v_1^2} \Rightarrow \boldsymbol{v_2} = \sqrt{2 \cdot 10\,\frac{\text{m}}{\text{s}^2} \cdot 40\text{ m} + \left(5\,\frac{\text{m}}{\text{s}}\right)^2} = \mathbf{28{,}7\ m/s.}$$

Winkel φ und Länge s der Bahn muss man hier gar nicht kennen.

b) *Mit Reibung:*
Die Geschwindigkeit am Sprungtisch sei jetzt v_2' und die kinetische Energie W_2'. Die Energiesumme W_1 im Punkt A ist unverändert, im Punkt B dagegen gilt $W_2' = \tfrac{1}{2}\,m\,v_2'^2$.
Die Energiebilanz liefert jetzt $\boldsymbol{W_2' = W_1 - W_R}$, wobei W_R die durch Reibung dem System entzogene mechanische Energie ist. Sie bestimmen wir zuerst. Die Gleitreibungskraft ist:

$$F_{gl} = f_{gl} \cdot F_N = f_{gl} \cdot m\,g\cos\varphi = 35\text{ N}.$$

Die Strecke s folgt aus dem rechtwinkligen Dreieck ABC. Es ist $\sin\varphi = \frac{h_1}{s}$ und damit $s = \frac{h_1}{\sin\varphi} = \frac{40\text{ m}}{\sin 30°} = 80$ m. Somit wird $W_R = F_{gl} \cdot s = 2\,800$ J und damit: $W_2' = 33\,000\text{ J} - 2\,800\text{ J} = 30\,200$ J.
Mit $W_2' = \tfrac{1}{2}\,m\,v_2'^2$ folgt daraus: $\boldsymbol{v_2' =}$ **27,5 m/s.**

Allgemeine Lösung mit Reibung:
Die dem System entzogene mechanische Energie ist

$$W_R = F_{gl} \cdot s = f_{gl} \cdot m\,g\cos\varphi \cdot \frac{h_1}{\sin\varphi} = \frac{f_{gl}\,m\,g\,h_1}{\sin\varphi/\cos\varphi}, \quad \text{also}$$

$$W_R = \frac{f_{gl}\,m\,g\,h_1}{\tan\varphi}.$$

Aus der Energiebilanz $\boldsymbol{W_2' = W_1 - W_R}$ folgt:

$$\frac{1}{2}\,m\,v_2'^2 = \left(m\,g\,h_1 + \frac{1}{2}\,m\,v_1^2\right) - \frac{f_{gl}\,m\,g\,h_1}{\tan\varphi} \quad \text{und somit}$$

$$v_2'^2 = 2\,g\,h_1\left(1 - \frac{f_{gl}}{\tan\varphi}\right) + v_1^2.$$

Man erhält schließlich das Ergebnis $\boldsymbol{v_2' =}$ **27,5 m/s.**
Auch hier spielt – wie ohne Reibung – die Masse m keine Rolle.

... noch mehr Aufgaben

A 6: **a)** Eine entspannte Feder wird durch 20 N um 10 cm verlängert. Welche Arbeit ist nötig? **b)** Welche Arbeit ist nötig, um sie weitere 10 cm zu verlängern? **c)** Lösen Sie a) und b) mit einem s-F_s-Diagramm.

A 7: Ein Stein ($m = 2$ kg) rutscht mit der Anfangsgeschwindigkeit 15 m/s einen Berg hinunter (Höhenunterschied $\Delta h = 50$ m) und kommt infolge der Reibung am Fuße des Berges zum Stillstand. Um wie viel hat die innere Energie des Systems „Stein-Berg" zugenommen?

A 8: Eine Schlittenfahrerin fährt mit ihrem Schlitten einen Hang ($\varphi = 8°$) von 200 m Länge hinab. Welche Geschwindigkeit erreicht sie ($f_{gl} = 0{,}1$)?

A 9: In einem Auto ($m = 800$ kg) werden bei $v_1 = 72$ km/h die Bremsen betätigt, sodass alle Räder blockieren. Wie groß sind Bremsweg und Bremszeit ($f_{gl} = 0{,}50$)?

A 10: Eine Autofahrerin fährt mit ihrem Pkw ($m = 900$ kg) eine Straße bergauf ($\varphi = 5°$). Plötzlich muss sie scharf bremsen, sodass alle Räder blockieren. Eine Polizistin misst die Länge der Bremsspur zu 10 m und schätzt $f_{gl} = 0{,}5$. Hielt die Autofahrerin die Geschwindigkeit von 30 km/h ein?

A 11: Ein Autofahrer fährt mit seinem Pkw ($m = 1\,000$ kg) mit $v_1 = 20$ m/s einen Berg ($\varphi = 10°$) hinauf und kuppelt den Motor aus. Wie hoch und wie weit kommt er **a)** ohne Reibung **b)** mit Reibung ($f_{roll} = 0{,}02$)? **c)** Mit welcher Geschwindigkeit passiert er beim Zurückrollen die Stelle des Auskuppelns mit bzw. ohne Reibung?

A 12: Ein Körper ($m = 100$ kg) wird eine 20 m lange schiefe Ebene ($\varphi = 30°$) mit 20 m/s hochgestoßen. Wie groß ist f_{gl}, wenn er oben mit $v = 0$ m/s ankommt?

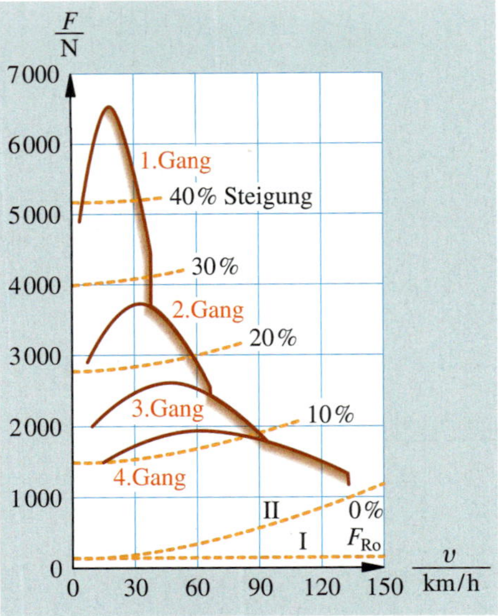

B 1: Kraft-Geschwindigkeitsdiagramm für einen Pkw (53 kW). Rot: Kräfte, die das Auto höchstens aufbringen kann; Orange: Kräfte, die es beim Fahren braucht.

Interessantes

Die Kraft ändert sich beim Schalten

In ➡ *Bild 1* sind die Antriebskräfte F (rot) eines Pkw (m = 800 kg) im 1. bis 4. Gang in Abhängigkeit von der Geschwindigkeit v aufgetragen (bei Vollgas). Jeder Gang zeigt ein für ihn ausgeprägtes Maximum. Anschließend sinkt die Kraft F schnell ab; bei diesem Pkw muss man deshalb bald in den nächsten Gang schalten. Orange sind die zur Fortbewegung nötigen Kräfte eingetragen.

Kurve I gibt den Rollwiderstand F_{Ro} (ca. 200 N) an. In Kurve II ist dazu die schnell mit der Geschwindigkeit v ansteigende Luftwiderstandskraft F_L addiert. Damit haben wir die Kraft, die auf waagerechter Straße ($\varphi = 0°$) zu überwinden ist. Unser Pkw bringt sie im 4. Gang bis 130 km/h noch auf. Schneller wäre er nur bei Rückenwind oder bergab.

In den Kurven darüber sind die Kräfte addiert, die bei Bergfahrten hinzutreten. Was unser Wagen darüber hinaus noch an Kraft aufbringt, kann er zum Beschleunigen verwenden. Im 3. Gang hat er z. B. bei 60 km/h am Hang mit 10% Steigung noch ca. 2 600 N – 1 800 N = 800 N übrig. Er kann dort mit $a = F/m$ = 1 m/s² beschleunigen.

Leistung

1. Wie schnell wird Energie abgegeben?

Eine Familie will sich ein neues Auto kaufen und schaut sich Prospekte an. Über die Leistung steht dort z. B.: 66 kW bei genormten Bedingungen. Gemeint ist damit, dass der Motor in der Zeit Δt = 1 s die Energie ΔW = 66 kJ liefert. Die Leistung $P = \Delta W/\Delta t$ beschreibt also, wie schnell Energie – z. B. von einer Maschine – abgegeben wird. Geschieht dies ungleichmäßig, so unterscheidet man zwischen **mittlerer Leistung $\bar{P}$** und **Momentanleistung P**. Die Letztere bildet man aus $\bar{P}$, so wie die Momentangeschwindigkeit v aus der mittleren Geschwindigkeit $\bar{v}$. Man betrachtet dazu die Änderung ΔW in einem messtechnisch möglichst kleinen Intervall Δt. Die Einheit der Leistung ist **1 Watt**. Es ist 1 W = 1 J/s oder 1 kW = 1kJ/s. Für die häufig benutzte **Energieeinheit 1 kWh** gilt: 1 kWh = 1 kW · 1 h = 10^3 W · 3,6·10^3 s = 3,6 MJ.

Merksatz

1. Die mittlere Leistung $\bar{P}$ ist der Quotient aus der Energie ΔW und der Zeit Δt, in der sie abgegeben wird: $\bar{P} = \Delta W/\Delta t$.
2. Die Momentanleistung P ist der Quotient $\Delta W/\Delta t$ für messtechnisch möglichst kleines Δt.
3. Die Einheit der Leistung ist 1 Watt: 1 W = 1 J/s; 1 kW = 10^3 W.
4. Eine Einheit der Energie ist 1 kWh = 3,6 MJ.

2. Kraft haben ist noch keine Leistung

Übt ein Motor bei größerer Leistung nicht auch eine größere Kraft aus? Betrachten wir dazu die Gleichung $\bar{P} = \Delta W/\Delta t$ genauer. Die Energie ΔW werde mithilfe einer Kraft F_s längs eines Weges Δs von einem System an ein anderes abgegeben, d. h. es werde die Arbeit $\Delta W = F \cdot \Delta s$ übertragen. Somit ist:

$$\bar{P} = \frac{\Delta W}{\Delta t} = \frac{F_s \cdot \Delta s}{\Delta t} = F_s \cdot \frac{\Delta s}{\Delta t} = F_s \cdot \bar{v}.$$

In einem genügend kleinen Intervall Δt können wir Kraft und Geschwindigkeit als konstant ansehen. Dort ist $\bar{v}$ durch die Momentangeschwindigkeit v und $\bar{P}$ durch die Momentanleistung P zu ersetzen und wir finden: $\boldsymbol{P = F_s \cdot v}$. Die Kraft F_s und die Momentangeschwindigkeit v haben dabei dieselbe Richtung, da F_s immer die Richtung des Weges Δs und damit auch von $\Delta s/\Delta t$ hat. – Der Zusammenhang $P = F_s \cdot v$ ist vom Autofahren her bekannt. Im 1. Gang setzt das Getriebe die gelieferte Leistung P mit großer Kraft, aber nur kleiner Geschwindigkeit v ein. Im höchsten Gang dagegen wird bei annähernd gleicher Leistung des Motors nur wenig Kraft bei großer Geschwindigkeit v geliefert (➡ *Bild 1*).

Merksatz

Wird die Energie ΔW durch eine Kraft F_s in Richtung der Geschwindigkeit v übertragen, so ist die **Leistung P** das Produkt aus der Kraft F_s und der Geschwindigkeit v: $P = F_s \cdot v$.

3. Warum wächst der Luftwiderstand mit v^2?

Ein schnell bewegter Körper wirbelt Luft auf. Die Luftteilchen bekommen dabei kinetische Energie. Wir schätzen ab, welche Energie W_L die Luftteilchen zusammen erhalten:

Ein Pkw mit der Querschnittsfläche A überstreicht bei der Geschwindigkeit v in der Zeit Δt die Strecke $\Delta s = v \cdot \Delta t$ (➠ *Bild 2*). Er schiebt in dieser Zeit Luft etwa vom Volumen $V = A \cdot \Delta s = A \cdot v \cdot \Delta t$, also der Masse $m = \varrho \cdot V = \varrho \cdot A \cdot v \cdot \Delta t$ beiseite (ϱ: Dichte der Luft). Wir nehmen weiter an, dass alle Luftteilchen bei diesem Wegschieben eine Geschwindigkeit u erhalten, die proportional zur Geschwindigkeit v ist. Dann hat die beiseite geschobene Luftmasse m die kinetische Energie:

$$W_L = \tfrac{1}{2}\, m \cdot u^2 = \tfrac{1}{2}\, \varrho \cdot A \cdot v \cdot \Delta t \cdot u^2 \quad \text{oder}$$
$$W_L = \tfrac{1}{2}\, c_w \cdot \varrho \cdot A \cdot \Delta t \cdot v^3.$$

Hierbei wurde $u^2 = c_w \cdot v^2$ gesetzt, da aus der Annahme $u \sim v$ auch $u^2 \sim v^2$ folgt. Der Proportionalitätsfaktor c_w wird *Widerstandsbeiwert* genannt. Er hängt von der „Windschnittigkeit" des Pkw ab.

Zum Beschleunigen der Luft muss der Pkw die Leistung $P_L = W_L/\Delta t$ aufbringen. Er erfährt die Luftwiderstandskraft F_L, der er bei der Geschwindigkeit v das Gleichgewicht halten muss. Deshalb ist andererseits $P_L = F_L \cdot v$. Für F_L folgt also:

$$F_L = \tfrac{1}{2}\, c_w \cdot \varrho \cdot A \cdot v^2.$$

F_L wächst also proportional zu v^2! F_L ist zudem umso kleiner, je kleiner c_w ist. *Autos mit einem kleinen c_w-Wert und kleinem Querschnitt A sparen Benzin*! In jedem Autoprospekt wird deshalb der c_w-Wert angegeben. Er liegt für Pkw bei 0,3 bis 0,4.

4. Leistungsgesellschaft in Watt gemessen

Ein Mensch selbst braucht pro Tag beim Nichtstun etwa 1 kWh = 3,6 MJ an Energie, bei Schwerstarbeit 4 kWh. Die Intensität seines Energieumsatzes wird durch die Leistung $P = W/t$ gekennzeichnet. Beim Nichtstun sind das ca. 40 W, bei Schwerstarbeit 160 W, das entspricht 4 Glühlampen von je 40 W, die ständig leuchten. – Ein Mensch kann übrigens kurzzeitig maximal 1 kW Leistung erbringen.

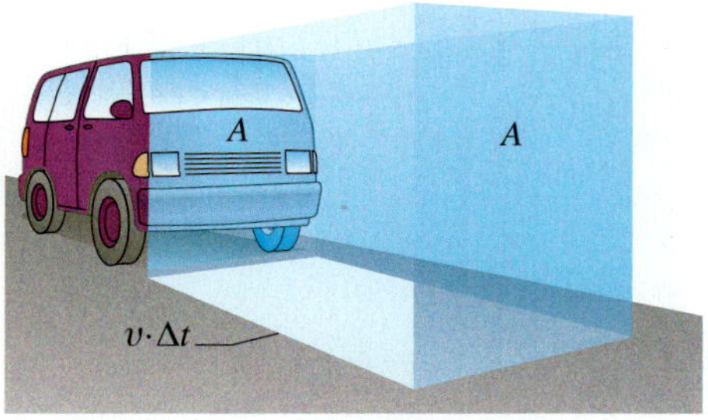

B 2: Luft, die ein Pkw bei der Geschwindigkeit v in der Zeit Δt wegschiebt

Beispiel

Wettlauf im Treppenhaus

Ein Lehrer (75 kg) und ein Schüler (50 kg) rennen ein 7,5 m hohes Treppenhaus hoch. Der Lehrer braucht 8,6 s, der Schüler 7,1 s. Wer hat die größere Leistung erbracht? – Die Leistung des Lehrers beträgt $P = \Delta W/\Delta t = m\,g\,h/\Delta t = 5\,625$ J/8,6 s ≈ 650 W, die des Schülers $P = 3\,750$ J/7,1 s ≈ 530 W!

Interessantes

Ein technisch wichtiger Begriff

Maschinen setzen Energie um, ein Elektromotor z. B. elektrische Energie in mechanische. Die Umsetzung gelingt aber nie zu 100%, da z. B. von den Maschinen nutzlose Wärme abgeht. Man nennt den Quotienten aus **Nutzleistung** und **Eingangsleistung** den **Wirkungsgrad η** der Maschine:

$$\text{Wirkungsgrad } \eta = \frac{\text{Nutzleistung}}{\text{Eingangsleistung}}.$$

Ein Elektromotor hat z. B. einen Wirkungsgrad von über 95%, eine Glühlampe mit Wendel bei Erzeugung von Licht aus elektrischer Energie nur ca. 5%.

... noch mehr Aufgaben

A 1: Welche Leistung kann einem 50 m hohen Wasserfall entnommen werden, der 0,60 m³ Wasser je Sekunde führt?

A 2: Ein Mensch (Masse mit Gepäck: 100 kg) leistet 160 W. Um wie viel Meter steigt er im Gebirge in 1 h höher?

A 3: Ein Auto ($m = 900$ kg) wird in 22 s von 0 auf 80 km/h konstant beschleunigt. **a)** Wie groß ist die Momentanleistung zum Beschleunigen bei $t = 5$ s und 11 s? **b)** Wie groß ist die mittlere Leistung zum Beschleunigen in den ersten 5 s bzw. 11 s?

A 4: **a)** Berechnen Sie die Leistung des Motors (➠ *Bild 1*) für die vier Gänge bei ihrer größten Kraft. **b)** Welcher Anteil entfällt jeweils auf die Überwindung von Roll- und Luftwiderstand? **c)** Wie viel Liter Benzin braucht der Motor in einer Stunde (1 h) bei $v = 100$ km/h und $v = 120$ km/h auf ebener Straße (1 l Benzin liefert 43,5 MJ)?

A 5: Welche Leistung braucht ein Pkw (Querschnittsfläche 2,0 m², Widerstandsbeiwert $c_w = 0,45$) bei 72 km/h, welche bei 144 km/h?

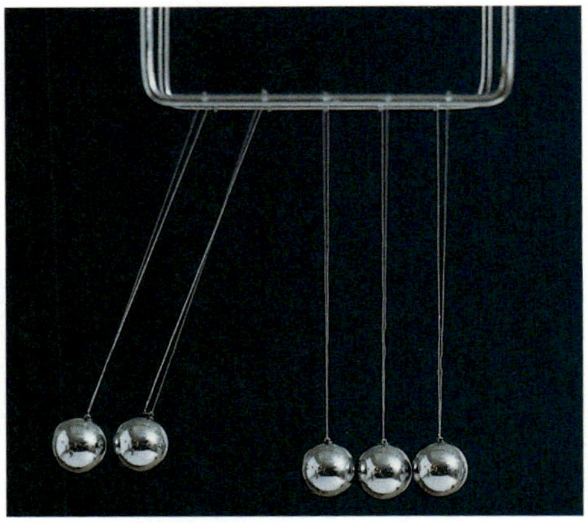

B 1: Gern gesehene Zusammenstöße. Wie viele Kugeln fliegen rechts weg?

V 1: Wir lenken in ➡ *Bild 1* zunächst die erste Kugel der Reihe aus und lassen sie auf die anderen prallen. Nur die letzte fliegt in der gleichen Richtung weg und erreicht dieselbe Höhe wie die erste. Diese kam beim Aufprall zur Ruhe.
Auch wenn wir zwei oder noch mehr Kugeln auslenken, so sehen wir stets ebenso viele wegfliegen wie auftreffen.
Wir nehmen jetzt nur zwei Kugeln und lassen die eine Kugel auf die andere ruhende gleicher Masse prallen. Die stoßende kommt mit einem Schlag zum Stillstand und überträgt ihre gesamte Bewegungsenergie auf die gestoßene. Wie wird sich die Energie auf beide Kugeln verteilen, wenn ihre Massen unterschiedlich sind?

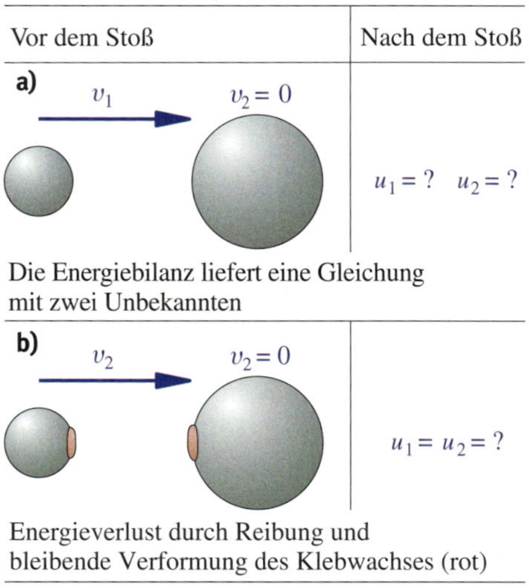

B 2: Probleme des Energieerhaltungssatzes der Mechanik beim **a)** elastischen und **b)** unelastischen Stoß?

Impulserhaltung

1. Der Energiesatz auf dem Prüfstand

Was fasziniert uns an dem Kugelspiel in ➡ *Versuch 1*? Auch schon für zwei Kugeln gibt es uns Rätsel auf. Wir lassen eine Kugel auf eine ruhende gleicher Masse prallen. Die auftreffende Kugel kommt zur Ruhe. Am Ausschlag der gestoßenen erkennen wir, dass ihr die gesamte Bewegungsenergie übertragen wurde. Der Energieerhaltungssatz ist also erfüllt. Gilt er, so sprechen wir von **elastischen Stößen**. Erstaunlicherweise teilt sich die Energie nicht auf beide Kugeln auf, zum Beispiel so, dass jede die Hälfte erhält.

Und wenn ihre Massen verschieden sind? Vermutlich bewegen sich nach dem Stoß beide Kugeln. Wie, wissen wir noch nicht. Versuchen wir es deshalb mit dem Energiesatz zu berechnen. Kugel 1 stößt mit der Geschwindigkeit v_1 elastisch auf die ruhende Kugel 2. Wir suchen die Geschwindigkeiten u_1 und u_2 nach dem Stoß (➡ *Bild 2a*). Es gilt der Energieerhaltungssatz:

$$\tfrac{1}{2}\, m_1\, u_1^2 + \tfrac{1}{2}\, m_2\, u_2^2 = \tfrac{1}{2}\, m_1\, v_1^2 .$$

Die Gleichung enthält die *zwei* Unbekannten u_1 und u_2. Wir können dem Energiesatz allein also keine Vorhersage entlocken. Es fehlt noch eine weitere Gleichung, die u_1 und u_2 enthält.

Gelingt uns eine Vorhersage, wenn wir den Versuch so abändern, dass nach dem Stoß beide Kugeln dieselbe Geschwindigkeit $u_1 = u_2 = u$ haben? Mit kleinen Klumpen Klebwachs an den Kugeln sorgen wir dafür, dass sie nach dem Stoß zusammenhaften (➡ *Bild 2b*). Doch darf man den Energiesatz der Mechanik hier anwenden? Sicher nicht, denn beim Aufprall wird Energie durch Reibung und Verformung abgezweigt. Solche Stöße, bei denen die Stoßpartner wie Kletten aneinander hängen und sich gemeinsam weiter bewegen, heißen **(völlig) unelastische Stöße**. Wie hilfreich war also der **Energiesatz der Mechanik**? Wir sehen:

Beim **elastischen** Stoß **reicht er nicht**,
beim **unelastischen** Stoß **gilt er nicht**.

2. Ein neues Gesetz für Stoßvorgänge?

Wir beschränken uns auf so genannte **gerade Stöße**. Bei ihnen liegen die Geschwindigkeitsvektoren der Stoßpartner auf einer Geraden. Gibt es eine für alle geraden Stöße gültige Aussage? Vielleicht sogar für solche, die weder elastisch noch völlig unelastisch sind, wie etwa der Auffahrunfall in ➡ *Bild 3*?

Die dort paarweise auftretenden Kräfte gehorchen zu jedem Zeitpunkt dem Gesetz über **actio und reactio**. Erfährt der langsame Wagen in einem Augenblick des Stoßvorgangs vom schnellen eine Kraft nach rechts, so wirkt der langsame mit einer gleich großen Kraft zurück.

Wie ändern nun diese Kräfte die Geschwindigkeiten der Wagen? NEWTONS Grundgesetz $F = m \cdot \Delta v/\Delta t$ sagt, wie eine konstante Kraft F die Geschwindigkeit eines Körpers in der Zeit Δt um Δv ändert. Nun sind die Kräfte auf Wagen 1 und 2 während des Stoßvorgangs sicher nicht konstant, doch stimmen sie *in jedem Moment* betragsmäßig überein. Wir können sie uns deshalb durch zwei konstante mittlere Kräfte F_1 und F_2 ersetzt denken, die *ebenfalls* in ihren Beträgen übereinstimmen. Sie rufen während der Stoßdauer Δt dieselben Geschwindigkeitsänderungen Δv_1 und Δv_2 hervor wie die dauernd wechselnden Momentankräfte. Wir wählen sie nach rechts positiv und nach links negativ. Wegen actio = reactio gilt:

$$\boldsymbol{F}_{1\,\text{auf}\,2} = -\boldsymbol{F}_{2\,\text{auf}\,1}.$$

Wagen 1 wird um Δv_1 langsamer, Wagen 2 um Δv_2 schneller. Mit $F = m \cdot \Delta v/\Delta t$ folgt

$$m_1 \cdot \Delta v_1/\Delta t = -m_2 \cdot \Delta v_2/\Delta t$$

und nach Multiplikation mit der gemeinsamen Stoßdauer Δt

$$m_1 \cdot \Delta v_1 = -m_2 \cdot \Delta v_2.$$

Aus $\Delta v_1 = u_1 - v_1$ und $\Delta v_2 = u_2 - v_2$ folgt somit

$$m_1 \cdot (u_1 - v_1) = -m_2 \cdot (u_2 - v_2)$$

oder geordnet $$\boldsymbol{m_1 u_1 + m_2 u_2 = m_1 v_1 + m_2 v_2}.$$

In dieser Gleichung kommen nur die Produkte *Masse mal Geschwindigkeit* vor. Die Kräfte und die Stoßdauer müssen nicht bekannt sein. Um sich bequem ausdrücken zu können, gibt man dem Produkt $\boldsymbol{p = m v}$ den Namen **Impuls**. Die Einheit des Impulses ist dann 1 kg·m/s = 1 Ns. Wir haben einen neuen Erhaltungssatz gefunden, hier als Wertegleichung formuliert:

Merksatz

Impulserhaltungssatz für gerade Stöße:
Die Impulssumme $p = m_1 v_1 + m_2 v_2$ beider Partner vor dem Stoß ist gleich ihrer Impulssumme $p = m_1 u_1 + m_2 u_2$ nach dem Stoß.
Der Gesamtimpuls *p* bleibt beim Stoß erhalten.
Auf die Körper wirken dabei nur Kräfte, die mit ihrer reactio zum System der Körper gehören. Man nennt sie **innere Kräfte**.

Das Produkt $m \cdot \Delta v = \Delta p$ ist nichts anderes als die Änderung des Impulses $p = m v$. Sie ist bei beiden Stoßpartnern gleich groß, aber entgegengesetzt gerichtet. Was der eine verliert, gewinnt der andere hinzu (*Beispiel*). Das ist wie bei Geld, das der Inhaber zweier Konten von einem zum anderen überträgt. Auch dabei ändert sich sein Gesamtvermögen nicht.
Der betrachtete Auffahrunfall ist weder elastisch noch völlig unelastisch. Die Impulssumme ändert sich beim Stoß nicht, wohl aber die Summe der Bewegungsenergien. Wie viel Energie abgezweigt wird, kann erst ein Experiment entscheiden. Das ist anders bei Stößen, die elastisch oder völlig unelastisch verlaufen. Diese werden wir nun berechnen.

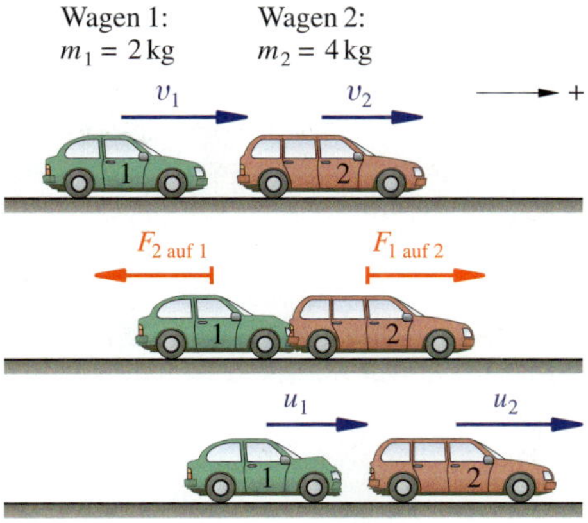

B 3: Auch bei diesem Auffahrunfall gilt actio = reactio. Der Stoß ist weder elastisch noch völlig unelastisch. Wir nennen ihn unelastisch, da auch hier Bewegungsenergie durch Reibung und bleibende Verformung verloren geht.

Beispiel

Impulsübertrag beim Zusammenstoß
Wir lassen zwei Modellautos nach *Bild 3* zusammenstoßen:
Wagen 1 ($m_1 = 2$ kg; $v_1 = 5$ m/s) fährt auf Wagen 2 ($m_2 = 4$ kg; $v_2 = 4$ m/s). Der stoßende Wagen hat also den Impuls $m_1 v_1 = 10$ Ns, der gestoßene $m_2 v_2 = 16$ Ns. Der Gesamtimpuls beträgt $p = 26$ Ns. Nach dem Stoß misst man $u_1 = 4$ m/s und $u_2 = 4{,}5$ m/s. Die Wagen haben also die Impulse $m_1 u_1 = 8$ Ns und $m_2 u_2 = 18$ Ns. Der Gesamtimpuls ist nun wieder $p =$ 26 Ns. Der schnelle Wagen übertrug also auf den langsamen den Impuls $\Delta p = 2$ Ns.

Wir dürfen den Impuls nicht mit der Bewegungsenergie verwechseln. Während der Gesamtimpuls erhalten blieb, sank in dem Beispiel die Summe der Bewegungsenergien von 57 J auf 56,5 J. Die Differenz von 0,5 J wurde zur Verformung der Autos benutzt und erhöhte deren innere Energie.

Der Impuls $\vec{p} = m\vec{v}$ ist ein Vektor in Richtung des Geschwindigkeitsvektors $\vec{v}$. Bei einer Bewegung des Wagen nach links ist der Wert v und damit auch p negativ. Das unterscheidet den Impuls besonders auffällig von der Bewegungsenergie, die ja nie negativ ist; dafür sorgt schon v^2 im Energieterm.

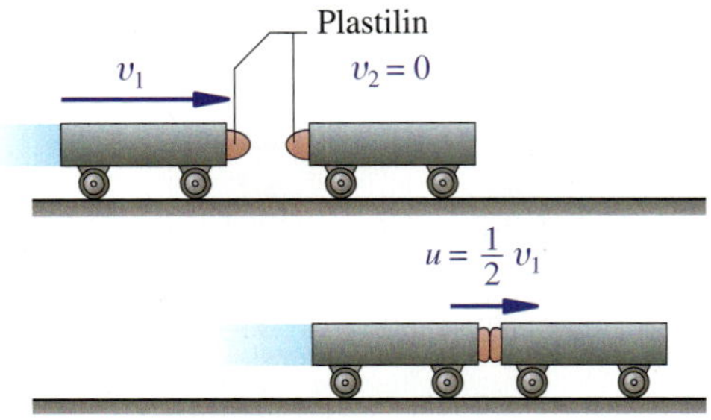

V 1: Ein Wagen der Masse m_1 fährt auf einen ruhenden gleicher Masse ($m_2 = m_1$). Die Geschwindigkeiten vor und nach dem Stoß messen wir mit zwei Lichtschranken. Sie werden von einer am stoßenden Wagen angebrachten Fahne nacheinander unterbrochen.

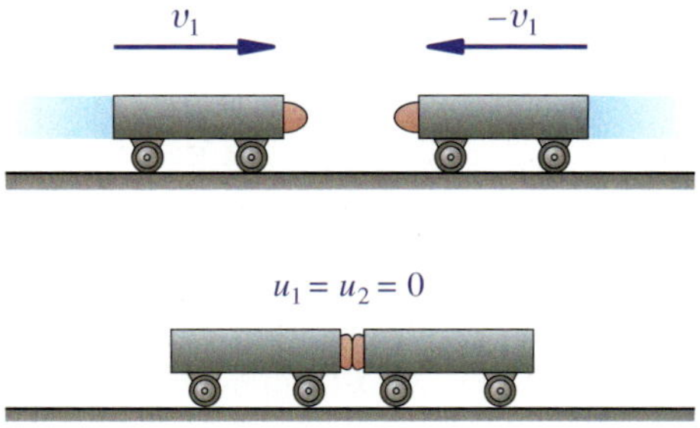

V 2: Hier ist vor dem Stoß der Gesamtimpuls null.

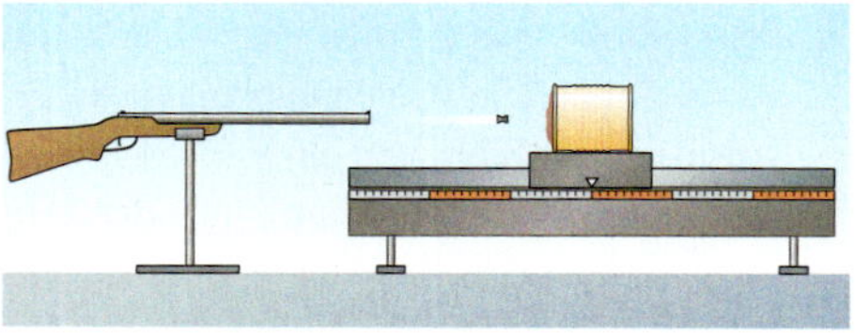

B 1: Schuss in den Luftkissengleiter

A 1: In ➠ *Bild 1* wird eine Luftgewehrkugel (m = 0,5 g) abgeschossen. Sie bleibt in der mit Plastilin gefüllten Dose stecken. Dose und Wagen wiegen zusammen 150 g. Anschließend legt der Gleiter 0,8 m in 3,2 s zurück. Welche Geschwindigkeit hatte die Kugel?

A 2: In ➠ *Bild 2* fahre jetzt der schwere Wagen mit v_2 = 4 m/s nach rechts, sodass der leichtere von hinten mit v_1 = 5 m/s auffährt. Wie groß sind die Geschwindigkeit und der Energieverlust nach einem völlig unelastischen Stoß? Warum unterscheidet sich der Energieverlust (hier) von dem im Zahlenbeispiel auf der vorangegangenen Seite?

Stöße werden berechenbar

1. Gerade unelastische Stöße

Nach einem *völlig unelastischen* Stoß haften beide Körper aneinander. Sie haben danach also die gleiche Geschwindigkeit. Diese können wir nun allein mit dem Impulssatz bestimmen.

a) Ein Wagen mit dem Impuls $p_1 = m_1 v_1$ stößt völlig unelastisch auf einen ruhenden gleicher Masse (➠ *Versuch 1*). Der Gesamtimpuls $p = m_1 v_1 + 0 \text{ Ns} = 2 m_1 u$ bleibt erhalten. Er ist nun verteilt auf beide Wagen. Jeder hat den Impuls $p/2$ und die Geschwindigkeit $u = u_1 = u_2 = v_1/2$.

b) Beide Wagen haben dieselbe Masse und bewegen sich gleich schnell aufeinander zu (➠ *Versuch 2*). Ihr Gesamtimpuls ist $p = m_1 v_1 + m_2 v_2 = m_1 v_1 + m_1(-v_1) = 0$. Sie kommen also zur Ruhe.

In ➠ *Versuch 2* wird der Vektorcharakter des Impulses besonders deutlich. Vor dem Stoß sind die Impulse wegen $v_2 = -v_1$ entgegengesetzt gerichtet, nur ihre Beträge stimmen überein. Der Gesamtimpuls ist also schon vor dem Aufprall null. Dagegen ist die Summe der Bewegungsenergien von null verschieden. Sie geht bei diesem Stoß völlig in innere Energie des Plastilins über.

Beispiel

Musteraufgabe für gerade unelastische Stöße (➠ *Bild 2*):

Zunächst betrachten wir die Impulssumme jeweils vor und nach dem Stoß und vereinfachen die Terme:

Vorher: $p_v = m_1 v_1 + m_2 v_2 = 2 \text{ kg} \cdot 5 \text{ m/s} + 4 \text{ kg} \cdot (-4 \text{ m/s}) = -6 \text{ Ns}$.

Nachher: $p_n = (m_1 + m_2) u = (2 \text{ kg} + 4 \text{ kg}) u = 6 \text{ kg} \cdot u$.

Wir setzen $p_n = p_v$ und lösen nach der gesuchten Größe u auf:

$6 \text{ kg} \cdot u = -6 \text{ Ns}$ oder $\boldsymbol{u = -1 \text{ m/s}}$.

Ergebnis: Beide Wagen bewegen sich mit 1 m/s nach links.

Wir berechnen auch noch den Verlust ΔW der gesamten Bewegungsenergie:

Energiesumme vorher: $W_v = \frac{1}{2} m_1 v_1^2 + \frac{1}{2} m_2 v_2^2 = 57 \text{ J}$.

Energiesumme nachher: $W_n = \frac{1}{2}(m_1 + m_2) u^2 = 3 \text{ J}$.

Energieverlust: $\Delta W = W_v - W_n = 57 \text{ J} - 3 \text{ J} = \mathbf{54 \text{ J}}$.

Ergebnis: Von anfangs 57 J Bewegungsenergie bleiben nur 3 J übrig. Der Rest ΔW = 54 J steckt im verformten Plastilin.

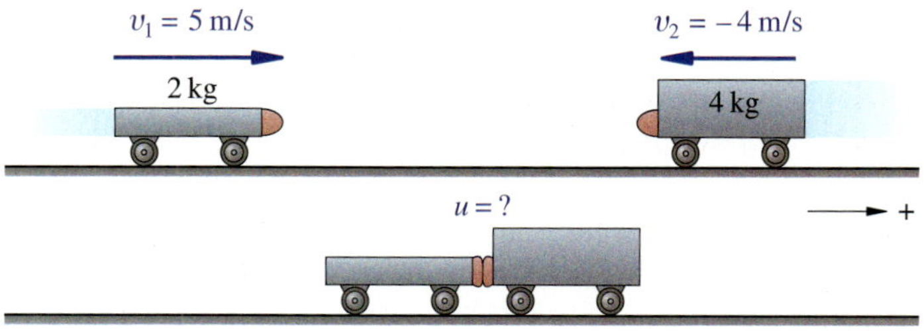

B 2: Zusammenstoß zweier Modellautos

2. Gerade elastische Stöße

Nach einem elastischen Stoß haben die beiden Wagen verschiedene Geschwindigkeiten. Um diese zu berechnen, brauchen wir sowohl den Impuls- als auch den Energieerhaltungssatz.

In ➠ *Versuch 3a* stößt ein Wagen auf einen ruhenden gleicher Masse. Er überträgt diesem vollständig seine Bewegungsenergie. Der Energiesatz wäre jedoch auch erfüllt, wenn jeder die Hälfte erhielte. Doch lässt der Impulssatz nur eine einzige Verteilung zu. Jetzt legen nämlich zwei Gleichungen die beiden Unbekannten u_1 und u_2 eindeutig fest.
Wir berechnen u_1 und u_2 für einen geraden Stoß auf einen ruhenden Körper. Die Massen m_1 und m_2 sollen beliebig sein. Das Verhältnis der Massen bezeichnen wir mit $k = m_2/m_1$.

Energieerhaltung: $\frac{1}{2} m_1 v_1^2 + 0 = \frac{1}{2} m_1 u_1^2 + \frac{1}{2} m_2 u_2^2$
Impulserhaltung: $m_1 v_1 + 0 = m_1 u_1 + m_2 u_2$

Wir setzen $m_2 = k \cdot m_1$ und teilen durch $\frac{1}{2} m_1$ bzw. m_1:

$v_1^2 = u_1^2 + k \cdot u_2^2$
$v_1 = u_1 + k \cdot u_2$

Wir subtrahieren die u_1-Terme und setzen $v_1^2 - u_1^2 = (v_1 - u_1)(v_1 + u_1)$:

$(v_1 - u_1)(v_1 + u_1) = k \cdot u_2^2$
$v_1 - u_1 = k \cdot u_2$

Wir teilen jede Seite der ersten Gleichung durch die der zweiten:

$v_1 + u_1 = u_2$
$v_1 - u_1 = k \cdot u_2$

Wir lösen das Gleichungssystem durch Addition bzw. Einsetzung und erhalten

das Ergebnis: $\boldsymbol{u_1 = v_1 (1 - k)/(1 + k)}$ und $\boldsymbol{u_2 = 2\, v_1/(1 + k)}$.

Beispiel

a) In ➠ *Versuch 3a* ist das Massenverhältnis $k = m_2/m_1 = 1$. Wir erhalten $\boldsymbol{u_1 = 0}$ und $\boldsymbol{u_2 = v_1}$.

b) In ➠ *Versuch 3b* stößt ein Wagen auf einen ruhenden doppelter Masse. Mit $k = 2$ folgt $\boldsymbol{u_1 = -\frac{1}{3} v_1}$ und $\boldsymbol{u_2 = \frac{2}{3} v_1}$.
Der leichte Wagen prallt mit einem Drittel seiner Geschwindigkeit zurück, während der schwere auf $\frac{2}{3} v_1$ beschleunigt wird. Dabei ändert der leichte stoßende Wagen seinen Impuls um $m_1 \cdot \Delta v_1 = m_1 (-\frac{1}{3} v_1 - v_1) = -1\frac{1}{3} m_1 v_1$, überträgt also dem gestoßenen mehr Impuls als er vor dem Stoß besaß. Er hat nicht nur seinen Besitz abgegeben, sondern sogar Schulden gemacht. Deshalb bewegt er sich dem Minuszeichen folgend nach dem Stoß nach links. Der schwere Wagen besitzt nun den Impuls $m_2 u_2 = 2 m_1 \cdot \frac{2}{3} v_1 = 1\frac{1}{3} m_1 v_1$. Sie sehen, die Impulsbilanz stimmt.

c) In ➠ *Versuch 3c* hat der gestoßene Wagen (2) die halbe Masse. Also ist $k = \frac{1}{2}$ und $\boldsymbol{u_1 = \frac{1}{3} v_1}$ sowie $\boldsymbol{u_2 = 1\frac{1}{3} v_1}$. Der leichte Wagen fährt schneller weg als sich der schwere näherte. Der schwere folgt mit $\frac{1}{3}$ seiner Anfangsgeschwindigkeit.

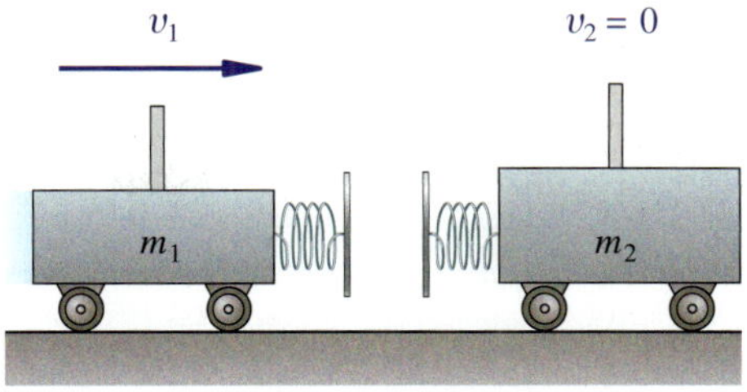

V 3 a)–c): Wir führen die elastischen Stöße zu ➠ *Bild 3a)–c)* mit zwei Wagen aus. Die Fahnen der Wagen unterbrechen zwei Lichtschranken. Die Geschwindigkeiten gewinnen wir aus der Fahnenbreite und den Verdunkelungszeiten.

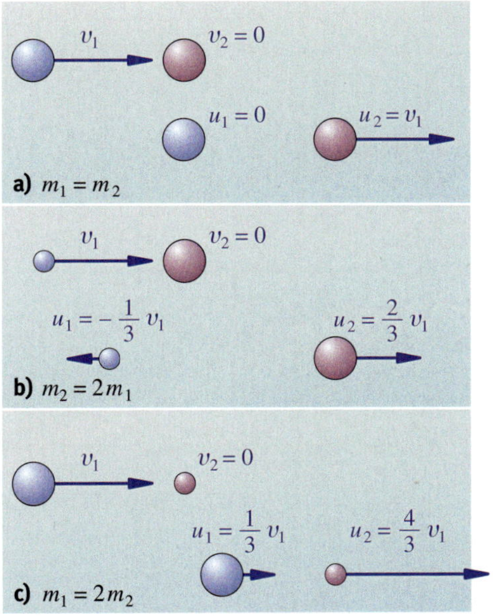

B 3 a)–c): Elastische Stöße auf einen ruhenden Körper

A 3: Eine 250 g-Kugel stößt mit 2 m/s elastisch auf eine ruhende 100 g-Kugel. Wie groß sind die Geschwindigkeiten nach dem Stoß?

A 4: Welchen Bruchteil seiner Bewegungsenergie hat der stoßende Wagen in ➠ *Versuch 3a)–c)* jeweils an seinen Stoßpartner übertragen?

A 5: Ein Wagen stößt elastisch auf einen ruhenden. Wie viel seines Impulses und seiner Energie wird jeweils bei sehr großem bzw. bei sehr kleinem Massenverhältnis $k = m_2/m_1$ auf den gestoßenen Wagen übertragen?

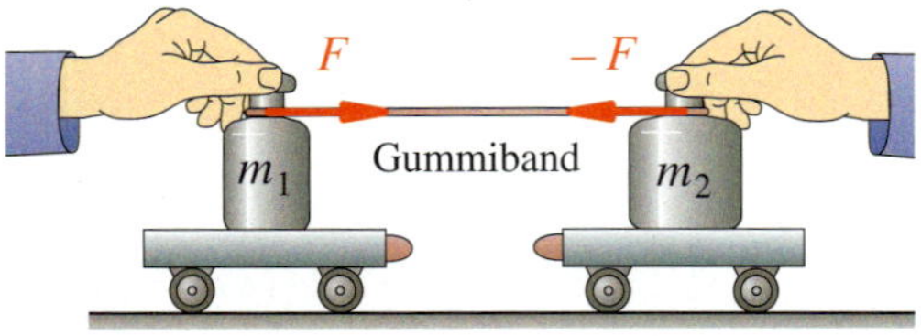

V 1: Wir bewegen die Wagen (im Bild oben) auseinander und spannen dabei das sie verbindende Gummiband. Dann geben wir beide gleichzeitig frei. Plastilin sorgt dafür, dass die Wagen nach dem Zusammenstoß aneinander haften. Erstaunt Sie, dass sie in diesem Moment gleichzeitig zum Stillstand kommen? Das ändert sich auch nicht, wenn wir durch Verkürzen des Gummibandes die Kräfte vergrößern. Außerdem treffen die Wagen stets an der gleichen Stelle zusammen.

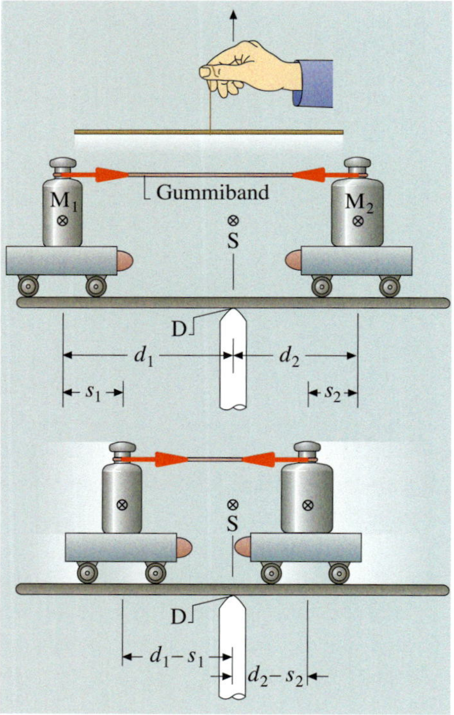

V 2: Bleibt die Waage im Gleichgewicht? Wir stellen die Wagen aus ➠ *Versuch 1* auf eine Wippe und sorgen für Gleichgewicht. Ein möglichst leichter Holzstab hält sie dabei zunächst gegen die Zugkräfte des Gummibandes auseinander. Wir entfernen den Stab rasch nach oben, ohne dabei in Fahrtrichtung auf die Wagen eine Kraft auszuüben. Die Wagen bewegen sich so wie in ➠ *Versuch 1*, ohne dass die Wippe kippt.

Der Schwerpunkt ist Zentrum des Geschehens

1. Wenn innere Kräfte längere Zeit am Werk sind

Wie bewegen sich die Wagen in ➠ *Versuch 1* nach dem Loslassen? Beim Start ist ihr Gesamtimpuls null. Nach dem Loslassen wirken die Zugkräfte des Gummibandes als innere Kräfte auf die Wagen. Wegen actio = reactio stimmen sie in jedem Augenblick betragsmäßig überein. Folglich ändert sich während des Bewegungsablaufs der Gesamtimpuls $p = m_1 u_1 + m_2 u_2 = 0$ nicht, denn dieselben Überlegungen, die uns zum Impulssatz führten, gelten ebenso bei länger wirkenden Kräften. Auch nach dem Aufprall ist $p = 0$. Beide Wagen sind dann wieder in Ruhe.

Was wissen wir über die in ➠ *Versuch 1* zurückgelegten Strecken? In jedem Augenblick haben die Wagen entgegengesetzt gerichtete Impulse von gleichem Betrag: $|m_1 u_1| = |m_2 u_2|$. Der Wagen 1 ist also in jedem Moment (m_2/m_1)-mal so schnell wie der Wagen 2. Dann ist seine Fahrstrecke s_1 auch (m_2/m_1)-mal so lang wie die vom Wagen 2 zurückgelegte Strecke s_2. Es gilt:

$$s_1/s_2 = m_2/m_1 \Rightarrow m_1 \cdot s_1 = m_2 \cdot s_2. \qquad (1)$$

2. Der Schwerpunkt lässt sich nicht beirren

In ➠ *Versuch 2* befinden sich die Wagen auf einer Wippe im Gleichgewicht. Ein zwischen sie geklemmter Holzstab hält sie zunächst auseinander. Entfernen wir den Stab rasch nach oben, so bewegen sich die Wagen so wie in Versuch 1. Warum bleibt dabei die Anordnung zu jedem Zeitpunkt im Gleichgewicht?

Gleichgewicht besteht, wenn der Schwerpunkt S beider Massen über dem Drehpunkt D liegt. Für die Abstände $d_1 = M_1S$ und $d_2 = M_2S$ der Massenmittelpunkte M_1 und M_2 zum Schwerpunkt gilt (Hebelgesetz):

$$m_1 \cdot d_1 = m_2 \cdot d_2. \qquad (2)$$

Legen nun die Wagen bei ihrer Bewegung die Strecken s_1 bzw. s_2 zurück, so verkleinern sich zwar die Abstände zum Schwerpunkt S von d_1 bzw. d_2 auf $(d_1 - s_1)$ bzw. $(d_2 - s_2)$, S selbst ändert seine Lage jedoch nicht. Dies folgt aus der Subtraktion der Gleichung (1) von Gleichung (2). Man erhält wieder das Hebelgesetz

$$m_1 \cdot (d_1 - s_1) = m_2 \cdot (d_2 - s_2).$$

Der Schwerpunkt S bleibt also während der ganzen Bewegung an derselben Stelle, genau über dem Drehpunkt D der Wippe.

Man kann den Versuch auch in einem fahrenden Zug ausführen. Ein Beobachter am Bahndamm wird dann feststellen, dass sich der Schwerpunkt beider Wagen so wie der Zug bewegt. Unsere Überlegungen führen zu dem **Schwerpunktsatz**:

Merksatz

Die Bewegung des Schwerpunkts eines Systems wird durch innere Kräfte nicht geändert.

3. Die Erde, ein vergessener Partner?

Beim Fallen des Springers in *Bild 1* betrachteten wir bisher nur dessen Gewichtskraft. Doch sie hat einen Partner, eine reactio, die an der Erde angreift und diese auch beschleunigt. Wir kamen zu den Fallgesetzen, ohne die Impulsänderung der Erde zu betrachten. Haben wir sie zu Recht außer Acht gelassen?

In *Bild 1* nimmt die Geschwindigkeit des Springers von A nach B um Δv, sein Impuls um $m \cdot \Delta v$ zu. Die Erde erfährt folglich eine Impulsänderung $m_E \cdot \Delta v_E$ von gleichem Betrag zum Springer hin. Ihre Geschwindigkeit ändert sich nur um $\Delta v_E = m/m_E \cdot \Delta v \approx 10^{-23} \cdot \Delta v$, also einem wahrlich vernachlässigbaren Bruchteil von Δv. Der Schwerpunkt von Erde und Springer bleibt also (praktisch) im Erdmittelpunkt. Wir haben folglich richtig gerechnet.

4. Eine äußere Kraft ändert den Gesamtimpuls

Impulserhaltung finden wir in jedem System, das alle Wechselwirkungspartner enthält. Dennoch schließen wir häufig einen oder mehrere aus unserem Beobachtungsrahmen aus.

Wer die Autotür hinter sich geschlossen hat, ist überzeugt, in einem abgeschlossenen System zu sitzen. Lässt er den Motor an, so werden in der Tat zunächst nur innere Kräfte erzeugt. Bei Glatteis bleibt es dabei. Impuls bekommt das Auto erst durch äußere Kräfte. Hilfreiche Passanten, die auf gestreutem Boden stehen, üben zur *actio* auf das Auto die *reactio* auf die Straße aus. Auf das Auto wirkt jetzt eine **äußere Kraft**, die dessen Gesamtimpuls ändert.

Auch die Gewichtskraft des Autos (samt Insassen) ist eine äußere Kraft. Für die waagerechte Bewegung ist sie bei reibungsfreiem Gleiten ohne Belang. Deshalb brauchen wir sie weder hier noch bei der Anwendung des Impulssatzes auf waagerechte Stöße zu berücksichtigen.

B 1: Während des Falls erhält der Springer von der Erde Impuls, den er beim Eintauchen an sie zurückgibt. Den Schwerpunkt beider hat dies auf seiner Bahn um die Sonne nicht erschüttert.

A 1: **a)** Beschreiben Sie zum *Bild 1* die Wechselwirkungskräfte und Impulsänderungen vom Absprung bis zum Eintauchen. **b)** Welche Impulsänderung erfährt der Springer (60 kg) vom höchsten Punkt A auf der Strecke AB = 5 m, welche die Erde?

... noch mehr Aufgaben

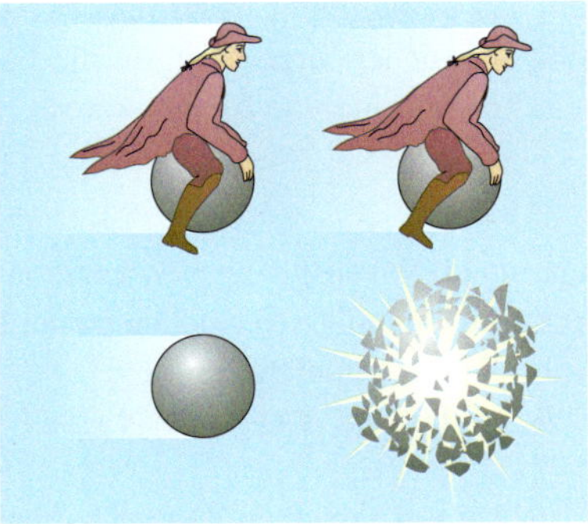

A 2: Münchhausen begleitet eine Kanonenkugel, die plötzlich explodiert. Wie bewegen sich die Bruchstücke aus seiner Sicht? Kann ein Beobachter auf der Erde seine Schilderung überprüfen?

A 3: In *Bild 2* hält ein Faden die beiden Luftkissengleiter gegen die gedrückten Federn zusammen. Nach dem Durchbrennen des Fadens werden die Wagen kurz beschleunigt und gleiten anschließend gleichförmig weiter. **a)** Der linke Wagen ($m_1 = 100$ g) legt in 2 s 60 cm, der rechte 20 cm zurück. Welchen Impuls bekam jeder Wagen, welchen habe beide zusammen? Welche Energie wurde aus der Feder freigesetzt? **b)** Wo befindet sich der Schwerpunkt der beiden Wagen? Wie bewegt er sich?

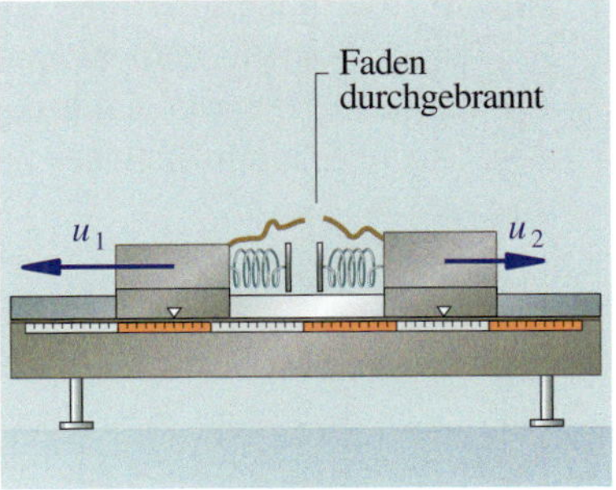

B 2: Eine gezähmte Explosion auf der Luftkissenfahrbahn

B 1: Beim Anschieben erhält das Auto Impuls. Kraft und Kraftdauer bestimmen seinen Wert.

Beispiel

Wird das Auto 8 s lang mit der konstanten Kraft $F = 300$ N beschleunigt, so nimmt sein Impuls um $\Delta p = F \cdot \Delta t = 300\text{ N} \cdot 8\text{ s} = 2\,400\text{ Ns} = 2\,400\text{ kg·m/s}$ zu. Der Kraftstoß ändert die Geschwindigkeit des 600 kg schweren Autos um
$\Delta v = \Delta p/m = 2\,400\text{ Ns}/600\text{ kg} = 4\text{ m/s}$.

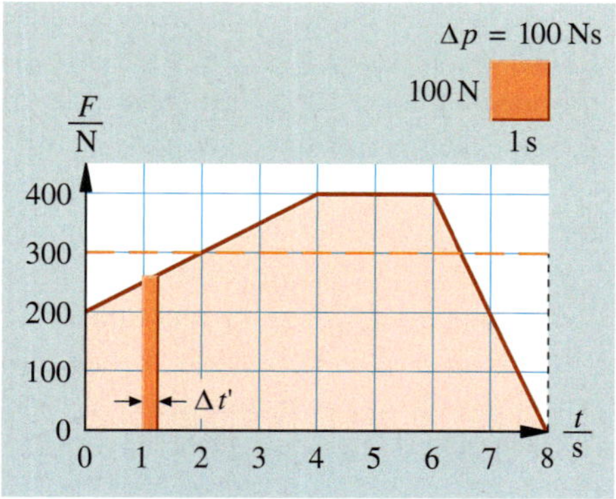

B 2: Die Fläche des *t-F*-Diagramms ist ein Maß für die Impulsänderung Δp

A 1: Bestimmen Sie zum Kraftverlauf nach ➠ *Bild 2* die Impulsänderung von 2 s bis 5 s. Wie groß ist die mittlere Kraft in diesem Zeitraum? Um wie viel ändert sich in dieser Zeit die Geschwindigkeit des 600 kg schweren Wagens?

A 2: a) Der gemäß ➠ *Bild 2* in 8 s beschleunigte Wagen soll danach innerhalb von 4 s durch eine konstante Kraft wieder zum Stehen gebracht werden. Wie groß muss sie sein? **b)** Ergänzen Sie das Diagramm bis $t = 12$ s. Warum hat der Flächeninhalt von 8 s bis 12 s einen negativen Wert?

Kräfte ändern den Impuls

1. Wie viel Impuls erhält das Auto?

Wir schieben ein Auto an und versuchen dabei, die Kraft konstant zu halten (➠ *Bild 1*). Die Reibungskräfte seien vergleichsweise klein. Aus Erfahrung wissen wir: Das Auto erhält eine umso größere Geschwindigkeit, je größer unsere Kraft ist und je länger wir schieben. Nach NEWTONS Gesetz ist $\vec{F} = m\vec{a} = m\Delta\vec{v}/\Delta t$. Nach Multiplikation mit Δt folgt:

$$\vec{F} \cdot \Delta t = m \cdot \Delta\vec{v} = \Delta\vec{p};\text{ als Wertegleichung } F \cdot \Delta t = m \cdot \Delta v = \Delta p.$$

Wir erhalten also aus der Kraft $\vec{F}$ und der Beschleunigungsdauer Δt die Impulsänderung $\Delta\vec{p}$ – auch ohne die Masse zu kennen.

Merksatz

Wird ein Körper während der Zeit Δt durch eine konstante Kraft $\vec{F}$ beschleunigt, so erfährt er die Impulsänderung

$$\Delta\vec{p} = \vec{F} \cdot \Delta t.$$

Das Produkt $\vec{F} \cdot \Delta t$ nennt man auch Kraftstoß.

2. Der Kraftstoß bei veränderlicher Kraft

Beim Anschieben eines Autos gelingt es kaum, die Kraft konstant zu halten. Nehmen wir an, die ausgezogene Linie in ➠ *Bild 2* zeige den tatsächlichen Verlauf. Können wir aus diesem *t-F*-Diagramm die Impulsänderung ermitteln?
Betrachten wir zunächst die gestrichelte Linie. Sie zeigt die konstante Kraft $F = 300$ N, mit der im ➠ *Beispiel links* das Auto während der Zeit $\Delta t = 8$ s beschleunigt wird. Das Produkt $F \cdot \Delta t = 2\,400$ Ns (Hochwert mal Rechtswert) entspricht dem Flächeninhalt des Rechtecks unter der gestrichelten Linie. Dieser ist also ein Maß für den Kraftstoß. – Bei der sich ändernden Kraft ist nur in einem sehr kurzen Zeitabschnitt $\Delta t'$ die Kraft F hinreichend konstant. Der dunkel getönte Streifen gibt durch seine Fläche den Kraftstoß $F \cdot \Delta t'$ an; das ist die Impulsänderung des Autos in der Zeit $\Delta t'$. Die Summe all solcher Streifen ergibt die hell getönte Fläche, also die gesamte Impulszunahme Δp des Autos.

Beispiel

In ➠ *Bild 2* besteht die Fläche unter der ausgezogenen Linie aus einem Trapez, einem Rechteck und einem Dreieck. Die gesamte Fläche liefert in der Stoßzeit $\Delta t = 8$ s die Impulsänderung:
$$\Delta p = \tfrac{1}{2} \cdot (200\text{ N} + 400\text{ N}) \cdot 4\text{ s} + 400\text{ N} \cdot 2\text{ s} + \tfrac{1}{2} \cdot 400\text{ N} \cdot 2\text{ s} = 2\,400\text{ Ns}.$$
Diese Impulsänderung erhält das Auto in derselben Zeit auch durch die konstante Kraft $F = 300$ N. F ist der zeitliche Mittelwert der sich ändernden Kraft. Mit einem Kraftstoß nach links ($F < 0$) könnten wir das Auto wieder abbremsen. Die Fläche liegt dann unterhalb der Rechtsachse.

Interessantes

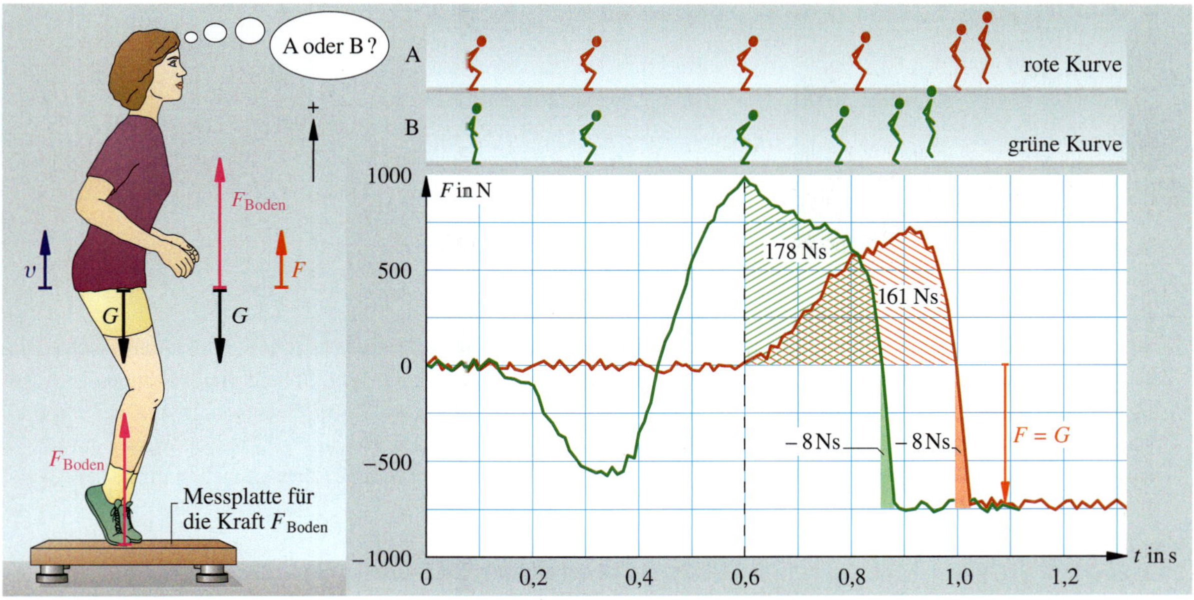

B 3: Gesamtkraft F auf eine Sportlerin beim senkrechten Sprung A *ohne* und B *mit* Gegenbewegung. Die Bodenkraft F_{Boden} wurde mit einer Messplatte registriert. Für die Kraftwerte gilt: $F = F_{Boden} + G$.

Warum beschäftigen sich Sportler mit dem Kraftstoß?
Sensoren ermöglichen die Registrierung des zeitlichen Kraftverlaufs. Er hilft dem Sportler, den Einsatz seiner Kräfte zu analysieren und zu verbessern. Je größer die Fläche unter der t-F-Kurve, umso größer ist die Impulsänderung und damit der Erfolg des Sportlers.

Das ➠ *Bild 3* zeigt zwei verschiedene Sprünge (A und B) senkrecht nach oben. Bei A beginnt die Sportlerin zum Zeitpunkt 0,6 s mit der Bewegung aus einer ruhenden Hockstellung. Bei B führt sie bis zu dieser Hockstellung zunächst aus dem Stand eine Gegenbewegung nach unten aus. In beiden Fällen beginnt also die Aufwärtsbewegung in derselben Körperhaltung zum Zeitpunkt 0,6 s. Warum erreicht die Sportlerin beim Sprung B dennoch eine größere Höhe? Betrachten wir die auf die Sportlerin wirkende Gesamtkraft F:

Fall A: Bei A ruht die Sportlerin bis zum Zeitpunkt 0,6 s. Ihre Gewichtskraft und die Kraft des Bodens auf sie sind im Gleichgewicht. Sie erfährt also zur Zeit 0,6 s die Gesamtkraft $F = 0$. Durch die dann beginnende Streckbewegung der Beine vergrößert sie die Kraft auf den Boden über ihre Gewichtskraft hinaus. Die reactio des Bodens F_{Boden} überwiegt nun die Gewichtskraft G, der Körperschwerpunkt wird nach oben beschleunigt. Von 0,98 s bis 1,02 s, dem Zeitpunkt des Abhebens, ist die reactio geringer als die Gewichtskraft. Die Aufwärtsbewegung wird ein wenig verzögert. Die rot schraffierte Fläche liefert den Impuls 161 Ns. Er wird von 0,98 s bis 1,02 s um 8 Ns verringert. Die Sportlerin hebt mit dem Impuls $p_A = 161\ \text{Ns} - 8\ \text{Ns} = 153\ \text{Ns}$ ab.

Fall B: Bei B ist die Gesamtkraft F bei 0,6 s bereits voll entwickelt. Warum? Betrachten wir die vorangehende Abwärtsbewegung des Körperschwerpunkts. Bis 0,43 s wird der Körper zunächst nach *unten* beschleunigt, denn die Gesamtkraft F hat einen negativen Wert. Dann verzögert die Sportlerin die Abwärtsbewegung. Das erfordert eine Kraft F_{Boden} nach oben, die G überwiegt. $F = F_{Boden} + G$ ist nun positiv. Im tiefsten Punkt der Bewegung ist $F = 1\,000$ N. Mit dieser Kraft beginnt bei B zum Zeitpunkt 0,6 s die Aufwärtsbewegung. Bei A dagegen wächst F von null beginnend erst an.

Beim Sprung A aus der Hockstellung gelingt es der Sportlerin nicht, mit einem Schlag die Kraft $F = F_{Boden} + G$ von 0 N auf 1 000 N zu erhöhen. Zur Entfaltung dieser Kraft benötigen die Muskeln eben Zeit. Bei B entwickelt sich die große Anfangskraft von 1 000 N schon vorher allmählich durch das Verzögern der Gegenbewegung. Das führt bei B zu einer größeren Fläche (grün schraffiert). Ihr Inhalt ergibt den Impuls 178 Ns. Er wird wie bei A um etwa 8 Ns verringert. Beim Sprung nach B hebt die Sportlerin mit dem größeren Impuls $p_B = 178\ \text{Ns} - 8\ \text{Ns} = 170\ \text{Ns}$ ab.

B 1: Waldbrandbekämpfung aus der Luft: Das Wasser wird fast „im Flug" geschöpft. Sobald die Maschine die Wasseroberfläche streift, gibt der Pilot Gas, um eine Geschwindigkeit von etwa 180 km/h beizubehalten. Zwei 1 566 kW-Motoren geben jetzt fast ihre volle Leistung. In nur 12 Sekunden sind die Tanks mit 6 000 Liter Wasser gefüllt. Das Einziehen der Schöpfdorne reicht, um die auf vollen Touren laufende Maschine sofort abheben zu lassen. Welche Kraft müssen die Motoren beim Schöpfen aufbringen?

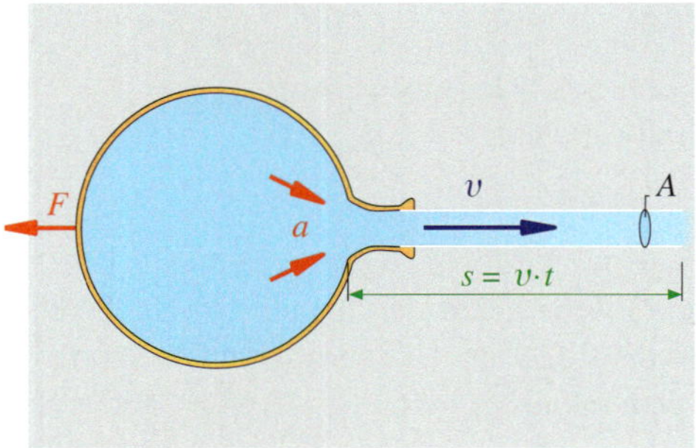

B 2: Messung der Rückstoßkraft ausströmender Luft (➡ *Versuch 1*)

V 1: Eine Fußballblase (ohne Lederhülle) wird bis zu einem Durchmesser von 38 cm, also bis zum Volumen $V = 28{,}7\ \text{dm}^3$, aufgeblasen. Dabei bleibt – wie ein Manometer zeigt – der Überdruck von etwa 50 mbar (50 mbar = 50 hPa = 50 cN/cm²) ziemlich konstant. Bei diesem Druck und einer Temperatur von 20 °C ist die Dichte der Luft $\varrho = 1{,}26\ \text{g/dm}^3$. Ihre Masse in der Blase beträgt also $m = \varrho \cdot V = 36$ g.

Gibt man die Öffnung mit der Querschnittsfläche $A = 0{,}35\ \text{cm}^2$ frei, so strömt die Luft infolge des konstanten Überdrucks mit konstanter Geschwindigkeit aus. Hierzu braucht sie die Zeit $t = 16$ s. Die Luft bildet beim Strömen insgesamt den blau getönten Zylinder der Länge $s = v \cdot t$ mit einem Volumen von $V = A \cdot s = A \cdot v \cdot t = 28{,}7\ \text{dm}^3$.

Hieraus ergibt sich die Geschwindigkeit der Luft zu $v = V/(A \cdot t) = 50$ m/s.

3. Kraftberechnung trotz unbekannter Beschleunigung

Die Größe $\Delta\vec{p}/\Delta t$ gibt die Änderung des Impulsvektors $\vec{p}$ je Sekunde an. Es gilt:

$$\vec{F} = \Delta\vec{p}/\Delta t.$$

Zur Berechnung der Kraft muss man also nur wissen, um wie viel sich der Impuls $\vec{p}$ der betrachteten Materie während der Zeit Δt insgesamt ändert. Welche Beschleunigungen dabei die einzelnen Masseteilchen erfahren, braucht nicht bekannt zu sein.

1. Beispiel:

Das Löschflugzeug in ➡ *Bild 1* füllt seine Wassertanks bei ca. 180 km/h = 50 m/s in nur 12 s. In dieser Zeit „schält" es durch einen Schöpfdorn (➡ *Bild 3*) im streifenden Flug 6 000 Liter Wasser von der Oberfläche des Sees in seine Tanks. Die hierzu notwendige Kraft können wir mit der Gleichung $F = m\,a$ nicht berechnen. Wir kennen nämlich nicht die Beschleunigung, welche die zunächst noch ruhenden Wasserteilchen am Schöpfdorn (➡ *Bild 3*) erfahren. Wir wissen aber, dass insgesamt 6 000 kg Wasser in $\Delta t = 12$ s die Impulsänderung $\Delta p = 6\,000\ \text{kg} \cdot 50\ \text{m/s} - 0\ \text{kg·m/s} = 3 \cdot 10^5\ \text{Ns}$ erfährt. Die Motoren des Flugzeugs müssen allein hierfür die zusätzliche Kraft $F = \Delta p/\Delta t = 3 \cdot 10^5\ \text{Ns}/12\ \text{s} = 2{,}5 \cdot 10^4\ \text{N}$ aufbringen.

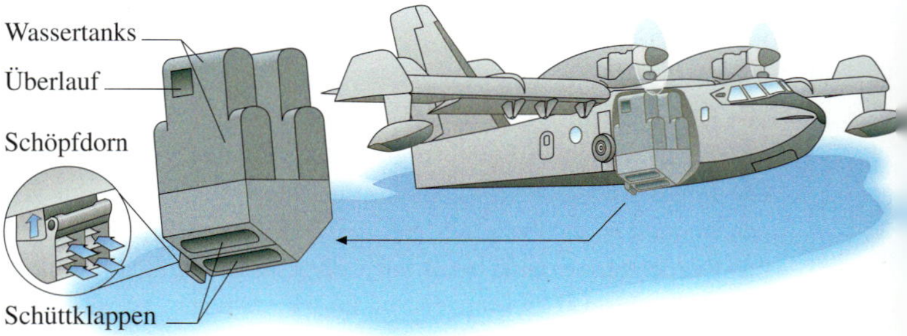

B 3: Prinzip des Wasserschöpfens

2. Beispiel:
Im ➠ *Versuch 1* strömt Luft aus einer Fußballblase und übt auf diese eine Rückstoßkraft F aus. Wir wissen, dass die Luft mit der Geschwindigkeit $v = 50$ m/s die Düse verlässt und insgesamt Luft der Masse $m = 36$ g ausströmt. Sie erfährt die Impulszunahme $\Delta p = m\,v - 0 = 1{,}8$ kg·m/s. Dies geschieht in der Zeit $\Delta t = t = 16$ s. Das Beschleunigen der Luft beim Ausströmen führt somit zur Rückstoßkraft $F = \Delta p/\Delta t = 0{,}11$ N. Dies bestätigt ein Kraftmesser, an den die Blase gehängt wird.

3. Beispiel:
Ein Hammer übt beim Einschlagen eines Nagels kurzzeitig eine sehr große Kraft auf diesen aus. Er ändert dabei nämlich in sehr kurzer Zeit seinen Impuls. Dies spüren wir, wenn wir den Daumen treffen. In ➠ *Bild 4* erleidet eine Hauswand den Schlag einer Abrissbirne. Diese prallt manchmal erfolglos zurück. Wir untersuchen einen solchen Aufprall im Kleinen.

In ➠ *Versuch 2* trifft eine Kugel (50 g) mit $v = 5$ m/s auf den Hammer und prallt mit gleicher Geschwindigkeit wieder ab. Während des Stoßes wird sie in der Zeit $\Delta t \approx 10^{-4}$ s zunächst auf null verzögert und dann auf $-v$ beschleunigt. Ihre Impulsänderung beträgt

$$\Delta p = m \cdot \Delta v = m \cdot ((-v) - v) = -2\,m\,v = -0{,}5 \text{ kg·m/s}.$$

Die Kugel erfährt somit die Kraft $F = \Delta p/\Delta t = -0{,}5 \text{ Ns}/10^{-4} \text{ s} = -5\,000$ N. Die mittlere Stoßkraft auf den Hammer beträgt also 5 000 N. Das ist das 10^4fache des Kugelgewichts.

Hier können wir nur den zeitlichen Mittelwert der Kraft bestimmen. Die realen Kräfte sind am Anfang und Ende des Stoßvorgangs kleiner, im Umkehrpunkt der Bewegung größer als der Mittelwert.

B 4: Schlagartige Impulsänderung

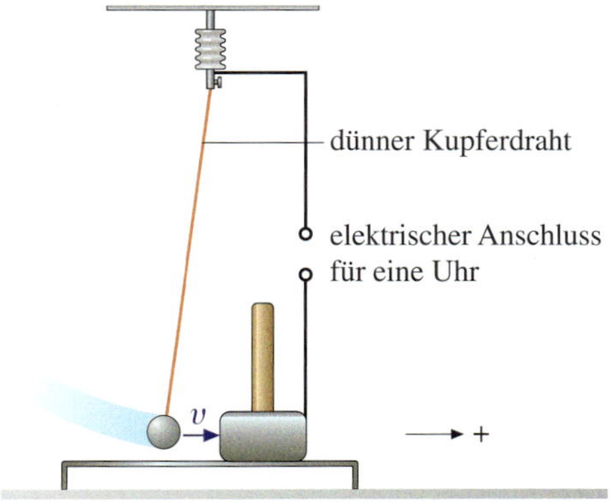

V 2: Eine Stahlkugel ($m = 50$ g) hängt an einem 1,25 m langen dünnen Kupferdraht. Wir lenken sie bis zur Höhe ihres Aufhängepunktes aus und lassen sie gegen einen schweren Hammer prallen. Ein Kurzzeitmesser registriert die Stoßzeit $\Delta t \approx 10^{-4}$ s.

... noch mehr Aufgaben

A 1: a) Ein Stein der Masse 2,0 kg wird mit 5 m/s nach unten geworfen. Welche Impulsänderung erfährt er in den nächsten 3,0 s infolge seiner Gewichtskraft? Welche Geschwindigkeit hat er dann? **b)** Welchen Kraftstoß erteilt er der Erde, wenn er mit dieser Geschwindigkeit aufschlägt und liegen bleibt?

A 2: Ein 75 kg schwerer Sportler springt aus der Hocke senkrecht nach oben. Er stemmt sich dabei mit der Durchschnittskraft 1 200 N vom Boden ab. Die Beschleunigung bis zum Abheben dauert 0,4 s. Wie groß ist die ihn beschleunigende Gesamtkraft? Welchen Impuls hat er nach 0,4 s? Mit welcher Geschwindigkeit hebt er ab? Wie hoch springt er (sein Schwerpunkt)?

A 3: Auf ein horizontal laufendes Förderband fallen von oben je Sekunde 20 kg Sand. Er wird mit der Geschwindigkeit 1 m/s weitertransportiert. Welche Kraft muss der Motor allein zur waagerechten Beschleunigung des Sandes aufbringen? Warum werden die Sandteilchen beim Auftreffen nicht mit 1 m/s² beschleunigt?

A 4: Beim Abbrennen einer Spielzeugrakete wird in 5 s etwa 10 g Substanz ausgestoßen und die Schubkraft 1,0 N gemessen. **a)** Wie schnell strömen die Gase aus? **b)** Aus der 1. Stufe der Saturn-V-Rakete strömen die Gase mit 2,5 km/s aus und erzeugen während 2,5 min eine Schubkraft von etwa $3{,}5 \cdot 10^7$ N. Wie groß ist die Masse der ausgestoßenen Gase?

A 5: Aus einer Düse strömen je Sekunde 10 cm³ Wasser mit 1,0 m/s Geschwindigkeit waagerecht aus. Welche reactio erfährt das Gefäß, wenn in ihm das Wasser ruht?

A 6: Die Motoren des Löschflugzeugs in Abschnitt 3 müssen allein zum Schöpfen die Kraft $F = 2{,}5 \cdot 10^4$ N in Flugrichtung aufbringen. Auf welcher Strecke wirkt diese Kraft? Welche Energie wurde zum Schöpfen aufgewendet? Welche Bewegungsenergie erhielt das Löschwasser? Erklären Sie den Unterschied.

Interessantes

B 1: Startende Saturn-V-Rakete

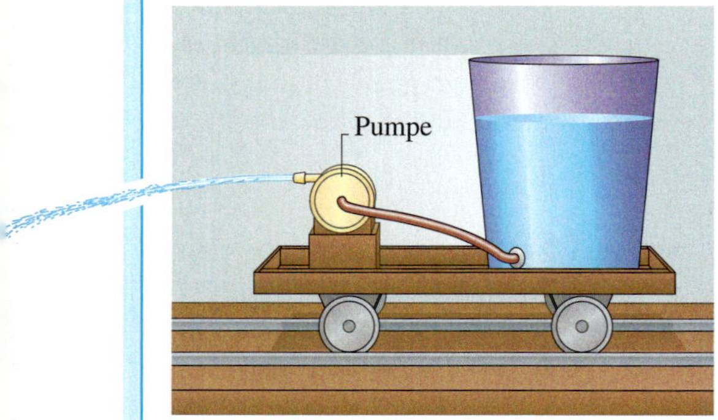

B 2: Raketenwagen mit Wasserstrahl

V 1: *Bild 2* zeigt den „Raketenwagen" mit einem Wassertank und einer kleinen Pumpe (aus einer Scheibenwischanlage), die mit einem Akku angetrieben wird. Diese presst in 3,5 Sekunden 140 cm³ Wasser durch eine Öffnung von 7,1 mm².
Die Ausströmgeschwindigkeit ist also $v_r = 140\ \text{cm}^3/(0{,}071\ \text{cm}^2 \cdot 3{,}5\ \text{s}) = 5{,}6\ \text{m/s}$. Beim Start beträgt die Gesamtmasse $m_0 = 500$ g. Wir messen nach 3,5 s die Wagengeschwindigkeit $v = 1{,}8$ m/s. Reibung wird durch Neigen der Fahrbahn ausgeglichen.

Die Schubkraft bei Raketen

Am 16. Juli 1969 startete die 111 m hohe Saturn-V-Rakete mit den drei Astronauten Armstrong, Aldrin und Collins ihren Flug zum Mond. Um die 2 900 Tonnen schwere Rakete aus der Startrampe zu heben, erzeugten fünf Triebwerke in jeder Sekunde 14 Tonnen Verbrennungsgase, die mit einer Geschwindigkeit von $v_r = 2{,}5$ km/s ausgestoßen wurden. Diese erfuhren in einer Sekunde die Impulsänderung $\Delta p = 14\,000\ \text{kg} \cdot 2\,500\ \text{m/s} = 3{,}5 \cdot 10^7\ \text{Ns}$.
Die Schubkraft der Rakete betrug folglich:
$F_S = \Delta p/\Delta t = 3{,}5 \cdot 10^7\ \text{Ns}/1\ \text{s} = 3{,}5 \cdot 10^7\ \text{N} = 1{,}25 \cdot$ Raketengewicht.

Allgemein: In der Zeit Δt strömen Gase der Masse Δm aus der Raketendüse mit der Geschwindigkeit v_r relativ zum ruhend gedachten Raketenkörper. Ihre Impulsänderung ist $\Delta p = \Delta m \cdot v_r$, die Schubkraft $F_S = \Delta p/\Delta t = \Delta m \cdot v_r/\Delta t = v_r \cdot \Delta m/\Delta t = v_r \cdot D$. Dabei gibt $D = \Delta m/\Delta t$ den *Durchsatz* der ausströmenden Materie (Masse je Sekunde) an.

Schubkraft = Durchsatz mal Ausströmgeschwindigkeit:

$$\boldsymbol{F_S = v_r \cdot D}$$

Die Gesamtkraft $F = F_S - G$ (Schubkraft minus Gewichtskraft) sorgt für die Beschleunigung $a = F/m$ der Rakete, deren Masse m mit dem Ausströmen der Gase abnimmt. Nach der Brenndauer t beträgt sie $m(t) = m_0 - D\,t$. Die Beschleunigung a nimmt also bis zum Brennschluss mit der Zeit t zu:

$$\boldsymbol{a(t) = F/m = (F_S - m\,g)/m \quad \text{mit} \quad m = m_0 - D\,t.}$$

In *Versuch 1* untersuchen wir einen solchen Bewegungsablauf. Da die Bewegung waagerecht verläuft, ist $F = F_S$. Beim Start ($t = 0$ s) ist die Gesamtmasse des Wagens $m_0 = 500$ g. Innerhalb von 3,5 s werden 140 g Wasser mit der Geschwindigkeit $v_r = 5{,}6$ m/s ausgestoßen. Also ist die Schubkraft

$$F = v_r \cdot D = 5{,}6\ \text{m/s} \cdot 0{,}04\ \text{kg/s} = 0{,}224\ \text{N}.$$

Die Gesamtmasse m nimmt dabei je Sekunde um 0,04 kg ab und beträgt zum Zeitpunkt t nur noch

$$m = m_0 - D\,t = 0{,}5\ \text{kg} - 0{,}04\ \text{kg/s} \cdot t.$$

Nun können wir zu jedem Zeitpunkt t die Beschleunigung $a = F/m$ berechnen. Sie ist in einem genügend kleinen Zeitintervall Δt nahezu konstant. Die Geschwindigkeit nimmt in dieser kurzen Zeit um $\Delta v = a \cdot \Delta t$ zu. Mit einem Computerprogramm berechnen wir jeweils Δv zum Zeitpunkt $t = 0, \Delta t, 2\,\Delta t, 3\,\Delta t, ..., 3{,}5$ s und addieren alle Geschwindigkeitsänderungen. Wir erhalten so zur Zeit $t = 3{,}5$ s die Geschwindigkeit $v = 1{,}85$ m/s.

A 1: Berechnen Sie zu *Versuch 1* mithilfe eines Computerprogramms die Geschwindigkeit und den zurückgelegten Weg zur Zeit $t = 3{,}5$ s.

A 2: Welche Beschleunigung erfährt die Saturn V beim Start, welche 2 Minuten danach? Wie groß ist dann ihre Geschwindigkeit?

Interessantes

Schiefe Stöße

Ein völlig unelastischer Zusammenstoß

In *Bild 3* treffen ein Lieferwagen (v_1 = 36 km/h; m_1 = 2 000 kg) und ein Pkw (v_2 = 54 km/h; m_2 = 800 kg) aufeinander. Beide Fahrer versuchen zu bremsen, doch fehlt bei der völlig vereisten Fahrbahn jede Bodenhaftung. Die Wagen stoßen mit voller Wucht zusammen und rutschen ineinander verkeilt weiter. In welche Richtung gleiten sie nach dem Stoß? Wie groß ist jetzt ihre gemeinsame Geschwindigkeit v?

Hier liegt kein *gerader* Stoß vor; deshalb können wir dem Vektorcharakter der Impulse nicht mehr allein durch Vorzeichen gerecht werden (*Bild 3*). Mit $\tan\alpha = 12/20 = 0{,}6$ ist $\alpha = 31°$. Der Betrag des Gesamtimpulses ist $\sqrt{p_1^2 + p_2^2} = 23{,}3 \cdot 10^3$ Ns.

Die verkeilten Wagen rutschen in Richtung von p weiter mit dem Geschwindigkeitsbetrag $v = p/(m_1 + m_2) = 23{,}3 \cdot 10^3$ Ns/2 800 kg = 8,3 m/s = 30 km/h.

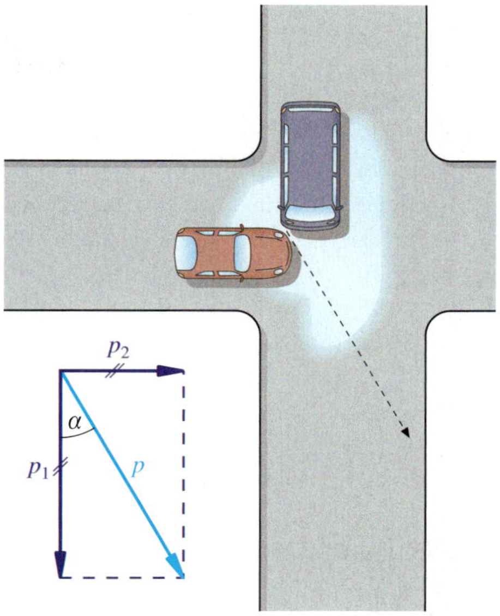

B 3: Zusammenstoß bei Glatteis

Elastischer Stoß einer Billardkugel

Nach *Bild 4* wird ein Ball (m_1) unter dem „Einfallswinkel" α gegen das Lot schräg auf eine Wand mit der sehr viel größeren Masse $m_2 \gg m_1$ geworfen. Da Geschwindigkeiten und Impulse Vektorgrößen sind, zerlegen wir $\vec{v}_1$ (vor dem Stoß) in eine zur Wand parallele und eine dazu senkrechte Komponente: $\vec{v}_1 = \vec{v}_{1,\mathrm{s}} + \vec{v}_{1,\mathrm{p}}$. Was gewinnen wir damit? Die senkrechte Komponente kehrt sich einfach um. Es gilt $\vec{u}_{1,\mathrm{s}} = -\vec{v}_{1,\mathrm{s}}$, denn das Massenverhältnis m_2/m_1 ist sehr groß. Die parallele Komponente $\vec{u}_{1,\mathrm{p}}$ bleibt konstant, falls wir von Reibung und damit einer Tangentialkraft zwischen Ball und Wand absehen. Die resultierende Geschwindigkeit nach dem Stoß ergibt sich nun zu $\vec{u}_1 = \vec{u}_{1,\mathrm{p}} + \vec{u}_{1,\mathrm{s}} = \vec{v}_{1,\mathrm{p}} - \vec{v}_{1,\mathrm{s}}$. Sie hat den gleichen Betrag wie $\vec{v}_1$ und zeigt, dass der Ball in der Einfallsebene unter dem gleichen Reflexionswinkel $\beta = \alpha$ wie ein Lichtstrahl von der Wand zurückkommt. Solche Stöße findet man bei Billardkugeln an der Bande, wenn man von Drehungen absieht, die durch Reibung entstehen.

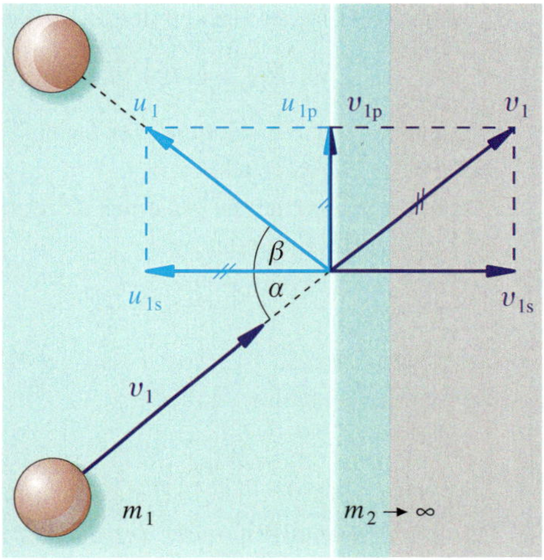

B 4: Ball prallt schief von einer Wand

Stöße im Mikrokosmos

P. M. S. Blackett (Nobelpreis 1948) entdeckte in der von ihm verbesserten wilsonschen Nebelkammer elastische Stöße zwischen Atomkernen (*Bild 5*). Die Auswertung der Teilchenspuren ergab, dass alle Stöße dem Impuls- und (allgemeinen) Energieerhaltungssatz folgten.

In Kernreaktoren werden die bei der Kernspaltung entstehenden schnellen Neutronen durch elastische Stöße mit Wasserstoffkernen abgebremst. Sie können nämlich nur bei geringer Geschwindigkeit weitere Urankerne spalten. Wasserstoff ist im umgebenden Wasser reichlich vorhanden. Neutronen haben fast die gleiche Masse wie Wasserstoffkerne, sodass sie bei einem geraden Stoß ihre Energie fast völlig verlieren. Da sie jedoch selten gerade stoßen, werden die Neutronen erst nach mehreren Stößen langsam.

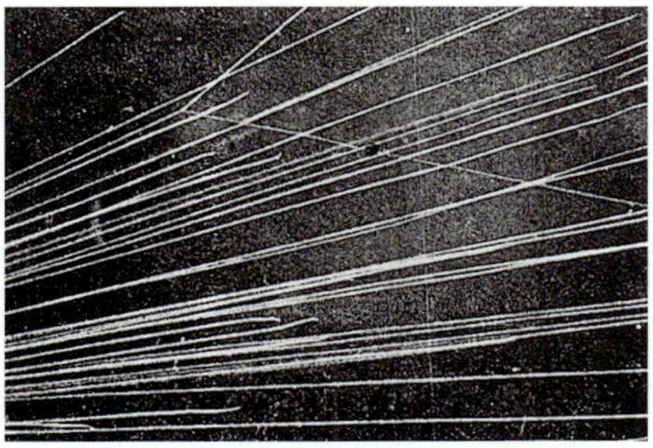

B 5: Billardspiel in der Nebelkammer: Der von links kommende Heliumkern stößt einen Wasserstoffkern nach rechts unten und fliegt selbst nach rechts oben weiter.

Das ist wichtig beim Thema Energie

1. a) *Energie bleibt* in einem abgeschlossenen System *erhalten.*

b) Energie tritt in vielen Formen auf. Mechanische *Energieformen* sind: *Höhenenergie*, *Bewegungsenergie* und *Spannenergie.*
Höhenenergie nennt man auch Lageenergie oder potentielle Energie, Bewegungsenergie auch kinetische Energie.

c) Die *Energie* ist eine richtungsunabhängige Größe, ein *Skalar*, und keine Vektorgröße.

2. Die *Einheit der Energie* ist 1 Joule (1 J). Es ist

$$1\,\text{J} = 1\,\text{N} \cdot 1\,\text{m} = 1\,\frac{\text{kg}\cdot\text{m}^2}{\text{s}^2}.$$

Eine andere *Einheit der Energie* ist 1 kWh. Es ist

$$1\,\text{kWh} = 3{,}6 \cdot 10^6\,\text{J} = 3{,}6\,\text{MJ}.$$

3. Die **Höhenenergie W_H** eines Körpers mit der Gewichtskraft G in der Höhe h über dem *Nullniveau* ist

$$W_H = G\,h = m\,g\,h.$$

Die Angabe der Höhenenergie erfordert zuerst die Festlegung des Nullniveaus.
Die **Bewegungsenergie W_B** eines Körpers der Masse m bei der Geschwindigkeit v ist

$$W_B = \frac{1}{2}\,m\,v^2.$$

Die **Spannenergie W_{Sp}** einer Feder der Härte D, die um die Strecke s gedehnt ist, beträgt

$$W_{Sp} = \frac{1}{2}\,D\,s^2.$$

4. Der **Energieerhaltungssatz der Mechanik** lautet:
Die Summe aus Lage-, Bewegungs- und Spannenergie ist bei *reibungsfrei* verlaufenden mechanischen Vorgängen in einem abgeschlossenen System konstant:

$$W_H + W_B + W_{Sp} = m\,g\,h + \frac{1}{2}\,m\,v^2 + \frac{1}{2}\,D\,s^2 = \text{konstant}.$$

5. *Energie kann* von einem System auf ein anderes *übertragen werden.*
Energie, die mithilfe einer Kraft F längs eines Weges s übertragen wird, heißt **Arbeit**. Arbeit ist also Energie beim Übertragen!
Ist die Kraft F_s in Wegrichtung längs des Weges s konstant, so ist die Arbeit das Produkt aus F_s und s:

$$W = F_s\,s:$$

Bilden die Richtungen von Kraft F und Weg s den Winkel φ, so wirkt in Wegrichtung die Kraft F_s. Es ist

$$F_s = F \cdot \cos\varphi, \quad \text{also} \quad W = F\,s \cdot \cos\varphi.$$

6. Tritt in einem System **Reibung** auf, so wird diesem durch die Reibungskraft vom Betrag F_R längs des Weges s die mechanische Energie $W_R = F_R\,s$ entzogen. Sie wird in innere Energie des Systems verwandelt.

7. Die **mittlere Leistung $\overline{P}$** ist der Quotient aus der Energie ΔW und der Zeit Δt, in der sie abgegeben wird:

$$\overline{P} = \Delta W / \Delta t.$$

Die **Momentanleistung P** ist die mittlere Leistung $\overline{P} = \Delta W/\Delta t$ für messtechnisch möglichst kleines Δt.

Die *Einheit der Leistung* ist 1 Watt. Es ist

$$1\,\text{W} = 1\,\text{J/s}; \quad 1\,\text{kW} = 10^3\,\text{W}.$$

8. Wird die Energie ΔW durch eine Kraft F_s in Richtung der Geschwindigkeit v übertragen, so ist die Leistung P das Produkt aus Kraft F_s und Geschwindigkeit v:

$$P = F_s\,v.$$

Die Strategie des Bilanzierens

1. a) Liegt ein *abgeschlossenes System* vor, in dem sich eine Bewegung abspielt, so versucht man eine Aufgabe zuerst mit dem Energieerhaltungssatz der Mechanik zu lösen.

b) Ist nach dem *zeitlichen Ablauf* der Bewegung gefragt, so kann der Energieerhaltungssatz allein *nicht* weiterhelfen, da in ihm die Zeit nicht auftritt.

2. Mit dem **Energieerhaltungssatz** der Mechanik zieht man **Bilanzen**. Man vergleicht die Energiesumme W_1 und W_2 in zwei verschiedenen Zuständen und kann daraus Vorhersagen ableiten. Es ist:

$$W_1 = W_{H1} + W_{B1} + W_{Sp1} = m\,g\,h_1 + \frac{1}{2}\,m\,v_1^2 + \frac{1}{2}\,D\,s_1^2$$

$$W_2 = W_{H2} + W_{B2} + W_{Sp2} = m\,g\,h_2 + \frac{1}{2}\,m\,v_2^2 + \frac{1}{2}\,D\,s_2^2.$$

a) Verläuft der Vorgang *reibungsfrei*, gilt:

$$W_1 = W_2.$$

b) Tritt zwischen den Zuständen 1 und 2 *Reibung* auf, so wird dem System durch die Reibungskraft vom Betrag F_R die mechanische Energie $W_R = F_R \cdot s$ entzogen. Es gilt:

$$W_2 = W_1 - W_R.$$

Das ist wichtig beim Thema Impuls

1. a) Der *Impuls* ist so wie die Geschwindigkeit ein *Vektor*. Der Impuls $\vec{p}$ eines Körpers ist das Produkt aus seiner Masse m und seiner Geschwindigkeit $\vec{v}$:

$$\vec{p} = m\,\vec{v}.$$

b) Bei geradlinigen Bewegungen geben wir Impuls und Geschwindigkeit je nach Richtung einen positiven oder negativen Wert. Dazu legen wir die positive Richtung fest. Auf diese Weise schreiben wir alle Gleichungen mit Vektorgrößen als *Wertegleichungen*.

2. Eine Kraft F, die eine Zeit Δt auf den Körper einwirkt, ändert dessen Impuls p um

$$\Delta p = F \cdot \Delta t.$$

Man nennt $F \cdot \Delta t$ auch *Kraftstoß*. F ist der *zeitliche Mittelwert* der Kraft.

3. a) Geht die beschleunigende Kraft auf den Körper 1 von einem einzigen Körper 2 aus, so erfährt dieser eine vom Betrag gleich große Kraft in entgegengesetzte Richtung (actio = reactio). Die Wechselwirkungskräfte zwischen den beiden Körpern sind **innere Kräfte**. Die Körper bilden bezüglich dieser Kräfte ein abgeschlossenes System. Der **Schwerpunkt** dieses Systems wird durch sie nicht beeinflusst.

b) In einem abgeschlossenen System gilt der **Impulserhaltungssatz**. Er besagt, dass die Impulsänderungen beider Körper denselben Betrag, aber verschiedene Vorzeichen haben:

$$\Delta p_1 = -\Delta p_2.$$

Was der Körper 2 an Impuls verliert, gewinnt der Körper 1 hinzu. Ihre Impulssumme bleibt also konstant:

$$m_1\, v_1 + m_2\, v_2 = m_1\, u_1 + m_2\, u_2$$

(v und u bezeichnen die Geschwindigkeiten der beiden Körper zu verschiedenen Zeiten; zum Beispiel vor und nach dem Zusammenstoß der Körper). Die Kräfte und deren Einwirkungsdauer brauchen nicht bekannt zu sein.

Der Impulssatz gründet sich auf NEWTONS Gesetz von actio = reactio. Er gilt deshalb auch, wenn *Reibungskräfte* zwischen beiden Körpern im Spiel sind, sowie bei länger wirkenden Kräften.

4. a) Bei einem **völlig unelastischen Stoß** hängen die Körper wie Kletten aneinander und bewegen sich mit gemeinsamer Geschwindigkeit $u = u_1 = u_2$ weiter. Der Impulssatz vereinfacht sich zu

$$m_1 v_1 + m_2 v_2 = (m_1 + m_2)\, u.$$

Bei einem unelastischen Stoß verringert sich die Summe der *Bewegungsenergien* beider Körper um

$$\Delta W = \frac{1}{2}\, m_1\, v_1^2 + \frac{1}{2}\, m_2\, v_2^2 - \frac{1}{2}\,(m_1 + m_2)\, u^2.$$

Dieser Energieverlust erhöht die innere Energie der Körper.

b) Bei einem **elastischen Stoß** ist die Summe der Bewegungsenergien vor und nach dem Stoß gleich groß. *Jetzt gilt sowohl der Impulserhaltungssatz als auch der Energieerhaltungssatz der Mechanik*:

$$m_1\, v_1 + m_2\, v_2 = m_1\, u_1 + m_2\, u_2,$$

$$\frac{1}{2}\, m_1\, v_1^2 + \frac{1}{2}\, m_2\, v_2^2 = \frac{1}{2}\, m_1\, u_1^2 + \frac{1}{2}\, m_2\, u_2^2.$$

Sind die Massen und die Geschwindigkeiten vor dem Stoß bekannt, lassen sich die beiden unbekannten Geschwindigkeiten u_1 und u_2 nach dem Stoß berechnen. Wir beschränken uns auf den Fall, dass der gestoßene Körper ruht. Für *gerade Stöße* gilt mit $k = m_2/m_1$:

$$u_1 = v_1\,(1 - k)/(1 + k) \quad \text{und} \quad u_2 = 2\, v_1/(1 + k).$$

Die Strategie des Bilanzierens

am *Beispiel* eines unelastischen Stoßes:

Ein 2 kg schwerer Experimentierwagen stößt mit 1 m/s völlig unelastisch von hinten auf einen 4facher Masse und halber Geschwindigkeit. Mit welcher gemeinsamen Geschwindigkeit fahren sie weiter? Wie viel der gesamten Bewegungsenergie verschwand in innerer Energie? Wie groß waren die beim Stoß auftretenden Kräfte, wenn dieser 0,1 s dauerte?

Lösung:
Beim Aufprall ändern nur innere Kräfte die Bewegung der beiden Wagen. Die *Impulssumme nach dem Stoß*

$$(m_1 + m_2)\, u = (2\text{ kg} + 8\text{ kg})\, u = 10\text{ kg} \cdot u$$

ist gleich der Impulssumme vor dem Stoß

$$m_1\, v_1 + m_2\, v_2 = 2\text{ kg} \cdot 1\text{ m/s} + 8\text{ kg} \cdot 0{,}5\text{ m/s} = 6\text{ Ns}.$$

Also ist $10\text{ kg} \cdot u = 6\text{ Ns}$ oder $\boldsymbol{u = 0{,}6}$ **m/s**.

Energiesumme vor dem Stoß: $\frac{1}{2}\, m_1\, v_1^2 + \frac{1}{2}\, m_2\, v_2^2 = 2\text{ J}$

Energiesumme nach dem Stoß: $\frac{1}{2}\,(m_1 + m_2)\, u^2 = 1{,}8\text{ J}$

$\boldsymbol{\Delta W = 0{,}2}$ **J** verschwand beim Stoß in innere Energie.

Für die Kraft können wir nur einen zeitlichen Durchschnittswert berechnen. Er beträgt

$F = \Delta p_1/\Delta t = m \cdot \Delta v_1/\Delta t = 2\text{ kg} \cdot (0{,}6\text{ m/s} - 1\text{ m/s})/0{,}1\text{ s}$
$= 2\text{ kg} \cdot (-0{,}4\text{ m/s})/0{,}1\text{ s} = \mathbf{-8\ N}.$

Diese Kraft bremst Wagen 1 ab (negatives Vorzeichen).

Aufgaben

A 1: Unterscheiden Sie die Begriffe **a)** Impuls und Bewegungsenergie, **b)** Arbeit und Kraftstoß.

A 2: Die Geschwindigkeit einer Gewehrkugel (2,6 g) lässt sich leicht mit einem *ballistischen Pendel* (*Bild 1a*) bestimmen. Man feuert die Kugel in eine mit Sand gefüllte Kiste. In ihr wird die Kugel so rasch abgebremst, dass beide fast noch in der tiefsten Pendellage die gleiche Geschwindigkeit annehmen. Bei einer Pendellänge von $l = 2$ m erfährt ein 2,5 kg schwerer Pendelkörper die Auslenkung $d = 15$ cm. **a)** Mit welcher Geschwindigkeit beginnt das Pendel samt Kugel seine Bewegung? Wie schnell war die Kugel ($d^2 = 2\,l\,h - h^2$; h: Höhe)? **b)** Wie groß ist der Verlust an mechanischer Energie?

A 3: Die 2,6 g-Kugel eines bei Olympischen Spielen verwendeten Kleinkaliber-Gewehrs verlässt den Lauf mit $v = 330$ m/s. **a)** Welche Geschwindigkeit müsste man einem 3 kg schweren Medizinball geben, damit er denselben Impuls hat wie die Gewehrkugel? Hat der Ball dann auch dieselbe Bewegungsenergie? **b)** Die Kugel dringt 5 cm tief in einen Holzbalken. Welche Kraft erfährt dieser dabei im Mittel? Wie groß ist die Bremsdauer? Wie groß sind Bremskraft und Bremsdauer beim Medizinball, wenn er auf der Strecke 5 cm abgebremst wird?

A 4: Drei zusammengekoppelte Eisenbahnwagen von je 20 t stehen auf einem Gleis; ein vierter von gleicher Masse fährt mit 5 m/s auf. Dabei rastet die Kupplung ein. Wie schnell rollen die Wagen (reibungsfrei) weiter?

A 5: Ein Pendelkörper hängt an einem 0,5 m langen Faden. Er wird um die Strecke $d = 10$ cm horizontal ausgelenkt und losgelassen (*Bild 1b*). **a)** Mit welcher Geschwindigkeit bewegt er sich durch die Gleichgewichtslage? **b)** Zwischen der Höhe h und der Auslenkung d gilt die Beziehung $d^2 = (2\,l - h)\,h$. Leiten Sie die Gleichung her. **c)** Bei kleiner Auslenkung d ist näherungsweise $d^2 \approx 2\,l\,h$. Welchen Fehler macht man, wenn man diese Näherung in a) anwendet? **d)** Zeigen Sie: Bei kleinen Ausschlägen ist die Auslenkung d proportional zur Geschwindigkeit in der tiefsten Lage.

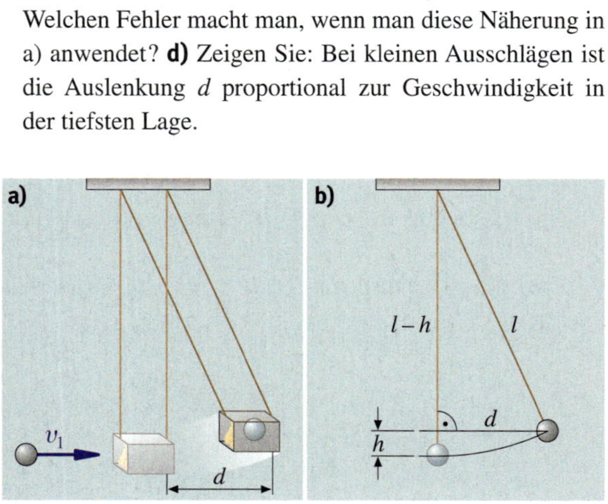

B 1: **a)** Ballistisches Pendel (*Aufgabe 2*)
b) Zu *Aufgabe 5*

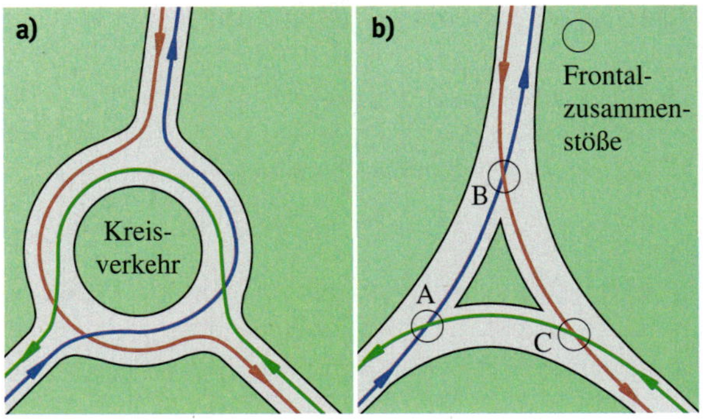

B 2: Verkehrsregelung im Kreis **a)** oder Dreieck **b)**

A 6: *Heimversuch*: Eine 50 Pf-Münze ($m_1 = 3{,}5$ g) trifft in einem geraden Stoß auf eine ruhende 5 DM-Münze ($m_2 = 10$ g). **a)** Wie groß ist das Verhältnis ihrer Geschwindigkeiten u_1/u_2 nach einem elastischen Stoß? **b)** Überprüfen Sie in einem Versuch das Ergebnis mit folgender Anordnung: Befestigen Sie (mit Klebestreifen) die Münzen als Pendelkörper an etwa 50 cm langen Fäden. Hängen Sie die Pendel so an ein vertikal gestelltes Brett, dass sich die Münzen gerade berühren und ihre Mittelpunkte sich in gleicher Höhe befinden. Neigen Sie das Brett ein wenig, damit die Münzen leicht am Brett anliegen und sich beim Pendeln nicht aus der Schwingungsebene herausdrehen. Befestigen Sie unter den Münzen am Brett ein glattes Papier, auf dem Sie die Gleichgewichtslagen und die maximalen Auslenkungen nach dem Stoß markieren. Verwenden Sie zur Bestimmung von u_1/u_2 die Beziehung $u \sim d$ aus Aufgabe 5d). **c)** Untersuchen Sie den Einfluss von Reibung zwischen Münze und Papier. Lassen Sie die Münzen ohne Stoß pendeln. Wie viel Prozent der Auslenkung erreicht jede Münze nach einem Hin und Zurück? Schätzen Sie die Wirkung der Reibung auf das Ergebnis von b) ab.

A 7: Bei einem geraden elastischen Stoß eines Wagens auf einen ruhenden größerer Masse gibt der stoßende Wagen mehr Impuls ab, als er besitzt. **a)** Warum ist dies bei der Energie unmöglich? **b)** Wie viel Impuls kann der stoßende Wagen maximal abgeben? Wie bewegt er sich anschließend?

A 8: Welche Vorteile hat die Verkehrsführung im Kreis (*Bild 2a*) gegenüber der im Dreieck (*Bild 2b*)? Betrachten Sie die Impulsänderungen und die umgesetzte Energie im Fall eines Zusammenstoßes.

A 9: Zu *Interessantes: Kraftstoß im Sport*: **a)** Mit welcher Geschwindigkeit hebt die Sportlerin bei A bzw. bei B ab? Wie hoch springt sie jeweils? Zu welchem Zeitpunkt bewegt sie sich jeweils am schnellsten aufwärts? **b)** Beim Sprung B führt die Sportlerin zunächst eine Gegenbewegung aus. Zu welchem Zeitpunkt bewegt sie sich am schnellsten abwärts? Welche Fläche liefert den zugehörigen Impuls? Wie groß ist er?

Überall in unserer Umgebung können Sie Kreisbewegungen beobachten. Viele sind auf dem Volksfest zu bestaunen. Zum Beispiel beim Kettenkarussell, wo die kreisenden Personen wie fliegende Massenpunkte aussehen, oder beim Rotor, wo die Menschen an den Wänden kleben. Im höchsten Punkt einer Loopingbahn sitzt man im Wagen mit dem Kopf nach unten und fällt nicht herunter. Hexerei oder nur angewandte Physik?

Auch im Verkehr, bei Sport und Spiel findet man vielfach Kreisbewegungen. Jedes Auto fährt durch Kurven und fliegt nicht hinaus, es sei denn, der Autofahrer fährt zu schnell. Wie groß darf eigentlich die Geschwindigkeit sein, damit das Auto nicht aus der Kurve getragen wird?

Beim Schleuderball- oder beim Hammerwurf bewegt der Sportler den an einem Seil befestigten Ball oder Hammer mehrfach im Kreis herum, bevor er loslässt. In welcher Richtung fliegt der Ball oder der Hammer weg, wenn der Werfer das Seil loslässt?

Das Skateboardfahren macht in einer Rinne viel Spaß, wenn man die notwendige Technik beherrscht. Wer diese hat, weiß, dass er im tiefsten Punkt der Rinne eine viel höhere Kraft als seine Gewichtskraft aushalten muss. Warum ist das so?

Sicher finden Sie noch weitere Beispiele in Ihrer Umwelt, bei denen man „kreisende Massenpunkte“ beobachten kann!

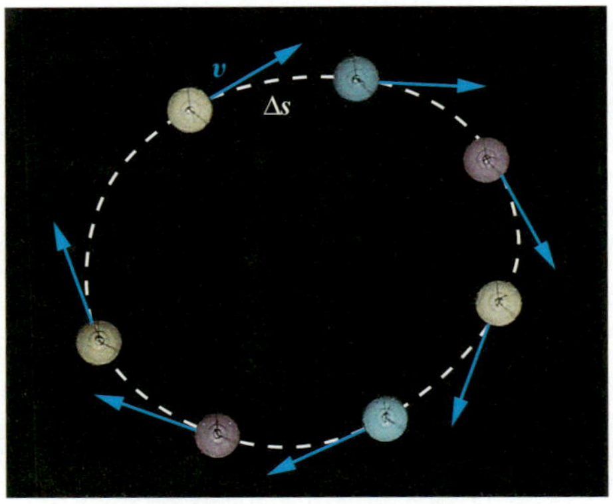

B 1: Stroboskopische Beleuchtung eines Balles, der an einer Schnur gleichmäßig im Kreis herum geschleudert wird.

Beispiel

Schleuderball

Ein gleichförmig kreisender Ball führt in $t = 10$ s 30 Umläufe auf einem Kreis mit dem Radius $r = 0{,}6$ m aus. Wie groß sind die Drehfrequenz f, die Umlaufdauer T und die Geschwindigkeit v des Balls?

Lösung:

$f = \frac{n}{t} = \frac{30}{10\text{ s}} = \mathbf{3\ s^{-1}}$; $T = \frac{t}{n} = \frac{\mathbf{1}}{\mathbf{3}}\ \mathbf{s}$;

$v = 2\pi r f = 2\pi \cdot 0{,}6\text{ m} \cdot 3\text{ s}^{-1} \approx \mathbf{11\ m{\cdot}s^{-1}}$

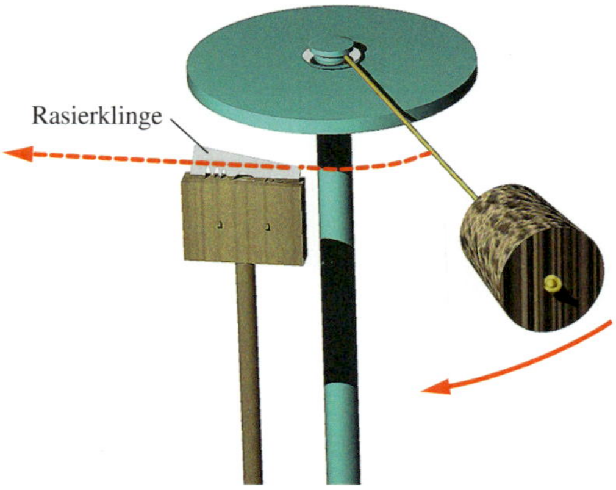

V 1: Wir zwingen einen an einen Faden gebundenen Gummistopfen auf eine Kreisbahn. Dazu befestigen wir den Faden an einer rotierenden horizontalen Scheibe. Wir nähern dem Faden von unten eine schräg gehaltene Rasierklinge im Punkt P_1; sie schneidet den Faden durch. Der Gummistopfen fliegt tangential weg, genauso wie z. B. die Funken an einem Schleifstein.

Beschreibung der Kreisbewegung; Zentripetalkraft

1. Erste Überlegungen; Grundbegriffe

Beobachtet man ein Auto bei einer Kurvenfahrt von einem hochfliegenden Hubschrauber aus, so erscheint es als bewegter *Massenpunkt*, genauso wie der Volksfestbesucher im Kettenkarussell. Die Ausdehnung der kreisenden Körper ist nämlich klein im Vergleich zum Radius r der Kreisbahn. Die Vorstellung des kreisenden Massenpunktes erfasst viele andere Beispiele von Kreisbewegungen, z. B. auch die Bewegung des Mondes auf seiner Bahn um die Erde. Wir legen sie deshalb den folgenden Überlegungen zugrunde.

Das einfachste Beispiel ist ein Ball, der an einer Schnur im Kreis waagerecht herumgeschleudert wird. Lassen wir den Ball gleichmäßig kreisen, durchläuft er nach *Bild 1* in gleichen Zeitabschnitten Δt gleich große Kreisbögen Δs. Also ist hier der **Betrag der Geschwindigkeit** $v = \Delta s / \Delta t$ konstant. Man spricht von einer **gleichförmigen Kreisbewegung**.

Die Zeit, die der Ball für einen Umlauf auf der Kreisbahn braucht, nennt man **Umlaufdauer** T. In der Zeit $\Delta t = T$ durchläuft der gleichförmig kreisende Ball also den Kreisumfang $\Delta s = 2\pi r$, wenn r der Radius der Kreisbahn ist. Demnach ist

$$v = \frac{\Delta s}{\Delta t} = \frac{2\pi r}{T}.$$

Je kürzer die Umlaufdauer T des gleichförmig kreisenden Balls ist, desto häufiger durchläuft er in einer Sekunde den Kreis. Wir sagen, seine **Drehfrequenz** f wird größer. Unter der Drehfrequenz versteht man allgemein den Quotienten $\boldsymbol{f = n/t}$ aus der Zahl n der Umläufe des Balls und der dazu benötigten Zeit t. Ihre Einheit ist $1/\text{s} = \text{s}^{-1}$, da die Zahl der Umläufe eine reine Zahl ist. – Da die Umlaufdauer $T = t/n$ ist, gilt $\boldsymbol{f = 1/T}$. Der Betrag der Geschwindigkeit v lässt sich daher auch bestimmen nach

$$v = 2\pi r / T = 2\pi r f.$$

Den Ausdruck $2\pi f = 2\pi / T$ fasst man oft zu einer neuen Größe $\boldsymbol{\omega = 2\pi f}$ zusammen, die man **Winkelgeschwindigkeit** nennt. Ihre Bedeutung zeigt sich z. B. beim Thema „Schwingungen".

Merksatz

1. Die Kreisbewegung eines Massenpunktes heißt gleichförmig, wenn der Betrag v seiner Geschwindigkeit konstant ist.
2. Die Zeit, die der Massenpunkt für einen Umlauf auf der Kreisbahn benötigt, nennt man Umlaufdauer T.
3. Die Drehfrequenz $f = n/t$ ist der Quotient aus der Zahl n der Umläufe eines Körpers auf der Kreisbahn und der dazu benötigten Zeit t.
4. Für die Winkelgeschwindigkeit ω gilt: $\omega = 2\pi f$.
5. Ist r der Kreisradius, so gilt:

$$f = \frac{1}{T} \quad \text{und} \quad v = \frac{2\pi r}{T} = 2\pi r f.$$

2. Welche Bewegungsrichtung hat der kreisende Körper?

Schleudert ein Kind einen Ball an einer Schnur über seinem Kopf möglichst waagerecht und gleichmäßig im Kreis herum, so bewegt sich der Ball mal auf einen in der Nähe stehenden Beobachter zu und mal von ihm weg. Die Bewegungsrichtung des Balls ändert sich also ständig. Der Geschwindigkeitsvektor v zeigt – wie wir insbesondere beim waagerechten Wurf erfahren haben – in jedem Punkt einer Bahnkurve in die Richtung der jeweiligen Bahntangente und gibt die momentane Bewegungsrichtung des Körpers an. Demzufolge ändert sich bei der gleichförmigen Kreisbewegung die *Richtung* des Geschwindigkeitsvektors v laufend. Er ist in jedem Punkt der Kreisbewegung tangential zur Kreisbahn gerichtet und steht immer senkrecht auf dem jeweiligen Kreisradius (➡ *Bild 1*). Der *Betrag* des Geschwindigkeitsvektors ist dagegen konstant $2\pi r/T$. In ➡ *Bild 1* sind daher alle eingezeichneten v-Pfeile gleich lang. ➡ *Versuch 1* bestätigt die Richtung von v und die Tatsache, dass die momentane Bewegungsrichtung eines kreisenden Körpers immer tangential zur Kreisbahn gerichtet ist.

Merksatz

Der Geschwindigkeitsvektor eines Körpers, der eine gleichförmige Kreisbewegung ausführt, hat in jedem Kreispunkt denselben Betrag $v = 2\pi r/T$, ändert aber ständig seine Richtung. Er steht immer senkrecht auf dem Kreisradius.

3. Ohne Kraft kein Kreis

Viele Autofahrer glauben, sie brauchten nur das Lenkrad einzuschlagen und schon fahre ihr folgsames Auto in die Kurve – bis sie bei Glatteis oder Aquaplaning eines anderen belehrt werden (➡ *Bild 2*). Dort fährt ihr Wagen geradlinig weiter. Er gehorcht nicht dem Steuer, sondern dem Trägheitsgesetz. Die Ursache ist das Fehlen einer äußeren Kraft, die das Fahrzeug in die Kurve zwingt. *Damit also ein Körper eine Kreisbahn durchläuft, muss auf ihn in jedem Punkt der Bahn eine äußere Kraft einwirken.* Welche Richtung hat diese Kraft?

Wird ein Ball an einer Schnur im Kreis herum geschleudert, kann die äußere Kraft auf den Ball nur von der Schnur aufgebracht werden. Diese kann aber eine Zugkraft nur in ihrer Längsrichtung ausüben. *Also ist die am Ball angreifende Kraft ständig zum Kreismittelpunkt hin gerichtet* und steht senkrecht zum jeweiligen Geschwindigkeitsvektor v (➡ *Versuch 2*). – Die äußere Kraft, die auf einen Körper einwirken muss, damit er eine gleichförmige Kreisbewegung ausführt, nennt man **Zentripetalkraft**. Ihr Betrag F_z ist in jedem Punkt der Kreisbahn gleich groß (➡ *Versuch 3*).

Merksatz

Durchläuft ein Körper eine Kreisbahn gleichförmig, so wirkt auf ihn in jedem Punkt der Kreisbahn eine zum Kreismittelpunkt hin gerichtete Zentripetalkraft F_z ein, deren Betrag konstant ist.

B 2: Das Auto fliegt tangential aus der Kurve

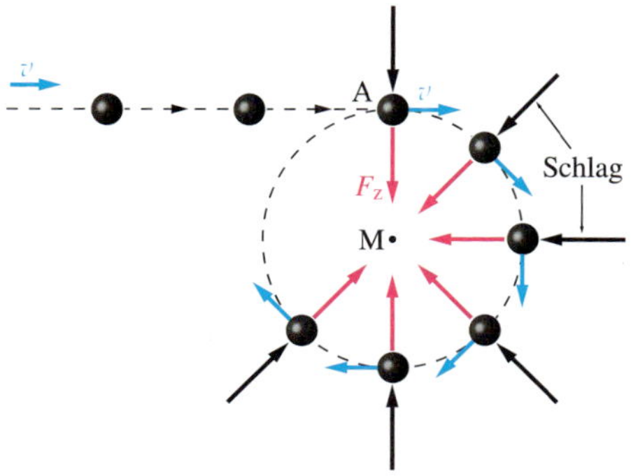

V 2: Auf einem waagerechten Tisch rollt eine Kugel. Vom Punkt A an soll sie auf Kommando eine Kreisbahn beschreiben. Kommt die Kugel bei A vorbei, pfeifen wir. Das kümmert sie wenig; infolge ihrer Trägheit rollt sie geradlinig weiter. Wollen wir sie auf eine Kreisbahn zwingen, so müssen wir auf sie ab A ständig eine konstante Kraft in Richtung auf das Kreiszentrum ausüben.

V 3: Ein Ball ist an einer Schnur befestigt, in die ein Federkraftmesser eingebaut ist. Rotiert der Ball gleichförmig, so zeigt der Kraftmesser einen konstanten Ausschlag.

A 1: Bestimmen Sie in ➡ *Bild 1* die Umlaufdauer T, die Umdrehungszahl pro Minute, die Drehfrequenz und die Geschwindigkeit des kreisenden Balls. Das Stroboskop blitzt im Abstand von 0,12 s, $r = 0{,}6$ m.

A 2: a) Die Erde bewegt sich etwa auf einer Kreisbahn um die Sonne ($r = 1{,}5 \cdot 10^{11}$ m). Bestimmen Sie ihre Geschwindigkeit.

b) Die Erde ($r_E = 6\,370$ km) rotiert in ca. 1 Tag einmal um ihre Achse. Wie groß ist die Geschwindigkeit eines Punktes am Äquator, wie groß die Ihres Heimatortes?

Vertiefung

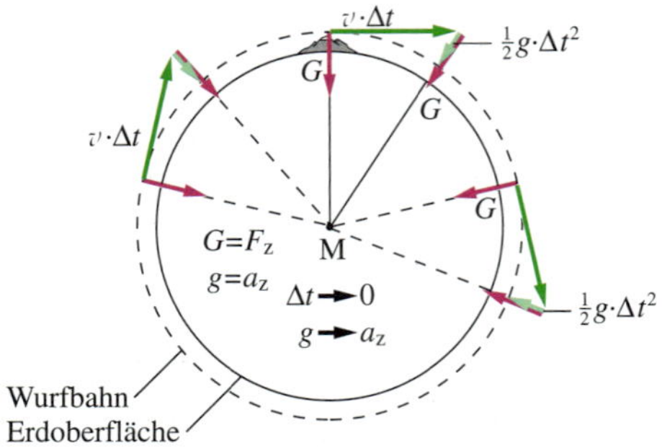

B 1: Zur Bestimmung von a_z

Die Zentripetalbeschleunigung a_z

Bei den Versuchen zum waagerechten Wurf wirkte die Gewichtskraft G in jedem Augenblick nach unten, genau genommen zum Erdmittelpunkt M. NEWTON konnte deshalb die weitsichtige Frage stellen: Mit welcher Geschwindigkeit v muss man Körper horizontal abschießen, damit sie nicht zu Boden fallen, sondern die Erde als Satelliten umkreisen (ohne Luftwiderstand)? – Ohne Gewichtskraft G würden sie nach *Bild 1* in der Zeit Δt die Strecke $v \cdot \Delta t$ zurücklegen. Doch wirkt G in jedem Punkt der Kreisbahn als Zentripetalkraft; g wird so zur Zentripetalbeschleunigung a_z. Beim Wurf im Physiksaal war die Flugzeit Δt recht klein gegenüber einer zu erwartenden Umlaufdauer T. Nur deshalb durften wir davon absehen, dass sich die stets zum Erdmittelpunkt gerichtete Fallstrecke $\Delta s = \frac{1}{2}\, g \cdot \Delta t^2$ ein wenig gedreht hat, wie der G-Vektor. Hat ein Körper – wie es NEWTON vorschwebte – die für eine Kreisbahn mit Radius r nötige Geschwindigkeit v tatsächlich, so gilt Bild 1. Ersetzen wir g durch a_z, so folgt für die Beträge nach Pythagoras:

$$r^2 + v^2 \cdot \Delta t^2 = (r + \tfrac{1}{2}\, a_z \cdot \Delta t^2)^2$$
$$= r^2 + r \cdot a_z \cdot \Delta t^2 + \tfrac{1}{4}\, {a_z}^2 \cdot \Delta t^4$$

oder $\quad v^2 = r \cdot a_z + \frac{1}{4}\, {a_z}^2 \cdot \Delta t^2$

Für sehr kleine Δt können wir die Terme mit Δt^2 und Δt^4 vernachlässigen. Also folgt für den gesuchten Zusammenhang zwischen der Kreisbahngeschwindigkeit v, dem Radius r und der Zentripetalbeschleunigung a_z:

$$\boldsymbol{a_z = v^2/r.}$$

Wir hätten also mit $v = \sqrt{a_z \cdot r} = \sqrt{g \cdot r} =$ 8 km·s⁻¹ horizontal abschießen müssen.

4. Welchen Betrag F_z hat die Zentripetalkraft?

Bei allen bisher betrachteten Bewegungen galt die Grundgleichung der Mechanik $F = m\,a$. Die resultierende äußere Kraft F bewirkte eine gleichgerichtete Beschleunigung a. Wir nehmen deshalb an, die Grundgleichung in der Form $F = m\,a$ beherrscht auch die gleichförmige Kreisbewegung. Damit behaupten wir allerdings gleichzeitig, dass die Zentripetalkraft F_z eine zu ihr *gleichgerichtete Beschleunigung* a_z hervorruft. Kennen wir diese Beschleunigung, können wir den Betrag F_z bestimmen.

Aber erfährt z. B. ein Auto in der Kurve überhaupt eine Beschleunigung? Wer behauptet schon, dass ein Auto, das mit einer konstanten Geschwindigkeit von 30 $\text{km}\cdot\text{h}^{-1}$ durch eine Kurve fährt, sich beschleunigt bewegt? Die Physik tut genau dies, obgleich der Betrag der Geschwindigkeit gleich bleibt. Und zwar deshalb, weil sich die *Richtung* der Geschwindigkeit dauernd ändert. Zu dieser Richtungsänderung ist die Zentripetalkraft F_z nötig. *Die gleichförmige Kreisbewegung ist also eine beschleunigte Bewegung,* wobei die Beschleunigung nicht entlang der Bahntangente, sondern zum Kreismittelpunkt gerichtet ist. Die auftretende Beschleunigung nennt man **Zentripetalbeschleunigung a_z**.

In der *Vertiefung* wird gezeigt, dass für den Betrag a_z der Zentripetalbeschleunigung gilt: $a_z = v^2/r$. Er ist in jedem Punkt der Kreisbewegung gleich groß, da v und r konstant sind. Mit der Grundgleichung finden wir somit für den Betrag von F_z:

$$F_z = m \cdot a_z = \frac{m \cdot v^2}{r}.$$

Aber nur ein Versuch kann zeigen, ob dieses Ergebnis für F_z richtig ist und wir die Grundgleichung auch wirklich anwenden durften. Tatsächlich demonstriert *Versuch 1*, dass es so ist.

Merksatz

1. Die gleichförmige Kreisbewegung ist eine beschleunigte Bewegung, für die die Grundgleichung der Mechanik gilt.
2. Zentripetalbeschleunigung a_z und Zentripetalkraft F_z sind in jedem Punkt der Bahn zum Kreismittelpunkt hin gerichtet und haben einen konstanten Betrag.
3. Es ist: $\boldsymbol{a_z = \frac{v^2}{r}}$ und $\boldsymbol{F_z = m\,a_z = \frac{m\,v^2}{r}}$.

Beispiel

Ein Auto durchfährt eine Kurve

Ein Auto (m = 1 000 kg) fährt mit einer Geschwindigkeit von 72 $\text{km}\cdot\text{h}^{-1}$ durch eine Kurve mit dem Radius r = 200 m. Wie groß sind die Zentripetalbeschleunigung a_z und die Zentripetalkraft F_z?

Lösung: Zunächst sind 72 $\text{km}\cdot\text{h}^{-1}$ = 20 $\text{m}\cdot\text{s}^{-1}$. Es wird damit:
$a_z = v^2/r$ = 400 $\text{m}^2\cdot\text{s}^{-2}$/200 m = **2 $\text{m}\cdot\text{s}^{-2}$**.
$F_z = m\,a_z = m\,v^2/r$ = 1 000 kg · 400 $\text{m}^2\cdot\text{s}^{-2}$/200 m = **2 000 N**.

Vertiefung

Eine Frage des Standpunktes: Die Zentrifugalkraft

Haben wir nicht etwas falsch gemacht, als es um die Richtung der Zentripetalkraft ging? Sie haben vielleicht argumentiert: „Wenn ich mit dem Auto durch eine Kurve fahre, drückt es mich doch nach außen. Wir haben es mit einer vom Kreismittelpunkt weg gerichteten Kraft zu tun, der *Zentrifugalkraft*!“ Vorsicht! Bedenken Sie, von wo aus Sie eine Bewegung beschreiben. Bisher haben wir dies von außen, d. h. von einem Inertialsystem aus getan. Im Auto sind wir aber *mitbeschleunigter Beobachter*. Folglich erscheint uns vieles anders. Um dies genauer zu verstehen, betrachten wir noch einmal den Gummistopfen in dem Versuch, bei dem der Faden durchtrennt wird. Kurz nachdem der Faden durchschnitten ist, entfernt sich der Stopfen von der Mitte der Scheibe (Punkte 1′, 2′, 3′ usw.). Ein auf der Scheibe mitbewegter Beobachter würde sich dabei auf dem Kreisbogen bewegen (Punkte 1, 2, 3 usw.). Von ihm aus gesehen würde sich der Stopfen nach außen entfernen, und zwar beschleunigt (die roten Strecken 1′1, 2′2, 3′3 usw. wachsen etwa wie die Quadratzahlen an). Dies führt zur Annahme einer nach außen gerichteten Zentrifugalkraft. Wir spüren sie als mitrotierender Beobachter, der stets von einer Bewegungsrichtung in die andere gezwungen wird. Dabei befinden wir uns in einem beschleunigten Bezugssystem, also *nicht* in einem Inertialsystem! Ein außenstehender Beobachter ist dagegen in einem Inertialsystem und sieht den Stopfen entsprechend dem Trägheitsgesetz tangential und unbeschleunigt wegfliegen. Wir nehmen immer diesen Standpunkt ein. *Eine Zentrifugalkraft gibt es für uns dann nicht!*

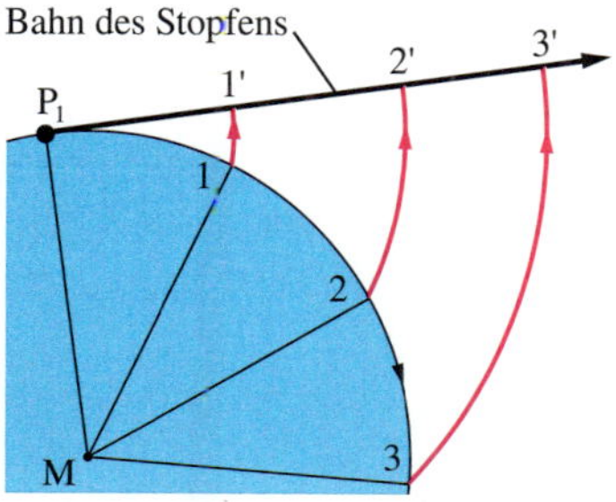

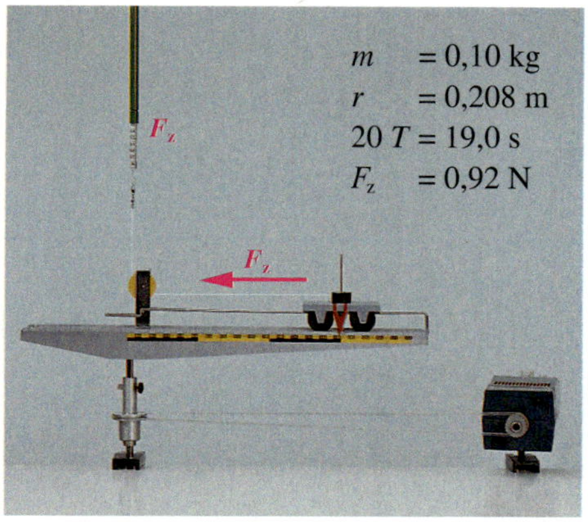

V 1: Ein Wagen kann sich auf der Schiene bewegen und ist mit einem Faden über eine Umlenkrolle und ein Kugelgelenk an einem Federkraftmesser befestigt. Lässt man die Schiene gleichförmig rotieren, so beschreibt der Wagen eine Kreisbahn mit festem Radius r, den man an der Schiene ablesen kann. Der Kraftmesser übt über den Faden die notwendige Zentripetalkraft F_z aus.

Wenn man die im Bild angegebenen Messwerte für m, r und T in die Gleichung für die Zentripetalkraft einsetzt, erhält man: $v = 2\pi r/T = 1{,}38\ \text{m·s}^{-1}$; $a_z = v^2/r = 9{,}2\ \text{m·s}^{-2}$ und damit $F_z = m\,v^2/r = 0{,}92\ \text{N}$, also den gemessenen Wert für F_z.

Auch bei anderen Versuchsbedingungen stimmt der aus m, r und T berechnete F_z-Wert mit dem gemessenen F_z-Wert überein.

... noch mehr Aufgaben

A 1: Suchen Sie Beispiele, bei denen man das Ablösen von Teilchen von einer Kreisbahn entlang einer Tangente beobachtet.

A 2: Ist die gleichförmige Kreisbewegung eine Bewegung mit konstanter Geschwindigkeit oder eine mit konstanter Beschleunigung?

A 3: Eine Wäscheschleuder mit einem Durchmesser von 25 cm dreht sich 40-mal je Sekunde. Mit welcher Geschwindigkeit läuft die Trommelwand um? Wie groß ist die Beschleunigung a_z an der Wand? Mit welcher Kraft müsste dort ein Wasserteilchen ($m = 1$ g) vom Stoffgewebe festgehalten werden, um nicht wegzufliegen?

A 4: Ein Käfer ($m = 1$ g) rotiert windgeschützt auf der Flügelspitze ($r = 15$ m) einer Windkraftanlage mit. Er muss sich mit der Kraft von 0,15 N festhalten. Bestimmen Sie die Geschwindigkeit der Flügelspitzen und die Drehfrequenz der Rotorblätter.

A 5: Ein Stein ($m = 0{,}20$ kg) wird immer schneller an einer Schnur ($l = 50$ cm) in einem horizontalen Kreis herumgeschleudert. Bei welcher Drehfrequenz f reißt sie, wenn sie 100 N aushält?

A 6: **a)** Ein Mensch ($m = 75$ kg) befindet sich am Äquator. Wie groß ist die Zentripetalkraft F_z, die nötig ist, damit er die Erdrotation mitmacht (Erde als Kugel mit Radius $r_E = 6\,370$ km)? **b)** Wer bringt die Zentripetalkraft F_z auf? **c)** Wird F_z zu den Polen hin größer oder kleiner? Warum? **d)** Wie groß ist F_z bei uns in Mitteleuropa (50° nördlicher Breite)?

A 7: Aus der Gleichung $F_z = m\,v^2/r$ folgt $F_z \sim 1/r$: Setzt man $v = 2\pi r/T$ in $m\,v^2/r$ ein, so folgt $F_z = 4\pi^2 m\,r/T^2$ und daraus $F_z \sim r$. Erklären sie diesen scheinbaren Widerspruch.

B 1: Reifen bei einer schnell durchfahrenen Kurve. Quer zur Fahrtrichtung wirkt die Haftkraft F_h.

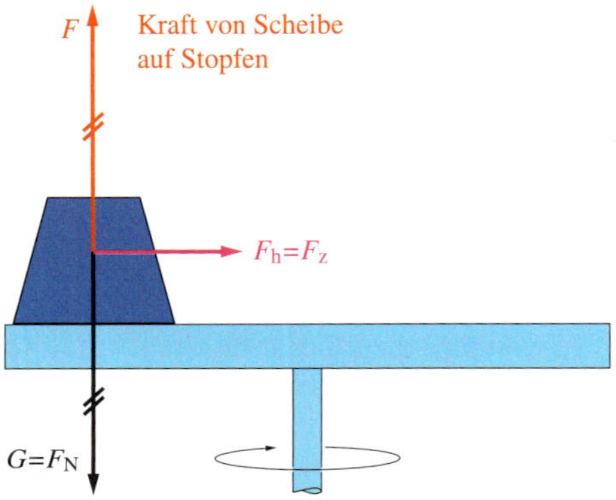

V 1: Wir lassen eine waagerechte Scheibe mit einem darauf liegenden Gummistopfen im Abstand r vom Kreismittelpunkt rotieren. Erhöht man langsam die Drehfrequenz, so bleibt der Stopfen zunächst liegen und fliegt erst bei einer ganz bestimmten Geschwindigkeit v weg. – Solange der Stopfen liegenbleibt, liefert die Haftkraft F_h die für die Kreisbewegung notwendige Zentripetalkraft F_z zum Zentrum hin.

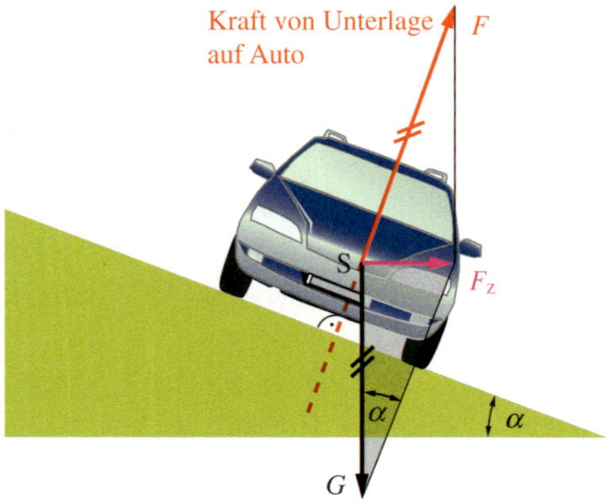

B 2: Ein Auto durchfährt ohne Reibung eine überhöhte Kurve (Schnittbild)

Physik und Verkehr

1. Fahrzeuge in einer nicht überhöhten Kurve

Woran liegt es, dass manche Fahrzeuge, vor allem, wenn sie zu schnell sind, nicht durch eine Kurve kommen und hinausfliegen? *Versuch 1* gibt eine erste Antwort. Der Stopfen auf der Scheibe kann nur mitrotieren, solange eine Zentripetalkraft F_z auf ihn einwirkt, denn sonst würde er tangential wegfliegen. Wer aber bringt in diesem Versuch die für die Kreisbewegung notwendige Zentripetalkraft F_z auf? Es kann nur die Haftkraft F_h sein, denn die Gewichtskraft G des Stopfens wird durch die Kraft F der Scheibe auf den Stopfen ausgeglichen (*Versuch 1*). Die Gewichtskraft wirkt zudem nicht in Richtung auf den Kreismittelpunkt. Von der Haftkraft wissen wir, dass sie einen maximalen Wert $F_{h,\,max}$ besitzt. Der Stopfen bleibt also liegen, solange $\boldsymbol{F_z \leq F_{h,\,max}}$ ist. Es gilt:

$F_{h,\,max} = f_h \cdot F_N = f_h \cdot m \cdot g$, da hier $F_N = G$ ist. Aus $F_z \leq F_{h,\,max}$ folgt:

$$\frac{m\,v^2}{r} \leq f_h\,m\,g \quad \text{oder} \quad v \leq \sqrt{f_h\,g\,r}.$$

Ganz ähnlich können wir angeben, wie groß die Geschwindigkeit v eines Autos höchstens sein darf, damit es eine *nicht überhöhte Kurve* durchfahren kann. Schlägt man das Lenkrad ein, so führen die Räder das Auto auf eine Kreisbahn. Dabei erfahren sie quer zur Bewegungsrichtung eine Haftkraft F_h mit dem Maximalwert $F_{h,\,max}$ (*Bild 1*), der bei Nässe von der Qualität des Reifenprofils abhängt. F_h liefert wie in *Versuch 1* die notwendige Zentripetalkraft F_z. Das Auto schleudert also in einer nicht überhöhten Kurve mit dem Radius r nicht, solange gilt:

$$F_z \leq F_{h,\,max} \quad \text{oder} \quad v \leq \sqrt{f_h\,g\,r}.$$

2. Fahrzeuge in einer überhöhten Kurve

Ohne Reibung kommt man nur durch eine Kurve, wenn sie *überhöht* ist. *Bild 2* verdeutlicht die Situation in einer Linkskurve. Welche Bedingungen müssen hier gelten? Grundsätzlich merke man sich: *Bildet man die Summe aller an dem Körper (hier dem Auto) angreifenden äußeren Kräfte, so muss die Zentripetalkraft F_z entstehen.* Vergleichen Sie dazu nochmals *Versuch 1*. Dort wurde die Gewichtskraft G durch die nach oben gerichtete Kraft F der Unterlage ausgeglichen. Die Summe aller äußeren Kräfte an dem Stopfen ist die Haftkraft F_h, die als Zentripetalkraft F_z wirkt.

Die äußeren Kräfte, die bei der Kurvenfahrt nach *Bild 2* bei fehlender Reibung am Auto angreifen, sind die Gewichtskraft G und eine Kraft F der Straße auf das Auto. Ohne Reibung kann diese Kraft F nur senkrecht zur Straßenoberfläche wirken. G und F müssen zusammen die Zentripetalkraft F_z aufbringen: Hat F einen solchen Betrag, dass F_z waagerecht verläuft, durchfährt das Auto (v konstant) einen horizontalen Kreis in konstanter Höhe.

Aus dem grauen Dreieck in Bild 2 folgt die Betragsgleichung:

$$\tan\alpha = \frac{F_z}{G} = \frac{m\,v^2}{r\,m\,g} \Rightarrow v = \sqrt{r\,g\tan\alpha}.$$

Ohne Reibung gibt es also bei vorgegebenem α nur *eine* Geschwindigkeit v, mit der das Auto durch die Kurve kommt.

In Wirklichkeit hilft bei einer Kurvenfahrt sowohl die Reibung als auch eine gewisse Kurvenüberhöhung. Die obige Gleichung gibt dann die Geschwindigkeit v an, bei der zu vorgegebenem α die Straßenlage des Autos optimal ist (Haftkraft $F_h = 0$). Bei einer größeren Geschwindigkeit muss die Reibung zwischen Reifen und Straße verhindern, dass das Auto nach außen, bei einer kleineren Geschwindigkeit, dass es nach innen rutscht.

Interessantes

Achtung: Kurvenfahrt !

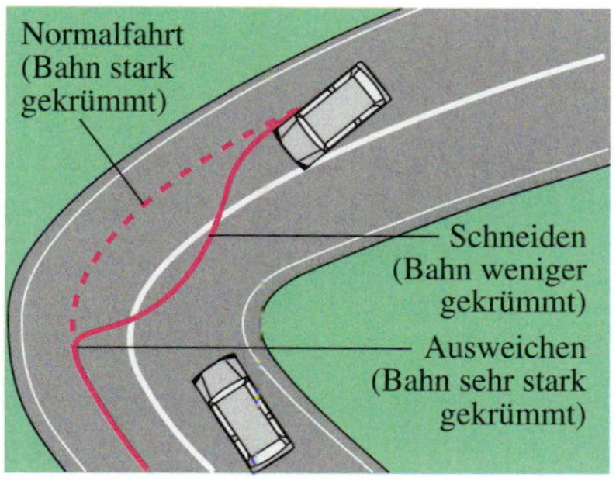

a) Bei glitschiger Straße ist es lebenswichtig, langsam zu fahren! Da die Zentripetalkraft F_z quadratisch von der Geschwindigkeit v abhängt, setzt z. B. eine Halbierung der Geschwindigkeit die für ein sicheres Durchfahren der Kurve nötige Zentripetalkraft und damit die nötige Haftkraft auf den vierten Teil herab.

b) In der Kurve den Fuß weg vom Gaspedal und von der Bremse! Auch die Kräfte zum Beschleunigen oder Bremsen müssen von der Haftkraft aufgebracht werden. Sie verringern die für die Kurvenfahrt zur Verfügung stehende maximale Zentripetalkraft. Oft genug aber hat das Auto in der Kurve eine so große Zentripetalbeschleunigung, dass es die maximale Haftkraft voll als Zentripetalkraft beansprucht. Bremst oder beschleunigt man dann noch, so fliegt das Auto aus der Kurve. Bremsen soll man vor der Kurve! (Leichtes Gasgeben hilft allerdings oft beim Kurvenfahren; denn ohne Gas bremst der Motor.)

Beispiel

Mit dem ICE-Zug in die Kurve

Ein ICE-Zug durchfährt mit der Geschwindigkeit von 216 km·h^{-1} eine Kurve mit dem Radius $r = 2\,500$ m. Wie stark muss die äußere Schiene überhöht sein, damit beide Schienen gleich belastet werden, sodass jegliche Kipp- und Schleudergefahr ausgeschlossen ist (Spurweite $w = 1\,435$ mm)?

Lösung: Es liegt dieselbe Situation vor, wie bei einem Auto, das ohne Reibung durch eine überhöhte Kurve fährt (Bild 2). Wirkt die Kraft F der Schienen auf den Zug *senkrecht* zur Schienenebene, so erzeugt sie zusammen mit der Gewichtskraft G die notwendige Zentripetalkraft F_z. Für den Neigungswinkel α der Schienenebene gegenüber der Waagerechten gilt (Betragsgleichung):

$$\tan\alpha = \frac{F_z}{G} = \frac{m\,v^2}{r\,m\,g} = \frac{v^2}{r\,g}$$

$$\tan\alpha = \frac{(60\text{ m·s}^{-1})^2}{2\,500\text{ m}\cdot 10\text{ m·s}^{-2}} = 0{,}144 \Rightarrow$$

$$\alpha = 8{,}2°$$

Für die Überhöhung $ü$ der äußeren gegenüber der inneren Schiene gilt dann:
$\sin\alpha = ü/w$ oder $ü = w \cdot \sin\alpha \Rightarrow$
$ü = 1\,435\text{ mm} \cdot \sin 8{,}2° =$ **205 mm**

... noch mehr Aufgaben

A 1: Bei welcher Drehfrequenz f fliegt in Versuch 1 ein Körper weg ($m = 30$ g), der 20 cm von der Achse der Scheibe entfernt liegt ($f_h = 0{,}4$)? Würde er bei $v = 1{,}0$ m·s^{-1} liegen bleiben? Wie ändert sich das Ergebnis mit m?

A 2: a) Wie schnell darf ein Auto in einer nicht überhöhten Kurve ($r = 100$ m) höchstens fahren, wenn es bei $f_h = 0{,}4$ nicht rutschen soll? **b)** Mit welcher Geschwindigkeit muss eine mit $\alpha = 5{,}7°$ überhöhte Kurve ($r = 100$ m) durchfahren werden, sodass keine Haftkräfte quer zur Fahrtrichtung zwischen Rädern und Straße auftreten?

A 3: a) Warum muss ein rasanter Autofahrer, der seine Geschwindigkeit nicht drosseln möchte, eine Kurve „schneiden"? **b)** „Kurvenschneiden" ist deswegen so gefährlich und daher verboten, weil man zum Ausweichen vor einem nicht vermuteten entgegenkommenden Fahrzeug eine sehr enge Kurve fahren müsste. Begründen Sie, warum dies nicht möglich ist.

A 4: Ein Bob durchfährt eine Kurve ($r = 25$ m) mit der Geschwindigkeit 100 km·h^{-1}. Welche Neigung muss die Bahn haben, damit er nicht seitlich wegrutscht?

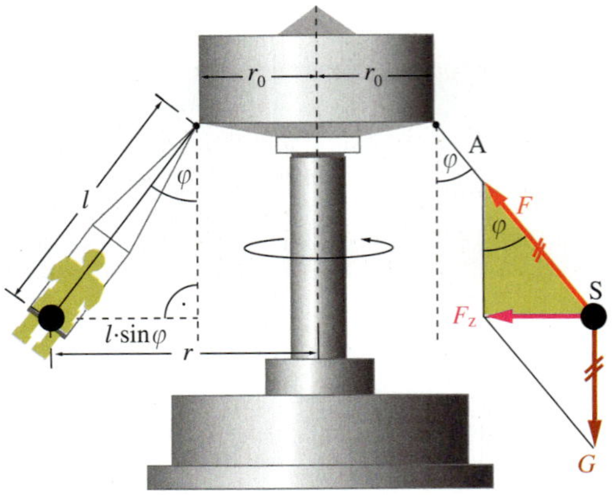

B 1: Kräftebilanz beim Kettenkarussell

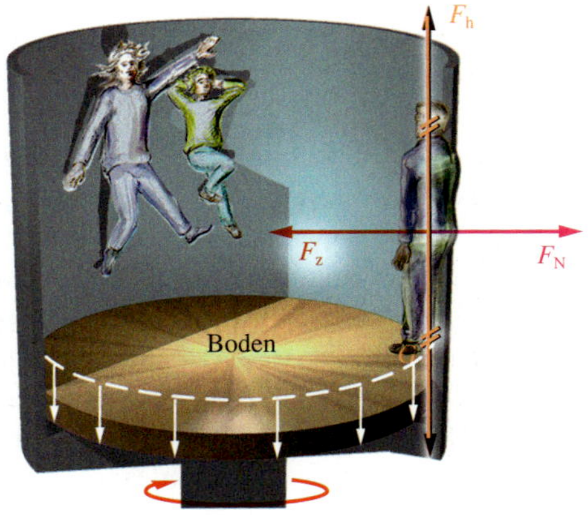

B 2: Rotor auf dem Volksfest

V 1: Ein zylindrisches Gefäß rotiert um seine vertikale Achse. Wirft man an die Innenwand eine Schachtel im Drehsinn, so kreist sie mit, ohne herabzufallen. Erkläre!

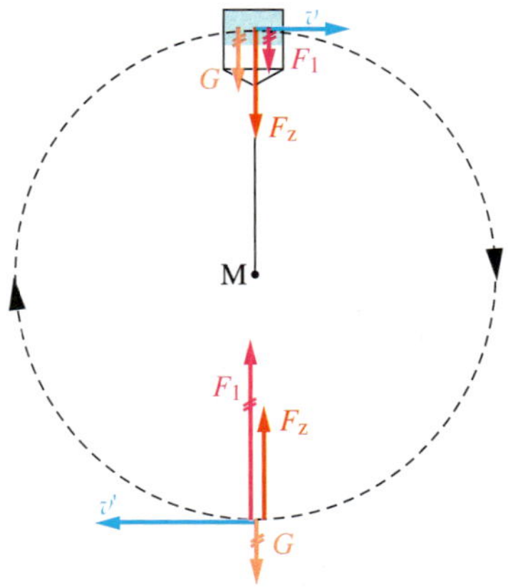

V 2: Wir schleudern eine mit Wasser gefüllte Blechbüchse an einer Schnur in einem vertikalen Kreis. Im obersten Punkt der Kreisbahn zeigt die Öffnung der Büchse nach unten. Trotzdem fließt bei nicht zu langsamem Kreisen kein Wasser aus.

Physik auf dem Volksfest

1. Auf dem Kettenkarussell

Das Kettenkarussell (➡ *Bild 1*) ist ein Beispiel einer Kreisbewegung mit *vertikaler Achse*. Der Sitz S mit dem Fahrer hat vom Aufhängepunkt A den Abstand l und A von der Drehachse den Abstand r_0. Rotiert das Karussell gleichförmig, so bilden die Ketten einen konstanten Winkel φ mit der Vertikalen. Die Kette hält den Sitz mit Fahrgast durch die schräg nach oben gerichtete von der Aufhängung aufgebrachte Kraft F. F und G ergeben die notwendige Zentripetalkraft F_z. F ist so groß, dass F_z waagerecht verläuft. Es gilt in dem gelben Dreieck in ➡ *Bild 1*:

$$\tan\varphi = \frac{F_z}{G} = \frac{m\,v^2}{r\,m\,g} = \frac{v^2}{r\,g} \quad \text{mit} \quad r = r_0 + l \cdot \sin\varphi.$$

2. Im Rotor

Der Rotor auf dem Volksfest (➡ *Bild 2*) ist eine große um ihre *vertikale Achse* drehbare Trommel von etwa 5 bis 10 m Durchmesser. Bei schneller Rotation bleiben die Personen an der Wand hängen, auch wenn sich der Boden senkt. Wegen ihrer Trägheit würden sie ohne Krafteinwirkung tangential weiterfliegen. Sie verformen etwas die Wand durch eine auf diese gerichtete Normalkraft F_N (➡ *Bild 2*). F_N greift an der Wand an. Die verformte Wand übt auf die Person die zu F_N entgegengesetzt gerichtete reactio F_z nach innen aus. F_z wirkt als Zentripetalkraft. Normalkraft F_N und Zentripetalkraft F_z haben hier denselben Betrag. Damit die Person nicht abrutscht, muss infolge der Normalkraft F_N eine Haftkraft F_h an der Person angreifen und der Gewichtskraft G das Gleichgewicht halten. Die Person rutscht also nicht ab, solange $\boldsymbol{G \leq F_{h,\,max}}$ ist, d. h. solange gilt:

$$m\,g \leq f_h F_N \quad \text{oder} \quad m\,g \leq f_h F_z = \frac{f_h m\,v^2}{r} \Rightarrow v^2 \geq \frac{r\,g}{f_h}.$$

3. Die Loopingbahn

Warum fallen die Wagen in ➡ *Bild 3* beim Durchfahren der „Todesspirale“, einer Kreisbewegung mit *horizontaler Achse*, nicht herunter? Um diese Frage zu beantworten, führen wir einen Modellversuch mit einer mit Wasser gefüllten und an einer Schnur im Kreis geschleuderten Blechbüchse durch (➡ *Versuch 2*).

Damit die Büchse samt dem in ihr befindlichen Wasser auf einem Kreis läuft, muss sie andauernd in Richtung auf den Kreismittelpunkt beschleunigt werden, also fortwährend auf M zu „fallen“. Die dazu notwendige Zentripetalbeschleunigung a_z wächst mit der Drehfrequenz. Macht man diese so groß, dass $a_z = g$ ist, so wird im höchsten Punkt der Bahn die zur Kreisbewegung notwendige Zentripetalbeschleunigung gerade vom freien Fall geliefert. Man muss in diesem Augenblick überhaupt nicht an der Schnur ziehen: Büchse und Wasser fallen beide „von selbst“ mit dem richtigen Betrag der Zentripetalbeschleunigung $a_z = g$ auf den Mittelpunkt zu.

Bei größerer Drehfrequenz ist $a_z > g$: Jetzt muss man also die wassergefüllte Büchse der Masse m im obersten Punkt der Bahn noch mit der zusätzlichen Kraft $F_1 = m(a_z - g) = F_z - G$ nach unten ziehen. – Im tiefsten Punkt des vertikalen Kreises hat die Kraft den Betrag $F_1 = F_z + G$. Man muss nämlich G das Gleichgewicht halten und zusätzlich die Zentripetalkraft F_z aufbringen.

Die Überlegungen gelten auch, wenn die Kreisbewegung *nicht gleichförmig* erfolgt (➠ *Beispiel*). Mit der Geschwindigkeit v ändert sich dann allerdings der Betrag der Zentripetalkraft F_z.

B 3: Warum fallen die Wagen nicht herab?

Beispiel

Bergab, bergauf auf der Loopingbahn

Der Wagen (Masse mit Fahrgast $m = 150$ kg; der Wagen hat keinen Motor) durchläuft die skizzierte Loopingbahn ohne Reibung. Er startet bei A aus der Ruhe. **a)** Aus welcher Höhe muss er mindestens losfahren, damit er im Kreis ($r = 5$ m) bei B nicht herabfällt? **b)** Welche Kraft übt der Wagen im Punkt C in dem Augenblick auf die Schiene aus, in dem er in die Kreisbahn eingefahren ist, wenn er aus der Grenzhöhe der Teilaufgabe a) losfährt?

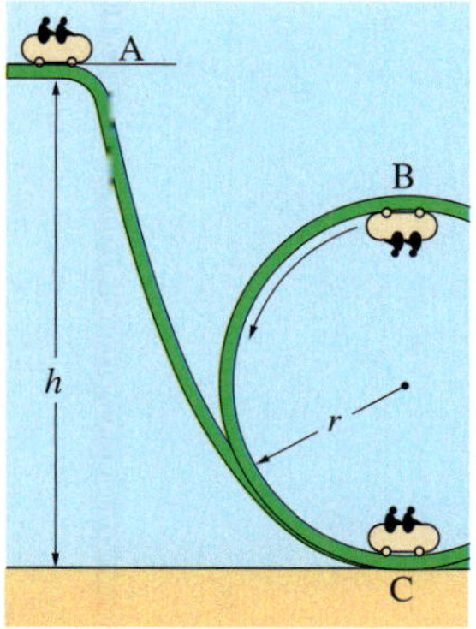

Lösung:

a) Damit der Wagen in B nicht herabfällt, muss dort $F_z \geq G$ sein. Daraus folgt für die notwendige Geschwindigkeit v_B im Punkt B:

$$m\,v_B^2/r \geq m\,g \Rightarrow v_B \geq \sqrt{r\,g}. \qquad (1)$$

v_B ergibt sich aus dem Energieerhaltungssatz. Legt man das Nullniveau der Höhenenergie auf die Höhe von B, gilt:

$$m\,g\,(h - 2\,r) + 0 = 0 + \tfrac{1}{2}\,m\,v_B^2 \Rightarrow v_B = \sqrt{2\,g\,(h - 2\,r)}. \qquad (2)$$

Aus (1) und (2) folgt:

$$\sqrt{2\,g\,(h - 2\,r)} \geq \sqrt{r\,g} \Rightarrow 2\,h - 4\,r \geq r \Rightarrow h \geq 2{,}5\,r \Rightarrow \boldsymbol{h \geq 12{,}5\ \mathrm{m}}.$$

b) Die Geschwindigkeit v_C erhält man aus dem Energieerhaltungssatz, wenn man das Nullniveau der Höhenenergie auf die Höhe von C legt. Es folgt wie oben: $v_C = \sqrt{2\,g\,h}$. (3)

Im Punkt C muss die Schiene zunächst die Gewichtskraft $G = m\,g$ des Wagens ausgleichen und zusätzlich die für die Kreisbewegung nötige Zentripetalkraft F_z aufbringen. Der Wagen wirkt deshalb mit seiner Gewichtskraft G und der reactio von F_z auf die Unterlage ein. Die gesuchte Kraft ist also (Betragsgleichung):

$$F = G + F_z = m\,g + m\,v_C^2/r,\ \text{mit (3) folgt}\ F = m\,g + 2\,m\,g\,h/r.$$

Setzt man hier nach a) die Grenzhöhe $h = 2{,}5\,r$ ein, so findet man:

$$F = m\,g + \frac{2\,m\,g \cdot 2{,}5\,r}{r} = 6\,m\,g,\ \text{in Zahlen}\ \boldsymbol{F = 9\,000\ \mathrm{N}}.$$

... noch mehr Aufgaben

A 1: Bei einem Kettenkarussell (➠ *Bild 1*) ist $r_0 = 6{,}0$ m und $l = 5{,}0$ m. Es dreht sich gleichförmig und ($\varphi = 55°$). **a)** Wie groß ist die Geschwindigkeit v des Fahrgastes? **b)** Wie groß sind Umlaufdauer T und Drehfrequenz f? **c)** Welche Kraft greift im Aufhängepunkt der Kette an? ($m = 85$ kg).

A 2: **a)** Von welcher Drehfrequenz f an bleibt eine Person ($m = 75$ kg) an der Wand des Rotors (➠ *Bild 2*) mit 4,2 m Durchmesser hängen ($f_h = 0{,}5$; Abstand Schwerpunkt der Person – Wand: 10 cm)? **b)** Von welcher Frequenz f_1 an könnte man die Achse des Rotors horizontal legen, ohne dass die Person im höchsten Punkt der Bewegung herabfällt? **c)** Der Rotor rotiert gleichförmig mit der Frequenz f_1 (Achse horizontal). Welche Kraft übt er im tiefsten Punkt auf die Person nach oben aus?

A 3: Eine Milchkanne wird in einem vertikalen Kreis mit $r = 1{,}0$ m geschwungen (➠ *Versuch 2*). **a)** Wie groß muss die Geschwindigkeit im höchsten Punkt sein, damit keine Milch ausläuft? **b)** Welche Geschwindigkeit hat dann die Kanne im tiefsten Punkt, wenn der Schleudernde keine Energie zuführt? **c)** Mit welcher Kraft muss er die Kanne ($m = 2{,}0$ kg) im höchsten bzw. im tiefsten Punkt halten?

A 4: **a)** Welche Geschwindigkeit muss ein Wagen im höchsten Punkt B einer Spielzeugloopingbahn (➠ *Beispiel*; $r = 15$ cm) mindestens haben, damit er auf der Bahn bleibt? **b)** Wie schnell ist er dann im tiefsten Punkt C. Welche Kraft übt er dort auf die Bahn aus ($m = 100$ g)? **c)** Aus welcher Höhe h muss der Wagen mindestens losfahren, um sicher den Kreis zu durchlaufen?

Das ist wichtig

1. a) Die Kreisbewegung eines Massenpunktes heißt **gleichförmig**, wenn der **Betrag der Geschwindigkeit v konstant ist**. Ist r der Radius des Kreises, T die Umlaufdauer und f die Drehfrequenz, so gilt:

$$f = \frac{1}{T} \quad \text{und} \quad v = \frac{2\pi r}{T} = 2\pi r f.$$

b) Der **Geschwindigkeitsvektor** $\vec{v}$ ist in jedem Punkt der Kreisbewegung **tangential** zur Kreisbahn gerichtet.

2. Damit ein Körper eine Kreisbahn gleichförmig durchläuft, muss auf ihn in jedem Punkt der Bahn eine zum Kreismittelpunkt gerichtete **Zentripetalkraft F_z** einwirken, deren **Betrag konstant** ist.

3. a) Die Zentripetalkraft F_z erzeugt am Körper eine gleichgerichtete, also ebenfalls zum Kreismittelpunkt gerichtete **Zentripetalbeschleunigung a_z**. Dafür gilt die Grundgleichung der Mechanik: $F_z = m\,a_z$.

b) Für die **Beträge** a_z und F_z gilt:

$$a_z = \frac{v^2}{r} \quad \text{sowie} \quad F_z = m\,a_z = \frac{m\,v^2}{r}.$$

Strategien beim Aufgabenlösen

1. Zu einer Kreisbewegung ist eine zum Kreismittelpunkt hin gerichtete Zentripetalkraft F_z notwendig.

2. a) Die Zentripetalkraft F_z muss von den an dem Körper angreifenden Kräften aufgebracht werden.

b) Man überlege daher bei allen Aufgaben zur Kreisbewegung zunächst, welche äußeren Kräfte an dem kreisenden Körper angreifen. Die Vektorsumme dieser Kräfte muss die Zentripetalkraft F_z ergeben.

Beispiel

Mit welcher konstanten Geschwindigkeit darf ein Auto (m = 1 300 kg) höchstens über einen kreisförmigen Brückenbogen (r = 50 m) fahren, damit es im höchsten Punkt nicht von der Straße abhebt?

Lösung: Am Auto greift als resultierende Kraft die Gewichtskraft G an. Nur sie kann die für die Kreisbewegung auf der Brücke notwendige Zentripetalkraft F_z aufbringen. Im höchsten Punkt des Brückenbogens hebt das Auto also nicht von der Straße ab, solange gilt: $F_z \leq G$, also

$$\frac{m\,v^2}{r} \leq m\,g \Rightarrow v \leq \sqrt{r\,g} \Rightarrow v \leq 22{,}4 \text{ m/s} \approx 80 \text{ km/h}.$$

Das Ergebnis ist unabhängig von der Masse des Autos!

Aufgaben

A 1: a) Mit welcher Geschwindigkeit können Späne von Werkzeugschleifscheiben (r = 10 cm) wegfliegen, wenn die Scheiben 2 800-mal in der Minute rotieren?
b) Punkte an der Oberfläche des kugelförmigen Kopfes (Durchmesser 1 mm) eines Zahnbohrers können eine Geschwindigkeit von 75 km/h erreichen. Wie groß ist dann die Umdrehungszahl pro Minute des Bohrkopfes?

A 2: Eine Skifahrerin (m = 50 kg) fährt mit 50 km/h durch eine Mulde und über eine Welle (Radius jeweils 20 m). **a)** Welche Kraft übt der Boden im tiefsten Punkt der Mulde auf die Skifahrerin aus? **b)** Was geschieht im höchsten Punkt der Welle?

A 3: Ein Skateboardfahrer (m = 65 kg) übt in einer halbkreisförmigen Rinne (r = 2 m) seine Kunststücke. Er fährt bei A aus der Ruhe los. Welche Kraft übt die Wand auf ihn in B aus?

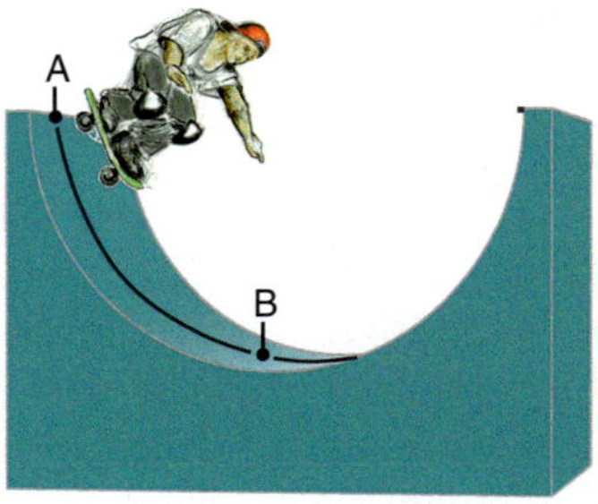

A 4: Auf einem größeren Ball (Radius r) steht auf dem höchsten Punkt ein kleines Spielzeugauto. Es rollt aus der Ruhe heraus reibungsfrei den Ball entlang nach unten. Nach welchem Höhenverlust h löst es sich von der Balloberfläche?

A 5: Die Kugel eines Fadenpendels (l = 1,2 m) wird aus der Gleichgewichtslage um 60 cm ausgelenkt. Welche Geschwindigkeit muss man der Kugel erteilen, damit sie eine horizontale Kreisbahn beschreibt?

A 6: Ein Rotor hat die Form einer Halbkugel (r = 10 cm). Er rotiert um die vertikale Achse 5-mal je Sekunde. In seinem Innern kreist an der Wand in der Höhe h über dem tiefsten Punkt der Halbkugel eine kleine Kugel mit. Reibung ist ausgeschlossen. Wie groß ist h?

A 7: a) Wenn Sie mit Ihrer Hand H einen Ball P an einer Schnur der Länge l im Kreis herumschleudern, beschreiben Sie automatisch mit der Hand einen kleinen Kreis. Die Hand eilt dabei dem Ball um etwa 90° voraus. Erklären Sie diesen Sachverhalt. Hinweis: Die Kraft F hat dann eine Tangentialkomponente F_t. Wozu ist diese nötig? **b)** Erklären Sie, wie man beim Schleuderball- oder Hammerwurf den Ball bzw. den Hammer beschleunigen kann.

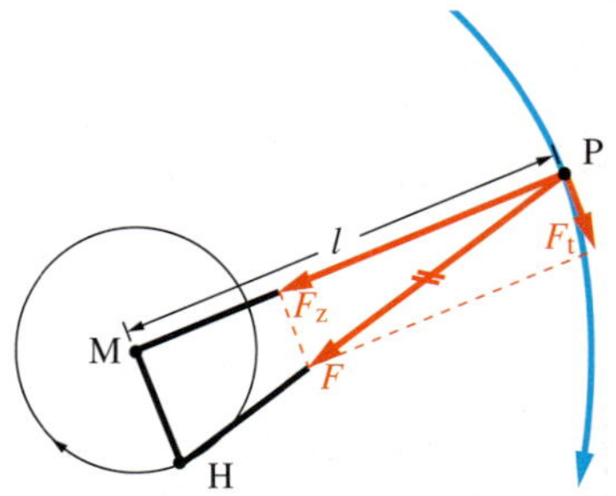

Gravitation und Planetenbewegung

Die Erforschung des Sternenhimmels sowie der Bewegungen von Sonne und Mond standen schon immer im Zentrum des Interesses der Menschheit. Fast alle Völker glaubten, das Schicksal der Menschen sei durch die Gestirne bestimmt. Man könne es vorhersagen, wenn man ihren Lauf im Voraus kenne.
So versteht man, dass seit etwa 5 000 Jahren Ägypter, Babylonier, Chinesen und Inder die Vorgänge am Himmel systematisch beobachtet haben.

Die Eroberung des Weltalls durch den Menschen begann 1957 mit dem Start des Erdsatelliten *Sputnik* in der Sowjetunion. 1961 fing die Geschichte der bemannten Raumfahrt an, als der Russe *Juri Gagarin* die Erde umkreiste. Mit einer Apollo-Rakete und der Mondfähre *Eagle* gewannen die Amerikaner den Wettlauf zum Mond. *Neil Armstrong* und *Edwin Aldrin* landeten 1969 als Erste auf dem Erdtrabanten. Deutsche Astronauten wie *Sigmund Jähn, Ulf Merbold* und *Thomas Reiter* flogen als Wissenschaftler in sowjetischen Sojus-Raketen, dem amerikanischen Space-Shuttle und in der russischen Raumstation Mir mit.

Heute ist es für uns selbstverständlich, Fernsehprogramme über Erdsatelliten zu empfangen und via Satellit in entfernte Länder zu telefonieren.

Interessantes

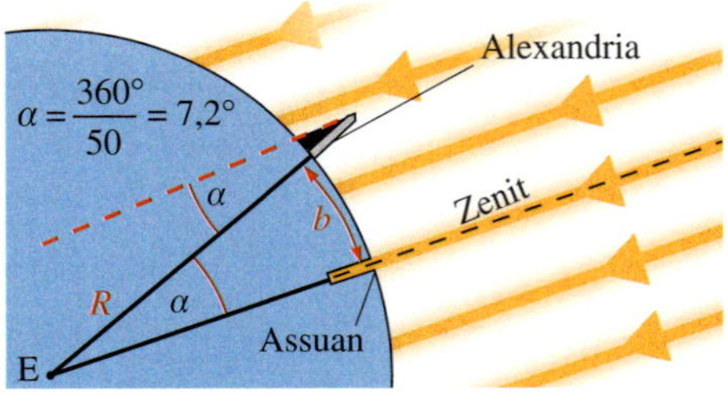

Vermessung von Erde und Mond

B 1: Erdradius R von *Eratosthenes* (230 v. Chr.) gemessen: Nahe *Assuan* (Südägypten) scheint die Sonne jedes Jahr bei ihrem Höchststand bis auf den Grund eines tiefen Brunnens. Sie steht für dortige Beobachter in der Verlängerung des Erdradius, im Zenit. Zur gleichen Zeit jedoch wirft nördlich davon in Alexandria ein Obelisk einen Schatten nach Norden. Mit dem dortigen Erdradius bilden die Sonnenstrahlen den Winkel $\alpha = 7{,}2°$, der 1/50 des vollen Winkels 360° beträgt. Da die Strahlen der Sonne fast parallel einfallen, bilden auch die Erdradien für Assuan und Alexandria den Winkel α. Beide Orte sind $b = 800$ km voneinander entfernt. Also ist der Vollkreis (Erdumfang) 50-mal so groß. Er misst somit $U = 50 \cdot 800\text{ km} = 40\,000\text{ km}$. Der Radius R beträgt $R = U/(2\pi) = 6\,400\text{ km}$.

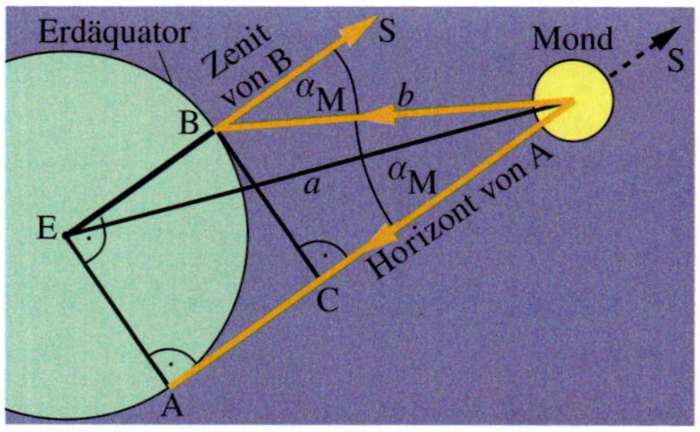

B 2: Für Beobachter A geht soeben der Mond auf – zusammen mit dem Fixstern S. Beobachter B ist um $\frac{1}{4}$ des Erdumfangs entfernt. Wäre der Mond ähnlich weit entfernt wie der Stern S, so müsste er in diesem Augenblick für B genau im Zenit neben S stehen. B sieht den Mond jedoch um fast zwei Vollmondbreiten, um $\alpha_M = 0{,}967°$, von S entfernt. Aus dem rechtwinkligen Dreieck BCM ergibt sich $b = R/\sin\alpha_M = 59\,R$. Also ist der Mittelpunktsabstand Erde – Mond 60 R.

In drei Schritten zum Gravitationsgesetz

1. Guter Mond, du fällst so stille

Schon im Altertum hat man den Umfang und den Radius der Erdkugel berechnet (➠ *Bild 1*). Trigonometrische Messungen auf der Erdoberfläche ergaben (➠ *Bild 2*): *Der Mond ist vom Erdmittelpunkt 60 Erdradien (384 000 km) entfernt. 60-mal so weit wie wir.* Bei der ersten Mondlandung haben die Astronauten dort einen Spiegel aufgestellt. Aus der Laufzeit von Laserimpulsen, die von der Erde ausgesandt und an ihm reflektiert werden, kann man heute die Entfernung zum Mond auf 2 cm genau messen.

Newton hatte als erster die Idee, der Mond brauche für seine Kreisbahn genauso eine Zentripetalkraft wie irdische Körper. Die Überlegungen von Newton wollen wir im Prinzip nachvollziehen. Betrachten wir $m = 1$ kg Mondgestein, das auf der Mondbahn die Erde umkreist. Aus der Entfernung Erde – Mond $r = 60\,R$ (R Erdradius) und der Umlaufdauer $T = 27{,}3$ Tage erhält man die für den Stein notwendige Zentripetalkraft

$$F_Z = \frac{4\pi^2 m \cdot 60\,R}{T^2} = 0{,}002\,72\text{ N}.$$

Kann eine solche Kraft von der Erdanziehung kommen?
Die Erde zieht doch einen Stein der Masse 1 kg an der Erdoberfläche mit der 3 600fachen Kraft ($9{,}81\text{ N} = 3\,600 \cdot 0{,}00272\text{ N}$) an. Nun ist $3\,600 = 60^2$; nimmt die Anziehungskraft der Erde vielleicht mit dem Quadrat des Abstands r ab?
Beim 60fachen Abstand käme man dann auf $1/60^2$. Diese Überlegungen sind aber nur dann sinnvoll, wenn man die Abstände der Himmelskörper von ihren Mittelpunkten aus misst, hier von Erde und Mond. Newton schloss, dass die Kraft umgekehrt proportional zum Quadrat des Abstandes der Massenmittelpunkte ist: $\boldsymbol{F \sim 1/r^2}$.

Weiterhin folgerte er aus der Gleichung für die Zentripetalkraft, dass F auch proportional zur Masse m des kreisenden Körpers ist; er sprach von einer **Gravitationskraft** $\boldsymbol{F \sim m/r^2}$.

2. Gilt die Gravitationskraft auch für Planeten?

Die Erde hat nur einen natürlichen Trabanten, den Mond. Die Sonne besitzt dagegen neun große Trabanten (➠ *Tabelle 1*); man nennt sie **Planeten.** Einer dieser Planeten ist unsere Erde (Umlaufdauer $T = 1$ Jahr $= 1$ a). Wie die Erde leuchten die anderen Planeten nicht von selbst, sondern werden von der Sonne beschienen. Wir sehen hier ihre Bahnen in guter Näherung als Kreise an. Dann können wir an neun weiteren Himmelskörpern prüfen, ob die vermutete Anziehungskraft $F \sim m/r^2$ durch den Zentralkörper, hier die Sonne, auch die Zentripetalkraft $F_Z = 4\pi^2 m\,r/T^2$ liefert. Hierzu müsste bei den Planeten gelten

$$\frac{4\pi^2 m\,r}{T^2} \sim \frac{m}{r^2}.$$

Vereinfachen wir den Term, so ist $T^2 \sim r^3$ oder

$$\frac{r^3}{T^2} = C \quad (C \text{ eine Konstante}).$$

In der rechten Spalte von ➠ *Tabelle 1* ist dieser Quotient aus den Messdaten berechnet. Wie schon der deutsche Astronom Johannes KEPLER fand, ist er für alle Planeten konstant.

Die Proportionalität $F \sim m/r^2$ bewährt sich also auch bei der Anziehung der Planeten durch die Sonne. Allerdings hat der Quotient $C = r^3/T^2$ einen viel kleineren Wert, wenn die Erde statt der Sonne Zentralkörper ist (➠ *Tabelle 1*). Anscheinend kann sie nicht so stark ziehen wie die viel größere Sonne!

Stellen wir in Gedanken neben die Erde eine zweite, genau gleiche; dann dürfen wir erwarten, dass beide zusammen (doppelte Masse M) auf den Mond auch die doppelte Kraft F ausüben. Die Anziehungskraft ist daher auch proportional zu der Masse M des Zentralkörpers:

$$F \sim \frac{Mm}{r^2} \quad \text{oder} \quad F = \gamma \, \frac{Mm}{r^2}.$$

Der Proportionalitätsfaktor γ heißt *Gravitationskonstante.* Die beiden Körper sind nun in dem Produkt $M \cdot m$ ihrer Massen gleichberechtigt vertreten; man kann M und m vertauschen. Der Mond (m) zieht gemäß dem Wechselwirkungsgesetz die Erde (M) mit dem gleichen Betrag der Kraft an, mit der sie auf ihn zurückwirkt.

Merksatz

NEWTONsches Gravitationsgesetz:

Alle Körper üben aufeinander Gravitationskräfte aus. Zwei kugelsymmetrische Körper der Masse m und M, deren Mittelpunkte voneinander den Abstand r haben, ziehen sich mit der Gravitationskraft F an:

$$F = \gamma \, \frac{Mm}{r^2}.$$

Name	Bahnradius r in 10^6 km	Umlaufdauer T in Jahren	$C = r^3/T^2$ in $10^{18}\,m^3 \cdot s^{-2}$
Merkur	57,91	0,2408	3,363
Venus	108,21	0,6152	3,362
Erde	149,60	1,0000	3,362
Mars	227,94	1,8810	3,361
Jupiter	778,34	11,8610	3,366
Saturn	1 427,01	29,4560	3,363
Uranus	2 869,60	84,0090	3,362
Neptun	4 496,70	164,7870	3,362
Pluto	5 899,00	247,7000	3,360
Mond	0,384	0,0748	$1{,}019 \cdot 10^{-5}$
Erd-satellit	0,04215	1/366,26	$1{,}009 \cdot 10^{-5}$

T 1: Sonnen- und Erdtrabanten

B 4: Die Erde – der blaue Planet

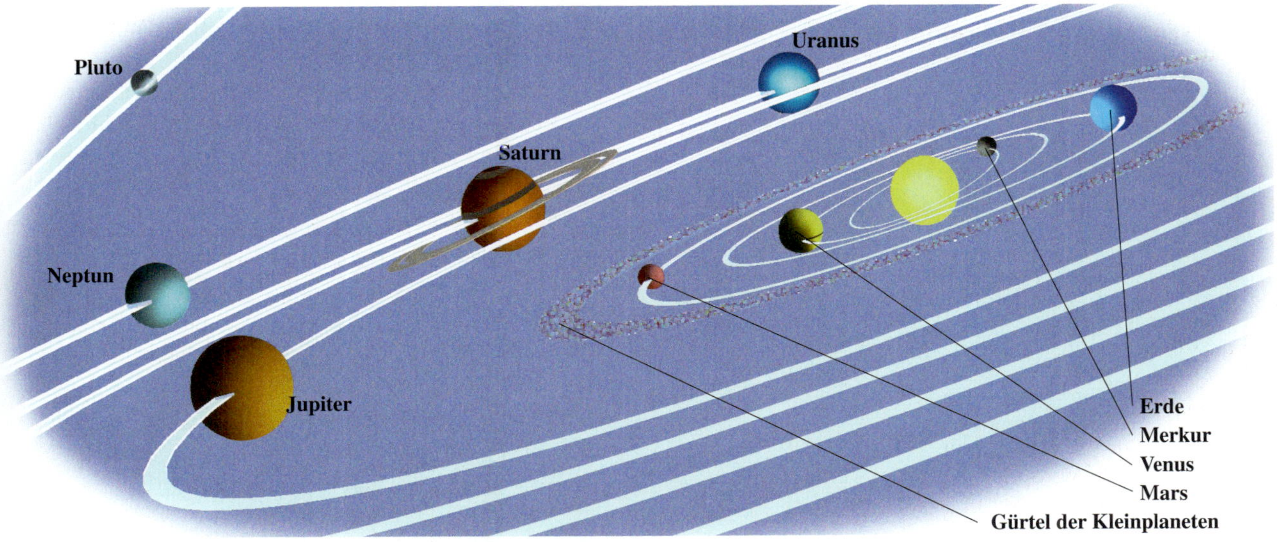

B 3: Das Planetensystem der Sonne; alle Planeten laufen etwa in der gleichen Ebene um die Sonne

... noch mehr Aufgaben

A 1: Bestimmen Sie mit einem Pfennig-Stück den Durchmesser des Mondes. Peilen Sie dazu durch ein Papierblatt mit einem feinen Loch den Vollmond an, sodass er gerade durch das Pfennig-Stück verdeckt wird und messen Sie den Abstand Pfennig – Loch.

A 2: In welcher Höhe über dem Erdboden erfährt ein Kilogrammstück die Gewichtskraft $\frac{1}{4} \cdot 9{,}8$ N? Wie groß ist die Fallbeschleunigung in den Höhen $2R$, $10R$ über dem Boden (R: Erdradius)?

A 3: Schätzen Sie aus den Bahndaten der Erde die Masse der Sonne ab.

A 4: Die Umlaufdauer der Mondfähre im Abstand $r = 1\,848$ km vom Mondmittelpunkt war $T = 7\,130$ s. Wie groß ist die Mondmasse M_M? Welcher Ortsfaktor gilt für die Mondoberfläche, wenn der Mondradius $r_M = 1\,738$ km beträgt?

3. Die Gravitationskraft zwischen bekannten Massen liefert die Gravitationskonstante γ

Der Wert der Konstanten γ im NEWTONschen Gravitationsgesetz wurde erst über 100 Jahre nach dessen Entdeckung von dem Engländer CAVENDISH im Labor bestimmt (→ *Vertiefung*). Er ließ einen frei beweglich aufgehängten Körper mit Masse m durch einen anderen mit Masse M anziehen und ermittelte die eintretende Beschleunigung a. Daraus folgt die Gravitationskraft $F = m\,a$ zwischen beiden. Aus dem Gravitationsgesetz folgt:

$$\gamma = \frac{F \cdot r^2}{m \cdot M} = \frac{a \cdot r^2}{M}.$$

Wie → *Tabelle 1* zeigt, sind die dabei auftretenden Beschleunigungen sehr klein.

Merksatz

Der Proportionalitätsfaktor im Gravitationsgesetz heißt **Gravitationskonstante γ** und hat den Wert

$$\gamma = 6{,}672 \cdot 10^{-11}\ \text{m}^3 \cdot \text{kg}^{-1} \cdot \text{s}^{-2}.$$

Er stellt eine universelle Konstante dar.

Beispiel

Das Gravitationsgesetz hilft weiter

1. Bestimmen Sie aus der Fallbeschleunigung g, dem Erdradius $R = 6\,370$ km und der Gravitationskonstanten γ die Masse M_E der Erde und ihre mittlere Dichte ϱ.

Lösung: Körper der Masse m erfahren im Abstand $r = R = 6\,370$ km vom Erdmittelpunkt die Gravitationskraft $F = m\,g$. Aus dem Gravitationsgesetz $F = \gamma\, m M_E / R^2$ folgt für die Erdmasse M_E:

$$M_E = \frac{F \cdot R^2}{\gamma \cdot m} = \frac{g \cdot R^2}{\gamma} = \frac{9{,}81\ \text{m} \cdot \text{s}^{-2} \cdot (6\,370 \cdot 10^3)^2\ \text{m}^2}{6{,}67 \cdot 10^{-11}\ \text{m}^3 \cdot \text{kg}^{-1} \cdot \text{s}^{-2}} \Rightarrow$$

$M_E = \mathbf{6 \cdot 10^{24}\ kg}$ (genauer $5{,}97 \cdot 10^{24}$ kg)

Das Volumen der Erde ist $V = (4/3)\, \pi\, R^3 = 1{,}08 \cdot 10^{21}\ \text{m}^3$. Für die mittlere Dichte ϱ erhält man

$$\varrho = \frac{M_E}{V} = \mathbf{5{,}5\ g \cdot cm^{-3}}.$$

Bemerkung: Die Dichte der uns zugänglichen oberen Gesteinsschichten liegt bei $2{,}7\ \text{g} \cdot \text{cm}^{-3}$. Geologen schreiben deshalb dem Erdinnern eine Dichte von $13\ \text{g} \cdot \text{cm}^{-3}$ zu. Es besteht wahrscheinlich aus Eisen und Nickel bei einem Druck von $3{,}5 \cdot 10^6$ bar.

2. In welcher Höhe würde ein Satellit stationär über dem Äquator stehen?

Lösung: Die Umlaufdauer des Satelliten der Masse m beträgt $T = 24$ h. Aus

$$\gamma\,\frac{m M_E}{r^2} = \frac{4\pi^2 m\, r}{T^2} \text{ folgt: } r = \sqrt[3]{\frac{\gamma M_E T^2}{4\pi^2}} = 42\,200\ \text{km}.$$

Der Satellit muss also in der **Höhe 36 000 km** über dem Äquator stehen. Der Umlaufsinn muss mit dem der Erde übereinstimmen und die Bahn in der Äquatorebene liegen. Da die Weiterbewegung der Erde um die Sonne hier ohne Belang ist, hätte man eigentlich den sog. *„Sterntag"* zugrunde legen müssen. Dieser gibt die Zeit an, nach der man einen weit entfernten Fixstern wieder am gleichen Punkt sieht (→ *Bild 1*). Die Zeit, nach der man die Sonne wieder an der gleichen Stelle sieht, ist der so genannte *„Sonnentag"* (= 24 h). Dieser Tag ist ca. 4 Minuten länger als ein Sterntag. Der Sonnentag ist länger, da sich die Erde innerhalb von 24 Stunden etwas weiterbewegt hat.

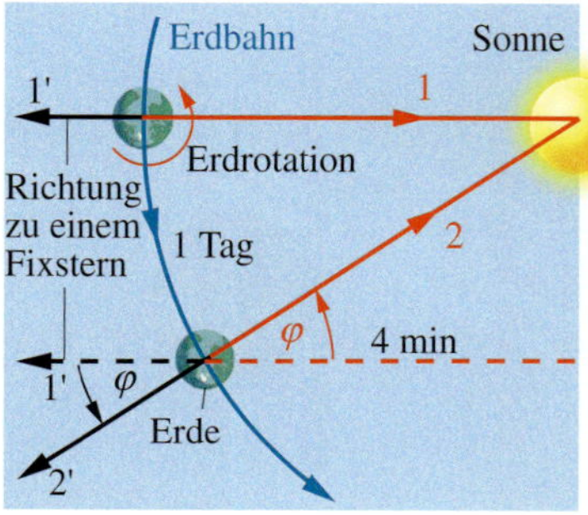

B 1: Sonnen- und Sterntag

Vertiefung

Der Versuch von Cavendish zur Bestimmung der Gravitationskonstanten γ

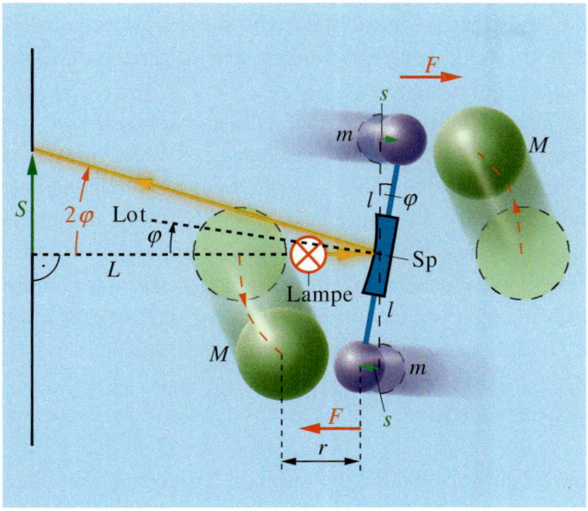

B 2: Gravitationsdrehwaage in Draufsicht

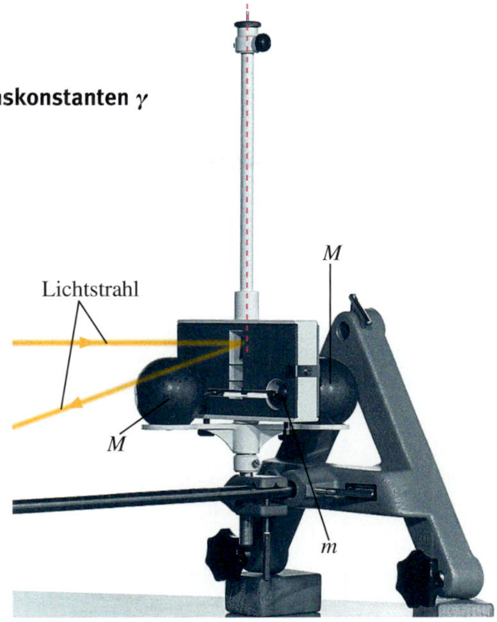

B 3: Gravitationsdrehwaage zur Bestimmung von γ

Versuchsdaten:
kleine Bleikugeln: $m = 15$ g
große Bleikugeln: $M = 1{,}5$ kg
Länge der horizontalen Stange: $2\,l = 10$ cm
Länge des Lichtzeigers: $L = 9{,}70$ m
Abstand der Kugelmitten nach dem Annähern der großen Kugeln: $r = 4{,}6$ cm

Ein waagerechter Stab trägt an seinen Enden zwei kleine Bleikugeln der Masse m. Der Stab hängt in seiner Mitte an einem langen, sehr dünnen Draht (rot gestrichelt ➡ *Bild 2, 3*). Er kann sich in dem durch Glas vor Luftzug geschützten Querschlitz der Gravitationsdrehwaage frei bewegen. Am Stab ist ein Spiegelchen befestigt, das einen Lichtstrahl auf eine entfernte Skala lenkt. Die horizontale Bewegung der Kugeln wird auf diese Weise stark vergrößert sichtbar. Zunächst sind die großen Bleikugeln symmetrisch zu den kleinen angebracht. Die Gravitationskräfte, die von den großen Kugeln ausgehen, drehen den Stab noch nicht um seinen Aufhängepunkt A. Dann nähert man die großen Kugeln den kleinen. Diese fallen auf die großen beschleunigt zu – im Prinzip wie ein Apfel zur Erde. Die kleine Kugel erfährt die beschleunigende Kraft:

$$m\,a = \gamma\,\frac{m\,M}{r^2}. \qquad (1)$$

Doch ist dabei die Beschleunigung a gering. Deshalb ist die Strecke s, um die sich die kleinen Kugeln zu Beginn der Messung bewegen, gegenüber dem Abstand r der beiden Kugelmittelpunkte sehr klein. r ändert sich während dieser Bewegung praktisch nicht. Die Kraft bleibt konstant und es gilt $s = \frac{1}{2}\,a\,t^2$. Dabei dreht sich die horizontale Stange um den Winkel $\varphi = s/l$ (in Bogenmaß) und mit ihr das Einfallslot für den reflektierten Lichtstrahl (➡ *Bild 2*). Dieser wird um den Winkel $2\,\varphi = 2\,s/l$ abgelenkt. Die Auslenkung S auf der Skala im Abstand L ist wegen des langen Lichtzeigers gut ablesbar. Nach ➡ *Bild 2* gilt $\tan 2\,\varphi = S/L$. Bei den kleinen Winkeln gilt mit großer Genauigkeit $\tan 2\,\varphi \approx 2\,\varphi$. Daraus folgt:

$$\frac{S}{L} = \frac{2\,s}{l} \quad \text{oder} \quad s = \frac{S\,l}{2\,L}.$$

Mit $a = 2\,s/t^2$ und den Messungen für S und l erhalten wir die ➡ *Tabelle 1:*

Zeit t in s	Auslenkung S in mm	Fallweg s in 10^{-6} m	Beschleunigung a in 10^{-8} m·s^{-2}
0	0	0	–
30	7,6	20	4,4
60	30	77	4,3
90	68	175	4,3
120	120	310	4,3

T 1: Messwertetabelle

Der Mittelwert der Beschleunigung ist nun $\bar{a} = 4{,}33\cdot 10^{-11}$ m·s^{-2}. Für γ erhalten wir damit aus Gleichung 1:

$$\gamma = \frac{\bar{a}\cdot r^2}{M} = 6{,}1\cdot 10^{-11}\,\text{m}^3\cdot\text{kg}^{-1}\cdot\text{s}^{-2}.$$

Dieser Wert ist etwas zu klein, denn jede der beiden großen Kugeln übt auf die entfernter liegende kleine eine Kraft aus, die der beobachteten Drehbewegung entgegenwirkt.

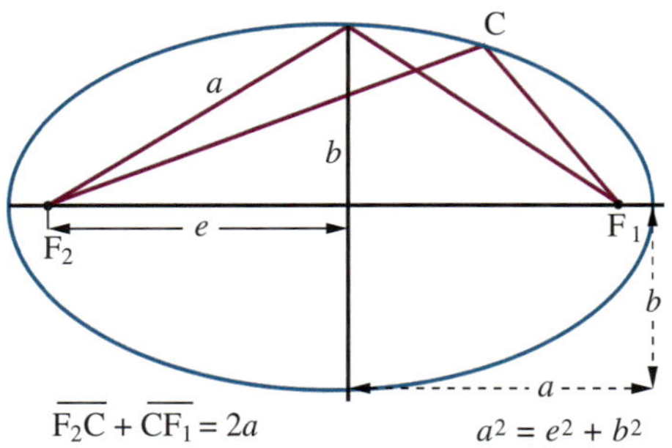

B 1: Gärtnerkonstruktion einer Ellipse

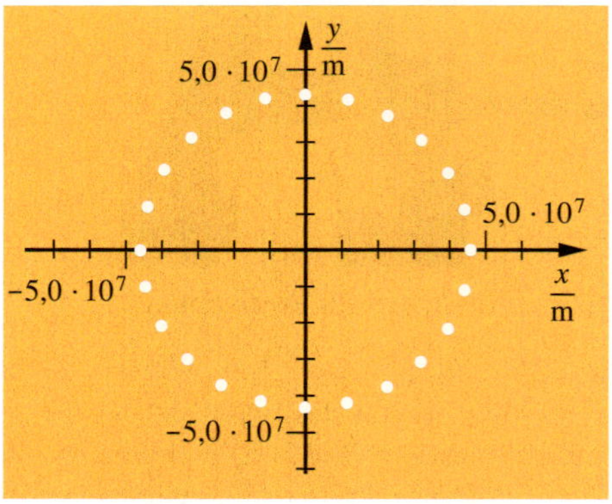

B 2a: Satellit auf einer Kreisbahn

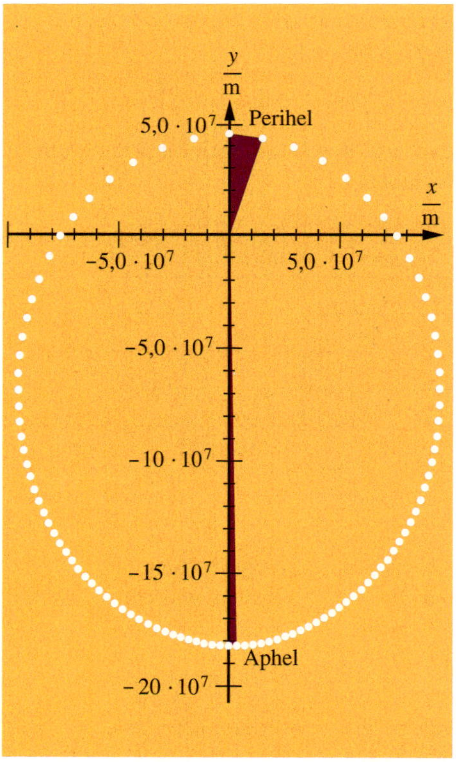

B 2b: Der Satellit fliegt mit einer größeren Startgeschwindigkeit als in *Bild 2a* auf einer ellipsenförmigen Bahn

Die Kepler-Gesetze

Die Ellipse ist die Menge aller Punkte, für die die *Summe der Entfernungen* von zwei gegebenen *Punkten,* den so genannten *Brennpunkten* F_1 *und* F_2, konstant ist.
Von dieser Eigenschaft wird bei der *„Gärtnerkonstruktion"* Gebrauch gemacht (*Bild 1*). Man schlägt zwei Pflöcke im Abstand $2e$ in den Punkten $F_1(e\,|\,0)$ und $F_2(-e\,|\,0)$ ein und befestigt an ihnen eine Schnur der Länge $2a$. Mit einem „Schreibpflock" spannt man die Schnur um die beiden Brennpunkte und zeichnet die Ellipse. F_1 und F_2 heißen „Brennpunkte", weil Lichtstrahlen, die von F_1 ausgehen, an einer innen verspiegelten Ellipse nach F_2 reflektiert werden. Die große Halbachse der Ellipse nennt man *a,* die kleine *b.*

1. Mit dem PC auf den Spuren Keplers

Im Abstand 42 200 km vom Erdmittelpunkt befinde sich ein Satellit. Welche Geschwindigkeit v senkrecht zur y-Achse muss man ihm geben, damit er auf einem Kreis umläuft?

Aus $\frac{m v^2}{r} = \gamma \frac{m M_E}{r^2}$ erhält man $v^2 = \gamma \frac{M_E}{r}$ und $v = 3\,070 \text{ m·s}^{-1}$.

Geben wir diese Anfangsbedingungen sowie die Masse M_E der Erde und die Gravitationskonstante einem Computer-Simulationsprogramm ein, das Planeten- bzw. Satellitenbahnen berechnet, erhalten wir tatsächlich einen Kreis. Genauer gesagt, wir erhalten Punkte, die auf einem Kreis liegen, da der Computer nur Bahnpunkte für Zeitabstände von 60 min Satellitenlauf zeichnen soll (*Bild 2a*). Der Abstand der Punkte ist somit auch ein Maß für die Bahngeschwindigkeit.
Was geschieht aber, wenn wir für den Satelliten den Betrag der Startgeschwindigkeit vergrößern und die senkrechte Richtung zur Verbindungslinie beibehalten?
Die Simulation zeigt uns (*Bild 2b*), dass die Bahn anscheinend ellipsenförmig wird und nicht etwa eiförmig, wie KEPLER zunächst vermutete. Wir überprüfen, ob es sich tatsächlich um eine Ellipse handelt, indem wir aus der Computersimulation die große und die kleine Halbachse ablesen. In einer weiteren Simulation lassen wir eine Ellipse mit diesen Halbachsen zeichnen. Beide Kurven kommen tatsächlich zur Deckung.
Aus unserem Diagramm kann man aber noch mehr ablesen. Die Geschwindigkeit im erdfernsten Punkt (*Aphel*) ist wesentlich kleiner als im erdnächsten Punkt (*Perihel*). Die Geschwindigkeit erhalten wir dabei als Quotient aus dem Abstand von zwei aufeinanderfolgenden Punkten und der vom Satelliten tatsächlich benötigten Zeit. Das Produkt $r \cdot v$ ist für Aphel und Perihel wieder gleich. Es entspricht dem doppelten Flächeninhalt des Dreiecks, das man aus dem Zentralkörper (hier der Erde) und den beiden Positionen des Satelliten bildet.
Weiter sehen wir, dass bei der größeren Startgeschwindigkeit neben der Halbachse auch die Anzahl der Punkte für einen Umlauf und damit die Umlaufdauer T größer wird. Verändert man die Startgeschwindigkeit und bestimmt jeweils die große Halbachse a sowie

die Umlaufdauer, so findet man, dass T stärker als linear und schwächer als mit dem Quadrat der Halbachse anwächst. Genauere Untersuchungen zeigen, dass $T \sim a^{3/2}$ ist (➡ *Tabelle 1*). Dies alles hat bereits Johannes KEPLER gefunden.

v in $m \cdot s^{-1}$	große Halbachse a in 10^7 m	Umlaufdauer T in h	a^3/T^2 in 10^{20} m^3/h^2
3070	4,22	24,0	1,3
3500	6,00	40,7	1,3
3900	10,90	99,6	1,3

T 1: Die Umlaufdauer von Erdsatelliten in Abhängigkeit von ihrer großen Halbachse. Die Umlaufdauer wurde durch Zählen der Punkte in der Simulation bestimmt (zeitlicher Abstand zwischen zwei Punkten: 1 h).

2. Ordnung am Himmel

Der Astronom Johannes KEPLER kannte das Gravitationsgesetz nicht und hatte natürlich auch keinen Computer. Er besaß aber – als unwahrscheinlich wertvollen Schatz – die für die damalige Zeit äußerst präzisen Messungen des Dänen Tycho BRAHE (1546–1601) an der Bahn des Planeten Mars. Nach mühsamen Zahlenrechnungen fand KEPLER, dass dieser eine Ellipse durchläuft, in deren einem Brennpunkt die Sonne steht. KEPLER verallgemeinerte das Bewegungsgesetz für den Mars auf alle Planeten.
Es gilt aber auch für alle vergleichbaren Systeme.

Merksatz

Erstes KEPLER-Gesetz: Trabanten bewegen sich auf Ellipsen, in deren einem Brennpunkt der Zentralkörper (z. B. Sonne) steht.

Bei der Untersuchung der Marsbahn (➡ *Bild 3*) fiel KEPLER auf, dass der Planet in Sonnennähe *(Perihel)* am schnellsten, in der Sonnenferne *(Aphel)* am langsamsten läuft. Die Verbindungsstrecke vom Planeten zur Sonne, der so genannte „Fahrstrahl", wird länger, wenn der Planet seine Geschwindigkeit verkleinert. Der Fahrstrahl wird kürzer, wenn der Planet seine Geschwindigkeit vergrößert. Die Änderung erfolgt dabei so, dass die überstrichene Fläche bei gleichen Zeiten gleichen Inhalt hat.

B 3: Der Planet Mars

Merksatz

Zweites KEPLER-Gesetz *(Flächensatz)*: Der Fahrstrahl Trabant – Zentralkörper überstreicht in gleichen Zeiten gleiche Flächen.

Das Langsamer- und Schnellerwerden des Planeten kann man verstehen, wenn man bedenkt, dass der Fahrstrahl die Richtung der Anziehungskraft des Zentralkörpers auf den Trabanten angibt.
Die Gravitationskraft zeigt im Allgemeinen schräg zur Bahn. Wir zerlegen sie in eine Komponente tangential (F_t) und senkrecht (F_n) zur Bahn. Entfernt sich der Trabant von dem Zentrum (z. B. in P_1 ➡ *Bild 4*), wirkt die Kraftkomponente F_t entgegen der Bewegungsrichtung. So verlangsamt sie den Trabanten. Die Normalkraft F_n dagegen macht weder schneller noch langsamer, sondern krümmt die Bahn nach innen. F_n wirkt als Zentripetalkraft. Nähert sich der Trabant wieder dem Zentralkörper (Stelle P_2), so zeigt F_t in Richtung der Bahngeschwindigkeit und macht den Trabanten schneller. NEWTON konnte zeigen, dass für jede Zentralkraft (eine Kraft, die auf einen festen Punkt gerichtet ist) der Flächensatz gilt.

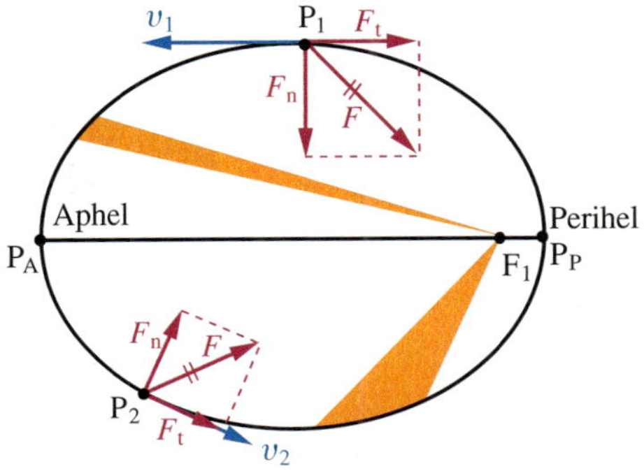

B 4: Tangential- und Normalkräfte F_t und F_n bei einer Zentralkraft F. Im Brennpunkt F_1 steht der Zentralkörper.

B 1: Die Planeten unseres Sonnensystems

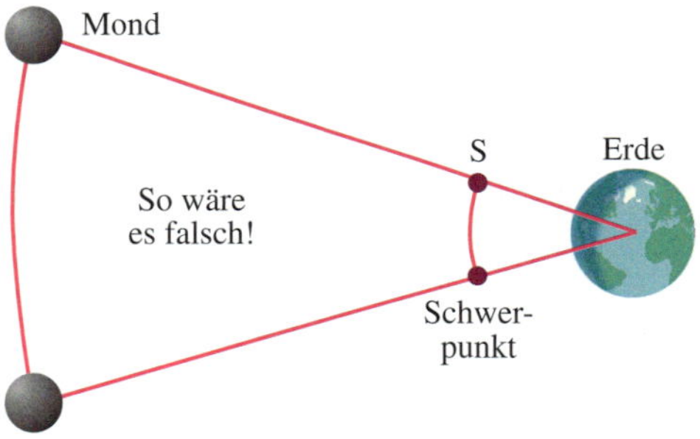

B 2a: Das System Erde – Mond: Bei ruhender oder ruhend gedachter Erde würde sich der Schwerpunkt S bewegen

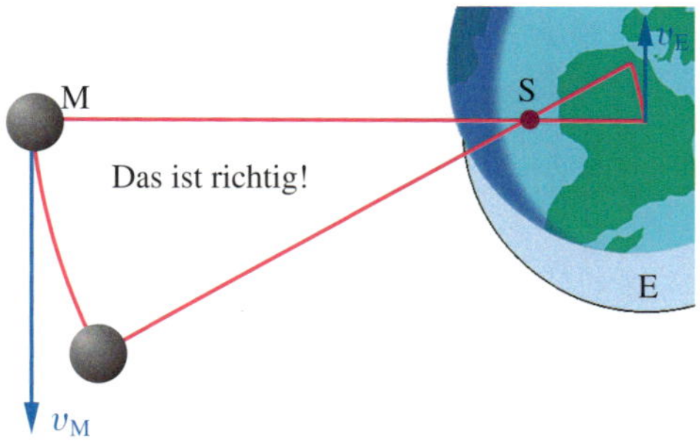

B 2b: Der Schwerpunkt S von Erde und Mond bleibt durch die Gegenbewegung der Erde in Ruhe

KEPLER fand aus Messdaten von Planeten für deren Ellipsenbahnen:

Merksatz

Drittes KEPLER-Gesetz: Die Quadrate der Umlaufdauern T_1 und T_2 zweier Trabanten um den gleichen Zentralkörper verhalten sich wie die dritten Potenzen der großen Halbachsen a_1 und a_2:

$$\frac{T_1^2}{T_2^2} = \frac{a_1^3}{a_2^3}; \quad \text{allgemein} \quad \frac{a^3}{T^2} = C.$$

Wir sehen daraus, dass der großen Halbachse a einer KEPLER-Ellipse eine größere physikalische Bedeutung zukommt als der kleinen (b) oder dem Brennpunktsabstand $2e$. b und e für sich sind ohne Einfluss auf die Umlaufdauer T. Diese ist allein durch die große Halbachse bestimmt. Deshalb ist T bei einer KEPLER-Ellipse genauso groß wie bei einer Kreisbahn über der großen Ellipsen-Halbachse ($r = a$). Wenn man dies weiß, kann man sofort nach

$$\gamma\,\frac{m M}{r^2} = \frac{4\pi^2}{T^2}\,m r \quad \text{oder} \quad T^2 = 4\pi^2\,\frac{r^3}{\gamma M}$$

die Umlaufdauer T berechnen, wenn man M und die große Halbachse a kennt und $r = a$ setzt. Man sieht daraus auch, dass für eine Kreisbahn r^3/T^2 konstant ist, wie wir bei den Überlegungen zur Gravitationskraft schon gefunden haben.

3. Das wahre Zentrum der Mondbahn

Bisher sind wir immer davon ausgegangen, dass sich um einen ruhend gedachten großen Zentralkörper ein wesentlich kleinerer Trabant bewegt. Für das System, das von der Erde und dem Mond gebildet wird, stimmt dies aber nicht. Erde und Mond ziehen sich gegenseitig mit betragsgleichen Kräften an. Für das System Erde – Mond sind dies „innere Kräfte", die den Schwerpunkt nicht verschieben, sondern in Ruhe lassen.

Wenn sich nun der Mond um den als ruhend gedachten Erdmittelpunkt bewegte (➠ *Bild 2a*), würde der zwischen beiden – aber näher bei der Erde – liegende Schwerpunkt S wandern. Nach dem Schwerpunktsatz muss er aber in Ruhe bleiben, wenn man von äußeren Kräften absieht. Das geht nur, wenn die Erde nach ➠ *Bild 2b* eine Gegenbewegung zur Mondbewegung durchführt. Da S Schwerpunkt sein soll, gilt:

$$M_E : m_M = r_M : r_E.$$

Die in gleichen Zeiten zurückgelegten Bögen und somit die Geschwindigkeiten, verhalten sich wie die zugehörigen Radien:

$$v_M : v_E = r_M : r_E.$$

Daraus ergibt sich $\quad M_E : m_M = v_M : v_E$
und somit die Gleichheit der Impulsbeträge

$$M_E \cdot v_E = m_M \cdot v_M.$$

Da die Impulse gegengleich sind, ist der Gesamtimpuls $p = 0$, also konstant, wenn man von äußeren Kräften absieht. Der Schwerpunkt S liegt wegen der 81fachen Erdmasse im Erdinnern ($M_E = 81\ m_M$; $a_{E-M} = 60\ R_E$)

Beispiel

Rechnen mit KEPLER

1. Berechnen Sie Umlaufdauer T und Geschwindigkeit v eines Satelliten, der die Erde in 500 km Höhe umkreist. Benutzen Sie die Tatsache, dass der 384 000 km (r_M) entfernte Mond in 27,3 Tagen (T_M) umläuft.

Lösung: Nach dem dritten KEPLER-Gesetz gilt für den Satelliten und den Mond $T^2/r^3 = T_M^2/r_M^3$. Also ist

$$T = \sqrt{\frac{r^3}{r_M^3}} \cdot T_M.$$

Mit $r = 6\,870$ km folgt
$T = 5\,644$ s = **94 min.**
Die Geschwindigkeit ergibt sich nach $v = 2\pi\, r/T$ zu $v =$ **7,65 km·s⁻¹.**

2. Angenommen, die Tangentialgeschwindigkeit der Erde sei null. Wie lange würde es danach dauern, bis die Erde in die Sonne gestürzt wäre?

Lösung: Näherungsweise bewegt sich die Erde mit der Umlaufdauer $T_E = 1$ a auf einem Kreis um die Sonne (➡ *Bild 3*). Die Entfernung Erde – Sonne ist gleich dem Kreisradius r_E. Verkleinert man in Gedanken die Geschwindigkeit v_E der Erde im Aphel, so wird ihre Bahn zu einer immer flacher werdenden Ellipse mit der großen Halbachse a und der Umlaufdauer T. Dabei gilt das dritte KEPLER-Gesetz
$T^2/a^3 = T_E^2/r_E^3$.
Für $v_E \to 0$ klappt die Ellipse zur Strecke $\overline{SE} = r_E$ zusammen. Auch in diesem Grenzfall gilt noch das dritte KEPLER-Gesetz.
Es gilt die Beziehung $e^2 = a^2 - b^2$. In unserem Grenzfall ist $b = 0$, also $e = a$. Die beiden Brennpunkte der „Ellipse" liegen auf dieser selbst; im einen steht die Sonne, im anderen die Erde. Somit ist $2a = r_E$, also $a = r_E/2$. Nun ist

$$\frac{T^2}{(r_E/2)^3} = \frac{T_E^2}{r_E^3},$$

also $T = T_E/(2\sqrt{2})$.
Die „Fallzeit" bis zur Sonne (nur „hin", nicht „hin und her") ist
$T/2 = 0{,}177 \cdot T_E =$ **64,6 d.**

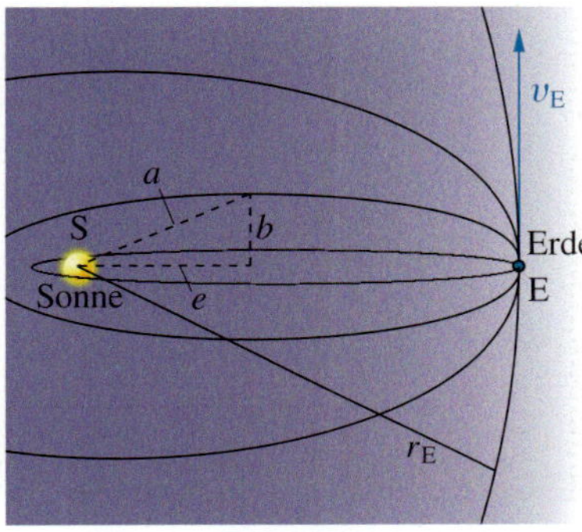

B 3: Schar von Ellipsen, die sich immer mehr der geradlinigen Verbindung Sonne – Erde annähern

... noch mehr Aufgaben

A 1: Warum ist die Konstante a^3/T^2 für die Planeten etwa 330 000-mal so groß wie für den Mond oder andere Erdsatelliten? Wie groß wäre sie für Mondsatelliten?

A 2: **a)** Einer der Jupitermonde läuft auf einem Kreis mit Radius $r_1 = 420\,000$ km in $T_1 = 1{,}77$ d um. Wie groß ist die Masse des Jupiters? Können Sie hieraus auch die Masse dieses Mondes bestimmen? **b)** Ein anderer Jupitermond hat den Bahnradius $r_2 = 670\,000$ km und die Umlaufdauer $T_2 = 3{,}55$ d. Prüfen Sie das dritte KEPLER-Gesetz, bestimmen Sie r^3/T^2 und vergleichen Sie mit A 1.

A 3: Ein Satellit bewegt sich auf einer Ellipsenbahn um die Erde. Sein erdnächster Abstand beträgt 300 km, sein größter Abstand 2 000 km. In welchem Verhältnis stehen die Geschwindigkeiten an diesen Stellen?

A 4: Der russische Sputnik 1 war der erste künstliche Erdsatellit. Im erdnächsten Punkt seiner Bahn (Höhe über der Erdoberfläche 250 km) war seine Geschwindigkeit etwa 8 km·s⁻¹. Bestimmen Sie seine Geschwindigkeit im erdfernsten Punkt (Höhe 900 km).

A 5: In welchen Punkten hat ein Planet auf seiner Ellipsenbahn die Bahnbeschleunigung null? Warum muss man zwischen Zentral- und Zentripetalkraft unterscheiden?

A 6: Der halleysche Komet hat eine Umlaufdauer von 75,6 Jahren. Die Entfernung zur Sonne beträgt im Perihel $8{,}5 \cdot 10^7$ km. Wie groß ist seine Entfernung im Aphel?

A 7: Zwei Sterne gleicher Masse m kreisen um ihren gemeinsamen Schwerpunkt S jeweils im Abstand r mit der Umlaufdauer T. Wenn man r und T im Fernrohr bestimmt hat, berechnet man m zu $m = (16\,\pi^2\, r^3)/(T^2\,\gamma)$. Zeigen Sie dies!

A 8: Entwerfen Sie ein Modell des Sonnensystems im Längenmaßstab $1 : 10^9$ (Daten ➡ Tabellenanhang). Bestimmen Sie Größe und Abstände der Modellkörper. Welche Masse hätten sie mit der Originaldichte?

A 9: Kann sich die Bundesrepublik Deutschland einen eigenen Satelliten leisten, der ständig über ihr schwebt? Können dies die USA? Kann es Ecuador (es ist doch viel ärmer als die beiden anderen Länder)?

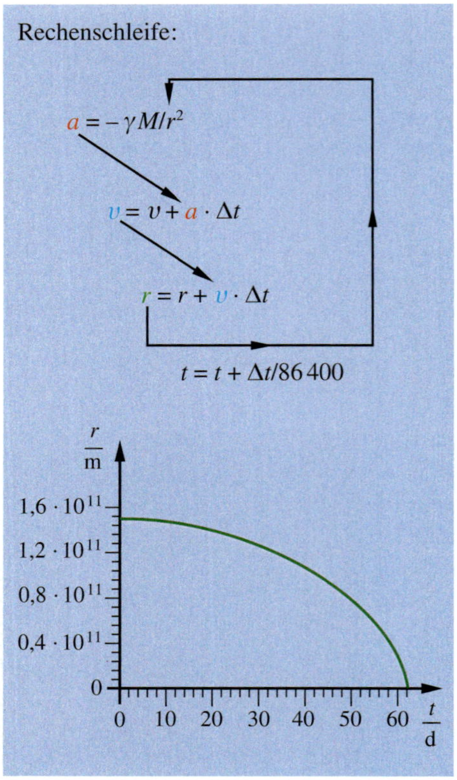

B 1: Flussdiagramm für den „Fall“ in die Sonne

Entfernung r in m	Zeit t in d
1,4995596E + 11	1
1,4986786E + 11	2
1,4973564E + 11	3
…	
…	
…	
2,7897700E + 10	62
1,9592111E + 10	63
8,7051902E + 9	**64**
−1,5256977E + 10	65

T 1: Tabelle mit einem Modellbildungssystem berechnet. Zeitschritt in Tagen.

Vertiefung

Unsere Computerphilosophie

Der Computer erlaubt uns mit Kenntnis des Gravitationsgesetzes und der Definitionsgleichungen für Geschwindigkeit und Beschleunigung beliebig komplizierte Bewegungen am Himmel zu berechnen. Er führt uns also zurück zu den Grundgesetzen.

Die Macht des Computers – numerische Berechnung von Satellitenbahnen

1. Der Fall in die Sonne

Wir haben schon an verschiedenen Stellen den Computer als Hilfsmittel zur Berechnung von Bewegungsabläufen kennengelernt. Das Prinzip all dieser Berechnungen ist einfach, besonders wenn wir uns zuerst nur auf eine Koordinatenrichtung beschränken.

Wir kehren nochmals zu der Aufgabe 2 der letzten Beispielaufgaben zurück, die wir dort nur mit einem „Trick“ (als Grenzfall einer Ellipse mit der kleinen Halbachse der Länge null) lösen konnten: Ein Raumschiff ruht zunächst gegenüber der Sonne in der Entfernung 149 Mio. km. Durch die Gravitationsanziehung stürzt das Raumschiff in die Sonne. Wie lange braucht es dazu?

Die beschleunigende Kraft ist die Gravitationsanziehung zwischen den beiden Körpern $m\,a = \gamma\, m\, M/r^2$. Diese Kraft ist nicht konstant, sondern ändert sich mit der Entfernung r. Es gilt weder $r = v\,t$ noch $r = \frac{1}{2}\,a\,t^2$. Man kann keine einfache Weg-Zeit-Funktion finden.

Die Grundgleichungen, die wir in einem Modellbildungssystem benutzen, nämlich $\Delta r = v \cdot \Delta t$; $\Delta v = a \cdot \Delta t$, gelten dagegen stets, wenn Δt hinreichend klein ist. Nach $a = \gamma\, M/r^2$ wird die Beschleunigung aus dem Gravitationsgesetz berechnet. Die Geschwindigkeit am Ende eines Zeitintervalls Δt erhalten wir, indem wir zu der Geschwindigkeit am Anfang des Intervalls die Geschwindigkeitsänderung $a \cdot \Delta t$ addieren. Entsprechend verfahren wir beim Abstand r und der Geschwindigkeit v.
Dann lauten die Gleichungen der ständig wiederholten Rechenschleife:

$$a = -\gamma\, M/r^2$$
$$v = v + a \cdot \Delta t$$
$$r = r + v \cdot \Delta t$$
$$t = t + \Delta t/86\,400,$$

sodass der Computer die Zeit in Tagen ausdruckt.

Dies ist tatsächlich das ganze Programm! Das Flussdiagramm für dieses Problem sehen wir in ➠ *Bild 1*. Wir müssen in den Computer nur noch die Masse der Sonne, $M = 1{,}99 \cdot 10^{30}$ kg, die Gravitationskonstante $\gamma = 6{,}672 \cdot 10^{-11}\ \mathrm{m^3 \cdot kg^{-1} \cdot s^{-2}}$ und das Zeitintervall Δt eingeben. Dazu brauchen wir noch die Startwerte für r, v und t, natürlich im Computerprogramm alles ohne Benennungen:

$$r_0 = 1{,}50 \cdot 10^{11}\ \mathrm{m}, \quad v_0 = 0\ \mathrm{m \cdot s^{-1}}, \quad t_0 = 0\ \mathrm{s}.$$

Als Zeitintervall nehmen wir einen Tag $\Delta t = 86\,400$ s. Die Ergebnisse stellen wir in einer Tabelle (➠ *Tabelle 1*) dar und brechen ab, wenn r kleiner als der Sonnenradius ist. Wie bei den Überlegungen aufgrund des dritten KEPLER-Gesetzes erhält man für die Flugzeit bis zur Sonne etwa 64 Tage.

2. Berechnung von Planetenbahnen – ein zweidimensionales Beispiel

Die Bewegung eines Satelliten um die Erde erfolgt in einer Ebene. Wir stellen Satelliten- wie Planetenbahnen in einem x-y-System dar. Entsprechend gehen die Gleichungen für r, v und a in Gleichungen für x, y, v_x, v_y, a_x und a_y über. Ursprung ist der Mittelpunkt des Zentralkörpers. x, v_x, a_x und F_x werden nach *rechts positiv*, y, v_y, a_y und F_y nach *oben positiv* gerechnet. Die beschleunigende Kraft F zerlegen wir in x- und y-Richtung (➠ *Bild 2*). Deren Werte F_x und F_y haben immer (in allen vier Quadranten) das entgegengesetzte Vorzeichen von x bzw. y. Aus der Ähnlichkeit des roten Kraftdreiecks und des grünen Lagedreiecks (➠ *Bild 2*) erhalten wir:

$$F_x = m\,a_x = -F \cdot \frac{x}{r}; \qquad F_y = m\,a_y = -F \cdot \frac{y}{r}.$$

Setzt man noch für F die Gravitationskraft ein, so ist:

$$F_x = -\gamma\,\frac{m M}{r^3} \cdot x; \qquad F_y = -\gamma\,\frac{m M}{r^3} \cdot y$$

und entsprechend für die Beschleunigungen:

$$a_x = -\gamma\,\frac{M}{r^3} \cdot x; \qquad a_y = -\gamma\,\frac{M}{r^3} \cdot y.$$

Durch den Abstand $r = \sqrt{x^2 + y^2}$ sind die Gleichungen für die x- und y-Werte der Kraft miteinander verknüpft.

Wir rechnen zunächst für einen uns schon bekannten Fall, den eines stationären Erdsatelliten. Als Startpunkt wählen wir einen Punkt auf der x-Achse, 42 200 km vom Erdmittelpunkt entfernt. Die Startgeschwindigkeit v steht senkrecht zur x-Achse (➠ *Bild 4*):

$$x = 4{,}22 \cdot 10^7\ \text{m}, \quad y = 0\ \text{m}, \quad v_x = 0\ \text{m} \cdot \text{s}^{-1}, \quad v_y = 3\,070\ \text{m} \cdot \text{s}^{-1}.$$

Wie erwartet, ergibt sich ein Kreis (➠ *Bild 4*).

Was macht aber ein Satellit, der nach dem Start auf einer der großen Weltraumrampen aus Versehen eine andere Geschwindigkeitsrichtung erhalten hat?

Wir können das Experiment in der Schule nicht machen, aber wir können unseren Computer mit diesen veränderten Anfangswerten füttern. Die Geschwindigkeit wählen wir so, dass der Satellit unter einem Winkel von 45° gegen die x-Achse fliegt, aber der Betrag der Gesamtgeschwindigkeit gleich bleibt. Dazu brauchen wir die neuen Werte $v_x = v_y = 3\,070\ \text{m} \cdot \text{s}^{-1}/\sqrt{2}$. Den Startpunkt lassen wir unverändert.

Es ergibt sich eine Ellipse, deren große Halbachse unter 45° gegen die x-Achse geneigt ist. Wie wir aus ➠ *Bild 4* sehen, ist die Länge der großen Halbachse gleich dem Kreisradius im vorigen Beispiel. Die Zeit, die für einen Umlauf benötigt wird, ist in beiden Fällen gleich.

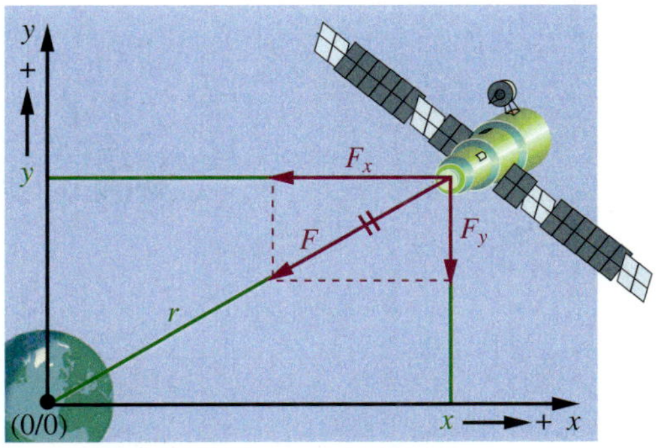

B 2: Kräftezerlegung bei der Bewegung eines Satelliten

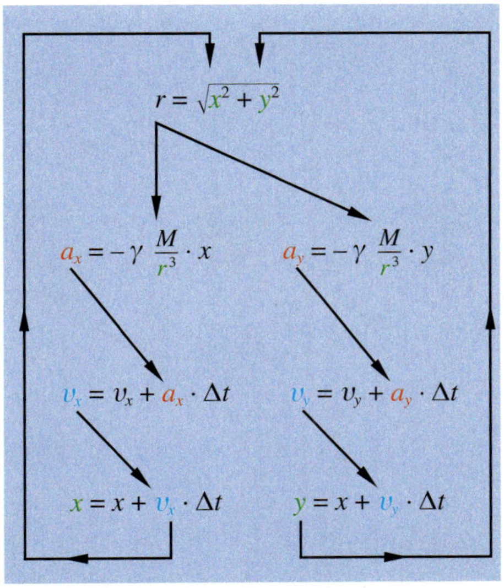

B 3: Flussdiagramm für eine zweidimensionale Bewegung

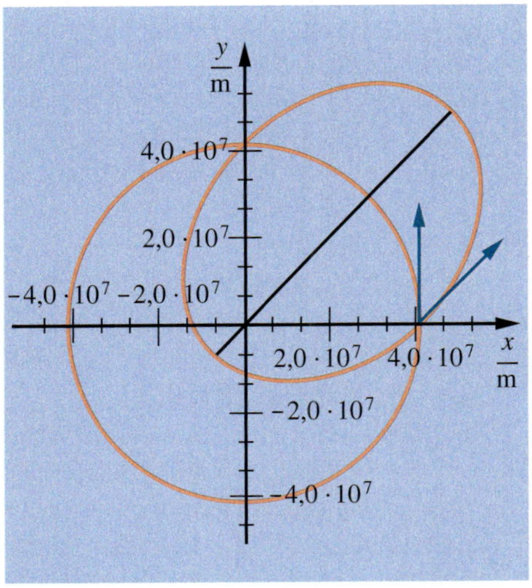

B 4: Kreis und Ellipsenbahn bei gleichem Betrag der Anfangsgeschwindigkeit und verschiedenen Anfangsrichtungen

Interessantes

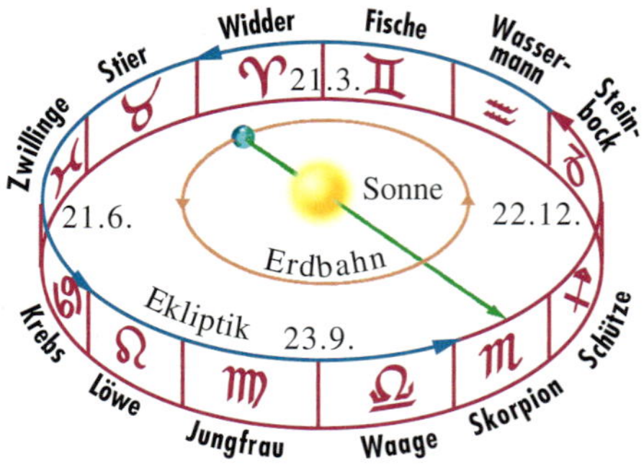

B 1: Die Sternzeichen

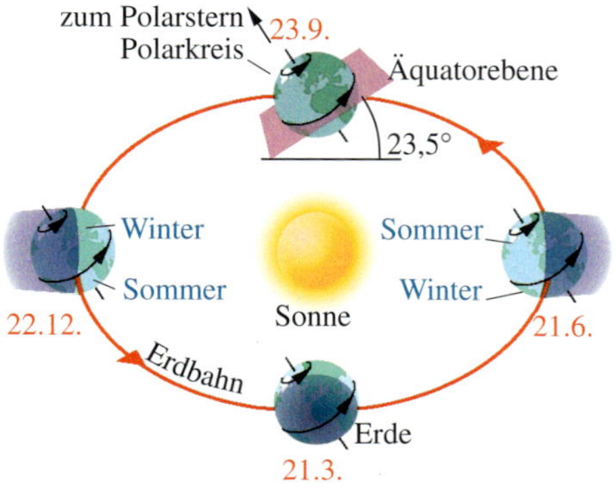

B 2: Die Entstehung von Sommer und Winter

Heimversuch:

Stellen Sie zur Veranschaulichung eine Lampe auf einen großen Tisch; sie stelle die Sonne dar. Ein Globus verdeutlicht bei Rotation um seine (schiefe) Achse die Entstehung von *Tag und Nacht*. Dann bewegen Sie den Globus auf einer Kreisbahn einmal um die „Sonne". Lassen Sie dabei immer die Richtung der Achse gleich. Sie simulieren so den Ablauf eines *Jahres*. Dabei muss die Globusachse nach Norden, dem Polarstern, zeigen. In unserem „Sommer" wird die nördliche, im „Winter" die südliche Halbkugel stärker beleuchtet. An den Nordpol darf während unseres „Winters" kein „Sonnenlicht" fallen.

Vom Globus aus gesehen wird die scheinbare Sonnenbahn auf die Zimmerwände projiziert. So entsteht dort die waagerechte Ekliptik. Zwischen der Ekliptik und dem Himmelsäquator (der Verlängerung des Globus- bzw. Erdäquators zum Himmel) finden Sie den Winkel von 23,5°.

Beobachtungen am Himmel

Könnten wir bei Tag von unserem Beobachtungsposten Erde aus an der Sonne vorbei die Sterne sehen, so würde sich der scheinbare Ort der Sonne vor dem Fixsternhimmel ändern. In ➠ *Bild 1* steht die Sonne gerade im Sternbild des Skorpions. Die Sonne bleibt täglich um (1/365)-tel Tag (≈ 4 min) gegenüber den Fixsternen zurück. Sie scheint auf der Himmelskugel einen Kreis zu beschreiben, *Ekliptik* genannt. Auf ihm liegen 12 der Sternbilder, nach denen man die Fixsterne von alters her eingeteilt hat. Sie haben teilweise Tiernamen: Widder, Löwe, Stier, Krebs. Daher heißt dieser Kreis auch *Tierkreis*. Hier liegt ein Ausgangspunkt der *Astrologie*. Diese glaubt das Schicksal eines Menschen vorhersagen zu können, wenn man weiß, in welchem Tierkreiszeichen die Sonne stand, als er geboren wurde.

Bei Nacht blicken wir in die entgegengesetzte Richtung, also den um 6 Monate verschobenen Teil des Tierkreises. Die scheinbare Bewegung der Fixsterne sieht man am Besten, wenn man mit einer feststehenden Kamera die Gegend um den Himmelsnordpol mit mehreren Stunden Belichtungszeit fotografiert. Die Sterne bewegen sich dabei auf Kreisbögen, in deren Zentrum der Polarstern steht.

Warum ist es im Sommer wärmer als im Winter?

Naheliegend (aber leider falsch) ist die Vermutung, dass die Erde auf ihrer KEPLER-Ellipse im Sommer näher an der Sonne sei als im Winter. Im Gegenteil! Im Januar ist die Erde nur $147 \cdot 10^6$ km, im Juli dagegen $152 \cdot 10^6$ km von der Sonne entfernt. Im Sommer wird es aber früher hell und später dunkel. Die Sonne steht im Durchschnitt höher am Himmel. Die Sonnenstrahlen fallen steiler auf unsere nördliche Halbkugel. So wird der Nordhalbkugel im Sommer viel mehr Energie zugeführt als im Winter.

Woher rührt das? Die Rotationsachse der Erde steht schräg zur Ebene der KEPLER-Ellipse; sie ist zum Lot auf ihr um 23,5° geneigt (➠ *Bild 2*). Beim Umlauf um die Sonne behält die Erdachse ihre Richtung stets bei. Sie zeigt auf den Polarstern, den Himmelspol. Am 21. Juni, dem Tag der Sommersonnenwende, steht die Sonne über dem Breitenkreis mit 23,5° nördlicher Breite um 12 Uhr mittags genau im Zenit. Zur selben Zeit erreicht die Sonne in höheren Breiten ihren höchsten Stand. Am nördlichen Polarkreis (66,5° nördlicher Breite) geht an diesem Tag die Sonne nicht unter; am südlichen Polarkreis (66,5° südlicher Breite) herrscht durchgehend Polarnacht. Der Kreis mit 23,5° nördlicher Breite wird als nördlicher *Wendekreis* oder Wendekreis des Krebses bezeichnet; der Kreis mit 23,5° südlicher Breite ist der Wendekreis des Steinbocks. Entsprechend gilt für den 21. Dezember, den Tag der nördlichen Wintersonnenwende, dass die Sonne um 12 Uhr über dem Wendekreis des Steinbocks senkrecht steht und am südlichen Polarkreis nicht untergeht. Am 21. März (Frühlingsanfang auf der Nordhalbkugel) sind Tag- und Nachtbogen der Sonne gleich.

Projektideen

Die folgenden Probleme sind umfangreicher als die sonst üblichen Aufgaben. Ein paar Tips:
Testen Sie Ihr Programm zuerst an einem Beispiel, bei dem man das Ergebnis kennt, z. B. dadurch, dass es in der Natur verwirklicht ist. Bei umfangreichen Berechnungen lohnt es sich, bessere Näherungsverfahren kennenzulernen und zu verwenden. Trauen Sie Ergebnissen erst, wenn auch bei Halbierung des Zeitintervalls und Verdoppelung der Schrittzahl (im Wesentlichen) die gleichen Ergebnisse folgen. Welche Programmiersprache oder was für ein Modellbildungssystem Sie verwenden, ist meistens nicht so wichtig.

1. Projekt: Flächengeschwindigkeit
Zeigen Sie mit Hilfe einer Simulation, dass die Flächengeschwindigkeit bei einer Ellipsenbahn konstant ist. Bestätigen Sie so das zweite KEPLER-Gesetz.

2. Projekt: Zweikörperproblem
Berechnen Sie die gegenseitige Bewegung von Erde und Mond. Legen Sie den Ursprung in den gemeinsamen Schwerpunkt von Erde und Mond.

3. Projekt: Fall des Meteors mit Luftwiderstand
Informieren Sie sich über ein realistisches Modell für die Abnahme der Dichte der Luft mit der Höhe. Lösen Sie Aufgabe 1 von dieser Seite unter Berücksichtigung des Luftwiderstands bei veränderlicher Dichte der Luft.

4. Projekt: Dreikörperproblem:
Bei diesem Problem gibt es für den allgemeinen Fall – auch in Hochschulbüchern – keine fertige Lösung, in die Sie nur die Anfangswerte einsetzen müssten.

a) Stellen Sie für drei Körper, die sich unter dem gegenseitigen Einfluss ihrer Gravitationsanziehung bewegen, ein Computerprogramm auf.

b) In dem Tabellenanhang des Buches sind die Bahndaten für Sonne, Erde und Mond enthalten. Bestimmen Sie daraus sinnvolle Anfangswerte für Ihr Programm. Wie lange dauert nach Ihren Berechnungen ein Jahr, wie lange ein Mondumlauf um die Erde? Vergleichen Sie mit den tatsächlichen Werten in der Natur!

c) Nehmen Sie drei Körper mit verschiedenen Massen (z. B. $m_1 = 4\,m_2 = 16\,m_3$). Richten Sie die Startwerte der Geschwindigkeit stets so ein, dass der Impuls des Schwerpunktes null ist. Wenn Sie ungezielt mit den Anfangsgeschwindigkeiten probieren, wird sich im Allgemeinen keine geschlossene Bewegung ergeben. Vorschlag: Ordnen Sie drei Körper auf einer Geraden an, fassen m_2 und m_3 als Doppelsternsystem auf, das um den gemeinsamen Schwerpunkt S_2 kreist. Geben Sie sich den Abstand der Massen vor und berechnen mit dem Gravitationsgesetz und der Gleichung für die Zentripetalkraft die Geschwindigkeiten von m_2 und m_3. Die in S_2 vereinte Masse $m_2 + m_3$ bildet mit m_1 wieder ein Doppelsternsystem. Berechnen Sie so für beide Systeme die Startwerte, mit denen dann die Iteration durchgeführt werden kann.

... noch mehr Aufgaben

A 1 und A 2 können nur mit dem Computer gelöst werden.

A 1: Ein Meteor ($m = 10$ kg) hat in 500 km Höhe die Geschwindigkeit $v = 10\ \text{km}\cdot\text{s}^{-1}$. Der Meteor stürzt senkrecht auf die Erde zu. **a)** Mit welcher Geschwindigkeit trifft er auf die Erde, wenn wir vom Luftwiderstand absehen? **b)** Welche Endgeschwindigkeit erreicht der Körper unter Berücksichtigung des Luftwiderstandes? Nehmen Sie dazu an, dass die Atmosphäre in 10 km Höhe über der Erde beginnt und die Dichte der Luft auf dieser Strecke konstant $\varrho = 0{,}6\ \text{kg/m}^3$ ist. Den Luftwiderstand können Sie mit $F = \frac{1}{2} \cdot c_w \cdot \varrho \cdot A \cdot v^2$ berechnen. Die Querschnittsfläche sei $A = 100\ \text{cm}^2$ und $c_w \approx 1$.

A 2: Zwei Körper haben jeweils die Masse 1,5 kg und den Radius 3 cm. Ihr Mittelpunktsabstand beträgt 10 cm und sie befinden sich zunächst in Ruhe. Die Körper sollen sich nur unter dem Einfluss der gegenseitigen Gravitationskraft aufeinander zubewegen. Nach welcher Zeit treffen sie aufeinander? Welche Geschwindigkeit haben die Körper dann?

A 3: Wie würde sich das Bild der Jahreszeiten ändern, wenn die Neigung der Erdachse gegen das Lot auf der unveränderten Erdbahnebene kleiner oder größer als 23,5° wäre? Wie verliefe das Jahr bei einer Neigung von 0°, wie bei 90°?

A 4: Geben Sie eine grobe Abschätzung, wie viel mehr Energie an einem Sommertag (16 Stunden Sonnenschein) gegenüber einem Wintertag (8 Stunden Sonnenschein) ein Ort 52° nördlicher Breite empfängt.

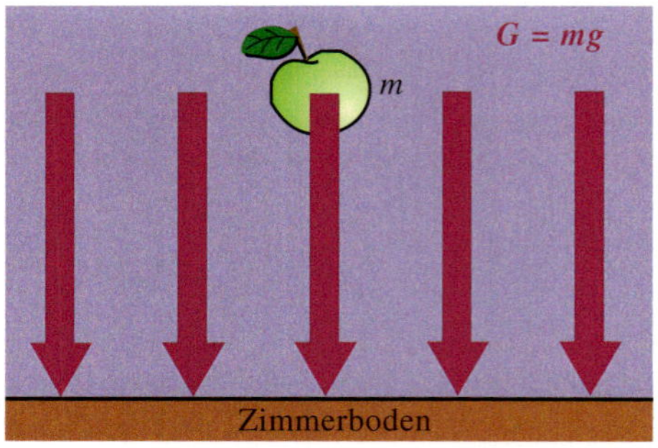

B 1: Ein Apfel fällt immer senkrecht nach unten. Woher weiß der Apfel dies?

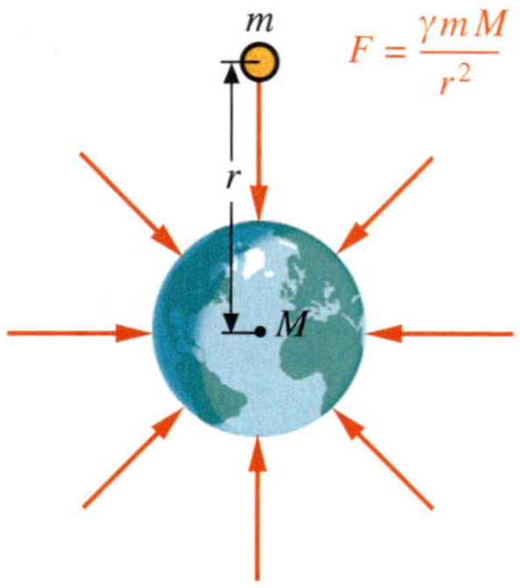

B 2: Das radiale Feld der Erde

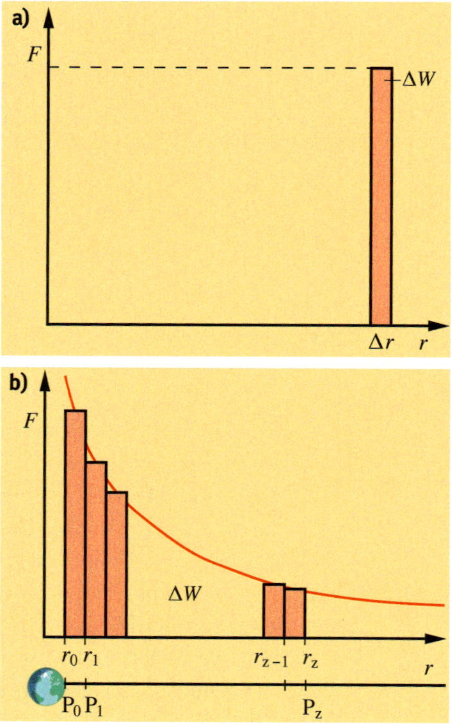

B 3: **a)** Beim Heben entspricht die zugeführte Energie dem Flächeninhalt des Rechtecks im *F*-*r*-Diagramm **b)** Zur Energiezufuhr bei veränderlicher Kraft

Potentielle Energie im Gravitationsfeld

1. Wir leben in Schwerefeldern

An jeder Stelle auf unserer Erde fallen Körper senkrecht nach unten. Es gibt aber kein Seil, mit dem die Erde diese Kraftwirkung überträgt. Auch im Vakuum zieht die Erde jeden Gegenstand an. Einen Raum, in dem solche Kraftwirkungen auftreten, nennen wir Gravitationsfeld. Sie kennen bereits magnetische und elektrische Felder. Dort erfahren „Probekörper" wie magnetisierte Stricknadeln oder geladene Wattestücke Kräfte *tangential* zu den *Feldlinien.* In einem kleinen Bereich (z. B. in einem Zimmer) sind die Gewichtskräfte G hinreichend parallel zueinander. Sie sind die Feldkräfte des Gravitationsfeldes; wir zeichnen deshalb auch die Feldlinien nach unten. Hier ist das Gravitationsfeld praktisch *homogen*. Damit meint man, es sei auch überall gleich „stark". Was heißt das? Nehmen wir als „Probekörper" einen beliebigen Gegenstand mit Masse m, also mit der Gewichtskraft $G = m\,g$. Im homogenen Feldbereich ist der Quotient $g = G/m$ konstant und für alle Körper gleich. Betrachtet man dagegen größere Bereiche, so nimmt er z. B. mit der Höhe ab; g heißt Ortsfaktor oder – wie wir jetzt sagen – *Feldstärke* des Gravitationsfeldes (vom geringen Einfluss der Erdrotation wegen der Zentripetalkraft sei abgesehen). Im Ganzen betrachtet, ist das Gravitationsfeld der Erde nach ➡ *Bild 2 radial.* Die Feldstärke g nimmt – wie die Gewichtskraft $G = m\,g = \gamma\,m\,M/r^2$ eines Körpers – nach außen gemäß $1/r^2$ ab.

2. Mit Energie in den Himmel

Wenn wir einen Körper der Masse m nur um eine gegenüber dem Erdradius R kleine Strecke $\Delta r \ll R$ heben, ist die Feldstärke g hinreichend konstant. Wir brauchen zum Heben die Energie $\Delta W = G \cdot \Delta r = m \cdot g \cdot \Delta r$. In einem Kraft-Weg-Diagramm entspricht diese Energie dem Flächeninhalt eines Rechtecks (➡ *Bild 3a*). Etwas komplizierter ist es, die Energie zu berechnen, die man braucht, um eine Raumkapsel vom Punkt P_0 1 000 km in einen höheren Punkt P_z zu heben (ohne zunächst ihre Geschwindigkeit zu ändern). Die Gravitationskraft ist nicht mehr konstant, sondern nimmt nach $F = \gamma\,M\,m/r^2$ ab. Deshalb unterteilen wir die Wegstrecke von P_0 bis P_z in sehr viele Radienstücke Δr von P_0 nach P_1, von P_1 nach P_2, P_2 nach P_3 bis hin zum Zielpunkt P_z. Beim ersten sich an P_0 anschließenden Stück $\Delta r = r_1 - r_0$ ist die Kraft

$$\text{in } P_0\text{: } F_0 = \gamma\,m\,M/r_0^2 \quad \text{und} \quad \text{in } P_1\text{: } F_1 = \gamma\,m\,M/r_1^2.$$

$F_0\,\Delta r$ gibt einen etwas zu großen, $F_1\,\Delta r$ einen zu niedrigen Wert für die Energie. Wir machen die Δr so klein, dass F sich innerhalb eines Intervalls nur wenig ändert. Die Näherung wird besser, wenn wir den dazwischenliegenden Wert für die Kraft $F_1' = \gamma\,m\,M/(r_1 \cdot r_0)$ nehmen. Bei ihm sind die Nenner r_0^2 und r_1^2 durch das zwischen beiden liegende Produkt $r_1 \cdot r_0$ ersetzt. Die zugeführte Energie beträgt also auf der Strecke $\Delta r = r_1 - r_0$ mit guter Näherung

$$\Delta W_1 = F_1'\,\Delta r = \gamma\,\frac{m\,M}{r_1\,r_0}\,(r_1 - r_0) = \gamma\,m\,M\left(\frac{1}{r_0} - \frac{1}{r_1}\right).$$

Für die Abschnitte r_1 bis r_2, r_2 bis r_3, ..., r_{z-1} bis r_z erhalten wir entsprechende Beiträge. Erfreulicherweise bleiben beim Addieren nur die Terme mit den festen Eckwerten r_0 und r_z übrig.

$$\Delta W = \gamma m M \left\{ \left(\frac{1}{r_0} - \frac{1}{r_1}\right) + \left(\frac{1}{r_1} - \frac{1}{r_2}\right) + \ldots + \left(\frac{1}{r_{z-1}} - \frac{1}{r_z}\right) \right\}$$
$$= \gamma m M \left(\frac{1}{r_0} - \frac{1}{r_z}\right)$$

Die zugeführte Energie und damit die Zunahme der *potentiellen Energie* (auch Lage- oder Höhenenergie genannt) ist also

$$\Delta W_{pot} = \gamma m M \left(\frac{1}{r_0} - \frac{1}{r_z}\right). \quad (1)$$

Hebt man den Körper nicht radial hoch, sondern entlang einer gekrümmten Bahn, so zerlegen wir die Kurve entsprechend ➠ *Bild 4* in kleine Stückchen entlang den Feldlinien und in Bogenstücke quer dazu. Nur längs der Feldlinien (1) muss man Energie aufbringen, auf den Querstücken (2) nicht, da die Kraft senkrecht zur Bewegungsrichtung steht. Da nur die radialen Wegstücke beitragen, muss wie bei unseren obigen Überlegungen die Summe $\Delta W_1 + \ldots + \Delta W_z$ gebildet werden. Das Resultat ist wieder:

$$\Delta W_{pot} = \gamma m M \left(\frac{1}{r_0} - \frac{1}{r_z}\right).$$

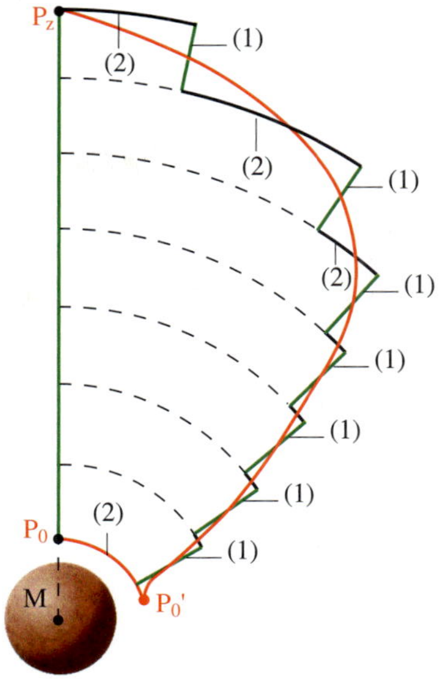

B 4: Die Energie ist wegunabhängig

Merksatz

Die Änderung der potentiellen Energie ΔW_{pot} im Gravitationsfeld ist unabhängig vom Weg zwischen Anfangs- und Endpunkt. Sie hängt nur von den Entfernungen r_0 und r_z nach Gleichung 1 ab.

3. Wohin mit dem Nullniveau?

Wie wir wissen, ist die potentielle Energie erst festgelegt, wenn wir uns auf ein Nullniveau geeinigt haben. Das Nullniveau der potentiellen Energie können wir nicht in den Erdmittelpunkt legen (für $r = 0$ m ist $1/r$ nicht definiert). Sehr weit von dem Zentralkörper entfernt ist die Kraft auf den Probekörper null. Man vereinbart daher, dass dort auch die potentielle Energie ihren Nullpunkt hat. Aus Gleichung 1 folgt die Energie, die man einem Körper der Masse m zuführen muss, um ihn aus einer beliebigen Entfernung r vom Erdmittelpunkt ins Unendliche zu bringen. $r_z \to \infty$ ergibt:

$$\Delta W_{pot} = \gamma m M / r.$$

Die Festlegung des Nullniveaus fordert für die potentielle Energie W_{pot} des Körpers in der Entfernung r vom Erdmittelpunkt:

$$W_{pot} + \gamma m M / r = 0, \quad \text{also } W_{pot} = -\gamma m M / r.$$

Merksatz

Das Nullniveau der *potentiellen Energie* legt man ins Unendliche. Im radialen Schwerefeld eines Körpers der Masse M hat ein anderer Körper mit der Masse m und dem Mittelpunktsabstand r die negative potentielle Energie $\boldsymbol{W_{pot} = -\frac{\gamma m M}{r}}$.

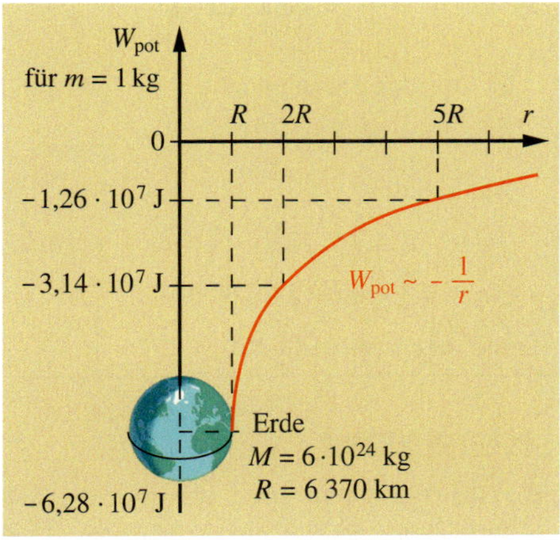

B 5: Verlauf der potentiellen Energie eines Körpers der Masse 1 kg in der Umgebung der Erde

Beispiel

Potentielle Energie eines Satelliten

Ein Satellit ($m = 1000$ kg) soll von der Erdoberfläche ($R = 6370$ km) durch eine Rakete um 6370 km ($r = 2R$) „gehoben" werden. Wie ändert sich dabei seine potentielle Energie?

Lösung:
Die Änderung ist:

$$\Delta W_{pot} = W_{pot}(2R) - W_{pot}(R)$$
$$\Delta W_{pot} = -\gamma m M \left(\frac{1}{2R} - \frac{1}{R}\right)$$
$$\Delta W_{pot} = \mathbf{3{,}14 \cdot 10^{10}\ J}$$

Beispiel

Ein Meteor stürzt zur Erde

Ein Meteor der Masse $m = 1\,000$ kg falle aus einer Entfernung von $9\,R$ auf die Erdoberfläche ($R = 6{,}37 \cdot 10^6$ m). Seine Geschwindigkeit in der Entfernung $9\,R$ betrage 10 km·s^{-1}.

a) Wie ändert sich seine potentielle Energie? **b)** Wie groß ist seine Geschwindigkeit beim Auftreffen, wenn wir vom Luftwiderstand absehen?

Lösung:

a) Die potentielle Energie wird kleiner, wenn der Meteor auf die Erde fällt. Die Änderung ΔW_{pot} ist negativ und es gilt

$$\Delta W_{pot} = W_{pot,\,unten} - W_{pot,\,oben} = -\gamma\, m\, M\left(\frac{1}{R} - \frac{1}{10\,R}\right) = \mathbf{-\,5{,}6 \cdot 10^{10}\ J.}$$

b) Aus der Energiebilanz

$W_{kin,\,oben} + W_{pot,\,oben} = W_{kin,\,unten} + W_{pot,\,unten}$

erhalten wir

$\frac{1}{2}\, m\, v_0^2 - \gamma\, m\, M/(10\,R) = \frac{1}{2}\, m\, v^2 - \gamma\, m\, M/R$

$\frac{1}{2}\, m\, v^2 = \frac{1}{2}\, m\, v_0^2 + 5{,}6 \cdot 10^{10}$ J

und daraus $v =$ **14,6 km·s^{-1}**.

4. Fluchtgeschwindigkeit

Wir stellen uns vor, die Erde habe keine Atmosphäre. Soll ein Körper ins „Unendliche“ fliegen, dann muss man ihm mindestens die Energie $W = \gamma\, m\, M/R$ (R Radius der Erde) zuführen. Eine Kanone müsste ihm diese Energie in einem Schuss als kinetische Energie $\frac{1}{2}\, m\, v^2$ geben. Hieraus folgt:

$$\frac{1}{2}\, m\, v^2 = \gamma\, m\, M/R \quad \text{oder} \quad v = \sqrt{2\,\gamma\, M/R} = 11{,}2\ \text{km·s}^{-1}.$$

Man nennt v die **Fluchtgeschwindigkeit.**

5. Fliegt die Erde mit negativer Energie?

Jeder Erdsatellit hat im Gravitationsfeld der Erde eine negative potentielle Energie $W_{pot} < 0$ J. Wir haben ja ihr Nullniveau ins Unendliche gelegt. Dies gilt auch für die Erde im Feld der Sonne. Doch haben kreisende Körper auch noch *kinetische* Energie, die wegen $v^2 > 0$ stets *positiv* ist. Gibt dies den Körpern, die auf Kreisbahnen umlaufen, wenigstens eine positive Gesamtenergie W_{ges}?

Wir addieren:

$$W_{ges} = W_{kin} + W_{pot} = \frac{1}{2}\, m\, v^2 - \frac{\gamma\, m\, M}{r}.$$

Bei Kreisbahnen ist $m\, v^2/r = \gamma\, m\, M/r^2$ und damit

$$W_{ges} = \frac{1}{2}\frac{\gamma\, m\, M}{r} - \frac{\gamma\, m\, M}{r} = -\frac{1}{2}\frac{\gamma\, m\, M}{r}.$$

Die Gesamtenergie ist negativ und halb so groß wie die potentielle Energie. Seien wir froh darüber, sonst könnte die Erde mit ihrer kinetischen Energie ins Nullniveau der potentiellen, d.h. ins Unendliche, hochsteigen und so der Sonne entfliehen.

... noch mehr Aufgaben

A 1: a) Wie kann man die Gravitationsfeldstärke g am Erdäquator aus dem Gravitationsgesetz berechnen? **b)** Wie groß ist dort die Zentripetalkraft für einen Körper der Masse 1 kg? Wie viel Prozent der Gravitationskraft ist dies?

A 2: a) Eine Rakete wird in radialer Richtung mit der Anfangsgeschwindigkeit $v = 100$ m·s^{-1} abgeschossen. Wie hoch fliegt die Rakete, wenn der Ausgangspunkt der Bewegung den Abstand R ($R = 6\,370$ km), $2\,R$, $10\,R$ vom Erdmittelpunkt hat? **b)** Eine Rakete wird von der Erdoberfläche senkrecht nach oben abgeschossen. Welche Anfangsgeschwindigkeit muss sie haben, um die Höhe 1 000 km über der Erdoberfläche zu erreichen? (Von Reibungskräften ist abzusehen.)

A 3: a) Bestimmen Sie die Geschwindigkeit v und die Bewegungsenergie eines Erdsatelliten ($m = 1\,000$ kg), der in 1 000 km Höhe eine Kreisbahn beschreibt. **b)** Welche Energie braucht man, um ihn von der als ruhend gedachten Erdoberfläche in die Umlaufbahn zu bringen? **c)** Warum schießt man Satelliten nahe am Äquator und nach Osten ab?

A 4: a) Welche Geschwindigkeit v hat ein Meteor ($m = 1$ kg), der im Unendlichen praktisch ruhte, wenn er im Gravitationsfeld der Sonne die Erdbahn erreicht? **b)** Welche Geschwindigkeit v_E hat die Erde auf ihrer Bahn um die Sonne? **c)** Welche Geschwindigkeit v_1 kann also der Meteor relativ zur Erde maximal haben? **d)** Vergleichen Sie die zugehörige kinetische Energie mit derjenigen, die er allein durch die Gravitation der Erde an ihrer Oberfläche bekommen könnte. **e)** Woher rührt also die Reibungshitze des Meteors in der Atmosphäre in erster Linie?

A 5: Ein Satellit bewegt sich auf einer erdnahen Umlaufbahn. Durch die geringe Luftreibung verringert sich die Gesamtenergie. Zeigen Sie, dass dabei sein Bahnradius r sinkt und seine Geschwindigkeit v größer wird. (Hinweis: Minuszeichen bei der Gesamtenergie beachten!)

Interessantes

Ein Himmel voller Kegelschnitte

Mit dem Simulationsprogramm der rechten Spalte untersuchen wir, was für Bahnen wir erhalten, wenn die Geschwindigkeit und damit die kinetische Energie eines Erdsatelliten erhöht wird.

Wir beginnen mit Anfangsbedingungen, die eine Kreisbahn mit Radius $r = R = 6\,370$ km ergeben. Dabei lassen wir den Luftwiderstand außer Betracht; es stört uns auch nicht, dass der Satellit genau an der Erdoberfläche entlangrast. Der Satellit wird z. B. an der Stelle $x = 6{,}37 \cdot 10^6$ m, $y = 0$ m, mit der Geschwindigkeit $v_y = 7\,910 \text{ m} \cdot \text{s}^{-1}$, $v_x = 0 \text{ m} \cdot \text{s}^{-1}$, abgeschossen. Vergrößern wir die Startgeschwindigkeit (z. B. $v_y = 10\,500 \text{ m} \cdot \text{s}^{-1}$) bei sonst gleichen Anfangsbedingungen, so geht die Kreisbahn in eine Ellipsenbahn über (*Bild 3*). Bei der Fluchtgeschwindigkeit $v_y = 11\,200 \text{ m} \cdot \text{s}^{-1}$ ist die kinetische Energie gleich dem Betrag der potentiellen Energie. Aus der langgestreckten Ellipse ist eine Parabel geworden, die ins Unendliche reicht. Geht man mit der Startgeschwindigkeit über die Fluchtgeschwindigkeit hinaus, entstehen Hyperbelbahnen.

Zusammenstellung:

Gesamtenergie	Geschwindigkeit	Bahnform
$W < 0$ J	$v < 11{,}2 \text{ km} \cdot \text{s}^{-1}$	Ellipse
$W = 0$ J	$v = 11{,}2 \text{ km} \cdot \text{s}^{-1}$	Parabel
$W > 0$ J	$v > 11{,}2 \text{ km} \cdot \text{s}^{-1}$	Hyperbel

Hyperbel, Parabel und Ellipse nennt man in der Mathematik Kegelschnitte.

B 1: Der Komet Hale-Bopp beschreibt eine Ellipsenbahn mit der Sonne in einem Brennpunkt

Programmschleife:

$r = \sqrt{x^2 + y^2}$

$a_x = -\gamma M x / r^3$ $\quad a_y = -\gamma M y / r^3$

$v_x = v_x + a_x \cdot \Delta t$ $\quad v_y = v_y + a_y \cdot \Delta t$

$x = x + v_x \cdot \Delta t$ $\quad y = y + v_y \cdot \Delta t$

$t = t + \Delta t$

Startwerte:

$x = 6{,}376 \cdot 10^6$; $y = 0$; $\gamma = 6{,}672 \cdot 10^{-11}$

$M = 5{,}97 \cdot 10^{24}$; $v_x = 0$; $t = 0$

v_y siehe unten (*Bild 3*)

B 2: Die russische Raumstation Mir bewegt sich auf einer Ellipsenbahn um die Erde

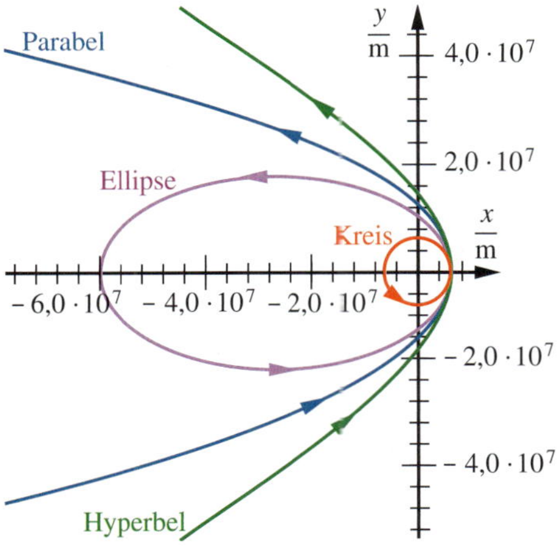

B 3: Verschiedene Bahnformen für Satelliten; Startwerte für v_y senkrecht zur x-Achse:

Kreis	$v_y = 7\,910 \text{ m} \cdot \text{s}^{-1}$
Ellipse	$v_y = 10\,500 \text{ m} \cdot \text{s}^{-1}$
Parabel	$v_y = 11\,200 \text{ m} \cdot \text{s}^{-1}$ und $-11\,200 \text{ m} \cdot \text{s}^{-1}$
Hyperbel	$v_y = 12\,000 \text{ m} \cdot \text{s}^{-1}$ und $-12\,000 \text{ m} \cdot \text{s}^{-1}$

Interessantes

Ebbe und Flut werden berechnet

Aus dem Abstand von Erd- und Mondmittelpunkt ($r = 3{,}84 \cdot 10^5$ km) und der Mondmasse ($m_M = 7{,}33 \cdot 10^{22}$ kg) berechnen wir die Beschleunigung a_z des Schwerpunktes E der Erde:

$$a_z = \gamma\, m_M / r^2 = 3{,}316 \cdot 10^{-5}\ \text{m} \cdot \text{s}^{-2}.$$

Der Punkt A auf der Erdoberfläche (*Bild 2*) ist dem Mond um den Erdradius $R = 6\,370$ km näher als der Mittelpunkt E. Daher erfährt ein Wasserteilchen in A die größere Beschleunigung

$$a_A = \gamma\, m_M / (r - R)^2 = 3{,}429 \cdot 10^{-5}\ \text{m} \cdot \text{s}^{-2},$$

der um R entferntere Punkt B dagegen nur

$$a_B = \gamma\, m_M / (r + R)^2 = 3{,}209 \cdot 10^{-5}\ \text{m} \cdot \text{s}^{-2}.$$

Etwas Näherungsrechnung:
Ein Wasserteilchen im Punkt A habe den Abstand x vom Erdmittelpunkt. Relativ dazu erfährt es die Beschleunigung

$$\Delta a_A = a_A - a_z = \gamma\, m_M \cdot (1/(r - x)^2 - 1/r^2).$$

Ziehen wir r^2 aus $(r - x)^2$ heraus, so ist für $x/r \ll 1$:

$$(r - x)^2 = r^2 \cdot [1 - 2\,x/r + (x/r)^2]$$
$$\approx r^2 \cdot [1 - 2\,x/r]$$

Zudem gilt für kleine y näherungsweise:

$$1/(1 - y) \approx 1 + y,$$

also gilt:

$$\Delta a_A \approx \gamma\, m_M \cdot (1/[r^2 \cdot (1 - 2\,x/r)] - 1/r^2)$$
$$\Delta a_A \approx \gamma\, m_M \cdot (1/r^2 \cdot [1 + 2\,x/r] - 1/r^2)$$
$$\Delta a_A \approx \gamma\, m_M \cdot 2\,x/r^3$$

Zerreißprobe beim Kometenschweif

1994 stürzte der Komet *Shoemaker-Levy 9* auf den Jupiter. Vor seinem Aufprall war er schon durch „Gezeiteneffekte" in 20 Teile zerrissen. Ist nämlich die Gezeitenkraft größer als die Gravitationskraft, die den Kometen zusammenhält, zerbricht er.
M_J sei die Masse des Jupiters, r der Abstand zwischen dem Kometen und Jupiter, m_K die Masse des Kometen und x der Radius des Kometenkerns. Der Komet zerbricht also, wenn für die entsprechenden Beschleunigungen gilt:

$$\gamma\, M_J \cdot 2\,x/r^3 > \gamma\, m_K/x^2$$

oder

$$2 \cdot M_J/r^3 > m_K/x^3$$

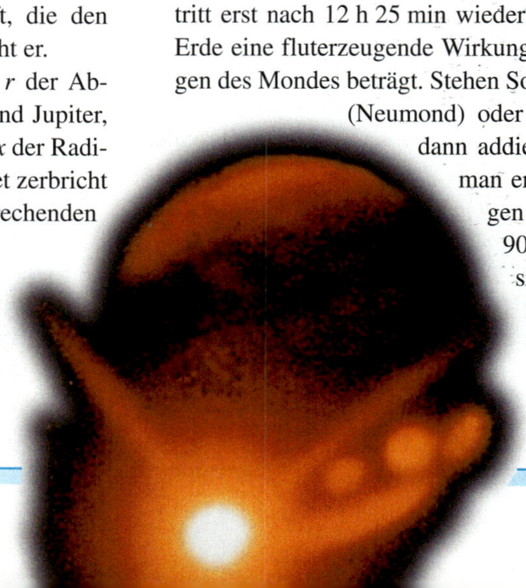

B 1: Komet Shoemaker-Levy beim Sturz auf den Jupiter

Der Wechsel der Gezeiten

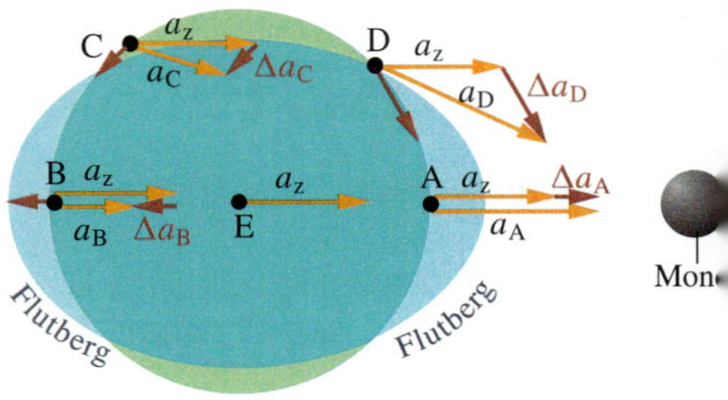

B 2: Zur Entstehung der Gezeiten

An den Küsten der Weltmeere sind Ebbe und Flut sehr verschieden stark ausgeprägt. Ostsee und Mittelmeer zeigen nur geringe Schwankungen zwischen Hoch- und Niedrigwasser. Im freien Ozean ist der „Tidenhub" (der Unterschied zwischen Hoch- und Niedrigwasser) 80 cm, an manchen Küstenorten werden Höchstwerte von 15 m gefunden (z. B. Fundy-Bay in Kanada). In St. Malo (Frankreich) wird das Wasser bei Flut durch einen Damm eingefangen und treibt im Gezeitenkraftwerk bei Ebbe Turbinen mit der Leistung 240 MW an. Bekanntlich hängen die Gezeiten mit der Stellung des Mondes zusammen. Warum? Die Mittelpunkte von Erde und Mond kreisen um ihren gemeinsamen Schwerpunkt S. Dabei ist die Tangentialbewegung kräftefrei. Die Gezeiten werden allein vom Unterschied der Gravitationskräfte F_i ausgelöst, die der Mond auf die verschiedenen Erdpunkte i ausübt. So zieht der Mond die ihm zugewandten Wasserteilchen im Punkt A (*Bild 2*) mit der größten Kraft F_A an. Sie erfahren deshalb eine Beschleunigung a_A auf den Mond zu, die größer ist als die Beschleunigung a_z des starren (im Erdmittelpunkt E vereinigt gedachten) Erdkörpers. So bildet sich der dem Mond ständig zugewandte Flutberg aus. Die mondabgewandten Teilchen (in B) erfahren die geringste Beschleunigung a_B. Sie bleiben also gegenüber dem Erdkörper zurück und bilden den mondabgewandten Flutberg (Rechnung siehe linke Spalte). Unter beiden Flutbergen dreht sich die Erde in etwa einem Tag einmal hindurch. Jeder Punkt hat etwa zweimal pro Tag Hoch- und zweimal Niedrigwasser. Die Beschleunigung a_z der festen Erdkruste ist in allen Punkten gemeinsam. Im *Bild 2* ist sie durch orange Pfeile eingetragen, zusammen mit den von Punkt zu Punkt verschiedenen Beschleunigungen a_A, a_B, a_C für einzelne Wasserteilchen aufgrund der Mondanziehung. Die roten Differenzvektoren zeigen, wie die Wassermassen zu den Flutbergen hin getrieben werden.

Der Mond bleibt täglich um 50 min hinter der Sonne zurück, daher tritt erst nach 12 h 25 min wieder Flut ein. Die Sonne übt auf die Erde eine fluterzeugende Wirkung aus, die etwa 40% von derjenigen des Mondes beträgt. Stehen Sonne und Mond in einer Richtung (Neumond) oder einander entgegen (Vollmond), dann addieren sich die Wirkungen beider; man erhält eine *Springflut*. Steht dagegen die Sonne bei Halbmond unter 90° zum Mond, dann schwächen sich die Wirkungen, man hat *Nippflut*.

Interessantes

Völlig losgelöst von der Erde ...

Am Ende des Gravitationsfeldes?

Wenn Raumfahrer schwerelos durch ihre Kapsel schweben, sagt man häufig, sie haben das Schwerefeld der Erde verlassen und befinden sich im schwerefreien Raum. So weit brachte es jedoch noch kein Raumfahrer! Die Gravitationskraft der Erde reicht, wie wir wissen, ins Unendliche. Zudem gibt es noch die Anziehung durch die Sonne und den Mond. Für uns ist ein schwerefreier Raum nur in Gedanken erreichbar.

Einfacher wäre es, den schwerefreien Punkt zwischen Erde und Mond aufzusuchen, in dem sich die Gravitationskräfte beider Himmelskörper das Gleichgewicht halten. In ihm ist aber noch die Gravitationskraft der Sonne wirksam. Doch gibt es sicherlich Punkte, in denen sich die verschiedenen Gravitationskräfte aufheben. Dies ist gleichbedeutend mit echter Schwerelosigkeit – aber nur in einzelnen Punkten.

Ein Sprung, und die Schwerkraft verschwindet

Steigen Sie auf einen Tisch – oder den 3 m-Turm im Schwimmbad – und halten einen Stein ruhig in der Hand. Beim Sprung in die Tiefe spüren Sie dessen Gewichtskraft nicht mehr. Sie fühlen auch sich selbst schwerefrei. Dabei ist es unwichtig, ob Sie sich senkrecht nach unten plumpsen lassen oder mit einem kühnen Anlauf abspringen. Für einen Beobachter in einem Inertialsystem ist die Beschreibung klar: Der Stein braucht seine ganze Gewichtskraft, um sich selbst zu beschleunigen. Er beschwert die Hand nicht. Im nächsten Kapitel werden wir sehen, wie EINSTEIN diese Überlegungen zum Ausgangspunkt seiner allgemeinen Relativitätstheorie nahm. Auch bei Gravitationsbewegungen auf Ellipsen, Parabeln und Hyperbeln sind die Insassen eines Raumschiffs in diesem Sinne schwerefrei. Es spielt keine Rolle, ob sie auf die Erde im freien ungehemmten Fall zustürzen, die Erde auf einer Kreisbahn umrunden oder sich auf einem Flug zum Mond befinden, falls sie den Raketenantrieb schon abgeschaltet haben

Man kann diese Art der Schwerelosigkeit auf der Erde für einige Zeit simulieren, wenn man Flugzeuge auf KEPLER-Ellipsen fliegen und den Luftwiderstand genau durch die Triebwerke ausgleichen lässt. Dabei muss man nicht nur die richtige Bahnkurve, sondern auch die zugehörigen Geschwindigkeiten und vor allem Beschleunigungen präzise einhalten. Der Fallturm in Bremen bietet eine andere Möglichkeit, Experimente praktisch ohne Schwere (Mikrogravitation) durchzuführen. In einer evakuierten Röhre können Fallkapseln 110 m weit frei fallen. Wurde die Kapsel vom Boden aus in die Höhe geschossen, so ist die Zeit der Schwerelosigkeit verdoppelt. Zunehmend werden Versuche zur „Mikrogravitation", wie Kristallwachstum und das Verhalten von Flüssigkeiten, in Raumstationen durchgeführt, so z.B. bei der zweiten deutschen Spacelab-Mission D2.

B 3: Ein frei schwebender Astronaut

V 1: Eine Plastikflasche für Limonaden wird bis auf eine Luftblase mit Wasser gefüllt. Wirft man die Flasche hoch (und fängt sie auch wieder auf), so nimmt die Blase Kugelform an. Wie im Weltraum spielt hier der Wasserdruck während des Fluges keine Rolle, da das Wasser „schwerelos" ist. Die Oberflächenkräfte sorgen dafür, dass sich die Kugelform einstellt.
Was erwarten Sie für die Bewegung der Blase, wenn die Flasche stark beschleunigt vorwärts bewegt wird?

B 4: Der Fallturm von Bremen

Interessantes

Von ARISTOTELES bis EINSTEIN und HAWKING

Vom Mythos zur Wissenschaft

Seit Urzeiten ranken sich um das Geschehen am Himmel mythische Vorstellungen: Sonne und Mond werden bei ihrem Untergang im Westen von Ungeheuern verschlungen, müssen sich durch die Unterwelt kämpfen oder – wie bei den Azteken – durch Menschenblut am Leben gehalten werden.

Die Grundvorstellung der griechischen Kosmologie war folgende: Die Erde ruht im Zentrum der Welt und von hier aus steigt man auf zu immer höheren Sphären, bis man die Fixsternsphäre, als oberste und vollkommenste, erreicht. Diese Sphären in Kugelform wurden als ideale Gestalten mit vollendeter Symmetrie betrachtet. Aufgabe der Himmelsmechanik war es, die Bewegung der Gestirne auf gleichmäßige Kreisbewegungen zurückzuführen. Um die Bewegung der Sonne, des Mondes, der Planeten und der Fixsterne durch Bewegung auf Kreisen zu beschreiben, brauchte EUDOXOS, ein Schüler PLATOS, allerdings schon 27 ineinander gelagerte Hohlkugeln.

ARISTOTELES, der bedeutendste Schüler von PLATO, erweiterte diese Vorstellungen. Er begründete eine Bewegungslehre, die zwischen „natürlichen“ und „gewaltsamen“ Bewegungen unterscheidet. Den Himmelskörpern ordnete er als Substanz den „Äther“ zu. Deren natürliche Bewegung ist die Kreisbewegung. Abweichungen vom einfachen Kreis wurden aber auch schon damals an der Schleifenbahn der Planeten beobachtet. Um die „geheiligten“ Kreise zu retten, heftete der griechische Astronom PTOLEMÄUS (150 n. Chr.) die Planeten an Epizykel-Kreise (rot), deren Mittelpunkt M auf dem Trägerkreis (blau) weiterschreitet (*Bild 1*). So konnte man gute Übereinstimmung mit den Beobachtungen durch Überlagerung von Kreisbahnen erzielen.

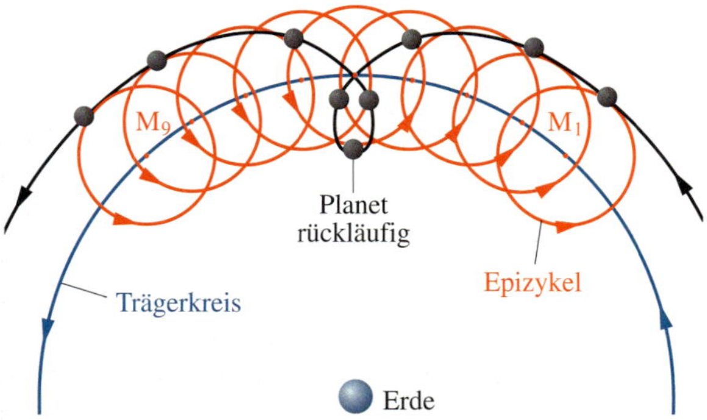

B 1: Überlagerung von Kreisbahnen – die Epizykel-Theorie

Die Himmelsmechanik war aber streng getrennt von der irdischen Mechanik. Man sagte: Während am Himmel die immer gleichen, vollkommenen Kreisbewegungen stattfinden, beschrieben durch die Mathematik, gelten auf der Erde keine mathematischen Gesetze. Hier herrschen Werden und Vergehen, Geburt und Tod. Dementsprechend kommt auf der Erde auch jede Bewegung nach dem Wegfall des äußeren Antriebs zum Stillstand. Diese Vorstellungen konnten sich als Ersatz für das noch fehlende Gedankengebäude der Mechanik mehr als $1\frac{1}{2}$ Jahrtausende halten.

Die kopernikanische Wende

Nikolaus KOPERNIKUS (1473 – 1543), Domherr von Frauenburg in Ostpreußen, gab in seinem berühmten Werk *de revolutionibus orbium coelestium* (Über die Umdrehung der Himmelskreise) den geozentrischen Standpunkt auf. Er beließ aber noch die Kreisbahnen. Sein *heliozentrischer* Standpunkt war für die meisten Gelehrten und Theologen unannehmbar. Sie hielten seine Schrift nur für eine Neuauflage der Hypothesen, wie die des *Aristarch von Samos* (280 v. Chr.). Dieser hatte als Erster die Vermutung ausgesprochen, Sonne und Fixsterne würden ruhen. Ihre Bewegung werde durch die Rotation der Erde um ihre eigene Achse vorgetäuscht. Neu an den Überlegungen von KOPERNIKUS war, dass durch die Erdbahn die Lage und Größe der Planetenbahnen bestimmt wurde. Der Weltraum wurde so zu einem ausmessbaren Raum.

Doch die Einwendungen gegen KOPERNIKUS waren groß und scheinbar berechtigt. Ein Gegenargument des genauen Beobachters Tycho BRAHE war: Wenn die Erde um die Sonne läuft, so müssen wir die Fixsterne im Abstand von einem halben Jahr von zwei weit entfernten Stellungen aus etwas gegeneinander verschoben sehen. Diese **Parallaxe** konnte jedoch wegen der großen Entfernung der Fixsterne erst im 19. Jahrhundert gemessen werden. Zu Zeiten von KOPERNIKUS aber fand man keine Fixsternparallaxe und hielt das heliozentrische Weltbild damit für widerlegt. Ohne Fernrohr waren damals keine genaueren Beobachtungen möglich. Dennoch war der Anstoß gegeben, Beweise für die neuen Auffassungen zu suchen.

Interessantes

GALILEI sucht Beweise mit dem Fernrohr

Galileo GALILEI (geb. 1564 in Pisa, gest. 1642 in Florenz) war eine außergewöhnlich imposante Persönlichkeit. Er beeindruckte die Menschen durch seine Phantasie, seinen Witz und die Gewalt seiner Sprache. Von seinem mächtigen Temperament ließ er sich aber dazu hinreißen, den Unverstand seiner einflussreichen Gegner bloßzustellen und so schaffte er sich gefährliche Feinde. Mit seinem Fernrohr sah er, dass der Planet Jupiter von Monden umkreist wird, also ein Planetensystem im Kleinen darstellt. ARISTOTELES lehrte dagegen, dass etwas Bewegtes nicht selbst Zentrum von Bewegtem sein kann. Das Fernrohr zeigte GALILEI auch die Gebirge des Mondes. Dieser hat nicht die vollkommene Kugelgestalt, wie die Lehre des ARISTOTELES es verlangt. Mit diesen Argumenten und Beweisen trat er öffentlich in der Sprache des Volkes gegen das von der Kirche anerkannte *ptolemäisch-aristotelische* Weltbild auf. GALILEI wurde der Ketzerei angeklagt und in Haft genommen. Er musste sich zum Widerruf der kopernikanischen Lehre verpflichten und erhielt Schreibverbot. Wie KOPERNIKUS hielt aber GALILEI noch an der Kreisbahn für die Planetenbewegung fest.

Erst KEPLER verlässt die Kreisbahn

Johannes KEPLER wurde 1571 in Weil der Stadt (Württemberg) geboren und starb 1630. Nach einem Theologiestudium wandte er sich der Astronomie zu. Dabei lernte er insgeheim die *kopernikanischen* Lehren kennen, und er wurde ein begeisterter Anhänger der Theorie. Er fühlte sich befreit von diesen hypothetischen Sphären, welche die Erde gleich Zwiebelschalen umgaben. Man war Bürger einer neuen, größeren Welt, in deren Mittelpunkt die strahlende, göttliche Sonne stand. Religiösen Ideen folgend suchte er in seinem Buch *Mysterium cosmographicum* (Geheimnisse des Weltbaus), die Verhältnisse der Planetenbahnradien in Übereinstimmung mit den Proportionen an den fünf regulären Körpern zu bringen. In *Harmonices Mundi* erforschte er die Geschwindigkeiten der Planeten im sonnennächsten und sonnenfernsten Punkt (Perihel und Aphel) und stellte fest, dass sie den Frequenzverhältnissen der Töne von Harmonien entsprechen. Nach einer höheren Harmonie strebte er Zeit seines Lebens. Im Gegensatz zu vielen anderen blieb er aber nicht bei diesen Gedanken stehen, sondern prüfte sie an möglichst genauem Beobachtungsmaterial. Deshalb zog er zu Tycho BRAHE nach Prag. In der *Astronomia nova* und der *Weltharmonik* schrieb er die nach ihm benannten KEPLER-Gesetze nieder, die zu den ersten mathematisch formulierten, auf Beobachtung beruhenden Naturgesetzen gehören.

NEWTON sah Erde und Himmelskörper als Einheit an

Isaac NEWTON wurde etwa 100 Jahre nach GALILEI geboren. Er stellte nicht nur die Grundgesetze der Mechanik auf, sondern fand das Gravitationsgesetz und wandte die Grundgesetze auf die Bewegung der Himmelskörper an. Er konnte so die keplerschen Gesetze aus den Grundsätzen seiner Mechanik herleiten. Seine Auffassung, das Gewicht sei nichts weiter als eine allgemeine Massenanziehung, erntete lange Zeit Widerspruch und Spott. In seinen *Philosophiae Naturalis Principia Mathematica* (sinngemäß übersetzt: Mathematische Grundlagen der Physik) fasste er die Grundlagen der Differential- und Integralrechnung zusammen und wandte sie dann auf die Mechanik des Massenpunktes, die Strömungslehre und die Planetenbewegung an. NEWTON fragte sich zudem, warum sich beliebige Körper gegenseitig anziehen, vor allem, wie diese Anziehungskraft bei den riesigen Entfernungen, die zwischen den Himmelskörpern bestehen, zustande kommt. Eine Antwort darauf lehnte er jedoch mit dem lateinischen Spruch *Hypotheses non fingo* („Hypothesen ersinne ich nicht") ab.

NEWTONS Mechanik bewährte sich glänzend. So konnte aus Abweichungen des Planeten *Uranus* von der berechneten Bahn auf die Existenz eines unbekannten Planeten geschlossen werden. An der daraus berechneten Position fand man dann tatsächlich den Planeten *Neptun*. Unregelmäßigkeiten, die man bei der Bewegung von Saturn schon zu NEWTONS Zeiten fand, ließen Zweifel an der Stabilität des Sonnensystems aufkommen. Man fragte sich, ob nicht Gott von Zeit zu Zeit eingreifen müsse, sein Werk wieder in Ordnung zu bringen. Der große französische Mathematiker LAPLACE konnte nach (heute nicht mehr als gültig anerkannten) Rechnungen seinem Kaiser Napoleon auf dessen Frage, ob Gott von Zeit zu Zeit eingreifen müsse, treuherzig antworten, „Sire, wir brauchen diese Hypothese nicht."

Interessantes

Auch andere gekrönte Häupter sorgten sich um die Stabilität der Welt und damit auch ihres Herrschaftssystems. Oskar II. von Schweden stiftete 1885 einen ansehnlichen Preis für den Nachweis, dass die Planetenbahnen stabil sind. Zweifel daran waren aufgetreten, da Jupiter und Saturn Umlaufzeiten haben, die etwa im Verhältnis 5 : 2 stehen. Durch Resonanz könnten sich die schwachen Kraftwirkungen zwischen den Planeten aufschaukeln und zu radikal anderen Bahnen führen. Henry POINCARÉ (1854 – 1912) gewann schließlich diesen Preis. In seiner Arbeit zeigte er, dass es stabile und nichtstabile Bahnen gibt und dass in manchen Fällen eine beliebig kleine Störung ausreicht, um den Übergang von dem einen zum anderen Bahntyp zu verursachen. POINCARÉ wäre so beinahe zum Begründer der **Chaosforschung** geworden. Er beschreibt dies mit den Worten, „Es kann vorkommen, dass kleine Abweichungen in den Anfangsbedingungen schließlich große Unterschiede in den Phänomenen erzeugen. Ein kleiner Fehler zu Anfang wird später einen großen Fehler zur Folge haben. Vorhersagen werden unmöglich, und wir haben ein zufälliges Ergebnis."

Am Anfang des 20. Jahrhunderts beschäftigte noch eine kleine Unstimmigkeit Astronomen und Physiker: Der sonnennächste Punkt (Perihel) der Merkurbahn verschiebt sich um 0,1 Bogensekunden pro Bahnumlauf mehr, als NEWTONS Gravitationsgesetz vorhersagte.

Niels BOHR findet ein Planetensystem im Kleinen

Wie wir von der Mittelstufe her wissen, gibt es auch zwischen negativen und positiven Ladungen anziehende Kräfte. Ch. COULOMB fand 1785, dass für die Kraft zwischen kugelsymmetrischen Ladungen ein ganz ähnliches Gesetz wie bei den Gravitationskräften gilt

$$F_{el} = k \frac{q \cdot Q}{r^2}.$$

Die Ladungen q und Q werden in C gemessen; r ist ihr Abstand; die Konstante k hat den Wert: $k = 9 \cdot 10^9\ \text{N} \cdot \text{m}^2 \cdot \text{C}^{-2}$.

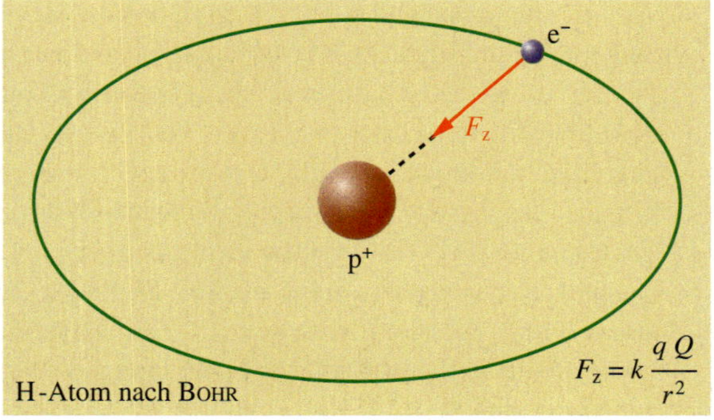

H-Atom nach BOHR

Nach der Vorstellung der Physiker am Anfang dieses Jahrhunderts bilden Elektron und Proton im Wasserstoffatom ein kleines Planetensystem. Um einen positiv geladenen Kern kreist ein Elektron. Die Zentripetalkraft wird dabei von der elektrischen Kraft geliefert. Die Ladungen von Elektron ($e = 1{,}6 \cdot 10^{-19}$ C) und Proton sind dem Betrage nach gleich. Für die Kräfte und die Gesamtenergie gilt:

$$\frac{m\,v^2}{r} = k\,\frac{e^2}{r^2};$$

$$W_{ges} = \frac{1}{2}\,m\,v^2 - k\,\frac{e^2}{r} = -\frac{1}{2}\,k\,\frac{e^2}{r}.$$

Den Übergang von einer Elektronenbahn in eine mit größerer Gesamtenergie kann man durch Einstrahlung von Licht erreichen. Umgekehrt sendet das Atom Licht aus, wenn es aus einem energiereicheren Zustand in eine innere, energieärmere Bahn übergeht. Merkwürdig erschien, dass nur ganz bestimmte Energiedifferenzen auftreten und die Elektronen bei ihrer beschleunigten Bewegung keine Energie abstrahlen, wie man es aus der Elektrizitätslehre erwartete.

Dieses Planetenmodell für das Wasserstoffatom wurde von BOHR und SOMMERFELD begründet. Zahlreiche Widersprüche mit der Erfahrung führten zur Entwicklung einer neuen Theorie, der Quantentheorie.

EINSTEIN relativiert Raum und Zeit

1905 hatte A. EINSTEIN während seiner Arbeit beim Berner Patentamt die *spezielle Relativitätstheorie* entwickelt. Daraus ergaben sich weitreichende Veränderungen der Vorstellungen von Raum und Zeit. Dies hatte EINSTEIN aus zwei von ihm als fundamental erkannten Prinzipien hergeleitet, der *Konstanz der Lichtgeschwindigkeit* und dem *Relativitätsprinzip* (Die Naturgesetze nehmen in allen Inertialsystemen die gleiche Form an).

Strecken, die man in Bewegungsrichtung bei einem anderen relativ zu sich bewegten System betrachtet, werden verkürzt gemessen. Für einen Beobachter in dem bewegten System haben sie ihre normale „Eigenlänge". Die zeitliche Dauer eines Vorgangs ist relativ und wird ebenfalls von der Bewegung des Bezugssystems beeinflusst. Wir messen z. B. eine verlängerte Lebensdauer von radioaktiven Teilchen, so als ob *ihre* Zeit langsamer abliefe. Nach dem newtonschen Gravitationsgesetz hängt die Kraft zwischen zwei Körpern von ihrer Entfernung ab.

Interessantes

Da diese aber je nach Bezugssystem unterschiedlich ist, ergeben sich verschiedene Werte für die Gravitationskraft zwischen zwei Körpern. Daraus folgerte EINSTEIN, dass das Gravitationsgesetz noch nicht korrekt sein konnte. Dieser „Makel" ließ ihm viele Jahre keine Ruhe. Den Ansatz zur Lösung fand er aufgrund einer einfachen Überlegung, die mit seinen Worten wiedergegeben werden soll: „Ich saß auf meinem Sessel im Berner Patentamt, als mir plötzlich folgender Gedanke kam: Wenn sich eine Person im freien Fall befindet, dann spürt sie ihr eigenes Gewicht nicht." Für jemanden, der frei fällt, ist die Gravitation aus der Umgebung verschwunden. EINSTEIN verallgemeinerte diese Überlegungen im *Äquivalenzprinzip: Die Vorgänge in beschleunigten Bezugssystemen und in Gravitationsfeldern sind einander äquivalent. Durch Messungen innerhalb eines Labors kann man nicht unterscheiden, ob sich dieses in einem Gravitationsfeld befindet oder aus einer anderen Ursache konstant beschleunigt wird.* Innerhalb kurzer Zeit konnte EINSTEIN weitreichende Folgerungen aus dem Äquivalenzprinzip ziehen. Ein Gedankenexperiment soll uns dies verdeutlichen:

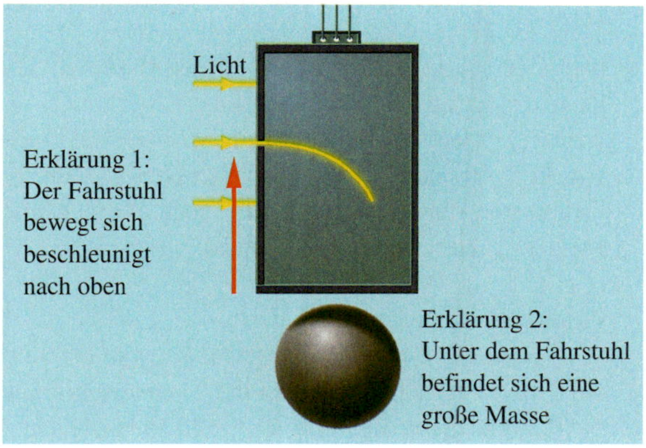

In einen Fahrstuhl tritt ein Lichtstrahl waagerecht ein. An der Fahrstuhlwand sieht man die parabelförmig nach unten gekrümmte Bahn des Lichtes. Dafür gibt es zwei Erklärungsmöglichkeiten. Naheliegend ist die Vermutung, dass der Fahrstuhl sich beschleunigt nach oben bewegt. Nach dem Äquivalenzprinzip kann man den gekrümmten Strahl auch so deuten, dass er von einem nach unten wirkenden Gravitationsfeld abgelenkt wird. Licht müsste sich wie ein Ball beim waagerechten Wurf verhalten. Der Ball wird auf seiner Bahn schneller. Analog dazu muss Licht, das im Gravitationsfeld senkrecht nach unten verläuft, seine Energie vergrößern. Die Geschwindigkeit des Lichts ist aber stets 300 000 $km \cdot s^{-1}$. Das Licht ändert daher seine Farbe, wenn es im Gravitationsfeld nach unten „fällt". Aus rotem Licht wird so energiereicheres blaues Licht.

Eine weitere Folgerung war, dass Uhren, die sich in verschiedenen Höhen im Feld eines Zentralkörpers befinden, unterschiedlich schnell gehen.

Es dauerte aber noch mehrere Jahre, bis EINSTEIN 1915 Gleichungen fand, die das Gravitationsfeld korrekt beschreiben. Durch sie konnte auch die Periheldrehung des Merkur richtig berechnet werden.

All diese vorhergesagten Effekte sind in der Zwischenzeit direkt experimentell überprüft und bestätigt worden. REBKA und POUND zeigten 1965, dass die Energie von Strahlung größer wird, wenn die Strahlung auf einer Strecke von nur 20 m „herunterfällt". 1971 konnten HAFELE und KEATING mit sehr genauen Atomuhren in normalen Verkehrsflugzeugen die relativistischen Zeitänderungen aufgrund der Unterschiede im Gravitationsfeld nachweisen.

Schwarze Löcher

Nach der allgemeinen Relativitätstheorie von EINSTEIN sollte es *schwarze Löcher* geben. Durch einen Kollaps eines sehr massereichen Sterns entsteht dieses für uns völlig neuartige Gebilde. Aufgrund seines kleinen Radius und seiner großen Masse übt es eine ungeheuer starke Gravitationsanziehung aus. Licht und Materie können hineinfallen, aber es kommt nichts mehr heraus. Schon außerhalb eines solchen schwarzen Lochs wirken extrem große Gezeitenkräfte auf einen Körper. Ein Beispiel, aber nur in Gedanken, soll uns dies verdeutlichen: In der Umgebung eines schwarzen Loches mit der 10fachen Sonnenmasse kreise ein Mensch der Größe $x = 1{,}8$ m auf einer Bahn vom Umfang $U = 2\pi r$. Die „Gezeitenkraft" auf ihn ist nach dem Abschnitt über Ebbe und Flut: $m \cdot \Delta a_r = m \cdot \gamma \cdot m_L \cdot 2x/r^3 = m \cdot \gamma \cdot m_L \cdot 16\pi^3 x/U^3$. Für $U = 20\,000$ km und $m_L = 20 \cdot 10^{30}$ kg ergibt sich: $\Delta a_r = 149\ m \cdot s^{-2}$, was 15fache Gewichtskraft auf Erden bedeutet!

EINSTEIN und andere Physiker lehnten die Existenz dieser Gebilde zuerst vehement ab. 1974 zeigte HAWKING, dass schwarze Löcher eine Strahlung aussenden müssen. Umkreisen sich zwei schwarze Löcher, so sollten von ihnen Gravitationswellen ausgehen. Der experimentelle Nachweis dieser Wellen ist das Ziel von neuen Versuchsanlagen, die bis zum Jahr 2007 fertiggestellt sein sollen.

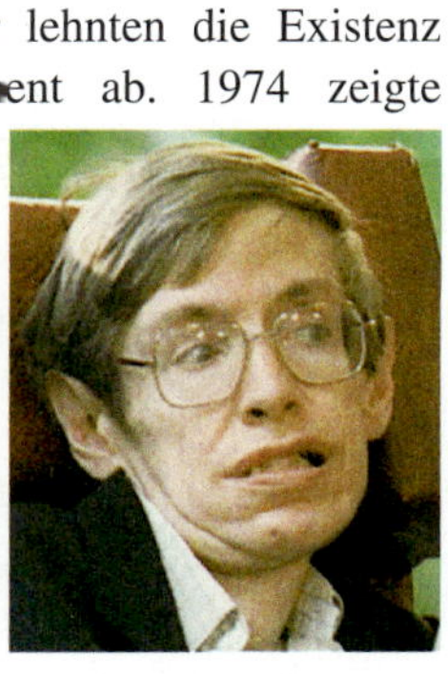

Stephen HAWKING

Das ist wichtig

NEWTONsches Gravitationsgesetz

Alle Körper üben aufeinander Gravitationskräfte aus. Zwei kugelsymmetrische Körper der Massen m und M, deren Mittelpunkte voneinander den Abstand r haben, ziehen sich gegenseitig mit der Gravitationskraft F an:

$$\boldsymbol{F = \frac{\gamma m M}{r^2}}.$$

Der Proportionalitätsfaktor im Gravitationsgesetz heißt Gravitationskonstante γ und hat den Wert

$$\gamma = 6{,}672 \cdot 10^{-11}\ \mathrm{m^3 \cdot kg^{-1} \cdot s^{-2}}.$$

KEPLER-Gesetze

1. Trabanten bewegen sich auf Ellipsenbahnen, in deren einem Brennpunkt der Zentralkörper steht.
2. Der vom Zentralkörper zum Trabanten gezogene Fahrstrahl überstreicht in gleichen Zeiten Flächen mit gleichem Inhalt.
3. Die Quadrate der Umlaufdauern T_1 und T_2 zweier Trabanten um den gleichen Zentralkörper verhalten sich wie die dritten Potenzen der großen Halbachsen a_1 und a_2:

$$\frac{T_1^2}{T_2^2} = \frac{a_1^3}{a_2^3} \quad \text{oder} \quad \frac{a^3}{T^2} = C.$$

Die Änderung der **potentiellen Energie** ΔW_{pot} von P_0 nach P_z im Gravitationsfeld ist unabhängig von der Form des Weges zwischen Anfangs- und Endpunkt. Sie hängt nur von den Abständen r_0 und r_z vom Mittelpunkt des anziehenden Himmelskörpers ab. Die Energie, die man zuführen muss, um einen Körper der Masse m im Gravitationsfeld eines Körpers mit der Masse M von r_0 nach r_z zu heben, ist:

$$\Delta W_{pot} = \gamma m M \left(\frac{1}{r_0} - \frac{1}{r_z}\right).$$

Das **Nullniveau** der potentiellen Energie legt man ins Unendliche. Im radialen Schwerefeld eines Körpers der Masse M hat ein anderer Körper mit der Masse m und dem Mittelpunktsabstand r die negative **potentielle Energie**

$$\boldsymbol{W_{pot} = -\frac{\gamma m M}{r}}.$$

Bewegt sich ein **Komet oder Satellit** nur unter dem Einfluss eines Zentralkörpers, so beschreibt er eine **Ellipsen-, Parabel-** oder **Hyperbelbahn.**

Als **Fluchtgeschwindigkeit** bezeichnet man die Geschwindigkeit, die ein Körper mindestens haben muss, um von der Oberfläche der Erde (oder eines anderen Himmelskörpers) ins Unendliche zu gelangen (ohne Luftwiderstand).

Lösungsstrategien für Aufgaben

1. Fliegen Trabanten bzw. Satelliten auf **Kreisbahnen,** so wird die zur Kreisbahn nötige Zentripetalkraft von der Gravitationskraft aufgebracht: $m v^2/r = \gamma m M/r^2$.
   Je nach Aufgabenstellung kann es sinnvoll sein, v durch $v = 2\pi r/T$ zu ersetzen (T: Umlaufdauer).

   Typische Aufgabenstellungen sind dabei:
   „Berechnen Sie die Masse M des Zentralkörpers, wenn die Umlaufdauer T und der Bahnradius r des Satelliten gegeben sind." oder „Berechnen Sie die Höhe h des Satelliten über dem Boden und seine Geschwindigkeit, wenn die Masse des Zentralkörpers und die Umlaufdauer bekannt sind." Beachten Sie:
   r = Erdradius + Höhe über dem Boden, $r = R + h$.
   Stationäre Satelliten haben als Umlaufdauer einen Tag.

2. Aufgaben, die nach **Gravitationskraft** mg und Fallbeschleunigung g in Abhängigkeit von der Höhe h fragen. Es ist: $m g = \gamma m M/r^2$.

   Typische Aufgabenstellung:
   „Wie groß ist die Fallbeschleunigung in 10 km Höhe?"

3. Aufgaben über Trabanten auf **Ellipsenbahnen.** Hier kann das dritte KEPLER-Gesetz zur Berechnung verwendet werden. Für die Geschwindigkeiten und Entfernungen im sonnennächsten Punkt (Perihel) und im sonnenfernsten Punkt (Aphel) gilt nach dem zweiten KEPLER-Gesetz: $r_A \cdot v_A = r_P \cdot v_P$ und $r_A + r_P = 2a$.

   Typische Aufgabenstellung:
   „Der Komet XY hat eine Umlaufdauer von 2 000 Jahren. Im Perihel beträgt seine Sonnenentfernung 10 Mio. km. Berechnen Sie die große Halbachse a sowie seine größte Sonnenentfernung."

4. Aufgaben, die mit Hilfe von **Energiebetrachtungen** gelöst werden können, z. B.: „Welche Geschwindigkeit muss eine Kanonenkugel mindestens haben, um von der Erde aus die Höhe 1 000 km zu erreichen?"
   Bei Abschuss senkrecht nach oben gilt:
   $$\frac{1}{2} m v^2 = \gamma m M \left(\frac{1}{r_0} - \frac{1}{r_z}\right),$$
   mit r_0 = Erdradius, $r_z = r_0 + 1\,000$ km.

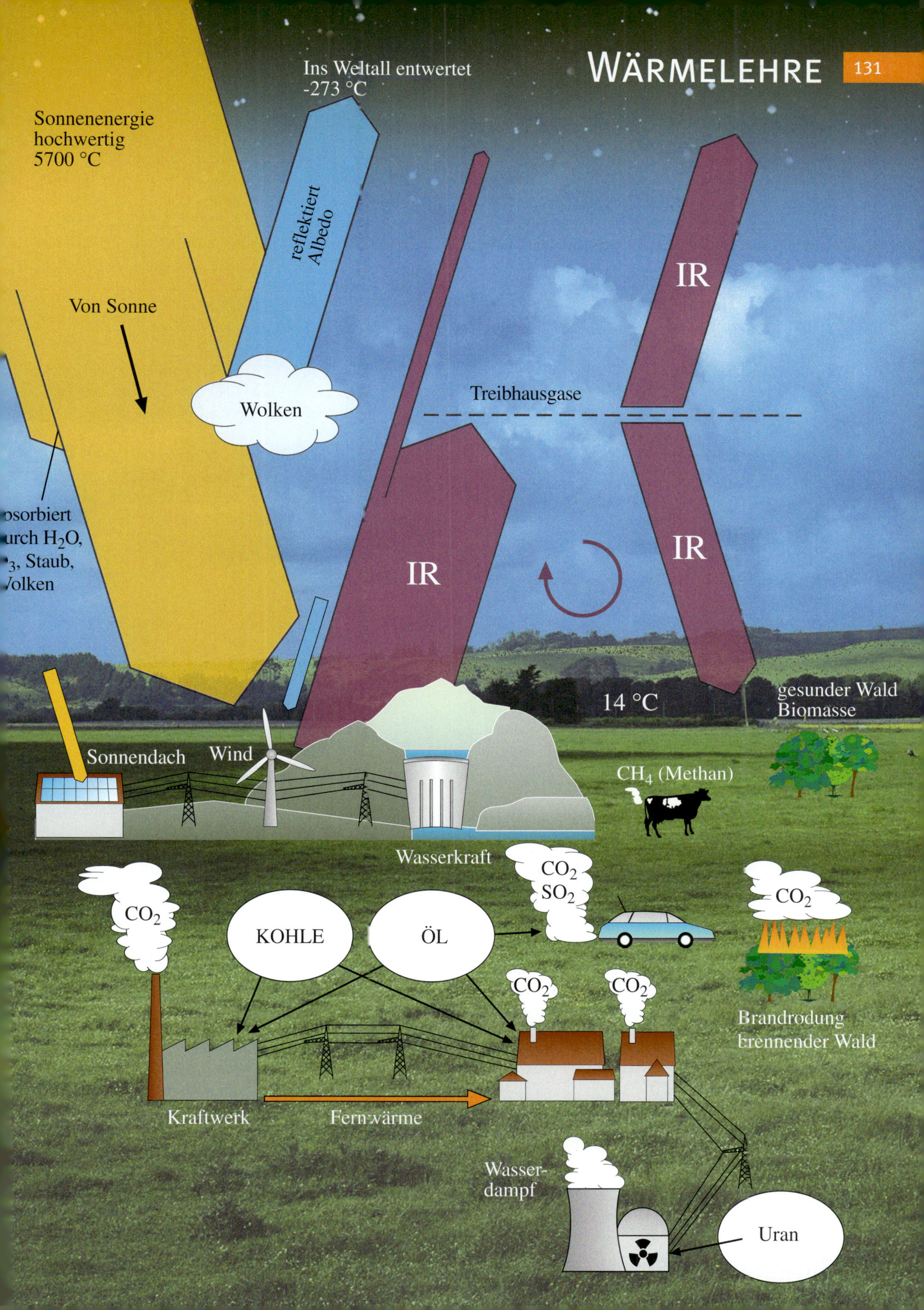

Ins Weltall entwertet
-273 °C
Sonnenenergie
hochwertig
5700 °C
reflektiert
Albedo
IR
Von Sonne
Wolken
Treibhausgase
IR
IR
osorbiert
urch H_2O,
3, Staub,
Volken
14 °C
gesunder Wald
Biomasse
Sonnendach
Wind
CH_4 (Methan)
Wasserkraft
CO_2
SO_2
CO_2
CO_2
KOHLE
ÖL
CO_2
CO_2
Brandrodung
brennender Wald
Kraftwerk
Fernwärme
Wasser-
dampf
Uran

Grundlagen

Was ist Stoffmenge?

Materie besteht aus Atomen. Diese Tatsache wird heute kaum noch von jemandem ernsthaft bestritten. Die Atome sind unvorstellbar klein. Ihr Durchmesser ist von der Größenordnung 0,1 nm = 0,000 000 000 1 m.

Dementsprechend ist die Anzahl der Atome in allen wägbaren Körpern ungeheuer groß, ca. 10^{20} Stück in einem Kubikmillimeter. Man benutzt daher zur Angabe von Atom- und anderen Teilchenzahlen eine eigene Zähleinheit, das **Mol**:

Ein Mol (1 mol) ist ungefähr gleich der Anzahl der Wasserstoffatome in einem Gramm Wasserstoff.
1 mol = $6{,}0221 \cdot 10^{23}$ (Teilchen).

Die Teilchenzahl eines Körpers ausgedrückt in Mol nennt man seine **Stoffmenge** $\boldsymbol{\nu}$.

Beispiele: Ein Gramm Wasserstoffgas enthält 1 mol Wasserstoffatome. Es enthält jedoch nur 0,5 mol Wasserstoffmoleküle, da je zwei Atome im Gas zu einem Molekül vereinigt sind. Man muss bei der Stoffmenge immer dazu sagen, welche Art von Teilchen gemeint ist, also welche Teilchen „zählen". – Ein Gramm Kohlenstoff enthält $\frac{1}{12}$ mol C-Atome, weil die meisten Kohlenstoffatome die zwölffache Masse eines Wasserstoffatoms haben. Erst 12 g Kohlenstoff enthalten also 1 mol Atome. An diese Tatsache knüpft übrigens die gesetzliche Definition des Mols an:

Ein Mol ist exakt gleich der Anzahl von Atomen in 12 g des Kohlenstoff-Isotops C-12.

Nicht nur die Durchmesser, auch die Massen der Atome sind unvorstellbar klein. Aus dem angegebenen Präzisionswert für das Mol folgt, dass die Masse eines Atoms vom Kohlenstoff-Isotop C-12 gleich 12 g/($6{,}0221 \cdot 10^{23}$) ist. Den zwölften Teil hiervon, also die Masse

$$1\,\mathrm{u} = \frac{1\,\mathrm{g}}{6{,}0221 \cdot 10^{23}} = 1{,}66054 \cdot 10^{-24}\,\mathrm{g},$$

nennt man **atomare Masseneinheit**. Ein Wasserstoffatom hat ungefähr die Masse 1 u. Man merke sich:

Beträgt die Masse eines Teilchens x u, so beträgt die Masse eines Mols dieser Teilchen genau x Gramm.

Was ist Druck?

Sperrt man ein Gas in einen Behälter, so üben seine Teilchen auf die Behälterwand Kräfte aus, und zwar auf jedes Wandstück eine Kraft senkrecht dazu nach außen. Auf jeden Quadratzentimeter Wand wirkt eine gleich große Kraft. Die resultierende Kraft F auf ein näherungsweise ebenes Wandstück ist daher proportional zu dessen Flächeninhalt A. Der Quotient F/A ist für jedes Wandstück der Gleiche. Man nennt ihn **Druck** $\boldsymbol{p}$.

Druck = Kraftbetrag/Fläche, $p = F/A$.
Druckeinheit 1 N/1 m² = 1 Pascal = 1 Pa.

Der Einheitsdruck 1 Pa ist sehr gering. Man denke sich eine Gewichtskraft von 1 N (100 g Masse, eine Tafel Schokolade) auf einen ganzen Quadratmeter verteilt!

Die Atmosphäre drückt in Meereshöhe infolge ihres Gewichts mit ca. 10 N auf jeden Quadratzentimeter Boden; das sind 10^5 Pa Druck. Man arbeitet daher in der Praxis, z. B. bei Autoreifen, auch mit den Einheiten

1 bar = 10^5 Pa = 10 N·cm^{-2},
1 mbar = 100 Pa = 1 hPa = 1 cN·cm^{-2}.

Als *Normdruck* bezeichnet man in Physik und Chemie den Druck p_n = 1,01325 bar. Er ist gleich dem mittleren Atmosphärendruck in Meereshöhe.

Druckmessgeräte heißen *Manometer*. Hier verbiegt der Gasdruck ein dünnes Blech und dreht dadurch einen Zeiger (*Bild 1*). Spezielle Manometer zur Messung des Atmosphärendrucks heißen *Barometer*.

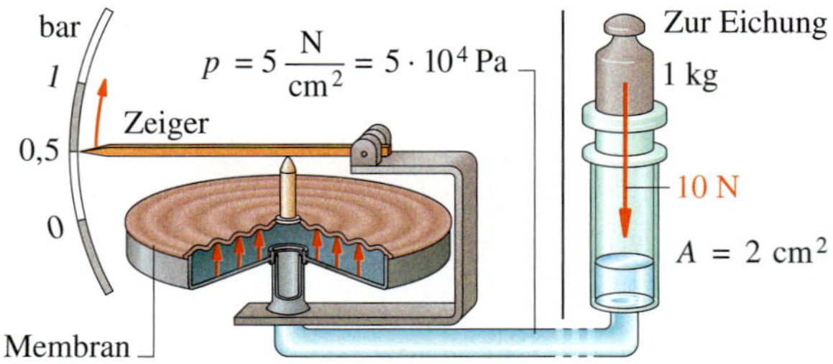

B 1: Membranmanometer

A 1: Welche Masse ist gleich $6 \cdot 10^{23}$ u (ohne Rechnung)?

A 2: Berechnen Sie die Stoffmengen von 17 g atomarem Wasserstoff (H-Atome), 1 kg Benzol (C_6H_6-Moleküle).

A 3: Mineralwasser darf als „natriumarm" bezeichnet werden, wenn es höchstens 150 mg Natrium (Na) je Liter enthält. **a)** Welche Stoffmenge an Na-Atomen ist dies? **b)** Trinkwasser der „Härte 18" enthält 180 g/m³ Calciumoxid (CaO). Beim „Enthärten" des Wassers wird jedes Ca-Atom gegen 2 Na-Atome ausgetauscht. Ist das entstehende Wasser natriumarm?

Ideale Gase

Gase können sich chemisch sehr verschiedenartig verhalten. Man denke nur an den lebensnotwendigen Sauerstoff einerseits und das (echt) ätzende Chlor andererseits! Physikalisch gesehen sind sie aber alle einander überraschend ähnlich, und das macht sie so interessant. Aus dem Alltag weiß man, dass alle Gase weitgehend durchsichtig und daher unsichtbar sind. Das kann man mit der starken Verdünnung erklären, in der die Materie im Gaszustand vorliegt. Weitere Ähnlichkeiten ergeben sich, wenn man messende Experimente anstellt. Man kann auf ein Gas einen beliebigen Druck ausüben und es dann auf eine bestimmte Temperatur bringen. Dann stellt sich das Volumen des Gases von selbst auf einen ganz bestimmten Wert ein. Wie hängt das Volumen V vom Druck p und der Temperatur ϑ ab? Wir trennen die beiden Einflüsse auf V, indem wir in einem ersten Experiment ϑ konstant lassen („isothermer Prozess“), in einem zweiten Experiment jedoch p („isobarer Prozess“).

1. Der isotherme Prozess (ϑ konstant)

Wir füllen eine Gasportion in einen Zylinder mit Kolben und erhöhen den Druck (➠ *Versuch 1*). Das Volumen nimmt ab, das Gas gibt der äußeren Kraft nach. Das Gesetz dieser Abnahme findet man leicht aus den Messwerten: Zum doppelten Druck gehört das halbe Volumen usw.; Druck und Volumen sind zueinander umgekehrt proportional; das Produkt aus Druck und Volumen ist im Versuch konstant. Das V-p-Diagramm zeigt eine Hyperbel (➠ *Bild 2*).

Merksatz

Gesetz von BOYLE und MARIOTTE: Bei isothermer Zustandsänderung einer Gasportion ist $p \cdot V$ konstant.

Im Schulversuch mit Zimmerluft kommt das Gesetz befriedigend genau heraus; im wissenschaftlichen Präzisionsversuch findet man Abweichungen von diesem Gesetz. Sie sind umso stärker, je kälter das Gas ist und je mehr man es zusammendrückt. Man sagt: Ein Gas, welches das Gesetz von BOYLE und MARIOTTE unter allen Umständen genau erfüllen würde, wäre ein *ideales* Gas. Ein solches Gas existiert aber nur in Gedanken. Die wirklichen („realen“) Gase sind immer nur näherungsweise ideal. Sie gleichen dem idealen Gas umso mehr, je höher man die Temperatur und je geringer man den Druck macht. Das untenstehende *Bild* zeigt ein Beispiel.

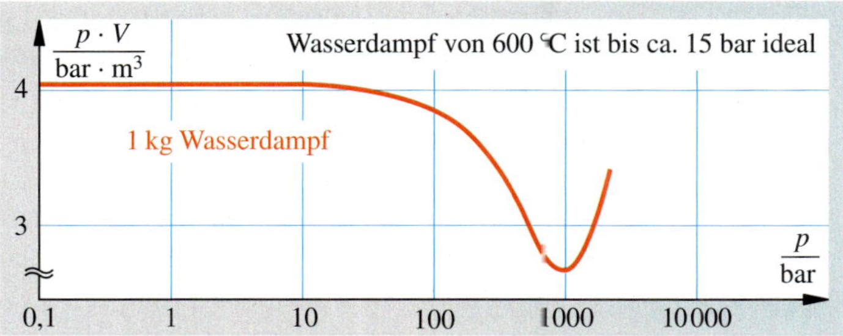

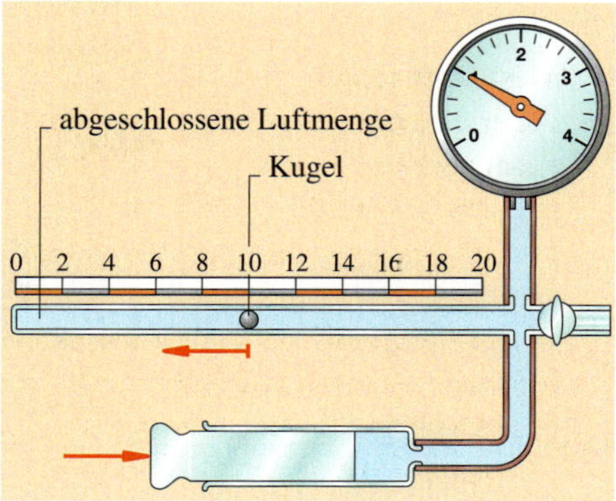

V 1: Der „Kolben“, der die abgeschlossene Luftmenge zusammendrückt, ist die Kugel (genau ins Rohr passend) zusammen mit der Luft rechts davon. Die Temperatur bleibt konstant, weil der Apparat von Zimmerluft umgeben und nicht isoliert ist.

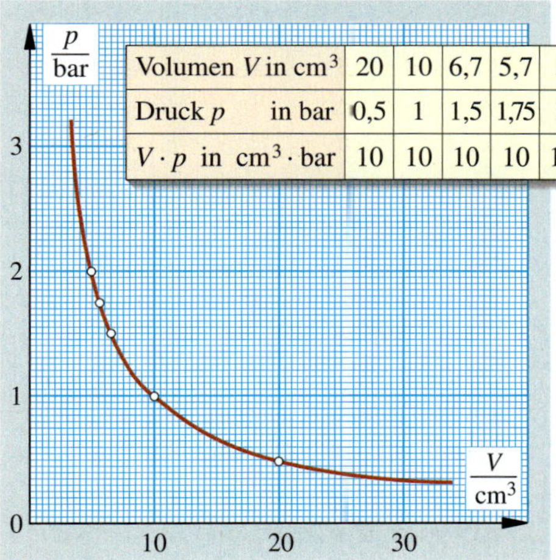

Volumen V in cm^3	20	10	6,7	5,7	5
Druck p in bar	0,5	1	1,5	1,75	2
$V \cdot p$ in $cm^3 \cdot bar$	10	10	10	10	10

B 2: Messwerte und -diagramm zu ➠ *Versuch 1*

A 4: Eine Sauerstoffflasche enthält 20 l Gas unter 150 bar. Wie viele Liter unter Atmosphärendruck kann man entnehmen, wenn die Temperatur gleich bleibt?

A 5: Ein Autoreifen hat ein Volumen von 60 l. Er wird vom Überdruck (!) 2,5 bar auf 3,5 bar aufgepumpt. Wie viel Luft von ursprünglich 1 bar Druck muss der Kompressor liefern?

A 6: Zwei Gefäße mit 5 l bzw. 3 l Volumen sind durch ein Rohr mit geschlossenem Hahn verbunden. Im großen Gefäß herrscht der Luftdruck 2 bar, im kleinen 1 bar. Welcher Druck stellt sich beim Öffnen des Hahns ein (konstante Temperatur vorausgesetzt)?

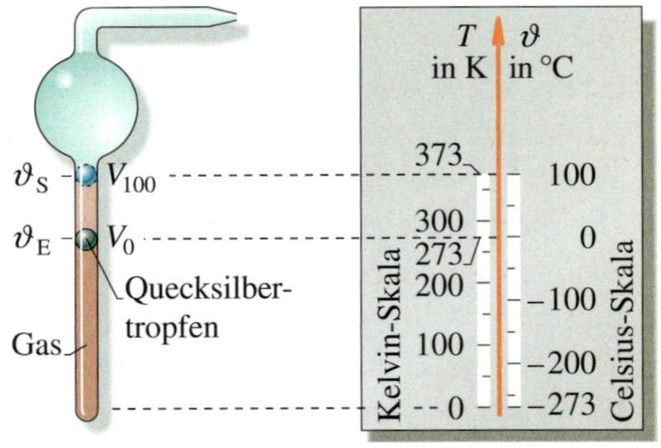

V 1: Ein Quecksilbertropfen schließt hier den zylindrischen Gasraum unter sich dicht ab. Der Druck ist konstant gleich dem Atmosphärendruck. Als Temperaturmarken dienen Klemmringe am Glasrohr, die man auch unter Wasser verschieben kann. Die Quecksilberperle steigt je Grad Erwärmung immer um den gleichen Betrag.

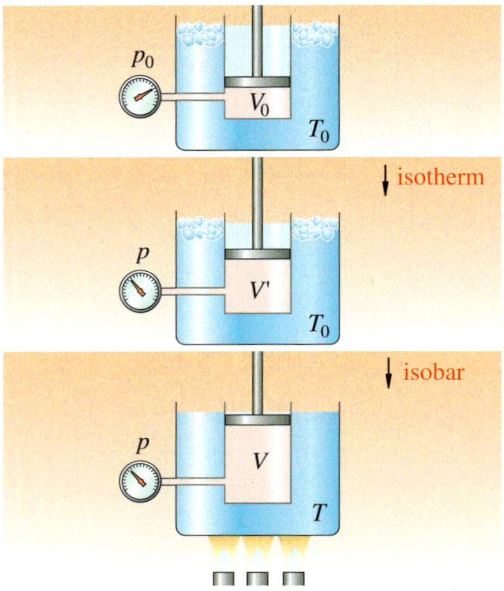

B 1: Vom Zustand mit den Größen (p_0, T_0, V_0) zu (p, T, V) in zwei Schritten:
Erster Schritt: Stelle isotherm das gewünschte p her!

Anfangs:	p_0	T_0	V_0
nachher:	p	T_0	V' (unbekannt)

Gleichung: $p_0 V_0 = p\,V'$ (BOYLE/MARIOTTE)
$$V' = p_0 V_0 / p$$
Zweiter Schritt: Stelle isobar das gewünschte T her!

Anfangs:	p	T_0	V'
Am Ende:	p	T	V (unbekannt)

Gleichung: $V'/T_0 = V/T$
$$V = V'\,T/T_0 = p_0 V_0 T/(T_0\,p)$$
Durch Sortieren nach Anfangs- und Endgrößen folgt
$$p\,V/T = p_0 V_0 / T_0.$$

2. Der isobare Prozess (Druck *p* konstant)

Wir füllen wieder eine Gasportion in einen Zylinder mit Kolben, lassen aber diesmal auf den Kolben immer die gleiche Kraft wirken (➠ *Versuch 1*). Dieses „Gasthermometer" bringen wir in verschiedene warme Wasserbäder. Auch hier lesen wir aus den Messergebnissen ein einfaches Gesetz ab: Für jedes Grad Erwärmung wächst das Volumen um den gleichen Betrag. Eine gleichmäßige Volumenskala wird von selbst zu einer gleichmäßigen Temperaturskala! Setzt man diese Skala nach unten bis zum Volumen null fort, so landet man bei dem Temperaturwert –273 °C. – Setzen wir das Gas einem höheren Druck aus, so erhalten wir eine andere Temperaturskala: Alle Volumina werden kleiner, die Gradstriche rücken näher zusammen. Aber die Fortsetzung auf das Volumen null liefert jedesmal wieder den gleichen Wert $\vartheta = -273$ °C! Ebenso ist es, wenn wir eine andere Gasportion oder gar ein anderes Gas nehmen.

3. Eine Temperatur ohne Kältegrade

Die Merkwürdigkeit, dass alle Gasthermometer sozusagen ihren natürlichen Nullpunkt bei der Temperatur –273 °C haben, hat die Physiker veranlasst, die Gradzählung statt bei 0 °C bei dieser besonderen Temperatur zu beginnen. Alle Temperaturwerte sind dann um 273 Grad (genauer: 273,15 Grad) zu erhöhen; zur Unterscheidung verwendet man eine neue Benennung „Kelvin" (K) und den neuen Formelbuchstaben T:

Merksatz

Definition der **Kelvintemperatur**:

Celsiustemperatur	$\vartheta = x$ °C entspricht
Kelvintemperatur	$T = (x + 273{,}15)$ K

Die Temperatur $T = 0$ K bzw. $\vartheta = -273{,}15$ °C heißt *absoluter Nullpunkt* der Temperatur. Es hat sich herausgestellt, dass es die tiefste überhaupt mögliche Temperatur ist. Man hat sie im Labor schon auf 10^{-6} K genau erreichen, aber niemals unterschreiten können. Die T-Skala hat keine Kältegrade mehr. Natürlich gibt es kein Gas, das bis zum absoluten Nullpunkt hin ideal wäre. Es hätte ja dort das Volumen null, müsste also völlig verschwunden sein! Alle Gase werden bei sehr tiefen Temperaturen flüssig oder sogar fest. Aber die neue Temperaturmessung liefert uns einen besonders einfachen Zusammenhang zwischen Volumen und (Kelvin-)Temperatur. Vergleichen wir im Bild zu ➠ *Versuch 1* die Kelvin-Skala mit der Volumenskala! Wir erkennen: Zum doppelten Volumen gehört die doppelte Kelvintemperatur, zum dreifachen V gehört das dreifache T usw., kurz:

Merksatz

Bei isobarer Zustandsänderung ist das Volumen des idealen Gases proportional zur Kelvintemperatur; V/T ist konstant bei konstantem Druck.

4. Die allgemeine Gasgleichung

Wie sich ein ideales Gas verhält, wenn wir Druck und Temperatur gleichzeitig ändern, brauchen wir nicht mehr auszuprobieren. Wir können es anhand der jetzt bekannten Gesetze durch Überlegung finden. Eine Gasportion soll von irgendeinem Zustand (Druck p_0, Temperatur T_0, Volumen V_0) aus auf einen neuen Druck p und eine neue Temperatur T gebracht werden. Wir berechnen das neue Volumen V, das sich einstellt, in zwei Schritten (➠ *Bild 1*). Die gefundene Gleichung besagt: Was immer man mit einer Portion idealen Gases anstellt – die rechnerische Kombinationsgröße „Volumen mal Druck durch Kelvintemperatur" bleibt immer gleich groß.

Merksatz

Allgemeines Gasgesetz: Bei beliebiger Zustandsänderung einer gegebenen Portion idealen Gases bleibt pV/T konstant.

Jede Gasportion hat ihre eigene Konstante pV/T; man könnte sie auf die gefüllte Gasflasche schreiben. Üblich ist es aber, Gasportionen durch ihr *„Normvolumen"* V_n zu kennzeichnen. Dies ist vereinbarungsgemäß das Volumen, das sie beim *„Normzustand"* (Druck $p_n = 1{,}013$ bar, Atmosphärendruck; Temperatur $T_n = 273{,}15\ \text{K} \mathrel{\widehat{=}} 0\ °\text{C}$) einnehmen.

Beispiel

Ein Mol Wasserstoffgas H_2 (das sind 2 g Wasserstoff) hat das Normvolumen $V_n = 22{,}4$ l. Daher gilt für diese Gasportion stets
$pV/T = 1{,}013\ \text{bar} \cdot 22{,}4\ \text{l}/273{,}15\ \text{K}$
$= (22{,}4 \cdot 1{,}013/273{,}15) \cdot 10^{-3}\ \text{m}^3 \cdot 10^5\ \text{N} \cdot \text{m}^{-2} \cdot \text{K}^{-1} = 8{,}31\ \text{N} \cdot \text{m} \cdot \text{K}^{-1}$.

Ein Mol Erdgas (das sind 16 g Methan CH_4) hat ebenfalls das Normvolumen 22,4 l und damit die gleiche Konstante $pV/T = 8{,}31\ \text{N} \cdot \text{m} \cdot \text{K}^{-1}$. Die Erfahrung zeigt:

Merksatz

Ein Mol eines jeden idealen Gases hat das Normvolumen 22,4 l.

Ein Mol eines jeden idealen Gases hat damit auch die Konstante $pV/T = 8{,}31\ \text{N} \cdot \text{m} \cdot \text{K}^{-1}$. Zwei Mol haben die doppelte, 3 mol die 3fache Konstante pV/T usw. Die Konstante ist zur Stoffmenge ν (d. h. zur Teilchenzahl) proportional: $pV/T = \nu R$. Auf die Art der Gasteilchen kommt es dabei nicht mehr an. Alle Aufgaben über Druck, Volumen, Temperatur und Menge idealer Gase lassen sich mit einer einzigen Gleichung bewältigen.

Merksatz

Allgemeine thermische **Zustandsgleichung für ideale Gase:**
$pV = \nu R T$ mit der universellen Gaskonstanten
$R = 8{,}31\ \text{N} \cdot \text{m} \cdot \text{K}^{-1} \cdot \text{mol}^{-1}$

Beispiel

Musteraufgabe zum Gasgesetz

Ein Zimmer hat 100 m³ Rauminhalt und abends bei 950 mbar 25 °C Lufttemperatur. Da nicht geheizt wird, misst man am nächsten Morgen nur 5 °C. Der Luftdruck stieg auf 960 mbar.

a) Wie viele kg Luft sind zugeströmt?

b) Wie groß wäre die Kraft auf 1 m² Fensterfläche, wenn man diesen Zustrom durch Abdichten verhindert hätte?

Vorgabe: Ein Mol Luftteilchen hat die Masse 29,0 g.

Lösung:

a) Bezeichnungen:

	Druck	Temperatur	Volumen	Stoffmenge
Abd.	p	T	V	ν
Morg.	p'	T'	V	ν'

unbekannt: ν und ν'
Gleichungen: $pV = \nu RT$; $p'V = \nu' RT'$
gesucht:

$$\Delta\nu = \nu' - \nu = \frac{V}{R}\left(\frac{p'}{T'} - \frac{p}{T}\right)$$
$$= \frac{100\ \text{m}^3}{8{,}31\ \text{N} \cdot \text{m} \cdot \text{K}^{-1}}\left(\frac{960}{278} - \frac{950}{298}\right) \cdot \frac{100\ \text{Pa}}{\text{K}} \cdot 1\ \text{mol} = 319\ \text{mol}$$

⇒ Massenzuwachs: $319 \cdot 29\ \text{g} = \mathbf{9{,}25\ kg}$

b) Bezeichnungen wie in a), jedoch $\nu = \nu'$ und p' jetzt unbekannt.
Gleichung: $pV/T = p'V/T' \Rightarrow$

$$p' = pT'/T = 950\ \text{mbar} \cdot \frac{278}{298} = 886\ \text{mbar}.$$

Kraft auf die Scheibe:
$F = (p - p') \cdot A = (960 - 886)\ \text{mbar} \cdot 1\ \text{m}^2$
$= \mathbf{7{,}4\ kN}$
(das Gewicht eines Kleinautos!).

A 1: Luft hat im Normzustand die Dichte $1{,}293\ \text{g} \cdot \text{dm}^{-3}$. Berechnen Sie ihre Dichte bei Normdruck und den Temperaturen 20 °C, 100 °C und –70 °C.

A 2: Das „Hochvakuum" in einer Fernsehröhre hat bei 0 °C einen Druck von etwa 10^{-6} mbar. Wie viele Gasmoleküle sind in jedem cm³ enthalten? (Zum Vergleich: Im Raum zwischen den Planeten befindet sich etwa 1 Molekül in 1 cm³.)

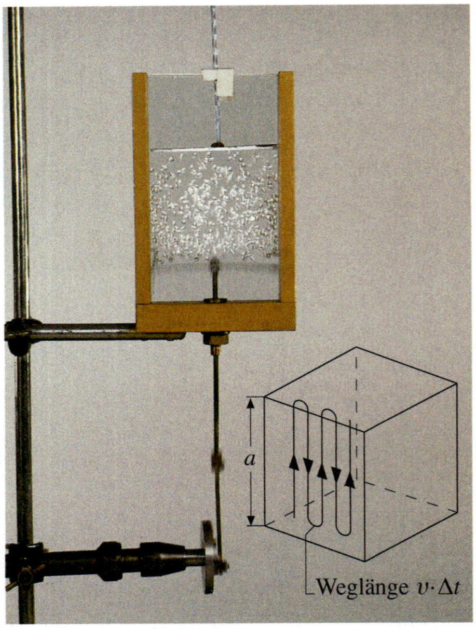

B 1: Modellgas aus Stahlkugeln. Der Boden des Gefäßes wird von unten her angetrieben und vibriert heftig. Der Deckel ist frei beweglich und wird nur durch die fortwährenden Stöße der Kugeln schwebend gehalten.
Skizze: Grob vereinfachende Annahme für die Bahn eines Gasteilchens.

Beispiel

Können Moleküle so schnell sein?

Wir berechnen den Geschwindigkeitswert v nach BERNOULLIS Gleichung (1), also eine atomare Größe aus den makroskopischen Daten p und ϱ!
Nehmen wir Luft bei einer Temperatur von $\vartheta = 0\,°\text{C}$ und bei dem Normdruck $p = 1{,}013$ bar. Der Tabellenwert für die Dichte ist $\varrho = 1{,}293$ g/l.
Es folgt

$$v = \sqrt{\frac{3p}{\varrho}} = \sqrt{\frac{3 \cdot 1{,}013 \cdot 10^5}{1{,}293}} \frac{\text{m}}{\text{s}} = \mathbf{485\ \frac{m}{s}}.$$

Ist das vernünftig?
Wir wissen, dass der Schall in der gleichen Luft in der Sekunde 331 Meter zurücklegt. Schall ist eine sich in der Luft ausbreitende Störung. Sie kann nicht schneller laufen als die Moleküle, die es ja einander „weitersagen“ müssen, dass da eine Störung ist. Dazu passt unser Rechenergebnis: Die Moleküle sind im Mittel etwas schneller als der Schall.

Gasdruck und Molekülbewegung

Bei hohen Temperaturen und genügender Verdünnung gelangt jede Materie schließlich in den idealen Gaszustand. Ihr Verhalten hinsichtlich Druck, Volumen und Temperatur ist dann völlig einheitlich. Weder die chemische Beschaffenheit der Teilchen noch ihre Masse, nur ihre Anzahl spielt eine Rolle. In diesem Sinne ist das Gas die einfachste Form, die Materie überhaupt annehmen kann.

Wir wollen verstehen, warum Gase immer bestrebt sind, sich auszudehnen. Sogar nach oben, der Schwerkraft entgegen, üben sie Kräfte auf eine Behälterwand aus. Da es auf die Beschaffenheit der Gasteilchen nicht ankommt, stellen wir sie uns einfach als winzige elastische Tennisbälle oder Glaskugeln vor, die wild durcheinander fliegen. Wir unterstützen die Vorstellung mit einem Modell-Experiment ➠ *Bild 1*. Der Versuch zeigt: Auch das Modellgas übt allseitig Kräfte auf die Behälterwand aus. Es herrscht ein Druck. Er wächst, wenn man die Teilchen schneller macht. Lässt er sich etwa aus der Teilchengeschwindigkeit und vielleicht noch anderen Teilchendaten berechnen? Dieser Frage aus der *kinetischen Theorie der Gase* wollen wir mithilfe unserer Mechanik-Kenntnisse nachgehen.

1. Es hagelt Moleküle, aber ordentlich

In einem Würfel der Kantenlänge a fliege ein Teilchen der Masse m mit der Geschwindigkeit v dauernd zwischen zwei gegenüberliegenden Flächen kantenparallel hin und her (➠ *Bild 1, Skizze*). Bei jeder Umkehr ändert sich sein Impuls von $m\,v$ durch die Abbremsung auf null und durch die Wiederbeschleunigung von null auf $-m\,v$. Die Wand erhält also den Impuls $2\,m\,v$ (Impulserhaltung). Wenn das Teilchen den Weg $2\,a$ zurückgelegt hat, trifft es diese Wand wieder. In der Zeit Δt durchläuft es den Weg $v \cdot \Delta t$ und trifft diese Wand daher $v \cdot \Delta t/(2\,a)$-mal. Diese Wand erhält so in der Zeit Δt den Impuls $\Delta P = 2\,m\,v \cdot v \cdot \Delta t/(2\,a)$. Sie erfährt die mittlere Kraft $F = \Delta P/\Delta t = m\,v^2/a$ und damit den Druck $p_1 = F/a^2 = m\,v^2/a^3$ oder

$$p_1 = \frac{m\,v^2}{V} \quad (\textit{ein}\ \text{Teilchen im Behältervolumen}\ V).$$

Fliegen viele Teilchen hin und her, ist der Druck entsprechend größer. Bei einem Gas fliegen die Teilchen in alle möglichen Richtungen; keine Richtung ist ausgezeichnet. Wir wollen aber unsere einfache Rechnung auswerten. Daher nehmen wir ersatzweise an, dass ein Drittel aller N Gasteilchen schön ordentlich so wie das von uns eben betrachtete Teilchen fliegt. Dann ergibt sich der Druck $p = \frac{1}{3} N p_1$ oder

$$p = \frac{1}{3} \cdot \frac{N\,m}{V} \cdot v^2 \quad (N\ \text{Teilchen im Volumen}\ V).$$

Unser Ziel ist schon erreicht! Wir können den Gasdruck aus Teilchendaten berechnen. Die Gleichung wird noch einfacher, wenn wir beachten, dass $N\,m$ die gesamte Masse des Gases und daher $N\,m/V$ seine Dichte ϱ ist:

Merksatz

Haben alle Gasteilchen die gleiche Geschwindigkeit v, so erzeugen sie den Gasdruck

$$p = \frac{1}{3}\,\varrho\, v^2 \quad (\varrho\text{: Dichte des Gases}). \qquad (1)$$

Diese Gleichung wurde im 18. Jahrhundert von dem Schweizer Daniel BERNOULLI gefunden. Die Existenz von Atomen war zu seiner Zeit durchaus umstritten. Er unternahm es als Erster, mit der Atomvorstellung Ernst zu machen und aus ihr quantitative Schlüsse zu ziehen. Und mit welchem Erfolg! Gleichung (1) stimmt mit der Erfahrung überein, obwohl ihre Herleitung auf recht krassen Vereinfachungen beruht. Freilich sind nicht alle Gasteilchen gleich schnell. Die Größe v ist aber eine mittlere im Gas verhältnismäßig oft vorkommende Geschwindigkeit. Das ➡ *Beispiel* auf der linken Seite macht das plausibel.

2. Je heißer, desto schneller?

Wir schreiben die Druckgleichung (1) von BERNOULLI in der Form $p\,V = \frac{1}{3}\varrho\, V \cdot v^2$. Nun können wir mit der allgemeinen Gasgleichung $p\,V = \nu R\,T$ die Temperatur ins Spiel bringen:

$$\nu R\,T = \frac{1}{3}\,\varrho\, V\, v^2 = \frac{1}{3}\,M\, v^2 \quad (M\text{: Masse des Gases}). \qquad (2)$$

Wir sehen sofort, was wir von der *brownschen Bewegung* her schon kennen: Mit der Teilchengeschwindigkeit wächst die Temperatur. Die Gleichung sagt uns Genaueres: Will man die Teilchen doppelt so schnell machen, so muss man die Kelvintemperatur vervierfachen, muss also z. B. von 273 K auf 1 092 K erhitzen, d. h. von 0 °C auf 819 °C, eine gewaltige Differenz.

3. Je leichter, desto schneller!

Wir dividieren die Gleichung (2) durch ν und erhalten:

$$R\,T = \frac{1}{3}\,\frac{M}{\nu} \cdot v^2.$$

Der Quotient M/ν bedeutet die Masse von einem Mol Gasteilchen. Er ist zur Masse des einzelnen Teilchens proportional. Haben wir zwei Gase von gleicher Temperatur T aber verschiedener Teilchenmasse, so muss in dem Gas mit der kleineren Teilchenmasse die Teilchengeschwindigkeit höher sein! Grenzen zwei Gase ohne Trennwand unmittelbar aneinander, so vermischen sie sich allmählich allein infolge der Molekülbewegung, ohne dass eine makroskopische Strömung zu beobachten wäre *(Diffusion)*. Vermutlich wird nun ein Gas umso schneller in ein anderes hineindiffundieren, je schneller seine Moleküle sind. Dies zeigt tatsächlich ein Experiment (➡ *Vertiefung*).
Unsere Erdatmosphäre enthält keinen Wasserstoff, obwohl dieser das weitaus häufigste Element im Weltall ist. Die leichten und daher schnellen Wasserstoffmoleküle sind im Laufe der Erdgeschichte alle der Erde entflohen, in den Weltraum „diffundiert".

Vertiefung

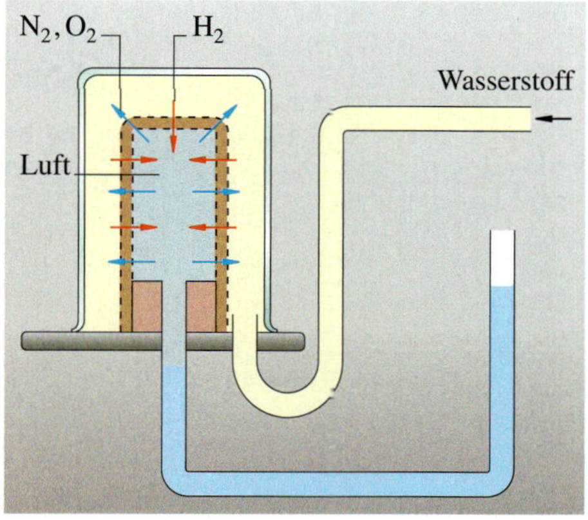

Diffusion von Gasen durch porösen Ton

V 1: Wir schließen einen Zylinder aus unglasiertem Ton durch ein wassergefülltes U-Rohr ab. Über ihn stülpen wir ein Becherglas und leiten von unten Erdgas oder noch besser Wasserstoff ein. Der Druck im Zylinder steigt sofort beträchtlich an und geht erst im Verlauf einer halben Minute wieder auf den alten Wert zurück. Schließt man statt des U-Rohrs eine Spritzflasche an, so spritzt das Wasser beim Einleiten des Gases in das Becherglas in hohem Bogen heraus. Nimmt man das Becherglas dann nach einiger Zeit weg, so entsteht im Tonzylinder Unterdruck. Man beobachtet an auftretenden Blasen, dass Luft in die Spritzflasche eindringt.

Deutung des Versuchs: Infolge ihrer höheren Geschwindigkeit dringen die Wasserstoffmoleküle durch die Poren schneller in den Zylinder ein, als die Stickstoff- und Sauerstoffmoleküle der Luft hinausgelangen. Dadurch entsteht im Zylinder zunächst ein Überdruck, der wieder verschwindet, sobald das Gasgemisch inner- und außerhalb des Zylinders die gleiche Zusammensetzung hat. Wenn man das Becherglas wegnimmt, diffundieren zuerst die schnellen Wasserstoffmoleküle aus dem Tonzylinder heraus; so entsteht ein Unterdruck. Dass die Wasserstoffmoleküle auch *kleiner* sind als die Moleküle in der Luft, spielt für die Effekte keine Rolle. Die Poren im Ton haben ca. 1/1 000 mm Durchmesser, das Tausend- bis Zehntausendfache eines Moleküldurchmessers.

Grundlagen

Alle reden von der Energie

Der Begriff der Energie begegnet uns heute auf Schritt und Tritt, im Alltag und im politischen Leben ebenso wie in allen Naturwissenschaften und in der Technik. Die Leute reden von Energie und meinen meistens Erdöl, Strom, Kohle, aufgestautes Wasser oder sogar Nahrungsmittel. Warum? – *Was wissen wir von der Energie?*

a) Energie ist allgegenwärtig

Jeder Körper und jedes System von Körpern enthält Energie. Wenn in der Natur irgendetwas geschieht, ändert sich fast immer auch die Energie der beteiligten Körper. – Ein Beispiel: Wir verbrennen im Winter einen Liter Heizöl, damit sich unser warmes Wohnzimmer nicht abkühlt. Das Heizöl braucht ca. 10 m^3 Luft zu seiner Verbrennung. Das System „1 Liter Heizöl plus 10 m^3 Luft" behält seine Masse, wandelt sich aber in neue Substanzen um (Abgase, etwas Asche). Die Energie des Systems nimmt um 37 MJ ab; die Energie der Außenluft wächst nach einiger Zeit um ebenso viel. In einer langen Übertragungskette geht Energie von den heißen Flammengasen auf das Kesselwasser, zugleich vom Heizkörper auf die Zimmerluft, …, von der Hauswand auf die Außenluft über.

b) Energie ist ein Verwandlungskünstler

Sie tritt in den verschiedensten Formen auf. In diesem Buch haben wir die mechanischen Energieformen genauer kennen und berechnen gelernt: Höhen-, Bewegungs- und Spannenergie. Von früher kennen wir auch die innere Energie der Körper. Wenn sie sich vermehrt, wird der Körper wärmer, oder er schmilzt bzw. verdampft. Die brownsche Bewegung weist darauf hin, dass die innere Energie wenigstens zu einem Teil aus der ungeordneten Bewegungsenergie der Moleküle besteht und insofern auch eine mechanische Energieform ist. Die „kinetische Gastheorie" hat diese Vorstellung bestätigt. Ein anderer Teil der inneren Energie ist die Energie der gegenseitigen Anziehung bzw. Abstoßung der Teilchen eines Körpers. Sie ist ebenfalls durch die Mechanik erfassbar. Begriffe der Mechanik bewähren sich so bis in die „Mikrowelt" der Atome hinein und bleiben nicht auf greifbare makroskopische Körper beschränkt.

Es gibt aber weitere wichtige Energieformen, die den Bereich der NEWTON-Mechanik überschreiten: Die Energie der Lichtstrahlung oder die chemische Energie eines geladenen Akkumulators. Der Begriff der Energie reicht weit über die Mechanik hinaus!

c) Energie ist eine Erhaltungsgröße

Sie kann nicht erzeugt und nicht vernichtet werden. Dies ist der wichtigste Aspekt der Energie. In der Mechanik konnten wir den Satz von der Erhaltung der Energie immer nur unter dem Vorbehalt fehlender Reibung aussprechen. Bezieht man aber die innere Energie mit ein, so wird auch bei Reibung keine Energie vernichtet. Sie wird nur auf die chaotischen Molekülbewegungen verzettelt, bleibt also in der Regel sogar als mechanische Energieform erhalten.

d) Es gibt wertvolle und minderwertige Energie

Auf diesem Umstand beruht das so viel diskutierte Energieproblem. Energie gibt es genug in unserer Welt. Die Atmosphäre und erst recht das Meer enthalten massenhaft Energie. Sie ist aber fast wertlos. Wertvolle Energie dagegen (Brennstoffe, elektrischen Strom) muss man einkaufen. Sie ist nicht beliebig vermehrbar und muss daher sparsam verwendet werden; denn Energie *verwenden* heißt immer Energie *entwerten*. Was bestimmt aber den Wert von einem Joule einer bestimmten Energiesorte? Diese Frage wird uns in den folgenden Kapiteln stark beschäftigen. Hier nur so viel im Voraus: Die wertvollste Energie ist diejenige, die sich ohne sonstigen Aufwand in jede beliebige andere Energieform umwandeln lässt. Die (makroskopische, unverzettelte) mechanische Energie ist von dieser wertvollsten Art.

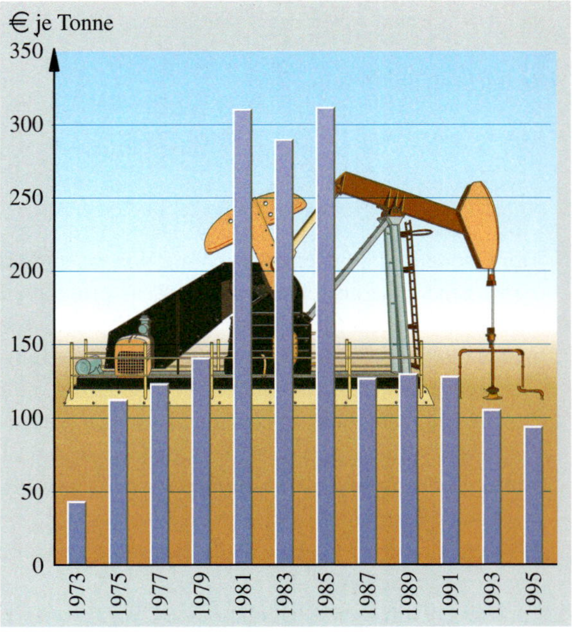

B 1: Das kostet wertvolle Energie: Einfuhrpreise für Rohöl von 1973 bis 1995

Der allgemeine Energiesatz

1. Energie im Grenzverkehr

Volkszählungen waren zu allen Zeiten eine schwierige Sache. Die Einwohnerzahl einer Großstadt konnte man früher nur schätzen. Umso genauer nahm man es aber mit *Änderungen* der Bevölkerungszahl. Geburten und Todesfälle wurden so wie heute sorgfältig registriert, und an den Stadttoren wurde über jeden Zu- und Abgang Buch geführt. So konnte man wenigstens jederzeit genau ermitteln, um wie viel sich die Bevölkerungszahl z. B. seit dem letzten Neujahr geändert hatte. Das musste genügen.

Mit der Energie verhält es sich ähnlich. Die innere Energie einer Gasportion z. B. im Normzustand ($p = 1$ bar, $T = 273$ K) kennen wir nicht, weil wir dazu all die verschiedenen Formen innerer Energie beherrschen müssten, was sehr schwierig ist. Es reicht aber aus, wenn wir für jeden anderen Zustand des Gases (gegeben etwa durch Druck p und Temperatur T) angeben können, um wie viele Joule bei ihm die Energie des Gases höher ist als im Normzustand. Um dies zu ermitteln, müssen wir an den Wänden des Gasbehälters „Wachen" aufstellen und den Energieübergang kontrollieren, während das Gas vom Normzustand in den gegebenen anderen Zustand überführt wird.

Nun kennt die Energie viele Wege, um in einen Körper zu gelangen, offene und Schleichwege. Wenn eine Kraft wirkt oder elektrischer Strom fließt, können wir die Energiezufuhr berechnen (➠ *Bild 2*). Dann also funktioniert die „Grenzkontrolle". Die zugeführte Energiemenge heißt in diesem Fall *mechanische* oder *elektrische* **Arbeit *W***. Sind dagegen keine „makroskopischen Mechanismen" am Werk, so kann dennoch Energie übergehen: Ein heißer Körper erwärmt einen kälteren bei Berührung oder sogar durch den leeren Raum hindurch mit seiner Strahlung. Die Moleküle übertragen dann Energie allein mithilfe ihrer ungeordneten Bewegung. Solchermaßen übergehende Energie nennen wir **Wärme *Q***. Sie lässt sich im Gegensatz zur Arbeit nicht direkt messen. Hier versagt die Grenzkontrolle! Glücklicherweise lässt sich aber dieser „mikroskopische" Energieübergang so gut wie vollständig unterbinden. Mit Isoliermaterial aus Schaum- oder Faserstoffen verringert man die *Wärmeleitung* (noch besser ist eine Vakuumschicht). Die Strahlung wird durch reflektierende Metallfolie abgehalten. Vorgänge, die dann noch möglich sind, heißen *adiabatisch*.

Merksatz

Energie, die allein aufgrund eines Temperaturgefälles mittels ungeordneter Teilchenbewegung von einem Körper auf einen anderen übergeht, heißt **Wärme *Q***.
Alle auf andere Art, also durch eine makroskopische Wechselwirkung übertragene Energie, heißt **Arbeit *W***.
Vorgänge, bei denen keine Wärme übertragen wird, nennt man adiabatisch.

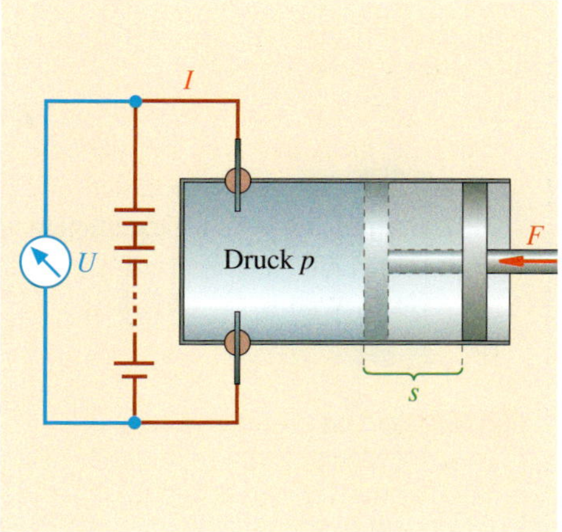

B 2: Verschiedene Arten von Arbeit:
a) Durch das Gas im Zylinder kann man elektrischen Strom als Lichtbogen schicken (linker Teil, rot). Fließt er während der Zeit t, so gilt: Arbeit $W = U \cdot I \cdot t$ oder, weil $I \cdot t$ die geflossene Ladung q ist: $W = U \cdot q$.
b) Ein Kolben wird mit der Kraft F um das Wegstück s in den Zylinder gedrückt (rechter Teil): Arbeit $W = F \cdot s$. Wenn p der Gasdruck und A die Fläche des Kolbens ist, so folgt $W = p \cdot A \cdot s$. Nun ist $A \cdot s$ der Änderungsbetrag $|\Delta V|$ des Gasvolumens V. Die Änderung ΔV selbst ist bei positiver Arbeit W negativ; daher müssen wir ein Minuszeichen einfügen:

$$W = -p \cdot \Delta V.$$

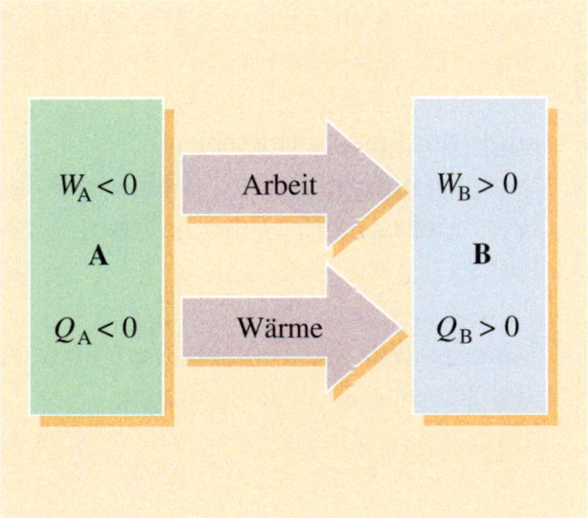

B 3: Energie strömt auf zweierlei Weise vom System A zum System B. Man gibt der transportierten Energie ein positives oder negatives Vorzeichen, und zwar vereinbart man in Bezug auf jedes System: „Zugeführtes zählt positiv". Daher sind im Bild Arbeit und Wärme für das System A negativ, für das System B positiv.

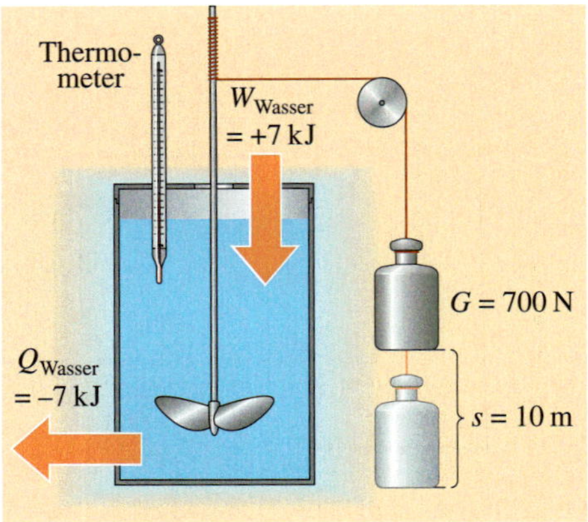

B 1: Ein Rührwerk, angetrieben durch ein absinkendes Wägestück, führt einer Wasserportion Energie als Arbeit zu. Eine kalte Umgebung entzieht ihr die gleiche Energie als Wärme (Thermometerstand vorher und nachher gleich).

Vertiefung

Vom Druck zur Energie

Wir multiplizieren BERNOULLIS Druckformel $p = \frac{1}{3}\varrho v^2$ mit dem Gasvolumen V und bedenken, dass $\varrho V = M$ die Gesamtmasse des Gases ist: $pV = \frac{1}{3}Mv^2$. Multiplizieren wir diese Gleichung jetzt noch mit $\frac{3}{2}$, so entsteht rechts ein wohl bekannter Ausdruck, nämlich die kinetische Energie einer mit der Geschwindigkeit v bewegten Masse M:

$$\frac{3}{2}pV = \frac{1}{2}Mv^2.$$

Beispiel

Energie der Pressluftflasche

Wie viel Energie steckt in einer gefüllten Pressluftflasche (50 Liter Volumen, 80 bar Druck)?

Lösung: Wir beschränken uns auf die Translationsenergie und erhalten

$$\frac{3}{2}pV = 1{,}5 \cdot 50 \cdot 10^{-3} \cdot 80 \cdot 10^5 \text{ Pa} = 600 \text{ kJ}.$$

Man könnte damit einen Zentner Kartoffeln (500 N Gewicht) 1 200 Meter hoch heben! Allerdings müsste man dazu den Luftmolekülen ihre ganze Translationsenergie entziehen, sie also völlig beruhigen. Das käme einer Abkühlung der Luft auf den absoluten Nullpunkt gleich, und dazu wäre ein gewaltiger technischer Aufwand nötig.

2. Der erste Hauptsatz der Wärmelehre

Beim Wärmeübergang versteckt sich die Energie im Gewimmel der Mikroteilchen und ist deshalb für uns Makro-Wesen nicht direkt erfassbar. Darum dauerte es auch lange Jahre, bis sich Robert MAYER und Hermann v. HELMHOLTZ im 19. Jahrhundert mit ihrer Erkenntnis von der allgemeinen Erhaltung der Energie durchsetzen konnten. Heute gibt es diesbezüglich keine Zweifel mehr. Die Wärme ist als übergehende Energie genau so real wie die Arbeit, und es gilt:

Merksatz

Erster Hauptsatz der Wärmelehre: Ein System besitzt in jedem Zustand eine bestimmte innere Energie U. Wird ihm beim Übergang vom Zustand 1 in den Zustand 2 Energie als Arbeit W und als Wärme Q zugeführt, so gilt: $\boldsymbol{W + Q = U_2 - U_1 = \Delta U}$.

Die Gleichung des ersten Hauptsatzes gilt auch für Energie-*Abfuhr* als Arbeit und/oder Wärme. W bzw. Q sind dann negative Größen. ➠ *Bild 1* zeigt ein Beispiel. Die als Arbeit zugeführte Energie ist leicht messbar ($W_{Wasser} = G \cdot s$). Wenn das Thermometer zum Schluss wieder das Gleiche anzeigt wie zuvor, befindet sich das Wasser wieder im gleichen Zustand wie zuvor; es hat also auch die gleiche innere Energie:

$$\Delta U_{Wasser} = 0 = W_{Wasser} + Q_{Wasser}.$$

Es folgt $$Q_{Wasser} = -W_{Wasser} < 0.$$

Das Beispiel zeigt uns zugleich, wie man die als Wärme versteckt übergehende Energie *messen* kann. Man misst eine *Arbeit*, bei der man dafür gesorgt hat, dass sie den gleichen Betrag wie die zu messende Wärme hat.

3. Die innere Energie der Gase

Die kinetische Theorie der Gase hat sich schon gut bewährt. Gibt sie uns auch Auskunft über die Energie einer Gasportion? Eine einfache Rechnung (➠ *Vertiefung*) liefert

$$U = \frac{3}{2}pV.$$

Diese schöne einfache Formel darf uns nicht darüber hinwegtäuschen, dass mit U nur eine einzige Energieform erfasst wird. U ist die Summe aller kinetischen Energien der einzelnen dahinfliegenden Moleküle, die so genannte *Translationsenergie* des Gases. Sollten die Moleküle auch noch rotieren, in sich schwingen oder sich merklich gegenseitig anziehen, so kämen zu U noch weitere Energieanteile hinzu, um die innere Energie des Gases zu erhalten. Wir wollen uns aber auf U beschränken. Bei den einatomigen Gasen (Edelgase, Dämpfe von Metallen) machen wir dabei keinen Fehler, weil bei ihnen die zusätzlichen Energieanteile keine Rolle spielen. – Nun ziehen wir die allgemeine Gasgleichung $pV = \nu RT$ heran. Dann folgt für die innere Engergie des einatomigen idealen Gases:

$$U = \frac{3}{2}\nu RT.$$

Diese Gleichung enthält weder p noch V. Sie sagt uns, dass sich Energie und Temperatur einer Gasportion gegenseitig eindeutig bestimmen und dass Druck und Volumen dabei gar keine Rolle spielen. Zu konstanter Temperatur gehört konstante innere Energie und umgekehrt, egal wie sich im Übrigen der Zustand des Gases ändert. Der ➠ *Versuch 1* bestätigt dies, übrigens sogar für alle, auch die mehratomigen, idealen Gase.

Merksatz

Die innere Energie einer Portion idealen Gases ist durch die Temperatur T oder, was das Gleiche besagt, durch das Produkt $p \cdot V$ völlig festgelegt.

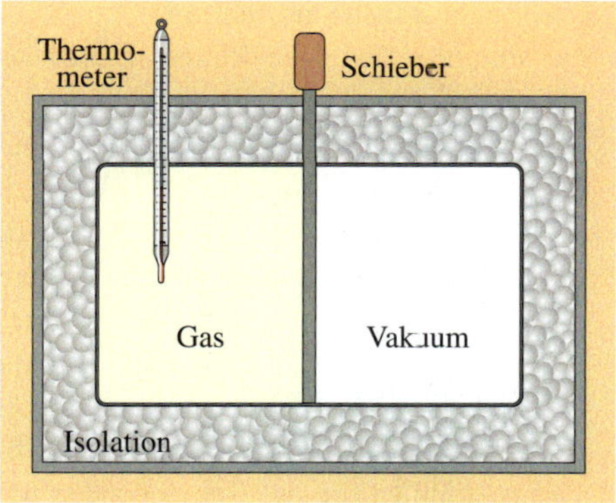

V 1: (Überströmversuch von GAY-LUSSAC) Zwei sorgfältig adiabatisch isolierte Gefäße sind durch einen zunächst geschlossenen Schieber verbunden. Im linken Gefäß befindet sich ein Gas, das rechte ist evakuiert. Man öffnet den Schieber und wartet, bis sich das ins Vakuum einströmende Gas wieder beruhigt hat. Dann zeigt bei idealen Gasen das Thermometer wieder genau die gleiche Temperatur an wie zuvor.

Auswertung des Versuchs: Wegen der Isolation findet keine Wärmezu- oder -abfuhr statt: $Q = 0$. Weil das Gas völlig widerstandslos ausströmt (von Reibung an den Wänden kann abgesehen werden), wird auch keine Arbeit zu- oder abgeführt: $W = 0$ und insgesamt $\Delta U = 0$. Die innere Energie bleibt konstant, obwohl sich Druck und Volumen geändert haben. Zu konstanter innerer Energie gehört damit konstante Temperatur. Das gilt nicht für ein Gas, dessen Moleküle sich gegenseitig anziehen. Bei der Ausdehnung dieses (nicht idealen) Gases würden die Teilchen gebremst; das Gas würde sich etwas abkühlen.

4. Keine Regel ohne Ausnahme?

Viele Gesetze der Physik haben einen begrenzten Gültigkeitsbereich, zum Beispiel das Gesetz von OHM oder die Gesetze der idealen Gase. Beim Energieerhaltungssatz verhält es sich grundsätzlich anders. Immer wenn seine Gültigkeit verletzt schien, gelang es, eine neue Energieart aufzuspüren, sodass der Satz wieder „gerettet" war. So fand man die bei der Reibung verlorene mechanische Energie als innere Energie der beteiligten Körper wieder.

Der Energiesatz ist kein Naturgesetz im üblichen Sinn. Ähnlich wie in einem Staat die Gesetze mit der Verfassung verträglich sein müssen, so ist der Energiesatz als „Grundgesetz" den Naturgesetzen übergeordnet. Wenn in der Physik neuartige Phänomene untersucht werden, wird man immer sogleich nach der Energieerhaltung fragen. Man wird eher eine ganze Theorie verwerfen als an der Gültigkeit des Energiesatzes zweifeln.

Das Vertrauen der Wissenschaftler auf den Satz von der Erhaltung der Energie gründet sich nicht zuletzt auf die zahllosen vergeblichen Bemühungen von Erfindern seit dem Altertum bis in die Gegenwart hinein, die Natur zu überlisten und ein *Perpetuum mobile* zu bauen. Solche Maschinen (➠ *Bild 2*) erzeugen keine mechanische Energie, sondern vernichten sie durch Reibung.

... noch mehr Aufgaben

A 1: Ein Heizkörper wird von Wasser durchströmt. Es tritt mit der „Vorlauftemperatur" T_v ein und mit der „Rücklauftemperatur" T_r aus. Was muss man noch messen und wie muss man rechnen, um die Wärmeleistung des Heizkörpers in Watt zu erhalten?

A 2: a) Leiten Sie aus dem ersten Hauptsatz der Wärmelehre folgenden Satz her: Ändert sich der Zustand eines abgeschlossenen Systems, so bleibt doch seine Energie konstant. **b)** Gibt es in einem *nicht* abgeschlossenen System Zustandsänderungen, bei denen dennoch die innere Energie konstant bleibt?

B 2: Perpetuum mobile von 1440

A 3: Warum muss man Arbeit und Wärme unterscheiden?

A 4: Wie argumentierte wohl der Erfinder des Perpetuum mobile ➠ *Bild 2*? Wie wird sich die Maschine in Wirklichkeit verhalten?

Zwei Heimversuche am Fahrrad:

V 1: Pumpen Sie einen Reifen schnell auf. Die Pumpe erwärmt sich beträchtlich!
Die Reibung des Kolbens kann nicht schuld sein – er ist gut gefettet. Ist es die Reibung im engen Ventilkanal? Kaum, das Ventil wird nicht heißer als die anderen Teile. Die Luft erhält die Energie direkt durch die Bewegung des Kolbens. Man kann dies im molekularen Bild gut verstehen: Wenn der Kolben sich nach innen bewegt, erhalten die auf ihn stoßenden Moleküle im Mittel eine größere Geschwindigkeit, als sie vor dem Stoß hatten. Denken Sie an einen Tennisschläger, der dem ankommenden Ball entgegen bewegt wird!

V 2: Lassen Sie die Luft aus dem prallen Reifen schnell heraus (Ventil abschrauben). Die Luft und auch der Ventilschaft werden eiskalt.
Diesmal geht Energie als Arbeit vom Gas an die Umgebung. Der „Kolben" ist die Außenluft, die durch das ausströmende Gas weggeschoben werden muss. Die benötigte Energie entnimmt das Gas sich selbst.

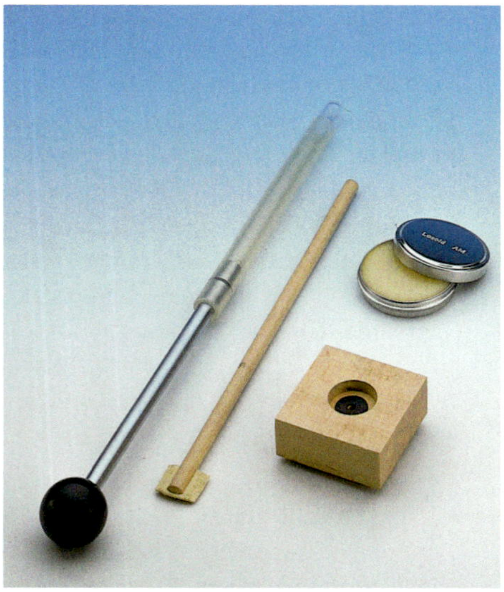

V 3: In einem dickwandigen Zylinder kann ein Kolben luftdicht gleiten. An seiner Innenseite wird etwas petroleumgetränkte Watte befestigt. Stößt man den Kolben kräftig in den Zylinder, so entzündet sich das Petroleum: *„Pneumatisches Feuerzeug"*, zugleich Modellversuch für die Zündung des Treibstoffs im Dieselmotor.

Gase als Energiespeicher und Energiewandler

In unseren so genannten Wärmekraftmaschinen, den Verbrennungsmotoren, Dampf- und Gasturbinen verwenden wir Gase als Energieträger. Aber auch in der Natur werden gewaltige Energiemengen in dem uns umgebenden Gas, der atmosphärischen Luft, umgesetzt. Im Allgemeinen wird das Gas durch äußere Einflüsse komprimiert oder expandiert. Es werden ihm Arbeit W und Wärme Q zugeführt und seine Energie um $W + Q = \Delta U$ geändert. Wir erhalten interessante Spezialfälle, wenn wir jeweils eine der drei Energiegrößen W, Q und ΔU zu null machen. Den Fall $W = 0$ lassen wir weg, weil bei ihm das Gas sein Volumen nicht ändert und sich deshalb nichts Neues gegenüber einem festem Körper und einer Flüssigkeit ergibt. Es bleiben noch die Fälle

1. $Q = 0$: *Adiabatischer* Prozess, $W = \Delta U$,
2. $\Delta U = 0$: Prozess mit konstanter innerer Energie – beim idealen Gas, wie wir wissen, zugleich *isothermer* Prozess, $W = -Q$.

1. Der adiabatische Prozess: Physik der Fahrradpumpe

Luft federt, deshalb pumpen wir sie in unsere Reifen und Fußbälle. Beim Zusammendrücken nimmt sie Arbeit auf, beim Ausdehnen gibt sie Arbeit ab. Wenn wir nun jeden Wärmeübergang verhindern *(adiabatischer Prozess)*, so nimmt die innere Energie der Luft beim Komprimieren zu, ihre Temperatur steigt. Beim Expandieren muss die Temperatur sinken. ➡ *Versuche 1 – 3* bestätigen dies. Wo aber ist bei diesen Versuchen die Wärmeisolation? Ein Isolator wie Styropor würde nichts nützen, weil das massive Pumpenrohr die Energie mühelos schluckt! Die Versuche klappen nur deshalb, weil sie *schnell genug* ablaufen, sodass die Energie keine Zeit hat, merklich als Wärme zwischen Gas und festem Körper zu wechseln.

2. Der isotherme Prozess: Schwindel mit Pressluft?

Was verkauft der Presslufthändler? – Pressluft natürlich. – Eine physikalisch etwas gehobenere Antwort könnte lauten: Der Händler verkauft uns die Energie, die er beim Zusammendrücken der Luft in diese hineingesteckt hat. (Die Luft selbst kostet ja nichts.) Wir holen diese Energie beim Betreiben eines Pressluftgerätes wieder heraus.
Was für ein Vorgang spielt sich dabei in der Luft ab? Sie dehnt sich aus und gibt Arbeit ab. Was ist aber der Unterschied zu der Luft, die in ➡ *Versuch 2* aus dem Fahrradreifen herauspfeift?

Mit Pressluft geht man sparsam um. Der Expansionsprozess ist hier *langsam* und daher keineswegs adiabatisch. Ganz im Gegenteil: Sollte sich das Gas nur ein wenig abkühlen, so führt ihm die Stahlflasche sofort Wärme zu, sodass die Temperatur dauernd praktisch gleich der Umgebungstemperatur bleibt. Wir lassen den Prozess in Gedanken derart langsam ablaufen, dass in jedem Augenblick die Gastemperatur exakt gleich der Außentemperatur ist. Dann ist aber auch die innere Energie des Gases von Anfang bis Ende immer dieselbe. Jedes Joule, das als Arbeit nach außen geht, kommt als

Wärme gleichzeitig wieder aus der Umwelt herein. – Der Händler hat uns also keine Energie verkauft. Die unqualifizierte Antwort war ausnahmsweise die richtigere. Wir haben mit der verdichteten Luft nicht Energie erhalten, wohl aber die Möglichkeit, kostenlose innere Energie aus der Umgebungsluft zu entnehmen und sie in wertvolle mechanische Energie zu verwandeln. Um diese Möglichkeit zu schaffen, musste allerdings der Kompressor des Händlers „arbeiten" und deshalb kostet die Pressluft Geld.

3. Wie viel Arbeit kommt aus der Pressluft?

Als Überlegungsbeispiel wählen wir die Entspannung von 3 bar auf 1 bar bei gleichzeitiger Ausdehnung von 2 l auf 6 l. ➡ *Bild 1* zeigt das *V*-*p*-Diagramm. Für eine *kleine* Expansion von V auf $V + \Delta V$ ist die Arbeit gleich $p \cdot \Delta V$. Grafisch ist dies die Fläche eines schmalen Rechtecks.

ΔV muss klein sein, weil ja während der Ausdehnung der Druck absinkt und man deshalb etwas zu viel Arbeit herausbekommt, wenn man mit dem Druck p zu Beginn der Ausdehnung rechnet. Je kleiner ΔV, umso weniger fällt dieser Fehler ins Gewicht. Die gesamte Arbeit erhalten wir als Summe vieler kleiner Beiträge $p \cdot \Delta V$. In ➡ *Bild 2* ist sie einmal in grober Näherung ($\Delta V = 1$ l) und einmal in verbesserter Näherung ($\Delta V = \frac{1}{2}$ l) dargestellt. Das Ideal wäre die Rechnung mit einem mikroskopisch kleinen ΔV und entsprechend vielen Summanden. Grafisch wären dann keine „Treppenstufen" mehr zu sehen; sie würden mit dem *V*-*p*-Graphen verschmelzen. Der Idealwert für die Gesamtarbeit ist damit derselbe wie der *Flächeninhalt* unter dem *V*-*p*-Graphen zwischen Anfangs- und Endvolumen.

Zur bequemen Rechnung formen wir $p \cdot \Delta V$ um. Nach BOYLE/MARIOTTE gilt: $p\,V = p_1\,V_1$, daher ist

$$p \cdot \Delta V = p_1\,V_1\,\frac{\Delta V}{V}.$$

Der Faktor $p_1\,V_1$ ist allen Summanden gemeinsam. Wir lassen ihn erst einmal weg und addieren nur die unbenannten Zahlen $\Delta V/V$. Wir addieren also die *relativen Änderungen* des Volumens von einem Summanden zum nächsten. Für $\Delta V = 1$ l und $\Delta V = \frac{1}{2}$ l schaffen wir es noch mit dem Taschenrechner (Ansätze und Ergebnisse bei ➡ *Bild 2*). Für die echt kleinen ΔV lohnt sich ein kleines Computerprogramm (➡ *Vertiefung* nächste Seite). Mit $\Delta V = \frac{1}{100}$ l erhält man die Summe 1,1003. Sie ändert sich kaum noch, wenn man ΔV noch weiter verkleinert. Für unseren physikalischen Zweck ist der Wert 1,10 genügend genau. Die gesuchte Arbeit ergibt sich nun zu

$$p_1\,V_1 \cdot 1{,}10 = 3 \cdot 10^5\ \text{Pa} \cdot 2 \cdot 10^{-3}\ \text{m}^3 \cdot 1{,}1 = 660\ \text{J}.$$

Ist die Arbeit aus der Pressluft genau so groß, wenn wir die Luft *schnell* ablassen, im Extremfall so schnell, dass der Prozess nahezu adiabatisch abläuft? Die Luft ist jetzt in jedem Augenblick kälter als die Umgebung, der Druck daher für jeden Wert V niedriger als beim langsamen isothermen Prozess. Folglich ist auch jeder der Summanden $p \cdot \Delta V$ und damit die Gesamtarbeit *kleiner* als bei diesem.

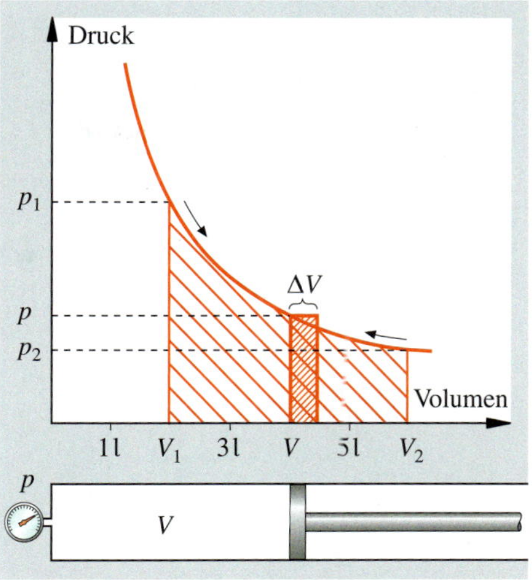

B 1: Langsamer isothermer Prozess mit einem idealen Gas: → Expansion, ← Kompression. ///// Arbeit bei der kleinen Volumenänderung $V \leftrightarrows V + \Delta V$; \\\\\ Arbeit bei der Volumenänderung von V_1 nach V_2 oder umgekehrt.

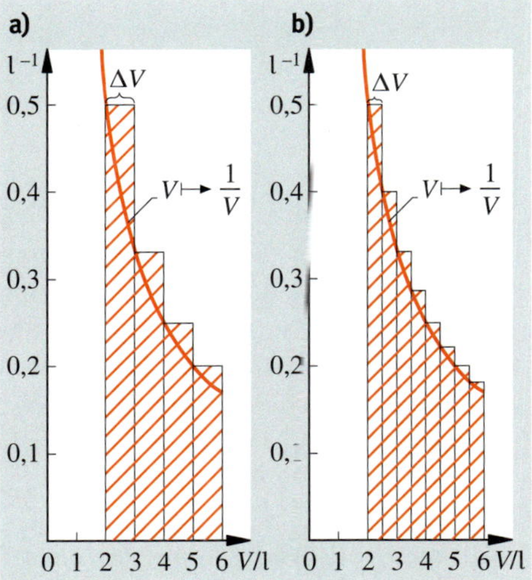

B 2: Summe kleiner relativer Änderungen $\Delta V/V$ von 2 l nach 6 l. Näherungen

a) mit $\Delta V = 1$:

$$\frac{1}{2} + \frac{1}{3} + \frac{1}{4} + \frac{1}{5} = 1{,}283$$

b) mit $\Delta V = 0{,}5$:

$$0{,}5 \cdot \left(\frac{1}{2} + \frac{1}{2{,}5} + \frac{1}{3} + \frac{1}{3{,}5} + \ldots + \frac{1}{5{,}5}\right) = 1{,}187$$

A 1: Welche geometrische Bedeutung hat in ➡ *Bild 2a* die Summe $\frac{1}{3} + \frac{1}{4} + \frac{1}{5} + \frac{1}{6}$? Warum ist der Mittelwert aus ihr und 1,283 eine gute Näherung für die Fläche unter der $\frac{1}{V}$-Kurve?

Vertiefung

Die ln-Taste des Taschenrechners

Die Addition kleiner relativer Änderungen bzw. die Bestimmung der Fläche unter einer Hyperbel wird in den Anwendungen der Mathematik so oft gebraucht, dass die Taschenrechner dafür die eigene Taste [ln] haben. Steht die Zahl z in der Anzeige und drückt man [ln], so erscheint die Summe kleiner relativer Änderungen, beginnend bei 1 und endend bei z (➡ *Bild 1a*). Drückt man z. B. [3] [ln], so wird im Prinzip folgendes Programm abgearbeitet:

Startwerte: $y = 0$; $x = 1$; $\Delta x = 0{,}01$
Rechenschleife: $y = y + \Delta x/x$; $x = x + \Delta x$
Abbruchbedingung: $x \geqq 3$
Zeige y an.

In Wirklichkeit wird Δx noch kleiner gewählt bzw. es werden andere gleichwertige Rechenverfahren angewandt, die weniger Zeit benötigen. Auch Eingabewerte $z < 1$ werden verarbeitet. Ein abgewandeltes Programm liefert dann negative Ergebnisse.

Will man nun die Summation von irgendeiner Zahl z_1 bis zu einer anderen z_2 laufen lassen, so muss man zwei von $z = 1$ ausgehende ln-Werte voneinander abziehen: $\ln z_2 - \ln z_1$ (➡ *Bild 1b*).
Es geht aber noch einfacher. Vergleichen wir die Flächen zu $(\ln z_2 - \ln z_1)$ und $[\ln(z_2/2) - \ln(z_1/2)]$ (➡ *Bild 1c*)! Die zweite Fläche ist gegenüber der ersten auf die halbe Breite gestaucht. Dafür sind aber bei ihr alle Hochwerte auf das Doppelte vergrößert. Infolgedessen hat sie den gleichen Inhalt wie die erste Fläche. Probieren Sie es auf dem Taschenrechner aus; rechnen Sie z. B. ln 80 – ln 10 und dann ln 40 – ln 5. Es kommt jedesmal 2,079… heraus.

Unsere Überlegung gilt aber nicht nur für eine Stauchung auf die Hälfte. Man kann z_1 und z_2 durch eine beliebige positive Zahl dividieren, ohne dass sich die Differenz ihrer ln-Werte ändert. Insbesondere kann man sie durch z_1 dividieren. Dann entsteht die Differenz $\ln(z_2/z_1) - \ln 1$. In ihr ist der Subtrahend gleich null, und wir kommen zu der *Rechenregel*, gültig für beliebige positive z_1 und z_2:

$$\ln z_2 - \ln z_1 = \ln \frac{z_2}{z_1}. \quad (1)$$

Bestätigen Sie auch diese Regel auf Ihrem Rechner!

Vielleicht kennen Sie die Regel vom Rechnen mit *Logarithmen*. Dies ist kein Zufall, denn ln bedeutet „logarithmus naturalis“ mit der Basis e = 2,718… .

Zurück zur Physik der Pressluft!
Die Arbeit beim langsamen isothermen Prozess des idealen Gases lautet, formuliert mit ln:

$$W = p_1 V_1 [\ln(V_2 \text{ in Litern}) - \ln(V_1 \text{ in Litern})]. \quad (2)$$

Mit der neuen Rechenregel (1) ergibt sich kürzer

$$W = p_1 V_1 \ln \frac{V_2}{V_1}. \quad (3)$$

In dem Bruch von Gleichung (3) konnten die Zusätze „in Litern“ weggelassen werden, weil sich ja bei der Division der (benannten) Volumenwerte die Benennungen sowieso herauskürzen.

Beispiel: Wie viel Energie holt eine 50 l-Pressluftflasche von 80 bar Druck aus der Zimmerluft?

Lösung: Die Luft entspannt sich isotherm von 80 bar auf 1 bar (äußerer Luftdruck). Ihr Volumen wächst dabei auf das 80fache, es gilt also $V_2/V_1 = 80$. Eingesetzt in (3) ergibt:

$$W = 80 \text{ bar} \cdot 50 \text{ l} \cdot \ln 80 = 1{,}75 \text{ MJ}.$$

Dies ist übrigens wesentlich mehr als die gesamte Translationsenergie der Pressluftteilchen, denn sie beträgt nur $1{,}5 \cdot 80 \text{ bar} \cdot 50 \text{ l} = 0{,}60$ MJ.

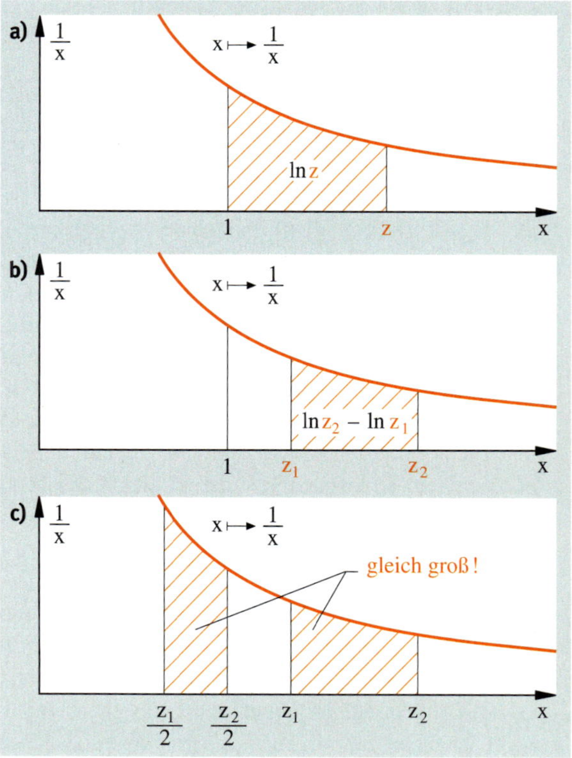

B 1: ln z als Flächeninhalt

Interessantes

Adiabatische Prozesse in Natur und Technik

Warum ist es in der Höhe so kalt?

Auf einer Bergwanderung braucht man auch im Hochsommer warme Kleidung. Der tägliche Wetterbericht nennt uns für Höhen von 1 000 m und 2 000 m fast immer geringere Temperaturen als im Flachland. Bei einer Reise im Flugzeug erfahren wir, dass die Außentemperatur weit unter 0 °C liegt, auch in den Tropen.

Gewiss, die Luft erhält Wärme nur zum geringsten Teil direkt durch die Sonnenstrahlung, vorwiegend aber durch Wärmeübergang von der Erdoberfläche. Doch hat die erwärmte Luft eine geringere Dichte als die kalte und steigt daher auf, wie ein Heißluftballon! Nun, bei eben diesem Aufstieg gerät die Luft unter niedrigeren Druck und dehnt sich aus – und zwar *adiabatisch*, denn für eine Wärmeaufnahme aus der Umgebung reicht die Zeit nicht aus. In Gewitterwolken wird der Aufwind so stark und führt in so große Höhen, dass der Wasserdampf der Luft zu Eis gefriert. So entsteht der Hagel.

Warum ist es bei Föhn so warm?

Wer in der Nähe eines Gebirges wohnt, kennt den Föhn: Es herrscht warmes und sehr trockenes Wetter, auf den Höhen weht oft starker Sturm, der nördlich der Alpen aus Süden kommt. Auch hier haben wir einen adiabatischen Prozess (➠ *Bild 2*). Auf der Luvseite (windzugewandte Seite) des Gebirges steigt die Luft auf und kühlt sich adiabatisch ab. Bei genügend tiefer Temperatur kondensiert der Wasserdampf, es regnet anhaltend, die Urlauber verzweifeln. Die Kondensation setzt viel Energie frei. Daher ist die Luft am Gebirgskamm nicht so kalt, wie wenn sie trocken aufgestiegen wäre. Nun folgt der Abstieg, die adiabatische Erwärmung. Die Wolken lösen sich in der warmen Luft auf; es sieht so aus, als blieben sie stehen. Es bildet sich die scharf begrenzte, drohend aussehende „Föhnmauer“; nur ein paar typische spindelförmig aussehende Föhnwolken dringen weiter vor. Die jetzt ausgetrocknete Luft hat, wenn sie auf der ursprünglichen Flachlandhöhe angekommen ist, eine höhere Temperatur als am Ausgangspunkt. Davon bekommen manche Leute Kopfweh.

Der Dieselmotor braucht keine Zündkerze

Beim Viertakt-Verbrennungsmotor folgt auf den Ansaugtakt der Kompressions-(Verdichtungs-)takt. In ihm wird die Verbrennungsluft adiabatisch komprimiert und dadurch erhitzt. Wenn der Brennstoff der Luft schon beigemischt ist (Ottomotor), darf die Temperatur nicht so hoch werden, dass er sich von selbst entzündet. Sonst „klopft“ der Motor und wird schnell zerstört. Bei Normalbenzinmotoren ist deshalb das Verdichtungsverhältnis auf ca. 7 : 1 begrenzt. Nun wird aber bei höherem Verdichtungsverhältnis die Energie des Brennstoffs besser ausgenutzt. Das zeigen uns die Ottomotoren für „Superbenzin“. Sie verdichten höher (ca. 10 : 1) und brauchen bei gleicher Leistung weniger Treibstoff. Allerdings muss der Treibstoff besonders präpariert sein („super“), damit er sich nicht so leicht von selbst entzündet.

Dass eine hohe Verdichtung günstig für den Wirkungsgrad des Motors ist, wusste (vor hundert Jahren) auch Rudolf DIESEL. Er entwarf daher einen Motor mit sehr hoher Verdichtung (heute geht man bis über 20 : 1). Der Brennstoff wird beim Dieselmotor im richtigen Moment direkt in den Zylinderkopf eingespritzt. Man spart die Zündanlage, braucht allerdings dafür eine sehr hochwertige Einspritzpumpe. Neben dem höheren Wirkungsgrad hat der Dieselmotor noch den Vorteil, dass man als Brennstoff das schwer verdampfbare Dieselöl (qualitätsgleich mit leichtem Heizöl) verwenden kann, das billiger als Benzin ist. Bei uns sind alle großen Motoren (Lkw-Motor, Notstromaggregat, Schiffsantrieb) Dieselmotoren.

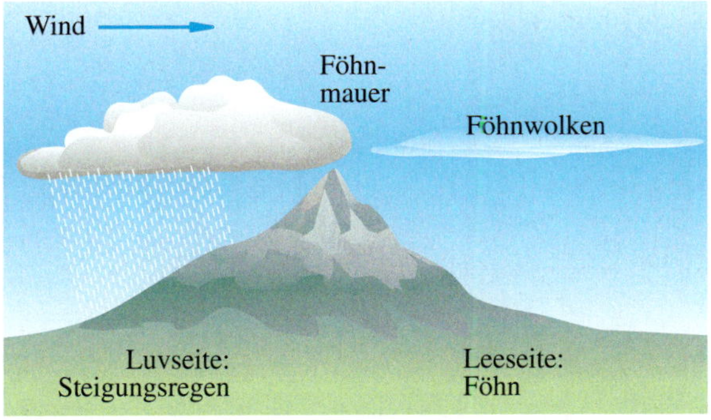

B 2: Föhnwetter

A 1: Was wird passieren, wenn man **a)** beim Normalbenzinmotor „Super“ tankt, **b)** beim „Super“-Motor Normalbenzin tankt, **c)** beim Benzinmotor Dieselöl tankt?

A 2: Wenn man eine Flasche Mineralwasser ruckartig öffnet (früher konnte man den Bügelverschluss aufschnappen lassen), sieht man über dem Wasser für kurze Zeit einen Nebel. Wie kommt er zustande? (Die *Nebelkammer*, früher ein wichtiges Beobachtungsgerät der Kernphysik, funktioniert auf die gleiche Weise.)

B 1: Arbeit aus Wasser und Brot ... Arbeit „aus Feuer“

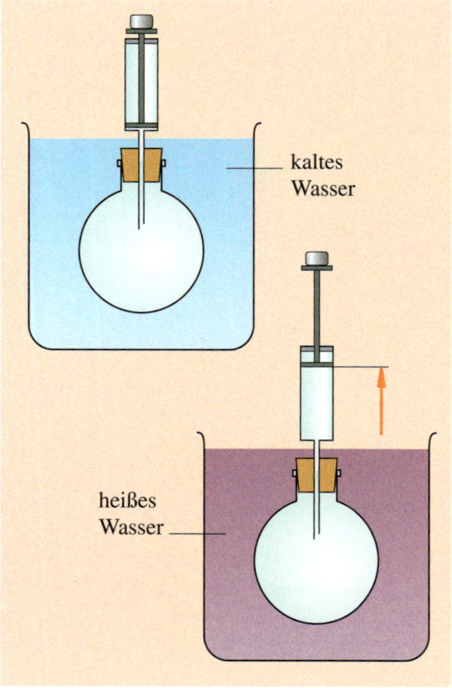

V 1: Die einfachste Wärmekraftmaschine. Eine Glasspritze sitzt luftdicht auf einem Rundkolben, der sich in einem großen Becherglas befindet. Wir gießen heißes Wasser in das Becherglas. Der Kolben der Glasspritze wandert nach oben und kann dabei ein Wägestück heben.

Der zweite Hauptsatz der Wärmelehre

1. Arbeit aus Feuer

Die Griechen der Antike prägten das Wort „Mechanik“ für ihre Maschinenbaukunst. Es bedeutet eigentlich „List“. Man empfand es offenbar schon als eine Überlistung der Natur, wenn man mithilfe eines Hebels oder Flaschenzugs die eigene Kraft vervielfachte. Bei der Beschaffung der nötigen Energie ließ man sich damals aber gar nichts besonders Listiges einfallen, sondern setzte als Antriebs„maschinen“ ohne jedes Bedenken Tiere und vor allem Sklaven ein (➠ *Bild 1*). Erstaunlich und empörend ist es, dass das bis in die Zeit der Aufklärung so blieb. Wind- und Wasserkraft wurden zwar genutzt, spielten aber nur eine Nebenrolle. Erst im 18. Jahrhundert begann man, ernstlich über „die bewegende Kraft des Feuers“ nachzudenken.

Das erste brauchbare Ergebnis war die Dampfmaschine des James WATT. – Heute ist die Situation ganz anders. Die Kolbendampfmaschinen sind vollständig durch Dampfturbinen sowie Otto- und Dieselmotoren ersetzt. Auch kleinere Arbeiten kann sich der Mensch durch einen Motor oder ein Motörchen abnehmen lassen, und er tut es nur allzu ungeniert. Verzichten können wir auf die Wärmekraftmaschinen nicht mehr. Wir wollen uns deshalb mit ihrem Prinzip und ihrer Problematik vertraut machen.

➠ *Versuch 1* zeigt in simpelster Weise, worum es geht. Dieser primitive Motor gibt mechanische Energie ab, denn er hebt ja ein Wägestück. Will man ihn aber mehr als nur einmal benutzen, so muss man den Kolben irgendwie wieder in die Spritze hineinschieben. Dies zu tun, während der Rundkolben sich noch im heißen Wasser befindet, wäre Unsinn; man müsste dazu die gesamte gewonnene Energie wieder opfern. Ganz leicht oder sogar von selbst geht es dagegen, wenn wir den Rundkolben einfach in kaltes Wasser tauchen. Nun haben wir mechanische Energie gewonnen *und* die „Maschine“ ist wieder im Ausgangszustand.

2. Ein Motor läuft mit heißer Luft

Im „Motor“ von ➠ *Versuch 1* dehnt sich heiße Luft aus und liefert mechanische Energie. Anschließend wird sie abgekühlt und wieder komprimiert, damit das Spiel von neuem beginnen kann. Natürlich ist es unzweckmäßig, den ganzen Motor abwechselnd heiß und wieder kalt zu machen. Robert STIRLING führte 1816 seinen Heißluftmotor, den **Stirlingmotor**, vor, der diesen Temperaturwechsel nicht nötig hatte. Der Motor besteht im Prinzip aus einem langen Zylinder, der an einem Ende beheizt wird und dort stets die hohe Temperatur T_h hat (➠ *Vertiefung*, in den Bildern links, rot). Am anderen Ende (blau) wird der Zylinder gekühlt und hat dort stets die niedrige Temperatur T_t des Kühlwassers. Ein *Verdrängerkolben* schiebt die eingeschlossene Luft durch seine vielen Bohrungen zwischen diesen Bereichen hin und her. Sie wird dabei schon vorgewärmt bzw. vorgekühlt.

Vertiefung

Das Prinzip des Stirlingmotors

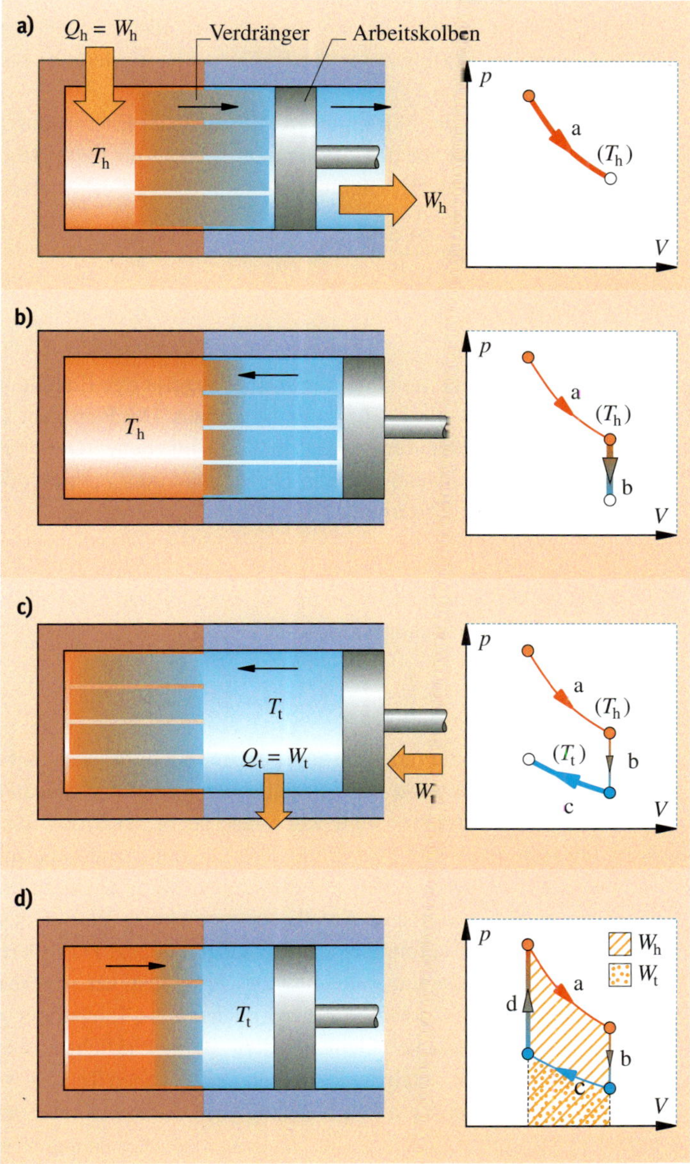

a) Arbeitstakt: Die heiße Luft presst den Arbeitskolben mit großer Kraft nach rechts. Der Verdränger macht die Bewegung mit. Über ein Gestänge wird viel Energie W_h an ein Schwungrad abgegeben. Das sich ausdehnende Gas wird aber nicht kälter. Es behält die Temperatur T_h, denn W_h wird von der äußeren Heizung sofort als Wärme durch die Zylinderwand nachgeliefert.

b) Erster Zwischentakt: Der Verdrängerkolben wandert nach links. Durch seine Bohrungen strömt die Luft in den rechten Zylinderbereich, wobei sie den Verdrängerkolben aufheizt und selbst auf T_t abgekühlt wird. (Dadurch kann der Verdränger später wiederum die Luft ohne äußere Energiezufuhr aufheizen.)

c) Verdichtungstakt: Der Arbeitskolben bewegt sich nach links und komprimiert im kalten Bereich des Zylinders Luft mit der Temperatur T_t. Dabei muss vom Schwungrad die Energie W_t in Form von Arbeit zugeführt werden. Das Gas wird aber nicht heißer, denn W_t wandert als (Ab-)Wärme durch die Zylinderwand in das Kühlwasser.

d) Zweiter Zwischentakt: Der Verdrängerkolben wandert nach rechts. Die Luft strömt durch seine Bohrungen, kühlt den Verdrängerkolben und wird dabei auf T_h aufgeheizt. Das geht im Idealfall ohne Energiezufuhr von außen. Mit dem Arbeitstakt beginnt nun der Zyklus von neuem.

Zur Praxis die Theorie

Um den Nutzen des Stirlingmotors zu beurteilen, müssen wir die bei einem Umlauf umgesetzten Energieportionen vergleichen. Wir orientieren uns am idealisierten *V-p*-Diagramm für die Luft im Motorzylinder (oben bei d). Die Takte a) und c) denken wir uns als langsame isotherme Prozesse. Der Flächeninhalt W_h (schraffiert) ist zugleich aufgenommene Wärme aus der Heizquelle und abgegebene Arbeit bei der Expansion. Der Flächeninhalt W_t (gepunktet) ist zugleich abgegebene Wärme an den Kühler und aufgenommene Arbeit aus dem Schwungrad bei der Kompression. Die beiden zu W_h und W_t gehörenden Flächenstücke sind gleich breit. Ihre Höhen verhalten sich an jeder Stelle V so wie die Temperaturen T_h und T_t. (Denken Sie an die Gasgleichung $p V = \nu R T$; bei gegebenem V ist p proportional zu T.) Also verhalten sich auch die Flächeninhalte und damit die Energien W_h und W_t so wie diese Temperaturen:

$$\frac{W_h}{W_t} = \frac{T_h}{T_t}.$$

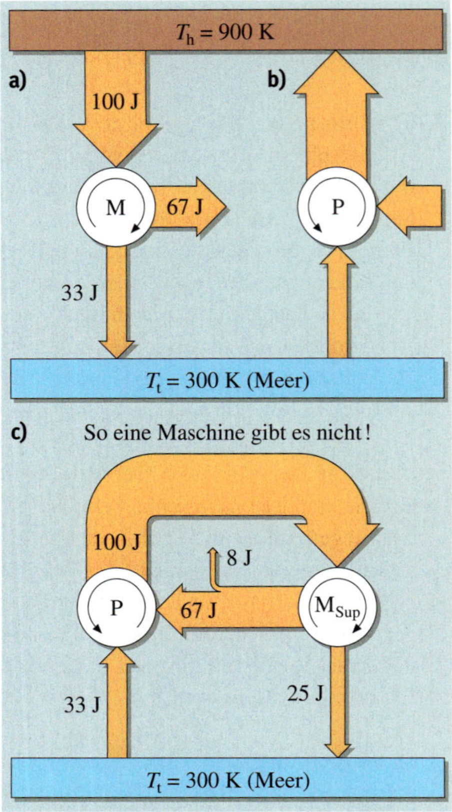

B 1: Energiefluss. **a)** Idealer Stirlingmotor M, **b)** ideale Wärmepumpe P, **c)** Supermotor M_{Sup}

A 1: Bei Verbrennungsmotoren wird nach der Zündung im Zylinder eine Temperatur von ca. 1 600 °C erreicht. Die Abgase verlassen den Auspuff mit ca. 80 °C. Nehmen Sie an, man könnte einen idealen Motor „zwischen" diesen beiden Temperaturen betreiben. Bestimmen Sie den Wirkungsgrad dieses Motors. Vergleichen Sie mit ➠ *Tabelle 1*!

A 2: Erläutern Sie, inwiefern ein Kühlschrank eine Wärmepumpe ist. Was geschieht, wenn man seine Tür über Nacht offen stehen lässt?

Ottomotor	30%
Dieselmotor	40%
Strahltriebwerk (Flugzeug)	18%
Kernkraftwerk	35%
Kohlekraftwerk	42%
Öl-/Gaskraftwerk	58%

T 1: Wirkungsgrade von Wärmekraftanlagen

3. Ohne Abwärme geht es nicht

Beim idealisierten Stirlingmotor gilt $W_h/W_t = T_h/T_t$ (➠ *Vertiefung* zu Ziffer 2). Nach diesem Ergebnis würde zur Abwärme null die (Kelvin-)Temperatur $T_t = 0$ gehören, die bekanntlich unerreichbar ist. Abwärme ist anscheinend unvermeidbar. In der Tat: Stellt man bei einem realen Stirlingmotor die Kühlung ab, so bleibt er bald stehen.

Wir berechnen nun den Wirkungsgrad η = nutzbare Energie/aufgewendete Energie des idealen Stirlingmotors. Die nutzbare Arbeit ist die Differenz $W_h - W_t$. Die aufgewendete Energie ist W_h. Also gilt

$$\eta = \frac{W_h - W_t}{W_h} = 1 - \frac{W_t}{W_h} = 1 - \frac{T_t}{T_h}.$$

Merksatz

Der Stirlingmotor entnimmt der als Wärme zugeführten Energie im Idealfall den Anteil $\boldsymbol{\eta = 1 - T_t/T_h}$ als Nutzarbeit. Der Rest geht als Abwärme bei tieferer Temperatur in die Umgebung. Der **Wirkungsgrad** $\boldsymbol{\eta}$ steigt, wenn man die Heiztemperatur T_h erhöht oder die Kühltemperatur T_t verringert.

Betrachten wir einen Motor mit $T_h = 900$ K und $T_t = 300$ K (➠ *Bild 1a*). Sein Wirkungsgrad ist im Idealfall

$$\eta = 1 - \frac{T_t}{T_h} = 1 - \frac{300}{900} = 1 - \frac{1}{3} \approx 67\%.$$

Allein das Temperaturverhältnis T_t/T_h begrenzt den Wirkungsgrad nach oben und nicht etwa eine spezielle Eigenschaft des (idealen) Motors. Diese Obergrenze steht schon fest, bevor der Motor überhaupt anläuft. Von 100 J zugeführter Wärme kann er also bestenfalls 67 J als mechanische Energie abzweigen. Der Rest ist ein mechanisch nicht verwertbarer Anteil der zugeführten Wärme. Der Motor schickt ihn als „Energiemüll" in die Umgebung. Da T_t durch die Umgebungstemperatur nach unten beschränkt ist, versucht man den heißen Bereich des Motors auf möglichst hohe Temperatur zu bringen, um den Müllanteil klein zu halten. Beim wirklichen Motor kriecht noch Wärme nutzlos vom heißen in den kalten Teil am Arbeitsgas vorbei, und durch Lagerreibung wird zusätzlich mechanische Energie entwertet. Praktische Wirkungsgrade liegen daher immer unter dem Idealwert (➠ *Tabelle 1*).

4. Energie nach Belieben?

Ein Elektromotor kann die Stirlingmaschine auch so antreiben, dass sie die vier Motortakte in umgekehrter Richtung durchläuft. Sie komprimiert dann z. B. bei $T_h = 900$ K das Gas unter Aufwand der Energie von, sagen wir, 100 J und „drückt" 100 J Kompressionswärme in den heißen Speicher. Bei der tiefen Temperatur $T_t = 300$ K entspannt sich das Gas und gibt an ein Energie speicherndes Schwungrad 33 J mechanische Energie ab. Dafür entzieht es dem kalten Speicher 33 J Wärme (➠ *Bild 1b*). Mit der insgesamt zugeführten mechanischen Energie 100 J – 33 J = 67 J wird so Wärme von tiefer zu hoher Temperatur gepumpt; aus dem Motor wurde eine *Wärmepumpe*.

Erfinder Gscheidle meldet ein Patent an. Er habe einen Supermotor erfunden, dessen Wirkungsgrad höher ist als $\eta = 1 - T_t/T_h$. Zu seiner großen Enttäuschung lehnt das Patentamt die Erfindung ab und begründet dies wie folgt:
Betreibt man den Supermotor z. B. zwischen den Temperaturen $T_t = 300$ K und $T_h = 900$ K, so muss nach Gscheidles Behauptung der Wirkungsgrad größer als 67% sein, sagen wir 75%.

Mit dem Motor M_{Sup} treibe man nun eine ideale Stirling-Wärmepumpe P an (*Bild 1c*). Diese liefert bei jedem Umlauf 100 J Wärme, die bei der gemeinsamen hohen Temperatur T_h sofort dem Supermotor M_{Sup} zugeführt wird. Mit dem angenommenen Wirkungsgrad von 75% könnte er 75 J mechanische Energie liefern. Davon braucht die Wärmepumpe für ihren Betrieb aber nur 67 J. 8 J gäbe die Kombination als Nutzarbeit ab. Diese Energie von 8 J ist durchaus nicht aus Nichts erschaffen; die Wärmepumpe entnimmt je Umlauf dem gemeinsamen kalten Speicher, etwa dem Meer, bei $T_t = 300$ K die Wärme 33 J, während die Supermaschine ihm nur 25 J zuführt. Die gewonnenen 8 J entstammen also der inneren Energie des Meeres.
Diese Kombination von Supermotor und Wärmepumpe würde kaltem Meerwasser ständig Wärme der tiefen Umgebungstemperatur $T_t = 300$ K entnehmen und vollständig in wertvolle mechanische Energie umwandeln, ohne dass sich sonst etwas in der Natur änderte (man braucht z. B. keinem heißen Behälter Wärme zu entnehmen). Man könnte die nahezu unerschöpfliche sonst nutzlose innere Energie des Meerwassers veredeln; unser Energieproblem wäre ohne Umweltschaden gelöst. Doch ist solches noch keinem Erfinder gelungen.
Hier zeigt sich ein weiteres, über den Satz von der Energieerhaltung (den ersten Hauptsatz der Wärmelehre) hinausgehendes Naturgesetz. Es ist für das Leben und Treiben der Menschen auf der Erde mindestens ebenso bedeutend wie der Energiesatz und wird deshalb **zweiter Hauptsatz der Wärmelehre** genannt:

Merksatz

Es ist unmöglich, eine periodisch arbeitende Maschine zu bauen, die nichts weiter bewirkt als die Hebung einer Last und die Abkühlung eines Körpers. (Zweiter Hauptsatz der Wärmelehre, formuliert nach Max PLANCK.)

Die Erfahrung zwingt uns, diesen Satz als gültig anzuerkennen. Deshalb kann Erfinder Gscheidle kein Patent erhalten:

Merksatz

Es ist unmöglich, eine zwischen zwei gegebenen Temperaturen periodisch arbeitende Maschine zu bauen, die einen höheren Wirkungsgrad als der ideale Stirlingmotor hat.

... noch mehr Aufgaben

A 3: Die Luft aus einer Pressluftflasche hebt einen Aufzug hoch. Sie behält dabei ihre Temperatur und entnimmt Energie aus der Umgebungsluft. Ist das nicht ein Widerspruch zum zweiten Hauptsatz? Nehmen Sie Stellung!

A 4: Bei einer Kühlmaschine verwendet man als „Leistungsziffer" den Quotienten aus der Wärme, die dem Kühlraum entzogen wird, und der Stromarbeit. **a)** Wie berechnet man im Idealfall die Leistungsziffer aus den Temperaturen von Kühlraum und Umgebung? **b)** Die Leistungsziffer der Kühlmaschine kann (im Gegensatz zum Wirkungsgrad eines Motors) größer als eins sein. Unter welcher Bedingung für die Temperaturen ist dies der Fall?

A 5: Bei einer zum Heizen dienenden Wärmepumpe definiert man die Leistungsziffer sinngemäß als Quotienten aus der Wärme, die ans Zimmer abgegeben wird, und der Stromarbeit. Warum ist diese Leistungsziffer immer größer als eins?

A 6: Kraftwerke zur Stromerzeugung haben Wirkungsgrade um 40%. Welche Forderung muss man an eine elektrisch betriebene Wärmepumpe stellen, wenn das Heizen mit ihr wirtschaftlicher sein soll, als wenn man einen Ofen mit 85% Wirkungsgrad betreibt?

A 7: Nach Rudolf CLAUSIUS lautet der zweite Hauptsatz der Wärmelehre so: *Es ist unmöglich, dass Wärme von einem kälteren zu einem wärmeren Körper übergeht, ohne dass sich sonst in der Natur etwas verändert.* Zeigen Sie durch Gedankenversuche mit idealen Stirlingmotoren und/oder Wärmepumpen, dass der zweite Hauptsatz nach PLANCK und der nach CLAUSIUS äquivalent sind, d. h. dass sich jeder aus dem anderen herleiten lässt.

A 8: Sie haben einen Ofen von 300 °C. Draußen herrschen 0 °C, und im Zimmer wünschen Sie die Temperatur 20 °C zu halten. Sie betreiben „zwischen" Ofen und Außenluft einen idealen Stirlingmotor. Mit ihm treiben Sie eine ideale Stirling-Wärmepumpe an, die Wärme von draußen ins Zimmer schafft. Wie viele Joule Wärme kommen im Zimmer an, wenn der Ofen 1 000 J Wärme abgibt?

Elektrische Leistung	865 MW
Fernwärmeleistung	230 MW
Elektrischer Wirkungsgrad	42%
Brennstoffausnutzung	46%
Mittlere Dampftemperatur im Kessel	570 °C

T 1: Braunkohlekraftwerk Lippendorf bei Leipzig (Probelauf des ersten Blocks für 1999 geplant). Das Kraftwerk arbeitet „zwischen" den Kelvintemperaturen T_h = 1 000 K (mittlere Temperatur im Feuerraum um 700 °C) und T_t = 288 K (Umgebungstemperatur zu 15 °C angenommen). Ein idealer Stirlingmotor hätte hier den Wirkungsgrad

$$\eta_{ideal} = 1 - 288/1\,000 = 71\%.$$

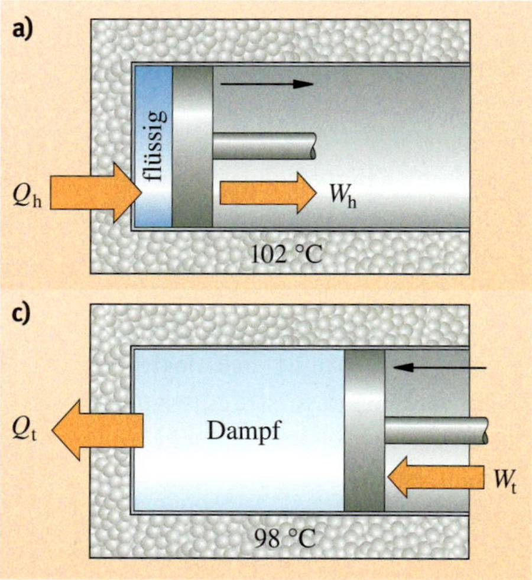

V 1: „Kreislauf des Wassers"

a) Arbeitstakt: Das verdampfende Wasser presst den Kolben mit großer Kraft nach rechts. Die Temperatur ist konstant T_h = 375 K, der Druck konstant p_h = 1,0876 bar.

b) Erster Zwischentakt: Der Dampf wird um 4 K abgekühlt, der Druck so eingestellt, das gerade noch nichts kondensiert.

c) Verdichtungstakt: Der Kolben bewegt sich nach links und zwingt den Dampf, nach und nach zu kondensieren. Es muss Energie in Form von Arbeit zugeführt werden. Der Dampf (und das entstehende flüssige Wasser) wird aber nicht heißer, weil die Umgebung auf der Temperatur T_t = 371 K für die nötige Wärmeabfuhr sorgt. Der Druck ist konstant p_t = 0,9429 bar.

d) Zweiter Zwischentakt: Die Flüssigkeit wird um 4 K erwärmt, der Druck so erhöht, dass gerade noch nichts verdampfen kann.

Wärmekraftmaschinen

1. Ein unerreichbares Ziel?

Der zweite Hauptsatz lehrt uns, dass auch in der modernsten Technik die Bäume nicht in den Himmel wachsen können. Der Wirkungsgrad einer Wärmekraftmaschine kann (bei gegebenem Temperaturintervall) nicht höher sein als der eines idealen Stirlingmotors. Das ist tröstlich für uns, die wir die niedrigen Wirkungsgrade unserer gebräuchlichen Maschinen bedauern. Sehen wir uns allerdings die Zahlen genauer an, so sind wir erstaunt, wie weit die Wirklichkeit immer noch von der durch die Natur gesetzten Grenze entfernt ist. Als Beispiel diene ein modernes Großkraftwerk mit den Daten von ➠ *Tabelle 1*. Bei den großen Anlagen lohnt es sich ja am ehesten, alle Möglichkeiten zur Verbesserung des Wirkungsgrads auszuschöpfen, und man gibt sich hier auch wirklich die größte Mühe mit der „Optimierung". Und doch – gegenüber dem idealen Wirkungsgrad von 71% (Rechnung unter ➠ *Tabelle 1*) werden nur bescheidene 42% erreicht. (Bei der höheren „Brennstoffausnutzung" von 46% ist die zum Heizen abgegebene Fernwärme als nutzbare Energie mitgezählt.) 58% der Verbrennungsenergie sind also Abwärme. Nur ein kleiner Teil davon geht schon mit dem Rauchgas ins Freie; die meiste Abwärme stammt aus der Maschinenanlage selbst. Muss das sein? Ist der ideale Wirkungsgrad vielleicht nur dem Gedankenkonstrukt „idealer Stirlingmotor" eigen und kommt in der Natur gar nicht vor? – Wir überzeugen uns vom Gegenteil: In der Natur selbst wird η_{ideal} realisiert!

2. Ein Kreisprozess mit Wasser

Jeder kennt den „Kreislauf des Wassers" in der Natur. Das Wasser bewegt sich dabei keineswegs auf einem Kreis. Es durchläuft verschiedene Zustände (flüssig, gasförmig) und kehrt schließlich zum Ausgangszustand zurück. Man nennt allgemein eine Kette von Zustandsänderungen, an deren Anfang und Ende der gleiche Zustand steht, einen *Kreisprozess*. Der natürliche Kreisprozess des Wassers besteht im Wesentlichen darin, dass das Wasser an der Meeresoberfläche bei einer gewissen Temperatur verdampft („verdunstet"). Der Wasserdampf gelangt in die Atmosphäre und verwandelt sich dort bei einer niedrigeren Temperatur wieder in Flüssigkeit; er „kondensiert". Über die Flüsse gelangt das Wasser wieder ins Meer zurück und wird dabei auf die alte Temperatur erwärmt.

Wir vereinfachen den natürlichen Wasser-Kreisprozess in Gedanken zu einem Laborversuch und verlegen ihn zugleich in einen Temperaturbereich, der uns für das Verdampfen von Wasser von der Küche her geläufiger ist (➠ *Versuch 1*): Verdampfen von 1 kg Wasser bei 102 °C unter erhöhtem Druck (Dampfkochtopf), Kondensieren bei niedrigerem Druck und der tieferen Temperatur von 98 °C. Beim Verdampfen wird ein Kolben aus dem Zylinder getrieben: Das System gibt mechanische Arbeit ab. Beim Kondensieren muss man den größten Teil der gewonnenen mechanischen Energie wieder ins System hineinstecken.

Doch bleibt ein kleiner Rest übrig, dargestellt durch die vom *V-p*-Diagramm umfahrene Fläche (*Bild 1*). Wir haben eine Wärmekraftmaschine, die „zwischen" den Kelvintemperaturen $T_h = 375$ K und $T_t = 371$ K arbeitet. Ihr idealer Wirkungsgrad wäre also $\eta_{ideal} = 1 - 371/375 = 0{,}0107$. Er ist nicht gerade hoch; das liegt natürlich an der geringen Temperaturdifferenz.

Nun berechnen wir den wirklichen Wirkungsgrad aus den Energieumsetzungen. Es gibt für das Wasser ausführliche Tabellenwerke mit thermischen Daten, die internationalen *Wasserdampftafeln*. Sie sind unentbehrlich für die Planung von Dampfkraftwerken. *Tabelle 2* zeigt einen Ausschnitt. Ihm entnehmen wir:

Aufgewandte Energie = zugeführte Wärme im Arbeitstakt a) $= Q_h = 2\,251$ kJ.

Eine in den Zwischentakten b) und d) etwa zugeführte Wärmemenge ist im Vergleich zu Q_h so gering, dass wir sie vernachlässigen können. Ebenso vernachlässigen wir bei der Arbeitsberechnung die kleinen schraffierten Dreiecke rechts und links im *V-p*-Diagramm (*Bild 1*). Die gewonnene mechanische Energie *W* ist dann:

$$W = (p_h - p_t)(V_2 - V_1) = (1{,}0867 - 0{,}9429)\text{ bar} \cdot (1\,566 - 1{,}0)\text{ l} = 22{,}5\text{ kJ}.$$

Wir erhalten den Wirkungsgrad $\eta = W/Q_h = 0{,}0100$. Er stimmt gut mit dem idealen Wert überein: Die Natur hält sich an ihre Gesetze!

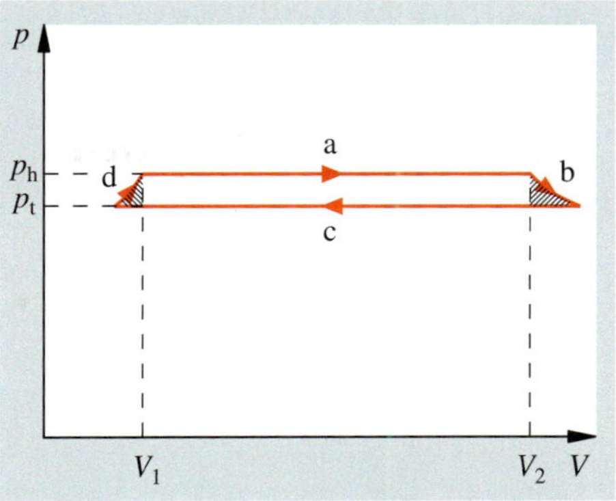

B 1: *V-p*-Diagramm zu *Versuch 1. Achtung!* Das Diagramm ist nicht maßstäblich gezeichnet, ebensowenig wie die Bilder zu *Versuch 1*. Das Dampfvolumen V_2 ist in Wirklichkeit mehr als 1 000-mal so groß wie das Wasservolumen V_1; der Unterschied der Drücke p_h und p_t ist viel kleiner als gezeichnet.

Celsius-temperatur in °C	Druck in bar	Volumen von 1 kg Flüssigkeit (in Liter)	Volumen von 1 kg Dampf (in Liter)	Verdampfungswärme für 1 kg in kJ
98	0,9429	1,0420	1 789	2 262
99	0,9775	1,0427	1 730	2 259
100	1,0131	1,0435	1 673	2 257
101	1,0498	1,0443	1 618	2 254
102	1,0867	1,0450	1 566	2 251

T 2: Ausschnitt aus einer Wasserdampftafel

3. Wo wird die Energie entwertet?

Der ideale Wirkungsgrad bei der Gewinnung von mechanischer aus innerer Energie ist erreichbar, wie wir gesehen haben. Unsere Wärmekraftanlagen erreichen ihn nicht. Sie wandeln einen großen Teil der Verbrennungsenergie, aus dem man Arbeit hätte machen können, in wertlose Abwärme um. Leider ist das, jedenfalls beim derzeitigen Stand der Technik, unvermeidbar. Wo treten die Verluste auf?

a) *Abgasverluste, Lagerreibung, Stromwärme im Generator:* Diese Verluste sind heute nicht mehr sehr bedeutend.

b) Energiebedarf für die *Reinigung des Rauchgases*.

c) *Wärmeübergang bei Temperaturgefälle:* Wo ein Temperaturunterschied herrscht, kann man im Prinzip einen Stirlingmotor „zwischenschalten" und so mechanische Energie gewinnen. Strömt Wärme einfach nur so vom heißen zum kalten Körper, versäumt man diese Gelegenheit und es wird Energie entwertet. Beim Automotor geschieht dies vor allem im Zylinderkopf nach der Zündung. Beim Dampfkraftwerk (*Bild 2*) geht die Wärme vom Feuerraum (mittlere Temperatur ca. 700 °C) zum Kesselwasser bzw. Dampf (570 °C) ungenutzt über. (Die Turbine nutzt dagegen das Temperaturgefälle von 570 °C bis zur Kondensatortemperatur von 30 °C nahezu optimal zur Arbeitsgewinnung.)

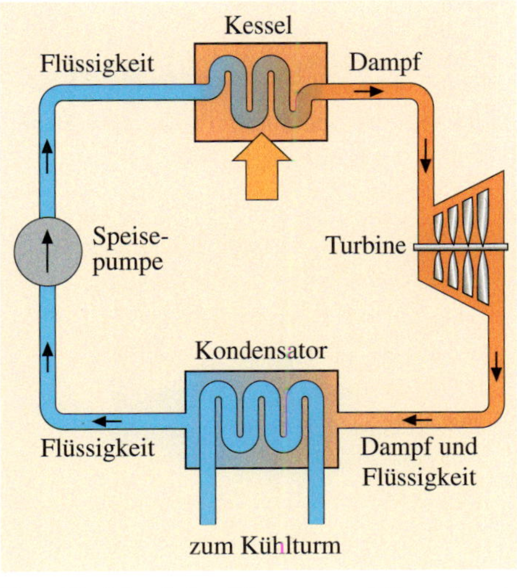

B 2: Kreislauf des Wassers und Energieentwertung im Kraftwerk. Der dicke Pfeil zeigt, wo hauptsächlich Energie ungenutzt als Wärme bei Temperaturgefälle strömt.

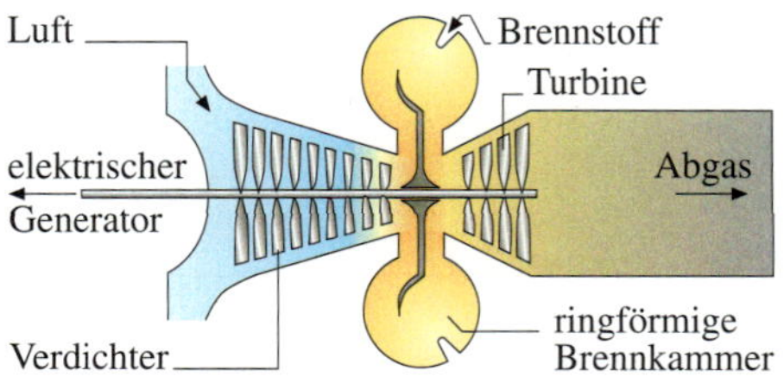

B 1: Gasturbine. Wie beim Otto- und Dieselmotor ist es günstig, die Verbrennungsluft zu komprimieren. Dazu dient der *Verdichter* – wie die Turbine eine Serie von Schaufelrädern. Das Abgas tritt im Gegensatz zum Flugzeugtriebwerk nur mit geringer Geschwindigkeit aus.

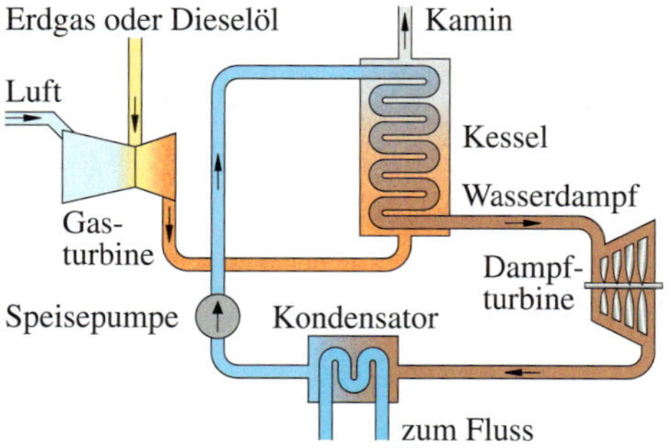

B 2: Kombiniertes Gas-Dampf-Kraftwerk mit Speisewasservorwärmung

Elektrische Leistung	363,5 MW
Davon entfallen auf die Gasturbine	239 MW
Elektrischer Wirkungsgrad	58,2%
Wirkungsgrad der Gasturbine allein	38%
Abgastemperatur der Gasturbine	613 °C
Dampftemperatur im Kessel	540 °C
Kamintemperatur	94 °C

T 1: Gasturbinenkraftwerk Karlsruhe/Rheinhafen (in Betrieb seit 1998)

- Ein Stein fällt herunter, bleibt liegen und erwärmt sich und die Auftreffstelle
- Ein warmer Körper kühlt sich ab und erwärmt einen kalten
- Ein Gas strömt in ein Vakuum ein
- Zwei Gase vermischen sich
- Wasser verdunstet
- Eine Mischung aus Wasserstoff und Sauerstoff („Knallgas") explodiert und ergibt Wasserdampf
- Ein Fahrrad wird von hohem Tempo auf mäßiges Tempo abgebremst

T 2: Irreversible Prozesse

4. Was kann man tun?

In der vorigen Ziffer hat sich gezeigt, dass die krasseste Energieentwertung beim Kraftwerk im Dampfkessel stattfindet. Dort geht ja Wärme von den heißen Flammengasen auf das Wasser über, das als Dampf beim Verlassen des Kessels zwar an die 600 °C, beim Eintritt als „Speisewasser" aber nur Umgebungstemperatur hat. Um Wasser von 20 °C auf 100 °C oder 200 °C zu erhitzen, ist eine Wärmequelle von 700 °C und mehr wahrhaftig zu schade! Man kann dafür auch Rauchgas nehmen, das sich nach dem Vorbeiziehen an mehreren Bündeln von Dampfrohren bereits auf vielleicht 300 °C abgekühlt hat. Dies ist das Prinzip der *Regeneration*, das bereits R. STIRLING erfunden und bei seinem Heißluftmotor angewandt hat. Dort wird ja die kalte Luft im zweiten Zwischentakt beim Durchströmen der Verdrängerkanäle schon „vorgewärmt". Im Kraftwerk Lippendorf (Ziffer 1) wird das Speisewasser vor dem Eintritt in den Kessel bereits auf 270 °C vorgewärmt. (Wegen des dort herrschenden enormen Drucks von ca. 270 bar ist es trotzdem noch flüssig.)

Die Temperaturspanne zwischen Feuerraum und Dampfraum im Kessel ist nun verringert, aber immer noch hoch genug! Hier setzt das neueste Prinzip des Kraftwerkbaus an: Die *Gasturbine* (➡ *Bild 1*). Sie ist wie das Strahltriebwerk eines Flugzeugs gebaut, nur viel größer, und ihr Abgas geht nicht einfach in die Außenluft wie beim Flugzeug, sondern dient als Heizgas für den Kessel des Dampfkraftwerks (➡ *Bild 2*). Man kann es so einrichten, dass dieses Abgas eine Temperatur von gut 600 °C, also nicht allzu hoch über der gewünschten Dampftemperatur von 540 °C, hat. Im Rheinhafen-Kraftwerk von Karlsruhe wurde eine Gasturbine als „Vorsatz" zu einem schon länger existierenden Dampfkraftwerk gebaut (Daten ➡ *Tabelle 1*). Der Gesamtwirkungsgrad ist respektabel hoch. Nur, leider: Billige Kohle kann man in diesem Kraftwerk nicht verfeuern; es muss Dieselöl oder Erdgas sein.

5. Irreversibel – reversibel

Unsere besten Kraftwerke sind immer noch schlechter als die Natur erlaubt! Warum? Weil in ihnen der spontane Wärmeübergang durch ein Temperaturgefälle stattfindet und weil mechanische (und elektrische) Energie durch Reibung in innere Energie verwandelt wird. Beide Vorgänge haben gemeinsam, dass sie nicht ohne sonstige bleibende Veränderungen in der Natur rückgängig zu machen – kurz: dass sie **irreversibel** sind. Will man Energie vom kälteren zum wärmeren Körper zurückbringen, braucht man ein äußeres Hilfsmittel, z. B. eine Wärmepumpe. Dass der Prozess „Temperaturerhöhung durch Reibung" irreversibel ist – dies ist gerade der Inhalt des zweiten Hauptsatzes der Wärmelehre. ➡ *Tabelle 2* listet weitere Beispiele für irreversible Prozesse auf.
Läuft ein Film rückwärts, so merken wir es sehr bald, auch wenn keine Personen vorkommen. Denn allzu viele Vorgänge gibt es auch in der unbelebten Welt, von denen wir aus Erfahrung wissen, dass sie irreversibel sind, also nur in einer Richtung ablaufen. Ist am Ende überhaupt jeder spontan ablaufende Prozess irreversibel?

Das stimmt fast, aber nicht ganz, denn wir kennen Vorgänge, die zumindest sehr genau immer wieder zu einem Ausgangszustand zurückführen, ohne bleibende Veränderung in der Natur. So durchläuft ein im Vakuum reibungsfrei schwingendes Pendel immer wieder die gleichen Zustände. Die Erde auf ihrer Bahn um die Sonne kehrt immer wieder zum Ausgangspunkt zurück. Allgemein sind alle reibungsfreien mechanischen Vorgänge umkehrbar oder **reversibel**. Aber es handelt sich doch um Grenzfälle. Ganz verschwindet die Reibung nie, nicht einmal im Weltraum.

Auch der ideale Stirlingmotor führt einen reversiblen Prozess aus. Als Wärmepumpe macht er alle Energieumsetzungen wieder rückgängig, die er vorher als Motor bewirkt hat. *Fast* rückgängig. Gewisse Abweichungen bleiben. Sie können aber im Prinzip so klein gemacht werden, wie man nur will. Jedenfalls schiebt hier die Natur keinen Riegel vor. ➡ *Tabelle 3* gibt weitere Beispiele reversibler Prozesse, auch aus der Wärmelehre.

Ein reversibler Prozess entwertet keine Energie. Denn sonst würde ja seine Umkehrung Energie „aufwerten", und das ist leider unmöglich. Dagegen wird bei jedem irreversiblen Prozess eine Möglichkeit, Arbeit zu gewinnen, für immer verschenkt: Es wird Energie entwertet.

Merksatz

Ein Vorgang heißt **irreversibel**, wenn er nicht ohne sonstige Änderungen in der Natur umgekehrt ablaufen kann.
Ein Vorgang heißt **reversibel**, wenn er entweder ohne sonstige bleibende Veränderungen in der Natur in beiden Richtungen ablaufen kann, oder aber, wenn beide Richtungen mit beliebig kleinen bleibenden Veränderungen in der Natur möglich sind.

Jeder **irreversible** Prozess **entwertet** Energie.

- Ein fallendes Gewicht dehnt eine Stahlfeder und kommt im tiefsten Punkt kurzzeitig zur Ruhe.
- Ein fallendes Gewicht drückt eine „Luftfeder" adiabatisch zusammen und kommt im tiefsten Punkt kurzzeitig zur Ruhe.
- Wärme geht ohne Temperaturgefälle auf ein Gas über, das sich langsam isotherm ausdehnt und dabei eine Last hebt (Takt a) des idealen Stirlingmotors).
- Ein idealer Stirlingmotor macht einen vollständigen Umlauf.
- Ein idealer ICE-Zug der übernächsten Generation bremst elektromagnetisch. Er gibt seine kinetische Energie vollständig über das Stromnetz an einen anderen idealen ICE ab, der gerade anfährt (Luftwiderstand und Stromwärme seien vernachlässigbar). (➡ *Bild 3*)

T 3: Reversible Prozesse

B 3: Reversible Prozesse sind möglich und wünschenswert!

... noch mehr Aufgaben

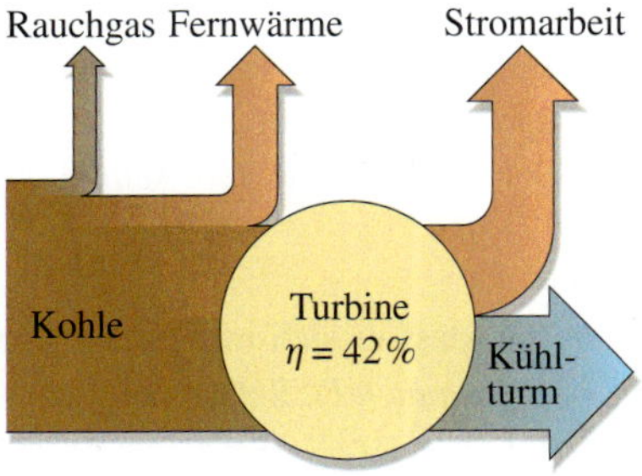

A 1: Das Bild zeigt den vereinfachten Energiefluss im Kraftwerk Lippendorf (Ziffer 1, ➡ *Tabelle 1*).
a) Welche Leistung liefert der Brennstoff? **b)** Welchen Heizwert hat die Braunkohle, wenn man 710 t je Stunde verbraucht? **c)** Welcher Anteil der Verbrennungswärme geht ins Rauchgas?

A 2: Berechnen Sie zu ➡ *Versuch 1* (Ziffer 2) die im Arbeitstakt a) gewonnene Arbeit! Warum ist sie nicht gleich der zugeführten Wärme, obwohl die Ausdehnung isotherm ist? Wofür wird die überschüssige Energiezufuhr verbraucht?

A 3: Verbessern Sie die Genauigkeit der Rechnung von ➡ *Versuch 1* (Ziffer 2), indem Sie das Viereck abcd von ➡ *Bild 2* als Trapez ansehen (➡ *Tabelle 2* benutzen!)

A 4: **a)** Zeichnen Sie ein Energieflussdiagramm für das Rheinhafen-Kraftwerk (Ziffer 4, ➡ *Tabelle 1* und ➡ *Bild 2*). **b)** Prüfen Sie, ob der Wirkungsgrad der Gasturbine richtig angegeben ist. **c)** Welchen Wirkungsgrad hat das Dampfkraftwerk für sich allein?

A 5: Welchen maximalen Wirkungsgrad könnte die Dampfturbine des Rheinhafen-Kraftwerks (Ziffer 4, ➡ *Tabelle 1*) haben, wenn die Umgebungstemperatur 12 °C beträgt?

A 6: Der Kreisprozess von ➡ *Versuch 1* (Ziffer 2) ist reversibel! Begründen Sie dies und beschreiben Sie seine Umkehrung.

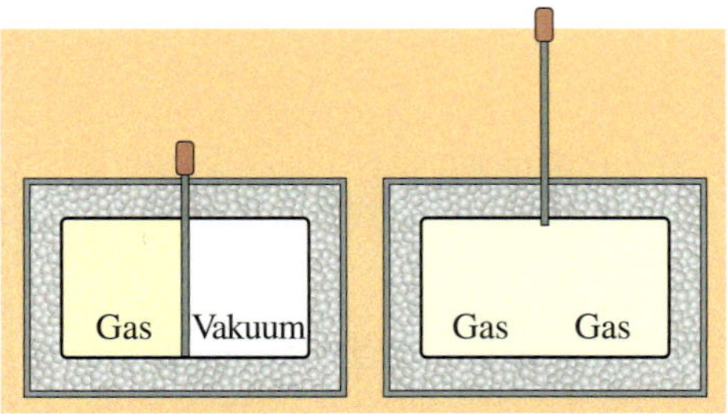

B 1: Ausdehnung eines Gases ins Vakuum (Überströmversuch)

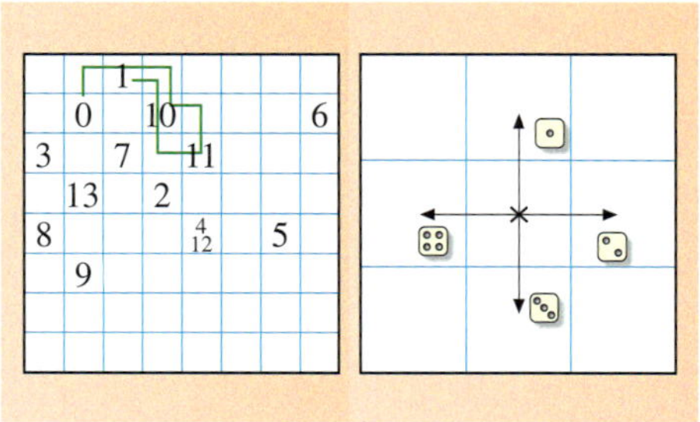

V 1: Zufallsbewegung eines Spielsteins auf dem Schachbrett. 0 bezeichnet die Ausgangsstellung, beliebig in der linken Bretthälfte gewählt. Nun wird gewürfelt. Je nach Augenzahl zieht der Stein um ein Feld nach oben, rechts, unten oder links, entsprechend dem Schema rechts neben dem Schachbrett. Augenzahlen 5 oder 6 bleiben unberücksichtigt, ebenso Würfelergebnisse, bei denen der Stein das Brett verlassen müsste. – Die obige Zeichnung enthält als Beispiel die ersten 10 Schritte eines Zufallsweges. Den Weg weiter zu zeichnen wäre nur mühsam und verwirrend. Wir tragen lediglich nach 10 Spielzügen in eine Zeichnung auf Kästchenpapier eine Eins in das erreichte Feld ein, nach weiteren 10 Zügen eine Zwei usw.
Arbeitsteilig übernehmen mehrere Teams je einen Spielstein mit anderer gegebener Ausgangsstellung. Zum Schluss tragen wir alle Stellungen „Eins" in eine gemeinsame Folienzeichnung ein, ebenso alle Stellungen „Zwei", „Drei" usw. je in eine eigene Zeichnung. So entsteht ein „Film" von der Ausbreitung aller Spielsteine (➠ *Bild 2*).

A 1: Führen Sie das Spiel ➠ *Versuch 1* in Arbeitsteilung durch, wobei zu Anfang alle Steine auf *demselben* Feld nahe der Mitte des Schachbretts stehen. Dies ist ein Modell für die Ausbreitung einer Giftwolke nach einem Chemieunfall.

Zweiter Hauptsatz und Wahrscheinlichkeit

1. Der Zufall ist schuld

Der zweite Hauptsatz der Wärmelehre setzt allen Bemühungen der Technik eine unüberschreitbare Grenze. Ließe er sich nur mit einer einzigen Maschine umgehen, so wären alle Energieprobleme der Menschheit gelöst. Welche tiefe Eigenschaft der Natur verbietet diese Lösung?

Betrachten wir irgendeinen irreversiblen Prozess, am einfachsten den Überströmversuch, nochmals schematisch dargestellt in ➠ *Bild 1*. Warum breiten sich die Gasteilchen ins rechte Gefäß aus, wenn der Schieber herausgezogen wird? Ganz einfach deswegen, weil Teilchen, die vorher vom Schieber reflektiert worden wären, jetzt frei nach rechts weiterfliegen können. Je mehr Teilchen auf diese Weise ins rechte Gefäß gelangt sind, umso häufiger wird es rein zufällig passieren, dass ein Teilchen von rechts nach links durch die Schieber-Ebene fliegt. So kommt es, dass nach einiger Zeit gleich viele Teilchen in jedem Behälter sind, oder jedenfalls ungefähr gleich viele.

Von der *brownschen Bewegung* her kennen wir die regellose Bewegung makroskopischer Teilchen. Die Bewegung der Gasmoleküle müssen wir uns ähnlich vorstellen, nur noch viel heftiger. Wir wollen diese Bewegung „in Zeitlupe" durch ein Zufallsspiel nachbilden.
Auf einem Schachbrett lassen wir Spielsteine zufallsbestimmt umherziehen (➠ *Versuch 1*). Zu Anfang stehen alle Steine in der linken Bretthälfte. Nach je 10 Spielzügen zeichnen wir ein neues Bild mit dem Stand aller Steine. Wir erhalten einen „Film" von der Ausbreitung eines Gases ins Vakuum (➠ *Bild 2*).

2. Die Theorie des Spiels

Warum nun kehren die Spielsteine bei ihrer chaotischen Bewegung niemals mehr alle in die linke Bretthälfte zurück? Unmöglich ist es doch nicht. Warten wir nur nicht lange genug? Wir müssten in der Tat das Spiel noch viel länger weiterführen, um auf die gewünschte Beobachtung hoffen zu können. Das lehrt uns die *Wahrscheinlichkeitsrechnung*.

Beim einzelnen Spielstein sehen wir, dass er sich munter auf dem ganzen Schachbrett herumtreibt (➠ *Versuch 1*). Schon nach wenigen Zügen hat er augenscheinlich „vergessen", wo er zu Anfang stand. So ist zu erwarten, dass im Laufe eines lang dauernden Spiels der Stein sich auf jedem Feld ungefähr gleich oft aufhalten wird. Man sagt: Der Spielstein hat 64 *gleich wahrscheinliche* Möglichkeiten des Aufenthalts. Ein zweiter Stein nimmt genauso mit gleicher Wahrscheinlichkeit einen der 64 Plätze ein, ohne sich um den ersten Stein zu kümmern. Wie viele verschiedene Anblicke können die beiden Steine miteinander darbieten? Der erste (er möge rot gefärbt sein) kann an 64 verschiedenen Stellen stehen. Zu jeder dieser Rot-Stellungen sind 64 verschiedene Stellungen des zweiten Spielsteins (er sei blau) möglich. Also gibt es 64 · 64 verschiedene Rot-Blau-Konstellationen. ➠ *Bild 3* zeigt diese Überlegung an einem Baum. Er hat 64 Äste für die Möglichkeiten des roten Steins. An jedem Ast wachsen 64 Zweige für die jeweiligen Möglichkeiten des blauen Steins. Insgesamt hat der Baum 64 · 64 Zweige, entsprechend der Zahl aller Kombi-Möglichkeiten. Und diese alle sind gleich wahrscheinlich!

Wie geht es weiter, wenn wir einen dritten gelben Spielstein hinzunehmen? Der Baum ➠ *Bild 3* erhält an jedem seiner blauen Zweige 64 gelbe Zweiglein. Es gibt also 64^3 Zweiglein. Wie die Rechnung fortzusetzen ist, wird nun klar: Für die 8 Spielsteine von ➠ *Bild 2* gibt es $\Omega = 64^8$ verschiedene gleich wahrscheinliche Möglichkeiten der Anordnung (falls die Steine alle verschieden gefärbt sind, was wir uns gespart haben). Unter diesen gewaltig vielen Anordnungen sind zahlreiche, bei denen alle Steine auf der linken Bretthälfte stehen. Wir können ihre Anzahl berechnen. Für jeden Stein gibt es 32 Möglichkeiten, auf der linken Bretthälfte zu stehen, für alle 8 Steine also insgesamt 32^8 Möglichkeiten. Das ist nur ein kleiner Bruchteil aller 64^8 Möglichkeiten, nämlich $32^8/64^8 = 1/256$. Dementsprechend selten, im Mittel nur bei jedem 256. Filmbild, werden wir das ersehnte Ereignis „Alle Steine links" erleben.

3. Zurück zur Realität!

Im Gas haben wir nicht 8, sondern vielleicht 10^{22} Teilchen. Die Zahl der möglichen gleich wahrscheinlichen Plätze für ein Teilchen sei z (wir teilen den Gasraum beliebig in z gleich große Bereiche ein, den 64 Feldern des Schachbretts entsprechend). Die Rechnung lautet jetzt analog zum Brettspiel:

Zahl aller Möglichkeiten: $\Omega = z^{(10^{22})}$
Möglichkeiten für „Alle Teilchen in der linken Hälfte": $\Omega_1 = (\frac{z}{2})^{(10^{22})}$.

Der Quotient Ω_1/Ω gibt die „Wahrscheinlichkeit" dafür an, dass alle Teilchen links angetroffen werden:

$$\Omega_1/\Omega = \left(\frac{z}{2}\right)^{(10^{22})} \Big/ z^{(10^{22})} = \left(\frac{1}{2}\right)^{(10^{22})} = 2^{(-10^{22})}.$$

Das Ergebnis besagt, dass im Mittel nur jedes $2^{(10^{22})}$-te Momentbild des Gases alle Teilchen im linken Behälter zeigen würde. An sich ist es demnach nicht unmöglich, dass der Zustand „Alle Teilchen links" einmal wiederkehrt. Aber es wäre absolut hoffnungslos, darauf warten zu wollen. Obwohl also der Zufall die chaotische Bewegung der Atome und Moleküle in der Mikrowelt regiert, gibt es für uns makroskopische Wesen doch Gewissheit: Niemals wird sich ein irreversibler Prozess von selbst umkehren!

Merksatz

Bei irreversiblen Prozessen hat der Endzustand eine erdrückend hohe Wahrscheinlichkeit im Vergleich zum Ausgangszustand.

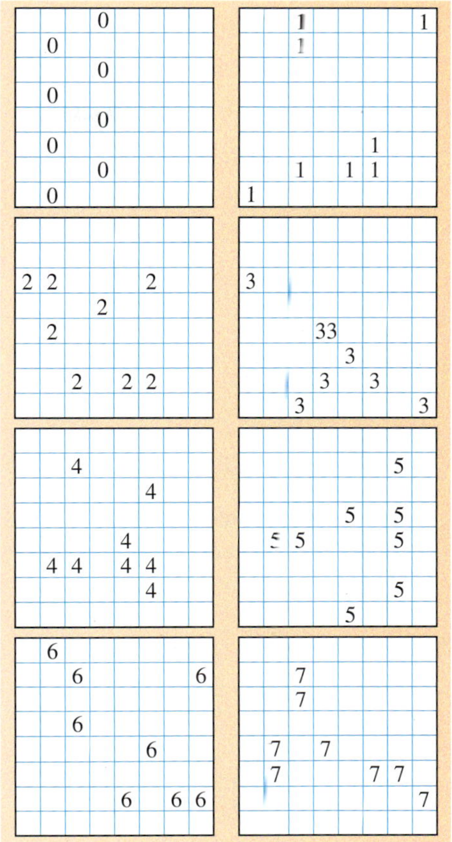

B 2: Ausbreitung von 8 „Gasteilchen" im Laufe der Zeit. Man kann die Zahlen als Zeitangaben lesen, z. B. „Zustand 0, 1, 2, … Sekunden nach dem Herausziehen des Schiebers im Überströmversuch".

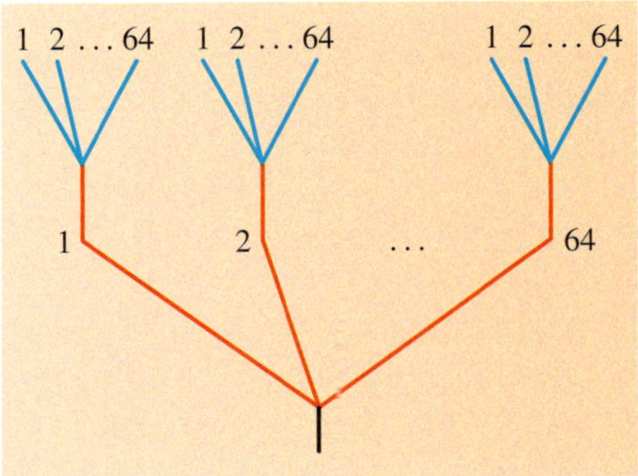

B 3: Baumdiagramm zu den möglichen Anordnungen zweier Spielsteine auf dem Schachbrett

A 2: Ein Supercomputer zeichne in jeder Sekunde 10^9 Momentbilder eines Gases. Wie lange würde er brauchen, bis er $2^{(10^{22})} \approx 10^{(3 \cdot 10^{21})}$ Momentbilder gezeichnet hätte? (Das Alter der Welt beträgt 10^{18} s.)

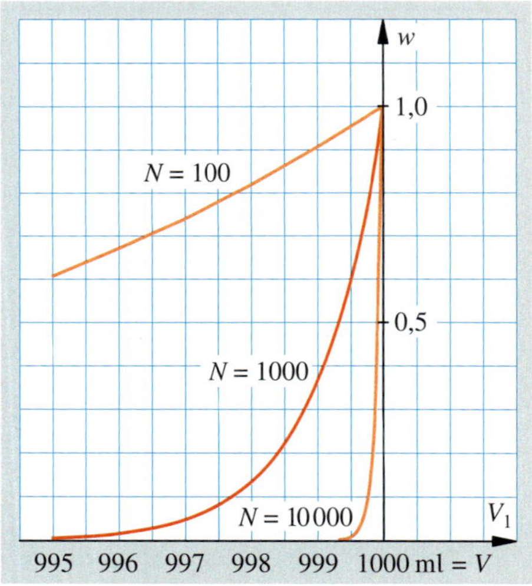

B 1: Wahrscheinlichkeit $w = \Omega_1/\Omega$, dass sich ein Gas aus N Teilchen von $V = 1\,000$ ml auf V_1 zusammenzieht

Vertiefung

Näherung für kleine ΔV

Gesucht ist eine Näherung für $\Omega_1/\Omega = (V_1/V)^N$, falls $\Delta V = V_1 - V$ sehr klein ist. Für die Funktion $V \mapsto V^N$ ist dann die Steigung im Intervall von V bis V_1 näherungsweise gleich der Ableitung an der Stelle V:

$$\frac{V_1^N - V^N}{V_1 - V} = N\,V^{N-1}.$$

Es folgt $V_1^N - V^N = N\,V^{N-1}\,\Delta V$, also $V_1^N = V^N + N\,V^{N-1}\,\Delta V$ und nach Division durch V^N

$$\frac{\Omega_1}{\Omega} = \frac{V_1^N}{V^N} = 1 + N\,\frac{\Delta V}{V},$$

die gesuchte Näherung. Aus ihr ergibt sich

$$\frac{\Delta\Omega}{\Omega} = \frac{\Omega_1}{\Omega} - 1 = N\,\frac{\Delta V}{V}.$$

A 1: Mit einem fiktiven Supermikroskop werde in einem Gas ein so kleines Teilvolumen v beobachtet, wie es im Mittel einem einzelnen Teilchen zur Verfügung steht, also $v = V/N$. **a)** Wie groß ist die Wahrscheinlichkeit $w = (V - v)^N/V^N$, dieses Teilvolumen leer zu finden, für $N = 100$, 1 000, 10 000, 1 Million? Was kommt vermutlich für den realistischen Wert $N = 10^{22}$ heraus? **b)** Rechnen Sie jeweils auch mit der in der ➠ *Vertiefung* gebrachten Näherung. Kommentieren Sie das offensichtlich grob falsche Ergebnis.

4. Waren wir zu anspruchsvoll?

Es ist, wie wir gesehen haben, ganz ausgeschlossen, dass ein Gas sich spontan auf das halbe Volumen zusammenzieht. Aber könnte es nicht sein, dass es sich gelegentlich ein ganz klein wenig von selbst zusammenzieht? Berechnen wir also die Wahrscheinlichkeit, das Gas vollständig im Volumen V_1 anzutreffen, wenn es das größere Volumen V zur Verfügung hat. Wenn es in V für ein Teilchen z gleich wahrscheinliche Plätze gibt, dann gibt es in V_1 nur $z_1 = z \cdot V_1/V$ Plätze. Der Quotient der Anzahlen von Möglichkeiten ist dann (analog zu Ziffer 3) für N Teilchen

$$\frac{\Omega_1}{\Omega} = \frac{z_1^N}{z^N} = \frac{(z \cdot V_1/V)^N}{z^N} = \left(\frac{V_1}{V}\right)^N. \qquad (1)$$

Nehmen wir zum Beispiel $V = 1$ l und berechnen diesen Quotienten für $V_1 = 999$ ml, 998 ml, … und ein paar Teilchenzahlen N (➠ *Bild 1*). Wir sehen, dass es beim wirklichen Gas absolut aussichtslos ist, etwa auch mit dem Mikroskop die kleinste leere Stelle im Volumen V zu entdecken.

5. Das Prinzip von BOLTZMANN

Wir wollen die atomistische Deutung der Irreversibilität vom Überströmversuch auf andere irreversible Prozesse übertragen. Was ist zu tun? Wir müssen bei Anfangs- und Endzustand eines irreversiblen Prozesses zählen, wie viele Möglichkeiten die Natur auf molekularer Ebene hat, sie zu verwirklichen. Kurz ausgedrückt: Wir müssen bei jedem *„Makrozustand"* zählen, aus wie vielen gleich wahrscheinlichen *„Mikrozuständen"* er besteht. Wenn uns das gelingt, können wir das folgende einleuchtende Prinzip anwenden. Es ist durch die Erfahrung bestens gesichert.

Merksatz

Prinzip von BOLTZMANN: Findet in einem abgeschlossenen System ein irreversibler Prozess statt, so wächst dabei die Zahl Ω der gleichwahrscheinlichen Mikrozustände. Bei reversiblen Prozessen bleibt Ω unverändert. Eine spontane Abnahme von Ω ist extrem unwahrscheinlich.

Ludwig BOLTZMANN (1847–1906) erkannte als Erster den Zusammenhang zwischen Irreversibilität und Wahrscheinlichkeit.

Für das ideale Gas haben wir als Zählergebnis die *Gl. (1)*. Sie liefert uns zwar nicht die Anzahlen Ω der Mikrozustände selbst; sie sagt uns aber, wie sich Ω mit dem Volumen (bei konstanter Energie, Überströmversuch!) *ändert* – und allein darauf kommt es an.

Merksatz

Ist $\Omega(V)$ die Anzahl der gleichwahrscheinlichen Mikrozustände eines idealen Gases aus N Teilchen bei fest gegebener Energie U und beliebigem Volumen V, so gilt $\Omega(V_1)/\Omega(V) = (V_1/V)^N$.

6. Die Entropie

Ein Gas werde bei konstanter innerer Energie (also isotherm) vom Volumen V auf V_1 komprimiert. Die Zahl Ω der Möglichkeiten, in denen sich seine Teilchen tummeln, sinkt ganz erheblich. Nun darf Ω in der Welt nach BOLTZMANN insgesamt nicht abnehmen. Führt also die abgehende Wärme Q Möglichkeiten für Mikrozustände mit aus dem Gas heraus? Wir können uns das durchaus vorstellen: In der Umgebung wächst ja die Zahl der Energieportionen und damit auch die Zahl der Möglichkeiten für die dortigen Teilchen, diese unter sich aufzuteilen (➠ *Tabelle 1*). – Es ist nun viel leichter, die makroskopische Größe Q zu messen, als Mikrozustände zu zählen. Deshalb suchen wir nach dem Zusammenhang zwischen der Ω-Änderung im Gas und der abgegebenen Wärme Q.

Es sei die Gastemperatur gleich der Umgebungstemperatur. Ein Kolben verkleinere das Gasvolumen langsam und daher reversibel. Wir kennzeichnen dies durch den Merkzettel „rev" an der übergehenden Wärme Q_{rev}. Wenn die Volumenänderung $\Delta V = V_1 - V$ bei der Kompression außerdem klein ist im Vergleich zu V, so gilt näherungsweise zweierlei:

a) Abgehende Wärme $Q_{rev} = W = -p \cdot \Delta V$ (zugeführte Arbeit);
b) $\Delta\Omega/\Omega = (\Omega_1 - \Omega)/\Omega = N \cdot \Delta V/V$ (➠ *Vertiefung*, links).

Wir bestimmen ΔV aus Gleichung a) und setzen es in b) ein; dabei ist $-Q_{rev} = Q_{zu}$ die *dem Gas zugeführte* Wärme:

$\Delta\Omega/\Omega = -N \cdot Q_{rev}/(p \cdot V) = N \cdot Q_{zu}/(p \cdot V)$ oder mit $p\,V = \nu R T$

$$\frac{\Delta\Omega}{\Omega} = \frac{N}{\nu R} \cdot \frac{Q_{zu}}{T}.$$

Dies gilt nun sogar für *jede reversible Zustandsänderung beliebiger Körper* (Begründung ➠ *Vertiefung* am Ende des nächsten Kapitels). Was sagt die Gleichung aus?
Die relative Änderung der riesigen Zahl Ω lässt sich aus den makroskopischen, leicht ermittelbaren Größen Q_{zu} und T bestimmen. Sie ist gleich dem Quotienten Q_{zu}/T mal dem Faktor $N/(\nu \cdot R)$, einer universellen Konstanten. Wir können so die Zahlen Ω selbst durch eine neue Größe, die so genannte **Entropie** S beschreiben, wobei gilt: Zum größeren Ω gehört das größere S und umgekehrt. Kleine Änderungen der Entropie werden durch $\Delta S = Q_{zu}/T = Q_{rev,\,zugeführt}/T$ gegeben.

Merksatz

Zu jedem Zustand eines Körpers gehört ein bestimmter Wert der Entropie S. Führt man die Wärme Q_{rev} bei der Temperatur T zu, ohne dass im Körper ein irreversibler Prozess abläuft, so wächst seine Entropie S um $\boldsymbol{\Delta S = Q_{rev}/T}$.
Für die **Gesamtentropie S_{ges}** im abgeschlossenen System gilt:
a) S_{ges} bleibt bei **reversiblen** Vorgängen konstant, $\boldsymbol{\Delta S_{ges} = 0}$;
b) S_{ges} nimmt bei **irreversiblen** Vorgängen zu, $\boldsymbol{\Delta S_{ges} > 0}$.
Die Einheit der Entropie ist 1 J/K.

Zahl der Energieportionen für Atom 1	Atom 2	Atom 3	Zahl der Verteilungsmöglichkeiten
10	0	0	1
9	1	0	2
9	0	1	
8	2	0	
8	1	1	3
8	0	2	
…	…	…	…
0	10	0	
0	9	1	11
…	…	…	
0	0	10	

T 1: Eine Umgebung aus drei Atomen enthält 10 Energieportionen. Es gibt insgesamt 1 + 2 + 3 + … + 11 = 66 Möglichkeiten, diese auf die Atome zu verteilen. Bei 20 Energieportionen gibt es bereits 1 + 2 + … + 21 = 231 Möglichkeiten.

Beispiel

Rechnungen zur Entropie

a) 1 kg Wasser verdampft bei 100 °C. Seine Temperatur $T = 373$ K bleibt konstant. Der Topf führt die Verdampfungswärme $Q = 2\,257$ kJ zu. Zusammen mit der Wärme Q fließt dem Wasser Entropie zu. Seine Entropie S_W erhöht sich um

$\Delta S_W = Q/T = 2\,257$ kJ/373 K = **6,05 kJ/K**.

b) Der Topf braucht eine etwas höhere Temperatur, sagen wir $T = 374$ K, damit diese Wärme ins Wasser geht. Mit ihr gibt er Entropie ab:

$-\Delta S_T = 2\,257$ kJ/374 K = **6,03 kJ/K**.

S_{ges} wächst also um (6,05 – 6,03) kJ/K = 0,02 kJ/K.

c) Die Flamme gibt die Wärme Q bei 1 000 K ab und zusammen mit ihr die sehr kleine Entropie $-\Delta S_F = 2\,257$ kJ/1 000 K = **2,257 kJ/K**. Nun steigt die Gesamtentropie erheblich, um (6,05 – 2,26) kJ/K = 3,79 kJ/K. Der Wärmeübergang ist extrem irreversibel, an eine Umkehrung ist nicht zu denken.
Entropie unterscheidet zwischen reversibel, „fast reversibel" und irreversibel.

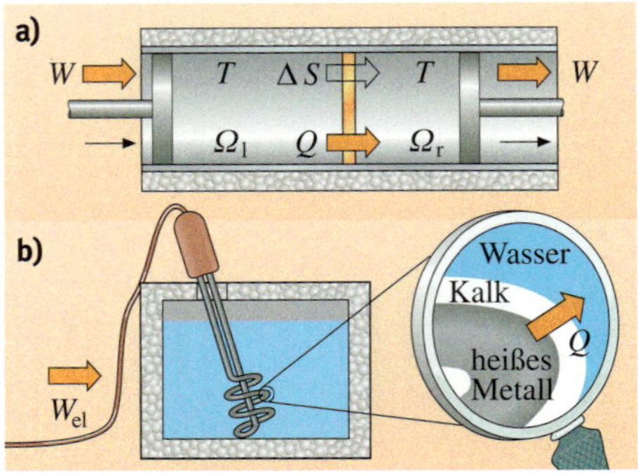

B 1: a) Entropie*strömung*. Zwei Gasportionen, die nur in der Temperatur übereinstimmen müssen, sind über eine gut wärmeleitende Wand miteinander in Kontakt. Das linke Gas wird langsam isotherm komprimiert, das rechte langsam isotherm expandiert. Die inneren Energien sind konstant. Links verkleinert sich das Volumen und damit die Zahl Ω_l möglicher Mikrozustände; die Entropie sinkt um $\Delta S = Q/T$. Rechts nimmt die Zahl Ω_r möglicher Mikrozustände derart zu, dass die Entropie dort um das gleiche ΔS wächst.

b) Entropie*schöpfung*. Dem System „Topf plus Wasser plus Tauchsieder" wird (elektrische) Arbeit zugeführt. Dabei strömt keine Entropie in das System. Trotzdem erhöht sich die Entropie des Systems: Im Innern wird Entropie erschaffen, und zwar überall da, wo Wärme über ein Temperaturgefälle hinweg strömt.

Entropie, Herrin der Welt

Muss es in der Überschrift nicht „Energie" heißen, statt Entropie? Werden nicht alle Vorgänge in der Welt von der Erhaltung der Energie dominiert? Gewiss, Energie lässt sich nicht erzeugen oder vernichten, nur umformen. Aber wie weit solche Umformungen möglich sind, entscheidet eben *allein* die Entropie: Sie darf insgesamt niemals abnehmen. Man hat die Entropie mit der Direktorin einer Fabrik verglichen; sie ordnet an, „wo's lang geht". Die Energie und die anderen Erhaltungsgrößen sind dagegen nur die Bilanzbuchhalterinnen; sie sorgen dafür, dass die Kasse stimmt.

1. Entropieströmung und Entropieschöpfung

Die Entropie eines Systems kann sich auf zweierlei Weisen ändern. Sie kann ihm von außen zugeführt werden (*Entropieströmung Q/T* über die Systemgrenze, stets verbunden mit Wärmeströmung *Q*) und sie kann im System selbst *geschaffen* werden, wenn dort ein irreversibler Prozess abläuft. ➠ *Bild 1* zeigt jede der beiden Änderungsarten „in Reinkultur". In beiden Fällen wird auch Energie als *Arbeit W* übertragen. Diese ist aber *niemals* mit Entropieströmung verbunden.

Merksatz

Entropie wird von einem System zum andern nur durch Wärme, niemals durch Arbeit übertragen.

Diese Tatsache ist der tiefere Grund dafür, warum wir Wärme und Arbeit so genau unterscheiden müssen. – Im unten stehenden ➠ *Beispiel* kommen nun beide Arten der Entropieänderung in komplizierteren Situationen vor.

Beispiel

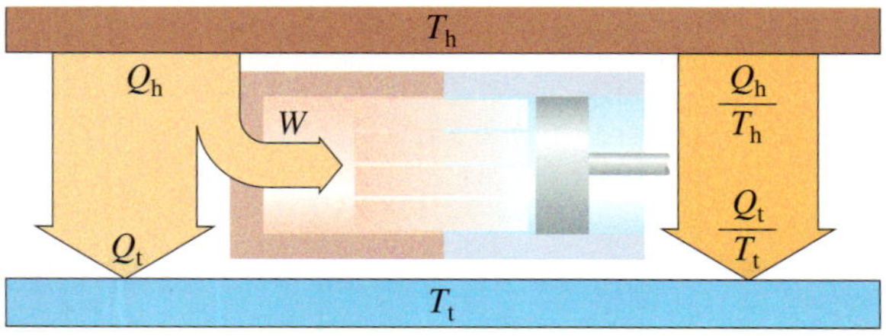

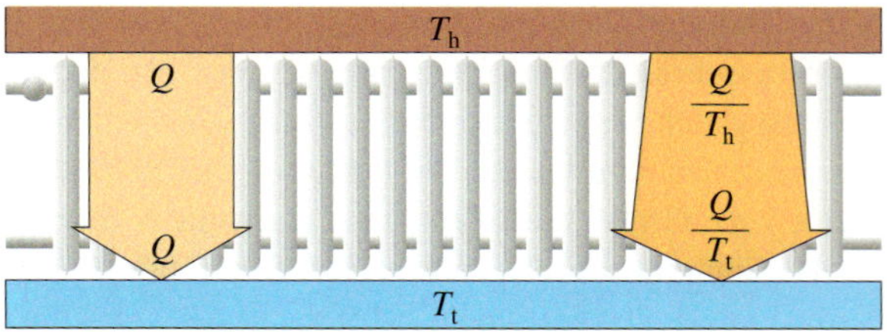

Entropie und Stirlingmotor

Ein idealer Stirlingmotor arbeite „zwischen" den Temperaturen T_h und T_t. Das Bild zeigt links den uns bekannten Energiefluss. Rechts sind die Entropieänderungen dargestellt. Dem heißen Reservoir wird die Entropie $\Delta S_h = Q_h/T_h$ entzogen. Dem kalten Reservoir wird die Entropie $\Delta S_t = Q_t/T_t$ zugeführt. Die Entropie des Motors selbst bleibt unverändert; er kehrt ja nach einem Umlauf in den Anfangszustand zurück. Also hat die Entropie der Welt um $\Delta S_t - \Delta S_h$ zugenommen. Dieser Wert ist im reversiblen Grenzfall null: $Q_h/T_h = Q_t/T_t$.

Entropie und Heizung

Hier arbeitet kein Motor zwischen T_h und T_t. Heißes und kaltes Reservoir sind nur durch eine wärmeleitende Wand getrennt. Es folgt $Q_h = Q_t = Q$ (Energiepfeil, links). Die Entropie der Welt wächst somit um $\Delta S = Q/T_t - Q/T_h > 0$. Die neu geschaffene Entropie entsteht nicht in einem der Reservoirs – dort spielt sich qualitativ das Gleiche ab wie beim Betrieb des idealen Stirlingmotors. Sie entsteht dort, wo die Wärme über ein Temperaturgefälle strömt, also in der wärmeleitenden Trennwand.

2. Energieentwertung beim Heizen

Energie, die als Wärme Q einem Körper entnommen wird, ist umso wertvoller, je höher die Temperatur T_h des Körpers ist. Ihr Wert bemisst sich danach, wie viel Arbeit W_{h0} man im Idealfall mit ihrer Hilfe gewinnen kann. Wie wir wissen, gilt $W_{h0} = Q(1 - T_0/T_h)$. Hierbei ist T_0 die Temperatur eines (unbedingt nötigen!) kälteren Reservoirs, das die Abwärme $Q - W_{h0}$ aufnehmen muss (➡ *Bild 2b*). Als kaltes Reservoir denken wir uns z. B. die Atmosphäre oder das Meer. Beides ist reichlich vorhanden.

Beim Heizen geht Wärme Q von der Temperatur T_h des Heizwassers zur Zimmertemperatur $T_t < T_h$ über; ihr soeben eingeführter Wert sinkt von W_{h0} auf $W_{t0} = Q(1 - T_0/T_t)$ (➡ *Bild 2a*). Die Entwertung beträgt damit

$$W_{h0} - W_{t0} = Q\left(1 - \frac{T_0}{T_h}\right) - Q\left(1 - \frac{T_0}{T_t}\right) = \frac{Q\,T_0}{T_t} - \frac{Q\,T_0}{T_h}.$$

3. Energieentwertung und Entropiewachstum

Das Heizen ist ein irreversibler Prozess, bei dem Entropie neu entsteht. Wir werden vermuten, dass Entropiewachstum und Energieentwertung ineinander umrechenbar sind. Tatsächlich brauchen wir in dem Term für die Energieentwertung (Ziffer 2) nur T_0 auszuklammern: Energieentwertung $= T_0(Q/T_t - Q/T_h)$; schon erhalten wir in der Klammer die Entropiezunahme beim Heizprozess, wie wir sie im ➡ *Beispiel* von Ziffer 1 ausgerechnet haben. In Worten ausgedrückt lautet das Ergebnis:

Energieentwertung
= Entropiezuwachs mal Umgebungstemperatur.

Es ist in dieser Form allgemein gültig. Statt des Heizprozesses kann es sich um irgendeinen irreversiblen Prozess handeln, bei dem die Entropie der Welt um ΔS wächst. Lässt man diesen Prozess einfach so, ohne sonstige Änderung in der Welt, ablaufen, so vergibt man unwiderruflich eine Chance zur Gewinnung von mechanischer oder elektrischer Energie vom Betrag $T_0 \cdot \Delta S$. Dabei ist T_0 die Temperatur eines beliebigen ohne weiteren Aufwand benutzbaren Energiereservoirs, z. B. der natürlichen Umgebung.

Merksatz

Läuft (ohne sonstige Veränderung in der Natur) ein Prozess ab, bei dem die Entropie ΔS neu entsteht, so wird Energie vom Betrag $T_0 \cdot \Delta S$ entwertet. Hierbei ist T_0 die Temperatur der gerade zur Verfügung stehenden Umgebung, der Wärme unbegrenzt und ohne Aufwand zugeführt werden kann.

Die Entwertung von Energie ist keine Erfindung des Menschen! Auch die Natur entwertet Energie – überall dort, wo irreversible Prozesse spontan (ohne sonstige Veränderung in der Natur) ablaufen. Im Winter ist beim gleichen Prozess die Entwertung kleiner als im Sommer, weil T_0 niedriger ist.

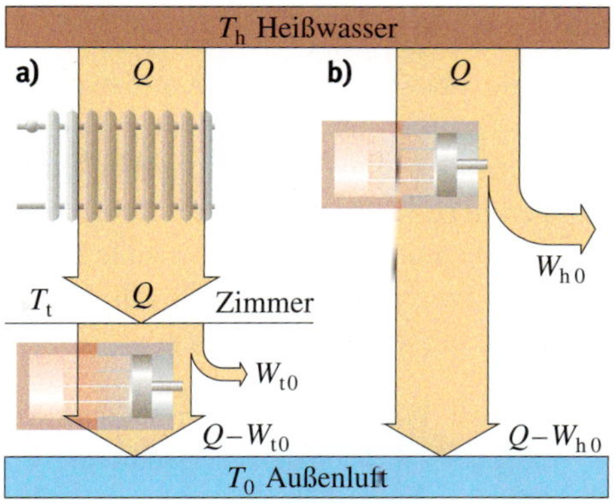

B 2: Energieentwertung beim Heizen; Energieflussdiagramme. **a)** Die Energie Q „sinkt" von der Temperatur T_h auf die Temperatur T_t ab. Dann kann man mit ihr nur noch die Arbeit W_{t0} gewinnen. – **b)** Die Energie Q bei der Temperatur T_h wird optimal genutzt. Es wird die Arbeit W_{h0} gewonnen.

Beispiel

Energieentwertung im Kraftwerk

Im Feuerraum herrsche die mittlere Temperatur 700 °C, im Kühlwasser 12 °C. **a)** Wie viel Energie wird je Joule Stromarbeit beim Wirkungsgrad 42% entwertet? **b)** Wie viel Entwertung entfällt dabei auf den Wärmeübergang vom Feuerraum auf das Kesselwasser von im Mittel 400 °C?

Lösung: **a)** 42% der von den Verbrennungsgasen gelieferten Wärme ist Stromarbeit. Für sie werden je Joule Stromarbeit also 1/0,42 J Wärme bei (700 + 273) K entnommen. Davon ist (1/0,42 – 1) J Abwärme, die bei (12 + 273) K ins Kühlwasser geht. Die neu erzeugte Entropie ΔS beträgt daher

$$\Delta S = \left(\frac{1/0{,}42 - 1}{285} - \frac{1/0{,}42}{973}\right)\frac{\text{J}}{\text{K}} = 2{,}4\,\frac{\text{mJ}}{\text{K}}.$$

Mit $T_0 = 285$ K berechnen wir die Entwertung $\boldsymbol{T_0 \cdot \Delta S = 0{,}68}$ **J**. So viel Stromarbeit hätte man zusätzlich gewinnen können. Die Abwärme hätte selbst dann immer noch (1/0,42 – 1 – 0,68) J = 0,70 J betragen, ohne jede Energieentwertung!
b) Beim Wärmeübergang wird die Entropie $\Delta S' = 1/0{,}42\ \text{J} \cdot (1/673 - 1/973)/\text{K}$ erzeugt. Die entwertete Energie dabei beträgt: $\Delta S' \cdot 285\ \text{K} = \mathbf{0{,}31\ J}$.

Beispiel

Energieentwertung beim Überströmversuch

Ein Gas soll sich vom Volumen V_1 auf V_2 ausdehnen, ohne dass in seinem Innern merkliche Temperatur- oder Druckunterschiede auftreten, also irreversible Prozesse im Innern ablaufen. Auch soll seine innere Energie konstant bleiben.

Lösung: Wir kennen einen solchen Vorgang. Es ist der langsame isotherme Prozess. Bei ihm strömt Wärme Q und mit ihr Entropie $\Delta S = Q/T$ aus der Umgebung ins Gas; die zugeführte Energie wird gleichzeitig als Arbeit $W = Q$ wieder an die Umwelt zurückgegeben. Wir haben W früher schon einmal berechnet. Es ist nichts anderes als die Arbeit, die man aus einer gefüllten Pressluftflasche gewinnen kann. Wir fanden damals $W = p_1 V_1 \ln(V_2/V_1)$. Aus der allgemeinen Gasgleichung folgt $p_1 V_1 = \nu R T$ und damit für die Entropiezunahme

$$\Delta S = \frac{Q}{T} = \frac{W}{T} = \nu R \cdot \ln\left(\frac{V_2}{V_1}\right).$$

Die entwertete Energie bei der Ausdehnung ins Vakuum ist demnach

$$T_0 \cdot \Delta S = W T_0 / T = \nu R T_0 \cdot \ln(V_2/V_1).$$

Sie ist, ähnlich wie bei der Reibung, nur dann gleich der nicht entnommenen Pressluftarbeit W, wenn das Gas die Umgebungstemperatur hat ($T = T_0$).

4. Entropie und Reibung

Einem adiabatisch isolierten Körper wird Energie als Reibungsarbeit W zugeführt. Sie verzettelt sich auf die Atome des Körpers; seine Temperatur T steigt ein wenig. Sein Endzustand ist genau der gleiche, wie wenn man die Energie W als Wärme zugeführt hätte. Daher wächst die Entropie des Körpers um $\Delta S = W/T$. Diese Entropie ist jetzt aber im Innern neu entstanden; die Entropie der Außenwelt hat sich nicht geändert. Ebenso ist es bei der elektrischen Heizung (➠ *Bild 1b*, Ziffer 1).

Wie viel Energie wurde beim Reibungsvorgang entwertet? Ist es nicht selbstverständlich der Betrag W? Wir rechnen nach Vorschrift: Entwertung $\Delta S \cdot T_0 = W \cdot T_0/T$. Hatte der Körper die Umgebungstemperatur, also $T = T_0$, so wird tatsächlich genau W entwertet. War er aber wärmer als die Umgebung, also $T > T_0$, so ist die Entwertung $\Delta S \cdot T_0$ kleiner als W. Warum? Weil man W (jetzt innere Energie) dann dem Körper als Wärme entziehen und einen Teil davon als Arbeit zurückgewinnen könnte!

5. Energieentwertung ohne Energieverwandlung?

Bei manchen irreversiblen Prozessen ist Energie überhaupt nicht im Spiel. Trotzdem wird auch bei ihnen, wenn sie spontan ablaufen, eine Gelegenheit zur Gewinnung von Arbeit versäumt. Wir studieren dies an dem uns bekannten Beispiel der Expansion eines Gases ins Vakuum (Überströmversuch). Wir können die Entropiezunahme nicht nach dem Schema $\Delta S = Q/T$ berechnen, weil dem Gas gar keine Wärme und damit Entropie zuströmt, sondern alle Entropie im Innern neu erschaffen wird. Wir können aber die gleiche Zustandsänderung des Gases auch so erreichen, dass umgekehrt in seinem Innern keine Entropie neu entsteht und ihm alle Entropie dafür von außen zuströmt (➠ *Beispiel*). Dann ist die schematische ΔS-Berechnung möglich.

... noch mehr Aufgaben

A 1: Eine Wärmekraftmaschine beliebiger Bauart arbeite *reversibel* zwischen einem heißen und einem kalten Reservoir. Zeigen Sie mithilfe der Entropie: *Diese Maschine muss exakt den gleichen Wirkungsgrad wie der ideale Stirlingmotor haben.*

A 2: Zeigen Sie für das ➠ *Beispiel* „Energieentwertung im Kraftwerk“: Entwertete Energie = Ideale Stromarbeit minus wirkliche Stromarbeit, gleichen Brennstoffeinsatz vorausgesetzt.

A 3: Ein Ofen von 300 °C gibt 1 000 J Wärme an das Zimmer ab, in dem 20 °C herrschen. Die Außentemperatur beträgt 0 °C. Wie viel Energie wird entwertet? Wie könnte man im Prinzip die Entwertung verhindern? Wie könnte man die dann gewonnene mechanische Energie optimal zum Heizen des Zimmers einsetzen? (Ideale Stirlingmotoren und -wärmepumpen sollen verfügbar sein.)

A 4: Ein Eisberg von 10 000 Tonnen wird ins Mittelmeer (20 °C) verfrachtet und schmilzt dort. Wie viel Energie wird entwertet, bis alles Eis geschmolzen ist? (Einfachheitshalber vermische sich das Schmelzwasser nicht mit dem Meerwasser und bleibe daher auf 0 °C.)

A 5: Wenn Wärme vom geheizten Zimmer (20 °C) durch die Hauswand ins Freie (0 °C) strömt, entsteht (unvermeidbare) neue Entropie. Wievielmal so groß ist die (im Prinzip vermeidbare) Entropieproduktion, wenn man das Zimmer mit einem Ofen von 300 °C heizt?

A 6: Um wie viel wächst die Entropie der Welt, wenn ein Felsblock von 1 t aus 100 m Höhe ins Wasser von 15 °C fällt?

Interessantes

Entropie global

Die Erde ist ein System, in dem sich fortwährend irreversible Prozesse in großem Maßstab abspielen, in dem also fortwährend Entropie erzeugt wird. Denken wir nur an den natürlichen Wasserkreislauf! In ihm kommen gewiss noch viel mehr Irreversibilitäten als beim Wasserkreislauf im Kraftwerk vor. Überhaupt trägt der Mensch zwar zur Entropieproduktion auf der Erde bei, aber das meiste besorgt mit Wind und Wetter doch immer noch die Natur selbst. Wäre die Erde ein abgeschlossenes System, so wäre sie längst dem *Wärmetod* verfallen. Alle Temperaturunterschiede hätten sich ausgeglichen, alle Möglichkeiten der Entropievermehrung wären erschöpft. Alles Leben wäre ausgelöscht, oder vielmehr, es hätte sich gar nicht entwickeln können.

Was bewahrt nun die Erde vor dem Wärmetod? Es ist die Abstrahlung von Infrarot (Temperaturstrahlung) in den Weltraum. Strahlung führt nicht nur Energie, sondern auch Entropie mit sich. Je tiefer die Temperatur ist, umso mehr Entropie ist mit jedem Joule Strahlungsenergie verbunden. Die Sonnenstrahlung hat eine „Strahlungstemperatur" von ca. 5 700 K; der Abstrahlung der Erde sind nach einem einfachen Modell 255 K zuzuordnen. Deshalb führt uns die Sonne zwar Entropie zu, aber die Infrarotstrahlung führt in der gleichen Zeit viel mehr Entropie ab. Man kann berechnen (➡ *Strahlungsentropie*), dass auf der Erde je m^2 1,2 J/K Entropie in der Sekunde erzeugt werden. Wo die vom Menschen verursachte Entropieproduktion diese Größenordnung erreicht, wird die „Entropie-Müll-Abfuhr" des Infrarot überlastet. In Ballungszentren wie etwa der Stadt New York ist das heute schon der Fall.

Leben vermindert Entropie, jedenfalls im lebenden Organismus selbst. In unserem Körper z. B. gleichen sich Temperaturunterschiede nicht aus, sondern werden erzeugt und aufrechterhalten. Widerspricht das Leben deshalb dem zweiten Hauptsatz? Lange Zeit war man dieser Ansicht und postulierte ein eigenes „Lebensprinzip" (Vitalismus). Der Widerspruch löst sich aber auf, wenn wir die Umgebung eines Lebewesens betrachten. Dort wird tüchtig Entropie produziert, sodass die Bilanz wieder positiv wird. Die Pflanzen (und auch wir selber) verdunsten eine große Menge Wasser, und je kg Wasserdampf entstehen bei 20 °C etwa 8 kJ/K Entropie.

Im lebenden Organismus entstehen aus gestaltloser Materie (Luft, Wasser, Nährstoffe) wunderbare komplizierte Strukturen (Zellen und Zellverbände) „von selbst", d. h. *allein* unter der Einwirkung der aus der Physik bekannten Kräfte und der chaotischen Bewegung der Mikroteilchen. Davon sind die Naturwissenschaftler/-innen heute überzeugt. Aber man ist noch weit davon entfernt, diese *„Selbstorganisation der Materie"* wirklich erklären zu können. Erste Anfänge dazu gibt es in der „Wissenschaft vom Zusammenwirken", der **Synergetik**. Diese wird im 21. Jahrhundert *die* große Herausforderung an die Physik darstellen.

Strahlungsentropie

Die Strahlung, die ein Körper bei der Temperatur T abgibt, führt mit der Energie $U_{\text{Strahlung}}$ zugleich die Entropie

$$S_{\text{Strahlung}} = \frac{4}{3}\,U_{\text{Strahlung}}/T$$

mit sich. (Strahlung in den leeren Raum hinein ist offenbar etwas anderes als Wärmeabgabe an einen berührenden Körper, denn dabei wird ja mit der Energie Q nur die Entropie $1 \cdot Q/T$ abgegeben.)

Die Sonne führt der Erde je m^2 Sonnenstrahlen die Leistung 1,37 kW zu *(Solarkonstante)*. 30% davon werden sofort reflektiert, 70% als Infrarot gleichmäßig nach allen Seiten abgestrahlt (➡ *Bild*). Wir erhalten von der Sonne die Energie-Leistung

$P_U = 0{,}7 \cdot 1{,}37\ \text{kW/m}^2 \cdot \pi R^2$ und die Entropie-Leistung $P_S = \dfrac{4\,P_U}{3 \cdot 5\,700\ \text{K}}$.

Das Infrarot führt die größere Entropie-Leistung $\frac{4\,P_U}{3 \cdot 255\ \text{K}}$ ab. Die Differenz, geteilt durch die ganze Erdoberfläche $O = 4\pi R^2$, ergibt

$$\Delta P_S = \frac{1}{3} \cdot 0{,}7 \cdot 1{,}37\ \frac{\text{kW}}{\text{m}^2}\left(\frac{1}{255\ \text{K}} - \frac{1}{5\,700\ \text{K}}\right) = 1{,}2\ \frac{\text{W}}{\text{m}^2 \cdot \text{K}}.$$

A 7: Die Entropieproduktion in einer Stadt beruht vor allem auf der Heizung der Häuser. Ein Haus mit 100 m^2 Grundfläche und 4 Stockwerken braucht bei 0 °C Außentemperatur ca. 40 kW Heizleistung. Die mittlere Rauchgastemperatur im Heizofen betrage 250 °C. Die Hälfte der Stadtfläche sei mit Häusern der genannten Art bebaut. Wie viel Entropie entsteht dann je m^2 und Sekunde?

Interessantes

Der maxwellsche Dämon

Unter Dämonen versteht man heute bösartige Geister. Der maxwellsche Dämon (nach James Clerk MAXWELL, dem Schöpfer der Elektrodynamik) ist aber ein freundliches Wesen. Er will uns nämlich von den Fesseln des zweiten Hauptsatzes der Wärmelehre befreien, uns, wie man auch sagt, zu einem *Perpetuum mobile zweiter Art* verhelfen, und zwar so:

In einem Gasraum ist eine Wand mit Loch eingezogen (➠ *Bild unten*). Der Dämon hält an dem Loch Wache. Er lässt Moleküle aus seiner Raumhälfte hinaus, aber keines hinein. In kurzer Zeit ist links „von selbst" ein Vakuum entstanden; der Überströmprozess ist umgekehrt; im rechten Raumteil befindet sich Pressluft, mit der man eine Maschine antreiben kann.

Schön wär's! Und es ist gar nicht so einfach, den maxwellschen Dämon mit physikalischen Argumenten auszutreiben. Deshalb wohl lässt auch Max FRISCH seinen *Homo faber* eine Doktorarbeit über ihn beginnen. Ein Hauptargument ist das Folgende: Der Dämon (oder ein Automat, ein Ventil etwa) muss sehr feingliedrig gebaut sein, weil er sonst nicht einzelne Moleküle unterschiedlich behandeln kann. Er kann also selbst nur aus wenigen Molekülen bestehen. Diese führen eine so heftige chaotische Zitterbewegung aus, dass jede gezielte Aktion unmöglich wird. Schade!

Entropie und Information

Nachrichten werden heutzutage weitgehend *digital*, d.h. als Folge von Nullen und Einsen verschlüsselt, übertragen. Jede Ziffer heißt ein *Bit*. Die Anzahl der Bits einer Nachricht ist proportional zu den Kosten ihrer Übertragung. Sie ist daher das übliche Maß für die *Information*, die mit der Nachricht übermittelt werden kann.

Ein Gas aus N Teilchen sei in ein Volumen V gesperrt (➠ *Bild 1* mit $N = 5$). Wenn wir seinen momentanen Mikrozustand in einer Nachricht mitteilen wollen, brauchen wir eine gewisse Anzahl Z von bit.

Kennen wir den Mikrozustand *nicht*, so beträgt unsere *Ungewissheit* (unser Informationsdefizit) über ihn Z bit.

Nun dehne sich das Gas auf das doppelte Volumen aus. Dann brauchen wir mehr Information, um seinen Mikrozustand mit der gleichen Genauigkeit wie zuvor zu beschreiben. Zunächst teilen wir von jedem Teilchen mit, ob es sich gerade in der linken (0) oder rechten (1) Hälfte des Behälters befindet. Das sind insgesamt N bit. Dann müssen wir noch von jedem Teilchen sagen, *wo* in seiner Behälterhälfte es sich befindet. Das ist wie zuvor eine Nachricht von Z bit. *Ergebnis:* Bei jeder Verdopplung des Volumens wächst die Ungewissheit über den Mikrozustand um N bit.

Nun zur Entropie! Bei Expansion eines Gases von V_1 auf V_2 (bei Erhaltung der inneren Energie; nur dieser Fall ist uns hier vor Augen) wächst sie um $\Delta S = \nu R \ln(V_2/V_1)$, bei Verdopplung des Volumens also um $\nu R \ln 2$. Die Entropie wächst somit *gleichmäßig* mit der Ungewissheit über den Mikrozustand. Zur Ungewissheitszunahme von N bit gehört die Entropiezunahme $\nu R \ln 2$; rechnerisch gehört zu 1 bit also die Entropie $\frac{\nu R}{N} \ln 2$. Der Faktor vor $\ln 2$ hat den Wert $1{,}38 \cdot 10^{-23}$ J/K, wie man an dem Beispiel $\nu = 1$ mol ausrechnen kann. Es folgt $\nu R \ln 2/N = 0{,}96 \cdot 10^{-23}$ J/K.

Man kann beweisen, dass unser Ergebnis, das am Beispiel der Volumenverdopplung gewonnen wurde, für *jede* Entropiezunahme eines *jeden beliebigen* Systems gilt.

Die Ungewissheit (das Informationsdefizit) über den Mikrozustand eines Systems, ausgedrückt in bit, wächst proportional zur Entropie des Systems. Jedem Bit Information entsprechen dabei rund 10^{-23} J/K Entropie.

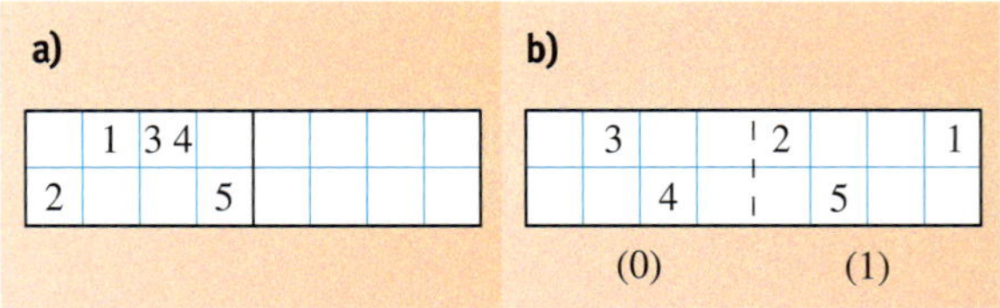

B 1: a) Ein Gas aus $N = 5$ nummerierten Teilchen ist in die linke Hälfte eines Behälters gesperrt. Um seinen Mikrozustand zu beschreiben („In welchem der 8 Kästchen sitzt jedes Teilchen?") braucht man eine längere Nachricht von, sagen wir, Z bit. **b)** Das Gas hat sich auf den ganzen Behälter ausgedehnt. Die Nachricht über seinen Mikrozustand beginnt mit $N = 5$ bit darüber, in *welcher Behälterhälfte* jedes Teilchen sitzt: 11001... Dann folgen Z bit, die uns wieder sagen, in *welchem Kästchen* seiner Behälterhälfte jedes Teilchen sitzt.

Vertiefung

Die Entropie beliebiger Körper

Der beliebige Körper K sei in Wärmekontakt mit einem idealen Gas G (➠ *Bild 2*). Bei einer Beobachtung finden wir ihn in irgendeinem seiner Ω_K gleich wahrscheinlichen Mikrozustände, das Gas in einem seiner Ω_G Mikrozustände. Dabei ist jede Kombination eines „K"-Mikrozustands mit einem „G"-Mikrozustand gleich wahrscheinlich. Wir erinnern uns an das Baumdiagramm. Der Baum hat jetzt Ω_K Äste und an jedem Ast Ω_G Zweige. Das Gesamtsystem hat $\Omega_K \cdot \Omega_G$ gleich wahrscheinliche Mikrozustände.

Bei der Zusammensetzung getrennter Systeme zu einem Gesamtsystem multiplizieren sich die Anzahlen der Mikrozustände.

Nun lassen wir in Gedanken den Prozess ablaufen, der in ➠ *Bild 2* beschrieben wird. Er ist *reversibel*. Um ihn rückgängig zu machen, muss man nur das Gewicht des Wägestücks ein wenig verringern. Diese „sonstige Veränderung in der Natur" kann im Prinzip so klein gemacht werden, wie man nur will. Nach dem Prozess gelten neue Zahlen $\Omega_K + \Delta\Omega_K$ und $\Omega_G + \Delta\Omega_G$ von Mikrozuständen für Körper und Gas. Nach dem BOLTZMANN-Prinzip gilt

$$(\Omega_K + \Delta\Omega_K) \cdot (\Omega_G + \Delta\Omega_G) = \Omega_K \cdot \Omega_G.$$

Diese Gleichung wird einfacher, wenn man sie durch die rechte Seite dividiert:

$$\left(1 + \frac{\Delta\Omega_K}{\Omega_K}\right)\left(1 + \frac{\Delta\Omega_G}{\Omega_G}\right) = 1.$$

Nach dem Ausmultiplizieren ergibt sich:

$$\frac{\Delta\Omega_K}{\Omega_K} + \frac{\Delta\Omega_G}{\Omega_G} + \frac{\Delta\Omega_K \Delta\Omega_G}{\Omega_K \Omega_G} = 0.$$

Weil im Prozess nur sehr kleine Änderungen geschehen sind, sind auch die Änderungen $\Delta\Omega_K$ und $\Delta\Omega_G$ klein. Daher ist der dritte Summand auf der linken Seite der letzten Gleichung viel kleiner als jeder der beiden ersten und kann weggelassen werden. So bleibt als Ergebnis, dass die *relativen* Ω-Änderungen der beiden Teilsysteme Körper und Gas *gegengleich* sind. Beim Gas wissen wir Bescheid:

$$\frac{\Delta\Omega_G}{\Omega_G} = \frac{N}{\nu R} \cdot \frac{-Q_{rev}}{T}.$$

(Die Wärme Q_{rev} wird dem Gas *entzogen*; daher muss das Minuszeichen stehen.)
Für den beliebigen Körper folgt

$$\frac{\Delta\Omega_K}{\Omega_K} = \frac{N}{\nu R} \cdot \frac{Q_{rev}}{T}.$$

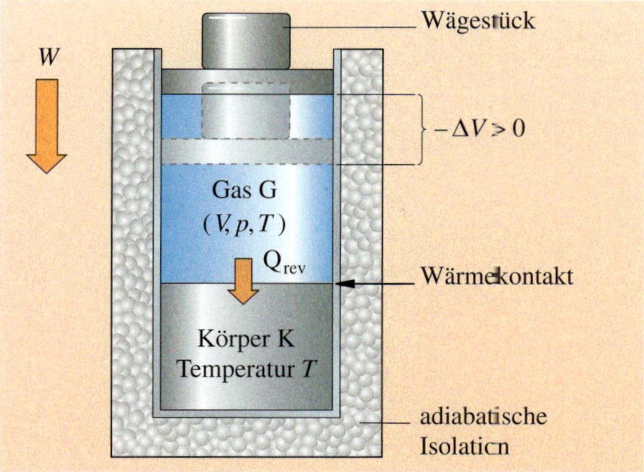

B 2: Reversible isotherme Kompression eines idealen Gases um den kleinen Volumenbetrag $-\Delta V$ ($\Delta V < 0$, also $-\Delta V > 0$). Der Vorgang ist so langsam, dass sowohl im Gas als auch im Körper K keine merklichen Temperaturunterschiede entstehen, die sich irreversibel ausgleichen würden. $W > 0$: *Dem Gas* G *zugeführte Arbeit.* $Q_{rev} > 0$: *Dem Körper* K *zugeführte Wärme*; $Q_{rev} = W$.

Die Entropie ist additiv

Ein System, bestehend aus den Teilsystemen G und K, mache irgendeinen Prozess durch. Dann ändert sich die Zahl seiner Mikrozustände um

$$\Delta\Omega = (\Omega_G + \Delta\Omega_G)(\Omega_K + \Delta\Omega_K) - \Omega_G \Omega_K.$$

Die relative Änderung ist

$$\Delta\Omega/\Omega = (1 + \Delta\Omega_G/\Omega_G)(1 + \Delta\Omega_K/\Omega_K) - 1$$
$$= \Delta\Omega_G/\Omega_G + \Delta\Omega_K/\Omega_K + \text{Rest}.$$

Bei kleinen Änderungen der Zahlen Ω_G und Ω_K ist der „Rest" vernachlässigbar. Multiplizieren wir alle relativen Änderungen mit der Konstanten $\nu R/N$, so kommen wir zu der Gleichung $\Delta S = \Delta S_G + \Delta S_K$, in Worten: *Die kleinen Entropieänderungen der Teilsysteme addieren sich zur Entropieänderung des Gesamtsystems.* Eine große Entropieänderung ist die Summe vieler kleiner Änderungen und daher ebenfalls additiv. Durch passende Nullpunktswahl richtet man es so ein, dass die Entropie selbst zur additiven Größe wird.

Bei der Zusammensetzung getrennter Systeme zu einem Gesamtsystem addieren sich die Entropiewerte zur Gesamtentropie.

Wir kennen viele andere physikalische Größen mit dieser Additionseigenschaft: Energie, Masse, Volumen, … Sie heißen auch *Mengengrößen. Die Entropie ist also ebenfalls eine Mengengröße.*

Kohle	17 440
Erdöl (bisherige Gewinnungsmethoden)	6 270
Erdöl (neuartige Methoden)	3 150
Erdgas	4 730
Fossile Brennstoffe insgesamt	31 590

T 1: „Gesicherte ökonomisch gewinnbare" Vorräte (Stand von 1996) in EJ. Die Vorstellung davon, was ökonomisch gewinnbar ist, wird sich mit der Zeit und mit steigenden Energiepreisen ändern. Man spricht auch noch von „technisch gewinnbaren" Vorräten, die ohne Rücksicht auf die Wirtschaftlichkeit abgeschätzt werden und rund viermal so hoch sind. Es wäre sicher nicht vernünftig, sich auf diese Restbestände zu verlassen, an die man vielleicht nur unter enorm großem Aufwand (auch an Brennstoff!) herankommen kann.

Wüste in Afrika und USA	0,26 kW
Mittelmeergebiet	0,18 kW
Deutschland	0,11 kW
Skandinavien	0,08 kW
Zum Vergleich: Leistung, die durch 1 m² Kesselfläche im Kraftwerk tritt	500 kW

T 2: Leistung der Sonnenstrahlung am Erdboden für 1 m² Strahlquerschnitt, gemittelt über ein Jahr. Dies ist wie folgt zu verstehen: Würde man in Deutschland eine 1 m² große Platte ein Jahr lang stets senkrecht zu den Sonnenstrahlen stellen, so könnte man auf dieser Platte die Energie 0,11 kWa = 964 kWh = 3,5 GJ einfangen.

A 1: Nehmen Sie an, der Welt-Energieverbrauch betrage im gegenwärtigen Kalenderjahr 370 EJ und sei danach jedes Jahr um 1% größer als im Vorjahr (eine sehr optimistische Annahme!). **a)** Um wie viele % wächst der Verbrauch in 10 (20, 50) Jahren? **b)** Wie viel Energie wäre im Laufe von 92 Jahren verbraucht? Wie viel davon im 92. Jahr (Hilfsformel: $1 + 1{,}01 + 1{,}01^2 + \ldots + 1{,}01^{91} = 100 \cdot (1{,}01^{92} - 1)$.

A 2: In Deutschland wurden 1997 14,5 EJ Energie von 82,1 Mio. Einwohnern verbraucht. Weltweit rechnet man mit einer mittleren Leistung von 2 kW je Person. Vergleichen Sie!

Energiewirtschaft heute

1. Tatsachen, die man nüchtern sehen muss

Unser Leben, so wie wir es zu führen gewohnt sind, beruht auf dem Verbrauch fossiler Brennstoffe: Kohle, Erdöl, Erdgas. Andere Energiequellen spielen eine geringe Rolle (Holz, Wasserkraft, Kernenergie). Vergleichen wir einmal die Vorräte mit dem derzeitigen Verbrauch. Als passend große Einheiten verwenden wir das Terawatt (1 TW = 10^{12} W = 1 Billion Watt) für die Leistung und das Exajoule (1 EJ = 10^{18} J) für die Energie.

Der Weltverbrauch an Primärenergie lässt sich immer nur ziemlich grob schätzen. Im Jahr 1995 betrug er ungefähr 343 EJ. Würde dieser Verbrauch nicht überschritten, was leider sehr unwahrscheinlich ist, so könnten die Brennstoffvorräte (➠ *Tabelle 1*) noch (31 590/343) Jahre = 92 Jahre reichen. Dies ist nur eine Überschlagsrechnung. Als Faktum müssen wir jedenfalls anerkennen:

Merksatz

In einigen Jahrzehnten sind die heute verfügbaren Brennstoffreserven der Erde erschöpft, wenn die bisherige Energiewirtschaft beibehalten wird.

Wie steht es mit dem Beitrag der heute so umstrittenen Kernenergie? Die gewinnbaren Uran-Vorräte der Erde sind nicht sehr gut bekannt. Wenn man, wie z. Zt. fast überall, auf Brutreaktoren verzichtet, kann die Kernspaltung aber auf keinen Fall die Erschöpfung der Energiereserven wesentlich hinausschieben. Wesentlich besser sähe es mit der *Kernfusion* aus. Sie benötigt als „Brennstoff" das Deuterium (den schweren Wasserstoff H-2) und das Alkalimetall Lithium. Beide Substanzen sind in praktisch unbegrenzter Menge verfügbar. Es ist aber trotz aller Forschungserfolge immer noch nicht klar, ob ein Fusionsreaktor je möglich sein wird.

2. Unerschöpfliche Energiequellen

Wir wissen, dass alle aus fossilen Brennstoffen gewonnene Energie im Grunde gespeicherte Sonnenenergie ist. Die Sonnenstrahlung selbst können wir als ewig fließende Energiequelle ansehen. Die Leistung, die sie der Erde dauernd zuführt, ist gewaltig groß, mehr als das 10 000fache des derzeitigen Energieumsatzes der Menschheit. Aber diese Leistung ist sehr „dünn" verteilt. ➠ *Tabelle 2* liefert Zahlen dazu und auch den Vergleich mit der Leistungsdichte im Kraftwerk.
Dies ist das Problem: Eine bequeme Energietechnik benötigt eine hohe Leistungsdichte. Solartechnik wird immer unbequem bleiben. Man kann mit ihr keine großen Sprünge machen. Trotzdem muss diese Technik entwickelt werden, bevor die Brennstoffe knapp werden. Denn dann ist es zu spät dafür. Daneben gilt es, die konventionellen Energiequellen besser auszunutzen. Die Kenntnis der physikalischen Zusammenhänge ist dazu das unentbehrliche Rüstzeug.

3. Wer verbraucht den meisten Brennstoff?

„Natürlich die Industrie!", werden Sie antworten. Weit gefehlt! Bild 1 zeigt, dass heute die Haushalte, also wir alle, die meiste Energie umsetzen. – Wie kann man wirkungsvoll sparen? Dies lernen wir aus Bild 2. Fast der ganze Brennstoff (heute vorwiegend Heizöl) geht in die Heizung und Warmwasserbereitung. Hier kann man am wirkungsvollsten sparen. Welche Sparmaßnahmen sind möglich, welche sind vernünftig?

a) *Isolation der Wände und Fenster*, Abdichtung gegen Zugluft. An Neubauten werden schon sehr strenge Anforderungen gestellt. Bei älteren Häusern gibt es viel nachzuholen. Die Isolierschicht sollte nach Möglichkeit außen an der Wand angebracht werden, damit die Wand selbst im Winter warm bleibt.

b) *Beschränkung der Raumtemperatur* auf 20 °C tagsüber. Warme Kleidung kostet kein Heizöl. Abstellen der Heizung nachts.

Mehr physikalische Einsicht erfordern die folgenden weitergehenden Maßnahmen.

c) *Kraft-Wärme-Kopplung*. Die großen Kraftwerke entlassen ihre Abwärme üblicherweise auf einer möglichst tiefen Temperatur, um einen hohen Wirkungsgrad zu erzielen. Dies ist vernünftig, solange man nur an den unmittelbaren Zweck des Kraftwerks denkt, nämlich elektrische Arbeit bereitzustellen. Gesamtwirtschaftlich ist es aber günstiger, Abwärme auch bei einer höheren Temperatur abzugeben. Für viele Zwecke, vor allem eben zum Heizen, wird ja keine Arbeit, sondern Wärme benötigt. Bei neueren Kraftwerken wird vielfach die *Kraft-Wärme-Kopplung* durchgeführt. Natürlich braucht man dann ein hochisoliertes Rohrleitungsnetz zur Versorgung mit Fernwärme, und das Kraftwerk muss nahe bei einem dicht besiedelten Gebiet liegen.

d) *Wärmepumpen.* Heizwärme ist Niedertemperaturwärme. Wenn man großflächige Heizkörper einbaut, genügt eine Heizwassertemperatur von maximal 45 °C. Beim Verbrennen von Öl entstehen Temperaturen von im Mittel 700 °C. Geht die Wärme unmittelbar von den heißen Verbrennungsgasen auf das Heizungswasser über, wird viel Energie entwertet. Viel besser wäre es, mit dem Öl oder Erdgas einen Motor und mit diesem eine Wärmepumpe zu betreiben. Deren kaltes Reservoir kann die Außenluft oder das Grundwasser sein. In Bild 3 wird dargestellt, dass man im Idealfall ein Vielfaches der Verbrennungsenergie als Heizenergie gewinnen kann (506 J aus 100 J). Für die Praxis schätzen Fachleute, dass man mit solchen Systemen aus 100 J Verbrennungsenergie bis zu 150 J Heizenergie gewinnen kann. Wärmepumpen sind als Kühlmaschinen längst technisch durchentwickelt. Für Heizungssysteme kann man in der Zukunft noch mit Verbesserungen rechnen, sobald sie einmal weiter verbreitet sein werden. Wärmepumpen mit Elektromotor müssen eine hohe Leistungsziffer haben, wenn ihre Verwendung energetisch gerechtfertigt sein soll.

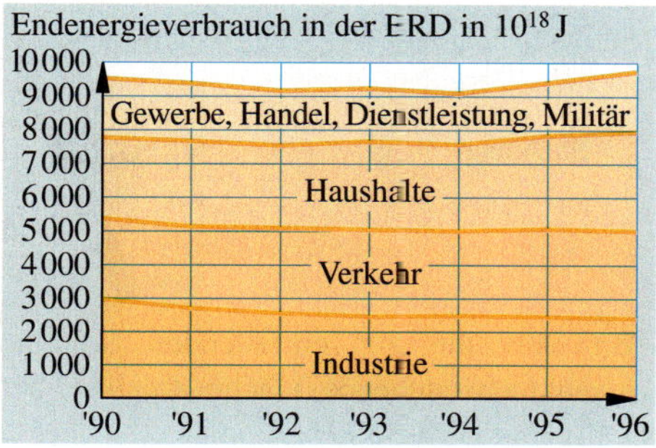

B 1: Struktur des Endenergieverbrauchs in der Bundesrepublik Deutschland

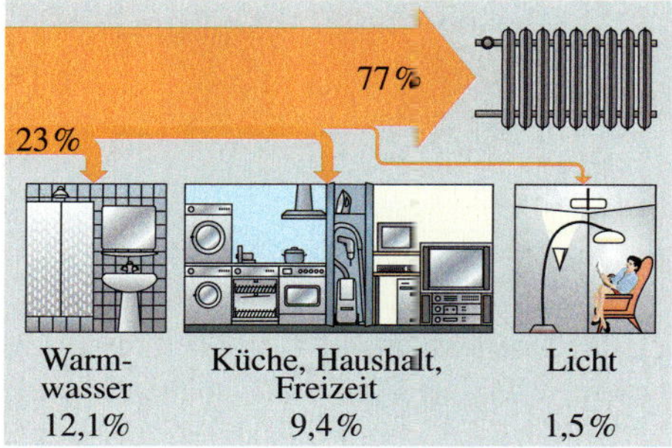

B 2: Struktur des Endenergieverbrauchs in den Haushalten. Elektrische Energie wird am wirkungsvollsten dort gespart, wo elektrisch geheizt wird (Herd, Spül-, Wasch-, Bügelmaschine), zumal die Stromarbeit aus dem dreifachen Betrag an Brennstoff-Energie entsteht (Wirkungsgrad älterer Kraftwerke um 35 %).

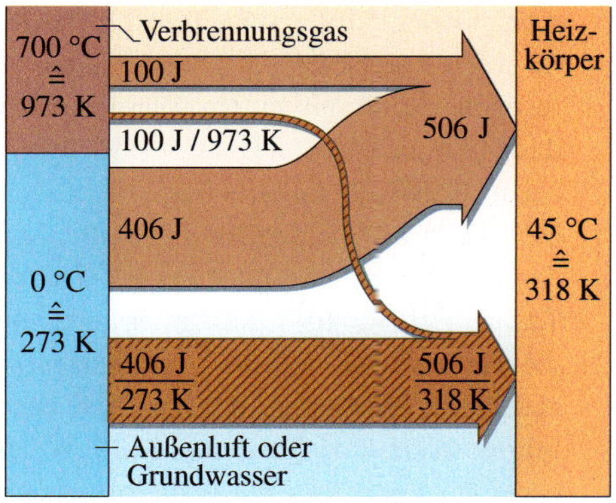

B 3: Reversible Heizung. Energie- und (schraffiert) Entropiefluss. Es wird keine Energie entwertet. Die mechanische Energie ist im Diagramm weggelassen, weil sie nur zwischendurch auftritt und aus der Bilanz herausfällt. (Natürlich wird Energie entwertet, wenn die Wärme durch die Hauswand ins Freie entweicht; hier nicht dargestellt.)

B 1: Auf die zur einfallenden Strahlung senkrecht stehende Fläche $A = 1\ m^2$ trifft die Energie 1,37 kJ je s

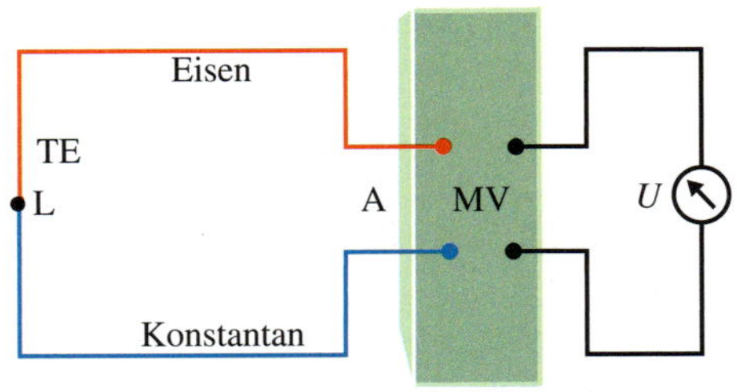

V 1: Zur Temperaturmessung benutzen wir das Thermoelement TE. Bei L sind zwei dünne Drähte aus verschiedenen Metallen (z. B. Eisen und Konstantan) zusammengelötet. Ihre anderen Enden liegen bei A am Spannungsverstärker MV. Die angezeigte Spannung U ist proportional zur Temperaturdifferenz $\Delta\vartheta$ zwischen der Lötstelle L und dem Anschluss A. Bei $\Delta\vartheta = 100$ K ist $U = 5{,}3$ mV, bei $\Delta\vartheta = 1$ K nur 0,053 mV.

V 2: Wir berußen die Heizfläche einer Kochplatte (mit der stark rußenden Flamme von brennendem Naphthalin) und befestigen daran mit gutem Wärmekontakt das Thermoelement TE aus ➡ *Versuch 1*. Nach ➡ *Bild 2* stellen wir die Heizfläche ($A = 0{,}025\ m^2$) senkrecht ins pralle Sonnenlicht und messen nach einiger Zeit die Temperatur $\vartheta = 65$ °C. Dann bringen wir die Platte in den Schatten und heizen sie elektrisch. Dabei regulieren wir die zugeführte elektrische Leistung P am Widerstand R so ein, dass die Platte die gleiche Temperatur ϑ annimmt wie im Sonnenlicht. Dazu braucht man die Leistung $P = 20$ Watt $= 20$ J/s. Der Quotient $S' = P/A = (20\ J/s)/0{,}025\ m^2 = 0{,}8\ kW/m^2$ gibt die Leistungsdichte der Strahlung an und beträgt 58% der Solarkonstanten S_E. Wer die Wirksamkeit von Solaranlagen berechnen will, muss von Werten dieser Größenordnung ausgehen.

Sonnenlicht und Treibhauseffekt

1. Wie viel Energie liefert uns die Sonne?

Die Sonne bestimmt die Temperaturen der Erdoberfläche und so unser Klima. Betrachten wir oberhalb der Atmosphäre eine Fläche $A = 1\ m^2$, die senkrecht zur ungeschwächten Sonnenstrahlung steht (➡ *Bild 1*). Sie wird in $t = 1$ s von der Energie $W = 1{,}37$ kJ durchsetzt. Die Leistung $P = W/t$ der Strahlung ist 1,37 kW je m², ihre *Leistungsdichte* also $S = P/A = 1{,}37\ kW/m^2$. Diesen konstanten Wert nennt man *Solarkonstante* S_E. An der Erdoberfläche findet man bei klarem Himmel davon nur noch 0,8 kW/m² bis 1 kW/m² (➡ *Versuch 2*).

Die Leistungsdichte S gibt die durch 1 m² strömende Leistung an. Wie groß ist sie z. B. bei einem Heizlüfter? Er liefert einen Warmluftstrom mit der Leistung 2 kW = 2 kJ/s. Sie durchsetzt eine Öffnung mit $A = 0{,}02\ m^2$, hat dort also die Leistungsdichte $S_H = P/A = 2\ kW/0{,}02\ m^2 = 100\ kW/m^2$. Erweitert sich der Warmluftstrom auf 1 m², so bleibt die Leistung 2 kW bestehen; die Leistungsdichte sinkt dagegen auf $S_H = 2\ kW/m^2$. Dies ist das 1,5fache der Solarkonstanten S_E.

Merksatz

Die **Solarkonstante** beträgt $\mathbf{S_E = 1{,}37\ kW/m^2}$, d. h.: Eine 1 m² große Fläche, senkrecht zur ungeschwächten Sonnenstrahlung, empfängt 1,37 kW Leistung; ihre **Leistungsdichte** ist 1,37 kW/m².

2. Das Wärmegleichgewicht, ein neuer Begriff

Eine Platte, die im prallen Sonnenlicht liegt, erhalte in jeder Sekunde die Energie $W = 20$ J. Ihre Temperatur steigt aber nicht beliebig weit, sondern nur bis zu einer bestimmten Endtemperatur. Dies erklärt ein Modellversuch mit Wasser (➡ *Bild 3*): Das hohe Gefäß hat unten eine Öffnung. Von oben fließen je Sekunde 20 cm³ Wasser zu; der Wasserspiegel steigt. Damit erhöht sich aber unten der Druck und deshalb die je Sekunde abfließende Wassermenge. Hat sie auch den Wert 20 cm³/s erreicht, dann besteht *Gleichgewicht* zwischen Zu- und Abfluss. *Wir erkennen dies daran, dass nun der Wasserstand konstant bleibt.* Verstärken wir den Zufluss, so wird das Gleichgewicht erst bei einem höheren Wasserstand erreicht.

Analog dazu stellt sich an einer dem Sonnenlicht ausgesetzten Platte beim Erreichen der Endtemperatur **Wärmegleichgewicht** ein. Die Platte gibt dann je Sekunde genauso viel Wärme an die Umgebung ab, wie sie von der Sonne aufnimmt. Vorher war die Temperatur der Platte niedriger, sodass sie weniger Wärme abgab, als sie empfing. Durch den Überschuss an zugeführter Wärme wurde sie weiter aufgeheizt, bis die Gleichgewichtstemperatur eintrat. Dieses Wärmegleichgewicht benutzen wir, um die Intensität der Sonnenstrahlung an der Erdoberfläche zu bestimmen (➡ *Versuch 2*).

3. Die Erde im Strahlungsgleichgewicht

Die Sonne führt der Erde seit Jahrmillionen Energie zu und erzeugt so *im Mittel* über ihre Oberfläche hinweg eine konstante Temperatur von 14 °C. Dort hat sich Wärmegleichgewicht eingestellt, da die Erde die von der Sonne aufgenommene Energie wieder abgibt, und zwar in den leeren Weltraum. Dies zeigt sich besonders an der Abkühlung in klaren Nächten. Da im Weltraum Materie fehlt, kann dies weder durch *Wärmeleitung* (Energietransport *in* Materie) noch durch *Wärmeströmung* (Energietransport *mit* Materie) geschehen. Das *Wärmegleichgewicht* wird allein durch *Strahlung* aufrechterhalten, also durch Energietransport *ohne* Materie. Man sagt: Ein- und Ausstrahlung stehen im **Strahlungsgleichgewicht**. – Die Erde glüht aber doch nicht! Offensichtlich gibt sie eine *unsichtbare Strahlung* ab, nicht nur bei Tag, auch bei Nacht. Mit solcher Strahlung wollen wir nun experimentieren.

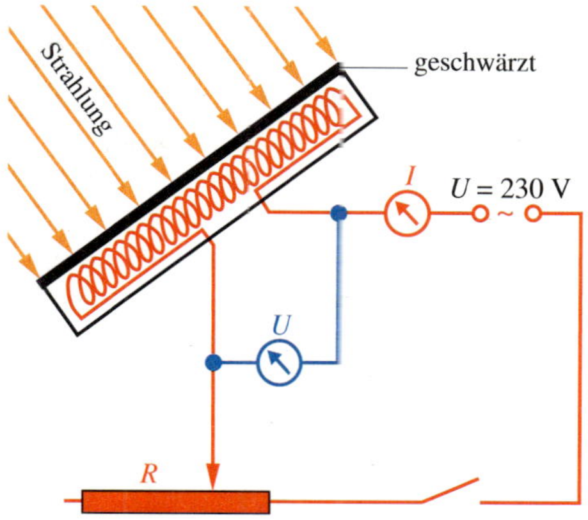

B 2: Die Heizplatte wird zuerst von der Sonne, dann vom Strom bis zur gleichen Endtemperatur (z. B. $\vartheta = 65$ °C) aufgeheizt ⟹ *Versuch 2*

4. Experimente mit unsichtbarer Strahlung

a) Halten Sie die Hand vor eine Thermosäule. Diese enthält viele hintereinander geschaltete Thermoelemente, deren Oberflächen geschwärzt sind, damit sie die Strahlung ganz absorbieren und nichts davon reflektieren (wie blanke Drähte). Das Messgerät schlägt aus, und zwar auch dann, wenn eine dünne, durchsichtige Folie strömende Warmluft abhält. Die Thermosäule spricht also auf die empfangene Strahlung an; sie ist ein **Strahlungsmesser**. An ihm erzeugt ein aufflammendes Streichholz aus einigem Abstand *sofort* einen starken Ausschlag, lange bevor ihm Warmluft zufließen könnte.

b) Nach ⟹ *Bild 4* wird das Licht einer Glühlampe mit einem Prisma in sein Spektrum zerlegt. Unsere Augen nehmen es aber nur zwischen Rot und Violett wahr, im *sichtbaren Spektralbereich*. Der Strahlungsmesser kennt diese Grenze nicht. Im unsichtbaren Bereich, der sich an Rot nach unten anschließt, zeigt er einen noch stärkeren Ausschlag. Diese Strahlung heißt **Infrarot**, abgekürzt **IR**. Glühlampen geben viel mehr Energie im IR ab als im Sichtbaren. Bringt man in den Weg des IR eine Plexiglasplatte, so sinkt der Ausschlag. Plexiglas ist durchsichtig; es verschluckt (absorbiert) sichtbares Licht kaum, wohl aber IR. Sonnenlicht enthält viel IR, daneben auch **Ultraviolett**, **UV**, das sich an Violett anschließt.

c) Benutzt man in der kalten Jahreszeit eine unbeheizte Duschkabine, fröstelt man leicht. Die unbedeckte Haut gibt nämlich mehr Strahlung an die Umgebung ab, als sie von dort aufnimmt, denn auch der Mensch strahlt IR ab. Dies hört auf, sobald man die Wände der Duschkabine mit heißem Wasser erwärmt hat. Sind nämlich die Wände auf der *gleichen Temperatur* wie die Haut, so senden sie ihr genauso viel Strahlungsleistung (Energie je Sekunde) zu, wie die Haut an die Wände abstrahlt. Auch hier stellt sich Strahlungsgleichgewicht ein.

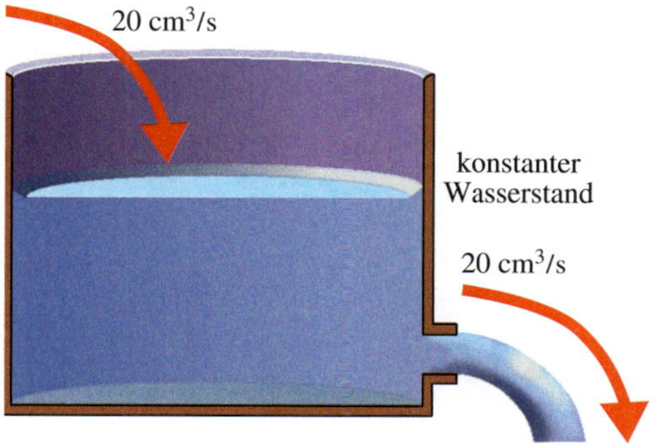

B 3: Das Gleichgewicht zwischen Zu- und Abfluss des Wassers erkennt man am gleich bleibenden Wasserstand

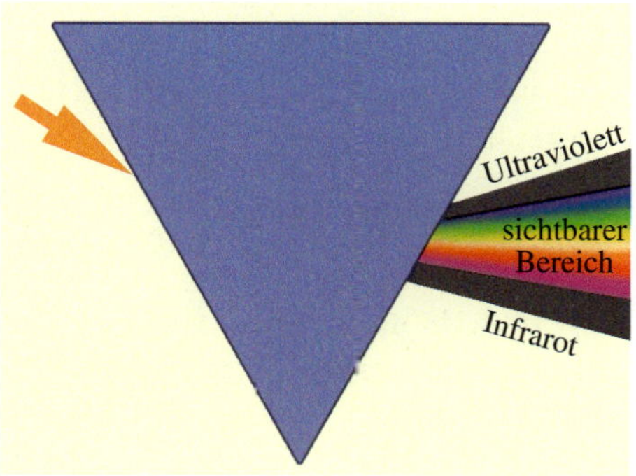

B 4: Spektralzerlegung von Licht (stark vereinfacht). Infrarot liegt unter Rot.

A 1: a) Wie viel Energie erhält die Erde von der ungeschwächten Sonnenstrahlung insgesamt in 1 s (Erdradius: 6 370 km)?
b) Wie viel Energie sendet die Sonne insgesamt in 1 s aus (Abstand Erde – Sonne: $150 \cdot 10^6$ km)?

V 1: Die Fernbedienung strahlt dem Fernsehgerät unsichtbares Infrarot zu. Regulieren Sie damit die Lautstärke und experimentieren Sie:

a) Wie viele Papierblätter müssen Sie zwischen Fernbedienung und Fernsehgerät halten, damit das IR ausreichend absorbiert wird? Wie verhalten sich Glasplatten, Plexiglas und klare Haushaltsfolien?

b) Wird IR an Büchern, an Zimmerwänden oder an Ihrem Körper reflektiert? Könnte dies Versuch a) stören?

c) Durchdringt IR das Glas leerer Sprudelflaschen? Durchsetzt es gefüllte Flaschen?

d) Das blinkende IR der Fernbedienung können Sie mithilfe einer Videokamera wahrnehmen, also auf Umwegen „sehen". Mit ähnlichen Kameras nimmt man Thermogramme nach ➡ *Bild 2* auf. Das IR kann auch von einer Thermosäule nachgewiesen werden.

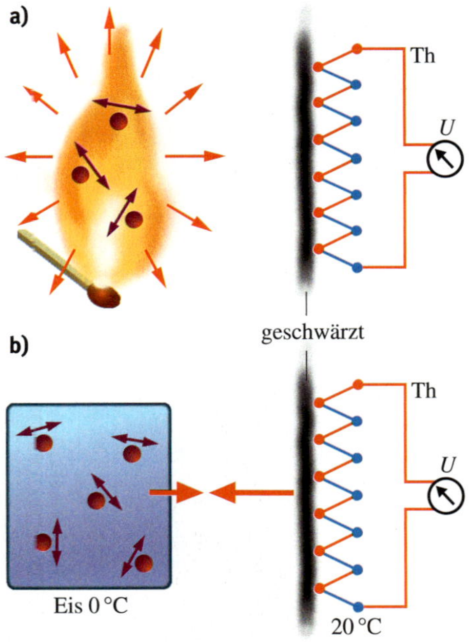

B 1: a) Die schnell schwirrenden Moleküle der Flamme senden viel Strahlung zur Thermosäule Th. **b)** Die Thermosäule Th sendet mehr Strahlung zum Eis als dieses wegen seiner niedrigen Temperatur zur Thermosäule. Deren Temperatur ϑ sinkt.
Wie die Geschwindigkeit von Gasteilchen mit der Temperatur zunimmt, wird im Kapitel Gasdruck und Molekülbewegung besprochen.

5. Temperaturstrahlung – bei jeder Temperatur?

Jede Strahlung führt Energie mit sich. Wird diese von einem Körper absorbiert, so steigt dessen Temperatur, also die ungeordnete thermische Bewegung der Moleküle. Man sagt, die Strahlung wird *thermalisiert*. Umgekehrt gilt: *Alle Körper senden wegen ihrer Molekülbewegung Strahlung aus* (➡ *Bild 1a*). Die Eigenschaften dieser Strahlung hängen stark von der Stärke der Molekülbewegung, also von der Temperatur ab; man spricht von **Temperaturstrahlung**. Bis zur Temperatur von 525 °C besteht sie aus IR, bleibt also unsichtbar. Ab 525 °C können wir einen Teil der Strahlung mit unseren Augen als *Dunkelrotglut* wahrnehmen, ab 1 100 °C als *Gelbglut* und ab 1 300 °C als *Weißglut*. Doch ändert sich mit der Temperatur nicht nur die Farbe. Vor allem steigt die Leistungsdichte S der Strahlung mit der Temperatur rasch an. Sie kennen die Strahlungshitze, die Ihnen an einem offenen Feuer ins Gesicht schlägt, auch wenn Wind den heißen Rauch von Ihnen wegbläst.

Merksatz

Wenn ein Körper Strahlung **thermalisiert**, so absorbiert er ihre Energie und wandelt sie in thermische Teilchenbewegung um; seine Temperatur steigt. Bei der Reflexion von Strahlung ist dies nicht der Fall (Spiegel bleiben kalt).

Nach dem Gesagten müsste auch Eis strahlen. Halten wir aber Eiswürfel in etwas Abstand vor die Thermosäule, so registriert sie Abkühlung (➡ *Bild 1b*)! Wie ist das möglich?
Zwar schwirren auch im Eis die Moleküle, aber wegen der niedrigen Temperatur nicht so stark wie in der Thermosäule. Folglich gibt diese mehr Strahlungsenergie an das Eis ab, als sie von dort empfängt. – Warum aber schlug das Gerät ohne Eis nicht aus?
Nun, die Umgebung hatte die gleiche Temperatur wie die Thermosäule (etwa 20 °C). Mit dem Eis haben wir dieses *Strahlungsgleichgewicht* gestört. Das Eis wirkte im entgegengesetzten Sinn wie eine Streichholzflamme; es nahm Strahlung von der Thermosäule auf.

Nun wissen wir, warum Schneefelder in wolkenlosen Nächten bitterkalt werden. Selbst Schnee strahlt IR ins Weltall. Von dort aber kommt nichts, da strahlende Materie fehlt. Es ist falsch, von „Kälte"strahlung zu sprechen, die angeblich aus dem Weltraum kommt. Auch wenn man negative Celsius-Temperaturen als Kältegrade bezeichnet, braucht man den Begriff „Kälte" in der Physik nicht. Man zählt Temperaturen besser vom absoluten Nullpunkt $T = 0$ K (Kelvin) aus, ab $\vartheta = -273$ °C. Dort erst hören die Temperaturbewegung der Moleküle und deren Temperaturstrahlung auf.

Einem Haus sehen Sie nicht an, ob es im Winter viel oder wenig Energie als IR abstrahlt. Es gibt aber IR-empfindliche Kameras, die diese Abstrahlung sichtbar machen (➡ *Bild 2*; *V 1d*). Man nennt die dabei entstehenden Bilder **Thermogramme**. Die Temperatur der Hauswände wird durch Farben kodiert.

6. Treibhausgase erzeugen den Treibhauseffekt

Den **Treibhauseffekt** erleben Sie hautnah, wenn Sie ein Treibhaus oder einen in praller Sonne parkenden Bus betreten. In der Atmosphäre wird der Treibhauseffekt vom **Treibhausgas** Kohlenstoffdioxid (CO_2) erzeugt. Was bei ihm anders ist als bei Luft, zeigt der Versuch in *Bild 3*:

Die nicht leuchtende Bunsenflamme in *Bild 3* sendet wenig Licht im sichtbaren Bereich aus, wohl aber viel IR. Zwischen Flamme und Thermosäule bringen wir ein 40 cm langes Rohr aus Alu-Folie, dessen Enden mit durchsichtiger Haushaltsfolie verschlossen sind. Das Instrument schlägt aus; IR durchdringt die Luft im Rohr.
Wenn wir sie durch das Treibhausgas CO_2 ersetzen, geht der Ausschlag auf etwa 70% zurück. Ein empfindliches Thermoelement im Innern des mit CO_2 gefüllten Rohrs zeigt dagegen einen Temperaturanstieg. Das CO_2 hat nämlich einen Teil der IR-Strahlung absorbiert und thermalisiert. Füllen wir jedoch Nicht-Treibhausgase wie Sauerstoff (O_2), Stickstoff (N_2) oder Helium (He) ein, so ändert sich gegenüber Luft nichts. Auch Wasserdampf (H_2O) absorbiert IR sehr stark; er ist ein Treibhausgas. Moleküle mit nur 1 oder 2 Atomen (He, O_2, N_2) dagegen bilden keine Treibhausgase.
Ein 4 m langes, nur mit CO_2 gefülltes Rohr absorbiert IR so stark wie alle in der Atmosphäre verdünnten Treibhausgase zusammen, nämlich 88% des eingestrahlten IR.

Würden unsere Augen *nur* IR wahrnehmen, so wären für uns Wasserdampf oder CO_2 je nach Schichtdicke graue oder gar schwarze Gase; Plexiglas wäre schwarz! Was Sie über die Absorption von sichtbarem Licht durch schwarze Körper wissen, müssen Sie auf diese Stoffe übertragen, aber nur im IR-Bereich.
Wir verstehen den Treibhauseffekt schon ganz gut, wenn wir die folgenden Schritte betrachten.

Merksatz

a) Die Treibhausgase CO_2 und Wasserdampf lassen den sichtbaren Teil des Sonnenlichts ungestört einfallen (*Bild 4,* links). Der dabei erwärmte Erdboden strahlt IR ab (*Bild 4,* Mitte).

b) Vom IR, das die Erde abstrahlt, absorbieren alle Treibhausgase zusammen 88%. Sie thermalisieren diese Strahlung.

c) Die so erwärmte Atmosphäre sendet etwa die Hälfte davon, nämlich 44%, wieder zur Erde zurück (*Bild 4,* rechts). Dies führt zu einer zusätzlichen Erwärmung der Erdoberfläche. Deren mittlere Temperatur steigt. Dies ist der Treibhauseffekt.

Wir wollen nun die sich einstellende mittlere Erdtemperatur abschätzen. Dazu brauchen wir ein Gesetz, das angibt, wie die von Körpern abgestrahlte Leistung P von deren Temperatur abhängt.

B 2: Thermogramm eines Hauses: Blau: kalt; Rot: warm

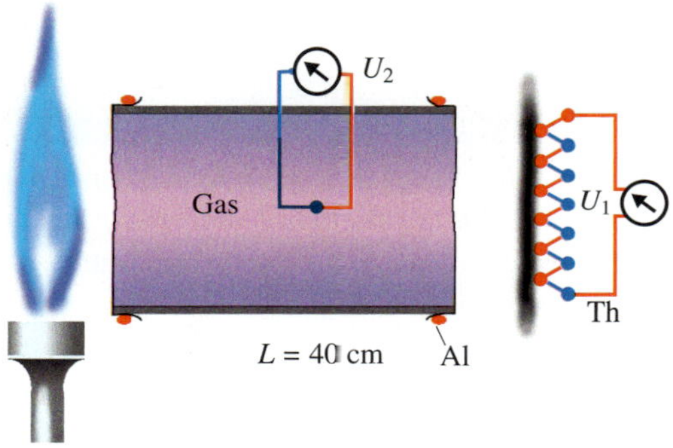

B 3: Das Treibhausgas CO_2 absorbiert IR. Der Ausschlag U_1 bei der Thermosäule Th geht zurück, wenn man die Luft im Rohr durch CO_2 ersetzt. Das Treibhausgas im Rohr wird wärmer; U_2 steigt.

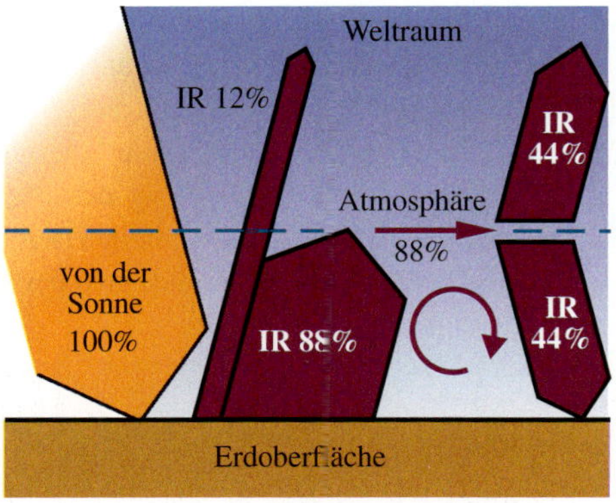

B 4: Die von der Erde abgestrahlte IR-Energie geht zu 12% in den Weltraum, während 88% des abgestrahlten IR in der Atmosphäre thermalisiert wird. Diese sendet davon etwa die Hälfte, also 44%, zur Erde zurück, was den Treibhauseffekt erzeugt.

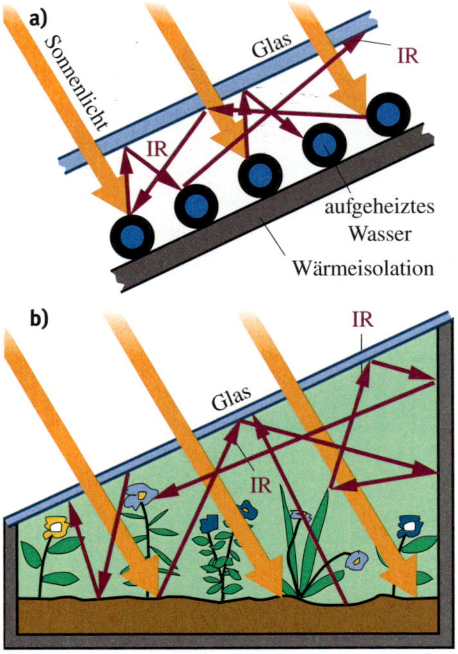

B 1: Im Sonnenkollektor **a)** wie im Treibhaus **b)** fällt sichtbares Sonnenlicht fast ungehindert durch die Glasscheiben und führt Wasserrohren bzw. Pflanzen Energie zu. Von dort geht IR aus (dunkelrot), das das Glas kaum durchdringt und dort thermalisiert wird. Ein Teil kehrt ins Innere zurück, der Rest geht nach außen.

7. Temperaturstrahlung bei steigender Temperatur

Warum glühen nur heiße Körper? Nun, die von einem Körper abgestrahlte Strahlungsleistung P steigt sehr schnell mit seiner absoluten Temperatur T. STEFAN und BOLTZMANN fanden um 1884, dass $P \sim T^4$ ist (*Versuch 1*). Zudem ist P proportional zur Oberfläche A des strahlenden Körpers.

Merksatz

Die Strahlungsleistung P eines schwarzen Körpers mit der Oberfläche A beträgt bei der Kelvintemperatur T

$$\boldsymbol{P = \sigma \cdot A \cdot T^4} \quad \text{mit} \quad \boldsymbol{\sigma = 5{,}7 \cdot 10^{-8}\ \mathrm{W \cdot m^{-2} \cdot K^{-4}}}. \qquad (1)$$

Die Leistungsdichte $S = P/A$ der Strahlung ist dann

$$\boldsymbol{S = P/A = \sigma \cdot T^4}. \qquad (2)$$

Die Konstante σ gilt für *schwarze Körper,* deren Moleküle Strahlung optimal absorbieren und auch optimal abstrahlen. Bei Weißglut ($\vartheta = 1\,300\,°\mathrm{C}$, also $T = 1\,573$ K) strahlt 1 cm² nach *Gl. 1* die Leistung $P = 5{,}7 \cdot 10^{-8}\ \mathrm{W \cdot m^{-2} \cdot K^{-4}} \cdot 10^{-4}\ \mathrm{m^2} \cdot (1\,573\ \mathrm{K})^4 = 35$ W ab. Die Leistungsdichte seiner Strahlung ist also $S = 35\ \mathrm{W/cm^2}$. Der ungewöhnliche Exponent 4 im T^4-Gesetz von *Gl. 1 und 2* wirkt sich stark aus: Steigt z. B. die absolute Temperatur T (nicht ϑ) von 273 K $\widehat{=}$ 0 °C auf das Dreifache, so erhöht sich die Leistungsdichte S der Strahlung um den Faktor $3^4 = 81$!

In **Treibhäusern** und **Sonnenkollektoren** wirkt Glas wie sehr stark konzentriertes Treibhausgas (*Bild 1*). Daran können wir den Treibhauseffekt gut demonstrieren (Vertiefung).

Vertiefung

Der Treibhauseffekt im Modellversuch

Das Licht der 300 W-Lampe verliert in Glas und Wasser viel IR und wird so dem Sonnenlicht ähnlich. Es strahlt auf die *flache, berußte Thermosäule* Th. Sie ist von sehr dünnem, schwarzem Papier P eingerahmt. Es wird schnell erwärmt und stellt die *„Erde“* dar, indem es das eingestrahlte *„Sonnenlicht“* thermalisiert und in IR umwandelt. Den Ausschlag des Messinstruments bezeichnen wir mit 100%. Stellen wir bei (A) eine 2 mm dicke Plexiglasplatte auf, geht der Ausschlag auf 90% zurück; die Platte absorbiert und reflektiert vom Licht 10%. Rücken wir dagegen die Platte nach (B), 2 cm vor die „Erde“, so steigt der Ausschlag auf ca. 110%. Das Papier (die erwärmte „Erde“) emittiert IR zum nahen Plexiglas. Es wird – wie konzentriertes Treibhausgas – nach einiger Zeit so erwärmt, dass es selbst IR zur „Erde“ zurückstrahlt und diese zusätzlich aufheizt; zwischen beiden gibt es ein Hin und Her an IR (rot).

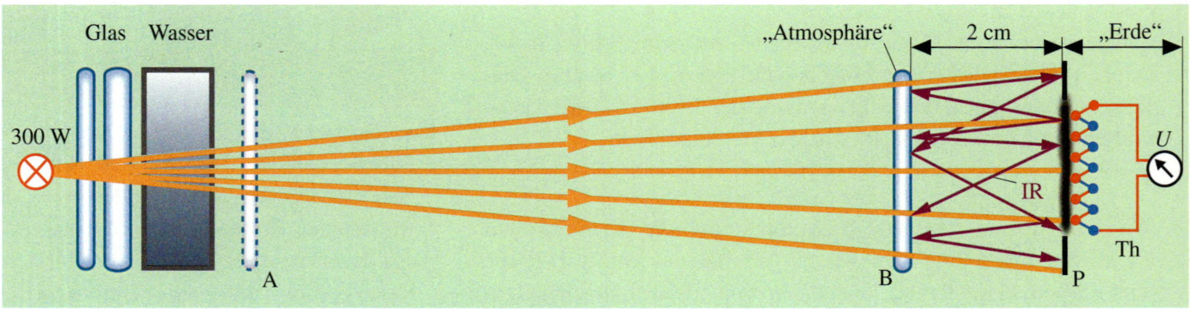

8. Ein Klimamodell ohne Atmosphäre

Man versucht heute, mit komplizierten **Klimamodellen** die künftige Entwicklung unseres Planeten zu berechnen. Deren Prinzip erläutern wir an stark vereinfachten Rechenmodellen:

a) Die Erde (Radius $R = 6\,370$ km) empfängt Sonnenstrahlung mit der Solarkonstanten $S_E = 1{,}37$ kW/m². Dabei gilt S_E nur für Flächen, die senkrecht zur Strahlung stehen, hier zur Querschnittsfläche $A = \pi \cdot R^2$ ($= 1{,}3 \cdot 10^{14}$ m²) des die Erde auf ihrer Tagseite treffenden Lichtzylinders (➡ *Bild 3a*). Die Erde nimmt insgesamt an Strahlungsleistung auf:

$$P_{auf} = A \cdot S_E = \pi \cdot R^2 \cdot S_E. \qquad (3)$$

b) Dagegen strahlt die Erde bei Tag und Nacht *nach allen Richtungen* unsichtbares IR ab. Dieses geht allseitig von der *4-mal so großen Erdoberfläche* $O = 4\pi \cdot R^2 = 4\,A$ weg (➡ *Bild 3b*). Die Leistung dieser Abstrahlung ist bei der mittleren Erdtemperatur T_1 nach *Gl. 1*:

$$P_{ab} = \sigma \cdot O \cdot T_1^4 = \sigma \cdot 4\pi \cdot R^2 \cdot T_1^4 = \sigma \cdot 4\,A \cdot T_1^4. \qquad (4)$$

Zunächst sehen wir von der Atmosphäre ab. Dann trifft die ganze primäre Sonneneinstrahlung P_{auf} (in *Gl. 3* mit der Solarkonstanten S_E berechnet) ungeschwächt die Erdoberfläche. Wir nehmen an, dort werde sie zudem vollständig absorbiert und thermalisiert. Also gilt im Strahlungsgleichgewicht für den Erdboden $P_{auf} = P_{ab}$. Aus *Gl. 3 und 4* folgt für die über die Erdoberfläche (ohne Atmosphäre) gemittelte Temperatur T_1:

$$A \cdot S_E = \sigma \cdot 4\,A \cdot T_1^4.$$

Daraus folgt

$$T_1 = \sqrt[4]{S_E/4\,\sigma} = 278 \text{ K} \mathrel{\widehat{=}} +5\,°\text{C}. \qquad (5)$$

Dieser Wert liegt um 9 Grad unter dem heutigen Mittel von 14 °C. Da der Unterschied zwischen Eis- und Warmzeiten nur 4 bis 5 K beträgt, würde dieser über die Erdoberfläche gemittelte Wert von $T_1 = +5$ °C für Europa strenge Eiszeit bedeuten!

Merksatz

Prinzip der Klimamodell-Rechnung ohne Atmosphäre

- Im Mittel besteht an der Erdoberfläche Strahlungsgleichgewicht zwischen der eingestrahlten Leistung P_{auf} und der abgestrahlten P_{ab}. Also gilt $P_{ab} = P_{auf}$.
- Die Erde empfängt auf der Tagseite die Leistung $P_{auf} = A \cdot S_E$. Sie strahlt Tag und Nacht diese Leistung über die 4fache Fläche $O = 4\,A$ verteilt wieder ab. Das gibt eine um den Faktor 4 kleinere *Leistungsdichte* $S^* = A \cdot S_E/(4\,A) = S_E/4$ der Ausstrahlung.
- Für die Erdtemperatur T gilt dann nach *Gl. 2*:
  $S^* = P_{ab}/O = \sigma \cdot T^4$, also $T = \sqrt[4]{S^*/\sigma} = \sqrt[4]{S_E/4\,\sigma}$. (6)

V 1: Eine Kochplatte (Fläche $A = 0{,}025$ m²) wird – ohne Sonneneinstrahlung – stufenweise immer stärker elektrisch erhitzt. Sehen wir von Wärmeleitung ab, dann muss sich die Endtemperatur T einstellen, bei der die zugeführte elektrische Leistung $P = U \cdot I$ als Strahlung wieder abgeht. T wird von einem Thermoelement, das mit gutem Wärmekontakt an der Platte anliegt, gemessen. Die ➡ *Tabelle 1* zeigt P/T^4 = konst., also $P \sim T^4$. Da die Platte nach beiden Seiten abstrahlt, gilt $A = 2 \cdot 0{,}025$ m². Es folgt $\sigma = P/(A \cdot T^4) \approx 6 \cdot 10^{-8}$ W·m⁻²·K⁻⁴.

P in W	141	200	270	670
T in K	453	493	532	664
$10^9 \cdot P/T^4$ in W/K⁴	3,35	3,39	3,37	3,45

T 1: Die Messergebnisse bestätigen *Gl. 1*

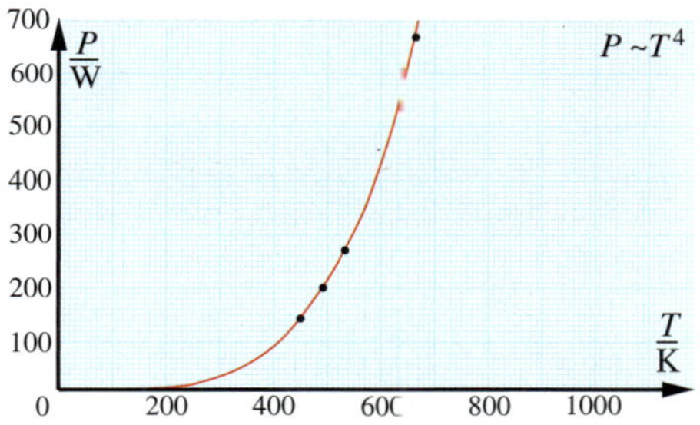

B 2: Das Diagramm zeigt: $P \sim T^4$

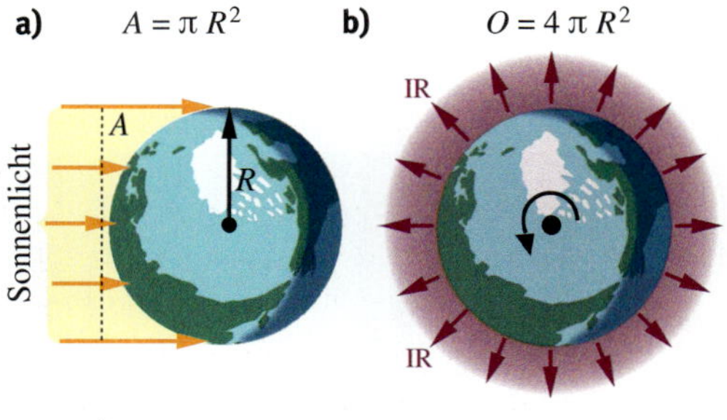

B 3: **a)** Auf die Erdkugel vom Radius R fällt Sonnenlicht und trifft die Fläche $A = \pi \cdot R^2$ senkrecht. **b)** Die Ausstrahlung von der Erde im IR geht von der 4fachen Fläche $O = 4\pi \cdot R^2 = 4\,A$ weg.

A 1: Die Sonne hat den Radius $7 \cdot 10^5$ km und zur Erde den Abstand $150 \cdot 10^6$ km. Berechnen Sie aus der über der Erdatmosphäre gemessenen Solarkonstanten S_E die Energie, die 1 m² der Sonnenoberfläche in 1 s durchströmt. Bestimmen Sie daraus deren Temperatur.

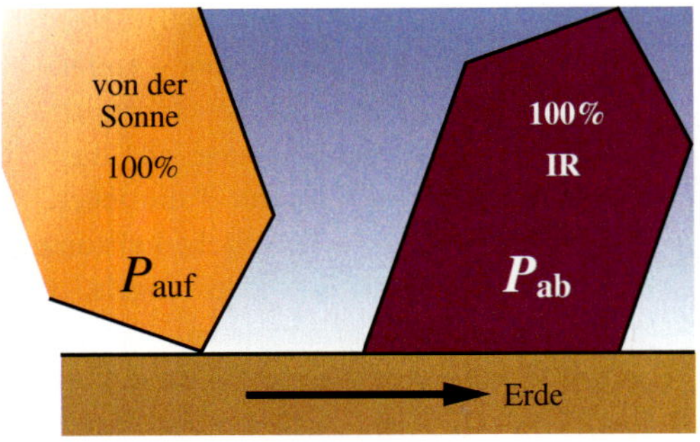

B 1: Wenn alle Sonnenenergie (100%) thermalisiert und als IR abgestrahlt würde, läge die mittlere Temperatur der Erdoberfläche bei $T_1 = +5\,°C$

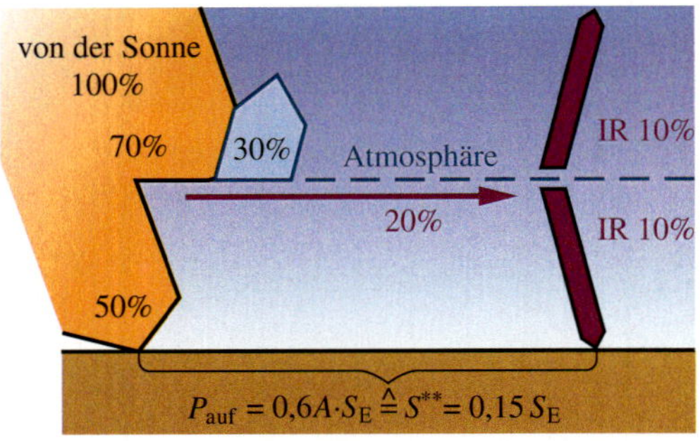

B 2: 30% der einfallenden Sonnenstrahlung (100%) werden sofort in den Weltraum reflektiert. Von den restlichen 70% thermalisiert die Atmosphäre 20%; sie strahlt die Hälfte davon (10%) in den Weltraum ab. Insgesamt erreichen nur 60% die Erdoberfläche und werden dort thermalisiert. So läge die mittlere Erdtemperatur bei $-28\,°C$.

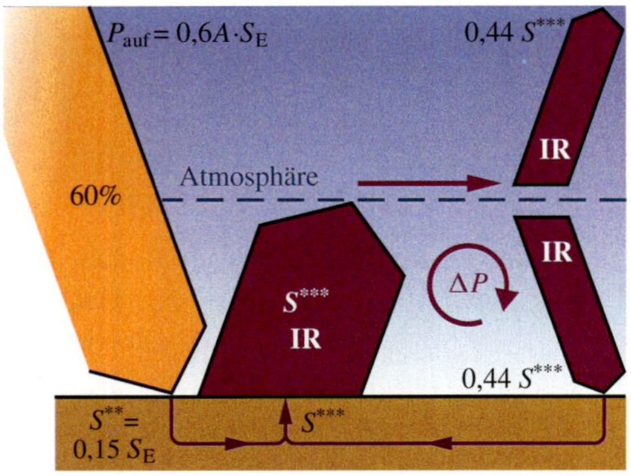

B 3: Zwischen den Treibhausgasen in der Atmosphäre und der Erdoberfläche kreist IR mit der Strahlungsleistung ΔP. Obwohl die eingestrahlte Leistung P_{auf} auf 60% reduziert ist, erhöht ΔP die mittlere Erdtemperatur auf Werte (+14 °C), die größer sind als ohne Atmosphäre.

9. Ein einfaches Klimamodell mit Atmosphäre

a) Bisher nahmen wir an, die Erdoberfläche würde die gesamte primäre Sonnenstrahlung (100%) thermalisieren und als IR abstrahlen (➡ *Bild 1*). Doch werden davon etwa 30% wie an Spiegeln ins Weltall reflektiert, zum Teil als sichtbares Licht; Astronauten sehen die Erde als blauen Planeten. Wäre das alles, so brauchte die Erdoberfläche nur 70% als IR abzustrahlen. Die Leistungsdichte ihrer Abstrahlung würde von $S^* = S_E/4 = 0{,}25\,S_E$ auf $0{,}7\,S^* = 0{,}18\,S_E$ sinken. Die Erdtemperatur ginge von +5 °C auf eine Temperatur von $T_2 = \sqrt[4]{0{,}18\,S_E/\sigma} = 255\text{ K} \mathrel{\hat{=}} \mathbf{-18\,°C}$ zurück.

b) Noch schlimmer: Weitere 20% der primären Sonnenstrahlung werden von der Atmosphäre absorbiert und dort thermalisiert (➡ *Bild 2*). Die so erwärmte Atmosphäre entlässt davon etwa die Hälfte, also 10%, als unsichtbares IR in den Weltraum. Nur noch 100% – 30% – 10% = 60% der Sonnenstrahlung erreichen die Erde; es gilt $P_{auf} = 0{,}6 \cdot A \cdot S_E$. Damit würde die Leistungsdichte der Abstrahlung von $S^* = S_E/4$ nicht auf $0{,}18\,S_E$ wie in a), sondern auf $S^{**} = 0{,}15\,S_E$ sinken, die mittlere Erdtemperatur gar auf **–28 °C**. Leben wäre auf der Erde unmöglich.

c) Hier kommt *seit Jahrmillionen* der **natürliche Treibhauseffekt** mit den schon damals vorhandenen Treibhausgasen H_2O und CO_2 zu Hilfe. Wie wir wissen (➡ *Ziff. 6*), thermalisieren diese Gase 88% der IR-Strahlung, die sie von der Erdoberfläche erhalten. Die Hälfte davon (44%) senden sie wieder als IR zur Erde zurück. Dies erhöht die von der ganzen Erdoberfläche $O = 4\,A$ im Gleichgewicht abzustrahlende Leistung von $S^{**} = 0{,}15\,S_E$ in b) auf den zunächst noch unbekannten Wert S^{***}.

Wir können diese Leistungsdichte S^{***} der Erde berechnen, wenn wir bedenken, dass sie wegen 44% Rückstrahlung der Treibhausgase um $0{,}44\,S^{***}$ größer ist als $S^{**} = 0{,}15\,S_E$ aus b). Also gilt:

$$S^{***} = 0{,}15\,S_E + 0{,}44\,S^{***} \quad \text{oder}$$
$$S^{***} = 0{,}15\,S_E/0{,}56$$
$$S^{***} = 0{,}27\,S_E$$

Nach *Gl. 2* gilt zudem $S^{***} = \sigma \cdot T^4$. Hieraus folgt die Temperatur $T = \sqrt[4]{S^{***}/\sigma} = 283\text{ K} \mathrel{\hat{=}} \mathbf{+10\,°C}$, was dem gemessenen Mittelwert von +14 °C schon recht nahe kommt. Auf der Erde konnte sich Leben in unserem Sinne entwickeln.

Diese starke Temperaturerhöhung resultiert nicht etwa aus einer Energieerzeugung aus dem Nichts, sondern stammt vom Kreisen des IR zwischen der Erdoberfläche und den Treibhausgasen. Demgegenüber ist der Wärmezufluss aus dem heißen Erdinnern mit $0{,}01\,S_E$ vernachlässigbar klein. Schwierig zu erfassende Faktoren wie Wolken, Energietransporte durch Luftbewegungen, durch aufsteigenden Wasserdampf und Niederschläge haben wir nicht berücksichtigt.

10. Der vom Menschen verursachte Treibhauseffekt

Die Treibhausgase wirken sich beim *natürlichen Treibhauseffekt* unerwartet stark und positiv aus. Das hat aber eine Kehrseite, die man sehr ernst nehmen muss:

Die Atmosphäre enthält nur etwa 0,03% an CO_2. Weil das wenig ist, kann die pausenlose Emission aus Schornsteinen und Verbrennungsmotoren aller Art die IR-Absorption über die 88% in Ziff. 6 erhöhen. In der Bundesrepublik werden pro Jahr und Einwohner 11,4 t CO_2 (1992) freigesetzt (an Abfällen aller Art nur 4,3 t). Mit der Erwärmung steigt zudem der Anteil des Treibhausgases Wasserdampf und steigert zusammen mit dem hauptsächlich in Land- und Abfallwirtschaft erzeugten Methan (CH_4) den Effekt. Von Autos, Heizungen und Kraftwerken freigesetztes SO_2 (Schwefeldioxid) schwächt dagegen den Treibhauseffekt etwas ab, schädigt aber die Wälder.

Im Jahr 1850 wirkten alle Treibhausgase zusammen wie ein CO_2-Anteil in der Luft von 0,028%. Dieser Wert wird bis zum Jahr 2050 etwa verdoppelt sein. Der dann zusätzlich ausgelöste **anthropogene** (von Menschen gemachte) **Treibhauseffekt** erwärmt die Erde bis 2050 um über 3 Grad! Bereits eine Zunahme um 5 Grad ließ die letzte Eiszeit in unsere jetzige Warmzeit übergehen. Also ist schon 1 Grad an Temperaturerhöhung bei langjährigen, über 30 Jahre gemittelten Klimaangaben zu viel!

Man darf solche *Klimaangaben* nicht mit *kurzfristigen Wetterbeobachtungen* verwechseln. Ein kalter Winter oder mehrere heiße Sommer nacheinander bedeuten noch keine signifikante *Klimaänderung*. Letztere erkennt man z. B. recht gut am Rückzug der Gletscher seit 100 Jahren.
Man vermag schon heute diesen anthropogenen Treibhauseffekt von den natürlichen kurzfristigen Wetterschwankungen zu trennen. Den von Klimamodellen prognostizierten Zusammenhang zwischen Temperatur und CO_2-Konzentration bestätigen Untersuchungen des antarktischen Eises über 150 000 Jahre Erdgeschichte hinweg (➡ *Bild 4*). ➡ *Bild 5* zeigt dies auch für die Industrialisierung der letzten 120 Jahre. Beides stützt die Klimamodelle.
Zudem nehmen die Ozeane das Treibhausgas Kohlenstoffdioxid vorübergehend auf, sodass sich die jetzige Erhöhung der Treibhausgaskonzentration erst 30 bis 40 Jahre verspätet auswirkt – dann aber unausweichlich. Die Folgen sind beängstigend.

Das Klima und damit die Lebensbedingungen dürften sich in weiten Bereichen der Erde in wenigen Jahrzehnten erheblich verändern, zumeist zum Schlechteren hin. Zum Beispiel ist durch Abschmelzen von Polareis mit Überschwemmungen von großen Küstenregionen zu rechnen.
Die Indizien für einen anthropogenen Treibhauseffekt sind erdrückend und die Folgen schwerwiegend. Deshalb ist es höchste Zeit, die den Treibhauseffekt fördernden Emissionen drastisch zu reduzieren.

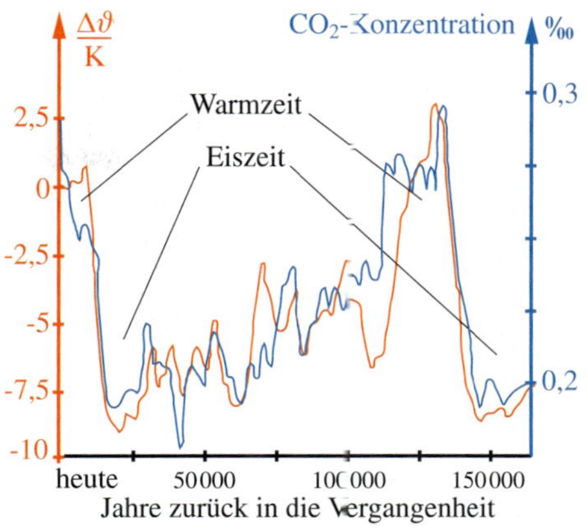

B 4: Messungen bestätigen den Zusammenhang zwischen CO_2-Konzentration und Temperaturabweichung $\Delta\vartheta$

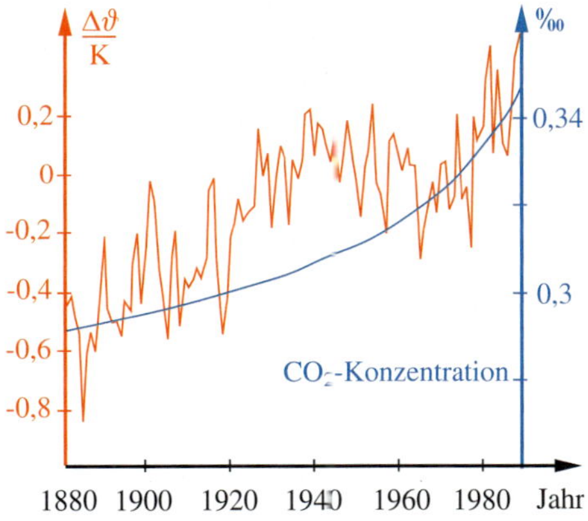

B 5: Seit 1880 bläst man CO_2 in die Luft und die Erdtemperatur steigt signifikant an

... noch mehr Aufgaben

A 1: In einem Buch steht, die Erde erhalte von der Sonne im Mittel 342 W/m². Begründen Sie diesen Wert durch Vergleich mit der Solarkonstanten. (In unseren Breiten sind es nur etwa 100 W/m².)

A 2: **a)** Berechnen Sie die mittlere Temperatur der Mondoberfläche. Sie hat ein Reflexionsvermögen (Albedo) von 7%, aber keine Atmosphäre. **b)** Welche Temperatur hätte Merkur (ohne Atmosphäre und Albedo, $58 \cdot 10^6$ km von der Sonne entfernt)?

A 3: Wie hoch wäre die CO_2-Schicht, die in der Bundesrepublik Deutschland (82 Mio. Einwohner, 357 000 km²) in einem Jahr entstünde, wenn dieses Gas (Dichte $\varrho = 2$ g/l) sich unvermischt nur am Boden ausbreiten würde?

Vertiefung

IR ⇒ Rotglut ⇒ Gelbglut ⇒ Weißglut

Vergrößert man die Stromstärke in einer Glühlampe stetig, so beginnt sie erst ab ca. 525 °C zu glühen. In der Folge leuchtet sie nicht nur heller, auch ihre Farbe ändert sich über Gelb zu Weiß. Dies erkennt man noch deutlicher, wenn man das ganze Spektrum mit der für alle Spektralbereiche empfindlichen Thermosäule Th mit vorgesetzter Blende B abtastet (⇛ *Bild 1*). Dann spielen die Eigenschaften unserer Augen keine Rolle mehr. Dabei sollten Linsen und Prismen aus Quarz gefertigt sein, damit sie auch für IR und UV durchlässig sind.

Die gewonnenen Messkurven zeigt ⇛ *Bild 2*. Sie geben die Strahlungsleistung an, die die Blende B bei verschiedenen Lampenspannungen U durchsetzt. Verschiebt man diese Blende im Spektrum, so wird die Intensität des von B ausgesonderten schmalen Spektralbereichs registriert. Sie zeigt bei jeder Kurve, also für jede Glühfadentemperatur, ein Maximum. Dieses verschiebt sich mit steigender Temperatur vom IR-Bereich ins Sichtbare. Deshalb nehmen unsere Augen ein Verschieben der Glühfarbe von Rot über Gelb zu Weiß hin wahr. Mit zunehmender Temperatur steigt zudem die Kurvenhöhe, und zwar an jeder Stelle des Spektrums. Sie gibt die Strahlungsleistung in dem Spektralbereich an, der die Blende B durchsetzt. Die Gesamtleistung aus all diesen Spektralbereichen zusammengenommen wird von der Fläche der Kurven angegeben. Sie steigt nach dem Gesetz von STEFAN und BOLTZMANN wie T^4.

Astronomen messen die Spektren auch von weit entfernten Sternen sehr sorgfältig. Aus der Lage des Maximums der Strahlung ermitteln sie die Sterntemperatur. Sterne, die bläulich leuchten, sind heißer als die Sonne, deren Oberflächentemperatur bei 5 700 K liegt (⇛ *Tabelle 1*). Der hellste Stern an unserem Nachthimmel, der Sirius, hat z. B. eine Oberflächentemperatur von 11 000 K.

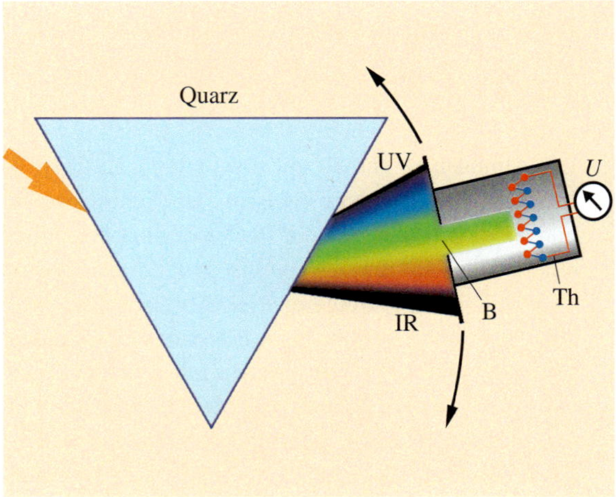

B 1: Ein *x*-*y*-Schreiber verschiebt die Thermosäule Th samt Blende B durch das Spektrum von IR bis UV und registriert zugleich die Thermospannung, die ⇛ *Bild 2* zeigt

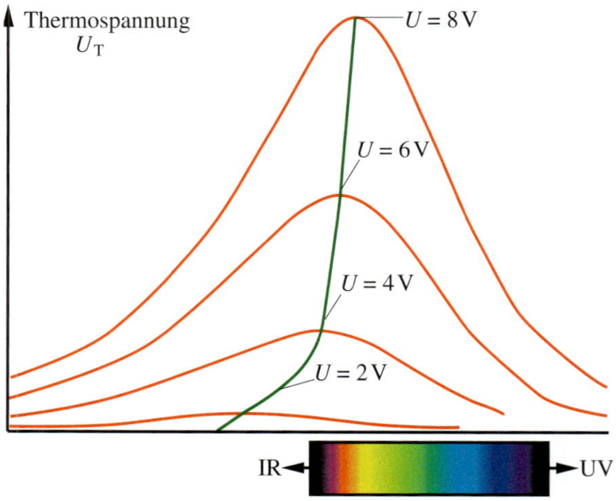

B 2: Intensitätsverlauf der die Blende B durchsetzenden Strahlung von IR über den sichtbaren Teil bis UV bei verschiedenen Lampenspannungen U

Temperatur ϑ in °C	T in K	Strahlungsmaximum Bereich	Wellenlänge in nm	Leistungsdichte in W/cm²	Energieanteil im Sichtbaren in %	Vorkommen
37	310	IR	9 340	0,05	0,00	menschl. Körper
525	798	IR	3 630	2,30	0,00	beginnende Rotglut
2 000	2 273	IR	1 274	152,00	4,40	Glühlampen
4 000	4 273	Orange	678	1 900,00	34,00	Bogenlampen
5 400	5 673	Gelb	508	6 017,00	46,00	Sonnenoberfläche
6 000	6 273	Blau	462	8 826,00	47,00 (Optimum)	
9 000	9 273	UV	350	26 700,00	36,00	sehr heiße Sterne

T 1: Mit steigender Temperatur ändert sich die Strahlung (über Wellenlängenangaben siehe ⇛ *Vertiefung*)

Vertiefung

Die Wellenlänge

Der Bereich der Strahlung und deren Farbe wird physikalisch durch die so genannte Wellenlänge λ bestimmt. Sie kennen Wellenlängenangaben vom Rundfunk (Langwellen, Kurzwellen, UKW = Ultrakurzwellen). Bei Licht sind die Wellenlängen sehr klein. Man gibt sie deshalb in der Einheit Nanometer (nm) an:
1 nm = 10^{-9} m.
Einige Beispiele sind:

Radiowellen	> 0,1 m
Infrarot (IR, ➠ *Bild 3*)	1 mm bis 800 nm
Rot	800 nm
Gelb	600 nm
Violett	400 nm
Ultraviolett (UV)	400 nm bis 10 nm
Röntgenstrahlen	100 nm bis 10^{-4} nm

Zwischen der Glühtemperatur T und dem Maximum der Ausstrahlung in ➠ *Bild 2* besteht ein einfacher Zusammenhang, wenn man das Maximum mit seiner Wellenlänge λ_m kennzeichnet: $T \cdot \lambda_m$ = konstant. Dies ist das *wiensche Verschiebungsgesetz: Mit steigendem T verschiebt sich das Maximum zu kleineren Wellenlängen* λ_m.

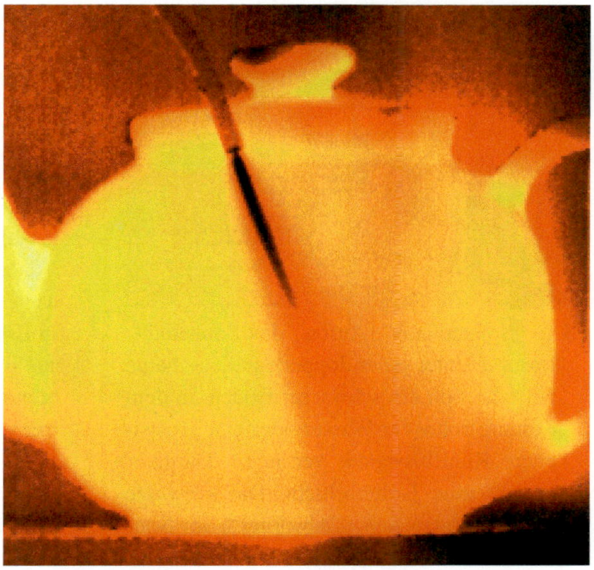

B 3: Die mit heißem Tee gefüllte Kanne strahlt anscheinend so, als ob sie auf über 1 000 °C erhitzt wäre. Doch handelt es sich um IR-Strahlung, die mit einer IR-Kamera aufgenommen wurde. Dies erkennt man am Treibhausgas CO_2, das aus dem Schlauch strömt. Es absorbiert das IR, sieht also für die IR-Kamera schwarz aus. Für unsere Augen dagegen ist CO_2 genauso durchsichtig und damit unsichtbar wie Luft.

Interessantes

Woher hat die Sonne Energie und die Erde Materie?

Vor etwa 15 Milliarden Jahren entstand das Weltall im so genannten Urknall. Seitdem dehnt es sich aus. Beim Abkühlen bildete sich ein Gas freier Wasserstoffatome. Die Resultierende der Gravitationskräfte, mit denen jedes Atom nach allen Seiten gezogen wird, ist aber nicht überall null. Wo sich zufällig die Atome etwas anhäufen, bilden sich – auch heute noch – sehr schwache *Gravitationszentren,* die weitere H-Atome zu sich heranziehen und immer größer werden. Seit etwa 10 Milliarden Jahren bauen sich so aus dem diffusen Nebel massenreiche Sterne auf. Die gegenseitige potentielle Energie der ursprünglich weit entfernten H-Atome wandelt sich durch die Gravitationsanziehung in Bewegungsenergie der ungeordneten Teilchenbewegung um. Diese wird im Sterninnern so heftig, dass dort Temperaturen von 20 Millionen Grad entstehen. Bei diesen Temperaturen können keine neutralen H-Atome existieren, sondern nur freie Elektronen und Atomkerne (Protonen H^+). Trotz der Abstoßung ihrer positiven Ladungen kommen sich Letztere bei diesen hohen Geschwindigkeiten so nahe, dass sie zu Heliumkernen verschmelzen. Bei dieser **Kernverschmelzung (Fusion)** wird viel mehr Energie frei als bei der Kernspaltung in Atomreaktoren. Dies ist die konstante Quelle der riesigen Energie, die die Sonne allseitig abstrahlt und von der ein winziger Bruchteil unsere Erde trifft. Der Wasserstoff in unserer Sonne reicht noch für einige Milliarden Jahre; ein Kohlenhaufen gleicher Masse wäre schon längst ausgebrannt.

Bei der Kernverschmelzung entstehen über das Helium hinaus der Reihe nach auch schwere Kerne – bis hin zu Eisen. Wenn nach Jahrmilliarden ein Stern seinen Wasserstoff verbraucht hat, stürzt er zusammen. Mit der dabei frei werdenden Gravitationsenergie wird in der weit leuchtenden Fackel einer **Supernova-Explosion** ein Teil der durch Fusion gebildeten schweren Kerne ins Weltall geschleudert. Ebenfalls frei werdende Neutronen rüsten manche Kerne bis hin zum schweren Uran auf. So entstehen auch heute noch die Elemente des Periodensystems. Vereinigen wiederum Gravitationskräfte diese „Abfallprodukte" der Energieerzeugung zu festen Materieklumpen, so bilden sich Planeten wie unsere Erde.

B 1: „Sonnenhaus". Aufbau des Sonnenkollektors: Unter einer doppelten Glasscheibe befindet sich ein schwarzer Boden, in dem Leitungsrohre für Wasser oder eine frostsichere Kühlflüssigkeit verlaufen. Darunter kommt eine Isolierschicht. Die schwarze Fläche erhitzt sich („Absorber") im Sonnenlicht. Die Doppelscheibe verhindert, dass Wärme durch Luftströmung abgeführt wird. Durch Auswahl besonderen Oberflächenmaterials, z. B. Kupferoxid auf Aluminium, erreicht man, dass die heiße schwarze Fläche auch durch eigene Abstrahlung nur wenig Energie verliert. Wenn der Sonnenschein senkrecht auf den Kollektor fällt, erhitzt sich dieser auf 150 °C bis 200 °C. Das Röhrenmaterial und die Isolation müssen diese Temperatur im Störfall aushalten können.

B 2: 150 MW-Solarkraftwerk

B 3: Moderne Windmühlen

Energie und Zukunft

1. Sitzen wir schon in der Falle?

Zwei chemische Elemente sind es, aus deren Oxidation die Menschen fast ihre ganze Energie beziehen: Kohlenstoff und Wasserstoff. In den fossilen Lagerstätten befindet sich weitaus mehr Kohlenstoff als Wasserstoff: Kohle besteht aus fast reinem Kohlenstoff – daher hat er ja den Namen – und die Kohlevorräte überwiegen bei weitem die Vorräte an Erdöl und Erdgas. Aber gerade den Kohlenstoff dürften wir eigentlich ab sofort nicht mehr verbrennen, weil aus ihm das Treibhausgas CO_2 entsteht. Wasserstoff dagegen verbrennt zu unschädlichem Wasser. Er kommt aber in der Natur nicht frei vor, sondern ist im Erdöl und Erdgas an Kohlenstoff gebunden.

Nach nicht einmal dreihundert Jahren Nutzung fossiler Brennstoffe steht die Menschheit also vor diesem Dilemma: Ohne Brennstoffe bricht unsere technische Zivilisation und damit unser Wohlstand und unsere Kultur zusammen. Nutzen wir die Brennstoffe aber weiter so wie bisher, so droht eine Klimaveränderung, die für uns mindestens genauso verheerend sein wird wie ein Versiegen der Energiequellen.

Gibt es denn noch einen Ausweg? Hat es überhaupt einen Sinn, noch Pläne zu machen? – Wir kennen heute die Gesetzmäßigkeiten der Natur genau genug, um mit guten Gründen behaupten zu können: Eine globale umfassende Nutzung der Sonnenenergie könnte uns der Lösung des Energieproblems ein gutes Stück näher bringen. Sprechen wir die Möglichkeiten hierzu durch und fangen wir ganz unten bei uns selber an!

2. „Solares Deutschland"?

Wir können die Sonnenstrahlung auf unseren Hausdächern unmittelbar auffangen und mit „Sonnenkollektoren" nutzen. ➠ *Bild 1* zeigt einen möglichen Aufbau. Die Wärme wird hier bei Temperaturen geliefert, die für Heizung und Warmwasserbereitung ausreichen – allerdings nur bei schönem Wetter! Für Schlechtwetterzeiten und für den Winter braucht man eine Zusatzheizung („bivalenter Betrieb") und/oder einen sehr großen Wassertank als Energiespeicher. Man hat probeweise „Null-Energie-Häuser" gebaut, die ganz ohne Brennstoff auskommen. Doch ist bei ihnen der Materialaufwand so groß, dass es über 20 Jahre dauert, bis die zur Herstellung im Übermaß verbrauchte Energie durch die Energie-Einsparung im laufenden Betrieb wieder „zurückgezahlt" ist. Zum Regelfall können solche Häuser wohl nicht werden.

3. Großtechnik wird weiterhin gebraucht

Wenn man aus Sonnenenergie Niedertemperaturwärme gewinnt, so ist das im Grunde immer noch verschwenderisch. Theoretisch ließe sich die Temperatur der Sonne selbst, das sind 5 700 °C, erzeugen! In Forschungsanlagen kommt man mit Hohlspiegeln immerhin auf

3 900 °C. Heutige Solarkraftwerke (→ *Bild 2*), bei denen das Licht von zahlreichen der Sonne automatisch nachgeführten Spiegeln aufgefangen wird, sind in sonnenscheinreichen Gegenden wie z. B. in der Mojave-Wüste, USA, in Betrieb. Solarkraftwerke sind aber wohl nur in äquatornahen Ländern sinnvoll. Von dort müsste zur Versorgung der Menschen in unseren Breiten dann die gewonnene Energie über große Entfernungen transportiert werden, etwa in der Form von reinem Wasserstoff, der durch Zersetzung von Wasser gewonnen werden könnte. Wahrscheinlich wird man ohne solche Großanlagen nicht auskommen. Aber auch die indirekten Wirkungen der Sonnenstrahlung erfordern ausgereifte „große" Technik, wenn sie effektiv genutzt werden sollen:

a) *Wasserkraft:* In vielen Ländern, auch in Deutschland, wird sie bereits intensiv genutzt. Die damit verbundenen ökologischen Probleme sind bekannt.

b) *Windenergie:* Sie kann vor allem in Meeresnähe in großem Maßstab verwendet werden. Die Zahl der Windmotoren nimmt in Deutschland stark zu (→ *Bild 3*).

Ist der Weg über die Wärme überhaupt das Richtige, wenn man mechanische oder elektrische Energie benötigt? Selbst im modernsten Kraftwerk wird noch viel Energie entwertet, weil Wärme irreversibel über ein Temperaturgefälle fließt. Daher widmet man mit Recht allen Energietechniken große Aufmerksamkeit, bei denen keine hohen Temperaturen gebraucht werden:

- *Solarzellen* wandeln Lichtenergie unmittelbar in elektrische Arbeit um. In der Raumfahrt werden sie umfassend verwendet; für die Starkstromtechnik sind sie immer noch zu teuer.
- In der *Fotosynthese* baut die Natur im Sonnenlicht aus den Rohstoffen Kohlenstoffdioxid und Wasser organische Substanzen („Biomasse") auf. Eine davon, das Holz, war jahrtausendelang der einzige Brennstoff des Menschen. Ein Fernziel der Solartechnik ist es, in verwandter Weise mithilfe der Strahlung einen Brennstoff wie z. B. Wasserstoff herzustellen.

Was können wir von der Sonnenenergie im Idealfall erwarten? Eine grobe Abschätzung möge es verdeutlichen. Die Sonne strahlt uns beständig $1{,}7 \cdot 10^{17}$ W Leistung zu. Am Erdboden kommen unter günstigen Bedingungen (klare Luft) 70% davon an. 30% der Erdoberfläche sind Land, davon 0,2% Wüsten, die optimal bestrahlt und anderweitig nicht genutzt werden. Würde man die auf sie entfallende Leistung zu 20% nutzen können, so wären das

$$1{,}7 \cdot 10^{17}\ \text{W} \cdot 0{,}7 \cdot 0{,}3 \cdot 0{,}002 \cdot 0{,}2 = 14 \cdot 10^{12}\ \text{W} = 14\ \text{Terawatt}.$$

Das ist ungefähr so viel, wie heute schon verbraucht wird! Was bedeutet dies? Die Menschheit könnte allein mit Sonnenenergie im Prinzip beliebig lange existieren. Sie dürfte aber ihren Aufwand über das heutige Maß hinaus nicht mehr wesentlich steigern. Was dies für die reichen Industrienationen, also auch für uns bedeutet, sagt Ihnen sehr klar der nebenstehende Zeitungsartikel. Technische Verbesserungen auszudenken, müssen wir den Fachleuten überlassen. Die Energieentwertung einzuschränken, ist die Sache eines jeden von uns.

Zum Nachdenken

Schon im Jahr 1988 schrieb das Wochenblatt *Die Zeit* anlässlich der damaligen Welt-Klima-Konferenz:

Die Kunst des Unterlassens

So wichtig es ist, alles technisch Mögliche zu unternehmen, um die Reserven besser zu nutzen und neue – regenerative – Energiequellen zu erschließen, so illusorisch ist der Glaube, das Klimaproblem sei allein mit Technik zu lösen. Denn auch ein Katalysatorauto mit einem Verbrauch von drei Litern bleibt ein Auto, das schon bei der Herstellung ungeheure Mengen an Rohstoffen kostet. Es gibt überhaupt keine Möglichkeit, Energie zu erzeugen, ohne dabei die Umwelt zu schädigen. ... Sparen in dem Ausmaß, wie es für die Erhaltung der Umwelt nötig wäre, bedeutet deshalb zwangsläufig einen Verlust an so genannter Lebensqualität. Die Menschen der Industrienationen produzieren, besitzen und verbrauchen von allem viel zu viel. Die einzig umweltverträgliche Art des Daseins wäre das Nichtstun und Nichtsverbrauchen. Da dies freilich in letzter Konsequenz den Menschen unzumutbar ist, müssen sie lernen, gewisse Dinge einfach zu unterlassen. ... Wer jetzt noch bei den alten Rezepten bleibt, muss zugleich den ökologischen Offenbarungseid leisten.

Jenen Ländern hingegen, deren Bewohner noch um das schlichte Überleben kämpfen, müssen wir eine gewisse Entwicklung zugestehen. Ein Teil des Wachstums muss daher aus Wohlstandsgebieten abgezogen und in Notregionen gelenkt werden.

Wir besitzen die erstaunliche intellektuelle Fähigkeit, mit gewaltigen Computern unseren eigenen Untergang zu simulieren. Wir entwickeln geniale Gedanken, wie man einer Klimakatastrophe begegnen könnte. Aber uns fehlt die Vernunft, nach den eigenen Erkenntnissen zu handeln. Das Missverhältnis von zu viel Intellekt und zu wenig Vernunft scheint der evolutionäre Nachteil der Spezies homo sapiens zu sein. Nach darwinistischer Lehre hat eine Art mit solch eklatanten Fehlern keine Überlebenschance. Es sei denn, sie lernt aus ihren Fehlern.

Das ist wichtig

1. Stoffmenge ν = Anzahl der Teilchen, ausgedrückt in mol. 1 mol = Anzahl der Atome in 12 g Kohlenstoff = $6{,}02 \cdot 10^{23}$ Teilchen.
Atomare Masseneinheit u = $\frac{1}{12}$ der Masse eines Kohlenstoffatoms = $1{,}67 \cdot 10^{-24}$ g.

2. Kelvintemperatur $T \mathrel{\widehat{=}}$ Celsiustemperatur + 273 Grad. $T = 0$ K „absoluter Nullpunkt", tiefste mögliche Temperatur.

3. Ideale Gase: Gase, für die bei konstanter Temperatur auch Druck · Volumen = $p \cdot V$ konstant ist.
a) Allgemeine Gasgleichung: $p\,V = \nu R\,T$.
Allgemeine Gaskonstante $R = 8{,}31\ \text{J} \cdot \text{mol}^{-1} \cdot \text{K}^{-1}$.
b) Energie: $U_{\text{tr}} = \frac{3}{2}\,p\,V = \frac{3}{2}\,\nu R\,T$.
U_{tr} ist für alle idealen Gase die Translationsenergie der Teilchen, für die einatomigen Gase die gesamte innere Energie in einem mittleren Temperaturbereich.
c) Teilchengeschwindigkeit v, wenn alle Gasteilchen gleich schnell wären: $p = \frac{1}{3}\,\varrho\,v^2$ (ϱ: Dichte des Gases).
d) Arbeit bei langsamer isothermer Kompression von V_2 nach V_1: $W = \nu R\,T \ln(V_2/V_1)$.

4. Erster Hauptsatz der Wärmelehre (allgemeiner Energiesatz): $\Delta U = W + Q$
ΔU: Zunahme der inneren Energie U
W: Arbeit, Energiezufuhr durch Krafteinwirkung oder Stromfluss. Bei Kompression/Expansion gilt $W = -p \cdot \Delta V$ bzw. $W = p \cdot \Delta V$.
Q: Wärme; Energiezufuhr durch Teilchenstoß bei Temperaturgefälle
Adiabatischer Prozess: Vorgang mit $Q = 0$

5. a) Irreversibler Prozess: Vorgang, der ohne sonstige bleibende Veränderung in der Natur nicht umgekehrt ablaufen kann.
Reversibler Prozess: Grenzfall des „gerade nicht mehr irreversiblen" Prozesses. Reibungsfreie mechanische Prozesse und elektrische Prozesse ohne Stromwärme sind reversibel.
b) Zweiter Hauptsatz der Wärmelehre: Die Umwandlung von Arbeit in Wärme ist meist irreversibel. – Oder, gleichwertig: Der Wärmefluss über ein Temperaturgefälle ist irreversibel.
c) Maximaler Wirkungsgrad einer Wärmekraftmaschine, die zwischen den Temperaturen T_{h} und T_{t} arbeitet:

$$\eta_{\text{ideal}} = 1 - \frac{T_{\text{t}}}{T_{\text{h}}}.$$

6. Prinzip von BOLTZMANN: Beim irreversiblen Prozess im abgeschlossenen System wächst die Anzahl Ω der gleich wahrscheinlichen Mikrozustände des Systems. Beim reversiblen Prozess bleibt Ω unverändert. Eine spontane Abnahme von Ω ist extrem unwahrscheinlich, also praktisch unmöglich.

7. a) Entropie S: Zustandsgröße, die zusammen mit Wärme übertragen wird: $\Delta S = Q/T$, wenn im System kein irreversibler Prozess gleichzeitig abläuft.
Mit Arbeit wird keine Entropie übertragen.
Bei irreversiblen Prozessen wächst die Gesamtentropie der beteiligten Körper, bei reversiblen Prozessen bleibt sie konstant. Sie darf niemals abnehmen. Bei allen Prozessen muss die Energie erhalten bleiben. Aber erst die Entropie entscheidet, ob ein Prozess ablaufen kann oder nicht.
b) Entsteht die Entropie ΔS neu, so wird die Energie $T_0 \cdot \Delta S$ *entwertet*; d. h. es wird versäumt, mechanische oder elektrische Energie vom Betrag $T_0 \cdot \Delta S$ zu gewinnen (T_0: Umgebungstemperatur).
c) Wenn die Wärme Q von T_{h} nach T_{t} strömt, ist die Entropiezunahme $\Delta S = Q\,(1/T_{\text{t}} - 1/T_{\text{h}})$.
d) Die Entropiezunahme bei Reibung (Reibungsarbeit W) oder elektrischer Heizung (Stromarbeit W) ist gegeben durch $\Delta S = W/T$ (T: Temperatur des geriebenen bzw. geheizten Körpers).

8. a) Leistungsdichte der Sonnenstrahlung am Ort der Erde (Solarkonstante): $S_{\text{E}} = 1{,}37\ \text{kW/m}^2$.
b) Jeder Körper sendet Strahlung aus. Sie besteht bis ca. 500 °C aus unsichtbarem Infrarot (IR), über 500 °C außerdem aus sichtbarem Licht und unsichtbarem Ultraviolett (UV). Die vorherrschende Farbe ist mit wachsender Temperatur nacheinander Rot, Orange, Gelb, Grün, Blau.
c) Bei einem schwarzen Körper oder einem Hohlraum ist an der Oberfläche die Leistungsdichte der Strahlung $S_{\text{Ofl}} = \sigma\,T^4$ mit der Konstanten $\sigma = 5{,}7 \cdot 10^{-8}\ \text{W} \cdot \text{m}^{-2} \cdot \text{K}^{-4}$ (Gesetz von STEFAN/BOLTZMANN).
d) „Treibhausgase" (CO_2, Methan, Chlor- und Fluorkohlenwasserstoffe) lassen sichtbares Licht durch, absorbieren aber Infrarot. Ihre Anwesenheit in der Atmosphäre führt zu höherer Temperatur auf der Erde. Ihr natürliches Vorkommen hat das Leben auf der Erde erst ermöglicht. Der Mensch erzeugt solche Mengen an Treibhausgasen, dass der *anthropogene* Treibhauseffekt Besorgnis erregende Ausmaße annimmt.
e) Wegen des anthropogenen Treibhauseffekts und wegen der Begrenztheit der Vorräte müssen die fossilen Brennstoffe in der Zukunft durch direkt verwertete Sonnenenergie ergänzt bzw. ersetzt werden.

Das elektrische Feld

Schon im 4. Jahrhundert vor Christus berichtete PLATO über die anziehende Wirkung von geriebenem Bernstein auf Staub und andere leichte Gegenstände. Otto VON GUERICKE, Bürgermeister von Magdeburg, verfasste 1663 eine Schrift, in der er den Bau einer elektrisierenden Schwefelkugel beschreibt. Darin schilderte er auch wichtige Phänomene der Elektrizität: Abstoßung, Influenz, Leitung und Leuchtwirkung.

Im Barock wurde die Elektrizität salonfähig. Mit Elektrisiermaschinen und so genannten Leidener Flaschen erzeugte man Funken, mit denen man z. B. Alkohol anzünden konnte. Der Abbé NOLLET, Physiklehrer der königlichen Prinzen und Prinzessinnen, ließ 700 nichts ahnende Mönche eines Kartäuserklosters den Entladungskreis für eine Leidener Flasche bilden. Zur Freude des Hofstaates von Ludwig dem XV. sprangen alle gleichzeitig hoch, als sich die Kette schloss. Blitze wurden nicht mehr von Göttern geschleudert, sondern vom Menschen im Labor erzeugt. Der amerikanische Physiker und Politiker Benjamin FRANKLIN schlug als erste technische Anwendung den Bau eines Blitzableiters vor.

Die Entwicklung von Batterien durch Luigi GALVANI und Alessandro VOLTA führte zu neuen Untersuchungsmethoden und Anwendungen. An den Sitzungen der Akademie, in denen VOLTA seine neuen Experimente vorstellte, nahm oft der Erste Konsul Bonaparte teil. Napoleons naturwissenschaftliche Bildung und seine Anerkennung für die Arbeiten von VOLTA führten dazu, dass Paris damals zum Zentrum der Naturwissenschaft wurde.

Heute schalten wir den Computer ein und schicken an einen Freund oder eine Freundin in Amerika ein E-Mail oder unterhalten uns übers Internet. Welch weiter Weg in einer gar nicht so langen Zeit!

„Leidener Flasche" 1753

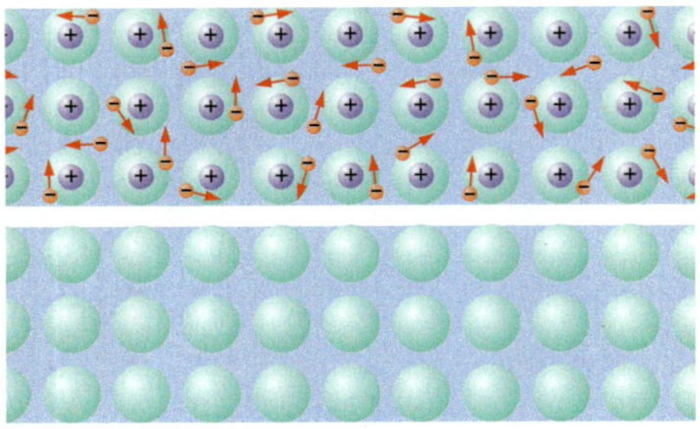

B 1: Atomistisches Bild eines Leiters (oben) und eines Isolators (unten)

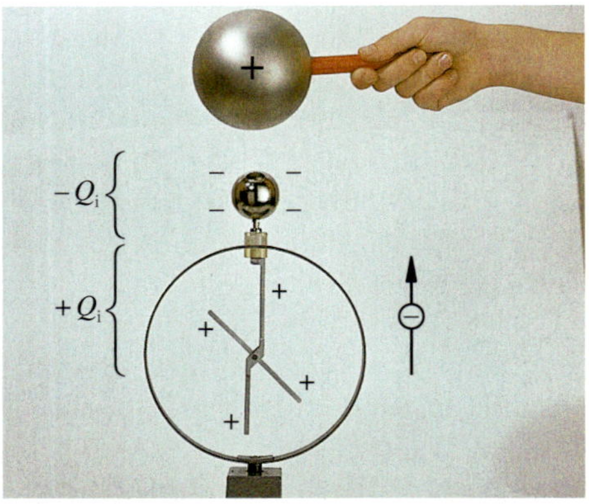

V 1: Influenzversuch: Die Plusladung der oberen Kugel zieht im Elektroskop-Stab Elektronen nach oben. Das Elektroskop schlägt aus.

B 2: Verkehrszählung auf der Autobahn: „Stromstärke" = Zahl der Fahrzeuge pro Zeiteinheit.

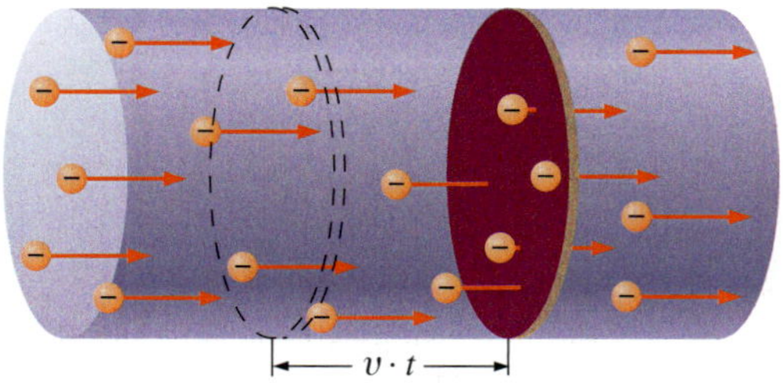

B 3: Elektronen, die sich in dem Zylinder mit der Länge $v \cdot t$ befinden, werden in der Zeit t die rote Fläche durchsetzen. Man definiert $I = Q/t$.

Ladung und Strom

1. Die kleinsten Ladungen

Wie wir wissen, gibt es **negative** und **positive** Ladungen. Gleichnamige Ladungen stoßen sich ab, ungleichnamige ziehen sich an. Die Kräfte zwischen Ladungen nehmen mit sinkendem Abstand zu. Die Träger der negativen Ladung sind die **Elektronen** in der Atomhülle; die der positiven, die so genannten **Protonen**, sitzen im Atomkern. Die Ladungen von Elektron und Proton sind dem Betrage nach genau gleich. Alle in der Natur vorkommenden Ladungen sind ganzzahlige Vielfache einer kleinsten Ladung, der Elementarladung:

$$e = 1{,}6021773 \cdot 10^{-19}\ \mathrm{C}; \quad q_{\mathrm{Elektron}} = -e.$$

Kleinere Ladungen hat man bei freien Teilchen in der Natur bis heute nicht gefunden. Bringt man entgegengesetzte Ladungen in gleichen Mengen zusammen, so üben sie nach außen hin keine Wirkungen aus. Sie neutralisieren sich, bleiben aber weiter bestehen. Wegen dieser perfekten Bilanz merken wir im Allgemeinen nicht, dass alle Körper Ladungen enthalten. Für die Ladungssumme gilt ein Erhaltungssatz wie für Masse, Energie und Impuls. Die Ladungssumme im Weltall ist konstant, wahrscheinlich null.

Elektrische Quellen (Batterien, Bandgenerator, Dynamo, …) erzeugen Ladungen nicht neu. Sie trennen nur bereits vorhandene positive und negative Ladungen gegen die anziehenden Kräfte voneinander. Dazu brauchen die Quellen Energie. Sind sie erschöpft, so aus Energie-, nicht aus Ladungsmangel. **Elektrische „Verbraucher"** (Lampen, Motoren) verbrauchen keine Ladung; sie wandeln elektrische Energie in andere Energieformen um.

In **Metallen** sind auch im stromlosen Zustand Elektronen frei beweglich; sie bilden ein „Elektronengas" (➡ *Bild 1*). Das Elektronengas wird von den positiv geladenen Atomrümpfen zusammengehalten und neutralisiert. Nähert man nun dem senkrechten Stab eines **Elektroskops** (➡ *Versuch 1*) von oben eine positive Ladung, dann zieht diese einen winzigen Teil der Elektronen nach oben. Diese bilden am oberen Stabende durch Elektronenüberschuss eine negative **Influenzladung**. Unten am Stab herrscht Elektronenmangel; dort überwiegen Plusladungen. Sie stoßen sich gegenseitig ab: Das Elektroskop schlägt aus. In **Isolatoren** dagegen sind alle Elektronen fest an ihre Atome gebunden (➡ *Bild 1*).

2. Strom ist fließende Ladung

Was man unter der Stromstärke I versteht, machen wir in ➡ *Bild 2* und ➡ *Bild 3* deutlich. Der Quotient aus der durch einen Leiterquerschnitt fließenden Ladung Q und der dazu benötigten Zeit t ist die Stromstärke I: Man definiert $\boldsymbol{I = Q/t}$.

Zum Messen braucht man Einheiten. Alle mechanischen Einheiten leitet man aus den drei Basiseinheiten m, kg und s ab. Man verwendet beim Aufbau der elektrischen Einheiten die Einheit 1 Ampere (A) der Stromstärke I als zusätzliche Basiseinheit. Die gesetzliche

Definition des Ampere geht von den magnetischen Wirkungen des Stroms aus. Für die Ladung gilt $Q = I\ t$. Die Ladungseinheit **1 Coulomb** (1 C) fließt bei der Stromstärke 1 A in 1 s durch den Leiterquerschnitt: **1 C = 1 As**. Man kann also auch sagen: Ein Strom hat die Stromstärke 1 A, wenn in einer Sekunde $1/1{,}6021773 \cdot 10^{-19} = 6{,}2415065 \cdot 10^{18}$ Elektronen durch den Leiterquerschnitt fließen. Das Zählen wäre aber sehr mühselig! Wir verwenden daher lieber Geräte wie das Drehspulinstrument.

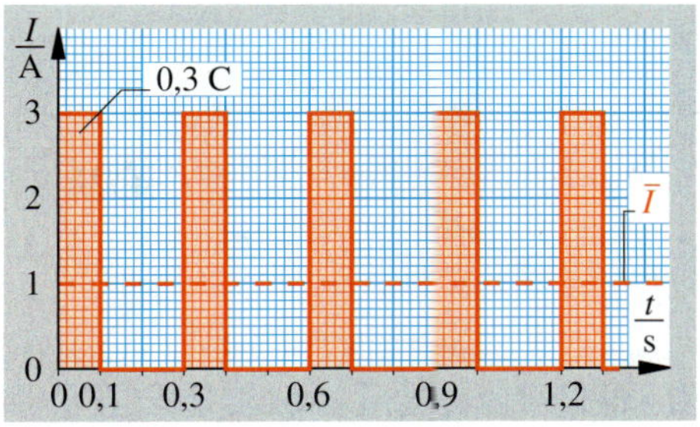

B 4: Bestimmung von Ladung und mittlerer Stromstärke $\bar{I}$ aus der Fläche unter der $I(t)$-Kurve

3. Ladungsmessung durch Stromstärkemessung

Wie verhält sich das Drehspulinstrument bei Ladungen, die pulsierend fließen? Mit einem geeigneten Netzgerät erzeugen wir einen Strom, dessen t-I-Diagramm aus periodisch sich wiederholenden Rechtecken besteht (➠ *Bild 4*). Die Ladung, die innerhalb einer Periode durch den Leiterquerschnitt tritt, entspricht dem Flächeninhalt eines Rechtecks im t-I-Diagramm. In 0,3 s fließt demnach die Ladung $Q = 0{,}1\ \text{s} \cdot 3\ \text{C/s} = 0{,}3\ \text{C}$. Unser Drehspulinstrument ist zu träge, um den einzelnen schnellen Stromstößen zu folgen. Es zeigt die mittlere Stromstärke $\bar{I} = 0{,}3\ \text{C}/0{,}3\ \text{s} = 1\ \text{A}$ an.

In ➠ *Versuch 2* sind zwei parallele Platten, zwischen denen sich Luft befindet, (ein so genannter *Plattenkondensator*) mit einem Netzgerät verbunden. Zwischen ihnen hängt an einem isolierenden Faden ein Kügelchen mit leitender Oberfläche. Wenn es an einer Platte aufgeladen wurde, pendelt es zwischen den Platten ständig hin und her. Was geht dabei vor?

Das Kügelchen trägt Elektronen mit der Ladung $-q$ von der rechten Platte (–) zur linken (+). Wir hören, dass es ebenso schnell wie nach links nach rechts zurückpendelt. Dabei trägt es die gleich große positive Ladung $+q$ als Elektronenmangel Die linke Platte entzieht ihm somit Elektronen der Ladung $-2\,q$; die rechte gibt ihm wieder $-2\,q$ zurück und ändert so seine Ladung von $+q$ in $-q$. Die Stromstärke kann man mit Drehspulinstrumenten nicht bestimmen; sie ist zu klein. Wir benutzen hierzu einen elektrischen Messverstärker. Damit können wir Ströme bis zu $1\ \text{pA} = 10^{-12}\ \text{A}$ (1 Millionstel eines Millionstel Ampere) und nach einem anderen Messprinzip Ladungen bis zu $10^{-9}\ \text{C} = 1\ \text{nC}$ messen. Der Verstärker zeigt einen konstanten Ausschlag, während das Kügelchen pendelt. Aus dem Mittelwert der Stromstärke und der Zahl der Hin- und Herläufe können wir die Ladung q des Kügelchens berechnen. Durch eine *direkte Ladungsmessung* am Kügelchen mit dem Messverstärker prüfen wir dann dessen Anzeige nach und bestätigen den berechneten Wert (➠ *Versuch 2b*).

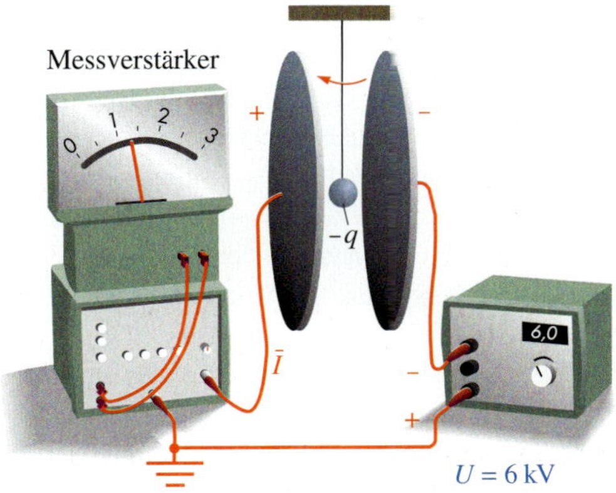

V 2: a) Netzgerät $U = 6$ kV, Plattenabstand 10 cm. Das Kügelchen mit 2 cm Durchmesser hängt an einem 1 m langen Isolierfaden. Die mittlere Stromstärke ist $\bar{I} = 12$ nA; in 1 s fließen also 12 nC. Schlägt das Kügelchen in 1 s z. B. dreimal rechts an, so nimmt es dort in 1 s die Ladung $3 \cdot 2\,q = 6\,q$ auf; links gibt es $6\,q$ ab. Daher ist $3 \cdot 2\,q = 12$ nC, also $q = 2$ nC.
b) Wir legen den Kondensator aus a) direkt an die Quelle und laden das Kügelchen an der Innenseite der rechten Platte auf. Dann entladen wir es am Messverstärker, den wir aus dem Stromkreis genommen und auf Ladungsmessung umgeschaltet haben. Er zeigt $q = -2\ \text{nC} = -2 \cdot 10^{-9}$ C an. Haben wir an der linken, positiven Platte geladen, so zeigt er $q = +2$ nC.

... noch mehr Aufgaben

A 1: Ein Netzgerät liefert einen rechteckförmigen periodischen Strom mit der Frequenz 50 Hz. Während 0,005 s beträgt die Stromstärke 100 mA, während der restlichen Periodendauer ist $I = 0$. Welche Stromstärke zeigt ein Drehspulinstrument?

A 2: Ein Plastiktrinkhalm wird auf einer Nadel drehbar gelagert. Reiben Sie einen zweiten Halm mit einem Wolltuch und nähern ihn dem drehbar gelagerten Halm. Was beobachten Sie? Was geschieht, wenn beide Halme gerieben werden? Erklärung!

A 3: Wie viele Elektronen fließen bei 1 pA in 1 s durch den Leiterquerschnitt?

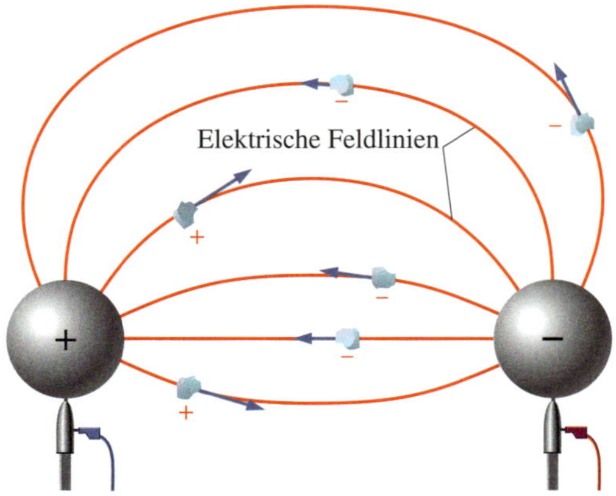

V 1: Eine Influenzmaschine oder ein Bandgenerator lädt zwei Kugeln entgegengesetzt auf. Im Umfeld ihrer Ladungen $\pm Q$ fliegen Watteflocken – wie von unsichtbarer Hand gezogen – auf gekrümmten Bahnen hin und her. Bei $+Q$ erhalten die Flocken kleine positive, bei $-Q$ negative Ladungen q. Diese erfahren Feldkräfte.

V 2: Grießkörner schwimmen in Rizinusöl. Darauf setzen wir zwei Elektroden und laden sie mit einem Bandgenerator auf. Durch Influenz werden in den Körnern Ladungen getrennt. Die entgegengesetzten Ladungen benachbarter Körner ziehen diese zu Ketten längs Feldlinien zusammen (➠ *Bild 1*) und zeigen die Struktur des Feldes. Bei verschiedenen Elektrodenanordnungen ergeben sich unterschiedliche Feldformen (➠ *Bild 2a–d*).

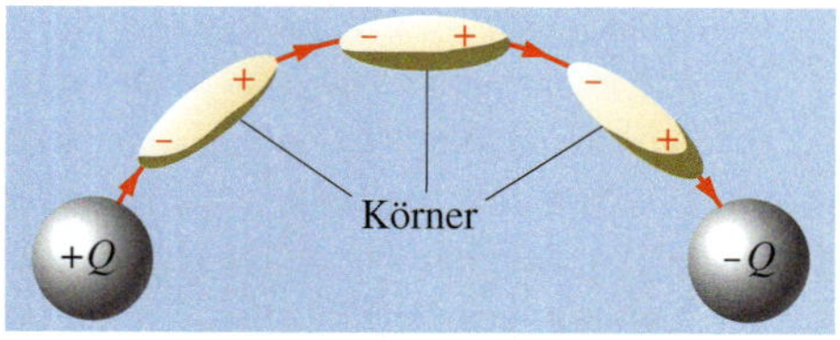

B 1: In den Grießkörnern werden Ladungen durch Influenz getrennt; sie ziehen die Körner zu Ketten zusammen.

FARADAYS Feldidee

1. Der Raum bekommt Struktur

Einen geangelten Hecht zieht man mit Haken und Schnur an Land. Wie aber zieht eine Ladung eine andere zu sich her oder stößt sie ab? Früher glaubte man, die Kraft wirke durch den leeren Raum. Ohne Vermittlung von Stoff und Raum sollte sie unmittelbar zwischen Ladungen wirken. Solche Vorstellungen verwenden wir auch noch, wenn wir z. B. sagen, „Gleichnamige Ladungen stoßen sich ab". Michael FARADAY führte eine neue Sichtweise ein. Er sah das Umfeld von Ladungen als Mittler für elektrische Kräfte an und nannte es **elektrisches Feld**. Dies war ein Wagnis, denn er konnte noch keine Beweise vorbringen, bestenfalls einige Hinweise. Auch wir suchen nach solchen, zumal sich im Umfeld von Ladungen einiges tut.

Zur Untersuchung bringen wir so genannte Probeladungen q (wir nehmen Watteflocken) zwischen positiv und negativ geladene Kugeln (➠ *Versuch 1*). Die Probeladungen erfahren **Feldkräfte** tangential zu gekrümmten Linien, **elektrische Feldlinien** genannt. Diese zeigen eine Ordnungsstruktur im Raum, die uns hilft, Vorhersagen zu machen. Liegen die Startpunkte der Watteflocken genügend dicht beisammen, so laufen die Flocken entlang benachbarter Linien. Die Feldlinien liegen an den geladenen Kugeln dichter beisammen als weitab von ihnen. Da die Wattestücke in Kugelnähe auch stärkere Kräfte erfahren, können wir sagen: *Das Feld ist an Stellen größerer Feldliniendichte stärker*. Eine andere Veranschaulichung der Feldstruktur gelingt mit Grieß und Rizinusöl (➠ *Versuch 2*). Zeichnet man Feldlinienbilder, so geben Pfeile die Richtung der Feldkraft auf eine positive Probeladung an. Beim **radialen Feld** (➠ *Bild 2c*) gehen die Feldlinien von einer positiv geladenen Scheibe sternförmig zu einem Ring mit negativen Ladungen. Zwischen zwei parallelen **Kondensatorplatten** verlaufen die Feldlinien senkrecht zu den Platten und zueinander parallel (➠ *Bild 2d*). Probeladungen erfahren in diesem **homogenen Feld** Kräfte gleicher Richtung. Am Rand biegen sich die Feldlinien nach außen.

Merksatz

Ladungen sind von elektrischen Feldern umgeben. In ihnen erfahren ruhende wie bewegte Probeladungen Feldkräfte tangential zu den elektrischen Feldlinien. Positive Probeladungen erfahren Kräfte in Richtung der Feldlinien, negative ihnen entgegen.

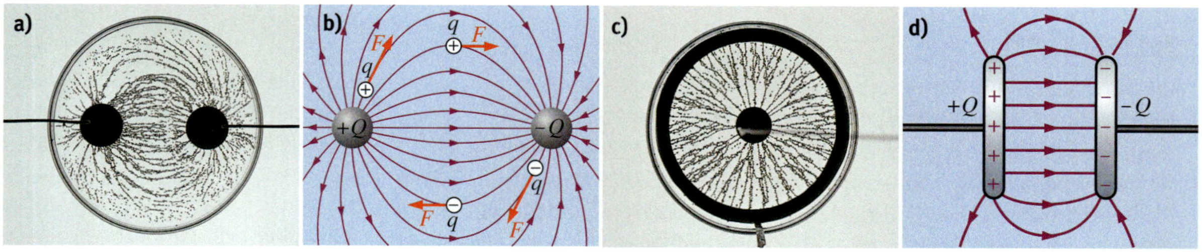

B 2: a) b) Feld zwischen zwei entgegengesetzt geladenen Kugeln **c)** radiales Feld **d)** homogenes Feld

2. Elektrische Felder – nicht nur in Luft

In all unseren Bildern enden Feldlinien auf Metalloberflächen senkrecht. *Muss* das immer so sein? In ➠ *Bild 4* stehe die Feldlinie (1) schräg zur Leiteroberfläche. Die dort sitzende bewegliche Ladung $-Q_1$ erfährt die schräg liegende Kraft F_1. Ihre Komponente F_p parallel zur Oberfläche verschiebt die Ladung. Die Verschiebung hört erst dann auf, wenn der Wert $F_p = 0$ ist. Dann steht die Feldlinie (2) senkrecht zur Oberfläche; dies ist auch bei (3) der Fall.

Bringt man einen Leiter in ein elektrisches Feld, so ist sein Inneres feldfrei; im Inneren des Metallrings in ➠ *Bild 5* liegen die Grießkörner ohne Struktur. Feldkräfte haben negative Influenzladungen $-Q$ auf die linke Ringseite gezogen. An ihnen enden die von links kommenden Feldlinien senkrecht. Rechts auf dem Ring sitzen die zugehörigen positiven Influenzladungen $+Q$. Von ihnen laufen andere Feldlinien nach rechts. So schützen auch Auto- und Flugzeughüllen aus Metall durch ihre feldfreien Räume die Insassen vor Blitzen.

Auch im materiefreien Raum einer braunschen Röhre können wir ein elektrisches Feld nachweisen (➠ *Bild 6*). Die geladenen Ablenkplatten erzeugen ein homogenes Feld. In ihm erfahren Elektronen, sozusagen als Probeladungen, Kräfte und werden abgelenkt.

In ➠ *Bild 3* sind A und K mit den Polen einer Quelle verbunden. Dadurch entsteht zwischen A und K ein elektrisches Feld. In der Rinne befindet sich Wasser und etwas Kaliumpermanganat. Es enthält negative, lila färbende Permanganat-Ionen. Trotz des Widerstandes, den die Ionen im Wasser erfahren, wandern sie nach links (➠ *Bild 3*). Sie zeigen uns als Probeladungen, dass sie auch im Innern der leitenden Flüssigkeit Feldkräfte erfahren, dass dort ein Feld besteht. Es sind also *Feldkräfte,* die den Strom aufrechterhalten. Ohne Feld gibt es keine Feldkraft und damit keinen Strom.

Merksatz

An Feldlinienenden sitzen Ladungen. Wenn Feldlinien auf der Leiteroberfläche senkrecht enden, dann ruhen die Ladungen. Bis dieser Zustand eingetreten ist, werden Ladungen verschoben.
In Leitern können Feldkräfte Ladungen trennen und so auf den Oberflächen Influenzladungen bilden.
In Stromkreisen treiben elektrische Felder Ladungen im Leiterinneren voran.

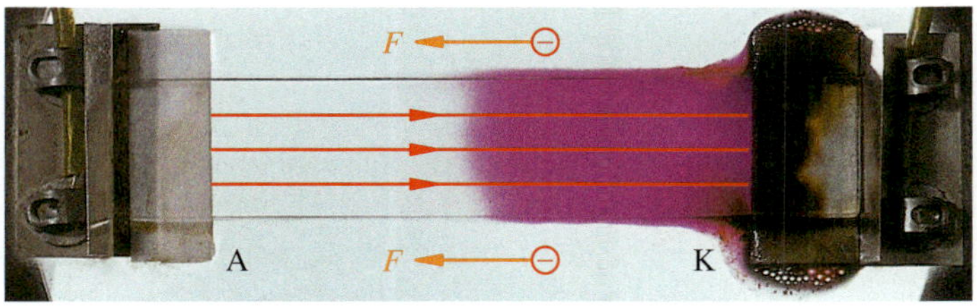

B 3: Feldkräfte treiben die Ionen auf Wanderschaft

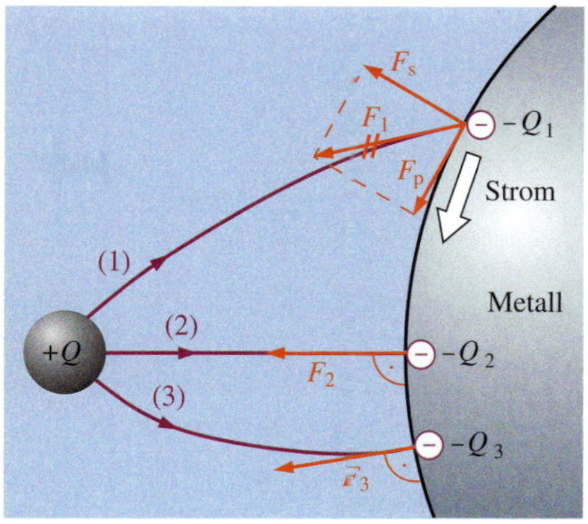

B 4: Enden Feldlinien senkrecht auf Leiteroberflächen, so besteht elektrostatisches Gleichgewicht

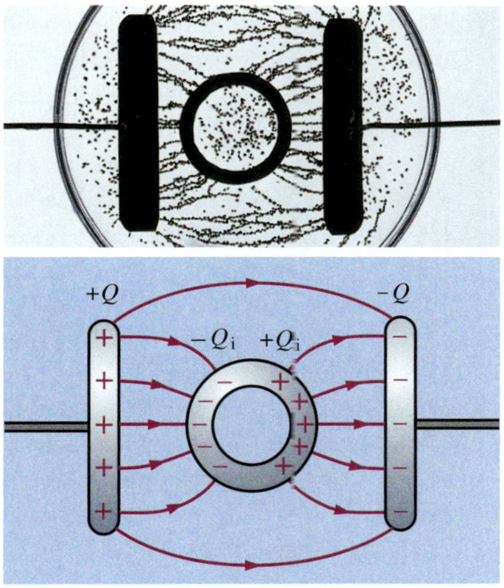

B 5: Das Innere des Metallrings ist feldfrei

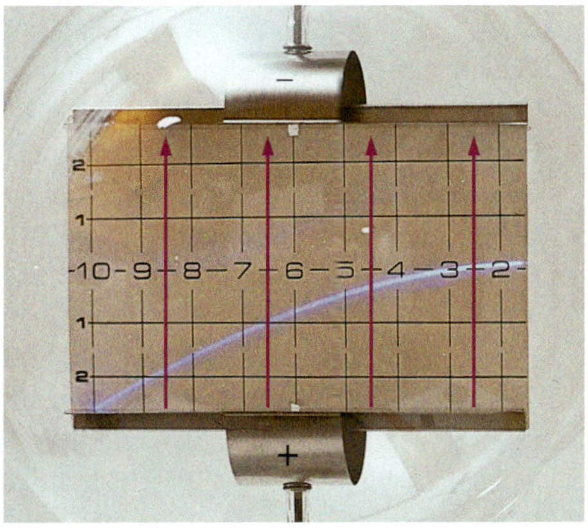

B 6: Feld zwischen geladenen Ablenkplatten. Elektronen werden entgegen der Richtung der Feldlinien zur positiv geladenen Platte beschleunigt.

kurz vor Durchschlag in Glimmer	$70 \cdot 10^6$
in Beschleunigungsstrecken für Elementarteilchen (HERA in Hamburg)	$6 \cdot 10^6$
kurz vor Blitzschlag in Luft	$3{,}2 \cdot 10^6$
zwischen Hochspannungsleitungen	$1 \cdot 10^5$
elektrisches Erdfeld bei schönem Wetter	$1{,}3 \cdot 10^2$
für Radioempfang: Stereo	$50 \cdot 10^{-6}$
Mono	$1 \cdot 10^{-6}$

T 1: Werte einiger Feldstärken in N/C

... noch mehr Aufgaben

A 1: Eine positiv geladene Kugel wird vor eine Metallplatte gehalten. Zeichnen Sie das Feld und die Influenzladungen. Treten Kräfte zwischen Kugel und Wand auf?

A 2: **a)** Welche Kraft erfährt die Ladung 10 nC bzw. –10 nC in einem Feld der Stärke 10 kN/C? **b)** Wie groß ist die Ladung, die dort eine Kraft von 10 µN erfährt?

A 3: Die Ladung $q_1 = 1{,}0$ nC erfährt im Feld (1) die Kraft $F_1 = 0{,}10$ mN, die Ladung $q_2 = 3{,}0$ nC im Feld (2) die Kraft $F_2 = 0{,}20$ mN. **a)** Welches Feld ist stärker? **b)** In welchem Verhältnis müssten zwei Ladungen stehen, damit sie in Feld (1) und (2) gleich große Kräfte erfahren?

A 4: Ein Kügelchen ($m = 0{,}40$ g) trägt die Ladung $q = 5{,}0$ nC und hängt an einem Faden ($l = 1{,}0$ m). **a)** Welchen Ausschlag s erfährt es im horizontal verlaufenden Feld der Stärke 70 kN/C? **b)** Bei welcher Ladung q schlägt ein Pendel doppelter Länge gleich weit aus?

A 5: (*Zur ➡ Vertiefung*) In Aufgabe 4 wurde die Masse auf ±0,02 g, die Länge des Fadens auf ±3 mm und die Ladung q auf ±5% genau gemessen. Die elektrische Feldstärke ist auf ±8% genau bekannt. In welchem Bereich liegt der Wert, den man für die Auslenkung s erwartet?

A 6: Das elektrische Gewitterfeld nach ➡ *Tabelle 1* verlaufe vertikal nach unten. Ein Regentröpfchen von 1 mm Radius sei negativ geladen. Wie viele Elektronen muss es an Überschuss tragen, damit an ihm die elektrische Feldkraft der Gewichtskraft das Gleichgewicht hält? Muss dann das Tröpfchen in Ruhe sein oder ist eine Fallbewegung möglich (Elektronenladung $q = -1{,}6 \cdot 10^{-19}$ C)?

Die elektrische Feldstärke

1. Ortsfaktoren – auch im elektrischen Feld?

Sie kennen die Gravitationsfelder von Erde und Mond. Mit dem Ortsfaktor g beschreiben wir ihre Stärke und berechnen die Gewichtskraft $G = m\,g$, die dort Körper der Masse m erfahren. Nun versuchen wir, die Feldkraft F, die eine Probeladung q in einem Punkt eines elektrischen Feldes erfährt, mithilfe eines elektrischen Ortsfaktors zu berechnen. Mit den Versuchen 1 und 2 (➡ *Vertiefung*, rechts) messen wir die (kleine) Kraft auf ein geladenes Metallplättchen oder ein Kügelchen im elektrischen Feld eines Kondensators. Das Kügelchen hängt an einem Faden der Länge l. Bei kleinen Ausschlägen s ($s \ll l$) ist die Kraft F, die es durch das Feld erfährt, der Auslenkung proportional: $F \approx G \cdot s/l$.

Im Feld des Plattenkondensators wird die Auslenkung durch die elektrische Feldkraft hervorgerufen. Es zeigt sich, dass diese Kraft im Feld des Kondensators proportional zur Ladung q des Kügelchens ist. Dies leuchtet ein: Die Hälfte einer negativen Probeladung besteht nur aus der Hälfte der Elektronen. Jedes Elektron erfährt die gleiche Kraft. Die Gesamtkraft auf alle Elektronen, also auch auf das ganze Plättchen, ist halbiert. Folglich bleibt der Quotient

$$E = \frac{F}{q} = \frac{F/2}{q/2} = \text{konstant.}$$

Stets ist der Quotient $E = F/q$ von der Probeladung q unabhängig, analog zum Ortsfaktor $g = G/m$ im Schwerefeld. Der Quotient ist also geeignet, die Veränderung des Raumes durch die Ladungen der Kondensatorplatten zu beschreiben. Er wird **Feldstärke *E*** genannt. Jedem Punkt eines Feldes schreiben wir eine Feldstärke auch dann zu, wenn sich in ihnen keine Probeladung befindet. Im *homogenen Feld* des Kondensators hängt dieser Quotient nicht von der Stelle ab, an der sich das Plättchen befindet.

Man gibt der elektrischen Feldstärke noch eine Richtung und zwar die Richtung der Kraft auf eine positive Probeladung. Bei positiven Ladungen stimmen die Richtung der Feldstärke und die Kraftrichtung überein, andernfalls sind sie entgegengesetzt.

Merksatz

Erfahrung: Die *Kraft* $\vec{F}$, die eine Ladung q in einem Punkt eines elektrischen Feldes erfährt, ist proportional zu q.

Definition: Die *Feldstärke* $\vec{E}$ in einem Feldpunkt ist der von der Probeladung q unabhängige Quotient

$$\vec{E} = \frac{\vec{F}}{q}; \quad [E] = 1\,\frac{\text{Newton}}{\text{Coulomb}} = 1\,\frac{\text{N}}{\text{C}}.$$

Die *Richtung von* $\vec{E}$ ist die Richtung der Kraft $\vec{F}$ auf eine *positive* Probeladung. $\vec{E}$ zeigt in Richtung der Tangente an die Feldlinie.
Die Feldkraft $\vec{F}$ auf eine Ladung q ist $\vec{F} = q\vec{E}$.
In einem *homogenen Feld* ist die Feldstärke nach Betrag und Richtung überall gleich.

Vertiefung

Versuche zur elektrischen Feldstärke

V 1: a) Wir hängen ein Metallplättchen bifilar, also an zwei nach oben stark auseinander laufenden isolierenden Perlonfäden auf (➡ *Bild 1*). Wenn wir es laden, erfährt es in seinem eigenen Feld keine Kraft.

b) Nun entladen wir das Plättchen und bringen es in das homogene Feld eines Plattenkondensators, also in ein fremdes Feld. Ungeladen erfährt es dort auch keine Kraft.

c) Wir geben dem Plättchen durch Berühren mit der linken Kondensatorplatte eine positive Probeladung q (mit Q bezeichnen wir die großen felderzeugenden Ladungen auf den Platten). Die Auslenkung s des Plättchens wird durch Projektion mit einer Punktlichtlampe auf einem entfernten Maßstab sichtbar.

d) Wir verschieben den Kondensator quer und auch parallel zur Richtung seiner Feldlinien. Solange die Probeladung im homogenen Feld bleibt, ändert sich die Auslenkung nicht.

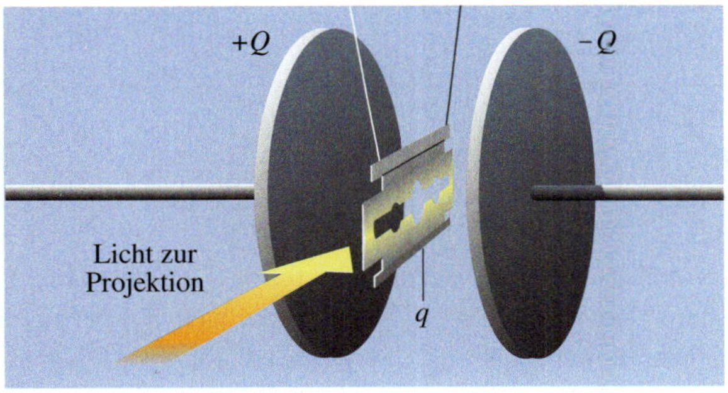

B 1: Das Kondensatorfeld wird mit der Probeladung q des Plättchens ausgemessen

Etwas Rechnung zur Bestimmung der Feldkraft aus dem Ausschlag eines Pendelkörpers:

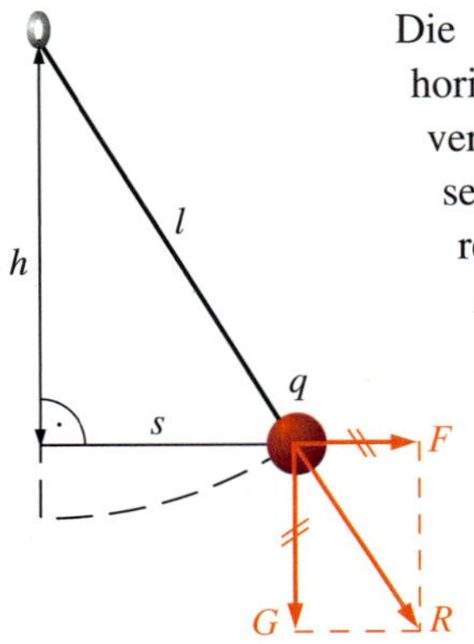

Die Probeladung q erfährt eine horizontale Feldkraft und eine vertikale Gewichtskraft. Beide setzen sich vektoriell zu einer resultierenden Zugkraft am Aufhängefaden zusammen. Dieser stellt sich in Richtung der Resultierenden ein. Aus der Ähnlichkeit des „Kraftdreiecks" und des „Auslenkungsdreiecks" ergibt sich

$$\frac{F}{G} = \frac{s}{h} \quad \text{oder} \quad F = G \cdot \frac{s}{h}.$$

Der Ausschlag s ist klein gegen die Fadenlänge l; die Höhe h ist fast gleich der Pendellänge l ($h \approx l$). Also gilt

$$F \approx G \cdot \frac{s}{l}. \qquad (1)$$

V 2: Wir hängen jetzt ein Kügelchen an den Faden, laden es an einer Kondensatorplatte auf und messen seinen Ausschlag s. Dann nehmen wir das Feld weg und das Kügelchen aus dem Kondensator. Wir berühren es mit einem zweiten, genau gleichen, das vorher ungeladen war. Dabei verteilt sich die Probeladung q gleichmäßig auf beide. Bringen wir das Kügelchen in den Kondensator zurück und erzeugen noch einmal das gleiche Feld, so erfährt die halbe Ladung ($q/2$) nur die halbe Kraft ($F/2$), nach nochmaligem Halbieren nur noch $F/4$. Also ist die Kraft F zur Probeladung q proportional.

Feldstärke *E* – konkret gemessen

V 3: Wir wollen jetzt die elektrische Feldstärke zwischen zwei Kondensatorplatten messen. Die Kondensatorplatten haben den Abstand $d = 6$ cm und sind durch die Spannung $U = 6{,}0$ kV aufgeladen. Das Plättchen mit der Gewichtskraft $G = 0{,}22$ cN hängt an Fäden der Länge $l = 150$ cm. Seine Auslenkung beträgt $s = 3{,}3$ cm. Nach *Gleichung (1)* erfährt es die Feldkraft $F = G\,s/l = 4{,}8 \cdot 10^{-5}$ N. Mit dem Messverstärker ermitteln wir im feldfreien Raum die Plättchenladung zu $q = 5{,}2 \cdot 10^{-10}$ C. Die Feldstärke ist also

$$E = \frac{F}{q} = \frac{4{,}8 \cdot 10^{-5}\ \text{N}}{5{,}2 \cdot 10^{-10}\ \text{C}} = 92 \cdot 10^{3}\ \text{N/C}.$$

Im Randfeld der Platten messen wir eine geringere Feldkraft und damit eine kleinere Feldstärke.

Etwas Fehlerrechnung

Bei dem Versuch zur Bestimmung von E werden G, s und q je mit 3% relativem Fehler gemessen, die Pendellänge mit 1%. Welchen **relativen Fehler** kann dann die Feldstärke E aufgrund der Messfehler haben?

Man kann zeigen: Ist eine Größe A das *Potenzprodukt* mehrerer Messgrößen x, y, z nach $A = c \cdot x^r \cdot y^s \cdot z^t$ und haben diese die *absoluten* Fehler Δx, Δy, Δz, so ist der *relative Größtfehler* von A eine *Summe*, nämlich

$$\Delta A/A = |r| \cdot |\Delta x/x| + |s| \cdot |\Delta y/y| + |t| \cdot |\Delta z/z|.$$

Es gilt $E = F/q = G\,s/(l\,q)$. Der relative Größtfehler von E ist also: $\Delta E/E = \Delta G/G + \Delta s/s + \Delta l/l + \Delta q/q$

oder $\Delta E/E = 3\% + 3\% + 1\% + 3\% = 10\%$.

Also $E = 92$ kN/C $\pm 9{,}2$ kN/C.

Man erwartet 83 kN/C $\leq E \leq$ 101 kN/C.

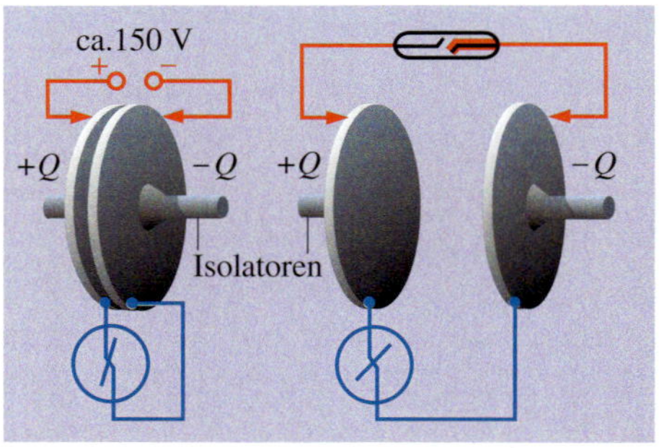

V 1: a) Zwei Kondensatorplatten stehen sich in sehr kleinem Abstand gegenüber. Wir laden sie mit einem Netzgerät auf und entladen sie über eine Glimmlampe. Diese leuchtet nur schwach auf. Die Quelle hatte nur wenig Energie in die Anordnung gepumpt, als sie die Ladungen trennte. **b)** Wir laden die Platten nochmals auf, trennen sie von der Quelle ab und ziehen sie dann auseinander. So setzen wir die von der Quelle begonnene Trennung der Ladungen $+Q$ und $-Q$ fort, ohne Q zu vergrößern. Dabei führen wir gegen ihre Anziehungskraft die Energie W zu. Jetzt leuchtet die Glimmlampe beim Entladen weithin sichtbar auf. Der Ausschlag eines mit den Platten verbundenen Elektroskops steigt beim Auseinanderziehen der Platten.

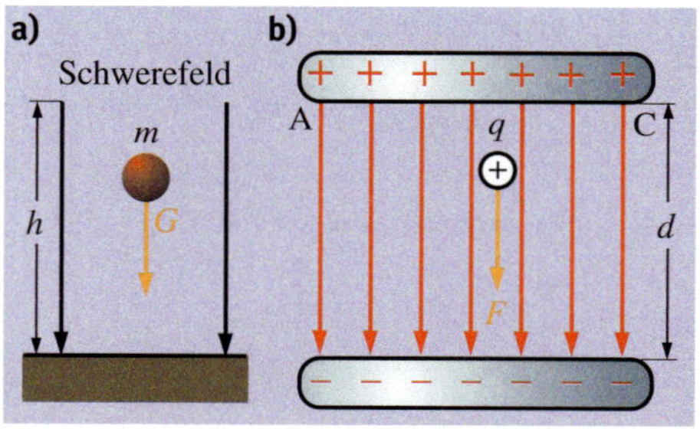

B 1: Energieumsetzungen
a) im Schwerefeld **b)** im elektrischen Feld

Beispiel

Bei einem Plattenkondensator beträgt die angelegte Spannung $U = 6$ kV, der Plattenabstand ist $d = 0{,}06$ m. Daraus ergibt sich die Feldstärke $E = U/d = \mathbf{10^5\ V/m}$. Aus dem Ausschlag eines Plättchens mit der Probeladung $q = 5{,}2 \cdot 10^{-10}$ C finden wir mit $F = G\, s/l$ für die Kraft $F = 4{,}8 \cdot 10^{-5}$ N und $E = F/q = \mathbf{0{,}92 \cdot 10^5\ N/C}$. Die Übereinstimmung der beiden E-Werte ist angesichts der ungenauen Kraftmessung befriedigend.

Spannung und Energie

1. Spannung

Wofür schickt das E-Werk seine Rechnung? Sicher nicht für die angelieferten Elektronen; diese werden nicht „verbraucht"; sie bleiben im „Netz". Vielmehr bezahlen wir für die entnommene elektrische Energie. Wie wird die Energie ins System hineingesteckt und nutzbar gemacht? Ziehen wir die Platten eines geladenen Kondensators entgegen den anziehenden Feldkräften auseinander, so führen wir Energie zu (➡ *Versuch 1*). Diese steht anschließend auf Abruf bereit. Wir weisen dies mit einer Glimmlampe nach, die bei der Entladung des Kondensators nach dem Auseinanderziehen viel heller aufleuchtet als vorher. Also steht viel mehr Energie zur Verfügung. Man sagt, es habe sich die *Spannung* zwischen den Platten vergrößert. Bei der größeren Spannung hat das System mehr Energie und zwingt mehr gleichnamige Ladungen auf den Elektroskop-Stab. Das Elektroskop misst also auch Spannung.

Merksatz

Spannung bedeutet, dass elektrische Energie auf Abruf bereit steht. Spannung tritt auf, wenn man entgegengesetzte Ladungen unter Energiezufuhr trennt.

Erinnern wir uns: Im Schwerefeld der Erde treibt die Gewichtskraft $G = m\,g$ einen Körper nach unten (➡ *Bild 1a*). Dort erhält der fallende Körper die Energie $W = m\,g\,h$. Nach ➡ *Bild 1b* transportiert in einem Kondensator die konstante Feldkraft $F = q\,E$ die Ladung q von der oberen Platte zur unteren. Der Transportweg ist der Plattenabstand d. Mittels der Feldkraft $F = q\,E$ wird den Ladungsträgern q die Energie $W = F\,d = q\,E\,d$ zugeführt. Der Quotient

$$U = \frac{W}{q} = \frac{q\,E\,d}{q} = E\,d$$

hängt von der Ladung q nicht mehr ab. Er wird **Spannung U** genannt. Die Einheit der Spannung ist 1 Volt (1 V = 1 J/C).

Merksatz

Feldkräfte führen der Ladung q beim Transport von einer Platte eines geladenen Kondensators zur anderen die Energie W zu. Die elektrische **Spannung U** zwischen den Platten ist der Quotient

$$U = \frac{W}{q}; \quad [U] = 1\,\frac{\text{J}}{\text{C}} = 1\ \text{V (Volt)}.$$

2. Spannung und Feldstärke im homogenen Feld

Wie wir gesehen haben, erhält man im homogenen Kondensatorfeld die Spannung U als Produkt von Feldstärke E und Plattenabstand d. Spannungsmessungen sind einfach, die Bestimmung der Feldstärke nach $E = F/q$ mühsam. Also berechnen wir künftig die Feldstärke E in homogenen Feldern nach $E = U/d$ (➡ *Beispiel*). Man gibt deshalb die Feldstärke E meist in V/m an.

Umrechnung: $[E] = \frac{1\,\text{V}}{1\,\text{m}}$, denn $1\,\frac{\text{V}}{\text{m}} = 1\,\frac{\text{J}}{\text{C m}} = 1\,\frac{\text{N m}}{\text{C m}} = 1\,\frac{\text{N}}{\text{C}}$.

Merksatz

Die elektrische Feldstärke E im homogenen Feld eines Kondensators mit dem Plattenabstand d ist bei der Spannung U zwischen parallelen Platten

$$E = \frac{U}{d}; \quad [E] = 1\,\frac{\text{V}}{\text{m}} = 1\,\frac{\text{N}}{\text{C}}.$$

Solange Ladungen ruhen, stehen Feldlinien senkrecht zu Leiteroberflächen. Wird eine Probeladung entlang den Leiteroberflächen transportiert, so ist die von den Feldkräften übertragene Energie null. Es findet keine Verschiebung in Kraftrichtung statt. Also ist die Spannung zwischen zwei Punkten des *stromlosen* Leiters, etwa zwischen A und C (➡ *Bild 1*) null. Auch auf einer horizontalen Tischplatte können wir einen Körper reibungsfrei verschieben, ohne seine Energie zu ändern. Wie im homogenen Schwerefeld spielt es für die mithilfe von Feldkräften übertragene Energie keine Rolle, auf welchem Weg die Probeladung von der einen zur anderen Platte gebracht wird; sei es senkrecht zur Leiteroberfläche, schräg dazu oder auf einer beliebig gekrümmten Bahn.

3. Die Elektronenkanone im Fernseher

Ein Körper mit Masse m und Ladung q wird durch die elektrischen Feldkräfte beschleunigt. Beim Durchlaufen der Spannung U zwischen Katode und Anode bekommt er die Energie $q \cdot U$, auch in einem nicht homogenen Feld. Der Körper erhält

Bewegungsenergie $W = \frac{1}{2} m v^2 = q\,U$,
Geschwindigkeit $v = \sqrt{2\,q\,U/m}$.

Dies geschieht z. B., wenn aus der Glühkathode einer braunschen Röhre Elektronen freigesetzt werden. Bis zur Anode werden die Elektronen von den Feldkräften auf die Geschwindigkeit v beschleunigt. Durch ein Loch in der Anode verlassen die schnellen Elektronen diese Elektronenkanone.

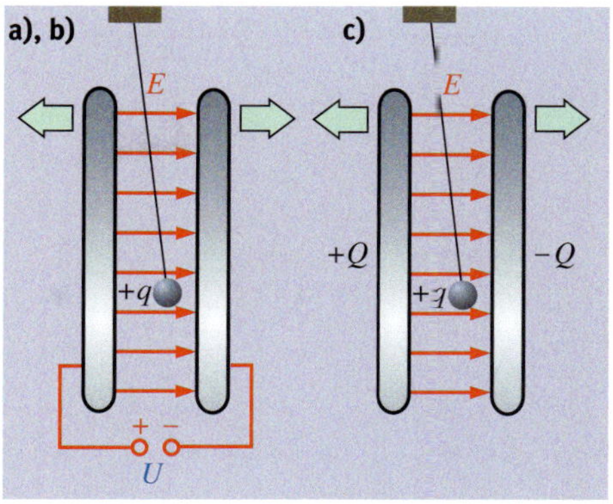

V 2: a) Wir hängen die Probeladung $+q$ in ein homogenes Feld. Die am Ausschlag s abgelesene Feldstärke E steigt proportional zur Spannung U zwischen den Platten. Dies bestätigt die Gleichung $E = U/d$.
b) Wir verdoppeln den Plattenabstand d bei konstanter angelegter Spannung U. Der Ausschlag geht auf die Hälfte zurück, wie es nach $E = U/d$ sein muss.
c) Nun laden wir die Platten auf und trennen sie von der Quelle. Wenn wir sie dann mit ihren konstanten Ladungen auseinander ziehen, bleibt der Ausschlag konstant (solange das Feld hinreichend homogen ist). Nach $U = E\,d$ steigt die Spannung des Kondensators.

Neuronenzellen im Körper	70 mV
Batterie- und Akkuzellen	1,2 … 2 V
lebensgefährlich	über 42 V
Drehstromnetz	400 V
Hochspannungsleitungen	220 … 800 kV
Gewitter	bis 100 MV

T 1: Spannungen in Natur und Technik

… noch mehr Aufgaben

A 1: Zwischen zwei Kondensatorplatten mit $d = 2{,}0$ cm Abstand liegt die Spannung 1,0 kV. Wie groß ist die Feldstärke E, wie groß die Kraft F auf eine Probeladung $q = 10$ nC? Welche Energie wird von den Feldkräften beim Transport von der einen zur anderen Platte aufgewandt? Prüfen Sie die Spannungsangabe mit $U = W/q$ nach!

A 2: Ein Wattestück hat die Masse $m = 0{,}01$ g und die Ladung $q = 0{,}10$ nC. Welche Geschwindigkeit würde es erreichen, wenn es im Vakuum die Spannung $U = 100$ kV durchliefe? Wie groß müsste die Spannung zwischen waagerecht liegenden Kondensatorplatten vom Abstand 20 cm sein, damit das Wattestück darin schwebt?

A 3: In der Mitte zwischen zwei Kondensatorplatten hängt an einem Perlonfaden der Länge $l = 1{,}80$ m ein Kügelchen der Masse $m = 0{,}47$ g. Der Plattenabstand beträgt $d = 4{,}00$ cm. Der Kondensator wird an eine Hochspannungsquelle mit der Spannung $U = 1{,}0$ kV angeschlossen. Dabei entfernt sich das Kügelchen um $s = 1{,}0$ cm aus der Gleichgewichtslage. Für die Rückstellkraft gilt $F = G\,s/l$. **a)** Wie groß ist die Ladung des Kügelchens? **b)** Die Spannungsquelle wird jetzt vom Kondensator abgetrennt. Danach verdoppelt man den Abstand der isolierten Platten. Wie groß ist dann die Auslenkung des Kügelchens?

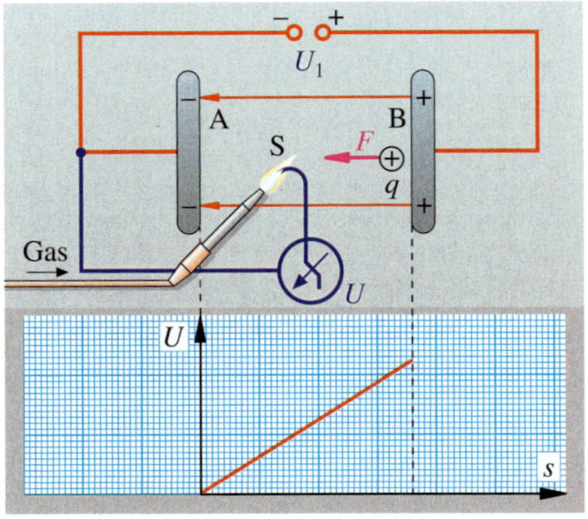

V 1: Das Gehäuse eines statischen Spannungsmessers liegt an der linken Platte (A) eines auf $U = 1$ kV geladenen Kondensators. Der Zeiger ist mit einem Draht verbunden, der von einer kleinen Gasflamme umspült wird. Die Flamme sorgt dafür, dass Influenzladungen, die sich auf dem Draht bilden, mit den Flammengasen abgeführt werden. Verschiebt man die Sonde S von A nach B, so steigt die Spannung U linear an. In der Mitte zwischen den Platten finden wir $U = \frac{1}{2}$ kV. Bewegen wir die Flammensonde parallel zu den Platten, ändert sich die Spannung nicht.

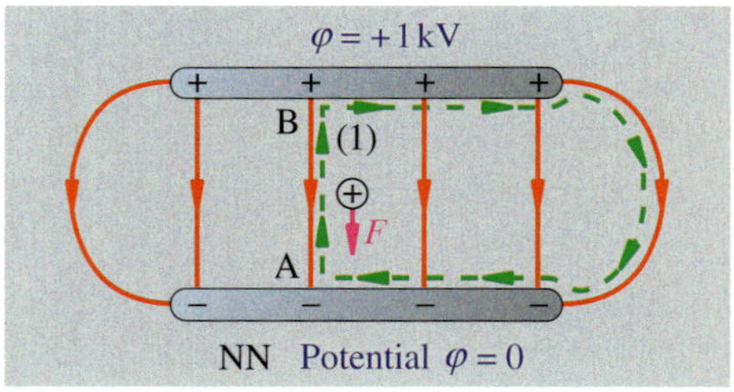

B 1: Die zum Transport einer Ladung nötige Energie ist vom Weg unabhängig

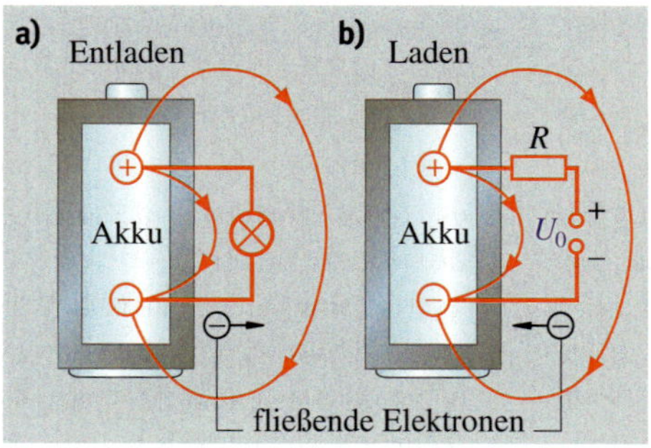

B 2: a) Beim Entladen gibt der Akku mithilfe seiner Feldkräfte Energie ab.
b) Beim Laden wird gegen seine Feldkräfte Energie zugeführt.

Spannung zwischen zwei Punkten; Potential

1. Spannung – auch im leeren Raum?

Bisher haben wir immer Spannungen zwischen zwei Kondensatorplatten oder Leitern gemessen. Der Schuss in der Elektronenkanone mit homogenem Feld führt uns aber weiter: Längs einer Feldlinie gewinnt die Geschossladung Energie $W = F\,s = E\,q\,s$ proportional zum Weg s. Also sollte die Spannung $U = W/q = E\,q\,s/q = E\,s$ proportional zum zurückgelegten Weg ansteigen. ➡ *Versuch 1* zeigt uns, dass längs der Feldlinien ein linearer Anstieg der Spannung auftritt. Wir müssen nur dafür sorgen, dass Influenzladungen die Messung nicht verfälschen. Zeichnen wir einen Punkt im Raum als *Bezugsniveau* aus, so können wir für jeden Punkt die Spannung gegen diesen Bezugspunkt, hier die linke Platte, angeben. Diese Spannung nennen wir das **Potential φ**. Dabei spielt es keine Rolle, auf welchem Weg wir die Spannungssonde zu diesem Punkt gebracht haben. Bewegen wir die Sonde senkrecht zu den Feldlinien, so bleibt die Spannung konstant. Diese Punkte befinden sich auf einer *Äquipotentialfläche.*

2. Elektrisches Potential und Energie

Das Wort *Potential* erinnert an die *potentielle Energie* im Schwerefeld. Heben wir einen Stein vom Boden aus nach oben, so steigt die potentielle Energie des Systems Stein-Erde. Entsprechend legen wir bei unseren Platten fest, dass die untere, negative Platte das Bezugsniveau (NN) mit $\varphi = 0$ V ist (➡ *Bild 1*). Dann hat ihm gegenüber die positiv geladene Platte das Potential $\varphi = +1$ kV. Es steigt auf dem Weg von A nach B *gegen* eine Feldlinie zur Plusladung hin an (➡ *Versuch 1*). Um nämlich die positive Ladung $q = 1 \cdot 10^{-10}$ C auf dem Weg 1 gegen die Feldlinien, also gegen die Feldkräfte, „anzuheben“, muss die Energie $W = U\,q = 1 \cdot 10^{-7}$ J zugeführt werden; sie erhöht die Energie des Systems. Der Kondensator wird aufgeladen. Umgekehrt sinkt diese Energie, wenn die Feldkräfte eine positive Ladung vom höheren zum niedrigeren Potential ziehen (Entladen des Kondensators). Und bei negativer Probeladung q? Feldkräfte ziehen sie im ➡ *Bild 1* nach oben; die Energie des Systems sinkt. Beim Aufladen wird q in der entgegengesetzten Richtung bewegt. Verschieben wir q längs einer stromlosen Platte, so ändert sich das Potential nicht; wir sind auf einer Äquipotentialfläche.

Beim Entladen eines Akkus (➡ *Bild 2*) pumpen die Feldkräfte des Akkus ständig Ladung durch die Glühlampe. Die abgegebene Energie stammt aus chemischen Prozessen. Beim Laden muss man Ladung gegen die Feldkräfte des Akkus treiben. Der geladene Akku hat mehr Energie, nicht mehr Ladung als der „leere“.

Merksatz

Die Energie eines Systems (Akku) sinkt, wenn dessen Feldkräfte Ladung verschieben. Sie steigt, wenn von äußeren Kräften Ladung gegen die Feldkräfte bewegt wird.

3. Potentialangaben machen Schaltpläne überschaubar

In Schaltplänen elektronischer Geräte finden Sie Angaben wie +6 V, −2 V usw. (➠ *Bild 3*). Der für Spannungsmessungen stets nötige zweite Punkt ist hier das geerdete Gehäuse, oft Masse genannt. Die Spannung eines Punktes A gegen solch einen willkürlich gewählten Bezugspunkt heißt das *elektrische Potential* φ von A. Abweichungen von den im Plan angegebenen Werten zeigen fehlerhafte Bauelemente an und erleichtern so die Fehlersuche. Die *Potentialdifferenz* zwischen zwei Punkten ist gerade die Spannung zwischen diesen.

Merksatz

Das **Potential φ** eines Punktes A ist die Spannung von A gegen ein Bezugsniveau B. Die **Spannung** zwischen zwei beliebigen Punkten A und C, ist die Potentialdifferenz $\varphi_A - \varphi_C$.
Alle Punkte auf **Äquipotentialflächen** haben das gleiche Potential φ. Man braucht keine Energie, um Ladungen auf ihnen zu verschieben.

Ein Widerstandsdraht liegt zwischen dem Potential $\varphi = +4$ V und dem Potential null (➠ *Bild 4*). Von Plus nach Minus laufen im Draht Feldlinien; Feldkräfte erhalten den Strom aufrecht. Ein Spannungsmesser ist zwischen dem Minuspol der Quelle und einem Schieber S, der den Draht abtastet, geschaltet. Wenn wir den Schieber von B aus nach links schieben, fällt die Spannung U_{SA} und damit das Potential $\varphi = \varphi_S - 0$ kontinuierlich von +4 V auf null ab. Man nennt diese Schaltung Potentiometerschaltung, das zugehörige Gerät ein *Potentiometer*. Damit kann man eine Spannung beliebig unterteilen. Die Spannung nimmt entlang des Leiters mit der Länge AS = x des Abgriffs zu: $U_x = E\,x$. Die Feldstärke des homogenen Feldes im Draht der Länge l beträgt $E = U/l$. Es folgt also: $U_x = U\,x/l$.
Für Drähte mit Länge l, Querschnittsfläche A und spezifischem Widerstand ϱ berechnet man den Widerstand nach $R = \varrho\, l/A$. Nach $I = U/R = U A/(\varrho\, l) = E\, A/\varrho$ ist der Strom der Querschnittsfläche A proportional. Die Ladung fließt also gleichmäßig über den Querschnitt verteilt. Wird an einer Stelle der Draht dünner, also A kleiner, ist die Feldstärke E dort größer, da die Stromstärke überall im Leiter gleich ist. Im stärkeren elektrischen Feld erfahren die Elektronen größere Kräfte und bewegen sich schneller durch die Verengung.

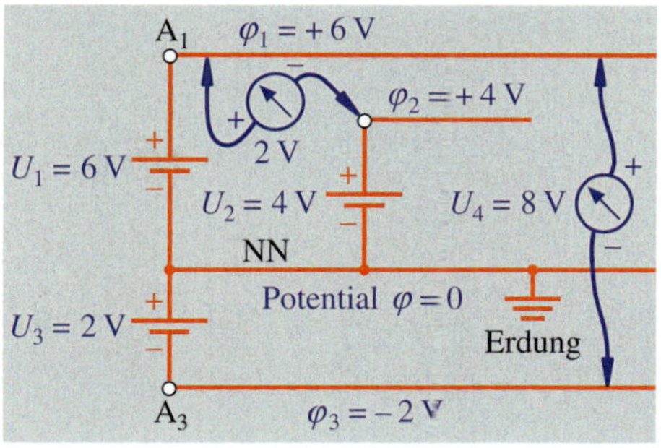

B 3: Potentiale einer elektrischen Schaltung. Dem Minuspol der Quelle 1 mit der Spannung $U_1 = 6$ V schreiben wir das Potential $\varphi = 0$ V (⊥) zu. Ihr Pluspol A_1 hat das Potential $\varphi_1 = 6$ V. Die Quelle 2 bringt ihren Pluspol A_2 nur auf das Potential $\varphi_2 = 4$ V. *Ein Spannungsmesser schlägt richtig aus, wenn seine Plus-Buchse mit dem Punkt des höheren Potentials verbunden wird, die andere mit niedrigerem Potential.* So messen wir zwischen A_1 und A_2 die Potentialdifferenz $\varphi_1 - \varphi_2 = +2$ V. Bei Quelle 3 mit $U_3 =$ 2 V ist dagegen der Pluspol mit ⊥ verbunden. Sie muss eine Plusladung von ihrem Minuspol A_3 nach ⊥ hochpumpen. Man schreibt A_3 das negative Potential $\varphi_3 = -2$ V zu. U_4 ist 6 V − (−2 V) = 8 V.

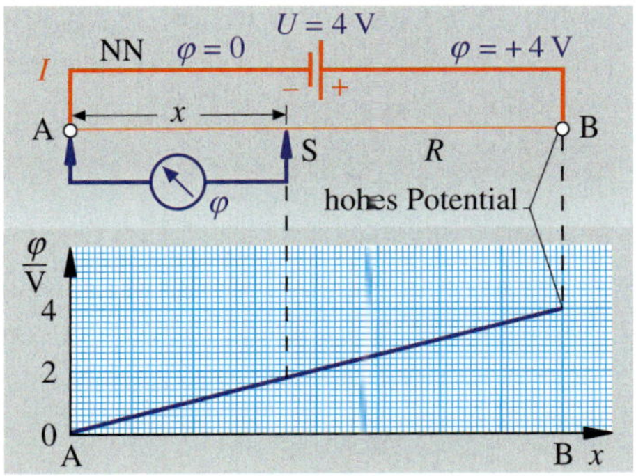

B 4: Potentialgefälle im Strom führenden Leiter. Hier wird $U_{SA} = \varphi_S - \varphi_A$ gemessen.

... noch mehr Aufgaben

A 1: a) In einem Schaltplan steht bei A + 10 V, bei B − 5 V. Was bedeutet dies? **b)** Welche Energie gibt die Schaltung ab (bzw. nimmt sie auf), wenn die positive Ladung 2 C von A nach B transportiert wird? **c)** Wie schließt man einen Spannungsmesser an, damit sein Zeiger nach rechts ausschlägt?

A 2: Warum kommt einem einzelnen Punkt zwar ein Potential, aber keine Spannung zu? **a)** Warum ist es bequemer, in Schaltplänen statt der Spannung zwischen allen möglichen Punkten nur ihre Potentiale anzugeben? **b)** Warum steigt das Potential beim Annähern an einen positiv geladenen Körper? Hängt es vom Vorzeichen der transportierten Ladung ab?

A 3: Ein Ring im elektrischen Feld eines Plattenkondensators erhält z. B. auf der linken Seite negative, rechts positive Influenzladungen. Oben und unten ist der Ring ladungsfrei. Was kann man über das Potential der Ringteile sagen?

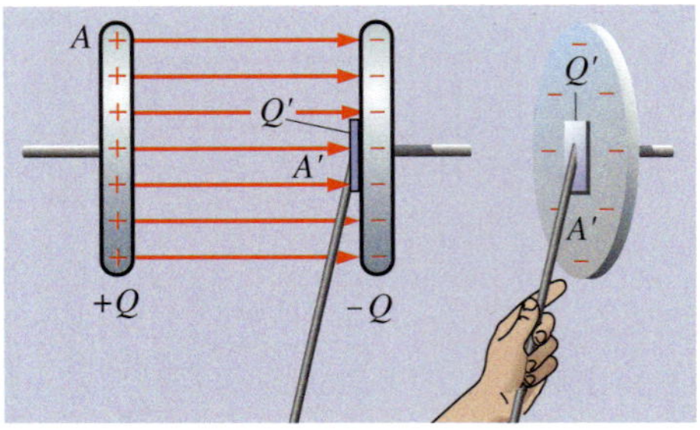

V 1: a) Mit einer Testplatte der Fläche A' nehmen wir auf der negativ geladenen Innenseite des Kondensators Ladungen ab. Die Ladung $-Q'$ messen wir mit einem Messverstärker. Überall wo das Feld homogen ist, entnehmen wir an beiden Kondensatorplatten gleich große Ladungen $+Q'$ bzw. $-Q'$.

b) Benutzen wir zwei Testplatten nebeneinander, so heben wir auf der doppelten Fläche $2A'$ auch die doppelte Ladung $2Q'$ ab. Der Quotient $Q'/A' = 2Q'/(2A')$ ist also konstant.

V 2: a) Wir halbieren nun die Spannung U bei konstantem Abstand d. Mit der Feldstärke $E = U/d$ sinkt auch die gemessene Flächendichte σ auf die Hälfte.

b) Wenn wir bei halber Spannung auch den Plattenabstand d halbieren, steigen $E = U/d$ und die gemessene Flächendichte σ wieder auf den ursprünglichen Wert. σ ist zur elektrischen Feldstärke proportional.

V 3: *Bestimmung der elektrischen Feldkonstanten ε_0*: Im Versuch beträgt der Abstand der Kondensatorplatten $d = 6{,}0$ cm und die Spannung an den Kondensatorplatten $U = 6{,}0$ kV. Die Feldstärke ist $E = U/d = 1{,}0 \cdot 10^5$ V/m. Mit einer Testplatte ($A' = 48$ cm^2) heben wir die Ladung $Q' = 4{,}2 \cdot 10^{-9}$ C ab. Die Flächendichte $\sigma = Q'/A' = 8{,}8 \cdot 10^{-7}$ C/m^2 liefert die Feldkonstante $\varepsilon_0 = \sigma/E = 8{,}8 \cdot 10^{-12}$ C/(Vm).

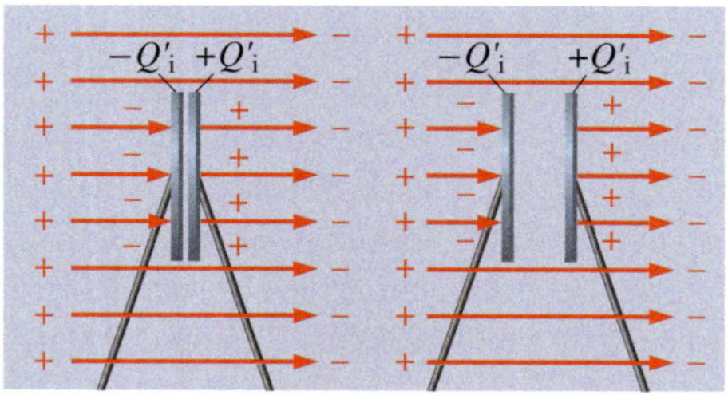

B 1: Ladungstrennung im elektrischen Feld

Das Feld und seine Ursache

1. Dichtere Ladung – stärkeres Feld?

Wie hängt die Stärke eines Kondensatorfeldes von seiner Ursache, den felderzeugenden Ladungen $\pm Q$ ab? Diese werden von Feldkräften auf die Innenseite der Platten gezogen und bilden dort zwei dünne Ladungsfilme. Mit einem Testplättchen der Fläche A' nehmen wir die Ladung Q' von den Kondensatorplatten ab. In ➡ *Versuch 1* zeigen wir, dass in einem homogenen elektrischen Feld die felderzeugende Ladung auf den Innenseiten der Kondensatorplatten überall gleich dicht sitzt. Der Quotient Q'/A' ist konstant. Er gibt die *Flächendichte σ der Ladung* an.

Merksatz

Die **Flächendichte σ** einer über die Fläche mit dem Inhalt A gleichmäßig verteilten Ladung Q ist der Quotient

$$\sigma = \frac{Q}{A}; \quad [\sigma] = 1\,\frac{\text{C}}{\text{m}^2}.$$

2. Stärkeres Feld – dichtere Influenzladung?

Erhöhen wir die Spannung am Kondensator oder verkleinern den Plattenabstand, so vergrößern wir die elektrische Feldstärke E. Damit steigt auch die Flächendichte σ der Plattenladung. Die Flächendichte σ der felderzeugenden Ladung und die Feldstärke E sind sogar zueinander proportional (➡ *Versuch 2a, b*): $\sigma = \varepsilon_0 E$.
Der Proportionalitätsfaktor ε_0 heißt *elektrische Feldkonstante*.

Merksatz

Die Flächendichte σ der felderzeugenden Ladung eines homogenen Feldes ist seiner Feldstärke E proportional. In Luft gilt $\sigma = \varepsilon_0 E$ mit der elektrischen Feldkonstanten $\varepsilon_0 = 8{,}85 \cdot 10^{-12}$ C/(Vm).

Berühren sich zwei senkrecht zu den Feldlinien stehende Testplatten im Feld, so werden zwischen ihnen Ladungen verschoben (➡ *Bild 1*). Auf ihrer linken Oberfläche bildet sich die Influenzladung $-Q_i'$, auf der rechten die gleich große $+Q_i'$ (die Ladungssumme bleibt null). Nach dem Trennen der Platten zeigt sich, dass die Influenzladung $+Q_i'$ bzw. $-Q_i'$ die gleiche Flächendichte σ wie die Kondensatorplatten aufweist.

Beispiel

Bei schönem Wetter ist der Erdboden negativ geladen. Die Erde ist von einem elektrischen Feld umgeben. Flammensonden zeigen, dass die Spannung um 1 300 V zunimmt, wenn man jeweils 10 m steigt. Die elektrische Feldstärke ist also $E = U/d = 130$ V/m und die Flächendichte am Erdboden $\sigma = \varepsilon_0 E = 1{,}15 \cdot 10^{-9}$ C/m^2. Wäre dies auf der ganzen Erdoberfläche so, dann würde sie die Ladung $Q = 4\,\pi\, R_E^2\, \sigma = 5{,}9 \cdot 10^5$ C tragen.

3. Das radiale COULOMB-Feld

Wir wenden uns nun den radialen Feldern um Zentralladungen zu, also den Feldern um geladene Kugeln oder um Atomkerne. Mit einem geladenen Pendelkügelchen bestimmen wir die Kraft F auf seine Ladung q im radialen Feld von Q (➡ *Bild 2*). Die Kraft steigt mit sinkendem Abstand der Mittelpunkte.

Möglicherweise ändert sich diese Kraft, wenn Q auf eine größere Kugeloberfläche verteilt wird; schließlich nähern sich manche Teile von Q der Probeladung q, andere entfernen sich. Zur Prüfung stülpen wir zwei an langen Isolierstangen gehaltene Halbkugeln über die große Kugel (➡ *Bild 3*). Die so entstandene größere Kugel erhält durch Berühren von innen die Zentralladung Q. Dabei verändert sich der Pendelausschlag nicht. Die Feldstärke E wie auch die Dichte der Feldlinien bleiben außerhalb der Kugel unverändert. Man könnte die Zentralladung Q sogar auf ihren Mittelpunkt M schrumpfen lassen.
Können wir die Stärke radialer Felder mit den Gesetzen für homogene Felder berechnen? Das Schwerefeld der Erde gibt einen Fingerzeig: Obwohl es im ganzen radial ist, können wir es etwa in einem Zimmer als homogen ansehen. Wir denken uns die geladene Kugel bis unmittelbar vor den Punkt P aufgeblasen und die Ladung auf der Kugel verteilt. Dies ändert die Feldstärke nicht (➡ *Bild 4*). In einem hinreichend kleinen Bereich um P ist das Feld homogen, die Gleichung $\sigma = \varepsilon_0 E$ also anwendbar. Die Zentralladung Q hat sich beim Vergrößern der Oberfläche auf $A = 4\pi r^2$ verteilt. Ihre Flächendichte ist auf $\sigma = Q/A = Q/(4\pi r^2)$ gesunken. Damit beträgt die Feldstärke im Abstand r:

$$E = Q/(A\,\varepsilon_0) = Q/(4\pi\,\varepsilon_0 r^2) \quad \text{mit} \quad 1/(4\pi\,\varepsilon_0) = 9\cdot 10^9\ \text{N}\cdot\text{m}^2\cdot\text{C}^{-2}.$$

Die Ladung q erfährt im Abstand r vom Mittelpunkt der Zentralladung Q die Kraft $F = E\,q = Q\,q/(4\pi\,\varepsilon_0 r^2)$. Dieses Gesetz für radiale Felder fand der französische Physiker Ch. COULOMB (1736–1806) vor FARADAYS Feldideen durch aufwendige Experimente. Wir haben es jetzt mit FARADAYS Feldvorstellung entwickelt.

Merksatz

COULOMB-Gesetz: Die Kraft zwischen zwei punktförmigen oder kugelförmigen Ladungen Q und q ist

$$F = \frac{1}{4\pi\,\varepsilon_0}\,\frac{Q\,q}{r^2}.$$

r: Abstand der Kugelmitten, $1/(4\pi\,\varepsilon_0) = 9\cdot 10^9\ \text{N}\cdot\text{m}^2\cdot\text{C}^{-2}$ (in Luft)

Beispiel

Vergleich der Gravitationskraft zwischen zwei Elektronen und ihrer elektrischen Abstoßungskraft im Abstand r:

$Q = q = -1{,}6\cdot 10^{-19}$ C, $m_e = 9{,}1\cdot 10^{-31}$ kg, $1/(4\pi\,\varepsilon_0) = 9\cdot 10^9\ \text{N}\cdot\text{m}^2\cdot\text{C}^{-2}$;
$\gamma = 6{,}67\cdot 10^{-11}\ \text{m}^3\cdot\text{kg}^{-1}\cdot\text{s}^{-2}$; mit diesen Werten ergibt sich

$$F_{el}/G = Q\,q/(4\pi\,\varepsilon_0\,\gamma\,m_e^2) = \mathbf{4\cdot 10^{42}}.$$

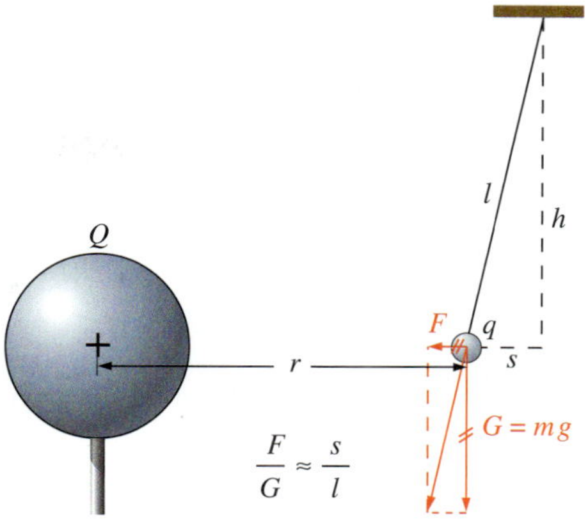

B 2: Aus der Ähnlichkeit des „Kraftdreiecks“ und des „Auslenkungsdreiecks“ ergibt sich $F/G = s/h$ oder $F = G\,s/h$.
Bei kleinen Ausschlägen ($s \ll l$) ist $h \approx l$. Die Rückstellkraft $F \approx G\,s/l$ ist der Auslenkung s proportional.
Verdoppelt man den Abstand r der Mittelpunkte, so sinkt F auf $F/4$

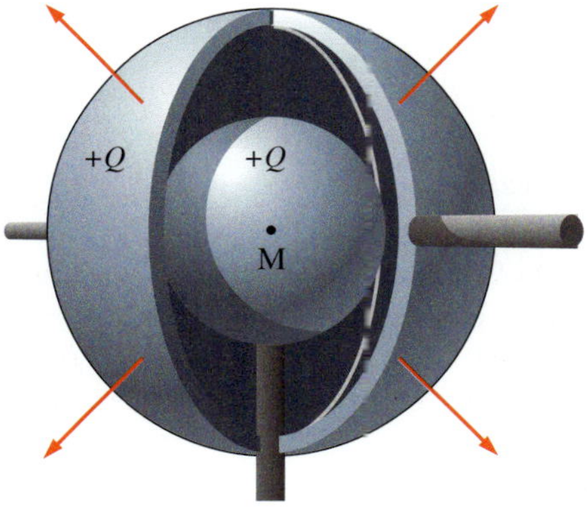

B 3: Die Feldstärke E ist vom Radius R der Zentralladung Q unabhängig

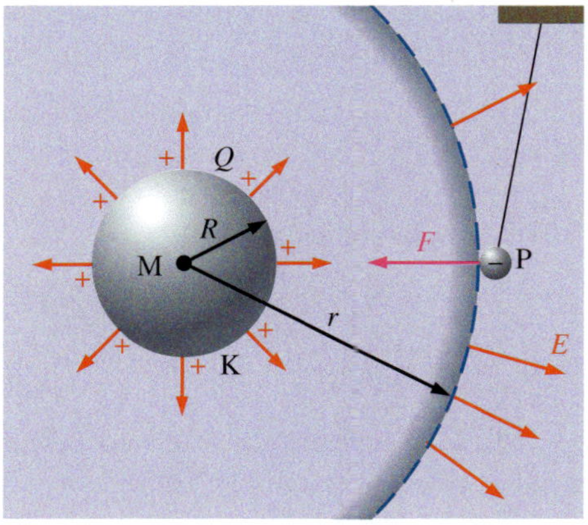

B 4: Berechnung der Feldstärke E im radialen Feld aus den Gesetzen des homogenen Feldes

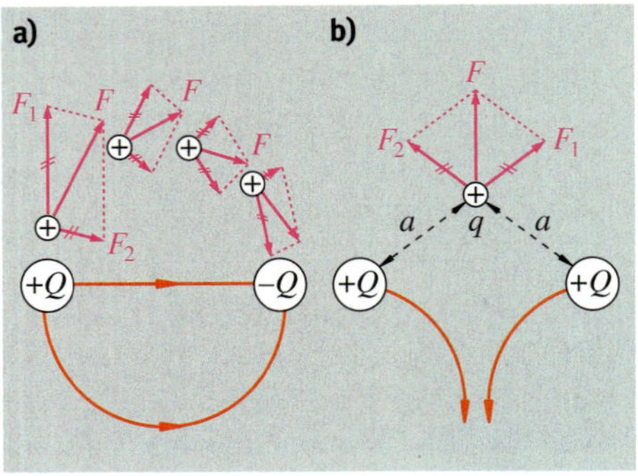

B 1: Vektorielle Addition von Feldkräften **a)** bei ungleichnamigen **b)** bei gleichnamigen Ladungen

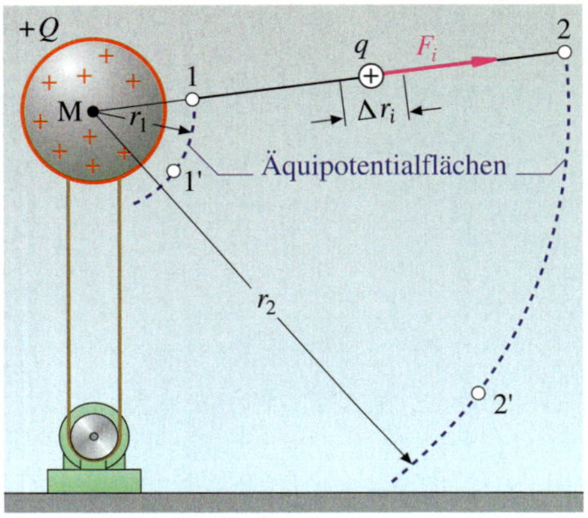

B 2: Energieumsetzungen im COULOMB-Feld einer Kugel

Vertiefung

Energieumsetzungen im Radialfeld

Wir zerlegen den Weg von 1 nach 2 (➠ *Bild 2*) in so kleine Intervalle Δr, dass auf ihnen die Kraft F_i nahezu konstant ist und summieren die einzelnen Energiebeträge auf. Die Summe $\sum_i F(r_i)\,\Delta r$ wird die tatsächlich von den Feldkräften umgesetzte Energie umso besser wiedergeben, je kleiner Δr ist. Im Grenzfall $\Delta r \to 0$ wird aus der Summe ein Integral:

$$W = \int_{r_1}^{r_2} F(r)\,\mathrm{d}r = \frac{Q\,q}{4\pi\,\varepsilon_0} \int_{r_1}^{r_2} \frac{1}{r^2}\,\mathrm{d}r$$

$$W = \frac{Q\,q}{4\pi\,\varepsilon_0}\left(\frac{1}{r_1} - \frac{1}{r_2}\right).$$

Bei der Berechnung der Energieumsetzungen im Gravitationsfeld haben wir eine Methode kennen gelernt, die durch geschickte Mittelwertbildung *ohne* Integralrechnung zum *gleichen* Ergebnis führt.

4. COULOMB-Felder regieren die Elektrostatik

Wir betrachten an einem Ort die Feldkräfte F_1 und F_2 zweier gleich großer, entgegengesetzter Einzelladungen $+Q$ und $-Q$. Diese Kräfte kann man vektoriell addieren. ➠ *Bild 1a* zeigt dies für verschiedene Punkte bei entgegengesetzten Ladungen, ➠ *Bild 1b* für gleichnamige Ladungen. Die Feldkräfte zweier gleicher Ladungen $+Q$ sind auf der Mittelebene wegen des gleichen Abstands gleich groß. Eine Probeladung $+q$ erfährt dort die resultierende Kraft F in der Mittelebene nach außen.

Mithilfe eines Computers errechnet man so die Feldkräfte von Ladungen, die auf einer Kugelschale gleichmäßig verteilt sind, für einen beliebigen Punkt außerhalb der Kugelschale. Man erhält die gleiche Feldkraft, als ob die gesamte Ladung im Kugelmittelpunkt M vereinigt wäre.

Ladung von Materie besteht in der Regel aus Protonen (+) und Elektronen (–). In den Atomen ziehen sich Protonen und Elektronen mit COULOMB-Kräften an. Die Gravitationskraft ist dabei völlig zu vernachlässigen. Man kann deshalb beliebige elektrostatische Felder mit dem COULOMB-Gesetz verstehen und berechnen. Die Atomkerne versammeln gerade so viele Elektronen um sich, dass die Körper meist elektrisch neutral sind.

Merksatz

Superpositionsgesetz: Da man Feldkräfte vektoriell addieren kann, lässt sich aus der resultierenden Kraft eine resultierende Feldstärke ermitteln. In der Elektrostatik kann man so alle Kräfte aus COULOMB-Kräften zusammensetzen.

5. Spannungen im Feld der Bandgeneratorkugel

Eine Bandgeneratorkugel trägt die positive Ladung Q. Sie stößt eine mit q gleichnamig geladene Watteflocke ab und erteilt ihr dabei auf dem Weg von Punkt 1 nach Punkt 2 Energie (➠ *Bild 2*). Da die Feldkraft $F = Q\,q/(4\pi\,\varepsilon_0\,r^2)$ nicht konstant ist, können wir diese Energieumsetzung nicht einfach nach $W = F\,s$ berechnen. Mithilfe der Integralrechnung (➠ *Vertiefung*) kann man zeigen, dass ähnlich wie beim Gravitationsfeld die durch die Feldkräfte übertragene Energie gegeben ist durch

$$W = \frac{Q\,q}{4\pi\,\varepsilon_0}\left(\frac{1}{r_1} - \frac{1}{r_2}\right).$$

Die Spannung $U = W/q$ zwischen den Punkten 1 und 2 im radialen Feld von Q ist daher:

$$U = \frac{Q}{4\pi\,\varepsilon_0}\left(\frac{1}{r_1} - \frac{1}{r_2}\right).$$

Die Formel für U gilt auch, wenn man die Punkte 1 und 2 auf gedachten Kugelschalen verschiebt, z. B. in ➠ *Bild 2* zwischen 1 und 2′ oder 1′ und 2; die Schalen sind ja Äquipotentialflächen. U hängt nur von r_1, r_2 und Q ab. Kehrt also q in diesem COULOMB-Feld wieder zum Ausgangspunkt zurück, so ist $r_1 = r_2$, die insgesamt umgesetzte Energie null. Dies gilt bei allen elektrostatischen Feldern und dem Gravitationsfeld. Man nennt sie *Potentialfelder.*

6. Das Coulomb-Potential

Um das elektrische Potential $\varphi = W/q$ eines Punktes (1) im radialen E-Feld festzulegen, brauchen wir ein Nullniveau. Legen wir den Punkt (2) als Nullniveau ins Unendliche ($1/r_2 \to 0$), so wird der Ausdruck für das Potential besonders einfach. Das Potential φ aller Punkte der Zentralkugel mit der Ladung Q und dem Radius r_1 ist dann ihre Spannung $U = Q/(4\,\pi\,\varepsilon_0\,r_1)$ gegen das Unendliche. Dieses wird im Zimmer näherungsweise von Wänden und Boden gebildet.

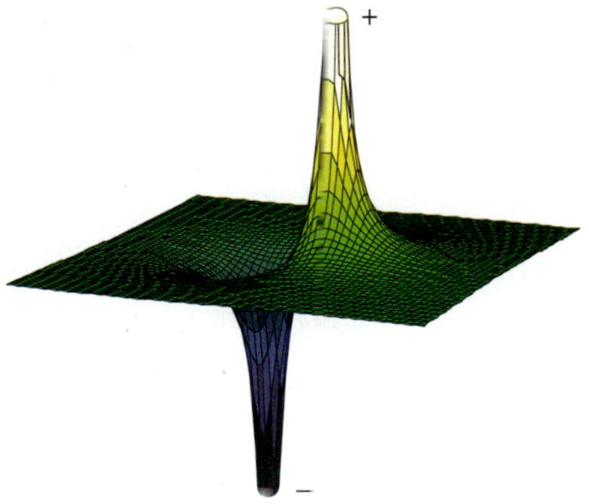

B 3: Potentialberg von $+Q$ (rechts) und Potentialtrichter von $-Q$ (links) vom Computer berechnet

Merksatz

Das **Potential** eines Punktes mit Abstand r vom Mittelpunkt einer Kugel mit der Ladung Q ist seine Spannung gegen unendlich:

$$\varphi = \frac{1}{4\pi\,\varepsilon_0}\,\frac{Q}{r}.$$

Im doppelten Abstand r vom Kugelmittelpunkt ist das Potential ($\varphi \sim 1/r$) auf die Hälfte, die Feldstärke ($E \sim 1/r^2$) dagegen auf ein Viertel gesunken. Im Potential steckt ja neben E auch noch der Weg s.

Das Potential um eine positive Zentralladung $+Q$ ist also positiv, um eine negative $-Q$ negativ (➠ *Bild 3*). Die Energieumsetzung bei Bewegung der Probeladung q hängt von deren Vorzeichen ab! Feldkräfte setzen dann Energie frei, wenn Ladungen den Feldkräften folgen (➠ *Bild 4*). Verschiebt man Ladungen gegen die Feldkräfte, so führt man Energie zu. Sind beide Ladungen gleichnamig, so stößt die Zentralladung Q die Ladung q vom Punkt (1) ins Unendliche. Sind die Ladungen ungleichnamig (wie ein Elektron im Feld des Atomkerns), so setzen die Feldkräfte Energie frei, wenn die Zentralladung Q die Probeladung aus großer Entfernung heranzieht (➠ *Bild 4*, $Q\,q < 0$).

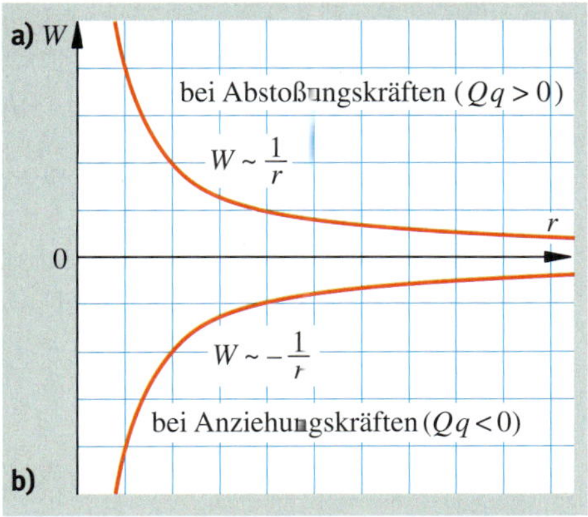

B 4: Energie W bei **a)** Abstoßungskräften gleichnamiger Ladungen **b)** Anziehungskräften ungleichnamiger Ladungen

... noch mehr Aufgaben

A 1: Zwischen zwei Kondensatorplatten (Abstand $d = 5{,}0$ cm) mit je 450 cm² Fläche liegt die Spannung $U = 10$ kV. **a)** Wie groß sind Feldstärke E und Flächendichte σ der felderzeugenden Ladung? Welche Ladung trägt jede Platte? **b)** Wie ändern sich diese Werte, wenn man die Platten bei konstanter Plattenladung auseinander zieht? **c)** Wie ändern sich die Werte, wenn dabei die Quelle angeschlossen bleibt?

A 2: Die Kugel eines Bandgenerators trägt die Ladung $Q = 0{,}1$ µC. Wie groß ist die Feldstärke im Abstand $r = 80$ cm vom Kugelmittelpunkt? Welche Ladungen werden dort auf zwei Testplatten (Fläche $A = 4$ cm²) influenziert, die senkrecht zum Feld stehen?

A 3: **a)** Zwei gleiche Kügelchen (0,50 g) sind jeweils an einem 1,0 m langen, oben am selben Punkt befestigten Faden aufgehängt und tragen gleiche Ladung. Ihre Mitten haben wegen der Abstoßung 20 cm Abstand. Wie groß sind ihre Ladungen? **b)** Das rechte Kügelchen trage doppelt so viel Ladung wie das linke. Erfahren sie dann auch beide die gleiche Auslenkung? Welche Ladung trägt jetzt jedes Kügelchen bei 20 cm Mittenabstand?

A 4: Der Mittelpunkt einer kleinen Kugel mit der Ladung $q = 10$ nC befindet sich im Abstand $r = 10$ cm vor einer geerdeten großen Metallplatte. Mit welcher Kraft wird die Kugel von der Metallplatte angezogen? (Das Feldlinienbild erhält man, indem man sich eine „Spiegelladung" $-q$ hinter der Metallplatte im Abstand 10 cm vorstellt.)

A 5: Eine Kugel ($r_1 = 3{,}0$ cm) trägt die Ladung 1,0 µC. Wie groß ist ihre Spannung gegen unendlich, wie groß gegen $r_2 = 3{,}0$ m? Welchen Fehler in Prozent begeht man, wenn man die 3 m entfernte Wand als „unendlich" ansieht?

V 1: a) Zwei Kondensatorplatten der Fläche $A = 450\ cm^2$ haben den Abstand $d = 2{,}0\ mm$. Wir legen die Spannung U an. Mit dem Messverstärker bestimmen wir die Ladung Q. Nach ⇒ *Tabelle 1* ist $Q \sim U$, der Quotient $C = Q/U$ ist konstant.

b) Wir stellen eine Kugel vor eine Metallplatte und legen zwischen beide die Spannung U. Sie nehmen die Ladungen $\pm Q$ auf, die zu U proportional sind. Wir haben auch bei inhomogenem Feld einen Kondensator mit der konstanten Kapazität $C = Q/U$ vor uns.

U	in V	50	100	150	200
Q	in nC	10	20	30	40
$C = Q/U$	in nF	0,20	0,20	0,20	0,20

T 1: Ladung ist proportional zur Spannung

V 2: Wir bringen in den ganzen vom homogenen Feld erfüllten Raum des Kondensators aus Versuch 1 eine Glasplatte. Bei der Spannung 100 V ist die Ladung dann fünfmal so groß wie ohne die Platte. Glas erhöht so die Kapazität um den Faktor $\varepsilon_r = 5$.

Luft bei 1 bar = 10^5 Pa	1,00058
Paraffin	2
Öl	2 bis 2,5
Glas	5 bis 16
Ethanol (Alkohol)	26
Wasser	81
Keramik mit Ba, Sr	10^4

T 2: Dielektrizitätszahlen ε_r

Interessantes

Fahrradbeleuchtung im Stand

Die Beleuchtung eines Fahrrads wird während der Fahrt durch den Dynamo betrieben. Steht das Rad, z. B. an einer Ampel, so leuchtet das Rücklicht nicht. Das Fahrrad ist so bei Dunkelheit von anderen Verkehrsteilnehmern schlecht zu sehen. Zusätzlich zum Rückstrahler enthalten manche Rücklichter daher einen Kondensator, der während der Fahrt aufgeladen wird. Im Stand wird von dem geladenen Kondensator eine Leuchtdiode gespeist, die etwas Licht aussendet. Leuchtdioden kommen mit viel schwächeren Strömen aus (1 mA) als Glühlämpchen (200 mA).

Kondensatoren; Kapazität

1. Wie viel Ladung fasst ein Kondensator?

Bisher haben wir Plattenkondensatoren ihres Feldes wegen untersucht. Nun sind in Radios und Computern Kondensatoren so wichtig wie Widerstände – aber nicht um Felder zu erzeugen, sondern um Ladung zu speichern. Die Flächendichte $\sigma = Q/A$ der Ladung auf ihrer Plattenfläche A beträgt $\sigma = \varepsilon_0 E = \varepsilon_0 U/d$. Die Ladung $Q = \sigma A = \varepsilon_0 A\, U/d$ ist also der Spannung U proportional. Deshalb wird der Quotient $C = Q/U = \varepsilon_0 A/d$ von U unabhängig (⇒ *Versuch 1a, b*). Dieser Quotient C heißt *Kapazität*.

Merksatz

Die Ladungen $+Q$ und $-Q$ auf den beiden Teilen eines Kondensators sind der Spannung U zwischen ihnen proportional.

Definition: Unter der **Kapazität C** eines Kondensators versteht man den Quotienten aus Ladung Q und Spannung U:

$$C = \frac{Q}{U}; \quad [C] = 1\,\frac{\text{C}}{\text{V}} = 1\ \text{F (Farad)}.$$

2. Mehr Kapazität durch Isolatoren

Bringt man einen Isolator in einen Kondensator, so steigt seine Kapazität (⇒ *Versuch 2*). Diese Entdeckung machte M. Faraday. Er schloss daraus, dass auch Isolatoren elektrische Eigenschaften haben, und nannte sie *Dielektrika*. Den Faktor ε_r, der die Kapazität vergrößert, nennt man *Dielektrizitätszahl*. Luft erhöht die Kapazität gegenüber dem Vakuum nur geringfügig. Man bezieht ε_r bei genauen Versuchen auf das Vakuum und gibt ihm dort den Wert 1.

Merksatz

Die **Dielektrizitätszahl ε_r** gibt die Erhöhung der Kapazität durch ein Dielektrikum an. Im Vakuum ist $\varepsilon_r = 1$.

Die **Kapazität** eines Plattenkondensators mit der Fläche A und dem Plattenabstand d ist bei homogenem Feld

$$C = \varepsilon_0\, \varepsilon_r\, \frac{A}{d}.$$

Dielektrika erhöhen die Kapazität und bei konstanter Spannung die Ladung. Mit $Q = C\,U = (\varepsilon_0\, \varepsilon_r\, A/d)\, U$ und $E = U/d$ ergibt sich für die Flächendichte σ auf der Innenseite der Kondensatorplatten ebenfalls ein größerer Wert:

$$\sigma = Q/A = \varepsilon_0\, \varepsilon_r\, E.$$

3. Kugeln als Kondensatoren

Aus dem Coulomb-Gesetz haben wir die Spannung $U = Q/(4\,\pi\,\varepsilon_0\, r)$ einer freistehenden Kugel gegen das Unendliche berechnet. Der Quotient Q/U liefert – um die Dielektrizitätszahl ε_r ergänzt – die Kapazität von Kugeln mit Radius r: $C = 4\,\pi\,\varepsilon_0\,\varepsilon_r\, r$.

4. Zeigerinstrumente messen auch Ladungen

Elektrometer sind in Volt geeichte Elektroskope, also *Spannungsmesser*. Bei jeder Messung tragen sie Ladungen. Also stellen sie Kondensatoren dar. Kennt man ihre Kapazität C, so kann man die Ladung nach $Q = C\,U$ berechnen. Die Spannung U wird von ihnen selbst angezeigt. **Messverstärker** sind an sich Spannungsmesser. Parallel zu ihrem Eingang liegt ein hochisolierender Kondensator der Kapazität C. Bringt man auf diesen Kondensator die zu messende Ladung Q, so nimmt er die Spannung $U = Q/C$ an. U wird gemessen, $Q = C\,U$ berechnet und angezeigt.

5. Schaltung von Kondensatoren

a) Nach ➠ *Bild 1* liegen drei Kondensatoren mit den Kapazitäten C_1, C_2, C_3 *parallel,* also an der gleichen Spannung U. Beim Aufladen fließt in der Sammelleitung die Summe Q der Einzelladungen $Q_1 = C_1\,U$, $Q_2 = C_2\,U$ und $Q_3 = C_3\,U$; insgesamt also $Q = Q_1 + Q_2 + Q_3 = (C_1 + C_2 + C_3)\,U$.
Diese Parallelschaltung lässt sich durch *einen* Kondensator ersetzen. Er hat als *Ersatzkapazität* die Summe der Einzelkapazitäten:

$$C = Q/U = C_1 + C_2 + C_3.$$

b) Nach ➠ *Bild 2* sind drei beliebige Kondensatoren *in Reihe* geschaltet. Die Quelle mit der Spannung U pumpt Elektronen von der linken Platte des ersten auf die rechte Platte des dritten Kondensators. Diese äußeren Platten tragen dann die Ladungen $+Q$ bzw. $-Q$. Durch Influenz werden die dazwischen liegenden Platten ebenfalls mit $+Q$ bzw. $-Q$ geladen. Die drei Teilspannungen $U_1 = Q/C_1$, $U_2 = Q/C_2$, und $U_3 = Q/C_3$ addieren sich zur Gesamtspannung $U = U_1 + U_2 + U_3$. Für die Ersatzkapazität $C = Q/U$ gilt bei der Reihenschaltung:

$$\frac{1}{C} = \frac{U}{Q} = \frac{1}{Q}\left(\frac{Q}{C_1} + \frac{Q}{C_2} + \frac{Q}{C_3}\right) = \frac{1}{C_1} + \frac{1}{C_2} + \frac{1}{C_3}.$$

Merksatz

Die Ersatzkapazität von **parallel** geschalteten Kondensatoren ist die Summe der Einzelkapazitäten. Bei der **Reihenschaltung** addieren sich die Kehrwerte der Einzelkapazitäten zum Kehrwert $1/C$ der Ersatzkapazität C. Diese ist kleiner als jede Einzelkapazität.

Beispiel

Ein Elektrometer zeigt die Spannung $U_1 = 3{,}0$ kV. Um die Kapazität C_E dieses Elektrometers zu bestimmen, schaltet man einen Plattenkondensator ($A = 100\ \text{cm}^2$, $d = 1{,}00$ mm) parallel (➠ *Bild 3*). Die Spannung sinkt dabei auf $U_2 = 1{,}0$ kV.

Lösung: Die Kapazität des Kondensators ist $C_K = \varepsilon_0\,A/d = 88{,}5$ pF. Die Gesamtladung beträgt $Q = C_E\,U_1$. Sie verteilt sich auf Elektrometer *und* Kondensator mit der Ersatzkapazität $C = C_E + C_K$. Also ist $C_E\,U_1 = (C_E + C_K)\,U_2$ und $C_E = C_K\,U_2/(U_1 - U_2) =$ **44,3 pF**.

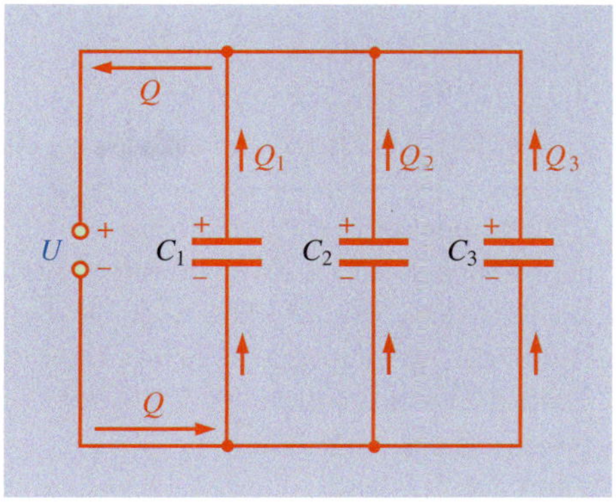

B 1: Parallelschaltung: U gleich; Q_i verschieden. Die Pfeile beziehen sich auf den Aufladevorgang. Sie geben die Richtung der Elektronenbewegung an. Die Teilladungen addieren sich zur Gesamtladung $Q = Q_1 + Q_2 + Q_3$.

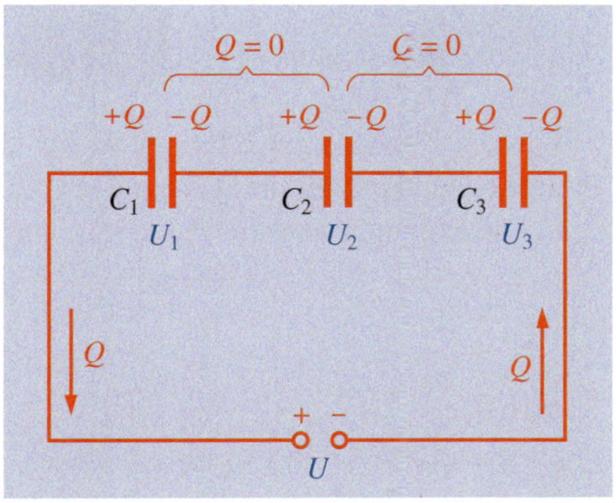

B 2: Reihenschaltung: Q gleich, U_i verschieden. Pfeile wie in ➠ *Bild 1*. Die Teilspannungen addieren sich zur Gesamtspannung $U = U_1 + U_2 + U_3$.

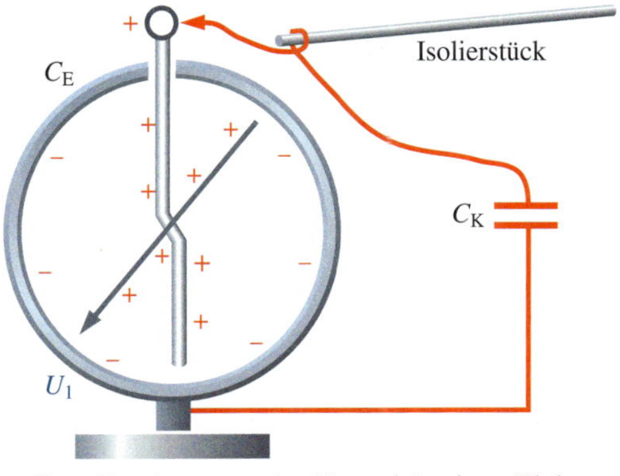

B 3: Bestimmung der Kapazität eines Elektroskops durch Parallelschalten eines Plattenkondensators bekannter Kapazität. Das Isolierstück verhindert einen Ladungsverlust.

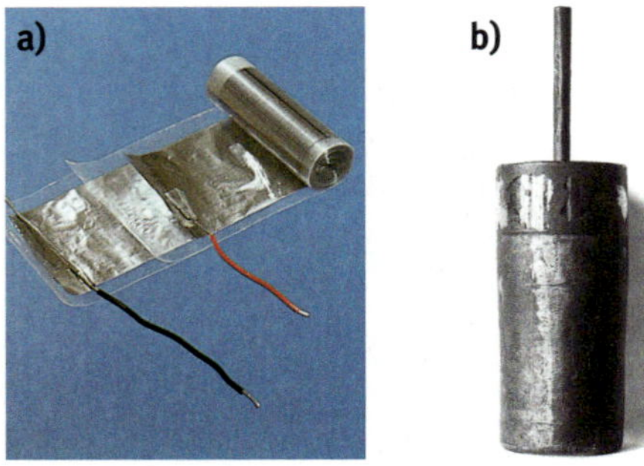

B 1: a) Blockkondensator
b) Leidener Flasche

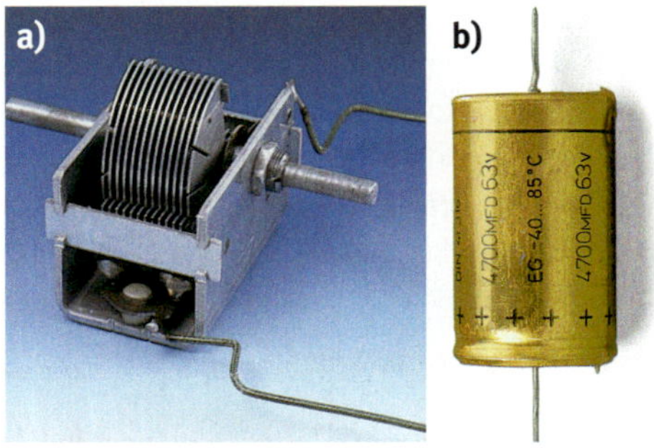

B 2: a) Drehkondensator
b) Elektrolytkondensator

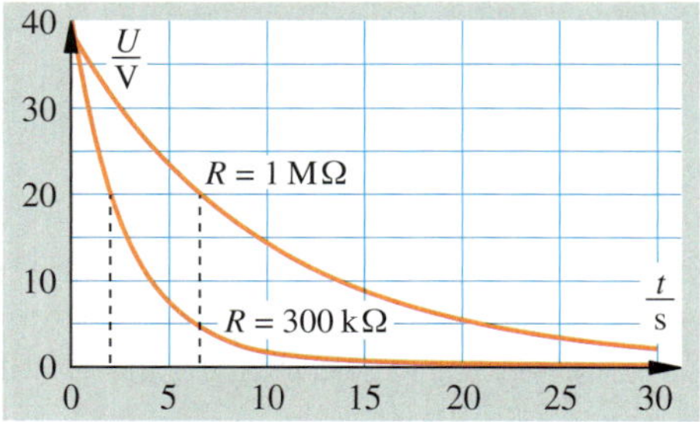

V 1: Wir legen einen auf 40 V geladenen Kondensator ($C = 10\ \mu\text{F}$) an einen Spannungsmesser mit dem Innenwiderstand $R = 1\ \text{M}\Omega$. Der Entladevorgang lässt sich jetzt mit einer Stoppuhr in Ruhe verfolgen. Statt des Spannungsmessers kann man auch einen *t*-*y*-Schreiber mit dem gleichen Eingangswiderstand verwenden und den kriechenden Entladevorgang aufnehmen. Für $R = 1\ \text{M}\Omega$ ist die Spannung (und damit die Ladung $Q = C\,U$) nach ca. 7 s auf die Hälfte (20 V) gesunken. Nach weiteren 7 s finden wir nicht etwa völlige Entladung ($U = 0$ V), sondern 10 V, also die Hälfte des letzten Wertes (20 V). Bei diesem Widerstand ist die **Halbwertszeit** 7 s. Für $R = 300\ \text{k}\Omega$ ist die Halbwertszeit kleiner, etwa 2 s.

6. Kondensatoren in Labor und Technik

a) In **Blockkondensatoren** bestehen die „Platten" aus zwei langen zusammengewickelten Aluminiumfolien. Das mit Paraffin getränkte Dielektrikum Papier trennt sie (➠ *Bild 1a*). Da im Innern von beiden Seiten eines Streifens Feldlinien zum anderen Streifen gehen, ist die wirksame Fläche doppelt so groß wie die Fläche eines Streifens.

b) Bei hohen Spannungen benutzt man **Leidener Flaschen** aus Glas (➠ *Bild 1b*). Innen- wie Außenseite sind mit Metallfolien beklebt. Man findet sie z. B. an der Influenzmaschine.

c) In der Radiotechnik benutzt man **Drehkondensatoren** (➠ *Bild 2a*). Sie bestehen aus zwei isolierten Plattensätzen, die sich ineinander drehen lassen. Dies ändert die Größe der sich gegenüberstehenden geladenen Flächenteile und deshalb die Kapazität stetig.

d) Elektrolytkondensatoren (➠ *Bild 2b*) haben eine Aluminium- oder Tantalfolie als Plusplatte und eine saugfähige, mit einem Elektrolyten getränkte Papierschicht als Minusplatte. Beim Herstellen erzeugt man mit Gleichstrom elektrolytisch zwischen beiden eine extrem dünne Oxidschicht. So wird eine hohe Kapazität (bis 1 F) auf einem kleinen Raum konzentriert. Doch muss man die zulässige *Höchstspannung* und *Polung* genau beachten. Sonst kann der Kondensator explodieren.

e) Bei **Keramikkondensatoren** sind auf kleine keramische Scheiben oder Röhren Metallbeläge aufgedampft. Die Kapazität beträgt einige wenige pF.

Bei pulsierenden Gleichspannungen dienen Kondensatoren zur **Glättung** der Spannung. In **Zeitschaltgliedern** verwendet man die Auf- oder Entladung von Kondensatoren, um nach einer bestimmten Zeit einen Schalter zu betätigen. Dies untersuchen wir nun genauer.

7. Kondensator-Entladung

In ➠ *Versuch 1* entladen wir einen geladenen Kondensator langsam über einen Widerstand und registrieren den Spannungsverlauf $U(t)$. Zu Beginn ist die Spannung noch groß, also auch der Entladestrom. Doch nehmen die Spannung und nach $Q = C\,U$ auch die Ladung schnell ab. Hat der Kondensator nur noch wenig Ladung, so sind auch Spannung und Stromstärke klein. U und Q nähern sich (asymptotisch) dem Wert null. Folglich können wir keine Entladezeit angeben, wohl aber eine **Halbwertszeit** $\boldsymbol{T_H}$. Es ist die Zeit, zu der Spannung und Ladung von einem beliebigen Wert U_0 bzw. Q_0 auf die Hälfte, also $U_0/2$ bzw. $Q_0/2$, gesunken sind. In ➠ *Versuch 1* ist $T_H = 7$ s. Die Entladung setzt sich danach mit dem gleichen Wert von T_H fort: In den zweiten 7 s verläuft derselbe Vorgang mit jeweils der halben Ladung und Spannung. Nach zwei Halbwertszeiten, zur Zeit $t = 2\,T_H$, ist $Q = (Q_0/2)/2 = Q_0/4$. Nach n Halbwertszeiten, nämlich bei beliebigen Zeiten $t = n \cdot T_H$ gilt:

$$Q_n = (\tfrac{1}{2})^n \cdot Q_0 = Q_0 \cdot 2^{-n} = Q_0 \cdot 2^{-\frac{t}{T_H}}.$$

$Q = Q_0 \cdot 2^{-\frac{t}{T_H}}$ gibt die Messkurve zu beliebigen Zeiten richtig wieder. Wir können sie aber auch am Computer modellieren. Dabei müssen wir bedenken, dass in einer kurzen Zeitspanne Δt die Ladung sich um $\Delta Q < 0$ ändert; es ist $I = \Delta Q/\Delta t$ mit $I < 0$. Die an der nun abgeschalteten Quelle ($U_0 = 0$) *hintereinander* liegenden Spannungen RI und Q/C von R und C *addieren* sich. Es gilt:

$$\boldsymbol{U_0 = 0 = RI + Q/C = R\,\Delta Q/\Delta t + Q/C.}$$

Die Ladungsänderung im Kondensator ist also $\Delta Q = -Q\,\Delta t/(RC)$. Der Computer geht vom Startwert $Q = Q_0$ mit $Q_0 > 0$ aus gemäß:

Wiederhole:	$\Delta Q = -Q\,\Delta t/(RC)$	(Ladungsänderung $\Delta Q < 0$ in Δt)
	$Q = Q + \Delta Q$	(neue, kleinere Ladung nach Δt)
	$t = t + \Delta t$	(nächstes Zeitintervall)

Der Computer liefert keine Formel für die Halbwertszeit T_H. Diese hängt nach ➠ *Versuch 1* von R und C ab. Die Halbwertszeit T_H kommt in $Q = Q_0 \cdot 2^{-\frac{t}{T_H}}$ vor. In der ➠ *Vertiefung* zeigen wir, dass $T_H = 0{,}69 \cdot RC$ ist. Für ➠ *Versuch 1* ergibt sich mit $R = 1\ \text{M}\Omega$, $C = 10\ \mu\text{F}$ die Halbwertszeit

$$T_H = 0{,}69 \cdot 1 \cdot 10^6\ \Omega \cdot 10^{-5}\ \text{F} = 6{,}9\ \text{s}$$

in guter Übereinstimmung mit dem Messergebnis.

Merksatz

Ein Kondensator der Kapazität C entlädt sich über den Widerstand R mit sinkender Stromstärke I. Jeweils nach Ablauf einer Halbwertszeit $T_H = 0{,}69\,RC$ sind Ladung Q, Spannung U und Stromstärke I auf die Hälfte gesunken. Zu einem beliebigen Zeitpunkt t gilt

$$Q(t) = Q_0 \cdot 2^{-\frac{t}{T_H}}, \quad U(t) = U_0 \cdot 2^{-\frac{t}{T_H}} \quad \text{und} \quad I(t) = I_0 \cdot 2^{-\frac{t}{T_H}}.$$

Vertiefung

Mathematischer Exkurs

Es ist $Q(t) = Q_0 \cdot 2^{-\frac{t}{T_H}} = Q_0 \cdot 2^{-k \cdot t}$ mit $k = 1/T_H$. Wir bilden

$$\frac{\Delta Q}{\Delta t} = Q_0 \cdot \frac{2^{-k \cdot (t + \Delta t)} - 2^{-k \cdot t}}{\Delta t}$$
$$= Q_0 \cdot 2^{-k \cdot t}\,\frac{2^{-k \cdot \Delta t} - 1}{\Delta t}.$$

Damit wir im Exponenten und im Nenner den gleichen Ausdruck haben, erweitern wir den Bruch mit $-k$ und erhalten

$$\frac{\Delta Q}{\Delta t} = -k \cdot (Q_0 \cdot 2^{-k \cdot t})\,\frac{2^{-k \cdot \Delta t} - 1}{-k \cdot \Delta t}$$
$$= -k \cdot Q\,\frac{2^h - 1}{h}$$

mit $h = -k \cdot \Delta t$.
Für sehr kleines Δt und damit auch für sehr kleine Beträge von h (z. B. $h = 0{,}01$) ergibt sich $(2^h - 1)/h \approx 0{,}69$.

Da $I = \Delta Q/\Delta t$ ist, erhalten wir

$$I = -k \cdot Q \cdot 0{,}69 \quad (I < 0,\ \text{Entladestrom})$$

oder wegen $k = 1/T_H$

$$I = -\frac{Q}{R \cdot C} = -Q \cdot \frac{0{,}69}{T_H}.$$

Daraus folgt $\boldsymbol{T_H = 0{,}69 \cdot R \cdot C}$.

... noch mehr Aufgaben

A 1: a) Ein Streifen eines Blockkondensators hat auf jeder Seite $20\ \text{m}^2$ Fläche und 0,05 mm Abstand zum anderen ($\varepsilon_r = 2$). Wie groß sind Kapazität und Ladung bei 100 V? Bei welcher Spannung ist $Q = 100\ \mu\text{C}$? **b)** Wie lang müssten die 5,0 cm breiten Streifen sein, damit $C = 10\ \mu\text{F}$ wird?

A 2: a) Welche Kapazität muss man zu $10\ \mu\text{F}$ parallel bzw. in Reihe schalten, damit $15\ \mu\text{F}$ bzw. $5\ \mu\text{F}$ entstehen? **b)** Welche Ladung nimmt dabei jeder Kondensator auf, wenn man 10 V anlegt?

A 3: Drei Kondensatoren mit $5\ \mu\text{F}$, $10\ \mu\text{F}$ und $20\ \mu\text{F}$ liegen hintereinander an 100 V. Welche Ladung trägt jeder, welche Spannung hat er?

A 4: Auf eine Kondensatorplatte ($A = 400\ \text{cm}^2$) wird eine 5,0 mm dicke Paraffinscheibe ($\varepsilon_{r,1} = 2$) und darauf eine ebenfalls 5,0 mm dicke Glasscheibe ($\varepsilon_{r,2} = 5$) gelegt. Die zweite gleich große Kondensatorplatte wird aufgepresst. Berechnen Sie die Kapazität. (Man kann dies als Hintereinanderschaltung von zwei Kondensatoren mit ($\varepsilon_{r,1}$, d_1) und ($\varepsilon_{r,2}$, d_2) auffassen.)

A 5: Die Kapazität eines Drehkondensators kann zwischen 100 pF und 1 nF geändert werden. Ein angelegtes Elektrometer von 100 pF Kapazität zeigt bei ineinander gedrehten Plattensätzen 100 V an. Welche Ladung ist auf der gesamten isolierten Anordnung? Welche Spannung entsteht, wenn man die Platten auseinanderdreht?

A 6: Welche Ladung nimmt eine freistehende Kugel ($r = 4$ cm) auf, wenn sie mit 50 kV gegen die fernen Wände (Erde) geladen wird?

A 7: Ein Pendelschalter lädt 20-mal pro Sekunde einen Kondensator auf und entlädt ihn wieder vollständig über einen Strommesser. Die mittlere Stromstärke beträgt $\bar{I} = 2{,}0$ mA, wenn die angelegte Spannung $U = 40$ V ist. Wie groß ist die Ladung Q des Kondensators bei $U = 40$ V, wie groß ist seine Kapazität C?

A 8: Ein Kondensator der Kapazität $C = 100\ \mu\text{F}$ wird über ein Strommessgerät mit dem Innenwiderstand $R = 300\ \text{k}\Omega$ entladen. **a)** Berechnen Sie die Halbwertszeit T_H. **b)** Wie groß ist die Spannung nach 5 s, 10 s, 50 s, wenn die Anfangsspannung $U_0 = 10$ V beträgt?

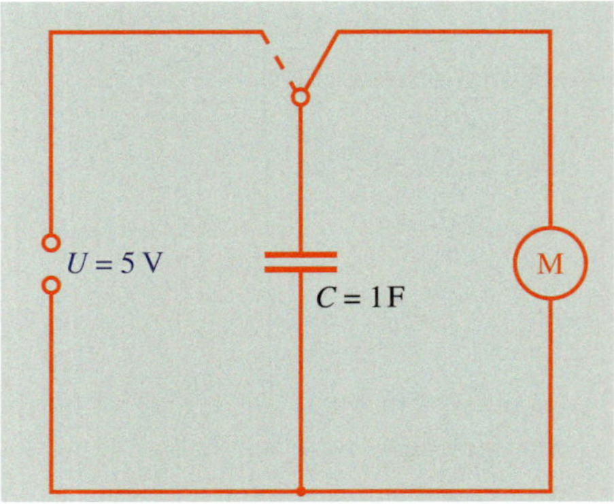

V 1: Ein Kondensator der Kapazität 1 F wird mit der Spannung 5 V aufgeladen. Beim Entladen treibt er einen kleinen Motor.

Warnung: Das Experimentieren mit *Hochspannungskondensatoren* ist gefährlich. Schulnetzgeräte haben einen hohen Widerstand eingebaut, der während des Aufladens die Stromstärke auf wenige mA begrenzt. Bei der Entladung des Kondensators ist das nicht der Fall!

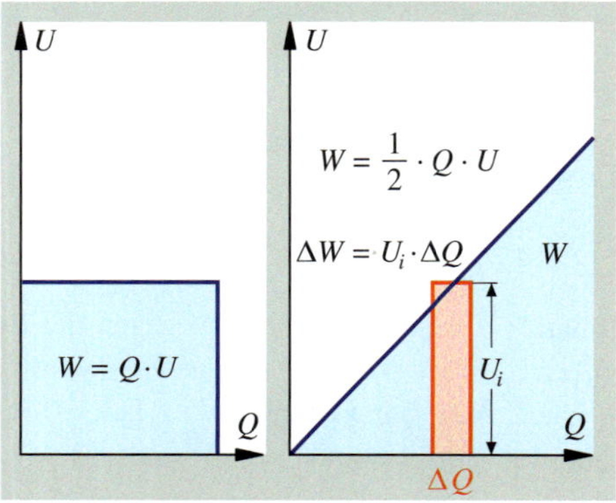

B 1: Energie als Fläche im Q-U-Diagramm

Beispiel

Ein Kondensator der Kapazität 100 µF speichert im Elektronenblitz bei der Spannung $U = 1$ kV die Energie

$$W = \tfrac{1}{2} \cdot 10^{-4}\,\text{F} \cdot 10^{6}\,\text{V}^2 = 50\,\text{C} \cdot \text{V} = 50\,\text{J}.$$

Dies ist gegenüber der Energie von $46 \cdot 10^6$ J eines Liters Benzin sehr wenig. Im Elektronenblitz wird die elektrisch gespeicherte Energie in $t = 1$ ms frei; so lange blendet die Leistung $P = W/t = 50$ kW!
Ein Auto, das nach so kurzer Zeit zum Tanken muss, wäre nicht brauchbar.

Energie elektrischer Felder

1. Kondensatoren statt Benzin im Tank?

Geladene Kondensatoren werden mit lautem Knall entladen und liefern die Energie zum Elektronenblitz des Fotografen. In ➡ *Versuch 1* verwenden wir einen 1 Farad-Kondensator, um einen kleinen Motor laufen zu lassen. Ließen sich auch Elektroautos mit Kondensatoren antreiben? Wie viel Energie können diese speichern?

Wäre die Spannung $U(t)$ beim Aufladen eines Kondensators konstant, so könnten wir die zum Transport der Ladung Q nötige Energie mit $W = Q \cdot U$ berechnen. Ihr entspräche der Flächeninhalt des Rechtecks im ➡ *Bild 1*. Doch steigt beim Aufladen die Spannung am Kondensator proportional zur aufgenommenen Ladung von 0 bis $U = Q/C$ an. In dem schmalen, rot gefärbten Streifen sei ΔQ so klein, dass U_i praktisch konstant bleibt. Aus solchen schmalen Streifen kann die Dreiecksfläche näherungsweise zusammengesetzt werden. Je kleiner ΔQ ist, umso besser nähert sich die Summe der Rechtecksflächen der Dreiecksfläche an. Der Inhalt der Dreiecksfläche liefert die Energie $W = \frac{1}{2} Q\,U = \frac{1}{2} C\,U^2$, die man braucht, um dem Kondensator der Kapazität C die Ladung $Q = C\,U$ zuzuführen. Beim Entladen wird diese Energie frei. Sie war im Kondensator gespeichert.

Merksatz

Die **Energie** eines geladenen Kondensators ist $W = \frac{1}{2} Q\,U = \frac{1}{2} C\,U^2$.

2. Wo und wie dicht sitzt elektrische Energie?

Kann man sagen, wo die Energie gespeichert wird? Ziehen wir die Platten eines Kondensators auseinander, der nicht mit einer Quelle verbunden ist, so steigt seine Energie, wie wir an der Entladung über eine Glimmlampe gesehen haben. Die Ladung hat sich beim Auseinanderziehen nicht geändert. Doch vergrößern wir dabei den Raum, der mit dem Feld erfüllt ist. Ist vielleicht dieses Feld Träger der Energie? Um dies zu prüfen, setzen wir $E = U/d$ und $C = \varepsilon_0\,\varepsilon_r A/d$ in $W = \frac{1}{2} C\,U^2$ ein:

$$W = \tfrac{1}{2} C\,U^2 = \tfrac{1}{2} \varepsilon_0\,\varepsilon_r \frac{A}{d} E^2 d^2 = \tfrac{1}{2} \varepsilon_0\,\varepsilon_r E^2\,V.$$

Die Energie ist also dem felderfüllten Volumen $V = A \cdot d$ und dem Quadrat der Feldstärke proportional; sie hängt nur von Feldgrößen ab. Die Ladung tritt nicht auf. Dies werten wir als starkes Indiz dafür, dass die Energie nach Faradays Feldvorstellung im Feld sitzt. Wir berechnen die räumliche Dichte ϱ_{el} der Energie:

$$\varrho_{el} = W/V = \tfrac{1}{2} \varepsilon_0\,\varepsilon_r E^2.$$

Merksatz

Das elektrische Feld ist Sitz von Energie. Die räumliche **Energiedichte** beträgt

$$\varrho_{el} = \tfrac{1}{2} \varepsilon_0\,\varepsilon_r E^2.$$

Feldenergie gibt es auch im *Vakuum*. Alle Energie, die wir zum Leben brauchen, auch die in Kohle- und Erdöllagern gespeicherte Energie, kam von der Sonne durch weite materiefreie Räume zu uns.

3. Feldkraft – aus Feldenergie berechnet

Die elektrische Feldstärke in einem Plattenkondensator hängt nicht vom Plattenabstand d ab, wenn die Quelle abgetrennt ist. Ziehen wir Platten mit der Fläche A auseinander, so vergrößern wir das vom Feld erfüllte Volumen um $\Delta V = A \cdot \Delta s$ und seine Energie um $\Delta W = \frac{1}{2}\varepsilon_0\,\varepsilon_r\,E^2 A\,\Delta s$. Zum Ziehen längs der Feldlinien braucht man die Kraft F, also die Energie $\Delta W = F\,\Delta s$. Durch Gleichsetzen berechnen wir die Anziehungskraft F der Platten zu

$$F = \frac{\Delta W}{\Delta s} = \frac{1}{2}\varepsilon_0\,\varepsilon_r\,E^2 A = \frac{1}{2}\varepsilon_0\,\varepsilon_r\,\frac{U^2}{d^2}A.$$

Da ε_0 festliegt, kann man die elektrische Spannungseinheit 1 V allein mit einem Maßstab und einem Kraftmesser bestimmen. In *Versuch 2* untersuchen wir mit einer *Spannungswaage* die Abhängigkeit der Kraft F von U und d (*Bild 2*).

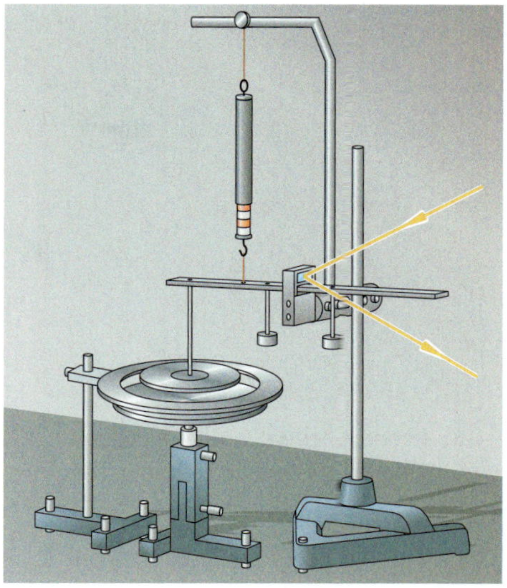

V 2: Spannungswaage: Die untere Kondensatorplatte steht isoliert auf einem höhenverstellbaren Ständer, die obere hängt an einem austariertem Waagebalken mit Lichtzeiger. Ein Schutzring sorgt für die Abschirmung von Randfeldern. Die Kraftmessung erfolgt mit einem Federkraftmesser.

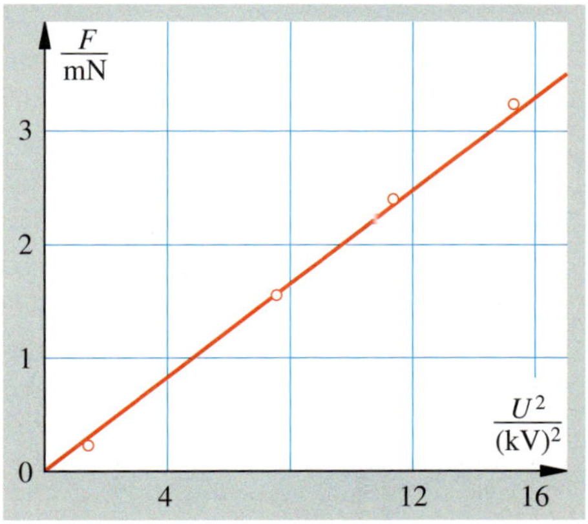

B 2: Die Kraft in Abhängigkeit von U^2 aufgetragen ergibt eine Gerade

Beispiel

Ein Kondensator mit der Kapazität $C_1 = 5\ \mu F$ wird auf $U_0 = 30$ V aufgeladen und dann zu einem ungeladenen Kondensator mit $C_2 = 10\ \mu F$ parallel geschaltet, ohne dass Ladung verloren geht. **a)** Welche Spannung stellt sich zwischen den Platten ein? **b)** Vergleichen Sie die Energie, die vor und nach dem Parallelschalten in der Anordnung gespeichert ist.

Lösung:

a) Da die Ladung erhalten bleibt, gilt:

$$Q = C_1\,U_0 = (C_1 + C_2)\,U_1 \quad \text{oder} \quad U_1 = C_1\,U_0/(C_1 + C_2) = \mathbf{10\ V}.$$

b) Vor dem Parallelschalten berechnet man die gespeicherte Energie zu $W = \frac{1}{2}C_1\,U_0^2 = \mathbf{2{,}25\ mJ}$.
Nachher ist $W = \frac{1}{2}(C_1 + C_2)\,U_1^2 = \frac{1}{2} \cdot 15 \cdot 10^{-6}\ \text{F} \cdot (10\ \text{V})^2 = \mathbf{0{,}75\ mJ}$. Dies ist kein Widerspruch zum Energiesatz. Vom geladenen Kondensator fließen Ladungen zum ungeladenen. Im Widerstand des Stromkreises geht Energie in Form von Wärme, im Funken als Strahlungsenergie weg.

... noch mehr Aufgaben

A 1: In Luft tritt oberhalb einer Feldstärke von $2{,}5 \cdot 10^6$ V/m Funkenüberschlag auf. **a)** Welche Energiedichte ϱ_{el} ist in Luft noch möglich? **b)** Wievielmal so groß ist die aus Kohle nutzbare Energiedichte (Verbrennungswärme: $3 \cdot 10^7$ J/kg; Dichte: 1,2 g/cm³)?

A 2: Zwei kreisförmige Platten von 24 cm Durchmesser haben den Abstand 4,0 mm. **a)** Berechnen Sie Energieinhalt und Energiedichte bei $U = 3{,}0$ kV bzw. $U = 6{,}0$ kV. **b)** Mit welcher Kraft ziehen sich die Platten an? **c)** Wie groß ist die Spannung, wenn die Spannungswaage die anziehende Kraft 1,0 N anzeigt?

A 3: Ein Kondensator von 10 µF wird auf 200 V aufgeladen und einem auf 100 V geladenen gleicher Kapazität parallel geschaltet, ohne dass Ladung verloren geht. Welche Spannung nehmen die Kondensatoren an? Wie viel elektrische Energie geht verloren?

A 4: Bestimmen Sie die Gesamtenergie eines Kugelfeldes (Kugelradius R, Ladung Q) im Abstand $r \geq R$ vom Mittelpunkt (Integration von ϱ_{el} von R bis ∞; $dV = 4\pi r^2 dr$).

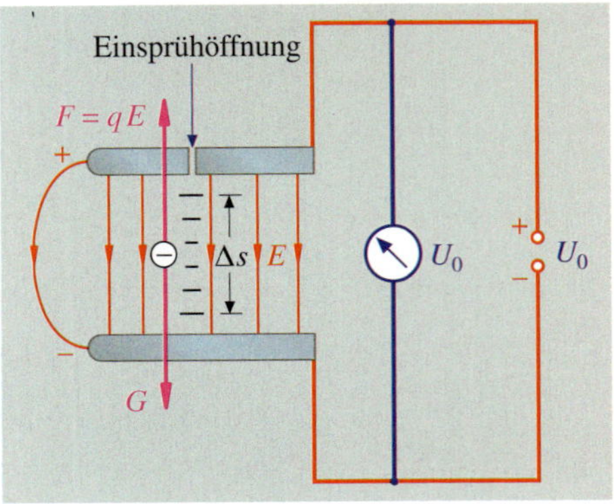

B 1: Schema des MILLIKAN-Versuchs

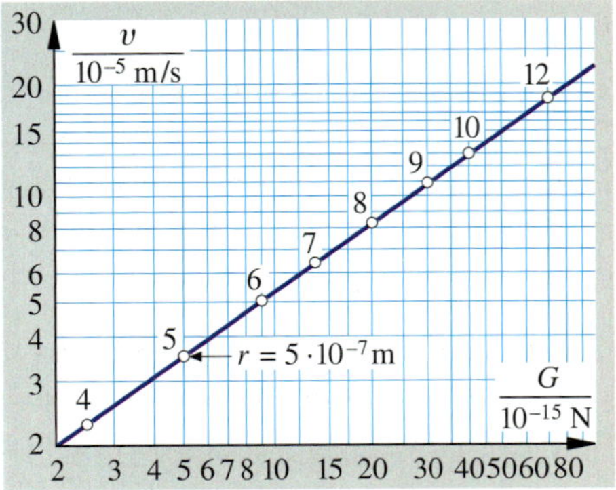

B 2: Sinkgeschwindigkeit v von Öltröpfchen in Abhängigkeit von der Gewichtskraft G. Der Maßstab auf den Achsen ist nicht linear, sondern logarithmisch. Der Vorteil dieser Darstellung ist, dass Messwerte für einen großen Bereich in einem Diagramm gezeigt werden können. Hängt eine Messgröße von der anderen als Potenz ab, z. B. $v = k \cdot G^{2/3}$, so ergibt sich außerdem in doppelt-logarithmischer Darstellung eine Gerade

$$\lg v = \frac{2}{3} \cdot \lg G + \lg k.$$

Man sieht so einfacher Abweichungen von der Potenzfunktion.

Beispiel

Ein Tröpfchen durchfällt die Strecke $\Delta s = 2{,}50$ mm in $\Delta t = 35{,}0$ s. Also ist $v = \Delta s/\Delta t = 7{,}14 \cdot 10^{-5}$ m/s.

➠ *Bild 2* entnimmt man $G = 15{,}8 \cdot 10^{-15}$ N. Aus der Schwebespannung $U_0 = 250$ V und dem Plattenabstand $d = 5{,}0$ mm folgt

$$q = G/E = G\,d/U_0 = \mathbf{3{,}2 \cdot 10^{-19}\ C}.$$

Dies sind zwei Elementarladungen.

Der MILLIKAN-Versuch

1. Die kleinste Ladung

Im Chemieunterricht lernt man, dass 1 mol (also $6{,}02 \cdot 10^{23}$) Elementarladungen 96 500 C sind (2. FARADAY-Gesetz). Daraus kann man die Elementarladung e ermitteln: $e = 96\,500\ \text{C}/(6{,}02 \cdot 10^{23}) = 1{,}6 \cdot 10^{-19}$ C. Die so bestimmte Ladung könnte allerdings ein Mittelwert sein, um den die einzelnen Ionenladungen streuen. Langwierige Experimente des Amerikaners Robert A. MILLIKAN (Nobelpreis 1923) zeigten 1909 unabhängig von der Elektrolyse, dass positive wie negative Ladungsträger nur als ganzzahlige Vielfache einer kleinsten Ladung auftreten.

In ➠ *Bild 1* ist das Schema des Versuchs von MILLIKAN gezeichnet. Mit einem Mikroskop betrachtet man den Raum zwischen zwei horizontalen Kondensatorplatten. Er ist durch ein Gehäuse vor Luftzug geschützt. Im Mikroskop sind Strichmarken für vertikale Strecken Δs zwischen den Platten angebracht. Durch eine Öffnung werden aus einem Zerstäuber kleine Öltröpfchen zwischen die Platten geblasen. Bei seitlicher Beleuchtung erscheinen die Tröpfchen als helle Lichtpunkte, die nach unten sinken (da das Mikroskop umkehrt, scheinen sie nach oben zu wandern). Nun legt man eine Spannung zwischen die Platten (die untere sei negativ geladen). Dann sinken die ungeladenen Tröpfchen unbeeinflusst weiter. Einige Tröpfchen steigen jedoch zur oberen Platte auf, sind also negativ geladen. Positiv geladene sinken schneller als ohne Feld. Die Ladung rührt daher, dass beim Zerstäuben des Öls das eine Tröpfchen einige Elektronen zu viel, das andere einige zu wenig erhält.

Man beobachtet nun *ein* negativ geladenes Tröpfchen über längere Zeit genau und ändert dabei die Spannung U_0, bis das Tröpfchen *schwebt* (die anderen verschwinden allmählich). Dann besteht am ruhenden Tröpfchen Gleichgewicht: Nach oben zieht die elektrische Feldkraft $F = qE$, die seine Ladung q im Feld der Stärke $E = U_0/d$ (d: Plattenabstand) erfährt. Nach unten zieht die gleich große Gewichtskraft G. Es gilt also $qE = q\,U_0/d = G$.

Leider sind die Tröpfchen so klein, dass ihr Radius r und damit die Gewichtskraft G nicht unmittelbar bestimmt werden kann. Man misst daher die Geschwindigkeit v, mit der das Tröpfchen nach Wegnahme der Schwebespannung in Luft sinkt. Diese Sinkgeschwindigkeit ist bekanntlich bei schweren Regentropfen groß, bei Nebeltröpfchen klein. Am sinkenden Tröpfchen kommt nämlich Gleichgewicht zwischen der Gewichtskraft und der von v abhängigen Kraft des Luftwiderstands ($F = 6\pi r \eta v$, η = Zähigkeit der Luft) zustande. Der Zusammenhang zwischen v und der Gewichtskraft G ist in ➠ *Bild 2* aufgetragen. Man misst nun ohne Feld die Fallzeit Δt für die Strecke Δs, berechnet v und entnimmt dem Schaubild die Gewichtskraft. Auch bei Wiederholung an vielen Tröpfchen ergeben sich für die Tröpfchenladung $q = G/E = G\,d/U_0$ immer nur ganzzahlige Vielfache der **Elementarladung *e***, nämlich e selbst oder $2e$, $3e$ usw. (➠ *Bild 3*).

Zwischenwerte wie 0,7 e oder 3,4 e werden nicht beobachtet. Nun polt man die Spannung an den Platten um und misst die Ladung eines positiv geladenen Tröpfchens. Der Wert für e ist der gleiche.

Merksatz

Positive wie negative Ladungen treten nur als ganzzahlige Vielfache der **Elementarladung** $e = 1{,}6 \cdot 10^{-19}$ C auf. Die Ladung des Elektrons ist $q = -e = -1{,}6 \cdot 10^{-19}$ C.

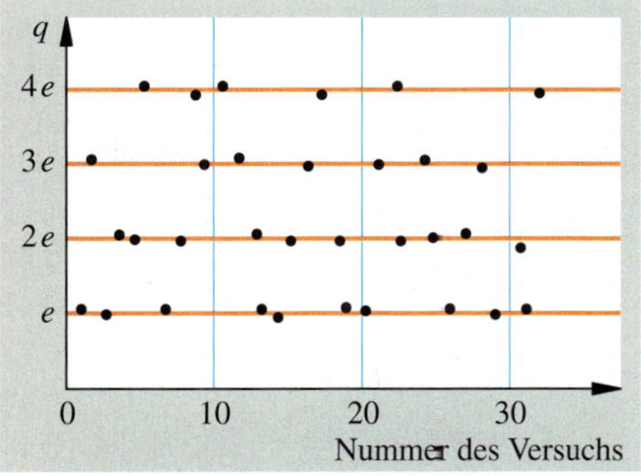

B 3: Streuung zahlreicher Messwerte der Tröpfchenladung q um e, $2e$, $3e$, $4e$ oder andere ganzzahlige Vielfache von e

2. Ein eigenes Energiemaß für die Mikrowelt

Wenn ein Elektron die Spannung U in einer Elektronenkanone durchlaufen hat, so wurde ihm von Feldkräften die Energie $W = e \cdot U$ zugeführt. Um nicht immer mit e multiplizieren zu müssen, führt man die auf die Elementarladung zugeschnittene **Energieeinheit Elektronvolt (eV)** ein. Durchfliegt ein Elektron die Spannung 1 V, so steigt seine kinetische Energie um 1 eV = $1{,}6 \cdot 10^{-19}$ C · 1 V = $1{,}6 \cdot 10^{-19}$ J. Durchläuft ein Cu^{++}-Ion oder ein Heliumkern, die beide zwei Elementarladungen tragen, die Spannung 1 V, so ändert sich ihre Energie um 2 eV.

Merksatz

Wenn ein Teilchen beliebiger Masse mit der Ladung 1 e im Vakuum die Spannung 1 V durchläuft, dann ändert sich seine kinetische Energie um 1 Elektronvolt:

1 eV = 1 e · 1 V = $1{,}6 \cdot 10^{-19}$ J:
1 MeV (Mega-Elektronvolt) = 10^6 eV;
1 GeV (Giga-Elektronvolt) = 10^9 eV.

Beispiel

Ein Elektron ($m_e = 9{,}1 \cdot 10^{-31}$ kg) mit der Anfangsgeschwindigkeit $v_0 = 10^7$ m/s durchläuft die Spannung 100 V. Wie groß ist dann seine Energie in eV?

Lösung:
Es ist 1 J = $1/(1{,}6 \cdot 10^{-19})$ eV = $6{,}25 \cdot 10^{18}$ eV.
Energie des Elektrons nach Durchfliegen der Spannung U:

$$W = e\,U + \tfrac{1}{2}\,m\,v^2 = 100\text{ eV} + 4{,}55 \cdot 10^{-17}\text{ J}$$
$$= 100\text{ eV} + 284\text{ eV} = \mathbf{384\ eV}.$$

... noch mehr Aufgaben

A 1: a) Ein Öltröpfchen der Masse $m = 2{,}4 \cdot 10^{-12}$ g schwebt bei U_0 = 250 V in einem Kondensator (Plattenabstand d = 0,50 cm, obere Platte negativ). Welche Ladung und wie viele Elementarladungen trägt es? Welches Vorzeichen hat seine Ladung? Mit welcher Geschwindigkeit sinkt es in Luft ohne elektrisches Feld (➠ *Bild 2*)? **b)** Wie viele Überschusselektronen sitzen je cm² auf der negativ geladenen Platte? **c)** Auf wie viele Atome der Oberfläche kommt ein Überschusselektron? (Ein Atom braucht die Fläche 10^{-15} cm².)

A 2: a) Ein Tröpfchen ($m = 2{,}4 \cdot 10^{-12}$ g, $q = 3\,e$) sinkt langsam in dem Plattenkondensator aus A 1a) um 1 mm. Wie viel Höhenenergie verliert das Tröpfchen? Welche Spannung durchläuft es? Um wie viel ändert sich die elektrische Energie im Feld? Nimmt sie zu oder ab? Vergleichen Sie die beiden Energieänderungen. **b)** Ein gleich geladenes Tröpfchen mit halber Masse steigt hoch. Vergleichen Sie jetzt die beiden Energieänderungen.

A 3: Näherungsweise gilt für Öltröpfchen das Reibungsgesetz von Stokes $F = 6\pi r \eta v$ ($\eta = 18 \cdot 10^{-6}$ Ns/m²: die Zähigkeit der Luft). Die Dichte des verwendeten Öls ist $\varrho = 983$ kg/m³. Berechnen Sie die Sinkgeschwindigkeit des Tröpfchens ($r = 1 \cdot 10^{-6}$ m), die sich nach kurzer Zeit ohne Feld einstellt.

A 4: Ein Elektron fliegt von einer Spitze (r = 100 nm) im Mittelpunkt einer evakuierten Kugel zum 7,0 cm entfernten Leuchtschirm. Zwischen Spitze und Leuchtschirm liegt die Spannung 7 kV. Wie viel Energie in J und eV gewinnt es auf der ganzen, wie viel auf der halben Strecke?

A 5: a) Wie groß sind die positive und die negative Ladung in 12 mg Kohlenstoff (1 C-Atom hat sechs Elektronen und sechs Protonen)? **b)** Welche Kraft würden beide Ladungen aufeinander ausüben, wenn sie in 1 m Abstand voneinander punktförmig konzentriert wären? **c)** Mit diesen Ladungen werden zwei Kondensatorplatten der Fläche A = 1 000 cm² im Abstand 1 cm belegt. Mit welcher Kraft würden sich die Platten anziehen? Wie groß wären die Energie und die Energiedichte im Feld?

Interessantes

Isolatoren im *E*-Feld

Wie wir gesehen haben, steigt die Kapazität eines Kondensators, wenn man zwischen die Platten einen Isolator (z. B. eine Plexiglasscheibe) einführt.

Was geht im Nichtleiter Plexiglas vor? Seine Atome halten zwar die Elektronen fest; doch ist die atomare Elektronenwolke ein lockeres Gebilde. Sie wird in einem äußeren Feld ein wenig zur Plusplatte hin verschoben. ➠ *Bild 1* zeigt ein *anschauliches Modell* für das Verhalten der Ladungen: Auf einer durchsichtigen Folie befindet sich ein quadratisches Netzgitter aus roten Pluszeichen (Atomkernen). Darunter liegt ein Gitter aus blauen Kreisen mit Minuszeichen (Elektronenhülle). Das ➠ *Bild 1a* zeigt das Dielektrikum, in dem sich alle Ladungen neutralisieren. In ➠ *Bild 1b* ist die Minusfolie ein wenig zur Plusplatte hin verschoben. Das Dielektrikum bleibt im Innern neutral. Doch bildet sich vor der Plusplatte ein hauchdünner Film von Überschusselektronen. Diese bilden eine **Polarisationsladung** $-Q_P$. An ihr endet ein Teil der Feldlinien. An der rechten Oberfläche entsteht ein Film positiver Polarisationsladungen $+Q_P$. Von ihr gehen Feldlinien zur Minusplatte. Das von den Kondensatorplatten ausgehende Feld ist daher im Dielektrikum schwächer. Feldstärke E und Spannung $U = E\,d$ sind dort kleiner. Die Ladung Q der isolierten Platten hat sich aber nicht geändert. Also steigt die Kapazität $C = Q/U$.

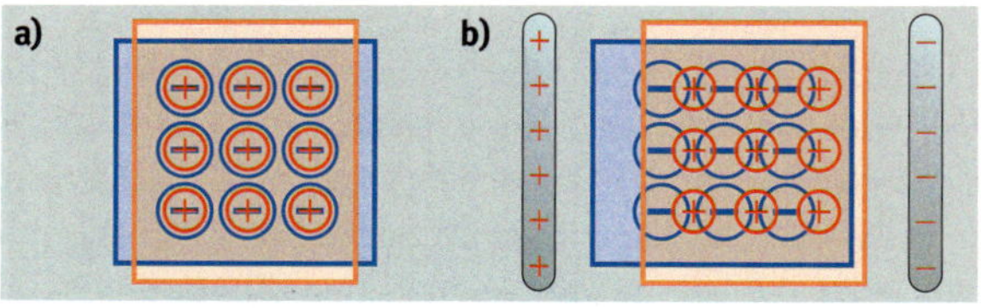

B 1: Verschiebbare Folien veranschaulichen die Polarisation

Wasser und Alkohol haben hohe Dielektrizitätszahlen ε_r. Bei diesen Stoffen sind auch ohne äußeres Feld die Schwerpunkte von Plus- und Minusladungen getrennt. Sie bilden **elektrische Dipole.** In einem elektrischen Feld richten sich die ungeordneten Dipole aus, man spricht von *Orientierungspolarisation* im Unterschied zur *Verschiebungspolarisation*, die wir oben betrachtet haben.

Erwärmt man manche Dielektrika (z. B. Teflon) und lässt sie unter dem Einfluss von starken elektrischen Feldern abkühlen, so bleibt an ihrer Oberfläche eine dünne Schicht von positiven bzw. negativen Ladungen bestehen. Es hat sich ein so genannter **Elektret** gebildet, der ständig polarisiert ist und eine permanente Ladungsschicht trägt.

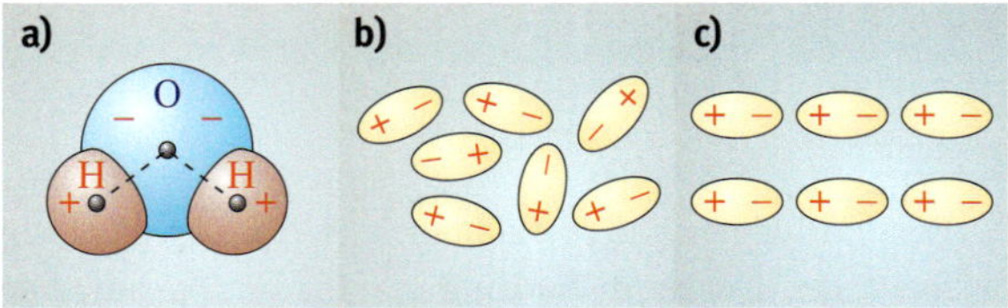

B 2: a) Wassermolekül **b)** Dipole ungeordnet und **c)** geordnet

Kondensator- und Elektretmikrofon

Ein *Kondensatormikrofon* besteht im Prinzip aus einer schwingungsfähigen Membran und einer Gegenplatte, die einen Kondensator bilden. Über einen hochohmigen Widerstand ist eine Spannungsquelle angeschlossen. Durch die Druckschwankungen des Schalls ändern sich der Plattenabstand d, also die Kapazität C und die Ladung des Kondensators (➠ *Bild 3a*). Wechselnde Ladeströme durch den Widerstand führen zu Spannungsschwankungen. Diese werden einem Verstärker zugeführt. Die zusätzliche Spannungsquelle kann man sich sparen, wenn eine Platte des Kondensators von einem Elektret gebildet wird (➠ *Bild 3b*). Man erhält so die heute häufig gebrauchten *Elektretmikrofone*.

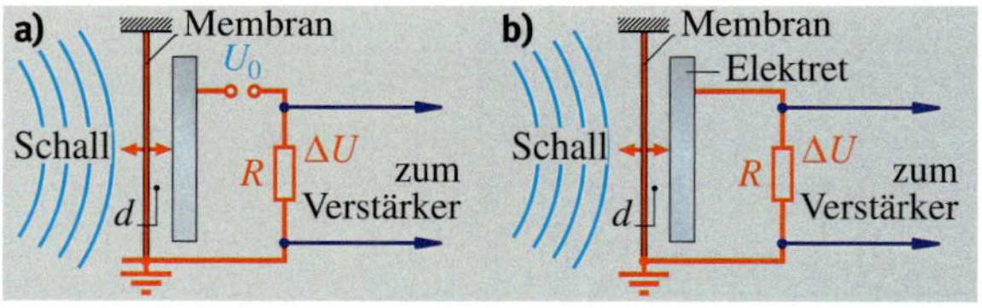

B 3: a) Kondensatormikrofon **b)** Elektretmikrofon

Nach der Funktionsweise des Kondensatormikrofons arbeiten auch *Siliciummikrofone* (➠ *Bild 4*), die nur noch die Größe eines Stecknadelkopfes haben. Die geringe Größe ermöglicht zahlreiche neue Anwendungen, z. B. bei dem Bau von noch kleineren Hörgeräten oder in der Kommunikationstechnik. Mit den Methoden der Mikroelektronik und Mikromechanik wird solch ein miniaturisiertes Mikrofon auf einem Chip hergestellt. So kann die Produktion in großer Stückzahl, d. h. preiswert erfolgen.

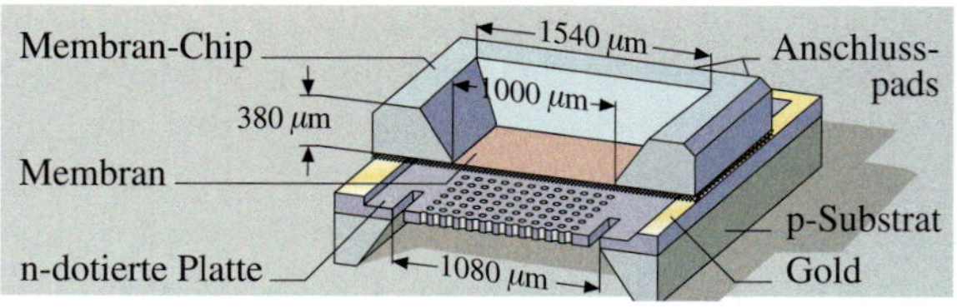

B 4: Siliciummikrofon; eine Elektrode ist mit Löchern versehen, damit die Luft nahezu ungestört zwischen Membran und Platte strömen kann

Interessantes

Von Menschen und Feldern

Ionenkanäle in Nervenmembranen

Wie kommt es überhaupt, dass, wie schon Luigi GALVANI nachgewiesen hat, die Erregung von Muskeln ein elektrischer Prozess ist? Bei der Beschreibung dieser Vorgänge wirken Physik, Chemie und Biologie zusammen. Wir wollen daher hier auch nicht alles erklären, sondern nur zeigen, wie die elektrischen und chemischen Prozesse messbar verfolgt werden können.

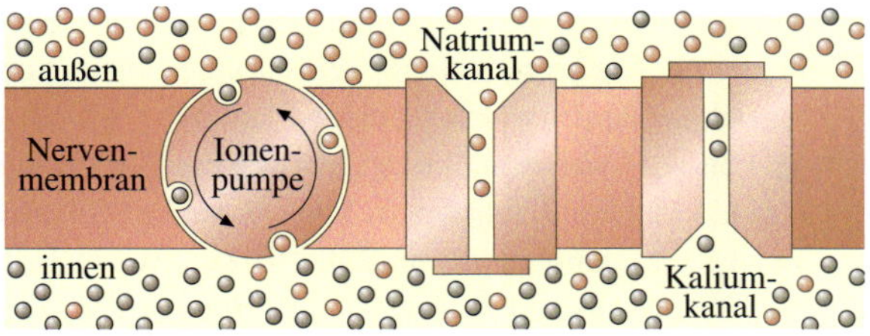

B 5: Schematischer Aufbau der Zellmembran

Eine Nervenfaser (Axon) bildet einen Hohlzylinder. Die Nervenmembran, die Hülle dieses Zylinders, können wir uns als Isolierschicht eines elektrischen Kabels vorstellen. Im Innen- und Außenraum befinden sich elektrisch leitende Flüssigkeiten, so genannte Elektrolyte. Die Faser stellt einen Zylinderkondensator dar, bei dem die Membran das Dielektrikum ist. Durch die Oberfläche der Zelle und den „Plattenabstand" (Dicke der Membran: einige nm) ist die Kapazität des Kondensators bestimmt. Die Membran enthält Kanäle, die im geöffneten Zustand für Kalium- und Natrium-Ionen durchlässig sind. Im Innern einer Nervenzelle befinden sich unter anderem positive Kalium- und negative organische Ionen, außerhalb der Zelle positive Natrium- (Na^+) und negative Chlor-Ionen.

Eine Stoffwechselreaktion, die so genannte Ionenpumpe (➠ *Bild 5*), sorgt unter Energieaufwand dafür, dass im Ruhezustand die Konzentration von K^+-Ionen im Inneren größer als außen und von Na^+-Ionen außerhalb der Nervenfaser größer als innen ist. Dadurch allein kommt aber noch keine Potentialdifferenz zwischen außen und innen zustande. Im Ruhezustand der Zelle ist die Zellmembran praktisch nur für K^+-Ionen durchlässig. Sie diffundieren nach außen, und innen herrscht ein Mangel an positiven Ladungen. Das Innere der Zelle weist daher gegenüber dem Außenraum eine Spannung, das so genannte Ruhepotential, von –60 mV bis –70 mV auf. Diese Spannung kann man mit einer Mikroelektrode, die in die Faser eingeführt wird, gegenüber der Flüssigkeit außerhalb der Nervenmembran

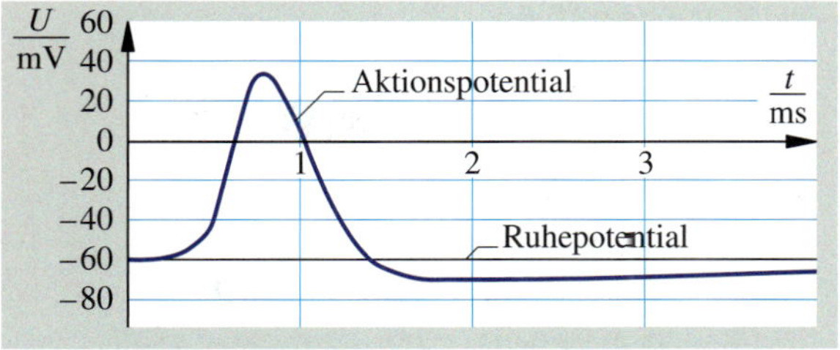

B 6: Zeitlicher Verlauf des Aktionspotentials

messen. Ein Nervensignal, das einen bestimmten Schwellenwert überschreitet, verursacht eine schlagartige Änderung dieses Potentials, die sich längs einer Nervenfaser ausbreitet. Man nennt diese Impulse daher auch *Aktionspotential* (➠ *Bild 6*). Dabei öffnen sich kurzzeitig Kanäle, die nur für Na^+-Ionen durchlässig sind und so einen positiven Spannungsimpuls von +30 mV erzeugen. Durch den positiven Impuls werden benachbarte Kanäle geöffnet. Wie eine Kettenreaktion wandert so die Umpolung über die Nervenfaser. Millisekunden später schließen sich die Na^+-Kanäle, und K^+-Kanäle öffnen sich, sodass sich wieder das Ruhepotential einstellt. Die Stärke des Reizes beeinflusst nicht die Höhe des Signals, wohl aber die Zahl und den zeitlichen Abstand der ausgelösten Impulse.

EKG und EEG

Ähnlich wie bei Nervenzellen entstehen auch in Herzmuskelzellen elektrische Impulse. Die Form des Aktionspotentials unterscheidet sich von dem bei Nervenzellen und ist je nach dem Entstehungsort im Herzen verschieden. Mit Elektroden, die an den Armen und einem Fuß befestigt werden, kann man mit einem guten Verstärker und einem Aufzeichnungsgerät den zeitlichen Verlauf der elektrischen Aktivität des Herzens aufnehmen. In der medizinischen Diagnostik werden beim *Elektrokardiogramm* (*EKG*) an 6 oder 12 verschiedenen Stellen Potentialdifferenzen gemessen und aufgezeichnet. Das *Elektroenzephalogramm* (*EEG*) misst die Potentialschwankungen im Gehirn und ist eine wichtige Untersuchungsmethode der Gehirntätigkeit.

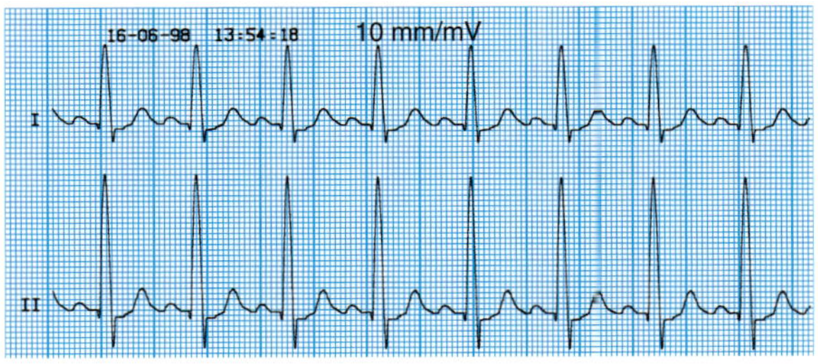

B 7: Aufnahme eines EKG (Ausschnitt)

Das ist wichtig

Die **Feldstärke** $\vec{E}$ ist der Quotient

$$\vec{E} = \frac{\vec{F}}{q}; \quad [E] = 1\,\frac{\mathrm{N}}{\mathrm{C}} = 1\,\frac{\mathrm{V}}{\mathrm{m}}.$$

Die **Feldkraft** auf eine Ladung ist $\vec{F} = q\,\vec{E}$.

Die elektrische **Spannung** U zwischen zwei Punkten ist der Quotient $U = \frac{W}{q}$; $[U] = 1\,\frac{\mathrm{J}}{\mathrm{C}} = 1$ V (Volt).

W ist dabei die Energie, welche die Feldkräfte der Ladung q beim Transport zwischen den Punkten zuführen.

Im **homogenen Feld** ist die elektrische Feldstärke E konstant. Im homogenen Feld eines *Plattenkondensators* gilt speziell $E = U/d$.

Durchläuft ein Körper der Masse m und der Ladung q im Vakuum aus der Ruhe heraus die Spannung U, so erhält er die Bewegungsenergie

$$\tfrac{1}{2}\,m\,v^2 = q\,U.$$

Für die **Flächendichte** σ der elektrischen Ladung gilt

$$\sigma = Q/A = \varepsilon_0\,\varepsilon_r\,E.$$

$\varepsilon_0 = 8{,}85 \cdot 10^{-12}\ \mathrm{C \cdot V^{-1} \cdot m^{-1}}$; ε_r: Dielektrizitätszahl

Die **Coulomb-Kraft** zwischen zwei punktförmigen Ladungen ist im Vakuum

$$F = \frac{1}{4\pi\,\varepsilon_0}\,\frac{Q\,q}{r^2}.$$

Die **Spannung** zwischen zwei Punkten im **radialen Feld** einer Ladung Q ist

$$U = \frac{Q}{4\pi\,\varepsilon_0}\left(\frac{1}{r_1} - \frac{1}{r_2}\right).$$

Ladung Q und Spannung U eines **Kondensators** sind proportional $\quad Q = C\,U.$

Für die **Kapazität** C gilt beim Plattenkondensator mit Fläche A und Abstand d

$$C = \varepsilon_r\,\varepsilon_0\,\frac{A}{d}.$$

Die *Ersatzkapazität* von parallel geschalteten Kondensatoren ist die Summe der Einzelkapazitäten.

Bei der Reihenschaltung addieren sich die Kehrwerte $1/C_i$ und geben den Kehrwert $1/C$ der Ersatzkapazität.

Die **Energie** eines geladenen Kondensators ist

$$W = \tfrac{1}{2}\,Q\,U = \tfrac{1}{2}\,C\,U^2.$$

Das elektrische Feld ist Sitz von Energie. Die räumliche *Energiedichte* beträgt

$$\varrho_{el} = \tfrac{1}{2}\,\varepsilon_0\,\varepsilon_r\,E^2.$$

Aufgaben

A 1: Ein Kügelchen ($m = 0{,}5$ g) hängt an einem 2,0 m langen Faden und ist mit $q = 2{,}0$ nC geladen. An seine Stelle schiebt man eine mit 1 µC gleichnamig geladene Kugel. **a)** Wie weit lenkt sie das Kügelchen aus? **b)** Auf welchen Teil geht die Auslenkung zurück, wenn man beide Ladungen halbiert?

A 2: Senkrecht zum Feld der Stärke $E = 40$ kV/m befinden sich zwei Influenzplatten der Fläche 100 cm². **a)** Man zieht sie auf 1 cm Abstand auseinander. Welche Ladungen tragen sie? Welche Feldstärke und Spannung besteht zwischen ihnen? **b)** Nun nimmt man das äußere Feld weg. Wie groß sind jetzt Feldstärke, Spannung und Anziehungskraft zwischen beiden Platten?

A 3: Um vom warmen Zimmer aus ständig den Ölstand h in einem Öltank messen zu können, senken Sie zwei vertikale Metallplatten von 2,0 m Breite, 2,0 m Höhe und 10 cm Abstand in den Öltank. Dann legen Sie je Sekunde 100-mal die Spannung 1,5 kV an und entladen sofort über einen Strommesser. **a)** Zeichnen Sie eine Schaltskizze! Was zeigt der Strommesser an, wenn der Tank ganz leer, ganz mit Öl ($\varepsilon_r = 2{,}5$) bzw. halb gefüllt ist? **b)** Stellen Sie die Stromstärke $I(h)$ als Funktion der Füllhöhe h dar. **c)** Welche Energie wird während einer Messung von 20 s Dauer bei vollem Tank im Entladestromkreis frei?

A 4: Ein leitend gemachter Luftballon mit 5 cm Radius wird gegen die Erde auf 500 V aufgeladen und dann von der Spannungsquelle getrennt. **a)** Welche Ladung trägt er? Welche Energie steckt in seinem Feld? **b)** Wie ändern sich die Spannung, die Feldstärke an der Oberfläche und die Feldenergie, wenn man ihn auf doppelten Radius aufbläst? **c)** Zwischen Ballon und Erde liegt jetzt ein Elektroskop der Kapazität 5 pF. Wie ändert sich dann die Spannung beim Aufblasen?

A 5: Ein Kugelkondensator besteht aus zwei konzentrischen Kugeln, die innere (–) mit 5 cm, die äußere (+ und geerdet) mit 20 cm Radius. Dazwischen liegt die Spannung 1 000 V. **a)** Welche Ladung tragen beide Kugeln, welche Kapazität hat der Kondensator? **b)** Welchen Radius hat eine Äquipotentialfläche für –500 V? **c)** Welche Energie muss man einer Ladung $q = +1{,}0$ pC zuführen, um sie von $r_1 = 5$ cm auf $r_2 = 10$ cm zu transportieren?

A 6: Ein Kondensator der Kapazität C wird über einen Widerstand R von der Quelle mit konstanter Spannung U_0 geladen. **a)** Welche Ladung fließt? **b)** Welche Energie gibt die Quelle ab, welche nimmt der Kondensator auf? Welche wird im Widerstand in Wärme umgesetzt? **c)** Zeichnen Sie das $P(t)$-Diagramm für die Leistung der Quelle und tragen Sie die Wärmeleistung $P_W = I^2 R$ ein. Wo liest man die Energien aus b) ab?

Das Magnetfeld und Teilchen in Feldern

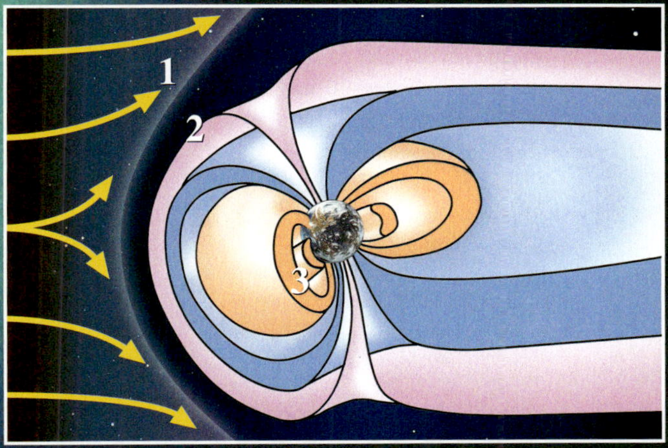

Das Magnetfeld der Erde spielt für das Leben auf unserem Planeten eine wichtige Rolle. Geladene Teilchen des Sonnenwindes und der kosmischen Strahlung werden von den zerbrechlichen Großmolekülen, aus denen Menschen, Tiere und Pflanzen bestehen, ferngehalten.

Der Sonnenwind kommt mit dem Magnetfeld an der Schockfront (1) in Kontakt. Hinter ihr liegt die Magnetopause (2), die Grenzzone des Magnetfeldes. Orange sind die Strahlungsgürtel (3) gekennzeichnet. Das sind Gebiete, in denen die kosmischen Partikel wie in magnetischen Flaschen gefangen werden. Sich hier aufzuhalten, ist für Astronauten wegen der intensiven Strahlung sehr gefährlich.

Geladene Teilchen im Erdmagnetfeld erzeugen das Polarlicht. Heute werden in jedem Haushalt Elektronenstrahlen erzeugt und abgelenkt. Man denke nur an das Fernsehen und Computermonitore.

In der wissenschaftlichen Forschung werden auch andere Teilchen elektrischen und magnetischen Feldern ausgesetzt. Ohne die Verwendung von Oszilloskopen, Elektronenmikroskopen und Teilchenbeschleunigern wäre die heutige Physik nicht denkbar.

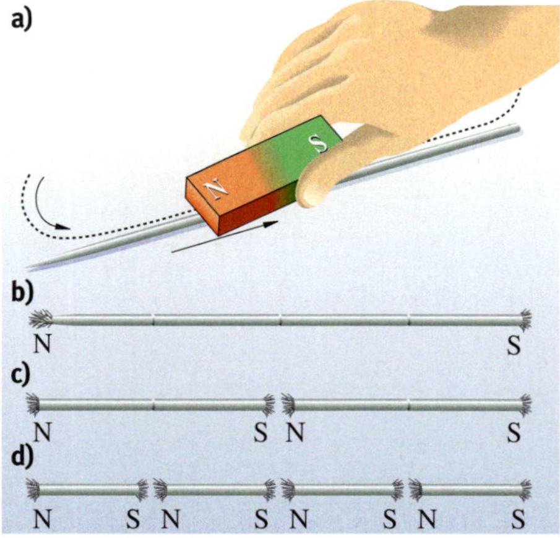

V 1: a) Ein dünner Eisenstab (mit Kerben) wird durch Bestreichen mit einem Magneten magnetisiert. **b)** Wir prüfen dies mit Eisenfeilspänen nach. **c)** und **d)** Wir zerteilen den magnetisierten Eisenstab mehrfach in der Mitte. Jedes Bruchstück des Stabes ist ein vollständiger Magnet mit zwei Polen.

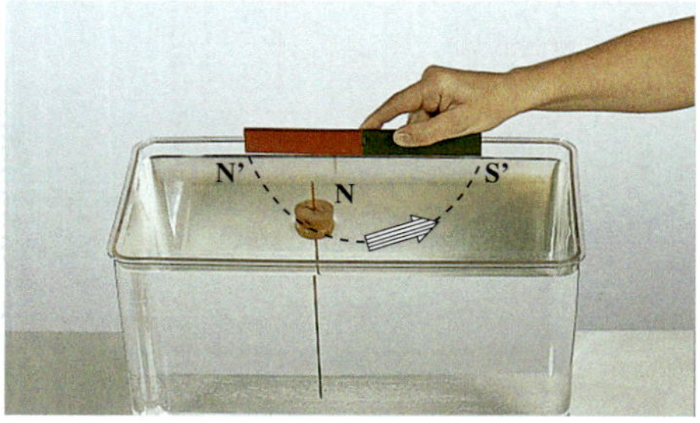

B 1: Der Nordpol der magnetisierten Stricknadel bewegt sich entlang einer Feldlinie

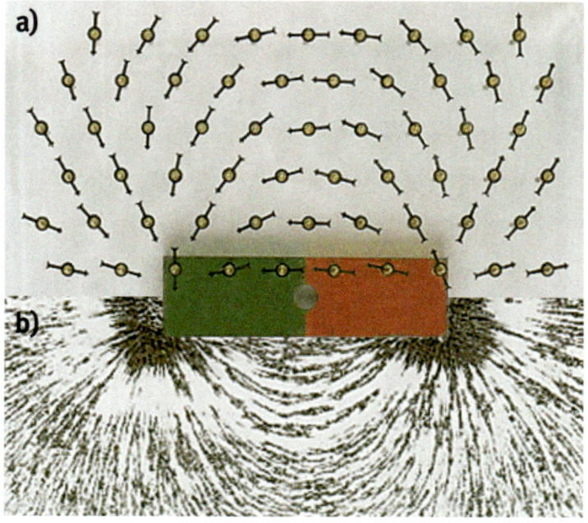

B 2: a) Wir legen einen kleinen Stabmagneten auf ein Plastikbrett mit vielen kleinen Kompassnadeln. **b)** Wir legen eine Glasplatte auf den Magneten und streuen Eisenfeilspäne darüber. Wir erhalten beide Male ein Feldlinienbild.

Magnete und Magnetfelder

1. Magnetpole sind keine elektrischen Ladungen

Wir können drei wesentliche Unterschiede zwischen elektrischen Ladungen und Magneten feststellen:

a) Ein geriebener Hartgummistab ist elektrisch geladen. Er übt auf leichte Körper in seiner Umgebung merkliche Kräfte aus. Von **Magneten** hingegen werden nur Gegenstände **angezogen**, die Eisen, Kobalt oder Nickel enthalten.

b) Durch Bestreichen mit einem Magneten wird ein dünner Eisenstab **magnetisiert, er wird selbst ein Magnet** (➡ *Versuch 1a, b*). Doch wird dabei keine Substanz übertragen. Der streichende Magnet verliert seinen Magnetismus nicht. Lediglich die schon im Eisenstab vorhandenen *Elementarmagnete* werden geordnet. Eine magnetische „Aufladung" findet nicht statt.

c) Die Stellen eines Magneten, an denen ein Eisenstück am stärksten angezogen wird, heißen **Pole.** Wenn wir Magnete zerteilen, erhalten wir immer nur **Dipole.** Man kann einzelne Magnetpole nicht abtrennen (➡ *Versuch 1c, d*). Magnetische „Monopole" gibt es nicht. Im Gegensatz dazu ist es durchaus möglich, positive und negative elektrische Ladungen voneinander zu trennen.

Elektrizität und Magnetismus haben aber auch vieles gemein. So können sich zwei Magnetpole anziehen oder abstoßen. Im ersten Fall sprechen wir von **ungleichnamigen,** im zweiten von **gleichnamigen** Polen. Welche Namen haben die Pole? Wir hängen einen Magneten so auf, dass er um eine vertikale Achse drehbar ist. Der Magnet stellt sich ungefähr in Nord-Süd-Richtung ein. Man nennt den Pol, der nach Norden weist, **Nordpol,** den anderen **Südpol.**

2. Magnete haben Felder

Magnete üben über Entfernungen hinweg Wirkungen auf andere Magnete und magnetische Stoffe aus. Analog zum elektrischen Feld nennen wir das Umfeld eines Magneten ein **magnetisches Feld.** Dort erfahren andere Magnete Kräfte. In ➡ *Bild 1* bewegt sich der Nordpol der magnetisierten Stricknadel auf einer gekrümmten Bahn vom Nordpol des Stabmagneten zum Südpol. Diese gekrümmte Bahn bezeichnen wir als **Feldlinie.** Wir schreiben ihr die Richtung vom Nord- zum Südpol zu, weil sich der Testpol – der Nordpol der Stricknadel – so bewegt. ➡ *Bild 2a* macht die Struktur des Feldes deutlich. Die Kompassnadeln stellen sich in Richtung der Feldlinien ein. Die vielen Nadeln zeigen ein **Feldlinienbild**. Mit Eisenfeilspänen wird es noch deutlicher (➡ *Bild 2b*).
An solchen Bildern können wir die von Magnetfeldern ausgeübten Kräfte ablesen. Es sieht so aus, als ob die Feldlinien die Tendenz hätten, sich in ihrer Längsrichtung zu verkürzen und sich quer zueinander abzustoßen. Dies deutet daraufhin, dass die Kräfte nicht unvermittelt durch den leeren Raum wirken. Das Feld überträgt sie. Diese Modellvorstellung erkennen wir nochmals in ➡ *Bild 3.*

Zwischen den entgegengesetzten Magnetpolen N und S verlaufen die Feldlinien fast geradlinig und parallel. Ein solches Feld nennen wir **homogen**. Die anziehende Kraft zwischen den Polen entspricht der Neigung der Feldlinien, sich zu verkürzen. Bei zwei gleichnamigen Magnetpolen wird die Tendenz der Feldlinien, einander zu verdrängen, besonders deutlich. Die abstoßende Kraft zwischen den Magnetpolen steht mit dieser Vorstellung in Einklang.

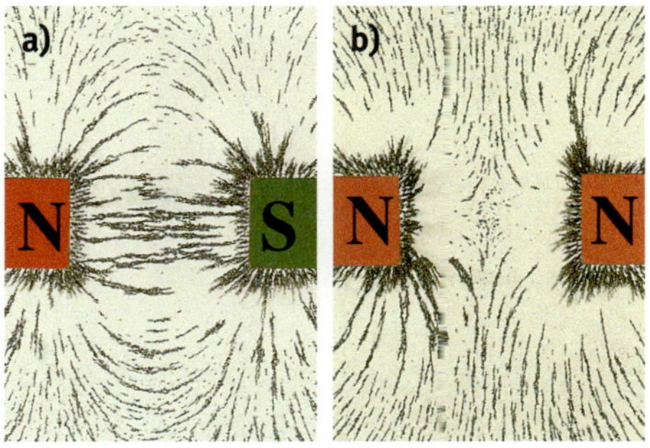

B 3: Feldlinienbilder zweier Magnete

a) Feldlinien zeigen die Tendenz zum Verkürzen (Anziehung).

b) Die Neigung zum Verdrängen wird deutlich (Abstoßung).

3. Magnetfelder ohne Magnete

In der Nähe eines Drahtes, der einen starken Strom führt, werden kleine Kompassnadeln abgelenkt (➠ *Bild 4*). Der Strom erzeugt also auch ein Magnetfeld. Diese magnetische Wirkung eines elektrischen Stromes wurde von OERSTED, einem dänischen Physiker, um 1820 entdeckt. Die Richtung der Feldlinien bestimmt man mit der **Linke-Hand-Regel:** Man umfasst mit der linken Hand den Draht, sodass der Daumen in die Richtung des Elektronenstromes (also entgegen der technischen Stromrichtung) zeigt. Dann weisen die Finger in Richtung der Feldlinien (➠ *Bild 4*).

Wo sind aber Nord- und Südpol geblieben? Sie existieren hier nicht. Die Feldlinien verlaufen kreisförmig um den Draht herum. Man bezeichnet ein solches Feld als **Wirbelfeld.**

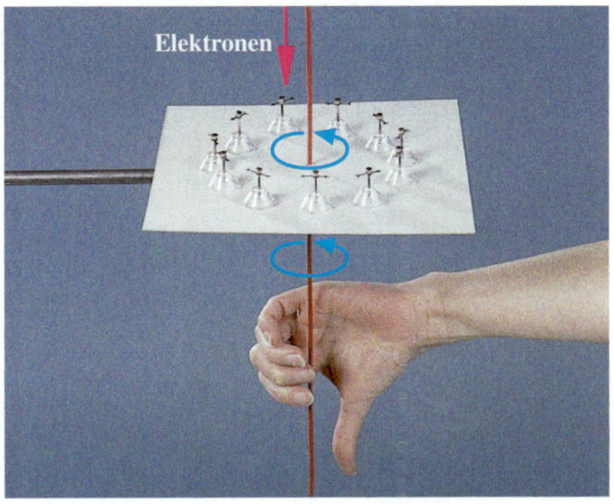

B 4: Ein Strom erzeugt ein Magnetfeld. Die Richtung der Feldlinien liefert die Linke-Hand-Regel.

OERSTEDS Entdeckung regte den französischen Gelehrten AMPÈRE zu weiteren Forschungen an. Er wickelte einen Draht zu einer Spule auf, schickte Strom hindurch und untersuchte das Magnetfeld. Im Innern der Spule überlagern sich die Felder der einzelnen Windungen zu einem starken Feld mit parallelen Feldlinien. Außen sieht es dem Feld eines Stabmagneten zum Verwechseln ähnlich (➠ *Bild 5*).

AMPÈRE schloss daraus, dass auch das Feld des Stabmagneten durch Ströme verursacht wird. Nach seiner Auffassung sollte es sich dabei um widerstandsfreie Ströme in den Atomen handeln. Im Allgemeinen heben sich deren Magnetfelder auf, da sie regellos orientiert sind: In jede Richtung des Raumes zeigen gleich viele Nord- und Südpole der Minimagnete. In Eisen und einigen anderen Stoffen jedoch haben diese winzigen Magnete die Tendenz, sich gegenseitig zu ordnen. Deshalb können sie nach außen geordnet in Erscheinung treten.

AMPÈRES Forschungen zeigen uns, dass der **Magnetismus** kein eigenständiges Gebiet der Physik ist. Wir müssen ihn **als Teilgebiet der Elektrizitätslehre** ansehen.

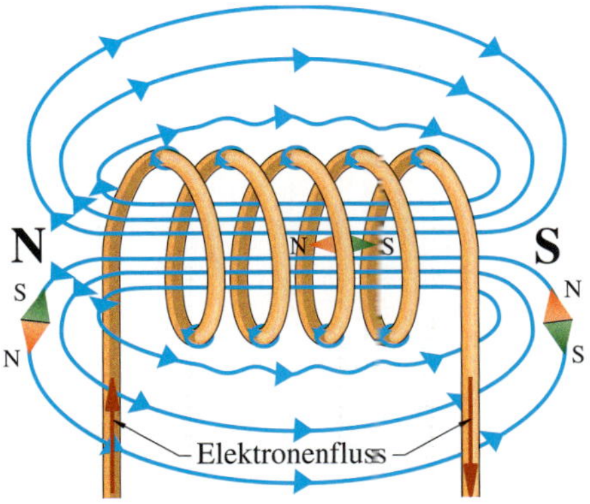

B 5: Geschlossene Feldlinien einer Strom führenden Spule; *innen* ist das Feld homogen. Die Austrittsstelle der Feldlinien verhält sich wie ein Nordpol, der Ort des Eintritts wie ein Südpol. Die Magnetfelder der einzelnen Windungen verstärken einander innerhalb der Spule und im Außenbereich. Zwischen den Windungen schwächen sie sich ab.

Merksatz

Magnete sind von Feldern umgeben. In ihnen erfahren andere Magnetpole (von magnetisierbaren Körpern aus Eisen, Kobalt oder Nickel) Feldkräfte in Richtung der magnetischen Feldlinien.

Strom führende Leiter erzeugen magnetische Wirbelfelder mit geschlossenen Feldlinien. Strom führende Spulen haben Magnetfelder ähnlich denen von Stabmagneten.

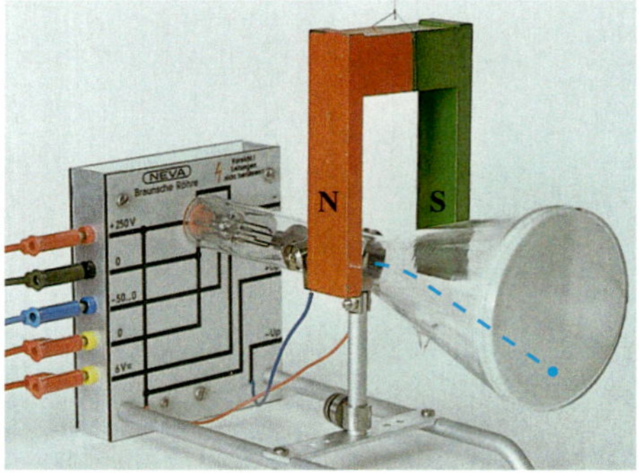

B 1: In einem Magnetfeld werden Elektronen quer zu den Feldlinien abgelenkt.

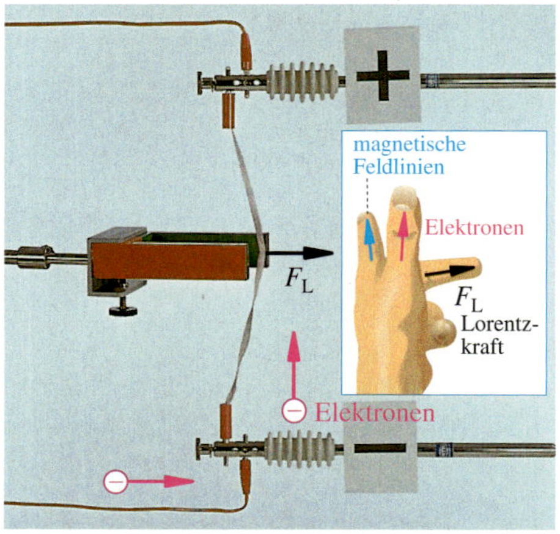

B 2: Ein Leiter, durch den Elektronen strömen, erfährt in einem Magnetfeld eine Kraft. Ihre Richtung kann man mit der Drei-Finger-Regel der linken Hand bestimmen.

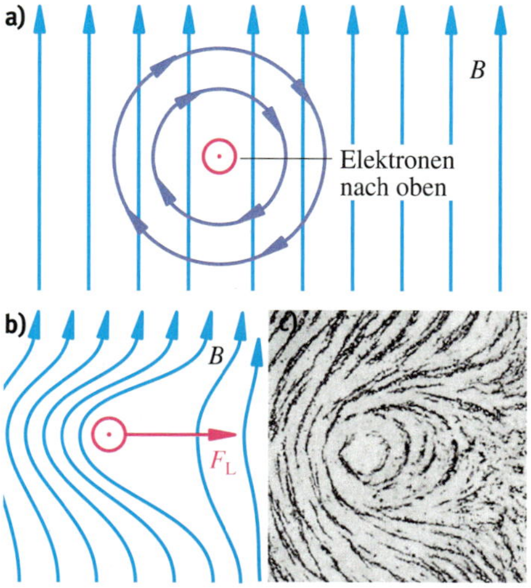

B 3: Die Lorentzkraft entsteht durch Überlagerung zweier Magnetfelder. **a)** Einzelfelder **b)** Überlagerung beider Felder **c)** Veranschaulichung durch Eisenfeilspäne

Ein Maß für das Magnetfeld

1. Magnetische Kraft auf bewegte Ladungen

Wie verhält sich ein Strom in einem Magnetfeld? Wir untersuchen zunächst einen Elektronenstrahl, der senkrecht zur Richtung der Feldlinien in ein Magnetfeld geschossen wird (➠ *Bild 1*). Die Elektronen werden quer zu den Feldlinien abgelenkt; sie erfahren also eine Kraft. Es kommt dabei entscheidend auf die *Bewegung der Elektronen* im Magnetfeld an. Auf ruhende Ladungsträger wirkt diese Kraft nicht. Könnte man das Magnetfeld exakt in die ursprüngliche Richtung des Elektronenstrahls drehen, so würde der Strahl nicht abgelenkt. Die magnetische Kraft auf bewegte Ladungen heißt **Lorentzkraft** nach dem niederländischen Physiker Hendrik Antoon LORENTZ (Nobelpreis 1902).

Wenn wir von einem Strom führenden Leiter sprechen, meinen wir, dass sich Elektronen durch ihn bewegen. Jedes einzelne erfährt in einem Magnetfeld die Lorentzkraft. Die Summe der Kräfte auf die Elektronen ergibt die Kraft auf den Leiter (➠ *Bild 2*).

Die Richtung der Lorentzkraft bestimmt man nach der **Drei-Finger-Regel der linken Hand:** Man hält den Daumen der *linken Hand* in die Bewegungsrichtung der Elektronen. Der Zeigefinger weist in Richtung des Magnetfeldes. Hält man dann den Mittelfinger senkrecht zu Daumen und Zeigefinger, so zeigt er in die Richtung der Lorentzkraft (➠ *Bild 2*). Diese Drei-Finger-Regel gilt nur für negativ geladene Teilchen. Wenn man *positiv geladene Teilchen* hat, nimmt man die Finger der *rechten Hand*.

Merksatz

Auf geladene Teilchen, die sich in einem Magnetfeld nicht parallel zu den Feldlinien bewegen, wirkt eine **Lorentzkraft.** Ihre Richtung bestimmt man nach der *Drei-Finger-Regel*.
Steht ein Strom führender Leiter nicht parallel zu den Feldlinien eines fremden Magnetfeldes, so erfährt er eine Kraft nach der *Drei-Finger-Regel* der linken Hand.

2. Wie kommt die Lorentzkraft zustande?

Wir wollen die ungewohnte Richtung der Lorentzkraft aus Feldlinienbildern ablesen wie die Kräfte zwischen Magnetpolen. In ➠ *Bild 3a* strömen Elektronen aus der Zeichenebene heraus. Die Feldlinien verlaufen im Uhrzeigersinn. Sie überlagern sich mit denen des äußeren Magnetfeldes (blau). Rechts laufen die Feldlinien einander entgegen – die Felder schwächen sich, links verstärken sie sich. ➠ *Bild 3b* zeigt das resultierende Feld. Die gekrümmten Feldlinien versuchen sich zu verdrängen und zu verkürzen. So werden die Elektronen entsprechend der Lorentzkraft nach rechts abgelenkt. Wenn sich dagegen Elektronen parallel zu den Feldlinien bewegen, ist keine Richtung ausgezeichnet. Das entsprechende Feldlinienbild ist symmetrisch. Dann gibt es keine Lorentzkraft.

Das Magnetfeld überträgt aber in keinem Fall Energie auf die Elektronen, denn die Lorentzkraft wirkt senkrecht zu deren Bewegungsrichtung. Ihre Geschwindigkeit bleibt also dem Betrage nach konstant.

3. Die magnetische Flussdichte

Um ein Maß für die Stärke des Magnetfeldes zu *definieren,* verwenden wir einen „Probestrom", ähnlich wie wir mithilfe von Probeladungen die elektrische Feldstärke eingeführt haben. In ➠ *Versuch 1* benutzen wir dazu ein Drahträhmchen. Nach der Drei-Finger-Regel der linken Hand erfahren die beiden seitlichen Drähte entgegengesetzt gleiche Kräfte, die einander aufheben. Die Kraft auf das Leiterstück der Länge s, das senkrecht zur Richtung der magnetischen Feldlinien horizontal verläuft, zieht das Drahträhmchen nach unten. s wird **wirksame Leiterlänge** genannt.

Wenn wir in ➠ *Versuch 1* das Rähmchen im Feld zwischen den Polen verschieben, ändert sich die gemessene Kraft nicht wesentlich, solange die Stromstärke und die wirksame Leiterlänge konstant bleiben. Dort ist das Magnetfeld hinreichend homogen.

Die Messungen von ➠ *Versuch 1* zeigen, dass die Kraft zur Stromstärke I im Leiter und zur wirksamen Leiterlänge s proportional ist:

$$\boldsymbol{F \sim I} \quad \text{und} \quad \boldsymbol{F \sim s}.$$

Die erste Proportionalität gilt für konstantes s, die zweite für konstantes I. Fassen wir die Proportionalitäten zusammen, erhalten wir

$$\boldsymbol{F \sim I\,s}.$$

Mit der Proportionalitätskonstanten B wird daraus $F = B\,I\,s$.

Vermessen wir nun mit derselben wirksamen Leiterlänge und derselben Probestromstärke verschiedene Magnetfelder, so werden wir das Feld als das stärkere ansehen, das auf das Rähmchen die größere Kraft ausübt. Nach $B = F/(I\,s)$ ist dann auch der Faktor B größer. Dabei wirkt die Kraft stets senkrecht zur wirksamen Leiterlänge und zur Richtung der magnetischen Feldlinien. Es liegt also nahe, B als Betrag des Vektors $\vec{B}$ einer „magnetischen Feldstärke" einzuführen. Aus historischen Gründen heißt $\vec{B}$ aber **magnetische Flussdichte.** Ihre Einheit ist 1 N/(Am), 1 Tesla genannt.

Merksatz

Der Vektor $\vec{B}$, dessen Betrag durch

$$\boldsymbol{B = \frac{F}{I\,s}} \quad \text{mit der Einheit } [B] = 1\,\frac{\text{N}}{\text{Am}} = \mathbf{1\,T\ (Tesla)}$$

gegeben ist, heißt **magnetische Flussdichte.**
Dabei ist I die Stromstärke, s die wirksame Leiterlänge (im Feld und senkrecht zur Richtung der magnetischen Feldlinien) und F die auf die wirksame Leiterlänge wirkende magnetische Feldkraft.

In ➠ *Versuch 1* ist $B \approx 0{,}2$ T. B-Felder mit $B \geq 1$ T sind sehr stark. Häufig gibt man die Stärken von B-Feldern in mT (10^{-3} T) an.

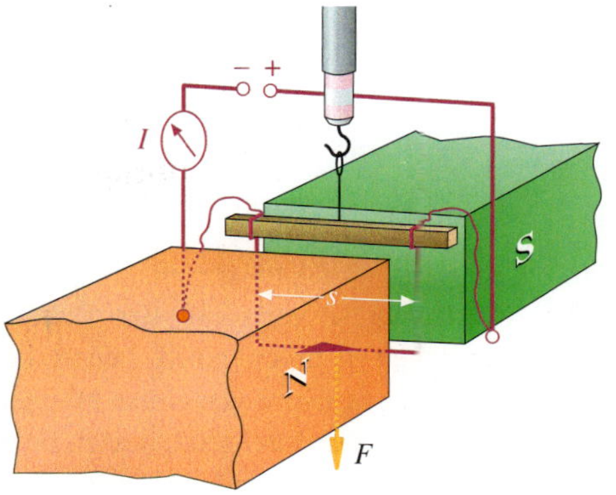

V 1: Wir messen die Kraft auf das Drahträhmchen in Abhängigkeit von der Stromstärke I und der wirksamen Leiterlänge s.

s = 4 cm (konstant)			I = 5 A (konstant)		
I in A	F in cN	F/I in cN/A	s in cm	F in cN	F/s in cN/cm
1	0,8	0,80	4	4,0	1,00
3	2,5	0,83	2	1,9	0,95
5	3,9	0,78	1	1,1	1,10

T 1: Messwerte zu ➠ *Versuch 1*

... noch mehr Aufgaben

A 1: Ein Leiter von 4 cm Länge führt einen Strom von 10 A. Er erfährt die Kraft 20 cN, wenn er senkrecht zu den Feldlinien eines B-Feldes steht. Wie stark ist das B-Feld?

A 2: In Brasilia verläuft das Erdmagnetfeld in Süd-Nord-Richtung. Es gilt $B = 14{,}2$ µT. In der Oberleitung einer Bahnstrecke fließen die Elektronen in Ost-West-Richtung. Die Stromstärke beträgt $I = 4\,400$ A. Wie groß ist die Kraft, die auf die Leitung zwischen zwei Masten im Abstand 65 m wirkt? Welche Richtung hat sie?

A 3: In der Anordnung von ➠ *Versuch 1* hat das B-Feld die Stärke 0,4 T, die wirksame Leiterlänge ist $s = 5$ cm, die Stromstärke im Rähmchen $I = 5$ A. **a)** Berechnen Sie die Kraft, mit der das Rähmchen nach unten gezogen wird. **b)** Die Anzeige des Kraftmessers soll konstant bleiben. Wie muss man I bzw. s ändern, wenn man an das Rähmchen ein Gewichtsstück mit $G = 1$ cN (5 cN) hängt?

A 4: Warum definieren wir nicht einfach die Richtung der magnetischen Kraft auf einen Strom führenden Leiter als Richtung von $\vec{B}$?

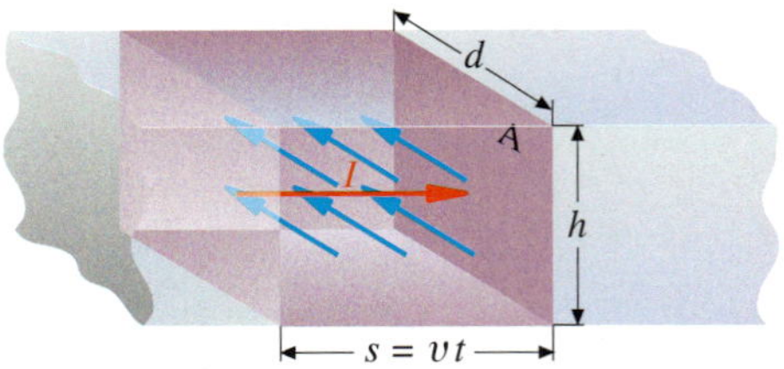

B 1: Elektronen strömen mit der Driftgeschwindigkeit v durch einen Leiter; das Stück der Länge s wird von einem Magnetfeld (blaue Pfeile) durchsetzt, dessen Feldlinien senkrecht auf dem Leiter stehen.

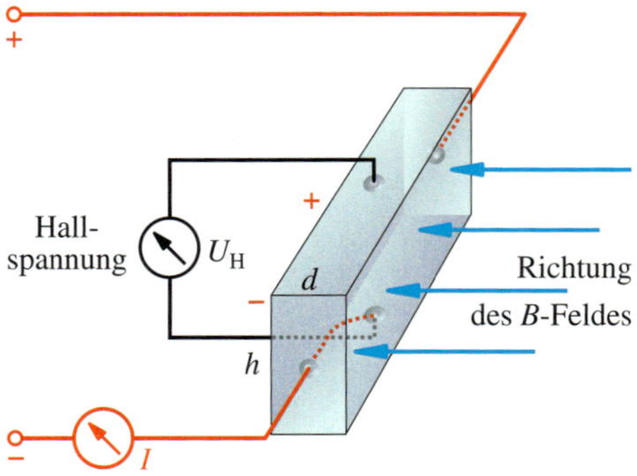

V 1: Zwischen zwei Punkten, die oben und unten einander genau gegenüberliegen, können wir eine kleine Spannung U_H messen, wenn das Leiterplättchen quer zur Richtung des B-Feldes einen Strom der Stärke I führt. Ohne B-Feld tritt keine Spannung auf.

Vertiefung

Woraus baut man eine Hallsonde?

In der Regel sind Hallsonden nicht aus Metall, sondern aus n-Halbleitermaterial gefertigt. Warum ist das so?

Setzen wir in die Gleichung $I = N\,e\,v/s$ aus Ziff. 1 die *Elektronendichte* $n = N/V$ ein und berücksichtigen $V = A\,s$ (➡ *Bild 1*), so gilt $I = n\,e\,A\,v$. Daraus folgt $v = I/(n\,e\,A)$; dies in $U_H = B\,v_s\,h$ für v_s eingesetzt, ergibt

$$U_H = B\,h\,I/(n\,e\,A).$$

Wegen $A = d\,h$ erhalten wir so

$$U_H = \frac{1}{n\,e}\,\frac{B\,I}{d}.$$

Bei n-Halbleitern ist die im Nenner stehende Elektronendichte n klein, also U_H groß. Mit n-Halbleitern erhält man also bei gleicher Stromstärke eine deutlich größere Hallspannung in der Hallsonde als mit Metallen, wo n sehr groß ist.

Magnetfelder messen – leicht gemacht

Die Bestimmung der Stärke des B-Feldes mit dem bisherigen Verfahren ist sehr aufwendig. Sie funktioniert nur bei Feldern, die homogen und ausgedehnt sind, und versagt schon, wenn wir B an den Polen eines Stabmagneten ermitteln wollen. Also suchen wir nach einem einfacheren Verfahren zur Messung von B. Dazu werden wir die Lorentzkraft auf *ein* Elektron in einem Leiter benutzen.

1. Eine Gleichung für die Lorentzkraft

Sind Elektronen in einem Strom führenden Leiter schnell oder langsam? Legt man an einen Leiter Spannung und erzeugt so in ihm ein E-Feld, sollten eigentlich die dortigen Elektronen immer schneller werden. Aber das trifft nicht zu! Bei ihrer Bewegung durch den Leiter geben sie ständig Energie an die Atomrümpfe des Leiters ab. Deshalb bewegen sich die Elektronen *im Durchschnitt* mit konstanter Geschwindigkeit und kommen nur langsam voran. Ihre Durchschnittsgeschwindigkeit gegen die Richtung des E-Feldes nennt man **Driftgeschwindigkeit v.**

Wie hängt sie mit der Stromstärke I zusammen? In einem Leiterstück der Länge s mögen sich N Elektronen befinden (➡ *Bild 1*). Sie alle strömen mit der Driftgeschwindigkeit v in der Zeit $t = s/v$ durch den Querschnitt A und tragen durch ihn die Ladung $Q = N\,e$. Daher ist die Stromstärke $I = Q/t = N\,e\,v/s$, also proportional zu v. Das Strom führende Leiterstück erfährt im B-Feld, dessen Feldlinien auf $\vec{s}$ und auf $\vec{v}$ senkrecht stehen, die Kraft $F = I\,s\,B$. Einsetzen des Terms für I ergibt $F = N\,e\,v\,B$. Dies gilt für N freie Elektronen. Für *eines* erhalten wir die Gleichung der Lorentzkraft: $F_L = e\,v\,B$.

Merksatz

Ein Elektron, das sich mit der Geschwindigkeit v_s senkrecht zu einem B-Feld bewegt, erfährt dort die **Lorentzkraft $F_L = e\,v_s\,B$.**

2. Die Hallsonde

Der ➡ *Versuch 1* zeigt das Prinzip zur Messung von B. Wenn die Elektronen im Leiter von vorn nach hinten strömen, werden sie durch die Lorentzkraft nach unten abgelenkt. Dieser Vorgang dauert nur sehr kurze Zeit. Unten im Plättchen sammeln sich Elektronen, oben entsteht ein Überschuss an positiver Ladung. So wird ein von oben (+) nach unten (–) gerichtetes E-Feld erzeugt. Es baut sich so lange auf, bis die nach oben gerichtete elektrische Kraft $\vec{F}_e$ genauso groß wie die Lorentzkraft $\vec{F}_L$ ist. Es besteht Kräftegleichgewicht. Die Elektronen durchlaufen dann die Anordnung geradeaus, und man kann eine Spannung zwischen zwei gegenüberliegenden Punkten des oberen und unteren Plättchenrandes messen. Sie heißt **Hallspannung U_H** (nach E. HALL, am. Physiker 1879). Im homogenen E-Feld gilt $F_{el} = e\,E$ und im homogenen B-Feld $F_L = e\,v_s\,B$. Wegen $F_{el} = F_L$ erhalten wir $E = v_s\,B$. Mit $U_H = E\,h$ ergibt sich

$$\boldsymbol{U_H = B\,v_s\,h}. \qquad (1)$$

Das Auftreten der Hallspannung nennt man **Halleffekt**. Geräte zur Messung von B-Feldern, die ihn ausnutzen, heißen **Hallsonden**. Sie können kompakt gebaut werden und sind leicht zu handhaben. Anstelle von Metallen werden in Hallsonden n-Halbleiter benutzt, weil in diesen die Hallspannung größer ist (⇛ *Vertiefung*).

Da die Driftgeschwindigkeit v im Allgemeinen unbekannt ist, kann man aus *Gl. (1)* nur folgern $B \sim U_H$. Man muss also die Hallsonde in einem Magnetfeld eichen, das mittels eines Strom führenden Rähmchens nach $B = F/(I s)$ vermessen wurde. Die Stromstärke in der Sonde muss immer gleich bleiben, denn v hängt davon ab.

Wenn wir eine Hallsonde in einem B-Feld drehen, so ändert sich die Anzeige am Messgerät. Sie ist am größten, wenn das Plättchen der Sonde senkrecht zu den Feldlinien steht und wird null, wenn die Feldlinien parallel zur Ebene des Plättchens verlaufen. Deshalb zerlegen wir den Vektor $\vec{B}$ in die Komponenten $\vec{B}_s$ senkrecht und $\vec{B}_p$ parallel zum Plättchen (⇛ *Bild 2*). $\vec{B}_p$ ist wirkungslos. Die Hallsonde wird nur von $\vec{B}_s$ beeinflusst.

3. Eine schlanke Spule

Zur Erzeugung von B-Feldern benutzt man häufig Strom führende Spulen. In ⇛ *Versuch 2* vermessen wir mittels einer Hallsonde das B-Feld verschiedener Spulen. Es ist im Innern einer langgestreckten geraden, kurz einer *schlanken* Spule homogen. Das trifft für die dicke Spule in ⇛ *Versuch 2* nicht zu. Versuche mit schlanken Spulen zeigen, dass B bei konstantem I nur von der Windungszahl n und der Länge l abhängt, nicht aber von der Querschnittsfläche.

Jetzt verwenden wir unsere Hallsonde, um den Betrag des B-Feldes dort zu bestimmen, wo das Feld besonders stark ist, nämlich im Innern der Spule (⇛ *Versuch 3*). Man findet:

a) B ist proportional zu I und zu $1/l$, $B \sim I$ und $B \sim 1/l$.

b) Gibt man einer Spule der Länge l die doppelte Windungszahl n, verdoppelt man also die *Windungsdichte* n/l, so wird auch B verdoppelt; bei konstantem I gilt $B \sim n/l$.

Zusammengefasst ergibt sich $B \sim n I/l$. Aus der Proportionalität erhält man durch Einführung der *magnetischen Feldkonstante* μ_0 eine Gleichung. Der Wert von μ_0 lässt sich durch Einsetzen von Werten aus ⇛ *Versuch 3* ermitteln: $\mu_0 = 1{,}257 \cdot 10^{-6}$ Vs/(Am).

Merksatz

Der Betrag der **magnetischen Flussdichte $\vec{B}$** des homogenen Magnetfeldes in einer schlanken Spule ist

$$B = \mu_0 \frac{n}{l} I.$$

Dabei ist n die Anzahl der Windungen der Spule, l ihre Länge und I die Stärke des Stromes in einem Spulendraht. Für die **magnetische Feldkonstante μ_0** gilt

$$\mu_0 = 1{,}257 \cdot 10^{-6} \frac{\text{V s}}{\text{A m}}.$$

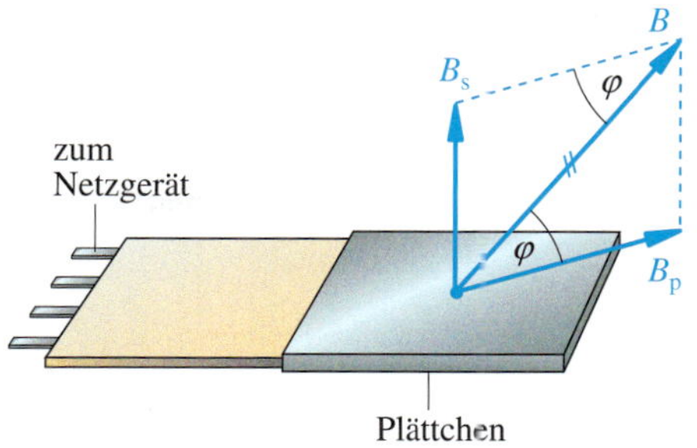

B 2: Die Hallsonde misst nur die Komponente $\vec{B}_s$ des B-Feldes senkrecht zum Plättchen.

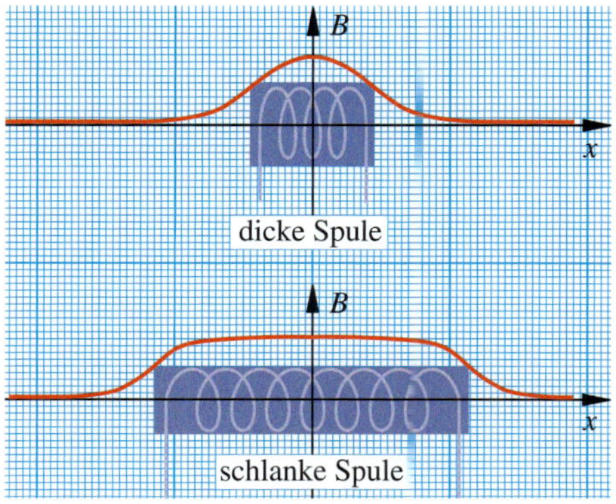

V 2: Mithilfe einer Hallsonde mit sehr kleinem Plättchen kann man den Verlauf der Stärke des B-Feldes entlang den Achsen von Spulen messen. Nur im Innern der schlanken Spule ist das B-Feld in guter Näherung homogen. Dies kann man am horizontal verlaufenden Graphen (rot) von B gegen x erkennen.

V 3: Wir messen B in Abhängigkeit von der Stromstärke I und der Spulenlänge l. Dazu wird eine Spule benutzt, die man wie eine Ziehharmonika auseinanderziehen kann. In diese kann leicht eine Hallsonde eingeführt werden. Wir erhalten folgende Messwerte:

$n = 30$, $l = 35$ cm (konstant)		
I in A	B in mT	B/I in 10^{-4} T/A
3	0,32	1,07
2	0,22	1,10
1	0,11	1,10

$n = 30$, $I = 5$ A (konstant)		
l in cm	B in mT	$B\,l$ in 10^{-5} Tm
35	0,54	18,9
25	0,75	18,8
15	1,25	18,8

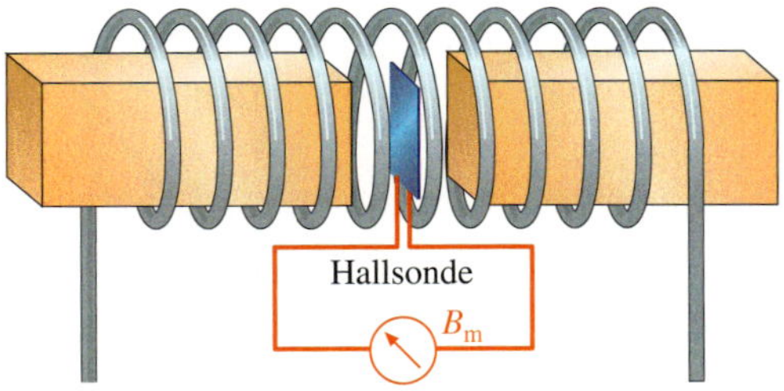

V 1: Bei konstanter Stromstärke in einer Spule wird mit einer Hallsonde die Flussdichte B_m in der Spule gemessen. Diese ist mit verschiedenen Stoffen gefüllt, z. B. Luft, Kupfer, Kunststoff, Papier oder Eisen.

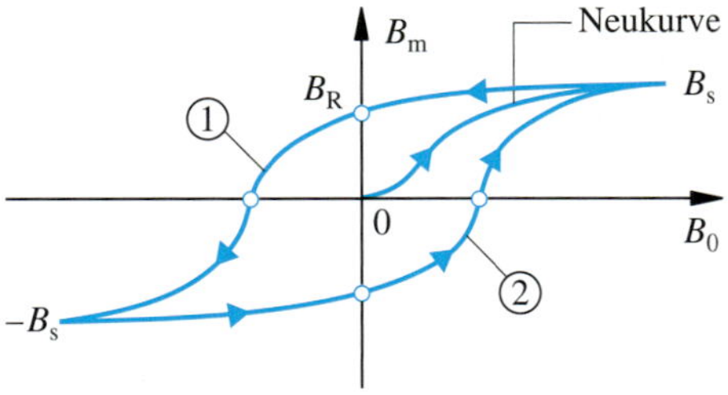

B 1: Hysteresiskurve – Man trägt B_m gegen B_0 in einem Koordinatensystem auf. Die im Nullpunkt beginnende Kurve heißt *Neukurve*. Wenn die Stromstärke wieder vermindert wird, nimmt B_m nicht so stark ab, wie die Neukurve angestiegen ist (①). Kehrt man noch einmal die Stromrichtung durch die Spule um und trägt die Messergebnisse ein, wird die Schleife geschlossen (②).

Magnetfeld und Materie

1. Gefüllte Spulen

Spulen, die der Erzeugung von *B*-Feldern dienen, sind meist nicht leer. Man füllt sie mit Material, das den Magnetismus verstärken soll. In ➠ *Versuch 1* wird untersucht, welche Stoffe den gewünschten Effekt haben. Bei den meisten weicht B_m (mit Materie) kaum von B_0, der magnetischen Flussdichte der leeren Spule, ab. Nur bei Eisen ist B_m erheblich größer als B_0. Das Verhältnis der Flussdichten mit und ohne Materie bezeichnet man als **Permeabilitätszahl μ_r** des Materials, $\mu_r = B_m/B_0$. Für reines Eisen ist μ_r nicht konstant. Bei starken B_0-Feldern reicht μ_r von 600 bis 2 000.

Merksatz

Die magnetische Flussdichte B_m einer **materiegefüllten Spule** ist

$$B_m = \mu_r\, B_0\,.$$

Dabei ist B_0 die magnetische Flussdichte der leeren Spule und μ_r die **Permeabilitätszahl** des Materials in der Spule.

Schaltet man den Strom ein und setzt das Eisen dem *B*-Feld der Spule aus, wird es selbst auch magnetisiert. Wenn es nach Ausschalten des Spulenstromes seinen Magnetismus schnell wieder verliert, wird es als **magnetisch weich** bezeichnet, andernfalls als **magnetisch hart.** Aus magnetisch harten Werkstoffen fertigt man *Permanentmagnete*, die vielfältig angewendet werden, z. B. in Türschlössern, Magnettafeln, Spielzeug usw. Magnetisch weiches Eisen wird für *Elektromagnete* verwendet, wie sie etwa auf dem Schrottplatz zum Anheben von Autowracks eingesetzt werden.

Vertiefung

Ferromagnetische Stoffe und Hysteresis

Stoffe, die den Magnetismus einer Spule erheblich verstärken, heißen **ferromagnetisch.** Für sie gilt $\mu_r >> 1$. Außer Eisen gehören nur wenige Reinstoffe dazu wie Kobalt und Nickel; aber auch Legierungen und Verbindungen (CrO_2, MnAs) sowie bestimmte Keramikarten sind ferromagnetisch.

Um das Verhalten der magnetischen Flussdichte B_m in Abhängigkeit von B_0 in einem ferromagnetischen Stoff zu untersuchen, wird eine Spule mit einem Kern aus noch nicht magnetisiertem Eisen gefüllt. B_m wird in Abhängigkeit von $B_0 = \mu_0\,(n/l)\,I$ gemessen, wobei I von 0 an gesteigert wird. Dabei erhalten wir eine **Hysteresiskurve** (hysteresis gr.: Zuspätkommen) (➠ *Bild 1*). Zur Deutung dieser Kurve ziehen wir ein Modell heran, nach dem es in Magneten einzelne Elementarmagnete gibt, denen wir Nord- und Südpole zuweisen. Sie sind im unmagnetisierten Eisen bereits vorhanden, jedoch ungeordnet.

In einem Ferromagnetikum gibt es eine Tendenz zur Vorordnung der Elementarmagnete, die man durch ein fremdes Magnetfeld verstärken kann. Magnetisieren heißt Ordnen der Elementarmagnete.

Jetzt können wir die Hysteresiskurve erklären. Das Ordnen der Elementarmagnete bewirkt den zunächst steilen Anstieg der Neukurve (➠ *Bild 1*). Wenn schon fast alle geordnet sind, steigt die Kurve schwächer an, und es kommt zur *Sättigungsmagnetisierung* B_s. Wird das äußere Feld schwächer, so bleiben die meisten Elementarmagnete dennoch in Feldrichtung orientiert. Daher stammt der Restmagnetismus B_R auf Kurve ①. Das Eisenstück ist zu einem Permanentmagneten geworden. Steigert man I in entgegengesetzter Richtung, so nimmt B_m zunächst auf 0 ab, weil die Elementarmagnete teilweise neu geordnet werden, und steigt dann zur entgegengesetzt gerichteten Sättigung $-B_s$ an. Verändert man I über 0 hinaus in ursprünglicher Polung, so ergibt sich Kurve ②.

Interessantes

Festplatten

In Computern spielen Festplatten als Datenspeicher eine bedeutende Rolle. Durch sie werden große Datenmengen in kürzester Zeit für den Anwender verfügbar gemacht. Schon die kleinsten Speicherkapazitäten heutiger Festplatten betragen mehrere Gigabyte.
Die Zahlenangaben auf dieser Seite gelten für Festplatten, die ab 1996 in viele typische PCs für den Hausgebrauch eingebaut wurden, keineswegs für Spitzenprodukte.

Wie eine Festplatte Daten speichert

Eine Festplatte (➠ *Bild 2*) besteht meist aus mehreren auf einer Achse übereinander angebrachten Aluminiumscheiben, die mit magnetisierbarem Material beschichtet sind. Zu jeder Platte gehört ein Schreib-Lese-Kopf. Durch die Größe des Kopfes und die Eigenschaften der magnetisierbaren Schicht ist die Schreibdichte (in Bits pro cm^2) auf der Festplatte vorgegeben.

Beim Formatieren werden die Scheiben in Spuren in Form von konzentrischen Kreisen um die Plattenachse und in Sektoren eingeteilt. Der Abstand zweier Spuren beträgt nur 8 µm. Auf den äußeren Spuren befinden sich mehr Sektoren als auf den inneren, sodass jeder Sektor gleich viele Daten aufnehmen kann. Die Anzahl der Spuren und Sektoren ist somit maßgebend für die Speicherkapazität der Festplatte.

Die Schreib-Lese-Köpfe (➠ *Bild 2*, oben) sind Elektromagnete. Beim *Schreiben* wird ihre Stromstärke vom Computer gesteuert. Durch ihre *B*-Felder wird die Oberfläche der genau unter ihnen rotierenden Scheibe magnetisiert. Nullen und Einsen werden durch unterschiedliche Anzahlen von Wechseln der Magnetisierungsrichtung pro Zeiteinheit dargestellt, z. B. entspricht die Folge NNNNSSSSNNNNSSSS der Null und die Folge NNSSNNSSNNSSNNSS der Eins. Diese zeitlich nacheinander erfolgenden Änderungen liegen auf der schnell vorbeiziehenden Magnetschicht nebeneinander (➠ *Bild 2*, oben).
Heute werden allerdings kompliziertere Verfahren zur Darstellung von Bits verwendet. Sie benötigen weniger Ummagnetisierungen pro Bit.

Beim *Lesen* erzeugt die am Schreib-Lese-Kopf schnell vorbeiziehende Folge der magnetisierten Bereiche auf der Plattenoberfläche durch *Induktion* entsprechende Stromstöße. Diese werden in Informationen für den Arbeitsspeicher des Computers umgesetzt.

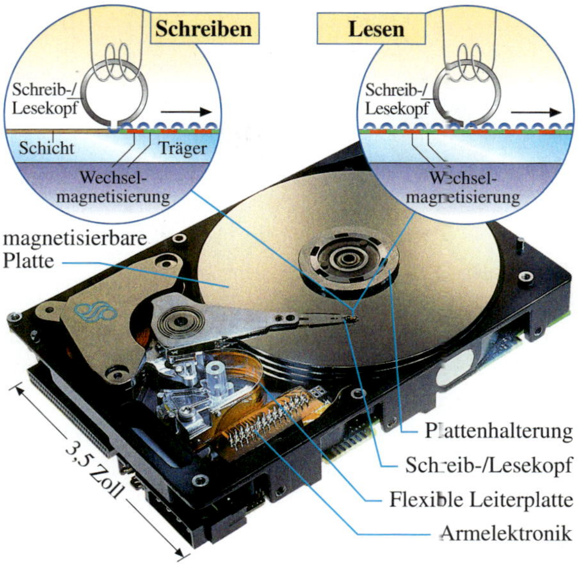

B 2: Das Innere einer Festplatte

Warum können kleine Platten so viel speichern?

Ganz einfach: Die Daten werden sehr dicht gepackt. Die Schreibdichte beträgt bis zu 150 Millionen Bits pro cm^2. Die Schreib-Lese-Köpfe werden deshalb sehr klein gebaut (0,2 cm lang und 0,05 cm breit). Die Daten müssen dennoch fehlerfrei geschrieben und gelesen werden. Das ist nur möglich, wenn der Abstand von Kopf und Platte äußerst klein ist, nämlich 50 nm, viel weniger als die Dicke eines menschlichen Haares. Die magnetisierten Bereiche sind folglich ebenfalls sehr klein. Eisenoxid kommt als Plattenmaterial nicht in Betracht. Es wird zu leicht magnetisiert. Die Stromstöße der Schreib-Lese-Köpfe würden zu große Bereiche der Platte magnetisieren. Bei modernen Festplatten benutzt man Kobalt, das sich wesentlich schwerer magnetisieren lässt und seinen Magnetismus nicht so schnell verliert.
Es gibt zwei Verfahren zur Beschichtung der Platten. Entweder wird die Aluminiumscheibe durch einen elektrochemischen Prozess mit einer 0,1–0,2 µm dicken Kobaltschicht überzogen. Oder Kobalt wird im Vakuum durch Ionenbeschuss zu Atomen zerstäubt. Die Kobaltatome wandern zu der zu überziehenden Scheibe und lagern sich dort als gleichmäßige, harte Schicht ab. Sie hat Dicken von 0,05–0,2 µm.
Die heutigen Festplatten sind nicht nur kleiner und unempfindlicher als die alten, sondern rotieren auch schneller, nämlich mit 5 000–10 000 U/min. Dadurch konnte die Zugriffszeit auf Daten deutlich vermindert werden. Die Übertragungsrate einer modernen Festplatte beträgt 20 MByte pro Sekunde. Das Schreiben eines Bits auf die Platte benötigt rund 5 ns.

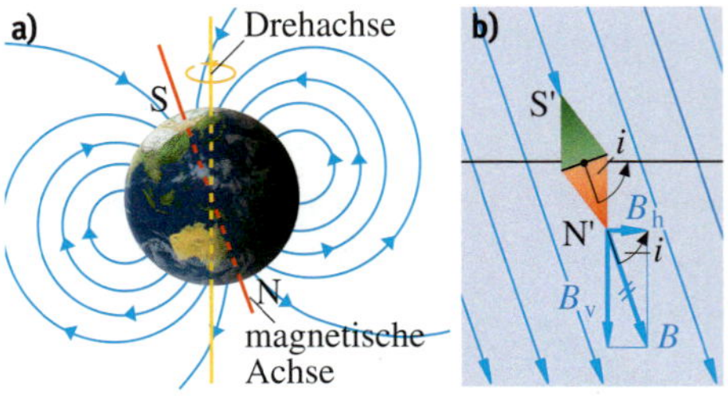

B 1: a) Das *B*-Feld der Erde erinnert an das eines Stabmagneten **b)** Vertikalschnitt des Erdmagnetfeldes bei uns – seine Richtung ist an der Erdoberfläche gegen die Horizontale um den Winkel *i* geneigt.

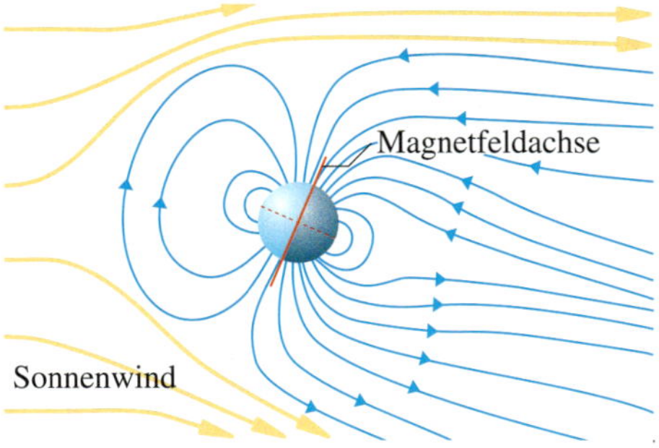

B 2: *B*-Feld der Erde, vom Weltraum aus betrachtet – auf der Tagseite sind die Feldlinien zusammengedrängt, während sie auf der Nachtseite einen langen Schweif bilden, der weit in den Weltraum hinausreicht.

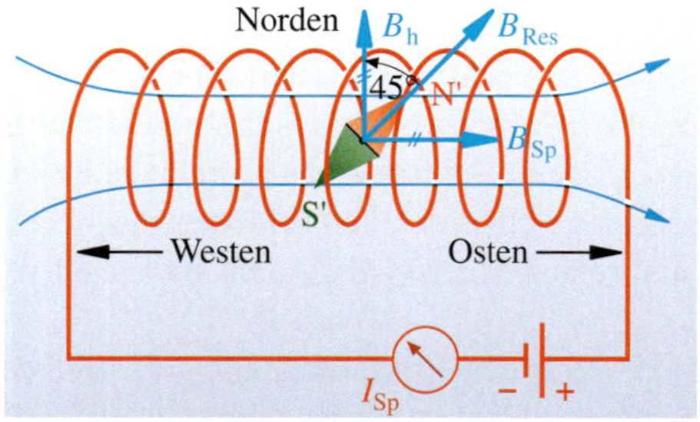

B 3: Man blickt von oben auf den Versuchsaufbau: Wenn die Kompassnadel um 45° aus der Nordrichtung abgelenkt ist, haben die Horizontalkomponente des *B*-Feldes der Erde $\vec{B}_h$ und das *B*-Feld der Spule $\vec{B}_{Sp}$ den gleichen Betrag.

V 1: Die Spule in ➠ *Bild 3* hat 40 Windungen und ist 30 cm lang. Wir stellen die Stromstärke so ein, dass die Kompassnadel um 45° aus ihrer Ursprungslage gedreht wird und in Richtung Nordost zeigt. Dies ist bei $I = 0{,}12$ A der Fall. Damit ist $B_h = 20\ \mu T$; mit $i = 66°$ ergibt sich $B = 49\ \mu T$.

Das Magnetfeld der Erde

1. Enthält die Erde Magnete?

Eine Kompassnadel richtet sich in Nord-Süd-Richtung aus, sofern kein weiterer Magnet in der Nähe ist. Diesem bekannten Phänomen entnehmen wir, dass die Erde ein *B*-Feld hat. Der Nordpol der Nadel weist nach Norden. Folglich liegt der magnetische Südpol in der Nähe des geographischen Nordpols, auf einer Inselgruppe im Norden Kanadas. Der magnetische Nordpol befindet sich auf Antarktika, südlich von Australien. Die genaue Lage ändert sich ständig, denn die Magnetpole wandern im Laufe der Jahre.

Da die Magnetpole nicht mit den geographischen Polen übereinstimmen (➠ *Bild 1a*), zeigt eine Kompassnadel nicht genau nach Norden. Die Abweichung von der Nordrichtung heißt **Missweisung** oder **Deklination**. Sie beträgt in Deutschland nur wenige Grad.

Das *B*-Feld der Erde sieht vereinfacht aus wie das eines Stabmagneten, dessen Pole im Erdinnern liegen. Mittels einer Kompassnadel, die um eine horizontale Achse drehbar ist, erkennen wir, dass die Feldlinien die Erdoberfläche unter dem **Inklinationswinkel *i*** schneiden (➠ *Bild 1b*). Dieser ist in Äquatornähe 0°, an den Magnetpolen 90°, in Deutschland nimmt er von Süden nach Norden zu, und zwar von 63° bis 70°.

Früher nahm man an, das *B*-Feld der Erde rühre von ferromagnetischen Stoffen her. Jedoch ist im Innern der Erde die Temperatur so hoch, dass Eisen, Kobalt und Nickel ihren Magnetismus verlieren. Vielmehr wird das *B*-Feld durch Ströme im Erdinnern verursacht. Der Vorgang ähnelt dem im selbsterregten Dynamo, doch sind noch nicht alle Fragen geklärt.

Mit Satelliten lässt sich das *B*-Feld der Erde auch außerhalb der Atmosphäre nachweisen (➠ *Bild 2*). Die Ursache für die Verformung des Erdmagnetfeldes ist der *Sonnenwind*, ein Strom von geladenen Teilchen, der von der Sonne ausgeht.

2. Wie stark ist das Magnetfeld der Erde?

Nach ➠ *Bild 1b* kann man den $\vec{B}$-Vektor des Erdmagnetfeldes in eine *Vertikal-* ($\vec{B}_v$) und eine *Horizontalkomponente* $\vec{B}_h$ zerlegen. Eine gewöhnliche Kompassnadel reagiert nur auf $\vec{B}_h$, da sie sich nur in der Horizontalebene drehen kann. Für den Betrag B_h gilt $B_h = B \cos i$. Um $\vec{B}_h$ zu bestimmen, erzeugen wir mit einer Spule ein Feld $\vec{B}_{Sp}$, das senkrecht zur Horizontalkomponente $\vec{B}_h$ des Erdfeldes steht. Beide Felder überlagern sich (➠ *Bild 3*). Eine Kompassnadel, die wir in das Spuleninnere bringen, stellt sich in Richtung $\vec{B}_{Res}$ ein. Wir messen, um wie viel Grad sich die Nadel von ihrer ursprünglichen Lage weggedreht hat. Dann können wir den Betrag B_h und damit auch die Stärke des Magnetfeldes der Erde $B = B_h/\cos i$ berechnen. Am einfachsten ist es, wenn die Kompassnadel in Richtung Nordost oder Nordwest zeigt. Dann gilt die Betragsgleichung $B_h = B_{Sp}$ (➠ *Versuch 1*).

Interessantes

Orientierung mit Magnetfeldern

Wer kann Magnetfelder fühlen?

Deklination und Inklination des B-Feldes der Erde sind von Ort zu Ort verschieden. Viele Zugvögel haben ein *magnetisches Organ*. Für Wildgänse stellen diese Änderungen des Erdmagnetfeldes eine Art magnetischer Landkarte dar, mit deren Hilfe sie bei schlechtem Wetter den Weg ihrer Wanderung finden können.

Auch Tauben orientieren sich an Hand der Richtung des B-Feldes der Erde. Wenn man ihnen eine kleine Spule um den Kopf legt, deren Magnetfeld sich dem der Erde überlagert, finden sie nicht mehr zu ihrem Schlag zurück (➠ *Bild 4*). Diesen Versuch hat man tatsächlich gemacht. Das Tier wurde dabei zwar nicht verletzt, doch sind solche Versuche unter Tierschutzgesichtspunkten zumindest fragwürdig.

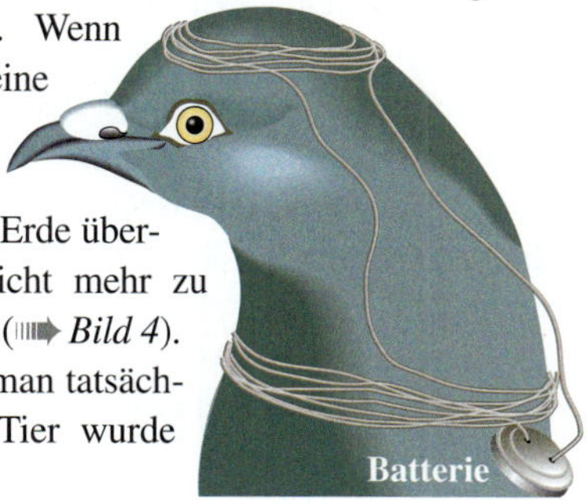

B 4: Taube mit einer Spule am Kopf, die das magnetische Organ des Vogels beeinflusst

Im Gehirn von Delphinen hat man kleine eisenhaltige Kristalle gefunden. Diese drücken auf Nerven, wenn die Tiere ihre Schwimmrichtung ändern. Anhand der Nervenreize können sie sich im Meer orientieren.

Ein Kompass für den Menschen

Um 120 n. Chr. wurde in China entdeckt, dass sich eine frei gelagerte eiserne Nadel ungefähr in die Nordrichtung dreht. Damit war im Prinzip der Kompass erfunden. Er wurde zunächst für Landfahrzeuge in den Weiten Innerasiens verwendet.

In der Schifffahrt war der Kompass als Navigationshilfe am weitesten verbreitet. Durch ihn wurden die großen Entdeckungsreisen durch KOLUMBUS, VASCO DA GAMA und MAGELLAN erst möglich. In heutiger Zeit ist er jedoch durch genauere Instrumente abgelöst worden und hat nur noch Bedeutung für die Sportschifffahrt. Er dient nur der Richtungsbestimmung, nicht der Ermittlung der exakten Position, wie sie z. B. mit der Satellitennavigation möglich ist.

... noch mehr Aufgaben

A 1: Die Länge einer Spule kann man wie bei einer Ziehharmonika ändern. Sie hat 40 Windungen und ist 30 cm lang. **a)** Welche Stromstärke erzeugt $B = 0{,}02$ mT?
b) Man drückt die Spule auf $l = 20$ cm zusammen. Wie groß wird jetzt B? Welche Stromstärke benötigt man, um das ursprüngliche B wieder herzustellen?

A 2: Eine gerade Spule ist 30 cm lang und hat 1200 Windungen.
a) Wie groß muss I sein, damit $B = 0{,}1$ T wird? **b)** Wie groß wird B, wenn die Spule unter sonst gleichen Bedingungen mit Eisen ($\mu_r = 800$) gefüllt wird? **c)** Wie groß muss I in der eisengefüllten Spule sein, damit wieder $B = 0{,}1$ T wird?

A 3: Eine Spule mit $n = 100$ und $l = 0{,}5$ m ist in Ost-West-Richtung ausgerichtet. Durch $I = 130$ mA wird eine Kompassnadel in ihrem Innern um 60° aus der Nordrichtung gedreht. Der Inklinationswinkel i ist 70°. Berechnen Sie B_h und die Stärke des B-Feldes der Erde.

A 4: Eine in Ost-West-Richtung stehende Spule mit $l = 30$ cm und $n = 500$ führt einen Strom der Stärke $I = 1{,}5$ A. Die Horizontalkomponente des Erdmagnetfeldes beträgt 20 μT. **a)** Um wie viel Grad wird eine Kompassnadel aus der Nordrichtung gedreht, wenn man sie in das Innere der Spule stellt?
b) Wie groß muss I in der Spule sein, damit die Kompassnadel um 45° aus der Nordrichtung abgelenkt wird?

A 5: Ein Zug fährt in einer Gegend, in der $i = 70°$ und die Stärke des Erdmagnetfeldes $B = 49$ μT ist, mit 140 km/h von Westen nach Osten. Die Spurweite ist 1435 mm. **a)** Wie groß ist die Lorentzkraft auf die Elektronen in den Achsen? **b)** Wie wird jede Schiene geladen? **c)** Wie groß ist die Spannung zwischen den Schienen?

A 6: An einer Silberfolie ($h = 1$ cm, $d = 0{,}1$ mm) misst man die Hallspannung $U_H = 0{,}51$ μV. Die Folie führt Strom der Stärke $I = 1{,}9$ A und wird von einem Magnetfeld mit $B = 0{,}3$ T senkrecht durchsetzt.
a) Wie groß ist die Dichte n der freien Elektronen? **b)** Wie groß ist deren Driftgeschwindigkeit?

A 7: Auch wenn ein Leiter Strom führt, ist er insgesamt elektrisch neutral. Erklären Sie, wie dennoch ein B-Feld Kraft auf ihn ausüben kann.

A 8: Warum ist an den Enden einer schlanken Spule die Stärke des B-Feldes genau halb so groß wie in ihrer Mitte?

A 9: An einem Leiterplättchen, das in der Papierebene liegt, sei links der Minus- rechts der Pluspol einer Quelle. Ein in die Ebene weisendes B-Feld durchsetze es. Wo liegen die Pole der Hallspannung, wenn die Ladungsträger
a) negativ, **b)** positiv sind?

V 1: In der fast luftleeren Röhre befindet sich eine Elektronenkanone, ähnlich wie in einem Fernseher. Sie wird mit einer Beschleunigungsspannung von 200 V betrieben. **a)** Ist kein Magnetfeld vorhanden, erkennen wir einen geradlinig verlaufenden, rötlich leuchtenden Strahl. Das Leuchten wird mit einem Trick hervorgerufen: In der Röhre befindet sich Wasserstoffgas unter geringem Druck, dessen Moleküle von den Elektronen ähnlich wie in einer Glimmlampe zum Leuchten angeregt werden. **b)** Wenn die großen, beiderseits der Röhre angebrachten *Helmholtz-Spulen* Strom führen, erzeugen sie im Innern der Röhre ein homogenes Magnetfeld, das senkrecht zum Elektronenstrahl verläuft. Folglich erfahren die Elektronen eine Lorentzkraft und werden durch sie auf eine Kreisbahn gezwungen. **c)** Der Durchmesser des Kreises verringert sich, wenn die Beschleunigungsspannung der Elektronenkanone vermindert oder das *B*-Feld verstärkt wird.

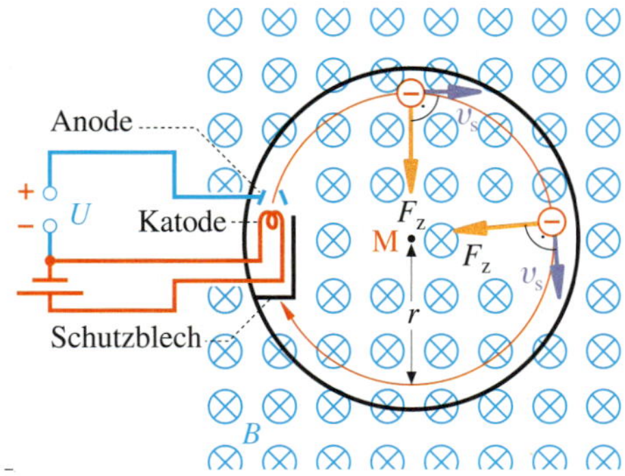

B 1: Die Lorentzkraft zwingt die Elektronen auf eine Kreisbahn mit Mittelpunkt M und dem Radius *r*

Elektronen im Magnetfeld

1. Kreisende Elektronen

Wir untersuchen geladene Teilchen zunächst in solchen *B*-Feldern, in denen *B* überall gleich groß und gleich gerichtet ist, kurz in *homogenen* Feldern. In ➠ *Versuch 1* wird ein Elektronenstrahl in einer Röhre erzeugt. Sein Verlauf ist sichtbar, da die schnellen Elektronen ein verdünntes Gas durch Stoß zum Leuchten anregen. Durch ein homogenes *B*-Feld, das senkrecht zum Strahl, also zur Elektronengeschwindigkeit $\vec{v}_s$, gerichtet ist, werden die Elektronen auf eine Kreisbahn gelenkt. Wie kommt es dazu?

In ➠ *Bild 1* weist das *B*-Feld in die Papierebene hinein. Die Elektronen erfahren dort die Lorentzkraft mit dem Betrag $F_L = e\,v_s B$, die nach der Drei-Finger-Regel senkrecht zur Bahn wirkt, und zwar in *jedem* Bahnpunkt. Daher werden die Elektronen nicht schneller und nicht langsamer. Die Lorentzkraft wirkt also als Zentripetalkraft mit dem Betrag $F_z = m\,v_s^2/r$. Aus $F_L = F_z$ folgt $e\,v_s B = m\,v_s^2/r$. Also ist $r = m\,v_s/(e\,B)$ konstant; wir erhalten eine Kreisbahn.

Merksatz

Elektronen und andere geladene Teilchen, die mit der Geschwindigkeit $\vec{v}_s$ in ein homogenes *B*-Feld senkrecht zu dessen Feldlinien geschossen werden, durchlaufen eine **Kreisbahn** mit dem Radius

$$r = \frac{v_s}{B\,e/m}. \qquad (1)$$

2. Die Masse des Elektrons

Mithilfe von ➠ *Versuch 1* können wir die Masse eines Elektrons bestimmen. Dazu messen wir die Beschleunigungsspannung *U* und den Radius *r* der Kreisbahn und ermitteln mit einer Hallsonde die Stärke des *B*-Feldes. Aus *Gl. (1)* folgt zunächst

$$\frac{e}{m} = \frac{v_s}{B\,r}. \qquad (2)$$

v_s kennen wir noch nicht. Nun wird in der *Elektronenkanone* elektrische Feldenergie $e\,U$ in Bewegungsenergie der Elektronen $\frac{1}{2}\,m\,v_s^2$ umgesetzt, sodass gilt $v_s^2 = 2\,(e/m)\,U$. Quadrieren wir nun *Gl. (2)* und ersetzen v_s^2 durch $2\,(e/m)\,U$, so erhalten wir

$$\frac{e}{m} = \frac{2\,U}{B^2\,r^2}. \qquad (3)$$

Diese Gleichung enthält auf der rechten Seite nur die von uns gemessenen Größen. ***e/m*** heißt **spezifische Ladung des Elektrons.** Messungen ergeben

$$e/m = 1{,}76 \cdot 10^{11}\ \text{C/kg}.$$

Da die Elementarladung $e = 1{,}602 \cdot 10^{-19}$ C aus dem Millikan-*Versuch* bekannt ist, können wir die **Masse des Elektrons** berechnen zu:

$$m_e = 9{,}1 \cdot 10^{-31}\ \text{kg}.$$

3. Erstaunliches Tempo der Elektronen

Da Elektronen Teilchen mit sehr geringer Masse sind, erhalten wir in *Versuch 1* erstaunliche Beträge für ihre Geschwindigkeit und Beschleunigung. Setzen wir den Wert für die spezifische Ladung in $v_s^2 = 2(e/m)U$ ein, ergibt sich bei der Beschleunigungsspannung $U = 200$ V $v_s = 8\,400$ km/s, immerhin 3% der Lichtgeschwindigkeit. Dieses Ergebnis ist mit uns geläufigen Geschwindigkeiten nicht mehr vergleichbar. Wenn der Radius der Kreisbahn 5 cm beträgt, erhalten wir die Zentripetalbeschleunigung $a_z = v_s^2/r = 1{,}4 \cdot 10^{15}$ m/s². Beim Karussell wird uns schon bei $a_z = g = 10$ m/s² schwindelig.

Man könnte versuchen, Elektronen erheblich höhere Spannungen durchlaufen zu lassen und damit schneller zu machen als das Licht. Nach $v_s = \sqrt{2\,U(e/m)}$ wäre das schon bei $U = 260$ kV der Fall. Doch zeigen Experimente, dass die Masse der Elektronen mit der Geschwindigkeit zunimmt. Man muss dann mehr Kraft aufwenden, um die Elektronen zu beschleunigen. Die *Relativitätstheorie* besagt, dass kein materieller Körper die Lichtgeschwindigkeit erreichen kann. Der Massenzuwachs wird aber erst nahe dieser Grenzgeschwindigkeit spürbar. Bei Beschleunigungsspannungen bis 10 kV beträgt er weniger als 2%.

4. Elektronen schrauben sich weiter

In *Bild 2* werden Elektronen schräg in ein B-Feld geschossen. Wir beobachten eine Schraubenbahn. Um dies zu verstehen, zerlegen wir den Vektor $\vec{v}$ der Einschussgeschwindigkeit der Elektronen in zwei Komponenten: $\vec{v}_s$ senkrecht und $\vec{v}_p$ parallel zum B-Feld.

Die Elektronen erfahren somit die Lorentzkraft mit dem Betrag $F_L = e\,v_s B$. $\vec{v}_s$ für sich allein würde eine Kreisbahn hervorrufen. $\vec{v}_p$ zieht den Kreis zu einer Schraubenbahn auseinander; der Kreismittelpunkt läuft sozusagen mit $\vec{v}_p$ nach rechts. Wer sich mit $\vec{v}_p$ bewegt, sieht eine Kreisbahn der Elektronen; wir sehen eine Schraubenbahn.

Beispiel

Eine Elektronenkanone wird mit einer Spannung von $U = 640$ V betrieben. Der Elektronenstrahl tritt unter dem Winkel $\varphi = 5°$ in ein Magnetfeld mit $B = 6$ mT. Gesucht sind der Radius r und die Ganghöhe h der Schraubenbahn sowie die Umlaufzeit T.

Lösung: Die Geschwindigkeit der Elektronen hat den Betrag $v = \sqrt{2\,U(e/m)} = 15 \cdot 10^6$ m/s.
Für den Radius der Schraubenbahn ist v_s maßgeblich:
$v_s = v \cos\varphi = 14{,}95 \cdot 10^6$ m/s.
Nach *Gl. (1)* gilt: $\boldsymbol{r = m\,v_s/(e\,B) = 1{,}4}$ **cm**.
Damit wird auch die Umlaufzeit T berechenbar:
$\boldsymbol{T = 2\pi\,r/v_s = 6{,}0}$ **ns**. In dieser Zeit haben sich die Elektronen mit v_p entlang den Magnetfeldlinien bewegt. Es gilt:
$v_p = v \sin\varphi = 1{,}31 \cdot 10^6$ m/s. Dies führt zur Ganghöhe der Schraubenbahn von $\boldsymbol{h = v_p T = 0{,}78}$ **cm**.

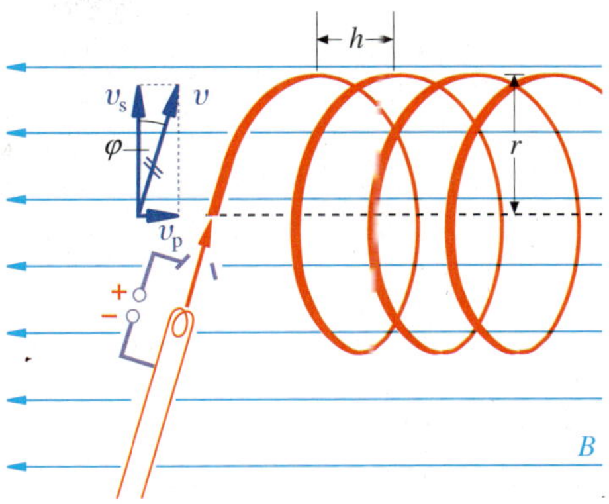

B 2: Elektronen auf einer Schraubenbahn im Magnetfeld

... noch mehr Aufgaben

A 1: a) Durch welche Spannung erhält ein Elektron im Vakuum die Geschwindigkeit eines ICE, etwa 250 km/h? **b)** Welche Geschwindigkeit bekommt es durch die Spannung einer Batterie (4,5 V)? **c)** Berechnen Sie in beiden Fällen die kinetische Energie des Elektrons in eV und J.

A 2: Elektronen, die durch 150 V beschleunigt worden sind, beschreiben im Magnetfeld mit $B = 0{,}85$ mT einen Kreis mit $r = 4{,}8$ cm. **a)** Berechnen Sie e/m. **b)** Mit welcher Geschwindigkeit verlassen die Elektronen die Anode? **c)** Wie lange brauchen sie für einen Umlauf?

A 3: In Myonien (dort gibt es keine Elektronen sondern Myonen, die aber auch die Ladung $-e$ haben) wird der Versuch zur Bestimmung der spezifischen Ladung durchgeführt. Man erhält die Messwerte $U = 212$ V, $B = 1{,}24$ mT und $r = 57$ cm. Berechnen Sie die spezifische Ladung e/m für Myonen sowie die Myonenmasse, und geben Sie diese als Vielfaches der Elektronenmasse m_e an.

A 4: Ein Proton ($m = 1{,}67 \cdot 10^{-27}$ kg) beschreibt in einem homogenen Magnetfeld mit $B = 0{,}035$ T eine Schraubenbahn mit $r = 6{,}8$ m. Die Richtungen der Geschwindigkeit und der Magnetfeldlinien schließen den Winkel 67° ein. **a)** Welche Geschwindigkeit hat das Proton? **b)** Welche Zeit benötigt das Proton für einen Umlauf? **c)** Wie groß sind die Beträge v_s und v_p der Komponenten senkrecht bzw. parallel zu den Feldlinien? **d)** Wie groß ist die Ganghöhe der Schraubenbahn?

Vertiefung

Die magnetische Flasche

Wie bewegen sich Elektronen in einem *inhomogenen* Magnetfeld? In einer mit verdünntem Gas gefüllten Röhre ist der Verlauf eines Elektronenstrahls gut sichtbar. Wir halten dem Elektronenstrahl den Pol eines Stabmagneten entgegen. In seiner Umgebung ist das Magnetfeld inhomogen. Der Elektronenstrahl windet sich um die Feldlinien. Er scheint auf einen Kegel gewickelt zu sein, dessen Spitze zum Pol zeigt. Überraschend kehren die Elektronen von jedem Pol zurück, gleichgültig, ob es sich um den Nord- oder Südpol handelt. Die Glaswand wird nicht mehr erreicht.

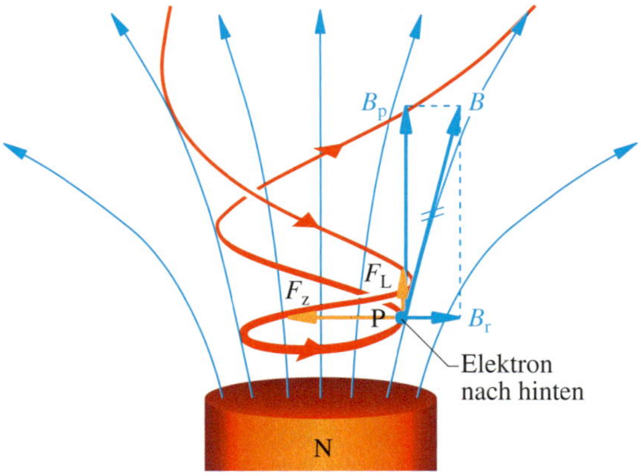

B 1: Das Elektron kehrt vor dem Nordpol wieder um.

Genügt allein die Lorentzkraft zur Erklärung dieses Versuchsergebnisses? Die Feldlinien laufen vom Pol weg auseinander. Wir zerlegen daher den Vektor $\vec{B}$ im Bahnpunkt P, der dem Magnetpol am nächsten liegt, in $\vec{B}_p$ und $\vec{B}_r$ (➡ *Bild 1*). $\vec{B}_p$ nach oben erzeugt eine Zentripetalkraft $\vec{F}_z$ und ergäbe allein eine Kreisbahn in konstantem Abstand vom Pol. Beim Annähern an den Pol wird $\vec{B}_p$ jedoch größer und wegen $r = v_s/(B_p\, e/m)$ der Bahnradius kleiner. Die am Nordpol nach außen gerichtete Komponente $\vec{B}_r$ verursacht an jeder Stelle dieser Kreisbahn nach der Drei-Finger-Regel eine Lorentzkraft $\vec{F}_L$ vom Pol weg. Daher machen die Elektronen kehrt, bevor sie zum Pol gelangen. Dies gilt analog für einen Südpol.

Stellt man zwei entgegengesetzte Magnetpole einander gegenüber und schießt ein elektrisch geladenes Teilchen schräg ein, so nähert es sich aufgrund der Lorentzkraft auf einer Schraubenbahn einem der beiden Pole. Dort wird es zur Umkehr veranlasst, und es windet sich zum anderen Pol, wo ihm das Gleiche widerfährt. Das Teilchen ist im Magnetfeld gefangen. Man nennt eine solche Anordnung von inhomogenen Feldern **magnetische Flasche.**

Polarlicht und Strahlungsgürtel

Von der Sonne strömen ständig Protonen und Elektronen mit einer Geschwindigkeit von etwa 400 km/s ins All. Dieser sog. *Sonnenwind* erreicht nach wenigen Tagen das Erdmagnetfeld. Er deformiert es, aber kann dort kaum eindringen, da seine Teilchen die *B*-Feldlinien umkreisen. In der hohen Atmosphäre treibt seine Energie eine Art Dynamo an, der dort vorhandene freie Elektronen durch *E*-Felder beschleunigt. Diese Elektronen können nun bei den Magnetpolen der Erde auf etwa 100 km Höhe in die oberen Luftschichten hinabsteigen. Dort regen sie, wie Elektronen in Glimmlampen, die Atome zum Leuchten an und erzeugen das **Polarlicht** (➡ *Bild 2*). Es ist nach Sonnenfleckentätigkeit wegen verstärkter Energiezufuhr aus dem Sonnenwind besonders intensiv.

Für Astronauten können die von VAN ALLEN entdeckten **Strahlungsgürtel** in 700 km bis 60 000 km Höhe sehr gefährlich werden (➡ *Bild 3*). Ihre Protonen und Elektronen wirken wie *ionisierende Strahlung*. Sie umkreisen die *B*-Feldlinien und pendeln in einigen Minuten zwischen Nord- und Südpol der Erde hin und her, haben aber mit dem Polarlicht nichts zu tun.

B 2: Polarlicht: Geladene Teilchen treffen auf Luftmoleküle und regen diese zum Leuchten an.

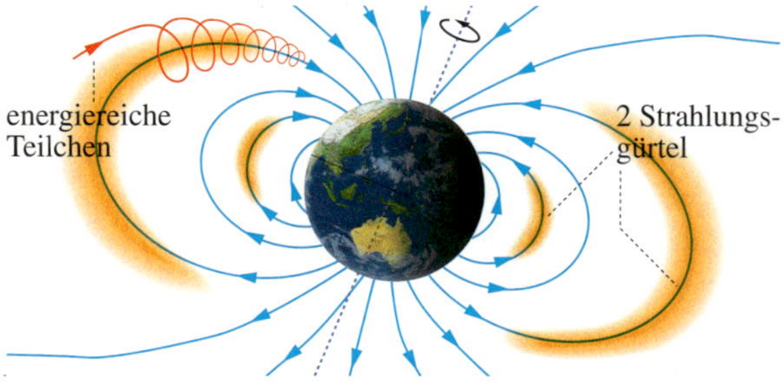

B 3: Strahlungsgürtel der Erde: Geladene energiereiche Teilchen werden im *B*-Feld der Erde gefangen.

Vertiefung

Die magnetische Linse

In der *Schattenkreuzröhre* (→ *Bild 5*) werden die Elektronen mit 4 kV beschleunigt. Dann fliegen sie auf ein Aluminiumkreuz. Am Schatten auf dem Leuchtschirm erkennen wir, dass sich Elektronen wie Licht geradlinig ausbreiten. Licht kann man durch Linsen bündeln. Gibt es auch Linsen für Elektronen?

Wir stellen zwei Helmholtz-Spulen so über die Schattenkreuzröhre, dass ihr Magnetfeld etwa in Ausbreitungsrichtung der Elektronen weist. Wir beobachten, dass das Kreuz auf dem Schirm scharf abgebildet wird, aber verdreht und auch verkleinert. Ein solches Magnetfeld ist also in der Lage, eine Abbildung von einem Gegenstand zu erstellen. Dieser wird von Elektronen „beleuchtet" statt von Licht. Es handelt sich um einen Modellversuch zu einer **magnetischen Linse** (→ *Bild 4*). In der Technik benutzt man als Linsen die *B*-Felder kleiner, von Eisen ummantelter Spulen. Damit erzielt man erhebliche Vergrößerungen. Denken Sie an die kleinen Linsen optischer Mikroskope.

Das Elektronenmikroskop

Ein Elektronenmikroskop (→ *Bild 6a*) zum Durchstrahlen sehr dünner Objekte ist aus drei magnetischen Linsen aufgebaut. Die Glühkatode liefert Elektronen, die mit Spannungen bis zu 1,5 MV beschleunigt werden. Die *Kondensorspule* dient dazu, das Objekt mit Elektronen „auszuleuchten", analog zur Kondensorlinse des Lichtmikroskops. Unmittelbar darunter befindet sich die *Objektivspule*, die ein vergrößertes Zwischenbild erzeugt. Einen kleinen Teil davon vergrößert die *Projektionsspule* nochmals stark auf einen Leuchtschirm oder eine Fotoplatte. So können millionenfache Vergrößerungen erzielt werden, das Tausendfache von Lichtmikroskopen. Mit einem Elektronenmikroskop kann man Punkte im Abstand von Atomen (≈ 0,2 nm) gerade noch getrennt sehen. Man verwendet es, um Oberflächen von Metallen und Halbleitern zu untersuchen. Zudem gestattet es, die Natur von Krankheitserregern wie Viren und die Struktur von organischen Riesenmolekülen wie die Doppelwendel der DNA, dem Speicher für Erbinformationen, zu enträtseln.

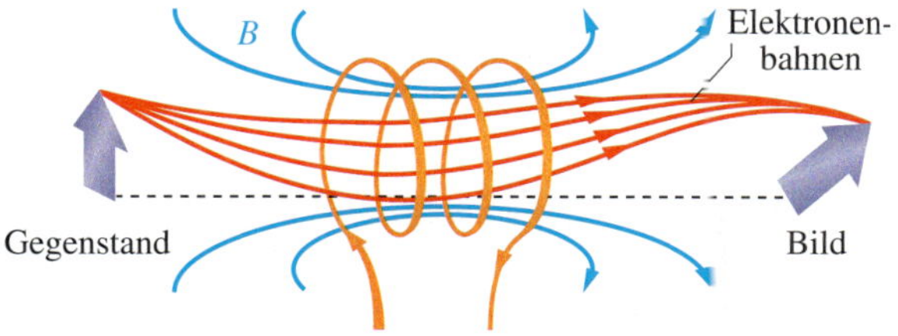

B 4: Prinzip der magnetischen Linse

B 5: Schattenkreuzröhre

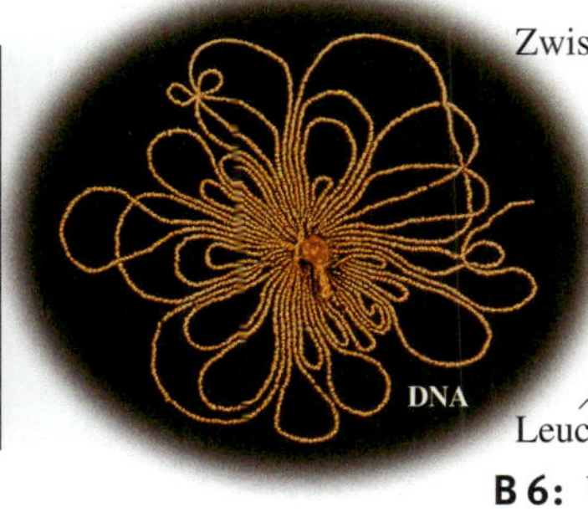

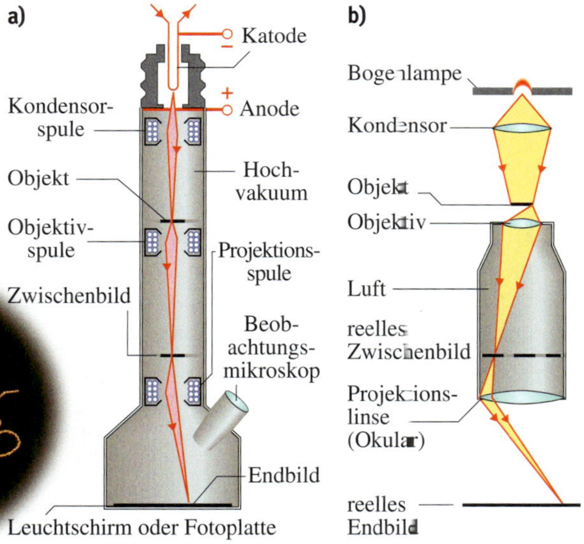

B 6: Vergleich von optischem und Elektronenmikroskop

... noch mehr Aufgaben

A 1: An einer Stelle der Strahlungsgürtel ist $B = 10^{-5}$ T. Mit welchen Frequenzen umlaufen dort Elektronen ($m_e = 9{,}1 \cdot 10^{-31}$ kg) und Protonen ($m = 1{,}67 \cdot 10^{-27}$ kg) die Feldlinien?

A 2: Ein mit $U = 100$ V beschleunigtes Elektron durchläuft in einem *B*-Feld eine Kreisbahn mit $r = 30$ cm. Welchen Radius hat bei gleichen B und U die von einem He-Kern beschriebene Bahn? ($m_{He} = 6{,}65 \cdot 10^{-27}$ kg, $q = 2\,e$)

A 3: **a)** Durch welche Spannung erhält ein Kohlenstoffkern ($q = 6\,e$, $m = 1{,}992 \cdot 10^{-26}$ kg) die Energie 1 200 eV? Welche Geschwindigkeit hat er dann? **b)** Wie stark müsste ein *B*-Feld sein, damit er auf eine Kreisbahn mit $r = 50$ cm gezwungen wird?

A 4: Wie schnell werden Elektronen, wenn sie aus der Ruhe die Spannung $U = 2$ kV durchlaufen?

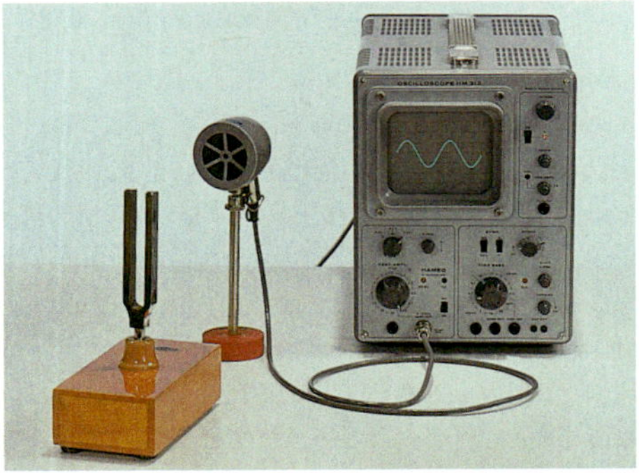

B 1: Der zeitliche Verlauf von Spannungen wird sichtbar gemacht.

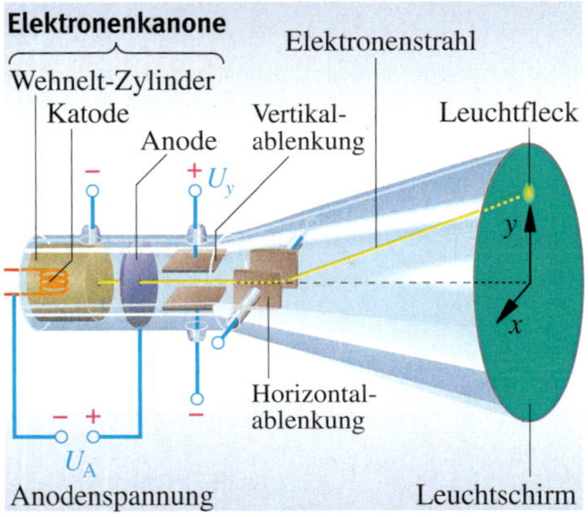

B 2: Aufbau einer braunschen Röhre

V 1: **a)** Bei konstanter Anodenspannung U_A messen wir die Ablenkung y des Elektronenstrahls in Abhängigkeit von der Spannung U_y, die an der Vertikalablenkung liegt. **b)** Wir messen die Ablenkung y in Abhängigkeit von U_A bei konstanter Spannung U_y.

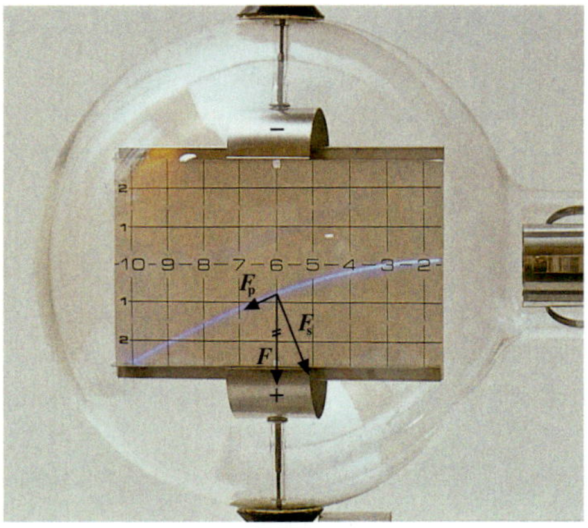

B 3: In der Elektronenstrahlablenkröhre wird die Bahn der Elektronen sichtbar.

Die braunsche Röhre

1. Elektronen im elektrischen Querfeld

Schnell veränderliche Vorgänge wie Schallschwingungen in der Luft oder Druckänderungen im Motor werden heute durch Sensoren in elektrische Spannungsabläufe $U(t)$ umgewandelt. Damit sie unser Auge verfolgen kann, benutzt man Oszilloskope (➠ *Bild 1*).

Das Herzstück eines Oszilloskops ist die **braunsche Röhre** (➠ *Bild 2*). In einer luftleeren Röhre befindet sich eine Elektronenkanone. Die Elektronen werden von der Glühkatode zur Anode durch die Anodenspannung U_A beschleunigt. Der negativ geladene Wehnelt-Zylinder bündelt den Strahl, der geradlinig zum Leuchtschirm fliegt.
Wir legen jetzt wie in ➠ *Bild 2* eine Spannung U_y an die Kondensatorplatten der Vertikalablenkung. Dadurch entsteht ein elektrisches Feld zwischen der oberen und der unteren Platte. In ihm wird der Elektronenstrahl nach oben abgelenkt. ➠ *Versuch 1a* zeigt uns, dass die Ablenkung y proportional zu U_y ist. In ➠ *Versuch 1b* stellen wir eine Antiproportionalität zwischen y und U_A fest.

Merksatz

Die **Ablenkung** y in einer **braunschen Röhre** ist proportional zur Ablenkspannung U_y und antiproportional zur Anodenspannung U_A.

2. Die Bahn des Elektronenstrahls im Kondensator

Der interessante Teil des Weges der Elektronen verläuft im Innern des Kondensators. Sie treten in den Kondensator mit der konstanten Geschwindigkeit v_x ein, mit der sie die Elektronenkanone verlassen haben. In Richtung des elektrischen Feldes werden sie mit $a_y = F_y/m = (e/m)\,E_y$ beschleunigt, wobei $E_y = U_y/d$ die von U_y im Kondensator mit Plattenabstand d erzeugte elektrische Feldstärke ist. Diese Situation ist dem *waagerechten Wurf* vergleichbar. Wenn wir die Zeit t aus den Zeit-Weg-Funktionen

$$y = \tfrac{1}{2}\,a_y t^2 \quad \text{und} \quad x = v_x t$$

eliminieren, erhalten wir als Bahngleichung eine **Parabelgleichung:**

$$y = \frac{1}{2}\,a_y\,\frac{x^2}{v_x^2}.$$

Ändert sich nur die Richtung der Elektronengeschwindigkeit im Kondensator? Wir zerlegen die elektrische Kraft $\vec{F}$ auf ein Elektron in Komponenten $\vec{F}_s$ senkrecht und $\vec{F}_p$ parallel zur Parabelbahn der Elektronen (➠ *Bild 3*). Da die Kraftkomponente $\vec{F}_p$ in Bewegungsrichtung nicht null ist, erhöht sich durch ihre beschleunigende Wirkung auch der Betrag der Geschwindigkeit; im sich anschließenden inhomogenen E-Feld nimmt er wieder ab.

Im *homogenen Magnetfeld* dagegen werden die Elektronen nicht schneller. Da die *Lorentzkraft* an ihnen stets senkrecht zur Bahn angreift, erfahren sie in Flugrichtung keine beschleunigende Kraft.

3. Wie erhält man ein stehendes Bild?

a) Wir legen nun eine sich zeitlich ändernde Spannung U_y an die y-Ablenkung eines Oszilloskops. Damit erhalten wir einen Leuchtfleck, der auf dem Schirm in einer Periode ($\frac{1}{50}$ s) die Punkte 1–2–3–4–1 durchläuft (➡ *Bild 4a*). Wegen des Nachleuchtens des Schirms rufen die schnellen Bewegungen des Flecks den Eindruck eines senkrechten Strichs hervor. Den zeitlichen Verlauf der Spannung können wir so nicht erkennen.

b) Anstelle von U_y legen wir nun eine *Sägezahnspannung* an die Horizontalablenkung (➡ *Bild 4b*). Während einer Periode von U_y durchläuft der Leuchtfleck das Intervall von a nach b, während der nächsten das von b nach c. Dann springt er sehr schnell über d zu a zurück. Wir sehen einen von links nach rechts über den Bildschirm wandernden Fleck, der in seine Anfangsposition springt, wenn er am rechten Bildschirmrand angekommen ist.

c) Nun kombinieren wir diese Sägezahnspannung an der x-Ablenkung mit U_y an der y-Ablenkung. Durch eine besondere Schaltung wird U_x zu Beginn einer jeden zweiten Periode von U_y auf null gesetzt. Man sagt, sie wird durch U_y *getriggert*. Was U_y *zeitlich nacheinander* ausführt, wird dadurch auf dem Schirm zu einem *räumlichen Nebeneinander*. Zwei Perioden von U_y werden auf dem Bildschirm sichtbar (➡ *Bild 4c*).
Wenn allgemein die Frequenz von U_y exakt n-mal so groß wie die der Sägezahnspannung ist, werden n gleiche Bilder des Spannungsverlaufs nebeneinander gezeichnet. Wir erhalten den Eindruck eines stehenden Bildes mit n Perioden von U_y.

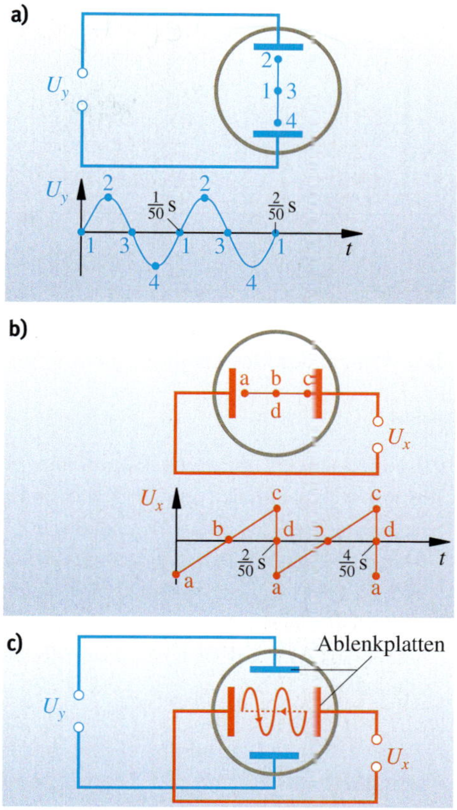

B 4: Periodischer Spannungsverlauf:
a) U_y lenkt nur vertikal **b)** die Sägezahnspannung U_x nur horizontal ab
c) beide wirken zusammen

Vertiefung

Eine Gleichung für die elektrische Ablenkung

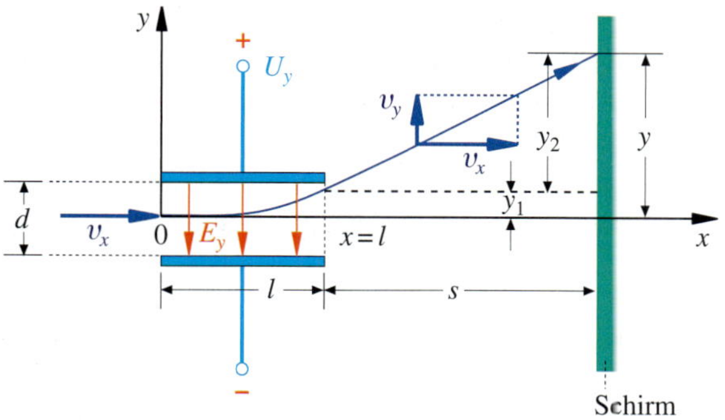

Im Kondensator erfahren die Elektronen eine Kraft in y-Richtung aufgrund der elektrischen Feldkraft $F_y = e\,E_y$. Dies führt zu einer gleichmäßigen Beschleunigung

$$a_y = \frac{F_y}{m} = \frac{e}{m}\,E_y = \frac{e}{m}\,\frac{U_y}{d}.$$

Quer zur Feldrichtung ist $F_x = 0$, v_x bleibt konstant. Die Elektronen durchfliegen das Feld also in der Zeit $t = l/v_x$.

Dabei gewinnen sie in y-Richtung die Geschwindigkeit

$$v_y = a_y\,t = \frac{e\,U_y\,l}{m\,d\,v_x}$$

und erfahren dadurch im Kondensator die Ablenkung

$$y_1 = \frac{1}{2}\,a_y\,t^2 = \frac{1}{2}\,\frac{e\,U_y}{m\,d}\,\frac{l^2}{v_x^2} = \frac{U_y\,l^2}{4\,d\,U_A}.$$

Dabei haben wir v_x^2 durch $2\,(e/m)\,U_A$ ersetzt. Außerhalb des Kondensators brauchen sie die Zeit $t' = s/v_x$, um zum Leuchtschirm zu fliegen. Sie legen die Strecke

$$y_2 = v_y\,t' = \frac{v_y}{v_x}\,s = \frac{e\,U_y\,l}{m\,d\,v_x^2}\,s = \frac{U_y\,l\,s}{2\,d\,U_A}$$

in Richtung des Kondensatorfeldes zurück. Insgesamt erfahren sie die Ablenkung

$$y = y_1 + y_2 = \frac{1}{2}\,\frac{l}{d}\left(\frac{l}{2} + s\right)\frac{U_y}{U_A}.$$

Damit sind die experimentell gefundenen Proportionalitäten $y \sim U_y$ und $y \sim 1/U_A$ bestätigt.

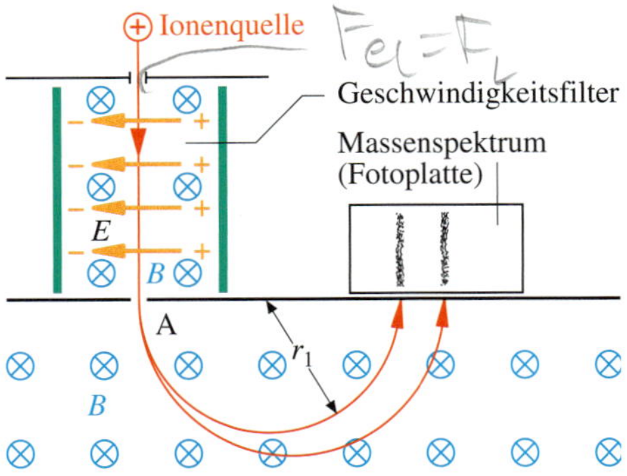

B 1: Prinzip des Massenspektrometers

Beispiel

Einfach positiv geladene Chlorionen mit $q = +e$ durchfliegen einen Geschwindigkeitsfilter mit $E = 30$ kV/m und $B = 0{,}3$ T. Danach gelangen sie in ein weiteres B-Feld mit $B = 0{,}3$ T. Auf der Fotoplatte (*Bild 1*) registriert man Chlorionen bei $r_1 = 12{,}08$ cm und $r_2 = 12{,}77$ cm. Welche Massen haben die Ionen?

Lösung: Durch den v-Filter fliegen nur Ionen mit $v = E/B = 10^5$ m/s. Die Masse der Chlorionen ergibt sich für $r_1 = 12{,}08$ cm zu $\boldsymbol{m_1} = q\,B\,r/v$ **= 5,806·10⁻²⁶ kg** und für $r_2 = 12{,}77$ cm zu $\boldsymbol{m_2}$ **= 6,137·10⁻²⁶ kg**. Chloratome haben also keine einheitliche Masse.

Vertiefung

Isotope

Die bedeutendste Entdeckung mit Massenspektrometern war, dass fast jedes chemische Element aus verschiedenen Kernarten besteht. So haben z. B. alle Chloratome gleich viele Elektronen, welche die positive Kernladung ausgleichen. Doch sind die Massen der Kerne unterschiedlich. Das ist ein Indiz dafür, dass sie aus unterschiedlichen Bausteinen zusammengesetzt sind, den Protonen mit der Ladung $+e$ und den neutralen Neutronen von etwa gleicher Masse.

Atome unterschiedlicher Kernmassen eines Elements nennt man **Isotope.** Sie unterscheiden sich nur in der Neutronenzahl, nicht in ihren chemischen Eigenschaften; man kann sie aber mit physikalischen Geräten wie Massenspektrometern trennen. Alle Elemente haben mehrere Isotope.

E- und *B*-Feld im Verbund

1. Massenspektrometer mit Geschwindigkeitsfilter

Ein wichtiges Hilfsmittel der Kernphysik und Chemie ist das Massenspektrometer (F. W. ASTON 1919). Mit ihm kann man spezifische Ladungen q/m und damit atomare Massen sehr genau bestimmen. Ihre Kenntnis erlaubt vielfältige Folgerungen (*Vertiefung*). Wir wollen untersuchen, wie die Massenbestimmung im atomaren Maßstab funktioniert.

Mit Massenspektrometern kann man die Massen geladener Teilchen bestimmen. Diese entstehen in heißen Gasen. Dort stoßen Atome sehr heftig gegeneinander. Dabei verlieren sie einige ihrer Elektronen. Es ist auch möglich, dass sich zusätzlich freie Elektronen an Atome anlagern. Solche elektrisch geladenen Atome bezeichnet man als **positive** bzw. **negative Ionen.** Z. B. sind die in der Kernphysik häufig als atomare Geschosse verwendeten Deuteronen positive Ionen des schweren Wasserstoffs (Deuterium); α-Teilchen sind Heliumionen mit der Ladung $+2\,e$.

In **Ionenquellen** von Massenspektrometern schießt man schnelle Elektronen auf neutrale Atome. Dadurch werden Elektronen aus ihren Atomhüllen herausgeschlagen, und man erhält positive Ionen. Deren Geschwindigkeiten haben ganz unterschiedliche Beträge und Richtungen.

Um Ionen einheitlicher Geschwindigkeit zu erhalten, schickt man sie zunächst durch einen **Geschwindigkeitsfilter.** Im oberen Teil von *Bild 1* zeigt die elektrische Kraft auf *positive* Ionen nach links, die Lorentzkraft nach rechts, da das B-Feld in die Zeichenebene hineinweist. (Man muss hier die Drei-Finger-Regel der *rechten* Hand anwenden.) Sind die Teilchen „langsam", so überwiegt die elektrische Kraft, und sie fliegen zur linken Kondensatorplatte. Sind sie „zu schnell", so überwiegt die Lorentzkraft; die Ionen fliegen zur rechten Platte. Nur falls die Beträge beider Kräfte gleich sind, fliegen sie geradlinig und können bei A die Anordnung verlassen. Dann gilt $F_L = F_e$ und somit $q\,v\,B = q\,E$. Also gelangen alle Ionen, für die $v = E/B$ erfüllt ist, durch die beiden gekreuzten Felder, und zwar unabhängig von ihrer Ladung q (*Beispiel*).

Anschließend werden die positiven Ionen einheitlicher Geschwindigkeit in einem B-Feld auf eine Kreisbahn gelenkt (*Bild 1*, unten). Dabei wirkt die Lorentzkraft als Zentripetalkraft: $F_L = F_z$ oder $q\,v\,B = m\,v^2/r$. Es folgt

$$m = \frac{q\,B\,r}{v}.$$

B und r kann man messen. Die Ionenladung q muss man anderweitig ermitteln. Bei konstanter Ionengeschwindigkeit v besteht eine Proportionalität zwischen der Masse m der Teilchen und dem Radius r der Ionenbahn. Auf der Fotoplatte erscheint ein Spektrum der Ionenmassen.

2. Wozu dienen Beschleuniger?

Die Suche nach der Feinstruktur der Materie ist ein Forschungsschwerpunkt der heutigen Physik. Mit dem Aufbau der Atomkerne und der Stärke der Kräfte zwischen ihren Bestandteilen befasst sich die *Kernphysik*. Die *Teilchenphysik* erforscht z. B. das „Innenleben" von Protonen und fragt, welche elementaren, unteilbaren Partikel unsere Welt aufbauen.
Da all diese Forschungsgegenstände viel zu klein sind, als dass sie selbst mit den leistungsfähigsten Mikroskopen zu sehen wären, macht man Streuexperimente. Man schießt bekannte Teilchen wie Elektronen oder Protonen mit hoher Energie auf ein Zielobjekt und registriert die bei Reaktionen auftretenden Bruchstücke. Die Auswertung solcher Reaktionen mit Computern extrem hoher Rechenleistung liefert Ergebnisse, mit denen man Theorien überprüfen kann.

In Beschleunigern werden für derartige Forschungen Teilchen mit genügend hoher Energie zur Verfügung gestellt. Auf direktem Wege kann man geladene Teilchen kaum höhere Spannungen als 10 MV durchlaufen lassen. Die Isolationsprobleme werden zu groß. Statt dessen sorgt man dafür, dass die Teilchen Beschleunigungsstrecken mehrfach durchlaufen und so immer mehr Energie gewinnen.

3. Zyklotron

In der Mitte des **Zyklotrons** (➠ *Bild 2*) befindet sich eine Quelle für positive Ionen, meist Protonen. Durch ein elektrisches Feld werden sie in eine der D-förmigen Dosen gezogen. Es sind hohle Metallhalbzylinder, die senkrecht von einem starken Magnetfeld durchsetzt werden. Dort angelangt, befinden sie sich in einem FARADAY-Käfig und gewinnen keine Energie. Sie werden durch die Lorentzkraft auf eine Halbkreisbahn gelenkt. Wenn sie wieder austreten, ist das elektrische Feld durch Umpolen der Spannung zwischen den Dosen so gerichtet, dass die Ionen dort erneut beschleunigt werden. In der nächsten Dose bewegen sie sich wieder auf einem Halbkreis mit größerem Radius usw.
Mit welcher Frequenz f muss man das E-Feld umpolen? Innerhalb einer Dose wirkt die Lorentzkraft als Zentripetalkraft, also gilt

$$\frac{m\,v_s^2}{r} = q\,v_s B.$$

In der Umlaufzeit T legen die Ionen die Strecke $2\pi r$ zurück; also erhalten wir $v_s/r = qB/m$ und mit $v_s = 2\pi r/T$ folgt

$$\frac{2\pi}{T} = \frac{qB}{m}.$$

Daraus ergibt sich die Frequenz:

$$f = \frac{1}{T} = \frac{1}{2\pi}\frac{q}{m}B$$

unabhängig vom Bahnradius, der Geschwindigkeit und der Energie. Man kann also eine *Wechselspannung* konstant hoher Frequenz zwischen die Dosen legen. Schließlich führt eine Ablenkeinrichtung die Ionen auf das Ziel (Target).

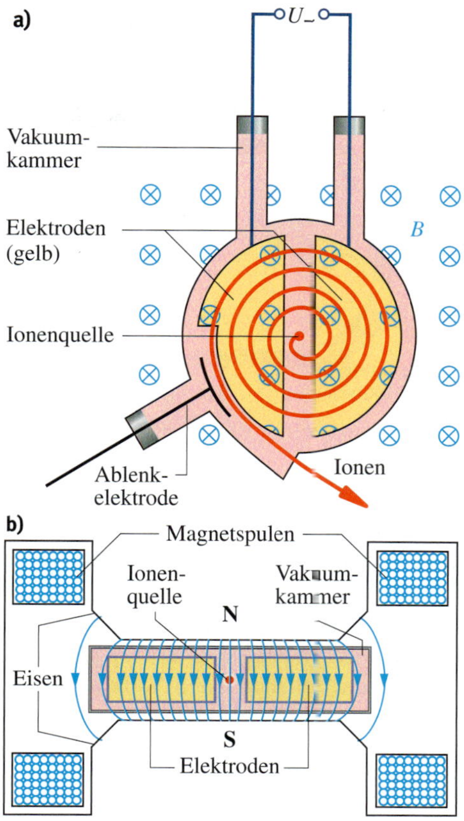

B 2: a) schematischer Aufbau eines Zyklotrons **b)** Zyklotron von der Seite gesehen

... noch mehr Aufgaben

A 1: Positive Ionen mit $q = +e$ durchlaufen ein gekreuztes E- und B-Feld nach ➠ *Bild 1* unabgelenkt, wobei $E = 46{,}6$ kV/m ist und beide B-Felder die Stärke $B = 0{,}311$ T haben. **a)** Wie schnell sind die Ionen? **b)** Auf der Fotoplatte kommen die einen mit 12 cm Abstand, die anderen mit 20 cm Abstand an. Wie groß sind ihre Massen?

A 2: Das E-Feld eines Geschwindigkeitsfilters wie in ➠ *Bild 1* hat die Stärke $E = 10^5$ V/m. Die beiden B-Felder haben die Stärke $B = 0{,}5$ T. Wie groß sind die Radien der Kreisbahnen, die Sauerstoffionen mit den Massen $m_1 = 2{,}66 \cdot 10^{-26}$ kg und $m_2 = 2{,}999 \cdot 10^{-26}$ kg und der Ladung $q = +e$ durchlaufen?

A 3: Ein Zyklotron hat die Frequenz 12 MHz und den Dosenradius $r = 0{,}53$ m. **a)** Wie stark muss das B-Feld sein, damit Protonen der Masse $m = 1{,}67 \cdot 10^{-27}$ kg im Spalt jeweils Energie zugeführt wird? **b)** Welche Protonenenergie (in MeV) erhält man?

Interessantes

Ringbeschleuniger

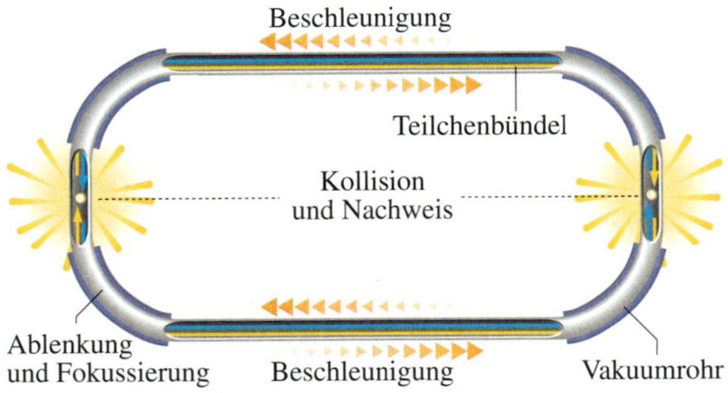

B 1: Prinzip eines Ringbeschleunigers

Zyklotrons können nicht beliebig groß gebaut werden. Sie benötigen ein starkes B-Feld, das die ganze Fläche der D-förmigen Dosen durchsetzt. Solche Felder erfordern einen enormen Aufwand an Energie und Material. Mit **Ringbeschleunigern** kann man bedeutend höhere Energien erzielen. Das Prinzip zeigt ➡ *Bild 1*. Nachdem die Teilchen durch Vorbeschleuniger bereits fast auf Lichtgeschwindigkeit gebracht wurden, werden sie *bündelweise* in Vakuumrohre geschossen. Sie erhalten auf mehreren „Beschleunigungsstrecken" jeweils einen Zuwachs an Energie, kaum noch an Geschwindigkeit. Durch Magnete ($B \approx 4{,}5$ T) werden sie auf ringförmige Bahnen gelenkt, sodass sie die Beschleunigungsstrecken durchlaufen können. Da die Teilchenbündel aus gleichartig geladenen Partikeln bestehen, neigen sie dazu, sich aufzuweiten. Daher baut man in Ringbeschleuniger Fokussier-Magnete zur Bündelung der Strahlen ein (➡ *Bild 2*).

In den Experimentierzonen schießt man die schnellen Teilchen auf ruhende und untersucht dabei freigesetzte Teilchen mit Detektoren. Schießt man zwei Teilchenstrahlen gegeneinander, so wird die aufgewandte Energie besser ausgenutzt. Sie ist dann so groß, dass z. B. Elektronen in Protonen eindringen können. So erhält man Aufschluss über den Aufbau eines Protons.

B 2: Blick in den Tunnel des HERA-Ringbeschleunigers in Hamburg. Im oberen Rohrstrang laufen Protonen um, im unteren Elektronen. Das Elektronenrohr ist von langen Magneten umschlossen. Dazwischen (neben dem Techniker) befinden sich Fokussier-Magnete.

Linearbeschleuniger

Auch Ringbeschleuniger werfen Probleme auf. Elektrische Ladungen, die sich auf einer gekrümmten Bahn bewegen, geben Energie als Strahlung ab. Diese Abstrahlung wurde zuerst in Ringbeschleunigern, auch *Synchrotrons* genannt, nachgewiesen. Daher nennt man sie *Synchrotronstrahlung*. Sie wird in speziellen Anlagen für Forschungen auf verschiedenen Gebieten genutzt. Die Beschleunigungsstrecken für Elektronen bei der HERA-Anlage in Hamburg dienen weitgehend dazu, den Energieverlust durch die Synchrotronstrahlung zu ersetzen. Daher werden „nur" 30 GeV ($3 \cdot 10^{10}$ eV) erreicht.

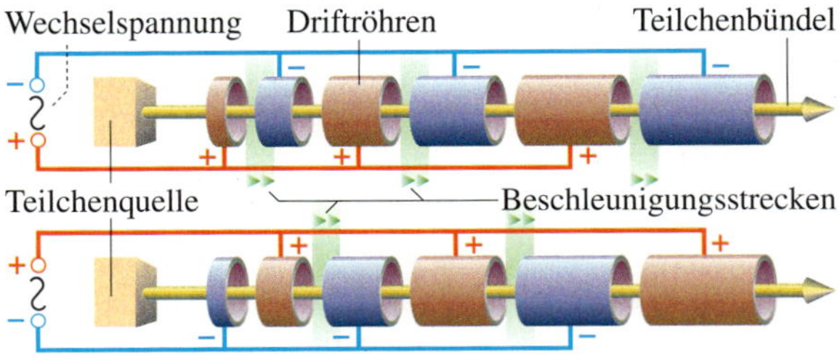

B 3: Prinzip eines Linearbeschleunigers

Einen Ausweg bietet der **Linearbeschleuniger** (➡ *Bild 3*). Zwischen den abwechselnd positiv und negativ gepolten Driftröhren entstehen Beschleunigungsfelder. Während sich die Teilchen in einer Röhre (Faraday-Käfig) aufhalten, wird das Feld umgepolt. Die austretenden Partikel erhalten immer wieder einen erneuten „Kick" und so mehr Energie. Entsprechend länger werden die Driftröhren. Dazwischen befinden sich Führungsmagnete zur Fokussierung der Teilchenbündel. Linearbeschleuniger werden derzeit meist in kleineren Ausführungen als Vorbeschleuniger für größere benutzt. Nördlich von Hamburg jedoch wird ein riesenhafter *Linear Collider* gebaut, ein Beschleuniger, in dem Elektronen und Positronen gegeneinander geschossen werden. Bei einer Kollision kommt es dann zu hohen Energiekonzentrationen auf kleinstem Raum (10^{12} eV). In der Physik bezeichnet man so etwas als „Mini-Urknall", denn an ihm kann man wertvolle Erkenntnisse über den großen Urknall gewinnen, mit dem unser Universum wohl begonnen hat.

Das ist wichtig

Magnete und Magnetfelder

Die magnetische Flussdichte

1. Die **magnetische Flussdichte** beschreibt die Stärke eines Magnetfeldes. Ihr Betrag B ist definiert als Kraft F auf einen Leiter dividiert durch die Stromstärke I in ihm und seine wirksame Länge s im Magnetfeld:

$$\boldsymbol{B = \frac{F}{I\,s}}.\ \text{Die Einheit ist 1 T (Tesla).}$$

Dabei muss das Leiterstück senkrecht zu den Feldlinien des homogenen Magnetfeldes verlaufen.

2. Die magnetische Flussdichte $\vec{B}$ ist ein *Vektor* in Richtung der Feldlinien. Man kann $\vec{B}$ in Komponenten zerlegen.
3. Eine *schlanke Spule* habe n Windungen und die Länge l. Ein Strom der Stärke I erzeugt in ihrem Innern in Luft (praktisch Vakuum) ein homogenes Magnetfeld mit der Flussdichte

$$B = \mu_0\, n\, I/l.$$

$\mu_0 = 1{,}257 \cdot 10^{-6}$ Vs/(Am) heißt *magnetische Feldkonstante.*

4. Ist eine Spule mit einem *ferromagnetischen Stoff* wie Eisen gefüllt, so erhöht sich B auf das μ_r-fache:

$$B_m = \mu_r\, B_0.$$

μ_r heißt *Permeabilitätszahl.*

Lorentzkraft

Geladene Teilchen mit der Ladung q, die sich in einem homogenen Magnetfeld nicht parallel zu den Feldlinien bewegen, erfahren eine **Lorentzkraft** $\boldsymbol{F_L}$, für deren Betrag gilt:

$$\boldsymbol{F_L = q\, v_s\, B.}$$

Dabei ist v_s der Betrag der Geschwindigkeitskomponente senkrecht zu $\vec{B}$. Die Richtung wird nach der *Drei-Finger-Regel* der linken Hand ermittelt. Für positive Ladungen nimmt man die rechte Hand.

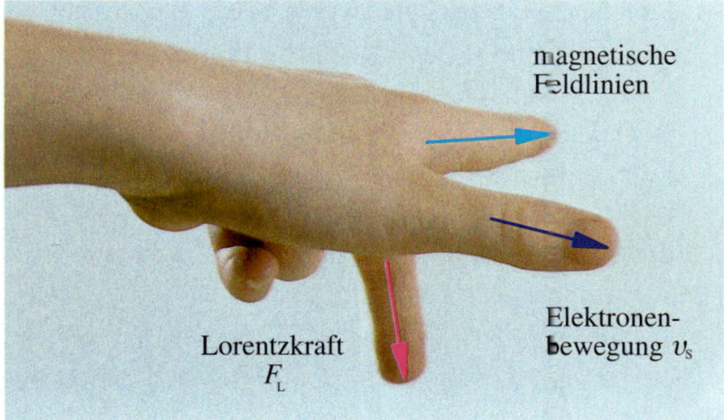

Halleffekt

Wenn ein Leiter senkrecht zur Richtung des Stromes von einem Magnetfeld durchsetzt wird, entsteht zwischen zwei einander gegenüberliegenden Punkten A und C des Leiters die *Hallspannung* U_H. Es gilt

$$U_H = B\, v_s\, h,$$

wobei h der Abstand von A und C und v_s der Betrag der *Driftgeschwindigkeit* der Elektronen im Leiter ist.

Geladene Teilchen in Feldern

1. Durch die Lorentzkraft werden geladene Teilchen, die in einem *homogenen Magnetfeld*
   a) *senkrecht* zu den Feldlinien einfallen, auf eine *Kreisbahn* gelenkt,
   b) *schräg* zu den Feldlinien eingeschossen werden, auf eine *Schraubenbahn* gezwungen.
   c) In einem *inhomogenen Magnetfeld* werden geladene Teilchen in der Nähe der Pole *zur Umkehr* veranlasst.
   In a), b) und c) ist der *Betrag der Geschwindigkeit konstant.*

Spezifische Ladung des Elektrons

Der Quotient aus Ladung und Masse eines Teilchens heißt *spezifische Ladung* q/m. Für *Elektronen* ist $q = e$:

$$e/m_e = 1{,}76 \cdot 10^{11}\ \text{C/kg}.$$

Die braunsche Röhre

1. Im Ablenkkondensator einer braunschen Röhre beschreiben die Elektronen eine Parabelbahn.
2. Die Ablenkung des Elektronenstrahls ist proportional zur Ablenkspannung U_y und antiproportional zur Anodenspannung U_A.
3. Braunsche Röhren werden für die Messung schnell veränderlicher Spannungen verwendet.

Massenspektrometer, Zyklotron

1. Eine Anordnung von gekreuztem E- und B-Feld, in das geladene Teilchen senkrecht zu E und B hineingeschossen werden, heißt *Geschwindigkeitsfilter.* Nur Teilchen mit $v = E/B$ durchfliegen ihn geradlinig.
2. Durch gleichzeitige Anwendung von E- und B-Feldern in *Massenspektrometern* kann man die spezifische Ladung q/m von Teilchen mit großer Genauigkeit ermitteln. Daraus kann man auch ihre Masse berechnen.
3. Mit *Zyklotrons* kann man geladene Teilchen auf hohe Energien beschleunigen. Die Frequenz f ist unabhängig vom Radius der Bahn, der Geschwindigkeit und der Energie:

$$f = \frac{1}{T} = \frac{1}{2\pi}\,\frac{q\,B}{m}.$$

Beispiel

Musteraufgabe

Elektronen werden durch $U_0 = 100\,\text{V}$ beschleunigt. Dann fliegen sie (ständig im Vakuum) durch eine Öffnung in einen Plattenkondensator, dessen Feldlinien entlang der Flugrichtung nach rechts zeigen (*Bild 1a*). Der Plattenabstand ist $d = 0{,}1$ m.

a) Die Kondensatorspannung beträgt $U_1 = 70$ V. Wie groß ist die Bremsverzögerung der Elektronen? In welcher Zeit durchfliegen sie den Kondensator? **b)** Am Kondensator liegen jetzt $U_2 = 400$ V. Wo kehren die mit $U_0 = 100$ V beschleunigten Elektronen um?

Lösung:

a) Im Kondensator erfahren die Elektronen eine bremsende Kraft F und damit die Bremsverzögerung $a = F/m_e = e\,E/m_e = (e/m_e)\,U_1/d = \mathbf{1{,}23 \cdot 10^{14}\,m/s^2}$. Für die Bewegung längs d gilt $v_1 = v_0 - a\,t$. Dabei ist v_0 die Geschwindigkeit der in den Kondensator eintretenden und v_1 die der herausfliegenden Elektronen. Man berechnet also v_0 nach $v_0 = \sqrt{2\,(e/m_e)\,U_0}$ zu $v_0 = 5{,}93 \cdot 10^6$ m/s, und v_1 nach $v_1 = \sqrt{2\,(e/m_e)\,(U_0 - U_1)}$ zu $v_1 = 3{,}25 \cdot 10^6$ m/s und erhält für die Zeit $\mathbf{t = 2{,}2 \cdot 10^{-8}\,s}$.

b) Die Elektronen können nur gegen die Spannung $U_0 = 100$ V anlaufen. Weil E konstant ist, legen sie nur $\frac{1}{4}$ von d, das sind **2,5 cm,** zurück. Dann kehren sie um und haben beim Austritt aus dem Kondensator wieder die Energie 100 eV, fliegen aber in umgekehrter Richtung.

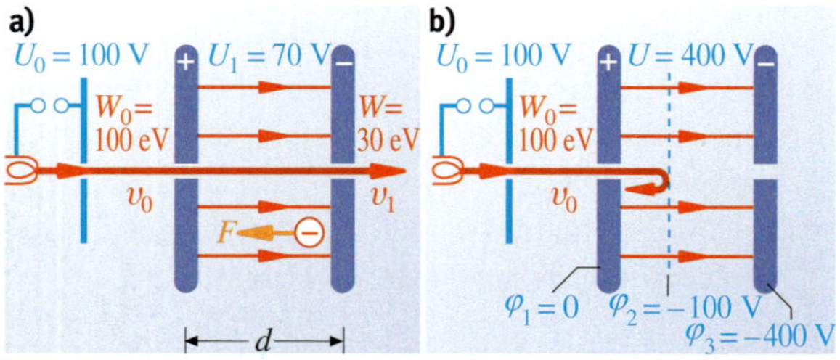

B 1: Elektronen werden durch das Feld des Plattenkondensators gebremst und kehren sogar um, wenn die Kondensatorspannung $U > U_0$ ist.

Aufgaben

Teilchen in *E*-Feldern

A 1: Eine braunsche Röhre wird mit $U_A = 250$ V betrieben. Bei $U_y = 45$ V beträgt die Ablenkung $y = 1{,}5$ cm. **a)** Wie groß muss U_y für $y = 5$ cm sein? **b)** U_A wird auf 200 V reduziert. Wie groß ist jetzt y bei $U_y = 45$ V? Welches U_y braucht man für $y = 5$ cm?

A 2: Der Elektronenstrahl einer braunschen Röhre, die mit $U_A = 1000$ V betrieben wird, durchläuft einen Kondensator mit $U_y = 100$ V. Der Plattenabstand beträgt 1 cm, die Länge 4 cm. **a)** Berechnen Sie die Kraft auf ein Elektron und seine Beschleunigung. **b)** Mit welcher Geschwindigkeit v_x tritt das Elektron in den Kondensator ein? **c)** Wie lange braucht das Elektron zum Durchlaufen des Kondensators? **d)** Um wie viele Zentimeter wird es im Kondensator abgelenkt? **e)** Wie groß ist die Gesamtablenkung auf dem 20 cm entfernten Leuchtschirm? Wie groß ist der Austrittswinkel gegenüber der Waagerechten?

A 3: Wie viel Energie gewinnt das Elektron in Aufgabe 2 jeweils **a)** beim Durchlaufen der Anodenspannung der Elektronenkanone, **b)** im homogenen Feld des Ablenkkondensators?

A 4: Elektronen werden mit der Energie 600 eV in Richtung der Feldlinien eines *E*-Feldes der Stärke $E = 200$ V/cm geschossen. **a)** Wie weit können sie im *E*-Feld fliegen, bis sie umkehren? **b)** Wo und wann haben sie den halben Geschwindigkeitsbetrag? (2 Lösungen)

Massenspektrometer

A 5: In einem Geschwindigkeitsfilter ist $E = 1{,}9 \cdot 10^5$ V/m, $B = 0{,}01$ T. **a)** Welche Geschwindigkeit haben Elektronen (bzw. Protonen), die ihn unabgelenkt durchqueren? **b)** Mit welcher Spannung müssen die Elektronen (Protonen mit $m_p = 1{,}67 \cdot 10^{-27}$ kg) beschleunigt worden sein?

A 6: Das *E*-Feld zwischen den Platten eines Geschwindigkeitsfilters eines Massenspektrometers hat die Stärke $E = 10^5$ V/m. Die Stärke des *B*-Feldes beträgt innerhalb und außerhalb des Filters $B = 0{,}6$ T. **a)** Ein Strahl von Kaliumionen mit der Ladung $+e$ bewegt sich auf einer Halbkreisbahn mit $r = 11{,}2$ cm. Wie groß ist die Masse eines Ions? **b)** Welchen Halbkreisradius beschreibt ein Kaliumion mit $m = 6{,}8 \cdot 10^{-26}$ kg?

Beschleuniger

A 7: Ein einfach geladenes Jodion macht in der Zeit $t = 1{,}29$ ms 7 Umläufe in einem Magnetfeld mit $B = 45$ mT. Wie groß ist seine Masse?

A 8: Ein Zyklotron beschleunigt α-Teilchen ($q = 2\,e$) mit 15,625 MeV. Es ist $B = 2$ T. **a)** Berechnen Sie den maximalen Krümmungsradius. **b)** Welche Wechselspannungsfrequenz braucht man? **c)** Welche Frequenz ist nötig, um Protonen in diesem Zyklotron zu beschleunigen, und welche Energie in MeV erhalten sie dann? **d)** Welchen Wert müsste B haben, wenn Protonen auf 15,625 MeV gebracht werden sollten, und welche Zyklotronfrequenz wäre erforderlich? (Die Masse eines α-Teilchens beträgt $m_\alpha = 6{,}65 \cdot 10^{-27}$ kg.)

A 9: **a)** In einem Linearbeschleuniger ist die Frequenz der Wechselspannung 200 MHz, ihr Scheitelwert 1 MV. Protonen werden mit der Energie 1 MeV eingeschossen. Wie groß ist ihre Energie in der 5. Röhre? **b)** Wie lang muss diese sein?

Induktion und Wechselstrom

Der Lebensstandard unserer Industriegesellschaft ist untrennbar mit der ständigen Verfügbarkeit elektrischer Energie verknüpft. Generatoren „erzeugen“ in Kraftwerken elektrischen Strom. Um Verluste in den Leitungen gering zu halten, wird die Spannung für den Transport über große Entfernungen hoch transformiert. Ein weitverzweigtes Leitungsnetz gewährleistet die Bereitstellung elektrischer Energie.

Die flächendeckende elektrische Stromversorgung bietet den Menschen vielfältige Nutzungsmöglichkeiten: Die Beleuchtung mit elektrischen Glühlampen (Edison 1879) lässt die Nacht zum Tage werden. Im Haushalt entlasten elektrische Geräte die alltägliche Arbeit. Unterhaltungselektronik bietet Kunstgenuss und Information. In der Medizin werden Diagnose- und Therapiemöglichkeiten verbessert. Computer und Steuerungsgeräte durchdringen und beeinflussen unser Leben in zunehmendem Maße.

Die Gesetzmäßigkeiten der elektromagnetischen Induktion (Faraday 1831) liefern uns die theoretischen Grundlagen der Spannungserzeugung. Die Kenntnis von Wechselspannung und Wechselstrom erschließt uns das weite Feld vieler Anwendungen.

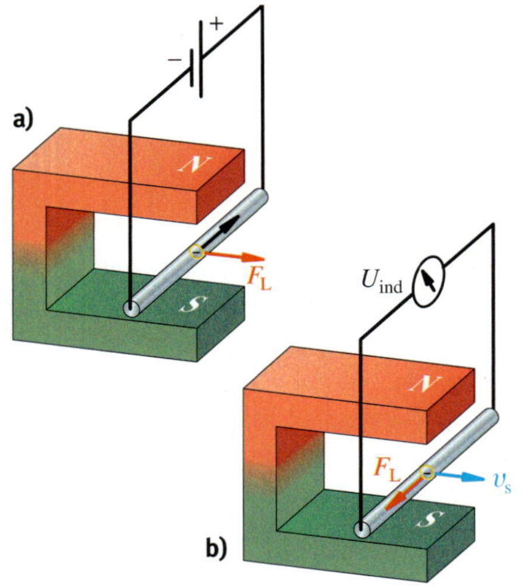

V 1: Ein gerader Leiter hängt in dem homogenen Magnetfeld eines Hufeisenmagneten. **a)** Schließen wir eine Spannungsquelle an den Leiter an, so erfährt er eine Kraft und wird ausgelenkt (*Minimotor*). **b)** Wir schließen jetzt einen empfindlichen Spannungsmesser (Messverstärker) an den Leiter an. Bewegen wir den Leiter von Hand senkrecht zu den magnetischen Feldlinien, so zeigt der Spannungsmesser eine Induktionsspannung (*Minigenerator*). Wird der Leiter nach oben oder unten bewegt, so ist die Spannung null.

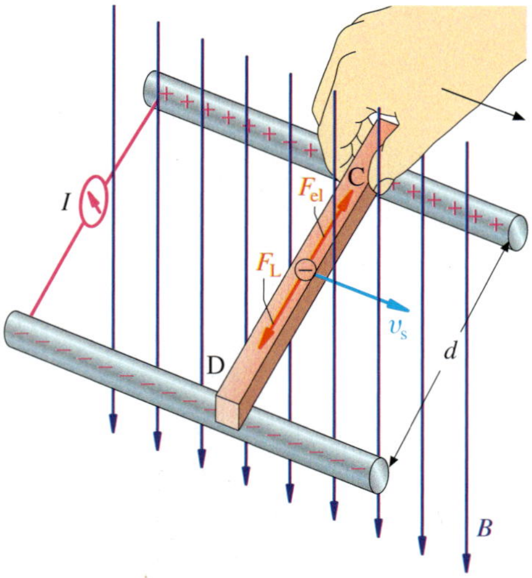

V 2: Für die Herleitung von U_{ind} ist es übersichtlicher, wenn der Leiter aus ➠ *Versuch 1b* durch einen Metallstab CD ersetzt wird, der auf zwei Schienen gleiten kann. Der Stab wird im homogenen Magnetfeld z. B. von Hand mit der konstanten Geschwindigkeit v_s nach rechts bewegt. Dabei zeigt der Strommesser die Stromstärke an.

Induktion durch Leiterbewegung

Ohne die Nutzung elektrischer Energie ist unsere technische Zivilisation kaum vorstellbar. Die physikalischen Grundlagen der Spannungserzeugung werden im Folgenden dargelegt.

1. Ein Leiter wird im homogenen Magnetfeld bewegt

Ein gerader Leiter hängt in einem homogenen Magnetfeld senkrecht zu den B-Feldlinien (➠ *Versuch 1a*). Eine Spannungsquelle treibt die Elektronen an. Die nach hinten fließenden Elektronen erfahren nach der Drei-Finger-Regel die Lorentzkraft $F_L = B\,e\,v_s$ nach rechts und übertragen sie auf den Leiter. Er wird ausgelenkt.
Jetzt schließen wir den Leiter ohne Spannungsquelle an einen empfindlichen Spannungsmesser (➠ *Versuch 1b*). Sobald wir den Leiter mit der Geschwindigkeit v_s senkrecht zu den B-Feldlinien bewegen, erhalten wir eine **Induktionsspannung U_{ind}.** Sie steigt mit der Leitergeschwindigkeit v_s an. Statt den Leiter im Magnetfeld durch eine Spannung in Bewegung zu versetzen (*Motorprinzip*), wird durch Bewegung des Leiters eine Spannung erzeugt (*Generatorprinzip*). ➠ *Versuch 1b* stellt eine Umkehrung von ➠ *Versuch 1a* dar.

Um zu verstehen, woher U_{ind} rührt, schließen wir den Stromkreis durch einen Strommesser (➠ *Versuch 2*). Die im bewegten Leiter von der Lorentzkraft $F_L = e\,v_s B$ nach vorn getriebenen Elektronen fließen über das Instrument zurück. Der von U_{ind} erzeugte Elektronenstrom steigt mit v_s und mit B. Für die Richtung des Elektronenstroms im geschlossenen Stromkreis gilt die Drei-Finger-Regel der linken Hand.

Merksatz

Drei-Finger-Regel der linken Hand: Zeigt der **Daumen** in Richtung der Leitergeschwindigkeit $\vec{v}_s$ und der **Zeigefinger** in Richtung von $\vec{B}$, so gibt der **Mittelfinger** die Richtung des Elektronenstroms an.

2. Können wir die Induktionsspannung berechnen?

Wie groß ist die Induktionsspannung U_{ind}? Die Elektronen, die vom Stab nach rechts mitgenommen werden (➠ *Versuch 2*), erfahren im homogenen Magnetfeld eine Lorentzkraft $F_L = B\,e\,v_s$ in Richtung D (Drei-Finger-Regel der linken Hand). Die vordere Schiene wird dadurch negativ, die hintere positiv aufgeladen. Im Stab der Länge d entsteht ein elektrisches Feld. Die hierdurch hervorgerufene elektrische Kraft $F_{el} = e\,E$ zeigt in Richtung C. Die Elektronen sind in kürzester Zeit so weit verschoben, dass die elektrische Kraft betragsgleich der Lorentzkraft ist. Hat sich das Gleichgewicht eingestellt, ist die Ladungsverschiebung beendet. Es gilt: $F_L = F_{el}$, d. h. $B\,e\,v_s = e\,E$. Weil an jeder Stelle im Stab Gleichgewicht herrscht und B homogen ist, muss auch E homogen sein. Deshalb gilt $U_{ind} = E\,d$.

Mit $B\,v_s = E$ folgt für die Induktionsspannung, die man zwischen den Schienen misst:

$$\boldsymbol{U_{ind} = B\,d\,v_s.}$$

Bewegen wir den Leiter senkrecht nach oben oder unten *längs* der *B*-Feldlinien, so messen wir keine Spannung (*Versuch 1b*). Auf die bewegten Elektronen wirkt in diesem Fall keine Lorentzkraft. Bewegen wir die Leiterschaukel *schräg* zu den *B*-Feldlinien, so erhalten wir wieder eine Induktionsspannung. Zur Erklärung denken wir uns die Geschwindigkeit $\vec{v}$ in die Komponenten $\vec{v}_s$ und $\vec{v}_p$ senkrecht und parallel zu den *B*-Feldlinien zerlegt (*Bild 1*). Nur $v_s = v \cos\varphi$ trägt zur Lorentzkraft $F_L = B\,e\,v_s = B\,e\,v \cos\varphi$ bei.

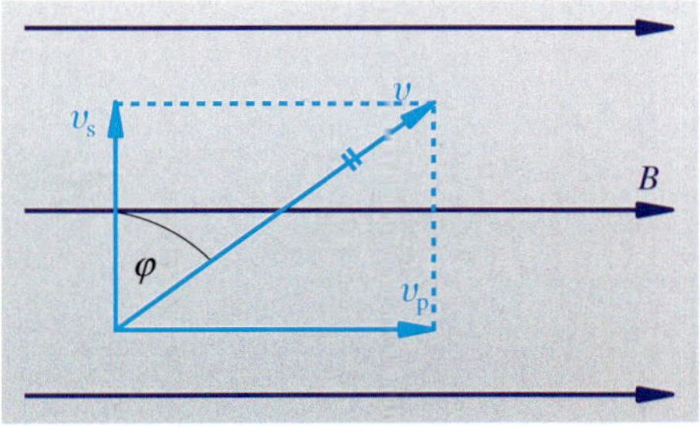

B 1: Ein Leiter wird mit der Geschwindigkeit $\vec{v}$ schräg zu den *B*-Feldlinien bewegt. Nur die Geschwindigkeitskomponente $\vec{v}_s$ senkrecht zu den *B*-Feldlinien zählt für die Induktionsspannung.

Merksatz

Ein gerades Leiterstück der Länge *d* werde in einem homogenen Magnetfeld der Flussdichte *B* bewegt. Senkrecht zu den *B*-Feldlinien habe seine Geschwindigkeit den Wert v_s. Zwischen seinen Enden kann man die durch die Lorentzkraft induzierte Spannung U_{ind} abgreifen:

$$\boldsymbol{U_{ind} = B\,d\,v_s.}$$

B und v_s werden vom gleichen Bezugssystem aus gemessen.

3. Die Flächenänderung führt uns weiter

Zwischen den Polschuhen eines Elektromagneten besteht ein Magnetfeld. Wir lassen senkrecht zu den Feldlinien von oben eine rechteckige Leiterschleife ABCD (*Versuch 3*) in das *B*-Feld eintauchen. Ein mit der Leiterschleife verbundener spannungsempfindlicher Messverstärker zeigt die induzierte Spannung an.

a) Solange die Schleife noch nicht ganz in das Magnetfeld eingetaucht ist, wird eine Spannung angezeigt. Sie wird im Leiterstück AB der Länge *d* induziert, das sich mit v_s in Δt um Δs nach unten bewegt. Die darüber liegende, von den *B*-Feldlinien durchsetzte Fläche *A* der Schleife nimmt dabei um $\Delta A = d\,\Delta s = d\,v_s\,\Delta t$ zu. Mit $d\,v_s = \Delta A/\Delta t$ gilt: $\boldsymbol{U_{ind} = B\,d\,v_s = B\,\Delta A/\Delta t}$.
Danach wird Spannung induziert, wenn sich die von den *B*-Feldlinien durchsetzte Fläche *A* der Schleife ändert. Dabei ist U_{ind} proportional zur „Geschwindigkeit" $\Delta A/\Delta t$, mit der sich die von den *B*-Feldlinien durchsetzte Fläche *A* der Schleife verändert.

b) Die Schleife ist ganz in das homogene *B*-Feld eingetaucht. Wird sie parallel zu sich verschoben, so ist die Spannung null, *obwohl* die Schleife bewegt wird. Die von den *B*-Feldlinien durchsetzte Fläche *A* der Schleife ändert sich jetzt nicht ($\Delta A/\Delta t = 0$). Damit ist $\boldsymbol{U_{ind} = B\,\Delta A/\Delta t = 0}$. Die in den Leiterstücken AB und CD induzierten Spannungen sind entgegengesetzt gepolt und gleich groß. Sie heben sich gegenseitig auf, sodass $U_{ind} = 0$ gilt.

c) Verlässt die Leiterschleife das Magnetfeld, so wird eine zu a) entgegengepolte Spannung angezeigt, die im Leiterstück CD induziert wird. Jetzt nimmt die von den *B*-Feldlinien durchsetzte Fläche *A* der Schleife ab ($\Delta A/\Delta t < 0$), sodass gilt $\boldsymbol{U_{ind} = B\,\Delta A/\Delta t < 0}$.

d) Verändern wir den Flächeninhalt einer Leiterschleife im Feld z. B. durch Zusammendrücken, so wird eine Spannung angezeigt. Es ändert sich wieder die von den Feldlinien durchsetzte Fläche *A*: $\boldsymbol{\Delta A/\Delta t \neq 0}$.

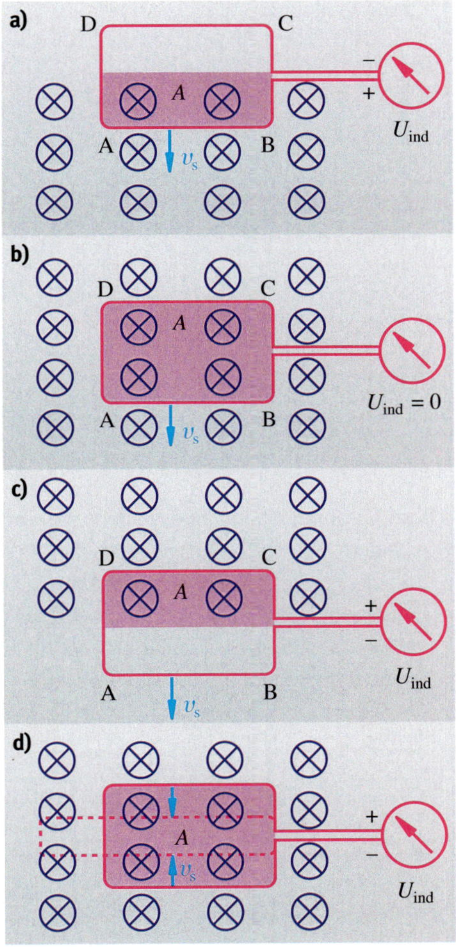

V 3: Induktionsspannung beim Ändern der von *B*-Feldlinien durchsetzten Fläche *A* der Leiterschleife.

a) *A* nimmt zu: $U_{ind} > 0$
b) *A* ist konstant: $U_{ind} = 0$
c) *A* nimmt ab: $U_{ind} < 0$
d) Leiterschleife wird zusammengedrückt, *A* nimmt ab: $U_{ind} < 0$.

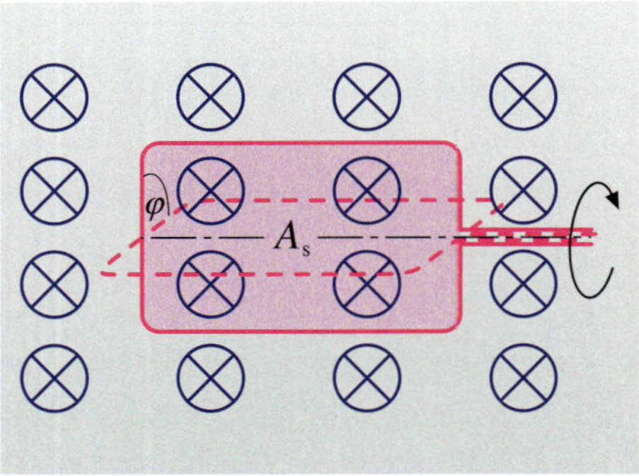

B 1: Dreht sich die ganz im Magnetfeld befindende Leiterschleife, so ändert sich die vom *B*-Feld durchsetzte Fläche A_s der Schleife. In der Schleife wird eine Spannung induziert.

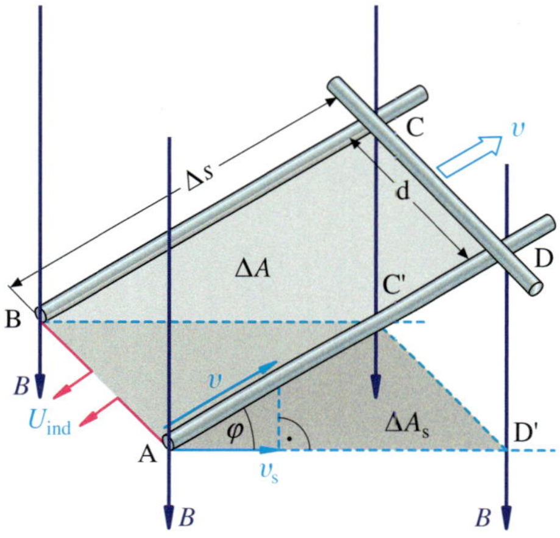

B 2: Die Leiterschleife wird nicht senkrecht sondern schräg zu den magnetischen Feldlinien bewegt. Die Flächenänderung ΔA wird in eine zu den *B*-Feldlinien senkrechte Ebene projiziert. Ausschlaggebend für die induzierte Spannung ist $\Delta A_s = \Delta A \cos\varphi$.

4. Flächenänderung auf andere Art

Wir sahen, dass die Induktionsspannung von der „Geschwindigkeit" $\Delta A/\Delta t$ abhängt, mit der sich die vom Magnetfeld der Flussdichte B durchsetzte Fläche A der Schleife ändert: $U_{ind} = B\,\Delta A/\Delta t$. Wird also Spannung induziert, wenn die Leiterschleife in *irgendwelchen B*-Feldern bewegt wird?

Wir verschieben die Leiterschleife *parallel* zu den Feldlinien eines homogenen *B*-Feldes. Unabhängig davon, ob sie teilweise oder ganz in das *B*-Feld eingetaucht ist, ergibt sich keine Induktionsspannung.

Drehen wir die ganz ins Magnetfeld eingetauchte Leiterschleife, so erhalten wir eine Induktionsspannung (➡ *Bild 1*). Offensichtlich spielt für die Induktionsspannung die Änderung ΔA_s des *senkrecht zu den Feldlinien* stehenden Flächenanteils der Schleife eine Rolle.

In ➡ *Bild 2* steht die aus den Schienen gebildete Fläche nicht senkrecht zu den *B*-Feldlinien. Jetzt ist die Projektion der Flächenänderung senkrecht zu den *B*-Feldlinien $\Delta A_s = \Delta A \cos\varphi$ für die Induktionsspannung maßgebend. Als Induktionsspannung folgt:

$$U_{ind} = B\,\Delta A/\Delta t \cos\varphi = B\,\Delta A_s/\Delta t.$$

Steht die Fläche *senkrecht* zu den *B*-Feldlinien ($\varphi = 0°$, damit $\cos 0° = 1$), so ist $\Delta A_s = \Delta A$ und damit $U_{ind} = B\,\Delta A/\Delta t$.

Steht die Fläche *parallel* zu den *B*-Feldlinien ($\varphi = 90°$, damit $\cos 90° = 0$), so wird $\Delta A_s = 0$ und damit $U_{ind} = 0$.

$U_{ind} = B\,\Delta A_s/\Delta t$ liefert den Mittelwert der Induktionsspannung im Zeitintervall Δt. Für die Induktionsspannung bei n Windungen der Leiterschleife ergibt sich der n-fache Wert $\boldsymbol{U_{ind} = n\,B\,\Delta A_s/\Delta t}$.

Merksatz

Eine Leiterschleife mit n Windungen wird in einem Magnetfeld mit zeitlich konstanter Flussdichte B bewegt. Die **induzierte Spannung** U_{ind} hängt von der „Geschwindigkeit" $\Delta A_s/\Delta t$ der Änderung der von den *B*-Feldlinien senkrecht durchsetzten Schleifenfläche A_s ab (in A_s sei B hinreichend homogen):

$$\boldsymbol{U_{ind} = n\,B\,\frac{\Delta A_s}{\Delta t}}.$$

Vertiefung

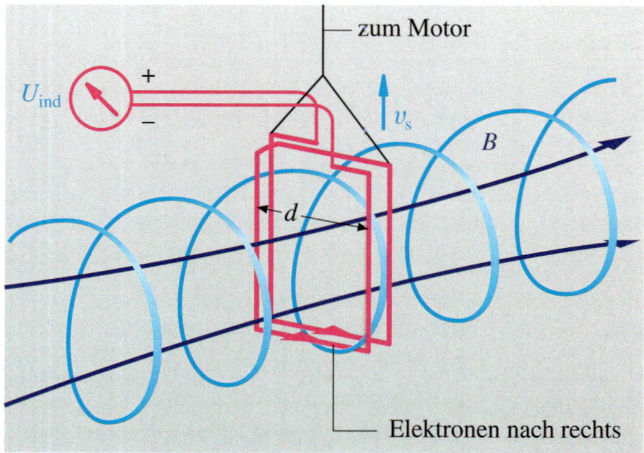

Bestätigungsversuch zu $U_{ind} = B\,d\,v_s$

In einer Spule (blau) wird ein homogenes Magnetfeld mit $B = 4{,}0$ mT erzeugt. Die Spule hat in der Mitte einen Schlitz, in dem sich ein Drahträhmchen mit $n = 500$ Windungen befindet. Ein Motor zieht den roten Drahtrahmen (Breite $d = 5{,}0$ cm) mit konstanter Geschwindigkeit $v_s = 2{,}0 \cdot 10^{-3}$ m/s senkrecht zu den Magnetfeldlinien nach oben. Der Spannungsmesser zeigt $U_{ind} = 2{,}0 \cdot 10^{-4}$ V an.

Die in den 500 Leiterstücken induzierten Spannungen werden addiert (Reihenschaltung). Die Rechnung ergibt übereinstimmend mit der Messung:

$U_{ind} = n\,B\,d\,v_s =$

$500 \cdot 4{,}0 \cdot 10^{-3}\,\text{T} \cdot 0{,}050\,\text{m} \cdot 2{,}0 \cdot 10^{-3}\,\text{m/s} = 2{,}0 \cdot 10^{-4}\,\text{V}.$

Interessantes

Das Bändchenmikrofon

In den meisten Mikrofonen wird eine Membran infolge des wechselnden Schalldrucks bewegt. Da der Druckzustand keine Vorzugsrichtung hat, werden auch seitliche Nebengeräusche registriert. Beim Bändchenmikrofon dagegen wird ein kleines Aluminiumbändchen A zwischen den Polen eines Dauermagneten bevorzugt von den in Pfeilrichtung schwingenden Luftteilchen vor- und zurückbewegt (*Bild 3a*). Auf Schall von der Seite spricht es kaum an; es hat eine Richtcharakteristik (*Bild 3b*). Im Bändchen wird eine kleine Spannung $U(t) = B\,d\,v_s(t)$ induziert, die verstärkt werden muss. ($v_s(t)$ ist die vom Schall hervorgerufene Bändchengeschwindigkeit.)

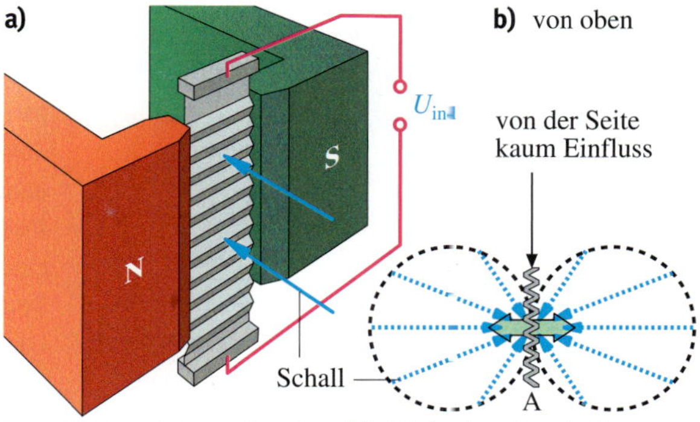

B 3: a) Bändchenmikrofon **b)** Richtcharakteristik: Die Pfeillänge gibt die Empfindlichkeit für Schall (Schnelle) an.

... noch mehr Aufgaben

A 1: a) Ein Eisenbahnzug fährt mit 40 m/s über eine waagerechte Strecke. Zwischen den isolierten Schienen (Spurweite 1435 mm) liegt ein Spannungsmesser. Was zeigt er an, wenn die Vertikalkomponente des Erdmagnetfeldes $B_v = 0{,}43 \cdot 10^{-4}$ T beträgt? Spielt die Zahl der Achsen des Zuges eine Rolle? **b)** Was zeigt ein mitfahrender Spannungsmesser an? Könnte man mit diesem Effekt die Wagen beleuchten?

A 2: Ein quadratisches Rähmchen mit der Seitenlänge 6,0 cm hat 500 Windungen. Das homogene Magnetfeld hat die Flussdichte $B = 2{,}1$ mT. Seine B-Feldlinien sind in die Zeichenebene hinein gerichtet. Das Rähmchen befindet sich teilweise im B-Feld. Es wird mit der konstanten Geschwindigkeit von 1,0 mm/s nach oben gezogen. Berechnen Sie die Spannung U_{AB} zwischen A und B, bevor das Rähmchen das B-Feld verlässt. Geben Sie die Polung der Spannung zwischen A und B an.

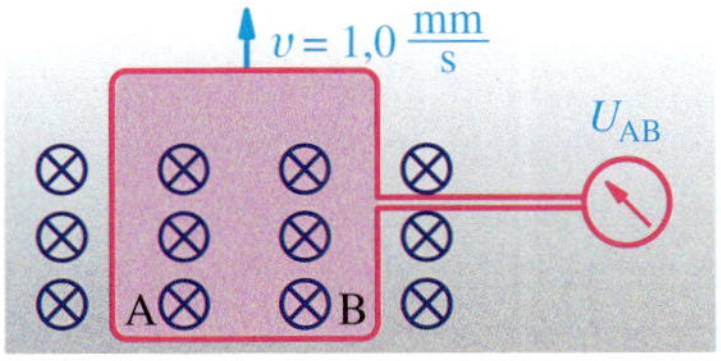

A 3: Die Unterkante des Rähmchens aus A 2 befindet sich jetzt am oberen Rand des B-Feldes. Aus der Ruhe beginnt es zum Zeitpunkt $t = 0$ frei in das B-Feld zu fallen. **a)** Berechnen Sie den Zeitpunkt, zu dem das Rähmchen ganz in das B-Feld eintaucht. **b)** Berechnen Sie den Zeitpunkt, zu dem das Rähmchen das B-Feld verlässt (das B-Feld hat eine vertikale Ausdehnung von 10 cm). **c)** Zeichnen Sie das t-U_{AB}-Schaubild für die Zeit $0 \le t \le 130$ ms. (t-Achse: 1 cm $\hat{=}$ 20 ms; U-Achse: 1 cm $\hat{=}$ 20 mV.)

A 4: a) Eine Leiterschleife der Fläche 50 cm² steht senkrecht zu einem Feld mit $B = 0{,}20$ T. Sie wird in 0,10 s auf 5,0 cm² zusammengedrückt. Wie groß ist die mittlere induzierte Spannung? **b)** Um welchen Winkel hätte man sie in dieser Zeit drehen müssen, um das gleiche Ergebnis zu erzielen?

A 5: a) Ein quadratischer Kupferrahmen von 50 cm Seitenlänge wird binnen 0,50 s ganz in ein homogenes Magnetfeld von 2,0 T geschoben. Dabei durchsetzen die B-Feldlinien seine Fläche in jedem Moment senkrecht. Berechnen Sie U_{ind} auf zwei Arten. **b)** Der Draht des Kupferrahmens hat 50 mm² Querschnittsfläche ($\varrho = 0{,}017\ \Omega\,mm^2\,m^{-1}$). Wie groß ist beim Einschieben die Stromstärke und die durch den Querschnitt fließende Ladung? Welche Kraft erfährt der Rahmen, welche mechanische Energie ist aufzuwenden? Welche elektrische Energie wird frei? Wie groß ist die aufzuwendende Leistung? **c)** Wie ändern sich diese Werte, wenn man den Rahmen in der halben Zeit einschiebt? **d)** Was geschieht, wenn man den Rahmen im homogenen B-Feld parallel verschiebt?

A 6: a) Die B-Feldlinien in A 5 laufen horizontal. Der Rahmen fällt vertikal in dieses Feld. Welche Bremskraft erfährt er bei $v = 0{,}50$ cm/s? **b)** Bei welcher Geschwindigkeit ist die Bremskraft so groß wie seine Gewichtskraft (Dichte: 8,9 g/cm³)? Welche Bewegung führt dann der Rahmen aus? Zeigen Sie, dass die Bremskraft der Geschwindigkeit proportional ist. **c)** Wie groß ist die Beschleunigung, wenn sich der Rahmen ganz im homogenen Feld befindet? **d)** Was geschieht, wenn er das Feld mit $v = 1{,}0$ m/s nach unten verlässt?

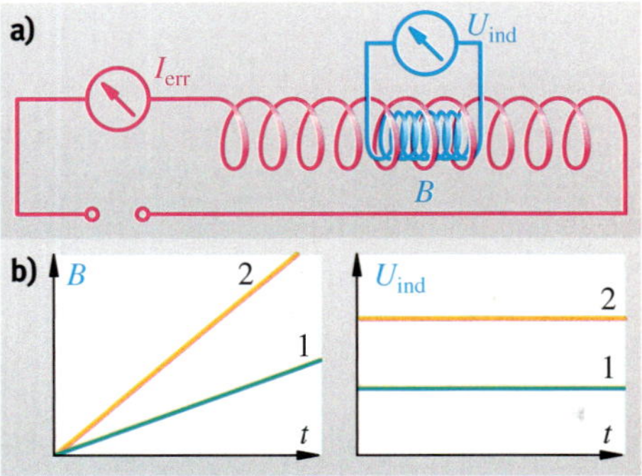

V 1: Induktion bei veränderlicher Flussdichte: **a)** felderzeugende Spule (rot) mit linearem Stromstärkeanstieg, Induktionsspule (blau), **b)** Verlauf von $B(t)$ und $U_{ind}(t)$.

Versuchsablauf:

1. In der lang gestreckten Spule wird die Erregerstromstärke I_{err} proportional zur Zeit t erhöht. In der Induktionsspule wird eine konstante Spannung U_{ind} induziert, die proportional zu $\Delta I/\Delta t$ und damit zu $\Delta B/\Delta t$ ist.
2. Nimmt I_{err} linear mit der Zeit ab, so ist U_{ind} entgegengesetzt gepolt zu 1.
3. Hat man die Windungszahl n der Induktionsspule geändert, so findet man $U_{ind} \sim n$. Die induzierten Spannungen der einzelnen Windungen addieren sich.
4. Nach Ändern der Querschnittsfläche A_s der Induktionsspule findet man $U_{ind} \sim A_s$.

Messwertebeispiel:

Felderzeugende Spule mit $n_1 = 16\,000$, $l = 0{,}48$ m, $\Delta I/\Delta t = 1{,}72 \cdot 10^{-3}$ A/s.
Induktionsspule mit $n = 2\,000$, $A_s = 28\ \text{cm}^2$, $U_{ind} = 0{,}40$ mV.
Damit folgt $k = U_{ind}/(n\,A_s\,\Delta B/\Delta t) \approx 0{,}99$.

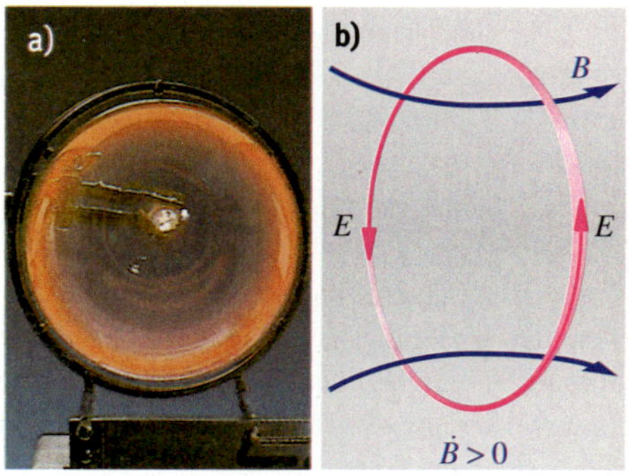

B 1: a) Elektrodenloser Ringstrom: Eine mit Helium-Neon-Gas von geringem Druck gefüllte Glaskugel ist von einer Spule mit wenigen Windungen umgeben. Sie wird an eine Wechselspannung sehr hoher Frequenz gelegt. **b)** Elektrisches Wirbelfeld

Induktion durch Flussdichteänderung

1. Induktion auch ohne Lorentzkraft?

In einem vorhergehenden Versuch haben wir das Drahträhmchen aus dem homogenen Magnetfeld herausgezogen. Dabei wurde durch die Lorentzkraft eine Spannung induziert.

Ruht jetzt das Rähmchen im Magnetfeld, so erhalten wir kurzzeitig eine Spannung, wenn wir den Erregerstrom der felderzeugenden Spule schnell ausschalten und damit die Flussdichte B auf null regeln. Dieses Phänomen können wir nicht durch die Lorentzkraft erklären, weil der Leiter und damit auch seine Elektronen nicht im Magnetfeld bewegt wurden. Die Induktionsspannung U_{ind} hängt offensichtlich von der Änderung ΔB der magnetischen Flussdichte B ab. Den genauen Zusammenhang liefert ➠ *Versuch 1:*

$$U_{ind} \sim n\,A_s\,\Delta B/\Delta t \quad \text{bzw.} \quad U_{ind} = k\,n\,A_s\,\Delta B/\Delta t.$$

Der Proportionalitätsfaktor k ist dimensionslos. Er ergibt sich experimentell zu $k = 1$. Bei einer sich zeitlich ändernden magnetischen Flussdichte erhalten wir als Induktionsspannung $U_{ind} = n\,A_s\,\Delta B/\Delta t$.

Merksatz

Eine Spule mit n Windungen ruhe in einem Magnetfeld mit der Flussdichte B. A_s ist also konstant.
Ändert sich die magnetische Flussdichte B zeitlich, so wird in der Spule die Spannung U_{ind} induziert:

$$\boldsymbol{U_{ind}(t) = n\,A_s\,\frac{\Delta B}{\Delta t}}.$$

2. Induktion durch elektrische Wirbelfelder

Um besser verstehen zu können, wieso es in einer ruhenden Spule, die einer zeitlich veränderlichen Flussdichte $\dot{B} \neq 0$ ausgesetzt ist, zu einem Strom kommen kann, betrachten wir den Induktionsvorgang einmal in einem Gas (➠ *Bild 1a*). Es leuchtet nach dem Einschalten der Hochfrequenzspannung auf einem geschlossenen Kreisring auf. Dieser liegt in einer Ebene senkrecht zu den Magnetfeldlinien der Spule, in der A_s und die induzierte Spannung am größten sind. Im Gas fließen Ladungsträger, obwohl von außen keine Spannung, z. B. über Elektroden, angelegt wird. Solch ein Strom tritt in Gasen erst bei hohen elektrischen Feldstärken längs den Feldlinien auf. Es liegt die Vermutung nahe, dass sich ein elektrisches Feld mit in sich geschlossenen Feldlinien gebildet hat. Diese umgeben und durchsetzen ringförmig das sich zeitlich rasch ändernde Magnetfeld ($\dot{B}$ groß) (➠ *Bild 1b*). Wir haben ein **elektrisches Wirbelfeld** entdeckt.

Merksatz

Induktion durch **elektrische Wirbelfelder:** Ein sich zeitlich änderndes magnetisches Feld ($\dot{B} \neq 0$) wird von Feldlinien eines elektrischen Wirbelfeldes durchsetzt und umgeben. Dessen Feldlinien sind in sich geschlossen und haben weder Anfang noch Ende.

3. Ein glücklicher mathematischer Umstand

Wir haben zwei verschiedene Induktionsursachen kennen gelernt: Ändert sich die vom Feld durchsetzte Fläche A_s einer Leiterschleife bei konstanter Flussdichte B, so gilt für die Induktionsspannung $U_{ind,\,1} = n\,B\,\Delta A_s/\Delta t$. Für $\Delta t \to 0$ erhalten wir als Grenzwert $U_{ind,\,1}(t) = n\,B\,\dot{A}_s(t)$ (→ *Vertiefung*).
Ändert sich die magnetische Flussdichte B bei konstanter Fläche A_s einer Leiterschleife, so gilt für die Induktionsspannung $U_{ind,\,2} = n\,A_s\,\Delta B/\Delta t$. Für $\Delta t \to 0$ erhalten wir als Grenzwert $U_{ind,\,2}(t) = n\,A_s\,\dot{B}(t)$.

Treten diese beiden unterschiedlichen Induktionsursachen im selben Kreis zusammen auf, so erhalten wir als Induktionsspannung:

$$U_{ind}(t) = U_{ind,\,1}(t) + U_{ind,\,2}(t) = n\,B\,\dot{A}_s(t) + n\,A_s\,\dot{B}(t)$$
$$= n\,((B(t)\,\dot{A}_s(t) + A_s(t)\,\dot{B}(t)).$$

Nach der Produktregel der Differentialrechnung ergibt sich für U_{ind} dann eine einfachere Gleichung:

$$U_{ind}(t) = n\,(B(t)\,A_s(t))^{\boldsymbol{\cdot}}.$$

Das in dieser Gleichung enthaltene Produkt $B(t)\,A_s(t)$ hat eine physikalische Bedeutung. FARADAY sah die magnetische Flussdichte B als Maß dafür an, wie dicht die Feldlinien liegen, d. h. wie viele durch eine Flächeneinheit „fließen“, die senkrecht zu den Feldlinien steht. So erklärt sich historisch der Begriff „magnetische Flussdichte“. Der gesamte **magnetische Fluss Φ** (nach FARADAY die Zahl aller Feldlinien durch eine Leiterschleife) ergibt sich aus dem Produkt von Flussdichte B und Flächeninhalt A_s, den die Leiterschleife senkrecht zu den Feldlinien des Magnetfelds darbietet.
Mit FARADAY formuliert, wird dann eine Spannung induziert, wenn sich die Zahl der Feldlinien ändert, die durch die Leiterschleife „fließen“. FARADAY sah dabei fälschlicherweise die Feldlinien als „reale Fäden“ an, die man im Prinzip abzählen könne.

Merksatz

Der **magnetische Fluss Φ** wird *definiert* als Produkt aus der magnetischen Flussdichte B und der Querschnittsfläche A_s senkrecht zu den Feldlinien:

$$\boldsymbol{\Phi = B\,A_s}$$

mit $[\Phi] = \text{T m}^2 = \text{N (A m)}^{-1}\,\text{m}^2 = \text{N m A}^{-1} = \text{J s C}^{-1} = \text{V s}$.

Ändert sich der magnetische Fluss $\Phi(t) = B(t)\,A_s(t)$ in einer Spule mit n Windungen, so wird eine Spannung induziert:

$$\boldsymbol{U_{ind}(t) = n\,\frac{\Delta\Phi}{\Delta t}}.$$

Für $\Delta t \to 0$ ergibt sich als **Momentanspannung $U_{ind}(t) = n\,\dot{\Phi}(t)$.**

Die Gleichung $U_{ind}(t) = n\dot{\Phi}(t)$ umfasst den Fall, dass zugleich die Fläche A_s und die Flussdichte B zeitlich geändert werden. Zwei physikalisch unterschiedliche Ursachen für die Induktion lassen sich somit überraschenderweise durch *eine* Gleichung beschreiben.

Vertiefung

Mathematik hilft weiter

Für die Ableitung einer Funktion f nach der Zeit t schreibt man in der Physik $\dot{f}(t)$ statt wie in der Mathematik $f'(t)$.
Z. B. schreibt man für die momentane Induktionsspannung bei Flächenänderung

$$U_{ind}(t) = n\,B\,\lim_{\Delta t \to 0} \frac{\Delta A_s}{\Delta t} = n\,B\,\dot{A}_s(t),$$

analog zur Momentangeschwindigkeit

$$v(t) = \dot{s}(t) = \lim_{\Delta t \to 0} \frac{\Delta s}{\Delta t}.$$

Beispiel

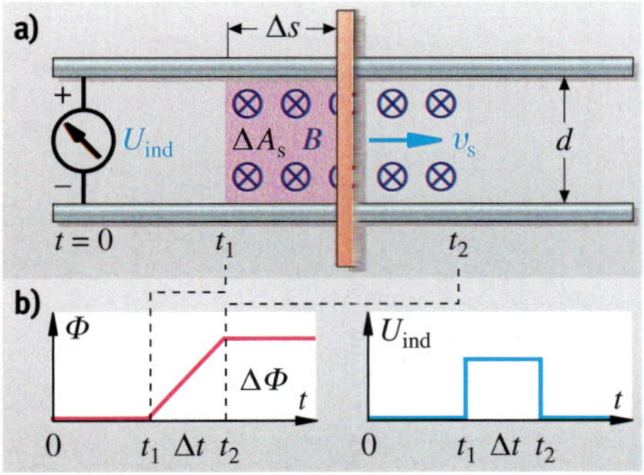

Induktion durch Flussänderung

Nach obigem Bild wird ein Leiter auf Metallschienen bewegt, die sich teilweise in einem homogenen Magnetfeld befinden.
a) Bewegung des Leiters mit **konstanter** Geschwindigkeit: Der Schienenabstand beträgt $d = 0{,}050$ m. Der Leiter bewegt sich mit $v_s = 0{,}20$ m/s während der Zeitspanne $\Delta t = 2{,}0$ s im Magnetfeld der Flussdichte $B = 0{,}20$ T. Dabei überstreicht er die Fläche $\Delta A_s = d\,v_s\,\Delta t = 0{,}020\ \text{m}^2$. Der Fluss nimmt dabei um $\Delta\Phi = B\,\Delta A_s = 0{,}0040$ Vs zu. Also wird die Spannung $U_{ind} = \Delta\Phi/\Delta t = 0{,}0020$ V induziert.
b) Beschleunigte Bewegung des Leiters: Die Spannung muss ansteigen, weil U_{ind} von v_s abhängt. Der Leiter werde ab $t = 0$ mit der Beschleunigung a = konst. nach rechts bewegt. Somit gilt $s(t) = \frac{1}{2}a\,t^2$ und $\Phi(t) = B\,A_s = B\,d\,s(t) = \frac{1}{2}B\,d\,a\,t^2$. Durch Ableiten von $\Phi(t)$ nach der Zeit t erhält man $\boldsymbol{U_{ind}(t) = n\,\dot{\Phi}(t) = B\,d\,a\,t}$. Dieses Ergebnis erhält man auch aus $U_{ind} = B\,d\,v_s$ mit $v_s = a\,t$.

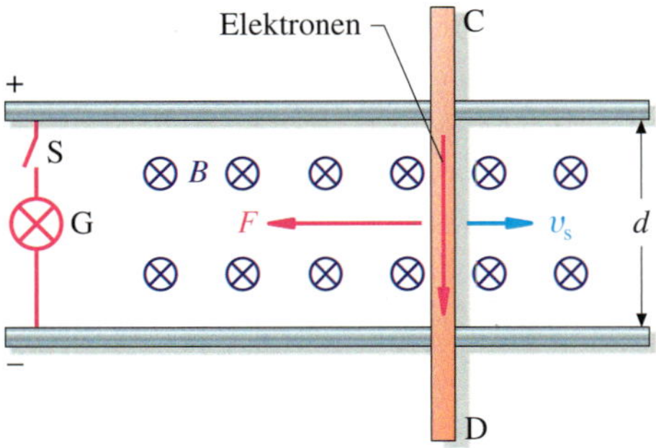

B 1: Minigenerator: Der reibungsfreie Stab wird nach rechts angestoßen. **a)** Ist der Schalter S geschlossen, so wird der Stab langsamer. **b)** Ist der Schalter S offen, bewegt sich der Stab umgebremst weiter.

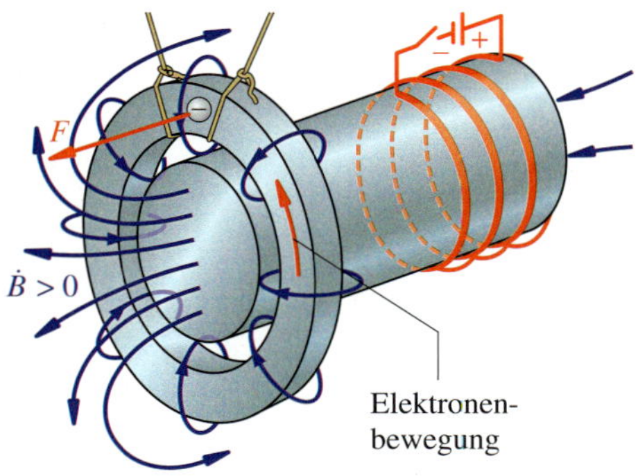

V 1: In einen bifilar aufgehängten Aluminiumring ragt ein Eisenkern, der in einer Spule steckt. **a)** Schließen wir den Spulenstromkreis, so wird der Ring kurzzeitig abgestoßen. **b)** Öffnen wir den Spulenstromkreis, so wird der Ring kurzzeitig angezogen.

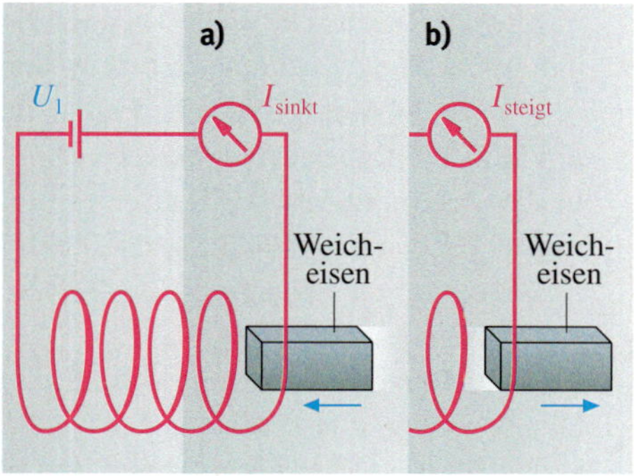

V 2: Der Stromkreis besteht aus einer Spule, einer Batterie mit der konstanten Spannung U_1 und einem Strommessgerät. **a)** Schieben wir einen Eisenkern in die Strom führende Spule, so sinkt die Stromstärke I kurzzeitig ab. **b)** Ziehen wir den Eisenkern aus der Spule heraus, steigt die Stromstärke kurzzeitig an.

Energieerhaltung und lenzsches Gesetz

1. Gilt bei der Induktion der Energieerhaltungssatz?

Wie sorgt die Natur für die Energieerhaltung bei der Induktion? Hierzu ein Gedankenexperiment (*Bild 1*): Ein elektrisch leitender Stab sei reibungsfrei auf zwei Metallschienen gelagert. Er werde in einem homogenen Magnetfeld durch einen Stoß in Bewegung gesetzt. Was passiert anschließend? Wird der Stab schneller, langsamer oder behält er seine Geschwindigkeit bei?

a) Der Schalter S ist *geschlossen*, d. h. das Gerät G angeschlossen. Die mit dem Stab nach rechts bewegten Elektronen erfahren im homogenen Magnetfeld Lorentzkräfte in Richtung von C nach D. Nach der Drei-Finger-Regel erfährt der Strom führende Leiter CD eine Kraft $F = I\,B\,d$ nach links. Sie wirkt der Bewegung nach rechts, wodurch die Induktionsspannung $U_{ind} = B\,d\,v_s$ hervorgerufen wird, entgegen. Der Stab wird also *langsamer*.

Eine *Energiebilanz* gibt weiteren Aufschluss. Der Stab soll um den Weg Δs nach rechts gegen die nach links gerichtete Bremskraft F verschoben werden. Ihm muss *mechanisch* Energie zugeführt werden:

$$W_{mech} = F\,\Delta s = F\,v\,\Delta t = I\,d\,B\,v\,\Delta t.$$

Über das Gerät G kann dann *elektrische* Energie abgegeben werden:

$$W_{el} = U_{ind}\,I\,\Delta t = B\,d\,v\,I\,\Delta t.$$

Diejenige mechanische Energie, die dem Stab beim Verschieben gegen die nach links gerichtete Kraft zugeführt werden muss, wird als elektrische Energie über das Gerät G abgegeben: $\boldsymbol{W_{mech} = W_{el}}$. Würde der Stab nach dem Anstoßen schneller werden, so wäre das Prinzip der Energieerhaltung verletzt.

b) Der Schalter S ist *offen*. Durch den Stab fließen nur kurzzeitig Elektronen, bis die Aufladung beendet ist und Kräftegleichgewicht zwischen der Lorentzkraft und der Kraft des elektrischen Feldes herrscht. Danach ist die Stromstärke I null und damit $W_{mech} = W_{el} = 0$. Der Stab gleitet ungebremst (reibungsfrei) weiter. Energie wird weder zu- noch abgeführt.

Bei Induktionsvorgängen ist der Energieerhaltungssatz erfüllt.

2. Energieerhaltung bestimmt die Polung

Wäre der Elektronenstrom im Leiter von D nach C (*Bild 1*) gerichtet, so würde er eine beschleunigende Kraft nach rechts erfahren. Durch die dann steigende Geschwindigkeit würde der Induktionsstrom vergrößert, was eine noch stärkere Kraft zur Folge hätte usw. Ein kleiner Anstoß des Stabes würde ausreichen, um dem System beliebig viel elektrische Energie entnehmen zu können. Man hätte ein **Perpetuum mobile**. Diesen Sachverhalt erkannte 1834 H. LENZ.

Merksatz

Lenzsches Gesetz: Die Induktionsspannung ist so gepolt, dass sie durch ihren Strom ihrer Ursache entgegenwirken kann.

Der Vertiefung des lenzschen Gesetzes dient ➠ *Versuch 1*. Beim *Schließen* des Schalters wird der Ring kurzzeitig abgestoßen. Wie kann man das verstehen? In der Spule wird ein Magnetfeld aufgebaut, das im Ring einen ansteigenden magnetischen Fluss ($\dot{\Phi} > 0$) bewirkt. Die Feldlinien des Magnetfelds sind von ringförmigen elektrischen Feldlinien umgeben, welche die Elektronen im Ring in Bewegung setzen. Dieser Induktionsstrom ist nach dem lenzschen Gesetz so gepolt, dass das durch ihn hervorgerufene Magnetfeld im Ringinneren entgegengerichtet zu dem sich aufbauenden Spulenfeld ist. Es wirkt dem Anwachsen des magnetischen Flusses Φ entgegen. Nach der Drei-Finger-Regel erfahren die im Ring gegen den Uhrzeigersinn bewegten Elektronen im inhomogenen Spulenfeld Lorentzkräfte nach links. Im Ring bewegen sich Elektronen, obwohl es keine Spannungsquelle mit Plus- und Minuspol gibt. Wie bei der elektrodenlosen Ringentladung kommt der Elektronenstrom durch ein elektrisches Wirbelfeld zu Stande.

Beim *Öffnen* des Schalters wird der Ring kurzzeitig angezogen. Das B-Feld der Spule bricht zusammen. Im Ring nimmt der Fluss $\Phi(t)$ ab ($\dot{\Phi} < 0$). Der hierdurch im Ring hervorgerufene Induktionsstrom ist nun entgegengesetzt zum Einschaltvorgang gepolt, da sein Magnetfeld nach dem lenzschen Gesetz der Flussabschwächung entgegenwirkt. Die im Uhrzeigersinn fließenden Elektronen und damit auch der Ring erfahren eine nach rechts gerichtete, anziehende Kraft.

3. Die Induktionsspannung erhält ein Vorzeichen

Häufig wird in einem Stromkreis eine Spannung U_{ind} induziert, in dem bereits eine andere Spannung U_1 anliegt. Wie wirken die beiden Spannungen zusammen? Hierüber gibt ➠ *Versuch 2* Auskunft.

a) *Schieben wir einen Eisenkern in die Spule*, so sinkt die Stromstärke I kurzzeitig ab. Der Eisenkern erhöht durch seine hohe Permeabilitätszahl μ_r die Flussdichte B und damit den magnetischen Fluss $\Phi(t)$ in der Spule ($\dot{\Phi}(t) > 0$). In ihr wird eine Spannung U_{ind} induziert. $U_{ind}(t)$ und die Batteriespannung U_1 sind *in Reihe* geschaltet und addieren sich zur Gesamtspannung $U_1 + U_{ind}(t)$. Solange wir den Eisenkern in die Spule schieben, ist $I(t)$ in jedem Augenblick *kleiner als U_1/R*. Also muss die zusätzliche Spannung $U_{ind}(t)$ der Batteriespannung U_1 entgegenwirken. Dies drücken wir durch ein *Minuszeichen* in der Gleichung $U_{ind}(t) = -n\,\dot{\Phi}(t)$ aus. Da der Fluss zunimmt ($\dot{\Phi}(t) > 0$), ist die Induktionsspannung negativ ($U_{ind}(t) < 0$). Für die Stromstärke gilt damit $I(t) = (U_1 + U_{ind}(t))/R = (U_1 - n\,\dot{\Phi}(t))/R$.

b) *Ziehen wir den Eisenkern aus der Spule heraus*, so steigt die Stromstärke $I(t)$ kurzzeitig an, um dem Absinken des magnetischen Flusses ($\dot{\Phi}(t) < 0$) entgegenzuwirken. $U_{ind}(t) = -n\,\dot{\Phi}(t)$ ist jetzt positiv, sodass die Gesamtspannung $U_1 + U_{ind}(t)$ vorübergehend größer als die Batteriespannung U_1 ist.

Merksatz

Das Minuszeichen im Induktionsgesetz berücksichtigt das lenzsche Gesetz bezüglich der im Stromkreis schon wirkenden Spannung U_1:

$$U_{ind}(t) = -n\,\dot{\Phi}(t).$$

... noch mehr Aufgaben

A 1: In einer 53,5 cm langen, luftgefüllten Spule mit 5 000 Windungen steigt in 10 s die Stromstärke gleichmäßig von 1,0 A auf 6,0 A. **a)** Berechnen Sie $\Delta B/\Delta t$. **b)** In der Feldspule liegt eine Induktionsspule mit 100 Windungen und 20 cm² Fläche. Welche Spannung wird induziert, wenn die Achsen beider Spulen parallel sind [den Winkel 45°, 90°] bilden? **c)** Welche Spannung wird in einer genau gleichen Spule induziert, die auf der Feldspule liegt, wenn beide 34 cm² Fläche haben?

A 2: Eine Leiterschleife der Fläche 50 cm² steht senkrecht zu einem Feld mit $B = 0{,}20$ T. Sie wird in 0,10 s auf 5,0 cm² zusammengedrückt. Gleichzeitig sinkt B in 0,10 s auf 0,10 T. Berechnen Sie die mittlere induzierte Spannung.

A 3: Ein starker Nordpol wird einem aufgehängten Aluminiumring genähert. **a)** In welche Richtung bewegen sich Elektronen im Ring? Warum muss das B-Feld für die Induktion inhomogen sein? **b)** Zeichnen Sie das elektrische Wirbelfeld im Ring ein (vgl. ➠ *Versuch 1*). **c)** Wird der Ring abgestoßen oder angezogen? **d)** Woher kommt die Energie für den Induktionsstrom?

A 4: Beim Modell eines Tachometers rotiert der Magnet unter dem Speichenrad. Beide sind durch eine Glasplatte getrennt.

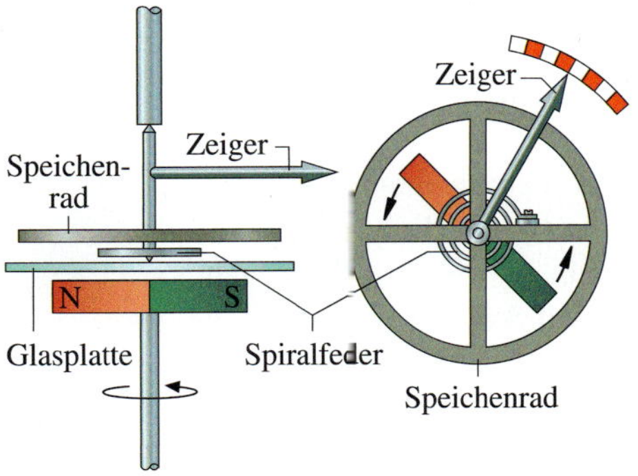

a) Warum versucht das Speichenrad sich mit dem Magneten zu drehen? (Wählen Sie als Bezugssystem den ruhend gedachten Magneten.) **b)** Würde auch ein massives Rad ein Drehmoment erfahren? **c)** Die Spiralfeder erzeugt ein Gegendrehmoment. Warum nimmt der Ausschlag des Zeigers mit der Drehfrequenz des Magneten zu? **d)** Die Spiralfeder entfalle, desgleichen jegliche Reibung. Wie würde sich das Rad verhalten?

Interessantes

Wirbelströme in Metallen

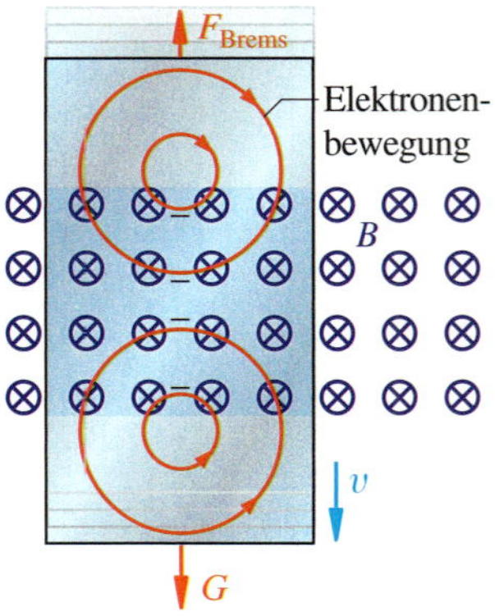

Durch das starke, zeitlich konstante und räumlich begrenzte Magnetfeld eines Elektromagneten lassen wir eine dicke Aluminiumplatte fallen, die weit über den Feldbereich hinausragt. Solange sich nur ein Teil von ihr im Magnetfeld befindet, wird sie stark wie in Honig abgebremst. Im Magnetfeldbereich (dunkelblau) erfahren die mit der Platte mitbewegten Elektronen eine Lorentzkraft nach links (Drei-Finger-Regel der linken Hand). Weil die Elektronen über den feldfreien Raum zurückfließen, erhält man in sich geschlossene Ströme, **Wirbelströme** genannt (rot). Im Bereich des *B*-Feldes erfahren die nach links fließenden Elektronen zugleich eine Lorentzkraft nach oben. Die Platte erfährt somit eine bremsende Kraft *entgegen* ihrer Bewegungsrichtung. Die in der Platte induzierten Ströme verlaufen wiederum so, dass sie gemäß der *lenzschen Regel* ihrer Entstehungsursache entgegenwirken. Nach diesem Prinzip wirkende, verschleißfreie Wirbelstrombremsen werden z. B. in Omnibussen und U-Bahnen eingebaut.

Enthält die Aluminiumplatte Schlitze, so fällt sie fast ungebremst, weil sich in ihr keine Wirbelströme ausbilden können.

Wirbelstrombremse auch beim freien Fall

Beim „Free Fall Tower" fällt ein Schlitten aus einer Höhe von ca. 62 m im freien Fall. Auf der Freifallstrecke von ca. 36 m wird eine Maximalgeschwindigkeit von ca. 96 km/h erreicht. Der Schlitten wird auf einer Bremsstrecke von ca. 26 m mit einer Verzögerung von bis zu 4 *g* verlangsamt, bis er auf Stoßdämpfer trifft. Im Bereich der Bremsstrecke sind so genannte „Bremsschwerter" aus ferromagnetischem Material angebracht. Extrem starke Dauermagnete an den Schlitten rufen in diesen ferromagnetischen Bremsschwertern Wirbelströme hervor. Die von ihnen erzeugten Magnetfelder üben auf die Dauermagnete des Schlittens eine Bremskraft entgegen der Bewegungsrichtung aus. Dieses Bremssystem ist sicher, weil es unabhängig von Witterung oder Stromzufuhr funktioniert.

Wir können die Bremswirkung beim „Free Fall Tower" einfach demonstrieren, indem wir einen zylindrischen Stabmagneten innerhalb eines Kupferrohres fallen lassen. Er fällt darin erheblich langsamer als ein gleichzeitig gestarteter Magnet in einem längs geschlitzten Kupferrohr.

Temperaturerhöhung durch Wirbelströme

Zwei Spulen führen den gleichen Wechselstrom (5 A; 50 Hz). In der einen Spule befindet sich ein massiver Eisenstab, in der anderen ein geblätterter Eisenkern (zusammengesetzt aus dünnen, mit einer isolierenden Lackschicht überzogenen Eisenblechen). Während die Temperatur im massiven Eisenstab deutlich steigt, bleibt sie im geblätterten Eisenkern niedrig. Im massiven Eisenstab bilden sich kräftige Wirbelströme aus, die zur Temperaturerhöhung führen.

Im *Elektromotor* rotiert der Anker aus Eisen ständig im Magnetfeld. In ihm werden deshalb Wirbelströme induziert, die nach dem lenzschen Gesetz seine Bewegung hemmen und zur Temperaturerhöhung führen. Deshalb wird mit einem Ventilator gekühlt. Um die Wirbelströme zu verringern, setzt man den Anker aus dünnen, isolierten Eisenblechen mit Siliciumzusatz zusammen. Das Silicium erhöht den elektrischen Widerstand des Eisens und schwächt so die Wirbelströme erheblich. Entsprechend werden in Transformatoren geblätterte Eisenkerne mit Siliciumzusatz verwendet, um die Stärke der Wirbelströme zu verringern.

Kochen mittels Induktion

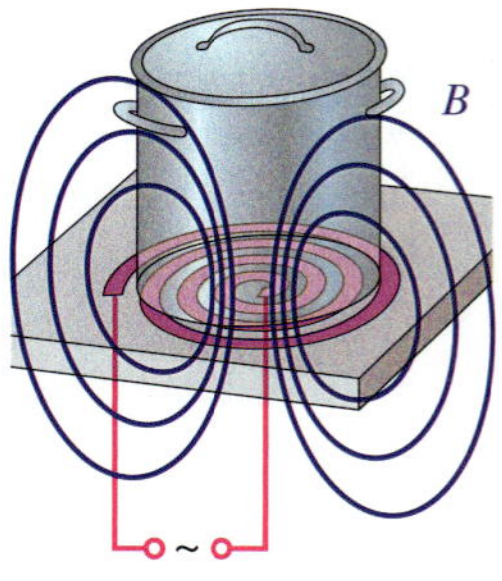

Selbst beim Kochen kann die elektromagnetische Induktion energiesparend genutzt werden. Bei Induktionskochfeldern befindet sich unter der Kochzone eine flache Kupferdrahtspule ohne Eisenkern, die mit Hochfrequenzstrom gespeist wird.

Durch das hochfrequente magnetische Wechselfeld ($f > 20$ kHz) werden im ferromagnetischen Topfboden (dieser verstärkt das Magnetfeld) Wirbelströme erzeugt, die zur Temperaturerhöhung führen. Die Glaskeramik des Kochfeldes wird nur durch die Energieabgabe des Topfbodens erwärmt, was zum Energieeinsparen beiträgt und die Verbrennungsgefahr verringert.

Vertiefung

Korrekte Anwendung der Flussregel

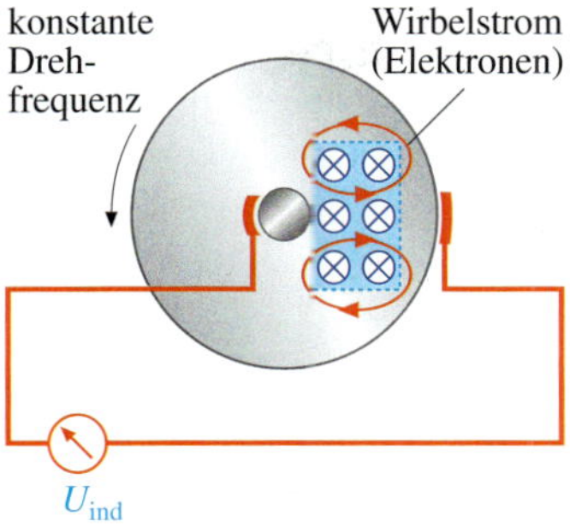

Eine Metallscheibe rotiert mit konstanter Drehfrequenz senkrecht zu den Magnetfeldlinien eines Hufeisenmagneten. Zwischen den Schleifkontakten ist ein Spannungsmesser angeschlossen, der eine konstante Induktionsspannung anzeigt, obwohl sich weder die vom Magnetfeld durchsetzte Fläche A noch das Magnetfeld B zeitlich ändern. Doch bewegen sich Elektronen mit der Metallscheibe senkrecht zu den Magnetfeldlinien. Dadurch erfahren sie Lorentzkräfte und werden bei dieser Polung zum Scheibenrand abgelenkt. Zwischen Drehachse und Rand entsteht eine Spannung, wobei die Drehachse der positive Pol ist. Die Flussregel für die Induktionsspannung gilt nur, wenn die Berandung der Fläche A, die vom Magnetfeld B durchsetzt wird, mit einer eventuell bewegten Materie mitläuft.

Kombination von $\dot{A} \neq 0$ und $\dot{B} \neq 0$

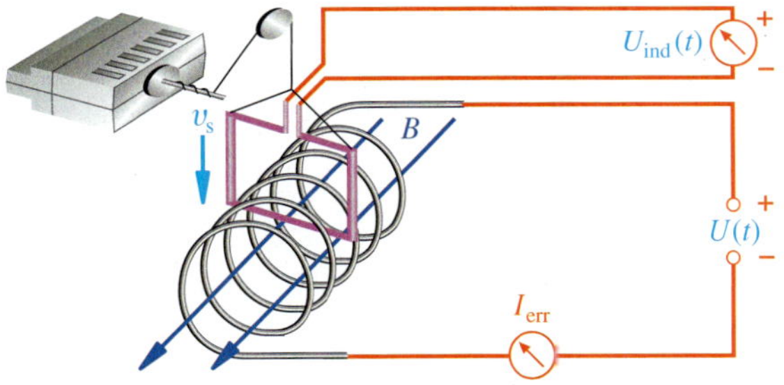

Während das Rähmchen mit konstanter Geschwindigkeit v_s in das Magnetfeld eintaucht, wird gleichzeitig durch Erhöhen der Erregerstromstärke die Flussdichte B in der lang gestreckten Spule vergrößert. Die felddurchsetzte Fläche A_s ($\dot{A}_s > 0$) *und* die magnetische Flussdichte B ($\dot{B} > 0$) ändern sich. Im Rähmchen mit n Windungen wird die Spannung U_{ind} induziert

$$U_{ind}(t) = n\dot{\Phi}(t) = n\,(\dot{B}(t)A_s(t) + B(t)\dot{A}_s(t)). \quad (1)$$

Wir berechnen für den Fall eines linearen zeitlichen Anstiegs der Flussdichte $B(t)$ und der felddurchsetzten Fläche $A_s(t)$ die Induktionsspannung.

Für $0 \leq t \leq t_0$ steigt die Flussdichte $B(t)$ linear von 0 auf B_{max} an:

$$B(t) = (B_{max}/t_0)\,t, \quad \text{also ist} \quad (2)$$

$$\dot{B}(t) = B_{max}/t_0 = \text{konstant}. \quad (3)$$

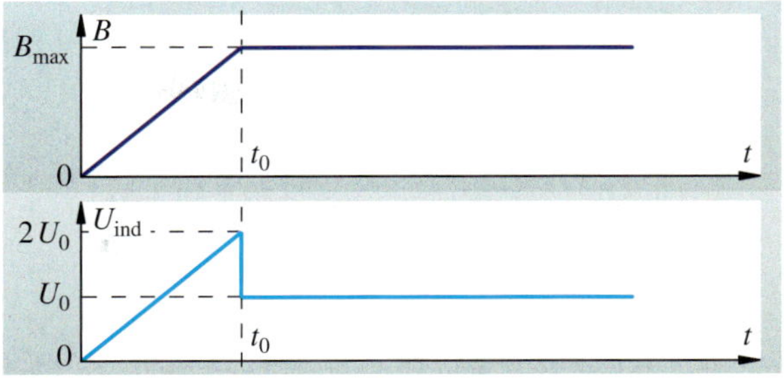

Zur Zeit $t = 0$ beginnt das Rähmchen der Breite b in das B-Feld einzutauchen mit v_s = konstant. Die vom B-Feld durchsetzte Fläche $A_s(t)$ beträgt dann

$$A_s(t) = b\,s(t) = b\,v_s\,t, \quad \text{also ist} \quad (4)$$

$$\dot{A}_s = b\,v_s = \text{konstant}. \quad (5)$$

Gl. (5), (4), (3), und (2) in *Gl.* (1) eingesetzt, ergibt für die im Rähmchen induzierte Spannung für $0 \leq t \leq t_0$:

$$U_{ind}(t) = n\,[(B_{max}/t_0)\,b\,v_s\,t + (B_{max}/t_0)\,t\,b\,v_s]$$
$$= 2n\,(B_{max}/t_0)\,b\,v_s\,t.$$

Für $t = t_0$ folgt

$$U_{ind}(t_0) = 2n\,B_{max}\,b\,v_s = 2\,U_0\,(\text{Festlegung von } U_0).$$

Für $t > t_0$ ist $B(t) = B_{max}$ = konstant. Also ist $\dot{B}(t) = 0$. Das Rähmchen bewegt sich weiterhin in das Magnetfeld hinein. Mit $A_s(t) = b\,v_s\,t$ ergibt sich für $U_{ind}(t)$:

$$U_{ind}(t) = n\,B_{max}\,b\,v_s = U_0.$$

Ein Beispiel

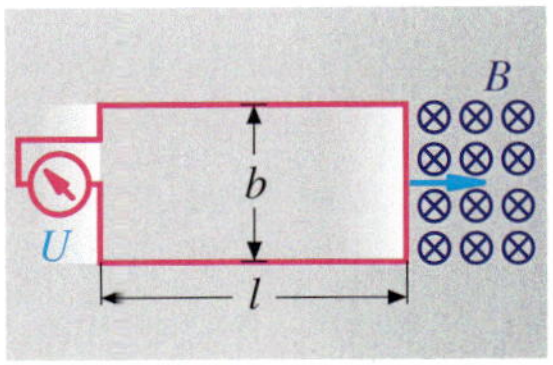

Eine horizontale Leiterschleife mit 10 Windungen hat die Breite $b = 5{,}0$ cm und die Länge $l = 10$ cm. Sie grenzt unmittelbar an den Bereich eines Magnetfeldes an. Zum Zeitpunkt $t = 0$ wird die Schleife aus der Ruhe heraus konstant mit $a = 0{,}20$ m/s² nach rechts beschleunigt. Ab diesem Zeitpunkt wird innerhalb von 1 s die Flussdichte B gleichmäßig von 0,80 T auf 0 T abgesenkt. Welche Spannung wird induziert?

Für $0 < t \leq 1$ s ergibt sich:

Vom Feld durchsetzte Fläche: $A_s(t) = b\,s(t) = b\,\frac{1}{2}a\,t^2 = 0{,}05\text{ m} \cdot 0{,}5 \cdot 0{,}2\text{ m s}^{-2}\,t^2 = 0{,}005\text{ m}^2\text{s}^{-2}\,t^2$.

Damit wird $\dot{A}_s(t) = b\,a\,t = 0{,}01\text{ m}^2\text{s}^{-2}\,t$.

Flussdichte $B(t) = B_{max} - (B_{max}/1\text{ s})\,t = 0{,}8\text{ T} - (0{,}8\text{ T/s})\,t$.

Damit wird $\dot{B}(t) = -B_{max}/1\text{ s} = -0{,}8$ T/s.

In der Leiterschleife wird somit die Spannung induziert:

$U_{ind}(t) = n\,(\dot{B}(t)\,A_s(t) + B(t)\,\dot{A}_s(t))$,

$U_{ind}(t) = 10\,(-0{,}8\text{ T/s})\,0{,}005\text{ m}^2\text{s}^{-2}\,t^2$
$\qquad + 10\,[0{,}8\text{ T} - (0{,}8\text{ T/s})\,t]\,0{,}01\text{ m}^2\text{s}^{-2}\,t$,

$U_{ind}(t) = 0{,}08\text{ V}\,t/\text{s} - 0{,}12\text{ V}\,t^2/\text{s}^2$.

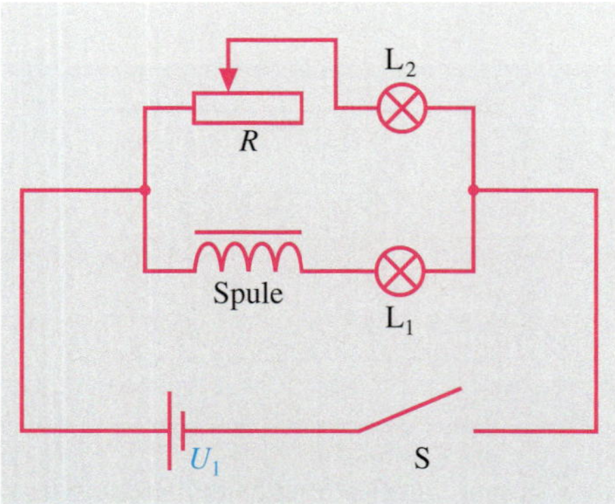

V 1: Zwei Lämpchen L_1 und L_2 mit gleichen Betriebsdaten (4 V; 0,1 A) werden mit dem Schalter S an die Gleichspannung U_1 angeschlossen. Vor L_1 liegt eine Spule mit geschlossenem Eisenkern, vor L_2 ein Widerstand R, der so gewählt wird, dass beide Lämpchen gleich hell leuchten.

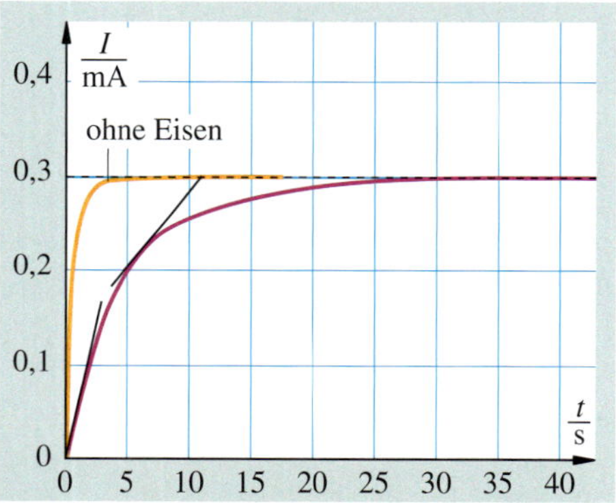

V 2: Anstieg der Stromstärke in einer Spule mit und ohne Eisenkern (→ *Versuch 1*). Wir können die Induktivität L aus dem t-I-Schaubild berechnen. Aus dem asymptotischen Wert $I_1 = 0{,}30$ mA und $U_1 = 2{,}5$ V folgt der Widerstand des Kreises zu $R = U_1/I_1 = 8{,}3\ \text{k}\Omega$. Bei der Stromstärke $I = 0{,}20$ mA fällt an ihm nur die Teilspannung $U = I\,R = 0{,}2\ \text{mA} \cdot 8{,}3\ \text{k}\Omega = 1{,}7$ V ab. An der Spule misst man den Rest
$U_L = (2{,}5 - 1{,}7)\ \text{V} = 0{,}8$ V.
Ihr Feld kompensiert das der induzierten Gegenspannung $U_{\text{ind}}(t) = -L\,\dot{I}(t)$. $U_L(t)$ ist die an der Spule gemessene Teilspannung.
Deshalb gilt stets $U_L(t) = -U_{\text{ind}}(t) = +L\,\dot{I}(t)$.
Die Tangentensteigung für $I = 0{,}20$ mA ergibt sich aus einem Steigungsdreieck zu $\dot{I} = 0{,}016$ mA/s. Damit erhalten wir als Induktivität $L = U_L/\dot{I} \approx 5 \cdot 10^4$ H.
Gl. (2) liefert für $t = 0$ unmittelbar
$L = (U_1 - R\,I(0))/\dot{I}(0) \approx 5 \cdot 10^4$ H.

Selbstinduktion

1. Verspäteter Anstieg der Stromstärke in einer Spule

In → *Versuch 1* leuchtet beim Einschalten das Lämpchen L_1 im Spulenzweig überraschenderweise erst mit Verzögerung gegenüber L_2 auf. Ohne Eisenkern in der Spule ist die Verzögerung viel geringer. Woher kommt diese Verzögerung beim Aufleuchten?

In einem Stromkreis ist die Stromstärke I durch die Spannung U und den Widerstand R bestimmt. Nun sind die Widerstände von Spule und Lämpchen konstant. Also muss das verzögerte Aufleuchten und damit der verzögerte Anstieg der Stromstärke durch eine Induktionsspannung hervorgerufen werden. Sie wirkt zusätzlich zur konstanten Batteriespannung. Der Vorgang heißt **Selbstinduktion**. Beim Einschalten baut der Strom in der Spule ein Magnetfeld mit ansteigender Flussdichte auf ($\dot{B} > 0$). Der sich zeitlich ändernde magnetische Fluss ($\dot{\Phi} > 0$) durchsetzt alle Windungen der Spule und induziert in der Spule selbst eine Spannung, die **Selbstinduktionsspannung U_{ind}**. Sie ist nach dem lenzschen Gesetz so gepolt, dass sie ihrer Ursache, d.h. dem Anstieg der Stromstärke, entgegenwirkt. Diese Selbstinduktionsspannung verzögert den Anstieg der Stromstärke in der Spule.

2. Induktivität einer Spule

Für die Berechnung der Selbstinduktionsspannung betrachten wir zunächst eine *lang gestreckte* Spule mit der magnetischen Flussdichte $B = \mu_0\,\mu_r\,n\,I/l$ und dem magnetischen Fluss $\Phi = B\,A = \mu_0\,\mu_r\,n\,A\,I/l$. Beim Einschalten ändert sich nur die Stromstärke I, vorausgesetzt die Permeabilitätszahl μ_r bleibt konstant. Damit beträgt die Selbstinduktionsspannung

$$U_{\text{ind}}(t) = -n\,\dot{\Phi}(t) = -(\mu_0\,\mu_r\,n^2 A/l)\,\dot{I}(t).$$

Fasst man die konstanten Spulendaten (Windungszahl n, Länge l, Querschnittsfläche A, Permeabilitätszahl μ_r) in der **Induktivität** $L = \mu_0\,\mu_r\,n^2 A/l$ zusammen, so folgt für die Selbstinduktionsspannung:

$$U_{\text{ind}}(t) = -L\,\dot{I}(t).$$

Diese Gleichung gilt auch für andere Leiterformen, z.B. kurze und dicke Spulen. Dort kann die Induktivität L nicht mehr einfach berechnet werden, sondern wird experimentell bestimmt (→ *Versuch 2*).

Merksatz

Ändert sich in einer Spule die Stromstärke, so wird dort eine **Selbstinduktionsspannung U_{ind}** induziert. Sie wirkt ihrer Ursache, der Stromstärkeänderung, entgegen. U_{ind} ist zur Änderungsgeschwindigkeit der Stromstärke proportional. Für konstantes μ_r gilt:

$$\boldsymbol{U_{\text{ind}}(t) = -L\,\dot{I}(t) = -U_L(t).}$$

Die Proportionalitätskonstante L heißt **Induktivität.**
$[L] = 1\ \text{V s A}^{-1} = 1\ \text{H (Henry)}$.
Die Induktivität einer **lang gestreckten Spule** ist $\boldsymbol{L = \mu_0\,\mu_r\,n^2 A/l}$.

Die Einheit Henry wurde nach dem amerikanischen Physiker J. HENRY (1797–1878) benannt. Die Induktivität L kennzeichnet – so wie der ohmsche Widerstand R – eine für eine Spule charakteristische elektrische Größe.

3. Messung der Selbstinduktionsspannung

Die Selbstinduktionsspannung wird in den Spulenwindungen erzeugt. Man kann sie im Stromkreis aber nicht unmittelbar messen, weil dort auch noch die angelegte Spannung U_1 wirkt.
In ➡ *Versuch 3* isolieren wir U_{ind} von U_1. Wir setzen auf den Eisenkern der Selbstinduktionsspule eine zweite, genau gleiche Messspule. Beide werden vom selben Fluss Φ durchsetzt, dessen Änderungsgeschwindigkeit $\dot{\Phi}(t)$ in ihnen auch die gleiche Spannung induziert. Wir können U_{ind} dann in der Messspule ungestört von U_1 messen. Ein Beispiel für die Messung von U_{ind} und die damit mögliche Bestimmung der Induktivität L zeigt ➡ *Versuch 4*.

4. Ein Strom, der sein Ziel nie erreicht

Warum steigt die Stromstärke $I(t)$ beim *Einschalten* zunächst steil an und nähert sich dann immer langsamer ihrem Endwert $I_1 = U_1/R$ (➡ *Bild 1a*)? (R ist der Widerstand des ganzen Kreises.)
Solange sich die Stromstärke $I(t)$ ändert, sind zwei Spannungen im Stromkreis wirksam. Die von außen angelegte, konstante Spannung U_1 und die dazu in Reihe liegende Selbstinduktionsspannung $U_{ind}(t) = -L\,\dot{I}(t)$.
Damit gilt für die Momentanstromstärke $I(t)$:

$$I(t) = \frac{U(t)}{R} = \frac{U_1 + U_{ind}(t)}{R} = \frac{U_1 - L\,\dot{I}(t)}{R}. \qquad (1)$$

Mithilfe dieser Beziehung können wir jetzt den Verlauf des *t-I*-Schaubildes (➡ *Bild 1a*) erläutern. Wir multiplizieren *Gl. (1)* mit R und lösen sie dann nach der Änderungsgeschwindigkeit $\dot{I}(t)$ auf:

$$\dot{I}(t) = \frac{U_1 - R\,I(t)}{L} \qquad (2)$$

Zum *Einschaltzeitpunkt* $t = 0$ ist die Stromstärke $I(0) = 0$. Die Tangentensteigung $\dot{I}(0) = U_1/L$ hat ihren größten Wert und ist positiv. Der Betrag der negativen Selbstinduktionsspannung ist am größten: $U_{ind}(0) = -L\,\dot{I}(0) = -(L\,U_1)/L = -U_1$ (➡ *Bild 1b*).

Im Moment des Einschaltens kompensiert $U_{ind}(0)$ die angelegte Spannung U_1 ganz. Daher ist auch $I(0) = 0$.
Weil die Steigung $\dot{I}(0)$ sehr groß ist, steigt $I(t)$ direkt nach dem Einschalten stark an. Doch sinkt nach *Gl. (2)* mit steigendem $I(t)$ die Änderungsgeschwindigkeit der Stromstärke $\dot{I}(t)$. Deshalb wird die Steigung der Stromstärkekurve immer kleiner.

Für *große Zeiten t* nach dem Einschalten geht $\dot{I}(t)$ gegen 0. Das *t-I*-Schaubild nähert sich asymptotisch der Geraden $I_1 = U_1/R$.
Die den Stromanstieg hemmende Selbstinduktionsspannung $\boldsymbol{U_{ind}(t) = -L\dot{I}(t)}$ nähert sich dem Wert null (➡ *Bild 1b*).

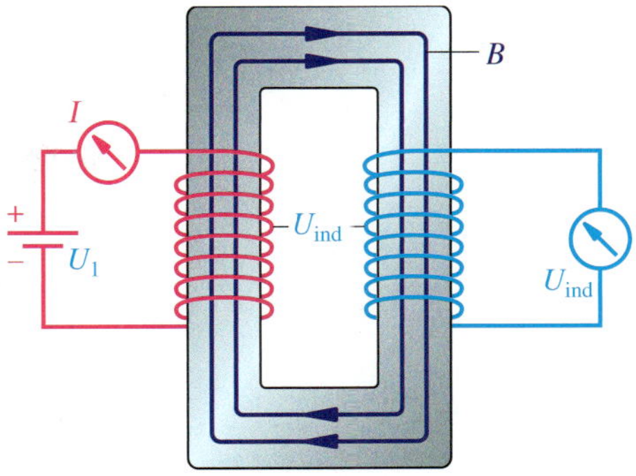

V 3: Zur Messung der Selbstinduktionsspannung setzen wir auf den Eisenkern der Selbstinduktionsspule (rot) eine zweite, genau gleiche Messspule (blau). In ihr können wir U_{ind} getrennt von U_1 messen.

V 4: Wir ermitteln die Induktivität L einer Spule experimentell mithilfe von $|U_{ind}|$. Dazu verursachen wir mit einem Netzgerät in der lang gestreckten Spule eine konstante Änderungsgeschwindigkeit der Stromstärke von z. B. $\dot{I} = 50$ mA/15 s. Die darüber gewickelte Messspule mit gleicher Windungszahl ist von dem gleichen sich zeitlich ändernden Fluss $\Phi(t)$ durchsetzt. Die induzierte Spannung wird gemessen zu $|U_{ind}| = 2{,}5$ mV.
Mit $|U_{ind}(t)| = L\,\dot{I}(t)$ erhalten wir für die Induktivität
$L = |U_{ind}|/\dot{I} = 2{,}5\text{ mV}/(50\text{ mA}/15\text{ s}) = 0{,}75$ H.
Andererseits können wir die Induktivität L dieser lang gestreckten, luftgefüllten Spule aus ihren Gerätedaten berechnen:
Mit $n = 8\,000$ Windungen, einer Länge von $l = 0{,}48$ m und einer Querschnittsfläche von $A = 48\text{ cm}^2$ ergibt sich
$L = \mu_0\,n^2\,A/l = 0{,}80$ H.

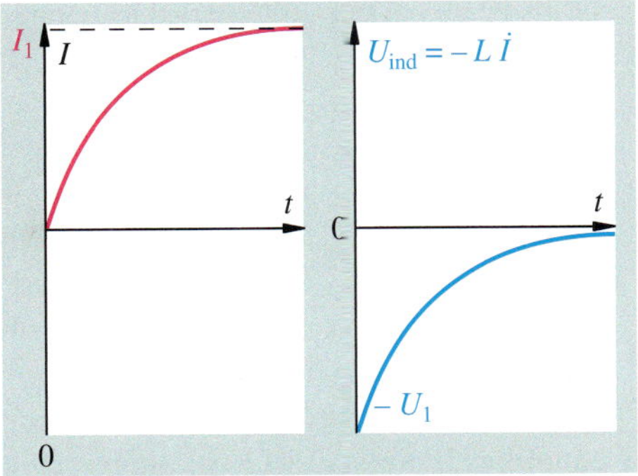

B 1: Zeitliche Änderung **a)** der Stromstärke $I(t)$ und **b)** der Selbstinduktionsspannung $U_{ind}(t)$ nach dem Einschalten.

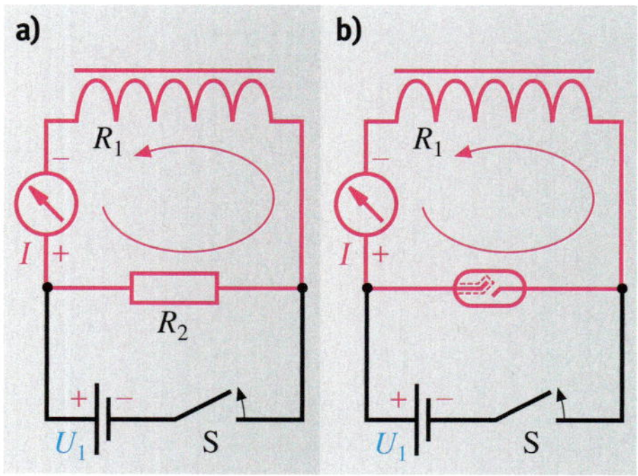

V 1: Selbstinduktion nach dem Öffnen des Schalters S. **a)** Geschlossener Stromkreis mit Spule ($n = 1000$, Widerstand R_1), Strommesser und Überbrückungswiderstand R_2.. **b)** Offener Stromkreis mit Spule und Glimmlampe. Ihr Aufleuchten verrät eine hohe Induktionsspannung.

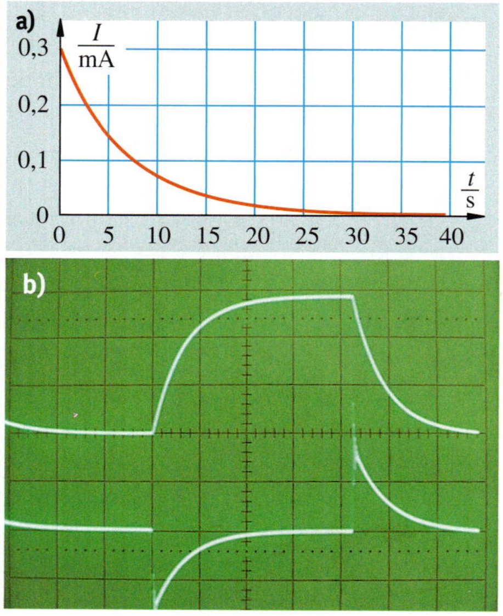

V 2: a) Wir ersetzen in ⟹ *Versuch 1a* das Strommessgerät durch den Widerstand $R_3 = 10\ \Omega$. An ihm tritt eine zu $I(t)$ proportionale Teilspannung $U(t) = R_3\, I(t)$ auf, die wir mit einem *t*-*y*-Schreiber oder einem Computer aufzeichnen. **b)** Wir verwenden jetzt einen Rechteckgenerator als Spannungsquelle. Den Spannungsabfall am Widerstand R_3, der zur Stromstärke $I(t)$ proportional ist, zeichnen wir mit einem Oszilloskop auf. Eine zweite Spule, die vom Fluss der ersten durchsetzt wird, zeigt am zweiten Kanal des Oszilloskops eine zu $U_{ind}(t)$ proportionale Spannung. Wir sehen den Verlauf von $I(t)$ (oben) und $U_{ind}(t)$ (unten) beim Ein- und beim Ausschalten.

5. Ein Strom, der nicht aufhören will

Beim *Einschalten* verzögert die Selbstinduktionsspannung den Stromanstieg. Gibt es einen vergleichbaren Effekt, wenn man einem Stromkreis mit einer Induktivität (Spule) die von außen angelegte Spannung U_1 wegnimmt?

a) In ⟹ *Versuch 1a* trennen wir mit dem Schalter die Spannung U_1 von der Spule ab. Der Weg für die Elektronen ist dann noch über den Überbrückungswiderstand R_2 geschlossen. Der Strommesser zeigt eine Stromstärke, die zunächst schnell und dann immer langsamer absinkt. Um der Abnahme des magnetischen Flusses entgegenzuwirken, entsteht nach dem lenzschen Gesetz beim *Ausschalten* eine Selbstinduktionsspannung, welche die Stromstärke aufrecht erhalten will. Weil die Stromstärke abnimmt ($\dot{I}(t) < 0$), ist $U_{ind}(t) = -L\,\dot{I}(t) > 0$. U_{ind} ist der ursprünglichen Spannung U_1 gleichgerichtet. Die Elektronen fließen in der von U_1 vorgegebenen Richtung weiter. Zum Zeitpunkt des Ausschaltens t_a ist die Stromstärke $I(t_a) = -L\dot{I}(t_a)/R_{ges}$ groß ($U_1 = 0$). Die Stromstärkeänderung $\dot{I}(t_a) = -I(t_a)\,R_{ges}/L$ hat einen großen negativen Wert, d.h. die Stromstärke $I(t)$ sinkt rasch ab. Wenn $I(t)$ auf einen kleineren Wert abgesunken ist, so gilt das auch für $|\dot{I}(t)|$. Beide nähern sich asymptotisch dem Wert null. Theoretisch gesehen hört der Strom nie ganz auf.

Den genauen Verlauf der Stromstärke $I(t)$ beim Ausschalten liefert ⟹ *Versuch 2a*. Das Oszilloskopbild in ⟹ *Versuch 2b* zeigt den Verlauf der Stromstärke $I(t)$ und der Selbstinduktionsspannung $U_{ind}(t)$ beim Ein- und Ausschaltvorgang:

Beim Einschalten ist $U_{ind}(t) < 0$ und wirkt der angelegten Spannung U_1 entgegen. Beim Ausschalten ist $U_{ind}(t) > 0$ und hält den Elektronenfluss in der ursprünglichen Richtung aufrecht.

Merksatz

Die Selbstinduktionsspannung $U_{ind}(t) = -L\,\dot{I}(t)$ verzögert nach LENZ sowohl den Anstieg des Stroms als auch seine Abnahme, und zwar umso stärker, je größer die Induktivität L ist.

Nach dem Abschalten der äußeren Spannung U_1 fließen die Elektronen in der Spule in der ursprünglichen Richtung weiter.

b) Jetzt verbaut man den Elektronen beim Öffnen des Schalters den Weg durch eine zunächst nicht leitende Glimmlampe (⟹ *Versuch 1b*). Da der Stromkreis unterbrochen ist, muss $I(t)$ in sehr kurzer Zeit vom Wert $I_1 = U_1/R_{ges}$ auf null absinken, d.h. $\dot{I}(t)$ muss stark negativ sein. Damit wird die Selbstinduktionsspannung $U_{ind}(t) = -L\,\dot{I}(t)$ stark positiv. Diese hohe Spannung U_{ind} geht mit einer hohen elektrischen Feldstärke an der Unterbrechungsstelle zwischen den Elektroden einher, sodass es zu einer Gasentladung kommt. Das Gas in der Glimmlampe wird leitend. Der Strom schafft sich für kurze Zeit durch einen Funken eine Bahn wie bei einem Blitz. Die Glimmlampe leuchtet kurz auf, obwohl ihre Zündspannung von ca. 80 V erheblich höher ist als die ursprünglich von außen angelegte Spannung $U_1 = 4$ V.

Interessantes

Zündanlage eines Autos

Die Zündanlage eines Benzinmotors nutzt die große Induktionsspannung beim Öffnen eines Stromkreises. Beim Vierzylindermotor werden die vier Zündkerzen nacheinander im richtigen Takt über den Zündverteiler an die Zündspule angeschlossen. Diese besteht aus zwei übereinander gewickelten Spulen. Die Batterie ist über Zündverteiler an die Spule mit kleiner Windungszahl, die Zündkerze an die Spule mit großer Windungszahl angeschlossen (➡ *Bild 1*, Modell einer Zündanlage). Wird über den Unterbrecher die Batteriespannung von der linken Spule abgetrennt, so wird in der rechten Spule eine große Spannung induziert. Diese bewirkt, dass die Luft zwischen den Elektroden der Zündkerze leitend wird. Es gibt einen Zündfunken.

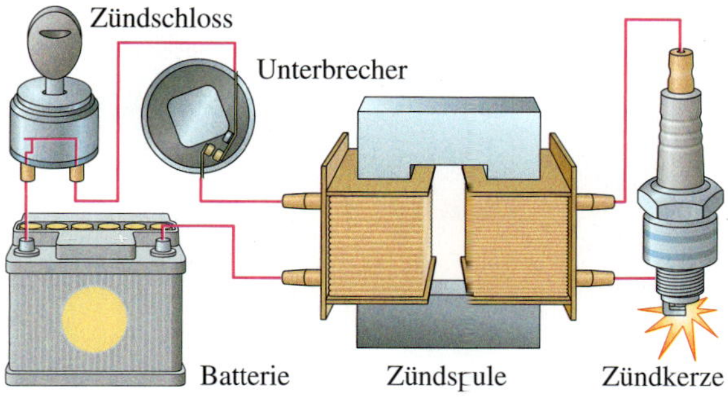

B 1: *Modell* einer Autozündanlage. Die Spule mit 500 Windungen liegt über einen Unterbrecher an der Batteriespannung 12 V. Die Spule mit 25 000 Windungen ist an die Zündkerze angeschlossen. Wird der Unterbrecher geöffnet, so sieht man den Zündfunken der Zündkerze.

Interessantes

Stromstärkeverlauf mit Tabellenkalkulation

Wir können den zeitlichen Verlauf der Stromstärke beim Ein- und Ausschaltvorgang mit einem Tabellenkalkulationsprogramm am Computer modellieren.

Für die Stromstärke beim Einschalten gilt
$I(t) = (U_1 - L\,\dot{I}(t))/R$.

Für die Änderungsgeschwindigkeit der Stromstärke folgt
$\dot{I}(t) = (U_1 - R\,I(t))/L$.

Die Stromstärkeänderung in der kurzen Zeitspanne Δt ist $\Delta I = [(U_1 - R\,I(t))/L]\,\Delta t$.

Es werden die konstanten Werte U1 $\hat{=}$ U_1, L $\hat{=}$ L, R $\hat{=}$ R, Dt $\hat{=}$ Δt und die Startwerte $t = 0$, $I = 0$ eingegeben.

Die Tabelle enthält folgende Anfangszeilen

	A	B	C
10	Zeit t	Stromstärke I	Stromstärkeänderung ΔI
11	0	0	–
12	A11 + Dt	B11 + C12	(U1 – R*B11)/L*Dt

In Zeile 11 stehen die Anfangswerte: $t = 0$, $I = 0$.

In Zeile 12 stecken die physikalischen Gleichungen, teilweise mit Zellenzahlen kodiert.

Nun markiert man die Spalte für I und wählt Diagrammart „Punkt (XY)". Für die Startwerte $\Delta t = 0{,}1$ s, $R = 100\ \Omega$, $L = 100$ H, $U_1 = 5$ V erhält man nachfolgendes t-I-Schaubild.

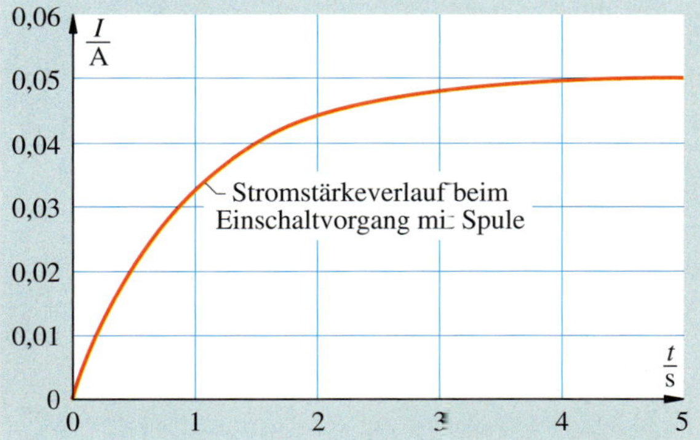

... noch mehr Aufgaben

A 1: a) Wann wird U_{ind} beim Ausschalten viel größer als die angelegte Spannung U_1? **b)** Was ist der größte Wert von U_{ind} beim Einschalten? **c)** Warum erhält man bei einer Klingel einen elektrischen Schlag, obwohl sie nur mit 8 V betrieben wird?

A 2: a) In ➡ *Versuch 1a* wird der Schalter geöffnet. Wie groß ist I_{max}? Zeigen Sie, dass im ersten Augenblick die Spannung $U_{ind} = (R_1 + R_2)\,I_{max}$ induziert wird. Warum ist sie in ➡ *Versuch 1b* besonders groß? **b)** Es sei $R_1 = 10\ \Omega$; $U_1 = 5$ V; bei welchem Wert von R_2 wird der Maximalwert von U_{ind} gleich 100 V? Vergleichen Sie mit dem Wert im Moment des Schalter-Schließens ($I = 0$).

A 3: Wie ändert sich die Induktivität L einer Spule, wenn man ihre Windungszahl *und* ihre Querschnittsfläche verdoppelt hat? Hängt L vom ohmschen Widerstand der Spule ab?

A 4: Ermitteln Sie aus dem Schaubild zu ➡ *Versuch 2a* die Induktionsspannung zur Zeit $t = 0$. Die Summe $R_1 + R_2 + R_3$ sei $10^4\ \Omega$.

A 5: Erstellen Sie mithilfe eines Tabellenkalkulationsprogramms das t-I-Schaubild für das Ausschalten des Spulenstroms.

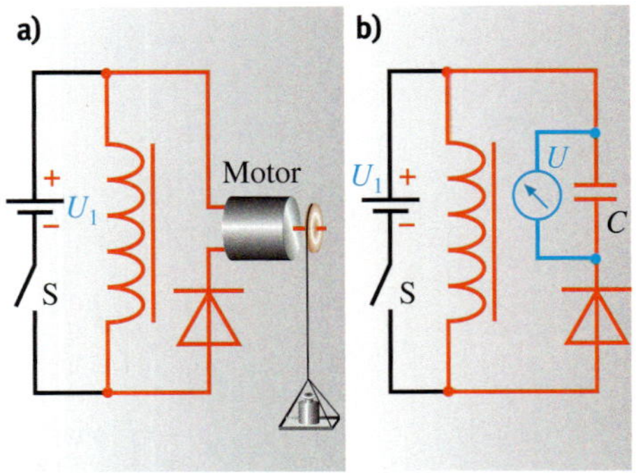

V 1: a) Eine Spule liegt an einer Spannungsquelle. Eine in Sperrrichtung gepolte Diode verhindert, dass der Spielzeugmotor M von der Spannung U_1 angetrieben wird. Trennen wir durch Öffnen des Schalters S die Spannungsquelle von der Spule, läuft der Motor kurzzeitig und zieht ein Wägestück hoch. (Die Diode ist jetzt in Durchlassrichtung gepolt.) **b)** Wir ersetzen den Motor durch einen Kondensator der Kapazität $C = 0{,}50\ \mu\text{F}$ mit einem dazu parallel geschalteten hochohmigen Spannungsmesser (Messverstärker). Vor dem Öffnen des Schalters führt die Spule mit der Induktivität $L = 8{,}0\ \text{mH}$ einen Strom der Stärke $I = 0{,}20\ \text{A}$. Nach dem Öffnen des Schalters wird der Kondensator auf die Spannung $U = 25\ \text{V}$ aufgeladen.

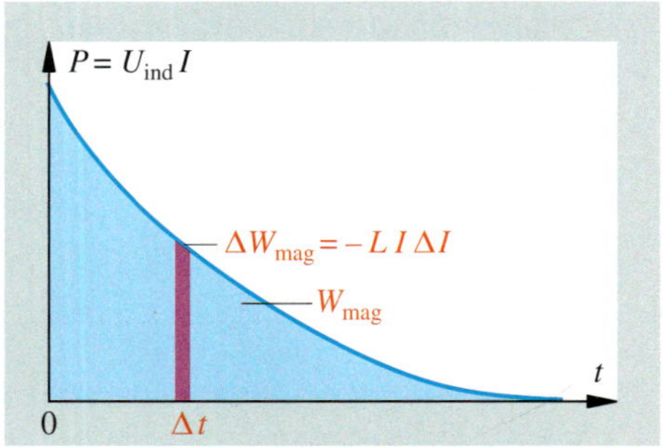

B 1: Die gesamte Fläche unter der $P(t)$-Kurve liefert die Energie $W_{\text{mag}} = \Sigma (P\, \Delta t)$.

I/A	0	0,1	0,2	0,3	0,4	0,5
P_1/W	0	0,2	0,4	0,6	0,8	1,0
P_w/W	0	0,04	0,16	0,36	0,64	1,0
$(P_1 - P_w)$/W	0	0,16	0,24	0,24	0,16	0

T 1: An eine Spule mit $R = 4\ \Omega$ wird die Spannung $U_1 = 2\ \text{V}$ gelegt. Batterieleistung $P_1(t) = U_1\, I(t)$, Wärmeleistung $P_w(t) = R\, I^2(t)$, Feldleistung $P_1(t) - P_w(t)$ während des Anstiegs der Stromstärke $I(t)$.

Energie des Magnetfeldes

1. Woher nehmen Öffnungsfunken ihre Energie?

Nach Wegnahme der Spannungsquelle können Elektronen in einer Spule weiterfließen und die innere Energie in Widerständen erhöhen oder Öffnungsfunken erzeugen. Woher nehmen sie ihre Energie?
In ➠ *Versuch 1a* wird das Wägestück allein aufgrund von Induktion angehoben. Vergrößern wir vor dem Öffnen des Schalters die Stromstärke oder erhöhen wir die Induktivität der Spule durch Einfügen eines Eisenkerns, so wird das Wägestück höher angehoben. Das Magnetfeld einer Strom führenden Spule enthält Energie. Sie hängt von der Stromstärke und der Induktivität ab. Diese Energie steht nach der Wegnahme der Spannungsquelle zur Verfügung.

2. Berechnung der Energie des Magnetfeldes einer Spule

Wir leiten jetzt eine Gleichung für die Energie her, die beim Zusammenbrechen eines Magnetfeldes frei wird. Nach Abtrennen der äußeren Spannung U_1 rührt der Strom ausschließlich von der Induktionsspannung $U_{\text{ind}}(t) = -L\, \dot{I}(t)$ her. Sie liefert die Leistung

$$P(t) = U_{\text{ind}}(t)\, I(t) = -L\, \dot{I}(t)\, I(t) \approx -L\, (\Delta I/\Delta t)\, I. \qquad (1)$$

Nach dem Abschalten ist $\dot{I}(t) < 0$. Damit ist die Leistung $P(t) > 0$. Zum Zeitpunkt $t = 0$ des Abschaltens ist die Leistung $P(t)$ maximal. Für $t \to \infty$ geht $P(t)$ gegen null (➠ *Bild 1*).
Nach *Gl. (1)* ist die in den Zeitabschnitten Δt jeweils abgegebene Energie $\Delta W_{\text{mag}} \approx P\, \Delta t = -L\, I\, \Delta I$ (➠ *Bild 1*). Die Gesamtenergie erhalten wir durch Aufsummieren aller Flächenanteile durch das Integral

$$W_{\text{mag}} = \int_0^\infty P(t)\,\mathrm{d}t = -L \int_0^\infty \dot{I}(t)\, I(t)\,\mathrm{d}t = -L \int_0^\infty I(t)\, \frac{\mathrm{d}I}{\mathrm{d}t}\,\mathrm{d}t = -L \int_{I(0)}^{0} I\,\mathrm{d}I$$

$$W_{\text{mag}} = -L \left[\frac{1}{2} I^2\right]_{I(0)}^{0} = \frac{1}{2} L\, I^2(0).$$

Bei der Integration transformieren sich durch Substitution der Variablen t auch die Integrationsgrenzen. Zum Zeitpunkt $t = 0$ des Ausschaltens ist die Stromstärke $I = I(0)$. Für $t \to \infty$ dagegen geht die Stromstärke I gegen 0. Die Rechnung zeigt in Übereinstimmung mit unserer Vorüberlegung, dass die Energie des Magnetfelds von der Stromstärke I und der Induktivität L abhängt.

Merksatz

Führt eine Spule mit der Induktivität L einen Strom der Stärke I, dann besitzt ihr **Magnetfeld die Energie**

$$W_{\text{mag}} = \frac{1}{2} L\, I^2.$$

In ➠ *Versuch 1b* wird die Energie des Magnetfeldes der Spule nach dem Öffnen des Schalters in die Energie des elektrischen Feldes des Kondensators umgewandelt (Energieverluste vernachlässigt).
Energie B-Feld $W_{\text{mag}} = \frac{1}{2} L\, I^2 = \frac{1}{2} \cdot 8\ \text{mH} \cdot (0{,}20\ \text{A})^2 = 0{,}16\ \text{mJ}$,
Energie E-Feld $W_{\text{el}} = \frac{1}{2} C\, U^2 = \frac{1}{2} \cdot 0{,}5\ \mu\text{F} \cdot (25\ \text{V})^2 \approx 0{,}16\ \text{mJ}$.

3. Ist das Magnetfeld Träger der Energie?

Diese Frage können wir – wie beim elektrischen Feld – bejahen, wenn die Energie W_{mag} proportional zum felderfüllten Volumen V ist. Die Energie des Magnetfelds einer lang gestreckten Spule mit der Induktivität $L = \mu_0 \mu_r n^2 A/l$ und dem Volumen $V = A\,l$ beträgt

$$W_{mag} = \frac{1}{2} L I^2 = \frac{1}{2} \mu_0 \mu_r n^2 \frac{A}{l} I^2 = \frac{1}{2\mu_0 \mu_r} \left(\mu_0 \mu_r \frac{n}{l} I\right)^2 A l = \frac{B^2}{2\mu_0 \mu_r} V.$$

Die Energie W_{mag} ist damit bei konstanter Flussdichte B proportional zum felderfüllten Volumen V. Dass die Energie nur von Feldgrößen abhängt, ist ein weiteres Indiz für die Feldhypothese FARADAYS. Für die räumliche Dichte der Energie eines Magnetfeldes erhalten wir

$$\varrho_{mag} = \frac{W_{mag}}{V} = \frac{B^2}{2\mu_0 \mu_r}. \quad \text{Also gilt } \varrho_{mag} \sim B^2.$$

Merksatz

Das magnetische Feld ist Träger von Energie.
Die räumliche **Energiedichte** des Magnetfelds beträgt

$$\varrho_{mag} = \frac{B^2}{2\mu_0 \mu_r}.$$

4. Woher bekommt das Magnetfeld seine Energie?

Woher bekommt das Magnetfeld beim Einschalten des Spulenstroms Energie? Die von der Batteriespannung U_1 gelieferte Leistung $P_1(t) = U_1\, I(t)$ ist nach *Tabelle 1* während des Aufbaus des Magnetfeldes größer als die thermische Leistung $P_w(t) = R\, I^2(t)$, die zur Erhöhung der inneren Energie führt. Ob die Differenzleistung $P_1(t) - P_w(t)$ (*Bild 2*) etwas mit dem Aufbau der Energie des Magnetfelds zu tun hat, überprüfen wir mit nachfolgender Rechnung.

Wir multiplizieren die Gleichung $I(t) = (U_1 - L\dot{I}(t))/R$ mit R, lösen nach U_1 auf und erhalten so die Spannungsterme:

$$U_1 = R\, I(t) + L\dot{I}(t).$$

Multiplikation mit $I(t)$ liefert die *Leistungsbilanz:*

$$U_1\, I(t) = R\, I^2(t) + L\dot{I}(t)\, I(t).$$

In dieser Gleichung ist $P_1(t) = U_1\, I(t)$ die von der Batterie gelieferte Leistung. Davon wird der Anteil $P_w(t) = R\, I^2(t)$ in innere Energie umgesetzt. Die übrig bleibende Leistung (blaugetönt in *Bild 2*) kennen wir aus *Gl. (1)* als Leistung, die beim Abbau eines Magnetfeldes frei wird und deshalb dort ein negatives Vorzeichen hat. $L\dot{I}(t)\, I(t)$ hat ein positives Vorzeichen ($\dot{I}(t) > 0$) und gibt damit die zum Aufbau des Magnetfeldes nötige Leistung. Durch Aufsummieren nach der Zeit (Integration) erhalten wir die Energie des Magnetfeldes.
Sie wurde in *Bild 2* mit einem Computer aus den schmalen Rechtecken in *Bild 1* berechnet, und zwar beim Aufbau wie auch beim Abbau des Magnetfeldes. Dieser Energiewert stimmt mit dem aus $W = \frac{1}{2} L I^2$ berechneten Energiewert überein.

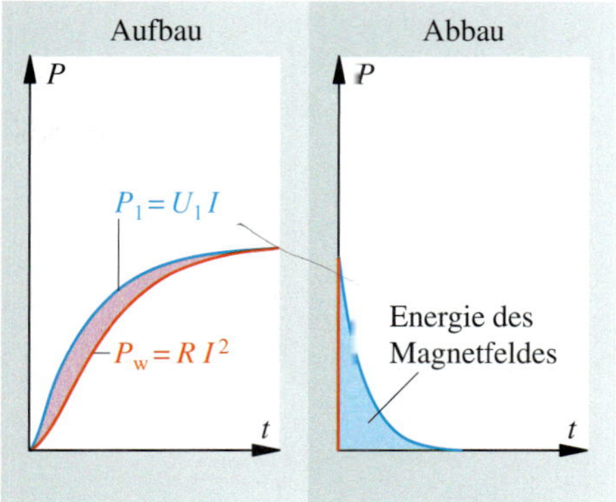

B 2: *t-P*-Schaubild zum Auf- und Abbau eines Magnetfeldes mit Energieberechnung nach *Bild 1*. Die getönten Energieflächen haben den gleichen Wert.

... noch mehr Aufgaben

A 1: Welche magnetische Energie hat das Magnetfeld einer Spule mit der Induktivität $L = 4{,}0$ H bei $I = 3{,}0$ A? Wie viel Energie wird frei, wenn die Stromstärke **a)** auf die Hälfte, **b)** auf null absinkt? Wie hoch kann mit ihr ein 50 g-Stück maximal gehoben werden? **c)** Wie oft müsste man das Feld abbauen, um mit dieser Energie die Temperatur von 1,0 kg Wasser um 1,0 K zu erhöhen ($c_W = 4{,}2$ J g^{-1} K^{-1})?

A 2: **a)** Wie groß ist die Induktivität L einer 1,0 m langen, eisenfreien Spule mit 1000 Windungen und 50 cm² Querschnitt? Welche magnetische Energie ist in ihr bei 10 A gespeichert? **b)** Mit dieser Energie lädt man einen Kondensator der Kapazität 0,1 µF auf. Welche Spannung bekommt er? **c)** Wie groß ist im homogenen Spulenfeld die Energiedichte?

A 3: Jemand sagt, die Energie einer Strom führenden Spule sei nichts weiter als kinetische Energie der Elektronen, die sich alle in die gleiche Richtung bewegen sollen. Mit welchem Versuch könnte man ihn widerlegen?

A 4: Erstellen sie einen Algorithmus für die Leistung $P(t) = -L\, I\, \Delta I/\Delta t$, um mithilfe eines Tabellenkalkulationsprogramms den Verlauf des *t-P*-Schaubilds für das Ein- und Ausschalten der Spannungsquelle U_1 zu berechnen (vgl. *Bild 2*). Lösen Sie hierzu die Gleichung $I(t) = (U_1 - L\dot{I}(t))/R$ nach $\dot{I}(t)$ auf. Setzen Sie dann für $\dot{I}(t)$ näherungsweise $\Delta I/\Delta t$.

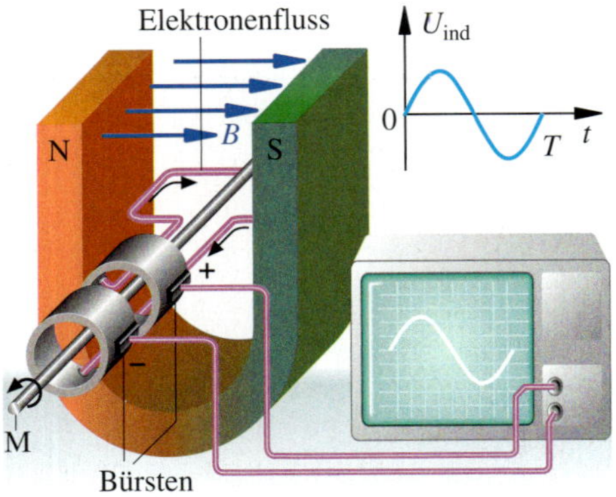

V 1: Eine rechteckige Leiterschleife rotiert gleichförmig um eine ihrer Flächenachsen M, die senkrecht zu den Feldlinien eines Hufeisenmagneten steht. Die dabei induzierte Spannung U_{ind} wird zwei mitrotierenden Schleifringen zugeführt. Zwei Graphitstäbe („Kohlen" genannt) nehmen die Spannung ab und leiten sie zu einem Oszilloskop weiter. Man nennt diese Stäbe auch Bürsten, weil früher Drahtborsten verwendet wurden.

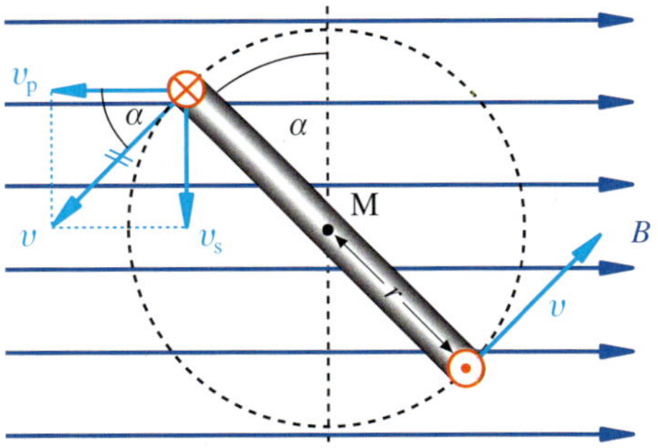

B 1: Die Drehachse M der Leiterschleife steht senkrecht zur Zeichenebene. Zwei kleine Kreise deuten die für die Induktion wichtigen Drahtstücke parallel zur Drehachse an. Sie bewegen sich mit konstanter Winkelgeschwindigkeit auf dem gedachten Zylinder mit Radius r gegen den Uhrzeigersinn.

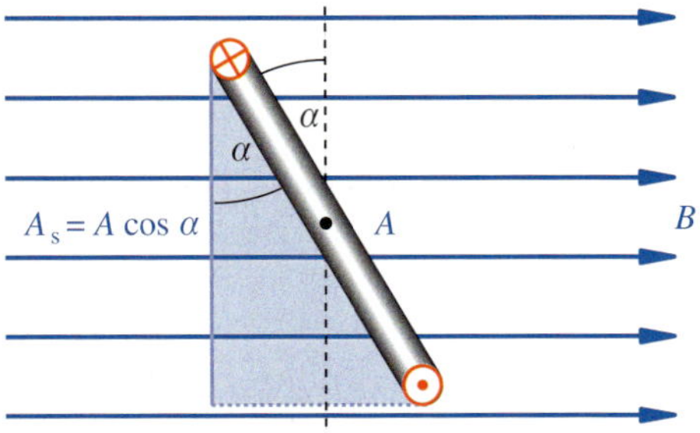

B 2: Eine Leiterschleife beliebiger Form mit Fläche A umfasst ein Feldlinienbündel der Querschnittsfläche $A_s = A \cos \alpha$.

Wechselspannung

1. Erzeugung sinusförmiger Wechselspannung

Wie wird in einem Elektrizitätswerk sinusförmige Wechselspannung erzeugt? Wir drehen in *Versuch 1* die Leiterschleife in einem homogenen Magnetfeld. Das Oszilloskop zeigt eine sinusförmige Wechselspannung an. Für sie kann mithilfe von *Bild 1* eine Gleichung hergeleitet werden. In den Drahtstücken der Länge d parallel zur Drehachse M werden die Spannungen $U = B\,d\,v_s$ induziert. Hierzu trägt nur die senkrecht zu den Feldlinien stehende Geschwindigkeitskomponente mit dem Wert $v_s = v \sin \alpha$ bei:

$$U = B\,d\,v \sin \alpha. \qquad (1)$$

Die Geschwindigkeitskomponente $\vec{v}_p$ parallel zu den Feldlinien liefert keine Spannung (Linke-Hand-Regel für Lorentzkräfte).

Aus der vertikalen Stellung heraus ($\alpha = 0$ für $t = 0$) überstreicht die Leiterschleife in der Zeit t den Winkel α (*Bild 1*). Wegen der konstanten Winkelgeschwindigkeit ω gilt $\alpha = \omega t$. In einer Periodendauer T dreht sich die Spule einmal um den Winkel 2π. Für ω ergibt sich damit $\omega = \alpha/t = 2\pi/T$. Für den so genannten *Phasenwinkel* folgt:

$$\alpha = \omega t = (2\pi/T)\,t = 2\pi f t. \qquad (2)$$

Um die Drehfrequenz $f = 1/T$ mit der Einheit 1 Hz = 1 s^{-1} von der Winkelgeschwindigkeit $\omega = 2\pi f = 2\pi/T$ zu unterscheiden, verwendet man für ω die Einheit 1 s^{-1} (bzw. Rad/s) nicht aber 1 Hz.

Nimmt man eine Spule mit n Windungen, so wird die induzierte Spannung größer, weil jede Windung zwei Drahtstücke der Länge d hat. Die in den Drahtstücken induzierten Spannungen sind in Reihe geschaltet und addieren sich deshalb. Die Gesamtspannung einer rotierenden Spule mit n Windungen beträgt mit *Gl. (1)* und *(2)*

$$U(t) = 2\,n\,B\,d\,v \sin \alpha(t) = 2\,n\,B\,d\,v \sin(\omega t).$$

Der größte Wert, den die induzierte Wechselspannung $U(t)$ annehmen kann, ist die **Scheitelspannung $\hat{U} = 2\,n\,B\,d\,v$.**

2. Und bei beliebiger Spulenform?

Die Spule und ihre Windungen seien jetzt nicht mehr rechteckig. Für eine beliebige Form berechnen wir die induzierte Spannung nach $U(t) = -n\dot{\Phi}(t)$. Nach *Bild 2* beträgt der magnetische Fluss

$$\Phi(t) = B\,A_s(t) = B\,A \cos \alpha(t) = B\,A \cos(\omega t).$$

$U(t)$ ergibt sich hieraus durch Differenzieren nach der Zeit t zu

$$U(t) = -n\,\dot{\Phi}(t) = -n\,B\,A\,\omega \sin(\omega t)$$

mit der Scheitelspannung $\hat{U} = n\,B\,A\,\omega$.
Die Spannung U_{ind} ist jeweils *maximal*, wenn die Änderungsgeschwindigkeit $\dot{\Phi}$ des Flusses maximal ist. Die Spule steht dann parallel zu den B-Feldlinien (*Bild 4*), der Fluss Φ ist aber null!

Die Spannung U_{ind} ist *null*, wenn die Änderungsgeschwindigkeit $\dot{\Phi}$ des Flusses null ist. Die Spule steht dann senkrecht zu den *B*-Feldlinien, der Fluss Φ ist maximal.

3. Das Zeigerdiagramm, ein wirkungsvolles Hilfsmittel

Die Wechselspannung einer rotierenden Leiterschleife ergibt eine Sinuskurve mit der Amplitude (Scheitelwert) $\hat{U}$ (*Bild 4*). Sinuswerte mit Maximalwert 1 kann man als Hochwerte am „Einheitskreis" ablesen (*Bild 3*). Dies erlaubt auf einfache Weise, eine Sinuskurve zu konstruieren. Zu diesem Zweck zeichnen wir für den Fall einer sinusförmigen Spannung $U(t)$ mit Scheitelwert $\hat{U}$ einen Kreis. Sein Radius entspricht der Maßzahl der Scheitelspannung $\hat{U}$. Im Kreis soll ein **Zeiger** der Länge $\hat{U}$ gegen den Uhrzeigersinn (im mathematisch positiven Sinn) mit der konstanten Winkelgeschwindigkeit $\omega = 2\pi f$ rotieren. Der Zeiger wird dann auf die vertikale Achse des *t*-*U*-Schaubildes projiziert. Für den Phasenwinkel $\alpha(t)$ zwischen dem Zeiger und der Horizontalen gibt die Zeigerprojektion die jeweilige Spannung $U(t)$ zum Zeitpunkt $t = \alpha/\omega$ an. Auf diese Weise kann die Sinuslinie punktweise konstruiert werden. *Alle Informationen über die Sinuslinie sind schon im rotierenden Zeiger enthalten!*

Merksatz

Rotiert eine Spule mit *n* Windungen und der Querschnittsfläche *A* in einem homogenen Magnetfeld der Flussdichte *B*, so entsteht eine **sinusförmige Wechselspannung.** Für $t = 0$, $\alpha = 0$ ergibt sich

$$U(t) = \hat{U} \sin(\omega t)$$

mit der Kreisfrequenz $\omega = 2\pi/T = 2\pi f$
und der Scheitelspannung $\hat{U} = n\,B\,A\,\omega$.

Ein Beispiel für diese Art der Spannungserzeugung ist die Fahrradlichtmaschine (fälschlich „Dynamo"). Sie ist eine so genannte Innenpolmaschine. Ein zylindrischer, mehrpoliger Dauermagnet rotiert innerhalb einer Induktionsspule, die an der Innenwand des Gehäuses angebracht ist. Die ständige Flussänderung in dieser Spule induziert dort eine Wechselspannung.

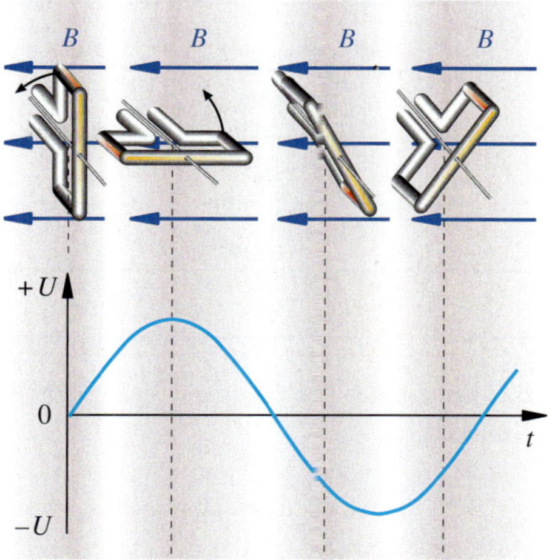

B 4: Oben: Lage der Spule in Bezug zu den *B*-Feldlinien. Unten: Entsprechend der Lage der Spule induzierte Spannung.

... noch mehr Aufgaben

A 1: Wie ändert sich in *Versuch 1* die Sinuslinie auf dem Oszilloskopschirm, wenn man **a)** die Flussdichte *B*, **b)** die Drehfrequenz *f* verdoppelt? **c)** Zeigen Sie, dass der Scheitelwert $\hat{U} = 2\,n\,B\,d\,v$ für Rechteckschleifen ein Sonderfall von $\hat{U} = n\,B\,A\,\omega$ ist. **d)** Warum tragen die Leiterteile, die in *Bild 1* parallel zur Zeichenebene liegen, nichts zur Spannung bei?

A 2: Zur Zeit $t = 0$ geht die Spannung $U(t)$ mit dem Scheitelwert $\hat{U} = 10$ V von negativen zu positiven Werten durch null. **a)** Wie groß ist bei einer Frequenz von $f = 50$ Hz die Spannung nach 1/600 s, nach 1/200 s, 1/4 s, nach 2 s? **b)** Geben Sie die ersten beiden Zeitpunkte an, in denen $U = +8$ V bzw. $U = -8$ V ist.

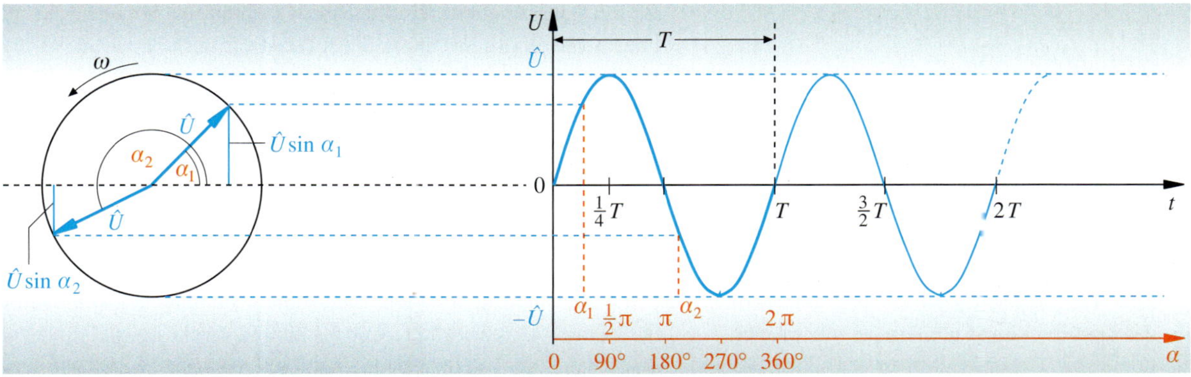

B 3: Zeigerdiagramm: Bei der Rotation des *Zeigers* der Länge $\hat{U}$ erhält man die Sinuslinie durch Projektion dieses Zeigers auf die vertikale Achse.

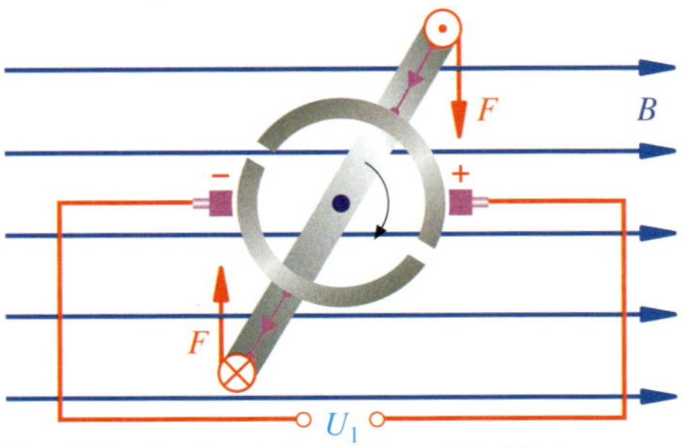

B 1: Prinzip des Ankers eines Gleichstrommotors.

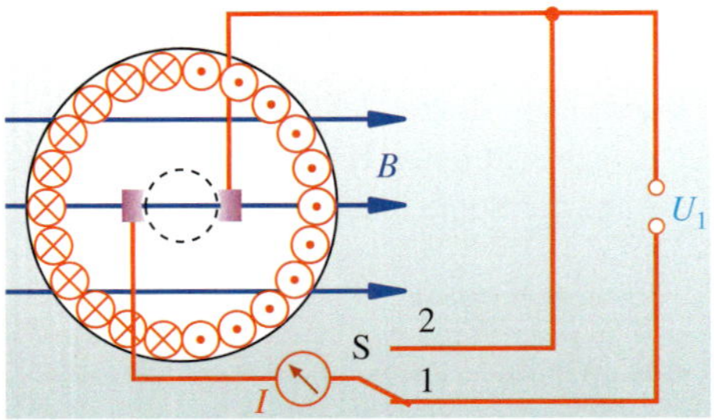

V 1: Der Motor liegt an der Spannung U_1 (Schalter S in Position 1). Wir messen die Ankerstromstärke I in Abhängigkeit von der mechanischen Belastung des Ankers. Im Leerlauf ist I klein, bei Belastung steigt I an.

V 2: Der Anker wird von der Spannung U_1 getrennt und über den Strommesser kurzgeschlossen (Schalter S in Position 2). Jetzt wird der Strom nur von U_{ind} verursacht.

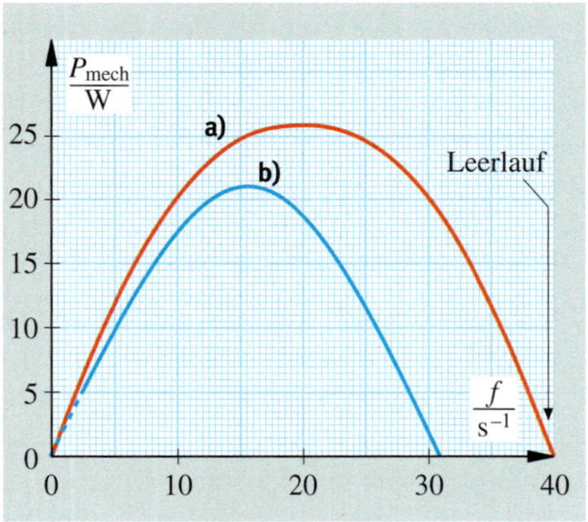

B 2: Die vom Anker abgegebene mechanische Leistung P_{mech} in Abhängigkeit von der Drehfrequenz f des Ankers, die proportional zur Geschwindigkeit $v_s = 2\pi r f$ ist. **a)** Bei idealisiertem Motor nach *Gl. (2)*, **b)** mit Messdaten eines Kleinmotors.

Physik des Gleichstrommotors

1. Der Motor als Umkehrung eines Generators

Schließen wir einen Spielzeugmotor (mit Dauermagnet) an eine Gleichspannungsquelle, so dreht er sich. Wir entfernen die Spannungsquelle und schließen stattdessen an den Anker ein Lämpchen (➡ *Bild 1*). Wenn wir den Anker von Hand schnell drehen, leuchtet es. Der Motor wirkt als Generator. In Pumpspeicherwerken benutzt man die gleiche Maschine als Pumpenmotor *und* als Generator.

2. Verhalten eines Elektromotors bei Belastung

Die Ankerstromstärke I eines Gleichstrommotors ist ohne Belastung, d. h. im Leerlauf, klein (➡ *Versuch 1*). Belasten wir ihn und entziehen ihm dabei Energie, so dreht der Motor langsamer und die Ankerstromstärke I wird größer. Dadurch steigt die Kraft $F = B I d$ auf die Strom führenden Ankerdrähte. Wenn in ➡ *Bild 1* die Elektronen in den rechts befindlichen Ankerdrähten auf den Betrachter zufließen, so erfahren sie Lorentzkräfte, die den Anker im Uhrzeigersinn drehen. Bei Belastung fordert der Motor mehr Leistung $P_{el} = U_1 I$ aus dem Netz. Wie funktioniert das?
Der im Magnetfeld rotierende Anker ist aufgrund der Selbstinduktion zugleich auch ein Generator. Die Induktionsspannung wirkt nach LENZ ihrer Ursache, der von außen angelegten Spannung U_1, entgegen. Die im Ankerwiderstand R induzierte Spannung $|U_{ind}| = B d v_s$ lässt die Ankerstromstärke I sinken:

$$I = (U_1 - |U_{ind}|)/R = (U_1 - B d v_s)/R. \qquad (1)$$

Im Leerlauf läuft der Motor so schnell, dass $U_{ind} = B d v_s$ fast so groß ist wie die angelegte Spannung U_1. Wäre die Drehfrequenz und damit die Geschwindigkeit v_s etwas größer, so würden sich beide Spannungen kompensieren und die Ankerstromstärke I wäre null. Der Anker könnte dann keine Leistung dem Netz entnehmen und hätte damit noch nicht einmal die Energie, um die Reibung in den Achslagern zu überwinden.
Wenn *bei Belastung* die Geschwindigkeit v_s abnimmt, sinkt die induzierte Gegenspannung $U_{ind} = B d v_s$. Damit steigen die Ankerstromstärke I (*Gl. (1)*) und die aus dem Netz entnommene Leistung $P = U_1 I$. Frisst sich z. B. eine Bohrmaschine fest ($v_s = 0$), so kann ohne Sicherungseinrichtung die Ankerstromstärke $I = U_1/R$ so groß werden, dass die Ankerwicklung durchbrennt.
Ein Elektromotor passt sich in seiner elektrischen Leistungsaufnahme von selbst der mechanischen Belastung an.
Ein Benzinmotor ist nicht so elastisch. Wenn er am Berg langsamer wird, führt er weniger Arbeitstakte je Sekunde aus. Selbst wenn man „Vollgas" gibt, nimmt er weniger Benzin auf und geht aus. Man muss ihn mit einem Getriebe „überlisten" und in einem niedrigen Gang auf Touren halten. Elektromotoren brauchen kein Getriebe. Man setzt ihre Anker ohne Kupplung direkt auf die Antriebsachse von Fahrzeugen. Beim Anfahren erzeugen Elektromotoren von sich aus eine große Kraft (hohes Drehmoment); v_s ist ja klein und damit I groß.

Interessantes

Verhalten eines Motors beim Abschalten

Wie verhält sich ein in Drehbewegung befindlicher Elektromotor, wenn die Spannung abrupt abgeschaltet wird? Wir trennen in ➡ *Versuch 2* mit dem Schalter S den Anker von der Spannung U_1 und schließen ihn an einen Strommesser. Der Strommesser schlägt kräftig nach der entgegengesetzten Seite aus; er zeigt die Stromstärke I an, die in den Ankerwicklungen allein von U_{ind} hervorgerufen wird. Da nun $U_1 = 0$ ist, ergibt sich nach *Gl. (1)* eine negative Ankerstromstärke

$$I = (0 - |U_{ind}|)/R = -|U_{ind}|/R < 0.$$

Der Motor läuft jetzt als Generator; die große, negative Stromstärke führt zum schnellen Abbremsen.

Verschleißfreie *Widerstandsbremsen* verwendet man z. B. bei der Straßenbahn. Dabei wird der Ankerstrom durch einen Bremswiderstand geleitet. Wärmetauscher im Ankerkreis erlauben ein Heizen der Straßenbahnwagen durch den bei einer Talfahrt induzierten Strom.

Anlaufen oder Leerlaufen – Was ist gefährlicher?

Große Motoren mit dicken Ankerdrähten haben kleine Ankerwiderstände R. Beim Einschalten wird die Ankerstromstärke $I = U_1/R$ gefährlich groß, weil $U_{ind} = 0$ ist. Durch Vorschalten eines Anlasswiderstandes wird die Anlassstromstärke auf maximal das 1,5fache der Nennstromstärke begrenzt.

Ein Motor wird am schnellsten im Leerlauf. Hier ist im idealisierten Fall (ohne Reibung) die induzierte Gegenspannung U_{ind} entgegengesetzt gleich groß wie die angelegte Spannung U_1, d. h. $B\,d\,v_{s,\,max} = U_1$. Damit kann der Motor die Maximalgeschwindigkeit $v_{s,\,max} = U_1/(B\,d)$ nicht überschreiten. Mit $\omega = v_s/r$ ergibt sich als maximale Winkelgeschwindigkeit $\omega_{max} = v_{s,\,max}/r = U_1/(B\,d\,r)$.

Leistungsbilanz beim Elektromotor

Ein Motor entnimmt einem Gleichspannungsnetz die elektrische Leistung P_{el}. Er gibt sie als mechanische Leistung P_{mech} und als unerwünschte thermische Leistung P_{therm} ab: $\boldsymbol{P_{el} = P_{mech} + P_{therm}}$.

Zur Leistungsbilanzierung betrachten wir die im Anker auftretenden Spannungen. Die angelegte Spannung U_1 teilt sich auf in die Teilspannung $R\,I$ am Ankerwiderstand R und in die induzierte Gegenspannung U_{ind}:

$$U_1 = R\,I + |U_{ind}| = R\,I + B\,d\,v_s \quad \textit{(Spannungsgleichung)}.$$

Die Gleichung für die Leistungsbilanz erhalten wir aus der Spannungsgleichung durch Multiplikation mit I

$$U_1\,I = R\,I^2 + B\,d\,v_s\,I \quad \textit{(Leistungsbilanz)}.$$

In der Leistungsbilanz beschreibt der Term $U_1\,I$ die vom Motor von der Gleichspannungsquelle *aufgenommene elektrische Leistung* $P_{el} = U_1\,I$.

Der Term $R\,I^2$ stellt die im Anker abgegebene *thermische Leistung* $P_{therm} = R\,I^2$ dar. Um diese Verlustleistung zu senken, verkleinert man den Ankerwiderstand R. Man nimmt dickere Drähte für die Ankerwicklung und macht den Motor größer.

Die Kraft, die der Ankerstrom I im Magnetfeld B erfährt, ist $F = I\,B\,d$. Damit stellt der Term $|U_{ind}|\,I = B\,d\,v_s\,I = F\,v_s$ die vom Anker gelieferte *mechanische Leistung* dar, deretwegen man den Motor baut. Für die mechanische Leistung gilt ja $P_{mech} = F\,v_s = W/t$. Die zur Verfügung stehende mechanische Leistung ist dann klein (➡ *Bild 2*), wenn der Motor wenig belastet ist und sich schnell dreht (I klein) oder stark belastet ist und sich dann nur langsam dreht (v_s und U_{ind} klein).

Welche *maximale mechanische Leistung* P_{max} kann ein Motor abgeben? Hierzu setzen wir $I = (U_1 - B\,d\,v_s)/R$ in $P_{mech} = B\,d\,v_s\,I$ ein und erhalten

$$P_{mech} = U_1\,B\,d\,v_s/R - B^2\,d^2\,v_s^2/R. \qquad (2)$$

Wir suchen nun die Geschwindigkeit $v_{s,\,opt}$, bei der die Leistung P_{mech} ein Maximum hat. Hierzu leiten wir P_{mech} nach v_s ab und setzen die Ableitung gleich null. Damit erhalten wir $v_{s,\,opt} = U_1/(2\,B\,d)$.

Interessanterweise gibt der Motor seine maximale Leistung P_{max} bei der halben Höchstgeschwindigkeit $\boldsymbol{v_{s,\,opt} = v_{s,\,max}/2}$ ab (➡ *Bild 2*).

Setzen wir $v_{s,\,opt}$ in *Gl. (2)* ein, so erhalten wir für die *maximale Leistung* $P_{max} = (U_1/2)^2/R$. Für diesen Fall ist $U_{ind} = B\,d\,v_{s,\,opt} = B\,d\,U_1/(2\,B\,d) = U_1/2$. Die Ankerstromstärke ist dabei halb so groß wie bei stillstehendem Anker.

Die vom Anker abgegebene mechanische Leistung ist $P_{mech} = |U_{ind}|\,I < U_1\,I$. Sie erreicht ihr Maximum $P_{max} = (U_1/2)^2/R$ bei der halben maximal möglichen Drehfrequenz.

Unter dem **Wirkungsgrad** eines Elektromotors versteht man den Quotienten aus abgegebener mechanischer Leistung und aufgenommener elektrischer Leistung $\eta = P_{mech}/P_{el}$.

Der Elektromotor nimmt die Leistung $P_{el} = U_1\,I$ auf und gibt $P_{mech} = U_{ind}\,I$ ab. Also ist $\eta = (U_{ind}\,I)/(U_1\,I) = U_{ind}/U_1$. Wegen der Motorreibung ist $U_{ind} < U_1$, also $\eta < 1$. Bei maximaler Leistungsabgabe ist $U_{ind} = U_1/2$, also $\eta = 0{,}5$. Bei fehlender Reibung geht η mit wachsender Drehzahl gegen eins ($U_{ind} \rightarrow U_1$), die abgegebene Leistung aber gegen null.

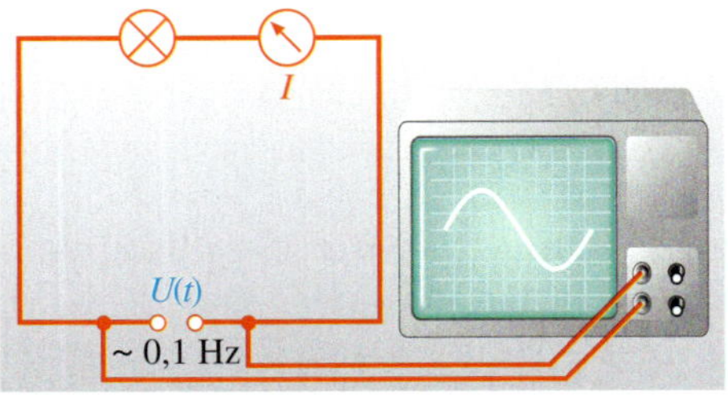

V 1: Ein Lämpchen (3,8 V/0,07 A) und ein Strommesser geringer Trägheit liegen an einer Sinusspannung der Frequenz $f \approx 0{,}1$ Hz und dem Scheitelwert $\hat{U} = 4$ V.

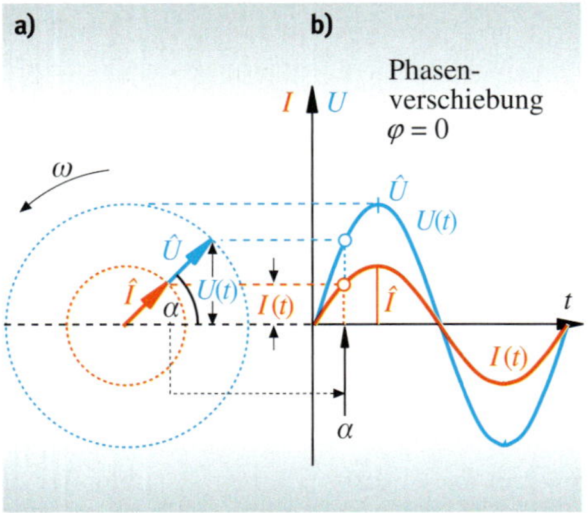

B 1: a) Zeigerdiagramm für Spannung und Stromstärke bei einem ohmschen Widerstand. **b)** Konstruktion des $U(t)$- und $I(t)$-Schaubilds mithilfe des Zeigerdiagramms durch Projektion der Zeiger auf die vertikale Achse des Schaubilds.

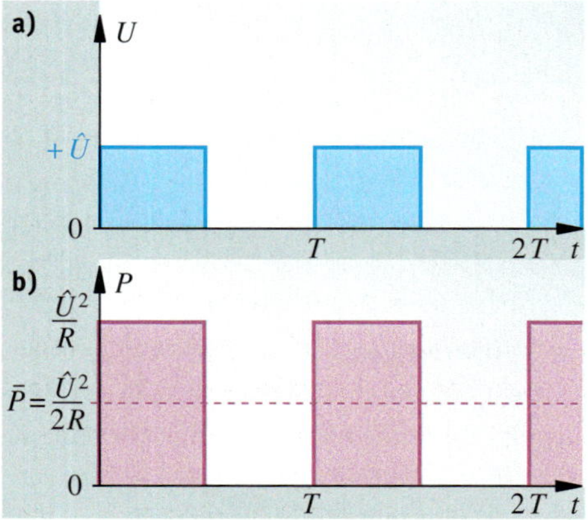

B 2: a) pulsierende Gleichspannung $U(t)$; **b)** zugehörige Momentanleistung $P(t) = U^2(t)/R$ bei einem ohmschen Widerstand, mittlere Leistung $\overline{P}$.
Für eine Periodendauer T ist der Flächeninhalt unter der t-P-Kurve genauso groß wie unter der t-$\overline{P}$-Kurve.

Effektivwerte bei Wechselstrom

1. Ohmscher Widerstand bei Wechselspannung

Bei Gleichspannung bewegen sich die Elektronen im Stromkreis vom Minuspol zum Pluspol. Wie verhalten sich die Elektronen bei Wechselspannung, wenn die Polarität der Spannungsquelle ständig wechselt? Bei Spulen hinkt der Stromstärkeanstieg der Spannung hinterher. Wie ist es bei einem rein ohmschen Widerstand?
Zur Untersuchung dieser Fragen schließen wir an eine Sinusspannung niedriger Frequenz in Reihe ein Lämpchen und einen Strommesser (➠ *Versuch 1*). Das Oszilloskop zeigt den zeitlichen Verlauf der Spannung $U(t)$, der Strommesser die momentane Stromstärke $I(t)$. Elektrische Spannung und Stromstärke erreichen gleichzeitig null und auch gleichzeitig ihre Maximalwerte $\hat{U}$ und $\hat{I}$. Man sagt, Spannung und Stromstärke sind „in Phase". Die Bewegung der Elektronen passt sich auch bei hoher Frequenz ohne merkliche Verzögerung der jeweiligen Spannung und damit dem elektrischen Feld im Leiter an. Die Trägheit der Elektronen spielt keine Rolle. Nehmen z. B. Spannung und Feldstärke auf null ab, so behalten sie ihre kinetische Energie nicht bei, sondern geben sie fast momentan (in 10^{-12} s) durch Stöße an die Atome ab (Ausnahme Supraleiter).
Ein Zeigerdiagramm (➠ *Bild 1*) liefert den zeitlichen Verlauf von Spannung und Stromstärke. Da U und I in Phase sind, liegt der $\hat{I}$-Zeiger auf dem $\hat{U}$-Zeiger und rotiert mit diesem mit der gleichen Winkelgeschwindigkeit ω gegen den Uhrzeigersinn. Das $U(t)$- und das $I(t)$-Schaubild erhalten wir durch die Projektion des jeweiligen Zeigers auf die vertikale Achse des Schaubilds.

2. Umgesetzte Leistung bei Wechselstrom

In einem Stromkreis interessiert, welche Energie bzw. Leistung die Quelle an die „Verbraucher" abgibt. Im Gleichstromkreis beträgt die konstante Leistung $P = U\,I$. Bei Wechselspannung zeigt das rhythmische Aufleuchten des Lämpchens (➠ *Versuch 1*), dass die abgegebene Energie zeitlich nicht konstant ist. Erhöhen wir die Frequenz f bei konstantem Scheitelwert $\hat{U}$, so sehen wir das Flackern des Lämpchens wegen der Trägheit des Auges nicht mehr. Jetzt stellen wir neben das Wechselstrom führende Lämpchen ein zweites Lämpchen gleicher Bauart, das mit einer solchen Gleichspannung betrieben wird, dass beide Lämpchen gleich hell leuchten. Die Gleichspannungsquelle mit U_{eff} und die Wechselspannungsquelle mit Scheitelwert $\hat{U}$ geben im Lämpchen mit dem ohmschen Widerstand R im Zeitmittel gleich viel Energie thermisch und in Form von Licht ab. Man nennt U_{eff} den **Effektivwert** der Wechselspannung.

Merksatz

Der **Effektivwert U_{eff} einer periodischen Wechselspannung $U(t)$** gibt denjenigen Gleichspannungswert an, der im selben ohmschen Widerstand die gleiche Leistung abgibt wie die Wechselspannung während einer Periode im Zeitmittel.

3. Wie effektiv ist Wechselspannung?

Lämpchen sprechen auf die thermische Leistung $P = U\,I$ an. Diese ändert sich bei Wechselstrom zeitlich ständig. Wir betrachten deshalb die Momentanleistung $P(t) = U(t)\,I(t)$. Mit $I(t) = U(t)/R$ ergibt sich $P(t) = U^2(t)/R$. Dieser Term wird wegen $U^2(t)$ nie negativ.

Um den Effektivwert U_{eff} einer *pulsierenden Gleichspannung* (➠ *Bild 2*) zu ermitteln, bestimmen wir zunächst die während einer Periode an den Widerstand abgegebene Energie W:

$$W = \int_0^T P(t)\,\mathrm{d}t = \frac{1}{2}\hat{P}\,T.$$

Die mittlere Leistung $\overline{P} = \overline{W}/T = \hat{P}/2 = \hat{U}^2/(2\,R)$ setzen wir gleich der konstanten Leistung $P = U_{\text{eff}}^2/R$ der gesuchten Gleichspannung U_{eff}. Aus $U_{\text{eff}}^2/R = \hat{U}^2/(2\,R)$ erhalten wir als Effektivwert der *pulsierenden Gleichspannung* $U_{\text{eff}} = \hat{U}/\sqrt{2}$.

4. Effektivwerte bei sinusförmiger Wechselspannung

Bei Haushaltsgeräten werden auf dem Typenschild Netzspannung und Leistung angegeben. Ob sie mit sinusförmigem Wechselstrom oder mit Gleichstrom betrieben werden, verrät die Spannungsangabe nicht. Welche Bedeutung hat eigentlich die Angabe 230 V auf Elektrogeräten: Ist es der Scheitel- oder Effektivwert?

Um den Effektivwert der *sinusförmigen Wechselspannung* $U(t) = \hat{U}\sin(\omega\,t)$ zu ermitteln, betrachten wir die zugehörige Momentanleistung $P(t) = U^2(t)/R = (\hat{U}^2/R)\sin^2(\omega\,t)$ (➠ *Bild 3b*). Analog wie im Fall der pulsierenden Gleichspannung ermitteln wir zunächst die mittlere Leistung $\overline{P}$. Mit der trigonometrischen Beziehung $\sin^2\alpha = (1 - \cos 2\alpha)/2$ und $\alpha = \omega\,t$ folgt

$$P(t) = \frac{\hat{U}^2}{2\,R}\,(1 - \cos(2\,\omega\,t)) = \frac{\hat{U}^2}{2\,R} - \frac{\hat{U}^2}{2\,R}\cos(2\,\omega\,t).$$

Dabei gibt der Term $\hat{U}^2/(2\,R)$ die mittlere, zeitunabhängige Leistung $\overline{P}$ an (strichpunktiert in ➠ *Bild 3b*). Der zeitabhängige Term $\hat{U}^2\cos(2\,\omega\,t)/(2\,R)$ ist ein mit der doppelten Kreisfrequenz $2\,\omega$ pulsierender Anteil. Die von ihm eingeschlossene Fläche ergibt während einer Periodendauer null, weil sie symmetrisch zur Zeitachse ist.

Der *Effektivwert* U_{eff} der Wechselspannung lässt sich jetzt berechnen, wenn man berücksichtigt, dass eine Gleichspannung mit Wert U_{eff} im Widerstand R die konstante Leistung $P = U_{\text{eff}}^2/R$ erbringt. Soll die mittlere Leistung $\overline{P} = \hat{U}^2/(2\,R)$ der Wechselspannung gleich groß sein wie die Leistung P der Gleichspannungsquelle, so muss gelten:

$$U_{\text{eff}}^2/R = \hat{U}^2/(2\,R) \quad \text{oder} \quad U_{\text{eff}} = \hat{U}/\sqrt{2} \approx 0{,}707\,\hat{U}.$$

Die Angabe 230 V auf einem Elektrogerät bedeutet also $U_{\text{eff}} = 230$ V. Der Scheitelwert beträgt bei sinusförmiger Wechselspannung $\hat{U} = \sqrt{2}\,U_{\text{eff}} \approx 325$ V.

Merksatz

Der **Effektivwert U_{eff} einer sinusförmigen Wechselspannung** mit dem Scheitelwert $\hat{U}$ beträgt $U_{\text{eff}} = \hat{U}/\sqrt{2} \approx 0{,}707\,\hat{U}$.

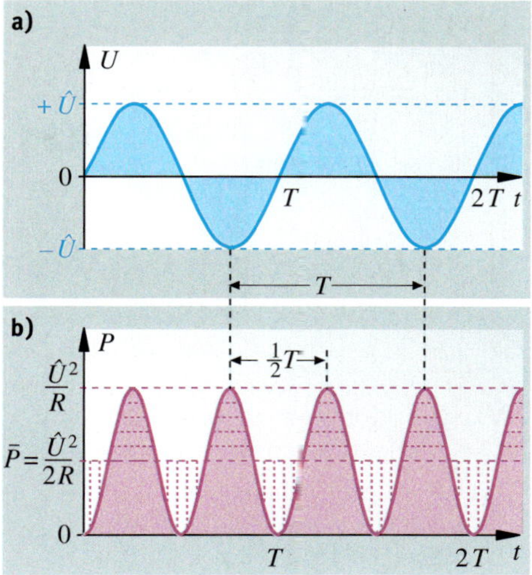

B 3: a) Sinusförmige Wechselspannung $U(t)$; **b)** ihre Momentanleistung $P(t)$ bei ohmschem Widerstand und mit doppelter Frequenz; mittlere Leistung $\overline{P} = \hat{U}^2/(2\,R)$.

... noch mehr Aufgaben

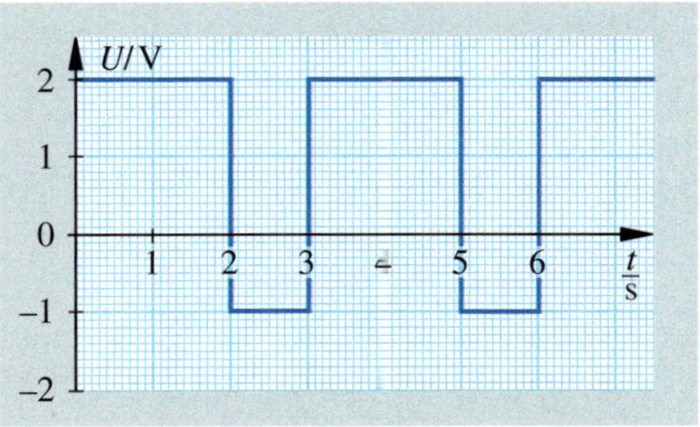

A 1: a) Berechnen Sie den Effektivwert obiger Spannung $U(t)$. **b)** Welche thermische Energie wird in 10 s an einem Widerstand von 100 Ω abgegeben? **c)** Geben Sie den $I(t)$-Verlauf in diesem Widerstand an. Wie groß ist I_{eff}?

A 2: a) Warum ist der Umrechnungsfaktor zwischen U_{eff} und $\hat{U}$ bei einer bestimmten Kurvenform der Spannung unabhängig vom Scheitelwert $\hat{U}$ und vom Widerstand R, in dem Energie abgegeben wird? **b)** Hängt der Umrechnungsfaktor von der Frequenz der Wechselspannung ab?

A 3: Eine sinusförmige Spannung $U(t) = \hat{U}\sin(\omega\,t)$ wird an einen ohmschen Widerstand R gelegt. Erstellen Sie mithilfe eines Tabellenkalkulationsprogramms das Schaubild der Momentanleistung $P(t) = U(t)\,I(t)$. Variieren Sie dabei auch die von Ihnen gewählten Werte für $\hat{U}$, ω und R.

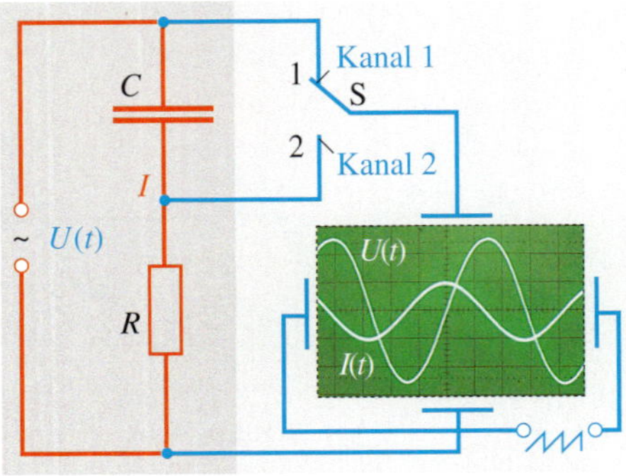

V1: Ein Kondensator ($C = 4\ \mu F$) und ein Widerstand ($R = 10\ \Omega$) werden in Reihe an eine Wechselspannung mit $U_{eff} = 4$ V und $f \approx 400$ Hz gelegt. Kanal 1 eines Oszilloskops zeigt den Spannungsverlauf $U(t)$. Den Stromstärkeverlauf $I(t)$ erhalten wir, indem wir den Spannungsabfall am ohmschen Widerstand R an Kanal 2 des Oszilloskops legen. Das Bild zeigt, dass das Maximum der Stromstärke $I(t)$ dem Maximum der Spannung $U(t)$ um $\pi/2$ vorauseilt.

V 2: Ein Kondensator wird an einen Sinusgenerator angeschlossen. Sowohl die am Kondensator anliegende Spannung U_{eff} als auch die Stromstärke I_{eff} werden gemessen. Variiert werden U_{eff}, die Frequenz f und die Kapazität C. Die Messung ergibt:

U_{eff}	f	C	I_{eff}	U_{eff}/I_{eff}
2,0 V	50 Hz	4 µF	2,50 mA	**800 Ω**
4,0 V	50 Hz	4 µF	4,90 mA	**816 Ω**
2,0 V	**50 Hz**	4 µF	2,50 mA	**800 Ω**
2,0 V	**100 Hz**	4 µF	5,00 mA	**400 Ω**
2,0 V	50 Hz	**4 µF**	2,50 mA	**800 Ω**
2,0 V	50 Hz	**2 µF**	1,25 mA	**1600 Ω**

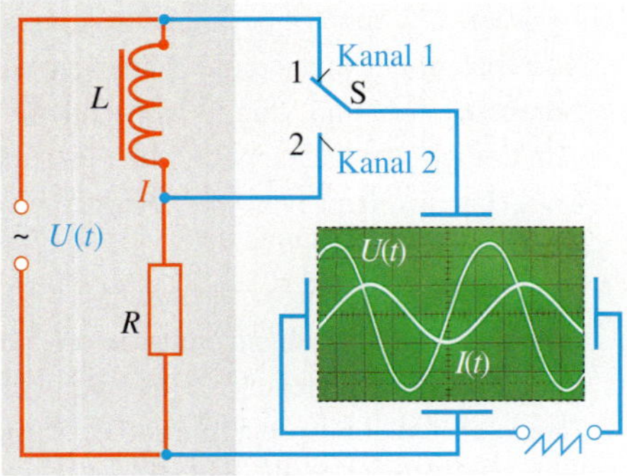

V 3: Wir ersetzen den Kondensator durch eine Spule. Die Stromstärke hinkt nun der Spannung um nahezu $\pi/2$ hinterher.

Kondensator und Spule im Wechselstromkreis

1. Blockiert ein Kondensator Wechselströme?

Sobald ein Kondensator aufgeladen ist, wirkt er in einem Gleichstromkreis als unendlich großer Widerstand, d.h. er blockiert den Strom. Wir beobachten zu unserer Überraschung, dass ein Lämpchen, das in Reihe mit einem Kondensator geschaltet ist, bei Wechselspannung leuchtet. Wie können wir das verstehen? Durch die Wechselspannung werden die Platten des Kondensators ständig umgeladen. Daraus ergibt sich ein dauernder Ladungsstrom durch den Stromkreis, das Lämpchen leuchtet.

Das Oszilloskopbild zeigt, dass die Umladestromstärke $I(t)$ bei einem Kondensator sinusförmig ist, wenn eine sinusförmige Spannung $U(t)$ angelegt wird (➠ *Versuch 1*). Das Maximum $\hat{I}$ der Stromstärke eilt $\hat{U}$ um $\pi/2$ voraus. Dies erscheint verwunderlich. Weil der Kondensator aber kein ohmscher Widerstand ist, erreichen Stromstärke und Spannung nicht zeitgleich ihr Maximum.
Zu jedem Zeitpunkt t ist die Kondensatorladung $Q(t) = C\,U(t)$. Steigt $U(t)$ von 0 bis zum Maximum $\hat{U}$ an ($\Delta U/\Delta t > 0$), so steigt auch $Q(t)$ von 0 bis zum Maximum $\hat{Q} = C\,\hat{U}$ an. Während dieses Zeitraums ist $I(t) = \dot{Q}(t) > 0$. Dabei versteht man unter $\dot{Q}(t)$ die Ableitung von Q zum Zeitpunkt t, so wie man unter $f'(x)$ die Ableitung von f an der Stelle x versteht. Hat $Q(t)$ das Maximum $\hat{Q}$ erreicht, so fließt in der Leitung keine Ladung, die Stromstärke $I(t) = \dot{Q}(t)$ ist null. Wenn die Spannung wieder abnimmt ($\Delta U/\Delta t < 0$), wird der Kondensator entladen und die Stromstärke ist negativ ($I(t) = \dot{Q}(t) < 0$). Wenn der Kondensator ganz entladen ist ($Q = 0$), so ist $U = 0$. Die Stromstärke ist jetzt maximal negativ. Stromstärke und Spannung erreichen Maxima und Nulldurchgänge um $\pi/2$ phasenverschoben.

➠ *Versuch 2* zeigt, dass beim Kondensator $U_{eff} \sim I_{eff}$ gilt. Dies legt nahe, den Quotienten U_{eff}/I_{eff} als **kapazitiven Widerstand X_C** eines Kondensators zu bezeichnen. Der Versuch zeigt weiterhin, dass bei U_{eff} = konst. $U_{eff}/I_{eff} \sim 1/f$ gilt. Bei höherer Frequenz wird der Kondensator häufiger umgeladen. Die Umladestromstärke steigt, der kapazitive Widerstand $X_C = U_{eff}/I_{eff}$ sinkt. Weiterhin zeigt sich, dass bei konstanter Frequenz U_{eff}/I_{eff} proportional zu $1/C$ ist. Bei größerer Kapazität C passt bei gleicher Spannung mehr Ladung auf den Kondensator. Die Umladestromstärke steigt deshalb an. Der kapazitive Widerstand X_C sinkt. Die mathematische Herleitung ergibt für den **kapazitiven Widerstand** eines Kondensators

$$X_C = 1/(2\pi f C) = 1/(\omega C).$$

2. Induktiver Spulenwiderstand durch Selbstinduktion

Schließen wir eine Spule großer Induktivität an eine Gleichspannungsquelle, so steigt die Stromstärke wegen der Selbstinduktionsspannung nicht schlagartig an. Kann solch eine Spule überhaupt Wechselstrom führen? Wir untersuchen mit einem Zweikanaloszilloskop den Verlauf von Stromstärke und Spannung (➠ *Versuch 3*).

Bei sinusförmiger Spannung $U(t)$ ist auch die Stromstärke $I(t)$ sinusförmig. Sie hinkt der Spannung $U(t)$ um fast $\pi/2$ hinterher.
Versuch 4 zeigt, dass auch bei einer Spule $U_{eff} \sim I_{eff}$ gilt. Dies legt nahe, den Quotienten U_{eff}/I_{eff} als **induktiven Widerstand X_L** einer Spule zu bezeichnen. Die Messergebnisse zeigen weiterhin, dass $U_{eff}/I_{eff} \sim f$ ist bei U_{eff} = konst. Der induktive Widerstand $X_L = U_{eff}/I_{eff}$ steigt mit höherer Frequenz f, weil in kürzeren Zeitabständen umgepolt wird. Die Selbstinduktionsspannung wirkt dadurch der Änderung der Stromstärke stärker entgegen. Zusätzlich zeigt sich, dass $U_{eff}/I_{eff} \sim L$ ist bei konstanter Frequenz f. Eine größere Induktivität L der Spule erhöht die Selbstinduktionsspannung. Diese wirkt dadurch der Änderung von I stärker entgegen. Die Effektivstromstärke I_{eff} sinkt, der induktive Widerstand $X_L = U_{eff}/I_{eff}$ der Spule steigt. Die mathematische Herleitung ergibt für den **induktiven Widerstand** einer Spule (unabhängig vom ohmschen Widerstand R).

$$X_L = 2\pi f L = \omega L.$$

Merksatz

Legt man eine sinusförmige Wechselspannung $U(t)$ an einen Kondensator oder an eine Spule, so ist die Stromstärke $I(t)$ ebenfalls sinusförmig. Beim Kondensator eilt die Stromstärke der Spannung um $\pi/2$ in der Phase voraus, bei der Spule hinkt sie um $\pi/2$ hinterher. Man nennt den Quotienten $X_C = U_{eff}/I_{eff}$ den **kapazitiven Widerstand eines Kondensators.** Es gilt

$$X_C = \frac{1}{\omega C} \quad \text{und damit} \quad I_{eff} = U_{eff}\,\omega C.$$

X_C steigt mit abnehmender Frequenz.
Man nennt den Quotienten $X_L = U_{eff}/I_{eff}$ den **induktiven Widerstand einer Spule**. Es gilt

$$X_L = \omega L \quad \text{und damit} \quad I_{eff} = \frac{U_{eff}}{\omega L}.$$

X_L steigt mit zunehmender Frequenz.

3. Kondensator und Spule ändern die Klangfarbe

In *Versuch 5* legen wir die Überlagerung zweier Wechselspannungen unterschiedlicher Frequenz f_1 und f_2 ($f_1 < f_2$) entweder an einen ohmschen Widerstand, an einen Kondensator oder an eine Spule mit Eisenkern. Wie die Oszilloskopbilder zeigen, sind die Stromstärken beim ohmschen Widerstand R für die Frequenzen f_1 und f_2 gleich groß (*Versuch 5a*). Dagegen ist der kapazitive Widerstand X_C des Kondensators für die größere Frequenz f_2 kleiner, d. h. die Stromstärke der Frequenz f_2 größer (*Versuch 5b*). Der induktive Widerstand X_L einer Spule ist für die kleinere Frequenz f_1 kleiner, d. h. die Stromstärke der Frequenz f_1 größer (*Versuch 5c*).
Ein Kondensator lässt also Ströme hoher Frequenz, eine Spule Ströme tiefer Frequenz besser „passieren". Man nennt deshalb eine Schaltung mit Kondensator **Hochpass**, eine mit Spule **Tiefpass.** Prinzipiell werden so bei Lautsprecherboxen Frequenzweichen gebaut, um auf Hochtonlautsprecher hohe Frequenzen (Hochpass), auf Tieftonlautsprecher tiefe Frequenzen zu geben (Tiefpass).

V 4: Wir ersetzen in *Versuch 2* den Kondensator durch eine Spule mit 500 Windungen. Sowohl die Spannung U_{eff} an der Spule als auch die Stromstärke I_{eff} werden gemessen. Die Messergebnisse zeigt die Tabelle:

U_{eff}	f	L	I_{eff}	U_{eff}/I_{eff}
2,0 V	500 Hz	9 mH	76 mA	**26,3 Ω**
4,0 V	500 Hz	9 mH	145 mA	**27,6 Ω**
2,0 V	**500 Hz**	9 mH	76 mA	**26,3 Ω**
2,0 V	**1000 Hz**	9 mH	38 mA	**52,6 Ω**
2,0 V	1000 Hz	**9 mH**	38 mA	**52,6 Ω**
2,0 V	1000 Hz	**18 mH**	19 mA	**105,0 Ω**

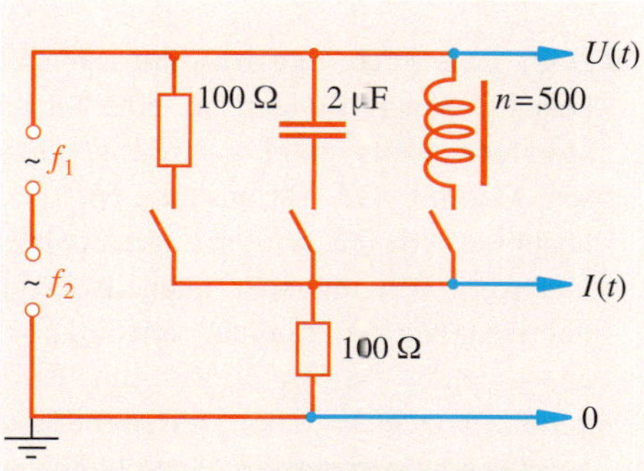

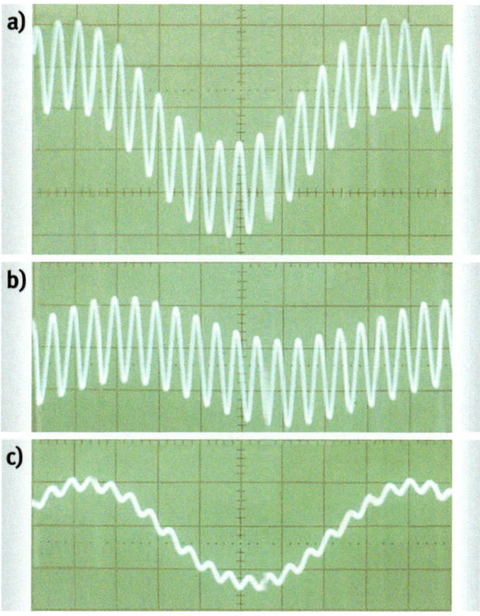

V 5: Wir schalten zwei Frequenzgeneratoren gegeneinander (Erdung beachten!). Dabei wählen wir ungefähr das Verhältnis 16:1 der beiden Frequenzen f_2 und f_1 ($f_1 < f_2$). Mit Schaltern können wir den Verlauf der Stromstärken für R, C oder L jeweils mit dem Oszilloskop (erdfrei!) zeigen:
a) Stromstärke bei ohmschem Widerstand R, **b)** Stromstärke bei Kondensator C,
c) Stromstärke bei Spule L.

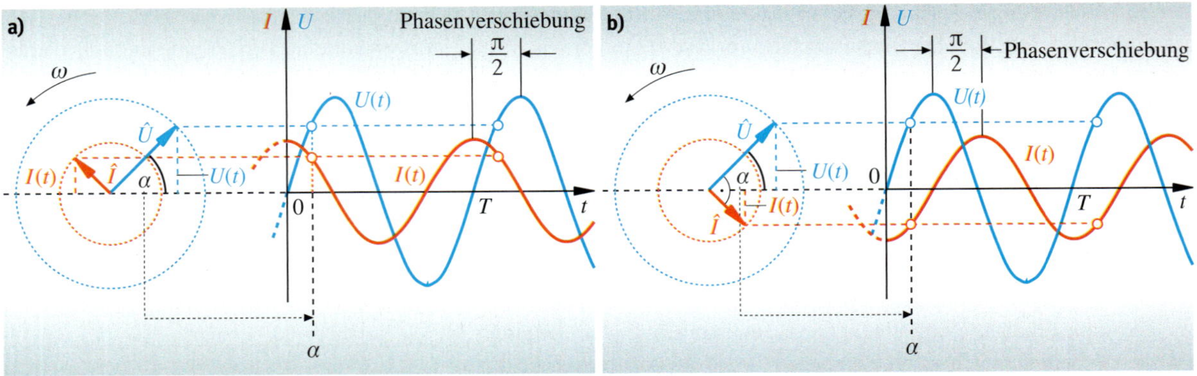

B 1: Zeigerdiagramm für **a)** einen Kondensator, **b)** eine ideale Spule

V 1: a) Eine Spule mit dem ohmschen Widerstand $R = 10\ \Omega$ wird an eine Gleichspannungsquelle mit $U = 4$ V angeschlossen. Man misst die Stromstärke $I = 0{,}40$ A unabhängig davon, ob sich in der Spule ein Eisenkern befindet oder nicht. **b)** Legen wir eine Wechselspannung mit $U_{\text{eff}} = 4$ V an, so beträgt die Stromstärke ohne Eisenkern $I_{\text{eff}} \approx 0{,}35$ A – nur etwas weniger als bei Gleichspannung. Mit geschlossenem Eisenkern sinkt die Stromstärke auf ca. $\frac{1}{50}$. Die Spule hat mit Eisenkern einen induktiven Widerstand, der 50-mal so groß ist wie ihr ohmscher Widerstand.

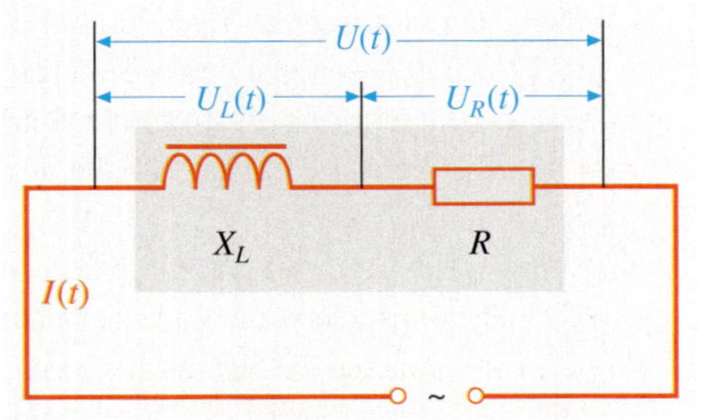

B 2: Ersatzschaltbild einer realen Spule: Reihenschaltung von R und X_L.

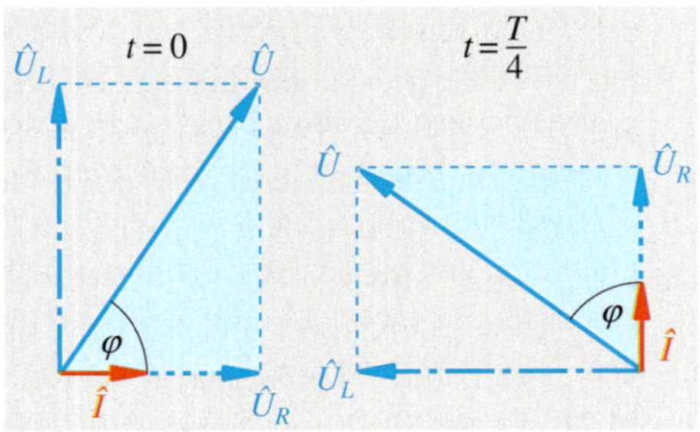

B 3: Zeigerdiagramm einer realen Spule. Wir beginnen mit dem Stromstärkezeiger $\hat{I}$.

4. Mathematische Behandlung mit Zeigern

Wir können für einen Kondensator oder für eine Spule den zeitlichen Verlauf von Spannung und Stromstärke samt der Phasenverschiebung mithilfe von Zeigerdiagrammen einfach konstruieren.

a) Kapazitiver Widerstand: Legen wir an einen Kondensator die Wechselspannung $U(t) = \hat{U} \sin(\omega t)$, so gilt für seine Ladung $Q(t) = C\,U(t) = C\hat{U} \sin(\omega t)$. Die Stromstärke $I(t)$ erhält man durch Ableiten von Q nach t: $I(t) = \dot{Q}(t) = \omega C \hat{U} \cos(\omega t) = \hat{I} \cos(\omega t)$.
Im Zeigerdiagramm für einen Kondensator ➡ *Bild 1a* eilt der Zeiger der Länge $\hat{I}$ dem Zeiger der Länge $\hat{U}$ um die Phase $\pi/2$ im Drehsinn voraus. Ist bei $t = 0$ auch $U(0) = 0$, so liegt für $t = 0$ der $\hat{U}$-Zeiger horizontal. $\hat{I} = \omega C \hat{U}$ ist der Scheitelwert der Stromstärke. Für konstante Kapazität C und Kreisfrequenz ω sind die Scheitelwerte $\hat{I}$ und $\hat{U}$ proportional, folglich auch die Effektivwerte $I_{\text{eff}} = \hat{I}/\sqrt{2}$ und $U_{\text{eff}} = \hat{U}/\sqrt{2}$. Der Quotient $U_{\text{eff}}/I_{\text{eff}} = \hat{U}/\hat{I} = 1/(\omega C)$ ist von U_{eff} unabhängig. Er ist der **kapazitive Widerstand X_C** eines Kondensators.

b) Induktiver Widerstand: Auf die Elektronen einer Spule wirkt nicht nur die von außen angelegte Spannung $U(t)$, sondern auch die in der Spule erzeugte Selbstinduktionsspannung $U_{\text{ind}}(t) = -L\dot{I}(t)$. Die Stromstärke ist zu jedem Zeitpunkt $I(t) = (U(t) - L\dot{I}(t))/R$. Multiplizieren dieser Gleichung mit R ergibt

$$I(t)\,R = U(t) - L\dot{I}(t). \qquad (1)$$

Für vernachlässigbar kleinen ohmschen Widerstand R (also $R \to 0$ für eine *ideale Spule*) ergibt sich als Näherung $0 = U(t) - L\dot{I}(t)$ oder $\dot{I}(t) = U(t)/L$. Die angelegte Spannung $U(t)$ hält in jedem Augenblick der induzierten Spannung $-L\dot{I}(t)$ das Gleichgewicht.
Für die sinusförmige Spannung $U(t) = \hat{U} \sin(\omega t)$ folgt die Gleichung $\dot{I}(t) = (\hat{U}/L) \sin(\omega t)$. Wir erhalten als eine Stammfunktion $I(t) = (\hat{U}/\omega L)\,(-\cos(\omega t))$, wie wir durch Differenzieren nach t prüfen können. Die Stromstärke $I(t)$ und ihr Zeiger werden durch eine negative Kosinusfunktion mit Scheitelwert $\hat{I} = \hat{U}/(\omega L)$ beschrieben. $I(t)$ hinkt $U(t)$ um $\pi/2$ nach. Für eine ideale Spule eilt der Zeiger $\hat{U}$ dem Zeiger $\hat{I}$ um $\pi/2$ voraus (➡ *Bild 1b*). $U_{\text{eff}}/I_{\text{eff}} = \hat{U}/\hat{I} = \omega L$ ist der **induktive Widerstand X_L** einer idealen Spule.

c) Reale Spule mit induktivem und ohmschem Widerstand: Bei einer realen Spule ist der ohmsche Spulenwiderstand R nicht vernachlässigbar klein. Wir können deshalb in *Gl. (1)* das Produkt $I(t)\,R$ nicht mehr vernachlässigen.
In der Gleichung $U(t) = I(t)\,R + L\,\dot{I}(t)$ betrachten wir $U_R(t) = I(t)\,R$ als Teilspannung am ohmschen Widerstand und $U_L(t) = +L\,\dot{I}(t)$ als Teilspannung am induktiven Widerstand. Diese Teilspannungen werden zu jedem Zeitpunkt t addiert wie bei der Reihenschaltung von Geräten: $\boldsymbol{U(t) = U_R(t) + U_L(t)}$.

Wir können daher eine reale Spule in einem *Ersatzschaltbild* durch die Reihenschaltung ihres ohmschen Widerstands R und ihres induktiven Widerstands X_L darstellen (➠ *Bild 2*).
Mit dem Zeigerdiagramm (➠ *Bild 3*) ermitteln wir den Wechselstromwiderstand einer realen Spule und die Phasenlage von Spannung $U(t)$ und Stromstärke $I(t)$. Die Stromstärke $I(t)$ ist in den in Reihe geschalteten Widerständen gleich groß. Deshalb beginnen wir das Zeigerdiagramm mit dem Stromstärkezeiger $\hat{I}$. Die Teilspannung $U_R(t) = I(t)\,R$ an R ist mit der Stromstärke $I(t)$ in Phase. Ihr Zeiger $\hat{U}_R = \hat{I}R$ zeigt in Richtung von Zeiger $\hat{I}$. Die Teilspannung $U_L(t) = L\,\dot{I}(t)$ an L dagegen eilt der Stromstärke $I(t)$ wegen der Selbstinduktion um $\varphi = \pi/2$ voraus. Entsprechend eilt ihr Zeiger $\hat{U}_L = \hat{I}\omega L$ dem Zeiger $\hat{I}$ um $\varphi = \pi/2$ voraus.

Lassen wir die Zeiger $\hat{I}$, $\hat{U}_R$ und $\hat{U}_L$ im *Gegen*uhrzeigersinn rotieren, so erhalten wir durch die Projektion des jeweiligen Zeigers auf die vertikale Achse die zugehörige Sinuslinie.
Wir addieren die Zeiger $\hat{U}_R$ und $\hat{U}_L$ zum Zeiger $\hat{U}$. Seine Projektion ergibt die zur angelegten Spannung $U(t)$ gehörige Sinuslinie. In jeder Stellung des blau getönten Zeigerdreiecks, also zu jedem Zeitpunkt t, erzeugen die horizontalen Linien von den drei Zeigern drei Projektionen auf die U-Achse, welche die Addition $U(t) = U_R(t) + U_L(t)$ befolgen. Wir ersparen uns damit das mühevolle punktweise Addieren der Sinuslinien von $U_R(t)$ und $U_L(t)$ zur Sinuslinie $U(t)$.
Die Hypotenuse in dem rechtwinkligen, blau getönten Zeigerdreieck ergibt den Scheitelwert $\hat{U}$ der angelegten Spannung

$$\hat{U} = \sqrt{(\hat{I}R)^2 + (\hat{I}\omega L)^2} = \hat{I}\,\sqrt{R^2 + X_L^2}.$$

Wegen der Phasenverschiebung $\pi/2$ addieren sich R und X_L nicht wie reelle Zahlen sondern wie Vektoren. Der Quotient $\hat{U}/\hat{I} = U_{\text{eff}}/I_{\text{eff}} = \sqrt{R^2 + (\omega L)^2}$ ist von U_{eff} unabhängig und kennzeichnet den Wechselstromwiderstand Z einer realen Spule. Er steigt mit wachsender Kreisfrequenz $\omega = 2\,\pi f$ (➠ *Bild 4*).

Merksatz

Man nennt den Quotienten $\boldsymbol{Z = U_{\text{eff}}/I_{\text{eff}}}$ den **Scheinwiderstand** (Wechselstromwiderstand) **einer Spule.**
Der **Scheinwiderstand *Z*** einer **realen Spule** mit ohmschem Widerstand R und Induktivität L ist

$$\boldsymbol{Z = \sqrt{R^2 + (\omega L)^2}}.$$

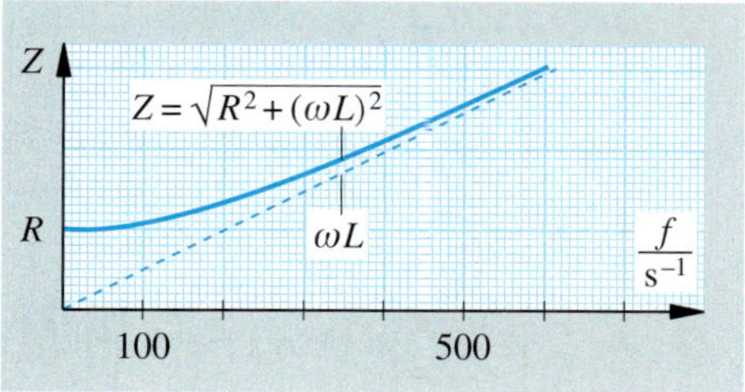

B 4: Abhängigkeit des Scheinwiderstands Z einer realen Spule von der Frequenz f

... noch mehr Aufgaben

A 1: Zeigen Sie, dass $X_C = 1/(\omega\,C)$ und $X_L = \omega\,L$ die Einheit Ω haben.

A 2: Warum kann man den kapazitiven Widerstand X_C nicht als Quotient $U(t)/I(t)$ der Momentanwerte definieren?

A 3: a) Welche Stromstärke zeigt ein Messgerät in der Leitung zu einem Kondensator von 20 µF an, wenn man $U_{\text{eff}} = 230$ V bei $f = 50$ Hz anlegt? Berechnen Sie die Scheitelwerte der sinusförmigen Stromstärke und Spannung. **b)** Zeichnen Sie ein Zeigerdiagramm (100 V ≙ 1 cm; 1 A ≙ 1 cm). Trägt man Effektiv- oder Scheitelwerte ein? **c)** Zwischen welchen Werten schwankt die Energie im Kondensator?

A 4: a) Berechnen Sie die Kapazität eines Kondensators, wenn bei $U_{\text{eff}} = 20$ V und $f = 50$ Hz die Stromstärke $I_{\text{eff}} = 100$ mA beträgt. **b)** Die Zuleitung zu einem Kondensator mit 1,0 µF führt einen Strom der Stärke $I_{\text{eff}} = 50$ mA. Welche Frequenz hat die angelegte Wechselspannung bei $U_{\text{eff}} = 10$ V?

A 5: a) Um die Induktivität L einer Spule zu ermitteln, legen wir zuerst die Gleichspannung 4,0 V an und erhalten die Stromstärke 0,10 A. Berechnen Sie den ohmschen Widerstand R der Spule. **b)** Beim Anlegen der Wechselspannung mit $U_{\text{eff}} = 12$ V (50 Hz) sinkt die Stromstärke auf $I_{\text{eff}} = 0{,}030$ A. Berechnen Sie den induktiven Widerstand X_L der Spule bei 50 Hz. Berechnen Sie die Induktivität L der Spule. **c)** Zeichnen Sie das zugehörige Zeigerdiagramm. Konstruieren Sie damit den zeitlichen Verlauf von $U(t)$ und $I(t)$.

A 6: a) Eine Spule hat $R = 20\ \Omega$ und $L = 0{,}10$ H. Bestätigen Sie für $\omega = 0\ \text{s}^{-1}$, $100\ \text{s}^{-1}$ und $500\ \text{s}^{-1}$ das Schaubild ➠ *Bild 4*. **b)** Begründen Sie das asymptotische Verhalten des Schaubilds in ➠ *Bild 4*.

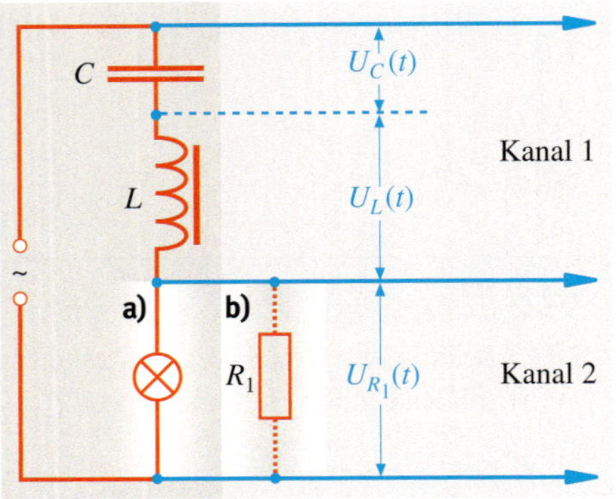

V 1: a) Wir schalten ein Lämpchen (18 V/0,1 A), einen Kondensator und eine Spule in Reihe an einen Sinusgenerator. Bei einer bestimmten Frequenz leuchtet das Lämpchen am hellsten. **b)** Wir ersetzen das Lämpchen durch einen ohmschen Widerstand R_1. Die Teilspannung $U_{R_1}(t) = R_1 I(t)$ ist proportional zur Stromstärke $I(t)$. Ein Oszilloskop zeigt, dass $I(t)$ sinusförmig und gegenüber der von außen angelegten Spannung $U(t)$ phasenverschoben ist.

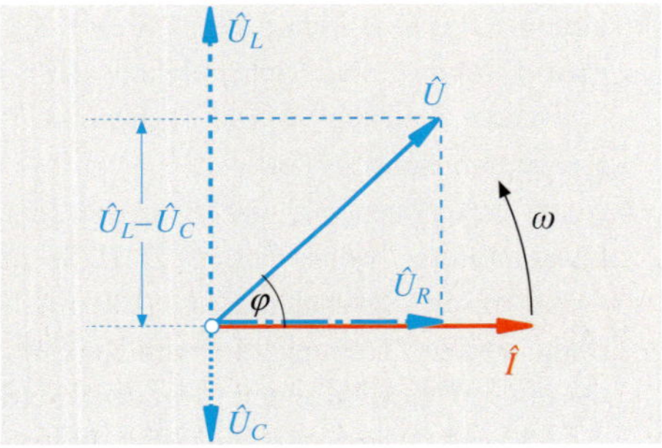

B 1: Zeigerdiagramm für die Reihenschaltung von R, L, C

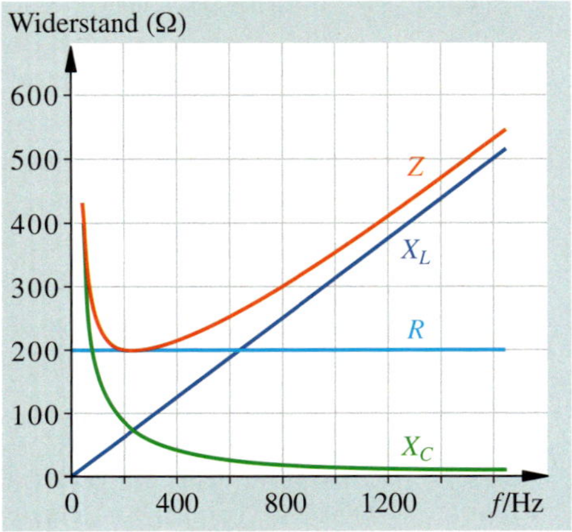

B 2: Reihenschaltung von R, L, C: Widerstände R, X_C, X_L und *Scheinwiderstand* Z in Abhängigkeit von der Frequenz f

Reihen- und Parallelschaltung von *R, L, C*

1. Drei Bauelemente in Konkurrenz

Bei Wechselstrom verhalten sich die Bauelemente ohmscher Widerstand, Kondensator und Spule unterschiedlich. Während bei steigender Frequenz der kapazitive Widerstand $X_C = 1/(\omega C)$ eines Kondensators sinkt, steigt der induktive Widerstand $X_L = \omega L$ einer Spule. Welches dieser Bauelemente dominiert, wenn man sie zusammenschaltet?

2. Reihenschaltung von *R, L, C* (Siebkette)

Schalten wir ein Lämpchen mit einem Kondensator und einer Spule in Reihe (➡ *Versuch 1a),* so leuchtet es für eine bestimmte Frequenz f_0 am hellsten. Bei sehr viel kleineren Frequenzen sperrt der Kondensator, bei größeren die Spule. Diese Anordnung siebt eine Frequenz aus und heißt deshalb **Siebkette.** Wie im Fall einer realen Spule berechnen wir den Scheinwiderstand Z und den Phasenwinkel φ für die Reihenschaltung mit dem Zeigerdiagramm für die Teilspannungen U_R, U_C und U_L.

a) Addieren wir zum *ohmschen* Widerstand R_1 (➡ *Versuch 1b*) den ohmschen Widerstand von Spule und Leitungen, so erhalten wir den **Wirkwiderstand** R. Die an ihm liegende Teilspannung $R\,I(t)$ ist mit der Stromstärke $I(t)$ in Phase. Ihr Zeiger $\hat{U}_R = \hat{I} R$ liegt also in Richtung des Zeigers $\hat{I}$, der bei der Reihenschaltung als Ausgangspunkt für das Zeigerdiagramm dient (➡ *Bild 1*).

b) Am *induktiven* Widerstand X_L liegt die Teilspannung $U_L(t)$ und kompensiert die induzierte Spannung $U_{\text{ind}} = -L\dot{I}$. Ihr Zeiger $\hat{U}_L = \hat{I}\,\omega L$ eilt dem Zeiger $\hat{I}$ um π/2 voraus.

c) Am *kapazitiven* Widerstand X_C liegt die Teilspannung $U_C(t)$, die der Stromstärke $I(t)$ um π/2 nachhinkt. Ihr Zeiger $\hat{U}_C = \hat{I}/(\omega C)$ hinkt dem Zeiger $\hat{I}$ um π/2 nach.

Die Addition der drei Spannungszeiger geht am einfachsten, wenn wir zunächst die Differenz $\hat{U}_L - \hat{U}_C$ der Gegenzeiger $\hat{U}_L$ und $\hat{U}_C$ bilden. Addieren wir hierzu den Zeiger $\hat{U}_R$, so ergibt sich als Hypotenuse im rechtwinkligen Dreieck der Zeiger $\hat{U}$ der Gesamtspannung $U(t)$. Für ihren Scheitelwert $\hat{U}$ folgt nach PYTHAGORAS

$$\hat{U} = \sqrt{\hat{U}_R^2 + (\hat{U}_L - \hat{U}_C)^2} = \hat{I}\,\sqrt{R^2 + \left(\omega L - \frac{1}{\omega C}\right)^2}.$$

Wiederum sind die Scheitelwerte $\hat{I}$ und $\hat{U}$ proportional zueinander. Für den Scheinwiderstand $Z = \hat{U}/\hat{I} = U_{\text{eff}}/I_{\text{eff}}$ erhalten wir

$$Z = \sqrt{R^2 + \left(\omega L - \frac{1}{\omega C}\right)^2}.$$

Die Stromstärke $I(t)$ ist sinusförmig und ist zur angelegten Spannung $U(t)$ um φ phasenverschoben (➡ *Versuch 1b*).
Für den Phasenwinkel φ erhalten wir aus dem Zeigerdiagramm (➡ *Bild 1*) $\tan\varphi = (\hat{U}_L - \hat{U}_C)/\hat{U}_R = (\omega L - 1/(\omega C))/R$.

Merksatz

An der Reihenschaltung aus ohmschem Widerstand R, kapazitivem Widerstand $X_C = 1/(\omega C)$ und induktivem Widerstand $X_L = \omega L$ liege die sinusförmige Wechselspannung $U(t) = \hat{U} \sin(\omega t)$. Für den **Scheinwiderstand $Z = U_{eff}/I_{eff}$** gilt

$$Z = \sqrt{R^2 + \left(\omega L - \frac{1}{\omega C}\right)^2} = \sqrt{R^2 + (X_L - X_C)^2}.$$

Als effektive Stromstärke ergibt sich

$$I_{eff} = \frac{U_{eff}}{Z}.$$

Der resultierende **Blindwiderstand** ist

$$X = \omega L - \frac{1}{\omega C}.$$

Die sinusförmige Stromstärke $I(t) = \hat{I} \sin(\omega t - \varphi)$ ist gegenüber der angelegten Spannung $U(t) = \hat{U} \sin(\omega t)$ um den Winkel φ **phasenverschoben.** Für ihn gilt

$$\tan \varphi = \frac{X_L - X_C}{R} = \frac{\omega L - \frac{1}{\omega C}}{R}.$$

Für $\varphi > 0$ hinkt die Stromstärke $I(t)$ der Spannung $U(t)$ nach (Spule); für $\varphi < 0$ eilt sie voraus (Kondensator).

Wir ändern bei der Reihenschaltung von R, L und C die Frequenz f. Bei der Resonanzfrequenz f_0 ist der Scheinwiderstand Z minimal (➡ *Bild 2*), während die Stromstärke I_{eff} maximal ist (➡ *Bild 3*). Es ist $Z = R$. Die Phasenverschiebung φ und der resultierende Blindwiderstand X sind jetzt null.

In ➡ *Versuch 2* messen wir bei der Reihenschaltung von R, L und C die Teilspannungen U_C am Kondensator und U_L an einer Spule in Abhängigkeit von der Frequenz f. Die zu I_{eff} proportionalen Teilspannungen $U_{L,\,eff}$ und $U_{C,\,eff}$ haben bei f_0 jeweils besonders große Werte **(Spannungsresonanz)** und kompensieren sich (➡ *Bild 4*). Diese Reihenschaltung lässt die *Resonanzfrequenz f_0 bevorzugt durch* und heißt deshalb *Siebkette* (der Scheinwiderstand $Z(f_0)$ ist minimal). Andere Frequenzen f werden ausgesiebt, d. h. der Scheinwiderstand $Z(f)$ ist größer als $Z(f_0)$. Im Resonanzfall können die Teilspannungen $U_{C,\,eff}$ am Kondensator und $U_{L,\,eff}$ an der Spule erheblich höher sein als die angelegte Spannung U_{an}.

Bei einem Radiogerät kann man auf diese Weise einen Sender mit der Frequenz f_0 aus einem ankommenden Frequenzgemisch verschiedener Sender auswählen.

Beispiel

Die Elemente $R = 20\ \Omega$, $C = 20\ \mu F$ und $L = 20$ mH liegen in Reihe an einer Quelle mit $U_{eff} = 20$ V und der Resonanzfrequenz $f_0 \approx 252$ Hz. Die Stromstärke beträgt $I_{eff} = U_{eff}/Z = U_{eff}/R = 20\ V/20\ \Omega = 1$ A. Die Teilspannungen sind

an C: $U_{C,\,eff} = I_{eff}/(\omega C) = 1\ A/(2\pi \cdot 252\ Hz \cdot 20\ \mu F) \approx 32$ V,

an L: $U_{L,\,eff} = I_{eff}\, \omega L = 1\ A \cdot 2\pi \cdot 252\ Hz \cdot 0{,}02\ H \approx 32$ V,

an R: $U_{R,\,eff} = I_{eff} R = 1\ A \cdot 20\ \Omega = 20$ V.

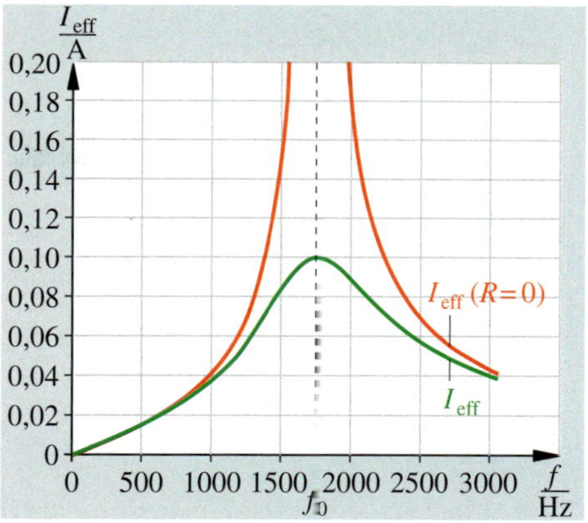

B 3: Reihenschaltung von R, C, L: Stromstärke I_{eff} in Abhängigkeit von der Frequenz f. Für $f = f_0$ ist die Stromstärke I_{eff} maximal.

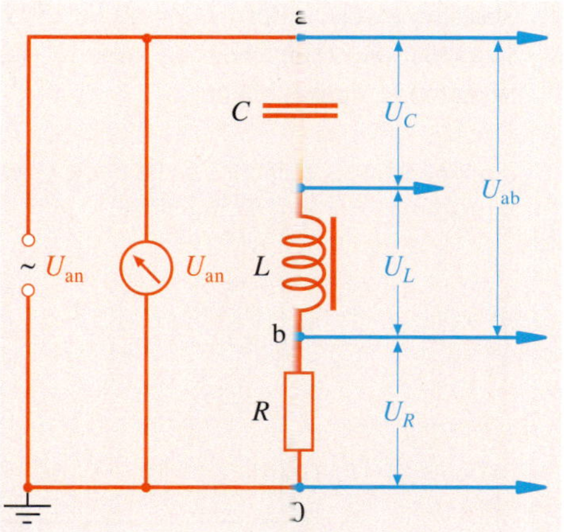

V 2: Wir messen die Spannungen U_C, U_L und U_{ab} in Abhängigkeit von der Frequenz f. Für $f = f_0$ ist $U_C \approx U_L$. U_{ab} hat ein Minimum.

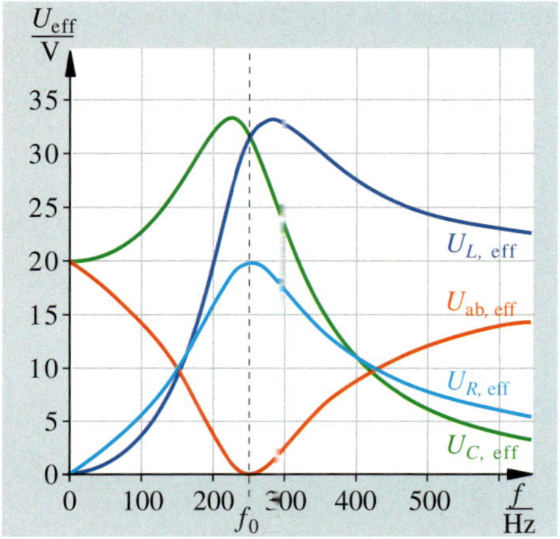

B 4: Teilspannungen bei Reihenschaltung von R, L, C in Abhängigkeit von Frequenz f (Spannungsresonanz). Bei $f = f_0$ ist $U_{C,\,eff} = U_{L,\,eff}$ und $U_{R,\,eff} = U_{eff}$.

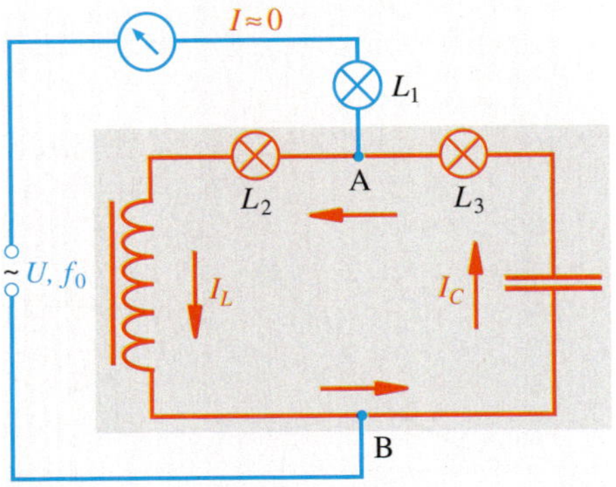

V 1: Eine Spule (1 000 Windungen) mit U-Eisenkern (Joch fast geöffnet) und ein Kondensator (30 µF) liegen parallel an einer Wechselspannung (roter Stromkreis). Drei Lämpchen (4 V/0,6 A) dienen zum Stromstärkenachweis. Bei $U_{\text{eff}} = 40$ V, 50 Hz leuchten die Lämpchen L_2 und L_3 hell, während L_1 dunkel bleibt.

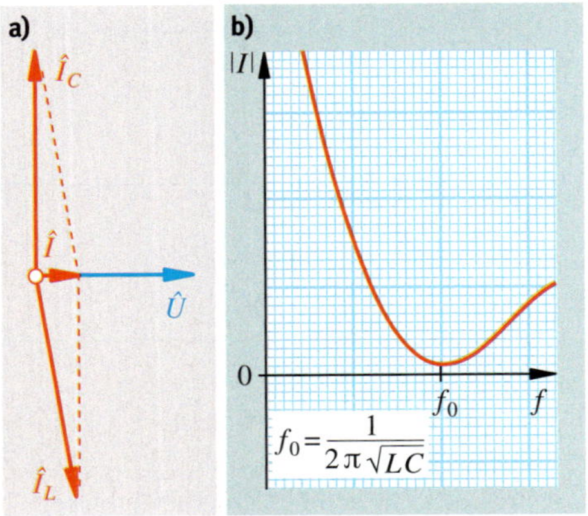

B 1: a) Zeigerdiagramm für Parallelschaltung von L und C (Sperrkreis). Ausgangspunkt ist der Zeiger $\hat{U}$. **b)** Stromstärke als Funktion der Frequenz mit Minimum bei Frequenz f_0.

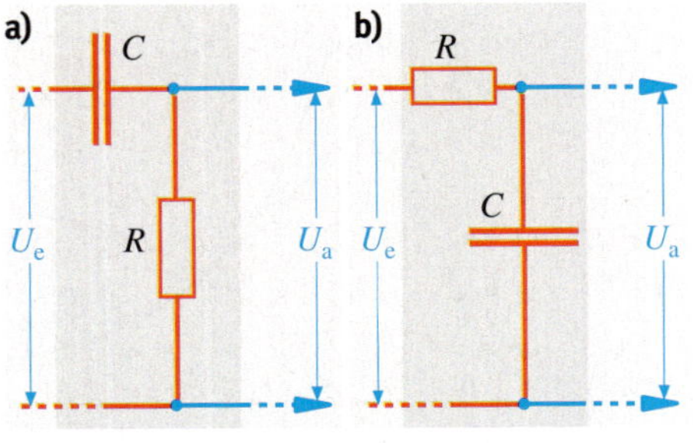

B 2: Eine Eingangsspannung U_e wird an eine Reihenschaltung von R und C gelegt. Die Ausgangsspannung U_a kann man abgreifen: **a)** beim Hochpass am ohmschen Widerstand R, **b)** beim Tiefpass am Kondensator C.

3. Parallelschaltung von *L* und *C* (Sperrkreis)

Der kapazitive Widerstand $X_C = 1/(\omega C)$ eines Kondensators und der induktive Widerstand $X_L = \omega L$ einer Spule sind bei der Resonanzfrequenz f_0 der Reihenschaltung von Spule und Kondensator gleich groß. Schalten wir bei dieser Frequenz f_0 nur den Kondensator oder nur die Spule an einen Sinusgenerator, so erhalten wir ungefähr gleich große Stromstärken $I_{C,\text{eff}}$ und $I_{L,\text{eff}}$. Schalten wir jetzt aber Kondensator und Spule *parallel* an den Sinusgenerator, so ist die Stromstärke I in der Zuleitung fast null (➠ *Versuch 1*). Während Lämpchen L_1 dunkel ist, leuchten L_2 und L_3 gleich hell. Die Stromstärken I_C und I_L sind viel größer als I. Zur Erklärung nutzen wir das Zeigerdiagramm.

Weil bei der *Parallelschaltung* von Kondensator und Spule an beiden Bauteilen dieselbe Spannung $U(t)$ liegt, beginnen wir mit dem Zeiger $\hat{U}$ (➠ *Bild 1a*). Der Zeiger $\hat{I}_C$ der Kondensatorstromstärke eilt dem Spannungszeiger $\hat{U}$ um $\pi/2$ voraus, während der Zeiger $\hat{I}_L$ der Spulenstromstärke um fast $\pi/2$ nachhinkt. Die Phasenverschiebung von $\hat{I}_C$ und $\hat{I}_L$ ist also nahezu π. Ohne ohmschen Widerstand R der Spule wäre sie exakt π. Bei $R > 0$ dagegen ergibt die Addition von $\hat{I}_C$ und $\hat{I}_L$ den sehr kurzen Zeiger $\hat{I}$ für die Stromstärke in der Zuleitung. $\hat{I}$ und $\hat{U}$ sind in Phase. Weil diese Parallelschaltung von L und C für die Frequenz f_0 die kleinste Stromstärke I_{eff} zur Folge hat (➠ *Bild 1b*), d. h. den größten Widerstand für die äußere Spannungsquelle, nennt man diesen Stromkreis auch **Sperrkreis.**

4. Vergleich von Siebkette und Sperrkreis

Siebkette und Sperrkreis wirken als Filter für von außen aufgeprägte Frequenzen (Bandfilter). Während die Siebkette eine bestimmte Frequenz $f_0 = 1/(2\pi\sqrt{LC})$ bevorzugt ($Z(f_0) = R$ ist minimal), unterdrückt der Sperrkreis gerade diese Frequenz f_0 ($Z(f_0) = R$ ist maximal).

5. Hochpass und Tiefpass aus *R* und *C*

Mit Klangreglern einer Hi-Fi-Anlage können Sie hohe Töne bevorzugen oder unterdrücken. Hierzu genügen im Prinzip die einfachen Bauelemente Kondensator und Widerstand (➠ *Bild 2*). Die Eingangsspannung U_e enthält das zu regelnde Frequenzgemisch.

a) Am **Hochpass** (➠ *Bild 2a*) liegt die *Eingangsspannung* U_e und erzeugt den Strom der Stärke I in der roten Leitung durch Kondensator C und Widerstand R. Enthält U_e mehrere Frequenzen f, so wird wegen $X_C = 1/(2\pi f C)$ die mit großem f bevorzugt. Ihr starker Strom erzeugt am Widerstand R eine große Teilspannung $U_a = R\,I$. Sie dient als *Ausgangsspannung* U_a, etwa für Lautsprecher.

b) Beim **Tiefpass** (➠ *Bild 2b*) wird die Teilspannung am Kondensator C als Ausgangsspannung U_a genutzt. Enthält die Eingangsspannung U_e mehrere Frequenzen f, so ist für genügend kleines f die Teilspannung $I/(2\pi f C)$ am kapazitiven Widerstand X_C groß gegenüber der Teilspannung $R\,I$ am Widerstand R. Für großes f dagegen ist die Teilspannung an X_C klein. Somit ergibt eine kleine Frequenz f eine größere Ausgangsspannung U_a als eine große Frequenz.

... noch mehr Aufgaben

A 1: a) An eine Spule mit $R = 1000\ \Omega$ und $L = 0{,}50$ H legen wir die Spannung $U_{\text{eff}} = 10$ V mit $f_1 = 1{,}0$ Hz bzw. $f_2 = 10$ kHz. Wie verhalten sich die Stromstärken? **b)** Wie verhielten sie sich bei $R = 0$?

A 2: a) Warum ist der Scheinwiderstand Z einer Spule kleiner als die Summe $R + X_L$? Warum hat die Summe $R + X_L$ keine physikalische Bedeutung, etwa zur Berechnung der angelegten Spannung? **b)** Berechnen Sie X_L einer Spule mit $R = 10\ \Omega$ und $Z = 570\ \Omega$ bei $f = 50$ Hz. Um wie viel Prozent nimmt Z ab, wenn man R vernachlässigt? Wie groß wäre die Abnahme bei $R = X_L$?

A 3: Welche zeitliche Verschiebung zwischen den Nulldurchgängen von $U(t)$ und $I(t)$ ergibt sich bei den Phasenverschiebungen $\pi/2$ und $\pi/3$ bei 50 Hz, welche bei 100 Hz?

A 4: Um einen „Phasenschieber" zu bauen, schaltet man einen ohmschen Widerstand $R = 50\ \Omega$ mit einer 20 cm langen Spule mit 1000 Windungen, $50\ \Omega$ Wirkwiderstand und $25\ \text{cm}^2$ Querschnittsfläche in Reihe. **a)** Welche Phasenverschiebung zwischen $I(t)$ und $U(t)$ zeigt das Oszilloskop bei 200 Hz? **b)** Durch Eisen wird die Induktivität 10-mal so groß. Wie ändern sich φ und I_{eff}, sowie die Teilspannung U_R am Widerstand R? **c)** Wievielmal so groß müsste man die Wechselstromfrequenz wählen, um die gleiche Wirkung auch ohne Eisen zu erzielen? Wie würden sich I_{eff} und U_R ändern?

A 5: a) Die Windungszahl der in Aufgabe 4 beschriebenen Spule wird verdoppelt. Wie ändern sich L und φ in a)? **b)** Man schaltet in den Kreis von Aufgabe 4a eine zweite gleiche Spule in Reihe, ohne dass sich ihre Magnetfelder beeinflussen. Wie ändern sich dabei L, die gesamte Spannung U_L und φ? Zeichnen Sie ein Zeigerdiagramm.

A 6: Zwei Spulen mit $L_1 = 0{,}3$ H und $L_2 = 0{,}6$ H werden in Reihe geschaltet und an eine Wechselspannung mit $U_{\text{eff}} = 10$ V, 50 Hz gelegt. Jede Spule habe den Wirkwiderstand $R = 10\ \Omega$. Die Magnetfelder der beiden Spulen sollen sich nicht beeinflussen. Wie groß sind I_{eff}, die Teilspannung U_L an L_1, und die Phasenverschiebung φ zwischen Stromstärke und Spannung?

A 7: An eine Spule mit $L = 1{,}0$ H und $R = 50\ \Omega$ legt man in Reihe geschaltet die Wechselspannung 17 V eines Eisenbahntrafos und die Gleichspannung 4,5 V einer Taschenlampenbatterie. Zeichnen Sie das t-I-Schaubild der zu erwartenden Stromstärke.

A 8: a) Ein Kondensator mit 20 µF, eine ideale Spule mit 2,0 H und eine Lampe mit $100\ \Omega$ liegen in Reihe an 20 V, 50 Hz. Berechnen Sie die Stromstärke, die Phasenverschiebung und die Teilspannungen an R, C und L. **b)** Bei welcher Frequenz wird die Stromstärke maximal? Wie groß ist das Maximum? Wie groß sind bei dieser Frequenz die Teilspannungen? **c)** Zeichnen Sie für a) und b) das Zeigerdiagramm maßstäblich und prüfen Sie an ihm den Winkel der Phasenverschiebung.

A 9: In Aufgabe 8 steige bei $t = \frac{1}{50}$ s die von außen angelegte Spannung U gerade von null zu positiven Werten an. Wie groß sind in diesem Augenblick die Stromstärke und die Teilspannungen an den Widerständen R, X_L und X_C?

A 10: a) Wie groß sind die Resonanzfrequenzen f_0 von Siebkette und Sperrkreis, die aus einem Kondensator (1,0 µF) und einer Spule (1,0 H) aufgebaut wurden? ($R = 0$) **b)** Wie muss man C verändern, damit f_0 halbiert wird? **c)** Wie ändert sich f_0, wenn man die Windungszahl der Spule verdoppelt, die Länge aber belässt?

A 11: a) Beim Hochpass (➡ *Bild 2a*) ist $C = 0{,}10$ µF, $R = 1{,}0\ \text{k}\Omega$. Welche Ausgangsspannungen U_a werden von der Eingangsspannung $U_\text{e} = 0{,}10$ V bei den Frequenzen 50 Hz und 5,0 kHz erzeugt? **b)** Wie groß ist U_a beim Tiefpass (➡ *Bild 2b*) für $U_\text{e} = 0{,}10$ V und 50 Hz bzw. 5,0 kHz? **c)** Wie groß sind jeweils die Phasenverschiebungen zwischen U_a und U_e?

A 12: a) Man ersetze in ➡ *Bild 2* den Kondensator durch eine Spule mit 0,10 H. Welches ist der Hoch-, welches der Tiefpass? Lösen Sie nun Aufgabe 11. **b)** Warum handelt es sich bei diesen Schaltungen stets um Spannungsteiler?

A 13: Um die Dicke einer Kunststofffolie ($\varepsilon_\text{r} = 5$) laufend zu messen, zieht man sie zwischen zwei Kondensatorplatten der Fläche $100\ \text{cm}^2$ hindurch. Zwischen den Platten liegt eine Wechselspannung mit 40 V und $f = 1000$ Hz. (Foliendicke gleich Plattenabstand)
a) Welche Induktivität L muss eine mit diesem Kondensator in Reihe gelegte Spule mit $R = 100\ \Omega$ haben, damit bei der Solldicke von $d = 5 \cdot 10^{-6}$ m der Strom sein Maximum erreicht? **b)** Wie groß ist I_{eff} bei $d = 4 \cdot 10^{-6}$ m und $6 \cdot 10^{-6}$ m?

A 14: a) An eine Siebkette mit Kapazität $C = 2{,}0$ µF wird die Wechselspannung $U_{\text{eff}} = 1{,}00$ V, 600 Hz gelegt und beim Maximum der Stromstärke $I_{\text{eff}} = 10$ mA gemessen. Wie groß sind R und L sowie die Teilspannungen an R, L und C? Warum ist ihre algebraische Summe nicht gleich der angelegten Spannung? **b)** Wie groß ist die Phasenverschiebung? Skizzieren Sie deren Verlauf, wenn die Frequenz von 0 auf 2 kHz steigt. **c)** Wie groß sind in a) die maximale magnetische und die maximale elektrische Feldenergie? Treten diese gleichzeitig auf? Wie groß ist ihr zeitlicher Unterschied?

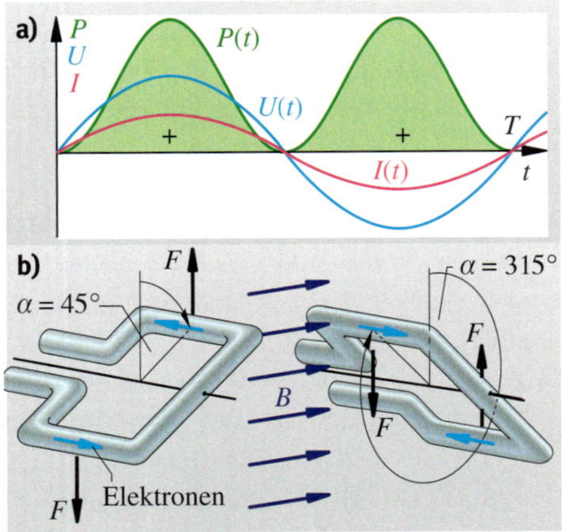

B 1: a) *Momentanleistung P(t) bei einem ohmschen Widerstand R.* **b)** Die Kraft F auf die Leiterschleife im Generator wirkt stets gegen die Drehrichtung.

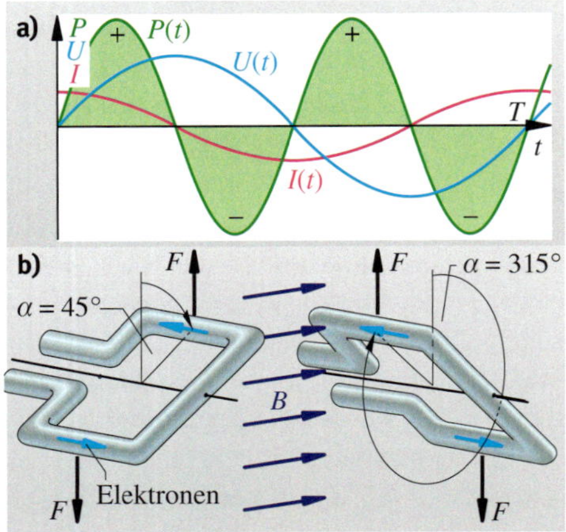

B 2: a) *Momentanleistung P(t) bei einem rein kapazitiven Widerstand X_C.* **b)** Die Kraft F auf die Leiterschleife im Generator kann auch in Drehrichtung wirken.

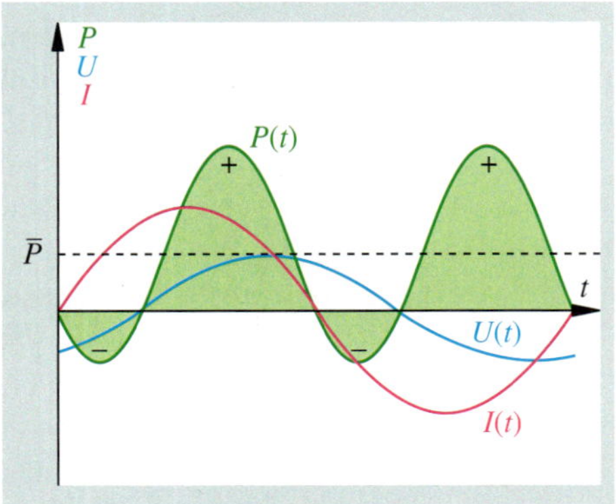

B 3: Leistung bei Reihenschaltung von Kondensator und Lampe. Beispielhaft ist $\pi/3$ als Phasenverschiebung gewählt.

Elektrische Leistung bei Wechselspannung

1. Energietransport vom E-Werk zum Verbraucher

Wie können wir bei Wechselstrom die pro Zeiteinheit gelieferte Energie berechnen? Bei Gleichspannung gilt für die Leistung $P = U\,I$. Die Wechselspannung $U(t)$ bestimmt mit der Stromstärke $I(t)$ die *momentane Leistung* $P(t)$, welche die Quelle dem Stromkreis zuführt. Dabei muss aber die bei Wechselspannung mögliche Phasenverschiebung zwischen $U(t)$ und $I(t)$ berücksichtigt werden.

2. Energie leihweise vom Generator?

Wir legen die Wechselspannung $U_{\text{eff}} = 230$ V an einen 300 W-Tauchsieder, der sich in einer bekannten Wassermenge befindet. Die Stromstärke beträgt $I_{\text{eff}} = 1{,}30$ A. Messen wir die Temperaturerhöhung des Wassers in einer bestimmten Zeitspanne, so erhalten wir als Leistung 300 J/s. Weil bei Wechselspannung die Stromstärke nicht konstant ist, muss es sich um eine *mittlere* Leistung $\overline{P}$ handeln. Das Produkt $U_{\text{eff}}\,I_{\text{eff}}$ ergibt den richtigen Wert, nämlich 230 V · 1,30 A = 300 W. Elektrische Leistungsmesser zeigen beim Betrieb des Tauchsieders gerade diese 300 W an.

Wir interessieren uns aber für die *Momentanleistung* $P(t) = U(t)\,I(t)$. Bei rein ohmschen Widerständen gilt $P(t) = R\,I^2(t)$. Der Verlauf der Momentanleistung ist in ➠ *Bild 1* grün getönt. Bei einem Tauchsieder schwankt sie mit der doppelten Wechselstromfrequenz zwischen null und dem Höchstwert $\hat{U}\,\hat{I}$. Die abgegebene Energie hängt ja nicht von der Stromrichtung ab und ist beim Maximum $\hat{I}$ der Stromstärke genauso groß wie beim Minimum $-\hat{I}$.

Ersetzen wir den Tauchsieder durch einen *Kondensator* mit der Kapazität 10 µF, so messen wir die Stromstärke $I_{\text{eff}} = 0{,}7$ A, obwohl der Leistungsmesser null anzeigt. Der Leistungsmesser ist für diesen „wattlosen" Strom „blind". Man nennt ihn deshalb **Blindstrom.** Für ihn müssen wir nichts bezahlen. Nach ➠ *Bild 2a* eilt in diesem Fall die Stromstärke $I(t)$ der Spannung $U(t)$ um $\pi/2$ in der Phase voraus. Die *Momentanleistung* $P(t) = U(t)\,I(t)$ ist während einer Periodendauer T zweimal positiv und zweimal negativ. Dabei sind die positiven und negativen Flächenanteile gleich groß. Der Mittelwert der Leistung ist also null.

Was passiert in den einzelnen Zeitabschnitten? Haben $U(t)$ und $I(t)$ gleiches Vorzeichen, so ist $P(t) > 0$. Der Betrag der Spannung $|U(t)|$ steigt in dieser Zeit von null auf den Maximalwert und damit auch die Energie $W = \frac{1}{2}\,C\,U^2$ des elektrischen Feldes des Kondensators. Das E-Werk liefert Energie zum Aufbau des elektrischen Feldes.

Haben $U(t)$ und $I(t)$ verschiedene Vorzeichen, so ist $P(t) < 0$. Der Betrag $|U(t)|$ sinkt und damit auch die Feldenergie $W = \frac{1}{2}\,C\,U^2$. Wohin geht die Energie des abnehmenden E-Feldes? Betrachten wir für diesen Fall die Leiterschleife des Generators (➠ *Bild 2b*). Die sich im Uhrzeigersinn drehende Schleife erfährt deshalb nach der Drei-Finger-Regel eine Kraft F in der Drehrichtung: Wären nur Kondensatoren an den Generator angeschlossen, so würde dieser kurzzeitig als Motor von der zurückflutenden Energie der zusammenbrechenden E-Felder angetrieben!

Ist dagegen $P(t) > 0$, so ist die Kraft F der Bewegung entgegen gerichtet (*Bild 2 b*). Die Turbine muss dann die Leiterschleife antreiben und die zum Aufbau des E-Felds nötige Energie liefern. Wenn allein ein Kondensator angeschlossen ist, läuft der Generator ruckweise. Die Energie pendelt in den Leitungen hin und her und erhöht wegen des ohmschen Widerstands die Temperatur der Leitungen. Dies gilt auch für eine Belastung durch Spulen (Motoren, Trafos). Der Elektrizitätsversorger liest den *Blindstrom* an Sonderzählern ab und belegt ihn mit Sondertarifen.

3. Eine Gleichung für die Wirkleistung

Wir schalten eine 100 W-Lampe in Reihe zum 10 µF-Kondensator. Im Vergleich zur Schaltung ohne Lampe sinkt die Stromstärke von 0,7 A auf $I_{eff} = 0{,}40$ A bei 230 V. Der Leistungsmesser zeigt jetzt einen Wert ungleich null. Wegen des ohmschen Widerstands der Lampe ist die Phasenverschiebung φ kleiner als $\pi/2$. Bei einer beliebigen Phasenverschiebung φ $(\frac{-\pi}{2} < \varphi < \frac{\pi}{2})$ gehört zur Spannung $U(t) = \hat{U} \sin(\omega t)$ die Stromstärke $I(t) = \hat{I} \sin(\omega t - \varphi)$. Für die *Momentanleistung* gilt

$$P(t) = U(t)\, I(t) = \hat{U}\, \hat{I} \sin(\omega t) \sin(\omega t - \varphi).$$

Mit $\sin\alpha \sin\beta = \frac{1}{2}\cos(\alpha - \beta) - \frac{1}{2}\cos(\alpha + \beta)$ und $\hat{U}\hat{I} = 2\, U_{eff}\, I_{eff}$ folgt

$$P(t) = U_{eff}\, I_{eff} \cos\varphi - U_{eff}\, I_{eff} \cos(2\,\omega t - \varphi).$$

Der zweite, zeitabhängige Term beschreibt eine periodische Funktion (*Bild 3*). Diese schwankt mit der doppelten Kreisfrequenz $2\,\omega$ symmetrisch um die zeitunabhängige mittlere Leistung $U_{eff}\, I_{eff} \cos\varphi$. Das Zeitmittel der Funktion ist null wie bei jeder Kosinusfunktion. Sie beschreibt das Pendeln der Energie zwischen Generator und Feld. $U_{eff}\, I_{eff} \cos\varphi$ kennzeichnet die zeitunabhängige Wirkleistung $\overline{P}$. Die Herleitung und das Ergebnis gelten auch für Spulen, weil $\cos(-\varphi) = \cos\varphi$ gilt. Bei Spule und Kondensator liegt φ zwischen $\frac{-\pi}{2}$ und $\frac{+\pi}{2}$; $\cos\varphi$ und $\overline{P} = U_{eff}\, I_{eff} \cos\varphi$ werden nie negativ. In *Bild 3* überwiegen die positiven Anteile von $P(t)$ die negativen. Der Generator gibt mehr Energie ab, als er zurücknehmen muss. Die Differenz führt dem „Verbraucher" thermische oder mechanische Energie zu. Hierfür wird der „Strompreis" bezahlt.

Merksatz

Bei einem **ohmschen Wirkwiderstand *R*** ist die *Momentanleistung* nie negativ. Vom Verbraucher wird keine Energie an das Netz zurückgegeben. Es liegt ein reiner **Wirkstrom** vor ($P(t) > 0$).
Bei rein **kapazitiven** und rein **induktiven Blindwiderständen** sind der positive und negative Anteil der *Momentanleistung* gleich groß, die mittlere Leistung ist null. Es liegt ein **Blindstrom** vor.
Die **Wirkleistung $\overline{P}$** eines beliebigen Wechselstroms hängt von der Phasenverschiebung φ zwischen Stromstärke und Spannung ab:

$$\overline{P} = U_{eff}\, I_{eff} \cos\varphi.$$

Der **Leistungsfaktor $\cos\varphi$** ist bei Wirkstrom 1, bei Blindstrom 0.

... noch mehr Aufgaben

A 1: Ein Kondensator von 20 µF, eine Spule von 2,0 H und eine Lampe mit 100 Ω liegen in Reihe an einer Wechselspannung $U_{eff} = 20$ V, 50 Hz. Berechnen Sie den Leistungsfaktor und die Wirkleistung. Prüfen Sie das Ergebnis mithilfe der Teilspannung am ohmschen Widerstand und der Gleichung $\overline{P} = I_{eff}^2 R$ nach.

A 2: Ein Kondensator (10 µF) und ein ohmscher Widerstand (100 Ω) liegen in Reihe an $U_{eff} = 230$ V, 50 Hz. Wie groß sind Stromstärke und Phasenverschiebung? Welche Leistung zeigt ein Leistungsmesser an? Wie lange dauert es, bis ein Zähler 1,0 kWh anzeigt?

A 3: Eine Spule mit Eisenkern liegt an $U_{eff} = 230$ V, 50 Hz. Die Effektivstromstärke beträgt 1,0 A. Ein Leistungsmesser zeigt $\overline{P} = 50$ W an. Berechnen Sie die Phasenverschiebung, den induktiven und den ohmschen Widerstand.

A 4: Zeigen Sie, dass die Wirkleistung $\overline{P}$ auch mit $\overline{P} = I_{eff}^2 R$ berechnet werden kann. Benutzen Sie $\overline{P} = U_{eff}\, I_{eff} \cos\varphi$ und drücken Sie $\cos\varphi$ durch $\tan\varphi$ aus. Deuten Sie $\overline{P} = I_{eff}^2 R$ unabhängig von der Rechnung durch physikalische Überlegungen.

A 5: Jemand sagt, $\cos\varphi$ gebe den energetischen Wirkungsgrad des Motors an. Was antworten Sie ihm?

A 6: Wie wird die Leiterschleife im Elektrizitätswerk bei reinem Wirkstrom belastet (*Bild 1*)?

A 7: **a)** Zeichnen Sie den Verlauf von $P(t)$ bei einem rein induktiven Blindwiderstand analog zu *Bild 2a*. Wann ist $P(t) < 0$? Wie wirkt sich die negative Leistung auf die Leiterschleife im Elektrizitätswerk aus? **b)** Vergleichen Sie die Lage der positiven und negativen Teile der $P(t)$-Kurve mit denen beim Kondensator (bezogen auf die $U(t)$-Kurve). Geben Sie damit eine Deutung für die Energiependelung im Sperrkreis.

A 8: Der Leistungsfaktor $\cos\varphi$ ist auf dem Typenschild eines Motors vermerkt. Berechnen Sie die Wirkleistungen für Motoren mit den folgenden Daten: 230 V, 16 A, $\cos\varphi = 0{,}60$ und 230 V, 12 A, $\cos\varphi = 0{,}80$. Welcher der beiden Motoren ist aus Sicht der Netzbelastung günstiger?

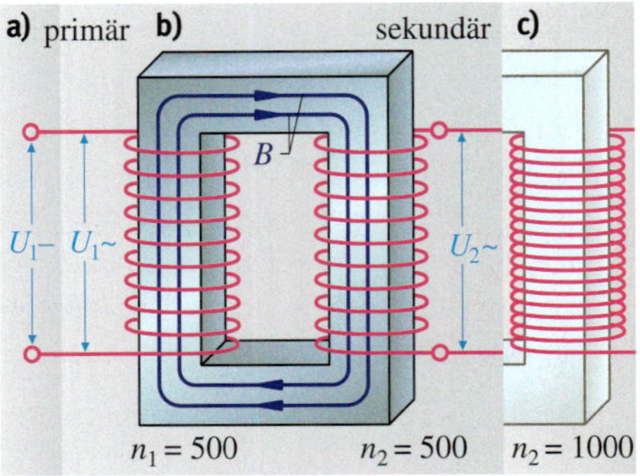

V 1: a) Wir legen an die Primärspule ($n_1 = 500$) eines Trafos eine Gleichspannung $U_1 = 6$ V. Die Primärstromstärke I_1 ist wegen des geringen ohmschen Widerstands R der Spule groß ($I_1 \approx 5$ A). An der Sekundärspule ($n_2 = 500$) messen wir keine Spannung U_2. **b)** Legen wir eine Wechselspannung $U_{1,\,\text{eff}} = 6$ V an die Primärspule, so sinkt die Stromstärke $I_{1,\,\text{eff}}$ auf ca. 50 mA, während $U_{2,\,\text{eff}}$ auf ca. 6 V ansteigt. **c)** Wir wählen $U_{1,\,\text{eff}} = 6$ V, $n_1 = 500$ und verändern die Windungszahl n_2 der Sekundärspule. Wir erhalten als Messwerte:

n_2	250	500	1000
$U_{2,\,\text{eff}}$ in V	3	6	12

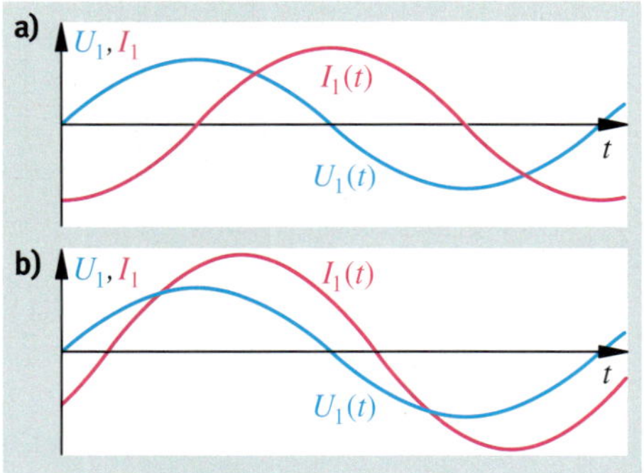

V 2: Wir untersuchen mit einem Oszilloskop die Phasenlage von Primärspannung $U_1(t)$ und Primärstromstärke $I_1(t)$ in Abhängigkeit der Belastung des Trafos. **a)** Ist der Trafo unbelastet, d.h. $I_2(t) = 0$, so hinkt $I_1(t)$ der Primärspannung $U_1(t)$ um $\frac{\pi}{2}$ hinterher. $I_1(t)$ ist ein reiner induktiver Blindstrom. Die Wirkleistung P_1 ist null. **b)** Erhöhen wir die Sekundärstromstärke $I_2(t)$ durch Verkleinern von R_S, so steigt auch die Primärstromstärke $I_1(t)$ an. Die Phasenverschiebung zwischen $U_1(t)$ und $I_1(t)$ nimmt ab. Die Primärstromstärke erhält einen Wirkanteil.

Der Transformator

1. Der unbelastete Transformator (Trafo)

Transformatoren bestehen aus zwei getrennten Spulen, die sich beide auf einem geschlossenen Eisenkern befinden. Mit ihrer Hilfe kann man die Höhe von Wechselspannungen verändern. Sie spielen bei der Übertragung elektrischer Energie vom Kraftwerk zum Haushalt und in vielen elektronischen Geräten eine wichtige Rolle. Auf welchen physikalischen Gesetzmäßigkeiten beruhen Transformatoren? Zur Klärung dieser Frage untersuchen wir, von welchen Größen die Spannung U_2 an der Sekundärspule abhängt.

Liegt an der Primärspule eine konstante *Gleichspannung* U_1, so wird in der Sekundärspule keine Spannung U_2 induziert, weil eine zeitliche Änderung des magnetischen Flusses nicht vorliegt (*Versuch 1a*). Legen wir dagegen primärseitig eine *Wechselspannung* $U_1(t)$ an (*Versuch 1b*), so wird in der Primärspule aufgrund des sich zeitlich ändernden Magnetflusses $\Phi(t)$ eine Spannung $U_{1,\,\text{ind}}(t) = -n_1\dot{\Phi}(t)$ induziert. Da sie die angelegte Spannung $U_1(t)$ kompensiert ($U_1(t) + U_{1,\,\text{ind}}(t) \approx 0$), sinkt die Primärstromstärke fast auf null (gegenüber Gleichspannung). Es gilt $U_1(t) = +n_1\dot{\Phi}(t)$. Man nennt dies die *Grundgleichung des Trafos.*

Als Idealisierung nehmen wir an, dass der sich zeitlich ändernde Fluss $\Phi(t)$ der Primärspule ganz den Eisenkern und die Sekundärspule durchsetzt. In ihr wird deshalb die Spannung $U_2(t) = -n_2\dot{\Phi}(t)$ induziert. Mit der Grundgleichung ergibt sich für die sekundarseitig induzierte Spannung $U_2(t) = -n_2/n_1\, U_1(t)$, wobei n_2/n_1 das Verhältnis der Windungszahlen ist (*Versuch 1c*). Das Verhältnis n_2/n_1 bestimmt also das Übersetzungsverhältnis $U_{2,\,\text{eff}}/U_{1,\,\text{eff}}$ eines Trafos.

Merksatz

Beim idealen Transformator verhalten sich die Spannungen wie die Windungszahlen

$$\frac{U_{2,\,\text{eff}}}{U_{1,\,\text{eff}}} = \frac{n_2}{n_1}.$$

2. Der Transformator wird belastet

Legen wir an die Sekundärspule eines Trafos einen ohmschen Widerstand R_S, so wird der Trafo belastet, d.h. es wird ihm Energie entnommen. In der Sekundärspule entsteht phasengleich ein Wirkstrom der Stärke $I_2(t) = U_2(t)/R_S$. Damit gibt der Trafo Energie ab. Woher bezieht er sie?

Wenn wir die Sekundärstromstärke $I_2(t)$ von null aus erhöhen, so steigt auch die Primärstromstärke $I_1(t)$ an (*Versuch 2*). Die Phasenverschiebung zwischen Primärspannung U_1 und Primärstromstärke I_1 nimmt ab. In der Primärspule kommt zur Blindstromstärke eine immer größere Wirkstromstärke $I_1(t)$ hinzu. Damit wird dem Netz primärseitig die Wirkleistung $P_1 = U_{1,\,\text{eff}}\, I_{1,\,\text{eff}}$ entnommen. Sekundärseitig wird die Wirkleistung $P_2 = U_{2,\,\text{eff}}\, I_{2,\,\text{eff}}$ abgegeben.

Den Zusammenhang zwischen den Stromstärken I_2 und I_1 können wir mit dem Induktionsgesetz herleiten. Nach der Grundgleichung des Trafos ist die zeitliche Änderung des Flusses $\dot{\Phi}(t) = U_1(t)/n_1$ eindeutig durch U_1 bestimmt. Bei Belastung kann der Fluss $\Phi(t)$ deshalb durch eine Sekundärstromstärke I_2 nicht verändert werden. Deren Zusatzfluss $\Phi_2(t) = \mu_0 \mu_r A_2 n_2 I_2(t)/l_2$ in den n_2 Windungen muss deshalb durch einen Fluss $\Phi_1(t)$ zu null ausgeglichen werden: $\Phi_1(t) + \Phi_2(t) = 0$.
Damit folgt $\mu_0\, \mu_r\, A_1\, n_1\, I_1(t)/l_1 + \mu_0\, \mu_r\, A_2\, n_2\, I_2(t)/l_2 = 0$.
Der gemeinsame Eisenkern enthält all diese Flüsse; seine Querschnittsfläche A und Länge l sind in obigen Gleichungen wirksam; man setzt $A_1 = A_2$ und $l_1 = l_2$. Unabhängig von der Kurvenform der Stromstärken, der Belastung und den Phasen ergibt sich somit

$$n_1 I_1(t) + n_2 I_2(t) = 0 \quad \text{oder} \quad I_2/I_1 = -n_1/n_2.$$

Nach dieser Gleichung sind die Stromstärken I_2 und I_1 entgegen gerichtet. Dieser Sachverhalt wird durch die Abstoßung von Ring und Spule in ⟹ *Versuch 3* bestätigt.

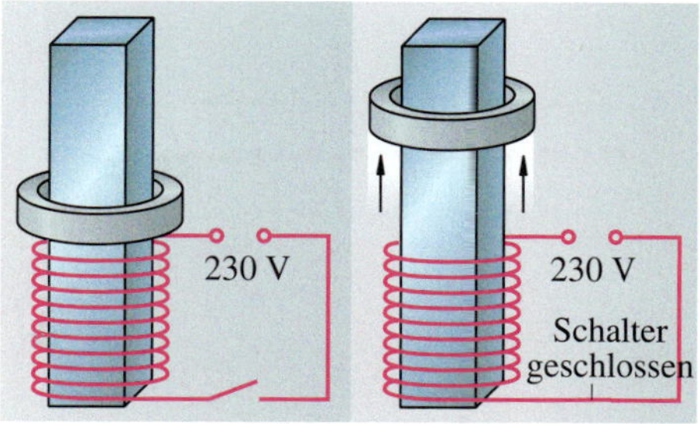

V 3: In einer Spule mit 500 Windungen steckt in vertikaler Richtung ein langer, über sie hinausragender Eisenkern. Über ihn stülpen wir einen Aluminiumring. Dieser fliegt hoch, wenn wir an die Spule 230 V Wechselspannung legen. Der Ring ist eine Sekundärspule mit nur einer Windung. In ihm wird nur eine kleine Spannung induziert. Doch führt er wegen seines kleinen Widerstands eine große Sekundärstromstärke I_2. Sie ist entgegengesetzt zur Stromstärke I_1 gerichtet. Die entgegengesetzten Ströme stoßen sich ab. Die Stromstärke I_2 bewirkt, dass der Ring schnell heiß wird, wenn man ihn festhält.

Merksatz

Die beim **Belasten eines Trafos** zusätzlich auftretenden Stromstärken I_2 und I_1 verhalten sich umgekehrt wie die Windungszahlen:

$$\frac{I_{2,\,\text{eff}}}{I_{1,\,\text{eff}}} = \frac{U_{1,\,\text{eff}}}{U_{2,\,\text{eff}}} = \frac{n_1}{n_2}.$$

Die primärseitig aufgenommene Wirkleistung $\overline{P}_1$ ist beim idealen, verlustlosen Trafo gleich der sekundärseitig abgegebenen Leistung $\overline{P}_2$.
Allgemein gilt: Ist n_2/n_1 vorgegeben, so richtet sich die Sekundärspannung U_2 nur nach der Primärspannung U_1; die Primärstromstärke I_1 dagegen nur nach der Sekundärstromstärke I_2.

In ⟹ *Versuch 4* wird die Netzspannung von 230 V um den Faktor 23 000/500 = 46 auf über 10 000 V hochtransformiert. Die elektrische Feldstärke zwischen den Elektroden wird so hoch, dass die Luft leitend wird. Ein Strom führender Lichtbogen steigt auf.

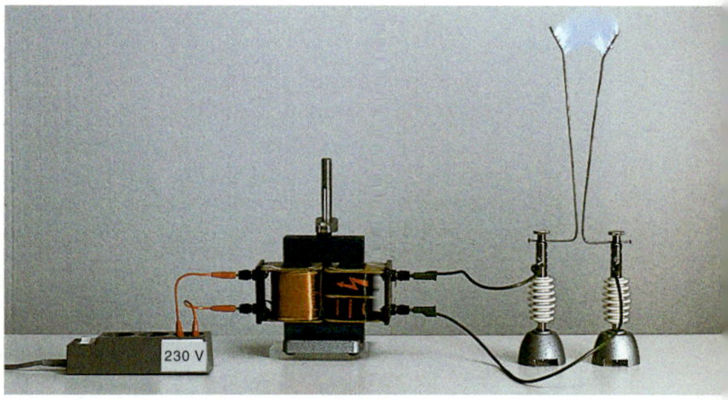

V 4: Ein Hochspannungstrafo ($n_1 = 500$ und $n_2 = 23\,000$ Windungen) ist primärseitig an 230 V Netzspannung angeschlossen.

... noch mehr Aufgaben

A 1: Ein Hochspannungstrafo mit $n_1 = 500$ und $n_2 = 23\,000$ liegt ohne Belastung primärseitig an 230 V. Berechnen Sie die Ausgangsspannung U_2.

A 2: Es werden 12 V-Halogenlampen verwendet. Dazu wird die Netzspannung 230 V mit einem Transformator geeignet herabgesetzt. **a)** Berechnen Sie die Windungszahl der Sekundärspule, wenn die Primärspule 1000 Windungen hat. **b)** Berechnen Sie die Stromstärke primärseitig, wenn eine 50 W-Lampe angeschlossen ist. **c)** Baut man den Ein- und Ausschalter in den Primär- oder den Sekundärkreis ein? Welche Einbauart ist sicherheitstechnisch, welche energetisch günstiger?

A 3: Ein Trafo hat primärseitig 1000 Windungen und wird an $U_{\text{eff}} =$ 230 V gelegt. Als Sekundärspule dient ein Kupferring von 50 mm² Kupferquerschnitt und 10 cm Durchmesser. Die Primärseite führt einen Wirkstrom der Stärke 3,0 A. **a)** Berechnen Sie den Widerstand R des Rings und die Stromstärke in ihm. **b)** Nach 5 min Betrieb wird der Ring in 500 g Wasser von 20 °C geworfen und erhöht die Temperatur auf 80 °C. Wie groß ist der Wirkungsgrad bei diesem Versuch ($c_w = 4{,}2\ \text{J g}^{-1}\ \text{K}^{-1}$)?

A 4: Man legt an die Primärspule eines idealen Trafos eine Rechteckspannung. Welchen zeitlichen Verlauf hat dann $U_2(t)$?

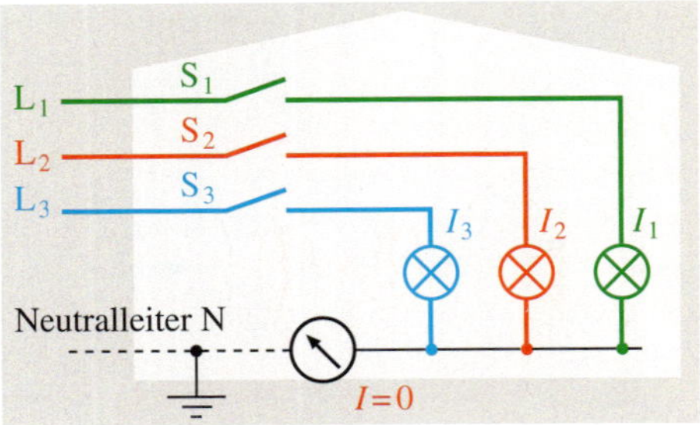

V 1: Drei Stromstärken können sich zu null addieren. Wir schließen zwischen die drei Außenleiter L_1, L_2 und L_3 einer Drehstromsteckdose und dem geerdeten Neutralleiter N jeweils eine Lampe 230 V/40 W. Nacheinander werden die drei Lampen hinzu geschaltet. Die Effektivstromstärke I im Neutralleiter ist beim Einschalten von einer bzw. zwei Lampen gleich groß. Schaltet man alle drei Lampen ein, so wird diese Stromstärke null, obwohl die Lampen normal leuchten.

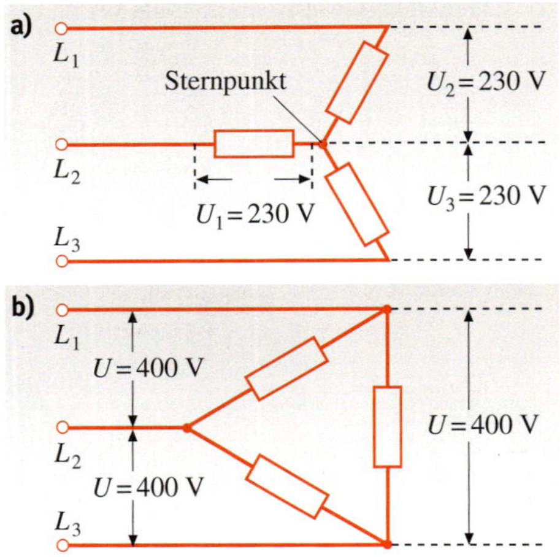

B 1: Geräte können in **a)** Sternschaltung und **b)** Dreieckschaltung an die Außenleiter einer Drehstromquelle angeschlossen werden. Bei Sternschaltung beträgt die „Strangspannung" 230 V, bei Dreieckschaltung die „Leiterspannung" 400 V.

Versorgung mit elektrischer Energie

1. Drehstrom

Eine Hochspannungsleitung hat neben dem Blitzschutzseil noch drei weitere Leitungsseile. Diese führen – über Trafos – an Drehstromsteckdosen zu den so genannten drei *Außenleitern* L_1, L_2 und L_3 (auch R, S, T genannt). Untersuchen wir sie.

a) Zwischen dem jeweiligen Außenleiter und dem mit der Erde verbundenen *Neutralleiter* messen wir eine Spannung $U_{\text{eff}} = 230$ V. Worin unterscheiden sich die Außenleiter?

b) Schalten wir in ➡ *Versuch 1* zwei gleiche Lampen nacheinander ein, so ist die Stromstärke I in der gemeinsamen Zuleitung zu dem mit der Erde verbundenen Neutralleiter bei einer oder zwei Lampen gleich groß. Sie wird sogar null, wenn man eine dritte Lampe hinzuschaltet. Wie schon aus der Wechselstromlehre bekannt, müssen wir die Phasenlage beachten. Wir müssen Zeiger addieren; wir dürfen also auf keinen Fall Effektivwerte addieren!

c) Wie ➡ *Bild 2a, b* zeigt, sind die drei Wechselspannungen U_1, U_2 und U_3 jeweils um $\frac{2\pi}{3}$ (120°) gegeneinander phasenverschoben. Die zugehörigen Stromstärken I_1, I_2 und I_3 weisen damit ebenfalls die Phasenverschiebung $\frac{2\pi}{3}$ auf. Bei gleichen angeschlossenen Geräten sind die Scheitelwerte der Stromstärken gleich groß. Wenn wir die zugehörigen Zeiger $\hat{I}_1$, $\hat{I}_2$ und $\hat{I}_3$ wie Vektoren addieren (➡ *Bild 2c*), erhalten wir zu jedem Zeitpunkt als Summe null.

Oben haben wir die drei Lampen in einer so genannten *Sternschaltung* an die drei Außenleiter L_1, L_2 und L_3 angeschlossen (➡ *Bild 1a*). So können auch andere Geräte an Drehstrom betrieben werden. Dabei liegt zwischen den Außenleitern und dem geerdeten Neutralleiter die Spannung 230 V. Auch im Haushalt werden normale 230 V-Wechselspannungsgeräte zwischen einen Außenleiter und den Neutralleiter gelegt.

Bei der *Dreieckschaltung* dagegen liegt zwischen je zwei Außenleitern die Spannung 400 V (➡ *Bild 1b* und ➡ *Aufgabe 1*).

Wenn man die Außenleiter bei einer Sternschaltung einigermaßen gleichmäßig belastet, so ist die Stromstärke im Neutralleiter klein. Man kann dann den Neutralleiter relativ dünn wählen und spart dadurch Material. Dies sieht man bei Hochspannungsleitungen, bei denen der Neutralleiter dünner ist als die Außenleiter. Er dient zugleich als Blitzschutzseil.

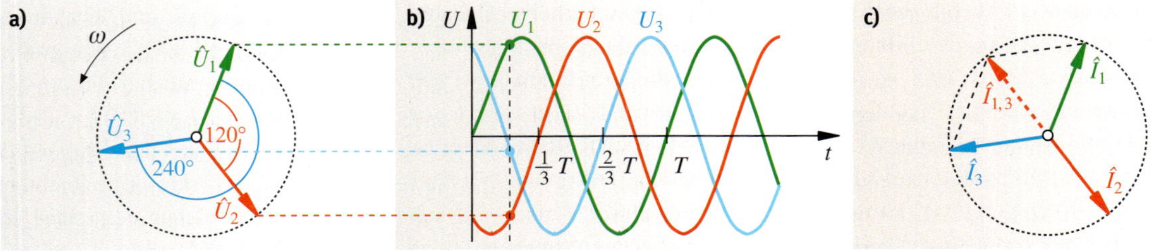

B 2: $U(t)$-Schaubild und Zeigerdiagramme bei Drehstrom für gleich stark belastete Außenleiter

2. Drehfelder

Woher stammt der Name Drehstrom?
In einem Kraftwerk haben die Generatoren drei Ständerwicklungen, in denen drei phasenverschobene Wechselspannungen induziert werden. In *Bild 3* sehen wir links, wie einfach man diesen *Dreiphasenwechselstrom* erzeugt. Man verwendet dafür Innenpolgeneratoren, weil man so starke Ströme nicht über Schleifkontakte ableiten kann. In einem Innenpolgenerator rotiert mit der Umlaufdauer T ein starker Elektromagnet mit seinem Magnetfeld B_1. Die Induktionsspulen für die drei „Phasen" sind gegeneinander um gleiche Winkel von 120° versetzt. Also folgen die Maxima der induzierten Spannungen U_1, U_2 und U_3 mit dem Zeitunterschied $T/3$ aufeinander.

Ein *Drehstrommotor* ist genauso einfach aufgebaut. Seine drei Spulen sind wie im Generator angeordnet. In *Bild 3* ist der Moment herausgegriffen, in dem L_1 und L_3 zwei gleich große Ströme führen (Pfeile in den Leitungen). Ihre Spulen erzeugen beim Motor zur Mitte hin zwei benachbarte Nordpole. Sie addieren sich zu einem kräftigen Nordpol N. Die L_2-Leitung führt in diesem Moment nach dem Zeigerdiagramm *Bild 2b* den doppelt so starken Rückstrom. Ihre Spule liefert einen kräftigen Südpol S. So entsteht eine resultierende, nach links gerichtete Flussdichte B_2.
Da die drei „Phasen" kontinuierlich ihre Rolle wechseln, rotiert dieses Magnetfeld B_2 im Kreis mit der gleichen Frequenz wie der Magnet mit seinem B_1-Feld im Drehstromgenerator. Man spricht deshalb von **Drehfeldern** und von **Drehstrom.**

Wird durch Drehstrom etwas gedreht?
a) Wir stellen drei Spulen nach *Bild 3* auf und schließen sie an einen Drehstromtrafo. Zwischen den Spulen dreht sich nach dem Anstoßen eine kleine Magnetnadel mit der Wechselstromfrequenz, also 50-mal je Sekunde. Wir erkennen dies beim Beleuchten mit einem Stroboskop. Die Anordnung stellt einen *Synchronmotor* dar (synchron, griech.: im Gleichtakt). Bei geringer mechanischer Belastung gerät die Nadel „außer Tritt" und bleibt stehen.

b) Wir bringen jetzt in das Drehfeld einen käfigartig aufgebauten Anker aus in sich geschlossenen Kupferstäben oder einen Induktionsring nach *Bild 4*. Er wird vom Drehfeld B_2 durchsetzt. Der sich dabei ständig ändernde magnetische Fluss Φ induziert in diesem *Kurzschlussanker* einen Strom. Dieser erfährt im Feld B_2 eine Kraft und setzt den Anker in Rotation. Würde er gleich schnell wie B_2 rotieren, so wäre in ihm die Änderungsgeschwindigkeit $\dot{\Phi}$ des Flusses null, es würde nichts mehr induziert; Ströme und Kräfte zum Überwinden der Reibung würden fehlen. Deshalb bleibt schon im Leerlauf die Drehzahl des Kurzschlussankers hinter der des Drehfeldes B_2 mit einem *Schlupf* zurück, der umso größer wird, je mehr man den Motor belastet. Dieser *Asynchronmotor* läuft also nie mit dem Netz synchron. Drehstrommotoren mit einem Kurzschlussanker benötigen weder Bürsten noch Schleifringe. Sie sind deshalb sehr robust und leistungsfähig.

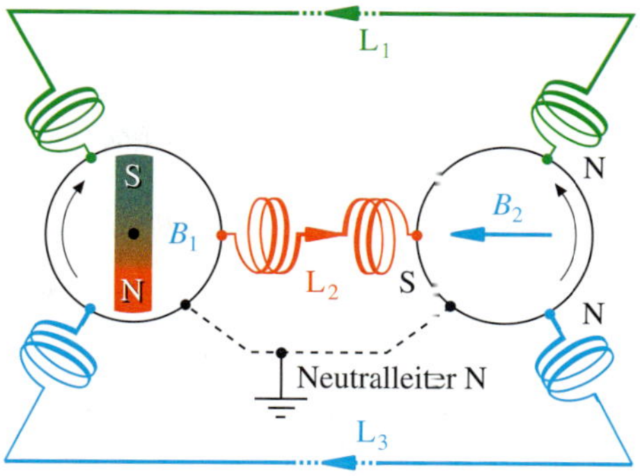

B 3: Modell für Drehstromgenerator (links) und Drehstrommotor (rechts).

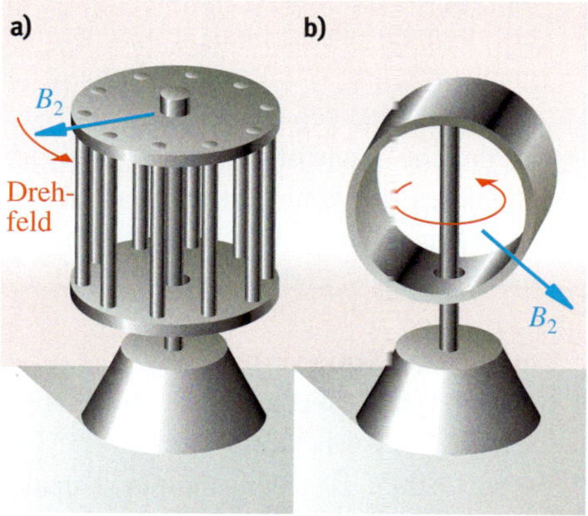

B 4: Ein Kurzschlussanker folgt dem Drehfeld

... noch mehr Aufgaben

A 1: An einer Drehstromsteckdose hat jeder Außenleiter gegen den Neutralleiter die Spannung $U_{eff} = 230$ V. **a)** Berechnen Sie die Maximalspannung zwischen zwei Außenleitern. **b)** Zeichnen Sie das zugehörige Zeigerbild.

A 2: Ein Fön mit der Leistung $P = 1200$ W wird an den L_1-Leiter, ein Tauchsieder mit 1000 W an den L_2-Leiter angeschlossen. Die Spannung gegen den Neutralleiter beträgt jeweils 230 V. **a)** Ermitteln Sie die Effektivwerte der Stromstärken in den Geräten und im Neutralleiter. **b)** Jetzt wird zusätzlich eine Lampe mit 200 W an den L_3-Leiter angeschlossen. Berechnen Sie die Stromstärke in der Lampe. Zeichnen Sie ein Zeigerdiagramm für die Zeiger $\hat{I}_1$, $\hat{I}_2$ und $\hat{I}_3$. Ermitteln Sie die effektive Stromstärke im Neutralleiter.

Interessantes

Fernleitung elektrischer Energie

Warum wird für den Transport elektrischer Energie durch Fernleitungen Hochspannung verwendet?

Wenn man die Spannung von 230 V auf 220 000 V hochtransformiert, so sinkt bei gleicher übertragener Leistung $P = U_{\text{eff}} I_{\text{eff}}$ die Stromstärke I auf ca. 1/1 000. Die Leistungsverluste P_w in den Fernleitungen mit Widerstand R sind $P_w = I^2 R$. Sie sinken wegen I^2 auf ca. 1/1 000 000. Damit wird die Übertragung elektrischer Energie wirtschaftlich. Die unnötige Erhöhung der inneren Energie in den Fernleitungen wird so reduziert. Bei 230 V wäre die elektrische Energieversorgung über größere Entfernungen mit zu großen Verlusten in den Leitungen verbunden. Da man Gleichspannung nicht hochtransformieren kann, verwendet man für die Energieübertragung Wechselspannung, die zudem auch einfacher zu erzeugen ist.

Zahlreiche Transformatoren in Stadt und Land transformieren die vom Elektrizitätswerk gelieferte Hochspannung (220 kV bis 380 kV) stufenweise herab bis auf 400 V bzw. 230 V (➠ *Bild 1*).

Europäischer Stromverbund

Die Elektrizitätsversorgungsunternehmen haben die gesetzliche Aufgabe, dem Kunden die benötigte elektrische Energie zu jedem Zeitpunkt in der gewünschten Menge zu liefern. Elektrische Energie lässt sich nicht direkt speichern und damit auch nicht auf Vorrat erzeugen. Die benötigte elektrische Energie schwankt aber sowohl innerhalb eines Tages (Tageslastkurve ➠ *Bild 2 a*) als auch jahreszeitabhängig. Sie muss deshalb nach Anforderung der Kunden augenblicklich zur Verfügung gestellt werden können. Man unterscheidet dabei verschiedene *Lastbereiche*.

Zur Versorgung ist eine zeitunabhängige *Grundlast* nötig, gedeckt von ständig laufenden Kernenergie-, Braunkohle- und Laufwasserkraftwerken. Die *Mittellast* wird von den unterschiedlichen Energieanforderungen der Kunden im Tagesverlauf bestimmt. Sie wird vor allem über Steinkohlekraftwerke gedeckt. Im Tagesverlauf gibt es Bedarfsspitzen z. B. während des Kochens um die Mittagszeit. Zur Deckung dieser kurzzeitig auftretenden *Spitzenlast* werden Pumpspeicher- und Gasturbinenkraftwerke verwendet. Sie können innerhalb sehr kurzer Zeit ans Netz gehen.

Um zusätzlich auf überraschenden Lastbedarf, plötzlichen Ausfall oder Revision von Kraftwerken besser reagieren zu können, gibt es ein europäisches *Verbundnetz* von Kraftwerken (➠ *Bild 2 b*). Die dadurch zur Verfügung stehende größere elektrische Leistung kann den aktuellen Bedarf besser decken. Die Netzfrequenz hängt von der Differenz zwischen der von den Kraftwerken zur Verfügung gestellten elektrischen Leistung und der angeforderten Leistung ab (Frequenz-Leistungs-Regelung). In einer internationalen Zentrale wird für die Einhaltung des Sollwerts 50 Hz der Netzfrequenz über den Tag hinweg gesorgt und die Energieflüsse zwischen den Ländern abgerechnet.

Die Versorgung mit elektrischer Energie hat durch die Neufassung des Energiewirtschaftsgesetzes von 1998 eine einschneidende Veränderung erfahren. Durch die „Liberalisierung" des Strommarktes können Kunden jetzt „Strom" bei irgendeinem preisgünstigen Anbieter kaufen. Dieser muss für die Durchleitung des Stroms durch das Netz bis zum Kunden ein Entgelt an den Netzbetreiber entrichten. Seine Höhe hängt u. a. von der angeforderten elektrischen Leistung, dem Zeitpunkt und der Spannungsebene ab.

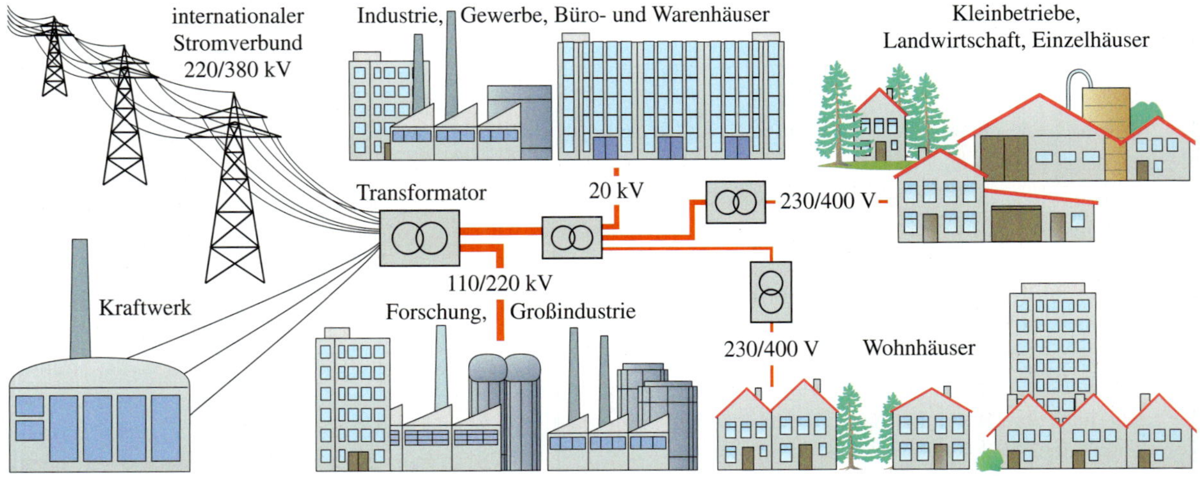

B 1: Unterschiedliche Spannungsebenen für die Verteilung elektrischer Energie

Interessantes

Drehstrom für Bahnfahrzeuge

Von großer Bedeutung sind Drehstrommotoren für elektrisch betriebene Bahnen. Sie sind einfach und robust im Aufbau. Schon im Jahr 1903 erreichte ein mit Drehstrom betriebener Versuchstriebwagen auf einer Teststrecke 210 km/h. Er brauchte aber drei Oberleitungen und konnte sich damals nicht durchsetzen. Normalerweise wird in Deutschland Einphasenwechselstrom benutzt.

Erst Ende der Achtzigerjahre entschloss man sich, schnell fahrende Triebfahrzeuge mit *Drehstrom-Asynchronmotoren* auszustatten. Stromrichter und Thyristoren (Geräte der Leistungselektronik) verwandeln den vom Stromabnehmer aufgenommenen Einphasenwechselstrom zunächst in Gleichstrom, dann in Drehstrom variabler Frequenz. Durch die Stromrichter ist es möglich, beim Bremsen frei werdende Energie als elektrische Energie mit der richtigen Frequenz und Phase ins Netz zurückzuspeisen, wenn die Fahrmotoren als Generatoren geschaltet werden. Wenn z. B. ein ICE beschleunigt, kann er 12 MW aufnehmen, beim Bremsen gibt er bis zu 3 MW an das Netz zurück.

Die *Magnetschwebebahn* wird von einem *Linearmotor* angetrieben; das ist ein „linearisierter" Drehstrommotor. Dessen Magnetfeldwicklung liegt abgewickelt als *Langstator* fest auf dem Fahrweg. Sie erzeugt in Fahrtrichtung (statt des *Drehfeldes*) ein magnetisches *Wanderfeld*. Dessen Frequenz wird beim Anfahren von $f = 0$ Hz bis zur Höchstgeschwindigkeit gesteigert. Das Fahrzeug braucht nur eine Art Dauermagnet, der vom Wanderfeld „mitgenommen" wird (*Versuch 1*). Ohne einen eigentlichen Motor kann das Fahrzeug leicht gebaut und damit stark beschleunigt werden.

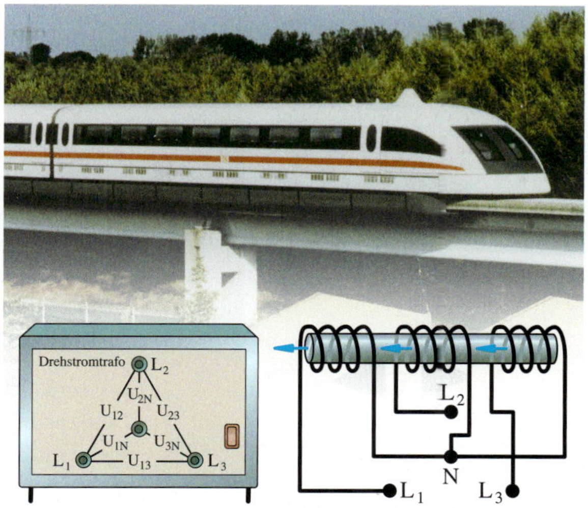

V 1: Drei dicht beieinander liegende Spulen mit 500 Windungen werden in Sternschaltung an ein Drehstromnetzgerät angeschlossen (jeweils 22 V). In die Spulen wird ein Stativstab aus Eisen geschoben. Nach dem Einschalten des Netzgeräts setzt sich der Stab in Bewegung. Das dafür verantwortliche magnetische Wanderfeld kann mit zwei Induktionsspulen nachgewiesen werden, die an ein Oszilloskop angeschlossen werden und deren Abstand man langsam vergrößert.

A 1: Ein Generator liefert bei einer Spannung von 20 kV die Leistung 300 MW; die Fernleitung hat den Widerstand 10 Ω. **a)** Bei welcher Stromstärke betragen die Verluste in der Fernleitung 6%? **b)** Welches Übersetzungsverhältnis muss dann der Transformator zwischen Generator und Leitung haben? **c)** Um wie viel Prozent fällt dann in der Fernleitung die Spannung bis zum Verbraucher ab?

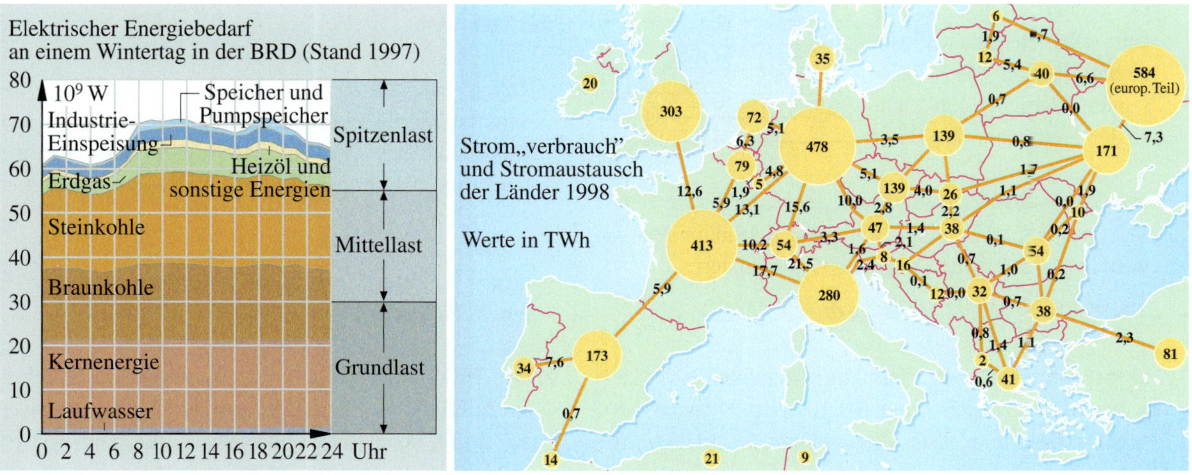

B 2: **a)** Tageslastkurve an einem Wintertag, **b)** europäisches Verbundnetz

Das ist wichtig

Elektromagnetische Induktion

1. Drei-Finger-Regel der linken Hand: Zeigt der Daumen in Richtung der Leitergeschwindigkeit $\vec{v}_s$ und der Zeigefinger in Richtung von $\vec{B}$, so gibt der Mittelfinger die Kraft $\vec{F}_L$ auf die Elektronen an.

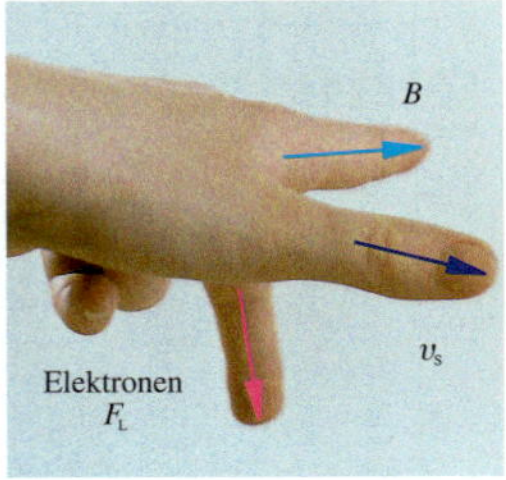

2. Ein gerader **Leiter** der Länge d verläuft senkrecht zu einem homogenen B-Feld. Er wird senkrecht zu seiner Längsachse **bewegt.** Senkrecht zu den Feldlinien habe seine Geschwindigkeit die Komponente $\vec{v}_s$. Die durch die Lorentzkraft zwischen seinen Enden induzierte Spannung beträgt: $U_{ind} = B\,d\,v_s$.

3. Eine **Spule** mit n Windungen wird in einem fremden Magnetfeld mit zeitlich konstanter Flussdichte B **bewegt.** Die induzierte Spannung U_{ind} hängt von der „Änderungsgeschwindigkeit" $\Delta A_s/\Delta t$ der von den B-Feldlinien senkrecht durchsetzten Fläche A_s ab (im A_s-Bereich sei B hinreichend homogen):

$$U_{ind}(t) = n\,B\,\frac{\Delta A_s}{\Delta t}.$$

4. Eine Spule mit n Windungen und konstanter Fläche A_s ruhe in einem fremden Magnetfeld mit der Flussdichte B. **Ändert** sich die **magnetische Flussdichte** B, so wird in der Spule die Spannung U_{ind} induziert:

$$U_{ind}(t) = n\,A_s\,\frac{\Delta B}{\Delta t}.$$

5. Der **magnetische Fluss Φ** ist definiert als Produkt aus der magnetischen Flussdichte B und der Querschnittsfläche A_s senkrecht zu den Feldlinien: $\boldsymbol{\Phi = B\,A_s}$.

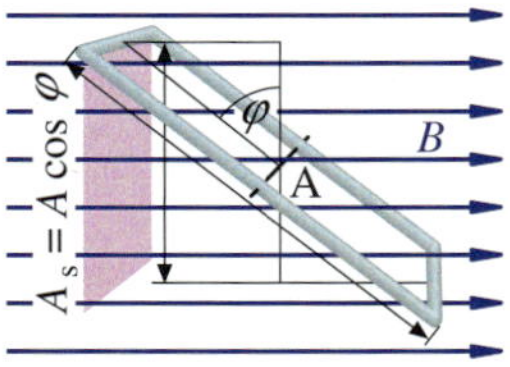

6. Induktionsgesetz: Ändert sich der magnetische Fluss $\Phi(t) = B(t)\,A_s(t)$ in einer Spule mit n Windungen, so wird in der Spule die Spannung U_{ind} induziert:

$$U_{ind}(t) = -n\,\dot{\Phi}(t).$$

7. Lenzsches Gesetz: Die Induktionsspannung ist so gepolt, dass sie durch ihren Strom ihrer Ursache entgegenwirken kann. Das Minuszeichen im Induktionsgesetz berücksichtigt das lenzsche Gesetz bezüglich einer im Stromkreis schon wirkenden Spannung U_1.

8. Induktion durch **elektrische Wirbelfelder:** Ein sich zeitlich änderndes magnetisches Feld ($\dot{B} \neq 0$) wird von Feldlinien eines elektrischen Wirbelfeldes durchsetzt und umgeben. Dessen in sich geschlossene Feldlinien haben weder Anfang noch Ende.

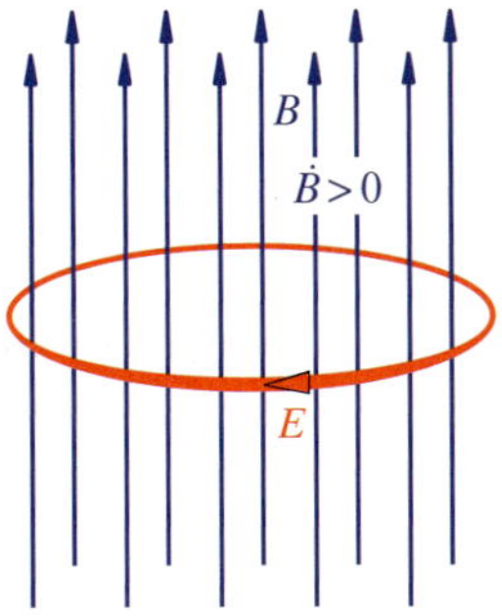

9. Ändert sich in einer Spule die Stromstärke, so wird dort eine **Selbstinduktionsspannung** induziert. Sie wirkt ihrer Ursache, der Stromstärkeänderung, entgegen. Die Selbstinduktionsspannung ist zur Änderungsgeschwindigkeit $\dot{I} \approx \Delta I/\Delta t$ der Stromstärke proportional:

$$U_{ind}(t) = -L\,\dot{I}(t).$$

Der Proportionalitätsfaktor L heißt **Induktivität.**
$[L] = 1\ \text{V s A}^{-1} = 1\ \text{H}$ (Henry).
Die Selbstinduktionsspannung $U_{ind}(t) = -L\,\dot{I}(t)$ verzögert nach LENZ sowohl den Anstieg des Stroms als auch seine Abnahme, und zwar umso stärker, je größer die Induktivität L ist.

Die Induktivität einer **lang gestreckten Spule** ist

$$L = \mu_0\,\mu_r\,n^2\,\frac{A}{l}.$$

10. Führt eine Spule mit der Induktivität L einen Strom der Stärke I, dann besitzt ihr **Magnetfeld** die **Energie**

$$W_{mag} = \tfrac{1}{2}L\,I^2.$$

Die **räumliche Energiedichte des Magnetfeldes** beträgt

$$\varrho_{mag} = \frac{B^2}{2\,\mu_0\,\mu_r}.$$

Wechselstrom

1. Rotiert eine Spule mit n Windungen und der Querschnittsfläche A in einem homogenen Magnetfeld der Flussdichte B, so entsteht eine **sinusförmige Wechselspannung.** Ist bei $t = 0$ auch $U(t) = 0$, so ergibt sich

$$U(t) = \hat{U}\sin(\omega t)$$

mit der **Kreisfrequenz** $\omega = 2\pi/T = 2\pi f$ und der **Scheitelspannung** $\hat{U} = n\,B\,A\,\omega$.

2. Der **Effektivwert U_{eff} einer periodischen Wechselspannung** $U(t)$ gibt denjenigen Gleichspannungswert an, der in demselben ohmschen Widerstand während einer Periode die gleiche mittlere Leistung wie die Wechselspannung abgibt.

3. Der **Effektivwert** U_{eff} **einer sinusförmigen Wechselspannung** mit dem Scheitelwert $\hat{U}$ beträgt

$$U_{\text{eff}} = \frac{\hat{U}}{\sqrt{2}} \approx 0{,}707\,\hat{U}.$$

4. Im **Zeigerdiagramm** werden Wechselströme und Wechselspannungen durch Zeiger $\hat{I}$ und $\hat{U}$ dargestellt, die mit der Winkelgeschwindigkeit ω im Gegenuhrzeigersinn rotieren.

Bei einem rein **ohmschen Widerstand** R sind Stromstärke I und Spannung U in Phase.

Beim **Kondensator** eilt die Stromstärke der Spannung um $\frac{\pi}{2}$ in der Phase voraus. Für den **kapazitiven Widerstand** $X_C = U_{\text{eff}}/I_{\text{eff}}$ eines Kondensators gilt

$$X_C = \frac{1}{\omega C}.$$ X_C steigt mit abnehmender Frequenz.

Bei **Spulen** mit $R \approx 0$ hinkt die Stromstärke der Spannung in der Phase um $\frac{\pi}{2}$ nach. Der **induktive Widerstand** einer Spule ist $X_L = U_{\text{eff}}/I_{\text{eff}}$ mit

$$X_L = \omega L.$$ X_L steigt mit zunehmender Frequenz.

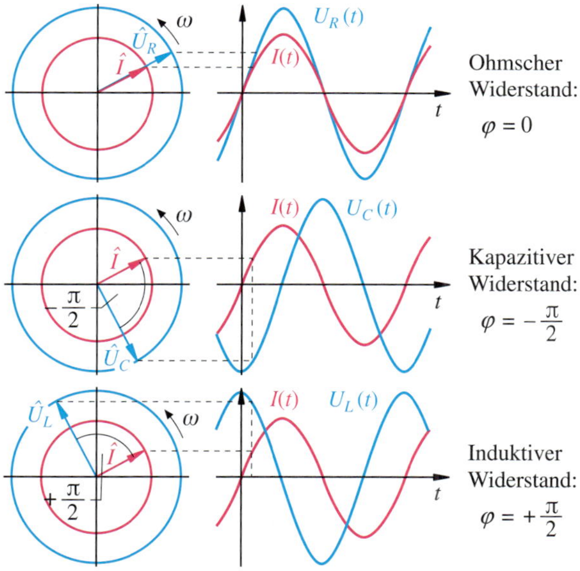

5. Der **Scheinwiderstand** einer **realen Spule** mit ohmschem Widerstand R und Induktivität L ist

$$Z = U_{\text{eff}}/I_{\text{eff}} = \sqrt{R^2 + (\omega L)^2}.$$

6. Reihenschaltung aus
ohmschem Widerstand R,
kapazitivem Widerstand $X_C = 1/(\omega C)$ und
induktivem Widerstand $X_L = \omega L$.

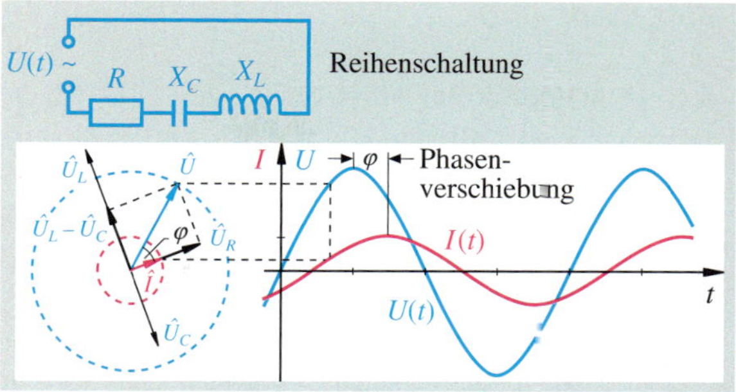

Die sinusförmige Stromstärke $I(t) = \hat{I}\sin(\omega t - \varphi)$ hat gegenüber der angelegten Spannung $U(t) = \hat{U}\sin(\omega t)$ die **Phasenverschiebung** φ**.** Für sie gilt

$$\tan\varphi = \frac{X_L - X_C}{R} = \frac{\omega L - \frac{1}{\omega C}}{R}.$$

Für $\varphi > 0$ hinkt die Stromstärke $I(t)$ der Spannung $U(t)$ in der Phase nach; für $\varphi < 0$ eilt sie voraus.
Für den **Scheinwiderstand** $Z = U_{\text{eff}}/I_{\text{eff}}$ gilt

$$Z = \sqrt{R^2 + \left(\omega L - \frac{1}{\omega C}\right)^2} = \sqrt{R^2 + (X_L - X_C)^2}.$$

7. Die **Wirkleistung** $\overline{P}$ eines Wechselstroms hängt von der Phasenverschiebung φ zwischen Stromstärke und Spannung ab:

$$\overline{P} = U_{\text{eff}} I_{\text{eff}} \cos\varphi.$$

Der Faktor $\cos\varphi$ heißt **Leistungsfaktor.**

Bei einem **ohmschen Wirkwiderstand** R ist die *Momentanleistung* nie negativ. Es liegt ein reiner Wirkstrom vor ($P(t) \geqq 0$).
Bei rein **kapazitiven** und rein **induktiven Blindwiderständen** sind der positive und negative Anteil der *Momentanleistung* gleich groß, die Wirkleistung ist null. Es liegen **Blindströme** vor.

8. Beim idealen **Transformator** verhalten sich die Spannungen wie die Windungszahlen

$$\frac{U_{2,\text{eff}}}{U_{1,\text{eff}}} = \frac{n_2}{n_1}.$$

Die beim *Belasten* eines Trafos zusätzlich auftretenden Stromstärken I_2 und I_1 verhalten sich umgekehrt wie die Windungszahlen

$$\frac{I_{2,\text{eff}}}{I_{1,\text{eff}}} = \frac{U_{1,\text{eff}}}{U_{2,\text{eff}}} = \frac{n_1}{n_2}.$$

Die primärseitig aufgenommene Wirkleistung $\overline{P}_1$ ist beim idealen, verlustlosen Trafo gleich der sekundärseitig abgegebenen Leistung $\overline{P}_2$.

Aufgaben

A 1: **a)** In einer 50 cm langen Spule mit $n = 10^4$ Windungen und $I_{err} = 2$ A rotiert ein quadratischer Drahtrahmen mit 10^3 Windungen und 10 cm Seitenlänge 20-mal in 1 s um eine Flächenachse. Stellen Sie die Gleichung $U(t)$ der induzierten Spannung auf. **b)** Der Rahmen ruht senkrecht zu den B-Feldlinien; I_{err} steigt nach $I_{err} = (0{,}1 \text{ A s}^{-1})\, t$ an. Wie lautet jetzt $U(t)$? **c)** Wie lautet $U(t)$, wenn Rotation a) und B-Felderhöhung b) zugleich stattfinden und bei $t = 0$ der Rahmen senkrecht zum Feld steht? **d)** Der Drahtrahmen setze sich mit der Frequenz $f = 0{,}10 \text{ s}^{-2}\, t$ aus der Ruhe in Bewegung und dreht immer schneller. Wie groß ist $U(t)$, wenn $I_{err} = 2{,}0$ A konstant bleibt?

A 2: Warum kann man in Aufgabe 1 b die induzierte Spannung nicht mit der Lorentzkraft erklären? Welche Kraft setzt die Elektronen im Drahtrahmen in Bewegung?

A 3: Zwei gleiche Spulen haben je die Induktivität 1,0 H. Sie liegen in Reihe geschaltet an der Spannung $U_{eff} = 10$ V, 50 Hz. Wie groß ist die Stromstärke, wenn **a)** die Spulen weit voneinander entfernt sind, **b)** sie so übereinander liegen, dass sich jede vollständig im Fluss der anderen befindet? **c)** Warum gibt es bei b) zwei Lösungen?

A 4: **a)** Jemand zeichnet den Stromanstieg $I(t)$ beim Anlegen einer Gleichspannung U an eine Spule nicht nur asymptotisch zu $I = U/R$, sondern auch mit senkrechter Tangente bei $t = 0$. Ist das richtig? **b)** Zeigen Sie, dass die Anstiegsgeschwindigkeit $\dot{I}(t)$ bei der Hälfte des Maximalwertes von $I(t)$ (bei $I = U/(2\,R)$) halb so groß ist wie bei $I = 0$.

A 5: Alte Telefonhörer enthalten eine Eisenmembran vor einer Spule, die in einem Dauermagneten sitzt. Führt die Spule einen Sprechstrom der Frequenz 400 Hz, so schwingt die Membran auch mit 400 Hz. **a)** Warum schwingt sie mit 800 Hz, wenn der Dauermagnet seine Kraft verloren hat? **b)** Warum wirkt die Anordnung mit Dauermagnet als Mikrofon? Welche Frequenz hat der Mikrofonstrom, wenn die Membran mit 400 Hz schwingt?

A 6: Eine Messinghülse wird in schnelle Rotation versetzt und ein Stabmagnet eingeschoben. Man misst an der Hülse zwischen A und B eine Spannung (*Bild 1*). **a)** Wie ist sie gepolt? Wie groß ist sie? (mittlere Flussdichte 0,5 T, $\overline{AB} = 4$ cm, Umlaufgeschwindigkeit der Hülse 0,5 m/s) **b)** Spielt es eine Rolle, ob der Magnet sich mitdreht oder nicht? **c)** Man lässt den runden Magneten ohne Hülse rotieren und legt den Spannungsmesser zwischen seine Mitte und den Nordpol. Darf man Spannung erwarten?

A 7: In welchen Fällen wird in der Messinghülse aus Aufgabe 6 Spannung induziert: **a)** Die Hülse rotiert, der Magnet nicht; **b)** der Magnet rotiert, die Hülse nicht; **c)** Magnet und Hülse rotieren im gleichen Sinn mit gleicher Drehfrequenz; **d)** Magnet und Hülse rotieren im gleichen Sinn mit verschiedenen Drehfrequenzen?

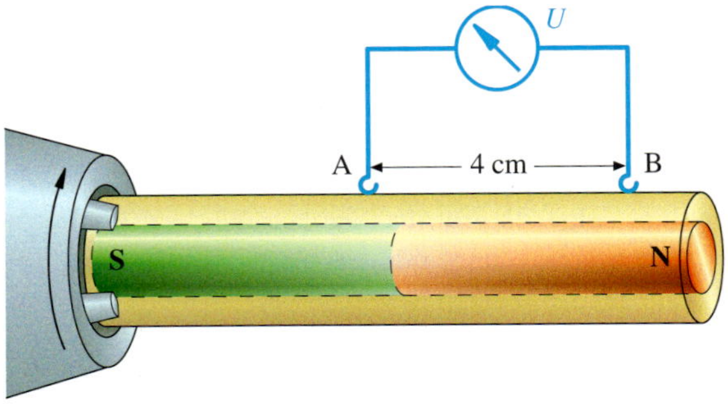

B 1: zu Aufgabe 6

A 8: **a)** Durch welche Gleichung ist die Induktivität L definiert? Was ist also Voraussetzung für Selbstinduktion? **b)** Ist es ein Selbstinduktionsvorgang, wenn man eine Spule über einen Magneten stülpt oder einen Weicheisenstab in eine Strom führende Spule schiebt?

A 9: Jemand behauptet, der Effektivwert einer sinusförmigen Spannung sei der Mittelwert der Sinuswerte einer positiven Halbschwingung (die Höhe eines flächengleichen Rechtecks). Was sagen Sie dazu?

A 10: Ein Motor läuft bei 220 V, 50 Hz mit 3,0 A und dem Leistungsfaktor $\cos \varphi = 0{,}80$. Welche Kapazität müsste ein parallel gelegter Kondensator haben, damit die Phasenverschiebung kompensiert wird?

A 11: Wir haben die folgenden Mikrofontypen kennen gelernt: Kohlekörner-, Kondensator-, Bändchen- und Piezo-Mikrofon sowie das dynamische (Tauchspulen-) Mikrofon und das Gerät nach Aufgabe 5 b. Vergleichen Sie die physikalischen Prinzipien, nach denen sie arbeiten. Welche dieser Mikrofone sind aktiv, brauchen also keine zusätzliche Spannungsquelle? Welche kann man umkehren, also als Hörer benutzen?

A 12: Ein ohmscher Widerstand $R = 50\ \Omega$, ein Kondensator der Kapazität $C = 20\ \mu$F und eine Spule mit der Induktivität L werden in Reihe an einen Sinusgenerator mit variabler Frequenz f und $U_{eff} = 10$ V angeschlossen. Bei der Frequenz $f_0 = 200$ Hz erreicht der Scheitelwert der Teilspannung $\hat{U}_R$ am ohmschen Widerstand seinen Maximalwert. **a)** Erklären Sie das Auftreten dieses Spannungsmaximums. **b)** Berechnen Sie die Induktivität L der Spule. **c)** Zum Zeitpunkt $t = 0$ sei die angelegte Spannung $U(0 \text{ s}) = 0$. Geben sie für die Frequenz f_0 die folgenden Spannungen in Abhängigkeit von der Zeit t an: $U_C(t)$ am Kondensator, $U_R(t)$ am ohmschen Widerstand und die angelegte Spannung $U(t)$. **d)** Die Spannung $U_R(t)$ wird an den x-Eingang, die Generatorspannung $U(t)$ an den y-Eingang eines Oszilloskops gelegt. Zeichnen Sie das Bild, das auf dem Schirm des Oszilloskops beobachtet werden kann.

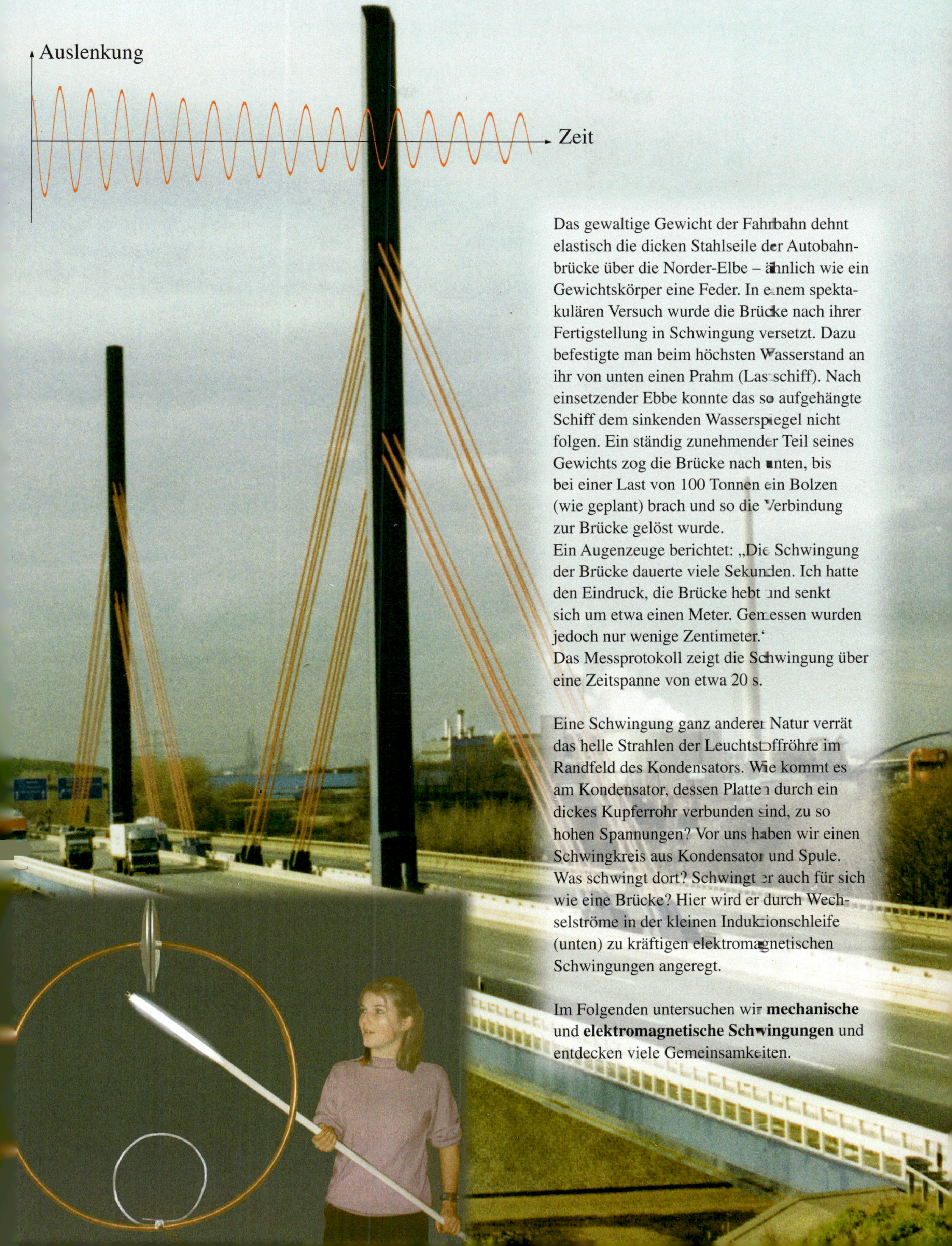

Das gewaltige Gewicht der Fahrbahn dehnt elastisch die dicken Stahlseile der Autobahnbrücke über die Norder-Elbe – ähnlich wie ein Gewichtskörper eine Feder. In einem spektakulären Versuch wurde die Brücke nach ihrer Fertigstellung in Schwingung versetzt. Dazu befestigte man beim höchsten Wasserstand an ihr von unten einen Prahm (Lastschiff). Nach einsetzender Ebbe konnte das so aufgehängte Schiff dem sinkenden Wasserspiegel nicht folgen. Ein ständig zunehmender Teil seines Gewichts zog die Brücke nach unten, bis bei einer Last von 100 Tonnen ein Bolzen (wie geplant) brach und so die Verbindung zur Brücke gelöst wurde.
Ein Augenzeuge berichtet: „Die Schwingung der Brücke dauerte viele Sekunden. Ich hatte den Eindruck, die Brücke hebt und senkt sich um etwa einen Meter. Gemessen wurden jedoch nur wenige Zentimeter.‘
Das Messprotokoll zeigt die Schwingung über eine Zeitspanne von etwa 20 s.

Eine Schwingung ganz anderer Natur verrät das helle Strahlen der Leuchtstoffröhre im Randfeld des Kondensators. Wie kommt es am Kondensator, dessen Platten durch ein dickes Kupferrohr verbunden sind, zu so hohen Spannungen? Vor uns haben wir einen Schwingkreis aus Kondensator und Spule. Was schwingt dort? Schwingt er auch für sich wie eine Brücke? Hier wird er durch Wechselströme in der kleinen Induktionsschleife (unten) zu kräftigen elektromagnetischen Schwingungen angeregt.

Im Folgenden untersuchen wir **mechanische** und **elektromagnetische Schwingungen** und entdecken viele Gemeinsamkeiten.

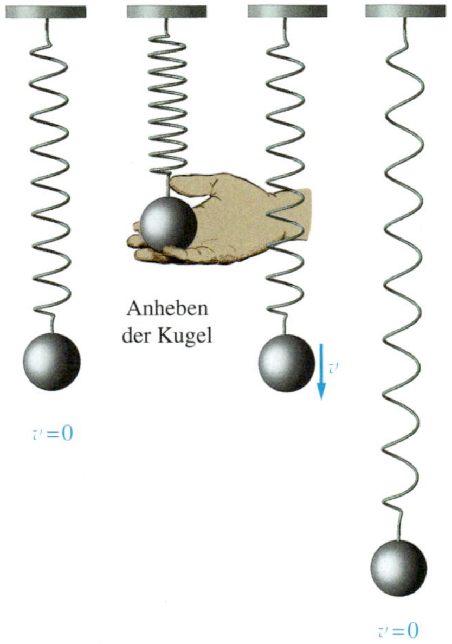

B 1: Der Pendelkörper wird aus der Gleichgewichtslage angehoben und sich selbst überlassen

B 2: Freie Schwingung einer Stimmgabel

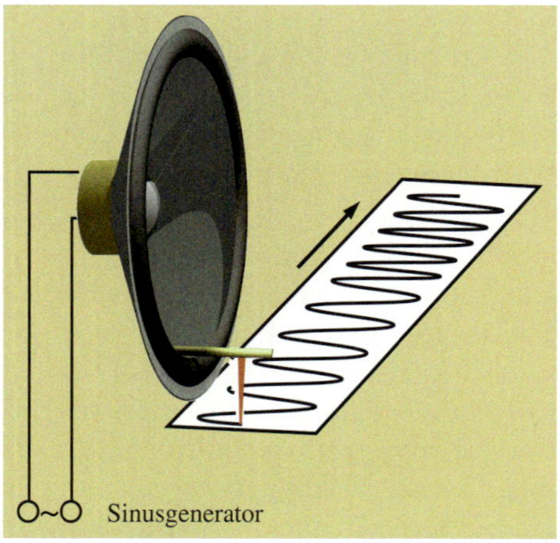

B 3: Erzwungene Schwingungen einer Lautsprechermembran. Während der Aufzeichnung wurde die Frequenz des Sinusgenerators verändert.

Beschreibung von Schwingungen

1. Das Federpendel zeigt, worauf es ankommt

Eine Kugel hängt an einer Schraubenfeder (➡ *Bild 1*). Es herrscht Kräftegleichgewicht zwischen Feder- und Gewichtskraft. Bewegen wir sie aus dieser Gleichgewichtslage nach oben, so spüren wir eine Kraft nach unten, bei einer **Auslenkung** s nach unten eine Kraft nach oben. Im ersten Fall überwiegt die Gewichtskraft, im zweiten die Federkraft. Also würde sich die Kugel in beiden Fällen nach dem Loslassen auf die Gleichgewichtslage zu bewegen. Doch warum bewegt sie sich sogar über diese hinaus und sorgt ohne unser Zutun für eine entsprechende Auslenkung in entgegengesetzte Richtung?

Heben wir die Kugel etwas an und geben sie frei. Sie wird nun durch die nach unten gerichtete Kraft bis zum Erreichen der Gleichgewichtslage ständig beschleunigt. Dort kommt sie aber nicht etwa zur Ruhe. Wegen ihrer Trägheit bewegt sie sich weiter. Die von nun an nach oben wirkende Kraft bremst sie ab, bis sie im unteren Umkehrpunkt für einen Moment ruht. Dann wiederholt sich das Spiel in umgekehrter Richtung.

Am Federpendel können wir typische Merkmale einer Schwingung ablesen:
Ein Körper befindet sich in einer stabilen Gleichgewichtslage. Entfernt er sich bei der Schwingung aus ihr, so tritt eine Rückstellkraft auf, die ihn abbremst, zur Umkehr zwingt und ihn wieder zur Gleichgewichtslage hin beschleunigt. Wegen seiner Trägheit bewegt er sich aber über diese Gleichgewichtslage hinaus, und alles beginnt von neuem. Ein solches Spiel zwischen **Rückstellkraft** und **Trägheit** ist charakteristisch für Körper, die nach einer Auslenkung – auch **Elongation** genannt – von selbst schwingen. Solchen Schwingbewegungen begegneten wir bereits in der Akustik. Diesen wesentlich schnelleren Schwingungen konnten unsere Augen nicht mehr folgen. Den Ohren verrieten sie sich aber als Ton.

2. Harmonische Schwingungen

Eine Stimmgabel erzeugt einen Ton. Ihre Zinken zeigen dabei eine besonders gleichmäßige Hin- und Herbewegung. Die in ➡ *Bild 2* aufgezeichnete Schwingbewegung ist aus der Mathematik als Sinuskurve bekannt. Eine Schwingung, deren Zeit-Elongation-Diagramm eine Sinuskurve ergibt, heißt **harmonische Schwingung** oder **Sinusschwingung**.

„Sinustöne" können wir auch mit einem Lautsprecher erzeugen, den wir an einen Sinusgenerator anschließen (➡ *Bild 3*). Während die Stimmgabel ihren Rhythmus selbst bestimmt, zwingt der Generator die Lautsprechermembran zu harmonischen Schwingungen mit der jeweils eingestellten Frequenz. Man nennt die Schwingung der Stimmgabel deshalb eine **freie Schwingung**, die der Lautsprechermembran eine **erzwungene Schwingung**.

Die Schwingbewegung der Stimmgabel klingt allmählich ab. Die anfangs in sie hineingesteckte Energie wird durch Reibung und Abgabe von Schall aus dem System herausgeführt. Die Schwingung ist „gedämpft“. Je schneller sie abklingt, desto stärker ist die Dämpfung. Ohne Energieverluste würde die Schwingung endlos dauern. Diesen (nie ganz zu verwirklichenden) Idealfall nennt man eine **freie ungedämpfte mechanische Schwingung**.

Der Pendelkörper in ➨ *Bild 4* schwingt frei und nahezu ungedämpft. Im ➨ *Versuch 1* zeichnen wir sein Zeit-Elongation-Diagramm auf. Wir sehen eine Sinuskurve. Die Bewegung eines Körpers hängt davon ab, welche Kraft in der jeweils eingenommenen Position auf ihn wirkt. Wie groß ist also bei einer Auslenkung s des Federpendels die zugehörige Rückstellkraft F?

3. Welches Kraftgesetz sorgt für harmonische Schwingungen?

Betrachten Sie die Momentbilder der Schwingung in ➨ *Bild* 5. Da die Kräfte und Auslenkungen auf einer Linie liegen, können wir sie durch Werte mit Vorzeichen beschreiben. Wir wählen sie nach oben positiv, nach unten negativ.

a) In der Gleichgewichtslage hebt die nach oben gerichtete (positive) Zugkraft F_0 der Feder die nach unten gerichtete (negative) Gewichtskraft G gerade auf. Es gilt $G = -F_0$. Also ist die Gesamtkraft

$$\boldsymbol{F = G + F_0 = 0}. \qquad (\text{➨ } \textit{Bild 5a})$$

b) Nun wird der Körper um die Strecke $s > 0$ nach oben ausgelenkt. Dann verkleinert sich die nach oben wirkende Zugkraft der Feder auf $F_1 = F_0 - D\,s$. Die Gewichtskraft überwiegt. Es ergibt sich nach unten die resultierende Kraft:

$$F = G + F_1 = G + F_0 - D\,s = 0 - D\,s$$
$$\boldsymbol{F = -D\,s < 0} \qquad (\text{➨ } \textit{Bild 5b})$$

c) Lenkt man den Körper um die Strecke $s < 0$ nach unten aus, so vergrößert sich die nach oben wirkende Zugkraft der Feder auf $F_1 = F_0 - D\,s$. Beachten Sie, dass hier s negativ, also $-D\,s$ positiv ist. Jetzt überwiegt die Federkraft. Die resultierende Kraft nach oben ist:

$$F = G + F_1 = G + F_0 - D\,s = 0 - D\,s$$
$$\boldsymbol{F = -D\,s > 0} \qquad (\text{➨ } \textit{Bild 5c})$$

Die Rückstellkraft F ist also proportional zur Auslenkung s. Es gilt das **Elongation-Kraft-Gesetz** $\boldsymbol{F = -D\,s}$ mit der *Federhärte* D, die stets positiv ist. Das Minus-Zeichen besagt, dass F immer in die entgegengesetzte Richtung von s – also zur Gleichgewichtslage hin – zeigt.

Ist das lineare Kraftgesetz stets Voraussetzung für harmonische Schwingungen? Im Folgenden untersuchen wir dies. Dazu müssen wir die Pendelbewegung zunächst mathematisch fassen.

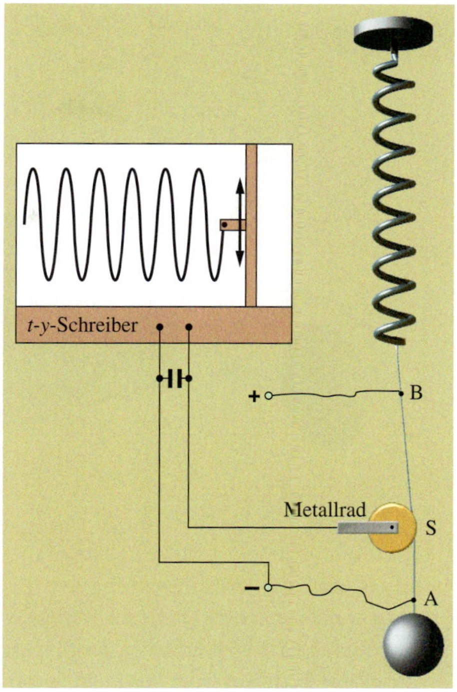

B 4: Aufzeichnung der Federschwingung

V 1: Wir befestigen zwischen Feder und Pendelkugel ein Stück Widerstandsdraht und schließen bei A und B über dünne, flexible Zuleitungen eine Gleichspannungsquelle an. Mit einem kleinen Metallrad können wir während der Schwingung zwischen A und S eine Teilspannung abgreifen, die wir einem *t-y*-Schreiber zuführen. Die Bewegung des Federpendels zeigt einen sinusförmigen Spannungsverlauf.

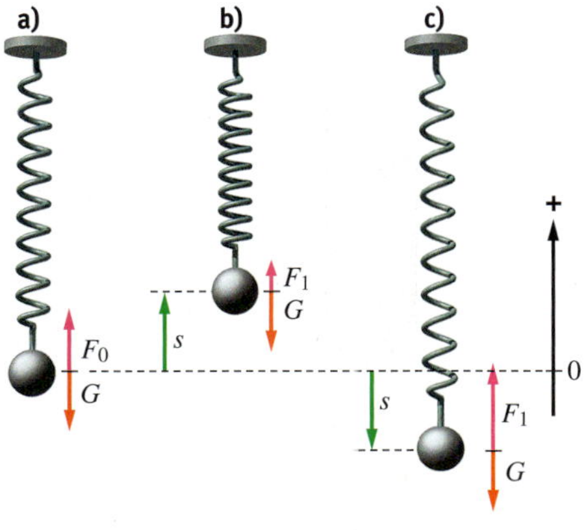

B 5: Das Federpendel nach der Auslenkung s:
a) in der Gleichgewichtslage
b) die Gewichtskraft überwiegt
c) die Federkraft überwiegt

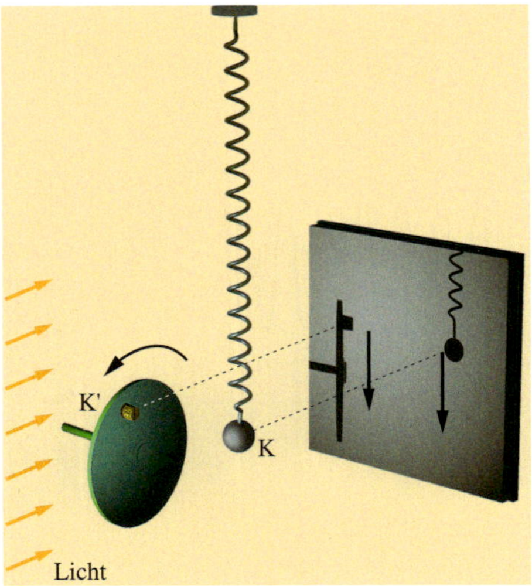

V 1: Wir befestigen einen Korken K′ auf dem Rand eines vertikal gestellten Plattentellers, den wir mit einem Motor in Drehung versetzen. Die Drehzahl stellen wir so ein, dass die Umlaufdauer des Korkens gleich der Periodendauer des Pendels ist.

Im seitlich einfallenden Licht entsteht als Schatten der Kreisscheibe ein vertikaler Strich. An ihm scheint der Korkenschatten auf und ab zu „gleiten".

Die Kugel K des Federpendels befindet sich in ihrer Gleichgewichtslage in Höhe der Drehachse. Wir lenken sie nach unten um den Radius der Kreisscheibe aus und geben sie frei, wenn der Korken den tiefsten Punkt erreicht. Die Bewegungen beider Schatten stimmen eine Zeit lang überein.

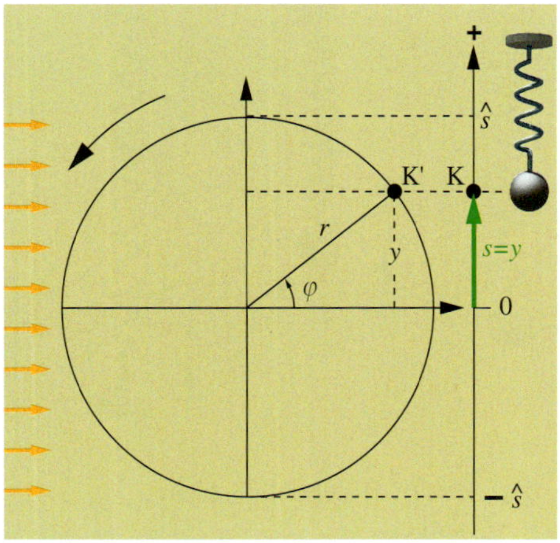

B 1: Aus der Kreisbewegung des Körpers K′ wird eine harmonische Schwingung herausgeschält

Das Federpendel – ein harmonischer Schwinger

1. Das *t-s*-Gesetz der Schwingung

Bekanntlich kann man eine Sinuskurve aus einer Kreisbewegung gewinnen. Wenn die Bewegung des Federpendels im Zeit-Elongation-Diagramm durch eine Sinuskurve beschrieben wird, dann muss sie mit der Kreisbewegung verwandt sein. In ➠ *Versuch 1* untersuchen wir diese Verwandtschaft: Am Schattenwurf erkennt man, dass sich der auf dem vertikalen Kreis umlaufende Korken stets in gleicher Höhe mit der auf und ab pendelnden Kugel befindet.

Das ➠ *Bild 1* liefert uns nun das Zeit-Elongation-Gesetz:

Während der Korken K′ auf einem Kreis mit dem Radius r umläuft, pendelt die Kugel K auf der s-Achse um ihre **Gleichgewichtslage** bei $s = 0$. Diese liegt in der Mitte zwischen den beiden Umkehrpunkten $s = \hat{s} = r$ und $s = -\hat{s} = -r$. Der positive Wert $\hat{s}$ (gesprochen „s Dach") heißt **Amplitude** der Schwingung. Sie ist die maximale Auslenkung aus der Gleichgewichtslage. Der ➠ *Versuch 1* zeigt, dass die y-Koordinate von K′ in jedem Moment mit der s-Koordinate von K übereinstimmt. Also ist

$$s = y = r \cdot \sin \varphi \text{ mit der Amplitude } \hat{s} = r.$$

Wie groß ist nun der Winkel φ zu einem Zeitpunkt t?

Starten wir eine Uhr in dem Augenblick, in dem sich die Kugel K gerade durch die Gleichgewichtslage nach oben bewegt, also zum Zeitpunkt $t = 0$. In diesem Moment ist $\varphi = 0$. Von nun an nimmt der überstrichene Winkel φ proportional mit der Zeit t zu, denn K′ durchläuft den Kreis gleichförmig. Also ist $\varphi \sim t$ oder φ/t = konstant. Der Quotient

$\omega = \frac{\varphi}{t}$ heißt **Winkelgeschwindigkeit**, ihre Einheit ist s^{-1}
(φ wird üblicherweise im Bogenmaß angegeben).

In der Zeit t wird folglich der Winkel $\varphi = \omega \cdot t$ überstrichen. Die Bewegung der Pendelkugel folgt damit dem ***t-s*-Gesetz**

$$s = \hat{s} \cdot \sin \omega t.$$

Das zugehörige t-s-Diagramm zeigt eine Sinuskurve (➠ *Bild 4a*). Sie beschreibt die harmonische Schwingung der Pendelkugel.

Wie bestimmt man die Winkelgeschwindigkeit?

Während der **Periodendauer *T*** führt K genau eine Hin- und Herbewegung und K′ genau einen Umlauf auf dem Kreis aus. In dieser Zeit wird der Winkel $\varphi = 2\pi$ (Bogenmaß) überstrichen. Man misst also die Zeit T für einen Umlauf oder die **Frequenz $f = 1/T$** der Schwingung. Daraus erhält man die **Winkelgeschwindigkeit ω**:

$$\omega = \frac{\varphi}{t} = \frac{2\pi}{T} = 2\pi f.$$

2. Das *t*-*v*-Gesetz

Wie hängt die Momentangeschwindigkeit v der Pendelkugel K vom Winkel $\varphi = \omega\, t$ ab? Betrachten wir dazu ➠ *Bild 2*:

Der Korken K′ läuft auf dem Kreis mit dem konstanten Betrag der Geschwindigkeit $v_k = 2\pi\, r / T$ um. Im Schattenbild ist nur seine Auf- und Abwärtsbewegung sichtbar. Deshalb beschreiben wir seinen Geschwindigkeitsvektor v_k durch seine beiden Werte v_x und v_y. Der Wert v_y gibt dann die Geschwindigkeit v der Pendelkugel nach Betrag und Richtung an. Zu jedem Zeitpunkt gilt:

$$v = v_y = v_k \cdot \cos\varphi = v_k \cdot \cos\omega t$$

Mit $v_k = 2\pi\, r / T = \omega r$ und $r = \hat{s}$ folgt daraus das t-v-Gesetz:

$$\boldsymbol{v = \omega\, \hat{s} \cdot \cos\omega\, t.} \qquad (➠ \textit{Bild 4b})$$

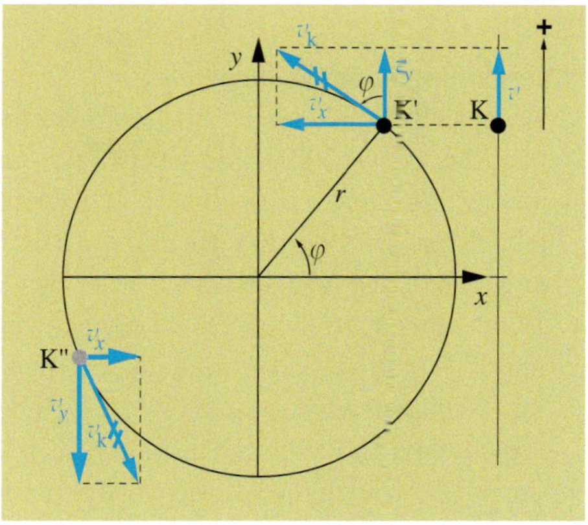

B 2: Die Geschwindigkeit v bei der harmonischen Bewegung zu zwei verschiedenen Zeitpunkten

3. Das *t*-*a*-Gesetz

Der auf dem Kreis umlaufende Korken K′ wird ständig zum Kreismittelpunkt hin beschleunigt. Der Betrag der Zentripetalbeschleunigung a_z ist v_k^2/r. Von den beiden Werten a_x und a_y des Vektors a_z in ➠ *Bild 3* betrachten wir wieder nur a_y. Der Schatten des Korkens bewegt sich also in vertikaler Richtung mit dem Beschleunigungswert:

$$a = a_y = -\frac{v_k^2}{r} \sin\omega t.$$

Das Minuszeichen berücksichtigt, dass die Beschleunigung oberhalb der Gleichgewichtslage negativ und unterhalb positiv ist. Bedenken Sie, dass $\sin\omega t$ im ersten Fall positiv, im zweiten negativ ist (➠ *Bild 4c*). Wir ersetzen wieder $v_k = 2\pi\, r / T = \omega r$ und $r = \hat{s}$ und erhalten:

$$\boldsymbol{a = -\omega^2 \hat{s} \cdot \sin\omega\, t.} \qquad (➠ \textit{Bild 4c})$$

Diese Beschleunigung erfährt auch die Pendelkugel, da sie dem Schatten des Korkens folgt.

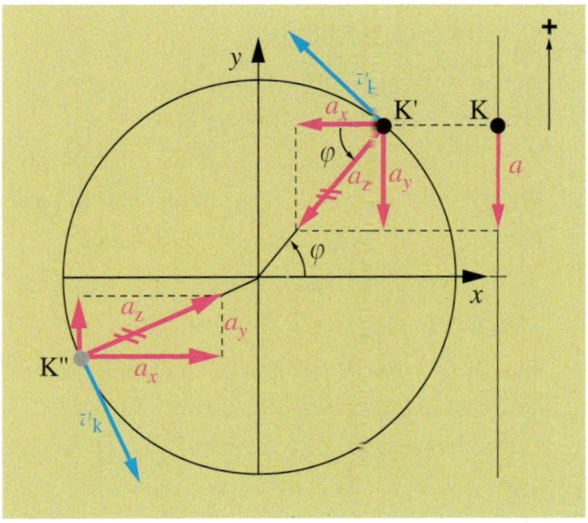

B 3: Die Beschleunigung a bei der harmonischen Schwingung

Merksatz

Eine harmonische Schwingung lässt sich beschreiben durch:

Das *Zeit-Elongation-Gesetz*:	$s = \hat{s} \cdot \sin\omega t,$
das *Zeit-Geschwindigkeit-Gesetz*:	$v = \omega \hat{s} \cdot \cos\omega t,$
das *Zeit-Beschleunigung-Gesetz*:	$a = -\omega^2 \hat{s} \cdot \sin\omega t$
mit der *Winkelgeschwindigkeit*:	$\omega = \frac{\varphi}{t} = \frac{2\pi}{T} = 2\pi f$

(f ist die Frequenz, T die Periodendauer, $\hat{s}$ die Amplitude)

Dabei bewegt sich der Körper zum Zeitnullpunkt ($t = 0$) durch die Gleichgewichtslage ($s = 0$) in die positive Richtung.

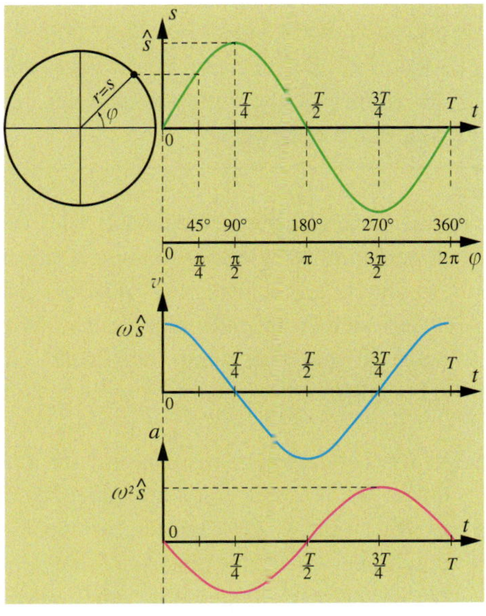

B 4: Diagramme der Bewegungsgesetze: **a)** t-s-Gesetz **b)** t-v-Gesetz **c)** t-a-Gesetz

Beispiel

Berechnungen am Federpendel

An einer Schraubenfeder hängt ein Körper der Masse $m = 200$ g. Sie ist dadurch um 40 cm gedehnt. Aus dieser Gleichgewichtslage wird der Körper nun um 10 cm angehoben und losgelassen.

Wie lange dauert eine Periode der Schwingung? Wie groß sind Amplitude, Frequenz und Winkelgeschwindigkeit? Mit welcher Geschwindigkeit bewegt sich der Körper durch die Gleichgewichtslage? Wo befindet er sich 0,5 s danach? Welche Geschwindigkeit hat er zu diesem Zeitpunkt?

Lösung:

Die Richtgröße D ist beim Federpendel gleich der Federhärte:
$D = 2{,}0\ \text{N}/0{,}4\ \text{m} = 5\ \text{N}\cdot\text{m}^{-1}$.
Die Periodendauer beträgt also:
$T = 2\pi\sqrt{m/D} = 2\pi\sqrt{0{,}2\ \text{kg}/5\ \text{N}\cdot\text{m}^{-1}} = \mathbf{1{,}26\ s}$.
Amplitude = max. Elongation: $\hat{s} = \mathbf{0{,}1\ m}$
Frequenz: $f = 1/T = 0{,}8\ \text{s}^{-1} = \mathbf{0{,}8\ Hz}$
Winkelgeschwindigkeit: $\omega = \sqrt{D/m} = \mathbf{5\ s^{-1}}$
Maximale Geschwindigkeit:
$v_{\max} = \omega\hat{s}\cdot\cos\omega t = \omega\cdot\hat{s} = \mathbf{0{,}5\ m\cdot s^{-1}}$
Entfernung aus der Gleichgewichtslage:
Zunächst wird der Zeitnullpunkt festgelegt: $s = 0$; $t = 0$; Aufwärtsbewegung. Dann gilt: $s = 0{,}1\ \text{m}\cdot\sin(5\ \text{s}^{-1}\cdot 0{,}5\ \text{s}) = \mathbf{+0{,}06\ m.}$
Zum Zeitpunkt 0,5 s befindet sich der Körper 6 cm über der Gleichgewichtslage.
Zu diesem Zeitpunkt hat er die Geschwindigkeit $v = 0{,}5\ \text{m}\cdot\text{s}^{-1}\cdot\cos(5\ \text{s}^{-1}\cdot 0{,}5\ \text{s}) = \mathbf{-0{,}4\ m\cdot s^{-1}}$. Der negative Wert besagt, dass der Körper sich abwärts auf die Gleichgewichtslage zu bewegt.

A 1: Die Masse eines Federpendels wird verdoppelt und mit gleicher (dann mit halber) Amplitude in Schwingung versetzt. Wie ändern sich Periodendauer, Frequenz, Winkelgeschwindigkeit und maximale Geschwindigkeit?

A 2: Ein Pendelkörper schwingt mit der Frequenz 0,5 Hz und der Amplitude 20 cm. **a)** Mit welcher Geschwindigkeit geht er durch die Gleichgewichtslage? **b)** Seine Masse beträgt 300 g. Wie groß ist die Richtgröße des Schwingers? **c)** Hängt T von der Fallbeschleunigung g ab?

4. Lineares Kraftgesetz und harmonische Schwingung

Für unser Federpendel gilt das Elongation-Kraft-Gesetz $F = -D\,s$. Ist dieses Gesetz eine notwendige Bedingung für jede freie harmonische Schwingung?

Betrachten wir dazu die bei der Schwingung auftretenden Beschleunigungen der Pendelkugel. Diese liefert uns das t-a-Gesetz

$$a = -\,\omega^2\hat{s}\cdot\sin\omega t.$$

Ein Körper, dessen Beschleunigung a ist, erfährt nach dem newtonschen Grundgesetz $F = m\,a$ die Gesamtkraft

$$F = m\,a = -m\,\omega^2\hat{s}\cdot\sin\omega t.$$

Mit $s = \hat{s}\cdot\sin\omega t$ erhalten wir so einen einfachen Zusammenhang zwischen der beschleunigenden Kraft F und der Auslenkung s:

$$\boldsymbol{F = -m\,\omega^2 s}.$$

Die Rückstellkraft F ist also proportional zur Auslenkung s aus der Gleichgewichtslage. Den positiven Faktor $m\,\omega^2$ nennt man Richtgröße und bezeichnet ihn mit D. Sie stimmt beim Federpendel mit dessen Federhärte überein. Das Minuszeichen besagt, dass F der Auslenkung stets entgegen gerichtet ist, also immer zur Gleichgewichtslage hin zeigt. Damit lautet das **Elongation-Kraft-Gesetz**:

$$\boldsymbol{F = -D\,s} \text{ mit der } \textbf{Richtgröße } \boldsymbol{D = m\,\omega^2}.$$

Wir haben ein wichtiges Merkmal für eine harmonische Schwingung gefunden: *Wenn die Bewegung des freien Schwingers harmonisch ist, muss die Rückstellkraft dem linearen Kraftgesetz gehorchen.*

Zudem können wir jetzt sogar die Periodendauer vorhersagen, wenn die Richtgröße D bekannt ist. Wir setzen $\omega = 2\pi/T$ in $D = m\,\omega^2$ ein und lösen nach T auf:

$$T = 2\pi\sqrt{\frac{m}{D}}.$$

Die Periodendauer T hängt also allein von der schwingenden Masse m und der Richtgröße D des Systems ab; T ist unabhängig von der Amplitude.

Mit etwas mehr Mathematik kann man auch umgekehrt zeigen, dass $F = -D\,s$ zu einer harmonischen Schwingung führt. Wir merken uns:

Merksatz

Eine freie mechanische Schwingung ist genau dann **harmonisch**, wenn sie dem **linearen Kraftgesetz** $F = -D\,s$ genügt. s gibt die Elongation aus der Gleichgewichtslage an. Die **Periodendauer** T eines Schwingers der Masse m und der Richtgröße D beträgt:

$$T = 2\pi\sqrt{\frac{m}{D}}.$$

5. Wie viel Energie steckt in der Schwingung?

Der Pendelkörper hängt zunächst bewegungslos in der Gleichgewichtslage. Die Schwingungsenergie des Federpendels ist null. Die Feder ist zwar durch die Gewichtskraft des Pendelkörpers bereits um s_0 verlängert, aber die Spannenergie $\frac{1}{2}D s_0^2$ rechnen wir *nicht* dazu. Aus dieser Gleichgewichtslage heben oder senken wir nun den Pendelkörper. Bei einer Auslenkung um die Strecke s beträgt unsere Kraft $F' = D s$, denn für die entgegengesetzt gerichtete Rückstellkraft gilt ja $F = -D s$. Die dem Schwinger zugeführte Energie ist dann $W_{\text{Elong}} = \frac{1}{2} D s^2$; sie heißt **Elongationsenergie**.

Was geschieht mit der Elongationsenergie, wenn wir den Pendelkörper loslassen? Sie steckt von nun an im schwingenden System. Bei fehlender Reibung hätten wir den Idealfall einer ungedämpften harmonischen Schwingung, die unendlich lang andauert. Die Energie kann dann nicht mehr entweichen. Betrachten wir einmal verschiedene Phasen der Schwingung:

a) Im oberen und unteren Umkehrpunkt besitzt der Körper für einen Moment jeweils die Geschwindigkeit null; seine kinetische Energie ist also null, während die Elongationsenergie im selben Augenblick ihr Maximum erreicht hat.

b) Aus der momentanen Ruhe heraus wird der Körper nun beschleunigt, gewinnt also kinetische Energie auf Kosten der Elongationsenergie.

c) Beim Durchgang durch die Gleichgewichtslage hat dann die kinetische Energie ihr Maximum erreicht, die Elongationsenergie ihr Minimum: Sie ist null geworden.

d) Die Elongationsenergie nimmt nun auf Kosten der kinetischen Energie wieder zu, bis sie im Umkehrpunkt abermals ein Maximum erreicht hat; usw. …

Die beiden Energieformen wandeln sich also periodisch ineinander um. Dabei bleibt nach dem Energiesatz die Summe aus Elongations- und Bewegungsenergie, also die Gesamtenergie W der Schwingung, erhalten. Sie ist gleich der Elongationsenergie, die bei der ersten Auslenkung in das System hineingesteckt wurde, also der maximalen Elongationsenergie $\frac{1}{2} D \hat{s}^2$.

Merksatz

Bei einer ungedämpften harmonischen Schwingung ist die Summe aus Elongationsenergie und Bewegungsenergie konstant. Sie ist gleich der **Gesamtenergie *W*** der Schwingung:

$$W = W_{\text{Elong}} + W_{\text{B}} = \tfrac{1}{2} D s^2 + \tfrac{1}{2} m v^2 = \text{konstant}.$$

In den Umkehrpunkten ($v = 0$, $s = \hat{s}$) besteht W aus der maximalen Elongationsenergie $W = \frac{1}{2} D \hat{s}^2$, in der Gleichgewichtslage ($v = \hat{v}$, $s = 0$) aus der maximalen Bewegungsenergie $W = \frac{1}{2} m \hat{v}^2$.

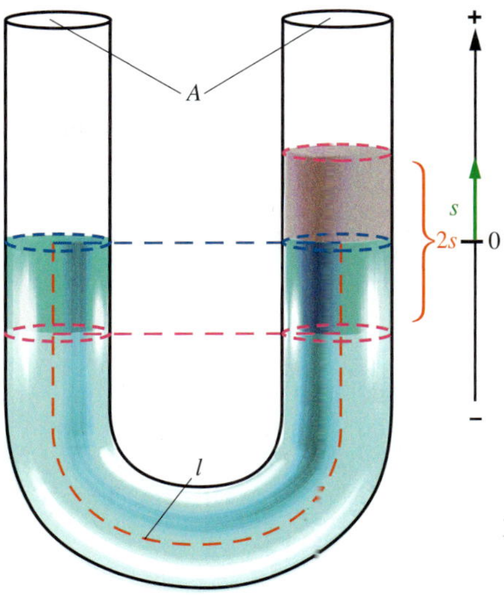

B 1: Eine harmonisch schwingende Flüssigkeit (*Versuch 1*)

V 1: Ein U-Rohr, das an jeder Stelle denselben Querschnitt A besitzt, ist zum Teil mit einer Flüssigkeit vom Volumen V und der Dichte ϱ gefüllt. Wenn man in einen der beiden Schenkel des U-Rohrs vorsichtig hineinbläst, kommt die Flüssigkeit aus dem Gleichgewicht. Gibt man sie anschließend frei, so schwingt sie hin und her. Können wir die Periodendauer vorausberechnen?

Dazu führen wir eine s-Achse ein (*Bild 1*). Ist nun die Flüssigkeit um die Strecke s aus ihrer Gleichgewichtslage ausgelenkt, so entsteht ein einseitiges Übergewicht, das von der überstehenden Flüssigkeitssäule herrührt. Diese hat die Höhe $2\,s$ und das Volumen $\Delta V = 2\,s \cdot A$, also die Gewichtskraft $G = \Delta V \cdot \varrho \cdot g = 2\,s A\,\varrho\,g$. Die Gewichtskraft G wirkt als Rückstellkraft F. Sie ist zur Elongation s proportional, denn es gilt $F = -D\,s$ mit $D = 2\,A\,\varrho\,g = \text{konstant}$.

Es liegt also ein lineares Kraftgesetz vor. Deshalb dürfen wir die Periodendauer mit $T = 2\pi\sqrt{m/D}$ berechnen. Darin ist $m = V\varrho$ die Masse der gesamten eingefüllten Flüssigkeit. Wir erhalten:

$$T = 2\pi\,\sqrt{\frac{V\varrho}{2\,\varrho A\,g}} = 2\pi\,\sqrt{\frac{l}{2\,g}},$$

wobei $l = V/A$ die Länge der Flüssigkeitssäule ist. Die Periodendauer ist demnach von der Dichte der Flüssigkeit unabhängig.

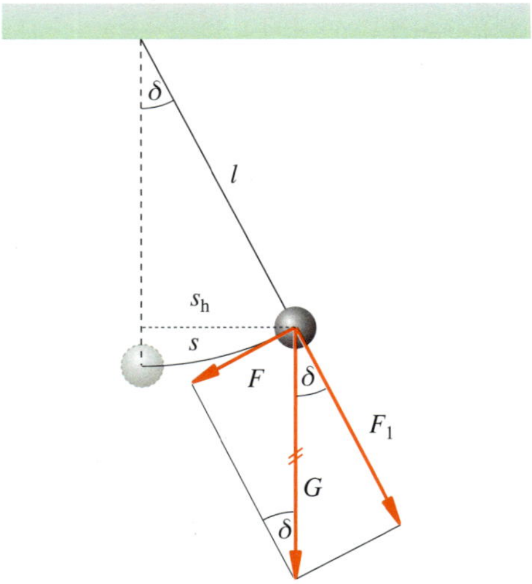

B 1: Die Rückstellkraft $\vec{F}$ bei einem Fadenpendel. $\vec{F}$ ist stets zur Gleichgewichtslage hin gerichtet.

V 1: a) Wir lenken zwei Fadenpendel gleicher Länge ($l = 2$ m) aber mit verschieden schweren Pendelkörpern nur wenig aus und geben sie gleichzeitig frei. Sie schwingen synchron mit gleicher Periodendauer. **b)** Wir verkürzen die Länge eines Pendels auf $\frac{1}{4} l = 50$ cm und wählen gleich schwere Pendelkörper. Auf eine Periode des 2 m-Pendels kommen nun zwei des 0,5 m-Pendels. **c)** Wir lassen nun das 2 m-Pendel mit kleiner Amplitude schwingen und ermitteln die Zeit für 100 Perioden zu 280 s. Die Schwingungsdauer ist $T = 2{,}80$ s. **d)** Wir wiederholen c) mit großer Amplitude, z. B. $\hat{s} = s = 0{,}5\, l$. Wir finden jetzt eine etwas größere Periodendauer.

A 1: Zum Nachweis der Erdrotation verwendete L. FOUCAULT (1851) ein 67 m langes Pendel. Berechnen Sie die Periodendauer.

A 2: Wie lang muss ein Fadenpendel sein, das an der Erdoberfläche ($g = 9{,}81$ m/s^2) bei kleiner Amplitude mit der Periodendauer $T = 1{,}00$ s schwingt?

A 3: Ein Fadenpendel schwingt mit der Periodendauer $T_1 = 2{,}15$ s. Wenn man den Faden um 80 cm verlängert, erhöht sich die Periodendauer auf $T_2 = 2{,}80$ s. Berechnen Sie aus diesen genau messbaren Angaben die Fallbeschleunigung für den Ort, an dem das Pendel schwingt.

Fadenpendel und Horizontalschwinger

1. Das Fadenpendel

Schwingt der an einem Faden aufgehängte Pendelkörper in ➠ *Bild 1* harmonisch? Dazu prüfen wir, ob das lineare Kraftgesetz gilt:

Die Auslenkung s aus der Gleichgewichtslage erfolgt längs des Kreisbogens mit dem Radius l und der Länge $s = l\,\delta$ (δ im Bogenmaß). Die Rückstellkraft $\vec{F}$ finden wir, wenn wir die auf den Pendelkörper der Masse m wirkende Gewichtskraft $\vec{G} = m\vec{g}$ durch die beiden Komponenten $\vec{F}$ und $\vec{F}_1$ ersetzen. Da $\vec{F}_1$ (in Richtung des Fadens) immer senkrecht zur Bewegungsrichtung wirkt, ist $\vec{F}$ die hier allein interessierende Kraft. $\vec{F}$ zeigt als Rückstellkraft stets tangential zum Kreisbogen zur Gleichgewichtslage hin. Da die Rückstellkraft ihre Richtung entlang des Bogens ändert, betrachten wir im Folgenden nur ihren Betrag $F = |\vec{F}|$.

Die Schwingung ist nur dann harmonisch, wenn F proportional zur Auslenkung s ist. – Nun liefert das Kräfteparallelogramm:

$$F = m\,g\,\sin\delta = m\,g\,\sin(s/l).$$

Wenn $s << l$ gilt, so ist s näherungsweise gleich der horizontalen Auslenkung s_h und es gilt $\sin\delta = s_h/l \approx s/l$. Das lineare Kraftgesetz für kleine Elongationen s lautet dann als Betragsgleichung:

$$F = (m\,g/l)\,s.$$

Wir können demnach das Fadenpendel mit jeder gewünschten Genauigkeit als harmonischen Schwinger der Richtgröße $D = m\,g/l$ betrachten, wenn wir nur die Amplitude hinreichend klein wählen. Mit $T = 2\pi\sqrt{m/D}$ folgt dann für die Periodendauer

$$T = 2\pi\sqrt{m/D} = 2\pi\sqrt{m\,l/m\,g} = 2\pi\sqrt{l/g}.$$

➠ *Versuch 1* bestätigt: T hängt nur von der Pendellänge l und der Fallbeschleunigung g ab.

Bei kleiner Amplitude ist die Schwingungsdauer eines 2 m langen Pendels $T = 2\pi\sqrt{2\,\text{m}/9{,}81\,\text{ms}^{-2}} = 2{,}84$ s.

Merksatz

Ein **Fadenpendel** schwingt bei hinreichend kleiner Amplitude harmonisch. Seine **Periodendauer** ist dann

$$T = 2\pi\sqrt{\frac{l}{g}}. \qquad (1)$$

Durch genaue Messung von Periodendauer T und Pendellänge l kann man mit *Gl. (1)* die Fallbeschleunigung g am Ort des Versuchs bestimmen. Im Mittel nimmt die Fallbeschleunigung an der Erdoberfläche vom Äquator zu den Polen wegen der Form und Drehung der Erde kontinuierlich zu. Der unterschiedliche Aufbau der Erdkruste verändert die Fallbeschleunigung zusätzlich. Über Erzlagerstätten ist die Fallbeschleunigung vergrößert, über Salzlagern und Erdölvorkommen verkleinert. Die Einflüsse von Sonne und Mond verändern g um maximal $\pm 1{,}5 \cdot 10^{-6}$ m/s^2 am Tag.

2. Der horizontale Federschwinger

In *Bild 2* ist ein Experimentierwagen zwischen zwei Federn mit den Richtgrößen D_1 und D_2 gespannt. Diese erzeugen nach *Versuch 2* eine zur Auslenkung s proportionale Rückstellkraft F. Es gilt also $F = -D\,s$, wobei D die Richtgröße des aus beiden Federn bestehenden Systems ist. Bei fehlender Reibung schwingt der Wagen also harmonisch mit der Periodendauer $T = 2\,\pi\,\sqrt{m/D}$ hin und her.

Wir leiten $F = -D\,s$ für beliebige Federhärten D_1 und D_2 her: Die Vektoren für die Federkräfte und Elongationen liegen auf einer Geraden. Wir beschreiben sie deshalb durch Werte mit Vorzeichen (nach rechts positiv, nach links negativ). Befindet sich der Wagen im Nullpunkt $s = 0$, so zieht an ihm die rechte Feder mit der Kraft $F_1 > 0$ nach rechts, die linke Feder mit $F_2 < 0$ nach links. Da in diesem Punkt Kräftegleichgewicht herrscht, gilt $F_1 = -F_2$ und daher $F_1 + F_2 = 0$ (*Bild 2a*). Zieht die rechte Feder z. B. mit $F_1 = +3$ N nach rechts, dann muss die linke Feder mit $F_2 = -3$ N nach links ziehen.
Bei der Elongation $s > 0$ zieht die rechte Feder 1 um $D_1\,s$ weniger stark nach rechts als im Gleichgewicht (bei $s = 0$). Ihre positive Kraft hat von F_1 auf $F_1^* = F_1 - D_1\,s$ abgenommen. Dagegen zieht die linke Feder 2 nun stärker nach links. Ihre negative Kraft auf den Wagen ändert sich von F_2 auf $F_2^* = F_2 - D_2\,s$ (*Bild 2b* und *c*). Die resultierende Rückstellkraft beträgt dann
$F = F_1^* + F_2^* = F_1 + F_2 - D_1\,s - D_2\,s$.
Da $F_1 + F_2 = 0$ ist, folgt $F = -(D_1 + D_2)\,s$.

Für eine Elongation $s < 0$ liefert eine entsprechende Überlegung dasselbe Ergebnis. Die Summe $D_1 + D_2 = D > 0$ ist die Richtgröße der aus beiden Federn bestehenden Spannvorrichtung.

Merksatz

Für einen zwischen zwei elastischen Federn gespannten Wagen gilt das Weg-Kraft-Gesetz

$$F = -D\,s \quad \text{mit} \quad D = D_1 + D_2.$$

Die Richtgröße D des Federsystems ist gleich der Summe der Federhärten der auf beiden Seiten ziehenden Federn.
Bei fehlender Reibung schwingt der Wagen harmonisch mit der Schwingungsdauer

$$T = 2\pi\,\sqrt{m/D}.$$

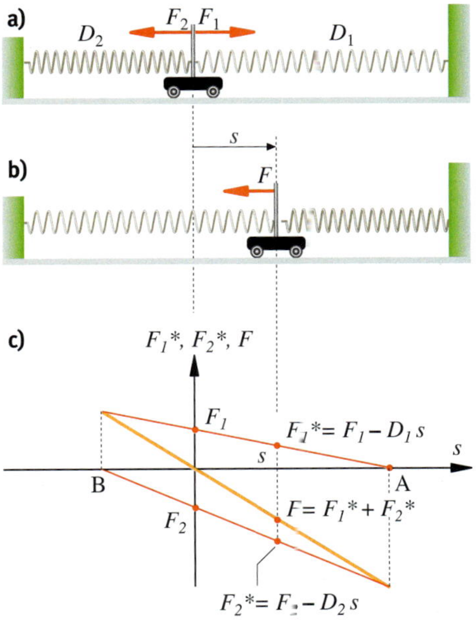

B 2: a) Wagen in der Gleichgewichtslage: $F_2 = -F_1$ **b)** Nach Auslenkung um $s > 0$ wirkt die Rückstellkraft $F = -D\,s < 0$. **c)** Federkräfte F_1^*, F_2^* und deren Gesamtkraft F auf den Wagen bei der Auslenkung s. Im Kräftegleichgewicht bei $s = 0$ gilt: $F_1 + F_2 = 0$. Bei Auslenkung um s ändern sich die Federkräfte linear um $D_1\,s$ bzw. $D_2\,s$, also entsprechend den Geraden $F_1^* = F_1 - D_1\,s$ bzw. $F_2^* = F_2 - D_2\,s$. Bei A ist Feder 1, bei B Feder 2 entspannt. Die Addition $F_1^* + F_2^*$ liefert die Gesamtkraft $F = -(D_1 + D_2)\,s$.

V 2: Nach *Bild 2* lenken wir mit einem Kraftmesser den Wagen um s nach rechts aus. Wir messen die Rückstellkraft F. Bei doppelter Auslenkung um $2\,s$ messen wir die Kraft $2\,F$ usw. F ist also proportional zu s.

3. Harmonische Schwingungen im Mikrokosmos

Ein Molekül ist aus Atomen zusammengesetzt. Diese können in ihm näherungsweise harmonisch schwingen. Bei einem zweiatomigen Molekül (z. B. CO) gibt es nur *eine* Streckschwingung (*Bild 3a*). Dreiatomige Moleküle wie das CO_2 zeigen auch Streckschwingungen wie in *Bild 3b*. Ihre Schwingungsenergie geben die Moleküle als Infrarotstrahlung ab. Umgekehrt werden sie durch Absorption solcher IR-Strahlung zu Schwingungen angeregt. Die Absorption der IR-Strahlung durch CO_2-Gas trägt zum *Treibhauseffekt* bei.

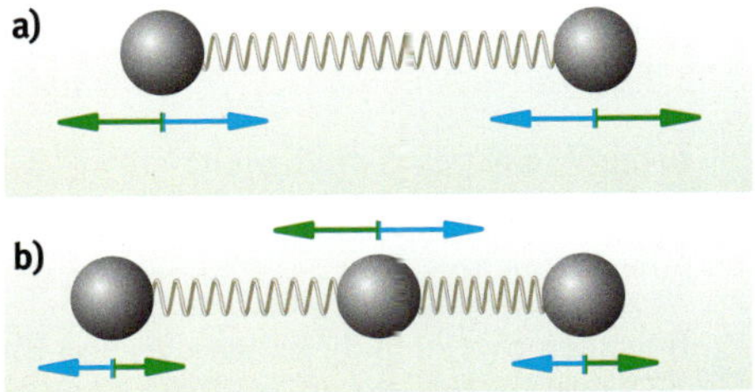

B 3: Federmodell für Molekülschwingungen: **a)** Molekül aus zwei Atomen, **b)** Molekül aus drei Atomen. Zu dieser Streckschwingung wird das CO_2-Molekül bei IR-Absorption angeregt.

Das ist wichtig

A. Begriffe für beliebige Schwingungen

1. *Rückstellkraft* und *Trägheit* sind Voraussetzungen für jede mechanische Schwingung: Die Rückstellkraft sorgt dafür, dass der Körper nach der *Auslenkung (Elongation)* aus seiner *Gleichgewichtslage* wieder zu ihr zurückkehrt. Wegen seiner Trägheit bewegt er sich jedoch über sie hinaus, entfernt sich also erneut aus ihr. Er schwingt auf diese Weise hin und her.
2. Ein mechanisches System führt eine **freie Schwingung** aus, wenn es seinen Rhythmus selbst bestimmt. Wird ihm ein fremder Schwingungstakt von außen aufgeprägt, so führt es eine **erzwungene Schwingung** aus.
3. Eine **freie ungedämpfte Schwingung** ist der Idealfall einer Schwingung bei fehlender mechanischer Reibung. Eine reale Schwingung, die abklingt, heißt **gedämpfte Schwingung**.

B. Gesetze der harmonischen Schwingung

1. Eine freie Schwingung ist genau dann harmonisch, wenn die Rückstellkraft F proportional zur Auslenkung s ist, wenn also das **lineare Kraftgesetz** $\boldsymbol{F = -D\,s}$ gilt. Die *Richtgröße* D ist stets positiv. Das Minuszeichen drückt aus, dass die Rückstellkraft der Auslenkung immer entgegen gerichtet ist. Es ist also entweder $s > 0$ und $F < 0$ oder $s < 0$ und $F > 0$.
2. Die **Periodendauer** $\boldsymbol{T}$ eines Schwingers der Masse m und der Richtgröße D ist: $\boldsymbol{T = 2\pi\sqrt{m/D}}$ (m in kg, D in $\mathrm{N\,m^{-1}}$, T in s).
   Die Periodendauer ist unabhängig von der Amplitude.
3. Die **Bewegungsgesetze** für eine Schwingung, die zum Zeitnullpunkt ($t = 0$) durch die Gleichgewichtslage ($s = 0$) in positive Richtung beginnt, lauten:

   Zeit-Elongation-Gesetz: $s = \hat{s}\sin(\omega t)$
   Zeit-Geschwindigkeit-Gesetz: $v = \omega\hat{s}\cos(\omega t)$
   Zeit-Beschleunigung-Gesetz: $a = -\omega^2\hat{s}\sin(\omega t)$

   Dabei ist
   $\hat{s}$ die positive Amplitude: $\hat{s}$ = max. Auslenkung
   ω die Winkelgeschwindigkeit: $\omega = \frac{\varphi}{t} = \frac{2\pi}{T} = 2\pi f$
   f die Frequenz: $f = \frac{1}{T}$.

   Beachten Sie: ω und f haben dieselbe Einheit $\mathrm{s^{-1}}$. Man nennt ω auch Kreisfrequenz. Zur besseren Unterscheidung gibt man die Frequenz f häufig in Hz an.
4. Die **Energie eines harmonischen Schwingers** ist die Summe aus Elongations- und Bewegungsenergie:

   $$W = W_{\mathrm{Elong}} + W_{\mathrm{B}} = \tfrac{1}{2}D\,s^2 + \tfrac{1}{2}m\,v^2 = \text{konstant.}$$

   Da Reibung ausgeschlossen wird, ist W konstant. In den Umkehrpunkten besteht W allein aus der Elongationsenergie $W = \frac{1}{2}D\,\hat{s}^2$, in der Gleichgewichtslage allein aus der Bewegungsenergie $W = \frac{1}{2}m\,\hat{v}^2$ mit $\hat{v} = \omega\,\hat{s}$.

C. Periodendauer einiger Schwinger

1. **Das Federpendel:** Ein Körper der Masse m hängt an einer Feder. Ihre Federkonstante ist zugleich die Richtgröße D (bei vertikaler Auslenkung). Die Periodendauer ist $\boldsymbol{T = 2\pi\sqrt{m/D}}$.
2. **Das Fadenpendel:** An einem Faden der Länge l hängt ein Körper der Masse m. Je kleiner die Auslenkung ($s << l$) ist, desto besser nähert sich die Pendelbewegung einer harmonischen Schwingung an. Mit der Fallbeschleunigung g ist die Richtgröße $D = m\,g/l$, die Periodendauer ist $\boldsymbol{T = 2\pi\sqrt{l/g}}$.
3. **Der Federschwinger:** Ein Wagen der Masse m ist zwischen zwei Federn mit den Federkonstanten D_1 und D_2 gespannt. Die Richtgröße ist $D = D_1 + D_2$, die Periodendauer ist $\boldsymbol{T = 2\pi\sqrt{m/(D_1 + D_2)}}$.

D. Musteraufgabe

Ein Wagen ($m = 300$ g) ist zwischen zwei Federn ($D_1 = 10$ N/m und $D_2 = 20$ N/m) gespannt. Er wird um 20 cm nach links ausgelenkt und losgelassen. **a)** Nach welcher Zeit t erreicht er die Gleichgewichtslage? Wie groß ist dort seine Geschwindigkeit v? **b)** Welche Beschleunigung erfährt der Wagen beim Durchlaufen der Gleichgewichtslage, welche im rechten Umkehrpunkt? **c)** Wo befindet sich der Wagen 0,6 s nach dem Durchlaufen der Gleichgewichtslage? Wie groß ist die Beschleunigung dort? **d)** Welche Zeit benötigt der Wagen nach dem Loslassen für den halben Weg zur Gleichgewichtslage?

Lösung:

a) Er erreicht die Gleichgewichtslage nach $t = \frac{1}{4}T = \frac{1}{4}\cdot 2\pi\sqrt{0{,}3\ \mathrm{kg}/(10+20)\ \mathrm{N\,m^{-1}}} = \mathbf{0{,}157\ s}$.
Die Elongationsenergie $\frac{1}{2}D\hat{s}^2$ ist dabei völlig in Bewegungsenergie $\frac{1}{2}m\,\hat{v}^2$ übergegangen.
Aus $\frac{1}{2}m\,\hat{v}^2 = \frac{1}{2}D\,\hat{s}^2$ folgt
$\hat{v} = \sqrt{D/m}\,\hat{s} = \omega\hat{s} = 10\ \mathrm{s^{-1}}\cdot 0{,}2\ \mathrm{m} = \mathbf{2{,}0\ m/s}$.
b) In der Gleichgewichtslage ($F = 0$) ist $\boldsymbol{a = 0}$, im rechten Umkehrpunkt gilt mit $F = -D\,s$
$a = -D\,s/m = -30\ \mathrm{N\,m^{-1}}\cdot 0{,}2\ \mathrm{m}/0{,}3\ \mathrm{kg} = \mathbf{-20\ m/s^2}$.
c) Wir wählen als Zeitnullpunkt $s = 0$ und $v > 0$. Dann ist $s = 20\ \mathrm{cm}\cdot\sin(10\ \mathrm{s^{-1}}\cdot 0{,}6\ \mathrm{s}) = \mathbf{-5{,}6\ cm}$ und
$a = -\omega^2 s = -(10\ \mathrm{s^{-1}})^2\cdot(-0{,}056\ \mathrm{m}) = \mathbf{5{,}6\ m/s^2}$.
d) Es sei $t = 0$ bei $s = -20$ cm. Dann ist $s = -\hat{s}\cos(\omega t)$. Mit $s = -\frac{1}{2}\hat{s}$ folgt $\cos(\omega t) = \frac{1}{2}$ und $\omega t = \pi/3$, also $t = \pi/(3\,\omega) = \pi/(3\cdot 10\ \mathrm{s^{-1}}) = \mathbf{0{,}105\ s}$.

Aufgaben

A 1: Sind bei einem vertikal auf- und abspringenden Ball die Bedingungen einer harmonischen Schwingung erfüllt? (Reibung wird vernachlässigt.) Begründen Sie.

A 2: Hängt man einen Körper der Masse 400 g an eine Schraubenfeder, so wird sie um 10 cm verlängert. Aus dieser Gleichgewichtslage wird der Körper 5 cm angehoben und losgelassen. **a)** Mit welcher Frequenz schwingt dieses Federpendel? **b)** Wie viel Schwingungsenergie enthält es? **c)** Zeichnen Sie in ein gemeinsames s-F-Schaubild ($s = 0$ in der Gleichgewichtslage) die Kraft, mit der die Feder am Körper zieht, die Gewichtskraft und die Rückstellkraft des Schwingers. Beachten Sie die Vorzeichen für s und F. Welcher geometrische Zusammenhang besteht zwischen den drei Geraden? Kennzeichnen Sie die Fläche, die die Elongationsenergie für $s = 5$ cm angibt.

A 3: Ein Körper schwingt harmonisch mit der Frequenz $f = 0{,}8$ Hz und der Amplitude $\hat{s} = 10$ cm. Welche Geschwindigkeit hat er in der Gleichgewichtslage? Bei welcher Elongation s ist die Geschwindigkeit $v = 0{,}25$ m/s?

A 4: An eine Schraubenfeder ($D = 100$ N/m) wird ein Körper der Masse 800 g gehängt, dann 4 cm aus seiner Gleichgewichtslage nach unten gezogen und losgelassen. **a)** Mit welcher Frequenz schwingt der Körper? **b)** Wie groß ist die Geschwindigkeit und die Beschleunigung des Körpers 3 cm oberhalb der Gleichgewichtslage? Welche Zeit brauchte er vom unteren Umkehrpunkt bis zu dieser Stelle?

A 5: Die Autobahnbrücke über die Norder-Elbe wurde nach ihrer Fertigstellung in einem spektakulären Versuch in Schwingung versetzt. Die Ingenieure wollten die Berechnungen der neuartigen Brückenkonstruktion in einem Experiment überprüfen. Dazu wurde bei Flut ein Lastschiff von unten an der Brücke befestigt. Dieses belastete bei sinkendem Wasserspiegel mit einem ständig zunehmenden Teil seines Gewichts die Brückenmitte, bis bei einer Last von 100 t ein Bolzen (wie geplant) brach und die Verbindung zur Brücke löste. In diesem Moment betrug ihre Auslenkung dort 5 cm. Anschließend führte die Brücke nahezu harmonische Schwingungen mit der Frequenz $f = 0{,}62$ Hz aus. **a)** Mit welcher Amplitude und welcher maximalen Geschwindigkeit bewegt sich ein mitten auf ihr stehender Beobachter? **b)** Bei welcher Elongation erfährt der Beobachter maximale Beschleunigung? Wie groß ist diese Beschleunigung? Um wie viel Prozent scheint sein Gewicht zu schwanken? **c)** Welche Zeit vergeht vom Moment des Abreißens bis zum Erreichen der maximalen Geschwindigkeit? Nach welcher Zeit beträgt sie erstmals 0,1 m/s? **d)** Um welche Strecke wurde der Beobachter 0,6 s nach dem Abreißen nach oben bewegt? **e)** Bestimmen Sie die Energie, die in der Brückenschwingung steckt.

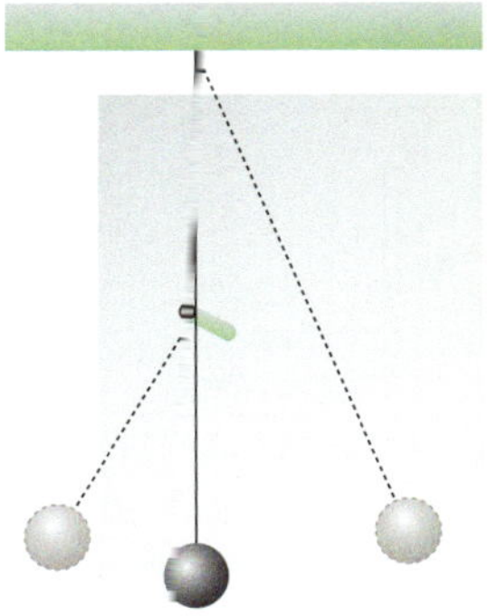

A 6: Das 1 m lange Fadenpendel stößt in seiner Mitte beim Nulldurchgang der Schwingung an einen Stab. **a)** Ist die Schwingung harmonisch? **b)** Wie groß ist die Periodendauer der Schwingung? **c)** Vergleichen Sie die Rückstellkräfte im linken und rechten Umkehrpunkt.

A 7: Ein mit Schrotkugeln beschwertes Reagenzglas der Masse $m = 15$ g taucht etwa zur Hälfte in Wasser. Seine Querschnittsfläche beträgt $A = 2{,}0\ \text{cm}^2$. Drückt man das Reagenzglas tiefer ins Wasser, so erfährt es eine größere Auftriebskraft (sie ist nach ARCHIMEDES gleich der Gewichtskraft der verdrängten Flüssigkeit). **a)** Zeigen Sie, dass es – unter Vernachlässigung der Reibung – nach dem Loslassen harmonisch schwingt. **b)** Berechnen Sie die Periodendauer der Schwingung. **c)** Mit welcher Geschwindigkeit bewegt sich das Reagenzglas durch die Gleichgewichtslage, wenn es zu Beginn 3 cm tiefer ins Wasser gedrückt wurde (Dichte des Wassers $\varrho = 1000\ \text{kg/m}^3$; $g = 9{,}81\ \text{m/s}^2$)?

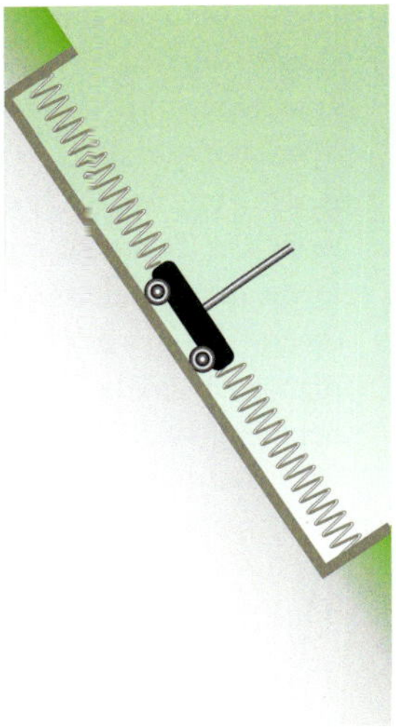

A 8: Ein Wagen der Masse $m = 0{,}6$ kg ist zunächst horizontal zwischen zwei Federn gespannt. Die Richtgröße der einen Feder ist $D_1 = 9{,}50$ N/m. **a)** Wie groß muss man die Richtgröße der anderen Feder wählen, damit das System mit $T = 1{,}00$ s schwingt? **b)** Wie ändert sich T, wenn man m verdoppelt? **c)** Die Anordnung wird schräg gestellt. Ändert sich die Periodendauer? Begründen Sie Ihre Antwort.

A 9: Zwei Wagen gleicher Masse ($m_1 = m_2 = 200$ g) sind in Fahrtrichtung durch eine Feder verbunden, die bei Zug und Druck die Richtgröße $D = 100$ N/m hat. Die Wagen werden um 10 cm auseinandergezogen und gleichzeitig freigegeben. **a)** Mit welcher Amplitude schwingt jeder Wagen? **b)** Mit welcher Frequenz schwingt das System? **c)** Wie groß ist dessen Schwingungsenergie? **d)** Bestimmen Sie die maximale Geschwindigkeit der Wagen.

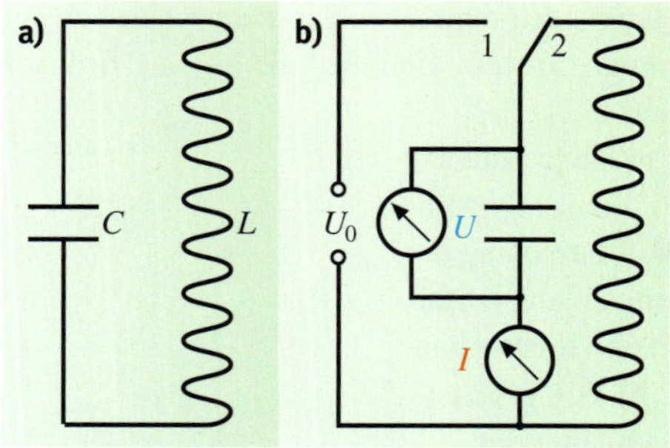

B 1: a) Schwingkreis aus Kondensator und Spule **b)** Schaltung zur Auslösung einer freien gedämpften Schwingung (➡ Versuch 1)

V 1: In ➡ *Bild 1b* wird der Kondensator in Schalterstellung 1 von der Spule getrennt und auf die Spannung U_0 aufgeladen. Dann legen wir den Schalter in die Stellung 2 um. Nun ist der geladene Kondensator ($C = 300\ \mu\text{F}$) mit einer Spule hoher Induktivität ($L = 600\ \text{H}$) verbunden. Was dabei passiert, können wir an einem Spannungsmesser (U) und Strommesser (I) verfolgen: Die Zeiger beider Instrumente schwingen – in der Phase ungefähr $\pi/2$ gegeneinander versetzt – mit einer Periodendauer von ungefähr 3 s hin und her.

Den zeitlichen Verlauf der Stromstärke I entnehmen wir dem dazu proportionalen Spannungsabfall $U_R = R\,I$ am Strommessgerät. Zum Aufzeichnen der Spannung U_R muss der Schreiber erneut mit dem Umlegen des Schalters gestartet werden. Mit einem Messwerterfassungssystem kann man auch beide Kurven gleichzeitig aufnehmen (➡ *Bild 2*).

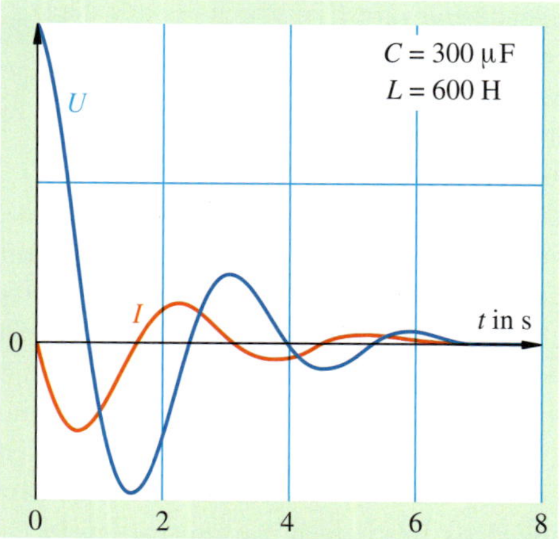

B 2: Gedämpfte Schwingung im Schwingkreis

Elektromagnetische Schwingungen

1. Der Schwingkreis

Bei freien mechanischen Schwingungen wandeln sich Elongations- und Bewegungsenergie periodisch und stetig ineinander um. Auch zwischen Spule und Kondensator kann Energie hin und her pendeln, wenn wir sie nach ➡ *Bild 1a* zusammenfügen. Da sich hier elektrische und magnetische Feldenergie einander abwechseln, nennt man dieses Gebilde einen elektromagnetischen **Schwingkreis.**

In ➡ *Versuch 1* bringen wir den Schwingkreis nach Schaltung ➡ *Bild 1b* zum Schwingen. Dabei verfolgen wir die Spannung U am Kondensator sowie die Stromstärke I in der Spule. Wir beobachten einen Wechselstrom und eine in der Phase verschobene Wechselspannung (➡ *Bild 2*). Die Strom- und Spannungsamplituden nehmen allerdings rasch ab. Es ist eine **freie gedämpfte elektromagnetische Schwingung.** Wie entsteht sie?

Zunächst wird der Kondensator aufgeladen. Entlädt man ihn anschließend über die Spule, so wird sein elektrisches Feld schwächer. Die in ihm gespeicherte Energie nimmt ab. Dafür entsteht aber ein Strom, der ein Magnetfeld mit magnetischer Feldenergie aufbaut. Schließlich ist der Kondensator vollständig entladen. Die elektrische Feldenergie ist in magnetische übergegangen. Diese kann ohne Strom nicht existieren, sich aber auch nicht einfach verflüchtigen. Tatsächlich erzeugt die Abnahme der Stromstärke nach LENZ eine Induktionsspannung, die die Ladungen weiterfließen lässt. Der Kondensator wird folglich entgegengesetzt aufgeladen, bis schließlich das Magnetfeld verschwunden ist. Nun wiederholt sich das Spiel in umgekehrter Richtung. Der ohmsche Widerstand des Spulendrahts lässt Energie nach und nach als Wärme abfließen. Die Schwingung ist deshalb gedämpft.

Die Phasenverschiebung zwischen Stromstärke und Spannung ist nun leicht einzusehen: Wenn die gesamte Energie im elektrischen Feld steckt, dann ist die Spannung am Kondensator maximal und die Stromstärke null. Befindet sich dagegen die ganze Energie im Magnetfeld, so ist die Stromstärke maximal und die Spannung am Kondensator null.

Die elektromagnetische Schwingung ist wesentlich unanschaulicher als die mechanische, bei der ein Körper sichtbar hin und her pendelt. Beide haben jedoch viel Ähnlichkeit miteinander. Auf der folgenden Seite vergleichen wir die verschiedenen Schwingungsphasen eines Federpendels mit denen eines Schwingkreises. Dabei betrachten wir den Idealfall einer ungedämpften Schwingung.

Merksatz

Spule und Kondensator bilden zusammen einen Schwingkreis. Zwischen ihnen kann Energie periodisch hin und her pendeln. Stromstärke und Spannung sind dabei um $\pi/2$ phasenverschoben.

2. Vergleich mechanischer und elektromagnetischer Schwingungen

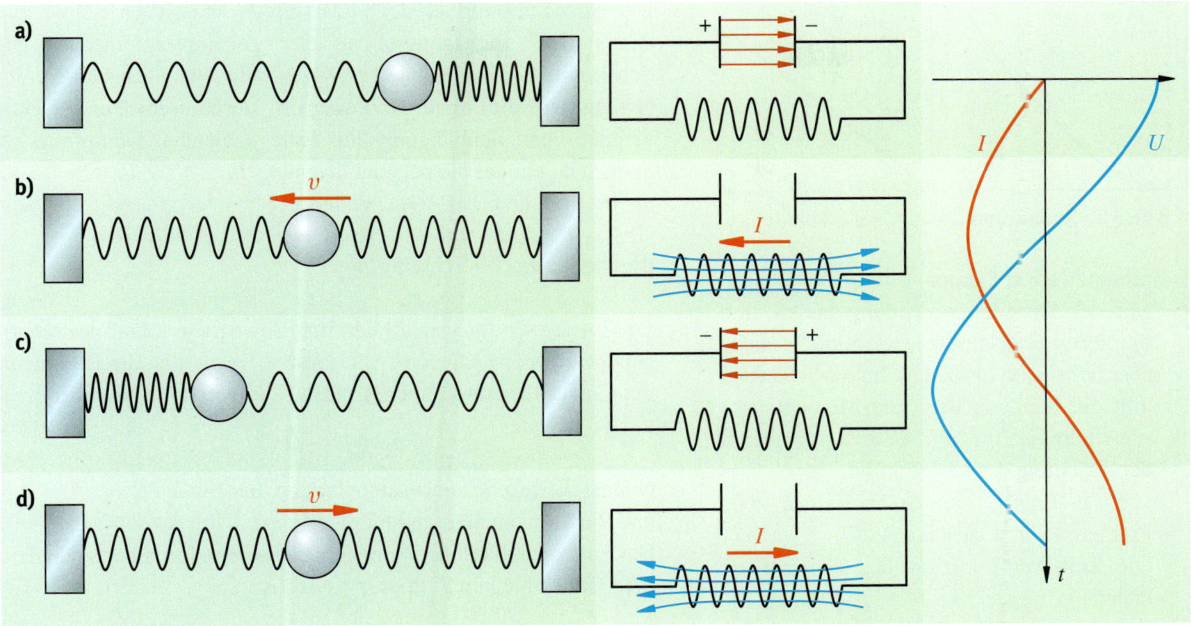

B 3: a)–d) Phasen der mechanischen Schwingung (links), Phasen der elektromagnetischen Schwingung (rechts)

a) Der Körper ist ausgelenkt. Die Elongationsenergie ist in den Federn gespeichert. Nach dem Loslassen wird der Körper zur Gleichgewichtslage hin beschleunigt. Er erreicht sie wegen seiner Trägheit jedoch nicht sofort. Die Geschwindigkeitsänderung $\Delta v/\Delta t$ erfordert nach dem newtonschen Grundgesetz die Kraft $\boldsymbol{F = m\,\Delta v/\Delta t}$. Diese wird in jedem Moment von der Rückstellkraft $\boldsymbol{F = -D\,s}$ geliefert. Von a) nach b) nimmt die Bewegungsenergie zu, die Elongationsenergie entsprechend ab.

b) Schließlich ist die Auslenkung null. Da keine Energie verloren geht, ist in diesem Augenblick die Elongationsenergie völlig in Bewegungsenergie übergegangen. Der Geschwindigkeitsbetrag des Körpers hat jetzt ein Maximum erreicht. Könnten wir in diesem Augenblick die Federn wegnehmen, so würde der Körper wegen fehlender Reibung mit konstanter Geschwindigkeit weiterfliegen. Die Federn bleiben aber am Körper. Er fliegt weiter und spannt die Federn entgegengesetzt zu a).
Die zunehmende Rückstellkraft kann die Bewegungsrichtung des Körpers aber nicht sofort umkehren. Der Körper ist nämlich träge und bewegt sich deshalb, wenn auch mit abnehmender Geschwindigkeit, in gleicher Richtung weiter. Wieder gilt

$$\boldsymbol{m\frac{\Delta v}{\Delta t} = -D\,s.}$$

c)–d) Die Bewegungsenergie ist wieder ganz in Elongationsenergie übergegangen. Der Vorgang a)–b) wiederholt sich nun in umgekehrter Richtung.

a) Der Kondensator ist aufgeladen. Die Energie steckt im elektrischen Feld. Nach dem Verbinden des Kondensators mit der Spule setzt der Strom ein. Er entlädt den Kondensator wegen der Induktivität der Spule jedoch nicht schlagartig. Die Stromstärkeänderung $\Delta I/\Delta t$ erzeugt nämlich an den Spulenenden die Induktionsspannung $\boldsymbol{U = -L\,\Delta I/\Delta t}$. Sie liegt in jedem Moment am Kondensator als Spannung $\boldsymbol{U = Q/C}$. Von a) nach b) erhöht sich die magnetische Feldenergie; die elektrische nimmt ab.

b) Schließlich ist der Kondensator entladen. Da keine Energie verloren geht, muss in diesem Augenblick die zuvor im elektrischen Feld gespeicherte Energie ganz im Magnetfeld stecken. Der Betrag der Stromstärke hat jetzt ein Maximum erreicht. Könnten wir in diesem Augenblick den Kondensator überbrücken, so würden die Ladungen mit konstanter Stärke weiterfließen (falls $R = 0$). Der Kondensator bleibt aber an der Spule und wird nun entgegengesetzt zu a) aufgeladen.
Die entstehende Kondensatorspannung (nun negativ) kann den Ladungsstrom aber nicht sofort umkehren. Die Änderung der Stromstärke induziert nämlich in der Spule ein elektrisches Feld, das die Ladungen in gleicher Richtung weitertreibt. Wieder gilt

$$\boldsymbol{L\frac{\Delta I}{\Delta t} = -\frac{1}{C}Q.}$$

c)–d) Die magnetische Energie ist wieder ganz in elektrische des Kondensators übergegangen.
a)–b) läuft nun in umgekehrter Richtung ab.

Vertiefung

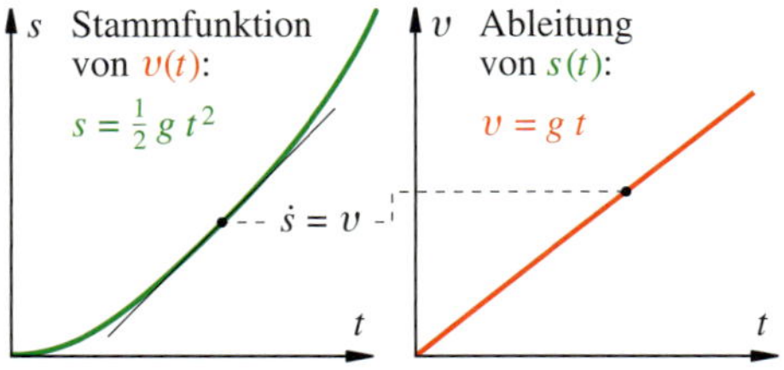

B 1: Die Stammfunktion und ihre Ableitung

Mathematischer Exkurs

Mit der Differentialrechnung lassen sich die Bewegungsgesetze wesentlich einfacher behandeln als bisher. Im t-s-Schaubild gibt die Steigung bei t die Momentangeschwindigkeit $v(t)$ an. Also ist $v(t)$ gleich der Ableitung der t-s-Funktion:

$$v(t) = \dot{s}(t) = \lim \Delta s/\Delta t \quad \text{mit } \Delta t \to 0.$$

Probieren wir es gleich aus:
Die Zeit-Weg-Funktion des freien Falls lautet $s(t) = \frac{1}{2} g\, t^2$.
Abgeleitet nach der Zeit erhalten wir

$$v(t) = \dot{s}(t) = 2 \cdot \tfrac{1}{2} g\, t = g\, t.$$

Das ist die t-v-Funktion, die wir in der Mechanik noch ohne die Differentialrechnung herausfanden. Nochmal abgeleitet erhalten wir die Momentanbeschleunigung

$$a(t) = \dot{v}(t) = \lim \Delta v/\Delta t \quad \text{mit } \Delta t \to 0;$$

hier ist also $a = g$ die Fallbeschleunigung.

Man kann auch umgekehrt aus dem t-a-Gesetz das t-s-Gesetz erschließen:
Wegen $a(t) = \dot{v}(t)$ ist $v(t)$ die Stammfunktion von $a(t)$. Aus $v(t) = \dot{s}(t)$ gewinnt man das t-s-Gesetz für $s(t)$ wiederum als Stammfunktion, diesmal aber von $v(t)$.
Für a = konstant sieht das so aus: Aus

$a(t) = \dot{v}(t) = \text{konstant} = a$ folgt
$v(t) = \dot{s}(t) = a\, t + v_0$ und
$s(t) = \frac{1}{2} a\, t^2 + v_0\, t + s_0$.

Darin bedeuten v_0 die Geschwindigkeit und s_0 der Ort zur Zeit $t = 0$. Im Beispiel ist $s_0 = 0$ und $v_0 = 0$ (➠ *Bild 1*).

Das Zeit-Weg-Gesetz der harmonischen Schwingung ist eine Sinusfunktion

$$s(t) = \hat{s} \sin(\omega\, t).$$

Hier müssen wir die innere Ableitung $\dot{\varphi}(t) = (\omega t)^{\cdot} = \omega$ mit der äußeren Ableitung $\sin'\varphi = \cos\varphi$ multiplizieren. Wir erhalten $v(t) = \hat{s}\,\omega \cos(\omega t)$. Nochmaliges Ableiten liefert $a(t) = -\hat{s}\,\omega^2 \sin(\omega t)$.

Differentialgleichung harmonischer Schwingungen

Der Spannungsverlauf der gedämpften elektrischen Schwingung ähnelt dem Bewegungsablauf der gedämpften mechanischen Schwingung. Wie sieht die t-U-Kurve ohne Dämpfung aus?
Nutzen wir die Analogie zwischen mechanischer und elektromagnetischer Schwingung im Falle fehlender Dämpfung und betrachten einmal die beiden Gleichungen
$m\dot{v} = -D\, s$ und $L\, \dot{I} = -Q/C$.

1. Die mechanische Schwingung

Das lineare Kraftgesetz diktiert den Bewegungsablauf des schwingenden Körpers. Mit NEWTONS Gesetz $F = m\, a$ ist die Beschleunigung $a(t)$ zu jedem Zeitpunkt t festgelegt durch die Gleichung

$$\boldsymbol{m\, a(t) = -D\, s(t).} \qquad \textbf{(1)}$$

Nun ist die Momentanbeschleunigung $a = \lim \Delta v/\Delta t = \dot{v}$
und die Momentangeschwindigkeit $v = \lim \Delta s/\Delta t = \dot{s}$ $(\Delta t \to 0)$.
Das sind die Ableitungen der t-v- und t-s-Funktion nach der Zeit t. Sie gelten zu jedem Zeitpunkt t. Also ist

$$\boldsymbol{a(t) = \dot{v}(t) = \ddot{s}(t).}$$

Damit lautet *Gl. (1)*

$$\boldsymbol{m\, \ddot{s}(t) = -D\, s(t).} \qquad \textbf{(2)}$$

Das ist eine so genannte **Differentialgleichung.** Bisher sind Ihnen nur Gleichungen mit Zahlenmengen als Lösungen begegnet. In Differentialgleichungen werden dagegen als Lösungsmenge Funktionen gesucht; hier eine Funktion $s(t)$, die proportional zu ihrer zweiten Ableitung ist. Die Funktion $s(t) = \hat{s} \sin(\omega\, t)$ erfüllt *Gl. (2)*. Wir haben $s(t)$ aus der Kreisbewegung gewonnen. Bei ihr wählten wir als Zeitnullpunkt den Beginn der positiven Elongation. Wäre aber zur Zeit $t = 0$ die Phase φ_0 (Nullphase genannt) ungleich null, so würde gelten:

$$\boldsymbol{s(t) = \hat{s} \sin(\omega\, t + \varphi_0).}$$

Setzt man z. B. $\varphi_0 = \pi/2$, dann hat der Schwinger bei $t = 0$ gerade maximale positive Elongation.

Um zu prüfen, ob $s(t)$ tatsächlich Lösung der Differentialgleichung *(2)* ist, müssen wir $s(t)$ und $\ddot{s}(t)$ in diese einsetzen. Wichtig ist, dass sie zu jedem Zeitpunkt t erfüllt wird. Dazu leiten wir $s(t)$ zweimal ab:

$$\dot{s}(t) = \hat{s}\,\omega \cos(\omega t + \varphi_0)$$
$$\ddot{s}(t) = -\hat{s}\,\omega^2 \sin(\omega t + \varphi_0) = -\omega^2 s(t).$$

Wir setzen $s(t)$ und $\ddot{s}(t)$ in *(2)* ein und erhalten

$$-m\, \omega^2 s(t) = -D\, s(t).$$

Beide Seiten der Gleichung stimmen nur dann zu jedem Zeitpunkt überein, wenn $\omega = \sqrt{D/m}$ gilt. Mit $\omega = 2\pi f = 2\pi/T$ folgt daraus die Schwingungsdauer $\boldsymbol{T = 2\pi \sqrt{m/D}}$.

2. Die elektromagnetische Schwingung

Weil die Spule am Kondensator liegt, ist zu jedem Zeitpunkt $U_{ind} = U_C$, also $-L\,\dot{I}(t) = Q(t)/C$. Mit $I(t) = \dot{Q}(t)$ erhalten wir die Differentialgleichung der ungedämpften elektromagnetischen Schwingung

$$L\,\ddot{Q}(t) = -\frac{1}{C}Q(t).$$

Der Vergleich mit $m\,\ddot{s}(t) = -D\,s(t)$ zeigt folgende Entsprechungen: $s \mathrel{\hat{=}} Q$, $m \mathrel{\hat{=}} L$ und $D \mathrel{\hat{=}} 1/C$.
Diese müssen auch für die Lösungsfunktion $Q(t)$ gelten. Wir erhalten $Q(t)$, wenn wir in $s(t) = \hat{s}\sin(\omega t + \varphi_0)$ und $\omega = \sqrt{D/m}$ die mechanischen Größen durch die entsprechenden elektrischen ersetzen; also $s(t)$ durch $Q(t)$, m durch L, D durch $1/C$ und $\hat{s}$ durch $\hat{Q}$ ersetzen. Damit lautet die **allgemeine Lösung für die ungedämpfte, freie elektromagnetische Schwingung**

$$Q(t) = \hat{Q}\sin(\omega t + \varphi_0) \quad \text{mit} \quad \omega = \sqrt{\frac{1}{LC}}.$$

Die Periodendauer folgt mit $T = 2\pi/\omega$ zu

$$T = 2\pi\sqrt{LC}.$$

Man nennt diese Beziehung **thomsonsche Schwingungsgleichung.**

Wir legen nun den Zeitnullpunkt so fest, dass in *Bild 2* die obere Platte des Kondensators maximale positive Ladung trägt, also $Q(0\text{ s}) = \hat{Q}$ ist. Aus $\hat{Q} = \hat{Q}\sin(0 + \varphi_0)$ folgt $\sin\varphi_0 = 1$ und $\varphi_0 = \pi/2$. Mit der *Anfangsbedingung* $\varphi_0 = \pi/2$ wird

$$Q(t) = \hat{Q}\sin(\omega t + \pi/2) = \hat{Q}\cos(\omega t).$$

Der Kondensator hat dann zum Beginn der Schwingung die maximale Spannung $U = \hat{Q}/C$. Sie ist also positiv, wenn die obere Platte eine positive Ladung trägt. Die Spannung $U(t)$ am Kondensator ist

$$U(t) = \frac{Q(t)}{C} = \frac{\hat{Q}}{C}\cos(\omega t) \quad \text{oder} \quad U(t) = \hat{U}\cos(\omega t); \;\; \hat{U} = \frac{\hat{Q}}{C}.$$

Die Stromstärke ist $I(t) = \dot{Q}(t)$, also $I(t) = -\hat{Q}\omega\sin(\omega t)$ oder

$$I(t) = -\hat{I}\sin(\omega t).$$

Dabei ist die maximale Stromstärke

$$\hat{I} = \hat{Q}\,\omega = \hat{U}C\frac{1}{\sqrt{LC}} \quad \text{oder} \quad \hat{I} = \hat{U}\sqrt{\frac{C}{L}}.$$

Merksatz

In einem Schwingkreis wandeln sich elektrische und magnetische Energie periodisch ineinander um. Geschieht dies ohne Energieverlust, so ist die Schwingung ungedämpft. Strom- und Spannungsverlauf sind sinusförmig. Beginnt die Schwingung zum Zeitnullpunkt $t = 0$ mit der Entladung des Kondensators, dann gilt:

$$U = \hat{U}\cos(\omega t) \quad \text{und} \quad I = -\hat{I}\sin(\omega t) \quad \text{mit}$$
$$\omega = 1/\sqrt{LC} \quad \text{und} \quad \hat{I} = \hat{U}C/\sqrt{LC}.$$

Die Periodendauer der Schwingung ist $T = 2\pi\sqrt{LC}$.

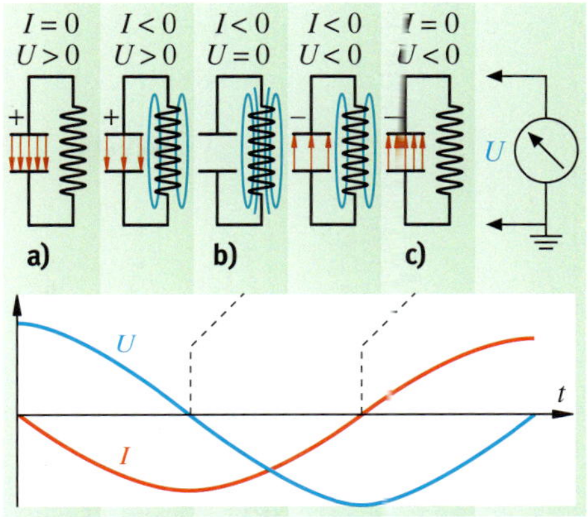

B 2: Verlauf von Spannung $U(t)$ und Stromstärke $I(t)$ beim Schwingkreis

Beispiel

Zur Theorie ein Beispiel

a) In *Bild 2* ist zu Beginn der Schwingung ($t = 0$) die obere Kondensatorplatte positiv geladen. Es ist $Q > 0$ und wegen $U = Q/C$ auch $U > 0$. Nun nimmt Q ab, d. h. $\dot{Q}$ ist negativ. Also ist auch $I = \dot{Q} < 0$.

b) Zum Zeitpunkt $t = T/4$ ist Q und damit U null. In diesem Moment strömt die Ladung mit voller Stärke, der Betrag von I $|I|$ ist maximal. Die obere Platte verliert weiter positive Ladung ($\dot{Q} = I < 0$) und wird negativ geladen ($Q < 0$). Mit Q wird auch U negativ ($U = Q/C < 0$). $|I|$ nimmt von nun an jedoch ab.

c) Zum Zeitpunkt $t = T/2$ ist I null. Die obere Platte trägt jetzt maximale negative Ladung. Damit ist auch $U = Q/C < 0$ und $|U|$ maximal. Der Vorgang wiederholt sich nun in umgekehrter Richtung.

... noch mehr Aufgaben

A 1: Der Kondensator eines Schwingkreises ($C = 0{,}5\ \mu F$; $L = 20$ mH) ist zum Zeitpunkt $t = 0$ maximal aufgeladen ($U = 100$ V). **a)** Berechnen Sie die Periodendauer und die Frequenz der Schwingung. **b)** Wie groß sind U_{eff} und I_{eff}? **c)** Welche Ladung trägt jede Kondensatorplatte zum Zeitpunkt $t = 0$ bzw. $t = T/8$? Welche Energie enthält dann jeweils der Kondensator?

A 2: Mit einer Spule ($L = 200$ H) soll ein Schwingkreis ($f = 10$ Hz) gebildet werden. Welche Kapazität muss der Kondensator haben?

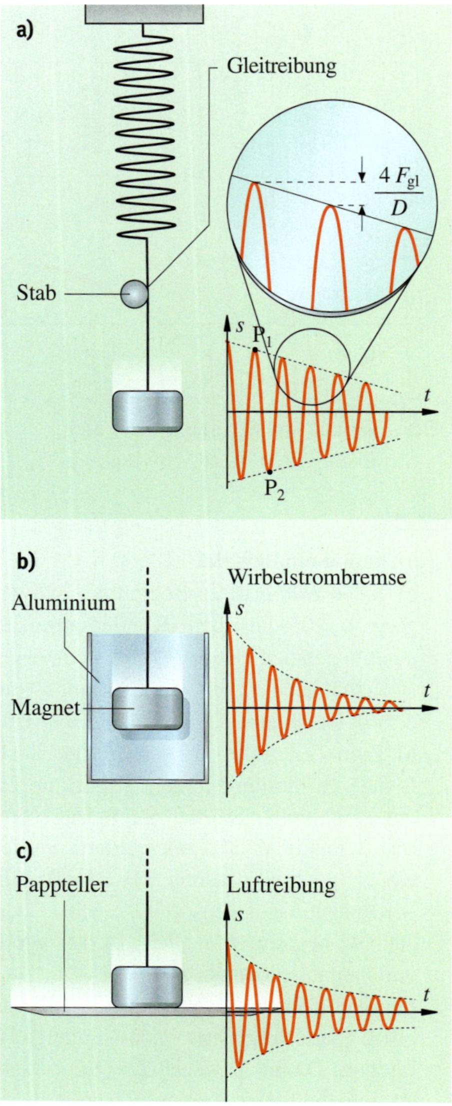

B 1: Federpendel mit Dämpfung durch **a)** Gleitreibung, **b)** Wirbelstrombremse, **c)** Luftreibung. Die Diagramme zeigen jeweils die gedämpfte Schwingung.

V 1: Die Schwingung eines Federpendels wird durch unterschiedliche Kräfte gedämpft: **a)** Ein Stab drückt an den Draht und erzeugt so eine konstante Gleitreibungskraft. **b)** Der schwingende Körper – ein Magnet – taucht in einen Aluminiumbecher. Diese Wirbelstrombremse erzeugt eine zur Geschwindigkeit proportionale Kraft. **c)** Eine Pappscheibe sorgt für einen von der Geschwindigkeit abhängigen Luftwiderstand. Mit einem Messwerterfassungssystem zeichnen wir zu a) bis c) die Schwingungskurven auf.

Dämpfung und ihre Aufhebung

1. Gedämpfte Schwingungen

Die Ergebnisse des vorigen Kapitels gelten nur für ungedämpfte Schwingungen, gehen also von dem Idealfall aus: Keine mechanische Reibung ($F_{gl} = 0$) bzw. kein ohmscher Widerstand ($R = 0$). In beiden Fällen wird keine Energie als Wärme abgeführt. Eine Schwingung kann aber auch noch auf eine andere Weise Energie verlieren. Eine schwingende Stimmgabel erzeugt einen Ton. Dabei wird ein Teil der in ihr steckenden Schwingungsenergie durch eine Schallwelle abgestrahlt. Ähnliches werden wir später bei den elektromagnetischen Wellen entdecken. Sie erahnen, dass es sich dabei z. B. um Radio- und Fernsehwellen handelt.

Im Allgemeinen führen meist mehrere Einflüsse gleichzeitig zur Dämpfung einer Schwingung. Wir untersuchen jedoch nur Schwingungen, bei denen eine einzige Dämpfungsursache überwiegt, während die übrigen Einflüsse vernachlässigt werden.

2. Dämpfung durch eine konstante Kraft

Im *Versuch 1a* erfährt das Federpendel durch den leicht gegen den Draht drückenden Stab im Wesentlichen eine *konstante* Gleitreibungskraft F_{gl} (*Bild 1a*). In einem beliebigen Umkehrpunkt P_1 mit der Amplitude $\hat{s}_1$ besitzt der Schwinger die Energie $W_1 = \frac{1}{2}D\hat{s}_1^2$. Im unmittelbar darauf folgenden unteren Umkehrpunkt P_2 mit der Amplitude $\hat{s}_2$ beträgt seine Energie $W_2 = \frac{1}{2}D\hat{s}_2^2$. Sie ist kleiner geworden, da auf der Strecke $P_1P_2 = \hat{s}_1 + \hat{s}_2$ die mechanische Energie $F_{gl}\,(\hat{s}_1 + \hat{s}_2)$ durch Reibung verloren ging.
Die Energiebilanz ergibt:

$$\frac{1}{2}D\hat{s}_1^2 - \frac{1}{2}D\hat{s}_2^2 = F_{gl}\,(\hat{s}_1 + \hat{s}_2)$$

oder

$$D\,(\hat{s}_1^2 - \hat{s}_2^2) = 2\,F_{gl}\,(\hat{s}_1 + \hat{s}_2).$$

Daraus folgt $D\,(\hat{s}_1 - \hat{s}_2)\,(\hat{s}_1 + \hat{s}_2) = 2\,F_{gl}\,(\hat{s}_1 + \hat{s}_2)$.

Wir dividieren beide Seiten der Gleichung durch $D\,(\hat{s}_1 + \hat{s}_2)$

und erhalten $\hat{s}_1 - \hat{s}_2 = 2\,\frac{F_{gl}}{D}$ = konstant.

Ein interessantes Ergebnis! Die Amplituden verringern sich von Umkehrpunkt zu Umkehrpunkt stets um denselben Betrag $2\,F_{gl}/D$, nehmen also nach einer arithmetischen Folge ab (Amplituden auf derselben Seite um $4\,F_{gl}/D$; *Bild 1a*). Diese Abnahme – also die Dämpfung – ist proportional zur Reibungskraft und umgekehrt proportional zur Federhärte. Beides ist einleuchtend:

Bei einer größeren Reibungskraft geht die Energie schneller aus dem System hinaus. In einer härteren Feder steckt bei gleicher Auslenkung von Anfang an mehr Energie, die dann für mehr Perioden „vorhält“. Energie wird nun auf einem längeren Weg abgegeben. Bei 4fachem D ist die Amplitudenabnahme nur noch $\frac{1}{4}$ so groß. Also vervierfacht sich die Anzahl der Perioden bis zum Abklingen der Schwingung, während T nur etwa auf die Hälfte abnimmt.

3. Dämpfung durch eine zur Geschwindigkeit proportionale Kraft

Wir lassen den Schwingkörper – einen Magneten – in einen Aluminiumbecher tauchen (➡ *Versuch 1b*). Die Energie des Schwingers entweicht nun durch Induktionsströme in den Aluminiumbecher und erwärmt ihn. So entsteht eine Wirbelstrombremse, wie sie in Fahrzeugen (z. B. Bussen) Anwendung findet.

Die Bremskraft hängt aber von der Geschwindigkeit ab – im Gegensatz zur Festkörperreibung. Wird der Schwinger langsamer, so werden auch weniger starke Ströme induziert. Die Bremskraft nimmt ab, die Dämpfung wird geringer. Deshalb bleibt die Differenz aufeinander folgender Amplituden nicht konstant, sondern wird immer kleiner (➡ *Bild 1b*).

Wie hängt hier die Bremskraft von der Geschwindigkeit ab? Die Stärke des Induktionsstroms ist proportional zur Geschwindigkeit zwischen Leiter und Magnet. Dieser Strom erzeugt seinerseits ein Magnetfeld, dessen Flussdichte proportional zur Stromstärke ist. In ihm erfährt der Magnet wiederum eine zur Flussdichte proportionale Kraft. Somit ist schließlich die Bremskraft proportional zur Geschwindigkeit. Sie können das leicht mit ➡ *Versuch 2* überprüfen.

Wie nehmen die Amplituden der Schwingung bei dieser Dämpfung ab? Messen Sie nach ➡ *Versuch 1b* zwei beliebige Amplituden $\hat{s}_1$ und $\hat{s}_2$, die unmittelbar aufeinander folgen. Ihre Differenz wird zwar mit der Zeit kleiner, doch ihr Quotient $q = \hat{s}_2/\hat{s}_1$ bleibt konstant. Sie bilden also eine geometrische Folge $\hat{s}_n = \hat{s}_1 q^{n-1}$. Da die Zeit von einer Amplitude zur folgenden $T/2$ beträgt, nehmen die Amplituden exponentiell mit der Zeit t ($t \sim n$) ab.

4. Dämpfung durch den Luftwiderstand

In ➡ *Versuch 1c* befestigen wir am Schwingkörper eine Pappscheibe (ca. 20 cm Durchmesser). Auch diese Schwingung ist gedämpft. Nun überwiegt als bremsende Kraft die Luftwiderstandskraft. Die Amplituden nehmen weder linear noch exponentiell ab. Nur bei geringen Geschwindigkeiten v ist die Reibungskraft ungefähr proportional zu v; bei größeren Geschwindigkeiten kann sie sogar proportional zu v^2 werden. Sie ändert sich also sogar während einer Periode.

In *Ziff. 7* erfahren Sie, wie Sie gedämpfte Schwingungen mit dem Computer berechnen können. Dabei können Sie feststellen, dass bei einer gedämpften Schwingung die Periodendauer nicht mehr exakt $T = 2\pi\sqrt{m/D}$ beträgt, sondern geringfügig größer als ohne Dämpfung ist. Das vernachlässigen wir im Folgenden.

Merksatz

Wird eine **harmonische Schwingung** durch eine konstante Reibungskraft **gedämpft,** so nehmen die Amplituden linear ab, bei einer zur Geschwindigkeit proportionalen Kraft exponentiell.

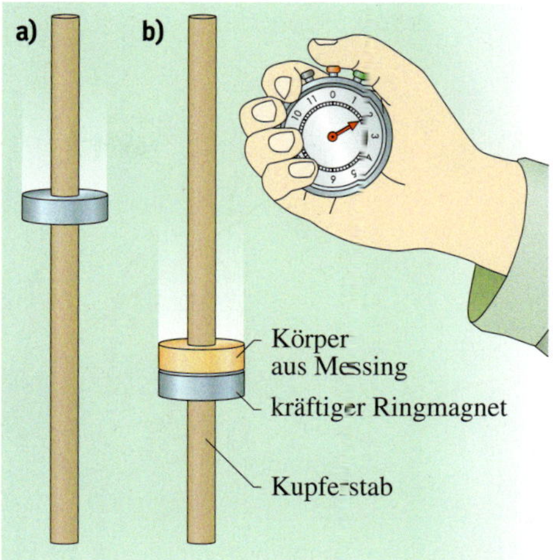

V 2: Ein kräftiger Ringmagnet „gleitet" mit konstanter Geschwindigkeit einen Kupferstab hinab. Dabei legt er in 6 Sekunden 1 Meter zurück. Nach dem Auflegen eines gleich schweren Messingkörpers benötigt er dafür nur noch 3 Sekunden. Da die Geschwindigkeit jeweils konstant ist, herrscht Kräftegleichgewicht. Die der Gewichtskraft entgegengerichtete Kraft wird vom Magnetfeld der induzierten Wirbelströme ausgeübt (LENZ). Sie ist bei doppelter Geschwindigkeit auch doppelt so groß.

... noch mehr Aufgaben

A 1: Ein Federpendel mit $D = 5$ N/m und $m = 100$ g wird 10 cm ausgelenkt und freigegeben. Die Schwingung wird durch die Gleitreibungskraft $F_{gl} = 20$ mN gedämpft. **a)** Wie groß ist die Periodendauer T und die Anfangsenergie der Schwingung? **b)** Welche Auslenkung hat der Pendelkörper nach der Zeit T? Wie viel Energie hat die Schwingung bis dahin verloren, wie viel in der Zeit $2T$? **c)** Zeichnen Sie die Schwingungskurve von $t = 0$ bis $t = 3T$. **d)** Wann ist die vom Schwinger abgegebene Momentanleistung am größten? Wie groß ist sie?

A 2: Das Federpendel mit $D = 5$ N/m und $m = 100$ g beginnt seine Schwingung bei der Auslenkung 10 cm. Nach der Schwingungsdauer T beträgt die Auslenkung 9,0 cm, nach $2T$ noch 8,1 cm. **a)** Wie groß ist die Auslenkung nach der Zeit $3T$? Um welche Art der Dämpfung handelt es sich? **b)** Wie groß ist der Energieverlust nach T, wie groß nach $2T$? **c)** Zeichnen Sie die Schwingungskurve bis zur Zeit $10T$.

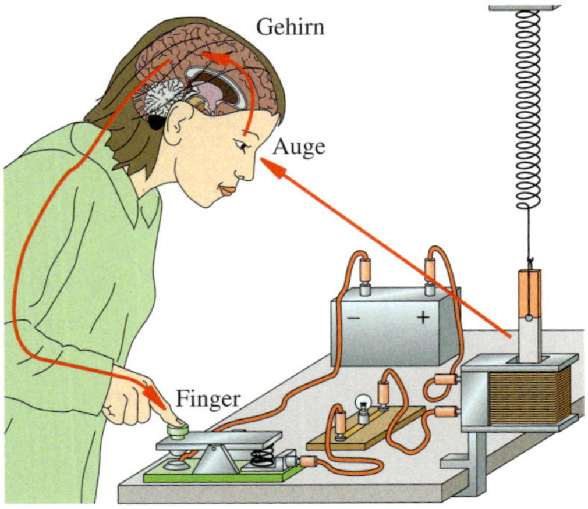

V 1: An einer Schraubenfeder hängt als Pendelkörper ein Stabmagnet über einer Spule mit etwa 500 Windungen. Schließt man den Schalter, so wird der Magnet bei passender Polung in die Spule gezogen. Wenn Sie den Schalter im richtigen Rhythmus betätigen, wird das Pendel zu ungedämpften Schwingungen erregt. Sie finden leicht heraus, dass der Schalter nur geschlossen werden darf, wenn sich der Magnet auf die Spule zubewegt.

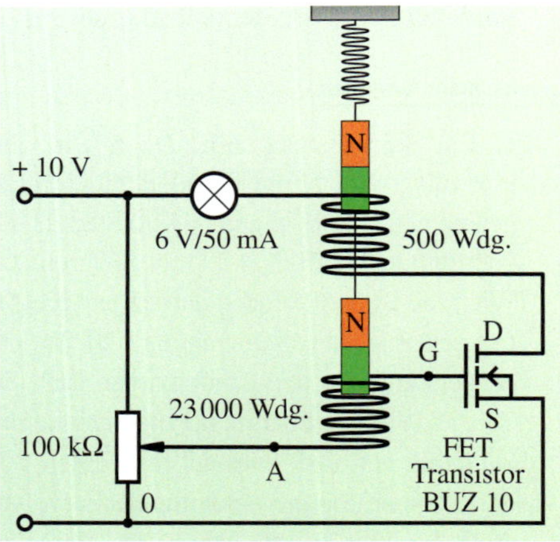

V 2: Wir ersetzen den Schalter in *Versuch 1* durch einen Transistor (z. B. FET-Transistor oder 2N3055). Ein weiterer Magnet hängt über einer Zusatzspule hoher Windungszahl (z. B. 23 000). Er ist von ihr ebenso weit entfernt, wie der obere Magnet von der Spule mit 500 Windungen. Beim Schwingen erzeugt der untere Magnet in der Zusatzspule eine Induktionsspannung U_{AG}. Die Spule ist so gepolt, dass sich beim Eintauchen des Magneten U_{AG} zur eingestellten Vorspannung U_{OA} addiert. U_{OA} ist nur wenig kleiner als die Schaltspannung des FET.

5. Selbsterregte Schwingungen durch Rückkopplung

Eine Schaukel kann man trotz Reibung in Schwung halten. Auch in einem Schwingkreis lassen sich trotz des ohmschen Widerstands ungedämpfte elektromagnetische Schwingungen erzeugen. Man muss dazu nur, wie bei der Schaukel, die entwichene Energie immer wieder im richtigen Moment ersetzen.

Der *Versuch 1* zeigt, dass die Eigenschwingung des Federpendels den Rhythmus vorschreibt, mit dem Sie durch Schließen des Schalters für Energienachschub sorgen. Immer wenn sich der Magnet auf die Spule zubewegt, betätigen Sie kurz den Schalter. Dabei erhält die Hand ihre Information vom Gehirn, das seinerseits Signale von den Augen erhält. Nur durch diese **Rückkopplung** kann das Pendel im richtigen Moment angestoßen werden. Nun, das ist etwas umständlich. Könnte man nicht den Schwinger veranlassen, von sich aus den Schalter selbsttätig zu schließen und zu öffnen?

In *Versuch 2* gelingt das mit einem Feldeffekt-Transistor (FET), als elektronischem Schalter, der von einer Induktionsspule sein Spannungssignal zum Schließen und Öffnen erhält (FETs haben den Vorteil, dass ihre Steuerelektrode G (für „Gate": Tor) eine Spannung, jedoch keinen Strom benötigt).
Mit dieser **Rückkopplungsschaltung** wird der Energienachschub vom Schwinger selbst gesteuert. Man muss nur darauf achten, dass die Zusatzspule richtig gepolt zwischen Potentiometerabgriff und Gate des Transistors geschaltet wird. Wenn dieser leitet, führt die obere Spule Strom und zieht den Magneten in sich hinein. Also darf der Transistor nur leiten, *während* sich der Magnet auf die Spule zubewegt. Die Kraft auf den Magneten wirkt dann in Bewegungsrichtung, Energie wird zugeführt. Aus diesem Grund haben wir die Zusatzspule so gepolt, dass sich deren Induktionsspannung U_{AG} beim Annähern des Magneten zur Vorspannung U_{OA} addiert und beim Entfernen des Magneten subtrahiert. Am Leuchten der Glühlampe erkennen Sie, dass der Transistor nur leitet, wenn sich der Magnet auf die Spule zubewegt.
So gerät das Federpendel praktisch ohne unser Zutun ins Schwingen. Je kleiner die vom oberen Spulenstrom auf den Magneten wirkenden Kräfte sind, desto besser stimmt die Frequenz dieser Schwingung mit der Eigenfrequenz des Federpendels überein. In *Versuch 2* reicht bei geeigneter Vorspannung U_{OA} ein kleiner Luftzug, damit sich die Schwingung von selbst aufschaukelt.

Für den Schwingkreis verwenden wir in *Versuch 3* eine Rückkopplungsschaltung, wie sie von A. MEISSNER im Jahr 1913 entwickelt wurde (*Bild 1*). Auch hier wird der Transistor über eine Induktionsspule, man nennt sie auch *Rückkopplungsspule,* gesteuert. Er wird nur in dem Zeitabschnitt leitend, in dem die am Schwingkreis liegende Spannung U gleichgepolt zur parallel liegenden Batteriespannung U_0 ist. Während dieser Zeit ist die elektrische Leistung $P = U I > 0$, also positiv. Dem Schwingkreis wird dann Energie zugeführt (*Vertiefung*).

Die periodische Energiezufuhr kann man mit einem Zweikanal-Oszilloskop gut verfolgen. Wir ersetzen dazu den Lautsprecher durch einen Widerstand ($R = 100\ \Omega$) und beobachten den Spannungsverlauf am Schwingkreis und am Widerstand gleichzeitig. Nur wenn die obere Platte positiv ist, zeigt das Oszilloskop auch am Widerstand einen Spannungsabfall. Der Transistor leitet. Hat die obere Platte negative Polarität, sperrt der Transistor. Energie kann dann weder zu- noch abgeführt werden.

Die anfangs nur zaghafte elektromagnetische Schwingung schaukelt sich immer weiter auf, bis die während einer Periode entstehenden Dämpfungsverluste durch Energiezufuhr von der Batterie in derselben Zeit gerade ausgeglichen sind.

Das Oszillogramm in ➠ *Bild 2* zeigt die Phasenverschiebung $\varphi = \pi/2$ zwischen Stromstärke und Spannung im Schwingkreis. Zur Messung des Stromverlaufs haben wir in den Schwingkreis einen Widerstand eingefügt. Der Spannungsabfall am Widerstand wird mit dem zweiten Kanal des Oszilloskops angezeigt. Die Frequenz beträgt etwa 1000 Hz. Diesen Wert sagt uns auch die *thomsonsche Schwingungsgleichung* voraus. Wir können die Frequenz erniedrigen, indem wir einen Eisenstab in die Schwingkreisspule schieben und so ihre Induktivität L erhöhen.

Merksatz

In der **Rückkopplungsschaltung** steuert sich der Schwingkreis selbst (etwa über eine Induktionsspule). Dabei wird der Transistor stets im richtigen Zeitabschnitt leitend und dem Schwingkreis wird Energie zuführt. Die Schwingung schaukelt sich auf, bis die Dämpfungsverluste durch diese **periodische Energiezufuhr** gerade ausgeglichen sind.

Vertiefung

Energiezufuhr genau zum richtigen Zeitpunkt

Bei der Meißner-Schaltung wird dem Schwingkreis im richtigen Moment Energie zugeführt. Wie ist das möglich?

Wegen der Phasenverschiebung zwischen Strom und Spannung im Schwingkreis ist bei maximaler Kondensatorspannung U_C die Stromstärke I null, deren Änderung $|\dot{I}|$ aber maximal. Dann hat auch die Spannung U_{ind} in der Rückkopplungsspule ihren größten Betrag. $|U_C|$ und $|U_{ind}|$ werden also zur selben Zeit maximal. Nun haben wir diese Spule so gepolt, dass sich deren Induktionsspannung U_{ind} zur Potentiometerspannung addiert, während der Schwingkreis oben positiv und unten negativ ist. Innerhalb dieser halben Periode wird der Transistor von S (source: Quelle) nach D (drain: Senke) leitend und schließt den Stromkreis zur Batteriespannung U_0. Der Schwingkreis hat dann unten aber negative Polarität. Gegen deren Abstoßung treibt U_0 Elektronen unter Energieaufwand in den Kreis. So wird ihm zur richtigen Zeit Energie zugeführt. Hätte der Schwingkreis unten positive Polarität, so würde ihm Energie entzogen und seine Schwingung schnell abgebaut.

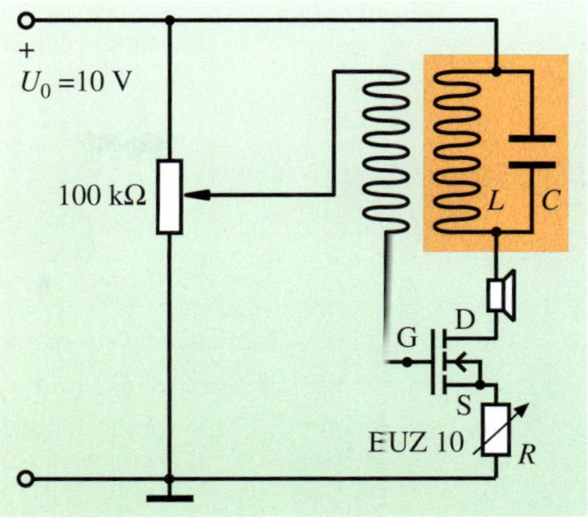

B 1: Rückkopplungsschaltung nach MEISSNER

V 3: Der Schwingkreis besteht aus einer Spule ohne Eisenkern ($L = 10$ mH) und einem Kondensator für Wechselspannung ($C = 2\ \mu$F). Die Rückkopplungsspule von doppelter Windungszahl stellen wir dicht daneben. Zwischen Transistor und Schwingkreis schalten wir einen Lautsprecher. Er erzeugt einen Ton der Schwingkreisfrequenz. Das Potentiometer stellen wir so ein, dass eine ungedämpfte Schwingung entsteht. Ist dabei die Induktionsspannung der Rückkopplungsspule zu groß, so zeigen Strom und Spannung starke Abweichungen von der Sinusform. Abhilfe schafft der Widerstand R. Er begrenzt die Stromstärke und verringert so eine Übersteuerung. Seine Einstellung ist kritisch. Ist er zu klein, so erhält man Verzerrungen. Ist er zu groß, bricht die Schwingung ab. Wir wählen $R \approx 20\ \Omega$.

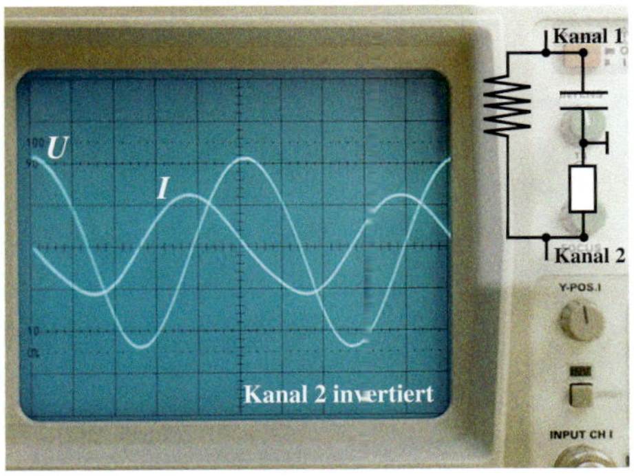

B 2: Spannung und Stromstärke in einem Schwingkreis nach ➠ *Versuch 3*

A 1: Warum leuchtet in ➠ *Versuch 2* das Lämpchen auch dann, wenn sich die Magnete von unten den Spulen nähern. Warum erhält das Pendel auch jetzt Energie?

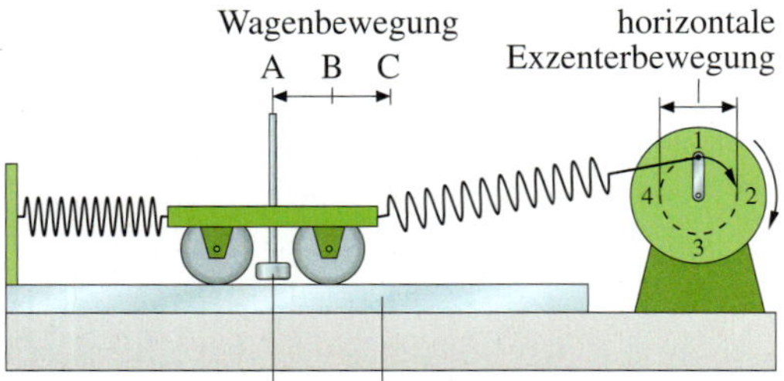

B 1: Wagen mit Wirbelstrombremse und Exzenteranregung (Stellung bei Resonanz)

V 1: Der in *Bild 1* zwischen die Federn gespannte Wagen wird durch einen Motor mit Exzenter in Schwingung versetzt. Leider können wir eine sinusförmige Kraft nicht so einfach unmittelbar am Wagen angreifen lassen. Es geht aber über die rechte Feder. Sie spüren die periodische Kraft, wenn Sie den Wagen z. B. in seiner Gleichgewichtslage (Exzenter vertikal) festhalten. Diese von außen einwirkende Kraft $F_1(t)$ folgt der Exzenterbewegung. Sie hat einen (fast) sinusförmigen Verlauf $F_1(t) = \hat{F} \sin(\omega t)$. Zur Dämpfung der Schwingung ist unter dem Wagen dicht über der Aluminiumfahrbahn ein Magnet befestigt. Durch ihn werden in der Fahrbahn Wirbelströme induziert. Die so erzeugte Bremskraft ist proportional zur Geschwindigkeit des Wagens. Es dauert ein wenig, bis der Wagen mit konstanter Amplitude, also ungedämpft schwingt. Diesen Einschwingvorgang warten wir jedesmal ab und messen dann die Schwingungsamplitude bei verschiedenen Frequenzen. Dabei beobachten wir auch die Phasenverschiebungen zwischen den Horizontalstellungen des Exzenters und der Wagenbewegung. Unterschiedliche Dämpfung erreichen wir durch Verändern des Abstands Magnet – Fahrbahn.

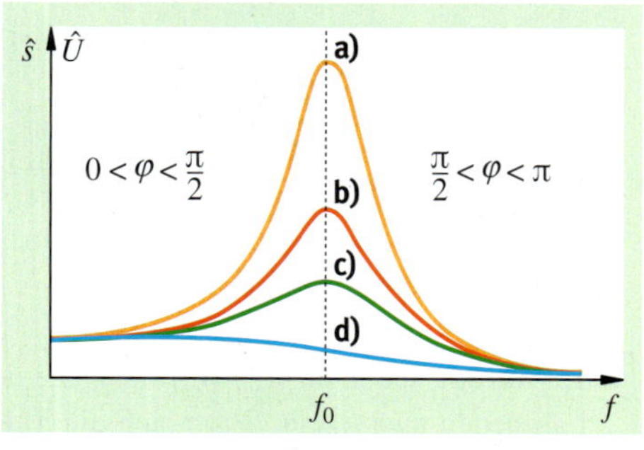

B 2: Resonanzkurven zu *Versuch 1* und 2 bei verschiedener Dämpfung

6. Erzwungene Schwingungen und Resonanz

Im vorigen Abschnitt besorgte der Schwinger selbst den Takt des Energienachschubs, mit dem die Dämpfung aufgehoben wurde. Wie wird er sich wohl verhalten, wenn ihm von außen ein Rhythmus beliebiger Frequenz aufgezwungen wird? Macht er mit – oder ist er ein „Eigenbrötler", der nur mit seiner Eigenfrequenz schwingen kann?

In *Versuch 1* betrachten wir solche **erzwungenen** Schwingungen an dem zwischen zwei Federn gespannten Wagen:
Wenn wir den Wagen auslenken und loslassen, sehen wir eine gedämpfte Schwingung. Energie entweicht dem schwingenden System vorwiegend durch die Wirbelstrombremse. Wir schalten den Motor ein. Auf den Wagen wirkt jetzt zusätzlich die periodische Kraft des Motors mit der **Zwangsfrequenz** f:

$f \to 0$**:** Bei niedriger Frequenz f folgt der Wagen der Bewegung des Exzenters, also auch der auslenkenden Kraft, phasengleich ($\varphi = 0$). Der Exzenter durchläuft also die Stellungen 1–2–3, der Wagen gleichzeitig B–C–B. Die Amplitude der Wagenschwingung ist klein (*Bild 2a*).
$f = f_0$**:** Beim Erhöhen von f nimmt die Amplitude zu und erreicht ein Maximum. Die Exzenterfrequenz stimmt jetzt praktisch mit der Eigenfrequenz f_0 des ungedämpft schwingenden Wagens überein. Dieser Zustand wird mit **Resonanz** bezeichnet. Bei $f = f_0$ beträgt die Phase $\varphi = \pi/2$.
$f \to \infty$**:** Erhöht man f weiter, so nimmt die Amplitude ab und geht schließlich gegen null. Dann schwingt der Wagen gegenphasig zur horizontalen Exzenterbewegung ($\varphi = \pi$).

Als Ergebnis unseres Versuchs tragen wir die Amplituden in einem Schaubild über den Erregerfrequenzen f auf. Dabei erhalten wir eine **Resonanzkurve** (*Bild 2a*). Dämpfen wir die Schwingung stärker, so ist die Resonanzkurve immer weniger scharf ausgeprägt (*Bild 2b* bis *c*). Bei sehr starker Dämpfung verschwindet das Maximum der Kurve schließlich ganz (*Bild 2d*).

Bei Resonanz wird dem Schwinger besonders viel Energie zugeführt. Dazu eilt bei dieser Frequenz die erregende Kraft $F_1(t)$ der Elongation $s(t)$ um $\varphi = \pi/2$, also eine Viertelperiode, voraus.

Betrachten wir zunächst die auf den ruhenden Wagen wirkenden Federkräfte: Der Exzenter stehe in Position 1. Bei einer Auslenkung s erfährt der Wagen die von der freien Schwingung bekannte Rückstellkraft $-D s$. In dieser Stellung halten wir den Wagen fest. Dreht sich nun der Exzenter, so erzeugt die Längenänderung Δl der rechten Feder (mit der Federhärte D_1) die periodische Erregerkraft $F_1(t) = D_1 \, \Delta l = D_1 \, r \sin(\omega t)$ ($\omega = 2\pi f$: Winkelgeschwindigkeit des Exzenters; r: Radius der Exzenterscheibe; $t = 0$ in Stellung 1). Sie spüren diese zusätzliche Kraft $F_1(t)$, wenn sich der Exzenter langsam dreht. Bei der *Resonanzschwingung* wirkt $F_1(t)$ immer in Richtung der Geschwindigkeit $v(t)$. Das bedeutet, dass die Momentanleistung $P(t) = F_1(t) \, v(t)$ stets positiv ist. Schauen wir nach:

In ⇒ *Bild 1* befindet sich der Wagen im linken Umkehrpunkt A der Schwingung; F_1 ist null (Exzenter bei 1). Während der Wagenbewegung A–B–C beobachten wir gleichzeitig die Exzenterdrehung 1–2–3. Die Kraft eilt der Elongation eine Viertelperiode voraus und wirkt dabei ständig in Bewegungsrichtung. Das gilt auch für die folgende Halbperiode. Bei Resonanz sind also erregende Kraft $F_1(t)$ und Geschwindigkeit $v(t)$ in Phase. Dann wird aber ständig Energie zugeführt. Sind nämlich Kraft und Geschwindigkeit nicht in Phase, so treten während einer Schwingungsperiode in dem Produkt $F_1(t)\,v(t)$ auch negative Werte auf; d. h. der Schwinger erhält insgesamt weniger Energie als im Resonanzfall. Die Amplituden sind dann kleiner.

Nun regen wir in ⇒ *Versuch 2* einen *Schwingkreis* zu erzwungenen Schwingungen an und finden völlige Übereinstimmung mit den erzwungenen mechanischen Schwingungen. Wundert uns das? Ein Vergleich zeigt die enge Verwandtschaft:

Betrachten wir die auf den Wagen insgesamt ausgeübte Kraft. Bei der Auslenkung s erfährt er zusätzlich zur Rückstellkraft $-D\,s$ die Erregerkraft $F_1(t) = \hat{F}_1 \sin(\omega t)$. Beim Schwingen kommt noch die von der Geschwindigkeit $v(t)$ abhängige Bremskraft $-k\,v$ hinzu. Die Gesamtkraft zur Beschleunigung a ist also

$F = m\,a = -D\,s - k\,v + F_1$ oder mit $a = \ddot{s}$

$$m\ddot{s} = -D\,s - k\,\dot{s} + \hat{F}_1 \sin(\omega t).$$

Bei der Meißner-Schaltung war der Energielieferant U_0 parallel zur Schwingkreisspannung gelegt. Man kann die Spannungsquelle (U_1 in ⇒ *Bild 3a*) aber auch in den Kreis legen. Dann ist sie – wie früher im Serienkreis – gleich der Summe der dortigen Teilspannungen. Diese Summe ist zu jedem Zeitpunkt t gleich

$$U_1 = L\,\dot{I} + R\,I + Q/C.$$

Mit $U_1 = \hat{U}_1 \sin(\omega t)$, $I = \dot{Q}$ und $\dot{I} = \ddot{Q}$ erhalten wir die zur mechanischen Schwingung *analoge Gleichung*:

$$L\ddot{Q} = -\frac{1}{C}Q - R\,\dot{Q} + \hat{U}_1 \sin(\omega t).$$

Die **Differentialgleichungen** stimmen überein, wenn wir $s \mathrel{\hat=} Q$, $D \mathrel{\hat=} 1/C$, $k \mathrel{\hat=} R$ und $F_1 \mathrel{\hat=} U_1$ setzen. Sie haben also dieselben Lösungsfunktionen $s(t)$ und $Q(t)$. Auf der folgenden Seite bestimmen wir $s(t)$ und $Q(t)$ numerisch und sehen, dass es nach dem Einschwingvorgang Sinusfunktionen sind.

Merksatz

Schwingkreis- und **Federschwingungen** sind nach dem Einschwingen **sinusförmig.**
Sie zeigen dieselben **Resonanzkurven** und **Phasenverschiebungen.** Die Amplitude wird maximal, wenn die Zwangsfrequenz f gleich der Eigenfrequenz f_0 ist (bei nicht zu starker Dämpfung). Bei dieser Resonanzfrequenz eilt die Erregerschwingung um $\pi/2$ voraus.

Mit dem Widerstand (der Reibung) wächst die Dämpfung; die Resonanzkurven werden flacher.

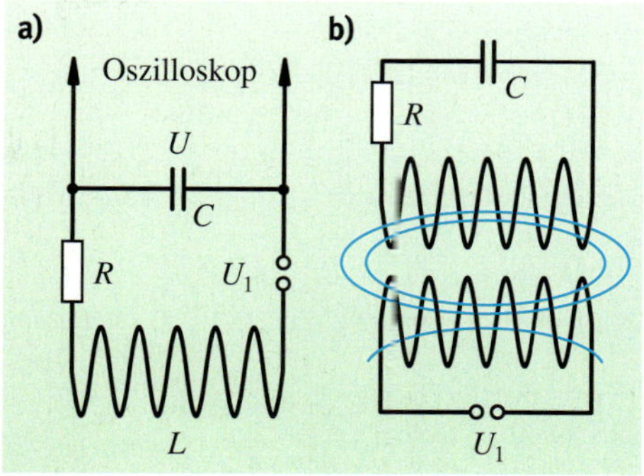

B 3: **a)** Direkte Anregung,
b) Anregung durch Induktion

V 2: Ein Schwingkreis aus einem Kondensator ($C = 2\,\mu F$) und einer Spule ($L = 5$ mH) wird zu erzwungenen Schwingungen angeregt. In ⇒ *Bild 3a* ist der Sinusgenerator (U_1 ~) direkt in den Kreis gelegt. Man kann aber auch U_1 durch Induktion – wie durch einen Trafo – mit einer Spule gleicher Windungszahl in der Schwingkreisspule erzeugen (⇒ *Bild 3b*). Mit einem Zweikanal-Oszilloskop beobachten wir die Erregerspannung $U_1(t)$ und die Kondensatorspannung $U(t)$ gleichzeitig. Ein Frequenzmesser zeigt f an.
Wir messen die Amplituden der erzwungenen Schwingung in Abhängigkeit von f. Dabei achten wir darauf, dass die Erregeramplitude $\hat{U}_1$ konstant bleibt. Wir erhalten eine Resonanzkurve nach ⇒ *Bild 2a* mit einem Maximum etwa bei der Resonanzfrequenz $f_0 = 1/(2\pi\sqrt{LC}) = 1{,}6$ kHz.
Wenn wir den Widerstand R vergrößern, wird die Resonanzkurve immer flacher (⇒ *Bild 2a–c*), bis sie schließlich kein Maximum mehr zeigt (⇒ *Bild 2d*).
Bei einer Wiederholung des Versuchs beobachten wir die Phasenverschiebung zwischen Erregerschwingung $U_1(t)$ und der erzwungenen Schwingung $U(t)$. Auch hier finden wir völlige Übereinstimmung mit den erzwungenen mechanischen Schwingungen:
Für $f \ll f_0$ wird $\varphi = 0$;
für $f = f_0$ wird $\varphi = \frac{\pi}{2}$;
für $f \gg f_0$ wird $\varphi = \pi$.

A 1: Wo befindet sich in ⇒ *Versuch 1* bei Resonanz der Wagen ($m = 80$ g) in den Exzenterstellungen 1 bis 4? Wie groß ist dann jeweils die Geschwindigkeit v, die Reibungskraft $-k\,v$ und die Beschleunigung a ($\hat{F}_1 = 0{,}1$ N, $\hat{s} = 0{,}2$ m und $D = 2$ N/m)?

```
L = 5 E-3; C = 2E-6;                        Konstanten
OM = 1E4 (ω); dt = 1E-5 (Δt)
U1DA (Û1) und R (s. Text zum Bild)

t = 0; I = 0; Q (s.Text)                    Startwerte

START
U1 = U1DA*sin(OM*t)                         Generator
UC = Q/C                                    Kondensator
dI = (U1/L – Q/(L*C) – R*I/L)*dt
                                            Änderung ΔI
I = I + dI                                  neue Stromstärke
Q = Q + I*dt                                neue Ladung
t = t + dt                                  neue Zeit
WIEDERHOLE BIS t = ...
```

B 1: Schrittweise Berechnung von I und U_C für folgende Schwingungen:
a) erzwungen ($\hat{U}_1 = 1$; $Q = 0$; $R = 5$)
b) gedämpft ($\hat{U}_1 = 0$; $Q = 2 \cdot 10^{-5}$; $R = 5$)
c) ungedämpft ($\hat{U}_1 = 0$; $Q = 2 \cdot 10^{-5}$; $R = 0$).

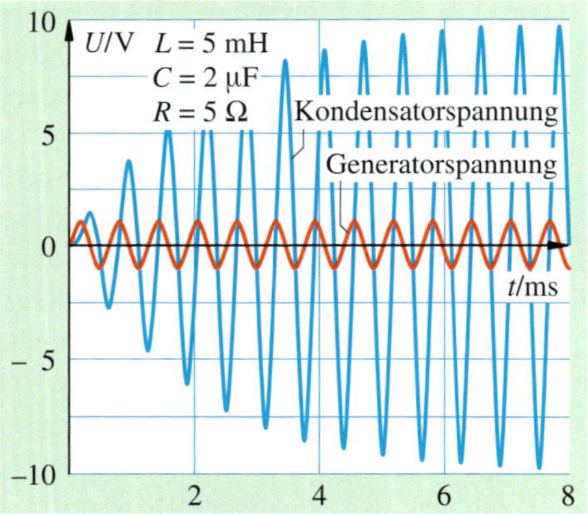

B 2: Einschwingvorgang des Schwingkreises, vom Computer mithilfe des Programms in ⇒ *Bild 1* berechnet mit $\hat{U}_1 = 1$ V, $Q = 0$ und der Zwangsfrequenz $\omega = 2\pi f = 10^4$ s^{-1}. Von $U_C = 0$ und $U_1 = 0$ beginnend entfacht die Generatorspannung $U_1(t) = \hat{U}_1 \sin(\omega t)$ eine Schwingung der Amplitude 10 Volt.

A 1: **a)** Bestätigen Sie mit dem Computer die Kurven in ⇒ *Bild 2* ($\Delta t = 10^{-5}$ s). **b)** Programmieren Sie die Kurven für $R = 1\ \Omega$ und $R = 2\ \Omega$. Wie groß sind die Amplituden jeweils nach dem Einschwingen? Vergleichen Sie mit den Werten in der Resonanzkurve ⇒ *Bild 5*. **c)** Berechnen Sie den Einschwingvorgang für $\omega = 9\,000$ s^{-1} und $R = 5\ \Omega$. Nach wie viel Perioden ist er etwa beendet?

7. Schwingungen – vom Computer berechnet

Im vorangegangenen Abschnitt haben wir erfahren, dass die Differentialgleichungen für erzwungene mechanische und elektromagnetische Schwingungen übereinstimmen. Wir können uns deshalb bei der Bestimmung der Lösungsfunktionen auf einen der beiden Schwinger beschränken. Wir wählen den Schwingkreis, weil wir dessen Spannungen und Stromstärken viel leichter messen und so unsere Computerberechnungen überprüfen können.

Betrachten wir also die Differentialgleichung für den elektromagnetischen Schwingkreis

$$L\ddot{Q} = -\frac{1}{C}Q - R\dot{Q} + U_1. \qquad (1)$$

Sie erhalten daraus die Gleichung für den mechanischen Schwinger, wenn Sie die elektrischen Größen durch die entsprechenden mechanischen ersetzen: $s \mathrel{\widehat{=}} Q$, $D \mathrel{\widehat{=}} 1/C$, $k \mathrel{\widehat{=}} R$ und $F_1 \mathrel{\widehat{=}} U_1$. Ist $\hat{U}_1 = 0$ und $Q > 0$, so beschreibt die Gleichung eine gedämpfte Schwingung; ist zusätzlich $R = 0$, erhalten wir die Gleichung für die ungedämpfte harmonische Schwingung, wie wir sie bereits kennen.

Leider ist es nun aber nicht so einfach, die Lösungsfunktionen für gedämpfte oder gar erzwungene Schwingungen zu finden. Deshalb überlassen wir die Aufgabe dem Computer. Dazu müssen wir den zeitlichen Verlauf der Ladung Q und der Stromstärke I in möglichst kleine Zeitschritte Δt zerlegen. Aus der Differentialgleichung (*1*) folgt mit $\ddot{Q} = \dot{I} = \Delta I/\Delta t$ die Differenzengleichung als Näherung

$$\Delta I = \left(\frac{U_1(t)}{L} - \frac{Q(t)}{LC} - \frac{R\,I(t)}{L}\right)\Delta t.$$

Weiter gilt

$$I(t + \Delta t) = I(t) + \Delta I$$

und

$$Q(t + \Delta t) \approx Q(t) + I(t + \Delta t)\,\Delta t.$$

Sind nun zu einem beliebigen Zeitpunkt t die Generatorspannung $U_1(t)$, die Stromstärke $I(t)$ und die Kondensatorladung $Q(t)$ bekannt, so lassen sich aus diesen drei Gleichungen die neue Stromstärke $I(t + \Delta t)$ und die neue Ladung $Q(t + \Delta t)$ zum etwas späteren Zeitpunkt $t + \Delta t$ ermitteln. Auf diese Weise rechnet der Computer – ausgehend z.B. von $I(0) = 0$, $Q(0) = 0$ und $U_1 = 0$ – Schritt für Schritt beliebig viele neue Werte für I und Q aus. Aus Q erhalten wir nach Division durch C die Kondensatorspannung U_C.

Das Rechenmodell in ⇒ *Bild 1* gibt Ihnen die Anleitung zur Computerberechnung, wenn man *statt* $I(t + \Delta t) = I(t) + \Delta I$ computergemäß schreibt: $I := I + \Delta I$, geschrieben I + dI. Das Ergebnis für eine erzwungene Schwingung zeigt ⇒ *Bild 2*:
Nach dem Einschalten der sinusförmigen Generatorspannung nimmt die Schwingung im Kreis mehr und mehr zu, bis sie nach etwa 10 Perioden schließlich eine konstante Amplitude $\hat{U}_C$ erreicht.

Eine gedämpfte Schwingung erhalten wir, wenn wir $\hat{U}_1 = 0$ setzen. Der Kondensator soll dann beim Start die Spannung $U_C = 10$ V haben. Mit $Q = 10\text{ V} \cdot 2\text{ µF} = 2 \cdot 10^{-5}$ C und $R = 2\ \Omega$ erhalten wir die gedämpfte Schwingung in *Bild 3*.

Bei einer durch Gleitreibung gedämpften mechanischen Schwingung, hat die Reibungskraft F_{gl} einen konstanten Betrag, ist aber zur Geschwindigkeit v entgegengesetzt gerichtet. Deshalb lautet die Kraftfunktion in der Differentialgleichung dieser mechanischen Schwingung $F_{gl} = -k\ \text{sgn}(v)$ mit $|F_{gl}| = k =$ konstant. Ein Computerprogramm liefert *Bild 4*.

8. Gesetze der Reihenschaltung gelten nach dem Einschwingen

Für den eingeschwungenen Zustand können wir die Amplitude zu *Bild 2* auch berechnen. Denn für ihn gelten die aus der Wechselstromlehre her bekannten Gesetze der Reihenschaltung:

$$\hat{U}_C = X_C \hat{I} = \hat{I}/\omega C \quad \text{mit} \quad \hat{I} = \hat{U}_1/Z \quad \text{und} \quad Z = \sqrt{R^2 + (\omega L - 1/\omega C)^2}.$$

Der Computer kann viel mehr, nämlich mit der Differentialgleichung auch das Einschwingen und das Ausklingen erfassen.

Wenn Sie nach dem Einschwingen die Amplitude $\hat{U}_C$ für verschiedene Generatorfrequenzen berechnen und in Abhängigkeit von $f = \omega/2\pi$ auftragen, erhalten Sie die Resonanzkurven in *Bild 5*. Die schrittweise Berechnung mit unserem Computerprogramm liefert die Schwingungsamplitude $\hat{U}_C = 10$ V (*Bild 2*). Diesen Wert zeigt auch die Resonanzkurve für $R = 5\ \Omega$ bei der Frequenz $f =$ 1590 Hz (*Bild 5a*). Das ist fast die Resonanzfrequenz $f_0 = \omega_0/2\pi$, für die $Z = R$ gilt, da $\omega L - 1/\omega C = 0$ ist. Also ist $\hat{I} = 1\text{ V}/5\ \Omega = 0{,}2$ A und $U_C = \hat{I}/\omega C = 0{,}2\text{ A}/(10^4\text{ s}^{-1} \cdot 2\text{ µF}) = 10$ V.

Im eingeschwungenen Zustand, in dem die Gesetze der Reihenschaltung gelten, eilt bei Resonanz die Wechselspannung des Generators U_1 der des Kondensators U_C um $T/4$ voraus (*Bild 2*). Warum?

Bei Reihenschaltung gilt für die Phasenverschiebung φ zwischen I und der Generatorspannung U_1: $\tan \varphi = (\omega L - 1/\omega C)/R$.
Im Resonanzfall $\boldsymbol{\omega = \omega_0}$ ist $\tan \varphi = 0$ und somit $\varphi = 0$; I und U_1 sind phasengleich. Nun eilt I der Kondensatorspannung U_C stets um $\pi/2$ voraus, also auch die zu I phasengleiche Generatorspannung U_1.
Für $\boldsymbol{\omega \to 0}$ wird $\varphi = -\pi/2$. I eilt nun U_1 (sowie U_C) um $\pi/2$ voraus. U_1 und U_C werden gleichphasig.
Für $\boldsymbol{\omega \to \infty}$ wird $\varphi = +\pi/2$. I hinkt hinter U_1 um $\pi/2$ her, eilt aber U_C stets um $\pi/2$ voraus. U_1 und U_C werden folglich gegenphasig (*Bild 5b*).

Merksatz

Der elektromagnetische Schwingkreis und der Federschwinger gehorchen formal derselben Differentialgleichung. Ihre Lösungsfunktionen stimmen überein. Für die erzwungenen Schwingungen gelten nach dem Einschwingen die Gesetze der Reihenschaltung.

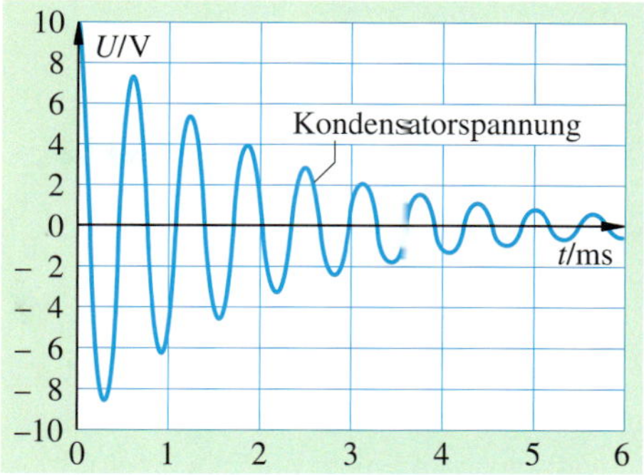

B 3: Gedämpfte Schwingung: $L = 5$ mH, $C = 2$ µF, $R = 5\ \Omega$, $U_C(0) = 10$ V

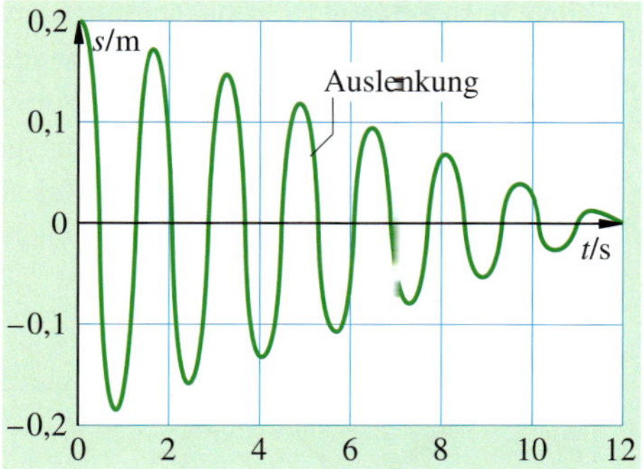

B 4: Gedämpfte mechanische Schwingung bei konstanter Gleitreibungskraft ($m = 0{,}1$ kg, $F_{gl} = 0{,}01$ N, $D = 1{,}5$ N/m $s(0) = 0{,}2$ m)

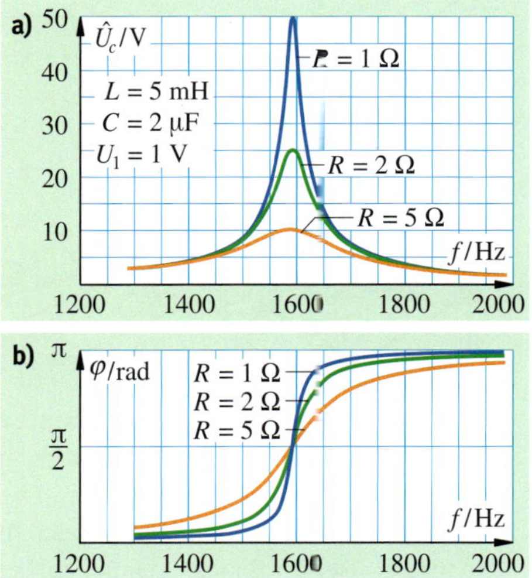

B 5: a) Resonanzkurven bei Anregung mit $U_1(t) = 1\text{ V} \cdot \sin(\omega t)$ **b)** Phasenverschiebung zwischen Generatorspannung U_1 ($\widehat{=} F_1$) und Kondensatorspannung $U_C = Q/C$ ($Q \widehat{=} s$).

A 2: a) Überprüfen Sie für 1500 Hz die Amplituden in *Bild 5*. **b)** Bestätigen Sie mit dem Computer die *Bilder 3* und *4*.

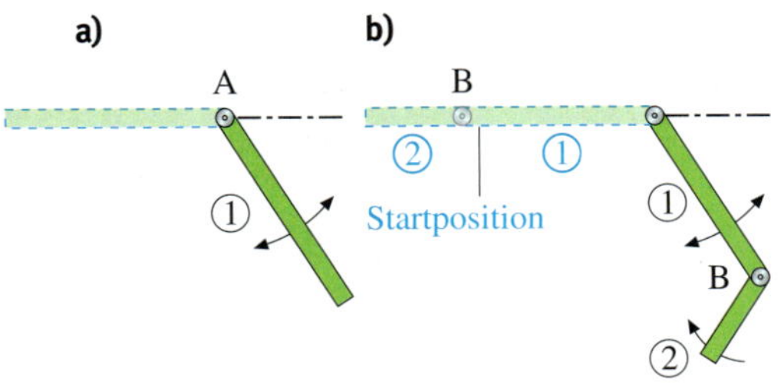

V 1: a) Die 1 m lange Stange ① ist bei A gelenkig gelagert und schwingt für sich periodisch (A soll nicht mitschwingen). **b)** Am Ende von ① wird bei B eine 30 cm lange Stange ② ebenfalls gelenkig befestigt. Beide lässt man mehrmals aus der exakt gleichen horizontalen Position starten (durch Anschläge präzisiert). Beim Schwingen zählt man die oberen Überschläge von ②, nach Uhr- und Gegenuhrzeigersinn getrennt. Sie schwanken von Mal zu Mal unvorhersagbar, chaotisch; mal überwiegen die einen, mal die andern.

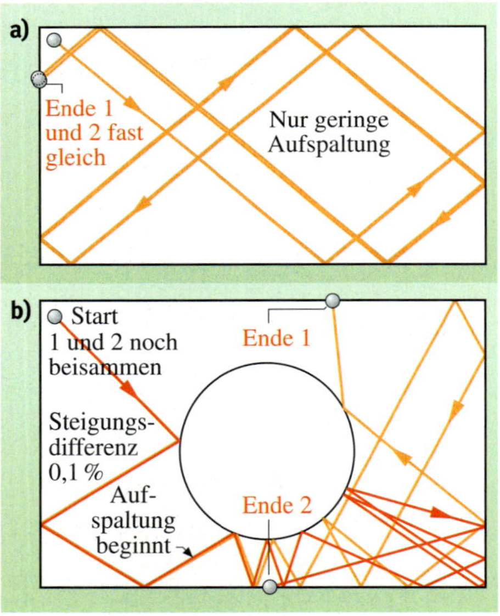

B 1: a) Eine Kugel startet links oben und wird an den Wänden 10-mal reflektiert, mit 16-stelliger Computergenauigkeit. Dann wird der Startwinkel um nur $\Delta\varphi = 0{,}05°$ geändert. Beide Bahnen laufen gleichmäßig (*linear*) auseinander; doch liegen die Endpositionen 1 und 2 nahe beisammen. Die „*linearen*" Wände ändern an $\Delta\varphi$ unterwegs nichts. **b)** Sitzt aber im Kasten ein Kreis, ein „*nichtlineares*" Gebilde, so divergieren die Linien zunehmend; bei jeder Reflexion steigt $\Delta\varphi$ rapide an; die Enden 1 und 2 liegen weit auseinander.

Deterministisches Chaos

1. Chaos bei mechanischen Vorgängen

Wir sind überzeugt, dass für alle mechanischen Vorgänge Gesetze gelten, die genauso streng erfüllt sind wie die „ehernen" Gesetze der Planetenbahnen. Naturgesetze haben *strenge Gültigkeit*. Dürfen wir deshalb auch beliebig genaue Voraussagen erwarten? Man denke z. B. an Wetterprognosen.

a) Mit dieser Fragehaltung lenken wir in ➠ *Versuch 1a* die lange, um A drehbar gelagerte Stange ① mehrmals exakt gleich stark aus. Wenn wir sie aus der Ruhe loslassen, führt sie jedesmal die gleiche Schwingung aus. Ihr Verhalten ist durch die Gesetze der Mechanik *vorausbestimmt*, es ist **determiniert.**

b) Nun hängen wir an das Ende B der langen Stange die kurze Stange ②, um B drehbar. Beide lassen wir wiederum aus der gleichen Startposition los, so *genau es eben geht*. Unerwartetes trifft ein: Mal schafft Stange ② den Überschlag oben, mal kehrt sie kurz zuvor um (➠ *Versuch 1b*). An solchen „Weggabelungen", **Bifurkationen** genannt (furca, lat.: Gabel), verändern bereits *winzige Änderungen beim Start* den weiteren Verlauf der Schwingung entscheidend. Diese bekommt einen *chaotischen* Charakter. Zwar sind nach wie vor *strenge Rechnungen in jedem Punkt möglich; sie werden aber bald sinnlos*. Man spricht von einem **deterministischen Chaos.** Dabei zweifelt man nicht an der strengen Gültigkeit der Naturgesetze. Hier garantieren sie *determinierte* Abläufe, aber nur kurzfristig. – Bifurkationen kennen Sie von Weggabelungen im Wald. Dort beeinflussen oft nichtige Umstände die bisweilen folgenschwere Entscheidung „rechts oder links".

c) Die Computersimulation nach ➠ *Bild 1* demonstriert, wann deterministisches Chaos zu erwarten ist: Eine Kugel wird vom Startpunkt aus angestoßen, ihr Weg exakt verfolgt. Dann wird der Startwinkel φ um $\Delta\varphi = 0{,}05°$ verändert und der Stoß nach dieser winzigen Änderung wiederholt. An den „*linearen*" Wänden wächst $\Delta\varphi$ nicht weiter. Am „*nichtlinearen*" Kreis gilt zwar auch das Stoßgesetz „Einfalls- gleich Reflexionswinkel". Trotzdem vergrößert sich $\Delta\varphi$ von Stoß zu Stoß rapide. Das hat Folgen:
Der russische Mathematiker Y. SINAI berechnete Idealstöße am Billardtisch: Die zusätzliche, winzige Gravitationskraft von nur einem Zuschauer kann den 9. Stoß völlig verändern. Strenge Rechnungen mit den Stoßgesetzen sind zwar möglich, werden aber bei Vorgängen, die **nichtlinearen** Gesetzen gehorchen, oft sinnlos. Dies sind z. B. Abweichungen vom hookeschen Gesetz $F \sim s$ (bei großen Auslenkungen) oder vom ohmschen Gesetz $I \sim U$. *Nichtlinearität* heißt Abweichen von der Proportionalität.
Da man mit linearen Gesetzen einfach rechnen kann, beschränkte man sich lange Zeit darauf in Physik und Technik; man nahm das Chaos nicht wahr. Heute interessieren Abweichungen von der Linearität besonders, da sie häufig völlig Neues zeigen. Das bestätigt der folgende Versuch:

2. Chaos am elektrischen Schwingkreis

In ➠ *Versuch 1b* haben die Schwingungen der langen Stange die kurze ins Chaos getrieben. Übertragen wir das ins Elektrische und ersetzen die kurze Stange durch einen Schwingkreis ($C = 22$ nF; Spule mit 500 Windungen; Widerstand $R = 100\ \Omega$). Ihn treibt die stets sinusförmige Spannung $U_G(t) = \hat{U}_G \sin 2\pi f t$ eines Generators mit $f \approx 32$ kHz an (➠ *Bild 2*). Den $I(t)$-Verlauf in diesem Kreis entnehmen wir am ohmschen Widerstand R der Teilspannung $U_R(t) = I(t)\,R \sim I(t)$. Dazu legen wir $U_R(t) \sim I(t)$ an die y-Ablenkung eines Oszilloskops.

Zur x-Ablenkung des Strahls benutzen wir nicht – wie üblich – dessen Kippspannung, sondern die Generatorspannung $U_G(t) = \hat{U}_G \sin 2\pi f t = \hat{U}_G \sin \varphi$ selbst. Dann erkennen wir besser, nämlich über lange Zeit, ob der Vorgang vom Regelmäßig-Periodischen abweicht.
Wegen der Phasenverschiebung $\Delta\varphi \approx \pi/2$ (90°) zwischen $I(t)$ und $U_G(t)$ entsteht ein Kreis (bei geeigneter Amplituden-Einstellung am Oszilloskop). Ist nämlich $U_G(t) = 0$, so durchläuft das in der Phase vorauseilende $I(t)$ sein Maximum; der Lichtfleck wird nur nach oben abgelenkt, die Phase von $U_G(t)$ ist $\varphi = 0$. Bei $\varphi = \pi/2$ dagegen ist $U_G(t)$ im Maximum und $I = 0$; der Fleck liegt rechts. Er durchläuft den Kreis während jeder Periode $T_G = 1/f$ von $U_G(t)$ mit den Phasen $\varphi = 0$ bis $\varphi = 2\pi$ genau einmal. Man nennt diese Darstellung von Schwingungen ein **Phasendiagramm.** Erhöht man $\hat{U}_G$, so wächst nur der Kreisradius; Kreisform und Umlaufdauer T_G bleiben erhalten.

Nun befolgt beim Kondensator C der Effektivwert des Stroms $I_{C,\text{eff}} = U_\text{eff}/R_C \sim U_\text{eff}$ das ohmsche Gesetz; man sagt, C sei ein „*lineares* Bauteil". Wir ersetzen es in ➠ *Bild 2* durch eine *Halbleiterdiode*. Sie hat in der Sperrschicht eine Kapazität C. Vor allem ist die Kennlinie $I(U)$ keine Gerade, der Zusammenhang $I(U)$ ist *nichtlinear.* Dies verzerrt bei kleinen Spannungen $\hat{U}_G$ das Phasendiagramm. Doch hofft man, dass es geschlossen bleibt, eben mit der vom Generator aufgezwungenen Periodendauer $T_G = 1/f$ (➠ *Bild 3a*). Wenn wir aber $\hat{U}_G$ vergrößern, geschieht Seltsames:

Plötzlich wiederholt sich die Periode T_{Ph} des Phasendiagramms erst nach zwei Umläufen, die sich deutlich voneinander unterscheiden, dann nach 4, dann erst nach 8 Umläufen (➠ *Bild 3b* und *c*). Die Nichtlinearität erzeugt **Bifurkationen.**

Dieser in Chaostheorien vielfältig benutzte Begriff bedeutet hier: Die Periode T_{Ph} des Phasendiagramms wird beim Vergrößern von $\hat{U}_G$ *abrupt* von T_G auf zunächst $2\,T_G$ verdoppelt. *In immer kürzer werdenden Abständen folgen* $T_{Ph} = 4\,T_G,\ 8\,T_G,\ 16\,T_G, \ldots, \infty$, also *wirres Chaos*. Die Periode ∞ bedeutet: *Keine Periodenfolge wiederholt sich;* die Kurve schließt sich nicht mehr – sie sucht ständig neue Wege. Trotzdem läuft der Vorgang in jedem Augenblick determiniert ab – nach den Gesetzen der Elektrizitätslehre.
Zudem ist der Chaosbereich von regulären Fenstern mit $T_{Ph} = 3\,T_G$ oder $T_{Ph} = 5\,T_G$ unterbrochen.

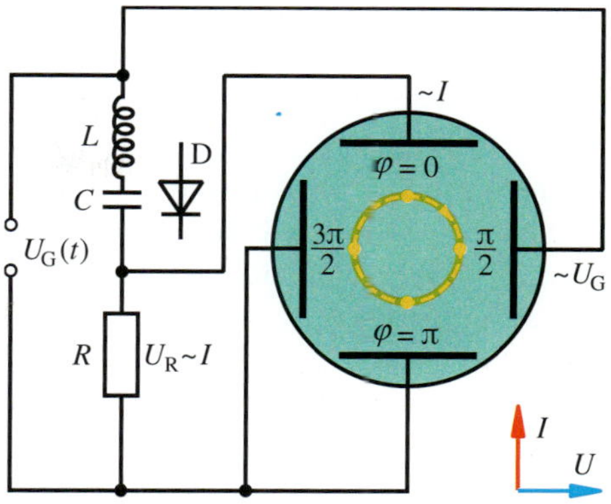

B 2: Phasendiagramm eines harmonischen Schwingkreises am Oszilloskop

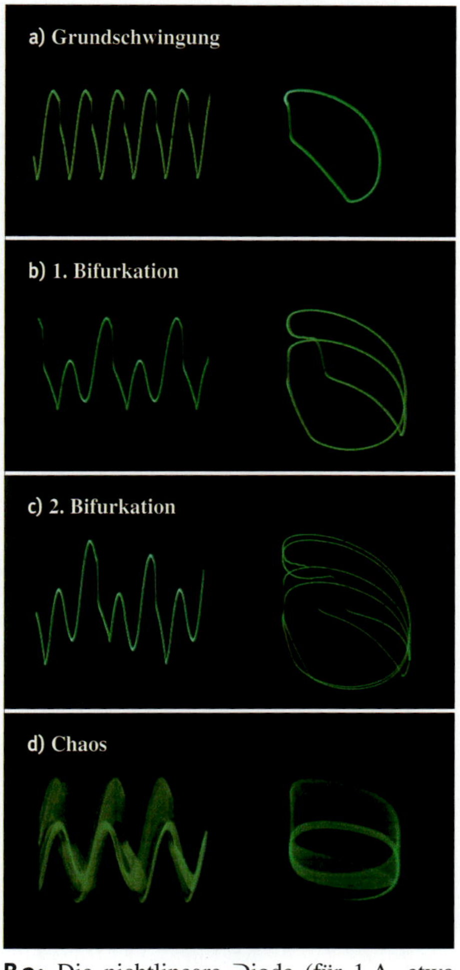

B 3: Die nichtlineare Diode (für 1 A, etwa 1N5407) in Bild 2 erzeugt im Schwingkreis zunächst Bifurkationen; dann macht sie ihn chaotisch.

A 1: Unterscheiden Sie Phasendiagramme von $U(t)$- bzw. $I(t)$-Diagrammen (am Oszilloskop mit dem Kippgerät erzeugt).

n	0	1	3	5	9	11	15
x_n	0,01	0,01	0,075	0,2	0,499	**0,5**	**0,5**

T 1: Die Iteration $x_{n+1} = r\,x_n\,(1 - x_n)$ begann mit dem Startwert $x_0 = 0{,}01$. Wenn wie hier $r = 2$ ist, werden die x-Werte schnell zum stabilen Attraktor $x_A = 0{,}5$ „gezogen“ und bleiben dort (➠ *Bild 1a*).

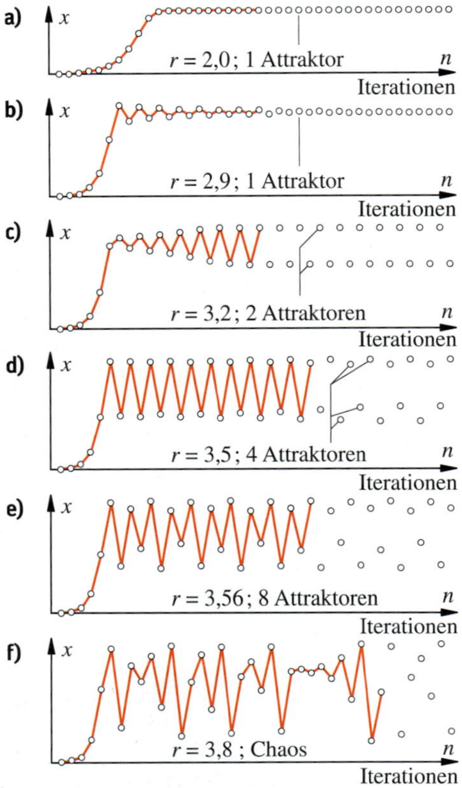

B 1: Einschwingvorgänge in der Iteration $x_{n+1} = r\,x_n\,(1 - x_n)$ für verschiedene Werte von r. Relevant sind nur die Punkte „von Jahr zu Jahr“, nicht deren Verbindungslinien. Bild d) zeigt 4 Attraktoren.

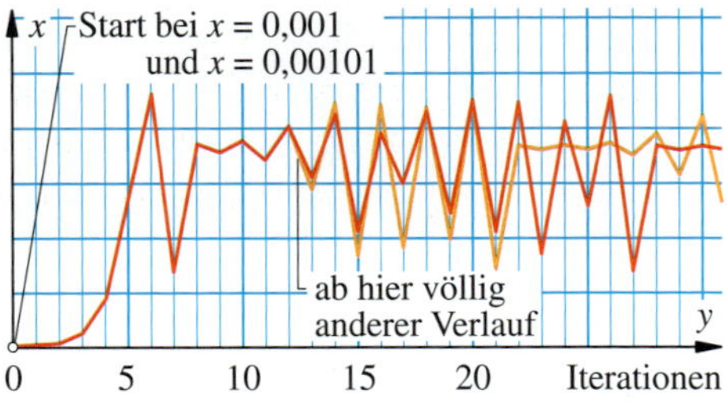

B 2: Eine Startstörung von $\Delta x = 10^{-5}$ steigt im Chaos zunächst exponentiell an; erst macht sie sich kaum bemerkbar, doch dann ändert sie den Verlauf schon nach 15 Iterationen völlig.

3. Deterministisches Chaos vom Taschenrechner

Findet man Chaos auch beim *Berechnen* periodischer Vorgänge, frei von experimentellen Ungenauigkeiten? Idealisieren wir die Jahreszyklen einer Hasen-Population, die zunächst keine Futtersorgen habe. Zum Start weiden x_0 Hasen. Ihre jährliche Vermehrungsrate sei $a > 1$. Das bedeutet:
Am Ende vom 1. Jahr gibt es $x_1 = a\,x_0$ Hasen, am Ende vom 2. Jahr also $x_2 = a\,x_1$ und vom 3. Jahr $x_3 = a\,x_2 = a^2 x_1 = a^3 x_0$. Um fortzufahren, d.h. um die Hasenzahl x_{n+1} nach $(n + 1)$ Jahren zu erhalten, setzt man das Ergebnis x_n des n-ten Jahres rechts in die **Iterationsvorschrift $x_{n+1} = a\,x_n$** ein. Wie bekannt, steigt x bei $a > 1$ beliebig weit an; es gilt $x_n = x_0\,a^n$.
Futtermangel führt zu einer Begrenzung von x. Wir beziehen deshalb x auf den Normwert 1 (100%) und beginnen mit Startwerten von z. B. $x_0 = 0{,}01$. Je mehr sich die Hasenzahl x dem Wert 1 nähert, umso mehr schrumpft die Vermehrungsrate a auf 0. Es liegt nahe, $a = r\,(1 - x)$ zu setzen; dann wird $a = 0$ für $x = 1$.
Mit der neuen Konstanten r lautet die **Iterationsvorschrift**

$$\mathbf{x_{n+1} = r\,x_n\,(1 - x_n).} \qquad (1)$$

Ihr quadratischer Term $-r\,x_n^2$ macht sie *nichtlinear, chaosverdächtig*. Bei $r = 2$ ist es noch gleichgültig, ob man im 1. Jahr mit $x_0 = 0{,}01$ oder $x_0 = 0{,}99$ startet: Schon nach ca. 10 Iterationen von *Gl. (1)* wird x zum konstanten Wert $x_A = 0{,}5$ „hingezogen“ und bleibt dort. $x_A = 0{,}5$ ist ein stabiler **Attraktor** (➠ *Tabelle 1*; ➠ *Bild 1a*). Dort, für $n \to \infty$, ist $x_{n+1} \approx x_n$, also $1 = r\,(1 - x_n)$. Für $r = 2$ wird daraus $x_n = 1 - 1/r = 0{,}5$ – von Chaos noch keine Spur!

Ab 1970 wagte man mit schnellen Rechnern, das r in *Gl. (1)* zu erhöhen. Bei $3 < r < 3{,}4495 = 1 + \sqrt{6}$ bifurkiert der eine Attraktorpunkt $x_n = 1 - 1/r$ in zwei zunächst stabile Punkte, die sich „jährlich“ abwechseln (➠ *Bild 1c*): Hasenüberschuss im 1. Jahr erzeugt Futtermangel und reduziert im 2. die Hasenzahl. Die nun größeren Rationen bescheren dem 3. Jahr wieder Hasenüberschuss usw. Wenn man jetzt r nur wenig vergrößert, steigen die Wiederholperioden *in immer kürzerer Folge* von 2 auf 4, auf 8, 16, 32, … Jahre. Obwohl sich *Gl. (1)* nicht ändert, ist schon für $r > 3{,}5699456$ die *Wiederholperiode unendlich.* Das heißt: Man müsste auf die Wiederholung eines x-Werts unendlich lange warten – es gibt ihn nie wieder – unendlich viele Dezimalstellen vorausgesetzt! Die x_n streuen chaotisch mit großen Sprüngen (➠ *Bild 3*). Im Chaos liefern Rechner mit anderen Rundungsregeln andere Ergebnisse – bei gleichem Start.

Ändert man im Chaosbereich (z. B. bei $r = 3{,}8$) den Startwert x_0 um nur $1 \cdot 10^{-5}$, so wächst diese Störung nach etwa 15 Iterationen so, dass sich ein völlig anderer Verlauf bildet (➠ *Bild 2*). Im regulären Bereich $r < 3{,}57$ dagegen wären wesentlich größere Störungen längst abgeklungen, vergessen.
Gl. (1) liefert ähnliche Ergebnisse wie der chaotische Schwingkreis, obwohl dort völlig andere Gesetze gelten. Beiden gemeinsam sind *Nichtlinearitäten.*

Die Erforschung des *deterministischen Chaos* wurde seit 30 Jahren ein legitimer Zweig von Physik und Technik mit wachsender Bedeutung: Man hofft, damit z. B. die Luftwirbel im Wettergeschehen und vieles andere, auch in der Medizin (etwa beim Herzkammerflimmern), oder sei es auch nur das Flattern einer Fahne, zu erfassen. Das deterministische Chaos löste zahlreiche, ins *Philosophische* gehende Diskussionen über *Gesetz, Berechenbarkeit* und *Zufall* aus. Dabei lernte man, das deterministische Chaos von anderen regellosen Vorgängen zu unterscheiden, die wir nun kurz aufzählen:

4. Andere Chaosarten

a) In einem *Gas* stoßen sich ständig ca. 10^{23} Teilchen. Es wäre illusorisch, den Bahnverlauf einzelner davon berechnen zu wollen. Hier herrscht das sog. **mikroskopische Chaos.** Trotzdem kann man der *Gesamtheit* der Gasteilchen Temperatur T und Druck p zusprechen, als Maß für *mittlere* Energie bzw. *mittlere* Stoßkraft *sehr vieler Teilchen.* Damit lässt sich deterministisch rechnen, etwa beim Gasgesetz $p\,V = R\,T$. Die Größen p, V und T sind genau messbar; R gilt exakt.

b) Das *Würfelspiel* ist ein vom **Zufall** geprägter **stochastischer Vorgang.** Während beim deterministischen Chaos jedes x_{n+1} streng aus x_n folgt, *hängt kein Wurf vom vorangehenden ab.* Dies gilt auch für den Zerfall radioaktiver Atome. Ihre Halbwertszeiten befolgen *Wahrscheinlichkeitsgesetze.* Sie gelten nur für die *Mittelwerte vieler Messungen.* Man findet dies auch bei Messungen im atomaren Bereich.

Merksatz

Selbst einfache Systeme verschiedenster Art, die zwar *nichtlinear*, aber streng **determiniert** sind, können **deterministisches Chaos** zeigen. Dabei wachsen kleine Störungen beim Start schnell an und ändern den Verlauf wesentlich. Vorausberechnungen sind im deterministischen Chaos nur kurzfristig möglich; langfristig werden sie illusorisch. Es gibt im Chaosbereich keine Wiederholung der Ergebnisse.

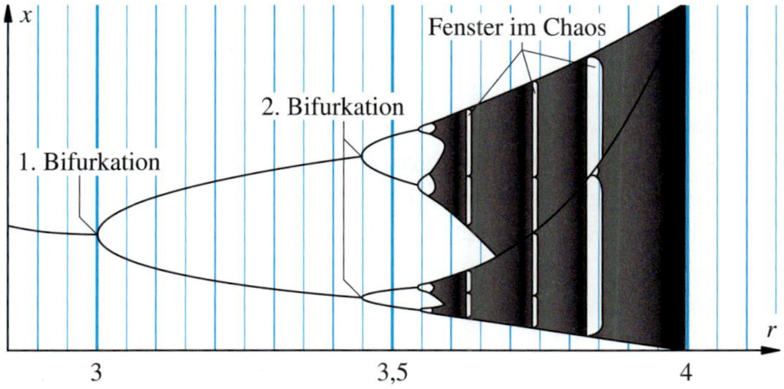

B 3: Iterationen an $\boldsymbol{x_{n+1} = r\,x_n\,(1 - x_n)}$. Im Computer wurde *r stückweise* vergrößert und x_{n+1} für $n > 100$, nach 100 Einschwingperioden, aufgetragen. Man erkennt Bifurkationen bei $r = 3$, 3,45 und 3,54. Chaos tritt ab 3,57 auf. Es ist unterbrochen durch ein „Fenster" bei 3,85. Ähnliches tritt beim Schwingkreis in *Ziff. 2* auf.

Interessantes

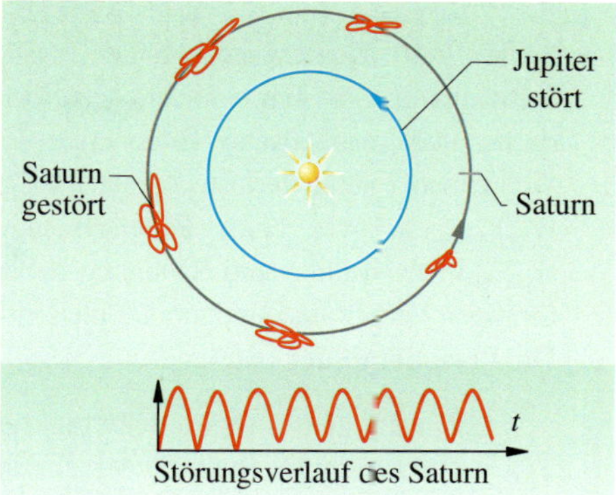

B 4: Jupiter löst beim Saturn periodische Änderungen aus (Simulation, stark vergrößert).

Chaos am Himmel?

Astronomen messen Orte und Geschwindigkeiten der Himmelskörper präzise. Mithilfe der NEWTON-Gesetze berechnen sie daraus deren Positionen für Jahrtausende im Voraus. Sind diese Naturvorgänge im Prinzip beliebig genau vorherbestimmbar, sind sie **determiniert?** Liegen Vergangenheit und Zukunft offen vor uns? Man fand schon zu NEWTONS Zeit, dass der Planet *Jupiter* jeweils nach etwa 5 Umläufen dem *Saturn* nahe kommt und dessen Bahn durch erhöhte Gravitation zunehmend stört. Man fürchtete, ein Aufschaukeln dieser Störung bringe Chaos in das Sonnensystem.

NAPOLEON fragte, ob Gott nicht von Zeit zu Zeit eingreifen müsse, um sein Werk davor zu retten. Sein Landsmann LAPLACE sagte: „Sire, ich brauche diese Hypothese nicht." Er fand, dass sich nach 500 Jahren die Störung wieder zurückgespult habe (➡ *Bild 4* und *Laplace-Dämon*). – OSKAR II. von Schweden lobte 1885 einen Preis für den aus, der die Stabilität der Welt beweisen könne (gekrönten Häuptern ist sie viel wert). Der Franzose POINCARE gewann ihn als erster Chaosforscher, sagte aber: „Die Dinge sind so bizarr, dass ich mich weigere, weiter darüber nachzudenken." Dabei blieb man bis etwa 1970. Heute vermutet man chaotische Bewegung im *Asteroidengürtel* zwischen Mars und Jupiter. Sie könnten Kollisionstrümmer erzeugen, die uns als *Meteoriten* erreichen. Auch an der *Plutobahn* zeigt sich Chaotisches.

Das ist wichtig

1. Spule und Kondensator bilden zusammen einen Schwingkreis. In ihm wandeln sich periodisch elektrische und magnetische Feldenergie ineinander um. Wenn man Energieverluste vernachlässigt, ist $W_{\text{el, max}} = W_{\text{mag, max}}$, so wie beim Federschwinger $W_{\text{Elong, max}} = W_{\text{kin, max}}$. Stromstärke und Spannung haben einen sinusförmigen Verlauf und sind um $\pi/2$ phasenverschoben.
Die **Periodendauer** beträgt

$$\boldsymbol{T = 2\pi\sqrt{LC}} \quad \text{(beim Schwingkreis)}$$
$$\boldsymbol{T = 2\pi\sqrt{m/D}} \quad \text{(beim Federschwinger)}$$

Beginnt die ungedämpfte Schwingung zum Zeitpunkt $t = 0$ mit der Entladung des Kondensators, so gilt:

$$U(t) = \hat{U}\cos(\omega t) \quad \text{und} \quad I(t) = -\hat{I}\sin(\omega t)$$
$$\text{mit } \omega = 1/\sqrt{LC} \quad \text{und} \quad \hat{I} = \hat{U}\sqrt{C/L}.$$

Schwingkreis und Federschwinger gehorchen formal derselben Differentialgleichung:

$$\boldsymbol{m\ddot{s} = -Ds} \quad \text{bzw.} \quad \boldsymbol{L\ddot{Q} = -\frac{1}{C}Q.}$$

Dabei entspricht $D \triangleq 1/C$, $m \triangleq L$, $s \triangleq Q = CU$.

2. Entweicht Energie, so ist die Schwingung gedämpft. Ein ohmscher Widerstand R im Schwingkreis verursacht eine **Dämpfung** mit exponentiell abnehmenden Schwingungsamplituden. Der Federschwinger muss dazu eine zur Geschwindigkeit proportionale Bremskraft erfahren.

3. Durch periodische Energiezufuhr kann die Dämpfung aufgehoben werden. Steuert der Schwinger im Takt seiner Eigenfrequenz selbst die Energiezufuhr, so spricht man von einer **selbsterregten Schwingung.** Hierzu verwendet man eine Rückkopplungs-Schaltung.

4. Bei **erzwungenen Schwingungen** hebt eine Erregerschwingung durch Energiezufuhr die Dämpfungsverluste auf. Der Schwinger nimmt die Erregerfrequenz f an. Stimmt f mit der Eigenfrequenz $f_0 = \omega_0/2\pi$ überein, so wird die Amplitude der Schwingung besonders groß. Diese Erscheinung bezeichnet man als **Resonanz,** f_0 daher auch als **Resonanzfrequenz.**
Beim Schwingkreis ist $\boldsymbol{\omega_0 = 1/\sqrt{LC}}$;
beim Federschwinger $\boldsymbol{\omega_0 = \sqrt{D/m}}$.
Trägt man die Amplitude der erzwungenen Schwingung über der Frequenz auf, so erhält man eine **Resonanzkurve.**
Wie bei der Reihenschaltung teilt sich die von außen angelegte Erregerspannung $\hat{U}_1 \sin(\omega t)$ in die Teilspannungen $RI = R\dot{Q}$, $L\dot{I} = L\ddot{Q}$, und Q/C auf:

$$\hat{U}_1 \sin(\omega t) = L\ddot{Q} + R\dot{Q} + \frac{1}{C}Q.$$

Da $L \mathrel{\hat{=}} m$, $1/C \mathrel{\hat{=}} D$, $Q \mathrel{\hat{=}} s$, $I = \dot{Q} \mathrel{\hat{=}} \dot{s} = v$, $R \mathrel{\hat{=}} k$, entspricht dies beim Federschwinger

$$\hat{F}_1 \sin(\omega t) = m\ddot{s} + k\dot{s} + Ds \quad \text{oder}$$
$$m\ddot{s} = -Ds - k\dot{s} + \hat{F}_1 \sin(\omega t).$$

Aufgaben

A 1: a) Ein Schwingkreis ($R \approx 0$) beginne die Schwingung zum Zeitpunkt $t = 0$ mit der Entladung des Kondensators. Wie lautet bei entsprechendem Schwingungsbeginn die t-s-, wie die t-v-Gleichung des Federschwingers? **b)** Ersetzen Sie in diesen Gleichungen die mechanischen Größen durch die entsprechenden elektrischen und leiten Sie die t-U- und t-I-Gleichung her. Übertragen Sie $T = 2\pi\sqrt{m/D}$ auf den Schwingkreis.

A 2: a) Ein Schwingkreis mit vernachlässigbarem Widerstand schwinge harmonisch. Zeigen Sie, dass zu jedem Zeitpunkt gilt: $\frac{1}{2}CU^2(t) + \frac{1}{2}LI^2(t) = \frac{1}{2}C\hat{U}^2$. **b)** Der Kondensator ($C = 80\ \mu\text{F}$) ist zu Beginn der Schwingung ($t = 0$) auf 100 V aufgeladen. Wie groß ist die Stromstärke in der Spule ($L = 0{,}2$ H) in dem Augenblick, in dem die Kondensatorspannung 50 V beträgt?

A 3: a) Berechnen Sie mit einem Computerprogramm (z. B. Tabellenkalkulation) die gedämpfte Schwingung $U(t)$ für einen Schwingkreis mit $C = 300\ \mu\text{F}$, $L = 600$ H, $R = 300\ \Omega$. Der Kondensator werde zu Beginn $t_1 = 0$ auf die Spannung $\hat{U} = 10$ V aufgeladen; $\Delta t = 0{,}01$ s. **b)** Nach einer halben Periode hat die Amplitude von $\hat{U} = 10$ V auf $U(T/2) = a\,\hat{U}$ abgenommen. Entnehmen Sie Ihrer Tabelle $U(T/2)$ und bestimmen Sie a. Überprüfen Sie, ob $U(T) = a\,U(T/2)$ ist. Geben Sie eine Formel für $U(t_n)$ mit $t_n = n\,T/2$ ($n = 0, 1, 2, \ldots$) an. **c)** Wie viel Prozent der Anfangsenergie steckt zum Zeitpunkt $t = T$ noch im Schwingkreis. Wie viel Prozent sind es in a) mit $L = 1800$ H und $C = 100\ \mu\text{F}$ ($\hat{U} = 10$ V; $R = 300\ \Omega$)? Begründen Sie anschaulich den Unterschied. **d)** Wählt man $R > 2\sqrt{L/C}$, so schwingt der Kreis wegen zu großer Dämpfung nicht mehr. Prüfen Sie dies mit dem Computer für $L = 600$ H und $C = 300\ \mu\text{F}$ nach.

A 4: a) Die gedämpfte Schwingung eines Schwingkreises ($C = 300\ \mu\text{F}$, $L = 600$ H, $R = 100\ \Omega$) ist zwischen $I = \hat{I}$ und $I = 0$ angenähert sinusförmig. Wie viel Prozent der im Magnetfeld gespeicherten Energie gehen demnach als Wärme verloren? **b)** Was ergibt sich für $C = 100\ \mu\text{F}$, $L = 1800$ H, $R = 100\ \Omega$? Was folgt daraus?

A 5: Ein Schwingkreis mit $L = 5$ mH, $C = 2\ \mu\text{F}$ und $R_1 = 10\ \Omega$ ($R_2 = 20\ \Omega$) wird durch $U_1(t) = 1\ \text{V} \cdot \sin(\omega t)$ zu erzwungenen Schwingungen angeregt. Berechnen Sie mit einem Programm $\hat{U}_C(f)$ für $1200\ \text{Hz} < f < 2000\ \text{Hz}$ ($\Delta f = 1$ Hz) und stellen Sie $\hat{U}_C(f)$ grafisch dar. Zeigen Sie anhand der Daten, dass für $R = 10\ \Omega$ [$20\ \Omega$] das Maximum der Amplitude $\hat{U}_C$ nur 1% [4%] unterhalb der Resonanzfrequenz $f_0 = 1/(2\pi\sqrt{LC})$ liegt.

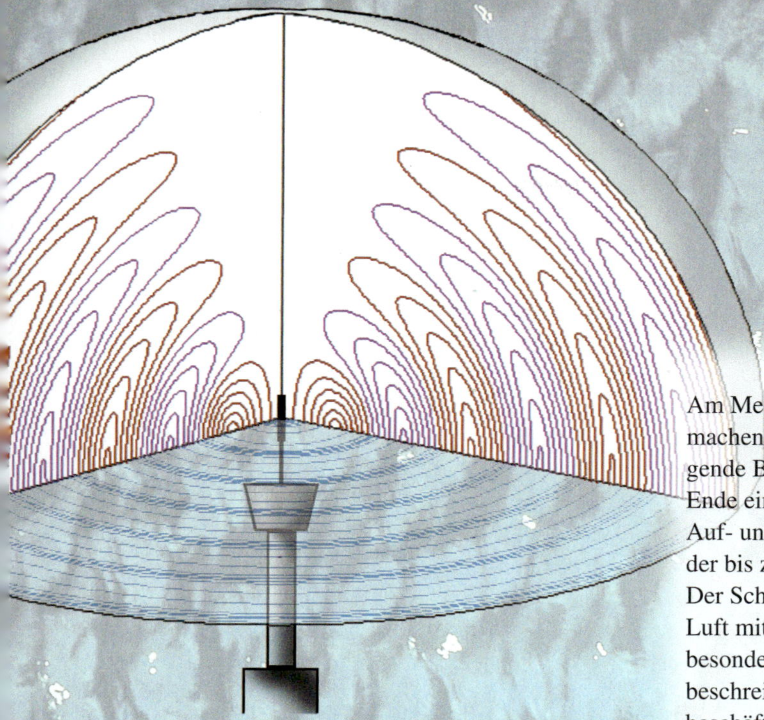

Am Meer liegen Urlauber entspannt auf dem Wasser und machen – einer nach dem anderen – die gleiche schwingende Bewegung des Wassers mit. Ein Kind hält das Ende eines gespannten Springseils und erzeugt mit einer Auf- und Abbewegung seiner Hand einen Wellenberg, der bis zum anderen Ende läuft.
Der Schall einer Flöte gelangt zum Mikrofon, von der Luft mit einer Schallwelle weitergereicht. Selbst den besonderen Klang einer Flöte können wir durch Wellen beschreiben. Mit solchen **mechanischen Wellen** beschäftigen wir uns im ersten Teil des Kapitels.

Wir können das Flötenspiel auch zu Hause aus dem Radio hören. **Elektromagnetische Wellen** tragen die Musik dorthin – mit Lichtgeschwindigkeit über weite Strecken, sogar durch den leeren Raum. Diese Wellen brauchen keinen materiellen Träger. Sie entstehen aus dem Wechselspiel elektrischer und magnetischer Felder. Ohne sie gäbe es nicht die rasante Entwicklung der modernen Kommunikationstechnik. Diese Wellen behandeln wir im zweiten Teil.

B 1: Gewaltige natürliche Wellen

B 2: La Ola – Ausdruck der Freude

Vertiefung

Die Wellenmaschine

Auf einen waagerecht gespannten Draht sind nebeneinander mehrere Stäbe aufgefädelt. Diese sind in der Mitte leicht drehbar gelagert. An ihren Enden tragen sie kleine Metallkörper. Vor und hinter dem Draht sind noch zwei Bänder aus Silikon oder Gummi gespannt. Diese verbinden jeden Stab *elastisch* mit seinen Nachbarn. Die Kopplung ist so stark, dass die Stäbe nicht wie Pendel frei schwingen können.

Wir lenken das erste Metallkörperchen nach oben aus und halten es dann fest. Dadurch werden die elastischen Bänder gedehnt und verdrillt. Sie üben so auf den nachfolgenden Stab ein Drehmoment aus. Das an seinem Ende angebrachte Körperchen erfährt dadurch eine Kraft *quer* zur Bandrichtung. Wegen seiner *Trägheit* wird es nun nicht etwa augenblicklich in seine neue Lage gerissen; vielmehr vergeht eine gewisse Zeit, bis das zweite Körperchen gleich weit ausgelenkt ist wie das erste – seine Bewegung hinkt der des vorhergehenden Körperchens zeitlich nach. Das dritte Körperchen folgt der Bewegung des zweiten wiederum verzögert usw.

Fortschreitende Wellen

1. Wellen – ein Naturereignis

Wenn von Wellen die Rede ist, denken Sie wahrscheinlich zuerst an Wasserwellen – an das großartige Naturschauspiel heranrollender Meereswogen (➠ *Bild 1*), an die Bugwelle eines Bootes oder an die Kreiswellen, die ein Stein hervorruft, den Sie ins Wasser geworfen haben. Sicher haben Sie aber auch schon von Erdbebenwellen gehört, von Schallwellen, Radiowellen und Lichtwellen.

2. La Ola – typisch Welle

Die *Erscheinungsformen* von Wellen sind recht verschieden – und doch haben sie viel Gemeinsames! Viele kennen die „La Ola“-Welle von Sportveranstaltungen oder anderen Gelegenheiten (➠ *Bild 2*). Irgendwo im Rund eines Stadions reißen Zuschauer die Arme hoch und stehen dabei auf. Ihre Nachbarn lassen sich von der Begeisterung anstecken und führen daraufhin die gleiche Bewegung aus, deren Nachbarn wiederum usw. Wir können beobachten, wie diese Welle in wenigen Sekunden einmal um das ganze Stadion läuft. *Jeder* Zuschauer hat schließlich an *seinem* Platz die „Begeisterungsschwingung“ mitgemacht. Natürlich ist dabei keiner selbst um das Stadion gerannt. Ähnliches finden wir bei allen Wellen.

Betrachten Sie eine Wasserwelle, so finden Sie, dass ein darauf schwimmendes Brett zwar auf und ab schwingt, im Wesentlichen aber samt dem umgebenden Wasser am selben Ort bleibt. Die *Welle* dagegen „läuft“ weiter. Wo sie hinkommt, kann sie wieder ein Brett zum Schaukeln bringen. Sie sehen: Mit der Wasserwelle wird zwar keine Materie fortbewegt, aber *Energie* transportiert! Das ist auch für andere Wellen typisch. So führen z. B. Erdbebenwellen ungeheure Energiemengen mit sich, die noch in großen Entfernungen vom Bebenherd verheerend wirken können.

Zum Entstehen der Stadionwelle genügen Blick- und Hörkontakt zum Nachbarn. Bei einer mechanischen Welle sorgt eine elastische Verbindung zum Nachbarteilchen dafür, dass alle Teilchen nacheinander dieselbe, ihnen aufgezwungene Bewegung ausführen.

Außer Energie können Wellen aber auch *Information* (ohne Materie) transportieren. So wird z. B. die Information dieses Textes durch *Lichtwellen* auf Ihr Auge übertragen; gesprochene Informationen erreichen Ihr Ohr über *Schallwellen*. Handy, Rundfunk und Fernsehen leiten Informationen über große Strecken mithilfe *elektromagnetischer Wellen* weiter. Auch Atome senden elektromagnetische Wellen aus. Sie liefern wichtige Aufschlüsse über die Struktur der Materie.

Es lohnt sich also, wenn wir uns mit Wellen beschäftigen. Vorerst wollen wir uns dabei auf **mechanische Wellen** beschränken; das sind Wellen, die zu ihrer Ausbreitung auf *Materie* angewiesen sind. Sie benötigen einen festen, flüssigen oder gasförmigen *Wellenträger*.

3. Die Welle – eine wandernde Störung

Wesentliche Eigenschaften einer mechanischen Welle schauen wir uns an einer *Wellenmaschine* (➠ *Vertiefung*) an. An ihr reißen wir das erste Körperchen nach oben und stören so seine Gleichgewichtslage. Diese Querstörung wandert nun mit konstanter Geschwindigkeit nach rechts. Wenn wir das erste Teilchen nach oben und wieder in seine Gleichgewichtslage zurückbewegen, sehen wir einen *Wellenberg* nach rechts laufen (➠ *Versuch 1*). Durch Hin- und Herbewegen des ersten Teilchens erzeugen wir eine Schwingung mit von uns vorgegebener Frequenz. Jede Phase dieser erzwungenen Schwingung wird nach und nach von den anderen Körperchen mit der vorgegebenen Frequenz übernommen (➠ *Bild 4*).

Wovon hängt nun die Geschwindigkeit *c* ab, mit der die Querstörung wandert? Je *weicher* die elastischen Bänder sind, desto schwächer wird die Kraft auf das jeweilige Körperchen; desto *kleiner* ist dann auch dessen Beschleunigung. Dies folgt aus der Grundgleichung der Mechanik $a = F/m$. Aus ihr folgt auch, dass die Beschleunigung der Körperchen mit zunehmender Masse *abnimmt*. Eine Querstörung breitet sich demnach umso langsamer aus, je kleiner die Kopplungskräfte zwischen benachbarten Körperchen sind und je größer deren Masse ist.
Unser Versuch lässt sich auch so deuten: Mit der Auslenkung des ersten Körperchens haben wir eine *Energieportion* in die Wellenmaschine gesteckt. Sie tritt zu Beginn in Form von *Spannenergie* des Bandstückes zwischen den beiden ersten Stäben auf. Anschließend verwandelt sie sich zum einen Teil in *Bewegungsenergie* des zweiten Körperchens, zum anderen in *Spannenergie* des nachfolgenden Bandstückes usw. Die in die Wellenmaschine gesteckte Energieportion läuft also als Spann- und Bewegungsenergie durch den Wellenträger weiter, bis zum letzten Körperchen.

Das Foto zu ➠ *Versuch 1* zeigt zwei *Momentaufnahmen*. Von einem Augenblick zum nächsten hat sich der gesamte Wellenberg verschoben; er wandert mit der Geschwindigkeit *c* nach *rechts*. Dabei kommen die Körperchen aber nicht von der Stelle; sie schwingen lediglich senkrecht zur Fortschreitungsrichtung des Wellenberges einmal nach oben und dann wieder zurück. Ihre Momentangeschwindigkeit, die sich bei der Hin- und Herbewegung dauernd ändert, bezeichnen wir als **Schnelle *v*.** Dieser besondere Name soll den Unterschied zur konstanten **Ausbreitungsgeschwindigkeit *c*** der Störung hervorheben.
Beachten Sie, dass die Vektoren $\vec{v}$ und $\vec{c}$ bei einer *Querwelle* aufeinander senkrecht stehen. Aus ➠ *Versuch 1* geht hervor, dass die Schnellepfeile an der *Vorderseite* des Wellenbergs stets nach *oben*, an seiner *Rückseite* dagegen nach *unten* gerichtet sind.

Merksatz

Bei einer mechanischen Welle führt ein Körperchen nach dem anderen die Bewegung aus, die ihm vom Erreger vorgeschrieben wird. Je weiter ein Körperchen vom Erreger entfernt ist, desto später wird es von dieser Bewegung erfasst.

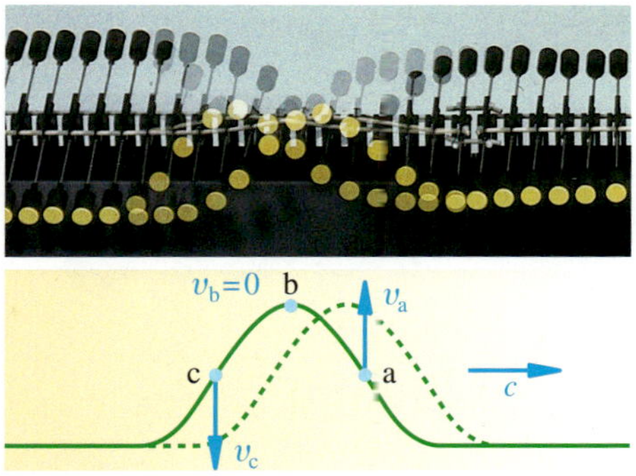

V 1: Wir lenken das erste Körperchen der Wellenmaschine nach oben aus und führen es anschließend gleich wieder in seine ursprüngliche Lage zurück. Diese Hin- und Herbewegung des Erregers wandert als Wellenberg über den Träger hinweg. Wir haben oben eine Momentaufnahme festgehalten: Das Körperchen a ist soeben erst von der Störung nach oben erfasst worden. Körperchen b, das die Bewegung nach oben ja schon früher begonnen hatte, besitzt im selben Moment bereits seinen Höchstausschlag und steht für einen Augenblick still. Das Körperchen c hat den Höchstausschlag schon hinter sich und bewegt sich gerade mit Schnelle v_c zurück.
Lenken wir das erste Körperchen der Wellenmaschine zuerst nach unten aus und führen es dann wieder zurück, so wandert eine Störung über den Träger, der nach unten ausgebuchtet ist. Dieses *Wellental* ist das Spiegelbild eines Wellenberges bezüglich des Spannbandes. Deshalb zeigen beim Wellental die vorderen *Schnellevektoren* nach unten, die hinteren nach oben.

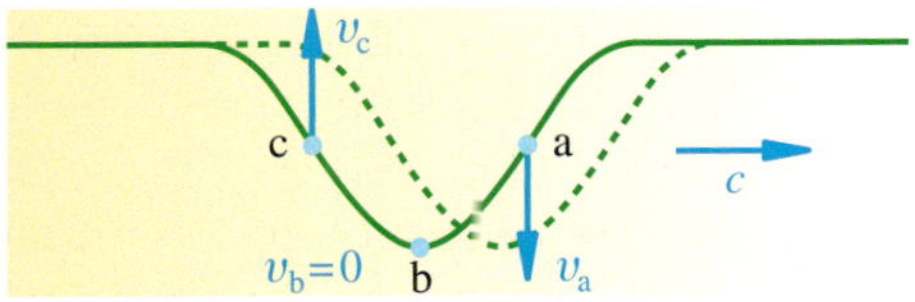

B 3: Momentaufnahme eines Wellentales, das nach rechts wandert

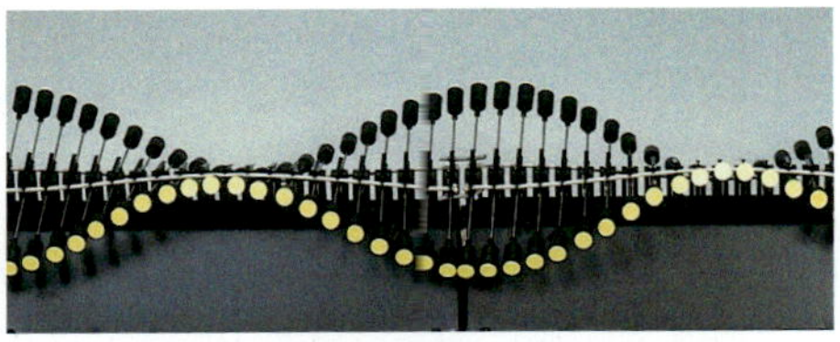

B 4: Momentaufnahme einer wandernden Welle

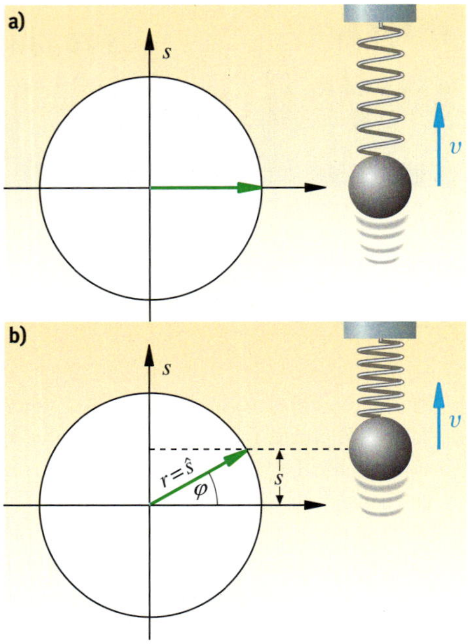

B 1: Ein rotierender Zeiger beschreibt Amplitude $\hat{s}$ (Zeigerlänge r) und Phase φ und mit ihnen die Auslenkung (Elongation s) des schwingenden Körpers. Die Elongation s ist die Projektion des Zeigers auf die s-Achse. Hier beschreiben die Zeiger die Schwingung eines Federpendels. Die Zeigerdarstellung kann aber auf *jede* harmonische Schwingung angewendet werden.

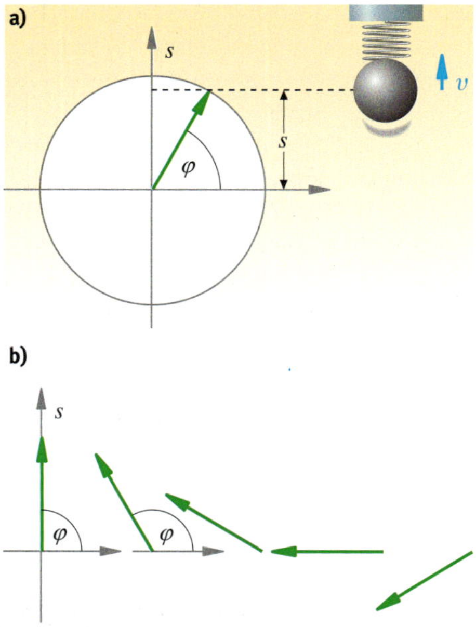

B 2: Weitere Phasen der Schwingung. Mit etwas Gewöhnung denken wir uns auch ohne zeichnerische Darstellung Phase und Elongation zu jedem Zeiger hinzu.

Zeitliche und räumliche Darstellung einer Welle

1. Ein rotierender Zeiger beschreibt eine Schwingung

Die Schwingung eines Federpendels verglichen wir früher mit der Projektion eines umlaufenden Kreispunktes auf die vertikale s-Achse. So konnten wir bestätigen, dass die Schwingung sinusförmig (harmonisch) war. In ➠ *Bild 1* finden wir die Projektion s als $s(t) = \hat{s} \sin \varphi$. Dabei ist $\hat{s}$ die Amplitude, $s(t)$ die momentane Elongation und $\varphi(t)$ die momentane Phase der Schwingung. Der Phase 2π entspricht die Periodendauer T, π entspricht $T/2$ usw. φ ist proportional zur Zeit t – also $\varphi(t) = \omega\, t$. Es ist $\omega = \varphi/t = 2\pi/T = 2\pi f$ die Winkelgeschwindigkeit des rotierenden Zeigers.
Mit diesen Überlegungen lautet die Gleichung für die Teilchenschwingung (mit $s(0) = 0$):

$$s(t) = \hat{s} \sin \varphi(t) = \hat{s} \sin(\omega t) = \hat{s} \sin\left(2\pi \frac{t}{T}\right).$$

Amplitude und Phase legen die Elongation fest. Diese beiden Größen reichen zur Beschreibung eines Schwingungszustandes also aus. Beide Größen kann man am rotierenden Zeiger ablesen (bei gegebener s-Achse). Dies zeigt die Darstellungsfolge in ➠ *Bild 1*. Schon der freischwebende Zeiger (➠ *Bild 2*) genügt; seine Projektion auf die s-Achse entspricht der Realität. Der Zeiger selbst existiert nur in unserer Vorstellung.

2. Viele rotierende Zeiger beschreiben eine Welle

Betrachten wir eine fortschreitende Querwelle anhand eines Beispiels: Der (z. B. motorgetriebene) Wellenerreger schwinge *harmonisch* mit der Periode T und einer Amplitude von $\hat{s} = 0{,}2$ m. Die Körperchen der Wellenmaschine werden von der Schwingung nacheinander erfasst. Das Körperchen am Ort $x = 0$ bewege sich nach oben und überquere zur Zeit $t = 0$ gerade die Gleichgewichtslage. Die Welle breite sich mit der Geschwindigkeit c nach rechts aus. In zeitlichen Abständen von je $T/8$ folgen die in ➠ *Bild 3* dargestellten 10 Momentaufnahmen der Welle aufeinander. Stellen Sie sich vor, sie seien mit einer Filmkamera gemacht worden.

Um Übersicht in das Geschehen zu bringen, betrachten wir zunächst das zeitliche Nacheinander an *einem* Körperchen.

a) Zeitlicher Durchblick an einem Ort (von oben nach unten): Denken Sie sich bei $x = 0$ eine Spaltblende vor die Wellenmaschine gestellt: So konzentrieren Sie Ihren Blick auf das markierte Körperchen. Sein gegen den Uhrzeigersinn rotierender Schwingungszeiger ist in der ersten Spalte der Zeichnung zu sehen. Sie beobachten im zeitlichen Nacheinander die harmonische Schwingung dieses Körperchens.
Die Beobachtung beginnt zur Zeit $t = 0$ mit dem Phasenwinkel $\varphi = 0$ (Zeiger weist nach rechts); es folgen $\varphi = \pi/4$ zur Zeit $T/8$, $\varphi = 2\pi/4$ (bei $t = 2T/8$), $\varphi = 3\pi/4$ usw. Dazu gehören die Elongationen $s = 0$ m; 0,14 m; 0,2 m (ist Maximum); 0,14 m. Das Körperchen schwingt sinusförmig.

Wenn Sie an der Stelle $x = 1$ m von oben nach unten blicken, erkennen Sie den zeitlichen Ablauf der Schwingung des *dort* liegenden Körperchens. Wir haben den dort festgehefteten Zeiger in der zweiten Bildspalte dargestellt. Zur Zeit $t = 2\,T/8$ wird das Körperchen eben erst von der Störung erfasst; eine Achtelperiode später (4. Zeile) hat seine Schwingung den Phasenwinkel $\varphi = \pi/4$ erreicht, usw. Das Körperchen bei $x = 1$ m hinkt also gegenüber dem ersten um $\Delta\varphi = \pi/2$ nach. Noch weiter rechts liegende Körperchen werden noch später von der Störung erfasst; ihre Schwingungsphasen sind gegenüber denen des ersten Körperchens umso stärker verspätet, je weiter sie von diesem entfernt sind.

b) Räumlicher Durchblick zu einem Zeitpunkt (von links nach rechts): Betrachten Sie zu einer bestimmten Zeit (z. B. für $t = T$) die verschieden weit ausgelenkten Körperchen des Trägers. Beim Blick längs eines *Momentanbildes* finden Sie, dass sich alle möglichen Phasenzustände *nebeneinander* gelegt haben. Je weiter wir nach rechts schauen, desto mehr schauen wir in die Vorgeschichte der Schwingung am Ort $x = 0$. Was dort zeitlich *nacheinander* geschah, liegt jetzt räumlich *nebeneinander*. Schwingt also der Wellenerreger *harmonisch*, d. h. nach einer *zeitlichen* Sinusfunktion, so liegen die von der Querwelle erfassten Körperchen in jedem Augenblick *räumlich* auf einer Sinuskurve.

c) Diagonaler Durchblick (von links oben nach rechts unten): Er zeigt, wie eine bestimmte Schwingungsphase (z. B. $\varphi = 0$, also Zeiger: $\rightarrow$) zeitlich *und* räumlich weiterläuft. Sie wandert mit derselben Geschwindigkeit c wie die Störung über den Träger hinweg. Statt von der *Ausbreitungsgeschwindigkeit c* der Welle spricht man deshalb auch von ihrer *Phasengeschwindigkeit c*.

Nachdem eine Periodendauer T vergangen ist, hat sich die Welle so weit auf dem Träger vorgeschoben, dass sämtliche Schwingungsphasen von $\varphi = 2\pi$ bis $\varphi = 0$ fein säuberlich nebeneinander liegen. Von nun an wiederholt sich die Phase; die Welle besitzt also eine *räumliche Periode*. Diese ist gleich dem Abstand zweier aufeinanderfolgender Wellenberge.
Allgemein: Die räumliche Periode ist gleich dem Abstand zweier benachbarter Stellen mit derselben Schwingungsphase, z. B. ↗. Die Länge einer solchen räumlichen Wellenperiode wird *Wellenlänge* λ genannt. In unserem Beispiel ist $\lambda = 4$ m.

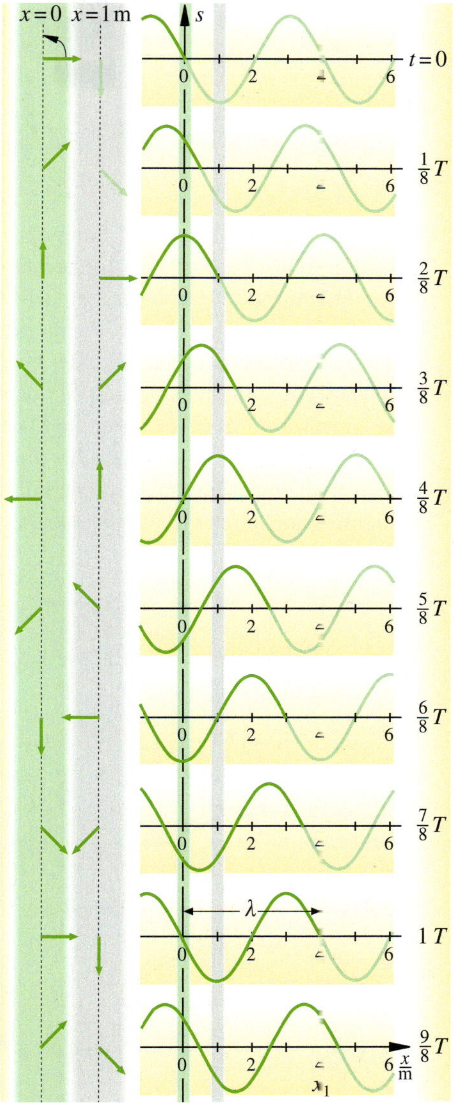

B 3: Eine Querwelle in 10 Momentaufnahmen: **a)** Betrachten Sie das Körperchen bei $x = 0$ durch den hellen Spalt nacheinander, d. h. von oben nach unten. Sie beobachten eine harmonische Schwingung in Phasensprüngen von $\pi/4$. Der gegen den Uhrzeigersinn rotierende Schwingungszeiger zeigt es an. **b)** Bewegen Sie für z. B. $t = 4T/8$ die Augen nach rechts, so sehen sie Körperchen, die in der Phase noch zurückliegen – je weiter rechts, desto mehr. Nach und nach werden sie alle die Bewegung des Körperchens bei $x = 0$ nachvollziehen. Bei $x = 1$ m liegt die Phase gegen $x = 0$ um $\pi/2$ zurück. **c)** In der Entfernung λ (Wellenlänge) von $x = 0$ schwingt ein Teilchen phasengleich zu $x = 0$, aber um die Periodendauer T verspätet.

Merksatz

Längs einer Kette elastisch gekoppelter Masseteilchen kann sich eine Welle ausbreiten. Die Teilchen übernehmen die Bewegungen eines Erregers, der mit der Frequenz f senkrecht zum Träger schwingt. Dabei hinken sie in ihrer Schwingungsphase gegenüber dem Erreger umso mehr nach, je weiter sie von ihm entfernt sind.

Dadurch werden die Elongationen, die der Erreger zeitlich nacheinander ausführt, räumlich nebeneinander gelegt: Es entsteht eine Wellenlinie mit Bergen und Tälern.
Der Abstand benachbarter Orte gleicher Phase heißt **Wellenlänge λ.**

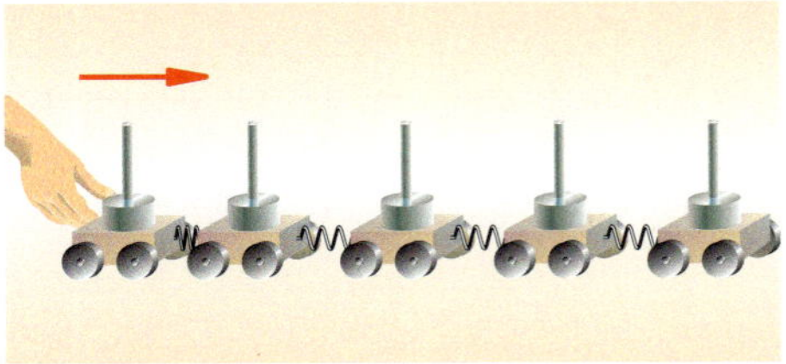

V 1: Einige kleine Wagen sind hintereinander aufgestellt und durch elastische Stahlfedern miteinander verbunden. Lenken wir jetzt den ersten Wagen nach rechts oder links aus, so werden die übrigen *nacheinander* um ein Stückchen nach rechts bzw. links verschoben. Je größer die Masse der Wagen ist und je weicher die Stahlfedern sind, desto langsamer wandert diese **Längsstörung** durch die Wagenkette.

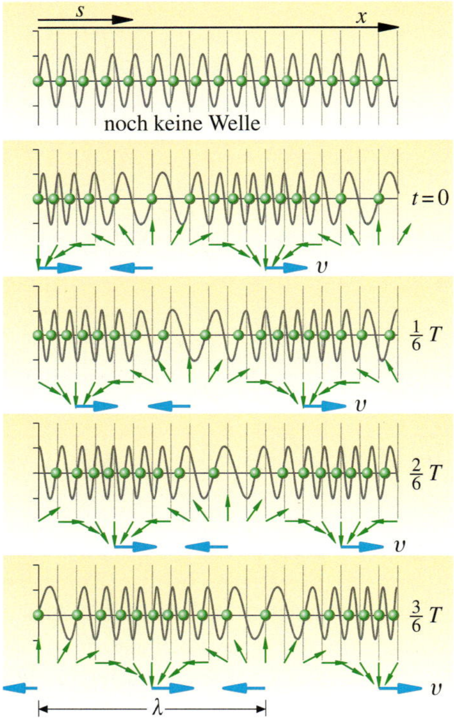

B 1: Bei einer Längswelle schwingen die Teilchen längs der Ausbreitungsrichtung. Deshalb wandern abwechselnd Verdichtung und Verdünnung nach rechts durch den Träger. Die Elongationen sind jetzt die Projektionen der jeweiligen Zeiger auf die in x-Richtung liegende s-Achse. Die blauen Zeiger markieren die Stellen größter Schnelle in positiver und negativer Richtung. Die Schnelle ist der Elongation immer um eine viertel Wellenlänge voraus (entspricht dem Phasenvorsprung $\Delta\varphi = \pi/2$).

Längswellen

1. Wellen mit Schwingungen *längs* der Ausbreitungsrichtung

Auf einem Rangierbahnhof wird ein Güterzug zusammengestellt. Wenn ein neu hinzukommender Wagen auf die Reihe der schon bereitstehenden Wagen stößt, geht ein Ruck von vorne bis hinten durch den ganzen Zug.

Wir ahmen dies in ➠ *Versuch 1* nach und lenken den linken Wagen der „Eisenbahn" nach rechts aus. Dabei drückt er die nachfolgende Feder etwas zusammen, der zweite Wagen erfährt so eine Kraft nach rechts. Wegen seiner Trägheit wechselt dieser jedoch nicht augenblicklich in seine neue Lage; vielmehr vergeht eine gewisse Zeit, bis er ebenso weit nach rechts ausgelenkt ist wie der erste Wagen. Nach und nach rücken alle weiteren Wagen nach rechts.

Geben wir einer auf den Tisch gelegten Feder einen Schubs nach rechts, so wandert auch bei dieser Feder eine solche „Verdichtungs"-Störung von links nach rechts. Ziehen wir dagegen ruckartig an der ersten Windung, so wandert eine „Verdünnung" nach rechts. Bewegen wir die erste Windung harmonisch hin und her, so erzeugen wir eine harmonische **Längswelle** (Longitudinalwelle; ➠ *Bild 1*).

Bei der harmonischen Querwelle haben wir sehr ähnliche Beobachtungen gemacht. Bei ihr war die Elongation $s(t)$ der einzelnen Körperchen aber immer *senkrecht* zur Ausbreitungsrichtung. Jetzt, bei der Längswelle, liegt die Elongation in *gleicher Linie wie die Ausbreitungsrichtung*, s- und x-Achse sind gleichgerichtet (➠ *Bild 1*). Am Ort $x = 0$ zeigt der Zeiger (grün) bei $t = 0$ nach unten, seine Projektion auf die s-Achse und damit die Elongation ist null. Jeder folgende Zeiger auf der x-Achse liegt in der Phase um $\Delta\varphi = \pi/12$ zurück. In der nächsten Momentaufnahme ($t = T/6$) haben sich alle Zeiger um $2\pi/6 = \pi/3$ weitergedreht.

Wir sehen: Formal wird die Längswelle genauso beschrieben wie die Querwelle.

An Stellen, wo die Teilchen besonders dicht liegen (➠ *Bild 1*), ist der Druck groß. Die Elongation startet gerade wieder von null (Zeiger ↓). Hier huscht der „Schatten" der jeweiligen Zeigerspitze besonders schnell über die s-Achse. Die *Schnelle* ist der *Elongation* also immer um eine viertel Wellenlänge voraus.

Längswellen können in allen Körpern auftreten, in denen bei Volumenänderungen Kräfte entstehen, also neben den festen Körpern auch in Flüssigkeiten und Gasen. *Schallwellen* in Luft und Wasser sind solche Longitudinalwellen. Querwellen können es nicht sein, da sich Gas- und Flüssigkeitsteilchen leicht gegeneinander verschieben lassen.

Merksatz

Bei einer fortschreitenden **Längswelle** schwingen die Teilchen des Trägers mit der Frequenz f längs der Ausbreitungsrichtung hin und zurück.

Interessantes

Längs- und Querwellen im Raum

Mechanische Wellen brauchen zur Ausbreitung einen *Träger*. Er besteht aus einzelnen Teilchen, die durch elastische Kräfte miteinander verbunden sind. Bei *festen Körpern* wirken die auftretenden Kräfte so, als seien die einzelnen Teilchen durch elastische Federn nach allen drei Raumrichtungen verbunden.

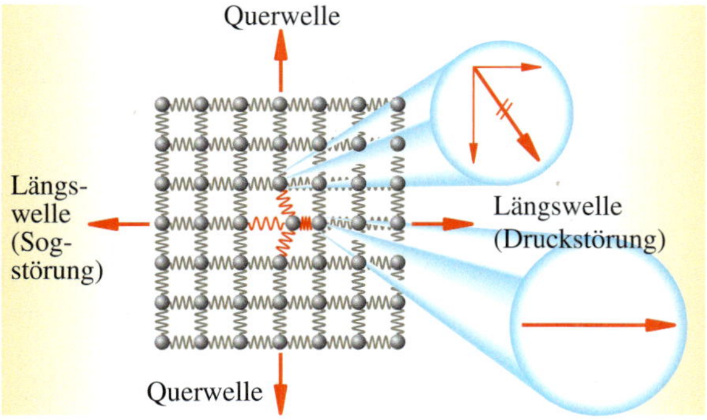

Wird nun ein Teilchen aus seiner Gleichgewichtslage etwas nach rechts ausgelenkt, so entsteht eine große Kraft auf das rechts neben ihm liegende Teilchen. Dieses wird stark beschleunigt. So entsteht eine Längsstörung mit großer Ausbreitungsgeschwindigkeit nach rechts (nach links entsprechend). Wegen der allseitigen Kopplung der Teilchen kommt aber auch eine *Querstörung* zustande. Das Teilchen über dem ausgelenkten erfährt eine Kraft nach rechts unten. Diese liefert eine kleine Komponente nach rechts und führt so zu einer nach oben schreitenden Querstörung (nach unten entsprechend) mit kleinerer Ausbreitungsgeschwindigkeit.

Im Inneren von *Flüssigkeiten* und *Gasen* können *nur* Längswellen entstehen. Die Oberfläche einer Flüssigkeit ist dagegen bestrebt, sich nach einer Störung wieder horizontal einzustellen. Diese Eigenschaft ermöglicht an einer Wasseroberfläche Wellen mit sowohl einer Quer- als auch einer Längskomponente.

Erdbebenwellen

Der Herd eines Erdbebens kann bis zu einigen hundert Kilometern unter der Erdoberfläche liegen. Von dort breiten sich mechanische Längs- und Querwellen nach allen Richtungen durch das Erdinnere aus. Sie werden in mehr als 500 Erdbebenstationen, die über die ganze Erde verteilt sind, durch so genannte *Seismografen* aufgezeichnet. Ein solches Gerät besteht aus einem Körper mit sehr großer Masse, der – wie ein Pendel – möglichst leicht beweglich aufgehängt ist. Wegen seiner *Trägheit* bleibt er auch bei schnellen Bodenerschütterungen fast ganz in Ruhe. Die so entstehende Relativbewegung Erde – Körper wird mechanisch, optisch oder elektronisch verstärkt und zusammen mit Zeitmarken auf langen Papierstreifen oder im Computer registriert.

Solche *Seismogramme* enthalten wichtige Informationen: Da sich Längswellen (**P**rimärwellen) in einem festen Körper schneller ausbreiten als Querwellen (**S**ekundärwellen), treffen die beiden mit einer gewissen Zeitdifferenz bei der Erdbebenwarte ein. Je größer diese Zeitdifferenz ist, desto größer ist die Entfernung zum Zentrum des Bebens. Noch später treffen die an der Oberfläche entlanglaufenden Querwellen ein (**L**ove-Wellen nach dem Entdecker LOVE). Sie bewirken die größten Zerstörungen in bebauten Gebieten.

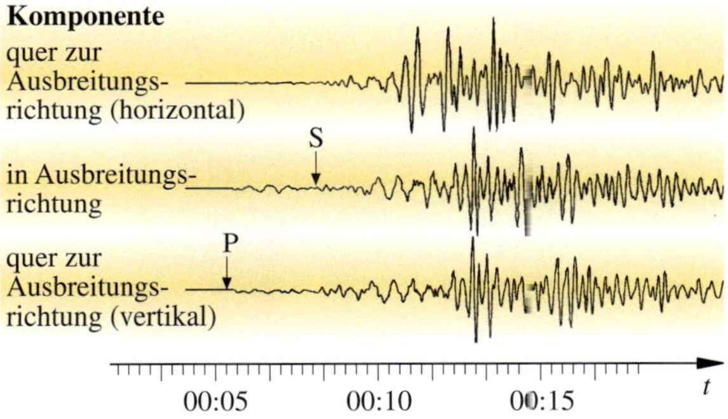

B 2: Seismogramm des Erdbebens in Izmit, Türkei, am 17.08.1999 mit der Stärke 7,4 auf der Richterskala. Die zuvor in Spannungen der Erdkruste gespeicherte riesige Energie ließ jetzt Häuser zusammenstürzen; viele tausend Menschen kamen ums Leben.

Die Geschwindigkeit der Längs- und Querwellen hängt von den elastischen Eigenschaften des Erdmaterials ab. Deshalb liefern Seismogramme Informationen über Festigkeit und Dichte vom Erdinnern.

Durchlaufen Erdbebenwellen auf dem Weg vom Erdbebenherd zum Seismografen Schichten, die tiefer als 2 900 km in der Erde liegen, so kommen nur noch Längswellen an. Noch nie ist eine Querwelle beobachtet worden, die größere Tiefen durchsetzt hätte. Daraus schließt man auf einen *Erdkern*, der in dieser Tiefe beginnt und sich wie eine Flüssigkeit verhält.

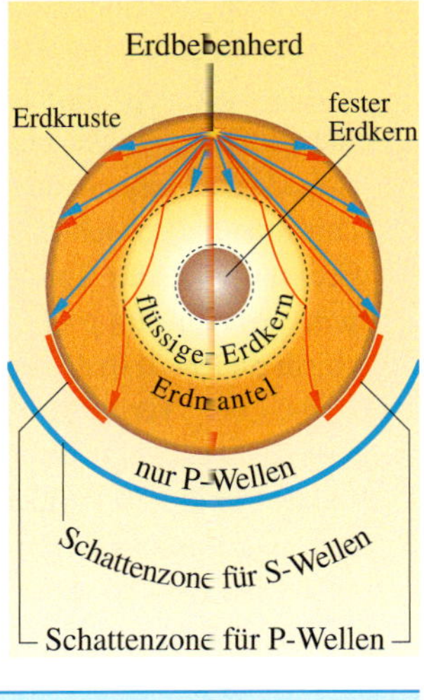

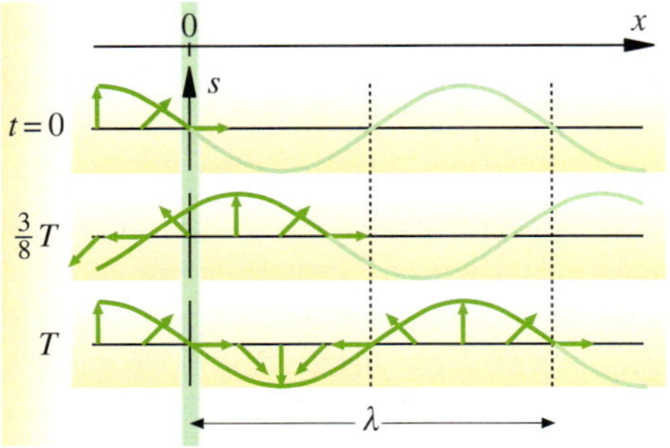

B 1: Drei Momentaufnahmen einer fortschreitenden Welle. Jeweils ist in Abständen von $\lambda/8$ ein Schwingungszeiger eingezeichnet. Je größer die Entfernung zum Erreger (links außerhalb des Bildes), desto weiter liegt der Zeiger in der Phase zurück. (Die Zeiger drehen sich gegen den Uhrzeigersinn.)

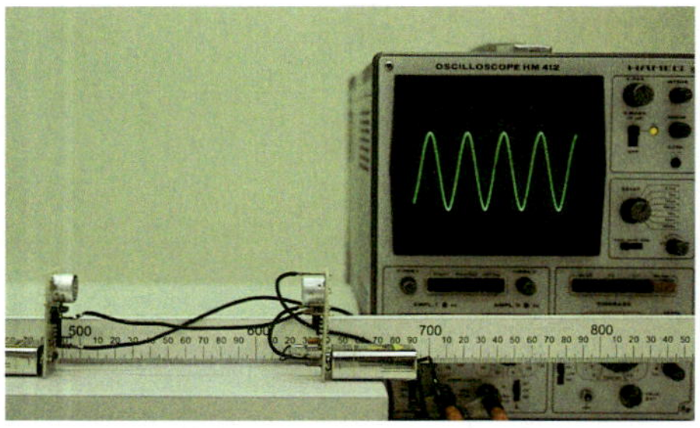

V 1: Ein Ultraschallsender („Lautsprecher") und ein Ultraschallempfänger (Mikrofon) stehen sich gegenüber. Der *Sender* ist mit dem Triggereingang eines Oszilloskops verbunden. Dieser sorgt dafür, dass der Elektronenstrahl immer wieder beim Nulldurchgang der Senderphase am linken Bildschirmrand startet. Der *Empfänger* ist mit dem y-Eingang des Oszilloskops verbunden. Der Bildschirm zeigt das t-s-Diagramm der Schwingung am Ort des Empfängers.

Nun entfernen wir den Empfänger langsam vom Sender. Die Schallwelle muss jetzt eine größere Strecke bis zum Empfänger zurücklegen. Eine vorher am linken Bildschirmrand beobachtete Phase (z. B. ↗) wird am Ort des Empfängers nun also *später* erreicht. Im t-s-Diagramm am Bildschirm rutscht deshalb der Kurvenzug nach *rechts*. Wir vergrößern die Entfernung nun so weit, bis die Schwingung am Bildschirm um 20 Periodendauern zurückliegt. Dazu müssen wir den Empfänger um $\Delta x = 20\,\lambda = 20 \cdot 0{,}85$ cm $= 17$ cm vom Sender fortziehen. Die Frequenz des Senders messen wir zu $f = 40{,}1$ kHz.

Wellen in Gleichungen

1. Die Phase wandert mit der Geschwindigkeit *c*

Eine fortschreitende Welle kann durch Zeiger beschrieben werden. Jeder Zeiger rotiert mit der Frequenz f am Ort des schwingenden Teilchens und gibt dann Amplitude, Phase und Elongation zu jedem Zeitpunkt wieder. ➡ *Bild 1* zeigt dies in drei Momentaufnahmen. Zwischen der ersten und der dritten Aufnahme haben alle Zeiger eine vollständige Umdrehung ausgeführt. Es ist also eine ganze Periodendauer vergangen.

Während dieser Periodendauer T ist jede Phase der Welle um die Wellenlänge λ weitergewandert, und zwar mit der *konstanten* Wellengeschwindigkeit c. Für diese Geschwindigkeit gilt:

$$c = \frac{\Delta s}{\Delta t} = \frac{\lambda}{T}.$$

Wegen $f = 1/T$ folgt der für alle Wellen wichtige Zusammenhang zwischen Wellengeschwindigkeit c, Wellenlänge λ und Frequenz f:

$$c = \lambda f.$$

Die Frequenz f wird ausschließlich vom Erreger bestimmt; die Wellengeschwindigkeit c hängt dagegen von der Beschaffenheit des Trägers ab, die Wellenlänge λ von beiden.

2. Die Wellengeschwindigkeit kann man messen

Um die Wellengeschwindigkeit zu messen, sucht man zu einem Körperchen das nächste gleicher Phase. Bei einer Wellenmaschine *sieht* man solche im Gleichtakt schwingenden Teilchen. Man misst deren Abstand und hat so die Wellenlänge. Zusammen mit ihrer Frequenz lässt sich daraus die Wellengeschwindigkeit c berechnen.

Bei der unsichtbaren Schallwelle finden wir Orte gleicher Schwingungsphase anders. In ➡ *Versuch 1* benutzen wir dazu ein Mikrofon. Es registriert an jeder Stelle vor dem Sender eine Schwingung und zeichnet sie als t-s-Diagramm auf den Schirm eines Oszilloskops. Den Phasenrückstand gegenüber der Erregerschwingung lesen wir am linken Bildschirmrand ab. Je weiter wir das Mikrofon vom Sender wegziehen, desto größer wird er. In Schritten von λ finden wir wieder phasengleiche Schwingungen ($\Delta\varphi = n \cdot 2\pi$). In unserem Versuch ist die Schrittweite, also die Wellenlänge λ, 8,5 mm bei einer Frequenz von 40,1 kHz. Die Schallgeschwindigkeit ist also:

$$c = \lambda f = 8{,}5 \cdot 10^{-3}\ \text{m} \cdot 40{,}1 \cdot 10^{3}\ \text{s}^{-1} = 341\ \text{m s}^{-1}.$$

Merksatz

Die starre Form der Welle und damit die Phase schreitet mit der Geschwindigkeit c längs des Trägers fort. Innerhalb einer Periodendauer legt sie dabei eine Wellenlänge zurück.

Es gilt für die Geschwindigkeit der Welle: $c = \lambda f$.

Vertiefung

Mathematischer Durchblick

Der Ort, an dem sich ein Körperchen zu einem bestimmten Zeitpunkt t gerade befindet, wird durch die Koordinaten x (Gleichgewichtslage) und s (Auslenkung aus der Gleichgewichtslage = Elongation) gekennzeichnet. Der Wellenerreger zwinge dem ersten Körperchen bei $x = 0$ eine harmonische Schwingung auf. In diesem Fall gilt das uns bekannte t-s-Gesetz für die harmonische Schwingung:

$$s(t;\, x = 0) = \hat{s} \sin \varphi(t) = \hat{s} \sin (\omega t).$$

Ein Körperchen an einer Stelle x hat zur Zeit t die gleiche Phase und Elongation $s(t;\, x)$ wie das Körperchen am Ort $x = 0$ zu einem früheren Zeitpunkt $t - t_x$, also:

$$s(t;\, x) = \hat{s} \sin (\omega (t - t_x)).$$

Die $s(t;\, x)$-Kurve ist im t-s-Diagramm gegenüber $s(t;\, x = 0)$ um t_x nach rechts verschoben (➡ *Versuch 1*). Die „Verspätung" t_x ist umso größer, je weiter x vom Ort $x = 0$ entfernt liegt. Sie ergibt sich für jeden Ort aus der Phasengeschwindigkeit:

$$c = \frac{x}{t_x} = \frac{\lambda}{T}, \quad \text{also} \quad t_x = \frac{x}{\lambda} T.$$

Beachten wir noch $\omega = 2\pi/T$, so erhalten wir:

$$s(t;\, x) = \hat{s} \sin \left[\omega\left(t - \frac{x}{\lambda} T\right)\right] = \hat{s} \sin \left[\frac{2\pi}{T}\left(t - \frac{x}{\lambda} T\right)\right]$$

und damit

$$s(t;\, x) = \hat{s} \sin \left[2\pi\left(\frac{t}{T} - \frac{x}{\lambda}\right)\right].$$

Dies ist die **Wellengleichung** einer fortschreitenden Sinuswelle.

Wir können diese Gleichung mit der zeitlichen und räumlichen Darstellung einer Welle (3 Variationen) verknüpfen:

- Wählt man einen bestimmten Wert für den Ort x, so erhält man den Sinusverlauf der Schwingung des dortigen Teilchens – „zeitlicher Durchblick an einem Ort".
- Wählt man einen bestimmten Zeitpunkt t und variiert x, so erhält man den Sinusverlauf des Wellenträgers, die räumliche Gestalt der Welle in diesem Moment – „räumlicher Durchblick zu diesem Zeitpunkt".
- Hält man die Phase $\varphi = 2\pi\,(t/T - x/\lambda)$ fest, so erfährt man, wie dieser Phasenzustand über den Wellenträger weiterläuft – „diagonaler Durchblick". Das Beispiel $\varphi = 0$ zeigt es: $t/T = x/\lambda$, also $x/t = \lambda f = c$.

Diese drei Überlegungen gelten auch für die Darstellung

$$s(t;\, x) = \hat{s} \sin \left[2\pi\left(\frac{x}{\lambda} - \frac{t}{T}\right)\right],$$

wegen $\sin(-\varphi) = -\sin \varphi$.

... noch mehr Aufgaben

A 1: a) In der Zeichnung finden Sie sechs Phasen einer Sinusschwingung. Geben Sie die Phasenwinkel im Bogenmaß an. Welchen Zeitpunkten, bezogen auf die Periodendauer T, sind sie jeweils zuzuordnen? ($s(0) = 0$)

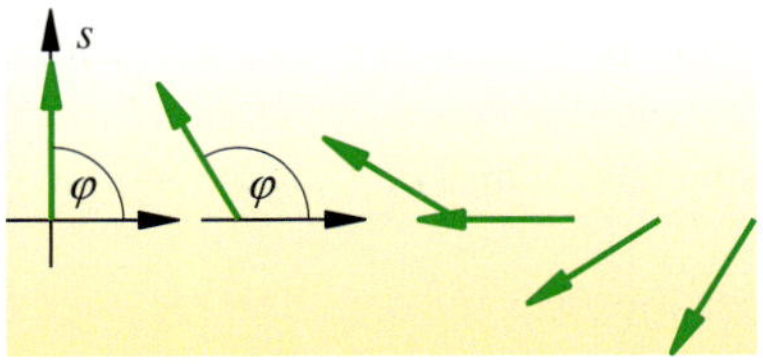

b) Welche Information liefert das Zeigerbild über die Schnelle?

A 2: Sie beobachten eine Welle. Jedes Körperchen führt 15 Schwingungsperioden in 3 Sekunden aus. In der gleichen Zeit wandert jeder Phasenzustand 12 m weit. Berechnen Sie Frequenz, Wellenlänge und Geschwindigkeit der Welle.

A 3: In ➡ *Bild 1* beginnt die Schwingung am Ort $x = 0$ mit einer Elongation nach oben. Was ändert sich an der fortschreitenden Querwelle, wenn die Schwingung dort mit einer Elongation nach unten anfängt? Zeichnen Sie die Welle samt Zeigern zu den Zeiten $t = 0$, $t = T/4$ und $t = T/2$.

A 4: Eine lineare Querwelle schreite mit der Geschwindigkeit $c = 2{,}5$ m/s längs der x-Achse eines Koordinatensystems fort. Der Erreger ($x = 0$) starte zur Zeit $t = 0$ seine Sinusschwingung mit der Frequenz $f = 50$ Hz und der Amplitude $\hat{s} = 2$ cm längs der s-Achse. **a)** Zeichnen Sie die Welle zu den Zeiten $t_1 = 0{,}050$ s und $t_2 = 0{,}055$ s. **b)** Zeichnen Sie das Diagramm der Teilchenschwingung am Ort $x = 3{,}75$ cm. **c)** Welcher grundlegende Unterschied besteht zwischen den Kurven in a) und b)?

A 5: In ➡ *Versuch 1* stehe das Mikrofon im Abstand $5\,\lambda$ vom Sender entfernt. Ein zweites Mikrofon sei um $\lambda/4$ weiter vom Sender entfernt als das erste. Skizzieren Sie die beiden Oszilloskopbilder.

A 6: ➡ *Vertiefung* **a)** Zeigen Sie mithilfe der Wellengleichung: Für t und $t + T$ bzw. für x und $x + \lambda$ ergeben sich gleiche Schwingungszustände (Periodizität einer Welle in Raum und Zeit). **b)** Zeigen Sie, dass auch die Gleichung $s(t;\, x) = \hat{s} \sin [\omega(t - (x/c))]$ eine Form der Wellengleichung ist. Leiten Sie dann hieraus $c = \lambda f$ her.

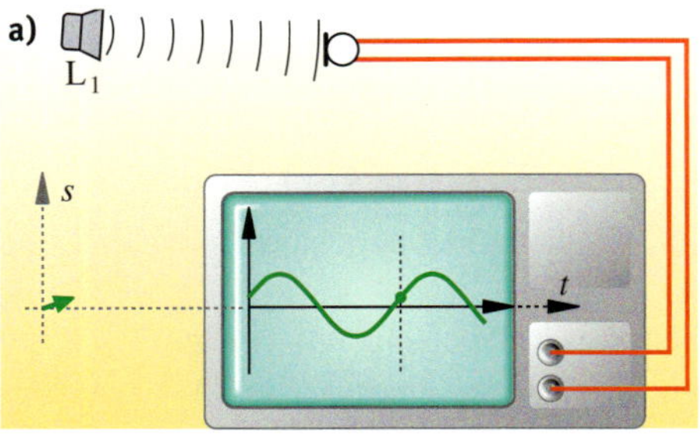

V 1: a) Ein Tongenerator (oder Ultraschallgenerator) speist einen kleinen Lautsprecher L_1. Beim Nulldurchgang seiner Schwingung beginnt das Oszilloskop zu schreiben (Triggerung). Die sichtbare Sinuskurve stammt von einem Mikrofon vor L_1. Der Zeiger kennzeichnet Phase und Elongation der Schwingung am Mikrofon zur Zeit t.

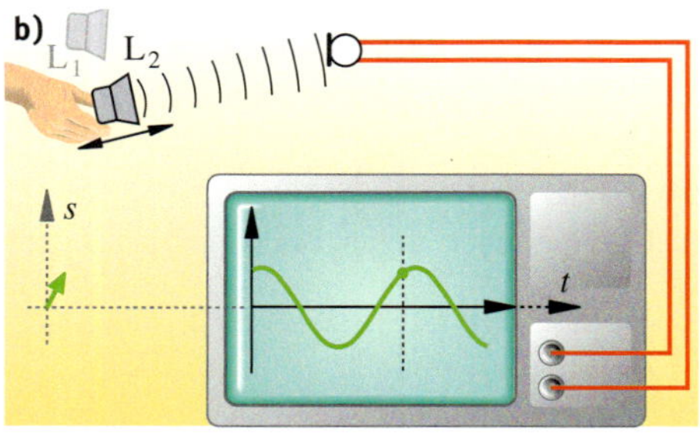

V 1: b) L_1 wird abgeschaltet, ein zweiter Lautsprecher L_2 angestellt. Er ist am selben Tongenerator angeschlossen. Wieder registriert das Mikrofon eine Sinusschwingung. Durch Verschieben von L_2 variieren wir Phase und Elongation am Mikrofon.

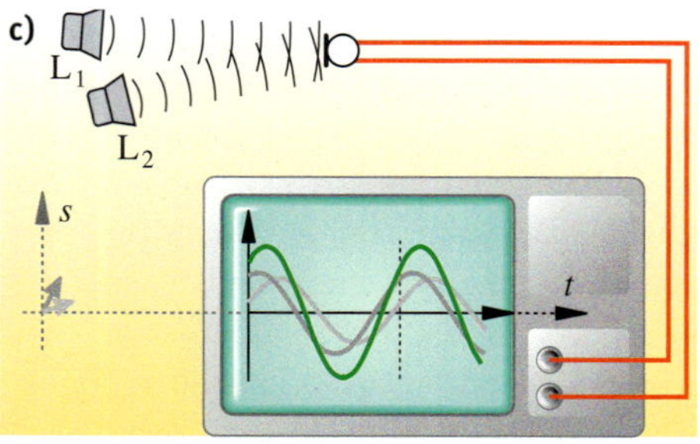

V 1: c) Jetzt benutzen wir L_1 *und* L_2. Am Bildschirm entstehen nun nicht etwa zwei Kurven. Vielmehr sehen wir nach wie vor eine einzige Sinuskurve; diese besitzt jedoch jetzt eine andere Amplitude. Beim Verschieben von L_2 ändert sie sich, manchmal ist sie größer und manchmal kleiner als vorher. Die Phase der resultierenden Schwingung liegt immer zwischen denen der einzelnen.

Zwei Schwingungen am selben Ort

1. Konzert für zwei eintönige Instrumente

Töne werden durch Schwingungen erzeugt. Jedes einzelne Instrument eines Sinfonieorchesters versetzt über eine Schallwelle das Trommelfell Ihres Ohres in Schwingungen. Das gesamte Orchester erzeugt auf diese Weise in dem *einen* Trommelfell ein gewaltiges Durcheinander von vielerlei Schwingungen. Im Gehirn wird dadurch die Empfindung eines Gesamtklangs geweckt. Die physikalisch komplizierten Vorgänge wollen wir auf folgende Grundfrage zurückführen: Was registriert eine Membran (z. B. in einem Mikrofon oder das Trommelfell unseres Ohres), wenn sie gleichzeitig *zwei Sinusschwingungen derselben Frequenz* ausgesetzt wird?

Sinusschwingungen kann man mit Generatoren und Lautsprechern erzeugen. Veranstalten wir ein überschaubares „Konzert für zwei Lautsprecher"! Ein Mikrofon nimmt es auf und zeichnet es auf den Bildschirm eines Oszilloskops.

➡ *Versuch 1 a–c* liefert als Ergebnis: Die Überlagerung zweier Sinusschwingungen gleicher Frequenz ergibt wieder eine Sinusschwingung mit dieser Frequenz. Ihre Amplitude hängt ab von der Phasendifferenz zwischen den einzelnen Schwingungen. Sie kann größer aber auch kleiner sein als die einzelnen Amplituden.

2. Zwei Zeiger zeigen alles

Die Schwingungen, denen die Membran ausgesetzt ist, beschreiben wir durch zwei in derselben Ebene rotierende Zeiger. Ihre Spitzen P_1 und P_2 drehen sich zusammen mit den Zeigern gegen den Uhrzeigersinn (➡ *Bild 2*). Dabei beachten wir:

- Länge des Zeigers ≙ *Amplitude* der jeweiligen Schwingung,
- s-Wert des umlaufenden Punktes ≙ *Elongation* der zugehörigen Sinusschwingung.
- Gleiche *Frequenz* der Schwingung bedeutet gleiche Winkelgeschwindigkeit $\omega = 2\pi f$ gegen den Uhrzeigersinn.
- Sind die Schwingungen in Phase, so decken sich die Zeiger. Dies ist jedoch ein Sonderfall. Im Allgemeinen läuft ein Zeiger dem anderen um einen bestimmten (hier konstanten) Winkel voraus. Zwischen den beiden Schwingungen besteht dann eine Phasenverschiebung φ_0 (gemessen im Bogenmaß).

Diese Zeiger addieren wir jetzt wie zwei *Vektoren*. Der resultierende Zeiger rotiert zusammen mit den beiden Ausgangszeigern, hat also dieselbe Winkelgeschwindigkeit wie diese. Die Spitze P des resultierenden Zeigers hat die Ordinate $s = s_1 + s_2$, denn die Dreiecke $OP_1'P_1$ und $P_2P_2'P$ sind kongruent (➡ *Bild 3*). Im gezeichneten Moment sind alle s-Werte positiv. Während der Rotation der Zeiger wird jeder Wert zwischendurch auch negativ; $s = s_1 + s_2$ gilt aber auch dann.
Diese Überlegung sagt voraus, was bei der Überlagerung zweier harmonischer Schwingungen längs einer Linie zu erwarten ist:

- Die resultierende Schwingung ist wieder eine Sinusschwingung.
- In der Phase liegt sie zwischen den beiden Ausgangszeigern.
- Ihre Elongation ist die Summe der Einzelelongationen.
- Sie hat dieselbe Frequenz wie die einzelnen Schwingungen.

Genau dies bestätigt der Versuch.

Das Zeit-Elongation-Gesetz der ersten harmonischen Schwingung lautet $s_1(t) = \hat{s}_1 \sin(\omega t)$. Wir hatten ja dem Zeitpunkt $t = 0$ den Phasenwinkel $\varphi_1(0) = 0$ zugeordnet. Die zweite Schwingung eilt der ersten um den Phasenwinkel φ_0 voraus (➠ *Bild 2*), hat also zur Zeit $t = 0$ den *Nullphasenwinkel* φ_0. Für jeden anderen Zeitpunkt t ist ihr Phasenwinkel $\varphi_2(t) = \omega t + \varphi_0$. Für die zweite Schwingung heißt das Zeit-Elongation-Gesetz also: $s_2(t) = \hat{s}_2 \sin(\omega t + \varphi_0)$.
Die resultierende Schwingung hat die Elongation:

$$s(t) = s_1(t) + s_2(t) = \hat{s}_1 \sin(\omega t) + \hat{s}_2 \sin(\omega t + \varphi_0).$$

Mit diesem Term und einem Tabellenkalkulationsprogramm können Sie alle beschriebenen Überlagerungen selbst darstellen.

Merksatz

Für die **Überlagerung zweier harmonischer Schwingungen** längs einer Linie gilt bei gleicher Frequenz:

- Es entsteht wieder eine harmonische Schwingung mit derselben Frequenz – unabhängig von der Phase der beiden Schwingungen.
- Sind die beiden Schwingungen gleichphasig ($\varphi_0 = 0$, ↑↑), so addieren sich die Amplituden.
- Bei Gegenphasigkeit ($\varphi_0 = \pi$, ↑↓) subtrahieren sich die Amplituden. Sind sie gleich groß, löschen sich beide Schwingungen aus.

3. So stimmt man Gitarrensaiten – Schwebung

Man stimmt eine Gitarre, indem man auf zwei Saiten denselben Ton anzupft. Ist eine Saite nicht richtig gespannt, hört man ein „Wimmern", der Ton schwillt an und wieder ab – es ist eine *Schwebung*. Aus der Überlagerung zweier Sinusschwingungen nicht genau gleicher Frequenz resultiert nun keine harmonische Schwingung mehr, sondern eine mit wechselnder Amplitude (➠ *Bild 1*).
Mithilfe unserer Zeiger können wir dies erklären: Bei der Schwingung mit der größeren Frequenz rotiert der Zeiger schneller, die Phasendifferenz nimmt dauernd zu. Bei Tönen mit $f_1 = 440$ Hz und $f_2 = 445$ Hz „überholt" der schnellere Zeiger den langsameren 5-mal in jeder Sekunde. Immer dann ist aber die Amplitude maximal. Das Anschwellen der Lautstärke erfolgt also 5-mal je Sekunde, die *Schwebungsfrequenz* ist $f_S = 5$ Hz oder allgemein $f_S = f_2 - f_1$.

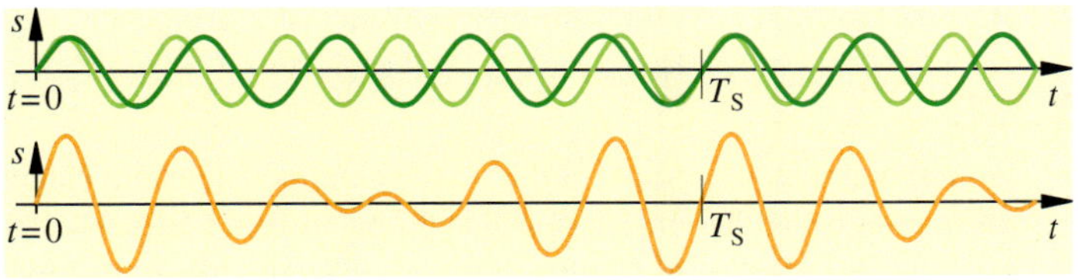

B 1: Überlagerung zweier Schwingungen mit verschiedener Frequenz

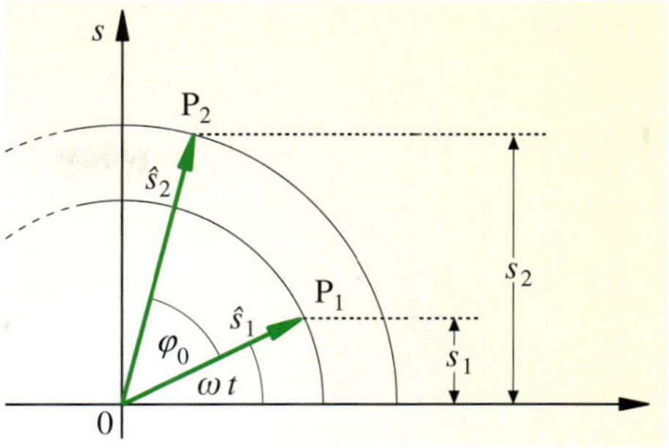

B 2: Die s-Werte rotierender Zeiger sind die Elongationen s_1 und s_2 von Sinusschwingungen.

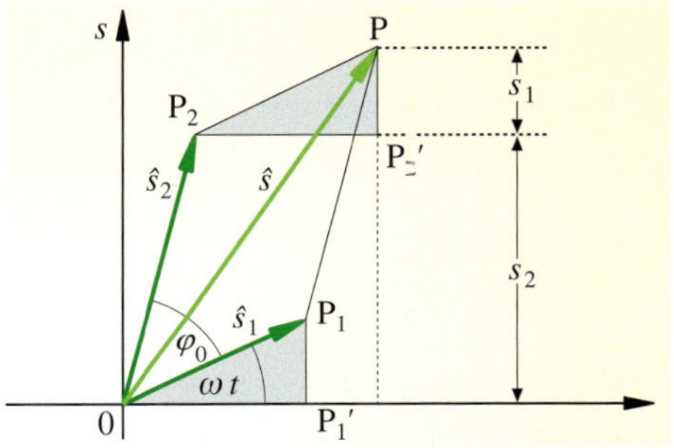

B 3: Addition der Elongationen s_1 und s_2 im Zeigerdiagramm.

... noch mehr Aufgaben

A 1: Zwei harmonische Schwingungen mit derselben Frequenz $f = 50$ Hz und den Amplituden $\hat{s}_1 = 2$ cm bzw. $\hat{s}_2 = 5$ cm werden mit dem Phasenunterschied $\varphi_0 = \pi/3$ überlagert. **a)** Ermitteln Sie aus dem Zeigerdiagramm die Amplitude und die Phasenlage der resultierenden Schwingung. **b)** Zeichnen Sie ihr Diagramm durch Ordinatenaddition.

A 2: **a)** Im Sonderfall gleicher Amplituden und gleicher Frequenzen lautet die Funktion der resultierenden Schwingung:

$$s(t) = 2\,\hat{s}\cos\frac{\varphi_0}{2}\sin\left(\omega t + \frac{\varphi_0}{2}\right).$$

Weisen Sie dies nach. (*Hinweis:* Benutzen Sie ein Additionstheorem.) **b)** Deuten Sie den hergeleiteten Term für die Phasendifferenzen $\varphi_0 = 0$, π und $\pi/2$.

A 3: **a)** Um wie viel Herz ist ein Tonerzeuger gegen die a[1]-Stimmgabel (440,0 Hz) verstimmt, wenn der Ton innerhalb von 5,0 s 10-mal anschwillt? Welche Frequenzen kann der Tonerzeuger haben? **b)** Stellen Sie den Versuch mit einer Tabellenkalkulation nach.

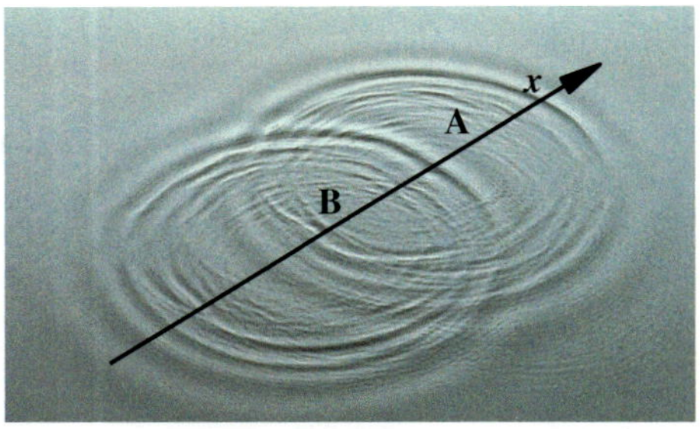

B 1: Wasserwellen durchdringen sich ungestört.

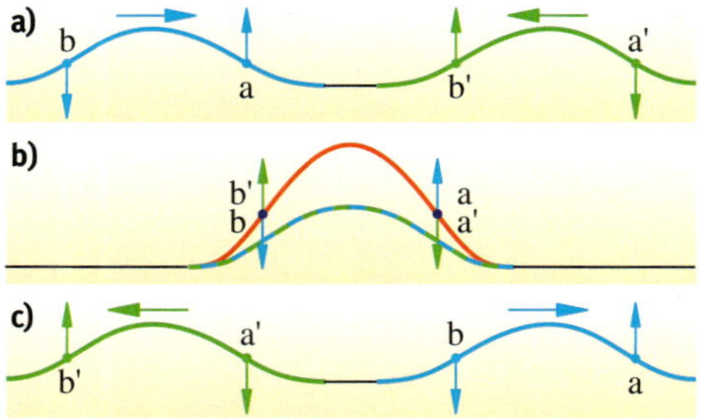

V 1: Wir erzeugen an beiden Enden einer langgestreckten Schraubenfeder (oder eines langen Seils) gleichgerichtete kurze Querstörungen mit derselben Amplitude. **a)** Sie laufen einander auf demselben Träger als Wellenberge entgegen. **b)** Im Augenblick der Begegnung überlagern sie sich zu einem einzigen Wellenberg mit doppelter Amplitude. **c)** Anschließend laufen die beiden ursprünglichen Wellenberge unversehrt weiter.

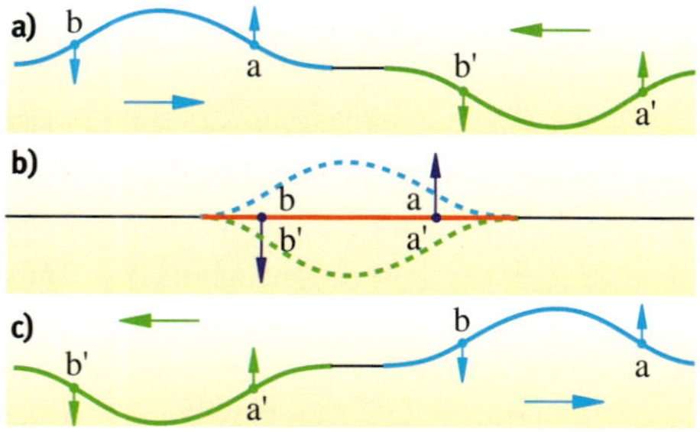

V 2: Diesmal erzeugen wir an den Enden des Trägers zwei kurze Querstörungen mit gleicher Amplitude, aber jetzt mit entgegengesetzten Auslenkungen. **a)** Die beiden Störungen laufen als *Wellenberg* und als *Wellental* aufeinander zu. **b)** Im Augenblick der Begegnung „fressen" sich jetzt die Auslenkungen gegenseitig auf. Jedoch bleibt auch hier sowohl der Wellenberg als auch das Wellental von der Überlagerung unbeeindruckt: **c)** Beide tauchen anschließend wieder auf und laufen unversehrt weiter.

Überlagerung gleichlaufender Wellen

1. Wellen tun einander nichts

Bei Regen erzeugt jeder Regentropfen auf der Wasseroberfläche eine Kreiswelle. Kommt nun eine andere Welle, hervorgerufen z. B. von einem Schiff, angerollt, so lassen sich die Kreiswellen dadurch nicht beirren. *Sie reiten auf dem Rücken dieser anderen Welle* und breiten sich dabei weiter aus: Die beiden Wellen *überlagern* sich ungestört. In ➡ *Bild 1* sehen Sie zwei Kreiswellen, die durch Regentropfen oder zwei ins Wasser geworfene Steine entstanden sein können. Obwohl sie sich teilweise gegenseitig durchdrungen haben, blieb ihre Gestalt unversehrt erhalten.
Nun ist die Wasseroberfläche ein *zweidimensionaler* Wellenträger. Was auf einer Linie (etwa der x-Achse in ➡ *Bild 1*) passiert, können wir einfacher im Labor herausfinden. An den Enden einer langgestreckten Schraubenfeder erzeugen wir einzelne Querstörungen und lassen sie aufeinander zulaufen. ➡ *Versuch 1* und *2* liefern, wie bei Wasserwellen, ein überraschendes Ergebnis: Wellen überlagern sich, nehmen dabei eine andere Form an und gehen anschließend unversehrt aus der Begegnung hervor. Wie können wir dies verstehen?

2. Transportierte Energie geht nicht verloren

Betrachten wir die aufeinander zulaufenden Wellenberge (➡ *Versuch 1a*). Wenn im Augenblick der Begegnung die erste Welle auf der zweiten reitet, so addieren sich die gleichgerichteten Elongationen. Sie werden zum Zeitpunkt, in dem sich die beiden Wellenberge gerade überdecken, *verdoppelt*. Auch die in den einander entsprechenden Punkten a und a′ bzw. b und b′ eingezeichneten Schnellevektoren addieren sich in diesem Moment und heben sich dabei auf. Das gilt in diesem Zeitpunkt auch für alle anderen Schnellevektoren. Der verdoppelte Wellenberg steht also einen Augenblick still (➡ *Versuch 1b*). Jetzt steckt in dem Überlagerungsgebilde *nur Elongationsenergie*. Dieser Zustand kann aber nicht anhalten; die in ihm steckende Energie wird nach beiden Richtungen des Trägers abgegeben: Die zwei ursprünglichen Wellenberge lösen sich wieder voneinander und wandern in alter Frische nach links und rechts weiter (➡ *Versuch 1c*).
Auch das „Auffressen" in ➡ *Versuch 2* bleibt so „wohlbekömmlich". Zwar heben sich hier die Elongationen für einen Augenblick gegenseitig auf (➡ *Versuch 2b*), Elongationsenergie ist nicht vorhanden. Dafür *verdoppeln* sich aber die Schnellen. Der Träger hat maximale *Bewegungsenergie*. Die im Träger steckende Bewegung (bei a und a′ nach oben, bei b und b′ nach unten) sorgt dafür, dass aus der Begegnung anschließend wieder ein nach rechts fortschreitender Wellenberg und ein nach links fortschreitendes Wellental hervorgehen.

Merksatz

Treffen Störungen an einer Stelle eines eindimensionalen Trägers zusammen, so addieren sich dort ihre Elongationen und Schnellen. Nach der Durchdringung laufen die Störungen unverändert weiter.

3. Interferenz gleichlaufender Wellen

Was für einzelne Störungen gilt, lässt sich auch auf ununterbrochen fortlaufende Störungen – also *Wellen* – übertragen. Die ungestörte Überlagerung gleichartiger Wellen bezeichnen wir als **Interferenz.**

In ➡ *Bild 1* überlagern sich im Bereich A in gleicher Richtung laufende Wellen. Im Bereich B laufen die Wellen aufeinander zu. Die Interferenz liefert ganz unterschiedliche Ergebnisse. Betrachten wir zunächst einmal nur *gleichlaufende* Wellen mit gleicher Wellenlänge λ, also auch gleicher Frequenz.

Nun wissen Sie schon, dass zur Überlagerung zweier gleichfrequenter *Schwingungen* die Schwingungszeiger addiert werden.
Bei der Überlagerung zweier *Wellen* addieren wir jeweils die zwei grünen Schwingungszeiger an jedem Ort (➡ *Bild 2c*).
Diese Addition ist *nur einmal* vorzunehmen, im weiteren Verlauf rotieren Einzelzeiger und resultierende Zeiger *gemeinsam an ihrem Platz*. Das Ergebnis der Addition hängt vom Phasenunterschied der Schwingungen ab und somit davon, wie weit die Wellenberge gegeneinander verschoben sind. Diesen im Wellenbild auffälligen *Wegunterschied* geben wir häufig in Vielfachen oder Bruchteilen der Wellenlänge λ an. Wir nennen ihn den **Gangunterschied δ.** Zwischen Phasendifferenz $\Delta\varphi$ und Gangunterschied δ gilt die Verhältnisgleichung

$$\frac{\Delta\varphi}{2\pi} = \frac{\delta}{\lambda}.$$

Betrachten wir einige wichtige *Sonderfälle* der Interferenz:
Konstruktive Interferenz: Die Phasendifferenz $\Delta\varphi$ ist an jeder Stelle des Trägers nahezu null (➡ *Bild 2a, 3a*), die beiden gleichlaufenden Wellen sind *in Phase*. Der Gangunterschied δ ist null. Das Gleiche gilt für $\Delta\varphi = k\,2\pi$ ($\delta = k\lambda$; $k = 0, 1, 2, \ldots$).

Destruktive Interferenz: Die Phasendifferenz $\Delta\varphi$ ist überall praktisch π, 3π, 5π usw. (➡ *Bild 2b, 3b*), die beiden gleichlaufenden Wellen sind an jeder Stelle des Trägers *gegenphasig*. Ihr Gangunterschied δ beträgt $\lambda/2$, $3\lambda/2$ oder $5\lambda/2$ oder allgemein: $(2k-1)\,\lambda/2$; $k = 1, 2, 3, \ldots$. Ist insbesondere $\hat{s}_1 = \hat{s}_2$, so entsteht eine Auslöschung längs der gesamten Ausbreitungsrichtung (➡ *Bild 3c*).

Merksatz

Durch Interferenz zweier in derselben Richtung laufender Wellen entsteht eine mit gleicher Richtung und Geschwindigkeit fortschreitende Welle derselben Wellenlänge.

Bei einer Phasendifferenz $\Delta\varphi = 0$ oder $\Delta\varphi = k\,2\pi$ (Gangunterschied $\delta = 0$ oder $\delta = k\,\lambda$ mit $k = 1, 2, \ldots$) wird die **resultierende Amplitude maximal** (konstruktive Interferenz).

Bei $\Delta\varphi = \pi$, 3π usw. ($\delta = (2k-1)\,\lambda/2$ mit $k = 1, 2, \ldots$) wird die **resultierende Amplitude minimal** (destruktive Interferenz).

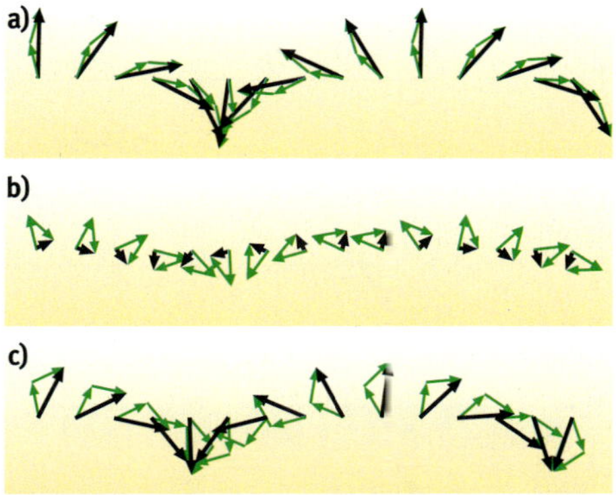

B 2: a) konstruktive Interferenz ($\Delta\varphi \approx 0$)
b) destruktive Interferenz ($\Delta\varphi \approx \pi$)
c) beliebige Interferenz

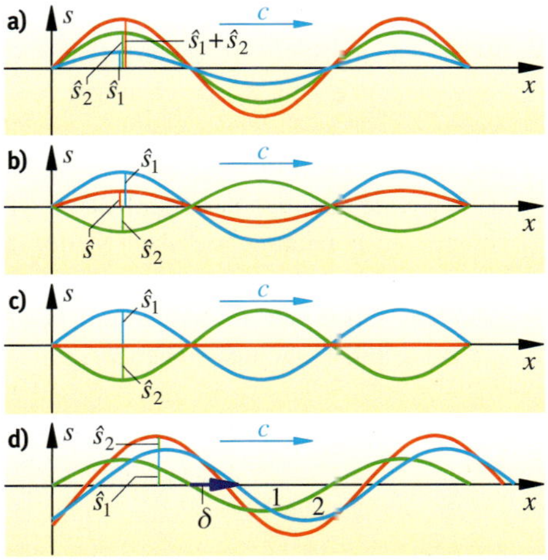

B 3: Momentbilder von Wellen unterschiedlicher Phasenlagen: **a)** Gleichlaufende Wellen mit gleicher Phase: Der Gangunterschied ist null, Wellenberg fällt auf Wellenberg und Wellental auf Wellental. Durch Addition der Elongationen und Schnellen finden Sie, dass sich bei der Überlagerung eine Welle mit derselben Wellenlänge λ ergibt; die Amplituden addieren sich zur neuen Amplitude. Die resultierende Welle ist mit den beiden ursprünglichen Wellen in Phase und schreitet wie diese mit der gleichen Geschwindigkeit c in derselben Richtung fort. **b)** Gegenphasig laufende Wellen: Die Elongationen haben entgegengesetzte Vorzeichen, die Interferenz ist destruktiv. **c)** Gegenphasig mit gleicher Amplitude: Die Wellen löschen sich gegenseitig aus. **d)** Interferenz bei beliebiger Phase und unterschiedlicher Amplitude: Die starre Form der Welle ist sinusförmig, die Amplitude hängt von der Phasenverschiebung ab.

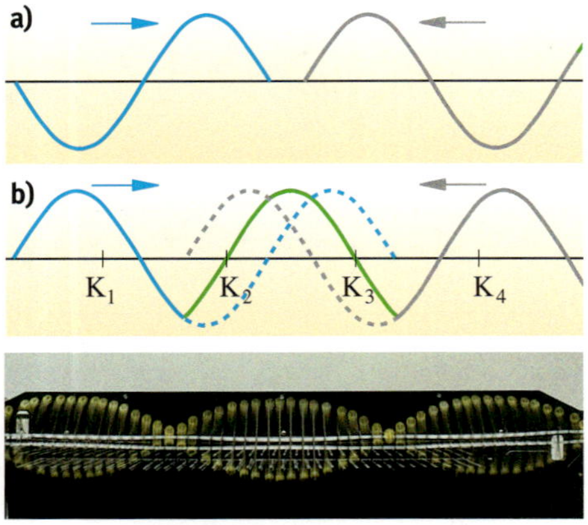

V 1: Auf der Wellenmaschine laufen zwei Wellen aufeinander zu (oberes Bild). Sie überlagern sich. Nach kurzer Zeit wird eine „stehende Welle" entstehen (mittleres Bild): An vier Stellen („Knoten" K_1 bis K_4) bewegen sich die Körperchen gar nicht mehr. Zwischen K_1 und K_2 schwingen alle Körperchen phasengleich, aber mit unterschiedlicher Amplitude. In der Mitte ist die Amplitude maximal. Zwischen K_2 und K_3 bzw. K_3 und K_4 beobachten wir das Gleiche; links und rechts eines Knotens schwingen die Teilchen gegenphasig.

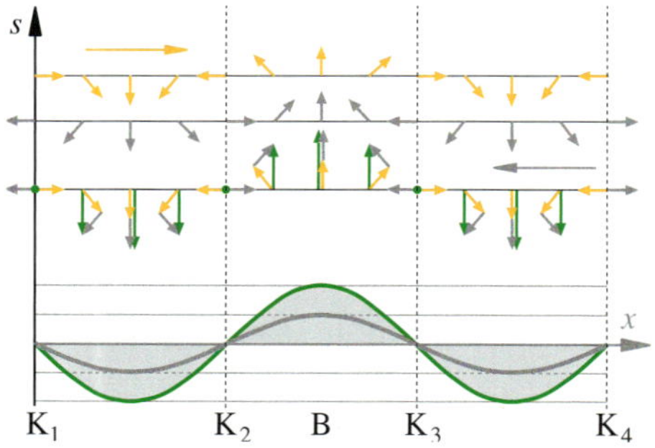

B 1: Zwei einander entgegenlaufende Wellen (→ und ←) überlagern sich ($t = 0$).

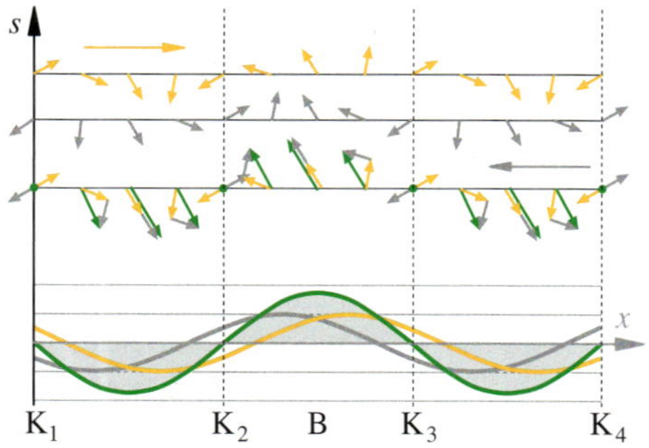

B 2: ($t = \frac{1}{12}\,T$) Die Punkte K_1, K_2, … bleiben dauernd in Ruhe, die Phasendifferenz ist π. Der Abstand zweier Knoten ist gleich $\lambda/2$.

Stehende Wellen

1. Interferenz entgegenlaufender Wellen

Auf einer zurückliegenden Seite haben wir kreisförmige Wasserwellen betrachtet, die sich überlagern. Im Bereich zwischen den beiden Erregern laufen zwei Wellen auf demselben Träger einander entgegen. Wir wollen nun klären, wie sich solche einander entgegenlaufenden Wellen überlagern.

In ➠ *Versuch 1* lassen wir an einem langen Seil oder an einer Wellenmaschine zwei Wellen mit gleicher Frequenz und gleicher Amplitude aufeinander zulaufen (im oberen Teil des Bildes wird dies symbolisch angedeutet). Nach kurzer Zeit ergibt sich ein überraschendes Bild: Die zwei einzelnen Wellen sind verschwunden. Stattdessen erscheint eine einzige resultierende Welle; sie scheint stehengeblieben zu sein – eine **stehende Welle**. Eigentlich ist es gar keine richtige Welle mehr, denn wir können weder nach rechts noch nach links einen bestimmten Phasenzustand wandern sehen. ➠ *Versuch 1* offenbart vielmehr neue Merkmale:

Es gibt Stellen auf dem Wellenträger, an denen die Körperchen dauerhaft nicht mehr schwingen. Wir nennen sie **Schwingungsknoten.** Der Abstand benachbarter Knoten beträgt eine halbe Wellenlänge. Zwischen diesen festliegenden Knoten bauchen sich in stetem Wechsel Berge und Täler auf, ebnen sich wieder ein, bauchen sich nach der entgegengesetzten Seite wieder auf usw. Der Träger schaukelt an Ort und Stelle zwischen den Knoten auf und ab. Dabei *schwingen alle Punkte zwischen zwei benachbarten Knoten in gleicher Phase*, d. h. sie erreichen gleichzeitig ihr Maximum und gehen gleichzeitig durch die Nulllage; jedoch sind ihre Amplituden verschieden groß. Die Punkte in der Mitte zwischen zwei Knoten schwingen am weitesten aus. Man nennt diese Stellen **Schwingungsbäuche.** Die Körperchen benachbarter Schwingungsbäuche schwingen gegenphasig.

2. Zeiger liefern die Erklärung

Wir können die nach rechts laufende Welle mit den uns vertrauten Zeigern als Momentaufnahme darstellen (➠ *Bild 1*, gelbe Zeiger). Stellen wir uns am linken Rand den Wellenerreger vor. Nach rechts gehend finden wir Körperchen, deren Schwingungsphasen immer weiter zurückliegen. Jeder nachfolgende Zeiger ist noch nicht so weit gegen den Uhrzeigersinn gedreht wie der vorhergehende. Dies kennen wir. Die graue Welle läuft von rechts nach links (➠ *Bild 1*, graue Zeiger). Alle Zeiger der gelben Welle kommen bei ihr auch vor, aber genau in umgekehrter Reihenfolge – eben von rechts nach links.

Bei *gleichlaufenden* Wellen haben die Zeiger der ersten Welle und ihre jeweiligen Partner der zweiten Welle überall dieselbe Phasendifferenz, die Amplitude der resultierenden Welle ist überall gleich groß. Hier dagegen sind die Phasendifferenzen entsprechender Zeigerpaare verschieden.

Die *jeweilige* Phasendifferenz (und damit die resultierende Amplitude) bleibt aber für den *jeweiligen* Ort dauerhaft erhalten. Denn eins ist sicher: Am festen Ort drehen sich die Schwingungszeiger *beider* Wellen stets mit gleicher Winkelgeschwindigkeit und (natürlich) gleicher Länge *gegen* den Uhrzeigersinn; an jedem Ort ist ja bei beiden Wellen eine normale Sinusschwingung vorhanden.

Dies erklärt, warum z. B. an K_2 ein Schwingungsknoten vorliegt. In ➡ *Bild 1* zeigt dort der gelbe Zeiger gerade nach links ($\leftarrow$, $\varphi = \pi$), der graue nach rechts ($\rightarrow$, $\varphi = 0$). An dieser Stelle löschen sich die Elongationen also aus. Kurze Zeit später ($t = T/12$, ➡ *Bild 2*) haben sich beide Zeiger um $\pi/6$ weitergedreht, ihre Phasendifferenz ist geblieben – wieder Auslöschung, denn die Phasendifferenz an diesem Ort ist π *und bleibt dauerhaft* π.

An der Stelle B genau in der Mitte zwischen K_2 und K_3 (➡ *Bild 1, 2*) entsteht wegen der bleibenden Phasendifferenz ein Schwingungsbauch. Zu Beginn zeigen beide Zeiger nach oben ($\uparrow\uparrow$), die Phasendifferenz null bleibt dort erhalten. Der resultierende grüne Zeiger maximaler Länge dreht sich weiter, deshalb findet in B eine Schwingung mit maximaler Amplitude statt. Gleiches sehen wir rechts und links im Abstand $\lambda/2$, wenn auch mit entgegengesetzter Phase.

Rechts und links in der Nähe von B zeigt die Momentaufnahme etwas schräg stehende Zeiger; der eine nach rechts ($\nearrow$), der andere Partner nach links ($\nwarrow$). Wieder zeigt deshalb der resultierende, jetzt kürzere Zeiger zu Beginn nach oben. So ist es an allen Stellen zwischen K_2 und K_3. Zwischen zwei benachbarten Knoten schwingen also alle Teilchen in Phase zum Schwingungsbauch, allerdings mit kleinerer Amplitude.

3. Die Schnelle bei der stehenden Welle

Für eine einzelne Schwingung gilt: Bei maximaler Elongation ist die Schnelle null, bei der Elongation null ist die Schnelle maximal. Für die nebeneinander liegenden Schwingungen der stehenden Welle gilt dies ebenso. Im Moment maximaler Elongation ($t = 0$ in ➡ *Bild 1* und *3*) ist der Träger kurzzeitig in Ruhe und besitzt keine Bewegungsenergie, dagegen maximale Elongationsenergie. Eine viertel Periode später verschwinden sämtliche Elongationen gleichzeitig. Jetzt herrscht an allen Orten die jeweils dort maximal erreichbare Schnelle (➡ *Bild 3*). Der Träger besitzt keine Elongationsenergie mehr, dafür aber maximale Bewegungsenergie.

Merksatz

Die Interferenz zweier einander auf demselben Träger entgegenlaufender gleichartiger Wellen mit gleicher Amplitude und der Wellenlänge λ ergibt eine stehende Welle. Sie schaukelt zwischen den Schwingungsknoten auf und ab. Der Abstand zweier benachbarter Schwingungsknoten ist $\lambda/2$.
Alle Teilchen zwischen benachbarten Schwingungsknoten schwingen phasengleich.

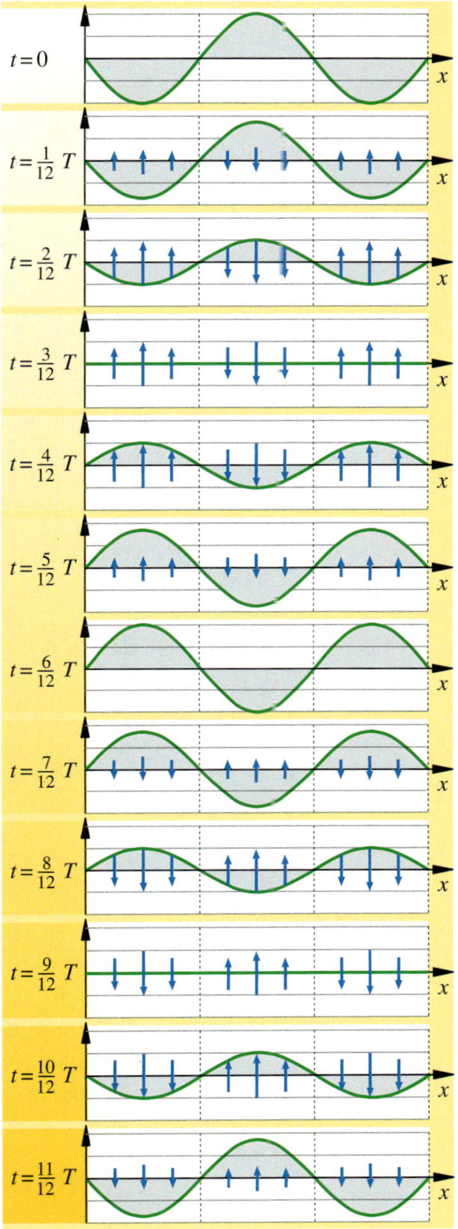

B 3: Zwei einander entgegenlaufende fortschreitende Wellen haben sich zu einer stehenden Welle überlagert. Bei einer stehenden Welle wechseln sich maximale Schnelle (blaue Pfeile) und maximale Elongation ab.

A 1: **a)** Erklären Sie, wie eine stehende Welle zustande kommt. **b)** Warum gibt es Stellen, deren Elongation dauerhaft null ist? Welchen Abstand haben diese „Knoten" voneinander? **c)** Diskutieren Sie die Phasenlage der schwingenden Teilchen im Bereich einer Wellenlänge.

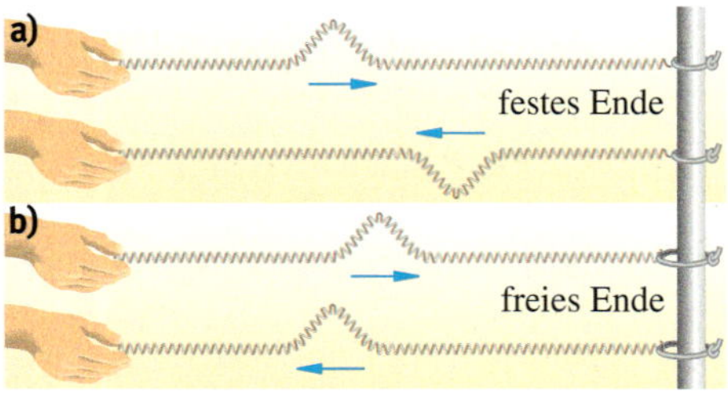

V 1: a) Eine lange dünne Feder ist am rechten Ende befestigt. Eine kurze Auslenkung nach oben wandert als Wellenberg nach rechts und kommt als Wellental zurück. **b)** Lässt man das rechte Ende frei, wird ein Wellenberg als Wellenberg reflektiert.

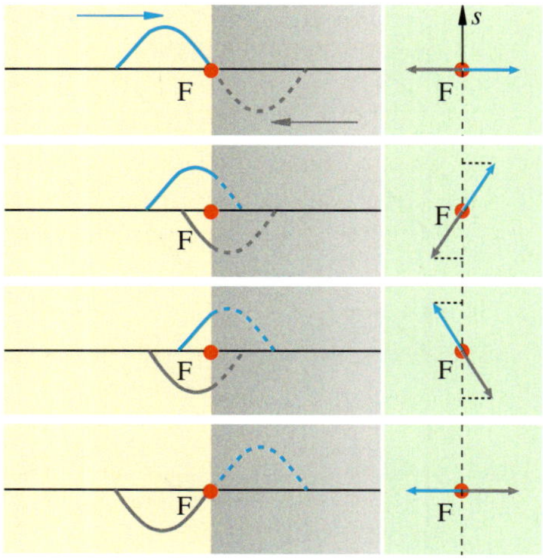

B 1: Reflexion am festen Ende F. Wir denken den ankommenden Wellenberg (blau) ungehindert weiterlaufend. Ihm begegnet ein Wellental (grau). In F zeigen die Schwingungen einen Phasensprung von π. Die resultierende Elongation in F ist so immer null.

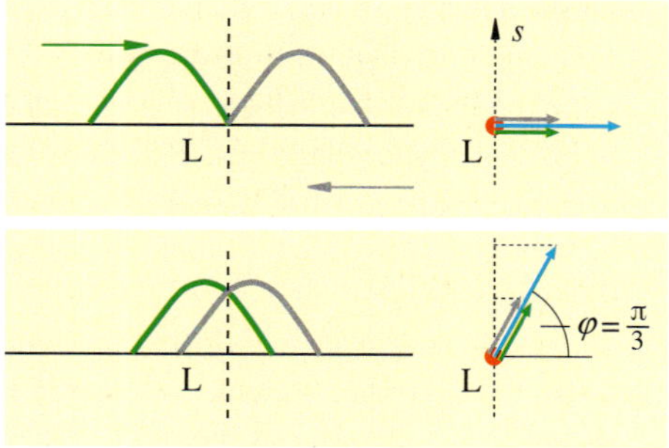

B 2: Zwei Momentaufnahmen (Phasenzeiger 0 und $\pi/3$) der Reflexion am freien Ende L. Hier überlagern sich an- und entgegenkommende Welle phasengleich. So entsteht in L eine doppelt so große Auslenkung.

Reflexion mechanischer Wellen

1. Ein Rand liefert ein Echo

Bei unseren bisherigen Versuchen haben wir immer einen Ausschnitt aus einer langen fortlaufenden Welle betrachtet. Wenn der Wellenträger nicht lang genug war, haben wir durch Dämpfung am Ende der Welle die Energie entzogen. So „verschwand" die Welle, ohne dass wir uns weiter Gedanken über sie machen mussten.

Was aber, wenn die Welle nicht endlos weiterlaufen kann, wenn sie an einen Rand stößt? Zwei Möglichkeiten für das Ende des Wellenträgers sehen wir uns genauer an:

- Es ist unverrückbar fest (**festes Ende**) oder
- es kann frei ausschwingen (**freies Ende**).

➡ *Versuch 1* zeigt: Gleichgültig, wie das Ende beschaffen ist, eine ankommende Störung wird als Störung zurückgeworfen – aber es gibt dabei Überraschungen.

2. Reflexion eines Wellenberges am *festen* Ende

Ein auf das feste Ende zulaufender Wellenberg kommt überraschend als Wellental zurück (➡ *Versuch 1a*). Wie können wir das Verhalten erklären? Das nach oben ausgeschwungene vorletzte Teilchen des Wellenträgers kann das letzte Teilchen nicht hochreißen, dieses sitzt fest in der Wand. Sie übt jetzt auf das vorletzte eine *reactio* aus. Es wird nach unten gezogen und schwingt wegen seiner Trägheit über die Gleichgewichtslage hinaus. Die Wand wirkt so ständig wie ein „stiller" Erreger (mit gleicher Frequenz). Er erzeugt eine zurücklaufende „Echowelle". Jeder ankommende Berg wird mit einem Tal beantwortet und umgekehrt: Beide heben sich am festen Ende F ständig auf. F ist ein Knoten.
Es ist so, als käme von rechts wie aus einer Punktspiegelwelt ein Wellen*tal* auf das feste Ende zu (➡ *Bild 1*). Gleichzeitig mit dem Wellen*berg* von links träfe es am festen Ende F ein. Beide würden sich dort auslöschen. Am festen Ende ist diese gedachte Schwingung *immer gegenphasig* zur ankommenden Störung ($\Delta\varphi = \pi$).

3. Reflexion eines Wellenberges am *freien* Ende

An einem freien Ende wird eine Störung ebenfalls reflektiert (➡ *Versuch 1b*). Das freie Ende des Trägers muss kein weiteres Teilchen mitreißen. Träge schwingt es über die Elongation einer ankommenden Störung um deren Betrag hinaus. So wird es zum Ausgangspunkt eines nach links laufenden Wellenbergs.
Bei der Zeichnung hilft wieder unser Gedankenmodell. Lassen wir in ➡ *Bild 2* erneut eine zweite Störung von rechts auf das Ende zulaufen. Kommt von links ein Wellenberg, so schicken wir von rechts ebenfalls eine nach oben gerichtete Störung. Beide überlagern sich am freien Ende. Die Elongation ist dort jetzt besonders groß. Danach läuft die von rechts kommende Störung weiter nach links, so als wäre nichts gewesen. Am freien Ende entsteht ein Bauch.

4. Auch Längsstörungen werden reflektiert

Störungen quer zur Ausdehnung des Trägers breiten sich wellenartig aus und ebenso Störungen längs der Ausdehnung. So sollten wir erwarten, dass Längswellen am Ende eines Trägers ebenfalls reflektiert werden. Diese Vermutung wird in ➡ *Versuch 2* bestätigt. Wandert eine Rechtsauslenkung auf der Kette nach rechts zum festen Ende, so kommt sie durch die reactio der Wand als Linksauslenkung zurück – am *festen Ende* entsteht also wieder ein Phasensprung. Ist das letzte Körperchen frei, so kommt eine Rechtsauslenkung als Rechtsauslenkung zurück – Reflexion am *freien Ende* ohne Phasensprung.

5. Elongation und „Schnelle" kommen zurück

Jedes von einer Störung erfasste Teilchen einer *Querwelle* wird nicht nur ausgelenkt, es besitzt dabei auch zu jedem Zeitpunkt eine bestimmte Geschwindigkeit. Diese *Schnelle* darf nicht mit der Wellengeschwindigkeit, mit der sich die Störung ausbreitet, verwechselt werden. Die Körperchen an der Vorderseite des ankommenden Wellenberges bewegen sich nach oben, ihre Schnelle ist ebenfalls nach oben gerichtet.
Am *festen Ende* geschieht Folgendes: Die Körperchen der entgegenkommenden Welle bewegen sich nach unten, ihr Schnellewert ist negativ. Auch die Schnelle erfährt einen Phasensprung.
Beim *freien Ende* ist es anders: Hier sind beide Schnellen nach oben gerichtet, wie die Elongation der Störung wird auch die Schnelle ohne Phasensprung reflektiert.

Bei *Längsstörungen* zeigen Schnelle und Elongation in oder gegen die Ausbreitungsrichtung der Welle. Die Gesetzmäßigkeit bei der Reflexion ist so wie bei Querstörungen: Am festen Ende werden Elongation und Schnelle umgekehrt (Phasensprung π), am freien Ende behalten sie ihre Richtung bei (ohne Phasensprung).

6. Schnelle und Dichte – Ausprägungen der Längswelle

Die nach rechts gerichtete Schnelle der ersten Kugel in ➡ *Bild 3* erzeugt vor ihr einen Überdruck, eine *Verdichtung* wandert nach rechts. Die Störung wird am festen Ende reflektiert und kommt mit nach links gerichteter Schnelle (Phasensprung) zurück. Da sich aber Schnelle *und* Ausbreitungsrichtung umkehren, also wiederum die gleiche Richtung haben, bleibt der vorhandene Überdruck bestehen. Auch eine *Verdünnung* (Auslenkung nach links) kommt als Verdünnung zurück. Schnelle und Ausbreitungsrichtung sind jetzt jeweils entgegengesetzt. Ein festes Ende bedeutet für Schnelle und Elongation also Reflexion mit Phasensprung π. Verdichtung oder Verdünnung werden am festen Ende ohne Phasensprung reflektiert.

Merksatz

Eine Störung wird am Ende eines Wellenträgers reflektiert.
Am **festen Ende** erfahren Elongation und Schnelle dabei einen **Phasensprung** von π.
Am **freien Ende** werden sie **ohne Phasensprung** reflektiert.

V 2: a) Einige Wagen werden elastisch gekoppelt. Der rechte Wagen wird festgehalten, damit geben wir der Wagenkette ein **festes Ende.** Lenken wir den linken Wagen kurz nach rechts aus, so wandert diese Störung bis hin zum vorletzten Wagen. Dieser spannt den letzten Stahldraht und wird dann wie ein Ball zurückgeworfen: Es entsteht eine nach links gerichtete Elongation (Phasensprung), die wieder zurückläuft. **b)** Nun lassen wir den letzten Wagen los, erzeugen also ein **freies Ende.** Ist eine Rechtsauslenkung am Ende der Kette angekommen, so schießt jetzt der letzte Wagen wegen seiner Trägheit über seine neue Gleichgewichtslage hinaus, reißt dabei den vorletzten Wagen mit, dieser den vorvorletzten usw. Die nach rechts gerichtete Elongation wandert als eine nach rechts gerichtete Elongation wieder zurück (kein Phasensprung).

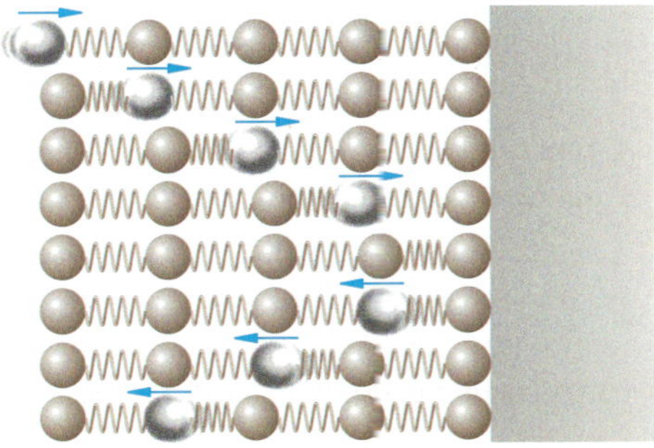

B 3: Eine Störung läuft nach rechts. Die nach rechts gerichtete *Schnelle* kommt vom festen Ende mit umgekehrter Richtung zurück. Die mit ihr laufende *Verdichtung* kommt wieder als *Verdichtung* zurück. Für diese Ausprägung der Störung gibt es keinen Phasensprung.

... noch mehr Aufgaben

A 1: Ist eine senkrechte Ufermauer für anlaufende Wasserwellen ein festes oder ein freies Ende? Wie läuft also ein gegen die Mauer brandender Wellenberg wieder zurück?

A 2: Übertragen Sie ➡ *Bild 2* in Ihr Heft. Zeichnen Sie weitere Phasen ($\frac{2}{3}\pi$, π, ähnlich ➡ *Bild 1*).

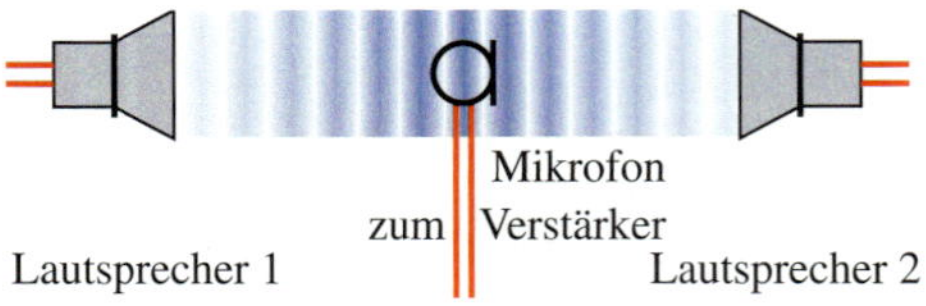

V 1: Zwei Schallquellen exakt gleicher Frequenz (z. B. Ultraschall mit 40 kHz) stehen sich gegenüber. In der Mitte zwischen den beiden Sendern sind die Amplituden der von links und der von rechts kommenden Welle gleich groß. Hier verschieben wir ein Mikrofon längs der Welle. Ein Oszilloskop zeigt abwechselnd Schwingungsbauch und Schwingungsknoten. Wird das Oszilloskop von der Schallquelle getriggert, sieht man auch den Phasensprung zwischen benachbarten Bäuchen.

V 2: Die Schallwelle wird an der Wand reflektiert. Eine erneute Reflexion am Lautsprecher findet praktisch nicht statt. Im Bereich vor der Wand bildet sich eine stehende Welle aus – genauso, als würden sich zwei unendlich lange Wellen dort überlagern. An der Wand entsteht ein Schwingungsknoten für Elongation und Schnelle, ein Bauch für die Druckschwankungen.

7. *Ein* Rand: *Immer* stehende Welle durch Reflexion

In ➠ *Versuch 1* laufen zwei Schallwellen (Längswellen) gleicher Frequenz aufeinander zu. Sie bleiben nicht sehr stark gebündelt beisammen, sondern verbreitern sich immer weiter im Raum, ähnlich wie Wasserwellen sich in die Ebene ausbreiten. Dabei wird die Amplitude immer kleiner. Auf diese Weise wird am rechten Lautsprecher kaum noch etwas vom Schall des linken Lautsprechers reflektiert. Für die umgekehrte Richtung gilt dies auch. Im mittleren Bereich überlagern sich deshalb nur zwei gegenläufige Wellen. Wir wissen schon, dass sich dabei eine stehende Welle bildet.

Eine reflektierende Wand macht den zweiten Lautsprecher entbehrlich. Wellenberg und Wellental werden ja am festen Ende reflektiert, dann muss auch eine kontinuierlich auf die Wand zulaufende Welle reflektiert werden. Bei einem festen Ende geht dies mit einem Phasensprung der Elongation (und Schnelle) einher. Wir können uns von dem Ergebnis ein Bild machen, wenn wir wieder aus der Wand eine Welle gleicher Frequenz und Amplitude laufen lassen – punktgespiegelt zur anlaufenden Welle. Diese überlagert sich vor der Wand mit der ankommenden Welle zu einer stehenden Welle; ➠ *Versuch 2* bestätigt es. Für Elongation und Schnelle ist an der Wand ein Schwingungsknoten. Das Mikrofon zeigt überraschend direkt an der Wand einen Schwingungsbauch. Dies liegt daran, dass das verwendete Mikrofon auf *Druck*schwankungen reagiert. Diese werden ohne Phasensprung reflektiert.

Merksatz

Eine Welle wird am Rand eines endlichen Trägers reflektiert. Im Bereich vor dem Ende bildet sich dadurch eine stehende Welle. An einer harten Wand erfahren Elongation und Schnelle von Schallwellen (Längswellen) einen Phasensprung (Knoten), nicht aber der Druck.

Interessantes

Fortschreitende Welle

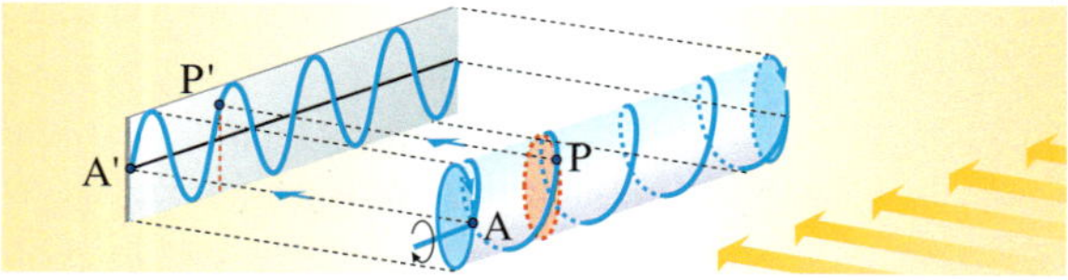

Modell: Schattenbild einer rotierenden Schraubenlinie

1. Das starre Kurvenbild bleibt erhalten, erfährt aber eine stetige Verschiebung mit der Geschwindigkeit c.
2. Alle Punkte haben die gleiche Bewegungsamplitude. Sie erreichen sie nacheinander, und zwar umso später, je weiter sie vom Erreger entfernt sind.
3. In keinem Moment ist überall Stillstand.
4. In keinem Moment ist *überall* die Elongation null.
5. Jeder Punkt auf der Strecke einer Wellenlänge hat eine *andere* Phase. *Kein* Punkt ist ständig in Ruhe.
6. Energie schreitet fort.

Stehende Welle

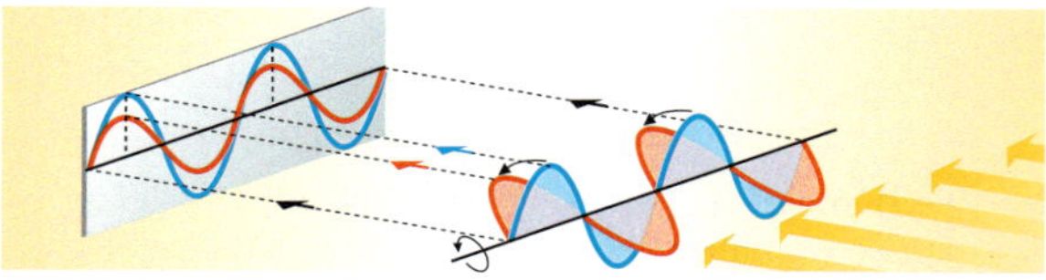

Modell: Schattenbild einer rotierenden ebenen Sinuslinie

1. Das räumliche Kurvenbild bleibt am Ort.
2. Alle Punkte haben verschiedene Bewegungsamplituden; sie erreichen diese im gleichen Augenblick. In den Schnellebäuchen ist sie am größten, in den Knoten null.
3. Im Moment größter Elongation ist überall Stillstand.
4. Im gleichen Moment (alle $T/2$) ist *überall* die Elongation null.
5. Alle Punkte zwischen zwei benachbarten Knoten haben *gleiche* Phase. Die Schnelleknoten ruhen ständig.
6. Energie bleibt am Ort; kein Energietransport.

Beispiel

Eine Aufgabe, in der alles drin ist

Die wesentlichen Probleme, mit denen wir uns bis jetzt beschäftigt haben, sind in der folgenden Aufgabe zusammengefasst:

Auf einem 8,5 cm langen linearen Träger breitet sich eine Querwelle mit der Geschwindigkeit $c = 20$ cm/s aus. Der am Anfang des Trägers (links) befindliche Erreger schwingt mit der Frequenz $f = 5$ Hz und der Amplitude $\hat{s} = 1{,}0$ cm. Die erste Auslenkung erfolgt zur Zeit $t = 0$ nach oben. Das Ende des Trägers ist fest.

a) Zeichnen Sie ein Bild der Welle zur Zeit $t = 0{,}25$ s.

b) Wie sieht das Momentanbild der Welle zur Zeit $t = 0{,}70$ s aus? Bedenken Sie, dass inzwischen am festen Ende eine Reflexion stattgefunden hat.

Lösung:

Aus $c = \lambda f$ folgt für die Wellenlänge $\lambda = c/f = 4$ cm.

a) Erfolgt die erste Auslenkung nach *oben*, so besteht der vorderste Teil der Welle aus einem Wellenberg. In $t = 0{,}25$ s (also $t = 5\,T/4$) hat sich die Welle um $x = c\,t = 5$ cm vorgeschoben. Demnach hat sich die Querwelle in 0,25 s so weit ausgebildet, wie dies in ➠ *Bild 1* aufgezeichnet ist.

b) In $t = 0{,}70$ s ($t = 7\,T/2$) hätte sich die Welle genau um $x = c\,t = 14$ cm vorgeschoben, wenn der Träger genügend lang wäre.

Vorerst ignorieren wir das feste Ende und tun einfach so, als liefe die Welle ungehindert weiter (➠ *Bild 2*, rechts). Die nach links reflektierte Welle gewinnen wir nun durch Punktspiegelung des überstehenden Teils am Punkt P. Dann erhalten wir die Momentaufnahme der vom festen Ende zurücklaufenden Welle (dunkelgrau).

Zum Schluss addieren wir die Elongationen der nach rechts fortschreitenden (grün) und der nach links reflektierten (dunkelgrau) Welle zur resultierenden (rot gezeichneten) **stehenden Welle.** Sie ist schon so weit ausgebildet, dass sich drei Knoten gebildet haben, davon einer am festen Ende.

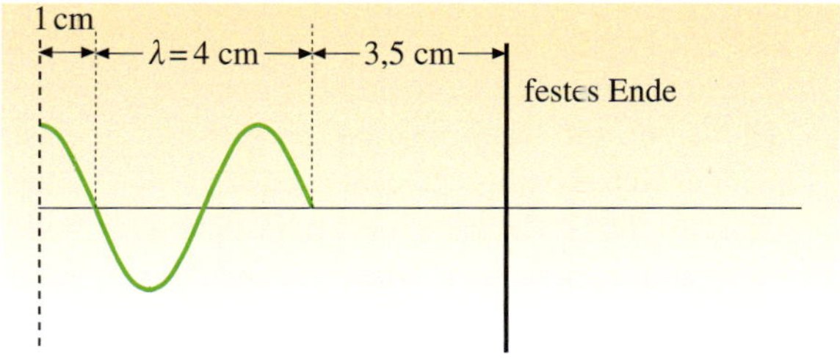

B 1: Die Welle zur Zeit $t = 0{,}25$ s

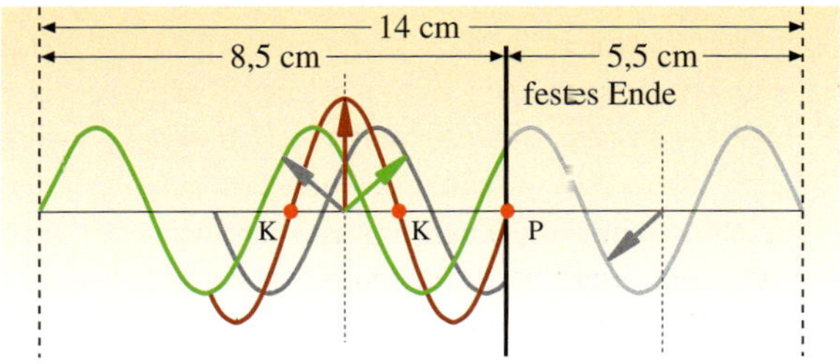

B 2: Konstruktion der stehenden Welle für $t = 0{,}70$ s

... noch mehr Aufgaben

A 1: a) Diskutieren Sie: Bei einer Schallwelle ist eine harte, reflektierende Wand ein festes Ende für die Schnelle und gleichzeitig Ort eines Druckbauches. **b)** Welche Verhältnisse sind für die Schallwelle am offenen Ende eines Rohres zu erwarten?

A 2: Eine Welle beliebiger Frequenz läuft auf eine Wand zu. Erklären Sie, warum sich vor der Wand immer eine stehende Welle ausbildet.

A 3: Auf einem geradlinigen Träger der Länge 15 cm breitet sich eine Querwelle mit der Geschwindigkeit 4 cm/s von links nach rechts aus. Das erste Teilchen beginnt zur Zeit $t = 0$ s mit einer harmonischen Schwingung nach unten. Ihre Frequenz beträgt 1,0 Hz, die Amplitude ist 1,5 cm. **a)** Zeichnen Sie zwei Momentbilder der Welle zu den Zeiten $t = 3{,}0$ s bzw. $t = 3{,}25$ s. **b)** Das rechte Ende des Trägers ist frei. Zeichnen Sie ein Momentbild der Welle, die zur Zeit $t = 5{,}0$ s durch die Überlagerung der ursprünglichen und der reflektierten Welle entstanden ist. **c)** Nun sei das rechte Ende des Trägers fest. Wie sieht dann die Welle zur Zeit $t = 5{,}0$ s aus?

A 4: In den 15 cm voneinander entfernten Punkten E_1 und E_2 einer Wasseroberfläche werden kreisförmige Querwellen der Amplitude 1,5 cm erzeugt; ihre Ausbreitungsgeschwindigkeit ist 25 cm/s. Die Erreger schwingen harmonisch mit $f = 5{,}0$ Hz (Beginn zur Zeit $t = 0$ s nach oben). Zeichnen Sie den eindimensionalen Ausschnitt aus der Welle, die sich zu den Zeiten 0,65 s, 0,70 s, 0,75 s längs E_1E_2 gebildet hat.

A 5: a) Sie sehen auf einem Foto einen Ausschnitt eines gerade verlaufenden Seils. Kann es die Aufnahme einer *stehenden* Seilwelle sein? **b)** Sie antworten bei a) begründet mit „ja“: Kein Teilchen ist aus seiner Ruhelage ausgelenkt. Hat die Welle im Moment keine Energie?

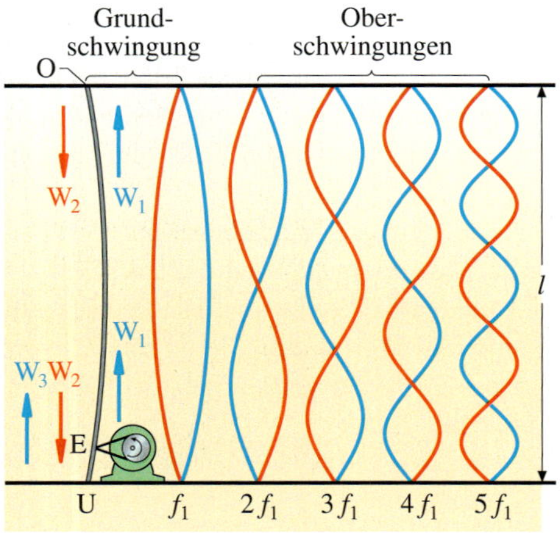

V 1: Ein Gummiband ist mit einem Ende an der Decke, mit dem anderen am Experimentiertisch befestigt. Er wird in einem geeigneten Punkt E nahe der Befestigung durch einen Motor und einen Exzenter zu langsamen harmonischen Querschwingungen angeregt. Dabei entsteht eine fortschreitende Querwelle, die über das Gummiband nach oben wandert und am festen Ende reflektiert wird. Wir erwarten, dass sich eine stehende Welle bildet. Doch nichts passiert. Das Gummiband schüttelt sich nur etwas unschlüssig. Nun erhöhen wir vorsichtig die Drehfrequenz des Motors. Bei einer bestimmten Frequenz des Erregers tritt der erwartete Effekt doch noch ein. Es bildet sich eine stehende Welle mit einem kräftigen Schnellebauch in der Mitte und je einem Knoten an den beiden Enden.
Erhöhen wir die Frequenz, verschwindet die stehende Welle zunächst. Wenn jedoch eine ganz bestimmte Frequenz erreicht ist, erhalten wir eine neue stehende Welle – diesmal mit drei Knoten, einem zusätzlichen in der Mitte. So geht das nun weiter: Bei bestimmten Frequenzen bilden sich immer wieder neue stehende Wellen mit noch mehr Knoten aus. Die gleichen Beobachtungen machen wir auch bei Längswellen (➠ *Bild 1*).

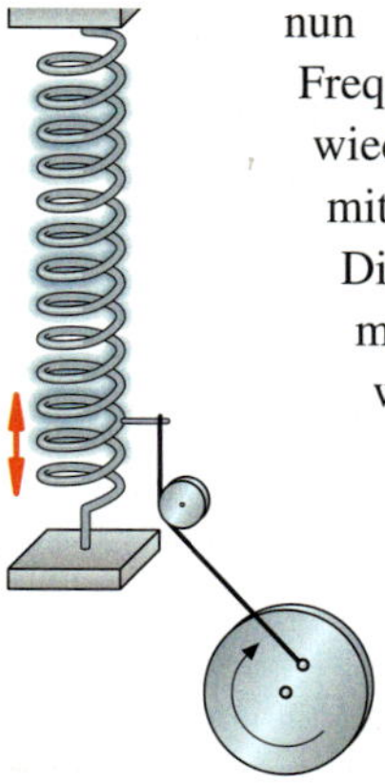

B 1: Eigenfrequenzen auch bei Längswellen

Eigenschwingungen, Resonanz

1. *Zwei* Randbedingungen legen Frequenzen fest

Ein Erreger prägt einem Wellenträger *jede* von ihm vorgegebene Frequenz auf. Hat der Wellenträger ein festes Ende, so wird die mit dieser beliebigen Frequenz fortlaufende Welle dort reflektiert. Elongation und Schnelle erfahren dabei einen Phasensprung. So entsteht in der Überlagerung von hin- und zurücklaufender Welle am festen Ende der Knoten einer stehende Welle. Eine halbe Wellenlänge entfernt entsteht der nächste Knoten und so weiter alle $\lambda/2$.

Was passiert, wenn wir den Wellenträger an der Stelle eines Knotens festhalten? Nichts, denn das Teilchen an diesem Ort hat sich ja auch schon vorher nicht bewegt. Berühren wir allerdings den Wellenträger an der Stelle eines Schwingungsbauches, so bricht die stehende Welle zusammen. Statt nun den Knoten mit der Hand zu greifen, könnten wir die Hand durch eine zweite Wand ersetzen. Zwischen diesen jetzt zwei festen Enden müsste der Bauch der stehenden Welle bei gleicher Frequenz bestehen bleiben.

➠ *Versuch 1* bestätigt diese Überlegung: Bei der Anregung *mit einer ganz bestimmten Frequenz* f_1 bildet sich auf dem beidseitig eingespannten Wellenträger eine stehende Welle mit kräftigem Schwingungsbauch aus. Der Abstand zwischen U und O entspricht der halben Wellenlänge $\lambda_1/2$. Erhöht man jetzt die Frequenz des Erregers, so bricht die stehende Welle zusammen. Dies ist auch zu erwarten. Ohne das zweite feste Ende gäbe es auch jetzt eine stehende Welle, allerdings mit kürzerer Wellenlänge. In ➠ *Versuch 1* läge z. B. am Punkt U schon der zweite Bauch. Das Teilchen in U müsste jetzt schwingen können. Dies wird nun aber durch die Befestigung unterbunden – die stehende Welle wird zerstört.

Erst wenn wir die Frequenz weiter erhöhen, entsteht eine neue stehende Welle. Diese hat jetzt außer in U und O einen zusätzlichen Knoten in der Mitte. Zwei Hälften der neuen Wellenlänge λ_2 entsprechen nun der Länge des Wellenträgers. Bei weiterer Erhöhung der Frequenz wiederholt sich das Spiel:
Bei einem Wellenträger der Länge l mit zwei festen Enden treten diese ausgewählten stehenden Wellen – man nennt sie auch **Eigenschwingungen** – nur auf, wenn l ein Vielfaches der halben Wellenlänge ist:

$$l = k\frac{\lambda_k}{2} \quad (k = 1, 2, 3, \ldots).$$

2. Eigenschwingungen haben Eigenfrequenzen

Nun hängt die Wellenlänge der längs des Trägers fortschreitenden Querwellen mit ihrer Ausbreitungsgeschwindigkeit (und der Erregerfrequenz) zusammen; es gilt $\lambda = c/f$. Damit ergibt sich für das Zustandekommen von Eigenschwingungen auf einem beidseitig eingespannten Träger die Bedingung:

$$l = k\frac{c}{2f_k} \quad \text{oder} \quad f_k = k\frac{c}{2l}.$$

Für $k = 1$ erhalten wir die **Eigenfrequenz** der **Grundschwingung** $f_1 = 1\frac{c}{2l}$; man nennt sie die 1. **Harmonische**. Für $k = 2, 3, \ldots$ ergeben sich die Eigenfrequenzen der 2., 3., … Harmonischen (auch **Oberschwingungen** genannt). Allgemein gilt also für die k-te Harmonische

$$f_k = k\frac{c}{2l} = k f_1.$$

B 2: Ungünstige Windverhältnisse führten bei der Tacoma Narrows Brücke zur Resonanzkatastrophe.

Die Brücke geriet in heftige Eigenschwingungen, die sich zu immer größeren Amplituden aufschaukelten.

Die Eigenschwingungen eines eindimensionalen Trägers sind *stehende Wellen.* In der zugehörigen Gleichung kommt dennoch die Ausbreitungsgeschwindigkeit c einer *fortschreitenden* Welle vor. Dies erinnert uns daran, dass hinter einer stehenden Welle zwei mit den Geschwindigkeiten c und $-c$ *fortschreitende* Wellen stecken.

Merksatz

Ein Wellenträger übernimmt jede ihm aufgeprägte Frequenz.
Ein an *beiden Enden fest* eingespannter eindimensionaler Wellenträger der Länge l dagegen kann zu stehenden Wellen mit nur ganz bestimmten Frequenzen angeregt werden; man nennt sie **Eigenfrequenzen.** Sie betragen

$$f_k = k\frac{c}{2l} = k f_1; \quad (k = 1, 2, 3, \ldots)$$

Dabei bedeutet c die Geschwindigkeit, mit der sich eine fortschreitende Welle auf dem Träger ausbreitet.

3. Anregung mit Eigenfrequenz gibt Resonanz

Ein beidseitig eingespannter Wellenträger bildet eine stehende Welle aus, wenn er mit einer seiner Eigenfrequenzen von außen angeregt wird. Ohne weitere Erregung klingen diese Eigenschwingungen mit der Zeit ab. Bleibt die Erregerschwingung aber bestehen, so wird dem Wellenträger ständig Energie zugeführt. Die Amplitude in den Schwingungsbäuchen kann dabei viel größer werden als die Amplitude des Erregers. Diesen Effekt nennt man **Resonanz.** Das Gummiband in ➡ *Versuch 1* würde schließlich zerreißen (**Resonanzkatastrophe,** siehe auch ➡ *Bild 2*), wenn nicht die durch Reibung bedingten Energieverluste mit wachsender Amplitude immer größer würden. So wird schließlich die während einer Periode hineingepumpte Energie ebenso groß wie die nach außen abgegebene. Die Amplitude kann nicht weiter zunehmen.

Merksatz

Wird ein zu Eigenschwingungen fähiger Wellenträger mit einer seiner Eigenfrequenzen angeregt, so tritt **Resonanz** ein.

… noch mehr Aufgaben

A 1: Ein 2 m langes Band ist an beiden Enden eingespannt. Eine Querstörung braucht vom einen zum anderen Ende des Bands 1,0 s. Bei welcher Eigenfrequenz bildet sich jeweils die 1., 2., 3. Harmonische aus?

A 2: Wenn man einen 1,2 m langen, beidseitig eingespannten Gummischlauch mit $f = 8{,}0$ Hz anregt, bildet sich eine Querwelle mit 2 Bäuchen aus. **a)** Mit welcher Geschwindigkeit breitet sich eine Querstörung auf diesem Gummischlauch aus? **b)** Bei welcher Eigenfrequenz entstehen 3 Bäuche?

A 3: Auf einem beidseitig fest eingespannten geradlinigen Träger der Länge $l = 1{,}00$ m hat sich eine stehende Welle mit 4 Bäuchen gebildet. Erhöht man die Erregerfrequenz um 15 Hz, so stellt sich ein weiterer Bauch ein. Welche Frequenzen haben diese beiden Eigenschwingungen?

A 4: Vervollständigen Sie die Zeichnung.

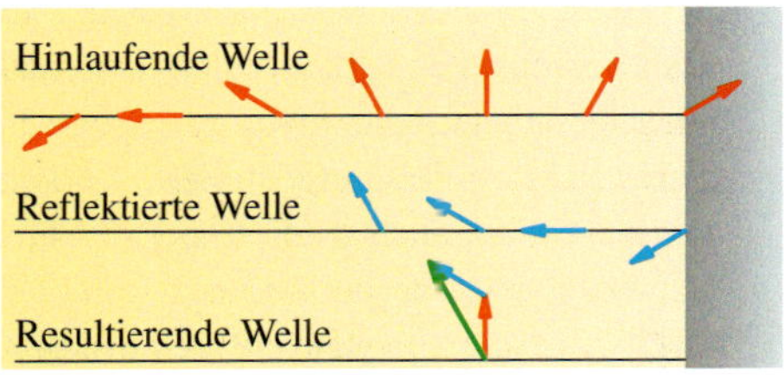

A 5: In Abänderung von ➡ *Versuch 1* gebe man dem einen Ende des Gummibands Bewegungsfreiheit. Man kann das Band z. B. oben anregen und unten frei hängen lassen. **a)** Diskutieren Sie, was am freien Ende passiert. **b)** Bei welcher Länge des Wellenträgers, ausgedrückt in λ, bilden sich stehende Wellen? **c)** Bestätigen Sie, dass für die Eigenfrequenzen in diesem Fall gilt:

$$f_k = (2k - 1)\frac{c}{4l}; \quad (k = 1, 2, 3, \ldots)$$

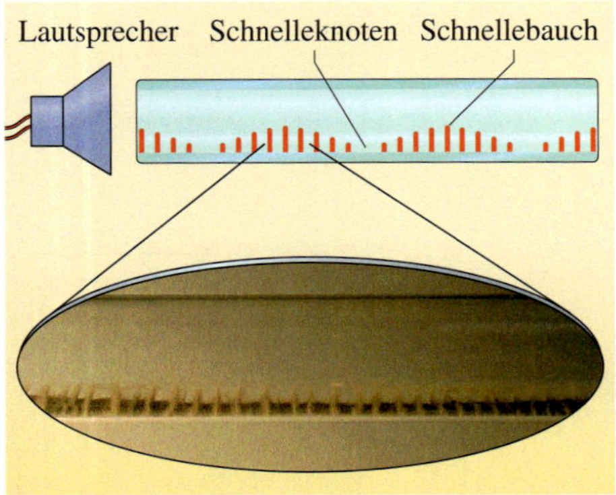

V 1: Im Innern einer waagerecht liegenden Glasröhre ist etwas Korkmehl gleichmäßig über die ganze Länge verteilt. Vor das eine der beiden offenen Enden der Röhre bringen wir einen Lautsprecher, der von einem Tongenerator gespeist wird. Bei bestimmten Frequenzen kommt Bewegung in das Korkmehl: An gewissen gleich weit voneinander entfernten Stellen wird es hoch aufgewirbelt und zur Seite geschleudert; dazwischen bleibt es ruhig liegen. Die geringfügigen Druckschwankungen des Lautsprechers werden dabei etwa 100-mal verstärkt.

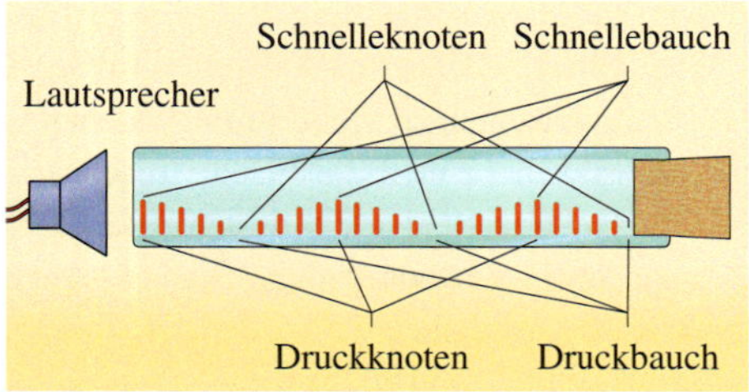

V 2: a) Wir wiederholen den vorigen Versuch, verschließen dabei aber das dem Lautsprecher abgewandte Ende der Röhre mit einem Stopfen. Das aufgewirbelte Korkpulver zeigt, dass auch in diesem Fall Eigenschwingungen der Luftsäule auftreten. Doch sind die Frequenzen, bei denen sie sich bilden, anders als vorher. **b)** Wir markieren an den aufgewirbelten Stellen des Korkmehls die Bäuche und an den ruhigen Stellen die Knoten der Schnelle. Anschließend führen wir ein kleines auf Druckunterschiede reagierendes Mikrofon in die Röhre ein und beobachten das Signal mit einem Oszilloskop. Dabei finden wir bestätigt, dass in den Schnelleknoten stärkste Druckschwankungen (Druckbäuche) herrschen, während in den Schnellebäuchen der Druck konstant bleibt (Druckknoten).

4. Begrenzte Luftsäulen zeigen Resonanz

Sie haben sicher einen Staubsauger zu Hause. Lassen Sie sich einmal zu einem Experiment verführen: Nehmen Sie das Saugrohr und schlagen einmal mit den Fingern gegen ein Ende. Hören Sie jetzt einen Ton? Ja, es genügt schon, dass irgendwelche Geräusche im Zimmer vorhanden sind, immer hören Sie am Rohrende diesen Ton. Was steckt dahinter?

5. Stehende Schallwelle bei zwei freien Enden

In *Versuch 1* umschließt eine Glasröhre eine an beiden Enden freie Luftsäule (*kundtsche Röhre*). In der Nähe einer Öffnung steht ein Lautsprecher, er dient als Wellenerreger. Bei bestimmten Tönen zeigen sich heftige Resonanzerscheinungen, stehende Wellen mit Schnellebäuchen und Knoten haben sich gebildet. Die Anzahl der Knoten hängt von der Frequenz ab. An den Enden befinden sich aber immer Schnellebäuche. Das Korkmehl als Nachweismittel wird in den Schnellebäuchen heftig aufgewirbelt und organisiert sich selbst in winzigen Wanderdünen. Es herrscht sozusagen ein „Sturm im Glasrohr". Hier handelt es sich um Längswellen.

Das Entstehen von Eigenschwingungen ist uns bekannt. Voraussetzung ist die Reflexion der Wellen an beiden Enden des Wellenträgers. Nach jeweils zweifacher Reflexion muss eine Welle wieder gleichphasig mit anderen gleichlaufenden Wellen aufeinandertreffen. Dies gelingt nur bei bestimmten Frequenzen, den *Eigenfrequenzen*. Anders als bei dem beidseitig eingespannten Schlauch können sich die Luftteilchen hier an den Enden frei bewegen. Die Reflexionen erfolgen also *ohne* Phasensprung, sodass an beiden Enden Schnellebäuche entstehen. Nun gelten die Randbedingungen:

- Der Knotenabstand einer stehenden Welle beträgt $\lambda/2$.
- An beiden freien Enden des Trägers muss sich ein Schnellebauch befinden.

Mit $c = \lambda f$ folgt dann:

$$l = k\frac{\lambda_k}{2}, \quad (k = 1, 2, 3, \ldots) \quad \text{und} \quad f_k = k\frac{c}{2l}.$$

Für die Eigenfrequenzen bei zwei festen Enden galt dieselbe Gleichung. Aus dem Knotenabstand $\lambda/2$ lässt sich nun die Wellenlänge bestimmen. Messen wir nun noch die Frequenz f des Tongenerators, so können wir aus $c = \lambda f$ die Schallgeschwindigkeit c in Luft bestimmen. Es ergibt sich etwa $c = 340$ m/s.

6. Ein festes und ein freies Ende

Am festen Ende erfolgt die Reflexion mit Phasensprung, es entsteht ein Schnelleknoten. Es ist so, als habe man die Luftsäule um ein Viertel einer Wellenlänge gekürzt (*Versuch 2a*). Die Bedingung für das Zustandekommen von Eigenschwingungen lautet jetzt:

$$l = k\frac{\lambda_k}{2} - \frac{\lambda_k}{4} = (2k-1)\frac{\lambda_k}{4}; \quad (k = 1, 2, 3, \ldots).$$

Für die neuen Eigenfrequenzen folgt somit:

$$f_k = \frac{c}{\lambda_k} = (2k-1)\frac{c}{4l} \quad \text{(vgl. } \textit{Bild 1}\text{)}.$$

7. Warum Reflexion am offenen Rohrende?

Betrachten wir dazu eine vom Lautsprecher erzeugte Verdichtungsstörung. Sie schiebt sich als „Verdichtungspfropf" durch die Glasröhre; ihr konstanter Querschnitt sorgt dafür, dass der Pfropf beisammen bleibt und dabei einen konstanten Überdruck behält. Ist der Verdichtungspfropf nun am Ausgang der Röhre angelangt, so besitzt er dort einen viel größeren Druck als die umgebende Außenluft; deshalb „explodiert" er kurz hinter dem offenen Ende nach allen Seiten. Dabei schwingen die Luftteilchen wegen ihrer Trägheit über ihre Gleichgewichtslage hinaus; infolgedessen bildet sich an der Öffnung der Röhre ein Unterdruck: Unter Beibehaltung der Schnellerichtung wandert eine Unterdruckstörung durch die Röhre zurück. Hinlaufender Überdruck und reflektierter Unterdruck lassen am Ende der Röhre normalen Luftdruck ohne Schwankung, also einen *Druckknoten*, entstehen. Wegen des starken Hin- und Herschwingens der Luftteilchen bildet sich an derselben Stelle ein *Schnellebauch* aus.

Die Randbedingungen für das offene Ende der Röhre lauten also
- $p = p_0$ = konstant (dies ist die Anpassung an den Luftdruck außerhalb der Röhre) und
- $\Delta v = \Delta v_{max}$.

Die gleiche Beziehung gilt allgemein:
An Schnellebäuchen befinden sich Druckknoten, an Schnelleknoten liegen Druckbäuche vor (siehe *Versuch 2b*). Im zeitlichen Verlauf verhalten sich Druck und Schnelle phasenverschoben. In dem Augenblick, in dem jedes Luftteilchen gerade seine größte Schnelle hat – dies ist der Fall, wenn die Abstände untereinander gleich groß sind, – herrscht überall der gleiche Druck; die Abweichung vom normalen Druck ist null. $T/4$ später ist es umgekehrt (*Bild 2*).

Merksatz

Eingeschlossene Luftsäulen sind zu Eigenschwingungen fähig.
An **offenen** Säulenenden befinden sich Schnellebäuche und Druckknoten.
An einem **geschlossenen** Säulenende befindet sich ein Schnelleknoten und ein Druckbauch.
Der Abstand zwischen zwei Knoten beträgt eine halbe Wellenlänge.

Unsere anfängliche Frage zum Staubsaugerrohr ist damit beantwortet. In allen Umweltgeräuschen sind Töne mit unterschiedlichsten Frequenzen vorhanden. Es wird immer ein Ton dabei sein, der einer Eigenfrequenz der begrenzten Luftsäule entspricht. Sie wird so in einer ihrer Eigenschwingungen angeregt. Die Luftsäule tönt zurück – ein Resonanzeffekt. Haben Sie ein Musikinstrument zu Hause? Dann sollten Sie *Aufgabe 2* lösen.

a) Schwingungsform	Frequenz f	Maximale Elongationen	l
1. Harmonische	$1\,\frac{c}{2l}$		$\frac{\lambda}{2}$
2. Harmonische	$2\,\frac{c}{2l}$		$\frac{2\lambda}{2}$
3. Harmonische	$3\,\frac{c}{2l}$		$\frac{3\lambda}{2}$

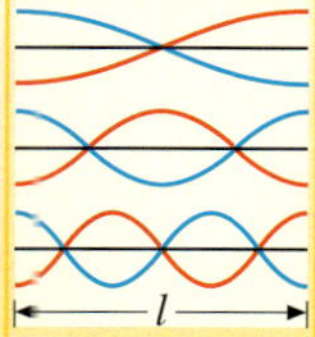

b) Schwingungsform	Frequenz f	Maximale Elongationen	l
1. Harmonische	$1\,\frac{c}{4l}$		$\frac{\lambda}{4}$
2. Harmonische	$3\,\frac{c}{4l}$		$\frac{3\lambda}{4}$
3. Harmonische	$5\,\frac{c}{4l}$		$\frac{5\lambda}{4}$

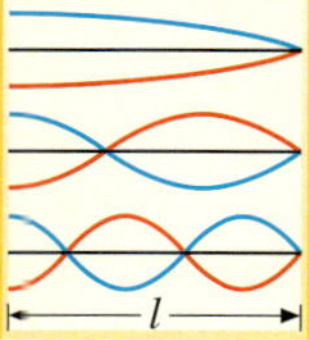

B 1: Eigenschwingungen **a)** bei zwei freien Enden, **b)** bei einem festen und einem freien Ende.

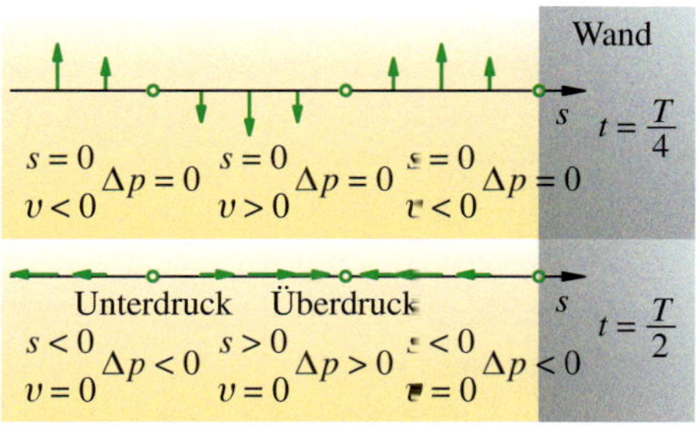

B 2: Resultierende Zeiger der stehenden Längswelle: Die Bäuche von Elongation, Schnelle und Druckänderung sind örtlich um $\lambda/4$ verschoben. In den jeweiligen Bäuchen erreichen Druck und Schnelle um $\Delta\varphi = \pi/2$ ($\Delta t = T/4$) verschoben ihr Maximum.

... noch mehr Aufgaben

A 1: Berechnen Sie für eine 34 cm lange luftgefüllte Röhre die Frequenzen der 1., 2. und 3. Harmonischen, wenn **a)** beide Enden offen sind, **b)** ein Ende geschlossen ist.

A 2: Die Schallgeschwindigkeit wächst mit der Temperatur. Erklären Sie damit, warum Flötenspielerinnen nach dem Einspielen ihr Instrument nachstimmen müssen. Dabei verlängern sie die Flöte etwas durch Herausziehen des Mundstücks.

A 3: Ein (Staubsauger-)Rohr filtert aus Umweltgeräuschen bestimmte Töne durch Resonanz heraus. Bei einer Länge von 1,02 m hört man einen Ton, der etwa dem e^1 (330 Hz) entspricht. Erklären Sie dies.

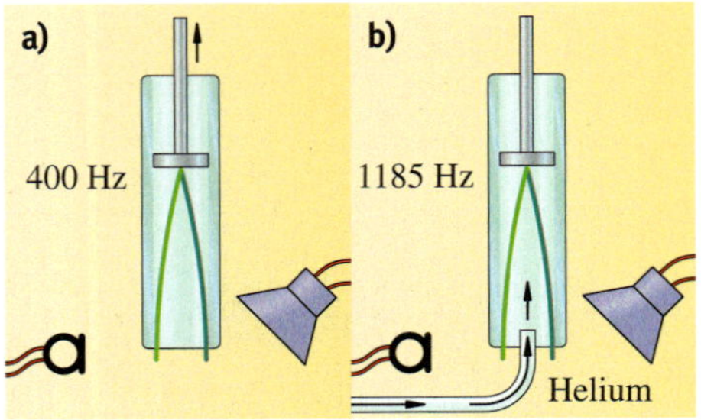

V 1: a) Ein Lautsprecher erzeugt einen Ton von 400 Hz neben einem halb offenen Glasrohr. Ein Kolben wird langsam aus dem Glasrohr gezogen; dadurch wird die darunter liegende Luftsäule immer länger. Bei einer bestimmten Länge tönt sie kräftig mit. **b)** Helium (von unten eingefüllt, gleiche Rohrlänge) liefert erst bei einem höheren Ton Resonanz.

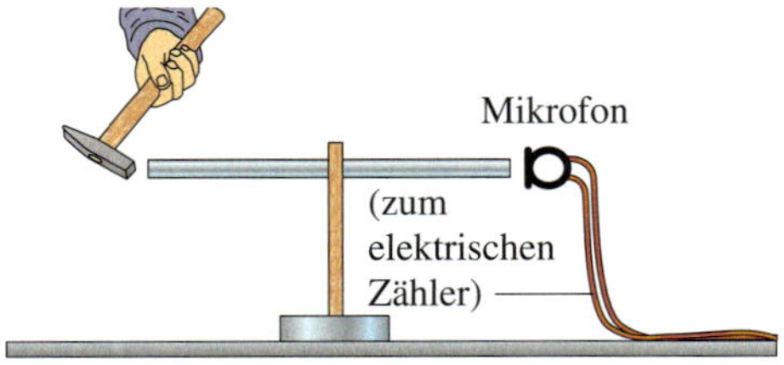

V 2: Eine Stativstange ($l = 1$ m) aus Stahl ist in ihrer Mitte fest eingespannt. Mit einem Hammer schlägt man kurz auf die Stirnseite. Es erklingt ein Ton mit $f = 2\,586$ Hz.

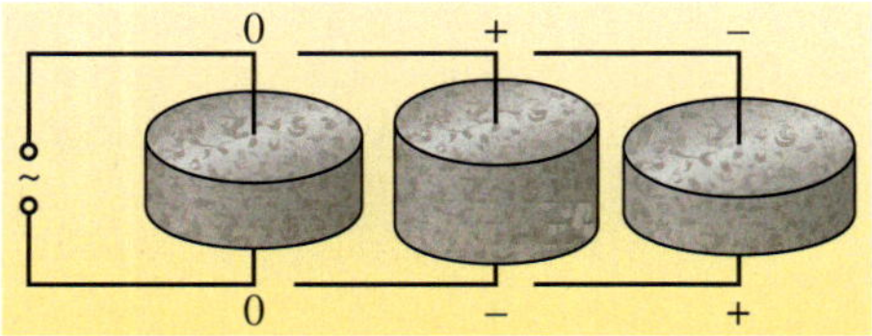

B 1: Ein Quarzkristall schwingt, wenn er in seiner Eigenfrequenz elektrisch angeregt wird (stark übertrieben gezeichnet).

Medium	c in m/s
Luft	340
Helium	1 007
Kohlenstoffdioxid	267
Wasser	1 483
Blei	1 230
Stahl	5 170
Aluminium	5 080
Granit	6 000

T 1: Schallgeschwindigkeit bei 20 °C in verschiedenen Medien

Schall in verschiedenen Medien

1. Schallgeschwindigkeit in Luft und anderen Gasen

In der Mittelstufe haben wir die Laufzeit eines Knalls gemessen und daraus die Schallgeschwindigkeit zu $c = 340$ m/s bestimmt. In diesem Buch nahmen wir eine Messung bei Ultraschall vor und konnten den Wert von c für Luft bestätigen (c ist von f unabhängig). Ist die Schallgeschwindigkeit in anderen Gasen davon verschieden?

In ➠ *Versuch 1* erzeugen wir Resonanz in einer einseitig geschlossenen Röhre. Bei einer bestimmten Länge l ertönt die erste Harmonische bei 400 Hz. Füllen wir die Röhre mit Helium, so entsteht Resonanz erst bei 1 185 Hz. Für l gilt:

$$l = \frac{\lambda}{4} = \frac{c_{\text{Luft}}}{4 f_{\text{Luft}}} = \frac{c_{\text{Helium}}}{4 f_{\text{Helium}}}, \quad \text{also} \quad c_{\text{Helium}} = c_{\text{Luft}} \frac{f_{\text{Helium}}}{f_{\text{Luft}}}.$$

Setzen wir die gemessenen Werte ein, ergibt sich für die Schallgeschwindigkeit in Helium: $c_{\text{Helium}} = 1\,007$ m/s. In Helium breitet sich die Schallwelle also viel schneller aus als in Luft.

Die relative Masse der freien Gasteilchen ist bei Stickstoff 28 (N_2, Hauptbestandteil der Luft), bei Helium nur 4. Die Zahl je Liter ist aber bei allen Gasen gleich. Deshalb hat Helium eine kleinere Dichte und ist bei gleichem Volumen weniger träge als Stickstoff. Helium-Volumenelemente reagieren daher schneller auf eine Störung als die trägeren bei Stickstoff. Aus diesem Grund ist die Schallgeschwindigkeit hier größer als bei Luft. Wenn man Gase erwärmt, entweichen Moleküle aus jedem Volumenelement, Dichte und Trägheit nehmen ab. Mit zunehmender Temperatur steigt deshalb bei allen Gasen auch die Schallgeschwindigkeit.

2. Schallgeschwindigkeit in festen Körpern

Bei festen Körpern ist die Dichte sehr viel größer als bei Gasen. Dies könnte eine kleinere Schallgeschwindigkeit bewirken. Nun bestehen in einem Festkörper aber sehr starke Stauch- und Dehnkräfte zwischen benachbarten Gitteratomen. Bei Querwellen sind es Scherkräfte. Es könnte also auch sein, dass jede Störung und damit auch jede Welle sich schneller ausbreiten kann als in Gasen.

Um dies zu prüfen, führen wir ein höchst einfaches Experiment durch. Wir nehmen eine Stativstange und halten sie in der Mitte fest. Dann schlagen wir mit einem Hammer auf die Stirnseite der Stange. Sie gibt einen hohen Ton von sich. In ➠ *Versuch 2* messen wir diese Eigenfrequenz zu $f = 2\,586$ Hz. Die Länge der Stange entspricht der halben Wellenlänge (beide Enden sind freie Enden, in der Mitte ist ein Knoten). Somit ergibt sich

$$c_{\text{Stahl}} = \lambda f = 2\,l f = 2\text{ m} \cdot 2\,586\text{ s}^{-1} = 5\,172\text{ m/s}.$$

Dies stimmt gut mit dem Literaturwert überein (➠ *Tabelle 1*).

Quarzkristalle aus SiO_2 verändern in einem elektrischen Feld ihre Form. Bei bestimmter Feldrichtung wird der Kristall dicker, bei entgegengesetzter Feldrichtung wird er breiter und dünner (*Bild 1*). In einem elektrischen Wechselfeld wird der Kristall durch diesen **Piezoeffekt** abwechselnd dünn und dick. Schwingquarze sind kurze Zylinder aus diesem Material mit hohen Eigenfrequenzen im Ultraschallbereich. Regt man sie elektrisch in ihrer Grundfrequenz an, so schwingen sie in Resonanz. Werden sie mechanisch angeregt, so entsteht zwischen den Stirnflächen eine elektrische Wechselspannung. Man benutzt sie z. B. als Ultraschallsender oder -empfänger.

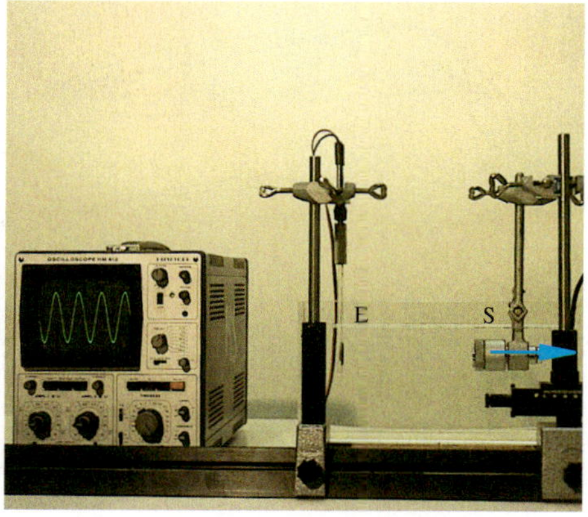

V 3: Ein Empfängerquarz E ruht in Wasser mit 20 °C, der Sendequarz S wird mit einem Verschiebereiter vom Empfänger wegbewegt. Dabei beobachten wir auf dem Bildschirm alle $\lambda/2$ ein Auf- und Abbauen der Amplitude – 20-mal auf einer Messstrecke von 18,53 mm. Hieraus ergibt sich für die Wellenlänge: $\lambda = 1{,}853$ mm.

3. Schallgeschwindigkeit in Wasser

Anders als Luft lässt sich Wasser kaum komprimieren. Es sind starke Druckänderungen nötig, um geringste Volumenänderungen zu ermöglichen. Als wassertauglichen Lautsprecher nehmen wir deshalb einen Schwingquarz, er erzeugt bei geringer Elongation genügend starke Kräfte. Die Schwingungsenergie kann so gut auf das Wasser übertragen werden. Als Empfänger dient ein zweiter Quarz. Sender und Empfänger stehen sich im Wasser gegenüber (*Versuch 3*). Ihre ebenen Oberflächen bilden bei einem Abstand von $n\,\lambda/2$ die Enden eines Resonanzraumes. Jetzt ist das Empfangssignal maximal. Verschiebt man den Sender, bricht die Resonanz zusammen, um sich nach einer halben Wellenlänge wieder aufzubauen. Wir gewinnen so die Wellenlänge zu $\lambda = 1{,}853$ mm. Mit der Frequenz $f = 800$ kHz folgt $c = \lambda f = 1\,482$ m/s.

Die erste überlieferte Messung der Schallgeschwindigkeit in Wasser nahmen 1827 COLLADON und STURM im Genfer See mit Glocke und Hörrohr vor. Sie brauchten hierfür eine Strecke von 13 km.

Merksatz

Die Größe der Schallgeschwindigkeit hängt vom Medium ab. Im Allgemeinen gilt: $c_{\text{Festkörper}} > c_{\text{Flüssigkeit}} > c_{\text{Gas}}$. Schallgeschwindigkeiten lassen sich mittels stehender Wellen ermitteln.

... noch mehr Aufgaben

A 1: In *Versuch 1* wurde die Rohrlänge nicht angegeben. Wie groß muss sie sein? Wie weit muss man den Kolben zurückziehen, um wieder Resonanz zu bekommen?

A 2: Eine Stativstange erzeugt mit ihrer Eigenschwingung in Wasser eine Schallwelle der Wellenlänge $\lambda_1 = 6{,}5$ m. Wie lang ist die Stange (eingespannt wie in *Versuch 2*)?

A 3: Durch welche Maßnahmen kann man die Tonhöhe einer Saite verändern?

Interessantes

Schallwellenanpassung im Mittelohr

Das menschliche Ohr ist Ergebnis einer langen Evolution. Das wassergefüllte Innenohr stammt noch aus unserer Voramphibienzeit. Das Außenohr musste sich an die Luft anpassen – eine schlechte Bedingung für eine Schallübertragung. Stimmen nämlich die Schalleigenschaften benachbarter Medien nicht überein, werden Schallwellen ganz oder teilweise reflektiert. Aber die Natur hat das Problem elegant gelöst. Luft und Trommelfell (*Bild 2*) schwingen mit großer Elongation (und Schnelle) bei kleiner Druckänderung. Ohne Veränderung der Kraft bei der Übertragung zum ovalen Fenster wäre die Druckänderung am Innenohr wegen $p = F/A$ schon 20-mal größer. Die Gehörknöchelchen verstärken zusätzlich die Kraft um den Faktor 1,3.

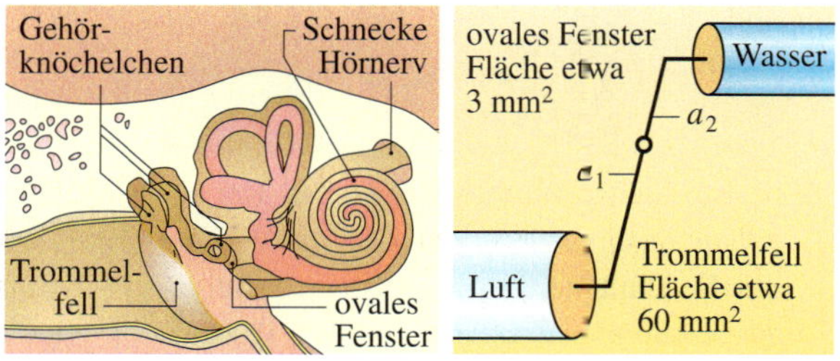

B 2: Das Mittelohr ist Brücke zwischen Außen- und geschützt liegendem Innenohr. Nach außen schließt das Trommelfell ab, nach innen zur „Schnecke" das 20-mal kleinere ovale Fenster. Die Gehörknöchelchen Hammer, Amboss und Steigbügel bilden zwischen ihnen ein Hebelsystem mit dem Längenverhältnis $a_1/a_2 = 1{,}3$. Dadurch wird die Kraft verstärkt.

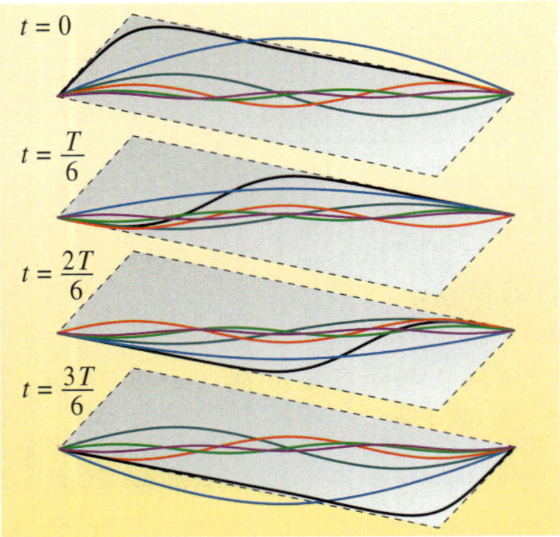

V 1: Wir spannen ein mehrere Meter langes Gummiband. In der Nähe des linken Endes ziehen wir es deutlich sichtbar nach oben und lassen es dann los. Es beginnt zu schwingen und durchläuft dabei die Form eines Parallelogramms (im Bild: graue Fläche).
In der Simulation bilden wir das Anfangs-„dreieck" (im Bild: schwarz) aus der Überlagerung von stehenden Wellen (hier nur 1. bis 5. Harmonische; im Bild: blau bis violett). Jede schwingt mit ihrer Eigenfrequenz. Die vier Momentaufnahmen zeigen die resultierende Saitenschwingung über eine halbe Periodendauer. In der nächsten halben Periodendauer läuft alles entsprechend rückwärts, also von rechts unten nach links oben.

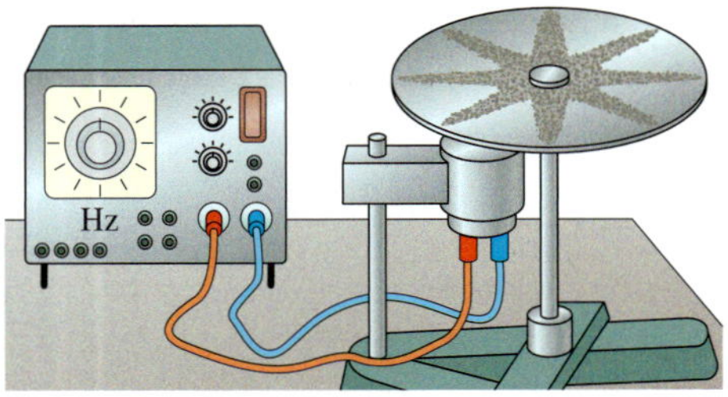

V 2: Ein Lautsprecher erzeugt einen Ton unterhalb einer sandbestreuten Platte. Wir lassen die Tonhöhe langsam ansteigen. Bei einer bestimmten Frequenz gerät die Platte in Resonanz. Zwischen Schwingungsbäuchen entstehen Knoten*linien.* Hier sammelt sich der Sand, eine *chladnische Figur* entsteht. Wir erhöhen die Frequenz bis zur nächsten Resonanz. Nach und nach finden wir so die Eigenfrequenzen der Platte. Es sind keine ganzzahligen Vielfachen der Grundfrequenz wie bei linearen Wellenträgern.

Musikinstrumente

1. Saiteninstrumente

Ein zu einem Dreieck gespanntes Gummiband führt nach dem Anzupfen ein merkwürdiges Eigenleben. Das Band schwingt nicht einfach auf und ab wie in einem einzigen Schwingungsbauch einer stehenden Welle. Es nimmt vielmehr während der Schwingung ungewöhnliche Streckenzüge ein. In ➠ *Versuch 1* (schwarz) läuft eine Spitze nach rechts, sie wird dabei schwächer. Gleichzeitig entsteht eine neue Spitze, nach unten ausgeformt. Sie folgt der ersten und wird dabei größer. Am Ende angekommen läuft alles in umgekehrter Richtung. Diese eigenartige Form einer Welle ist aber kein Widerspruch zu unserem bisherigen Wissen. Man kann sie als *Überlagerung vieler* stehender harmonischer Wellen beschreiben. Die Bewegungen angezupfter Saiten einer Gitarre müssen wir uns so vorstellen.

Bei einer gestrichenen Saite sind die Verhältnisse noch komplizierter. Die Saite haftet längere Zeit am Bogen und wird so mitgeschleppt. Dann löst sie sich plötzlich von ihm und schnellt zurück, um gleich darauf wieder von einer anderen Stelle des Bogens erfasst und mitgenommen zu werden (Gleitreibungskraft F_{gl} < Haftreibungskraft F_h).

Die Schwingung der Saite ist kaum hörbar. Sie wird aber über die Auflagepunkte – vor allem den Steg – auf den Instrumentenkörper (*Korpus*) aus Holz übertragen. Die Erregerschwingung entspricht der Saitenbewegung in Stegnähe und verläuft deshalb meist sägezahnartig. Wie auch immer der Korpus aussehen mag, ein reiner Ton wie bei einer Stimmgabel ist bei Saiteninstrumenten nicht zu erwarten.

Der Korpus dient als Resonanzkörper, er soll bei möglichst vielen verschiedenen Tönen laut mitklingen. Bei der Geige erfüllen dies vor allem die beiden gewölbten Holzplatten Decke und Boden. Ähnlich wie bei gespannten Gummibändern bilden sich auch auf Platten stehende Wellen aus, wenn sie mit einer ihrer Eigenfrequenzen angeregt werden (➠ *Versuch 2*). Diese hängen von vielen Faktoren ab, die alle beim Geigenbau berücksichtigt werden müssen. Um einen ausgewogenen Klang zu erzeugen, müssen die Eigenfrequenzen von Decke und Boden verschieden sein. Dies zu erreichen, ist eine überlieferte, hohe handwerkliche Kunst.

Die Saiten eines Klaviers werden über ein äußerst kompliziertes Hebelwerk angeschlagen. Lautstärke und Klangfülle entstehen durch dicke, stark gespannte Saiten und einen kräftigen Resonanzboden. Die Gesamtkraft der Saiten entspricht der Gewichtskraft von 25 Pkw, sie kann nur von einem schweren Gusseisenrahmen gehalten werden. Zur Erzeugung tiefer Töne umwickelt man die Saiten mit einem Kupferdraht; so wird deren Trägheit erhöht. Die oberen Töne besitzen jeweils drei Saiten, damit sie in der Lautstärke mit den tiefen Tönen mithalten können. Die drei Saiten weisen selbst bei guter Stimmung leicht unterschiedliche Höhen auf. Es kommt bei jedem Ton zu einer Schwebung mit sehr kleiner Frequenz. Der Klang erscheint dadurch „wärmer".

Bei Blas- und Streichinstrumenten hält der Ton, da dauernd Energie zugeführt wird. Beim Klavier (auch der Gitarre) ist es anders. Kurz nach dem Anschlag hat die Saite ihre größte Amplitude. Danach klingt ihre Schwingung rasch ab. Es zeigt sich aber, dass dieses Abklingen für Grund- und Obertöne verschieden schnell abläuft. Je höher der Oberton, desto schneller fällt er ab.

Eine weitere Eigenart beeinflusst den Klang des Klaviers: Die Steifigkeit der kräftigen Stahlseiten. Eine mögliche Folge wäre, dass die Wellengeschwindigkeit mit der Frequenz steigt. Für die k-te Eigenfrequenz gilt $f_k = c/\lambda_k = c\,k/(2\,l)$. Mit größerem c wäre dann auch f_k größer als erwartet. Wir werden dies noch prüfen.

2. Blasinstrumente

Flöten und andere Blasinstrumente brauchen keine Resonanzkörper. Tonerzeuger sind bei ihnen schwingende Luftsäulen. An den freien Enden können sie Energie an die umgebende Luft abgeben. Da es das gleiche Medium ist, gelingt dies gut. So kann eine Querflöte mit ihrer Musik einen ganzen Saal „füllen“.

Wie aber kommt es zur Eigenschwingung der Luftsäule? Nimmt man nur das Mundstück einer Querflöte und verhindert wie in ➡ *Bild 1*, dass es durch Reflexion zu einer stehenden Welle kommt, so entsteht ein Rauschen, kein einzelner Ton. Aus dem Luftstrom haben sich nur Wirbel gebildet. Dabei bleibt es nicht, wenn die Flöte zusammengebaut ist. Jetzt genügt eine kleine Störung, um die Luftsäule im Flötenrohr in Eigenschwingungen zu versetzen. Dies wirkt nun wieder auf den Luftstrom am Mundstück zurück. Durch den periodischen Über- und Unterdruck an der Öffnung wird Luft hineingelenkt oder nach außen gewiesen. Das schaukelt die Eigenschwingungen in kurzer Zeit auf, bis sich ein Gleichgewicht zwischen zugeführter und abgestrahlter Energie eingestellt hat. Der Flötenton hat sich selbst organisiert. ➡ *Bild 2* zeigt, dass dies bei einer Querflöte in etwa 0,05 s geschehen kann. Bei großen Orgelpfeifen kann dieses „Ansprechen“ eine halbe Sekunde dauern. Auch daran erkennt man verschiedene Blasinstrumente.

Die Tonhöhe, also die Resonanzfrequenz, legen Spielerinnen und Spieler durch Greifen der richtigen Rohrlänge fest (➡ *Bild 3*). Der Grundton wird durch Verändern der Rohrlänge gestimmt. Neben dem Grundton bilden sich beim Spiel auch Harmonische aus.

Klarinette, Oboe und Saxophon besitzen kein Anblasloch, sondern ein oder zwei Rohrblätter, an denen die Luft vorbei gepresst wird. Diese Öffnung ist so eng, dass die Stelle eher wie ein festes Ende für die Luftsäule wirkt. Bei gleicher Instrumentenlänge kann man deshalb tiefere Töne spielen (2 freie Enden: $f_1 = c/(2\,l)$; 1 festes und 1 freies Ende: $f_1 = c/(4\,l)$)
Auch die menschliche Stimme ist ein Musikinstrument. Zwischen den Stimmbändern wird Luft hindurchgepresst. Durch Spannen der Bänder kann man die Tonhöhe verändern. Rachen-, Mund- und Nasenhöhle dienen als stark variierbarer Luftresonanzraum.

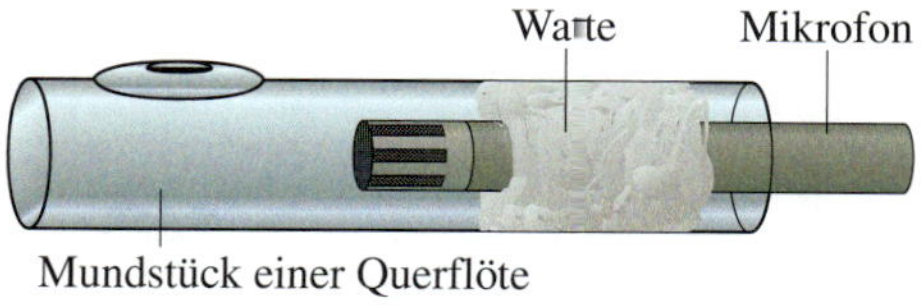

B 1: Anblasen des Mundstücks ohne Resonanzluftsäule ergibt bei der Flöte nur ein Rauschen.

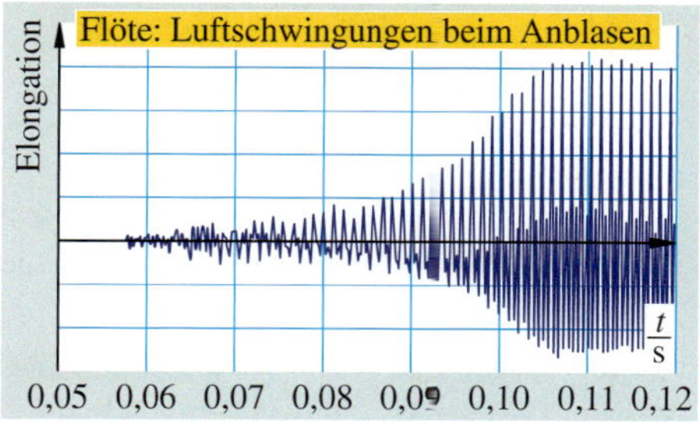

B 2: Aus dem Rauschen entsteht durch Resonanz und Rückkopplung mit schnellem Übergang der gewünschte Ton. Die Luftsäule schwingt mit ihrer Eigenfrequenz.

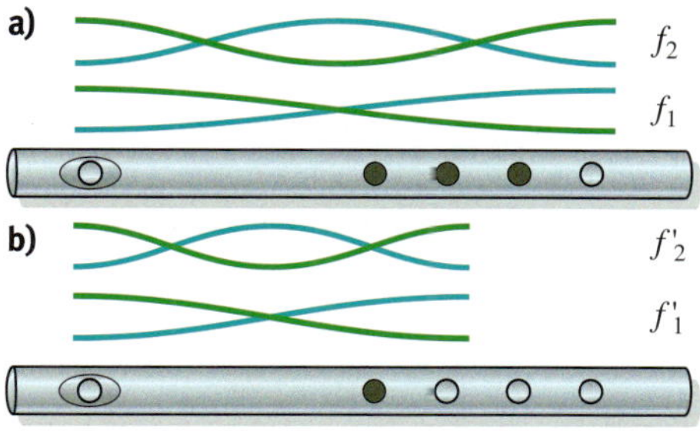

B 3: Das Mundstück wirkt wie ein freies Ende. Das zweite freie Ende der Flöte liegt kurz hinter dem ersten der offenen Löcher.

... noch mehr Aufgaben

A 1: Der Kammerton a^1 (f = 440 Hz) soll mit einem Blasinstrument gespielt werden. Welche Länge etwa muss die schwingende Luftsäule bei **a)** einer Querflöte und **b)** einer Oboe haben?

A 2: Bei einer Geigensaite beträgt der Abstand zwischen den Auflagepunkten 33 cm. In welcher Entfernung vom Sattel der a^1-Saite muss der Finger für den um eine Quart höheren Ton d^2 aufgesetzt werden? (Für eine Quart gilt das Frequenzverhältnis $\frac{4}{3}$.)

A 3: Nach dem Einspielen müssen die Instrumente eines Orchesters nachgestimmt werden. Begründen Sie die Fehlstimmung und diskutieren Sie das Nachstimmen.

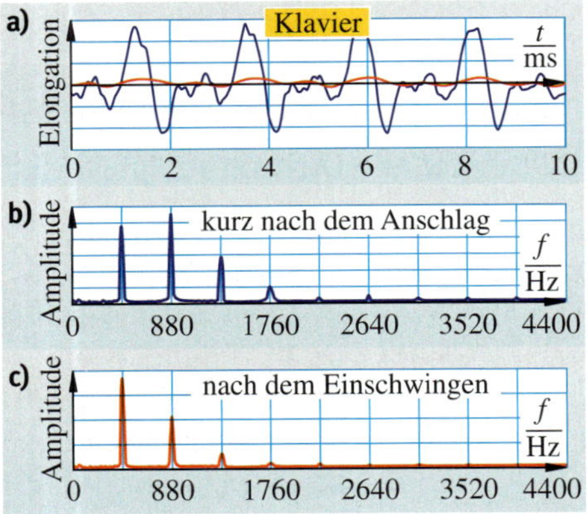

B 1: Das Klavier hat einige Zeit nach dem Abklingen die Klangfarbe verändert.

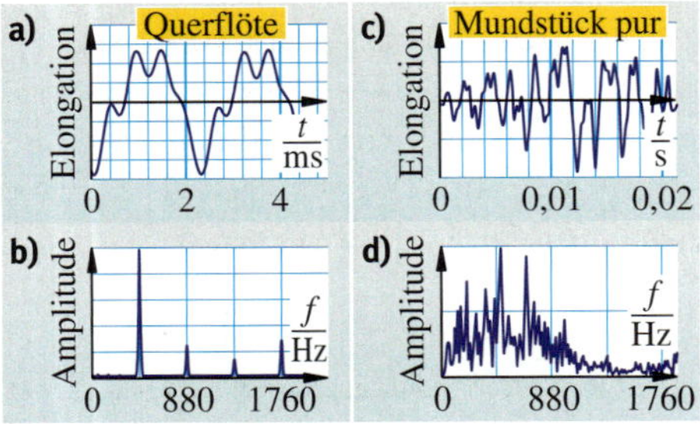

B 2: Eine gut angeblasene Querflöte hat schwach ausgeprägte Obertöne. Das Mundstück allein liefert „Rauschen“ mit sehr vielen Frequenzen.

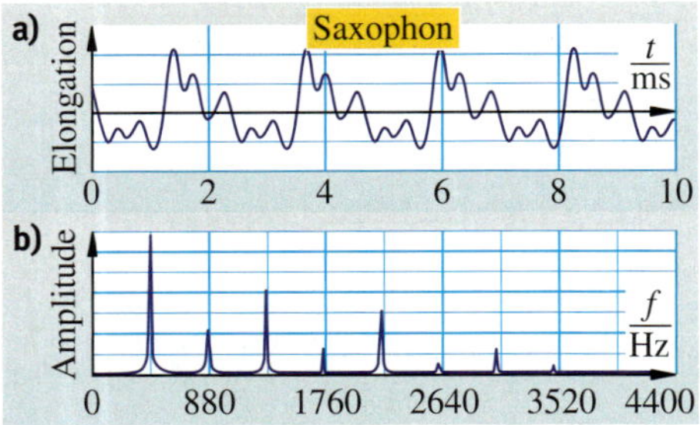

B 3: Ein Saxophon betont die ungeraden Harmonischen; der Klang wird rauh.

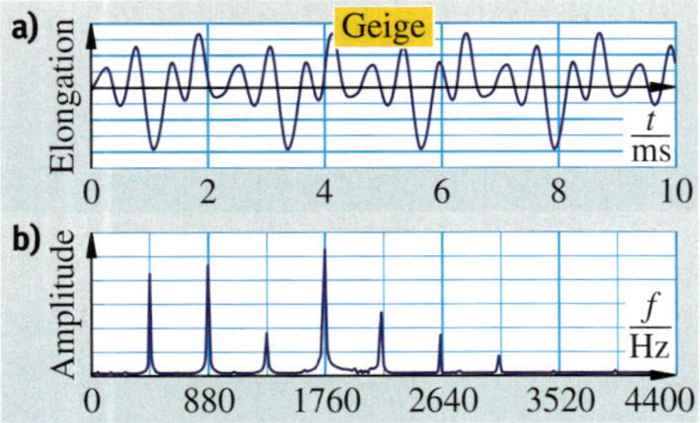

B 4: Die Geige zeigt: Die lauteste Harmonische ist nicht immer der Grundton.

3. Das Klangspektrum

Mit Mikrofon und einem Computerinterface lassen sich Klänge aufzeichnen. Man sieht dann am Bildschirm die Schwingungsform des gespielten Tones, ähnlich einem Oszillogrammbild. Die Schwingungsformen sind aber zumeist so kompliziert, dass es unmöglich ist, an ihnen Gesetzmäßigkeiten abzulesen. Hier hilft die **Fourieranalyse** (*Vertiefung*). Mit ihrer Hilfe kann der Computer den Grundton und die vorkommenden Obertöne eines Klanges herausfinden. Neben der Frequenz wird auch die Amplitude jeder beteiligten Schwingung berechnet.
Trägt man nun die Amplituden der vorkommenden Teiltöne gegen die Frequenz in einem Diagramm auf, so erhält man ein **Klangspektrum**. Dieser Begriff erinnert an die Lichtspektren, in denen von uns verschieden *empfundene Farben* in unterschiedlicher Intensität nebeneinander liegen. Solche Lichtspektren werden uns später Erkenntnisse über die Atome liefern. Vorerst versuchen wir die *objektiven Klangspektren* einzelner Instrumente mit den *subjektiv empfundenen Klangfarben* zu vergleichen.

Das *Klavier* (*Bild 1*) zeigt zwei Besonderheiten. Während der Ton abklingt, verändert sich seine Klangfarbe. Kurz nach dem Anschlag klingt der Klavierton hart, starke Obertöne prägen diese Phase. Erst später, bei nun leiserem Ton, übernimmt der Grundton wieder die Führung. Die Schwingung ist nahezu sinusförmig. Auch unsere Überlegungen zum Saitenmaterial waren richtig: Die Obertöne sind nur angenähert Harmonische. Etwa vom vierten Oberton an sieht man, dass ihre Frequenz im Vergleich zu den ganzzahligen Vielfachen von 440 Hz nach oben abweicht. Diese kleine Unstimmigkeit macht aber gerade den warmen, vollen Klang des Klaviers aus.

Die *Querflöte* kann einen reinen Ton abgeben (*Bild 2*). Spielerin oder Spieler erzeugen den Ton aber nicht mit ihrem Mund. Beim Anblasen der Flöte entstehen an der Öffnung des Mundstücks Luftwirbel, die ein Rauschen bewirken. Erst die Luftsäule, deren Länge durch die Anzahl der geschlossenen Löcher bestimmt ist, bildet durch Resonanz auf das Schwingungsangebot nach kurzer Einschwingzeit den „richtigen“ Ton.

Beim *Saxophon* (*Bild 3*) sind alle ungradzahligen Vielfachen der Grundfrequenz hervorgehoben. So verrät das Spektrum die Randbedingungen des Instruments: Ein freies und ein festes Ende. Neben Klarinette und Oboe zeigen auch einseitig geschlossene Flöten (Panflöte, gedackte Orgelpfeife) diese Eigenschaft.

*Geigen*klänge sind reich an Obertönen (*Bild 4*). Dies ist wegen der besonderen Schwingungsform der gestrichenen Saiten und der komplizierten resonanzfähigen Bauteile des Korpus auch zu erwarten. Es fällt auf, wie kräftig einzelne Obertöne am Gesamtklang beteiligt sein können.

Sie sehen also, dass sich jedes Musikinstrument durch seine ganz spezielle Klangfarbe verrät.

Vertiefung

Fouriersynthese

Die Summe zweier Sinusfunktionen *gleicher* Periodenlänge ergibt wieder eine Sinusfunktion mit dieser Periodenlänge. Diese Eigenschaft der Mathematik, der die Natur bei Schwingungen und Wellen glücklicherweise folgt, ist eine der Säulen der Orchestermusik! Gleiche Periodenlänge heißt hier gleiche Schwingungsdauer und damit gleiche Frequenz und Tonhöhe.

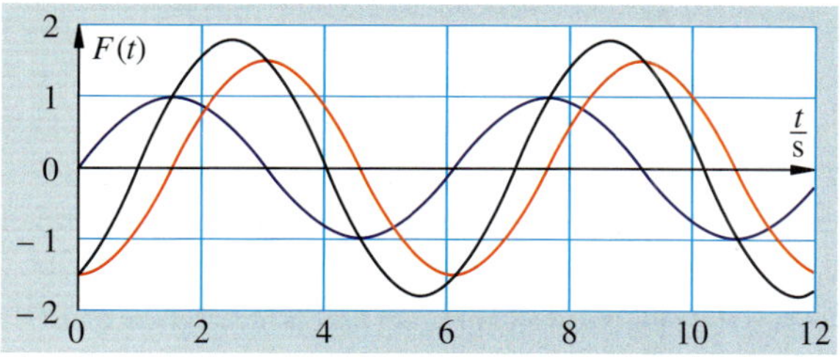

Überlagerung von Tönen *verschiedener* Frequenz liefert keine Sinusfunktion, aber immerhin eine periodische Funktion, wie wir sie bei den Musikinstrumenten gefunden haben. Nehmen wir z. B. drei Sinusschwingungen mit $f_1 = 500$ Hz, $f_2 = 1\,000$ Hz und $f_3 = 1\,500$ Hz (Amplituden $a_1 = 0{,}8$, $a_2 = 0{,}2$ und $a_3 = 0{,}5$) und summieren sie zu einer neuen Funktion $F(t)$. Man nennt dieses Zusammensetzen auch **Synthese.** Anfang des 19. Jahrhunderts fand der französische Mathematiker J. FOURIER (1768–1830) heraus, dass sich *jede* periodische Funktion als Summe aus einer Sinusfunktion und ihren Harmonischen darstellen lässt.

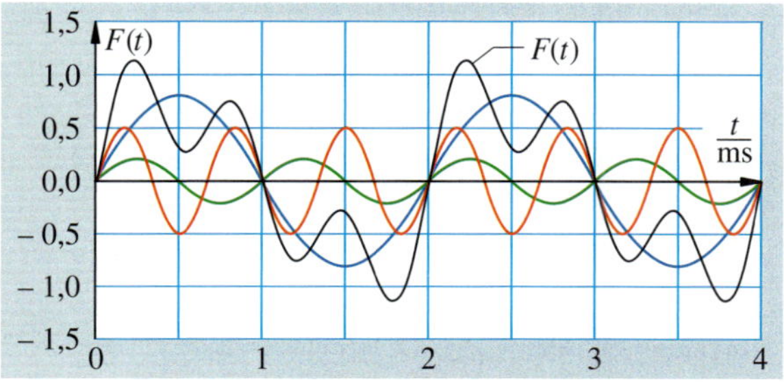

Ein Verschieben der Phasen einzelner Teiltöne hat keinen Einfluss auf unsere *Klangwahrnehmung,* obwohl die Kurvenform dadurch völlig anders aussehen kann. Unser Ohr, oder besser unser Gehirn filtert beim Hören allein die Frequenzen und die Amplituden der Teiltöne heraus.

Um verschiedene Phasen der Harmonischen erfassen zu können, nimmt man zu den Sinusfunktionen noch die entsprechenden Kosinusfunktionen hinzu:

$$F(t) = a_1 \sin(1\,\omega t) + a_2 \sin(2\,\omega t) + a_3 \sin(3\,\omega t) + \ldots$$
$$+\, b_1 \cos(1\,\omega t) + b_2 \cos(2\,\omega t) + b_3 \cos(3\,\omega t) + \ldots$$

Fourieranalyse

In der Akustik möchte man die Teiltöne herausfinden, die sich hinter einem aufgenommenen Klang verbergen.

Wir wollen dieses **Analyse**verfahren anhand unseres Synthesebeispiels erläutern. Wie bei einer Messwertaufnahme mit dem Computer liegen die Funktionswerte $F(t)$ in einer Tabelle vor (z. B. in einem Tabellenkalkulationsprogramm). FOURIER hat gezeigt, dass diese Funktion aus Sinus- und Kosinusfunktionen zusammengesetzt ist. Wie kann man herausfinden, mit welcher Amplitude sie jeweils an $F(t)$ beteiligt sind?

Ein Trick und etwas Mathematik helfen weiter. Der Mittelwert der Produkte $\sin(\omega t) \sin(\omega t)$ ist im Intervall $[0; T]$ gleich 0,5. Prüfen Sie dies mit einem Tabellenkalkulationsprogramm nach. Auch an einer graphischen Darstellung erkennt man es. Bilden wir die Produkte $\sin(\omega t) \sin(2\,\omega t)$, so ergibt sich als Mittelwert null – bei $\sin(\omega t) \sin(3\,\omega t)$ ist es ebenso.

Bilden wir nun das Produkt aus $\sin(\omega t)$ und $F(t)$, also $\sin(\omega t)\,[(a_1 \sin(\omega t) + a_2 \sin(2\,\omega t) + a_3 \sin(3\,\omega t)]$, so bleibt $0{,}5\,a_1$ als Mittelwert in $[0; T]$; in unserem Fall erhalten wir $0{,}5\,a_1 = 0{,}4$ und somit $a_1 = 0{,}8$.
Das Doppelte des Mittelwerts des Produkts aus $F(t)$ und der „Testfunktion“ $\sin(\omega t)$ ist also die gesuchte Amplitude a_1.
Mit der Testfunktion $\sin(2\,\omega t)$ finden wir nach dem gleichen Verfahren den Mittelwert 0,1; also ist die Amplitude $a_2 = 0{,}2$.
Mit $\sin(3\,\omega t)$ ergibt sich $a_3 = 0{,}5$.

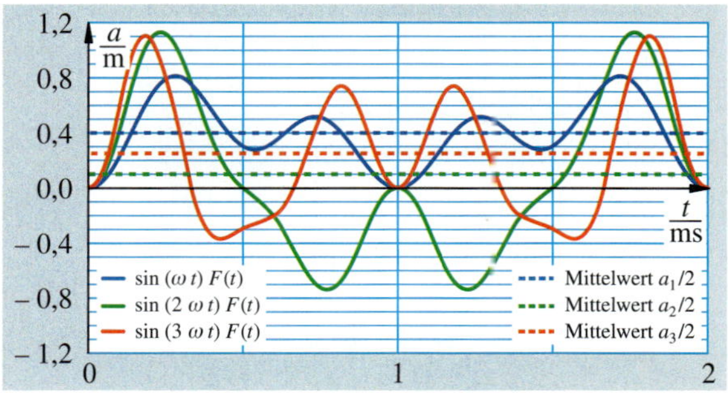

So liefert uns dieses Verfahren genau die Amplituden, die wir bei der Synthese willkürlich gewählt hatten.

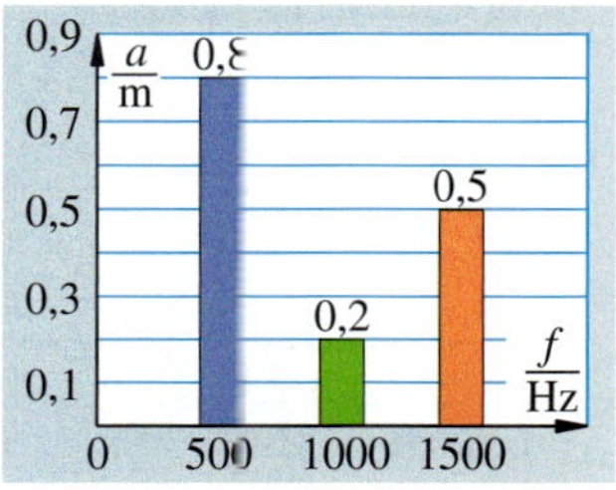

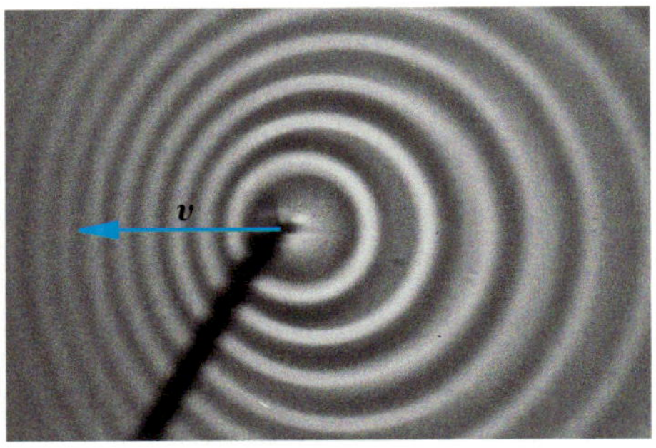

B 1: Der Dopplereffekt bei Wasserwellen. Der Erregerstift bewegt sich gleichförmig nach links. Die Kreiswellen drängen sich vor dem Erreger zusammen, hinter ihm werden sie auseinandergezogen.

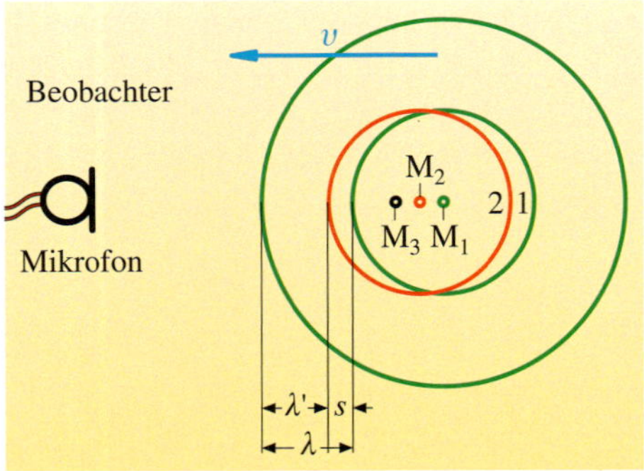

B 2: Bei ruhendem Sender läuft die Welle mit der Wellenlänge λ über den Empfänger. Durch die Bewegung wird die kürzere Wellenlänge $\lambda' = \lambda - s$ wahrgenommen.

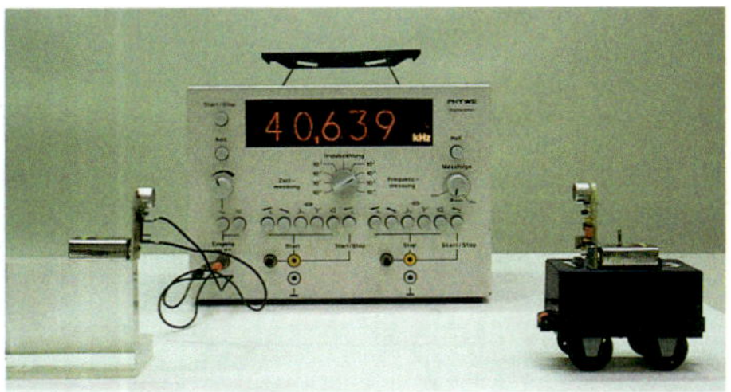

V 1: Links steht („ruht“) ein Empfänger. Ein Ultraschallsender mit sehr konstanter Frequenz $f = 40\,644$ Hz bewegt sich auf ihn zu oder von ihm weg. Mit einer Stoppuhr ermitteln wir die Geschwindigkeit v des Senders. Es ergeben sich folgende Messwerte:

v in m/s	f'_{gemessen} in Hz	$f'_{\text{berechnet}}$ in Hz
0,26	40 675	40 675
0,14	40 660	40 660
0,09	40 655	40 654
−0,04	40 639	40 639
−0,45	40 590	40 590

Der Dopplereffekt

1. Jedes Kind kennt ihn

Bei Wasserwellen sieht man ihn (➠ *Bild 1*). Bei Schallwellen hört man ihn oft: Der Krankenwagen, der am Schulweg vorbeifährt, der Rennwagen im Fernsehen, das Flugzeug über dem Dach – sie alle erzeugen den typischen Verlauf von höherem Ton zu tieferem Ton, den schon Dreijährige nachahmen können.

Diesen **Dopplereffekt** (CHRISTIAN DOPPLER 1803–1853) gibt es in zwei Varianten. Eine erste sahen wir oben: Eine Schallquelle steht in einiger Entfernung vor einem relativ zum Wellenträger ruhenden „Beobachter“ – dieser hört den Ton. Bewegt die Quelle sich auf den Beobachter zu, so hört er einen höheren Ton. Bewegt sie sich vom Beobachter weg, so hört dieser einen tieferen Ton.
Die zweite Variante tritt auf, wenn die Schallquelle relativ zum Träger ruht, sich jetzt aber der Beobachter bewegt. Manchmal, z. B. bei Reflexionen, sind sogar beide Effekte gleichzeitig beteiligt.

2. Die Schallquelle bewegt sich, der Empfänger ruht

Betrachten wir ➠ *Bild 2*. Ein Schallsender bewegt sich auf den ruhenden Beobachter zu.
Zeitpunkt $t = 0$: In M_1 startet eine Kreiswelle mit bestimmter Phase – sagen wir einem Wellenberg (↑).
Zeitpunkt $t = 1\,T$: Der Radius des ersten Wellenkreises ist auf $1\,\lambda$ angewachsen, unabhängig vom Sender breitet er sich im Wellenträger Luft aus. Der Sender hat sich in der Zwischenzeit um $s = vT$ weiterbewegt und startet von M_2 den nächsten Wellenberg.
Zeitpunkt $t = 2\,T$: Kreiswelle 1 hat mittlerweile einen Radius von $2\,\lambda$. Kreiswelle 2 ist auf $1\,\lambda$ angewachsen. Wir erkennen nun das Kreissystem, das mit der Geschwindigkeit c über den Beobachter hinwegläuft. Solange er sich vor dem Sender befindet, hört er Schwingungen einer Welle mit verkürzter Wellenlänge λ'. Für sie gilt:

$$\lambda' = \lambda - s = \lambda - vT = c/f - v/f \quad \text{und} \quad \lambda' = c/f'.$$

Gleichsetzen liefert: $\frac{c}{f'} = \frac{c - v}{f}$ oder $\frac{1}{f'} = \frac{1 - \frac{v}{c}}{f}$

und damit die gesuchte **Dopplerfrequenz** bei *bewegtem* Sender:

$$f' = f\,\frac{1}{1 - \frac{v}{c}}.$$

In dieser Formel ist v der Geschwindigkeits*wert*. Nähert sich der Sender, so ist v positiv und f' wird größer als f. Entfernt sich der Sender vom Empfänger, ist v negativ und f' ist kleiner als f. In ➠ *Versuch 1* finden wir die hergeleitete Formel bestätigt.

Die Frequenz*änderung* Δf ist bei Geschwindigkeiten, die klein gegenüber der Schallgeschwindigkeit sind, in etwa proportional zur Geschwindigkeit v und zur Frequenz f. Dies zeigen wir nun:

$$\Delta f = f' - f = f\frac{1}{1-\frac{v}{c}} - f = f\frac{v}{c-v} \approx f\frac{v}{c}.$$

Überlagern sich Töne mit Frequenzen f und f', so entsteht eine Schwebung dieser Frequenz Δf. Bei sehr großen Geschwindigkeiten (v nahezu c) wächst f' über alle Grenzen, da die Wellenberge beliebig dicht beieinander liegen. Bei Geschwindigkeiten über der Wellengeschwindigkeit bildet sich ein so genannter **machscher Kegel** aus. Ein Überschallflugzeug hört man erst, wenn es schon vorüber ist, dann aber mit einem lauten Knall (➠ *Bild 3*).

3. Der Empfänger bewegt sich, die Schallquelle ruht

Ein Beobachter bewege sich mit der Geschwindigkeit v auf eine Quelle der Frequenz f zu oder von ihr weg. Die Quelle sei relativ zum Wellenträger, meist Luft, in Ruhe. Im Gegensatz zum vorigen Fall bleibt auch für den bewegten Beobachter die Wellenlänge $\lambda = c/f$ erhalten; dagegen ändert sich für ihn die Ausbreitungsgeschwindigkeit der Wellen.

Bewegt er sich auf den Erreger zu, so begegnen ihm die mit der Geschwindigkeit c fortschreitenden Wellen mit der größeren *Relativgeschwindigkeit* $c' = c + v$. Deshalb empfängt der Beobachter eine Schwingung mit der Frequenz

$$f' = \frac{c'}{\lambda} = \frac{c+v}{\lambda} = \frac{f(c+v)}{c} = f\left(1 + \frac{v}{c}\right).$$

Merksatz

Bewegt sich ein Wellenerreger relativ zum Träger, so ändert sich die Wellenlänge und damit die Frequenz.
Bewegt sich ein Beobachter relativ zum Träger, so ändert sich für ihn die Ausbreitungsgeschwindigkeit der Wellen und damit ebenfalls die Frequenz.

Interessantes

Dopplereffekt in der Astronomie

Für elektromagnetische Wellen gibt es keine Trägersubstanz. Von bewegter Quelle oder bewegtem Empfänger als Alternativen kann man also nicht mehr sprechen. In der relativistischen Dopplerformel kommt diese Unterscheidung konsequenterweise auch nicht mehr vor. Für die veränderte Frequenz f' bei einer Annäherung von Quelle und Empfänger gilt:

$$f' = f\sqrt{\frac{1+v/c}{1-v/c}}.$$

Wichtig ist der Effekt für die Astronomie. So konnte man manche Punkte am Himmel als rotierende Doppelsternsysteme entlarven. Der sich auf uns zu bewegende Stern hat ein Farbspektrum mit höherer Frequenz („blauverschoben"), der fliehende Stern hat ein „rotverschobenes" Spektrum. Auch die Radialbewegung „naher" Galaxien verrät sich so: Unsere Nachbargalaxie Andromeda z. B. bewegt sich auf uns zu.

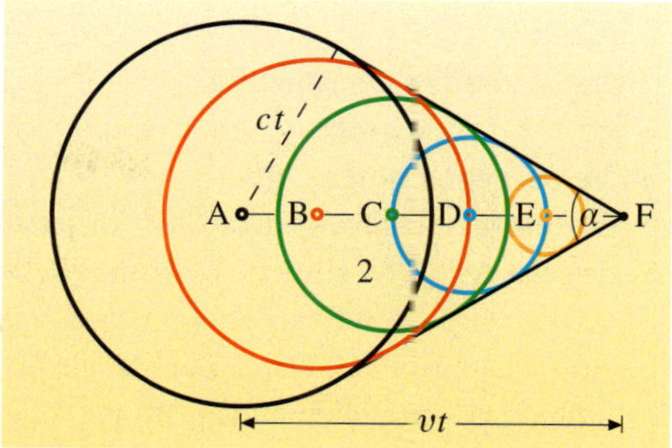

B 3: Das Flugzeug ist schon bei F und hat den ersten und alle weiteren Wellenberge überholt. Die Wellenberge besitzen eine gemeinsame Hülle, den machschen Kegel. An allen Stellen, über die dieser Mantel hinwegstreicht, hört man wegen der gegenseitigen Verstärkung einen explosionsartigen Knall. Man sagt auch, das Flugzeug habe „die Schallmauer durchbrochen". Bei dieser Redeweise entsteht der Eindruck, der Knall entstehe nur einmal in dem Augenblick, in dem das Flugzeug die Schallgeschwindigkeit überschreitet. Tatsächlich schleppt ein mit Überschallgeschwindigkeit fliegendes Flugzeug seinen „Düsenknall" auf dem Mantel des machschen Kegels dauernd hinter sich her.

... noch mehr Aufgaben

A 1: Der Hupton eines Autos hat die Frequenz 380 Hz. **a)** Der Wagen nähert sich einem an der Straße stehenden Beobachter mit der Geschwindigkeit 17 m/s. Mit welcher Frequenz hört der Beobachter den Ton? **b)** Nun soll das hupende Auto stillstehen, während ihm der Beobachter mit der Geschwindigkeit 17 m/s entgegenfährt. Welche Frequenz hat der Ton, den der Beobachter jetzt hört?

A 2: Wenn eine mit der Geschwindigkeit v bewegte Schallquelle an einem ruhenden Beobachter vorüberfährt, hört dieser, dass die Tonhöhe im Augenblick des Vorbeifahrens zum tieferen Ton umschlägt. Zeigen Sie, dass für das Frequenzverhältnis der gehörten Töne gilt: $f_1/f_2 = (c+v)/(c-v)$.
Wie rasch müsste sich eine Schallquelle bewegen, damit sich diese beiden Töne um eine Oktave unterscheiden?

A 3: Weisen Sie nach, dass bei bewegtem Empfänger und ruhendem Sender für die Frequenzänderung folgende Gleichung gilt: $\Delta f = f v/c$.

Interessantes

Schallwellen in der Medizin

A. Verborgenes wird sichtbar

Ein kurzer Schallwellenzug legt in jeder Sekunde die Strecke $\Delta s = c\,\Delta t$ zurück. Trifft die Welle auf ein Hindernis, wird sie reflektiert und ist nach $t = 2\,\Delta t$ wieder am Ausgangspunkt. Diese Zeit ist ein Maß für die Entfernung der reflektierenden Wand vom Sender. Man kann sie mit einem Oszilloskop nachweisen.

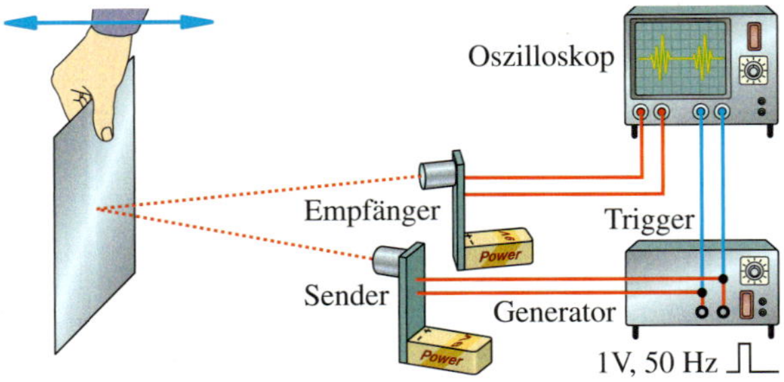

Dazu wird ein Ultraschallsender alle 0,02 s durch einen kurzen Impuls eingeschaltet. Gleichzeitig wird der Elektronenstrahl des Oszilloskops gestartet. Auf dem Bildschirm sehen wir zwei Schwingungspakete. Das linke wird vom Empfänger auf direktem Weg aufgenommen. Das rechte Signal stammt von einer reflektierten Schallwelle. Vergrößert man die Entfernung zwischen Reflektor und Sender, so wandert dieses Signal auf dem Bildschirm nach rechts. Die Position der reflektierenden Wand wird so auf der Zeitachse des Schirms „sichtbar". Durch Drehen des Senders können wir gezielt die Umgebung abtasten und so verschiedene Gegenstände in unterschiedlichen Richtungen aufspüren. Halten wir ein dünnes Tuch zwischen Sender und Wand, so taucht auf dem Bildschirm links vor dem von der Wand stammenden Signal ein weiteres Signal auf; es zeigt den Reflex am Tuch.

B. Echolot in der Medizin

Zur Diagnose ist man in vielen Fällen darauf angewiesen, in den Körper „hineinzusehen". Mit Ultraschall gelingt es. Man erzeugt mit einem Piezoquarz hochfrequente Wellenimpulse mit 2 bis 10 MHz, um trotz der hohen Wellengeschwindigkeit (im Körper meist um 1540 m/s ➠ *Tabelle 1*) kleine Wellenlängen zu bekommen. Man kann die Wellen dann besser bündeln.
Nachteilig ist, dass Schall mit höherer Frequenz stärker im Körper absorbiert wird. In der Praxis kann man die jeweils optimale Frequenz am Gerät wählen. Der Quarz dient kurz nach dem Senden eines jeden Impulses als Empfänger, ein einziger Quarz im Schallkopf genügt. Damit die Schallwellen nicht schon an der Luftschicht zwischen Schallkopf und Haut vollständig reflektiert werden, bringt man dort ein Gel oder eine Flüssigkeit mit den Schalleigenschaften der Haut auf. Im Körperinneren befinden sich verschiedene Gewebearten und Flüssigkeiten mit unterschiedlichen Ausbreitungsgeschwindigkeiten. An jeder Grenzfläche zwischen *unterschiedlichen* Medien wird nun ein Teil der Welle reflektiert und kommt je nach Position im Körper mehr oder weniger spät zum Empfänger zurück.

Medium	Wasser	Blut	Muskel	Knochen
ϱ in g/cm³	0,99	1,02	1,04	1,70
c in m/s	1540	1570	1600	3600

T 1: Schallgeschwindigkeit bei 37 °C

Als Beispiel betrachten wir ein Echolot des Auges. Jede Grenzfläche liefert ein Teilecho des Wellenimpulses. Der untere Teil der Zeichnung gibt das Oszilloskopbild wieder. Auf ihm sieht der Arzt die Positionen der reflektierenden Schichten (er nennt sie „Amplituden", deshalb A-Scan). Auf diese Weise erkennt man, dass sich die Netzhaut abgelöst hat.

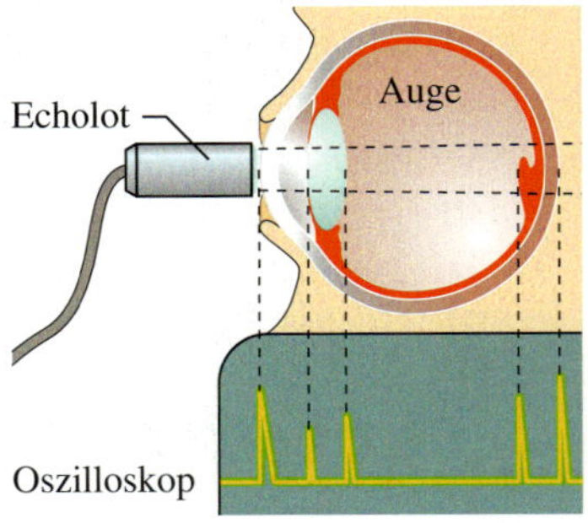

Bei Patienten mit Linsentrübung ist dies oft die einzige Diagnosemöglichkeit. In der HNO-Praxis benutzt man das Echolot zur Untersuchung der Nasennebenhöhlen.

C. Bilder entstehen

Anstatt den Elektronenstrahl dauernd sichtbar über den Schirm zu schicken, unterdrückt man jetzt den Strahl. Nur wenn ein Reflex eintrifft, schaltet man ihn ein. So entsteht anstelle eines Zackens ein heller Punkt auf dem Bildschirm. Man erhält eine helligkeitsmodulierte Bildzeile, B-Scan (brightness).

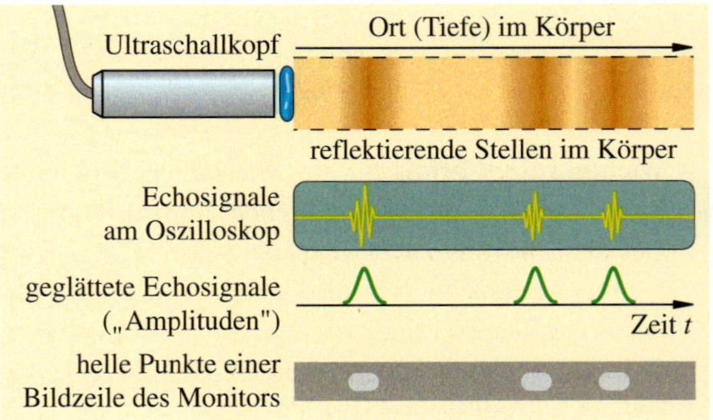

Interessantes

Moderne Schallköpfe enthalten viele nebeneinander liegende Schwingquarze. Jeder einzelne Quarz (oder eine Gruppe von einigen Quarzen) liefert mit jedem Wellenzug die Information für eine dem Wellenverlauf entsprechende Bildzeile. Mit 256 nebeneinander liegenden Quarzen erhält man in einem Durchgang 256 Bildzeilen. Ein Computer speichert diese Informationen. Fährt die Ärztin mit dem Schallkopf über den Körper, entstehen immer neue, sich überschneidende Bilder. Der Computer vergleicht sie blitzschnell und reiht sie passend aneinander. So entsteht in kurzer Zeit aus mehreren Bildsegmenten ein großflächiges Bild der Körperanatomie. Die Gynäkologin kann z. B. die Kopfgröße des Fötus messen und daran erkennen, ob das Kind sich normal entwickelt.

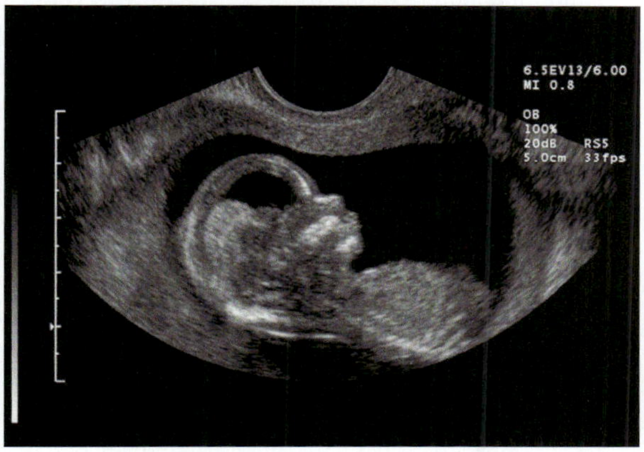

D. Dopplersonographie

Manchmal bieten selbst Bilder nicht genug Information. So kommt es bei Diabetikern (oder bei Raucherinnen und Rauchern) häufig zu Blutgefäßverengungen oder sogar zu Verschlüssen. Ärzte müssen dies frühzeitig erkennen. Hier hilft die *Dopplersonographie*.

Ein Schallkopf wird schräg auf die Haut gesetzt (➡ *Bild 1*). Der Sendequarz schickt eine kontinuierliche Ultraschallwelle der Frequenz f gebündelt in den Körper. In einem Blutgefäß unter der Haut trifft sie auf Blutkörperchen. Diese entfernen sich mit der Geschwindigkeit v von der Quelle und *empfangen* deshalb eine Welle, deren Frequenz um $f\,v/c$ kleiner ist als f. Jedes Blutkörperchen reflektiert die Welle und wird so zum bewegten *Sender*. Ein zweiter Quarz im Schallkopf empfängt deshalb eine reflektierte Welle mit nochmals um $f\,v/c$ verkleinerter Frequenz. Die gesamte Veränderung beträgt also $\Delta f = 2f\,(v/c)$. Bei einer Überlagerung von Sende- und Empfangsfrequenz tritt Δf als Schwebungsfrequenz auf – im Lautsprecher hört man ein Zischen mit jedem Pulsschlag. Ein reiner Ton

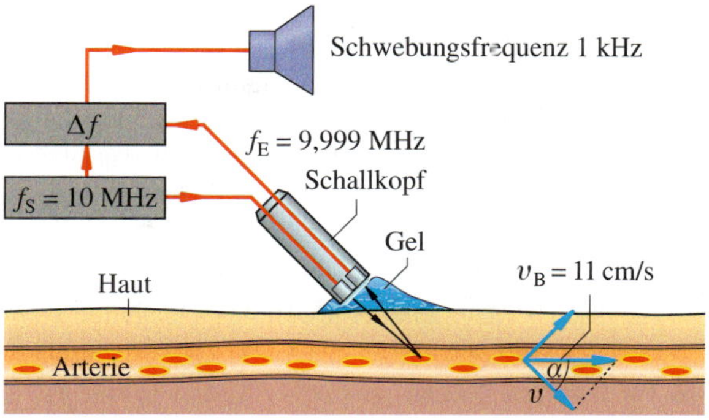

B 1: Die Frequenzänderung durch den zweimaligen Dopplereffekt ist $\Delta f = 2f\,(v/c) = 2f\,(v_B/c)\cos\alpha$. Bei einer Schwebungsfrequenz von 1 kHz ergibt sich mit $\alpha = 45°$, $c = 1570$ m/s, und $f = 10$ MHz ein Blutgeschwindigkeit von $v_B = 0{,}11$ m/s.

ist es nicht, da nicht alle Blutkörperchen gleich schnell sind. Mit schnellen Rechnern ist es möglich, ein anatomisches Bild zu erzeugen und gleichzeitig die Messwerte der Blutgeschwindigkeit farbcodiert in den Adern darzustellen (➡ *Bild 2*). Rot bedeutet z. B. eine Bewegung auf den Schallkopf zu, blau von ihm weg.

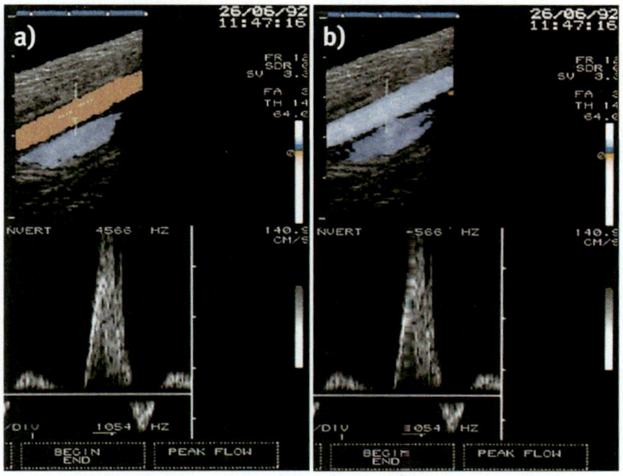

B 2: Flussrichtung und -geschwindigkeit des Blutes sind farbcodiert. **a)** Das Herz zieht sich zusammen, Blut fließt in der Arterie nach vorn (rot), in der Vene zurück (blau). **b)** Danach weitet sich das Herz. Kurzzeitig fließt Blut auch in der Arterie rückwärts, deshalb ist sie jetzt ebenfalls blau eingefärbt.

A 1: Die Frequenzverschiebung einer von einem bewegten Gegenstand reflektierten Welle ist $\Delta f = 2f\,(v/c)$. Leiten Sie diese Formel her ($v \ll c$).

A 2: Wie groß muss in ➡ *Bild 1* die Sendefrequenz f mindestens sein, wenn $v = 0{,}01$ m/s eine noch hörbare Schwebungsfrequenz liefern soll?

Das ist wichtig

A. Schwingung – Schwingungszeiger

Jede harmonische Schwingung kann durch einen rotierenden Zeiger beschrieben werden. Dieser rotiert gegen den Uhrzeigersinn mit der konstanten Frequenz f der Schwingung. Seine Länge $\hat{s}$ entspricht der Schwingungsamplitude, der Drehwinkel $\varphi(t)$ ist die zeitabhängige Phase. Die Projektion des Zeigers auf die Schwingungsachse entspricht der jeweiligen Elongation $s(t)$.

B. Fortlaufende Wellen

Ein Erreger am Anfang einer (unendlich langen) Kette elastisch gekoppelter Masseteilchen erzeugt eine mechanische Welle. Er zwingt das nächste Teilchen in der Kette, seine Schwingung zu übernehmen. Weil es träge ist, führt es die Bewegung zeitversetzt aus. Es entsteht eine Phasenverschiebung. So geschieht es nach und nach allen Teilchen. Die Phasenverschiebung wächst mit der Entfernung vom Erreger.

Bei einer **Querwelle** schwingen die Teilchen des Trägers senkrecht zur Ausbreitungsrichtung. Es entsteht eine Wellenlinie mit Bergen und Tälern. Bei einer **Längswelle** schwingen die Teilchen längs der Ausbreitungsrichtung. Es kommt zu Dichteschwankungen.

In der Periodendauer $T = 1/f$ legt die Welle eine **Wellenlänge λ** zurück. λ ist der Abstand benachbarter Orte gleicher Phase, also die **räumliche Periodenlänge.**
Die **Geschwindigkeit** der Welle ist $\boldsymbol{c = \lambda f}$.

C. Zeiger zur Beschreibung von Wellen

Jedes Teilchen des Wellenträgers führt eine Schwingung aus. Deshalb ordnen wir jedem Teilchen auch einen eigenen, ortsfesten Schwingungszeiger zu.

Bei einer fortschreitenden harmonischen Welle rotieren alle Zeiger mit derselben Frequenz f. An jedem Ort können wir am jeweiligen Zeiger Amplitude, Phase und Elongation der Schwingung ablesen. Bei fortschreitenden Wellen sind die Zeiger gleich lang (falls keine Dämpfung vorliegt), ihre Phasen gegeneinander versetzt mit der räumlichen Periode λ der Welle.

D. Überlagerung gleichlaufender Wellen

Die Überlagerung von zwei Wellen ist die Überlagerung der zwei Schwingungen an jedem Ort des Wellenträgers. Im Zeigermodell ist das Ergebnis leicht vorhersagbar: Die beiden Schwingungszeiger $\hat{s}_1$ und $\hat{s}_2$ werden an ihrem Ort des Wellenträgers vektoriell addiert. Der resultierende Zeiger ist die Amplitude der neuen Schwingung am jeweiligen Ort.

Bei gleicher Frequenz beider Wellen entsteht als Ergebnis der **Interferenz** eine Welle mit gleicher Frequenz, aber neuer Amplitude. Man erhält diese mit einer einmal vorzunehmenden Addition der Zeiger.

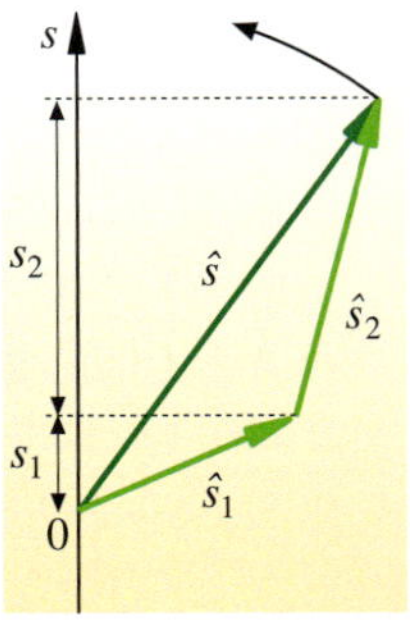

Bei einer Phasendifferenz $\boldsymbol{\Delta\varphi = 0}$ ist die Amplitude maximal (**konstruktive Interferenz**), bei $\boldsymbol{\Delta\varphi = \pi}$ ist sie minimal (**destruktive Interferenz**).

E. Stehende Wellen

Im Momentanbild einer nach rechts laufenden Welle nimmt die Phase nach rechts hin ab. Bei der nach links laufenden Welle nimmt die Phase nach rechts hin zu. Gegenläufige Wellen gleicher Frequenz und gleicher Amplitude liefern deshalb bei der Interferenz vom Ort abhängige (resultierende) Zeigerlängen. Es bildet sich eine **stehende Welle** aus. Zwischen zwei **Knoten** (Amplitude null) haben die Schwingungen gleiche Phase. **Der Abstand zweier Knoten beträgt eine halbe Wellenlänge.** In den Schwingungs**bäuchen** ist die Amplitude maximal.

Stehende Wellen bilden sich z. B. vor einem reflektierenden Ende eines Wellenträgers. Dies geschieht bei jeder Frequenz. Am **festen Ende** kommt es zu einem **Phasensprung von π**, dort ist immer ein Knoten. Am **freien Ende** wird **ohne Phasensprung** reflektiert, dort ist ein Bauch.

Ist der Wellenträger beidseitig begrenzt, können sich stehende Wellen nur bei den **Eigenfrequenzen** ausbilden; man spricht dann von **Eigenschwingungen.** Randbedingungen sind:

$$\boldsymbol{l = k\,\lambda/2}$$

bei gleichartigen Enden (fest – fest; frei – frei),

$$\boldsymbol{l = (2\,k - 1)\,\lambda/4}$$

bei verschiedenen Enden ($k = 1, 2, 3, \ldots$).

F. Dopplereffekt

Bewegt sich ein Wellenerreger relativ zum Träger, so ändert sich die Wellenlänge und damit die Frequenz. Diese Dopplerfrequenz bei *bewegtem Sender* ist ($v > 0$ bei Annäherung von Sender und Empfänger)

$$f' = f\,\frac{1}{1 - \frac{v}{c}}.$$

Bewegt sich ein Beobachter relativ zum Träger, so ändert sich für ihn die Ausbreitungsgeschwindigkeit der Wellen und damit ebenfalls die Frequenz

$$f' = f\left(1 + \frac{v}{c}\right).$$

Aufgaben

A 1: Erläutern Sie den Unterschied zwischen dem sinusförmigen *t*-*s*-Diagramm einer Schwingung und dem sinusförmigen *x*-*s*-Diagramm einer harmonischen Welle.

A 2: Das Bild zeigt eine nach rechts laufende Querwelle zum Zeitpunkt $t = 0$. An zwei Stellen sind Schwingungszeiger eingezeichnet. **a)** Zeichnen Sie selbst diese Welle für $t = 0$, indem Sie an allen markierten Stellen der *x*-Achse (alle $\lambda/8$) die Schwingungszeiger einzeichnen ($\hat{s} = 1{,}4$ cm; $\lambda/8 = 2{,}5$ cm). Ihre jeweiligen Elongationen ergeben die Punkte der Sinuslinie. **b)** Zeichnen Sie anschließend die Momentaufnahmen für $t = T/8$; $t = 2\,T/8$; $t = 3\,T/8$ und $t = 4\,T/8$. **c)** Eine zweite Welle gleicher Frequenz und gleicher Amplitude eilt dieser Welle um den Gangunterschied $\delta = \lambda/4$ voraus. Welcher Phasendifferenz entspricht dies? **d)** Beide Wellen interferieren. Zeichnen Sie für $t = 0$ die resultierende Welle mithilfe der resultierenden Schwingungszeiger.

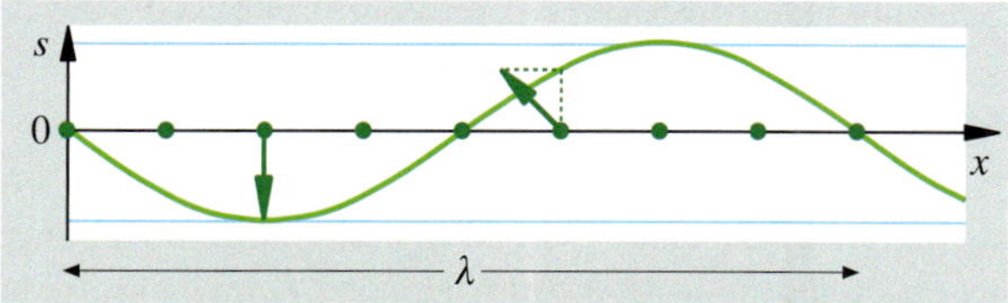

A 3: Wie groß ist die Wellenlänge einer Welle, deren Teilchen mit $f = 15$ Hz schwingen bei einer Wellengeschwindigkeit von $c = 4{,}5$ m/s?

A 4: (➡ *Vertiefung Wellengleichung*) Simulieren Sie mit einem Tabellenkalkulationsprogramm eine fortlaufende Querwelle ($c = 5$ m/s, $\lambda = 2$ m; $\hat{s} = 0{,}2$ m). Benutzen Sie die Gleichung für harmonische Wellen und *t* als Parameter (Eingabezelle für *t*).

A 5: Unter welchen Voraussetzungen bildet sich eine stehende Welle? Wie kann man mithilfe einer stehenden Welle die Wellengeschwindigkeit des Mediums bestimmen? Welche Bedeutung haben „festes Ende“ bzw. „freies Ende“ des Wellenträgers bei der Reflexion?

A 6: Ein Piezoquarz in einer elektronischen Schaltung führt Eigenschwingungen (5. Harmonische) mit $f = 100$ MHz aus. Wie lang muss er sein, wenn die Wellengeschwindigkeit im Quarz $c = 5\,300$ m/s beträgt?

A 7: Das Bild zeigt zwei Schwingungserreger (rote Zeiger). Von jedem läuft je eine Querwelle nach links und rechts (grüne Zeiger). **a)** Deuten Sie das Bild. **b)** Wie sehen die Zeiger $T/4$ später aus? **c)** Was ändert sich, wenn der rechte Erreger um $\lambda/2$ weiter rechts liegt?

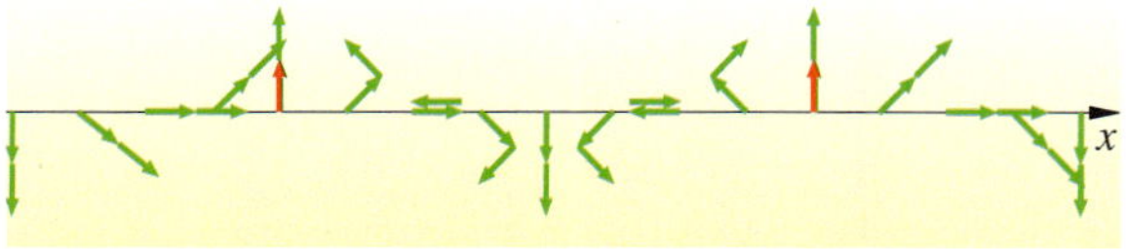

A 8: Nennen Sie mindestens zwei Methoden zur Messung der Schallgeschwindigkeit in Luft.

A 9: a) Ein Standzylinder wird langsam mit Wasser gefüllt. In seiner Nähe wird eine Stimmgabel (440 Hz) angeschlagen. Welche Füllhöhen liefern Resonanz? **b)** Welche Resonanzstellen ergeben sich, wenn sich im Zylinder nicht Luft sondern CO_2 befindet ($c = 267$ m/s)?

A 10: Durch welche physikalischen Eigenschaften werden Lautstärke, Tonhöhe und subjektiv empfundener Klang eines Musikinstruments bestimmt?

A 11: Der Gehörgang des menschlichen Außenohres entspricht angenähert einer Röhre von etwa 35 mm Länge. Bei welcher Frequenz entsteht Resonanz (1. Harmonische)? Welche biologische Bedeutung hat dies?

A 12: Wie lang muss man eine gedackte Pfeife machen, damit die 2. Harmonische um 400 Hz höher klingt als die 1. Harmonische? Welche Frequenzen haben dann die beiden Eigenschwingungen?

A 13: Eine angeschlagene Stimmgabel (440 Hz) wird mit einer Geschwindigkeit von $v = 5$ m/s auf eine Person zugetragen. **a)** Welche Frequenz hört diese direkt von der Stimmgabel? **b)** Welche Schwebungsfrequenz kann sie wahrnehmen, wenn sie vor einer reflektierenden Wand steht?

A 14: a) Ein Auto, dessen Hupe einen Ton der Frequenz 400 Hz erzeugt, fährt mit 72 km/h auf einen ruhenden Beobachter zu. Welche Frequenz hat der Ton, den der Beobachter hört? **b)** Ein anderer Beobachter fährt dem hupenden Auto entgegen. Er hört einen Ton der Frequenz 455 Hz. Wie schnell fährt er?

A 15: Ein 80 cm langes, beidseitig offenes Plastikrohr wird mit der Winkelgeschwindigkeit $\omega = 15\ \text{s}^{-1}$ im Kreis herumgeschleudert. Welchen Ton sendet es aus (1. Harmonische)? Wie groß ist **a)** die niedrigste und **b)** die höchste Frequenz, mit der ein Beobachter (in weiter Entfernung) dieses „Blasinstrument“ wahrnimmt?

A 16: Ein Polizeiauto fährt mit der Geschwindigkeit 36 km/h. Ein nachfolgender Kraftfahrer überholt den Polizeiwagen unverschämt laut und andauernd hupend. Kriminalkommissarin Luchs, die im Polizeiauto sitzt und nicht nur durch ihren Scharfsinn, sondern auch durch ihre Musikalität (sie besitzt das absolute Gehör!) bekannt ist, stellt sogleich messerscharf fest: Vor dem Überholen war im Polizeifahrzeug ein Hupton von 495 Hz zu hören; als der überholende Kraftfahrer einen Augenblick lang direkt neben dem Polizeiwagen fuhr, veränderte sich der Ton auf 480 Hz. Kommissarin Luchs, die zudem noch den Vorzug einer gediegenen physikalischen Bildung besitzt, weiß sofort, wie schnell der Überholende gefahren ist und hält ihn daraufhin an. **a)** Der Fahrer behauptet, er sei genau 50 km/h gefahren. Hat er Recht? **b)** Welche Frequenz hörte Kommissarin Luchs nach dem Überholvorgang?

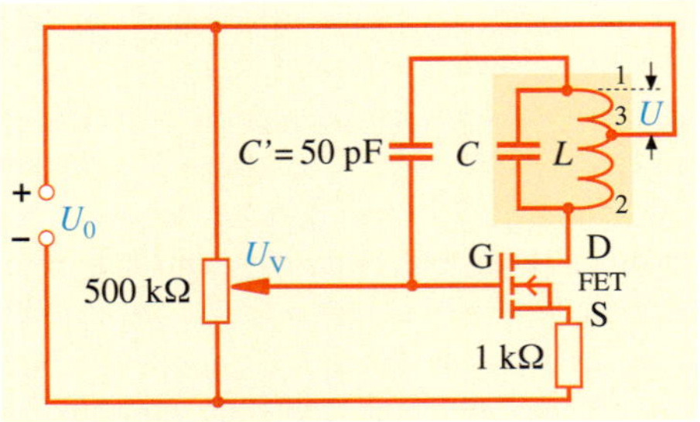

V 1: Dreipunktschaltung zur Erzeugung hoher Frequenzen: Für den Schwingkreis verwenden wir einen Kondensator variabler Kapazität $C = 10 ... 100$ pF und eine Spule der Länge 11 cm mit 13 Windungen und 3 cm Durchmesser. Ihre Querschnittsfläche ist $7{,}1 \cdot 10^{-4}$ m². Ihre Induktivität ist also $L = \mu_0\, \mu_r\, n^2 A/l = 1{,}36 \cdot 10^{-6}$ H.
Wir stellen die Spannung U_0 auf etwa 10 V ein und bringen eine Induktionsschleife nahe an die Schwingkreisspule. Der mit der Schleife verbundene Frequenzmesser zeigt bei $C = 100$ pF etwa 11 MHz an.

V 2: a) Wir verringern die Schwingkreiskapazität $C = 100$ pF und entfernen den Kondensator schließlich ganz. Die Frequenz verdoppelt sich etwa. Die Kapazität C' des Koppelkondensators darf nicht zu klein sein, sonst reicht die Rückkopplung zum Erregen der Schwingung nicht. **b)** Wir ersetzen den Koppelkondensator durch einen 27,12 MHz-Schwingquarz etwa gleicher Kapazität. Auf dessen Frequenz rastet der Oszillator ein. Wir erhöhen U_0 bis das Lämpchen der Prüfspule nahe an der Schwingkreisspule leuchtet (➠ *Bild 1a*). Die Glühlampe leuchtet in einem auf Resonanz eingestellten Schwingkreis (➠ *Bild 1b*) heller. Ein noch empfindlicheres Nachweisgerät erhalten wir, wenn wir die Wechselspannung des Resonanzkreises mit einer Germaniumdiode (wegen der hohen Frequenzen) gleichrichten und die Gleichspannung mit einem Drehspulinstrument messen (➠ *Bild 1c*).

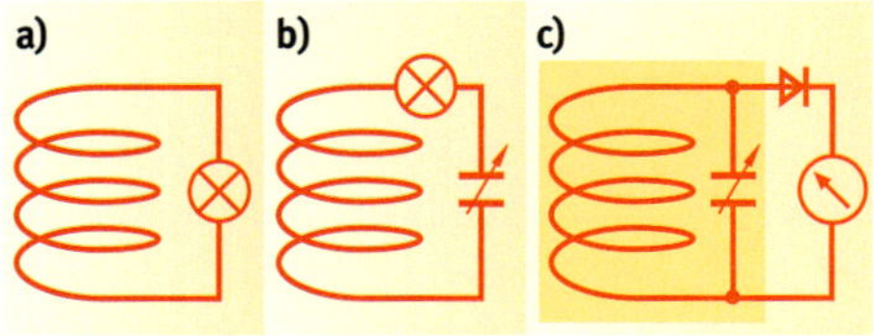

B 1: a) Prüfspule **b), c)** Resonanzkreise zum Nachweis hochfrequenter Schwingungen

Vom Schwingkreis zum strahlenden Dipol

Im Jahr 1886 entdeckte der Physiker Heinrich HERTZ die elektromagnetischen Wellen in Aufsehen erregenden Experimenten. Fernsehen, Rundfunk und Handy zeugen von dieser weit tragenden Entdeckung. Die elektromagnetischen Wellen bestätigen glänzend FARADAYS Feldkonzept, das der Theoretiker MAXWELL mit seinen berühmten Gleichungen 1864 vollendet hatte. NEWTON sprach noch von Kräften, die unmittelbar, ohne Vermittlung des Zwischenraums, in die Ferne wirken, jedoch ohne sie zu erklären. Dagegen betrachteten MAXWELL und FARADAY die Vorgänge im Feld, also um Ladungen, Ströme und Magnete. Dazu schrieb EINSTEIN: „Nach MAXWELL dachte man sich das Physikalisch-Reale durch nicht mechanisch deutbare physikalische Felder dargestellt, die durch Differentialgleichungen beherrscht werden. Diese Auffassung des Realen ist die tiefgehendste und fruchtbarste, welche die Physik seit NEWTON erfahren hat."

Wie entstehen diese Wellen? An unserem Radio lesen wir für verschiedene Sender hohe Frequenzen ab. Wir müssen also sehr schnelle Schwingungen erzeugen.

1. Erzeugung hochfrequenter Schwingungen

Zur Erzeugung hochfrequenter elektromagnetischer Schwingungen braucht man nach der thomsonschen Gleichung Schwingkreise mit möglichst kleiner Kapazität und Induktivität. Statt der induktiven Rückkopplung benutzt man meist die so genannte **Dreipunktschaltung** (➠ *Versuch 1*). Sie arbeitet folgendermaßen:
Die Schwingkreisspule liegt mit ihren Anschlüssen 1 und 2 am Kondensator (C). Die Teilspannung $U(t)$ zwischen 1 und dem dritten Punkt 3 wird zur Rückkopplung genutzt. Vom Minuspol der Quelle (U_0) aus gesehen, hat Punkt 3 das Potential U_0, Punkt 1 also $U_0 + U(t)$. Über den Koppelkondensator C' gelangt nur der Wechselspannungsanteil $U(t)$ an die Steuerelektrode G des Transistors. Ist der Schwingkreiskondensator also gerade entladen ($U_{1,2} = 0$), so hat Punkt 1 das Potential U_0; die Steuerelektrode G hat davon unbeeinflusst das am Potentiometer voreingestellte Potential U_V.

Wird nun der Kondensator oben positiv geladen, so erhöht sich das Potential an 1 um $U(t)$. Dadurch wird über C' auch das Potential an G erhöht. Der Transistor wird leitend und führt dem Schwingkreis Energie zu, so wie bei der Meißner-Schaltung. Wird die obere Kondensatorplatte negativ, so wird das Potential an G verringert, der Transistor sperrt.
Der Schwingkreis in ➠ *Versuch 1* besteht aus einem Kondensator der Kapazität $C = 100$ pF und einer Spule der Induktivität $L = 1{,}36 \cdot 10^{-6}$ H. Seine Eigenfrequenz beträgt

$$f_0 = \frac{1}{T} = \frac{1}{2\pi\sqrt{LC}} = \frac{1}{2\pi} \frac{1}{\sqrt{1{,}36 \cdot 10^{-6}\,\text{H} \cdot 10^{-10}\,\text{F}}} = 13{,}6\ \text{MHz}.$$

Wir messen aber nur die Frequenz $f = 11$ MHz. Sie ist deutlich kleiner als $f_0 = 13{,}6$ MHz. Was haben wir übersehen?

Wir verringern die Schwingkreiskapazität. Wie erwartet, nimmt die Frequenz zu. Verblüffenderweise beobachten wir auch dann noch eine Schwingung, wenn wir den Kondensator vollständig entfernen (➠ *Versuch 2a*). Der Frequenzmesser zeigt nun etwa die doppelte Frequenz an. Müsste sie nicht unmessbar groß werden ($C \to 0$) oder aber die Schwingung aufhören?

Wir vernachlässigten bis jetzt zwei Kapazitäten, die auch zum Schwingkreis gehören. Es sind die im Transistor vorhandene Kapazität zwischen Gate G und Drain D sowie die des Koppelkondensators C'. In ➠ *Versuch 2b* ersetzen wir C' durch einen „Kondensator", zwischen dessen Platten sich ein kleines Quarzplättchen befindet. Dieser Quarz wird im elektrischen Feld zu mechanischen Schwingungen angeregt (➠ *Interessantes*). Da seine Eigenfrequenz (27,12 MHz) in der Nähe der Schwingkreisfrequenz liegt, zwingt er dem Schwingkreis seinen Rhythmus auf. Nun arbeitet unser Oszillator genau auf dieser für Schulversuche genehmigten Frequenz.

Wir erhöhen die Spannung U_0. Die Schwingungsamplitude nimmt zu. Wir können nun eine Prüfspule mit Glühlämpchen zum Nachweis der hochfrequenten Schwingung verwenden (➠ *Bild 1a*). Es leuchtet heller, wenn wir es in einen Schwingkreis einbauen und diesen auf Resonanz einstellen (➠ *Bild 1b*). Ein besonders empfindliches Anzeigegerät ist ein Resonanzkreis, an den über eine Diode ein Drehspulinstrument angeschlossen ist (➠ *Bild 1c*). Mit ihm können wir auch Schwingungen geringer Amplitude gut nachweisen.

Zur Erzeugung noch höherer Frequenzen setzt man die Induktivität immer weiter herab, bis für die Spule nur noch eine einzige Windung übrig bleibt. So kommt die Dreipunktschaltung nach ➠ *Bild 2* zustande. Bei einem Windungsdurchmesser von 3 cm schwingt der Oszillator mit etwa 400 MHz (➠ *Bild 3*). Zum Nachweis solcher Schwingungen mit einem Lämpchen in einer Resonanzschleife müssen diese kräftig genug sein. Für Schulexperimente ist hierfür die Frequenz 433,9 MHz vorgeschrieben. Auf diese Frequenz ist der für die folgenden Versuche verwendete Oszillator stabilisiert.

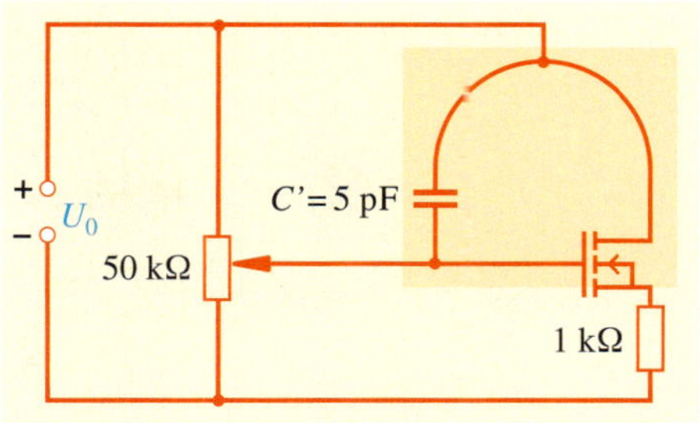

B 2: Dreipunktschaltung für sehr hohe Frequenzen

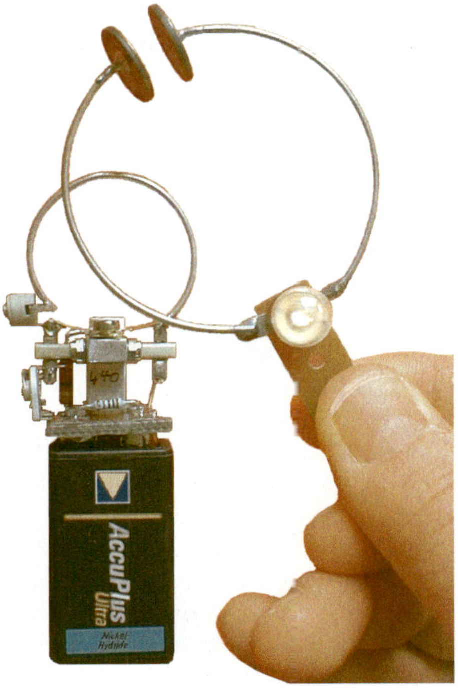

B 3: 400 MHz-Oszillator. Die Glühlampe im Resonanzkreis für 400 MHz leuchtet hell.

Interessantes

Der Schwingquarz

➠ *Bild 4a* zeigt einen Quarzkristall (SiO_2) vereinfacht. Die großen Kugeln (1, 3, 5) bedeuten Si^{4+}-Ionen, die kleinen blauen (2, 4, 6) je zwei O^{2-}-Ionen. In einem äußeren, nach unten gerichteten Feld werden die Si^{4+}-Ionen nach unten, die O^{2-}-Ionen nach oben verschoben. Dabei drängt sich Ion 1 zwischen 2 und 6, Ion 4 zwischen 3 und 5 (➠ *Bild 4b*). Der Kristall wird breiter und niedriger. Bei umgekehrter Feldrichtung wird er höher und schmaler. Solche Schwingquarze lassen sich deshalb im elektrischen Wechselfeld bei genau passender Frequenz zu starken mechanischen Resonanzschwingungen anregen. Sie geben den Quarzuhren ihre enorme Präzision.

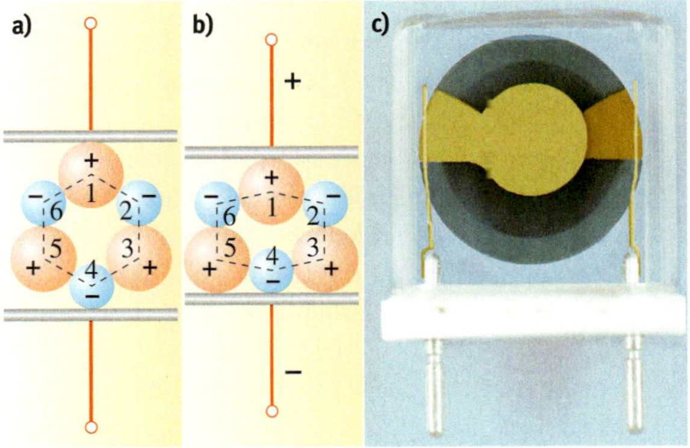

B 4: Schwingquarz **a)** normal, **b)** deformiert, **c)** Schwingquarz im Glasgehäuse (Foto)

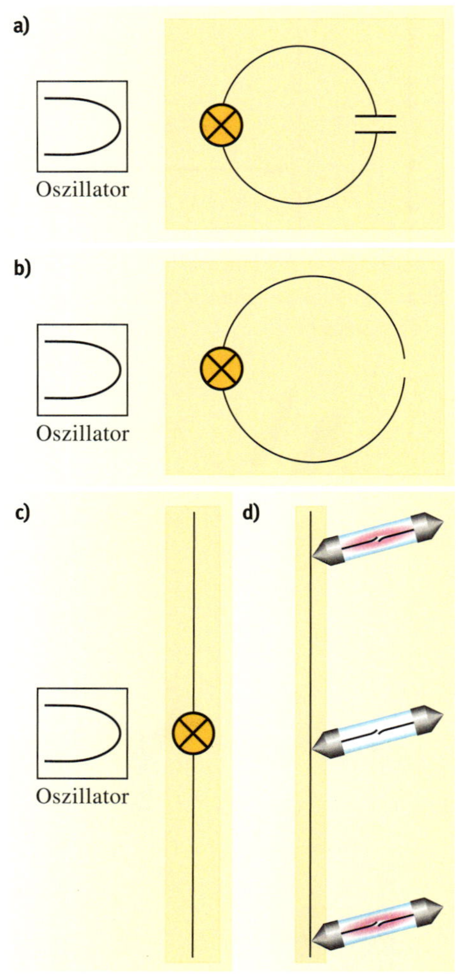

B 1: Vom Schwingkreis zum Dipol: Aus dem Schwingkreis **a)** wird eine offene Drahtschleife **b)** und schließlich ein Dipol **c)**. Die Glühlampe in seiner Mitte zeigt dort kräftige Wechselströme an. An seinen Enden enttarnt das Leuchten der Glimmlampe starke elektrische Wechselfelder **d)**.

V 1: a) Wir nähern den Schwingkreis der Oszillatorspule (→ *Bild 1*). Durch leichtes Verbiegen der Drahtschleife verändern wir den Abstand der Kondensatorplatten, bis das Lämpchen (3,5 V/70 mA) hell leuchtet. Bringt man die Plättchen noch weiter zusammen, so erlischt die Lampe. **b)** Der Durchmesser der Drahtschleife beträgt nun etwa 9 cm. **c)** Bei 34 cm Dipollänge leuchtet das Lämpchen am hellsten. **d)** Um die elektrischen Felder aufzuspüren, fahren wir mit einer Glimmlampe am Dipol entlang. In der Dipolmitte ist sie dunkel, an den Dipolenden leuchtet sie am hellsten.

2. Der Hertz-Dipol

Auf dem Weg zu immer höheren Frequenzen ist die Spule des Oszillator-Schwingkreises zu einer Drahtschleife verkümmert. Sie hat bei 434 MHz wenige Zentimeter Durchmesser. Die Schwingkreiskapazität beträgt nur noch einige Pikofarad. Wie sieht ein Resonanzkreis zum Nachweis der Oszillatorschwingung aus?

Die Drahtschleife des Resonanzkreises in → *Bild 1a* hat einen Durchmesser von 5 cm. An ihre Enden sind zwei Pfennigstücke als Kondensatorplättchen gelötet. Bei etwa 5 mm Abstand zwischen beiden Pfennigstücken leuchtet das Lämpchen besonders hell (→ *Versuch 1a*). Deren Kapazität ist kleiner als die des Transistors. Dafür ist die Drahtschleife (also auch ihre Induktivität) etwas größer als die im Oszillatorkreis.

Wir beobachten sogar Resonanz, wenn wir auf die Plättchen ganz verzichten und dafür die Drahtschleife noch etwas länger wählen (→ *Bild 1b*). Ihre beiden Enden liegen jetzt nahe beieinander, ohne sich zu berühren. Wir biegen die Drahtschleife noch weiter auseinander, bis wir schließlich einen geraden Leiter erhalten. Kann auch er zu Resonanzschwingungen angeregt werden?

In → *Versuch 1c* bringen wir in die Nähe der Oszillatorschleife einen leitenden Stab, dessen Länge durch übergeschobene Metallhülsen verändert werden kann. Bei einer bestimmten Länge leuchtet das in der Mitte des Stabes eingebaute Lämpchen besonders hell. Verändert man diese Länge, so wird es dunkler und erlischt schließlich ganz: Der Stab zeigt überraschenderweise Resonanz, also eine **Eigenfrequenz.**
Doch wo ist bei diesem Stab der Kondensator mit seinem elektrischen Feld, wo die Spule mit ihrem Magnetfeld geblieben?

In → *Versuch 1d* untersuchen wir mit einer Glimmlampe zunächst die Ladungsverteilung längs des Dipols. In der Mitte des Stabes bleibt die Glimmlampe dunkel, an seinen Enden leuchtet sie jedoch hell auf. Das ist verständlich, wenn man die im Stab hin- und herschwingenden Elektronen betrachtet. Häufen Sie sich z. B. im oberen Teil, so laden sie ihn negativ auf, dafür mangelt es an Elektronen im unteren Teil, der nun positiv geladen ist. An den Stabenden entstehen also im ständigen Wechsel Plus- und Minus*pole*. Deshalb wird der stabförmige Schwinger **Hertz-Dipol** genannt (nach Heinrich Hertz, 1857–1894).

An den Enden des Stabes ist die Ladungsanhäufung am größten. Folglich herrschen dort auch starke elektrische Felder. Am einen Ende gibt es für die Elektronen kein Weiterkommen, am anderen Ende fehlt den abfließenden Elektronen der Nachschub. Dort ist die Stromstärke jeweils null. Dagegen können die Elektronen ungestört durch die Stabmitte schwingen. Die Stromstärke ist hier maximal, also auch das den Strom umgebende Magnetfeld. Spule und Kondensator sind beim Dipol nicht mehr getrennt. Seine B- und E-Felder greifen fließend ineinander.

3. Endlich bestätigt sich FARADAYS Felddidee

Der Dipol lässt sich ebenso zu Schwingungen anregen wie die geschlossene Resonanzschleife. Was ist das Besondere an ihm?

In ➠ *Versuch 2a* bringt die Oszillatorschleife das Lämpchen des Dipols E nur zum Leuchten, wenn er sich in unmittelbarer Nähe der Schleife befindet. Fügen wir aber nach ➠ *Versuch 2b* zusätzlich den Dipol S ein, so zeigt das Leuchten des Lämpchens auch in größerer Entfernung noch kräftige Schwingungen des Dipols E. Wie wir wissen, wird S wie ein geschlossener Schwingkreis zu Schwingungen angeregt. Im Schwingkreis war das elektrische Feld auf den kleinen Bereich zwischen den Kondensatorplatten konzentriert, das magnetische praktisch auf die Spule. Das E- und B-Feld des Dipols reichen aber viel weiter. Wir nennen ihn deshalb **Sendedipol** S. Mit dem **Empfangsdipol** E registrieren wir auch noch in großem Abstand vom Sendedipol S die von ihm ausgehenden Wechselfelder. ➠ *Versuch 2c* zeigt, wie die Amplitude der E-Feldstärke mit dem Abstand abnimmt. Was erwarten wir?

Nach ➠ *Bild 2* seien die Enden eines Dipols der Länge l entgegengesetzt geladen. Der Vektor der elektrischen Feldstärke $\vec{E}$ in einem Punkt P der Mittelachse setzt sich aus den Komponenten $\vec{E}_1$ und $\vec{E}_2$ zusammen. Den ähnlichen Dreiecken entnehmen wir die Beziehung $E/E_1 = l/r$; daraus folgt $E = E_1\, l/r$. Nach dem Coulombgesetz ist außerdem $E_1 \sim 1/r^2$. Also gilt für die im Punkt P herrschende elektrische Feldstärke $E \sim 1/r^3$.

Um dies zu prüfen, vergrößern wir in ➠ *Versuch 2c* den Abstand des Empfangsdipols vom Sendedipol auf das Zehnfache. Die Empfangsfeldstärke müsste nach $E \sim 1/r^3$ auf den tausendsten Teil zurückgehen. Dies trifft aber überraschenderweise nicht ein. Selbst wenn wir den Abstand noch weiter vergrößern, geht die Amplitude der hochfrequenten elektrischen Feldstärke nicht so stark zurück wie die Feldstärke des elektrostatischen Dipolfeldes.

Was ist die Ursache? Wir wissen, dass sich das ebenfalls in den Raum ragende B-Feld ändert, also ein E-Feld (in Form geschlossener Feldlinien) induziert. Also sind wir in einigem Abstand von S nicht mehr auf die Dipolladungen angewiesen. FARADAY kannte diese Versuche nicht. Trotzdem ging er noch viel weiter. Er nahm an, dass alle Felder zum Ausbreiten im Raum Zeit brauchen, also eine endliche Geschwindigkeit haben (im Gegensatz zur momentanen Fernwirkung NEWTONS; ➠ *Interessantes*). Zusammen mit den beobachteten Schwingungen legt dies nahe, dass dabei Wellen eine Rolle spielen. Diese Hypothese prüfen wir im Folgenden.

Merksatz

Der Sendedipol hat weitreichende elektrische Wechselfelder um sich. Sie können mit dem Coulombgesetz, also mit den Ladungen des Dipols nicht mehr erklärt werden. Vielmehr entstehen sie durch Induktion aus den sie begleitenden Magnetfeldern.

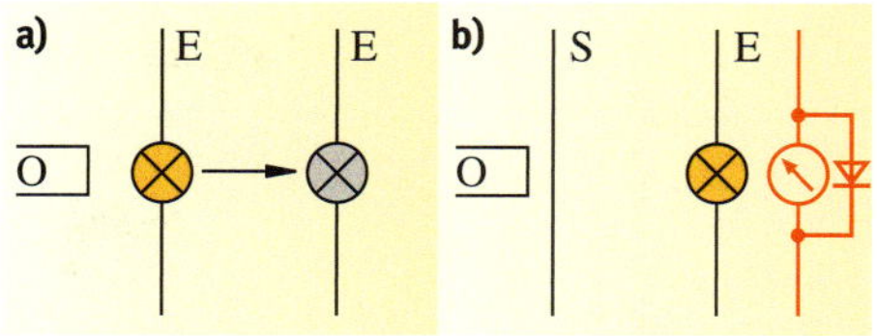

V 2: a) Wir vergrößern den Abstand des Dipols E zur Oszillatorschleife O. Sein Lämpchen erlischt. **b)** Es leuchtet erneut, wenn wir nahe der Schleife den Dipol S einfügen. **c)** Wir ersetzen das Lämpchen in E durch ein 10 V-Drehspulinstrument. Da es dem hochfrequenten Wechselstrom nicht folgen kann, schalten wir eine Gleichrichterdiode parallel. Jetzt fließen die Elektronen nur während der gesperrten Halbschwingung stets in derselben Richtung durch das Instrument. Damit können wir nun Feldstärken vergleichen. Im Abstand $r = 0{,}2$ m vom Sender messen wir etwa 10 V; bei $r = 2$ m noch etwa 1 V, also ein Zehntel der Feldstärke.

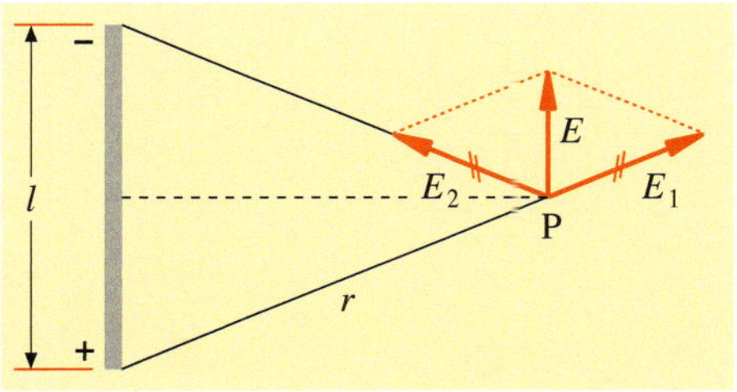

B 2: Die Ladungen des Dipols erzeugen im Punkt P die elektrische Feldstärke $\vec{E}$.

Interessantes

FARADAY mit Weitblick

FARADAY legte am 12. März 1832 seine weitschauenden Gedanken schriftlich bei der Royal Society in London nieder: „Gewisse Versuchsergebnisse bringen mich zu der Überzeugung, dass sich magnetische Wirkungen ausbreiten und dafür Zeit benötigen. … Ich meine, dass sich die Wellentheorie auf diese Erscheinungen ebenso anwenden lässt wie auf den Schall und sehr wahrscheinlich auch auf Licht. Ich denke, dass die Wellentheorie analog dazu auch auf die Erscheinungen der elektrostatischen Induktion (FARADAY meint damit die elektrische Influenz, also im Grunde das elektrische Feld) angewandt werden kann …“

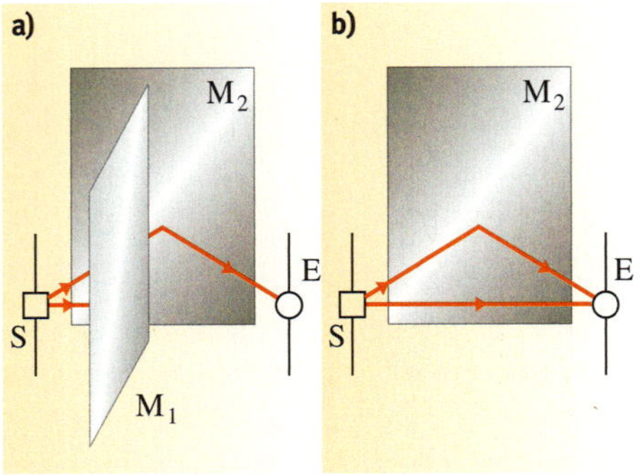

V 1: a) Wir bringen zwischen Sende- und Empfangsdipol eine Metallplatte M_1. Das Lämpchen im Empfangsdipol erlischt. Durch sie hindurch gelangt keine Energie zum Empfänger. Wir stellen eine zweite Metallplatte M_2 auf. Das Lämpchen leuchtet wieder. Energie gelangt durch Reflexion zum Empfänger. **b)** Die Platte M_1 wird entfernt. Wir verschieben die Platte M_2 vor und zurück (parallel zu sich). So ändern wir den Laufweg vom Sender über M_2 zum Empfänger. Das Lämpchen leuchtet und erlischt abwechselnd.

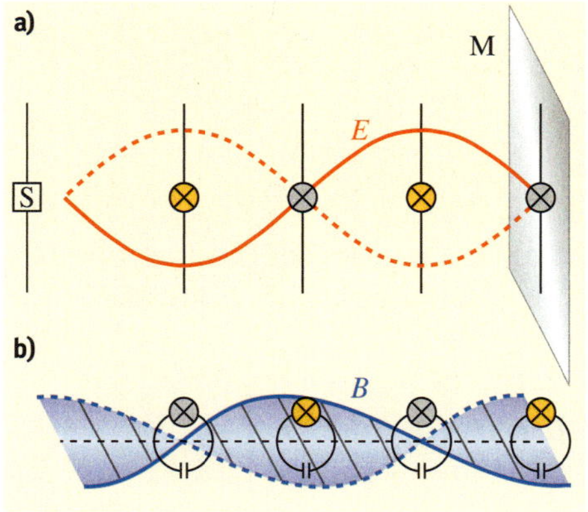

V 2: a) Wir bringen den Sendedipol S 1 bis 2 m vor eine Metallplatte M; dicht an diese bringen wir den Empfänger E. Das Lämpchen leuchtet nicht. Bewegen wir E senkrecht von M weg, so leuchtet das Lämpchen nach 17,3 cm, dann alle 34,5 cm auf. **b)** Die magnetischen Wechselfelder weisen wir mit einer Resonanzschleife nach. Den in ihr induzierten Wechselstrom zeigt ein empfindliches Lämpchen (1 V/10 mA) oder ein kleines Drehspulinstrument mit Diode an. Dicht an der Platte hat die Stromstärke ein Maximum; ebenso 34,5 cm, 69 cm, … vor der Platte. Genau dazwischen finden wir Minima.

Elektromagnetische Wellen erobern den Raum

1. An Interferenz erkennt man Wellen

Interferenzerscheinungen sind besonders typische Anzeichen für eine Welle. Sie entstehen z. B. bei der senkrechten Reflexion von Schallwellen. Vor der reflektierenden Wand zeigt ein Mikrofon im Abstand von $\lambda/2$ abwechselnd Bäuche und Knoten des Drucks. Finden wir Ähnliches auch bei den elektrischen Wechselfeldern?

Nach ➠ *Versuch 1a* unterbricht die Metallplatte M_1 den Energiefluss vom Sender S zum Empfänger E. Der Energiefluss findet aber durch Reflexion an der Metallplatte M_2 statt. Nun entfernen wir in ➠ *Versuch 1b* die Platte M_1. Die vom Sender S ausgehende Energie gelangt einmal direkt und zum anderen auf dem Umweg über die reflektierende Platte M_2 zum Empfänger E. Verschieben wir die Platte M_2 langsam parallel zu sich selbst, so nimmt die Amplitude der Empfangsfeldstärke im Wechsel ab und dann wieder zu. Dieses Versuchsergebnis deutet auf **Interferenz** hin, die je nach Wegdifferenz zu unterschiedlich großen resultierenden Amplituden führt.

Dann müsste es auch möglich sein, durch Überlagerung zweier einander entgegenlaufender Wellen eine **stehende Welle** zu erzeugen. In ➠ *Versuch 2a* tasten wir den Raum zwischen Sendedipol und Metallwand mit einem Empfangsdipol ab. Wir finden zwischen Wand und Sendedipol abwechselnd Stellen mit maximalem und minimalem Empfang, die sich als Bäuche und Knoten einer stehenden Welle deuten lassen: An den Bäuchen schwingt die elektrische Feldstärke stark, in den Knoten ist sie ständig null. An der Metallwand finden wir einen Knoten der elektrischen Feldstärke. Den Knotenabstand messen wir zu 34,5 cm.
Wenn der Dipol also eine Welle aussendet, dann hat diese die Wellenlänge $\lambda = 2 \cdot 34{,}5\ \text{cm} = 69\ \text{cm}$. Die Geschwindigkeit einer Welle ist $c = \lambda f$. Da der im Versuch verwendete Oszillator mit der Frequenz $f = 434$ MHz arbeitet, muss sich die Welle ausbreiten mit der unvorstellbar großen Geschwindigkeit von

$$c = \lambda f = 0{,}69\ \text{m} \cdot 434 \cdot 10^6\ \text{s}^{-1} = 3{,}0 \cdot 10^8\ \text{m s}^{-1}.$$

Wir sagten, in der Ferne entsteht das *E*-Feld durch seinen ständigen Begleiter, das *B*-Feld. Also muss das *B*-Feld nachweisbar sein. Dazu benutzen wir in ➠ *Versuch 2b* eine Resonanzschleife. Wir stellen dabei fest, dass die elektrischen Feldlinien senkrecht zu den magnetischen verlaufen. Wieder finden wir im Abstand von $\lambda/2 = 34{,}5$ cm Knoten bzw. Bäuche. Doch liegen die Bäuche der magnetischen Flussdichte in den Knoten der elektrischen Feldstärke und umgekehrt. Ganz Ähnliches ist Ihnen schon bei den Schnellebäuchen und Druckknoten einer stehenden Schallwelle begegnet.

Merksatz

Vom Sendedipol gehen Wellen elektrischer und magnetischer Felder aus. Die beiden Felder stehen senkrecht zueinander. Das Ganze nennen wir eine **elektromagnetische Welle.**

2. Die Welle ist selbstständig

J. C. MAXWELL konnte die elektrischen und magnetischen Felder mit zwei Gleichungen auseinander berechnen. Daraus folgerte er die wellenförmige Ausbreitung der vom Dipol ausgehenden elektromagnetischen Felder im Raum. Wie geht das vor sich?

Berechnen wir zunächst, wie das E-Feld unterwegs aus dem sich ändernden B-Feld durch Induktion entsteht (➠ *Bild 1*). Würde sich der Leiter nach links auf den ruhenden Magneten zu bewegen, so entstünde zwischen seinen Enden die Spannung $U = B\,d\,v$ (➠ *Versuch 3*). Sie entsteht auch, wenn sich – wie hier – das B-Feld gleich schnell über den ruhenden Leiter nach rechts bewegt. Dort wird ein E-Feld induziert, das die Elektronen nach oben verschiebt. Es existiert auch dann, wenn der Leiter fehlt. Er dient uns nur als Indikator für dieses E-Feld – er stellt sozusagen die Probeladungen zu dessen Nachweis bereit. Ein sich ausbreitendes Magnetfeld erzeugt also ein elektrisches Feld der Stärke

$$E = \frac{U}{d} = \frac{B\,d\,v}{d} = B\,v.$$

Ist die magnetische Flussdichte B maximal, so gilt dies wegen $E = B\,v$ auch für die elektrische Feldstärke E. Wird $B = 0$, so ist gleichzeitig an derselben Stelle auch $E = 0$. Das sich bewegende Magnetfeld wird also ständig von einem elektrischen Feld begleitet. Beide Felder breiten sich demnach mit derselben Geschwindigkeit aus und sind stets in Phase. Ihre Feldvektoren stehen dabei jeweils senkrecht aufeinander.
MAXWELL zeigte, dass auch wandernde elektrische Felder wiederum Magnetfelder hervorrufen. Das veranschaulichen wir mit ➠ *Bild 2*: Der geladene Kondensator bewege sich nach rechts. Die mit ihm bewegten Ladungen (+ und –) erzeugen als Ströme ein Magnetfeld. Es verläuft zwischen den Platten senkrecht zu den elektrischen Feldlinien. Nun entfernen wir in Gedanken die Platten beliebig weit voneinander, oder lassen sie ganz weg. Im Sinne von MAXWELL erfolgt das Erzeugen des B-Feldes allein durch das Wandern des E-Feldes. Es müssen weder Ladungen noch Ströme mitgeführt werden.
Das Ergebnis zeigt ➠ *Bild 3*: Die Welle breitet sich im Raum aus, auch wenn der Dipol zu schwingen aufhört. Sie ist nicht mehr auf ihn angewiesen. Mit dem sinusförmigen E-Feld läuft das erzeugte B-Feld phasengleich nach rechts. Die wandernden magnetischen Felder induzieren mitwandernde elektrische Felder, und diese erzeugen wiederum mitwandernde magnetische Felder. Dieser Vorgang kann auch im Vakuum stattfinden – ein Triumph der Feldtheorie.

Merksatz

Wandernde elektrische und magnetische Felder erzeugen sich wechselseitig. Die Feldvektoren $\vec{E}$ und $\vec{B}$ sind in Phase. Sie stehen senkrecht aufeinander und senkrecht zur Ausbreitungsrichtung.

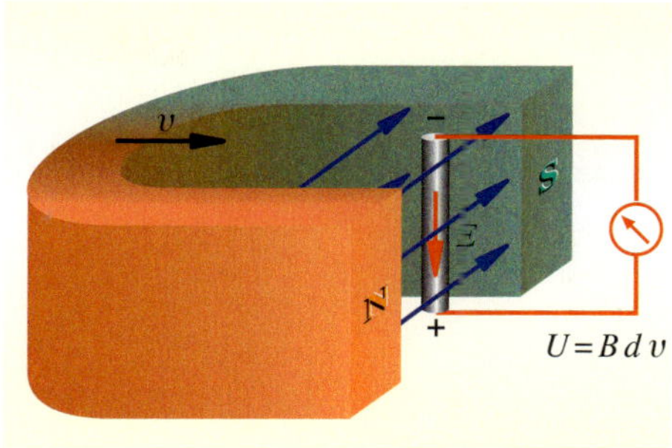

B 1: Ein bewegtes Magnetfeld erzeugt im ruhenden Leiter ein elektrisches Feld senkrecht zum B-Feld und hat Elektronen (–) nach oben verschoben.

V 3: In ➠ *Bild 1* ruht der Magnet zunächst. In seinem homogenen Feld bewegen wir den Leiter mit der Geschwindigkeit v nach links. Das Messinstrument zeigt die Spannung U. Dieselbe Spannung entsteht, wenn wir den Magneten nun bei ruhendem Stab mit der Geschwindigkeit v nach rechts bewegen.

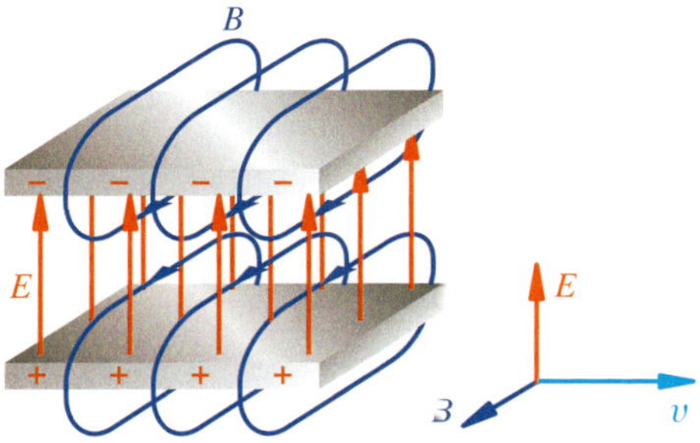

B 2: Ein bewegtes elektrisches Feld erzeugt ein magnetisches Feld.

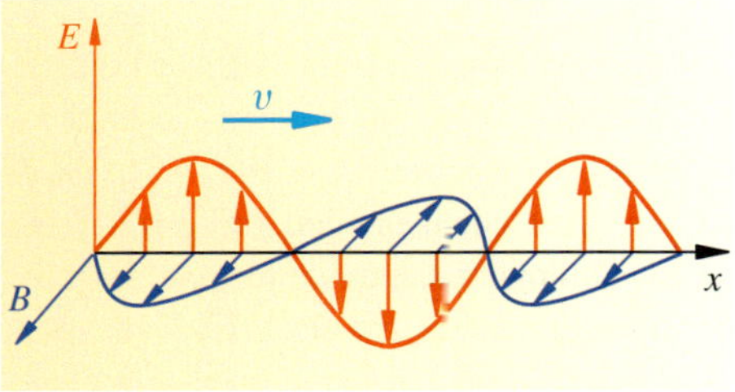

B 3: Feldvektoren $\vec{E}$ und $\vec{B}$ einer elektromagnetischen Welle

A 1: Bei einer stehenden elektromagnetischen Welle ist der Knoten der elektrischen Feldstärke vom nächsten Knoten der magnetischen 10 cm entfernt. Berechnen Sie die Frequenz der Schwingung.

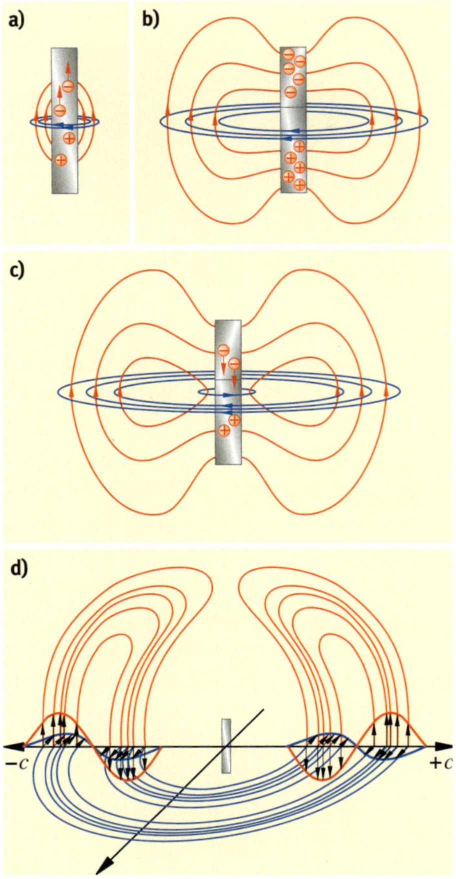

B 1: Entstehung der E- und B-Felder um den Dipol (von HERTZ mit MAXWELLS Gleichungen berechnet). **a)** Der Dipolstrom erzeugt das B-Feld mit seinen kreisförmigen Feldlinien. Die E-Feldlinien gehen in a) und genauso in **b)** noch von Dipolladungen aus. **c)** Eine E-Feldlinie hat sich bereits vom Dipol abgeschnürt und ist in sich geschlossen. Das Feld ist in Dipolnähe nach unten gerichtet. Dort hat auch das B-Feld seine Richtung geändert. **d)** Ausschnitt der E- und B-Felder in großem Abstand vom Dipol (oberer und vorderer Teil). Setzen Sie in Gedanken die rot gezeichneten E-Feldlinien nach unten fort und lassen sie diese außerdem um den Dipol als Achse rotieren. Dann entsteht ein zwiebelschalenförmiges Gebilde von geschlossenen Feldlinien. Sie haben weder Anfang noch Ende. Die blau gezeichneten magnetischen Feldlinien sind nach hinten zu ergänzen. Sie existieren aber nicht nur in einer Ebene, sondern verlaufen in jeder parallelen Ebene ringförmig um die Dipolachse senkrecht zu den E-Feldlinien.

3. Wie schnell ist eine elektromagnetische Welle?

Die wandernden magnetischen Felder induzieren die sie begleitenden elektrischen Felder. Diese erzeugen wiederum magnetische Felder. Dabei darf sich keine der beiden Feldarten auf Kosten der anderen bereichern; jede muss gleich viel geben und nehmen. Es liegt nahe, dass diese Bedingung erfüllt ist, wenn die Energiedichten des elektrischen ϱ_{el} und des magnetischen Feldes ϱ_{mag} stets gleich groß sind. Aus $\varrho_{el} = \varrho_{mag}$ und $E = B\,v$ folgt mit $\varrho_{el} = \frac{1}{2}\,\varepsilon_0\,\varepsilon_r\,E^2$ und $\varrho_{mag} = B^2/(2\,\mu_0\,\mu_r)$ die Geschwindigkeit

$$v = \frac{1}{\sqrt{\varepsilon_0\,\varepsilon_r\,\mu_0\,\mu_r}}.$$

Mit $\varepsilon_0 = 8{,}85419 \cdot 10^{-12}\ \text{C V}^{-1}\ \text{m}^{-1}$ und $\mu_0 = 1{,}25664 \cdot 10^{-6}\ \text{V s A}^{-1}\ \text{m}^{-1}$ sowie $\varepsilon_r = \mu_r = 1$ beträgt die Ausbreitungsgeschwindigkeit v der elektromagnetischen Welle im Vakuum – und praktisch in Luft

$$v = c = 2{,}99792 \cdot 10^8\ \text{m s}^{-1} \approx 3{,}0 \cdot 10^8\ \text{m s}^{-1}.$$

Denselben Wert erhielten wir auf der Suche nach ersten Indizien für die Existenz elektromagnetischer Wellen in *Ziff. 1*.

4. Die elektromagnetischen Felder im Raum um den Dipol

Bisher haben wir lediglich die $\vec{E}$- und $\vec{B}$-Vektoren der Welle längs einer bestimmten Richtung (der x-Achse) verfolgt. Diese Vektoren beschreiben die dort herrschenden elektrischen und magnetischen Feldstärken bzw. Flussdichten. Die Felder breiten sich jedoch im gesamten Raum um den Dipol aus; nur *in Richtung seiner Achse wandern keine Wellen.* ➡ *Bild 1* zeigt, wie sich die E- und B-Felder ausbilden. Sie werden von den im Dipol herrschenden Wechselströmen erzeugt, lösen sich von ihm und wandern als eigenständige elektromagnetische Wellen in den Raum. Allein die Maxwell-Gleichungen erklären deren Feldverlauf genau. Die Verteilung der elektrischen Feldstärke E und der magnetischen Flussdichte B, die wir von *Ziff. 2* schon kennen, ist in ➡ *Bild 1d* eingezeichnet.

Zeigt ein Empfangsdipol in Richtung der E-Feldlinien, so schüttelt das mit der Geschwindigkeit $\vec{c}$ darüber ziehende E-Feld die Elektronen in ihm besonders gut hin und her. Senkrecht zum E-Feld geraten die Ladungen nicht in Schwingung. Ebenso müssen magnetische Feldlinien die Resonanzschleife durchsetzen, um in ihr Ströme zu induzieren. Die $\vec{E}$- und $\vec{B}$-Vektoren stehen senkrecht zur Ausbreitungsrichtung. Die elektromagnetische Welle ist eine **linear polarisierte Querwelle.**

Merksatz

Der schwingende Dipol sendet eine elektromagnetische, linear polarisierte Querwelle aus. Deren E- und B-Felder schwingen in zueinander senkrechten Ebenen. Die Ausbreitungsgeschwindigkeit beträgt

$$c = \frac{1}{\sqrt{\varepsilon_0\,\varepsilon_r\,\mu_0\,\mu_r}}.$$

5. Eigenfrequenzen beim Dipol

Schon bei den ersten Versuchen sind wir darauf gestoßen, dass die Eigenfrequenz des Dipols etwas mit seiner Länge l zu tun hat. Bei $l = 34{,}5$ cm leuchtet das Lämpchen im Empfangsdipol am hellsten. Der Dipol schwingt in Resonanz mit der Oszillatorfrequenz $f = 434$ MHz. Die von ihm ausgesandte elektromagnetische Welle hat die Länge $\lambda = c/f = 3 \cdot 10^8\ \text{m s}^{-1}/(434 \cdot 10^6\ \text{s}^{-1}) = 69$ cm. Der Dipol ist also genau *halb* so lang. Das erinnert uns an die aus der Mechanik bekannten Eigenschwingungen linearer Wellenträger. Gibt es am Dipol selbst stehende elektromagnetische Wellen?

In ➠ *Versuch 1* untersuchen wir mit einer Resonanzschleife das magnetische Wechselfeld um den Dipol. Um seine Mitte ist es am stärksten; das B-Feld hat dort einen Schwingungsbauch. An den Dipolenden ist es am schwächsten; dort sind Knoten des B-Wechselfeldes. Das ist im Einklang mit dem Strom im Dipol, der die B-Felder erzeugt. In Dipolmitte hat die Stromstärke maximale Amplitude. Zu den Enden hin nimmt sie nach einer Kosinusfunktion bis auf null ab.
In ➠ *Versuch 1* leuchtet die Glimmlampe jedoch an den Dipolenden am hellsten. Sie werden von elektrischen Wechselströmen am stärksten aufgeladen. Dort sind Schwingungsbäuche des E-Wechselfeldes. Dies hat in der Mitte des Dipols einen Knoten.

Diese Ergebnisse deuten auf eine stehende elektromagnetische Welle entlang des Dipols hin. Er ist in seiner **Grundschwingung** angeregt, mit einem Strombauch in seiner Mitte.

In ➠ *Versuch 2* regen wir mit dem 434 MHz-Oszillator einen Kupferstab der Länge $l = 3\,\lambda/2 = 1{,}0$ m zu elektromagnetischen Eigenschwingungen an. Mit der Resonanzschleife finden wir drei Bäuche des magnetischen Wechselfeldes, also drei Strombäuche. Da $l = 3\,\lambda/2$ ist, schwingt der Stab in der 2. Oberschwingung. Die Leuchtstoffröhre zeigt vier Schwingungsmaxima der E-Feldstärke: Zwei an den Stabenden und zwei im Abstand $\lambda/2$ davon.

Die **Bedingung $l = k\,\lambda/2$** für eine stehende elektromagnetische Welle ist die gleiche wie für eine mechanische Welle mit zwei festen bzw. freien Enden. Ein leitender Stab der Länge l kann demnach nur bei den Wellenlängen $\lambda_k = 2\,l/k$ zu elektromagnetischen Resonanzschwingungen angeregt werden. Er hat die Eigenfrequenzen $f_k = c/\lambda_k = k\,c/(2\,l)$ $(k = 1, 2, \ldots)$. Das c ist das Gleiche wie im umgebenden Raum. Bestimmend sind auch hier die Felder um den Dipol, nicht dessen Material.

Merksatz

Die **Eigenfrequenzen f_k** eines leitenden Stabes hängen von seiner Länge l und der Ausbreitungsgeschwindigkeit c der elektromagnetischen Welle im umgebenden Stoff ab. Es gilt

$$f_k = k\frac{c}{2\,l}, \quad \text{mit } k = 1, 2, \ldots$$

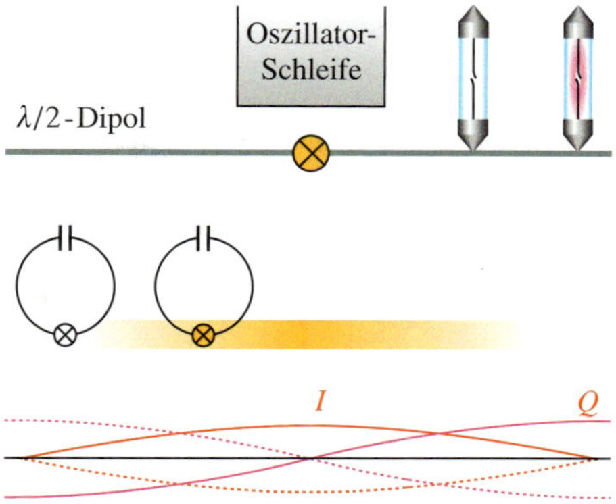

V1: Nachweis stehender elektromagnetischer Wellen am $\lambda/2$-Dipol; Stromstärke I und Ladung Q entlang des Dipols.
Wir bewegen einen Resonanzkreis ($f = 434$ MHz) am Dipol entlang. Das Leuchten des Glühlämpchens zeigt, dass die magnetischen Wechselfelder um die Dipolmitte am stärksten sind. Dagegen finden wir an den Dipolenden mit der Glimmlampe die stärksten elektrischen Wechselfelder.

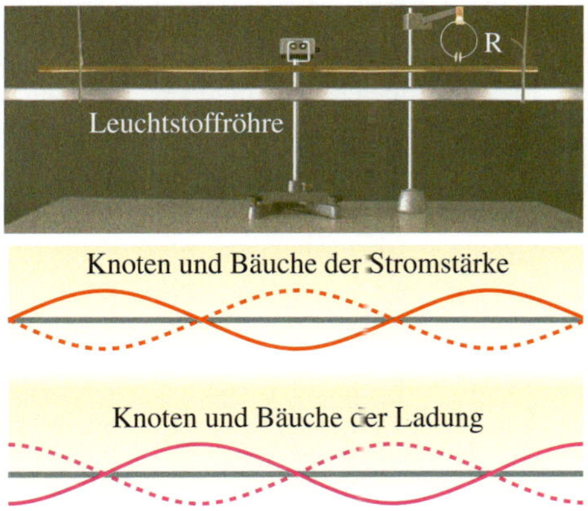

V2: Stehende Welle auf einem Kupferstab: Wir bringen einen Kupferstab der Länge $l = 3\,\lambda/2 \approx 1{,}0$ m mit seiner Mitte nahe an die Oszillatorschleife. Die Leuchtstoffröhre zeigt die Bäuche (hell) und Knoten (dunkel) des elektrischen Wechselfeldes. Das Lämpchen der Resonanzschleife R weist die Bäuche (hell) und Knoten (dunkel) des magnetischen Wechselfeldes nach. (R befindet sich in einem Bauch des B-Wechselfeldes.)
Im Knoten des magnetischen Wechselfeldes ($B = 0$) liegt ein Bauch des elektrischen; im Knoten des elektrischen Wechselfeldes ($E = 0$) befindet sich ein Bauch des magnetischen.

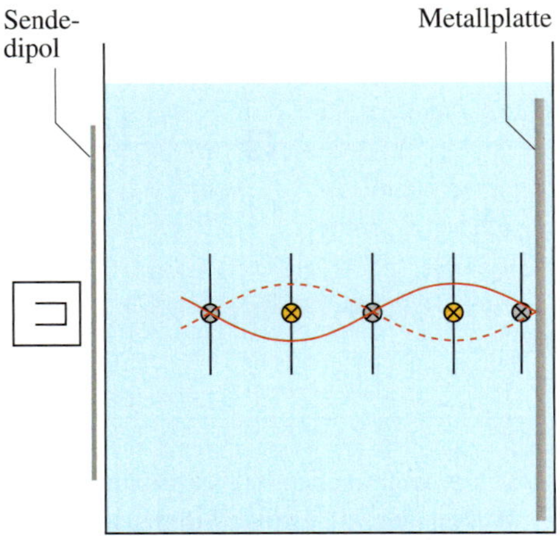

V 1: Stehende elektromagnetische Welle in Wasser: Wir stellen den vom Hochfrequenzgenerator angeregten Sendedipol neben einen Glastrog, der mit destilliertem Wasser gefüllt ist. Um die Wellenlänge λ_W in Wasser zu messen, bringen wir eine Metallplatte in den Trog. Die zur Platte hinlaufende und die von ihr reflektierte Welle bilden eine stehende elektromagnetische Welle. Die Kurven im Bild zeigen die Knoten und Bäuche des elektrischen Wechselfeldes an. Ein Knoten befindet sich auf der Metallplatte. Der Abstand der Knoten beträgt $d = \lambda_W/2 = 3{,}8$ cm. Die Wellenlänge in Wasser ist demnach $\lambda_W = 7{,}6$ cm.

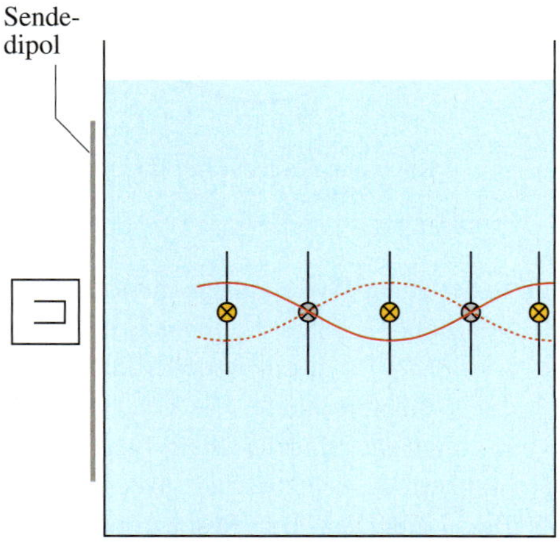

V 2: Wir entfernen die Metallplatte. Nun leuchtet das Lämpchen an den Stellen, an denen es zuvor dunkel war und umgekehrt. Die elektromagnetische Welle wird auch an der Grenzfläche Wasser-Luft reflektiert, wenn auch nicht vollständig. Der Rest verlässt den Trog durch die Glaswand. An der Glaswand entsteht ein Bauch des elektrischen Wechselfeldes.

6. Die elektromagnetische Welle in Materie

Bei den vielen Ähnlichkeiten zwischen mechanischen und elektromagnetischen Wellen dürfen wir einen ganz wesentlichen Unterschied nicht vergessen: Die elektromagnetische Welle braucht im Gegensatz zur mechanischen *keinen Träger*. Die sich selbst erhaltenden E- und B-Felder wandern ohne vermittelnden Stoff durch das Vakuum. Elektromagnetische Wellen können andererseits aber auch durch Mauern zum Empfänger gelangen. **Im Vakuum** breiten sie sich mit der Geschwindigkeit $\boldsymbol{c_0 = 1/\sqrt{\varepsilon_0 \mu_0}}$ aus; in einem Stoff müssen wir die durch ε_r und μ_r veränderten Feldstärken beachten. Es genügt ε_0 durch $\varepsilon_0\,\varepsilon_r$ und μ_0 durch $\mu_0\,\mu_r$ zu ersetzen:

$$c = \frac{1}{\sqrt{\varepsilon_0 \mu_0}\sqrt{\varepsilon_r \mu_r}} = \frac{c_0}{\sqrt{\varepsilon_r \mu_r}}.$$

Für die meisten Stoffe – mit Ausnahme der ferromagnetischen – ist die Permeabilitätszahl $\mu_r \approx 1$. Die Ausbreitungsgeschwindigkeit elektromagnetischer Wellen in solchen Stoffen beträgt deshalb

$$c \approx \frac{c_0}{\sqrt{\varepsilon_r}}.$$

Wasser mit der hohen Dielektrizitätszahl $\varepsilon_r = 81$ (bei 18 °C) eignet sich gut zur Bestätigung dieser Gleichung. – Wie die mechanische Welle behält auch die elektromagnetische ihre Frequenz nach dem Übergang in ein anderes Medium bei. Dagegen ändert sich mit c auch ihre Wellenlänge. Die Ausbreitungsgeschwindigkeit der Welle im Vakuum ist $c_0 = \lambda_0 f$, im Wasser $c_W = \lambda_W f$. Also ist

$$\frac{c_W}{c_0} = \frac{\lambda_W f}{\lambda_0 f} = \frac{\lambda_W}{\lambda_0}.$$

Die Wellenlängen verhalten sich also wie die Ausbreitungsgeschwindigkeiten. Mit $c_W = c_0/\sqrt{\varepsilon_r}$ ist demnach

$$\frac{\lambda_W}{\lambda_0} = \frac{c_0}{c_0\sqrt{\varepsilon_r}} \quad \text{oder} \quad \lambda_W = \frac{\lambda_0}{\sqrt{\varepsilon_r}}.$$

Mit $\varepsilon_r = 81$ wird $\lambda_W = \lambda_0/9$. Unser Sender strahlt in Luft eine elektromagnetische Welle mit $\lambda_0 = 69$ cm aus. Wir erwarten also für die Welle derselben Frequenz in Wasser die Wellenlänge $\lambda_W \approx 7{,}67$ cm. Tatsächlich – ein auf $\frac{1}{9}$ der ursprünglichen Länge verkürzter Dipol spricht an, sobald er im Wasser ist (➠ *Versuch 1*). Mit diesem Dipol finden wir, dass der Knotenabstand der stehenden elektromagnetischen Welle in Wasser $d = 3{,}8$ cm beträgt. Daraus folgt die Wellenlänge $\lambda_W = 7{,}6$ cm. Unsere Vermutung hat sich bestätigt.
Nach Entfernen der Metallplatte hat die stehende Welle im Wasser nun an der Grenzfläche zur Luft einen Schwingungsbauch der elektrischen Feldstärke (➠ *Versuch 2*).

Merksatz

Die **Ausbreitungsgeschwindigkeit *c*** elektromagnetischer Wellen ist in Stoffen mit $\mu_r = 1$ und der Dielektrizitätszahl $\varepsilon_r > 1$ kleiner als im Vakuum. Sie beträgt

$$c = \frac{c_0}{\sqrt{\varepsilon_r}} < c_0.$$

Interessantes

Der Mikrowellenherd

Im Mikrowellenherd durchdringt elektromagnetische Strahlung die Speise und erhitzt diese durch Abgabe von Strahlungsenergie. An seinen Metallwänden werden die Wellen reflektiert, sodass sie nicht nach außen dringen. Ihre Wellenlänge $\lambda = 12$ cm kann man mit einem auf Resonanz abgestimmten Draht der Länge $l = k\,\lambda/2$ ($k = 1, 2, \ldots$) überprüfen. Wir wählen die Länge $l = \lambda$ ($k = 2$). In *Versuch 3* befestigen wir den Draht in seiner Mitte mit etwas Plastilin am Rand eines Trinkglases (*Bild 1a*). Dort ist im Draht ein Stromknoten; im Abstand $\lambda/4$ davon befinden sich die Strombäuche, wo der Draht hell glüht (*Bild 1b*).

Die Frequenz des Wechselstroms beträgt $f = c/\lambda = 3 \cdot 10^8$ m s^{-1}/0,12 m $= 2{,}5 \cdot 10^9$ Hz $= 2{,}5$ GHz (GHz: Gigahertz). Solche hochfrequenten elektromagnetischen Schwingungen kann man kaum noch mit der Dreipunktschaltung erzeugen. Sie entstehen in einer speziellen Elektronenröhre, dem so genannten Magnetron (*Bild 2*). Es liefert elektromagnetische Strahlung bis etwa 1 Kilowatt. Wie funktioniert es?

Das **Magnetron** ist eine zylinderförmige Elektronenröhre, die sich in einem konstanten B-Feld (senkrecht zur Zeichenebene) befindet (*Bild 2*). In seiner Mitte werden aus der Katode K Elektronen ausgedampft und durch die anliegende Hochspannung $U_a = 3$ kV zum Anodenzylinder A beschleunigt. Dieser enthält 8 Bohrungen, jeweils mit einem Schlitz. Sie bilden 8 „Schwingkreise", die sog. Hohlraumresonatoren. Diese haben eine bestimmte Eigenfrequenz. Da benachbarte Resonatoren jeweils eine „Kondensatorplatte" gemeinsam haben, schwingen sie gegenphasig. Elektronen regen auf dem Weg von K nach A die Resonatoren an. Sie werden nämlich durch das statische B-Feld im Uhrzeigersinn abgelenkt. Im nach rechts gerichteten E-Feld von Resonator (1) erfahren sie eine Kraft nach links. Das E-Feld entzieht ihnen Energie, die Resonator (1) zukommt. Die abgebremsten Elektronen durchlaufen eine enge Schleife und gewinnen dann auf dem Weg in Richtung Anode erneut aus U_a Energie. So pumpen sie auf schleifenförmigen Bahnen während $T/2$ Energie in den Resonator (1).

Das E-Feld von Resonator (2) ist entgegengesetzt gerichtet. Elektronen werden dort auf Kosten der Energie von Resonator (2) schneller und durch die Lorentzkraft zur Katode zurückgeführt. Da diese Elektronen ausscheiden, überwiegt der Energiegewinn bei (1). Er wird durch eine Drahtschleife induktiv entnommen und als Mikrowelle der Speise zum Erhitzen zugeführt.

Die Stärke des statischen B-Feldes wird so gewählt, dass der Umlauf der Elektronen auf die Frequenz der Resonatoren abgestimmt ist. Deshalb kann sich die Schwingung beim Anlegen von U_a aufschaukeln, also selbst organisieren – analog zum Anblasen bei Pfeifen. Mit Magnetrons erzeugt man auch Radarwellen ($\lambda = 5$ mm … 30 cm).

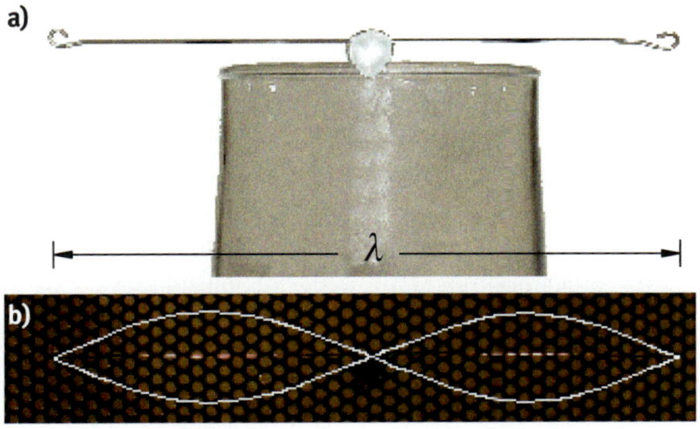

B1: a) Ein Draht der Länge $l \approx \lambda$ ist in seiner Mitte (im Stromknoten) mit Plastilin an einem Trinkglas befestigt. **b)** Im Mikrowellenherd wird dieses Dipol in seiner ersten Oberschwingung angeregt.

V3: Wir fertigen aus CrNi-Draht (Durchmesser: 0,35 bis 0,4 mm) eine Antenne der Länge λ. Die Enden biegen wir zu runden Schlaufen, um dort Funkenbildung durch zu hohe Feldstärken zu vermeiden (*Bild 1a*). Dadurch tritt Resonanz bei der etwas kleineren Drahtlänge $l = 11$ cm ein. Die Strahlungsenergie im Herd setzen wir durch ein Gefäß mit Wasser herab. Für die Antenne muss eine günstige Position gesucht werden. In *Bild 1b* erkennt man die Strombäuche am Glühen.

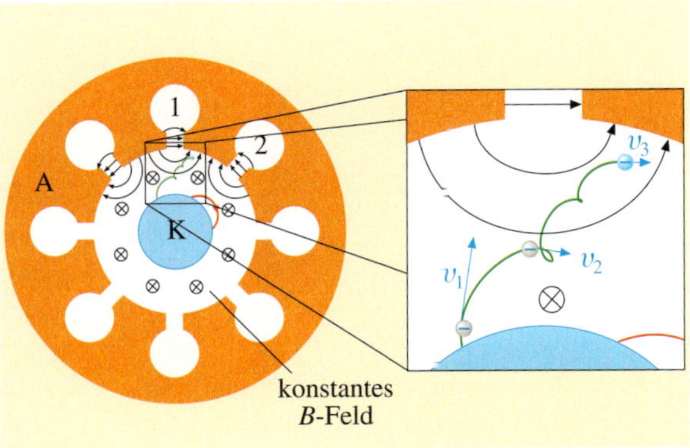

B2: Elektronenbahnen im Magnetron. Auf dem Weg (grün) von der Katode K zur Anode A wird ein Teil der Energie $e\,U_a$ vom Elektron an das Schwingkreisfeld weitergereicht (U_a ist die Spannung zwischen K und A).

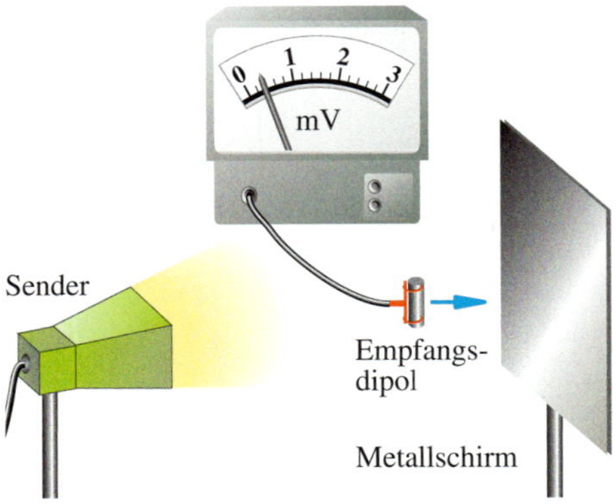

V1: Mit einer Hochfrequenzdiode als Empfangsdipol tasten wir den Raum um den Sender ab. Dieser strahlt ein ziemlich scharf begrenztes Wellenbündel aus. Wir bringen den Dipol auf die Mittellinie des Bündels und drehen ihn in der Ebene senkrecht zu dieser. In vertikaler Stellung ist der Zeigerausschlag des Instruments maximal. Dies ist die Richtung der $\vec{E}$-Vektoren der polarisierten Welle. Wir erzeugen durch Reflexion an einem Metallschirm stehende Wellen. Bewegen wir den Empfangsdipol auf die Wand zu, registrieren wir abwechselnd Maxima und Minima. Der Abstand $d = \lambda/2$ zweier benachbarter Minima ergibt die Wellenlänge $\lambda = 3{,}2$ cm.

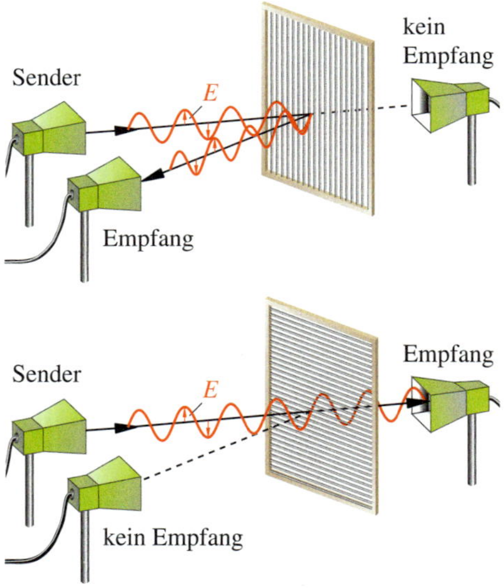

V2: Wir bringen zwischen Sender und Empfänger ein Gitter aus Metallstäben. Sind die Stäbe parallel zu den $\vec{E}$-Vektoren, so gelangt die Welle nicht zum Empfänger; sie wird reflektiert. Stehen die Stäbe senkrecht zu den $\vec{E}$-Vektoren, so durchdringt die Welle das Gitter und wird nicht reflektiert.

Drehung der Polarisationsebene

Weitere Eigenschaften elektromagnetischer Wellen lassen sich besonders gut bei Wellenlängen von einigen Zentimetern beobachten. Solche Wellen – meist Mikrowellen genannt – werden in ➠ *Versuch 1* aus der trichterförmigen Öffnung eines Mikrowellensenders als schmales Bündel ausgestrahlt. Mit einem kleinen Empfangsdipol überzeugen wir uns davon, dass die Strahlung auf einen engen Raum begrenzt ist. Wir bestimmen die Wellenlänge der Strahlung zu $\lambda = 3{,}2$ cm. Der Mikrowellensender schwingt demnach mit der Frequenz $f = c/\lambda = 9{,}4$ GHz.

Der Empfangsdipol hat etwa die Länge $\lambda/2 = 1{,}6$ cm. Steht er parallel zum $\vec{E}$-Vektor, so wird sein Spannungssignal maximal. In ➠ *Versuch 1* ist dies die vertikale Richtung. Senkrecht dazu geht das Signal auf null zurück. Die elektrischen Felder der Welle liegen also mit dem Empfangsdipol in einer vertikalen Ebene; die Welle ist linear polarisiert.
Zur Erhöhung der Empfangs- und Richtungsempfindlichkeit benutzen wir im Folgenden einen Diodendipol mit Trichter.

1. Schlüpft die Welle durch ein Gitter?

Aus ➠ *Versuch 1* wissen wir, dass Mikrowellen von einer Metallplatte nahezu vollständig reflektiert werden. Wie ist es aber mit einem Gitter aus Metallstäben? Gelangen die Wellen durch das Gitter zum Empfänger?

In ➠ *Versuch 2* registriert der Empfänger hinter dem Gitter kein Signal, wenn dessen Stäbe parallel zum $\vec{E}$-Vektor liegen. Die Welle wird nahezu vollständig reflektiert. Sie läuft jedoch ungehindert durch das Gitter, wenn die Stäbe senkrecht zum $\vec{E}$-Vektor stehen. Reflexion tritt dann nicht auf.

Eine Erklärung für diese seltsame Erscheinung ist, dass die parallel zum $\vec{E}$-Vektor ausgerichteten Metallstäbe vom elektrischen Wechselfeld der Welle zu erzwungenen Schwingungen angeregt werden. Ein solcher Gitterstab stellt nämlich einen Dipol dar, dessen Eigenfrequenz wegen seiner verhältnismäßig großen Länge wesentlich kleiner ist als die Frequenz des Wechselfeldes. Analog zu erzwungenen mechanischen Schwingungen gilt: Das E-Feld des Stabes schwingt im Gegentakt zum E-Feld der auftreffenden Welle. Dabei wirken die Stäbe als Sendedipole und strahlen nach beiden Seiten eine elektromagnetische Welle ab. Hinter dem Gitter läuft sie in dieselbe Richtung wie die Originalwelle, die das Gitter nahezu ungestört durchläuft. Da die Felder beider Wellen mit der Phasenverschiebung π schwingen, löschen sie sich hinter dem Gitter aus. Auf der anderen Seite – vor dem Gitter – tritt dagegen eine reflektierte Welle auf.

Dreht man die Stäbe um 90°, so können diese nicht zu Schwingungen angeregt werden. Es entstehen keine zusätzlichen Wellen. Die auftreffende Welle geht einfach durch. Reflexion findet nicht statt.

Wir können diese Überlegungen auch auf die Reflexion der elektromagnetischen Welle an einer Metallplatte übertragen: Weil die $\vec{E}$-Vektoren der ankommenden und der reflektierten Welle in der Platte gegenphasig schwingen, hat die stehende Welle auf der Platte einen Knoten des E-Feldes. Nun liegt die Orientierung der E- und B-Felder bezüglich der Ausbreitungsrichtung fest. Das E-Feld der Welle hat aber bei der Reflexion am Metall seinen Richtungssinn geändert (➠ *Bild 1*). Deshalb sind dort die $\vec{B}$-Vektoren der auftreffenden und der reflektierten Welle gleichgerichtet und verstärken sich. Folglich entsteht an der Metallplatte ein Schwingungsbauch des B-Feldes. Diesen konnten wir bei den längeren Dezimeterwellen ($\lambda = 6{,}9$ dm) mit einer Induktionsschleife nachweisen.

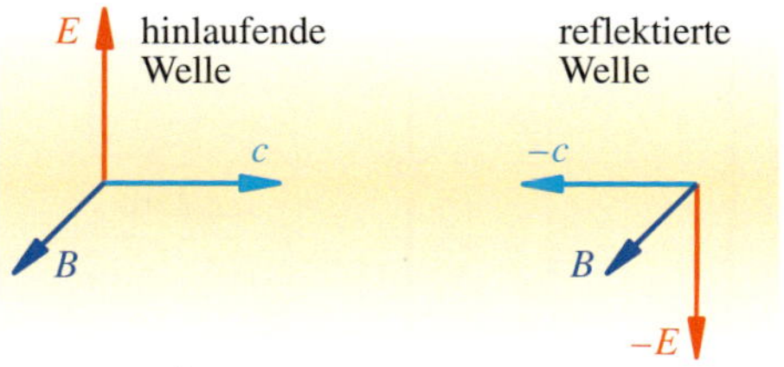

B1: Die $\vec{E}$-Vektoren der ankommenden und reflektierten Welle sind entgegengesetzt gerichtet. Die $\vec{B}$-Vektoren haben dagegen die gleiche Richtung und verstärken sich.

2. Das Gitter ändert die Polarisation der Welle

In ➠ *Versuch 3* ist das Gitter so um die Ausbreitungsrichtung gedreht, dass seine Stäbe schräg zu den $\vec{E}$-Vektoren liegen. In der Welle hinter dem Gitter stehen die $\vec{E}$-Vektoren senkrecht zu den Stäben. Wie kommt es zu dieser Drehung der Schwingungsebene des elektrischen Feldes?

Betrachten wir in ➠ *Versuch 3* die momentan im Punkt P eines Gitterstabes herrschende elektrische Feldstärke $\vec{E}$. Wir zerlegen den Vektor $\vec{E}$ in die Komponenten $\vec{E}_p$ parallel zum Stab und $\vec{E}_s$ senkrecht dazu. Wir ersetzen also die einlaufende Welle durch zwei Wellen. Nach ➠ *Versuch 2* wird nur diejenige Welle durch das Gitter gelassen, deren $\vec{E}$-Vektoren senkrecht zu den Stäben liegen. Ihre Schwingungsebene erscheint daher gegenüber der einlaufenden Welle um den Winkel α gedreht.

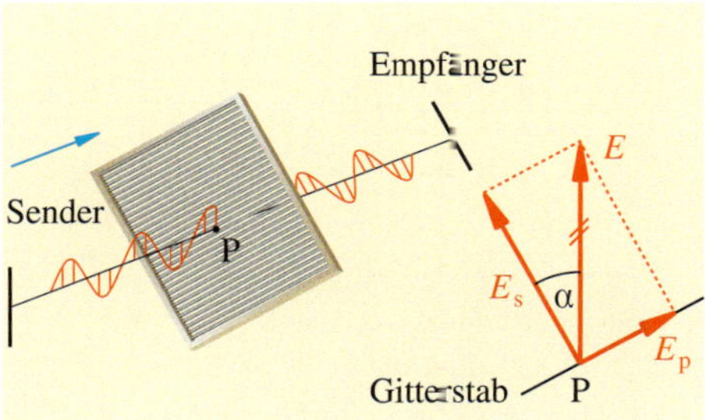

V3: Wir bringen ein Stabgitter so zwischen Sender und Empfänger, dass seine Stäbe schräg zur Schwingungsebene des elektrischen Feldes verlaufen. Der Empfang wird nicht ganz unterbrochen, sondern nur geschwächt. Das Stabgitter dreht die Polarisationsebene der Welle um den Winkel α. Nur der Anteil der Welle mit der Komponente $\vec{E}_s$ durchdringt das Gitter. Drehen wir den Empfangsdipol, bis er senkrecht zu den Stäben steht, wird der Empfang stärker und erreicht schließlich in der Stellung senkrecht zu den Drähten ein Maximum.

Merksatz

Von einer elektromagnetischen Welle durchdringt nur der Anteil ein Drahtgitter, dessen elektrische Feldstärkekomponenten senkrecht zu den Gitterstäben stehen. – Das E-Feld des hindurchlaufenden Teils der Welle schwingt senkrecht zu den Stäben.

Vertiefung

Zirkularpolarisation

Im Bild laufen zwei Wellen in gleicher Richtung. Ihre $\vec{E}$-Vektoren stehen senkrecht aufeinander, schwingen aber jeweils um $\pi/2$ phasenverschoben. Die Spitze des resultierenden $\vec{E}$-Vektors rotiert auf einem Kreis. So entsteht eine *zirkularpolarisierte* Welle, die für den Empfangsdipol keine Vorzugsrichtung hat. Sie findet z. B. bei Satelliten Anwendung, die um eine Achse rotieren.

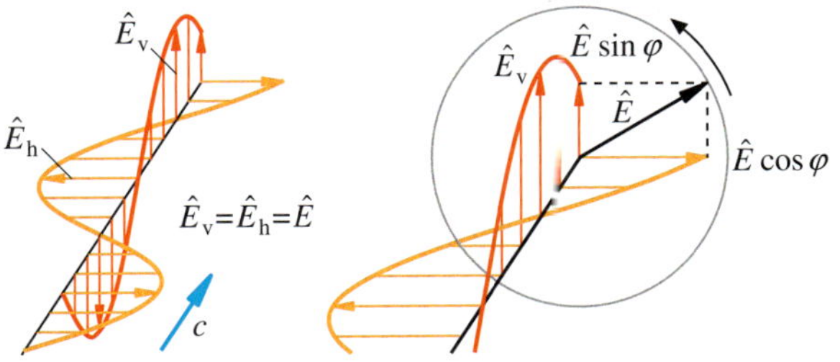

... noch mehr Aufgaben

A1: In ➠ *Versuch 3* wird der Empfangsdipol waagerecht gestellt. Warum geht der Empfang in dieser Stellung nicht vollständig zurück? In welcher Stellung ist genau dies der Fall?

A2: In ➠ *Versuch 3* hat die Welle vor dem Gitter die Amplitude $\hat{E} = 30$ V/m. Wie groß ist die Amplitude dahinter? ($\alpha = 30°$). Welche Amplitude hat die reflektierte Welle?

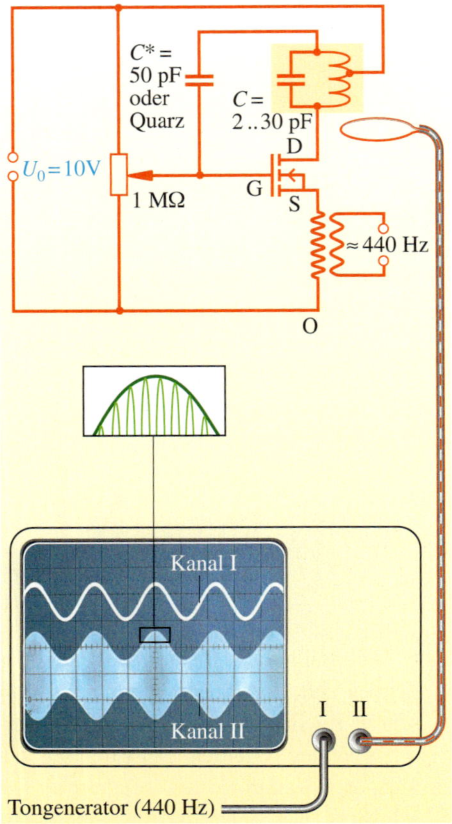

V 1: *Amplitudenmodulation:* Als Sender benutzen wir einen HF-Oszillator für $f = 27{,}1$ MHz. Zwischen O und S befindet sich die Wicklung (ca. 2 kΩ) eines kleinen Transformators. Dessen zweite Wicklung (ca. 20 Ω) ist an einen Sinusgenerator mit $f^* = 440$ Hz angeschlossen.
Zum Nachweis der HF-Schwingung bringen wir eine Induktionsschleife in die Nähe der Schwingkreisspule und verbinden sie mit Kanal II des Oszilloskops.
Mit Kanal I messen wir die 440 Hz-Schwingung (im Bild oberes Oszillogramm). Mit deren Frequenz ändert sich periodisch die Amplitude der HF-Schwingung. Bei der Zeitablenkung von 1 ms/cm kommen auf einen Zentimeter 27 100 Perioden der schnellen HF-Schwingung. Sie liegen so dicht, dass nur ihre Amplitudenänderung als Einhüllende sichtbar wird (im Bild unteres Oszillogramm).
Anstelle des Sinusgenerators können wir auch ein Kohlekörnermikrofon in Reihe mit einer Batterie (1,5–4,5 V) verwenden und 440 Hz durch Anschlagen einer Stimmgabel erzeugen.

Elektromagnetische Wellen übertragen Daten

Im Jahr 1895 gelang G. Marconi (Nobelpreis 1909 zusammen mit Ferdinand Braun) die erste drahtlose Übertragung von Nachrichten vom Dachboden seines elterlichen Hauses über mehrere hundert Meter. Im Jahr 1899 schaffte er eine funktelegrafische Verbindung über den Ärmelkanal, zwei Jahre später über den Atlantik. Die Erdkrümmung erwies sich besonders für Wellenlängen von einigen 10 m entgegen den Erwartungen nicht als Hindernis. Diese Wellen werden von der Ionosphäre (die Moleküle sind dort ionisiert) in etwa 100 km Höhe „reflektiert“. Heute übertragen elektromagnetische Wellen große Datenmengen über Satelliten und auf der Erde. Wie transportieren sie diese Daten?

1. Amplitudenmodulation (AM)

Der einfachste Datentransport besteht im Ein- und Ausschalten des Senders im Rhythmus der Morsezeichen. Bei dieser Kodierung nimmt die Amplitude der Welle nur zweierlei Werte an, nämlich ihren vollen Betrag oder null. Beim Empfänger kann man die Information z. B. aus der wechselnden Anzeige eines Messinstruments wieder entziffern. Weil die übertragenen Signale hier nur aus diskreten Amplitudenwerten bestehen, die man mit den Fingern abzählen kann, nennt man diese Übertragungsart **digital** (digitus, lat.; der Finger).

Wenn wir mit dem Radio Lang-, Mittel- oder Kurzwelle empfangen, tragen die elektromagnetischen Wellen die Musik oder Sprache der Tonschwingung folgend zum Empfänger. Wie übergibt man diese an die Welle bei **analoger** Übertragung?
In ➠ *Versuch 1* zeigt das obere Oszillogramm die Schwingungskurve eines 440 Hz-Tones. Diese Kurve wollen wir der elektromagnetischen Welle mitgeben. Dazu ändern wir im Schwingkreis die Amplitude der hochfrequenten Schwingung gemäß dem Verlauf der niederfrequenten Tonschwingung. So entsteht das untere Oszillogramm. Die Einhüllende der Hochfrequenzschwingung hat dabei die Kurvenform der Tonschwingung. Mit dieser ist dann auch die ausgestrahlte Welle moduliert. Diese Art der Kodierung ist eine kontinuierliche, analoge **Amplitudenmodulation**.

Wie entsteht in der Oszillatorschaltung (➠ *Versuch 1*) die Modulation der hochfrequenten Schwingung, auch **HF- oder Trägerschwingung** genannt? Die am Potentiometer (1 MΩ) eingestellte Spannung zwischen Source S und Gate G bestimmt die Amplitude der Trägerschwingung der Frequenz $f = 27{,}1$ MHz. Schaltet man den Sinusgenerator ein, so kommt zwischen O und S und damit auch zwischen G und S eine zusätzliche Wechselspannung der Tonfrequenz $f^* = 440$ Hz hinzu. Dadurch wird die Energiezufuhr zum Schwingkreis 440-mal in der Sekunde vergrößert und verkleinert. Entsprechend schwankt auch die Amplitude der HF-Schwingung ($f = 27{,}1$ MHz) im Rhythmus der Tonfrequenz ($f^* = 440$ Hz). Mit einer Induktionschleife am Oszilloskop weisen wir die mit der Sinusschwingung modulierte Trägerschwingung nach.

2. Die Tonfrequenz wird zurückgewonnen – Demodulation

Wir stimmen einen Resonanzkreis auf die Trägerfrequenz ab, so wie bei der Senderwahl am Radio. Das Oszilloskop zeigt ein besonders kräftiges Signal der modulierten HF-Schwingung wie im unteren Oszillogramm von ➠ *Versuch 1*. Es kann jedoch nicht einmal einen empfindlichen Kopfhörer zum Tönen bewegen. Dessen Membran ist zu träge, um den hochfrequenten Schwingungen zu folgen. Sie bleibt in Ruhe.
Nun kann und will man im Empfänger ja auch gar nicht die Sender-Hochfrequenz f hören, sondern die Niederfrequenz f^*, mit der sich die Amplitude der hochfrequenten Schwingung ändert. Wie man diese Amplitude mit einem Drehspulinstrument misst, zeigt ➠ *Versuch 2*.
Man muss die hochfrequente Schwingung *gleichrichten*. Wenn wir die Modulationsfrequenz f^* auf etwa 2 Hz einstellen, schwankt der Zeiger des Instruments mit dieser Frequenz um einen Mittelwert, genau wie die Membran eines Kopfhörers. Diese folgt der Schwingung aber auch noch bei $f^* = 440$ Hz. Ein Ton dieser Frequenz ist in ➠ *Versuch 2* aus dem über einen Verstärker angeschlossenen Lautsprecher hörbar.

In ➠ *Versuch 3* verfolgen wir mit dem Oszilloskop den Spannungsverlauf nach der Diode. Von der HF-Schwingung sind an Kanal II nur noch die positiven Spannungswerte zu sehen. Wenn wir den Widerstand R entfernen, geht die Spannung zwischen benachbarten Amplituden nicht auf null zurück. Die Kapazität des Kabels glättet die HF-Schwingung. Übrig bleiben nur ihre niederfrequenten Schwankungen um einen mittleren Gleichspannungswert (Kanal I). Man könnte sie nun durch einen Koppelkondensator von der Gleichspannung trennen und einem Verstärker zuführen. Auf diese Weise gewinnt man den Ton zurück – nun frei vom Träger. Diesen Vorgang nennt man **Demodulation.**

3. Übertragung auch ohne Antennen?

In ➠ *Versuch 2* und *3* sind Sende- und Empfangskreis dicht beieinander. Die Oszillatorspule induziert mit ihrem magnetischen Wechselfeld unmittelbar in der Empfangsspule die modulierten Trägerschwingungen. Zur Überbrückung großer Entfernungen müssen sie von einem $\lambda/2$-Dipol als elektromagnetische Welle abgestrahlt werden. Dazu wird der Dipol induktiv an die Oszillatorspule gekoppelt (➠ *Bild 1*). Es gelingt mit einer Spule aus nur wenigen Windungen, die die beiden Dipolhälften in der Mitte verbindet. Beide Hälften werden dafür ein wenig gekürzt, damit der Dipol in Resonanz schwingt. Auch der Empfangskreis kann so an eine Antenne gekoppelt werden.

Selbst ohne Sendeantenne gelangen die hochfrequenten Felder bis in die Nachbarräume (➠ *Versuch 4*). Um Störungen zu vermeiden, darf außerhalb der genehmigten Frequenzbereiche die Amplitude der elektrischen Feldstärke den Wert 50 μV/m an der Grundstücksgrenze nicht überschreiten.

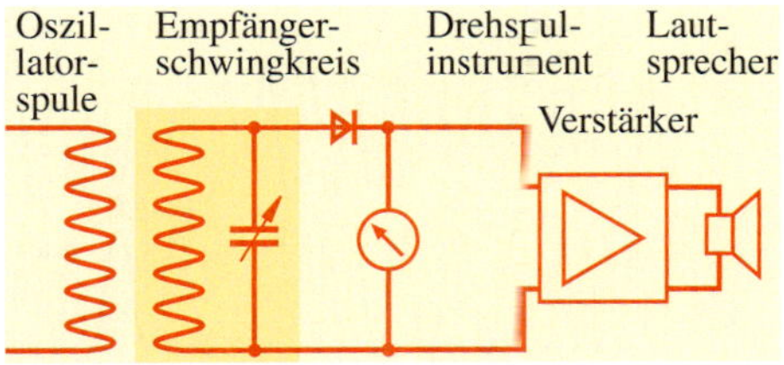

V2: Wir bringen einen Resonanzkreis nahe an die Oszillatorspule aus ➠ *Versuch 1*. Seine hochfrequente Wechselspannung wird von einer Diode gleichgerichtet. Die Modulationsfrequenz $f^* = 2$ Hz wird am Zeigerausschlag eines Instruments sichtbar, $f^* = 440$ Hz aus dem Lautsprecher hörbar.

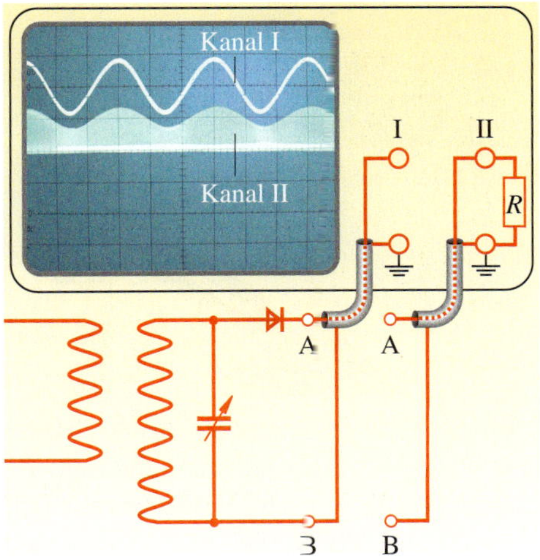

V3: Wir messen die gleichgerichtete Spannung U_{AB} mit dem Oszilloskop. Das Koaxialkabel glättet U_{AB} zwischen A-B und Eingang I durch seine Kapazität. An Kanal II ist ein zweiter Resonanzkreis mit Diode angeschlossen. Der Belastungswiderstand $R \approx 200\ \Omega$ entlädt das Koaxialkabel sofort, sodass die hochfrequenten Halbschwingungen sichtbar werden.

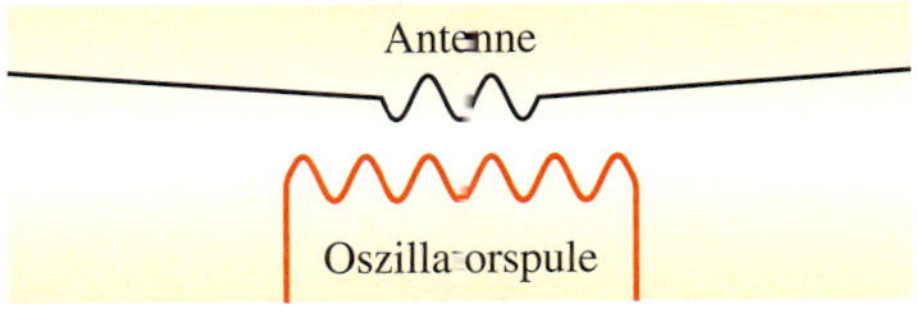

B1: Induktive Ankopplung an eine Antenne

V4: Wir ersetzen den Quarz des Oszillators durch einen veränderlichen Kondensator (30 … 200 pF) und stellen mit ihm eine Kurzwellenfrequenz des Radios ein (z. B. 10 MHz). Der 440 Hz-Ton ist gut hörbar.

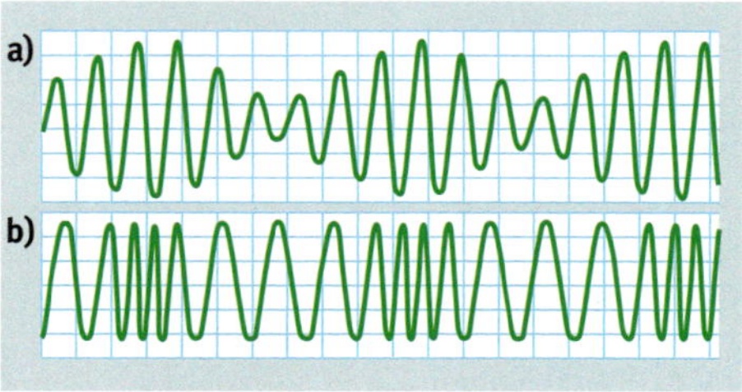

V 1: Ein t-y-Schreiber ist mit einem Sinusgenerator verbunden. Wir ändern am Drehknopf jeweils im gleichen Rhythmus **a)** die Amplitude (Amplitudenmodulation) bzw. **b)** die Frequenz (Frequenzmodulation). Im Bild ist das Ergebnis wiedergegeben.

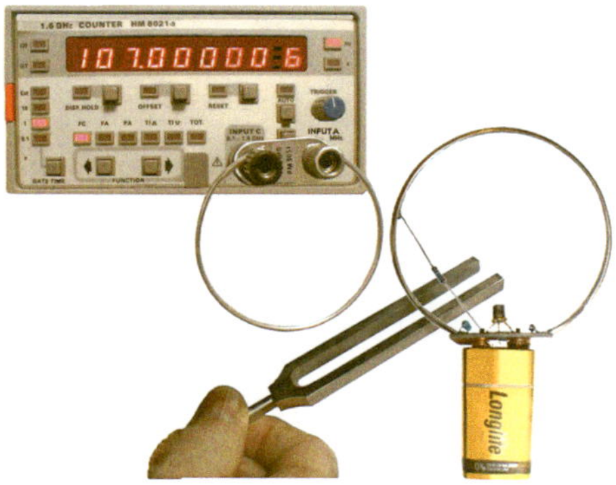

V 2: Der kleine Sender auf der 9 V-Batterie ist in Dreipunktschaltung aufgebaut. Dessen Frequenz f = 107 MHz misst ein Zähler mit angeschlossener Induktionsschleife. Wir bringen eine 440 Hz-Stimmgabel in die Nähe der Drahtschleife des Schwingkreises. Dabei ändert sich die Frequenz um etwa 100 kHz.
Schlagen wir die Stimmgabel nahe der Drahtschleife an, so ändert sich periodisch der Abstand ihrer Zinken zur Schleife. In eben diesem Rhythmus schwankt die Oszillatorfrequenz. Sie ist frequenzmoduliert. Auf UKW ist bei 107 MHz der 440 Hz-Ton im Radio zu hören.

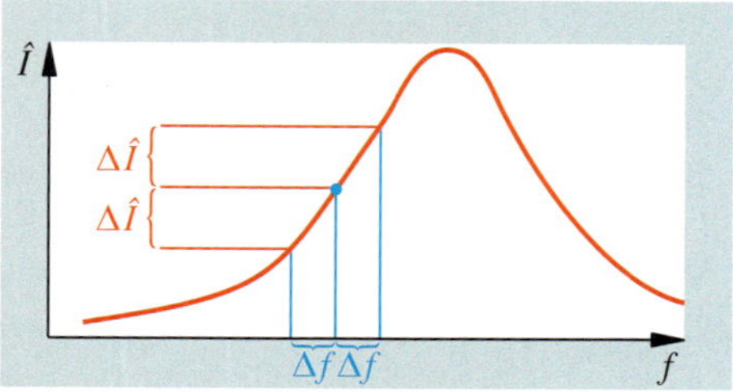

B 1: Die Änderung Δf der Trägerfrequenz bewirkt eine Amplitudenänderung $\Delta\hat{I}$.

4. Frequenzmodulation (FM)

Die Amplitudenmodulation ist nicht die einzige analoge Übertragungsart. Man kann auch die Amplitude konstant halten und dafür die *Frequenz* der Trägerschwingung im Rhythmus der zu übertragenden Tonschwingung ändern. In ➠ *Versuch 1* sind beide Modulationsarten aufgezeichnet. Die Amplitude der oberen Schwingung ändert sich im selben Rhythmus wie die Frequenz der unteren.

Frequenzmodulation (FM) verwendet man vor allem bei sehr hohen Frequenzen. Wenn Sie mit dem Radio „UKW" hören, empfangen Sie elektromagnetische Schwingungen von etwa 100 MHz. UKW ist die Abkürzung für Ultrakurzwelle. Bei f = 100 MHz beträgt ihre Wellenlänge $\lambda = c/f$ = 3,0 m. Ein Empfangsdipol, der in Resonanz schwingen soll, müsste also 1,5 m lang sein. Tatsächlich findet man an Kofferradios aber meist kürzere handlichere Antennenstäbe. Ihre fehlende Länge wird im Radio durch kleine Spulen ergänzt. Häufig sieht man nur einen einzigen Stab. Dann ersetzt der Apparat selbst die andere Dipolhälfte.

In ➠ *Versuch 2* übertragen wir die 440 Hz-Schwingung einer Stimmgabel durch Frequenzmodulation der Ultrakurzwellen. Als Empfänger dient ein Kofferradio, abgestimmt auf f = 107 MHz. Um die Trägerfrequenz f des kleinen Senders zu modulieren, bringen wir eine (zunächst noch nicht angeschlagene) Stimmgabel in die Nähe des Schwingkreises. Dessen Frequenz ändert sich dabei um etwa 100 kHz. Nach dem Anschlagen der Stimmgabel schwankt folglich die Frequenz im Rhythmus der Tonschwingung. Der 440 Hz-Ton ist aus dem Radio deutlich zu hören. In der Technik ändert man die Schwingkreisfrequenz z. B. mit einer Kapazitätsdiode. Üblich sind jedoch viel raffiniertere Verfahren.
Bei digitalem Rundfunk werden die Signale digital kodiert und durch Umschalten zwischen zwei Frequenzen übertragen.

Und wie wird die Lautstärke verarbeitet? Nun, je lauter der Ton ist, umso stärker schwankt die Trägerfrequenz f. Bei einem lauten Ton schwankt sie z. B. zwischen f – 50 Hz und f + 50 Hz, bei einem leisen nur zwischen f – 10 Hz und f + 10 Hz. Hat der Ton 1 000 Hz, so schwankt die Trägerfrequenz 1 000-mal je Sekunde zwischen den Extremwerten, bei 440 Hz dagegen 440-mal in 1 s. Bei der Amplitudenmodulation ändert die Lautstärke dagegen die Trägeramplitude.

Wie wird der Ton zurückgewonnen (Demodulation)? In einem besonders einfachen Verfahren wird im Empfänger ein Schwingkreis so eingestellt, dass die unmodulierte Trägerfrequenz in der Mitte des ansteigenden Teils seiner Resonanzkurve liegt (➠ *Bild 1*). Ändert sich nun die Trägerfrequenz z. B. 440-mal in der Sekunde, so wird die im Schwingkreis erzwungene Hochfrequenzschwingung 440-mal in der Sekunde stärker und schwächer. Ihre Amplitude $\hat{I}$ schwankt also im 440 Hz-Takt der Niederfrequenz. Aus dieser Amplitudenmodulation lässt sich die 440 Hz-Schwingung durch Gleichrichtung zurückgewinnenm (➠ *Ziff. 2*).

Interessantes

Digitaler Mobilfunk – mit dem Handy

Gabi schaltet ihr Handy ein. Noch bevor sie wählt, beginnt es zu senden. Dies zeigt ➠ *Versuch 3a*. Der auf die Sendefrequenz abgestimmte Empfangsdipol ist 17 cm lang. Das Handy sendet also mit $f \approx c/0{,}34\ \text{m} \approx 900\ \text{MHz}$ im D-Netz (im E-Netz ist $f = 1800\ \text{MHz}$). Was wird da ohne Gabis Zutun gesendet?

Das Handy sucht nach dem Einschalten die günstigste Basisstation ➠ *Bild 2*. Diese teilt ihm ihre verfügbaren Frequenzen und diejenigen benachbarter Stationen mit und fordert es zur Authentifizierung auf. Gehorsam sendet das Handy seine Geräte- und Benutzerdaten. Danach erhält es von der zentralen Vermittlungsstelle einen Identifikations-Code. Das alles dauert einige Sekunden. Das Netz kennt nun das Handy samt Standort.
Gabi kann Peter anrufen. Doch er meldet sich nicht. Sie lässt ihr Handy eingeschaltet und hofft auf seinen Anruf. Gabis Handy bleibt nun aber nicht untätig. Ständig prüft es, ob benachbarte Sender besser zu empfangen sind. Dazu schaltet es kurz auf deren Frequenzen und misst die Empfangsfeldstärken. Da Gabi im Auto unterwegs ist, empfängt das Handy seine Basisstation plötzlich schwächer, eine andere stärker.
In diesem Moment ruft Peter an. Während beide miteinander sprechen, entscheidet die Basisstation, das Gespräch an die andere mit dem stärksten Signal weiterzuleiten. Innerhalb einer Sekunde findet die Übergabe statt. Von all dem merken Gabi und Peter nichts. Auch nicht, dass bei der Fahrt durch einen Wald die Sendeleistung des Handys von der Basisstation aus erhöht wurde, sonst wäre die Verbindung dort abgerissen (➠ *Versuch 3b*).
Wie wird diese Datenflut fast zeitgleich bewältigt und das für eine große Zahl von Mobilfunkern?

V3: a) Schalten Sie das Handy ein. Das Lämpchen (1 V/0,01 A) im Empfangsdipol leuchtet mehrfach kurz auf. **b)** Während einer Verbindung blinkt es (auch ohne Sprechen) alle 0,5 Sekunden. Das Handy meldet die Empfangsfeldstärken. Behindern Sie mit der Hand in Antennennähe die Abstrahlung. Das Lämpchen blinkt nun heller. Die Basisstation hat die Sendeleistung des Handys innerhalb von zwei Sekunden erhöht. Wenn Sie sprechen, blinkt das Lämpchen ständig.

GSM – Global System of Mobile Communication

Wie das weltweit verbreitete digitale Funksystem GSM arbeitet, zeigt vereinfacht ➠ *Bild 2*. Dem Handy stehen von 890 MHz–915 MHz 124 Sendefrequenzen im Abstand von 200 kHz zur Verfügung, ebenso viele für den Empfang im Bereich von 935 MHz–960 MHz. Damit wären bei normaler FM-Modulation zeitgleich nur 124 Verbindungen über *eine* Basisstation möglich. Deshalb sendet und empfängt ein Handy nur in kurzen „Zeitschlitzen" von 577 µs Dauer; hier in jedem 5. von 8 Zeitschlitzen. So können 8 aufeinander folgende Zeitschlitze 8 verschiedenen Handys zugeordnet werden. Man erhält $124 \cdot 8 = 992$ Sprachkanäle. Davon steht nur ein Teil zur Verfügung, da benachbarte Stationen nicht dieselben Frequenzen benutzen können. Sie würden sich gegenseitig stören.
Im Handy wird die analoge Sprache digitalisiert, komprimiert und verschlüsselt, dann in einem Bruchteil des Zeitschlitzes ausgesendet. Beim Empfang wird alles wieder rückgängig gemacht. Jeder Zeitschlitz enthält 148 Bits digitale Information, davon maximal 114 für verschlüsselte Nutzdaten (z. B. Sprache), der Rest wird zum Synchronisieren der Zeitschlitze und Betriebsdaten verwendet. Zwischen dem Senden und Empfangen liegen 3 Zeitschlitze. Störungen durch Interferenz werden durch festgelegte Frequenzsprünge nach jedem 8. Zeitschlitz vermieden.

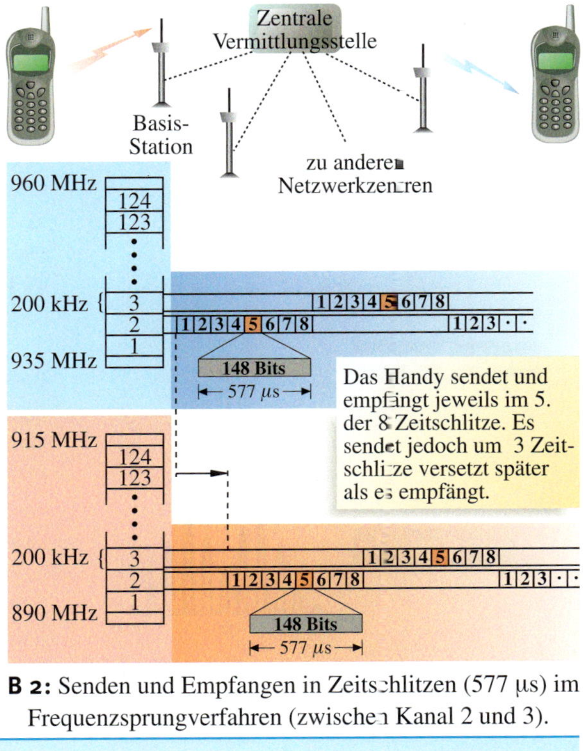

B 2: Senden und Empfangen in Zeitschlitzen (577 µs) im Frequenzsprungverfahren (zwischen Kanal 2 und 3).

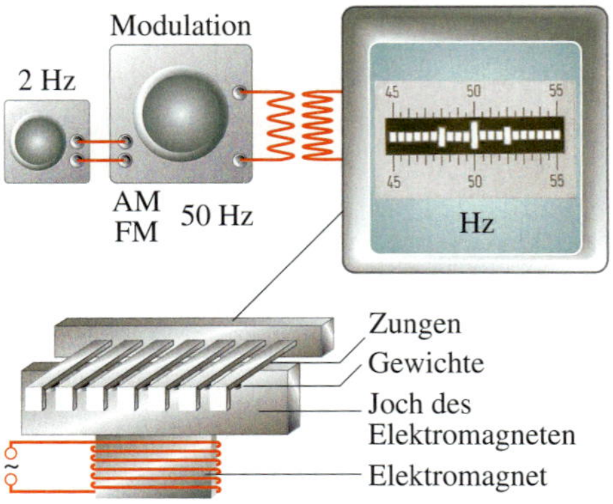

V 1: Der Modulationseingang eines Sinusgenerators ($f = 50$ Hz) erhält von einem zweiten eine sinusförmige Spannung von z. B. $f^* = 2$ Hz. Die modulierte Wechselspannung wird mit einem Transformator ($n_1 = 500$; $n_2 = 10\,000$) auf die Betriebsspannung des Zungenfrequenzmessers transformiert (Vorsicht Hochspannung!). Das vormagnetisierte Eisenjoch des Elektromagneten zieht gemäß dem Spannungsverlauf die Zungen periodisch an. Doch nur die Zungen geraten in Schwingung, deren Eigenfrequenzen in der Wechselspannung enthalten sind. Ihre Amplituden entsprechen denen der einzelnen Sinusspannungen. **a)** Bei Amplitudenmodulation schwingen die Zungen 48 Hz, 50 Hz und 52 Hz (➡ *Bild 1*, oben). Je größer die Amplitude der 2 Hz-Schwingung, also die Lautstärke, desto größer sind die Amplituden der beiden Seitenfrequenzen. **b)** Bei Frequenzmodulation schwingen außer bei 48 Hz und 52 Hz auch Zungen bei 46 Hz und 54 Hz (➡ *Bild 1*, unten). Auch deren Amplituden hängen von der Lautstärke ab.

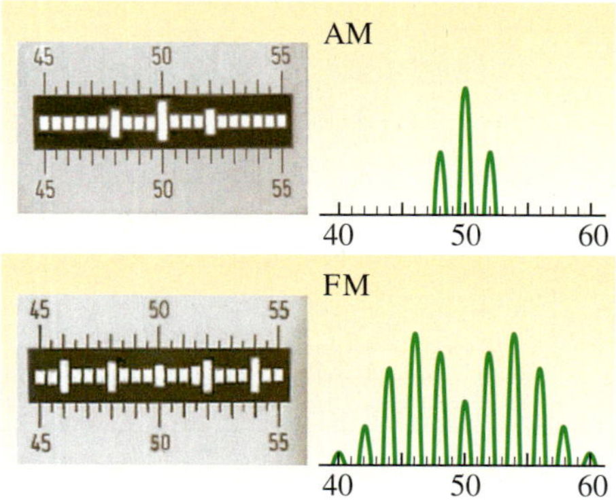

B 1: Spektrum einer mit 2 Hz modulierten 50 Hz-Schwingung. Oben: Amplitudenmodulation, unten: Frequenzmodulation.

Sender beanspruchen ganze Frequenzbereiche

1. Wie groß ist die beanspruchte Bandbreite?

Warum lassen sich nicht beliebig viele Radiosender z. B. im UKW- oder Kurzwellenbereich finden? Liegt es am Angebot? Sicher nicht, denn die Frequenzen sind heiß umkämpft. Wenn wir den Träger in der Amplitude oder Frequenz modulieren, sendet er eben nicht nur auf seiner ursprünglichen Frequenz. Jede übertragene Information beansprucht einen Frequenzbereich. Bei Frequenzmodulation ist dies einsichtig. Welchen Bereich belegt aber eine amplitudenmodulierte Aussendung?

In der Akustik haben wir erfahren, dass nur ein reiner Sinuston eine einzige Frequenz z. B. 440 Hz für sich beansprucht. Das Spektrum einer gleich hoch klingenden Gitarrensaite enthält dagegen eine Reihe weiterer Frequenzen. Ein Fourieranalyseprogramm (FFT = Fast Fourier Transformation) berechnet sie aus der Schwingungskurve.

Ein besonders einfaches Gerät zur Frequenzanalyse ist ein Zungenfrequenzmesser (➡ *Versuch 1*). Es enthält eine Reihe kleiner Blattfedern (Zungen), die mit verschiedenen Frequenzen (45 Hz bis 55 Hz) schwingen. Sie werden durch einen Elektromagneten in Bewegung versetzt. Nehmen wir an, der Elektromagnet ist mit zwei in Reihe geschalteten Sinusgeneratoren verbunden, die auf 50 Hz und 54 Hz eingestellt sind. Dann schwingen auch nur diese beiden Zungen. Mit diesem Zungenfrequenzmesser untersuchen wir das Frequenzspektrum einer amplituden- und einer frequenzmodulierten 50 Hz-Schwingung. Die Ergebnisse werden durch eine FFT-Analyse des Computers bestätigt. Sie lassen sich ohne weiteres auf hochfrequente Schwingungen übertragen.

In ➡ *Versuch 1a* ändern wir die Amplitude der 50 Hz-Schwingung mit der Frequenz $f^* = 2$ Hz. Bei dieser *Amplitudenmodulation* schwingen neben der 50 Hz-Zunge auch diejenigen bei 48 Hz und 52 Hz. Das zeigt auch die FFT-Computeranalyse (➡ *Bild 1*, oben). Diese Amplitudenmodulation belegt den Frequenzbereich von 48 Hz bis 52 Hz. Allgemein beansprucht sie den Bereich von $f - f^*$ bis $f + f^*$ (f: Tägerfrequenz, f^*: Modulationsfrequenz).

Bei der *Frequenzmodulation* in ➡ *Versuch 1b* ändern wir die Frequenz der 50 Hz-Schwingung ebenfalls im Rhythmus von 2 Hz. Nun schwingen noch zusätzlich Zungen bei 46 Hz und 54 Hz. Die FFT-Analyse entlarvt sogar noch weitere Frequenzen in Abständen von 2 Hz (➡ *Bild 1*, unten). Die Bandbreite ist bei Frequenzmodulation sehr viel größer. Die Amplituden der symmetrisch zu 50 Hz liegenden Seitenfrequenzen nehmen aber nach links und rechts schließlich ab.
Jede Aussendung von Nachrichten belegt einen ganzen Bereich von Frequenzen, den man als **Bandbreite** bezeichnet. Bei einer Musikübertragung sind sehr viele Frequenzen im Spiel, die sich links und rechts um die Trägerfrequenz f scharen.

Aussendungen in Frequenzmodulation beanspruchen eine sehr viel größere Bandbreite (z. B. UKW: $f \pm 75$ kHz) als in Amplitudenmodulation (z. B. Mittelwelle: $f \pm 5$ kHz). Es gibt jedoch raffinierte Verfahren, mit denen die beanspruchte Bandbreite weiter verringert werden kann. So genügt es z. B. nur eines der symmetrischen Seitenbänder auszusenden.

	Frequenz	Wellenlänge
Hörfunk	analog	
Langwelle	150–300 kHz	2 000–1 000 m
Mittelwelle	500–1 600 kHz	600–187,5 m
Kurzwelle	4–26 MHz	75–10 m
UKW	87,5–108 MHz	3,4–2,8 m
Fernsehen	analog bzw. digital	
analog	174–230 MHz	1,7–1,3 m
analog	470–790 MHz	0,6–0,4 m
digital	470–862 MHz	0,6–0,3 m
Satelliten-TV	analog bzw. digital	
und Hörfunk	11–13 GHz	0,03–0,02 m
Mobilfunk	digital	
GSM 900	890–960 MHz	0,34–0,31 m
GSM 1 800	1 710–1 880 MHz	0,18–0,16 m

T 1: Frequenzbereiche von Hörfunk, TV und Mobilfunk (Handy)

2. Im Funkverkehr herrscht Ordnung

Für die verschiedenen Funkdienste (z. B. Hörfunk, Fernsehen, Mobilfunk, usw.) sind bestimmte Frequenzbereiche vorgesehen (➠ *Tabelle 1*). Innerhalb eines Bereichs wird jedem Sender eine bestimmte Trägerfrequenz zugeordnet. Digitaler Funk beansprucht hohe Bandbreiten (beim Handy 200 kHz). Dies erfordert hohe Trägerfrequenzen, also sehr kurze Wellen. Handys haben deshalb sehr kurze Antennen.

3. Radioastronomie

Aus dem Weltraum, von Fixsternen und unserer Sonne kommen elektromagnetische Wellen ($\lambda = 3$ mm bis 20 m) zur Erde. Da sie Wolken größtenteils ungehindert durchdringen, kann man sie unabhängig vom Wetter auf der Erde empfangen. Mit großen parabolischen Metallspiegeln sammelt man die Wellen in deren Brennpunkten. Dort werden sie z. B. von Dipolen empfangen und an Verstärker weitergeleitet. Der Parabolspiegel in ➠ *Bild 2* hat einen Durchmesser von 100 m. Ähnliche Reflektoren kleineren Ausmaßes werden in der drahtlosen Telefonie, beim Radar, zur Funkübertragung durch Fernmeldesatelliten und für Satellitenfernsehen verwendet. Mit der **Radioastronomie** erfahren wir auch von Strahlungsquellen im Weltraum, die optisch nicht erfassbar sind.

B 2: Radioteleskop Effelsberg

Interessantes

Radar-Geschwindigkeitsmessung

Das Radar-Verfahren ist zur Überwachung des Flug- und Schiffsverkehrs unentbehrlich. Es benutzt Zentimeterwellen, um reflektierende Gegenstände zu orten. Aber auch deren Geschwindigkeit lässt sich mithilfe von elektromagnetischen Wellen ermitteln.

Das Prinzip einer solchen Radar-Geschwindigkeitsmessung zeigt ➠ *Versuch 2*. Unser Modellwagen trägt eine Metallplatte. Die an ihr reflektierte Welle bildet mit der auf sie zulaufenden eine stehende Welle. Diese verschiebt sich mit dem Wagen (hier nach rechts). Der Abstand der Knoten und Bäuche zur Platte bleibt erhalten. Der feststehende Empfangsdipol liefert bei jedem Feldstärkebauch, der ihn überstreicht, einen Zählimpuls. Werden n Impulse in der Zeit Δt gezählt, so hat der Wagen in dieser Zeit die Strecke $\Delta s = n\,\lambda/2$ zurückgelegt. Seine Geschwindigkeit ist dann $v = n\,\lambda/(2\,\Delta t)$.

In ➠ *Versuch 2* werden in 20 Sekunden 5 Impulse registriert. Bei einer Wellenlänge von 3,2 cm liefert die Gleichung für die Geschwindigkeit des Wagens $v = 5 \cdot 3{,}2$ cm/40 s = 0,4 cm/s.

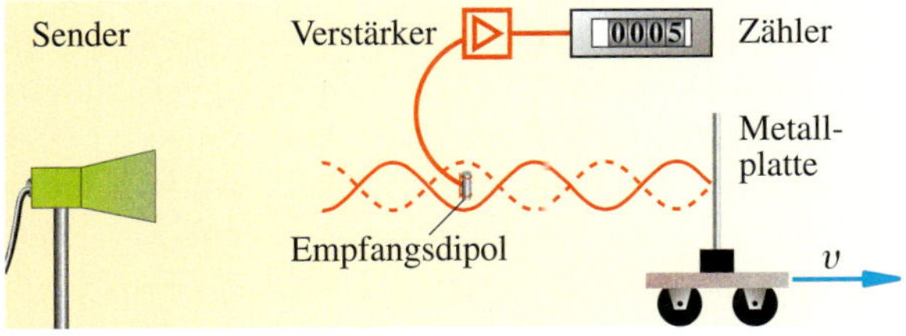

V 2: Wir befestigen eine Metallplatte als Reflektor auf dem Wagen. Ein langsam laufender Motor zieht ihn mit der Geschwindigkeit $v = 4$ mm/s an einer Schnur nach rechts. Den Dipol verbinden wir über einen Verstärker mit einem Zähler. Er zählt die mit dem Wagen am Empfangsdipol vorbeigeschobenen Bäuche der stehenden Welle.

Das ist wichtig

1. Ein gerader leitender Stab kann zu elektromagnetischen Schwingungen angeregt werden. Er strahlt als **hertzscher Dipol** elektromagnetische Wellen bevorzugt senkrecht zur Stabrichtung ab. In Stabrichtung wandern keine Wellen von ihm weg.
Die Wellen sind **linear polarisiert.** Ihre $\vec{E}$- und $\vec{B}$-Vektoren sind senkrecht zur Ausbreitungsrichtung gerichtet und stehen senkrecht aufeinander. Ihre Geschwindigkeit beträgt in einem Medium (ε_r, μ_r)

$$c = 1/\sqrt{\varepsilon_0\,\varepsilon_r\,\mu_0\,\mu_r},$$

im Vakuum $c_0 = 1/\sqrt{\varepsilon_0\,\mu_0} = 2{,}998 \cdot 10^8$ m/s $\approx 3 \cdot 10^8$ m/s. Das ist praktisch auch die Geschwindigkeit in Luft.

2. Ein Gitter aus leitenden Stäben reflektiert eine elektromagnetische Welle, wenn ihre $\vec{E}$-Vektoren parallel zu den Gitterstäben gerichtet sind. Es lässt sie jedoch ungeschwächt durch, wenn die $\vec{E}$-Vektoren senkrecht zu den Stäben stehen. Wird das Gitter aus dieser Stellung um den Winkel α gedreht, so ist auch der $\vec{E}$-Vektor des durchgehenden Anteils der Welle um diesen Winkel gedreht. Dabei nimmt die Amplitude $\hat{E}$ proportional zu $\cos\alpha$ ab. Man nennt dies **Drehung der Polarisationsebene.**

3. Ein leitender Stab der Länge $l = k\,\lambda/2$ ($k = 1, 2, \ldots$) kann zu elektromagnetischen **Eigenschwingungen** mit den Frequenzen $f_k = k\,c/2\,l$ ($k = 1, 2, \ldots$) angeregt werden. An seinen Enden befinden sich Bäuche des elektrischen und Knoten des magnetischen Wechselfeldes, ebenso im Abstand $k\,\lambda/2$ davon. Auf dem Stab hat sich eine **stehende elektromagnetische Welle** gebildet.

4. Elektromagnetische Wellen werden zur Datenübertragung moduliert. Bei **Amplitudenmodulation AM** wird die Amplitude, bei **Frequenzmodulation FM** die Frequenz der hochfrequenten Trägerschwingung im Rhythmus der niederfrequenten Tonschwingung verändert. Die Lautstärke des Tons bestimmt, wie groß diese Amplituden- bzw. Frequenzänderungen sind. Bei **digitaler Übertragung** wird Frequenzmodulation bevorzugt, wobei die Frequenz in Sprüngen verändert wird. Sie beansprucht einen großen Frequenzbereich, **Bandbreite** genannt. Deshalb findet sie vor allem bei hohen Trägerfrequenzen Anwendung.

Aufgaben

A1: Ein Handy sendet im E-Netz mit der Frequenz $f = 1{,}8$ GHz. Welche Länge müsste ein Empfangsdipol haben, der in Resonanz schwingt?

A2: Ein Dipol der Länge $l = 1$ m wird zu elektromagnetischen Schwingungen der Frequenz $f = 150$ MHz angeregt. Aus der Helligkeit eines Lämpchens in seiner Mitte schließt man auf eine Stromstärke von $I_{\text{eff}} = 100$ mA. **a)** Wie groß ist die Stromstärke im Dipol an den Stellen, die 25 cm bzw. 12,5 cm von seinem Ende entfernt sind? **b)** Die Anregungsfrequenz wird auf 300 MHz erhöht. Wie groß ist jetzt die Stromstärke in der Mitte des Dipols?

A3: Der Schwingkreiskondensator eines Hochfrequenzgenerators besitzt die Kapazität $C = 4{,}8$ pF, die Schwingkreisspule die Induktivität $L = 0{,}3$ µH. **a)** Bei welcher Länge schwingt der angekoppelte Sendedipol besonders gut? **b)** Mit diesem Sender werden elektromagnetische Wellen in einen Trog gestrahlt, der mit Alkohol gefüllt ist. Die Länge eines in die Flüssigkeit getauchten Empfangsdipols kann durch übergeschobene Metallhülsen verändert werden. Die kleinste Länge, bei der Resonanz auftritt, ist 22 cm. Wie groß ist demnach die Ausbreitungsgeschwindigkeit der elektromagnetischen Welle in Alkohol? **c)** Berechnen Sie daraus die Dielektrizitätszahl ε_r für Alkohol.

A4: Bei einer fortschreitenden elektromagnetischen Welle ist das E-Feld mit dem B-Feld in Phase; bei der stehenden elektromagnetischen Welle sind die beiden Feldarten dagegen um 90° phasenverschoben. **a)** Stellen Sie einen Vergleich mit fortschreitenden und stehenden Schallwellen an. **b)** Welche mechanische Größe entspricht dort E, welche B?

A5: Ein Ton soll durch Amplituden- bzw. Frequenzmodulation einmal laut und einmal leise übertragen werden. Skizzieren Sie jeweils die modulierte Trägerschwingung.

A6: Warum wird bei schlechteren Empfangsbedingungen bei FM die Musik nicht leiser, wohl aber bei AM? wie äußert sich schlechter FM-Empfang?

A7: In einem Mikrowellenherd werden elektromagnetische Wellen der Länge 12,2 cm erzeugt. Überprüfen Sie anhand der Abmessungen eines Mikrowellenherdes, ob sich in ihm stehende Wellen ausbilden können.

A8: Bei der Amplitudenmodulation wird die Amplitude der HF-Schwingung im Rhythmus der Tonschwingung verändert. **a)** Zeigen Sie, dass es sich dabei nicht um eine Addition beider Kurven handelt. Wie sähe diese aus? **b)** Zeigen Sie: Eine HF-Schwingung mit $I(t) = \hat{I}\sin\omega t$, deren Amplitude mit der Tonfrequenz ω_T gemäß $\hat{I}\,(1 + \sin\omega_T t)$ moduliert wird, ist gleich der Summe aus drei HF-Schwingungen:

$$\hat{I}\,(1 + \sin\omega_T t)\sin\omega t = \hat{I}\sin\omega t + \tfrac{1}{2}\hat{I}\cos(\omega - \omega_T)\,t - \tfrac{1}{2}\hat{I}\cos(\omega + \omega_T)\,t.$$

(Verwenden Sie die Formel
$\sin\alpha\,\sin\beta = \frac{1}{2}\cos(\alpha - \beta) - \frac{1}{2}\cos(\alpha + \beta)$.)

Wellen – so haben wir gelernt – sind ein Prinzip zur Beschreibung des Transports von Energie oder Information. Nur selten, etwa bei Wellen auf einer Wasseroberfläche, können wir wirklich sehen, wie sich die Schwingungszustände ausbreiten. Auf der Oberfläche des Wassers „wellt" es.

Wenn Wellen „im gleichen Takt" von zwei oder mehr Quellen ausgehen, dann bekommt das Wellenfeld eine neue, ortsfeste Struktur. Man beobachtet Interferenzerscheinungen; Überlagerung bestimmt die Schwingungszustände für alle Zielpunkte. Das „Falschfarbenbild" auf dieser Seite (Wellenberge gelb, Wellentäler grün) zeigt die Momentaufnahme für das Interferenzfeld zweier Punktquellen. Im unteren Teil des Bildes ist die Größe der Amplitude als Grauwert dargestellt (die schwarzen Hyperbeln zeigen Stellen mit Amplitude null). An diesem Bild ändert sich nichts, wenn die Zeit fortschreitet. Für alle Interferenzphänomene ist die ortsabhängige Amplitude augenfälliges Merkmal; der Wechsel von Laut und Leise, von Hell und Dunkel ist Merkmal der gemeinsamen Auswirkung zweier oder mehrerer kohärenter Sender. Die schon vor Jahrhunderten gestellte Frage nach dem Wesen des Lichts führt wegen der beobachtbaren Interferenzerscheinungen zu der Feststellung: Licht kann sich wie eine Welle verhalten.

Die Feinheit der räumlichen Verteilung von Interferenzmaxima und Interferenzminima ermöglicht interferometrische Messverfahren, bei denen die Genauigkeit durch die Wellenlänge festgelegt ist. Mit Röntgenlicht untersucht man die Struktur von Kristallen, mit Laserlicht prüft man die Güte von Oberflächen.

Die von A. EINSTEIN behaupteten Gravitationswellen sind Träger von Informationen über Vorgänge im Weltall. Am Nachweis dieser Gravitationswellen und dem „Entschlüsseln" der aufgeprägten Informationen wird mit großem Aufwand gearbeitet. Messtechnisch geht es darum, momentane winzige Längenänderungen in verschiedenen Raumrichtungen zu vergleichen. Beim Gravitationswellendetektor GEO 600 verteilt man Licht auf zwei 600 m lange Interferometerarme, schickt es dort viele Male hin und her und führt es wieder zusammen. Bei der Überlagerung sollen Einflüsse der Gravitationswellen auf die Länge der Interferometerarme erkennbar werden.

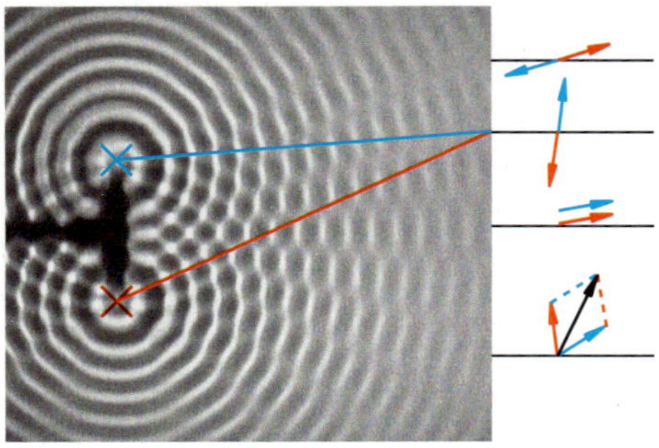

V 1: Zwei Stifte tauchen periodisch in die Wasseroberfläche der Wellenwanne ein. Sie sind starr miteinander verbunden, schwingen also kohärent, mit gleicher Frequenz und Amplitude. Während die Kreiswellen unabhängig voneinander nach außen wandern, bleiben die auffälligen Linien ruhigen Wassers fest an Ort und Stelle.

V 2: Zwei Lautsprecher stehen in einem Abstand von etwa 50 cm nebeneinander. Sie werden beide vom gleichen Tongenerator ($f = 2\,000$ Hz) kohärent gespeist. Geht man „mit einem Ohr" im Raum hin und her, so findet man viele Stellen, an denen fast nichts zu hören ist. Dieser Effekt verschwindet, wenn einer der Sender abgeschaltet wird.

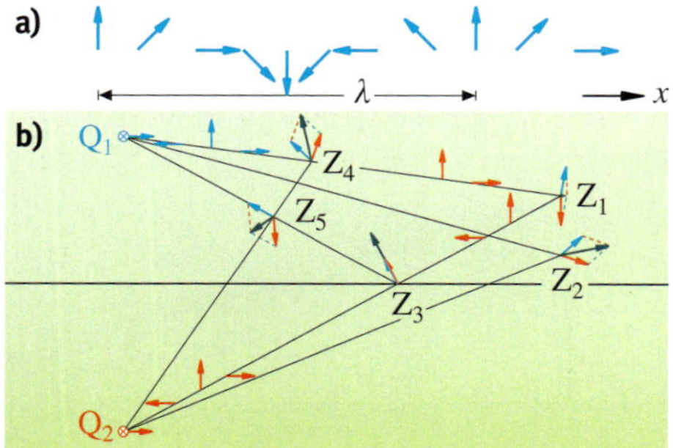

B 1: a) Die Zeiger fortschreitender Wellen rotieren an ihrem Ort x mit der Frequenz f. Im Momentbild sind ihre Phasen „eingefroren". Sie hängen umso mehr nach, je größer der Abstand x vom Erreger Q ist. **b)** Im Zielpunkt Z_1 ist die Wegdifferenz δ zu den beiden kohärenten Erregern Q_1 und Q_2 fast $\lambda/2$, der blaue Zeiger von Q_1 also fast gegenphasig zum roten von Q_2. Die Amplitude des schwarzen Summenzeigers ist praktisch null. In Z_3 dagegen ist $\delta = 0$, die gleichgerichteten Zeiger geben doppelte Länge.

Interferenz im Raum

1. Von Knotenpunkten zu Knotenlinien

In der Wellenwanne von ➠ *Versuch 1* senden zwei Erreger im gleichen Takt Wellen aus. Auf der Verbindungslinie zwischen ihnen gibt es eine stehende Welle mit Knoten und Bäuchen. Die Bäuche setzen sich seitlich in den Raum hinein fort. Fast überall sieht man Schwingungen – mit unterschiedlich großen Amplituden. Von den Knoten gehen schmale Linien aus, sie sind Orte ruhigen Wassers. Wir nennen sie **Knotenlinien.** Für einige Zielpunkte am Rand des fotografierten Interferenzfeldes sind die Zeiger der ankommenden Wellen eingezeichnet: Auf den Knotenlinien sind sie gegenphasig, in der Mitte der Streifen dazwischen haben sie die gleiche Phase.

2. Unterwegs im Interferenzfeld zweier Schallquellen

Wer in ➠ *Versuch 2* mit seinem Ohr als Empfänger den Raum in der Umgebung der beiden Schallsender „abtastet", findet Stellen, an denen der Ton gar nicht oder nur schwach zu hören ist. Der Ton wird dort lauter, wenn man einen der beiden Lautsprecher ausschaltet. Es gibt also Bereiche im Schallfeld, in denen zwei Lautsprecher zusammen leiser tönen als nur einer! Voraussetzung ist aber, dass beide Lautsprecher einen Dauerton mit gleicher Frequenz aussenden. Wir nennen zwei Quellen **kohärent,** wenn sie diese Bedingung erfüllen. Die starr verbundenen Stifte von ➠ *Versuch 1* sind kohärente Sender. – Ein Mikrofon als Empfänger wandelt in ➠ *Versuch 2* die Luftschwingungen in ein elektrisches Signal, das vom Oszilloskop als Sinuslinie angezeigt wird. Auf den Knotenlinien herrscht Ruhe, das Signal verschwindet. Dazwischen hat jeder Ort seine eigene Amplitude. Triggert man die Zeitablenkung des Oszilloskops mit dem Tongenerator, so findet man in der durch Knotenlinien eingeteilten Ebene ein anderes Merkmal stehender Wellen wieder: Punkte beiderseits einer Knotenlinie haben gegenphasige Signale.

3. Der Wegunterschied bestimmt die resultierende Amplitude

Im Wellenfeld *einer* Quelle beschreiben wir Schwingungen an verschiedenen Zielorten durch je einen Zeiger. Alle Zeiger rotieren mit gleicher Winkelgeschwindigkeit. Ihre momentanen Phasen hängen stark vom Abstand zur Quelle ab; die Amplituden ändern sich in einem begrenzten Zielgebiet nur unwesentlich. – Kommen Wellen von *zwei Quellen* zu einem Zielpunkt (➠ *Bild 1b*), dann gibt es dort zwei Zeiger, deren Phase jeweils durch den Abstand zur zugehörigen Quelle festgelegt ist. Die Differenz δ der beiden Abstände bestimmt so die *Phasendifferenz* der beiden Zeiger und damit auch die Größe der resultierenden Amplitude, die man durch Addition der beiden Zeiger findet. Für $\delta = \lambda, 2\lambda, 3\lambda, \ldots$ ist die Phasendifferenz 2π und die resultierende Amplitude maximal (↑↑). Für $\delta = 0{,}5\,\lambda, 1{,}5\,\lambda, 2{,}5\,\lambda, \ldots$ ist die Phasendifferenz π und die Amplitude null (↑↓). Alle Zwischenwerte für die Phasendifferenz und für die resultierende Amplitude findet man in einem kleinen Zielgebiet.

4. Wellenlängenmessung im Interferenzfeld

In ➡ *Versuch 3* kann man auf der Verbindungslinie q zwischen den beiden kohärenten Sendern eine stehende Welle abtasten und aus dem Abstand d zweier benachbarter Knoten die Wellenlänge $\lambda = 2\,d$ bestimmen. Weiter entfernt von den Sendern sind zwischen den Knotenlinien im Interferenzfeld der Ebene diese Abstände größer. Die Messungen werden dort genauer. – Interferenzexperimente mit zwei Punktsendern bieten eine einfache Möglichkeit der Wellenlängenmessung:

Wir bringen in ➡ *Versuch 3* den Empfänger irgendwo auf die Symmetrielinie zwischen den beiden Sendern. Der Abstand zu den beiden Sendern ist gleich groß, der Empfänger registriert maximale Amplitude. Von hier aus verschieben wir den Empfänger seitlich, senkrecht zur Symmetrielinie. Der Empfang geht immer mehr zurück, bis in Z ein Minimum erreicht ist. Z ist ein Punkt auf der *ersten* Knotenlinie.

Die Auswertung ist einfach: Man berechnet aus den gegebenen Maßen die Abstände vom Zielpunkt zu den beiden Sendern und daraus die Wegdifferenz δ. Es ist hier die halbe Wellenlänge (➡ *Bild 2*). Für den im ➡ *Versuch 3* verwendeten Ultraschall erhalten wir so die Wellenlänge $\lambda = 0{,}86$ cm. Mit einem elektronischen Zähler messen wir die Frequenz des Ultraschallsenders zu $f = 39\,800$ Hz. Aus $c = \lambda f$ folgt für die Ausbreitungsgeschwindigkeit der Ultraschallwellen $c = 342$ m/s. Das ist der bekannte Wert der Schallgeschwindigkeit.

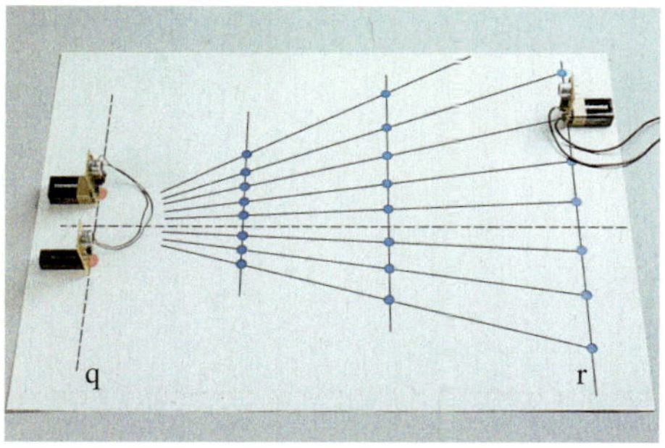

V 3: Die beiden phasengleich schwingenden Ultraschallsender senden Wellen in den Raum. Der Abstand der Sender untereinander beträgt einige cm. Der Empfänger wird längs r verschoben (1,5 m von den Quellen entfernt). Auf der Tischfläche markieren wir Orte mit minimalem Empfang, sie ergeben die Knotenlinien.

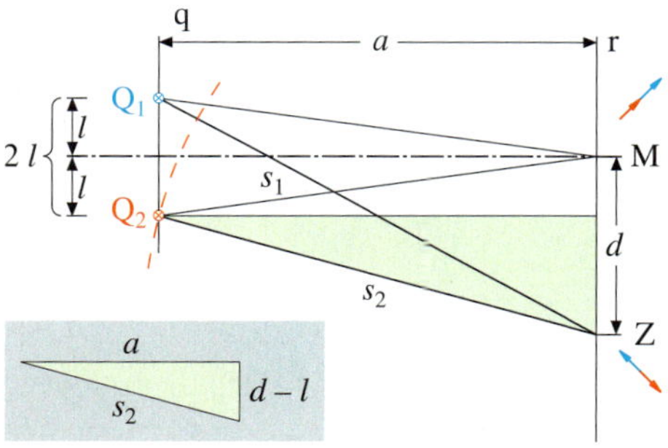

B 2: Berechnung der Wellenlänge im Interferenzfeld zweier Punktsender: Die Quellen sind im Abstand $2\,l = 8$ cm aufgestellt. Der Empfänger wird auf der zu q parallelen Geraden r im Abstand $a = 1{,}5$ m verschoben (nicht maßstabsgetreu). Genau $d = 8$ cm seitlich von der Symmetrielinie registriert der Empfänger die Amplitude null, der Zielpunkt Z liegt auf der ersten Knotenlinie. Für die Wellenwege s_1 und s_2 berechnet man mit dem Satz des PYTHAGORAS

$$s_1 = \sqrt{a^2 + (d + l)^2} = 150{,}48 \text{ cm},$$
$$s_2 = \sqrt{a^2 + (d - l)^2} = 150{,}05 \text{ cm}.$$

Die Wegdifferenz hat den Wert der halben Wellenlänge: $s_1 - s_2 = \lambda/2$. Also: $\lambda/2 = 0{,}43$ cm oder $\lambda = 0{,}86$ cm.

5. Bei räumlicher Betrachtung: Knotenflächen

Auf einer Wasseroberfläche breiten sich Kreiswellen nur in einer Ebene aus. Von kleinen Schallsendern gehen dagegen Kugelwellen praktisch in den ganzen Raum weg. Bei den zwei Sendern in ➡ *Versuch 3* tritt also Interferenz nicht nur in der Tischebene auf, sondern überall dort, wo Wellen von beiden Sendern zugleich ankommen. Auf jeder Ebene, welche die beiden Sender enthält, findet man dasselbe Interferenzmuster. (Stellen Sie sich vor, die Tischfläche würde um die strichpunktierte Linie geschwenkt.) In jeder Ebene fände man Knotenlinien, als Spuren der gewölbten Knotenflächen.

Merksatz

Zwei Sender mit konstanter Phasenbeziehung nennt man **kohärent.** Sie erzeugen überall dort in ihrer Umgebung ein Interferenzfeld, wo Wellen von beiden Sendern ankommen. Die **Zeigermethode** liefert die Amplitude und die Phase der an einem Zielpunkt registrierten Schwingung. Auf Knotenlinien sind die Zeiger der interferierenden Wellen entgegengerichtet, die resultierende Amplitude ist null.

... noch mehr Aufgaben

A 1: Die Stifte in ➡ *Versuch 1* (Abstand 4 cm) erzeugen Wasserwellen mit $\lambda = 1$ cm. Zeichnen Sie ein maßstäbliches Bild mit einigen Knotenlinien. Wie viele gibt es?

A 2: Wie groß ist in ➡ *Versuch 3* der Abstand zwischen Z und dem nächsten Ort mit maximalem Empfang längs der Geraden r? ($\lambda = 0{,}86$ cm)

A 3: Wie ändert sich das Interferenzfeld zweier Punktsender, wenn der Abstand der Sender verringert wird? Wie wirken sich Veränderungen der Frequenz aus?

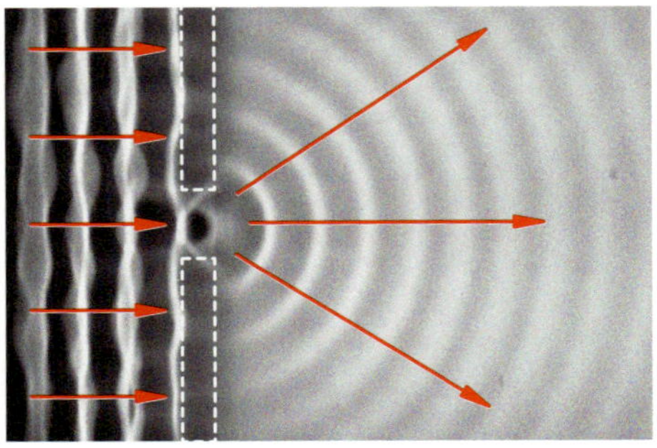

V 1: Der gerade Blechstreifen am linken Bildrand erzeugt parallele Wellenfronten; die Wellenstrahlen zeigen alle in die gleiche Richtung. Diese Wellen treffen auf ein Hindernis mit einer kleinen Lücke. Man sieht rechts vom Hindernis ein Kreiswellensystem; die Wellenstrahlen gehen radial von der Spaltblende aus.

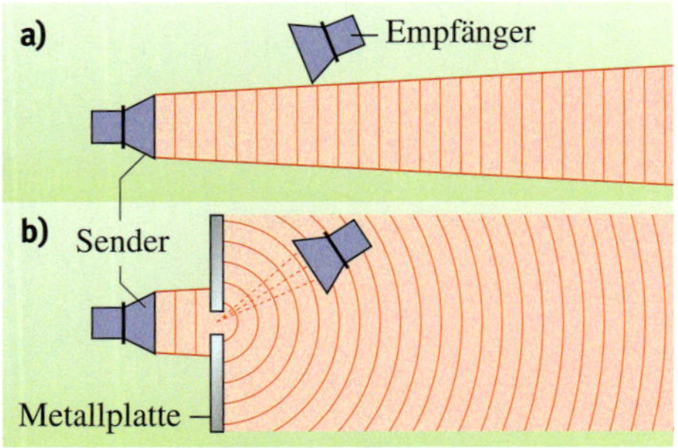

V 2: Beugung bei elektromagnetischen Mikrowellen: **a)** Der Empfänger wird vom Mikrowellenbündel des Senders nicht getroffen. **b)** Bringt man eine Blende mit einer Öffnung von etwa 2 cm Breite in den Weg des Bündels, so registriert der Empfänger ein Signal, obwohl er jetzt erst recht „im Schatten" steht.

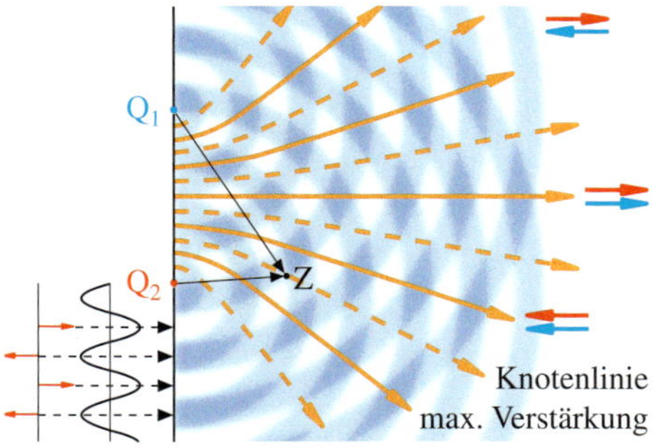

B 1: Schematische Darstellung der Überlagerung der Wellensysteme, die von zwei huygensschen Zentren Q_1 und Q_2 ausgehen. Die Knotenlinien sind gestrichelt eingezeichnet. Am Zielpunkt Z gilt $\Delta s = 3\,\lambda/2$.

Interferenz beim Doppelspalt

1. Das HUYGENS-Prinzip: Gültig für alle Wellenarten

Von einer punktförmigen Quelle entfernen sich die Wellenfronten in Form konzentrischer Kreise. Weit entfernt von der Quelle sind Ausschnitte dieser Kreiswellen von geraden Wellen kaum noch zu unterscheiden. In der Wellenwanne erzeugt man solche geraden Wellenfronten mit einem geraden Blechstreifen als Erreger.

Was geschieht eigentlich, wenn der Welle eine Wand mit einer schmalen Lücke in den Weg gestellt wird? Schneidet diese Spaltblende vielleicht wie ein Messer ein Stück aus den ankommenden Wellenfronten heraus? Keineswegs! *Versuch 1* zeigt ein zunächst überraschendes Ergebnis: Hinter der Blende breitet sich eine Kreiswelle aus, deren Zentrum in der Spaltöffnung liegt. Wie sie entsteht, ist aber leicht einzusehen: In der schmalen Blendenöffnung schwingt das von der ankommenden Welle erfasste Wasser genau so auf und ab wie ein dort periodisch eintauchender Stift. Die Öffnung wird dadurch zum Zentrum einer Kreiswelle.

Da durch die schmale Öffnung nur ein kleiner Teil – sozusagen ein Element – der anlaufenden Wellenfronten nicht ausgeblendet wird, nennt man die von der Öffnung ausgehende Kreiswelle eine **Elementarwelle.**

Die Wellenstrahlen haben bei *Versuch 1* vor der Blende eine einheitliche Richtung; hinter der Öffnung laufen sie dagegen radial auseinander. Weil sie dabei ihre Richtung ändern, spricht man auch von **Beugung,** die Wellen werden an der Blendenöffnung gebeugt.

Nun kann man die Spaltöffnung an jeder beliebigen Stelle einer gegen die Blende anlaufenden Wellenfront anbringen: Stets wird sich auf der anderen Seite eine Elementarwelle bilden. Demnach kann man jede Stelle einer Wellenfront als Ausgangspunkt einer Elementarwelle ansehen, auch wenn diese nicht durch eine besondere Spaltöffnung herausgefiltert worden ist. Das hat als Erster der niederländische Physiker Christiaan HUYGENS (1629 bis 1695) erkannt; man spricht deshalb auch vom **HUYGENS-Prinzip.**

Die Beugung **elektromagnetischer** Wellen lässt sich gut bei Wellenlängen von einigen Zentimetern (z. B. **Mikrowellen**) untersuchen. In *Versuch 2* stellen wir ihnen eine Blende mit kleiner Öffnung in den Weg. Die in der Öffnung schwingenden elektrischen und magnetischen Wechselfelder wirken wie ein dort aufgestellter Sendedipol und bilden so das Zentrum einer Elementarwelle, die sich hinter der Blende rundum ausbreitet.

Merksatz

Für alle Wellenarten gilt das **Prinzip von HUYGENS:** Jede Stelle einer Wellenfront kann als Ausgangspunkt einer Elementarwelle aufgefasst werden.

2. Doppelspaltversuche

Kleine Öffnungen in einer Blende werden nach dem HUYGENS-Prinzip zu Zentren von Elementarwellen. So erzeugt man in Experimenten aus der Welle eines realen Senders zwei oder mehr kohärente, also interferenzfähige Quellen, in ➠ *Versuch 3* sind es die gleichphasig schwingenden HUYGENS-Zentren Q_1 und Q_2. – Oft werden wie hier Spaltblenden statt Lochblenden verwendet; man führt Doppelspaltversuche durch und nicht Doppellochversuche. Das ist erlaubt, solange man das Interferenzfeld nur in einer Ebene studieren will. Die Spalte stehen senkrecht zu dieser Ebene und erscheinen in Zeichnungen als schmale Lücke. Die Elementarwellen werden als Kreiswellensysteme gezeichnet.

Doppelspalt in der Wellenwanne: Wir stellen in die Wellenwanne eine Blende aus Blechstreifen mit zwei schmalen Öffnungen. Diese haben den gleichen Abstand voneinander wie die beiden Stifte, mit denen wir früher das „Zwei-Sender-Interferenzfeld" erzeugt haben. Gegen diesen Doppelspalt lassen wir nun eine Welle mit geraden Wellenfronten laufen: Die Öffnungen der Blechblende wirken als Zentren für zwei Elementarwellen. Man beobachtet in der Wellenwanne eine Hälfte des mit zwei Stiften erzeugten Interferenzfeldes. ➠ *Bild 1* zeigt die Überlagerung der beiden Elementarwellen.

Doppelspaltversuch mit Mikrowellen: Auch bei Mikrowellen gilt nach ➠ *Versuch 2* das HUYGENS-Prinzip. Deshalb können wir mit Öffnungen in einer Blende ganz einfach zwei Quellen erzeugen, die das Beobachtungsgebiet mit gleicher Wellenlänge gleichphasig bestrahlen. In ➠ *Versuch 3* wird ein Doppelspalt verwendet, dessen Öffnungen schmal (in der Größenordnung einer Wellenlänge) und einige Wellenlängen voneinander entfernt sind. Von Q_1 und Q_2 gehen Elementarwellen aus. Hinter dem Doppelspalt erwarten wir ein Zwei-Zentren-Interferenzfeld.

Bewegt man den Empfänger durch das Zielgebiet, so beobachtet man mit dem angeschlossenen Drehspulmessinstrument einen ständigen und stetigen Wechsel von Empfangsminima und -maxima (➠ *Bild 2a*). Es handelt sich hier um die Überlagerung der von zwei Sendern kommenden Strahlung. Diese Zwei-Zentren-Interferenz verschwindet, wenn einer der Spalte zugehalten wird (➠ *Bild 2b*).

Schwingende Größe im Wellenfeld des Mikrowellensenders ist die elektrische Feldstärke. Das angeschlossene träge Drehspulmessinstrument zeigt einen konstanten Mittelwert an, der ein Maß für die Wechselspannung an der Empfängerdiode ist. Je größer die resultierende Amplitude E_{Res} der Feldstärke ist, desto größer ist der angezeigte Mittelwert.

Merksatz

Bei Doppelspaltversuchen erzeugt man aus der Welle eines Senders zwei gleichphasige Elementarwellen, die miteinander interferieren wie zwei reale kohärente Sender.

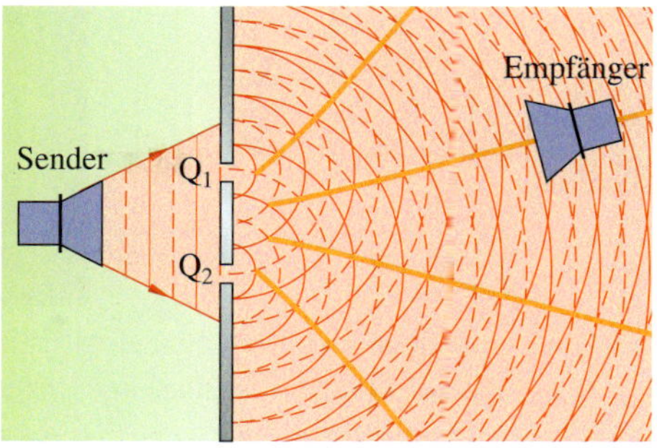

V 3: Mikrowellen treffen auf einen Doppelspalt. Er wird aus zwei Metallplatten und einem 6 cm breiten Metallstreifen gebildet, sodass zwei 2,5 cm schmale Spalte entstehen. Die Spaltmitten haben also einen Abstand von 8,5 cm. Der Empfänger wandert auf einem Kreisbogen durch das Interferenzfeld.

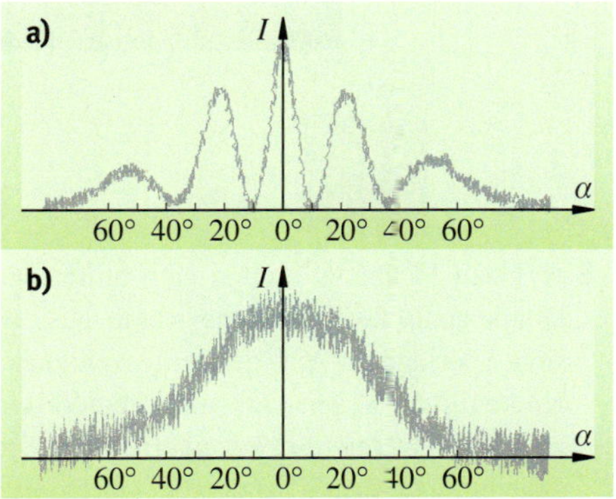

B 2: a) Signalstärke im Interferenzfeld hinter einem mit Mikrowellen bestrahlten Doppelspalt. Der Empfänger wird auf einem Kreis um die Mitte des Doppelspaltes herumgeführt. **b)** So sieht das Ergebnis aus, wenn einer der Spalte zugehalten wird.

... noch mehr Aufgaben

A 1: In ➠ *Versuch 3* ist der Spaltabstand $g = 8{,}5$ cm (Mitte – Mitte). Der Empfänger wird im Abstand von $a = 0{,}5$ m um die Mitte zwischen den beiden Spalten bewegt. Die Positionen für die Minima sind ➠ *Bild 2a* zu entnehmen. Bestimmen Sie die Wellenlänge der Mikrowellenstrahlung.

A 2: Wie ändert sich das Interferenzbild von ➠ *Versuch 3*, wenn der Doppelspalt schräg in die von dem Sender ausgehende Welle gestellt wird? Klären Sie zuerst, wie sich die Phasenbeziehung der beiden kohärenten HUYGENS-Zentren ändert.

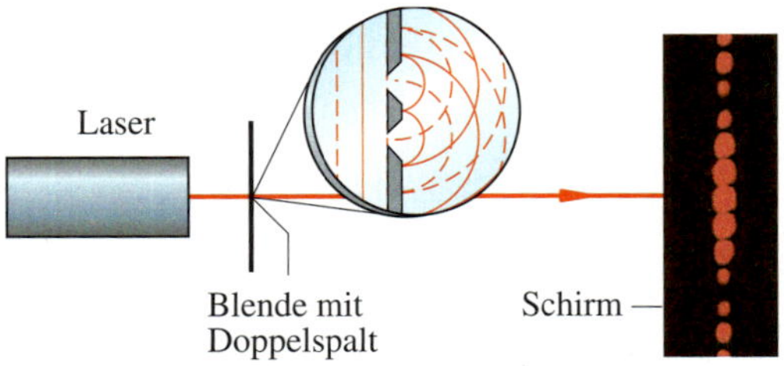

V 1: Das parallele Laserlichtbündel trifft auf zwei nahe beieinander liegende enge Spalte. Dahinter erwartet man ein Zwei-Zentren-Interferenzfeld. Auf einem Schirm – weit entfernt und senkrecht zum einfallenden Bündel (➠ *Bild 1*) – sieht man abwechselnd helle und dunkle Streifen.

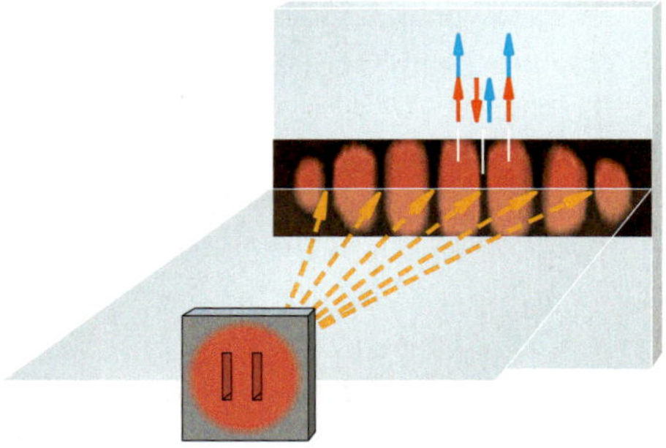

B 1: Nach HUYGENS breiten sich hinter dem Doppelspalt zwei Wellensysteme aus, die sich überlagern. Auf den eingezeichneten Knotenlinien liegen Orte mit einander entgegengerichteten Einzelzeigern. Der Beobachtungsschirm wird parallel zur Doppelspaltebene aufgestellt. Wo die Knotenlinien den Schirm durchstoßen, ist es dunkel.

Vertiefung

Was macht die Farbe des Lichts aus?

Der Abstand der Interferenzstreifen hinter einem Doppelspalt ändert sich mit der Farbe des Lichts. Man kann abzählen: Bei gleichen Bedingungen verhalten sich die Abstände der Streifen roten (632 nm) und blauvioletten Lichts wie $24:18=4:3$. Nach *Gl. (4)* wächst λ proportional mit d. Damit kann man die Wellenlänge des blauen Lichts abschätzen: $\frac{3}{4}$ von 632 nm sind ungefähr 475 nm. – *Der Bereich des sichtbaren Lichts von Violett bis Dunkelrot erstreckt sich auf der Wellenlängenskala von 400 bis 800 nm.*

Doppelspalt mit Licht

Das HUYGENS-Prinzip gilt für alle uns bekannten Wellenerscheinungen. Außerdem wissen wir, dass sich die Mikrowellen als *elektromagnetische Wellen mit Lichtgeschwindigkeit* ausbreiten. Die Vermutung liegt nahe, dass auch Licht sich wie eine elektromagnetische Welle verhält. Probieren wir es aus!

1. Licht + Licht = Dunkelheit

Es lohnt nicht, in der Umgebung zweier punktförmiger Lampen Interferenzerscheinungen zu suchen. Zwei unabhängig voneinander betriebene Lampen sind bestimmt nicht kohärent, senden ihre Wellen nicht mit gleicher Frequenz und fester Phasenbeziehung aus. Wir realisieren die Kohärenz in ➠ *Versuch 1* auf andere Weise:
Laserlicht fällt auf einen Doppelspalt, dessen Spaltöffnungen und Spaltabstand sehr klein sind. So entstehen – ausgehend von den Spalten – zwei Elementarwellensysteme, die sich im Zielgebiet hinter dem Doppelspalt überlagern. – Statt mit einem Empfänger das Zielgebiet abzutasten, stellen wir in einiger Entfernung parallel zum Doppelspalt einen Schirm auf; darauf sehen wir ein Streifensystem (➠ *Bild 1*).
Das Streifensystem auf dem Schirm „zeigt auf einen Blick" die Minima und Maxima der Intensität, die wir beim Doppelspalt mit Mikrowellen beim Durchfahren des Interferenzfeldes nacheinander registriert haben. In der Zeichenebene von ➠ *Bild 1* durchstoßen die Knotenlinien den aufgestellten Schirm und markieren so die dort zu beobachtenden Dunkelstellen. Nur an diesen Stellen sind die Zeiger der beiden Elementarwellensysteme gegenphasig (↑↓). An anderen Orten kommen alle möglichen Phasendifferenzen zwischen 0 und 2π vor; die Verkettung der beiden Zeiger liefert die von Ort zu Ort unterschiedlichen resultierenden Amplituden. Man sieht Hell und Dunkel mit allen Zwischenwerten. Es hängt vom Ort ab, ob „Licht + Licht" Dunkelheit oder unterschiedliche Werte von Helligkeit bedeutet. – Alles spricht dafür, dass Licht sich wie eine Welle verhält.

Merksatz

Licht wird beim Durchgang durch die sehr schmalen Öffnungen eines Doppelspalts gebeugt. Bei kleinem Spaltabstand entsteht das Muster einer Zwei-Zentren-Interferenz. Den kontinuierlichen Übergang von Dunkel zu Hell kann man bei Lichtwellen auf einem Schirm beobachten, den man in das Interferenzfeld hält.
Dies zeigt: Licht verhält sich wie eine Welle.

2. Vom Interferenzmuster zur Wellenlänge

Zur Bestimmung der Wellenlänge des in ➠ *Versuch 1* verwendeten Lichts vergleichen wir in ➠ *Bild 2* die beiden Wellenwege, die in Richtung α zu einem Zielpunkt auf dem weit entfernten Schirm führen. Für M sind beide Wellenwege gleich lang, beide Zeiger in Phase. Für Punkte oberhalb M gibt es Wegunterschiede und Phasendifferenzen. Beide wachsen mit dem Abstand d des Punktes Z von M.

Wir benutzen das in ➡ *Bild 2 gelb unterlegte Dreieck Q_1Q_2A*, um für einen Zielpunkt Z den Wegunterschied δ zu bestimmen. Von A aus ist es genauso weit zum Zielpunkt Z wie von Q_1. Wir erhalten den Wegunterschied $\delta = g \sin \alpha$. Der Winkel α ist auch im *grün unterlegten großen Dreieck OMZ* enthalten, dort bezeichnet er die Richtung zum Zielpunkt auf dem weit entfernten Schirm. – Für die Helligkeitsmaxima (↑↑) gilt $\delta = k\,\lambda$ (k = 0, 1, 2, 3, …). Intensitätsminima (↑↓) ergeben sich für $\delta = (2k - 1)\,\lambda/2$ (k = 1, 2, 3, …). Somit erhalten wir für die Winkel α_k zum

k-ten Maximum: $g \sin \alpha_k = k\,\lambda$, ($k$ = 0, 1, 2, 3, …), (1)
k-ten Minimum: $g \sin \alpha_k = (2k - 1)\,\lambda/2$, ($k$ = 1, 2, 3, …). (2)

Die zugehörigen Orte auf dem Schirm befinden sich jeweils im Abstand d_k von der Mitte M (➡ *Bild 2*): $d_k = a \tan \alpha_k$. (3)

Bei Doppelspaltversuchen sind die auftretenden Winkel α_k immer klein. Die Auswertung mit dem Taschenrechner zeigt, dass $\sin \alpha \approx \tan \alpha$ ist. Für $\alpha < 5°$ ist der Fehler kleiner als 5 Promille. Man kann so in *Gl. (1)* und *(2)* $\sin \alpha_k$ durch $\tan \alpha_k = d_k/a$ ersetzen. Daraus folgt für *Gl. (1)*

$$g\,\frac{d_k}{a} = k\,\lambda, \quad \text{bzw.} \quad d_k = \frac{k\,\lambda\,a}{g}.$$

Zwei benachbarte Maxima (oder Minima) haben also den Abstand

$$d = d_{k+1} - d_k = \lambda\,a/g. \qquad (4)$$

Die Abstände a = 4,1 m und g = 0,65 mm sind durch den Versuchsaufbau vorgegeben. d = 4 mm ist der gemittelte Abstand zwischen zwei benachbarten Maxima. Aus *Gl. (4)* erhalten wir für die Wellenlänge des verwendeten Laserlichts:
$\lambda = g\,d/a = 0{,}65 \cdot 10^{-3}$ m · 0,004 m/4,1 m = 634 nm.

Merksatz

Beleuchtet man einen Doppelspalt, der den Spaltabstand g hat, mit Licht der Wellenlänge λ, so entstehen auf einem Schirm helle und dunkle Streifen. Mithilfe der *Gl. (1)* bis *(4)* kann man daraus die Wellenlänge von sichtbarem Licht bestimmen. Sie reicht etwa von λ = 400 nm bei Violett bis λ = 800 nm bei Rot.

3. Eins + Eins = Vier

Bei *Wasserwellen* und *Schallwellen* beobachtet und registriert man die Elongation; bei *Mikrowellen* die Mittelwert-Anzeige, die der Amplitude proportional ist. – Bei *Licht* registriert man als **Intensität** die **Bestrahlungsstärke,** also die je Zeit- und Flächeneinheit übertragene Energie. Ihr Wert folgt aus der Energiedichte $\varrho_W \sim E^2_{max}$ des elektrischen Feldes und ist dem Quadrat der Feldstärke proportional. Für die Intensitäts*maxima* sind die Amplituden E_{max} zu addieren und zu quadrieren: $(E_{max} + E_{max})^2 = 4\,E^2_{max}$.
Für die Interferenz*minima* bleibt die Intensität null:
$(E_{max} - E_{max})^2 = 0$. Der Energieerhaltungssatz ist nicht verletzt. Interferenz häuft die Energie der beteiligten Wellen in den Interferenzmaxima an und zieht sie von den Minima ab.

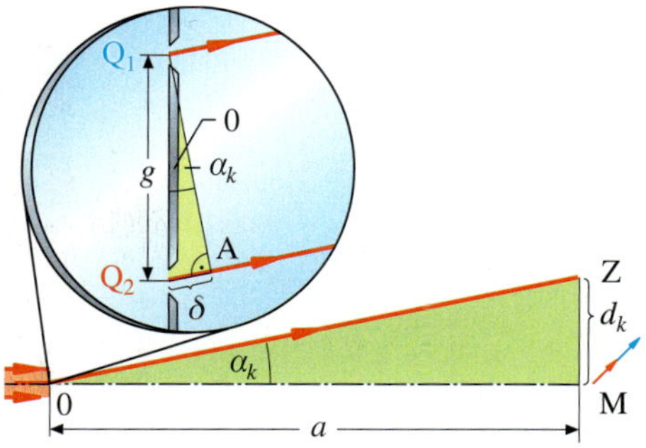

B 2: Die Wellenstrahlen, die sich im Punkt Z treffen, verlaufen praktisch parallel, weil der Spaltabstand g nur Bruchteile eines Millimeters, die Entfernung a des Schirms dagegen mehrere Meter beträgt. Im richtigen Maßstab müsste Z etwa 50 m rechts vom Doppelspalt gezeichnet werden. – Die gezeichneten Wellenstrahlen haben die Richtung zum 1. Maximum auf dem Schirm mit dem Abstand d_1 von M. Es gilt $\delta = \lambda$. Zur Bestimmung des Spaltabstands g legt man den Doppelspalt auf den Tageslichtprojektor. In der Projektion kann man den kleinen Abstand g der beiden Spalte gut mit der leicht messbaren Spaltlänge vergleichen.

... noch mehr Aufgaben

A 1: Der Punkt Z in ➡ *Bild 2* sei 6 mm von M entfernt. Außerdem gelte a = 4,1 m und g = 0,65 mm. **a)** Zeichnen Sie bei der Wellenlänge des He-Ne-Lasers Zeigerbilder für den Punkt Z und den auf der Mitte zwischen M und Z liegenden Punkt. **b)** Zeichnen Sie Zeigerbilder für den gleichen Punkt Z bei den Wellenlängen 400 nm, 500 nm und 600 nm. Hinweis: Nehmen Sie für alle Einzelzeiger eine einheitliche Länge an, es kommt auf die Phasen der Zeiger an!

A 2: Erläutern Sie an ➡ *Bild 1* die Auswirkungen einer Drehung des Doppelspalts um 90° (Spalte jetzt waagerecht übereinander).

A 3: Bestimmen Sie die zu den Wellenlängen 400 nm und 800 nm gehörenden Frequenzen und begründen Sie: Sichtbares Licht spielt sich – akustisch gesprochen – innerhalb einer Oktave ab.

A 4: Führt man Doppelspaltversuche mit weißem Licht aus, erhält man farbige Säume. Was schließen Sie daraus?

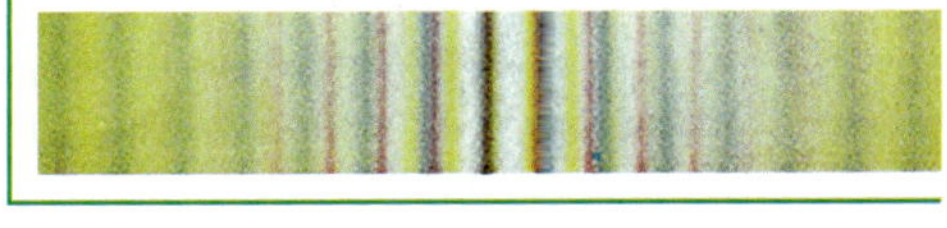

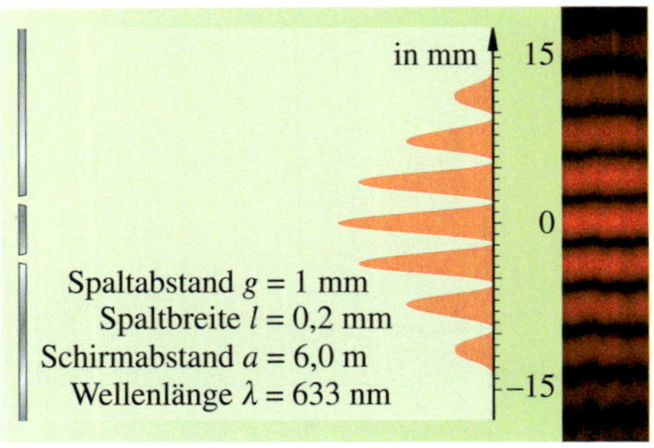

B 1: Mit dem Computer berechnetes Intensitätsdiagramm für einen Doppelspalt (links); mit einem Fotoapparat aufgenommenes Intensitätsdiagramm (rechts).

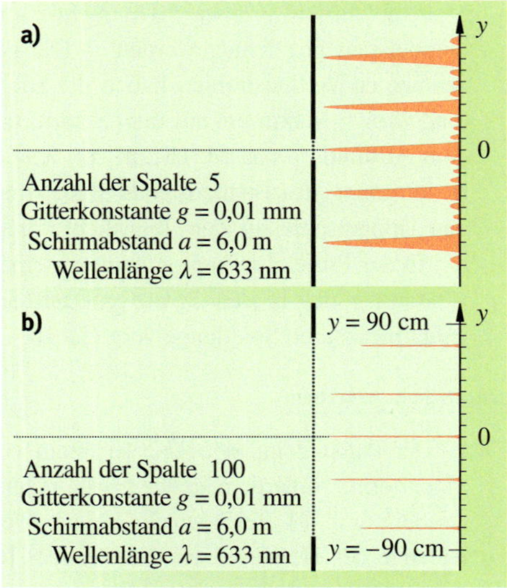

V 1: Intensitätsverteilung bei einem Gitter mit **a)** 5 Spalten **b)** 100 Spalten

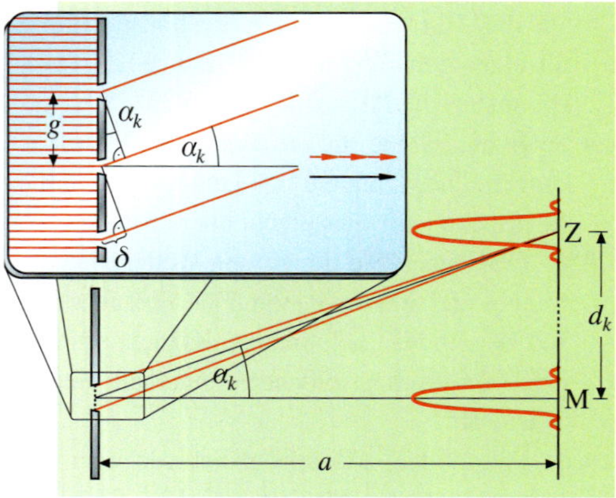

B 2: Beim Gangunterschied $\delta = k\,\lambda$ kommen alle Wellen in Z gleichphasig an. Die Zeiger für das Licht von verschiedenen Spalten sind alle parallel. In den anderen Richtungen erhält man nur geringe Intensitäten.

Interferenz beim optischen Gitter

1. Das Gitter – besser als ein Doppelspalt

Mit dem Doppelspalt haben wir die Wellenlänge λ von Licht bestimmt. Durch die beiden engen Spalte geht leider nur wenig Licht. Das Interferenzmuster ist lichtschwach. Zudem sind die Maxima nicht scharf; dazwischen sinkt die Lichtintensität allmählich auf null und steigt wieder stetig an (➡ *Bild 1*). Die Abstände zwischen den einzelnen Maxima und damit die Wellenlänge des Lichts kann man nur relativ ungenau ermitteln.

Ein Mehrfachspalt, ein so genanntes optisches *Gitter*, anstelle des Doppelspalts beseitigt diese Nachteile. Ein Gitter besteht aus sehr vielen engen Spalten, die in gleichen Abständen nebeneinander angeordnet sind. Der Abstand zwischen benachbarten Spaltmitten heißt **Gitterkonstante *g*.** Fällt ein Laserstrahl senkrecht auf ein Gitter, so zeigen sich auf dem Schirm scharfe Lichtflecke in fast gleichen Abständen. Diese *Helligkeitsmaxima* sind umso schmaler und lichtstärker, je größer die Zahl der an der Interferenz beteiligten Spalte ist (➡ *Versuch 1*). Je kleiner die Gitterkonstante g, desto größer wird der Abstand der Helligkeitsmaxima.

Hinter jedem der n Spalte bildet sich nach dem HUYGENS-Prinzip je eine Elementarwelle aus; das Licht wird *gebeugt*. Wir greifen einen weit entfernten hellen Punkt Z eines Schirms heraus. Dort treffen sich nur Wellenstrahlen, die bezüglich ihrer nächsten Nachbarn den Gangunterschied $\delta = k\,\lambda$ ($k = 0, 1, 2, \ldots$) haben. Die Strahlen sind praktisch parallel zueinander. Im Schnittpunkt M der optischen Achse mit dem Schirm (➡ *Bild 2*) ist der Gangunterschied $\delta = 0$, also $k = 0$. Für den Gangunterschied $\delta = k\,\lambda$ erhalten wir als Summe der n zueinander parallelen Zeiger einen n-mal so langen Zeiger. In den Bereichen zwischen den Maxima dagegen haben die Zeiger keine einheitliche Richtung; ihre Summe ist fast null; deshalb sind die Maxima so überaus scharf.
Den Gangunterschied δ zweier benachbarter Wellenstrahlen können wir in den rechtwinkligen Dreiecken von ➡ *Bild 2* ablesen: $\delta = g \sin \alpha_k$. Dabei ist α_k der Winkel zum k-ten Helligkeitsmaximum. Für die Winkel α_k gilt wie beim Doppelspalt

$$g \sin \alpha_k = k\,\lambda \quad \text{und} \quad a \tan \alpha_k = d_k.$$

Die einzelnen Maxima unterscheiden sich durch ihre *Ordnungszahl k*. Da der Sinus des Winkels α_k höchstens 1 sein kann, ist die Anzahl der Ordnungen zumindest durch $k\,\lambda/g \leq 1$ beschränkt.

Merksatz

Die **Gitterkonstante *g*** ist der Abstand benachbarter Spaltmitten.
Fällt paralleles Licht der Wellenlänge λ senkrecht auf ein **optisches Gitter** mit der Gitterkonstanten g, so findet man Helligkeitsmaxima unter den Winkeln α_k. Es gilt

$$\sin \alpha_k = \frac{k\,\lambda}{g} \quad \text{mit} \quad k = 0, 1, 2, 3, \ldots \quad \text{und} \quad \frac{k\,\lambda}{g} \leq 1.$$

2. Warum das Gitter dem Doppelspalt überlegen ist

Für Gitter und Doppelspalt berechnet man die Lage der Helligkeitsmaxima nach derselben Formel. Die Besonderheit des optischen Gitters mit seinen vielen Spalten zeigt sich erst, wenn wir den Raum zwischen zwei Maxima betrachten. In ➠ *Versuch 1* haben wir schon gesehen, dass die Maxima umso schärfer erscheinen, je größer die Zahl der an der Interferenz beteiligten Spalte ist.

Um dies zu verstehen, betrachten wir ein Gitter, bei dem 100 Spalte das Interferenzbild erzeugen. Ein Maximum k-ter Ordnung liegt vor, wenn der Gangunterschied benachbarter Wellenstrahlen $\delta = k\,\lambda$ beträgt (➠ *Bild 3a*).

Ist der Gangunterschied nur geringfügig größer, z. B. $\delta = k\,\lambda + \lambda/100$, so erhält man dicht neben dem Maximum eine Dunkelstelle. Dort löschen sich diejenigen Wellenstrahlen restlos aus, die vom 1. und 51., vom 2. und 52., …, vom 50. und 100. Spalt kommen. Der Gangunterschied dieser Strahlen beträgt nämlich jeweils $50\,\delta = 50\,k\,\lambda + 50\,\lambda/100 = 50\,k\,\lambda + \lambda/2$. In unserem Zeigerdiagramm bilden die Zeiger bei der Addition gerade einen geschlossenen Kreis (➠ *Bild 3b*). Zeiger, die dort einander diagonal gegenüberliegen, entsprechen den Strahlen mit Gangunterschied $50\,\delta$. (Auch bei einer ungeraden Zahl von Spalten (z. B. 101) ergibt sich die erste Dunkelstelle, wenn als Summe der Zeiger zum ersten Mal ein Kreis entsteht. Dies ist dann der Fall, wenn der Gangunterschied benachbarter Strahlen $\delta = k\,\lambda + \lambda/101$ ist.)

Wächst der Gangunterschied weiter, so ist der Winkel zwischen zwei Zeigern von benachbarten Wegen etwas größer, die Zeigerkette läuft über einen Vollkreis hinaus und schließt sich nicht mehr. Es gibt Resthelligkeit (➠ *Bild 3c*). Schon für den Gangunterschied $\delta = k\,\lambda + 2\,\lambda/100$ entsteht die zweite Dunkelstelle, da die Zeiger zweimal im selben Kreis umlaufen (➠ *Bild 3d*). – Bis schließlich der Gangunterschied $\delta = k\,\lambda + \lambda$ erreicht ist, also das Maximum $(k+1)$-ter Ordnung, finden sich weitere scharfe Dunkelstellen, nur von geringer Resthelligkeit unterbrochen.

Verallgemeinert man diese Betrachtungen von 100 auf n Spalte, so erhalten wir für das *erste Minimum*, welches das Maximum k-ter Ordnung eingrenzt, den Gangunterschied

$$\delta = k\,\lambda + \lambda/n.$$

Das 1. Minimum rückt also umso näher an das Maximum, je größer die Zahl n der Gitterspalte ist. Das Maximum wird immer schärfer.

Merksatz

Mit wachsender Anzahl der Spaltöffnungen eines optischen Gitters werden die Maxima heller und schärfer. Die Resthelligkeit in den Zwischenräumen nimmt dabei immer mehr ab.

In ➠ *Versuch 2* bestimmen wir die Wellenlänge des *Helium-Neon-Lasers* mit einem Gitter, das 1000 Striche pro Zentimeter hat. Die Gitterkonstante g ist also $g = \frac{1}{1000}$ cm $= 1 \cdot 10^{-5}$ m. Für die Wellenlänge des Laserlichts ergibt sich daraus $\lambda = 633$ nm $\pm$ 3 nm.

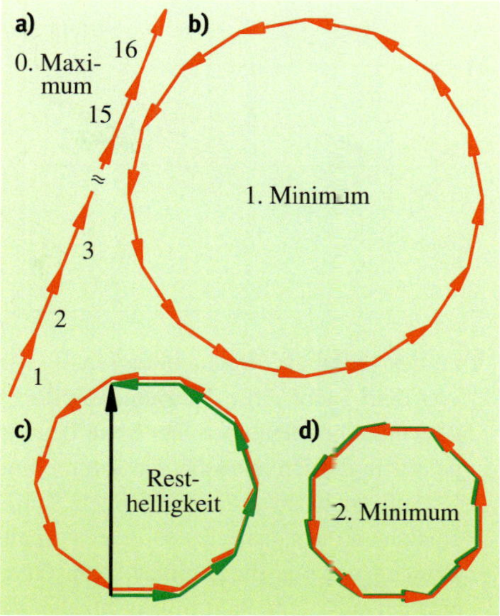

B 3: Zeigerbild für ein Gitter mit 16 Spalten: **a)** Mittenmaximum ($\delta = 0$) **b)** 1. Minimum **c)** bei etwas größerem Winkel bleibt Resthelligkeit **d)** 2. Minimum

V 2: Bestimmung der Wellenlänge des Laserlichts:

Ein Gitter mit 1000 Strichen pro Zentimeter wird durch Laserlicht senkrecht beleuchtet. Auf einem $a = 3{,}80$ m vom Gitter entfernten Schirm messen wir den Abstand des linken Maximums 2. Ordnung zum rechten Maximum 2. Ordnung zu 97,0 cm.

Für den Winkel α_2 zum Maximum 2. Ordnung ($k = 2$) gilt:

$\tan\alpha_2 = d_2/a = 48{,}5$ cm/380 cm $= 0{,}128$;

also $\alpha_2 = 7{,}27°$.

Mit der Gitterkonstanten $g = \frac{1}{1000}$ cm $= 10^{-5}$ m finden wir für die Wellenlänge λ des Laserlichts

$$\lambda = \frac{g \sin\alpha_k}{k} = \frac{g \sin\alpha_2}{2} = 633 \text{ nm}.$$

Fehlerabschätzung:

Die Entfernung des Schirms vom Gitter lässt sich auf ± 1 cm, der gegenseitige Abstand der Maxima auf ± 1 mm genau ablesen. Aus

$$48{,}4/381 \le \tan\alpha_2 \le 48{,}6/379$$

erhalten wir das Intervall für α_2

$$7{,}24° \le \alpha_2 \le 7{,}31°.$$

Die Zahl der Striche pro cm nehmen wir als genau an. So ergibt sich für λ

$(1 \cdot 10^{-5}\text{ m} \cdot \sin 7{,}24°)/2 = 6{,}3 \cdot 10^{-7}\text{ m} \le \lambda$ und $\lambda \le (1 \cdot 10^{-5}\text{ m} \cdot \sin 7{,}31°)/2 = 6{,}36 \cdot 10^{-7}$ m,

also: **630 nm ≤ λ ≤ 636 nm.**

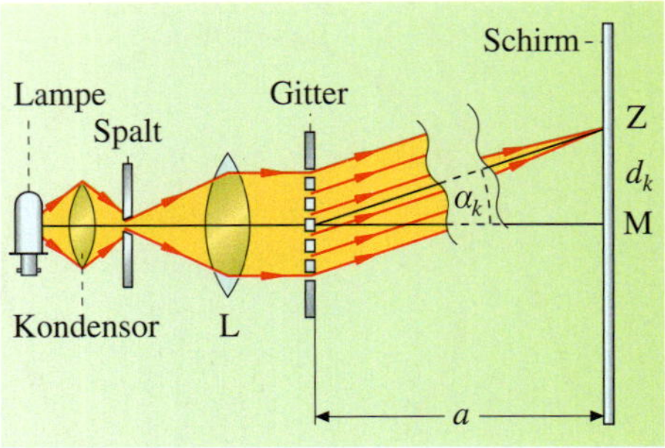

V 1: Der schmale Beleuchtungsspalt wird von dem Licht einer Natriumdampflampe gleichmäßig beleuchtet. Der Spalt liegt ungefähr in der Brennebene der Sammellinse L. Auf einem etwa 2 m entfernten Schirm entsteht so ein scharfes Bild des Spalts. Bringen wir nun dicht hinter L ein Gitter, entsteht auf dem Schirm ein Muster von hellen Intensitätsmaxima in der Entfernung d_k von der Mitte M. Die Gitterkonstante ist $g = \frac{1}{1000}$ cm und der Abstand Gitter–Schirm $a = 2{,}00$ m. Der Abstand der beiden Spektrallinien 3. Ordnung wird zu 71,8 cm gemessen. Für den Winkel α_3 zum Maximum 3. Ordnung ($k = 3$) erhält man

$$\tan \alpha_3 = \frac{d_3}{a} = \frac{35{,}9 \text{ cm}}{200 \text{ cm}} = 0{,}1795; \ \alpha_3 = 10{,}2°.$$

Aus $\sin \alpha_3 = \frac{k\lambda}{g} = \frac{3\lambda}{g}$ folgt

$$\lambda = \frac{g \sin \alpha_3}{3} = 589 \text{ nm}.$$

Farbe der Spektrallinie	Wellenlänge λ in Luft
violett	405 nm
blau	436 nm
grün	546 nm
gelb (doppelt)	577 nm und 579 nm

T 1: Spektrallinien von Quecksilber

V 2: a) Anstatt einer Natriumdampflampe (⇒ *Versuch 1*) verwenden wir jetzt als Lichtquelle eine Experimentierleuchte mit weißem Glühlicht. Auf dem Schirm entsteht in der Mitte eine weiße Linie; links und rechts davon erscheinen leuchtende farbige Bänder, die sich zum Teil überlappen. **b)** Bringt man zwischen Lichtquelle und Spalt eine hell leuchtende Natriumflamme, so erscheint im Spektrum eine dunkle Linie.

3. Gitterspektren

Mit dem optischen Gitter können wir die Wellenlängen des Lichts beliebiger Quellen sehr genau bestimmen. Zu diesem Zweck konzentrieren wir das Licht einer Natriumlampe auf einen schmalen Beleuchtungsspalt und bilden diesen mit einer Sammellinse auf einen weit entfernten Schirm ab (⇒ *Versuch 1*). Auf dem Schirm entsteht ein Bild des Beleuchtungsspalts. Dieses scharfe *Spaltbild* vervielfacht sich beim Einbringen des Gitters. Wir können – genauer als in *Ziff. 1* und *2* – aus ihrer Lage λ bestimmen. Für die Natriumlampe messen wir nur eine Wellenlänge $\lambda = 589$ nm und sprechen deshalb von *monochromatischem* Licht.

Ersetzt man die Lichtquelle durch eine Quecksilberdampflampe, so erscheint auf dem Schirm eine Folge verschiedenfarbiger Linien, also verschiedenfarbiger Spaltbilder (⇒ *Tabelle 1*). Sie bilden das Quecksilber-**Spektrum.** Quecksilberatome sind in der Lampe durch Elektronenstoß zum Leuchten angeregt worden und senden dabei im sichtbaren Bereich Licht mit ganz bestimmten Wellenlängen aus, ein so genanntes **Linienspektrum.** Die im Linienspektrum vorkommenden Wellenlängen sind kennzeichnend für die Licht aussendenden Atome (⇒ *Spektraltafel* am Anfang des Buches).

Untersuchen wir mit unserer Anordnung weißes Glühlicht (⇒ *Versuch 2a*), so entstehen mehrere schön leuchtende Spektren. Beim Zerlegen des Lichts mit einem Prisma erhielten wir dagegen nur eines. Vom Prisma wird Violett am stärksten abgelenkt, vom Gitter dagegen Rot wegen seiner größeren Wellenlänge (⇒ *Bild 1a, b*). Nur das Spektrum 1. Ordnung ist rein, die andern überlagern sich (⇒ *Bild 1c*). Die Richtung zum Maximum nullter Ordnung ist von der Wellenlänge unabhängig. Alle Farben überdecken sich dort zu einem weißen Strich.

Merksatz

Die Wellenlängen von sichtbarem Licht liegen etwa im Bereich von 400 nm (Violett) bis 800 nm (Rot).

Da Linienspektren kennzeichnend für die Stoffe sind, die sie aussenden, konnten R. W. BUNSEN und G. R. KIRCHHOFF die Methode der **Spektralanalyse** entwickeln. Damit kann man nicht nur chemische Substanzen im Labor untersuchen, sondern auch Aufschluss über die stoffliche Zusammensetzung von Sternen erhalten. In ⇒ *Versuch 2b* zeigen wir, dass im Spektrum von weißem Licht im gelben Bereich eine dunkle Linie entsteht, wenn das Licht durch eine Natriumflamme geht. Ein gelber Anteil des weißen Lichts wird in der Na-Flamme nach allen Seiten gestreut und fehlt deshalb in Geradeausrichtung. J. VON FRAUNHOFER entdeckte 1814 im kontinuierlichen Spektrum der Sonne eine große Zahl dunkler Linien. Sie entstehen dadurch, dass die Gase der Sonnenoberfläche ganz bestimmte Wellenlängen des von tiefer liegenden Schichten der Sonne kommenden weißen Lichts absorbieren (⇒ *Spektraltafel*). Diese **Fraunhoferlinien** stimmen mit den Linienspektren von Elementen auf der Erde überein. In der Sonne gibt es keine anderen Elemente.

In einer einfachen Anordnung kann man ein Gitterspektrum auch ohne Schirm beobachten (➠ *Versuch 3*). Durch ein Gitter betrachten wir die Kapillare einer Gasentladungsröhre. Die Ausdehnung des dünnen Lichtfadens ist so klein, dass kein Beleuchtungsspalt notwendig ist. Wellenstrahlen, die zum k-ten Maximum führen, verlassen das Gitter unter dem Winkel α_k. Die Augenlinse erzeugt ein Bild des Linienspektrums auf der Netzhaut. Für den Beobachter scheinen die Lichtstrahlen vom Maßstab im Abstand d_k zur Mitte herzukommen. Am Maßstab liest der Beobachter die Strecke d_k ab und berechnet aus $\tan \alpha_k = d_k/a$ den Winkel α_k. Mit $\lambda = g \sin \alpha_k / k$ bestimmt er die Wellenlänge der betreffenden Spektrallinie.

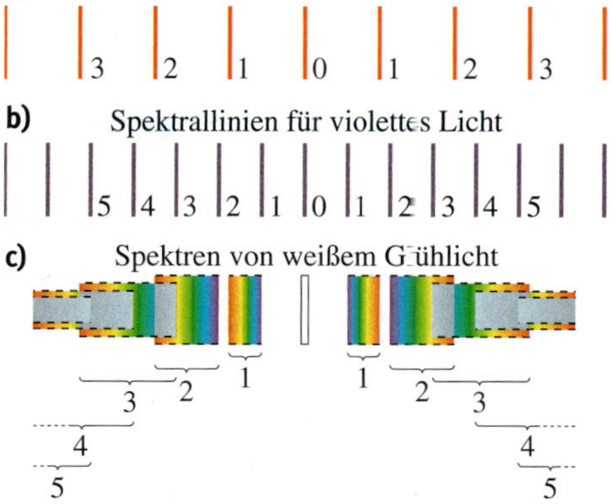

B 1: Das Gitterspektrum für **a)** rotes Licht **b)** violettes Licht **c)** weißes Licht. Die Spektren des sichtbaren Lichts überlappen sich ab der 2. Ordnung.

Beispiel

Ein optisches Gitter mit 2 000 Strichen pro cm wird von parallelem weißem Licht ($400\,\text{nm} \leq \lambda \leq 780\,\text{nm}$) senkrecht beleuchtet. **a)** Wie breit ist das Spektrum 1. Ordnung auf einem $a = 3{,}20$ m entfernten Schirm? **b)** Zeigen Sie, dass sich die sichtbaren Spektren 2. und 3. Ordnung überlappen. **c)** Bis zu welcher Wellenlänge ist das Spektrum 2. Ordnung nicht überlagert?

Lösung:
Die Gitterkonstante ist $g = \frac{1}{2000}\,\text{cm} = 5 \cdot 10^{-6}$ m.
a) Für violettes Licht erhält man den Winkel zum 1. Maximum durch $\sin \alpha_{1\text{v}} = \lambda_\text{v}/g = 400 \cdot 10^{-9}\,\text{m}/5 \cdot 10^{-6}\,\text{m} = 0{,}08$, also $\alpha_{1\text{v}} = 4{,}59°$.
Der Abstand $d_{1\text{v}}$ zwischen Mitte und Violett 1. Ordnung beträgt $d_{1\text{v}} = a \tan \alpha_{1\text{v}} = 320\,\text{cm} \cdot \tan 4{,}59° = 25{,}7$ cm.
Entsprechend ergibt sich für Rot $\alpha_{1\text{r}} = 8{,}97°$ und $d_{1\text{r}} = 50{,}5$ cm.
Das Spektrum 1. Ordnung ist also $d_{1\text{r}} - d_{1\text{v}} =$ **24,8 cm** breit.
b) Für die 2. Ordnung von Rot gilt $\sin \alpha_{2\text{r}} = 2\,\lambda_\text{r}/g = 0{,}312$,
für die 3. Ordnung von Violett gilt $\sin \alpha_{3\text{v}} = 3\,\lambda_\text{v}/g = 0{,}24$.
Also liegt Violett 3. Ordnung innerhalb des Spektrums 2. Ordnung.
c) Für Violett 3. Ordnung gilt $\sin \alpha_{3\text{v}} = 0{,}24$. Das Spektrum 2. Ordnung ist also bis $\sin \alpha_2 = 0{,}24 = 2\,\lambda/g$ ungestört. Das entspricht einer Wellenlänge von $\boldsymbol{\lambda} =$ **600 nm**.

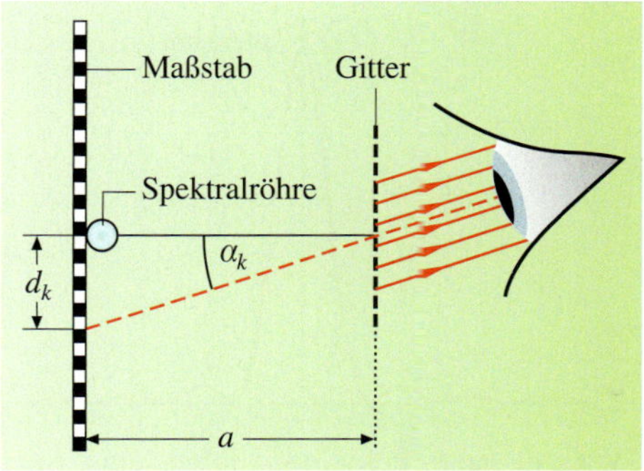

V 3: Die dünne, hell leuchtende Kapillare einer gasgefüllten Spektralröhre steht senkrecht vor einem horizontalen Maßstab. Blicken wir auf sie durch ein optisches Gitter, so sehen wir vor dem Maßstab das weit auseinander gezogene Linienspektrum.

... noch mehr Aufgaben

A 1: Ein Gitter hat 500 Linien pro mm. Der Schirmabstand beträgt 1,50 m. Welchen Abstand hat für $\lambda = 780$ nm die Spektrallinie 1. Ordnung von der Linie 2. Ordnung?

A 2: Die beiden Spektrallinien 1. Ordnung von Na-Licht ($\lambda = 590$ nm) haben auf einem 1,00 m entfernten Schirm den Abstand 11,8 cm. Wie groß ist g?

A 3: Ein Gitter mit 5 000 Strichen pro cm wird mit parallelem weißem Glühlicht beleuchtet. Der Schirm hat die Form eines Halbzylinders, in dessen Mittelachse das Gitter steht. **a)** Bis zu welcher Ordnung kann das sichtbare Spektrum ganz beobachtet werden? **b)** Welche Wellenlänge ergibt sich aus $\sin \alpha_k = 1 = k\,\lambda/g$ in der höchsten Ordnung?

A 4: Wir beobachten auf einem Schirm ($a = 2{,}50$ m) das Linienspektrum von Hg-Dampf. In der 1. Ordnung beträgt der Abstand der linken violetten Linie ($\lambda_1 = 405$ nm) von der rechten 40,6 cm. **a)** Berechnen Sie die Gitterkonstante. **b)** Wie weit ist in der 2. Ordnung die violette Linie von der grünen Linie ($\lambda_2 = 546$ nm) entfernt? **c)** In welcher Ordnung kommt es zum ersten Mal vor, dass die grüne Linie in das Spektrum der nächsthöheren Ordnung fällt?

A 5: Paralleles Licht fällt schräg auf ein optisches Gitter. Zeigen Sie, dass der resultierende Gangunterschied $\delta = g\,(\sin(\alpha + \varphi) - \sin \varphi)$ ist.

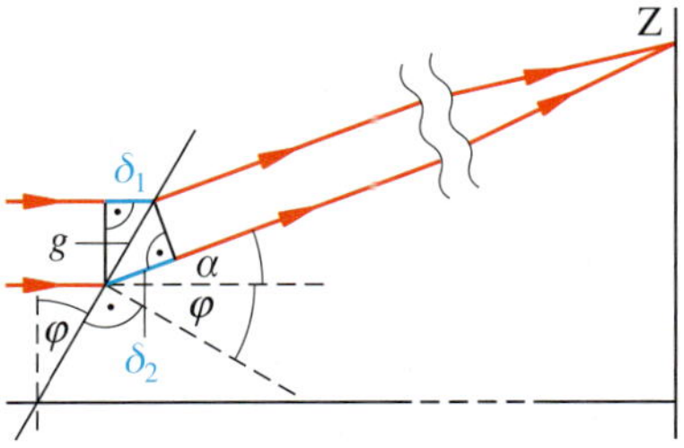

V 1: Ein Laser erzeugt auf einem etwa 3 m entfernten Schirm einen scharfen Lichtfleck. Bringen wir nun in das Laserlichtbündel einen vertikalen Einzelspalt mit verstellbarer Breite, so fließt der Lichtfleck nach beiden Seiten umso stärker auseinander, je enger wir den Spalt machen. Auch hier ist das gebeugte Licht von vielen dunklen Stellen unterbrochen.

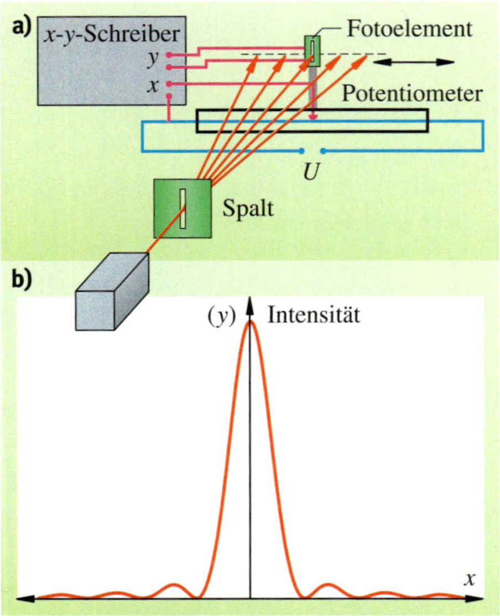

V 2: a) Eine Fotodiode liefert eine Spannung, die proportional zur Helligkeit ist. Sie wird mithilfe einer Messschraube zusammen mit einem Potentiometer durch das Beugungsbild eines Spalts bewegt. Am Potentiometer nehmen wir eine Spannung ab, die proportional zum zurückgelegten Weg ist. Diese Spannung geben wir auf die x-Ablenkung und die von der Fotodiode auf die y-Ablenkung eines Schreibers. **b)** Mit dem Schreiber aufgenommenes Intensitätsdiagramm

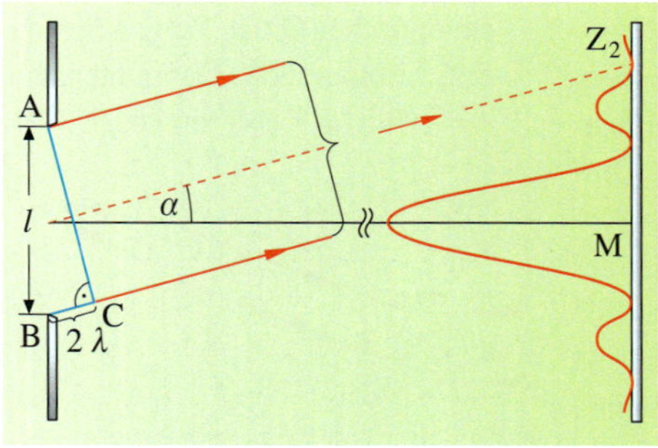

B 1: Strahlen zur 2. Dunkelstelle. Intensität nicht maßstabsgerecht gezeichnet.

Beugung am Einzelspalt

1. Viele Elementarzentren in einem Spalt

Lässt man Licht eines Lasers senkrecht auf einen schmalen Spalt fallen, wird das Licht in den Schattenraum links und rechts des Spalts hineingebeugt (➡ *Versuch 1*) – je schmaler der Spalt ist, umso mehr. Das Licht verhält sich dabei wie eine Wasserwelle, die durch eine schmale Öffnung geht. Auf dem Schirm entstehen typische Interferenzstreifen, ähnlich denen bei Gitter und Doppelspalt. Doch nimmt die Intensität nach außen schnell ab (➡ *Versuch 2*). Auch wenn wir den Spalt schmal machen (z. B. 0,1 mm Breite), ist er gegen die Lichtwellenlänge (z. B. 600 nm) breit. Deshalb dürfen wir uns zwischen den Kanten des Spaltes nicht nur ein einziges HUYGENS-Zentrum denken, sondern müssen uns dort eine breite Wellenfront vorstellen. Nach dem HUYGENS-Prinzip lösen wir die Wellenfront in viele dicht liegende Elementarwellen auf. Ihre Anzahl kann man beliebig hoch ansetzen. Wir greifen alle Wellenstrahlen heraus, die zu einem bestimmten Punkt des weit entfernten Schirms hinführen. Da die Spaltbreite Bruchteile von Millimetern, der Schirmabstand jedoch mehrere Meter beträgt, können wir Wellenstrahlen, die sich in einem Punkt des Schirms treffen, in guter Näherung als parallel ansehen (➡ *Bild 1*).

Beginnen wir mit Strahlen, die praktisch parallel zur Mittelachse verlaufen (➡ *Bild 2a*). Die Lichtwellen haben in M den gegenseitigen Gangunterschied null. Die Zeiger, die zu den (nahezu) parallelen Wegen gehören, sind also parallel. In M erzeugt ihre Verkettung eine langgestreckte Zeigerkette und somit eine besonders helle Stelle. Vergrößert man den Beobachtungswinkel von M ($\alpha = 0°$) aus, so ergeben sich im Punkt Z geringe Gangunterschiede. Die Zeiger, die zu den verschiedenen Wegen gehören, sind gegeneinander etwas gedreht; die Zeigerkette bildet nun einen Bogen (➡ *Bild 2b*); die resultierende Intensität wird mit steigendem Winkel stetig kleiner. In ➡ *Bild 2c* ist α so groß, dass die Randstrahlen den Gangunterschied λ haben. Dann hat der mittlere Strahl gegenüber dem ersten einen Gangunterschied von $\lambda/2$, in Z_1 haben die entsprechenden Zeiger genau entgegengesetzte Richtung. So findet jeder Strahl im Teilbündel I einen Partner im Teilbündel II, dessen Zeiger genau umgekehrt gerichtet ist. Also löschen sich alle Wellenstrahlen in Z_1 vollständig aus, dort entsteht eine Dunkelstelle. Bei diesem 1. Minimum haben sich alle Zeiger zu einem Kreis geschlossen (➡ *Bild 2c*), die Intensität ist null.

Z_1 ist nicht die einzige Dunkelstelle. Ist der Gangunterschied der Randstrahlen auf $\delta = 2\lambda$ gewachsen, teilen wir das Lichtbündel in zwei Hälften auf, deren Randstrahlen jeweils den Gangunterschied λ haben und sich daher auslöschen (➡ *Bild 2e*). Solche restlosen Auslöschungen kommen immer wieder vor: Für $\delta = 3\lambda$ findet man 3 Teilbündel, bei $\delta = k\lambda$ gar k Teilbündel, deren Randstrahlen den Gangunterschied λ haben und die sich deshalb insgesamt aufheben. Zwischen diesen Dunkelstellen kommt es nur noch zu geringfügigen Resthelligkeiten, die mit wachsendem Winkel α schwächer werden.

Aus dem rechtwinkligen Dreieck ABC in *Bild 1* lesen wir eine Beziehung für den Winkel α_k zur k-ten Dunkelstelle ab. Wir finden

$$\sin \alpha_k = \frac{k\lambda}{l} \quad \text{mit } k = 1, 2, 3, \ldots \quad \text{(Minimum } k\text{-ter Ordnung).}$$

Da der Gangunterschied $\delta = k\lambda$ nicht größer als die Spaltbreite l sein kann, ist die Zahl der Minima durch $k < l/\lambda$ begrenzt.

Merksatz

Bei der **Beugung** von Licht der Wellenlänge λ an einem **Einzelspalt** der Breite l gilt für die Winkel α_k zu den **Minima**

$$\sin \alpha_k = \frac{k\lambda}{l} \quad \text{mit } k = 1, 2, 3, \ldots; \quad k < \frac{l}{\lambda}.$$

2. Resthelligkeiten

Betrachten wir nun das in *Versuch 2* aufgenommene Intensitätsdiagramm für die Beugung am Spalt. Die Lage der Dunkelstellen haben wir nun erklärt. Warum fällt die Intensität vom Hauptmaximum um $\alpha = 0°$ stetig zu den beiden seitlichen Dunkelstellen ab, die seine Breite bestimmen?

Nun, beim Hauptmaximum verstärken sich alle Wellen mit dem Gangunterschied null. Dieser Fall kann bei keinem anderen Bündel mehr eintreten. Wächst α von null aus nach beiden Seiten der Mittelachse an, so treten zunehmend Gangunterschiede auf. Die Zeigeraddition ergibt eine gekrümmte Linie (*Bild 2b*). Also wird der resultierende Zeiger für von $\alpha = 0°$ aus wachsende Winkel immer kürzer, bis die erste Dunkelstelle erreicht ist.

Vergrößert man den Winkel α über das erste Minimum hinaus, so wird $\delta > \lambda$. Was geschieht nun?

Zunächst spalten wir zwei Teilbündel I und II ab, deren Wellen sich ganz auslöschen. Zu jedem Wellenstrahl in dem Lichtbündel I gibt es einen Wellenstrahl in II, dessen Zeiger genau entgegengesetzt gerichtet ist und damit zur Auslöschung führt. Für den Gangunterschied $\delta = \frac{3}{2}\lambda$ ist etwa das 1. Nebenmaximum erreicht (*Bild 2d*). Im Zeigerbild erklären wir das so: $\frac{2}{3}$ der Zeiger bilden einen Kreis (Intensität null). Das restliche Drittel liefert eine Intensität, die kleiner als $\frac{1}{9}$ der Intensität des Hauptmaximums ist.

Allgemein findet man die Nebenmaxima etwa für den Gangunterschied $\delta = \frac{3}{2}\lambda, \frac{5}{2}\lambda, \frac{7}{2}\lambda, \ldots, \frac{2k+1}{2}\lambda$ mit $k = 1, 2, \ldots$.

Verengen wir den Spalt, so wird der helle Bereich um das Hauptmaximum breiter, die Helligkeit nimmt dabei rasch ab. Wenn die Spaltbreite l schließlich nur noch eine Wellenlänge (oder weniger) beträgt, kommen wegen $\lambda/l \geq 1$ die ersten Dunkelstellen links und rechts auch rechnerisch nicht mehr zustande.

In unseren Zeichnungen konnten wir natürlich nur eine endliche Zahl von Zeigern eintragen. Eigentlich müsste man jeden Punkt der Spaltöffnung als Ausgangspunkt von huygensschen Elementarwellen nehmen. Für $\alpha = 0°$ muss dann die Summe dieser (unendlich) vielen kleinen Zeigerchen wieder den Zeiger geben, der dem Mittenmaximum entspricht.

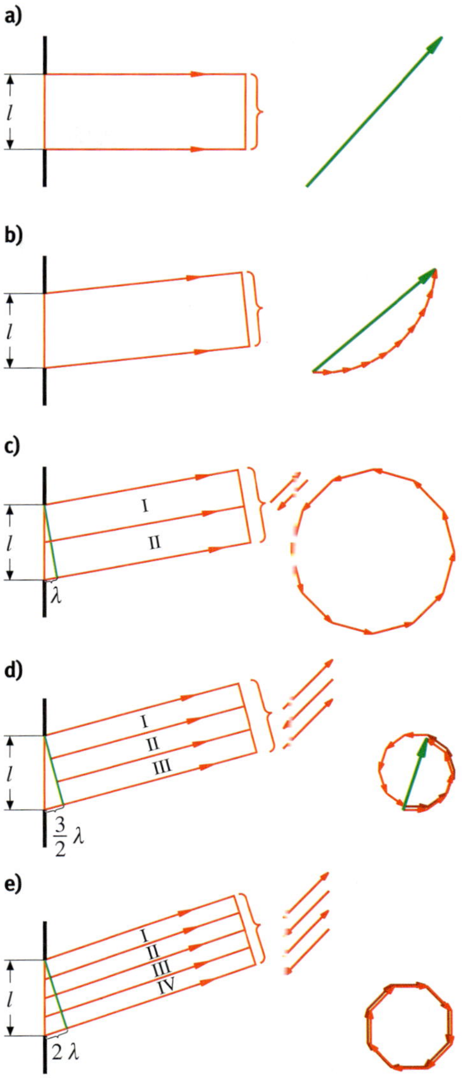

B 2: a) Strahlen, die praktisch parallel zur Mittelachse verlaufen, treffen sich in M und geben maximale Helligkeit. **b)** Für einen größeren Winkel ergibt sich eine gekrümmte Zeigerkette. Die Helligkeit nimmt ab. **c)** Beim ersten Minimum haben die Randstrahlen den Gangunterschied λ. Zu jedem Zeiger im ersten Abschnitt (I) gibt es einen entgegengesetzten im zweiten (II). Wir erhalten einen geschlossenen Zeigerkreis. Der resultierende Zeiger hat also die Länge null, damit ist die Intensität an dieser Stelle null. **d)** Beträgt der Gangunterschied etwa $\frac{3}{2}\lambda$, so entsteht ein Nebenmaximum. **e)** Beträgt der Gangunterschied der Randstrahlen 2λ, so heben sich die Zeiger aus den Bereichen I und II, sowie aus III und IV auf. Es ist wieder dunkel. (Zeichnungen nicht maßstabsgetreu)

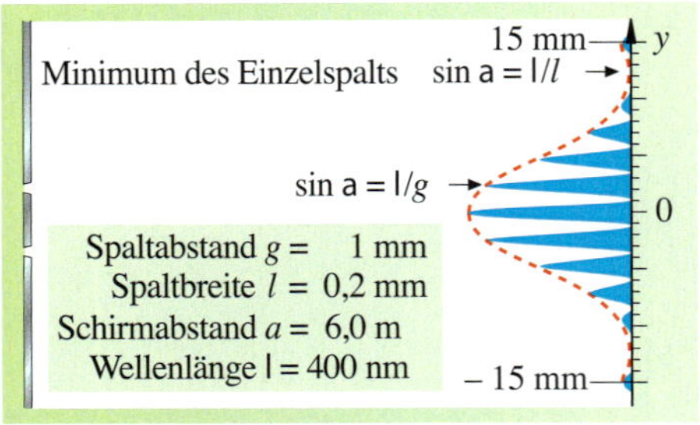

B 1: a) Beugung am Doppelspalt für $g = 5\,l$ **b)** Intensität mit dem Computer berechnet. Die Einhüllende (rot) entspricht dem Intensitätsdiagramm des Einzelspalts.

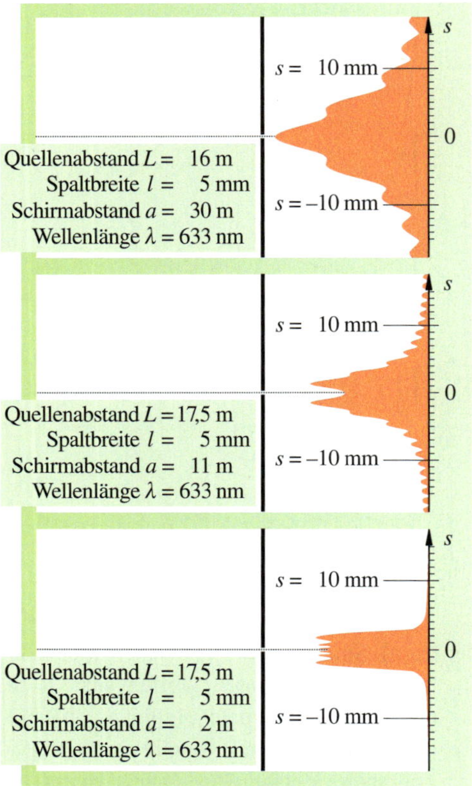

B 2: Intensitätsverlauf für die Beugung am Spalt für verschiedene Schirmentfernungen

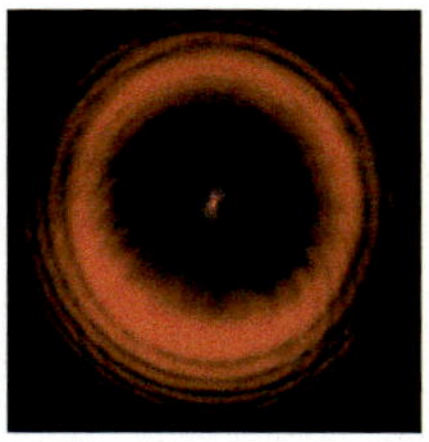

V 1: Ein aufgeweitetes Lichtbündel eines Lasers ist auf eine Stahlkugel eines Kugellagers gerichtet, die auf eine Glasplatte aufgeklebt wurde. Betrachten wir auf einem durchscheinenden Schirm den Schatten, so entdecken wir in seiner Mitte eine helle Stelle.

3. Der Einzelspalt spielt auch beim Doppelspalt mit

Ein Doppelspalt besteht aus zwei, ein Gitter aus vielen Einzelspalten. Haben dabei nicht auch die Beugungserscheinungen der Einzelspalte Auswirkungen auf die bisher besprochenen Interferenzmuster?

Wir beleuchten einen Doppelspalt mit dem aufgeweiteten Lichtbündel eines Lasers, decken aber vorerst einen der beiden Spalte ab. Auf dem Schirm entsteht dann das Interferenzmuster eines Einzelspalts. Der zweite Spalt, der nur um die kleine Entfernung g gegen den ersten verschoben ist, gibt wegen des geringen Abstands g ein kaum merklich verschobenes Beugungsbild. Wir öffnen nun beide Spalten gleichzeitig. Zunächst bleiben natürlich die Richtungen, in die jeder Einzelspalt für sich kein Licht sendet, dunkel. Zudem gibt die Interferenz der Lichtbündel beider Spalte *zusätzliche* Dunkelstellen. Im Zielpunkt Z müssen wir nämlich einen Summenzeiger von Spalt 1 und einen von Spalt 2 addieren. Sind diese genau entgegengesetzt gerichtet, so ergibt sich eine solche Dunkelstelle. Für die verbleibenden Maxima gilt $\sin \alpha_k = k\,\lambda/g$. ➠ *Bild 1* zeigt das mithilfe der Zeigeraddition berechnete Beugungsbild für einen Doppelspalt.

4. Überraschungen mit dem Spalt

Bei unseren bisherigen Versuchen haben wir den Spalt immer mit parallelem Licht beleuchtet. Auch war die Entfernung zum Schirm so groß, dass wir in sehr guter Näherung die Wellenstrahlen hinter dem Spalt als parallel ansehen konnten.
In ➠ *Bild 2* untersuchen wir, was passiert, wenn *divergentes* Licht von einer nahen Punktquelle auf einen relativ weiten Beugungsspalt fällt. Unsere bisherigen Überlegungen können wir hier nicht mehr anwenden. Die Wellenstrahlen sind ja nicht in Phase, wenn sie in der Spaltebene ankommen; das Licht gelangt auf verschieden langen Wegen zum Spalt. Nun findet man nicht immer in der Mitte der Beugungsfigur ein Maximum. Für jeden Weg von der Quelle zum Schirm bestimmt der Computer den zugehörigen Zeiger und addiert diese Zeiger für den Punkt Z des Schirms. Da der Computer schnell ist, kann er dies für viele Punkte des Beobachtungsschirms durchführen und so die Intensitätsverteilung darauf berechnen (➠ *Bild 2*). Die Zeigeraddition mit dem Computer hilft uns hier also weiter. Wir sehen aus den Diagrammen, dass es von den Entfernungen Lichtquelle–Spalt und Spalt–Schirm abhängt, ob sich in der Mitte gegenüber dem Spalt ein Maximum oder ein relatives Minimum befindet.

Etwas Ähnliches sehen wir in ➠ *Versuch 1*. Mitten im geometrischen Schatten einer Kugel befindet sich ein heller Punkt. Dies überrascht nicht: Von allen Punkten des Kugelrands gehen Elementarwellen aus und werden zur Mitte des Schattens hin gebeugt. Ausgerechnet dort treffen sie gleichphasig zusammen und verstärken sich durch konstruktive Interferenz. Als FRESNEL die Wellentheorie des Lichts aufstellte, widersprach der Mathematiker POISSON. Er war so überzeugt, dass die Schattenmitte nicht hell sein könne, dass er dazu kein Experiment machte und die Wellentheorie des Lichts als unsinnig verwarf. Andere konnten schließlich den Poisson-Fleck nachweisen.

Beispiel

Musteraufgabe

Ein Doppelspalt besteht aus zwei Spalten jeweils mit der Breite $l = 0{,}10$ mm. Der Abstand der Spaltmitten beträgt $g = 0{,}45$ mm. Auf diesen Doppelspalt fällt in Richtung der optischen Achse paralleles Licht der Wellenlänge 630 nm. **a)** Einer der beiden Spalte wird zunächst verdeckt. Berechnen Sie die Lage der Minima 1. und 2. Ordnung des Interferenzmusters, das auf einem Schirm in $a = 10$ m Entfernung entsteht. **b)** Öffnet man nun beide Spalte, so ist der Bereich zwischen den Minima 1. Ordnung aus a) von einem neuen Streifensystem durchzogen. Erklären Sie dies. Berechnen Sie den Abstand zweier Maxima dieses Systems. **c)** Wie viele Maxima des Doppelspalts liegen zwischen den beiden Dunkelstellen 1. Ordnung des Einzelspalts?

Lösung:

a) Die Entfernung der Minima auf dem Schirm von der optischen Achse sei x_k. Beim Einzelspalt gilt für die Lage der ersten beiden Minima (s. *Ziff. 1*):

$$\sin \alpha_k = \frac{k\lambda}{l} \quad \text{mit } k = 1, 2.$$

Wegen der kleinen Winkel α_k gilt dabei:
$\sin \alpha_k \approx \tan \alpha_k = x_k/a$, also $x_k = a\,k\,\lambda/l$.
Daraus ergibt sich: $\boldsymbol{x_1 = 6{,}3}$ **cm,** $\boldsymbol{x_2 = 12{,}6}$ **cm.**

b) Das Interferenzbild des Einzelspalts ist von den Interferenzstreifen des Doppelspalts durchzogen. Da der Spaltabstand g hier 4,5-mal so groß ist wie die Breite l eines Einzelspalts, ist dieses Streifensystem wesentlich enger. Für die Winkel α_n, unter denen Maxima beim Doppelspalt auftreten, gilt:

$$\sin \alpha_n = \frac{n\lambda}{g}, \quad \text{mit } n = 1, 2, \ldots$$

x_n sei die Entfernung des n-ten Maximums von der Symmetrieachse. Dann ist $\tan \alpha_n = x_n/a$.
Für kleine Winkel gilt $\tan \alpha_n \approx \sin \alpha_n$ und damit

$$\frac{x_n}{a} = \frac{n\lambda}{g} \quad \text{und} \quad \frac{x_{n+1}}{a} = \frac{(n+1)\lambda}{g}.$$

Für den Abstand der Maxima auf dem Schirm ergibt sich: $\boldsymbol{x_{n+1} - x_n = \lambda a/g = 1{,}4}$ **cm.**

c) Für den Bereich zwischen den ersten beiden zur Mitte symmetrischen Minima des Einzelspalts gilt:

$$\sin \alpha_1 \leq \frac{\lambda}{l},$$

also muss $k_n\,\lambda/g \leq \lambda/l$ oder $k_n \leq g/l$, d.h. $\boldsymbol{k_n \leq 4{,}5}$ sein.
Das Ergebnis ist unabhängig von λ.
Da das Beugungsbild symmetrisch ist und noch das Hauptmaximum hinzu kommt, liegen zwischen den beiden Minima 1. Ordnung $2 \cdot 4 + 1 =$ **9 Maxima.**

... noch mehr Aufgaben

A 1: Wie groß ist der Abstand der ersten dunklen Streifen links und rechts der hellen Mitte bei einem Spalt von 0,50 mm Breite und dem Schirmabstand 1,50 m für rotes ($\lambda = 760$ nm) und für violettes Licht ($\lambda = 400$ nm)?

A 2: Einfarbiges Licht fällt auf einen Spalt der Breite 0,30 mm. Auf einem 3,00 m entfernten Schirm haben die beiden mittleren dunklen Interferenzstreifen einen Abstand von 10,0 mm. Berechnen Sie die Wellenlänge des Lichts.

A 3: Lässt man statt einfarbigem Licht paralleles weißes Licht auf einen Spalt fallen, so entsteht ein Interferenzmuster, dessen Dunkelstellen von Farbsäumen umgeben sind. Wie kommen sie zustande? Handelt es sich um Spektralfarben oder um Mischfarben?

A 4: Ein Quarzstreifen eines Ultraschall-Schallkopfs mit der Breite 1,5 mm schwingt mit 5 MHz. Seine Oberfläche schwingt in Phase, die davon ausgehenden Wellenfronten sind eben. Die Ausbreitungsgeschwindigkeit in Körpergewebe ist $c = 1\,540$ m/s. **a)** Berechnen Sie den Winkelbereich 2α (➠ *Bild*), in dem das zentrale Maximum liegt. **b)** Wie ändert sich der Winkel, wenn man 5 solcher Quarzstreifen nebeneinander legt?

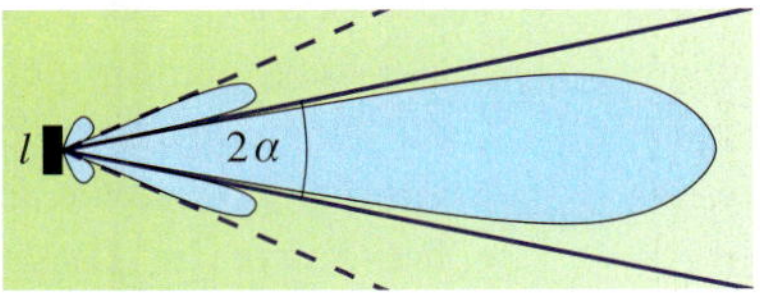

A 5: Paralleles Licht einer Natriumspektrallampe ($\lambda = 589$ nm) fällt senkrecht auf einen Doppelspalt. Der Abstand der Spaltmitten beträgt 0,3 mm. Das entstehende Interferenzbild wird auf einem dazu parallelen Schirm im Abstand $a = 255$ cm aufgefangen. **a)** Bestimmen Sie die Lage der ersten 7 hellen Streifen auf dem Schirm. **b)** Jeder Spalt hat eine Breite von 0,050 mm. Berechnen Sie die Lage der Minima bis zur 2. Ordnung auf Millimeter genau, wenn entweder nur der erste oder nur der zweite der beiden Spalte geöffnet ist. **c)** Welches der in a) berechneten Maxima kann nicht beobachtet werden? Skizzieren Sie den Intensitätsverlauf auf dem Schirm.

A 6: Bei einem optischen Gitter seien die Spaltbreiten halb so groß wie die Gitterkonstante. Zeigen Sie: Im Interferenzmuster des Gitters kann man die Maxima mit geraden Ordnungszahlen nicht sehen.

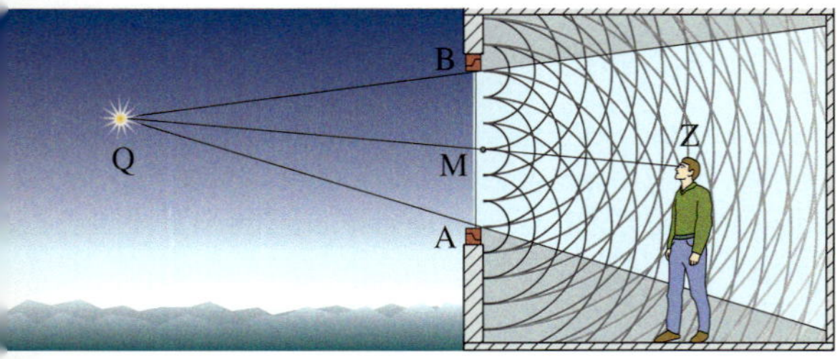

B 1: Licht vom fernen Stern Q fällt durch das Fenster ins Auge des Beobachters am Ort Z. Nach dem HUYGENS-Prinzip gehen von jedem Punkt der Fensteröffnung Elementarwellen aus. Alle Elementarwellen erreichen das Auge des Beobachters.

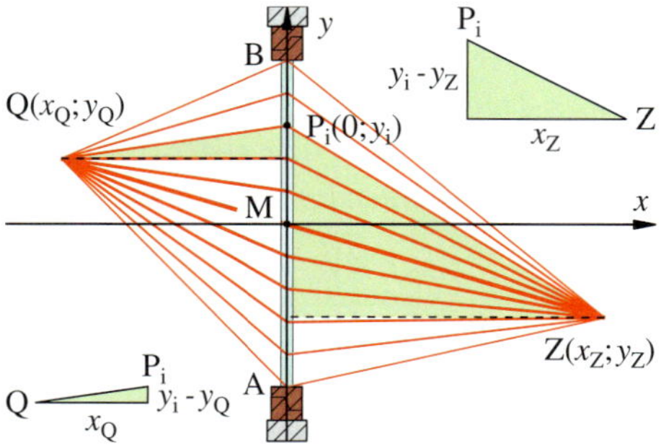

B 2: Wellenwege von Q nach Z über die Punkte P_i in der Blendenöffnung. Ihre Länge berechnet man nach PYTHAGORAS.

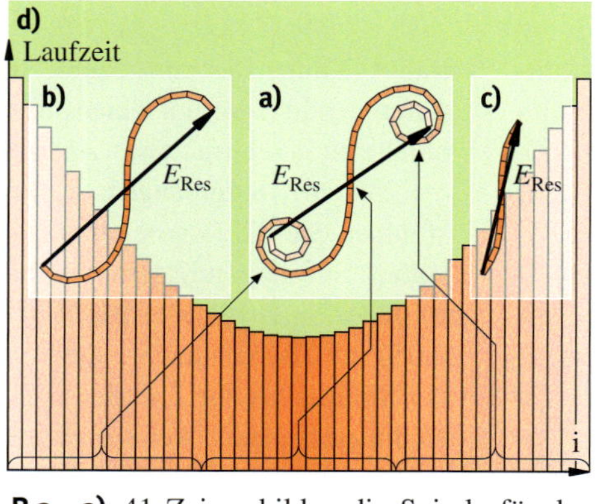

B 3: a) 41 Zeiger bilden die Spirale für den resultierenden Zeiger E_{Res} für 41 Wellenwege durch das Fenster AB (➡ *Bild 2*). Die Zeiger in der Mitte gehören zu den Wellenwegen in der Umgebung des Lichtstrahls QMZ. **b)** Beim Verkleinern des Fensters AB entfallen zunächst die Wickel an den Enden der Spirale. **c)** Eine zu kleine Öffnung verkürzt E_{Res} und verkleinert die Helligkeit. **d)** Laufzeitdiagramm: Die kürzeste Zeit gehört zum Lichtstrahl QMZ. Zu benachbarten Lichtwegen gehört etwa die gleiche Zeit.

Das HUYGENS-Prinzip und die Strahlenoptik

In der **Strahlenoptik** werden die Lichtwege erforscht: Von einer Lichtquelle zum beobachtenden Auge, beim Übergang von einem Medium in ein anderes oder bei der Abbildung mithilfe von Linsen. Die Beschreibung der Lichtwege erfolgt mit dem Modell des **Lichtstrahls**, realisiert durch enge Lichtbündel. Das Licht eines fernen Sternes Q gelangt so nach ➡ *Bild 1* längs des geraden Lichtstrahls QMZ durch die Fensteröffnung zum Auge im Zielpunkt Z.

Für die **Wellenoptik** gilt jedoch das **HUYGENS-PRINZIP:** Von jedem Punkt der Fensteröffnung gehen Elementarwellen aus – in alle Richtungen. Das Licht des Sterns gelangt auf *vielen* Wegen, von allen Seiten zum Auge – nicht nur längs des Lichtstrahls. Wie passt das zusammen?

1. Der Lichtstrahl und das HUYGENS-Prinzip

Im Wellenmodell müssen wir *alle möglichen* Wege berücksichtigen, die von der Quelle Q zum Zielpunkt Z führen. ➡ *Bild 2* zeigt eine Auswahl. Wir berechnen im eingezeichneten Koordinatensystem und mit den gewählten Bezeichnungen Lichtwege QP_iZ von der Quelle Q (x_Q; y_Q) über die Punkte P_i (0; y_i) zum Zielpunkt Z (x_Z; y_Z). Die Länge dieser Lichtwege hängt nach PYTHAGORAS von y_i ab:

$$s_i = \sqrt{x_Q{}^2 + (y_i - y_Q)^2} + \sqrt{x_Z{}^2 + (y_Z - y_i)^2}.$$

Für die Interferenz an einem festen Punkt in Z sind die Phasen φ_i der in Z ankommenden Wellen entscheidend. Für sie gilt:

- Die Phase φ_i in Z hängt vom Laufweg s_i und der Wellenlänge λ ab. Zum Weg $s_i = \lambda$ gehört $\varphi_i = 2\pi$.
  Ist z. B. $s_i = 3{,}25\ \lambda$, so hat die Phase in Z den Wert $\varphi_i = 3{,}25 \cdot 2\pi$.
- Allgemein gilt für φ_i im Bogenmaß: $\varphi_i = 2\pi\ (s_i/\lambda)$.

Jedem der Laufwege QP_iZ ordnet man im Ziel Z einen Zeiger mit dieser Phase $\varphi_i = 2\pi\ (s_i/\lambda)$ zu. Die Zeiger im Zielpunkt werden zu einer Zeigerkette verknüpft. Der resultierende Zeiger liefert die Amplitude E_{Res} im Ziel Z. Das Quadrat E_{Res}^2 ist ein Maß für die Helligkeit im Zielpunkt.
➡ *Bild 3a* zeigt 41 Zeiger für die 41 Wege QP_iZ aus ➡ *Bild 2*. Sie sind vom Computer berechnet und bilden verkettet eine so genannte *CORNU-Spirale*. (Der französische Physiker A. CORNU hat diese Spiralen als Erster gezeichnet – lange bevor es Computer gab). Ihr entnimmt man den resultierenden Zeiger E_{Res}. Man erkennt:

- Die Zeiger in der Mitte der CORNU-Spirale haben alle fast gleiche Richtung. Sie liefern den Hauptteil von E_{Res} und sorgen so für die Helligkeit in Z. Es sind die Zeiger für den geraden Wellenweg QMZ sowie dessen nächste Nachbarn.
- Die Kurve im Hintergrund (➡ *Bild 3d*) zeigt die *Laufzeiten* $t_i = s_i/c$ für die 41 Wellenwege QP_iZ. Sie weist ein breites „Tal" mit horizontaler Tangente auf. Dort gibt es kaum einen Unterschied benachbarter Laufzeiten. Zur Umgebung der minimalen Laufzeit gehören die Zeiger fast gleicher Phase im gestreckten Teil der *CORNU-Spirale*.

- Die Zeiger der Wickel am Anfang und am Ende der Spirale dagegen gehören zu den *immer steiler werdenden Flanken der Laufzeitkurve*. Dort ist von Wellenweg zu Wellenweg die Änderung der Laufzeiten so groß, dass die Phasen benachbarter Zeiger sich deutlich unterscheiden.

Anfang und Ende der gezeichneten Zeigerkette gehören zu den Umwegen, die das große Fenster erlaubt (➠ *Bilder 1* und *2*). Sie tragen kaum zur Länge des resultierenden Zeigers bei. Wenn man die Öffnung AB von beiden Seiten aus nach und nach verkleinert, verschwinden zunächst die Wickel der CORNU-Spirale. Der resultierende Zeiger E_{Res} bleibt aber praktisch unverändert (➠ *Bild 3b*). Er wird erst kürzer, wenn man gleichgerichtete Zeiger aus der unmittelbaren Umgebung des Strahls QMZ kappt (➠ *Bild 3c*).

2. Mit Licht orientiert man sich besser als mit Schall

Eine Quelle Q kann man bei Schall (mit einem Ohr) viel schlechter orten als bei Licht (mit einem Auge). Schall und Licht breiten sich wie Wellen aus, beide befolgen das HUYGENS-Prinzip, aber die Wellenlänge von Licht ist sehr viel kleiner als die von Schall.

Die Folgen kennen wir vom Einzelspalt (➠ *Bild 4*): Die Breite des Hauptmaximums ist durch den Winkel α zum ersten Minimum bestimmt. Bei einer Spaltbreite l gilt ungefähr $\sin \alpha = \lambda / l$. Mit $l \approx 1$ m für die Fensterbreite und mit $\lambda = 600$ nm (Wellenlänge des Lichts) berechnet man $\alpha \approx 0{,}00003°$. Bei Schall mit $\lambda \approx 0{,}5$ m dagegen liegt α bei 30°! Der Unterschied wird schon bei Schallquellen verschiedener Frequenzen wirksam. Von einer Musikkapelle, die aus einer Straße „um die Ecke" anmarschiert, hört man zunächst die tiefen Töne (mit der großen Wellenlänge). Sie werden besser um die Ecke gebeugt als die Töne hoher Frequenz.

Ein Blick auf die CORNU-Spirale verallgemeinert dies: Die Phasen ihrer Zeiger haben wir mit $\varphi_i = 2\pi\,(s_i/\lambda)$ berechnet. Wenn sich s_i um λ ändert (bei Licht eine winzige Strecke), ändert sich φ_i um 2π. Deshalb führt bei Licht schon ein winziges Abweichen vom geraden Weg zu einer erheblichen Veränderung der Phasen der Zeiger. Das Verwickeln setzt schon bei geringen Abweichungen von der sprichwörtlichen Geradlinigkeit des Lichtstrahls ein. Dies bestätigen die beiden für zwei verschiedene Wellenlängen berechneten Spiralen in ➠ *Bild 5*.

Beim Sprechen geht Schall auch um den Kopf herum; man hört einen Redner auch von hinten. Die Fledermaus benutzt bei Nacht zu ihrer akustischen Orientierung Ultraschall kleiner Wellenlänge ($\lambda \approx 1$ cm). Bei Hörschall wäre ihre Orientierung viel schlechter. Licht ($\lambda \approx 1$ µm) lässt sich viel schärfer bündeln; es eignet sich noch besser zum scharfen Lokalisieren, zum Sehen auch kleiner Gegenstände.

Merksatz

Im Wellenmodell sind nach dem HUYGENS-Prinzip die Zeiger für *alle möglichen Wellenwege* von der Quelle zum Ziel zu verketten. Je kleiner die Wellenlänge ist, desto mehr bestimmen dabei die Wege längs des geraden Weges die resultierende Amplitude. Die *Strahlenoptik* ist deshalb ein Grenzfall der allgemeingültigen *Wellenoptik* für Beugungsöffnungen, die groß gegenüber der Wellenlänge sind.

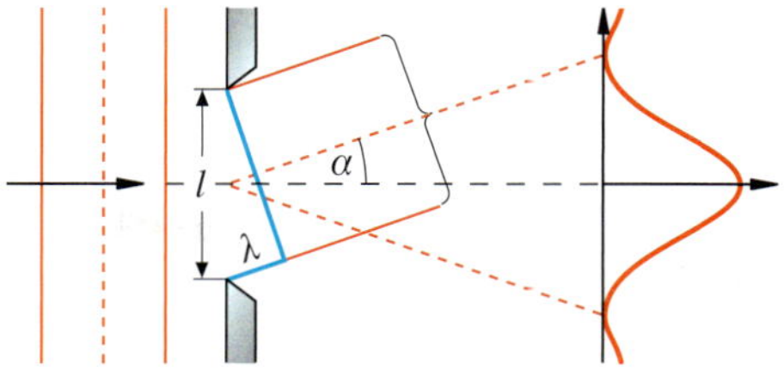

B 4: Je kleiner λ, desto stärker rückt bei fester Spaltbreite das erste Minimum an das Hauptmaximum der Spaltbeugung heran. Das Lichtbündel zum Hauptmaximum wird enger, der „Strahl" wird schärfer.

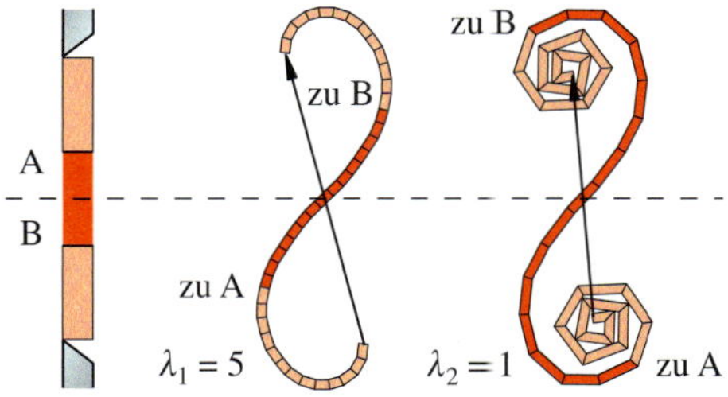

B 5: CORNU-Spirale im Zielpunkt Z bei verschiedenen Wellenlängen ($\lambda_1 : \lambda_2 = 5 : 1$). Bei großer Wellenlänge tragen (fast) alle Wege zur Länge des resultierenden Zeigers bei. Bei kleiner Wellenlänge nur die des Bereichs AB.

Vertiefung

Computerprogramm zur CORNU-Spirale

Konstanten: *Kommentar:*
XQ = 100; YQ = 0 *Koordinaten von Q*
XZ = 100; YZ = 0 *Koordinaten von Z*
LA = 1 *Wellenlänge λ*
DH = 0.002 *Huygens-Zentrenabstand*
AB = 8 *halbe Fensterhöhe*

Startwerte:
Y = AB *oberer Rand des Fensters*
SI = 0; CO = 0 *Sinus-Cosinus-Summe*

Rechenschleife:
WIEDERHOLE
(1) s = SQR(XQ^2 + (Y – YQ)^2)
+SQR(XZ^2 + (Y – YZ)^2)
(2) P = s/LA *Phase φ*
(3) SI = SI + SIN(P) *Sinus-Summe*
(4) CO = CO + COS(P) *Cosinus-Summe*
(5) Zeichne (SI,CO) *Spiralenpunkt*
(6) Y = Y – DH *nächstes Huygens-Zentrum*
BIS Y < –AB

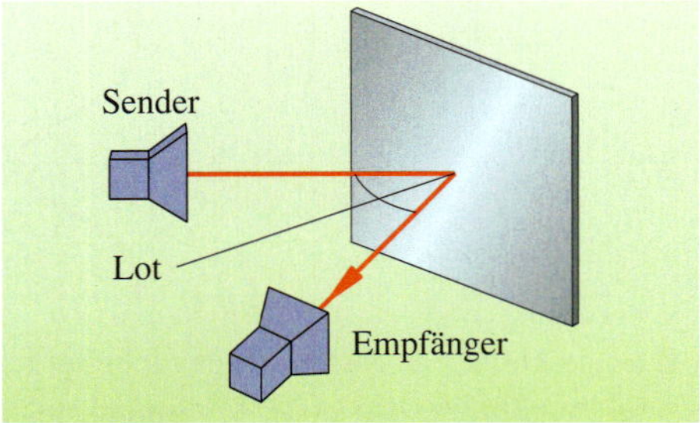

V 1: Mit der gebündelten Strahlung des Mikrowellensenders kann man an einer Metallplatte das Reflexionsgesetz für elektromagnetische Wellen nachweisen.

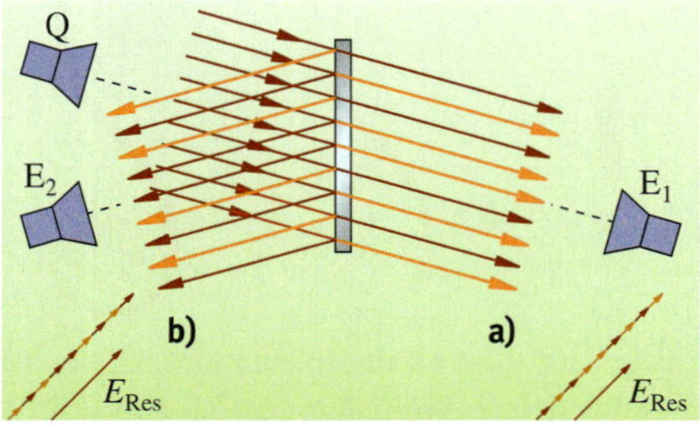

B 1: **a)** Der Mikrowellensender Q bündelt die Strahlung so, dass Wellenwege vom Sender zum Empfänger E_1 parallel sind. Sie sind dann auch gleich lang, es gibt konstruktive Interferenz. **b)** Alustreifen auf der schräg in das Bündel gestellten Platte werden zu HUYGENS-Zentren. Die Wellenwege zum spiegelbildlich aufgestellten Empfänger E_2 sind ebenso lang wie die zum Empfänger E_1.

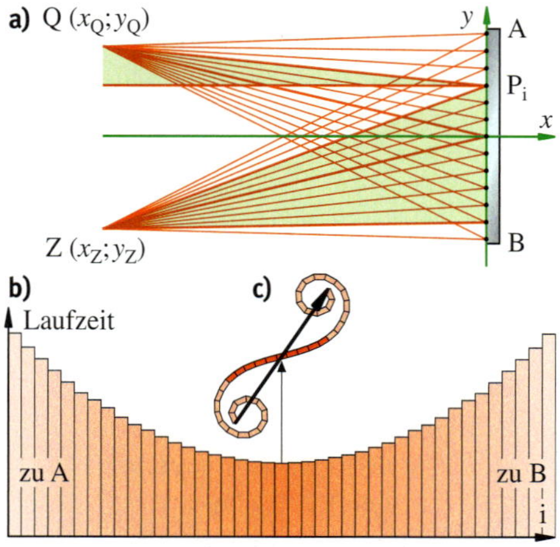

B 2: **a)** Wege von der Quelle Q über die Spiegelpunkte P_i zum Zielpunkt Z **b)** zugehörige Laufzeitkurve **c)** CORNU-Spirale für die Wege QP_iZ, der dunkelrote Bereich stammt von Wellenwegen, die das Reflexionsgesetz genau oder annähernd erfüllen.

3. Die Reflexion im Wellenmodell

Trifft Licht auf einen Körper mit glatter Oberfläche, wird es gespiegelt. Es gilt das Reflexionsgesetz:

- Einfallswinkel gleich Reflexionswinkel (gegen das Lot gemessen).
- Einfallender und reflektierter Strahl liegen mit dem Einfallslot (Lot auf der reflektierenden Oberfläche) in einer Ebene.

In der Wellenwanne, mit Schallwellen oder mit elektromagnetischen Mikrowellen können wir das Reflexionsgesetz wie in *Versuch 1* bestätigen.

Um die Reflexion im Wellenmodell mit der Zeigermethode darzustellen, gehen wir von einer anderen Situation aus: In dem breiten, praktisch parallelen Bündel geht Strahlung vom Mikrowellensender Q zum Empfänger E_1 (*Bild 1*). Die geraden Wellenwege QE_1 sind gleich lang; ihre Zeiger haben gleiche Richtung; sie geben deshalb eine große Resultierende E_{Res}.

Nun kleben wir auf die schräg in den Strahl gestellte Styroporplatte nach *Bild 1b* reflektierende Alustreifen (beliebig verteilt). Sie erzeugen huygenssche Elementarwellen und lenken so einen Teil der Strahlung vom Empfänger E_1 zum Empfänger E_2 um. Wir vergleichen für die geänderten Wellenwege Längen und Phasen am Zielort: Sofern E_2 spiegelbildlich zu E_1 aufgestellt ist, sind die Laufwege und Phasen die gleichen wie vorher, die Zeiger verstärken sich bei E_2 genauso wie bei E_1. Die reflektierte Welle erfüllt das Reflexionsgesetz. Je mehr die Platte mit Alufolie bedeckt ist, desto mehr Energie wird durch Reflexion „umgeleitet" und von E_2 registriert. Wir sehen:

Das Reflexionsgesetz folgt aus dem HUYGENS-Prinzip.

Wir wollen jetzt von der vereinfachenden Annahme absehen, dass alle Wellenwege parallel sind. Wir betrachten in einem allgemeinen Fall die Wege QP_iZ, die von der Quelle Q über alle Punkte P_i des ebenen Spiegels AB zum Zielpunkt Z führen (*Bild 2a*). Hier befolgt streng genommen nur einer der Wellenwege das Reflexionsgesetz. Im Gegensatz dazu verlangt aber das HUYGENS-Prinzip, alle Wellenwege im Ziel zu berücksichtigen, alle Zeiger mit ihren Phasen zu verketten. Ob das gut geht?

Wir lassen den Computer die Gesamtlängen s_i aller Wege QP_iZ und die zugehörigen Phasen $\varphi_i = 2\pi\, s_i/\lambda$ berechnen. Das Programm ist das gleiche wie bei den Lichtwegen, die durch eine Öffnung verlaufen. Betrachten wir die CORNU-Spirale der verketteten Zeiger (*Bild 2c*) und die zugehörige Laufzeitkurve in *Bild 2b*, so zeigt sich wiederum:

- Den Hauptteil des resultierenden E-Vektors liefern die Zeiger mit fast gleicher Richtung in der Mitte der Spirale. Die zugehörigen Laufwege befolgen etwa das Reflexionsgesetz.
- Die zugehörigen *Laufzeiten* liegen beim Minimum, im „Tal" mit horizontaler Tangente. Die Phasen benachbarter Wellenwege unterscheiden sich kaum, die Zeiger haben fast gleiche Richtung; sie verstärken sich also.
- Die Zeiger an den Enden wechseln schnell ihre Richtung. Sie sind wegen der *immer steiler werdenden Flanken der Laufzeitkurve* aufgewickelt, tragen also kaum zur Helligkeit bei.

4. Weniger bringt mehr – im Wellenmodell

Obwohl im allgemeinen Fall die meisten Wellenwege dem Reflexionsgesetz nicht gehorchen, wird das Reflexionsgesetz durch das HUYGENS-Prinzip bestätigt: Die Zeiger der Wellenwege, für die das Reflexionsgesetz *nicht* gilt, werden in den Wickeln der CORNU-Spirale versteckt. Dort stören sie nicht, weil sie sich gegenseitig aufheben. Sie können aber auch nicht zur Empfangsintensität beitragen. Das ist doch eigentlich schade, lässt es sich nicht vermeiden?

Man müsste dafür sorgen, dass von den Zeigern in den beiden Wickeln der Spirale nur die beteiligt werden, die einen Phasenwinkel z. B. zwischen 0 und π haben (im Bogenmaß; entspricht 0° bis 180°). Dann würden alle Zeiger, die zum resultierenden Zeiger beitragen, irgendwie nach oben zeigen. Die nach unten zeigenden würden ignoriert, als ob die zugehörigen Spiegelstellen ausgekratzt wären. Die vom Computer so berechnete CORNU-Spirale in ➠ *Bild 3* ist aus weniger Einzelzeigern verkettet, aber ihre Resultierende ist viel länger als die bei einem ganzen, unbeschädigten Spiegel. Jetzt tragen alle Wellenwege zur Intensität am Ziel bei.

Zur experimentellen Bestätigung mit Mikrowellen lässt man den Computer für eine bestimmte Wellenlänge und für die Standorte von Sender und Empfänger das Muster berechnen, nach dem Teile des Spiegels wegzukratzen sind. Der Energiesatz wird nicht verletzt. „Maßgeschneidert" wird die Energie in den Zielpunkt Z gelenkt, von Punkten daneben abgezogen – dort wird es dunkler.

5. Mit Blick auf die Laufzeit: Das FERMAT-Prinzip

Es sind immer die kürzesten Wege, die bei der Verkettung der Zeiger am Zielpunkt für die Länge des resultierenden Zeigers sorgen. Sie sind zugleich Wege in der Umgebung des Strahlengangs der geometrischen Optik. Der französische Physiker Pierre DE FERMAT hat dieses schon 1786 als *Prinzip für die Lichtausbreitung* aufgestellt. Wer kausal denkt, fragt sich allerdings, woher denn Licht den Weg mit der kürzesten Laufzeit kennt. Es kann doch nicht erst alle möglichen Wege ausprobieren, in sie „hineinschnuppern". Im Wellenmodell stellt sich diese Frage nicht mehr, wir müssen uns nur anschauen, wie am Ziel aus den Zeigern aller Wege die CORNU-Spirale entsteht.

Der gerade Weg von Q nach Z ist der kürzeste, hat die wenigsten Periodenlängen, die kürzeste Laufzeit. In seiner Nachbarschaft ändert sich daran nur wenig. Zeiger, die zu diesen Wegen gehören, sind fast gleichgerichtet und liefern den geraden Teil der Spirale. Die anderen verwickeln sich. Das alles gilt auch für Umwege über einen Spiegel.

Merksatz

FERMAT-Prinzip der Wellenoptik: Wellenstrahlung wählt für den Weg von einer Quelle zum vorgegebenen Ziel den mit der kürzesten Laufzeit. Dabei erweist sich die Strahlenoptik als Grenzfall der Wellenoptik für kleine Wellenlängen.

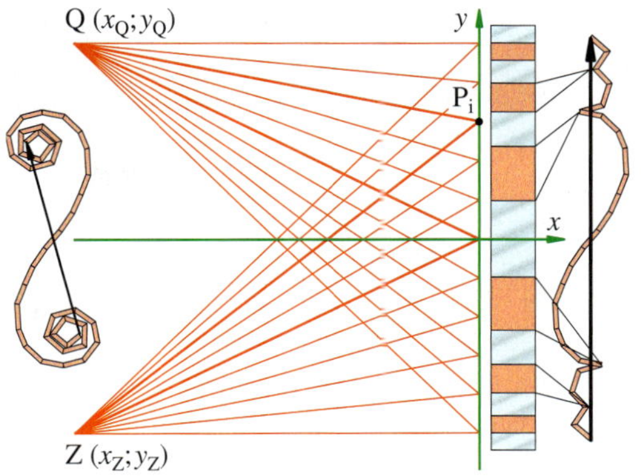

B 3: Für die Orte Q und Z sind die Bereiche des Spiegels herausgesucht worden, die für die Wellenlänge $\lambda = 3{,}2$ cm Zeiger mit einer Phase zwischen 0 und π (0° und 180°) liefern. Alle anderen Bereiche sind „ausgekratzt" worden. Die Zeigerkette besteht dann aus weniger Einzelzeigern, hat aber eine größere resultierende Amplitude.

Vertiefung

Reflexionsgitter

CD-Platten wirken wegen ihrer Rillenstruktur im reflektierten Sonnenlicht wie ausgekratzte Spiegel, als Reflexionsgitter. Sie zeigen prächtige Farben. Die meisten optischen Gitter sind Reflexionsgitter, bei denen Furchen mit gleichem Abstand in Metallhohlspiegel geritzt sind. Die Hohlspiegelform ersetzt die Abbildungslinse. Bringt man die ganze Anordnung noch ins Vakuum, kann man in kurzwelligen UV-Bereichen arbeiten, denn UV-Licht absorbierende Stoffe wie Glas und Luft werden so vermieden.

Eine optimistische These über unsere Welt

Der große Philosoph G. W. LEIBNIZ (um 1700) war auch ein ausgezeichneter Mathematiker, Physiker, Techniker, Jurist und Schriftsteller. Das FERMAT-Prinzip, nach dem Licht den Weg mit der kürzesten Laufzeit nimmt, faszinierte ihn. Er sah darin eine zielgerichtete Tendenz im Naturgeschehen, zumal es in der Physik noch weitere derartige *Extremalprinzipien* gibt. In seiner „théodizée" (zur Rechtfertigung Gottes) folgerte er, dass Gott die *beste aller möglichen Welten* geschaffen habe. Diese optimistische These wurde von KANT angezweifelt, von VOLTAIRE verspottet.

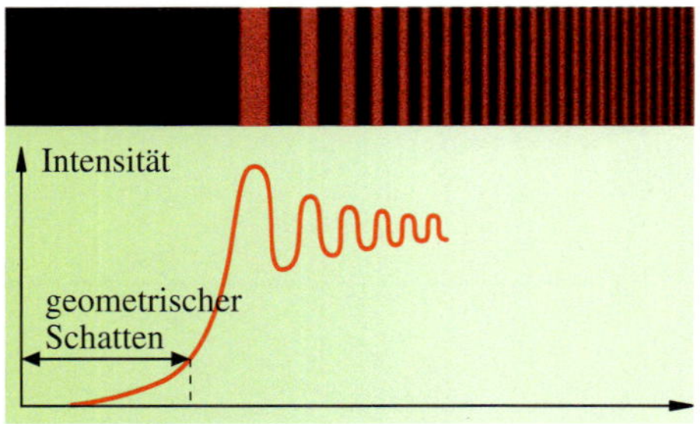

V 1: Paralleles, etwas aufgeweitetes Laserlicht streift die gerade Schneide einer Rasierklinge. Auf dem Schirm sieht man helle und dunkle Streifen. Mit einer Fotodiode tastet man die Intensitätsverteilung ab.

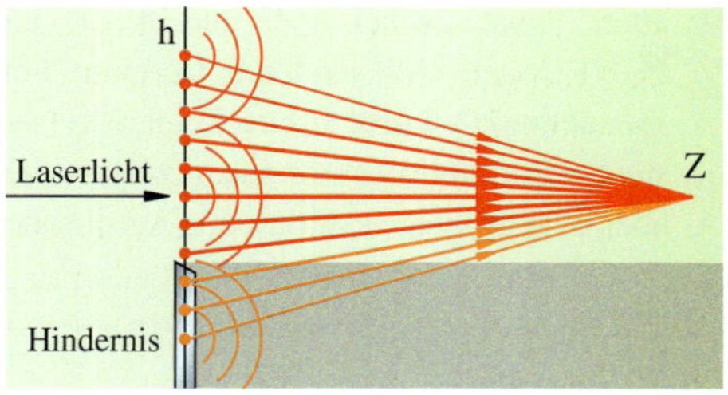

B 1: Das Hindernis soll der Welle später in den Weg geschoben werden. Ankommende Wellenfronten werden längs der Geraden h in HUYGENS-Zentren aufgelöst. Von dort gehen Elementarwellen zum Zielpunkt.

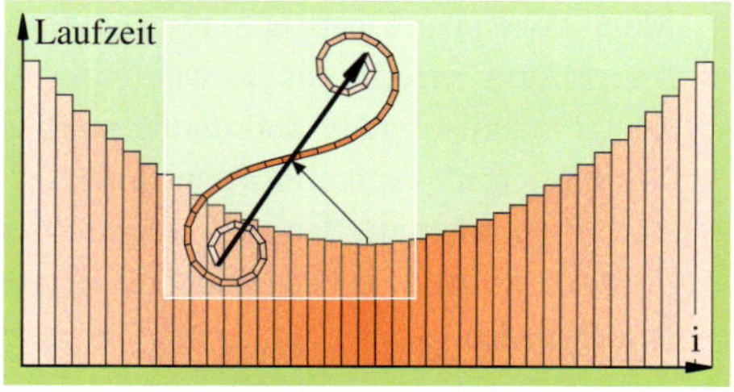

B 2: CORNU-Spirale und Laufzeitkurve für 41 Wellenwege gemäß ➠ *Bild 1*: Das Hindernis ist noch nicht wirksam.

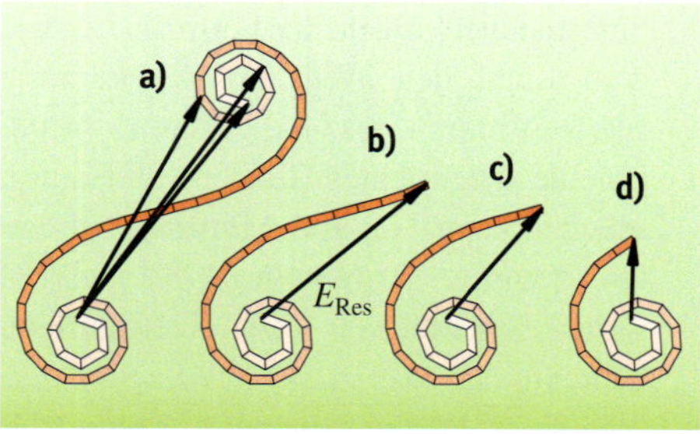

B 3: So ändert sich die Zeigerkette im Zielpunkt, wenn das Hindernis nach und nach in den Lichtweg geschoben wird.

6. Strahlenoptik und Wellenoptik an der Schattengrenze

Lichtbündel realisieren in der Strahlenoptik das Modell des Lichtstrahls, sie werden durch Blenden erzeugt, hinter denen Hell und Dunkel klar getrennt sind. Lichtstrahlen breiten sich geradlinig aus, Hindernisse im Lichtweg erzeugen Licht und Schatten. Sonnen- und Mondfinsternisse sind Schattenspiele mit der Erde als drittem Partner. Die Strahlenoptik erklärt all diese Erscheinungen einwandfrei.

In ➠ *Versuch 1* wird die sehr gerade Schneide einer Rasierklinge in einen Laser„strahl" geschoben. Ein ganz einfaches Experiment also, mit klarer Erwartung und unerwartetem Ergebnis: Die Rasierklinge erzeugt keineswegs einen Schatten mit gerader Grenze zwischen Hell und Dunkel. Vielmehr ist der helle Bereich des Schattenbildes auf dem weit entfernten Schirm von dunklen Streifen durchsetzt; es gibt auch keine klare Grenze zwischen Licht und Schatten. Die Strahlenoptik versagt.
Im Wellenmodell mit HUYGENS-Prinzip und Zeigermethode gehen wir vor wie gewohnt: Das Licht kommt in ➠ *Bild 1* auf parallelen Wellenwegen von der weit entfernten Quelle. Längs der Geraden h werden die dort ankommenden Wellenfronten w in viele dicht nebeneinander liegende HUYGENS-Zentren P_i aufgelöst. Ihre Elementarwellen interferieren im Zielgebiet. Die Punkte P_i sind Zwischenpunkte *möglicher Wege* von der fernen Quelle Q zum festgehaltenen Zielpunkt Z.
In einem Rechenmodell für viele Wege QP_iZ berechnet der Computer wie in *Ziff. 1* die Länge s_i der Lichtwege und die zugehörigen Phasen $\varphi_i = 2\pi\, s_i/\lambda$:

- *Ohne Hindernis* im Lichtweg zeichnet der Computer für den Zielpunkt Z eine *vollständige* CORNU-Spirale; die Laufzeitkurve hat ihr Minimum für den geraden Weg von Q nach Z (➠ *Bild 2*).
- Schiebt man das Hindernis in den Lichtweg, so „sperrt" man für den unveränderten Zielpunkt Z die Wellenwege im unteren Teil von ➠ *Bild 1*. Der Computer arbeitet die Punkte P_i von oben nach unten ab. Die zuerst gesperrten Umwege gehören also zur rechten, steilen Flanke der Laufzeitkurve. Ihre Zeiger haben alle möglichen Richtungen und fehlen nun in der Zeigerkette. Deshalb löst sich der obere Wickel der Spirale stetig auf. ➠ *Bild 3a* erklärt, *warum die Länge E_{Res} der resultierenden Amplitude periodisch schwankt*, lange bevor die Schattengrenze über Z hinweggezogen ist. In ➠ *Versuch 1* haben wir diese Helligkeitsschwankungen nicht erwartet.
- Noch bevor die *geometrische Schattengrenze* den Punkt Z erreicht, ist der obere Wickel verschwunden. Schon jetzt wird beim Weiterschieben des Hindernisses der *gerade Teil der Zeigerspirale* „angeknabbert"; es wird langsam dunkler bei Z. Am Schattenrand ist die Resultierende E_{Res} halbiert und die zu E_{Res}^2 proportionale Intensität auf ein Viertel gesunken (➠ *Bild 3c*).
- Schieben wir das Hindernis noch weiter, fällt für Z die Helligkeit monoton auf null. Erst wenn der Schattenrand weit genug über Z hinweggewandert ist, wird auch der andere Wickel der Spirale stetig abgebaut. Die schon geringe Länge der resultierenden Amplitude wird allmählich immer kleiner (➠ *Bild 3d*).

7. Die Lichtgeschwindigkeit

Als Fermat sein Prinzip des Minimums der Laufzeit formuliert hatte, wusste man, dass Licht eine endliche Geschwindigkeit hat, sich also nicht momentan ausbreitet. Galilei konnte dies nur vermuten und aus dem Misslingen der entsprechenden Versuche vermuten, dass die Lichtgeschwindigkeit außerordentlich groß sei.

Jahrhundertelang war es eine Herausforderung, diese sehr große Geschwindigkeit zu messen. Das Problem ist, entweder sehr große Wegstrecken oder aber sehr kurze Zeiten zu messen. Heute weiß man: Licht breitet sich mit der Geschwindigkeit $c = 3 \cdot 10^8$ m/s aus. Für einen Meter benötigt das Licht $3 \cdot 10^{-9}$ s (3 ns; n: nano). In einer Sekunde legt es einen Weg 7,5-mal rund um die Erde zurück.

Mit Oszilloskopen, die eine schnelle Zeitablenkung haben und Leuchtdioden, die man zu sehr kurzen Lichtimpulsen anregt, kann man heute die Lichtgeschwindigkeit gemäß $c = \Delta s/\Delta t$ auf Strecken von einigen Metern Länge messen. Dazu schickt man einen Impuls einmal direkt und einmal auf einem Umweg über eine Messstrecke zur Zeitmessapparatur (➡ *Versuch 2*). Bei einer Wegdifferenz von 10,6 m beträgt die Zeitdifferenz 35 ns. Daraus erhält man $c = 10{,}6\text{ m}/35 \cdot 10^{-9}\text{ s} = 3{,}0 \cdot 10^8$ m/s.
Genauere Messungen ergeben $c_{\text{Luft}} = 2{,}9979 \cdot 10^8$ m/s. Für das Vakuum erhält man den um 0,03% höheren Wert c.
Der Nachweis, dass Licht sich mit der gleichen Geschwindigkeit ausbreitet wie jede elektromagnetische Welle, ist ein starkes Indiz dafür, dass Licht sich auch sonst wie eine elektromagnetische Welle verhält.

Seit 1983 ist die Lichtgeschwindigkeit im Vakuum *durch Definition* auf 299 792 458 m/s festgelegt. Die Einheit 1 m wird daraus abgeleitet. Die *Messung* der Lichtgeschwindigkeit ist eigentlich nur sinnvoll, wenn man so tut, als wäre immer noch die Einheit des Meters über das *Urmeter* in Paris definiert.

Merksatz

Die Lichtgeschwindigkeit im Vakuum und in der Luft beträgt rund $3{,}0 \cdot 10^8$ m/s = 300 000 km/s. In allen anderen Stoffen ist sie kleiner.

Man kann bei Laufzeitmessungen den Lichtweg auf einer Teilstrecke durch ein anderes Medium führen, z. B. Wasser in einem 2 m langen Rohr. Die Laufzeit wächst geringfügig um $\Delta t \approx 1$ ns. Daraus folgt: *Die Lichtgeschwindigkeit c_W ist in Wasser kleiner als c_L in Luft.*
Das Licht braucht für das Durchlaufen der Teilstrecke bei Luft die Zeit $t_L = l/c_L$, bei Wasser $t_W = l/c_W$. Den Unterschied liest man als Δt auf dem Oszilloskop ab. Aus $\Delta t = l/c_W - l/c_L$ folgt:

$$\frac{l}{c_L} + \Delta t = \frac{l}{c_W} \Leftrightarrow \frac{l + c_L \Delta t}{c_L} = \frac{l}{c_W} \Leftrightarrow c_W = \frac{c_L\, l}{l + c_L \Delta t}.$$

Mit $\Delta t \approx 1$ ns für $l = 2$ m und $c_L = 3{,}00 \cdot 10^8$ m/s berechnet man für die Lichtgeschwindigkeit in Wasser $c_W \approx 2 \cdot 10^8$ m/s.

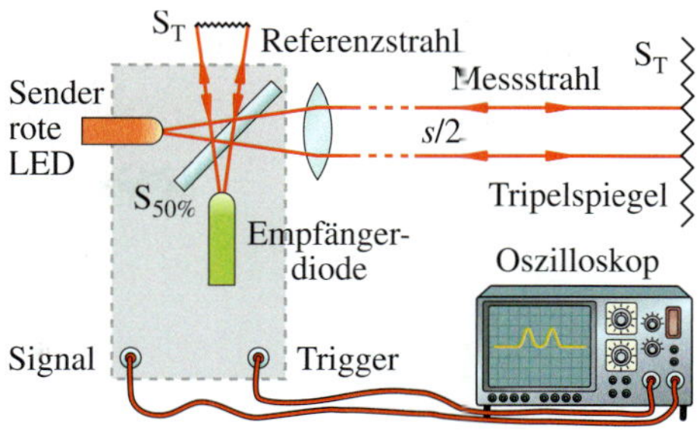

V 2: Die LED sendet kurze Lichtblitze mit einer Wiederholfrequenz von 40 kHz aus. Das Licht wird am halbdurchlässigen Spiegel S zur Hälfte als *Referenzstrahl* nach oben, zur anderen Hälfte als *Messstrahl* nach rechts geschickt. Die Linse macht das Bündel parallel, der Tripelspiegel S_T reflektiert es. Nach zweimaligem Durchlaufen der Strecke $s/2$ gelangt das Licht auf die Empfängerdiode. Am Oszilloskop hat der Referenzstrahl schon vorher für einen Impuls gesorgt. Man kann zwei Zeitmarken ablesen, deren Abstand die Laufzeitdifferenz von Mess- und Referenzstrahl angibt.

Vertiefung

Mathematik hilft bei Kurzzeitmessung

Die Lichtgeschwindigkeitsmessung nach ➡ *Versuch 2* erfordert ein sehr „schnelles" Oszilloskop. Ein *Kunstgriff* erlaubt kurze Lichtwege mit langsamen Oszilloskopen: Das Licht der Leuchtdiode wird dabei mit der Frequenz $f_1 = 60$ MHz moduliert. Weil diese hochfrequente Schwingung nicht registriert werden kann, bleibt auch die Phasendifferenz zwischen Referenz- und Messstrahl unsichtbar. Wenn man aber die an der Empfängerdiode mit verschiedenen Phasen ankommenden Signale $\hat{s}\,\sin(2\pi f_1 t - \gamma)$ mit einem dem Generator direkt entnommenen Signal $\hat{s}\,\sin(2\pi f_2 t)$ ($f_2 = 59{,}9$ MHz) *multipliziert* (jedes für sich), so erhält das Oszilloskop zwei Signale der Form

$$\tfrac{1}{2}\hat{s}\,\{\cos[2\pi(f_1 - f_2)\,t - \gamma] - \cos[2\pi(f_1 + f_2)\,t - \gamma]\}.$$

Das langsame Oszilloskop zeigt für beide Wege *nur* den Anteil mit $f_1 - f_2 = 0{,}1$ MHz. Mit dieser 600-mal (60 : 0,1) langsameren Schwingung werden auch die *unveränderten, verschiedenen Phasen* der beiden Signale messbar. Die Laufzeitdifferenz ist also $\Delta t = \gamma/[2\pi(f_1 - f_2)]$ ($\delta = 2\pi \mathrel{\widehat{=}} \Delta t = T$).

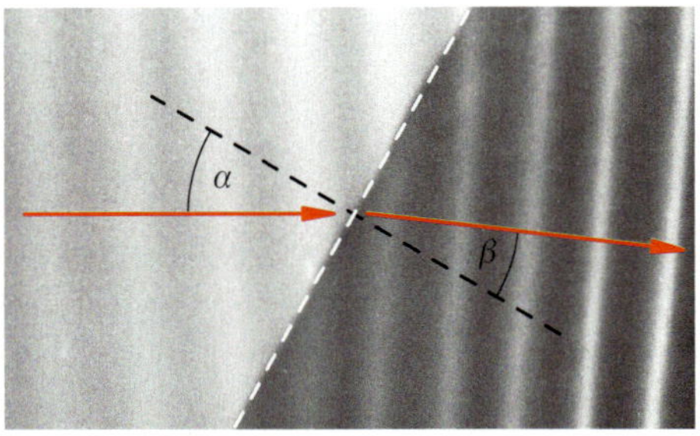

V 1: In der Wellenwanne liegt eine dicke Glasplatte, über der nur noch wenig Wasser steht. Wellenfronten, die schräg gegen die Kante der Glasplatte laufen, werden abgeknickt. Noch deutlicher sieht man, dass die Wellenlänge kleiner wird.

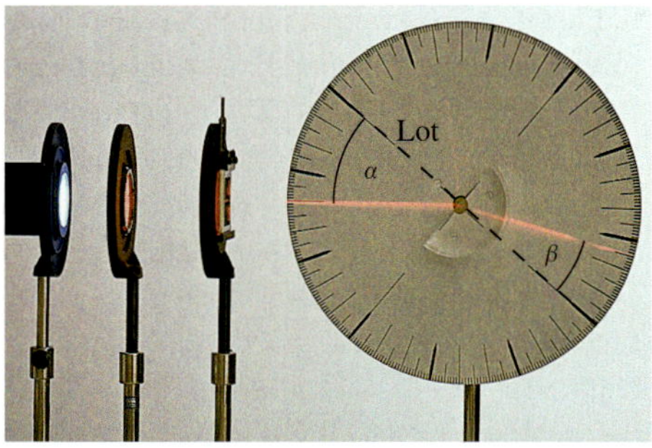

V 2: Mit der Experimentierleuchte, einer Schlitzscheibe und einem Farbfilter wird ein schmales, einfarbiges Lichtbündel erzeugt. Es wird an der ebenen Seite des halbzylindrischen Glaskörpers gebrochen. Beim Verlassen des Glaskörpers trifft es stets senkrecht auf die Grenzfläche, deshalb tritt dort keine weitere Brechung auf.

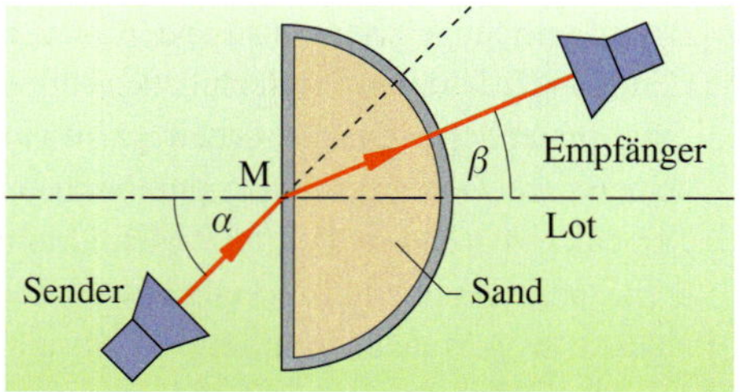

V 3: Wie Versuch 2, aber: Mikrowellen statt Licht, Quarzsand statt Glas. Der Wellenstrahl wird zum Lot hin gebrochen.

A 1: Wie groß ist der Winkel β, wenn Licht unter dem Winkel $\alpha = 30°$ von Luft in Glas eintritt ($n = 1{,}53$)?

A 2: Welche Brechungszahl n erhält man aus den in ➠ *Versuch 3* gezeichneten Winkeln?

8. Brechung im Wellenmodell

Wenn *Wasserwellen* wie in ➠ *Versuch 1* schräg auf eine Grenze zwischen tiefem und flachem Wasser treffen, ändert sich ihre Ausbreitungsrichtung. Die im Bild eingezeichneten *Wellenstrahlen* werden *zum Einfallslot hin gebrochen.* Das Experiment zeigt auch, dass die Wellenlänge kleiner wird. Bei konstanter Frequenz f folgt wegen $c = \lambda f$ aus der kleineren Wellenlänge λ die kleinere Ausbreitungsgeschwindigkeit c. Bei *Licht* ist die Ausbreitungsgeschwindigkeit in Glas kleiner als in Luft, der Lichtstrahl in ➠ *Versuch 2* wird deshalb beim Übergang von Luft in Glas zum Einfallslot hin gebrochen. Aus der Strahlenoptik kennen wir das Brechungsgesetz für die in den beiden Medien gemessenen Winkel α und β:

$$\frac{\sin\alpha}{\sin\beta} = n. \qquad (1)$$

In ➠ *Versuch 3* werden die Wellenstrahlen von *Mikrowellen* an der Grenze von Luft zu Quarzsand zum Einfallslot hin gebrochen. Wir schließen daraus, dass die Ausbreitungsgeschwindigkeit von Mikrowellen in Quarzsand kleiner ist als in Luft. – In allen drei Versuchen kann man die Wellenwege umkehren: Beim Übergang vom Medium mit kleiner zum Medium mit großer Ausbreitungsgeschwindigkeit werden die Wellenstrahlen vom Einfallslot weg gebrochen.

9. Das FERMAT-Prinzip erklärt auch die Brechung

Für die Erklärung der Brechung gab der Versuch mit der Wellenwanne den Hinweis auf die geänderte Wellenlänge. Wir lassen den Computer nachrechnen, ob Brechung an der Grenze zwischen zwei Gebieten unterschiedlicher Wellenlänge auch aus den Prinzipien von HUYGENS und FERMAT folgt:
Der Weg muss für die Medien getrennt berechnet werden. Bis zur Grenze – im Medium 1 – ist λ_1 die Wellenlänge für die Wellenwege QP_i in ➠ *Bild 1a.* An der Grenzfläche werden die HUYGENS-Zentren mit der Frequenz der Quelle angestoßen. Jenseits der Grenze – im Medium 2 – breiten sich von P_i bis Z die Elementarwellen mit kleinerer Wellenlänge λ_2 aus. Für die Phasen der ganzen Wege QP_iZ gilt in Erweiterung von *Ziff. 1:*

$$\varphi_i = 2\pi\left(\frac{s_{i1}}{\lambda_1} + \frac{s_{i2}}{\lambda_2}\right).$$

Die geradlinige Verbindung von Q nach Z verläuft in ➠ *Bild 1a* durch den Punkt M. Der gestreckte Teil der CORNU-Spirale stammt aber von Wellenwegen, die die Grenze oberhalb von M überschreiten; die Laufzeitkurve hat ihr Minimum für Wege über den Punkt A mit $y = 4$. So muss es sein: Die Wellen kommen rechts von der Grenze nur halb so schnell voran. Wege mit einem kürzeren Anteil im rechten („langsameren") Medium sind zeitlich gesehen günstiger.

Merksatz

Das FERMAT-Prinzip gilt auch, wenn eine Welle die Grenze zwischen zwei Medien überschreitet: Die Wege in der Umgebung *kürzester Laufzeit* bestimmen die resultierende Amplitude im Zielpunkt.

10. Brechungsgesetz: Ergebnis einer Extremwert-Aufgabe

Das Brechungsgesetz wird in der geometrischen Optik durch Auswertung von Messreihen gewonnen. Man findet ein festes Verhältnis zwischen den Sinuswerten von Einfalls- und Ausfallswinkel. Wir leiten das Brechungsgesetz jetzt als Folgerung aus dem FERMAT-Prinzip her. Dazu müssen wir eine Extremwertaufgabe rechnen:
Wie man dabei vorgeht, sagt uns die Mathematik. Zuerst muss die Laufzeit als Funktion einer Variablen dargestellt werden, die das Maß der Brechung repräsentiert. Jeder Wellenweg von der festen Quelle Q zum vorgegebenen Zielpunkt Z ist durch sein HUYGENS-Zentrum (0; y) auf der Grenze der beiden Medien bestimmt. Allein y bestimmt jeden der Wege mit Knickstelle an der Grenze. Wir schreiben also die Laufzeit t in Abhängigkeit von y auf:

$$t(y) = \frac{\sqrt{x_Q{}^2 + (y - y_Q)^2}}{c_1} + \frac{\sqrt{x_Z{}^2 + (y_Z - y)^2}}{c_2}.$$

Zu dieser Funktion bestimmen wir die Ableitung nach y:

$$t'(y) = \frac{2\,(y - y_Q)}{2\,c_1\,\sqrt{x_Q^2 + (y - y_Q)^2}} - \frac{2\,(y_Z - y)}{2\,c_2\,\sqrt{x_Z^2 + (y_Z - y)^2}}.$$

Wir suchen den Wert für y, für den $t'(y) = 0$ wird. Also muss gelten:

$$\frac{2\,(y - y_Q)}{2\,c_1\,\sqrt{x_Q^2 + (y - y_Q)^2}} = \frac{2\,(y_Z - y)}{2\,c_2\,\sqrt{x_Z^2 + (y_Z - y)^2}}.$$

Auch wenn man noch kürzen kann, die Gleichung macht Angst und Bange! Aber wir wissen, dass noch sin α und sin β ins Spiel kommen müssen. Aus den rechtwinkligen Dreiecken in ➠ *Bild 1* erhält man

$$\sin\alpha = \frac{y - y_Q}{\sqrt{x_Q^2 + (y - y_Q)^2}} \text{ und sind } \beta = \frac{y_Z - y}{\sqrt{x_Z{}^2 + (y_Z - y)^2}}.$$

Das sieht gut aus; Wurzeln und Klammern verschwinden:

$$\frac{\sin\alpha}{c_1} = \frac{\sin\beta}{c_2} \Leftrightarrow \frac{\sin\alpha}{\sin\beta} = \frac{c_1}{c_2}.$$

Diese Bedingung für das Minimum der Laufzeitfunktion gleicht dem Brechungsgesetz der geometrischen Optik *Gl. (1)*. Die Koordinaten von Q und Z haben keinen Einfluss auf das Ergebnis. Der konstante Quotient c_1/c_2 ist ein Merkmal des Übergangs zwischen den Medien, in denen sich eine Welle mit c_1 und c_2 ausbreitet.

Merksatz

Im Wellenmodell beschreibt das Brechungsgesetz

$$\frac{\sin\alpha}{\sin\beta} = \frac{c_1}{c_2} = n$$

den Weg minimaler Laufzeit einer Welle von einer Quelle zu einem Ziel. α und β werden wie in der geometrischen Optik gegen das Einfallslot gemessen. Das Medium mit der kleineren Geschwindigkeit heißt *dichteres* Medium, n heißt *Brechungszahl* des Mediums mit dem Winkel β, wenn α im Vakuum gemessen wird.

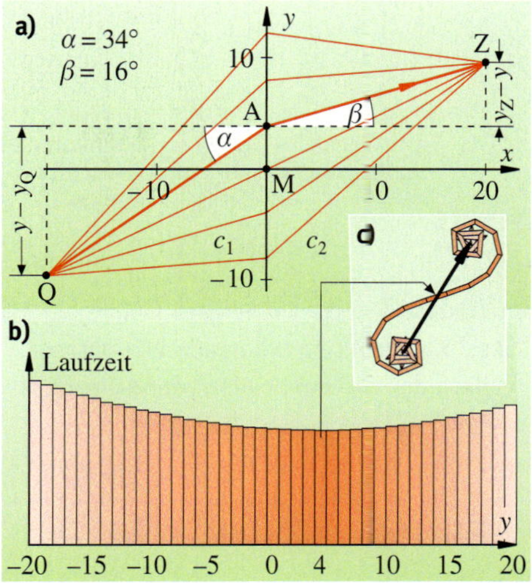

B 1: a) Rechts von der Grenze ist die Wellenlänge halb so groß wie links. Der Computer bestimmt damit für die gegebenen Orte von Q und Z den Wellenweg kürzester Laufzeit. Man kann – in der maßstäblichen Zeichnung – die Winkel α und β messen und findet das Brechungsgesetz der geometrischen Optik bestätigt. **b)** Der gestreckte Teil der CORNU-Spirale stammt von Wellenwegen, die die Grenze oberhalb von M überschreiten. **c)** Die Laufzeitkurve zeigt: Der Wellenweg kürzester Laufzeit schneidet die y-Achse bei $y = +4$.

... noch mehr Aufgaben

A 3: Ein Teil eines Platzes ist asphaltiert. Dort kommt man doppelt so schnell voran, wie auf dem anderen, mit losem Sand bedeckten Teil. Diskutieren Sie – unter den Aspekten kürzester Laufweg, kürzeste Laufzeit – Wege zwischen beliebig gewählten Punkten Q und Z.

A 4: Ändern Sie das Computerprogramm in *Ziff. 1* so ab, dass es CORNU-Spiralen für die Wellenausbreitung mit Brechung zeichnet.

A 5: In ➠ *Versuch 2* fällt der Lichtstrahl **a)** unter dem Winkel 30° **b)** unter dem Winkel 50° auf die runde Seite des halbzylindrischen Glaskörpers (n = 1,5). Wie verläuft der Lichtstrahl anschließend weiter?

A 6: Eine optische Linse L führt Licht, das von einem Punkt Q ausgeht, wieder in einem Punkt Z zusammen. Fertigen Sie ein Bild mit Q, L und Z und möglichen Wellenwegen an. Stellen Sie damit begründete Vermutungen über Laufzeiten an.

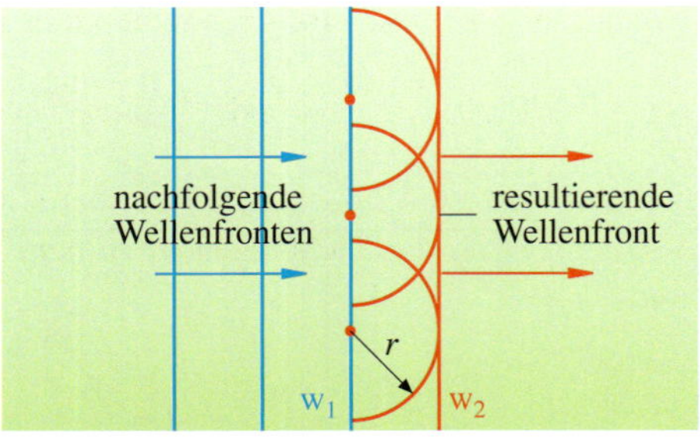

B 1: Konstruktion der neuen Wellenfront nach der Urform des HUYGENS-Prinzips

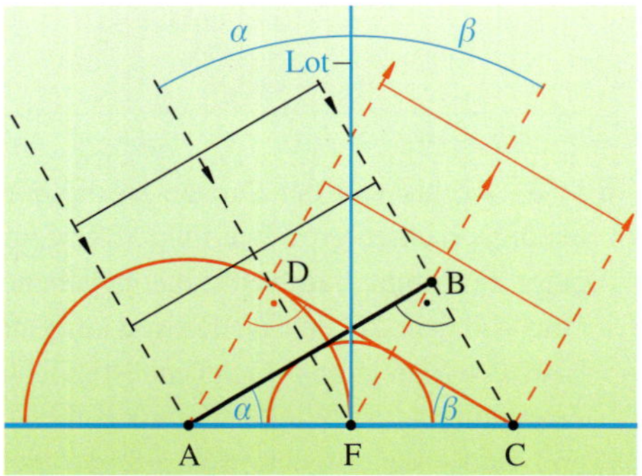

B 2: Reflexion einer geraden Wellenfront nach dem HUYGENS-Prinzip: Die Winkel α und β sind gleich groß, weil die Dreiecke ACB und CAD kongruent sind. AD ist der Weg, den die bei A ausgelöste Elementarwelle zurücklegt, während der linke Flügel der einlaufenden Wellenfront noch auf dem Weg BC zum Spiegel ist.

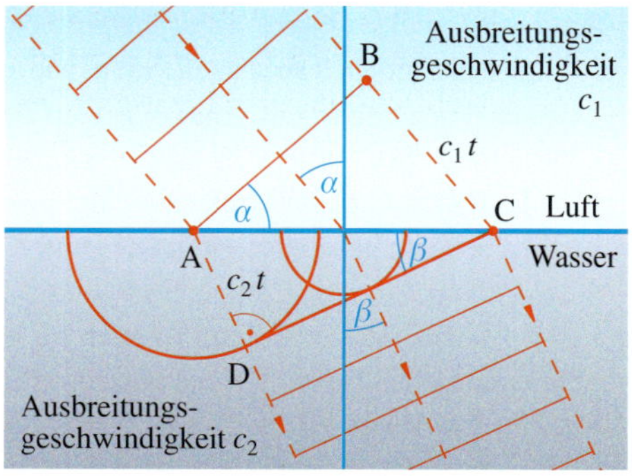

B 3: Brechung einer geraden Welle nach dem HUYGENS-Prinzip: Anders als in ⇒ *Bild 2* sind hier die Wege AD und BC verschieden lang ($AD = c_2 t$, $BC = c_1 t$). Sie hängen über die Sinusfunktion mit den Winkeln α und β zusammen:

$$\sin\alpha = \frac{c_1 t}{AC} \quad \text{und} \quad \sin\beta = \frac{c_2 t}{AC};$$

$$\frac{\sin\alpha}{\sin\beta} = \frac{c_1 t}{AC}\frac{AC}{c_2 t} = \frac{c_1}{c_2}.$$

Die Urform des HUYGENS-Prinzips

Christiaan HUYGENS wusste noch nichts von Interferenz. Er löste nach ⇒ *Bild 1* eine breite Wellenfront w_1 in Elementarzentren auf. Von ihnen sollten *kreisförmige Elementarwellen* ausgehen. Nach der Zeit t haben diese Kreiswellen den Radius $r = c\,t$ erreicht. Danach konnte HUYGENS die neue Wellenfront w_2 ganz einfach zeichnen, nämlich als **Einhüllende** der Elementarwellen. Man sieht sofort: Ist w_1 eine gerade Wellenfront, so ist auch w_2 gerade, während aus einer kreisförmigen Wellenfront wieder eine kreisförmige wird. HUYGENS' Verfahren liefert Ergebnisse, die der Erfahrung entsprechen.

Merksatz

Urform des HUYGENS-Prinzips (1690): Jede breite Wellenfront kann man sich als Einhüllende von Elementarwellen aus Punkten früherer Wellenfronten entstanden denken.

Wir verfolgen diese Sichtweise bei wichtigen Anwendungen, nämlich bei Reflexion und Brechung:

a) Reflexion: Betrachten wir die Wellenfront AB in ⇒ *Bild 2*, die mit ihrem Punkt A die reflektierende Fläche erreicht. An Kaimauern z. B. kann man solche Situationen beobachten und sehen, wie die Berührstelle an der Grenze entlangsaust … Wir fügen hinzu: … und Elementarwellen auslöst. Zwei dieser Elementarwellen sind in ⇒ *Bild 2* von A und von F aus für den Zeitpunkt gezeichnet, zu dem die gleiche Wellenfront am Punkt B die Grenze erreicht. Mit der Urform des HUYGENS-Prinzips kann man diese Elementarwellen zu der Wellenfront ergänzen, die nach der Reflexion entstanden ist. Das Reflexionsgesetz findet man mittels der rechtwinkligen Dreiecke ACB und CAD, die wegen der gleichen Winkel α und β und einer gemeinsamen Seite kongruent sind.

b) Brechung: Oft dringen auch Elementarwellen in das Medium jenseits der Grenze ein. Die in ⇒ *Bild 3* schräg ankommende Wellenfront löst sie während der Zeit t aus – nacheinander, zuerst bei A, zuletzt bei C. Die ankommende Welle legt dabei den Weg BC zurück; es gilt $BC = c_1 t$. In der gleichen Zeit hat sich die bei A ausgelöste Welle im „langsameren" Medium um $AD = c_2 t$ ausgebreitet. $c_2 t$ ist kleiner als $c_1 t$, der Weg AD kürzer als der Weg BC. Die Einhüllende der von AB ausgelösten Elementarwellen hat eine neue Richtung, es hat Brechung stattgefunden.

Die Herleitung des Brechungsgesetzes ist unter ⇒ *Bild 3* gezeigt: Man muss für jedes der rechtwinkligen Dreiecke ACB und CAD die Sinusfunktion aufschreiben und die Gleichungen durch Division zusammenfassen. Dabei entfallen sowohl die Laufzeit t als auch die Breite AC der betrachteten Wellenfront. Es kommt nur auf die Ausbreitungsgeschwindigkeiten (Eigenschaft der Medien) und die messbaren Winkel an.

Mit der Urform des HUYGENS-Prinzips kann man Reflexion und Brechung einer ebenen Welle beschreiben, ohne ihre Wellenlänge zu kennen. FRESNEL fügte erst 100 Jahre nach HUYGENS die Wellenlänge ein, um auch Interferenz beschreiben zu können.

Das ist wichtig

1. Quellen heißen **kohärent,** wenn sie mit fester Phasenbeziehung Wellen gleicher Wellenlänge aussenden. Durch Überlagerung der Wellen entsteht ein **Interferenzfeld** mit ortsfester Verteilung der resultierenden Amplituden.
Für jede Wellenart findet man die resultierende Amplitude (und die momentane Phase) an einem Ort durch **Verkettung (Addition) der Zeiger aller möglichen Wellenwege.**
Im *ebenen* Interferenzfeld liegen die **Interferenzminima** (↑↓) auf **Knotenlinien** (im Raum auf Knotenflächen). Die Zeigerkette ist geschlossen, der resultierende Zeiger hat annähernd die Länge null. An den **Interferenzmaxima** (↑↑) sind alle Zeiger gleichgerichtet.
Interferenz ist ein wichtiges **Indiz für die Welleneigenschaft.**

2. Bei Licht beobachtet man nicht die resultierende Amplitude, sondern die **Intensität**, die dem Quadrat der Amplitude proportional ist.
Die **Wellenlängen des sichtbaren Lichts** liegen zwischen 400 nm (violett) und 800 nm (rot). Die **Ausbreitungsgeschwindigkeit** ist die aller elektromagnetischen Wellen: $\boldsymbol{c = 3 \cdot 10^8}$ **m/s.**
In Medien mit Brechungszahl n sind Lichtgeschwindigkeit und Wellenlänge auf c/n bzw. λ/n reduziert.

3. HUYGENS-Prinzip:

- Man kann jeden Punkt einer Wellenfront als Ausgangspunkt einer **Elementarwelle** auffassen.
- Wellenfronten kann man sich als Einhüllende von Elementarwellen vorstellen.
- Hinter einer Blende mit kleiner Öffnung findet **Beugung** statt; von dort geht eine Elementarwelle aus.

a) Hinter einem **Doppelspalt** beobachtet man das gleiche Interferenzfeld wie in der Umgebung zweier reeller Quellen. Trifft Licht (Wellenlänge λ) senkrecht auf einen Doppelspalt mit Abstand g der Spaltmitten, so liegen die **Interferenzmaxima** in den Richtungen α_k mit

$$\sin \alpha_k = \frac{k\lambda}{g},\; k = 0, 1, 2, \dots \quad \text{und} \quad \frac{k\lambda}{g} \leq 1.$$

Die **Minima** liegen in den Richtungen α_k mit

$$\sin \alpha_k = \frac{(2k-1)}{2}\frac{\lambda}{g},\; k = 1, 2, 3, \dots$$

b) Ein optisches **Gitter** aus vielen Spalten mit dem Abstand g zwischen benachbarten Spaltmitten erzeugt von senkrecht auffallendem monochromatischem Licht der Wellenlänge λ scharfe Helligkeitsmaxima.
Für die Richtungen α_k zu diesen **Interferenzmaxima** gilt

$$\sin \alpha_k = \frac{k\lambda}{g},\; k = 0, 1, 2, \dots \quad \text{und} \quad \frac{k\lambda}{g} \leq 1.$$

c) Hinter einem **Einzelspalt** der Breite l gilt bei senkrechtem Lichteinfall für die Richtungen α_k zu den **Interferenzminima**

$$\sin \alpha_k = \frac{k\lambda}{l},\; k = 1, 2, 3, \dots \quad \text{und} \quad \frac{k\lambda}{l} \leq 1.$$

4. FERMAT-Prinzip der Strahlenoptik: Der Wellenstrahl wählt von der Quelle zum Ziel den Weg mit der kürzesten Laufzeit. Die Strahlenoptik ist ein Grenzfall der Wellenoptik für den Fall kleiner Wellenlängen.

Aufgaben

A 1: Zeichnen Sie auf einem Blatt Papier zwei Quellen im Abstand von 5 cm. Stellen Sie sich vor, von dort gingen kohärente Wellen mit der Wellenlänge $\lambda = 2$ cm aus. Ermitteln Sie durch Abstandsmessungen und Zeigerbilder für beliebig gewählte Punkte jeweils die Phase und die Amplitude der resultierenden Schwingung.

A 2: Was ändert sich für das Interferenzfeld zweier Punktsender, wenn sie die Wellen nicht mehr gleichphasig, sondern gegenphasig erzeugen? (Die beiden Zinken einer Stimmgabel bilden ein solches Senderpaar.)

A 3: Ein Dreifachspalt hat die Gitterkonstante $g = 2$ mm. Ein Schirm hat von der Gittermitte den Abstand $a = 2$ m. Welche Wellenlängen des sichtbaren Lichts liefern auf der optischen Achse ein Maximum, welche ein Minimum? Zeichnen Sie Zeigerbilder.

A 4: In der Astronomie verwendet man Lichtsekunde, Lichtstunde, Lichtjahre als Längenmaße. Bestimmen Sie die Länge dieser Einheiten in Metern. Wie groß ist der Abstand Erde–Mond [Erde–Sonne] in Lichtsekunden?

A 5: In einem Versuch mit Ultraschall ($\lambda = 3{,}2$ cm) ist der Spaltabstand eines Doppelspalts $g = 4$ cm. Der Schirm ist weit entfernt. Ermitteln Sie die Anzahl und Winkel der Minima.

A 6: Fahren Sie auf einem leeren Platz mit Ihrem Fahrrad auf dem geraden und auf zahlreichen, immer längeren Umwegen von einem festen Punkt Q zu einem anderen festen Punkt Z. Starten Sie bei Q immer mit „Ventil auf 12 Uhr“ und lesen Sie am Ziel die Richtung ab, die das Ventil dort anzeigt. Zeichnen Sie die Zeigerkette aller von Q nach Z gefahrenen Wege (in der Reihenfolge der Weglänge). Was ändert sich, wenn man für den Versuch ein Rad mit kleinerem Radius benutzt?

A 7: Was ändert sich in obigen Formeln, wenn man die Beugungsversuche (an Spalt, Gitter) in Wasser ausführt?

A 8: Warum beobachtet man hinter scharfen Kanten bei Sonnenlicht (anders als beim Laser) keine Interferenzstreifen?

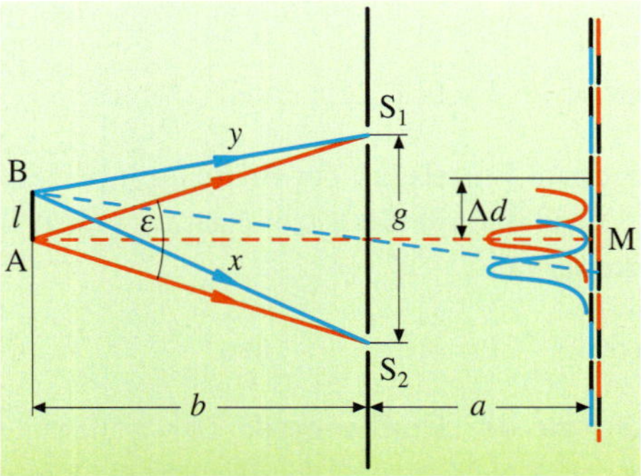

B 1: Die von den Punkten A und B der Lichtquelle erzeugten Interferenzmuster sind gegeneinander verschoben und schütten sich gegenseitig zu. Damit Interferenz beobachtet werden kann, muss für die Ausdehnung l der Lichtquelle und den Öffnungswinkel ε, unter dem der Doppelspalt von A aus erscheint, gelten $l\,\varepsilon < \lambda/2$. Man nennt dann das Licht *kohärent*.

A 1: Zeigen Sie, dass die Ungleichung aus ➠ *Bild 1* gilt. Verwenden Sie dabei die Näherung für kleine Winkel $\sin\alpha \approx \tan\alpha$ und den Strahlensatz.

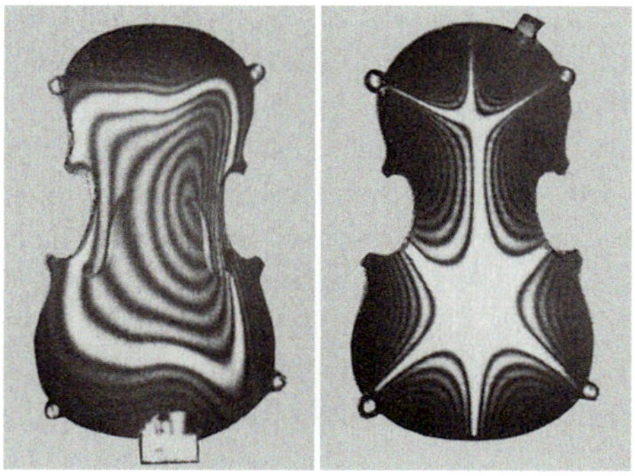

B 2: Holografische Interferenzaufnahme einer Geigendecke und eines Bodens. Von der schwingenden Decke wird zu zwei verschiedenen Zeitpunkten (z. B. in den beiden Umkehrpunkten) ein Hologramm auf derselben Fotoplatte aufgenommen. Bei der Wiedergabe erzeugt jedes der beiden Hologramme ein reelles Bild der Decke. Die zugehörigen Wellen kohärenten Laserlichts überlagern sich an der gleichen Stelle und interferieren. Es ergeben sich helle und dunkle Streifen. Von einem hellen Streifen zum nächsten beträgt die Verschiebung der Decke $\lambda/2$, der Gangunterschied (hin und zurück) also λ. Kleine Schwingungsamplituden werden so sichtbar.

Beugung und optische Abbildung

1. Warum gibt im Alltag Licht + Licht nicht Dunkelheit?

Brennt in unserem Wohnzimmer eine Lampe und schalten wir eine zweite ein, so wird es an keiner Stelle im Raum dunkler. Darüber sind wir froh. Öffnen wir bei einem Doppelspalt den zweiten, zunächst abgedeckten Spalt, wird es aber tatsächlich an manchen Stellen dunkler. Dies geschieht allerdings nur, wenn wir den Spalt mit einem Laser beleuchten oder das Licht von einer normalen Glühlampe vorher durch einen besonderen Spalt auf einen engen Raum begrenzen. Woran liegt das?

Das Licht einer ausgedehnten Lichtquelle AB beleuchte einen Doppelspalt (➠ *Bild 1*). Sie besteht aus einzelnen, voneinander unabhängigen Quellen. Ist der Licht aussendende Punkt B so weit von der Achse entfernt, dass die von ihm ausgehenden Wellenzüge in Spalt S_1 und Spalt S_2 mit dem Gangunterschied $\delta = x - y = \lambda/2$ ankommen, so rufen sie dort gegenphasige Elementarwellen hervor: Es entsteht ein Interferenzmuster, das in M ein Minimum hat. Die von B erzeugten Minima fallen auf die von A erzeugten Maxima und umgekehrt. Die Interferenzstreifen schütten sich gegenseitig zu, sodass sie nicht mehr zu sehen sind. Mit einer gewöhnlichen Lichtquelle können wir daher nur Interferenzmuster erhalten, wenn wir sie auf eine kleine Umgebung der optischen Achse einschränken.

Betrachten wir nun als Lichtquelle einen Spalt der Breite l = AB. Durch ihn fällt Licht auf einen Doppelspalt mit dem Spaltabstand $g = 6{,}5 \cdot 10^{-4}$ m (➠ *Bild 1*). Wir wollen überlegen, bei welcher Breite AB = l des Beleuchtungsspalts die Interferenzstreifen bei rotem Licht ($\lambda \approx 800$ nm) verschwinden. Die Entfernung zwischen Beleuchtungs- und Doppelspalt beträgt $b = 30$ cm, der Abstand zwischen Doppelspalt und Schirm ist $a = 410$ cm. Der Abstand der hellen bzw. dunklen Streifen sei Δd. Wegen der großen Entfernung des Schirms gilt $\Delta d = a\,\lambda/g = 5{,}05 \cdot 10^{-3}$ m. In M soll B allein ein Minimum erzeugen, A ein Maximum – man sieht also kein Interferenzmuster mehr. Dies geschieht nach dem Strahlensatz bei $l/(\frac{1}{2}\Delta d) = b/a$, also bei $l \approx 0{,}18$ mm. Um Interferenz beobachten zu können, muss $l \ll 0{,}18$ mm gelten. In ➠ *Bild 1* geben wir eine Bedingung für den Öffnungswinkel an, die sichert, dass man mit Licht von einem Beleuchtungsspalt Interferenz beobachten kann.

Wie wir von den Versuchen mit dem *Laser* wissen, ist sein Licht scharf gebündelt. Beim Laser wird nur Licht einer Richtung „hergestellt“. Das Licht bildet in seiner Öffnung eine ebene Wellenfront. So ist z. B. bei einem schulüblichen Helium-Neon-Laser der Durchmesser des Lichtbündels beim Austritt 0,6 mm, nach 10 m sind es erst 13 mm. Dies entspricht einem Öffnungswinkel von etwa 1 mrad. Bei thermischen Lichtquellen erreichen wir diesen Winkel mithilfe eines schmalen Spalts, dabei geht aber der größte Teil der zur Verfügung stehenden Leistung verloren. Das kaum divergente Laserlichtbündel muss man nicht noch künstlich einengen. Man kann so mit der gesamten Strahlungsleistung des Lichtes arbeiten, das den Laser verlässt.

2. Hologramm – ein ganz besonderes Gitter

Fast jede Scheckkarte enthält ein räumliches Bild, das, aus unterschiedlichen Richtungen betrachtet, einen anderen Blick auf das Objekt wiedergibt. ➠ *Bild 2* zeigt die holografische Aufnahme einer Geigendecke. Solche Hologramme enthalten mehr Information als ebene Bilder. Wie speichert man sie auf einer Ebene?

Nach ➠ *Bild 3a* fallen die ebenen Fronten des Laserlichts als so genannte *Referenzwelle* R auf die zu ihnen parallele Fotoschicht S. Ihre Zeiger r haben dort alle gleiche Länge und Richtung (im Bild zufällig nach oben). An einem beliebigen Punkt Q des räumlichen Objekts wird etwas Laserlicht als sog. *Objektwelle* gestreut und trifft ebenfalls alle Punkte H des künftigen Hologramms auf der Fotoschicht S. Es gibt in H Interferenz. Doch sind die Wege QH zu den einzelnen H verschieden lang; die Richtung des jeweiligen Zeigers q der Objektwelle hängt stark von der Lage von H ab. Auf der Fotoschicht überlagert sich q mit dem dortigen Zeiger r der Referenzwelle. Ist nach ➠ *Bild 3a* der resultierende Zeiger h länger als r, so wird dort die Schicht stärker belichtet und geschwärzt, als wenn Q nicht existierte. Dies ist bei Winkeln φ mit $-90° < \varphi < 90°$ der Fall (da $|q| << |r|$). Liegt dagegen φ zwischen 90° und 270°, so bleibt die Platte in H heller.

Auf der Platte entsteht ein völlig unregelmäßiges Interferenzmuster, das keinerlei Ähnlichkeit mit dem Objekt hat, das *Hologramm*. Jeder Objektpunkt beeinflusst nämlich alle Hologrammpunkte H. Im Prinzip liefert ein Ausschnitt vom Hologramm das ganze Objekt! Wie ist das möglich?

Zur *Wiedergabe* wird die Hologrammplatte mit der ebenen Wiedergabewelle vom gleichen Laser beleuchtet. Ihre Zeiger haben in allen Hologrammpunkten H gleiche Phase und erzeugen Elementarwellen. Die hellen und dunklen Interferenzstreifen wirken als Gitter. Betrachten wir den *Zielpunkt* Z, der in Bezug auf das Hologrammgitter zum obigen Objektpunkt Q symmetrisch liegt (➠ *Bild 3b*), so sind *alle Wege* HZ von den Hologrammpunkten H genauso lang wie die Wege QH bei der Aufnahme. Die Folge ist: In Z – und nur dort – kommen *alle Zeiger* der Wiedergabewelle mit dem gleichen φ an, das sie bei der Aufnahme von Q hatten (die Zeiger aller anderen Objektpunkte heben sich wie beim optischen Gitter auf). Galt bei der Aufnahme $-90° < \varphi < 90°$, war H dunkler; diese in ➠ *Bild 3c* nach oben gerichteten Zeiger z sind also kürzer. Galt $90° < \varphi < 270°$, so war H hell und liefert nach unten gerichtete, längere Zeiger z. Der resultierende Summenzeiger in Z ist also lang. Bei der Aufnahme entspricht die Länge der q-Zeiger der Helligkeit des Objekts Q. Dies überträgt sich (wegen der Schwärzung) auf die z-Zeiger und deren Resultierende (➠ *Bild 3d*). Auf einem in Z angebrachten Schirm entsteht ein zu Q symmetrisch liegender reeller Bildpunkt.

Z liegt für alle 3 Raumrichtungen x, y, z symmetrisch zu Q. Der reelle Bildpunkt Z in ➠ *Bild 3b* ist durch konvergente Beugungsstrahlen erzeugt (blau gezeichnet). Dagegen treffen die symmetrisch zum Lot liegenden Beugungsstrahlen nach unten divergent ins Auge. Es sieht in rückwärtiger Verlängerung ein dreidimensionales Objekt um Q herum.

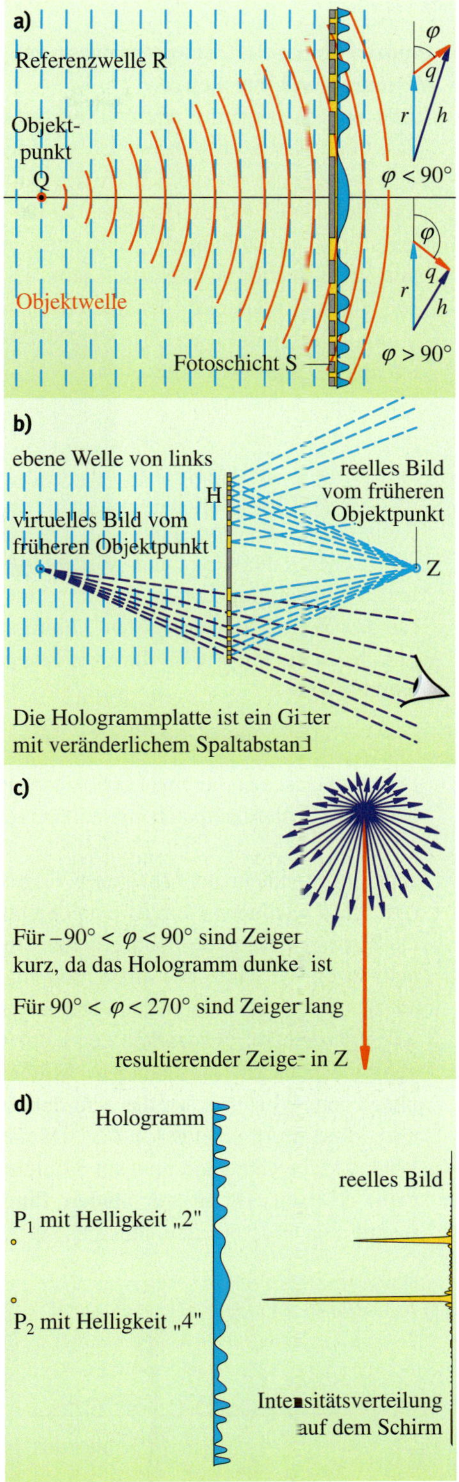

B 3: a) Aufnahme eines Hologramms mit ebenen Referenzwellen **b)** Wiedergabe mit ebenen Wellen des gleichen Lasers
c) Zeiger bei Aufnahme und Wiedergabe
d) Hologramm für zwei Quellen mit verschiedenen Helligkeiten

Interessantes

Grenzen für das Auflösungsvermögen von Auge, Mikroskop und Teleskop ...

Alle optischen Geräte wie Mikroskop, Fernrohr oder das Auge haben Öffnungen. Da sie Licht begrenzen, gibt es Beugung, die die Schärfe des Bildes beeinträchtigt. Betrachten wir die Beugung an den hier üblichen kreisförmigen Öffnungen, dann muss auch das Beugungsbild rotationssymmetrisch sein.

Mit einem Laserstrahl, der auf eine Lochblende von 1 mm Durchmesser gerichtet ist, können wir diese Beugungserscheinungen genauer untersuchen. Auf einem etwa 5 m entfernten Schirm sieht man eine helle Kreisfläche, die von konzentrischen dunklen und hellen Ringen umgeben ist.

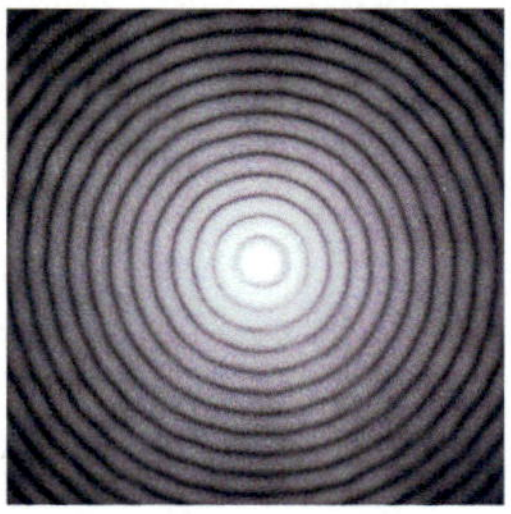

Während beim Einzelspalt für den Winkel α_1 zum ersten Minimum $\sin \alpha_1 = \lambda / l$ gilt, liefert die Theorie für die *kreisförmige Öffnung* mit Durchmesser l

$$\sin \alpha_1 = 1{,}22\, \lambda / l \approx \lambda / l.$$

Der Winkel ist also für eine Lochblende etwas größer als bei einem Spalt (Computersimulationen bestätigen dies).

Zwei nahe beieinander liegende Gegenstandspunkte (➠ *Bild 1*) können durch eine Sammellinse vom Durchmesser l gerade noch getrennt abgebildet werden, wenn die Mitte des einen Beugungsscheibchens auf den Rand des anderen fällt. Das ist gerade der Fall, wenn der Winkel φ zwischen den beiden von den Gegenstandspunkten kommenden Mittelpunktsstrahlen gleich dem Winkel α_1 ist, der zum dunklen Ring führt, also wenn $\sin \alpha_1 \approx \sin \varphi \approx \lambda / l$ ist. Da die auftretenden Winkel klein sind, kann man $\sin \varphi$ durch φ (im Bogenmaß) ersetzen. Damit die **beiden Punkte** noch **getrennt** abgebildet werden, muss also $\boldsymbol{\varphi \geq \lambda / l}$ sein.

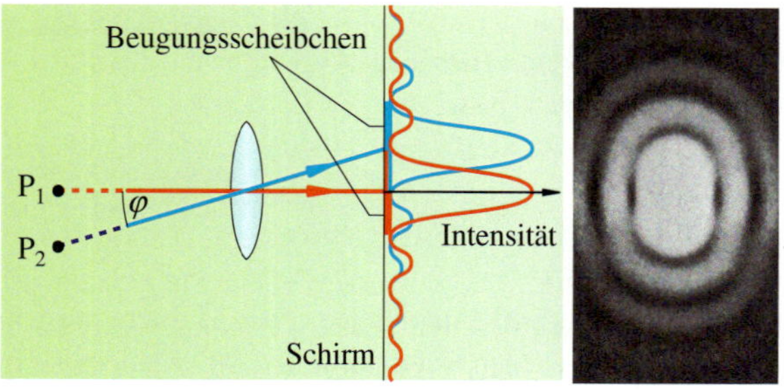

B 1: P_1 und P_2 werden gerade noch getrennt abgebildet, wenn die Mitte des einen Beugungsscheibchens auf den Rand des anderen fällt.

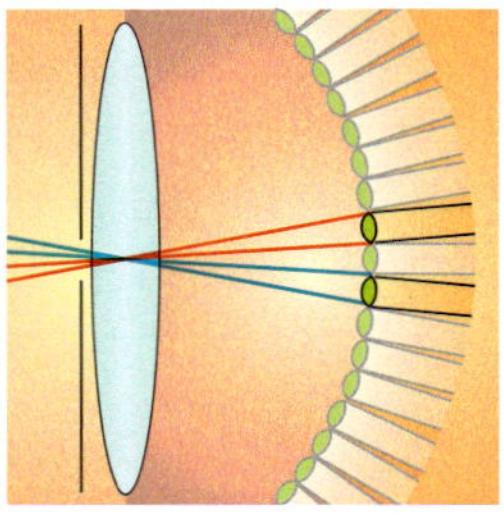

Die Pupille unseres **Auges** hat bei Tagesbeleuchtung etwa $l = 3$ mm Durchmesser. Nimmt man als mittlere Wellenlänge 600 nm an, heißt dies für das Auge $\varphi \geq \lambda / l = 2 \cdot 10^{-4}$ (im Bogenmaß) oder etwa 1 Winkelminute (1′). Unser Auge kann demnach zwei Gegenstände noch getrennt wahrnehmen, die zu einem Sehwinkel 1′ gehören. Die Sehschärfe des Auges wird andererseits durch die Struktur der Netzhaut, in deren Mitte sich „Zapfen“ befinden, begrenzt. Zwei benachbarte helle Stellen kann man getrennt sehen, wenn mindestens ein weiterer Zapfen zwischen ihren Bildern liegt, der weniger Licht erhält. Die Bildweite im Auge ist etwa 20 mm, der Durchmesser eines Zapfens 0,0015 mm. Danach muss der Sehwinkel mindestens $2 \cdot 0{,}0015$ mm/20 mm = 0,00015 rad sein. Das ist die gleiche Größenordnung, die sich aus den Beugungserscheinungen an der Pupille ergibt. Das Raster der Netzhaut ist so fein eingeteilt, dass es die von der Beugung des Lichts gesetzte Grenze voll ausnutzt!

Zur Himmelsbeobachtung verwenden wir ein **astronomisches Fernrohr.** Die einfallenden Strahlen verlaufen etwa parallel. Das Bild befindet sich etwa in der Brennebene der Linse. Nach $\sin \varphi \approx \lambda / l$ ist der Öffnungswinkel φ für aufzulösende Punkte umso kleiner, je größer der Durchmesser l der Objektivöffnung ist. Je größer die Objektivöffnung ist, desto besser wird das Auflösungsvermögen.

Beim **Mikroskop** befindet sich das Objekt praktisch in der Brennebene des Objektivs. Das Bild, das mit dem Okular betrachtet wird, liegt etwa in der Entfernung der Tubuslänge a. Für den Winkel zum 1. Minimum gilt $\sin \alpha_1 \approx \alpha_1 \approx \lambda / l$ (l ist der Durchmesser des Objektivs). Der Radius des Beugungsscheibchens ist $r^* \approx (\lambda / l)\, a$. Rechnet man mit der geometrischen Abbildung zurück, welche Strecke r diesem Scheibchen in der Objektebene entspricht, so ergibt sich aus dem Strahlensatz $r = r^* f / a$. Mit $r^* = (\lambda / l)\, a$ erhalten wir $r = \lambda f / l$. Punkte innerhalb dieser Entfernung kann man nicht mehr getrennt sehen. Der Quotient (Brennweite/Durchmesser) des Objektivs begrenzt zusammen mit λ das Auflösungsvermögen auf etwa $\lambda / 2$. Es wird größer, wenn man zwischen Objekt und Objektiv Stoffe mit $n > 1$ bringt, also λ verkleinert.

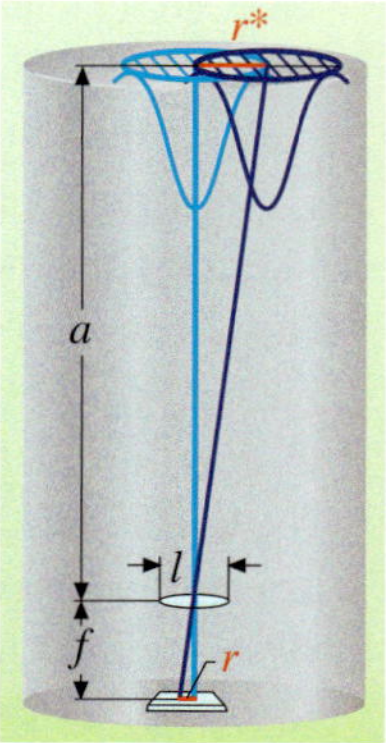

Interessantes

... und wie man diese Grenzen umgeht

Wenige physikalische Geräte haben in anderen Forschungsbereichen, z. B. der Biologie und Medizin eine so wichtige Rolle gespielt wie das Mikroskop. Objektpunkte, die weniger als $\lambda/2$ entfernt sind, können jedoch wegen der auftretenden Beugungserscheinungen nicht mehr getrennt werden. Ein neuartiges Lichtmikroskop ist das **SNOM**, das diese Grenzen unterschreitet und optische Strukturen bis zu 50 nm sichtbar macht.

Statt Licht von allen Probepunkten sich überlagern zu lassen und durch eine Linse wieder zu entmischen, samt Beugung und Interferenz, führt man eine winzige Quelle (bedampfte Glasfaserspitze mit Loch in einem Metallmantel) im Abstand von 10 nm – aber schön nacheinander – vor die verschiedenen Probepunkte. Der Detektor sitzt entweder unmittelbar dahinter oder bei reflektiertem Licht schräg daneben. Dann kann man die $\lambda/2$-Grenze unterschreiten. In Bereichen weit unterhalb dieser Grenze gibt es ja keine vollständige Auslöschung durch Interferenz.

Die technischen Anforderungen sind beachtlich. Es ist notwendig, die Probe durch eine dünne Glasfaserspitze, deren Radius kleiner als 100 nm ist, zu beleuchten (➡ *Bild 2*). Die Lichtintensitäten, die dabei auftreten, können die Spitze oder die Probe zum Schmelzen bringen. Andererseits ist die Intensität des gestreuten Lichts gering und braucht hochempfindliche Detektoren. Die „Lichtquelle" wird mit Piezo-Kristallen, die bei Anlegen einer Spannung ihre Ausdehnung verändern, im Abstand von etwa 10 nm über die Oberfläche der Probe bewegt.

Die feine Spitze kann man auch zur Belichtung einer photosensitiven Schicht verwenden. Mit dieser „Nahfeld-Lithografie" können in Fotolack komplizierte Muster von Schaltkreisen eingebrannt werden, deren Leiter nur 70 nm Abstand haben.

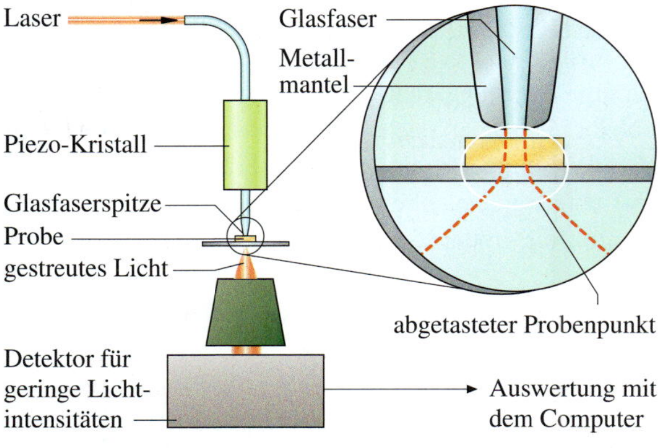

B 2: Grundsätzlicher Aufbau eines SNOM

B 3: Die VLA-Radioteleskop-Anordnung in St. Augustin, Neu Mexiko

Auch für astronomische Fernrohre ist die Auflösung durch den Öffnungsdurchmesser begrenzt. So haben die größten Teleskope einen Spiegeldurchmesser von 8 m. Aufgrund von Dichteschwankungen der Atmosphäre erreichen sie aber nicht ihr theoretisches Auflösungsvermögen. Dagegen liefert das Hubble-Weltraumteleskop mit seinem 2,4 m Spiegel alle Einzelheiten, die man erwarten kann.

Ebenso ist bei *Radioteleskopen* die Genauigkeit, mit der man Objekte lokalisieren kann, durch den Durchmesser des Spiegels bestimmt. Da die Wellenlänge der Strahlung aber viel größer ist als im sichtbaren Bereich, erreichen sie trotz 100 m Durchmesser eine schlechtere Auflösung. Die Astronomen gebrauchen einen Trick: 27 Teleskope sind beim **VLA** (**V**ery **L**arge **A**rray) in Neu-Mexiko, USA, Y-förmig auf Schienen angeordnet und zusammengeschaltet. Die drei Arme sind etwa 20 km lang. Die Radiosignale der einzelnen Teleskope werden in einem Zentralcomputer zusammengesetzt. Dabei wird durch Verzögerungsleitungen dafür gesorgt, dass alle Signale die gleiche Laufzeit haben. Die Auflösung ist dann durch die größte Entfernung der Teleskope voneinander (etwa 36 km) bestimmt. Das Radioteleskop erreicht so eine bessere Auflösung als optische Teleskope. Durch die regelbare Entfernung der Teleskope können die Auflösung und der Himmelsausschnitt gewählt werden.

Schalten Forscher auf verschiedenen Kontinenten Radioteleskope zusammen, entsteht ein Gerät mit einer Basislänge von mehreren tausend Kilometern. Die Messungen der einzelnen Teleskope werden dabei aufgezeichnet und mit Zeitmarken von sehr genauen Atomuhren versehen. Ein Zentralcomputer setzt dann die auf Magnetbändern gespeicherten umfangreichen Daten zusammen. Diese VLBI (Very Long Baseline Interferometry) liefert Informationen über weit entfernte Radiogalaxien.

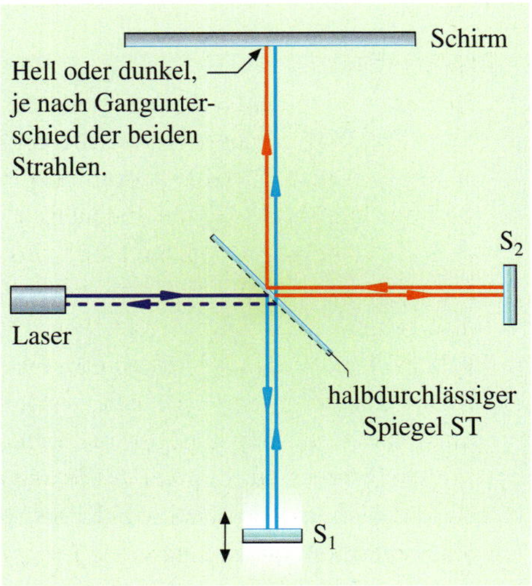

B 1: Strahlengang beim Michelson-Interferometer: Laserlicht trifft auf eine unter 45° geneigte, halbdurchlässig verspiegelte Glasplatte, die als Strahlteiler wirkt. 50% des Lichts (blau gezeichnet) wird daran zum Spiegel S_1 reflektiert. Von dort gelangen ebenso 50% zum Schirm. – Der andere Teil (rot gezeichnet) durchsetzt den Strahlteiler, wird vom Spiegel S_2 dorthin zurückgeworfen und auf den Schirm reflektiert. S_1 und S_2 stehen senkrecht zueinander. Je nach Gangunterschied kommt es beim Auftreffen der blau und rot gezeichneten Strahlen zu Helligkeit oder Dunkelheit. Der Laserstrahl wird mit einer Sammellinse aufgeweitet, sodass leicht divergente Lichtbündel entstehen und man konzentrische Ringe erhält.

V 1: Einer der beiden Spiegel des Interferometers ist mit einer Messschraube versehen. Drehen wir diese um 360°, so wird der aufgesetzte Spiegel um 0,005 mm längs der optischen Achse verschoben. Dabei wechseln in der Schirmmitte periodisch Helligkeit und Dunkelheit ab und zwar 16-mal Dunkel über Hell nach Dunkel. Also erhalten wir für die Wellenlänge des Laserlichts $16\,\lambda/2 = 5\,000$ nm oder $\lambda = 625$ nm.

V 2: Eine evakuierte Kammer aus Glas der Länge $l = 5{,}0$ cm wird zwischen den Strahlteiler und einen der Spiegel gebracht. Lassen wir Luft langsam einströmen, zählen wir 43 Hell-Dunkel-Perioden ($k = 43$). Setzen wir $k = 43$ und $\lambda = 633$ nm für das Laserlicht in *Gl. (1)* ein, so erhalten wir die Brechungszahl von Luft zu $n = 1{,}00027$.

Interferenz – pur

1. Die Lichtwellenlänge als Meterstab

Interferometer sind optische Geräte, mit denen man aufgrund von Interferenzen Längen und vor allem Längen*änderungen* präzise messen kann. Beim **Michelson-Interferometer** wird Licht, z. B. von einem Laser, an einem Strahlteiler ST in zwei Lichtbündel aufgeteilt (➡ *Bild 1*). Es entstehen so zwei Lichtbündel, die nach Reflexion an zwei Spiegeln wieder zusammentreffen. Durchlaufen sie dabei verschieden lange Wege, so gibt es je nach Gangunterschied Verstärkung oder Auslöschung.

Verschieben wir einen der beiden Spiegel längs der optischen Achse um die Strecke Δs, so wechseln in der Mitte des Interferenzbildes Maxima und Minima. Bei einer Periode (Übergang zum nächsten Maximum bzw. nächsten Minimum) ändert sich der Lichtweg wegen des Hin- und Rückweges um $2\,\Delta s = \lambda$, also entspricht eine Periode der Verschiebung des Spiegels um $\lambda/2$. Aus der Zahl k der aus der Mitte hervorquellenden hellen Ringe und der Verschiebung Δs des Spiegels kann die Wellenlänge λ wegen $k\,\lambda/2 = \Delta s$ berechnet werden (➡ *Versuch 1*).

MICHELSON bestimmte die Länge des in Paris aufbewahrten Urmeters mit seinem Interferometer in Vielfachen der Wellenlänge λ_0 der orangenen Kryptonstrahlung in Vakuum. Man fand $1\text{ m} = 1\,650\,763{,}73\ \lambda_0$. Von 1960 bis 1983 wurde dies als Festlegung der Längeneinheit 1 m verwendet. Heute ist das *Meter* durch die Strecke definiert, die Licht im Vakuum innerhalb des Zeitintervalls 1/299 792 458 s durchläuft. So wird die Längenmessung auf eine Zeitmessung zurückgeführt, nachdem c zu 299 792 458 m/s definiert worden ist.

2. Auch Gase brechen Licht

Die große Empfindlichkeit des Interferometers zeigt sich, wenn wir in den Strahlengang hineinhauchen. Die Interferenzkreise bewegen sich schon, wenn man in den Lichtweg wärmere Luft bläst. Mit dem Interferometer messen wir in ➡ *Versuch 2* sogar die Brechungszahl n von Luft. Wir zählen, wie viele Hell-Dunkel-Hell-Perioden auftreten, wenn in eine evakuierte Glaskammer der Länge l Luft einströmt. Wie wir früher erfuhren, sinkt in Stoffen, also auch in Luft, die Ausbreitungsgeschwindigkeit des Lichts von c_0 auf c_L. Damit steigt die Brechungszahl $n = c_0/c_L$, während die Frequenz f konstant bleibt. Es ändert sich die Zeitdauer zum zweimaligen Durchlaufen der Kammer. In der mit Luft gefüllten Kammer ist das Licht länger unterwegs, nämlich $t_L = 2\,l/c_L$. Im Vakuum liefe es in derselben Zeit t_L die größere Strecke

$$s_V = c_0\,t_L = \frac{c_0}{c_L}\,2\,l = n\,s \quad \text{mit} \quad n = \frac{c_0}{c_L} \quad \text{und} \quad s = 2\,l.$$

Für den Gangunterschied ist es gleichgültig, ob wir die Kammer mit Luft der Brechungszahl n füllen oder aber in Gedanken das Vakuum beibehalten und dafür den Lichtweg von s auf n s vergrößern. Dieser ersatzweise gedachte Lichtweg heißt **optische Weglänge $n\,s$.**

Zurück zu unserem Versuch: Strömt dort Luft in die Kammer der Länge l, so ändert sich der Gangunterschied um $\delta = n\,s - s = s\,(n-1)$. Dabei ist wegen des Hin- und Rücklaufs $s = 2\,l$. Wir zählen, wie oft sich die Mitte des Interferenzmusters von Dunkel über Hell zu Dunkel verwandelt. Geschieht dies k-mal, so hat die Luftfüllung den Gangunterschied $k\,\lambda$ bewirkt. Mit $s = 2\,l$ erhalten wir den Gangunterschied $\delta = k\,\lambda = 2\,l\,(n-1)$. Daraus folgt die Beziehung

$$2\,l\,n = k\,\lambda + 2\,l, \quad \text{also} \quad n = k\frac{\lambda}{2\,l} + 1. \qquad (1)$$

$k\,\lambda/(2\,l)$ gibt die Abweichung der Brechungszahl n vom Vakuumwert $n = 1$ an und ist in unserem Fall für Luft sehr klein:

$$\frac{k\,\lambda}{2\,l} = 43 \cdot 6{,}33 \cdot 10^{-7}\,\text{m}/0{,}1\ \text{m} = 0{,}00027.$$

3. Kohärenzlänge

Auch mit einer Quecksilberlampe können wir beim Michelson-Interferometer Interferenzen beobachten. Dazu verkleinern wir das Lichtbündel mit einer Irisblende, damit Interferenz auftreten kann. Der Spiegel des Interferometers wird so justiert, dass der Gangunterschied für die beiden verschiedenen Lichtbündel null ist. Auf dem Schirm befindet sich dann ein weißer Fleck, von farbigen Interferenzstreifen umgeben. Vergrößern wir die Länge eines „Arms" unseres Interferometers und erzeugen einen Gangunterschied von 50 µm, so verschwinden die Streifen. Das Licht der Quecksilberlampe hat also andere Eigenschaften als Laserlicht, bei dem die Streifen bleiben.

Um dies zu verstehen, muss man etwas über die Aussendung von Licht durch Atome bzw. Moleküle wissen. Die Atome glühender Körper oder von Gasentladungslampen senden nämlich völlig unregelmäßig kurze Wellenzüge aus. Ihre Länge wird umso kürzer, je wahrscheinlicher es ist, dass das Atom beim Licht aussenden einen Stoß von anderen Molekülen erhält. Dies nimmt mit dem Druck, also der Temperatur in der Lampe zu. Ist der Gangunterschied größer als die Länge der beiden Wellenzüge, so erreichen sie nacheinander den Schirm und überlagern sich nicht mehr kohärent (➠ *Bild 2*). Ihre Länge, **Kohärenzlänge** genannt, beträgt in dem Versuch etwa 50 µm, bei Spektrallampen ist sie ca. 500 µm.

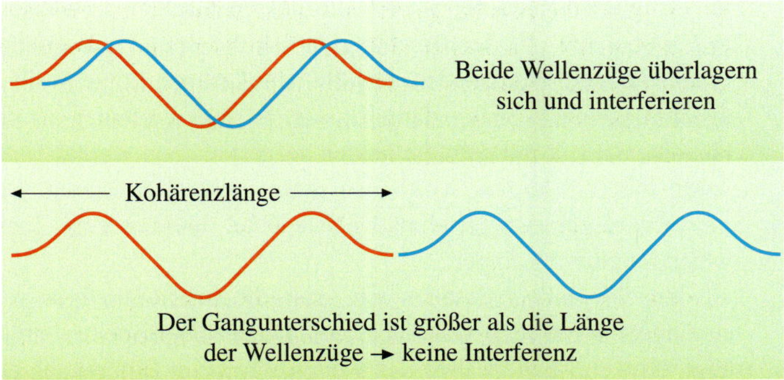

B 2: Je nach Gangunterschied gibt es Interferenz oder nicht.

Interessantes

Dopplereffekt

Bewegt sich ein Lichtsender relativ zu einem Empfänger mit der Geschwindigkeit v, so gilt auch für die Ausbreitung von Lichtwellen, dass sich die Frequenz f ändert. Entfernt sich die Lichtquelle, wird die Frequenz kleiner, die Wellenlänge größer, also zum Roten hin verschoben. Man spricht dann von *Rotverschiebung*. Für die Frequenzänderung Δf gilt bei Geschwindigkeiten v, die klein gegen die Lichtgeschwindigkeit sind, in guter Näherung die gleiche Formel, die wir im Fall mechanischer Wellen hergeleitet haben: $\boldsymbol{\Delta f = f_0\, v/c}$.
Mit dem Michelson-Interferometer können wir diese Frequenzänderung bestimmen. Dies ist umso erstaunlicher, als die Lichtgeschwindigkeit $c = 3 \cdot 10^8$ m/s sehr groß und die Geschwindigkeiten im Versuch in der Größenordnung µm/s sind. Wir koppeln die Messschraube des Interferometers mit einem langsam laufenden Motor. Der Spiegel S_1 bewegt sich dann mit einer konstanten Geschwindigkeit $v = \Delta s/\Delta t$. Da sich Δs wegen der Reflexion verdoppelt, ist es so, als ob sich eine Lichtquelle mit $2\,v$ bewegt. Die Lichtfrequenz ändert sich um $\Delta f = f_0\, 2\,v/c$. Die Überlagerung dieses Lichtbündels mit dem am ruhenden Spiegel S_2 reflektierten Licht ergibt eine *Schwebung* mit der Frequenz $\Delta f = f_0\, 2\,v/c$. Mit dieser Frequenz ist die Intensität des resultierenden Lichtbündels moduliert. Auf dem Schirm im Mittelpunkt der konzentrischen Ringe macht sich dies als ständiger Wechsel von Dunkel-Hell-Dunkel bemerkbar. Ersetzen wir den Schirm durch ein Fotoelement, das mit einem Niederfrequenzverstärker verbunden ist, können wir diese Schwebung hörbar machen und deren Frequenz messen.
Zuerst bestimmen wir die Geschwindigkeit des Spiegels, indem wir die Strecke messen, die er in 10 s zurücklegt. Im Beispiel ergab sich $v = 6 \cdot 10^{-6}$ m/s. Das Silizium-Fotoelement steht im Zentrum der Interferenzfigur und ist mit einem NF-Verstärker verbunden. Man misst als Frequenz der Schwebung mit einem Zähler $\Delta f = 21$ Hz. Ein Vergleich mit $f_0\, 2\,v/c = 2\,v/\lambda = 2 \cdot 6 \cdot 10^{-6}\,\text{m}\,\text{s}^{-1}/633\ \text{nm} = 19$ Hz ergibt befriedigende Übereinstimmung.

B 1: Seifenblasen im weißen Licht

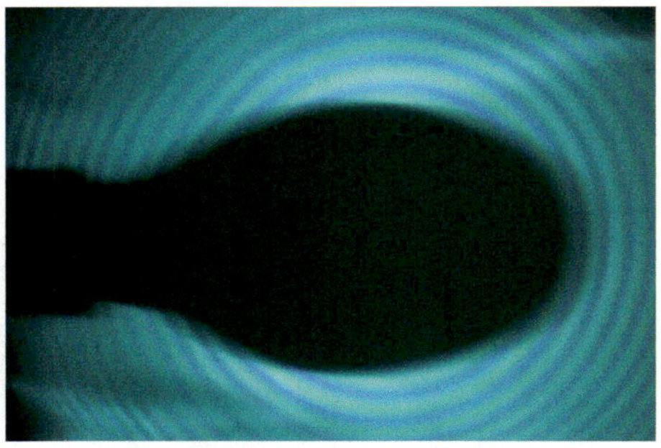

V 1: Wir halten vor eine Quecksilber-Spektrallampe ein dünnes Glimmerblatt, sodass reflektiertes Licht auf eine Wand fällt. Es entstehen ringförmige Interferenzerscheinungen.

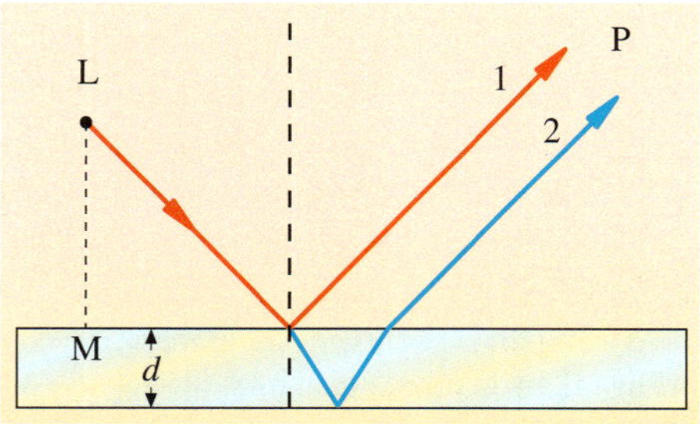

B 2: Das von einem Punkt L der Lampe kommende Licht gelangt auf zwei verschiedenen Wegen nach P.

V 2: Wir beleuchten das Glimmerblatt mit einer Quecksilber-Höchstdrucklampe ohne Linse. Anfangs erhalten wir die kreisförmigen Interferenzstreifen; diese verblassen jedoch zusehends und sind nach vier Minuten völlig verschwunden, wenn der Druck in der Lampe erheblich gestiegen ist.

Interferenz an dünnen Schichten

Sicher haben Sie schon beobachtet, dass Seifenblasen (⇒ *Bild 1*) oder auch Ölflecke auf nasser Straße in allen Farben schillern können. Das hat wohl etwas damit zu tun, dass es sich dabei um *dünne Schichten* handelt. Mit der Interferenz von Lichtbündeln, die durch Reflexion an solch dünnen Schichten entstehen, wollen wir uns jetzt beschäftigen.

1. Interferenz an einem Glimmerblatt

Mit dem aufgeweiteten Lichtbündel eines Lasers können wir durch Reflexion an den beiden Oberflächen einer Glasplatte an der Decke schöne Interferenzstreifen beobachten. Will man den Versuch mit einer Quecksilber-Spektrallampe wiederholen, so hat man keinen Erfolg: Die Decke ist gleichmäßig hell. Erst wenn wir die Glasplatte durch eine dünne Glimmerscheibe (Dicke 0,05 mm) ersetzen, entstehen im reflektierten Licht eindrucksvolle ringförmige Interferenzerscheinungen (⇒ *Versuch 1*). Wie kommen diese Interferenzen zustande und warum ist es bei normalen Lampen wichtig, dass die reflektierende Platte sehr dünn ist?

Zur Erklärung greifen wir einen beliebigen Punkt P der Projektionswand heraus (⇒ *Bild 2*). Das von der Lampe ausgehende Licht gelangt auf verschiedenen Wegen dorthin. Sie sind im Bild durch den Strahl 1 (rot) bzw. den Strahl 2 (blau) dargestellt. Die sich in P überlagernden Lichtwellen haben nun aus verschiedenen Gründen einen Gangunterschied:

- Die beiden Strahlen 1 und 2 legen bis P verschieden lange Wege zurück.
- Bei der Reflexion am optisch dichteren Medium ($n > 1$) tritt ein Phasensprung um 180° auf. Dies ist uns schon bei der Reflexion von Mikrowellen begegnet (Phasensprung des $\vec{E}$-Vektors um 180°). Wir werden dafür noch weitere Hinweise bekommen.
- Der Umweg des Strahls 2 führt zum Teil durch das Glimmerblatt. Dort hat das Licht eine kleinere Wellenlänge als in Luft.

Die Wegdifferenz hängt nun von dem Winkel ab, unter dem die Strahlen 1 und 2 verlaufen. Wegen der Symmetrie um die Senkrechte zur Platte durch L liegen alle Strahlenpaare mit gleichem Gangunterschied auf dem Mantel eines Kegels mit der Achse LM. Wo er die Decke schneidet, sehen wir die Interferenzringe.

Der Gangunterschied beträgt für die beiden Strahlen mindestens $2nd$, wobei wir mit der Brechungszahl n die optische Weglänge berücksichtigen. Nun senden gewöhnliche Lampen kurze Wellenzüge mit kleiner Kohärenzlänge l_k aus. Ist nun l_k kleiner als der Gangunterschied, mit dem die beiden aufgespaltenen Wellen 1 und 2 zum Punkt P laufen, so können diese nicht interferieren. Der Schirm wird genauso gleichmäßig beleuchtet wie durch das Licht zweier getrennter Lampen.

Mit dem ⇒ *Versuch 2* sehen wir, dass die Interferenzfigur verschwindet, wenn der Gasdruck der Quecksilber-Spektrallampe steigt. Also muss die Länge der Wellenzüge beim Einbrennen der Lampe kleiner geworden sein.

Dies ist verständlich, denn nach einigen Minuten hat sich der Dampfdruck in der Lampe erhöht. Durch die häufigen Zusammenstöße werden die Ausstrahlungsvorgänge in den Atomen früher abgebrochen und diese senden kürzere Wellenzüge aus. Die Kohärenzlänge nimmt ab und wird schließlich kleiner als der Gangunterschied: Die anfänglich sichtbaren Interferenzstreifen verblassen.

2. Warum schillern Seifenblasen?

Werden Seifenblasen mit weißem Licht beleuchtet, sehen wir herrlich bunt schimmernde Farben (➠ *Bild 1*). In ➠ *Versuch 3* untersuchen wir zunächst eine rechteckige Seifenhaut im einfarbigen Licht einer Natriumdampflampe. An der Vorder- und Rückseite der Seifenhaut wird das Licht reflektiert und gelangt ins Auge. Der Gangunterschied der sich dort überlagernden Strahlen hängt von der Richtung, unter der beobachtet wird, und der Schichtdicke d ab. Falls $2d$ kleiner als die Kohärenzlänge des benutzten Lichts ist, überlappen sich die beiden Wellenzüge im Auge und interferieren.

Weil das in der Seifenhaut enthaltene Wasser nach unten absinkt, haben wir es hier mit einer keilförmigen Schicht zu tun. Ihre Dicke ändert sich allmählich wegen der Verdunstung des Wassers; dabei wird die Seifenhaut an ihrer oberen Kante besonders dünn. Dort wird die Wegdifferenz der beiden Strahlen schließlich nahezu null. Entstünde der Gangunterschied alleine durch diese Wegdifferenz, so müsste an dieser Stelle durch konstruktive Interferenz andauernd Helligkeit auftreten. Der Versuch zeigt das Gegenteil. Er bestätigt, dass bei der Reflexion an der Grenzfläche Luft-Seifenwasser ein Phasensprung von 180° entsteht.
Bei der Beleuchtung der Seifenhaut mit einfarbigem Licht, z. B. einem Gelb, entstehen nur schwarze und gelbe Interferenzstreifen. Benutzt man weißes Licht, so fällt das darin enthaltene gleiche Gelb an diesen Dunkelstellen durch destruktive Interferenz (↑↓) ganz weg; die Nachbarfarben treten nur geschwächt auf. Das Auge empfindet deshalb dort die Komplementärfarbe zu Gelb, nämlich Violett. Die Seifenhaut zeigt bunte Muster (➠ *Bild 1*). Auf die gleiche Weise entstehen bei der Beleuchtung einer hinreichend dünnen Schicht mit weißem Licht ebenfalls die anderen Farben; dies sind nach ihrem Zustandekommen immer Mischfarben.
Auch die Farben von manchen *Schmetterlingen* sind auf Interferenzen zurückzuführen, die an treppenartigen Strukturen auf den Flügeln entstehen (➠ *Bild 3*). Die Höhe d einer Stufe ist 220 nm. Der Gangunterschied an solchen benachbarten Stufen ist $\delta = 2d$. Licht mit $k\lambda = 2d = 440$ nm wird durch konstruktive Interferenz verstärkt. Im sichtbaren Bereich ist dies Blau. Um im allgemeinen Fall die resultierende Amplitude zu erhalten, addieren wir Zeiger. Bei $\lambda = 4d$ also $\delta = \frac{1}{2}\lambda$ löschen sich benachbarte Stufen aus. Ist $\lambda = 3d = 660$ nm (Rot), so ist $\delta = \frac{2}{3}\lambda$. Die Zeiger sind jeweils um 240° gedreht und bilden ein gleichseitiges Dreieck, was zur Auslöschung führt (➠ *Bild 4*). Man überzeugt sich auch davon, dass bei $\lambda = \frac{8}{3}d$ (587 nm, gelbes Licht) Auslöschung eintritt. Bei schrägem Lichteinfall oder schräger Beobachtung muss man d durch $d/\cos\alpha$ ersetzen. Man sieht dann andere Farben.

V 3: Wir ziehen einen rechteckigen Drahtrahmen vorsichtig aus einer Seifenlösung; dabei bildet sich zwischen den Drähten eine feine Haut aus Wasser. Auf diese dünne Schicht lassen wir einfarbiges Licht fallen. Es geht von einem Transparentschirm aus, der auf seiner Rückseite mit einer Natriumdampflampe beleuchtet wird. Im an der Seifenhaut reflektierten Licht sehen wir dann viele dunkle und helle Interferenzstreifen. Oben befindet sich auch bei Beleuchtung mit weißem Licht ein dunkler Streifen.

B 3: Bild eines Schwalbenschwanzes und Nahaufnahme eines Flügels.

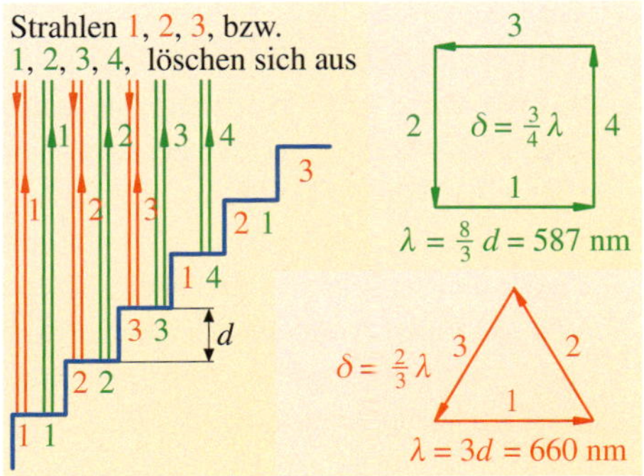

B 4: Zeigerdiagramm für Auslöschung von zwei Farben bei Reflexion an Stufen des Schmetterlingsflügels.

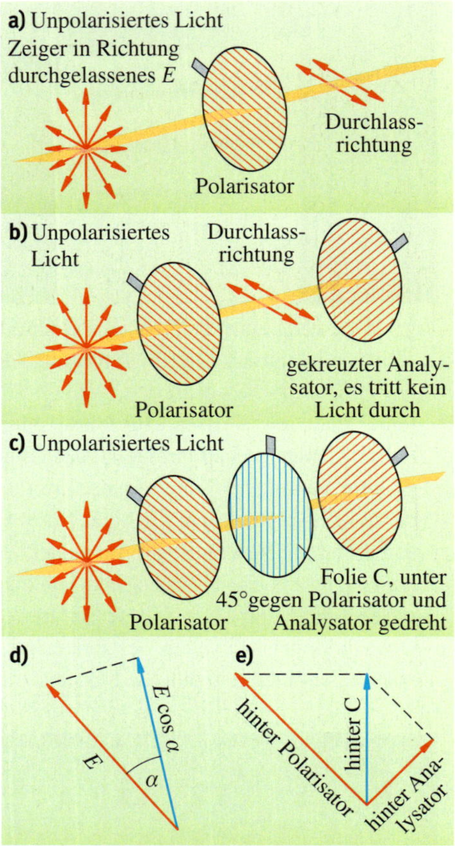

V 1: **a)** Das Lichtbündel einer Experimentierleuchte wird durch eine *Polarisationsfolie* geschwächt, unabhängig davon wie wir sie um das Lichtbündel als Achse drehen. Im Licht einer Glühlampe kommen alle Schwingungsrichtungen vor. **b)** Wir setzen hinter die erste Folie eine zweite. In einer bestimmten Stellung (die Zeiger der Folien stehen parallel) lässt sie das Licht vom Polarisator praktisch ungeschwächt durch. Dreht man sie aber um 90°, so ist dahinter Dunkelheit. **c)** Zwischen gekreuztem Polarisator und Analysator wird eine Folie C, hier blau schraffiert, gebracht. Wenn wir diese so drehen, dass ihre Durchlassrichtung mit den entsprechenden Richtungen der beiden anderen Folien den Winkel 45° bildet, hellt sich der Schirm auf. **d)** Der Analysator lässt nur den Anteil $E \cos \alpha$ durch, der andere, $E \sin \alpha$, wird absorbiert. Da die Intensität der Strahlung proportional zu E^2 ist, gilt für die Intensität I des durchgelassen Lichts $I(\alpha) = I_0 \cos^2 \alpha$. **e)** Die Folie C lässt den blau gezeichneten Anteil des Lichts hinter dem Polarisator durch. Dieser Anteil wird vom Analysator wieder in Komponenten zerlegt.

Polarisation des Lichtes

1. Ein Indiz für Querwellen

Licht breitet sich mit derselben Geschwindigkeit aus wie eine elektromagnetische Welle. Ist Licht also eine Querwelle mit senkrecht zur Ausbreitungsrichtung schwingenden E- und B-Feldern?

Für Mikrowellen haben wir ein Polarisationsgitter aus leitenden Stäben benutzt. Etwas Ähnliches gibt es nun auch für Lichtwellen, nämlich die so genannte Polarisationsfolie (➠ *Interessantes*). An der Folie befindet sich ein Zeiger, der die Schwingungsrichtung des durchgelassenen E-Feldes angibt.

Bei dem Licht unserer Experimentierleuchte ist keine Schwingungsrichtung ausgezeichnet (➠ *Versuch 1a*). Das ist verständlich, da eine gewöhnliche Lichtquelle kurze, voneinander unabhängige Wellenzüge aussendet. In der Ebene senkrecht zur Strahlrichtung treten alle Richtungen des E-Vektors auf. Nach der ersten Folie, dem so genannten *Polarisator*, liegt nur noch eine Schwingungsrichtung vor. Bringen wir hinter die Folie noch eine zweite, lässt sie Licht nur in einer bestimmten Stellung ungeschwächt hindurch. In dieser Funktion wird die Folie als *Analysator* bezeichnet. Dreht man sie um α, ist dahinter nur der Anteil $E \cos \alpha$ vorhanden (➠ *Versuch 1d*). Für $\alpha = 90°$ ist dahinter Dunkelheit (➠ *Versuch 1b*). Der Versuch bestätigt also: *Licht kann polarisiert werden*, ist also eine *Querwelle*.

In ➠ *Versuch 1c* stehen Polarisator und Analysator senkrecht zueinander, es kommt kein Licht durch. Bringt man nun eine Folie C unter 45° zwischen Polarisator und Analysator, so wird die Anordnung durchlässig. Das sieht wie ein Zaubertrick aus, ist aber einfach zu erklären. Hinter C hat die Feldstärke E eine Komponente in Durchlassrichtung des Analysators. Diesen Effekt haben wir schon bei Mikrowellen mit einem Gitter aus parallel gespannten Drähten gezeigt.

2. Reflexion und Polarisation

Polarisationsfolien werden auch in der Fotografie benutzt; sie sollen störende Lichtreflexe ausschalten. Betrachten Sie einmal ein verglastes Bild schräg von der Seite, dann werden Ihnen die Lichtreflexe deutlich auffallen. Schauen Sie nun dasselbe Bild durch eine Polarisationsfolie an. Bei einer bestimmten Stellung der Folie sind die Reflexe fast ganz verschwunden. Sie können das Bild hinter dem Glas viel deutlicher erkennen. Wenn man durch die Folie unter verschiedenen Blickwinkeln auf das Bild schaut, kann man einen Winkel finden, bei dem die Reflexe sogar völlig verschwunden sind; er liegt bei etwa 60°. Diese „Entspiegelung" durch eine Polarisationsfolie legt die Vermutung nahe, dass das einfallende, nicht polarisierte Licht bei der Reflexion an der Glasscheibe polarisiert wurde.

In ➠ *Versuch 2* prüfen wir diese Vermutung nach. Dabei stellen wir fest, dass reflektiertes Licht tatsächlich polarisiert ist. Allerdings erhalten wir nicht völlige Dunkelheit. Sie tritt erst bei $\alpha = 56°$ ein

(Versuch 2, 3). Dann zeigt der Analysator, dass der E-Vektor des reflektierten Strahls exakt senkrecht zur Reflexionsebene steht; man findet keinen Anteil in dieser Ebene (wie bei anderen α-Werten). Zudem steht der reflektierte Strahl senkrecht zum gebrochenen im Glas. Wir wollen nun klären, warum das so ist.

Wir zerlegen die E-Vektoren des einfallenden Lichts in Komponenten parallel zur Einfallsebene (rot gezeichnet) und eine senkrecht dazu (blau gezeichnet). Sie regen im Glas die dortigen Elektronen zu Schwingungen an. Diese im Glas schwingenden Ladungen senden ihrerseits wieder elektromagnetische Wellen aus, aber nicht in ihrer Schwingungsrichtung.

Wir betrachten deren Komponenten parallel (rot) und senkrecht (blau) zur Einfallsebene. Steht der reflektierte Strahl senkrecht zum gebrochenen, kann die rot gezeichnete Komponente keinen Beitrag zur reflektierten Welle liefern. Beim Spezialfall $\alpha = 56°$ entfällt sie ganz, sonst ist sie schwach. Die längs der rot gezeichneten Komponente schwingenden Elektronen können in ihrer Schwingungsrichtung keine elektromagnetische Welle aussenden. Allein die senkrecht (blau) schwingende Komponente liefert reflektiertes Licht. Ihr E-Vektor liegt ausschließlich senkrecht zur Einfallsebene. Ist α der Einfallswinkel und β der Brechungswinkel, so ist $\beta = 90° - \alpha$, wenn reflektierter und gebrochener Strahl senkrecht aufeinander stehen. Aus dem Brechungsgesetz $\sin\alpha/\sin\beta = n$ folgt (David BREWSTER, 1813)

$$\frac{\sin\alpha}{\sin(90° - \alpha)} = \frac{\sin\alpha}{\cos\alpha} = n, \quad \text{also} \quad \tan\alpha = n.$$

Merksatz

BREWSTER-Gesetz: Fällt Licht so auf ein durchsichtiges Medium mit der Brechungszahl n, dass reflektierter und gebrochener Strahl aufeinander senkrecht stehen, dann ist das reflektierte Licht vollständig polarisiert. Der E-Vektor des reflektierten Lichts steht senkrecht auf der Einfallsebene. Für den Einfallswinkel α muss dazu $\tan\alpha = n$ gelten.

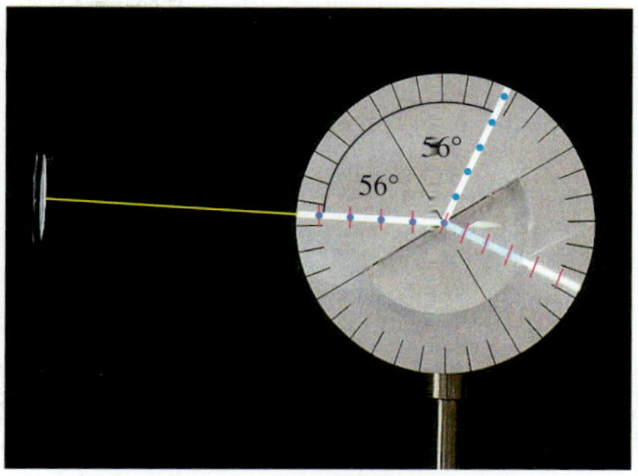

V 2: Ein schmales Lichtbündel wird an einem Glaskörper reflektiert, der an einer Scheibe mit Winkeleinteilung befestigt ist. Mit einer Polarisationsfolie als Analysator stellen wir fest, dass das reflektierte Licht polarisiert ist; bei $\alpha = 56°$ sogar vollständig.

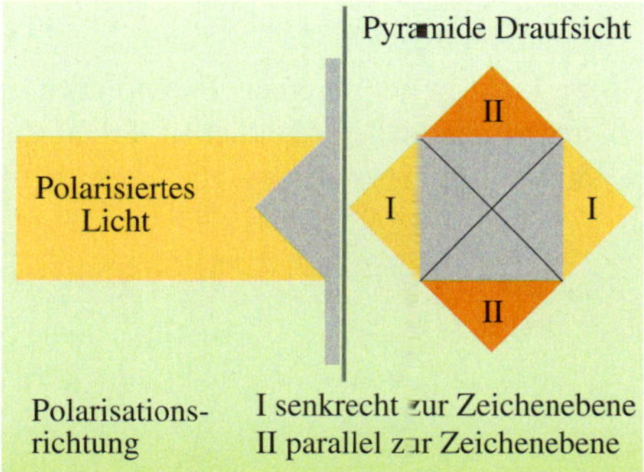

V 3: Polarisiertes Licht fällt auf eine Glaspyramide. Je nach Polarisationsrichtung reflektieren verschiedene Seiten. Bei unpolarisiertem Licht sieht man alle vier Dreiecke.

Interessantes

Optisch aktive Stoffe oder wie gut wird der Wein?

Stoffe wie *Zuckerlösung* oder *Milchsäure* können die Polarisationsrichtung von Licht drehen. Bringt man eine solche Flüssigkeit zwischen zwei gekreuzte Polarisatoren, hellt sich das Gesichtsfeld auf. Dreht man den Analysator wieder auf Dunkelheit weiter, kann man den Winkel ablesen, um den sich die Polarisationsrichtung verändert hat. Der Drehwinkel hängt von der Länge der Flüssigkeitssäule und dem Zuckergehalt ab. Die Drehung kommt durch die schraubenförmig gebauten Zuckermoleküle zustande. Chemisch gleich zusammengesetzte Moleküle können sich im Schraubensinn unterscheiden. So gibt es rechts- (Dextrose) und linksdrehende Zucker. Winzer bestimmen den Zuckergehalt von Trauben, indem sie den Saft in ein Saccharimeter füllen und, gegen das Licht blickend, den Analysator wieder auf Dunkel stellen.

Bei Joghurt unterscheidet man zwischen rechtsdrehender (L+) und linksdrehender Milchsäure (L–).

Polarisationsfolien

Bei ihrer Herstellung wird eine Folie aus Kunststoff in einer Richtung stark auseinander gezogen. In die sich dabei bildenden parallelen Kohlenwasserstoffketten werden Jodverbindungen eingelagert. Die Jodatome liefern, ähnlich wie bei der Dotierung von n-Halbleitern, Elektronen, die sich nur längs einer dieser Ketten bewegen können. Dadurch entstehen in der Folie außerordentlich dünne parallel ausgerichtete „Leitungsdrähte" – das ist nichts anderes als ein mikroskopisch feines Gitter aus Drähten. Nur in dieser Richtung werden Elektronen durch die elektromagnetische Welle zu kräftigen Schwingungen angeregt. Dies erklärt die Vorzugsrichtung.

B 1: Durch einen Kalkspatkristall sieht man eine untergelegte Schrift doppelt.

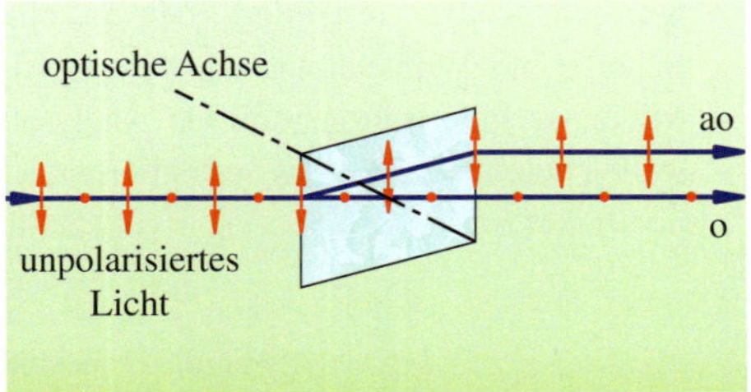

B 2: Licht wird in einen ordentlichen (o) und einen außerordentlichen Strahl (ao) aufgespalten.

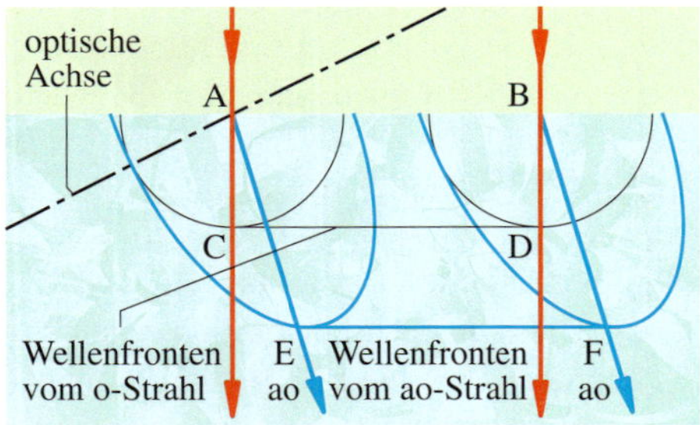

B 3: Lichtwellen haben im Kalkspatkristall für den ordentlichen und den außerordentlichen Strahl verschiedene Ausbreitungsgeschwindigkeiten.

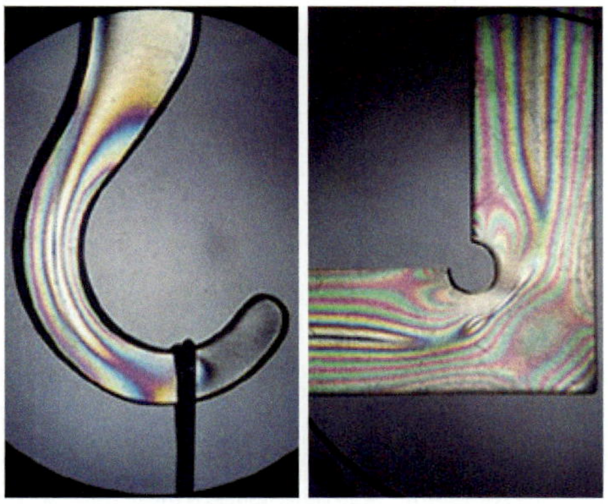

B 4: Die durch Zug- oder Druckspannungen beanspruchten Gebiete sind farbig aufgehellt.

Doppelbrechung und Spannungsoptik

In *Bild 1* betrachten wir Schrift durch einen Kalkspatkristall ($CaCO_3$) hindurch. Die Schrift sehen wir doppelt. Das Licht spaltet sich nämlich in *zwei* Teile auf, die verschieden gebrochen werden. Man spricht von **Doppelbrechung.** Nach *Bild 2* durchsetzt der so genannte *ordentliche* Strahl o den Kristall geradlinig (unten). Der *außerordentliche* Strahl ao (oben) wird trotz senkrechten Einfalls nach oben gebrochen („in den Kristall hinein"). Dreht man den Kristall um den ordentlichen Strahl, so rotiert die gestrichelte Gerade in *Bild 2* mit. Sie zeigt eine bestimmte Richtung im Kristall, *optische Achse* genannt. Der ao-Strahl rotiert mit, also um den ordentlichen Strahl herum. *Polarisationsfolien* unterscheiden zwischen den beiden Strahlen. Der ao-Strahl ist stets in der Ebene, in der die optische Achse liegt, polarisiert (↕), der o-Strahl senkrecht dazu (•).

Der *o-Strahl* befolgt das Brechungsgesetz, weil seine von A ausgehenden Elementarwellen nach allen Seiten gleich schnell fortschreiten, also Kugelwellen bilden (*Bild 3*). Die zugehörige Einhüllende CD steht hier auf dem einfallenden Strahl senkrecht; er behält also seine Richtung bei. Der *ao-Strahl* verhält sich anders als wir es gewohnt sind: Er breitet sich im Kalkspat senkrecht zur optischen Achse schneller aus als längs dieser Achse. Folglich liegt die Strahl-(Ausbreitungs-)Richtung schräg zur Einhüllenden. Für sie gilt offensichtlich nicht das Brechungsgesetz.

Das *E*-Feld von Licht wirkt in Materie nur auf die Elektronen. Diese schwingen als Dipole verzögert gegenüber der Erregerwelle und senden – phasenverschoben – Sekundärwellen aus. Die Überlagerung von Primär- und Sekundärwellen ergibt eine verzögerte *E*-Welle. Ihre Geschwindigkeit c' ist also kleiner. Für doppelbrechende Stoffe hängt nun die Rückstellkraft der schwingenden Elektronen von der Richtung der Schwingung im Kristall ab. Je nach Richtung von $\vec{E}$ relativ zum Kristall sind auch Eigenfrequenz, Phasenverschiebung und Ausbreitungsgeschwindigkeit verschieden.

Sind etwa in Plexiglas alle Richtungen gleichwertig, so ist Licht nach allen Richtungen gleich schnell. Wenn man aber Plexiglas drückt oder spannt, ändern sich die „Federkonstanten" für die Elektronenschwingungen richtungsabhängig. Es bilden sich der o- und ao-Strahl der *Doppelbrechung*. Zwischen gekreuzten Polarisationsfolien hellt sich das Gesichtsfeld dort auf, wo Druck und Zug wirken – und bleibt in spannungsfreien Zonen dunkel. Das unterschiedliche c' führt schließlich zu interferierenden Wellen wie wir beim Michelson-Versuch mit einströmender Luft sahen. Da c' von λ abhängt, führt weißes Licht zu Mischfarben durch Interferenz (*Bild 4*). Man kann nach diesem Verfahren die inneren mechanischen Spannungszustände von Körpern prüfen.

Manche Stoffe werden unter Einwirkung eines starken elektrischen Feldes doppelbrechend (Pockels-Effekt). Bringt man eine solche Probe zwischen zwei gekreuzte Polarisationsfolien, so hellt sich das Gesichtsfeld auf, wenn man ein *E*-Feld in der Probe erzeugt. Elektrische Spannungsschwankungen können so in Helligkeitsschwankungen umgesetzt werden. Pockels-Zellen werden bis ca. 10 GHz als schnelle optische Schalter verwendet.

Interessantes

Flüssigkristalle für optische Displays

Für die Anzeige von Taschenrechnern, Digitaluhren, Messgeräten und grafikfähigen Laptops werden heute Flüssigkristalle eingesetzt. Diese **LCD**-Geräte (**L**iquid **C**rystal **D**isplays) verwendet man auch als flache Farbbildschirme und in Projektoren für Fernsehbilder.

Flüssigkristall scheint auf den ersten Blick ein Widerspruch zu sein, denn bei Kristallen denkt man doch zunächst an die perfekte Ordnung zwischen ihren Molekülen. In Flüssigkeiten sind dagegen die kleinsten Teilchen untereinander fast frei verschiebbar. Flüssigkristalle liegen in ihren Eigenschaften zwischen diesen Aggregatzuständen. Sie bestehen aus langgestreckten Molekülen, die gegeneinander beweglich sind, sich aber vorzugsweise parallel ausrichten. Der Übergang vom kristallinen zum flüssig-kristallinen und weiter in den flüssigen Zustand hängt von der Temperatur ab. Da diese Zustände stark von der Richtung abhängen, wirken sie auch doppelbrechend.

1971 fanden die beiden Physiker M. SCHADT und W. HELFRICH bei der Untersuchung von Flüssigkristallen in elektrischen Feldern eine Anordnung, die als *spannungsgesteuertes Lichtventil* arbeitet. Von da ab hat diese Schadt-Helfrich-Zelle ihren Siegeszug als Anzeigeelement angetreten. Im Unterschied zu den LED-Anzeigen sendet ein LCD-Display kein Licht aus. Es ist auf das einfallende Licht angewiesen und wirkt so als ein *selektiver Spiegel*, der gezielt an manchen Stellen blind gemacht wird. Für ihren Betrieb haben sie nur einen ganz geringen Energiebedarf.

Der Aufbau einer solchen Zelle ist in ➠ *Bild 5* dargestellt. Zwischen zwei 5 µm bis 10 µm entfernten Glasplättchen, die jeweils mit einer durchsichtigen Elektrode versehen sind, befinden sich dünne Lagen aus Kunststoff. Ihre Oberflächenkräfte richten die direkt anliegenden Moleküle des Flüssigkristalls parallel zu einer vorgegebenen Richtung aus. Die beiden Schichten sind senkrecht zueinander orientiert. Daher bilden die langen Moleküle des Flüssigkristalls dazwischen eine 90°-Schraube. Die beiden Glasplatten befinden sich zwischen zwei gekreuzten Polarisationsfolien.

Hinter dem Polarisator schwingt der E-Vektor nur in einer Richtung. Dieser E-Vektor regt die Elektronen des Flüssigkristalls zum Schwingen in gleicher Richtung an (wie bei den Molekülketten der Polarisationsfolien). Das nächste Molekül dreht diese Schwingungsrichtung leicht. Der E-Vektor bekommt einen wenig winkelversetzten Zusatz und wird leicht gedreht. Und so geht es Stück um Stück weiter. Die Polarisationsrichtung dreht sich auf diese Weise um 90° mit.

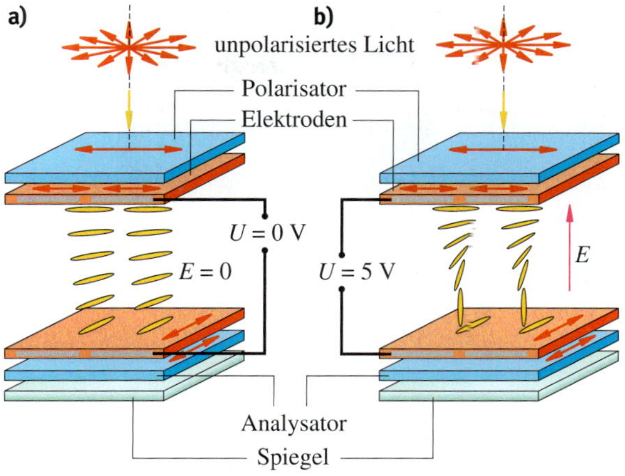

B 5: a) Bild einer TN-Zelle (Twisted-Nematisch) ohne anliegende Spannung. Das Licht kann durchtreten, da seine Polarisationsrichtung gedreht wird. **b)** Liegt ein elektrisches Feld an, richten sich die Moleküle längs des Feldes aus, die Polarisationsrichtung wird nicht mehr gedreht, so dass der zweite Polarisator das Licht sperrt.

Das Licht wird reflektiert und seine Polarisationsrichtung beim Hochlaufen um 90° zurückgedreht. Es gelangt wieder durch die Polarisationsfolie und die Anzeige erscheint hell. Legt man nun eine Spannung zwischen die Elektroden, so richten sich die langen Moleküle mit ihrer Längsachse entlang des Feldes aus (➠ *Bild 5b*). Dies stellt für die Moleküle einen energetisch günstigeren Zustand dar. Die Polarisationsrichtung wird nicht mehr gedreht und die Anzeige erscheint daher dunkel. Trotz der dazu nötigen geringen Spannungen (ca. $U = 5$ V) treten wegen der kleinen Schichtdicke ($d = 10$ µm) nach $E = U/d = 500\,000$ V/m hohe Feldstärken auf. Um elektrolytische Zersetzung zu vermeiden, wird die Gleichspannung in eine rechteckförmige Wechselspannung umgewandelt.

Zur *Darstellung von Ziffern* wird meistens eine 7-Segment-Anzeige verwendet. Diese besteht aus 7 strichförmigen Elektroden, die einzeln geschaltet werden (➠ *Bild 6*). Für Farbbildschirme sind zusätzlich noch Farbfilter angebracht. Der Bildschirm wird von hinten beleuchtet. Ein Display besteht nun aus einer Vielzahl von solchen Zellen, die einzeln angesteuert werden.

B 6: LCD-Anzeige, 5 bzw. 6 der 7 Segmente leuchten.

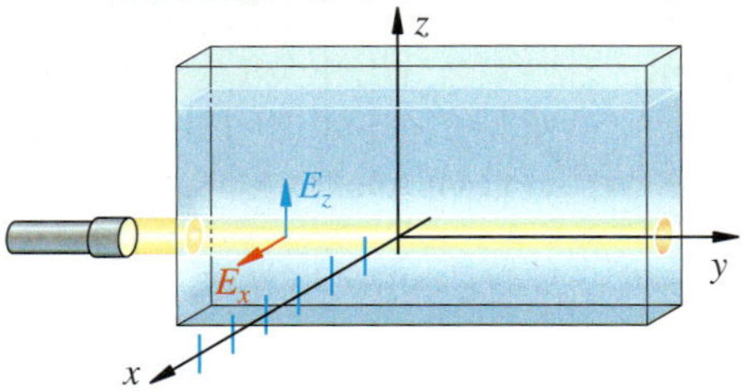

V 1: Ein paralleles Lichtbündel einer Experimentierleuchte geht durch eine Glasküvette, die Wasser mit einigen Tropfen Milch enthält. Das Licht wird dadurch gestreut, von der Seite her erscheint der Strahl bläulich. Schaut man dem Strahl entgegen, sieht das Licht der Lampe rötlich aus. Blicken wir durch eine Polarisationsfolie genau senkrecht zum Strahl auf das Bündel, so erweist sich dieses als vollkommen polarisiert. Der $\vec{E}$-Vektor zeigt in z-Richtung.

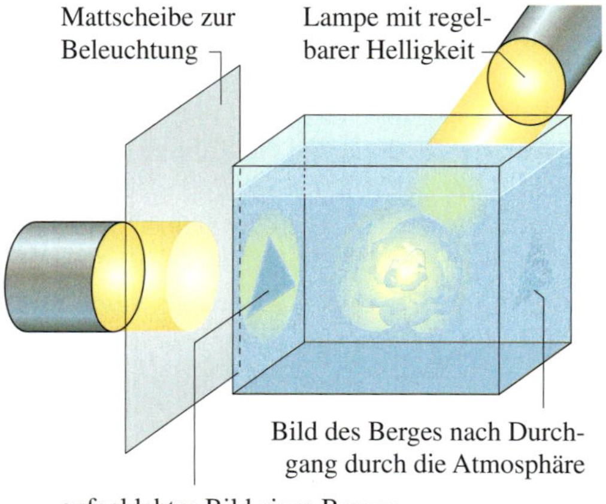

V 2: Die Vorderseite der Glasküvette wird jetzt mit einem Modell eines Berges versehen und durch eine Mattglasscheibe beleuchtet. Die Verdünnung der Milch soll so gewählt sein, dass man den „Berg" auf der anderen Seite noch sieht. Beleuchtet man die Küvette zusätzlich von der Seite her mit wachsender Intensität, verschwindet durch das seitlich einfallende Streulicht der Umriss des Berges. Die Streustrahlung ist auch der Grund, warum weit entfernte dunkle Berge uns aufgehellt erscheinen.

Streuung von Licht – Himmelsblau und Abendrot

Warum ist eigentlich der Himmel blau? Kaum ein Mensch wundert sich darüber, dass bei Tage der Himmel auch in Richtungen hellblau erscheint, aus denen kein Sonnenlicht direkt in das Auge des Beobachters gelangen kann. Das muss etwas mit der Luft zu tun haben, denn auf hohen Himalaya-Gipfeln erscheint der Himmel dunkelviolett. Auf dem Mond gibt es keine Atmosphäre; dort ist der Himmel schwarz.

Eine Glasküvette mit Wasser und einigen Tropfen Milch dient uns als Modell für die Erdatmosphäre. ➠ *Versuch 1* zeigt uns, dass kurzwelliges blaues Licht viel kräftiger senkrecht zur Ausbreitungsrichtung des Strahls gestreut wird als langwelliges rotes. Von der Seite her sieht das Lichtbündel daher blau aus. Dieser Anteil fehlt im durchgehenden Licht; deshalb erscheint es im durchscheinenden Licht rot. Mit einer Polarisationsfolie als Analysator stellt man fest, dass gestreutes Licht polarisiert ist. Die Erklärung ist ähnlich wie beim Gesetz von BREWSTER. Man zerlegt die in den verschiedenen Richtungen quer zum Lichtstrahl schwingenden $\vec{E}$-Vektoren der gestreuten Lichtwelle jeweils in die zueinander senkrechten Komponenten $\vec{E}_x$ und $\vec{E}_z$. Die Komponente $\vec{E}_x$ kann zur Streustrahlung in x-Richtung nichts beitragen; also ist nur $\vec{E}_z$ wirksam. Folglich ist das nach der x-Richtung gestreute Licht in z-Richtung polarisiert.

Ähnlich verhält es sich beim Sonnenlicht. Die Lufthülle besteht aus Molekülen, deren Elektronen durch die elektromagnetische Welle zu Schwingungen angeregt werden. Dabei entstehen sekundäre Lichtwellen. Im gestreuten Himmelslicht sind hohe Frequenzen bevorzugt, es ist – analog zur Streuung bei Milch – vorwiegend blau. Wären die Luftmoleküle übrigens regelmäßig angeordnet wie in einem Kristall, so würde durch Lichteinfall aus allen Richtungen nichts von dem gestreuten blauen Licht zu sehen sein. Erst die unregelmäßigen Dichteschwankungen der Luft verringern die vollständige Auslöschung des sonst kohärent einfallenden Lichts. Ein Teil des Sonnenlichts wird seitlich in den Weltraum gestreut. Unsere Erde heißt daher auch *blauer Planet*.

Bei *Sonnenuntergang* legt das zunächst weiße Licht einen langen Weg durch die untere Erdatmosphäre zurück. Dort befinden sich viele streuende Wassertröpfchen und winzige Staubpartikel. Das blaue Licht wird fast vollständig zur Seite gestreut, sodass ein prächtiger rot scheinender Sonnenuntergang zu sehen ist.

Betrachten Sie einmal den wolkenlosen blauen Himmel durch eine Polarisationsfolie. Sie werden entdecken, dass das von dort kommende Licht teilweise polarisiert ist. Blickt man durch eine Polarisationsfolie senkrecht zur Verbindungslinie des Standortes mit der Sonne in der Höhe, so kann man sogar eine vollständige Polarisation feststellen. Bienen können mit dem Auge polarisiertes Licht von nicht polarisiertem Licht unterscheiden und sich somit am polarisierten Streulicht des Himmels orientieren.

Die Sichtbarkeit weit entfernter Berge wird bekanntlich durch die Streuung des Lichts an Dunst und Staub in der Luft verschlechtert. Die Streustrahlung des seitlich einfallenden Lichts verdeckt nämlich die Berge (➠ *Versuch 2*).

Interessantes

B 1: Brillenglas: äußerer Rand aus normalem Glas mit störendem Reflex; innen mit entspiegeltem Glas

Erwünschte und unerwünschte Reflexion

A. Kontraste und Reflexe

In einer Glasscheibe sehen Sie Ihr Spiegelbild, wenn auch schwach. An ihr werden nämlich bei senkrechtem Einfall 4% der Intensität des Lichts reflektiert; 96% gehen ohne wesentliche Verluste hindurch. Fällt Licht bei Tag durch ein Fenster in ein Zimmer, so wird es dort weitgehend absorbiert; das Zimmerinnere erscheint von außen dunkel. Bisweilen zeigen sich aber am Fenster auch Reflexe von gegenüberliegenden sonnenbestrahlten Gebäuden. Diese Reflexe an der Scheibe stören beachtlich und überdecken das Licht, das von Innen kommt. Ähnliches beobachten wir an einer Brille aus normalem Glas. Nach *Bild 1* sieht man im nicht entspiegelten äußeren Bereich des Glases das reflektierte Licht von der Mattscheibe. Dieser Effekt stört, wenn man den Brillenträger anschaut oder fotografiert. In das Auge des Brillenträgers gelangt durch die Reflexion weniger Licht, was sich bei schlechten Sichtverhältnissen besonders ungünstig bemerkbar macht.

B. Vergütung

Um solch störende Reflexe an Glasflächen optischer Geräte zu beseitigen, benutzt man die Interferenz an dünnen Schichten. Dazu wird ein durchsichtiger Stoff (z. B Kryolith oder Magnesiumfluorid) mit der Schichtdicke $\lambda_S/4$ und der Brechungszahl n_S kleiner als der des Glases auf die Oberfläche gebracht (*Bild 2*). λ_S ist dabei die Wellenlänge $\lambda_S = \lambda/n$ des Lichts in diesem Stoff. Für einfallendes Licht ist sowohl diese Schicht wie das sich anschließende Glas optisch dichter. Die beiden Phasensprünge bei Reflexion heben sich gerade auf. Ist die Amplitude der beiden reflektierten Wellen mit der Wellenlänge λ_S gleich (dies kann man durch geeignete Wahl des Materials erreichen), so löschen sie sich aus. Das Licht wird ganz durchgelassen. λ_S wählt man meist aus dem gelb-grünen Spektralbereich. Benachbarte Wellenlängen werden nur wenig reflektiert. Die Reflexe für den gesamten Bereich des sichtbaren Spektrums sind stark vermindert. Eine solche Behandlung der Glasflächen nennt man *Vergütung*. Entspiegelte Brillengläser erkennt man an ihrem purpurnen Glanz. Er entsteht als Komplementärfarbe zur bevorzugten Mitte des Spektrums, die ja ungeschwächt ins Auge gelangen soll. Hat man, wie bei dem Objektiv eines guten Fotoapparats, mehrere Linsen, die aneinandergrenzen, würde durch die Mehrfachreflexionen die Helligkeit deutlich herabgesetzt. Deshalb werden Objektive von Kameras mit mehreren solchen Schichten versehen. Diese so genannte Mehrschichten-Vergütung bewirkt, dass das Licht des gesamten sichtbaren Spektrums vom Objektiv nahezu ohne Reflexe durchgelassen wird.

Trägt man eine $\lambda/4$-Schicht aus einem Material auf, das optisch dichter ist als Glas, *vergrößert* man das Reflexionsvermögen für diese Wellenlänge. Zu dem geometrischen Gangunterschied von $\lambda/2$ kommt bei Reflexion noch ein Phasensprung von 180° hinzu. Dieses Verfahren wird zur Herstellung verlustfreier Spiegel verwendet.

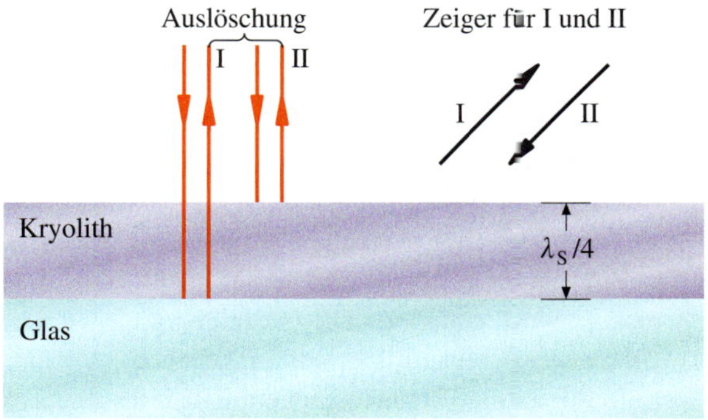

B 2: Die Wellen, die an Glas und an Kryolith reflektiert werden, löschen sich aus.

A 1: Auf eine Linse aus Glas ($n = 1{,}5$) ist eine Schicht aus Kryolith ($n = 1{,}33$) aufgebracht. Welche Dicke muss diese Schicht haben, damit für Licht aus dem grünen Bereich (540 nm) Reflexion vollständig unterdrückt wird?

A 2: Ein Tanker hat eine große Menge Kerosin ($n = 1{,}2$) in das Meer gepumpt. Auf dem Wasser (Brechzahl $n = 1{,}3$) hat sich ein großer schimmernder Kerosinfilm gebildet. Welche Dicken kann diese Schicht haben, wenn man von einem Flugzeug senkrecht auf diesen Bereich blickt und dabei die Schicht grün ($\lambda = 540$ nm) erscheint?

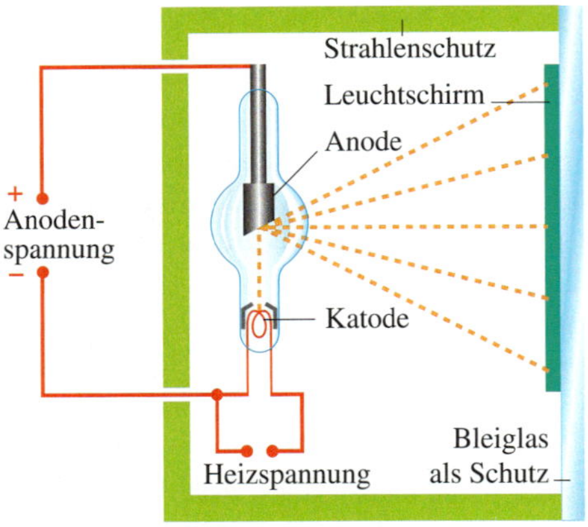

B 1: Röntgenröhre: Im Vakuum werden Elektronen aus einer Glühkatode mit hohen Spannungen (10^4 V bis 10^7 V) zur Anode hin beschleunigt. Dort entsteht beim Abbremsen der Elektronen Röntgenstrahlung.

V 1: Ein Geldbeutel wird in den Strahlenkegel gestellt. Die Röntgenstrahlen durchdringen das Leder fast ungeschwächt. Die Münzen dagegen absorbieren Röntgenstrahlen. Sie erscheinen als dunkle Schatten auf dem im Röntgenlicht fluoreszierenden Leuchtschirm. Die Schattenbilder ändern sich nicht, wenn man einen elektrisch geladenen Körper oder einen Magneten in die Nähe des Strahlenganges bringt. Röntgenstrahlung wird weder durch elektrische noch durch magnetische Felder abgelenkt.

V 2: Ein zwischen Röntgenquelle und Leuchtschirm gestelltes, geladenes Elektroskop wird entladen. Die Anzeige des Elektroskops geht zurück, weil umgebende Luft durch die Röntgenstrahlen ionisiert wird. Dabei kommt es nicht auf das Vorzeichen der Ladung an.

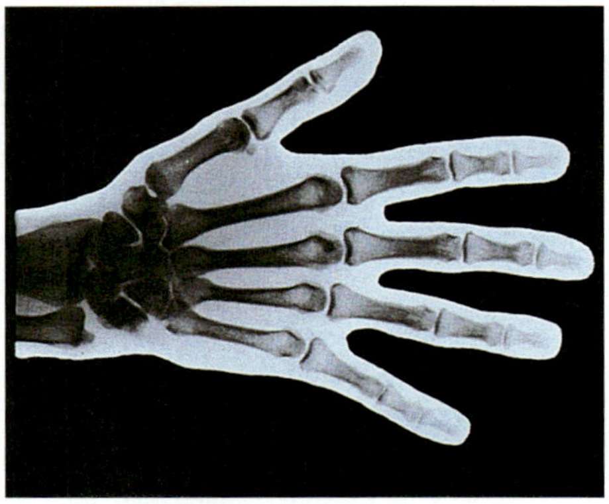

B 2: Röntgenbild einer Hand

Röntgenstrahlung

1. X-Rays, eine neue Art von Strahlen

1895 entdeckte der Physiker Wilhelm Conrad RÖNTGEN (1845–1923; 1. Nobelpreis 1901) in Würzburg bei der Untersuchung von Gasentladungen eine unsichtbare Strahlung, die er selbst (wie auch heute noch das Ausland) **X-Strahlen** nannte. Seither baut man **Röntgenröhren** nach dem im ➠ *Bild 1* dargestellten Prinzip: Ein kleiner Fleck der Anode wird mit Elektronen beschossen. Dieser Fleck wird so zur Quelle für Röntgenstrahlen. Diese werden nur von Stoffen großer Atommasse und Elektronendichte (z. B. Blei) merklich geschwächt und weder im elektrischen noch im magnetischen Feld abgelenkt (➠ *Versuch 1*).
Röntgenstrahlung dient der medizinischen Diagnostik; man bedient sich der geradlinigen Ausbreitung und erzeugt im einfachsten Fall der Anwendung Schattenbilder auf einem Schirm, der in den Auftreffpunkten leuchtet (fluoresziert). Fett- und Muskelgewebe (aus C-, H- und O-Atomen aufgebaut) wird von den Röntgenstrahlen leicht durchdrungen, Knochen enthalten Atome (Ca) mit großer Ordnungszahl und großer Elektronendichte, sie absorbieren die Strahlen stärker (➠ *Bild 2*).
Absorption von Röntgenstrahlen ist – nicht nur in Luft (➠ *Versuch 2*) – mit Ionisation der durchstrahlten Materie verbunden. Bei Lebewesen kann das Herausschlagen von Elektronen aus molekularen Bindungen zu Störungen der Stoffwechselprozesse in den Zellen oder zu irreparablen Veränderungen der Zellstrukturen führen. Wie bei jeder ionisierenden Strahlung sind auch bei Röntgengeräten Strahlenschutzbestimmungen sorgfältig zu beachten.

Merksatz

Treffen schnelle Elektronen auf ein Hindernis, so geht von ihm unsichtbare **Röntgenstrahlung** aus. Sie wird weder durch elektrische noch durch magnetische Felder abgelenkt. Röntgenstrahlen durchdringen Stoffe, und zwar umso besser, je kleiner deren Elektronendichte ist. Röntgenstrahlen **ionisieren** die durchstrahlte Materie.

2. Röntgenstrahlung hat Welleneigenschaft

RÖNTGEN war ein anerkannter Experimentalphysiker; er selbst hat die grundlegenden Eigenschaften von Röntgenstrahlung untersucht und beschrieben, die für die Nutzung in Medizin und Technik von Bedeutung sind. – Erhöht man in einer Röntgenröhre den Heizstrom der Glühkatode, so wird die **Intensität** der Röntgenstrahlung stärker, da sich mehr Elektronen an ihrer Erzeugung beteiligen; das Leuchtschirmbild wird heller. Doch ändert sich das **Durchdringungsvermögen** der Strahlen nicht. Dieses nimmt erst mit wachsender Beschleunigungsspannung zu. RÖNTGEN selbst hat schon von der **Härte der Röntgenstrahlung** gesprochen.
Mit extremer Härte, bei Spannungen von 500 000 V, durchleuchtet man in der Technik dicke Metallteile, um Guss- und Schweißfehler zu erkennen.

RÖNTGEN vermutete, dass die von ihm entdeckte Strahlung Eigenschaften wie das Licht habe und suchte deshalb nach Interferenz- und Beugungsphänomenen. Seine experimentellen Ergebnisse fand er nicht überzeugend: *„Ich habe keinen Versuch zu verzeichnen, aus dem ich mit einer mir genügenden Sicherheit die Überzeugung von der Existenz einer Beugung der X-Strahlen gewinnen könnte."*

Der Nachweis der Welleneigenschaft durch Interferenz geht auf Max v. LAUE (1879–1960, Nobelpreis 1914) zurück, der – als Theoretiker – auf die Möglichkeit hinwies, Kristalle als Gitter zu verwenden: In den Kristallen sind die Atome regelmäßig angeordnet, beim Kochsalzkristall z.B. quaderförmig (*Bild 3*). Wenn Licht an kleinen, regelmäßig angeordneten Hindernissen gebeugt wird, dann kann man Interferenz beobachten, weil die Hindernisse zu huygensschen Zentren von Elementarwellen werden. Es muss allerdings die Bedingung erfüllt sein, dass der Abstand benachbarter Zentren in der Größenordnung der Wellenlänge des verwendeten Lichts liegt. Vom Ölfleckversuch kennt man die Größe der Atome. Daher weiß man, dass ihre Abstände in Flüssigkeiten und Festkörpern kleiner als ein Nanometer ($1 \cdot 10^{-9}$ m) sind. Die Wellenlänge von sichtbarem Licht ist 500-mal so groß; deshalb findet man keine optischen Interferenzerscheinungen an Kristallen. Aber die Röntgenstrahlung – so überlegte v. LAUE – könnte genügend kleine Wellenlängen haben. Er hat so 1912 die Untersuchung der Beugung von Röntgenstrahlen an Kristallen angeregt; später haben andere die Wellenlänge bei streifendem Einfall an künstlich gefertigten Gittern direkt gemessen.

Merksatz

Röntgenstrahlung ist Wellenstrahlung mit Wellenlängen kleiner als ein Nanometer. Bei Beugung an einem Kristall tritt Interferenz auf, so wie bei Licht am optischen Gitter.

3. Interferenz an Streuzentren einer Ebene

Wir untersuchen v. LAUES Entdeckung in einem Modellversuch mit Mikrowellen. Sie gehen im *Versuch 3* vom Sender S aus und erreichen den Empfänger E_1. Bei großem Abstand sind alle Wellenstrahlen praktisch parallel und gleich lang. Die Zeigerkette am Zielpunkt E_1 ist gerade und hat maximale Länge (*Bild 4b*). Nun stellen wir eine Styroporplatte schräg in den Strahl und bekleben sie mit kleinen reflektierenden Alustücken. Von ihnen gehen huygenssche Elementarwellen zum zweiten Empfänger E_2. Nur wenn E_2 spiegelbildlich zu E_1 steht, gilt für die Wellenwege von S nach E_2 und für die Phasen der Zeiger bei E_2 das gleiche wie bei E_1. Die Zeigerkette ist gerade, die beobachtete Intensität maximal. Das Reflexionsgesetz ist erfüllt, obwohl nur einige Stellen der Platte mit Alufolie besetzt sind; diese müssen nicht einmal regelmäßig angeordnet sein.

Durch die Lücken der Alubeschichtung geht ein Teil der vom Sender S ausgehenden Strahlung zum Empfänger E_1. Wir versuchen im nächsten Abschnitt, mehr Strahlung durch Reflexion nach E_2 zu bringen, indem wir mehrere, ebenfalls nur teilweise beschichtete Platten hintereinander stellen.

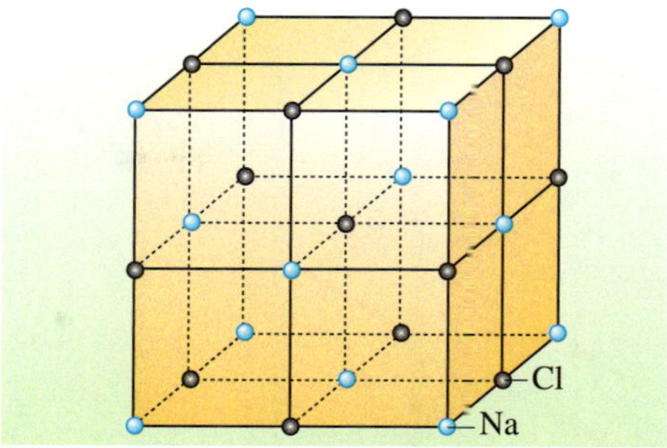

B 3: Kubisches Gitter eines NaCl-Kristalls; Abstand der Nachbaratome etwa $0{,}3 \cdot 10^{-9}$ m

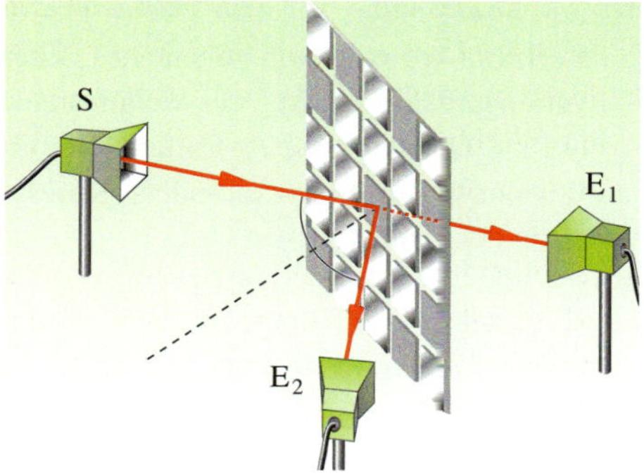

V 3: Die an einzelnen Stellen mit Alu-Folie bedeckte Styroporplatte wirkt für die von S ausgehenden Mikrowellen wie ein Spiegel. Es gilt das Reflexionsgesetz.

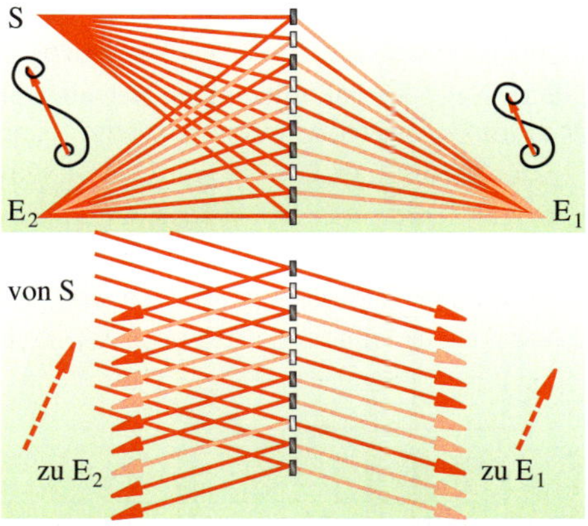

B 4: Wellenstrahlen im *Versuch 3*: **a)** Beschichtete Flächenstücke tragen zur Zeigerkette bei E_2, unbeschichtete zur Zeigerkette bei E_1 bei. Wenn E_1 und E_2 spiegelbildlich zur Platte angeordnet sind, gelten gleiche Bedingungen für die Längen der Wellenwege und die Phasen der zu verkettenden Zeiger. **b)** Die Wellenstrahlen werden parallel und haben alle die gleiche Länge, wenn S, E_1 und E_2 sehr weit vom Spiegel entfernt sind.

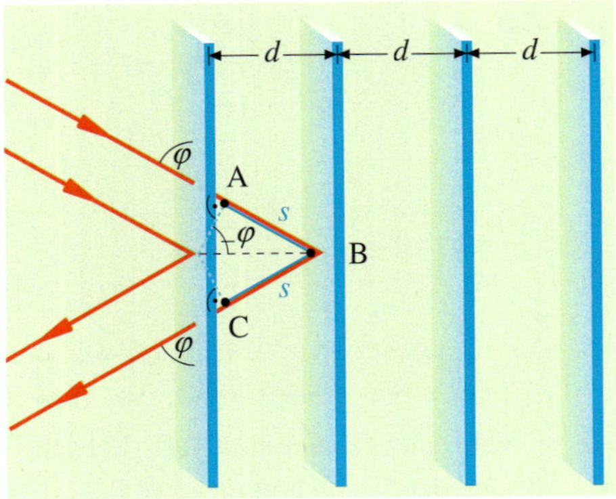

B 1: Für die Oberfläche und für jede weitere mit Streuzentren besetzte Ebene gilt das Reflexionsgesetz. Von Ebene zu Ebene verlängert sich der Weg der Wellenstrahlen um $2\,s$. Der Winkel φ ist Einfalls- und Reflexionswinkel und wird anders gemessen als in der geometrischen Optik!

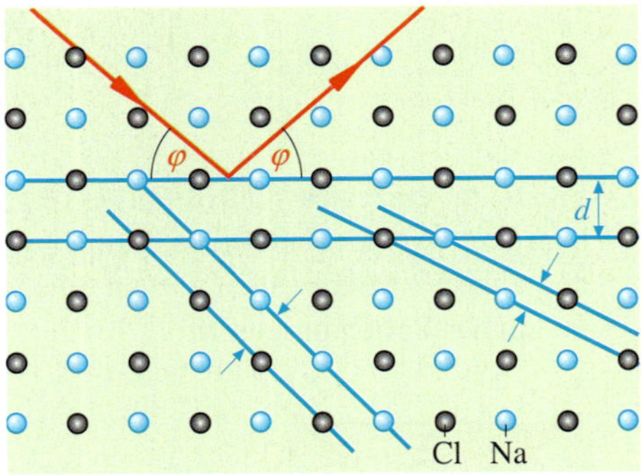

B 2: NaCl-Kristall mit einigen Netzebenen

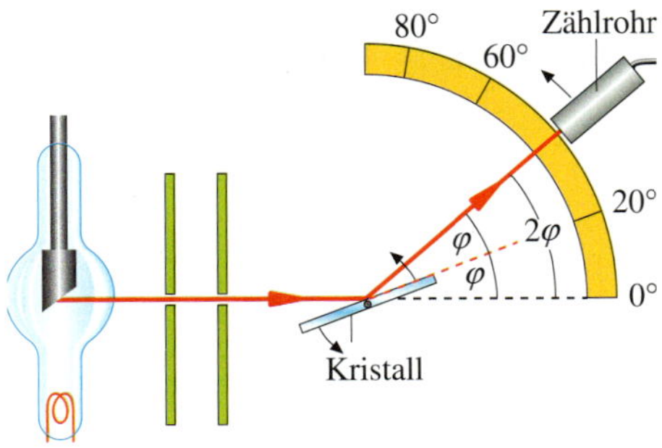

V 1: Quelle der Strahlung ist hier eine Röntgenröhre mit zwei vorgeschalteten Lochblenden. Ein dünner Röntgenstrahl fällt auf ein Plättchen aus einem NaCl-Kristall. Empfänger ist ein Zählrohr („Geigerzähler"). Weil hier der Sender unbeweglich ist, müssen Zählrohr und Kristall gedreht werden; das Zählrohr immer doppelt so viel wie der Kristall. So wird die Forderung des Reflexionsgesetzes erfüllt.

4. Bragg-Reflexion

Benutzen wir mehrere Platten hintereinander, so erleben wir eine Überraschung: Anders als bei nur einer Platte reflektieren mehrere Platten, die in gleichen Abständen hintereinander liegen, nur bei einigen wenigen Reflexionswinkeln. Mithilfe von ➠ *Bild 1* führen wir dies auf Interferenz zurück: Der zwischen zwei aufeinander folgenden Platten zurückzulegende zusätzliche Wellenweg $2\,s$ ($A \rightarrow B \rightarrow C$) muss ein ganzzahliges Vielfaches der Wellenlänge λ sein. Nur dann haben die *Zeiger aller Wellenwege und aller beteiligten Reflexionsebenen* die gleiche Phase und verstärken sich.

Dies können wir nun auf Kristalle übertragen. Dort liegen reflektierende Atome in sog. **Netzebenen**, die mit gleichen Abständen d hintereinander angeordnet sind. Fallen Wellen geeigneter Wellenlänge λ ein, so erwarten wir nach dem Modellversuch starke Reflexion *nur dann*, wenn gilt: $2\,s = 2\,d \sin\varphi = \lambda, 2\,\lambda, 3\,\lambda, \ldots$
Dabei hat man für Kristalle vereinbart, φ nicht gegen das Einfallslot, sondern gegen die Netzebene zu messen.

Merksatz

Reflexionsbedingung von Bragg: Wenn Röntgenstrahlung der Wellenlänge λ an einer Schar paralleler Kristallebenen mit dem Ebenenabstand d gestreut wird, dann beobachtet man Reflexion mit merklicher Amplitude nur für bestimmte Winkel. Für die von der Oberfläche aus gemessenen Winkel φ gilt die Bragg-Gleichung:

$$2\,d \sin\varphi = k\,\lambda \quad (k = 1, 2, 3, \ldots). \qquad (1)$$

Die Bragg-Gleichung sagt uns, bei welchen Winkeln für eine Schar paralleler Netzebenen eines Kristalls Reflexion auftritt. Es gibt aber immer mehrere Möglichkeiten, Ebenen mit gleichem Abstand hintereinander angeordnet zu „sehen"; ➠ *Bild 2* zeigt dies für das einfach-kubische Gitter des NaCl. Die Regelmäßigkeit der räumlichen Anordnung erlaubt es, viele Ebenenscharen zu finden, durch die jeweils alle Atome erfasst werden. Jede Auswahl einer Schar paralleler Netzebenen hat einen bestimmten Netzebenenabstand. *Gl. (1)* liefert dazu den Reflexionswinkel. Wenn Einfalls- und Reflexionswinkel zum Netzebenenabstand und zur Wellenlänge passen, „glänzt" die Schar der streuenden Ebenen. Der zu d und λ gehörende Winkel φ konstruktiver Interferenz wird deshalb **Glanzwinkel** genannt. – Diese Methode der Bestimmung von Wellenlängen oder Netzebenenabständen stammt von den Engländern W. H. und W. L. BRAGG (Vater 1862–1942, Sohn 1890–1971, Nobelpreis gemeinsam 1915).

5. Spektrum der Röntgenstrahlung

In ➠ *Versuch 1* wird ein dünner Röntgenstrahl auf ein Plättchen aus einem NaCl-Kristall geschickt. Mit dieser sog. *Drehkristallmethode* werden alle Reflexionswinkel durchfahren; die geringen Intensitäten registriert ein Zählrohr. – Das aus der Kernphysik bekannte *Geiger-Müller-Zählrohr* ist neben Fotoplatte und Fluoreszenzschirm ein empfindliches Nachweisgerät für die ionisierende Röntgenstrahlung.

Bei der Deutung der Messkurve in ➠ *Bild 3* hilft es, wenn man sie sich aus zwei Anteilen zusammengesetzt denkt: einem **charakteristischen Spektrum** mit den markanten Linien ①, ②, ③, … und einem kontinuierlichen Untergrund darunter.
Die charakteristischen Linien ① und ② zeigen besonders hohe Zählraten. Sie haben die kleinsten Winkel. Wir deuten sie als Beugungsmaxima 1. Ordnung für verschiedene Wellenlängen. Wir berechnen mithilfe der Bragg-Gleichung *(1)* aus dem Netzebenenabstand $d = 282$ pm und den Winkeln $\varphi_1 = 15°$ und $\varphi_2 = 16°$ die Wellenlängen $\lambda_1 = 0{,}14$ nm und $\lambda_2 = 0{,}15$ nm. Bei den Linien ③, ④, ⑤, ⑥ handelt es sich um Maxima zweiter bzw. dritter Ordnung der gleichen Wellenlängen, entsprechend den Wegunterschieden $2\,\lambda$ und $3\,\lambda$. Das charakteristische Spektrum kennzeichnet das Anodenmaterial.

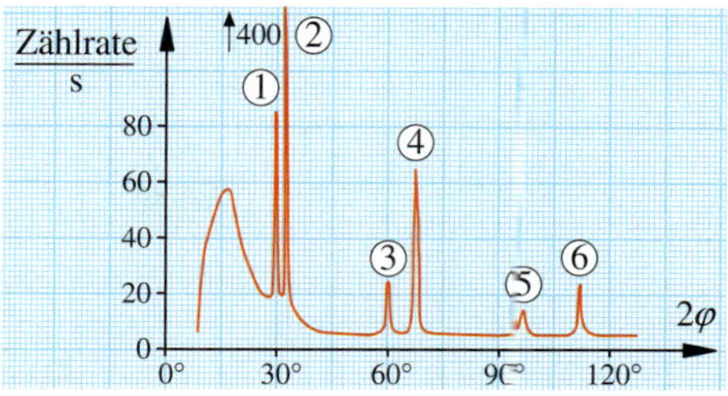

B 3: Röntgenstrahlung einer Kupferanode bei 30 keV. Die Gitterebenen des verwendeten NaCl-Kristalls (so wie er geschnitten ist) haben den Abstand $d = 282$ pm. Das charakteristische Spektrum auf kontinuierlichem Untergrund zeigt zwei Wellenlängen in den Ordnungen 1, 2 und 3.

6. Strukturforschung mit Röntgenstrahlen

Zur Untersuchung unbekannter Kristalle benötigt man Röntgenstrahlung mit bekannter Wellenlänge. Wie erhält man sie?
Ganz einfach: Nach ➠ *Versuch 1* hat die z. B. unter dem Winkel $\varphi = 15°$ reflektierte Strahlung die Wellenlänge λ_1. Man kann an die Stelle des Zählrohrs eine kleine Öffnung setzen und mit dem so erzeugten Strahl *monochromatischer* Röntgenstrahlung weiter experimentieren. Auch mit Metallfolien als Filter kann man Strahlung von definierter Wellenlänge aussondern.
Mit monochromatischer Röntgenstrahlung werden aus dem Interferenzmuster der Streustrahlung Netzebenenabstände ermittelt; so erhält man Informationen über die Kristallstruktur. Die Drehkristallmethode erfordert aber als Probe einen großen Einkristall, der oft nicht in genügender Größe zu beschaffen ist. Von DEBYE und SCHERRER stammt ein Verfahren, das mit Kristallpulver durchgeführt werden kann:

In jedem Bruchstück eines Kristalls sind Milliarden von Atomen in Netzebenen angeordnet, die für ein gutes Interferenzbild sorgen können. Nur kann man die kleinen Kristalle nie *einzeln* als Probe verwenden. Man hat es immer mit vielen (kleinen) Kristallen in allen denkbaren Stellungen zu tun. Für die auf die Pulverprobe treffende Röntgenstrahlung sind also alle Winkel von ➠ *Bild 3* gleichzeitig eingestellt. Auf dem hinter der Probe in den Strahl gestellten Röntgenfilm werden Reflexionen an solchen Kriställchen registriert, deren zufällige Position dem benutzten λ gemäß *Gl. (1)* einen passenden Einfallswinkel „anbietet". In ➠ *Versuch 2* entstehen so konzentrische Kreise. Dabei tragen Bragg-Reflexionen an beliebigen Netzebenenscharen gleichzeitig zum Bild bei.
Der Röntgenfilm ist ein Empfänger, der die Streustrahlung für viele Winkel gleichzeitig registriert, er stellt sozusagen ein ganzes Feld von Zählrohren dar.

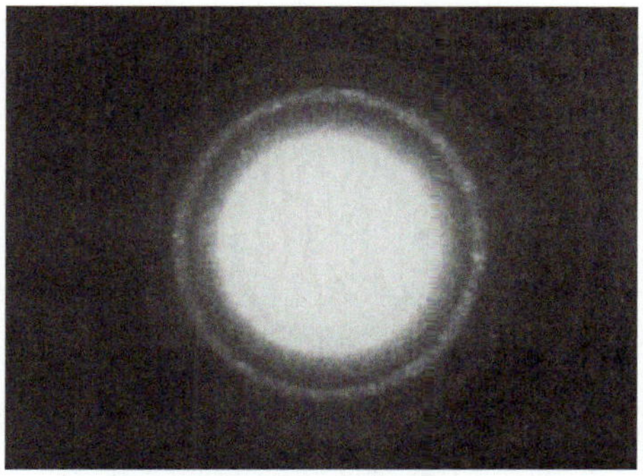

V 2: Debye-Scherrer-Aufnahme mit monochromatischer Röntgenstrahlung. Fein zerriebenes Kochsalz wird auf einen Klebefilmstreifen gestreut und als Pulverschicht vor der Austrittsöffnung eines Röntgengeräts befestigt. Dahinter steht senkrecht zur Strahlrichtung ein Röntgenfilm (Belichtung einige Stunden).

Merksatz

Durchstrahlt man Kristallpulver oder polykristalline Proben mit Röntgenstrahlen einheitlicher Wellenlänge, so erhält man auf einem Röntgenfilm hinter der Probe konzentrische Kreise, deren Radien Rückschlüsse auf die Kristallstruktur erlauben.

… noch mehr Aufgaben

A 1: Stellen Sie die Berechnungen der Wellenlängen aus den Winkeln verschiedener Ordnungen (➠ *Bild 3*) in einer übersichtlichen Tabelle dar.

A 2: Berechnen Sie die Glanzwinkel der Bragg-Reflexion für LiF mit einem Netzebenenabstand von 201 pm bei einer Wellenlänge $\lambda = 72$ pm der verwendeten Röntgenstrahlung.

A 3: Man führt ➠ *Versuch 1* mit streng monochromatischer Strahlung durch und bringt statt des Zählrohrs einen Röntgenfilm an, der den ganzen von diesem überstrichenen Winkel ausfüllt. Welches Bild ist zu erwarten, wenn der Kristall gedreht wird?

Das elektromagnetische Spektrum

Elektromagnetische Wellen entstehen bei Beschleunigung elektrischer Ladungen oder durch Stöße von Elektronen auf Atome (Leuchtstoffröhre, Röntgenstrahlen).
Wellen mit sehr *großen Wellenlängen* gehen von Leitungen aus, die technische Wechselströme führen. Rundfunk- und Fernsehsender sowie Handys strahlen Radiowellen aus, deren Wellenlängen im Bereich von Kilometern bis Dezimetern liegen.

Wegen der Temperaturbewegung schwingen Atome mit ihren Ladungen dauernd um ihre Ruhelage. So strahlen alle Körper, deren Temperatur größer als 0 K ist. Je höher die Temperatur eines Körpers ist, umso größer ist die Frequenz dieser *Temperaturstrahlung*.
γ-Strahlen entstehen bei der Umwandlung von Atomkernen.
Die kleinste uns bekannte Wellenlänge finden wir in der kosmischen *Höhenstrahlung*; sie kommt aus dem Weltraum.

Frequenz in Hz	Wellenlänge		Wellenart	Erzeugung	Auftreten, Verwendung	Nachweis
10^1	$3\cdot10^7$ m		technischer	Generatoren	Wechselstrom	Messinstrumente
10^2	$3\cdot10^6$ m	Niederfrequenz	Wechselstrom			
1 k	$3\cdot10^5$ m		tonfrequenter	elektrische	Übertragung akus-	Oszilloskop
10^4	$3\cdot10^4$ m		Wechselstrom	Schwingkreise	tischer Signale	
10^5	3 km					
1 M	$3\cdot10^2$ m		Langwellen	Rundfunk-,	Rundfunk, TV	
10^7	$3\cdot10^1$ m		Mittelwellen	Fernseh-	VHF 174-216 MHz	abgestimmte
10^8	3 m	Radiowellen	Kurzwellen	sender	UHF 470-890 MHz	Empfänger
1 G	3 dm		Ultrakurzwellen		Handy	
10^{10}	3 cm		Mikrowellen	Gunn-Dioden,	D-Netz 900 MHz E-Netz 1800 MHz	
10^{11}	3 mm			Laufzeitröhren,		
10^{12}	$3\cdot10^{-4}$ m			Molekül-, Atom-	Radar	
10^{13}	$3\cdot10^{-5}$ m		Infrarot	schwingungen	zum Erwärmen	Thermoelement
10^{14}	3 µm			Übergänge von	Glüh- 	Auge, 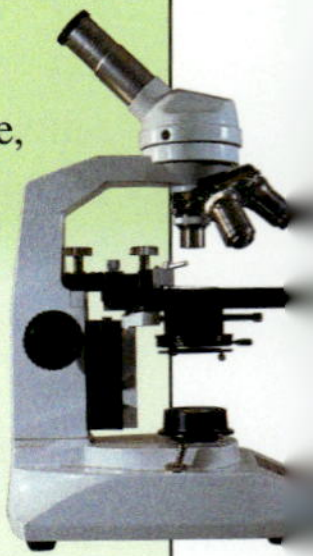
10^{15}	$3\cdot10^{-7}$ m	optischer Bereich	sichtbares Licht	Elektronen in der	lampen	Fotoplatte,
10^{16}	$3\cdot10^{-8}$ m			äußeren Atomhülle	Bewegung von e^-	Fotozelle
10^{17}	3 nm		Ultraviolett	Synchrotronstrahlung	in *B*-Feldern	
10^{18}	$3\cdot10^{-10}$ m		weiche Röntgen-	Übergänge von	Röntgenröhren	
10^{19}	$3\cdot10^{-11}$ m	Röntgenstrahlung	strahlung	Elektronen in der	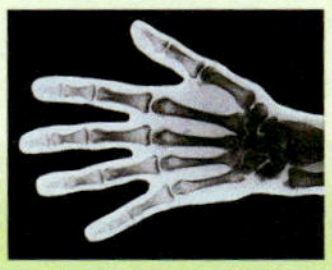	
10^{20}	$3\cdot10^{-12}$ m		harte Röntgen-	inneren Atomhülle		Fotoplatte,
10^{21}	$3\cdot10^{-13}$ m		strahlung			Ionisation,
10^{22}	$3\cdot10^{-14}$ m		γ-Strahlung	Kernschwingungen,	radioaktiver Zerfall	Zählrohr
10^{23}	3 fm	γ-Strahlung		Synchrotronstrahlung		Ionisation
10^{24}	$3\cdot10^{-16}$ m		in der		Stoß kosmischer	Ionisation
10^{25}	$3\cdot10^{-17}$ m		Höhenstrahlung		Materie	

Das ist wichtig

1. Lichtbündel heißen **kohärent** zueinander, wenn sie bei Überlagerung interferieren. Dazu muss Glühlicht (Licht von Glühlampen) durch einen Spalt hinreichend begrenzt werden. Durch Teilung erzeugte Lichtbündel sind kohärent, wenn ihr Gangunterschied die Kohärenzlänge l_k, d. h. die Länge ihrer Wellenzüge, nicht übersteigt. Bei Sonnenlicht beträgt sie einige λ, für Spektrallampen ist sie ca. 30 cm, bei Laserlicht kann sie Tausende von Kilometern erreichen.

Ein **Hologramm** ist eine Art Gitter. Es speichert Amplitude und Phase von Licht, das an einem Gegenstand G gestreut wurde und mit dem ungestörten, kohärenten Licht L derselben Quelle interferiert. Beleuchtet man das Hologramm mit L allein, entsteht ein dreidimensionales Bild von G.

Bei optischen Instrumenten wie **Mikroskop, Fernrohr** oder dem **Auge** treten an der kreisförmigen Öffnung *Beugungserscheinungen* auf. Diese Beugungserscheinungen begrenzen das **Auflösungsvermögen.** Beim Mikroskop liegt die Grenze bei etwa $\lambda/2$.

Beim **Michelson-Interferometer** werden durch einen Strahlteiler zwei interferenzfähige Lichtbündel hergestellt und, nachdem sie verschiedene Wege durchlaufen haben, wieder zusammengefügt. Je nach Gangunterschied kommt es zu konstruktiver oder destruktiver Interferenz. Die Länge eines Weges kann mit einer Messschraube verändert werden. So kann einerseits die Wellenlänge von Licht bestimmt, oder andererseits eine winzige Wegdifferenz gemessen werden.

Für den Gangunterschied ist es gleich, ob Licht durch ein Medium mit dem Brechungsindex n und der Dicke s geht oder ob man in Gedanken das Vakuum beibehält und dafür den Lichtweg von s auf $n\,s$ vergrößert. $\boldsymbol{n\,s}$ nennt man die **optische Weglänge.**
Das **Meter** ist die Strecke, die Licht in Vakuum in 1/299 792 458 s durchläuft.
Bei der Reflexion von Licht am **optisch dichteren** Medium entsteht ein **Phasensprung** von 180°.

Interferenz an **dünnen Schichten:** Die *schillernden Farben* von z. B. Seifenblasen und dünnen Ölschichten entstehen durch destruktive Interferenz des an den verschiedenen Oberflächen reflektierten weißen Lichts. Es handelt sich dabei um Mischfarben.

2. Licht kann **polarisiert** werden. Es ist also, wie andere elektromagnetische Wellen, eine **Querwelle.**

BREWSTER-Gesetz: Fällt Licht auf ein durchsichtiges Medium mit der Brechungszahl n, so ist es vollständig polarisiert, wenn reflektierter und gebrochener Strahl senkrecht aufeinander stehen. Für den Einfallswinkel α gilt dann

$$\tan \alpha = n.$$

In manchen Stoffen hängt die *Geschwindigkeit* des Lichts von der *Ausbreitungsrichtung* ab. Licht spaltet bei Eintritt in solch einen Kristall in einen *ordentlichen* und einen *außerordentlichen Strahl* auf. Man nennt diese Erscheinung **Doppelbrechung.** Der o- und der ao-Strahl sind verschieden polarisiert. Stoffe wie Plexiglas werden unter Zug oder Druck doppelbrechend. Zwischen gekreuzten Polarisationsfolien kann man so z. B. mechanische Spannungszustände untersuchen.
Kurzwelliges (blaues) Licht wird stärker gestreut als langwelliges rotes. Dies erklärt das Himmelsblau und die roten Sonnenuntergänge.

3. Treffen schnelle Elektronen auf ein Hindernis, so werden sie abgebremst und senden unsichtbare **Röntgenstrahlung** aus. Sie wird weder durch elektrische noch magnetische Felder abgelenkt. Röntgenstrahlung hat *ionisierende* Wirkung und schwärzt Fotoplatten.

Mit wachsender Beschleunigungsspannung der Elektronen nimmt das *Durchdringungsvermögen* der Röntgenstrahlen zu und ihre Wellenlänge ab
Röntgenstrahlung ist eine *elektromagnetische Wellenstrahlung* mit Wellenlängen kleiner als 1 nm.

Bei Streuung von Röntgenstrahlen an Kristallen tritt Interferenz auf.
Röntgenstrahlen der Wellenlänge λ werden an parallelen Kristallebenen nur merklich reflektiert, wenn die **braggsche Reflexionsbedingung**

$$2d \sin \varphi = k\lambda \quad (k = 1, 2, 3, \ldots)$$

erfüllt ist. Der **Glanzwinkel** $\boldsymbol{\varphi}$ wird gegen die Kristallebene gemessen. d ist der Abstand der Kristallebenen.

Mit der Bragg-Reflexion kann man ein **Spektrum** der Röntgenstrahlen aufnehmen. Dem **kontinuierlichen** Untergrund (dem Bremsspektrum) ist ein **charakteristisches Spektrum** überlagert. Es ist für das Anodenmaterial der Röntgenröhre kennzeichnend.
Treffen Röntgenstrahlen einheitlicher Wellenlänge auf eine **polykristalline** Probe, so erhält man auf einem Röntgenfilm hinter der Probe konzentrische Kreise. An den Kristallen, deren Richtungen die braggsche Bedingung erfüllen, tritt dabei Reflexion auf (**Debye-Scherrer-Verfahren**).

Aufgaben

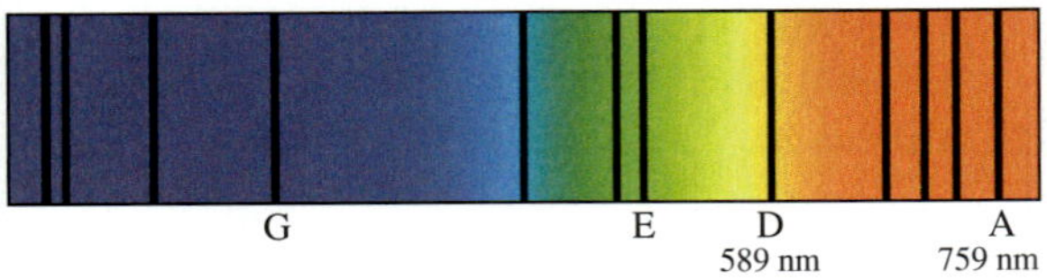

A 1: Das Bild zeigt in Originalgröße das Spektrum 1. Ordnung von Sonnenlicht. Das Spektrum ist von dunklen fraunhoferschen Linien durchzogen. Die Entfernung zwischen Gitter und Schirm betrug bei der Aufnahme 1,50 m. **a)** Wie groß war die Gitterkonstante? **b)** Bestimmen Sie die Wellenlänge der beiden Fraunhoferlinien G und E. **c)** Welche Wellenlängen entsprechen ungefähr den Rändern des Spektrums?

A 2: **a)** Man spricht von Licht- aber kaum von Schallstrahlen. Warum wohl? Mit einem Auge können Sie die Richtung, aus der Licht kommt, feststellen. Das Ohr ist bei Schall überhaupt nicht darauf eingerichtet. Warum ist eine Schall-Lokalisation viel schwieriger? **b)** Warum orientiert sich die Fledermaus mit Ultraschall? **c)** Kann ein Handy-Besitzer feststellen, aus welcher Richtung die Welle eintrifft? Was müsste er dazu tun?

A 3: **a)** Warum ist das Gitter dem Doppelspalt zur λ-Messung vorzuziehen? **b)** Sind für solche Messungen Fehler von einigen Zentimetern an der Schirmentfernung zulässig, wo doch λ im Bereich von 600 nm liegt? Begründen Sie.

A 4: Senkrecht auf die Ebene eines Doppelspalts fällt Licht. Der Abstand der beiden Spaltmitten beträgt $g = 0{,}50$ mm. Zwei Wellenlängen λ_1 und $\lambda_2 = \lambda_1 + \Delta\lambda$ ($\lambda_2 > \lambda_1$) werden durch den Doppelspalt in k-ter Ordnung gerade noch getrennt, wenn das Maximum k-ter Ordnung von λ_2 mit dem Minimum $(k + 1)$-ter Ordnung von λ_1 zusammenfällt. **a)** Berechnen Sie für diesen Fall den Quotienten $\lambda_1/\Delta\lambda$ (das sog. *Auflösungsvermögen*). **b)** Berechnen Sie für $\lambda_1 = 580$ nm die Wellenlänge, die in der 3. Ordnung gerade noch von λ_1 getrennt werden kann.

A 5: Ein Doppelspalt wird senkrecht mit Laserlicht der Wellenlänge 630 nm beleuchtet. Wie ändert sich das Interferenzmuster, wenn man vor eine der beiden Spaltöffnungen ein $6{,}93 \cdot 10^{-3}$ mm dickes Glasplättchen ($n = 1{,}50$) bringt?

A 6: Kann man auch akustische Gitter bauen? Wie müssten Sie beschaffen sein?

A 7: Lässt sich Schall auch polarisieren? Kann eine Polarisationsfolie einem Fotografen nützlich sein, der Fische im Wasser aufnimmt – ohne nass zu werden? Können Erdbebenwellen polarisiert sein?

A 8: Zwischen zwei gekreuzte Polarisationsfolien wird unter dem Winkel α eine dritte Polarisationsfolie gebracht. Wie groß ist die Intensität der Strahlung hinter den Folien in Abhängigkeit von α?

A 9: Jede Polarisationsfolie weist eine Richtung auf, in der sie den $\vec{E}$-Vektor einer Lichtwelle nicht durchlässt. Geben Sie eine Versuchsanordnung an, mit der man diese Richtung feststellen kann.

A 10: Bei üblichen Strichgittern und senkrechtem Einfall kann man für Röntgenstrahlen keine Interferenz beobachten. Erklären Sie dies an dem Beispiel mit $\lambda = 154$ pm und einem Gitter mit 5000 Strichen je cm. Die Beobachtung soll in der Entfernung 1,0 m stattfinden.

A 11: Worin unterscheidet sich ein Reflexionsgitter von einem normalen Spiegel? Gibt es für Schall ein dem Licht analoges Reflexionsgesetz?

A 12: Laserlicht der Wellenlänge $\lambda = 633$ nm trifft unter dem Glanzwinkel φ auf eine Compact Disk (CD). Die eng benachbarten parallelen Spuren wirken dabei als Reflexionsgitter. **a)** Zeichnen Sie den Verlauf von zwei Wellenstrahlen, die an benachbarten Gitterstegen reflektiert werden. Erklären Sie das Auftreten von Intensitätsmaxima und begründen Sie die folgende Beziehung für die Richtung β_k, unter der das k-te Maximum auftritt:

$$\cos \beta_k = \cos \varphi + k\,\lambda/g \quad \text{für} \quad \beta_k < \varphi$$
$$\cos \beta_k = \cos \varphi - k\,\lambda/g \quad \text{für} \quad \beta_k > \varphi$$

b) Berechnen Sie den Winkel α zwischen den Richtungen der Maxima 0. Ordnung und 1. Ordnung ($g = 1{,}6$ µm; $\varphi = 60°$). **c)** Begründen Sie qualitativ, warum man den schrägen Lichteinfall bei Bestimmung kleiner Wellenlängen (z. B. Röntgenstrahlung) verwendet.

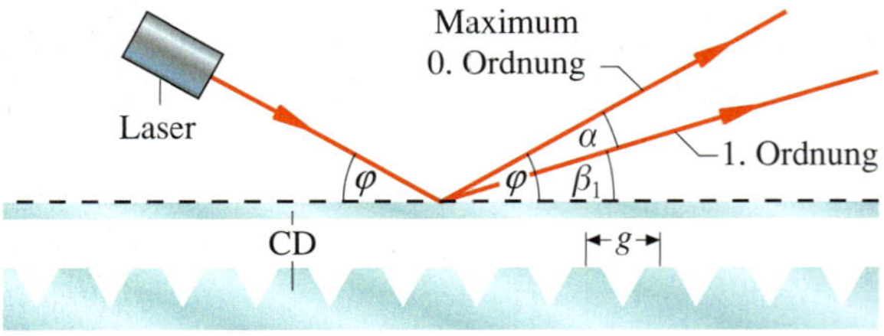

A 13: An einem Gitter mit 500 Strichen je mm beobachtet man entsprechend dem *Bild* unten im Bereich $\lambda = 500$ nm. Welche höchste Ordnung müsste noch zu sehen sein? Wodurch wird die Beobachtung erschwert?

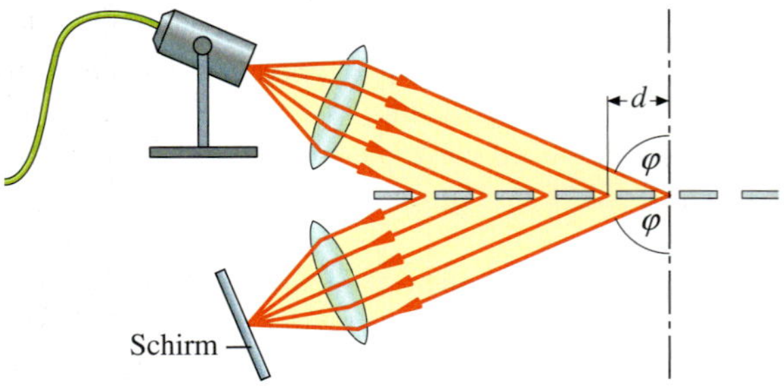

A 14: Bei einem Modellversuch zur Streuung von Röntgenstrahlen stellt man mehrere mit Streuzentren besetzte Ebenen im Abstand $d = 4$ cm hintereinander und bestrahlt sie mit Mikrowellen der Wellenlänge $\lambda = 3{,}2$ cm. Für welche Glanzwinkel φ erhalten wir Reflexionsmaxima?

Albert EINSTEIN, *1879 in Ulm, †1955 in Princeton, N.J., öffnete allein im Jahre 1905 durch drei richtungsweisende Arbeiten das Tor zur modernen Physik:
Er schuf die spezielle Relativitätstheorie und bewies die Existenz der Atome.

Neben EINSTEINS „$E = m\,c^2$“ ist SCHRÖDINGERS Wellengleichung aus dem Jahre 1926 eine der wichtigsten Gleichungen des 20. Jahrhunderts. Ihr Erfinder sagte bescheiden: „Wenn ich nur mehr Mathematik könnte …“

Wir können sehr viel weniger, haben heute aber einen Computer zur Verfügung. Er hilft uns, ein wenig in die moderne Physik zu blicken und eine relativistische Welt zu simulieren.

Atemberaubende Experimente bestätigen, was theoretisch ausgedacht wurde. Zum abgebildeten Quantenpferch schrieb Dr. M. EIGLER in Physics today (November 1993): „We build a box for our electrons [aus 48 Eisenatomen], put an electron in the box, and we see how the electrons solve the Schrödinger equation …“

$$\left[-\frac{\hbar^2}{2m}\nabla^2 + W_{\text{pot}}(\vec{r})\right]\Psi(\vec{r}) = W\Psi(\vec{r})$$

$$E = m\,c^2$$

$$E = m\,c^2$$

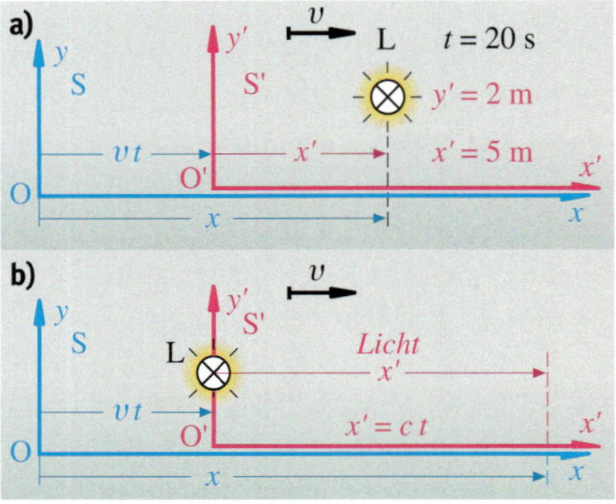

B 1: *Galilei-Transformation:* Wie registrierten S und S′ Ereignisse in ihren Koordinatensystemen – vor EINSTEIN? **a)** Im fahrenden Zug blitzt die Lampe L auf. **b)** Ein Lichtsignal ging von O′ aus, als O′ an O vorbeifuhr.

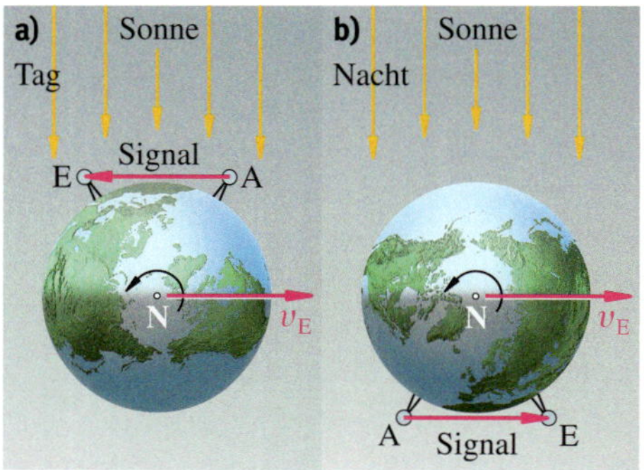

B 2: Grüne Männchen (nicht gezeichnet) stehen neben der Erdbahn und sehen, wie die Erde mit $v_E = 30$ km/s um die Sonne rast. Radiosignale von Amerika (A) erreichen Europa (E) **a)** bei Tag gegen v_E laufend, **b)** bei Nacht mit v_E (Erde um 180° gedreht).

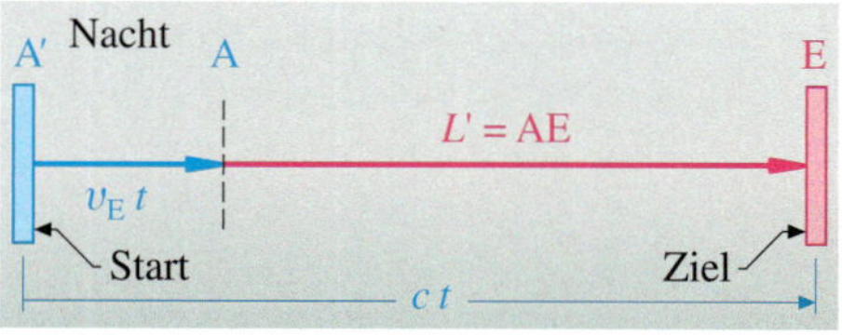

B 3: Für die grünen Männchen in *Bild 2* legt das Signal von A′ nach E bei Nacht in der Zeit t die Strecke $c\,t$ zurück. Sie setzt sich zusammen aus dem Laufweg der Erde $v_E t$ und dem tatsächlichen Abstand AE = L':

$$c\,t = v_E\,t + L', \text{ also } t = L'/(c - v_E).$$

Auf der Erde misst man aber nur $t = L'/c$ (relativistische Behandlung in Ziff. 10)!

Raum und Zeit sind nicht mehr absolut

1. Umgang mit Ort, Zeit und Bewegung – vor EINSTEIN

Die faszinierende **Relativitätstheorie** stellte A. EINSTEIN 1905 auf. Sie war lange Zeit heiß umstritten, obwohl sie sich zumeist nur mit gleichförmigen Bewegungen beschäftigt. Diese werden von Beobachtern beschrieben, die sich **relativ** zueinander bewegen. Ihre mit Uhren und Maßstäben gewonnenen Messergebnisse trägt man in *Bezugs-* oder *Koordinatensysteme* ein. Ein Beispiel:

Beobachter S steht am Ursprung O seines S-Koordinatensystems (x; y). Es ist längs des Bahndamms verankert (blau in *Bild 1a*). Der *Reisende* S′ sitzt am Ursprung O′ des an seinen Wagen gehefteten (x'; y')-Systems (rot). Es fährt mit der Geschwindigkeit $v = 10$ m/s nach rechts. Als O′ ($x' = 0$) an O ($x = 0$) vorbeifuhr, wurden die Uhren U von S und U′ von S′ auf $t = 0$ gestellt. – Im Zeitpunkt $t = 20$ s blitzt im Wagen am Ort $x' = 5$ m, $y' = 2$ m die Lampe L auf. S und seine am Bahndamm postierten *S-Helfer* sehen dies. Ihre S-Uhren U laufen mit den U′-Uhren von S′ *synchron* (genau gleich). Also notieren sie für dieses *Ereignis* auch $t = 20$ s. Um dessen S-Koordinate x zu erhalten, addieren sie zu $x' = 5$ m die Fahrstrecke OO′ = $v\,t$ von O′. Sie benutzen die ganz einfache, vorrelativistische

$$\textbf{Galilei-Transformation} \quad x = v\,t + x'.$$

Aus dem Wert $x' = 5$ m des S′-Systems wird im S-System der S-Wert $x = vt + x' = 10$ m/s · 20 s + 5 m = 205 m.

In modernen Zügen spürt der Reisende S′ „seine" konstante Geschwindigkeit nicht, da er keine Beschleunigungskräfte erfährt. Er kann sagen: „Ich ruhe, der Bahnsteig fährt nach hinten." Damit betrachtet sich S′ als gleichberechtigt mit S.

Nun führt uns EINSTEIN in eine Welt nahe der Lichtgeschwindigkeit $c = 3 \cdot 10^8$ m/s: Nach *Bild 1b* sendet S′ ein Lichtsignal bei $t = 0$ und $x' = 0$ in Fahrtrichtung aus. Im Zug legt es *relativ* zu S′, *der sich als ruhend betrachtet*, in der Zeit t die Strecke $x' = c\,t$ zurück (t ist S und S′ gemeinsam). Im S-System sollte nach der Galilei-Transformation

$$x = v\,t + x' = v\,t + c\,t = (v + c)\,t$$

gelten, also *Überlichtgeschwindigkeit* $v + c > c$ auftreten. Nach MAXWELL ist aber $c = 1/\sqrt{\varepsilon_0\,\mu_0} = 3 \cdot 10^8$ m/s. Da ε_0 und μ_0 Naturkonstanten sind, ist auch c für jeden Beobachter gleich. Mit diesem Widerspruch beschäftigte sich EINSTEIN.

Merksatz

Die Systeme S′ und S bewegen sich relativ zueinander in x-Richtung mit der konstanten Geschwindigkeit v. In der vorrelativistischen Physik transformierte man Ortskoordinaten vom S′- ins S-System mit der **Galilei-Transformation:**

$$x = v\,t + x'; \quad y = y'; \quad t \text{ ist beiden gemeinsam.} \qquad (1)$$

2. Wovon geht die spezielle Relativitätstheorie (SRT) aus?

Radiosignale verhalten sich wie Licht. Nach *Bild 2* laufen sie von Amerika (A) nach Europa (E). An grünen Männchen, die neben der Erdbahn stehen, rast die Erde mit $v_E = 30$ km/s nach rechts vorbei um die Sonne. Bei Tag (a) eilt der Empfänger E nach rechts den Signalen von A entgegen. Nachts (b) hat sich die Erde um 180° gedreht und E sucht vor ihnen zu fliehen. Trotzdem zeigen Präzisionsuhren: *Die Signale brauchen stets gleich lang; Radiosignale und Licht breiten sich im Vakuum allseitig mit c = 299 792 458 m/s aus.*

Dies gilt auf der Erde, obwohl sie durch den Weltraum fliegt, relativ zu den Sternen. Auch diese bewegen sich. Man findet *kein ruhendes Bezugssystem*, das bevorzugt wäre, in dem z. B. besondere Naturgesetze gelten. Wer sich *unbeschleunigt* bewegt, kann sich als ruhend betrachten; er erfährt nach dem Trägheitsgesetz keine Kraft. Die **spezielle Relativitätstheorie** EINSTEINS benutzt unbeschleunigte Systeme, **Inertialsysteme** genannt (inertia: Trägheit). Sie beruht auf nur zwei **Postulaten.** Diese klingen je für sich recht plausibel:

Merksatz

a) Relativitätsprinzip: Kein Inertialsystem ist vor anderen bevorzugt. Die fundamentalen Naturgesetze gelten überall („Demokratie der Inertialsysteme").
b) Invarianz der Lichtgeschwindigkeit *c*: In jedem Inertialsystem breitet sich Licht im Vakuum allseitig aus mit
$c = 299\,792\,458$ m/s $\approx 3 \cdot 10^8$ m/s $= 300\,000$ km/s.

3. Exakte Zeitmessung mit Lichtuhren

Spannend wurde es, als EINSTEIN beide Postulate zusammen anwandte. Dabei dachte er über das Messen von **Zeiten** nach. Er stellte sich präzise **Lichtuhren** vor, die auf Postulat (b) beruhen. Nach *Bild 4* sind dies Röhren z. B. der Länge $l = 30$ cm mit ideal spiegelnden Enden. Ein Lichtblitz braucht die Zeit $t = l/c = 0{,}30\text{ m}/3 \cdot 10^8\text{ m} \cdot \text{s}^{-1} = 10^{-9}\text{ s} = \mathbf{1\text{ ns}}$ zum Durchlaufen einer Uhrlänge. Vier Durchläufe bedeuten 4 ns.
Schon eine 1 m entfernte Uhr zeigt eine vergangene Zeit; man muss stets *Lichtlaufzeiten* beachten! Deshalb gab EINSTEIN als Erster an, wie **Gleichzeitigkeit** über Entfernungen hinweg garantiert werden kann; er definierte durch Messvorschrift: Nach *Bild 5* ruht relativ zu uns ein zweiter S-Beobachter mit einer ebenfalls 30 cm langen Lichtuhr U_2. Sie tickt nach Postulat (b) gleich schnell wie U_1. Damit U_2 auch **synchron** (zeitgleich) mit U_1 läuft, starten in der Mitte M zwischen U_1 und U_2 zugleich zwei Lichtblitze B_1 und B_2. Treffen sie bei U_1 und U_2 ein, so beginnen beide S-Uhren mit $t = 0$ zu ticken. Wenn nun Beobachter an U_1 und U_2 ihrer S-Zentrale zwei Ereignisse melden, z. B. bei $t_1 = t_2 = 4$ ns, so haben diese für uns S-Beobachter *gleichzeitig* stattgefunden. Dies ist EINSTEINS **Definition der Gleichzeitigkeit** [Programm 2]. Sie bildet die Basis für alle folgenden Betrachtungen.

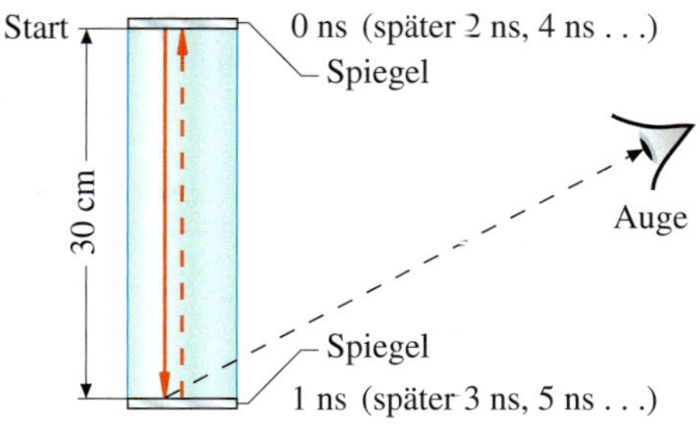

B 4: Licht braucht zum Durchlaufen der 30 cm langen Lichtuhr 1 ns. Erst nach 3 ns registriert dies das 0,9 m entfernte Auge!

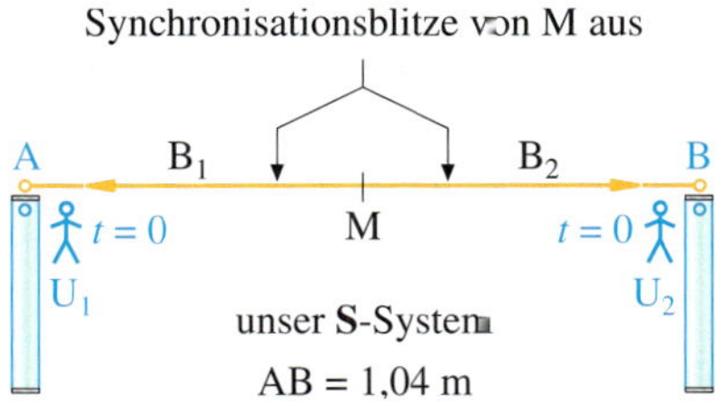

B 5: Von der Mitte M unserer beiden S-Uhren U_1 und U_2 gehen zwei Lichtblitze B_1 und B_2 gleichzeitig aus, die U_1 und U_2 mit $t = 0$ starten. Beide Uhren laufen dann für uns S-Beobachter synchron.

... noch mehr Aufgaben

A 1: Im fahrenden Eisenbahnzug finden Ballspiele statt. Wann laufen sie für Mitreisende genau so ab wie Spiele am Bahndamm für dort ruhende Beobachter?

A 2: Worauf beruht die Uhrensynchronisation?

A 3: a) Der Laufweg A → E der Radiosignale in *Bild 2* und *3* sei exakt $L' = 8\,000$ km. Wie lange brauchen sie für relativ zur Sonne ruhende Beobachter bei Nacht, wie lange bei Tag, wenn die Erdgeschwindigkeit $v_E = 30$ km/s beträgt? Gibt es einen Unterschied? Rechnen Sie auf 10^{-7} s genau. **b)** Jemand sagt: „Der Sender in A gibt dem abgehenden Signal einen ‚Schubs' mit der Geschwindigkeit v_E. Deshalb ist die Laufzeit bei Tag und Nacht gleich." Diskutieren Sie diese Aussage. **c)** Könnten die grünen Männchen die Wirkung des ‚Schubs' auf *c* messen? **d)** π-Mesonen senden γ-Strahlen allseitig aus. Selbst wenn die Mesonen-Geschwindigkeit $v \approx c$ ist, misst man bei den Strahlen exakt $v = c$. Widerlegt das die ‚Schubs'-Theorie?

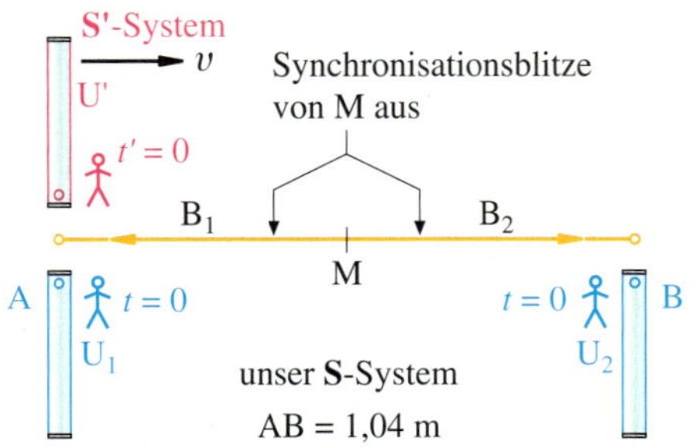

B 1: Wenn unsere Uhr U_1 $t = 0$ zeigt, rasen kleine rote Männchen mit ihrer Uhr U' sehr nah an U_1 vorbei und stellen U' ihres S'-Systems auf $t' = 0$.

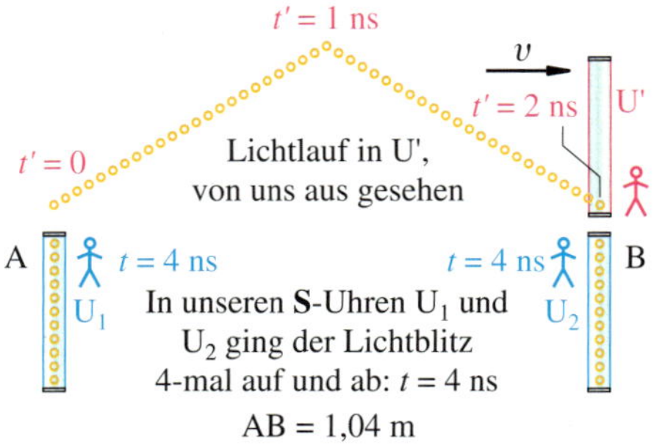

B 2: Nun rast U' mit der Relativgeschwindigkeit $v = 0{,}87\ c$ an unserer S-Uhr U_2 vorbei. U_2 zeigt $t = 4$ ns, U' nur $t' = 2$ ns. Punkte sind Lichtmarken für gleich große $\Delta t = 0{,}1$ ns. Zählen Sie nach!

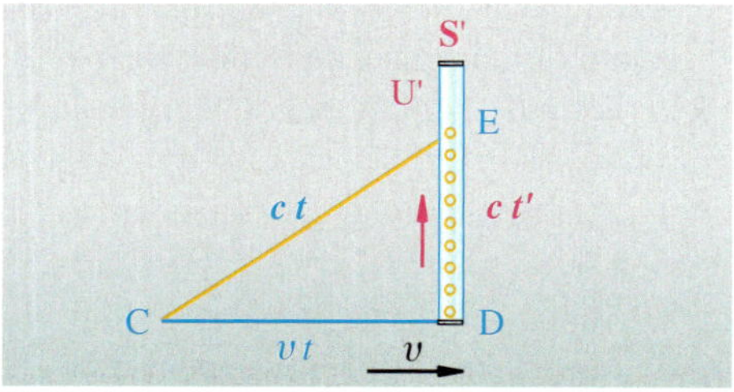

B 3: Zur Herleitung von *Gl. (1)*: An der unteren Kathete steht $v\,t$, nicht $v\,t'$, an der Hypotenuse $c\,t$, nicht $c\,t'$, an DE dagegen $c\,t'$!

Vertiefung

Was bedeutet Relativgeschwindigkeit?

In der SRT gilt: Nach *Postulat (a)* gibt es kein absolut ruhendes System. Kein Beobachter kann sagen, er komme einem solchen näher als ein anderer, er fliege langsamer und habe ihm gegenüber eine kleinere Relativgeschwindigkeit v. Diese ist für S und S' gleich groß (deshalb schwarz gedruckt).

4. Zeit ist relativ: Zeitdehnung (Zeitdilatation)

Einsteins Uhrensynchronisation sichert für unser **S-System** die Messung unserer **S-Zeit** t mit den S-Uhren U_1 und U_2.
Nun fliegen kleine rote S'-Männchen nach *Bild 1* nahe an U_1 vorbei. Da unsere S-Uhr U_1 die S-Zeit $t = 0$ anzeigt, stellen auch sie ihre gleich gebaute, 30 cm lange S'-Lichtuhr U' auf $t' = 0$ ein. Die Lichtlaufzeit $U' \leftrightarrow U_1$ ist vernachlässigbar.
Kurz darauf fliegt U' an U_2 vorbei und zeigt die S'-Zeit $\boldsymbol{t' = 2}$ **ns** an; unsere S-Uhr U_2 dagegen zeigt $\boldsymbol{t = 4}$ **ns** (*Bild 2*)!
Beides registrieren S- wie S'-Beobachter. Beim *nahen* Vorbeiflug kann ja jeder auch die Uhr des anderen ablesen – oder beide nebeneinander fotografieren.

Woher rühren die unterschiedlichen Zeitangaben; warum muss man zwischen einer S- und einer S'-Zeit unterscheiden? Die Simulation in *Bild 2* hält Postulat (b) präzise ein: Die durch Punktabstände markierte Lichtgeschwindigkeit c ist überall gleich groß. U' durchfliegt in *Bild 3* nach unseren S-Uhren (t) die S-Strecke $CD = v\,t$. Beobachter S' braucht das nicht zu kümmern. Nach Postulat (a) sagt er mit vollem Recht, er ruhe in seinem gleichberechtigten S'-System. **Für ihn** (S') steigt der Lichtblitz seiner Uhr U' vom unteren Ende D nach E hoch und legt **für ihn** die Strecke $DE = c\,t'$ zurück. U' gibt so die **Eigenzeit** t' von S' an, streng nach Postulat (a).

Für uns (S) dagegen legt dieses Licht in der S'-Uhr U' nach unseren synchronisierten S-Uhren (t) das längere Stück $CE = c\,t$ zurück (CE existiert für S' nicht). Im Dreieck CDE ist $(c\,t')^2 = (c\,t)^2 - (v\,t)^2$ oder $t'^2 = t^2 - (v^2/c^2)\,t^2$. Also gilt:

$$t = \frac{t'}{\sqrt{1-(v/c)^2}} = \frac{t'}{\sqrt{1-\beta^2}} = \frac{t'}{k} > t'.$$

Dabei ist: $\boldsymbol{\beta = v/c;\ k = t'/t = \sqrt{1-\beta^2} < 1.}$
Beispiel: In *Bild 2* ist $k = t'/t = 2\text{ ns}/4\text{ ns} = 0{,}5$, $\beta = v/c = \sqrt{1-k^2} = 0{,}87$. Die Relativgeschwindigkeit von S' gegen S beträgt also $v = \beta\,c = 0{,}87\ c$. Der Abstand AB von U_1 nach U_2 ist $L = v\,t = \beta\,c\,t = 0{,}87 \cdot 3 \cdot 10^8\text{ m/s} \cdot 4\text{ ns} = 1{,}04$ m.

Die **Eigenzeit** $t' = 2$ ns der S'-Uhr U' ist nach unseren S-Uhren auf $t = 4$ ns **gedehnt.** Eine *von uns* an S' registrierte **Zeitdehnung** ändert aber die Eigenzeit t' von S' nicht. Sie wird von U' angezeigt. Fliegt S' an unserer Uhrenreihe nur noch mit $\beta = 0{,}6$ vorbei, so ist $k = \sqrt{1-\beta^2} = 0{,}8 = t'/t$ und $v = \beta\,c = 1{,}8 \cdot 10^8$ m/s.

Merksatz

Zeitdehnung: Die Einzeluhr U' mit Eigenzeit t' zieht an synchronisierten S-Uhren (t) mit $\boldsymbol{v = \beta\,c}$ vorbei. An den Uhren des S-Systems misst man t' mit dem Faktor $\boldsymbol{1/k = 1/\sqrt{1-\beta^2}} > 1$ gedehnt auf

$$\boldsymbol{t = \frac{t'}{\sqrt{1-(v/c)^2}} = \frac{t'}{\sqrt{1-\beta^2}} = \frac{t'}{k} > t'.}\quad \text{Es gilt } \boldsymbol{t' = k\,t.} \qquad \textbf{(1)}$$

Die Relativgeschwindigkeit v ist für beide Beobachter gleich.

5. Experimente zur Zeitdehnung

a) *Myonen* haben die 207fache Masse von Elektronen. In Ruhe zerfallen sie mit der Eigen-Halbwertszeit $T'_{1/2} = 1{,}5\ \mu s$, d. h. zur Hälfte. Fliegen sie aber mit $\upsilon = c\,\frac{\sqrt{3}}{2} = 0{,}87\ c = \beta\ c$ an S-Beobachtern vorbei, dann ist $k = \sqrt{1-\beta^2} = 0{,}5$. Diese messen: Die Zeit $T'_{1/2} = 1{,}5\ \mu s$ ist auf $T_{1/2} = T'_{1/2}/k = 3\ \mu s$ gedehnt; die Myonen „leben" für S (im Mittel) doppelt so lang – dies ist experimentell auf 1% bestätigt.

b) C. Hafele und R. Keating flogen 1971 mit präzisen Atomuhren U′ um die Erde, entlang den vielen synchronisierten Erduhren U. Bei der Landung zeigten die U′ etwas weniger an als die Erduhren ($t' = k\,t < t$). „Reisen hält jung."

6. Längen in Bewegungsrichtung werden kontrahiert

a) *Unsere* S-Uhren U_1 und U_2 in ➠ *Bild 2* haben den Abstand $AB = L = 1{,}04$ m; er heißt **Eigenlänge** L von AB. Für den Vorbeiflug von U′ stoppten wir $t = 4$ ns, S′ aber nur $t' = k\,t = 2$ ns (also $k = t'/t = 0{,}5$). Nun ist der Betrag υ der Relativgeschwindigkeit S und S′ gemeinsam. S′ errechnet für unsere, *in Flugrichtung liegende S-Strecke* AB nicht $AB = L = \upsilon t$ wie wir, sondern mit t' nur

$$\upsilon\,t' = \upsilon k\,t = k\,\upsilon\,t = k\,L = 0{,}5 \cdot 1{,}04\text{ m} = 0{,}52\text{ m}.$$

Unsere Strecke L misst S′ auf $k\,L$ *kontrahiert.* Bei dieser **Längenkontraktion** taucht wiederum der Faktor $k = \sqrt{1-\beta^2}$ auf. Er heißt **Kontraktionsfaktor** und wird von der Natur bestätigt:
Myonen entstehen ständig in $L = 15$ km Höhe durch das Einwirken von Höhenstrahlung auf Luft. In ihrer Eigen-Halbwertszeit $T'_{1/2} = 1{,}5\ \mu s$ können sie (mit $\upsilon \approx c$) höchstens die Strecke $s' \approx c\ T'_{1/2} \approx 450$ m zurücklegen. Trotzdem erreichen sie den Erdboden. *Für uns* ist das kein Problem: $T'_{1/2}$ ist ja auf $T_{1/2} = T'_{1/2}/k$ gedehnt. Für *S′-Begleiter*, die mit den Myonen zur Erde fliegen, gilt allerdings die Eigen-Halbwertszeit $T'_{1/2}$ unverändert. Doch betrachten sie die *für uns* geltende Flugstrecke $L = 15$ km auf $k\,L < 0{,}45$ km kontrahiert. Daraus folgt $k = 0{,}45\text{ km}/15\text{ km} = 0{,}03$ und $\beta = \sqrt{1-k^2} = 0{,}9995$. Die Myonen durcheilen 450 m in der Eigen-Halbwertszeit $T'_{1/2} = 1{,}5\ \mu s$ mit $\upsilon \approx c$.

b) Lichtuhren, überhaupt alle Strecken, die *quer* zur Bewegung stehen, werden nicht verkürzt. Andernfalls wäre für ein Superauto ($\upsilon \approx c$) ein ihm entgegenrasender Tunnel zum unpassierbaren Nadelöhr kontrahiert. Für Beobachter am Tunnel dagegen wäre das anrasende Auto beliebig dünn und käme spielend durch. Durchkommen oder nicht, das darf nicht vom Beobachter abhängen!

Merksatz

Längenkontraktion: Bewegen sich Beobachter mit $\upsilon = \beta c$ relativ zu einer Strecke mit *Eigenlänge* L, die in Bewegungsrichtung liegt, so messen sie L verkürzt (kontrahiert) auf

$$L\,\sqrt{1-\beta^2} = L\,k < L. \qquad (2)$$

Strecken quer zur Bewegung bleiben unverkürzt.

Vertiefung

Nun hagelt es Einwände und Fragen

a) Kann nicht S′ sagen: „Ich ruhe, ihr bewegt euch, eure S-Uhren ticken langsamer als meine S′-Uhr U′"? Doch fehlt ihm eine in seinem S′-System synchronisierte Uhrenreihe. Wir sagen ja nicht, „bewegte Uhren gehen langsamer", sondern sprechen von der *Einzeluhr* U′, die an synchronisierten Uhren vorbeizieht (s. Ziff. 9).

b) Gilt das Langsamerticken nur für Lichtuhren oder auch für Atom-, Quarz-, Pendeluhren, für unseren Pulsschlag, die Lebensdauer von Eintagsfliegen und für radioaktive Präparate? Stellen Sie sich vor, S′ würde in seinem Raumschiff solche „Uhren" mit sich führen und sie würden nach Ihren S-Uhren ticken, nach einer insgeheim für Sie noch existierenden *absoluten Zeit*. Dann würde nur seine Lichtuhr U′ langsamer ticken. Allein Ihre Behauptung, er bewege sich, hätte seine Lichtuhr gegenüber den andern Uhren verlangsamt, also Unordnung in seine Uhren gebracht! Tatsächlich richtet sich die *Eigenzeit* t' in S′ nicht nach Ihren Gedanken, auch nicht danach, dass wir $t = t'/k > t'$ messen!

c) Was sagt Einstein zu den andern Uhren? Nun, er war kein Uhrmacher, sondern griff viel tiefer ein. Er stürzte das *Vorurteil* einer absoluten Zeit vom früher ungeprüften, als brüchig erwiesenen Sockel! Übrig blieb: **„Zeit" ist in der Physik das, was korrekte Uhren messen.** Nun können Sie sich im nächsten Kapitel mit Einsteins Energie-Masse-Problem befassen.

... noch mehr Aufgaben

A 1: Der Abstand U_1U_2 unserer S-Uhren habe 12 m Eigenlänge. **a)** U′ fliegt in $t = 60$ ns vorbei. Wie groß ist die Relativgeschwindigkeit υ von U′, wie groß ist k? Welche Zeit t' misst dafür U′? Wie lang ist U_1U_2 für S′? **b)** Die Eigenzeit von U′ wächst beim Flug von U_1 nach U_2 um 30 ns. Wie schnell ist U′? Was stoppt U_2?

A 2: Wie groß ist k für ein Flugzeug bei $\upsilon = 1000$ km/h, wie groß bei 99,9% von c? Wann ist $k = 0{,}001$, wann 0,999?

Vertiefung

„Du bist kürzer als ich" – „Nein, du!"

Im Wettstreit vergleicht jeder die Länge des anderen mit seiner Eigenlänge. Wegen der großen Geschwindigkeit muss das *jeder gleichzeitig* machen, exakt nach seinen, für ihn synchronisierten Uhren [Programm 11]. Nach ➡ *Bild 1* fahren wir an U_1 und U_2 zum Zeitpunkt $t_1 = t_2 = 0$ je eine Stange aus. Die S'-Rakete liegt dazwischen, ist also *für uns* kontrahiert, wir jubeln! – Auch *S' misst gleichzeitig*, zwischen U_1' bei $t_1' = 0$ (in Punkt A ➡ *Bild 1, 2*) und U_2' bei $t_2' = 0$ (in Punkt B ➡ *Bild 2*). S' findet unsere Eigenlänge *L gegenüber AB* mit dem Faktor $k = 0{,}6$ kontrahiert und jubelt auch! Wir verstehen das in dem *für uns* gezeichneten ➡ *Bild 2:* In der *von uns* gesehenen *Zeitdifferenz* $\Delta t' = 32$ ns flog ja U_2' bis B weiter. – Jeder sagt zu Recht: *„Ich messe den anderen kontrahiert."* Ein Trost: Unsere Eigenlänge $L = 12$ m bleibt nach ➡ *Bild 2 für uns* im S-System erhalten. Den Wettstreit gewann A. EINSTEIN.

B 1: Die Rakete S' fliegt nach rechts ($\beta = 0{,}8$; $k = 0{,}6$). L' ist *für uns* auf $kL' = 7{,}2$ m kontrahiert. Als sich die Mitten M′ und M trafen, gingen von dort die Synchronisationsblitze B_1 und B_2 aus. U_1' flog B_1 entgegen und startet bei A mit $t_1' = 0$. (Fortsetzung in ➡ *Bild 2*!)

B 2: S' ist weitergeflogen; Blitz B_2 startet U_2' erst in B mit $t_2' = 0$. U_1' zeigt uns bereits $t_1' = 32$ ns. – Zu ➡ *Vertiefung*: Bei B ($t_2' = 0$) fährt U_2' eine Stange aus, was U_1' schon bei A tat ($t_1' = 0$; Bild 1). S' findet unsere Rakete gegenüber der Strecke AB mit dem Faktor $k = 0{,}6$ kontrahiert, obwohl unsere Eigenlänge *L* erhalten bleibt. Messen Sie nach!

B 3: S' empfängt in der Mitte M′ seiner Rakete die Lichtsignale vom Start seiner Uhren *zugleich* ($t_1' = 0$, $t_2' = 0$)! Er sagt mit Recht: *Meine S'-Uhren sind synchron!* Wir verstehen das: *Für uns* startete Signal A → M′ in A zwar 32 ns früher als B → M′ in B. Dafür ist AM′ länger als BM′. S' findet Entsprechendes bei uns; andernfalls wäre das Relativitätsprinzip verletzt [Programm 5, 7].

7. Gleichzeitigkeit ist relativ, sie hängt vom Beobachter ab

Nun machen wir ernst mit dem Relativitätsprinzip. S und S' sitzen in baugleichen Raketen gleicher Eigenlänge $L = L' = 12$ m (➡ *Bild 1*). Ihre Relativgeschwindigkeit ist $v = 0{,}8\,c$. Wie synchronisiert man ihre Uhren so, dass keiner benachteiligt ist? Man lässt die Blitze B_1 und B_2 dort starten, wo sich die Raketenmitten M und M′ kurz treffen. Wie gewohnt werden *unsere* S-Uhren U_1 und U_2 *zugleich* ($t_1 = t_2 = 0$) gestartet. Sie ticken *für uns* synchron. Bei S' sehen wir Schlimmes: Nach ➡ *Bild 1* läuft *für uns* die Uhr U_1' von S' dem Blitz B_1 entgegen und startet bei A mit $t_1' = 0$. Die rechte Uhr U_2' sucht Blitz B_2 zu entfliehen. Sie wird von ihm erst bei B mit $t_2' = 0$ gestartet (➡ *Bild 2*). Dann aber zeigt *uns* U_1' schon $t_1' = 32$ ns. Diese **Zeitdifferenz** $\Delta t' = 32$ ns zwischen U_1' und U_2' besteht für uns ständig. – Das alles stört S' nicht. Nach ➡ *Bild 3* steht S' in der Mitte M′ und empfängt die Lichtsignale von den Starts seiner Uhren U_1' ($t_1' = 0$) und U_2' ($t_2' = 0$) *zugleich. Für S'* ticken sie synchron. EINSTEINS Uhrensynchronisation bewährt sich also auch für S'. **S' ist gleichberechtigt mit S** [Programm 7]. Folglich ist es oft einfacher, den Standpunkt von S' einzunehmen: Er ruht in seiner oberen Rakete. Für ihn rasen wir kontrahiert nach links. Er registriert an unseren S-Uhren die gleiche konstante Differenz $\Delta t = 32$ ns wie wir an U_1' und U_2'.

Allgemein gilt: Ereignisse, die für einen Beobachter an verschiedenen Orten zugleich stattfinden, sind für andere, die sich relativ dazu bewegen, nicht gleichzeitig: **Gleichzeitigkeit ist relativ.**

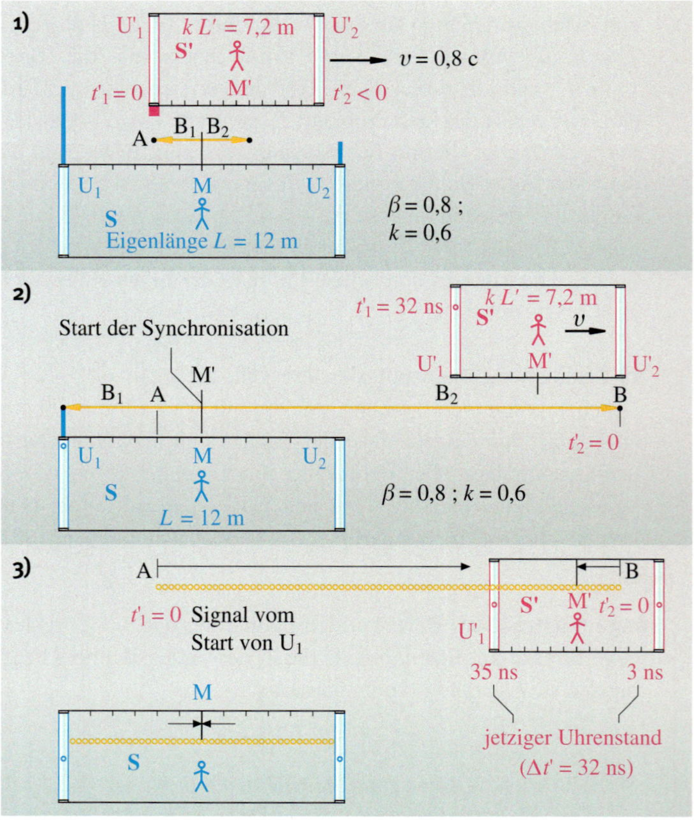

8. Lorentz- statt Galilei-Transformation

a) ➠ *Bild 4a* zeigt für S: Der Ursprung O′ des (x'; y')-Systems fliegt von O aus in der S-Zeit t mit v um vt nach *rechts*. Als Ereignis E leuchte bei x' zur Zeit t' ein Blitz auf. Nun ist O′E = x' *für S* auf kx' kontrahiert: OE hat somit im S-System die

$$\textbf{S-Länge } x = vt + kx'. \qquad (1)$$

➠ *Bild 4b* zeigt, wie S′ (rot) den Flug betrachtet: Für S′ flog O (blau) in der S′-Zeit t' um vt' nach *links*. Die S-Strecke x ist für S′ auf kx kontrahiert; S′ misst O′E zu $x' = kx - vt'$.

Daraus folgt $\quad x = (x' + vt')/k \qquad (2)$

und nach (*1*) $\quad x' = (x - vt)/k. \qquad (3)$

(*2*) in (*3*) eingesetzt gibt $\quad t = (t' + \beta x'/c)/k. \qquad (4)$

Diese Gleichungen der **Lorentz-Transformation** enthalten die ganze SRT. Für $v << c$, $k \approx 1$ und $\beta \approx 0$ gehen sie in die Galilei-Transformation $x = x' + vt$ über: *Gl. (4)* wird zu $t = t'$.

b) Wenden wir nun die relativistische *Gl. (4)* $t = (t' + \beta x'/c)/k$ auf ➠ *Bild 2* an. Es zeigt Ereignisse an den S′-Uhren, die für unsere S-Beobachter gleichzeitig sind, für die also $t_1 = t_2$ gilt:

- Uhr U_1' ruht *in* der S′-Rakete bei $x_1' = 0$ und zeigt $t_1' = 32$ ns.
- Uhr U_2' ruht *in* der S′-Rakete bei $x_2' = L'$ und zeigt $t_2' = 0$.

Dies setzen wir in *Gl. (4)* ein und erhalten (mit $k = 0{,}6$; $\beta = 0{,}8$):

- Uhr U_1': $t_1 = (t_1' + \beta x_1'/c)/k = (t_1' + 0)/k = 53$ ns,
- Uhr U_2': $t_2 = (t_2' + \beta x_2'/c)/k = (t_2' + \beta L'/c)/k = 53$ ns.

Für uns S-Beobachter ist $t_1 = t_2$. Also liefert Gleichsetzen

$\Delta t' = t_1' - t_2' = \beta(x_2' - x_1')/c = \beta L'/c$ (gilt nur, wenn $t_1 = t_2$).

S′-Uhren im Abstand $L' = 12$ m zeigen uns bei $\beta = v/c = 0{,}8$ die konstante Zeitdifferenz $\Delta t' = 0{,}8 \cdot 12\text{ m}/c = 32$ ns (➠ *Bild 2*).

Merksatz

Relativität der Gleichzeitigkeit: S-Beobachter lesen an S′-Uhren den konstanten Zeitunterschied

$$\Delta t' = t_1' - t_2' = L'\beta/c \qquad (5)$$

ab. Er ist zum Eigenabstand L' der Uhren und zu β proportional.

c) Messen wir nun die *Kontraktion* der Eigenlänge L' einer S′-Rakete von unserem S-System aus. Da sie schnell fliegt, brauchen wir mehrere S-Helfer: Einer davon meldet seinem S-Chef: „Als meine S-Uhr t_1 zeigte, flog U_1' an der x_1-Marke meines S-Maßstabs vorbei.“ Weil U_1' bei $x_1' = 0$ ruht, rechnet der S-Chef mit *Gl. (3)*:

$$x_1' = 0 = (x_1 - vt_1)/k. \qquad (I)$$

Ein anderer S-Helfer liest exakt zur gleichen S-Zeit $t_2 = t_1$ die Position x_2 von U_2' am S-Maßstab ab. Mit $x_2' = L'$ folgt wiederum aus *Gl. (3)*:

$$x_2' = L' = (x_2 - vt_2)/k = (x_2 - vt_1)/k. \qquad (II)$$

Der S-Chef berechnet aus (*II*) und (*I*) $L' = x_2' - x_1' = (x_2 - x_1)/k$ und erklärt: L' ist für S-Beobachter geschrumpft auf

$$\Delta x = x_2 - x_1 = (x_2' - x_1')\,k = L'k < L'.$$

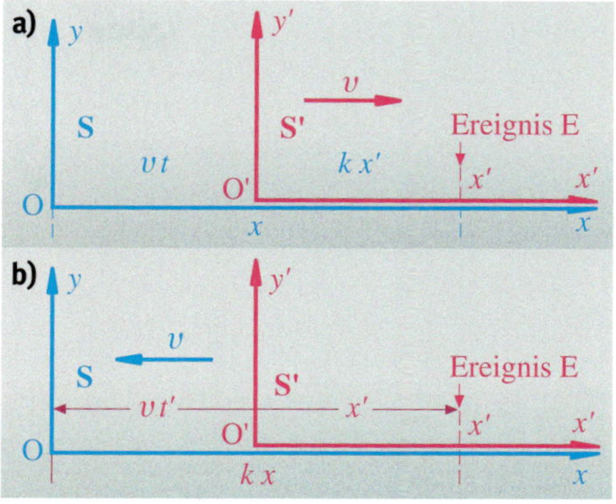

B 4: Zur Zeit $t = t' = 0$ fielen O und O′ zusammen. **a)** S′ fliegt relativ zu S mit v nach rechts. **b)** Umgekehrt: S fliegt relativ zu S′ mit v nach links [Programm 6].

Interessantes

Wie simuliert man mit dem Computer eine relativistische Welt?

Man gibt ihm die Gleichungen $s = vt$ für Körper und $s_L = ct$ für Licht ein und damit die Konstanz von c (Postulat (b)). Die eingezeichneten Beobachter helfen uns, sich in den Standpunkt des anderen einzudenken, gemäß Postulat (a).

Mehr kennt der Computer nicht, z. B. nicht das Vorurteil absolute Zeit, die angeblich für alle Beobachter im ganzen Weltall gleich sein soll. Damit zeigt der Bildschirm die relativistische Welt nahe der Lichtgeschwindigkeit, ohne Widersprüche, ohne Magie. Nach etwas Hinsehen kann man sich daran gewöhnen!

Die Physik des 20. Jahrhunderts zeigt, dass wir die Natur nur erfassen, wenn wir uns von Vorurteilen lösen, die unsere Umgebung bei $v << c$ in uns aufgebaut hat.

... noch mehr Aufgaben

A 1: Ein sog. *Einstein-Zug* fährt mit $\beta = 0{,}8$. Dort leuchtet bei $x_1' = 0$ sowie bei $x_2' = 10^5$ km eine Lampe auf ($t_1' = t_2' = 3$ s). Wo und wann registriert man das am Bahndamm (bei $t_1 = t_1' = 0$ fallen O und O′ zusammen)?

A 2: Führen Sie die Überlegungen aus Ziff. 8c für S′-Beobachter aus, welche die Länge unserer S-Rakete messen. Warum benutzt S′ mit Vorteil *Gl. (2)*, nicht (*3*)?

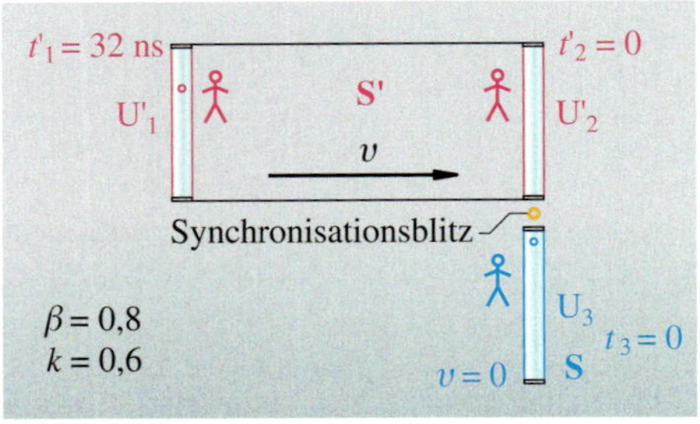

B 1: In der S'-Rakete von Bild 2 in Ziff. 7 wird U_2' soeben vom Blitz B_2 gestartet und zeigt $t_2' = 0$. Dies übernimmt unsere S-Uhr U_3 als $t_3 = 0$. Doch ist U_1' früher gestartet und zeigt schon $t_1' = 32$ ns.

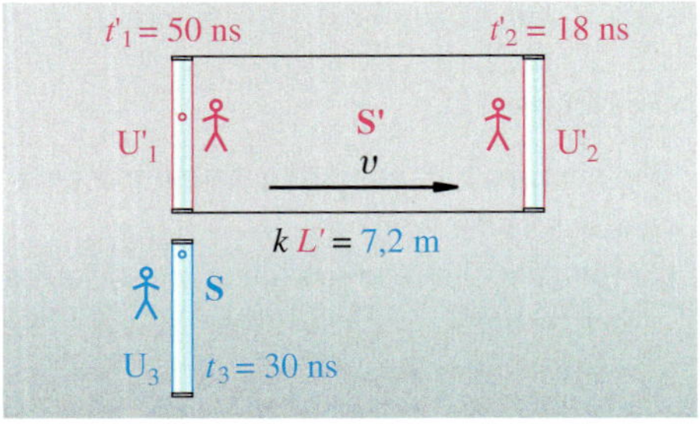

B 2: Die obere Rakete S' in *Bild 1* flog gegenüber U_3 um die kontrahierte Länge $k\,L' = 7{,}2$ m weiter. Unsere Uhr U_3 lief um die S-Zeit $t_3 = 30$ ns weiter, die oberen Uhren nur um $k\,t_3 = 18$ ns (z. B. U_2'). U_1' zeigt $t_1' = 50$ ns statt 32 ns.

Vertiefung

Radiosignale relativistisch

Wir korrigieren die Überlegung in Ziff. 2 zu den Radiosignalen von Amerika A nach Europa E relativistisch:

S-Beobachter neben der Erdbahn messen $AE = L'$ auf $k\,L'$ kontrahiert. Mit $x = c\,t$ gilt für die Signalstrecke

$$x = c\,t = v_E\,t + k\,L'.$$

Dort setzt man *Gl. (4)* aus Ziff. 8

$$t = (t' + v_E\,L'/c^2)/k.$$

ein. Sie berücksichtigt die Zeitdifferenz $\Delta t' = L'\,\beta_E/c = v_E\,L'/c^2$ und die Zeitdilatation $t = t'/k$. Es folgt die Laufzeit der Signale für Erdbewohner S' zu $t' = L'/c$. Also dürfen sich diese als ruhend betrachten und von der Erdgeschwindigkeit v_E absehen. Beim ***G**lobal-**P**ositioning-**S**ystem* (GPS) benutzt man solche Signale, um die Position von Schiffen auf 5 m genau zu bestimmen (unter Beachtung der SRT).

9. „Deine Uhr geht langsamer!" – „Nein, deine!"

Ist auch diese Paradoxie nur ein scheinbarer Widerspruch? Nach *Bild 1* und *2* fliege eine Rakete mit Eigenlänge $L' = 12$ m und $\beta = 0{,}8$ nach rechts ($k = 0{,}6$). Die S'-Uhren U_1' und U_2' sind synchronisiert (s. Ziff. 7). S' behauptet, jede einzelne unserer S-Uhren, z. B. U_3, ticke langsamer als seine beiden S'-Uhren. Wir dagegen behaupten: S'-Uhren gehen langsamer. Mit zwei S'-Helfern versucht S', uns zu widerlegen [Programm 10].

- Der erste Helfer bei U_2' meldet nach *Bild 1* seinem S'-Chef: „Als meine Uhr U_2' mit $t_2' = 0$ gestartet wurde, flog an meinem Fenster eine Uhr U_3 vorbei und stellte $t_3 = 0$ ein."
- Der zweite sitzt neben U_1' und meldet etwas später nach *Bild 2:* „Als meine Uhr $t_1' = 50$ ns zeigte, flog U_3 bei mir vorbei und zeigte $\boldsymbol{t_3 = 30}$ **ns**." Der Chef S' betrachtet seine Uhren zu Recht als synchron. Für ihn dauert der Vorbeiflug demnach

$$\Delta t'' = t_1' - t_2' = 50 \text{ ns} - 0 \text{ ns} = \mathbf{50\ ns}.$$

S' verkündet allen zu Recht, unsere S-Einzeluhr U_3 ticke langsamer, gemäß $t_3/\Delta t'' = 30 \text{ ns}/50 \text{ ns} = 0{,}6 = k$.

Können wir hinter die Kulissen schauen? *Für uns* in S gilt:

- S' ist *für uns* auf $k\,L' = 7{,}2$ m kontrahiert und fliegt mit $v = \beta c$; S' braucht also zum Vorbeiflug an U_3 $t_3 = k\,L'/v = \mathbf{30\ ns}$.
- Während U_3 um $t_3 = 30$ ns weitertickt, rückt U_2' von $t_2' = 0$ aus *für uns* langsamer vor, nur auf $t_2' = k\,t_3 = 0{,}6 \cdot 30 \text{ ns} = \mathbf{18\ ns}$.
- Zudem wurde U_1' *für uns* um $\Delta t' = L'\,\beta/c = \mathbf{32\ ns}$ früher gestartet (s. *Gl. (5)*; S' bestreitet dies). U_1' zeigt nun insgesamt an:

$$t_1' = t_2' + \Delta t' = 18 \text{ ns} + 32 \text{ ns} = \mathbf{50\ ns}.$$

Die Relativität der Gleichzeitigkeit löst auch hier den Widerspruch auf.

10. Relativistische Addition von Geschwindigkeiten

Eine S'-Rakete rase mit $v \approx c$ an uns vorbei nach rechts ($\beta \approx 1$). In ihr fliegen Elektronen vom Nullpunkt O' mit der von S' gemessenen Geschwindigkeit $u' \approx c$ auch nach rechts. Da sich S' als ruhend betrachtet, legen sie in t' die S'-Strecke $x' = u'\,t'$ zurück. Mit der Lorentz-Transformation berechnen wir ihre Geschwindigkeit u in unserem S-System:

Dort legt ein Elektron in der Zeit t die Strecke x zurück. Mit *Gl. (2)* und *(4)* von Ziff. 8 folgt mit $x' = u'\,t'$ nach Kürzen mit k und t':

$$u = \frac{x}{t} = \frac{x' + v\,t'}{t' + \beta x'/c} = \frac{u' + v}{1 + v\,u'/c^2}. \qquad (1)$$

Bei $v\,u' << c^2$ wäre der Nenner etwa 1. Nach GALILEI würde gelten: $u = u' + v$. – Eilt ein Lichtblitz durch das S'-System mit $u' = +\,c$, so erhält man nicht $u = u' + v = c + v > c$, sondern aus *Gl. (1)* korrekt:

$$u = \frac{c + v}{1 + v/c} = \frac{c\,(c + v)}{c + v} = c. \qquad (2)$$

Überlichtgeschwindigkeit ist vermieden [Programm 15].

Interessantes

Reisen in die Vergangenheit – Zeitmaschinen?

Die Rakete S′ rast an uns vorbei (➠ *Bild 1* in Ziff. 7). *Für uns* startet ihre linke Uhr U_1' soeben mit $t_1' = 0$, während die rechte U_2' mit $t_2' < 0$ *für uns* noch in der *Vergangenheit* „lebt“. Sciencefiction-Autoren sehen hier die Chance, mit sog. *Zeitmaschinen* in die Vergangenheit bei U_2' *kausal* einzugreifen, z. B. mit einem Signal S von U_1' aus zur Zeit $t_1' = 0$. So könnten sie ihren Großvater töten, als er noch ein Kind war und sich und ihre Ideen ungeschehen machen! Jedoch hat der Synchronisationsblitz B_2 von der Raketenmitte M′ aus nach U_2' den kürzeren Weg und startete schon vor dem Signal S. Nur mit *Überlichtgeschwindigkeit* könnte also S *kausal* in die Vergangenheit wirken. Nun gibt es Experimente, die auf Überlichtgeschwindigkeit zu deuten scheinen. Wir zeigen in der *Quantenphilosophie*, dass sie die SRT nicht widerlegen.

Was folgern wir aus der SRT?

Gute S′-Uhren U′ ticken für die mitbewegten Beobachter mit ihrer *Eigenzeit t′*. Für S′ ist die Sekunde unverändert, auch wenn er an unseren S-Uhren entlangrast, mit denen wir die *Zeitdehnung* $t > t'$ messen.

Die *Längenkontraktion* sagt nicht, dass in schnellen Raketen auf der *Eigenlänge L′* weniger Atome aneinandergereiht seien, auch nicht, dass durch schnell bewegte Körper ein „Ätherwind“ bläst, der die Atome näher zusammenrücken lässt, wie es LORENTZ annahm. EINSTEIN lehnte solche Spekulationen ab, welche die Physiker lange genarrt haben. Er entwickelte die SRT als **Theorie für exaktes Messen,** heute unbestrittene Grundlage der Physik. Ihr Kernstück, die *Relativität der Gleichzeitigkeit*, ist nach Ziff. 7 in sich schlüssig und bewährt sich beim Auflösen der Paradoxien (s. Ziff. 7 und 9).

All dies steht aber *nicht nur auf dem Papier*. Die Zeitdehnung wurde beim Altern von Myonen nachgewiesen; sie ist für den Messenden genauso *real* wie das Unvermögen, die Lichtgeschwindigkeit zu überschreiten. EINSTEIN fand *neue Naturgesetze*, etwa die berühmte Äquivalenz von Energie und Masse nach $W = mc^2$ (s. nächstes Kapitel). Dazu war es nötig, die Worte „absolute Zeit“, „absoluter Raum“ als unbewiesene, ungeprüfte magische Vorurteile vorrelativistischer Physik zu entlarven.

Die früher aufgestellten Formeln erwiesen sich aber nicht als falsch, sondern nur als Näherung, brauchbar und bequem für Geschwindigkeiten $v \ll c$. Dort setzt man auch heute noch $k = 1$, $t = t'$, $m = m_0$; man benutzt zu Recht die *Galilei*-, nicht die viel kompliziertere *Lorentz-Transformation*.

Zankapfel Zwillingsparadoxon

Zwei Zwillinge Enno und Rolf zählen 30 Jahre (30 a). Der **R**eisende **R**olf startet zum Sirius mit $\beta = 0{,}99$ ($k = 0{,}14$) längs einer gedachten, synchronisierten Uhrenreihe. Während der auf der **E**rde zurückgebliebene **E**nno um $t = 10\,\text{a}$ altert, wächst die Eigenzeit t' von Rolf auf dem Hinflug nur um $t' = k\,t = 1{,}4\,\text{a}$; Rolf zählt bei der Rückkehr nur $30\,\text{a} + 2 \cdot 1{,}4\,\text{a} = 32{,}8\,\text{a}$, Enno dagegen $30\,\text{a} + 20\,\text{a} = 50\,\text{a}$! Dabei sehen wir Rolf als „langsam tickende Einzeluhr“ an. – Hat nicht auch Enno eine Einzeluhr, analog zu U_3 in Ziff. 9? Könnte man nicht dem Reisenden Rolf eine synchronisierte Uhrenreihe (U_1', U_2') anheften, an der Enno entlangzieht? Dann würde für Enno beim Flug nach *rechts* die linke Uhr U_1' früher gestartet als die rechte U_2' ($t_1' > t_2'$).

Wenn aber Rolf am Sirius umkehrt, müsste er in ein nach links fliegendes Inertialsystem *wechseln*, mit entgegengesetzter Synchronisation ($t_1' < t_2'$). Nun hebt sich bei diesem Wechsel das in Ziff. 8 eingeführte $\Delta t' = L'\beta/c$ auf. – Also gilt: Unabhängig vom Standpunkt tickt die Uhr des Reisenden Rolf langsamer, zumal der Erdenzwilling Enno sein System nicht wechselt. Auch nach einer verallgemeinerten Rechnung bleibt Rolf jünger!

Laufen *Myonen* mit $v \approx c$ im Kreis, so wechseln sie ständig ihr Inertialsystem, man darf sie nicht mit den außen ruhenden Beobachtern vertauschen und sagen, diese leben länger! Für die Myonen gilt $t' = k\,t \ll t$. Also spielen die großen Zentripetalbeschleunigungen und Kräfte keine Rolle (geprüft bis $a = 10^{22}\ \text{m/s}^2$)! Man kann auch beim Zwillingsproblem darauf verzichten, wenn Rolf nach langer Reise eine entgegenfliegende Rakete trifft und ihr sein Alter $(30 + 1{,}4)\,\text{a}$ zufunkt. Dort zählt man weiter und meldet beim Vorbeiflug an der Erde dem 50 a alten Erdenzwilling Enno, dass beide Reisende zusammen nur um 2,8 a gealtert seien.

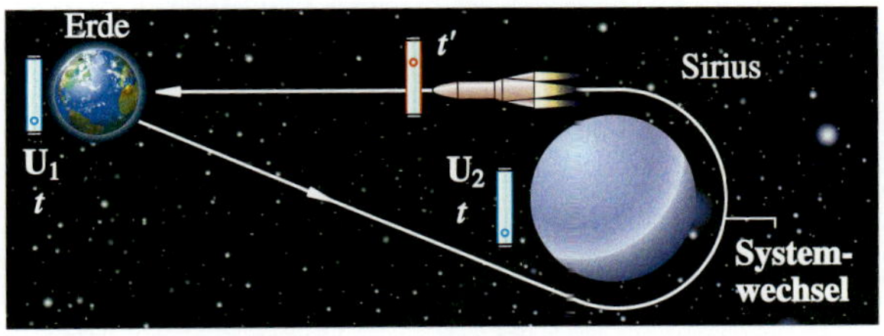

A 1: a) In einer Rakete mit $v \approx c$ wird ein Lichtblitz gegen die Fahrtrichtung abgesandt. Welche Geschwindigkeit hat er für uns? Bleibt er etwa stehen? **b)** EINSTEIN grübelte mit 16 Jahren: Ich sende einen Lichtblitz aus und renne ihm mit $v = c/2$ nach. Entflieht er mir mit $v = c$ oder mit $v = c/2$? Begründen Sie.

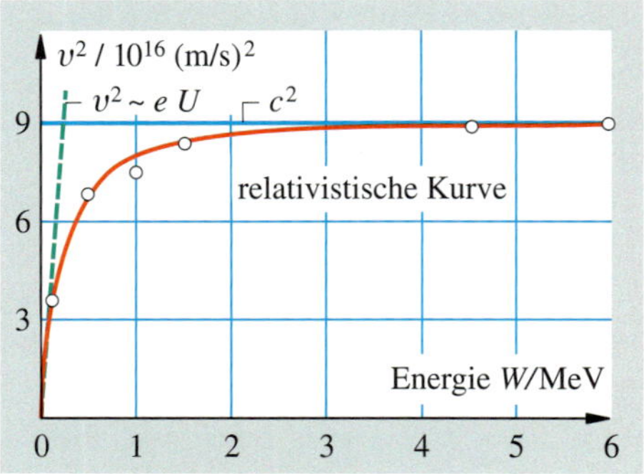

B 1: Gemessen sind $W = e\,U$ (in MeV) und v^2 an beschleunigten Elektronen. Lichtgeschwindigkeit (c^2) wird nicht erreicht. $W_{kin} = \frac{1}{2} m\, v^2 = e\,U$ gilt nicht (gestrichelte Gerade) [Programm 17].

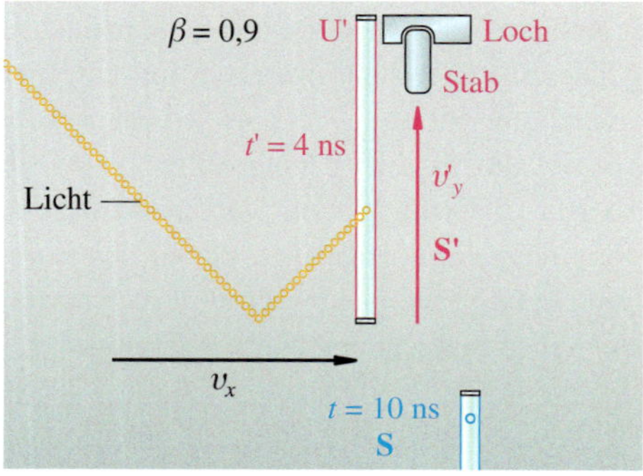

B 2: Der Stab fliegt mit v'_y langsam nach oben und schlägt in das nach rechts mitfliegende Hindernis ein Loch. Dessen Tiefe kann nicht davon abhängen, wie schnell der Stab und U' mit v_x nach rechts fliegen.

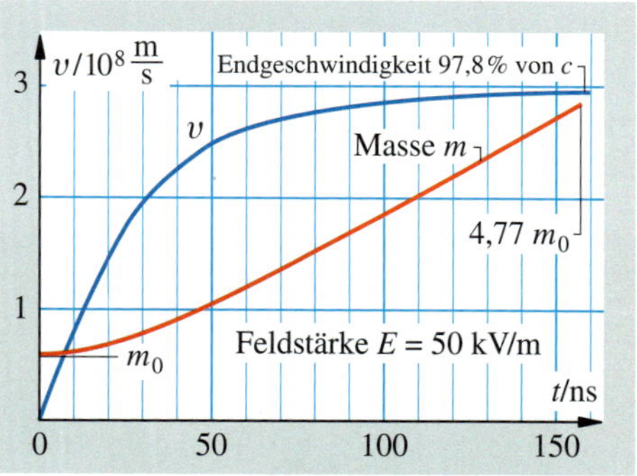

B 3: Elektronen werden mit konstanter Feldstärke $E = 50$ kV/m beschleunigt. Ihre Masse m wächst von m_0 aus; sie erreichen nie Lichtgeschwindigkeit c.

A 1: Bei welcher Geschwindigkeit ist die Energie W eines Körpers doppelt so groß wie seine Ruhenergie W_0, wann 100fach?

Masse und Energie in der Relativitätstheorie

1. In der SRT wird auch die Masse nicht verschont

Nach ➡ *Bild 1* wurden Elektronen mit wachsenden Spannungen U beschleunigt und ihre Geschwindigkeit v gemessen. Die 6 Messpunkte zeigen v^2 über $W = e\,U$. Diese Messungen widerlegen die NEWTON-Mechanik zweifach:

- $v^2 = 9 \cdot 10^{16}$ (m/s)^2 = ($3 \cdot 10^8$ m/s)^2 bleibt unerreicht; $c = 3 \cdot 10^8$ m/s ist **Grenzgeschwindigkeit für Körper.**
- Die Formel $W_{kin} = \frac{1}{2} m\, v^2$, dargestellt von der gestrichelten Geraden $v^2 \sim e\,U$, gilt höchstens für den 1. Messpunkt, für die „kleine" Geschwindigkeit $v = 1{,}6 \cdot 10^8$ m/s.

Beim Abbremsen wurde die von den Elektronen aufgenommene Energie $W = e\,U$ vollständig als Wärme gemessen. Also war $e\,U$ unterwegs *kinetische Energie* W_{kin}; $W = e\,U$ und der Energiesatz gelten auch bei $v \approx c$. Doch versagt dort die *Energieformel* $W_{kin} = \frac{1}{2} m\, v^2$. Lässt sich wenigstens die *Impulsformel* $p = m\,v$ retten? Sie bedeutet: Die Stoßfähigkeit eines Körpers hängt von Geschwindigkeit v *und* Masse m ab. Analysieren wir also die Messung der Geschwindigkeit v'_y des stoßenden Stabes in ➡ *Bild 2*:

Der Stab bewegte sich für S'-Beobachter entlang der Uhr U' (Länge l) *langsam* mit der y-Geschwindigkeit $v'_y \approx 0$ nach oben. Also hat er *für* S' die **Ruhemasse m_0.** Für uns S-Beobachter flog der Stab zusätzlich neben U' mit $v_x = \beta c$ *sehr schnell* nach rechts. Oben angekommen schlug der Stab ein Loch in das an U' befestigte Hindernis. Die Lochtiefe ist für S' und S gleich (wie die Länge der Uhren U' und U [Programm 16]).

Betrachtet man die Lochtiefe als Maß für den Impuls in y-Richtung, so liegt die folgende Hypothese nahe: Für S' ist der y-Impuls $p'_y = m_0\, v'_y$ *genauso groß* wie $p_y = m\, v_y$ für S. Dabei hat S' die y-Geschwindigkeit $v_y' = l/t'$ nach seiner S'-Uhr U' bestimmt. Nach unseren S-Uhren dagegen ist $t = t'/k$ *länger*, folglich ist die y-Geschwindigkeit $v_y = l/t = k\,l/t' = k\,v'_y$ *kleiner* ($k = \sqrt{1-\beta^2}$). Wie gleichen wir diese kleinere Geschwindigkeit v_y aus? Wir (S) schreiben dem *für uns* nach rechts schnell mit v_x fliegenden Stab eine *größere Masse* $m > m_0$ zu. Dabei wurde m_0 bei $v'_y \approx 0$ von S' als Ruhemasse m_0 bestimmt:

Für uns ist der y-Impuls $\quad p_y = m\, v_y \;= m\,l/t = m\,l\,k/t'$.
Für S' gilt einfach $\quad p'_y = m_0\, v'_y = m_0\, l/t'$.
Gleichsetzen von p_y und p'_y liefert:

$$\boldsymbol{m = m_0/k \geq m_0} \quad \text{mit} \quad k = \sqrt{1-\beta^2}. \qquad \textbf{(1)}$$

Danach strebt bei $\beta = v_x/c \to 1$, also bei $v_x \to c$, die Masse $m = m_0/k \to \infty$. Das erklärt, warum sich nach ➡ *Bild 1* Elektronen hoher Energie $W = e\,U$ der Lichtgeschwindigkeit c nur asymptotisch nähern und c nie überschreiten. Größere Masse bedeutet nämlich größere *Trägheit* (und *Schwere*) der einzelnen Atome, nicht etwa eine Zunahme der Atomzahl!

2. Die berühmte Einstein-Gleichung $W = m c^2$

Leider rettet $m = m_0/k$ die Formel $W_{kin,\,klass} = \frac{1}{2} m v^2$ der klassischen kinetischen Energie nicht. Beim Messpunkt $W = 4{,}5$ MeV = $7{,}2 \cdot 10^{-13}$ J, $v = 2{,}96 \cdot 10^8$ m/s ist $m = m_0/k = 5{,}6 \cdot 10^{-30}$ kg (➡ *Bild 1*). $W_{kin,\,klass} = \frac{1}{2} m v^2$ liefert damit aber nur $2{,}45 \cdot 10^{-13}$ J. Man muss die klassische Formel $W_{kin,\,klass} = \frac{1}{2} m v^2$ ersetzen!

Dazu untersuchen wir, wie sich die Massenzunahme auf Beschleunigung a und Energie W von Elektronen auswirkt:
Nach ➡ *Bild 1* und *3* pumpt das E-Feld immer mehr Energie $e\,U$ in ein Elektron. Dessen Geschwindigkeit v nähert sich dem Wert c immer langsamer; die Beschleunigung a geht gegen null. Dafür steigt die Masse $m = m_0/k$. Betrachten wir deren Zunahme Δm:
$\Delta m = m - m_0 = m_0/k - m_0 = m_0 (1/k - 1) = m_0 (1 - k)/k$.
Da $(1 + k)(1 - k) = 1 - k^2 = 1 - (1 - \beta^2) = \beta^2$ ist, erweitern wir $\Delta m = m_0 (1 - k)/k$ mit $(1 + k)$ und erhalten

$$\Delta m = \frac{m_0 (1+k)(1-k)}{(1+k)\,k} = \frac{m_0 \beta^2}{(1+k)\,k} = \frac{m_0\, v^2/c^2}{(1+k)\,k}. \qquad (2)$$

Im nichtrelativistischen Bereich, für $\beta^2 = v^2/c^2 << 1$ und damit für $k = \sqrt{1 - \beta^2} \approx 1$, folgt daraus näherungsweise

$$\Delta m \approx m_0\, v^2/2\,c^2 = W_{kin,\,klass}/c^2. \qquad (3)$$

Also geht $W_{kin,\,klass} \approx \Delta m\, c^2$ für $v << c$ über in die bekannte, nichtrelativistische Formel $W_{kin,\,klass} = \frac{1}{2} m_0 v^2$ (gestrichelte Gerade in ➡ *Bild 1*). Die dort durchgezogene Kurve wurde jedoch berechnet mit der *relativistischen Formel*

$$\Delta m\, c^2 = (m - m_0)\, c^2 \quad \text{und} \quad m = m_0/k.$$

Sie zeigt, wie $v^2 = \beta^2 c^2$ von der vom E-Feld zugeführten und dann auch gemessenen kinetischen Energie W_{kin} abhängt. Die 6 Messpunkte bestätigen die *relativistische Formel.*
Also gilt allgemein für alle Geschwindigkeiten:

$$W_{kin} = \Delta m\, c^2 = (m - m_0)\, c^2 \quad \text{oder} \quad m\,c^2 = m_0\, c^2 + W_{kin}. \qquad (4)$$

Die Terme $m\,c^2$, $m_0\,c^2$ und W_{kin} sind Energien. Ein ruhender Körper hat $W_{kin} = 0$, er hat nur die **Ruheenergie** $\boldsymbol{W_0 = m_0 c^2}$. Also ist $\boldsymbol{W_{kin} = \Delta m\, c^2}$ tatsächlich die relativistische Form der kinetischen Energie. Bei Bewegung erhöht sie $W_0 = m_0 c^2$ auf die

$$\textbf{Gesamtenergie } W = m\,c^2. \qquad (5)$$

Diese Gleichung hat als „$E = m c^2$" Weltgeschichte gemacht. Sie zeigt: **Energie und Masse sind äquivalent.**

Merksatz

Die Masse m eines relativ zu uns mit $v = \beta\,c$ bewegten Körpers steigt für uns (und nur für uns) mit v an, und zwar auf

$$m = \frac{m_0}{k} = \frac{m_0}{\sqrt{1-\beta^2}} \geq m_0. \qquad (6)$$

Die **Ruhemasse** $\boldsymbol{m_0}$ gilt nur für $v \approx 0$.
Die **Gesamtenergie** $\boldsymbol{W}$ eines Körpers ist stets

$$W = m\,c^2 \quad \text{mit} \quad m = m_0/k. \qquad (7)$$

Das ist wichtig

Die **SRT** ruht auf nur **zwei Postulaten:**
Relativitätsprinzip: In allen Inertialsystemen gelten die gleichen Gesetze; die Relativgeschwindigkeit v ist für relativ zueinander bewegte Systeme gleich.
Invarianz der Lichtgeschwindigkeit: Die Geschwindigkeit $c = 299\,792\,458$ m/s des Lichts ist universelle Naturkonstante.

Folgerungen aus den Postulaten

Zeitdehnung: Die Eigenzeit t' einer mit v bewegten Einzeluhr wird längs einer synchronisierten Uhrenreihe (t) gedehnt gemessen zu

$$t = t'/k > t'$$

mit $k = \sqrt{1 - (v/c)^2}$ und $\beta = v/c$.

Längenkontraktion: Die Eigenlänge L' wird in Bewegungsrichtung verkürzt gemessen auf $L'k < L'$.

Gleichzeitigkeit ist relativ.

Lorentz-Transformationen:
$x = (x' + v\,t')/k$; $\quad x' = (x - v\,t)/k$
$t = (t' + v\,x'/c^2)/k$; $\quad t' = (t - v\,x/c^2)/k$
$y = y'$; $z = z'$

Masse: $\boldsymbol{m = m_0/\sqrt{1-\beta^2} \geq m_0}$.
Energie: $\boldsymbol{W = m\,c^2}$ mit $m = m_0/\sqrt{1-\beta^2}$

Aufgaben

A 1: Warum ist die relativistische Zunahme der Masse, also der Trägheit, eine Folge der Zeitdehnung? Wie misst man die Trägheit?

A 2: In einer mit $v = 0{,}6\,c$ nach rechts fliegenden Rakete bewegen sich Elektronen mit $v_{El} = 0{,}8\,c$ nach rechts [links]. Welche Geschwindigkeit haben Sie für uns?

A 3: Leiten Sie aus den Gleichungen der Lorentz-Transformation die Zeitdilatation her. Beachten Sie, dass U′ in S′ stets am gleichen Ort x' ruht. Zeigen Sie, dass eine Einzeluhr U in S für S′-Beobachter langsamer tickt.

A 4: Prüfen Sie folgende Rechnung: Mit $p = m\,v = m_0\,v/k$, $W_0 = m_0\,c^2$ und $W = W_0/k$ folgt $c^2 p^2 = W_0^2 \beta^2/k^2$. Daraus ergibt sich die Formel $\boldsymbol{W^2 = W_0^2 + c^2 p^2}$. Stellen Sie diese als Merkregel in einem rechtwinkligen Dreieck graphisch dar.

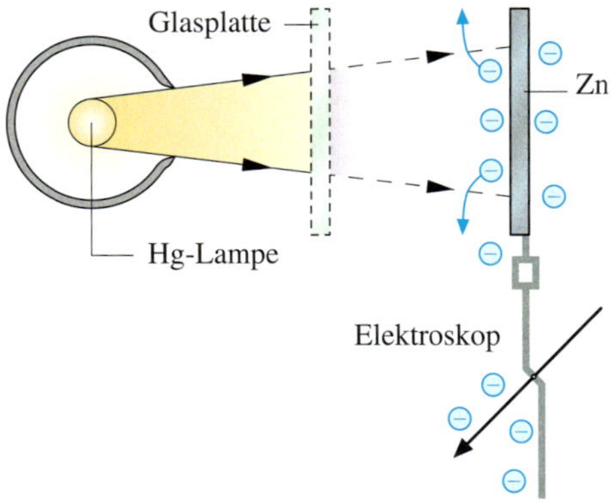

V 1: Das UV-Licht einer Quecksilberdampf-Lampe entlädt die *negativ* geladene Zinkplatte. Die Glasplatte würde UV-Licht absorbieren und den Photoeffekt verhindern.

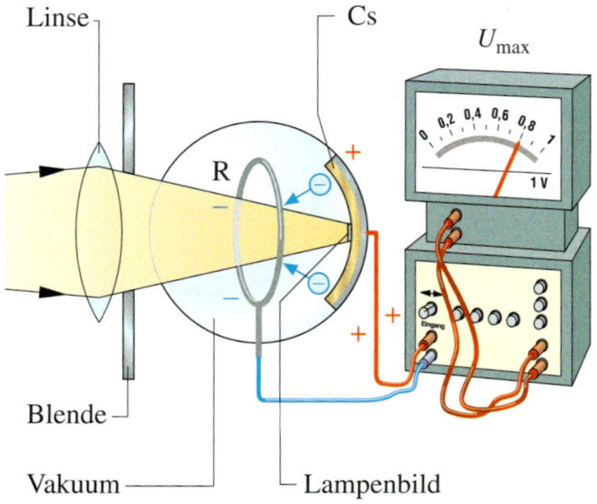

V 2: a) Blaues Licht fällt im Innern einer luftleeren Photozelle auf Cäsiummetall (Cs). Die Blende hält Licht vom Ring R fern. Zwischen dem Cäsiummetall und dem Ring liegt ein Spannungsmesser (1 V; $R \geq 10^{10}\,\Omega$). Die Anzeige steigt bis zur Spannung U_{max}, bei Cäsium bis 0,8 V, *aber nicht weiter*. Die vom Licht aus dem Cäsiummetall befreiten Photoelektronen landen auf dem Ring. Sie laden ihn so weit negativ auf, bis sie die Spannung $U_{max} = 0{,}8$ V erzeugt haben. Dann reicht ihre kinetische Energie nicht mehr aus, zum Ring zu gelangen. Die Photoelektronen erhielten vom Licht maximal die Energie $\boldsymbol{W_{max} = e\,U_{max}}$, bei blauem Licht etwa 0,8 eV.

b) Wir verkleinern die Blendenöffnung. Das von der Linse auf dem Metall erzeugte Lampenbild wird dunkler (nicht kleiner). Trotzdem sinkt U_{max} nicht. Die Energie $W_{max} = e\,U_{max}$ der Photoelektronen hängt also nicht von der Lichtintensität ab.

Photoeffekt und Lichtquanten

1. Experimente widerlegen klassische Vorstellungen

Ein unscheinbarer Versuch von W. HALLWACHS öffnete 1888 das Tor zur modernen Physik. In ➠ *Versuch 1* setzt UV-Licht aus einer Zinkplatte Elektronen frei. Wenn sie *negativ* geladen ist, stößt sie diese ab und wird entladen. Von selbst, ohne Licht, können Elektronen das Metall bei Zimmertemperatur nicht verlassen. Dazu ist eine **Ablöseenergie W_A** nötig. Diese vermag UV-Licht zu liefern. Sichtbares Licht dagegen, das eine kleinere Frequenz f hat, bringt die bei Zink nötige Ablöseenergie W_A nicht auf. Dies gilt auch, wenn die Lampe der Zinkplatte genähert wird und dort mit großer Intensität wirkt. Bei diesem **Photoeffekt** kommt es also auf die *Frequenz f* des Lichts an, auf seine *Art*, nicht auf die Intensität. Dies erklärt, warum UV, nicht aber das sichtbare Licht einer starken Glühlampe, *Sonnenbrand* erzeugt und warum Röntgenstrahlen (f sehr groß) gefährlich sind.

In ➠ *Versuch 2* untersuchen wir den Photoeffekt im Vakuum einer **Photozelle,** um Einflüsse der umgebenden Luft auszuschließen. Dabei messen wir die Energie W der einzelnen, aus Cäsiummetall (Cs) freigesetzten **Photoelektronen.** Sie hat bei blauem Licht ($\lambda = 436$ nm) die scharfe *Obergrenze* $W_{max} = 0{,}8$ eV. Diese hängt nicht von der Intensität des Lichts ab, was der **klassischen Physik** (Mechanik, Elektrizitätslehre, Optik) widerspricht. Nach ihr müsste helleres Licht mit seiner größeren elektrischen Feldstärke ein Elektron stärker beschleunigen, also W_{max} erhöhen.

Dagegen steigt nach ➠ *Versuch 3* die Maximalenergie W_{max} mit der Frequenz f des Lichts. W_{max} über f aufgetragen gibt die dort blau gezeichneten Geraden. Deren gemeinsame Steigung bezeichnet man in der Quantentheorie mit h und die jeweiligen negativen Achsenabschnitte mit $-W_A$. W_A hängt vom bestrahlten Metall ab. Also gilt $\boldsymbol{W_{max} = hf - W_A}$.

Die Terme W_{max}, hf und W_A stellen *Energien* dar. Dabei hängt hf nur von der Lichtfrequenz f ab, W_A nur vom bestrahlten Metall. Der Faktor h ist vom Metall wie vom Licht unabhängig und erweist sich als eine neue, der klassischen Physik fremde Naturkonstante. Damit können wir den Photoeffekt deuten:

a) Der Term $\boldsymbol{hf}$ ist die gesuchte Energie, die Licht der Frequenz f an ein Elektron im Metall abgibt. Sie ist zu f proportional und wird von der roten Ursprungsgeraden dargestellt.

b) $\boldsymbol{W_{max}}$ wird am Elektron im Vakuum gemessen, also erst *nach* dem Ablösen vom Metall. Deshalb ist W_{max} um die dazu nötige **Ablöseenergie W_A** kleiner als die im Metallinnern vom Licht aufgenommene Energie hf. Den schnellsten Photoelektronen außerhalb des Metalls verbleibt die gemessene Energie

$$W_{max} = hf - W_A. \qquad (1)$$

2. Licht gibt Energie an Elektronen nur portionsweise ab

$W = hf$ zeigt etwas unerhört Neues: Licht der Frequenz f überträgt Energie auf Elektronen in **Energieportionen** bestimmter Größe $\boldsymbol{W = hf}$, **Lichtquanten** genannt. Sie hängen nur von h und f ab. Wir berechnen h mit den Werten für die violette (v) und die gelbe (g) Spektrallinie einer Quecksilberdampf-Lampe. Dem Steigungsdreieck der Geraden für Cs entnehmen wir nach *Tabelle 1:*

$$\Delta W_{max} = W_{max}(v) - W_{max}(g) = (1{,}02 - 0{,}13)\ \text{eV} = 0{,}89\ \text{eV}$$

$$\Delta f = f(v) - f(g) = (7{,}41 - 5{,}19) \cdot 10^{14}\ \text{Hz} = 2{,}22 \cdot 10^{14}\ \text{Hz}.$$

Es folgt die Geradensteigung $h = \Delta W_{max}/\Delta f = 6{,}4 \cdot 10^{-34}$ Js.
Der wissenschaftliche Wert ist $h = 6{,}62607 \cdot 10^{-34}$ Js. Damit ergibt sich die Ablöseenergie W_A bei Cäsium nach *Gl. 1* zu

$$W_{A,\,Cs} = hf(v) - W_{max}(v) = 1{,}94\ \text{eV} \quad (\textit{Tabelle 2}).$$

In *Versuch 3* setzt der Photoeffekt bei der **Grenzfrequenz** $\boldsymbol{f_{gr}}$ ein, bei Cs ab $f_{gr} = 4{,}7 \cdot 10^{14}$ Hz (im Sichtbaren). Bei $f = f_{gr}$ bringt die Energie hf eines Lichtquants die zum Ablösen nötige Energie W_A noch nicht auf; es gilt $W_{max} = hf_{gr} - W_A = 0$, also $\boldsymbol{f_{gr} = W_A/h}$. Bei Zink liegt $f_{gr} = 10{,}3 \cdot 10^{14}$ Hz im UV; sichtbares Licht bleibt deshalb im *Versuch 1* an der Zinkplatte wirkungslos.

In *Versuch 4* legen wir von außen veränderbare Spannungen U zwischen Cs (+) und den Ring R (–). Bei $U = U_{max}$ ist der Photostrom $I_{Ph} = 0$, da auch die schnellsten Elektronen R nicht erreichen. I_{ph} steigt erst, wenn U unter U_{max} sinkt. Dann ist das Feld zwischen Cs (+) und Ring (–) schwächer. Nun landen auch langsamere Photoelektronen auf dem Ring. Sie hatten schon im Metallinnern weniger Energie.
Mit der *universellen Naturkonstanten* $h = 6{,}626 \cdot 10^{-34}$ Js eröffnete Max PLANCK (Nobelpreis 1918) im Jahre 1900 die **Quantenphysik**, die so genannte **nichtklassische Physik.** $\boldsymbol{h}$ heißt **Planck-Konstante** und tritt in der klassischen Physik nicht auf.

Merksatz

Maximalenergie eines **Photoelektrons:** $\boldsymbol{W_{max} = hf - W_A}$ (2)
W_{max} ist von der Lichtintensität unabhängig.
Planck-Konstante $\boldsymbol{h = 6{,}626 \cdot 10^{-34}}$ **Js** (3)
Grenzfrequenz für Elektronenablösung: $\boldsymbol{f_{gr} = W_A/h}$ (4)

Farbe	λ in nm	f in 10^{14} Hz	U_{max} in V	W_{max} in eV
gelb	578	5,19	0,13	0,13
grün	546	5,50	0,27	0,27
blau	436	6,88	0,81	0,81
violett	405	7,41	1,02	1,02

T 1: Energie $W_{max} = e\,U$ der schnellsten Photoelektronen bei Cäsium in Abhängigkeit von Wellenlänge λ und Frequenz f

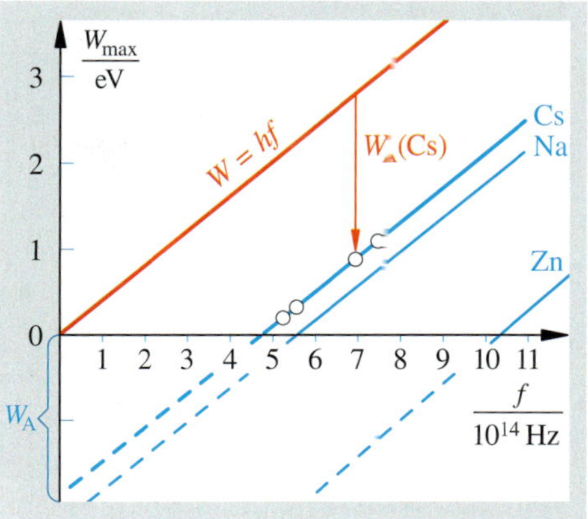

V 3: Verschiedene Stoffe werden mit den scharfen Spektrallinien einer Quecksilberdampf-Lampe bestrahlt. Mit der Lichtfrequenz f steigt die Energie $W_{max} = e\,U_{max}$ der schnellsten Photoelektronen *linear* an.

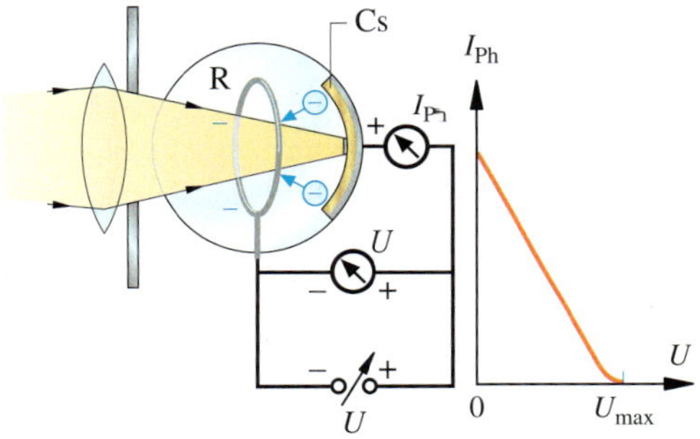

V 4: Von außen werden veränderbare Spannungen U zwischen R und Cs der Photozelle gelegt (Polung beachten). Bei $U = U_{max}$ ist $I_{Ph} = 0$, bei $U < U_{max}$ entsteht der Photostrom I_{Ph}, getragen von Elektronen, deren Energie kleiner als W_{max} ist.

A 1: a) Welche Energie und Geschwindigkeit haben die schnellsten Photoelektronen aus mit UV bestrahltem Natrium ($\lambda = 100$ nm)? Wie groß ist ihre Energie bei halber Wellenlänge? **b)** Wie groß ist die Grenzfrequenz f_{gr}? Was bedeutet sie?

Metall bzw. Legierung	f_{gr} in 10^{14} Hz	W_A in eV
AgCsO	2,5 (IR)	1,04
Cäsium	4,7 (orange)	1,94
Natrium	5,5 (grün)	2,28
Zink	10,3 (UV)	4,27
Platin	13,0 (UV)	5,36

T 2: Grenzfrequenz f_{gr} des Lichts und Ablöseenergie W_A verschiedener Stoffe

B 1: Max PLANCK (links) überreicht 1929 Albert EINSTEIN die Max-Planck-Medaille.

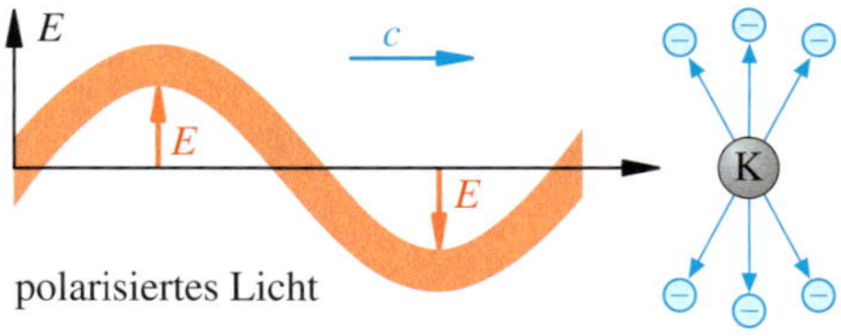

B 2: Licht der Frequenz f setzt aus freien Kalium-Atomen (K) im Vakuum Elektronen mit *einheitlicher* Energie frei. Sie fliegen etwa in Richtung des $\vec{E}$-Vektors weg, nicht in Richtung des Lichtstrahls.

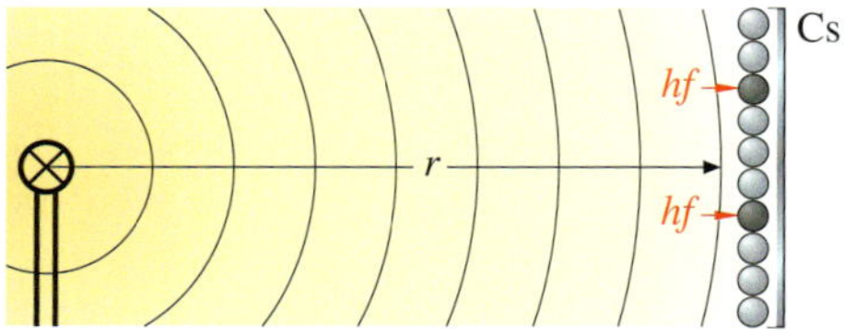

V 1: Licht des Lämpchens (4 V; 0,5 A; optischer Wirkungsgrad 5%) fällt aus $r = 1$ m Abstand auf eine Photozelle. Es sendet die Lichtleistung $P_L = 4\,V \cdot 0{,}5\,A \cdot 0{,}05 = 0{,}1\,W$ aus.

Nach der klassischen Wellenvorstellung sollte sie sich in $r = 1$ m über eine kugelförmige Wellenfront der Größe $O = 4\,\pi\,r^2 \approx 10^5\,cm^2$ „verdünnen". Auf ein Cs-Atom mit $A = 10^{-17}\,cm^2$ Fläche fiele der Teil $\alpha = A/O = 10^{-17}\,cm^2/10^5\,cm^2 = 10^{-22}$ von 0,1 W. Es erhielte die Leistung $P_{Cs} = \alpha \cdot P_L = \alpha \cdot 0{,}1\,W = 10^{-23}\,W$.

Nun ist zum Ablösen eines Elektrons die Energie $W_A \approx 2\,eV \approx 3 \cdot 10^{-19}\,J$ nötig. Dazu müsste man

$t = W_A/P_{Cs} = 3 \cdot 10^{-19}\,J/10^{-23}\,W = 3 \cdot 10^4\,s$

also etwa 10 h warten. Doch findet man die ersten Photoelektronen sofort, ohne Verzögerung!

Photonen als unteilbare Lichtquanten

1. Ein idealer Photoeffekt an freien Atomen

Nach ➠ *Bild 2* fällt Licht auf freie K-Atome in Kalium-Dampf. Die abgelösten Photoelektronen treten unmittelbar ins Vakuum. Dort haben alle dieselbe Energie $W = hf - W_A$, im Gegensatz zum Photoeffekt an kompakten Metallen. Dies zeigt: *Licht der Frequenz f gibt an alle Elektronen die gleiche Energie hf ab.* Damit stehen wir vor der folgenden grundlegenden Frage:

2. Ist die Lichtenergie selbst in Quanten *hf* aufgeteilt?

Die bisherigen Experimente erlauben zwei Deutungen:

a) Die Energie des Lichts selbst ist *kontinuierlich* verteilt. Sie wird erst dann in Portionen gleicher Größe hf zerstückelt, wenn sie auf ein Elektron übergeht.

b) Das Licht könnte schon *unterwegs* seine Energie in **Quanten** der Größe hf beisammen halten.

Deutung b) widerspricht der klassischen Lichttheorie MAXWELLS. Nach dieser müsste sich Lichtenergie kontinuierlich auf Wellenfronten ins Unendliche „verdünnen", wie Max PLANCK sagte. Dann aber dürften bei der schwachen Belichtung in ➠ *Versuch 1* Elektronen erst nach Stunden frei kommen, wenn sie die Energie $W_{max} \approx 2\,eV$ aufgesammelt haben. Man erhielte stundenlang keinen Photostrom, bis alle Photoelektronen zusammen ausbrechen. Danach müssten sich die Atome wieder mit Energie „aufpumpen". Man findet Elektronen aber sofort, ohne Verzögerung. Also ist die Energie der Lichtwelle selbst in Quanten $W = hf$ aufgeteilt; man nennt diese Energieportionen **Photonen.** Man sagt: **Lichtenergie ist quantisiert.** Die Rechnung zu Versuch 1 stammt von M. PLANCK. Er führte sie an freien Atomen aus (➠ *Bild 2*).

Diese Quantisierung der Lichtenergie widerspricht der klassischen Physik, wurde aber von Albert EINSTEIN (Nobelpreis 1921) schon 1905 für alle elektromagnetischen Wellen postuliert. Er hatte den Mut, die Energie der Lichtwelle in Quanten aufzulösen, ohne die Welle zu verwerfen und sagte: *„Welle und Quant sind nicht miteinander unvereinbar".* Ist beim Photoeffekt an freien Kalium-Atomen das Licht polarisiert wie in ➠ *Bild 2*, dann verlassen die Photoelektronen die Atome etwa in Richtung des $\vec{E}$-Vektors (in der Zeichenebene), senkrecht zum Strahl. Selbst beim Photoeffekt verhalten sich Photonen nicht wie Teilchen im Sinne der Newton-Mechanik, also nicht wie Billardkugeln. Solche würden Elektronen bevorzugt in Strahlrichtung freistoßen, nicht senkrecht dazu.

Merksatz

Die Energie elektromagnetischer Strahlung mit der Frequenz f wird in **Quanten $W = hf$** wirksam, **Photonen** genannt. Lichtenergie ist quantisiert. hf hängt nicht von der Intensität ab. *Helles* Licht hat *mehr* Quanten, nicht aber Quanten größerer Energie.

3. Das Photon, kleinste Energieportion der Lichtwelle

Das Wort *Photon* legt eine klassische Teilchen-Vorstellung nahe, da es wie *Elektron* klingt. Doch will es nur sagen: Die Energieportion hf der Lichtwelle ist *unteilbar* wie ein Elektron. Fällt Licht auf Glas, so spaltet es sich nach ➡ *Bild 3* in einen reflektierten und einen durchgehenden Teil. Dabei wird nicht das einzelne Quant hf geteilt; die Frequenz f wird nicht kleiner. Vielmehr verteilt sich die *Zahl* der Photonen auf die beiden schwächeren Teile.

In ➡ *Versuch 2* ermitteln wir die Zahl der Photonen, die Elektronen auslösen. Nur ein Teil der auftreffenden Photonen setzt Elektronen frei: die **Quantenausbeute η** (Elektronenzahl/Photonenzahl) ist kleiner 1. Nur wenige der von einem Photon getroffenen Elektronen verlassen das Metall; die restliche Energie erwärmt es etwas.

Photonen sind die kleinsten, *unteilbaren* Energieportionen hf elektromagnetischer Wellen. Es gibt keine „leere Welle“ ohne Energie, ohne Photonen und kein Photon ohne Welle. Die Frequenz der Welle, die $W = hf$ bestimmt, ist messbar, auch der Feldstärkeverlauf $E(t)$ von Licht, selbst bei nur einem Photon (➡ *Bild 2*).

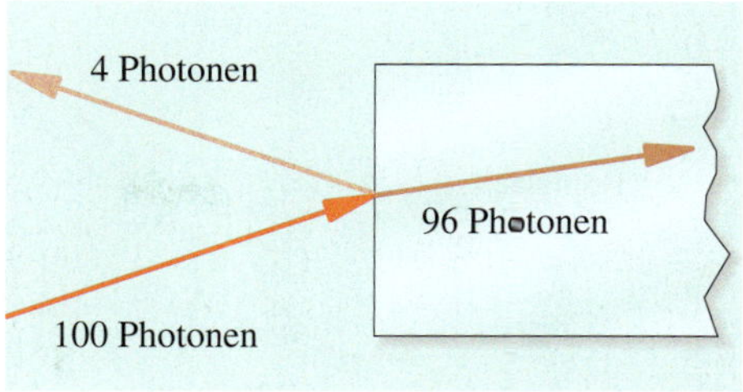

B 3: Von 100 Photonen, die auf die Glasfläche fallen, werden 4 reflektiert, die restlichen 96 durchgelassen

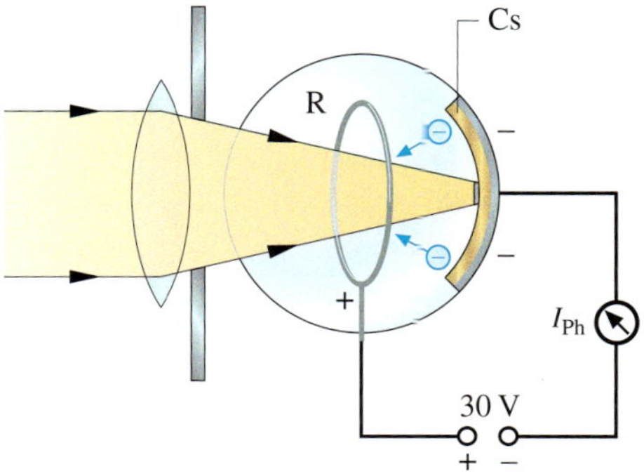

V 2: Um die beim Photoeffekt wirksamen Photonen zu zählen, legt man in der Photozelle den Ring R an den Pluspol der Quelle mit Spannung $U > 30$ V, das Cs an Minus. Nun zieht R *alle* Photoelektronen zu sich. Entstehen in der Zeit t Z Photoelektronen mit Ladung e, dann ist der **Photostrom $I_{Ph} = Z\,e/t$.** Bei $I_{Ph} = 1$ mA wird er von $Z/t = I_{Ph}/e = 6{,}2 \cdot 10^{15}$ Elektronen/s getragen. Sie wurden von $6{,}2 \cdot 10^{15}$ Photonen je Sekunde freigesetzt. Diese Zahl steigt mit der Helligkeit des Lichts, was man in *Belichtungsmessern* benutzt.

Interessantes

Historisches

Die **Quantentheorie** hat sich seit 1900 entwickelt. Sie reicht heute weit über die Physik hinaus in Chemie, Biologie und Technik, sogar in die Philosophie. Es ist die experimentell am besten gesicherte physikalische Theorie; keine uns bekannte Naturerscheinung widerspricht ihren Prinzipien. Diese erfahren viele Bestätigungen in der **Quantenoptik.** Sie erweitert die Wellentheorie des Lichts und erfasst als Partner der **Atomphysik** die Wechselwirkung zwischen Licht und Materie. Der engl. Physiker P. DIRAC entwickelte sie aus der Quantentheorie für Elektronen und verschmolz Photon und Welle widerspruchsfrei. Sie beschreibt die Wechselwirkung Licht-Materie oft einfacher, als es „klassisch“ möglich wäre.

... noch mehr Aufgaben

A 1: Diskutieren Sie die Experimente und Gedanken, **a)** die zur Gleichung $W_{max} = hf - W_A$, **b)** zum Begriff Grenzfrequenz führen. Deuten Sie damit das Experiment von HALLWACHS. **c)** Warum ist h eine allgemeine Naturkonstante – im Gegensatz zu f und W_A? **d)** Was führt dazu, hf als Quant der Lichtenergie selbst zu bezeichnen?

A 2: In ➡ *Versuch 2* wird Cs mit Licht verschiedener Wellenlängen λ bestrahlt, stets mit Lichtleistung $P_L = 0{,}1$ mW. Wie hängt I_{Ph} von λ ab, wenn man von konstanter Quantenausbeute (0,1%) ausgeht? Zeichnen Sie ein λ-I_{Ph}-Schaubild und beachten seine Grenzen.

A 3: Auch in den Sehzellen der Augen findet eine Art (innerer) Photoeffekt statt. Welche Folge hätte das für die Betrachtung ferner Sterne nach Alternative (a) aus Ziff. 2?

A 4: Unterscheiden Sie die Schaltung von Photozellen zur Messung **a)** der maximalen Energie W_{max} der Photoelektronen, **b)** der Energie W der langsameren Photoelektronen, **c)** der Lichtintensität. Beachten Sie die Polung an der Photozelle.

A 5: Das Auge nimmt bei $\lambda = 600$ nm gerade noch die Bestrahlungsstärke 10^{-10} W/m^2 wahr. Wie viele Photonen treffen je Sekunde die Pupillenöffnung ($d = 6$ mm)?

A 6: Licht der Bestrahlungsstärke $S_E = 1{,}37$ kW/m^2 ($\lambda = 400$ nm) fällt senkrecht auf ein Metall mit $W_A = 2$ eV. Wie viele Photoelektronen werden bei der Quantenausbeute $\eta = 0{,}1\%$ freigesetzt? Welche Energie führen sie in 1 s ab?

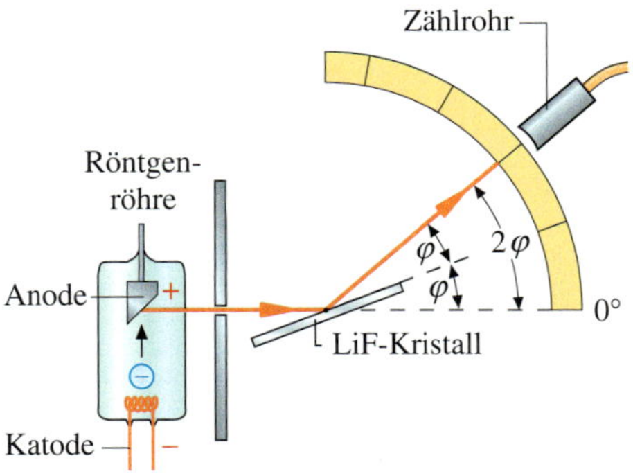

V 1: In der Röntgenröhre werden die Elektronen aus der Glühkatode an der Anode abgebremst. Dort entstehen Röntgenstrahlen, die auf den Lithium-Fluorid-Kristall treffen (LiF; mit Gitterkonstante $d = 201 \cdot 10^{-12}$ m). Sein Winkel gegen die Strahlrichtung wird von 0° aus vergrößert, bis Bragg-Reflexion unter dem Glanzwinkel φ eintritt (Zählrohr um 2φ gedreht). Nach der Bragg-Gleichung $n\lambda = 2d \sin\varphi$ folgt daraus bei $\varphi = 6°$ in der 1. Ordnung ($n = 1$) die Wellenlänge $\lambda = 42$ pm.

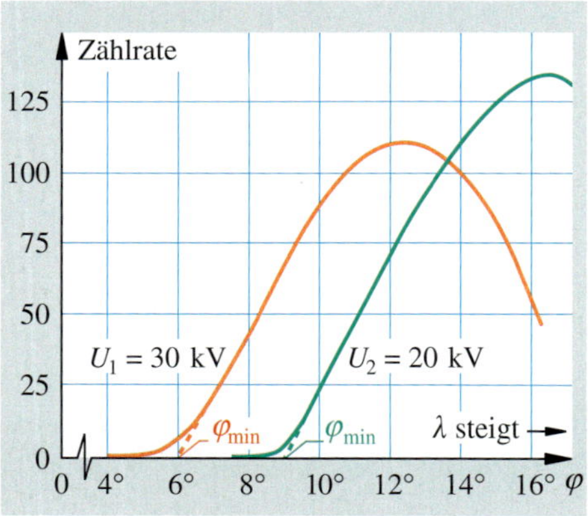

B 1: Intensität der Röntgenbremsstrahlung als Funktion des Winkels φ bei U_1 = 30 keV sowie bei U_2 = 20 keV

U in kV	W_{El} in 10^{-15} J	φ_{min}	λ_{min} in pm	f_{max} in 10^{18} Hz	W_{El}/f_{max} in 10^{-34} Js
15	2,4	12°	84	3,6	6,7
20	3,2	9°	63	4,8	6,7
25	4,0	7°	49	6,1	6,6
30	4,8	6°	42	7,2	6,7

T 1: Aus Spannung U und Grenzwinkel φ_{min} folgt die Planck-Konstante $h = W_{El}/f_{max}$; $W_{El} = e\,U$ ist die Elektronenenergie.

Umkehrungen des Photoeffekts

1. Photonen der Röntgenbremsstrahlung

EINSTEINS Hypothese der Lichtquanten war so revolutionär, dass man sie im weiten Feld der elektromagnetischen Wellen prüfte. Man fragte: Sind auch Röntgenstrahlen quantisiert? Wegen ihrer hohen Frequenz sollte ihre Quantenenergie hf groß sein. In der Röntgenröhre von *Versuch 1* erhalten Elektronen mit der Beschleunigungsspannung $U = 30$ kV die Energie $W_{El} = e\,U = 30$ keV und werden an der Anode abgebremst. Wird dabei der Photoeffekt umgekehrt? Entsteht aus der Energie W_{El} *eines* Elektrons *ein Röntgenquant* gleicher Energie $hf = e\,U$?
Seine Frequenz sollte demnach $f = e\,U/h = 7{,}2 \cdot 10^{18}$ Hz betragen, seine Wellenlänge $\lambda = c/f = c\,h/(e\,U) = 42$ pm.

Nach *Bild 1* erhalten wir das über dem Winkel φ aufgetragene *kontinuierliche Röntgenspektrum*. Es beginnt beim *Grenzwinkel* $\varphi_{min} = 6°$. Nach der Bragg-Gleichung $n\lambda = 2d \sin\varphi$ folgt daraus in der 1. Ordnung ($n = 1$) die *Grenzwellenlänge* $\lambda_{min} = 42$ pm und die *Grenzfrequenz* $f_{max} = c/\lambda_{min} = 7{,}2 \cdot 10^{18}$ Hz. Dies haben wir erwartet: Die gemessenen Röntgenquanten stammen von Elektronen, die in *einem einzigen Prozess* ihre Energie $e\,U = 30$ keV ganz in ein Quant der Röntgenstrahlung umsetzen konnten. Für die Grenzfrequenz f_{max} im kontinuierlichen Röntgenspektrum gilt also $\boldsymbol{h f_{max} = e\,U}$.
Die Messwerte in *Tabelle 1* bestätigen, dass f_{max} proportional zur Spannung U ist, also W_{El}/f_{max} = konst. Da U groß ist, wird hier auf Korrekturen analog zur Ablöseenergie $W_A \approx 2$ eV beim Photoeffekt verzichtet.
In *Bild 1* schließt sich an λ_{min} ein *Röntgenkontinuum* an. Dort haben die Elektronen ihre Energie stufenweise abgegeben und mehrere Quanten kleinerer Energie, größerer Wellenlänge $\lambda > \lambda_{min}$ erzeugt. – Stets bleiben die Elektronen erhalten; als wichtiger Bestandteil von Materie sind sie beständig. Photonen dagegen geben beim Photoeffekt ihre ganze Energie hf in einem einzigen Prozess ab und hören auf zu existieren.

Die Röntgenspektren in *Bild 2* stammen von Röhren mit Anoden aus Chrom, Molybdän und Wolfram. Bei gleicher Spannung U haben sie die gleiche Grenzwellenlänge $\lambda_{min} = c/f_{max}$. Dies rechtfertigt die materialunabhängige Quantengleichung $hf_{max} = e\,U$. Die drei Spektren zeigen aber auch Unterschiede. Wird ein Elektron in der Anode stufenweise abgebremst, so hängt die Zahl der entstandenen Quanten sowie deren Energie $hf < hf_{max}$ vom Anodenmaterial ab.

Merksatz

In Röntgenröhren entstehen Quanten hf. Bei der Röhrenspannung U schließt sich an die Grenzwellenlänge λ_{min} ein kontinuierliches Röntgenspektrum mit der Grenzfrequenz $f_{max} = c/\lambda_{min}$ an. Es gilt

$$\boldsymbol{h f_{max} = e\,U.} \qquad (1)$$

2. Umkehrung des Photoeffekts in Leuchtdioden

Durch Leuchtdioden (LED) fließen ab einer Spannung U_S (1 V bis 3 V) Elektronen. Jedes davon nimmt die Energie $W = e\,U_S$ auf und gibt Licht der Frequenz f ab. Kehrt sich auch hier der Photoeffekt um?

Ohne die Vorgänge genauer zu kennen, vermuten wir die *Energiebilanz*: Entsteht aus der Energie $e\,U_S$ *eines* Elektrons die Energieportion *ein* Photon, dann gilt $e\,U_S = h\,f$. ➡ *Bild 3* zeigt Messwerte an einer Reihe unterschiedlicher Dioden. Mit steigender Spannung steigt die Frequenz f von Infrarot bis Blau. Trägt man $W = e\,U_S$ über f auf, so erhält man die vom Photoeffekt bekannte Gerade. Sie hat hier die Steigung $\Delta W/\Delta f = 6{,}6 \cdot 10^{-34}$ Js $\approx h$. Auch in Leuchtdioden gelten Quantengesetze. Kombiniert man LED's verschiedener Farben, entsteht Weiß mit viel besserem Wirkungsgrad als in Glühlampen. Werden diese künftig durch Leuchtdioden ersetzt?

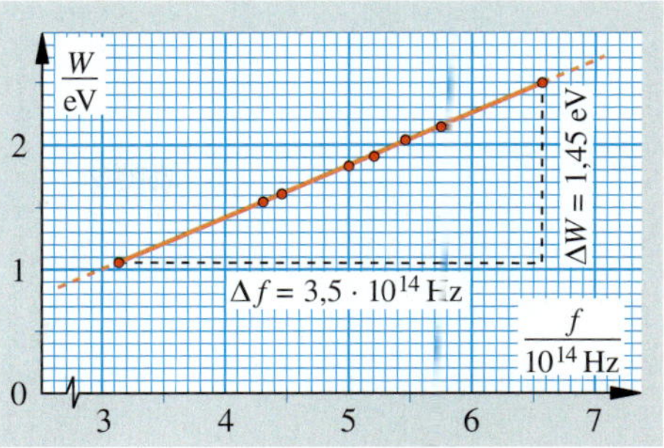

B 3: Die Frequenz f des in Leuchtdioden erzeugten Lichts hängt linear mit der einem Elektron zugeführten Energie $W = e\,U_S$ zusammen – wie beim Photoeffekt

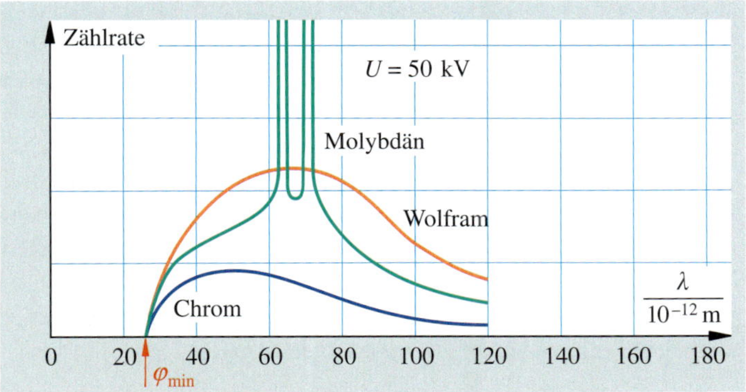

B 2: Spektren der Röntgenbremsstrahlung an verschiedenen Anodenmaterialien ($U = 50$ kV). Die bei Molybdän aufgesetzten beiden *Röntgenspektrallinien* folgen aus Quantengesetzen für Atome.

... noch mehr Aufgaben

A 1: a) Welche Grenzwellenlänge tritt bei einer mit 500 kV betriebenen Röntgenröhre auf? **b)** Welches ist die kürzeste Röntgenwellenlänge, die in einer Fernsehröhre (22 kV) erzeugt wird (wird vom Glas absorbiert)?

A 2: Auch Röntgenstrahlen setzen Photoelektronen frei. Vergleichen Sie die Energie der schnellsten Photoelektronen mit der Elektronenenergie in der Röntgenröhre.

A 3: In Nachtsichtgeräten löst unsichtbares IR in einer AgCsO-Schicht Photoelektronen aus. Eine magnetische Linse formt nach Beschleunigung durch ein *E*-Feld ein Leuchtschirmbild. Warum ist es sichtbar?

Interessantes

Quantenphysik hilft der Medizin

Um auch Knochen zu durchleuchten, braucht man kurzwellige Röntgenstrahlen. Dazu erhöht man die Beschleunigungsspannung U an der Röntgenröhre. Feinheiten in Weichteilen dagegen erkennt man bei kleineren Spannungen (➡ *Bild 4*). Man kann auch die Strahlen *intensiver* machen. Dazu erhöht man die Zahl der in 1 s erzeugten Quanten, indem man den Anodenstrom durch Erhöhen der Katodentemperatur vergrößert. Das Schirmbild wird heller; es sendet mehr Photonen aus.

Auch am Beobachtungsschirm gelten Quantengesetze: Wird ein energiereiches Röntgenquant in einem Röntgenschirm oder Röntgenfilm absorbiert, so verschwindet es. Seine große Energie setzt sich in viele Quanten kleiner, ungefährlicher Energie um, z. B. im sichtbaren Bereich. Dies reduziert die Strahlengefahr für Schirmbeobachter; auf dem Schirm entstehen mehr Lichtpunkte. Belichtungszeit und Bestrahlungsdauer werden kürzer.

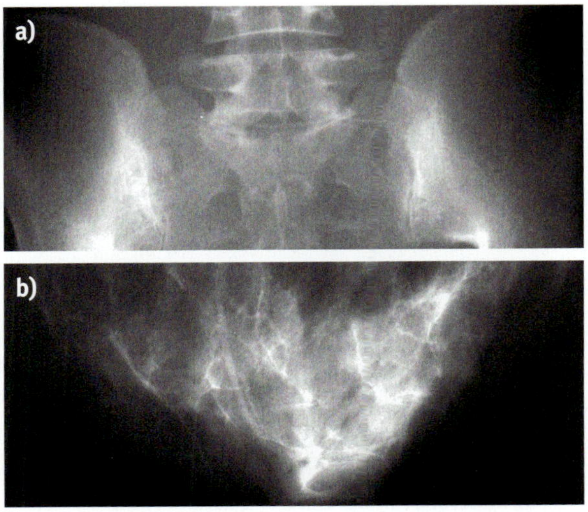

B 4: Röntgenbilder **a)** Becken bei hoher (86 kV), **b)** Brust bei niedriger (28 kV) Spannung U an der Röntgenröhre

B 1: Den Impuls von Licht erkennt man am Schweif des Kometen Hale-Bopp. Auf seine Staubteilchen übt Sonnenlicht eine Kraft aus, die von der Sonne weg weist.

Vertiefung

Die Kraft des Sonnenlichts

Die Solarkonstante $S_E = 1{,}37\ \text{kW/m}^2$ gibt die Energie W an, die Sonnenlicht oberhalb der Atmosphäre auf eine senkrecht stehende Fläche A pro m^2 und je s liefert. In der Zeit Δt erhält diese Fläche A die Energie $\Delta W = S_E\, A\, \Delta t$.

Zu dieser Energie ΔW gehört die Masse $\Delta m = \Delta W/c^2$. Absorbiert die Fläche A diese Strahlung ganz, so nimmt sie mit der Energie ΔW an Impuls auf:

$$\Delta p = c\,\Delta m = c\,\Delta W/c^2 = \Delta W/c = S_E\, A\, \Delta t/c.$$

Da dies in der Zeit Δt geschieht, erfährt die Fläche A von der senkrecht eintreffenden, ganz absorbierten Strahlung die Kraft

$$\boldsymbol{F = \Delta p/\Delta t = S_E\, A/c.} \qquad (1)$$

Der die Erde (Radius $R = 6\,370$ km) treffende Impuls wird von der Krümmung ihrer Oberfläche nicht beeinflusst; man rechnet mit der zur Strahlung senkrecht stehenden Kreisfläche $A = \pi R^2$. Sie erfährt die Kraft $F = S_E\, A/c = 5{,}8 \cdot 10^8$ N, was gegenüber der Gravitationskraft der Sonne von $3{,}6 \cdot 10^{22}$ N völlig unbedeutend ist.

An einem senkrecht zur Strahlung stehenden Spiegel werden die mit Impuls $\vec{p}$ eintreffenden Photonen mit entgegengesetzt gerichtetem Impuls $-\vec{p}$ reflektiert. Die Impulsänderung ist also $\Delta\vec{p} = 2\vec{p}$, die Kraft $\vec{F} = \Delta\vec{p}/\Delta t$ ist doppelt so groß wie bei einer absorbierenden Fläche nach *Gl. 1*.

Masse und Impuls der Photonen

1. Haben Photonen neben Energie auch Masse?

Im Jahre 1905, in dem EINSTEIN die Lichtquanten postulierte, veröffentlichte er auch seine *Relativitätstheorie*. Aus ihr ging die berühmte Gleichung $\boldsymbol{W = m\, c^2}$ hervor. Danach ist *jeder* Energie W eine Masse m zugeordnet – und umgekehrt. Nun strahlt die Sonne in 1 s die Lichtenergie $W = 3{,}9 \cdot 10^{26}$ J ab. Schon dadurch verliert sie in 1 s die Masse $m = W/c^2 = 4 \cdot 10^6$ t. Ein Photon hat die Masse $m = W/c^2 = h\,f/c^2$, obwohl es nicht – wie ein Proton oder Elektron – Bestandteil von Materie ist. Diese der Frequenz proportionale Masse hat das Lichtquant aber nur „im Flug"; denn anders als mit Lichtgeschwindigkeit kann es nicht existieren. Die Schildbürger konnten Sonnenlicht nicht im Sack auffangen und mit Unterlichtgeschwindigkeit in ihr fensterloses Rathaus tragen!

Wie weist man die Masse eines Photons nach? Masse zeigt *Trägheit* und *Schwere;* ein Photon erfährt wegen seiner Masse $m = h\,f/c^2$ die Gewichtskraft $G = m\,g = h f\,g/c^2$. „Erklimmt" es im Schwerefeld die Höhe ΔH, so entzieht ihm G die Energie $\Delta W = G\,\Delta H = h f\,g\,\Delta H/c^2$. Doch nimmt seine Geschwindigkeit c nicht ab, wohl aber die Frequenz f um $\Delta f = \Delta W/h = f g\,\Delta H/c^2$. Das Licht wird langwelliger, es „errötet". Die sehr kleine Abnahme Δf wurde an γ-Quanten ($f = 2 \cdot 10^{19}$ Hz) gemessen. Sie verlassen Atomkerne beim radioaktiven γ-Zerfall. Beim Höhersteigen um $\Delta H = 22$ m nimmt ihre Frequenz um $\Delta f = f\,g\,\Delta H/c^2 = 4{,}8 \cdot 10^4$ Hz ab. Dies gilt auch für Lichtquanten, die von Sternen kommen.

2. Der Impuls von Licht ist ebenfalls quantisiert

Ein Photon mit der Energie $h f$ hat die Masse $m = h\,f/c^2$ und fliegt mit Lichtgeschwindigkeit $v = c$. Nach EINSTEIN hat es den Impuls $p = m\,v = m\,c = h\,f/c = h/\lambda$. Teilchen, die von Licht getroffen werden, erfahren einen Stoß (*Bild 1*), Atome, die Photonen aussenden, einen Rückstoß gemäß dem Impulssatz. Betrachten wir ein *Beispiel:* Ein Photon ($\lambda = 600$ nm) hat den Impulsbetrag $p = h/\lambda = 1{,}1 \cdot 10^{-27}$ Ns. Ein Elektron mit diesem Impuls hätte nur die Geschwindigkeit $v = p/m_e = 1{,}2$ km/s und die Energie $W = 4{,}2 \cdot 10^{-6}$ eV.

Die Gleichungen $p = h/\lambda$ und $W = h\,f$ enthalten zwar die Begriffe p, W, λ und f der klassischen Physik. Wegen der Planck-Konstanten h charakterisieren sie das Photon aber als **Quantenobjekt.** Auch hier sind Energie und Impuls Erhaltungsgrößen. Die zugehörige *Bilanzstrategie* ist noch wichtiger als im Makrokosmos. Sie drängt Begriffe wie Kraft und Beschleunigung, die auf der *Kausalstrategie* beruhen, zurück und erlaubt einfache Bilanzrechnungen.

Merksatz

Impuls, Energie und Masse von Licht sind quantisiert.
Der **Impulsbetrag p eines Photons** ist umgekehrt proportional zur Wellenlänge λ des Lichts. Es gilt $\boldsymbol{p = h/\lambda}$. **(2)**

3. Paarbildung: Materie (Ruhemasse) entsteht aus Energie

EINSTEINS Gleichung $W = m\,c^2$ zur Relativitätstheorie konnte 1932 in ihrer ganzen Tragweite bestätigt werden: Nach ➡ *Bild 2* treffen energiereiche Quanten eines radioaktiven γ-Strahlers eine Bleiplatte von links. Nach rechts laufen in der Nebelkammer zwei Spuren weg. Sie sind im Magnetfeld entgegengesetzt gekrümmt, gehören also zu zwei entgegengesetzt geladenen Teilchen. Das eine ist das längst bekannte Elektron e^-. Das andere erwies sich als ihm gleich – nur *positiv* geladen. Es heißt **Positron e^+** und wurde von P. DIRAC vier Jahre vor seiner Entdeckung rein theoretisch postuliert.

Dieses **Elektron-Positron-Paar** entstand neu, nämlich aus einem γ-Quant, das Energie hf und Masse hf/c^2 nur „im Flug" hatte; seine Ruhemasse war $m_0 = 0$. Aus hf entstanden bei dieser **Paarbildung** zwei Teilchen, je mit Ruhemasse $m_e > 0$, äquivalent zur Energie $W_e = 2\,m_e\,c^2$ (➡ *Vertiefung, rechts*).

4. Teilchen entstehen, Teilchen vergehen, die Erhaltungssätze bleiben bestehen!

a) Bei dieser *Paarbildung* geht die meiste Energie $W = hf$ eines Röntgen- oder γ-Quants über in die Energiesumme W_e beider Ruhemassen $m_e = 9{,}1\cdot 10^{-31}$ kg, von Elektron und Positron:

$$W_e = 2\,m_e\,c^2 = 2\cdot 9{,}1\cdot 10^{-31}\,\text{kg}\cdot 9\cdot 10^{16}\,\text{m}^2\,\text{s}^{-2} = 1{,}02\,\text{MeV}. \quad (3)$$

Der Rest ist kinetische Energie $2\,W_{kin} \geq 0$ von beiden wegfliegenden Teilchen zusammen. Die *Energiebilanz* lautet:

$$hf = 2\,m_e\,c^2 + 2\,W_{kin} \geq 2\,m_e\,c^2 = 1{,}02\,\text{MeV}. \quad (4)$$

Quanten mit der Energie $hf < 2\,m_e\,c^2 = 1{,}02$ MeV können folglich kein Elektron-Positron-Paar erzeugen; W_{kin} wäre negativ, was klassisch gesehen unmöglich ist.

b) Auch die *Ladungsbilanz* ist erfüllt: Die Ladung $q = 0$ des Quants geht über in die Ladungssumme $-e + e = 0$ des Paares. Paarbildung ändert die Gesamtladung der Welt nicht.

c) Nach ➡ *Bild 2* starten beide Teilchen mit der gleichen Geschwindigkeit v nach rechts. Die Summe ihrer Impulswerte ist $p_s = 2\,m_e\,v < 2\,m_e\,c$. Nach Division durch $c > v$ liefert *Gl. 4* mit $W_{kin} > 0$ für die Impulssumme p_s beider Teilchen

$$p_s = 2\,m_e\,v < 2\,m_e\,c \leq \frac{hf}{c}.$$

Diese Impulssumme p_s für Elektron und Positron zusammen ist also kleiner als der Impuls $p = hf/c$ des sie erzeugenden Quants. Um den *Impulssatz* zu erfüllen, musste das Quant Impuls an ein Bleiatom in ➡ *Bild 2* abgeben. Ohne einen solchen Stoßpartner, also im Vakuum, ist Paarbildung unmöglich.

Ist das Quant vielleicht schon vor der Paarbildung aus Elektron und Positron zusammengesetzt? Da beide die Ruhemasse m_e haben, könnte es dann nicht mit Lichtgeschwindigkeit fliegen. Also entstehen beide Teilchen neu, aus einem Quant ohne Ruhemasse, aber unter Wahrung der drei Erhaltungssätze.

B 2: Paarbildung aus einem γ-Quant im B-Feld der Nebelkammer ($\vec{B}$ zeigt in die Zeichenebene; welches ist das Positron?).

Vertiefung

Zur Relativitätstheorie EINSTEINS

Ein Elektron mit *Ruhemasse* $m_0 = m_e = 9{,}1\cdot 10^{-31}$ kg fliegt an einem Beobachter mit der Geschwindigkeit v vorbei. Er misst $m = m_0/\sqrt{1 - v^2/c^2} > m_0$. Photonen dagegen fliegen stets mit $v = c$. Hätten sie die Ruhemasse $m_0 > 0$, so müssten wir ihnen die Masse $m \to \infty$ zuschreiben.

Alles, was Masse m besitzt, hat nach $W = m\,c^2$ auch Energie W – und umgekehrt. Es ist irreführend zu sagen, Energie W werde in Masse m umgewandelt. Wohl aber verschwindet bei Paarbildung die Energie hf des Quants samt Masse hf/c^2. Sie geht zum Teil in die vorher nicht existierende *Ruhemasse* $2\,m_e$ des Paares über, samt dessen Energie $2\,m_e\,c^2$ (*Gl. 4*). Der Rest wird kinetische Energie W_{kin} mit Masse W_{kin}/c^2. Ruhemasse kann entstehen oder vergehen, (*Gesamt-*)Masse bzw. Energie jedoch nicht. Für Masse gilt der gleiche Erhaltungssatz wie für die ihr äquivalente Energie $W = m\,c^2$.

... noch mehr Aufgaben

A 1: Wie viele Photonen gibt eine 100 W-Lampe in 3000 h ab (Wirkungsgrad 5%; $\lambda = 500$ nm)? Welche Masse haben sie?

A 2: Wie viele Photonen gibt die Sonne je Sekunde ab (man nehme an, alle haben $\lambda = 550$ nm)? Wie viele davon treffen die Erde ($R = 6370$ km; $r_{E\text{-}S} = 150\cdot 10^6$ km)? Wie viele gibt die Erde im IR ins Weltall ab (Mittelwert $\lambda = 10^4$ nm; Strahlungsgleichgewicht)?

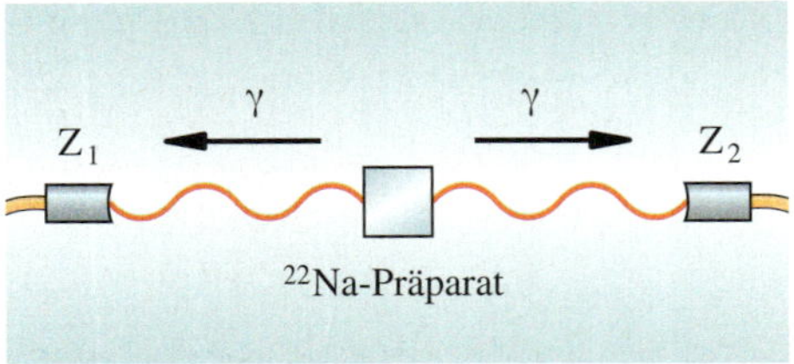

B 1: Aus dem ^{22}Na fliegen zwei γ-Quanten in die Zählrohre Z_1 und Z_2

Interessantes

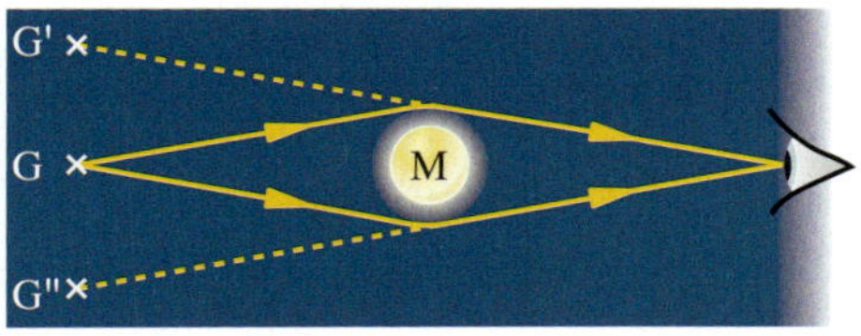

Gravitationslinse für Photonen

Photonen „spüren" Gravitationsfelder wegen ihrer Masse. Entfernen sie sich von ihrem Stern, so sinken Energie und Frequenz. Streifen Photonen, die von weit entfernten Galaxien G kommen, seitlich an großen Massen M vorbei, an Galaxienhaufen, einem schwarzen Loch oder der Sonne, so werden sie ein wenig abgelenkt. Große Massen wirken als *Gravitationslinsen*. Wegen der Raumkrümmung ist dieser Effekt nach der *Allgemeinen Relativitätstheorie* doppelt so groß, wie man nach Rechnungen gemäß Ziff. 1 erwarten würde. Dies sagte EINSTEIN bereits 1917 voraus.

Im Bild oben übernimmt der gelbe Galaxienhaufen in der Mitte die Funktion einer Gravitationslinse. Die kreisförmig angeordneten blauen Bögen sind Bilder ein und derselben Galaxie G, die noch viel weiter entfernt liegt als M.

5. Die Paarbildung ist umkehrbar – Zerstrahlung

Das radioaktive Präparat ^{22}Na liefert schnelle Positronen. In Materie werden sie praktisch ganz abgebremst. Zur Ruhe gekommen reagiert jedes Positron e^+ mit einem Elektron e^-. Dabei verschwinden beide und bilden Photonen. Bei dieser **Zerstrahlung** geht die Ruhemasse $2\,m_e = 18{,}2 \cdot 10^{-31}$ kg in die Energie $W_e = 2\,m_e\,c^2 = 1{,}02$ MeV der Photonen über. Plus- und Minusladung beider ergeben die Ladung null: $+e + (-e) = 0$.

Entstünde nur *ein* Photon, so müsste es den Impuls $p = W_e/c = 0{,}55 \cdot 10^{-21}$ Ns haben. Die abgebremsten Teilchen hatten aber vor der Zerstrahlung keinen Impuls. Die Natur rettet die Erhaltung des Impulsvektors mit einem „Trick": Es fliegen im Allgemeinen zwei Photonen nach entgegengesetzten Richtungen so weg, dass die Vektorsumme der Impulse null bleibt. Zwei einander gegenüberliegende Zählrohre registrieren gleichzeitig je ein γ-Quant (➡ *Bild 1*). Es können aber auch mehr als zwei Photonen entstehen.

Diese Umwandlungen von Ruhemasse in Quantenenergie und umgekehrt bestätigen die Äquivalenz von Energie und Masse. Zudem zeigen sie: Zu jedem Teilchen gibt es ein **Antiteilchen,** z. B. zum Proton das Antiproton.

Man kann heute Atome aus Antiprotonen und Positronen herstellen und sich **Antimaterie** aus solchen Atomen denken. Käme sie mit unserer „normalen" Materie in Berührung, so würden beide in einer ungeheuren Zerstrahlungskatastrophe verschwinden. Doch findet man im Weltall keine Sterne oder Galaxien aus Antimaterie. Am Licht kann man Antimaterie nicht erkennen; Materie wie Antimaterie senden nämlich die gleichen Photonen aus; das Photon ist zugleich sein Antiteilchen.

Merksatz

Ein *Photon* kann in der Nähe eines Atomkerns verschwinden, wenn seine Energie $W = hf > 1{,}02$ MeV ist. Daraus bildet sich ein *Elektron-Positron-Paar* mit einer Ruhemasse, die der Energie 1,02 MeV äquivalent ist. Bei dieser **Paarbildung** gibt die restliche Photonenenergie dem Paar kinetische Energie.

Ein *Positron* kann zusammen mit einem *Elektron* **zerstrahlen.** Dabei bilden sich mindestens zwei Photonen.

Bei beiden Umwandlungen gelten die Erhaltungssätze für Energie, Impuls und Ladung.

Kehren wir zum *Photoeffekt* zurück. Dort fliegt das Photoelektron mit der Energie $W_{El} = \frac{1}{2}\,m_e\,v^2 = p_{El}^2/2\,m_e \approx 2$ eV und dem Impuls $p_{El} = \sqrt{2\,m_e\,W_{El}} \approx 8 \cdot 10^{-25}$ Ns weg. Das auslösende Photon mit $\lambda = 600$ nm hatte aber nur den Impuls $p_{Ph} = h/\lambda \approx 10^{-27}$ Ns $<< p_{El}$. Es kann also nicht – wie man oft hört – das Photoelektron aus dem Atom stoßen, so wie es ein Teilchen im Sinne NEWTONS tun würde. Das Photon verhält sich demnach nicht wie eine Billardkugel. Beim Photoeffekt dient das Atom als Impuls-, das Photon als Energielieferant.

6. Die Quanten im elektromagnetischen Gesamtspektrum

Eine Übersicht über das elektromagnetische Gesamtspektrum zeigt *Tabelle 1*. In der rechten Spalte steht das Verhältnis m_{Ph}/m_e von Photonenmasse m_{Ph} zu Elektronenmasse m_e. Bei kurzwelligen Röntgen- und γ-Strahlen ist $m_{Ph}/m_e > 1$.

Quanten können erst ab 3 eV Elektronen aus Atomen lösen und diese *ionisieren,* also z. B. Krebserkrankungen und Mutationen auslösen. Die Quanten sichtbaren Lichts haben zu wenig Energie. Wenn man sagt, eine Strahlung sei gefährlich, weil „energiereich", so meint man zumeist die Energie ihrer einzelnen Photonen, nicht die von allen zusammen. Zur Sicherung vor diesen Gefahren ist die Strahlenschutzverordnung für *ionisierende* Strahlung zuständig.

Die Photonen eines Rundfunksenders oder eines Handys haben zum Ionisieren viel zu wenig Energie ($W < 10^{-4}$ eV). Doch können ihre zahlreichen Photonen niederer Energie Gewebe erwärmen (wie es beim Fleisch im Mikrowellenherd geschieht). Dies ist kein Quanteneffekt, kann aber beispielsweise bei Handy-Sendern auftreten, die ja am Kopf betrieben werden.

Derartige elektrische und magnetische Felder umgeben uns ständig als **Elektrosmog.** Für eventuelle ionisierende Wirkungen haben seine Photonen zu wenig Energie. Dennoch können Schädigungen durch Elektrosmog auftreten. Zuständig ist hier die Schutzverordnung für *nichtionisierende* Strahlung.

Art	Wellenlänge λ	Frequenz f in Hz	Energie W in eV	Masse m_{Ph}/m_e
Radiowellen	von $6\cdot10^6$ m bis 50 µm	von 50 bis $6\cdot10^{12}$	von $2\cdot10^{-13}$ bis 0,025	von $4\cdot10^{-19}$ bis $5\cdot10^{-8}$
Infrarot	ab 1 mm	ab $3\cdot10^{11}$	ab $1\cdot10^{-3}$	ab $2\cdot10^{-9}$
Rot	800 nm	$3{,}8\cdot10^{14}$	1,6	$3\cdot10^{-6}$
Violett	400 nm	$7{,}5\cdot10^{14}$	3	$6\cdot10^{-6}$
Ultraviolett	bis 10 nm	bis $3\cdot10^{16}$	bis 100	bis $2\cdot10^{-4}$
Röntgenstrahlung	von 100 nm bis 0,1 pm	von $3\cdot10^{15}$ bis $3\cdot10^{21}$	von 12 bis $1\cdot10^7$	von $2\cdot10^{-5}$ bis 20
γ-Strahlung	von 10 pm bis 0,01 pm	von $3\cdot10^{19}$ bis $3\cdot10^{22}$	von $1\cdot10^5$ bis $1\cdot10^8$	von 0,2 bis 200
Kosmische Strahlung	<0,01 pm	$>3\cdot10^{22}$	$>1\cdot10^8$	>200

T 1: Die Quanten des elektromagnetischen Spektrums (Elektronenmasse $m_e = 9{,}1\cdot10^{-31}$ kg). (Vergleichen Sie mit der graphischen Darstellung in der Wellenoptik)

... noch mehr Aufgaben

A 1: Wo entstehen, wo vergehen Photonen? Verfolgen Sie Energie, Masse und Impuls.

A 2: Ab welcher Lichtwellenlänge entstehen Photoelektronen mit $v_{max} = 100$ km/s bei der Ablöseenergie $W_A = 3{,}0$ eV?

A 3: Ab welcher Spannung entstehen in Röntgenröhren Photonen mit 1% Elektronenmasse, wann mit Protonenmasse?

A 4: a) Wie viele Quanten erzeugt ein Mikrowellenherd (Leistung $P = 0{,}7$ kW; $\lambda = 10$ cm) in 1 s? **b)** Wie viele Quanten liefert ein Röntgenstrahl von 1 mW Leistung ($\lambda = 10$ pm) in 1 s? Welche Leistung hat er bei 10^6 Quanten je Sekunde?

A 5: a) Sehr gute Photozellen erzeugen bei einer absorbierten Lichtleistung von 1 µW einen Photostrom von 0,1 µA (sie sind z. B. mit Cs_3Sb beschichtet; Sb: Antimon). Wie groß ist die Quantenausbeute η bei $\lambda =$ 600 nm (bei reinem Metall läge sie bei 0,1%)? **b)** Nehmen Sie an, alle Photoelektronen haben bei der Ablöseenergie $W_A = 2$ eV die maximal mögliche Energie. Wie groß wäre dann der energetische Wirkungsgrad der Zelle bei der Umsetzung der Lichtenergie in Elektronenenergie?

A 6: Ein Photoelektron hat die Metalloberfläche schräg unter 30° mit der Energie $W_{max} = 1$ eV verlassen. Wird beim Photoeffekt seine Energie voll registriert? Gegen welche Spannung kann es in einem homogenen E-Feld gerade noch anlaufen? (Geschwindigkeit in Komponenten zerlegen.)

A 7: Ein Quant mit Energie 1,040 MeV erzeugt in Blei ein e^--e^+-Paar. Wie groß sind kinetische Energie und Impuls beider zusammen (bei gleicher Flugrichtung)? Welchen Impuls nimmt der Bleikern auf?

A 8: Ruhende Protonen bzw. He-Kerne ($q = 2\,e$) werden mit 30 kV beschleunigt und dann schnell abgebremst. Wie groß ist die Grenzwellenlänge der Bremsstrahlung? Hängt sie von der Masse ab?

A 9: Welche Kraft und Beschleunigung erfährt ein Kügelchen mit Radius 0,0010 mm und Dichte 2,0 g/cm³ vom Sonnenlicht im Vakuum bei völliger Absorption? Vergleichen Sie mit der Gewichtskraft ($g =$ 10 m/s²). Wie weit käme das Kügelchen aus der Ruhe in 1 min aufgrund der Kraft des Lichts? ($S_E = 1{,}37$ kW/m²)

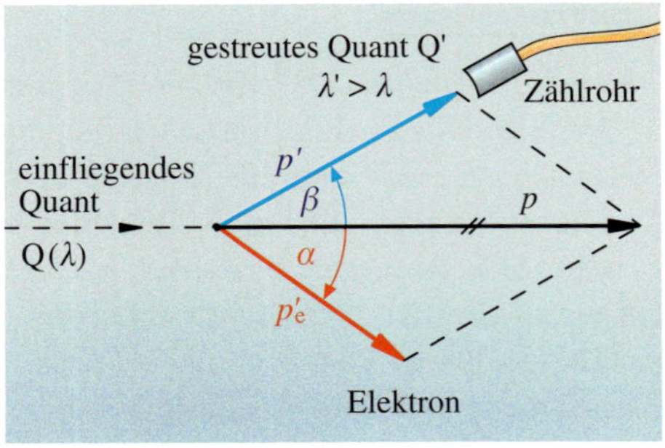

B 1: Das Röntgenquant Q trifft von links ein ruhendes Elektron. Das Quant Q′ werde nach *oben* unter dem Winkel β gestreut (blau). Dann fliegt das Elektron e nach *unten* unter dem Winkel α (rot). Gezeichnet sind Impulsvektoren des Quants Q ($\vec{p}$), des gestreuten Quants Q′ ($\vec{p}\,'$) und des gestoßenen Elektrons ($\vec{p}_e'$).

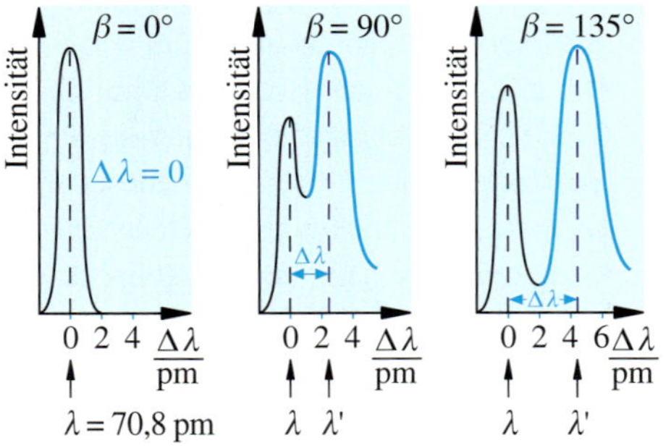

B 2: Die Wellenlängenzunahme $\Delta\lambda > 0$ der Linie des gestreuten Quants (blau) gegenüber der unverschobenen Linie des einfallenden Quants (schwarz) wächst mit dem Winkel β nach *Gl. 1* (1 pm = 10^{-12} m).

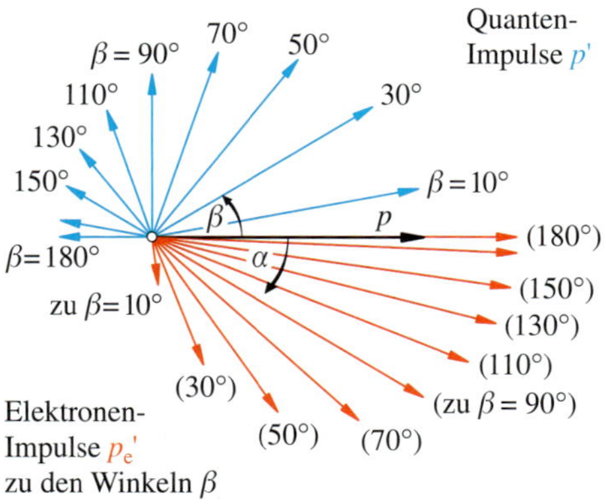

B 3: Impulsvektor ($\vec{p}$) des einfallenden Quants (schwarz), zerlegt in den des unter β gestreuten Quants (blau; $\vec{p}\,'$) und des wegfliegenden Elektrons (rot; $\vec{p}_e'$). Man ergänze die Vektoren für $\beta = 10°$ bis 180° zum Parallelogramm.

Der Comptoneffekt

1. Eine unerwartete Zunahme $\Delta\lambda$ der Wellenlänge

Beim Photoeffekt werden Elektronen freigesetzt, die im Metall gebunden waren. Was geschieht, wenn Photonen auf *freie* Elektronen treffen? Solche finden sich in Graphit. Darauf ließ A. H. COMPTON (Nobelpreis 1927) Röntgenquanten fallen, in ➠ *Bild 1* von links. Was geschieht mit deren Impuls p und Wellenlänge $\lambda = h/p$?

Fliegt das getroffene Elektron unter dem Winkel α nach unten, so findet man *gleichzeitig* ein unter β nach oben gestreutes Quant Q′. Dessen Wellenlänge λ' ist gegenüber dem einfallenden Quant Q (λ = 70,8 pm) um $\Delta\lambda$ zu größeren Werten verschoben (➠ *Bild 2*). Dies erinnert an Stoßvorgänge: Prallt von links eine Münze Q (das Röntgenquant) auf eine ruhende E (das Elektron) etwas oberhalb der Mitte, dann fliegt Q unter dem Winkel β nach oben, E unter α nach unten. Doch etwas ist beim Comptoneffekt anders: Das Quant Q wird durch ein neues Q′ (Winkel β) mit $\lambda' > \lambda$, also mit kleinerem Impuls $p' = h/\lambda'$ und kleinerer Masse m' ersetzt.

Da das getroffene Elektron fast frei ist, liegt ein *abgeschlossenes System* vor. Dort kann man die Erhaltungssätze für Energie und Impuls anwenden, ohne auf Einzelheiten wie Stoßzeit, Stoßkräfte und Art der Stoßpartner einzugehen. Man findet:

a) Das zunächst ruhende Elektron bekommt einen Teil W_e der Energie $W = hf$ des von links einfallenden Röntgenquants Q. Für das neu entstandene, unter β gestreute Quant Q′ verbleibt $W' = W - W_e$. Seine Frequenz $f' = W'/h$ ist kleiner als die des einfallenden Quants Q, die Wellenlänge $\lambda' = c/f'$ größer.

b) Das horizontal einfallende Quant Q hat nach ➠ *Bild 1* in der vertikalen y-Richtung die Impulskomponente $\vec{p}_y$ mit $p_y = 0$. Hat das gestreute Quant Q′ eine Impulskomponente $\vec{p}_y'$ nach oben, so hat das Elektron die entgegengesetzt gerichtete Impulskomponente $\vec{p}_{ey}' = -\vec{p}_y'$ nach unten; der Impulserhaltungssatz ist erfüllt. ➠ *Bild 3* zeigt die Zerlegung des Impulsvektors $\vec{p}$ des einfallenden Quants Q in die Impulsvektoren $\vec{p}\,'$ des Quants Q′ und $\vec{p}_e'$ des Elektrons. Alle drei liegen in einer Ebene.

c) Bei Stößen von Münzen wird am meisten Energie übertragen, wenn die beteiligten Körper gleiche Masse haben (prüfen Sie es nach!). Nun hat das Elektron die Masse $m_e = 9{,}1 \cdot 10^{-31}$ kg. Einem Quant gleicher Masse $m_Q = m_e$ kommt nach $\lambda = h/p$ und $p = m_Q\, c$ die Wellenlänge $\lambda_C = h/(m_e\, c) = 2{,}4$ pm zu; sie heißt **Comptonwellenlänge** λ_C und liegt im Röntgenbereich. Bei solchen Quanten wird der Comptoneffekt besonders deutlich. Mit dem Energie- und dem Impulssatz folgt (nach relativistischer Rechnung) die experimentell bestätigte Wellenlängenzunahme $\Delta\lambda$ der unter β gestreuten Röntgenstrahlen:

$$\Delta\lambda = \lambda' - \lambda = \lambda_C\,(1 - \cos\beta) \quad \text{mit} \quad \lambda_C = h/(m_e\, c).$$

d) Die Wellenlängenzunahme $\Delta\lambda = \lambda_C\,(1 - \cos\beta)$ hängt vom λ des einfallenden Röntgenquants nicht ab. Wegen des Faktors $(1 - \cos\beta)$ steigt aber $\Delta\lambda$ mit wachsendem Streuwinkel β. So gilt bei $\beta = 90°$ (gestreutes Quant senkrecht zum einfallenden) $\Delta\lambda = \lambda_C = h/(m_e\,c) = 2{,}4$ pm. Röntgenstrahlen, die mit $\lambda = \lambda_C$ einfallen, verdoppeln deshalb unter $\beta = 90°$ ihre Wellenlänge.

Merksatz

Beim Comptoneffekt trifft ein Quant der Wellenlänge λ ein freies Elektron. Dieses fliegt unter dem Winkel α weg, zugleich ein Quant größerer Wellenlänge λ' unter dem Winkel β. Die Wellenlängenzunahme hängt nur von β ab und ist

$$\Delta\lambda = \lambda' - \lambda = \lambda_C\,(1 - \cos\beta) \quad \text{mit} \quad \lambda_C = \frac{h}{m_e\,c} = 2{,}4\ \text{pm}. \qquad (1)$$

2. Was zeigt der Comptoneffekt?

Zunächst bestätigt er die Formeln $W = hf$ und $p = h/\lambda$, also die Quantisierung von Energie und Impuls. Er bestätigt die Erhaltungssätze beider Größen auch bei Einzelprozessen, nicht nur im Mittel über viele Vorgänge. Diese Sätze sind auch bei klassischen *Teilchen-* und bei *Wellenmodellen* erfüllt; der Comptoneffekt vermag nicht zwischen beiden Modellen zu entscheiden. Man erklärt ihn zwar gern mit dem Stoß von Billardkugeln. Dagegen spricht jedoch, dass auch die Polarisation der Röntgenwelle eine Rolle spielt. Deren Einordnung in die Familie der elektromagnetischen Wellen wird zudem von der unverschobenen Linie (in ➡ *Bild 2* schwarz) gestützt. Sie rührt von der Streuung der Röntgenwelle an solchen Elektronen her, die stark an die Graphitatome gebunden sind. Die Röntgenwelle schüttelt diese Elektronen mit ihrer Frequenz f im Gleichtakt; sie strahlen deshalb Röntgenstrahlen gleicher Frequenz aus (analog zu hertzschen Dipolen).

Nach diesem klassisch zu verstehenden Prinzip wird auch Licht an den Gegenständen um uns herum gestreut, weshalb wir sie sehen. Treffen Photonen sichtbaren Lichts auf freie Elektronen, so ist das $\Delta\lambda$ so klein gegenüber der Wellenlänge des Lichts, dass der Comptoneffekt keine Rolle spielt ($\Delta\lambda \approx 10^{-3}$ nm << 600 nm).

3. Der Comptoneffekt macht Kernstrahlung „weicher"

Die kleine Wellenlänge von Röntgenstrahlung wird durch die relativ große Wellenlängenzunahme $\Delta\lambda$ der Comptonstreuung deutlich größer. Dies macht die Röntgenstrahlung „weicher"; sie wird in Materie stärker absorbiert und kann leichter abgeschirmt werden. Dies zeigt sich noch deutlicher bei den γ-Strahlen aus Kobalt-60. Ihre kurze Wellenlänge $\lambda = 1$ pm wird beim Streuwinkel $\beta = 90°$ nach *Gl. 1* um $\Delta\lambda = \lambda_C = 2{,}4$ pm auf $\lambda' = 3{,}4$ pm vergrößert, also mehr als verdreifacht.

In der Kernphysik lernen wir *Szintillationszähler* zur Messung der Energie von γ-Quanten kennen. Die Energie der Quanten löst dort Lichtblitze und Photoelektronen aus, die man vielfältig verstärkt. Die Messgeräte bestätigen das $\Delta\lambda$ in *Gl. 1* bei steigendem Winkel β.

... noch mehr Aufgaben

A 1: **a)** Wie groß sind Energie, Wellenlänge und Impuls der energiereichsten Quanten einer mit 30 kV Spannung betriebenen Röntgenröhre? **b)** Diese Quanten treffen auf freie Elektronen. Wie groß ist die Wellenlängenzunahme der unter $\beta = 0°$, 30°, 90° und 180° gestreuten Quanten, wie groß sind Impuls und Energie? **c)** Welche Energie hat jeweils das gestreute Elektron?

A 2: **a)** Bei welcher Mindestspannung liefert eine Röntgenröhre die Comptonwellenlänge λ_C? Welche Energie in eV und welchen Impuls haben die Elektronen in der Röhre? **b)** Die Quanten mit $\lambda = \lambda_C$ werden beim Comptoneffekt unter $\beta = 90°$ gestreut. Welche Wellenlänge und Energie findet man beim gestreuten Quant, welche Energie beim Elektron? **c)** Berechnen und zeichnen Sie nach ➡ *Bild 3* die Impulsvektoren von Quant und Elektron. Unter welchem Winkel fliegt das Elektron weg?

A 3: Quanten mit $\lambda = \lambda_C/2$ treffen freie Elektronen. **a)** Wie groß ist die Wellenlängenänderung in % unter $\beta = 0°$, 45°, 90° und 180°? Wie groß ist das maximal mögliche $\Delta\lambda$? Unter welchem Winkel β tritt es auf? **b)** Wie groß wäre die Comptonverschiebung $\Delta\lambda$ unter 90° bei sichtbarem Licht ($\lambda = 600$ nm) in %?

A 4: Welche Masse haben Quanten mit $\lambda = \lambda_C$? Welchen Energieverlust erleiden sie bei Comptonstreuung unter dem Winkel $\beta = 180°$, also bei „direktem Stoß" auf ein Elektron? Diskutieren Sie damit die Aussage, der Comptoneffekt beweise ein Stoßverhalten im atomaren Bereich wie man es von Billardkugeln kennt.

A 5: **a)** Die Feldstärke $E(t) = E_m \sin(\omega\,t)$ des Lichts schüttle ein freies Elektron im Metall. Berechnen Sie Beschleunigung a und maximale Bewegungsenergie $W_{kin} = \frac{1}{2} m\,v^2$ durch Integration von $t = 0$ bis $T/2$. Bei $E(t) = 0$ sei $v = 0$. Zeigen Sie, dass W_{kin} bei dieser klassischen Rechnung und bei der Bestrahlungsstärke $S = \frac{1}{2}\,\varepsilon_0\,c\,E_m^2$ proportional zu $1/f^2$ sein müsste! **b)** Wie groß müsste S sein, damit W_{kin} die Ablöseenergie $W_A = 2$ eV aufbringen könnte? Würde Sonnenlicht zur Ablösung ausreichen ($S_E \approx 1{,}37$ kW/m²; $f = 5 \cdot 10^{14}$ Hz)? **c)** Was ist nach der Quantentheorie anders?

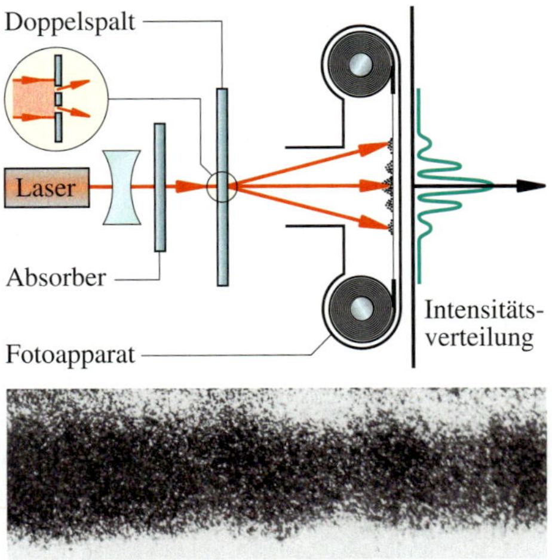

V 1: Laserlicht fällt auf einen Doppelspalt; sein Beugungsbild wird mit einem feinkörnigen S/W-Film im Fotoapparat ohne Objektiv registriert. Die Absorberfolie A macht die Bilder so dunkel, dass sie kaum noch sichtbar sind. Sie werden mit 1/1 000 s, 1/100 s und 1/10 s aufgenommen. Der entwickelte Film zeigt bei 600-facher Vergrößerung Beugungsbilder, die sich mit steigender Belichtungsdauer aus einer wachsenden Zahl unregelmäßig verteilter, schwarzer Silberkörner aufbauen. An „hellen" Stellen liegen sie dichter und fehlen, wo wegen destruktiver Interferenz kein Photon landet. Mit der Belichtungsdauer steigt die Zahl, nicht aber die Schwärzung der Körner.

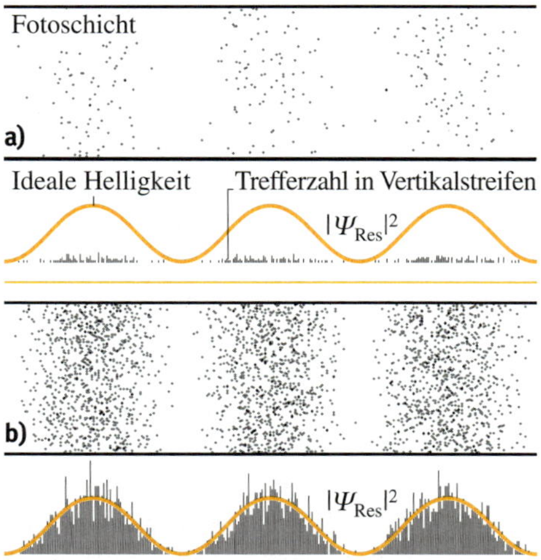

B 1: Zwei aufeinander folgende Simulationen **a)** und **b)** zur stochastischen Verteilung der Körner in Versuch 1 mit dem Zufallsgenerator. $|\Psi_{Res}|^2$ gibt die zu erwartende Körnerzahl im Streifen darüber an.

Das Photon als Quantenobjekt

1. Kann man Photonen nicht doch klassisch beschreiben?

a) Beim Schall schwingen die zahlreichen *Luftteilchen* relativ zueinander und bilden so eine Welle. Werden Lichtwellen auf ähnliche Weise von dicht fliegenden, schwingenden Photonen erzeugt? G. TAYLOR widerlegte dies bereits 1909 durch Interferenz bei extrem schwachem Licht. Dabei war jeweils *höchstens ein Photon* im Apparat. Trotzdem trug es zum Interferenzbild bei, das erst nach Monaten aus Photonentreffern aufgebaut war (➠ *Versuch 1*; ➠ *Bild 1*). P. DIRAC sagte, *dabei interferiere jedes Photon mit sich selbst.* Dazu wären *Teilchen* nach der klassischen Mechanik NEWTONS – etwa Billardkugeln – nicht fähig.

b) Wir sehen ein Photon als Energieportion hf einer Welle an. Wäre es dort im Sinne MAXWELLS *kontinuierlich* über eine Wellenfront verteilt, so müsste es sich, etwa an optischen Gittern, in viele Wellen aufteilen. Beim Photoeffekt müsste es sich momentan, mit Überlichtgeschwindigkeit, auf ein Elektron zusammenziehen und in eine andere Energieform übergehen. Wegen seiner Interferenzfähigkeit darf man daraus aber nicht rückwärts folgern, das unteilbare hf sei schon unterwegs lokalisiert und ein fliegender Massepunkt gewesen. Als solcher könnte es nicht interferieren.

c) Was unterscheidet Photonen von *klassisch beschreibbaren Teilchen,* z. B. von Farbtröpfchen? Eine Spraydose sprühe sie durch zwei parallele Schlitze auf einen Schirm (➠ *Bild 2a*). Jedes Tröpfchen fliegt *entweder* durch Spalt 1 *oder* durch Spalt 2. Ist nur Spalt 1 offen, so entsteht der verwaschene Fleck 1′. Hinter Spalt 2 bildet sich der etwas verschobene Fleck 2′. Sind beide Spalte offen, so brauchen wir bei diesen *klassischen Teilchen* auf jedem mm² nur die *Teilchenzahlen* aus Fleck 1′ und Fleck 2′ zu addieren. Wir erhalten so die Kurve *Add.* Fliegt ein Tröpfchen durch Spalt 1, so ist es völlig gleichgültig, ob man Spalt 2 geöffnet hat oder nicht.

Licht dagegen erzeugt nach ➠ *Bild 2b* hinter zwei Spalten ein fein gegliedertes Interferenzmuster, keinen Fleck *Add.* Die bei klassischen Objekten an jedem mm² sinnvolle Addition der *Teilchenzahlen* durch Spalt 1 und 2 erweist sich bei Licht als falsch. Photonen sind also mehr als nur Energieportionen. Man nennt sie **Quantenobjekte**. Um sie zu beschreiben, braucht man die Planck-Konstante h.

d) P. DIRAC widersprach der naheliegenden Vorstellung, bei destruktiver Interferenz würden sich die Photonen der Wellenberge und -täler gegenseitig „verschlingen". Da dies den Energiesatz verletzt, betrachtete er die Interferenz eines *einzelnen Photons mit sich selbst*, etwa beim Taylor-Experiment in (a). Es geht von der Quelle aus und kommt auf dem Schirm an. Wo, das ist vor der Ankunft *unbestimmt*, ebenso der Weg, den es dorthin nimmt. Kann man mit diesem, der klassischen Physik fremden Begriff **unbestimmt** physikalisch arbeiten?

2. Nur die Deutung ändert sich, nicht unser Vorgehen!

Glücklicherweise können wir die Interferenz eines Photons mit sich selbst durch die Addition von Zeigern behandeln – wie jede Interferenz. Doch nennen wir sie um von E-Zeigern (für Feldstärke) in **Ψ-Zeiger für Quanten** (griech. Psi). Am Doppelspalt stehen jedem unteilbaren Quant zwei *mögliche Pfade* offen, durch jeden Spalt einer. Für jeden Pfad lassen wir einen Ψ-Zeiger als λ-Zähler rotieren und addieren beide im Zielpunkt. Statt $\vec{E}_{Res} = \vec{E}_1 + \vec{E}_2$ schreiben wir $\boldsymbol{\Psi_{Res} = \Psi_1 + \Psi_2}$**.** Die Unteilbarkeit des Quants macht es nötig, die *möglichen Pfade* als Möglichkeiten ernst zu nehmen und **jeder der gleichberechtigten Möglichkeiten** einen eigenen Ψ-Zeiger zuzuordnen. Dann wird das Interferenzmuster korrekt beschrieben. Nicht die Zeigeraddition – also unser *Vorgehen* – ändert sich. Vielmehr passt sich seine *Deutung* den Experimenten an:

In ➠ *Versuch 1* wird der Beobachtungsschirm unter dem Mikroskop betrachtet. Dabei löst sich die *kontinuierlich verteilte Helligkeit* in Lokalisationsorte unteilbarer Photonen auf. Diese liegen an den Maxima dicht und fehlen an den Minima. Dabei kommt der *Zufall* ins Spiel: Den nächsten Lokalisationsort kann niemand vorhersagen, er ist *unbestimmt*. Die **Photonenlokalisationen** sind *stochastisch* (zufallsbedingt) verteilt**.** Doch gelten bei *sehr vielen* Ereignissen exakte *Wahrscheinlichkeitsgesetze* – wie beim Würfeln:

Werden an einer Stelle 9-mal so viele Silberkörner pro mm^2 gezählt wie an einer andern, so sagt man, die **Antreffwahrscheinlichkeit** für die Lokalisation eines Photons sei dort 9-mal so groß. Man findet 9-mal so viele Photonen, die Energiedichte ϱ_W ist 9-mal so groß. Ist E_m die maximale Feldstärke der Welle, so gilt $\varrho_W \sim E_m^2$; $E_m \sim \sqrt{\varrho_W}$ ist 3-mal so groß. Nun entsprechen die Ψ-Zeiger den *Amplituden* E_m. Da sie zudem ein Maß für die Antreff*wahrscheinlichkeit eines Photons* liefern, zieht man in der Quantensprache beides in ein Wort zusammen und nennt die Ψ-Zeiger **Wahrscheinlichkeitsamplituden.** Wir sagen dafür einfach Ψ, bezeichnen ihre Länge – den Betrag von Ψ – mit $|\Psi|$ und dessen Quadrat mit $|\Psi|^2$.

Beim Doppelspalt interferieren die beiden *Möglichkeiten* (Ψ_1 und Ψ_2) des unteilbaren Quants, zum Schirm zu gelangen. Das Quadrat $|\Psi_{Res}|^2 = |\Psi_1 + \Psi_2|^2$ gibt im gewünschten Zielpunkt die Antreffwahrscheinlichkeit für eine dortige Lokalisation an. Es ist analog zu $\vec{E}^2_{Res} = (\vec{E}_1 + \vec{E}_2)^2$; doch benutzt man nicht das $\vec{E}$, da es sich bei wenigen Photonen als ähnlich unbestimmt erweist wie die Photonenlokalisation. Da man in der Physik gerne rechnet, ist das Ψ so eingeführt, dass es die zu erwartende Wahrscheinlichkeit exakt bestimmt (*determiniert*). In Anlehnung an die Wellenlehre ging man zu diesem Zweck wie folgt vor:

Die Endstellung der Ψ-Zeiger ist weiterhin durch die Länge s der betrachteten Pfade bestimmt; die Zeiger drehen sich jeweils einmal, wenn dort das Quant die Strecke λ zurücklegt; sie bleiben *λ-Zähler*; ihre Endstellung gibt die *Phase* φ an. Das ist wenig – aber es genügt vollauf.

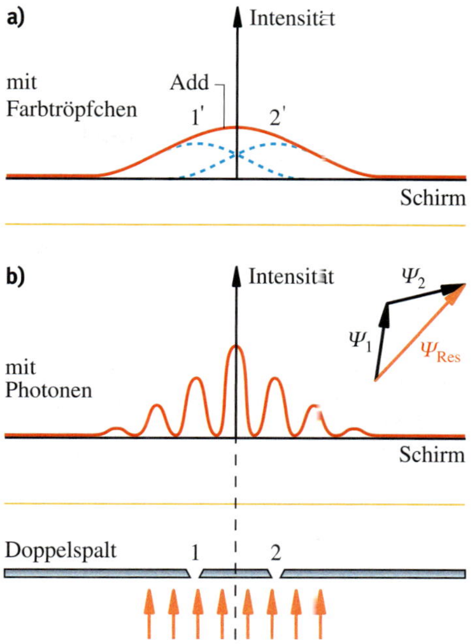

B 2: a) Klassisch: Farbtröpfchen am Doppelspalt erzeugen den Fleck *Add*; **b)** Quanten dagegen zeigen Interferenz. Wir beschreiben sie mit der bei Wellen bewährten Zeigeraddition. Die Intensität $|\Psi_{Res}|^2$ gibt die Dichte der Photonenlokalisationen (geschwärzte Silberkörner) an.

A 1: Welche Gleichungen beschreiben das Photon als Quantenobjekt? Was charakterisiert es als solches?

Vertiefung

Etwas Quantengeschichte

1927 gelang es DIRAC, die Photonenvorstellung EINSTEINS mit der Lichttheorie MAXWELLS „auf höherer Ebene“ zu verschmelzen. Dazu übertrug er die 1926 von E. SCHRÖDINGER (Nobelpreis 1933) für Elektronen erfundene Größe Ψ auch auf Licht. R. FEYNMAN empfahl, Ψ durch rotierende Zeiger zu veranschaulichen. Sie sind nur durch die Länge $|\Psi|$ und die Phase φ bestimmt. Man hat sich lange gefragt, ob dies ausreicht, die Quanten so vollständig zu beschreiben, wie es Experimente fordern. Diese Frage wird heute eindeutig mit Ja beantwortet. Im Gegenteil: Wer mehr hineinlegt und sich die Quanten mit klassischen Modellen veranschaulicht, verwickelt sich schnell in Widersprüche und wird den Experimenten nicht gerecht.

a)

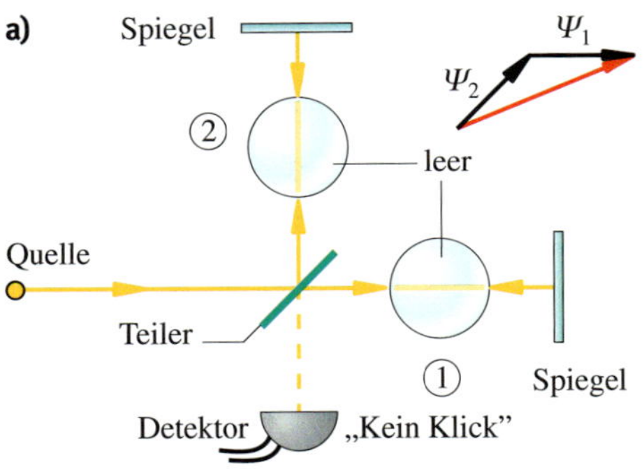

b)

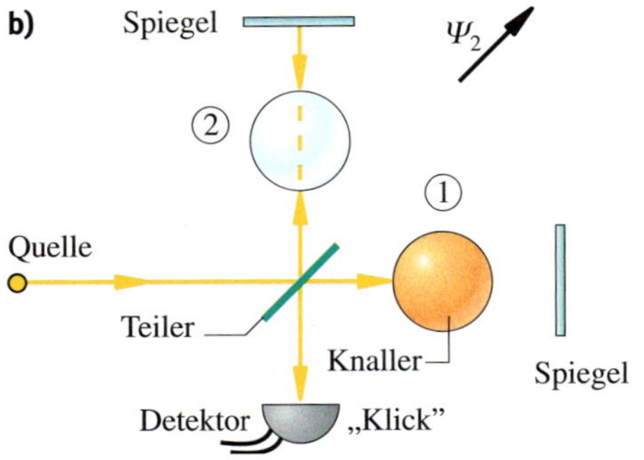

B 1: a) Beide Glaskugeln leer. Das Photon landet nie im Detektor, da Pfad ① und ② den Wegunterschied $\Delta s = \lambda/2$ haben. **b)** Im Pfad ① liegt ein Knaller. Dies meldet ein Photon im Detektor, ohne den Knaller zu zerstören! Beim Realversuch vertritt den Knaller ein zweiter Detektor in Pfad ①.

Vertiefung

Was ist das Photon nicht?

a) Betrachten wir beim Knallertest das am Teiler ankommende Photon. Wäre es ein *realer, klassischer Wellenzug* mit kontinuierlich verteilter Energie hf, dann würde hf auf zwei Wellenzüge Z1 und Z2 mit je $\frac{1}{2}\,hf$ aufgeteilt. Z1 in Pfad ① würde den Knaller *in jedem Fall* auslösen, falls $\frac{1}{2}\,hf$ dazu ausreichte, andernfalls jedoch nie. Beides wird vom Experiment widerlegt.

b) Liefe in (a) die Photonenenergie hf ganz in der oberen Welle Z2, so hätte man rechts eine „energieleere" Welle. Als solche würde sie den Knaller unbeschädigt durchsetzen und mit Welle Z1 interferieren, so als ob kein Knaller vorhanden wäre. Man nennt solche „leere Wellen" auch *Führungswellen,* da sie nur fähig sein sollten, Quanten zu Interferenzmaxima hin zu führen. Ihre Existenz ist auch durch andere Versuche widerlegt.

3. Der Knallertest: Sehen, was nicht gesehen wird

Die Brisanz der Quantenwelt verdeutlichen wir an einem aufregenden Experiment: Ein Fabrikant für Scherzartikel füllte Glaskugeln mit einem Gas, das schon von *einem* Photon zur Explosion gebracht wird. Leider vermischte er diese sensiblen Knaller mit leeren Kugeln. Kann er wenigstens einen Teil der Knaller erkennen und retten, und zwar *ohne dass sie ein Photon trifft und auslöst, also zerstört*?

Der Fabrikant nimmt die Quantengesetze ernst und baut ein Interferometer nach ➠ *Bild 1*. Es ist zum *Doppelspalt* analog. Wie dort gibt es zwei mögliche Pfade ① und ② zum Detektor, die aber mithilfe der Teilerplatte und zwei Spiegeln weit voneinander getrennt sind. Auch sorgt der Fabrikant dafür, dass sich jeweils höchstens *ein* Photon im Apparat befindet. Es trifft von links auf die Teilerplatte. Sie ist mit einer schwach reflektierenden Silberschicht so belegt, dass dem Photon im Prinzip beide Pfade mit 50% Wahrscheinlichkeit offenstehen. Dabei weist Pfad ② gegen Pfad ① den Wegunterschied $\lambda/2$ auf. Deshalb gilt:

a) Sind beide Kugeln leer, so sind die beiden *Möglichkeiten* „Pfad ①" und „Pfad ②" *gleichberechtigt* (➠ *Bild 1a*). Man addiert deshalb die rotierenden Zeiger Ψ_1 und Ψ_2 der beiden gleichberechtigten Pfade und findet:
Wegen des Wegunterschieds $\lambda/2$ besteht destruktive Interferenz für den Weg zum Detektor; dort kommt *nie* ein Photon an (jedes kehrt am Teiler nach links zur Quelle zurück).

b) Nun ersetzt der Fabrikant die *rechte* leere Kugel (1) durch einen sensiblen Knaller, ohne dass er das weiß (➠ *Bild 1b*). Für das Photon aber sind jetzt beide Pfade *unterscheidbar*: Zerstört es den Knaller (und sich selbst), so hat es Pfad ① „gewählt" (Pech gehabt; 50% aller Fälle). Bleibt er heil, so hat es Pfad ② „gewählt" (auch 50%). Doch dann entfällt am Teiler die Interferenz mit Zeiger Ψ_1 von Pfad ①. Das Experiment bestätigt:
Das Photon gelangt nun in 25% aller Fälle vom Teiler nach unten zum Detektor und in 25% zurück zur Quelle. Da aber der Detektor bei einer leeren Kugel *nie* ansprechen würde (a), entlarvt sein Klicken den sensiblen Knaller. *Dabei kam das Photon mit ihm überhaupt nicht in Kontakt*; es gab seine ganze, zum Zünden nötige Energie hf im Detektor ab. Man spricht von *berührungsfreier Quantenmessung.* Der Fabrikant rettet den Knaller schnell, bevor das nächste Photon kommt.

Beim Versuch b) mit Knaller geht das Photon am Teiler in 25% aller Fälle nach links zur Quelle; der Klick beim Detektor entfällt. Der Knaller wird fälschlich als inaktiv deklariert. Nur in 25% der Fälle wird er ohne Zerstörung als sensibel erkannt und gerettet. *Bestünden klassische Vorstellungen zu Recht, so hätte man jedoch keinen einzigen retten können.* Dies zeigen zwei hypothetische Beispiele in der linken Spalte (➠ *Vertiefung*). Raffinierte Abwandlungen steigern die Ausbeute von 25% auf fast 100%.

4. Ψ bringt Interferenz, Unteilbarkeit und Stochastik der Quantenobjekte unter einen Hut

Nach Doppelspaltexperiment und Knallertest können wir das Quantenobjekt Photon schon recht umfassend beschreiben: Es ist die unteilbare Energieportion hf einer elektromagnetischen Welle und interferiert mit sich selbst. Genauer gesagt ist es eine Interferenz seiner Möglichkeiten. Sie erfolgt gemäß $\Psi_{Res} = \sum \Psi_i$ durch Superponieren (Addieren) der Ψ-Zeiger. Die Lichtinterferenz ist nach DIRAC ein Sonderfall dieses **Superpositionsprinzips für Möglichkeiten.** Dieses Prinzip ist Grundlage der Quantenphysik.

Nun sind Teilchen- und Wellenaspekte so reduziert, dass sie sich widerspruchsfrei verschmelzen lassen. Damit können wir auch das *Huygensprinzip* in die Quantensprache übersetzen (➠ *Bild 2*):

Bei Wasserwellen ließen wir für jede *tatsächliche* Bahn der Wellenerregung von der Quelle Q zum Zielpunkt Z einen Zeiger rotieren und addierten alle in Z. Wie aber das *unteilbare* Quant von Q nach Z gelangt, ist **unbestimmt**. Folglich müssen wir alle möglichen Pfade heranziehen, auf denen es nach Z gelangen könnte, und deren Ψ-Zeiger Ψ_i gemäß $\Psi_{Res} = \sum \Psi_i$ als gleichberechtigt addieren. Diese möglichen Wege sind *Rechenpfade* (zum λ-Zählen); es ist wenig hilfreich anzunehmen, ein unteilbares Quant durchlaufe sie alle zugleich oder spalte sich in eine ausgedehnte Welle auf.

Weil das Huygensprinzip auch der klassischen Wellenoptik zugrunde liegt, lassen sich alle ihre Interferenzexperimente mit Photonen beschreiben, wenn viele Photonen beteiligt sind. Wir erkennen besonders beim Licht eine enge *Korrespondenz* zwischen klassischer Physik und Quantenphysik. Daraus formulierte der berühmte dänische Physiker Niels BOHR (Nobelpreis 1914) sein *Korrespondenzprinzip.* Es diente den Forschern als Wegweiser in die Quantenphysik und zeigt auch uns einen Weg dorthin.

Merksatz

a) Wir haben alle *möglichen* Pfade des unteilbaren Quants von der Quelle zum Zielpunkt zu betrachten (als Rechenpfade) und jedem einen Zeiger Ψ_i zuzuordnen, der sich als „λ-Zähler" auf der Strecke λ einmal dreht.

b) Die Zeiger Ψ_i für *alle gleichberechtigten Möglichkeiten* werden zur Resultierenden $\Psi_{Res} = \sum \Psi_i$ superponiert. Die Interferenz bei Licht folgt aus diesem allgemeinen **Superpositionsprinzip für Quantenmöglichkeiten**.

c) Die Quantengrößen $\Psi_{Res} = \sum \Psi_i$ und $|\Psi_{Res}|^2$ sind durch die Zeigeraddition streng bestimmt, *determiniert*. Erst beim Deuten von $|\Psi_{Res}|^2$ als *Antreffwahrscheinlichkeit* eines Quantenobjekts kommt die Stochastik ins Spiel. Dabei kann $|\Psi_{Res}|^2$ gemessen werden.

d) Kann man dem Experiment irgendwie entnehmen, welchen Weg das unteilbare Quant tatsächlich geht, so entfällt die Superposition der Ψ-Zeiger für diesen Weg; es gibt *keine Interferenz*. Dies zeigt der Knallertest.

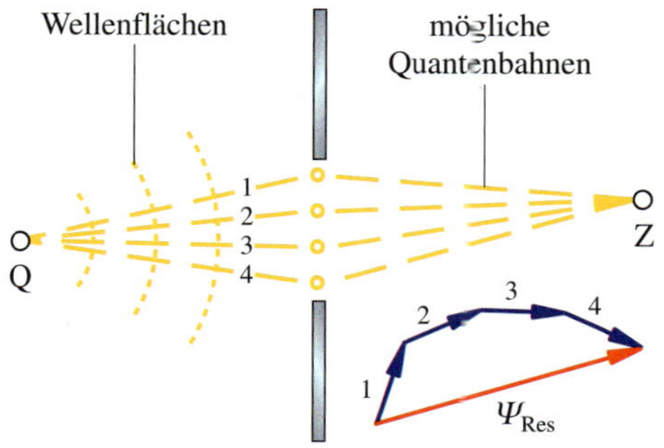

B 2: *Tatsächliche* Wellenbahnen werden umgedeutet in *mögliche* Photonenbahnen

Vertiefung

Das Geheimnis der Quantenphysik im Spiel

Fixieren Sie beim Doppelspaltexperiment eine Dunkelstelle D. Von Ihnen unbemerkt wird Spalt 1 ständig geöffnet und geschlossen. Denken Sie an *ein* Photon und vergleichen mit dem Knallertest. Sie sagen: Bleibt D dunkel, dann sind beide Spalte offen (kein Knaller; Bild 1a). Zeigen sich dagegen Photonen bei D (in Bild 1b im Detektor), so ist Spalt 1 geschlossen (Knaller in Pfad ①); jedes Photon tritt zwar durch Spalt 2, verhält sich aber so, als ob es Kenntnis vom Schließen des Spalts 1 hätte (vom Knaller in Pfad ①).

... noch mehr Aufgaben

A 1: Suchen Sie im Merksatz Hinweise auf Teilchen- bzw. Wellenaspekte beim Licht. Wodurch werden beide miteinander verschmolzen? Warum sind in der klassischen Physik Einzelteilchen und Welle miteinander unvereinbar?

A 2: Wir haben die *E*-Zeiger in Ψ-Zeiger und das Huygensprinzip von Wellen auf Quanten umgedeutet. Was blieb dabei erhalten, was änderte sich? Beantworten Sie dies unter verschiedenen Gesichtspunkten. Sie berühren dabei die wesentlichen Grundlagen der Quantenphysik.

A 3: Suchen Sie das Michelsoninterferometer der Wellenoptik. Was wäre beim Knallertest anders, wenn die beiden Pfade keinen Wegunterschied aufwiesen?

A 4: Betrachten Sie die „halbklassischen" Erklärungsversuche in der ➠ *Vertiefung* auf der linken Seite. Vergleichen Sie die Zeigeraddition mit „Führungswellen".

Interessantes

Modelle in der Physik

Die Gesetze der Quantenphysik sind heute unbestritten. Doch werfen sie philosophisch geprägte *Deutungsfragen* auf. Was bedeutet z. B. das Symbol Ψ? Schon H. Hertz sagte: „Wir machen uns *innere Scheinbilder* oder *Symbole* der äußeren Gegenstände so, dass die *denknotwendigen* Folgen der Bilder stets wieder Bilder seien von den *naturnotwendigen* Folgen der abgebildeten Gegenstände."

Uns liegen die anschaulichen *Bilder* Welle und Teilchen näher als das Ψ. Sie sind zwar *unvereinbar*, scheinen sich aber bei Quanten zu *ergänzen*. N. Bohr bezeichnete sie als *komplementär*. Sein **Komplementaritätsprinzip** bezieht man heute aber nicht mehr auf diese *Bilder*, sondern auf unvereinbare *Experimente*. So gibt es beim Knallertest Interferenz, wenn der *Weg des Quants nicht erfahrbar ist;* sie entfällt aber, *wenn man ihn in Erfahrung bringen kann.* Dies wird – obwohl klassisch unverständlich – mit Ψ-Zeigern richtig beschrieben.

Ψ-Zeiger sind *Symbole,* von klassischen Vorstellungen unbelastete Hilfsmittel. Sie stellen nichts Reales dar, so wenig wie Feldlinien; sie rotieren nur in unseren Köpfen und auf dem Bildschirm. Deshalb können wir damit das Verhalten der Quantenobjekte widerspruchsfrei beschreiben; Modellballast ist abgeworfen. Weil aber das $|\Psi|^2$ als Antreffwahrscheinlichkeit messbar ist, sind die so gewonnenen Ergebnisse korrekte, kontrollierbare Physik. Dass dies funktioniert, ist nicht selbstverständlich. Einstein sagte bisweilen: „Raffiniert ist der Herrgott, boshaft aber ist er nicht".

Das Formale und Abstrakte am Ψ, am Hilfsmittel rotierende Zeiger, lässt erkennen, dass den *logischen* Fähigkeiten des Menschen auch unanschauliche Bereiche zugänglich sind. Damit reichen sie viel weiter als die auf unsere Umwelt beschränkte *Anschauung*.

Mit der Quantenphysik bekommen wir nicht nur tiefe Einblicke in die Natur, sondern auch *in unsere eigenen geistigen Fähigkeiten.* Wir erkennen dabei *Grenzen* und zugleich *grenzüberschreitende Möglichkeiten.* Wer trotzdem versucht, Quantenphänomene mit gegenständlichen Bildern zu verstehen, wird der Natur nicht gerecht. Zudem verschenkt er viel von den weitreichenden logischen, mit *abstrakten Symbolen* arbeitenden Fähigkeiten des Menschen. Sie sind ein wichtiger Teil menschlicher Kulturleistung, deren Faszination sich kein denkender Mensch entziehen sollte. Hier liegt eine wichtige Bedeutung moderner Physik für Philosophie und Kultur.

Real – objektiv – unbestimmt – nichtlokal

Der Knallertest gibt unserer *Anschauung* mancherlei Rätsel auf:
Dort registriert der Detektor ein *unteilbares* Photon, das den Knaller unberührt ließ. Von unserem *Realitätssinn* geleitet sagen wir: „Das Photon hat *tatsächlich* (*real*) den oberen Pfad gewählt, sein Verhalten kann nicht vom rechten Pfad abhängen." Doch trifft es den Detektor nur, wenn in diesem rechten Pfad der Knaller liegt.

Eine solche *Realitätsannahme* führt auch beim Doppelspaltexperiment in die Irre. Dort darf man nicht sagen, das Quant sei objektiv gesehen (*real*) durch einen *bestimmten* Spalt geflogen, nur *wisse* man nicht (*subjektiv* gesehen), durch welchen. Es sei also gleichgültig, ob der andere offen oder geschlossen ist. Auch diese von Realitätsannahmen vorgeprägte Aussage wird vom Experiment widerlegt. Zwar ist das Photon von der Quelle durch die Spaltebene zum Ziel gelangt. Es bleibt aber *im Sinne der Quantentheorie unbestimmt,* welche der möglichen Bahnen es dabei einschlug.

Hier zeigt sich die **Nichtobjektivierbarkeit** bei Quanten. Sobald man nämlich den Durchflugspalt durch Detektoren (etwa den Knaller) *objektiv* zu bestimmen sucht, wird die Interferenz zerstört, auch wenn das Photon den Knaller unberührt lässt. Jetzt sind die Bahnen nicht mehr gleichberechtigt, ihre Unbestimmtheit ist aufgehoben. Den der klassischen Physik fremden Begriff *unbestimmt* werden wir bald mathematisch fassen.

Man hört oft, bei solchen Nachprüfungen würde das Quantenobjekt durch Berühren *gestört*, durch eine vielleicht klassisch verständliche, „kausale" Wechselwirkung. Doch berührt beim *wechselwirkungsfreien* Knallertest das den Detektor (unten) treffende Photon den Knaller (rechts) nicht. Bereits dessen Anwesenheit, das *reine Androhen* der Prüfung „Photon oben oder rechts?", zerstört die Interferenz beim Teiler. Man sagt, die Quantenwelt sei **nichtlokal**. Zwar wird das „Ende" des Photons, sein „Tod", im Zielpunkt lokalisiert. Daraus darf man aber nicht auf eine Lokalisierbarkeit unterwegs schließen.
R. Feynman sagte, schon am Doppelspalt zeige sich das ganze Geheimnis der Quantenphysik, das niemand *verstehen* könne. *Verstehen* bedeutet nämlich ein Zurückführen auf anschauliche Modelle. Wir sollten uns nicht darüber wundern, dass zum *Beschreiben* der Quantenwelt die formalen Ψ-Funktionen nötig sind, wohl aber darüber, dass sie bei der Riesenfülle verschiedenartigster Experimente ausreichen.

Das ist wichtig

Die Energie $W = hf$ der **unteilbaren Lichtquanten** hängt von der Intensität des Lichts nicht ab.

Beim Photoeffekt haben die schnellsten Photoelektronen die Energie $W_{max} = hf - W_A$.

$h = 6{,}626 \cdot 10^{-34}$ **Js** ist die **Planck-Konstante**.
f: Frequenz des Lichts
W_A: Ablöseenergie des Photoelektrons vom Material

In **Röntgenröhren** schließt sich bei der Beschleunigungsspannung U an die Grenzwellenlänge λ_{min} ein kontinuierliches Röntgenspektrum mit der Grenzfrequenz $f_{max} = c/\lambda_{min}$ an. Es gilt $hf_{max} = e\,U$.

Masse eines Photons: $m = W/c^2 = h/(c\,\lambda)$
Impuls eines Photons: $p = h/\lambda$

Ein Quant der Energie $hf > 1{,}02$ MeV kann in der Nähe eines Atomkerns verschwinden und ein **Elektron-Positron-Paar** erzeugen. Ein Positron kann zusammen mit einem Elektron **zerstrahlen**, wobei sich mindestens zwei Quanten bilden.

Beim **Comptoneffekt** fallen Röntgenquanten auf fast freie Elektronen. Dabei entstehen neue Quanten. Sie werden unter dem Winkel β gegen den einfallenden Strahl mit einer um $\Delta\lambda = \lambda_C\,(1 - \cos\beta)$ größeren Wellenlänge gestreut. $\lambda_C = h/(m_e\,c) = 2{,}4$ **pm** heißt **Comptonwellenlänge**. Das getroffene Elektron wird in der gleichen Ebene zur Seite gestreut.

Superpositionsprinzip für Quantenmöglichkeiten

Die Zeiger Ψ_i für *alle gleichberechtigten Möglichkeiten* (*Pfade*) eines unteilbaren Quants werden zur Resultierenden $\Psi_{Res} = \Sigma\Psi_i$ addiert. Diese Pfade können der klassischen Wellenoptik entnommen werden. Jedem Pfad ist ein Zeiger Ψ_i zuzuordnen. Als „λ-Zähler" dreht er sich auf der Strecke $\lambda = h/p$ einmal.

Kann aber der Weg des Quants in Erfahrung gebracht werden, so entfallen Superposition und Interferenz.

Die Quantengrößen Ψ und $|\Psi|^2$ sind – wie die Addition ihrer Zeiger – streng bestimmt, *determiniert*. Erst beim Deuten von $|\Psi|^2$ als **Antreffwahrscheinlichkeit** von Quantenobjekten kommt die Stochastik ins Spiel.

$|\Psi|^2$ kann gemessen werden, bekommt also eine unmittelbare physikalische Bedeutung, die der Wahrscheinlichkeitsamplitude Ψ noch fehlt.

P.A.M. DIRAC analysierte 1927 in seinem grundlegenden Buch „The Principles of Quantum Mechanics" (London, Oxford University Press) die Interferenz von Wellen (er nannte sie components) und verglich sie mit der Interferenz *eines* unteilbaren Photons:

„Suppose we have a beam of light consisting of a large number of photons split up into two components of equal intensity. On the assumption that the intensity of a beam is connected with the probable number of photons in it, we should have half the total number of photons going into each component. If the two components are now made to interfere, we should require a photon in one component to be able to interfere with one in the other. Sometimes these two photons would have to annihilate one another, and other times they would have to produce four photons. This would contradict the conservation of energy. ...
Each photon interferes only with itself. ... A fraction of a Photon is never observed.
The *superposition* that occurs in quantum mechanics is of an essentially different nature from any occurring in the classical theory."

Aufgaben

A 1: Beantworten Sie folgende Fragen am Unterschied zwischen Photonen und Farbtröpfchen bzw. Hagelkörnern und am Knallertest: **a)** Man sagt, die Quantenphysik sei *nichtlokal.* Wo zeigt sich dies? **b)** Worin liegt dabei der Unterschied von *Nichtobjektivierbarkeit* und *Nichtwissen*? Warum muss man beides trennen? **c)** Was heißt Photonenlokalisation? Muss man dabei wissen, wo sich das Photon vor der Lokalisation aufhält, welchen Weg es dorthin beschreibt? Was heißt hier *unbestimmt*?

A 2: **a)** Beschreiben Sie die Reflexion von Licht an einem ebenen Spiegel mit Photonen. Genügt es, sich auf den Reflexionspunkt der geometrischen Optik zu beschränken oder muss man die Pfade für alle möglichen Spiegelpunkte heranziehen? **b)** Begründen Sie an a) den Satz von FERMAT: „Das Licht wählt den Weg mit der kürzesten Laufzeit." Gilt er stets oder nur im Grenzfall der klassischen Strahlenoptik? Wenden Sie ihn auf die Brechung von Licht und auf Linsen an (benutzen Sie Simulationsprogramme).

A 3: Beim Knallertest haben wir aus dem Wegunterschied beider Pfade von $\lambda/2$ auf ein Nichtansprechen des Detektors geschlossen, also klassische Wellenoptik angewandt. Begründen Sie dies zunächst klassisch. Welches Prinzip bewährt sich anschließend bei der Übertragung auf Quanten?

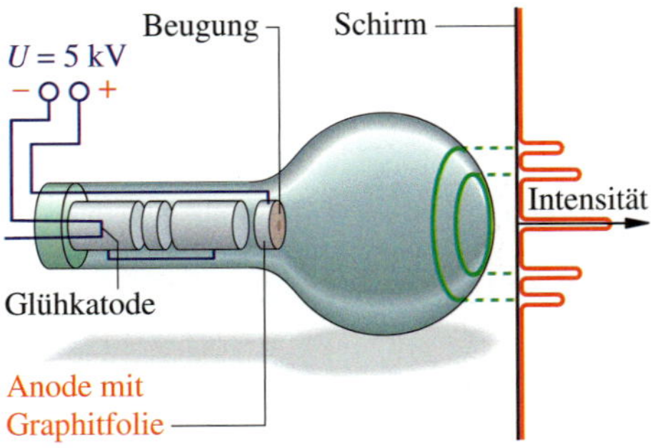

V 1: In der evakuierten Beugungsröhre werden Elektronen mit der Spannung $U = 5$ kV beschleunigt. Sie durchsetzen in der Anodenöffnung eine dünne Schicht aus polykristallinem Graphit (rot) und erzeugen auf dem Schirm zwei konzentrische Debye-Scherrer-Ringe mit Radien r_a und r_b. Dafür gilt die *Bragg-Gleichung*:

$\sin\varphi_n = n\,\lambda_B/(2\,d)$ (➡ *Bild 1*).
Die Glanzwinkel φ_n sind klein; in *n*. Ordnung gilt:

$$r_n/l = \sin 2\,\varphi_n \approx 2\,\sin\varphi_n = n\,\lambda_B/d.$$

Da der größere Ringradius $r_b = 0{,}019$ m nicht das Doppelte von $r_a = 0{,}011$ m ist, gehört r_b nicht zur Beugungsordnung $n = 2$, die sich hier nicht zeigt. Vielmehr hat der Kristall zwei Netzebenensysteme mit den Abständen $d_a = 213$ pm und $d_b = 123$ pm. Damit gilt in der 1. Ordnung ($n = 1$) beim Abstand Kristall-Schirm $l = 0{,}135$ m nach obiger Gleichung
a) für den *Innenring*: $\lambda_B = d_a\,r_a/l$,
$\lambda_B = 213\text{ pm} \cdot 0{,}011\text{ m}/0{,}135\text{ m} = 17{,}4\text{ pm}$,
b) für den *Außenring*: $\lambda_B = d_b\,r_b/l$,
$\lambda_B = 123\text{ pm} \cdot 0{,}019\text{ m}/0{,}135\text{ m} = 17{,}3\text{ pm}$.
Beide Werte für λ_B stimmen gut überein.

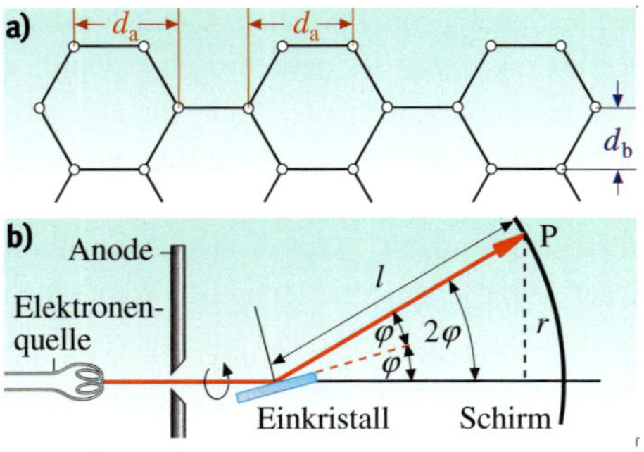

B 1: a) Graphitgitter mit Netzebenenabständen d_a und d_b **b)** Bragg-Reflexion am Graphit-Einkristall erzeugt den Reflexpunkt P. Im Polykristall entsteht daraus ein Beugungsring (➡ *Bild 3*).

Das Elektron als Quantenobjekt

1. Elektronenbeugung und deBroglie-Wellenlänge λ_B

Bei *Paarbildung* und *Zerstrahlung* wandeln sich Photonen und Elektronen ineinander um. Sind also auch Elektronen Quantenobjekte? Interferieren sie gar mit sich selbst – wie Photonen? Davon ging der franz. Prinz Louis DEBROGLIE 1924 (Nobelpreis 1929) aus. Er schrieb Elektronen mit dem Impuls $p = m\,v$ und der Energie W die nach ihm benannte **deBroglie-Wellenlänge $\lambda_B = h/p$** sowie die Frequenz $f = W/h$ zu. Die Planck-Konstante h kennzeichnet auch Elektronen als Quantenobjekte. Von dieser umfassenden Idee war man in der Physik sofort fasziniert. Vorher hatte man die Quanten kaum ernst genommen. DAVISSON und GERMER bestätigten 1927 DEBROGLIES Spekulation. Sie zeigten mithilfe der Bragg-Reflexion, dass Elektronen wie Röntgenstrahlen gebeugt werden.

Um diese **Elektronenbeugung** zu zeigen, werden in ➡ *Versuch 1* Elektronen ($m_e = 9{,}1 \cdot 10^{-31}$ kg) mit der Spannung $U = 5{,}0$ kV beschleunigt. Für diese Elektronen gilt:

kinetische Energie $W_{kin} = \frac{1}{2}\,m_e\,v^2 = e\,U = 5{,}0\text{ keV} = 8{,}0 \cdot 10^{-16}$ J,
Geschwindigkeit $v = \sqrt{2\,U\,e/m_e} = 4{,}2 \cdot 10^7$ m/s,
Impuls $p = m_e\,v = \sqrt{2\,U\,e\,m_e} = 3{,}8 \cdot 10^{-23}$ Ns.

Nach DEBROGLIE erwartet man also die Wellenlänge

$$\lambda_B = h/p = 17{,}4\text{ pm}.$$

Dieser Wert wird in ➡ *Versuch 1* bestätigt. Erniedrigt man dort die Spannung U, so auch den Impuls p. $\lambda_B = h/p$ und die Radien r der von Elektronen erzeugten Beugungsringe nehmen zu. Sie haben nach ➡ *Bild 3* das gleiche Aussehen wie bei Röntgenstrahlen. Man könnte einwenden, unbekannte Effekte im komplizierten Beugungskristall könnten das Ergebnis verfälschen. Doch zeigte C. JÖNSSON 1960, dass auch Elektronen, die einen Doppelspalt im Vakuum durchfliegen, Interferenzstreifen bilden (➡ *Bild 4a*).

Die Gleichung $p = h/\lambda$ gilt also universell, für Photonen wie für Elektronen. Selbst elektrisch neutrale Teilchen wie Wasserstoff- oder Heliumatome, Neutronen und fliegende Moleküle bilden Interferenzmuster mit $\lambda_B = h/p$ (➡ *Bild 4b*). All dies sind Quantenobjekte. DEBROGLIE sprach ihnen eine **„Welle"** zu, **deBroglie-** oder **Materiewelle** genannt. In Ziff. 4 werden wir sie mit rotierenden Zeigern exakt beschreiben.

2. Universelle Grundgesetze – für alle Quantenobjekte

Beugung und Interferenz gibt es bei allen Quantenobjekten, bei Photonen, Elektronen, Atomen und Molekülen. Quantenobjekte sind charakterisiert durch die Planck-Konstante h. Diese ordnet einander zu:

Impuls p ↔ **deBroglie-Wellenlänge $\lambda = h/p$** (1)
Energie W ↔ **Frequenz $f = W/h$.** (2)

3. Kann man Materiewellen klassisch verstehen?

Lassen sich DEBROGLIES Materiewellen mit Wasserwellen vergleichen? In ⇛ *Versuch 1* haben die Elektronen Abstände, die 10^6-mal so groß sind wie die deBroglie-Wellenlänge λ_B (⇛ *Aufgabe 2*). Durch Schwingungen gegeneinander können sie keine „echte" Welle erzeugen, analog zu Wasser- oder Schallwellen. Ein Vergleich mit dem *Taylor-Experiment* liegt näher. Dort befand sich jeweils höchstens ein Quantenobjekt im Gerät und trug trotzdem zum Interferenzbild bei, auch wenn dieses langsam aufgebaut wurde.

Ist also jedes Elektron eine wellende, in sich schwingende Ladungswolke? Dann müsste es sich an den Atomen des Kristallgitters in unzählig viele, weit voneinander entfernte Ladungswölkchen aufspalten, im Gegensatz zu aller Erfahrung. Auch kann ein Elektron für sich keinen ganzen Beugungsring zum Leuchten bringen. Vielmehr bildet sich dieser aus *stochastisch verteilten Lokalisationen* der Elektronen, die nacheinander eintreffen; man beachte die körnige Struktur in ⇛ *Bild 4b*.

Was sich bei Photonen zeigt, gilt erst recht hier:
Jedes Elektron interferiert mit sich selbst, indem all seine Möglichkeiten interferieren. Auch sie gehorchen dem Superpositionsprinzip für Wahrscheinlichkeitsamplituden Ψ. Wir beschreiben die deBroglie-Welle als **Ψ-Welle** mit rotierenden Zeigern. Dann können wir alle Überlegungen und Experimente zur Lichtbeugung auf Elektronenbeugung übertragen, wenn wir $\lambda_B = h/p$ benutzen.

Nun verstehen wir auch, warum das **Elektronenmikroskop** viel kleinere Strukturen auflöst als das Lichtmikroskop (⇛ *Bild 2*): Punktförmige Objekte erzeugen in Linsen nicht Punkte, sondern Beugungsscheibchen. Deshalb kann man nur solche Objektabstände auflösen, die größer sind als $\lambda/2$. Die Grenze des Lichtmikroskops liegt bei $\lambda_{Licht}/2 \approx 200$ nm. Bei Elektronen lässt sich die Geschwindigkeit v so weit steigern, dass die deBroglie-Wellenlänge $\lambda_B = h/(m\,v)$ und das Auflösungsvermögen bis in atomare Dimensionen reichen ($\lambda_B/2 \approx 0{,}2$ nm).

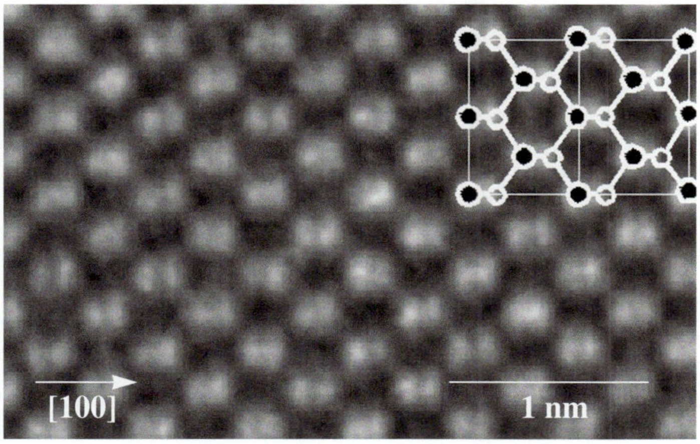

B 2: Bild von Atomen des GaAs-Kristalls im Elektronenmikroskop

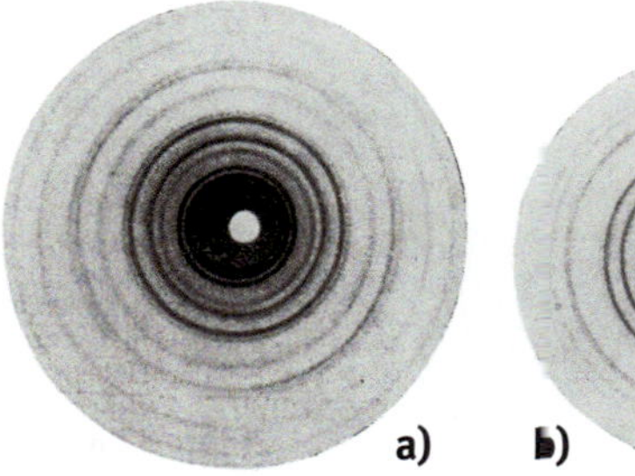

B 3: Debye-Scherrer-Ringe an dünner Silberfolie **a)** mit Elektronen **b)** mit Röntgenstrahlen erzeugt

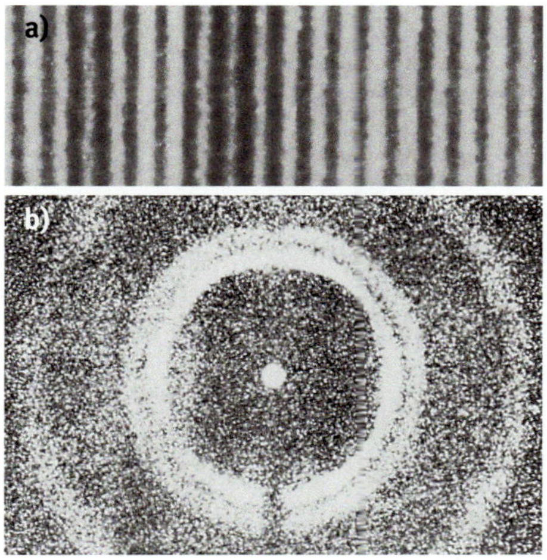

B 4: a) Elektroneninterferenz am Doppelspalt nach JÖNSSON, mit einem Elektronenmikroskop stark nachvergrößert ($g = 10^{-6}$ m) **b)** Neutronenbeugung an Kupferfolie. Die körnige Struktur baut sich allmählich auf und zeigt, dass jedes Neutron mit sich selbst interferiert – wie jedes Photon.

... noch mehr Aufgaben

A 1: Elektronen ($W = 10$ keV) werden auf einen Einkristall geschossen (einfach-kubisches Gitter $d = 210$ pm). Bei welchen Glanzwinkeln treten Reflexionen auf?

A 2: In der Beugungsröhre ist die Spannung 5,0 kV, die Anodenstromstärke 1,0 mA. Wie groß ist die Elektronengeschwindigkeit v? Anodenöffnung und Elektronenstrahl haben den Querschnitt 1,0 mm². Wie viele Elektronen sind in einem Strahl der Länge $v \cdot 1$ s? Berechnen Sie Dichte und mittleren Abstand der als punktförmig angenommenen Elektronen. Das Wievielfache ihrer deBroglie-Wellenlänge λ_B ist dieser Abstand? Vergleichen Sie mit der Dicke 0,1 mm der Beugungsschicht.

Vertiefung

B 1: Erwin SCHRÖDINGER (1887–1961)

Ψ-Zeiger und imaginäre Zahlen

Der österreichische Physiker E. SCHRÖDINGER untersuchte 1926 die deBroglie-Welle mit seiner **Schrödingergleichung.** Er fand $\Psi(x, t) = \Psi_0 (\cos\varphi + \mathrm{i}\sin\varphi)$ mit der Phase $\varphi = 2\,\pi (x/\lambda - t/T)$. Dies entspricht exakt der Zeigerdarstellung in ➡ *Bild 2 und 3b.* Doch empfand er das von ihm eingeführte Ψ als „etwas unsympathisch", da sich dort die imaginäre Zahl $\mathrm{i} = \sqrt{-1}$ als unabdingbar herausstellte. Sie machte seine Absicht zunichte, in der Materiewelle ein *reales* Schwingen einer „Elektronenflüssigkeit" zu sehen. Die Schrödingergleichung beschreibt die Quanten nur mit dem $\mathrm{i} = \sqrt{-1}$ umfassend und richtig und trug ihm so 1933 den Nobelpreis ein.

Die imaginäre Zahl $\mathrm{i} = \sqrt{-1}$ ist in der Menge der reellen Zahlen, im *Zahlenstrahl* (*x*), nicht enthalten. Fügt man senkrecht dazu die imaginäre Achse mit der imaginären Einheit $\mathrm{i} = \sqrt{-1}$ hinzu, dann erhält man die komplexe *Zahlenebene* (➡ *Bild 2*). Dort stellt $\Psi(x, t) = \Psi_0 (\cos\varphi + \mathrm{i}\sin\varphi)$ einen Zeiger dar, der mit der Phase φ rotiert. Das Ψ ist wegen der imaginären Zahl i eine formale, nicht messbare Größe. $|\Psi|^2$ dagegen enthält das i nicht mehr und ist als Antreffwahrscheinlichkeit messbar.

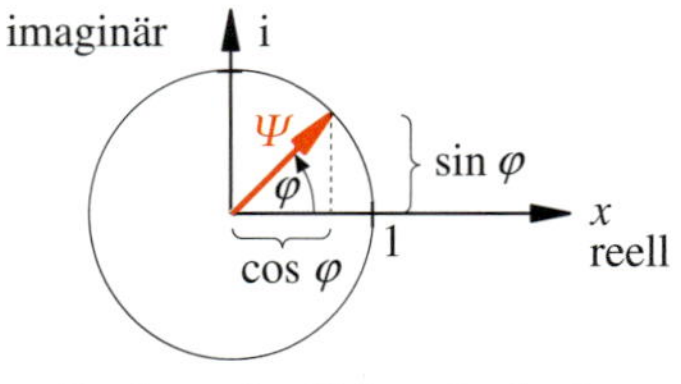

B 2: Rotierender Zeiger in der komplexen Zahlenebene, i-Achse nach oben

4. Die deBroglie-Welle als Ψ-Welle

Klassische Wellen lassen sich mit rotierenden Zeigern beschreiben. Warum nicht auch deBroglie-Wellen? Dazu betrachten wir Elektronen, die mit *exakt gleichem Impuls p*, also gleichem $\lambda_B = h/p$ und gleicher Energie $W = hf$ in einem langen Strahl gleichmäßig nach rechts fliegen:

a) Die Antreffwahrscheinlichkeit $|\Psi(x)|^2$ für ein Elektron ist längs des Strahls konstant (➡ *Bild 3a*). Deshalb müssen die nebeneinanderliegenden Zeiger in ➡ *Bild 3b* stets *gleiche Länge* haben.

b) ➡ *Bild 3b* zeigt die *räumliche Periodizität* gemäß $\lambda_B = h/p$. Dazu sind die Phasenwinkel φ der Zeiger so gegeneinander gedreht, dass sich φ jeweils nach der Strecke $\lambda_B = h/p$ wiederholt. Dies kennen wir von klassischen Wellen.

c) Die Rotationsfrequenz $f = W/h$ der Zeiger gibt der Welle ihre *zeitliche Periodizität.* Dabei ist $W = \frac{1}{2} m_e v^2 = p^2/(2\,m_e)$ die Elektronenenergie. Dann laufen am Bildschirm die Phasen φ dieser **Ψ-Welle** nach rechts, genau wie es SCHRÖDINGER mit $\Psi(x, t)$ beschreibt. $\Psi(x, t)$ ist im Ort *x* und in der Zeit *t* periodisch.

Merksatz

Die fortschreitende **Ψ-Welle** $\boldsymbol{\Psi(x, t)}$ von Elektronen mit Impuls *p* wird durch gegeneinander versetzte, mit der Frequenz $f = W/h$ rotierende Zeiger dargestellt. Ihre zeitliche Periode ist $T = 1/f$, die räumliche $\lambda_B = h/p$. Die konstante Antreffwahrscheinlichkeit $|\Psi(x, t)|^2$ für Elektronen längs des Strahls fordert *gleiche Zeigerlänge* $|\Psi|$. Darin liegt der *wesentliche Unterschied zu klassischen Wellen.*

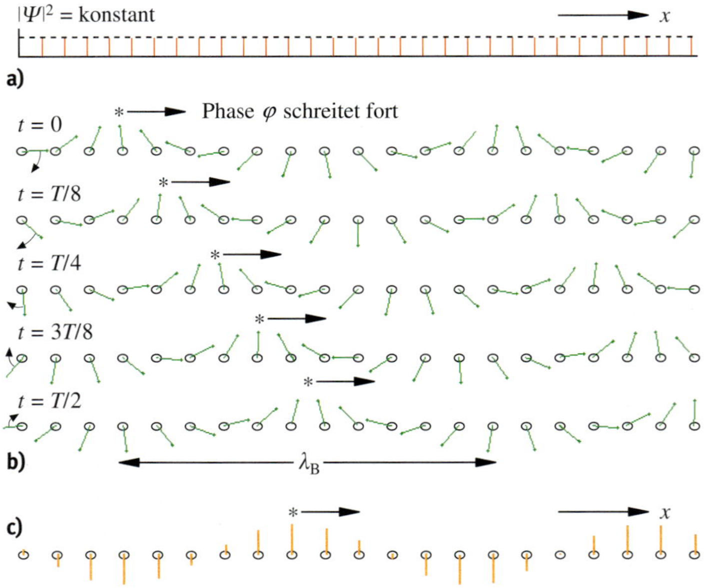

B 3: **a)** Konstantes $|\Psi|^2$ längs des Elektronenstrahls **b)** 5 Momentbilder der nach rechts fortschreitenden deBroglie-Welle in Abständen von *T*/8 **c)** klassische Welle mit Bergen und Tälern, entstanden durch Projektion der Zeiger bei $t = T/2$ auf eine vertikale Gerade (➡ *Vertiefung*, links)

5. Unterschiede zwischen Photon und Elektron

Photonen und Elektronen sind Quantenobjekte, gekennzeichnet durch die Planck-Konstante h. Doch darf man einige fundamentale Unterschiede nicht übersehen:

Elektronen haben die Ruhemasse m_0; sie können sich wie klassische Teilchen verhalten. Dies haben wir bei der Bestimmung ihrer spezifischen Ladung e/m und der Ablenkung in braunschen Röhren mit Erfolg benutzt. Elektronen sind Bestandteile von Materie. Für *Photonen* gilt all dies nicht; eine Korpuskeltheorie im Sinne NEWTONS versagt schon bei der Lichtbrechung, erst recht bei Interferenz und Beugung.

Nun verbietet das **Pauliprinzip**, dass mehr als zwei Elektronen in denselben Zustand treten, z. B. in die K-Schale eines Atoms (bekannt aus dem Chemieunterricht). Dies gilt auch bei der Ψ-Welle. Sie kann nicht durch Aufnahme vieler Elektronen zu einer klassischen Welle aufgebaut werden. Bei *Photonen* dagegen gilt das Pauliprinzip nicht. Sehr viele Photonen können deshalb eine klassische elektromagnetische Welle mit der Feldstärke $E(x, t)$ bilden, bekannt als Radiowelle und als kohärentes Laserlicht.

Weder bei Elektronen noch bei Photonen sind *beide* klassischen Grenzfälle Teilchen und Welle möglich: Photonen verhalten sich nie wie klassische Teilchen, Elektronen nie wie klassische Wellen. Deshalb ist die häufig gehörte *dualistische* Aussage falsch, sie verhalten sich mal wie Teilchen, mal wie Wellen. Zudem unterschiebt diese der Natur einen Widerspruch.

Vertiefung

Warum ist Ψ keine klassische Welle?

Vielleicht vermissen Sie in *Bild 3b* die Nullstellen der klassischen Welle aus *Bild 3c*. Sie laufen mit der Geschwindigkeit $u = f\lambda$ der Wellenphase.

Bei Elektronen ist $f = W/h$, $\lambda_B = h/p$ und $W = \frac{1}{2}\, m\, v^2 = p^2/(2\, m)$.

Also hätten Nullstellen in Bild 3c nach

$$u = f\lambda_B = (W/h)\,(h/p) = p/(2\,m) = v/2$$

nur die *halbe* Geschwindigkeit $v/2$ der fliegenden Elektronen; sie könnten diese nicht zwischen sich, in Bergen oder Tälern einer klassischen Welle, mitführen.

Bei Ψ-Wellen ist jedoch die Zeigerlänge $|\Psi|$ konstant, Nullstellen fehlen. Deshalb stört es überhaupt nicht, dass die Phasen viel langsamer laufen als das Elektron. Trotz dieser Unterschiede zur klassischen Welle benutzt man die Worte Ψ-Welle und deBroglie-Wellenlänge.

Wir werden bald sehen, wie man mit Ψ-Wellen Elektronen beschreibt, die in einem engen Pulk fliegen, also nicht mit konstanter Antreffwahrscheinlichkeit $|\Psi|^2$ längs des ganzen Strahls.

... noch mehr Aufgaben

A 1: a) Welche deBroglie-Wellenlänge haben mit 500 kV beschleunigte Protonen? **b)** Warum haben gleich schnelle neutrale H-Atome (fast) die gleiche Wellenlänge? **c)** Was gilt für He-Kerne in a) (Masse 4fach, Ladung doppelt)?

A 2: a) Wie ändern sich die Radien r der Beugungsringe, wenn man die Beschleunigungsspannung U in der Beugungsröhre verdoppelt? Zeigen Sie, dass $r \sim 1/\sqrt{U}$ ist. **b)** Welche Radien hätten dort die Beugungsringe 2. Ordnung bei $U = 5$ kV?

A 3: Übertragen Sie das früher zum Doppelspalt bei Photonen Gesagte auf Elektronen.

A 4: Welche deBroglie-Wellenlänge kommt einem Staubkörnchen zu ($m = 10^{-12}$ g; $v = 300$ m/s)? Welche Ablenkung würde es durch ein Gitter mit $g = 1{,}0$ µm in 1,0 m Entfernung in der 10. Ordnung erfahren? Was folgern Sie für die Gültigkeit der klassischen Mechanik?

A 5: Das Fermatprinzip zeigt, dass die geometrische Optik ein Grenzfall der Wellenoptik ist. Übertragen Sie das auf Elektronen. Welcher Teil der Physik wird so angedeutet?

A 6: Wie groß müsste bei Farbtröpfchen ($m = 100$ µg; $v = 10$ m/s) der Abstand zweier Spalte sein, damit auf dem 20 cm entfernten Schirm Beugungsstreifen mit 1,0 mm Abstand zu erwarten wären?

A 7: Mit welcher Spannung sind Elektronen zu beschleunigen, sodass am Doppelspalt ($g = 10$ µm) der Beugungswinkel 10. Ordnung 0,10° beträgt?

A 8: Welche Energie müssten Elektronen eines idealen Elektronenmikroskops haben, damit Atome mit Abstand $d = 0{,}2$ nm noch getrennt registriert werden?

A 9: Prüfen Sie die Worte *Wahrscheinlichkeits-* und *Materiewelle* anhand von *Bild 3*. Vergleichen Sie die Geschwindigkeiten von Elektron und Wellenphasen.

A 10: a) Eine Ψ-Welle hat die Phase $\varphi = 2\,\pi\,(x/1\text{ nm} - t/10^{-12}\text{ s})$. Bewegt sie sich nach rechts oder links? Mit welcher Geschwindigkeit? Verfolgen Sie einen Phasenzustand, z. B. $\varphi = 0$, im Laufe der Zeit. Wie groß sind λ, p, f, W und das v der zugehörigen Elektronen? **b)** Die Phasen beschreibt man durch Zeiger im mathematisch positiven Sinn (gegen den Uhrzeiger). Wie rotieren also die Zeiger mit t?

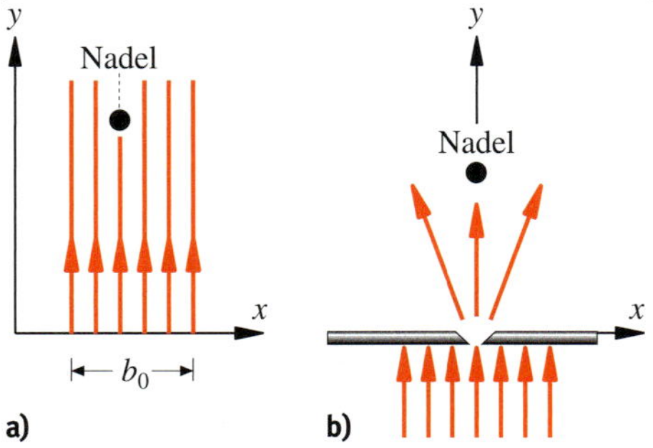

B 1: a) Die meisten Photonen des breiten Laserbündels gehen an der dünnen Nadel vorbei; ihr Ort x ist unbestimmt. **b)** Der Spalt verkleinert zwar die Unbestimmtheit Δx des Orts x in der Spaltebene. Dafür steigt der durch Beugung erzeugte Impuls p_x quer zur ursprünglichen Strahlrichtung.

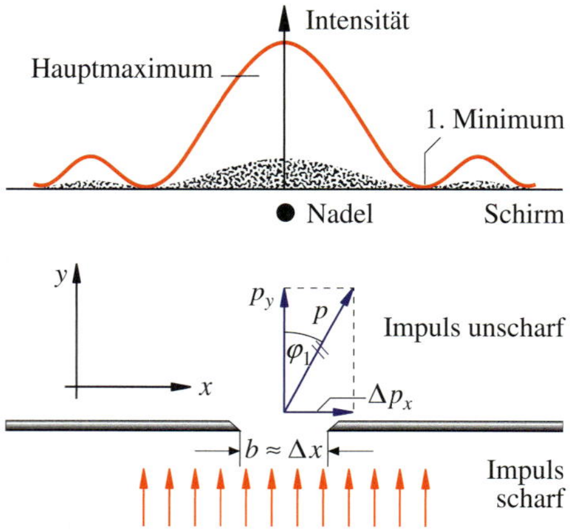

B 2: Quanten durchsetzen den Spalt. Mit seiner Breite b nimmt auch die Unbestimmtheit $\Delta x \approx b$ des Ortes x in der Spaltebene ab. Dafür steigen wegen Beugung die stochastisch verteilten Querimpulse p_x des Quants. Als dessen *Impuls-Unbestimmtheit* Δp_x nahm HEISENBERG den Betrag $|p_x|$ von p_x an, der klassische Teilchen zum 1. Minimum unter dem Winkel φ_1 führen würde. So steckte er die Grenzen des klassischen Impulsbegriffs bei Quanten ab. Mit $p = h/\lambda$ gilt:

$$\sin \varphi_1 \approx \Delta p_x/p = \lambda\, \Delta p_x/h.$$

Beim 1. Minimum der Spaltbeugung ist zudem $\sin \varphi_1 = \lambda/b$. Mit $b \approx \Delta x$ folgt

$$\boldsymbol{\Delta x\, \Delta p_x \approx h.}$$

Unterwegs kann man weder Orte noch Bahnen der Quanten angeben; beide sind unbestimmt.

Unbestimmtheitsrelation (UBR); Wellenpakete

Während SCHRÖDINGER mit seinem ihm „etwas unsympathischen Ψ" erfolgreich rechnete, fragten sich andere, warum im Mikrokosmos *klassische Begriffe* wie Ort und Impuls nicht ausreichen. 1927 „wurde es Tag in der Quantentheorie" (wie W. PAULI sagte). Werner HEISENBERG (Nobelpreis 1932) zeigte nämlich: Man kann diese klassischen Begriffe zwar benutzen. Doch sind bei ihrem *gemeinsamen Gebrauch Unbestimmtheiten* zu beachten, von denen wir schon mehrfach sprachen (Ψ-Funktionen, also rotierende Zeiger, sind damit nicht belastet). Dass es sich nicht um Messfehler handelt, machte der Theoretiker HEISENBERG den Experimentatoren an der Spaltbeugung klar (➠ *Bild 2*).

1. Wie scharf schießen Photonenkanonen?

Versuchen wir, die ferne Nähnadel in ➠ *Bild 1a* mit den Photonen von Laserlicht zu treffen. Das Folgende gilt auch bei Elektronen; üben wir daran die präzise Quantensprache: Der Laser hat alle Quanten im Strahl *einheitlich* (*identisch*) *präpariert.* Er bestimmt nämlich die Wellenlänge λ und damit den Impuls nach oben, in y-Richtung, zu $p_y = h/\lambda$ scharf.

In x-Richtung, quer zum breiten Strahl, haben zunächst *alle* Quanten den Querimpuls $p_x = 0$; die Quantengesamtheit ist im **Zustand scharfen Querimpulses $\boldsymbol{p_x = 0}$;** quer zum Strahl ist die **Impuls-Unbestimmtheit $\boldsymbol{\Delta p_x \approx 0}$.** Trotzdem nehmen die meisten Quanten des Bündels der großen Breite b_0 von der Nadel keine Notiz. Bezüglich des Ortes x hat diese Quantengesamtheit die große **Orts-Unbestimmtheit $\boldsymbol{\Delta x \approx b_0}$.**

Nun wird in ➠ *Bild 1b* (und 2) das Δx durch Verengen des Spalts verkleinert. Beugung lenkt die Quanten in x-Richtung ab, versetzt sie also in einen anderen Zustand; das Beugungsbild rückt auseinander. Die Photonen verfehlen die Nadel aus einem anderen Grund: Sie bekommen am Spalt quer zum Strahl *stochastisch* verteilte **Querimpulse $\boldsymbol{p_x}$.** Der Mittelwert $|p_x|$ ihrer Beträge gibt uns die **Impuls-Unbestimmtheit $\boldsymbol{\Delta p_x}$** der Quantengesamtheit an. Nach ➠ *Bild 2* gilt $\boldsymbol{\Delta x\, \Delta p_x \approx h}$. *Beim Schließen des Spalts sinkt die Orts-Unbestimmtheit Δx; dafür steigt $\Delta p_x \approx h/\Delta x$.* Dies geschieht durch Beugung, nicht durch Zufallsstörungen durch ein Messgerät.

Merksatz

Heisenbergsche Unbestimmtheitsrelation: Unbestimmtheiten sind *Mittelwerte der Beträge* von Messwerten einer einheitlich präparierten Quantengesamtheit. Die Unbestimmtheiten Δx im Ort x und zugleich Δp_x im zugehörigen Impuls p_x sind nicht wesentlich kleiner, als es $\Delta x\, \Delta p_x \approx h$ zulässt. Nie ist das Produkt $\Delta x\, \Delta p_x = 0$.
Ist der Ort x scharf bestimmt ($\Delta x \to 0$), so geht $\Delta p_x \to \infty$ und umgekehrt. Es gilt die UBR

$$\boldsymbol{\Delta x\, \Delta p_x \approx h.} \qquad \textbf{(1)}$$

2. Ein Experiment zur Unbestimmtheitsrelation

Aus der Optik kennen wir die *Kohärenzlänge* l_k von Wellenzügen, die von Atomen ausgehen. Diese Wellenzüge enthalten Photonen hf und werden in der Quantenphysik **Wellenpakete** genannt (➡ *Bild 3*). Sie geben die Antreffwahrscheinlichkeit eines Photons längs der Strecke l_k an. Dies ist dessen *Ortsunbestimmtheit* $\Delta x \approx l_k$ *in Strahlrichtung*.

$\Delta x \approx l_k$ messen wir an einem Glimmerblatt, auf das Wellenpakete aus einer Quecksilber-Höchstdrucklampe fallen (➡ *Bild 4a*). Jedes wird an Vorder- und Rückseite des Blattes der Dicke $d = 7 \cdot 10^{-5}$ m in zwei Teile gespalten. Beide Paketteile überlappen sich und interferieren etwa 4 min lang miteinander. Während die Lampe heißer wird, steigen im Hg-Dampf Druck und Dichte der Elektronen. Diese prasseln immer häufiger auf die Hg-Atome. So verkürzen sie deren *ungestörte Möglichkeit*, ein Photon zu emittieren, also die Länge l_k des Pakets. Wenn dabei l_k etwa auf die doppelte Blattdicke $2d$ gesunken ist, laufen beide Pakete hintereinander her; Interferenz wird unmöglich. Die Interferenzstruktur geht in gleichmäßige Helligkeit über. Daran lesen wir die *Unbestimmtheit* Δx *des Photonenorts* ab:

$$\Delta x \approx l_k \approx 2d = 14 \cdot 10^{-5} \text{ m}.$$

Zur gleichen Zeit verlieren die gelben Linien ihre Schärfe (λ_1 = 576,95 nm; λ_2 = 578,97 nm; ➡ *Bild 4b*). Sie fließen ineinander; dies gilt auch für die Quantenimpulse $p_1 = h/\lambda_1 = 1{,}148 \cdot 10^{-27}$ Ns und $p_2 = h/\lambda_2 = 1{,}144 \cdot 10^{-27}$ Ns. Die Photonengesamtheit bekam folglich die *Unbestimmtheit des Impulses*

$$\Delta p_x \approx p_2 - p_1 = 0{,}004 \cdot 10^{-27} \text{ Ns}.$$

Das Produkt $\Delta x\, \Delta p_x = 14 \cdot 10^{-5} \text{ m} \cdot 0{,}004 \cdot 10^{-27} \text{ Ns} \approx 6 \cdot 10^{-34}$ Js ergibt die Planck-Konstante $h = 6{,}6 \cdot 10^{-34}$ Js, was die UBR bestätigt.

Beispiel

Interferiert ein Photon tatsächlich mit sich selbst?

Die beiden Pakete in ➡ *Bild 4a* sind aus einem entstanden. Sie zeigen die beiden Möglichkeiten Ψ_1 und Ψ_2 *eines* Photons, sind also zu superponieren: $\Psi = \Psi_1 + \Psi_2$. Interferiert es also mit sich selbst – auch in optischen Gittern?

Ein 1 W-Lämpchen mit ($\eta_{opt} = 5\%$) beleuchte aus 1 m Abstand den Eintrittsspalt von 1 mm² Fläche eines Gitterspektralapparats. Im sichtbaren Bereich ($\lambda \approx 600$ nm) sendet es in 1 s die Lichtenergie $W_L = 0{,}05$ J bzw. $n_L = 0{,}05 \text{ J}/(hf) \approx 1{,}5 \cdot 10^{17}$ Photonen aus. Sie sind in 1 m Abstand über die Kugelfläche $A = \pi r^2 = 3{,}14 \text{ m}^2$ verteilt. Durch die Spaltöffnung von $A_S = 1 \text{ mm}^2$ treten $n_S = n_L A_S/A = 4{,}7 \cdot 10^{10}$ Photonen je Sekunde. Ungehindert würden sie sich auf die Strecke $s = c \cdot 1 \text{ s} = 3 \cdot 10^8$ m verteilen. Auf das Gitter der Dicke $d \approx 0{,}1$ mm entfallen davon $n_G = n_S\, d/s = 0{,}016$ Photonen. Da für ihre Kohärenzlänge $l_k \approx 10^{-4} \text{ m} = 0{,}1 \text{ mm} \approx d$ gilt, überlappen sich höchst selten zwei Pakete (je mit 1 Photon): Auch bei optischen Gittern interferieren die einzelnen Photonen mit sich selbst.

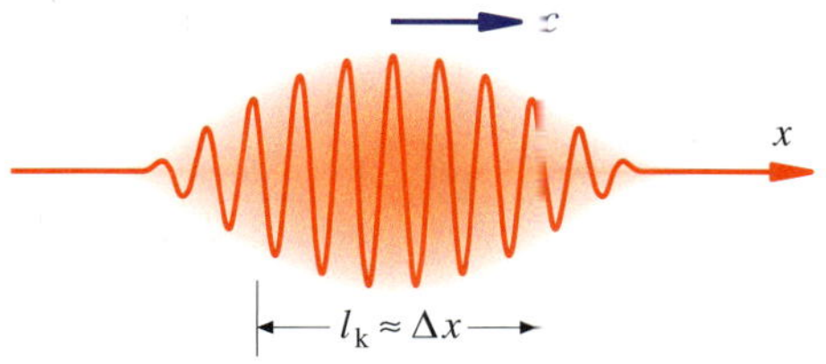

B 3: Die Kohärenzlänge l_k des Lichts gibt die Unbestimmtheit Δx des Photonenorts in Strahlrichtung an

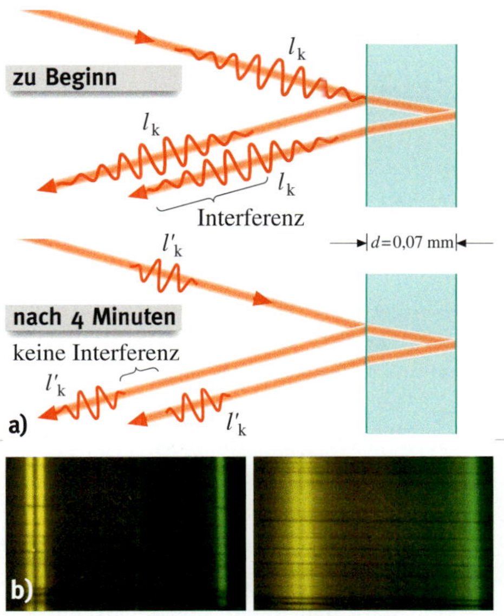

B 4: a) Wenn die Kohärenzlänge $l_k < 2d$ ist, interferieren die beiden Pakete nicht mehr miteinander. **b)** Die gelben Spektrallinien fließen ineinander.

... noch mehr Aufgaben

A 1: Wie groß ist die Impulsunbestimmtheit in Querrichtung (in Prozent) für Photonen der Wellenlänge $\lambda = 600$ nm hinter einem 1 cm breiten Schlüsselloch bzw. einem 0,01 mm dicken Loch?

A 2: a) Wie groß müsste die Öffnung einer Laserkanone sein, damit man mit dem zentralen Beugungsmaximum den Mond (0,50° Sehwinkel) genau treffen würde? **b)** Wie groß ist der Lichtfleck in Mondentfernung ($3{,}8 \cdot 10^5$ km) bei einer Laseröffnung von 10 mm Durchmesser?

A 3: Bei Spaltbeugung landen einige Elektronen nahe der optischen Achse, haben also den Querimpuls $p_x \approx 0$. Ist die UBR verletzt, wenn die Spaltbreite $b \approx \Delta x$ gegen null geht?

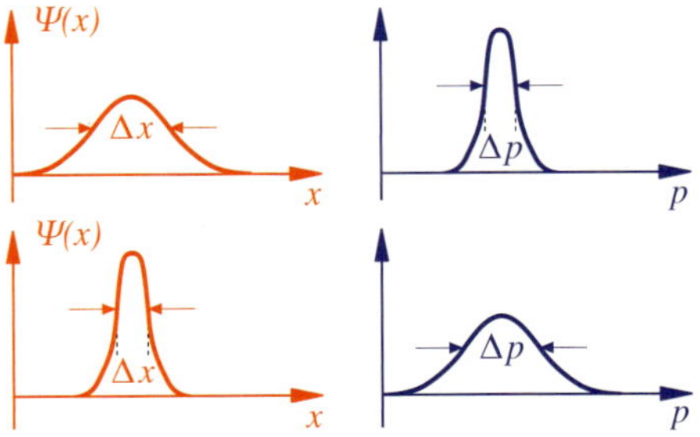

B 1: Je größer die Unbestimmtheit Δx im Ort (links), desto kleiner Δp_x (rechts)

Vertiefung

Was heißt „unbestimmt"?

In Bild 1a von Ziff. 1 fliegen die Elektronen *exakt* in y-Richtung. Ihre Querimpulse in x-Richtung sind $p_x = 0$, auch die Unbestimmtheit Δp_x geht gegen null. Der Strahl ist nach $\Delta x \approx h/\Delta p_x \to \infty$ breit. Die eine Größe p_x ist scharf bestimmt auf Kosten der andern (x). Die UBR beseitigt die *Begriffe* Ort und Impuls an sich nicht; sie beschränkt nur ihren gemeinsamen Gebrauch.

HEISENBERG sagt: „Ein über diese Relation hinausgehender, genauerer Gebrauch der Wörter Ort und Geschwindigkeit ist ebenso inhaltslos wie die Anwendung von Wörtern, deren Sinn nicht definiert ist." Deshalb darf man nicht sagen, das einzelne Quantenobjekt *habe objektiv gesehen* im Unbestimmtheitsbereich einen bestimmten Ort x, den wir *subjektiv* gesehen nicht genau *kennen*. Wer so denkt, der engt den Strahl auf die vermutete Stelle x ein. Doch zwingt er damit die Gesamtheit der Objekte in einen Zustand mit größerem Δp_x. „Unbestimmt" geht eben viel weiter als „unbekannt"; es betrifft die *Nichtobjektivierbarkeit* der Quanten (s. Knallertest).

Δp_x in 10^{-25} Ns	Δx in 10^{-9} m	$\Delta x\,\Delta p_x$ in Js
0,5	8	$4\cdot 10^{-34}$
1	4	$4\cdot 10^{-34}$
2	1,8	$3{,}6\cdot 10^{-34}$
3	1,2	$3{,}6\cdot 10^{-34}$
4	1	$4\cdot 10^{-34}$

T 1: $\Delta x\,\Delta p_x \approx 4\cdot 10^{-34}$ Js $\approx h$ bei der Simulation nach Bild 2. Die Werte sind vom linken zum rechten Wendepunkt des Pakets auf ca. 60% der Pakethöhe gemessen.

3. Unbestimmtheitsrelation bei Wellenpaketen

Die lange Ψ-Welle eines Elektronenstrahls wird mit Ψ-Zeigern *gleicher* Länge beschrieben. Der Elektronenimpuls p_x ist scharf, seine Unbestimmtheit $\Delta p_x = 0$, also $\Delta x \approx h/\Delta p_x \to \infty$. Will man Quanten auf den Ortsbereich Δx eingrenzen, so muss man ihrem Impuls p_x die Unbestimmtheit $\Delta p_x \approx h/\Delta x > 0$ geben (➠ *Bild 1*).

Dies simulieren wir für Elektronen mit $\upsilon \approx 6\cdot 10^5$ m/s. Nach ➠ *Bild 2a* habe ihr Impuls aber nicht den scharfen Wert $p_x = m\,\upsilon = 5{,}5\cdot 10^{-25}$ Ns; er zeige die Unbestimmtheit $\Delta p_x \approx 2\cdot 10^{-25}$ Ns. Die Impulse p_i streuen von $p_x \approx 4{,}5\cdot 10^{-25}$ Ns bis $\approx 6{,}5\cdot 10^{-25}$ Ns. Daraus greift ➠ *Bild 2b* nur fünf Zeigerreihen heraus. Sie unterscheiden sich in $\lambda_i = h/p_i$ wie auch in den Frequenzen $f_i = W_i/h = p_i^2/(2\,m\,h)$, zeigen also mehrere Quantenmöglichkeiten $\Psi_i\,(x, t)$. Deshalb sind an jedem Ort x *alle* Zeiger nach $\Psi_{\text{Res}}(x, t) = \Sigma \Psi_i\,(x, t)$ zu superponieren. Wir erwarten ein wirres Durcheinander. Überraschenderweise formiert der Computer die resultierenden Zeigerlängen $|\Psi_{\text{Res}}|$ zu einem geordneten **Wellenpaket**. Es schränkt die Antreffwahrscheinlichkeit $|\Psi_{\text{Res}}|^2$ auf die Paketlänge Δx ein. Dort interferieren übereinander liegende Zeiger konstruktiv, außerhalb davon aber destruktiv zu $|\Psi_{\text{Res}}|^2 \approx 0$.

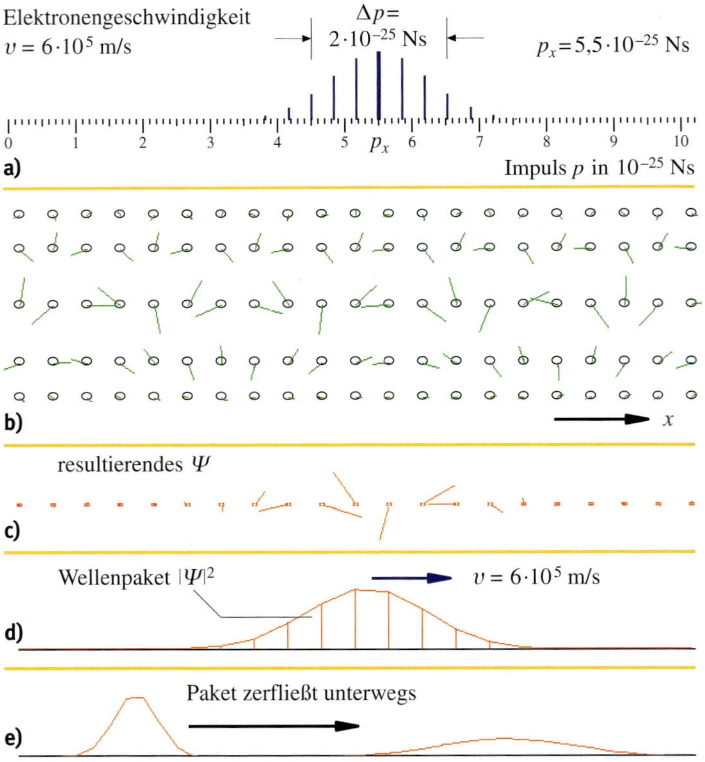

B 2: a) Der Elektronenimpuls p_x streut um $5{,}5\cdot 10^{-25}$ Ns mit der Unbestimmtheit $\Delta p_x \approx 2\cdot 10^{-25}$ Ns **b)** Fünf der Ψ-Wellen $\Psi_i\,(x, t)$ herausgegriffen **c)** Resultierende Amplituden $\Psi_{\text{Res}}\,(x, t)$ aller Wellen **d)** Das Paket gibt die Antreffwahrscheinlichkeit $|\Psi_{\text{Res}}|^2$ des Elektrons an und läuft mit dessen Geschwindigkeit $\upsilon \approx 6\cdot 10^5$ m/s nach rechts **e)** Allmählich zerfließt das Paket; es wird breiter

4. Die Bedeutung der Ψ-Wellenpakete

a) Lohnt es sich, Ψ-Wellen zu einem Paket zu superponieren? In der Simulation nach ➠ *Bild 2* läuft das Paket in $t = 130 \cdot 10^{-16}$ s um $x = 8$ nm weiter, hat also die vorgegebene Elektronengeschwindigkeit $v_x = x/t = 6 \cdot 10^5$ m/s. Dies ist nicht selbstverständlich. Die einzelnen Ψ-Wellen schieben nämlich ihre Phasen nur halb so schnell weiter mit $u = f\lambda = (W/h)\,(h/p) = W/p = \frac{1}{2}\,m\,v_x^2/(m\,v_x) = v_x/2$. – In einem *E*-Feld mit Potential Φ hat das Elektron $(-e)$ auch potentielle Energie $W_{\text{pot}} = -e\,\Phi$. Die zum Berechnen von $f = W/h$ nötige Gesamtenergie ist

$$W = W_{\text{kin}} + W_{\text{pot}} = \tfrac{1}{2}\,m\,v^2 - e\,\Phi = p^2/(2\,m) - e\,\Phi.$$

Φ kann man beliebig wählen (wie bei Höhenenergie), z. B. so, dass $W < 0$ und die Frequenz der Zeiger $f = W/h < 0$ werden! Dann laufen die einzelnen Ψ-Wellen des Pakets mit der Geschwindigkeit $u = f\,\lambda_i < 0$ nach links. *Das Paket, also* $|\Psi(x)|^2$, *läuft davon völlig unberührt mit der Elektronengeschwindigkeit* $v_x = 6 \cdot 10^5$ m/s *nach rechts*. Das Paket ist bedeutsamer als die einzelne Ψ-Welle!

b) Am Paket wird die UBR streng bewiesen. Es ist umso schlanker (Δx wird umso kleiner), je größer wir Δp_x wählen (➠ *Tabelle 1*). HEISENBERG zeigte, dass bei Paketen mit Glockenform das Produkt $\Delta x\,\Delta p_x$ sein nicht unterschreitbares Minimum $\Delta x\,\Delta p_x = h/4\pi$ einnimmt. Dabei sind Δx und Δp_x nach ➠ *Bild 1* gemessen. Man schreibt deshalb $\Delta x\,\Delta p_x \geq h/4\pi$. Meist genügt $\Delta x\,\Delta p_x \approx h$. Was *unbestimmt* bedeutet, ist wichtiger als der Zahlenwert.

c) Das Paket wird im Lauf der Zeit immer breiter; es *zerfließt* (➠ *Bild 2e*). Der Schwerpunkt seiner Ψ-Wellen gehört zum mittleren Impuls $p_x = m\,v_x$. Also streut p_x beidseitig mit etwa $\Delta p_x/2$, indem Teile vorauseilen, andere nachhängen. Wegen dieses Zerfließens kann man das Paket nicht mit dem Elektron selbst identifizieren; vielmehr gibt $|\Psi(x)|^2$ die Wahrscheinlichkeit an, ein *stets punktförmiges Elektron* anzutreffen. Die Ψ-Wellen sind keine realen Wellen; Max BORN gab ihnen ihre **Wahrscheinlichkeitsdeutung**. Sie setzte sich durch, obwohl EINSTEIN mit einer Anspielung auf Gott entgegenhielt: „Der Alte würfelt nicht". Später wandte er sich nur noch gegen die vom Knallertest bekannte *Nichtobjektivierbarkeit* in der Quantenwelt (➠ *Interessantes* rechts).

5. Bahnen für Quantenobjekte „geschlachtet"

Wer den Bahnverlauf eines Körpers exakt angibt, macht präzise Angaben z. B. über Ort x, Geschwindigkeit v_x und Impuls $p_x = m\,v_x$. Er setzt deren Unbestimmtheiten $\Delta x = 0$ *und zugleich* $\Delta p_x = 0$. Genau dies schränkte HEISENBERG mit der UBR ein und „schlachtete" so den Bahnbegriff für atomare Bereiche. Man kann deshalb nicht sagen, das Elektron laufe um den Atomkern auf einem Kreis mit bestimmtem Radius. Als Wellenpaket würde es schnell zerfließen. In makroskopischen Bereichen dagegen ist dies ohne Belang, wie im ➠ *Beispiel* rechts gezeigt. Diese stellen Grenzfälle dar, in denen die UBR vernachlässigbar ist.

Interessantes

EINSTEINS Ringen um die Quantenphysik

EINSTEIN an BORN 1926: ‚Die Quantentheorie ist sehr Achtung gebietend. Aber eine innere Stimme sagt mir, dass das doch nicht der wahre Jakob ist. Die Theorie liefert viel, aber dem Geheimnis des Alten bringt sie uns kaum näher. Jedenfalls bin ich überzeugt, dass der nicht würfelt."
1953 sagte W. PAULI: „EINSTEIN hält (wie er mir ausdrücklich wiederholte) den Begriff *Determinismus* nicht für so fundamental, wie es oft geschieht. Sein Ausgangspunkt ist vielmehr *realistisch*, nicht *deterministisch*." – Er bestritt nämlich die *Nichtobjektivierbarkeit* der Quanten mit der berühmten Frage: *„Ist der Mond nur da, wenn jemand hinschaut?"*

Beispiel

Beispiele zur Unbestimmtheitsrelation

a) Eine Gewehrkugel der Masse 10 g habe die Geschwindigkeit $v = 500$ m/s. Ihr Abschussort sei von einem Schützenkönig auf 1 Atomdurchmesser genau festgestellt ($\Delta x = 10^{-10}$ m). Wie groß ist die Ortsunschärfe in 500 m Entfernung?
Lösung: Die Unbestimmtheit Δp_x des Querimpulses rechnet man nach der UBR zu $\Delta p_x \approx h/\Delta x \approx 7 \cdot 10^{-24}$ Ns. Die Quergeschwindigkeit bekommt die Unschärfe $\Delta v_x = \Delta p_x/m \approx 7 \cdot 10^{-22}$ m/s. In 500 m Entfernung (1 s) gibt dies ca. 10^{-22} m Abweichung, weniger als ein Kernradius. An Fehlschüssen ist nicht die Quantentheorie schuld!
b) Betrachten wir aber ein *Elektron*. Sein Ort im Atom sei auf $\Delta x \approx 10^{-10}$ m, sein Impuls auf $\Delta p_x \approx h/\Delta x = 6{,}6 \cdot 10^{-24}$ Ns festgelegt – wie bei der Gewehrkugel. Wegen der winzigen Masse $m = 9{,}1 \cdot 10^{-31}$ kg steigt aber die Geschwindigkeitsunbestimmtheit auf $\Delta v_x = \Delta p_x/m = 7 \cdot 10^6$ m/s. In Atomen sind Elektronenbahnen illusorisch!
c) In Fernsehröhren mit Anodenöffnungen vom Durchmesser $\Delta x \approx 0{,}1$ mm bekommt der Querimpuls die Unbestimmtheit $\Delta p_x \approx h/\Delta x \approx 7 \cdot 10^{-30}$ Ns. Bei 10^4 V Spannung ist der Elektronenimpuls in Flugrichtung $p_y = \sqrt{2\,e\,m\,U} = 5 \cdot 10^{-23}$ Ns. Auf der Flugstrecke $l = 0{,}5$ m weitet sich der Strahl um $l\,\Delta p_x/p_y \approx 6 \cdot 10^{-8}$ m auf, was niemand stört.

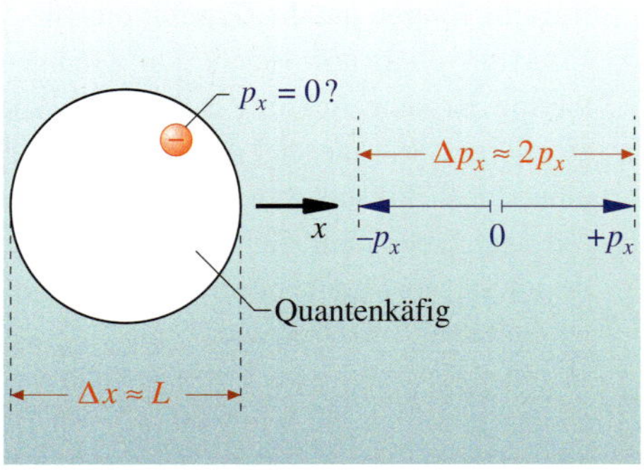

B 1: Das Atom, ein kleiner „Quantenkäfig" mit großer Lokalisationsenergie W_L

Interessantes

Akausale Physik im Mikrokosmos

Der Franzose P. LAPLACE beschrieb 1850 die kausale, streng berechenbare (deterministische) Physik angesichts der Erfolge der newtonschen Mechanik in der grandiosen Vision des *Laplace-Dämons:*

„Wir müssen den jetzigen Zustand des Weltalls als *Wirkung* eines früheren und als *Ursache* des folgenden betrachten. Ein Dämon möge alle Kräfte der Natur sowie die *Lage* und die *Geschwindigkeit* aller Teilchen, aus denen die Natur besteht, in einem bestimmten Augenblick kennen. Könnte er zudem all diese Daten einer Rechnung zugrunde legen, so wäre er fähig, die Bewegung der größten Körper des Weltalls und die der kleinsten Atome vorherzusagen. Für ihn wäre nichts unbestimmt, Zukunft und Vergangenheit lägen offen vor ihm".

Nach der UBR $\Delta x\, \Delta p_x \approx h$ sind jedoch im Mikrokosmos Ort und Geschwindigkeit nicht mehr zugleich scharf bestimmt. Sie entzieht die Voraussetzung für strenge Vorausberechenbarkeit. EINSTEIN konnte sich mit einer im Prinzip *akausalen Natur* lange nicht abfinden. Er suchte in zahlreichen Gedankenversuchen die akausale Quantentheorie gegen die streng deterministische klassische Physik und deren Krönung, die *Relativitätstheorie*, auszuspielen. Experimente der letzten Jahre bestätigen jedoch die Quantenphysik so eindeutig, dass ein Zurück zur durchgängig kausalen, klassischen Beschreibung als völlig ausgeschlossen gilt.

Die Planck-Konstante *h* regiert die Welt

Die Planck-Konstante h kennzeichnet die Quantenobjekte und den Bereich des *Mikrokosmos*, in dem die klassischen Gesetze versagen. Die Konstante h liefert zudem konstruktive Aussagen zum Aufbau der Atome, ja sogar für Energiewerte im Alltag.

1. Kleiner Quantenkäfig – energische Insassen

Im *Atom* sind Elektronen auf Bereiche der Länge $L \approx 10^{-10}$ m lokalisiert (*Bild 1*). Damit kennen wir die Unbestimmtheit $\Delta x \approx L$ ihrer x-Koordinate. Käme dem Elektron der Impuls $p_x = 0$ sicher zu, so wäre dessen Unbestimmtheit $\Delta p_x = 0$, die UBR $\Delta x\, \Delta p_x \approx h$ wäre verletzt. Findet man Elektronenimpulse zwischen $+p_x$ und $-p_x$, dann ist $\Delta p_x \approx 2\,p_x \approx h/L$. Bei Messungen erwartet man also Werte um $p_x \approx h/(2\,L)$, also auch eine kinetische Energie um

$$W_{\text{kin}} \approx \frac{1}{2}\, m\, v_x^2 = \frac{p_x^2}{2\,m} \approx \frac{h^2}{8\,m\,L^2}.$$

Bei dreidimensionalen Problemen ist mit 3 zu multiplizieren. W_{kin} hängt von h ab, ist also quantentheoretisch bedingt und hat mit der brownschen Bewegung nichts zu tun. Sie heißt **Lokalisationsenergie W_L** und existiert auch beim absoluten Nullpunkt $T = 0$ der Temperatur. $W_L \approx h^2/(8\,m\,L^2)$ steigt sehr schnell, wenn man L verkleinert, das Teilchen also in einen engeren „Quantenkäfig" sperrt.

Merksatz

Auf einen Bereich der Länge L eingeengte Teilchen mit Masse m haben eine mit sinkendem L schnell steigende **Lokalisationsenergie**

$$\boldsymbol{W_L \approx \frac{h^2}{8\,m\,L^2}}. \qquad \textbf{(1)}$$

2. *h* gibt dem Mikrokosmos eine Struktur

a) In der *Elektronenhülle* des H-Atoms mit Durchmesser $L = 3 \cdot 10^{-10}$ m hält sich ein Elektron auf ($m_e = 9{,}1 \cdot 10^{-31}$ kg). Seine Lokalisationsenergie $W_L \approx h^2/(8\,m_e\,L^2) \approx 4$ eV ist an *chemischen Prozessen* beteiligt, auch an fundamentalen *Lebensvorgängen*, die sich alle in Elektronenhüllen abspielen. Dort misst man Energien von etwa 3 eV $\approx 5 \cdot 10^{-19}$ J je Atom. Da 1 mol $6 \cdot 10^{23}$ Atome enthält, liegen chemische Energien bei 300 kJ/mol. Die *Verbrennungswärmen* von Kohle, Öl, Butter, Alkohol, Benzin betragen etwa 350 kJ/mol. Viel mehr kann man nach der Quantentheorie aus der Atomhülle nicht erwarten, mehr kann man dort nicht herausholen.

b) *Atomkerne* haben viel kleinere Durchmesser $L < 10^{-14}$ m. Dort sind Protonen ($m_P = 1{,}67 \cdot 10^{-27}$ kg) eingesperrt. Nach *Gl. 1* ist ihre Lokalisationsenergie $W_L > 2$ MeV. Mit dieser großen Energie trumpfen α-, β- und γ-Teilchen auf, die bei radioaktiven Prozessen den „Käfig Kern" verlassen. Vor der Entdeckung des *Neutrons* nahm man an, ein Kohlenstoffkern (C-12) enthalte 12 Protonen und 6 Elektronen; Elektronen hätten dort die riesige Lokalisations-

energie 10^4 MeV. Sie könnten leicht die 10 MeV aufbringen, um ihm gegen die Coulombanziehung zu entfliehen. Nach Entdeckung des Neutrons sagte deshalb HEISENBERG, im $^{12}_{6}C$-Kern seien keine Elektronen, sondern 6 Protonen und 6 Neutronen gleicher Masse. Die Bindungsenergie beider ist mit 8 MeV größer als ihre Lokalisationsenergie 2 MeV. Deshalb gibt es stabile Atomkerne.
Beim *β-Zerfall* verwandelt sich ein Neutron in ein Proton und ein Elektron. Das Elektron verlässt mit seiner riesigen Lokalisationsenergie den Kern sofort als β-Teilchen, das Proton bleibt im Kern.

Merksatz

Die **Lokalisationsenergie** $\boldsymbol{W_\mathrm{L} \approx h^2/(8\,m\,L^2)}$ liefert für die äußeren Atomhüllen Energien von einigen eV, für Kerne viele MeV. – Die schweren Teilchen Neutron und Proton können sich im Kern halten, das leichte Elektron braucht die größere Atomhülle.

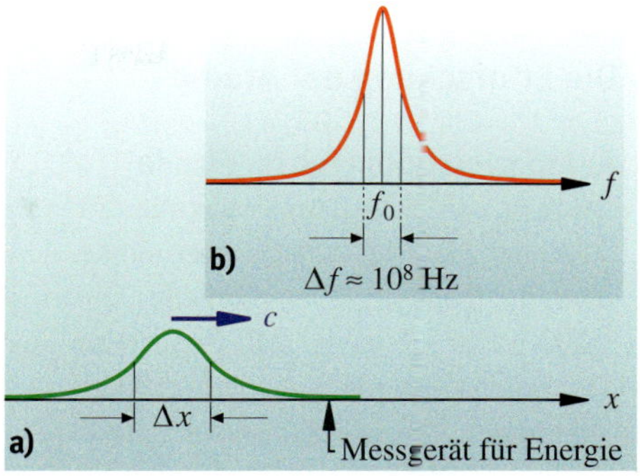

B 2: a) Wellenpaket mit $\Delta x \approx l_\mathrm{k} = c\,\Delta t$ zieht während Δt am Messgerät vorbei **b)** Profil einer Spektrallinie, über f aufgetragen

3. Unschärfe für Energie W und Messzeit Δt

Bei Interferenz von Hg-Licht am Glimmerblatt werden die Spektrallinien breiter. Die Unschärfen Δf ihrer Frequenz und $\Delta W = h\,\Delta f$ der Energie der Photonen nehmen zu. Für deren Impuls gilt $p_x = h/\lambda = hf/c = W/c$, für die Impulsunschärfe $\Delta p_x = \Delta W/c$. Nun ist das Photon in ein Paket der Kohärenzlänge l_k mit Ortsunschärfe $\Delta x \approx l_\mathrm{k}$ eingesperrt. Zieht es nach *Bild 2a* in der Zeit Δt mit Lichtgeschwindigkeit c an einem Energie-Messgerät vorbei, so gilt $\Delta x \approx c\,\Delta t$. Aus $\Delta x\,\Delta p_x \approx h$ folgt durch Einsetzen als UBR für Energie und Messzeit: $\boldsymbol{\Delta W\,\Delta t \approx h}$.

Je kürzer die Messzeit Δt ist, desto größer wird die Unbestimmtheit $\Delta W \approx h/\Delta t$ bei der Energiemessung.

Sind Spektrallinien beliebig schmal, kann also ihre Frequenz f beliebig scharf sein? Bei $\Delta f = 0$ wäre auch $\Delta W = h\,\Delta f = 0$. Nach $\Delta W\,\Delta t \approx h$ gälte $\Delta t \approx h/\Delta W \to \infty$. Das Atom müsste beliebig lange ausharren, einen Wellenzug mit Kohärenzlänge $l_\mathrm{k} = c\,\Delta t \to \infty$ auszusenden, der ein Photon enthält. Nach *Bild 2b* gilt für die schmalsten Spektrallinien $\Delta f \approx 10^8$ Hz und $\Delta W = h\,\Delta f \approx 10^{-25}$ J. Die Zeit, während der Atome die Möglichkeit haben, ein Photon auszusenden, liegt also unter $\Delta t \approx h/\Delta W \approx 10^{-8}$ s.

Und wenn in einem Atom nichts geschieht, so spielt die Zeit keine Rolle. In diesem **stationären Zustand** gilt $\Delta t \to \infty$. Daraus folgt eine für die **Atomphysik** ungemein wichtige Aussage: $\Delta W \approx h/\Delta t \to 0$. *Atome haben scharfe Energiewerte.*

Merksatz

Für die Unbestimmtheit Δt der Antreffzeit von Quanten und deren Energieunbestimmtheit ΔW gilt die UBR

$$\boldsymbol{\Delta W\,\Delta t \approx h.} \qquad (2)$$

Stationäre Zustände haben scharfe Energie ($\Delta W \to 0$).

... noch mehr Aufgaben

A 1: Wie groß sind Lokalisationsenergie und Geschwindigkeit eines Elektrons in der K-Schale des Na-Atoms mit $r = 9 \cdot 10^{-12}$ m, wie groß im Kern ($r = 4 \cdot 10^{-15}$ m)?

A 2: Welche Energie ist nötig, um ein Elektron von der Oberfläche eines Krypton-Kerns ($r = 5{,}7 \cdot 10^{-15}$ m; $q = 36\,e$) ins Unendliche zu bringen? Vergleichen Sie mit der Lokalisationsenergie des Elektrons im Kern!

A 3: Wie groß ist die Lokalisationsenergie eines im Würfel mit 1 cm Kantenlänge eingeschlossenen Elektrons? Welche Spannung könnte es auf diese Energie bringen? Vergleichen Sie mit der thermischen Energie $3\,kT/2$ bei 20 °C (Boltzmann-Konstante $k = 8{,}6 \cdot 10^{-5}$ eV/K). Was folgt für die Lokalisationsenergie in der Makrophysik?

A 4: Zeigen Sie an der Spaltbeugung, dass die UBR nicht für ein Einzelelektron, sondern nur für eine Gesamtheit einheitlich präparierter Elektronen bzw. Photonen gilt. Ist sie Ausdruck unserer Unkenntnis eines doch objektiv bestimmten Zustands oder nur ungenauer Messungen?

A 5: Mit schnellen Fotoverschlüssen kann man Wellenzüge, die von Atomen ausgehen, in Stücke schneiden. Ändern sich Breite oder Lage der Spektrallinie?

A 6: γ-Quanten haben Frequenzen von 10^{19} Hz mit der relativen Unschärfe $\Delta f/f \approx 10^{-16}$. Wie groß ist die Kohärenzlänge l_k der ihnen zugeordneten Wellenzüge? Stellen Sie sich vor, sie seien im Sinne der klassischen Physik mit Energie gleichmäßig besetzt. Welches Problem gäbe es bei einer plötzlichen Lokalisation?

Interessantes

Die Erforschung der Atome

A. Atomvorstellungen im Wandel

Schon vor 2500 Jahren spekulierte man über den Aufbau der Materie – ohne Experimente; der bloße Augenschein genügte. Der Grieche DEMOKRIT sagte um 400 v. Chr.: So wie sich Sandsteine aus Körnern zusammensetzen, besteht jede Materie aus nicht weiter teilbaren *Atomen* (atomos: unteilbar). ARISTOTELES (um 350 v. Chr.) dagegen hielt die Stoffe für unbegrenzt teilbar, so wie man es an Wasser zu sehen glaubt. Für den Philosophen KANT (um 1770) tat sich ein *logisch* unlösbares Problem auf: Wären die Atome unteilbar, so dürften sie kein Volumen haben, auch nicht die daraus zusammengesetzte Materie. Nähmen sie aber einen Raum ein, so wären sie teilbar.

Wie versucht die Physik diesen Widerspruch aufzulösen?

a) Bringt man einen Tropfen Öl auf Wasser, so verteilt er sich, bildet aber nie eine Schicht, die dünner als 1 nm ist. Dies ist die Dicke der nebeneinander liegenden einzelnen Ölmoleküle (*Bild 1a*). Hier erkennt man *Grenzen der Teilbarkeit.*

b) BERNOULLI (um 1740) konnte KANTS Problem wenigstens an Gasen lösen, nämlich durch *Bewegung*: Gasmoleküle fliegen ständig so schnell, dass sie trotz ihres winzigen Volumens große Räume beanspruchen, mit viel materiefreiem Raum dazwischen (*Bild 1b*).

c) DALTON erklärte die chemischen Gesetze der *konstanten und multiplen Proportionen* mit Atomen. Das Atom wurde zum „unteilbaren Rechenpfennig" der Chemiker.

d) Der Physiker und Philosoph MACH (um 1900) brachte viele, die von Atomen sprachen, zum Schweigen mit der Frage „Haben Sie schon eines gesehen?"

e) Der Engländer J. J. THOMSON betrachtete 1897 das Atom als eine kontinuierlich verteilte Wolke *positiver* Ladung, gespickt mit punktförmigen Elektronen (wie Rosinen im Kuchen). Die Elektronen sollten die positive Ladungswolke durch elektrische Anziehung zusammenhalten. Ein Anfang war gemacht, das „Atom" als teilbar anzusehen, zusammengesetzt aus geladenen Teilchen. Ist aber ein solches Gebilde stabil?

f) Die Entdeckungen von Ph. LENARD (Nobelpreis 1905) und E. RUTHERFORD (Nobelpreis 1908) verschärften die Frage nach der *Stabilität der Atome* (s. Ziff. B und Kernphysik).

g) 1896 ließ M. PLANCK eine Polemik gegen den überzeugten Atomisten BOLTZMANN führen. PLANCK sah Widersprüche zwischen der Atomistik und den damals als endgültig angesehenen „ehernen Gesetzen" der klassischen Physik.

h) Erst 1905 überzeugte EINSTEIN (Nobelpreis 1921) die Fachwelt von der Existenz der Atome durch seine Theorie der brownschen Bewegung.

i) Den ersten ernst zu nehmenden Versuch, den Aufbau des H-Atoms unter Einbeziehen der Planck-Konstanten h zu berechnen, übernahm N. BOHR 1913 (Nobelpreis 1922). Damit konnte man die Spektrallinien des H-Atoms teilweise enträtseln. Heute ist dafür die Schrödingergleichung zuständig.

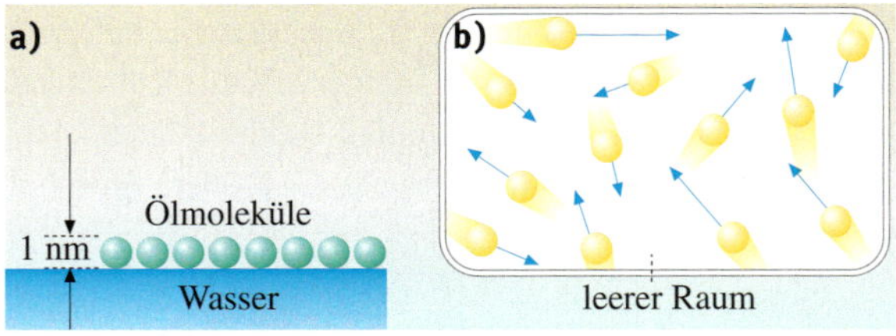

B 1: a) Monomolekulare Ölschicht, 1 nm dick **b)** Gasmoleküle beanspruchen viel Raum wegen ihrer Bewegung

B. Zwei Methoden der Atomforschung

Erst seit wenigen Jahren lassen sich Atome im Elektronen- und Rastertunnelmikroskop einzeln identifizieren. Um ihr Inneres zu erforschen, gibt es zwei Methoden:

a) Man beobachtet *freiwillige Botschaften* aus dem Atominnern, etwa die farbigen **Spektrallinien** leuchtender Gasatome (*Bild 2*). Auch Sternspektren bieten sich an.

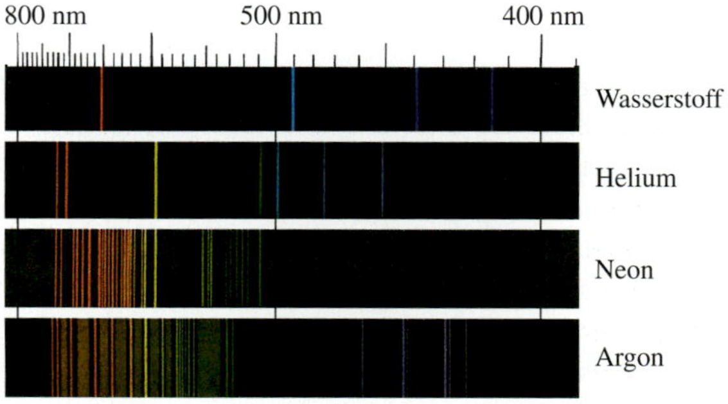

B 2: Spektren einiger Gase

b) Man *erzwingt Reaktionen* der Atome, etwa durch *Beschuss* von außen. Bei der Elektronenbeugung sehen wir in der Mitte der Beugungsringe einen scharfen Lichtfleck, obwohl die Elektronen, die ihn erzeugen, etwa 10^5 hintereinander liegende Atome durchsetzen. Dabei werden sie kaum abgelenkt. LENARD folgerte 1893 aus solchen Versuchen:

Das Innere der Atome ist fast leer.

Interessantes

Wie leer die Atome sind, erfuhr RUTHERFORD. Er schoss 1911 α-Strahlen, also sehr schnelle und schwere, *positiv* geladene Teilchen, auf eine Goldfolie. Einige davon wurden zurückgestoßen. Dies zeigt: Die Masse des Atoms ist fast ganz auf den winzigen, *positiv* geladenen *Atomkern* mit 10^{-14} m Durchmesser konzentriert. Dies ist der 10^5-te Teil des Atomdurchmessers (0,5 nm). Ihn bestimmt eine sehr lockere „Wolke" aus Elektronen. Damit stehen wir vor der *Grundfrage der Atomphysik*: Warum zieht der Kern diese Elektronen nicht ganz zu sich, **warum sind Atome stabil?**

C. Das bohrsche Modell als Vorläufer

Eine Antwort auf solche Fragen versuchte 1913 der Däne Niels BOHR, einer der Gründer der modernen Quantenphysik. Wie RUTHERFORD verglich er das **Wasserstoffatom** mit dem Sonnensystem: In einer Ebene kreise das Elektron ($q = -e$) auf einer Bahn vom Radius r, weil es vom Proton ($q = +e$) angezogen wird (➠ *Bild 3a*). Nach dieser klassischen Modellvorstellung konnte er mit den Gesetzen der klassischen Physik rechnen. Doch musste er zusätzliche Annahmen treffen, die später von der Quantentheorie teils präzisiert, teils verworfen wurden. Man nannte sie scherzhaft „Polizeigebote". Verfolgen wir sein Vorgehen kritisch:

Die Coulombkraft $F_C = e^2/(4\pi\varepsilon_0 r^2)$ zwischen Kern und Elektron erzeugt die für die Kreisbahn mit Radius r nötige Zentripetalkraft $F_z = m_e v^2/r$. Deshalb sollte gelten

$$e^2/(4\pi\varepsilon_0 r^2) = m_e v^2/r. \quad (1)$$

Zu jedem Radius r kann man für die zugehörige Bahn eine Bahngeschwindigkeit $v(r)$ angeben. So ist man es von Planetenbahnen her gewohnt. Aber stimmt es hier? Betrachtet man das Atom von der Seite (➠ *Bild 3a*), so sollte das Elektron hin- und herschwingen – wie in einem hertzschen Dipol. Es müsste ständig Energie abstrahlen und auf einer Spiralbahn nach 10^{-6} s in den Kern stürzen; alle Materie wäre längst zerfallen! In der klassischen Physik lässt sich nichts finden, was diesem gravierenden Mangel abhilft. Deshalb erließ BOHR drei „Gebote".

Das *erste Gebot* ordnet die Existenz ganz bestimmter, stabiler Bahnen an. Nach ➠ *Bild 3b* soll sich auf dem Umfang $2\pi r$ der n. bohrschen Bahn eine in sich geschlossene Welle bilden mit $n = 1, 2, 3, \ldots$ de-Broglie-Wellenlängen $\lambda_B = h/p$. Nach DEBROGLIE sollte gelten:

$$2\pi r_n = n\lambda_B = n\,h/p = n\,h/(m_e v), \quad (2)$$

mit *Gl. 1* $\quad r_n = \varepsilon_0 h^2 n^2/(\pi e^2 m_e),\ n = 1, 2, 3, \ldots. \quad (3)$

So erhielte man für jede der **Quantenzahlen n = 1, 2, 3…** einen scharf bestimmten Bahnradius r_n und die Geschwindigkeit

$$v_n = e^2/(2\varepsilon_0 h n). \quad (4)$$

Der kleinste Radius $r_1 = 0{,}053$ nm der innersten *bohrschen Bahn* sollte bei $n = 1$ auftreten. Messungen liefern $r_1 \approx 0{,}2$ nm. So konnte man Atomdaten in der richtigen Größenordnung aus den Naturkonstanten ε_0, h, e und m_e berechnen – ein gewaltiger Fortschritt.

Ein *zweites*, unbegründetes *„Gebot"* untersagt dem Elektron, auf diesen Bahnen *ständig* Licht abzustrahlen, also Energie zu verlieren.
Hat man dem Elektron eine bestimmte **Energie W_n** zugeordnet, so folgt ein *drittes „Gebot"*: Es kann vom Zustand mit Quantenzahl n_1 (Radius r_{n1}) auf den Zustand mit $n_2 > n_1$ (Radius r_{n2}) „gehoben" werden. Dazu braucht man gegen die Coulombkraft – analog zu Erdsatelliten – eine Zunahme der potentiellen Energie

$$W_{pot} = \frac{m_e e^4}{4\varepsilon_0^2 h^2}\left(\frac{1}{n_1^2} - \frac{1}{n_2^2}\right). \quad (5)$$

Nun läuft das Elektron in diesem Modell nach *Gl. 4* auf der äußeren Bahn (mit $n_2 > n_1$) langsamer als auf der inneren. Deshalb wird beim Anheben die kinetische Energie $W_{kin} = \frac{1}{2} m_e (v_1^2 - v_2^2)$ frei. Um es in den energiereicheren, äußeren Zustand zu bringen, braucht man insgesamt die Energie

$$\mathbf{\Delta W = W_{pot} - W_{kin} = \frac{m_e e^4}{8\varepsilon_0^2 h^2}\left(\frac{1}{n_1^2} - \frac{1}{n_2^2}\right).} \quad \mathbf{(6)}$$

Es war ein fruchtbarer Zufall der Physikgeschichte, dass *Gl. 6* Bestand hatte (nicht ihre Herleitung), aber nur für das H-Atom. Doch ist auch dieses kugel-, nicht scheibenförmig, wie von BOHR angenommen. Zudem scheitern alle Versuche, das Modell auf Atome mit mehr als einem Elektron auszudehnen. Auch sind nach der UBR Bahnen verboten. Man muss die Grundlagen der klassischen Physik revidieren.

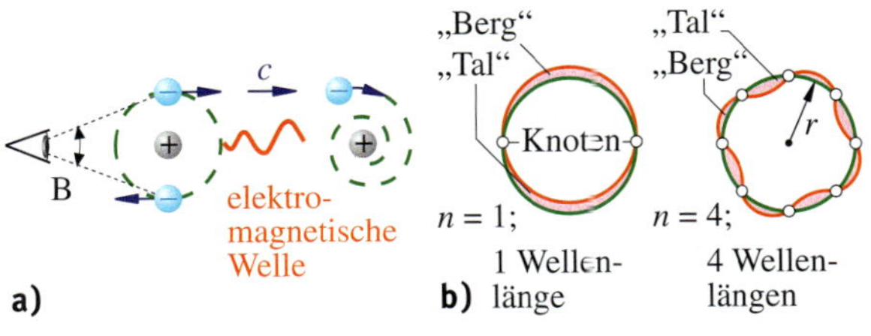

B 3: a) Kreisende Elektronen müssten ständig wie ein Hertz-Dipol strahlen und wegen Energieabgabe in den Kern fallen. **b)** Stehende Elektronenwellen auf bohrschen Bahnen widersprechen der Erfahrung.

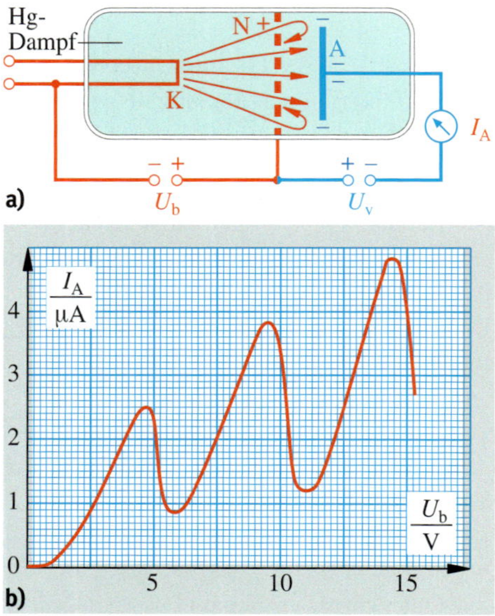

B 1: a) Franck-Hertz-Versuch **b)** Während die Beschleunigungsspannung U_b stetig steigt, schwankt der Auffängerstrom I_A mit der Periode 4,9 V von U_b auf und ab

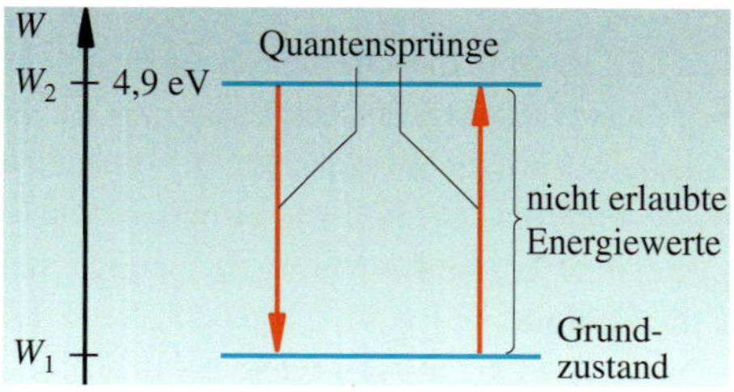

B 2: Zwei diskrete Energiezustände eines Atoms. Zwischen diesen Energieniveaus gibt es keine stabilen Zustände, wohl aber sind Quantensprünge dazwischen möglich.

Scharfe Energieniveaus im Atom

1. Der Franck-Hertz-Versuch zeigt scharfe Energieniveaus

Nach J. Franck und G. Hertz (Nobelpreise 1925) werden Quecksilberatome (Hg) mit Elektronen beschossen (➠ *Bild 1a*). Die Spannung U_b beschleunigt sie von der Glühkatode K(–) zum Netz N(+). Hinter N(+) testet man ihre Energie W mit der Verzögerungsspannung $U_v = 2$ V zwischen N(+) und der Auffängerplatte A(–). Deshalb landen auf A(–) nur solche Elektronen, die bei N(+) eine Energie $W > 2$ eV haben. Sie werden als Auffängerstrom I_A registriert. Die anderen kehren nach N(+) zurück. Wird U_b vergrößert, so ändert sich I_A periodisch. Dies lässt auf Energiestufen schließen:

a) *Ohne Hg-Atome* würden bei $U_b > 2$ V *alle* Elektronen auf A(–) landen; I_A stiege monoton mit U_b an.
Da die erhitzte Röhre aber *mit Hg-Dampf* gefüllt ist, gilt dies nur bis $U_b \approx 4{,}9$ V (➠ *Bild 1b*). Zwar stoßen auch bei $U_b < 4{,}9$ V die Elektronen auf Hg-Atome. Dies erfolgt jedoch *elastisch,* d. h. die Hg-Atome lenken die Elektronen nur ab, nehmen aber von ihnen keine Energie auf (➠ *Bild 3*).

b) Bei $U_b \approx 4{,}9$ V sinkt I_A abrupt ab. Nun haben die Elektronen kurz vor dem Netz 4,9 eV Energie (➠ *Bild 3a*). Sie wird dort von Hg-Atomen bei jetzt *unelastischen Stößen* aufgenommen. Die Elektronen verlieren 4,9 eV und erreichen den Auffänger A(–) nicht mehr; I_A sinkt plötzlich ab.

c) Bei 9,8 V und 14,7 V, also bei der n-fachen Spannung $U_b = n \cdot 4{,}9$ V, sinkt I_A jeweils erneut ab. Nun haben die Elektronen schon nach den Strecken KN/2, KN/3, KN/n die Energie 4,9 eV (➠ *Bild 3b*; KN/n ist der n. Teil der Strecke Katode–Netz). Sie können nun Hg-Atome energetisch anregen. Anschließend werden sie wieder beschleunigt. Diese Versuche zeigen: *Hg-Atome nehmen nur Energiebeträge von 4,9 eV auf.*

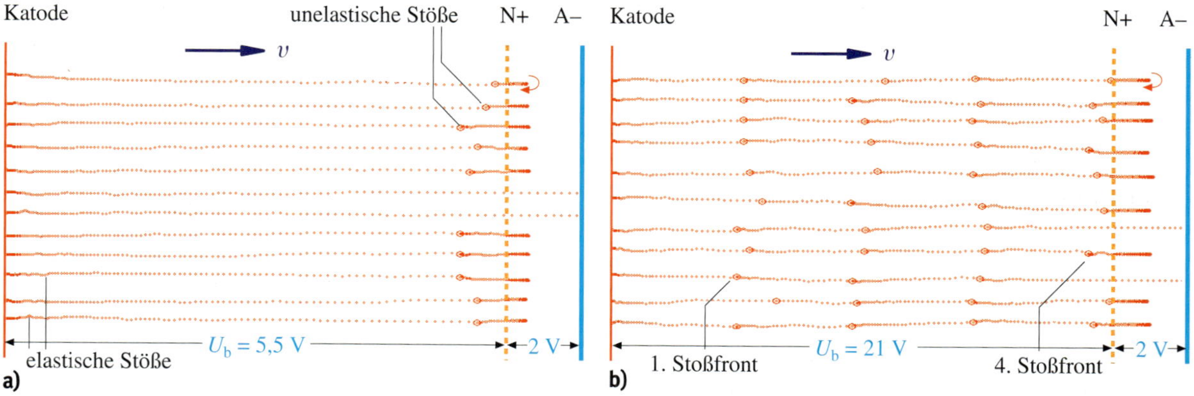

B 3: Zwei Computersimulationen **a)** bei $U_b = 5{,}5$ V erreichen nur zwei Elektronen den Auffänger A(–); 10 kehren zwischen dem Netz N(+) und A(–) um, da sie kurz vor N(+) 4,9 eV an Hg-Atome verloren haben. **b)** Bei $U_b = 21$ V (dies ist $4 \cdot 4{,}9$ V + 1,4 V) liegt die 4. Stoßfront dicht vor N(+); zwei Elektronen erreichen den Auffänger A(–) und liefern den Strom I_A. Sie haben vor N(+) zufälligerweise kein Hg-Atom getroffen, also keine Energie verloren.

2. Diskrete (scharfe) Energiezustände in Atomen

a) Atome, die Energie aufgenommen haben, sind *angeregt.* Als Folge findet man beim Franck-Hertz-Versuch im UV eine Linie der Frequenz $f = 1{,}18 \cdot 10^{15}$ Hz, entsprechend Photonen der Energie $W = hf = 4{,}9$ eV. Die angeregten Atome geben nämlich die ganze beim Stoß aufgenommene Energie wieder ab. Hg-Atome sind *Energiespeicher*, ausgestattet mit zwei scharfen *Energieniveaus* mit dem Abstand 4,9 eV (➡ *Bild 2*).
Die nicht angeregten Hg-Atome „besetzen" den **Grundzustand** $W_1 = 0$ eV, das untere *Niveau.* Der um 4,9 eV darüber liegende Strich W_2 symbolisiert den vorübergehend besetzten, **angeregten Energiezustand** in der „Energiehöhe" $W_2 = 4{,}9$ eV über $W_1 = 0$. Die Wahl $W_1 = 0$ für die Lage des Grundzustands ist willkürlich.

b) Beim Franck-Hertz-Versuch bekommt ein Atom durch Elektronenstoß die Energie 4,9 eV. Dabei besetzt es in einem **Quantensprung $W_1 \rightarrow W_2$** von W_1 aus vorübergehend den um 4,9 eV höher liegenden Energiezustand W_2. Für Energien, die zwischen W_2 und W_1 liegen, hat das Hg-Atom *keine besetzbaren Zustände*; es kann Energiebeträge unter 4,9 eV nicht annehmen.
Beim *Quantensprung zurück* ($W_2 \rightarrow W_1$) gibt das Hg-Atom die Energiedifferenz $\Delta W_A = W_2 - W_1 = 4{,}9$ eV wieder ab, indem es das UV-Quant mit $f = \Delta W_A / h$ emittiert.
Man beachte: Die Differenz $\Delta W_A = W_2 - W_1$ der scharfen Energiewerte W_2 und W_1 im Atom ist gleich der Energie $W_{Ph} = hf$ des emittierten Photons. Es gilt $W_{Ph} = \Delta W_A$. *Energie ist im Licht wie auch im Atom quantisiert.* Die Existenz scharfer Energieniveaus für Atome haben wir bereits aus der UBR $\Delta W \, \Delta t \approx h$ gefordert. Man braucht dazu keine gesonderten Gebote wie im bohrschen Modell.

c) In ➡ *Versuch 1* werden die Natriumatome (Na) einer Na-Dampflampe durch Elektronenstöße angeregt (Quantensprung $W_1 \rightarrow W_2$). Beim Rücksprung $W_2 \rightarrow W_1$ geben sie die Energie $\Delta W_A = W_2 - W_1$ als Photon mit der Energie $\Delta W_A = W_{Ph} = hf$ ab. Dabei entstehen die scharfen Linien des gelben Na-Lichts. Diese Photonen können in einiger Entfernung in einem Glaskolben Na-Atome mit *exakt* gleicher Energie $\Delta W_A = W_2 - W_1$ anregen ($W_1 \rightarrow W_2$). Nach kurzer Verweildauer im Zustand W_2 senden auch diese Na-Atome Photonen der gleichen Frequenz $f = \Delta W / h = c / \lambda$ nach allen Seiten aus ($W_2 \rightarrow W_1$). Man spricht von **Resonanzfluoreszenz**. – *Fluoreszenz* bedeutet Lichtemission, die durch Elektronenstoß oder eingestrahlte Photonen angeregt worden ist.

Merksatz

Atome haben scharf voneinander getrennte, **diskrete Energiezustände,** z. B. mit der Energie W_1 und W_2. Nur sie können von Elektronen besetzt werden.
Bei Energiezufuhr führt das Atom einen **Quantensprung** in einen energetisch höheren Zustand aus (z. B. $W_1 \rightarrow W_2$).
Beim Rücksprung ($W_2 \rightarrow W_1$) wird die Energie wieder frei, oft durch Emission eines Photons.

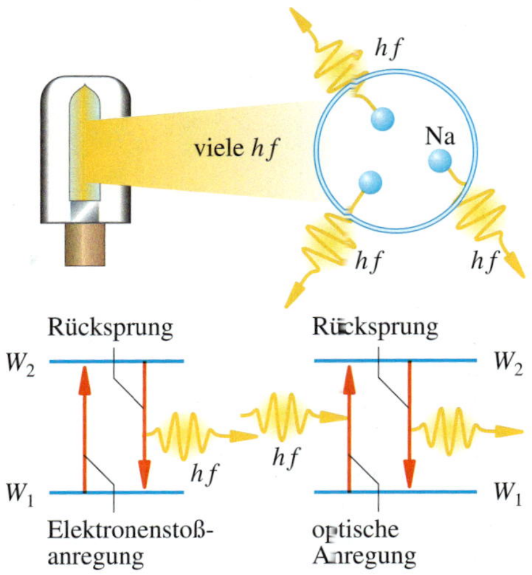

V 1: Ein luftleerer Glaskolben enthält etwas Natriummetall (Na) und wird auf 250 °C erhitzt. Sein Innenraum füllt sich mit Na-Dampf, den wir aber nicht sehen. Er lässt nämlich die meisten Photonen des Tageslichts ungehindert passieren, da diese nicht exakt auf Resonanz mit den Na-Atomen abgestimmt sind. Doch enttarnen ihn die Photonen einer Na-Dampflampe. In ihrem gelben Licht ($\lambda \approx 600$ nm; Quantenenergie $W_{Ph} = hf = 2{,}07$ eV) leuchtet der Na-Dampf nach allen Seiten. Schon die äußere Gasschicht nimmt bei dieser Resonanzfluoreszenz die eingestrahlten Photonen des gelben Na-Lichts auf und gibt sie allseitig ab. Man erkennt hier die Schärfe der Energieniveaus in Atomen.

... noch mehr Aufgaben

A 1: Lesen Sie in ➡ *Bild 3* die ungefähre Beschleunigungsspannung U_b an den Elektronenbahnen ab. Warum ändern sich deren Punktabstände (sie sind in gleichen Zeitabständen Δt geschrieben)? Wie kann man dabei elastische Stöße von unelastischen unterscheiden?

A 2: Energie ist im Licht wie im Atom quantisiert. Gibt es beim Franck-Hertz-Versuch auch Energie, die nicht quantisiert ist?

A 3: (zu *Interessantes*) Führen Sie die Rechnungen zum bohrschen Atommodell schrittweise durch. Von welchen Gesetzen rühren die Faktoren ε_0, h, n, e, m_e in *Gl. 3*? Warum ist es wichtig, dass im Modell nur bestimmte (diskrete) Bahnen zugelassen sind?

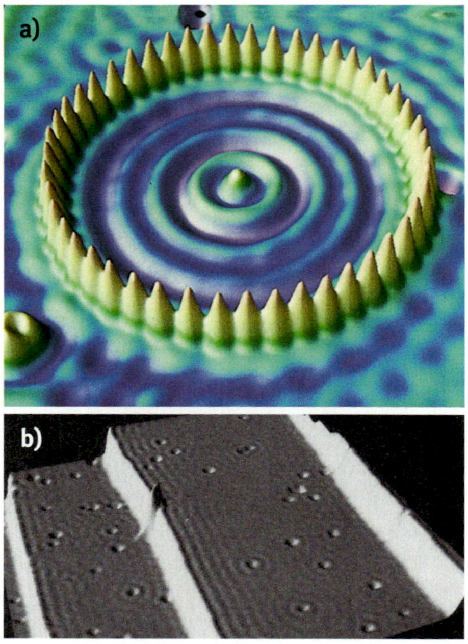

B 1: Rastertunnelmikroskop-Bilder **a)** $|\Psi|^2$ eines Elektrons, eingesperrt von 48 Eisenatomen im Kreis von 14 nm Durchmesser **b)** $|\Psi|^2$ begrenzt durch atomare Stufen der Kupferunterlage als Randbedingung

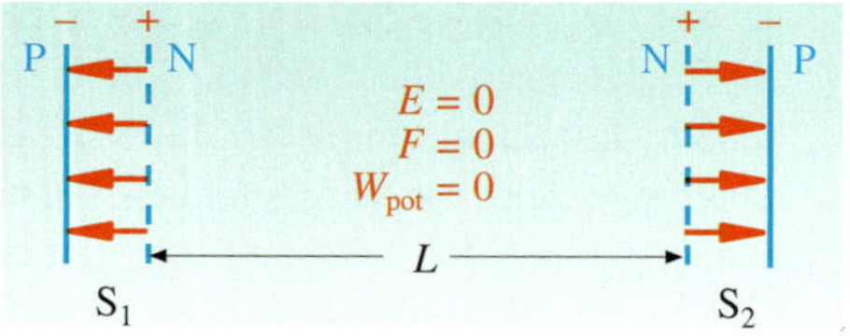

B 2: Die Elektronenspiegel S_1 und S_2 aus Netz N(+) und Platte P(–) sperren ein Elektron auf der Strecke L ein. Zwischen ihnen ist $E = 0$; $W_{pot} = 0$.

Der lineare Potentialtopf

1. Stationäre Elektronenzustände (Orbitale)

Das ➠ *Bild 1a* zeigt einen „Pferch" aus 48 ringförmig aufgereihten Eisenatomen. Er sperrt Elektronen der Kupferunterlage ein. Ihre Antreffwahrscheinlichkeit $|\Psi|^2$ wurde langsam, Punkt für Punkt, von der Spitze eines *Rastertunnelmikroskops* abgetastet und stark vergrößert wiedergegeben. Also liegt nicht das Momentbild einer schwingenden, stehenden Welle vor, sondern ein ruhender, **stationärer Elektronenzustand.** Sein $|\Psi|^2$ ist gewellt wie Wellblech, wellt aber nicht. Würden die Elektronen (wie Wasserwellen) auf und ab schwingen, so müssten sie wie im hertzschen Dipol Energie abstrahlen. Ähnlich sind *Atomorbitale* beschaffen, nur *dreidimensional.*

Bauen wir einen solchen stationären Elektronenzustand auf – wenigstens *eindimensional.* Dazu lassen wir in ➠ *Bild 3a* eine fortschreitende $\Psi_R(x,t)$-Welle nach *rechts* laufen. Das zugehörige Elektron liefe mit dem Impuls $+p$ nach rechts, bliebe also nicht eingesperrt. Deshalb geben wir ihm die Möglichkeit, zugleich mit dem Impuls $-p$ nach links zu fliegen. Dazu schicken wir der Ψ_R-Welle die Ψ_L-Welle nach *links* mit gleichem $\lambda_B = h/p$ und $f = W/h$ entgegen. Nach dem *Superpositionsprinzip* sind gemäß ➠ *Bild 3b* an jedem Ort x der schwarze Zeiger von Ψ_R und der grüne von Ψ_L zum roten Zeiger Ψ_{Res} zu addieren. ➠ *Bild 3c* zeigt, was wir schon nach ➠ *Bild 1* erwarten:

a) Aus den gegenläufigen $\Psi_R(x,t)$- und $\Psi_L(-x,t)$-Wellen entsteht das *stehende, gewellte* $|\Psi_{Res}(x)|^2$ (ohne t). Es entspricht den stationären Zuständen der in Bild 1 eingesperrten Elektronen.

b) Zeigerlänge $|\Psi_{Res}(x)|$ und Antreffwahrscheinlichkeit $|\Psi_{Res}(x)|^2$ hängen sinusförmig (perlschnurartig) vom Ort x ab, ganz im Gegensatz zu den beiden fortschreitenden $\Psi(x,t)$-Wellen. Die Gestalt von $|\Psi_{Res}(x)|^2$ entspricht dem, was man in der Chemie mit *Orbital* bezeichnet, dem stationären Zustand von Elektronen. Man findet sie in den „Bäuchen" der Orbitale häufig, in den „Knoten" aber nie.

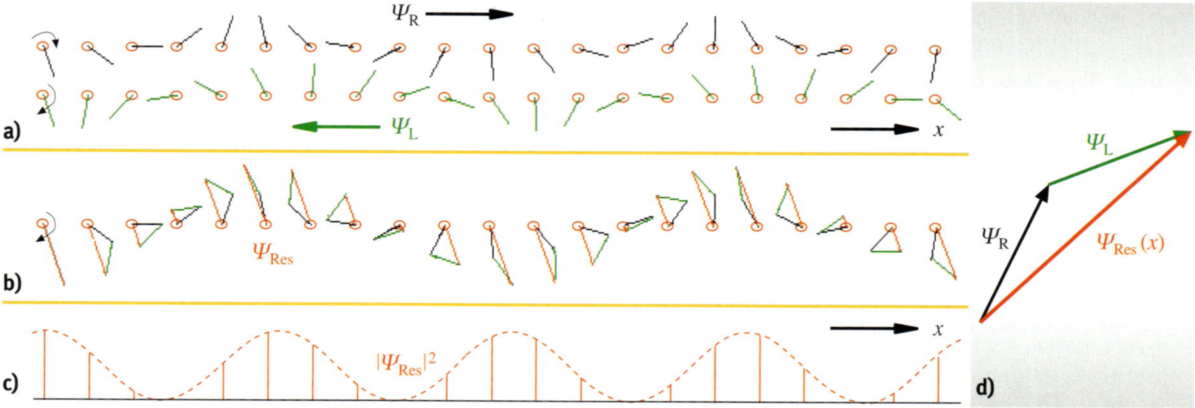

B 3: a) Fortschreitende Ψ_R-Welle nach rechts (schwarz), Ψ_L nach links (grün). Ihre Zeiger haben gleiche Länge, $|\Psi|^2$ ist konstant. **b)** Addition übereinander liegender Zeiger zu $\Psi_{Res} = \Psi_R + \Psi_L$ (rot). **c)** $|\Psi_{Res}|^2$ ist zeitlich konstant (stationär), hängt aber periodisch vom Ort x ab. **d)** Beispiel für die Addition eines schwarzen und grünen Zeigers an einem Ort x.

c) Auch wenn die roten Zeiger Ψ_{Res} weiter rotieren, so bleibt doch ihre Länge $|\Psi_{Res}(x)|$ an jeder Stelle x *zeitlich konstant*, also auch die Antreffwahrscheinlichkeit $|\Psi_{Res}(x)|^2$ für das Elektron, und damit für seine Ladung $-e$. Diese schwingt in Orbitalen nicht, wie von Antennen gewohnt, strahlt also keine Energie ab. Damit ist die *Stabilität der Elektronenhülle von Atomen* geklärt. Elektronen, die dagegen wie Saiten auf und ab schwingen würden, sind kein gutes Modell hierfür!

2. Elektron im Potentialtopf der Länge *L* eingesperrt

Um in Gedanken ein Elektron im Bereich der Länge L einzusperren, denken wir uns nach *Bild 2* zwei Elektronen„spiegel" S_1 und S_2 gegeneinander gestellt. Zwischen Netz N (+) und Platte P (–) bestehe ein E-Feld. Es soll das Elektron am Entweichen hindern. Dessen potentielle Energie W_{pot} hätte außen einen unerreichbar hohen Wert. Im Innern, zwischen S_1 und S_2, ist dagegen $E = 0$; das Elektron erfährt dort keine Kraft. W_{pot} ist längs L konstant. Wir setzen **in** diesem energetisch hohen **Potentialtopf** $W_{pot} = 0$, **außen** $W_{pot} \to \infty$ (*Bild 4*). Dieser „Topf" hat nur eine Längsdimension.

Stationäre Zustände bestehen beliebig lange; für ihre zeitliche Unbestimmtheit gilt $\Delta t \to \infty$, für die energetische nach der UBR $\Delta W \approx h/\Delta t \to 0$. **Also hat ihre Gesamtenergie *W* einen scharfen Wert.** Im Potentialtopf besteht sie – klassisch gesehen – aus $W_{pot} = 0$ und $W_{kin} = \frac{1}{2} m_e v^2$. Mit $v = p/m_e$ und $p = h/\lambda_B$ folgt:

$$W = W_{pot} + W_{kin} = 0 + \tfrac{1}{2} m_e v^2 = \frac{p^2}{2 m_e} = \frac{h^2}{2 m_e \lambda_B^2}. \qquad (1)$$

Außerhalb der Topfränder findet man das Elektron nicht; dort ist $|\Psi|^2 = 0$. Um einen *stetigen* Übergang ins Innere zu erzielen, legen wir dort an beide Ränder die *Knoten* von $\Psi(x)$. Wir fordern dies als **Randbedingung** (*Bild 4*). Dann haben im Innern, auf der Strecke L, nur eine ganze Zahl n von *Bäuchen* Platz, je mit Länge $\lambda_B/2 = h/2p$ (analog zu Saiten). Also gilt $n\,\lambda_B/2 = L$ oder

$$\boldsymbol{\lambda_B = 2\,L/n} \text{ mit den } \textbf{Quantenzahlen } \boldsymbol{n = 1, 2, 3 \ldots} \qquad (2)$$

Stellen wir uns vor, ein Elektron „besetze" ein beliebiges Orbital in diesem linearen (eindimensionalen) Topf der Länge L. Die **Quantenzahl *n*** bestimmt nach *Bild 4* die Gestalt dieses Ψ_n-Orbitals. Sie bestimmt auch die zugehörige Energie. Setzt man nämlich $\lambda_B = 2\,L/n$ in *Gl. 1* ein, so folgt die zu n gehörige, scharf bestimmte Gesamtenergie $W_n = n^2 h^2/(8\,m_e L^2)$ mit $n = 1, 2, 3, \ldots$

Merksatz

Stationäre Zustände $\Psi_n(x)$ eingeschlossener Elektronen haben eine scharf bestimmte, quantisierte Gesamtenergie W_n.
Elektronen im „hohen" linearen Potentialtopf der Länge L können nur von der **Quantenzahl *n*** abhängige Werte der **Gesamtenergie *W*$_n$** annehmen, **Eigenwerte** genannt:

$$\boldsymbol{W_n = \frac{n^2 h^2}{8 m_e L^2}, \quad (n = 1, 2, 3, \ldots).} \qquad (3)$$

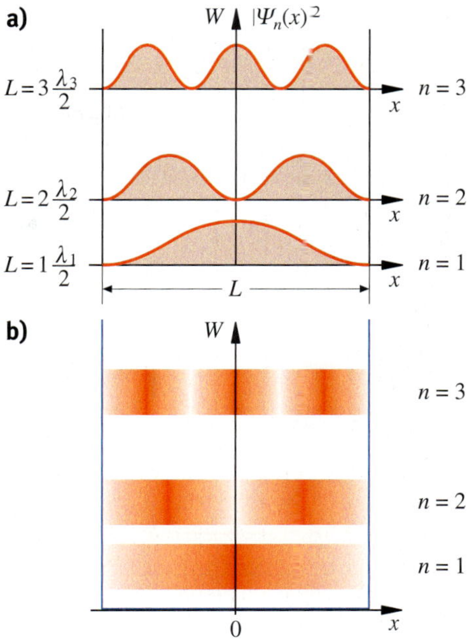

B 4: a) Orbitale im linearen Potentialtopf mit Quantenzahlen $n = 1, 2, 3$. Die Hochachse gibt sowohl Energie W als auch $|\Psi_n(x)|^2$ an, jedoch keine räumliche Höhe (der lineare Topf hat ja nur eine Dimension). **b)** Die Farbdichte zeigt die Antreffwahrscheinlichkeiten $|\Psi_n(x)|^2$ aus a).

Vertiefung

Etwas Kritik

W_{kin} wurde aus den scharfen Impulsen p langer Ψ-Wellen berechnet. Doch sind sie im Topf auf die Strecke L eingegrenzt. Die Unbestimmtheit im Ort ist $\Delta x \approx L$, im Impuls $\Delta p \approx h/L > 0$. Doch wird die kinetische Energie W_{kin} in *Gl. 1* durch die scharfe Größe λ_B ausgedrückt und damit ist die *Gesamtenergie* im *stationären* Zustand $W_n = n^2 h^2/(8\,m_e L^2)$ scharf. Man beachte: Sie enthält die unbestimmte Größe p nicht mehr.

... noch mehr Aufgaben

A 1: Wie lang ist ein linearer, „hoher" Potentialtopf, wenn bei der Quantenzahl $n = 5$ ein Elektron die Energie 1,0 eV hat?

A 2: Betrachten Sie ein Atom mit Durchmesser 0,5 nm stark idealisiert als hohen linearen Topf der Länge 0,5 nm. Geben Sie die 3 tiefsten Eigenwerte in eV an.

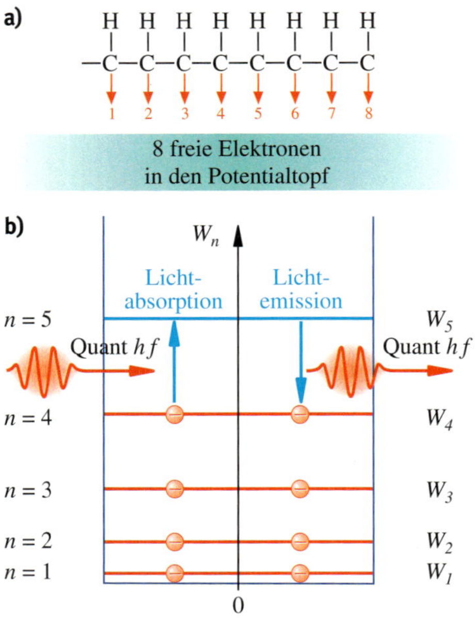

B 1: a) Strukturformel eines organischen Farbstoffmoleküls (Prinzip). Jedes der 8 C-Atome hat zwar 4 Valenzelektronen, braucht aber zur Bindung an seine 3 Nachbarn nur 3. Das 4. Elektron entlässt es in die lineare Atomkette (rot). **b)** Diese Kette ist als Potentialtopf mit 8 Elektronen besetzt, nach dem Pauliprinzip bis zu $n = 4$. Zwischen $n = 4$ und $n = 5$ finden Quantensprünge statt.

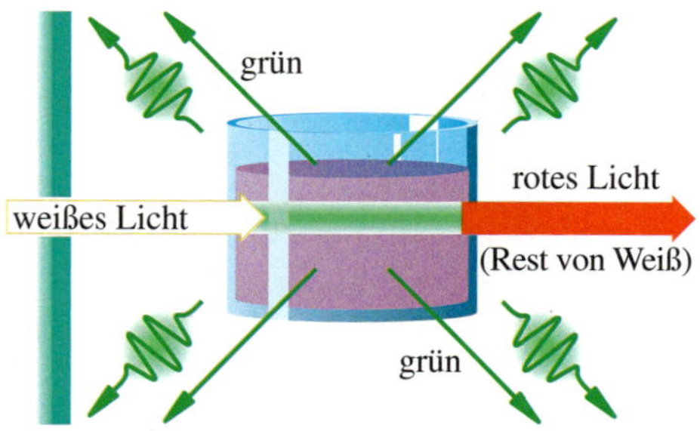

V 1: a) Die Küvette enthält roten Farbstoff, in Alkohol gelöst. Ein scharfer Strahl weißen Lichts fällt von links ein. Davon wird Grün ($\lambda \approx 550$ nm) absorbiert, fehlt also im weiterlaufenden Licht und zeigt dort eine dunkle Absorptionslinie im Grün. Das absorbierte Grün erzeugt nämlich den Quantensprung $4 \rightarrow 5$. Die beim Rücksprung $5 \rightarrow 4$ entstandenen Quanten fliegen nach allen Seiten: Der Farbstoff fluoresziert im Strahl grün. **b)** Bei allseitigem Lichteinfall geht die Farbe Grün verloren; man sieht deshalb die Komplementärfarbe Rot.

3. Zur Quantisierung der Elektronenenergie

a) In der Gleichung $W_n = n^2 h^2/(8\,m\,L^2)$ für die erlaubten Energiewerte im hohen Topf ist $n = 0$ und damit $W = 0$ ausgeschlossen (dafür gibt es keine Ψ-Welle). Ein eingesperrtes Elektron kann nicht energielos im Topf herumliegen! Der **Grundzustand** hat also die Quantenzahl $n = 1$ und die Energie $W_1 = h^2/(8\,m\,L^2)$. Wir kennen sie schon als Lokalisationsenergie gemäß der UBR.

b) Man darf nun nicht folgern, Energie sei stets quantisiert. *Freie Elektronen*, die aus einer Elektronenkanone kommen, ändern ihre Energie stetig, wenn man – etwa beim *Franck-Hertz-Versuch* – die Beschleunigungsspannung U kontinuierlich erhöht; hier fehlt die *Randbedingung* „Knoten an den Rändern".
Erst diese Randbedingung führt bei eingeschlossenen Elektronen zur *Energiequantisierung* und erklärt, warum man z. B. in Hg-Atomen 4,9 eV braucht, um sie vom Grundzustand in den nächsten erlaubten Zustand zu „heben". Unter 4,9 eV bleiben die Elektronenstöße wirkungslos, gleichgültig wie häufig sie stattfinden.

4. Potentialtöpfe als Farbtöpfe

a) *Warum sind Rosen rot?* Sie enthalten organische Moleküle, die Ketten aus z. B. $Z = 8$ C-Atomen bilden, je mit Durchmesser $a = 0{,}15$ nm (➡ *Bild 1a*). Jedes C-Atom gibt ein Elektron in diesen linearen Potentialtopf der Länge $L = 8\,a = 1{,}2$ nm ab. Dort sind aber nur die Energieniveaus $W_n = n^2 h^2/(8\,m\,L^2)$ mit $n = 1, 2, 3, \ldots$ besetzbar. Zudem können nach dem *Pauliprinzip* höchstens zwei Elektronen in denselben Zustand treten. Die 8 Elektronen besetzen also – je zu zweit – die vier tiefsten Orbitale mit den Quantenzahlen $n = 1$ bis 4. Dies ist der energetisch tiefste, **stabile Zustand** des Moleküls (➡ *Bild 1b*). Dort bleiben das $|\Psi|^2$ der Elektronen und die Ladungsverteilung zeitlich konstant; sie strahlen kein Licht ab. Woher kommt dann aber die Farbe der Farbstoffmoleküle?

b) Tageslicht hat Quanten vieler Frequenzen. Aber nur solche geben im Topf ihre Energie $W = hf$ ab, die ein Elektron vom obersten besetzten Zustand W_4 ($n = 4$) in den nächsten unbesetzten W_5 ($n = 5$) heben können (Sprung $W_4 \rightarrow W_5$ in ➡ *Bild 1b*). Nach $W_n = n^2 h^2/(8\,m\,L^2)$ braucht man dazu die Energie

$$\Delta W = W_5 - W_4 = \frac{(5^2 - 4^2)\,h^2}{8\,m\,L^2} = \frac{9\,h^2}{8\,m\,L^2}.$$

Daraus folgt für die Wellenlänge λ der in ➡ *Versuch 1a* beobachteten Absorptionslinie mit $\Delta W = hf$ und $L = 1{,}2$ nm

$$\lambda = \frac{c}{f} = \frac{8\,m\,L^2 c}{9\,h} = 523 \text{ nm}.$$

Sie liegt im grünen Spektralbereich. Die anderen, nicht absorbierten Quanten des eingestrahlten weißen Lichts verleihen der Rose zusammen die Komplementärfarbe Rot (➡ *Versuch 1b*). Andere Blumen haben Potentialtöpfe anderer Länge L für andere Farben, einer der zahlreichen Gründe für den Farbenreichtum der Natur.

5. Bewegt sich ein Elektron im stationären Zustand?

a) Vor *Gl. 1* von Ziff. 2 trat die Geschwindigkeit v des Elektrons im Topf auf. Man darf nun nicht sagen, es fliege in einem Augenblick mit $+v$ nach rechts, im nächsten mit $-v$ nach links, so genau wisse man es eben nicht. Dann würde jeweils nur die nach rechts bzw. links laufende Ψ-Welle gelten; das stationäre Orbital wäre zerstört und in eine laufende Welle überführt. Die quantentheoretisch nötige Superposition fordert vielmehr ein *Zugleich* beider *Möglichkeiten* $+v$ und $-v$, eben den *stationären Zustand* nach Ziff. 1. Dies entspricht dem Zugleich beider Pfade bei der Doppelspaltinterferenz.

b) Die Quantentheorie verbietet nicht, dass ein Elektron im Topf hin und her läuft. Doch ist dies ein von der Zeit t abhängiger, nicht stationärer Zustand. Es ist $\Delta t < \infty$, also $\Delta W \approx h/\Delta t > 0$. Um ihn darzustellen, superponiert man viele stationäre Ψ_n-Funktionen mit vielen Energiewerten W_n und Frequenzen $f_n = W_n/h$ zum *Wellenpaket* in ➠ *Bild 2*. Es läuft wie ein klassisches Teilchen hin und her. Doch zerfließt es bald.
An solchen Vorgängen wird heute der spannende Übergang von nicht objektivierbaren Quantenvorgängen zu *realen* klassischen Prozessen intensiv untersucht (im Buch im Anschluss an die *Schrödingerkatze*), auch die Frage, ob es ein *Quantenchaos* gibt.

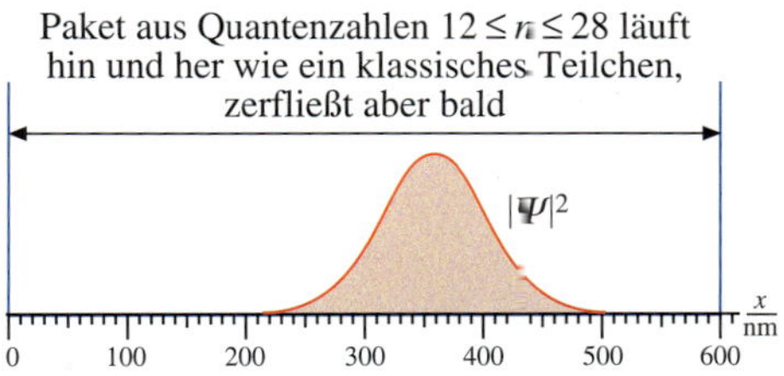

B 2: Das Wellenpaket ist das $|\Psi|^2$ eines im Topf hin und her laufenden Elektrons

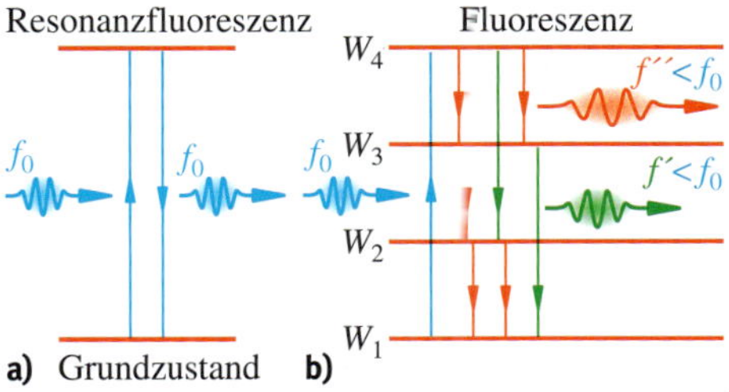

B 3: Quantensprünge **a)** bei Resonanzfluoreszenz, etwa in Natriumdampf **b)** bei Fluoreszenz in einer Fluoreszeinlösung

V 2: Wir bestrahlen Fluoreszeinlösung (organische Substanz) mit weißem Licht und betrachten das durchfallende Licht im Spektroskop. Es fehlen Blau und Violett; die Lösung erscheint von dort gesehen in der Komplementärfarbe Rot-Gelb. Nach den Seiten hin fluoresziert sie dagegen grün.

V 3: Betrachten Sie eine Leuchtstoffröhre mit einem Geradsichtspektroskop. Sie sehen das kontinuierliche Spektrum des Leuchtstoffs, mit dem die Röhrenwand innen ausgekleidet ist. Seinem kontinuierlichen Untergrund sind farbige Linien der Hg-Atome überlagert; die Röhre enthält etwas Hg-Dampf. An der λ-Skala des Spektroskops lässt sich λ ablesen und mit der Spektraltafel am Buchende vergleichen.

6. Fluoreszenz

Wir sahen: Bei *Resonanzfluoreszenz* werden Natriumatome durch Photonen angeregt (➠ *Bild 3a*). Beim Rücksprung kehren sie zurück und emittierten Photonen gleicher Energie. ➠ *Versuch 2* mit komplizierten *Fluoreszeinmolekülen* läuft anders ab. Nach ➠ *Bild 3b* kehrt das angeregte Molekül aus seinem angeregten Zustand W_4 stufenweise gemäß $W_4 \to W_3 \to W_2 \to W_1$ über Zwischenzustände in den Grundzustand W_1 zurück. Am Potentialtopf sahen wir ja, dass eingeschlossenen Elektronen *viele Zustände* Ψ_n, viele Orbitale, zur Verfügung stehen, die sie besetzen *können*. Nur die Energiewerte dazwischen sind nicht besetzbar!

Die Quanten des Fluoreszenzlichts sind energieärmer als die des absorbierten. Deshalb lassen sich energiereiche Quanten des unsichtbaren UV in Quanten sichtbaren Lichts umwandeln, z. B. im Leuchtstoff der *Leuchtstoffröhren* (➠ *Versuch 3*). Die UV-Quanten entstammen Quecksilberatomen, die durch Elektronenstoß angeregt wurden; es wäre falsch, von Neonröhren zu sprechen.

Waschmittelzusätze in Hemden fluoreszieren im UV des Tageslichts bläulich. Dieses Blau addiert sich zum Gelb des Schmutzes und gibt „strahlendes Weiß“. Auch viele Papiersorten fluoreszieren in UV-Licht (➠ *Bild 4*). Gefälschte Geldscheine fluoreszieren in UV anders als im sichtbaren Licht und anders als echte. *Fluoreszenzschirme* absorbieren Röntgenquanten und teilen deren Energie stufenweise auf, zum Teil in Quanten des sichtbaren Lichts. So verwandeln sie unsichtbare, gefährliche Röntgenstrahlen zum Teil in sichtbares Licht.

B 4: Ein Geldschein fluoresziert im UV-Licht

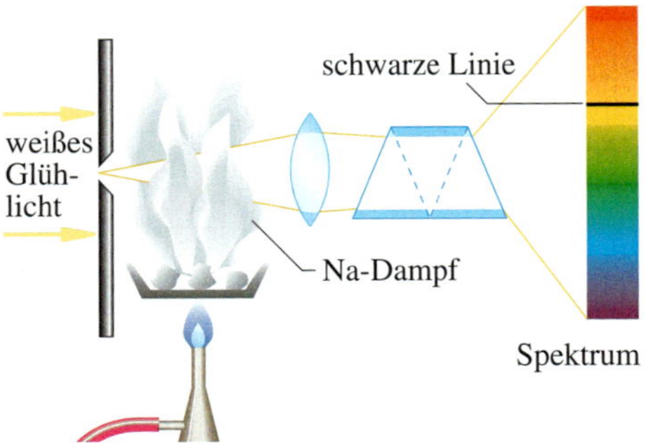

V 1: Weißes Licht fällt auf einen engen Spalt; er wird mit einem Objektiv auf einem Schirm abgebildet. Das Geradsichtprisma erzeugt ein helles, kontinuierliches Spektrum. Im Lichtkegel verdampfen wir etwas Natriummetall (*Vorsicht*: Augen und Objektiv schützen!). Im gelben Teil des Spektrums zeigt sich eine dunkle Linie. Hier fehlen die Photonen mit der Quantenenergie W_{Na} aus dem weißen Licht; sie wurden durch Resonanzfluoreszenz absorbiert und nach allen Seiten wieder ausgestrahlt. Nur wenige davon treffen das Prisma, können also die dunkle Linie kaum aufhellen.

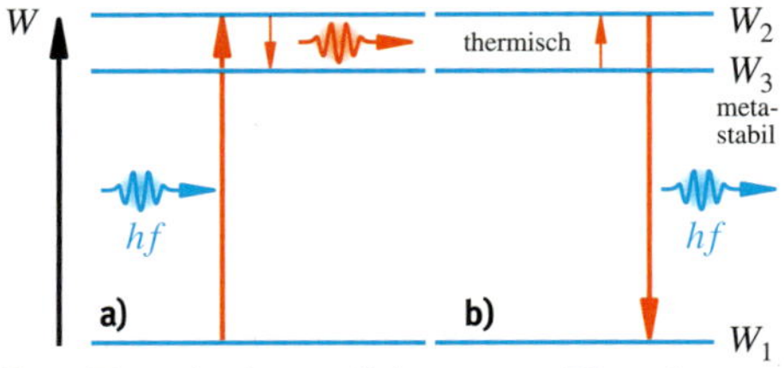

B 1: Energieniveau-Schema zur Phosphoreszenz **a)** Lichteinstrahlung **b)** Lichtemission. Die Farbe hängt von der Lage der Zwischenniveaus ab – wie bei Fluoreszenz

... noch mehr Aufgaben

A 1: **a)** Befestigen Sie eine Wäscheleine an einem Ende und bringen sie am anderen zum Schwingen. Was können Sie von der dabei erzeugten stehenden Querwelle auf den linearen Topf übertragen, was nicht? **b)** Eine Saite schwingt durch die Gleichgewichtslage und ist für einen Augenblick gerade. Welche Folge hätte dies bei der Ψ-Funktion eines Elektrons? Wie entgeht sie diesem Zustand?

A 2: Welche Wellenlänge hat die absorbierte Spektrallinie eines Farbstoffmoleküls mit 18 C-Atomen (Atomabstand $a = 0{,}14$ nm)?

7. „Fingerabdrücke" der Atome im Spektrum

Lineare Potentialtöpfe, der Franck-Hertz-Versuch und die Resonanzabsorption zeigen, dass eingeschlossene Elektronen viele *scharfe* Energieniveaus einnehmen. Deshalb liefern sie *scharfe* Spektrallinien, z. B. die Quecksilberlinien von Leuchtstoffröhren.

Die Absorption von Quanten führt zur **Umkehrung von Spektrallinien,** wichtig für die Astronomie (➡ *Versuch 1*). Sie läuft im Großen auf der Sonne und den Fixsternen ab. Dort entsteht in den heißen Gasen einer etwas tieferen Schicht, der sog. *Photosphäre,* weißes Licht mit einem *kontinuierlichen* Spektrum von IR bis UV, hauptsächlich aus negativ geladenen H^--Ionen. Dessen Photonen durchlaufen eine darüberliegende Schicht, die *Chromosphäre*, deren Atome exakt nur die ihnen passenden Photonen absorbieren. Deshalb ist das an sich *kontinuierliche Spektrum* des Sonnenlichts von vielen scharfen, schwarzen *Absorptionslinien* durchzogen, *fraunhofersche Linien* genannt (➡ Spektraltafel am Buchanfang). Aus Laborversuchen kennt man die Zuordnung der Linien zu den einzelnen Elementen mit großer Genauigkeit, erfährt also, welche Elemente in den Gashüllen der Fixsterne vorkommen. Das Element *Helium* wurde durch zunächst noch unbekannte Absorptionslinien auf der Sonne entdeckt und später in Gasquellen auf der Erde nachgewiesen. Diese **Spektralanalyse** ergänzt die früheren, aufwendigen und zeitraubenden chemischen Untersuchungen, löst sie teilweise sogar ab, da sie praktisch momentan und vollautomatisch erfolgen kann. Dabei benutzt man *Emissions-* und *Absorptionslinien.*

Wichtig wurde die *Fluoreszenz* zum Nachweis winziger Spuren von *Schadstoffen* in der Atmosphäre. Man schickt dazu starkes Laserlicht in die Höhe und misst das von den Schadstoff-Teilchen zurückgestreute Licht. Dabei kann man sehr genau die Art der Teilchen feststellen. Solches ist auch von Erdsatelliten aus möglich.

8. Phosphoreszenz

Leuchtplaketten oder *Leuchtziffern* von Uhren, die mit UV bestrahlt wurden, leuchten im Dunkeln längere Zeit nach. Sie verhalten sich wie ein Lichtakku. Man sagt, sie **phosphoreszieren** (das Leuchten von Phosphor in Luft oder von Leuchtkäfern ist ein chemischer Vorgang und hat damit nichts zu tun). Ein phosphoreszierender Stoff ist z. B. *Zinksulfid*, das Spuren von Kupfer enthält. Bei dieser **Phosphoreszenz** werden nach ➡ *Bild 1* Elektronen vom Grundniveau W_1 in ein höheres Niveau W_2 gehoben. Von dort fallen sie sofort in ein um nur 0,01 eV tieferes Niveau W_3 des Festkörpers. In dieser „Elektronenfalle" bleiben sie so lange hängen, bis thermische Energie sie wieder zufallsbedingt um 0,01 eV nach W_2 hebt. Von dort kehren sie sofort nach W_1 zurück und senden ein Photon aus. Höhere Temperatur oder IR-Bestrahlung beschleunigt das Anheben aus der „Falle" nach W_2 und damit die anschließende Lichtemission. Hier werden nicht Photonen als solche gespeichert, sondern nur deren Energie. Ein Autoakku speichert auch nicht die zugeführte elektrische Energie als solche, sondern in chemischer Form.

Das ist wichtig

Wenn man zum Beschreiben von Photonen, Elektronen, Atomen und Molekülen die Planck-Konstante h braucht, spricht man von **Quantenobjekten.** Sie zeigen Beugung und Interferenz. Dabei sind mithilfe der Planck-Konstante h einander zugeordnet:

Impuls $p \leftrightarrow$ *deBroglie-Wellenlänge* $\lambda_B = h/p$,
Energie $W \leftrightarrow$ *Frequenz* $f = W/h$ *der Zeiger.*

In makroskopischen Anordnungen kann man an Elektronen z. B. e/m messen, ohne h zu benutzen. Hier zeigen die Elektronen den **klassischen Grenzfall** und verhalten sich nicht wie ein Quantenobjekt. Dies gilt auch für Photonen im geradlinigen Lichtstrahl, also im *Grenzfall Strahlenoptik.* Im klassischen Grenzfall *Wellenoptik* verzichtet man auf die Quantisierung gemäß $W = hf$ und $p = h/\lambda$. Man braucht h nicht.

DeBroglie-Wellen (auch Ψ-, Materie- oder Wahrscheinlichkeitswellen genannt) haben bei scharfem Impuls p konstante Antreffwahrscheinlichkeit $|\Psi|^2$.
Wellenpakete laufen mit der Geschwindigkeit $v = p/m$ der zugehörigen Quanten.

HEISENBERGS **Unbestimmtheitsrelation:** Zwischen den Unbestimmtheiten Δp_x im Impuls p_x und Δx im zugehörigen Ort x gilt für Quantenobjekte

$$\Delta x \, \Delta p_x \approx h.$$

Δp_x und Δx sind Mittelwerte von p_x- und x-Messungen an einheitlich präparierten Gesamtheiten.
Für die Unbestimmtheit Δt der Antreffzeit von Quanten und deren Energieunbestimmtheit ΔW gilt

$$\Delta W \, \Delta t \approx h.$$

Stationäre, zeitunabhängige **Zustände** ($\Delta t \to \infty$) haben scharf bestimmte Energien:

$$\Delta W \approx h/\Delta t \to 0.$$

Quantenobjekte mit Ruhemasse m, die räumlich auf einen Bereich der Länge L eingeengt sind, haben eine mit sinkendem L stark steigende **Lokalisationsenergie**

$$W_L \approx \frac{h^2}{8 m L^2}.$$

Elektronen im „hohen", linearen *Potentialtopf* der Länge L können nur die scharf bestimmten **Energieniveaus**

$$W_n = \frac{h^2 n^2}{8 m_e L^2}$$

besetzen. $n = 1, 2, 3, \ldots$ sind deren **Quantenzahlen.**

Atome und Moleküle haben **scharf bestimmte Energiezustände.** Die zugehörigen $|\Psi|^2$ bestimmen die *möglichen* Aufenthaltsbereiche von Elektronen, **Orbitale** genannt. Bei **Quantensprüngen** zwischen diesen Niveaus wird Energie aufgenommen oder abgegeben.

Aufgaben

A 1: Ein Farbstoffmolekül mit 10 Elektronen hat die Länge $L = 2$ nm. Welche Wellenlänge hat Licht, das ein Elektron vom obersten besetzten Zustand in den nächsten hebt?

A 2: **a)** Bei welcher Frequenz hebt Licht ein Elektron im linearen Potentialtopf mit Länge $L = 1$ nm vom Zustand mit $n = 50$ in den nächsten? **b)** Nehmen Sie „halbklassisch" an, dieses Elektron würde im Zustand $n = 50$ mit seinem Impuls $p = h/\lambda$ hin und her fliegen. Welche Frequenz hätte es dann? Bestätigt der Vergleich beider Frequenzen BOHRS Korrespondenzprinzip zwischen klassischer und Quantenphysik? **c)** Was bedeutet „hoch" beim linearen Potentialtopf?

A 3: **a)** Treibhausgase wie CO_2 oder H_2O absorbieren im IR ($\lambda \approx 1$ mm bis 800 nm). In welchem Bereich liegen die Energieunterschiede der beteiligten Niveaus? **b)** O_2- und N_2-Moleküle brauchen zur Anregung mindestens 15 eV und absorbieren Quanten. Ab welcher Wellenlänge wird Luft undurchsichtig?

A 4: **a)** Treibhausgase absorbieren Photonen, die von schwingenden Molekülen der Erdoberfläche ($T \approx 300$ K) stammen. Diese haben die mittlere Energie $W = 3\,k\,T/2$ (Boltzmann-Konstante $k = 1{,}38 \cdot 10^{-23}$ J/K). Welche Wellenlänge haben Photonen dieser Energie? **b)** Vergleichen Sie die Größenordnung von λ in a) mit dem wienschen Verschiebungsgesetz, nach dem die Wellenlänge des Strahlungsmaximums

$$\lambda_{max} = 2{,}9 \cdot 10^6 \text{ K}/T \text{ nm}$$

beträgt. Was ändert sich bei 20facher Temperatur (Sonnenoberfläche)? **c)** Ist nach $W \approx 3\,k\,T/2$ zu erwarten, dass beim Franck-Hertz-Versuch Gasmoleküle bei 400 K durch Stoß Hg-Atome anregen können?

A 5: Photonen können nur mit passender Energie Atome anregen, Elektronen dagegen auch mit höheren Energien. Woran liegt das? Geben Sie Beispiele.

A 6: Jemand sagt, die mehrmaligen Maxima beim Franck-Hertz-Versuch zeigen, dass im Hg-Atom mehrere Energiestufen mit gleichen Abständen übereinander liegen. Erklärt das den Versuch? Nehmen Sie Stellung.

A 7: Spektrallinien für $\lambda = 600$ nm haben eine Frequenzbreite von mindestens 10^8 Hz. Wie groß ist die Frequenzunschärfe und die Energieunschärfe in %? Wie groß ist die sog. mittlere Lebensdauer des angeregten Zustands, wie groß die des Grundzustands?

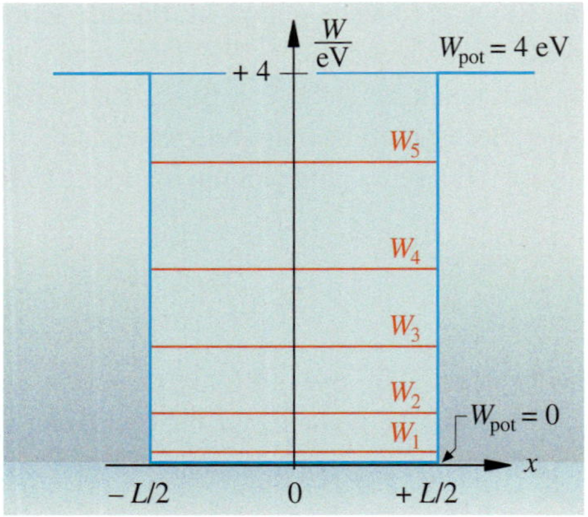

B 1: Potentialfunktion $W_{pot}(x)$ für einen linearen Potentialtopf mit Höhe 4 eV und Breite $L = 1{,}5$ nm. Seine Eigenwerte W_n (rot) zwischen 0 und 4 eV sind gesucht.

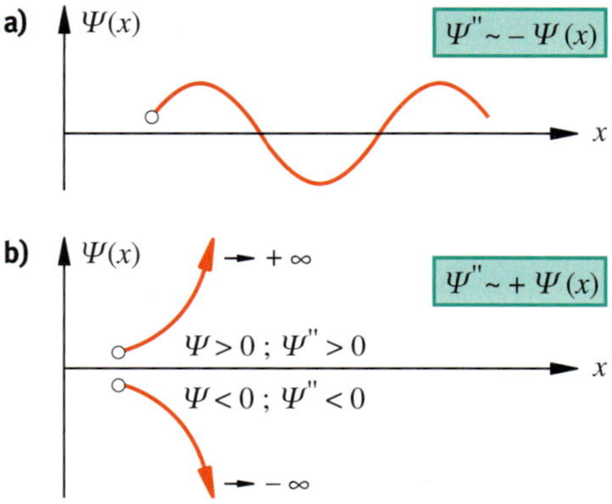

B 2: **a)** *Im Topf*: $C > 0$, $\Psi''(x) \sim -\Psi(x)$; $\Psi(x)$ schlängelt sich um die x-Achse
b) *Außen*: $C < 0$, also $\Psi''(x) \sim +\Psi(x)$; $\Psi(x)$ geht schnell gegen $+\infty$ oder $-\infty$

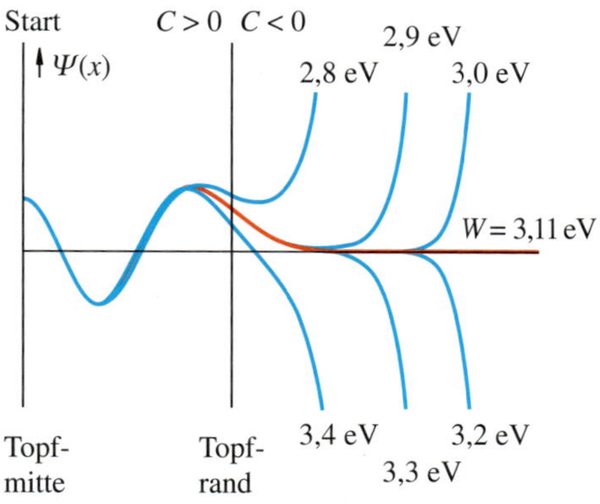

B 3: Der Computer erhöht W kleinschrittig von 2,8 eV bis 3,4 eV. Außerhalb des Topfes geht fast immer $\Psi \to +\infty$ oder $\Psi \to -\infty$. Dazwischen liegt eine Eigenfunktion $\Psi_n(x)$. Für sie gilt: $\Psi_n \to 0$, $\Psi_n' \to 0$; der zugehörige Eigenwert ist $W = 3{,}11$ eV.

Die Schrödingergleichung

E. SCHRÖDINGER stellte eine Gleichung auf, die sich bei Potentialtöpfen, Atomen, Molekülen und Festkörpern, also bei allen *stationären, zeitunabhängigen* Elektronenzuständen bewährt. Da diese beliebig lange bestehen ($\Delta t \to \infty$), haben sie nach $\Delta W \approx h/\Delta t \to 0$ eine scharf bestimmte **Gesamtenergie *W*, Eigenwert** der Energie genannt. Ihn suchen wir.

Das Grundgesetz $F = m\,a$ der Mechanik ist ungeeignet, da es auf Bahnen führt und nicht die UBR beachtet. Wir brauchen eine Grundgleichung, die sich nicht aus anderen herleiten lässt, müssen also, wie SCHRÖDINGER, sinnvoll *raten*. Dazu betrachten wir, vom „Quantenpferch" angeregt, Sinus- bzw. Kosinusfunktionen $\Psi(x)$, die mit der deBroglie-Wellenlänge $\lambda_B = h/p$ periodisch sind, z. B.:

$$\Psi_1(x) = \Psi_0 \sin\left(\frac{2\pi x}{\lambda_B}\right) \quad \text{oder} \quad \Psi_2(x) = \Psi_0 \cos\left(\frac{2\pi x}{\lambda_B}\right).$$

Bei solch gewellten Funktionen ist an jedem Ort x die zweite Ableitung $\Psi''(x)$ zum negativen Wert $-\Psi(x)$ proportional, z. B.:

$$\Psi_1''(x) = -\left(\frac{2\pi}{\lambda_B}\right)^2 \Psi_0 \sin\left(\frac{2\pi x}{\lambda_B}\right) = -\left(\frac{2\pi}{\lambda_B}\right)^2 \Psi_1(x) \sim -\Psi_1(x).$$

Der Faktor $C = (2\pi/\lambda_B)^2 = 4\pi^2 p^2/h^2$ enthält p^2 und damit auch $W_{kin} = p^2/(2\,m_e)$. Nun ist $W_{kin} = W - W_{pot}(x)$. So bringt C die gesuchte **Gesamtenergie *W*** ein, den konstanten **Energieeigenwert.** Die vom Ort x abhängige **Potentialfunktion $W_{pot}(x)$** ist durch das Kraftfeld bestimmt, in dem sich das Elektron tummelt (z. B. ➠ *Bild 1*). Wie man dort sieht, ist $W_{pot}(x)$ die potentielle Energie des punktförmig gedachten Elektrons am jeweiligen Ort x.

Wenn wir also $W - W_{pot}(x) = W_{kin} = p^2/(2\,m_e)$ nach p^2 auflösen und in $C = 4\pi^2 p^2/h^2$ einsetzen, eliminieren wir den unscharfen Impuls p und erhalten $C = 8\pi^2 m_e (W - W_{pot}(x))/h^2$. Dies liefert eine Differentialgleichung, die umfassend bestätigte **eindimensionale, zeitunabhängige Schrödingergleichung.**

Merksatz

Eindimensionale, zeitunabhängige Schrödingergleichung:

$$\Psi''(x) = -\frac{8\pi^2 m_e}{h^2}(W - W_{pot}(x))\,\Psi(x) = -C(x)\,\Psi(x). \qquad (1)$$

Mit dieser von der Zeit t unabhängigen Gleichung suchen wir solche Funktionen $\Psi(x)$, deren zweite Ableitung $\Psi''(x) = -C(x)\,\Psi(x)$ an jedem Ort x zu $-\Psi(x)$ proportional ist. Der wichtige Faktor

$$C(x) = \frac{8\pi^2 m_e}{h^2}(W - W_{pot}(x))$$

hängt ab

- von x wegen der das jeweilige Problem kennzeichnenden Potentialfunktion $W_{pot}(x)$ und
- von der Gesamtenergie W, die wir leider noch nicht kennen.

Wie löst man dieses neuartige mathematische Problem?

Wir wenden die Schrödingergleichung auf den *linearen Topf* der Höhe 4 eV und der Breite $L = 1{,}5$ nm an. Nach ➡ *Bild 1* geben wir als *Potentialfunktion* $W_{pot}(x)$ vor:
Im Topf: $W_{pot}(x) = 0$, außen: $W_{pot}(x) = +4$ eV.
$C(x)$ hängt von der Differenz $(W - W_{pot}(x))$ ab. Das bedeutet:

a) Im *Innern* des Topfes ist $W_{pot}(x) = 0 < W$, also der Faktor

$$\boldsymbol{C(x) = \frac{8\pi^2 m_e}{h^2}(W - W_{pot}(x)) > 0.} \qquad (2)$$

Wegen $\Psi''(x) = -C(x)\,\Psi(x)$ gilt: Bei $\Psi(x) > 0$ ist $\Psi''(x) < 0$, die Kurve *rechts gekrümmt*. Bei $\Psi(x) < 0$ ist sie wegen $\Psi''(x) > 0$ *links gekrümmt*. Sie schlängelt sich also im *Topfinnern* stets brav um die x-Achse (➡ *Bild 2a*, *3* und *4*). Dies trug SCHRÖDINGERS Theorie den Namen **Wellenmechanik** ein.

b) Auch *außerhalb* des Topfs gilt diese umfassende Theorie. Dort aber ist $W_{pot}(x) = 4\text{ eV} > W$, also $\boldsymbol{C(x) < 0}$.
Folglich ist bei $\Psi(x) > 0$ auch $\Psi''(x) > 0$, die $\Psi(x)$-Kurve *links gekrümmt;* deshalb strebt sie schnell gegen $+\infty$ (➡ *Bild 2b*).
Für $\Psi(x) < 0$ ist $\Psi''(x) < 0$; die nun *rechts gekrümmte* $\Psi(x)$-Kurve strebt gegen $-\infty$. Beide Male geht außen die Antreffwahrscheinlichkeit $|\Psi(x)|^2 \to +\infty$. Folge: Die Schrödingergleichung wirft das Elektron aus dem Topf, sozusagen „durch den Rand hindurch".

Das Elektron soll aber im Topf bleiben! Erfreulicherweise gibt es nach ➡ *Bild 3* und *4* einige wenige **Eigenfunktionen** $\boldsymbol{\Psi_n(x)}$, die *außerhalb* des Topfes gegen null streben. Sie erfüllen die **Randbedingungen** $\boldsymbol{\Psi(x) \to 0}$ und $\boldsymbol{\Psi'(x) \to 0}$. Zu jedem $\boldsymbol{\Psi_n(x)}$ gehört ein **Eigenwert** $\boldsymbol{W_n}$ der Gesamtenergie W.
Wie findet der Computer diese Eigenwerte W_n? Er berechnet $\Psi(x)$ nach *Gl. 1* schnell nacheinander und probeweise für *eng aufeinanderfolgende* W-Werte (➡ *Bild 4*). Er verwirft alle W-Werte mit $|\Psi(x)| \to \infty$. Folglich erhalten wir nur Eigenfunktionen $\Psi_n(x)$, welche die Randbedingungen erfüllen. Die zugehörigen Eigenwerte W_n liegen „diskret" voneinander getrennt. Bei Energien $W > W_{pot}$ über dem Topf fehlen Randbedingungen; das Elektron ist nicht „eingesperrt", die Energie nicht quantisiert. Erst in diesem *Energiekontinuum* sind alle Energiewerte erlaubt.
Mit $W_{pot} > 1000$ eV nähern wir uns dem *unendlich hohen Topf*. Die Simulation bestätigt die Formel $W_n = n^2 h^2/(8\,m\,L^2)$. Dieser Topf stellt einen Spezialfall dar, seine Eigenfunktionen $\Psi_n(x)$ sind an den Rändern exakt null. Bei Töpfen geringer „Höhe" dagegen „tunnelt" das Orbital $\Psi_n(x)$ etwas nach außen (➡ *Bild 4*).

Merksatz

„Eingesperrte" Elektronen nehmen **stationäre Zustände** mit scharf bestimmten, **diskreten Energieeigenwerten** $\boldsymbol{W_n}$ ein. Ihre **Eigenfunktionen** $\boldsymbol{\Psi_n(x)}$ bestimmen durch $|\Psi_n(x)|^2$ das Orbital, den Antreffbereich des Elektrons. Die Quantisierung wird an dessen Rändern erzwungen von den **Randbedingungen**

$$\boldsymbol{\Psi(x) \to 0 \quad \text{und} \quad \Psi'(x) \to 0.}$$

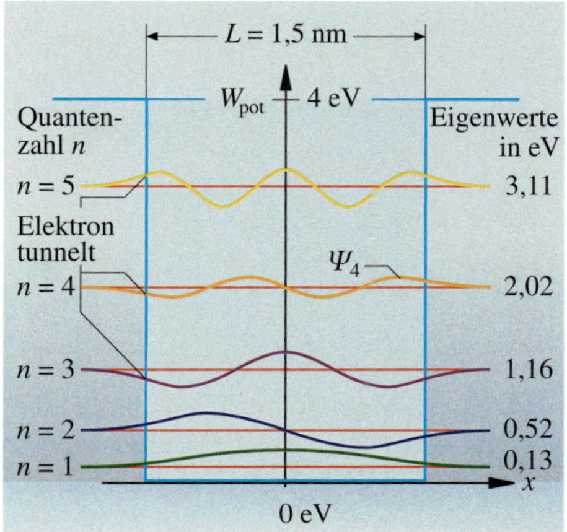

B 4: Der Computer hat im Topf von Bild 1 die Energie W in *Gl. 1* kleinschrittig erhöht und geprüft, ob das Elektron im Topf bleibt. Nur die W und $\Psi(x)$, welche die *Randbedingungen* erfüllen, gibt er als *Eigenwert* W_n und *Eigenfunktion* $\Psi_n(x)$ aus.

Vertiefung

Schrödingergleichung am Computer

In die Konstante $K = e\,8\pi^2 m_e/h^2$ wurde e aufgenommen, um W in eV anzugeben.

```
Konstanten:                     Kommentar:
EL = 1.6022E–19                 Elementarladung e
K = EL*1.638E+38                K = e 8π² m_e/h²
W = 3.102                       Energie W in eV
LH = 0.75E–9                    halbe Topfbreite L/2
DX = 1E–12                      Δx-Schrittweite
X = 0                           Start bei x = 0 (Mitte)
PSI = 1: PSI1 = 0               für symmetrisches Ψ
                                (n = 1, 3, 5, ...)
START:
(1) if X < LH then WP = 0 else WP = 4
(2) PSI2 = –K*(W – WP)*PSI      Ψ'' Gl. 1
(3) PSI1 = PSI1 + PSI2*DX       Ψ'
(4) PSI = PSI + PSI1*DX         Ψ
(5) X = X + DX                  nächster Schritt
(6) if ABS(PSI) < 100 then START:
```

In (1) wird WP bestimmt ($W_{pot} = 0$ bzw. 4 eV), daraus in (2) bis (4) PSI2 (Ψ''), PSI1 (Ψ') und PSI (Ψ) wie bei harmonischen Schwingern. In (5) wird X um DX erhöht. (6) prüft, ob $|\Psi|$ endlich bleibt. Falls $|\Psi| > 100$, prüfen Sie ein benachbartes W, bis außen $|\Psi| \to 0$ gilt.
Um die Ψ mit $n = 2, 4, 6, \ldots$ zu erhalten, starte man mit PSI = 0 und PSI1 = 1.

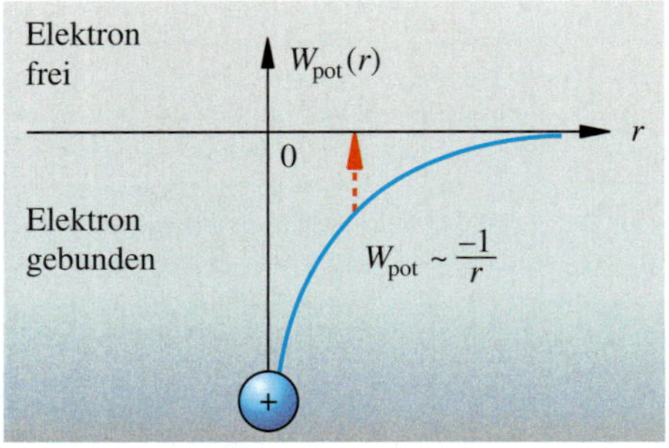

B 1: Im H-Atom gibt das Potential $W_{pot}(r) = -1{,}44 \cdot 10^{-9} \frac{1}{r}$ eVm die Energie, die man braucht, das Elektron vom Kernabstand r nach $r \to \infty$ zu „heben". Dort ist $W = 0$.

Vertiefung

Computerprogramm zum H-Atom

Man vergleiche mit dem Potentialtopf-Programm; W_{pot} (WP) nach ➨ *Bild 1*.

Konstanten:	*Kommentar:*
EL = 1.6022E–19	*Elementarladung e*
K = EL*1.638E+38	*$K = e\,8\pi^2 m_e/h^2$ nach Gl. 1; Energie in eV*
G = 1.44 E–9	*Konstante von Gl. 2*
DR = 1E–11	*Schrittweite in m*
W = –1.51	*Energie W in eV wird als Eigenwert getestet*
NEU:	
PSI = 0	*Ψ beim Start*
PSI1 = 1	*Ψ' beim Start*
R = 1E–14	*je bei $r = 10^{-14}$ m*
START:	
(1) WP = – G/R	*WP ist W_{pot}*
(2) PSI2 = – K*(W – WP)*PSI	*Ψ" Gl. 1*
(3) PSI1 = PSI1 + PSI2*DR	*Ψ'*
(4) PSI = PSI + PSI1*DR	*Ψ*
(5) R = R + DR	*nächster Schritt*
(6) if ABS(PSI) < 1E–10 then START:	
W = W + 0.0005	*W etwas höher*
GOTO NEU:	*Start mit höherer Energie*

Man startet am Kern bei $r = 10^{-14}$ m mit $\Psi = 0$ und $\Psi' = 1$ (für $r \to 0$ ginge $W_{pot} \to -\infty$). Geht $|\Psi| \to \infty$, so wird nach (6) die Energie W um 0,0005 eV erhöht und damit der Suchvorgang mit NEU wiederholt.

Prüfen Sie alle Eigenwerte W_n aus ➨ *Tabelle 1* mit diesem Programm!

Das Wasserstoffatom

1. Schalenaufbau des H-Atoms nach Schrödinger

Im Wasserstoffatom tummelt sich *ein* Elektron mit der Ladung $-e$ um den Kern mit der Ladung $+e$. Er zieht es im Abstand r mit der Coulombkraft $F(r) = -e^2/(4\pi\varepsilon_0 r^2)$ an. Diese darf man – anders als im bohrschen Modell – nicht als Zentripetalkraft für eine Kreisbahn ansehen. Nach der UBR gibt es in atomaren Bereichen keine Bahnen. Man muss $\Psi(r)$ (als Funktion von r) berechnen mit der Schrödingergleichung

$$\Psi''(r) = -\frac{8\pi^2 m_e}{h^2}(W - W_{pot}(r)) \cdot \Psi(r). \qquad (1)$$

Zu ihrer Lösung braucht man die *Potentialfunktion* $W_{pot}(r)$ der Kernladung $+e$. Es ist die potentielle Energie des im Kernabstand r lokalisierten Elektrons. Zum „Heben" in Δr-Schritten braucht man die Energie $W = \Sigma F(r)\Delta r$. Sie führt mit $F(r) = -e^2/(4\pi\varepsilon_0 r^2)$ für $\Delta r \to 0$ zu $W = \int_r^\infty F(r)\,dr = -e^2/(4\pi\varepsilon_0 r)$. Für dessen obere Grenze $r \to \infty$ hat man $W_{pot}(\infty) = 0$ gesetzt. Die Potentialfunktion

$$W_{pot}(r) = \frac{-e^2}{4\pi\varepsilon_0 r} = -1{,}44 \cdot 10^{-9}\,\frac{1}{r}\text{ eVm} < 0 \qquad (2)$$

liegt deshalb nach ➨ *Bild 1* unter der Nulllinie $W = 0$ und wird in das Computerprogramm eingesetzt (➨ *Vertiefung*; (1) WP = – G/R). Der Computer prüft schnell nacheinander alle W-Werte, ob sie für große r zu $\Psi(r) \to 0$ führen. Ist dies der Fall, so gibt er sie als *Eigenwerte* W_n (stets in eV) samt den zugehörigen stationären *Eigenfunktionen* $\Psi_n(r)$ aus. Diese sind in ➨ *Bild 2* in Höhe der Eigenwerte W_n gezeichnet (vgl. ➨ *Tabelle 1*). Alle W_n sind negativ.

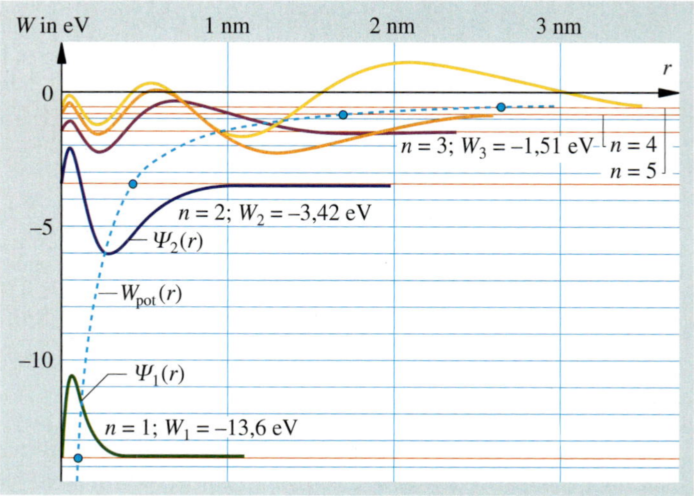

B 2: Vorgegeben ist die Hyperbel für $W_{pot} \sim -1/r$ des H-Atoms. Der Computer hat durch Probieren die diskreten Energieeigenwerte $W_n < 0$ ausgesucht und die zugehörigen Eigenfunktionen $\Psi_n(r)$ in Höhe der W_n gezeichnet. Rechts der Punkte ist $W < W_{pot}(x)$, also $\Psi_n(r)$ falsch gekrümmt, nicht gewellt; das Elektron „tunnelt".

Quantenzahl n	Eigenwert W_n in eV	$n^2\,W_n$ in eV	mittlerer Kernabstand in 10^{-9} m	Schalenname
∞	0	–	∞	
4	−0,85	−13,6	1,3	N
3	−1,51	−13,6	0,72	M
2	−3,41	−13,6	0,32	L
1	**−13,6**	**−13,6**	**0,08**	**K**

T 1: Eigenwerte W_n und mittlere Kernabstände r des Elektrons im H-Atom; $n = 1$ gibt den Grundzustand, das 1s-Orbital der K-Schale. Das Produkt $n^2\,W_n$ ist stets −13,6 eV, also gilt $W_n = -13{,}6\ \text{eV}/n^2$.

Der Computer liefert zur Quantenzahl n die scharfen Energieeigenwerte $\mathbf{W_n = -13{,}6\ eV/n^2}$ in ➡ *Tabelle 1*. Die Konstante −13,6 eV lässt sich aus allgemeinen Naturkonstanten bestimmen zu $-m_e\,e^4/(8\,\varepsilon_0^2\,h^2)$ (➡ *Vertiefung* nach Ziff. 6). Also gilt

$$W_n = \frac{-m_e\,e^4}{8\,\varepsilon_0^2\,h^2\,n^2} = -\frac{13{,}6}{n^2}\ \text{eV}. \qquad (3)$$

Diese Eigenwerte W_n zeigt das **Niveauschema** nach ➡ *Bild 4*. Meist ist das Elektron im stabilen **Grundzustand** mit **Quantenzahl $n = 1$** und Energie $\mathbf{W_1 = -13{,}6\ eV}$ „gebunden". Man braucht 13,6 eV, um es ins „Unendliche zu heben", um das H-Atom zu *ionisieren*. Für $n \to \infty$ rückt W_n immer näher an $W = 0$ heran.

Die $|\Psi_n(r)|^2$-Funktionen in ➡ *Bild 3* geben den **Schalenaufbau** des Atoms als Antreffwahrscheinlichkeit für das Elektron im Abstand r. Zu diesem Zweck werden sie auf *Kugelschalen* gleicher Dicke Δr vom Volumen $\Delta V = 4\pi\,r^2\,\Delta r$ bezogen (➡ *Vertiefung* nach Ziff. 6). Die **K-Schale** ($n = 1$) hat die kleinste Ausdehnung. Der Schwerpunkt ihres **1s-Orbitals** liegt bei $r_1 \approx 0{,}08$ nm. Die **L-Schale** ($n = 2$; **2s-Orbital**) besitzt bereits zwei Maxima, dazwischen den Nulldurchgang $\Psi_2(r) = 0$. Er ist im Dreidimensionalen eine Kugelfläche (➡ *Bild 3* und *5*).

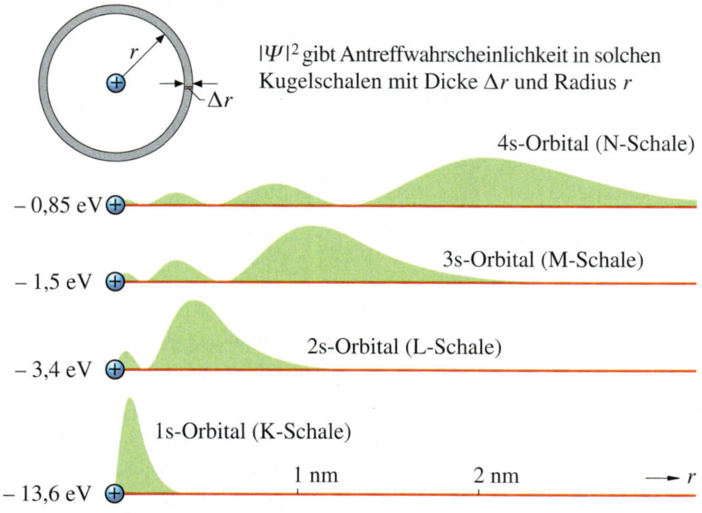

B 3: $|\Psi(r)|^2$ ist Antreffwahrscheinlichkeit *pro Kugelschale* und zeigt den Schalenaufbau. Die Elektronenhülle hat keine „Haut".

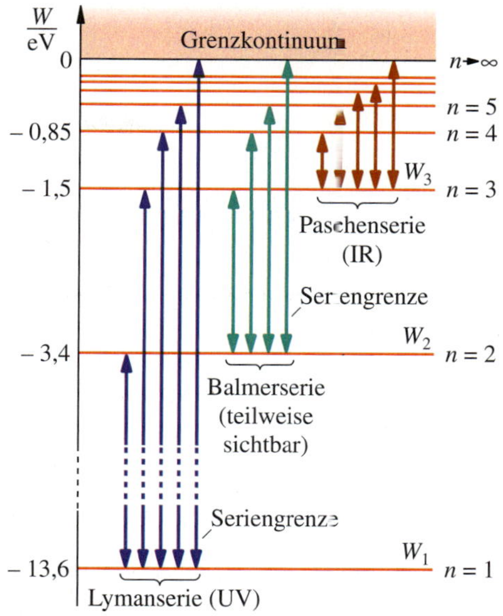

B 4: Energieniveaus W_n des H-Atoms. Durch Quantensprünge zwischen diesen Niveaus entstehen Spektrallinien.

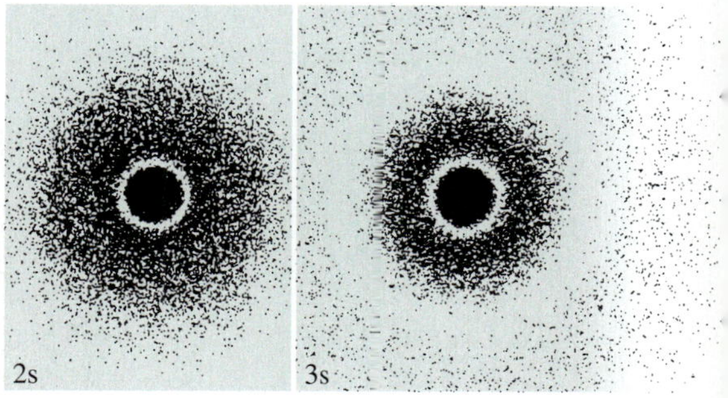

B 5: Darstellung von $|\Psi(r)|^2$ durch die Punktdichte bei oft wiederholter Lokalisation des Elektrons im 2s- und 3s-Orbital

... noch mehr Aufgaben

A 1: a) Berechnen Sie die Lage der 4 tiefsten Energieniveaus des H-Atoms aus *Gl. 3*. **b)** Ermitteln Sie daraus Frequenz und Wellenlänge der Spektrallinien bei Quantensprüngen von $n = 3$ und 4, hinab nach $n = 1$. Was ist der Unterschied zwischen Energieniveau, Orbital und Spektrallinie? Wie hängen sie zusammen?

A 2: a) Warum haben die Eigenfunktionen beim H-Atom kein konstantes λ, im Gegensatz zum linearen Potentialtopf? Warum nimmt λ mit wachsendem r zu? **b)** Begründen Sie das Verhalten der Krümmung der $\Psi(x)$-Kurven in ➡ *Bild 2* links und rechts von der Hyperbel.

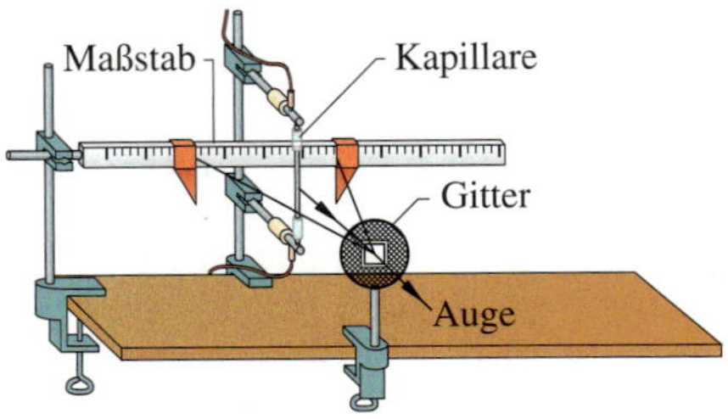

V 1: Wir beobachten durch das optische Gitter die Kapillare einer mit H_2 gefüllten Spektralröhre. Dort dissoziiert Strom H_2-Moleküle in H-Atome; stoßende Elektronen regen sie zum Leuchten an. Man sieht rechts und links der Kapillare auf den Maßstab projizierte Balmerlinien.

Start-niveau	λ_{exp} in 10^{-9} m	λ_{ber} in 10^{-9} m
$n = 5$	94,9739	94,9739
$n = 4$	97,2533	97,2533
$n = 3$	102,5718	102,5718
$n = 2$	121,5664	121,5666

T 1: Einige beobachtete (λ_{exp}) und nach *Gl. 1* berechnete (λ_{ber}) Lymanlinien im UV

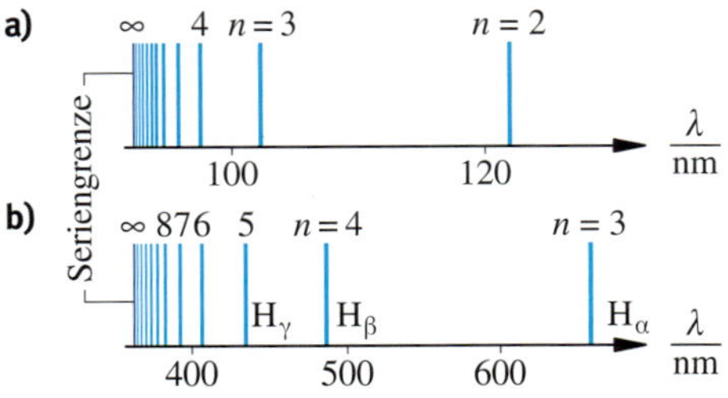

B 1: a) Spektrallinien der *Lymanserie* im UV **b)** Linien der *Balmerserie*

Interessantes

Historisches

Die *Balmerformel* (*Gl. 2*) fand 1885 der Baseler Gymnasiallehrer BALMER ohne Theorie durch Probieren. Er kombinierte die Messwerte von Spektrallinien der Balmerserie. Dies erregte großes Aufsehen, da sich hinter der verwirrenden Fülle der zahlreichen Spektrallinien eine Gesetzmäßigkeit zeigte. 40 Jahre später löste SCHRÖDINGER dieses Rätsel der „Sphärenmusik der Atome“. Mit relativ wenigen Energieniveaus, die zudem in *ein* Serienschema passen, erhält man eine riesige Zahl an Spektrallinien.

2. Spektrallinien des H-Atoms im UV (Lymanserie)

Angeregte H-Atome haben Quantenzahlen $n > 1$ mit Energie W_n. „Fallen“ sie aus diesem angeregten Zustand z. B. in den Grundzustand $W_1 = -13{,}6$ eV zurück, dann geben sie die Energiedifferenz $\Delta W = W_n - W_1$ als Lichtquant der Frequenz $f = \Delta W/h$ ab. Die zugehörigen Spektrallinien bilden die **Lymanserie** (➠ *Bild 1a*). Sie liegen alle im UV. Aus *Gl. 3* von Ziff. 1 folgen ihre Frequenzen beim Quantensprung $W_n \to W_1$ zu

$$f_L = \frac{W_n - W_1}{h} = \frac{m_e e^4}{8\,\varepsilon_0^2\, h^3}\left(\frac{1}{1^2} - \frac{1}{n^2}\right). \quad (1)$$

Der Faktor $\boldsymbol{f_R = m_e e^4/(8\,\varepsilon_0^2 h^3)} = 3{,}288102 \cdot 10^{15}$ Hz vor der Klammer heißt **Rydbergfrequenz.** Sie erlaubt, beim H-Atom Frequenzen f und Wellenlängen λ aus allgemeinen Naturkonstanten zu berechnen. ➠ *Tabelle 1* vergleicht mit den gemessenen Wellenlängen. Die Übereinstimmung ist beeindruckend. Die Linien rücken mit steigender Quantenenzahl n zusammen, genau wie die Energieniveaus in ➠ *Bild 4* von Ziff. 1.

3. Die Balmerserie im sichtbaren Bereich

H-Atome erzeugen nach ➠ *Versuch 1* auch *sichtbare* Linien mit kleinerer Quantenenergie hf als in der Lymanserie (UV). Sie gehören zur **Balmerserie** (➠ *Bild 1b*); auch ihre Frequenzen f folgen aus dem Energieniveauschema in ➠ *Bild 4* von Ziff. 1: Wenn nämlich dort ein Elektron aus Niveaus mit $n > 2$ ins Niveau $n = 2$, $W_2 = -3{,}41$ eV fällt (nicht nach $W_1 = -13{,}6$ eV mit $n = 1$), so entstehen Quanten nach der **Balmerformel**

$$f_B = \frac{W_n - W_2}{h} = f_R\left(\frac{1}{2^2} - \frac{1}{n^2}\right). \quad (2)$$

4. Das Grenzkontinuum ($W > 0$)

Außerhalb des Atoms fehlen Randbedingungen. Dort bewegen sich die Elektronen frei, ihre Energie ist nicht quantisiert, sondern hat beliebig dicht liegende, positive Werte. Diese bilden das in ➠ *Bild 4* von Ziff. 1 für $W > 0$ rot getönte **Grenzkontinuum.** Quantensprünge von dort hinab in scharfe Energieniveaus $W < 0$ der gebundenen Zustände erzeugen ein **kontinuierliches Emissionsspektrum.** Bei H^--Ionen liegt es im Sichtbaren; wir kennen es als *weißes Sonnenlicht* (H^--Ion: H-Kern mit zwei Elektronen).

Merksatz

Stationäre Ψ-Funktionen des *gebundenen* Elektrons geben dem H-Atom **diskrete Energieeigenwerte W_n,** aus Naturkonstanten berechenbar. Aus W_n und Ψ_n folgen alle Atomeigenschaften. **Quantensprünge** zwischen den Energieniveaus erzeugen die *scharfen* Spektrallinien.

Kontinuierliche Spektren dagegen werden vom *Grenzkontinuum* im Bereich $W > 0$ von *freien* Elektronen geliefert.

5. Röntgenspektren in schweren Atomen

Die *Schalenstruktur* des H-Atoms ist auf schwere Atome mit Protonenzahl $Z >> 1$ und vielen Elektronen übertragbar. Die K-Schale ist dort mit zwei Elektronen besetzt, die L-Schale mit 8, die M-Schale mit 18 (Wir begründen dies später). Endet ein Quantensprung in der K-Schale ($n = 1$), so wird im Feld der starken Kernladung Ze viel mehr Energie umgesetzt als im H-Atom mit Z = 1. Doch muss vorher in der K-Schale eine Lücke geschaffen worden sein. In Röntgenröhren geschieht dies durch Elektronenstoß. ➨ *Bild 2* zeigt das für Kupfer ($Z = 29$) **charakteristische Röntgenspektrum.** Es entsteht durch Elektronenbeschuss einer Kupferanode. Die Frequenz f der scharfen Röntgenlinien hängt nicht von der Elektronenenergie eU ab (dagegen war bei der Kante der *Bremsstrahlung* $f \sim U$). Die Linien ① und ② haben die Wellenlängen $\lambda_1 = 139$ pm und $\lambda_2 = 154$ pm (➨ *Beispiel;* 1 pm = 10^{-12} m).

Der englische Physiker MOSELEY zeigte 1913, dass diese Linien bei Sprüngen in die **K**-Schale ($n = 1$) entstehen, und zwar aus der L-Schale ($n = 2$; Linie ②) oder der höher liegenden M-Schale ($n = 3$; Linie ①). Wenn man für diese **K-Linien** die *Gl. 1* der Lymanserie $f_K = f_R\,(1/1^2 - 1/n^2)$ übernimmt, ist jedoch zu beachten:

Die Rydbergfrequenz $f_R = m_e\,e^4/(8\,\varepsilon_0^2\,h^3) = 3{,}29 \cdot 10^{15}$ Hz enthält den Faktor e^4. Er stammt aus der Coulombenergie $W_{pot} \sim Q\,q$, wo $q = e$ die Ladung des springenden Elektrons und $Q = Ze$ die des Atomkerns ist. e^4 entspricht hier also $(Q\,q)^2 = Z^2\,e^4$. Deshalb sollte man f_R mit Z^2 multiplizieren. Doch fand MOSELEY erst Übereinstimmung mit den Messwerten, als er von Z noch 1 abzog und Z^2 durch $(Z-1)^2$ ersetzte. Die volle K-Schale hat nämlich zwei Elektronen; die K-Schale mit Loch nur eines. Fällt das springende Elektron in dieses Loch, so findet es dort schon ein Elektron vor (➨ *Bild 3*). Dieses *schirmt* beim Quantensprung die Kernladung Ze um $1e$ auf $(Z-1)\,e$ ab. Die Frequenz ist also nur noch $f_K = (Z-1)^2 f_R\,(1/1^2 - 1/n^2)$.

Da in f_K die *Ordnungszahl* Z des Anodenmaterials auftritt, kann man prüfen, ob die Chemiker den Atomen im *Periodensystem der Elemente* das richtige Z zugeordnet haben. Dazu trug MOSELEY 1913 die messbare Größe $\sqrt{f_K}$ über der gesuchten Ordnungszahl Z auf (➨ *Bild 4*). So konnte man die chemisch kaum unterscheidbaren *seltenen Erden* richtig einordnen. Auch fand man eine Lücke im Periodensystem, die später durch Hafnium (Hf) geschlossen wurde.

Merksatz

Schnelle Elektronen können in Atomen mit *Ordnungszahl* $Z >> 1$ ein Elektron aus der tief liegenden K-Schale ($n = 1$) stoßen (Z ist die Zahl der Protonen im Kern). Fällt aus einer höheren Schale mit Quantenzahl $n > 1$ ein Elektron in die Lücke, so entsteht ein Quant des **charakteristischen Röntgenspektrums** mit der Frequenz

$$f_K = (Z-1)^2 f_R \left(\frac{1}{1^2} - \frac{1}{n^2}\right) \quad \text{mit } f_R = 3{,}29 \cdot 10^{15}\ \text{Hz.} \qquad (3)$$

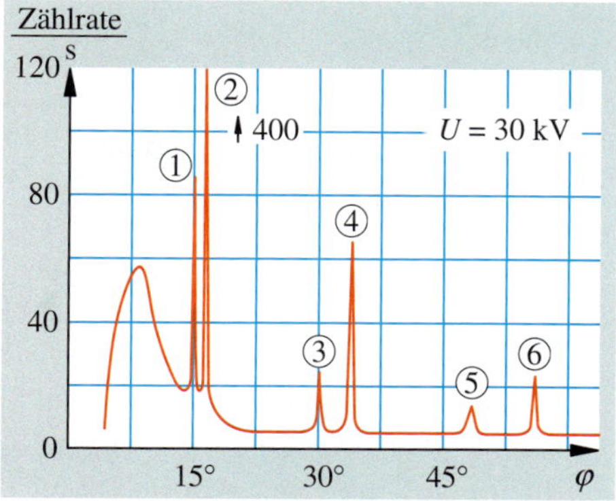

B 2: Charakteristisches Röntgenspektrum an einer Kupferanode; φ ist der Glanzwinkel bei Bragg-Reflexion

Beispiel

Berechnung von λ und f

a) Für *beide* Linien ② und ④ (➨ *Bild 2*) mit Glanzwinkel $\varphi_2 = 15{,}8°$ und $\varphi_4 = 33°$ in 1. bzw. 2. Ordnung ($n = 1$ bzw. $n = 2$) und der Gitterkonstanten $d = 282$ pm von NaCl liefert die Bragg-Gleichung $n\,\lambda = 2\,d\,\sin\varphi$ den Wert $\boldsymbol{\lambda = 154}$ **pm.**

b) Ein Quantensprung von der L- in die K-Schale ($n = 2 \rightarrow n = 1$; Linie ②) erzeugt bei Kupfer ($Z = 29$) mit $f_R = 3{,}29 \cdot 10^{15}$ Hz die Frequenz $\boldsymbol{f_K} = (Z-1)^2 f_R\,(1/1^2 - 1/2^2) =$ $\mathbf{1{,}93 \cdot 10^{18}}$ **Hz,** also $\lambda = 155$ pm.

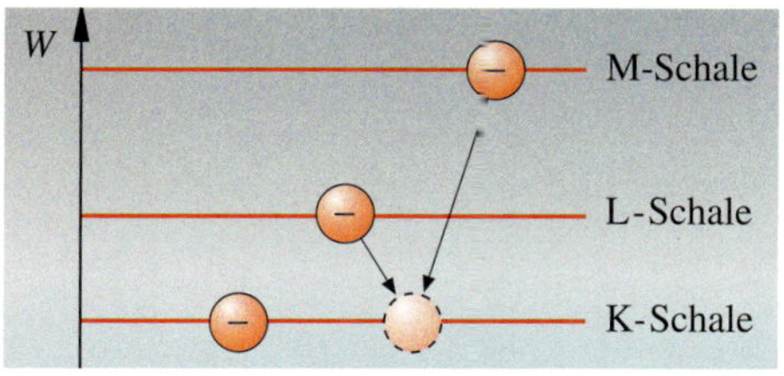

B 3: Quantensprung in ein Loch der K-Schale (normal mit 2 Elektronen besetzt)

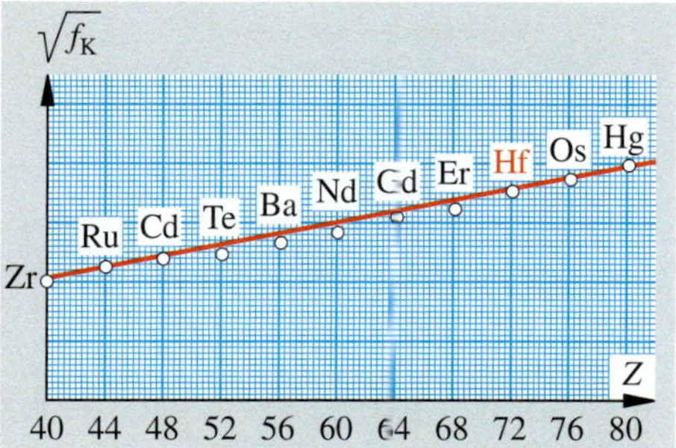

B 4: Moseley-Gerade: $\sqrt{f_K}$ über der Ordnungszahl Z ergibt eine Gerade

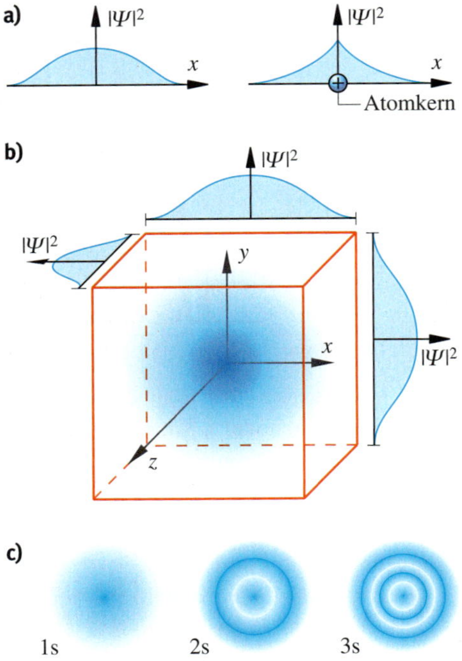

B 1: a) Grundzustand $n = 1$ im *linearen* Topf **b)** Würfelkäfig mit *räumlichem* $|\Psi|^2$ im Grundzustand, bei $L = \lambda_B/2$ **c)** Schnitte durch räumliche 1s-, 2s- und 3s-Orbitale

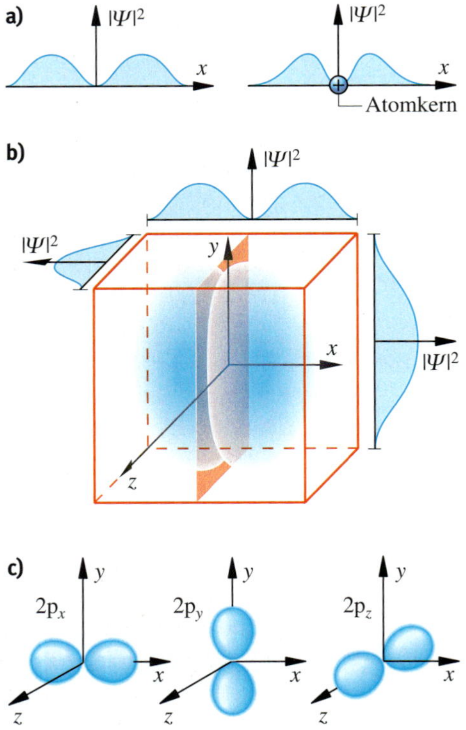

B 2: a) $|\Psi|^2$ für $n = 2$ im linearen Topf **b)** Dreidimensionales Orbital für $n_x = 2$; $n_y = n_z = 1$ mit einer Knotenebene **c)** Keulenstruktur der $2p_x$-, $2p_y$-, $2p_z$-Orbitale

6. s-Orbitale haben Kugel-, p-Orbitale Keulenform

a) Beim *linearen Topf* hat der Grundzustand ($n = 1$) ein gewelltes $\Psi(x)$-Orbital mit dem Bauch in der Mitte (➠ *Bild 1a*). Dort findet man das Elektron viel häufiger als am Rand. Um Atomen gerecht zu werden, gehen wir in ➠ *Bild 1b* ins *Dreidimensionale*, zum Würfelkäfig mit Kantenlänge L. Die 6 Würfelwände sind Knotenflächen mit der Randbedingung $|\Psi|^2 = 0$. Im *Grundzustand* hat jede Kante die Länge $L = \lambda_B/2$ (λ_B: deBroglie-Wellenlänge). In der Mitte bildet sich ein dreidimensionaler Bauch als Maximum von $|\Psi|^2$. Bei Atomen verstärkt die Anziehung des Kerns (+) diese Konzentration zur Mitte hin weiter. Doch ist das **1s-Orbital** nicht würfelförmig, sondern kugelsymmetrisch (➠ *Bild 1c*).
Auch für $n > 1$ gibt es kugelsymmetrische **s-Orbitale** (man lese **s** als **s**phärisch-symmetrisch). Aus den Nullstellen von Ψ_n werden *Knotenkugeln* mit $r =$ konstant und $|\Psi|^2 = 0$. Diese trennen die schalenförmigen Bereiche voneinander ab. ➠ *Bild 1c* zeigt ebene Schnitte durch s-Orbitale mit den Quantenzahlen $n = 1, 2, 3$. Man findet sie in allen schweren Atomen in der K-, L- bzw. M-Schale.

b) Viele *Moleküle* sind gewinkelt. In H_2O hat das O-Atom Vorzugsrichtungen. Um dies zu verstehen, übertragen wir die Funktion $|\Psi|^2$ für $n = 2$ des linearen Topfes von ➠ *Bild 2a* auf die x-Kante des Würfels von ➠ *Bild 2b* mit Länge $L = 2\lambda_B/2$. So entsteht in der Mitte die *Knotenebene* $|\Psi|^2 = 0$. Sie ist flankiert von zwei keulenförmigen Bäuchen. Diese sind nicht weiter unterteilt, da in y- und z-Richtung die Grundfunktion mit $L = \lambda_B/2$ weiter besteht. Bei diesem **$2p_x$-Orbital** sitzt der Kern in der Knotenebene. Obwohl er das Elektron anzieht, kann er das $|\Psi|^2 = 0$ nicht beseitigen, die Quantennatur ist stärker. Die Keulen der $2p_y$- und $2p_z$-Orbitale zeigen nach ➠ *Bild 2c* in die y- bzw. z-Richtung. Dort können sie andere Atome binden. Die „2" in $2p_x$ ist die Quantenzahl $n = 2$.

c) Im **CH_4-Molekül** (*Methan*) hat das C-Atom vier Elektronen in der L-Schale. Hier bewährt sich die *Superposition* aus 2s- und 2p-Funktionen unter Beachtung der Vorzeichen + und – bei Ψ_{2p} (➠ *Bild 3*; Ψ_{2s} hat nur +). Dabei entstehen vier Keulen mit je einem Elektron. Sie zeigen nach vier Raumrichtungen mit den Tetraederwinkeln 109°. Das große $|\Psi|^2$ in jeder der vier Keulen bindet ein H-Atom; C ist vierwertig. So entsteht auch das Kristallgitter beim vierwertigen Halbleiter *Silizium*. Aus den Ψ-Funktionen des H-Atoms lassen sich durch *Hybridisierung* die vielfältigen Orbitalformen für chemische Bindung bilden.

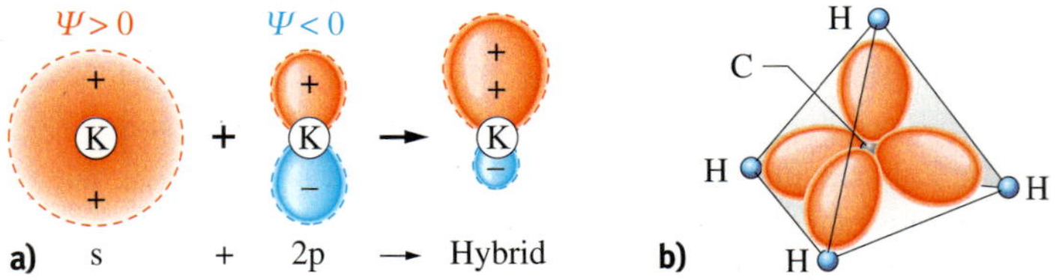

B 3: a) Superposition (Hybridisierung) von 2s und 2p **b)** Die daraus entstandene Keule tritt in CH_4 viermal auf und bindet je ein Elektron.

Vertiefung

Schrödingergleichung – analytisch

Die Ψ-Funktion im räumlichen Käfig nach *Bild 1b* hat in der Mitte bei $r = 0$ ihr Maximum. Nach *Bild 4a* hat auch das von SCHRÖDINGER *dreidimensional* berechnete $\Psi_S = \Psi_0\, e^{-r/a}$ des Grundzustands 1s bei $r = 0$ eine Spitze. In Kernnähe wird also das Elektron am häufigsten erwartet. Dabei bezieht man $|\Psi_S|^2 = \Psi_0^2\, e^{-2r/a}$ auf *gleich große Volumenelemente* ΔV, z. B. auf winzige *Würfelchen* mit 10^{-12} m Kantenlänge.

Im *Schalenmodell* (Ziff. 1) beziehen wir $|\Psi(r)|^2$ dagegen auf *schalenförmige* Volumenelemente gleicher Dicke Δr (*Bild 4b*). Ihr Volumen ist $\Delta V = 4\pi r^2 \Delta r \sim r^2$. Sie enthalten bei großem Radius r viel mehr der $(10^{-12}\text{ m})^3$-Würfelchen als in Kernnähe, wo sich nur wenige davon befinden. Die auf *schalenförmige* Volumenelemente bezogene Antreffwahrscheinlichkeit $|\Psi(r)|^2$ ist also gegenüber dem auf Würfelchen bezogenen $|\Psi_S|^2$ um den Faktor $4\pi r^2 \sim r^2$ größer, was rein geometrisch bedingt ist.

Für $|\Psi(r)|^2$ gilt: $\quad |\Psi(r)|^2 \sim r^2\,|\Psi_S|^2 = |r\Psi_S|^2$,
also für Ψ selbst $\quad \Psi(r) \sim r\Psi_S$. $\quad$ (1)

Mit $\Psi_S = \Psi_0\, e^{-r/a}$ folgt für 1s:

$$\Psi(r) \sim r\Psi_0 e^{-r/a}. \qquad (2)$$

Will man Orbitale berechnen, die nicht kugelsymmetrisch sind, so muss $|\Psi_S|^2$ auf gleich große Würfelchen bezogen werden. Bei kugelsymmetrischen genügt jedoch die nur von r abhängige *eindimensionale* Schrödingergleichung (*Gl. 1* in Ziff. 1). Sie folgt aus der komplizierten *dreidimensionalen;* beide liefern die richtigen Eigenwerte W_n; doch sind die radialen $\Psi_n(r)$ nach *Gl. 2* umzurechnen. Deshalb ist in Kernnähe ($r \approx 0$) $\Psi(r) \sim r\Psi_S \approx 0$; dagegen hat $\Psi_S = \Psi_0\, e^{-r/a}$ dort sein Maximum Ψ_0 (*Bild 4a*).
Der Faktor Ψ_0 in $\Psi_0\, e^{-r/a}$ wird so bestimmt, dass das über den ganzen Raum integrierte $|\Psi_S|^2$ den Wert 1 erhält (Antreffwahrscheinlichkeit $1 \,\hat{=}\, 100\%$). Diese *Normierung* gibt $\Psi_0 = 1/\sqrt{\pi a^3}$.

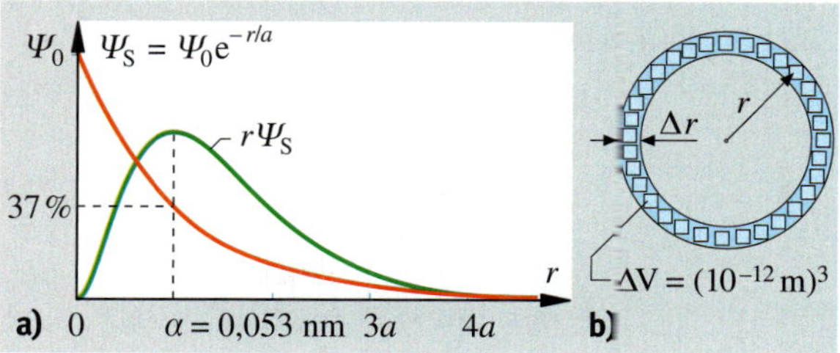

B 4: a) Grundzustand 1s: $\Psi_S = \Psi_0\, e^{-r/a}$ und $\Psi(r) = r\Psi_S$ des H-Atoms; $a = 0{,}053$ nm ist bohrscher Radius **b)** schalenförmiges Volumenelement ΔV mit $(10^{-12}\text{ m})^3$-Würfelchen gefüllt

Wir bestätigen $\Psi(r) = r\Psi_0\, e^{-r/a}$ (*Gl. 2*) ohne Computer an der eindimensionalen Schrödingergleichung und bestimmen das noch unbekannte a. Sie lautet

$$\Psi''(r) = -C\,(W - W_{pot})\,\Psi(r). \qquad (3)$$

$W_{pot} = -G/r$ ist mit $G = e^2/(4\pi\varepsilon_0)$ das Coulombpotential, $C = 8\pi^2 m_e/h^2$ die Konstante von *Gl. 1* in Ziff. 1.

$\Psi(r) = r\Psi_0\, e^{-r/a}$ und $\Psi''(r) = -2\,\Psi(r)/(a\,r) + \Psi(r)/a^2$ setzen wir in *Gl. 3* ein und kürzen mit $\Psi(r)$. Es folgt

$$-2/(a\,r) + 1/a^2 = -C\,W - C\,G/r. \qquad (4)$$

Der Ansatz $\Psi(r) = r\Psi_0\, e^{-r/a}$ ist nur dann sinnvoll, wenn *Gl. 4* für jedes r gilt. Dazu müssen die Glieder ohne r sowie die mit r je unter sich gleich sein:

$$-2/(a\,r) = -C\,G/r \quad \text{sowie} \quad 1/a^2 = -C\,W.$$

Daraus folgt $\boldsymbol{a} = 2/(C\,G) = h^2\varepsilon_0/(\pi\, m_e e^2)$ **= 0,053 nm.** ***a*** ist der **bohrsche Radius** und gibt nach $\Psi_S = \Psi_0\, e^{-r/a}$ an, dass Ψ_S im Abstand $r = a$ auf e^{-1}, also 37% seines Werts Ψ_0 bei $r = 0$ gesunken ist. Die Radialfunktion $|\Psi(r)|^2 \sim r^2|\Psi_S|^2$ hat dort ihr Maximum (*Bild 4a* und *Bild 3* in Ziff. 1; Grundzustand 1s des H-Atoms). Die Energie des H-Atoms folgt aus $1/a^2 = -C\,W$ zu $W = -1/(a^2 C) = \boldsymbol{-m_e e^4/(8\,\varepsilon_0^2 h^2) = -13{,}6\text{ eV}}$ aus allgemeinen Naturkonstanten, hier ohne Computer.

Für 2s gilt: $\Psi_2 = r\,\Psi_0 \left(1 - \dfrac{r}{2a}\right) e^{-r/2a}$.

... noch mehr Aufgaben

A 1: a) Welche Wellenlängen haben die sichtbaren Linien H_α bis H_δ der *Balmerserie* (*Bild 1b*, Ziff. 3)? Zwischen welchen Quantenzahlen finden die zugehörigen Quantensprünge statt? Liegt das Grenzkontinuum der Serie im Sichtbaren? Berechnen Sie seinen Wellenlängenbereich! **b)** Die rechte Linie der *Lymanserie* liegt bei 122 nm (*Bild 1a*, Ziff. 2). Liegt in dieser Serie noch eine weiter rechts?

A 2: Jemand sagt: Physikalische Grundgleichungen müssen stets „erraten" werden; man kann sie nicht herleiten. Nehmen Sie dazu Stellung. Nennen Sie Beispiele aus der klassischen Physik.

A 3: Welche Frequenz hat die K-Linie bei Uran ($Z = 92$), die beim Sprung aus der M-Schale ($n = 3$) entsteht? Wie groß sind die Glanzwinkel erster Ordnung an einem LiF-Kristall ($d = 201$ pm)?

A 4: Könnte die Funktion $\Psi(r) = \Psi_0\, e^{-r/a}$ eine Lösung der eindimensionalen *Gl. 4* sein mit $W_{pot} = -G/r$?

Überlagerung von hinlaufender und reflektierter Welle ($W = 4{,}9$ eV)

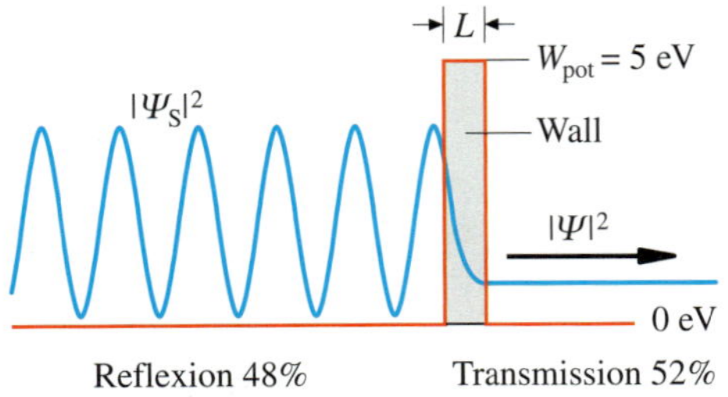

B 1: Eine Ψ-Welle von links ($W = 4{,}9$ eV) durchsetzt den etwas höheren Potentialwall ($W_{pot} = 5{,}0$ eV) zum Teil.

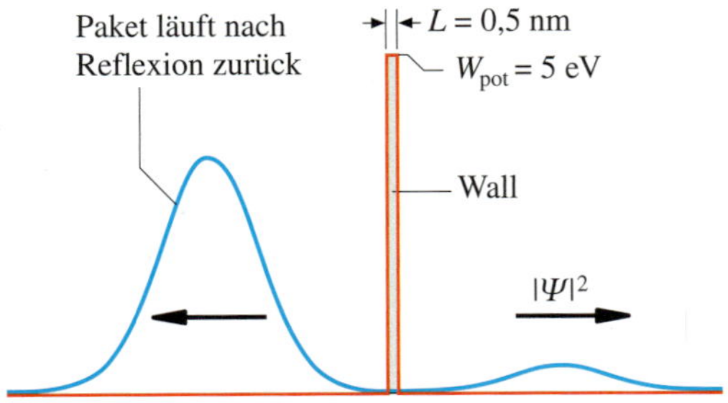

Elektronenenergie W = 4,9 eV

B 2: Das (nicht gezeigte) Wellenpaket von links läuft nach dem Wall geschwächt weiter (→) und wurde teilweise reflektiert (←).

Vertiefung

Tunneleffekt und Lokalisationsenergie

Welche Breite L darf ein Energiewall der Höhe W_{pot} haben, damit ihn Elektronen mit Energie W merklich durchtunneln?

Die Energiedifferenz $\Delta W = W_{pot} - W$ wird im Wall von der *Lokalisationsenergie* $W_L = h^2/(8\, m_e L^2)$ gut ausgeglichen, wenn $\Delta W << h^2/(8\, m_e L^2)$, also $L << h/\sqrt{8\, m_e \Delta W}$ gilt. Danach sollte in ➠ *Bild 1* bei $\Delta W = 0{,}1$ eV $L << 0{,}9$ nm sein. Die Simulation zeigt das Tunneln bei $L = 0{,}15$ nm.

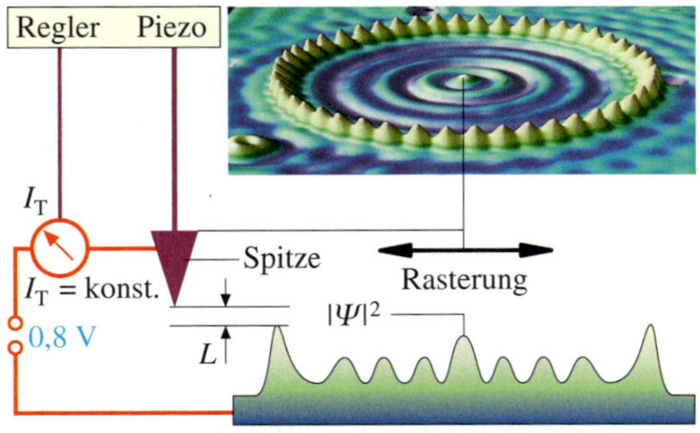

B 3: Prinzip des Rastertunnelmikroskops

Der Tunneleffekt

1. Elektronen tunneln durch „verbotene" Potentialwälle

Bei niedrigen Potentialtöpfen greift die Antreffwahrscheinlichkeit $|\Psi|^2$ eines Elektrons deutlich über den Rand hinaus, obwohl dort die Energie W des Elektrons kleiner ist als W_{pot}. Hielte es sich dort ständig auf, so wäre seine kinetische Energie $W_{kin} = W - W_{pot} < 0$. Das wäre *klassisch* wegen $W_{kin} = \frac{1}{2}\, m\, v^2 > 0$ absolut verboten.

Auch sollte es für Elektronen mit Energie $W = 4{,}9$ eV verboten sein, einen *Potentialwall* der Höhe $W_{pot} = 5{,}0$ eV $> W$ zu überwinden, selbst wenn er nur die Breite $L = 0{,}15$ nm besitzt. Doch zeigt die Schrödingergleichung nach ➠ *Bild 1*, dass ihn ein Teil *durchtunnelt*. Das heißt: Treffen von links Elektronen ein, so ist deren Antreffwahrscheinlichkeit $|\Psi|^2$ im klassisch verbotenen Wall nicht null. Vielmehr fällt sie dort stetig ab, aber nicht auf null. Nach dem Wall läuft sie als fortschreitende Ψ-Welle weiter, mit vermindertem, aber konstantem $|\Psi|^2$. Dieses Tunneln ist als **Tunnelstrom I_T** messbar (Ziff. 2). Am Wall wird ein Teil nach links reflektiert; davor bildet sich mit der ankommenden die fast stehende Ψ_S-Welle.

Nach ➠ *Bild 2* schnürt der Computer aus vielen Ψ-Funktionen ein *Wellenpaket*. 90% der Elektronen, die es besetzen, werden am Wall reflektiert, 10% durchtunneln ihn. Stets sind es aber *ganze* Elektronen. Die quantitative Simulation zeigt:
Im Wall fällt Ψ umso weiter ab, je größer die Wallbreite L und die Energiedifferenz $\Delta W = W_{pot} - W$ zwischen Wall und Elektron ist (in ➠ *Bild 1* ist $\Delta W = 0{,}1$ eV). Beim Tunneln nehmen λ, $p = h/\lambda$ und $W = p^2/(2\, m)$ nicht ab; die Elektronen verlieren keine Energie, gewinnen aber auch keine. Nach HEISENBERG gewährt ihnen während der kurzen Zeit Δt im Wall die Energieunbestimmtheit $\Delta W \approx h/\Delta t$ einen *„Heisenberg-Kredit"*, bekannt als Lokalisationsenergie W_L (➠ *Vertiefung*). Dieser begegnet uns in der Teilchenphysik wieder.

Auch im H-Atom tritt der Tunneleffekt auf: Rechts vom Hyperbelast $W_{pot}(r) = -c/r$ ist das ansteigende $W_{pot}(r)$ größer als die Energie W des Elektrons im jeweiligen Quantenzustand. Wie wir am Simulationsbild sahen, tunnelt das Elektron weit in diese klassisch verbotenen Bezirke, wiederum mit stark abnehmendem $|\Psi|^2$. Dies gilt für alle Atome!
In Kristallen können Elektronen durch den Tunneleffekt sogar ihr Atom verlassen und sich allseitig ausbreiten. Aus Atomkernen radioaktiver Stoffe entweichen α-Teilchen, indem sie die Potentialbarriere durchtunneln, welche die Coulombkraft um den Kern aufgebaut hat. Dort wurden sie bis zum Zerfall durch Kernkräfte festgehalten. Wir gehen darauf in der Kernphysik genauer ein.

In ➠ *Bild 2* teilt sich die von links einlaufende Ψ-Funktion in einen weiterlaufenden und den reflektierten Teil auf. Nun wenden wir sie auf *ein* Elektron an: Misst man es links, im reflektierten Teil, so entsteht die Frage, was wird aus dem weiterlaufenden? Kann dort jemand ein zweites Elektron finden?

Nun, nach der *Kopenhagener Deutung* der Quantentheorie durch N. Bohr ist Ψ „Wissen“. Er sagte, das bisherige Ψ breche in dem Augenblick zusammen, in dem man weiß, das Elektron sei links (*Kollaps der Ψ-Funktion*). Am Lokalisationsort sei eine neue, zackenförmige Ψ-Funktion anzunehmen. Misst man nämlich *sofort* den Ort nochmals, so kann er nur im Zackenbereich liegen.

2. Das Rastertunnelmikroskop

Der „Quantenpferch“ (➡ *Einstiegsseite*) wurde mithilfe des Tunneleffekts sichtbar gemacht. Dazu führte man nach ➡ *Bild 3* eine Spitze, die in *einem* Atom endet, Zeile um Zeile über eine mit 48 Fe-Atomen bestückte Kupferplatte. Man *rastert* also die Oberfläche ab. Dabei hält ein Regelmechanismus den vorgegebenen Abstand L (z. B. 1 nm) zwischen Spitze und Oberfläche peinlich genau ein. Diese an sich nichtleitende Strecke ist ein *Potentialwall* mit Breite L. Sie wird vom *Tunnelstrom* I_T durchsetzt (z. B. 1 nA). Nimmt L nur wenig zu, so sinkt I_T schnell ($I_T \sim |\Psi|^2$ in ➡ *Bild 1*). Sofort senken Piezoquarze die Spitze ab, bis I_T seinen Sollwert wieder erreicht. Nimmt L ab, so steigt I_T und lässt die Spitze wieder anheben. Dabei registriert man ständig die Spitzenhöhe; ein Computer erzeugt daraus das Reliefbild als *Höhenkarte*. Der Tunnelstrom „sieht“ nicht etwa die Elektronen der Oberflächenatome. Vielmehr registriert er deren Antreffwahrscheinlichkeit $|\Psi|^2$. Durch dieses Mikroskop wird $|\Psi|^2$ zu einer recht „anschaulichen“ Größe.

3. Bindung zwischen Atomen

Der Tunneleffekt tritt auch bei Molekülen und in Festkörpern auf. Er erlaubt einem Elektron, mehreren Atomen zugleich anzugehören, wobei es durch Potentialwälle vom einen zum andern *tunnelt*. Im einfachsten Fall, beim H_2^+-Ion, tummelt sich *ein* Elektron um die beiden H-Kerne. Verkleinert man deren Abstand r, so zeigt die Schrödingergleichung (➡ *Bild 4*):

Zunächst konzentriert sich das $|\Psi|^2$ des Elektrons stärker in der Mitte zwischen den Kernen, als man es klassisch erwartet. Es zieht diese von dort aus zusammen (F_{an}), kompensiert also deren Abstoßungskraft (F_{ab}). Beim Kernabstand $r = r_0$ halten sich Anziehung und Abstoßung das Gleichgewicht, erkennbar am Minimum W_0 der Gesamtenergie $W(r)$ des Ions. Sie macht diese Bindung *stabil.* Man braucht nämlich Energie, gleichgültig, ob man r von r_0 aus vergrößert oder verkleinert. Bei weiter sinkendem r wird das Elektron aus dem Raum zwischen den Kernen verdrängt; die Abstoßung überwiegt. Bei dieser **kovalenten Bindung** wird also zunächst das $|\Psi|^2$ der Bindungselektronen durch Quantengesetze auf den Raum zwischen den Atomen konzentriert. Dann hält die Elektronenladung die Atomkerne durch Coulombkräfte (F_{an}) zusammen.

Bei der **Ionenbindung** im NaCl-Kristall stellen die Ionen bereits konzentrierte Ladungen dar; Coulombkräfte halten sie zusammen. – Die schwache **Van-der-Waals-Bindung** bindet auch neutrale Atome oder Moleküle. Deren Ladungen verschieben sich ein wenig gegeneinander, und zwar so, dass sich Plus und Minus mit relativ schwacher Kraft anziehen.

Interessantes

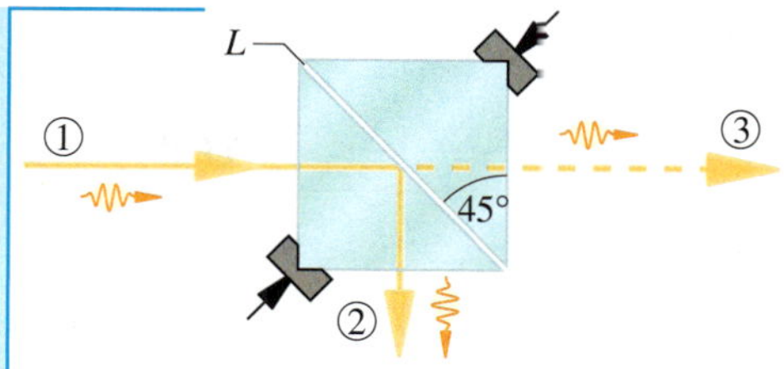

Der Tunneleffekt bei Photonen

Lichtstrahl 1 fällt vom dichteren Medium Glas auf die Hypotenuse des linken Prismas. Da mit $\beta = 45°$ der Grenzwinkel 41° der Totalreflexion überschritten ist, wird das Licht als Strahl 2 totalreflektiert; die Luftschicht L ist für Photonen „verboten“. Doch tunneln sie ein wenig dorthin. Presst man nämlich das zweite Prisma stark dagegen, so wird die Luftschicht L von Strahl 3 besser *durchtunnelt*.

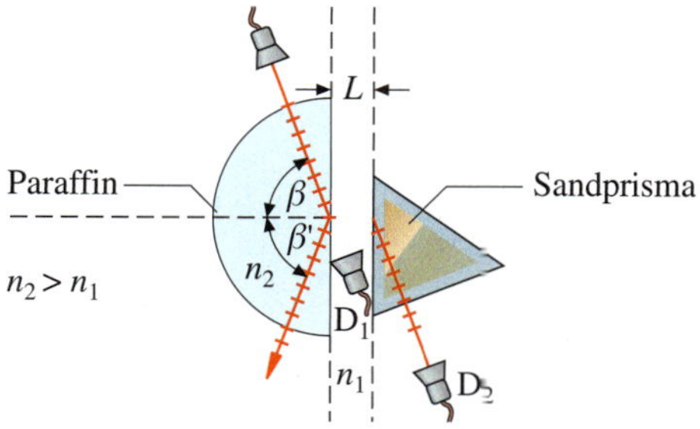

Auf den halbkreisförmigen Paraffinzylinder ($r \approx 20$ cm) trifft unter $\beta = 75°$ eine cm-Welle ($\lambda = 3{,}2$ cm) und sollte totalreflektiert werden. Doch tunnelt sie etwas in die Luft. Die Diode D_1 zeigt im Abstand $L \approx \lambda$ eine schnell abnehmende Intensität. Bringt man im Abstand $L < \lambda$ das Sandprisma an, so misst D_2 die Photonen, welche die Strecke L durchtunnelt haben

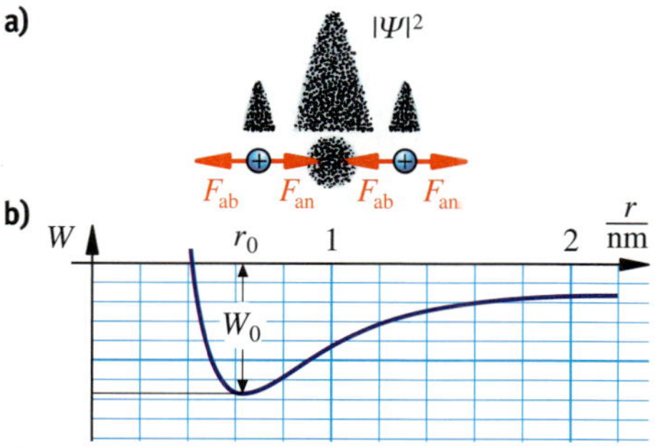

B 4: a) Konzentriertes $|\Psi|^2$ zwischen den beiden H-Kernen in H_2^+ **b)** Stabiler Zustand beim Minimum $W(r_0)$ der Bindungsenergie

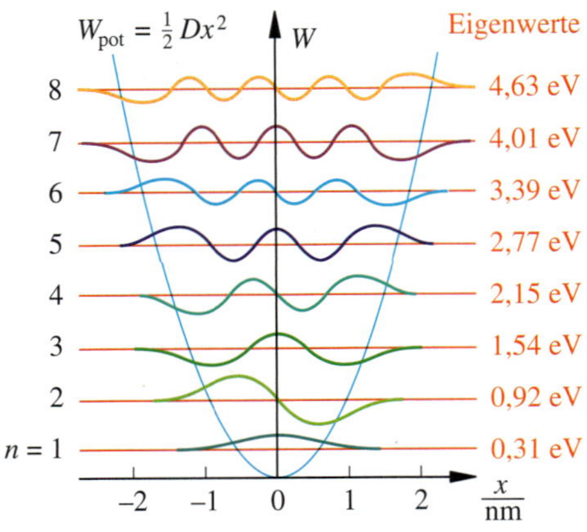

B 1: Eigenfunktionen $\Psi_n(x)$ eines harmonisch gebundenen Elektrons (Potentialfunktion $W_{pot} = \frac{1}{2} D\, x^2$). Die Eigenwerte W_n haben die konstanten Abstände 0,61 eV.

Vertiefung

Programmskizze für $W_{pot}(x) = \frac{1}{2} D x^2$

Vergleichen Sie mit den Programmen zum H-Atom und zum linearen Topf.

$D = 0{,}8$ J/m² ist die „Federkonstante" in $W_{pot} = \frac{1}{2} D x^2$. Die Masse m_e des schwingenden Elektrons steckt in der Konstanten C.

Konstanten:	*Kommentar:*
EL = 1.6022*E−19	*Elementarladung e*
K = EL*1.638*E+38	*$K = e\, 8\pi^2 m_e/h^2$; Energie in eV*
D = 0.8 : D1 = D/EL	*Konstante D*
W = 4.626	*W in eV*
DX = 0.001*E−9	*Schrittweite dx*
PSI = 0	*Ψ und Ψ′ beim*
PSI1 = 1	*Start (x = 0) für*
X = 0	*unsymm. Funktionen*

START:	*Schleifenbeginn*
(1) WP = D1*X*X/2	*W_{pot} in eV*
(2) PSI2 = −K*(W − WP)*PSI	*Ψ″*
(3) PSI1 = PSI1 + PSI2*DX	*Ψ′*
(4) PSI = PSI + PSI1*DX	*Ψ*
(5) X = X + DX	*nächster Schritt*
if ABS(PSI) < 3E–10 then START:	

Die klassische Schwingerfrequenz ist $f = 1/(2\pi\sqrt{m_e/D}) = 1{,}48 \cdot 10^{14}$ Hz, die quantisierten Energiestufen sind also $\Delta W = hf = 0{,}614$ eV. Testen Sie das Programm mit $W = (4{,}636 \pm n \cdot 0{,}614)$ eV. Für die zur W-Achse *symmetrischen* Funktionen ($n = 0, 2, 4, \ldots$) starten Sie mit $\Psi = 1$; $\Psi' = 0$.

Quantisierung harmonischer Schwingungen

1. Wo gibt es Energieportionen gleicher Größe?

Im Potentialtopf von überall gleicher Breite L wachsen die Eigenwerte der Energie nach $W_n = h^2 n^2/(8\, m_e L^2)$ mit n^2 quadratisch; ihre Abstände, die Energiestufen ΔW_n des Termschemas, nehmen zu. Wächst dagegen L, so sinkt ΔW_n. Bei Schwingungen findet sich ein Kompromiss. Sie nehmen bei größerer Energie W auch größere Amplituden in Anspruch, also mehr Ausdehnung L. Unterwerfen wir also harmonische Schwingungen der Schrödingergleichung:

Harmonische Schwinger sind mit $F = -D\,x$ gebunden, sie haben die Frequenz $f = 1/T = 1/(2\pi\sqrt{m_e/D})$ und die potentielle Energie $W_{pot}(x) = \frac{1}{2} D x^2$. Diese Potentialfunktion übergeben wir mit $D = 0{,}8$ J/m² der Schrödingergleichung $\Psi''(x) = -C\,(W - W_{pot}(x))\,\Psi(x)$ (➠ *Vertiefung*, links). Nach ➠ *Bild 1* liefert sie *beliebig viele* Eigenwerte und zwar in *gleichen Abständen* $\Delta W_n = 0{,}61$ eV; die Quantentheorie lässt nur Energieportionen gleicher Größe 0,61 eV zu. Nun ist die klassische Frequenz

$$f = 1/T = 1/(2\pi\sqrt{m_e/D}) = 1{,}48 \cdot 10^{14}\ \text{Hz}.$$

Multiplizieren wir – wie gewohnt – f mit h, so erhalten wir

$$hf = 9{,}9 \cdot 10^{-20}\ \text{J} = 0{,}61\text{eV}.$$

Dies stimmt mit den Energiestufen ΔW in ➠ *Bild 1* überein. *Ergebnis:* Die quantisierte Energie der harmonischen Schwingung ist zusammengesetzt aus n Portionen gleicher Größe $\boldsymbol{\Delta W = hf}$.

Doch beginnen die Eigenwerte nicht bei $W = 0$, sondern bei $W_0 = 0{,}31\ \text{eV} = \frac{1}{2} hf$. Solches kennen wir schon als die von der UBR geforderte Lokalisationsenergie. Sie ist auch vorhanden, wenn klassisch gesehen nichts schwingt. Also gilt für die Energieeigenwerte mit den Quantenzahlen $n = 0, 1, 2, 3, \ldots$:

$$\boldsymbol{W_n = hf\,(n + \tfrac{1}{2})}. \qquad (1)$$

Diese Quantisierung findet man bei schwingenden Atomen in Molekülen und Festkörpern. Sogar die Energie von Schallwellen in Kristallen besteht aus Quanten $\boldsymbol{hf}$, in der Festkörperphysik **Phononen** genannt. Alle Schwingungen und Wellen tauschen nämlich Energie mit Elektronen und Atomen quantisiert als Energieportionen aus. So kennen wir bei Licht die Energieportion hf als **Photon.** Der hier skizzierte kühne Ansatz hat sich bewährt. Damit konnte DIRAC alle Eigenschaften des Photons erfassen!

Im linearen Potentialtopf konnten wir das Hin- und Herschwingen eines Körpers als *Wellenpaket* zeigen. Wir schnürten es aus *stationären* Eigenfunktionen, um das *nicht stationäre* Schwingen darzustellen. Dies gelingt beim harmonischen Schwinger besonders gut. Nach der ➠ *Vertiefung* (rechts) schwingt ein entsprechend gebildetes Paket mit der Frequenz f eines klassischen Teilchens exakt synchron. Es ist das einzige Wellenpaket, das nicht zerfließt und hat heute große Bedeutung in der Quantenoptik.

Vertiefung

Quantisierung des Lichts; was sind Photonen?

In Ziff. 1 quantisierten wir harmonische Schwingungen $x(t) = x_0 \sin(2\pi f t)$ und fanden Energieportionen gleicher Größe hf. Nun schwingt bei elektromagnetischen Wellen auch die Feldstärke $E(t) = E_0 \sin(2\pi f t)$. DIRAC übertrug diese Quantisierung auf Licht und zeigte theoretisch (wie in Ziff. 1 angedeutet): *Das Photon ist die quantisierte Anregungsstufe elektromagnetischer Wellen.*

Solche Quanten eines Feldes nennt man heute **Teilchen:** Elektron, Quark, Neutrino etc. Sie vereinigen Abzähl- (Teilchen-) sowie Wellenaspekte, sind also von den Massepunkt-Teilchen der klassischen Physik wohl zu unterscheiden. Was man heute unter **Teilchenphysik** versteht, ist letztlich quantisierte Feldphysik. Am Beispiel Photon bestätigten Experimente:

a) Photonen sind unteilbare Energiepakete hf.

b) Jedes Photon kann mit sich selbst interferieren.

Die Quantisierung beseitigt nämlich weder bei mechanischen Wellen die Schwingbewegung $x(t)$ noch bei Licht das Schwingen der Feldstärke $E(t)$. Dies zeigt ➠ *Bild 2*. Dort sind viele Eigenfunktionen aus Bild 1 zu einem *Wellenpaket* geschnürt, da das $x(t)$ der mechanischen Schwingung dem $E(t)$ der elektromagnetischen analog ist. Doch verlaufen beide nicht als scharfe Sinuslinien im klassischen Sinn, sondern zeigen Unbestimmtheiten. Dies wurde in den letzten Jahren durch Messungen auch an Licht bestätigt (➠ *Bild 3*).

Dabei zeigte sich: Nicht nur die klassischen Größen Ort $x(t)$ und Impuls p_x mechanischer Schwinger unterliegen der UBR $\Delta x \, \Delta p_x \approx h$. Analoges zeigt sich auch beim $E(t)$ elektromagnetischer Wellen. Deren Phase $\varphi = 2\pi(x/\lambda - t/T)$ ändert sich an einem festen Ort x in der Zeit Δt um den Betrag $\Delta\varphi = 2\pi \Delta t/T$. Die Welle enthalte n Photonen mit Energie $W = n h f$. Eine Unbestimmtheit Δn ihrer Zahl n hat eine Unbestimmtheit der Energie $\Delta W = \Delta n \, h f$ zur Folge. Beides in $\Delta W \Delta t \approx h$ eingesetzt gibt die UBR für Photonenzahl n und Phase φ der elektrischen Feldstärke $E(t)$:

$$\boldsymbol{\Delta n \, \Delta\varphi \approx 2\pi} \text{ (nicht } h\text{)}. \qquad (2)$$

Misst man Radiowellen mit einem Dipol aus, so gehen viele Photonen verloren; Δn ist groß und deshalb $\Delta\varphi \approx 2\pi/\Delta n$ klein; hier lässt sich die Phase φ von E genau ermitteln. Wellenpakete, die von einem Atom ausgehen, haben genau ein Photon; also ist $\Delta n = 0$. Mit $\Delta\varphi \approx 2\pi/\Delta n \to \infty$ versteht man den unscharfen Verlauf von $E(t)$ bei Licht mit wenig Photonen (➠ *Bild 3*). Das $\Psi(x,t)$ unterliegt der UBR nicht.

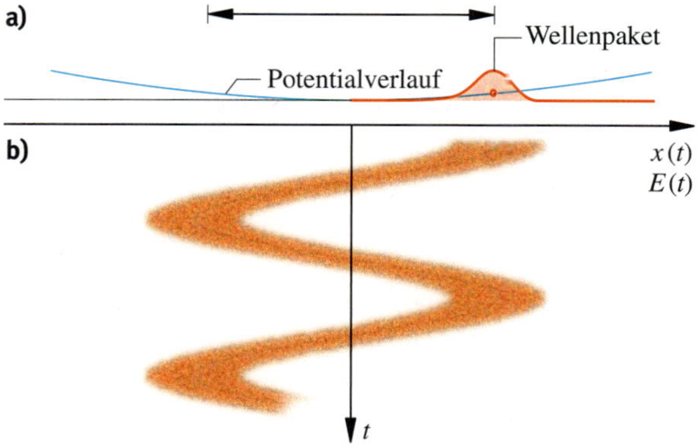

B 2: a) Das Wellenpaket schwingt harmonisch nach $x(t) = x_0 \sin(2\pi f t)$ bzw. $E(t) = E_0 \sin(2\pi f t)$ und zeigt Unbestimmtheiten in x bzw. in E und in der Phase φ
b) $x(t)$, $E(t)$ werden längs der t-Achse nach unten verfolgt

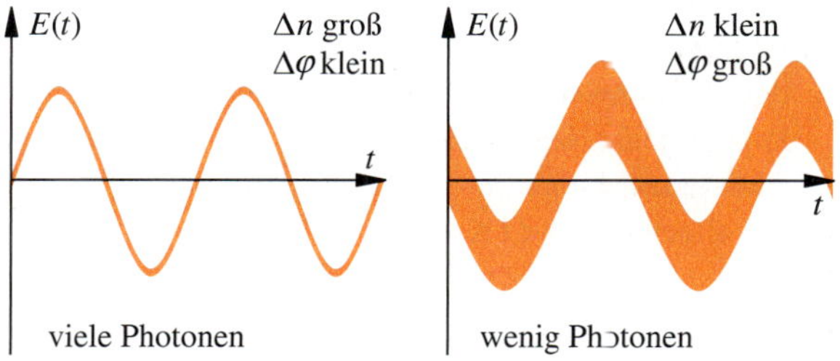

B 3: $E(t)$ gemessen bestätigt Bild 2

Was geht beim Quantensprung vor sich?

Beim Quantensprung gibt ein Atom die Energiedifferenz $\Delta W = W_2 - W_1 = h(f_2 - f_1)$ ab. Die beiden Zustände W_2 und W_1 für sich sind stationär, sie strahlen nicht mit den Frequenzen $f_2 = W_2/h$ und $f_1 = W_1/h$. Doch stehen sie als *Quantenmöglichkeiten* W_2 und W_1 *zugleich* offen und werden nach dem Superpositionsprinzip als Zeiger Ψ_1 und Ψ_2 für die unterschiedlichen Frequenzen $f_1 = W_1/h$ bzw. $f_2 = W_2/h$ addiert. $|\Psi|^2 = |\Psi_1 + \Psi_2|^2$ zeigt nach ➠ *Bild 4* ein Schwingen bei der Elektronenladungen mit der *Schwebungsfrequenz* $f = f_2 - f_1 = (W_2 - W_1)/h = \Delta W/h$. Es entsteht eine Welle wie beim hertzschen Dipol. Ihre Quantisierung haben wir zuvor gezeigt.

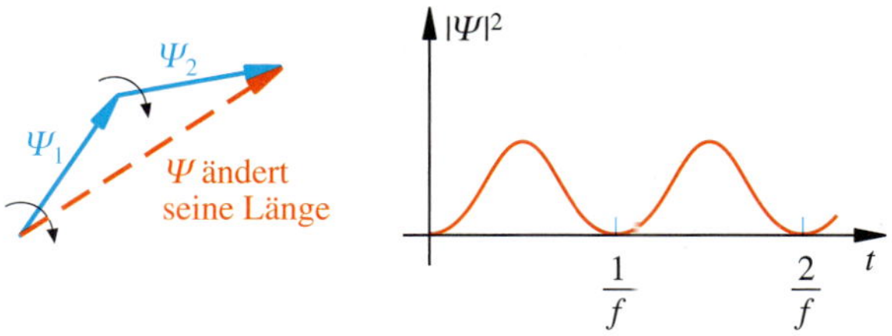

B 4: Superponiert man zwei mit verschiedenen Frequenzen rotierende Zeiger, so entsteht eine Schwebung

Vertiefung

Quantenzahlen und Orbitale

Wir haben die kugelsymmetrischen **s-Orbitale** berechnet. Sie bevorzugen keine Raumrichtung, erzeugen also keine irgendwie gerichteten magnetischen Dipole, hervorgerufen von atomaren Kreisströmen. Warum finden sich aber solche Dipole bei **p-** und **d-Orbitalen**?

Gehen wir nochmals vom linearen Potentialtopf aus. Im Innern haben die Orbitale mit Quantenzahl n genau $n-1$ *Knotenpunkte*. Im Dreidimensionalen weiten sie sich zu $n-1$ *Knotenkugeln* aus. Dort ist $|\Psi_n|^2 = 0$. Wie wir am Würfelkäfig sahen, ist beim **$2p_x$-Orbital** ($n = 2$) die eine Knotenkugel durch eine *Knotenebene* ersetzt (*Bild 1a*). Sie zerlegt dessen Antreffwahrscheinlichkeit $|\Psi|^2$ in zwei nach $\pm x$ ausgerichtete „Bäuche“. Dieses *Abweichen von der Kugelform* begünstigt magnetische Dipole und chemische Bindung. Die Abweichung ist umso stärker, je mehr *Knotenkugeln* in s-Orbitalen durch *Knotenebenen* ersetzt sind (bei $n > 2$ auch durch *Knotenkegel*). Die Zahl der ersetzten Knotenkugeln heißt **Nebenquantenzahl *l***. Da es zur **Hauptquantenzahl *n*** nur $n - 1$ ersetzbare Knotenkugeln gibt, gilt allgemein: $\mathbf{0 < l \leq n - 1}$.

s-Orbitale mit $\mathbf{l = 0}$ haben Kugelform,
p-Orbitale mit $\mathbf{l = 1}$ haben 1 Knotenebene,
d-Orbitale mit $\mathbf{l = 2}$ haben 2 Knotenebenen bzw. -kegel.

Also bilden nur Orbitale mit $l > 0$ magnetische Dipole. Bei $l = 1$, $n = 2$ kennen wir die drei Orbitale $2p_x$, $2p_y$ und $2p_z$.
In einem Magnetfeld spalten die Spektrallinien, also die Energieniveaus, in drei Niveaus auf; man nennt dies den **Zeemaneffekt** (*Bild 1b*). Dipole mit $l = 1$ (bzw. ihre Superpositionen) können sich nämlich in einem B_z-Feld nur nach $+z$, nach $-z$ oder senkrecht dazu ($z = 0$) ausrichten. Diese *Richtungsquantisierung* beschreibt man mit der **magnetischen Quantenzahl *m***. Sie hat bei $l = 1$ die drei Werte $m = 1, -1$ und 0.
Allgemein kann ***m*** alle Ganzzahlen zwischen $+l$ und $-l$ annehmen: $\mathbf{-l \leq m \leq +l}$.

Dies gibt insgesamt $2l + 1$ *Einstellmöglichkeiten* der Dipole in B-Feldern, also $2l + 1$ Möglichkeiten für m.

Man findet z. B. bei der Hauptquantenzahl $n = 3$:

$l = 0$ (3s), $m = 0$:	1 Möglichkeit
$l = 1$ (3p), $m = -1, 0, +1$:	3 Möglichkeiten
$l = 2$ (3d), $m = -2, -1, 0, +1, +2$:	5 Möglichkeiten

Also beträgt die *Summe* der Möglichkeiten:

$$1 + 3 + 5 = 9 = \mathbf{3^2 = n^2}.$$

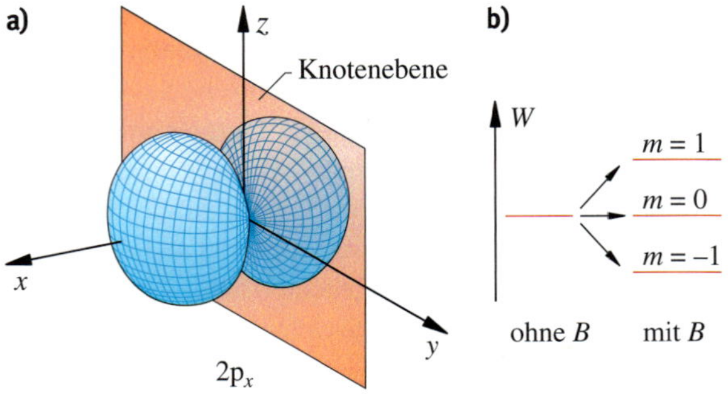

B 1: a) $2p_x$-Orbital mit *einer* Knotenebene **b)** Zeemanaufspaltung eines ($l = 1$)-Niveaus gemäß $m = -1, 0, +1$

Elektronenspin und Pauliprinzip

Beim H-Atom hängt die Energie $W_n \sim -1/n^2$ nur von der Hauptquantenzahl n ab. Bei Atomen mit mehr Elektronen haben auch andere Quantenzahlen Einfluss. Überraschenderweise führt dies schon bei $l = 0$ im B-Feld zu einer Aufspaltung in 2 Linien. Klassisch gesehen verhält sich nämlich jedes Elektron, unabhängig vom Orbital, selbst im freien Zustand, wie ein kleiner schnell rotierender Kreisel. Da es geladen ist, erzeugt dieser **Elektronenspin** einen magnetischen Dipol. Sie kennen ihn von Magneten: Quanteneffekte können nämlich die Spins der 3d-Orbitale in Eisen zu *Elementarmagneten* ausrichten. Die beiden möglichen Spinstellungen kennzeichnet man mit den **Spinquantenzahlen** $s = +\frac{1}{2}$ („Spin auf“: ↑) oder $s = -\frac{1}{2}$ („Spin ab“: ↓). Dies verdoppelt die oben berechneten n^2 Möglichkeiten bei

$n = 1$ auf $2 \cdot 1^2 =$ 2 Möglichkeiten in der **K-Schale**,
$n = 2$ auf $2 \cdot 2^2 =$ 8 Möglichkeiten in der **L-Schale**,
$n = 3$ auf $2 \cdot 3^2 =$ 18 Möglichkeiten in der **M-Schale**.

Wie W. PAULI (Nobelpreis 1945) fand, kann jede Kombination (z. B. $n = 2$, $l = 1$, $m = -1$, $s = -\frac{1}{2}$) höchstens mit *einem einzigen* Elektron „besetzt“ werden. Dieses **Pauliprinzip** verbietet, dass etwa in die K-Schale zwei Elektronen mit *parallelem Spin* (↑↑) treten. $n = 1$, $l = 0$, $m = 0$ sind beiden schon gemeinsam; nur noch $s = \pm\frac{1}{2}$ (↑↓) ist erlaubt. Wie Rechnungen zeigen, meiden sich zwei Elektronen parallelen Spins (↑↑) auch örtlich. Nun wissen wir vom H_2^+-Ion, dass dort das *eine* Elektron auf den engen Raum *zwischen* beiden Kernen konzentriert ist und sie zusammenhält. Beim H_2-Molekül unterstützt ein *zweites* Elektron diese *Valenzbindung*. Nach dem Pauliprinzip müssen die Spins dieses *Elektronenpaars* antiparallel (↑↓) stehen; ein 3. Elektron lässt es nicht zu. Ohne Pauliprinzip würden die Elektronen aller Atome den tiefsten Zustand besetzen, das 1s-Orbital. Es gäbe kein **Periodensystem der Elemente**; die Materie wäre überaus eintönig.

Vertiefung

Zum Periodensystem der Elemente

Helium (**He**; Kernladungszahl $Z = 2$): Zwei Elektronen besetzen beide Möglichkeiten zur Quantenzahl $n = 1$ in der K-Schale mit antiparallelen Spins (↑↓) (1s; ➠ *Tabelle 1*). Jede Vorzugsrichtung fehlt ($l = 0$, $m = 0$, $s = +\frac{1}{2}$ und $s = -\frac{1}{2}$). Es gibt kein „ungepaartes Elektron“, das mit andern eine Paarbindung (analog zum H_2) eingehen könnte. He ist ein bindungsscheues *Edelgas*. – Wie bei Röntgenspektren schirmen die Elektronen die Kernladung Q gegenseitig etwas ab. Da $Q = 2\,e$ nicht mehr voll wirkt, setzen Quantensprünge weniger Energie um. Wegen solcher Wechselwirkungen ist bei allen Atomen mit $Z > 1$ die Energie mit der Schrödingergleichung viel schwieriger zu berechnen als beim H-Atom.

Lithium (**Li**; $Z = 3$): Zwei Elektronen besetzen die 1s-Orbitale am Kern (↑↓). Das 3. Elektron muss wegen des Pauliprinzips in die L-Schale (2s) mit $n = 2$; $l = 0$ und nicht abgesättigtem Spin (↑) treten (➠ *Tabelle 1*). Folglich können sich Li_2-Moleküle mit (↑↓) bilden. Wegen des etwa 4fachen Abstands zum Kern und der Abschirmung durch die 1s-Elektronen lässt sich das 2s-Elektron leicht vom Li-Atom lösen; Ionisations- und Ablöseenergie W_A beim Photoeffekt sind klein. Lithium ist als **Alkalimetall** reaktionsfreudig, wie die anderen Elemente der ersten Hauptgruppe (Na, K, Cs).

Beryllium (**Be**; $Z = 4$): Das 2s-Orbital ist gefüllt (↑↓).

Bor (**B**; $Z = 5$) bis **Neon** (**Ne**; $Z = 10$): Bei Neon ist mit 6 Elektronen in den drei 2p-Orbitalen die L-Schale voll; alle Spins sind abgesättigt (↑↓) (➠ *Tabelle 1*). Die magnetischen Quantenzahlen $m = -1$, 0 und +1 der drei 2p-Orbitale geben das resultierende magnetische Moment null. Neon ist wie Helium ein bindungsscheues Edelgas.

Natrium (**Na**; $Z = 11$): Das 11. Elektron tritt in das 3s-Orbital mit ungesättigtem Spin (↑) und ist ähnlich locker gebunden wie das 2s-Elektron im Alkalimetall Lithium.

Argon (**Ar**; $Z = 18$): Alle 3p-Orbitale sind je mit einem Elektron gefüllt ($n = 3$; $l = 1$; $m = 0, \pm 1$; $s = \pm\frac{1}{2}$) und bilden eine kugelförmige *Teilschale*. Anschließend sollten die 3d-Orbitale ($n = 3$; $l = 2$) gefüllt werden. Doch treffen sich bei 3d zwei Knotenflächen nahe dem Kern (➠ *Bild 2*). Dies mindert genau dort das $|\Psi|^2$ des 3d-Elektrons, wo dieses groß sein könnte. Die so geschwächte Kernanziehung ist zudem im kernfernen Teil wegen der Abschirmung durch 6 kernnahe s-Elektronen verringert. Deshalb liegen die 3d-Orbitale energetisch über den 4s-Orbitalen und werden vorerst nicht besetzt.

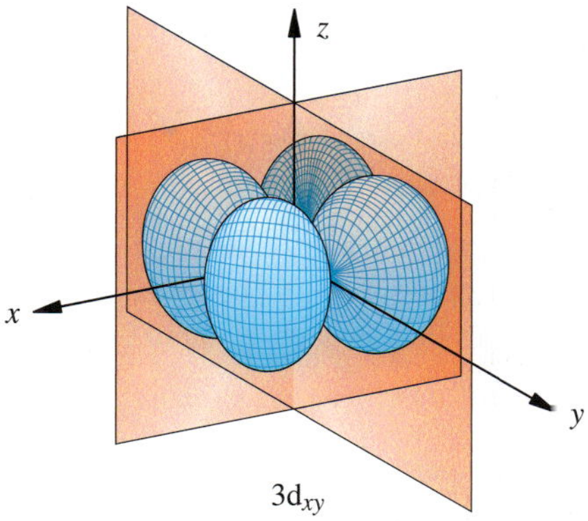

B 2: Beim Edelgas Argon treffen sich im 3d-Orbital zwei *Knotenflächen* in der Nähe des Atomkerns; dort ist $|\Psi|^2$ klein.

Kalium (**K**; $Z = 19$): Das 19. Elektron von Kalium sowie das 20. von **Calcium** (**Ca**; $Z = 20$) treten in das tiefere 4s-Orbital ein. Erst von Ca bis Zn füllen sich die höher liegenden 3d-Orbitale mit 10 Elektronen bei den Übergangselementen Fe, Co, Ni, Cu, Zn auf. Die sich hier zeigenden Unregelmäßigkeiten im Periodensystem rühren von der gegenseitigen Abschirmung der Kernladung $Z\,e$, die mit der Elektronenzahl Z erheblich steigt.

Element	Z	1s	2s	2p	3s	3p	3d	4s
H	1	1						
He	**2**	**2**						
Li	3	2	1					
Be	4	2	2					
B	5	2	2	1				
C	6	2	2	2				
N	7	2	2	3				
O	8	2	2	4				
F	9	2	2	5				
Ne	**10**	**2**	**2**	**6**				
Na	11	2	2	6	1			
Mg	12	2	2	6	2			
Al	13	2	2	6	2	1		
Si	14	2	2	6	2	2		
P	15	2	2	6	2	3		
S	16	2	2	6	2	4		
Cl	17	2	2	6	2	5		
Ar	**18**	**2**	**2**	**6**	**2**	**6**		
K	19	2	2	6	2	6	0	1
Fe	26	2	2	6	2	6	6	2
Zn	30	2	2	6	2	6	10	2

T 1: Elektronenzahl Z und Orbital-Besetzung. Edelgase sind fett gedruckt.

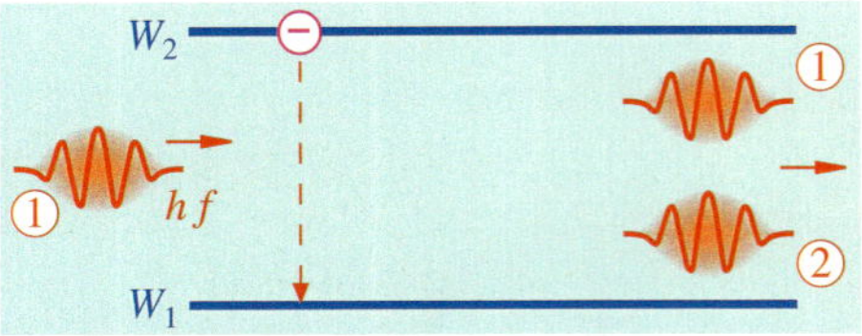

B 1: Photon ① ruft durch induzierte Emission im Quantensprung $W_2 \to W_1$ ein zweites, genau gleiches Photon ② ab. Photon ① bleibt dabei bestehen.

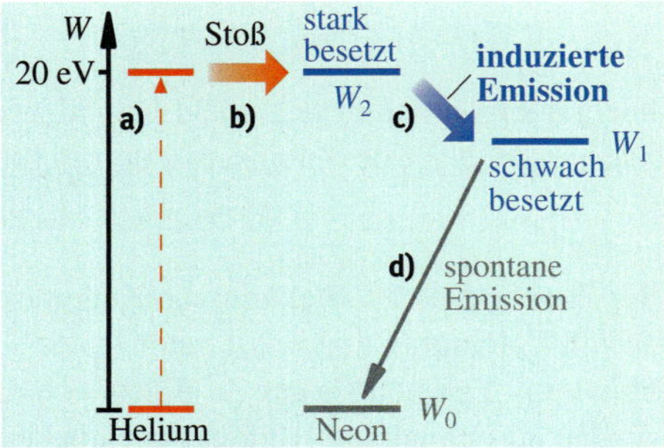

B 2: Helium-Neon-Laser: **a)** Elektronenstöße regen He-Atome an. **b)** Atomstöße übertragen Energie von He auf Ne. **c)** $W_2 \to W_1$: *induzierte Emission kohärenten Lichts* von 633 nm. **d)** $W_1 \to W_0$ entleert W_1 schnell durch spontane Emission nicht kohärenten Lichts.

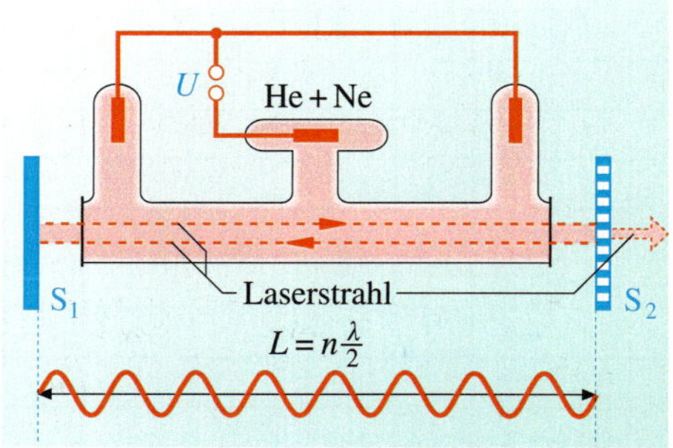

B 3: In der Laserröhre bildet sich zwischen den Spiegeln S_1 und S_2 eine stehende Welle; an S_2 tritt der Laserstrahl als langer, geordneter Wellenzug mit vielen Photonen aus.

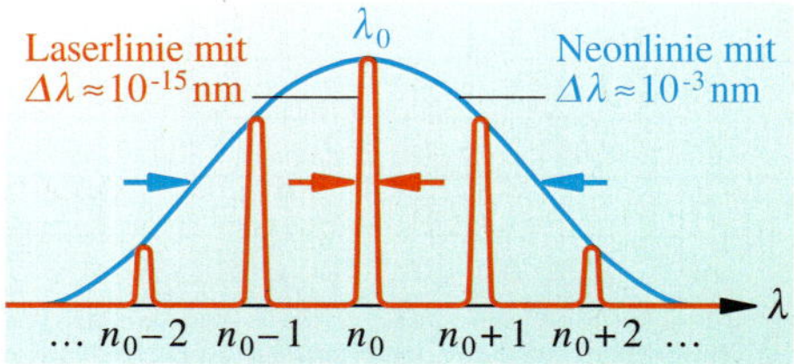

B 4: Die Spektrallinie (blau) von Neon geht in eine der scharfen Laserlinien (rot) über.

Laser, Gasentladungen, Selbstorganisation

1. Vom chaotischen Glüh- zum geordneten Laserlicht

Die Photonen aus normalen, thermischen Quellen rühren von Quantensprüngen $W_2 \to W_1$ vom höheren Energieniveau W_2 in ein tieferes W_1. Sie erfolgen *spontan* und voneinander unabhängig. Die erzeugten kurzen Wellenzüge haben nur ein Photon und hängen nicht miteinander zusammen. Sie bilden *chaotisches, nicht kohärentes* Licht. Dagegen sind die geordneten Wellenzüge von Radiosendern sehr lang und enthalten viele Photonen. 1917 postulierte EINSTEIN die sog. **induzierte** (stimulierte) **Emission.** Man realisiert sie im **Laser,** um „geordnetes" Licht gemäß ➡ *Bild 1* in Atomen zu erzeugen. Dabei gilt:

- Falls das obere Energieniveau W_2 besetzt ist, kann ein Photon ① mit der Energiedifferenz $W_2 - W_1 = hf$ ein Elektron von W_2 nach W_1 abrufen. Die zugehörige Welle regt nämlich die Atome zu *Resonanz* an. Deshalb entsteht ein Photon ② mit *exakt gleicher Frequenz f, Flugrichtung* und *Wellenlänge* λ; es hat also den gleichen *Zustand* wie das auslösende Photon ①.
- Das auslösende Photon ① verliert keine Energie und besteht weiter; man hat nun zwei Photonen im gleichen Zustand. Jedes kann die induzierte Emission an angeregten Atomen fortsetzen. Stehen davon genügend viele bereit, so wird eine **Kettenreaktion** ausgelöst. Dabei steigt die Zahl der völlig gleichen Photonen im Wellenzug rapide an. Seine Kohärenzlänge l_k wird groß, die Amplitude stabil. So erhält man **kohärentes Laserlicht.** Laser bedeutet **l**ight **a**mplification by **s**timulated **e**mission of **r**adiation. Optische Laser gibt es seit 1960.
- Als *Laserbedingung* folgt: Es müssen sich mehr Atome im *angeregten, oberen Niveau* W_2 befinden als im unteren W_1. Dann werden mehr Photonen durch induzierte Emission erzeugt ($W_2 \to W_1$) als durch die nach wie vor mögliche, gleich wahrscheinliche Absorption vernichtet ($W_1 \to W_2$).
- Eine nebenher laufende *spontane Emission* $W_2 \to W_1$ liefert das erste Photon zum Zünden der Lasertätigkeit.

Beim **Helium-Neon-Laser** stoßen in einer *Gasentladung* Elektronen auf He-Atome und führen ihnen Energie zu (➡ *Bild 2*). Diese wird an Ne-Atome weitergegeben und „hebt" dort Elektronen vom unteren Niveau W_0 in das obere W_2. Ist dieser *Pumpvorgang* genügend stark, so sind mehr Ne-Atome in W_2 als in W_1, zumal W_1 durch den Quantensprung $W_1 \to W_0$ schnell entleert wird; *Lasertätigkeit setzt von W_2 nach W_1 ein.* Die nötige Pumpenergie wird von der Spannungsquelle *U* geliefert.

In der Glasröhre entsteht das *Laserlicht* zwischen den Spiegeln S_1 und S_2 (➡ *Bild 3*). Durch den etwas durchlässigen Spiegel S_2 tritt der Laserstrahl aus. Gemäß seiner Erzeugung ist er fast parallel und scharf gebündelt. Beim He-Ne-Laser ist $W_2 - W_1 = 1{,}96$ eV, also $\lambda = 632{,}8$ nm.

Vorsicht: Fällt Laserlicht (auch indirekt) ins Auge, so wird es auf eine Stelle der Netzhaut konzentriert und kann sie zerstören.

Man kann Laserblitze erzeugen, deren Leistung mit 10^{14} W größer ist als die der gesamten elektrischen Energieerzeugung der Erde, allerdings nur für 10^{-11} s. Ihre Energiedichte übertrifft die von fokussiertem Sonnenlicht um das 10^{10}fache. All diese Eigenschaften führen zu kaum übersehbaren Anwendungen in Technik und Medizin (➠ *Interessantes*).

2. Vom Laser zur Synergetik

a) Neonlicht hat an sich eine Spektrallinie, die etwa 10^{-3} nm breit ist (➠ *Bild 4*, blau). Es läuft im Laser nach ➠ *Bild 3* zwischen den Spiegeln S_1 und S_2 mit Abstand L hin und her. Dort bildet sich eine stehende Welle gemäß $L = n\,\lambda/2$. Ist $L = 0{,}50000$ m und $\lambda_0 = 632{,}8005$ nm, so wird $n_0 = 1\,580\,277$; eine kleine Frequenzunschärfe Δf bleibt. Man kann sie mit viel Aufwand reduzieren auf $\Delta f \approx 1$ Hz (10^{-12} %!). Bei üblichen Lasern mit $f = 5{\cdot}10^{15}$ Hz ist $\Delta f \approx 10^8$ Hz. Aus $\lambda = c/f$ folgt durch Ableiten nach f:
$|\Delta\lambda| \approx c\,\Delta f/f^2 \approx 10^{-15}$ nm. Die UBR $\Delta t\,\Delta W = \Delta t\,\Delta(h\,f) \approx h$ oder $\Delta t\,\Delta f \approx 1$ führt dann zu $\Delta t \approx 10^{-8}$ s, also zur Kohärenzlänge $l_k = c\,\Delta t \approx 3$ m.

b) Innerhalb der Ne-Linie mit der Breite $\Delta\lambda \approx 10^{-3}$ nm sind aber auch Laserwellen für $n_0 + 1$, $n_0 + 2$, $n_0 - 1$ usw. möglich. Zwischen diesen beginnt ein „*Kampf ums Dasein*“: Zu einer Welle mögen durch Zufall etwas mehr Photonen gehören als zu einer anderen. Dann ruft sie durch induzierte Emission auch mehr Photonen exakt gleicher Frequenz aus dem Niveau W_2 ab und wächst auf Kosten der andern. „Wer hat, dem wird gegeben“. Da die Pumpleistung der He-Atome, also die „Futtermenge“, begrenzt ist, „hungert“ die stärkere Welle die schwächeren aus und „überlebt“. Ändert sich die „Umwelt“, etwa der Spiegelabstand L, so wird eine andere Welle favorisiert.

Soeben haben wir Begriffe aus der *Evolutionstheorie* benutzt. Ihr wird auch heute noch entgegengehalten, dass die Natur stets von der Ordnung zur Unordnung strebe. Der *zweite Hauptsatz* der Wärmelehre fordere dies zwingend. Leben, also Ordnung, sollte erst durch eine der unbelebten Natur völlig fremde „Lebenskraft“ entstehen. Wenn man jedoch einen Laser einschaltet, *organisiert sich von selbst ein geordneter, berechenbarer Naturvorgang* in *anorganischem* Material. Dabei wird aus Unordnung Ordnung, wie in Lebewesen, analog zur *Evolution*.

Solche Überlegungen wurden von H. HAKEN zu einer neuen Wissenschaft, der **Synergetik** ausgebaut (Lehre vom Zusammenwirken). Der zweite Hauptsatz ist in der angesprochenen Form nur auf abgeschlossene Systeme anwendbar. Durch Laser fließt dagegen ständig Energie – wie durch Lebewesen; es sind *offene Systeme* und als solche zur **Selbstorganisation** fähig. Dies zu erforschen ist ein schwieriger, zukunftsträchtiger Zweig moderner Natur- und Sozialwissenschaften. Da *nichtlineare Gesetze* gelten, zeigen sich paradoxerweise Analogien zum *deterministischen Chaos*. Man hat schon gesagt, Selbstorganisation entstehe durch ein sanftes Ordnungsprinzip aus Chaos.

Interessantes

Laser in der Technik

- Die geraden Laserstrahlen werden zum *Vermessen* von Straßen, Bergwerkschächten und Tunneln benutzt.
- Laserlicht schneidet, bohrt und schweißt Materialien mit hohem Schmelzpunkt (Wolfram, Diamant).
- Nachrichten werden heute immer häufiger in *Glasfasern* optisch übertragen. Dazu *moduliert* man kohärentes Laserlicht mit der Frequenz f der zu übertragenden Information. Da Licht eine sehr große Frequenz hat, lassen sich einem Laserstrahl sehr viele Ferngespräche und Fernsehsendungen aufbürden und beim Empfänger durch Filter wieder abtrennen.
- Zur Herstellung von *Hologrammen* benutzt man Laserlicht wegen seiner ausgezeichneten Kohärenz. Damit lassen sich Turbinenschaufeln und schwingende Geigenböden ausmessen.
- **LIDAR** (*l*ight *d*etection *a*nd *r*anging) benutzt intensive Laserimpulse zur optischen Fernerkundung. Aus der Laufzeit des reflektierten Strahls zurück zur Quelle kann man den Mondabstand (zu einem dort aufgestellten Reflektor) auf wenige Zentimeter genau bestimmen.
- Laserlicht, das man aus LIDAR-„Kanonen“ in die Atmosphäre schickt, entlarvt durch charakteristisches Fluoreszenzlicht Rauchteilchen, *umweltschädliche Gase* (CO_2, SO_2, NO_x, Ozon) misst deren Temperatur und lässt die Verursacher auffinden. Dazu benutzt man **Farbstofflaser,** deren Wellenlänge um 100 nm kontinuierlich verändert werden kann.

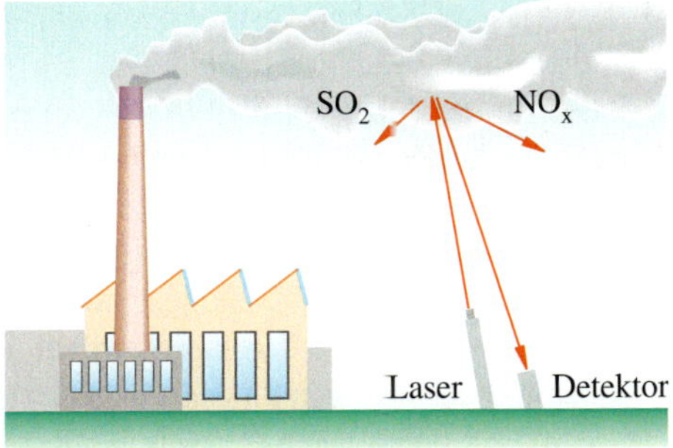

B 5: Licht des Laserstrahls regt Schadstoffmoleküle zu charakteristischem Fluoreszenzleuchten an.

Vertiefung

Selbstorganisation bei Gasentladungen

a) In Gaslasern induziert die stehende E-Welle in angeregten Neonatomen neue Photonen; diese verstärken die E-Welle und so fort. Die *Synergetik* stellt nun nicht die müßige Frage: Wer war zuerst da, Huhn oder Ei? Sie sagt: Die E-Welle ist *langlebiger* als die zahlreichen von ihr angeregten Atomzustände mit der Halbwertszeit $T_{\frac{1}{2}} \approx 10^{-8}$ s. So drängt sie sich diesen als **Ordner** auf und „versklavt" sie. Dieses *Versklavungsprinzip* erlaubt es, die schwierige mathematische Behandlung der sehr komplizierten Selbstorganisationsvorgänge auf den langlebigen, stabil gewordenen, makroskopischen *Ordner* zu konzentrieren.

b) Die Glasröhre nach ➠ *Bild 1* enthält zunächst Normalluft. Dort erzeugt die radioaktive Umgebungsstrahlung einige frei bewegliche Elektronen und positiv geladene Ionen. Die Spannung $U = 5$ kV zwischen Katode und Anode erzeugt kaum Strom. Die Ladungsträger werden zwar im E-Feld beschleunigt, können aber nur Strecken von $l \approx 10^{-7}$ m *frei* zurücklegen; l heißt **freie Weglänge.** Die längs l durchlaufene Teilspannung $\Delta U = E\,l \approx 10^{-3}$ V gibt den Teilchen nur die Energie $W = e\,\Delta U = e\,E\,l \approx 10^{-3}$ eV. Damit können sie keine weiteren Ladungsträger erzeugen. Pumpt man jedoch die meiste Luft ab, so leuchtet das Gas plötzlich; der Strom steigt stark an; es setzt eine **Gasentladung** ein. Was geschieht dabei?

Nachdem die meisten Luftteilchen entfernt sind, erfreuen sich die wenigen Ladungsträger der viel größeren *freien Weglänge* $l \approx 10$ cm. Dort nehmen sie genügend Energie $W = e\,E\,l$ auf, um neutrale Gasmoleküle durch Stoß zu ionisieren. Die Zahl der Ladungsträger steigt in einer *Kettenreaktion* lawinenartig an. Die zum Zünden nötige Umgebungsstrahlung ist nun nicht mehr erforderlich, die Gasentladung wurde *selbstständig*; sie bedarf nur noch der Energiezufuhr durch die Quelle U. Das Gas wurde ein **Plasma,** bestehend aus geladenen Teilchen, aus Elektronen und Ionen.

Nach ➠ *Bild 1b* fliegen *freie Elektronen* dieses Plasmas zur Anode (+) und erregen dahinter die Atome der Glaswand zu grüner *Fluoreszenz.* Unterwegs leuchten sie nicht; ohne Atomkerne können sie keine Quantensprünge ausführen. Ein Magnet zeigt die leichte Ablenkbarkeit dieser **Elektronenstrahlen.**

Positiv geladene Ionen fliegen nach links auf die Katode (–) zu und durch deren Öffnung hindurch. Viele Stöße mit anderen Gasteilchen regen sie unterwegs zu Quantensprüngen an. Diese **Ionenstrahlen** leuchten. Wegen ihrer großen Masse lenkt sie ein Magnet kaum ab.

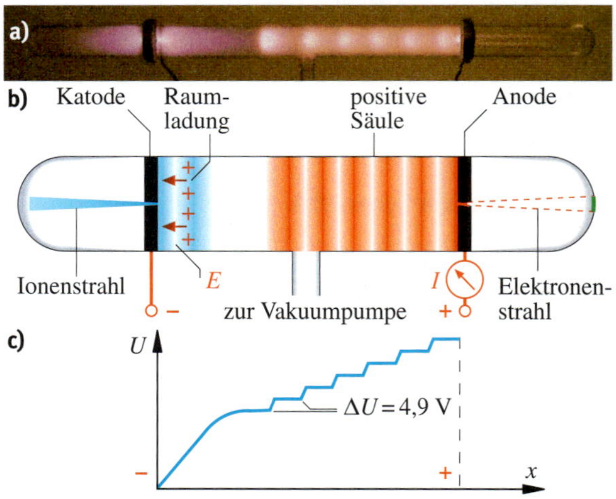

B 1: a) Selbstständige Gasentladung, Foto. **b)** Links leuchtender Ionenstrahl; rechts trifft der Elektronenstrahl die Glaswand und erzeugt Fluoreszenz. **c)** Das Spannungsgefälle $U(x)$ ist vor der Katode groß. Spannungsstufen $\Delta U \approx 4{,}9$ V in der geschichteten positiven Säule.

Wie entstanden diese freien Ladungsträger? Positive Ionen treffen auf das Katodenmetall und schlagen dort Elektronen frei. Damit setzt bei Energiezufuhr ein *sich selbst erhaltender Kreislauf* ein:

- Die Elektronen werden längs der freien Weglänge l vom E-Feld beschleunigt und erzeugen durch Stoßionisation weitere freie Elektronen und Ionen.
- Diese Elektronen haben kleine Masse und fliegen schnell weg. Die trägen Ionen bleiben zurück und bilden dicht vor der Katode eine **positive Raumladung** ϱ. Von ihr gehen nun die meisten E-Feldlinien zur Katode – nicht mehr von der fernen Anode. Zwischen Katode und Raumladung ist das E-Feld stark und setzt konzentriert Energie zur Stoßionisation um.
- So halten sich Raumladung, E-Feld und die Bildung freier Ladungsträger durch Stoßionisation im Gas wie am Katodenmetall gegenseitig aufrecht.

Die makroskopische Raumladung ϱ und ihr E-Feld wirken dabei als *langlebige Ordner*; ϱ besteht zwar aus nur *kurzlebigen* Ionen, beherrscht aber deren Verhalten mithilfe des E-Felds, wenn ϱ einmal aufgebaut ist. Dabei muss dem Gas ständig Energie zugeführt werden. Mit dem Entstehen von ϱ wurde die Feldlinienlänge d verkürzt, die nötige Spannung $U = E\,d$ reduziert. Die Energieumsetzung in der selbstständigen, selbstorganisierten Gasentladung befolgt also ein *Ökonomieprinzip.* Die *positive Säule* vor der Anode zeigt eine aus vielen ΔU-Stufen bestehende Spannungstreppe (➠ *Bild 1c*). Die kurzlebigen geladenen Teilchen haben sie als *Ordner* aufgebaut und werden von ihm „versklavt".

Das ist wichtig

Die Energie gebundener Elektronen (in Atomen, Molekülen usw.) ist quantisiert, nicht aber die Energie freier Elektronen. Die **Energieterme** W_n des **Wasserstoffatoms** zur **Quantenzahl** $\boldsymbol{n = 1, 2, 3, \ldots}$ sind

$$W_n = -\frac{m_e e^4}{8\,\varepsilon_0^2 h^2} \frac{1}{n^2}.$$

Quantensprünge $W_2 \to W_1$ erzeugen Photonen der Energie $hf = W_2 - W_1$ und damit **Spektrallinien.**
Ihre Frequenzen sind beim H-Atom:

$f = f_R\,(1/n_1^2 - 1/n_2^2)$ mit der **Rydbergfrequenz**
$f_R = m_e\, e^4/(8\,\varepsilon_0^2\, h^3) = 3{,}29 \cdot 10^{15}$ Hz.

Die Quantenzahlen n_1 und n_2 bestimmen Spektralserien:
Lymanserie: $n_1 = 1;\; n_2 > 1$,
Balmerserie: $n_1 = 2;\; n_2 > 2$.

Orbitale in Atomen bezeichnen stationäre Elektronenzustände mit scharf bestimmter Energie. Gestalt und Energie hängen von Quantenzahlen ab. Die Form der Orbitale bestimmt die Struktur der Moleküle.

Schrödingergleichung für eine Dimension (x):

$$\Psi''(x) = -\frac{8\pi^2 m_e}{h^2}\,(W - W_{pot}(x))\,\Psi(x).$$

Das zu untersuchende System wird durch seine Potentialfunktion $W_{pot}(x)$ gekennzeichet. Gesucht sind $\Psi(x)$-Funktionen, die im klassisch verbotenen Bereich $W < W_{pot}$ (außerhalb des Systems) die *Randbedingungen* $\Psi(x) \to 0$ und $\Psi'(x) \to 0$ erfüllen. Dazu gehören die *Energieeigenwerte* W_n. Andernfalls verlässt das Elektron das System.
Quantenobjekte der Energie W können in klassisch verbotene Gebiete mit $W < W_{pot}$ **tunneln.**

Beim **harmonischen Oszillator** mit $W_{pot}(x) = \frac{1}{2} D x^2$ und Masse m_e, also mit Frequenz $f = \frac{1}{2\pi}\sqrt{D/m_e}$, treten

die Eigenwerte $\boldsymbol{W_n = hf(n + \frac{1}{2})}$
mit den konstanten Abständen $\boldsymbol{\Delta W = hf}$ auf.

Dies begründet die Quantisierung von Licht und Schallwellen in Form von *Photonen* bzw. *Phononen.* Solch quantisierte, abzählbare Energieportionen gleicher Größe nennt man oft Teilchen.

Induzierte Emission von $W_2 \to W_1$ liefert im **Laser** kohärentes Licht mit langen Wellenzügen, stabiler Amplitude und der exakten Frequenz $f = (W_2 - W_1)/h$. Der Laser ist ein Musterbeispiel für die **Selbstorganisation** von Materie.

Weitere Synergie-Effekte

a) Auch die Selbsterregung eines *Dynamos* ist Selbstorganisation. Bei genügend hoher Drehzahl entsteht plötzlich Strom, der sich wegen der großen Eigeninduktivität des Eisens nur langsam ändert. So *„versklavt"* er mithilfe des ihm schnell folgenden *B*-Feldes durch Induktion die wirr schwirrenden Elektronen und erzwingt als *Ordner* ein gleichförmiges Fließen.

b) Erhitzt man in einer Schale Steinöl von unten, dann drängen die erhitzten Volumelemente nach oben – zunächst jedes für sich. Dabei erwartet man, dass *Chaos* entsteht. Doch organisiert sich im Öl als makroskopischer Ordner plötzlich eine geordnete, großräumige Rollenbewegung. Eingebrachtes Aluminiumpulver zeigt diese sog. *Bénard-Zellen* (➡ *Bild 2*). Sie sind viel langlebiger als die ungeordneten Fluktuationen einzelner Ölteilchen. Beim Start mag der Zufall eine Rolle gespielt haben; der Ordner drängt ihn aber schnell zurück und setzt sein Ordnungsprinzip durch.

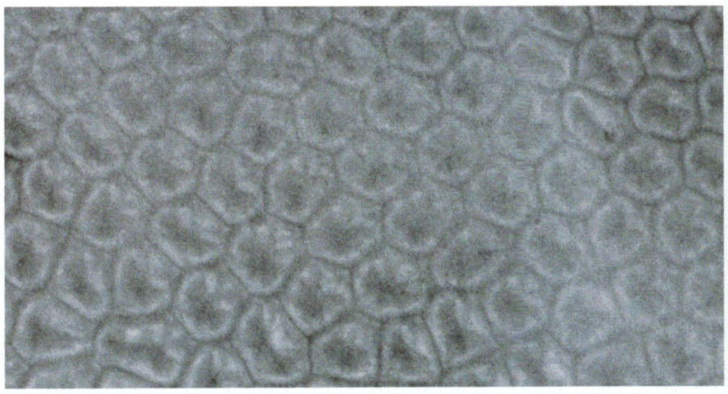

B 2: Ordnungsmuster in von unten erhitztem Öl

c) Wind weht gleichförmig über trockenen Wüstensand. Dabei entstehen periodische *Rippelmarken* (➡ *Bild 3*) – wie in der *kundtschen Röhre*. Wind, der über Wasser weht, zwingt diesem ebenfalls eine periodische Wellenstruktur auf, als *Ordner* für die zahllosen Wasserteilchen. Dies zu verfolgen, ist mathematisch schwierig; es führt auf nichtlineare Differentialgleichungen, bekannt vom *deterministischen Chaos.*

B 3: Rippelmarken im Wüstensand

Vertiefung

Etwas Quantenphilosophie

A. Teilchen oder Welle?

HEISENBERG erklärte 1927 die Quantentheorie als endgültig, als in sich widerspruchsfrei. Bis heute widerspricht ihr auch kein Experiment. Sagt sie uns also endlich, was Licht und Elektronen *tatsächlich sind*; macht sie Aussagen über die **Realität** im Kleinsten?
Hier geht es nicht um richtig oder falsch, vielmehr stehen philosophisch geprägte *Deutungen* zur Debatte:

Die von den meisten bevorzugte **Kopenhagener Deutung** wurde von BOHR, HEISENBERG, PAULI u. a. entwickelt. Vorsichtigerweise fragt sie nicht: „*Was sind die Dinge an sich?*“, sondern nur: „Was können wir Menschen mit unseren makroskopischen Messgeräten daran *erkennen?*“ Auf die Frage, sind Licht und Elektronen Teilchen oder Wellen, sagte BOHR vor 1935: Bei manchen Experimenten verhalten sie sich wie Teilchen, bei andern **komplementär** dazu (sich ausschließend, aber ergänzend) wie Wellen. Diesen *Entweder-Oder-Dualismus* lehnte EINSTEIN als Widerspruch ab; der Doppelspalt zeigt ja Teilchen- und Wellenhaftes zugleich. Deshalb gab BOHR diese Form seines **Komplementaritätsprinzips** auf. Die heutige Fassung kennen Sie vom *Knallertest*. Wir wenden sie auf die bekannte Polarisation an, stellvertretend für komplizierte Quantenexperimente:
Unteilbare Photonen unpolarisierten Lichts treten einzeln durch einen Doppelspalt. Die *Wege* durch Spalt 1 und Spalt 2 sind gleichberechtigt. Also muss man die Ψ-Zeiger für beide *Möglichkeiten superponieren*; man erhält *Interferenz*, deutbar als *Wellenaspekt*.
Die Interferenz verschwindet, sobald man die Wege unterscheidbar macht. Dazu setzt man auf Spalt 1 eine Folie für vertikale Polarisation (↕), auf 2 eine für horizontale (↔). Bildlich gesprochen heftet man jedem Photon ein (↕)- bzw. (↔)-Fähnchen an. Eine dritte Folie weist es nach. Dreht man diese z. B. nach (↕) ($\varphi = 0°$), so muss das registrierte Photon von Spalt 1 kommen; folglich ist dessen *Weg* bekannt, deutbar als *Teilchenaspekt*. Nur der Ψ-Zeiger für Spalt 1 ist verfügbar; also entfällt die Interferenz, der *Wellenaspekt*.
Nun dreht man die dritte Folie langsam auf $\varphi = 45°$. Sie gibt allen Photonen dieselbe Polarisation (⤢). Folglich ist die *Weginformation* „durch Spalt 1“ bzw. „durch 2“ verloren. Die Interferenz erscheint wieder! Man sagt, von diesem **Quantenradierer** sei der *Teilchenaspekt* ausradiert und in den *Wellenaspekt* überführt worden. Da dies *stetig* geschieht, wird das *Entweder-Oder* in ein „eingeschränktes Zugleich“ überführt.

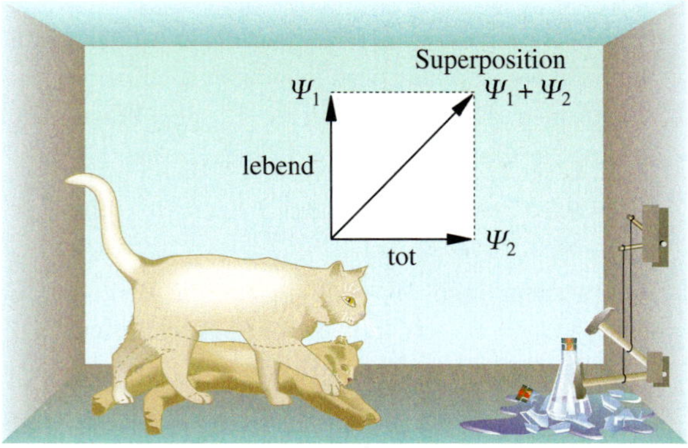

B 1: Ist die arme Katze tot und zugleich lebendig, bis ein Beobachter den Kasten öffnet?

B. Tot und lebendig *zugleich*? Ist das real?

Das *Superpositionsprinzip* ist fundamental, es beherrscht die ganze Quantentheorie. Am Doppelspalt gilt für das unteilbare Quant „Spalt 1 und *zugleich* Spalt 2“. Dagegen kennt unsere Auffassung von **Realität** nur *Entweder-Oder* (Spalt 1 *oder* 2; Teilchen *oder* Welle). Um den Widerspruch aufzuzeigen, übertrug SCHRÖDINGER die Superposition mit einem – wie er sagte – burlesken Beispiel in unsere makroskopische Welt: Nach ➠ *Bild 1* lebe eine Katze in einem völlig abgeschlossenen Kasten, zusammen mit einem schwachen α-Präparat. Es sendet etwa jede Stunde ein α-Teilchen in ein Zählrohr. Spricht dieses an, so zerbricht eine Zyanflasche, die Katze stirbt. Solange niemand nachschaut, bestehen für das Quantenobjekt α-Teilchen zwei unbestimmte Möglichkeiten *zugleich:*

α-Teilchen im Zählrohr „ja und *zugleich* nein“.

Bei Knallertest und Doppelspalt muss man beide superponieren, formal geschrieben: $\Psi = \Psi_{ja} + \Psi_{nein}$. Wie wir sahen, darf man nicht denken: **„Eine der Möglichkeiten ist real, ich weiß nur nicht welche.“** Vielmehr gilt nach SCHRÖDINGER: „Für die arme Katze besteht der absurde, unbestimmte Zustand ‚tot *und zugleich* lebend‘“:

$$\boldsymbol{\Psi} = \boldsymbol{\Psi}_{tot} + \boldsymbol{\Psi}_{lebend}.$$

Öffnet man den Kasten und schaut auf das Makroobjekt Katze, so findet man jedoch die klassisch vertraute, *reale Entscheidung:* „tot“ *oder* „lebend“.

Wir stehen also vor folgenden Fragen:
Wie und wann geht das unbestimmte *Zugleich* der Quantenphysik in das vertraute *Entweder-Oder* unserer realen Welt über? *Wie entsteht Realität*, wenn man die Quantengesetze ernst nimmt? Zeigen uns vielleicht exakte Messungen das *Sosein* der Quanten?

Vertiefung

C. Misst man Realitäten oder schafft man sie erst?

SCHRÖDINGER zielte auf den **Messprozess.** Er fragte: Wandelt sich die Superposition „tot und *zugleich* lebend" erst durch eine Messung, beim Öffnen des Kastens, beim Ablesen des „Messgeräts Katze", in eine der *Realitäten* „tot" *oder* „lebend" um? Wir skizzieren zwei ernsthaft diskutierte Hypothesen zu diesem auch die Philosophie betreffenden **Realitätsproblem:**

- Nach H. EVERETT spaltet sich zu *jedem* α-Klick die Welt in zwei vollwertige, neue Welten auf, desgleichen jeder Beobachter in zwei, die nichts voneinander wissen. Beobachter 1 in Welt 1 findet seine Katze tot; *zugleich* findet Beobachter 2 in Welt 2 seine lebend. Nach dieser *Many-World-Theorie* sollte es Myriaden Welten geben, die nur Reales kennen. Diese Hypothese ist empirisch nicht widerlegbar. Sie widerspricht auch nicht der Quantentheorie!
- Nach E. WIGNER ändert beim Öffnen des Kastens allein das *Bewusstsein* des Beobachters (als hypothetischer Eingriff) das Zugleich $\Psi = \Psi_{\text{tot}} + \Psi_{\text{lebend}}$ entweder in „tot" oder in „lebend" ab. Danach würden bereits Gedanken an sich die Welt verändern!

Man möchte gerne ohne solche Hypothesen auskommen und sagt oft gemäß der klassischen Physik: Das grobe Messgerät störe am subtilen Quantenobjekt ein schon *vor* dem Messen *real* vorliegendes Faktum. Beim Knallertest fanden wir jedoch: Bei gleichberechtigten Pfaden (kein Knaller) zeigt sich Interferenz als Superposition $\Psi = \Psi_1 + \Psi_2$ von zwei *zugleich angebotenen, noch nicht realen Möglichkeiten*. Erst beim Messen (Einbringen des Knallers) wählt davon der reine Zufall eine aus und realisiert sie. So erzeugt er die klassisch vertraute Realität *Entweder-Oder* (Knall oder kein Knall). *Realität wird erzeugt, nicht einfach nur festgestellt!* Da die Theorie dieses Überführen vom *Möglichen* ins *Real-Faktische* nicht erklären konnte, stellte V. NEUMANN 1932 sein experimentell hervorragend bestätigtes **Messpostulat** auf. Sie kennen es vom Tunneleffekt und vom Knallertest:

> Beim Messen *realisiert* der *pure Zufall* von den mit der Wahrscheinlichkeit $|\Psi|^2$ angebotenen Möglichkeiten eine. Er wandelt sie *unverändert* und *unumkehrbar* in ein reales Messergebnis. Dabei wird Ψ so verändert, dass eine sofortige Wiederholung am gleichen Objekt die erste Messung bestätigt. Die anderen Möglichkeiten sind vergessen. Bei diesem *Kollaps der Ψ-Funktion* explodiert der Knaller, ein Zähler tickt, *eines* von vielen Silberkörnern wird geschwärzt usw.

Damit geben sich die meisten zufrieden. Mit der Kopenhagener Deutung beschränken sie sich auf die Rolle des Beobachters und seiner makroskopischen Messgeräte. Diese messen klassische Größen (x oder v_x), die der Unbestimmtheitsrelation (UBR) unterliegen und als *komplementär* betrachtet werden. Um sie geistig zu verarbeiten, um zu rechnen, benutzt man die abstrakte Größe Ψ. Dazu sagt der „Kopenhagener" V. WEIZSÄCKER:

> „Ψ ist Wissen aus früheren Fakten und um künftige Möglichkeiten. Alle Paradoxien entstehen nur, wenn man Ψ als ein *objektives Faktum* ansieht."

So bietet der Doppelspaltversuch *Ψ-Möglichkeiten* an (Ψ_i für Spalt 1 und 2). Da sie als Elemente des Wissens noch keine objektiven, realen Fakten sind, kann man sie getrost addieren (Ψ-Zeiger rotieren nur in unseren Köpfen). Für das Ψ gilt die Schrödingergleichung exakt. Beim Messen, etwa bei Photonenlokalisationen, realisiert dann der pure Zufall eine der angebotenen Möglichkeiten als Faktum, unumkehrbar. Dies ändert unser Wissen (das Ψ) schlagartig.
Ähnliches kennen wir aus dem täglichen Leben, auch den Begriff *Möglichkeit*. Doch sagt das Quanten-Ψ noch nicht, wie die Welt *wirklich ist*. Die Kopenhagener Deutung bleibt eine vorsichtige, unsere *Erkenntnisfähigkeiten* beachtende *Minimalbeschreibung*. Sie macht nämlich keine das *Sein* betreffenden (*ontologischen*) Aussagen. Doch diskutiert man heute Folgendes:

D. Realität durch Dekohärenz; existiert der Mond?

SCHRÖDINGERS Katze hat eine große Masse m, folglich eine winzige deBroglie-Wellenlänge $\lambda_B = h/(m\,v)$. Zudem gelangen in den Kasten Höhenstrahlen. Wie die Quantentheorie zeigt, zerstören solch winzige Einwirkungen von *außen* am *Makroobjekt* Katze das vom *Superpositionsprinzip* an sich geforderte unbestimmte *Zugleich* momentan (in $\approx 10^{-20}$ s); sie erzeugen das *Entweder-Oder* „tot oder lebend". Auch bei Farbtröpfchen hinter Doppelspalten verhindert dies die für Interferenz nötige Kohärenz. Man spricht von **Dekohärenz.** Sie *erzeugt* im Makrokosmos Realität. Man sucht sie an Makromolekülen, als „Schrödinger-Kätzchen" zwischen Mikro- und Makrowelt angesiedelt, auch experimentell zu bestätigen. Gelingt dies, so widerspricht die Quantentheorie *bei Makroobjekten* nicht mehr unserem eingefleischten Hang zur Realität: Man braucht sie auf Katzen nicht mehr anzuwenden.
Den Messprozess vor Augen fragte EINSTEIN: *„Existiert der Mond, wenn niemand nach ihm schaut?"* Dazu könnte dann die Quantentheorie freudig ja sagen, wenn sich die Dekohärenztheorie bestätigt.

Vertiefung

E. Ein letzter Kampf um Realität und Lokalität

EINSTEIN sah im Ψ „noch nicht den wahren Jakob". Gemäß seiner philosophischen Überzeugung vermutete er hinter dem Ψ eine verborgene Realität, *„verborgene Parameter"*. Um die Kopenhagener zu widerlegen, entwarf er 1935 quantentheoretisch korrekt und genial-raffiniert zusammen mit **PODOLSKY** und **ROSEN** das berühmte **EPR-Paradoxon:**

a) *Unpolarisiertes Licht* der Quelle Q falle in x-Richtung auf ein *Polarisationsgerät* P_1 mit zwei Detektoren D_{1y} und D_{1z}. Sie zeigen Polarisation nach y (↕) bzw. z (↔) an (*Bild 1a*). Jedes unteilbare Photon ① lässt *entweder* D_{1y} *oder* D_{1z} ansprechen, nie beide zugleich. Doch kann man *vor der Messung* den Photonen weder verborgene y- noch z-Fähnchen anheften (verborgene, reale Parameter). Hätte man nämlich P_1, also D_{1y} und D_{1z} um den Winkel φ nach y' und z' gedreht, so bräuchte man y'- bzw. z'-Fähnchen (*Bild 1b*). Also liegen gleich wahrscheinliche *Ψ-Möglichkeiten* vor, von denen *eine* durch Messung *real* wird. Gemäß dem Messpostulat (*Ziff. C*) richten die Photonen ihre Polarisation opportunistisch nach der Stellung von P_1. Erst P_1 *erzeugt* eine der beiden Polarisationsrichtungen, also **Realität,** und gibt sie als Messresultat aus. *Vor der Messung*, vor P_1, müssen wir dagegen mit der Superposition aller gleichberechtigten, unbestimmten, möglichen Richtungen arbeiten, mit $\Psi = \Psi_1 + \Psi_2$, wie beim Doppelspalt.

b) Nun gibt es Atome, die *zugleich* zwei Photonen ① und ② nach den Gegenrichtungen x und $-x$ aussenden. ① und ② zusammen bilden ein abgeschlossenes, korreliertes System. Es kann *nach* einer (y; z)-Messung nur die Paarung (y_1; y_2) oder (z_1; z_2) zeigen. Dies heißt: ① und ② bringen entweder D_{1y} und D_{2y} (an P_2) zum Ticken oder aber D_{1z} und D_{2z}. Nie findet man die Paarung (y_1; z_2) (① nach y und ② nach z polarisiert) oder (z_1; y_2). Dies verlangt zwingend der Erhaltungssatz für den Drehimpuls im emittierenden Atom der Quelle Q.

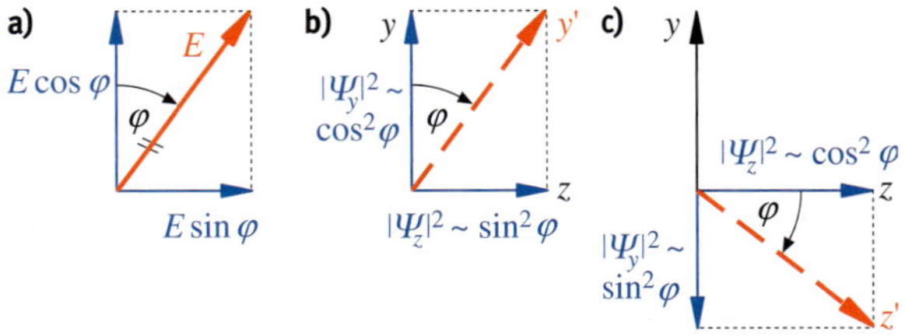

B 2: a) Zerlegung der Feldstärke $\vec{E}$ polarisierten Lichts unter dem Winkel φ in $E\cos\varphi$ und $E\sin\varphi$.
Bei Photonen misst man Wahrscheinlichkeiten:
b) bei y' gilt $|\Psi_y|^2 \sim \cos^2\varphi$ und $|\Psi_z|^2 \sim \sin^2\varphi$,
c) bei z' gilt $|\Psi_y|^2 \sim \sin^2\varphi$ und $|\Psi_z|^2 \sim \cos^2\varphi$

c) Man versucht, die Photonen zu überlisten. *Wenn beide unterwegs sind,* dreht man das rechte Gerät P_1 schnell um $\varphi = 30°$ von (y; z) nach (y'; z') (*Bild 1b*, rot). Das linke Gerät P_2 auf dem Mond bleibt bei (y; z). Wenn nun ① auf der Erde $D_{1y'}$ auslöst, so erweist sich auch das korrelierte Photon ② auf dem Mond als nach y' polarisiert. Dies ist *paradox*, denn es geschieht in großem Abstand, *nichtlokal*: *Vor* der 1. Messung hatten ① und ② kein bestimmtes Fähnchen. Erst die Messung beseitigt die Unbestimmtheit *momentan*, und zwar am ganzen korrelierten Paar, auch am weit entfernten Photon ②! Diese **Nichtlokalität** fanden wir schon beim Knallertest.

Da links ein $D_{2y'}$-Detektor fehlt, liefern dort viele Messungen statt y' die Häufigkeiten $|\Psi_y|^2 \sim \cos^2 30° = 0{,}75$ und $|\Psi_z|^2 \sim \sin^2 30° = 0{,}25$ (*Bild 2b*); D_{2y} tickt öfter als D_{2z}. – Gibt die 1. Messung an ① statt y' jedoch z', so ist $|\Psi_y|^2 \sim \sin^2 30° = 0{,}25$, $|\Psi_z|^2 \sim \cos^2 30° = 0{,}75$; nun tickt D_{2z} häufiger (*Bild 2c*).
Als EINSTEIN diese Paradoxie aufstellte, um die „Kopenhagener" zu widerlegen, sagten diese doch etwas hochmütig, endlich habe er die Quantentheorie verstanden; Ψ sei ja nur „Wissen", hier um die Gültigkeit des Drehimpulssatzes. Über das *Wie* schweigt man auch heute! Doch wuchsen die Zweifel an der Theorie, zumal experimentelle Prüfungen unmöglich schienen.

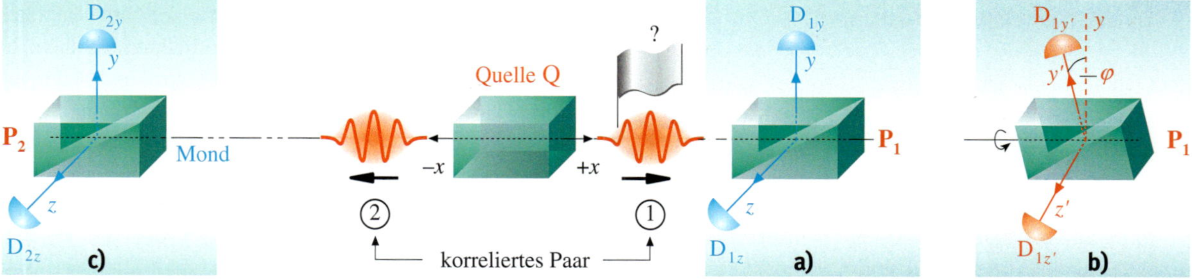

B 1: a) Die Photonenpolarisation wird am Gerät P_1 entschieden und an den Detektoren D_y, D_z registriert.
b) Das Gerät P_1 ist um die x-Achse gedreht. **c)** Dies bestimmt sofort auch das Ergebnis am fernen Mond!

Vertiefung

1964 analysierte J. S. BELL die Grundlagen der Quantentheorie, korrigierte voreilige Schlüsse und regte klärende Experimente an. *Man kann sie als experimentelle Prüfung philosophischer Aussagen auffassen.* Sie werden seit 1980 mit großem Aufwand vielfältig ausgeführt und bestätigen die *Kopenhagener Deutung*: Es gibt *vor* der Messung keine *realen* Fähnchen, die man unpolarisierten Photonen anheften könnte und die deren Schicksal am Messgerät (*lokal* und *determiniert*) bestimmen würden. *Verborgene Parameter* sind experimentell widerlegt. Der Katalog von *Wissens-Möglichkeiten* schrumpft bei der ersten $(y'; z')$-Messung an Photon ① schlagartig auf *faktische* Feststellungen zusammen, auf $(y'_1; y'_2)$ *oder* $(z'_1; z'_2)$! Dass das überall – selbst am Mond – momentan geschieht, eben *nichtlokal*, nimmt man als *Paradoxie*, als scheinbaren Widerspruch, mehr oder weniger gelassen hin, vom Erhaltungssatz für Drehimpuls erzwungen!

Die Quantentheorie lässt manche philosophisch vorgeprägte Fragen offen. Wohl jede(r) versucht insgeheim oder offen, sie durch zusätzliche philosophische Spekulationen zu bereichern. Allerdings grenzen die heutigen Experimente den Spielraum dafür sehr ein: *Klassische* Theorien mit verborgenen Parametern, die zudem *lokal* sind, kann man mit sehr großer Sicherheit ausschließen. Die Quantentheorie ist *nichtlokal,* wie wir schon am Knallertest sahen.

F. Überlichtgeschwindigkeit – ein Problem?

Wer im Sinne von EINSTEIN weiterhin *real, lokal* und *kausal* denkt, heftet beiden Photonen in ➡ *Bild 1* bereits vor der Messung an Photon ① bestimmte verborgene Fähnchen an. Dann aber muss er eine später vorgenommene Drehung von P_1 dem mit $v = c$ weggeflogenen Photon ② mit *Überlichtgeschwindigkeit* nachtragen, um dessen angeblich real eingestelltes Fähnchen *kausal* nachzustellen. Dies aber würde die *Relativitätstheorie* verletzen. Wie dort gezeigt und von Sciencefiction-Filmen suggeriert, könnte man dann in die Vergangenheit *kausal* zurückwirken und seinen Großvater erschlagen, als er noch ein Kind war! Doch ist Überlichtgeschwindigkeit bei kausalen Einwirkungen unmöglich, etwa beim Übermitteln von Information. Ein Beispiel:

Alice steht in ➡ *Bild 1a* rechts und will dem Bob (links, auf dem Mond) eine Dual-Nachricht mit Überlichtgeschwindigkeit senden: Die $(y; z)$-Stellung von P_1 bedeute eine „0", $(y'; z')$ eine „1". Die Nachricht enthalte 400-mal die „0", also bei Alice die $(y; z)$-Stellung $\varphi = 0°$. Von Alice gehen dabei – vom Zufall verteilt – etwa 200 y- und 200 z-Photonen ab. Bob findet auf dem Mond *genau* das gleiche. Bei 400 Versuchen von Alice, die „1" $(\varphi = 30°)$ zu übertragen, gehen etwa 200-mal y'-Photonen ab. Dann tickt bei Bob auf dem Mond nach ➡ *Bild 2b*

das y etwa $200 \cos^2 30° = 150$-mal,
das z nur etwa $200 \sin^2 30° = 50$-mal.

Bei den 200 z'-Photonen tickt bei Bob (➡ *Bild 2c*)

das y nur etwa $200 \sin^2 30° = 50$-mal,
das z etwa $200 \cos^2 30° = 150$-mal.

Also ist sowohl die Summe der y- wie der z-Ticks 200, $(\sin^2 30° + \cos^2 30° = 1)$. Was Alice auch senden will, Bob registriert y- wie z-Ticks gleich oft; er kann „0" und „1" nicht unterscheiden. Schuld daran ist die quantentheoretische *Unbestimmtheit* der Richtungen, das Unvermögen, Fähnchen anzuheften. Genau diese *Nichtobjektivierbarkeit* bekämpfte der *Realist* EINSTEIN aus philosophischen Gründen; doch sie rettet seine Relativitätstheorie. Dies hat er wohl zuletzt erwartet, als er mit viel List das für die moderne Physik so fruchtbare EPR-Paradoxon ausheckte!

G. Künftige Anwendungen des „Unmöglichen"

Quanten-Kryptographie: Wenn Sender und Empfänger eine Nachricht mit exakt der gleichen Folge an Zufallszahlen ver- bzw. entschlüsseln, kann sie getrost einem öffentlichen Übertragungskanal anvertraut werden. Zur Sicherheit wird kurz vor jeder Nachricht ein neuer Schlüssel erzeugt. Dazu belassen Alice und Bob nach ➡ *Bild 1a* und c ihre Detektoren in $(y; z)$-Stellung (Alice dreht sie nicht wie in *Ziff. F*). Beide erhalten exakt die gleichen Zufallszahlen. Zudem garantiert die Quantentheorie, dass Abhörversuche an den empfindlichen Photonenpaaren beim Erzeugen des Schlüssels sofort entdeckt würden.

Korrelierte Photonenpaare benutzen auch Sciencefiction-Filme zur **Teleportation,** zum *Beamen* von Körpern. Wie kann man solche nur durch Funk-*Information* übertragen? Klassisch gesehen muss man „nur" die Orte *und* Impulse aller Elektronen und Atomkerne messen und weiterleiten. An fernem *Material* ließe sich eine Kopie herstellen. Doch ist die Unbestimmtheitsrelation dagegen. Sie lässt aber zu, die in *Ziff. E(b)* betrachteten *korrelierten Photonenzustände* zu *teleportieren* und wieder aufzubauen. Experimente an Einzelphotonen sind bereits gelungen – in voller Übereinstimmung mit der Quantentheorie. Diese fordert aber, dass das Original zerstört wird; Quanten kann man nicht klonen!

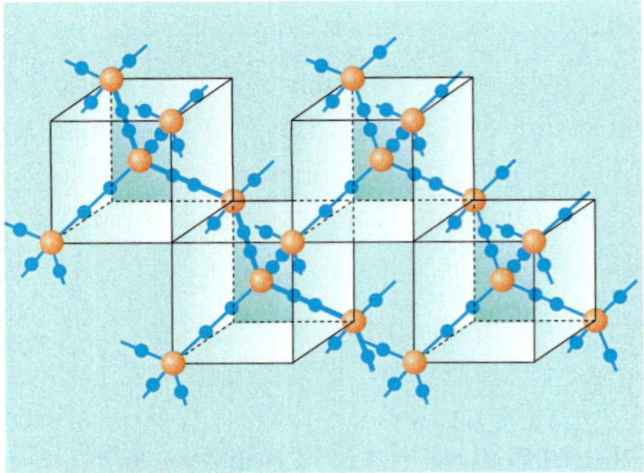

B 1: Jedes neutrale Atom des Siliziumkristalls bindet vier Nachbarn durch Bindungsorbitale. Eine Atomkette (dicke Linie) wird in ➡ *Bild 2* genauer untersucht.

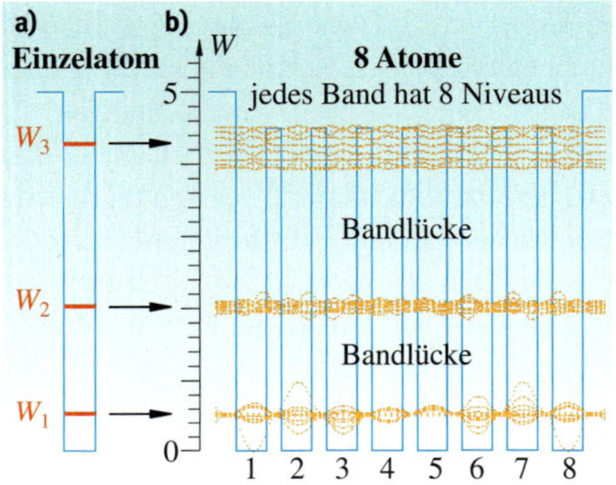

B 2: Si-Atome als Potentialtöpfe (Computersimulation): **a)** Einzeltopf mit drei scharfen Energieniveaus W_1, W_2, W_3. **b)** Jedes spaltet bei $Z_a = 8$ Atomen in genau acht Niveaus auf, dazwischen liegen zwei Bandlücken; dargestellt sind die Ψ-Funktionen.

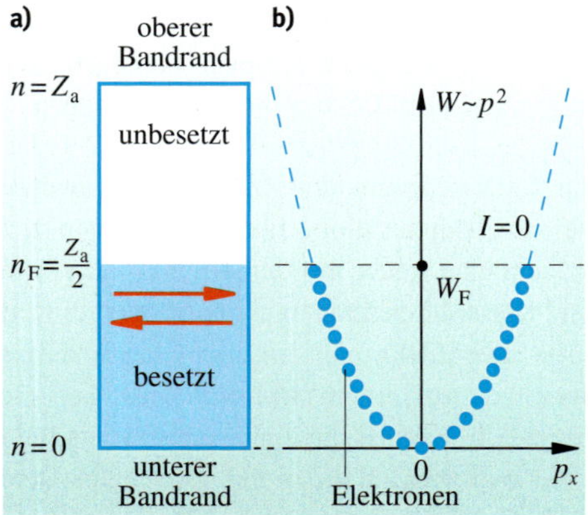

B 3: **a)** Oberstes Band aus ➡ *Bild 2* stark vergrößert. Es ist halb besetzt, bis zur Fermienergie W_F; links stehen Quantenzahlen n. **b)** Elektronenenergie W_n, als Parabel über den Impulswerten p_x aufgetragen.

Einblicke in die Festkörperphysik

1. Was hält den Festkörperkristall zusammen?

Steine, Holz, Knochen, Eisenstücke und Diamanten sind *feste Körper*. Unsere Aufmerksamkeit erregen *Kristalle* ob ihrer Symmetrieformen. Sie rühren von der regelmäßigen Anordnung der Teilchen her, was die Röntgenstrahlinterferenz bestätigt. Im Kochsalzkristall handelt es sich um Na^+- und Cl^--Ionen, zusammengehalten von elektrischen Coulombkräften. Die moderne Elektronik beruht auf Siliziumkristallen. Deren vierwertige Atome sind jedoch elektrisch neutral. Wir sahen bereits, dass jedes Atom vier Valenzelektronen besitzt. Sie bilden nach ➡ *Bild 1* zu den vier nächsten Nachbarn *Bindungsorbitale* mit großer Antreffwahrscheinlichkeit $|\Psi|^2$ für jeweils ein Elektronenpaar. Dies erzeugt eine starke *Valenzbindung*.

2. Bandaufspaltung im Festkörper

Für Physik und Technik ist der *spezifische Widerstand* ϱ in der Formel $R = \varrho\, l/A$ wichtig. ϱ schwankt wie sonst keine Größe um 30 Zehnerpotenzen, zwischen $10^{-2}\ \Omega\text{mm}^2/\text{m}$ bei Silber und $10^{28}\ \Omega\text{mm}^2/\text{m}$ bei Isolatoren. Den Grund liefert die Quantentheorie: Betrachten wir ein *lineares,* aus dem Festkörper geschnittenes Atomketten-Modell (➡ *Bild 1*); die Atome seien Potentialtöpfe mit gleichen Abständen. Wenn man darauf die *Schrödingergleichung* anwendet, findet man zunächst für ein isoliertes Atom drei scharfe Energieniveaus (➡ *Bild 2a*).

In der Kette aus $Z_a = 8$ Atomen spaltet sich jedes der drei Atomniveaus in genau $Z_a = 8$ eng übereinander liegende *Kristallniveaus* auf (➡ *Bild 2b*). In 1 mol mit $Z_a = 6 \cdot 10^{23}$ Atomen entstehen so Bündel aus $6 \cdot 10^{23}$ eng liegenden Niveaus, **Energiebänder** genannt. Sie werden nach oben zu breiter. In den **Bandlücken** dazwischen kann sich kein Elektron ansiedeln.

Nach ➡ *Bild 2b* überdeckt die Ψ-Funktion eines jeden Elektrons den ganzen Kristall; man kann es überall antreffen. Trotzdem ist nicht jeder Kristall ein guter Leiter. Für die Elektronen eines jeden der Z_a Energieniveaus gilt nämlich auch das *Pauliprinzip.* Jedes kann höchstens zwei Elektronen aufnehmen, gleichgültig, wo sie sich im Kristall befinden. Also ist ein Band mit *maximal* $2\,Z_a$ Elektronen gefüllt. Geben die Atome nur ein Elektron in ein Band, so ist es halb gefüllt. Die Folgen untersuchen wir in den nächsten Abschnitten, um Leiter von Nichtleitern zu unterscheiden.

Merksatz

In Kristallen aus Z_a Atomen spaltet jedes scharfe Energieniveau der Einzelatome in Z_a benachbarte Niveaus auf; sie bilden **Energiebänder.** Jedes Band kann maximal $2\,Z_a$ Elektronen aufnehmen. Die Energielücken zwischen den Bändern sind für Elektronen verboten (analog zu den Atomen). – Bänder sind Energieniveauschemata, keine leitenden Kanäle für Elektronen.

3. Energie und Bewegung der Kristallelektronen

Auch in Bändern kennzeichnen Quantenzahlen n die Energieniveaus. Da ein Band bei Z_a Atomen auch Z_a *besetzbare* Niveaus hat, gehört zum *oberen Bandrand* die Quantenzahl $n = Z_a$ (*Bild 3a*). Jedes Niveau kann nach dem *Pauliprinzip* nur zwei Elektronen aufnehmen; das Band ist mit $2\,Z_a$ Elektronen *voll besetzt*, bis zur Quantenzahl $n = Z_a$. Bei nur einem Elektron je Atom ist es mit Z_a Elektronen *halb besetzt*, bis zur Quantenzahl $Z_a/2$. Wie in Atomen füllen sich die Niveaus von unten nach oben.

Um die Energie der Elektronen abzuschätzen, sehen wir die Kette der Z_a Atome als einen *linearen Potentialtopf* an. Beim Atomabstand a ist seine Länge $L = Z_a\,a$ (bei $Z_a >> 1$). Wie wir wissen, bilden sich dort stehende Ψ-Wellen aus mit $\lambda_n = 2\,L/n = h/p_x$. Jede davon lässt sich bekanntlich in zwei einander entgegenlaufende Ψ-Wellen aufspalten, mit den entgegengesetzten Impulsen $p_x = n\,h/(2\,L) \sim n > 0$ und $p_x = -n\,h/(2\,L) \sim -n < 0$. Die quantisierte Elektronenenergie $W_n = \frac{1}{2} m_e\,v_x^2 = p_x^2/(2\,m_e) = h^2 n^2/(8\,m_e L^2)$ ist in *Bild 3b* über $p_x \sim v_x$ aufgetragen. Sie bildet eine Parabel.

In Natriummetall gibt jedes der Z_a Atome ein Elektron ins oberste Band. Es ist bis zur Quantenzahl $n = Z_a/2$ besetzt. Die zu dieser **Fermigrenze n_F** gehörende Energie heißt **Fermienergie W_F** (E. FERMI, 1901–1954). Mit $L = Z_a\,a$, $n_F = Z_a/2$ und $a = 3{,}5 \cdot 10^{-10}$ m folgt aus $W_n = h^2 n_F^2/(8\,m_e L^2)$ für Energie W_F und Geschwindigkeit v_F der schnellsten Elektronen (unabhängig von der Kristallgröße Z_a):

$$W_F = h^2/(32\,m_e\,a^2) \approx 1\text{ eV} = \tfrac{1}{2} m_e\,v_F{}^2, \quad \text{also} \quad v_F \approx \pm 10^6\text{ m/s}.$$

Trotz $v_F \approx 10^6$ m/s gibt es in *Bild 3b* noch keinen Strom. Denn die Impulswerte $+p_x$ und $-p_x$ sind gleich stark besetzt. Zu jedem Elektron, das mit $+v_i$ nach rechts fliegt, gibt es einen Partner mit $-v_i$ nach links. Die Gesamtstromstärke ist $I = 0$.

Wann gibt es Strom? Nach *Bild 4b* wirke ein E-Feld nach links; alle Elektronen erfahren Kräfte $\vec{F} = -e\vec{E}$ nach rechts. Energie und Impuls der mit $v > 0$ nach *rechts* laufenden Elektronen wachsen mit Δt; sie steigen auf der Energieparabel rechts etwas hoch, *sofern dies nicht der obere Bandrand verhindert.* Es gilt $\Delta W = F\,\Delta s = F\,v\,\Delta t$. Allen mit $v < 0$ nach links laufenden Elektronen wird Energie entzogen; sie sinken energetisch ab. Damit gibt es Elektronen mit großer positiver Geschwindigkeit, die keine Partner mit negativer zum Ausgleich haben. *Nur diese Überschusselektronen tragen zum messbaren Strom bei.* Es sind zwar nur relativ wenige, dafür sind sie mit $v \approx 10^6$ m/s sehr schnell. Ihr Schicksal zeigen die Pfeile in *Bild 4*.

Merksatz

Liefert jedes Atom zwei Elektronen in ein Band, so ist dieses bis zum oberen Bandrand gefüllt. Dann können E-Felder keine Elektronen energetisch anheben, also keinen Überschuss nach einer bestimmten Richtung erzeugen. Strom, also *Leitfähigkeit,* ist nur bei teilweise gefüllten Bändern möglich.

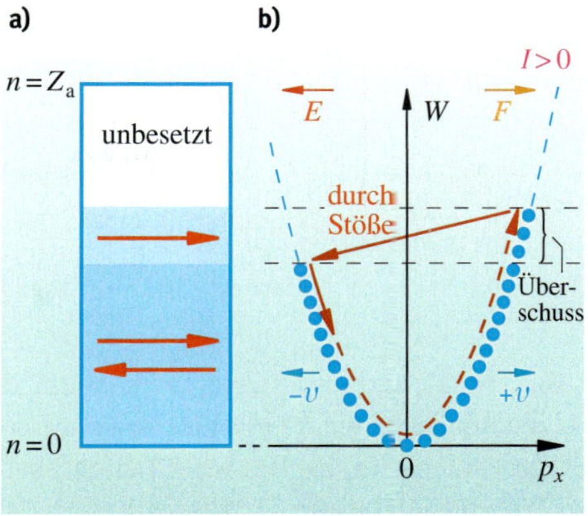

B 4: Die Kraft $\vec{F} = -e\vec{E}$ des E-Feldes hebt die Elektronen rechts energetisch an und erzeugt so einen Überschuss mit $v > 0$. Nähme er ständig zu, so auch der Strom I. Nun geben die angehobenen Elektronen durch *Stöße* mit Gitterfehlern und an Verunreinigungen Energie ab und sinken in Niveaus, die links frei geworden sind (die besetzten Niveaus (⇄) schützt das strenge Pauliprinzip). Gemäß dem roten Pfeil kehrt sich beim Stoß ihre Geschwindigkeit von $v > 0$ nach $v < 0$ um; sie treten in den rot gestrichelten Kreislauf ein. Deshalb bleibt der Überschuss bei vorgegebenem E begrenzt. Überschuss und Strom I wachsen erst mit E. Auch thermische Atomschwingungen stören die Gitterstruktur; sie erhöhen bei wachsender Temperatur die Stoßhäufigkeit. So verkleinern sie den Überschuss und damit I; der Widerstand R steigt.

Vertiefung

Zur klassischen Elektronentheorie

Diese nahm ohne atomistische Begründung Folgendes an: In Leitern bewegen sich Elektronen frei und unabhängig voneinander; in E-Feldern erhalten sie Driftgeschwindigkeiten von $v \approx 10^{-4}$ m/s. Damit kämen sie bis zum nächsten Stoß auf Atomrümpfe aber nur $\frac{1}{100}$ Kerndurchmesser weit! Experimente zeigen jedoch 10^9-mal so große, frei durchlaufene Wegstrecken (ca. 100 Atomdurchmesser)! Nach der Quantentheorie sind nämlich die Elektronen an der Fermigrenze schon ohne E-Feld etwa 10^9-mal so schnell. E-Felder erhöhen die Elektronengeschwindigkeit ($v \approx 10^6$ m/s) kaum noch, wohl aber die Zahl derer, die als *Überschusselektronen* zum Strom beitragen.

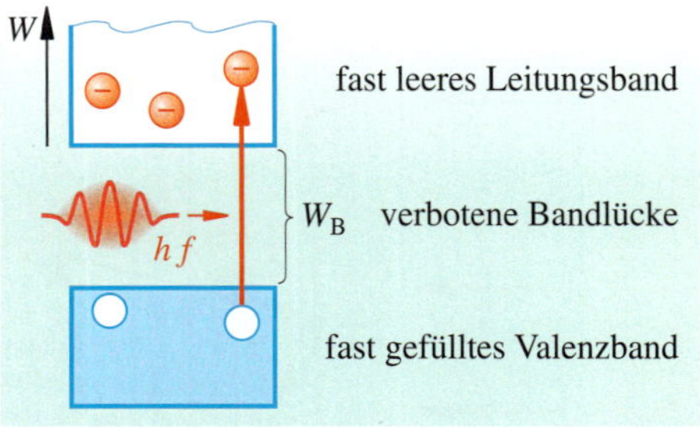

B 1: Halbleiter absorbieren Licht, wenn die Photonenenergie hf ein Elektron vom vollen Valenz- in das fast leere Leitungsband heben kann (analog zu Atomen).

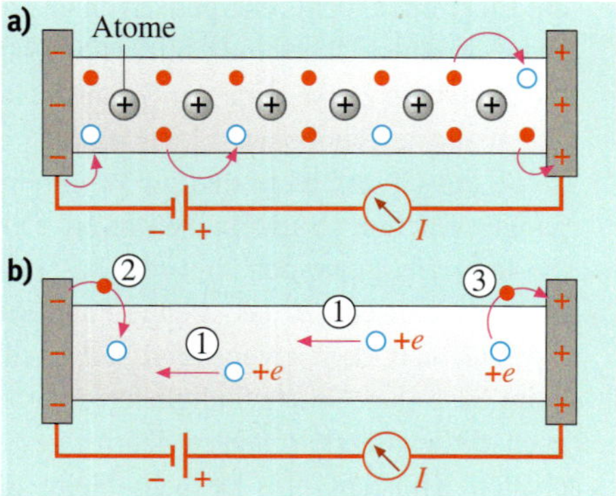

B 2: a) *Löcher im Elektronenmodell:*
Im fast gefüllten Valenzband hüpfen Elektronen (•) von Loch zu Loch (∘). Man denke an Autos in einer fast vollen Großgarage, die sich nur an „Löchern" mühsam verschieben lassen. So kommt den Löchern indirekt Masse zu. – Gasblasen im Sprudel werden als „Löcher" vom sinkenden Wasser hochgedrückt; man sieht diese „Fehlstellen", nicht das absinkende Wasser.
b) *Reines Löchermodell:*
Zur Vereinfachung betrachtet man im fast vollen Valenzband *nicht* die vielen Elektronen und Atomrümpfe, nur die wenigen Löcher (∘) mit Ladung $+e$. Sie laufen vom Plus- zum Minuspol so, als ob es freie, positiv geladene Teilchen wären ①. Am Minuspol werden sie von Elektronen der Zuleitung aufgefüllt ②. Der Pluspol zieht Elektronen aus dem Band ③ und erzeugt neue Löcher. Löcher sind Lücken in den Quantenzahlen n des Bandes (*Ziff. 4c*). Ihre Bewegung beschreibt man mit *Wellenpaketen* (wie bei Elektronen). Diese werden nur von Störungen der idealen Kristallstruktur beeinträchtigt. – Stets gilt: Der Kristall ist elektrisch neutral.

4. Reine Halbleiter; Löcherleitung

a) *Reine Halbleiter* sind z. B. Kristalle aus Silizium (Si), Germanium (Ge) und Diamant (C) mit vier Valenzelektronen. Diese füllen genau zwei Bänder, **Valenzbänder** genannt. Diese Halbleiter sind in reiner Form Isolatoren (bei $T \approx 0$ K).
Doch können Lichtquanten Elektronen in das darüber liegende, zunächst leere Band heben, falls hf größer ist als der **Bandabstand** $\mathbf{W_B}$ (➡ *Bild 1*). Es wird zum **Leitungsband;** der Kristall leitet. In **Fotowiderständen (LDR)** sinkt R von 10 MΩ auf 200 Ω. Bei Si ($W_B \approx 1{,}1$ eV) gelingt dieser **innere Fotoeffekt** mit Photonen schon ab $f = W_B/h = 2{,}4 \cdot 10^{14}$ Hz $\triangleq \lambda = 1200$ nm, also im Infrarot. Die Photonen werden absorbiert, Si ist für sie undurchsichtig.

b) Die *thermische* Energie der Atome streut bei 300 K um $W_T \approx 0{,}025$ eV. Sie hebt nur wenige Elektronen aus dem Valenzband in das darüber liegende, zunächst leere Leitungsband (in Si nur jedes 10^{12}-te). Dort trägt es zur Leitfähigkeit bei. Der Widerstand solcher **Heißleiter (NTC)** sinkt beim Erhitzen.

c) Elektronen eines *gefüllten* Bands bewegen sich mit entgegengesetzten Geschwindigkeiten v_i – bis hin zum oberen Rand. Über diesen hinaus können E-Felder Elektronen nicht anheben; sie können keinen Elektronenüberschuss gemäß ➡ *Bild 4* in *Ziff. 3* bilden. Es bleibt die Vektorsumme $\Sigma \vec{v}_i = \vec{0}$, also auch der sog. *Stromvektor* $\vec{j} = \Sigma - e\,\vec{v}_i = \vec{0}$ ($-e$: Elektronenladung).
Wird nun das k-te Elektron aus dem Band genommen, so entsteht eine Elektronen**lücke,** im Band fehlt sein Beitrag $-e\,\vec{v}_k$. Man muss ihn von $\vec{j} = \vec{0}$ abziehen und erhält für dieses **Loch**

$$\vec{j}_k = \vec{0} - (-e\,\vec{v}_k) = +e\,\vec{v}_k \neq \vec{0}.$$

Der Vergleich mit $-e\,\vec{v}_k$ zeigt: **Das Loch trägt zum Strom so bei, als ob es die positive Ladung $+e$ hätte** (➡ *Bild 2*)**.** Statt der *vielen* Elektronen eines fast gefüllten Bandes betrachten wir künftig nur seine *wenigen positiv geladenen Löcher*. Dieses sehr bequeme **Löchermodell** wird vom *Halleffekt* glänzend bestätigt (*Ziff. 6*).

5. Dotierte Halbleiter

n-Halbleiter: Um die Zahl der freien Elektronen im Leitungsband eines Si-Kristalls zu vergrößern, ersetzt man etwa jedes 10^6-te Si-Atom durch ein neutrales Atom der nächsten Spalte des Periodensystems, z. B. durch ein Arsenatom (As). Dieses hat fünf statt vier Valenzelektronen. Vier davon sind an die vier nächsten Nachbarn gebunden, gehören also dem Valenzband an. Das fünfte Elektron tritt ins Leitungsband ein und ist dort fast frei. Damit liefert schon jedes 10^6-te Atom ein Elektron ins Leitungsband (und nicht wie im reinen Kristall nur jedes 10^{12}-te). Der Kristall wird durch **Dotieren** (dos, lat.: Gabe) mit As ein **n-Halbleiter,** da **n**egativ geladene freie Elektronen eine gute Leitfähigkeit erzeugen. Ihnen stehen gleich viele ortsfeste As^+-Ionen gegenüber. Der n-Halbleiter ist also nach außen hin elektrisch neutral. Nirgends ist Ladung angehäuft; sie würde im Innern als *Raumladung* den Ladungsfluss beeinträchtigen.

p-Halbleiter: Man kann auch mit Aluminiumatomen (Al) mit nur drei Valenzelektronen dotieren. Zur Bindung im Si-Kristall braucht man vier. Also werden nicht nur die wenigen freien Elektronen des Leitungsbands (aus der Wärmebewegung stammend) geholt, sondern auch Elektronen aus dem vollen Valenzband. Die Al-Atome werden ortsfeste Al^--Ionen. Das hat Folgen:

- Im Leitungsband gibt es fast keine freien Elektronen mehr.
- Wegen der im Valenzband entstandenen **p**ositiv geladenen Löcher leitet dieser **p-Halbleiter** sehr gut. Man sagt nach ➠ *Bild 2b*: Positiv geladene Löcher laufen dort vom Plus- zum Minuspol.

Merksatz

Werden vom oberen Rand eines gefüllten Bandes Elektronen entfernt, so entstehen dort **Löcher.** Sie verhalten sich wie freie Teilchen mit *positiver* Ladung $+e$ und laufen bei Strom vom Plus- zum Minuspol. Die Elektronen bleiben dort unbeachtet.
Reine Halbleiter haben bei $T \approx 0$ K volle Valenz- und leere Leitungsbänder; sie leiten nicht. Bei $T > 0$ K hebt die Temperaturbewegung Elektronen vom Valenz- ins Leitungsband, *vermehrt also die beweglichen Ladungsträger*. Nun tragen beide Bänder zur Leitfähigkeit bei, das Leitungsband durch Elektronen-, das Valenzband durch Löcherbewegung.
n-Halbleiter haben viele freie Elektronen im Leitungsband und leiten. Ihr Valenzband ist fast gefüllt; dort sind kaum Löcher.
p-Halbleiter haben viele freie Löcher im fast gefüllten Valenzband, aber kaum Elektronen im Leitungsband. Die positiv geladenen Löcher machen den p-Halbleiter leitend.
p- wie n-Halbleiter sind elektrisch neutral.

6. Der Halleffekt bei Halbleitern und Metallen

Beim *Halleffekt* in Silber und in *n-Halbleitern* lenkt das *B*-Feld nach *rechts* fließende *Elektronen* durch eine Lorentzkraft F_L nach unten, nach P ab; P erhält negative Polarität. Bei *p-Halbleitern* dagegen bekommt P positive Polarität (➠ *Bild 3*). Dies bestätigt die Löchertheorie: Die nach *links* fließenden Löcher verhalten sich auch im *B*-Feld wie positiv geladene Elektronen (Dreifingerregel).

Das *Metall* Zink (Zn) hat zwei Valenzelektronen; sein oberstes Band müsste voll sein. Warum leitet Zn trotzdem? Nach der Computersimulation in *Ziff. 2* werden die Bänder nach oben hin breiter. Deshalb überlappt sich in Zink das mit zwei Elektronen gefüllte Valenzband mit einem darüber liegenden, zunächst leeren Band L (➠ *Bild 4*). Dabei wechseln Elektronen aus dem anfangs vollen Valenzband in das Band L, bis in beiden die Fermigrenze auf gleichem Energieniveau liegt. Nun wird P beim Halleffekt an Zink positiv geladen. Also sind hier die Löcher im Valenzband beweglicher als die Elektronen im Band L; die p-Leitung überwiegt. Der Halleffekt zeigt sowohl die Art der Ladungsträger als auch deren Beweglichkeit.
Durch *Bandüberlappung* nach ➠ *Bild 4* werden auch Magnesium, Calcium, Zinn, Blei und Cadmium metallisch leitend, obwohl ihre Atome eine gerade Zahl an Elektronen aufweisen.

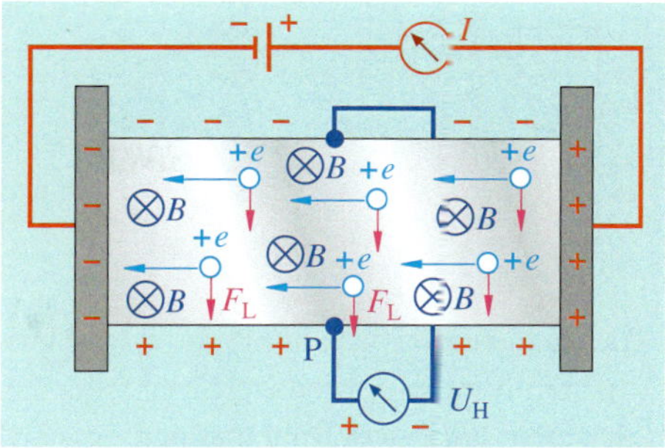

B 3: Halleffekt bei p-Halbleitern und bei Zink: Die Lorentzkraft F_L lenkt die nach links laufenden Löcher ($+e$) nach P.

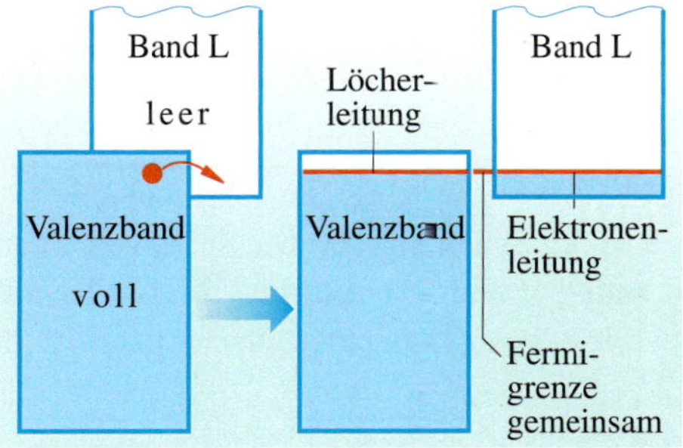

B 4: Bandüberlappung bei Zink. Wenige Elektronen treten vom zunächst vollen Valenzband ins leere Band L. Die im Valenzband entstandenen Löcher $+e$ laufen *in* Richtung eines *E*-Felds, die freien Elektronen im Band L ihm entgegen. So tragen beide Bänder zur Leitfähigkeit bei.

... noch mehr Aufgaben

A 1: Worin besteht der Unterschied der Leitfähigkeit von Metallen und von Silizium?

A 2: Zum Dotieren eignen sich auch Phospor, Bor oder Indium. Welche geben n-, welche p-Halbleiter? (Betrachten Sie ein Periodensystem der Elemente.)

A 3: Jemand sagt: **a)** Der reine Halbleiter müsse ein sehr guter Leiter sein; in sein leeres Leitungsband können ja Elektronen aus dem Minuspol eintreten und völlig ungehindert weiterfließen. **b)** Der Pluspol hole Elektronen aus einem vollen Valenzband und erzeuge so Löcher, die zum Minuspol laufen und dort gefüllt werden. Welcher elektrische Grundsatz steht beiden Aussagen entgegen (*Ziff. 5*)?

A 4: Jemand sagt, ein Band sei nichts weiter als ein leitender Kanal im Kristall. Was antworten Sie ihm? Welche Bedeutung hat im Band das Pauliprinzip?

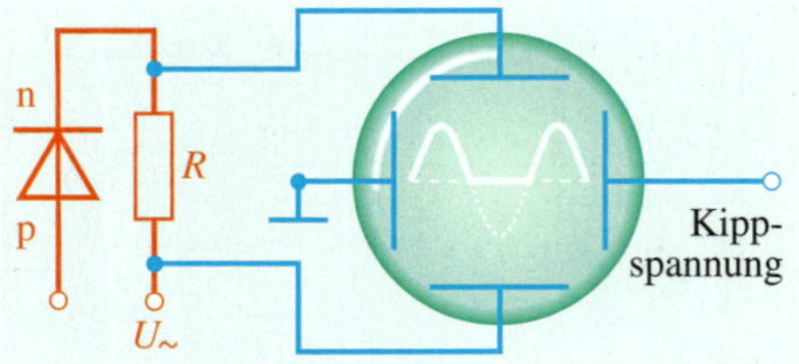

B 1: Gleichrichterschaltung; der n-Halbleiter ist am Symbol mit einem Strich, am Bauelement mit einem Ring markiert.

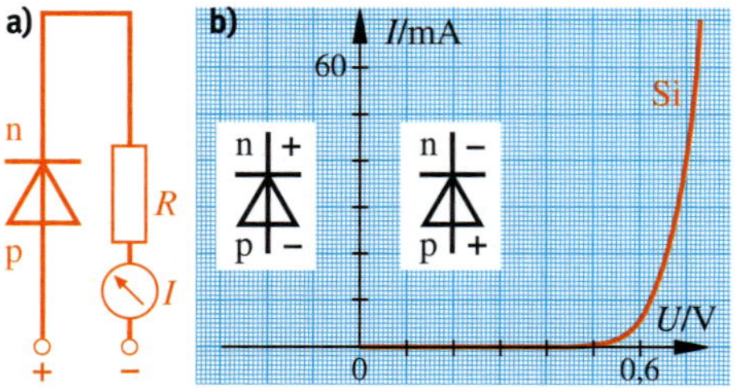

B 2: a) Schaltung zur Messung von Spannung U und Stromstärke I **b)** U-I-Kennlinie des p-n-Übergangs einer Siliziumdiode

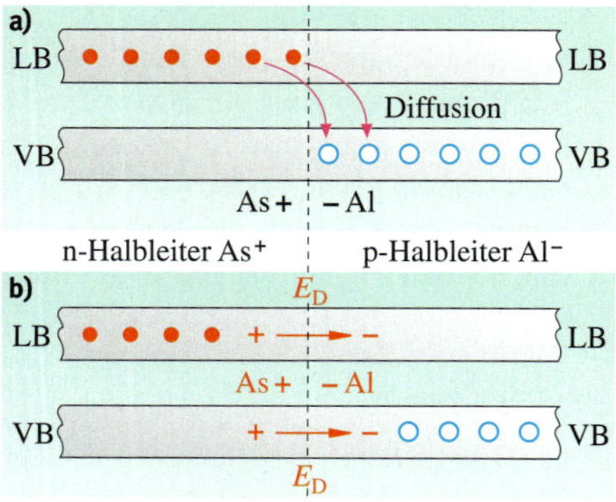

B 3: a) Elektronendiffusion vom n- zum p-Halbleiter bei der Herstellung (LB: Leitungsband; VB: Valenzband) **b)** Raumladung (+ und –) sowie E_D-Feld im stromlosen p-n-Übergang

7. Halbleiterdioden; der p-n-Übergang

Halbleiterdioden sind *Einbahnstraßen* für Elektronen; sie richten Wechselspannungen gleich (➡ *Bild 1*). Ihr n-Halbleiter geht im **p-n-Übergang** ohne Störung der Kristallstruktur in den p-Halbleiter über. Zur Herstellung lässt man in einen erwärmten reinen Siliziumkristall von links Spuren von Arsen, von rechts Spuren von Aluminium eindiffundieren.

In ➡ *Bild 2a* liegt der p-Halbleiter am Pluspol. Bei dieser *Durchlasspolung* steigt die Stromstärke I aber erst ab $U \approx 0{,}6$ V deutlich an; dann erst beginnt der p-n-Übergang gut zu leiten (➡ *Bild 2b*). Bei der umgekehrten *Sperrpolung* liegt der *Plus*pol am n-Halbleiter; der schwache *Sperrstrom* ist $I \approx -1$ nA.

Begründung: ➡ *Bild 3* zeigt links den n-Halbleiter. Von den Elektronen seines Leitungsbands diffundierten bei der Herstellung einige infolge ihrer Eigenbewegung in die angrenzende, 1 µm dünne Schicht des p-Halbleiters (rechts). Dort fielen sie in Löcher im Valenzband und füllten diese. Da dort die beweglichen Ladungsträger verschwunden sind, treten die ortsfesten Al^--Ionen hervor und bilden eine *negative Raumladung*.

Links, im n-Halbleiter, fehlen die wegdiffundierten Elektronen; die ortsfesten As^+-Ionen (+) erzeugen eine *positive Raumladung*. Beide Raumladungen bilden zwischen sich ein starkes, durch Diffusion entstandenes E_D-Feld von ca. 1 µm Länge. Es ist von den As^+-Ionen (+) zu den Al^--Ionen (–), vom n- zum p-Halbleiter gerichtet. Dieses E_D-Feld beendet durch Feldkräfte schnell seine Ursache, die Diffusion; *der p-n-Übergang ist stromlos*. Was geschieht nun, wenn wir von außen die Spannung U anlegen?

a) Bei **Sperrpolung** liegt der Pluspol am n-Halbleiter (in ➡ *Bild 4a* links). Das so von außen angelegte E-Feld verstärkt das E_D-Feld. Beide Felder versuchen, die Elektronen des Leitungsbands vom rechten p-Halbleiter nach links zu ziehen. Dort gibt es aber nur wenige Elektronen, die von der Wärmebewegung angehoben wurden. Sie strömen widerstandslos über den p-n-Übergang hinweg. Im Valenzband hat der n-Halbleiter (fast) keine Löcher ($+e$), die nach rechts fließen könnten. Es fehlt also an geeigneten Ladungsträgern. Die wenigen vorhandenen durchsetzen den p-n-Übergang leicht als schwacher *Sperrstrom*.

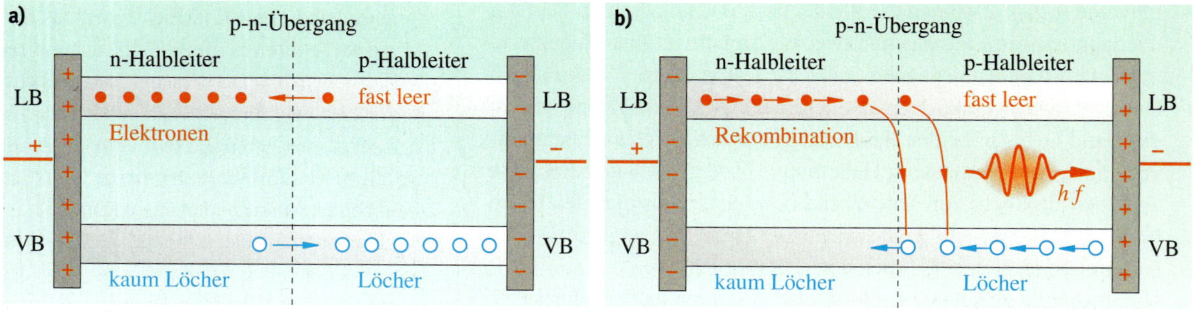

B 4: p-n-Übergang bei Halbleiterdioden: **a)** Sperrpolung: $I \approx 0$ **b)** Durchlasspolung: Im Leitungsband LB laufen Elektronen (•) nach rechts, im Valenzband VB Löcher (◦) nach links; nach dem p-n-Übergang rekombinieren beide.

b) Bei **Durchlasspolung** (➠ *Bild 4b*) liegt am p-Halbleiter der Pluspol. Die Spannung U erzeugt ein nach links gerichtetes E-Feld. Ihm wirkt das von der Diffusion erzeugte E_D-Feld entgegen (➠ *Bild 3b*). Erst wenn E_D abgebaut ist, wird ein Durchlassstrom I messbar, bei Silizium ab $U \approx 0{,}6$ V. Woraus besteht er?

- Zahlreiche Elektronen aus dem Leitungsband des n-Halbleiters fließen in den p-Halbleiter.
- Zahlreiche Löcher ($+e$) im Valenzband des p-Halbleiters laufen nach links durch den p-n-Übergang zum n-Halbleiter.

Was machen diese Ladungsträger, wenn sie den p-n-Übergang passiert haben? Die dem p-Halbleiter zugeflossenen *Elektronen* fallen in Löcher (+) des Valenzbands und füllen sie auf, sie *rekombinieren* ($-e + e = 0$). Die gefüllten Löcher werden vom Pluspol her ersetzt. In IR-*Leuchtdioden* entstehen beim Durchfallen der Bandlücke mit $W_B \approx 1{,}1$ eV Photonen der Frequenz $f = W_B/h \approx 2{,}7 \cdot 10^{14}$ Hz $\triangleq$ $\lambda = 1\,100$ nm. Meist wird nur Wärme frei.
Löcher des Valenzbands vom p-Halbleiter laufen ins Valenzband vom n-Halbleiter. Dort werden sie durch Elektronen aus dem Leitungsband gefüllt; Ersatz fließt im Leitungsband vom Minuspol zu.

Fotodioden arbeiten in *Sperrpolung*. Durch ein Glasfenster fällt Licht auf den p-n-Übergang (➠ *Bild 5*). Photonen heben mit der Energie $h\,f$ Elektronen vom Valenz- ins Leitungsband. So erzeugen sie freie Elektronen, die zum Pluspol gezogen werden, die entstandenen Löcher zum Minuspol.

Die **Solarzelle** (photovoltaic cell) gewinnt elektrische Energie aus Sonnenlicht. Von außen wird keine Spannung angelegt. Das durch Diffusion entstandene E_D-Feld der p-n-Schicht genügt (➠ *Bild 6*). Es trennt die von Photonen erzeugten freien Elektronen und Löcher: Die Löcher werden in Feldrichtung zum p-Halbleiter gezogen, die Elektronen gegen das Feld zum n-Halbleiter. Dieser wird so zum Minus-, der p-Halbleiter zum Pluspol. Die Spannung liegt bei 0,5 V. In **Sonnenbatterien** schaltet man viele Solarzellen zusammen, um U und I zu erhöhen. Der

$$\textbf{Wirkungsgrad } \eta = \frac{\textbf{entnommene elektrische Energie}}{\textbf{auftreffende Sonnenenergie}}$$

wurde im Labor auf ca. 30% getrieben und liegt bei käuflichen Anordnungen unter 15%. 1 m² Zellfläche könnte in unseren Breiten während einer Lebenszeit von 25 Jahren ca. 2 500 kWh liefern (kostenlos, wenn man von der wegen starker Schwankungen der Sonnenstrahlung nötigen Energiespeicherung absieht). Man hofft, bei Großfertigung die zum Herstellen von 1 m² nötige Primärenergie auf etwa 600 kWh senken zu können (heute 3 000 kWh). Der sog. *Erntefaktor* dieser äußerst *umweltfreundlichen* Energiegewinnung läge dann bei $\varepsilon = 2\,500/600 \approx 4$ (wie bei Dampf- und Kernkraftwerken; bei Windenergieanlagen ist $\varepsilon \approx 8$, bei Wasserkraft $\varepsilon \approx 15$). In Deutschland stehen über 100 km² Dachfläche bereit zur Installation von Solarbatterien. Sie würden pro Jahr ca. 10^{10} kWh elektrischer Energie liefern (alle Haushalte in Deutschland nutzen ca. $12 \cdot 10^{10}$ kWh elektrische Energie).

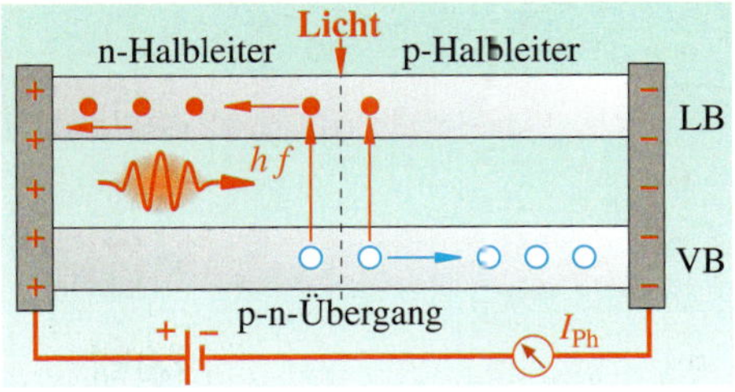

B 5: Fotodiode: Photonen heben Elektronen aus dem Valenzband VB ins Leitungsband LB; der batteriegetriebene Fotostrom I_{Ph} steigt mit der Helligkeit.

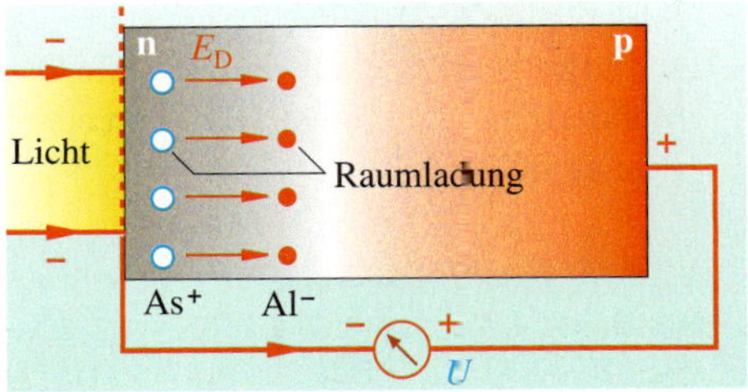

B 6: Solarzelle: Licht erzeugt freie Ladungen. Das E_D-Feld des p-n-Übergangs trennt sie und erzeugt Strom ohne Batterie, proportional zur Helligkeit.

... noch mehr Aufgaben

A 1: Was bedeutet ein Loch im Valenzband? Worin unterscheidet es sich vom Elektron? Erklären Sie Sperr- wie Durchlasspolung sowohl mit Elektronen und Löchern als auch nur mit Elektronen.

A 2: **a)** Betrachten Sie den Leitungsmechanismus von Metallen mit $z = 1$ Elektron je Atom. Vergleichen Sie ihn mit n- bzw. p-dotierten Halbleitern. **b)** Der Widerstand der Metalle steigt mit der Temperatur. Was bleibt dabei konstant? Warum verhalten sich Halbleiter anders?

A 3: **a)** Inwiefern ist die Leuchtdiode die Umkehrung der Fotodiode? Welchen Bandabstand müssen Leuchtdioden haben, die blaues Licht erzeugen? **b)** Worin besteht der Unterschied zwischen Vakuumfotozelle, Fotowiderstand, Fotodiode und Fotoelement? Betrachten Sie sowohl das Bauelement wie seine Schaltung. **c)** Betreibt man Fotodioden in Durchlass- oder Sperrpolung? Warum stellt sich diese Frage beim Fotoelement nicht? **d)** Der Fotostrom ist der Beleuchtungsstärke proportional. Denken Sie sich einen Bestätigungsversuch aus. Erläutern Sie mit dem Ladungsträgerverhalten.

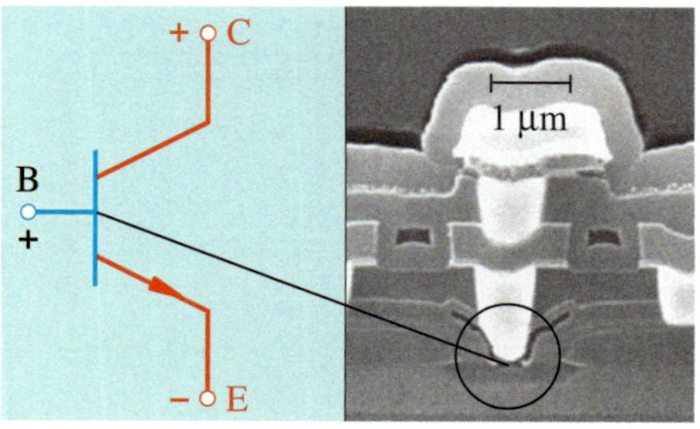

B 1: Schaltzeichen und Schliffbild eines Transistors. Zwischen dem Emitter (E) und dem Kollektor (C) liegt die sehr dünne Basis (B). Die Aufnahme wurde mit einem Rasterelektronenmikroskop erstellt. Sie zeigt die verschiedenen Materialschichten. Markiert ist der aktive Transistorbereich (Kreis) mit der Basis.

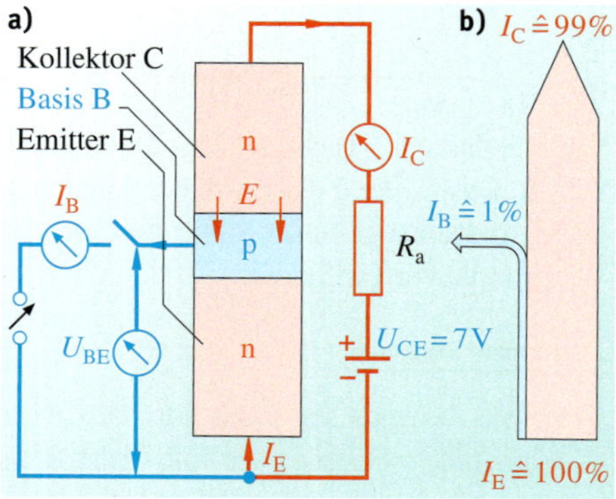

B 2: a) Ändern der Basisspannung U_{BE} steuert den Strom I_C im rot gezeichneten Kollektorkreis. **b)** Flussdiagramm: Die in den Emitter E fließenden Ladungen (I_E ≙ 100%) gehen zu 99% als Kollektorstrom I_C weiter; nur 1% gelangt als Basisstrom I_B zum Basisanschluss.

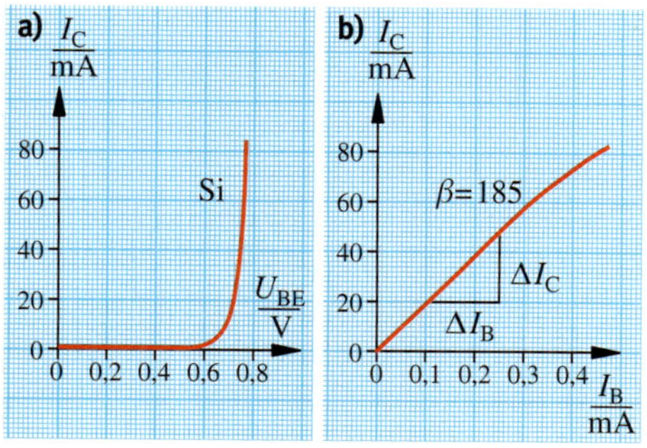

B 3: a) U_{BE}-I_C-Steuerkennlinie: Ab $U_{BE} = 0{,}6$ V steuern schon kleine Schwankungen von U_{BE} den Kollektorstrom I_C wirkungsvoll. **b)** Für die Stromverstärkung gilt: $I_C \sim I_B$.

8. Transistoren

Wie steuert man Ströme im npn-Transistor?

Der Transistor in ➠ *Bild 1* und *2* hat drei Anschlüsse. Sie führen zu drei verschieden dotierten Halbleitern. Im **npn-Transistor** sind dies von unten nach oben:

- Der untere n-Halbleiter, der **Emitter E**, ist stark dotiert und liegt am Minuspol der Quelle mit $U_{CE} \approx 7$ V. Er emittiert Elektronen in die Basis B, wenn sie durch U_{BE} positiv gepolt ist.
- Die **Basis B** ist ein schwächer dotierter p-Halbleiter.
- Der oben liegende **Kollektor C** ist ein stark dotierter n-Halbleiter. Er liegt am Pluspol der Quelle U_{CE}. Also sollte der p-n-Übergang B-C sperren, der Kollektorstrom $I_C = 0$ sein.

Erhöht man U_{BE} von null aus, so ist zunächst der Basisstrom $I_B = 0$, auch $I_C = 0$. Der p-n-Übergang E-B öffnet erst ab $U_{BE} = 0{,}6$ V. Dann gibt es aber nur einen schwachen Basisstrom I_B, jedoch einen starken Kollektorstrom I_C (➠ *Bild 3a*). Dieser **Transistoreffekt** tritt auf, weil die Basis B extrem dünn und schwach dotiert ist (➠ *Bild 1*). Dann durchlaufen die von E einströmenden Elektronen die Basis zu ca. 99%, ohne zu rekombinieren (➠ *Bild 2b*). Sie diffundieren in den an sich in Sperrpolung betriebenen p-n-Übergang B-C. Dort hat die hohe Kollektorspannung U_{CE} ein starkes *E*-Feld aufgebaut (Pluspol oben). Es zieht die Elektronen sofort in den Kollektor (n-Halbleiter) und weiter zum Pluspol von U_{CE}; der Kollektorstrom I_C ist groß. Obwohl der in Sperrpolung betriebene Übergang B-E an sich arm an beweglichen Ladungsträgern ist, behindert er die aus der Basis eindiffundierten Elektronen nicht.

Nur etwa 1% der Elektronen aus dem Emitter E gelangt zum seitlich liegenden Basisanschluss; der **Basisstrom I_B** bleibt unter 1 mA. Da auch die Spannung $U_{BE} \approx 0{,}7$ V klein ist, braucht man im Basiskreis (blau) zum Steuern des starken Kollektorstroms $I_C \approx 0{,}1$ A nur die Leistung $P_B = I_B\, U_{BE} \approx 0{,}7$ mW aufzubringen.
Die im Kollektorkreis (rot) von U_{CE} umgesetzte Leistung ist $P_C = I_C\, U_{CE} \approx 0{,}1\text{ A} \cdot 7\text{ V} = 0{,}7$ W, also 1 000-mal so groß. Und darauf kommt es letztlich an!

Der Kollektorstrom I_C ist zum Basisstrom I_B weitgehend proportional. Dabei führen kleine Änderungen ΔI_B von I_B zu großen Änderungen ΔI_C von I_C (➠ *Bild 3b*). Der Quotient $\beta = \Delta I_C / \Delta I_B$ ist angenähert konstant und heißt **Stromverstärkung.** Sie liegt zwischen 20 und 900 und hängt vom Transistortyp ab.

Merksatz

Durch die kleine Spannung U_{BE} zwischen Emitter und Basis wird der starke Kollektorstrom I_C gesteuert. Der Basisstrom I_B bleibt klein. Deshalb muss U_{BE} im Basiskreis die Leistung $P_B = I_B\, U_{BE}$ aufbringen. Sie ist viel kleiner als die im Kollektorkreis von der Quelle U_{CE} umgesetzte Leistung $P_C = I_C\, U_{CE}$.

9. Supraleitung, ein makroskopischer Quantenzustand

Der elektrische Widerstand R wird von Störungen der periodischen Gitterstruktur verursacht (*Ziff. 3*). Ihr Einfluss sinkt mit abnehmender Temperatur und infolgedessen sinkt auch R (bei Metallen). Überraschenderweise fand 1911 H. KAMERLINGH ONNES (Nobelpreis 1913), dass der Widerstand vieler Stoffe bei einer **Sprungtemperatur T_C** < 10 K plötzlich auf einen unmessbaren Betrag sinkt (➠ *Bild 4*; *Tabelle 1*). In diesen **Supraleitern** ist wegen $R = 0$ auch bei starken **Supraströmen** die Wärmeleistung $P = I^2 R = 0$.

Hat man in einem supraleitenden Ring durch Induktion einen Suprastrom erzeugt, so bleibt dieser jahrelang völlig ungeschwächt, falls man mit flüssigem Helium (Siedepunkt 4,2 K) T unter T_C hält. Gäbe es Supraleiter bei 20 °C, so könnte man elektrische Energie verlustlos in die Ferne leiten. In Kernspintomographen und Teilchenbeschleunigern (bei DESY in Hamburg, CERN in Genf) erzeugt man B-Felder mit z. T. über 4 Tesla in supraleitenden Spulen aus Niob-(Nb-)Legierungen, die auf 4 K gekühlt sind (Begründung in der ➠ *Vertiefung*, nächste Seite).

1986 entdeckten J. BEDNORZ und K. MÜLLER (Nobelpreis 1987), dass ausgefallene keramische Stoffe schon bei der „hohen" Temperatur flüssigen Stickstoffs (77 K ≘ –196 °C) bis hin zu 133 K Supraleitung zeigen. ➠ *Bild 5* zeigt einen solchen **Hochtemperatur-Supraleiter** ($YBa_2Cu_3O_7$) in einem starken B-Feld. An seiner Oberfläche entstehen supraleitende Wirbelströme, die im Innern das B-Feld schwächen. So wird er selbst zum Magneten und schwebt im äußeren B-Feld.
Erst mit diesem **Meißner-Ochsenfeld-Effekt** konnten BEDNORZ und MÜLLER ihre Aufsehen erregende Entdeckung glaubhaft machen (das Absinken von R genügte den Fachleuten nicht; wann schon ist R exakt null?). Dieser für Supraleitung charakteristische Effekt tritt beim Abkühlen unter T_C auf, falls B schon besteht. Da dann aber $U \sim \Delta B/\Delta t = 0$ bleibt, kann er mit Induktion nicht erklärt werden. Es gibt noch weitere Probleme:

Normale Magnete können in fremden B-Feldern grundsätzlich nicht stabil schweben; sie bedürfen einer Führung. Doch gehört der Supraleiter in ➠ *Bild 5* zur *„harten Art"* (wie Niob-Legierungen). Diese vertragen erstaunlich hohe B-Felder (bis zu 23 T), also auch hohe Stromstärken (bis zu 10^4 A/mm²). Das B-Feld dringt nämlich teilweise ins Innere ein. Dort ist es in Form dünner magnetischer Fluss-Schläuche Φ_0 quantisiert (so als ob es diskrete Feldlinien gäbe). Diese „haften" an Baufehlern des Materials und halten den Supraleiter in seiner Lage fest. Tippt man ihn an, so spürt man eine innere, an Haftreibung erinnernde Kraft; der Supraleiter lässt sich verschieben, schwingt aber nicht. Zu starke Ströme I lösen die Fluss-Schläuche (mit der Kraft $F = I\,B\,s$) von den Haftstellen; die Supraleitung bricht zusammen.
Verunreinigungen sind hier genauso wichtig wie beim Dotieren von Silizium, beim Veredeln von Stahl sowie in Edelsteinen; z. B. werten Chromoxid-Spuren das unscheinbare Al_2O_3 zum Rubin auf.

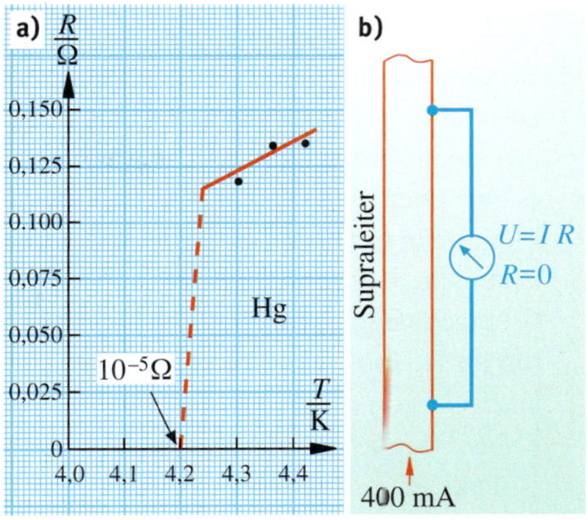

B 4: a) Widerstand R als Funktion von T (Messungen von KAMERLINGH ONNES). **b)** R wird nach $U = I\,R$ gemessen, der Widerstand stromführender Zuleitungen stört nicht.

B 5: Supraleiter schwebt im B-Feld; bei keramischen Hochtemperatur-Supraleitern wie $YBa_2Cu_3O_7$ genügt Abkühlung mit flüssigem Stickstoff (77 K ≙ –196 °C); ein kleiner Rest vom B-Feld ist im Supraleiter verankert und stabilisiert dessen Lage.

Material	T_C in K	T_C in °C
Aluminium	1,19	–272
CuS	1,6	–271
Zinn	3,7	–269
Quecksilber	3,9	–269
Blei	7,2	–266
Nb_3Sn	18	–255
Hochtemperatur-Supraleiter:		
$YBa_2Cu_3O_7$	92	–181
$HgBa_2Ca_2Cu_3O_8$	133	–140

T 1: Tabelle der Sprungtemperaturen T_C (Y: Yttrium, Ba: Barium). Gute Leiter wie Ag, Cu, Au, auch die ferromagnetischen Stoffe Fe, Co, Ni sind keine Supraleiter.

Interessantes

Elektronen im Supraleiter – ohne Pauliprinzip

Das *Pauliprinzip* verbietet, dass mehr als zwei Elektronen einen Zustand mit gleichem $\vec{v}$ besetzen. Man kann es aber überlisten: Manche Kristallgitter binden je zwei Elektronen mit genau entgegengesetzten Geschwindigkeiten zu *Cooperpaaren*. Dies besorgen quantisierte Gitterschwingungen, also *Phononen*, so wie ein Elektron im H_2^+-Ion zwei Protonen bindet. Für diesen Quanteneffekt gilt:

- Die Energie des Paars ist um $\Delta W_P \approx 0{,}001$ eV abgesenkt. Zum Aufbrechen braucht man die thermische Energie $\Delta W_P = k\,T_C$, also $T_C \approx 10$ K ($k = 1{,}38 \cdot 10^{-23}$ J/K: Boltzmann-Konstante).
- Die Elektronen stellen im *Cooperpaar* ihre Spins antiparallel (↑↓). Für diese Paare gilt das *Pauliprinzip* nicht. Deshalb streben sie – wie Photonen im Laser – ein *großes Kollektiv* an, mit gemeinsamem Ψ, mit *exakt gleichen Eigenschaften*, z. B. mit exakt gleicher Geschwindigkeit v_S ihrer Schwerpunkte.

Dies alles hat nun unerwartete Folgen, die sich makroskopisch auswirken:

Gibt man allen Paaren dieses Kollektivs unterhalb von $T_C = \Delta W_P / k \approx 10$ K die gleiche Geschwindigkeit v_S, so entsteht der **Suprastrom** $I_S \neq 0$. Aus dem Kollektiv kann ein Paar nur ausbrechen, wenn die zum Auflösen nötige Energie ΔW_P vorhanden ist. Bei kleinem v_S, bei kleinem Suprastrom I_S, kann ΔW_P von Stößen mit Gitteratomen noch nicht aufgebracht werden; die Stöße entfallen, also auch der darauf beruhende Widerstand R. Er tritt erst unter folgenden Umständen auf:

- bei $T > T_C$, oberhalb einer kritischen Temperatur,
- bei zu großem v, bei zu starkem Strom; dann gilt $W = \frac{1}{2} m\, v^2 > \Delta W_P$,
- wenn das B-Feld zu stark ist und zu starke Ströme induziert.

In Supraströmen haben die Cooperpaare gemeinsame Phasen; sie zeigen *Kohärenz*. Deshalb interferieren Supraströme wie kohärente Photonenströme (Laserlicht). Da die Elektronenpaare geladen sind, wird ihre Phase und damit die Interferenz durch Magnetfelder empfindlich beeinflusst, etwa beim **Josephson-Effekt**. Solche Quanteneffekte führen zur Konstruktion der **SQUID**s (wie der Name **S**uperconducting **Qu**antum **I**nterference **D**evice zeigt). Damit lassen sich schwächste B-Felder bis herab zu $B = 3 \cdot 10^{-15}$ T nachweisen. Sie entstehen etwa bei Gehirnströmen und können die Schädeldecke leicht durchdringen. Damit lassen sich Epilepsie-Anfälle und andere Vorgänge im Gehirn mit im Grunde einfachen Geräten untersuchen.

Der Feldeffekt-Transistor (MOSFET)

Beim Transistor erzeugt der Basisstrom I_B unnötig Wärme. Sie stört in integrierten Schaltungen, wo viele Tausend Transistoren eng beisammen liegen.

Im MOSFET nach ➡ *Bild 1a* steuert die Spannung U_{GS} den Strom I_D *verlustlos*. Die Metallplatte Gate G (+) bildet mit dem p-Halbleiter Silizium (–) einen Kondensator, durch die 10^{-7} m dünne Siliziumoxid-Schicht SiO_2 mit $R \approx 10^{15}\ \Omega$ hervorragend isoliert. U_{GS} erzeugt zwischen Gate G (+) und Si (–) ein starkes E-Feld, auf das der Name MOSFET weist (*M*etal *O*xide *S*emiconductor *F*ield *E*ffect *T*ransistor):

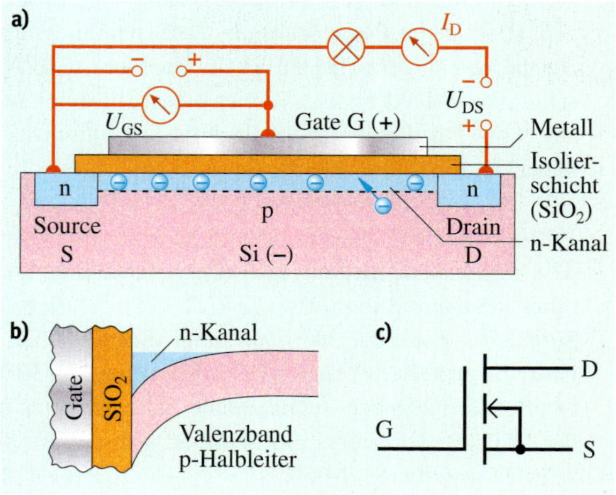

B 1: a) MOSFET, **b)** Bandabsenkung, **c)** Symbol

Man gibt dem Gate G positive Ladung $+q$. Sie senkt die potentielle Energie W_{pot} benachbarter Elektronen ab (die Erde senkt W_{pot} von Körpern umso stärker, je näher sie ihr kommen). Nun bestimmt W_{pot} der Elektronen des p-Halbleiters Silizium die Lage der Bandränder. Deshalb sind sie in ➡ *Bild 1b* nach unten verbogen. Dies aber verwandelt den p-Halbleiter im engen Kanal zwischen *Source S* und *Drain D* zum n-Halbleiter. Er nimmt freie Elektronen auf (blau). Diese fließen zwischen S und D als Strom I_D; er steigt mit $+q$, also mit U_{GS} an. Ist dagegen die Steuerspannung $U_{GS} = 0$, so bleibt der Kanal ein p-Halbleiter; die p-n-Schicht bei D sperrt den zu steuernden Strom I_D zwischen S und D.

Da SiO_2 isoliert, fließen über das Gate G keine Ladungen; *U_{GS} braucht zum Steuern von I_D keine Leistung.* Nähert man dem isolierten Gate G einen geriebenen Glasstab (+), so macht die Bandabsenkung den MOSFET-Kanal leitend. Diese ermöglicht die unzähligen Rechenoperationen in Taschenrechnern und Computern, also unsere heutige elektronische Zivilisation.

Ernest RUTHERFORD (1871 – 1937) arbeitete am Cavendish-Laboratorium in Cambridge. Ab 1896 erforschte er die Strahlung radioaktiver Stoffe und entdeckte dabei die α- und β-Strahlung. Zusammen mit Frederick SODDY fand er die Gesetze des radioaktiven Zerfalls. 1908 erhielt er den Nobelpreis für Chemie. Die rutherfordschen Streuversuche (~1910) führten zu einem damals völlig neuen Atommodell. 1919 gelang RUTHERFORD die erste künstliche Kernumwandlung.
RUTHERFORD war einer der erfolgreichsten Experimentatoren der Geschichte. Einer seiner Schüler war Otto HAHN, der Mitentdecker der Kernspaltung.

Marie CURIE (1867 – 1934) studierte in Paris Physik und Chemie. Fasziniert von der Entdeckung der Strahlung radioaktiver Stoffe durch Henri BEQUEREL 1896 erforschte sie zusammen mit ihrem Mann, Pierre CURIE, diese damals noch unbekannte Strahlung. 1898 entdeckten sie bei Versuchen mit Pechblende die radioaktiven Elemente Polonium und Radium. Der Begriff „Radioaktivität" stammt von Marie CURIE. 1903 erhielt sie zusammen mit ihrem Mann und Henri BEQUEREL den Nobelpreis für Physik, 1911 alleine den Nobelpreis für Chemie. Marie CURIE starb an Leukämie, einer Bluterkrankung, die sie sich durch die laufende Einwirkung der Strahlung radioaktiver Stoffe auf ihren Körper zugezogen hatte.

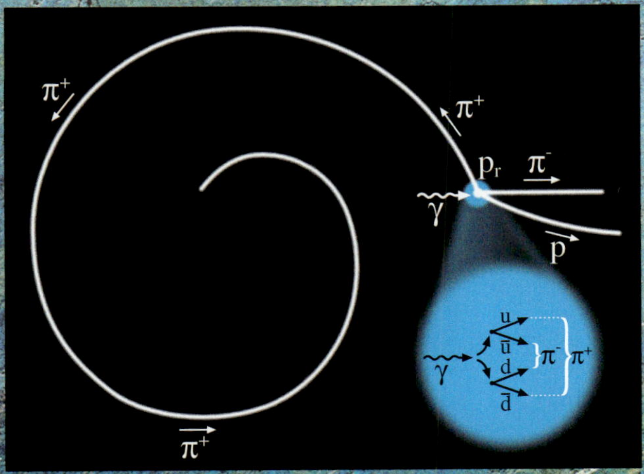

In einer Blasenkammer stößt ein γ-Quant auf das ruhende Proton p_r. Dieses fliegt nach rechts davon (p). Mit der restlichen Energie bildet das γ-Quant ein uū- und ein dd̄-Quarkpaar. Sie finden sich zum π^+- und π^--Meson zusammen. Die geladenen Teilchen legen in einem Magnetfeld gekrümmte Bahnen zurück.

Grundlagen

Der Aufbau des Atomkerns

Die Strahlung radioaktiver Stoffe stammt aus dem Atomkern. Dieser ist aus **Z positiv geladenen Protonen** und N **neutralen Neutronen** fast gleicher Masse aufgebaut. Protonen und Neutronen bezeichnet man als **Nukleonen** (Kernbausteine). Die Zahl Z der Protonen im Atomkern **(Kernladungszahl)** ist gleich der Zahl der Elektronen in der Hülle des neutralen Atoms und bestimmt sein chemisches Verhalten. Z ist gleich der Ordnungszahl im Periodensystem. – Eine Kernart (**Nuklid**) wird durch Z und die Gesamtzahl A der Nukleonen, auch **Massenzahl** genannt, gekennzeichnet. Es gilt $A = N + Z$.
Beispiel: $^{226}_{88}$Ra hat $A = 226$ Nukleonen, davon sind $Z = 88$ Protonen, also $N = 226 - 88 = 138$ Neutronen. Oft schreibt man Ra-226.

Eigenschaften der Strahlung radioaktiver Stoffe

- Radioaktive Stoffe senden ihre Strahlung ohne jeden äußeren Einfluss aus.
- Die Strahlung radioaktiver Stoffe führt Energie mit sich und ionisiert Atome und Moleküle.
- Für die Strahlung radioaktiver Stoffe hat der Mensch kein Sinnesorgan. Zum Nachweis benötigt man Geräte wie Zählrohr (➡ *Bild 1*) oder Nebelkammer (➡ *Bild 2*).
- Die Strahlung radioaktiver Stoffe besteht aus einzelnen Teilchen oder Quanten.
- Radioaktive Stoffe senden die Teilchen oder die Quanten in unregelmäßigen Abständen, d. h. **stochastisch** (zufallsbedingt) aus.
- Trifft ein Teilchen oder ein Quant ein Nachweisgerät, z. B. ein Zählrohr, so erzeugt es dort einen elektrischen „Impuls", der mit einem Zählwerk registriert werden kann. Die „Impulse" treten stochastisch auf. Man zählt die Impulse k in der Zeit Δt. Der Quotient $n = k/\Delta t$ ist die **Zählrate n.**
- Zählrohre und alle Nachweisgeräte für die Strahlung radioaktiver Stoffe zeigen einen **Nulleffekt.** Dieser rührt von Spuren radioaktiver Elemente in der Luft, in der Umgebung des Nachweisgerätes und von kosmischer Strahlung her.

Strahlungsarten

Die Strahlung radioaktiver Stoffe hat drei Komponenten:

1. Die **α-Strahlung** besteht aus einzelnen Teilchen, den α-Teilchen. α-Teilchen sind energiereiche, zweifach positiv geladene Heliumkerne $^{4}_{2}$He (kinetische Energie in der Größenordnung MeV).
Deren Bahnen, aber nicht die Teilchen selbst, können in der Nebelkammer sichtbar gemacht werden (➡ *Bild 3*). α-Strahlung erkennt man u. a. daran, dass sie dickeres Papier nicht durchdringen kann.
2. Die **β-Strahlung** wird in Papier kaum absorbiert. Erst 5 mm dickes Aluminiumblech kann sie nicht mehr durchdringen. Sie besteht aus den β-Teilchen. Dies sind Elektronen oder Positronen mit zum Teil sehr hoher kinetischer Energie (bis zu einigen MeV).
3. Die **γ-Strahlung** ist der Röntgenstrahlung ähnlich, kommt aber aus dem Atomkern. γ-Quanten haben Energien in der Größenordnung 0,01 MeV bis einige MeV. Die Photonenzahl der γ-Strahlung wird erst von dicken Bleischichten merklich vermindert.

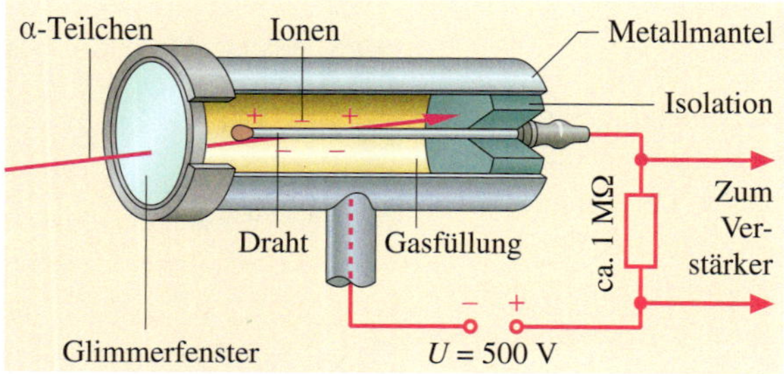

B 1: Geiger-Müller-Zählrohr: Ein eintretendes Teilchen führt zu einem Spannungsstoß am Verstärker.

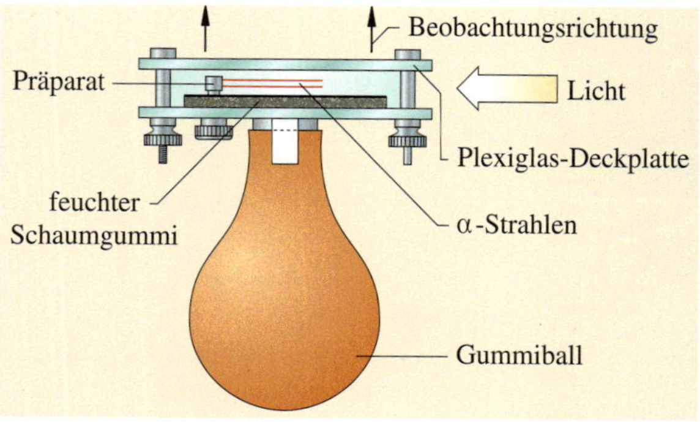

B 2: Nebelkammer: Lässt man den zusammengedrückten Gummiball los, sieht man Spuren (➡ *Bild 3*).

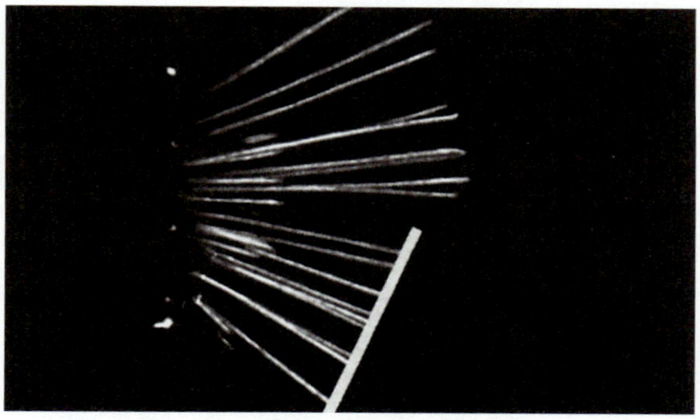

B 3: Spuren von α-Teilchen in der Nebelkammer; Wassertröpfchen bilden sich an ionisierten Molekülen.

Grundlagen

Zählstatistik

Stellt man ein radioaktives Präparat in einem festen Abstand vor einem Zählrohr auf und misst mehrmals die Zahl der Impulse k in einer bestimmten Zeit Δt, so findet man z. B. in der Zeit $\Delta t = 1$ s die Impulszahlen $k = 4, 8, 2, 4, 5, 8, \ldots$ Wie viele Impulse im nächsten Zeitabschnitt Δt gezählt werden, ist nicht voraussehbar. Es lässt sich für dieses **stochastische** Verhalten jedoch eine **Wahrscheinlichkeitsverteilung** angeben. Um diese zu erkennen, ist in der folgenden Tabelle die Häufigkeit $H(k)$ der einzelnen Impulszahlen k, also die Zahl der Messungen mit gleichem k, für $N = 570$ Einzelmessungen angegeben.

k	0	1	2	3	4	5	6	7
$H(k)$	7	29	55	86	110	101	62	54
k	8	9	10	11	12	13	14	
$H(k)$	39	16	6	3	1	1	0	

Der Mittelwert $\bar{k}$ aller N Einzelmessungen k_i beträgt:

$$\bar{k} = \frac{1}{N}\sum_{i=1}^{N} k_i H(k_i) = \frac{2\,666}{570} = 4{,}68.$$

Eine andere Messung mit $N = 1\,000$ Einzelmessungen und $\bar{k} = 64{,}8$, die mithilfe eines Messwerterfassungssystems und eines Computers aufgenommen wurde, zeigt ➡ *Bild 4*.

Man erhält bei derartigen Messungen immer eine so genannte **Poissonverteilung** der Impulszahlen (vgl. Lehrbücher der Wahrscheinlichkeitsrechnung). Sie streuen um den **Erwartungswert** $\boldsymbol{\mu}$, den man eigentlich sucht, aber nie exakt findet. Bei großem N ist der Mittelwert $\bar{k}$ eine gute Näherung für μ.

Die aus der Mathematik bekannte **Standardabweichung** $\boldsymbol{\sigma}$ ist ein Maß für die Streuung der Messwerte um μ. Nach der Theorie liegen bei einer Poissonverteilung die Impulszahlen zu ca. 68% im Intervall $[\mu - \sigma, \mu + \sigma]$. Hier gilt $\sigma = \sqrt{\mu} \approx \sqrt{\bar{k}}$. Misst man daher eine Impulszahl nur ein einziges Mal, so trifft man in der Regel das Richtige, wenn man den unbekannten gesuchten Wert μ im Intervall $[k - \sqrt{k}, k + \sqrt{k}]$ vermutet.

In diesem Sinn nennt man $\sqrt{k}$ *den Fehler der Einzelmessung* und entsprechend $\sqrt{k}/k = 1/\sqrt{k}$ *den relativen Fehler*. Dieser ist umso kleiner, je größer k ist. Hat man $k = 100$ Impulse gemessen, so liegt er bei 10%, bei $k = 10^4$ Impulsen dagegen nur noch bei 1%. Wie lange man zur Zählung von k braucht, spielt keine Rolle.

Man sagt, dass sich zwei Zählraten signifikant unterscheiden, wenn sich die in gleichen Zeitintervallen Δt gemessenen Impulszahlen k_1 und k_2 um mehr als $(\sqrt{k_1} + \sqrt{k_2})$ unterscheiden.

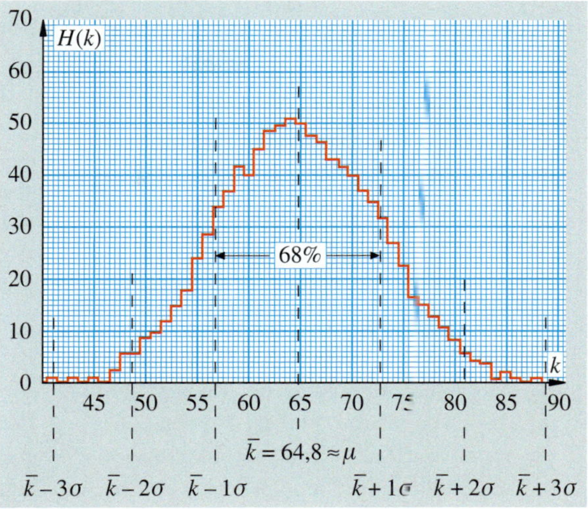

B 4: Beispiel für die Zählstatistik: Häufigkeitsverteilung $H(k)$ bei $N = 1\,000$ Einzelmessungen und $\bar{k} = 64{,}8$.

Merkregel: Bei einer gemessenen Impulszahl k ist ein relativer Fehler von $1/\sqrt{k}$ zu erwarten. Soll der relative Fehler unter 1% liegen, so müssen mehr als 10^4 Impulse gezählt werden. Die Dauer der Messung ist ohne Belang.

A 1: Machen Sie mithilfe der Lokalisationsenergie plausibel, dass α- und β-Teilchen sowie γ-Quanten aus dem Atomkern und nicht aus der Atomhülle stammen.

A 2: **a)** Was lässt sich aus der Länge der Spuren in einer Nebelkammer folgern? **b)** β-Teilchen, die von demselben Präparat, z. B. Sr-90, austreten, beschreiben unter dem Einfluss eines Magnetfeldes, das senkrecht zu ihrer Bahn gerichtet ist, Kreise mit verschiedenen Radien. Was folgt daraus für die β-Teilchen eines β-Strahlers?

A 3: Warum sind trotz gleicher Anfangsenergie die Spuren der α-Teilchen in der Nebelkammer viel massiver als die der β-Teilchen?

A 4: Vergleichen Sie die Nachweisgeräte Nebelkammer und Zählrohr. Nennen Sie Vor- und Nachteile.

A 5: Beschreiben Sie eine Versuchsanordnung, mit der man die Wellenlänge einer γ-Strahlung messen kann, die etwa dieselbe Frequenz wie Röntgenstrahlung hat.

A 6: **a)** Wie groß sind der absolute und der relative Fehler bei einer Messung von 400 bzw. 40 000 Impulsen? **b)** Man findet in 3 min 1 605 Impulse. Wie lange müsste man zählen, um den Messwert auf 1% genau zu erhalten?

A 7: **a)** Man misst in 10 min 2 520 Impulse, nach einer kleinen Änderung (z. B. nach Einbringen eines Papierblattes) nur noch 2 380 Impulse in 10 min. Trat eine signifikante Abschwächung ein? **b)** Bei 1 min Messdauer erhält man 253 bzw. 241 Impulse. Ist dieser Unterschied signifikant?

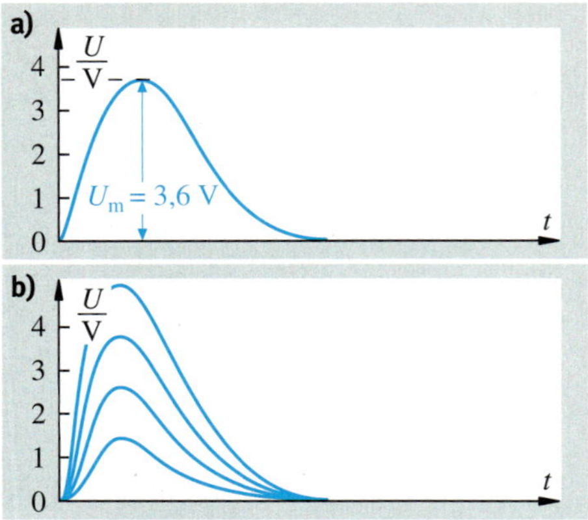

V 1: Wir stellen möglichst im Vakuum ein **a)** Am-241-Präparat und **b)** ein Ra-226-Schulpräparat (aus Strahlenschutzgründen mit einer dünnen Folie abgedeckt) vor einem Halbleiterzähler mit Verstärker auf. Die Impulse, die die α-Strahlung der Nuklide im Zähler hervorruft, beobachten wir an einem Oszilloskop. Dieses schreibt alle bei ihm ankommenden Impulse von derselben Stelle aus. Wir erhalten so die **Impulsspektren** von Am-241 und Ra-226.

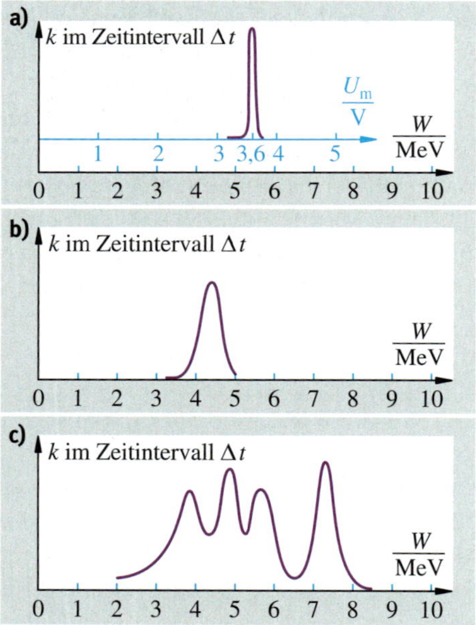

V 2: Wir sortieren die im Halbleiter erzeugten Impulse in ➡ *Versuch 1* mithilfe eines Impulshöhenanalysators nach ihrer Höhe U_m und erhalten so die Impulshöhenspektren der α-Strahlung **a)** von Am-241 und **c)** der Ra-226-Quelle. **b)** Zusätzlich nehmen wir das Spektrum der α-Strahlung eines mit einer dünnen Folie abgedeckten Am-241-Präparates auf.

α-Strahlung

1. Nebelspuren verraten etwas über die Energie

Je länger die Nebelkammerspur eines α-Teilchens ist, umso energiereicher muss es gewesen sein, denn es konnte auf seinem Weg mehr Moleküle ionisieren. Die Länge der Spur ist die **Reichweite** des α-Teilchens in dem betreffenden Medium, das sich in der Nebelkammer befindet. Gleich lange Spuren gehören folglich zu α-Teilchen gleicher Energie. Sieht man z. B. zwei Gruppen von jeweils gleich langen Spuren, so sendet das Präparat α-Teilchen mit zwei verschiedenen diskreten (scharf bestimmten) Energien aus. Bei allen α-Strahlern hat man immer nur α-Teilchen mit ganz bestimmten diskreten Energien beobachtet.

Betrachtet man eine fotografierte Nebelkammerspur eines α-Teilchens unter dem Mikroskop, so erkennt man hunderttausende Nebeltröpfchen. Das α-Teilchen hat also auf seinem Weg sehr viele Ionenpaare gebildet. Da zur Bildung eines Ionenpaares in Luft im Mittel 35 eV nötig sind, liegen die Energien der α-Teilchen in der Größenordnung von 1 MeV und mehr.

2. Eine komfortable Energiemessung

In ➡ *Versuch 1* wurden mit einem Halbleiterzähler (➡ *Vertiefung*) und einem Oszilloskop die **Impulsspektren** von einem Am-241- und einem Ra-226-Strahler aufgenommen. Die Impulshöhen verraten etwas über die Energie *W* der α-Teilchen. Man sortiert deshalb die Impulse mit einem **Impulshöhenanalysator** (➡ *Vertiefung*) nach ihren Höhen U_m und erhält so ein **Impulshöhenspektrum** (➡ *Versuch 2*). Man erkennt an den „Peaks" in den Spektren, dass Am-241 α-Teilchen einer einzigen Energie aussendet, das Ra-226-Präparat dagegen α-Teilchen mit mindestens vier unterschiedlichen Energien. Eicht man die U_m-Achse des Impulshöhenspektrums als Energieachse, so kann man die Energien von α-Teilchen messen. Die Peaks beim Ra-226-Präparat liegen bei W = 3,8 MeV, 4,7 MeV, 5,4 MeV und 7,2 MeV (➡ *Versuch 2c*).

Aus Impulshöhenspektren lassen sich weitere Schlussfolgerungen ziehen. Aus der „schmalen" Linie in ➡ *Versuch 2a* sieht man, dass α-Teilchen aus radioaktiven Nukliden eine scharf bestimmte Energie haben. Dies stimmt mit den Beobachtungen in der Nebelkammer überein. – Schulpräparate sind aus Sicherheitsgründen meist mit einer dünnen Folie überzogen. Welche Folgen dies für die Energie austretender α-Teilchen hat, zeigt der Vergleich von ➡ *Versuch 2a* und ➡ *Versuch 2b*. Nicht nur, dass die α-Teilchen in der Abdeckschicht Energie verlieren, sie treten auch – wie der verbreitete Peak zeigt – längst nicht mehr so monoenergetisch auf.

Merksatz

α-Teilchen, die von radioaktiven Nukliden ausgesandt werden, haben diskrete, scharfe Energien in der Größenordnung MeV. Mit einem Halbleiterzähler und Impulshöhenanalysator lässt sich das Energiespektrum einer α-Strahlung gut ausmessen.

3. Die Reichweite von α-Strahlung

Vor allem im Hinblick auf die Themen Strahlengefahr und Strahlenschutz ist es wichtig zu wissen, welche Materieschicht die Strahlung radioaktiver Stoffe durchdringen kann. Aus Nebelkammerbildern wissen wir: Je höher die Energie eines α-Teilchens ist, umso länger ist die Spur, umso größer ist also die Reichweite der α-Teilchen in Luft. *Bild 1* zeigt die Reichweiten von α-Strahlung in Materie für verschiedene Materialien als Funktion der Energie. Da fast kein Nuklid α-Teilchen mit mehr als 10 MeV emittiert, folgt aus dem Bild:

Merksatz

Die Reichweite der α-Strahlung radioaktiver Nuklide ist in Luft kleiner als 10 cm und in fester Materie kleiner als 0,1 mm.

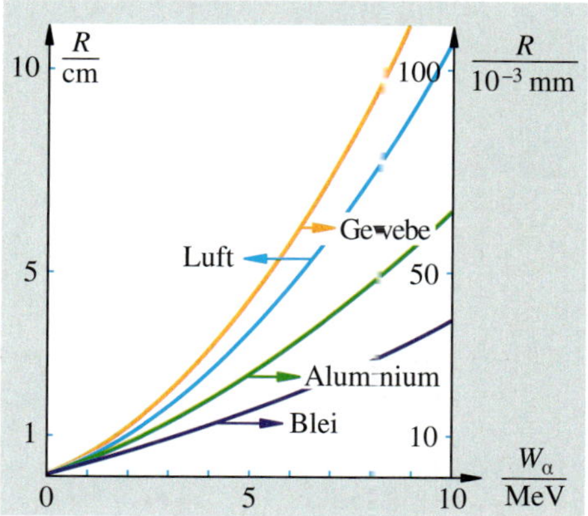

B 1: Reichweite R von α-Strahlung in Materie für verschiedene Materialien

Vertiefung

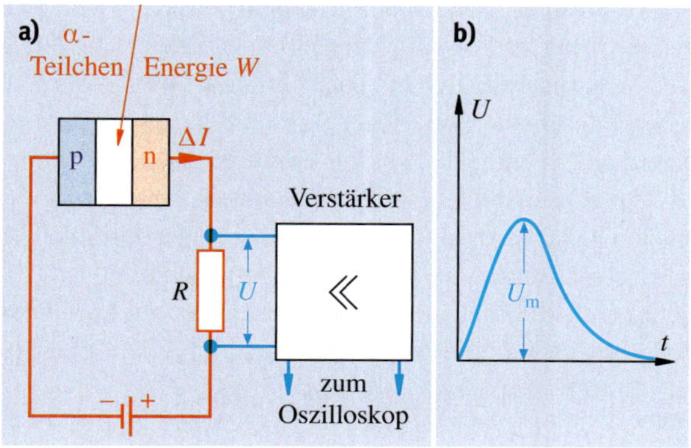

Halbleiterzähler und Impulshöhenanalysator

Der **Halbleiterzähler** ist im Prinzip eine in Sperrrichtung gepolte Halbleiterdiode, ähnlich der Fotodiode. Tritt ein α-Teilchen in die an Ladungsträgern arme p-n-Schicht ein und erzeugt dort durch Ionisierungsprozesse Ladungsträger, so kommt es in den Zuleitungen zum Halbleiterdetektor zu einem Stromstoß ΔI. Er erzeugt am Arbeitswiderstand R einen Spannungsimpuls, den ein Oszilloskop registriert. *Bild b* zeigt den zeitlichen Verlauf des Impulses. Dessen Amplitude U_m ist ein bequemes Maß für die Energie W des α-Teilchens, da die Zahl der in der p-n-Schicht erzeugten Ladungsträger proportional zu W ist.

Ein **Impulshöhenanalysator** kann die Impulse des Halbleiterzählers ihrer Höhe nach sortieren. Er zählt in einer Zeit Δt die Anzahl k der Impulse mit der Höhe $U_m \pm \Delta U$ (ΔU klein). Diese Messung führt er für die auftretenden Höhen $0 < U_m < U_{m,\,max}$ durch und trägt dann die Zahlen k über U_m auf. So erhält man das **Impulshöhenspektrum** der α-Strahlung. Eine Linie (auch Peak genannt) verrät α-Teilchen einer ganz bestimmten Energie (*Versuch 2*). Da die Amplitude U_m proportional zur Energie W der α-Teilchen ist, kann man die horizontale U_m-Achse in den Impulshöhenspektren als Energieachse eichen. Dazu muss man die Energie eines der α-Teilchen kennen. Mit Ablenkversuchen in Magnetfeldern hat man z. B. die Energie der α-Teilchen von Am-241 zu $W = 5{,}48$ MeV bestimmt.

... noch mehr Aufgaben

A 1: Berechnen Sie die Geschwindigkeit der α-Teilchen von Po-214 aus deren kinetischer Energie $W = 7{,}7$ MeV. Wie groß ist in diesem Fall die relativistische Massenvergrößerung? Darf man also nichtrelativistisch rechnen?

A 2: a) Skizzieren Sie qualitativ das Impulshöhenspektrum von Pb-212. Pb-212 sendet α-Teilchen der Energie 6,05 MeV, 6,09 MeV und 8,78 MeV aus, und zwar im Verhältnis 25 : 10 : 100 der Teilchenzahlen. **b)** Ein Pb-212-Präparat wird in eine Nebelkammer gebracht. Wie wird ein Nebelkammerbild aussehen? Wie lang werden die Spuren sein?

A 3: a) Bestimmen Sie mithilfe von *Bild 1* die Reichweite der α-Strahlung von Po-212 (8,79 MeV) und Po-210 (5,30 MeV) in Luft und Körpergewebe. **b)** Wie groß ist die Energie dieser α-Teilchen in Luft, 2 cm bevor die Teilchen dort zur Ruhe kommen? **c)** Wie dick muss die empfindliche Schicht eines Si-Halbleiterzählers sein, damit diese α-Teilchen dort vollständig stecken bleiben? (Verwenden Sie in *Bild 1* die Kurve für Aluminium.)

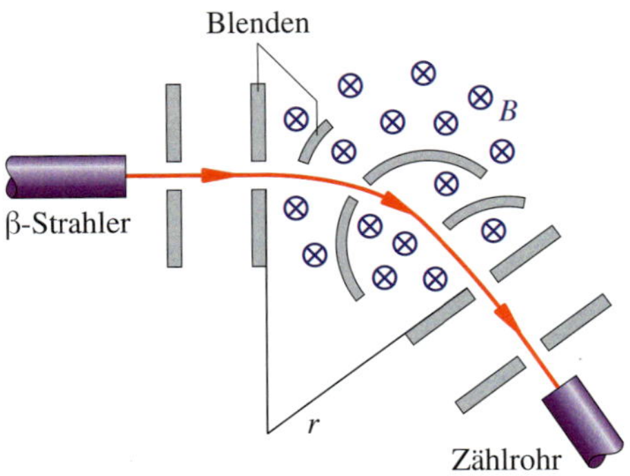

B 1: Magnetisches β-Spektrometer: Die von einem β-Strahler ausgehenden Teilchen werden durch ein Magnetfeld abgelenkt. Das Zählrohr registriert nur solche β-Teilchen, die den durch Blenden festgesetzten Kreis mit dem Radius r (z. B. $r = 5$ cm) durchlaufen haben.

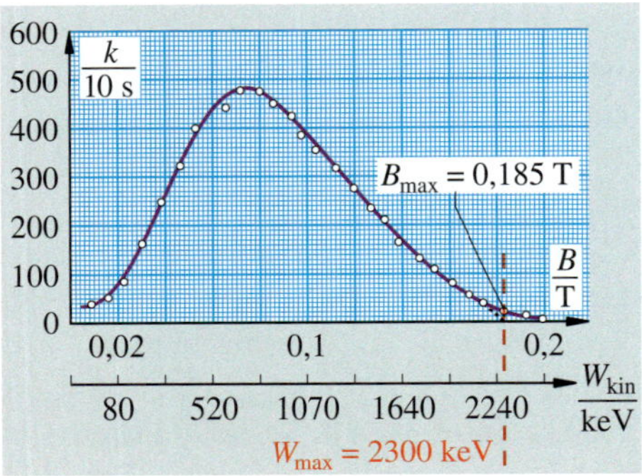

V 1: Wir setzen ein Präparat mit dem β-Strahler Sr-90 in das magnetische Spektrometer nach *Bild 1* ein und messen die Impulszahlen k als Funktion der magnetischen Flussdichte B. Bei jedem Wert für B mit $0 < B < B_{max}$ mit $B_{max} = 0{,}18$ T gelangen β-Teilchen ins Zählrohr.

V 2: a) Wir untersuchen die von Na-22 ausgehende Strahlung. Ein Papier zwischen Präparat und Zählrohr ändert die Zählrate nicht. Dagegen verringert sie sich, wenn man ein 5 mm dickes Aluminiumblech verwendet. Na-22 sendet also γ-Strahlung aus und eine Strahlung, die in 5 mm Aluminium stecken bleibt. Sind es β-Teilchen?
b) Wir untersuchen im Spektrometer nach *Bild 1* die Strahlung von Na-22. Wir finden aber bei gleicher Magnetfeldpolung wie in *Versuch 1* außer dem γ-Untergrund keine Zählrate. Polen wir dagegen das Magnetfeld um, so erhalten wir das vertraute β-Spektrum mit γ-Untergrund.

β-Strahlung

1. Energie der β-Teilchen

β-Teilchen lassen sich nur in empfindlichen Nebelkammern nachweisen, da sie pro cm Wegstrecke viel weniger Moleküle ionisieren als α-Strahlen. Die Spuren der β-Teilchen sind deshalb auch viel dünner und enden meist erst an der Nebelkammerwand. Aussagen über die Energie der β-Teilchen lassen sich deshalb besser mit **magnetischen β-Spektrometern** gewinnen (*Bild 1*). β-Teilchen werden dort durch ein Magnetfeld der Flussdichte B auf einen Kreis mit dem Radius r gezwungen. Je größer die Energie der β-Teilchen ist, umso größer muss hierzu B sein. Die *Vertiefung* zeigt, dass zwischen der kinetischen Energie W_{kin} der Elektronen und dem Produkt $(B\,r)$ ein eindeutiger Zusammenhang besteht. Hält man also r fest und ändert B, werden β-Teilchen mit einer anderen kinetischen Energie W_{kin} nachgewiesen. Man erhält so das **Energiespektrum** der Elektronen **(β-Spektrum).** *Versuch 1* zeigt, dass das Energiespektrum der β-Teilchen des radioaktiven Präparats Sr-90 **kontinuierlich** ist, da β-Teilchen für alle Werte der magnetischen Flussdichte B zwischen null und B_{max} registriert werden. Infolge des Zusammenhangs von $(B\,r)$ und W_{kin} lässt sich zudem die B-Achse in eine Energieachse umdeuten.
Die β-Teilchen des Präparates haben eine Maximalenergie W_{max}, da für $B > B_{max}$ keine Teilchen mehr ins Zählrohr gelangen.
Für jeden anderen β-Strahler erhält man ebenfalls ein kontinuierliches Energiespektrum. Die Maximalenergie W_{max} hat allerdings bei jedem β-Strahler einen anderen Wert.

Merksatz

Die β-Teilchen eines β-Strahlers besitzen ein kontinuierliches Energiespektrum mit einer Maximalenergie W_{max}.

2. Positronen

Versuch 2a zeigt, dass Na-22 neben γ-Strahlung auch Teilchen aussendet, die wie β-Teilchen in 5 mm Aluminium stecken bleiben. Nach *Versuch 2b* sind diese Teilchen aber positiv geladen. Man nennt sie **Positronen** oder **β^+-Teilchen,** da sie – wie weitere Versuche zeigten – dieselbe Masse und denselben *Betrag* der Ladung wie Elektronen haben. Sie wurden 1932 von C. D. ANDERSON bei der Untersuchung der Höhenstrahlung gefunden. – Außer Na-22 kennt man heute viele Nuklide, die Positronen abstrahlen. Nach *Versuch 2b* ist das Energiespektrum dieser *Positronenstrahler* ebenfalls kontinuierlich mit einer Maximalenergie W_{max}.

Merksatz

Positronen haben dieselbe Masse und denselben Betrag der Ladung wie Elektronen, sind aber *positiv* geladen.
Das Energiespektrum eines Positronenstrahlers ist wie das eines β-Strahlers kontinuierlich mit einer Maximalenergie W_{max}.

3. Reichweite von β-Strahlung in Materie

Trifft β-Strahlung auf Materie der Dicke d, so kann sie diese, wenn sie nur dünn genug ist (z. B. $d = 0{,}1$ mm), teilweise durchdringen. Mit zunehmender Dicke bleiben aber immer mehr β-Teilchen stecken. Eine bestimmte Strecke, die **Reichweite** der β-Strahlung in dieser Materie, überwindet aber keines der Teilchen mehr. ➠ *Bild 2* zeigt für verschiedene Materialien den Zusammenhang zwischen der Reichweite und der Maximalenergie. Er gilt auch für Positronen. Dem Bild entnehmen wir folgende Aussage über die Reichweite:

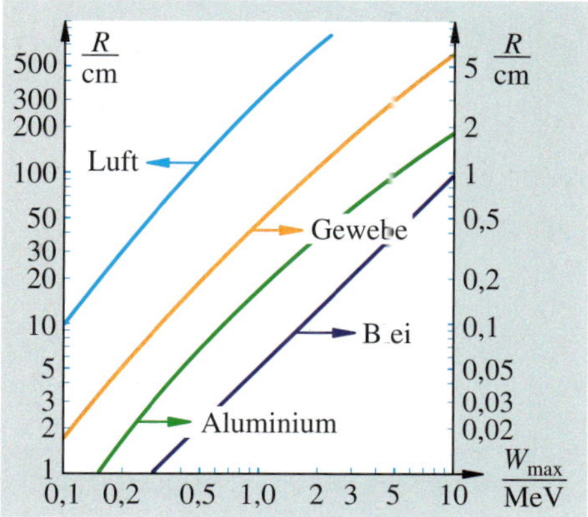

B 2: Reichweite R von β-Strahlung in verschiedenen Materialien; W_{max}: Maximalenergie der β-Strahlung

Merksatz

Die Reichweite von β-Teilchen und Positronen aus radioaktiven Nukliden kann in Luft bis zu einigen Metern, in fester Materie bis zu einigen Millimetern und in Körpergewebe 0,02 cm bis 5 cm betragen.

Vertiefung

Mit β-Teilchen muss man relativistisch rechnen

a) Wie groß ist die Geschwindigkeit v des Elektrons, wenn seine kinetische Energie W_{kin} bekannt ist?

Die kinetische Energie W_{kin} eines Elektrons ist der Überschuss seiner Gesamtenergie W über der Ruheenergie $W_0 = m_0\, c^2 = 511$ keV: $W_{kin} = W - W_0$.
In der Relativitätstheorie gilt:

$$m = \frac{m_0}{\sqrt{1 - v^2/c^2}},\quad W_0 = m_0\, c^2 \quad \text{und} \quad W = m\, c^2. \text{ Also:}$$

$$W_{kin} = m\, c^2 - W_0 = \frac{W_0}{\sqrt{1 - v^2/c^2}} - W_0.$$

Löst man diese Gleichung nach v auf, findet man:

$$v = c\sqrt{1 - \frac{1}{(1 + W_{kin}/W_0)^2}}$$

Beispiel: Für $W_{kin} = 2{,}27$ MeV erhält man $v = 0{,}983\, c = 2{,}95 \cdot 10^8$ m/s, d. h. fast Lichtgeschwindigkeit!

b) In ➠ *Versuch 1* durchlaufen Elektronen infolge des Magnetfeldes der Flussdichte B einen Kreis (Radius r). Wie groß ist die kinetische Energie W_{kin} der Elektronen?

Bewegt sich ein Elektron senkrecht zu einem Magnetfeld, so gilt: $e/m = v/(B\, r)$ und somit für den Impuls

$$p = m\, v = m\, e\, m^{-1}\,(B\, r) = e\,(B\, r). \tag{1}$$

Zusätzlich ist mit $m_0 = W_0/c^2$:

$$p = \frac{m_0}{\sqrt{1 - v^2/c^2}}\, v = \frac{W_0}{\sqrt{1 - v^2/c^2}}\, \frac{v}{c^2},\quad W = \frac{W_0}{\sqrt{1 - v^2/c^2}}.$$

Durch Quadrieren und Subtrahieren folgt daraus:

$$W^2 - c^2 p^2 = W_0^2 \quad \text{oder} \quad \mathbf{W^2 = W_0^2 + (c\, p)^2}.$$

Ersetzt man hier W durch $W_{kin} + W_0$ wird:

$$W_{kin} = \sqrt{W_0^2 + p^2 c^2} - W_0. \tag{2}$$

Aus *Gl. (1)* und (2) folgt: $\mathbf{W_{kin} = \sqrt{W_0^2 + e^2 c^2 (B\, r)^2} - W_0}.$

... noch mehr Aufgaben

A 1: ➠ *Bild 3* zeigt Spuren von β-Teilchen in einer Nebelkammer. Senkrecht zur Bildebene steht ein B-Feld. Die Teilchen starten aus einer Bi-210-Quelle am oberen Bildrand **a)** Welche Folgerungen ziehen Sie aus dem Bild? **b)** Skizzieren Sie qualitativ das β-Spektrum von Bi-210 ($W_{max} = 1{,}16$ MeV).

A 2: Bestimmen Sie die Reichweite der β-Strahlung eines Sr-90-Präparates ($W_{max} = 2{,}27$ MeV) in Luft, Gewebe, Aluminium, Blei.

A 3: Bestimmen Sie Geschwindigkeit und kinetische Energie der β-Teilchen, die in Versuch 1 bei $B = 0{,}07$ T ins Zählrohr gelangen. Rechnen Sie zunächst nichtrelativistisch, dann relativistisch!

A 4: Berechnen Sie v_{max} sowie den $(B\, r)$-Wert der β-Teilchen von Tl-204 ($W_{max} = 0{,}764$ MeV).

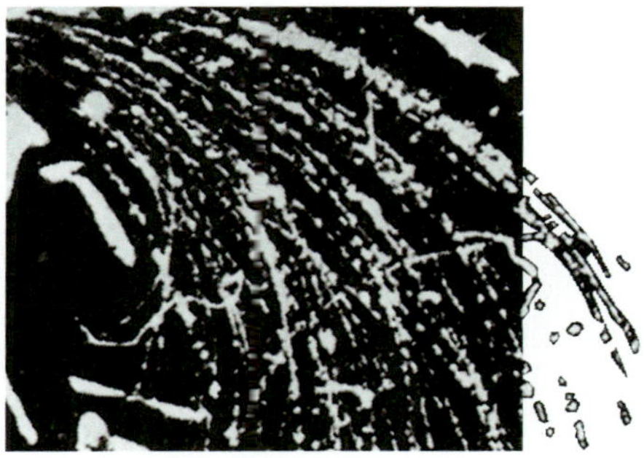

B 3: Zu ➠ *Aufgabe 1*

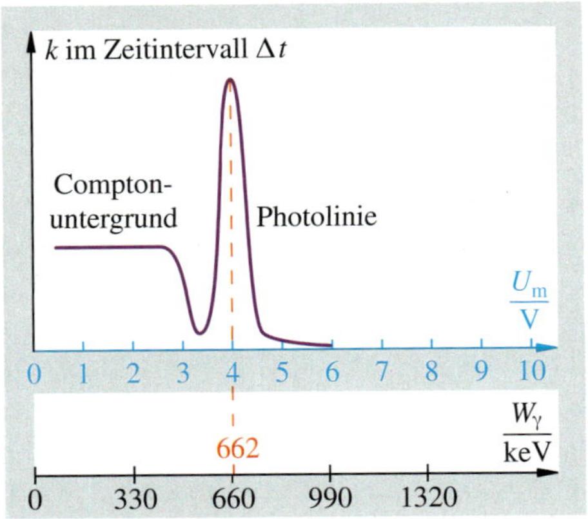

V 1: Wir verwenden ein geeignetes Cs-137-Präparat und nehmen von dessen γ-Strahlung das Impulshöhenspektrum mit einem Szintillationszähler auf.

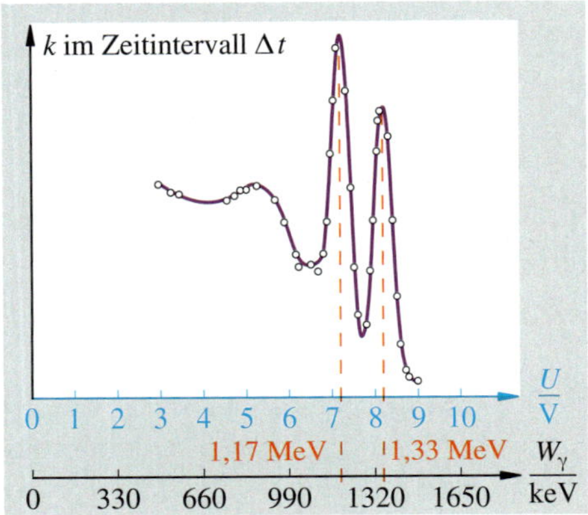

V 2: Mit einem Szintillationszähler nehmen wir das Impulshöhenspektrum der γ-Strahlung von Co-60 auf. Wir beobachten zwei Photolinien bei $W_1 = 1{,}17$ MeV und $W_2 = 1{,}33$ MeV.

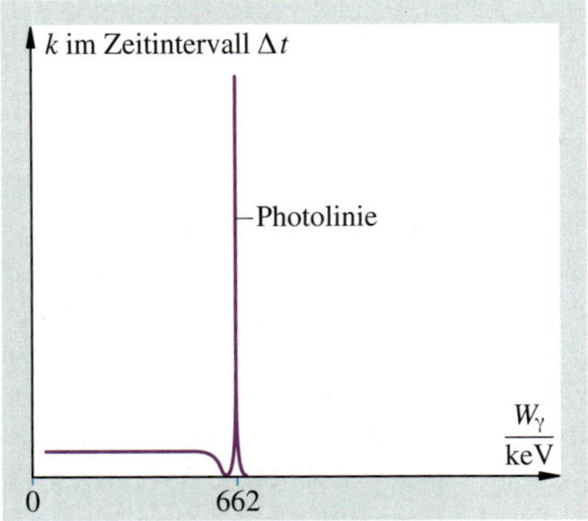

B 1: Impulshöhenspektrum der γ-Strahlung von Cs-137, aufgenommen mit einem Germanium-Lithium-Halbleiterzähler.

γ-Strahlung

1. Energie der γ-Quanten

γ-Strahlung transportiert keine elektrische Ladung und wird deshalb weder in elektrischen noch magnetischen Feldern abgelenkt. Wie lässt sich dann die Energie ihrer Quanten bestimmen? Da es sich bei γ-Strahlung um elektromagnetische Strahlung handelt, kann man daran denken, die Wellenlänge λ und somit die Frequenz f mithilfe der braggschen Drehkristallmethode zu messen und dann mit $W = hf$ die Energie zu berechnen. Ist dies experimentell möglich? Nehmen wir an, die γ-Quanten hätten eine Energie von 200 keV, dann ist die Wellenlänge:

$$\lambda = \frac{c\,h}{W} = \frac{3 \cdot 10^8\ \text{ms}^{-1} \cdot 6{,}62 \cdot 10^{-34}\ \text{Js}}{2 \cdot 10^5 \cdot 1{,}6 \cdot 10^{-19}\ \text{J}} = 6{,}2 \cdot 10^{-12}\ \text{m}.$$

Der Glanzwinkel, unter dem dann Interferenzmaxima auftreten, folgt aus (NaCl-Gitter: Netzebenenabstand $d = 282$ pm):

$$\sin\varphi = \frac{\lambda}{2d} = \frac{6{,}2 \cdot 10^{-12}\ \text{m}}{2 \cdot 2{,}82 \cdot 10^{-10}\ \text{m}} = 1{,}1 \cdot 10^{-2} \quad \text{zu} \quad \varphi = 0{,}63°.$$

Mit speziellen Geräten lässt sich ein solcher Winkel noch ausmessen; bei höheren Energien jedoch versagt auch diese Methode. Deshalb braucht man für die γ-Strahlung andere Energiemessverfahren. Eines verwendet den **Szintillationszähler** (➡ *Vertiefung*). Wie α-Teilchen in einem Halbleiterzähler, so erzeugen γ-Quanten dort Spannungsimpulse, deren Höhe proportional zur Energie der γ-Quanten ist. Zur Energiebestimmung muss man also das von den γ-Quanten im Szintillationszähler erzeugte Impulshöhenspektrum analysieren. – In ➡ *Versuch 1* wurde das Spektrum der γ-Strahlung von Cs-137 aufgenommen. Es besteht aus einer *Photolinie* und dem *Comptonuntergrund*. Dies bedeutet, dass Cs-137 γ-Quanten mit einer einzigen Energie W aussendet (➡ *Vertiefung*). Sie wurde auf anderem Wege zu $W = 662$ keV bestimmt.
Co-60 sendet γ-Quanten mit zwei diskreten Energien $W_1 = 1{,}17$ MeV und $W_2 = 1{,}33$ MeV aus (➡ *Versuch 2*). – Viele andere radioaktive Nuklide senden ebenfalls γ-Strahlung aus. Immer stellt man fest, dass das Energiespektrum der Strahlung aus *einzelnen Linien* besteht.

In Wirklichkeit sind die γ-Linien sehr viel schärfer als die bisherigen Messungen vermuten lassen. Eine Messung mit einem **Germanium-Lithium-Halbleiterzähler**, den man bei der Siedetemperatur des flüssigen Stickstoffs ($T = 77$ K) betreiben muss, zeigt dies (➡ *Bild 1*). Die breiten Linien bei Messungen mit Szintillationszählern sind also apparativ bedingt. Die γ-Linie mit $W = 14$ keV von Fe-57 hat z. B. eine Breite von nur $\Delta W = 5 \cdot 10^{-9}$ eV. Die Frequenzungenauigkeit $\Delta f / f = \Delta W / W$ ist daher nur $3 \cdot 10^{-13}$; die γ-Strahlung stellt ein äußerst genaues Frequenznormal dar.

Merksatz

Das γ-Spektrum radioaktiver Nuklide ist diskret mit sehr scharfen Linien. Es wird u. a. mit Szintillationszählern ausgemessen.

Vertiefung

a) 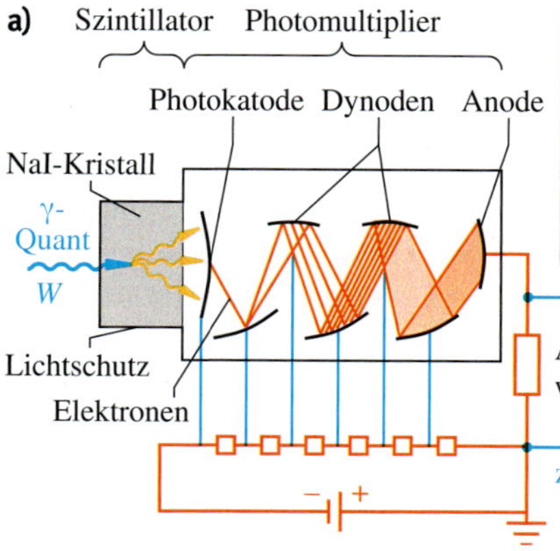

b) 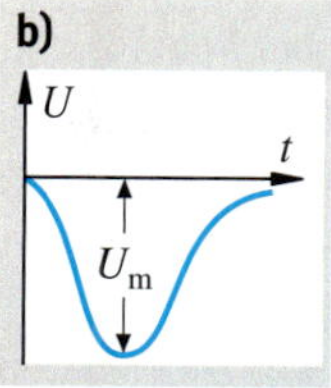

Der Szintillationszähler

Wir beobachten mit dunkel adaptiertem Auge durch eine Lupe einen Zinksulfidschirm, in den Spuren von Radium eingelagert sind (*Spinthariskop*). Wir sehen stochastisch verteilte Lichtblitze, die von den α-Strahlen aus Ra-226 verursacht werden. Die Energie der α-Teilchen wird in Licht umgesetzt.

Auf derselben Erscheinung beruht der **Szintillationszähler** (➠ *Bild a*). In seinem Kopf befindet sich ein *Natriumjodid-(NaJ-)Kristall.* Trifft ein γ-Quant auf diesen Kristall, so kann es dort einen Lichtblitz erzeugen. Dieser wird mit einem sehr lichtempfindlichen „Auge", einem *Photomultiplier,* beobachtet. In der Photokathode des Multipliers löst der Lichtblitz Elektronen aus, die durch eine angelegte Spannung zur ersten sog. *Dynode* beschleunigt werden. Die Oberfläche einer solchen Dynode gibt beim Auftreffen eines energiereichen Elektrons mehrere Sekundärelektronen ab. Diese werden zur nächstfolgenden Dynode mit immer höherem Potential beschleunigt. So verstärkt sich der ursprünglich an der Photokathode ausgelöste Elektronenstrom etwa um einen Faktor 10^8. Als Folge tritt am Widerstand *R* ein Spannungsimpuls auf (➠ *Bild b*). Je größer die Energie *W* eines γ-Quants ist, umso größer ist die Amplitude U_m des Spannungsimpulses, wenn die gesamte Energie des γ-Quants im Kristall deponiert wurde. Wie sorgfältige Untersuchungen gezeigt haben, ist der Zusammenhang zwischen *W* und U_m linear.

Wie beim Halbleiterzähler gewinnt man also Informationen über die Energie der γ-Strahlung, wenn man das *Impulshöhenspektrum* des Szintillationszählers aufnimmt. Leider ist die Analyse des Spektrums nicht ganz einfach. Die Ursache liegt in der Wechselwirkung eines γ-Quants mit dem NaJ-Kristall. Dieses kann nämlich im Kristall entweder einen *Photoeffekt* oder einen *Comptoneffekt* auslösen. Beim Photoeffekt gibt das γ-Quant seine gesamte Energie an ein Elektron ab. Beim Comptoneffekt dagegen wird ein Elektron angestoßen und ein neues γ-Quant mit geringerer Energie fliegt weiter und kann den Kristall verlassen. Ein γ-Quant überträgt seine Energie also ganz (beim Photoeffekt) oder nur teilweise (beim Comptoneffekt) auf ein Elektron, das dann im Kristall weiterfliegt und durch Ionisations- und Anregungsprozesse seine Energie abgibt. Dabei entsteht im NaJ-Kristall Licht.

Treffen *monoenergetische γ-Quanten* einer festen Energie $W = hf$ auf den Kristall, so entstehen also am Ausgang des Szintillationszählers Impulse mit *verschiedenen* Impulshöhen U_m. Das Impulshöhenspektrum besteht demzufolge aus einer *Photolinie* und einem *Comptonuntergrund* (➠ *Versuch 1*). γ-Quanten, die im Kristall Photoeffekt auslösen, tragen zur Photolinie bei, solche, die Comptoneffekt auslösen, zum Comptonuntergrund.
Über die Energie der γ-Strahlung gibt die Photolinie Auskunft. Kennt man noch die Energie einer γ-Linie (z. B. Cs-137: $W = 662$ keV), so kann man die Messanordnung mithilfe dieser Photolinie eichen und damit die Energien anderer γ-Quanten bestimmen.

... noch mehr Aufgaben

A 1: Skizzieren Sie qualitativ, wie das Impulshöhenspektrum von Co-60 mit einem Germanium-Lithium-Halbleiterzähler aussehen könnte.

A 2: Na-22 sendet nur γ-Quanten der Energie $W = 1270$ keV aus. Trotzdem sieht man im γ-Spektrum eine 2. Linie bei 511 keV. Woher kommt diese Linie? Hinweis: Na-22 ist ein β^+-Strahler.

A 3: Den Abfall des Comptonuntergrundes vor der Photolinie nennt man Comptonkante. Ein γ-Quant der Energie *W* führe im NaJ-Kristall einen Comptoneffekt durch. Das Quant, das darauf den Kristall verlässt, habe die Energie *W'*. Es gilt: $1/W' - 1/W = (1 - \cos\beta)/W_0$ ($W_0 = m_0 c^2 = 511$ keV, β: Streuwinkel). Der Rest der Energie $\Delta W = W - W'$ verbleibt im Kristall und trägt zum Comptonuntergrund bei. **a)** Bestätigen Sie die Gleichung mit der Gleichung für $\lambda' - \lambda$ beim Comptoneffekt. **b)** Zeigen Sie: Für $\beta = 180°$ wird ΔW am größten, und zwar $\Delta W = 2\,W^2/(W_0 + 2\,W)$. Dort liegt also die Comptonkante. **c)** Wo liegt die Comptonkante der γ-Linien von Cs-137, Co-60 und Na-22?

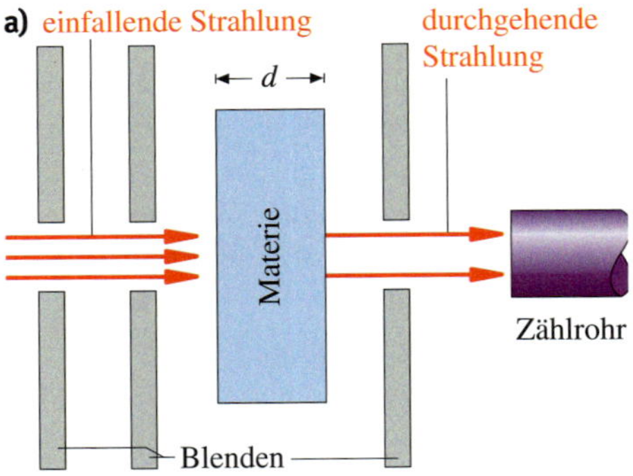

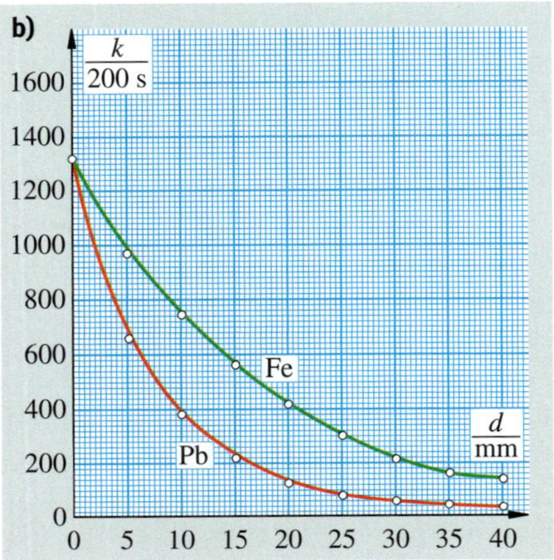

V 1: Mit der Anordnung nach Bild a messen wir die Absorption der γ-Strahlung von Cs-137 mit der Energie $W = 662$ keV in Blei bzw. Eisen. Das Ergebnis zeigt Bild b. Man liest für die Halbwertsdicken ab: bei Blei $d_{1/2} = 0{,}6$ cm, bei Eisen $d_{1/2} = 1{,}25$ cm.

2. Absorption von γ-Strahlung in Materie

Ein zentraler Punkt im Strahlenschutz ist die Abschirmung der Strahlung radioaktiver Stoffe. Dazu muss man wissen, wie sich γ-Strahlung verhält, wenn sie auf Materie trifft. ⇛ *Versuch 1* zeigt, wie die Intensität der γ-Strahlung von Cs-137 abnimmt, wenn sie auf Eisen oder Blei trifft. Nach jeder Dicke d ist immer noch eine gewisse Zählrate vorhanden, sie wird nicht null! *Im Gegensatz zur α- und β-Strahlung kann man also eine Reichweite der γ-Strahlung in Materie nicht angeben.* In der ⇛ *Vertiefung* wird gezeigt, dass die Abschwächung der γ-Strahlung exponentiell erfolgt. Man kann deshalb eine **Halbwertsdicke $d_{1/2}$** angeben, nach der die Zählrate auf die Hälfte des Ausgangswertes gesunken ist, gleichgültig von welchem Wert man ausgeht. ⇛ *Tabelle 1* zeigt $d_{1/2}$ für einige Materialien bei verschiedenen Energien W der γ-Quanten. Daraus liest man ab: *Blei hat eine relativ kleine Halbwertsdicke und schwächt deshalb die γ-Strahlung – und damit auch Röntgenstrahlung – besonders stark.* Aus diesem Grund spielt Blei im Strahlenschutz eine ganz wichtige Rolle.

Merksatz

Die Abschwächung von γ-Strahlung durch Materie erfolgt nach einem Exponentialgesetz. Eine Reichweite von γ-Strahlung in Materie kann man nicht angeben, dafür eine Halbwertsdicke $d_{1/2}$. Blei schwächt γ-Strahlung besonders stark.

Material	10 keV	100 keV	1000 keV	10 000 keV
Luft	140	3 500	8 200	29 000
Aluminium	0,012	1,6	4,2	12
Eisen	0,0006	0,25	1,5	2,7
Blei	0,0007	0,011	1,1	1,2

T 1: Halbwertsdicken $d_{1/2}$ in cm für γ-Strahlung mit verschiedener Energie

Vertiefung

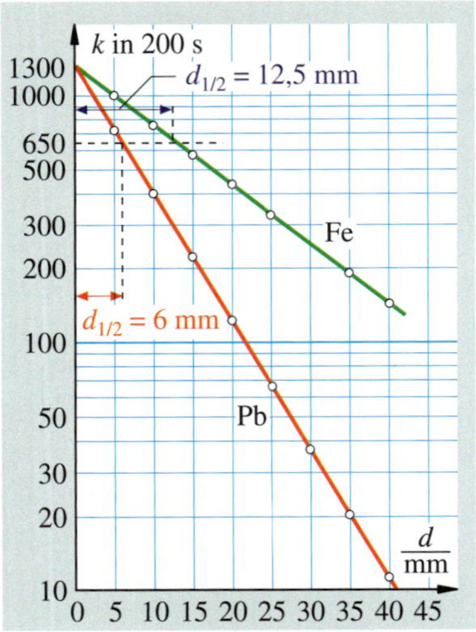

Das Gesetz für die Absorption von γ-Strahlung in Materie

Als Funktion, die den Verlauf der Messkurven in ⇛ *Versuch 1* beschreibt, vermuten wir eine Exponentialfunktion:

$$k(d) = k_0\, e^{-\mu d} \qquad (1)$$

Dabei ist $k(0) = k_0$. Wir überprüfen diese Vermutung, indem wir im nebenstehenden Schaubild den Logarithmus (ln) von $k(d)$ über d auftragen. Wir erhalten Geraden. Somit ist unsere Vermutung bestätigt. Logarithmieren wir nämlich *Gl. (1)*, so ergibt sich:

$$y(d) = \ln\,[k(d)] = \ln k_0 - \mu\, d.$$

$y(d)$ ist eine Gerade mit der Steigung $m = -\mu$.

Da $k(d)$ exponentiell verläuft, lässt sich eine **Halbwertsdicke $d_{1/2}$** angeben, nach der die Zählrate auf die Hälfte des Anfangswerts gesunken ist, gleichgültig von welchem Wert man ausgeht.

Es gilt: $\mu\, d_{1/2} = \ln 2$, denn es ist

$$k(d_{1/2}) = k_0\, e^{-\mu\, d_{1/2}} = \frac{1}{2} k_0.$$

Gl. (1) lautet also:

$$\boldsymbol{k(d) = k_0\, e^{-\frac{\ln 2}{d_{1/2}} d}}.$$

Interessantes

Absorption und Wahrscheinlichkeit

a) Mechanismen: Photonen wechselwirken im Wesentlichen bei drei uns bereits bekannten Prozessen mit Materie:

- *dem Photoeffekt*: das γ-Quant überträgt seine gesamte Energie auf ein gebundenes Elektron und verschwindet;
- *dem Comptoneffekt*: ein Teil der Energie des γ-Quants wird auf ein Elektron übertragen; den Rest der Energie nimmt ein energieärmeres Photon mit, das in eine andere Richtung fliegt.
- *der Paarbildung*: im Feld eines Atomkerns kann sich das γ-Quant, wenn es mehr als 1,02 MeV Energie hat, in ein Positron und ein Elektron materialisieren.

b) Erklärung: Betrachten wir zur Erklärung des exponentiellen Verlaufs der Absorptionskurven in ➡ *Versuch 1* das nebenstehende Bild. Die monochromatische γ-Strahlung tritt an der Stelle $x = 0$ mit der Intensität I_0 in die Materie ein. Sie hat nach der Strecke x noch die Intensität $I(x)$ und fällt damit auf die in Gedanken herausgegriffene dünne Schicht der Dicke $\Delta x = x_2 - x_1$ ein. Darin führt ein im Vergleich zu $I(x)$ kleiner Anteil $\Delta I = I(x_2) - I(x_1)$ der Photonen einen der oben genannten Prozesse durch und *scheidet damit aus dem Strahlquerschnitt ganz aus*. Hinter der Schicht bleibt ein homogenes Ensemble monochromatischer γ-Quanten übrig.

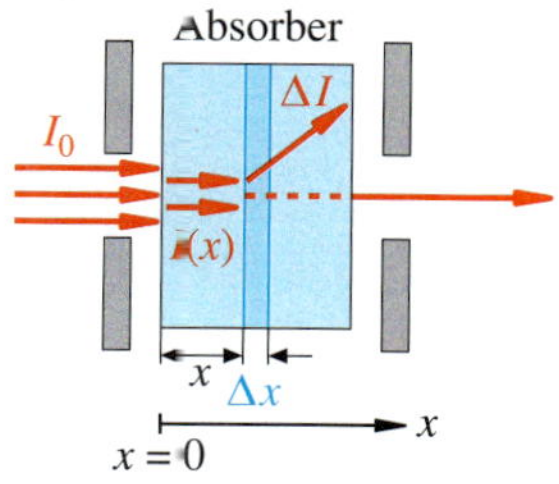

Ob ein bestimmtes γ-Quant in dieser Schicht der Dicke Δx einen Prozess durchführt oder nicht, *bleibt dem Zufall überlassen*. Aber eines ist gewiss: Bei doppelter Intensität $I(x)$ werden etwa doppelt so viele γ-Quanten in einen der Prozesse verwickelt. Demnach ist auch die Abnahme ΔI der Intensität doppelt so groß. Dasselbe gilt, wenn man die kleine Schichtdicke Δx verdoppelt. Aus beiden Überlegungen folgt:

$$\Delta I \sim I(x)\,\Delta x \quad \text{oder} \quad \Delta I = -\mu\, I(x)\,\Delta x$$
mit $\mu > 0$ und $\Delta I < 0$.

Die Gleichung gilt an allen Stellen x innerhalb des Körpers mit dem gleichen Faktor μ. Dividieren wir die Gleichung durch Δx und lassen Δx gegen null gehen, so ergibt sich die Differentialgleichung $I'(x) = -\mu I(x)$. Mit $I(0) = I_0$ hat sie die Lösung: $\boldsymbol{I(x) = I_0\, e^{-\mu x}}$.
Für $x = d$ ist dies das uns bekannte Absorptionsgesetz. *Der exponentielle Abfall folgt also allein aus der stochastischen Wechselwirkung der γ-Quanten mit den Atomen.* Das heißt, der Anteil der den Strahl verlassenden Quanten hängt nur von der *Wahrscheinlichkeit* ab, mit der sie mit Atomen wechselwirken.

... noch mehr Aufgaben

A 1: Welcher Bruchteil der γ-Strahlung mit einer Energie von 1 MeV durchdringt eine Schicht von 1 cm [10 cm] Eisen bzw. Blei?

A 2: **a)** γ-Strahlung wird in Luft sehr wenig absorbiert. Entfernt man aber ein Zählrohr von einem punktförmigen γ-Strahler, der seine Strahlung in alle Raumrichtungen gleichmäßig emittiert, so nimmt die Zählrate mit $1/r^2$ ab (r: Abstand Präparat – Zählrohr). Erklären Sie dies. **b)** Ob bei einer derartigen Messung die Zählrate n mit $1/r^2$ abnimmt, erkennt man am besten, wenn man $\lg n$ über $\lg r$ aufträgt. Begründen Sie dies. **c)** Wie wird n mit r abnehmen, wenn man einen β-Strahler verwendet?

A 3: ➡ *Versuch 1* wird mit Blei (Absorber) und Co-60 (γ-Strahler) durchgeführt. Für jeweils $k = 1000$ Impulse benötigt man folgende Messzeiten (Nulleffekt: 1000 Impulse in 53 min nicht abgezogen):

d/mm	4	8	12	16	20
t/s	45	61	71	85	110
d/mm	25	30	35	40	50
t/s	158	199	265	335	542

a) Bestimmen Sie die Halbwertsdicke $d_{1/2}$ unter Verwendung aller Messwerte. **b)** Welche Zählrate misst man ohne Blei? **c)** Ermitteln Sie mit ➡ *Bild 1* aus $d_{1/2}$ die Energie der γ-Quanten von Co-60.

A 4: Bei einem Absorptionsversuch mit γ-Strahlung von Cs-137 findet man hinter einer 2 cm bzw. 5 cm dicken Schicht aus demselben Material eine Zählrate von 2137/min bzw. 1277/min (Nulleffekt: 160 Impulse in 10 min). **a)** Um welches Material handelt es sich? **b)** Wie groß ist die Zählrate ohne Absorptionsmaterial? **c)** Bei welcher Dicke d durchdringen 5% der γ-Quanten das Material?

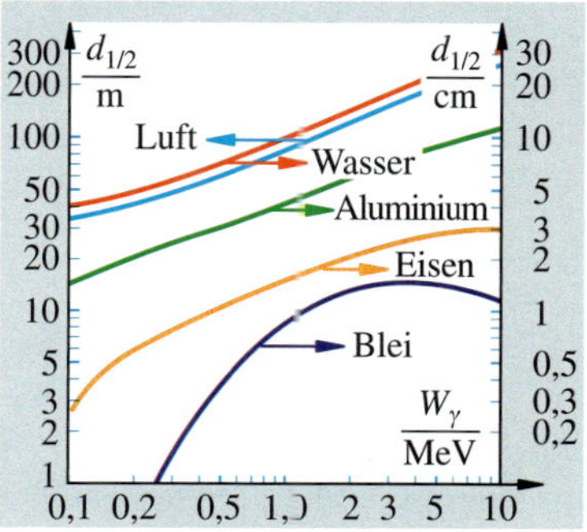

B 1: Halbwertsdicken von γ-Strahlung

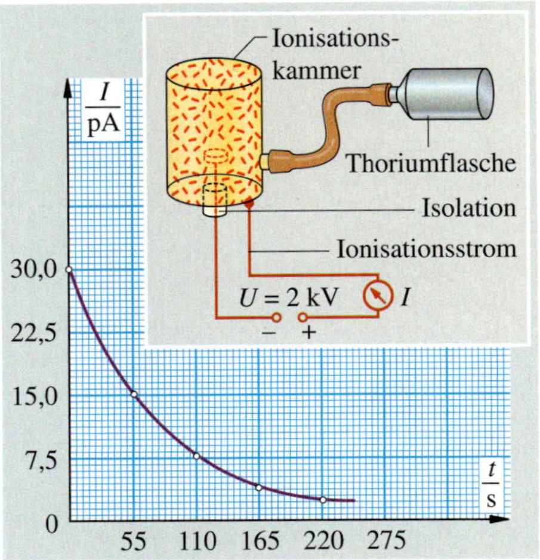

V 1: Eine Ionisationskammer besteht aus zwei gegeneinander isolierten Metallkörpern, zwischen denen eine Gleichspannung (2 kV) liegt. Werden in der Kammer Luftmoleküle durch Strahlung ionisiert, so wird die Luft leitend. In den Zuleitungen registriert ein Messverstärker Strom. **a)** Wir blasen in eine Ionisationskammer Luft aus einem Gefäß, das eine kleine Menge einer Thoriumverbindung enthält. Der Messverstärker zeigt Strom an. Zusammen mit der Luft ist also ein radioaktiver Stoff in die Kammer gelangt: Es handelt sich um das Isotop Rn-220 des Edelgases Radon, das α-Strahlen aussendet. Je mehr radioaktive Kerne Rn-220 in der Sekunde zerfallen, umso mehr α-Teilchen treten auf und umso größer ist die Stromstärke. *Diese ist also ein Maß für die Zahl der in 1 s zerfallenden Kerne.* Wegen der stochastisch auftretenden α-Zerfälle schwankt die Anzeige des Messgerätes. **b)** Blasen wir mehrmals hintereinander radonhaltige Luft in die Kammer, so steigt die Stromstärke mit jedem Gasstoß an. Ist nämlich die Zahl der radioaktiven Kerne n-mal so groß, so zerfallen n-mal so viel Kerne in 1 s und die Stromstärke ist n-fach. *Sie ist also auch ein Maß für die Zahl der unzerfallenen Kerne in der Kammer.* **c)** Gibt man kein weiteres Radon in die Kammer, so bleibt die Stromstärke nicht konstant, sondern fällt jeweils in 55 s auf die Hälfte ab. Also wird auch die Zahl der Kerne, die je Sekunde zerfallen, im Rahmen der stochastischen Schwankungen halbiert. Folglich ist nach jeweils 55 s die Zahl der insgesamt noch vorhandenen Rn-220-Kerne ebenfalls auf die Hälfte der anfangs bestehenden gesunken. Ihre Zahl nimmt also *exponentiell ab.*

Halbwertszeit

1. Gemeinsamkeiten radioaktiver Nuklide

Die Strahlung radioaktiver Stoffe kommt aus Atomkernen. Diese müssen sich also durch die Aussendung der Strahlung verändern. Man sagt, sie zerfallen. Wir betrachten eine Anzahl von Atomkernen in einer radioaktiven Substanz. Im Laufe der Zeit zerfallen sie. Sie tun dies *stochastisch*, wie man aus dem stochastischen Auftreten der Strahlung folgern muss. Kann man trotzdem eine Aussage darüber treffen, wie viele Kerne nach einer bestimmten Zeit noch nicht zerfallen sind? (➠ *Versuch 1* und *2*).

Aus ➠ *Versuch 1c* folgt, dass immer nach der Zeit $T_{1/2} = 55$ s die Zahl $N(t)$ der noch nicht zerfallenen Atomkerne des radioaktiven Nuklids Rn-220 im Rahmen der stochastischen Schwankungen halbiert wird und $N(t)$ deshalb exponentiell abnimmt. Folglich gilt:

$$N(t) = N_0\,\mathrm{e}^{-\lambda t} \quad \text{mit} \quad \lambda = \frac{\ln 2}{T_{1/2}}.$$

Dabei ist N_0 die Anzahl der Kerne zur Zeit $t = 0$. λ nennt man **Zerfallskonstante** und $T_{1/2}$ die **Halbwertszeit.** Der Zusammenhang zwischen λ und $T_{1/2}$ folgt aus

$$N(T_{1/2}) = N_0\,\mathrm{e}^{-\lambda T_{1/2}} = \frac{1}{2} N_0.$$

Dieses Gesetz gilt *für alle* radioaktiven Substanzen. Doch hat jedes radioaktive Nuklid eine andere Halbwertszeit. ➠ *Versuch 2* bestätigt dies. Zu beachten ist dabei, dass $N(t)$ eine im Rahmen der stochastischen Schwankungen *mittlere Zahl* ist (➠ *Vertiefung*).

Merksatz

Beim radioaktiven Zerfall sind von der ursprünglich vorhandenen Zahl N_0 von Kernen nach der Zeit t etwa $\boldsymbol{N(t) = N_0\,\mathrm{e}^{-\lambda t}}$ Kerne nicht zerfallen. – Die Halbwertszeit $T_{1/2}$ gibt die Zeitspanne an, nach der etwa die Hälfte der Kerne zerfallen ist. Es gilt $\boldsymbol{\lambda = \ln 2 / T_{1/2}}$.
Jedes radioaktive Nuklid hat eine charakteristische Halbwertszeit.

2. Die Aktivität und ihre Einheit

$\Delta N = N(t + \Delta t) - N(t)$ gibt die in der Zeit Δt erfolgte Abnahme der Kernanzahl durch den radioaktiven Zerfall an. Als **Aktivität** $\boldsymbol{A}$ oder Zerfallsrate definiert man nun den Quotienten $A = -\Delta N / \Delta t$ für $\Delta t \ll T_{1/2}$. Da ΔN negativ ist, wird die Aktivität A durch das Minuszeichen in dieser Gleichung positiv. A ist sozusagen die Geschwindigkeit, mit der die radioaktive Substanz zerfällt. Die Einheit der Aktivität ist 1 s^{-1}, genannt **1 Becquerel (1 Bq).** Für $\Delta t \to 0$ findet man genauer:

$$A(t) = -\dot{N}(t). \tag{1}$$

Die Ableitung $\dot{N}(t)$ der Funktion $N(t)$ ist andererseits:

$$\dot{N}(t) = -\lambda N_0\,\mathrm{e}^{-\lambda t} \quad \text{und damit} \quad A(t) = \lambda N(t). \tag{2}$$

Die Aktivität $A(t)$ ist eine Funktion der Zeit und *proportional zur Zahl N(t) der noch nicht zerfallenen Atome.* Dies kennen wir aus ➡ *Versuch 1* bzw. 2. Dort ist die Stromstärke bzw. die Zählrate sowohl ein Maß für die Zahl der in einer Zeit $\Delta t << T_{1/2}$ zerfallenen Kerne – also für die Aktivität des Präparats – als auch ein Maß für die Zahl der noch nicht zerfallenen Kerne $N(t)$. – Die Aktivität $A(t)$ einer radioaktiven Substanz fällt mit der gleichen Halbwertszeit wie $N(t)$ exponentiell ab. Aus *Gl.* (2) folgt nämlich:

$$A(t) = A_0 \, e^{-\lambda t} \quad \text{mit} \quad \lambda N_0 = A_0. \tag{3}$$

Merksatz

Die **Aktivität** einer radioaktiven Substanz ist der Quotient aus der Anzahl ΔN der in einer kleinen Zeitspanne $\Delta t << T_{1/2}$ stattfindenden Zerfälle und dieser Zeitspanne Δt. – Die Aktivität $A(t)$ ist proportional zu der noch nicht zerfallenen Anzahl von Atomen $N(t)$ und nimmt wie diese exponentiell ab: $\boldsymbol{A(t) = \lambda N(t)}$.
Die Einheit der Aktivität ist **1 Becquerel.** Es ist: 1 Bq = 1 s^{-1}.

V 2: a) Durch einen Cäsium-Isotopengenerator drücken wir einige Tropfen Salzsäure. Die Lösung fangen wir in einem Reagenzglas auf und halten dieses vor ein Zählrohr. Das Zählrohr zeigt, dass die Salzsäure aus dem Isotopengenerator eine radioaktive, γ-strahlende Substanz herausgelöst hat (es handelt sich um Ba*-137). Je mehr radioaktive Substanz sich im Reagenzglas befindet, desto größer ist die Zählrate. In ➡ *Versuch 1* ist die Stromstärke $I(t)$ proportional zur Zahl der noch nicht zerfallenen Kerne $N(t)$, in diesem Versuch nun ist die Zählrate $n(t)$ proportional zu $N(t)$.
b) Wenn wir die Zählrate alle 20 s messen, so erhalten wir eine Messkurve analog zu der in ➡ *Versuch 1*, allerdings mit einer Halbwertszeit von $T_{1/2}$ = 2,5 min.

Vertiefung

A. Radioaktiver Zerfall und Wahrscheinlichkeit

$N(t) = N_0 \, e^{-\lambda t}$ ist eine stetige, differenzierbare Funktion. Da aber immer nur ein ganzer Kern zerfällt, und zwar momentan, müsste die tatsächliche Zerfallsfunktion eine Treppenfunktion mit Stufenhöhe 1 sein. *Wie in der Quantenmechanik gilt ein Wahrscheinlichkeitsgesetz*: Nicht der einzelne Zerfallsprozess ist determiniert und durch eine mathematische Funktion vorhersagbar, sondern allein seine Wahrscheinlichkeit.

Die Funktion $N(t)$ stellt also nicht die wirkliche, sondern vielmehr die *mittlere* Anzahl $N(t)$ noch unzerfallener Kerne als Funktion der Zeit dar; $N(t)$ ist streng determiniert wie das Intensitätsdiagramm bei der Licht- oder Elektronenbeugung, während der einzelne Zerfall stochastisch erfolgt. Die Funktion $N(t)$ ist also nicht etwa eine Näherung des Zerfallsgesetzes, sondern sie ist dieses nur durch eine Wahrscheinlichkeit ausdrückbare Gesetz selbst!

Aus *Gl.* (*1*) und (2) folgt für kleine $\Delta t << T_{1/2}$:

$$-\lambda N(t) \approx \frac{\Delta N}{\Delta t} \quad \text{oder} \quad \lambda \Delta t \approx -\frac{\Delta N}{N(t)} \tag{4}$$

Von $N(t)$ Kernen zerfallen in der Zeit Δt im Mittel ΔN Kerne. $\Delta N/N(t)$ ist somit die Wahrscheinlichkeit, mit der ein Kern in dieser Zeit zerfällt. Der Zahlenwert von λ gibt also nach *Gl.* (*4*) – wenn man Δt = 1 s setzt – die Wahrscheinlichkeit an, mit der ein Kern innerhalb der nächsten Sekunde zerfällt (falls $T_{1/2}$ >> 1 s). λ nennt man daher zu Recht *Zerfallskonstante*.

Bemerkenswert ist: Die Zerfallswahrscheinlichkeit eines Kerns ist unabhängig von der Zeit t, d. h. vom Alter des Kerns. *Der Kern altert also nicht*!

B. Von der großen Zahl der Atome

Radioaktive Präparate in Schulen besitzen maximal eine Aktivität von $3{,}7 \cdot 10^6$ Bq. Man bedenke: Obgleich solche Präparate schon jahrelang in der Schule lagern, zerfallen bei ihnen in jeder Sekunde 3 700 000 Kerne, dies bei Tag und Nacht und auch in den Ferien. Dabei hat die Substanz eine Masse von wenigen µg. Vielleicht vermittelt Ihnen das ein Gefühl für die riesige Anzahl von Atomen in einer so winzigen Substanzmenge.

C. Bestimmung einer großen Halbwertszeit

K-40 hat eine Halbwertszeit von $1{,}28 \cdot 10^9$ a. Wie hat man diese große Zeit bestimmt?

Es ist nach *Gl.* (2): $A(t) = \lambda N(t) = (\ln 2/T_{1/2})\, N(t)$.

Man hat gemessen, dass 10 g natürliches Kalium infolge des 0,0118%-Gehaltes an K-40 eine Aktivität von 310 Bq haben. Wegen der gegenüber den Messzeiten sehr großen Halbwertszeit verändert sich die Zahl $N(t)$ praktisch nicht. Sie lässt sich deshalb aus der Masse m des Kaliums bestimmen:

1 mol natürliches Kalium hat eine Masse von 39,0983 g. In 10 g Kalium befinden sich

$$\frac{10\text{ g} \cdot 6{,}023 \cdot 10^{23}}{39{,}0983\text{ g}} = 1{,}540 \cdot 10^{23} \text{ Atome.}$$

Davon sind

$1{,}540 \cdot 10^{23} \cdot 1{,}18 \cdot 10^{-4} = 1{,}81 \cdot 10^{19}$ K-40-Atome.

Nach *Gl.* (2) ist somit

$$T_{1/2} = \frac{\ln 2 \cdot N(t)}{A(t)} = \frac{\ln 2 \cdot 1{,}81 \cdot 10^{19}}{310\text{ s}^{-1}} = 4{,}05 \cdot 10^{16}\text{ s}$$

$$T_{1/2} = 1{,}28 \cdot 10^9 \text{ a.}$$

Interessantes

B 1: Das Alter der Mumie wurde mit der C-14-Methode auf 5 300 bis 5 350 Jahre bestimmt.

Aktivität verrät das Alter

a) Wie alt ist die Mumie, die 1991 in den Ötztaler Alpen auf einem Gletscher gefunden wurde? Diese Frage lässt sich mit der **Kohlenstoff-14-Methode** beantworten. In der Atmosphäre wird nämlich unter dem Einfluss der fast konstanten kosmischen Strahlung laufend das radioaktive Kohlenstoffisotop C-14 gebildet ($T_{1/2} = 5\,730$ a). Es verbindet sich mit dem Sauerstoff der Luft zu radioaktivem Kohlenstoffdioxid. Infolge der konstanten Neubildungsrate und des laufenden Zerfalls hat sich in der Luft eine Gleichgewichtskonzentration an C-14 eingestellt. Das Häufigkeitsverhältnis der Kerne C-14 und der stabilen Kerne C-12 ist etwa $1{,}5 \cdot 10^{-12}$. Durch die Assimilation wird C-14 von den Pflanzen bzw. durch pflanzliche Nahrung von den Tieren aufgenommen. Solange ein Tier oder eine Pflanze leben, steht deren Kohlenstoffgehalt laufend in Kontakt mit dem Kohlenstoff der Atmosphäre und hat somit die gleiche Konzentration an C-14 wie dieser. In 1 g Kohlenstoff findet man dabei etwa 16 Zerfälle von C-14-Atomen in einer Minute ($A_0 = 16\ \text{min}^{-1}$). Stirbt das Lebewesen ab, sinkt der C-14-Gehalt nach dem Zerfallsgesetz.
Misst man z. B. in 1 g Kohlenstoff eines Gegenstandes noch 10,7 Zerfälle pro Minute ($A(t) = 10{,}7\ \text{min}^{-1}$), so lässt sich sein Alter wie folgt berechnen: Die Aktivität ist

$$A(t) = A_0\, e^{-\frac{\ln 2}{T_{1/2}} t}.$$

Logarithmiert man und löst nach t auf, so ergibt sich:

$$t = -\ln\left(\frac{A(t)}{A_0}\right) \frac{T_{1/2}}{\ln 2} = -\ln\left(\frac{10{,}7}{16}\right) \frac{5\,730\ \text{a}}{\ln 2} = 3\,330\ \text{a}.$$

Entsprechend der Halbwertszeit von 5 730 a eignet sich die C-14-Methode für Gegenstände mit einem Alter zwischen 1 000 und 30 000 Jahren ($\approx 6\ T_{1/2}$).

b) Um das Alter von Gesteinen und damit das der festen Erdkruste (ca. $4 \cdot 10^9$ a) zu bestimmen, benötigt man Nuklide mit großen Halbwertszeiten. Bei der **Uran-Blei-Methode** benutzt man U-238 mit $T_{1/2} = 4{,}5 \cdot 10^9$ a als Uhr. U-238 zerfällt über mehrere Stufen in das stabile Nuklid Pb-206. Im Gegensatz zur C-14-Methode kennt man allerdings die Konzentration $N_{U,0}$ von U-238 in der Gesteinsprobe bei deren Entstehung ($t = 0$) nicht. In dem langen Zeitraum ist aber praktisch aus jedem zerfallenen U-238-Kern ein stabiler Bleikern Pb-206 geworden. Die Anzahl $N_{Pb}(t)$ der Bleiatome ist also gleich der Abnahme $N_{U,0} - N_U(t)$ der Uran-Kerne; es gilt mit

$$N_U(t) = N_{U,0}\, e^{-\lambda t} \quad \text{oder} \quad N_{U,0} = N_U(t)\, e^{+\lambda t}$$
$$N_{Pb}(t) = N_{U,0} - N_U(t) = N_U(t)\,(e^{+\lambda t} - 1).$$

Löst man diese Gleichung nach t auf, findet man:

$$t = \frac{1}{\lambda} \ln\left(1 + \frac{N_{Pb}(t)}{N_U(t)}\right) = \frac{T_{1/2}}{\ln 2} \ln\left(1 + \frac{N_{Pb}(t)}{N_U(t)}\right).$$

Das Verhältnis $N_{Pb}(t)/N_U(t)$ lässt sich z. B. massenspektroskopisch bestimmen.

c) Bei Erzen, die schon bei ihrer Entstehung Blei enthalten, wird vielfach die **Kalium-Argon-Methode** benutzt. Kalium-40 zerfällt mit einer Halbwertszeit von $T_{1/2} = 1{,}28 \cdot 10^9$ a in Argon-40. Aus der Bestimmung des Gehaltes an Kalium und Argon im Gestein findet man analog zur Uran-Blei-Methode das Alter.

d) Bei den besprochenen Verfahren weiß man im Allgemeinen nicht sicher, ob die Gesteinsprobe bei ihrer Entstehung nicht doch schon Spuren der Tochtersubstanz (Pb, Ar) enthielt, oder ob die gasförmige Tochtersubstanz Argon teilweise wieder verschwunden ist. Deshalb zählt man heute die **Kernspaltungsspuren** von U-238 aus. Dieses Nuklid spaltet sich nicht nur nach einer Neutronenaufnahme, sondern auch spontan, d. h. von selbst:
In 1 g Uran finden in einer Stunde 25 spontane Spaltprozesse statt. Die beiden mit großer Energie wegfliegenden Kernbruchstücke erzeugen eine mikroskopisch sichtbare Störung des Kristallgefüges; diese bleibt genauso lange bestehen, wie das Mineral nicht verändert wird. Man erhält zuverlässige Werte für das Gesteinsalter, wenn man die Störstellen auszählt und mit dem Gehalt an U-238 vergleicht.
Dank dieser kernphysikalischen Methoden wurde z. B. das **Alter der Erde** zu 4,5 bis $4{,}6 \cdot 10^9$ a oder das **Mondentstehungsalter** aus den von Astronauten zur Erde gebrachten Proben zu $4{,}6 \cdot 10^9$ a bestimmt.

... noch mehr Aufgaben

Halbwertszeiten ➠ *Tabelle 1.*

A 1: In eine Ionisationskammer wird ein radioaktives Gas gepumpt und der Strom I gemessen:

t/s	0	10	20	40
$I/(10^{-12}$ A)	60	50	42	28
t/s	60	80	100	120
$I/(10^{-12}$ A)	20	14	9	7

a) Begründen Sie, warum I proportional zur Teilchenzahl $N(t)$ des radioaktiven Gases abfällt. **b)** Bestimmen Sie die Halbwertszeit $T_{1/2}$ und die Zerfallskonstante λ des Gases so genau wie möglich.

A 2: Nach wie viel Halbwertszeiten ist die Zahl der jetzt gerade vorhandenen Kerne einer radioaktiven Substanz auf 90%, 50%, 1% und 0,1% gesunken?

A 3: In der Mitte einer mit Luft gefüllten Ionisationskammer (Durchmesser 10 cm) befindet sich ein abgedecktes Am-241-Präparat, das α-Teilchen der Energie $W = 4{,}4$ MeV aussendet. Der Strom am Messverstärker beträgt $2{,}4 \cdot 10^{-9}$ A. **a)** Begründen Sie, dass alle α-Teilchen ihre gesamte Energie in der Kammer abgeben und nicht an die Kammerwand gelangen. **b)** Wie viele α-Teilchen je Sekunde sendet das Präparat in die Ionisationskammer aus? (Zur Bildung eines Ionenpaars benötigt ein α-Teilchen 35,5 eV Energie.) **c)** Welche Masse besitzt der Am-241-Anteil des Präparats, wenn man annimmt, dass ein Drittel der von Am-241 ausgesandten α-Teilchen in die Ionisationskammer gelangt?

A 4: Welche Aktivität entwickeln 10^{-7} g Po-210?

A 5: 1 g Ra-226 sendet in einer Sekunde $3{,}7 \cdot 10^{10}$ α-Teilchen aus. Berechnen Sie $T_{1/2}$ von Ra-226.

A 6: In einer U-238-Probe zerfallen 10^3 Atome in 1 min. Wie viele Atome enthält die Probe? Berechnen Sie die Masse der Probe.

Nuklid	$T_{1/2}$	Nuklid	$T_{1/2}$	Nuklid	$T_{1/2}$
Th-232	$1{,}4 \cdot 10^{10}$ a	Cs-137	30 a	Po-210	138 d
U-238	$4{,}5 \cdot 10^{9}$ a	Sr-90	28,5 a	Hg-203	46,9 d
K-40	$1{,}28 \cdot 10^{9}$ a	H-3	12,3 a	Cu-64	12,8 h
U-235	$7{,}1 \cdot 10^{8}$ a	Kr-85	10,8 a	Ba*-137	2,6 min
C-14	5 730 a	Co-60	5,27 a	Rn-220	55 s
Ra-226	1 600 a	Tl-204	3,8 a	Po-214	$0{,}16 \cdot 10^{-3}$ s
Am-241	433 a	Na-22	2,6 a	Po-212	$3 \cdot 10^{-7}$ s

T 1: Halbwertszeiten einiger Nuklide; a: Jahr, d: Tage, h: Stunde

A 7: Ein radioaktives Cu-64-Präparat wird hergestellt und verschlossen. Nach 20 Tagen beträgt die Aktivität noch 20 Bq. Welche Masse in Gramm besaß der Cu-64-Anteil des Präparats bei der Herstellung?

A 8: In einer Quecksilbermischung ist das radioaktive Isotop Hg-203 zu 0,02 % enthalten. Unmittelbar nach Herstellung der Mischung ist die Aktivität der Probe 40 s^{-1}. Berechnen Sie die Masse der Hg-Probe (mittlere Masse eines Hg-Atoms: 200,59 u).

A 9: Die Messung der Aktivität einer radioaktiven Substanz ergibt folgende Messreihe (n: Zählrate):

t/s	0	15	30	45
n/s^{-1}	151	112	85	67
t/s	60	90	120	150
n/s^{-1}	55	40	31	26
t/s	180	240	300	360
n/s^{-1}	22	15	11	9

a) Tragen Sie die Messergebnisse in einem einfach-logarithmischen Papier auf und begründen Sie, dass in der Substanz zwei Nuklide mit verschiedener Halbwertszeit vorhanden waren. **b)** Bestimmen Sie die Halbwertszeiten der Nuklide. (Hinweis: Das Nuklid mit kleinerem $T_{1/2}$ ist bei größeren Zeiten t fast verschwunden. Um dessen Halbwertszeit zu finden, muss man die Aktivität des längerlebigen Nuklids von der Gesamtaktivität subtrahieren.)

A 10: Zerfällt ein Nuklid mit der Halbwertszeit $T_{1/2}(1)$, so zerfällt häufig der Nachfolgekern nochmals mit einer Halbwertszeit $T_{1/2}(2)$ in einen stabilen Kern. Es sei $T_{1/2}(1) >> T_{1/2}(2)$. Begründen Sie qualitativ, dass die Aktivitäten beider Nuklide, die in einem Präparat lange nebeneinander existieren, gleich groß sind. Man nennt dies radioaktives Gleichgewicht.

A 11: Cs-137 zerfällt mit einer Halbwertszeit von $T_{1/2} = 30$ a in einen Ba-137-Kern, der mit $T_{1/2} =$ 2,6 min weiter zerfällt. Vor 5 Jahren wurde ein reines Cäsiumpräparat der Masse $1{,}1 \cdot 10^{-10}$ kg hergestellt. **a)** Welche Aktivität besaß das Präparat zum Zeitpunkt der Herstellung? **b)** Wie viele Cäsiumatome sind bis heute zerfallen? **c)** Wie viel Ba-137-Atome enthält das Präparat heute (vgl. Aufg. 10)?

A 12: Ein altes Holzstück, bei dem der Kohlenstoffanteil die Masse 25 g hat, zeigt eine Gesamtrestaktivität (herrührend von C-14) von $A = 2{,}4 \cdot 10^2$ min^{-1}. **a)** Wie viele C-14-Atome sind noch in diesem Holzstück? **b)** Vor wie vielen Jahren starb das Holzstück ab?

A 13: Bestimmen Sie das Massenverhältnis von U-238 zu Pb-206, das sich nach der Zeit $t = 1{,}4 \cdot 10^9$ a in einer Gesteinsprobe aufgrund des radioaktiven Zerfalls von U-238 in Pb-206 eingestellt hat. Zur Zeit $t = 0$ war die Zahl der Pb-206-Kerne null.

Interessantes

A. Strahlenbiologische Wirkungskette

Die Wechselwirkungen *ionisierender* Strahlung mit Gewebe beginnen mit der so genannten *physikalischen Phase*. Dort werden Moleküle und Atome einer Zelle durch die Strahlung lokal angeregt oder ionisiert und zwar innerhalb von 10^{-16} bis 10^{-13} s.

Anschließend (zwischen 10^{-13} und 10^{-2} s) wird die absorbierte Energie in die nähere Umgebung verteilt. Wird z. B. in einem organischen Molekül ein Elektron herausschlagen, das die chemische Bindung bewirkt, dann zerbricht das Molekül. Die Bruchstücke reagieren chemisch anders als das ursprüngliche Molekül. Oft bilden sich Radikale wie das H- oder das OH-Radikal (eine Zelle besteht zu 80% aus Wasser). Die Radikale sind chemisch hoch aktiv und lagern sich sofort an andere Radikale oder von der Strahlung nicht getroffene Moleküle an. In dieser *physikalisch-chemischen Phase* verändern sich also die Moleküle strukturell und funktionell.

Dies führt in der *biologischen Phase* (Zeitraum von 10^{-2} s bis zu mehreren Jahren oder Jahrzehnten) zu einem veränderten biologischen Verhalten der Zelle oder zu deren Tod.

B. Ionisationsprozesse im Körpergewebe

Jeder Mensch unterliegt einer *natürlichen Strahlenexposition* (s. *Ziff. 4*). Dauernd werden in seinem Körper durch die Strahlung radioaktiver Stoffe Moleküle ionisiert.

In 1 Jahr = $3{,}15 \cdot 10^7$ s absorbiert 1 g Körpermasse dabei im Mittel die Energie von
$2{,}4 \cdot 10^{-6}$ J = $2{,}4 \cdot 10^{-6}/1{,}6 \cdot 10^{-19}$ eV =
$1{,}5 \cdot 10^{13}$ eV, in 1 Sekunde also
$1{,}5 \cdot 10^{13}$ eV/$3{,}15 \cdot 10^7$ = $4{,}8 \cdot 10^5$ eV.

Um ein Ionenpaar zu bilden, braucht man ca. 30 eV an Energie. *In 1 g Körpergewebe werden also in einer Sekunde im Mittel mehr als 10 000 Ionenpaare gebildet*
($4{,}8 \cdot 10^5$ eV/30 eV = $1{,}6 \cdot 10^4$).

Dieses „Bombardement" durch ionisierende Strahlung trifft jeden Menschen. Er muss also über hochwirksame Mechanismen verfügen, um die Schäden durch Ionisationen zu beseitigen und zu reparieren.

Wirkung ionisierender Strahlung – Strahlenschutz

1. Erste böse Erfahrungen mit ionisierender Strahlung

H. A. BECQUEREL, der 1896 die Strahlung radioaktiver Stoffe entdeckte, trug 1901 ein nicht abgeschirmtes Radiumpräparat in der Westentasche. Nach zwei Wochen zeigte seine Haut Verbrennungserscheinungen mit einer schwer abheilenden Wunde. Bei Personen, die mit Röntgenstrahlen ohne Schutzvorrichtungen umgingen, traten schwere Erkrankungen, ja sogar Todesfälle auf.

Heute kennt man die Wirkung der Strahlung radioaktiver Stoffe, der Röntgenstrahlung sowie anderer ionisierender Strahlung auf den lebenden Organismus sehr viel genauer. Man weiß, dass nicht jede *Strahlenexposition* – das ist ein Vorgang, bei dem ionisierende Strahlung einen Menschen trifft – gleich zu einem biologischen Schaden führen muss, wohl aber kann.

Elektromagnetische Strahlung (z. B. die Strahlung im Mobilfunkbereich), deren Quantenenergie nicht ausreicht, Atome oder Moleküle zu ionisieren, nennt man *nichtionisierende Strahlung.*

2. Einwirkung ionisierender Strahlung auf lebende Zellen

Der Schaden, den ionisierende Strahlung verursachen kann, ist das Endglied einer komplexen Reaktionskette aus physikalischen, chemischen und biologischen Prozessen (➠ *Interessantes*). Die Desoxyribonukleinsäure-Moleküle (DNS) im Zellkern, welche die vielfältigen Zellfunktionen steuern und regeln und die Erbinformationen enthalten, sind besonders sensibel für Strahlung. Biologische Bestrahlungseffekte stellt man deshalb bevorzugt an Zellen fest, die sich beim Bestrahlen teilen. Im Embryo im Mutterleib ist die Zellteilung besonders intensiv.

Nicht vergessen darf man aber, dass der Organismus über wirksame Abwehrmechanismen verfügt, mit denen er Schäden an der DNS reparieren oder durch das Immunsystem erkennen und eliminieren kann (➠ *Interessantes*). Erst wenn diese Abwehrsysteme versagen, kommt es zum Strahlenschaden.

Merksatz

Ursache der Strahlenschäden ist die Ionisation von Molekülen. Abwehrmechanismen verhindern, dass jede Strahlenexposition schädlich ist.

3. Strahlenexposition – quantitativ erfasst

a) Ein Strahlenschaden tritt umso eher auf, je mehr Moleküle ionisiert oder angeregt werden. Absorbiert Körpergewebe der Masse Δm infolge einer Bestrahlung die Energie ΔW, so nennt man den Quotienten $\boldsymbol{D = \Delta W/\Delta m}$ **Energiedosis** mit der Einheit **1 Gray = 1 Gy = 1 J/kg.** Unter **Energiedosisleistung** $\boldsymbol{\dot{D} = \Delta D/\Delta t}$ mit der Einheit 1 Gy/s = 1 W/kg versteht man die je Sekunde absorbierte Dosis.

b) Die verschiedenen Strahlenarten haben allerdings unterschiedliche biologische Wirkungen.

α-Teilchen haben eine hohe Ionisationsdichte. Sie erzeugen in einer Zelle 10^4 bis 10^5 Ionenpaare, β-Teilchen nur 10 bis 100. Wenn α-Strahlung in einem Gewebe dieselbe Energiedosis liefert wie β-Strahlung, so sind im ersten Fall viel weniger Zellen betroffen als im zweiten; dennoch gehen mehr zugrunde, weil bei geringerer Ionisationsdichte die Selbstheilungsaussichten wesentlich günstiger sind. *Strahlung wirkt also verschieden, je nach dem, ob ihre Energie auf kurzen oder längeren Wegstrecken absorbiert wird.*

Um die unterschiedliche biologische Wirkung ionisierender Strahlen in demselben Gewebe oder Organ quantitativ miteinander zu vergleichen, wurde die **Äquivalentdosis *H*** eingeführt. Man erhält sie durch Multiplikation der Energiedosis *D* mit einem dimensionslosen *Strahlungs-Wichtungsfaktor* w_R: $\boldsymbol{H = w_R D}$.

Die Faktoren w_R (➠ *Tabelle 1*) für verschiedene Strahlenarten sind dabei so gewählt, dass sie ein Maß für die biologische Wirksamkeit *bei niederen Dosen* darstellen. Für Röntgen-, γ- und β-Strahlung ist $w_R = 1$ festgelegt. Die Äquivalentdosis *H* erhält die **Einheit 1 Sievert (1 Sv = 1 J/kg),** um sie von der messbaren Energiedosis zu unterscheiden. Treffen mehrere Strahlenarten ein Gewebe, so wird die gesamte schädliche Wirkung nicht durch die Summe der Energiedosen, sondern durch die Summe der Äquivalentdosen der einzelnen Strahlenarten richtig charakterisiert.

c) Biologische Strahlenwirkungen werden eingeteilt in stochastische und deterministische Wirkungen:

- Die **stochastischen Strahlenwirkungen** (z. B. Krebs) treten oft erst nach Jahren auf. Ihre *Eintrittswahrscheinlichkeit* hängt von der Energiedosis ab, nicht dagegen die Schwere der Erkrankung.
- Die **deterministischen Strahlenwirkungen** treten in absehbarer Zeit auf. Ihr *Schweregrad* steigt mit der Energiedosis. Bei vielen deterministischen Wirkungen besteht eine *Dosisschwelle*, unterhalb derer keine Krankheitssymptome auftreten.

Menschen werden oft einer Strahlung geringer Dosis weit unterhalb der Dosisschwelle für deterministische Strahlenwirkungen exponiert. Deshalb interessiert man sich im Strahlenschutz besonders für das **Strahlenrisiko** für stochastische Wirkungen bei niederen Dosen. Unter dem Strahlenrisiko versteht man die *Wahrscheinlichkeit* für das Eintreten einer durch eine Strahlenexposition bewirkten nachteiligen Wirkung bei einem Individuum.

d) Die Wahrscheinlichkeit, mit der im niederen Dosisbereich stochastische Wirkungen auftreten, ist bei gleicher Äquivalentdosis für verschiedene Gewebe und Organe unterschiedlich. Die Haut des Menschen ist z. B. weit weniger empfindlich als verschiedene innere Organe. Um bei einer Strahlenexposition einzelner Organe und Gewebe oder des gesamten Körpers das Strahlenrisiko für das Auftreten einer stochastischen Strahlenwirkung richtig abzuschätzen, hat man deshalb für die *Zwecke des Strahlenschutzes* die **effektive Dosis *E*** eingeführt.

Strahlenart	w_R
Röntgen- und γ-Strahlung	1
Elektronen, β-Strahlung, Myonen	1
Neutronen je nach Energie	5 bis 20
α-Strahlung, Schwerionen, Spaltfragmente	20

T 1: Strahlungs-Wichtungsfaktoren w_R

Organ Gewebe	w_T	Organ Gewebe	w_T
Keimdrüsen	0,20	Leber	0,05
Knochenmark	0,12	Speiseröhre	0,05
Dickdarm	0,12	Schilddrüse	0,05
Lunge	0,12	Haut	0,01
Magen	0,12	Knochenoberfl.	0,01
Blase	0,05	übrige Organe und Gewebe	0,05
Brust	0,05		

T 2: Gewebe-Wichtungsfaktoren w_T.
Die Summe der Wichtungsfaktoren ist 1.

Interessantes

Strahlenexposition durch ein γ-Präparat

Ein punktförmiges γ-Präparat der Aktivität *A*, dessen Strahlung nicht absorbiert oder gestreut wird, erzeugt im Abstand *r* die *Äquivalentdosisleistung* $\dot{H} = \Delta H/\Delta t = \Gamma A/r^2$.

Die Größe Γ ist dabei die so genannte *Dosisleistungskonstante* in $\text{Sv m}^2\,\text{h}^{-1}\,\text{Bq}^{-1}$.

Radionuklid	$\Gamma/\text{mSv m}^2\,\text{h}^{-1}\,10^9\,\text{Bq}^{-1}$
Na-22	0,321
Co-60	0,350
Cs-137	0,088
Ra-226	0,225
Am-241	0,007

Beispiel: In der Schule wird ein Cs-137-Präparat der Aktivität $3{,}7 \cdot 10^6$ Bq benutzt. Ein Experimentator hält sich 1 Stunde in 0,5 m Abstand von diesem Präparat auf. Welche Äquivalentdosis erhält er? Aus dem Präparat tritt nur γ-Strahlung aus. Die Äquivalentdosis ist $\Delta H = \dot{H}\,\Delta t = \Gamma A\,\Delta t/r^2$:

$$\Delta H = 0{,}088\,\frac{10^{-3}\,\text{Sv m}^2\,3{,}7 \cdot 10^6\,\text{Bq}}{\text{h}\,10^9\,\text{Bq}\,(0{,}5\,\text{m})^2}\,1\,\text{h} \approx 1{,}3\,\mu\text{Sv}.$$

Gesetzlich erlaubt sind 10 µSv. Man sollte aber jede unnötige Strahlenexposition vermeiden!

Vertiefung

Dosisbegriffe und Dosismessgrößen

Die „International Commission on Radiological Protection (ICRP)“ gibt seit Jahrzehnten Empfehlungen heraus, die als Grundlage für die Gesetzgebung zum Strahlenschutz dienen. In diesen Empfehlungen (z. B. ICRP-Publikation 60, 1990) werden die Dosisbegriffe definiert, die im Strahlenschutz verwendet werden. – Die **Äquivalentdosis** und die **effektive Dosis** sind *berechnete Dosisgrößen*, da sie unter Verwendung von Wichtungsfaktoren bestimmt werden. Als *Messgrößen* verwendet man die **Ortsdosis** und die **Personendosis.** Gemessen werden sie mit **Dosimetern**, die nach internationalen Vorschriften geeicht sind. Meist ermitteln sie **Dosisleistungen**, also die pro Zeiteinheit empfangene Dosis. Messgeräte für die **Ortsdosis** (Ortsdosimeter) geben in etwa die effektive Dosis an, die eine Person, die sich ständig am Ort der Messung aufhalten würde, abbekommt. Damit werden Strahlenschutzbereiche festgelegt. – Die **Personendosis** wird von *Personendosimetern* gemessen, welche die strahlengefährdete Person ständig am Körper trägt. Sie geben in etwa die effektive Dosis an, die diese Person tatsächlich in einem bestimmten Zeitraum erhalten hat.

Beispiel

Berechnung der effektiven Dosis

Durch Inkorporation von J-131 kommt es zu einer Schilddrüsenäquivalentdosis von $H = 80$ mSv. Der Gewebe-Wichtungsfaktor für die Schilddrüse ist $w_T = 0{,}05$. Wenn sonst keine weiteren Organe bestrahlt wurden, ergibt dies eine effektive Dosis von $E = w_T\,H = 80\text{ mSv} \cdot 0{,}05 = 4\text{ mSv}$.
Das Risiko, an einem durch 80 mSv strahleninduzierten Schilddrüsenkrebs zu erkranken, ist deshalb genauso groß, wie das gesamte Risiko, Krebs nach einer homogenen Ganzkörperexposition von 4 mSv zu bekommen. Bei einer homogenen Ganzkörperexposition ist jedes Organ mit 4 mSv exponiert. Da die Summe der Wichtungsfaktoren 1 ist, wird nämlich auch in diesem Fall die effektive Dosis 4 mSv.

4. Die effektive Dosis

Die Empfindlichkeit eines bestrahlten Gewebes berücksichtigt man, indem man die empfangene Äquivalentdosis H mit dem dimensionslosen **Gewebe-Wichtungsfaktor w_T** multipliziert (➡ *Tabelle 2* von *Ziff. 3*). Die Faktoren sind aus umfangreichen Untersuchungen abgeleitet. Um das gesamte Schadensrisiko abzuschätzen, summiert man die Produkte $w_T\,H$ über alle in der ➡ *Tabelle 2* (von *Ziff. 3*) aufgelisteten Organe. So erhält man die **effektive Dosis**

$$E = \sum w_T\,H \quad \text{mit der Einheit} \quad \mathbf{1\ Sievert = 1\ Sv.}$$

Die effektive Dosis ermöglicht eine einheitliche Beurteilung des Gesamtrisikos für stochastische Strahlenwirkungen nach einer Strahlenexposition mit kleinen Energiedosen. Dabei kann die Exposition einzelne oder mehrere Gewebe und Organe oder den ganzen Körper treffen (➡ *Beispiel*). – Die praktische Umsetzung dieses Begriffs wird in der ➡ *Vertiefung* erläutert.

Merksatz

Die **Energiedosis $D = \Delta W/\Delta m$** ist der Quotient aus der vom Gewebe der Masse Δm bei einer Bestrahlung absorbierten Energie ΔW und Δm. Die **Einheit** der Energiedosis ist das Gray: **1 Gy = 1 J/kg.**

Die **Äquivalentdosis $H = w_R\,D$** gewichtet die Energiedosis D nach der Strahlenart mit dem Strahlungs-Wichtungsfaktor w_R. Die **Einheit** der Äquivalentdosis ist **1 Sievert = 1 Sv.**

Die **effektive Dosis $E = \sum w_T\,H$** berücksichtigt zudem die Empfindlichkeit der Organe mit dem Gewebe-Wichtungsfaktor w_T. Damit wird das Strahlenrisiko des ganzen Körpers für stochastische Strahlenwirkungen bei geringen Dosen abgeschätzt. Die **Einheit** ist **1 Sv.**

5. Die Strahlenexposition des Menschen

a) Die Menschen sind überall ionisierender Strahlung ausgesetzt. Ursache sind *natürliche Strahlenquellen*, die unabhängig vom Menschen entstanden sind und existieren. Sie bewirken eine **natürliche Strahlenexposition.** Natürliche Strahlenquellen sind z. B. radioaktive Nuklide, die bei der Entstehung der Erde gebildet wurden und Halbwertszeiten in der Größenordnung des Erdalters haben, wie U-238, Th-232 und K-40. Diese Nuklide einschließlich der Zerfallsprodukte von U-238 und Th-232 sind überall in unterschiedlicher Konzentration in Böden und Gesteinen vorhanden.

Man unterscheidet vier Komponenten (➡ *Bild 1*) der natürlichen Strahlenexposition:

- Eine besondere Stellung unter den natürlichen radioaktiven Nukliden nehmen das gasförmige **Radonisotop Rn-222** ($T_{1/2} = 3{,}8$ d) aus der Zerfallsreihe von U-238 und in geringerem Umfang **das Radonisotop Rn-220** ($T_{1/2} = 55{,}6$ s) aus der Zerfallsreihe von Th-232 ein. Radon diffundiert aus dem Erdboden und den Gesteinen in die Luft und ist in geringer Aktivitätskonzentration praktisch überall in unserer Lebenssphäre vorhanden. Im Freien ist der Mittelwert der Radonaktivität 15 Bq/m³ und in Wohnungen 50 Bq/m³. Wird Radon vom Menschen eingeatmet und zerfällt es im Atemtrakt, so wird dieser durch die entstehende Strahlung exponiert. Zudem schlagen sich α-strahlende Zerfallsprodukte von Rn-222, Po-218 und Po-214, als Metallionen an Staubpartikeln und Aerosolen der Luft nieder und werden mit der Luft eingeatmet.

Die Inhalation von Radon ist die dominierende Komponente (ca. 58%!) der natürlichen Strahlenexposition (1,4 mSv/a).

- Die radioaktiven Nuklide in Böden und Gesteinen bewirken durch ihre γ-Strahlung die **terrestrische Strahlung.** Sie schwankt in ihrer Intensität je nach Zusammensetzung des Bodens (➡ *Bild 2*). Die resultierende *effektive Dosis* eines Menschen ist ca. 0,4 mSv/a (ca. 0,1 mSv/a durch den Aufenthalt im Freien; ca. 0,3 mSv/a durch den Aufenthalt in Wohnungen).
- Die **kosmische Strahlung** aus dem Weltraum besteht primär aus hochenergetischen Teilchenstrahlen und γ-Strahlung. Auf ihrem Weg durch die Lufthülle wird die Strahlung teilweise absorbiert. Folglich nimmt die Dosisleistung mit der Höhe zu (➡ *Bild 3*) und ist z. B. im Flugzeug verstärkt wirksam. Insgesamt verursacht sie eine mittlere effektive Dosis von 0,3 mSv/a.
- Aus dem Boden gelangen die natürlichen radioaktiven Nuklide in Wasser, Pflanzen und Tiere und damit in die Nahrung des Menschen. Mit jedem Kilogramm Nahrung nehmen wir im Mittel radioaktive Nuklide mit einer Aktivität von ca. 100 Bq zu uns. Diese verbleiben eine gewissen Zeitspanne im Körper. Die Gesamtaktivität eines erwachsenen Menschen beträgt etwa 9 000 Bq, wobei K-40 den größten Anteil hat. Die aus der **Aufnahme radioaktiver Nuklide mit der Nahrung (Ingestion)** resultierende effektive Dosis beträgt ca. 0,3 mSv/a.

Die **gesamte durchschnittliche effektive Dosis,** die ein Mensch in der Bundesrepublik durch die natürliche Strahlenexposition erhält, beträgt **ca. 2,4 mSv/a** (➡ *Bild 1*). *Die Streubreite liegt etwa zwischen 1 und 5 mSv/a.* Vereinzelt treten Werte von 10 mSv/a auf.

b) Zusätzlich zu der natürlichen Strahlenexposition liefert **die Anwendung radioaktiver Stoffe und ionisierender Strahlung in der Medizin** – insbesondere in der Röntgendiagnostik – heute nochmals einen Anteil von **ca. 1,6 mSv/a** an effektiver Dosis (➡ *Tabelle 1*). Weitere Strahlenexpositionen, z. B. durch Kohle- und Kernkraftwerke, sind insgesamt kleiner als 0,05 mSv/a.

Merksatz

Ein Mensch ist immer und überall einer natürlichen Strahlenexposition ausgesetzt. Die dominierende Komponente dabei ist die Inhalation von Radonisotopen.

In der Bundesrepublik Deutschland beträgt die durchschnittliche natürliche Strahlenexposition eines Menschen im Jahr 2,4 mSv an effektiver Dosis.

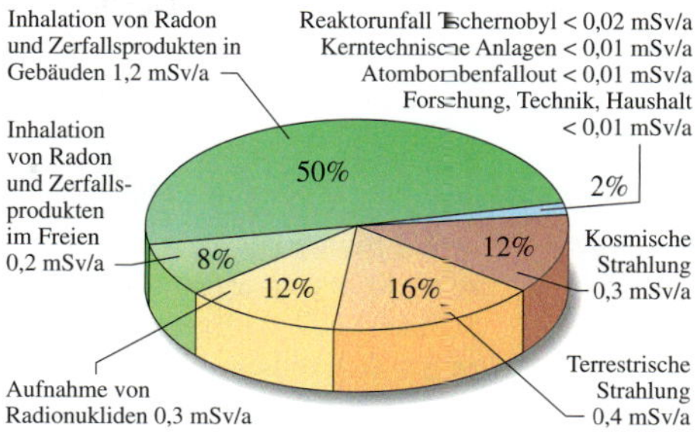

B 1: Mittlere jährliche effektive Dosis eines Menschen in der Bundesrepublik durch natürliche Strahlenexposition

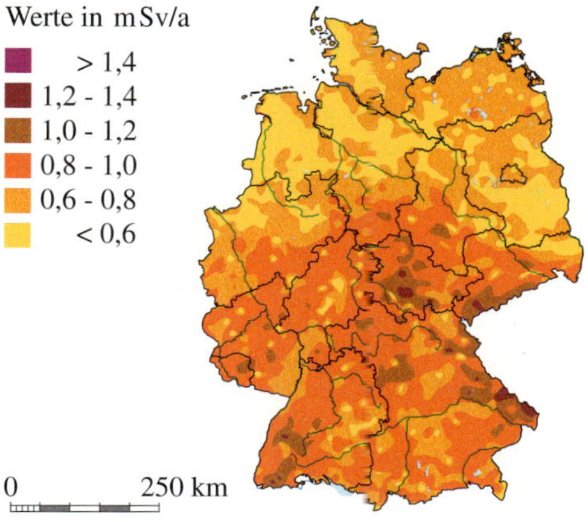

B 2: Mittlere Gamma-Ortsdosisleistung in der Bundesrepublik. Sie variiert zwischen weniger als 0,6 mSv/a und mehr als 1,4 mSv/a.

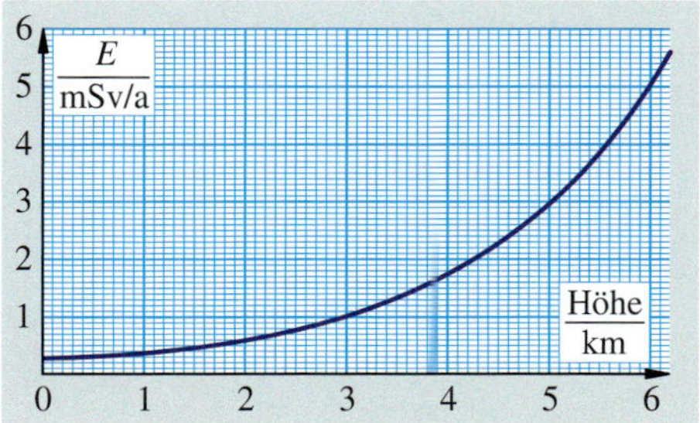

B 3: Effektive Dosis der kosmischen Strahlung für mittlere geographische Breiten

Untersuchungsart	Dosis in mSv	Untersuchungsart	Dosis in mSv
Zahnaufnahme	0,01	Wirbelsäule	1
Gliedmaßen	0,05	Becken	1
Schädel	0,1	Harntrakt	5
Brustkorb	0,1	Galle	7
Mammografie	0,5	Magen	8
Hüfte	0,5	Darm	17

T 1: Effektive Dosis bei Röntgenuntersuchungen

Dosis	Symptome i. d. Mehrzahl d. Fälle
< 0,2 Gy	äußerlich keine Strahlenschäden erkennbar
0,2 – 1 Gy	2 – 6 Stunden nach der Exposition gelegentlich Übelkeit und Erbrechen
1 – 3 Gy	nach 2 Stunden Erbrechen, kurzzeitig Kopfschmerzen, 12 – 24 Stunden nach der Exposition zeigen sich rötliche Haarverfärbungen; nach 2 Wochen Haarausfall; Jahre später können sich Augenlinsen trüben (Katarakte)
3 – 6 Gy	Ausgeprägte Abgeschlagenheit schon nach 6 – 12 Stunden; Erbrechen nach 0,5 – 2 Stunden, ständig Kopfschmerzen; in der 3. Woche Fieber, Entzündungen im Mund und Rachen, blutige Durchfälle, ohne aufwendige medizinische Versorgung stirbt jede 2. Person
6 – 8 Gy	Erbrechen nach 10 Minuten; Durchfälle nach wenigen Stunden mit inneren und äußeren Blutungen, ständig bohrende Kopfschmerzen, beginnende Bewusstseinstrübung; der Tod erfolgt zumeist in der 2. Woche
8 – 15 Gy	Erbrechen nach 5 Minuten; qualvolle Kopfschmerzen; Krämpfe bis zum Eintritt des Komas; in wenigen Tagen tritt der Tod ein

T 1: Symptome nach Ganzkörperexposition

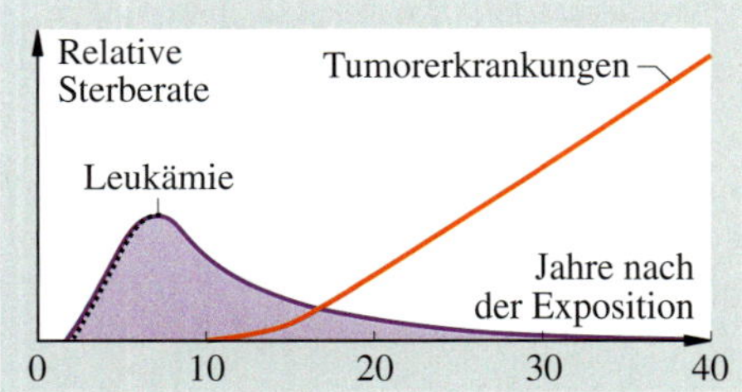

B 1: Zeitmuster der durch Strahlenexposition hervorgerufenen Leukämie- und Krebserkrankungen unter den Überlebenden der Atombombenexplosionen in Japan.

	Hiroshima	Nagasaki
Zivilbevölkerung	320 081	250 000
Anzahl der getöteten Personen	118 661	73 884
Anzahl der verwundeten Personen	79 130	74 909
bis 1990 erfasste Überlebende	86 572	
bis 1990 registrierte Krebstodesfälle unter den Überlebenden	7 578	
davon strahlenbedingt	334	
bis 1990 registrierte Leukämietodesfälle unter den Überlebenden	249	
davon strahlenbedingt	87	

T 2: Wirkung der über Japan 1945 eingesetzten Atombomben

6. Welche Schäden können im Körper auftreten?

a) Deterministische Strahlenwirkungen *sind solche, bei denen der Schweregrad des Strahlenschadens eine Funktion der Energiedosis ist.* Es existiert für diese Wirkungen im Allgemeinen eine *Schwellendosis*; d. h. ein Schaden tritt erst auf, wenn dieser Schwellenwert überschritten ist. Beim Menschen liegt dieser Wert bei einer Ganzkörperexposition bei ca. 0,2 Gy. Je höher oberhalb des Schwellenwertes die Energiedosis ist, desto schwerer ist die Erkrankung (➡ *Tabelle 1*). Sie tritt sofort oder innerhalb weniger Wochen nach der Exposition ein. Betroffen sind in erster Linie jene Zellverbände, die relativ rasch erneuert werden, also die Blutbildungsorgane und die Mund-, Magen- und Darmschleimhäute.

b) Stochastische Strahlenwirkungen *sind solche, bei denen die Eintrittswahrscheinlichkeit für einen Strahlenschaden, nicht aber dessen Schweregrad, von der Energiedosis abhängt.* Dazu zählen Leukämie, Krebs und Veränderungen der Erbanlagen (genetische Schäden). Sie treten mit einer bestimmten Wahrscheinlichkeit erst Jahre nach der Exposition auf (➡ *Bild 1*).

Merksatz

Deterministische Strahlenwirkungen sind solche, bei denen der Schweregrad des Strahlenschadens eine Funktion der Energiedosis ist. Für diese Strahlenschäden gibt es eine Schwellendosis.
Bei **stochastischen Strahlenwirkungen** hängt die Eintrittswahrscheinlichkeit, nicht aber die Schwere des Schadens, von der Energiedosis ab. Dazu zählen Leukämie, Krebs und genetische Schäden.

7. Stochastisches Strahlenrisiko bei kleinen Dosen

Dosen unter 0,2 Sv oder Dosisleistungen unter 50 mSv/a werden als niedrig angesehen. Bei einem Menschen z. B. summiert sich im Laufe seines 70-jährigen Lebens die natürliche Strahlenexposition auf $70 \cdot 2{,}4\ \text{mSv} \approx 0{,}17\ \text{Sv}$. Deterministische Schäden treten bei diesen Dosen wegen deren Schwellendosis nicht auf.

Ist mit diesen relativ kleinen Dosen aber ein Krebsrisiko oder ein genetisches Risiko verbunden?
Experimentell lässt sich dies nicht nachweisen. Die Wirkung ist zu gering, um sich von der hohen, schwankenden natürlichen Spontanrate der Krebssterblichkeit nicht exponierter Menschen abzuheben. (➡ *Interessantes*). So ist man auf Abschätzungen angewiesen. Als Grundlage dafür dient hauptsächlich die Untersuchung der Überlebenden der Atombombenabwürfe in Japan (➡ *Tabelle 2*), wo die Menschen allerdings kurzzeitig mit einer hohen Dosis exponiert wurden. Man fand zunächst, dass das Auftreten von Leukämie anders verläuft als das anderer Krebsarten (➡ *Bild 1*). Zahlenmäßig ergab sich: Betrachtet man ein Kollektiv von 1 000 Menschen, so treten ohne zusätzliche Strahlenexposition 7 Leukämietodesfälle und 200 – 250 andere Krebstodesfälle auf. Werden diese Menschen zusätzlich kurzzeitig mit einer effektiven Dosis von 1 Sv exponiert,

muss man mit weiteren 11 Leukämie- und 109 anderen Krebstoten rechnen. Man sagt, der *Risikokoeffizient,* d. h. die Wahrscheinlichkeit nach einer Strahlenexposition an Krebs zu sterben, liegt bei Leukämie bei 1,1% je Sv und bei den anderen Krebsarten bei 10,9% je Sv.

Die natürliche Strahlenexposition und berufliche, unfallbedingte Expositionen erfolgen zeitlich verteilt und liegen fast immer im niedrigen Dosisbereich mit geringen Dosisleistungen. Zeitlich gestreckte Dosisaufnahmen sollten aber die Erfolgschancen für Reparaturmechanismen erhöhen. Deshalb hat man zum Zwecke des Strahlenschutzes die Risikokoeffizienten für Expositionen mit Dosen unter 0,2 Sv oder mit geringer Leistung gegenüber den in Japan gewonnenen Ergebnissen halbiert und rechnet mit 5% je Sv (➠ *Bild 2*). Die bei hohen Dosen beobachteten Wirkungen werden linear und ohne Schwellenwert bis zur Wirkung null bei der Dosis null extrapoliert. Die natürliche Strahlenexposition von 0,17 Sv (in 70 Jahren) z. B. trägt so 5%/Sv · 0,17 Sv ≈ 1% zu dem 20%-igen Anteil der Krebstodesfälle am gesamten Sterblichkeitsspektrum bei (➠ *Interessantes*).

Genetische Schäden konnten beim Menschen bislang nicht nachgewiesen werden, auch nicht bei den japanischen Atombombenüberlebenden. Man geht aufgrund von Tierversuchen davon aus, dass die Wahrscheinlichkeit von schweren genetischen Schäden bei 1% je Sv liegt. – Werden schwangere Frauen bestrahlt, treten mit einer größeren Wahrscheinlichkeit stochastische Schäden am Embryo auf als bei erwachsenen Personen. Embryonen weisen nämlich eine höhere Zellteilungsrate auf. *Vor einer Röntgenuntersuchung muss jede Frau eine Schwangerschaft melden!*

Merksatz

Stochastische Strahlenschäden bei kleinen Dosen lassen sich experimentell nicht nachweisen. Für den Strahlenschutz rechnet man derzeit mit einem Strahlenkrebsrisiko von 5% je Sv und einer Wahrscheinlichkeit für genetische Schäden von 1% je Sv.

8. Strahlenschutz

Der Strahlenschutz geht weltweit nach dem „ALARA-Prinzip" vor. ALARA steht für „As low as reasonably achievable". Das bedeutet: Maßnahmen, die ergriffen werden, um die Strahlenexposition so gering wie möglich zu halten, müssen unter Berücksichtigung wirtschaftlicher und sozialer Faktoren vernünftig und sinnvoll sein. In der Praxis gibt es vier Grundregeln des Strahlenschutzes:

- Verwendung einer möglichst **geringen Aktivität** der Quelle,
- **Abschirmung** der Strahlung durch geeignete Materialien,
- **Beschränkung der Aufenthaltsdauer** in einem Strahlenfeld,
- Einhaltung eines **sicheren Abstandes** zur Strahlenquelle.

Strenge gesetzliche Vorschriften regeln den Umgang mit radioaktiven Stoffen und Röntgengeräten. Die Einhaltung von Dosisgrenzwerten sichert die Wirksamkeit von Strahlenschutzmaßnahmen. So darf z. B. die jährliche Strahlenexposition außerhalb einer kerntechnischen Anlage 0,3 mSv/a nicht überschreiten.

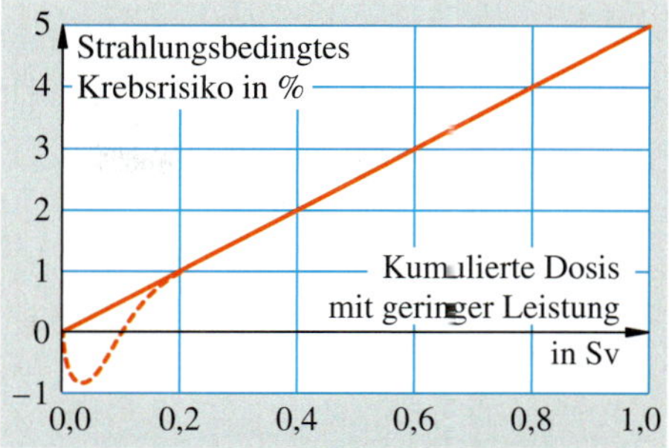

B 2: Krebsrisiko als Funktion der Dosis

Interessantes

A. Beobachtungen bei kleinen Dosen

In Gegenden mit sehr hoher natürlicher Strahlenexposition (teilweise höher als das Zehnfache von 2,4 mSv/a) wie z. B. in Kerala/Indien oder im Erzgebirge konnten trotz jahrelanger intensiver Forschung keinerlei nachteilige Gesundheitseffekte wie erhöhte Krebssterblichkeit beobachtet werden. Die „normale" Krebssterblichkeit unterliegt nämlich größeren Schwankungen, sodass durch Strahlenexposition erzeugte Krebsfälle im statistischen Rauschen untergehen. Etwa 20% der Bevölkerung – in Industrienationen 25% – sterben an Krebs.

B. Eine wissenschaftliche Streitfrage

Um die Wirkung kleiner Dosen abzuschätzen, geht man folgendermaßen vor: Man extrapoliert von den bei hohen Dosen beobachteten Wirkungen linear und ohne Schwellenwert bis zur Wirkung null bei der Dosis null.

Diese Vorgehensweise wird zunehmend hinterfragt. Mehrere Untersuchungen deuten an, dass es einen Schwellenwert geben kann und dass bei kleinen Dosen sogar ein biologisch positiver Effekt auftritt. Die Untersuchung der Exposition der Lunge durch Radon spielt bei diesen Überlegungen eine wichtige Rolle. In den USA wurde 1997 eine umfangreiche Studie veröffentlicht, die 90% der Bevölkerung der USA umfasste und eindeutig ein abnehmendes Lungenkrebsrisiko mit steigender Radonkonzentration (bis zu 150 Bq/m³) nachwies. Schematisch gesehen könnte daher das strahlungsbedingte Krebsrisiko wie der gestrichelte Teil in ➠ *Bild 2* verlaufen.

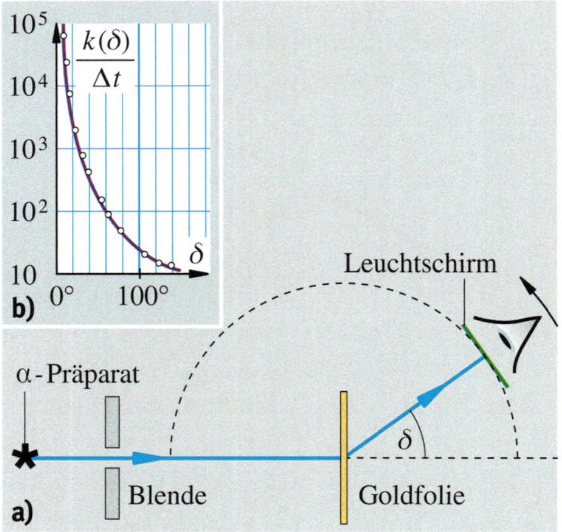

B 1: Rutherfordscher Streuversuch:
a) Prinzip; **b)** Ergebnis

Vertiefung

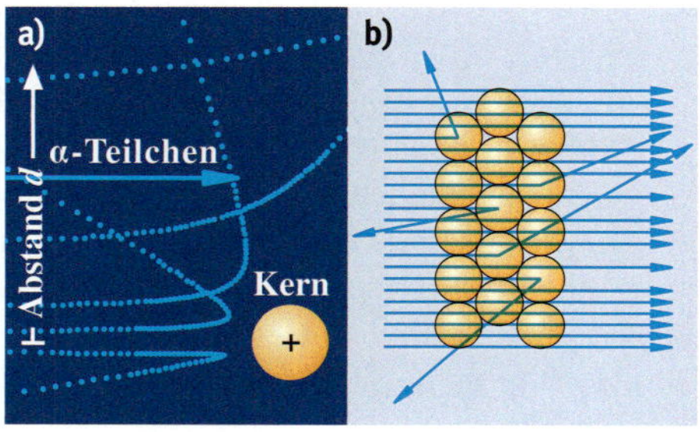

A. Simulation der Streuung

α-Teilchen ($W_{kin} = 7{,}7$ MeV) laufen mit kleiner werdendem Abstand d auf einen Goldkern zu ($R_K = 7 \cdot 10^{-15}$ m; $Q = 79\,e$). Unter Verwendung des Coulombgesetzes und der Gesetze der klassischen Mechanik berechnet ein Computer die Bahnen der α-Teilchen. Je näher ein α-Teilchen einem Kern kommt, je kleiner also d ist, desto stärker wird das α-Teilchen abgelenkt.

B. Zahl der Stöße

Weil die α-Teilchen beim Streuversuch gleichmäßig verteilt auf die dünne Goldfolie auftreffen, laufen sie in den verschiedensten Abständen d an den einzelnen Atomkernen vorbei. Daraus ergibt sich die Verteilung der gestreuten Teilchen auf verschiedene Streuwinkel. Da aber für ein α-Teilchen die Wahrscheinlichkeit, beim Durchlaufen der dünnen Folie überhaupt in die Nähe eines so kleinen Atomkerns zu kommen, sehr gering ist, wird ein α-Teilchen höchstens einmal gestreut.

Der Atomkern

1. Rutherfordscher Streuversuch

Um 1905 waren die Physiker allmählich vom atomaren Aufbau der Materie überzeugt. Joseph Thomson vermutete, die positive Atomladung (und damit auch die Masse des Atoms) sei gleichmäßig über das Volumen des ganzen Atoms verteilt und die leichten Elektronen seien in diese verschmierte Plusladung wie Rosinen in einen Teig eingebettet. Zur Überprüfung dieses Atommodells beschoss 1911 Ernest Rutherford eine sehr dünne Goldfolie mit einem Strahl von α-Teilchen. Er untersuchte, unter welchen Winkeln δ die α-Teilchen gegen die Einfallsrichtung abgelenkt werden (➨ *Bild 1a*). Hierzu tastete er den Raum um die Folie mit einem Szintillationsschirm ab und zählte die Lichtblitze, die durch den Einschlag der abgelenkten α-Teilchen entstanden.
Rutherford erwartete, dass die α-Teilchen durch die Atome (und damit durch die Folie) hindurchfliegen und kaum aus ihrer Richtung abgelenkt würden. Sie sollten die leichten Elektronen nur etwas zur Seite schieben und nur wenig durch das elektrische Feld der im Atom auf einen Raum von 10^{-9} m Durchmesser fein verteilten positiven Ladung beeinflusst werden.
Das Experiment ergab ein gänzlich anderes Resultat (➨ *Bild 1b*): Zwar durchsetzten die meisten α-Teilchen die Folie geradlinig, jedoch wurden bei allen Winkeln δ abgelenkte – man sagt auch *gestreute* – α-Teilchen beobachtet.

Rutherford erklärte das Versuchsergebnis dieses so genannten Streuexperimentes so: Die gesamte positive Ladung und damit die Masse des Atoms ist in einem *Atomkern* mit einem Durchmesser von weniger als $3 \cdot 10^{-14}$ m – also etwa $\frac{1}{100\,000}$ des Atomdurchmessers – konzentriert (➨ *Interessantes*). Der größte Teil des Atoms ist somit leer und nur von Elektronen erfüllt. Erst in nächster Nähe eines solch kleinen positiv geladenen Kerns wird die Coulombkraft auf ein α-Teilchen so groß, dass es die beobachtbare Ablenkung erfährt. Die Elektronen der Atomhülle mit ihrer 7 300-mal kleineren Masse können die α-Teilchen fast nicht beeinflussen.

Merksatz

Masse und Ladung eines Atoms sind im Atomkern konzentriert, dessen Durchmesser rund $\frac{1}{100\,000}$ des Atomdurchmessers ist.

2. Einige physikalische Eigenschaften des Atomkerns

a) Kernkraft: Mit Beschleunigern kann man heutzutage α-Teilchen sehr hoher Energie erzeugen. Führt man damit Streuexperimente an Gold durch, so treten ab einer Energie von $W_{kin} \approx 24$ MeV Abweichungen von den oben skizzierten, ausschließlich auf die Coulombkraft zurückgeführten theoretischen Ergebnissen auf. α-Teilchen dieser Energie kommen dem Kern so nahe, dass eine andere Art von Wechselwirkung, **Kernkraft** genannt, die Bahn stört. Diese hat folgende Eigenschaften:

- Sie ist *anziehend* und tritt nur zwischen Nukleonen auf (nicht z. B. zwischen einem Elektron und einem Nukleon).
- Sie ist *ladungsunabhängig*, d. h. sie wirkt zwischen Protonen und Neutronen genauso wie zwischen 2 Protonen oder 2 Neutronen.
- Sie ist zwischen benachbarten Protonen *viel stärker als die Coulombkraft*. Die Protonen im Kern werden gegen die abstoßende Coulombkraft durch die Kernkraft zusammengehalten.
- Sie ist *kurzreichweitig*, d. h. sie wirkt zwischen 2 Nukleonen nur, wenn deren Abstand kleiner als ca. $2 \cdot 10^{-15}$ m ist.

  Die Coulombkraft ist proportional $1/r^2$, reicht also unendlich weit. Im Kern wird daher jedes Proton von allen anderen Protonen abgestoßen; dagegen üben nur die nächstgelegenen Nukleonen anziehende Kernkräfte auf das Proton aus (➡ *Bild 2*). Die wenigen Wechselwirkungen, die ein Proton z. B. in einem Bleikern an die nächstgelegenen Nukleonen binden, reichen aus, um die Abstoßung durch die restlichen 81 Protonen zu überwinden.

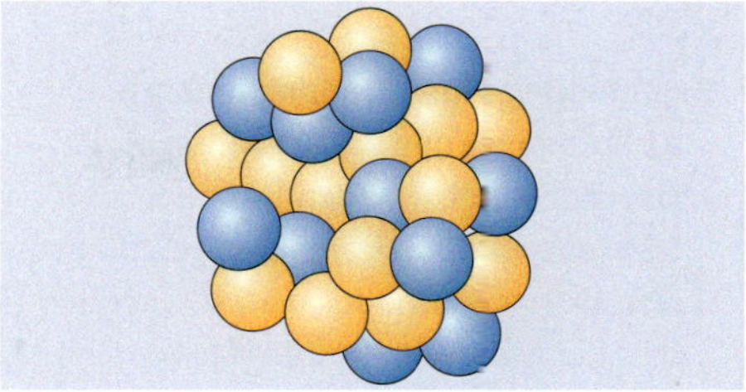

B 2: Jedes Proton (gelb) im Atomkern wird von *allen* anderen Protonen abgestoßen. Dagegen üben nur die nächstgelegenen Nukleonen anziehende Kräfte aus.

b) Der Kernradius: Der Atomkern ist genauso wenig wie das Atom eine starre Kugel. Auch er kann durch eine Ψ-Welle beschrieben werden, deren Amplitudenquadrat $|\Psi(r)|^2$ die Wahrscheinlichkeitsdichte angibt, an der Stelle r Kernmaterie lokalisiert zu finden. $|\Psi(r)|^2$ hat keinen scharfen Rand. Kernmaterie ist aber sicher dort nicht mehr zu entdecken, wo keine Kernkräfte mehr wirken. Daher betrachtet man als Radius R_K eines Kerns *die aus Streuversuchen bestimmbare Reichweite seiner Kernkräfte* (➡ *Interessantes*). – Streuexperimente an Kernen verschiedener Nuklide ergaben, dass R_K nur von der Massenzahl A abhängt, d. h. nur von der Zahl der Kernbausteine. Für Kernradien gilt in guter Näherung:

$$R_K = r_0\, A^{1/3} \quad \text{mit} \quad r_0 = (1{,}3 \pm 0{,}1) \cdot 10^{-15}\ \text{m}. \qquad (1)$$

c) Dichte der Kernmaterie: Setzen wir Kugelform voraus, dann hat der Kern ein Volumen von $V_K = \frac{4}{3}\pi R_K^3$. Mit *Gl. (1)* folgt dann: $V_K \sim A$. Die Masse m_K des Kerns ist $m_K \approx (Z\, m_P + N\, m_N)$.
In guter Näherung gilt $m_P \approx m_N = 1{,}67 \cdot 10^{-27}$ kg, also ist $m_K = 1{,}67 \cdot 10^{-27}$ kg $(Z + N)$. Somit ist auch $m_K \sim A$.
Für die Dichte ϱ_K der Kernmaterie folgt:

$$\varrho_K = \frac{m_K}{V_K} = \frac{1{,}67 \cdot 10^{-27}\ \text{kg} \cdot A}{\frac{4}{3}\pi\,(1{,}3 \cdot 10^{-15}\ \text{m})^3 \cdot A} = 1{,}8 \cdot 10^{17}\ \text{kg m}^{-3} = 180\,000\ \text{t mm}^{-3}.$$

An diesem Ergebnis überrascht zweierlei:

- Die Größe des Zahlenwertes. Ein Würfel Kernmaterie von 1 mm Seitenlänge hätte dieselbe Masse wie ca. 150 000 Pkw!
- In erster Näherung ($m_P \approx m_N$) sind die Kerne alle gleich dicht gepackt. Kernmaterie ist nicht komprimierbar. Dies ist eine Folge der kleinen Reichweite der Kernkräfte.

Merksatz

Die **Kernkraft** hält die Nukleonen im Atomkern zusammen. Die Kernkraft eines Nukleons wirkt nur auf die unmittelbaren Nachbarn. Deswegen haben alle Kerne die gleiche außerordentlich hohe Dichte. Die **Reichweite** der Kernkräfte definiert den Radius R_K des Kerns: $\boldsymbol{R_K = r_0\, A^{1/3}}$ mit $r_0 = 1{,}3 \cdot 10^{-15}$ m und der Massenzahl A.

Interessantes

Radius des Atomkerns

a) Den kleinsten Abstand r_1 vom Mittelpunkt des Kerns erreichen α-Teilchen beim *rutherfordschen Streuversuch*, wenn sie um $\delta = 180°$ zurückgestreut werden (➡ *Vertiefung*). Mit einer Energiebetrachtung findet man r_1: Befindet sich das α-Teilchen mit der Ladung $2\,e$ im Abstand r von der Ladung $Z\,e$ des Kerns, so hat es die potentielle Energie

$$W = \frac{1}{4\pi\varepsilon_0}\,\frac{(Z\,e)\,(2\,e)}{r}. \qquad (2)$$

Im Abstand r_1 ist das α-Teilchen kurzzeitig zur Ruhe gekommen. Seine gesamte kinetische Energie W_{kin} hat sich dort im Coulombfeld des Kerns in potentielle Energie W verwandelt. Aus *Gl. (2)* folgt:

$$r_1 = \frac{1}{4\pi\varepsilon_0}\,\frac{(Z\,e)\,(2\,e)}{W_{kin}}. \qquad (3)$$

Für Gold ($Z = 79$) und $W_{kin} = 7{,}7$ MeV ist $r_1 = 3 \cdot 10^{-14}$ m. Da RUTHERFORD keine höher energetischen α-Teilchen zur Verfügung standen, konnte er nur sagen, der Kernradius von Gold sei kleiner als $3 \cdot 10^{-14}$ m.

b) In Beschleunigern kann man α-Teilchen sehr hoher Energie erzeugen. Führt man damit das Rutherford-Experiment durch, reicht die Energie $W = 24$ MeV gerade aus, α-Teilchen gegen die Coulombabstoßung eines Goldkerns in den Bereich von dessen Kernkräften zu bringen. Daher ist der Kernradius R_K von Goldkernen nach *Gl. (3)* $R_{K,\,Gold} = 9{,}7 \cdot 10^{-15}$ m. Berücksichtigt man noch den aus anderen Messungen bekannten Radius $r_\alpha = 2{,}1 \cdot 10^{-15}$ m des α-Teilchens, erhält man $R_{K,\,Gold} = 7{,}6 \cdot 10^{-15}$ m.

Beispiel

Bestimmung einer Bindungsenergie

a) Vorbemerkung zu den Massen:

Experimentell werden *Atommassen* mit Massenspektrometern sehr genau gemessen. Deswegen findet man in Tabellen immer die Massen *neutraler Atome.*

Die Atommassen werden als Vielfaches der *Masseneinheit* $1\,u = 1{,}66054 \cdot 10^{-27}$ kg angegeben ($1\,u = \frac{1}{12}$ der Masse von C-12). Mit der Beziehung $W = m\,c^2$ ist:

$1\,u = 1{,}4924 \cdot 10^{-10}\,J/c^2 = 931{,}49\,MeV/c^2$.

b) Bindungsenergie des α-Teilchens

Massen der beteiligten Teilchen:

Neutron: $m_n = 1{,}0086649$ u

Wasserstoffatom: $m_H = 1{,}0078250$ u

Heliumatom: $m_{He} = 4{,}0026033$ u

Ein α-Teilchen als Kern eines Heliumatoms besteht aus $Z = 2$ Protonen und $N = 2$ Neutronen. Deshalb wird der Massendefekt Δm nach *Gl. (1)*:

$\Delta m = m_{He} - (2\,m_H + 2\,m_n) = -0{,}030377$ u.

Ihm entspricht die Energie:

$W = \Delta m\,c^2 = -0{,}030377 \cdot 931{,}49$ MeV

$= \mathbf{-28{,}3\ MeV.}$

Dies ist die Bindungsenergie des α-Teilchens. Sie muss bei der Bildung des Teilchens aus den freien Nukleonen frei werden. Umgekehrt ist genau diese Energie von 28,3 MeV nötig, um das α-Teilchen in 2 Protonen und 2 Neutronen zu zerlegen. Die Bindungsenergie je Nukleon W/A ist für das α-Teilchen:

$W/A = -\frac{1}{4} \cdot 28{,}3\,MeV = \mathbf{-7{,}07\ MeV.}$

c) Anmerkung:

Bei der Berechnung des Massendefektes Δm und damit der Kernbindungsenergie $W = \Delta m\,c^2$ mit *Gl. (1)* verwendet man die überall tabellierten Atommassen. Dabei macht man allerdings einen kleinen Fehler. Die Bindungsenergie der Elektronen im Atom ist nämlich nicht berücksichtigt. Diese ist im Mittel 3 keV pro Nukleon oder kleiner. Gegenüber der Kernbindungsenergie von ca. 8 MeV pro Nukleon kann man sie aber vernachlässigen (Fehler < 0,5‰). Bei sehr genauen Messungen, wie sie heute mit Massenspektrometern möglich ist, muss man allerdings diese Bindungsenergie der Elektronen berücksichtigen.

3. Die Nuklidkarte

Die physikalischen Eigenschaften eines Atomkerns hängen sowohl von der Protonenzahl Z als auch von der Neutronenzahl N ab. Deshalb ordnet man die Nuklide mithilfe eines Koordinatensystems (➡ *Bild 1*). Auf der horizontalen Achse trägt man die Neutronenzahl N, auf der vertikalen die Protonenzahl Z eines Kerns auf. In den Gitterpunkten ist das betreffende Nuklid mit seinen wichtigsten Eigenschaften aufgezeichnet. So entsteht die **Nuklidkarte,** das Ordnungsschema der Kernphysik. Im ➡ *Anhang* ist ein Ausschnitt daraus zu finden. Wichtige Elemente der Karte sind:

- Alle **Isotope** eines chemischen Elements – das sind Nuklide mit gleichem Z, aber verschiedenem N – liegen auf einer Zeile, an deren linkem Rand die Protonenzahl Z steht. Jedes Nuklid wird durch das chemische Symbol des Elements und die Massenzahl $A = N + Z$ gekennzeichnet (z. B. U-235: $Z = 92$). Die Neutronenzahl N steht am unteren Ende der Spalte (z. B. U-235: $N = 143$).
- Die Nuklide sind durch verschiedene Farben gekennzeichnet. **Schwarz** unterlegt sind die **stabilen Nuklide,** die nicht radioaktiv sind (z. B. Bi-209). Die Zahl in den schwarzen Kästen gibt an, wie viel Prozent des betreffenden Nuklids in natürlichen Vorkommen enthalten sind (z. B. C-12 zu 98,89%, C-13 zu 1,11%).
- Die **farbigen** Kästen stellen **instabile Kerne** dar, die Strahlung aussenden. Angegeben ist die Halbwertszeit des Nuklids (z. B. Am-241: $T_{1/2} = 432{,}6$ Jahre). Darunter stehen die Energien der jeweils prozentual am häufigsten emittierten α-, β- und γ-Strahlung in der Einheit MeV.
- Die stabilen Nuklide erstrecken sich in der Nuklidkarte von links unten nach rechts oben. Bei den leichteren ist die Neutronenzahl N meistens gleich der Protonenzahl Z; sie liegen also auf der Winkelhalbierenden der Achsen. Bei den schweren Nukliden überwiegt eindeutig die Neutronenzahl N.
- Die **blau** unterlegten Nuklide liegen am rechten Rand der Protonenzeile, d. h. sie haben mehr Neutronen als die stabilen Nuklide mit gleichem Z. Es sind **β^--Strahler.**

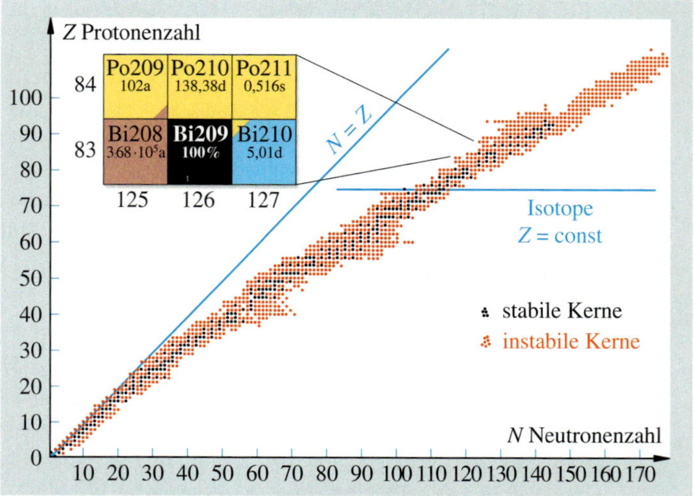

B 1: Nuklidkarte; stabile Kerne schwarz, instabile Kerne rot

- Links von den stabilen Nukliden liegen **rot** gekennzeichnete Isotope. Sie besitzen weniger Neutronen als die stabilen und sind **β^+-Strahler. α-Strahler** sind **gelb** eingetragen und finden sich fast nur bei großer Massenzahl *A*.

4. Bindungsenergie des Atomkerns

Es zeigte sich, dass die Masse m_K jedes Atomkerns kleiner ist als die Summe der Massen seiner Bestandteile, *Z* Protonen (Masse m_p) und *N* Neutronen (Masse m_n). Die Differenz

$$\Delta m = m_K - (Z\, m_p + N\, m_n) < 0$$

nennt man **Massendefekt.** Da mit einem Massenspektrometer die *Atommassen* sehr genau gemessen werden können, fügt man auf der rechten Seite dieser Gleichung *Z* Elektronenmassen ein. Dann kann man mit Atommassen rechnen:

$$\Delta m = (m_K + Z\, m_e) - (Z\, m_p + Z\, m_e + N\, m_n) < 0 \quad \text{und damit:}$$
$$\Delta m = m_A - (Z\, m_H + N\, m_n) < 0; \qquad (1)$$

m_A: Atommasse; $m_H = m_p + m_e$: Masse des Wasserstoffatoms.
Die Energie eines Systems ist nur bis auf eine Konstante bestimmt. Deshalb können wir die Energie des zerlegten Systems aus *Z* freien Protonen und *N* freien Neutronen zu null festlegen. Mit der Massenänderung Δm wird die Energie des vereinigten Systems

$$W = \Delta m\, c^2 < 0.$$

Diese Energie nennt man **Bindungsenergie des Atomkerns.** Will man umgekehrt den Kern in seine Einzelbestandteile zerlegen, muss man ihm diese Energie zuführen. Im ⇛ *Beispiel* wird die Bindungsenergie des α-Teilchens bestimmt.
In ⇛ *Bild 2* ist die **Bindungsenergie je Nukleon *W*/*A*** als Funktion von *A* aufgetragen. *W*/*A* fällt zunächst mit *A* auf –8,6 MeV je Nukleon, um dann leicht bis etwa –7,5 MeV je Nukleon für große *A*-Werte anzusteigen. Mit den Folgerungen aus diesem Kurvenverlauf werden wir uns im nächsten Abschnitt beschäftigen.

Merksatz

Die Masse jedes Atomkerns ist um den Massendefekt Δm kleiner als die Summe der Massen seiner Bestandteile, *Z* Protonen und *N* Neutronen, vor der Vereinigung.
Die Energie jedes Atomkerns liegt um die Energie $W = \Delta m\, c^2$ unter der Gesamtenergie all seiner freien Bestandteile.

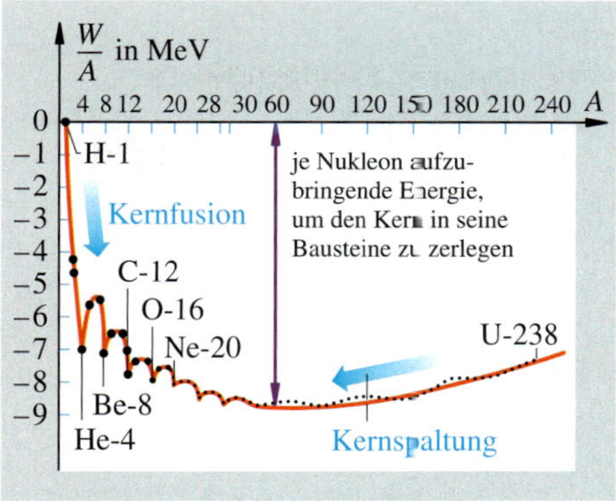

B 2: Bindungsenergie je Nukleon *W*/*A* als Funktion der Nukleonenzahl *A* (bis *A* = 30 gespreizt). Das breite Minimum liegt in der Nähe von *A* = 60 (Fe, Ni, Co).

Interessantes

Eine klassische Versuchsanordnung

RUTHERFORD verwendete das Prinzip moderner Streuexperimente: Ein Teilchenstrahl bekannter Energie wird gegen ein Ziel, *Target* genannt, gerichtet. Mit einer Zähleranordnung untersucht man die Winkelverteilung der gestreuten Teilchen. Entsprechend der Anlage des Experiments erhält man Informationen über das Target oder das Teilchen. Beispiele solcher Streuexperimente sind uns bekannt, z. B. die Streuung von Röntgenstrahlen, die uns über die Struktur des Kristalls etwas aussagt oder der Comptoneffekt, der uns neue Erkenntnisse über die Photonen brachte.
Ein weiteres Beispiel sind die Streuversuche von R. HOFSTADTER. Er schoss Elektronen der Energie von mehreren 100 MeV auf Atome. Aus der Winkelverteilung der gestreuten Elektronen schloss er auf die Ladungsverteilung im Kern.
Die Streuung ist ein unentbehrliches Hilfsmittel in der Strukturforschung.

... noch mehr Aufgaben

A 1: Wie weit kann sich ein α-Teilchen (W_{kin} = 5,5 MeV) einem Blei-Atomkern (*Z* = 82) nähern? Vergleichen Sie mit dem Radius eines Blei-Atomkerns.

A 2: Eine Goldfolie (Dichte: ϱ_{Gold} = 19,3 g cm^{-3}) der Fläche 0,7 cm^2 hat die Dicke $6{,}5 \cdot 10^{-7}$ m. **a)** Berechnen Sie die Anzahl *N* der in der Folie enthaltenen Goldatome. **b)** Wie groß ist die Gesamtquerschnittsfläche aller Goldkerne in der Folie. **c)** Warum wird ein α-Teilchen in der Folie höchstens einmal gestreut?

A 3: Bestimmen Sie **a)** die Masse des Elektrons, Protons, Deuterons und α-Teilchens in u und **b)** den Massendefekt Δm und die Bindungsenergie je Nukleon *W*/*A* für die Nuklide H-2; O-16; Ni-60, U-235 (mit Atommassen).

Beispiel

Wie viel Energie wird freigesetzt?

a) Kernspaltung: Bei größerem A ist die Bindungsenergie pro Nukleon etwa $-7{,}5$ MeV, bei mittelschweren Kernen ca. $-8{,}5$ MeV. Spaltet sich, aus welchen Gründen auch immer, ein Kern mit $A = 200$ in 2 Kerne mit je $A = 100$ müssten etwa $200 \cdot 1\,\text{MeV} = 200\,\text{MeV}$ freigesetzt werden.

Nehmen wir konkret die Spaltung von U-235 nach einem Beschuss mit einem Neutron:

$$^{235}_{92}\text{U} + {}^{1}_{0}\text{n} \rightarrow {}^{89}_{36}\text{Kr} + {}^{144}_{56}\text{Ba} + 3\,{}^{1}_{0}\text{n}.$$

Die Massenbilanz lautet:

linke Seite:	$m_{\text{U-235}}$	=	235,0439231 u
	$+ m_\text{n}$	=	1,0086649 u
Summe:			236,0525880 u
rechte Seite:	$m_{\text{Kr-89}}$	=	88,9176325 u
	$+ m_{\text{Ba-144}}$	=	143,9229405 u
	$+ 3\,m_\text{n}$	=	3,0259947 u
Summe:			235,8665677 u

Die Differenz Δm ist $-0{,}1860203$ u. Bei der Kernspaltung wird deshalb die Energie von $-0{,}1860203 \cdot 931{,}49\,\text{MeV} \approx$ **-173 MeV** frei.

b) Kernfusion: Kerne mit $A = 2$ haben eine Bindungsenergie von etwa 2 MeV pro Nukleon, solche mit $A = 4$ eine von etwa 7 MeV pro Nukleon. Könnte man 2 Kerne mit $A = 2$ zu einem Kern mit $A = 4$ verschmelzen (fusionieren), so müssten also $(4 \cdot 2 - 4 \cdot 7)\,\text{MeV} = -20\,\text{MeV}$ freigesetzt werden.

Nehmen wir konkret die Fusion von Deuterium und Tritium zu Helium:

$$^{2}_{1}\text{H} + {}^{3}_{1}\text{H} \rightarrow {}^{4}_{2}\text{He} + {}^{1}_{0}\text{n}.$$

Hier lautet die Massenbilanz:

linke Seite:	$m_{\text{H-2}}$	=	2,0141018 u
	$+ m_{\text{H-3}}$	=	3,0160493 u
Summe:			5,0301511 u
rechte Seite:	$m_{\text{He-4}}$	=	4,0026033 u
	m_n	=	1,0086649 u
Summe:			5,0112682 u

Die Differenz Δm ist $-0{,}0188829$ u. Bei der Fusion wird deshalb die Energie von $-0{,}0188829 \cdot 931{,}49\,\text{MeV} =$ **$-17{,}6$ MeV** frei.

5. Folgerungen aus einem Kurvenverlauf

Dem *Bild 2* der vorangehenden Seite entnehmen wir weiter:

a) Für $A > 30$ ändert sich die Größe W/A nur wenig mit A; es gilt also angenähert $W \sim A$. Ursache sind die Kernkräfte, die nur zwischen benachbarten Nukleonen wirken.

b) Die Energie pro Nukleon W/A eines Atomkerns beträgt im Mittel etwa 8 MeV. Die gesamte Bindungsenergie eines Kerns ist dann $8\,\text{MeV} \cdot A$. Dies ist ein Mehrfaches der Bindungsenergien von Elektronen in der Atomhülle. Folglich erwartet man bei Veränderungen im Atomkern viel größere Energieumsetzungen als bei Veränderungen in der Atomhülle. Die kinetische Energie der α- und β-Teilchen bzw. die Quantenenergie der γ-Strahlung, die alle aus dem Atomkern kommen, ist deshalb fast durchweg *viel größer* als die Quantenenergie der Licht- und Röntgenstrahlung aus der Atomhülle.

c) W/A hat für $A \approx 60$ ein Minimum. Deshalb kann man verstehen, dass sich sowohl durch Spaltung schwerer Kerne **(Kernspaltung)** als auch durch Verschmelzen leichter Kerne **(Kernfusion)** Energie aus Atomkernen freisetzen lässt. Darüber, ob ein Kern sich tatsächlich spaltet oder zwei Kerne fusionieren, sagen die energetischen Überlegungen nichts aus. Spaltet sich allerdings ein schwerer Kern oder fusionieren zwei leichte Kerne *wird relativ viel Energie* in der Größenordnung mehrerer MeV umgesetzt (*Beispiel*).

Merksatz

Durch die Kernspaltung schwerer Kerne und die Kernfusion leichter Kerne wird relativ viel Energie abgegeben.
Ursache dafür ist, dass die Energie pro Nukleon W/A eines Atomkerns für $A \approx 60$ ein Minimum hat.

6. Der Atomkern als Potentialtopf

Warum gibt es in der Natur die in der Nuklidkarte eingezeichneten Kerne? Da Proton und Neutron Quantenobjekte sind, müssen wir diese Frage unter Verwendung eines **Kernmodells** beantworten, das die *Gesetze der Quantenphysik* berücksichtigt.
Zur Erinnerung: Beim Wasserstoffatom sind die diskreten Energieniveaus eine Folge davon, dass das Elektron durch das Coulombpotential des Kerns in einen bestimmten Bereich eingesperrt ist. Aufbauend auf diesen Erkenntnissen kann man das Periodensystem der Elemente mithilfe des *Pauliprinzips* entwickeln.
Wir übertragen diese Überlegungen auf den Atomkern. Doch durch welchen Potentialverlauf ist ein Proton oder ein Neutron im Kern eingesperrt? Wir lassen zunächst die Coulombabstoßung außer Acht und suchen ein Potential, das den Kernkräften gerecht wird. Außerhalb des Kerns muss es konstant sein, da dort keine Kernkräfte wirken. Am Kernrand wird es infolge des scharfen Kernradius steil abfallen und im Kerninnern kann man sich von der Vorstellung leiten lassen, dass ein Nukleon von allen Seiten die gleiche Kraft erfährt.

Somit ist das Potential dort ebenfalls als konstant anzunehmen. Es bietet sich also an, als einfachstes Potential für die Kernkräfte ein Rechteckpotential wie in ⇛ *Bild 1* zu wählen. Es ist $W(r) = -W_0$ für $r < R_0$ und sonst $W(r) = 0$; R_0 ist der Kernradius und W_0 die Tiefe des **Potentialtopfes.**

Wie sich jedes Elektron der Atomhülle im Coulombpotential des Kerns bewegt, soll sich entsprechend jedes Nukleon frei in diesem Rechteckpotential – als pauschale Beschreibung für den Einfluss aller übrigen Nukleonen – bewegen. Es darf auch innerhalb dieses Potentialtopfes weder Energie noch Impuls durch Stöße mit anderen Nukleonen verlieren (⇛ *Interessantes*). Der Kernrand ist für ein Nukleon undurchdringlich, denn es ist i. Allg. im Kern gebunden. Als Modell eines Atomkerns haben wir somit nichts anderes als einen Potentialtopf, in dem sich die Nukleonen *völlig unabhängig voneinander* frei bewegen können.

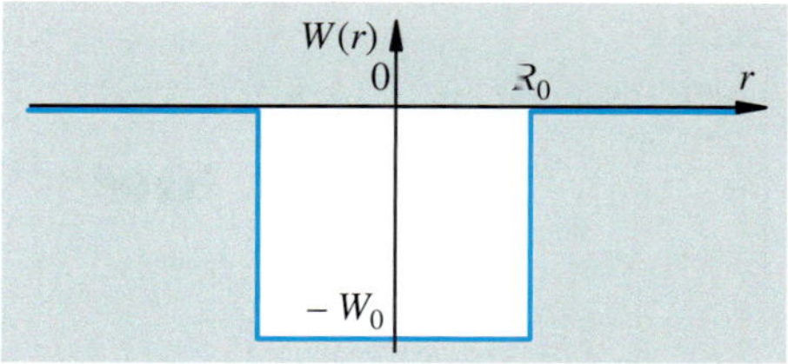

B 1: Einfachste Annahme für ein mittleres Kernpotential $W(r)$. R_0: Kernradius

7. Die Protonen sind in der Minderheit

In der Atomhülle können Elektronen wegen der Beschränkung der Aufenthaltswahrscheinlichkeit auf einen bestimmten Raumbereich nur ganz bestimmte Energiezustände einnehmen. *Ebenso nehmen auch Nukleonen in einem Potentialtopf nur bestimmte diskrete Energiezustände ein.* Man hat zudem festgestellt, dass sowohl für Neutronen als auch für Protonen je für sich das *Pauliprinzip* gilt. Wären die Protonen ungeladen, so könnte man also jedes Niveau mit zwei Protonen und zwei Neutronen besetzen. Die abstoßende Coulombkraft zwischen den Protonen bewirkt aber, dass ihre Bindungsenergie im Potentialtopf verringert wird. Man muss deshalb jeder Teilchensorte einen eigenen Potentialtopf mit unterschiedlichen Energieniveaus zuordnen. Die Potentiale sind in ⇛ *Bild 2* symbolisch nebeneinander gezeichnet. Wegen der Coulombabstoßung hat der Protonentopf eine geringere Tiefe als der Neutronentopf. *Deshalb gibt es i. Allg. mehr Neutronen als Protonen im Kern.*

Bei stabilen Kernen sind die beiden Potentialtöpfe etwa bis zum gleichen Niveau gefüllt. Wäre das nicht der Fall, so könnte sich ein Neutron unter Energieabgabe in ein Proton (oder umgekehrt) verwandeln (β-Zerfall). *Stabile Kerne mit beliebiger Neutronen- und Protonenzahl treten daher in der Natur nicht auf.* Infolge der Coulombabstoßung haben allerdings stabile schwere Kerne viel weniger Protonen als Neutronen. Bei stabilen leichten Kernen, wo die Coulombabstoßung keine wesentliche Rolle spielt, sind die beiden Potentialtöpfe nahezu gleich tief, deshalb ist dort $Z \approx N$.

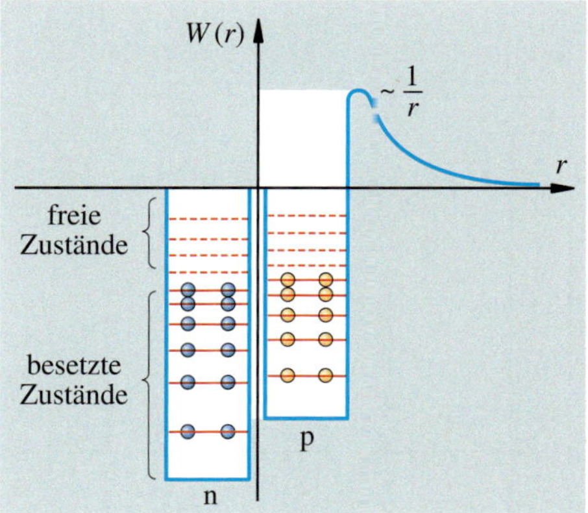

B 2: Potentialtöpfe für Protonen und Neutronen. Der außerhalb des Kerns wirkende Coulombwall der Protonen ist mit eingezeichnet. Er zeigt, dass man Energie benötigt, um dem Kern ein Proton zu nähern.

Interessantes

Das Pauliprinzip ist schuld!

Betrachten wir einen stabilen Kern im Grundzustand, so sind die untersten Niveaus sowohl im Protonen- als auch im Neutronentopf besetzt. Ein einzelnes Nukleon kann daher keine Energie abgeben und tiefer sinken, da alle Zustände besetzt sind. Es behält seine Energie bei und kann sich im ganzen Kern so verhalten, als ob die anderen Nukleonen nicht einzeln (etwa als Stoßpartner) vorhanden seien. Das Pauliprinzip gibt also jedem Nukleon paradoxerweise eine gewisse Unabhängigkeit gegenüber den anderen.

... noch mehr Aufgaben

A 1: a) Bestimmen Sie die freigesetzte Energie bei der Kernspaltung U-235 + n → I-140 + Y-94 + 2 n.
b) Welche Energie wird bei der Fusion H-2 + H-2 → H-3 + H-1 freigesetzt?

A 2: Will man einem Kern ein Neutron entreißen, so benötigt man die Separationsenergie $S_n(Z, N) = \{m(Z, N-1) + m_n - m(Z, N)\}\, c^2$. Bestimmen Sie $S_n(Z, N)$ eines Neutrons für die Kerne O-15, O-16, O-17, O-18, Zr-89, Zr-90, Zr-91, Zr-92, Pb-206, Pb-207, Pb-208, Pb-209, Pb-210. Was fällt dabei auf, wenn Z oder N eine der so genannten magischen Zahlen 2, 8, 20, 50, 82 oder 126 ist?

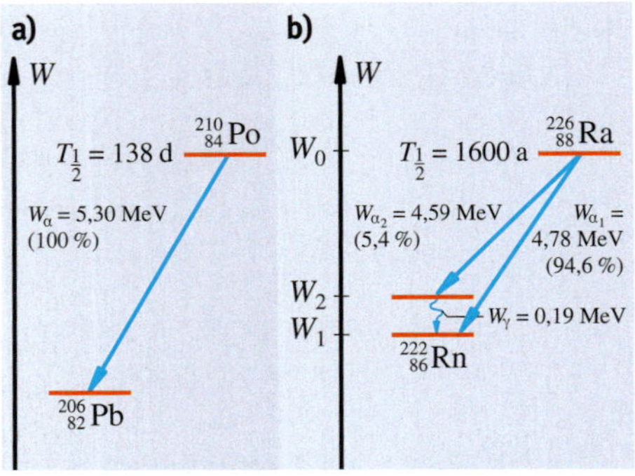

B 1: α-Zerfall von **a)** Po-210 **b)** Ra-226

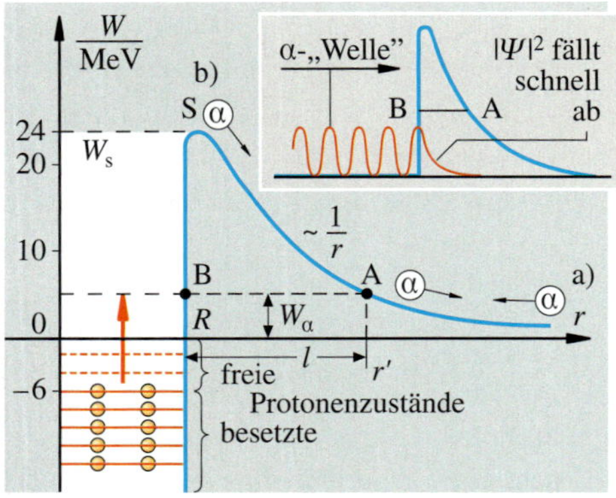

B 2: Coulombwall für α-Teilchen bei Pb-206. Die tieferen Zustände im Protonentopf sowie der Neutronentopf sind weggelassen. Rechts oben: $|\Psi|^2$ des α-Teilchens

Radioaktiver Zerfall; Zerfallsreihen

1. Der α-Zerfall eines Atomkerns

Ein Kern, der ein α-Teilchen ausstößt, verringert seine Kernladungszahl Z und seine Neutronenzahl N jeweils um 2 und deshalb seine Massenzahl A um 4. Ein Beispiel ist der α-Zerfall von Po-210:

$$^{210}_{84}\text{Po} \rightarrow {}^{206}_{82}\text{Pb} + {}^{4}_{2}\alpha + 5{,}30\ \text{MeV}.$$

Dabei gibt 5,30 MeV die kinetische Energie W_α des α-Teilchens an. Po-210 nennt man den *Mutterkern*, Pb-206 den *Tochterkern*. Vor und nach der Aussendung eines α-Teilchens befindet sich der Kern jeweils in einem seiner diskreten Energiezustände. Daher stellt man die Zerfälle in einem **Energieniveauschema (Zerfallsschema)** dar (➠ *Bild 1a*). Der Tochterkern ist wegen seiner kleineren Kernladung nach links versetzt gezeichnet. – α-Strahler sind in der Nuklidkarte gelb eingezeichnet. Den Tochterkern findet man, indem man zwei Kästchen nach unten und zwei Kästchen nach links geht.

Mithilfe eines Halbleiter- und eines Szintillationszählers kann man zeigen, dass reines Ra-226 α-Teilchen mit den Energien $W_{\alpha 1}$ = 4,78 MeV und $W_{\alpha 2}$ = 4,59 MeV sowie γ-Strahlung der Energie W_γ = 0,19 MeV emittiert. W_γ ist genau die Differenz $\Delta W = W_{\alpha 1} - W_{\alpha 2}$. Ra-226 zerfällt nämlich durch Aussendung eines α-Teilchens nicht nur in den Grundzustand W_1 von Rn-222, sondern mit einer Wahrscheinlichkeit von 5,4% auch in einen angeregten Zustand W_2 von Rn-222 (➠ *Bild 1b*). Dabei führt das α-Teilchen nur die Energie $W_{\alpha 2}$ = 4,59 MeV ab. Anschließend „fällt" der Rn-Kern aus dem angeregten Zustand W_2 in den Grundzustand W_1 unter Aussendung des γ-Quants der Energie $\Delta W = W_\gamma$ = 0,19 MeV.

Merksatz

Beim **α-Zerfall** verliert ein Kern zwei Protonen und zwei Neutronen. Der α-Zerfall führt häufig in einen angeregten Zustand des Tochterkerns, der dann γ-Strahlung aussendet.

2. α-Teilchen tunneln

Nähern sich α-Teilchen aus einem Teilchenbeschleuniger einem Kern, z. B. Pb-206, so „sehen" sie einen Coulombwall (➠ *Bild 2*, Fall (a)). Der Potentialwall steigt entsprechend den Überlegungen zum rutherfordschen Streuversuch mit $1/r$ an. Hat das α-Teilchen eine Energie W > 24 MeV, so „erklimmt" es den Wall bis zum Punkt S in der Höhe 24 MeV. Ab hier wirken die sehr starken anziehenden Kernkräfte der kurzen Reichweite R. Sie fangen das α-Teilchen ein; es entsteht ein Po-210-Kern.
Po-210 ist ein α-Strahler (➠ *Bild 1a*) mit der Energie W_α = 5,3 MeV. Welche Energie würde man nach unseren bisherigen Erkenntnissen für die α-Strahlen von Po-210 erwarten? Würde das α-Teilchen aus dem Kern den oben beschriebenen Weg rückwärts durchlaufen, so müsste es im Kern so viel Energie auf sich vereinigen, dass es bis zur Spitze S des Potentialwalls angehoben wird.

Vertiefung

Halbwertszeit der α-Strahler

Die Simulation zum Tunneleffekt zeigt: Im Potentialwall (➠ *Bild 2*, rechts oben) fällt die Tunnelwahrscheinlichkeit längs der Strecke BA exponentiell ab. – Haben die Teilchen im Topf etwas weniger Energie, so liegt auch die Tunnelstrecke BA tiefer und wird länger. Bei A sinkt somit $|\Psi|^2$ weiter ab, die Halbwertszeit $T_{1/2}$ steigt. Zudem verlässt das α-Teilchen den Kern mit kleinerer kinetischer Energie. Je kleiner also W_{kin} der α-Teilchen ist, umso größer ist $T_{1/2}$. Dies bestätigt die folgende Tabelle:

α-Strahler	$T_{1/2}$	W_α
Po-212	$3 \cdot 10^{-7}$ s	8,78 MeV
Rn-220	55 s	6,29 MeV
Po-210	138 d	5,30 MeV
U-238	$4{,}5 \cdot 10^{9}$ a	4,20 MeV
Nd-144	$2{,}4 \cdot 10^{15}$ a	1,83 MeV

Von dort würde es durch die Coulombkraft abgestoßen (*Bild 2*, Fall (b)) und im Unendlichen mit der kinetischen Energie von 24 MeV ankommen. Aber kein α-Teilchen aus dem Kern hat diese Energie, keines kommt also vom Punkt S. Woher kommen sie dann?

Ein α-Teilchen im Punkt A des Coulombwalls hat die potentielle Energie W. Beträgt sie 5,3 MeV, so heißt das, dass es von A aus im Unendlichen mit der kinetischen Energie $W_\alpha = 5{,}3$ MeV ankommt. Mit dem Potentialverlauf $W_{pot} = -Q/(4\,\pi\,\varepsilon_0\,r)$ kann man berechnen, dass A den Abstand $r \approx 45 \cdot 10^{-15}$ m vom Kernmittelpunkt besitzt (ungefähr 4,5faches von R).

Das α-Teilchen ist aber ein Quantenobjekt. Es braucht also nicht von S „herabfallen". Vielmehr kann es als Wellenpaket den Wall von B nach A bei gleichbleibender Energie „durchtunneln". Bei diesem **Tunneleffekt** bleibt ja die Energie erhalten. Es genügt, dass es im Kern den Punkt B mit $W = 5{,}3$ MeV „erklommen" hat. Doch haben die im Potentialtopf nach *Bild 2* oben liegenden Nukleonen Energien von ca. –6 MeV. Jedes liegt um 6 MeV unter dem Nullniveau, kann also den Kern nicht verlassen. Dieser kann weder Protonen noch Neutronen für sich emittieren.

Finden sich jedoch zwei Protonen und zwei Neutronen mit der Energie $4 \cdot (-6\text{ MeV}) = -24$ MeV zusammen, so entsteht ein α-Teilchen. Wegen des Verlusts an Ruhemasse wird eine Energie von 28,3 MeV frei. Der Überschuss von 28,3 MeV – 24 MeV = 4,3 MeV hebt das α-Teilchen nach B, von wo es mit sehr geringer Wahrscheinlichkeit $|\Psi|^2$ nach A tunneln kann und damit frei ist. *Das* $|\Psi|^2$ *erklärt den stochastischen Charakter des Zerfalls.*

Die berechnete Energie $W_\alpha = 4{,}3$ MeV stimmt nicht mit der gemessenen $W_\alpha = 5{,}3$ MeV überein, weil wir vereinfachend alle vier Nukleonen mit der Energie von –6 MeV angesetzt haben. Die α-Strahlen verschiedener Nuklide besitzen ja auch unterschiedliche Energie.

Merksatz

Der α-Zerfall lässt sich mithilfe des Tunneleffekts erklären. – Das stochastische Auftreten der α-Teilchen ist ein Quantenphänomen.

3. Der β⁻-Zerfall eines Atomkerns

Beim **β⁻-Zerfall** eines Atomkerns *wandelt sich ein Neutron unter Aussendung eines Elektrons* e^- *und eines Antineutrinos* $\bar{\nu}$ *in ein Proton um* (*Interessantes*). Die frei werdende Energie W_{max} verteilt sich beliebig auf das Elektron und das Antineutrino. Das Elektron kann so Energien erhalten, die stufenlos von null bis W_{max} reichen. Der Zerfall von Tl-204 mit $W_{max} = 0{,}764$ MeV lautet z. B.:

$$^{204}_{81}\text{Tl} \rightarrow {}^{204}_{82}\text{Pb} + e^- + \bar{\nu} + 0{,}764\text{ MeV}.$$

Die Massenzahl A eines Kerns ändert sich bei einem β⁻-Zerfall nicht, die Kernladungszahl Z steigt dagegen um 1. In der Nuklidkarte rutscht der Kern um eine Stelle nach links und um eine Stelle nach oben. β⁻-Strahler (in der Nuklidkarte blau) haben einen Neutronenüberschuss. – Auch einen β⁻-Zerfall stellt man in einem *Zerfallsschema* dar (*Bild 3*).

Interessantes

Zur Erklärung des β⁻-Zerfalls

Elektronen (β⁻-Teilchen) aus einem β⁻-Strahler müssen aufgrund ihrer hohen Energie aus dem Atomkern kommen. Dieser enthält aber nur Protonen und Neutronen. 1913 fand SODDY, dass sich beim β⁻-Zerfall die Kernladungszahl des Kerns um 1 erhöht. Der Kern verändert sich also, wenn er ein β⁻-Teilchen aussendet. Da aber Ausgangskern wie Endkern einen wohl definierten Energiezustand haben, müssten die β⁻-Teilchen diskrete Energiewerte besitzen. Das β⁻-Spektrum ist jedoch kontinuierlich; folglich müsste der Energiesatz verletzt sein. Wie Messungen zeigen, erfüllen ihn nur β⁻-Teilchen der Energie W_{max}. Nach anderen Messungen schien der β⁻-Zerfall auch gegen den Impulssatz zu verstoßen.

Um diese beiden wichtigen Erhaltungssätze „zu retten" postulierte Wolfgang PAULI 1931: Beim β⁻-Zerfall eines Atomkerns wird gleichzeitig mit dem Elektron ein weiteres, aber ungeladenes Teilchen, heute **Antineutrino** $\bar{\nu}$ genannt, ausgeschleudert. Dieses ungeladene Teilchen nimmt zwar Energie und Impuls mit, zeigt aber fast keine Wechselwirkung mit der Materie. Das Antineutrino wurde tatsächlich 20 Jahre später experimentell nachgewiesen.

Nach der Entdeckung des Neutrons 1932 erkannte man, dass sich beim β⁻-Zerfall ein Neutron in ein Proton unter Emission eines Elektrons und eines Antineutrinos umwandelt. *Energie, Impuls und Ladung bleiben dabei erhalten*:

$$\mathbf{n \rightarrow p + e^- + \bar{\nu} + Energie.}$$

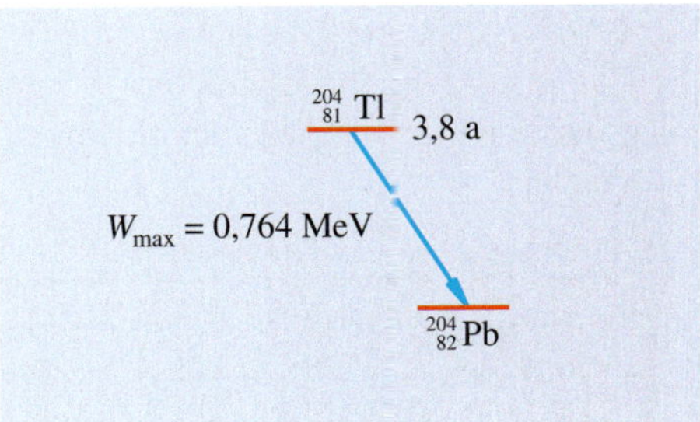

B 3: β⁻-Zerfall von Tl-204 in den Grundzustand von Pb-204. Da Pb ein höheres Z als Tl hat, zeichnet man es nach rechts verschoben.

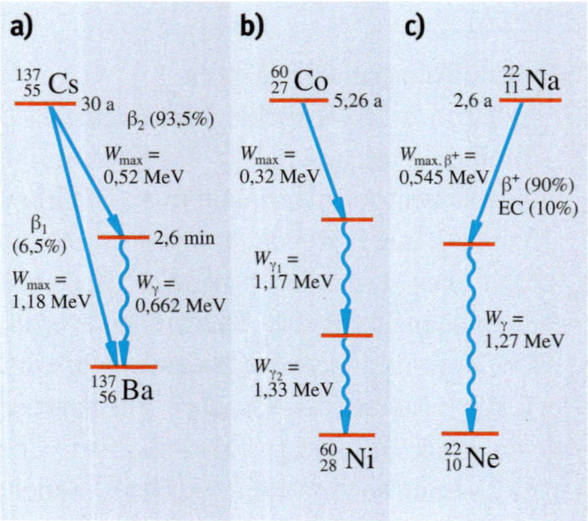

B 1: Zerfallsschema von **a)** Cs-137 **b)** Co-60 **c)** Na-22 (a: Jahr; min: Minute)

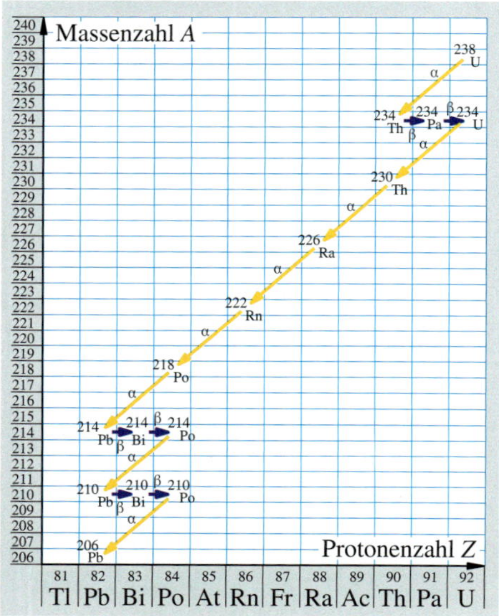

B 2: Zerfallsreihe von U-238

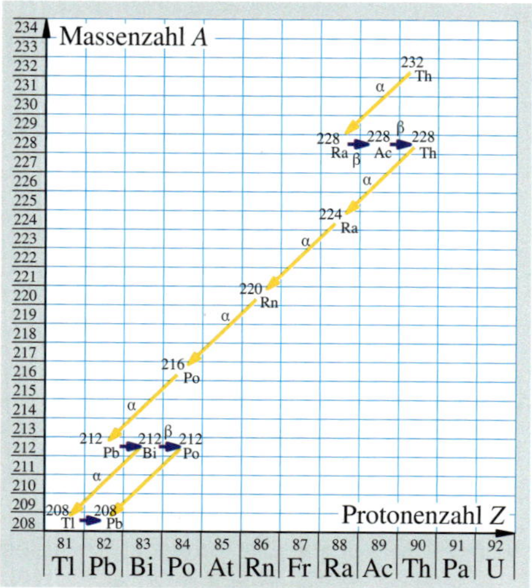

B 3: Zerfallsreihe von Th-232

4. Der β⁺-Zerfall eines Atomkerns

a) Beim **β⁺-Zerfall** eines Atomkerns *wandelt sich ein Proton unter Aussendung eines Positrons* e^+ *und eines Neutrinos* ν *in ein Neutron um:* **p → n + e⁺ + ν + Energie.** Das Neutrino hat ähnliche Eigenschaften wie das Antineutrino. Auch β⁺-Strahler haben ein kontinuierliches Energiespektrum. Beispiel (*Bild 1c*):

$$^{22}_{11}\text{Na} \rightarrow {}^{22}_{10}\text{Ne} + e^+ + \nu + 0{,}545\ \text{MeV}.$$

Die Massenzahl A bleibt beim β⁺-Zerfall konstant und die Kernladungszahl Z vermindert sich um 1. In der Nuklidkarte findet man den neuen Kern um eine Stelle nach rechts und um eine Stelle nach unten verschoben. β⁺-Strahler (in der Nuklidkarte rot) haben einen Protonenüberschuss. Bei einem β⁺-Strahler tritt zusätzlich immer die *Vernichtungsstrahlung von 511 keV* auf ($e^+ + e^- \rightarrow 2\,\gamma$).

b) In Konkurrenz zum β⁺-Zerfall steht der Kernzerfall durch **Elektroneneinfang** (abgekürzt EC). Dabei wird ein Elektron aus der Atomhülle, meist aus der K-Schale, vom Kern eingefangen. Dieses Elektron bildet mit einem Proton ein Neutron und ein Neutrino: **p + e⁻ → n + ν + Energie.** Ein Beispiel:

$$^{59}_{28}\text{Ni} \rightarrow {}^{59}_{27}\text{Co} + \nu + \text{Energie}.$$

c) Häufig führt auch ein β⁻- oder β⁺-Zerfall nicht in den Grundzustand, sondern in einen angeregten Zustand des Tochterkerns. *Als Folge davon sendet dieser Kern γ-Strahlung aus.* Beispiele sind die Zerfälle von Cs-137 und Na-22 (*Bild 1a* und *1c*). Bei Cs-137 ist interessant, dass der angeregte Zustand von Ba-137 im Mittel erst nach 2,6 min in den Grundzustand zerfällt. Man spricht von einem **isomeren Zustand.** Üblicherweise beträgt die „Lebensdauer" angeregter Zustände etwa 10^{-8} s.

Merksatz

Beim **β⁻-Zerfall** eines Atomkerns wandelt sich ein Neutron in ein Proton, ein Elektron und ein Antineutrino um.
Beim **β⁺-Zerfall** eines Atomkerns wandelt sich ein Proton in ein Neutron, ein Positron und ein Neutrino um.
Beim **Elektroneneinfang** verbindet sich ein Elektron der Atomhülle mit einem Proton des Kerns zu einem Neutron und einem Neutrino.
β⁻- und β⁺-Strahler emittieren häufig auch γ-Strahlung.

5. Die radioaktiven Zerfallsreihen

Sehr häufig ist der Tochterkern eines radioaktiven Kerns selbst wieder radioaktiv, dessen Folgeprodukt ebenfalls. So können ganze Zerfallsreihen entstehen. Eine erste beginnt bei U-238, eine zweite bei Th-232, eine dritte bei U-235 und eine vierte bei Np-237. Die ersten drei enden bei einem Bleiisotop. Die zwei wichtigsten Zerfallsreihen zeigen *Bild 2* und *Bild 3*. – Alle Elemente entstanden vor über sechs Milliarden Jahren aus Wasserstoff und Helium. Von ihnen sind bis auf die 130 stabilen Nuklide nur noch die sehr langlebigen radioaktiven Nuklide K-40, Th-232, U-238 und U-235 übrig geblieben.

Beispiel

Bestimmung der kinetischen Energie W_α

Ra-226 gehe nach dem Aussenden eines α-Teilchens in den Grundzustand des Tochterkerns über. Bestimmen Sie die kinetische Energie W_α der α-Teilchen.

Lösung:

Der Zerfall lautet: ${}^{226}_{88}\text{Ra} \to {}^{222}_{86}\text{Rn} + {}^{4}_{2}\alpha + Q_\alpha$.

Q_α ist die *gesamte* frei gewordene Energie. Der Zerfall spielt sich im Innern eines neutralen Radiumatoms ab. Die Tochter Rn-222 ist zweifach negativ geladen, da der Atomkern zwei Protonen verloren hat. Die zwei überzähligen Elektronen der Hülle repräsentieren zusammen mit dem α-Teilchen ein neutrales Heliumatom. Bis auf vernachlässigbare Unterschiede in den Bindungsenergien der Hüllen-Elektronen, lässt sich deshalb Q_α aus *der Massendifferenz* Δm der *Atommassen* (siehe Anhang) bestimmen.

$$\Delta m = m(\text{Ra-226}) - m(\text{Rn-222}) - m(\alpha)$$
$$= (226{,}0254026 - 222{,}0175705 - 4{,}0026033)\ \text{u}$$
$$= 0{,}0052288\ \text{u}.$$

Mit 1 u = 931,49 MeV/c^2 wird $Q_\alpha = \Delta m\, c^2 = 4{,}87$ MeV.

Beim Zerfall erhält der Kern einen *Rückstoß* und nimmt Energie mit. Die gesuchte Energie W_α ist also kleiner als Q_α. Man findet W_α mithilfe des Impuls- und des Energieerhaltungssatzes, wobei man hier nichtrelativistisch rechnen darf.

Sind v_α, v_K die Geschwindigkeiten des α-Teilchens bzw. des Tochternuklids nach dem Zerfall, so folgt aus der Impulserhaltung: $m_\alpha\, v_\alpha = m_K\, v_K$.

und der Energieerhaltung: $\frac{1}{2} m_K\, v_K^2 + \frac{1}{2} m_\alpha\, v_\alpha^2 = Q_\alpha$.

Setzt man aus dem Impulserhaltungssatz v_K hier ein, so gilt:

$$\mathbf{W_\alpha} = \frac{1}{2} m_\alpha\, v_\alpha^2 = \frac{m_K}{m_\alpha + m_K} Q_\alpha = 0{,}98\, Q_\alpha = \mathbf{4{,}78\ MeV.}$$

Vertiefung

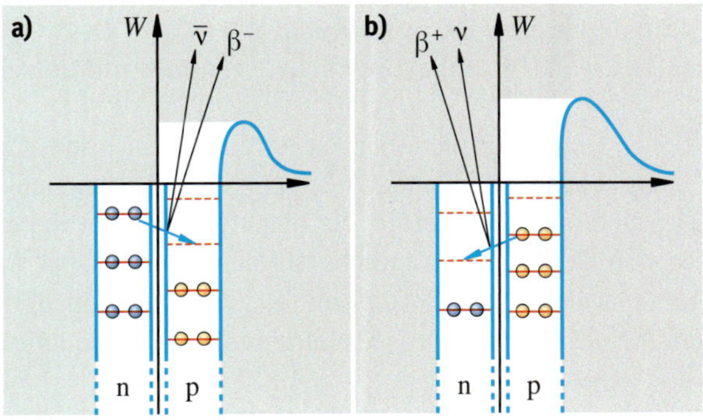

β-Zerfall im Potentialtopfmodell

a) Das Bild links zeigt einen Kern, der gegenüber stabilen Kernen *einen Neutronenüberschuss* besitzt (es sind nur die obersten besetzten Niveaus gezeichnet). Neutronen besetzen daher im Neutronentopf höhere Energieniveaus als die Protonen in ihrem Topf. Folglich kann sich aus energetischen Gründen ein im Neutronentopf höher liegendes Neutron unter Aussendung eines Elektrons und eines Antineutrinos in ein Proton umwandeln. Das Neutron geht in den Protonentopf über und gibt Energie ab. Der neue Kern hat weniger Energie, er ist stabiler.

Kerne mit zu hoher Neutronenzahl sind also Elektronenstrahler. Sie liegen in der Nuklidkarte rechts von den stabilen Kernen.

b) Ist umgekehrt die Protonenzahl zu groß, so wandelt sich ein energetisch hoch liegendes Proton in ein Neutron um und geht unter Energieabgabe in den Neutronentopf, damit beide Töpfe etwa bis zum gleichen Niveau gefüllt sind (Bild rechts). Dabei werden ein Positron und ein Neutrino emittiert.

Die Positronenstrahler sind Kerne mit zu hoher Protonenzahl und liegen in der Nuklidkarte links von stabilen Kernen.

... noch mehr Aufgaben

Atommassen im Anhang

A 1: Po-212 zerfällt durch einen α-Zerfall. Bestimmen Sie W_α.

A 2: Am-241 sendet α-Teilchen der Energie 5,545 MeV, 5,486 MeV, 5,443 MeV und 5,389 MeV aus. **a)** Zeichnen Sie ein Zerfallsschema. **b)** Berechnen Sie von allen möglichen γ-Quanten die Energie. **c)** Wie groß ist Q_α? **d)** Wie hoch ist der Coulombwall für die α-Teilchen?

A 3: a) Warum ist beim β⁻-Zerfall $Q_\beta = W_{max}$ des β-Spektrums? **b)** Bestimmen Sie W_{max} des β⁻-Zerfalls von Tl-204. **c)** Berechnen Sie die Atommasse von Co-60, wenn die von Ni-60 bekannt ist (➡ *Bild 1b*).

A 4: a) Begründen Sie, dass ein freies Neutron in ein Proton zerfallen kann, während ein freies Proton stabil ist. **b)** Berechnen Sie Q_β des β⁻-Zerfalls des Neutrons.

A 5: Stellen Sie die Zerfallsreihen von U-235 und Np-237 dar.

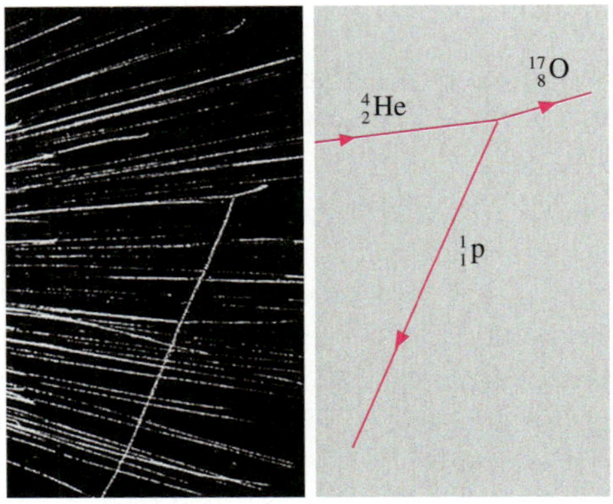

B 1: Nebelkammeraufnahme einer Kernreaktion. Rechts ist die Reaktion gezeichnet.

Vertiefung

Nachweis von Neutronen

a) (n, p)-Reaktion: Neutronen haben als ungeladene Teilchen keine ionisierende Wirkung. Ihr Nachweis kann daher nur indirekt durch Stöße mit ionisierenden Teilchen erfolgen. In der Nebelkammeraufnahme fielen von links oben Neutronen ein, ohne eine Spur zu hinterlassen. Die plötzlich mitten in der Kammer einsetzenden Spuren zeigen Wasserstoffkerne, die von Neutronen in dem wasserstoffhaltigen Gas der Nebelkammer angestoßen wurden. Erst die Protonen verraten die Neutronen. Bei einem solchen „Stoß" wird Energie vom Neutron auf das Proton übertragen, das dann die Gasmoleküle ionisiert.

b) (n, α)-Reaktion: Soll ein *Zählrohr* für ionisierende Strahlung auf Neutronen ansprechen, so kleidet man seine Innenwand mit einer Borverbindung aus. Die durch die Neutronen bewirkte Kernreaktion $^{10}_{5}B$ (n, α) $^{7}_{3}Li$, die mit besonders großer Wahrscheinlichkeit auftritt, setzt α-Teilchen frei; diese werden gezählt.

Kernreaktionen; Neutronen

1. Künstliche Kernumwandlungen

1919 beschoss RUTHERFORD reinen Stickstoff, der zu fast 100% aus N-14 besteht, in einer Nebelkammer mit α-Teilchen der Energie 7,7 MeV. Überraschenderweise fand er gelegentlich das in *Bild 1* dargestellte Ereignis: Die Spur eines α-Teilchens verzweigte sich plötzlich. Die nach unten laufende lange Spur entpuppte sich dabei als die eines frei gewordenen Protons. Nach weiteren Untersuchungen, *wobei er die Erhaltungssätze für Energie, Impuls und Ladung beachtete*, erkannte RUTHERFORD: Das α-Teilchen überwindet die Coulombschwelle eines $^{14}_{7}N$-Kerns und dringt in ihn ein. Es bildet sich kurzzeitig ein energetisch hoch angeregter Fluorkern $^{18}_{9}F^*$, der sofort unter Aussendung eines Protons p in einen Sauerstoffkern $^{17}_{8}O$ zerfällt. (Der Stern bei F* bedeutet, dass der Kern in einem energetisch angeregten Zustand ist.) $^{17}_{8}O$ erhält einen Rückstoß und erzeugt in der Nebelkammer die nach rechts oben gerichtete kurze Spur. Man sagt, es hat eine **Kernreaktion** stattgefunden. Die Reaktionsgleichung lautet:

$$^{14}_{7}N + ^{4}_{2}\alpha \rightarrow ^{18}_{9}F^* \rightarrow ^{17}_{8}O + ^{1}_{1}p.$$

Den Zwischenkern $^{18}_{9}F^*$, der 10^{-15} bis 10^{-18} s lang „lebt", lässt man weg und schreibt für diese (α, p)-Reaktion: $\mathbf{^{14}_{7}N\ (\alpha, p)\ ^{17}_{8}O}$.
Zum ersten Mal war damit eine **künstliche Kernumwandlung** gelungen.
Kernreaktionen lassen sich nicht nur mit α-Teilchen auslösen, sondern mit allen bekannten Teilchen wie Protonen p, Deuteronen d, Neutronen n und auch mit Kernen bis hinauf zu U-238 (Weitere Reaktionen: *Beispiel*). Wesentliche Hilfsmittel dazu sind *Beschleuniger*, mit denen man geladenen Teilchen große kinetische Energie erteilt, und *Kernreaktoren* als intensive Neutronenquellen.

Merksatz

Schießt man schnelle Teilchen auf Atomkerne, so können **Kernreaktionen** ausgelöst werden. Die erste Kernreaktion erzielte RUTHERFORD:

$$^{14}_{7}N\ (\alpha, p)\ ^{17}_{8}O.$$

Auch bei Kernreaktionen gelten die Erhaltungssätze für Energie, Impuls und elektrische Ladung.

2. Neutronenstrahlen

a) J. CHADWICK beschoss Beryllium mit α-Teilchen. Er fand dabei 1932 ein neues Teilchen, das fast Protonenmasse hatte, aber ungeladen war, das **Neutron**. Folgende Kernreaktion lief ab:

$$^{9}_{4}Be + ^{4}_{2}\alpha \rightarrow ^{12}_{6}C + ^{1}_{0}n \quad \text{oder} \quad ^{9}_{4}Be\ (\alpha, n)\ ^{12}_{6}C.$$

b) Neutronen selbst lösen Kernreaktionen leicht aus, da sie ungeladen sind und keinen Coulombwall spüren. Sie gelangen mit beliebig kleiner Energie ins Innere eines Kerns. In diesen können sie von Kernkräften eingebaut werden und in den Potentialtopf fallen.

Dabei wird die Bindungsenergie des Neutrons – im Mittel 8 MeV – frei. Man spricht von **Neutroneneinfang.**
Nach einem Neutroneneinfang ist der Zwischenkern in einem angeregten Zustand. Dieser kann seine Energie z. B. dadurch loswerden, dass er ein Teilchen aussendet. So kann man über (n, p)- oder (n, α)-Kernreaktionen Neutronen nachweisen (⇒ *Vertiefung*).

Im Potentialtopf ist die Energie quantisiert. Der nach einem Neutroneneinfang angeregte Zwischenkern kann deshalb seine Energie auch durch Quantensprünge in den Grundzustand abgeben. Dabei werden sehr energiereiche γ-Quanten frei. Ein Beispiel für eine derartige **(n, γ)-Reaktion** ist der Einfang eines Neutrons durch ein Proton im Wasserstoffkern. Es entsteht ein Deuteron:

$$\mathbf{{}^1_1H\,(n,\gamma)\,{}^2_1D} \text{ mit } W_\gamma = 2{,}23\text{ MeV.}$$

c) Neutronen durchdringen selbst dicke Bleischichten fast ungeschwächt, nicht hingegen wasserstoffhaltige Stoffe wie Paraffin oder Wasser. Nun hat das stoßende Neutron fast gleiche Masse wie das gestoßene Proton. Deshalb gibt es schon bei einem Stoß einen Großteil seiner kinetischen Energie ans Proton ab. Nach ca. 20 Stößen hat das Neutron eine kinetische Energie von 1/40 eV, die der Temperatur von 20 °C der Bremssubstanz, auch **Moderator** genannt, entspricht. Solche Neutronen heißen im Gegensatz zu schnellen Neutronen **thermische Neutronen.** Sie werden früher oder später von einem Kern eingefangen, wobei durch einen (n, γ)-Prozess fast immer γ-Strahlen entstehen. Will man etwa in einem Kernreaktor Neutronenstrahlen abschirmen, verwendet man am besten meterdicke Beton- oder Wasserschichten. Diese bremsen nicht nur die Neutronen ab, sondern absorbieren auch die beim Neutroneneinfang entstehende γ-Strahlung.

d) Kernreaktionen, insbesondere (n, p)-Reaktionen (⇒ *Vertiefung*), machen schnelle Neutronen für den Menschen äußerst gefährlich, da sie energiereiche ionisierende Teilchen im Körper freisetzen. Aber auch thermische Neutronen sind nicht harmlos. Bei ihrem Einfang durch einen Kern eines biologischen Gewebes entstehen γ-Strahlen mit Energien bis zu einigen MeV. Die Wichtungsfaktoren w_R der Neutronen zur Bestimmung der Äquivalentdosis H sind daher im Vergleich zu anderen Strahlungsarten groß.

Merksatz

Neutronen können leicht Kernreaktionen auslösen. Sie werden durch Wechselwirkung mit geladenen Teilchen nachgewiesen. Meterdicke Beton- oder Wasserschichten schirmen Neutronen ab.

Beispiel

Weitere Kernreaktionen; *Q*-Wert

a) Bei Kernreaktionen können *radioaktive Nuklide* auftreten. Ein Beispiel:

$${}^{27}_{13}\text{Al}\,(\alpha, n)\,{}^{30}_{15}\text{P}.$$

Mit dieser Reaktion wurde 1934 das erste radioaktive nicht in der Natur vorkommende Nuklid, nämlich der β⁺-Strahler P-30, entdeckt. Man nennt derartige Nuklide im Gegensatz zu den *natürlich radioaktiven* auch manchmal *künstlich radioaktiv*.

b) Bestrahlt man Uran U-238 mit Neutronen, so laufen folgende Vorgänge ab:

$${}^{238}_{92}\text{U}\,(n,\gamma)\,{}^{239}_{92}\text{U} \xrightarrow[23{,}5\text{ min}]{\beta^-} {}^{239}_{93}\text{Np} \xrightarrow[2{,}4\text{ d}]{\beta^-} {}^{239}_{94}\text{Pu}$$

U-239 und Np-239 sind β-Strahler. Die Elemente Neptunium (Np) und Plutonium (Pu) werden **Transurane** genannt, da sie im Periodensystem jenseits von Uran ($Z > 92$) einzuordnen sind. Transurane sind radioaktiv. Pu-239 ist ein α-Strahler mit einer Halbwertszeit von $T_{1/2} = 2{,}4 \cdot 10^4$ a!

c) Eine beliebige Kernreaktion hat die Form **a + A → b + B + *Q*** (a, b: Teilchen; A, B: Kerne). Für die *Reaktionsenergie Q*, oft einfach ***Q*-Wert** genannt, gilt:

$$\boldsymbol{Q = (m_A + m_a)\,c^2 - (m_B + m_b)\,c^2.}$$

m sind Ruhemassen. Ist Q negativ, so muss das Teilchen a kinetische Energie mitbringen, damit die Reaktion ablaufen kann; ist Q positiv, so entsteht bei der Kernreaktion aus Masse kinetische Energie. Geladene Teilchen brauchen zum Auslösen jeder Kernreaktion kinetische Energie, um den Coulombwall zu überwinden.

Hinweis: Bei der Berechnung des Q-Wertes einer Kernreaktion rechnet man wie z. B. bei der Bestimmung des Q-Wertes eines α-Zerfalls mit *Atommassen*.

... noch mehr Aufgaben

Atommassen im Anhang

A 1: a) Ergänzen Sie: ${}^{18}_{8}\text{O}\,(p, d)\,?$, $?\,(n, p)\,{}^{14}_{6}\text{C}$, ${}^{27}_{12}\text{Mg}\,(p, ?)\,{}^{24}_{11}\text{Na}$. **b)** Die Reaktion ${}^{11}_{5}\text{B}\,(\alpha, p)\,?$ ergibt einen β⁻-Strahler. Wie lautet der Endkern?

A 2: a) Wie groß sind der Coulombwall und der Q-Wert für die Reaktion ${}^{14}_{7}\text{N}\,(\alpha, p)\,{}^{17}_{8}\text{O}$? **b)** Wie groß ist Q für die Reaktion ${}^{10}_{5}\text{B}\,(n, \alpha)$? Berechnen Sie die kinetische Energie des α-Teilchens, wenn das Neutron thermisch ist.

A 3: Kann die Reaktion ${}^{64}_{?}\text{Zn}\,(n, p)\,{}^{?}_{?}\text{Cu}$ durch thermische Neutronen ausgelöst werden?

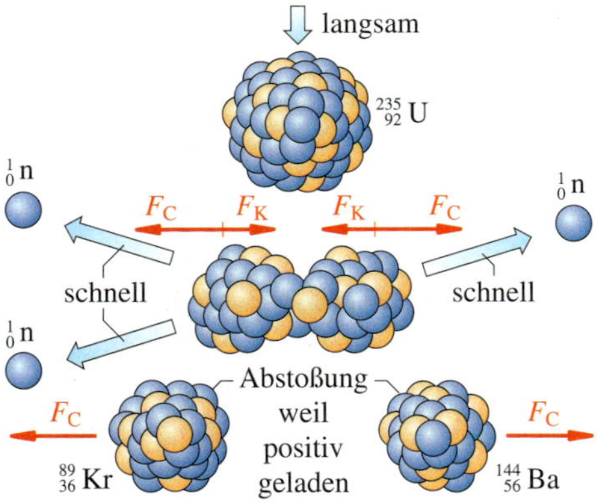

B 1: Kernspaltung eines U-235-Kerns nach dem Einfang eines langsamen Neutrons

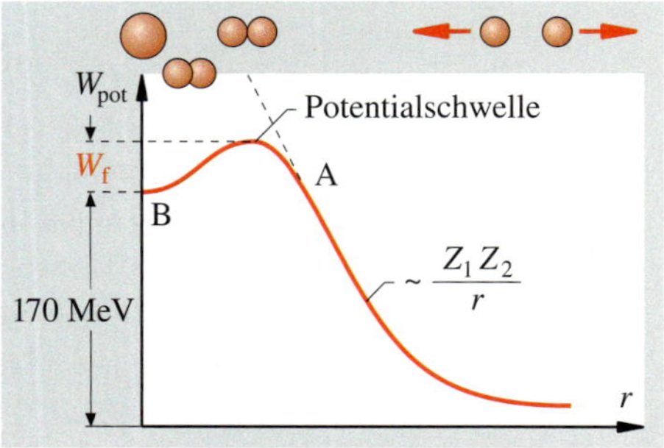

B 2: Verlauf der potentiellen Energie der Spaltprodukte eines Kerns relativ zueinander. Darüber sind jeweilige Kernformen angedeutet.

Vertiefung

Eigenschaften der Kernspaltung

a) Energiebilanz: Die Bindungsenergie pro Nukleon ist bei U-235 etwa –7,5 MeV und bei den Spaltprodukten –8 bis –8,5 MeV. Folglich müssen bei der Spaltung ca. 200 MeV freigesetzt werden. Man kann nachrechnen, dass deshalb ein Kernreaktor mit 1 Megawatt Leistung 1 g U-235 je Tag verbraucht.

b) Die **Spaltprodukte** einer Kernspaltung sind **hoch radioaktiv:** Die Spaltprodukte haben einen *großen Neutronenüberschuss*. Sie verwandeln sich daher durch mehrere β^-- und γ-Zerfälle mit unterschiedlichen, teilweise großen Halbwertszeiten in stabile Isotope. Ein Beispiel:

$$^{135}_{52}\text{Te} \xrightarrow[18\,\text{s}]{\beta^-} {}^{135}_{53}\text{I} \xrightarrow[6{,}6\,\text{h}]{\beta^-,\gamma} {}^{135}_{54}\text{Xe} \xrightarrow[9{,}2\,\text{h}]{\beta^-,\gamma} {}^{135}_{55}\text{Cs} \xrightarrow[2\cdot 10^6\,\text{a}]{\beta^-} {}^{135}_{56}\text{Ba}.$$

Kernenergie

1. Die Kernspaltung

1938 beschossen Otto HAHN und Fritz STRASSMANN natürliches Uran, das 99,3% U-238 und 0,7% U-235 enthält, mit *langsamen Neutronen*, um Transurane herzustellen. Zu ihrer großen Überraschung fanden sie aber nach der Bestrahlung Barium. Zusammen mit Lise MEITNER und O. R. FRISCH deuteten sie das Ergebnis so: Ein U-235-Kern spaltet sich nach der Aufnahme des Neutrons in zwei ungefähr gleich schwere Teile. Zudem werden mehrere schnelle Neutronen und γ-Strahlung frei. Die beiden Kernbruchstücke fliegen mit hohen Energien in der Größenordnung von 170 MeV auseinander.
Ein Beispiel einer solchen **Kernspaltung** ist:

$$^{235}_{92}\text{U} + {}^1_0\text{n} \rightarrow {}^{89}_{36}\text{Kr} + {}^{144}_{56}\text{Ba} + 3\,{}^1_0\text{n} + \gamma.$$

Ein einfaches Modell soll die Kernspaltung erläutern (*Bild 1*). Wir stellen uns den Urankern als *Tröpfchen* vor mit den Eigenschaften:

- Da der Kern nicht sehr stabil ist, wird er durch das eingefangene Neutron zum Schwingen angeregt.
- Nimmt er dabei kurzzeitig Hantelform an, so gibt es an der Einschnürung nur noch wenige Nukleonen, die mit Kernkräften F_K kurzer Reichweite die beiden Teile zusammenhalten können.
- Die weitreichende elektrostatische Abstoßung F_C kann die Teile auseinander treiben und so den Kern zerreißen.
- Die Coulombabstoßung gibt den Bruchstücken große Energie. *Die Energie der Kernspaltung wird demnach durch elektrostatische Coulombkraft freigesetzt.*
- Die gesamte Ruhemasse nimmt ab.

Wollte man die Spaltprodukte wieder zusammenfügen, so müsste man nach *Bild 2* – von rechts kommend – Energie gegen die Kernabstoßung aufbringen. Bei A machen sich die kurzreichweitigen Kernkräfte bemerkbar und setzen durch Anziehung Energie frei. Bei B ist eine stabile Energiemulde gefunden.

Die Potentialschwelle bei A können Spaltprodukte durchtunneln, d. h. ein Kern kann sich **spontan spalten.** Allerdings ist bei Urankernen die Wahrscheinlichkeit dafür nicht groß. In 1 g Natururan finden ca. 20 spontane Spaltungen in 1 h statt. Spontan spaltende Kerne sind in der Nuklidkarte grün eingezeichnet.

Erzwungene Kernspaltung tritt ein, wenn man einem Kern die Energie W_f (*Bild 2*) zuführt. Am einfachsten gelingt dies – wie oben gesehen – mit einem Neutron. Kerne wie U-235 und Pu-239 lassen sich bereits durch langsame Neutronen spalten. Solche Kerne bezeichnet man als **spaltbares Material.**

Merksatz

Bei einer **Kernspaltung** entstehen aus einem schweren Kern zwei etwa gleich große Spaltkerne, schnelle Neutronen und γ-Strahlung. U-235 und Pu-239 lassen sich durch langsame Neutronen spalten.

2. Kettenreaktion, Atombombe, Kernreaktor

Findet eine Kernspaltung in einem Medium statt, das spaltbares Material (z. B. U-235) enthält, so können die zwei bis drei freigesetzten Neutronen weitere Spaltungen auslösen. Dabei werden wiederum Neutronen erzeugt, die ihrerseits erneut Kernspaltungen verursachen können und so fort. Eine derart sich fortsetzende Spaltungsfolge nennt man **Kettenreaktion.** Verläuft sie *ungeregelt*, so kann sich die Zahl der Spaltungen in Bruchteilen von Sekunden ins Unermessliche steigern. Riesige Energiemengen werden in kürzester Zeit frei; es kommt zu einer gewaltigen Explosion, einer *Atombombenexplosion* (➠ *Interessantes*).

Will man die bei Kernspaltungen freiwerdende Energie friedlich nutzen, muss man sich ein System ausdenken, in dem die Kettenreaktion *kontrollierbar* abläuft. Ein solches System heißt **Reaktor.** Das Medium, in dem dort die Kettenreaktion stattfindet, wird *Brennstoff* genannt. In ➠ *Bild 1* der nächsten Seite ist der prinzipielle Aufbau eines **Druckwasserreaktors** (DWR) im Querschnitt skizziert. Über 75% aller weltweit gebauten Kernreaktoren gehören zu diesem Reaktortyp. Er hat folgende wesentliche Bestandteile:

a) In einem etwa 10 Meter hohen Druckgefäß aus 20–25 cm dickem Stahl stehen die *Brennelemente* mit vielen fingerdicken *Brennstäben*. In diesen befindet sich als Brennstoff natürliches Uran, das bis zu 3% mit dem Isotop U-235 angereichert ist.

b) Zwischen den Brennstäben befindet sich Wasser (H_2O). Es soll die bei den Kernspaltungen entstehenden schnellen Neutronen abbremsen. Vor allem langsame Neutronen können nämlich weitere Kernspaltungen in U-235-Kernen durchführen und so die Kettenreaktion aufrechterhalten (➠ *Bild 3*). Rasche Abbremsung ist wichtig, denn das zu 97% in den Brennstäben vorhandene, nicht spaltbare U-238 absorbiert besonders schnelle Neutronen.
Einen Stoff, der im Reaktor die Neutronen abbremst, ohne zu viele zu absorbieren, bezeichnet man als **Moderator.** Reaktoren, die einen Moderator benutzen, nennt man **thermische Reaktoren.** Der DWR gehört zur Gruppe der **Leichtwasserreaktoren,** da normales Wasser H_2O und nicht schweres Wasser D_2O als Moderator verwendet wird. – Sollte das Wasser verdampfen oder aus dem Reaktorbehälter auslaufen, würden die Neutronen nicht mehr abgebremst; die Kettenreaktion wäre automatisch unterbrochen. Der Kernreaktor kann also nie wie eine Atombombe explodieren.

c) Wasser dient außerdem als **Kühlmittel.** Durch kräftige Pumpen angetrieben, zirkuliert es im *Primärkreislauf* und besorgt den Wärmetransport. Die Brennstäbe werden nämlich durch die Kernspaltungen sehr stark erhitzt. Im Primärkreislauf steht das Wasser unter hohem Druck (z. B. 155 bar). Es kann daher auf 320 °C erhitzt werden, ohne dass es siedet. – In einem *Wärmetauscher* (Dampferzeuger) gibt das erhitzte Wasser des Primärkreises seine Energie an das Wasser des *Sekundärkreislaufs* ab; dieses verdampft im Wärmetauscher und treibt die Turbinen an.

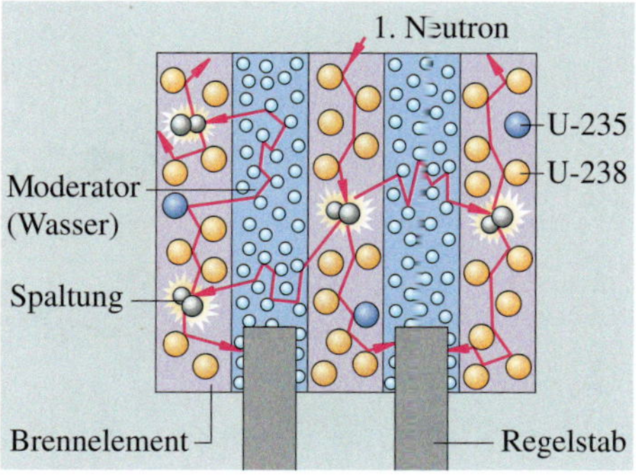

B 3: Geregelte Kettenreaktion im Reaktor

Interessantes

Die ungezähmte Kettenreaktion

In Atombomben wird als Spaltmaterial fast reines U-235 oder Pu-239 verwendet. Das hat den „Vorteil“, dass auch schnelle Neutronen genügend Kernspaltungen hervorrufen, um eine Kettenreaktion in Gang zu setzen. In reinem Pu-239 z. B. erzeugen die bei einer jeden Spaltungsgeneration freigesetzten schnellen Neutronen im Mittel 1,6 weitere Spaltungen. Nach n Spaltungsgenerationen sind also $1{,}6^n$ Atome gespalten. 1 kg Pu-239, das $2{,}5 \cdot 10^{24}$ Kerne enthält, ist somit nach dem Ablauf von 120 Generationen vollständig gespalten, denn es ist $1{,}6^{120} \approx 2{,}5 \cdot 10^{24}$. Da eine Neutronengeneration in der Atombombe in ungefähr $2{,}5 \cdot 10^{-9}$ s abläuft, ist 1 kg Pu-239 nach $120 \cdot 2{,}5 \cdot 10^{-9}\ \text{s} \approx 0{,}3\ \mu\text{s}$ (!) gespalten. Die Energie, die in dieser Zeit frei wird, beträgt $200\ \text{MeV} \cdot 2{,}5 \cdot 10^{24} \approx 2 \cdot 10^{7}$ kWh!

Spaltbares Material ist aber erst dann explosiv, wenn es die **kritische Masse** überschreitet (bei Pu-239: 5–10 kg; bei U-235: 15–20 kg). Ist die Masse kleiner, treten so viele Neutronen durch die Oberfläche aus, dass die Kettenreaktion abstirbt.
Eine Atombombe wird gezündet, indem zwei unterkritische Massen durch eine mit normalem Sprengstoff ausgelöste Explosion zusammengeschossen werden. – Die Herstellung einer Atombombe ist glücklicherweise schwierig. Setzt nämlich die Kettenreaktion ein, so wird durch die starke Temperaturerhöhung und den entstehenden Explosionsdruck das Spaltmaterial sofort auseinandergetrieben. Dies muss man genügend lang verhindern.

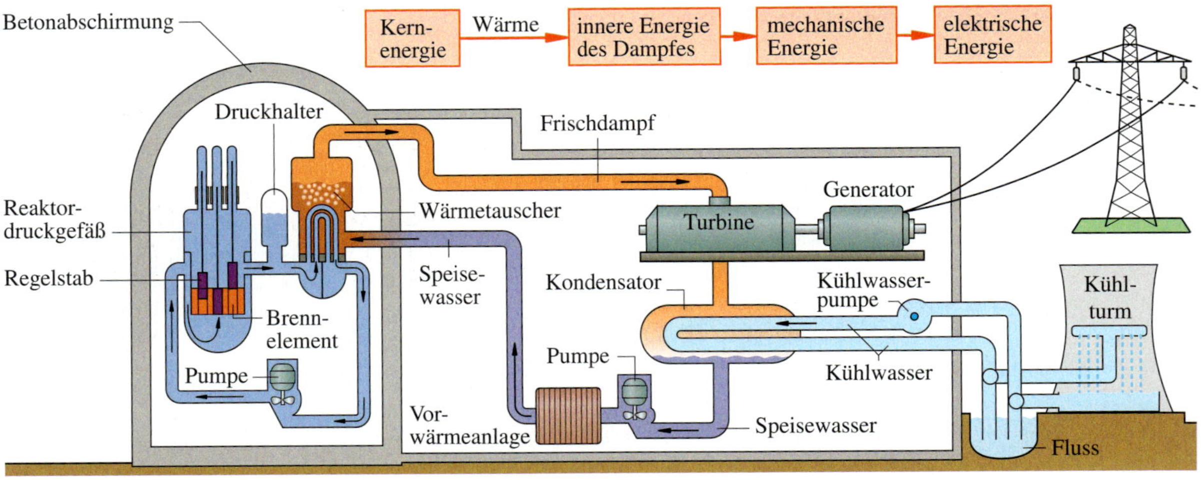

B 1: Aufbau eines Kernkraftwerkes mit einem Druckwasserreaktor

Interessantes

A. Welche Produkte entstehen im Reaktor?

a) Spaltprodukte der Kernspaltungen: Sie sind *hoch radioaktiv* mit teilweise *langen Halbwertszeiten*. Schaltet man einen Reaktor ab, liefern sie die Nachzerfallswärme, die 5% der Reaktorleistung beträgt.

b) Plutonium: Über 97% des Urans im Reaktor besteht aus dem nicht spaltbaren Isotop U-238. Durch den Einfang schneller Neutronen kann daraus Plutonium Pu-239 entstehen. Pu-239 ist *kernwaffentauglich, hoch giftig* und ein intensiver *α-Strahler*.

c) Transurane: Durch (n, γ)-Reaktionen und anschließende β-Zerfälle entstehen aus U-238 weitere *radioaktive* Transurane (z. B. Am-241) mit oft *großen Halbwertszeiten*.

d) Mit **Regelstäben,** die man zwischen die Brennstäbe schieben kann, kontrolliert man die Kettenreaktion. Die Regelstäbe enthalten Bor oder Cadmium. Diese Elemente absorbieren langsame Neutronen. Sind die Regelstäbe vollständig zwischen die Brennstäbe eingefahren, so erstirbt die Kettenreaktion sofort. Zieht man sie langsam heraus, steigt die Zahl der Kernspaltungen je Sekunde an, da nicht mehr so viele langsame Neutronen in den Stäben absorbiert werden. So kann man den Reaktor steuern. Im Dauerbetrieb sind die Regelstäbe so eingestellt, dass die Zahl der Spaltungen je Sekunde und damit die Leistung des Reaktors konstant bleibt.

B. Ein natürlicher Reaktor

In Oklo (Gabun) in Afrika ist vor ca. 2 Milliarden Jahren in einer Uranlagerstätte eine Kettenreaktion auf natürliche Weise zustande gekommen, die sich einige 100 000 Jahre lang aufrechterhalten hat. Wegen der relativ kürzeren Halbwertszeit von U-235 betrug damals der Gehalt an U-235 im Natururan noch ca. 3%. Durch Einsickern von Wasser in die Lagerstätte entstand ein Leichtwasserreaktor. – Es hat sich gezeigt, dass aus dieser Uranlagerstätte über beliebig lange Zeiträume keine Radioaktivität in nennenswerten Umfang an die Erdoberfläche kam.

Merksatz

Im **Kernreaktor** läuft eine kontrollierte Kettenreaktion ab. Die Hauptbestandteile eines Druckwasserreaktors sind Brennstäbe, Regelstäbe und Wasser als Moderator und Kühlmittel. Als Brennstoff wird Natururan, in dem U-235 zu 3% angereichert ist, verwendet.

3. Kernkraftwerke sind Wärmekraftwerke

Bild 1 zeigt den prinzipiellen Aufbau eines Kernkraftwerks. Es ist ein Wärmekraftwerk. Der sich im Wärmetauscher des Reaktors bildende heiße, unter großem Druck stehende Frischdampf führt die Energie aus dem Kernreaktor nach außen zu einer Dampfturbine, die einen Generator antreibt. Anschließend kondensiert der Dampf im Kondensator, der von Kühlwasser durchflossen wird. Das entstandene Kondenswasser wird in den Wärmetauscher zurückgeführt.

Ein Kernkraftwerk benötigt viel Kühlwasser; es steht daher neben einem Fluss. Oft besitzt es noch gewaltige Kühltürme, um eine zu starke Aufheizung des Flusses zu verhindern.

Der Wirkungsgrad eines Kernkraftwerks beträgt etwa 34%. Hat es also eine *elektrische Ausgangsleistung* von 1 300 MW, so beträgt die in Form von Aufheizung im Reaktor erzielte Leistung (*thermische Leistung*) etwa 3 800 MW, die Abwärme also 2 500 MW.

4. Entsorgung eines Kernkraftwerkes

Das spaltbare Material in den Brennstäben wird im Laufe der Zeit verbraucht. Von den ca. 100 t Uran, die ein Kernkraftwerk (DWR) mit 1 300 MW elektrischer Leistung benötigt, sind jährlich ca. 30 t auszutauschen. Dieser „Abfall" enthält 3,5% Spaltprodukte, 0,9% Plutonium (0,5% Pu-239 und 0,12% Pu-241 sind spaltbares Material), 0,1% andere Transurane, 0,76% U-235 und 94,3% U-238. Zur Behandlung der Abfälle versucht man folgende Lösung:

Die „abgebrannten" Brennelemente werden zunächst etwa 1 Jahr lang in Wasserbecken beim Reaktor gelagert. In dieser Zeit klingt die Aktivität infolge des Zerfalls der kurzlebigen Spaltprodukte auf unter 1% des Anfangswertes ab. Anschließend transportiert man die Brennelemente in speziellen Behältern („Castor-Behälter") in eine Wiederaufarbeitungsanlage (oder zuvor in ein trockenes „Zwischenlager"). Dort trennt man Uran und Plutonium chemisch ab und verwendet es zum Bau neuer Brennelemente. – Die nicht verwertbaren radioaktiven Reste („Atommüll") lagert man möglichst sicher, etwa in tiefen Salzstöcken oder Granitgesteinen. Mehrere Barrieren sorgen dort dafür, dass nach menschlichem Ermessen keine unzulässige Freisetzung von radioaktiven Stoffen in die Biosphäre erfolgt. – Man diskutiert auch, die abgebrannten Brennelemente *ohne* Wiederaufarbeitung direkt endzulagern.

5. Sicherheit, Umweltbelastung kerntechnischer Anlagen

In einem Reaktor entsteht eine Reihe *kritischer Produkte* (➠ *Interessantes*, links).

Der Reaktorunfall in *Tschernobyl* (➠ *Interessantes*, rechts) machte besonders deutlich, wie wichtig ein sicherer Einschluss des radioaktiven Inventars eines Kernkraftwerkes ist (➠ *Bild 2*).

Die Sicherheit der Kraftwerke wird mithilfe von Risikoanalysen abgeschätzt. Das Risiko wird durch die Wahrscheinlichkeit eines schweren Unfalls und die zu erwartende Schadenshöhe bestimmt. Ein schwerer Unfall wäre z. B. eine *Kernschmelze* als Folge der *Nachzerfallswärme* der radioaktiven Spaltprodukte und einer ausfallenden Kühlung. Nach offiziellen Risikoabschätzungen sollte in der Bundesrepublik ein derartiger Unfall bei weiterer Nutzung aller gegenwärtig betriebenen Anlagen mit dem derzeitigen Sicherheitsstandard eines DWR rein statistisch einmal innerhalb von ca. 20 000 Jahren zu erwarten sein. Dabei kann im statistischen Mittel etwa einmal innerhalb von mehreren 100 000 Jahren auch noch die Reaktorhülle platzen, wobei ein Schadensmaß ähnlich dem beim Unfall in Tschernobyl zu erwarten wäre. Man versucht daher Reaktortypen zu entwickeln, für die in *jedem* Schadensfall gilt: 1) Sie erlöschen von selbst. 2) Es werden keine radioaktiven Stoffe freigesetzt. 3) Die Nachzerfallswärme der radioaktiven Spaltprodukte wird ohne Eingriffe von außen und ohne Beschädigung des Reaktors nach außen abgeführt.

Aufgrund der **Strahlenschutzverordnung** darf die Strahlenbelastung einer Person durch kerntechnische Anlagen im Normalbetrieb und bei Unfällen auch in unmittelbarer Nähe einer Anlage **0,3 mSv im Jahr** nicht überschreiten.

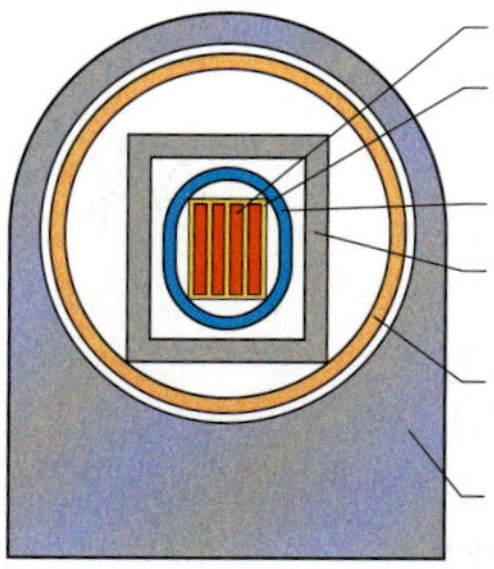

B 2: Sicherheitsbarrieren beim DWR

Interessantes

Der Reaktorunfall in Tschernobyl

Am 26.04.1986 ereignete sich in Tschernobyl in der Ukraine in einem Reaktor, bei dem Graphit als Moderator und Wasser als Kühlmittel verwendet wurde, ein schwerer Unfall. Bei diesem Reaktortyp besteht die Gefahr, dass beim Verlust des Kühlmittels die Kettenreaktion intensiviert wird (Leistungsexkursion). – Zur Katastrophe kam es im Zusammenhang mit einem technischen Experiment am Reaktor. Eine Leistungsexkursion führte zu einer chemischen Explosion mit nachfolgendem Graphitbrand über mehrere Tage. Da bei dem Reaktor eine äußere Schutzhülle fehlte, wurden radioaktive Stoffe mit einer Aktivität von etwa $2 \cdot 10^{18}$ Bq in die Atmosphäre bis in ca. 1 200 m Höhe geschleudert. Von dort wurden sie durch Winde über große Teile Europas verteilt. – Aus den mit radioaktivem Niederschlag verseuchten Gebiet in der Nähe des Reaktors mussten mehrere 100 000 Menschen evakuiert werden.

1996 ließ sich über die radiologischen Folgen sagen:

- Der Unfall hat zum vorzeitigen Tod von ca. 30 Personen geführt.
- Unter 3 Mio. mit kurzlebigem Radiojod belasteten Kindern wurden ca. 500 Fälle von Schilddrüsenkrebs gefunden; diese Anzahl könnte sich noch bis auf einige Tausend erhöhen.
- Eine Erhöhung der Zahl anderer Krebsarten, von Leukämie oder genetischen Schäden wurde bisher nicht beobachtet. Eine Erhöhung der Krebsrate könnte gerade statistisch noch nachweisbar werden.

Sehr gravierend waren zudem die ökonomischen, politischen, psychosomatischen und sozialen Auswirkungen des Unfalls.

Interessantes

Fixsterne als Fusionsreaktoren

Die Fusion des Wasserstoffs zu Helium stellt die Energiequelle der meisten Fixsterne dar. Dabei vollzieht sich der Aufbau des Heliums in komplizierten Zyklen. Enthält ein Stern das Kohlenstoffisotop C-12, so läuft z. B. der *Bethe-Weizsäcker-Zyklus* bei Temperaturen oberhalb von $1{,}5 \cdot 10^7$ K ab:

$$^{1}H + {}^{12}C \rightarrow {}^{13}N + \gamma + 1{,}94\ \text{MeV}$$
$$^{13}N \rightarrow {}^{13}C + e^+ + \nu + 1{,}2\ \text{MeV}$$
$$^{1}H + {}^{13}C \rightarrow {}^{14}N + \gamma + 7{,}54\ \text{MeV}$$
$$^{1}H + {}^{14}N \rightarrow {}^{15}O + \gamma + 7{,}29\ \text{MeV}$$
$$^{15}O \rightarrow {}^{15}N + e^+ + \nu + 1{,}7\ \text{MeV}$$
$$^{1}H + {}^{15}N \rightarrow {}^{12}C + {}^{4}He + 4{,}96\ \text{MeV}$$

Die Bilanz lautet:
$4\,{}^{1}_{1}H \rightarrow {}^{4}_{2}He + 3\,\gamma + 2\,e^+ + 2\,\nu + 25\ \text{MeV}$.
In jeder Sekunde werden so z. B. im Inneren der Sonne $6{,}7 \cdot 10^{11}$ kg Wasserstoff verarbeitet und dabei $4 \cdot 10^{26}$ J freigesetzt („Abbrand" trotzdem nur 10^{-10} des Gesamtvorrats pro Jahr). Die Fusionsleistung pro Plasmavolumen ist aber wegen des großen Volumens nur $40\ \text{W/m}^3$ (!). Ein möglicher Fusionsreaktor auf der Erde müsste dagegen eine Leistungsdichte von $10^9\ \text{W/m}^3$ (!) aufweisen. – Der „Fusionsreaktor" Sonne brennt seit einigen Milliarden Jahren permanent im thermischen Gleichgewicht zwischen Energieerzeugung durch Fusion und Energieabstrahlung ins Weltall an der Oberfläche. Das Plasma wird durch die Fusionsenergie selbst aufgeheizt und behält so die nötige Temperatur.

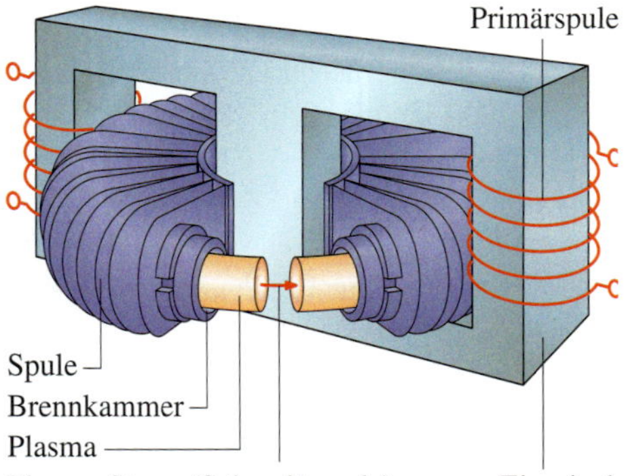

B 1: Tokamak-Anordnung

6. Kernfusion

Wie die Bindungsenergie pro Nukleon zeigt, wird Energie auch bei der Verschmelzung leichter Kerne zu schweren frei. Man nennt dies **Kernfusion**. Ein Beispiel ist die Fusion von H-2 und H-3:

$$^{2}_{1}H + {}^{3}_{1}H \rightarrow {}^{4}_{2}He + {}^{1}_{0}n + 17{,}6\ \text{MeV}.$$

Um aber die Kernfusion in Gang zu setzen, müssen sich die beiden Kerne H-2 und H-3 zuerst so nahe kommen, dass die Kernkräfte wirken und die Kerne verschmelzen können. Dazu müssen die geladenen Kerne mit genügend hoher kinetischer Energie gegen ihre Coulombabstoßung anrennen. Der Coulombwall zwischen den beiden genannten Kernen hat eine Höhe von ca. 0,4 MeV. – Für eine technische Energienutzung will man die Fusion auf eine ähnliche Weise realisieren, wie sie in den Fixsternen schon seit Jahrmillionen vor sich geht (➠ *Interessantes*). Dort herrschen sehr hohe Temperaturen von 10^7 K und mehr. Die Atome sind vollständig ionisiert, und es liegt ein nach außen neutrales Gemisch aus freien Elektronen und frei beweglichen Ionen vor, das man **Plasma** nennt. Durch die Wärmebewegung haben die Ionen bei $T = 10^8$ K eine mittlere kinetische Energie von etwa 13 keV. Obgleich dieser Betrag sehr viel kleiner ist als die Höhe des Coulombwalls, gibt es beim Stoß der Ionen untereinander laufend Fusionsprozesse. Der Grund liegt außer im Tunneleffekt einmal darin, dass es infolge der Geschwindigkeitsverteilung der Ionen in diesem Plasma auch einige mit sehr viel höherer kinetischer Energie als 13 keV gibt. Zum anderen herrscht im Kern der Fixsterne eine hohe Dichte (Sonne: $200\ \text{g/cm}^3$).

7. Der Fusionsreaktor

Ein Weg zur kontrollierten Kernfusion in einem **Fusionsreaktor** ist, sie in einem auf Entzündungstemperatur aufgeheizten Plasma zu erzeugen, das mittels starker Magnetfelder berührungslos in einem Torus (Hohlring) eingeschlossen ist. ➠ *Bild 1* zeigt stark vereinfacht das Prinzip der sog. *Tokamak-Anordnung*. Auf den Torus sind Spulen gewickelt, deren Magnetfeld den Kontakt des Plasmas mit den Wänden verhindert. Zur Aufheizung des Plasmas benötigt man im Plasma fließende Ladungen. Dieser Kreisstrom wird nach dem Transformatorprinzip mit einem Stromstoß durch die um das Eisenjoch gewundene Primärspule erzeugt; das Plasma bildet die Sekundärspule. Mit einer derartigen Anordnung hat man im *Joint European Torus* in England schon Fusionsprozesse einige Sekunden in Gang gehalten. Einen dauerhaften Fusionsbetrieb hat man aber noch nicht erreicht. Bis zu diesem Stadium sind noch viele Probleme zu lösen. In einem Fusionskraftwerk wird die Brennkammer des Tokamaks mit einem Absorbermaterial aus Lithium umgeben, in dem die bei der Fusion freigesetzten Neutronen ihre Energie abgeben. Gleichzeitig wird dabei das für die Fusion notwendige Tritium H-3 erzeugt: ${}^{6}_{3}Li + {}^{1}_{0}n \rightarrow {}^{4}_{2}He + {}^{3}_{1}H + 4{,}8\ \text{MeV}$. Die Energie wird aus dem erhitzten Lithium z. B. mit flüssigem Natrium nach außen geführt. Dies erzeugt in einem Wärmetauscher Dampf, mit dem man Turbinen antreibt. – Erst im Laufe einiger Jahrzehnte wird erkennbar werden, ob die „Energiequelle Fusion" erschlossen werden kann.

Wissenschaft und Verantwortung

1. Verantwortung übernehmen

„Wer ist dafür verantwortlich?“ – „Kannst du dafür wirklich die Verantwortung übernehmen?“ – Solche Fragen kennen wir aus dem Alltag. Aber was ist damit genau gemeint: „*Willst du* die Verantwortung übernehmen?“ – „*Weißt du genug,* um die Folgen deines Handelns bewerten zu können?“ – „*Kannst du übersehen,* ob andere dich das Richtige tun lassen?“ Einfache Fragen nach der Verantwortung haben also unterschiedliche Facetten, die alle damit zu tun haben, dass Verantwortung eine ethische Dimension hat: *Wir sind für (voraussehbare) Folgen unseres Handelns verantwortlich.* An den Elementen der Verantwortungsrelation in *Bild 2* sieht man, dass es nicht immer einfach ist, dieser Verantwortung gerecht zu werden.

2. Verantwortung für die wissenschaftliche Arbeit

Die Verbindung von Naturwissenschaft und Technik und der Einfluss der Technik auf unser persönliches und das gesellschaftliche Leben haben komplexe Auswirkungen. Deshalb müssen sich Wissenschaftlerinnen und Wissenschaftler fragen, wie die Entdeckungen ihres Fachgebiets in der Gesellschaft verwendet werden und wie weit sie selber dafür Verantwortung tragen. B. BRECHT lässt in dem Theaterstück über das Leben des GALILEI den Begründer der experimentell forschenden Physik sagen:

„Der Verfolg der Wissenschaft scheint mir diesbezüglich besondere Tapferkeit zu erheischen. Sie handelt mit Wissen, gewonnen durch Zweifel.

Wenn die Wissenschaftler sich damit begnügen, Wissen um des Wissens willen aufzuhäufen, kann die Wissenschaft zum Krüppel gemacht werden.

Die Kluft zwischen euch und der Menschheit kann eines Tags so groß werden, daß euer Jubelschrei über irgendeine neue Errungenschaft von einem universalen Entsetzensschrei beantwortet werden könnte.“

Die Frage nach der Verantwortung hat auch im Leben Albert EINSTEINS eine Rolle gespielt. Berühmt ist sein Brief an den amerikanischen Präsidenten ROOSEVELT (1939). Er kannte den Stand der Forschung und hatte Sorge vor dem Bau der Atombombe im nationalsozialistischen Deutschland. Das gigantische Manhattan-Projekt hat danach in den USA zur Entwicklung der Bombe geführt. Später hat EINSTEIN öffentlich vor den Gefahren eines weltweiten Wettrüstens gewarnt.

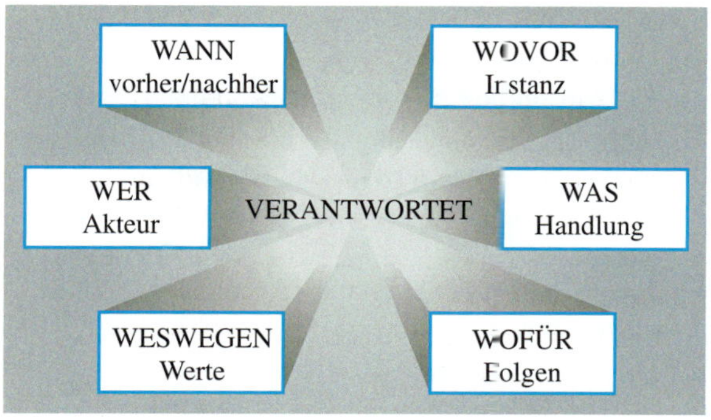

B 2: Verantwortung steht in Beziehung zu anderen Elementen, die deutlich machen, dass es verschiedene Möglichkeiten gibt, nach der Verantwortung zu fragen.

3. Verantwortung für politische Entscheidungen

Für den Berufsalltag der an einer Universität forschenden Physikerin oder des Physikers in der Entwicklungsabteilung eines Unternehmens spielt unter den heutigen Bedingungen der gesellschaftlich-politische Aspekt eine weitere wichtige Rolle. Es gilt: *Wissenschaft ist unpolitisch, aber politisch relevant.* Die in der Wissenschaft Tätigen sind für die Gesellschaft unentbehrliche Experten, aber sie können nicht den Anspruch erheben, politische Entscheidungen zu bestimmen.

Hans-Peter DÜRR schreibt dazu: „*Wenn ein Kernphysiker oder Elementarteilchenphysiker zum Thema »friedliche Nutzung der Kernenergie« seine Meinung äußert, dann misst die breite Öffentlichkeit dieser Meinung automatisch ein besonderes Gewicht zu, da ja hier, wie sie meint, ein Fachmann seine Meinung bekundet. Dies ist strenggenommen falsch! Richtig ist, dass dieser Physiker aufgrund seiner speziellen Erfahrung bestimmte physikalische Fakten und Zusammenhänge umfassender, sicherer und tiefgründiger verstehen und würdigen kann. Solche Spezialkenntnisse befähigen ihn aber noch nicht dazu, in anderen für das Kernenergieproblem wesentlichen Fragen, wie etwa wirtschaftlicher, soziologischer oder ökologischer Art, ein ähnlich sicheres Urteil zu erlangen … Fakten und Spezialkenntnisse sind wertfrei, sie können Verknüpfungen aufzeigen, verwickelte Zusammenhänge übersichtlich machen und damit eine angemessene Bewertung erheblich erleichtern, sie aber nie ersetzen.*“

Die Verantwortung für die Folgen der Anwendung von Wissenschaft müssen die jeweils politisch handelnden Gemeinschaften gemeinsam tragen. Zur Vorbereitung solcher Entscheidungen gehört die Pflicht, Experten zu Wort kommen zu lassen. Zur politischen Mündigkeit der Bürgerinnen und Bürger gehört aber auch die Befähigung, Experten anzuhören.

Das ist wichtig

1. **Nachweisgeräte** für ionisierende Strahlung sind: Geiger-Müller-Zählrohr, Nebelkammer, Halbleiterzähler und Szintillationszähler. Mit den letzten beiden Geräten lassen sich *Energiemessungen* durchführen.

2. Eigenschaften der Strahlung radioaktiver Nuklide:
α-Strahlung:
- Sie besteht aus einzelnen Heliumkernen $^4_2$He.
- Die α-Teilchen haben diskrete scharfe Energie in der Größenordnung MeV.
- Die Reichweite der α-Teilchen ist in Luft kleiner als 10 cm und in fester Materie kleiner als 0,1 mm.

β-Strahlung:
- Sie besteht aus Elektronen oder Positronen.
- Die β-Teilchen besitzen ein kontinuierliches Energiespektrum mit einer Maximalenergie W_{max}.
- Die Reichweite von β-Teilchen ist in Luft einige Meter und in fester Materie einige Millimeter.

γ-Strahlung:
- Sie besteht aus γ-Quanten, die eine Energie bis zu einigen MeV haben können.
- Das γ-Spektrum hat diskrete scharfe Linien.
- Beim Durchdringen von Materie nimmt die Intensität der γ-Strahlung exponentiell ab. Blei schwächt γ-Strahlung besonders stark.

3. Der Aufbau des Atomkerns:
Die **Kernkraft** hält die Nukleonen im Kern zusammen. Sie wirkt nur auf die nächsten Nachbarn. Kernradius R_K: $\boldsymbol{R_K = r_0 A^{1/3}}$ ($r_0 = 1{,}3 \cdot 10^{-15}$ m; A: Massenzahl).

Die Energie eines Atomkerns liegt um die Energie $W = \Delta m c^2$ unter der Gesamtenergie all seiner freien Bestandteile. **Massendefekt** $\boldsymbol{\Delta m = m_A - (Z\, m_H + N\, m_n)}$.

Die **Bindungsenergie je Nukleon** W/A beträgt im Mittel -8 MeV. W/A als Funktion von A hat bei $A \approx 60$ ein Minimum. Durch die **Kernspaltung** schwerer Kerne und die **Kernfusion** leichter Kerne wird deshalb relativ viel Energie abgegeben.

Mit einem einfachen **Potentialtopfmodell** (Rechteckpotential: $W(r) = -W_0$ für $r < R_0$, sonst $W(r) = 0$) und den Gesetzen der Quantenphysik lassen sich einige Kerneigenschaften erklären. Die Nukleonen nehmen in dem Potentialtopf diskrete Energiezustände ein. Der Protonentopf ist gegenüber dem Neutronentopf infolge der Coulombabstoßung angehoben.

In der **Nuklidkarte** sind alle stabilen und instabilen Nuklide erfasst.

4. Der Zerfall radioaktiver Nuklide:
Jedes radioaktive Nuklid hat eine charakteristische **Halbwertszeit** $T_{1/2}$. Es gilt: $\boldsymbol{N(t) = N_0\, e^{-\lambda t}}$
mit der **Zerfallskonstanten** $\boldsymbol{\lambda = \ln 2 / T_{1/2}}$
($N(t)$: Nukleonenzahl).

Die **Aktivität** $A(t)$ einer radioaktiven Substanz ist: $A(t) = -\Delta N/\Delta t$ für $\Delta t \ll T_{1/2}$. Es gilt: $\boldsymbol{A(t) = \lambda N(t)}$.
Die Einheit der Aktivität ist **1 Becquerel** (1 Bq).

Das stochastische Auftreten der Zerfälle ist ein **Quantenphänomen.** Bei allen Zerfällen gelten die Erhaltungssätze für Energie, Impuls und Ladung.

Beim **α-Zerfall** (erklärbar mit dem Tunneleffekt) verliert ein Kern 2 Protonen und 2 Neutronen.

Beim **$\boldsymbol{\beta^-}$-Zerfall** wandelt sich im Kern ein Neutron um:
$n \rightarrow p + e^- + \bar{\nu} +$ Energie.
Beim **$\boldsymbol{\beta^+}$-Zerfall** wandelt sich im Kern ein Proton um:
$p \rightarrow n + e^+ + \nu +$ Energie.
Eine Erklärung gelingt mit dem Potentialtopfmodell.

γ-Strahlung tritt auf, wenn ein α- oder β-Zerfall in einen angeregten Zustand des Tochterkerns erfolgt.

5. Kernreaktionen:
Mit allen Teilchen lassen sich **Kernreaktionen** der Form $a + A \rightarrow b + B + Q$ (a, b: Teilchen; A, B: Kerne; Q: Reaktionsenergie) durchführen. Es gelten die Erhaltungssätze für Energie, Impuls und Ladung.
Neutronen lösen leicht Kernreaktionen aus.

6. Strahlengefahr, Strahlenschutz:
Ursache der **Strahlenschäden** ist die Ionisation von Molekülen im Körpergewebe. Abwehrmechanismen verhindern, dass jede Strahlenexposition schädlich ist. Man unterscheidet **deterministische** und **stochastische** Strahlenwirkungen. Zu den letzten zählen Leukämie, Krebs und genetische Schäden.

Die **effektive Dosis** E (Einheit **1 Sievert**; 1 Sv) erlaubt eine einheitliche Beurteilung des Gesamtrisikos nach einer Strahlenexposition mit kleinen Dosen.

Die **natürliche Strahlenexposition** (dominierend ist die Inhalation von Radonisotopen) beträgt in der Bundesrepublik 2,4 mSv/a an effektiver Dosis.

Im **Strahlenschutz** gilt das „ALARA-Prinzip" (As low as reasonably achievable). Die **vier Grundregeln** sind: Geringe Aktivität, Abschirmung, kurze Aufenthaltsdauer, Abstand halten.

Aufgaben

A 1: Welche Energie absorbiert ein Mensch (75 kg) bei einem Strahlenunfall, bei dem er eine lebensbedrohliche Dosis von 4 Gy empfängt? Um wie viel Grad erhöht sich die Temperatur des Menschen? Aus welcher Höhe müsste ein Körper (75 kg) frei fallen, um eine ebenso große kinetische Energie zu erhalten?

A 2: **a)** Ein punktförmiges, umschlossenes Co-60-Präparat (74 kBq) wird 1,5 h benutzt. Welche Äquivalentdosis erhält ein Mensch in 0,5 m Abstand? **b)** Bei einer Therapie wird einer Person J-131 der Aktivität $3 \cdot 10^9$ Bq verabreicht, das sich ganz in der Schilddrüse ansammeln soll. Welche Äquivalentdosis erhält z. B. der Ehepartner, der eine Nacht (9 h) im Abstand von 30 cm neben der Person schläft ($\Gamma_{\text{J-131}} = 0{,}059\ \mu\text{Sv m}^2\ \text{h}^{-1}\ \text{GBq}^{-1}$)?

A 3: **a)** Schätzen Sie die jährliche effektive Dosis ab, die ein Mensch aufgrund seines eigenen, im Körper gleich verteilten K-40-Gehaltes erhält. Aufgrund dessen finden pro Kilogramm Körpergewebe 57 β-Zerfälle und 7 γ-Zerfälle je s statt. Bei einem β-Zerfall wird im Mittel eine Energie von 450 keV ($W_{max}/3$) lokal absorbiert. Bei einem γ-Zerfall nimmt man an, dass 50% der Quantenenergie von 1,46 MeV im Körper absorbiert wird (zu K-40 vgl. auch Aufgabe 10). **b)** Schätzen Sie die jährliche effektive Dosis ab, die ein Mensch infolge des im Körper gleich verteilten C-14-Gehaltes (β^--Strahler mit W_{max} = 156 keV) erhält. Pro Kilogramm Körpergewebe finden 52 Zerfälle je s von C-14 statt.

A 4: Tc-99m zerfällt mit $T_{1/2} = 6$ h in den Grundzustand von Tc-99 ($W_\gamma = 140$ keV). Bei einer Untersuchung wird einem Patienten eine Menge Tc-99m der Aktivität $50 \cdot 10^6$ Bq verabreicht, die sich in der Leber ansammelt. **a)** Schätzen Sie die Energiedosis ab, die die Leber (ca. 1,5 kg) erhält, wenn 50% der Energie in der Leber absorbiert wird. **b)** Wie groß wäre die effektive Dosis, wenn nur die Leber bestrahlt würde?

A 5: Erläutern Sie die Begriffe: Energiedosis, Äquivalentdosis, effektive Dosis, Ortsdosis, Personendosis.

A 6: Die Dicke einer dünnen Materieschicht gibt man häufig durch die Massenbelegung d' in g/cm² an; d. h. man schneidet aus der Schicht ein Stück mit der Grundfläche A (z. B. 1 cm²) heraus und bestimmt dessen Masse m. Es ist $d' = m/A$. **a)** Zeigen Sie: Hat das Material die Dichte ϱ und hat die Schicht die Dicke d, so gilt $d' = \varrho\, d$. **b)** Bestimmen Sie d' in der Einheit g/cm² für ein Blatt Papier ($\varrho = 1$ g/cm³) der Dicke $d = 0{,}15$ mm. **c)** Welche Dicke d hat das Glimmerfenster ($\varrho = 2{,}8$ g/cm³) eines Zählrohrs mit der Massenbelegung 2 mg/cm²? **d)** Bestimmen Sie d' einer 1 cm dicken Luftschicht ($\varrho = 1{,}3$ g/l).

A 7: In der Anordnung (➡ *Bild*) gelangen α-Teilchen vom Präparat P in das Zählrohr. Die Blenden legen im Kondensator ($d = 5{,}00$ mm) eine geradlinige Bahn fest. Hinter dem Kondensator beschreiben die α-Teilchen eine Kreisbahn (Radius r). Die gesamte Anordnung wird von einem hinreichend starken Magnetfeld durchsetzt.

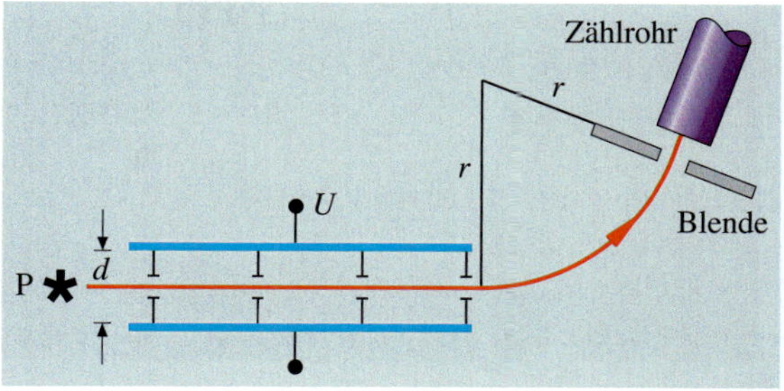

a) Geben Sie an, wie die Orientierung der Felder E und B zu wählen ist, sodass die α-Teilchen in den Detektor gelangen. **b)** Bei $U = 30{,}0$ kV, $r = 1{,}27$ m und $B = 0{,}312$ T gelangen α-Teilchen ins Zählrohr. Bestimmen Sie mit diesen Daten $(q/m)_\alpha$. Welche Geschwindigkeit und welche Energie (in MeV) haben die α-Teilchen? **c)** Jetzt verwendet man Po-210, das α-Teilchen der Energie 5,3 MeV aussendet. Wie groß muss die Spannung U sein, damit bei $B = 0{,}312$ T die α-Teilchen durch den Kondensator gelangen? Wie groß ist dann r?

A 8: **a)** Zeigen Sie: Die Reaktionsenergie Q_{β^+} eines β^+-Zerfalls ${}^A_Z\text{X} \rightarrow {}^{\;\;A}_{Z-1}\text{Y} + e^+ + \nu + Q_{\beta^+}$ eines Kernes X in einen Kern Y lässt sich mit Atommassen m bestimmen zu $Q_{\beta^+} = (m_X - m_Y - 2\, m_e)\, c^2$ (m_e: Elektronenmasse). **b)** Bestätigen Sie: $W_{max} = 3{,}2$ MeV des β^+-Zerfalls von P-30.

A 9: Berechnen Sie für den β^--Zerfall des freien Neutrons die Rückstoßenergie des Protons, wenn ein Elektron mit W_{max} emittiert wird (relativistisch rechnen!).

A 10: Radioaktives K-40 ist in natürlichem Kalium zu 0,012% enthalten. Es emittiert β^--Strahlung (W_{max} = 1,35 MeV) und γ-Quanten ($W_\gamma = 1{,}46$ MeV). Letztere entstehen nach einem möglichen Elektroneneinfang von K-40 in einen angeregten Zustand des Tochterkerns (dabei freigesetzte Energie $Q_{EC} = 0{,}050$ MeV). **a)** Stellen Sie ein Zerfallsschema von K-40 auf. **b)** Welchen Höchstwert hat die Energie des beim β^--Zerfall frei werdenden Antineutrinos? **c)** Berechnen Sie die Aktivität von 1 kg käuflichem Kaliumchlorid (KCl).

A 11: **a)** Bestimmen Sie jeweils den Q-Wert der Kernreaktionen ? (p, α) Li-6 und Al-27 (n, ?) Mg-27. **b)** Warum reicht $|Q|$ bei der 2. Reaktion nicht aus?

A 12: Auch γ-Quanten können Kernreaktionen auslösen (Kernphotoeffekt). Was entsteht bei der Reaktion ${}^2_1\text{D}(\gamma, n)$? Wie groß ist die dazu notwendige γ-Energie?

A 13: Schätzen Sie die prozentuale Zusammensetzung des Uranerzes aus U-235 und U-238 vor $2 \cdot 10^6$ a ab.

A 14: Setzen Sie sich mit der folgenden These auseinander: „Eine umweltverträgliche Nutzung von Kernenergie setzt sowohl eine Minimierung des Risikos als auch eine Begrenzung des maximal möglichen Schadensmaßes eines Unfalls auf ein tolerables Maß voraus."

Interessantes

Physik und Medizin

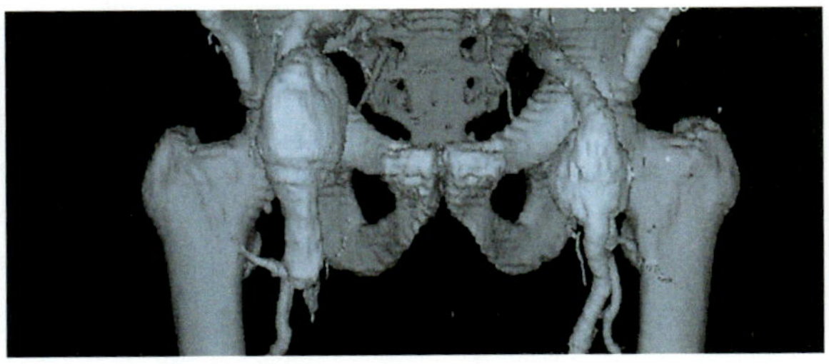

B 1: Vielfache sackförmige Ausstülpungen an Arterien. Die Umgebung wurde „wegradiert".

A. Röntgen-Tomographie (Schichtaufnahmen)

a) *Physikalisches Prinzip:* Röntgenstrahlen werden nicht gebrochen; sie durchsetzen die zahlreichen Inhomogenitäten des Körpergewebes geradlinig. Jedoch werden die von der Röntgenröhre ausgehenden Strahlen umso stärker geschwächt, je länger die Wege mit großer *Elektronendichte* ϱ_{El} sind, die sie durchlaufen. ϱ_{El} steigt mit der Ordnungszahl Z der durchstrahlten Atome ($Z = 1$ bei H in Wasser, Fett- und Muskelgewebe; $Z = 40$ bei Ca in Knochen; ➡ *Bild 2*).

B 2: Nach rechts nehmen die Elektronendichte ϱ_{El} und damit die Röntgenabsorption zu.

Bei den erzeugten *Schattenbildern* bleiben Gewebe vor oder hinter stark schwächenden Knochen unerkannt. Um Knochenschatten bei Lungenaufnahmen etwas zu verdrängen, zu *verwischen*, verschiebt man nach ➡ *Bild 3* Röntgenröhre und Röntgenfilm so gegeneinander, dass eine bestimmte Lungenschicht (rot) auf dem Film scharf erscheint. Dieses einfache Prinzip lässt sich mit hohem Aufwand sehr verbessern:

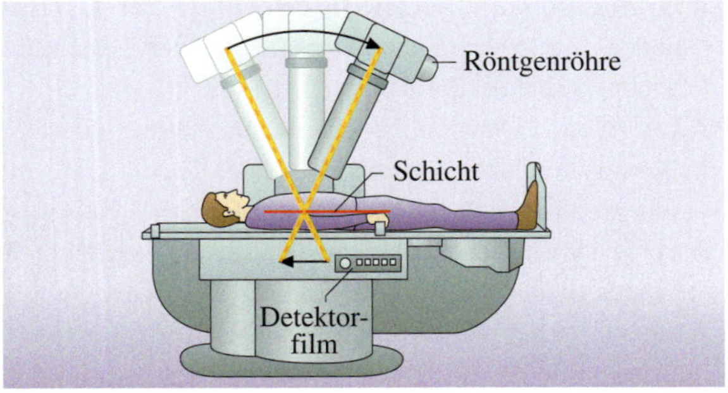

B 3: Bei Gegenbewegung von Röntgenröhre und Film wird eine Körperschicht scharf abgebildet.

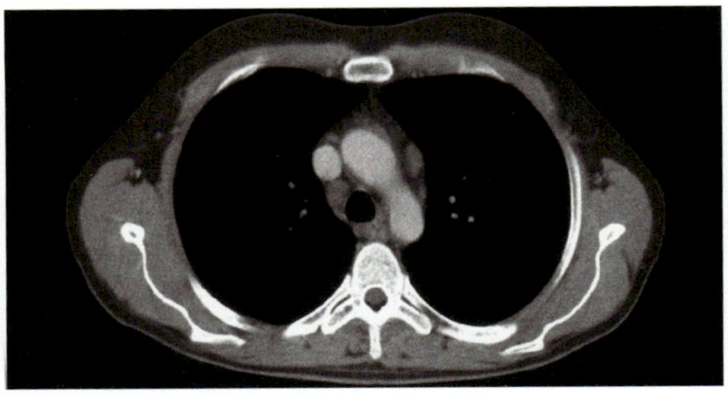

B 4: 2D-CT-Bild: Querschnitt eines Brustkorbs. Gewebe und Knochen wurden scharf herauspräpariert.

Bei der 2-dimensionalen **2D-Computer-Tomographie** (**2D-CT**; tomos, griech.: Schicht) ersetzt man den Röntgenfilm durch eine Linie röntgenempfindlicher Halbleiterdetektoren (➡ *Bild 5*). Zusammen mit der Röntgenröhre rotieren sie einmal um den zu untersuchenden Körperquerschnitt, senkrecht zur Längsachse des Patienten (anders als in Bild 3). Die Detektoren liefern zahllose Daten, die von komplizierten Algorithmen zu einem ebenen *Schnittbild* verarbeitet werden (➡ *Bild 4*). Es hat folgende Eigenschaften:

- Als *ebener Schnitt* ist es 2-dimensional und setzt sich aus bis zu $1\,024^2$ Pixeln (➡ *Bild 6a)* zusammen.
- Jeder Pixel enthält nur eine Zahl, die Elektronendichte ϱ_{El} der ihm zugeordneten Schichtstelle gemäß ➡ *Bild 2*. Die Ortsauflösung, also die Pixellänge, liegt unter 1 mm.
- Knochenschatten sind wegen der Rundumdrehung entfallen, nicht nur verwischt.

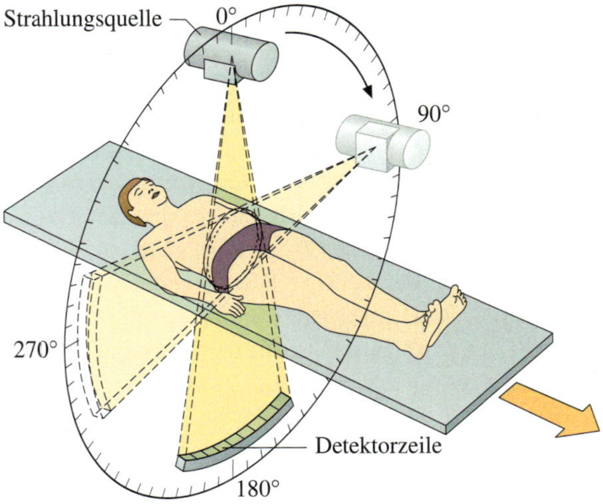

B 5: Eine Rotation von Röhre und Detektorzeile erzeugt das 2D-CT-Schnittbild. – Bei der 3D-CT rotieren Röhre und Detektorfläche ständig; der Patient wird in Längsrichtung langsam verschoben.

Interessantes

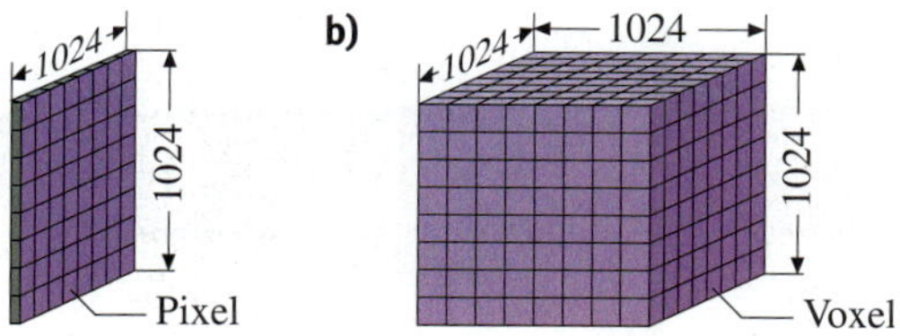

B 6: a) Flächiges 2D-Bild; jeder Pixel enthält die Elektronendichte ϱ_{El} der Körperstelle als Zahlenwert kodiert. **b)** 3D-Volumenbild aus z. B. $1\,024^3$ Voxeln

Verschiebt man die Person längs ihrer Körperachse, so setzen sich diese Schnittbilder zu einer **3-dimensionalen** Datenmatrix von z. B. $1\,024^3$ Volumenelementen zusammen. Diese werden **Voxel** genannt. So entsteht das **Volumenbild** der **3D-CT** (➠ *Bild 6b*).

b) *Auswertung:* Dieses Volumenbild existiert nur als 3-dimensionale Zahlenmatrix im Computer (virtuell). Doch kann der Arzt davon beliebig liegende, *ebene Schnittbilder* abrufen. Sie geben durch ihre Graustufen nur ein Abbild der Elektronendichte ϱ_{El} des Körpers, nicht mehr. Nun zeigen interessierende Gewebsstrukturen (Blutgefäße, Nervenbahnen, Tumore) eine charakteristische Ausprägung. Raffinierte Computerprogramme färben sie für den Bildschirm ein. Oder sie schälen die gewünschte, markante Struktur heraus, indem sie die ganze Umgebung einfach weg„radieren". Man hilft nun dem Computer etwas nach, um die gewünschte Kontur möglichst exakt zu präparieren und darzustellen. ➠ *Bild 1* und *Bild 7* zeigen solche dreidimensionalen CT-Aufnahmen, die an lebenden Personen aufgenommen wurden.

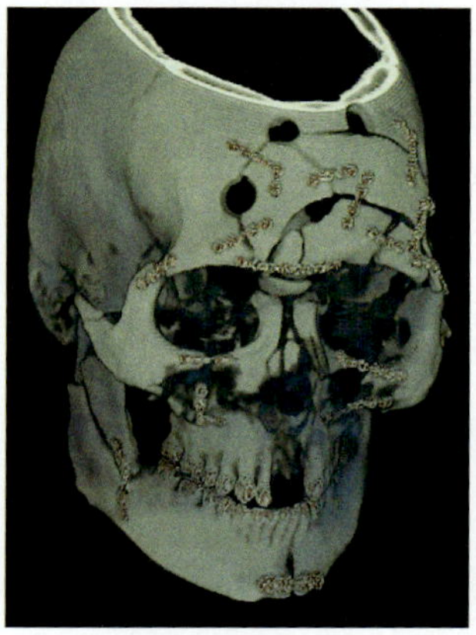

B 7: Schädel, 3D-CT-Bild

B. Ultraschall-Tomographie

Die Phononen von Ultraschall ($f \approx 5$ MHz, $W_{Phon} = hf \approx 10^{-8}$ eV) können nicht ionisieren, sind also völlig ungefährlich; bei Röntgenstrahlen dagegen ist $W_{Phot} \approx 10^5$ eV! Man kann mit Ultraschall unbedenklich Föten untersuchen. Dazu erzeugen bis zu 256 nebeneinander gereihte Piezoquarze je Sekunde ca. 1 000 Ultraschallimpulse von 1 µs Dauer (➠ *Bild 8*). Ein Quarz der Breite b strahlt Schall einheitlicher Phase mit $\lambda \approx 0{,}3$ mm ab, aber nicht allseitig. Vielmehr wirkt er wie ein *optischer Beugungsspalt* mit Breite b. Deshalb erzeugt er ein Schallbündel, dessen Hauptmaximum den Öffnungswinkel $2\,\alpha$ eingrenzt, gemäß $\sin\alpha \approx \lambda/b$. Bei $b = 1{,}5$ mm wäre $\alpha \approx 10°$, was sehr unscharfe Bilder gäbe. Deshalb schaltet man z. B. 5 Quarze zu einer Gruppe parallel; dies vergrößert b und verkleinert α. Der nun gut gebündelte Ultraschall-„Strahl" dringt in der Ebene des Schallkopfs in das Körpergewebe. Dort wird er an hintereinander liegenden Inhomogenitäten reflektiert.

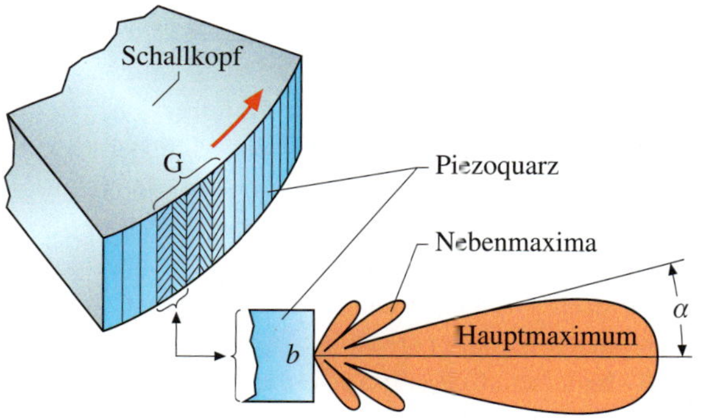

B 8: 5 der insgesamt 256 Quarze erzeugen soeben einen Strahl mit Öffnungswinkel $2\,\alpha$. Durch schnelles, elektronisches Verschieben der 5 Quarze wird eine Gewebeschicht in der Schallkopfebene überstrichen, das 2D-*Tomogramm* erzeugt. Verschiebt man den Schallkopf quer dazu, so entsteht ein 3D-Voxelbild.

C. Positronen-Emissions-Tomographie (PET)

Oft will man neben der Gewebestruktur den Verlauf dort stattfindender *Stoffwechselvorgänge* beobachten. Dazu injiziert man dem Patienten schwach radioaktive *Positronenstrahler* kurzer Halbwertszeit von Elementen, die am Stoffwechsel teilnehmen (^{11}C, ^{15}O, ^{13}N, ^{18}F). Viele Szintillationszähler um den Körper registrieren die bei Paarvernichtung erzeugten γ-Quanten. Daraus werden Schnitt- oder Voxelbilder errechnet (*Ziff. A*). Sie zeigen den Weg der radioaktiv markierten Stoffe im Körper und damit den Ablauf gut- bzw. bösartiger *Stoffwechselprozesse* (➠ *Bild 9*).

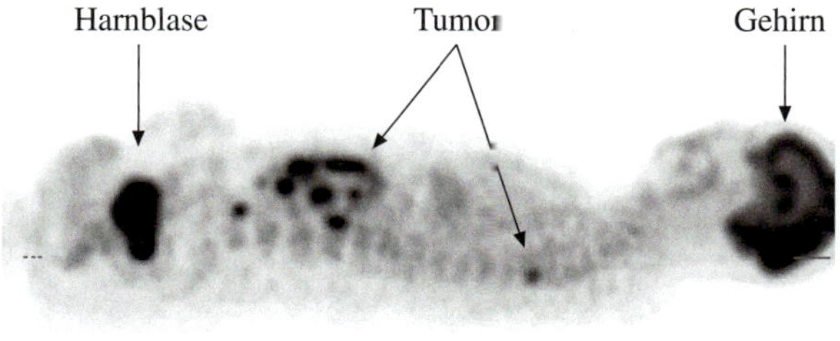

B 9: PET-Bild eines Patienten zeigt Tumorgewebe.

Interessantes

D. Kernspin-(Magnetresonanz-)Tomographie

a) *Physikalisches Prinzip:* Unser Körper enthält sehr viele Wasserstoffatome. Ihre Protonen im Kern sind magnetische Dipole, normalerweise völlig ungeordnet (analog zu Elektronenspins). Der Patient wird in ein starkes, konstantes, homogenes B_1-Feld geschoben (bis 2 T; ➠ *Bild 1*). Die Dipole stellen sich zu B_1 parallel. B_1 wird von starken Supraströmen in den supraleitenden Spulen S_1 erzeugt ($\vartheta = -269$ °C; in flüssigem Helium).

Die S_2-Spule (rot) liefert durch kurze Impulse zusätzliche B_2-Wechselfelder mit der Frequenz $f_1 = (B_1/\text{Tesla}) \cdot 6{,}8$ MHz $\sim B_1$ (im Radiobereich). B_2 steht senkrecht zu B_1. Nun umkreiseln nach der Quantentheorie die Dipole der H-Kerne das B_1 und neigen dabei ihre Achsen P während der Zeit T_1 *stetig* in die x-y-Ebene, senkrecht zu B_1 (➠ *Bild 2a*). Dort kreiseln sie nach Abschalten der B_2-Impulse weiter. Ihr B-Feld induziert Signale $U(t)$ mit $f_1 \sim B_1$, die in den Pausen der B_2-Impulse in den S_2-Spulen registriert werden. $U(t)$ klingt dann während der Zeit T_2 ab (➠ *Bild 2b*).

b) *Auswertung* der $U(t)$-Signale:

- Die *Amplitude* von $U(t)$ wächst mit der Dichte der Dipole, also der H-Kerne im Gewebe (analog zur Elektronendichte ϱ_{El} in *Ziff. A*). Damit unterscheidet man Wasser, Fett, Muskeln und Knochen.
- Die Stärke der Kernspin-Tomographie liegt in den leicht messbaren Zeiten T_1 und T_2 zum Auf- und Abbau der $U(t)$-Signale. Diese hängen sehr stark (mit Faktor 1:20) vom Gewebe ab, in das die H-Kerne gebettet sind, insbesondere von dessen *Viskosität* (Zähflüssigkeit). In Entzündungsherden und Tumoren sind T_1 und T_2 wegen niedriger Proteinkonzentration verlängert. Sie werden in einem *Voxelbild* codiert und nach *Ziff. A* ausgewertet.
- Zudem unterscheiden sich die Permeabilitätszahlen μ_r der Gewebeteile; dies ändert B_1 und damit die Frequenz $f_1 \sim B_1$ des Signals $U(t)$ ein wenig. Mit dieser sog. chemischen Verschiebung Δf sind Analysen komplizierter Stoffe auch im lebenden Gewebe möglich. Sie zeigen Tumore am Fehlen charakteristischer Stoffwechselprodukte.

Um *räumliche*, aus 3D-Voxeln bestehende Bilder zu erzeugen, überlagert man dem *homogenen* B_1-Feld durch weitere Spulen in schneller Folge B_3-Felder, die in x-, y- bzw. z-Richtung *inhomogen* sind. Dies ändert das resultierende B-Feld und die Frequenz $f_1 \sim B$, und zwar *ortsabhängig*. Daraus baut der Computer das 3D-Bild auf, mit einer Ortsauflösung von ca. 1 mm (➠ *Bild 3*).

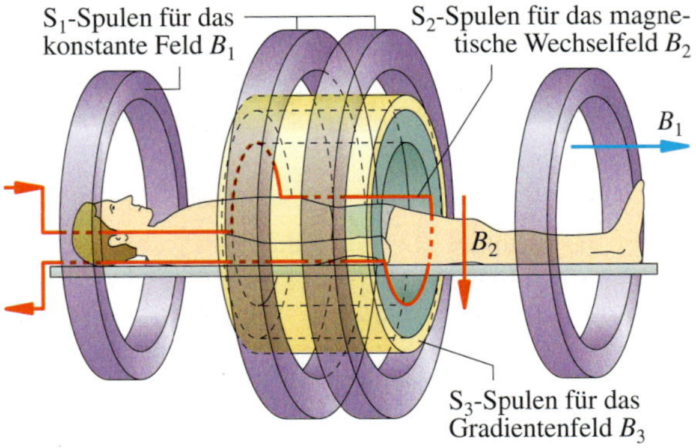

B 1: Patient im Kernspintomographen

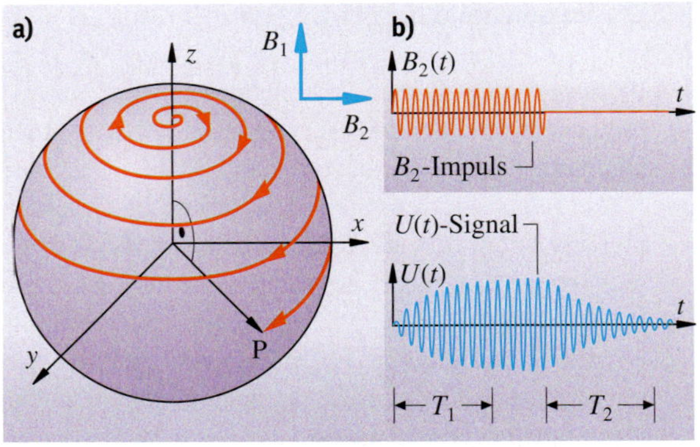

B 2: **a)** Die Achsen P der Spins waren nach $B_1(z)$ ausgerichtet. Wegen des senkrecht dazu wirkenden B_2-Wechselfelds (x) mit Frequenz f_1 (rot) kreiseln die Achsspitzen in die x-y-Ebene senkrecht dazu. **b)** Rot: Signal B_2; Blau: Antwort $U(t)$ der kreiselnden Magnetspins. Man beachte die An- und Abklingzeiten T_1 und T_2.

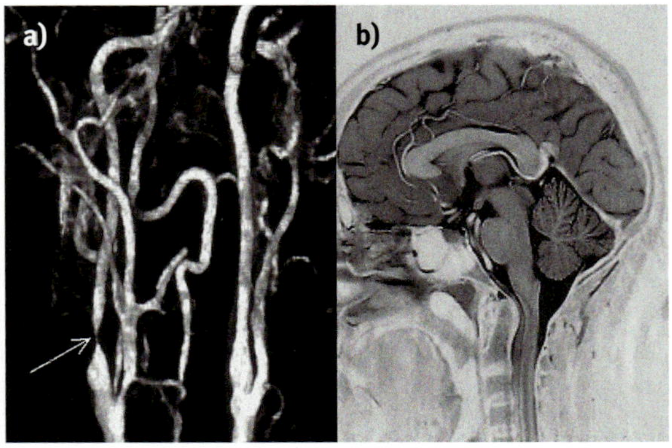

B 3: **a)** Gefäßverengung in einer Halsschlagader; das umgebende Gewebe hat der Computer „wegradiert". **b)** Gehirn, vom Computer unblutig freigelegt – die Bildaufnahmezeit kann heute auf 0,1 s gesenkt werden, um sogar schlagende Herzen zu untersuchen.

Interessantes

E. Laser in der Medizin

Physikalisches Prinzip: Mit Laserlicht führt man Energie sauber, konzentriert und gezielt – etwa durch dünne Glasfasern – in tiefliegende Körperregionen:

a) Damit werden in der *Thermotherapie* gut- wie bösartige Anomalien mit Infrarot-Licht von $\lambda \approx 1000$ nm in kurzer Zeit bei 45 °C bis 150 °C *koaguliert* (d. h. durch Blutgerinnung bzw. Denaturierung von Eiweißen verödet). Exakte Berechnungen von Intensität und Dauer sind nötig.
Laserlicht bohrt auch 1 mm dicke Löcher in den Herzmuskel, um die Blutversorgung der Kapillaren zu verbessern oder schneidet Gewebe unblutig mit über 300 °C (Verdampfung führt zu Koagulation). So lassen sich auch Warzen und Tätowierungen entfernen. Ob schwache „Softlaser“ Falten und Runzeln nachhaltig beseitigen, ist umstritten. Dagegen schneiden kräftige Laserstrahlen auch Knochen. Umgekehrt „nähen“ sie Blutgefäßwände fadenlos zusammen.

b) In der Augenheilkunde verklebt man eine sich ablösende Netzhaut durch *Koagulation* wieder mit der Aderhaut durch Brennflecke von 0,05 mm bis 1 mm Dicke. Durch Abtragen winziger Hornhautlamellen mit UV-Lasern wird starke Kurzsichtigkeit behoben. Um den Grünen Star zu behandeln, schafft man Kanäle zum Abfluss des Kammerwassers.

c) Laserimpulse sehr hoher Leistung (Pulsdauer 1 µs; $W = 0{,}1$ J; $P = 10^5$ W) werden durch dünne Lichtleiter an Nieren- und Gallensteine geführt. Deren Oberfläche erhitzen sie so schnell, dass sich ein *Plasma* bildet (Gas aus geladenen Teilchen), das durch Stoßwellen und winzige, energiegeladene Blasen den Stein zertrümmert. 100 ns-Impulse öffnen durch Thrombosen verschlossene Blutgefäße wieder (*Laserrekanalisation*).

d) *Laseranemometer* messen durch *Dopplereffekt* die Geschwindigkeit des Blutes in der *Augen-Retina* (auch Geschwindigkeiten vom Wind, von Flammen und Auspuffgasen sind so mit Laserlicht messbar).

e) Die *Photonen* von Laserlicht benutzt man zu *Diagnose* und *Therapie.* Man lagert tumorverdächtigem Gewebe Farbstoffe an, die ein charakteristisches *Fluoreszenzlicht* abgeben, wenn man sie mit Laserlicht geeigneter Wellenlänge beleuchtet. So lässt sich ein Tumorverdacht widerlegen bzw. ein erkannter Tumor behandeln. Auch rheumatische Gelenkserkrankungen und Osteoporose (Schwund festen Knochengewebes) sind erkennbar.

F. Zur Strahlentherapie

Schnell wucherndes und deshalb empfindliches Gewebe von Tumoren wird durch Strahlen intensiv ionisiert und so stärker geschädigt als die gesunde Umgebung. Leider schädigen Röntgenstrahlen nach ➡ *Bild 4a* an der Eintrittsstelle die Haut. Dort sind dagegen Strahlen *schneller Ionen*, etwa von Protonen, noch zu schnell und ionisieren wegen ihrer kurzen Verweilzeit nur schwach. Bei geeigneter Geschwindigkeit werden sie nach ➡ *Bild 4b* erst im Tumorbereich langsam und erzeugen dann dort die große, zur Zerstörung des Tumors nötige Ionisierungsdichte. Da sie dabei weitgehend absorbiert werden, bleibt das empfindliche Rückenmark dahinter unbestrahlt. Allerdings muss man die Ionen vor Ort in großen und teuren Teilchenbeschleunigern erzeugen.

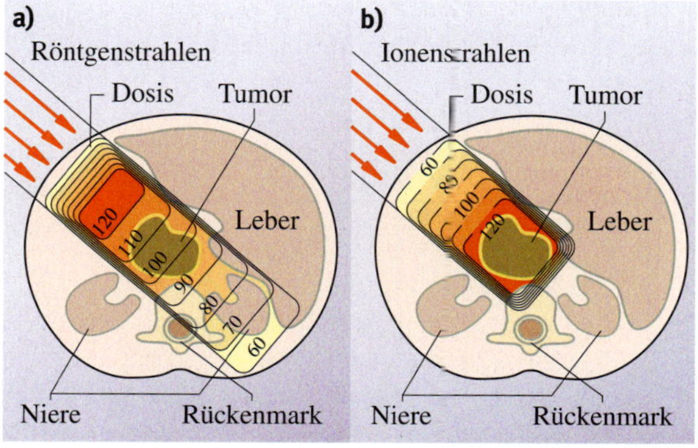

B 4: Absorption von **a)** Röntgen-, **b)** Ionenstrahlen im Umfeld eines Tumors; Zahlen sind Ionisierungsdichten

G. Ultraviolett und Sonnenbrand

7% der Sonnenenergie besteht aus UV-„Licht“. Durch Abspaltung von Elektronen erzeugt es im Gewebe Ionen und bricht Moleküle auf. Positiv wirkt sich dagegen die Entwicklung von Vitamin D aus (gegen Rachitis). Doch können Zellschäden zu Krebs führen, wenn nicht Reparaturmechanismen einsetzen. *UV-A*-Strahlung (320 nm $< \lambda <$ 400 nm) bräunt für wenige Stunden, *UV-B*-Strahlung (280 nm $< \lambda <$ 320 nm) schädigt die Zellen, auch die DNS, und führt zum Sonnenbrand. Die dabei erzeugten UV-absorbierenden *Melaninkörner* liefern eine nachhaltige Bräune. Sie ist der Körperschutz vor weiterem UV, kein Zeichen für Gesundheit.
UV-C-Strahlung (200 nm $< \lambda <$ 280 nm) wird von der Ozonschicht der hohen Atmosphäre absorbiert. Im Frühjahr ist sie noch dünn, die Sonnenbrandgefahr besonders groß. Bei 1 000 m Höhenzunahme steigt der UV-Anteil noch um 15%.
Benutzen Sie stets Lichtschutzmittel mit ausreichendem Lichtschutzfaktor, die das UV-Licht absorbieren.

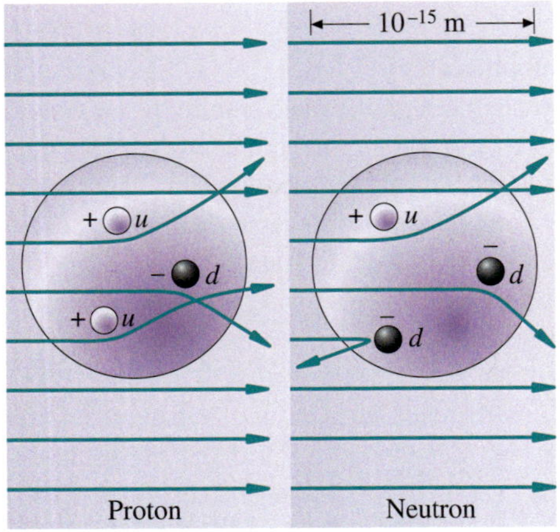

B 1: Elektronen durchsetzen Protonen und Neutronen oder werden an deren Quarks u (+) und d (–) gestreut. Das Proton ist nicht gleichmäßig mit positiver Ladung gefüllt; es hat auch negative – wie das Neutron.

Teilchen und Quarks		Ladung $e = 1{,}6 \cdot 10^{-19}$ C	W in MeV	$T_{\frac{1}{2}}$ in s
Baryonen (schwere Teilchen)				
p	u u d	$2 \cdot \frac{2e}{3} - \frac{e}{3} = +e$	938,3	∞
$\overline{\mathbf{p}}$	$\bar{u}\,\bar{u}\,\bar{d}$	$2 \cdot \frac{-2e}{3} + \frac{e}{3} = -e$	938,3	∞
n	u d d	$\frac{2e}{3} - 2 \cdot \frac{e}{3} = 0$	939,6	889
Δ^+	u u d	$2 \cdot \frac{2e}{3} - \frac{e}{3} = +e$	1232	$\approx 10^{-23}$
Δ^{++}	u u u	$3 \cdot \frac{2e}{3} = 2e$	1232	$\approx 10^{-23}$
Δ^-	d d d	$3 \cdot \frac{-e}{3} = -e$	1232	$\approx 10^{-23}$
Mesonen (mittelschwere Teilchen)				
π^+	$u\,\bar{d}$	$\frac{2e}{3} + \frac{e}{3} = +e$	140	$\approx 10^{-8}$
π^-	$\bar{u}\,d$	$\frac{-2e}{3} - \frac{e}{3} = -e$	140	$\approx 10^{-8}$
π^0	$u\,\bar{u}$	$\frac{2e}{3} - \frac{2e}{3} = 0$	135	$\approx 10^{-16}$

T 1: Quarktabelle einiger *Baryonen* und *Mesonen*: u- und d-Quarks in den Nukleonen Proton p, Antiproton $\bar{p}$, Neutron n, in kurzlebigen Δ-Teilchen sowie den drei π-Mesonen (π^0 ist superponiert: teils $u\bar{u}$, teils $d\bar{d}$). Aus der Energie W folgt die Ruhemasse $m_0 = W/c^2$; Halbwertszeit $T_{\frac{1}{2}}$ in s. Elektronen und Neutrinos enthalten dagegen keine Quarks (vgl. ➠ *Tabelle 1* von *Ziff. 4*).

A 1: Versuchen Sie mit Bleistift oder Computer aus 2, 3, 4, 5 bzw. 6 Quarks und Antiquarks Kombinationen herzustellen, die ganzzahlige Ladungen ne tragen und weder Mesonen noch Baryonen sind oder in solche zerfallen könnten. Melden Sie einen Erfolg; man sucht intensiv danach!

Teilchenphysik

1. Der Blick ins Innerste der Natur zeigt Quarks

Die Atome sind aus Elektronen e, Protonen p und Neutronen n zusammengesetzt. Die Natur bietet aber viel mehr: Seit 1930 fand man in der *Höhenstrahlung* aus dem Weltraum kurzlebige Teilchen mit einer Masse, die zwischen der von e und p liegt, **Mesonen** genannt („die Mittleren" ➠ *Tabelle 1*). Zudem erzeugte man ab 1950 mit den Energien aus Teilchenbeschleunigern (heute 1 000 GeV; $G = 10^9$) einen „Zoo" aus etwa 200 weiteren **Elementarteilchen.** Sind diese geladen, so hinterlassen sie Spuren in *Blasenkammern*, die bei hohem Druck mit flüssigem Wasserstoff von −253 °C gefüllt sind. Nimmt man den Druck weg, so zeigt eine Bläschenspur die sehr scharfen Teilchenbahnen (➠ *Einstiegsseite*).

Man fragt sich: Sind diese Teilchen tatsächlich elementar? Oder sind sie aus noch kleineren zusammengesetzt? Um das Innere eines Protons zu erkunden, beschießt man es z. B. mit Elektronen (➠ *Bild 1*). Liegt deren deBroglie-Wellenlänge λ_B weit unter dem Protonendurchmesser von 10^{-14} m, so werden dort noch Einzelheiten „aufgelöst" (vgl. *Elektronenmikroskop*). Seit 1975 steht die dazu nötige Energie $W > 1$ GeV zur Verfügung. Damit wiederholte sich am Proton wie am Neutron Ähnliches, was RUTHERFORD 1911 am Atom fand, aber in einer 100 000-mal kleineren Dimension:
Das *Proton* ist nicht gleichmäßig mit positiver Ladung gefüllt. Es enthält *drei* Teilchen, **Quarks** [quok] genannt (➠ *Bild 1*). Zwei davon sind sog. **u-Quarks** mit Ladung $+\frac{2}{3}e$, das dritte ein **d-Quark** mit der Ladung $-\frac{1}{3}e$. Die Protonenladung folgt somit zu

$$q_p = 2 \cdot \frac{2}{3}e - \frac{1}{3}e = +1\,e.$$

Das ist schon recht merkwürdig; denn Einzel-Quarks mit Dritteln der Elementarladung $e = 1{,}6 \cdot 10^{-19}$ C findet man auch heute in freiem Zustand nicht, nur Quark-Kombinationen mit ganzzahligen Elementarladungen $n\,e$; $n = -1, -2, 0, 1, 2$ (➠ *Aufgabe 1*).
Und das *Neutron*? Es besteht aus den gleichen Quarks, nur in anderer Zusammensetzung, aus 1 u- und 2 d-Quarks. Seine Ladung ist

$$q_n = \frac{2}{3}e - 2 \cdot \frac{1}{3}e = 0.$$

Die Quarkladungen geben dem nach außen hin elektrisch neutralen Neutron magnetische Eigenschaften, ähnlich dem Proton (beide haben den Spin $\frac{1}{2}$ und befolgen das Pauliprinzip).

Bei der *Paarerzeugung* sahen wir, dass sich die Energie von γ-Quanten in ein Elektron e^- und sein Antiteilchen Positron e^+ verwandeln kann. Analog können **Antiquarks** entstehen:
Das **Anti-u-Quark** $\bar{u}$ zum u-Quark ($\frac{2}{3}e$) hat $q = -\frac{2}{3}e$,
das **Anti-d-Quark** $\bar{d}$ zum d-Quark ($-\frac{1}{3}e$) hat $q = +\frac{1}{3}e$.
Die zahlreichen **Mesonen** bestehen aus nur *zwei* Quarks, einem Quark und einem Antiquark. Die einfachsten Mesonen sind:
π^+ **-Meson** aus u und $\bar{d}$ mit Ladung $q = \frac{2}{3}e + \frac{1}{3}e = +e$,
π^- **-Meson** aus $\bar{u}$ und d mit Ladung $q = -\frac{2}{3}e - \frac{1}{3}e = -e$,
π^0 **-Meson** (u, $\bar{u}$, auch d, $\bar{d}$) elektrisch neutral: $q = 0$.

Protonen und Neutronen gehören zu den *schweren* Teilchen, den **Baryonen**, aufgebaut aus 3 Quarks *oder* 3 Antiquarks. Das Antiproton $\overline{\text{p}}$ in *Tabelle 1* besteht aus 2 $\overline{\text{u}}$- und 1 $\overline{\text{d}}$-Antiquark und hat die Ladung $q = 2 \cdot \frac{-2}{3} e + \frac{1}{3} e = -e$.
Das schwere **Δ^{++}-Teilchen** enthält 3 u-Quarks (Ladung $+2\,e$).

Merksatz

u-Quarks haben die Ladung $+\frac{2}{3} e$, d-Quarks $-\frac{1}{3} e$.
Mesonen bestehen stets aus 1 Quark *und* 1 Antiquark,
Baryonen (auch Nukleonen) aus 3 Quarks *oder* 3 Antiquarks.
Alle Teilchen haben ganzzahlige Ladung $q = n\,e$ ($n = 0, \pm 1, \pm 2$).

2. Was die Teilchenwelt zusammenhält

Die Physik beschäftigt sich auch mit den *Kräften*, die alle Teilchen zusammenhalten, also die Welt insgesamt. Im Anschluss an NEWTON nahm man früher an: Massen, Magnete und Ladungen üben aufeinander Kräfte „auf Distanz" aus, ohne irgendeine Vermittlung dazwischen. FARADAY dagegen postulierte *Felder* als Vermittler von Kraft, Impuls und Energie.
Denken wir an eine elektromagnetische Welle, ausgehend von der schwingenden Ladung eines Senders hin zur Ladung im Empfänger. Energie und Impuls sind dabei als Photonen quantisiert. Um die Natur einheitlich zu beschreiben, erklärt man auch die Kräfte zwischen *ruhenden* Ladungen durch einen Photonentransfer. Reelle Photonen scheiden dazu aus, da man sie nicht direkt beobachtet. Doch entstehen nach HEISENBERGS Unbestimmtheitsrelation $\Delta W\, \Delta t \approx h$ überall, auch im Vakuum, aus Nichts **virtuelle Photonen.** Masse m und Energie $\Delta W = m\,c^2$ borgen sie sich mit dem bekannten *Heisenberg-Kredit* aus der Energieunschärfe ΔW. Ihn geben sie nach kurzer Leihfrist $\Delta t \approx h/\Delta W = h/(m\,c^2)$ wieder zurück und verschwinden. In dieser Frist Δt legen sie mit Lichtgeschwindigkeit c die Strecke $r = c\,\Delta t \approx c\,h/(m\,c^2) = h/(m\,c)$ zurück. Da ihre Ruhemasse $m_0 = 0$ ist, wird ihre Reichweite $r = h/(m\,c) = h/p$ beliebig groß. Es gilt $p = h/r$.

Diese **elektromagnetische Wechselwirkung** können die virtuellen Photonen *nur* zwischen elektrischen Ladungen ausüben (wie auch die reellen Photonen). Dabei wird in *Bild 2* dem linken Elektron der Impuls $p \approx h/r$ entzogen und in der Leihfrist $\Delta t \approx r/c$ auf das rechte übertragen. Beide erfahren die Impulsänderung vom Betrag $\Delta p = p \approx h/r$ nach entgegengesetzten Richtungen; beide „spüren" so die Coulombkraft $F = \Delta p/\Delta t \approx h\,c/r^2 \sim 1/r^2$.
Diese virtuellen Photonen (Ruhemasse $m_0 = 0$) erzeugen als **Botenteilchen** die elektromagnetische Wechselwirkung. Wir werden auch Botenteilchen mit $m_0 > 0$ finden, die andere, neuartige Wechselwirkungen aber mit endlicher Reichweite vermitteln.

Merksatz

Virtuelle **Botenteilchen** der Masse m vermitteln während ihrer Lebensdauer $\Delta t \approx h/(m\,c^2)$ Wechselwirkungen zwischen den Bausteinen der Materie mit der Reichweite $r \approx h/(m\,c)$.

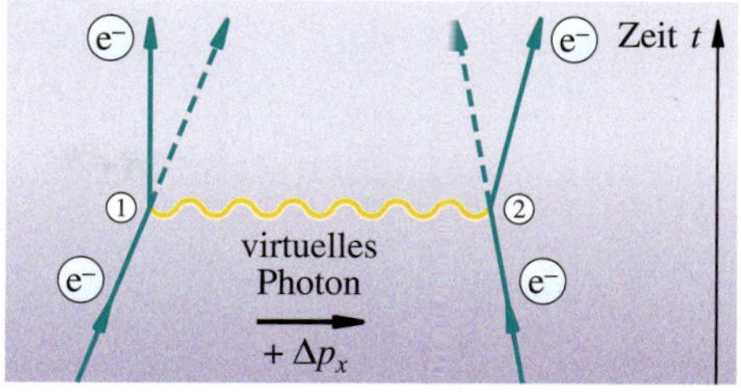

B 2: Feynman-Graph mit symbolischen Bahnen zweier fliegender Elektronen e⁻. Dem linken entzieht in ① ein virtuelles Photon den Impuls $+\Delta p_x$ und erzeugt so den Bahnknick nach links. In ② wird $+\Delta p_x$ dem rechten Elektron zugeführt und knickt die Bahn nach rechts ab. So erfahren beide eine abstoßende Kraft. – Zwischen entgegengesetzten Ladungen werden Impulse $\Delta p_x < 0$ übertragen und erzeugen Anziehung.

Vertiefung

Vakuumpolarisation

Beweis für Heisenberg-Kredit: Dieser erlaubt es, dass in und um uns nicht nur virtuelle Photonen, sondern auch ständig Paare kurzlebiger *virtueller* Elektronen e^- und Positronen e^+ entstehen (auch Quark-Paare). Die Ladung $+Q$ eines Atomkerns zieht die e^- zu sich und stößt die e^+ ab. Der nur aus e^- bestehende Teil *ü* schirmt $+Q$ teilweise ab, sodass man in A nur die verminderte Kernladung $Q' < Q$ misst. Diese sog. *Vakuumpolarisation* setzt elektrische „Pole" in jedes Vakuum. Sie ist auch in Atomen wirksam, schirmt die Kernladung ein wenig ab und verringert die Frequenz von Spektrallinien etwas. Das Vakuum ist kein „Nichts"!

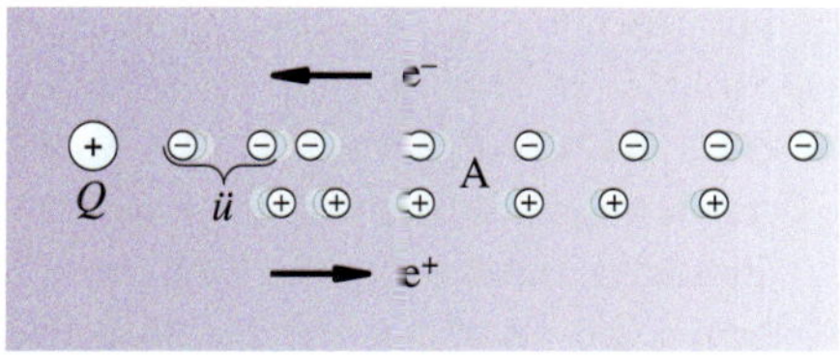

Am harmonischen Oszillator fanden wir Photonen als Quanten des Lichtfeldes. Alle *Teilchen* sind Quanten von Feldern, Quarks wie Elektronen. Auch Botenteilchen sind Quanten, keine hin und her fliegenden Bälle; solche könnten nur abstoßen. Man betrachtet heute die Teilchenphysik als quantisierte Feldphysik.

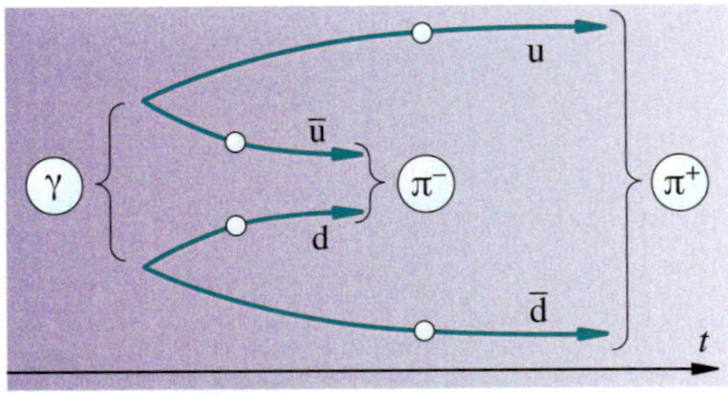

B 1: Das von links anfliegende γ-Quant erzeugt ein u ū- und ein d d̄-Quark-Paar. Die Quarks bilden ein π^+- und ein π^--Meson (u d̄ bzw. ū d). Dies ist ein Feynman-Graph mit symbolischen Bahnen, bestätigt von Blasenkammerbildern.

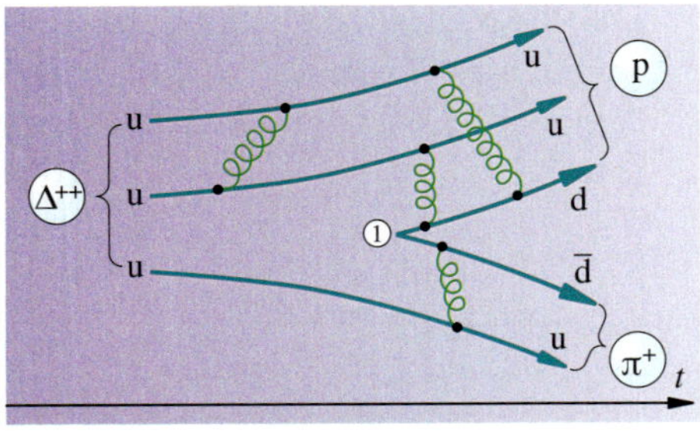

B 2: Feynman-Graph der Umwandlung $\Delta^{++} \rightarrow p + \pi^+$: Das von links anfliegende Δ^{++} lebt nur 10^{-23} s lang. Aus seiner großen Energie entsteht bei ① ein d d̄-Quark-Paar. Die 5 Quarks formieren sich zum p (u u d) und π^+ (u d̄). Beide sind von Gluonenbändern (grün) zusammengekittet.

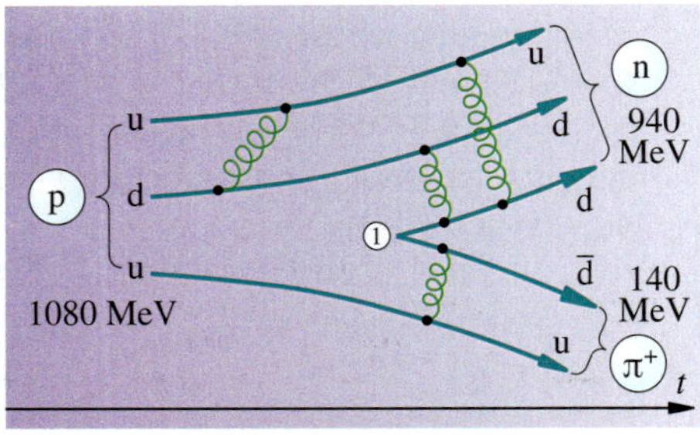

B 3: *Bestimmung der Mesonenmasse:* Ein Proton (p; links) geht beim Stoß in ein Neutron n und ein π^+ über (rechts). Aus Energie entsteht bei ① ein d d̄-Paar. Dessen d̄-Quark und ein u-Quark vom Proton bilden das π^+-Meson, der Rest das Neutron n. Dazu braucht das Proton mindestens die Energie $W_{kin} = 1\,080$ MeV; n hat die Energie $W_0 \approx 940$ MeV (≙ Ruhemasse). Also bleibt dem π^+-Meson $W \approx (1\,080 - 940)$ MeV = 140 MeV ≙ $m_0 = 140\ \text{MeV}/c^2$ (➠ *Tabelle 1*; gerechnet im Schwerpunktsystem).

3. Quarks führen zu tieferen Einsichten!

a) Die Quarks in *Baryonen* und *Mesonen* bilden ein Quantensystem, analog zu Atomen; auch sie besitzen quantisierte Energieniveaus. Im Grundzustand hat das Proton p die Energie 938,3 MeV (➠ *Tabelle 1*; *Ziff. 1*). Dazu gibt es einen *angeregten, kurzlebigen Zustand* Δ^+ gleicher Quark-Zusammensetzung u u d mit der stark erhöhten Energie $W = 1\,232$ MeV. Da auch die Ruhemasse $m = W/c^2$ viel größer ist als bei p, sah man Δ^+ früher als selbstständigen, wenn auch sehr kurzlebigen „Bewohner des Teilchenzoos" an ($T_{\frac{1}{2}} \approx 10^{-23}$ s). Das galt auch für Δ^- (d d d). Die Entdeckung der Quarks löste diesen „Teilchenzoo" auf und vereinfachte die Naturbeschreibung.

b) Aus Energie, etwa von γ-Quanten, können *Quark-Paare* entstehen, z. B. u und ū oder d und d̄. Nun bleiben Einzel-Quarks nie frei; in ➠ *Bild 1* finden sie sich zu einem π^+- und π^--Meson zusammen. Deren Bahn kann man in Blasenkammern verfolgen und in *B*-Feldern ablenken (➠ *Einstiegsseite*). Nach ➠ *Bild 2* zerfällt ein energiereiches Δ^{++}. Aus seiner Energie entsteht ein d d̄-Paar, daraus das Proton p und das π^+-Meson. ➠ *Bild 3* wertet eine solche Umwandlung quantitativ aus, um die Mesonenmasse zu bestimmen.

4. „Farbkräfte" zwischen „Farbladungen"

Das Δ^{++}-Teilchen (u u u) gibt zwei Probleme auf:

- Seine drei positiv geladenen u-Quarks (je $+\frac{2}{3}e$) stoßen sich elektrisch ab. Gibt es also *Kräfte zwischen Quarks*, die stärker sind und die Quarks beisammen halten?
- Drei gleiche Quarks dürfen nach dem *Pauliprinzip* im selben Gebilde nicht zugleich vorkommen.

Um das *2. Problem* zu lösen, führt man eine neue, von der elektrischen völlig verschiedene „*Ladung*" ein. Die drei Quarks werden unterscheidbar und das Pauliprinzip wird im Δ^{++} unwirksam, wenn man *drei Arten* dieser „Ladung" postuliert.
Zur *1. Frage:* Zwischen diesen „Ladungen" wirken zahlreiche eigene Botenteilchen (analog zu virtuellen Photonen). Man fand sie tatsächlich beim Teilchenbeschuss von Baryonen und nennt sie **Gluonen** (glue: Leim). Sie „leimen" Quarks mit der Riesenkraft $F \approx 10^5$ N (Gewichtskraft von 10 t) zusammen (➠ *Vertiefung* rechts).

Würden Nukleonen im Atomkern direkt mit dieser riesigen Kraft aneinander haften, so könnte man Kerne nicht spalten! Jedoch *neutralisieren* sich schon in jedem Baryon diese 3 Ladungen jeweils untereinander und damit deren Kräfte, wenigstens *für etwas entfernte* Partner. Analog dazu neutralisieren sich auch die 3 Farben Rot, Grün, Blau zu Weiß (betrachten Sie weiße Stellen auf dem Fernsehschirm mit der Lupe und von fern). Deshalb spricht man von den 3 **Farbladungen** *Rot, Grün, Blau.* Es ist aber nur eine Analogie, wenn man sagt: „*Baryonen* sind nach außen hin *weiß* (farbneutral)"; dies sind ja keine echten Farben!
Damit auch *Mesonen* „weiß" (farbneutral) sind, gibt man den Antiquarks die Komplementärfarben *Antirot, Antigrün, Antiblau* und sagt: „Farbe + Antifarbe = Weiß".

Warum sind „farbige" Quarks stets gebunden in „weißen" Baryonen oder Mesonen und *nie frei*?
Betrachten wir geladene Wattestücke, die zwischen den Polen des Bandgenerators die bekannten weit ausladenden Linien des *E*-Feldes beschreiben. Fliegen mehrere Wattestücke zugleich, so werden sie oft von ihren Ladungen bandartig zusammengezogen. Ähnliches geschieht bei *Gluonen*, die zwischen Quarks hin und her fliegen. Auch Gluonen tragen Farbladung, ihre Feldlinien sind auf ein schmales, kurzes *Gluonenband* zusammengezogen (➠ *Bild 4a*), analog zum homogenen *E*-Feld zwischen Kondensatorplatten. Deren Anziehungskraft hängt kaum vom Abstand *s* ab. Dies gilt auch für die **Farbkraft *F*** zwischen Farbladungen. Daraus folgt:

Versucht man die Quarks Q und $\overline{\text{Q}}$ des Mesons Q $\overline{\text{Q}}$ längs *s* auseinanderzuziehen, so nimmt $F \approx 10^5$ N nicht ab; man braucht die zu *s* proportionale riesige Energie $W = F\,s \approx s \cdot 10^5$ N. Dagegen wehrt sich die Natur: Aus der Energie *W* wird das Quark-Paar $\overline{\text{Q}}_\text{N}\,\text{Q}_\text{N}$. Es zerschneidet das Band in die Teile Q $\overline{\text{Q}}_\text{N}$ und $\text{Q}_\text{N}\,\overline{\text{Q}}$ (➠ *Bild 4b*). Das sich verkürzende Gluonenband „leimt" diese Quarks im Abstand von 10^{-15} m zu zwei neuen „weißen" Mesonen zusammen.

Die Farbkraft wurde schon lange als neuartige Kraftart vermutet und **starke Wechselwirkung** genannt. Für diese gilt:

- Weit entfernte „weiße" Nukleonen üben aufeinander keine merkliche Farbkraft aus. Deren Reichweite liegt bei 10^{-15} m.
- Im *Atomkern* liegen Nukleonen so nahe beisammen, dass auch die Quarks benachbarter Protonen Gluonen tauschen (➠ *Bild 5a*). So entsteht die **Kernkraft** als Nebeneffekt (sozusagen als „Abfallprodukt") der sehr viel stärkeren Farbkraft: *Kernphysik ist ein Zweig der Teilchenphysik!*

➠ *Tabelle 1* enthält alle **Bausteine** unserer Welt (keine Botenteilchen). Aber nur die fett gesetzten Teilchen der *1. Generation* sind langlebig und spielen in der Materie eine Rolle; die anderen zerfallen rasch: Links das u- und d-Quark, rechts das Elektron e^- und sein Neutrino ν_e. – Alle gezeigten Teilchen unterliegen der *schwachen Wechselwirkung* (*Ziff. 5*), die Quarks auch der *starken*, die von Gluonen vermittelt wird. Geladene Teilchen nehmen zudem an der *elektromagnetischen Wechselwirkung* teil, die von virtuellen Photonen ausgeübt wird.

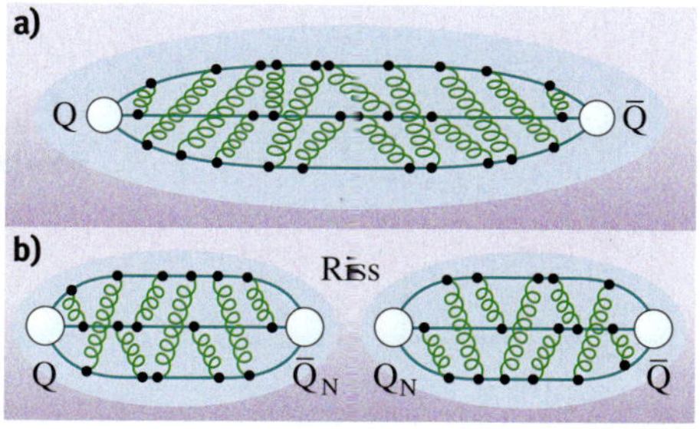

B 4: a) Dünnes Gluonenband, eingeschnürt von Farbkräften zwischen 2 Quarks Q und $\overline{\text{Q}}$. **b)** Das Paar $\overline{\text{Q}}_\text{N}\,\text{Q}_\text{N}$ vereitelt es, die Quarks Q und $\overline{\text{Q}}$ für sich zu isolieren.

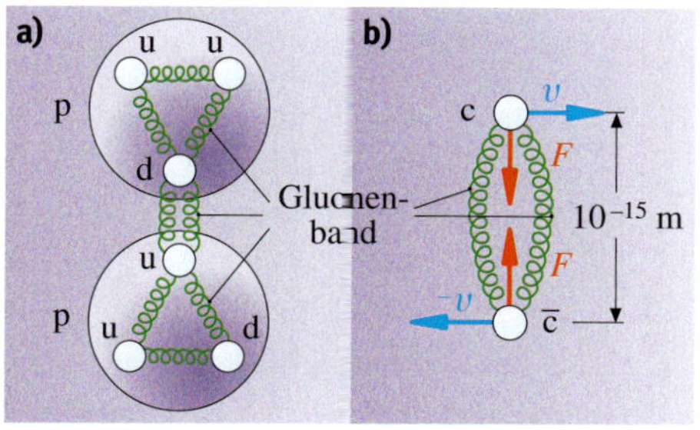

B 5: a) Protonen im Kern. **b)** Zwei schwere c-Quarks umkreisen sich (➠ *Tabelle 1*).

Vertiefung

Wie groß ist die Farbkraft?

Nach ➠ *Bild 5b* umkreisen sich in einem J/*Ψ*-Meson zwei schwere c-Quarks, gehalten von der konstanten Farbkraft *F*. Regt man es energetisch an, so entfernen sich beide Quarks voneinander um Δs, gegen *F*. Da der Mesonendurchmesser bei $d = 10^{-15}$ m liegt, nehmen wir grob abgeschätzt $\Delta s \leq d$. Die gemessene Mesonenenergie steigt von $W_1 = 3{,}09$ GeV auf $W_2 = 3{,}685$ GeV.
Also gilt $\Delta W \approx (3{,}685 - 3{,}09)\ \text{GeV} \approx F\,\Delta s \leq F \cdot 10^{-15}$ m und $F \geq 10^5$ N.

Quarks		Leptonen	
1) **u (up, $+\frac{2}{3}e$)**	**d (down, $-\frac{1}{3}e$)**	**e^- (Elektron, $-e$)** $T_{1/2} > 10^{22}$ a (∞ ?)	**ν_e (Elektron-Neutrino)** $m \leq 17$ eV/c²; $T_{1/2} = \infty$?
2) s (strange, $-\frac{1}{3}e$)	c (charm, $+\frac{2}{3}e$)	μ^- (Myon, $-e$) $T_{1/2} = 1{,}523 \cdot 10^{-6}$ s	ν_μ (Myon-Neutrino)
3) b (bottom, $-\frac{1}{3}e$)	t (top, $+\frac{2}{3}e$)	τ^- (Tau, $-e$) $T_{1/2} = 2{,}11 \cdot 10^{-13}$ s	τ_μ (Tau-Neutrino)

T 1: Jeder der 3 Quark-Generationen (links) sind leichte Teilchen (*Leptonen*, rechts) zugeordnet, nämlich eine *Elektronenart* (e, μ bzw. τ) und die ihr zugehörigen, ungeladenen *Neutrinos* ν, bekannt vom β-Zerfall.

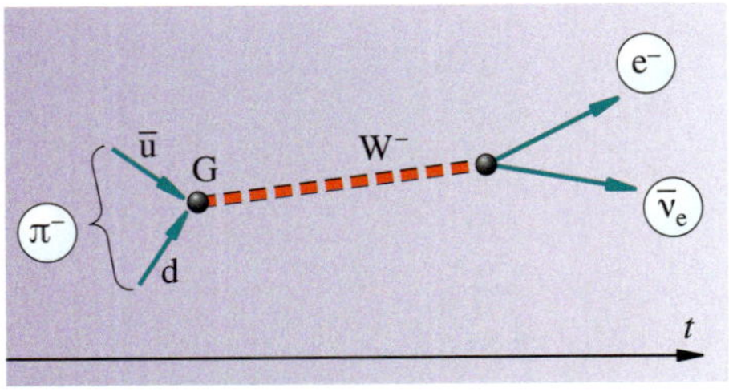

B 1: Feynman-Graph zum Zerfall des π^--Mesons, z. B. nach $d + \bar{u} \rightarrow e^- + \bar{\nu}_e$

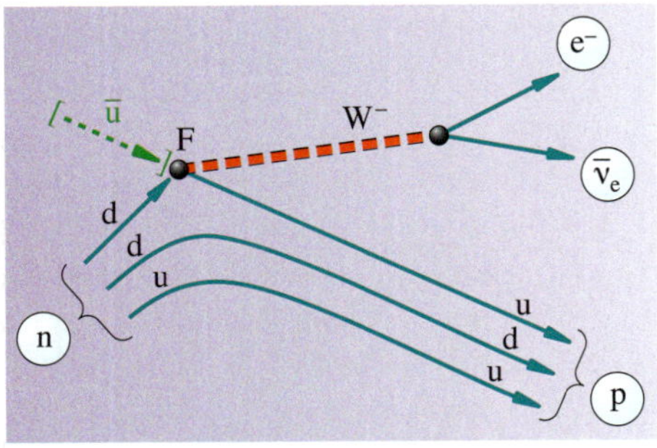

B 2: Feynman-Graph zum β^--Zerfall: n (u d d) $\rightarrow$ p (u u d) + e^- + $\bar{\nu}_e$. Das obere d-Quark aus dem Neutron n bildet ein W^--Weakon (wie in ⟹ *Bild 1;* dort verschwindet das $\bar{u}$; statt dessen entsteht hier sein Antiteilchen u). Die unteren Quarks d und u „schauen" nur zu.

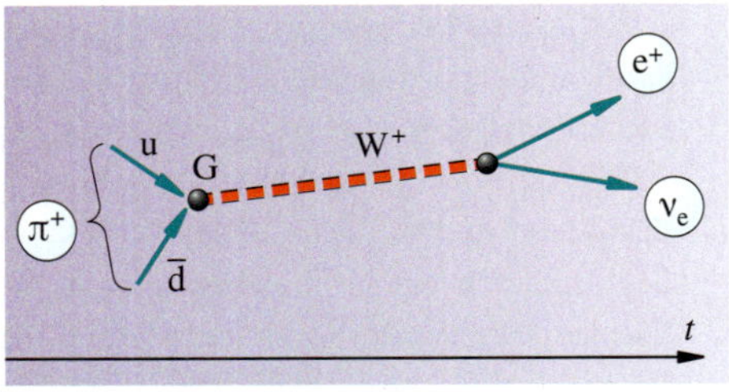

B 3: Der Zerfall des π^+ (u $\bar{d}$) analog zu ⟹ *Bild 1* erfolgt über das W^+-Weakon.

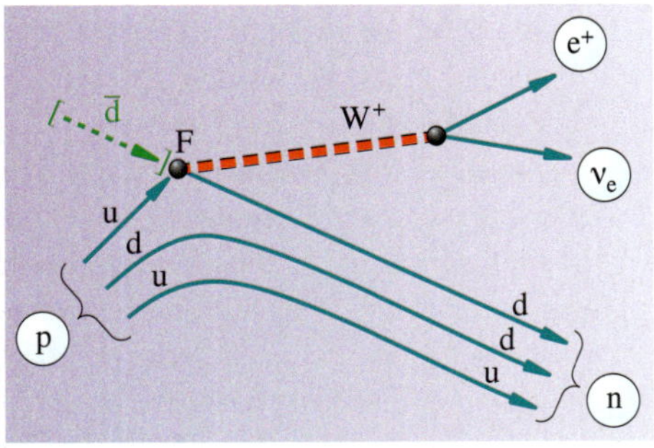

B 4: Beim β^+-Zerfall geht das Proton p nach p (u u d) $\rightarrow$ n (u d d) + e^+ + ν_e in ein Neutron, ein Positron und sein Neutrino über.

5. Schwache Wechselwirkung und β-Zerfall

a) Das neutrale π^0-Meson besteht aus zwei Quarks *gleicher Art* (d $\bar{d}$ bzw. u $\bar{u}$; ⟹ *Tabelle 1*; *Ziff. 1*). Durch die vertraute „schnelle" *Paarvernichtung* zerfällt es nach 10^{-16} s in γ-Quanten. Dagegen leben π^+- und π^--Mesonen 10^8-mal so lang! Sie bestehen nämlich aus Quarks *verschiedener* Art (u $\bar{d}$ bzw. d $\bar{u}$). π^- zerfällt nach ⟹ *Bild 1* in etwas ganz anderes, in das vom radioaktiven β-Zerfall bekannte Elektron e^- und dessen *Antineutrino* $\bar{\nu}_e$. Nun ist es kaum möglich, dass sich zwei Teilchen momentan in zwei andere umwandeln. Deshalb postulierte man ein neuartiges **Botenteilchen W^-,** das sich im Feynman-Graphen nach ⟹ *Bild 1* bei G mit folgenden Eigenschaften einschiebt:

A) Es entsteht kurzzeitig aus Heisenberg-Kredit und der Energie der beiden *verschiedenen* Quarks d und $\bar{u}$.

B) Es zerfällt in etwas ganz anderes, z. B. in e^- und $\bar{\nu}_e$.

C) Es transportiert die Ladung $-e$ von d und $\bar{u}$ nach e^-.

b) Dieses Botenteilchen kann also sehr viel. Man fand es 1983 beim europäischen Kernforschungszentrum CERN in Genf und nannte es **W^--Weakon.** Wie erwartet ist es negativ geladen. Zu seiner riesigen Masse 81 GeV/c^2 = 86 m_P gehört nach *Ziff. 2* die winzige Reichweite $r \approx h/(m\,c) \approx 10^{-17}$ m $\approx \frac{1}{100}$ Protonendurchmesser. Aus Heisenberg-Kredit entstanden trifft es also relativ selten seine ebenfalls punktförmigen Reaktionspartner. Dies erklärt den Namen **schwache Wechselwirkung** und führt zu einer langen Lebensdauer. Man fand auch das **W^+-Weakon**, das nach ⟹ *Bild 3* und *4* $\bar{d}$ und u bzw. e^+ und ν_e koppelt, auch μ^+ und ν_μ. Die wichtige schwache Wechselwirkung betrifft alle Teilchenarten; sie koppelt *verschiedene* Quarks (z. B. d und $\bar{u}$) sowie stets *Teilchen und Antiteilchen* miteinander. Deshalb gehört beim β^--Zerfall zum Elektron sein *Antineutrino*, beim β^+-Zerfall zum *Antiteilchen* Positron sein Neutrino (⟹ *Bild 2* und *4*). Betrachten wir dies genauer:

c) Beim **β^--Zerfall** entstehen im Atomkern aus einem Neutron (u d d) ein Proton (u u d), ein Elektron e^- und dessen Antineutrino $\bar{\nu}_e$ (⟹ *Bild 2*). Es gilt

$$d + \bar{u} \rightarrow e^- + \bar{\nu}_e; \text{ Ladungsbilanz: } -\frac{1}{3}e - \frac{2}{3}e \rightarrow -e + 0.$$

Also ist Eigenschaft B) von oben erfüllt. Kummer macht A). Das verschwindende Neutron (u d d) hat zwar zwei d, aber kein $\bar{u}$ (⟹ *Bild 2*). Dafür braucht man ein neues u für das entstehende Proton (u u d). Nun gilt an Feynman-Graphen allgemein:
Das *Entstehen* des vom Punkt F in ⟹ *Bild 2* weglaufenden Quarks u ist gleichwertig dem *Vergehen* (und damit *Ignorieren*) eines hypothetischen *Antiquarks*, das in F eintreffen sollte (in ⟹ *Bild 2* als [$\bar{u}$] in Klammer gesetzt).

An der schwachen Wechselwirkung nehmen alle Teilchenarten aus ⟹ *Tabelle 1*, *Ziff. 4* teil. Konkurrieren die 3 Wechselwirkungen miteinander, so setzt sich die schnellste durch, die starke oder die elektromagnetische. Die schwache Wechselwirkung kommt nur zustande, wenn die beiden anderen nicht möglich sind.

d) Neutrinos haben weder elektrische noch Farbladung, vielleicht auch keine Masse. Also bleibt für sie nur die schwache Wechselwirkung übrig. Sie ist so schwach, dass Neutrinos den Erdball fast ungeschwächt durchfliegen. Beim Freisetzen der Sonnenenergie entstehen im Sonneninnern Neutrinos in riesiger Zahl (s. Kernphysik); unseren Körper durchsetzen je Sekunde sehr viele davon. Ein Teilchen wird nur dann von Materie absorbiert, wenn es wechselwirkt! Andernfalls ist sie für dieses Teilchen völlig „durchsichtig“. Deshalb sind Stärke und Art der Wechselwirkung bedeutsam.

Merksatz

Die **schwache Wechselwirkung** wird vom Weakon W^- bzw. W^+ als Botenteilchen mit großer Masse und kleiner Reichweite (10^{-17} m) ausgeübt. Sie koppeln jeweils Teilchen und Antiteilchen aneinander. Dies können zwei verschiedene Quarks (u und $\bar{d}$) oder aber Elektron und Antineutrino sein.

6. Schwere Quarks in kurzlebigen Teilchen des Teilchenzoos

Wir haben uns auf die u- und d-Quarks, die unsere stabile Materie bevölkern, konzentriert. Nach *Tabelle 1, Ziff. 4* gibt es noch 4 weitere Quarks, z. B. s-Quarks ($-\frac{1}{3}e$). Da sie größere Masse haben, sind die sie enthaltenden Teilchen zumeist kurzlebig ($T_{\frac{1}{2}} \approx 10^{-23}$ s). Diese Teilchen wurden vor den Quarks entdeckt und in Symmetrie-Schemata geordnet. Man versteht z. B. das schon lange bekannte **Baryonen-Oktett,** wenn man im Proton und Neutron nacheinander die u- und d-Quarks durch schwere s-Quarks ersetzt (*Bild 5*). Dabei zeigen sich einige der früher als „elementar“ eingestuften Teilchen. GELL-MANN (Nobelpreis 1969) hatte die Quarks aus diesem und anderen Schemata vorhergesagt und so deren experimentelle Bestätigung angeregt.

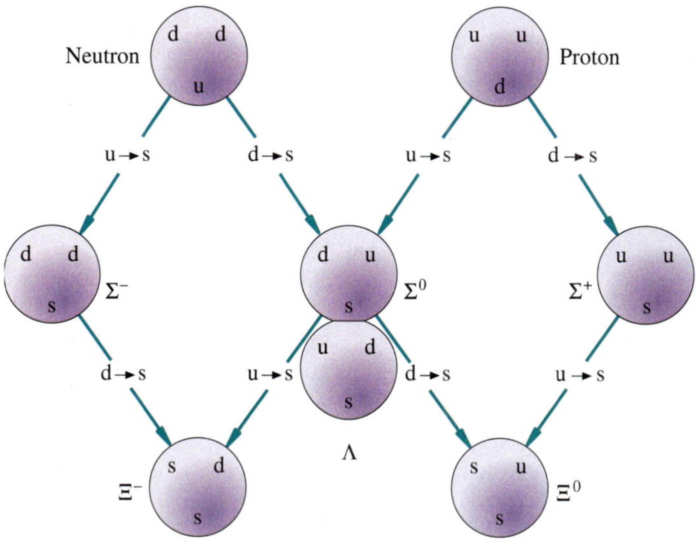

B 5: *Baryonen-Oktett:* Der Ersatz von u- und d-Quarks in Nukleonen durch schwere s-Quarks ($-\frac{1}{3}e$) entlang der Pfeile führt zu schnell zerfallenden Sigma-, Xi- und Lambda-Teilchen (Σ, Ξ, Λ).

A 1: Das *freie* Neutron zerfällt nach *Bild 2*. Wie könnte analog dazu das *freie* Proton zerfallen? Welcher Satz verhindert das (s. *Ziff. 1, Tabelle 1*)?

Interessantes

Ausklang der Teilchenphysik

Ist die Teilchenphysik heute an ihrem Ziel? Oder findet man im Quark oder Elektron nicht doch noch etwas Kleineres, mit Strukturen unter den heute experimentell erreichbaren 10^{-19} m? Die jetzigen Experimente (ca. 1 000 GeV) bestätigen das hier – sehr stark vereinfachte – **Standardmodell.** Doch sucht man mit noch höherer Energie das *Higgs-Teilchen*, das – nach weiterführenden Theorien – kurz nach dem Urknall allen anderen Teilchen ihre Masse verliehen haben soll.

Das Faszinierende an der Teilchenphysik ist: Sie liefert einen der Schlüssel für die ersten 10^{-3} s nach dem Urknall, der das Universum gebar, und hilft die Frage zu beantworten, ob dieser nur eine Fiktion ist oder mithilfe der Elementarteilchen beschrieben werden kann. So soll die Frage, ob sich unser Weltall eines Tages wieder zusammenzieht, u. a. davon abhängen, ob die Neutrinos ganz masselos sind. *Hier berühren sich das ganz Große und das ganz Kleine.* Doch billig ist das nicht zu haben, weder vom theoretischen noch vom finanziellen Aufwand her

Um den *Urknall* besser zu verstehen, sucht man u. a. die *vierte Wechselwirkung*, die *Gravitation*, gemäß EINSTEINS allgemeiner Relativitätstheorie mit der Quantentheorie zu verbinden; man sucht das Botenteilchen *Graviton*. Die Gravitation macht zwischen Proton und Elektron nur den 10^{39}-ten Teil der elektromagnetischen Wechselwirkung aus, wäre also unbedeutend. Da es aber keine „negative“ Masse gibt, lässt sich die Gravitation nicht wie Plus- und Minusladung abschirmen oder neutralisieren; sie wirkt viel besser als alle anderen Wechselwirkungen in die Ferne. Deshalb vermittelt sie die Kraft zwischen entfernten Himmelskörpern und beschert uns die lästige und zugleich beruhigende Erdenschwere.

Interessantes

Das Universum und der Urknall

A. Unendliche Weiten?

Schauen Sie einmal in einer klaren Nacht nach Ende der Dämmerung in den Himmel. Außer den funkelnden Sternen können Sie ein matt schimmerndes Band ausmachen, die Milchstraße. Mit einem Fernrohr erkennen Sie, dass sie aus unzähligen Sternen besteht.

Alle mit bloßem Auge sichtbaren Sterne und auch unsere Sonne gehören einem riesigen Sternensystem an, das auch das Band der Milchstraße einschließt. Dieses System, **Galaxis** genannt, enthält rund 200 Milliarden Sterne. Um einen hellen Kern winden sich Spiralarme in der sog. galaktischen Scheibe (*Bild 1*). Wir befinden uns am Rand eines Spiralarmes. Deshalb sehen wir in Richtung der Scheibe die Fülle der Sterne in der Milchstraße. Senkrecht dazu blicken wir in die Tiefen des Weltraums.

Mit heutigen Raumsonden ($v \approx 50$ km/s) würde eine Reise zu unserem nächsten Nachbarstern rund 25 000 Jahre dauern. Ein Lichtsignal erreichte ihn nach 4,3 Jahren. Man sagt deshalb, er sei 4,3 Lichtjahre von uns entfernt. Um die galaktische Scheibe mit einem Durchmesser von 100 000 Lichtjahren zu durchqueren, bräuchte eine Raumsonde 600 Millionen Jahre – eine für uns Menschen unvorstellbar lange Zeit.

Bis Anfang des 20. Jahrhunderts glaubte man, unsere Galaxis sei die einzige. Doch mit Riesenfernrohren wurden weitere solcher Welteninseln entdeckt, die viele Millionen Lichtjahre entfernt sind. Manche sind größer als unsere und enthalten bis zu 1 Billion Sterne, die meisten jedoch sind kleiner. Galaxien sind die wichtigsten, aber nicht die größten bekannten Strukturen. Meist sind sie zu Haufen zusammengeballt, die Tausende solcher Sternensysteme enthalten können. Ständig werden neue, entferntere Galaxien und -haufen entdeckt.

B 1: Eine Spiralgalaxis ähnlich der unseren

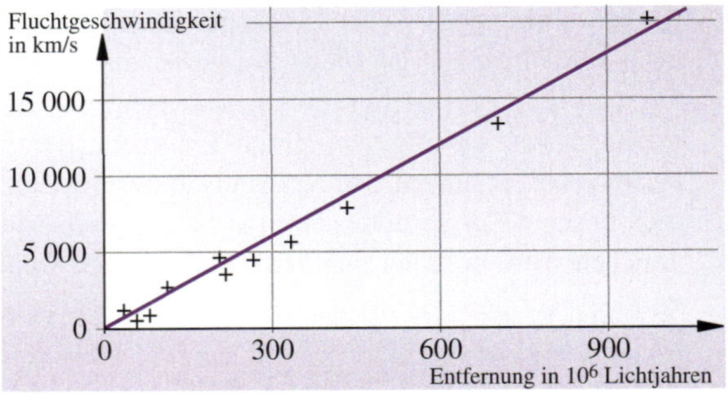

B 2: Die Fluchtgeschwindigkeit v der Galaxien ist zu ihrer Entfernung r von uns proportional.

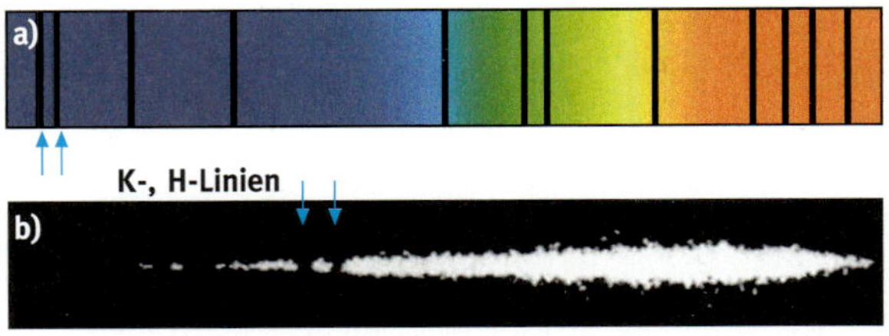

B 3: a) Das Licht der Sterne und Galaxien kann man mit Spektralapparaten zerlegen. Im Spektrum naher Sterne unserer Galaxis findet man dunkle Absorptionslinien bei den Wellenlängen, die heiße gasförmige chemische Elemente aussenden. Die K- und H-Linie sind zwei besonders kräftige Linien des Elements Kalzium. **b)** Im Spektrum aller fernen Galaxien dagegen sind die Absorptionslinien insgesamt zum roten Ende hin verschoben – und zwar umso stärker, je weiter sie entfernt sind.

B. Die „Flucht" der Galaxien

Immer größere Fernrohre zeigten Merkwürdiges, was zu tiefschürfenden Fragen Anlass gibt:

- Es scheint so, als sei über sehr große Raumbereiche gesehen das Universum überall gleich dicht mit Materie angefüllt. Deshalb fragt man: Ist das Universum unendlich groß oder ist es irgendwo begrenzt? Wie könnte der Rand beschaffen sein?
- HUBBLE machte 1929 eine sensationelle Entdeckung: Die Galaxien entfernen sich von uns mit „Flucht"-Geschwindigkeiten v. Diese sind zudem ihrem jetzigen Abstand r von uns proportional (*Bild 2*): $\boldsymbol{v = H\,r}$. Dabei ist der sog. **Hubble-Parameter** $H = v/r \approx 20$ km/s pro 1 Million Lichtjahre. Dieser Wert ist jedoch noch heftig umstritten. Die Geschwindigkeit v kann man aus der *Rotverschiebung* (*Bild 3*) von Absorptionslinien ermitteln. Die Entfernungsmessungen sind bislang jedoch recht unsicher.

Was folgt daraus? Man könnte zunächst vermuten, dass wir im Mittelpunkt der Welt stehen. EINSTEIN zeigte je-

Interessantes

doch in seiner allgemeinen Relativitätstheorie eine völlig andere Lösung: Der Raum ist durch Gravitationskräfte gekrümmt. Er kann sich ausdehnen oder zusammenziehen. Ein statisches Universum wäre instabil. Daraus folgerte der russische Mathematiker A. FRIEDMANN 1922 mehrere Denkmodelle für die Entwicklung des Universums. Man prüft heute, welches davon den noch sehr unvollkommenen Beobachtungen gerecht wird. All diese Modelle beginnen mit einem sehr dichten und heißen Anfangszustand. Durch einen **Urknall** expandiert der Raum zunächst, die Raumkrümmung nimmt schnell ab wie bei einem Ballon, der aufgeblasen wird (➡ *Bild 4*). Ist sie praktisch auf null gesunken, spricht man von einem „flachen" Universum. Es lässt sich heute aber auch nicht ausschließen, dass unser Raum sattelförmig gekrümmt ist.

Ob sich die Expansion einmal umkehrt und das Universum in einem „Big Crunch" endet, hängt von der mittleren Dichte der Materie und Energie ab ($W = mc^2$ einschließlich der Massen). Man kann eine *kritische Dichte* ϱ_{krit} des Universums abschätzen. Wäre die noch nicht genau bekannte wirkliche Dichte $\varrho > \varrho_{krit}$, so würde die Gravitation irgendwann die Expansion umkehren und das Universum zusammenstürzen lassen. Im Falle $\varrho < \varrho_{krit}$ währte die Expansion „ewig".

Um die unanschaulichen Aussagen über die Expansion des Raumes zu verdeutlichen, verzichten wir auf eine der drei Dimensionen unseres Raumes. Stellen wir uns also als zweidimensionale, plattgedrückte Wesen vor, die z. B. auf einer Ballonhülle kriechen (➡ *Bild 4*). Sie wäre unser Universum, das Innere und Äußere des Ballons existierten für uns nicht.

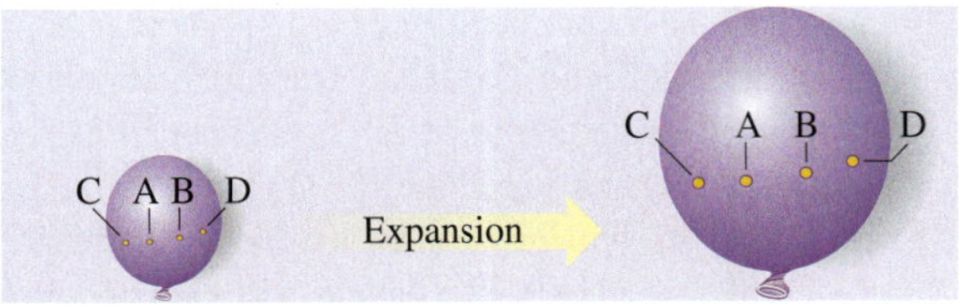

B 4: Bei der Expansion des Raumes (Luftballon) entweichen die Galaxien von uns (A) umso schneller, je weiter sie entfernt sind, D z. B. schneller als B. B sieht ebenso, dass C schneller entweicht als A.

Wir würden im Sinne EINSTEINS finden:

- Unsere Ballonhülle hat keine Grenze.
- Sie hat trotzdem einen endlichen Flächeninhalt.
- Auf ihr wären Galaxien etwa gleichmäßig verteilt (als Punkte auf dem Ballon in ➡ *Bild 4*).
- Beim Aufblasen der Hülle entfernen sich von *jedem* Beobachter, z. B. von A, alle Galaxien, und zwar umso schneller, je weiter sie schon von ihm entfernt sind (alle Strecken auf der Ballonhülle gemessen).
- Deshalb hat jeder Beobachter den Eindruck, im Mittelpunkt der Welt zu stehen.

Kehren wir ins Dreidimensionale zurück. Wir entnehmen unserem Gedankenexperiment, dass wir in einem sich vergrößernden Universum leben.

C. Rotverschiebung ohne Dopplereffekt

Bei der Expansion des Universums bleibt jede Galaxis etwa „an ihren Punkt der Ballonhülle geheftet". Man kann sie dort als fast ruhend betrachten. Deshalb kann die Rotverschiebung ihres Lichts nicht durch die Bewegung der Galaxis als Sender oder des Beobachters auf der Erde als Empfänger erklärt werden, also *nicht* durch den *Dopplereffekt*, wie oft behauptet wird.

Vielmehr werden die Lichtwellen unterwegs genauso gedehnt wie der Raum dazwischen. Atome eines Elements senden die Wellenlänge λ_0 aus, damals in der fernen Galaxis, genauso wie heute bei uns. Auf dem Weg zu uns wurde aber λ_0 um $\Delta\lambda$ auf λ_1 gedehnt, sodass wir $\lambda_1 = \lambda_0 + \Delta\lambda$ empfangen (➡ *Bild 5*).

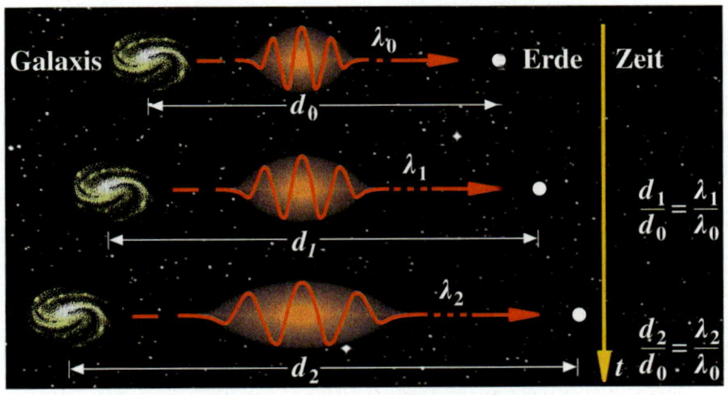

B 5: Durch die Expansion des Raumes vergrößert sich die Wellenlänge des Lichts von einer fernen Galaxis.

Bei der Ankunft der Lichtwelle verhält sich also die vom Empfänger gemessene Wellenlänge λ_1 zu λ_0 wie der jetzige Galaxienabstand d_1 zum Galaxienabstand d_0 zur Zeit der Lichtaussendung:

$$\frac{\lambda_1}{\lambda_0} = \frac{d_1}{d_0} \quad \text{oder} \quad \frac{\lambda_0 + \Delta\lambda}{\lambda_0} = \frac{d_1}{d_0}. \qquad (1)$$

Ein Beispiel:
Die H-Linie des Ca^+-Ions, mit $\lambda_0 = 397$ nm, kommt bei uns mit $\lambda_1 = 1\,588$ nm an. Die Rotverschiebung ist $\Delta\lambda/\lambda_0 = (1\,588\text{ nm} - 397\text{ nm})/397\text{ nm} = 3$. Der Abstand der Lichtquelle von uns ist seit der Aussendung des Lichts nach *Gl. (1)* auf das Vierfache gewachsen.

Interessantes

D. Der Urknall und die Hintergrundstrahlung

Aus dem Hubble-Gesetz kann man das *Alter* t_H des Universums abschätzen. Vereinfachend nehmen wir an, dass die Expansionsrate konstant ist. Ein Objekt im Abstand r entfernt sich von uns nach HUBBLE mit $v = H\,r$. Sein heutiger Abstand von uns ist $r = v\,t_H$. Einsetzen ergibt $r = H\,r\,t_H$ oder die aus H berechnete Hubble-Zeit $t_H = 1/H \approx 15 \cdot 10^9$ Jahre. Setzt man für v die Lichtgeschwindigkeit c ein, so erhält man den sog. Hubble-Radius $R = c\,t_H \approx 15 \cdot 10^9$ Lichtjahre, bisweilen als Radius des *beobachtbaren Universums* gedeutet.

Lässt man den Film der Expansion des Universums rückwärts ablaufen, so kommt man zu der heute weitgehend akzeptierten Vorstellung, dass einst alle Masse, alle Energie, auf ein Universum von winzigem Ausmaß konzentriert war. Außerhalb und vorher existierte *nichts*, kein Raum, keine Zeit! Das Universum hatte also einen Anfang. Durch den sog. **Urknall** begann seine Entwicklung (➡ *Bild 1*, unten).

Man geht davon aus, dass dabei stets die gleichen physikalischen Gesetze wie heute galten und dass die Naturkonstanten tatsächlich konstant sind. Danach war die Dichte der Energie im Universum anfangs extrem hoch. Nach dem *Stefan-Boltzmann-Gesetz* (Strahlungsdichte $S \sim T^4$) ist eine hohe Dichte von Strahlung glühender Körper mit hoher Temperatur T verbunden. Mit der Ausdehnung des Universums sank diese Dichte und damit auch die Temperatur T (in ➡ *Bild 1* links). Bei den anfangs vorherrschenden Photonen, also der Strahlung, ist das verständlich. Wir sahen schon, dass die Wellenlänge λ während der Expansion wuchs. Damit nahm W ab nach $W = hf = h\,c/\lambda$.

Als die Temperatur noch extrem hoch war und Photonen hohe Energien hatten, erzeugten sie Teilchen-Antiteilchen-Paare. Sie traten auch mit anderen Teilchen in Wechselwirkung: mit Elektronen und den damals noch freien Quarks. Die Quarks wurden nach 10^{-5} s und nach Abkühlung des Universums auf 10^{13} K (➡ *Bild 1*) für immer in Protonen und Neutronen gefangen. Die Photonen wurden ständig absorbiert und neu erzeugt. Sie konnten keine längere Strecke frei zurücklegen; das Universum war noch völlig undurchsichtig.

Nach $3 \cdot 10^5$ Jahren war die Temperatur auf 3 000 K gesunken. Elektronen wurden von Protonen eingefangen, sodass sich neutrale Wasserstoffatome bildeten. Damit begann das Zeitalter der **Atome.** Die Photonen, deren mittlere Energie nur noch $W \approx 1$ eV betrug, konnten Atome kaum noch ionisieren, sie wurden also nicht mehr absorbiert. Folglich wurde der Raum durchsichtig (vom roten Bereich in ➡ *Bild 1* an aufwärts). Deshalb müssen die Photonen von damals noch heute den Raum als kosmische **Hintergrundstrahlung** durcheilen. Sie sind von der Materie abgekoppelt.

Seitdem dehnten sich die Abstände im Raum und damit auch die Wellenlänge der Photonen auf das 1000fache. So verringerte sich ihre Energie $W = h\,c/\lambda$ und nach dem *wienschen Verschiebungsgesetz* $T \sim 1/\lambda_{max}$ die zugeordnete Temperatur T auf 1/1 000, von 3 000 K auf 3 K. Tatsächlich haben PENZIAS und WILSON diese Hintergrundstrahlung zum ersten Mal 1964 auf der Erde nachgewiesen. Dazu benutzt man Antennen für Mikrowellen oder besser Satelliten, die mit IR-Sensoren ausgestattet sind.

Diese 3 K-Strahlung gilt als wichtigste Bestätigung der Theorie vom Urknall und der folgenden Expansion und Abkühlung des Universums.

E. Wie entstanden die Elemente?

Kosmische Kernfusion: Einen weiteren Hinweis auf die Urknalltheorie liefert der Anteil an Helium in Sternen. Er entstand durch *kosmische Kernfusion* aus den anfänglich vorherrschenden *Protonen.* Schon drei Minuten nach dem Urknall war die Dichte der Protonen wegen der kosmischen Expansion so gering, dass sie nicht mehr häufig genug aufeinander stießen, um weiteres Helium bilden zu können. Da zudem die Temperatur auf 10^9 K gesunken war, blieben die vorhandenen Heliumkerne beim Zusammenprall mit anderen Teilchen stabil. Die Materie bestand damals zu 25% aus Helium, der Rest war fast ausschließlich Wasserstoff. Da Nuklide mit 5 oder 8 Nukleonen (auch heute) instabil sind, konnten damals keine schwereren Nuklide entstehen.

Heutige Kernfusion in Sternen: Erst nach 10^9 Jahren begannen aus dem Wasserstoff und Helium der ursprünglich recht homogenen Urmaterie Sterne zu kondensieren. Aber auch heute noch bilden sich Sterne, z. B. in den Spiralarmen von Galaxien. Die Gravitationskraft und deren Energie erhöht in den entstehenden Sternen die Temperatur und vor allem die Dichte so, dass dort eine stetige *Kernfusion* einsetzt und den Heliumanteil im Stern weiter steigert. Sie dauert in der Sonne immer noch an. Nur deshalb ist auf der Erde Leben möglich.

Sterne entwickeln sich: Wenn im kugelförmigen Kern des Sterns nicht mehr genug Protonen als Kernbrennstoff vorhanden sind, wird er durch die Gravitation stark komprimiert. Die Elektronen nehmen dann Quantenzustände an, die denen in Festkörpern ähnlich sind. Sie halten dem Gravitationsdruck bei der riesigen Dichte von 10^7 g/cm³ stand. In Sternen mit mehr als einer halben Sonnenmasse führt die frei werdende Energie zu einer so starken Erwärmung, dass in einer Kugelschale

Interessantes

um den Kern des Sterns Kernfusion einsetzt; man spricht vom *Schalenbrennen*. Während allmählich immer mehr Helium als „Asche" im Sterninnern komprimiert wird, wandert die Brennzone nach außen. Der Stern wird durch die hohen Teilchenenergien aufgebläht. Er strahlt durch seine große Oberfläche wesentlich mehr Energie ab als vorher. Seine Oberflächentemperatur sinkt, der Stern leuchtet rot, er ist vorübergehend zu einem *Roten Riesen* geworden. Nach dem Schalenbrennen verläuft die Sternentwicklung unterschiedlich:

- Massearme Sterne wie die Sonne verlieren ihre rot leuchtende äußere Schicht. Der Kern bleibt als *Weißer Zwerg* zurück. Er hat etwa die Masse der Sonne, aber nur die Größe der Erde.
- In Sternen mit anfänglich mehr als vier Sonnenmassen wird der Kern so stark komprimiert und erhitzt, dass neue Fusionsreaktionen einsetzen. Aus Helium entstehen dabei *schwerere Elemente* wie Kohlenstoff, Sauerstoff usw. bis hin zum Eisen. Eisenkerne haben die geringste Energie W_0 pro Nukleon. Beim Anlagern von weiteren Nukleonen an einen Eisenkern müsste W_0 wieder ansteigen; dabei könnte keine Energie frei werden, das Anlagern unterbleibt.
- Wenn in einem massereichen Stern keine Kernfusionen mehr ablaufen können, erleidet er einen Gravitationskollaps. Seine Materie stürzt viel schneller zusammen, als Sie diesen Absatz lesen können. Dabei wird die *Fermienergie* (ein der *Lokalisationsenergie* entsprechender Quanteneffekt) der Elektronen so groß, dass sie in die Protonen eindringen. Es entsteht ein **Neutronenstern** mit nur 20 km Durchmesser, aber mit mehr als 1,5 Sonnenmassen und einer Dichte von 10^{15} g/cm³. Weil der Kollaps an seiner Oberfläche abrupt gestoppt wird, erfolgt ein Rückstoß mit einer Stoßwelle nach außen: In einer gigantischen **Supernova**-Explosion stößt der Stern seine äußeren Schichten mit einer Geschwindigkeit von 10^5 km/s ab. Dabei wird so viel Energie frei, dass sich Neutronen an ausgeschleuderte Atomkerne anlagern können. Durch mehrfachen β-Zerfall entstehen die im Universum seltenen schweren Elemente wie Kupfer, Gold oder Uran.
- Sollte die Masse des kollabierenden Sterninnern mehr als drei Sonnenmassen betragen, reicht die Fermienergie nicht aus, um dem Gravitationsdruck zu widerstehen. Der Stern fällt immer weiter in sich zusammen und endet als **Schwarzes Loch**. Wegen der frei werdenden Gravitationsenergie erhitzt sich Materie in der Nähe des Lochs sehr stark und sendet folglich Strahlung aus. So kann man die Existenz Schwarzer Löcher nachweisen.

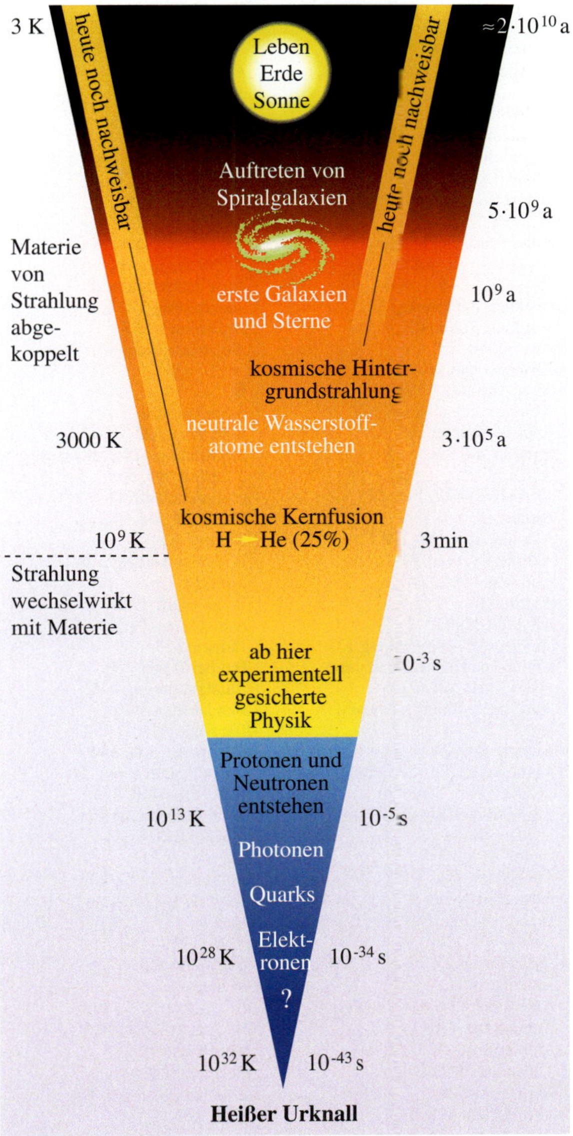

B 1: Entwicklung des Universums

F. Wir sind Sternenstaub

Sterne der ersten Generation bestanden nur aus Wasserstoff und Helium. Doch im Laufe der Zeit ereigneten sich viele Supernova-Explosionen. Durch sie wurden auch schwere Elemente in den Weltraum geschleudert, und es entstanden Sterne höherer Generationen wie die Sonne. In ihrer Umgebung bildeten sich aus kleinen Überbleibseln schwerer Elemente die Planeten und auch unsere Erde. Der Kohlenstoff in unseren Zellen, das Eisen im Blut und das Kalzium in unseren Knochen ist früher einmal durch Supernova-Explosionen in den Weltraum geschleudert worden. Wir bestehen also aus Sternenstaub.

Stichwortverzeichnis

Q

R

S

T

U

Basiseinheiten des internationalen Einheitensystems (SI)

Basisgröße	Basiseinheit	Zeichen	Basisgröße	Basiseinheit	Zeichen
Länge	Meter	m	Temperatur	Kelvin	K
Masse	Kilogramm	kg	Lichtstärke	Candela	cd
Zeit	Sekunde	s	Stoffmenge	Mol	mol
Stromstärke	Ampere	A			

Druckeinheiten

	Pa = N/m²	**bar**	**at***	**mm W.S.***	**atm***	**Torr***
1 Pa = 1 N/m²	1	10^{-5}	$1{,}0197 \cdot 10^{-5}$	0,10197	$0{,}9869 \cdot 10^{-5}$	$0{,}75006 \cdot 10^{-2}$
1 bar	10^{5}	1	1,0197	$1{,}0197 \cdot 10^{4}$	0,98692	$0{,}75006 \cdot 10^{3}$
1 at*	$0{,}980665 \cdot 10^{5}$	0,980665	1	$1{,}00003 \cdot 10^{4}$	0,96784	$0{,}73556 \cdot 10^{3}$
1 mm W.S.*	9,8064	$0{,}98064 \cdot 10^{-4}$	$0{,}99997 \cdot 10^{-4}$	1	$0{,}96781 \cdot 10^{-4}$	$0{,}73554 \cdot 10^{-1}$
1 atm*	$1{,}01325 \cdot 10^{5}$	1,01325	1,03323	$1{,}03326 \cdot 10^{4}$	1	760
1 Torr*	$1{,}3332 \cdot 10^{2}$	$1{,}3332 \cdot 10^{-3}$	$1{,}3595 \cdot 10^{-3}$	13,595	$1{,}3158 \cdot 10^{-3}$	1

1 bar = 10 N/cm²; 1 mbar (Millibar) = 1 cN/cm²; 1 at* = 1 kp*/cm² (technische Atmosphäre).
1 mm W.S.* ist der Druck einer 1 mm hohen Wassersäule von 4 °C bei g = 9,80665 m/s² am Normort.
1 kp* ist gleich der Gewichtskraft eines 1 kg-Stücks am Normort; 1 kp* = 9,80665 N.
1 atm* (physikalische Atmosphäre) = 760 Torr* = 1,01325 bar ist der sog. Normdruck.
1 Torr* bedeutet den Druck einer 1 mm hohen Quecksilbersäule von 0 °C am Normort.

Energieeinheiten

	J	**kWh**	**cal***	**eV**
1 J	1	$2{,}7777 \cdot 10^{-7}$	0,23884	$0{,}6242 \cdot 10^{19}$
1 kWh	$3{,}6000 \cdot 10^{6}$	1	$0{,}8598 \cdot 10^{6}$	$2{,}247 \cdot 10^{25}$
1 cal*	4,1868	$1{,}1630 \cdot 10^{-6}$	1	$2{,}613 \cdot 10^{19}$
1 eV	$1{,}602 \cdot 10^{-19}$	$4{,}45 \cdot 10^{-26}$	$3{,}826 \cdot 10^{-20}$	1

1 J (Joule) = 1 Nm (Newtonmeter); 1 kWh = 1 000 W · 1 h = $3{,}6 \cdot 10^{6}$ Joule.
1 eV (Elektronvolt) ist die Energie, die ein Teilchen mit der Elementarladung $e = 1{,}6 \cdot 10^{-19}$ C beim Durchlaufen der Spannung 1 Volt aufnimmt.

Leistungseinheiten 1 W = 1 J/s; 1 PS* (Pferdestärke) = 75 kp* m/s = 735,5 W.

Physikalische Konstanten

Gravitationskonstante	$\gamma = 6{,}672 \cdot 10^{-11}\ \mathrm{m^3\,kg^{-1}\,s^{-2}}$
Normalfallbeschleunigung	$g_n = 9{,}80665\ \mathrm{m\,s^{-2}}$
Molvolumen idealer Gase im Normzustand	$V_n = 22{,}414\ \mathrm{dm^3\,mol^{-1}}$
Absoluter Nullpunkt	−273,15 °C
Gaskonstante	$R = 8{,}3144\ \mathrm{J\,mol^{-1}\,K^{-1}}$
Physikalischer Normdruck	p_n = 101 325 Pa = 1 013,25 mbar
Avogadrosche Konstante	$N_A = 6{,}02209 \cdot 10^{23}\ \mathrm{mol^{-1}}$
Boltzmannsche Konstante	$k = 1{,}38065 \cdot 10^{-23}\ \mathrm{J\,K^{-1}}$
Vakuumlichtgeschwindigkeit	$c_0 = 2{,}99792458 \cdot 10^{8}\ \mathrm{m\,s^{-1}}$
Atomare Masseneinheit	$1\ \mathrm{u} = 1{,}6605387 \cdot 10^{-27}\ \mathrm{kg}$
Elektronenmasse	$m_e = 9{,}109381 \cdot 10^{-31}\ \mathrm{kg} = 5{,}485799 \cdot 10^{-4}\ \mathrm{u}$
Neutronenmasse	$m_n = 1{,}6749271 \cdot 10^{-27}\ \mathrm{kg} = 1{,}0086649\ \mathrm{u}$
Protonenmasse	$m_p = 1{,}6726215 \cdot 10^{-27}\ \mathrm{kg} = 1{,}0072765\ \mathrm{u}$
Elektrische Feldkonstante	$\varepsilon_0 = 8{,}85419 \cdot 10^{-12}\ \mathrm{C\,V^{-1}\,m^{-1}}$
Magnetische Feldkonstante	$\mu_0 = 1{,}25664 \cdot 10^{-6}\ \mathrm{T\,m\,A^{-1}} = 4\pi\,10^{-7}\ \mathrm{H\,m^{-1}}$
Elementarladung	$e = 1{,}6021773 \cdot 10^{-19}\ \mathrm{C}$
Spezifische Elektronenladung	$e/m_e = 1{,}7597 \cdot 10^{11}\ \mathrm{C\,kg^{-1}}$
Spezifische Protonenladung	$e/m_p = 9{,}5787 \cdot 10^{7}\ \mathrm{C\,kg^{-1}}$
Planckscches Wirkungsquantum	$h = 6{,}6218 \cdot 10^{-34}\ \mathrm{J\,s} = 4{,}1357 \cdot 10^{-15}\ \mathrm{eV\,s}$

* veraltete, nicht mehr zugelassene Einheiten

Eigenschaften fester Stoffe

	Dichte bei 18 °C	Linearer Ausdehnungs-koeff. α [4]	Spezifische Wärmekapazität		Schmelz-punkt	Spezifische Schmelzwärme		Siede-punkt
	$\frac{g}{cm^3}$	**1/K 0,0000**	**Joule/g·K**	**cal*/g·K**	°C	**Joule/g**	**cal*/g**	°C
Aluminium	2,70	24	0,896	0,214	660	395	95,4	2 327
Blei	11,34	29	0,129	0,031	327,3	23	5,5	1 750
Chrom	7,1	07	0,440	0,105	1 900	280	67,3	2 330
Eisen, rein	7,86	12	0,450	0,108	1 535	275	66	2 800
Flussstahl	7,84	11	0,435	0,104	1 450	–	–	–
Gold	19,3	14	0,129	0,0309	1 063,0	64	15,4	2 660
Iridium	22,4	066	0,130	0,031	2 443	117	28	4 350
Iod	4,94	83	0,22	0,052	114	125	29,5	184
Kalzium	1,55	22	0,65	0,15	850	218	52	1 700
Kobalt	8,8	13	0,42	0,10	1 490	263	62,8	3 100
Kohlenstoff:								
Diamant	3,514	012	0,49	0,118	> 3 600	–	–	4 200
Grafit	2,25	08	0,69	0,165	> 3 600	–	–	4 350
Kupfer	8,93	17	0,383	0,092	1 083	205	48,9	2 582
Magnesium	1,74	26	1,01	0,24	650	370	88	1 120
Mangan	7,3	23	0,48	0,115	1 250	266	64	2 087
Natrium	0,97	70	1,22	0,29	97,8	113	27,4	883
Nickel	8,8	13	0,448	0,11	1 455	300	71,6	2 800
Platin	21,4	090	0,133	0,0316	1 769	111	26,6	4 010
Schwefel rhomb.	2,056	64	0,715	0,171	112,8	50	12	444,60
monoklin	1,96	–	0,733	0,176	118,8	42	10	
Selen	4,50	37	0,32	0,078	217	67	16	690
Silber	10,51	20	0,235	0,0556	960,5	105	25,1	2 190
Silicium	2,4	08	0,703	0,168	1 410	167	40	2 600
Wolfram	19,3	04	0,134	0,032	3 380	191	45,8	5 900
Zink	7,12	26	0,385	0,0925	419,5	109	26	910
Zinn	7,28	27	0,227	0,0523	232	61	14,5	2 337
Messing [1]	~ 8,3	18	0,38	0,092	~ 920	–	–	–
Bronze [2]	~ 8,7	18	0,38	0,092	~ 900	–	–	–
Konstantan [3]	8,8	15	0,41	0,098	–	–	–	–
Porzellan	2,3	~ 038	0,84	0,2	–	–	–	–
Jenaer Glas	2,7	081	0,78	0,186	–	–	–	–
Quarzglas	2,21	005	0,73	0,174	1 710	–	–	–
Kochsalz NaCl	2,16	40	0,87	0,206	801	517	123,5	1 461
Naphthalin	1,15	94	1,29	0,30	80,1	150	36	217,9
Rohrzucker	1,59	83	1,22	0,29	186	56	13,4	–
Hartgummi	1,20	~ 80	1,42	0,34	–	–	–	–

[1]) 62% Cu, 38% Zn [2]) 84% Cu, 9% Zn, 6% Sn, 1% Pb [3]) 60% Cu, 40% Ni [4]) Zwischen 0 °C und 100 °C

Eigenschaften von Flüssigkeiten

	Dichte bei 18 °C	Volumen-ausdeh-nungs-koeff. γ	Spezifische Wärmekapa-zität bei 18 °C		Schmelz-punkt	Schmelz-wärme		Siede-punkt bei 1,013 bar	Ver-dampfungs-wärme	
	$\frac{g}{cm^3}$	**1/K 0,00**	**Joule/g·K**	**cal*/g·K**	°C	**Joule/g**	**cal*/g**	°C	**Joule/g**	**cal*/g**
Aceton	0,791	149	2,2	0,53	– 94,7	98	23,4	56,2	525	125
Benzol	0,879	123	1,72	0,408	+ 5,53	126	30,2	80	394	94
Brom	3,12	111	0,46	0,11	– 7,3	68	16,2	58,7	183	44
Chloroform	1,489	128	0,95	0,225	– 63,7	75	17,9	61,1	279	67
Diethylether	0,716	162	2,34	0,56	–123,4	98	23,5	34,6	360	86
Ethanol	0,790	110	2,42	0,57	–114,4	107	25	78,4	840	201
Glycerin	1,260	049	2,39	0,57	+ 18	200	47,9	290	–	–
Olivenöl	0,915	072	2,0	0,47	–	–	–	–	–	–
Petroleum	0,85	096	2,1	0,50	–	–	–	150–300	–	–
Quecksilber	13,551	0181	0,139	0,033	– 38,87	11,8	2,8	357	285	68
Toluol	0,866	111	1,7	0,41	– 95,0	72	17,2	110,7	364	87
Wasser	0,9986	02 (20 °C)	4,182	0,999	0,00	334	79,7	100,00	2 256	538,9

* veraltete, nicht mehr zugelassene Einheiten

Eigenschaften von Gasen

	Dichte[1])	Spezifische Wärmekapazität[2])		Schmelzpunkt	Siedepunkt[3])	Dichte als Flüssigkeit[4])
	$\frac{g}{l}$	$\frac{Joule}{g \cdot K}$	$\frac{cal*}{g \cdot K}$	°C	°C	$\frac{g}{cm^3}$
Ammoniak NH_3	0,7714	2,16	0,52	– 77,7	– 33,4	0,682
Argon Ar	1,7839	0,523	0,125	–189,3	–185,8	1,4
Acetylen C_2H_2	1,17	1,683	0,402	– 81,7	– 83,6[5])	0,621
Chlor Cl_2	3,214	0,74	0,177	–100	– 34,6	1,56
Helium He	0,1785	5,23	1,25	–272,2	–268,94	0,13
Kohlenstoffdioxid CO_2	1,9768	0,837	0,20	– 56	– 78,5[5])	1,56
Kohlenstoffoxid CO	1,2500	1,042	0,249	–205	–191,48	0,79
Luft	1,2929	1,005	0,239	–213	–193	–
Methan CH_4	0,7168	2,2	0,527	–183	–161,4	0,425
Neon Ne	0,9002	1,03	0,246	–248,6	–246,1	1,21
Ozon O_3	2,144	0,795	0,190	–252	–112	–
Sauerstoff O_2	1,429	0,917	0,219	–218,8	–182,97	1,134
Schwefeldioxid SO_2	2,926	0,64	0,152	– 75,3	– 10	1,46
Stickstoff N_2	1,2505	1,038	0,248	–210	–195,81	0,81
Wasserdampf	0,5977	1,94	0,464	–	–	0,9584
Wasserstoff H_2	0,08987	14,32	3,41	–259,2	–252,78	0,071

[1]) 0 °C; 1,013 bar;
[2]) c_p; konst. Druck;
[3]) 1,013 bar;
[4]) am Siedepunkt;
[5]) Sublimationspunkt

Wasser und Wasserdampf

Temperatur ϑ	Dichte flüssigen Wassers	Dampfsättigungsdichte	Dampfsättigungsdruck		Temperatur ϑ	Dichte flüssigen Wassers	Dampfsättigungsdichte	Dampfsättigungsdruck		Temperatur ϑ	Dampfsättigungsdruck p	
°C	g/cm³	g/m³	mbar	Torr*	°C	g/cm³	g/m³	mbar	Torr*	°C	bar	at*
–10	–	2,14	2,6	1,95	22	0,99777	19,4	26,4	19,8	100	1,013	1,033
–5	–	3,24	4	3,01	24	0,99730	21,8	29,8	22,4	110	1,432	1,461
0	0,99984	4,84	6,1	4,58	26	0,99678	24,4	33,5	25,2	120	1,98	2,024
2	0,99994	5,6	7	5,3	28	0,99623	27,2	37,4	28,3	130	2,70	2,754
4	0,99997	6,4	8,1	6,1	30	0,99565	30,3	42,2	31,8	140	3,62	3,685
6	0,99994	7,3	9,3	7,0	35	0,9939	39,6	56,0	42,2	150	4,76	4,854
8	0,99985	8,3	10,7	8,0	40	0,99221	51,1	73,5	55,3	175	8,94	9,101
10	0,99970	9,4	12,3	9,2	50	0,98805	83,0	123	92,5	200	15,52	15,86
12	0,99950	10,7	14,0	10,5	60	0,98321	130,2	199	149,4	225	25,5	26,01
14	0,99924	12,1	16,0	12,0	70	0,97778	198,1	310	233,7	250	39,8	40,56
16	0,99894	13,6	18,1	13,6	80	0,97180	293,3	473	355,2	300	85,9	87,61
18	0,99859	15,4	20,6	15,5	90	0,96532	423,5	700	525,9	350	165,2	168,63
20	0,99820	17,3	23,4	17,5	100	0,95835	597,7	1013	760	374,2 (Kr.)	221	225,5

Siedetemperatur ϑ des Wassers beim Druck p

p	bar	0,906	0,934	0,946	0,96	0,974	0,986	1,00	**1,013**	1,026	1,04	1,052	1,067
	Torr*	680	700	710	720	730	740	750	**760**	770	780	790	800
ϑ	°C	96,91	97,71	98,10	98,49	98,88	99,25	99,63	**100,00**	100,37	100,73	101,09	101,44

* veraltete, nicht mehr zugelassene Einheiten

Schallgeschwindigkeiten

Die vom Luftdruck weitgehend unabhängige **Schallgeschwindigkeit** c_ϑ beträgt in trockener atmosphärischer Luft bei $\vartheta = k$ °C: $c_\vartheta = 331\sqrt{1 + 0{,}00367\,k}$ m/s. Weitere Schallgeschwindigkeiten:

	m/s		m/s	Flüssigkeit bei 20 °C	m/s	Gase bei 20 °C	m/s
Aluminium	5 080	Gold	2 030	Wasser	1 465	Wasserstoff	1 306
Blei	1 200	Kupfer	3 710	Petroleum	1 326	Kohlenstoffdioxid	267
Eisen	5 170	Messing	3 490	Tetrachlorkohlenstoff	950	Leuchtgas	~ 453
Glas	~ 5 000	Kautschuk	50	Xylol	1 350	Sauerstoff	326

Atommasse (in u)

Nuklid	Atommasse	Nuklid	Atommasse	Nuklid	Atommasse	Nuklid	Atommasse
n	1,0086649	Al-27	26,981538	Zr-90	89,904704	Bi-210	209,984105
H-1	1,0078250	Si-28	27,976927	Zr-91	90,905645	Bi-212	211,991272
H-2	2,0141018	Si-29	28,976495	Zr-92	91,905040	Bi-214	213,998699
H-3	3,0160493	Si-30	29,973770	Ag-107	106,905093	Po-210	209,982857
He-3	3,0160293	P-30	29,978314	Ag-108	107,905954	Po-212	211,988852
He-4	4,0026033	P-31	30,973762	Ag-109	108,904756	Po-214	213,995186
He-6	6,018888	Ar-40	39,962383	Ag-110	109,906110	Po-216	216,001905
Li-6	6,015122	K-40	39,963999	Cd-108	107,904183	Po-218	218,008966
Li-7	7,016004	Ca-40	39,962591	Cd-110	109,903006	Rn-220	220,011384
Be-7	7,016929	Cr-54	53,938885	Cd-113	112,904401	Rn-222	222,017570
Be-9	9,012182	Mn-54	53,940363	In-115	114,903878	Ra-224	224,020202
Be-10	10,013534	Mn-55	54,938050	In-116	115,905260	Ra-226	226,025403
B-10	10,012937	Fe-55	54,938298	Sn-116	115,901744	Ra-228	228,031064
B-11	11,009305	Fe-56	55,934942	I-140	139,931210	Ac-228	228,031015
C-11	11,011434	Co-57	56,936296	Cs-133	132,905447	Th-228	228,028731
C-12	12,000000	Co-59	58,933200	Cs-137	136,907084	Th-229	229,031755
C-13	13,003355	Co-60	59,933822	Cs-140	139,917277	Th-230	230,033127
C-14	14,003242	Ni-59	58,934352	Ba-137	136,905821	Th-231	213,036297
N-13	13,005739	Ni-60	59,930791	Ba-144	143,922940	Th-232	232,038050
N-14	14,003074	Ni-64	63,927970	Ce-140	139,905434	Th-234	234,043595
N-15	15,000109	Cu-64	63,929768	Nd-144	143,910083	Pa-233	233,040240
O-14	14,008595	Zn-64	63,929147	Au-197	196,966552	Pa-234	234,043302
O-15	15,003065	Br-87	86,920711	Tl-204	203,973849	U-233	233,039628
O-16	15,994915	Kr-85	84,912527	Tl-208	207,982005	U-234	234,040946
O-17	16,999131	Kr-86	85,910610	Pb-204	203,973029	U-235	235,043923
O-18	17,999160	Kr-87	86,913354	Pb-205	204,974467	U-236	236,045562
F-18	18,000938	Kr-89	88,917633	Pb-206	205,974449	U-237	237,048724
F-19	18,998403	Rb-85	84,911789	Pb-207	206,975880	U-238	238,050783
Ne-20	19,992440	Rb-87	86,909183	Pb-208	207,976636	U-239	239,054288
Ne-21	20,993847	Rb-94	93,926407	Pb-209	208,981075	Np-237	237,048167
Ne-22	21,991386	Sr-87	86,908879	Pb-210	209,984173	Np-239	239,052931
Na-22	21,994437	Sr-90	89,907738	Pb-211	210,988731	Pu-238	238,049553
Na-23	22,989770	Y-90	89,907151	Pb-212	211,991887	Pu-239	239,052157
Na-24	23,990963	Y-94	93,911594	Pb-213	212,996500	Pu-240	240,053807
Mg-24	23,985042	Zr-88	87,910226	Pb-214	213,999798	Pu-241	241,056845
Mg-27	26,984341	Zr-89	88,908889	Bi-207	206,978455	Am-241	241,056823

Vektoren und Skalare

1. Die von uns benutzten **physikalischen Größen** sind entweder *Skalare* oder *Vektoren*.

a) Skalare (Masse m, Ladung Q, Volumen V, Zeit t, Celsius-Temperatur ϑ) besitzen keine räumliche Richtung. Sie werden durch ihre **Werte** gekennzeichnet (DIN 1313 von 1998):
$m = 3$ kg, $Q = -2$ C, $V = 5\ \text{cm}^3$, $t = 7$ s, $\vartheta = -5$ °C.
Der **Wert** einer Größe ist das Produkt aus einer reellen (vorzeichenbehafteten) Zahl und der *Einheit*.

b) Vektoren (Kraft $\vec{F}$, Geschwindigkeit $\vec{v}$) zeichnet man als *Pfeile*. Deren Länge gibt den **Betrag** an:
$|\vec{F}| = 3$ N, $|\vec{v}| = 5$ m/s. Der Vektorbetrag (z. B. 3 N am Kraftmesser) ist nie negativ, im Gegensatz zum vorzeichenbehafteten Wert (➡ *Ziff. 2a, 2c, 2d*).

2. a) Ein Unterschied zeigt sich beim *Addieren:*
- Bei *Skalaren* addiert man die Werte. Z. B. ergeben die Ladungen 3 C und –1 C zusammen 2 C:

$$Q = Q_1 + Q_2 = \sum_i Q_i = 3\ \text{C} + (-1\ \text{C}) = 2\ \text{C}.$$

- Bei *Vektoren* hängt man die im gleichen Maßstab gezeichneten Vektorpfeile aneinander. Man schreibt

$$\vec{F}_{\text{Res}} = \vec{F}_1 + \vec{F}_2 + \vec{F}_3 + \ldots = \sum_i \vec{F}_i.$$

Dabei gilt: $|\vec{F}_{\text{Res}}| \leq |\vec{F}_1| + |\vec{F}_2| + |\vec{F}_3| + \ldots$.
- Die **Vektorgleichung** $\vec{F}_1 = \vec{F}_2$ bedeutet: $\vec{F}_1$ und $\vec{F}_2$ sind in Richtung, Orientierung und Betrag gleich. Sie sagt also mehr aus als die Betragsgleichung $|\vec{F}_1| = |\vec{F}_2|$.
- $\vec{F}_{\text{Res}} = \vec{F}_1 + \vec{F}_2 = \vec{0}$ kann umgeformt werden zu $\vec{F}_1 = \vec{0} - \vec{F}_2 = -\vec{F}_2$; $\vec{F}_1$ und $\vec{F}_2$ haben zwar gleiche Beträge, aber entgegengesetzte Orientierungen.
- Liegen Vektoren auf einer Geraden mit positiver Orientierung (→ +), so genügt es, die vorzeichenbehafteten Werte zu addieren (➡ *Ziff. 2c, 2d*):

$$F_{\text{Res}} = +4\ \text{N} + (-9\ \text{N}) = 4\ \text{N} - 9\ \text{N} = -5\ \text{N}.$$

b) In der Vektorgleichung $\vec{F} = m\,\vec{a}$ wird der Beschleunigungsvektor $\vec{a}$ mit dem Skalar m multipliziert.
- Die Vektoren $\vec{F}$ und $\vec{a}$ liegen auf derselben Geraden. Da $m > 0$ ist, haben sie gleiche Orientierung.
- Der Wert F von $\vec{F}$ ist gleich dem Produkt aus Masse m und Wert a von $\vec{a}$: $F = m\,a$.
- Hat in der Vektorgleichung $\vec{F} = q\,\vec{E}$ der Skalar Ladung q den negativen *Wert* $q = -2$ C, dann sind die Vektoren $\vec{F}$ und $\vec{E}$ entgegengesetzt orientiert. Zeigt $\vec{E}$ in die positiv deklarierte x-Richtung (nach rechts) und hat $\vec{E}$ den x-Wert $E_x = +10$ N/C, so hat die nach links weisende Kraft $\vec{F}$ den negativen x-Wert $F_x = q\,E_x = -2\ \text{C} \cdot 10\ \text{N/C} = -20$ N.

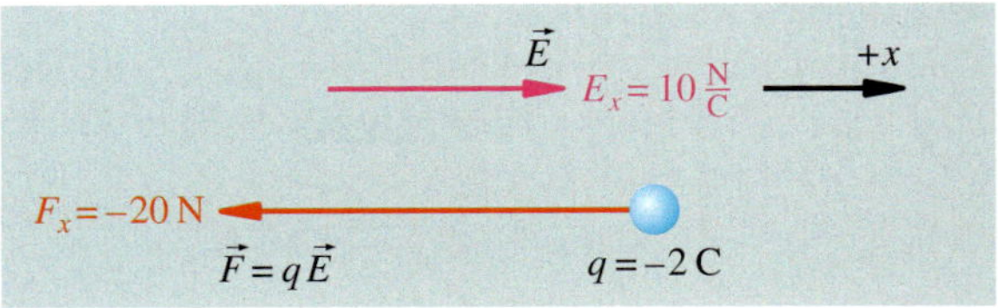

c) Auf einer schiefen Ebene liegen die Vektoren Hangabtriebskraft $\vec{F}_{\text{H}}$, Reibungskraft $\vec{F}_{\text{R}}$ und Beschleunigung $\vec{a}_{\text{H}}$ auf einer Geraden. Zeigt auf ihr die positive Orientierung schräg *nach unten*, so addiert man die *Werte* $F_{\text{H}} = +G \sin\varphi$ und z. B. $F_{\text{R}} = -G\,\mu \cos\varphi$ und erhält

$$a_{\text{H}} = (F_{\text{H}} + F_{\text{R}})/m = G(\sin\varphi - \mu\cos\varphi)/m.$$

Da die Hangabtriebskraft $\vec{F}_{\text{H}}$ eine andere Richtung als die Gewichtskraft $\vec{G}$ hat, darf man die Gleichung $F_{\text{H}} = G \sin\varphi$ nur für die Werte F_{H} und G schreiben. Vektorpfeile über den Symbolen wären hier falsch.

d) Bei *2-dimensionalen Problemen* (schiefer Wurf, Keplerbewegung) werden die Vektoren durch ihre *x-* und *y-Komponenten* ersetzt, die auch Vektoren sind. Bei Rechnungen verwendet man nicht deren Beträge, sondern deren vorzeichenbehaftete Werte F_x, F_y, v_x, v_y, a_x und a_y.

Vorzeichen elektrischer Spannungen

Führen elektrische Feldkräfte $\vec{F} = +Q\,\vec{E}$ der von einem Punkt 1 nach 2 bewegten Ladung Q die Energie W_{12} zu, so heißt $U_{12} = W_{12}/Q$ **Spannung** von 1 nach 2.
- *Stromquellen* trennen entgegengesetzte Ladungen und bauen unter Aufwand von Energie E-Felder auf. Über ihre Feldkräfte $\vec{F} = +Q\,\vec{E}$ wird beim Fließen der Ladung $Q > 0$ von Plus (1) nach Minus (2) die Energie W_{12} abgegeben. Die Quelle hat die Spannung $U_0 = U_{12} = W_{12}/Q > 0$, z. B. eine Akkuzelle $U_0 = +2\ \text{V} > 0$.
- Im *Stromkreis* erfolgt diese Energieabgabe bei Reihenschaltung von ohmschen Widerständen (R), Kapazitäten (C) und Induktivitäten (L) stufenweise. Sie ist vom Weg unabhängig. Dabei treten die *Teilspannungen* $U_R = +IR$, $U_L = +L\dot{I}$ bzw. $U_C = +Q/C$ auf. Gemäß der Maxwell-Theorie gilt (DIN 5489):

$$+U_0 = +IR + L\dot{I} + Q/C. \qquad (1)$$

Gl. (1) enthält kein Minuszeichen. Sie gilt auch bei Wechselspannungen.
Die an einer Spule ($R = 0$) messbare Teilspannung $+L\dot{I}$ hält der dort induzierten Spannung $U_{\text{ind}} = -L\dot{I}$ das Gleichgewicht. Kondensatoren trennen keine Ladung, sind also keine Quellen im obigen Sinn; $+Q/C$ bleibt in *Gl. (1)* rechts bei $+IR$ und $+L\dot{I}$.

Ausschnitt aus der Nuklidkarte

Elemente: **B** 10,811 — Elementsymbol, Atommasse in u

α-Zerfall: **Ra 226** 1600 a, α: 4,7843, γ: 0,186 — ← $T_{1/2}$; ← α-Energie[1]) in MeV; ← γ-Energie[1]) in MeV →

β^--Zerfall: **Pb 214** 26,8 min, β^-: 0,7; 1,0, γ: 0,352 — ← $T_{1/2}$ →; ← Maximalenergien → der β-Spektren in MeV

β^+-Zerfall: **Na 22** 2,603 a, β^+: 0,5; 1,8, γ: 1,275 — statt β^+-Zerfall ist auch Elekroneneinfang möglich (gekennzeichnet durch den Buchstaben ε)

Stabile Nuklide: **Pb 208** 52,4 — Elementsymbol und Nukleonenzahl, Häufigkeit des Vorkommens im natürlichen Element

Häufigkeit der Zerfallsarten: **Ac 226** 29 h, ε, α: 5,34, β^-: 0,9; 1,1, γ: 0,23 — Die farbigen Flächen sind ein Maß für die relative Häufigkeit der jeweiligen Zerfälle

Z \ N	120	121	122	123	124	125	126	127	128	129	130	131	132	133	134
94															**Pu**
93														**Np**	**Np 22** 0,51 s α: 7,68
92														**U** 238,0289	**U 22** 0,2 s α: 7,57
91					**Pa** 231,03588	**Pa 216** 0,20 s α: 7,87	**Pa 217** 4,9 ms α: 8,33	**Pa 218** 0,12 ms α: 9,61	**Pa 219** 53 ns α: 9,90	**Pa 220** 0,78 µs α: 9,65	**Pa 221** 5,9 µs α: 9,08	**Pa 222** 4,3 ms α: 8,21	**Pa 223** 6,5 ms α: 8,01	**Pa 224** 0,95 s α: 7,555	**Pa 22** 1,8 s α: 7,25
90			**Th** 232,0381	**Th 213** 0,14 s α: 7,69	**Th 214** 0,10 s α: 7,68	**Th 215** 1,2 s α: 7,39	**Th 216** 28 ms α: 7,92	**Th 217** 252 µs α: 9,25	**Th 218** 0,1 µs α: 9,67	**Th 219** 1,05 µs α: 9,34	**Th 220** 9,7 µs α: 8,79	**Th 221** 1,68 ms α: 8,15	**Th 222** 2,2 ms α: 7,98	**Th 223** 0,66 s α: 7,29 γ: 0,140	**Th 22** 1,04 s α: 7,17 γ: 0,177
89	**Ac 209** 90 ms α: 7,59	**Ac 210** 0,35 s α: 7,46	**Ac 211** 0,25 s ε? α: 7,48	**Ac 212** 0,93 s α: 7,38	**Ac 213** 0,80 s α: 7,36	**Ac 214** 8,2 s ε α: 7,214	**Ac 215** 0,17 s ε α: 7,604	**Ac 216** ~0,3 ms α: 9,07	**Ac 217** 69 ns α: 9,65	**Ac 218** 1,1 µs α: 9,205	**Ac 219** 11,8 µs α: 8,664	**Ac 220** 26 ms α: 7,85 γ: 0,134	**Ac 221** 52 ms α: 7,65	**Ac 222** 5,0 s ε α: 7,009	**Ac 22** 2,10 m ε α: 6,647 γ
88	**Ra 208** 1,3 s α: 7,133	**Ra 209** 4,6 s α: 7,010	**Ra 210** 3,7 s α: 7,019	**Ra 211** 13 s ε? α: 6,911	**Ra 212** 13 s ε? α: 6,9006	**Ra 213** 2,74 min ε α: 6,624	**Ra 214** 2,46 s ε α: 7,136	**Ra 215** 1,6 ms α: 8,699	**Ra 216** 0,18 µs α: 9,349	**Ra 217** 1,6 µs α: 8,99	**Ra 218** 25,6 µs α: 8,39	**Ra 219** 10 ms α: 7,679	**Ra 220** 23 ms α: 7,46 γ: 0,465	**Ra 221** 28 s α: 6,613 γ: 0,149	**Ra 22** 38 s α: 6,559 γ: 0,324
87	**Fr 207** 14,8 s ε α: 6,767	**Fr 208** 59 s ε α: 6,648 γ: 0,636	**Fr 209** 50,0 s ε α: 6,648	**Fr 210** 3,18 min ε α: 6,543 γ: 0,644	**Fr 211** 3,10 min ε α: 6,534 γ: 0,540	**Fr 212** 20,0 min ε α: 6,262 γ: 1,272	**Fr 213** 34,6 s ε α: 6,775	**Fr 214** 5,0 ms α: 8,426	**Fr 215** 0,09 µs α: 9,36	**Fr 216** 0,70 µs α: 9,01	**Fr 217** 16 µs α: 8,315	**Fr 218** 1,0 ms α: 7,867	**Fr 219** 21 ms α: 7,312 γ	**Fr 220** 27,4 s α: 6,68 β^- γ: 0,045	**Fr 22** 4,9 mi α: 6,341 γ: 0,218
86	**Rn 206** 5,67 min ε α: 6,260	**Rn 207** 9,3 min ε α: 6,133 β^+ γ: 0,345	**Rn 208** 24,4 min ε α: 6,138 γ: 0,427	**Rn 209** 28,5 min ε α: 6,039 β^+: 2,2 γ: 0,408	**Rn 210** 2,4 h ε α: 6,040 γ: 0,458	**Rn 211** 14,6 h ε α: 5,783 γ: 0,674	**Rn 212** 24 min α: 6,264 γ	**Rn 213** 25 ms α: 8,09 γ	**Rn 214** 0,27 µs α: 9,037	**Rn 215** 2,3 µs α: 8,67	**Rn 216** 45 µs α: 8,05	**Rn 217** 0,54 ms α: 7,740	**Rn 218** 35 ms α: 7,133 γ	**Rn 219** 3,96 s α: 6,819 γ: 0,271	**Rn 22** 55,6 s α: 6,288 γ
85	**At 205** 26,2 min ε α: 5,902 β^+ γ: 0,719	**At 206** 29,4 min ε α: 5,703 γ: 0,701	**At 207** 1,8 h ε α: 5,759 γ: 0,815	**At 208** 1,63 h ε α: 5,640 γ: 0,686	**At 209** 5,4 h ε α: 5,647 γ: 0,545	**At 210** 8,3 h ε α: 5,524 γ: 1,181	**At 211** 7,22 h ε α: 5,867 γ	**At 212** 314 ms α: 7,68 γ	**At 213** 0,11 µs α: 9,08	**At 214** 0,76 µs α: 8,782 γ	**At 215** 0,1 ms α: 8,026 γ	**At 216** 0,3 ms α: 7,804 γ	**At 217** 32,3 ms α: 7,069 β^- γ	**At 218** ~2 s α: 6,694 β^- γ	**At 21** 0,9 mi α: 6,27 β^-
84	**Po 204** 3,53 h ε α: 5,377 γ: 0,884	**Po 205** 1,66 h ε α: 5,22 γ: 0,872	**Po 206** 8,8 d ε α: 5,2233 γ: 1,032	**Po 207** 5,84 h ε α: 5,116 β^+ γ: 0,992	**Po 208** 2,898 a ε α: 5,116 γ	**Po 209** 102 a ε α: 4,881 γ	**Po 210** 138,38 d α: 5,3044 γ	**Po 211** 0,516 s α: 7,450 γ	**Po 212** 0,3 µs α: 8,785 γ: 2,615	**Po 213** 4,2 µs α: 8,375 γ	**Po 214** 164 µs α: 7,6869 γ	**Po 215** 1,78 ms α: 7,3862 β^- γ	**Po 216** 0,15 s α: 6,7783 γ	**Po 217** < 10 s α: 6,539 β^-	**Po 21** 3,05 mi α: 6,0024 β^- γ
83	**Bi 203** 11,76 h ε β^+: 1,4 γ: 0,820	**Bi 204** 11,22 h ε γ: 0,899	**Bi 205** 15,31 d ε β^+ γ: 1,764	**Bi 206** 6,24 d ε β^+ γ: 0,803	**Bi 207** 31,55 a ε β^+ γ: 0,570	**Bi 208** $3{,}68\cdot10^5$ a ε γ: 2,615	**Bi 209** 100	**Bi 210** 5,013 d α: 4,649 β^-: 1,2 γ	**Bi 211** 2,17 min α: 6,6229 β^- γ: 0,351	**Bi 212** 60,60 min α: 6,05 β^-: 2,3 γ: 0,727	**Bi 213** 45,59 min α: 5,87 β^-: 1,4 γ: 0,440	**Bi 214** 19,9 min α: 5,45 β^-: 1,5 γ: 0,609	**Bi 215** 7,6 min β^- γ: 0,294		
82	**Pb 202** $5{,}25\cdot10^4$ a ε γ: –	**Pb 203** 51,9 h ε γ: 0,279	**Pb 204** 1,4	**Pb 205** $1{,}5\cdot10^7$ a ε γ: –	**Pb 206** 24,1	**Pb 207** 22,1	**Pb 208** 52,4	**Pb 209** 3,253 h β^-: 0,6 γ: –	**Pb 210** 22,3 a α: 3,72 β^-: 0,02; 0,06 γ: 0,047	**Pb 211** 36,1 min β^-: 1,4 γ: 0,405	**Pb 212** 10,64 h β^-: 0,3; 0,6 γ: 0,239	**Pb 213** 10,2 min β^-	**Pb 214** 26,8 min β^-: 0,7; 1,0 γ: 0,352		
81	**Tl 201** 73,1 h ε γ: 0,167	**Tl 202** 12,23 d ε γ: 0,440	**Tl 203** 29,524	**Tl 204** 3,78 a ε β^-: 0,8 γ: –	**Tl 205** 70,476	**Tl 206** 4,20 min β^-: 1,5 γ	**Tl 207** 4,77 min β^-: 1,4 γ	**Tl 208** 3,053 min β^-: 1,8; 2,4 γ: 2,615	**Tl 209** 2,16 min β^-: 1,8 γ: 1,567	**Tl 210** 1,3 min β^-: 1,9; 2,3 γ: 0,800					
80	**Hg 200** 23,10	**Hg 201** 13,18	**Hg 202** 29,86	**Hg 203** 46,59 d β^-: 0,2 γ: 0,279	**Hg 204** 6,87	**Hg 205** 5,2 min β^-: 1,5 γ: 0,204	**Hg 206** 8,15 min β^-: 1,3 γ: 0,305								
79	**Au 199** 3,139 d β^-: 0,3; 0,5 γ: 0,158	**Au 200** 48,4 min β^-: 2,3 γ: 0,368	**Au 201** 26,4 min β^-: 1,3 γ: 0,543	**Au 202** 28 s β^-: 3,5 γ: 0,440	**Au 203** 60 s β^-: 2,0 γ: 0,218	**Au 204** 39,8 s β^- γ: 0,437									
78	**Pt 198** 7,2	**Pt 199** 30,8 min β^-: 1,7 γ: 0,543	**Pt 200** 12,5 h β^-: 0,6; 0,7	**Pt 201** 2,5 min β^-: 2,7 γ: 1,706											
77	**Ir 197** 8,9 min β^-: 2,0 γ: 0,470	**Ir 198** 8 s β^-: 4,0 γ: 0,507													

[1]) Bei α- und γ-Strahlen ist jeweils nur die Energie des am häufigsten vorkommenden Zerfalls angegeben. Weiterhin bedeutet

γ: – kein γ-Quant beobachtet

α, β^-, β^+, γ ohne Zahlenangabe: Nachgewiesene Übergänge unbekannter Energie

sf: Spontane Spaltung (spontaneous fission)